LOTHAR SPÄTH
zum
16. November 1987

Autoren, Herausgeber und Verleger

Technologie, Wachstum und Beschäftigung

Festschrift für Lothar Späth

Herausgegeben von
Rudolf Henn

Mit 84 Abbildungen
und 47 Tabellen

Springer-Verlag
Berlin Heidelberg New York
London Paris Tokyo

Professor Dr. Rudolf Henn
Universität Karlsruhe
Institut für Statistik und
Mathematische Wirtschaftstheorie
Rechenzentrum, Zirkel 2
Postfach 6980
7500 Karlsruhe 1

ISBN 3-540-18066-4 Springer-Verlag Berlin Heidelberg New York
ISBN 0-387-18066-4 Springer-Verlag New York Berlin Heidelberg

CIP-Kurztitelaufnahme der Deutschen Bibliothek

Technologie, Wachstum und Beschäftigung: Festschr. für Lothar Späth/hrsg. von Rudolf Henn.–
Berlin; Heidelberg; New York; London; Paris; Tokyo: Springer, 1987.
ISBN 3-540-18066-4 (Berlin ...)
ISBN 0-387-18066-4 (New York ...)
NE: Henn, Rudolf [Hrsg.]; Späth, Lothar: Festschrift

Satz: Fotosatz & Design, 8240 Berchtesgaden
Druck und Bindearbeiten: Konrad Triltsch, Graphischer Betrieb, 8700 Würzburg
2142/3130-543210

Lothar Späth im Spannungsfeld von Politik, Wissenschaft und Wirtschaft

Rudolf Henn

„Ein Konservativer will Wertvolles bewahren. Umso mehr muß er sich der permanenten Evolution verschreiben". Dieses Wort Ernst-Wolf Mommsens kann geradezu als Leitmotiv für das richtungweisende politische und gesellschaftliche Wirken Lothar Späths in den letzten 20 Jahren angesehen werden. Wie kaum ein anderer Politiker hat er in dieser schwierigen Periode des Umbruchs einen eigenen Stil politischer Wirksamkeit verwirklicht, der die Entwicklung und Durchsetzung einer neuen wirtschaftspolitischen Konzeption und in Verbindung damit die Erschließung einer neuartigen Qualität der Zusammenarbeit von Wissenschaft, Wirtschaft und staatlichen Stellen in einer zukunftsorientierten Politik beinhaltet. Dabei hat er sich durch sein Wirken große Verdienste um die Leistungs- und Wettbewerbsfähigkeit von Wissenschaft und Wirtschaft erworben und zugleich die Voraussetzungen für einen erfolgreichen und zugleich sozial verträglichen Übergang unseres Landes in die Informationsgesellschaft geschaffen. Durch seine unkonventionellen, mutigen Schritte hat er gleichzeitig den intellektuellen Diskurs in diesem Land wie kaum ein anderer Politiker stimuliert. Wie in einem Spiegel finden sich in breiter Themenvielfalt die Impulse, die von seinem Wirken ausgehen, in diesem Festband zu seinem 50. Geburtstag wieder.

Lothar Späth kann als aktiver Politiker an seinem 50. Geburtstag auf eine lange Periode erfolgreichen Wirkens zurückblicken, die in der hohen Leistungsfähigkeit und sozialen Ausgeglichenheit des von ihm seit nun schon mehr als neun Jahren als Ministerpräsident regierten Bundeslandes besonders offenkundig wird. Bei seinem Wirken kommen ihm immer wieder die persönlichen Erfahrungen außerhalb der Politik aus seiner jahrelangen erfolgreichen Leitungs- und Vorstandstätigkeit in der Wirtschaft zugute, die eine unmittelbare Einschätzung sowohl der sozialen Anliegen der Bevölkerung, als auch der wettbewerbspolitisch bedingten Einschränkung der Handlungsspielräume auf Seiten der Unternehmen ermöglichen. Diese unmittelbaren Primärerfahrungen, und das ihm eigene Gespür für dynamische Wechselwirkungen und notwendige Anpassungen an sich ändernde Rahmenbedingungen technischer oder politischer Natur zeichnen Lothar Späth gegenüber vielen „Nur-Politikern" aus und machen vielleicht auch seine politische Wirkung verständlich. Ganz im Sinne des oben beschriebenen Leitmotivs stehen dabei zwei Zielrichtungen seines Handelns im Vordergrund: Zum einen nach innen sein unermüdliches Angehen gegen jede unaufrichtige Tabuisierung des Status Quo und gegen Versuche, überholte Strukturen, Funktionsaufteilungen und Privilegien rein macht-mechanisch fortzuschreiben. Hierbei bewegt ihn vor allem die Sorge vor einer weitgehenden Zersplitterung und Segmentierung der Gesellschaft bis hin zur Sprachlosigkeit, die aus einer Spirale aus überheblicher Unbeweglichkeit und intellektueller Nicht-Betroffenheit auf der einen Seite und kompromißloser Totalforderungen auf der anderen Seite entstehen könnte, mit all den nicht absehbaren Konsequenzen für das Gemeinwesen. Zum anderen nach außen sein Glaube an die

Selbstbehauptungsfähigkeit unseres Staates und Europas in der Konkurrenz zu anderen Ländern und seine Entschlossenheit, in dieser Wettbewerbssituation seinen politischen Handlungsspielraum zur Steigerung der eigenen Leistungsfähigkeit zu nutzen. Mit seinem Gespür für die machtpolitischen Bedingungen dieser Auseinandersetzung, die in der öffentlichen Diskussion häufig nicht zur Sprache kommen, hat er die bestehenden Bedrohungen wie kaum ein anderer Politiker erkannt und reagiert, während viele kritische Kommentatoren bis heute die „heile" Welt ihres jeweiligen begrenzten theoretischen Ordnungsgebäudes nicht verlassen haben. In diesen stark vereinfachenden, an der Vergangenheit orientierten theoretischen Ordnungsgebäuden kommen aber die dynamischen Veränderungen und Ungleichgewichte in den heutigen weltwirtschaftlichen Abläufen überhaupt nicht vor. Fehlende Aspekte betreffen insbesondere bestimmte Ausprägungen weltweit operierender Unternehmen und ebenso völlig neuartige Kooperationsformen zwischen Wissenschaft, Wirtschaft und Staat, die zu einem prägenden Element der aktuellen Hochtechnologie-Politik einiger besonders starker Industriestaaten geworden sind. Hier in exemplarischer Weise eine europäische und deutsche Antwort formuliert und durch den eigenen persönlichen Einsatz auch durchgesetzt zu haben, ist ein bleibendes Verdienst von Lothar Späth.

Das politische Wirken Lothar Späths geht aber über die genannten, zentralen Problembereiche hinaus. Wie kaum ein Politiker bemüht er sich ständig um einen ganzheitlichen, zahlreichen Facetten der Gesellschaft gerecht werdenden Entwurf konkret handelnder Politik; dies schließt große Anstrengungen zur wissenschaftlichen Basierung seines politischen Handelns ein. Genannt seien in diesem Zusammenhang insbesondere die Aktivierung und Einbeziehung der von ihm so bezeichneten „wissenschaftlichen Steuerungsintelligenz" und darüberhinaus auch der aufwendige Versuch der Vermittlung seiner politischen Konzeptionen und Leitvorstellungen in Beiträgen und Büchern. Sein umfangreiches publizistisches Werk hat in seinem vielbeachteten und bereits in mehrere Sprachen übersetzten Buch „Wende in die Zukunft", das einen ganz ungewöhnlich dichten Gesamtentwurf konsistenter Politik beim Eintritt der Bundesrepublik in das Informationszeitalter darstellt, einen Höhepunkt an intellektueller Ausstrahlung erreicht; hiervon zeugen auch mehrere Beiträge in diesem Festband. Die Bereitschaft zum evolutionären Wandel, zum ehrlichen Diskurs und zur fairen Anpassung an reale Notwendigkeiten ist für dieses Buch die Vorgabe. Lothar Späth gibt am Anfang des Textes selbst die folgende Einschätzung: „Der technische Strukturwandel mit seinen politischen, ökonomischen, sozialen und kulturellen Auswirkungen bildet den Kern des vorliegenden Textes. Da diese umfassende Entwicklung noch längst nicht abgeschlossen ist, stehen gewiß nicht wenige Aussagen unter dem Vorbehalt, vielleicht schon bald durch den Gang der Entwicklungen überprüft und revidiert werden zu müssen. Immer wieder kamen neue Eindrücke und Erkenntnisse und weitere Fragestellungen hinzu. Deshalb ist das ganze Buch eher ein ‚aufgeschriebenes Lernprotokoll' als die abschließende Bewertung und Beurteilung festgefügter Sachverhalte. Es kann, mitten im Strom des Umbruchs, wohl auch nicht anders sein". Er gibt dann auch selbst eine Darstellung der Beweggründe seiner auf fairen sozialen Ausgleich und Anpassung an weltwirtschaftliche Gegebenheiten gerichteten Politik, wenn er schreibt: „Zwischen dem größten Nenner der Anspruchsvorgaben ohne politische Verantwortung für ihre Realisierung und dem kleinsten Nenner des letztendlich Durchgesetzten klafft eine ständig größer werdende Lücke. Die sich aufstauende Enttäuschung führt zur weiteren Polarisierung. Auf der einen Seite werden die Ziele immer eindringlicher angemahnt, die negativen Folgen ihres Nichterreichens in immer schwärzeren Farben ausgemalt;

auf der anderen Seite wächst die Neigung, bereits kleine Schritte und marginale Korrekturen als den großen Durchbruch zur ‚Soll-Erfüllung' auszugeben. Am Ende dieser Spirale drohen der Verlust von Glaubwürdigkeit, die Zunahme kompromißloser Fundamentalkritik und die Zersplitterung in politische Kulturen, die zum Dialog nicht mehr fähig sind. Ich behaupte nicht, daß wir diesen Zustand schon erreicht hätten. Aber niemand wird leugnen, daß es beunruhigende Tendenzen gibt, die in diese Richtung weisen. In einer solchen Situation darf der Politiker die gesellschaftliche Diskussion über die Ziele nicht den organisierten Interessen oder den Medien allein überlassen. Er muß sich um eine eigene perspektivische Sicht bemühen und in Kauf nehmen, daß sie seinem gegenwärtigen Aktionsradius erheblich, vielleicht sogar uneinholbar weit, vorauseilt."

Gegen die Gefahr der Segmentierung und der Sprachlosigkeit setzt Lothar Späth in seinem Buch auf „übergreifende, sich für die Chance einer ‚Versöhnung' offenhaltende Positionen". Ständig lauter werdende, einseitige und mit Unbedingtheitsanspruch auftretende Formen politisch-gesellschaftlicher Argumentationen weist er zurück. Er weist darauf hin, daß in der Bundesrepublik die Zeit für dringend erforderliche Strukturanpassungen teilweise mit Pseudo-Diskussionen verbraucht wird, die schon von ihrer ideologischen Anlage her im Zeitverlauf nur zu verhärteten Standpunkten und verabsolutierten Zielen, nicht aber zu konsensfähigen Lösungen führen. Gleichzeitig wächst jedoch um uns herum die Welt mit atemberaubender Geschwindigkeit ökonomisch und technisch zusammen. Bestimmte Nationen formulieren langfristige gemeinschaftliche Perspektiven und verändern die Rahmenbedingungen der wirtschaftlichen, technischen und wissenschaftlichen Konkurrenz. Weltweit arbeiten Unternehmen am Aufbau von Kommunikations- und Informationsnetzen, die eines nicht mehr fernen Tages infrastrukturell bedeutsamer sein werden als nationale Verkehrs- und Transportwege. Neue Kooperationsachsen, vor allem rund um den Pazifik, zeichnen sich ab, die dem Gesetz der ökonomischen Stärke folgen und politische Kräfteverschiebungen globalen Ausmaßes nach sich ziehen können. Je kürzer die Intervalle grundlegender wirtschaftlicher und technischer Veränderungen sind, um so größer wird der Bedarf an strategischen Entwicklungs- und Zielplanungen. Langfristige Strategien erfordern jedoch ein hohes Maß an Organisiertheit, an Zustimmungs- und Mitwirkungsbereitschaft. In einer freiheitlichen Gesellschaft ist dies nicht durch Anordnung zu erreichen, sondern es muß durch geduldige Überzeugungsarbeit eingeworben werden. Daß dies gelingt, wird zur Überlebensfrage für ein weitgehend auf selbstverantwortlichem Handeln gegründetes freies Gemeinwesen. Ob dies gelingt, ist dabei weniger die Frage politischer oder sozialer Techniken; es hängt in erster Linie mit der Glaubwürdigkeit von Leitbildern und Grundüberzeugungen zusammen. Genau an dieser Stelle erlangt das Vorbild und die Ausstrahlung eines Politikers wie Lothar Späth sein besonderes Gewicht und ein Buch wie „Wende in die Zukunft" seine besondere Bedeutung. Es handelt sich um Katalysatoren in dem politischen Ringen um die Rückgewinnung von Handlungsfähigkeit und in der Schaffung konsensfähiger Orientierung.

Ein grundlegendes Werk wie „Wende in die Zukunft" entsteht nicht nur am Schreibtisch. Vielmehr zeugt es von der erfolgreichen Verwirklichung neuartiger politischer und gesellschaftlicher Konzeptionen, von einem langen Suchen nach Gleichgewichten und von Geduld in der konkreten Umsetzung. Besonders deutlich wird dies im Bereich der Wirtschafts- und Strukturpolitik, in der Lothar Späth sich vor allem bei der forcierten Förderung des Technologietransfers von den Forschungsstätten in die Unternehmen den international entstandenen Bedingungen gestellt hat, und zwar mit beachtlichen Resultaten. Diese gezielten Maßnahmen sind getragen von der Einsicht, daß heute der technische Fortschritt die vielleicht wichtigste Produktivkraft ist, und daß daher eine neuartige Qualität der Zusammenarbeit von Wissenschaft, Wirtschaft und Staat zur Förderung dieses Fortschritts erforderlich ist. Gelingt es auf diese Weise, bisherige Zeitabstände in der technischen Umsetzung entsprechender Forschungsergebnisse signifikant zu verkürzen, so resultiert hieraus neben punktuellen Induktionswirkungen für den Wachstumsprozeß auch eine permanente Steigerung der Produktivitätsfortschritte. Genau diese Art von Produktivitätssteigerung ist unter den sich verändernden internationalen Wettbewerbsbedingungen ein Ansatzpunkt zur Sicherung der eigenen ökonomischen Überlebensfähigkeit und damit indirekt auch zur Schaffung langfristig bestandssicherer Arbeitsplätze. Verschiedene Aspekte dieses auch als Späthsches Modell bekannten Rahmens praktizierter Wirtschaftspolitik, welcher zu seiner Initialisierung eines engagierten, kommunikations- und integrationsfähigen Politikers wie Lothar Späth bedurfte, werden in dem vorliegenden Festband in mehreren wissenschaftlichen Arbeiten hinsichtlich der praktischen Umsetzung bzw. auch der theoretischen Analyse und Durchdringung behandelt. Es muß aber hier festgestellt werden, daß es sich bei dieser Art von Antwort auf internationale Wettbewerbsveränderungen trotz gelegentlich vorgebrachter Kritik um eine konsequente, den aktuellen Herausforderungen gerecht werdende Fortentwicklung der Instrumente für die Steuerung der sozialen Marktwirtschaft handelt.

Bei der beschriebenen Ausgangslage ist es nicht überraschend, daß Lothar Späth, der sich als Person zentral im Spannungsfeld von Politik, Wirtschaft und Wissenschaft bewegt, Überlegungen zur langfristigen Förderung und Konzentrierung von Wissenschaft und Forschung zu den wichtigsten Gestaltungsaufgaben einer vorausschauenden Politik zählt. Dies gilt in besonderem Maße für ein rohstoffarmes Land mit nur geringen preiswerten Energievorräten wie die Bundesrepublik Deutschland. Seine diesbezüglichen politischen Handlungen, die eine Vielzahl von Förderungs- und Gestaltungsinstrumente umfassen sowie die damit zusammenhängenden Fragen des Technologietransfers sind in kompetenten Beiträgen des Festbandes von maßgeblich beteiligten Wissenschaftlern und Politikern dargestellt. Sie zeigen insgesamt die hohe Dichte der Maßnahmen und Anstrengungen, die von dem hier zu Ehrenden im Hinblick auf eine Stärkung der innovativen Leistungskraft der Wissenschaft in Baden-Württemberg, sowie analog auch im Hinblick auf die schnelle betriebliche Umsetzung von Forschungsergebnissen unternommen wurden. Die Art der Ausbildung dieser politischen Gesamtkonzeption ist selber bemerkenswert, nicht zuletzt wegen ihrer Basierung und intellektuellen Abstützung auf die vielfach beachteten Tonbach-Konferenzen des Landes, die ebenfalls Gegenstand eines Beitrages dieser Festschrift sind. Wohl nirgends wird die Rolle von Lothar Späth im Spannungsfeld von Politik, Wissenschaft und Wirtschaft so deutlich wie in dieser zentralen Gestaltungsfrage. In diesem Zusammenhang könnten noch viele weitere Details angeführt werden, die allesamt Klimaverbesserung und Motivation für leistungswillige Spitzenforscher bedeuteten. Hierzu zählt nicht zuletzt die erste Installierung einer CRAY II außerhalb der USA (in Stuttgart, Ende 1986), auch wenn die indirekten, leistungsfördernden und motivierenden Wirkungen derartig tätiger politischer Handlungen von vielen Kommentatoren nicht immer ausreichend gewürdigt werden. Wie groß die Ausstrahlung von Lothar Späth im Spannungsfeld von Politik, Wirtschaft und Wissenschaft ist, zeigt sicherlich nicht zuletzt die große Zahl von Beiträgen führender Politiker, leitender Führungskräfte der deutschen Wirtschaft und schließlich namhafter deutscher Wissenschaftler aus Schlüsselbereichen aktueller Forschung in diesem Festband. Dies umschließt in dem thematischen Rahmen von „Technologie, Wachstum und Beschäftigung" zahlreiche durch das Wirken des hier zu Ehrenden mitgestaltete Gebiete wie Grundsatzfragen in Politik, Wirtschaft und Kultur; Forschungs- und Wissenschaftspolitik; neue Technologien; Technologietransfer und Innovation; Finanzinnovationen; Mathematik und technologischer Fortschritt; Technologie und Strukturpolitik; Wachstum; Wirtschaftspolitik; Umweltpolitik und Beschäftigung und bezieht insbesondere die aktuelle Diskussion um die zentrale Rolle der Mathematik für die Wissenschaft am Ende des zwanzigsten Jahrhunderts und die Dynamik der Entwicklung in der Informatik unter Einschluß von Forschungen zur „Künstlichen Intelligenz" mit ein.

Aus den vielfachen Reaktionen auf das Wirken von Lothar Späth sei hier zum Abschluß stellvertretend eine Stimme herausgegriffen. „Wende in die Zukunft" schreibt F.J. Radermacher, „zeigt deutlich, daß es auch innerhalb der gegebenen Rahmenbedingungen möglich ist, konsistente Entwürfe zukünftiger Entwicklungen und verbliebener Grundsatz-Alternativentscheidungen vorzulegen. Als Teil derartiger Entwürfe hat dann das politische Rahmensystem die Aufgabe, die Angleichung der Zielsetzungen an Millionen von individuellen (z. T. nicht einmal verbalisierbaren) Einzelbedürfnissen vorzunehmen. Intelligente Politikentwürfe im Rahmen des politischen Systems sind möglich und dringend benötigt, sei es nun im Hinblick auf die Eindämmung der atomaren Hochrüstung, die Bewältigung der Umweltgefahren, die Lösung der Überbevölkerungskrise sowie schließlich auch die soziale Bewältigung des Eintritts der westlichen Industrienationen in die Informationsgesellschaft . . ."

Was F.J. Radermacher am Ende seines Artikels schreibt, stehe auch am Schluß dieses Vorworts: „Politik im ausgehenden 20. Jahrhundert muß weltweit drohende Gefahren ebenso meistern wie schwierige Abwägungsentscheidungen hinsichtlich der weiteren Entwicklung der komplexen gesellschaftlichen Gebilde der hochentwickelten Industriestaaten. Dabei ist sie den Zwängen der eigenen Systembedingungen unterworfen. Wie schon immer in der Geschichte, zeigt sich auch hier, daß die Gestaltungsfähigkeit der handelnden Personen letztlich der wichtigste Anknüpfungspunkt für die Hoffnung auf faire und humane Lösungen auch unter schwierigen Bedingungen ist, wiewohl Garantien nicht gegeben werden können und Scheitern immer möglich bleibt. In der aktuellen Lage kommt dabei einer erfolgreichen Bewältigung des Übergangs in die Informationsgesellschaft eine entscheidende Bedeutung zu, da dieser Übergang zu einer Vervielfachung verfügbarer Optionen führt und damit eine sehr gezielte Anpassung an konkrete Notwendigkeiten erleichtert. . . . Lothar Späth hat es in ‚Wende in die Zukunft' unternommen, gegen herrschende Modetrends diesen wichtigen Übergang in die Informationsgesellschaft in einer Gesamtsicht darzustellen und in einen politischen Gesamtentwurf einzubringen, der wissenschaftlichen Aspekten der Fragestellung gerecht wird und der zugleich konkretes, politisches Handeln reflektiert."

Hier bleibt dann zum Abschluß noch eines zu tun: Lothar Späth anläßlich seines Geburtstags für all die positiven Impulse im Spannungsfeld von Wissenschaft, Wirtschaft und Politik zu danken, die seinem politischen Wirken zuzuschreiben sind.

Inhaltsverzeichnis

II. Forschungs- und Wissenschaftspolitik

III. Neue Technologien

IV. Technologietransfer und Innovation

V. Finanzinnovationen

VI. Mathematik und technologischer Fortschritt

VII. Technologie und Strukturpolitik

VIII. Wachstum

IX. Wirtschaftspolitik

X. Umweltpolitik

XI. Beschäftigung

I. Grundsatzfragen in Politik, Wirtschaft und Kultur

I. Grundsatzfragen in Politik, Wirtschaft und Kultur

Die moderne Informations- und Kommunikationstechnologie und die Kultur des Politischen

Kurt H. Biedenkopf

Zusammenfassung

Die neuen Informations- und Kommunikationstechniken bedürfen einer großen gesellschaftlichen, das heißt, politischen Innovation. Diese Innovation wird die politische Kultur nicht nur unseres Landes in zentralen Punkten verändern. Traditionelle Besitzstände und Machtpositionen müssen sich neu legimitieren. Die gesamte Gesellschaft, ihre Institutionen sowie ihre politische Führung ist herausgefordert. Wird diese Herausforderung bewältigt und die Innovationsleistung erbracht, kann sich die Gesellschaft erfolgreich weiterentwickeln, mit der modernen technischen Entwicklung Schritt halten und sie integrieren. Die Qualität einer solchen Gesellschaft wächst. Sie ist zukunftsfähig. Der Primat des Politischen wird gewahrt.

Der Ausgangspunkt ist oft beschrieben: Wir befinden uns auf dem Weg in die Informationsgesellschaft. Der Weg aber ist neu. Eine erprobte Landkarte fehlt. Wegmarkierungen gibt es noch nicht. Gesicherte Erfahrungen über diesen Weg liegen nicht vor.

Doch: Wer nicht vorangeht, der kann weder Weg noch Ziel mitbestimmen. Wer aber vorangehen will, der benötigt gutes Rüstzeug.

1. Der Primat des Politischen

Von der Revolution der Informations- und Kommunikationstechnologie wird gesprochen und geschrieben. Allgemein wird die technologische Revolution beschworen von Befürwortern wie Gegnern. Alles ist vermeintlich revolutionär: Die Biotechnik, die Technologie neuer Werkstoffe, die Raumfahrttechnologie, die Militärtechnik. Die Reihe ließe sich beliebig fortsetzen. Man eilt nur von einer technischen Revolution zur anderen.

Um es von vornherein klarzustellen: Die technologische Entwicklung ist nicht an sich revolutionär, wie viele meinen. Bei naturwissenschaftlichen Erkenntnissen und den damit verbundenen technischen Erfindungen kann es Sprünge oder gar Revolutionen per definitionen nicht geben. Die technische Fortentwicklung liegt in der Natur der Sache, wie die Neugierde des Forschers und Wissenschaftlers in der Natur des Menschen liegt.

Revolutionär können naturwissenschaftliche Erkenntnisse und technische Erfindungen erst werden, wenn sie gesellschaftlich umgesetzt werden und dadurch die Menschen möglicherweise sogar in ihrer Existenz berühren.

Die Anhäufung des ungeheueren nuklearen Potentials als Folge der Erfindung der Atombombe vor 40 Jahren ist ein Beispiel für die existentielle Bedrohung der Menschen. Die Wirkungen moderner Technologien treten also nur ein, wenn wir sie wollen. Dieses Wollen als gesellschaftliches Wollen ist Politik. Die mögliche Unfähigkeit oder die Unzulänglichkeit der Gesellschaft, moderne Technologien sinnvoll anzuwenden, in das Leben der Menschen zu integrieren, ist Ursache für das Technologietrauma vieler Menschen, das angesichts fehlender historischer Erfahrung im Umgang mit neuen Technologien, wie die moderne Informations- und Kommunikationstechnologie oder die Gentechnologie, verständlich ist. Sie hinzunehmen aber bedeutet, die Gestaltung der Gesellschaft der Technik zu überlassen. Auch dies ist eine politische Entscheidung, keine Sachnotwendigkeit, die dem politischen Willen entzogen ist. Die Politik verzichtet in einem solchen Fall auf ihren Primat und unterwirft sich dem Primat des Technischen.

In der Geschichte der Menschheit hat die Nutzung und Anwendung neuer Technologien immer wieder die gesellschaftliche Entwicklung entscheidend beeinflußt und zu gesellschaftlichen Umbrüchen geführt.

Die Herstellung primitiver Werkzeuge und die Entdeckung des Feuers, die Domestikation von Tieren und die den seßhaften Ackerbau ermöglichenden Erfindungen bewirkten die erste große gesellschaftliche Umwälzung in der Menschheitsgeschichte. Entdeckungen in der Metallurgie, die zum Bronze- und dann zum Eisenzeitalter führten, waren Wegbereiter einer neuen Zivilisation. Die Nutzung militärischer Innovationen, wie die Erfindung des Schießpulvers, veränderten bestehende Machtverhältnisse. Alle neuzeitlichen Revolutionen standen in einem engen Zusammenhang mit der Wissenschaftsentwicklung und der daraus resultierenden Entwicklung und Anwendung der Technik.

Die entscheidende politische Aufgabenstellung besteht also nicht darin, in einem schwarz-weiß-Schema eine gesellschaftspolitische Bilanz aufzustellen mit den Rubriken Chancen und Gefahren.

Die richtigen, von der Politik zu beantwortenden Fragestellungen lauten vielmehr:

- Was wollen wir mit den neuen technischen Möglichkeiten bewirken?
- Wie müssen wir die gesellschaftlichen Strukturen ändern, damit wir mit der neuen Technik die gewünschten Wirkungen erzielen können?

Die Beantwortung dieser Fragen wird uns nicht durch die Technik vorgegeben. Sie ist das Ergebnis eines eigenständigen, produktiven, originären Vorgangs – das Ergebnis einer *gesellschaftlichen Innovation*, das heißt: Einer politischen Innovation, deren Inhalt nicht aus der technischen Innovation abgeleitet werden kann.

Ein praktisches Beispiel: Im staatlichen Renten- oder Krankenversicherungssystem sind im großen Umfang Verwaltungsabläufe zu bewältigen. Ob diese Abläufe in tradtioneller Weise oder mit Hilfe der modernen Datenverarbeitung bewältigt werden, wird nur die interne Organisation der staatlichen Versicherungssysteme berühren. Entweder werden weniger Menschen notwendig sein, um die gleichen Aufgaben zu erledigen, oder die Organisation kann zusätzliche Aufgaben übernehmen, ohne zusätzliches Personal zu beschäftigen. Die gesellschaftliche Struktur, etwa die Struktur der Sicherung im Alter oder bei Krankheit wird davon nicht berührt. Der Mensch ist lediglich in vielen Bereichen durch die Maschine ersetzt worden.

Diese Veränderungen sind nicht gemeint, wenn wir von der innovativen Veränderung gesellschaftlicher Prozesse sprechen, die erst möglich geworden sind, weil wir den Computer besitzen.

Gesellschaftliche Innovation bezeichnet folgenden beispielhaften Sachverhalt: Bislang galt es als organisatorisch fast unmöglich, in größeren Unternehmen die Arbeit so zu organisieren, daß sie nicht nur den Bedürfnissen des Betriebsablaufes, sondern auch dem Wunsch vieler Arbeitnehmer gerecht werden konnte, zwischen unterschiedlichen Arbeitszeitlängen zu wählen.

Deshalb konnte das mit höherem Wohlstand gewachsene Bedürfnis nach einer flexiblen Gestaltung der Arbeitszeitregelung oder nach dem Angebot unterschiedlich langer Teilzeitbeschäftigungen nicht befriedigt werden. Mit Hilfe der modernen Datenverarbeitung ist es heute möglich, auch sehr komplexe Arbeitsorganisation und -abläufe zu organisieren. Dieses zusätzliche Organisationspotential erlaubt es uns, die Menschen an der Bestimmung ihrer individuellen Arbeitszeit in gewissem Rahmen mitwirken zu lassen. Damit läßt sich die heute weitgehend standardisierte Arbeitszeit – ein Ergebnis des bisherigen Entwicklungstandards administrativer Möglichkeiten – im Bereich der Arbeitsorganisation überwinden und durch neue Formen der Arbeitsorganisation ersetzen. So können Bedürfnisse befriedigt werden, die bisher nicht befriedigt werden konnten.

Voraussetzung ist die Bereitschaft, den Computer als Werkzeug für die Neugestaltung der Arbeitszeitorganisation zu nutzen. Die Innovation, die damit verbunden ist und die zur Befriedigung bisher nicht befriedigter Bedürfnisse führen kann, ist jedoch keine technische Innovation, sondern eine gesellschaftspolitische. Wo sie stattfindet, demonstriert die Gesellschaft ihre Fähigkeit, mit dem neuen technischen Instrument die Arbeitsstrukturen neuzugestalten, das heißt: Die mit dem neuen von der technischen Entwicklung gebotenen Werkzeug verbundenen Möglichkeiten zu nutzen.

Für das Verhältnis moderner Technik zur gesellschaftlichen Entwicklung heißt dies: Die Produzenten moderner Informationstechnik erfüllen die Aufgabe, Geräte und Programme zur Verfügung zu stellen, weiterzuentwickeln und damit Informations- und Kommunikationswerkzeuge bereitzuhalten, die Nachfrage nach solchen Werkzeugen zu befriedigen und die Möglichkeit der Anwendung der Werkzeuge zu erläutern.

Die gesellschaftliche, die politische Aufgabe besteht darin, die Rezeption der neuen Technik zu organisieren und die mit den Möglichkeiten der neuen Technik verbundenen und gewollten Auswirkungen gesellschaftlich zu integrieren. Wenn beide Aufgaben erledigt werden, kann das wirtschaftliche und gesellschaftliche Potential der Informations- und Kommunikationstechnik genutzt werden.

2. Die „Demokratisierung" des Herrschaftswissens

In der Geschichte der Menschheit besaßen in der Regel diejenigen Privilegien und Macht, die über Informationen verfügten oder mit Informationen handelten. Genauer betrachtet ist es allerdings nicht die Information an sich, sondern der Informationsvorsprung vor anderen, der sich in dem vielzitierten Ausspruch „Wissen ist Macht" niederschlägt. Wer privilegierte Informationen besaß, hatte zugleich eine nicht zu unterschätzende Prämie auf Besitz und Macht.

Die moderne Informationstechnik wird – ganz im Gegensatz zu pessimistischen Prognosen über die neuentstehenden Machtpositionen von Informationsverarbeitern – diesen Informationsvorsprung abbauen. Sie wird den Informationsbesitz demokratisieren. Wenn Menschen durch neue Techniken massenhaft Zugang zu Informationen erhalten, hört Information auf, ein knappes Gut zu sein. Sie verliert ihre Eigenschaft als „Herrschaftswissen". Diejenigen, die auf ihren Informationsvorsprung in der Vergangenheit Privilegien, Besitzstände und Macht gründeten, werden sich daran gewöhnen müssen, daß ein wachsender Teil dieser Information auch anderen zugänglich ist. Wenn also prinzipiell alle Zugang zu Informationen haben, wird nicht der Besitz von Information sondern die Fähigkeit, sie kreativ und intelligent zu nutzen, in der Zukunft die Verteilung von gesellschaftlicher, das heißt auch politischer Macht beeinflussen. Die Weiterentwicklung der Informations- und Kommunikationstechnik ermöglicht, nach anfänglicher Vergrößerung des Machtgefälles, durch die breite Streuung der Anwendungsmöglichkeiten neue und alte Machtungleichheiten in unserer Gesellschaft zu beseitigen. Führung in Gesellschaft und Staat muß sich dann auf andere Weise als nur durch den Besitz priviligierter Information legitimieren.

In der Vergangenheit haben wir nämlich unsere gesellschaftlichen Hierarchien danach geordnet, wer über Informationen verfügte. Wer viel Information besaß, war wichtig; wer wenig Information hatte, war in der Gesellschaft relativ unwichtig. Für die gesellschaftliche Hierarchie der Zukunft wird nicht mehr entscheidend sein, wer Information besitzt, sondern wer mit dem Gut Information besonders kreativ umgehen kann. Es wird immer weniger darauf ankommen, wieviel Information man besitzt und immer mehr darauf ankommen, wie man sie nutzen kann. Entscheidend wird nicht mehr nur der Besitz von „Geist-Kapital" sein, sondern die Produktivität von „Geist-Kapital". Mit der Information wird es sich damit in Zukunft ähnlich verhalten, wie mit dem Geld. Neben das Geld-Kapital wird das Informations-Kapital treten. Ebenso wie in den letzten Jahrzehnten der „Geld-Wohlstand" gewachsen ist, wird zukünftig auch der „Informationswohlstand" wachsen. Immer mehr wird der Erfolg des einzelnen, die Gestaltung des Lebens und die Gestaltung des Lebens der Gesellschaft davon abhängen, wie der einzelne das verfügbare Kapital nutzt. Hat jemand Geld, ist er zwar wohlhabend, aber noch nicht produktiv. Geld-Kapital wird erst dann zur Quelle von Einkommen, wenn es kreativ und produktiv eingesetzt wird. Mit dem Informations-Kapital wird es in Zukunft ähnlich sein.

Die schnelle Verbreitung der Informationstechnik darf und wird auch nicht dazu führen, daß sich eine neue Klasse von Spezialisten entwickelt. In den 50er und 60er Jahren hatte es zunächst den Anschein, als werde das „Regime der Manager" durch ein „Regime der Computerspezialisten" abgelöst. Nur wenige Menschen waren damals in der Lage, mit den neuen Datenverarbeitungsgeräten umzugehen. Die Entwicklung der letzten Jahre hat jedoch die Gefahr, daß sich eine neue Machtelite bilden könnte, von selbst beseitigt. Der Wettbewerb unter den Herstellern der neuen Informationstechnologien, die kaum vorstellbare Steigerung der Leistungsfähigkeit der Geräte, die fast ebenso schnell wachsende Bedienungsfreundlichkeit, die rapide Verbilligung des Zugangs zu ihnen, hatte zur Folge, daß sich der Umgang mit dem Computer zu einer neuen, allgemein zugänglichen Kulturtechnik entwickelt hat. Auch hier hat die moderne technische Entwicklung zu einer Art Demokratisierung eines ehemals bestehenden Wissens-Privileg geführt. Der Besitz des Computers und die Fähigkeit, ihn zu bedienen, vermittelt nicht länger einen Macht- oder Herrschaftsvorsprung.

3. Der Abbau der „Hierarchie der Generationen"

Die Veränderungen werden nicht sofort stattfinden. Zwischen ihren Ausgangs- und ihrem Endpunkt wird eine Übergangszeit liegen, die etwa die Zeit einer Generation betragen wird. Der Übergang von der alten Informationsordnung, in der diejenigen privilegiert waren, die die Informationen besaßen, zur neuen Informationsordnung, in der die vorne sind, die mit der Information kritisch und schöpferisch arbeiten und sie auf besonders intelligente Weise nutzen können, wird zu erheblichen Umstellungsproblemen führen. Dieser Wechsel wird auch mit Spannungen verbunden sein, wie sie sich heute bereits zwischen den Generationen abzeichnen.

Die allgemeine Zugänglichkeit eines immer größer werdenden Informationsbestandes wird zwar nicht dazu führen, daß das menschliche Wissen schneller veraltet. Aber das Altern unseres Wissens wird evident. Das Wissen vermehrt sich nicht nur schneller, es wird auch schneller deutlich, daß sich das Wissen verändert. Die dauernde Veränderung des Wissensstandes wird durch den allgemeinen Zugang zur Information allen präsent.

Der jüngeren Generation wird mit dem allgemeinen Zugang zum gegenwärtigen Informationsbestand deutlich, daß das Wissen der Älteren sich verbraucht. Ein wesentlicher Bestandteil der „Hierarchie der Generationen", nämlich der Wissens- und Erfahrungsvorsprung der Älteren, wird dadurch relativiert. Auch dies kann zur Konfrontationen zwischen den Generationen führen. Wir werden ähnliche Probleme erleben wie zur Zeit des Beginns der Motorisierung. Auch damals war der jüngeren Generation eine Technik selbstverständlich, die die ältere Generation noch in Schrekken versetzte.

Für die älteren Menschen ist die damit verbundene Umstellung eine schwerwiegende Herausforderung und oft wichtigste Ursache heimlicher Ängste. Ihre Stellung in der Gesellschaft, oft auch ihre Aufgabe und Funktion, verdankt die ältere Generation dem Erfahrens- und Wissensvorsprung, den sie besaß. Bis in die jüngste Vergangenheit hinein war dieser Wissens- und Erfahrensvorsprung relativ stabil. In dem Maße aber, in dem sich heute die jüngeren Menschen umfassend über neueste Entwicklungen unterrichten und an ihnen selbst teilnehmen können, veraltet die Erfahrung und nimmt damit zugleich der Vorsprung ab.

In diesem Zusammenhang liegt umgekehrt die Erklärung dafür, daß die schnelle Verbreitung des Computers und der Informationstechnologien vor allem von den jüngeren Generationen vorangetrieben wird. Sie sind es vor allem, die das neue Werkzeug in Anspruch nehmen wollen. Sie sind es, die mit dem Gebrauch des Computers nicht ihre eigene Erfahrung entwerten können, weil sie noch keine Erfahrung gesammelt haben. Sie haben deshalb vor der neuen Technologie auch weniger Angst. Angst haben allenfalls diejenigen, die ihre Erfahrung verbraucht sehen und jetzt lernen müssen, ihre bisherige Erfahrung mit der jeweils neuen Information in Übereinstimmung zu bringen.

Doch müssen wir in diesem Prozeß eine wichtige Erscheinung beachten. Wir müssen beachten, daß es menschliche Erfahrungen gibt, die nicht veraltern können, weil sie ihre Grundlage in der menschlichen Natur selbst haben. In dem Maße, in dem sich die ältere Generation auf diese Erfahrungen besinnt, sie pflegt und weitergibt, kann sie sich zugleich gegen den Verbrauch „aktueller Erfahrung" schützen. Das Verhältnis zwischen den Generationen wird so auf die eigentliche, die wesentliche Substanz menschlicher Erfahrung und Autorität verwiesen. Dies kann zu einer wichtigen positiven Nebenwirkung der Anwendung der modernen Informationstechnologie werden.

4. Neue Legitimation im politischen Wettbewerb

Die Veränderung der „Informationshierarchie" wird nicht ohne Auswirkung auf den politischen und gesellschaftlichen Wettbewerb sein. Besitzstände, Machtposition, Einflußmöglichkeiten, der Wettbewerb zwischen den politischen Parteien und Gruppierungen, zwischen den gesellschaftlichen Gruppen und Interessenvertretungen, die Machtverhältnisse zwischen Gewerkschaften und Arbeitgeberverbänden, aber auch die gesellschaftliche Position der sozialen Versicherungssysteme oder anderer sozialer Einrichtungen, werden entscheidend bestimmt von der Überzeugungskraft ihrer jeweiligen Argumente. Zu den Argumenten gehören die Sachverhalte, aus denen die jeweiligen gesellschaftlichen Gruppen oder Institutionen ihre Legitimation und damit ihre Machtposition und Besitzstände ableiten. Ändern sich diese Sachverhalte, so können sich auch die gesellschaftlichen Besitzstände und Machtpositionen verändern. Erwirbt der Arbeitnehmer durch wachsenden Wohlstand die Fähigkeit, einen Teil seiner Lebensrisiken selbst zu übernehmen, so vermindert sich die Berechtigung gesetzlich vorgeschriebener kollektiver Risikobewältigung.

Voraussetzung für die Evidenz der veränderten Legitimation ist jedoch, daß die Bevölkerung die Veränderung der Sachverhalte erfährt. Es ist deshalb nicht überraschend, daß die Aufdeckung der veränderten Sachverhalte auf erheblichen Widerstand der gesellschaftlichen Gruppen und ihrer Besitzstände stößt. Die Unkenntnis der Menschen über ihre wirkliche Situation war schon immer eine wichtige Voraussetzung für die Sicherung gesellschaftlicher und politischer Machtpositionen. Daran hat sich auch im Zeitalter der modernen Informationstechnik nichts geändert.

Allerdings erlaubt uns die moderne Informations- und Kommunikationstechnik, mit weitaus geringeren Mitteln als früher die notwendigen Daten zu sammeln und damit über die machtpolitisch bedeutsamen Sachverhalte aufzuklären.

Die Unkenntnis über die wahren Verhältnisse in der Gesellschaft, über die wirklichen Einkommen der privaten Haushalte, über die wirkliche soziale Lage der Bürger, sind weiße Flecken auf der Landkarte, die uns Auskunft über die allgemeine Befindlichkeit der Gesellschaft gibt. Diese weißen Flecken können jetzt abgebaut werden. Dies hat zur Folge, daß wichtige gesellschaftliche und politische Institutionen ihre Legitimation infrage gestellt sehen und damit neu begründen müssen. Diese Einrichtungen müssen ihre Aufgaben neu definieren, mit den neuen Verhältnissen fertig werden; sie müssen am Wandel teilnehmen. Ihre bisherigen Aufgaben sind oft bewältigt. Dies gilt für die Führungsaufgaben in Unternehmen wie in anderen gesellschaftlichen Organisationen. Die Bewältigung von Führungsaufgaben ist mit neuen Herausforderungen verbunden, wenn die Geführten über die Zusammenhänge und die Leistungen des Unternehmens weit besser informiert sind als bislang. Wenn die Mitarbeiter einen ähnlichen Informationszugang haben wie die Unternehmensleitung, dann wird die Leitung von den Mitarbeitern nicht mehr deshalb als Führung anerkannt, weil sie über Herrschaftswissen verfügt, sondern, weil sie mit diesem Herrschaftswissen produktiv umgehen kann. Die Unternehmensleitung muß sich auf andere Weise als durch den Besitz priviligierter Informationen legitimieren. Vorauszusehen ist, daß die Entwicklung von der alten zu der neuen „Informations-Hierarchie“ im Unternehmen zunächst von dem Versuch begleitet sein wird, den Zugang zu Informationen zu beschränken. Aus zahlreichen Unternehmen wird berichtet, daß es Diskussionen und Auseinandersetzungen über den Umfang des Zugangs zur allgemeinen Datenbank eines Unternehmens gab. In dieser Diskussion wurde versucht nachzuweisen, daß ein großzügig organisierter Zugang zu den Informationen das Unternehmen selbst gefährden könnte. Tatsächlich ging es jedoch vor allem um die Frage, ob eine breitangelegte Information des mittleren und unteren Mangement geeignet sein könnte, die bisherige Leigitimation der Unternehmensführung zu beeinträchtigen. Diejenigen Unternehmen werden in Zukunft im Wettbewerb an der Spitze liegen, denen es gelingt, sich auf die neue Entwicklung besonders schnell einzustellen und ihre großen Potentiale zu nutzen. Ähnliches gilt auch für die politischen Parteien und die gesellschaftlichen Interessenorganisationen.

Als Folge dieser Entwicklung wird man erkennen, daß es unzureichend ist, mit dem vorhandenen Fundus an Erfahrung und Informationen zu arbeiten. Wer am schnellsten Erfahrungen aktualisieren und Informationen erneuern, ergänzen und fortentwickeln kann, wird den Wettbewerb bestehen. So wird es auch zu neuen Auswahlkriterien im gesellschaftlichen Wettbewerb kommen. Derjenige wird belohnt werden, der das Informations-Kapital am produktivsten einsetzen und vermehren kann.

5. Die Relativierung des Norm- und Wissenstatbestandes

Eine weitere Folge der Nutzung der neuen Informationstechniken und ihrer Auswirkungen auf vorhandenes Wissen wird darin liegen, daß sich der vorhandene Wissensbestand zunehmend als nur relativ richtig erweist.

Immer mehr Menschen werden die Erfahrung machen, daß alles oder vieles von dem, was sie sich als Wissen angeeignet haben, nur relativ richtig ist. Für begabtere Menschen ist diese Relativierung des Bekannten, des Hergebrachten, des vorhandenen Wissens schnell zu verkraften. Wir empfinden die damit verbundene Offenheit eher als eine Chance denn als eine Bedrohung. Für die Gesellschaft als ganzes gilt dies nicht. Das organisierte Zusammenleben der Menschen ist darauf angewiesen, auf einen bestimmten Grundbestand an zuverlässigen Normen und Verhaltensmustern aufbauen zu können. Aus den Erfahrungssätzen, Normen und dem Grundwissen muß sich der Grundkonsens der Gesellschaft ergeben können. Wir müssen, wenn wir bestimmte Schlüsselworte verwenden, alle dasselbe meinen, um uns überhaupt verständigen zu können. Die organisierte Gesellschaft muß über Strukturen verfügen, die es uns erlauben, mit bestimmten Worten und Begriffen bestimmte Verhaltensweisen zu signalisieren. Begriffe wie Leid, Mut, Tapferkeit und Ehrlichkeit sind nicht nur allein Worte, sondern in Worten zusammengefaßte Verhaltensmuster und Verhaltensweisen, auf die man sich verständigt hat oder deren Inhalt als allgemein gültig angesehen wird. Auch die Werte und Wertvorstellungen, auf denen eine Gesellschaft gründet, gehören hierzu.

Mit der wachsenden Information über andere Formen der Gestaltung menschlicher Gesellschaft relativiert sich aber die Allgemeingültigkeit der eigenen gesellschaftlichen Gestaltung und Organisation. In dem Maße, in dem die ganze Welt zu einem

Informationsverbund zusammenwächst, erscheint das, was bisher als absolut richtig angesehen wurde, zunehmend als nur relativ richtig.

Diese Relativierung von Wert und Grundvorstellungen gesellschaftlicher Organisation ist eine Gefahr. Sie kann zu Instabilität und Lähmung führen. Es gehört deshalb zu den wichtigen politischen und kulturellen Aufgaben unserer Zeit, die mit der Relativierung von Wert und Zielvorstellungen menschlicher Gesellschaft verbundenen Gefahren unter Kontrolle zu bringen. Denn wenn eine Gesellschaft durch den Prozeß ständiger Informationsvermehrung überfordert wird, beginnt sie irrational zu werden.

Bei der Bewältigung dieser Aufgabe bieten sich der Führung einer Gesellschaft im wesentlichen drei Möglichkeiten:

1) Die Führung verhindert den Zuwachs an Information, das heißt, sie läßt zusätzliche Information nicht zu. Dies geschieht mit dem Argument, die zusätzliche Informationsflut gefährde und zerstöre schließlich die Stabilität der wichtigsten gesellschaftlichen Strukturen und Einrichtungen. Klassische Beispiele für diese repressive Politik sind die islamisch-iranische Republik oder auch die sozialistischen Staaten. Dort versucht die Führung mit allen Mitteln, externe Informationen von der Bevölkerung fernzuhalten. Solche Information wird als unvereinbar mit der auf religiösen oder auf ideologischen Dogmen beruhenden Verfassungsstruktur der Gesellschaft angesehen. Die Repression wird mit der Gefahr für die Stabilität des Systems an sich begründet, die von externer Information ausgeht.

(2) Die Führung der Gesellschaft unternimmt den Versuch, die Gesellschaft im Gleichklang mit der Vermehrung und Veränderung des Wissens weiter zu entwickeln und zu verändern. Sie entwickelt sie mit anderen Worten so weiter, daß sie zu neuen stabilen gesellschaftlichen Strukturen findet. Ein Aspekt einer solchen Entwicklung besteht darin, daß viele der bisher unbefragt akzeptierten Verhaltensweisen und Normen verändert oder durch inhaltliche Begründungen neu legitimiert werden.
Ein solcher von Jahr zu Jahr, von Generation zu Generation fortgeführter Legitimationsprozeß ist eine beachtliche kulturelle und politische Leistung. Sie setzt eine entsprechende politische Führungsstruktur und die Bereitschaft der Gesellschaft voraus, diese Leistung dauerhaft zu erbringen.
Wird die Leistung erbracht, so kann sich die Gesellschaft erfolgreich weiterentwickeln und damit mit der modernen technischen Entwicklung und ihren Optionen Schritt halten. Die Qualität einer solchen Gesellschaft wächst. Der Primat des Politischen wird gewahrt.

(3) Es besteht die Möglichkeit, daß die Gesellschaft zerfällt, daß sie an der Herausforderung scheitert, die mit der Relativierung ihres Normen- und Wissensbestandes verbunden ist. Für diese Alternative gibt es das schöne Bild aus dem Alten Testament: der Turmbau zu Babel. Um die Anmaßung der Menschen zu bestrafen, die einen Turm in den Himmel bauen wollten, hat Gott sie mit Sprachverwirrung geschlagen. Er hat, modern gesprochen, den Konsens über die Begriffe und Verhaltensweisen zerstört. Die Menschen konnten sich nicht länger untereinander verständigen. Da sie sich nicht mehr verständigen konnten, konnten sie auch keine Gemeinschaftsleistung mehr erbringen. Sie zerstreuten sich deshalb in alle Winde.

6. Die Entideologisierung

Eine der wichtigsten Wirkungen, die mit dem gesellschaftlichen Gebrauch der modernen Informationstechnik verbunden ist, ist der Zwang zur Rationalität. Die Verwendung von Computern setzt rationales Denken voraus. Geglaubtes läßt sich nicht rechnen. Ideologie läßt sich nicht codieren. In dem Maße, in dem der Computer in die Gesellschaft als ein Instrument des Informationsaustausches, der Informationsbearbeitung, der Kommunikation, der wissenschaftlichen, wirtschaftlichen und politischen Tätigkeit eindringt, wird die Gesellschaft entideologisiert. Denn der Einsatz des Computers ist nur dann sinnvoll, wenn mit Daten und Sachverhalten gearbeitet wird, die nicht ideologisch verzerrt sind.

Dieser Zwang zum rationalen Denken hat positive und negative Asspekte. Zu den positiven Aspekten gehört der Zwang zur Entideologisierung, der mit der Universalität des Rationalen des „Computer-Denkens" verbunden ist.

Als Folge dieser Entideologisierung werden wir voraussichtlich eine Art schizophrene politische Situation antreffen, in der die großen politischen Organisationen und Parteien sich mit Hilfe politischer Rhetorik über Sachverhalte streiten, über deren Beurteilung grundsätzliche Unterschiede zu bestehen scheinen, obwohl die Experten sich über die Sachverhalte längst verständigt haben. Denn ohne eine Verständigung über Sachverhalte können die Experten nicht miteinander reden. In solchen Fällen werden wir die Erfahrung machen: Je intensiver der Lärm politisch-rhetorischen Auseinandersetzung, um so berechtigter der Verdacht, daß die inhaltliche Rechtfertigung für die politische Auseinandersetzung abgenommen hat.

Diese von der Rationalität des Computer-Zeitalters verursachte Veränderung berührt im übrigen auch die Ost-West-Beziehungen. Die Sowjetunion wird die moderne Computer-Technik nur rezipieren können, wenn sie demjenigen, der mit der modernen Technik arbeiten soll, gestattet, entideologisiert zu arbeiten. Mit anderen Worten: Dort, wo mit dem Computer gearbeitet wird, muß die politische Führung auf die Durchsetzung ideologischer Vorurteile verzichten. In einigen Bereichen hat die Sowjetunion dies bereits getan; jedoch bisher noch nicht im Bereich der Volkswirtschaft. Die Sowjetunion wird aber auf Dauer nur existieren können, wenn sie auch im volkswirtschaftlichen Bereich auf die Durchsetzung ideologischer Vorurteile verzichtet. Es ist deshalb nur folgerichtig, daß die sowjetische Führung unter Gorbatschow mit dem 27. Parteitag der KPdSU im Februar/März 1986 begonnen hat, im Bereich der Volkswirtschaft auf die Durchsetzung ideologischer Vorurteile zu verzichten. Eine wesentliche Ursache des neuen sowjetischen Programms einer weitreichenden Veränderung des Wirtschaftsmechanismus, die Gorbatschow als „radikale Reform" bezeichnet, ist die Bewältigung der Herausforderungen, die mit den neuen Informations- und Kommunikationstechniken und der sich damit abzeichnenden Vergrößerung des wirtschaftlich-technischen Vorsprunges der westlichen Industriestaaten, für die Sowjetunion entstanden sind. Daß dies langfristig enorme Veränderungen der vorhandenen Strukturen in der Sowjetunion zur Folge haben muß, ist offensichtlich. Es wird eine der großen politischen Aufgaben vor allem Westeuropas sein, daran mitzuwirken, daß diese Veränderung nicht zu Eruptionen und damit krisenhaften Gefährdungen führt.

7. Die Herausforderung annehmen

Die neuen Informations- und Kommunikationstechniken „verlangen“ also einen besonders großen Bedarf an gesellschaftlicher, das heißt, politischer Innovation. Wer überholte Besitzstände schützen und verteidigen will, wird diese Innovation nicht leisten können. Wer überholte Besitzstände schützt und verteidigt, wird durch die Entwicklung selbst überrollt. Unsere politische Kultur wird sich also wesentlich verändern müssen und auch verändern. Diesen Veränderungsprozeß zu gestalten, ist die Herausforderung, die wir zum Ende dieses Jahrhunderts bewältigen müssen. Nur so bestimmen wir den Weg und das Ziel der neuen Informationsgesellschaft, nur so wahren wir den Primat des Politischen in einem Zeitalter neuer naturwissenschaftlicher Erkenntnisse und technischer Erfindungen.

„Phantasie – Pflicht der Mächtigen“

NORBERT BLÜM

Mächtige interpretieren ihren Machtanspruch konservativ. Sie wollen Verhältnisse stabilisieren, setzen auf Besitzanstandswahrung, dringen auf Herrschaftssicherung. Phantasie erscheint da wie ein Kontrastprogramm. Denn sie ist dynamisch, stellt Bestehendes in Frage. Phantasie kann die Realität verlassen und die Grenze zum Traum überschreiten. Sie kann aber auch sehr reale Ziele entwerfen. So ist Phantasie der Sauerteig des Lebens, der es verändert und Fortschritt in Gang bringt. Macht und Phantasie sind keine Gegenpole. Phantasie ist Pflicht der Mächtigen, weil erstarrte Macht Bewegung verhindert und menschlichen wie wirtschaftlichen Fortschritt blokkiert.

Auch die Demokratie kommt nicht ohne Macht aus, aber in ihr muß sich Macht legitimieren. Wer Macht ausübt, hat sie vom Souverän, dem Bürger, erhalten – und zwar immer nur auf Widerruf! Die Demokratie kennt zwar eine Kontinuität ihrer Organe, aber keine automatische Kontinuität der Mächtigen. Macht muß sich in der Konkurrenz der Ideen und der Fähigkeit zu ihrer Umsetzung behaupten. Leistungen der Vergangenheit müssen sich messen lassen an den Alternativen für die Zukunft. Das Bessere als Feind des Guten ist der Antrieb der Demokratie. Die Macht des Souveräns zwingt den Mächtigen zur Phantasie.

Von Spinoza stammt der Satz, daß jeder so viel Recht habe, wie er Macht besitzt. In der Demokratie stimmt das nicht. In ihr muß sich Macht doppelt legitimieren: Durch ihre Bindung an die Menschenrechte und durch die Zustimmung der Bürger. Diese Zustimmung ist nur möglich, wenn der Inhaber von Macht am Puls der Zeit bleibt.

Dazu gehört die Sensibilität, neue Probleme einer Gesellschaft rechtzeitig zu erkennen und Lösungen vorzuschlagen. Dazu gehört aber auch die Fähigkeit, Probleme vorwegzudenken, die im Bewußtsein der Bürger noch nicht verankert oder noch unterentwickelt sind.

Phantasievolle Politik kein Populismus

Die Gefahr demokratischer Herrschaftsformen liegt in der Versuchung, sich auf der Woge von Tagesstimmungen treiben zu lassen. Das wäre gewissermaßen eine „Herrschaft paradox“, weil sie ohne eigene Gestaltungskraft zum Spielball der Stimmungen würde. Deshalb kann ein solcher Populismus auf Dauer nicht erfolgreich sein. Er wäre auch perspektivlos, weil Weichenstellungen für die Zukunft im Hin und Her der Emotionen nicht möglich sind. Wer regierungsfähig sein will, braucht eine längerfristige Konzeption und muß bereit sein, auch schmerzhafte Erkenntnisse als Einsicht zu vermitteln.

Vor jeder Leistung des Staates steht die offene Hand des Fiskus. Der Zwang zur Balance zwischen input und output kann allenfalls einmal kurzfristig mißachtet werden. Langfristig muß ein Gleichgewicht zustandekommen – nicht nur in finanzieller Hinsicht. Exponenten der Gefälligkeitsdemokratie haben deshalb nur kurze Lebenszeiten; ihre Täuschung wird schnell entlarvt. Es gehört zum Anstand und auch zur Klugheit der Mächtigen, Rechte und Solidarpflichten der Bürger sorgfältig auszutarieren. Kein Politiker verteilt auch nur eine Mark, die er nicht zuvor irgend jemandem abgenommen hat. Deshalb ist die Masche, die Sozialqualität eines Staates nur an dem zu messen, was er verteilt, phantasieloser Unsinn. Und der Bürger weiß oder ahnt zumindest, daß er in der Empfängerrolle abhängig gehalten wird.

Phantasie: Brücke zwischen Pragmatismus und Vision

Die Wirklichkeit hat viele Fesseln und Bremsen für die Phantasie: Tatsächliche oder angebliche Sachzwänge, Behäbigkeit von Apparaten, aber auch ethische Grenzen, die der Umsetzung von Ideen den Handlungsrahmen setzen müssen. Diese Wenn und Aber sind ein Januskopf voller Vor- und Nachteile. Sie können einerseits die Phantasie in zu enge Bahnen verweisen: Wo das Denken erst nach dem sogenannten Sachzwang beginnen darf, gibt es keinen Fortschritt. Aber andererseits kann sich Phantasie auch in Träumereien und Trugbildern verlieren. Deshalb ist die Kontinuität von Institutionen ein sinnvolles Korrektiv gedanklicher Höhenflüge. Man kann nicht jeden Tag die Welt neu erfinden, und umtriebige Unrast darf nicht zu Heimatlosigkeit und Desorientierung der Menschen führen. Beständigkeit der Praxis führt auch dazu, daß die Folgen von Fehlentscheidungen überschaubar bleiben. Insoweit verheißt Stetigkeit Verläßlichkeit.

Große Reformer waren zugleich Pragmatiker und Visionäre. Sie mußten von ihrer Lebenswirklichkeit ausgehen, aber zusätzlich kommende Entwicklungen und Bedürfnisse vorwegnehmen, ohne die Menschen zu überfordern. Die Einführung der Sozialversicherung unter Bismarck war eine Jahrhundertreform – vielleicht sogar mehr, weil dieses Sicherungssystem auch nach über 100 Jahren mit denselben Grundstrukturen fortlebt und vital wie eh und je ist. Die Sozialversicherung war nötig, um der Not der Industriearbeiter zu begegnen.

Aber sie ist nach wie vor Modell zur Organisation von Solidarität, das trotz vieler Korrekturen und Weiterentwicklungen seine zeitlose Gestalt beibehält. Ein Produkt kreativer Phantasie der Mächtigen in den achtziger Jahren des vorigen Jahrhunderts!

Es mag sein, daß große Ideen sich manchmal im Laufe der Jahre abschleifen. Der Gedanke der europäischen Einheit gehört dazu: Die Vision der Versöhnung von vorher verfeindeten Völkern ist längst Realität; die konkrete Zusammenarbeit in einer Europäischen Gemeinschaft wird heute allerdings sicher nüchterner gesehen als in der ersten Euphorie. Ohne den Schwung – auch die Hochgefühle – der Idee am Beginn wären die realen Fortschritte aber nicht denkbar gewesen. Die Krisen der europäischen Praxis sind da kein Gegenargument. Denn die Unzulänglichkeiten im Detail sind weniger Ausdruck des Scheiterns als Zeichen der Normalität in einer Staatengemeinschaft, die von der Existenz unterschiedlicher Interessen ausgehen muß. Die verklärte

Vision wurde durch die Praxis mit beiden Beinen auf den Boden gestellt. Vom Schwebezustand zur bodenständigen Reform! Hier ist es nun Aufgabe phantasievoller Politik, die konkreten Probleme zu meistern. Phantasie darf sich nicht zu schade sein für den Alltag und das Detail.

Die Phantasie der Macht muß als Wegweisung in der Wirklichkeit verstanden werden. Phantasie als Prozeß, der die nie endende Suche nach der besseren Lösung in Bewegung hält.

Als Anwar as Sadat nach Israel reiste und in Jerusalem vor der Knesset sprach, brach er mit allen Tabus. Die beiden Völker waren noch auf Krieg eingestimmt, während die Staatsführungen die ausgestreckte Hand des Kriegsgegners suchten.

Sadat hat diesen persönlichen Mut letztlich mit dem Leben bezahlt, aber die Idee seines Tuns lebt im Nahen Osten fort. Die Brücke zwischen dem Undenkbaren und dem Machbaren wurde hier geschlagen – und hoffentlich hält sie nicht nur vorläufig. Ein Resultat phantasievoller Staatsführung.

Mitwirkung der Bürger ist Ausschöpfung von Phantasie

Die öffentliche Meinungsbildung vollzieht sich in einer Demokratie noch komplizierter, noch beeinflußbarer, noch vielschichtiger und unvorhersehbarer als anderswo. Vielleicht sind deshalb elementare Neuerungen in demokratischen Staaten auch seltener. Aber andererseits gelingt eben dort auch die Mobilisierung eines besonderen Engagements durch den breiten Konsens der Bevölkerung. In einer pluralistischen, demokratisch strukturierten Gesellschaft ist viel Erfindungsgabe, Schaffenskraft und Kreativität mobilisierbar – nicht nur bei professionellen Lobbyisten, sondern auch bei den Bürgern.

Die Einbeziehung von Betroffenen in den Entscheidungsprozeß, die Beteiligung von Selbstverwaltungen, die Demokratisierung von Gremien setzen Energien frei, die nicht nur Macht legitimieren, sondern vor allem Kenntnisse, Wissen, Fertigkeiten aktivieren und Kompetenz schaffen. Die kooperative Entscheidungsfindung ist in der Demokratie ein Bindeglied zwischen Phantasie und Macht. Freilich müssen wir feststellen, daß Wunsch und Wirklichkeit zuweilen auseinanderfallen.

Beispiel Arbeitszeitdiskussion

Die Diskussion um die Gestaltung der Arbeitszeit ist ein unerfreuliches Beispiel. Über Jahrzehnte herrschte zwischen den Tarifparteien ein Konsens darüber, daß der durch Wachstum und Produktivitätszuwachs entstandene Spielraum nicht allein für höhere Einkommen, sondern auch für sinkende Arbeitszeiten genutzt werden sollte. Das reale Bruttoinlandsprodukt verdoppelte sich zwischen 1960 und 1980, während zugleich die Arbeitszeit je beschäftigten Arbeitnehmer in spürbaren Schritten vermindert wurde. Ausgerechnet auf dem Höhepunkt des demographisch bedingten Erwerbspersonenzuwachses, bei verminderten Wachstumsraten und steigender

Arbeitslosigkeit kam dieser Prozeß der Verringerung der Arbeitszeit Anfang der 80er Jahre nahezu zum Stilland.

Die Tarifparteien hatten sich in starre Schützengräben zurückgezogen: Die Arbeitgeber erklärten das Thema Wochenarbeitszeit zum Tabu und einige Gewerkschaften wollten in einem großen Kraftakt die 35-Stunden-Woche mit vollem Lohnausgleich sofort. Die Phantasielosigkeit feierte Urstände; denn trotz der Vielzahl möglicher Gestaltungsoptionen – Jahresarbeitszeit, Teilzeitarbeit, Vorruhestand, gleitende Übergänge in den Ruhestand etc. – wurde der Streit bis hin zum harten Arbeitskampf nur auf einen Lösungsweg konzentriert – auf die uniforme, für alle gleiche Regelung.

Dieser Konflikt der Verbände ging völlig am Bewußtsein der Menschen vorbei. Denn die Arbeitszeitpräferenzen eines beachtlichen Teiles der Arbeitnehmer lagen – und liegen – unter dem, was dem einzelnen tatsächlich abverlangt wird. Die Nachfrage nach Teilzeitarbeit ist sehr viel größer als das Angebot und als das Potential der für Teilzeitarbeit geeigneten Arbeitsplätze.

Außerdem: Die Gestaltung der Erwerbsphasen mit 100 %iger Arbeitsleistung bis zur Altersgrenze und der plötzlichen Reduzierung auf Null entspricht keinem natürlichen Lebensrhythmus. Und neue Technologien haben die differenzierte Gestaltung der Arbeitszeiten erleichtert, wo dies versucht wurde.

Alles sprach also für eine flexiblere Gestaltung der Arbeitszeit. Trotzdem bedurfte es eines Anstoßes von außen durch einen Schlichter, um den Arbeitskampf-Kontrahenten eine kompromißfähige Lösung abzuringen. Der Arbeitskampf 1984 symbolisierte so ein Phantasiedefizit, gewachsen aus der Angst, durch die Suche nach kompromißfähigen Lösungen Verantwortung für etwas Neues zu übernehmen. Damit begaben sich die Beteiligten in eine selbstgewählte Gefangenschaft der Erstarrung, in der Bewegung dann nur noch von außen, durch Dritte erreicht werden kann. Phantasievolle Tarifpolitik hätte die gleichen, vielleicht auch noch bessere Lösungen erreichen können, ohne zuvor den – auch materiellen – Schaden eines harten Arbeitskampfes zu verursachen.

Gesetzgeberisches Phantasiedefizit

Allerdings ist der Mangel an Phantasie kein Privileg von Verbänden. Der Gesetzgeber sollte sich durchaus an die eigene Brust klopfen.

Ein Beispiel aus dem Gesetzgebungsalltag: Gesetzentwürfe werden regelmäßig in vier formalisierten Kategorien beschrieben. A: Zielsetzung. B: Lösung. C: Alternativen. D: Kosten. Die Rubrik „Alternativen" enthält dann stereotyp das Wort „keine", obwohl dies natürlich nicht stimmen kann.

Denn es gibt zu Gesetzesvorschlägen immer Alternativen, und zumeist sind durchaus erwägenswerte und deshalb regelmäßig auch erwogene Varianten darunter. Hätte der Gesetzesinitiant nicht die Phantasie zu solchen Alternativen, dann wäre dies wohl auch ein intellektuelles Armutszeugnis. Aber wäre es nicht hilfreich, wenn man das Parlament und die Öffentlichkeit an der Abwägung von Optionen teilhaben ließe? Wäre nicht manche legislative Entscheidung einsichtiger, wenn ihre Hintergründe offengelegt würden? Und würde nicht auch die interessierte Öffentlichkeit gezwungen, sich stärker, konstruktiver in die Diskussion einzuschalten – vielleicht auch mit dem Nutzen qualitativer Verbesserungen? Die Konkurrenz von Ideen ist immer befruchtend.

Wissen ist nicht unterdrückbar

Damit ist nicht gesagt, daß Phantasie nur Produkt der Anstrengung vieler sein kann. Phantasie braucht immer das Individuum und seine Fähigkeiten, und oft bleibt sie in ihrem Umfeld sogar unverstanden. Ein Galileo Galilei mußte gegen die vorherrschende Meinung seiner Zeit ankämpfen. Und Leonardo da Vinci war seiner Zeit weit voraus. Aber Phantasten waren sie nicht. Ihnen war der Zeitgeist zu eng; sie sprengten ihn, und die Ergebnisse ihrer Phantasie wurden langfristig ein uneingeschränkter Triumph.

Wissen als Resultat kreativen Denkens setzt sich durch. Es kann nicht aufgehalten werden – weder durch beharrliche Ignoranz des Umfeldes noch durch künstlich aufgerichtete Barrieren. Wissen ist eben keine Mode.

Wieviel Leid bleibt erspart, wieviele Ressourcen bleiben geschont, wieviele politische Sackgassen unbeschritten, wenn die Inhaber der Macht nicht darauf sinnen, das Wissen und seine Verbreitung zu behindern, sondern an der Nutzung dieses Wissens mitwirken.

Leider ist Inquisition nicht nur ein historisches Phänomen. Heute gibt es ernst gemeinte Vorschläge, den Einsatz und die Anwendung neuer Technologien zu verhindern. Das ist ein Kampf gegen Windmühlenflügel mit obrigkeitsstaatlich erhobenem Zeigefinger. Neue Kommunikationstechnologien braucht man offenbar nur mit dem Totschlagargument der Sozialschädlichkeit zu belegen, um ihre Verhinderung fordern zu dürfen. Hier erheben sich Politiker mit liberaler Geste zum Oberlehrer, schlimmer noch: zu einem Zensor, der statt phantasievoller Problembewältigung Wissensblokkade vorschreiben will. Der Verhinderer will über den Gestalter triumphieren. Um es in die Zeit Bismarcks zu übertragen: Hier spricht die Mentalität des Sozialistengesetzes und nicht die der Sozialversicherung. Bevormundung ist besonders penetrant, wenn sie mit dem einschmeichelnden Anspruch der guten Tat auftritt. Wer Phantasie eindimensional definiert, erstickt sie, statt sie zu stimulieren. Die Behinderung des Wissensaustausches, die Verhinderung der Kommunikation, ist neues Potentatentum.

Es gibt kein Licht ohne Schatten

Dahinter steht das fatale Mißverständnis, Fortschritt könne ein Licht ohne jeden Schatten sein. Die Suche nach solcherlei irrealen Zielen begreift nicht, daß Fortschritt immer nur der Saldo von Positivem und Negativem ist. Wer einen Schritt zurückgeht, um dann mit größerem Schwung zwei Schritte nach vorn zu tun, ist letztlich weiter als derjenige, der auf der Stelle tritt.

Es gibt eine irrationale Ängstlichkeit vor dem Neuen, das, weil es unbekannt ist, Risiken birgt. Aber diese Furcht ist der freiwillige Schritt in eine neue Hilflosigkeit.

Mehr denn je ist heute Wissen Macht. Unwissen ist Ohnmacht, und die Behinderung des Wissensflusses führt in diese Machtlosigkeit, indem sie Kreativität und Phantasie gängelt. Denn die Wissensexplosion birgt die Gefahr neuer Wisseneliten, die ihre Exklusivkenntnisse als Herrschaftswissen mißbrauchen. Wer das Nicht-Wissen-Wollen oder Nicht-Wissen-Dürfen zur Tugend erhebt, handelt nicht menschlich, sondern verantwortungslos. Hehre Motive ändern daran nichts. Der Weg zur Hölle ist mit guten Vorsätzen gepflastert. Allzu häufig wird daraus ein totalitärer Anspruch, der durch missionarischen Eifer doppelt gefährlich sein kann. Wer heute Gefahren verabsolutiert und sie mit dem Traum von einer gefahrlosen, heilen Welt konfrontiert, vernachlässigt die nötigen Anstrengungen, unser Wissen zu bündeln, um die Gefahren in den Griff zu bekommen.

Nein zur Kernkraft, nein zur Chemie, nein zur Computertechnik – das erinnert an das Kinderspiel, sich die Bettdecke über den Kopf zu ziehen, um dadurch allen Gefahren zu trotzen.

Verantwortliche Politik muß hingegen daran arbeiten, reale Gefahren neuer Technologien dadurch zu bekämpfen, daß man sie besser beherrscht. Es gibt keinen schad- und gefahrfreien Weg, den Energiebedarf unserer Industriegesellschaften zu decken. Wenn Atomkraft besonders gefährlich ist, dann muß besonders viel Phantasie und Erfindergeist darauf konzentriert werden, die Gefahren zu beseitigen.

Atomenergie nur für Teufelszeug zu erklären und die Arbeit an der Vermeidung von Störfällen den anderen zu überlassen, ist nicht nur unlogisch, sondern sogar unmoralisch, wenn man über mehr Know-how als diese anderen verfügt.

Tschernobyl war eben nicht nur möglich, weil dort mit Atomkraft gearbeitet wurde, sondern weil die technischen Vorkehrungen gegen Störfälle ungenügend waren. Unser Rückzug aus dieser Technologie verhindert keinen Unfall in irgendeinem anderen Land. Vor allem kann man sich mit einem flotten „Atomkraft – nein danke" nicht aus Mitwirkungspflichten bei der Katastrophenvermeidung verabschieden – schon gar nicht, wenn man aufgrund technologischer Kompetenz wesentlich zur Minimierung der Risiken beitragen könnte. Das apodiktische „Ohne mich" ist erst recht ethisch unvertretbar, wenn der jetzigen Ablehnung der Atomenergie eine lange Zeit ihrer Bejahung vorausgegangen ist.

Ich plädiere nicht für Verharmlosung, schon gar nicht für den Weg der Uneinsichtigkeit. Wer eine politische Sackgasse betreten hat, muß zur Umkehr bereit sein. Man kann aber nicht die Kehrtwende vollziehen und über das Zurückbleibende hinwegsehen. Man muß bereit sein, für die Folgen seines vergangenen Tuns einzustehen. Auch für ungewollte Kinder sind Alimente zu zahlen.

Phantasie überwindet Gefahren

Ängste ernstnehmen und auf Gefahren aufmerksam machen, das ist uneingeschränkt nötig. Aber Ängste schüren, ohne Lösungen zu kennen, ist unverantwortlich. Nicht nur, weil es die nüchterne Abwägung der Alternativen verhindert, sondern weil es Phantasie blockiert, die zur Bändigung der Gefahren nötig wäre.

Eine Gesellschaft, die sich in die permanente Angstpsychose flüchtet, narkotisiert ihre Fähigkeit zur Zukunftsgestaltung. Weder fatalistische Ergebenheit in eine vermeintlich unentrinnbare Entwicklung noch ein verabsolutiertes Aufbegehren bis hin zur Gewaltanwendung machen die Welt friedlicher oder menschlicher. Notwendig ist die abwägende, kreative Suche nach einem realistischen Reformweg. Es ist die Pflicht der Macht, diese Phantasie immer wieder aufzubringen und sie bei anderen anzuregen.

Abschied von der Fiskalpolitik?

Werner Ehrlicher und Bernd Rohwer

Zusammenfassung

Der vorliegende Beitrag beschäftigt sich mit der Frage, inwieweit die auf Verstetigung konjunktureller Nachfrageschwankungen abzielende Fiskalpolitik angesichts des anhaltenden Aufschwungs *überflüssig*, angesichts der vermehrten Skepsis in staatliche Nachfragesteuerung *unwirksam* oder angesichts verengter Finanzierungsspielräume *unmöglich* geworden ist. Die Analyse führt zu dem Ergebnis, daß rechtzeitig konzipierte und an bestimmte Kriterien gebundene finanzpolitische Maßnahmen zur Nachfragestabilisierung, wenn sie in ein angebots- und nachfragepolitisches Gesamtkonzept eingebunden sind, auch in Zukunft einen wirksamen Beitrag zur Verstetigung und Steigerung des wirtschaftlichen Wachstums leisten können.

1. Einführung

Wer die aktuelle wirtschaftspolitische Diskussion verfolgt, kann den Eindruck gewinnen, daß man sich um die konjunkturellen Risiken der künftigen Wirtschaftsentwicklung gegenwärtig relativ wenig Sorgen macht. Angesichts des lang anhaltenden Aufschwungs scheinen nicht wenige darauf zu hoffen, daß sich das wirtschaftliche Wachstum in den kommenden Jahren – mitbedingt durch die auf günstigere und verläßlichere Rahmenbedingungen abzielende Angebotspolitik – ohne stärkere konjunkturelle Ausschläge vollziehen werde. Denkbar ist freilich auch, daß konjunkturelle Unsicherheiten lediglich verdrängt werden: Nach den enttäuschenden Ergebnissen der Fiskalpolitik der 70er und beginnenden 80er Jahre scheint sich eine auf Konjunkturverstetigung abzielende antizyklische Finanzpolitik in den Augen vieler auf Dauer diskreditiert zu haben, so daß schon das Inerwägungziehen eines gegenwärtigen oder zukünftigen konjunkturpolitischen Handlungsbedarfs in der Öffentlichkeit vielfach als abwegig oder zumindest politisch inopportun angesehen wird.

Es stellt sich daher die Frage, ob wir nach unserem gegenwärtigen Erkenntnisstand tatsächlich auf absehbare Zeit Abschied von der Fiskalpolitik nehmen können, statt einer antizyklischen, private Nachfrageschwankungen kompensierenden Finanzpolitik also eine trendorientierte, lediglich die staatliche Nachfrage verstetigende Budgetpolitik betreiben sollten. Damit ist zugleich das Problem angesprochen, inwieweit die Angebotspolitik – die ja auf eine Verbesserung und Verstetigung der Rahmenbedingungen abzielt – auch bei gänzlichem Verzicht auf konjunkturglättende Maßnahmen ihr vorrangiges Ziel der Wachstumsbeschleunigung erreichen kann bzw. ob sich sogar die Hoffnung einiger Angebotsökonomen erfüllt, durch ihre Politik Konjunkturzyklen weitgehend glätten und fiskalpolitische Stabilisierungsmaßnahmen damit überflüssig machen zu können. Die Klärung dieses Problems erscheint bedeutsam, da eine das Konjunkturphänomen ausblendende Angebotsstrategie andernfalls Gefahr laufen könnte, daß die von ihr ausgehenden Wachstumsimpulse durch zyklische Schwankungen und die dadurch bewirkte Destabilisierung der Erwartungen gedämpft oder gar konterkariert werden.

Wir wollen die genannte Fragestellung im folgenden zu beantworten versuchen, indem wir nacheinander drei Teilfragen aufgreifen:

(1) Ist Fiskalpolitik *überflüssig* geworden in dem Sinne, daß man auf absehbare Zeit mit einem stabileren Wachstumspfad (d.h. geringeren Konjunkturschwankungen) rechnen kann? (Abschnitt 2)

(2) Ist Fiskalpolitik angesichts einer gestiegenen Skepsis der Privaten gegenüber den fiskalpolitischen Steuerungsfähigkeiten und einer geringeren Elastizität der Konsum- und Investitionsnachfrage auf kurzfristige Einkommens- und Kostenänderungen *unwirksam* geworden? (Abschnitt 3)

(3) Ist Fiskalpolitik aufgrund eines durch hohe strukturelle Defizite, Zinslasten und Folgekosten eingeschränkten Budgetspielraums *unmöglich* oder zumindest *unerwünscht* geworden? (Abschnitt 4)

Wir beschränken uns dabei im folgenden auf die Frage, inwieweit auch in Zukunft mit *globalen*, in gewissem Umfang die gesamte Wirtschaft treffenden Nachfrageschwankungen zu rechnen ist und in welchem Maße die Finanzpolitik ggf. zu deren Milderung beitragen kann. Nicht diskutiert werden soll, ob und unter welchen Bedingungen fiskalpolitischer Handlungsbedarf auch im Falle konjunkturell atypischer *branchenspezifischer* Auslastungsstörungen besteht. Für die Beantwortung dieser Frage wäre zu klären, ob derartige sektorale Nachfrageungleichgewichte als unvermeidbare Folge eines mittel- und längerfristigen Schrumpfungsprozesses anzusehen sind oder aber nur innersektoralen Umstrukturierungsbedarf signalisieren. Wenn man etwa davon ausginge, daß die gegenwärtige Unterauslastung im Bausektor zwar primär auf einer als dauerhaft betrachteten Abschwächung der Wohnungsbaunachfrage beruht, die dadurch freiwerdenden Kapazitäten aber zumindest teilweise für andere Bautätigkeiten – gewerblicher Bau, Renovierung und Restauration, öffentlicher Bau insbesondere im Verkehrs-, Nachrichten- und Umweltbereich – erhalten werden sollen, so wären entsprechende kurzfristige fiskalpolitische Stützungsmaßnahmen sicherlich auch und gerade aus *angebots*orientierter Sicht sinnvoll.

2. Ist Fiskalpolitik überflüssig geworden?

Die Frage, ob die Fiskalpolitik im erläuterten Sinne – bezogen also auf Phasen *gesamt*wirtschaftlicher Auslastungsprobleme – überflüssig *geworden* ist, impliziert, wie angedeutet, bereits die These, daß sie es, entgegen streng monetaristischen Vorstellungen, in der Vergangenheit nicht (immer) war. Tatsächlich scheint uns der Verlauf der wirtschaftlichen Entwicklung genügend Belege dafür zu geben, daß der private Sektor keinesfalls endogen völlig stabil ist, sondern immer wieder – zum Teil aus sich selbst, zum Teil ausgelöst durch exogene, insbesondere außenwirtschaftliche Schocks – zu längeranhaltenden Ungleichgewichtssituationen tendiert. Zwar werden auf den privaten Märkten in solchen Fällen durchaus stabilisierende Gegenmechanismen (etwa Zins- und Lohnkostenanpassungen, Ersatznachfrage etc.) wirksam, doch erfolgte diese endogene Stabilisierung in den bisher beobachteten Zyklen häufig erst mit erheblicher Verzögerung oder mit zunächst geringer Dynamik. Insofern bestand also in der Vergangenheit grundsätzlich durchaus Bedarf an geld- und finanzpolitischen Stabilisierungsmaßnahmen. Fehlsteuerungen der Geld- und Fiskalpolitik mögen in manchen Fällen konjunkturverschärfend gewirkt haben, Hauptursache der beobachtbaren Konjunkturausschläge waren jedoch endogene Instabilitäten (Anpassungsverzögerungen, Multiplikator- und Akzeleratormechanismus, Stimmungswellen etc.) in Verbindung mit außenwirtschaftlichen Störungen wie den Ölpreisschocks, Wechselkursänderungen und Bewegungen der Zinssätze in wichtigen Ländern.

Die Hoffnung, daß der Wachstumspfad in der Bundesrepublik seit der Erholung 1983 weniger konjunkturanfällig geworden sei, gründet sich vor allem auf den bisherigen Verlauf des Aufschwungs 1983-86 sowie die Erwartung, daß der angebotsorientierte Kurs der Wirtschaftspolitik günstigere und vor allem verläßliche Rahmendaten für die Privaten gesetzt habe und die Wirtschaft damit resistenter gegen endogene Konjunkturwellen oder exogene Störungen geworden sei. Darüber hinaus wird von mancher Seite argumentiert, daß die trendmäßige Abschwächung des Wirtschaftswachstums zu einer Dämpfung der (endogenen) Konjunkturdynamik geführt habe ([7], S. 10) und ähnlich ausgeprägte weltwirtschaftliche Störungen wie in den Jahren 1973/74 und 1980/82 für die nähere Zukunft unwahrscheinlich seien ([11], S. 4 ff.).

Der seit 1983 anhaltende Aufschwung zeigt im Vergleich zum bisherigen Aufschwungsmuster bemerkenswerte Abweichungen: Er ist mit einer Dauer von bisher knapp 4 Jahren deutlich länger als die meisten früheren Zyklen, weist dabei aber zugleich eine untypisch gedämpfte Dynamik auf; die Wachstumsraten des BSP lagen bis Anfang 1986 sowohl kumuliert als auch quartalsdurchschnittlich um etwa die Hälfte unter den in den bisherigen Nachkriegszyklen üblichen Zuwachsraten ([8]). Dieser gestreckte und dabei nur mäßig dynamische Verlauf des gegenwärtigen Aufschwungs hat zwar den Vorzug, daß ein rasches Wiederaufleben von Inflationstendenzen vermieden und die Gefahr einer – insbesondere durch Überinvestition oder geldpolitische Restriktionsmaßnahmen ausgelösten – kräftigen rezessiven Gegenreaktion verringert wird. Die Kehrseite der gedämpften Aufschwungsbewegung besteht jedoch darin, daß der Arbeitsmarkt, verstärkt allerdings durch andere, insbesondere demographische Einflüsse, bislang nur marginal entlastet wurde und daß – was mittelfristig nicht minder schwer wiegt – das mäßige Aufschwungstempo Indiz einer nach wie vor sehr verhaltenen endogenen Wachstumsdynamik ist.

Wie schwach die endogenen Wachstumskräfte – also im wesentlichen die inländische private Nachfrage[1] – bis heute sind, läßt sich schon durch die folgende einfache Rechnung verdeutlichen: Wäre die Entwicklung des Außenhandels – ähnliches gilt auch bei Fortschreibung lediglich der Ausfuhr – seit 1983 „normal" (d.h. trendorientiert) verlaufen, hätte sich 1983 zunächst ein höheres BSP-Wachstum, 1984 und 1985 jedoch bereits eine deutliche Wachstumsabschwächung ergeben (zu detaillierteren Schätzergebnissen siehe [8]). Zwar zeichnet sich seit der Jahresmitte 1986 eine Belebung der Binnennachfrage ab. Aber auch dieser Konjunkturimpuls ist nicht etwa Aus-

1 Neben der staatlichen Nachfrage ist auch die Ausfuhr als konjunkturell überwiegend exogene Nachfragekomponente anzusehen, da deren Schwankungen im wesentlichen auf gleichgerichteten internationalen Konunkturbewegungen sowie Veränderungen der Wechselkurse beruhen.

druck einer endogen gefestigten Nachfragebereitschaft, sondern in erster Linie das Ergebnis exogener Sondereinflüsse wie der Ölpreissenkung und der steuerlichen Entlastungen.

Geht man also davon aus, daß nach dem Auslaufen dieser Sonderfaktoren erneut mit einer im Prinzip schwachen Binnennachfrage zu rechnen ist, so wüchse dann auch das Risiko, daß *exogene* (etwa politische oder außenwirtschaftliche) Störungen, ähnlich wie in den 70er und beginnenden 80er Jahren, wieder zu stärkeren konjunkturellen Ausschlägen führen. Aber selbst wenn man von derartigen äußeren Störeinflüssen zunächst absieht, steht doch schon mit Blick auf die Regelmäßigkeiten früherer Konjunkturzyklen – die wir als Indiz für das Wirksamwerden *endogener*, dem Marktprozeß immanenter zyklischer Kräfte (wie auslaufender Nachholbedarf, sinkende Produktivitätsreserven und steigende Lohnkosten) ansehen können – zu befürchten, daß es in absehbarer Zeit zu einer konjunkturellen Abkühlung kommt: Selbst wenn man kleinere konjunkturelle Schwankungen unberücksichtigt läßt, dauerte keine der bisherigen Aufschwungsphasen der Nachkriegszeit länger als 4½ Jahre.

Nun spricht zwar die erwähnte gedämpfte Aufstiegsbewegung dieses Zyklus ebenso wie das schon zuvor häufiger beobachtbare asymmetrische Schwankungsmuster (siehe z.B. [5]) dafür, daß die bevorstehende Abkühlung eher milde ausfällt. Ganz abgesehen davon, daß schon eine leichte Rezession angesichts des gegenwärtigen nur mäßig steigenden Wachstumstrends und des nach wie vor zunehmenden Arbeitskräfteangebots zu einem deutlichen Anstieg der Arbeitslosigkeit und entsprechenden Verunsicherungen führen dürfte, bleibt jedoch das Risiko, daß *außenwirtschaftliche Störungen* den Abschwung verstärken. Natürlich ist durchaus denkbar, daß sich die Weltwirtschaft unter günstigen Bedingungen in den nächsten Jahren stabiler entwickeln wird, als es seit 1973 der Fall war. Solange der Ölpreis starken Schwankungen unterliegt, die Schuldenprobleme vieler Schwellen- und Entwicklungsländer ungelöst sind und der Dollarkurs vor dem Hintergrund der hohen Leistungsbilanz- und Budgetdefizite der Vereinigten Staaten keine stabilere Basis gefunden hat, müssen wir jedoch von einem erheblichen latenten Störungspotential ausgehen. Gerade ein Land wie die Bundesrepublik, deren gesamtwirtschaftliche Produktion zu rd. 35 % exportiert wird, wird auch in Zukunft anfällig für Schwankungen der Wechselkurse und vor allem der Weltkonjunktur bleiben.

Inwieweit relativieren sich derartige Sorgen vor dem Hintergrund der in den letzten Jahren generell verbesserten Angebotsbedingungen, der auf Stetigkeit zielenden Wirtschaftspolitik und des flacheren (und insofern weniger zu konjunkturellen Überhitzungen tendierenden) Wachstumspfads? Daß günstige und verläßliche Rahmendaten die Gefahr rezessiver Stimmungs- und Nachfragewellen erheblich mindern, erscheint kaum zweifelhaft; der untere Plafond, bis zu dem im Falle von konjunkturellen Störungen Produktionseinschränkungen vorgenommen werden, wird durch einen stabilen längerfristigen Erwartungshorizont bezüglich der Kosten und Preise, der Abgaben und staatlichen Eingriffe gewissermaßen nach oben verschoben.

Die Vergangenheit zeigt jedoch, daß sich auch in den 50er und 60er Jahren, in denen die Angebotsbedingungen insgesamt gesehen sicherlich nicht ungünstiger als heute waren, das wirtschaftliche Wachstum unter erheblichen zyklischen Schwankungen vollzog; die Amplituden der Trendabweichungen waren damals ähnlich ausgeprägt wie in den 70er Jahren, mit dem Unterschied allerdings, daß die Abschwächungsphasen wegen des wesentlich höheren Wachstumstrends nur zu Wachstumsabschwächungen, nicht jedoch zu absoluten Produktionsrückgängen führten.

Von diesem empirischen Befund einmal abgesehen, erscheint es aber auch aus grundsätzlicheren Erwägungen wenig wahrscheinlich, daß sich im Zuge der seit einigen Jahren verbesserten Angebotsbedingungen die konjunkturelle Stabilität des Wachstumsprozesses mehr als nur graduell erhöht hat. Zu beachten ist nämlich, daß auch den *Nachfragebedingungen* bei der mittel- und längerfristigen Erwartungsbildung der Investoren erhebliches Gewicht zukommt. Sicherlich kann man davon ausgehen, daß günstige Angebotsbedingungen über Kosten- und Preissenkungen sowie Produktneuerungen zusätzliche Nachfrage mobilisieren. Ebenso sicher erscheint jedoch nach allem, was empirische Untersuchungen und Unternehmerbefragungen ermittelt haben, daß die Nachfrage seit Mitte der 70er Jahre zu einem stärkeren Unsicherheitsfaktor in der Investitionsplanung geworden ist. Dies gilt offenbar nicht nur konjunkturell – also im Sinne des Risikos kurzfristiger Nachfrageabschwächungen –, sondern auch strukturell, d.h. im Sinne eines allmählichen Wandels vom Verkäufer- zum Käufermarkt: Der gestiegene Lebensstandard, die wachsenden Bedürfnisse nach finanzieller Zukunftssicherung und nichtmateriellen Gütern, aber auch zunehmende Unsicherheiten über die Arbeitsmarkt- und damit auch Einkommensentwicklung haben die Konsumenten zu vorsichtigerem Disponieren veranlaßt. All dies hat dazu beigetragen, daß die Sparquote der privaten Haushalte seit Mitte der 60er Jahre im Trend deutlich angestiegen ist. Konjunkturell ist bedeutsam, daß die bei höherem Lebensstandard zunehmende Fähigkeit zur zeitlichen Verschiebung von Konsumausgaben und die erhöhten Arbeitsplatz- und Einkommensrisiken den privaten Verbrauch haben labiler, d.h. anfälliger für konjunkturelle Störungen werden lassen. Beides schafft Unsicherheit bei den Unternehmen: Trendmäßig geringere Nachfragezuwächse erhöhen für einzelne Betriebe das Risiko selbst bei gesamtwirtschaftlichem Wachstum rückläufiger Umsätze, stärkere konjunkturelle Schwankungen der Konsumnachfrage erhöhen die Gefahr, daß Unternehmen in Rezessionen schrumpfen oder ausscheiden müssen. Es ist daher zu vermuten, daß die nachfrageseitigen Konjunkturrisiken in den letzten Jahren eher größer geworden sind, sodaß man selbst bei dauerhafter Verbesserung der Angebotsbedingungen auch in Zukunft mit der Möglichkeit konjunktureller Stimmungs- und Nachfragewellen rechnen muß.

Für die Finanzpolitik folgt hieraus, daß die Herstellung günstiger und verläßlicher Angebotsbedingungen allein nicht ausreichen dürfte, um ein kräftiges und stetiges Wirtschaftswachstum zu sichern. Es bedarf vielmehr auch und gerade in den nächsten Jahren ergänzend eines Beitrags zur Stabilisierung der Nachfrageerwartungen – zum einen in Form des Gegensteuerns gegen kurzfristig-konjunkturelle Nachfrageschwankungen, zum anderen in Gestalt strukturell angelegter Maßnahmen zur Nachfragestützung wie z.B. weiterer Steuerentlastungen oder höherer staatlicher Investitionen. Voraussetzung für die Wirksamkeit einer derartigen, Angebots- und Nachfrageelemente verbindenden finanzpolitischen Strategie wäre allerdings, daß durch die Ausgestaltung der nachfragestabilisierenden Maßnahmen die Qualität und Verläßlichkeit der Angebotsbedingungen nicht beeinträchtigt wird; inwieweit dies für den Fall einer konjunkturstabilisierenden Fiskalpolitik auch unter den heute gegebenen Rahmendaten möglich ist, wird in den Abschnitten 3 und 4 zu erörtern sein.

Greifen wir schließlich noch die angedeutete These auf, daß bei langsamerem Wirtschaftswachstum – wie es seit Beginn der 70er Jahre zu beobachten ist und auch für die nächsten Jahre prognostiziert wird – die endogene Neigung des Systems zu konjunkturellen Schwankungen gedämpft werde, sodaß von hierher der fiskalpolitische Handlungsbedarf geringer geworden sei. Stützen ließe sich diese These damit, daß bei schwächerem Wachstum der Anteil der besonders konjunkturreagiblen Investitionen am Sozialprodukt im Durchschnitt geringer ist und bei entsprechend niedrigeren Wachstumserwartungen die Tendenz zu Überinvestitionen im Aufschwung abgeschwächt wird. Dem steht freilich entgegen, daß niedrigere Wachstumsraten zumindest der Tendenz nach zu schärferen Verteilungskämpfen, zu einem stärkeren Gewinnrückgang und entsprechend erhöhten Konkursrisiken in Rezessionsphasen und somit insgesamt zu höheren Investitionsrisiken führen dürften; dies kann, soweit die staatlichen Maßnahmen zur Angebotsförderung keinen Ausgleich bewirken, in Abschwächungsphasen den Investitionsattentismus verschärfen oder verlängern. Sofern diese Überlegungen zutreffen, müßte man bei flacherem Wachstumspfad mit zwar weniger ausgeprägten Boomperioden, jedoch hartnäckigeren Abschwächungsphasen rechnen. Damit aber würden die konjunkturellen Risiken nicht kleiner, sondern nähmen lediglich eine veränderte Form an. Die Nachfragestützung in der Rezession erhielte gegenüber der Nachfragedämpfung in Hochkonjunkturphasen stärkeres Gewicht.

Faßt man all diese Überlegungen zusammen, so wird man sich wohl darauf einstellen müssen, daß sich der Wachstumsprozeß in Zukunft unter ähnlich starken Konjunkturschwankungen wie bisher vollziehen wird, wobei Stärke und Timing der Ausschläge natürlich weiterhin durch außenwirtschaftliche Einflüsse stark mitbestimmt werden. Fragen wir daher, wie sich die Finanzpolitik auf diese fortbestehenden Konjunkturrisiken einstellen kann, d.h. vor allem, über welchen stabilisierungspolitischen Handlungsspielraum sie – und zwar sowohl vorbeugend als auch im Falle akuter Störungen – unter den heutigen Rahmenbedingungen verfügt.

3. Ist Fiskalpolitik unwirksam geworden?

Die Frage, ob fiskalpolitische Maßnahmen überhaupt einen nennenswerten Beitrag zur Stabilisierung der gesamtwirtschaftlichen Nachfrage leisten können, ist nach wie vor umstritten. Immerhin scheint sich in den letzten Jahren in dieser Frage aber doch eine gewisse Annäherung zwischen monetaristischen und keynesianischen Ökonomen vollzogen zu haben. Die von Anhängern der „Theorie der rationalen Erwartungen" verfochtene These, daß ausschließlich unvorhergesehene wirtschaftspolitische Maßnahmen reale Stabilisierungseffekte auslösen könnten, ist mit Blick auf ihre unrealistischen Grundannahmen auf wachsende Kritik gestoßen und wird heute nur noch von einer kleinen Minderheit vertreten (vgl. z.B. [6]). Weitgehende Einigkeit besteht darüber, daß für die Wirksamkeit fiskalpolitischer Impulse zwei Voraussetzungen gegeben sein müssen, wobei auch monetaristische Ökonomen einräumen, daß diese Bedingungen in bestimmten Konstellationen vorliegen können (siehe dazu z.B. [4], S. 127):

(1) Der fiskalpolitisch bewirkte Nachfrageanstieg darf nicht in Preiserhöhungen „verpuffen", sondern muß überwiegend in mengenmäßige Produktionssteigerungen umgesetzt werden. Dies bedingt insbesondere, daß tatsächlich eine Situation zu niedriger (in Boomphasen: zu hoher) Nachfrage vorliegt, die fiskalpolitischen Maßnahmen hinreichend rasch und in quantitativ und sektoral adäquater Dosierung ergriffen werden, durch die staatliche Mehrnachfrage keine zusätzlichen

Lohnsteigerungen ausgelöst werden und die Privaten grundsätzlich Vertrauen in die stabilisierungspolitischen Steuerungsfähigkeiten des Staates haben.

(2) Es darf infolge der staatlichen Nachfrageimpulse nicht zu einem stärkeren „crowding out" privater Nachfrage kommen, was wiederum – neben dem erwähnten grundsätzlichen Vertrauen in die Wirksamkeit der Fiskalpolitik – voraussetzt, daß die Impulse durch die Geldpolitik akkommodiert werden und die gegebene staatliche Neu- und Gesamtverschuldung von den Privaten nicht als übermäßig hoch empfunden wird.

Inwieweit diese Bedingungen beim Einsatz fiskalpolitischer Maßnahmen in der Vergangenheit erfüllt waren, soll hier nicht ausführlicher geprüft werden. Vorliegende Untersuchungen für den diesbezüglich besonders umstrittenen Zeitraum 1974-82 deuten darauf hin, daß in diesen Jahren durchaus stabilisierungspolitischer Handlungsbedarf bestand und die beschlossenen Programme phasenweise auch durchaus konjunkturverstetigend wirkten. Dennoch dürften infolge von Ausgestaltungsmängeln – wie unangemessener Befristung, verspätetem Inkrafttreten, Aufsplitterung in zu viele Einzelmaßnahmen – und des Fehlens einer klaren und durchgängigen Konzeption zur Begrenzung der Staatsverschuldung Chancen für eine erfolgreichere Stabilisierung der Produktionsentwicklung vertan worden sein. Dieses zwiespältige Urteil über die Fiskalpolitik der sozialliberalen Koalition muß freilich insofern etwas relativiert werden, als die weltwirtschaftlichen Turbulenzen der 70er und beginnenden 80er Jahre und die gerade damals beträchtlichen Schwierigkeiten einer hinreichend raschen und zuverlässigen Störungsdiagnose eine erfolgreiche Stabilisierungspolitik sehr erschwerten.

Was zunächst die unter (1) genannten Voraussetzungen einer *realen* Wirksamkeit fiskalpolitischer Impulse angeht, so liegen die größten Probleme sicherlich im gesunkenen Vertrauen der Privaten in die Fähigkeit des Staates zur Konjunktursteuerung und in der lohnpolitischen Absicherung nachfragestützender Maßnahmen. Die beiden anderen Anforderungen – adäquate zeitliche, sektorale und quantitative Bemessung der Impulse sowie rasche und zuverlässige Diagnose konjunktureller Störungen – dürften, von Extremsituationen abgesehen, hingegen leichter zu erfüllen sein. Daß die Entscheidungsträger grundsätzlich in der Lage sind, rasch und in *angemessener Dosierung* nachfragestabilisierende Maßnahmen zu ergreifen, zeigen die Jahre 1967, 1974 und 1977. Im Hinblick auf die quantitative und sektorale Dosierung dürften Ausgabenprogramme dabei Vorteile besitzen. Sofern die Steuerlast dauerhaft als zu hoch empfunden wird, wäre aber auch daran zu denken, diese gewissermaßen „schubweise" in Rezessionsphasen zu senken; um zu vermeiden, daß auf diese Weise strukturelle Budgetdefizite entstehen, wäre dann jedoch rechtzeitig dafür Sorge zu tragen, daß den steuerlichen Entlastungen in Aufschwungsphasen entsprechende Ausgabeneinschränkungen folgen.

Die *Diagnose* konjunktureller Nachfragestörungen steht zwar vor der Schwierigkeit, daß man für den Fall aus der Normalzone ausbrechender Konjunkturindikatoren (Auslastungsgrad, Trendabweichungen der Auftragseingänge und der Produktion) zunächst nicht weiß, ob es sich um eine kurzfristige Sonderbewegung oder den Beginn einer konjunkturellen Fehlentwicklung handelt. Nach den bisherigen Erfahrungen kann man jedoch davon ausgehen, daß bei einem Anhalten einer solchen Entwicklung über mehr als 2 Quartale in aller Regel eine wirkliche Konjunkturstörung vorliegt. Da freilich zu diesem Zeitpunkt meist noch keine Aussage über die Schwere und Dauer der Störung möglich ist, wäre der Fiskalpolitik für diesen Fall ein stufenweises Vorgehen anzuraten: In einem ersten Schritt wären Eventualprogramme beschlußfertig vorzubereiten und im Finanzplanungsrat auf eine koordinierte Anpassung der Kernhaushalte an die veränderte konjunkturelle Situation hinzuwirken. Sofern sich die konjunkturelle Störung – wir unterstellen jetzt den Rezessionsfall – als schwerwiegend erweist, wäre dann in den Folgequartalen möglichst rasch über entsprechende Nachfrageprogramme zu beschließen, wobei sich bei starken sektoralen Divergenzen der Auslastungsentwicklung eher gezielte Ausgabenprogramme, bei einer alle Sektoren erfassenden Störung evt. auch ein allgemeines steuerliches Entlastungspaket anbietet. Wichtig erscheint dabei – neben der noch zu erörternden Finanzierungsfrage –, daß die Maßnahmen zwar unbedingt reversibel angelegt, jedoch erst bei beginnender Stabilisierung des Konjunkturverlaufs wieder ausgesetzt werden.

Die mangelnde *lohnpolitische Absicherung* der Fiskalpolitik war gewiß einer der Hauptgründe für die begrenzte Wirksamkeit der expansiven Finanzpolitik in den Jahren 1974/75; trotz steigender Arbeitslosigkeit und möglicherweise ermutigt durch die staatlichen Konjunkturprogramme setzte sich in diesen Jahren der 1970 begonnene starke Anstieg der Lohnstückkosten auf hohem Niveau fort, sodaß ein Teil der expansiven fiskalpolitischen Impulse in weiteren Preissteigerungen verpuffen mußte. Nun mag damals, als die Gewerkschaften noch an die Möglichkeit einer beschäftigungsneutralen Einkommensumverteilung zu Gunsten der Arbeitnehmer glaubten, eine Koordination zwischen Lohn- und Finanzpolitik nur sehr begrenzt möglich gewesen sein. Heute erscheint der Spielraum für eine solche Abstimmung indessen größer. Die Gewerkschaften haben – nach den für sie ernüchternden Erfahrungen der 70er Jahre – ihre Bereitschaft bewiesen, durch eine zurückhaltende Lohnpolitik ihren Beitrag zur Verbesserung der Angebotsbedingungen zu leisten. Und es spricht einiges dafür, daß sie diese Vorleistung auch weiterhin umso eher erbringen werden, als die Finanz- (und Geld-)politik die dadurch gewonnenen expansiven Handlungsspielräume für mehr Wachstum und Beschäftigung auch zu nutzen bereit ist.

Wie aber kann das nach den zwiespältigen Erfahrungen der 70er Jahre gesunkene *Vertrauen der Privaten in die Steuerungsfähigkeiten* der fiskalpolitischen Instanzen zurückgewonnen werden? Zunächst bedarf es dazu sicherlich einer *nüchternen* – also vor allem nicht parteipolitisch verbrämten – Bestandsaufnahme der in den Jahren 1974-1982 praktizierten Fiskalpolitik, ihrer Erfolge ebenso wie ihrer Unzulänglichkeiten. Der Öffentlichkeit müßte deutlich werden, daß nicht das Konzept der Globalsteuerung schlechthin versagt hat, sondern in einigen Phasen deren Handhabung mangelhaft war und zudem – angesichts der beobachtbaren längerfristigen Wachstumsstörungen – versäumt wurde, die antizyklische Fiskalpolitik in den Rahmen einer längerfristig ausgerichteten, Nachfrage- und Angebotselemente verknüpfenden konjunktur- und wachstumspolitischen Gesamtkonzeption einzubinden. Hierzu würde beispielsweise gehören, nachfragestimulierende Maßnahmen in Rezessionsphasen mit angebotsseitigen Anreizen zu kombinieren (Steuersenkungen, staatliche Vorleistungsinvestitionen) und einen längerfristigen Konsolidierungsplan mit der verbindlichen Zusage eines Abbaus der Budgetdefizite in Phasen hohen bzw. steigenden Auslastungsgrads vorzulegen. Wir werden weiter unten auf das Problem vertrauensbildender Maßnahmen zurückkommen.

Auch wenn zu vermuten ist, daß derartige Maßnahmen nicht von heute auf morgen Erfolge zeitigen, lassen unsere Überlegungen aber doch insgesamt die Folgerung zu, daß eine gemäß den genannten Kriterien ausgestaltete Fiskalpolitik auch heute noch in durchaus beträchtlichem Umfang *reale* Nachfrageeffekte auslösen kann. Voraussetzung einer gelingenden *gesamtwirtschaftlichen* Nachfragesteigerung in konjunkturellen Schwächephasen ist allerdings, daß auch die zweite der oben genannten Bedingungen – die *Vermeidung stärkerer crowding-out-Effekte* – erfüllt wird.

Jede Form expansiver Fiskalpolitik hat in Rechnung zu stellen, daß von der Finanzierung der entsprechenden Maßnahmen Entzugseffekte bei den Wirtschaftssubjekten ausgehen können. Bei der Finanzierung über Steuererhöhungen werden solche Entzugseffekte entweder – bei Erhöhung direkter Steuern – als Minderung der verfügbaren Einkommen bzw. Gewinne oder – bei Erhöhung indirekter Steuern – in Abhängigkeit vom Überwälzungsgrad als Senkung der Realeinkommen und/oder Gewinne wirksam. Zwar müssen diese Entzugseffekte nicht in voller Höhe zu Nachfrageeinschränkungen führen, doch sind die insgesamt ausgelösten Nachfragewirkungen allzu unsicher, um auf sie eine fiskalpolitische Expansionsstrategie zu gründen. Als primäre Finanzierungsquelle zusätzlicher Nachfrageimpulse bietet sich daher nur die Aufnahme zusätzlicher Kredite an, zumal in Unterauslastungsphasen typischerweise ein entsprechender Liquiditätsüberschuß vorhanden ist. Allerdings kann es selbst in Rezessionen infolge der zusätzlichen staatlichen Kreditaufnahme auf dem Kapitalmarkt und/oder bei den Banken zu einer Verdrängung privater Nachfrager insoweit kommen, wie dadurch das allgemeine Zinsniveau oder speziell die längerfristigen Zinssätze steigen (zinsbedingtes crowding-out) oder die Einkommenserwartungen der Wirtschaftssubjekte beeinträchtigt werden (nicht-zinsbedingtes crowding-out; vgl. hierzu auch [12]).

Um die Gefahr eines *zinsbedingten crowding-outs* gering zu halten, wäre zunächst – über die erwähnte Abstimmung zwischen der Fiskal- und Lohnpolitik – eine Koordination auch der Fiskal- und Geldpolitik gefordert. Gegen eine restriktive Geldpolitik sind expansive, kreditfinanzierte finanzpolitische Maßnahmen weitgehend machtlos. Man mag über die quantitative Bedeutung des Zinssatzes für die privaten Nachfrageentscheidungen streiten; die konjunkturelle Entwicklung der Vergangenheit hat jedoch gezeigt, daß sich ein anhaltender Aufschwung stets nur bei sinkendem Zinstrend zu entfalten vermag (siehe dazu auch [2]). Die Fiskalpolitik muß daher dafür Sorge tragen, daß die Größenordnung der konjunkturellen Budgetdefizite nicht über den von der Zentralbank gesetzten monetären Rahmen hinausgeht. Geldpolitischer Spielraum für eine Alimentierung der Fiskalimpulse besteht zwar nur dann, wenn eine spürbare Inflationsbeschleunigung vermieden werden kann; unsere obigen Überlegungen haben jedoch gezeigt, daß dies durch Beachtung der genannten Ausgestaltungsempfehlungen zumindest im Prinzip möglich ist.

Schwieriger würde es in dem – freilich als Sondersituation anzusehenden – Fall, daß die inländische Konjunkturabschwächung von einem anhaltend hohen internationalen Zinsniveau begleitet wird. Geldpolitische Maßnahmen zur Stabilisierung bzw. Abkopplung des heimischen Zinssatzes finden dann dort ihre Grenze, wo die dadurch ausgelösten Kapitalabflüsse zur Abwertung und damit zu höheren importierten Inflationsraten führen. Diese Grenze mag schwer zu bestimmen sein, da die Wechselkursbewegungen nicht nur durch Zinsdifferenzen, sondern z.B. auch durch Unterschiede in der allgemeinen Einschätzung der Wirtschaftspolitik und Wirtschaftskraft einzelner Staaten bestimmt sind ([3]). Insofern ließe sich der monetäre Spielraum vermutlich dadurch etwas erweitern, daß eine aufeinander abgestimmte konjunkturstützende Geld- und Finanzpolitik als notwendiges Element eines verläßlichen, Angebots- und Nachfragebedingungen gleichermaßen verstetigenden Gesamtkonzept dargestellt wird; ebenso wäre – jedenfalls dann, wenn auch andere Staaten von einer Konjunkturabschwächung betroffen sind – eine internationale Koordination konjunkturstützender Maßnahmen zweckmäßig. Die grundsätzliche Restriktion, daß nationale Maßnahmen zur Konjunkturbelebung bei international hohen Zinssätzen rascher an Grenzen stoßen, bleibt jedoch unaufhebbar.

Derartige Überlegungen spielen auch im Zusammenhang mit einer zweiten Form des zinsbedingten crowding-outs eine Rolle: Sofern die aufgelaufene öffentliche Verschuldung und die aktuellen Budgetdefizite eine Höhe erreicht haben, bei der sich unter den Anlegern Zweifel an der Solidität der Finanzpolitik und der Fähigkeit der Politiker zur Lösung der haushalts- und wirtschaftspolitischen Probleme ausbreiten, könnte es zu einer allgemeinen Verunsicherung der Anleger, zu einer Verkürzung der Anlagefristen und damit zu einer Erhöhung der längerfristigen Zinssätze kommen ([12], S. 21). Tatsächlich dürfte eine derartige psychologische Verunsicherung in den Jahren 1981/82 nicht unerheblich zur Verschlechterung der allgemeinen wirtschaftlichen Erwartungen und – neben dem internationalen Zinszusammenhang – zum anhaltend hohen Zinsniveau in der Bundesrepublik beigetragen haben ([1]).

Die Fehler der damaligen Wirtschaftspolitik wären im Rahmen des hier skizzierten Konzepts jedoch vermeidbar, wenn glaubhaft gemacht wird, daß die Fiskalpolitik lediglich konjunkturelle (also befristete) Defizite eingeht, an der Rückführung und schließlich völligen Beseitigung der auf Dauer angelegten strukturellen Defizite jedoch vorbehaltlos festhält. Eine Regierung wie die gegenwärtige, die bei ihren Konsolidierungsbemühungen ein hohes Maß an Konsequenz bewiesen hat, dürfte inzwischen genügend „Kredit" besitzen, um eine solche Strategie glaubhaft vertreten und damit ein psychologisches crowding-out weitgehend vermeiden zu können.

Nicht-zinsbedingte Verdrängungswirkungen schließlich wären dann denkbar, wenn die Privaten aufgrund der fiskalpolitisch begründeten Budgetdefizite und des dadurch bedingten weiteren Anstiegs des staatlichen Schuldenstands mit künftigen Mehrbelastungen in Form höherer Abgaben oder niedrigerer Staatsleistungen rechnen (vgl. [1]). Sofern die entsprechenden Schätzungen zutreffen, ließen sich derartige Erwartungen aber schon mit Hinweis auf beträchtliche – in ökonometrischen Untersuchungen vielfach auf 70-75 % der Primärausgaben geschätzte (vgl. [9], S. 391) – Selbstfinanzierungseffekte fiskalpolitischer Maßnahmen relativieren. Nimmt man hinzu, daß im Rahmen des hier diskutierten Konzepts noch bestehende strukturelle Budgetdefizite weiter abgebaut würden, so wäre trotz vorübergehend höherer konjunktureller Verschuldung – und selbst wenn in Hochkonjunkturphasen eine kompensatorische Tilgung nicht erreichbar ist – eine Rückführung des Zinsanteils am öffentlichen Haushaltsvolumen möglich. Im Ansatz gelang dies beispielsweise nach der Rezession 1966/67, als die Zinsbelastungsquote des öffentlichen Budgets von 3,8 % (1967) auf 3,4 % (1971) vermindert werden konnte, ohne dadurch freilich wieder ganz den Stand vor Durchführung der Konjunkturprogramme (1966: 3,1 %) zu erreichen.

Wir können diese Überlegungen dahingehend zusammenfassen, daß die Gefahr stärkerer crowding-out-Effekte gering gehalten werden kann, wenn die Fiskalpolitik die erwähnten Ausgestaltungsempfehlungen beachtet und insbesondere sichergestellt wird, daß sie sich auf befristete konjunkturelle Defizite beschränkt, am Abbau struktureller Defizite im Rahmen eines längerfristigen Konsolidierungskonzepts jedoch festhält.

4. Ist Fiskalpolitik unmöglich geworden?

Nachdem wir somit zu dem Ergebnis kommen, daß eine antizyklische Fiskalpolitik unter den skizzierten Voraussetzungen grundsätzlich auch in Zukunft einen erheblichen Beitrag zur Konjunkturstabilisierung leisten kann, müssen wir uns abschließend der bereits angedeuteten Frage zuwenden, inwieweit der gegenwärtige und für die nächsten Jahre zu erwartende budgetpolitische Handlungsspielraum in hinreichendem Umfang fiskalpolitische Expansionsmaßnahmen überhaupt zuläßt. Als wesentliche Hindernisse sind hier vor allem die bereits erreichte und bei kreditfinanzierten Konjunkturmaßnahmen weiter ansteigende Zinsbelastung der öffentlichen Haushalte sowie die Folgekosten konjunkturell bedingter staatlicher Mehrausgaben zu nennen.

Von diesen beiden Problemen ist das der *Folgekosten* jedoch sicherlich das weit weniger gravierende. Grundsätzlich müssen infolge einer antizyklischen Budgetpolitik überhaupt keine zusätzlichen Folgelasten anfallen. Zum einen entstehen solche Kosten ohnehin nur bei Ausgabenvariationen – also nicht im Falle einer Fiskalpolitik mittels steuerlicher Maßnahmen – und auch dann nur bei bestimmten Ausgabearten (insbesondere öffentlichen Investitionen und Personalausgaben). Zum zweiten sollen die in Rezessionsphasen gegebenenfalls getätigten Mehrausgaben ja nicht nur reversibel ausgestaltet, sondern in Aufschwungsperioden auch durch entsprechende Ausgabenkürzungen kompensiert werden. Das letztgenannte Gebot setzt freilich voraus, daß wirklich nur reversible und zeitlich ohne Allokationseinbußen verschiebbare Ausgaben für die Konjunkturstimulierung Verwendung finden. Neueinstellungen und Lohnsteigerungen im öffentlichen Dienst oder höhere Sozialtransfers kommen daher als Instrumente der Nachfragebelebung nicht in Betracht. Hingegen erfüllen finanzielle Anreize zur Förderung privater Investitionen sowie bestimmte Arten öffentlicher Investitionen beide zuletztgenannten Anforderungen. Die antizyklische Durchführung bestimmter Investitionsprojekte etwa im Verkehrs- und Umweltsektor würde die Versorgung mit Infrastruktur sicherlich nicht beeinträchtigen, und gerade bei Umweltschutzinvestitionen wurden relativ geringe Folgekosten für die Unterhaltung der Anlagen ermittelt ([10]).

Das sehr viel gewichtigere Problem ist ohne Zweifel die Einengung des budgetpolitischen Handlungsspielraums infolge der aufgelaufenen hohen Staatsverschuldung: Der Anteil der *Zinsaufwendungen* an den öffentlichen Gesamtausgaben hat sich von rd. 3 % vor der Rezession 1966/67 über rd. 5 % (1977/78) auf inzwischen 9,4 % (1986) erhöht. Nach den Ansätzen der mittelfristigen Finanzplanung wird diese Quote bis 1988 weiter auf 10 % steigen, ehe dann ein allmählicher Rückgang einsetzt. Damit übertrifft der Anteil der Zinszahlungen mittlerweile den Anteil der Investitionen am öffentlichen Budget (rd. 8 %).

Nun bieten Zinszahlungen des Staates an Private aus kreislauftheoretischer Sicht keine besonderen Schwierigkeiten, da sie keine Inanspruchnahme von Gütern und Diensten, sondern lediglich Einkommenstransfers darstellen. Selbst wenn zur Bedienung der Zinslasten Steuern erhöht würden, bliebe die Netto-Belastung der Privaten *insgesamt* unverändert, da den steuerlichen Entzugseffekten die höheren Zinseinkünfte gegenüberstehen. Jenseits dieser makroökonomischen Kompensation werden sich einzelwirtschaftlich jedoch mehr oder weniger ausgeprägte Lastverschiebungen ergeben, da die Zinseffekte weder genau zurechenbar sind noch eine entsprechend differenzierte Besteuerung begründbar und möglich wäre. In jedem Falle würde die gestiegene Steuerlast zudem bei den Betroffenen zu einer Verminderung der Risikobereitschaft führen. Hinzu kommt der bereits erwähnte Unsicherheitseffekt: Steigende Verschuldung und Zinslasten machen den einzelwirtschaftlichen Planungshorizont unsicherer, da für die Zukunft individuelle Mehrbelastungen ebenso wie gesamtwirtschaftliche Fehlentwicklungen infolge abnehmender staatlicher Steuerungsfähigkeiten zumindest ins Kalkül gezogen werden müssen.

Der Spielraum für eine Ausweitung der Staatsverschuldung ist aus diesen Gründen also schon aus budgetpolitischer Sicht begrenzt. Angesichts der zu Beginn der 80er Jahre in der Öffentlichkeit zunehmend geäußerten Besorgnis über diese budgetpolitischen Wirkungen der hohen Staatsverschuldung muß man die in den nächsten Jahre

Tabelle 1. Budgetwirkungen einer antizyklischen Fiskalpolitik 1986-1990 (Modellrechnung)

	1986	1987	1988	1989	1990
Konsens-Prognose (ohne Konjunkturabschwächung)					
BSP in jew. Pr. (VR[a] geg. d. Vorjahr in %)	6.1	4.6	4.7	4.7	4.7
BSP in Pr. v. 1980 (VR geg. d. Vorj. in %)	3.7	1.6	2.1	2.8	2.5
Zahl der Erwerbstätigen (in Mio.)	25.80	25.88	26.02	26.25	26.44
Zahl der Arbeitslosen (in Mio.)	2.15	2.28	2.26	2.12	2.02
Ausgaben d. öff. Haushalte[b] (in Mrd. DM)	625.3	642.5	660.8	679.7	699.1
Einnahmen d. öff. Haushalte (in Mrd. DM)	588.5	611.7	633.9	661.3	691.0
darunter: Steuern (in Mrd. DM)	458.1	481.2	500.8	527.6	554.6
Finanzierungssaldo d. öff. Haush. (Mrd. DM)	-36.8	-30.9	-27.0	-18.4	-8.1
(in % des BSP)	-1.9	-1.5	-1.3	-0.8	-0.3
Schuldenstand (Jahresende, in Mrd. DM)	797.3	828.2	855.1	873.5	881.6
Zinsausgaben d. öff. Haushalte (in Mrd. DM)	58.5	61.7	66.0	67.0	67.6
(in % der gesamten öff. Ausgaben)	9.4	9.6	10.0	9.9	9.7
Alternativ-Szenario 1 (mit Konjunkturabschwächung 1987/88 und stabilisierender Finanzpolitik)					
BSP in jew. Pr. (VR geg. d. Vorjahr in %)	6.1	4.0	2.5	5.0	5.4
BSP in Pr. v. 1980 (VR geg. d. Vorj. in %)	3.7	1.2	0.0	3.0	3.0
Zahl der Erwerbstätigen (in Mio.)	25.80	25.83	25.70	25.95	26.21
Zahl der Arbeitslosen (in Mio.)	2.15	2.33	2.58	2.42	2.25
Ausgaben d. öff. Haushalte (in Mrd. DM)	625.3	642.8	662.4	681.2	700.2
Einnahmen d. öff. Haushalte (in Mrd. DM)	588.5	608.4	617.2	645.6	679.1
darunter: Steuern (in Mrd. DM)	458.1	478.6	487.6	515.0	545.0
Finanzierungssaldo d. öff. Haush. (Mrd. DM)	-36.8	-34.4	-45.3	-35.7	-21.2
(in % des BSP)	-1.9	-1.7	-2.2	-1.6	-0.9
Schuldenstand (Jahresende, in Mrd. DM)	797.3	831.7	877.0	912.6	933.8
Zinsausgaben d. öff. Haushalte (in Mrd. DM)	58.5	62.0	67.7	70.0	71.6
(in % der gesamten öff. Ausgaben)	9.4	9.6	10.2	10.3	10.2
Alternativ-Szenario 2 (mit Konjunkturabschwächung 1987/88 und antizyklischer Finanzpolitik)					
BSP in jew. Pr. (VR geg. d. Vorjahr in %)	6.1	4.4	3.8	3.9	4.9
BSP in Pr. v. 1980 (VR geg. d. Vorj. in %)	3.7	1.5	1.0	2.1	2.6
Zahl der Erwerbstätigen (in Mio.)	25.80	25.87	25.87	26.01	26.21
Zahl der Arbeitslosen (in Mio.)	2.15	2.29	2.41	2.36	2.25
Ausgaben d. öff. Haushalte (in Mrd. DM)	625.3	647.8	685.8	679.7	699.1
Einnahmen d. öff. Haushalte (in Mrd. DM)	588.5	610.8	627.7	650.0	680.5
darunter: Steuern (in Mrd. DM)	458.1	480.5	495.9	518.5	546.2
Finanzierungssaldo d. öff. Haush. (Mrd. DM)	-36.8	-37.0	-58.1	-29.7	-18.6
(in % des BSP)	-1.9	-1.8	-2.7	-1.4	-0.8
Schuldenstand (Jahresende, in Mrd. DM)	797.3	834.3	892.4	922.2	940.7
Zinsausgaben d. öff. Haushalte (in Mrd. DM)	58.5	62.2	68.9	70.7	72.2
(in % der gesamten öff. Ausgaben)	9.4	9.6	10.0	10.4	10.3

erreichte Zinsbelastungsmarge daher wohl als einen Wert ansehen, der zumindest auf mittlere und längere Sicht nicht mehr wesentlich überschritten werden sollte. Welcher Handlungsspielraum verbleibt dann aber für eine wirksame antizyklische Fiskalpolitik?

Im Prinzip ließe sich eine wirksame Fiskalpolitik natürlich ohne dauerhafte Steigerung der öffentlichen Verschuldung betreiben: Den kreditfinanzierten expansiven Impulsen in Rezessionsphasen müßten entsprechende kontraktive (die Schuldentilgung ermöglichende) Impulse in Hochkonjunkturphasen gegenüberstehen. Ganz abgesehen von dem höheren Maß an politischer Disziplin, die eine derartige konsequente Fiskalpolitik verlangt, stößt ein solches Konzept mit Blick auf das heutige und wohl auch für die nächsten Jahre zu erwartende Konjunkturmuster auf Hindernisse: Denn wenn bei anhaltend mäßigem Wachstumstrend weiterhin damit zu rechnen ist, daß die konjunkturellen Aufstiegsphasen weniger ausgeprägt als die Abstiegsperioden sind, ließe sich eine rezessionsbedingte Mehrverschuldung kaum durch Tilgungen im nachfolgenden Aufschwung vollständig kompensieren.

Die Chance für eine dennoch effiziente Fiskalpolitik liegt darin, daß die partielle Selbstfinanzierung expansiver Impulse in Verbindung mit der wachstumsbedingten Ausweitung des Budgetspielraums auch im Falle einer asymmetrischen – in Rezessionen antizyklischen, in Aufschwungsphasen lediglich stabilisierenden – Haushaltsgebarung eine annähernde Konstanthaltung der Zinsquote ermöglicht. Die in Tabelle 1 aufgeführten Ergebnisse entsprechender Modellrechnungen mögen dies erläutern. Die Tabelle enthält zunächst für die Jahre 1986-1990 die wichtigsten Eckdaten der „Konsens-Prognose“, also jener Entwicklung, die gegenwärtig von Regierung und Forschungsinstituten als die wahrscheinlichste angesehen wird. Stellt man diesem Szenario ein vielleicht weniger wahrscheinliches, aber doch keineswegs abwegiges *Alternativ-Szenario 1* gegenüber, welches für die Jahre 1987/88 eine mäßig ausgeprägte Konjunkturabschwächung und eine gleichzeitig gegenüber der Finanzplanung unveränderte (also tendenziell *stabilisierende*) Budgetpolitik unterstellt, so zeigt sich, daß die dann rezessionsbedingt zu erwartenden staatlichen Mindereinnahmen und Mehraus-

---

[a]VR = Veränderungsrate

[b]öff. Haushalte: Gebietskörperschaften (ohne Sozialversicherung; Abgrenzung der Finanzstatistik)

Alternativ-Szenario 1: Gegenüber der Finanzplanung unveränderte Budgetentwicklung, allerdings einschl. zusätzlicher Ausgaben infolge von Arbeitslosigkeit)

Alternativ-Szenario 2: Gegenüber der Finanzplanung vorübergehende zusätzliche kreditfinanzierte staatliche Realausgaben 1987 +5, 1988 +20 Mrd. DM (in jew. Preisen)

Schätzannahmen:

- Multiplikator der öff. Realausgaben in jew. Preisen: 1.8, 0.7, 0.4, 0.4 im 1.,2.,3. bzw. 4. Jahr; in Preisen von 1980: 1.2, 0.5, 0.2, 0.2 im 1.,2.,3. bzw. 4. Jahr
- Aufgrund der rückläufigen Arbeitslosigkeit ergeben sich bei den öff. Haushalten im Falle des Verzichts auf antizyklische Maßnahmen Mehrausgaben für Arbeitslosenhilfe, Sozialhilfe und Wohngeld in Höhe von rd. 5000 DM pro Jahr und Person
- Die Steuerquote entwickelt sich wie im Falle der Konsens-Prognose
- Verzinsung der Staatsschuld gemäß den in der Finanzplanung unterstellten Zinssätzen

Quelle der zugrundegelegten Schätzdaten:

- Konsens-Prognose für das BSP, der Erwerbstätigen (1985-89) und des Budgets (1985): Bundesministerium für Wirtschaft und eigene Schätzungen
- Konsens-Prognose-Werte des Budgets 1986-89: Eigene Schätzungen unter Verwendung von Schätzdaten des DIW; vgl. DIW (1985); ohne Berücksichtigung der Steuerentlastungen 1988/90
- Übrige Werte: Eigene Berechnungen

Daten- und Prognosestand: September 1986

gaben zu einem ungewollten (automatischen) Anstieg der Defizite und Zinsbelastungen in beträchtlicher Größenordnung führen. Die staatliche Gesamtschuld läge in diesem Falle 1990 um gut 50 Mrd. DM, die Zinszahlungen um rd. 4 Mrd. DM höher als bei der Konsens-Prognose; der Zinsanteil am Budget würde damit um immerhin rd. 0,5 %-Punkte angehoben.

Vergleicht man nun diese Entwicklung mit unserem *Alternativ-Szenario 2*, bei dem die Fiskalpolitik, begrenzt allerdings auf die angenommenen Rezessionsjahre 1987/88, einen *antizyklischen* Kurs verfolgt – in unserem Beispiel: konjunkturstützende Mehrausgaben in Höhe von insgesamt 25 Mrd. DM tätigt –, so bestätigt sich die geäußerte Vermutung, daß *befristete* kreditfinanzierte Maßnahmen zur Konjunkturstützung die Zinsbelastungsquote tatsächlich nicht wesentlich erhöhen müssen. In unserem Beispiel läge diese Quote in diesem Fall 1989/90 um lediglich 0,1 %-Punkte über dem bei unveränderter Budgetpolitik zu erwartenden Stand.

Sicherlich müssen derartige Rechnungen mit Zurückhaltung interpretiert werden; die zugrundegelegten Schätzannahmen – insbesondere die Höhe der Multiplikatoren sowie die Konstanz der Steuerquote bei zusätzlichen Fiskalimpulsen (vgl. die Anmerkungen zur Tabelle) – sind aber bewußt vorsichtig gewählt, sodaß eine wesentliche Unterschätzung der Zinsbelastungswirkungen unwahrscheinlich ist. Zu beachten ist allerdings, daß in einem föderativen Finanzsystem die durch konjunkturstützende Maßnahmen ausgelösten Mehreinnahmen bzw. Minderausgaben nicht unbedingt (in vollem Umfang) bei jenen Gebietskörperschaften anfallen, die zur Finanzierung der jeweiligen expansiven Impulse beitrugen. Ein entsprechender Ausgleich kann zwar zum Teil über das Zuweisungssystem erfolgen, daneben werden sich die übergeordneten Gebietskörperschaften jedoch bereit erklären müssen, einen vergleichsweise höheren Finanzierungsbeitrag zu leisten.

5. Abschließende Bemerkungen

Wir können aus den vorgetragenen Überlegungen folgern, daß es zumindest riskant wäre, angesichts der bestehenden, vor allem finanzierungsseitigen Restriktionen in Zukunft auf jegliche antizyklische Fiskalpolitik zu verzichten und uns allein auf die Stabilisierungswirkungen eines strikt angebotspolitischen Kurses zu verlassen. Angebots- und Nachfragepolitik sind einander notwendig ergänzende Strategien zur Verbesserung und Verstetigung der wirtschaftlichen Rahmenbedingungen und damit der für anhaltendes Wachstum so wichtigen Erwartungen. Fiskalpolitik in diesem Sinne heißt nicht, Vollbeschäftigungsgarantien zu geben und damit fehlerhafte, da *unerfüllbare* Erwartungen zu wecken. Sie kann und soll auch nicht durch falsche Versprechungen *individuelle* unternehmerische Nachfragerisiken beseitigen, da dies den strukturellen Wandel nur hemmen könnte. Eine im skizzierten Sinne konsequente antizyklische Budgetpolitik kann aber dadurch, daß sie das Ausmaß gesamtwirtschaftlicher Nachfragewellen zu dämpfen verspricht, die Unternehmen von jenem Teil der Anpassungslast im Strukturwandel entlasten, der nicht aus dem Wettbewerbsprozeß selbst, sondern aus makroökonomischen Koordinationsstörungen resultiert.

Eine in diesem Sinne erfolgreiche Fiskalpolitik verlangt von den Finanzpolitikern allerdings – und hierin unterscheidet sie sich nicht von einer rein angebotsorientierten Strategie – ein hohes Maß an Disziplin. Unter den bereits angesprochenen Ausgestaltungskriterien gilt es – neben den weniger problematischen Empfehlungen (wie Schnelligkeit und adäquate quantitative und sektorale Dosierung der Maßnahmen) – vor allem die folgenden zu beachten:

- die *Reversibilität* der Maßnahmen muß sichergestellt sein, wobei eine Vorab-Festlegung ihres Auslaufens jedoch i.d.R. zu vermeiden ist;
- die gegebenen Möglichkeiten zur *Abstimmung* der fiskalpolitischen Maßnahmen mit der Geld- und Lohnpolitik sind auszuschöpfen;
- die Öffentlichkeit ist durch geeignete Maßnahmen davon zu überzeugen, daß die *Fortführung des längerfristigen Konsolidierungskurses* durch eine vorübergehende konjunkturelle Mehrverschuldung *nicht beeinträchtigt* wird.

Im Rahmen der zuletzt angesprochenen Informationspolitik könnte beispielsweise überlegt werden, ob nicht dem jährlichen Haushaltsplan eine Art „Konjunkturbudget“ beigefügt wird, welches sämtliche (nicht nur die vom Sachverständigenrat jährlich erfaßten) konjunkturbedingten Haushaltsveränderungen dokumentiert und durch Ausweis einer konjunkturellen bzw. strukturellen Defizitkomponente zu einer „rationaleren“ Erwartungsbildung insbesondere auf Seiten der Anleger und Investoren beitragen könnte.

All diese Ausgestaltungsempfehlungen dienen dem Zweck, tatsächlich durchgeführte fiskalpolitische Maßnahmen wirksamer zu machen. Hinzu kommen muß aber das Vertrauen der Privaten, daß im Störungsfalle wirklich eine konsequente Fiskalpolitik betrieben wird; es kommt daher auch darauf an, bereits in „normalen“ Zeiten ein eindeutiges, an klare Interventionsschwellen und Ausgestaltungsregeln geknüpftes fiskalpolitisches Konzept für den Störungsfall nicht nur vorzubereiten, sondern auch in der Öffentlichkeit überzeugend anzukündigen.

Literatur

[1] Ehrlicher W (1985) Aspekte der Staatsverschuldung. Der Staat 24:31-49

[2] Flassbeck H, Vesper D (1986) Konjunkturzyklus, Beschäftigung und Inflation – Bemerkungen zu alternativen wirtschaftspolitischen Strategien. In: Krupp H-J, Rohwer B, Rothschild K W (Hrsg.) Wege zur Vollbeschäftigung. Rombach, Freiburg

[3] Francke H-H, Friedrich D, Leibinger H-B, Oesterlin S, Rohwer B (1985) Möglichkeiten einer binnenwirtschaftlich orientierten Geldpolitik bei weltweit hohen Zinsen. Duncker & Humblot, Berlin

[4] Gerfin H (1984) Keynesianismus in der Krise? In: Emminger O (Hrsg.) Friedman contra Keynes. Olzog, München, 107-131

[5] Giersch H (1977) Konjunktur- und Wachstumspolitik in der offenen Wirtschaft. Wiesbaden

[6] Gordon R (1981) Output Fluctuations and Gradual Price Adjustment. J. Ecom. Lit 19: 493-530

[7] Oppenländer K H (1977) Wie sind Konjunkturprognosen zu verstehen? Ifo-Schnelldienst 30:6-10

[8] Rohwer B (1986) Der Konjunkturaufschwung 1983-1986 – ein Erfolg des wirtschaftspolitischen Kurswechsels der christlich-liberalen Koalition? Konjunkturpolitik (in Vorbereitung)

[9] Rürup B (1985) Finanzierungsrestriktionen bei öffentlicher Verschuldung zum Zwecke der Durchführung von Beschäftigungsprogrammen. In: Buttler F, Kühl J, Rahmann B (Hrsg.) Staat und Beschäftigung. BeitrAB 88: 383-398

[10] Sprenger R-U (1979) Beschäftigungseffekte der Umweltpolitik. Duncker & Humblot, Berlin und München

[11] West LB (1986) Prognose ’90. Die wirtschaftliche Entwicklung der Bundesrepublik Deutschland 1986 bis 1990. o.V., Düsseldorf

[12] Wissenschaftlicher Beirat beim Bundesministerium der Finanzen (1984) Gutachten zu den Problemen einer Verringerung der öffentlichen Netto-Neuverschuldung. Stollfuss, Bonn

Fortschritt ohne Angst – Wissenschaft und Technik im Dienst des Menschen

Heiner Geissler

Ethische Aufgabe der Zukunftssicherung

„Zukunft" ist ein Stichwort, das viele Emotionen weckt. Der amerikanische Wissenschaftler Alvin Toffler sprach 1970 von einem „Zukunftsschock" als „Ergebnis der Tatsache, daß sich die Veränderungen immer rascher vollziehen, einen immer größeren Umfang annehmen." 1980 nannte derselbe Autor sein neues Buch „Die Zukunftschance". Dieser veränderte Titel ist auch ein Indiz für den Wandel unserer Vorstellungen von der Zukunft.

Denn viele verbinden heute mit der Zukunft auch Hoffnung. So glaubt einer Emnid-Umfrage des Jahres 1986 zufolge mehr als die Hälfte der Bevölkerung, daß das Leben für die Menschen in Zukunft lebenswerter wird, 83 % halten es für möglich, den Frieden dauerhaft zu sichern, 79 % sind der Auffassung, die Probleme des Umweltschutzes seien zu lösen, und 76 % meinen, die Arbeitslosigkeit sei abzubauen. 40 % aller Befragten und 60 % der Jugendlichen bewerten technischen Fortschritt positiv.

Diese eher optimistische Grundeinstellung gegenüber der Zukunft ist keineswegs selbstverständlich. Noch Anfang der 80er Jahre sah der demoskopische Befund anders aus: Zukunftspessimismus und Technikskepsis herrschten vor.

Dieses neu gewonnene Grundvertrauen zur Zukunft und zum technisch-wissenschaftlichen Fortschritt muß langfristig erhalten bleiben. Deshalb ist eine differenzierte Auseinandersetzung mit Chancen und Risiken technisch-wissenschaftlichen Fortschritts notwendig. Denn ungebremstem Pessimismus steht vielfach ungebremster Optimismus gegenüber. Viele Menschen erkennen nur Nachteile, andere nur Vorteile neuer Technologien. Beide Sichtweisen werden unserer Verantwortung nicht gerecht, beide Sichtweisen machen blind. In dem Maße, in dem wir mögliche Risiken offen aussprechen und durch entsprechende Vorkehrungen begrenzen, wird auch die Skepsis gegenüber der Technik zurückgehen. Insofern ist z.B. Datenschutz keine Behinderung der Informationstechniken, sondern vielmehr entscheidende Voraussetzung für ihre Nutzung. Denn Skepsis gegenüber Fortschritt und Technik läßt sich nicht einfach mit der Angst vor dem Ungewissen, dem Unbeherrschbaren erklären, sondern dahinter stehen ernst zu nehmende Probleme:

– Zu den bedeutenden Widersprüchen unserer Zeit gehört die Tatsache, daß wir einen rasanten technischen Fortschritt haben, mit dem der soziale und gesellschaftspolitische Fortschritt sehr oft nicht Schritt halten kann. Der verstorbene langjährige Präsident des Club of Rome, Aurelio Peccei, hat dies als die menschliche Lücke – „the human gap" – bezeichnet.

– Die menschlichen und sozialen Kosten des Fortschritts sind uns bewußt geworden. Viele Menschen haben das Gefühl, vieles erreicht zu haben, was sie früher nicht hatten. Aber sie vermissen heute Dinge, die sie früher hatten: Mitmenschlichkeit, Geborgenheit, überschaubare Lebensverhältnisse. Die Menschen leben in Wohlstand, aber sie sind nicht glücklich.

– Die industrielle Entwicklung hat die Probleme nicht einfacher, sondern komplexer gemacht. Es ist ein Grundwiderspruch unserer Zeit, daß die Politik, aber zum Teil auch die Wissenschaft, versucht ist, auf diese komplexen Probleme pauschale Antworten zu formulieren: Schlagworte wie „lieber rot als tot", „Raketen sind Magneten", „Atomkraft, nein danke", „Tschernobyl ist überall". Es sind einfache, simple Antworten auf höchst komplexe Vorgänge, und insofern sind diese Antworten falsch, denn komplexe Probleme erfordern differenzierte Anworten.

– Der sinkende Grenznutzen des Fortschritts wird heute zunehmend spürbar: für Gesellschaften, die am Beginn ihrer Industrialisierung stehen, bedeuten wirtschaftliches Wachstum und steigende Sozialleistungen Fortschritt. Mehr Lohn und mehr soziale Sicherheit verbessern die Lebenslage der Menschen. Solange anfallende Belastungen abgewälzt werden können, sei es, wie bei den Nebenfolgen der Industrialisierung, auf Natur und Umwelt, sei es, wie bei den Kosten für soziale Sicherheit, auf andere Gruppen oder auf den Staat, werden die damit verbundenen Folgen nicht oder zu spät erkannt. Beide Voraussetzungen sind aber nicht mehr gegeben. Weder die Natur noch der Steuerzahler lassen sich unbegrenzt ausnutzen. Die Menschen sind nicht länger bereit, als Folge wirtschaftlichen Wachstums die Beschädigung der Natur (immer höhere Steuern, Beiträge und Abgaben) als Ergebnis einer rein quantitativ orientierten, expansiven Sozialpolitik (immer stärkere Bürokratisierung und Reglementierung) und als Konsequenz einer ständigen Ausdehnung der Staatsaufgaben einfach hinzunehmen.

Diese Probleme zeigen an, daß sich die Bundesrepublik Deutschland in einem Strukturwandel, in einem tiefgreifenden Prozeß der wirtschaftlichen und sozialen Umstrukturierung befindet.

Um diesen Strukturwandel erfolgreich und human zu bestehen und um die Zukunftsfähigkeit der Bundesrepublik Deutschland zu sichern, ist die Nutzung des technischen und wissenschaftlichen Fortschritts unverzichtbar. Als exportorientiertes und rohstoffarmes Industrieland hat die Bundesrepublik Deutschland nur dann eine Chance im internationalen Wettbewerb, wenn sie die Möglichkeiten des technischen Fortschritts nutzt. Dazu brauchen wir aber auch ethische Maßstäbe, um Chancen und Risiken moderner Technologien zu erkennen und human zu bewältigen.

Im Zukunftsmanifest der CDU, das auf dem Mainzer CDU-Parteitag im Oktober 1986 verabschiedet wurde, heißt es: „Die Weiterentwicklung von Wissenschaft und Technik ist für den Menschen zur humaneren Gestaltung seiner Lebensverhältnisse und zur Sicherung seines Lebens unverzichtbar. Nicht alles, was technisch möglich und ökonomisch vorteilhaft erscheint, ist unter humanen Gesichtspunkten wünschenswert. Darum verstehen wir Fortschritt auch als ethische, nicht allein als politische oder wirtschaftliche Herausforderung."

Es sind drei besonders wichtige Entwicklungen, die im Zusammenhang mit Fragen technisch-wissenschaftlichen Fortschrittes gesehen werden müssen und die für die Zukunftsgestaltung besondere Bedeutung besitzen:

1. Wir befinden uns als Folge des technischen Fortschritts auf dem Weg von einer Produktionsgesellschaft zu einer Informationsgesellschaft, in der kreative Kenntnisse und Fertigkeiten eine größere Bedeutung erhalten. Mikroelektronik, Robotertechnik, neue Medien, Biotechnologie – das sind einige Stichworte.

2. Als Folge dieser Entwicklungen ändern immer mehr Menschen ihre Werthaltungen und Bedürfnisse. Erleichterungen durch neue Technologien, veränderte Horizonte durch wissenschaftlichen Fortschritt, die sich bis ins tägliche Leben hineinziehen, tragen zu Verlagerungen von Prioritäten bei: Schutz der Umwelt, mehr Beteiligungschancen an Entscheidungsprozessen in Politik, Wirtschaft und Gesellschaft und erweiterte und flexible Gestaltungsspielräume im Arbeitsleben erhalten ein neues Gewicht. Die Möglichkeiten zur sozialen und kulturellen Betätigung sowie zur individuellen Weiterbildung haben sich erweitert.

3. Schließlich ist die deutlich spürbare Veränderung der internationalen Wettbewerbsbedingungen zu nennen. In der Bundesrepublik Deutschland ist jeder dritte Arbeitsplatz exportabhängig. Die Bundesrepublik Deutschland hat nur dann eine Chance, den erreichten Wohlstand zu sichern und die Lebensverhältnisse zu verbessern, wenn sie auch in Zukunft technologische Spitzenprodukte herstellt und auf dem Weltmarkt verkaufen kann.

Den Veränderungen durch Wissenschaft und Technik, neuen Chancen in der Arbeitswelt und modernen Konzepten für das Leben in überschaubaren Gemeinschaften gilt das Hauptaugenmerk unserer Politik.

Veränderungen durch Wissenschaft und Technik

Durch Wissenschaft und Technik wurden in der Vergangenheit die Lebensbedingungen der Menschen wesentlich verbessert. Unsere Geschichte zeigt, daß wir Technik und Wissenschaft brauchen. Sie brachten der Menschheit viele Wohltaten:

– In der Mitte des vorigen Jahrhunderts entdeckte Justus von Liebig, daß der Ertrag des Bodens durch künstlichen Dünger um ein Vielfaches vermehrt werden kann. Gleichzeitig trug Mendel durch seine genetischen Forschungen dazu bei, daß die Zucht ertragreicher Pflanzen sowie leistungs- und widerstandsfähigerer Vieharten möglich wurde. So konnte die Bevölkerung mit Hilfe einer leistungsfähigeren Landwirtschaft ausreichend ernährt werden. In Mitteleuropa sind auf diese Weise Hungerkatastrophen in Vergessenheit geraten.

– Medizinische Fortschritte ließen viele Seuchen und Volkskrankheiten, die einstmals Geißeln der Menschheit waren, verschwinden. Dies verdanken wir Pionieren wie Robert Koch, die unermüdlich ihr Forscherstreben zum Wohl der Menschheit einsetzten.

– Gleichzeitig schufen technische Erfindungen wie die Dampfmaschine oder das Automobil neue Wirtschaftsverhältnisse und Arbeitsstrukturen und revolutionierten die industrielle Entwicklung.

Als Folge dieser Fortschritte stieg die durchschnittliche Lebenserwartung, die zur Jahrhundertwende 48 Jahre betrug, auf über 77 Jahre an. Im gleichen Zeitraum verkürzte sich die jährliche Arbeitszeit von 3000 Stunden auf etwa 1600 im Jahre 1985.

Der technisch-wissenschaftliche Fortschritt hat uns also von Krankheit, Hunger und Mühsalen physischer Arbeit in hohem Maße befreit. Die Bilanz des technischen Fortschritts sah man daher bis zum Ende der 60er Jahre ungetrübt positiv. Dann aber signalisierte der Bericht des Club of Rome über „Grenzen des Wachstums" auftretende Umweltschäden: Es wurde deutlich, daß der Fortschritt seinen Preis hat.

In seiner Ansprache an Wissenschaftler und Studenten im Kölner Dom am 15. November 1980 formulierte Papst Johannes Paul II.: „Freilich ist klar, daß technische Erkenntnis zum Guten wie auch zum Bösen angewendet werden kann. Wer die Wirkungsweise von Giften erforscht, wird diese Kenntnisse zum Heilen wie auch zum Töten verwenden können. Aber es kann nicht zweifelhaft sein, wohin wir schauen müssen, um das Gute vom Schlechten zu unterscheiden. Technische, auf Weltveränderung gerichtete Wissenschaft rechtfertigt sich durch ihren Dienst am Menschen und an der Menschheit."

Auch bei den heute aktuellen Entwicklungen, besonders im Bereich der neuen medizinischen Technologien, der Bio- und Gentechnik und der modernen Informations- und Kommunikationstechnologien muß sicher sein, daß der Fortschritt dem Menschen dient. Wir müssen in vielen Bereichen Chancen und Risiken abwägen:

– Die Erfolge in der modernen Bio- und Gentechnologie eröffnen neue Möglichkeiten, z.B. bei der Sicherung der Welternährung. Man hat Getreidepflanzen im Labor gezüchtet, die den Stickstoff aus der Luft entnehmen, also keine Nitratdünger benötigen. Durch Genkombination zwischen einer Gerstenart und salzverträglichen Pflanzen ist eine Körnerfrucht, die „Salzgerste" entstanden, die ohne Süßwasser auf versalzten Böden gedeiht. Dies sind begrüßenswerte Anwendungen wissenschaftlicher Forschung.

Aber wir dürfen die Augen nicht vor den Gefahren verschließen, die sich durch gentechnische Forschung ergeben könnten, vor allem, sobald es um Eingriffe und Manipulationen am menschlichen Genmaterial geht.

– Die moderne Medizin bringt und Hör- und Lesegeräte. Mit Hilfe von Laserstrahlen sind ungeahnte Fortschritte in Operationstechniken erreicht worden. Zum Beispiel bewahren moderne Nierensteinzertrümmerer jährlich mehr als 20.000 Patienten vor chirurgischen Eingriffen.

Doch gleichzeitig stellen uns Leihmütter und Retortenbabies vor Fragen, die sich niemals zuvor in der Geschichte der Menschheit gestellt haben. Die lebenserhaltenden und lebensverlängernden Möglichkeiten der Medizin zwingen uns, das Ende des Lebens präziser zu bestimmen und über die Problematik der Sterbehilfe nachzudenken.

– Neue Technologien revolutionieren das Arbeitsgeschehen: Elektronisch gesteuerte Maschinen und Roboter verrichten in zunehmendem Maße die Arbeiten, die ansonsten die Gesundheit der Menschen bedrohen würden. Allein in der Bundesrepublik Deutschland hat sich die Zahl der Roboter in der Industrie bis 1984 auf fast 7000 verfünffacht.

Moderne Bürotechniken ermöglichen neue Formen von Heimarbeit und bieten so die Möglichkeit, Arbeit und Familie wieder miteinander zu versöhnen.

Zugleich entstehen vielfältige Probleme: Bisher sichere Arbeitsplätze gehen verloren, an anderer Stelle werden neue geschaffen. Solche strukturellen Veränderungen können für den einzelnen erhebliche Anpassungslasten mit sich bringen.

Diese Spannungsfelder sind eine Herausforderung für Politik und Gesellschaft. C.F. von Weizsäcker hat formuliert:

„Technik ist Mittel zu Zwecken." Technik als solche ist weder gut noch böse. Es kommt darauf an, was der Mensch mit der Technik macht.

Es sind drei wesentliche ethische Prinzipien, an denen sich die CDU beim Umgang mit Wissenschaft und Technik orientiert: Die Wahrung der Würde des Menschen, die Verantwortung für die Natur und die Verantwortung für die künftigen Generationen.

Die Würde des Menschen gebietet es, für ein Leben in Frieden und Freiheit, ohne Hunger und Not, in einer intakten Natur und in einer Gesellschaft einzutreten, die ein Leben in verantworteter Freiheit ermöglicht. Wissenschaft und Technik erhalten ihre ethische Rechtfertigung, sofern sie der Verwirklichung dieser Güter und Ziele dienen. Die Würde des Menschen kann aber zum Beispiel durch die totale datentechnische Erfassung des Bürgers durch staatliche Institutionen oder durch gentechnologische Experimente mit menschlichem Leben verletzt werden.

Molekularbiologie und Gentechnik haben neue Möglichkeiten eröffnet, die direkt die Würde des Menschen tangieren. Babies aus der Retorte, Manipulation der Gene, Züchtung von Chimären, die unter der Bezeichnung „Klonen" diskutierte gezielte Erzeugung von genetisch identischen Lebewesen zeigen uns: Je mehr wir wissen, was wir können, desto wichtiger wird es, auch zu wissen, was wir dürfen und was wir nicht dürfen.

Die menschliche Persönlichkeit, ihre Eigenart, ihr Charakter, ist auch im Erbgut unantastbar. So erklärt das Bundesverfassungsgericht in seiner Entscheidung vom 25. Februar 1975, das Recht auf Leben werde jedem gewährleistet, der lebt. Zwischen einzelnen Abschnitten des sich entwickelnden Lebens, zwischen ungeborenem und geborenem Leben könne hier kein Unterschied gemacht werden. Grundsätzlich müsse sich das Grundrecht auf körperliche Unversehrtheit auch auf das menschliche Erbgut erstrecken.

Der Mensch darf nicht zum Gegenstand züchterischer Bemühungen herabgewürdigt werden. Deshalb tritt die CDU dafür ein, das Klonen zur Herstellung von Menschen sowie die Erzeugung von Chimären aus Mensch und Tier strafrechtlich zu verbieten.

Wir wollen den medizinischen Fortschritt nutzen, um Ehepaaren, die keine Kinder bekommen können, ein eigenes Kind zu ermöglichen. Aber wir werden uns entschieden dagegen wehren, daß mit tiefgefrorenen Embryos und Leihmüttern üble Geschäfte gemacht werden.

Verantwortung für die Natur

Die Natur ist Schöpfung Gottes. Die Ehrfurcht vor dieser Schöpfung Gottes verpflichtet uns, der heutigen und den nachfolgenden Generationen die lebenswichtigen Funktionen, die Schönheit und die Vielfalt der Natur zu erhalten. Unsere grundlegenden Lebensbedingungen dürfen nicht irreversibel zerstört werden.

Wir dürfen deshalb beim Umweltschutz nicht nur reagieren, sondern wir müssen endlich dahin kommen, daß Umweltbelastungen von vornherein vermieden werden. Dazu brauchen wir vor allem mehr Marktwirtschaft beim Umweltschutz. Der Gebrauch des knappen Gutes Umwelt muß teurer werden. Das Verursacherprinzip muß konsequenter angewandt werden. Verstöße gegen Umweltgesetze müssen härter bestraft werden.

Die bürokratische Umweltpolitik der siebziger Jahre hat einen Gegensatz zwischen Ökologie und Ökonomie geschaffen. Die gesetzlichen Auflagen haben Umweltverschmutzung zu billig und den Umweltschutz zu teuer gemacht. Das einzige bedeutende marktwirtschaftliche Instrument war damals die Abwasserabgabe. Der Sachverständigenrat für Umweltfragen hat 1974 errechnet, daß damit die Reinigung der kommunalen Abwässer ein Drittel billiger wäre als mit einer entsprechenden Umweltauflage. Jährlich wurden durch diese vernünftige Entscheidung über 500 Millionen Mark eingespart.

In den USA werden stärker am Markt orientierte Lösungen bereits mit Erfolg angewandt. Die amerikanischen Erfahrungen lehren uns, daß sich mit marktbezogenen Lösungen 35 bis 75 Prozent der sonst anfallenden Kosten einsparen lassen. Deshalb müssen wir in dieser Richtung weitergehen.

Erste marktwirtschaftliche Anstöße hat die Bundesregierung bereits mit der sogenannten Kompensationsmöglichkeit in der Technischen Anleitung Luft geschaffen. Weitere Akzente setzen die Vereinbarungen der Koalitionsparteien CDU, CSU und FDP zum Umweltschutz in der 11. Legislaturperiode des Deutschen Bundestages. Zur Stärkung des wirtschaftlichen Eigeninteresses soll die verschuldensunabhängige Gefährdungshaftung, die bisher nur im Bereich des Gewässerschutzes gültig war, auf Luft und Boden ausgedehnt werden. Dies wird zu der Einführung einer zwingend vorgeschriebenen Umwelthaftpflichtversicherung führen. Durch sie müssen künftig Unternehmen, die mit umweltgefährdenden Stoffen umgehen, eine Versicherung gegen Schäden an Umwelt und Gesundheit vorweisen. Bei allen Erlaubnissen, Bewilligungen und Genehmigungen werden Deckungsvorsorgen verlangt, damit Unfälle, umwelt- und gesundheitsschädigende Wirkungen oder auch künftige Entsorgungsprobleme – sowohl bei der Herstellung, als auch bei der Verwendung von Produkten – auch unter den veränderten Haftungsbedingungen finanziell abgesichert sind. Diese Versicherung wird ein Anreiz sein, Versicherungsbeiträge zu sparen, Umweltschutz aus eigenem Interesse zu betreiben und neue umweltfreundliche Technologien eigenständig zu entwickeln. Auf diese Weise wird der technische Fortschritt, der sich früher lange gegen die Umwelt gerichtet hat, zunehmend in ihren Dienst treten.

Verantwortung für künftige Generationen

Der Einsatz neuer Technologien und Eingriffe in die Natur müssen gegenüber nachfolgenden Generationen verantwortbar sein. Die gegenwärtige Generation darf nicht die Lebensgrundlagen künftiger Generationen gefährden oder zerstören. Dabei können und müssen wir darauf vertrauen, daß unsere Nachfahren mit der gleichen Sorgfalt, dem gleichen Verantwortungsbewußtsein und mindestens der gleichen Erfindungsgabe an die Probleme herangehen wie wir, so daß ihnen die Bewältigung solcher bereits von uns eingegangenen, überschaubaren Risiken durchaus zugetraut werden kann.

Insofern ist auch z.B. die friedliche Nutzung der Kernenergie mit ihrem geringen Risiko gegenüber der heutigen und den kommenden Generationen ethisch vertretbar, solange wir keine realistische Alternative dazu haben. Verantwortung für die Zukunft bedeutet aber auch, für die Zukunft vorzusorgen. Deshalb müssen heute neue Energietechnologien für morgen erforscht werden. Der Bundesforschungsminister hat insgesamt 1.211 Projekte zur Erforschung neuer oder besserer Energiequellen mit über 2,2 Mrd. DM gefördert. Darunter fallen Sonnen-, Wind- und Biogaskraftwerke. Die Wissenschaftler in der Bundesrepublik Deutschland arbeiten an der Konzeption und

Entwicklung zukünftiger photovoltaischer Sonnenkraftwerke, an Solaranlagen zur Wasserstofferzeugung oder an Anlagen zur Nutzung der Erdwärme. Ein besonderer Schwerpunkt sind die Forschungen zur thermonuklearen Fusion. Schon seit Jahren beteiligt sich die Bundesregierung in einem europäischen Gemeinschaftsprojekt an der Entwicklung von Kernfusionstechnologien. Viele dieser Forschungsprojekte stellen heute noch keine echte Alternative zu den Energietechniken dar. Was wir jedoch heute für Wissenschaft und Forschung ausgeben, investieren wir in unsere eigene Zukunft und die unserer Kinder.

Forschung heute bedeutet neue Technologien und neue Lösungsmöglichkeiten für morgen im Kampf gegen weltweite Nahrungsmittelknappheit, für besseren Umweltschutz, für die Bekämpfung von heute noch unheilbaren Krankheiten oder von Arbeitslosigkeit und Armut. Wer also pauschal „die“ Technik, „die“ Chemieindustrie oder „die“ Medizin an den Pranger stellt und verurteilt, der übersieht, daß diese Techniken für die Lösung zahlreicher Probleme unverzichtbar sind.

Gesellschaftliche Folgen neuer Technologien

Technische Neuerungen haben nicht nur Auswirkungen auf die unmittelbar Betroffenen, sondern sie verändern auch die Gesellschaft in einem Maße, das kaum vorhersehbar ist. Beispiele aus der Vergangenheit sind die Entwicklung des Verkehrswesens und das Telefon. Kaum jemand hätte in der Frühzeit der Eisenbahn, des Automobils oder des Flugzeuges erahnt, wie sich durch sie der Horizont für jeden einzelnen vergrößern würde. Wer Heinrich Heines Werk „Deutschland – ein Wintermärchen“ liest, wird feststellen, daß Entfernungen, die wir heute mit dem Auto in einer Stunde bewältigen können, für Heine eine Tagesreise mit der Kutsche bedeuteten, so z.B. die Strecke von Köln nach Hagen. Heute können familiäre Beziehungen auch über große Entfernungen gepflegt werden, ein persönliches Wort ist per Telefon schnell gesagt. Dies sind alles Entwicklungen, die die Erfinder und die Techniker der ersten Stunde wohl kaum erahnt haben. Wenn es damals die technikfeindliche Einstellung, die wir bei einigen Gruppen von heute finden, gegeben hätte, wären sicherlich unter Verweis auf die tödlichen Gefahren des Straßenverkehrs, auf die drohende Vereinsamung des Menschen und den Zerfall der Familien das Auto und das Telefon verboten worden. Aber will heute irgend jemand ernstlich auf diese Techniken verzichten?

Abkopplung der Bundesrepublik Deutschland nicht möglich

Der Versuch, den status quo zu erhalten, wissenschaftliche Neuerungen abzuwehren oder vielleicht sogar technische Entwicklungen zu stoppen, zeugt nicht von Mut, sondern von Resignation vor der Zukunft. Politiker, die vor der Zukunft resignieren, bringen auch nicht die Kraft für die Gestaltung der Gegenwart auf. Dazu kommt, daß das, was einmal erdacht wurde und technisch möglich ist, nicht mehr rückgängig gemacht werden kann. Die Abschaffung aller Atomwaffen allein würde uns nicht in das voratomare Zeitalter zurückführen, denn die Bedrohung durch das Wissen, wie man die Bombe herstellen kann, bliebe. So ist es auch mit anderen Techniken. Man kann neue Erkenntnisse und deren Nutzung auf Dauer nicht verbieten, man kann sie nicht ungeschehen machen. Deswegen führt der Versuch des Abblockens nur zu unkontrollierter Anwendung im Verborgenen.

Die Bundesrepublik Deutschland ist keine Insel ohne Beziehungen zum Ausland. Ein Abkoppeln von unseren Nachbarn und Handelspartnern, ein Ausstieg aus der Technik, aus der Industriegesellschaft würde schließlich in wenigen Jahren dazu führen, daß die Bundesrepublik Deutschland international als nostalgisches Relikt, als eine Art großes Freilichtmuseum angesehen würde, in dem eine zurückgebliebene Industriestruktur besichtigt werden könnte.

Chancen in der Arbeitswelt

Durch neue Techniken ist möglich geworden, was viele Generationen von Arbeitern und Angestellten sich erträumt haben:

- Körperlich schwere Arbeit wird zunehmend von Maschinen übernommen.
- Neue Techniken vermindern die gesundheitlichen Belastungen durch Staub, Abgase und Lärm in erheblichem Maße.
- Eintönige Routinearbeiten brauchen zu einem großen Teil nicht mehr von Menschen ausgeführt werden.

Neue Techniken und Arbeitsplätze

Nun wird oft behauptet: Neue Technologien führen zum Verlust von Arbeitsplätzen. Das Kölner Institut für Sozialforschung und Gesellschaftspolitik stellt in einer Studie dazu fest:

„Nicht ein forcierter technisch-organisatorischer Wandel, verbunden mit einer spürbaren Zunahme der Arbeitsproduktivität, sondern Wachstumsschwäche und ein forcierter internationaler Wettbewerb waren die auslösenden Momente für den Abbau von Arbeitsplätzen. ... (Es) muß die Behauptung, für den Verlust von Arbeitsplätzen sei in erster Linie der technisch-organisatorische Wandel ausschlaggebend gewesen, relativiert werden und stattdessen die Ursache für die anhaltend hohe Arbeitslosigkeit ... eher in einer zu verhaltenen technologischen Erneuerung der Wirtschaft gesehen werden."

Die deutsche Textilindustrie kam z.B. deshalb in Bedrängnis, weil sie zu spät modernisiert und automatisiert hatte und deshalb mit den Niedriglohnländern nicht konkurrieren konnte. Jetzt ist sie wieder konkurrenzfähig, weil sie den Umstrukturierungsprozeß erfolgreich abgeschlossen hat. Es mag also sein, daß bei einzelnen Abteilungen, Betrieben oder Branchen durch neue Technologien Arbeitsplätze abgebaut werden, gesamtgesellschaftlich wird dieser Effekt jedoch mehr als ausgeglichen. Wenn wir jedoch die Einführung der neuen Techniken behindern, dann werden die alten Arbeitsplätze mittelfristig durch den internationalen Wettbewerb vernichtet, jedoch keine neuen geschaffen.

Qualifizierungsoffensive

Eine weitere Befürchtung, die mit der Einführung neuer Techniken am Arbeitsplatz verbunden ist, ist die, daß die Arbeitnehmerschaft dadurch in eine sehr kleine Elite von Höchstqualifizierten und einen weitaus größeren Teil von Unqualifizierten aufgespaltet werde. Diese Befürchtungen sind mittlerweile wissenschaftlich eindeutig widerlegt. Das Institut für Weltwirtschaft an der Universität Kiel kam nach Auswertung der bisherigen Untersuchungen zu dem Ergebnis, „daß im allgemeinen eine Höherqualifizierung von weniger qualifizierten Kräften stattfindet, nicht hingegen eine Dequalifizierung von Hochqualifizierten". Das bedeutet: Wir müssen alles unternehmen, um die Höherqualifikationen der Arbeitnehmer zu unterstützen, um vor allem auch eine bessere Qualifikation der Arbeitslosen zu erreichen. Die Bundesregierung hat zusammen mit der Bundesanstalt für Arbeit bereits eine „Qualifizierungsoffensive" eingeleitet. Diese Maßnahmen müssen weiter ausgebaut werden, um den Arbeitslosen eine bessere Chance beim Wiedereintritt ins Arbeitsleben zu geben und um sicherzustellen, daß für den Arbeitsmarkt der Zukunft genügend qualifizierte Mitarbeiter zur Verfügung stehen.

Für die Bundesrepublik Deutschland als rohstoffarmes Land besitzt der „Rohstoff" Wissen eine besondere Bedeutung. Nicht an Kapital fehlt es uns, um etwa bei der Erforschung der alternativen Energien voranzukommen, sondern an dem dazu erforderlichen Wissen.

Der Eintritt in das informationstechnische Zeitalter erfordert eine ausreichende Vorbereitung der Menschen: Das Erlernen eines Computer-ABC muß so selbstverständlich werden wie Rechnen, Schreiben und Lesen. Insbesondere junge Menschen brauchen Grundkenntnisse und Fertigkeiten, um die Informationstechnik als Anwender zu nutzen. In den letzten Jahren gibt es eine Fülle von Anstrengungen, um dieses Ziel zu erreichen. Unsere Schulen brauchen einen eigenständigen Technikunterricht. Heranwachsende aller Schulformen und aller Schulstufen müssen mit den Grundlagen moderner Technologien in der Schule vertraut gemacht werden, und Technikunterricht muß als Regelfach eingeführt werden. Es kann nicht möglich sein, daß man zwar Sport als Hauptfach des Abiturs wählen kann, nicht aber ein technisches Unterrichtsfach.

Der selbstverständliche Umgang mit Technik und neuen Technologien nimmt nicht nur Berührungsängste, er macht auch damit vertraut, Chancen und Risiken von Technik zu erkennen, und liefert damit solide Grundlagen für ein selbständiges und realistisches Urteil über individuelle, soziale und wirtschaftliche Auswirkungen neuer Technologien. Dabei ist es unerläßlich, zunehmend mehr die Allgemeinbildung zu fördern. Denn die Fülle der Detailinformationen, die die moderne Informationstechnik verfügbar macht, kann nur dann sinnvoll genutzt werden, wenn sie in einen Gesamtzusammenhang gestellt und einem Wert- und Orientierungsrahmen zugeordnet werden kann. Dies erfordert dringlicher denn je die Vermittlung von Normen und Werten und einer soliden Allgemeinbildung an junge Menschen.

Neue Techniken und veränderte Werthaltungen

Die Industrialisierung hat die Menschen in ein enges Korsett gezwängt. Die Arbeitszeit, der Arbeitsrhythmus wurden weitgehend von den Bedürfnissen der Maschinen und nicht von den Bedürfnissen der Menschen diktiert. Immer mehr Arbeitnehmer möchten heute ihre Arbeit und ihre Arbeitszeit selbständiger gestalten. Sie möchten Erwerbstätigkeit und Familienleben besser miteinander vereinbaren können. Durch die Anwendung moderner Techniken besteht die Chance, die individuellen Bedürfnisse der Menschen mit den wirtschaftlichen Notwendigkeiten in Einklang zu bringen. Viele Arbeiten lassen sich in Zukunft zu Hause oder in der näheren Nachbarschaft erledigen, so daß weite Anfahrtswege entfallen, Zeit gespart sowie Nerven und die Umwelt geschont werden. Durch moderne Techniken ist es auch vermehrt möglich, unabhängig von festen Bürozeiten zu arbeiten. So können die Zeiten für die Familie von beiden Partnern besser aufeinander abgestimmt werden. Je individueller und anspruchsvoller ein Arbeitsplatz ausgestattet wird, um so mehr Selbstbestimmung der Arbeitnehmer wird möglich. In einer kürzlich veröffentlichten Umfrage unter Arbeitnehmern der Metallindustrie erklärten 73 % der Befragten, bei denen am Arbeitsplatz die Elektronik eingeführt wurde, daß sie die Veränderung positiv beurteilen und nicht zum alten Zustand zurückkehren wollen. Neue Techniken sind also nicht nur volkswirtschaftlich notwendig, sondern werden auch von den Arbeitnehmern als Verbesserung ihrer Arbeitssituation empfunden.

Flexiblere Arbeitszeit

Um den individuellen Bedürfnissen der Arbeitnehmer besser zu entsprechen, müssen auch weitere Chancen der Flexibilisierung genutzt werden. So könnte nicht nur die Arbeitszeit in der Woche flexibler gehandhabt werden, sondern auch die im Jahresverlauf oder während des gesamten Lebens.

Politik und Wirtschaft müssen verbesserte Möglichkeiten des Wiedereinstiegs in den Beruf anbieten, insbesondere für Frauen, nachdem diese sich freiwillig einige Zeit der Erziehung der Kinder gewidmet haben, aber auch für Frauen und Männer, die vielleicht einmal ein sogenanntes „Sabbatjahr" einlegen wollen, ein Jahr, das z.B. zur Weiterbildung genutzt werden kann.

Wenn wir die Organisation der Arbeit flexibler gestalten, dann muß es aber auch im Umfeld flexibler zugehen. Starre Öffnungszeiten der Kindergärten, der Behörden, der Banken und der Geschäfte sind dann auf Dauer kaum noch aufrecht zu erhalten.

Auch der Übergang von der Erwerbstätigkeit in die Pension muß flexibler, den Wünschen des einzelnen entsprechend gestaltet werden. Der eine möchte früh und vollständig sein Arbeitsleben beenden, der andere mit immer weniger Wochenarbeitszeit in den Ruhestand „gleiten", der dritte vielleicht auch etwas länger berufstätig bleiben. Wieso sollte dies alles nicht machbar sein?

Leben in überschaubaren Gemeinschaften

Unser soziales Sicherungssystem hat unsere Gesellschaft geprägt. Es hat in der Vergangenheit Massenelend beseitigt und stellt heute eine gute Versorgung für alle Bürger sicher. Das Gefühl der Sicherheit bedeutet für den einzelnen sehr viel, und dessen Wert ist nicht allein in Mark und Pfennig zu erfassen. Es geht also nicht darum, dieses System in Frage zu stellen. Aber wir müssen auch sehen, daß die Sozialversicherung, die verschiedenen Ämter und auch die Wohlfahrtsverbände Bürokratien geschaffen haben, die für den einzelnen Hilfesuchenden oft anonym und unpersönlich erscheinen. Die bisherigen Strategien der Sozial- und Gesundheitspolitik stoßen an ihre inhaltlichen Grenzen. Gegen Vereinsamung und wachsende psychische Gefährdung hilft keine Versicherung. Das Stichwort für eine zukunftsgerichtete Politik heißt hier: „Aktive Subsidiarität".

Ein Plädoyer für Subsidiarität

Eine gute Sozialpolitik zeichnet sich nicht dadurch aus, daß sie die staatliche Wohlfahrt und Daseinsvorsorge ständig steigert, denn es besteht nicht immer ein Handlungsbedarf des Staates, wo manche glauben, einen begründen zu müssen. Das Prinzip der Eigenverantwortung und Mitverantwortung muß heute unser institutionalisiertes soziales Sicherungssystem ergänzen. Von Alexis de Tocqueville stammt der Satz: „Jeder Mensch, wer er auch sei, besitzt den notwendigen Grad an Vernunft, um in den Dingen, die ihn allein angehen, selbständig zu handeln." Dem Grundsatz der Subsidiarität, der jeweils kleineren Ebene oder Einheit Vorrang einzuräumen, muß wieder stärker entsprochen werden. Das Subsidiaritätsprinzip ist ein optimistisches Prinzip, weil es im Menschen nicht nur den Verursacher von Problemen sieht, sondern ihm auch zutraut, Probleme selbst und auch in Gemeinschaft mit anderen zu lösen. Diese Lösungen werden auch phantasievoller, den Bedürfnissen der Betroffenen gerechter und – in Zeiten knapperer Kassen ein zusätzliches Argument – auch ökonomischer sein als zentralistische, bürokratische Maßnahmen. Subsidiarität bedeutet aber auch, daß der Staat helfend eingreift, wo der einzelne oder die kleine Gemeinschaft ohne seine Hilfe scheitern würde.

Subsidiarität in der Sozialpolitik

Im Bereich der Sozialpolitik eröffnen sich weite Anwendungsfelder für das Subsidiaritätsprinzip: Die Betreuung der Kinder in den ersten Lebensjahren kann viel besser von den Eltern übernommen werden als von Kinderkrippen oder Tagesmüttern. Die Einführung des Erziehungsgeldes, das mittelfristig drei Jahre gezahlt werden soll, und die Verbesserung der Möglichkeiten zur Teilzeitarbeit sollen es den Eltern leichter machen, ihre Erziehungsaufgabe wahrzunehmen. Im Alter ist es oft auch humaner, diejenigen Menschen, die hilfe- oder gar pflegebedürftig werden, in ihren eigenen vier Wänden betreuen zu lassen, als sie in einem teuren Alten- oder Pflegeheim unterzubringen. Dabei werden die Kosteneinsparungen für die Allgemeinheit nur eine willkommene Begleiterscheinung sein. Als Sozialminister habe ich in Rheinland-Pfalz damit begonnen, Sozialstationen aufzubauen, die Kranken und Hilfebedürftigen schnell, unbürokratisch und wohnortnah die nötige Unterstützung, Pflege und auch menschliche Anteilnahme zuteil werden lassen können. In Berlin wird eine Vielzahl von Selbsthilfegruppen gefördert, die jungen Menschen helfen sollen, ihren Lebensweg im Kontakt mit anderen selbst zu finden, oder die wertvolle Hilfe bei der Integration von Alkoholkranken, psychisch Kranken und Behinderten leisten.

Alternative Gruppen sind auch ein Versuch, dichtere Beziehungen zwischen den Menschen zu schaffen. Bei jungen Menschen ist der Wunsch besonders stark ausgeprägt, sich unmittelbar zu engagieren, statt sich auf die Hilfeleistungen staatlicher Organisationen zu verlassen. Der Sinn alternativer Selbsthilfegruppen kann darin bestehen, humane Sozialräume zu schaffen, in denen Härten der Industriegesellschaft gemildert werden. Und solche Gruppen sollten dann auch öffentlich gefördert werden. Wir sehen: Es gibt zwar keine Alternative zu dieser Industriegesellschaft, wohl aber zahlreiche Alternativen in ihr.

Neues Verständnis von Arbeit

Subsidiarität ist nicht nur ein Prinzip, an dem sich Art und Umfang staatlicher Sozialleistungen ausrichten sollten. Es ist auch eine Aufforderung an jeden einzelnen, freiwillig da zu helfen, wo Hilfe gebraucht wird. Der Staat beeinträchtigt die Bereitschaft zur Freiwilligkeit, wenn er Aufgaben an sich zieht, die von kleinen Solidargemeinschaften besser erfüllt werden können. Die „soziale Moral" kann nicht an den Staat allein delegiert werden.

Viele sind bereit, sich für ihre Mitmenschen zu engagieren. Die Politik muß die Rahmenbedingungen dafür schaffen, damit diese Bereitschaft auch in die Tat umgesetzt werden kann. Dazu brauchen wir ein neues Verständnis von Arbeit, das sich nicht allein an der Lohnsteuerkarte orientiert. Wenn Prestige, Zufriedenheit und Lebenssinn allein von der Erwerbstätigkeit abhängig gemacht werden, dann werden Mütter, Kinder, alte Menschen und Behinderte zu Randgruppen unserer Gesellschaft, dann gäbe es für die einen noch keinen Lebenssinn und für die anderen keinen Lebenssinn mehr. Mein Verständnis von Arbeit schließt jede sinnvolle Tätigkeit, die zur Gestaltung unserer Lebensbedingungen beiträgt, mit ein. Neue Wege in der Sozialpolitik können dazu beitragen, daß auch diese Arbeiten finanzierbar werden. Wir müssen künftig stärker das soziale Engagement des einzelnen fördern und bei der Einkommensverteilung und der sozialen Sicherung berücksichtigen.

Verantwortung der Politik

Die angesprochenen Beispiele machen deutlich, daß eine lebenswerte Zukunft für unser Land in entscheidendem Maße davon abhängen wird, ob wir den Strukturwandel bewältigen können. Die Fülle der anstehenden Probleme mit ihren komplizierten Auswirkungen auf Wirtschaft und Gesellschaft kann nicht von Klassen- oder Klientelparteien, die ihre politischen Ziele ausschließlich an partikularen Interessen ausrichten, bewältigt werden. Nur Volksparteien, die in der Lage sind, die mit Strukturwandel notwendigerweise verbundenen Spannungen auszuhalten, auszutragen und produktiv zu gestalten, können den für neue Zukunftsentscheidungen notwendigen Konsens schaffen. Deshalb hängt die Zukunftsfähigkeit unseres Landes auch von der Zukunftsfähigkeit der politischen Parteien ab.

Wir wissen nicht, was die Zukunft bringen wird. Das Zukünftige ist prinzipiell ungewiß. Daher ist es auch begreiflich, daß es Skepsis und Zukunftsangst gibt. Aber Politik, die Zukunft gestalten will, darf nicht die Angst zum Ratgeber haben. Zukunftsangst lähmt oder führt zum Rückzug und damit zum Verzicht auf die konstruktive Auseinandersetzung mit den Chancen und Risiken, die sich für die vor uns liegende Zeit ergeben. Der Prediger Geiler von Kaysersberg verkündete im Jahre 1508 im Straßburger Münster: „Das beste, was man tun kann, ist an seinem Platz zu bleiben, den Kopf in ein Loch zu stecken und sich zu bemühen, die Gebote Gottes zu befolgen und Gutes zu tun, um das ewige Heil zu erlangen.“ Wenn die Nächstenliebe aber nur darin besteht, die Hände in den Schoß zu legen und nichts Böses zu tun, ist sie von der Faulheit kaum zu unterscheiden. Der Glaube wie die Politik müssen sich in den Widrigkeiten des Alltags durch verantwortliches Handeln gegenüber den Problemen und Herausforderungen der Zukunft bewähren und dürfen nicht in Rückzug und Resignation erstarren. Politik aus christlicher Verantwortung wird daher gerade im Umgang mit neuen Technologien zu mehr Gelassenheit, Nüchternheit und Selbstvertrauen bei den Diskussionen über Chancen und Risiken unserer industriell geprägten Zivilisation beitragen.

Gibt es ein Finanzkapital? Wem nützt es? Über die Macht der Banken in Deutschland

Peter Glotz

> Es ist klar, daß mit zunehmender Konzentration des Eigentums die Besitzer des fiktiven Kapitals, das die Macht über die Banken, und desjenigen, das die Macht über die Industrie gibt, immer mehr identisch werden. Die Macht der Banken wächst, sie werden die Gründer und schließlich die Beherrscher der Industrie.... Wie das Kapital selbst auf seiner höchsten Stufe zum Finanzkapital wird, so vereinigt der Kapitalmagnat, der Finanzkapitalist, immer mehr die Verfügung über das gesamte nationale Kapital in der Form der Beherrschung des Bankkapitals.
>
> Hilferding, 1909

Der springende Punkt wird benannt in Teilziffer 90, in einem unauffälligen Nebensatz. In ihrem jüngsten Gutachten für die Bundesregierung erläutert die Monopolkommission, daß sie keine generelle Verschärfung der Fusionskontrolle empfehle, ausgenommen in solchen Fällen, in denen ein Unternehmen zeitlich parallel zusammen mit einer Bank Anteile erwerbe. Ich komme noch auf die Frage zurück, warum in diesem Sonderfall „gesetzgeberischer Handlungsbedarf" bestehe. Hier interessiert die naivlistige Begründung der Kommission. Sie lautet: „....da die Bank mit der Beteiligung in der Regel keine eigenen unternehmerischen Interessen verbindet." So?

Ob das so ist, das ist in der Tat der springende Punkt; und listig ist die Formulierung der Monopolkommission, weil sie trocken und nebenhin einen ordnungspolitischen Grundsatz zur Begründung aufruft, der – die Kommission weiß es am besten – von den Beteiligten nicht befolgt, dafür aber offiziell hochgehalten wird. Ist es denn so – wie die reine Lehre es will –, daß die Banken außerhalb ihres eigenen Sektors unternehmerisch nicht tätig sind, sondern nur die Kreditsicherung im Auge haben und allenfalls zur Aufsicht gebeten werden können? Ist es nicht vielmehr so, daß die Banken in der großen Industrie einen dominierenden – und gerade in den letzten Jahren ständig steigenden – Einfluß ausüben, der über das Stimmrecht in den Hauptversammlungen, meist (und geräuschloser) aber in den Aufsichtsräten exerziert wird? Und daß sie die kleine und mittlere Industrie erbarmungslos und meist phantasielos über den Kamm der Kreditsicherheit scheren?

Ist es wirklich so, daß die Banken gegenüber der unternehmerischen Wirtschaft sich auf die spezifische Rolle des Kreditgeschäfts beschränken, ganz getrennt davon als Wertpapiermakler tätig sind und beides so ganz ohne Interessenkonflikte bewältigen, daß niemand sinnvollerweise an die USA oder andere Länder erinnern könnte, in denen Brokerhouses und Einlage-/Kredit-Banken getrennt geführt werden müssen? Ist es nicht vielmehr so, daß die Banken in Deutschland beide Tätigkeiten höchst geschickt – und immer im Zweifel zugunsten des Wertpapier- und natürlich des

Anteilmanagements – verknüpfen, daß speziell die Großbanken Industrie-Imperien zimmern und entflechten?

Ist es denn wahr, daß die Banken nur so mächtig sind, wie Geldgeber nun einmal zwangsläufig sind? Ist es nicht vielmehr so, daß die Großbanken mit den allermeisten kapitalkräftigen Großfirmen eine unauflösliche Macht-Ehe eingegangen sind, ausgedrückt in Ämter- und Mandatsverbindungen bis hin zu Personalunionen, daß im Herzen der deutschen Wirtschaft eine mit gewaltiger Macht ausgestattete operative Einheit tätig ist, die *Finanzkapital* genannt werden darf (eine unpolemische Namensgebung und eine gemäß strikter Definition: Bankkapital, das in Wirklichkeit in industrielles Kapital verwandelt ist)? Zugespitzt ausgedrückt: Ist es nicht so, daß der Kreditausschuß der Deutschen Bank die mächtigste, zugleich aber die am wenigsten kontrollierte und geheimste Entscheidungseinheit der deutschen Wirtschaft ist?

Ich behaupte in der Tat, hier an die Monopolkommission anknüpfend:

- Es gibt eine enorme Konzentration wirtschaftlicher Macht, und eine Dominanz der Großbanken über die große Industrie, die den Banken *aus der Kombination* von Eigenbesitz, Vollmacht, Stimmrecht und Aufsichtsratmandaten erwächst;
- es gibt bei den Banken Interessenkonflikte, die sich *aus der Kombination* von Kredit- und Einlagengeschäft mit dem Wertpapiergeschäft ergeben, und diese Konflikte werden im Zweifel zugunsten des Wertpapier- und Anlagenmanagements mit dem Ziel *wirtschaftlicher Steuerung* und damit nicht selten zu Lasten der rein unternehmerischen Interessen entschieden.

Und ich äußere folgende Vermutung: Diese Struktur führt tendenziell zu einer Liaison, ja Identität von Großbanken und kapitalkräftigen Großfirmen – zu Lasten kapitalschwacher oder kapitalbedürftiger Großfirmen (die wie schlechte Pferde aus dem Rennen genommen werden) sowie zu Lasten kleinerer und mittlerer Unternehmen überhaupt. Dies führt zu problematischen Konzentrationen und Verschachtelungen, die tendenziell Märkte und Konkurrenzen außer Kraft setzen und Innovationen lähmen.

Und ich vermute weiter: Die Liaison der Banken mit den *kapitalkräftigen* Firmen führt in der Tendenz zu einem Übergewicht des Finanzkapitals über das unternehmerische oder Handelskapital, zu einem Übergewicht der *Anlage* über die *Investition*, wie sie – jedenfalls unter den Rahmenbedingungen der gegenwärtigen Jahre – Aktivitätsniveau, Dynamik und Innovationskraft der Wirtschaft eher *schwächen*.

Den Vorwurf zunehmender Machtkonzentration erhebt die Monopolkommission seit Jahren; „ihrer Auffassung nach“, so heißt es im jüngsten Hauptgutachten der Kommission, „hat sich die damals beobachtete Machtkonzentration bei den Banken in der Zwischenzeit weiter verschärft“. Von den Banken wird der Vorwurf meist mit einem einfachen Argument pariert; der Bundesverband Deutscher Banken wiederholt es ohne Unterlaß: Alles Übertreibung! Die Banken halten doch kaum direkte Beteiligungen. In der Tat gibt es unter den 50 größten bundesdeutschen Unternehmen nur zwei, bei denen eine Großbank mehr als ein Viertel der Anteile besitzt. Doch sollte bereits zu denken geben, daß Graf Lambsdorff, nicht nur ein ehemaliger Bundeswirtschaftsminister, sondern auch ein ehemaliger Versicherungs-Mann, seit langem eine Beschränkung des Anteilbesitzes auf 15 Prozent fordert. Auch dies freilich kann nur publizistisch als akzeptabler Schachzug gelten. In Wahrheit ist dieser Zug eher eine Frontbegradigung; und er wirkt keineswegs zufällig am Spielfeldrand vorbeigeführt.

Denn abgesehen davon, daß die nun gewiß nicht revolutionäre Monopolkommission seit Jahren eine viel schärfere Beschränkung auf 5 Prozent empfiehlt – kein ernstzunehmender Kritiker der Großbanken bezieht seine Argumente aus der isolierten Betrachtung des Anteilbesitzes der Banken allein. Erst die Bündelung der Machtinstrumente verschafft den Banken ihr Einflußpotential. Es entsteht aus der Summe der einzelnen Faktoren: Aus den originären Geschäftsbeziehungen, also dem *Kredit* in all seinen heutigen Modifikationen auf den Euro-Märkten usw., dem *Eigenbesitz* der Banken, in Verbindung mit der Wahrnehmung des *Depot-Stimmrechts*, sowie den intensiven *personellen Verflechtungen*.

Aus Anteilsbesitz *und* Depotstimmrecht (der aufrichtigere Begriff des Vollmachtstimmrechts wird hier stets gemieden) errechnen sich für die drei Großbanken ein rundes Viertel aller Stimmen bundesdeutscher Aktiengesellschaften. Und deren Hauptversammlungen werden ohnehin nur von in der Regel 60 bis 80 % des stimmberechtigten Kapitals frequentiert. So nimmt es nicht Wunder, daß bei den wenigsten Unternehmen die geschäftspolitischen Weichen auf den Hauptversammlungen gestellt werden, sondern in den Aufsichtsräten.

Damit ist man der Wahrheit schon näher. Die Monopolkommission hat in ihrem jüngsten Gutachten festgestellt, daß in den Aufsichtsräten der 100 größten deutschen Unternehmen allein die Deutsche Bank 39 mal vertreten ist. Die Dresdner Bank bringt es auf 22 Sitze, die Commerzbank auf 15. Siemens hingegen, das *größte* deutsche Industrieunternehmen, saß 1984 in nur 10 Kontrollorganen anderer Großfirmen.

Was solche personelle Verflechtung praktisch bedeutet, das hat am Beispiel der Übernahme der AEG durch Daimler-Benz (ein Vorgang, gegen den ich im übrigen nicht polemisieren will) Wolfgang Roth bissig so zusammengefaßt: „Bei diesem Geschäft haben zwei Leute von derselben Bank miteinander verhandelt – Alfred Herrhausen als Aufsichtsratchef von Daimler-Benz und Klaus Kuhn, den die Deutsche Bank der AEG als Aufsichtsratvorsitzenden verordnet hatte."

Nun gut, sagt uns mancher Vertreter der neokonservativen oder neoliberalen Schule, dabei seine dogmatischen Marktprämissen vergessend: Kooperation; warum denn nicht. Indessen wiederholt sich hier nur das blinde Vertrauen der frühen Sozialdemokraten auf den Staat als alles regelnden, alles bestimmenden Lenker der Wirtschaft in neuem Gewande und in faktischer Negation der eigenen Postulate: als blindes Vertrauen in die organisierende und regulierende Funktion der Deutschen Bank.

Wenn Deutschland sich den Problemfeldern des nächsten Jahrzehnts gewachsen zeigen soll, wenn unsere Wirtschaft im internationalen Wettbewerb bestehen soll, brauchen wir den *funktionierenden Markt* – nicht einen, der nach den Opportunitäten der Großbanken und der top one hundred organisiert ist. Eine flächendeckende Innovation – und um weniger darf es nicht gehen – kann nur ein funktionierender Markt leisten. Wir brauchen den frei und dezentral entscheidenden, von Staat und Deutscher Bank möglichst unabhängigen „unternehmenden" Unternehmer. Die enge Verflechtung von Großbanken und Industrie, das Finanzkapital, hindert nur allzu oft den Markt in seiner innovativen Fähigkeit und behindert zugleich die soziale Steuerung des Neuen. Man muß die Entwicklung *aus dem Geist der Marktwirtschaft* kritisieren – einer „Marktwirtschaft von links".

Die Dominanz der Großbanken mag im Normalbetrieb des „kooperativen Alltags" für florierende Großfirmen nicht von erkennbarem Nachteil sein, wenngleich auch dieser Alltag durch den „Knüppel im Sack" der Banken präjudiziert wird. Die Kleineren und Mittleren spüren ihn schon bei vielen normalen Investitionsentscheidungen; für die Großen wird er in der wie auch immer gearteten Krise erkennbar. „Der Einfluß der Banken pflegt erst dann bestimmend und entscheidend zu werden, wenn ein Unternehmen in Schwierigkeiten gerät". Dieser Satz entstammt nicht der Feder eines Linken, er findet sich in der von der Deutschen Bank herausgegebenen Biographie des Bankers Oscar Schlitter.

Der Niedergang der Allgemeinen Elektricitäts-Gesellschaft seit der Mitte der siebziger Jahre liefert Anschauungsmaterial. Von der Dresdner Bank in einen bedingungslosen Expansionskurs gehetzt – und zwar finanziert nicht etwa durch die Ausgabe neuer Aktien, sondern durch zinsträchtige Kredite der Dresdner Bank –, zahlte sie bzw. die Beschäftigten die Zeche; und mit ihr auch Tausende von kleinen und mittleren Unternehmen, die mit der AEG in Geschäftsbeziehungen standen. Sie waren es, welche die 40 %ige Vergleichsquote aufzubringen hatten. Die Dresdner Bank selbst hatte an den Rück- und Zinszahlungen der kreditfinanzierten Expansion des Elektrokonzerns so viel vorher verdient, daß sie mit einem „blauen Auge" oder auch zweien davon kam. Der Sieger hieß letztendlich Deutsche Bank, die längst prosperierende Teile der AEG in ihre Finanzgruppe einverleibt hatte und sich dann später, über Daimler-Benz, den Restkonzern holte.

Das Beispiel AEG zeigt bereits etwas von der „Mittelstandsfreundlichkeit" der Großbanken. Hier nur einige Fragen: Wer setzt faktisch die Kreditsätze fest, die Spargelder verbilligen, Kredite aber verteuern? Wer besitzt praktisch das Monopol für Hypothekenkredite (einen Markt, den sich die Großbanken in einem mit sich selber großzügigen Gentlemen's agreement in den siebziger Jahren aufgeteilt haben)? Wer läßt trotz Börsenhausse lediglich renommierte Unternehmen an die Börse (Dreiviertel des Neuemmissionsvolumens der vergangenen Jahre lief über die Deutsche Bank) und „verkauft" dem jungen Unternehmer stattdessen, eingefleischte Praxis, weitere Kredite?

Natürlich gehört hier auch her, daß vielfach die ordnungspolitischen Rahmenbedingungen in die falsche Richtung wirken. Das hängt zum Teil mit der Tradition des „verspäteten Kapitalismus" in Deutschland zusammen, die immer wieder tendenziell dazu führt, daß bei uns das kleine Kapital gegenüber dem großen benachteiligt ist. Es hängt aber auch damit zusammen, daß eben diese Tradition durch die Entstehung der Großbanken und des Finanzkapitals nach 1880 entstanden und gewachsen ist und niemals ganz überwunden wurde.

Die Alliierten haben das nach 1945 versucht; sie sind dabei nicht erfolgreicher gewesen als in Japan (dem extremsten Beispiel einer finanzkapitalistisch verfaßten Wirtschaft, der vor der amerikanischen Besatzungszeit praktisch die gesamte Industrie zugeordnet war). Diese Tradition reicht bis in viele einzelne Instrumente und Strukturen, welche die Macht der Großbanken vergrößern und über die sie ihre Herrschaft ausüben.

Ich nehme als Beispiel nur das deutsche Gesellschafts- und Obligationenrecht. Die Rechtsform der Aktiengesellschaft ist in Deutschland auf große Unternehmen zugeschnitten; den kleinen und mittleren bleibt die GmbH als Form, die nicht konkurrenzfähig ist, weil ihre Anteile kaum handelbar sind. Wolfram Engels hat die Konsequenz unlängst sehr einprägsam geschildert:

> Der allergrößte Teil aller Schweizer Aktien wird ... nicht an irgendeiner Börse gehandelt, sondern am Ort zwischen Bekannten, am Stammtisch, durch Vermittlung einer örtlichen Bank. Wenn in der Schweiz ein Skilift gebaut wird, dann geschieht das in der Regel in der Form der AG mit einer Streuung der Aktien im Dorf. Wächst die Skilift-AG zu einem Touristikunternehmen, braucht sie also mehr

Eigenkapital als am Ort aufzutreiben ist, dann läßt sie sich an einer Provinzbörse notieren... Dieser nahtlose Übergang von Gestaltbarkeit des Vertrags auf der einen und Handelbarkeit auf der anderen Seite hat die Aktiengesellschaft zur dominierenden Rechtsform gemacht. Während es in der Bundesrepublik Deutschland rund zweitausend Aktiengesellschaften gibt, sind es in der Schweiz – bei einem Zehntel der Bevölkerung – über hunderttausend.

Nimmt man noch das deutsche Börsenzugangsrecht und den Umstand hinzu, daß auch größere Unternehmen faktisch auf die (Groß-)Banken angewiesen sind, um Zutritt zur Börse zu erhalten, so ist leicht zu sehen, wie all diese Strukturen den Einfluß der Banken begünstigen. Die kleineren Unternehmen sind bei der Kapitalbeschaffung fast auswegslos auf sie angewiesen; und auch die große Publikums-AG kommt ohne eine bestimmende Rolle der Banken nicht aus.

Dies wiederum ist nur ein Teil eines Systems – und derzeit auch einer bewußten Politik –, das es nach wie vor zuläßt, ja begünstigt, daß ein Großteil des anlagefähigen Kapitals in falsche Kanäle geleitet wird. Politik und Systemstrukturen müßten es ermöglichen, daß viele hundertausend Innovationsprozesse anlaufen, daß sie finanziert werden können. Immobilität aber fördert, wer Vermögenssteuern für große Unternehmen senkt, statt riskante Unternehmen steuerlich zu begünstigen. Spekulative Finanzanlagen – die im wesentlichen über die Großbanken realisiert werden –, etc. fördert, wer Unternehmensgewinne faktisch höher besteuert als Zinsgutschriften aus festverzinslichen Wertpapieren. Es muß bei dieser Steuerpolitik einer schon seinem Geld böse sein, wenn er es ins helle steuerliche Licht der Beteiligung an einem Unternehmen zieht, statt es im Halbdunkel der Festgeldanlage, also im Depot einer Bank zu lassen. Wer Innovation will, muß Risikokapital begünstigen; wer Risikokapital fördern will, darf nicht die risikolose Anlage begünstigen. Dies aber ist die Situation; und wer auch und vor allem davon profitiert, das sind die Großbanken als Techniker der Vermögensanlage. Wie denn überhaupt das volkswirtschaftlich schädliche Vorwiegen der Finanzanlage gegenüber der Investition nur allzu offensichtlich im Interesse der Banken liegt. Die Klage über den nach wie vor geringen Stellenwert der Aktien als Anlageform in Deutschland ist ebenso alt wie berechtigt. Wie wäre es aber, wenn wir an die Stelle der landläufigen Vermutungen über die Unreife der Anleger einmal die Aufklärung über die Schlüsselrolle der Banken an eben dieser Stelle setzen würden? Banken sind Kapitalsammelstellen, und sie sollen es auch sein; aber müssen sie die Verwendung monopolisieren und das ihnen anvertraute Kapital zur Mehrung ihres Einflusses verwenden?

Mein Fazit: Die Dominanz der Großbanken hemmt die Innovationsfähigkeit des Marktes. Ihre Orientierung auf die Großen der Industrie kostet den „Externen“ manche Chance. Zugleich geht diese Politik der Großbanken vorbei an den Interessen der „unternehmenden Unternehmer“, sei es der mittleren Unternehmer, sei es der Einzelhändler, sei es der Handwerker. Dabei sagen uns alle Studien, daß gerade neue Arbeitsplätze in Zukunft vor allem in den kleinen Betrieben, und mehr in den Dienstleistungen als in der Industrie, entstehen werden. Nicht ein schematischer Marktwirtschafts-Dogmatismus oder Illusionen über den Staat sind Begründung für die Kritik an der Macht der Banken, sondern die schlichte Notwendigkeit, mehr Wettbewerb und größere Innovationskraft sicherzustellen.

Was sollte geschehen?

1. Vorab benötigen wir eine Politik, die *intensiv verwendetes Kapital* gegenüber dem spekulativ verwendeten *begünstigt*. Warum sollte hierzu nicht ein breiter Konsens

möglich sein? Insbesondere, um unsinnige Steuerbestimmungen, die das gesellschaftlich in ausreichendem Maße vorhandene Kapital in falsche Kanäle lenken, schlicht zu ändern.

In der Hauptsache müßte es darum gehen, den Steuersatz auf Unternehmensgewinne, und speziell auf re-investierte, zu senken, und den Steuersatz auf entnommene oder thesaurierte Unternehmensgewinne sowie auf Geldvermögensgewinne zu erhöhen. Ein praktischer und durchgerechneter Vorschlag ist vor 2 Jahren in Form einer „Geldvermögens-Besitzsteuer im Quellenabzug" gemacht worden, demzufolge unter den verschiedenen Einkommensarten alle sog. fundierten Einkünfte, also reine Besitzeinkommen ohne Arbeit oder sonstige ökonomische kreative Tätigkeit, spürbar höher belastet werden. Es handelt sich also um eine Art Ergänzungsabgabe auf vergleichsweise risikolose reine Besitzeinkommen, wobei das Quellenabzugsverfahren den Hauptgrund der heutigen umgekehrten Ungleichgewichtigkeit eliminieren würde. Dieser konfiskatorische und leistungsfeindliche Vorschlag, der zweifelsfrei unverzüglich in eine andere Republik führen würde, stammte übrigens vom wirtschaftspolitischen Experten der FDP, Prof. Dr. Wolfgang Stützel aus Saarbrücken.

2. Wir sollten einem *Zweiten Aktienmarkt* für Risikokapital den Weg öffnen. Es ist dies übrigens ebenfalls nicht der Vorschlag einer radikalen sozialistischen Jugendorganisation, sondern vielmehr der Börsensachverständigenkommission.

3. Wir sollten – darauf hat jetzt auch der DIHT gedrängt – die Rechtsform der sog. *kleinen Aktiengesellschaft* schaffen. In diesem Zusammenhang muß der Börsenzugang erleichtert werden. Wir sollten überdies die Möglichkeit neuer Formen von Investmentfonds und Kapitalbeteiligungsgesellschaften prüfen. Sowohl für venture capital fonds wie für Kapitalsammelstellen zum Erwerb ordinärer Anteile gibt es brauchbare Vorschläge.

4. Hinsichtlich der eigentlichen Bankenmacht muß die erste Änderung auf *Offenlegung*, auf mehr Transparenz zielen. Dies könnte heißen: Veröffentlichung nicht nur der Zahl der wahrgenommenen Aufsichtsrats- und anderer Mandate, sondern auch der jeweiligen Unternehmen in den Geschäftsberichten der Banken. Dementsprechend umgekehrt unternehmensbezogene Darstellung der sekundären Verpflichtungen, also der Nicht-Banker in den Aufsichtsräten und Beiräten der Banken. Übrigens wird dies intern von den Großbanken durchaus längst praktiziert. Zugleich wäre zu überlegen, ob nicht ein ähnliches Verfahren für die Wahrnehmung des Depotstimmrechts denkbar wäre.

5. Was nun die *Begrenzung der Beteiligungen* von Banken im Nichtbankenbereich betrifft, so sollte der Gesetzgeber der Empfehlung der Monopolkommission folgen, diese auf 5 % der Anteile an einem Unternehmen zu begrenzen. Die im letzten Hauptgutachten hierfür beigebrachten Gründe sind triftig genug.

Ich frage mich allerdings, ob nicht noch wichtiger als eine pauschale Begrenzung des Beteiligungsbesitzes eine Begrenzung der Stimmanteile der einzelnen Bank aus Eigenbesitz *und* Depotstimmrecht – und zwar etwa auf unter 25 % – wäre; und zwar der *präsenten* Stimmen. Damit läge der Einfluß der einzelnen Bank unterhalb der aktienrechtlichen Sperrminorität. Zugleich wären die Großbanken durch eine solche Bestimmung verstärkt gezwungen, die Anlagestrategien ihrer Depotkunden eher an deren Interessen als an der eigenen Machtstrategie auszurichten. Übrigens: eine solche Stimmrechtsbegrenzung praktiziert die Deutsche Bank höchstselbst. Kein Einzelaktionär kann auf der Hauptversammlung der Bank mit mehr als einem 5 %igen Stimmanteil vertreten sein, unabhängig von der Höhe des Beteiligungsbesitzes. Aufgrund aktienrechtlicher Bedingungen freilich hat diese Satzungsbestimmung der Deutschen Bank keine Auswirkungen auf die Wahrnehmung des Depotstimmrechts.

6. Ein Sondertatbestand der jedoch mit zunehmender Häufigkeit auftritt, und auf den die Monopolkommission erneut hingewiesen hat, ist das *Unterlaufen des gesetzlichen Zusammenschlußtatbestandes* durch eine juristisch nicht faßbare Kooperation zwischen dem Anteile erwerbenden Unternehmen und seiner Hausbank. In diesem Falle teilen sich beide die Übernahmemasse und bleiben, jeder für sich, unterhalb der kritischen Grenze von 25 %. Zumal dann, wenn die Übernahmen zeitlich parallel erfolgen, liegt die Vermutung nahe, daß die Bank den von ihr erworbenen Anteil im Sinne des parallelerwerbenden Unternehmens bloß treuhänderisch verwaltet. Bekannt wurde dieser Typus des Vorgehens vor einigen Jahren durch den spektakulären Zusammenschluß Metro/Kaufhof. Als beispielhaft in jüngster Zeit nennt die Monopolkommission die Beteiligung von MBB an Krauss-Maffei.

Wir haben hier den Fall, in dem Großbanken (legal) nicht nur die gesetzliche Fusionskontrolle unterlaufen, sondern ohne Rücksicht auf den Wettbewerb Machtkonzentrationen und per definitionem (wie sich aus der Umgehung der kartellrechtlichen Hürde ergibt) zu marktbeherrschende Konstellationen zimmern – nicht ohne sich selbst auf diesem Wege Schlüsselpositionen zu sichern. Denn das Zusammenspiel kann ebensowohl als treuhänderische Verwaltung der Anteile durch die Bank wie auch als bestimmender Einfluß der Bank auf das erwerbende Unternehmen vermittels des eigenen Anteils gedeutet werden. Es liegt vielmehr in diesem Zusammenspiel geradezu zwangsläufig eine Interessenidentität zwischen dem Großunternehmen und der Großbank vor – also eben der Tatbestand *Finanzkapital*.

Zweifellos würde der von der Monopolkommission vorgeschlagene Anteilsplafond von 5 % für die Banken hier schon einiges ändern. Indessen frage ich mich, ob – gemäß dem Minderheitsvotum der Kommission – der Gesetzgeber nicht in der Tat von einem formellen zu einem *materiellen Zusammenschlußtatbestand* übergehen sollte, orientiert an der wettbewerbspolitischen ad hoc-Prüfung, „ob eine Unternehmensverbindung einem Unternehmen wettbewerblich erheblichen Einfluß auf ein anderes Unternehmen vermittelt". Die zugegebenermaßen verminderte Rechtssicherheit und Vorhersehbarkeit der Entscheidung scheint mir, gegenüber dem Vorteil effektiver Fusionskontrolle, in Kauf zu nehmen zu sein. Zwar will ich gern zugeben, daß die Erfahrungen mit dem § 6 b EStG („Flick") Zweifel wecken müssen, ob materielle Einzelfallsentscheidungen in solchen Größenordnungen recht eigentlich verkraftbar sind. Aber daß mechanisch-formalisierbare Entscheidungen die Lage verbessern, glaube ich noch weniger. Überdies könnte das Entscheidungsrecht der Kartellbehörde übertragen werden, die tatsächlicher oder anscheinender Einflußnahme auf ihre Entscheidungen weniger ausgesetzt ist als etwa der Bundesminister für Wirtschaft.

7. Hierher gehört schließlich noch die *Beschränkung der Aufsichtsratmandate*. Die bloße Beschränkung der Mandate, die pro Person wahrgenommen werden können, reicht dabei allein nicht aus. Die legendäre „Lex Abs", also die Aktienrechtsnovelle aus dem Jahr 1965, bewirkte durch die Eingrenzung auf 10 Mandate pro Banker lediglich eine Ausweitung des Personenkreises, nicht eine Beschränkung der Mandate der betroffenen Großbanken als Institutionen. Wesentlich wirksamer wäre eine Begrenzung der Aufsichtsratsmandate (und ähnlicher beratender Funktionen) einer Bank auf ein Unternehmen pro Branche. Dies wäre zusätzlich geeignet, die beschriebene Kooperation zwischen Bank und Unternehmen bei der Beherrschung eines weiteren Unternehmens zu erschweren.

8. Schließlich: Wir sollten alles tun, um den deutschen Markt für Versicherer und Banken anderer EG-Partner weit zu öffnen. Der Schutzzaun der staatlichen Sonderregelungen für Bankgewerbe und Versicherer, ursprünglich zur Sicherheit der Anleger eingeführt, ist längst zu einem dichten System der Marktabschottung umfunktioniert worden, um sich lästige Konkurrenten z.B. aus London vom Hals zu halten. Oder will jemand nachweisen, daß die Banken und Versicherer unserer europäischen Nachbarn unsicher seien? Die beschriebene Herrschaft des Finanzkapitals in Deutschland verdankt ihre Festigkeit auch dem – vielleicht ungewollten – Tun von staatlicher Banken- und Versicherungsaufsicht. Hier fehlt mehr Markt, mehr Flexibilität; hier ist zuviel Staat.

Mein abschließendes Fazit ist: Es gibt eine wachsende Macht der großen Banken in Deutschland, und eine Verflechtung mit Teilen der großen Industrie, die das Wort vom Finanzkapital rechtfertigt; diese Entwicklung nützt der deutschen Wirtschaft, und namentlich dem Wettbewerb und der Innovationsförderung im mittleren und unteren Bereich überwiegend *nicht*; sie begünstigt nur irrational-naturwüchsig die Entstehung von Macht und Kapitalkonzentration um ihrer selbst willen (man kann ja die Fragen stellen: Wer beherrscht die Großbanken? – und erhält die Antwort: Sie selber. 47,2 Prozent der Anteile der Deutschen Bank, 59,2 Prozent der Anteile der Dresdner Bank werden von diesen selbst gehalten). Ich vermute, daß die beschriebene Palette eher vorsichtiger Maßnahmen geeignet wäre, die Entwicklung zurückzudämmen.

Sie sollten allerdings auch in Angriff genommen werden. Ich erliege bei dieser Einschätzung weder dem Mythos allzu großer Bankenmacht noch will ich pauschal den Banken das Mißtrauen aussprechen. Aus diesem Grunde habe ich auch nicht das deutsche System der Universalbanken infrage gestellt – obgleich bereits die schlichte Tatsache, daß in Ländern wie den USA Kredit- und Anlagengeschäft getrennt sind, zu einer solchen Fragestellung berechtigt. Ich bin vielmehr überzeugt davon, daß wir *starke Banken* dringend brauchen. Sie gehören zu unserem Wirtschaftssystem; und vor allem lehrt ein pragmatischer Blick auf unsere internationalen Abhängigkeiten, daß wir auf sie angewiesen sind. Der versuchte Zugriff auf Daimler-Benz aus dem Vorderen Orient wäre ohne die Deutsche Bank nicht abzuweisen gewesen; und gegen die Operation multinationaler Konzerne und transnationale Finanzmärkte haben wir im Zweifel starke einheimische Banken nötig.

Das Problem beginnt jedoch, wenn Bankkapital und Industriekapital nicht mehr *funktional* getrennt sind, sondern gleichsam zusammenbacken. Das ist in der Regel wirtschafts-machtpolitisch nicht notwendig und wettbewerbspolitisch schlicht unerwünscht. Bundeskartellamts-Präsident Kartte hat die Grenzen unlängst mit einfachen Worten gezogen: „Die Banken haben in erster Linie für die Sicherheit ihrer Einlagen zu sorgen, aber sie dürfen über ihre Beteiligungen nicht befugt sein, die Wettbewerbsstrukturen der deutschen Wirtschaft zurechtzuschneiden."

Das Finanzkapital als Phänomen ist heutigentags dysfunktional, es gehört in die Frühzeit der modernen Wirtschaftsgeschichte, in die Welt der Schlot-Barone und Familienunternehmen. Von der Systematik unserer Wirtschaft her brauchen wir *funktionale Trennung* und *rivalisierende Kooperation* von Bank- und Industriekapital.

Kultur und Technologie – zur Kulturkonzeption des Landes Baden-Württemberg

Matthias Kleinert

I.

Als der Reichstagsabgeordnete Theodor Heuss 1927 von einem Kollegen gefragt wurde, ob er, Heuss, als *Kulturpolitiker* mit einem Antrag der demokratischen Reichstagsfraktion einverstanden sei, gab Heuss unwirsch zur Antwort: „Mit Politik kann man keine Kultur machen; vielleicht kann man mit Kultur Politik machen". Wenn dies zutrifft, werden Hunderte von Kulturpolitikern und Tausende eifriger Kulturbürokraten in tiefe geistige Existenznot gestürzt. Denn natürlich sind sie alle davon überzeugt, daß man mit Politik Kultur machen kann, ja machen sollte. Was die Umkehrung dieses Satzes betrifft, stößt man hingegen meistens auf größere Zurückhaltung.

Ich habe dieses, von Heuss später selbst als etwas „snobistisch" bezeichente, Bonmot aus zwei Gründen an den Anfang dieses Aufsatzes gestellt: Erstens, weil es bei aller Überzeichnung doch sehr gut das außerordentlich große *Spannungsverhältnis* wiedergibt, das zwischen der Individualität als dem Urgrund aller kulturellen Entwicklungen und der unverzichtbaren Normativität allen staatlichen Handelns besteht. Dieses nichtaufhebbare Spannungsverhältnis macht Kulturpolitik zwar nicht unmöglich, aber permanent schwierig und bisweilen riskant.

Der zweite Grund ist sehr viel banaler: Er gibt mir einen guten Anknüpfungspunkt, um darauf hinzuweisen, daß ich diese Gedanken nicht als Vertreter der Kultur-Administration des Landes Baden-Württemberg schreiben kann und will – allein schon deshalb, weil ich ihr nicht angehöre –, sondern mich in diesem Beitrag sozusagen um eine Interpretation von *Leitvorstellungen* bemühen werde, die der Kulturkonzeption der gegenwärtigen Landesregierung zugrunde liegen. Daß in diesem Zusammenhang die Frage des Verhältnisses von Kultur- und Technologiepolitik eine zentrale Rolle spielt, ergibt sich nicht nur wegen der der baden-württembergischen Landesregierung und insbesondere dem Ministerpräsidenten zuweilen nachgesagten erotomanischen Begeisterungsfähigkeit für alles, was mit High Tech zu tun hat. Vielmehr gehört eine befriedigende, sich sachlich und menschlich bewährende Verbindung von kulturellen und technischen Elementen in unserer Gesellschaft wohl wirklich zu den Grundbedingungen, die erfüllt sein müssen, wenn uns allen Struktur- und Identitätskrisen erheblichen Ausmaßes schon in naher Zukunft erspart bleiben sollen.

Bevor man sich diesem komplexen Thema zuwendet, sollte man aber an *zwei Fragestellungen* nicht ganz achtlos vorbeigehen. Die erste lautet: Warum betreibt der Staat überhaupt eine Förderung von Kunst und Kultur? Und, dies als zweites, nach welchen Kriterien erfolgt sie in Baden-Württemberg?

II.

Wenn nach den Gründen für ein bestimmtes staatliches Handeln gefragt wird, verweist der Jurist gerne auf gesetzliche Grundlagen, aus denen sich der Auftrag oder doch zumindest die Legitimation des Staates für dieses Handeln ersehen läßt. Da Gesetze fast ausschließlich von Juristen gemacht, in Vollzug gebracht, kommentiert, angefochten und wieder aufgehoben werden, funktioniert das Verfahren im allgemeinen recht gut. Im Bereich von Kunst und Kultur erlebt man freilich eine unangenehme Überraschung: Nirgends im Grundgesetz steht geschrieben, daß der Staat die Kultur zu fördern habe. Bei den sogenannten Staatszielbestimmungen ist zwar vom demokratischen Rechtsstaat, vom Sozialstaat und vom Bundesstaat die Rede – aber den *Kulturstaat* Bundesrepublik Deutschland gibt es explizit verfassungsrechtlich nicht. Dies muß für alle, die den Kulturstaat des öfteren durch politische oder ästhetische Impertinenzen aus der Kunstszene bedroht sehen, eine herbe Enttäuschung sein. Wie soll man etwas mit der Strenge des Gesetzes verteidigen, was es gesetzlich gar nicht gibt?

Die verfassungsrechtliche Literatur hat sich bemüht, aus der Formulierung in Artikel 5 Abstaz 3: „Kunst und Wissenschaft, Forschung und Lehre sind frei" auch die Pflicht des Staates zur Förderung von Kunst und Kultur abzuleiten. Sehr überzeugend ist das freilich nicht; es erinnert eher an den alten juristischen Interpretationsgrundsatz: Legt ihr's nicht aus, so legt es unter. Wieso muß der Staat, wenn er die Freiheit der Kunst sichert, sie deswegen auch unterstützen?

Aufschlußreich ist ein Vergleich mit der *Landesverfassung*. Dort heißt es, wenn auch an recht verdeckter Stelle, in Artikel 86: „Die natürlichen Lebensgrundlagen, die Landschaft sowie die Denkmale der Kunst, der Geschichte und der Natur genießen öffentlichen Schutz und die Pflege des Staates und der Gemeinden." Hier also ist nicht nur von staatlichem Schutz, sondern auch von staatlicher Pflege die Rede – freilich nur bei „Denkmalen der Kunst". Lebende Künstler, zumal wenn sie es noch nicht zu Ruhm und Ehre gebracht haben, dürfen sich getrost von staatlicher Fürsorglichkeit ausgeschlossen fühlen. Geradezu progressiv nimmt sich demgegenüber der Artikel 142 der Weimarer Reichsverfassung von 1919 aus, der postulierte: „Die Kunst, die Wissenschaft und ihre Lehre sind frei. Der Staat gewährt ihnen Schutz und nimmt an ihrer Pflege teil".

Man wird sich wohl am besten dadurch aus der Klemme helfen, daß man – wie von Theodor Eschenburg vorgeschlagen und vom Bundesverfassungsgericht inzwischen weitgehend nachvollzogen – den Kulturstaat als *impliziten* Teil des modernen demokratischen Staates auffaßt und aus der Kulturstaatlichkeit auch die Aufgabe öffentlicher Kunstförderung ableitet. Ebenso dürfte es vertretbar sein, in der Pflicht zur Achtung der Menschenwürde und im Recht auf freie Entfaltung der Persönlichkeit die Aufforderung an den Staat zu erblicken, kulturelle Rahmenbedingungen zu schaffen, in denen sich der Mensch als Kulturwesen angemessen entfalten kann.

Es geht, bei alledem, nicht nur um juristische Wortklauberei. Zum einen gilt aus gutem Grund, daß staatliche Ausgaben gesetzlich abgedeckt sein müssen. Bei einem jährlichen Etat von knapp einer halben Milliarde Mark für Zwecke der Kunstförderung wäre der Gedanke, daß all diese Leistungen reinen Beliebigkeitserwägungen der gerade Regierenden zu verdanken sein sollen, schwer erträglich. Zum anderen zeigt sich an der verfassungsrechtlichen Zurückhaltung aber deutlich die Schwierigkeit, Wesen und Auftrag der Kulturstaatlichkeit normativ zu fassen und zu begründen. Es ist deshalb nicht nur von theoretischem Interesse, nach einer *breiter* angelegten *Legitimation* für das kulturpolitische Handeln des Staates zu suchen.

Ich muß mich insoweit auf einige kursorische Hinweise beschränken. Eine wichtige Rolle spielt sicher der Gedanke, daß der moderne Staat sozusagen in das Erbe höfischen und geistlichen *Mäzenatentums* eintreten mußte. Dies hat er getan – nicht erst nach 1945 und auch nicht erst nach 1919, sondern bereits im 19. Jahrhundert; und wenn man die Entwicklung weiter zurückverfolgt, so waren es im Grunde die freien Reichsstädte, die als erste die öffentliche Kunstförderung säkularisierten. Auch das mäzenatische Argument reicht allerdings nicht aus, um die umfängliche Förderungspraxis, wie wir sie heute erleben, befriedigend zu erklären. Mäzene handeln aus freien Stücken und subjektiven, mehr oder minder honorigen, Motiven. Das kulturpolitische Engagement der öffentlichen Hand hingegen ist längst aus dem Reich der Möglichkeit ins Reich der Notwendigkeit hinübergewechselt.

Als historische und spezifisch deutsche Erfahrung tritt hinzu, daß die *Kulturnation* dem Nationalstaat lange vorausgegangen ist. Das Ende des Heiligen Römischen Reiches Deutscher Nation ging gewissermaßen fast unbemerkt vonstatten, weil die staatliche Verfaßtheit – besser gesagt: Nicht-Verfaßtheit – gegenüber den machtvollen kulturellen Strömungen und Wandlungen absolut zweitrangig war. Das kulturelle Zusammengehörigkeitsbewußtsein überdauerte den Zusammenbruch der alten Ordnung und drängte als treibende Kraft in ein neues, demokratische Ideen institutionalisierendes Staatsgefüge. In Deutschland hat die Kultur den modernen Staat mit auf den Weg gebracht. Man mag es deshalb durchaus als historische Bringschuld des Staates ansehen, sich dafür auf besondere Weise, nämlich durch intensive Kulturpflege, zu revanchieren. Wie wir allerdings gesehen haben, war diese Tatsache den Vätern der Weimarer Reichsverfassung entweder bewußter als den Mitgliedern des Parlamentarischen Rates, oder – was wohl eher zutrifft – sie bekannten sich unbefangener dazu.

Natürlich wären aber auch solche historisch-kulturellen Erwägungen für sich allein nicht wirkungskräftig genug, um staatliche Kunstförderung großen Stils zu initiieren. Die Politik setzt ihre Prioritäten um so stärker, je eindeutiger sich gesellschaftliche Bedürfnisse und Ansprüche artikulieren. Dies zeigt sich beim Umweltschutz, aber es läßt sich ebenso gut auf dem kulturellen Sektor nachweisen.

Wir erleben seit ungefähr zehn Jahren in der Bundesrepublik ein sprunghaft *wachsendes Interesse* an bestimmten kulturellen Einrichtungen und Erscheinungsformen. Paradebeispiel sind die westdeutschen und Berliner Museen, deren Besucherzahl sich innerhalb einer Dekade von 22 Millionen auf fast 60 Millionen jährlich erhöht hat. Das ist ungefähr vier Mal so viel, wie sich pro Jahr in den Sportstadien der ersten und zweiten Bundesliga versammeln. Selbstverständlich dürfen derartige Globalzahlen nicht kritiklos als Massenaufbruch zu neuen kulturellen Ufern gewertet werden; Quantität ist in kulturellen Belangen ein wenig tauglicher Maßstab. Aber es gab und gibt ähnliche Entwicklungen bei den Musikschulen, im denkmal-pflegerischen Bereich, beim Festspielwesen (das zuweilen schon Züge von Unwesen annimmt), in der Ausprägung von Stadtteilkulturen, beim Entstehen soziokultureller Zentren, im Aufblühen von Kleinkunst-Aktivitäten und anderem mehr.

Zusammengenommen läßt sich daraus doch wohl der Schluß ziehen, daß der *kulturelle Faktor* für viele Menschen ungleich stärker als früher zur *Lebensqualität* gehört. Die Auswirkungen dieser Wertpräferenzen lassen sich bis in den Staatshaushaltsplan hinein verfolgen: Seit Mitte der siebziger Jahre sind die Ausgaben des Landes für Kunst und Kultur – mit Ausnahme von 1982 – jeweils erheblich überproportional angestiegen. Es mag zur Illustration des eben Gesagten dienen, daß im laufenden Doppelhaushalt 1987/88 des Landes allein für kulturelle Baumaßnahmen (also Museen, Theater, Landesbibliotheken und Staatsarchive) über 600 Millionen Mark etatisiert sind und daß die sieben Kommunaltheater Baden-Württembergs 1987 und 1988 einen Landeszuschuß von insgesamt 100 Millionen Mark erhalten. Solche Summen gibt man nicht mehr aus mäzenatischer Laune heraus, sondern in der politischen Überzeugung, daß kulturelle Investitionen mittlerweile zur Daseinsvorsorge zählen.

Nicht unerwähnt sollte auch die Tatsache bleiben, daß sich mit einer aktiven Kulturpolitik handfeste *Wirtschaftsförderung* betreiben läßt. Früher fragten potentielle ausländische Investoren bei der Suche nach geeigneten Unternehmensstandorten vor allem danach, wie weit es zur nächsten Autobahn sei und ob es genügend Wohnungen für die Mitarbeiter gebe. Heute hingegen fragen sie, etwas pauschal gesagt, wo sich der nächste Flughafen befindet, welche Hochschulen und Forschungseinrichtungen in der Umgebung angesiedelt sind und wie es um die Attraktivität des Freizeit- und Kulturangebotes bestellt ist. Man geht sicher nicht fehl, darin auch den Reflex einer allgemein höheren Wertschätzung kultureller Dienstleistungen zu sehen. Das im letzten Jahr erfolgreich gestartete Schleswig-Holstein-Festival ist zumindest auch unter dem Gesichtspunkt konzipiert worden, den deutschen Norden als Wirtschaftsstandort wieder attraktiver zu machen.

Schließlich ist in diesem Zusammenhang darauf hinzuweisen, daß Kulturförderung immer auch einen nach *außen* gerichteten, über die Grenzen hinauszielenden, Aspekt enthält. In einer offenen Gesellschaft wie der unseren wird, was sich kulturell ereignet, auf vielfältige Weise ins Ausland transportiert: durch Gastspielreisen und sonstige Aktivitäten im Rahmen auswärtiger Kulturpolitik, durch Ausstellungen, Tagungen, Medienberichterstattung oder einfach als Quintessenz dessen, was Millionen ausländischer Besucher nach Rückkehr in ihr Heimatland erzählen. Die Visitenkarte unseres Kulturlebens wird im Inland gedruckt, aber immer häufiger im Ausland verteilt. Wer in der Welt als Kulturnation gelten will, muß aktive, ja nicht selten aggressive Kulturpolitik großen Stils betreiben, denn er steht in harter Konkurrenz. Ich bin mir nicht sicher, ob das überall bei uns schon in genügender Deutlichkeit gesehen wird – die kulturelle Präsenz der USA, Japans, Frankreichs oder auch der DDR rund um den Globus erscheint jedenfalls oft um einiges stärker als die der Bundesrepublik.

III.

Nun noch kurz zu den *Kriterien,* die der *baden-württembergischen Praxis* zugrunde liegen – auf einige weitere Aspekte der staatlichen Kulturförderung wird nachher im Zusammenhang mit dem Technologiethema einzugehen sein.

Dabei bin ich mir bewußt, in gewisser Weise das Pferd vom Schwanz her aufzuzäumen. Denn den Gesetzen der Logik entspräche es, zunächst die konzeptionellen Erwägungen vorzutragen und anschließend darzulegen, wie deren Instrumentalisierung erfolgt. Dies könnte jedoch den Anschein erwecken, als hätte es irgendwann in der Vergangenheit einen großen programmatischen Schöpfungsakt gegeben, sozusagen den kulturpolitischen Urknall, aus dem heraus sich dann alle weiteren Aktivitäten folgerichtig entwickelten.

Aber weder verläuft so die Politik noch läßt das kulturelle Geschehen solches zu, denn beide Bereiche stehen in einer unablässigen Wechselbeziehung zueinander. Alle kulturkonzeptionellen Ideen und Pläne bauen zunächst einmal auf dem auf, was schon vorhanden ist. Selbst Kulturrevolutionen, wenn man sie denn vom Zaune brechen wollte, wurzeln in Traditionen. Und der Wandel von der Industrie- zur Informationsgesellschaft, von der produktions- zur dienstleistungsorientierten Volkswirtschaft wirft kulturpolitisch doch zunächst einmal die Frage nach der Bestandskraft des Bestehenden auf, und erst danach läßt sich erörtern, was neu und anders werden muß. Es ist also vielleicht doch nicht gänzlich paradox, erst zu berichten, wie man etwas macht, und dann zu sagen, was man sich dabei gedacht hat.

Ich beginne und konzentriere mich im wesentlichen auf die *Kunstförderung*. Als deren programmatische Grundlage wird man die 1982 verabschiedete *Kunstkonzeption* der Landesregierung Baden-Württemberg auffassen dürfen, die Anfang 1986 fortgeschrieben und inhaltlich erweitert worden ist. In dieser Kunstkonzeption wurde versucht, zwei anspruchsvollen Zielen gerecht zu werden: Zum einen der ausgewogenen Verteilung von Spitzen- und Breitenförderung, zum anderen einer möglichst *flächendeckenden,* das heißt der Vielfalt kultureller Betätigungen und Bedürfnissen auch außerhalb städtischer Ballungszentren Rechnung tragenden Kulturpolitik.

Der Grundsatz, sowohl der Spitzen- als auch der Breitenförderung angemessene Aufmerksamkeit zu schenken, soll staatliche Kunstförderung vor der Versuchung bewahren, über der Kunst die Künstler zu vergessen. Auch Kulturpolitiker sind nicht frei von Prestigedenken, und die Devise: Wer schon etwas vorzuweisen hat, dem wird noch mehr dazu gegeben, ist nicht nur bei manchen Preisverleihungen eine ärgerliche Übung. Nur führt das sehr schnell zur Sklerotisierung des kulturellen Lebens, und aus einer perspektivischen Kulturszene wird unversehens ein retrospektiver Kunstbetrieb. Um dies zu vermeiden, betont die Kunstkonzeption die Förderung zeitgenössischer Künstler und die besondere Fürsorgepflicht für den künstlerischen Nachwuchs. Das reicht von Atelierzuschüssen bis zu Workshops für Jung-Regisseure, von Jugend- und Schultheatertagen bis zur Komponisten- und Librettistenförderung.

Als eine baden-württembergische Spezialität darf dabei die seit 1970 bestehende gesetzliche Regelung gelten, den Reingewinn aus der Sportwette und dem *Zahlenlotto* etwa zur Hälfte kulturellen Zwecken zufließen zu lassen. Die Beträge, um die es dabei geht, sind beachtlich: In den Jahren 1987 und 1988 werden insgesamt 480 Millionen Mark Toto- und Lottomittel in die staatlichen Kassen fließen, von denen 120 Millionen Mark zu Kunstförderung, etwa derselbe Betrag für Zwecke der Denkmalpflege und der Rest zur Sportförderung verwendet werden.

Der alte pietistische Grundsatz, sündiges Treiben, wenn es schon nicht verhindert werden kann, wenigstens einem guten Zweck zuzuführen, bewährt sich also auch hier bestens. Die baden-württembergische Landesregierung hat ihn 1981 noch dadurch verfeinert, daß sie die Spielbanken in Baden-Baden und Konstanz von der Notwendigkeit überzeugen konnte, einen kleinen Teil ihrer Einnahmen in eine Museumsstiftung einzubringen, die sich dem Ankauf von Meisterwerken der Weltkunst widmet, welche der Staat gerne hätte, jedoch nicht bezahlen kann. Auf diese Weise ist beispielsweise die Staatsgalerie Stuttgart in den Besitz der Picasso-Plastik „Die Badenden" gekommen.

Noch ein Wort zum Gebot einer möglichst *flächendeckenden Förderung:* Das klingt nach Nivellierung und Gießkannenprinzip, meint aber Differenzierung und das Aufgreifen lokaler und regionaler Kulturinitiativen. Seit 1980 werden beispielsweise an jährlich wechselnden Veranstaltungsorten Landeskunstwochen durchgeführt, aus den

Ludwigsburger Schloßfestspielen sind landesweite Baden-Württemberg-Festspiele hervorgegangen, und mittlerweile über 800 Heimat- und Spezialmuseen erfreuen sich staatlicher Unterstützung. Dezentralität kennzeichnet auch die über 200 Jugendmusikschulen Baden-Württembergs, denen nun die ersten Jugendkunstschulen folgen.

Wenn der Staat in die Fläche geht, muß er dies freilich immer auf Zehenspitzen tun – das heißt, er soll ergänzend, aber um Gottes Willen nicht erdrückend wirken. Das Prinzip der Subsidiarität, der Hilfe zur Selbsthilfe, ist deshalb eine kulturell lebenswichtige Schranke gegenüber möglichem bürokratischem Übereifer (denn auch diesen gibt es). Wer die Veröffentlichungen beispielsweise des Deutschen Städtetages zur einschlägigen Thematik verfolgt, insbesondere das 1973 vorgelegte und bis heute richtungweisende Programm „Bildung und Kultur als Element der Stadtentwicklung", stellt immer wieder eine hohe Sensibilität für die Gefahren des Goldenen Zügels und ein eifersüchtiges Beharren auf dem kulturellen Erstgeburtsrecht der Kommunen fest. Ich meine, das ist gut so.

Nach diesen Anmerkungen zur Kunstförderung muß noch ein flüchtiger Blick auf das geworfen werden, was sich im weiteren Sinne unter die kulturpolitischen Aktivitäten des Landes subsumieren läßt. Der Frage, von welchem Kulturbegriff denn dabei eigentlich ausgegangen wird, möchte ich an dieser Stelle noch ausweichen, indem ich gewissermaßen die befestigten und vermessenen kulturpolitischen Landstriche nicht verlasse; spätestens bei der Konfrontation mit Naturwissenschaft und Technik wird ihr freilich nicht mehr zu entrinnen sein.

In der *Denkmalpflege* ist die Phase der Sanierung von Einzelobjekten und baulichen Ensembles vielerorts abgeschlossen. Das bedeutet nicht, daß es auf diesem Felde nichts mehr zu tun gäbe; allein die schädigenden Einflüsse von Umweltemissionen sorgen dafür, daß Restauratoren und Konservatoren die Arbeit nicht ausgeht. Aber zunehmend gewinnt die Frage an Bedeutung, wie die wieder aufpolierte historische Bausubstanz denn nun sinnvoll in die Organität städtischer Aufgaben eingegliedert werden kann.

Aus dem „Denkmalwert" überkommener Stadträume einen „Gestaltwert" im Sinne *urbaner Lebensqualität* zu machen, ist eine übergreifende kulturpolitische Herausforderung, bei deren Bewältigung wir oft erst am Anfang stehen. Der Charme innerstädtischer Schuhläden, Bankfilialen, Versicherungsagenturen und Schnellgaststätten wird dadurch, daß sie sich in reizenden Fachwerkhäusern befinden, nicht wesentlich erhöht. Und wie viele Strafvollzugsanstalten, Finanz- und Liegenschaftsämter sich an exponierter Stelle hinter klassizistischen Fassaden in unseren Städten verbergen, merkt man erst, wenn man versucht, sie auszulagern.

Das Land hat deshalb 1984 beschlossen, mit einem *Stadtqualitätsprogramm* und einem *Stadtstrukturprogramm* störende Nutzungen, soweit sie vom Staat ausgehen, Schritt für Schritt abzubauen. Daß dies ein langer Weg ist und der urbane Erfolg in Form neuer sozialer und kultureller Erlebnisräume keineswegs immer garantiert ist, brauche ich nicht hervorzuheben.

Als letzter Bereich der klassischen Kulturpolitik des Landes wäre die *Bildungspolitik* zu nennen und, im Kontext der bisherigen Erörterungen, nach deren Kriterien zu fragen. Damit allerdings begebe ich mich nun wirklich medias in res, denn ohne eine Analyse der Auswirkungen neuer Technologien auf Schule und Beruf, auf Erst- und Weiterbildung wäre es nahezu unmöglich, gültige und verständliche Aussagen über die Bildungs- und Wissenschaftspolitik der Landesregierung zu treffen.

Warum die Gymnasien und Realschulen zwar mit Personalcomputern ausgestattet sind, das Fach Informatik aber gleichwohl nur im Angebot der Leistungskurse auftaucht; warum der Entwicklung musischer Fähigkeiten besonderes Gewicht beigelegt wird und es ohne Deutsch, Mathematik und Fremdsprachen kein Abitur gibt; warum an den Universitäten und Fachhochschulen eine Vielzahl neuer, technologieorientierter Studiengänge eingerichtet, zugleich aber auch die Design-Ausbildung erheblich ausgeweitet wurde – all dies läßt sich nur beantworten, wenn zuvor geklärt und erklärt ist, von welcher gesellschaftlichen Entwicklung die Landesregierung ausgeht, was unsere Hoffnungen und unsere Befürchtungen sind, welchem Leitbild wir uns verpflichtet fühlen – kurz, in welchem Licht uns das Verhältnis von Kultur und Technologie erscheint.

IV.

Halten wir uns zunächst einige volkswirtschaftliche Konsequenzen – denn dort sind sie am leichtesten nachweisbar – des technischen Fortschritts vor Augen: Ein immer größerer Anteil des Bruttosozialprodukts wird nicht mehr von Menschen, sondern von Automaten erwirtschaftet. Das Münchner Ifo-Institut veröffentlichte vor wenigen Tagen eine Untersuchung, wonach nur noch 25 Prozent der Arbeitnehmer in der Bundesrepublik unmittelbar in der Produktion beschäftigt seien. Wenn das so stimmt, hat sich in den letzten fünf Jahren in der deutschen Beschäftigungsstruktur ein geradezu atemberaubender Wandel vollzogen; denn noch vor wenigen Jahren lagen die entsprechenden Schätzungen bei rund 40 Prozent.

Die weit überwiegende Mehrzahl der Berufstätigen verdient also ihren Lebensunterhalt mit dem, was man generalisierend *Dienstleistungen* nennt. Im Rahmen dieses sogenannten tertiären Sektors wiederum steigt die Quote der informationsorientierten Dienstleistungen, bei denen es maßgeblich auf Sprach- und Kommunikationsfähigkeit ankommt, deutlich an. Eine weitere Folge der Automatisierung ist das zunehmende Auseinanderfallen von *Betriebs- und Arbeitszeiten.* Die Arbeitszeiten werden kürzer, die Maschinenlaufzeiten länger. Betriebswirtschaftlich bedingt das Eine das Andere, denn die hohen technischen Investitionskosten lassen sich bei einer Auslastung des Realkapitals von 40 Wochenstunden und weniger kaum noch darstellen.

Was folgt aus diesen Entwicklungen? Zum Beispiel dieses: Das tayloristische Produktionsprinzip der minutiösen Arbeitszerlegung verliert seinen prägenden Einfluß auf den Arbeitsalltag. Die herkömmliche Anforderung an den Industriearbeiter, sich zuverlässig in den monotonen Ablauf von Fertigungsprozessen einzugliedern, ist immer weniger gefragt. Wer seinen Arbeitsplatz behaupten will, muß sich höher *qualifizieren;* er muß Maschinen und Systeme steuern und überwachen lernen, denen er vorher nur zuarbeitete. Der Facharbeiter verdrängt den Hilfsarbeiter, der Techniker beginnt den Facharbeiter zu verdrängen.

Eine weitere Konsequenz lautet, daß die Arbeitszeiten *flexibler* werden. Entscheidend wird das monatlich oder jährlich geleistete Arbeitsvolumen; die täglich und wöchentlich erbrachte Arbeitszeit dagegen läßt sich stark variieren. Das ist in erster Linie eine Sache individueller Vereinbarungen und Absprachen, bei denen allenfalls noch der Betriebsrat mitzureden hat. Als Folge sinkt die gewerkschaftliche Organisationsfähigkeit von Betriebsbelegschaften rapide.

Versucht man, einen *gemeinsamen Nenner* für diese Entwicklungen zu finden, so müßte er wohl ungefähr folgendermaßen lauten: Als Folge der Automatisierung relativiert sich der lebensstilprägende Einfluß der Berufsarbeit zeitlich und inhaltlich. Kürzere und flexiblere Arbeitszeiten geben mehr Raum für Freizeit, Familie und Privatleben. Umgekehrt heißt das aber auch: Wer gleichwohl beruflich Karriere machen will, muß vergleichsweise mehr freiwilligen Arbeitseinsatz erbringen als früher. In *Wertkategorien* gesprochen: Wer auf den beruflichen Erfolg als Element der Lebenserfüllung nicht verzichten will, der muß dafür weit Überdurchschnittliches leisten. Ist er dazu nicht bereit oder fähig, wird er mehr und mehr dazu gedrängt, sein Selbstwertgefühl aus anderen Quellen als aus der Berufsarbeit zu schöpfen.

Dieser Befund wird durch zahlreiche demoskopische Untersuchungen gestützt, wonach immer weniger Menschen ihren Lebenssinn in der Berufstätigkeit finden und ihn stattdessen in die private Sphäre verlagern.

So weit, so gut, könnte man sagen. Aber vollzieht sich der Abschied vom alten Arbeitsethos wirklich so reibungslos, wie es den Anschein hat? Wandelt sich die *Arbeitsgesellschaft,* der – nach einem bekannten Wort von Hannah Arendt – „die Arbeit ausgeht", ohne größere Probleme in eine *„Tätigkeitsgesellschaft",* wie sie Ralf Dahrendorf vorschwebt? Wie füllt der Mensch den neuen individuellen Freiraum aus, den er, wenn er will, jenseits von Fabrikhallen und Büroräumen haben kann? Wird, um einen gerade gängigen Modebegriff aufzugreifen, aus einem bislang „außengeleiteten" Menschen, der seine Statussymbole weitgehend aus beruflicher Anerkennung bezog, nun plötzlich ein „innengeleitetes" Individuum, dem das alles nichts mehr bedeutet?

Skepsis ist hier wohl angebracht. Sieht man genauer hin, auch bei den Umfragen, so sind Kriterien wie Leistung, Erfolgsstreben oder Bedürfnis nach Anerkennung keineswegs verschwunden. Sie haben sich nur, wenn sie im beruflichen Bereich nicht mehr genügend zur Entfaltung gebracht werden können, in den Freizeitsektor verlagert. Es gibt, wohl viel häufiger als man glaubt, den planmäßig herbeigeführten Freizeit-Streß als Substitut nachlassender Arbeitsanforderungen. Anders gesagt: Die Summe der Aktivitäten und Erfolgserlebnisse, die der einzelne zur Selbstbestätigung braucht, dürfte kaum geringer sein als früher; aber er sucht und findet sie immer weniger in den klassischen, fremdbestimmten Arbeitsverhältnissen.

Das ist nun ersichtlich ein eminent *kulturpolitisches* Thema. Denn welche Antworten soll der Staat auf diese Situation eigentlich geben? Geht ihn die Freizeit seiner Bürger überhaupt etwas an? Ist er befugt, darüber zu entscheiden, worin der Mensch Sinn und Erfüllung finden könnte?

Das sicher nicht. Aber das Private einfach zur politisch irrelevanten Privatsache zu erklären, wäre wohl auch zu wenig. Denn am auslösenden Faktor, dem ökonomischen und technologischen *Strukturwandel,* ist der Staat vielfältig beteiligt. Er betreibt Forschungspolitik, er unterstützt den Technologietransfer, er fördert den Einsatz neuer Technologien – und das alles aus gutem volkswirtschaftlichem Grund. In einer wettbewerbsfähigen Wirtschaft weniger zu arbeiten, ist allemal besser als in maroden Unternehmen keine Arbeit mehr zu finden.

Wenn man dies bejaht, wird man aber nicht umhin können, den Staat auch kulturpolitisch stärker als bislang in die Pflicht zu nehmen. Kulturpolitik wird, in gewisser Weise, zum *Äquivalent* der Technologiepolitik, und dem Aufbau wissenschaftlich-technischer Infrastrukturen müssen adäquate kulturelle Infrastrukturen folgen – wobei es in beiden Fällen nur um das Bereithalten von *Angeboten* gehen kann, niemals um Determinierungen. Es gibt keinen Anschluß- und Benutzungszwang, weder technologisch noch kulturell. Aber es muß genügend Optionen zur Selbstverwirklichung geben, ob sie nun auf ökonomischem, auf sozialem oder auf kulturellem Gebiet gesucht werden.

Das ist nun freilich, im Grundsatz wie im Detail, vielfach und aus oft ganz unterschiedlichen Gründen umstritten. Nicht selten wird in der kulturtheoretischen Literatur der *Vorwurf* erhoben, das neu entdeckte Interesse des Staates an Kunst und Kultur diene lediglich dazu, von den wirtschaftlichen Strukturkrisen abzulenken. Kultur werde – so beispielsweise Hilmar Hoffmann in seinem Buch „Kultur für morgen" – dazu mißbraucht, die inhumanen Folgen technischen Fortschritts zu verdecken und eine verfehlte Beschäftigungspolitik zu bemänteln. „Weil nicht mehr genügend Arbeit für alle vorhanden zu sein scheint", so lautet ein Vorwurf Hoffmanns, „wird an die Stelle traditioneller Arbeitsmoral die Aufforderung gesetzt, sich in der Freizeit kulturell oder auch sozial nützlich zu entfalten. Ein fatalerer Mißbrauch wurde mit Kultur kaum je getrieben".

So richtig einerseits die Warnung vor einer utilitaristischen Kulturpolitik ist, so sehr schimmert hinter diesen Worten doch auch die Angst durch, wertvolles kulturelles Münzgut könne durch massenhaften Gebrauch zu billigem Kleingeld inflationieren. Manche, denen die Formel „Kultur für alle" als Forderung leicht von den Lippen ging, entdecken nun plötzlich, daß sie bei einer auch nur annäherungsweisen Realisierung ihrer kulturprofessionellen Exklusivität beraubt wären. Die Vorstellung, Kultur könne zum allgemeinen *Konsumartikel* werden, zum seelischen Ausgleich für Über- oder Unterforderungen der Arbeitswelt, oder gar das Bild einer in naiver Freude kulturell dilettierenden Nation – beides muß traumatisch auf all jene wirken, die vom alten gymnasialen Grundsatz: hie Kultur, dort Zivilisation, hie Geist, dort Technik, nicht lassen wollen.

Die Gegenposition zum ästhetischen Purismus, der *technokratische Purismus,* ist indessen nicht weniger verbreitet und nach meiner Überzeugung ebenso gefährlich. Er fordert vom Staat, mit allen ihm zu Gebote stehenden Mitteln die Menschen ins Computer-Zeitalter hineinzuhieven und den noch bestehenden informationstechnischen Bildungsnotstand schnellstmöglich zu beenden. Die Zukunft wird in diesem Szenario um Tele-Heimarbeitsplätze, Elektronische Post und Bildschirmtext herumdrapiert, als friktionsfreie Informationsgesellschaft, in der jeder König ist, der mindestens eine Programmiersprache beherrscht. In dieser schönen neuen Welt wimmelt es von Telekommunikationsberatern, Medienwirten, Kommunikationswirten, Communication-Managern, Technischen Autoren, Wissensingenieuren, Videotextredakteuren und vielem mehr.

Zwar läßt sich überhaupt nicht bestreiten, daß es noch großer bildungspolitischer *Anstrengungen* zur Einübung eines einigermaßen selbstverständlichen Umgangs mit den neuen Kommunikationsdiensten bedarf. In der schulischen Erstausbildung läßt sich das nötige Grundwissen Schritt für Schritt und altersgerecht vermitteln; viel schwieriger gestalten sich dagegen betriebliche oder überbetriebliche Weiterbildungsmaßnahmen, denn hier besteht meist ein hoher Zeit- und Erfolgsdruck. Es wäre meines Erachtens eine lohnende gewerkschaftliche Aufgabe, ein *tarifpolitisches Modell* zu entwickeln, das künftige Arbeitszeitverkürzungen mit garantierter betrieblicher Weiterbildung verknüpfen und dadurch den notwendigen Lern- und Anpassungsprozeß der Mitarbeiter verstetigen würde. Aber das Heil nur in einer technologieorientierten Bildungs- und Beschäftigungspolitik zu suchen und den *nicht-rationalen* Bedürfnissen und Fähigkeiten der Menschen aller Altersstufen keine Förderung angedeihen zu lassen – dies wäre ebenso fatal wie das andere Extrem. Technokratische und kultokratische Ignoranz führen beide, jede auf ihre Weise, zu einem eindimensionalen Welt- und Menschenbild.

Es läßt sich unschwer erkennen, daß diese Aussagen auf einem *Kulturbegriff* aufbauen, der die Arbeitswelt und den technischen Fortschritt zu integrieren versucht. Natürlich ist die 1959 von C. P. Snow und nach ihm von vielen anderen beklagte Spaltung unserer Kultur in zwei Teilkulturen, *Arts* und *Sciences,* nicht einfach schönfärberisch hinwegzudiskutieren. Aber es besteht auch kein Anlaß, sie für naturgesetzlich und unabänderlich zu halten. Denn im wesentlichen ist sie doch erst ein Kind unseres Jahrhunderts, auch wenn die Auseinanderentwicklung von Natur- und Geisteswissenschaften schon am Anfang des 19. Jahrhunderts begonnen hat. Und überall, in der wissenschaftlichen Diskussion, im kulturellen Leben und in der bildungspolitischen Arbeit, sind die Bemühungen erkennbar, die Gräben nicht tiefer werden zu lassen, sondern Brücken der Verständigung zu bauen.

Die *Naturwissenschaftler* haben in den letzten Jahrzehnten ihren objektiven Erkenntnisanspruch stark relativieren und ihn auf die bescheidenere Stufe einer intersubjektiven Plausibilität zurückführen müssen; zugleich sind sie wesentlich empfänglicher geworden für die Erörterung ethischer Dimensionen ihres Tuns. Die *Geisteswissenschaftler* beginnen, etwas salopp formuliert, ihren methodologischen Minderwertigkeitskomplex langsam abzustreifen und sich auf ihre unverzichtbare kulturelle und humangeschichtliche Rolle zurückzubesinnen. Denn so gewiß die naturwissenschaftlich-technische Wissensexplosion zu Traditionsverlusten, Erfahrungsdefiziten und Orientierungsnöten geführt hat, so gewiß kann dieses Manko der Moderne nur durch Mithilfe von Geisteswissenschaften, die sich als *Kulturwissenschaften* verstehen, überwunden werden; durch Mithilfe, – das heißt, es geht nicht mit ihnen allein, weil sie kein Erklärungsmonopol besitzen, aber es geht auch nicht ohne sie.

Ein solch weitgefaßter, integrierender Kulturbegriff ist notwendig *unscharf.* Indem er Kunst und Technik, Geistes- und Naturwissenschaften, Muße und Arbeit umfaßt, verliert er an definitorischer Klarheit, wird ein Stück weit subjektivistisch, ja gerät in die Gefahr der Beliebigkeit. Das ist ein nicht zu unterschätzender Nachteil, gerade im Hinblick auf die Kulturpolitik. Deren Grenzen und Kriterien müssen zwangsläufig verschwommener sein als zu jenen Zeiten, da nur das Gute, Wahre und Schöne als förderungswürdig galt. Nicht ganz von der Hand zu weisen ist daher die mitunter geäußerte Kritik, der moderne Staat betreibe Kulturförderung in der Art von Justitia, nämlich blind und möglichst ausgewogen, weil er Angst davor habe, zu sehen, zu verstehen und am Ende gar noch zu beurteilen, was er finanziell dotiert.

Indessen scheinen mir die Vorzüge eines weitgefaßten Kulturbegriffs die Nachteile zu überwiegen. Zum einen wird das Spannungsverhältnis zwischen Individualität und Normativität, von dem schon eingangs die Rede war, auf ein erträgliches, jedenfalls nicht zensorisch und einengend wirkendes Maß reduziert. Zum anderen, und das ist noch wichtiger, bewahrt dieser Kulturbegriff die Chance, aus den Segmentierungen des modernen Lebens ein Stück *Ganzheitlichkeit* zurückzugewinnen. Und genau dieses ist doch das Bestreben, das wir sowohl im neueren wissenschaftlichen Naturverständnis als auch beim gewandelten Wertverständnis vieler Menschen feststellen. Wenn aber zwischen diesen beiden Polen unserer Existenz eine gewisse Interessenidentität herrscht, wenn das Bedürfnis, theoretisch und lebenspraktisch lange Getrenntes wieder zusammenzudenken und zusammenzuführen, deutlich erkennbar ist, dann sollte nicht ausgerechnet der *kulturelle* Bereich im Gegensätzlichen beharren wollen. Erst indem er Verbindungen knüpft und Bindungen schafft, wird er eigentlich existentiell.

V.

Damit, zum Schluß, noch einmal zurück in die Gefilde – um das Wort Niederungen zu vermeiden – *baden-württembergischer Politik.* Es mag manchem vielleicht nun etwas verständlicher erscheinen, warum die baden-württembergische Landesregierung in diesem Jahrzehnt sowohl auf forschungs- und technologiepolitischem Gebiet als auch im kulturellen Bereich starke Akzente gesetzt hat. Es waren in einem Fall nicht nur wirtschaftliche und im anderen Fall nicht nur kulturpolitische Motive.

Natürlich gab es Ende der siebziger Jahre, wie überall in der Bundesrepublik, eine bedrohliche technologische Lücke, die bei dem wichtigsten Industriezweig unseres Landes, dem Maschinenbau, binnen kurzem zu gravierenden Weltmarktverlusten hätte führen können. Diese Lücke zu schließen und zwischen Wissenschaft und Wirtschaft einen selbsttragenden Kreislauf von Wissens- und Technologietransfer in Gang zu setzen, war deshalb die vordringliche *strukturpolitische* Aufgabe.

Aber die Landesregierung hat sich von Anfang an auch bemüht – und dieser Gedanke zieht sich durch etliche Regierungserklärungen und Parteiprogramme –, das *soziale* und *kulturelle* Chancenpotential neuer Technologien möglichst genau auszuloten und es rasch zu realisieren. Dem dienten zahlreiche Experten-Kommissionen – von der Forschung über die Neuen Medien bis zur gesellschaftlichen Entwicklung –, die in anderen Bundesländern anfangs belächelt und später imitiert worden sind. Ich will durchaus einräumen, daß in der Begeisterung einer neuen Aufbruchstimmung hier und da übers Ziel hinausgeschossen wurde und manche optimistischen Erwartungen, was zum Beispiel die Verbreitungsgeschwindigkeit telekommunikativer Netze und Geräte betraf, später korrigiert werden mußten; womit sich das Land im übrigen in guter Gesellschaft mit der Bundespost befand.

Insgesamt jedoch läßt sich nicht bestreiten, daß in jenen Jahren der Grundstock für die heute weithin als vorbildlich geltende baden-württembergische Infrastruktur eines praxisorientierten Transfersystems zwischen Forschung und Anwendung gelegt wurde. Es zeigt sich jetzt auch mehr und mehr, nachdem die entsprechenden Beratungseinrichtungen und das breitbandige Verteilnetz in die *ländlichen Räume* vordringen, wie bitter notwendig dieser informationstechnische Anschluß an die Zukunft vor dem Hintergrund der Agrarkrise und der damit verbundenen Auswirkungen auf Handwerk und Mittelstand ist.

Wir werden viele junge Menschen nur dann auf Dauer im ländlichen Raum halten können, wenn sie nicht nur Arbeitsplätze, sondern auch das Gefühl haben, medien- und kommunikationstechnisch nicht hinter den Möglichkeiten der Großstädte zurückzubleiben. Damit aber offenbaren die neuen Technologien eine *kulturelle Substanzsicherungsfunktion,* die der öffentlichen Diskussion bislang viel zu wenig bewußt ist: Denn was geschieht mit dem lokalen und regionalen Kulturerbe, wenn sich bestimmte Landstriche entleeren, wenn sie überaltern und wirtschaftlich ausbluten? All die hehren Grundsätze von Heimat- und Traditionspflege, von Identifikation und Wertbewußtsein werden Makulatur, wenn die Menschen als originäre Kulturträger fehlen. Ich denke, es wird heute mancherorts schon besser verstanden, warum Baden-Württemberg seinerzeit auf den raschen, flächendeckenden Ausbau der Telekommunikation gerade unter Hinweis auf die Erhaltungsbedürftigkeit seiner regionalen, wirtschaftlichen wie kulturellen, Vielfalt gedrängt hat.

Die technologische Infrastruktur ist das eine. Das andere Erfordernis aber lautet, ein *kulturelles Angebotssystem* zu schaffen, das dem einzelnen auch in Zukunft eine umfassende, begabungs- und interessengerechte Entfaltung seiner Persönlichkeit gestattet. Diese kulturelle Infrastruktur wird den Bedürfnissen des modernen Menschen am besten entsprechen können, wenn sie gerade jene Humaneigenschaften fördert, die in der neuen Medien- und Computerwelt zu kurz kommen. Dazu gehören Spontaneität und Kreativität, Aufgeschlossenheit für ethische und soziale Fragen, historisches Bewußtsein und kulturelles Engagement. Es wäre ein schwerer Fehler zu meinen, die kulturelle Adaption neuer Technologien gelinge am besten dadurch, daß man alte Kulturtechniken und tradierte kulturelle Werte kurzerhand über Bord wirft. Das Gegenteil ist richtig. Die Bedeutung des kulturellen Erbes nimmt nicht ab, sondern sie nimmt zu.

Aus dieser Erkenntnis heraus hat die Landesregierung in den allgemeinbildenden Schulen den *Erziehungsauftrag* wieder stark in den Vordergrund gerückt und in den Curricula die musischen, sprachlichen und geschichtlichen Lehrinhalte betont. Die seit 1984 geltenden Lehrpläne sind ganz klar von dem Ziel geprägt, den Schülern eine gute Allgemeinbildung zu vermitteln und eine verfrühte Spezialisierung zu verhindern. Ich halte es für einen bemerkenswerten Erfolg, daß inzwischen weit über die Hälfte der Abiturienten ihre Prüfungen in Deutsch oder Mathematik als Leistungsfach ablegen, und ich finde es ebenso erfreulich, daß sich beispielsweise am Programm zur Förderung der musisch-kulturellen Erziehung mehr als 60000 Schüler beteiligt haben.

Entgegen einer verbreiteten Ansicht genießen auch die Geistes- und Sozialwissenschaften das nicht nur verbale Wohlwollen der Landesregierung. So fließen von den jährlichen 30 Millionen Mark aus dem Forschungsschwerpunktprogramm der Universitäten rund 20 Prozent in den geistes- und sozialwissenschaftlichen Bereich, wobei in Rechnung gestellt werden muß, daß naturwissenschaftliche Forschungsprojekte in aller Regel erheblich kostenintensiver sind als geisteswissenschaftliche. Gezielt mit den ethischen und sozialen Problemen technischen Fortschritts befaßt sich ein neu aufgelegtes Förderprogramm, und ähnlichen Fragestellungen werden sich Institute an den Universitäten Freiburg und Konstanz widmen, deren Errichtung das Kabinett unlängst beschlossen hat.

Um nicht doch noch der Gefahr zu erliegen, eine kulturpolitische Leistungsbilanz aufzulisten, soll es mit diesen Anmerkungen zur Kulturkonzeption des Landes Baden-Württemberg sein Bewenden haben. Ich hoffe, es ist zumindest deutlich geworden, daß die Landesregierung nicht einer naiven Technologiegläubigkeit anhängt, sondern sich bemüht, dem Ursprungssinn von Kultur, der *Pflege,* einigermaßen gerecht zu werden: Der Pflege einer vielfältigen, farbigen, reich nuancierten Lebens- und Geistesverfassung, in der es genügend Möglichkeiten gibt, sich individuell zu entfalten, auch genügend Reibungspunkte, die Kritik herausfordern, und vielleicht sogar hin und wieder einen Anlaß, um sich in diesem Lande einfach wohlzufühlen.

Die Zukunft gestalten durch Soziale Marktwirtschaft

Helmut Kohl

Die Festschrift zum 50. Geburtstag Lothar Späths steht unter dem Leitmotiv „Technologie, Wachstum und Beschäftigung". Die damit angesprochenen Fragen und Entwicklungen sind untrennbar verknüpft mit unserer Wirtschafts- und Gesellschaftsordnung der Sozialen Marktwirtschaft. Die Gestaltung unserer Zukunft hängt also entscheidend davon ab, welche konkreten Schlußfolgerungen die praktische Politik aus dem Bekenntnis zu diesem Ordnungsprinzip der Sozialen Marktwirtschaft zieht.

Überlegungen hierzu betreffen natürlich in erster Linie die Wirtschafts- und Gesellschaftspolitik. Sie wären jedoch mehr als unvollständig ohne die Querverbindung zu dem anderen zentralen Anliegen unserer Politik: der Sicherung von Frieden und Freiheit.

So ist es auch kein Zufall, daß die Erneuerung der Sozialen Marktwirtschaft zusammen mit der Überwindung der tiefsten Rezession der Nachkriegszeit in den letzten Jahren Hand in Hand ging mit der notwendigen Klärung der entstandenen Ungewißheit über den außen- und sicherheitspolitischen Standort der Bundesrepublik Deutschland.

Ein großer deutscher Wirtschaftsverband hat diese wichtige – allerdings allzu oft auch fast vergessene – Wechselwirkung zwischen Wirtschaft und Politik im vergangenen Jahr in seinem Tätigkeitsbericht mit bemerkenswerter Klarheit in Erinnerung gerufen: „Die politischen Klarstellungen und Gewichtsverlagerungen der letzten Jahre haben dem von subjektiven Stimmungen abhängigen Investitionsklima gutgetan. Sie haben den Mut zum Investieren gestärkt."

Die Durchsetzung des NATO-Doppelbeschlusses, die Festigung unseres Verhältnisses zu den Vereinigten Staaten von Amerika, die unzweideutige Verankerung unseres Landes im Atlantischen Bündnis - diese Klarstellungen haben nicht nur Frieden und Freiheit sicherer gemacht, sie haben auch unentbehrliche Voraussetzungen für eine auf längere Sicht angelegte und erfolgreiche Wirtschaftspolitik geschaffen. Dieser enge Zusammenhang muß immer wieder klar herausgestellt werden.

Die Anstrengungen zur Erneuerung der Sozialen Marktwirtschaft in der ersten vollen Legislaturperiode dieser Bundesregierung waren erfolgreich. Wir haben erreicht, daß die Bundesrepublik Deutschland in die Spitzengruppe der westlichen Industrieländer zurückgekehrt ist.

Kennzeichen dieser Entwicklung sind Wirtschaftswachstum und Preisstabilität, steigende Investitionen und Realeinkommen, verbesserte internationale Wettbewerbsfähigkeit sowie eine deutliche Zunahme der Arbeitsplätze. Im Kampf gegen die Arbeitslosigkeit sind Fortschritte festzustellen – trotz geburtenstarker Jahrgänge und trotz des zunehmenden Interesses an beruflicher Tätigkeit, gerade auch bei vielen Frauen.

Der wichtigste Erfolg der letzten Jahre lag jedoch darin, daß Pessimismus und Resignation, die fast schon zum Signum des Zeitgeistes zu werden drohten, sich in Optimismus, Zuversicht und Selbstvertrauen verwandelt haben. Dies ist der größte Aktivposten im Blick auf die vor uns liegenden Jahre.

Wichtigste Aufgabe bleibt die Schaffung neuer Arbeitsplätze und damit die Bekämpfung der Arbeitslosigkeit.

Staatliche Beschäftigungsprogramme können dabei nicht weiterhelfen, denn ihre Wirkung ist allenfalls kurzfristig. Die mit ihnen wachsenden Schulden und steigenden Steuerlasten zerstören aber zugleich die notwendige Handlungsfähigkeit des Staates, der Unternehmen und der Bürger. Deswegen hat diese Politik in der Vergangenheit nicht zu mehr, sondern im Endergebnis zu weniger Arbeitsplätzen geführt.

Die Bundesregierung setzt dagegen auf die Kräfte der Sozialen Marktwirtschaft. Denn sie gewährleisten beides: die Zunahme der Arbeitsplätze sowie die staatliche und private Handlungsfähigkeit. Es geht jetzt darum, das Haus Bundesrepublik Deutschland, dessen Baufälligkeit wir behoben und dessen Statik wir in Ordnung gebracht haben, auch innen wieder wohnlich zu machen.

Dabei orientieren wir uns an folgenden Leitlinien:

1. Wir brauchen neue Freiräume für persönliche Leistung und eigenverantwortliches Handeln

Mit Ludwig Erhard setzen wir darauf, daß freie Entfaltungsmöglichkeit dem Bürger „zum Bewußtsein seiner eigenen Kraft, seiner Stärke und seiner Würde“ verhilft und damit ein Garant der Leistungskraft unseres Landes ist.

Dies setzt jedoch voraus, daß der einzelne Bürger den Wert dieser zusätzlichen Freiräume erkennt und daß er sie mit eigenen Ideen und mit eigenem Handeln ausfüllt. Dieses Ja zur Freiheit des eigenverantwortlichen Tuns ist heute aber nicht immer von vornherein selbstverständlich.

Viele Menschen scheinen eine tiefwurzelnde Sehnsucht nach dem großen abgesicherten Lebensplan zu empfinden. Die Angst vor dem vermeintlichen Chaos eines „ungeregelten“ Wirtschaftens auf der Grundlage individueller Entscheidungen belastet das Ordnungsprinzip der Marktwirtschaft mit vielfältigen Vorurteilen. Hinzu kommt, daß die Marktwirtschaft der vordergründigen „Faszination des Unmittelbaren“ entbehrt, die für so viele von staatlichen Plänen, Programmen und Interventionen ausgeht.

Deswegen muß immer wieder deutlich gemacht werden, daß Wahlfreiheit, Dezentralisierung von Entscheidungsmacht, Minderheitenschutz und der sparsame Umgang mit knappen Mitteln zu den politisch entscheidenden Elementen der Sozialen Marktwirtschaft gehören. Es gibt keinen Entscheidungsprozeß, der demokratischer und zugleich leistungsfähiger wäre als die „unsichtbare Hand“ von Preis und Wettbewerb in unserer Wirtschaftsordnung, die täglich Millionen unterschiedlicher Interessen ohne jeden Zwang zum Ausgleich bringt.

Für die praktische Politik bedeutet dies, daß wir den persönlichen Freiraum immer wieder so erweitern und gestalten müssen, daß sich die Kräfte dieser Wirtschaftsordnung – d.h. Initiative, Engagement und Leistungsbereitschaft der Bürger – möglichst frei und ungehindert entfalten können.

In diesem Sinne haben wir den Zuwachs der staatlichen Ausgaben reduziert und die Deckungslücke des Bundeshaushalts halbiert. Die Staatsquote geht erstmals seit langem wieder zurück. Die Rückkehr zu soliden Staatsfinanzen war der entscheidende erste Schritt zu neuer politischer Gestaltungsfreiheit.

Diese Gestaltungsfreiheit haben wir bereits in der zurückliegenden Legislaturperiode genutzt, um umfangreiche Steuersenkungen für Einkommensbezieher und Unternehmen zu beschließen, insbesondere zur Verringerung der Einkommensteuerbelastung um insgesamt gut 20 Mrd. DM.

Diese Politik setzen wir jetzt fort mit der Reform der Steuerstruktur, die auf eine dauerhafte Verbesserung abzielt.

Im Mittelpunkt steht ein Einkommensteuertarif mit völlig neuem Profil, der weit in die Zukunft weist. Er ist sozial ausgewogen, mittelstandsfreundlich und leistungsgerecht.

Das Schwergewicht der Entlastung liegt bei den unteren und mittleren Einkommen sowie bei der Entlastung der Familien. Allein durch die beträchtliche Anhebung des Grundfreibetrags erreichen wir, daß eine halbe Million Bürger zusätzlich keine Steuern mehr zahlt.

Gleichzeitig verbessern wir mit der Begradigung des Tarifverlaufs und der geringeren Belastung des einbehaltenen Gewinns die Ertragskraft, die Eigenkapitalbildung und die Investitionsfähigkeit der Unternehmen. Dabei wird den besonderen Problemen des Mittelstandes durch zusätzliche Maßnahmen Rechnung getragen.

Diese Entlastungen erweitern nicht nur den Spielraum für eigenverantwortliches Handeln. Mit der dringend gebotenen Verbesserung der steuerlichen Wettbewerbsfähigkeit der deutschen Unternehmen stärken wir zugleich die Chancen für Wachstum und Arbeitsplätze.

Die Steuerreform mit einem Finanzvolumen von insgesamt 44 Mrd. DM tritt 1990 in Kraft. Teile des Steuerreformpakets in Höhe von 5 Mrd. DM werden bereits Anfang 1988 – also zusammen mit der 2. Stufe der beschlossenen Steuersenkung – wirksam.

Damit haben wir die steuerpolitischen Weichen für den Übergang in die 90er Jahre gestellt. Investoren und Verbraucher können sich bei ihren Planungen und Entscheidungen weiterhin auf verläßliche und berechenbare Rahmenbedingungen stützen. Dies ist ein entscheidender Beitrag zur Stärkung von Wachstum, Investitionen und Beschäftigung in den kommenden Jahren.

Zur Rückführung des Staates auf den Kern seiner Aufgaben gehört auch die Privatisierung öffentlicher Beteiligungen. Die Bundesregierung hat hierzu bereits 1985 ein Gesamtkonzept für die Privatisierungs- und Beteiligungspolitik verabschiedet.

Im Rahmen dieses Konzeptes sind in der letzten Legislaturperiode eine Reihe von Bundesbeteiligungen privatisiert worden. Die Veräußerung der noch im Bundesbesitz befindlichen Anteile der VEBA und der Volkswagenwerk AG ist für dieses Jahr vorgesehen. Diese Politik wird in den kommenden Jahren fortgesetzt.

Dies gilt auch für die Daueraufgabe von Entbürokratisierung und Deregulierung. In diesem Zusammenhang beabsichtigt die Bundesregierung insbesondere die Einführung eines Dienstleistungsabends in der Woche mit längeren Öffnungszeiten von Geschäften, Banken und Behörden.

2. Wir engagieren uns für die Offenheit des Welthandels und die Vollendung des europäischen Binnenmarktes

Die Einbindung der deutschen Wirtschaft in die Weltwirtschaft gehört zu den Eckpunkten unserer Wirtschaftsordnung. Mit dieser Politik ist die Bundesrepublik Deutschland nicht nur zu einer der größten Exportnationen der Welt geworden, sondern auch zum zweitgrößten Abnehmer von Waren auf dem Weltmarkt.

Es ist deswegen daran zu erinnern, daß Welthandel und internationale Arbeitsteilung keine Einbahnstraße sind. Wer auf fremden Märkten verkaufen will, der muß auch bereit sein, auf seinem eigenen Markt den internationalen Wettbewerb ohne Einschränkung zuzulassen.

Niemand kann übersehen, daß der freie Welthandel heute zahlreichen Gefährdungen ausgesetzt ist. Die Probleme heißen:

- außenwirtschaftliche Ungleichgewichte in einer Größenordnung, wie dies noch vor wenigen Jahren kaum vorstellbar gewesen wäre,
- anhaltend hohe Defizite in den Staatshaushalten wichtiger Industrieländer,
- akute Verschuldungsprobleme in vielen Entwicklungsländern und
- in Verbindung mit diesen Problemen: beträchtliche Schwankungen des Dollarkurses und die ständig wachsende Neigung zum Protektionismus.

Es kann kein Zweifel bestehen, daß der freie Welthandel heute vor seiner größten Bewährungsprobe seit den 50er Jahren steht. Deswegen ist die angelaufene neue GATT-Verhandlungsrunde gerade für die Bundesrepublik Deutschland von zentraler Bedeutung – eine Bedeutung, die in der öffentlichen Diskussion hierzulande bisher bei weitem noch nicht erkannt worden ist. Es geht jetzt um die Welthandelsordnung für das Jahr 2000.

Die auf mehrere Jahre angesetzte GATT-Verhandlungsrunde wird mit großen Schwierigkeiten verbunden sein: der internationale Handel mit Agrarprodukten, der freie Markt für Dienstleistungen sowie das Problem versteckter, indirekter Handelshemmnisse – für all diese Fragen sind bisher keine befriedigenden Lösungen erkennbar.

Gleichwohl gibt es zum Erfolg dieser Verhandlungen keine Alternative, denn für die Zukunft der Bundesrepublik Deutschland steht hier Entscheidendes auf dem Spiel. Der Dimension dieses Problems muß die Dimension unseres Engagements entsprechen.

Dies gilt auch für ein zweites wichtiges Anliegen: die Verwirklichung des europäischen Binnenmarktes.

Die Europäische Gemeinschaft tritt heute mit der Wirtschaftskraft von 12 Mitgliedstaaten und rund 320 Millionen Menschen auf den Weltmarkt. Die Bündelung der natinoalen Interessen zu einem europäischen Anliegen und dessen einheitliche Wahrnehmung haben die EG zum bedeutenden Welthandelspartner aufsteigen lassen, auf dessen Haltung es auch in der neuen GATT-Runde ganz besonders ankommt.

Dem steht gegenüber, daß sich die äußere Geschlossenheit der Gemeinschaft noch nicht auf einen einheitlichen, homogenen Wirtschaftsraum gründet. Obwohl schon die Römischen Verträge die Errichtung eines gemeinsamen Marktes zu den Grundlagen der Gemeinschaft zählen, ist es bis heute noch nicht gelungen, alle Hindernisse für den freien innergemeinschaftlichen Verkehr von Personen, Waren, Dienstleistungen und

Kapital zu beseitigen. Zur Stärkung der EG nach innen und außen ist es daher unbedingt erforderlich, den europäischen Binnenmarkt zügig zu vollenden.

In der Einheitlichen Europäischen Akte hat sich die Gemeinschaft dafür ein Datum gesetzt, nämlich den 31. Dezember 1992. Dieses Ziel ist ehrgeizig, aber es kann erreicht werden. Noch sind umfangreiche Detailregelungen zu vereinbaren, etwa mit Blick auf die Beseitigung bestehender technischer, steuerlicher und rechtlicher Hemmnisse und die Aufhebung innergemeinschaftlicher Grenzkontrollen. Aber diese Anstrengungen werden die Wettbewerbsfähigkeit Europas auf den Weltmärkten stärken und – ähnlich wie bei der Gründung der Europäischen Wirtschaftsgemeinschaft vor 30 Jahren – neue Wachstumsimpulse für die Wirtschaft in allen europäischen Ländern auslösen.

Dazu wird viel Flexibilität nötig sein. Die Regierungen müssen sich umstellen, weil viele Harmonisierungsvorhaben künftig nicht mehr nur im Konsens, sondern – nach Inkrafttreten der Gemeinsamen Europäischen Akte – mit Mehrheit entschieden werden können. Die Wirtschaft wird lernen müssen, daß manche liebgewonnene nationale Besonderheit im europäischen Kontext nicht länger aufrecht zu erhalten ist. Und alle zusammen werden erfahren, daß die Zusammenfassung nationaler Teilmärkte zum großen und zugleich nach außen offenen gemeinsamen Markt das Gewicht und Ansehen der Gemeinschaft in der Welt stärken wird.

Auch hier ist unser beharrliches Engagement gefordert.

3. Wir müssen uns dem Strukturwandel als bleibender Herausforderung stellen und unsere Wettbewerbsfähigkeit sichern

Wir stehen heute unverändert vor der Aufgabe, unsere Wirtschaft an die sich verändernden Bedingungen des internationalen Wettbewerbs und an die neuen Möglichkeiten des technischen Fortschritts anzupassen. Nur so können wir den erreichten Wohlstand erhalten und unseren Rang in der Spitzengruppe der Industrienationen sichern und festigen.

Handlungsbedarf besteht hier vor allem deswegen, weil der technische Fortschritt über viele Jahre hinweg negativ bewertet und als Hauptursache für den Verlust von Arbeitsplätzen verantwortlich gemacht wurde. Erst viel zu spät wurde zur Kenntnis genommen, daß die Wirklichkeit ganz anders aussah: Arbeitsplätze sind dort am ehesten verlorengegangen, wo die Chancen des technischen Fortschritts am wenigsten genutzt worden sind. Umgekehrt konnten Arbeitsplätze dort vor allem gesichert und dazugewonnen werden, wo die Wettbewerbsfähigkeit der Unternehmen mit Hilfe moderner Technik gestärkt werden konnte.

Dieser wichtige Zusammenhang zwischen der Nutzung des technischen Fortschritts einerseits und der Sicherung und Schaffung von Arbeitsplätzen andererseits spiegelt sich auch in den Eckdaten unserer Wirtschaftsentwicklung wider – allerdings in anderer Weise, als es oft dargestellt wird.

Würde man nämlich der Behauptung folgen, der Einsatz neuer Technologien führe für die Wirtschaft insgesamt zum Abbau von Arbeitsplätzen, so müßte sich damit in einer wachsenden Wirtschaft zwangsläufig auch der Produktivitätsfortschritt spürbar beschleunigt haben. Wer sich aber weniger an vorgefaßten Meinungen orientiert und stattdessen einen kritischen Blick auf die tatsächlichen Zahlen wirft, der stellt das Gegenteil fest.

Das Tempo des Produktivitätsfortschritts hat sich in der Bundesrepublik Deutschland im Ablauf der 60er, 70er und 80er Jahre nicht beschleunigt, sondern sichtbar verlangsamt. Nur von daher ist auch zu erklären, daß heute ein vergleichsweise niedrigeres Wirtschaftswachstum ausreicht, um zusätzliche Arbeitsplätze in beachtlicher Größenordnung zu schaffen.

Es kommt also heute darauf an, daß wir neue technische Möglichkeiten ohne Vorurteile entwickeln und nutzen – nicht in einem blinden Fortschrittsglauben, sondern mit verantwortlichem Handeln. Dabei wissen wir, daß nicht alles, was gemacht werden kann, auch gemacht werden darf.

Die Zukunft der Industrienation Bundesrepublik Deutschland hängt entscheidend davon ab, daß das verantwortete, auch sittlich verantwortete Ja zum technischen Fortschritt und zu fortwährender wirtschaftlicher Erneuerung breite Unterstützung und Anerkennung in unserer Gesellschaft findet.

Dies gilt übrigens nicht nur im Blick auf unsere internationale Wettbewerbsfähigkeit. Die Fähigkeit zu neuen wirtschaftlichen und technischen Problemlösungen brauchen wir auch im eigenen Haus – etwa bei der Bewältigung der Aufgaben, die sich aus dem veränderten Verhältnis von Ökonomie und Ökologie ergeben und die sich uns mit der Frage des Schutzes von Natur und Umwelt stellen.

Hier sind in der zurückliegenden Legislaturperiode wichtige Weichen gestellt worden: Wir haben bewußt umweltpolitisches Neuland betreten. Man kann sogar sagen, daß – gemessen an der Ausgangslage im Herbst 1982 – auf wohl keinem anderen Feld der Politik so viel bewegt und erreicht worden ist wie beim Schutz von Natur und Umwelt. Dies gilt in besonderer Weise für unsere Anstrengungen zur Reinhaltung der Luft.

Jetzt geht es vor allem um den Schutz von Böden und Gewässern sowie um neue Lösungen zur Bewältigung der Abfallberge unserer Industriegesellschaft.

Unsere nationalen Umweltprobleme muten allerdings eher harmlos an, wenn wir das Ausmaß an Umweltzerstörung in weniger entwickelten Staaten beobachten. Das weltweit bedrückendste Umweltproblem ist wohl der tägliche Verlust fruchtbaren Bodens in Ländern der südlichen Hemisphäre. Es spielt sich – anders als die Unfälle von Tschernobyl und Basel – lautlos und nicht explosiv ab und rüttelt deshalb auch nicht so viele Menschen wach.

Gerade solche Vorgänge sollten uns – ähnlich wie die Gefährdungen unseres Klimas durch Kohlendioxyd und Ozonabbau – klarmachen, daß Umweltschutz nur in weltweiter Zusammenarbeit erfolgreich sein kann – auch wenn man zuhause damit anfangen muß.

Dies gilt auch für die Energiepolitik, die ohnehin auf das engste mit der Umweltpolitik verknüpft ist. Spätestens der Reaktorunfall in Tschernobyl hat klargestellt, daß nationale Lösungen nicht zukunftsfähig sind.

Für die Bundesrepublik Deutschland kommt es deswegen entscheidend darauf an, Lösungen zu suchen und durchzusetzen, die dieser internationalen Dimension Rechnung tragen. Dazu gehören

- internationale Sicherheitsstandards für kerntechnische Anlagen, die hohen Maßstäben standhalten und auf breiter Basis verwirklicht werden,
- die Begrenzung der eigenen Nachfrage nach Öl, Erdgas und Kohle auf dem Weltmarkt, um die Energieversorgung und damit die wirtschaftliche Entwicklung der Entwicklungsländer nicht zu gefährden,

- der möglichst umweltfreundliche Einsatz aller verfügbaren Energieträger im eigenen Land,
- zusätzliche Anstrengungen zur Entwicklung alternativer Energien sowie die konsequente Fortführung unserer Anstrengungen zur Energieeinsparung.

Hinzu kommt für die deutsche Energiepolitik das ausgewogene Miteinander von deutscher Steinkohle – unserer einzigen nennenswerten nationalen Energiereserve – und Kernenergie. Hierauf beruhte der energiepolitische Konsens zwischen den wichtigen politischen und gesellschaftlichen Gruppen in der Bundesrepublik Deutschland in den letzten 30 Jahren.

Darin lag zugleich die Möglichkeit, die deutsche Steinkohleförderung zu stützen und zu erhalten. Diese Solidarität mit der deutschen Steinkohle kann aber keine Einbahnstraße sein. Sie setzt voraus, daß andere kostengünstige und umweltfreundliche Energieträger – und dazu gehört auch und gerade die Kernenergie – ebenfalls angemessen genutzt werden können. An dieser Politik hält die Bundesregierung unverändert fest.

4. Wir brauchen gemeinsame Anstrengungen für Arbeitsplätze und Beschäftigung

Arbeitslosigkeit ist ein sicheres Anzeichen für ordnungspolitische Defizite. Die Soziale Marktwirtschaft würde sich daher selbst verleugnen, wenn sie vor dieser Herausforderung kapitulieren wollte.

Aber gerade an diesem Beispiel wird deutlich, daß Soziale Marktwirtschaft nicht allein eine staatliche Veranstaltung ist. Nur wenn die Tarifpartner, die über so wichtige Eckdaten wie Arbeitszeit, Löhne und den größten Teil der Lohnnebenkosten entscheiden, hierzu ihren Beitrag leisten, können gemeinsame beharrliche Anstrengungen zu mehr Beschäftigung und weniger Arbeitslosigkeit führen.

Wie wichtig diese Weichenstellungen sind, das wird im Rückblick auf die letzten 15 Jahre deutlich. Die unterschiedliche Entwicklung von Reallöhnen und Arbeitsplätzen z.B. in der Bundesrepublik Deutschland und den USA macht dies deutlich: Im Fall der Vereinigten Staaten in den 70er Jahren weitgehend stabile Reallöhne verbunden mit einer nachhaltigen Steigerung des Angebots an Arbeitsplätzen; hierzulande dagegen gleichzeitig eine deutliche Steigerung der Reallöhne, aber per Saldo ein Rückgang der Erwerbstätigen, der erst 1983 zum Stillstand gebracht werden konnte.

Um Mißverständnissen vorzubeugen: Arbeitsmarktpolitische Rezepte und Erfahrungen können sicher nicht ohne weiteres von einer Industriegesellschaft auf eine andere übertragen werden, schon gar nicht, wenn es sich um Gesellschaften diesseits und jenseits des Ozeans handelt. Die Unterschiede in den sozialen und wirtschaftlichen Verhältnissen sind offensichtlich.

Aber es muß doch zu denken geben, daß ähnliche Herausforderungen – wie die praktisch überall deutlich gewachsene Nachfrage nach zusätzlichen Arbeitsplätzen – in großen Industrieländern mit vergleichbarem Entwicklungsstand mit sehr unterschiedlichem Erfolg bestanden worden sind.

Dieses Beispiel unterstreicht, welche Bedeutung der Mitverantwortung der Tarifpartner für die wirtschaftliche und gesellschaftliche Entwicklung zukommt. Dies gilt in ganz besonderer Weise für unsere Ordnung der Sozialen Marktwirtschaft, denn sie bietet Unternehmern und Gewerkschaften große Chancen, aber sie stellt eben auch große Anforderungen an Augenmaß und Verantwortungsbewußtsein aller Beteiligten.

Dies gilt um so mehr, als wir gerade auf dem Arbeitsmarkt vor neuen Herausforderungen stehen, vor allem:
- wachsende Anforderungen an die Qualifikation breiter Schichten unserer Arbeitnehmerschaft,
- eine größere Flexibilität bei der Gestaltung der Arbeitszeit und
- eine stärkere Beteiligung der Arbeitnehmer am Produktivvermögen der Wirtschaft.

Diese Beispiele machen deutlich, daß auch außerhalb der eigentlichen Politik entscheidende Weichen für die Zukunft gestellt werden.

Deshalb brauchen wir die konstruktive Mitwirkung aller Gruppen in unserer Gesellschaft. Wir brauchen einen breiten Grundkonsens, ohne den die Herausforderungen der vor uns liegenden Jahre nicht zu bestehen sind.

5. Wir müssen Wirtschaftspolitik und Gesellschaftspolitik wieder als eine Einheit verstehen

In der politischen Wirklichkeit sieht es meist so aus, daß Wirtschaft, Arbeitslosigkeit und Sozialleistungen völlig getrennt voneinander gesehen und diskutiert werden. Das bedeutet, daß die Experten sich dieser Themen bemächtigen – sowohl bei den Politikern als auch bei den Verbänden und Interessengruppen.

Dies führt dann zu Lösungen, deren Richtigkeit notwendigerweise ebenso begrenzt ist wie die vordergründigen Interessen derer, die daran mitgewirkt haben. Ein Beispiel hierfür war in den ersten zwei Jahren der vergangenen Legislaturperiode die Diskussion, ob die finanzielle Förderung der Familien mit Kindern nicht zurückgestellt werden müsse, weil dies ja die Wirtschaft belaste und deswegen zumindest im Augenblick nicht ratsam sei.

An dieser Argumentation wird deutlich, wie sehr wir uns daran gewöhnt haben, in getrennten Kategorien zu denken und zu entscheiden. Daß eine funktionierende und florierende Wirtschaft eine zukunftsorientierte Gesellschaft voraussetzt und daß diese wiederum ganz entscheidend von den Familien mit Kindern bestimmt wird – dieser Zusammenhang ist allzu häufig aus den Augen verloren worden.

Wir müssen deswegen immer wieder entschieden dafür eintreten, daß Wirtschafts- und Finanzpolitik, Steuer- und Sozialpolitik, Familien- und Arbeitsmarktpolitik keine getrennten Veranstaltungen mit getrennter Kontenführung sind, sondern daß sie in ihrem Erfolg ganz entscheidend voneinander abhängen. Es geht um den zentralen Zusammenhang, daß nur eine gesunde und leistungsfähige Wirtschaft auch in der Lage ist, denen zu helfen, die in der Tat auf unsere Hilfe und Solidarität angewiesen sind.

Denn die Tatsachen sind eindeutig: Nur das, was erarbeitet und erwirtschaftet worden ist, kann auch verteilt werden. Wer dies vergißt oder verschweigt, der handelt vielleicht für die Tagespolitik geschickt, aber letztlich in der Sache unverantwortlich – und zwar gerade denen gegenüber, die auf unsere Solidarität rechnen.

Dieses „ganzheitliche Denken" in wirtschaftlichen und gesellschaftlichen Zusammenhängen gehört zum unentbehrlichen Rüstzeug für die Zukunft. Denn die tiefgreifenden demographischen Veränderungen, die die vor uns liegenden Jahre entscheidend prägen werden, verlangen Lösungen, die sich für Wirtschaft und Gesellschaft insgesamt als tragfähig erweisen müssen.

Dies gilt

- für die Rentenversicherung, die auf eine dauerhafte Grundlage gestellt werden muß,
- für das Gesundheitswesen, dessen Kostenexplosion dringenden Handlungsbedarf signalisiert,
- für den Familienlastenausgleich, bei dem unverändert Nachholbedarf besteht,
- für das Bildungswesen, das neben der Erstausbildung neue Angebote für Qualifizierung und Weiterbildung bereitstellen muß,
- für den Arbeitsmarkt, der auf kürzere Sicht durch ein Überangebot, längerfristig aber eher durch ein zu geringes Angebot an Arbeitskräften bestimmt werden wird.

Diese wenigen Beispiele machen deutlich, vor welchen Herausforderungen wir stehen. Wir werden sie nur bestehen können, wenn wir unsere grundsätzliche Kursbestimmung fest im Auge behalten: Die Zukunft gestalten durch Soziale Marktwirtschaft.

Wirtschaftliche Macht und dynamischer Wettbewerb unter besonderer Berücksichtigung des Gesetzes gegen Wettbewerbsbeschränkungen (GWB)

GERD PFEIFFER

Zusammenfassung

Das wirksamste Mittel zur Kontrolle wirtschaftlicher Macht und zugleich das Lebenselixier der Wirtschaft ist nach wie vor der dynamische Wettbewerb. Die gegenwärtig auch in der Öffentlichkeit lebhaft diskutierte Frage, ob das staatliche Instrumentarium zur Kontrolle wirtschaftlicher Macht verschärft oder gelockert werden sollte, läßt sich nur anhand einer sorgfältigen Bestandsaufnahme sachgerecht beantworten. Das geltende Kartellrecht ist kein Hindernis für die Entfaltung des dynamischen Wettbewerbs und ermöglicht andererseits eine wirksame Kontrolle übermäßiger wirtschaftlicher Macht.

1. Gegenstand der Erörterung

Niemand wird sich wundern, wenn in einer Festschrift für Lothar Späth, Ministerpräsident des Landes Baden-Württemberg, vom Kartellrecht und vom dynamischen Wettbewerb die Rede ist. Dynamik ist eine der am häufigsten genannten Eigenschaften des zu Ehrenden, und in zwei Dramen über aufsehenerregende Unternehmenszusammenschlüsse hat er eine Hauptrolle gespielt. Bei den lange auf Messers Schneide stehenden Fusionsverhandlungen Daimler/Dornier hat Lothar Späth als geschickter und erfolgreicher Geburtshelfer agiert. Das zweite Drama wird man aus seiner Sicht als Tragödie bezeichnen müssen, es erinnert an Shakespeares „Julius Caesar": Der vorbesprochene und anscheinend schon perfekte Zusammenschluß der vier großen öffentlich-rechtlichen Kreditinstitute des Landes zu einer Baden-Württembergischen Landesbank scheiterte nicht etwa am Bundeskartellamt, sondern am Widerstand aus den betroffenen Kreisen. Nicht nur aus diesen Beispielen wird deutlich, daß Lothar Späth wie kaum ein anderer Politiker die Erkenntnis, daß eine florierende Wirtschaft der beste Garant für allgemeinen Wohlstand ist, durch persönliches Engagement in die Tat umzusetzen versucht. Eine moderne Wirtschaftspolitik darf sich nicht in nostalgischer Schwärmerei und der Auseinandersetzung mit tagespolitischen Aktualitäten verlieren. Sie erfordert, wie Lothar Späth in seinem Buch „Wende in die Zukunft" deutlich gemacht hat, Phantasie und einen in die Zukunft gerichteten Blick, der über die Grenzen des rein Ökonomischen hinausreicht. Es wäre verfehlt, die wirtschaftliche Effizienz zum Fetisch zu erheben, Großunternehmen als Optimallösung zu idealisieren und die Augen vor dem Phänomen der wirtschaftlichen Macht zu verschließen.

Das wirksamste Mittel zur Kontrolle wirtschaftlicher Macht und zugleich das Lebenselixier der Wirtschaft ist nach wie vor der dynamische Wettbewerb. Das Wettbewerbsgeschehen läuft aber nicht gewissermaßen in einem luftleeren Raum nach unverrückbaren Naturgesetzen ab, sondern auf der Grundlage gesellschaftlicher, wirtschaftlicher und rechtlicher Rahmenbedingungen, zu denen auch das Kartellgesetz (Gesetz gegen Wettbewerbsbeschränkungen – GWB) gehört. Um die Vielschichtigkeit der Problematik aufzuzeigen, werden im folgenden zunächst Phänomen und beispielhafte Erscheinungsformen wirtschaftlicher Macht dargestellt. Danach wird insbesondere anhand der Rechtsprechung des Kartellsenats des Bundesgerichtshofes (BGH), dessen Vorsitzender ich bin, die Bedeutung untersucht, die dem Kartellrecht für die Kontrolle wirtschaftlicher Macht und für den dynamischen Wettbewerb zukommt.

2. Das Phänomen der wirtschaftlichen Macht

2.1. Wirtschaftliche Macht und öffentliches Interesse

Wirtschaftliche Macht war lange Zeit nur ein Thema für Wirtschaftsexperten und Kartellrechtler – abgesehen davon, daß sie in bestimmten politischen Zirkeln schon immer als Schreckgespenst beschworen wurde. In letzter Zeit ist das Phänomen der wirtschaftlichen Macht auch in die Schlagzeilen der Medien geraten. Im wesentlichen haben zwei Komplexe die breite Lawine des öffentlichen Interesses ins Rollen gebracht. Ein Stein des Anstoßes waren die Parteispendenaffären. Unabhängig davon, ob und in welchem Maße die in diesem Zusammenhang erhobenen Vorwürfe durchgreifen, sind jedenfalls in der Öffentlichkeit Fragen nach der Verquickung zwischen politischer und wirtschaftlicher Macht und nach der Glaubwürdigkeit der politischen Institutionen gestellt worden. Der andere Komplex, der öffentliche Aufmerksamkeit erregt hat, betrifft verschiedene Großfusionen, allen voran die Zusammenschlüsse Daimler/MTU, Daimler/Dornier und Daimler/AEG, aber auch den Verkauf von Krauss/Maffei an MBB sowie drei namhafte Banken und einen bayerischen Staatsbetrieb. Forderungen nach einer Verschärfung des Kartellrechts sind nicht nur aus den Reihen der SPD laut geworden. Auch in Mittelstandskreisen der CDU und FDP werden die Aktivitäten der Großen, insbesondere die Konzentration im Lebensmittelhandel, nicht ohne Sorge betrachtet. Die Monopolkommission hat den Zusammenschluß Daimler/AEG – den größten in der Geschichte der Bundesrepublik – zum Anlaß genommen, in ihrem Sechsten Hauptgutachten vom Sommer 1986 vor den wettbewerbs- und gesellschaftspolitischen Risiken konglomerater Großfusionen zu warnen und für diesen Bereich eine Verschärfung des Fusionskontrollrechts vorzuschlagen.[1] Diese kurzen Bemerkungen zeigen, daß das Phänomen der wirtschaftlichen Macht nicht auf das Kartellrecht beschränkt, sondern äußerst vielschichtig und komplex ist. Das gegenwärtige öffentliche Interesse an diesem Thema kann einer sachgerechten Lösung der anstehenden Probleme nur förderlich sein.

---

1 Sechstes Hauptgutachten der Monopolkommission 1984/1985, Bundestagsdrucksache 10/5860, Tz. 97 ff, 465 ff

2.2. Bewertung wirtschaftlicher Macht

Hinter dem meist in schwarzen Farben gemalten Bild der wirtschaftlichen Macht steckt die Vorstellung, wirtschaftliche Macht sei per se gefährlich und müsse von Staats wegen bekämpft werden. Eine solche Betrachtungsweise verkennt wesentliche Prinzipien wirtschaftlicher Betätigung. Eine Wirtschaft ohne Macht hat es niemals gegeben und wird es nach allen bisherigen Erfahrungen auch in Zukunft nicht geben.[2] Läßt man den Wirtschaftssubjekten bei ihrer Betätigung freie Hand, so ist zu beobachten, daß sich Erfolg und Mißerfolg nicht bei allen in gleicher Weise einstellen. Dies hängt nicht zuletzt von der unterschiedlichen Individualität der handelnden Personen ab, z.B. von der fachlichen Qualifikation, vom Erfindungsgeist und dem Arbeitseinsatz, aber auch von überlegenen Produktionsmitteln und der Finanzkraft. Unterschiede im wirtschaftlichen Erfolg bringen aber notwendigerweise Unterschiede in der wirtschaftlichen Machtverteilung mit sich.[3] Das war schon auf dem antiken Markt so, und auch dort galt schon der Satz, daß Konkurrenz das Geschäft belebt und – wie man hinzufügen muß – das Geschäft auch in lästiger Weise stören kann. Wettbewerbsbeschränkende Absprachen, Mißbrauch von Marktmacht, Monopolisierung, obrigkeitliche Eingriffe in die Wettbewerbsordnung und die Abhängigkeit politischer Herrschaft vom großen Geld sind nicht erst eine Erfindung des Kapitalismus.[4] Das Problem der wirtschaftlichen Macht ist auch im System der zentral gelenkten Verwaltungswirtschaft nicht gelöst. Es wird dort vielmehr noch dadurch verschärft, daß die wirtschaftliche Macht in der Hand des Staates konzentriert ist, der allein z.B. über die Preise sowie Art, Menge und Qualität des Angebots entscheiden kann.

In einer Wirtschaftsordnung, die auf Vertragsfreiheit, Gewerbefreiheit und der Gewährleistung des Eigentums beruht, ist die Existenz wirtschaftlicher Macht eine unvermeidliche, für sich genommen wertneutrale Erscheinung. Im Interesse einer sachlichen Diskussion, auch im politischen Raum, sollte man deshalb wirtschaftliche Macht als einen analytischen Begriff verstehen, der der Beschreibung und Erklärung ökonomischer Strukturen und Verhaltensweisen dient. Es kann nur darum gehen, das Recht so zu gestalten und anzuwenden, daß die Privatautonomie sich nicht selbst aufhebt.[5] Das bedeutet einerseits, daß die Funktionsfähigkeit des Wettbewerbs gesichert werden muß, und andererseits, daß auf Gebieten, auf denen der Kontrollmechanismus des Wettbewerbs versagt, überragende Machtstellungen durch eine gesetzliche Regelung verhindert oder ausgeglichen werden müssen.

---

2 Arndt, Helmut, Wirtschaftliche Macht, 3. Aufl. 1980, Beck, München, Seite 9 ff

3 vgl. Möschel, W., Recht der Wettbewerbsbeschränkungen, 1983, Carl Heymanns, Köln-Berlin-Bonn-München, Seite 3; Arndt Fn. 2, Seite 9, 10.

4 Möschel, Fn. 3, Seite 11 ff

5 Rittner, F., Einführung in das Wettbewerbs- und Kartellrecht, 2. Aufl., 1985, C.F. Müller, Heidelberg, Seite 110.

3. Beispielhafte Erscheinungsformen wirtschaftlicher Macht

Im folgenden soll auf einige Erscheinungsformen wirtschaftlicher Macht eingegangen und gezeigt werden, wie sich die Rechtsordnung dazu verhält.

3.1. Arbeitsrecht

Dem Wirken des Wettbewerbs weitgehend entzogen ist ein ganz wesentlicher Lebens- und Wirtschaftsbereich: der Arbeitsmarkt. Ein Blick in die Geschichte zeigt, daß die im 19. Jahrhundert übermächtige Stellung der Fabrikanten durch die Stärke der Arbeiterbewegung, einen Wandel der politischen Anschauungen und gesetzliche Regelungen nach und nach abgebaut worden ist. Die heute bestehende Rechtsordnung praktiziert mit weitreichendem Erfolg den Ausgleich sozialer Nachteile des Kapitalismus und der Marktwirtschaft mit den Mitteln des Arbeitsrechts.[6] Die Kompensation der unterschiedlichen Machtverteilung zwischen dem einzelnen Arbeitnehmer und dem Arbeitgeber durch gewerkschaftliche Gegenmacht einerseits und gesetzliche Regelungen andererseits ist für den Bestand unseres wirtschaftlichen und politischen Systems unverzichtbar. Dieser Machtausgleich ist aber nicht nur eine notwendige Bedingung der Funktionsfähigkeit unseres politischen Systems, sondern auch ein Gebot der Humanität. Für den weitaus größten Teil der Menschen bedeutet die Verwertung der Arbeitskraft in abhängiger Stellung nicht nur die wirtschaftliche Existenz, sondern auch die Verwirklichung ihrer Persönlichkeit und die Sinnerfüllung ihres Lebens.[7]

Andererseits darf nicht außer Acht gelassen werden, daß das Arbeitsrecht und das Verhalten der Tarifvertragspartner aus der Sicht der Unternehmen Wirtschaftsbedingungen darstellen. Die Unternehmer müssen bei ihren Entscheidungen nicht nur den Kostenfaktor Arbeit einkalkulieren, sondern auch die Auswirkungen der betriebsverfassungsrechtlichen Mitbestimmung und der Mitbestimmung in den Unternehmensorganen. Nicht zuletzt hängen die Wettbewerbsfähigkeit und der Erfolg der Unternehmen der Bundesrepublik auch davon ab, ob es – wie in der Vergangenheit – gelingt, den sozialen Konsens zu erhalten und Zustände wie in manchen westeuropäischen Ländern zu vermeiden.

3.2. Verbände

Die Gewerkschaften sowie andere Verbände und Vereine besitzen ihrerseits erhebliche wirtschaftliche und gesellschaftliche Macht im Verhältnis zu denjenigen, deren Interessen sie vertreten. Oft ist die Mitgliedschaft in solchen Organisationen von wesentlicher Bedeutung für die Wahrnehmung von Interessen. Im Kartellrecht hat diese Interessenlage in § 27 GWB eine gesetzliche Regelung erfahren. Nach dieser Vorschrift hat ein Unternehmen Anspruch auf Aufnahme in eine Wirtschafts- oder Berufsvereinigung, wenn die Ablehnung der Aufnahme eine sachlich nicht gerechtfertigte ungleiche Behandlung darstellt und zu einer unbilligen Benachteiligung des

---

6 Zöllner, W., Arbeitsrecht, 3. Aufl. 1983, Beck, München, Seite 13.
7 Zöllner, Fn. 6, Seite 15.

Unternehmens im Wettbewerb führt. Zweck dieser Regelung ist es, Wettbewerbsbeschränkungen durch den Mißbrauch von Verbandsmacht zu verhindern. Dieses in § 27 GWB enthaltene besondere Diskriminierungsverbot gilt nach der Rechtsprechung des II. Zivilsenats und des Kartellsenats des BGH auch außerhalb des Kartellrechts. Danach unterliegt ein Verein oder Verband, der eine Monopolstellung oder ganz allgemein im wirtschaftlichen oder sozialen Bereich eine überragende Machtstellung innehat, einem grundsätzlichen Aufnahmezwang. Beispiele hierfür sind der Deutsche Sportbund, die Landessportbünde und die IG-Metall.[8]

3.3. Einfluß der Banken

Wenn man dem legendären Einfluß der Banken auf die Spur kommen will, könnte folgender Ausspruch Voltaires hilfreich sein: „Wenn Sie einen Schweizer Bankier aus dem Fenster springen sehen, springen Sie hinterher. Es gibt bestimmt etwas zu verdienen." Aus dieser Bemerkung spricht bei aller Kritik eine gewisse Hochachtung vor dem wirtschaftlichen Spürsinn und dem vollen Einsatz des Bankiers.

Der wirtschaftliche Sachverstand, die Tatkraft und das unternehmerische Geschick der Bankiers sind unbestritten, trotz der Verfahren Herstatt und SMH-Bank. Obwohl ihr Wirken sich meist im Verborgenen abspielt, sind die Banken in letzter Zeit in der Öffentlichkeit ins Gerede gekommen. Der kritische Blick namentlich des Bundeskartellamts richtet sich insbesondere darauf, welche Rolle die Banken spielen, wenn Großfusionen über die Bühne gehen.[9] Der gesamtwirtschaftliche Einfluß der Banken beruht im wesentlichen auf vier Faktoren: ihrer Finanzierungsfunktion für die übrigen Sektoren der Wirtschaft, dem Halten von Beteiligungen an Nichtbankunternehmen, der Ausübung von Depotstimmrechten und der Entsendung von Vertretern in Aufsichtsräte.[10] Äußerst bedenklich ist es z.B., wenn die Fusionskontrolle dadurch unterlaufen wird, daß das erwerbende Unternehmen sich auf einen Anteil unterhalb des Schwellenwertes von 25 % (§ 23 Abs. 2 Nr. 2a GWB) beschränkt und weitere Anteile von seiner Hausbank übernommen werden.[11] Die Devise „getrennt erwerben, gemeinsam handeln" ist besonders erfolgversprechend, wenn die Bank nicht nur Kreditgeber des erwerbenden Unternehmens ist, sondern eigene Anteile daran hält sowie über Depotstimmen und Aufsichtsratsmandate verfügt. Wer der Herr im Hause ist, bleibt mitunter auch der Öffentlichkeit nicht verborgen. So war seinerzeit in der Presse zu lesen, daß bei der Besetzung der Position des Vorstandsvorsitzenden bei einem Großunternehmen eine Großbank das entscheidende Wort gesprochen haben soll.

Die Probleme, die mit der Macht der Banken verbunden sind, lassen sich jedenfalls mit dem geltenden Kartellrecht nicht lösen. Ob und in welchen Punkten sich in Zukunft daran etwas ändern soll, wird zur Zeit auch in der Öffentlichkeit heftig diskutiert. Die Monopolkommission hatte sich bereits in ihrem Ersten Hauptgutachten 1973/1975 und im Zweiten Hauptgutachten 1976/1977 mit dem Einfluß der Banken auf die Unternehmenskonzentration befaßt. Sie hat schon damals konkrete Empfehlun-

---

8 vgl. BGHZ 63, 282, 285, 286 = NJW 1975, 771 f. „Rad- und Kraftfahrerbund Solidarität e.V."; BGH GRUR 1986, 332" Aikido-Verband"; BGH NJW 1985, 1214, 1216.

9 Zur Kritik des Präsidenten des Bundeskartellamts, Prof. Wolfgang Kartte, vgl. Stuttgarter Zeitung vom 24.12.1985, Frankfurter Rundschau vom 27.12.1985, Handelsblatt vom 10.06.1986 und Badische Neueste Nachrichten vom 2. August 1986.

10 Zweites Hauptgutachten der Monopolkommission, 1978 Nomos, Baden-Baden, Tz. 496, 497.

11 Monopolkommission, Fn. 1, Tz. 435 ff.

gen ausgesprochen, u.a., die Beteiligung von Banken an Nichtbanken auf 5 % zu begrenzen. In ihrem Sechsten Hauptgutachten, das die Monopolkommission Anfang Juli 1986 der Bundesregierung übergeben hat, wiederholt sie die damaligen Empfehlungen. Ihrer Auffassung nach hat sich die seinerzeit beobachtete Machtkonzentration bei den Banken in der Zwischenzeit weiter verschärft, und zusätzlich dazu sei unter der Mitwirkung von Banken das Problem des Unterlaufens des gesetzlichen Zusammenschlußtatbestandes entstanden.[12] Diese Äußerungen der Monopolkommission haben sofort ein lebhaftes, sehr unterschiedliches Echo in der Presse hervorgerufen. Das Gutachten der Monopolkommission hat die Banken offenbar endgültig aus der Reserve gelockt. Der Bundesverband Deutscher Banken und der Vorstandsvorsitzende einer Großbank haben öffentlich kritisch dazu Stellung genommen.[13] Daß die Hauptbetroffenen sich zu Wort melden, ist nicht nur legitim, sondern wünschenswert. Es ist an der Zeit, daß die Banken ihre im Zweiten Hauptgutachten 1976/1977 von der Monopolkommission beklagte vornehme Zurückhaltung bei der Erteilung von Informationen[14] aufgeben und die Karten auf den Tisch legen. Nur so können die interessierte Öffentlichkeit und der zur Entscheidung aufgerufene Gesetzgeber erkennen, wer die besseren Trümpfe in der Hand hat, ob also das Gerede von der Macht der deutschen Banken sich als Schauermärchen entpuppt oder sich als zumindest teilweise realistische Wirtschaftsreportage darstellt. Eine sachgerechte Diskussion dieses Themas setzt mithin voraus, daß zunächst einmal die maßgeblichen Rechtstatsachen ermittelt und zur Kenntnis genommen werden. Erst dann sind abschließende Schlußfolgerungen und Wertungen sinnvoll.

Demjenigen, der auf diesem Gebiet mit dem Anspruch auf Sachkompetenz mitreden will, kann als grundlegende Lektüre der Bericht der Studienkommission „Grundsatzfragen der Kreditwirtschaft" (nach dem Namen ihres Vorsitzenden auch als „Geßler-Kommission" bekannt) aus dem Jahre 1979 empfohlen werden. Die Kommission hat im Auftrag des Bundesministers der Finanzen die struktur- und gesellschaftspolitische Stellung der Kreditinstitute geprüft. Ihr Bericht enthält umfangreiches Tatsachenmaterial und fundierte Stellungnahmen zu zahlreichen auch in der jetzigen Diskussion umstrittenen Fragen. Es würde zu weit führen, hierauf im einzelnen einzugehen. Deshalb soll nur kurz auf einige Ergebnisse hingewiesen werden. Nach den Feststellungen der Geßler-Kommission[15] betreiben die Banken keine gezielte Machtanhäufung durch Beteiligungen im Nichtbankenbereich; ihre Einflußmöglichkeiten seien in dem von den Kritikern behaupteten Umfang entweder nicht vorhanden oder genügend begrenzt, jedoch hätten die Untersuchungen ergeben, daß der Anteilsbesitz in einer Reihe von Fällen Einflußmöglichkeiten einräume, die wohl auch wahrgenommen würden. Die Kommission schlägt deshalb vor, zur Begrenzung dieser Einflußmöglichkeiten den Anteilsbesitz der Kreditinstitute an Nichtbankunternehmen zu beschränken, wobei die Mehrheit 25 % zuzüglich einer Aktie, eine starke Minderheit 10 % am Kapital des Beteiligungsunternehmens für sachgerecht hält.[16] Die Möglichkeit von Einflußnahmen der Banken über von ihnen in die Aufsichtsräte von Industrie-

---

12 Monopolkommission, Fn. 1, Tz. 90, 435 ff.

13 Handelsblatt vom 11.07.1986; Der Spiegel, Nr. 29 vom 14.07.1986; Stuttgarter Zeitung vom 23.08.1986; Neue Zürcher Zeitung vom 26.08.1986.

14 Monopolkommission, Fn. 10, Tz. 499.

15 Bericht der Studienkommission „Grundsatzfragen der Kreditwirtschaft", Heft 28 der Schriftenreihe des Bundesministeriums der Finanzen, 1979, Wilhelm Stollfuß, Bonn, Tz. 40-49.

16 Bericht, Fn. 15, Tz. 98-104.

und Handelsunternehmen entsandte Vertreter sieht die Kommission zwar grundsätzlich als gegeben an; sie hält es aber nicht für gerechtfertigt, von einer Beherrschung einzelner Unternehmen oder einer schädlichen Einflußnahme auf den Wettbewerb zu sprechen, wenn Angehörige einer Bank in Aufsichtsräten mehrerer Unternehmen derselben Branche vertreten sind.[17] Die Kommission befürwortet deshalb in ihrer Mehrheit im wesentlichen nur erweiterte Publizitätspflichten.[18] Insgesamt gesehen ist die Kommission mehrheitlich der Auffassung, daß wegen der Kumulierung von Einflußmöglichkeiten namentlich bei den größeren Kreditinstituten (insbesondere durch Anteilsbesitz, Vollmachtstimmrechte, Aufsichtsratsmandate, Kreditgewährung) bereits die Gefahr eines Mißbrauchs Anlaß sein sollte, die Einflußmöglichkeiten zu begrenzen.[19] Als Reaktion auf das Sechste Hauptgutachten der Monopolkommission hat der Bundesverband Deutscher Banken die branchenfremden Beteiligungen etwas unter die Lupe genommen und hierbei festgestellt, daß die Banken ihre Industriebeteiligungen in den vergangenen zehn Jahren beträchtlich abgebaut haben.[20] Das Problem der von Banken gehaltenen Beteiligungen wird auch durch eine im August 1986 bekannt gewordene Kurzstudie der Commerzbank über die Struktur des Aktienbesitzes in der Bundesrepublik Deutschland[21] im Vergleich mit anderen führenden Industrieländern relativiert. Der Anteil der Banken und anderer Finanzierungsinstitute am Aktienbesitz deutscher Unternehmen ist mit 9 % vergleichsweise gering (USA zwar nur 4 %, aber Kanada 11 %, Japan 24 %, Großbritannien 15 %). Der Anteil des Staates ist mit 7 % kaum niedriger und im Vergleich zu den anderen Ländern mit Abstand am höchsten (USA kein Staatsbesitz, Kanada und Japan 1 %, Großbritannien 3 %). Bemerkenswert ist schließlich der mit 24 % sehr hohe Auslandsbesitz (USA 5 %, Kanada 3 %, Japan 7 %, Großbritannien 4 %), der ohne die Beteiligungspolitik der deutschen Banken möglicherweise noch höher wäre.[22]

Schon diese kurzen Hinweise zeigen, daß es ein Fehler wäre, das Problem der Bankenmacht zu einseitig oder gar durch eine wie auch immer ideologisch gefärbte Brille zu betrachten. Es könnte durchaus sein, daß sich nach eingehender Prüfung in manchen Punkten Änderungen als notwendig erweisen. Man sollte dabei jedoch nicht die internationale Wettbewerbsfähigkeit der deutschen Banken aus dem Auge verlieren – zumal die Bundesrepublik ein Exportland ist – und auch nicht die nützlichen Auswirkungen übersehen, die der umfassende Sachverstand der Bankiers für die Gesamtwirtschaft mit sich bringt.

4. Grundkonzept des GWB zur Kontrolle übermäßiger Macht

Vom Problem der Bankenmacht ist es kein weiter Schritt zu der Frage, was das Kartellrecht denn zur Kontrolle wirtschaftlicher Macht zu leisten vermag. Ein Blick in die Schlagzeilen der Presse zeigt, daß zumindest die Erwartungen hoch gesteckt sind. Da

17 Bericht, Fn. 15, Tz. 53-57.
18 Bericht, Fn. 15, Tz. 111-116.
19 Bericht, Fn. 15, Tz. 66-69.
20 Neue Zürcher Zeitung vom 26.08.1986.
21 Neue Zürcher Zeitung vom 30.08.1986.
22 Seipp, W., Vorstandsvorsitzender der Commerzbank AG, Der Spiegel Nr. 29 vom 14.07.1986, Seite 44.

ist die Rede von einer „Kandare für die Macht der Banken", von der politischen Gefahr der Großfusionen, von „Elefantenhochzeiten", die nicht auf Gegenliebe stoßen, von einer Fusionswelle und von „schärferen Waffen für Kartellwächter". Solche starken Worte dürfen jedoch nicht zu der Annahme verführen, das geltende oder auch ein geändertes Kartellgesetz könne ein Allheilmittel gegen wirtschaftliche Macht sein.

Es wird immer wieder darauf hingewiesen, daß wirtschaftliche Macht auch politische Macht mit sich bringen kann. Das wird bereits auf kommunaler Ebene deutlich, wenn das größte Unternehmen am Ort mit zahlreichen Arbeitsplätzen Baugelände braucht oder teure Umweltschutzauflagen nicht erfüllen will. Der Handlungsspielraum der verantwortlichen Politiker ist aber auch dann gefährdet, wenn Großunternehmen in wirtschaftliche Schwierigkeiten geraten. Die Beispiele AEG, Arbed Saarstahl und Neue Heimat sprechen für sich. Auch der Einfluß der Wirtschaftslobby hängt von der wirtschaftlichen Bedeutung der jeweiligen Gruppierung ab. Das ist legitim, solange es darum geht, größenspezifischen Sachargumenten mehr Überzeugungskraft zu verleihen. Mit all diesen und anderen Wechselbeziehungen zwischen wirtschaftlicher und politischer Macht hat das geltende Kartellrecht nichts zu tun, und es kann auch nicht die Aufgabe eines künftigen Kartellrechts sein, die politischen Auswirkungen wirtschaftlicher Macht beeinflussen zu wollen.

Mit aller Deutlichkeit muß gerade vor dem Hintergrund des Zusammenschlusses Daimler/AEG auch betont werden, daß das geltende Recht keine Handhabe für eine absolute Größenkontrolle von Unternehmen bietet. Internes Unternehmenswachstum ist nach dem GWB ohnehin kontrollfrei, und gegen Unternehmenszusammenschlüsse kann nur eingeschritten werden, wenn sie einen Marktbezug aufweisen. Nach der Konzeption des Gesetzes sind also auch Großfusionen nicht schon als solche verboten, sondern nur dann, wenn der Zusammenschluß die strukturellen Wettbewerbsbedingungen auf dem Markt verschlechtert, wie der Kartellsenat des BGH 1978 in der ersten und grundlegenden Entscheidung zur Fusionskontrolle im Fall GKN/Sachs ausgeführt hat.[23] Das GWB stellt zur Kontrolle wirtschaftlicher Macht ein differenziertes, durch konkrete Einzeltatbestände ausgeformtes Instrumentarium zur Verfügung. Zum einen geht es darum, mißbräuchliches *Verhalten* marktmächtiger Unternehmen zu verhindern. Dieser Regelungsbereich (§ 22 Abs. 4, 26 Abs. 2 und 3, 37a Abs. 3 GWB) wird unter dem Oberbegriff *„Mißbrauchsaufsicht"* zusammengefaßt. Der andere Ansatzpunkt zur Kontrolle wirtschaftlicher Macht hat nicht das Verhalten schon bestehender besonders mächtiger Unternehmen im Blick, sondern die *Struktur* der Machtverhältnisse auf einem bestimmten Markt. Die wettbewerbliche Marktstruktur wird vom Gesetz allerdings nur im Rahmen der *Fusionskontrolle* geschützt, d.h. wenn zu erwarten ist, daß eine marktbeherrschende Stellung durch einen Unternehmenszusammenschluß entsteht oder verstärkt wird (§ 24 Abs. 1 GWB). Der wichtigste Begriff zur Beschreibung kartellrechtlich relevanter wirtschaftlicher Macht ist also der der Marktbeherrschung, und zwar sowohl für die Mißbrauchsaufsicht als auch für die Fusionskontrolle. Die gegenwärtige Diskussion über eine Änderung des Kartellrechts konzentriert sich im wesentlichen auf die Fusionskontrolle. Dabei wird unter anderem auch von der Mehrheit der Monopolkommission[24] vorgeschlagen, das Fusionskontrollinstrumentarium für Großzusammenschlüsse durch ein Abkoppeln der Eingriffsschwelle vom Tatbestand der Marktbeherrschung zu verschärfen. Auf der anderen

23 WuW/E BGH 1501, 1506 „Kfz-Kupplungen".
24 Monopolkommission, Fn. 1, Tz. 102, 475.

Seite sind zunehmend gewichtige Stimmen zu hören, die unter dem Eindruck der neuen Antitrustpolitik in den USA die deutsche Fusionskontrolle für zu scharf halten, weil sie leistungs- und wettbewerbsfeindlich sei und das Entstehen international wettbewerbsfähiger Großunternehmen behindere.[25] Eine sachgerechte Diskussion dieser Fragen setzt – ebenso wie beim Problem der Bankenmacht – zunächst einmal eine Bestandsaufnahme voraus, die allerdings den Rahmen des vorliegenden Beitrags sprengen würde. Es lohnt sich aber, einen kurzen Blick auf die Rechtsprechung des Kartellsenats des BGH zur Fusionskontrolle zu werfen. Diese Betrachtung wird zeigen, daß das geltende Recht und die Rechtsprechung zwar nicht über jeden Zweifel erhaben sind, daß es aber durchaus offen ist, ob die Kritiker aus den beiden entgegengesetzten Lagern Besseres zu bieten haben.

5. Kriterien der Marktbeherrschung in der Fusionskontrollrechtsprechung des Kartellsenats des BGH

5.1. Definition und Überblick

Nach § 22 Abs. 1 GWB ist ein Unternehmen marktbeherrschend im Sinne dieses Gesetzes, soweit es als Anbieter oder Nachfrager einer bestimmten Art von Waren oder gewerblichen Leistungen

1. ohne Wettbewerber ist oder keinem wesentlichen Wettbewerb ausgesetzt ist oder
2. eine im Verhältnis zu seinen Wettbewerbern überragende Marktstellung hat; hierbei sind außer seinem Marktanteil insbesondere seine Finanzkraft, sein Zugang zu den Beschaffungs- oder Absatzmärkten, Verflechtungen mit anderen Unternehmen sowie rechtliche oder tatsächliche Schranken für den Marktzutritt anderer Unternehmen zu berücksichtigen.

Aus dieser Legaldefinition ergibt sich, daß für die Feststellung der Marktbeherrschung zunächst der sachlich, räumlich und zeitlich relevante Markt abzugrenzen und sodann der Beherrschungsgrad des Unternehmens auf diesem Markt zu ermitteln ist. Zwischen beiden Schritten besteht ein enger Zusammenhang, weil bereits bei der Marktabgrenzung die Weichen gestellt werden.[26] Das heißt z. B., daß eine enge Marktabgrenzung eher zur Annahme einer marktbeherrschenden Stellung führt. Auf die in den Einzelheiten nach wie vor heftig umstrittenen Probleme der Marktabgrenzung kann hier nicht eingegangen werden. In diesem Zusammenhang soll nur darauf hingewiesen werden, daß die räumliche Begrenzung des Marktes auf das Gebiet der Bundesrepublik Deutschland selbstverständlich kein Hindernis dafür ist, bei der Frage der Marktbeherrschung die aktuelle und potentielle ausländische Konkurrenz und damit die internationale Wettbewerbsfähigkeit der deutschen Unternehmen mit zu berücksichtigen.[27] Eine europäische Fusionskontrolle im Rahmen der EG wird in absehbarer Zeit aus politischen Gründen kaum durchsetzbar sein.[28]

---

25 vgl. Knöpfle, R., Die Problematik der Zusammenschlußkontrolle nach dem GWB, 1986, Recht und Wirtschaft, Heidelberg.

26 Möschel, Fn. 3, Rn. 505.

27 Viertes Hauptgutachten der Monopolkommission, 1982, Nomos, Baden-Baden, Tz. 515 ff mit Verweisungen auf das Dritte Hauptgutachten.

28 Drittes Hauptgutachten der Monopolkommission, 1980, Nomos, Baden-Baden, Tz. 115 ff, 632 ff.

5.2. Kriterien für die Feststellung des Beherrschungsgrades

§ 22 GWB unterscheidet in seinem Absatz 1 an sich zwei verschiedene Formen der Marktbeherrschung. Der Tatbestand der Nummer 1 stellt auf die Wettbewerbsverhältnisse ab, der der Nummer 2 auf markt- und unternehmensbezogene strukturelle Wettbewerbsbedingungen. Da das Wettbewerbsverhalten aber auch von den Strukturbedingungen geprägt wird und umgekehrt die Strukturbedingungen vom Wettbewerbsverhalten der Unternehmen beeinflußt werden, besteht im Ergebnis kein wesentlicher Unterschied zwischen beiden Tatbeständen.[29] In der Rechtsanwendungspraxis steht deshalb die Marktbeherrschung in Form der überragenden Marktstellung im Sinne von § 22 Abs. 1 Nr. 2 GWB im Vordergrund. Von besonderem Gewicht sind der Marktanteil und die Finanzkraft, nicht nur deshalb, weil sie im Gesetz bei der Aufzählung der Kriterien als erste genannt werden.

Marktanteil

Die Höhe des Marktanteils der betroffenen Unternehmen und ihrer Konkurrenten berechnet sich grundsätzlich nach den Umsatzerlösen.[30] Der Anteil des Umsatzes eines Wettbewerbers auf einem bestimmten Markt ist zur Kennzeichnung seiner Stellung auf diesem Markt im Verhältnis zu seinen Wettbewerbern deshalb besonders geeignet und aussagekräftig, weil er den Erfolg der wettbewerblichen Auseinandersetzung ausweist und auch eine Grundlage für die weiteren wettbewerblichen Auseinandersetzungen darstellt.[31] Die Bedeutung des Marktanteils darf jedoch im Verhältnis zu den anderen Marktmachtkriterien nicht überbewertet und auch nicht schematisch, etwa allein nach Prozentzahlen, beurteilt werden. Zunächst einmal ist der Marktanteil schon für sich genommen differenziert zu behandeln. So ist für den Verhaltensspielraum des betroffenen Unternehmens nicht nur die absolute Höhe seines Marktanteils entscheidend, sondern auch der Abstand zu den Mitbewerbern.[32] Ferner spielt die Entwicklung der Marktanteilshöhe im Zeitablauf eine Rolle. Ein langanhaltend sehr hoher Marktanteil spricht für eine starke Stellung[33], ein ständig abnehmender Marktanteil gegen einen überragenden Verhaltensspielraum.[34] Im Rahmen der Fusionskontrolle wird die Bedeutung des Marktanteils auch von der jeweiligen Marktphase geprägt, und zwar deshalb, weil die Fusionskontrolle nicht auf aktuelles mißbräuchliches Verhalten abhebt, sondern auf längerfristige strukturelle Wirkungen.[35]Ein Pionierunternehmen wird in der Innovationsphase sogar eine Monopolstellung besitzen und in der Expansionsphase häufig auch noch einen hohen Marktanteil. Bei der in die Zukunft gerichteten Betrachtung muß aber berücksichtigt werden, daß diese Marktpo-

---

29 Emmerich AG 1980, 208; 1982, 293; Möschel aaO Fn. 3 Rn. 516, 838.

30 WuW/E BGH 1501, 1503 „Kfz-Kupplungen"; 1678, 1681 „Valium II"; 2150, 2154 „Edelstahlbestecke".

31 WuW/E BGH 1501, 1503 „Kfz-Kupplungen".

32 WuW/E BGH 1445, 1450 „Valium I"; 1711, 1716 „Mannesmann-Brueninghaus"; 1749, 1755, 1756 „Klöckner-Becorit"; 1854, 1858 „Zeitungsmarkt München"; 2150, 2155 „Edelstahlbestecke".

33 WuW/E BGH 1501, 1504, 1505 „Kfz-Kupplungen"; 1711, 1716, 1717 „Mannesmann-Brueninghaus"; 1854, 1858 „Zeitungsmarkt München"; 2150, 2156 „Edelstahlbestecke".

34 WuW/E BGH 1435, 1442 „Vitamin B 12"; 1949, 1951 „Braun-Almo".

35 WuW/E BGH 1749, 1755 „Klöckner-Becorit".

sition durch nachahmende Wettbewerber gefährdet ist.[36] In diesen Marktphasen sind deshalb Machtpositionen natürlicher Ausdruck der Wettbewerbsdynamik und daher bei der Fusionskontrolle unbedenklich, sofern nur der Marktzugang für die potentiellen Konkurrenten offen bleibt.[37]

Finanzkraft

So offensichtlich es ist, daß die Finanzkraft ein wesentlicher Faktor im Konkurrenzkampf der Unternehmen ist, so schwierig scheint es, Finanzkraft als Marktmachtkriterium im Sinne des GWB in den Griff zu bekommen. Die umfangreiche Fachdiskussion bietet teilweise noch ein recht kontroverses Bild.

Am ehesten sollte man sich noch auf den Maßstab für die Bestimmung der Finanzkraft einigen können. Es dürfte zutreffend sein, mit der Monopolkommission[38] und der überwiegenden Meinung in der Fachliteratur[39] auch in der Rechtsprechnung nicht mehr in erster Linie auf den Umsatz, sondern nach betriebswirtschaftlichen Grundsätzen auf die freie Verfügbarkeit finanzieller Mittel abzustellen. Zwar ist ein hoher Umsatz in den Augen der Konkurrenten zunächst ein Alarmsignal. Da sie aber üblicherweise wirtschaftlichen Sachverstand besitzen, werden sie sich jedenfalls nicht lange von einem Papiertiger abschrecken lassen. Ein Beispiel hierfür ist die seinerzeitige Sanierungsbedürftigkeit von Krupp und Klöckner trotz Milliardenumsätzen.[40] Die absolute Finanzkraft der betroffenen Unternehmen muß dann – entsprechend dem Vorgehen bei der Marktanteilsbetrachtung – mit der Finanzkraft der Mitbewerber verglichen werden.[41] Wesentlich schwerer zu beantworten und nach wie vor heftig umstritten sind die folgenden Fragen: Ob der finanzstarke Erwerber seine Mittel zugunsten des erworbenen Unternehmens einsetzen wird und ob dieser tatsächliche oder mögliche Finanzkrafteinsatz wettbewerbsbeschränkende Auswirkungen hat. Diese Diskussion läßt sich kurz mit dem Schlagwort „Abschreckungstheorie" kennzeichnen. Zum besseren Verständnis soll dies an einem konkreten Fall verdeutlicht werden. Der Kartellsenat des BGH hat die Untersagung des Zusammenschlusses Rheinmetall/WMF bestätigt[42], weil im Sinne von § 24 Abs. 1 GWB zu erwarten war, daß durch den Zusammenschluß die schon vorhandene marktbeherrschende Stellung von WMF auf dem Markt für Edelstahlbestecke verstärkt wird. Diese Verstärkung der marktbeherrschenden Stellung von WMF hat der Kartellsenat darin gesehen, daß Rheinmetall seine vergleichsweise große Finanzkraft zugunsten von WMF einsetzen wird und dieser mögliche Finanzkrafteinsatz geeignet ist, die mit WMF konkurrierenden, längst nicht so finanzstarken mittelständischen Besteckhersteller von aggressiven Wettbewerbshandlungen und potentielle Wettbewerber vom Marktzutritt abzu-

36 Bartling, H., Leitbilder der Wettbewerbspolitik, 1980, Franz Vahlen, München, Seite 26; Emmerich, V., Kartellrecht, 4. Aufl. 1982, Beck, München, Seite 13.
37 Emmerich, Fn. 36, Seite 13; Möschel, Fn. 3, Rn. 520; Berg WRP 1986, 187, 190, 191.
38 Monopolkommission, Fn. 1, Tz. 458; Fünftes Hauptgutachten der Monopolkommission, 1984, Nomos, Baden-Baden, Tz. 794 ff.
39 vgl. nur Albach, H., Finanzkraft und Marktbeherrschung, 1981, Mohr, Tübingen; Möschel, Fn. 3, Rn. 521; Emmerich, Fn. 36, Seite 170.
40 Stuttgarter Zeitung vom 31.01.1986.
41 WuW/E BGH 1501, 1512 „Kfz-Kupplungen"; 1711, 1717 „Mannesmann-Brueninghaus"; 2150, 2156 „Edelstahlbestecke".
42 WuW/E BGH 2150 ff „Edelstahlbestecke".

schrecken. Der Kartellsenat hat bei dieser Beurteilung wie schon in anderen Fusionskontrollfällen zwei Erfahrungssätze zugrundegelegt. Der eine besagt, daß bei dem Erwerb einer Stimmrechtsmehrheit zum Zwecke der unternehmerischen Beteiligung auch die Bereitschaft besteht, dem erworbenen Unternehmen die erforderlichen Mittel zur Verfügung zu stellen. Der andere Erfahrungssatz beinhaltet, daß schon die Möglichkeit des Einsatzes überlegener Finanzkraft die Gefahr begründet, daß die vorhandenen Wettbewerber aus Angst vor Reaktionen des finanzstärkeren Marktbeherrschers vor aggressiven Wettbewerbshandlungen zurückschrecken und potentielle Wettbewerber den Zutritt zum Markt angesichts der übermächtigen Konkurrenz gar nicht erst wagen. Diese beiden Erfahrungssätze betreffen ein zentrales Problem der gegenwärtigen Diskussion um eine Verschärfung oder Lockerung der Fusionskontrolle, nämlich die Frage nach dem Zusammenhang zwischen Marktstruktur und Marktverhalten. Es ist zu hoffen, daß die auf hohem Niveau geführte Auseinandersetzung über diese Problematik[43] dazu führen wird, neue empirische Erkenntnisse zu gewinnen, die dann auch zu einer Präzisierung der Rechtsprechung beitragen können. Trotz der unterschiedlichen Standpunkte sollte allerdings herausgestellt werden, daß die Abschreckungstheorie das wünschenswerte Ziel verfolgt, den Markt für dynamische Wettbewerbsabläufe offen zu halten.

6. Kartellrecht und dynamischer Wettbewerb

Die Forderungen nach einer Verschärfung oder Lockerung der Zusammenschlußkontrolle wären berechtigt, wenn entweder die Konzentrationsentwicklung in der Wirtschaft, insbesondere durch Großfusionen, oder der staatliche Eingriff in Gestalt des GWB und der dazu ergangenen Rechtsprechung den dynamischen Wettbewerbsablauf empfindlich beeinträchtigen würde.

Das Konzept des dynamischen Wettbewerbs läßt sich am besten mit einem Satz aus dem Jahresgutachten 1984/1985 des Sachverständigenrats zur Begutachtung der gesamtwirtschaftlichen Entwicklung beschreiben[44]: „Der dynamische Wettbewerb ist ein ständig pulsierender Prozeß der Innovation und Diffusion, angetrieben von der Konkurrenz um neue Gewinnmöglichkeiten von den Pionierwettbewerbern, in Gang gehalten aber auch vom Verfolgungswettbewerb, der das Neue in der Breite erschließt.“ Der dynamische Wettbewerb ist also gekennzeichnet durch Innovationen insbesondere im technischen Bereich und durch die Anpassung an sich ständig ändernde Marktdaten. Ganz einfach ausgedrückt heißt das: Der Markterfolg beruht in erster Linie auf der Intelligenz des Unternehmers und seiner Mitarbeiter.

Das GWB und die Rechtsprechung des Kartellsenats des BGH stellen aus meiner Sicht kein Hindernis für die Entfaltung des dynamischen Wettbewerbs dar. Die flexible und sehr differenzierte Beurteilung des Marktanteils in der Rechtsprechung des Kartellsenats des BGH läßt nicht befürchten, daß ein Pionierunternehmen in der Inno-

---

43 vgl. insbesondere Markert, Mestmäcker, Kantzenbach und Möschel, AG 1986, 173 ff, 181 ff, 185 ff, 187 ff.

44 Sachverständigenrat zur Begutachtung der gesamtwirtschaftlichen Entwicklung, Chancen für einen langen Aufschwung, Jahresgutachten 1984/85, Kohlhammer, Stuttgart und Mainz, 1984, Tz. 316.

vationsphase und in der Expansionsphase allein aufgrund seines hohen Marktanteils mit einem Einschreiten der Kartellbehörden zu rechnen hat. Es kommt hinzu, daß das Bundeskartellamt Kooperationsvorhaben kleiner und mittlerer Unternehmen im Bereich Forschung und Entwicklung aufgeschlossen gegenübersteht.[45] Auch die Großunternehmen werden nach meiner Einschätzung durch das geltende Kartellrecht nicht so eingeschränkt, daß ihre Wettbewerbsfähigkeit auf dem europäischen Markt oder auf dem Weltmarkt gefährdet ist. Für diese Einschätzung sprechen einmal der wirtschaftliche Erfolg vieler deutscher Großunternehmen, zum anderen die schon erwähnten und vom Bundeskartellamt nicht untersagten Großfusionen der letzten Zeit. Gerade der Fall Daimler beweist, daß das Marktmachtkonzept des GWB derartige Zusammenschlüsse erlaubt, die von den beteiligten Unternehmen im Hinblick auf die zukünftige Wettbewerbsfähigkeit für erforderlich gehalten werden. Auf bestimmten Märkten sind eben nur Großunternehmen konkurrenzfähig und in der Lage, Milliardenbeträge für neue technische Entwicklungen aufzubringen. Dies ist bei den Überlegungen zu berücksichtigen, die auf eine Verschärfung des Kartellgesetzes für Großfusionen abzielen. So wenig Größe aber an sich gefährlich ist, so wenig darf sie – wie offenbar von maßgeblichen Wettbewerbspolitikern in den USA – glorifiziert werden. Unternehmensgröße ist nicht automatisch mit wirtschaftlicher Effizienz gleichzusetzen. Die Struktur der deutschen Wirtschaft zeigt – besonders beispielhaft in Baden-Württemberg –, daß die gesunde Mischung aus Klein-, Mittel- und Großunternehmen eine gute Voraussetzung für eine stetige und zukunftsorientierte Wirtschaftsentwicklung darstellt. Gerade kleine und mittlere Unternehmen liefern viele Beispiele für erfolgreiche Innovationen und anpassungsfähiges Marktverhalten. Der marktwirtschaftlich organisierte Sektor unserer Wirtschaft ist, wie auch jüngst die Monopolkommission festgestellt hat[46], insgesamt funktionsfähig.

Abschließend soll nochmals hervorgehoben werden, daß die Bedeutung des Kartellrechts für die wirtschaftliche Entwicklung nicht überschätzt werden darf. Die innovatorischen Antriebskräfte des Marktes werden nicht entscheidend vom Kartellrecht gespeist und gesteuert, sondern von anderen wirtschaftlichen, rechtlichen und politischen Rahmenbedingungen.

45 Bericht des Bundeskartellamts über seine Tätigkeit in den Jahren 1983/84 sowie über die Lage und Entwicklung auf seinem Aufgabengebiet, Bundestags-Drucksache 10/3550, Seite 5, 13.
46 Monopolkommission, Fn. 1, Tz. 19.

Der Weg in die Informationsgesellschaft: Analyse einer politischen Herausforderung

Franz J. Radermacher

Kurzfassung

Gegenstand der Arbeit ist die Diskussion grundsätzlicher Fragen, die für die Politik des ausgehenden 20. Jahrhunderts von bestimmender Bedeutung sind. Dies schließt weltweit drängende Probleme ebenso ein wie aktuelle Entscheidungsfragen der westlichen Industriestaaten auf dem Weg in die Informationsgesellschaft. Der vorliegende Text nimmt Bezug auf die von *Lothar Späth* zu diesem Themenbereich vorgelegte, umfangreiche Gesamtdarstellung „Wende in die Zukunft" und geht insbesondere auf Zusammenhänge zu Themenbereichen wie „Technologie, Wachstum und Beschäftigung" ein. Dabei wird versucht, die Sichtweise tangierter wissenschaftlicher Disziplinen unter Berücksichtigung evolutionstheoretischer und systemtheoretischer Aspekte einzubeziehen.

Einleitung

Zum Zeitpunkt des ausgehenden 20. Jahrhunderts befindet sich die Welt als Lebensraum des Menschen in einem gefährlichen Zustand des *Ungleichgewichts.* Ungebremste Prozesse der Reproduktion, des Konsums und der Erweiterung individueller Lebenschancen und damit verbundene Prozesse zwischenstaatlicher Machtsicherung, Ressourcenbeschaffung und politischer Konkurrenz haben eine Situation entstehen lassen, welche die Lebensgrundlagen zukünftiger Generationen erheblich bedroht. Diese Bedrohung hat wegen der Langzeitwirkung vieler bereits getroffener Richtungsentscheidungen u.U. bereits heute *irreparablen Charakter,* in jedem Fall aber dann, wenn notwendige Verhaltensänderungen grundsätzlicher Natur weiter ausbleiben. In dieser Situation lastet eine besondere Verantwortung auf den führenden Politikern der entwickelten Industrienationen, da allenfalls in diesen Nationen die erforderlichen Einsichts- und Gestaltungsmöglichkeiten vorhanden sind, um die notwendigen Gegenschritte einzuleiten. Dabei sind die heute handelnden Politiker den aktuellen Systemzwängen in diesen Industriestaaten unterworfen.

Charakteristisch für die aktuelle Situation in den Industrienationen ist ein in der bisherigen Geschichte nie gekannter Umfang an Lebenschancen [7] für eine Vielzahl von Menschen. Dies verstellt in der öffentlichen Wahrnehmung teilweise den Blick für viele globale Ungleichgewichte und damit zusammenhängende Bedrohungen. Getragen werden die für die Industriestaaten lokal günstigen Bedingungen von einer immer noch zunehmenden Dynamik des technischen Fortschritts, welcher eine ständige Ausweitung des insgesamt verfügbaren Produktions-, Kommunikations- und Partizipations-Potentials ermöglicht. Die Grenzen dieser Entwicklung sind nicht absehbar, ebenso wie die speziell mit dieser Ausweitung zusammenhängenden Gefahren, die mögliche Ressourcenknappheiten und technische Katastrophen ebenso umfassen wie das Risiko einer atomaren Vernichtung oder eines Zusammenbruchs des Ökosystems.

Betrachtet man aktuelle Schwerpunkte des technischen Fortschritts, so deuten sich u.a. im Bereich der Gen-Technologie, bei neuen Werkstoffen, in automatisierten Produktionsprozessen und im Bereich der Verkehrssysteme Neuerungen an, die eine erhebliche Veränderung der allgemeinen Lebensbedingungen nach sich ziehen werden. In vielleicht noch stärkerem Maße gilt dies für die *Informationstechnologie*, die sich einmal als die folgenreichste aller bisherigen *technischen Revolutionen* erweisen kann. Die immer stärkere Nutzung von Information beginnt Produktionsprozesse, betriebliche Abläufe, Kommunikationsformen und Transportvorgänge bereits ebenso zu verändern wie Ausbildungsformen, Formen des Wissenstransfers, schöpferisches Tun, und nicht zuletzt auch häusliche Abläufe und Alltagsgegebenheiten. In Verbindung mit anderen aktuellen Entwicklungen, die in der interessierten Öffentlichkeit u.a. unter dem Stichwort „Künstliche Intelligenz" diskutiert werden, deutet sich auch die prinzipiell neue Möglichkeit der Nutzung rechnerbasierter (logischer) „Schlußfähigkeiten" zur selbsttätigen Weiterentwicklung entsprechender technischer Lösungen an, womit als neue Ebene ein halbautomatisierter, sich selbst verstärkender Prozeß technischer Innovation erreicht würde.

Eine Diskussion dieser Fragestellungen, unter Berücksichtigung möglicher Konsequenzen für „Technologie, Wachstum und Beschäftigung" und unter Einbeziehung von Beiträgen tangierter Wissenschaftsgebiete wie Mathematik, Informatik, Operations Research, Systemtheorie und Wirtschaftswissenschaften, ist der Gegenstand des vorliegenden Beitrags. Dabei erfolgt sowohl eine Orientierung an der aktuellen öffentlichen Diskussion dieser Fragen, als auch eine Berücksichtigung eigener Forschungsbeiträge [14], [25] und eigener Überlegungen zur Entwicklung des Gesamtsystems Menschheit [26], die stark von systemtheoretischen und evolutionstheoretischen Sichtweisen geprägt sind. Unmittelbarer Anknüpfungspunkt sind verschiedene Beiträge von *Lothar Späth* zu diesem Themenbereich [29], [30], [31], vor allem die umfangreiche Gesamtdarstellung „Wende in die Zukunft" [31]. Diese Beiträge, die einen engen Bezug zu *praktizierter Politik* besitzen und die viele, für die Zukunft der westlichen Industrienationen bedeutsamen Grundsatzentscheidungen in einer auch aus der Sicht der *modernen Entscheidungstheorie* angemessenen Deutlichkeit herausarbeiten, sollen hier auch deshalb gewürdigt werden, weil insgesamt zu wenige verantwortliche Politiker eine entsprechend reflektierte Standortbestimmung vornehmen.

Der Aufbau des Textes ist wie folgt. Zunächst wird in Teil 1 eine kurze Analyse der Situation der Menschheit an der Schwelle zur Informationsgesellschaft versucht. Dies schließt Hinweise zu den zentralen Überlebensfragen in 1.1 ebenso ein wie eine Diskussion des Befindens in den westlichen Industrienationen in 1.2. Für den Gesamtzusammenhang wichtig ist ferner in 1.3 eine systemtheoretische Beurteilung aktuell bestehender politischer Handlungsmöglichkeiten. Anschließend erfolgt in Teil 2 eine kurze Diskussion der Perspektiven der Informationsgesellschaft. Dies beinhaltet eine Abschätzung von Chancen und Risiken der zukünftigen Entwicklung in 2.1, eine grundsätzliche Erörterung der Möglichkeiten *maschineller Intelligenz* in 2.2 und die davon weitgehend unabhängige Einordnung der *zentralen Stellung des Menschen* in 2.3. Schließlich werden in Teil 3 resultierende Herausforderungen an die Politik und an die handelnden Politiker diskutiert. Dies betrifft in 3.1 Fragen der Forschungs- und Strukturpolitik, in 3.2 notwendige Orientierungsvorgaben für den Weg der westlichen Industrienationen in die Informationsgesellschaft und schließlich in 3.3 ein erneutes Aufgreifen der weltweit drängenden Überlebensfragen. Ohne eine Lösung dieser Probleme, insbesondere der bereits außer Kontrolle geratenen *Übervölkerungskrise,* sind alle anderen politischen Handlungen langfristig ohne Bedeutung.

Der Text ist aufgrund der bestehenden Kontextbedingungen knapp gehalten. Grundsätzliche Entwicklungslinien stehen daher im Vordergrund, während Detailprobleme nicht erörtert werden können. Einzelne, zentrale Aspekte sind thesenartig formuliert. Eine kurze Zusammenfassung schließt den Text ab.

1 An der Schwelle zur Informationsgesellschaft

1.1 Die Welt im ausgehenden 20. Jahrhundert

Eine globale Analyse der aktuellen Situation der Menschheit unterscheidet sich deutlich von den eher kurzfristigen politischen Lagebeschreibungen, wie sie z.B. in den westlichen Industrienationen häufig anzutreffen sind. In einer solchen globalen Analyse fällt vor allem die Tatsache auf, in welch global spürbarer Weise der Mensch die Welt bereits verändert hat. In der gewaltigen Zahl von nun schon über 5 Milliarden Individuen ist er mittlerweile fast überall auf der Erde in großer Dichte anzutreffen und setzt alle seine vielfältigen Fähigkeiten ein, um die für sein Überleben nötigen Mittel dieser Erde abzuringen. Der Schlüssel zu der explosionsartigen Steigerung seiner Zahl ist die erfolgte *kulturelle, technische und wissenschaftliche Entwicklung,* die zu jedem Zeitpunkt – teils bewußt und teils unbewußt – vor allem auch dazu genutzt wurde, die eigene Populationsstärke maximal auszudehnen. Damit befindet sich die Menschheit nach wie vor – wie jede andere Spezies auch – an ihrem *Ressourcenrand.* Das heißt, daß unter Berücksichtigung gewachsener Ansprüche und Machtverteilungen nach wie vor die Anpassung der Zahl der Menschen auf diesem Planeten an wechselnde (stochastische) Ernteleistungen und Marktverhältnisse durch einen hohen Geburtenüberschuß und *millionenfaches Verhungern* erfolgt. Diese für eine sich *ihrer selbst bewußten Art* unerträgliche Form der Anpassung ist als Thema weltweit weitgehend tabuisiert, obwohl die Hoffnungslosigkeit üblicher Gegenmaßnahmen wie die Sofort-Hungerhilfe in Krisengebieten mittlerweile evident ist. Der tiefere Grund für diese Tabuisierung liegt in dem Dilemma, daß für die meisten Menschen in der Dritten Welt eine hohe Kinderzahl angesichts struktureller Gegebenheiten individuell die beste Lösung darstellt, während umgekehrt in den westlichen Industrienationen, die als einzige den Teufelskreis der aktuellen Fehlentwicklungen durchbrechen könnten, ethische und religiöse Haltungen die erforderlichen Schritte nicht nur blockieren, sondern selbst das Nachdenken über diese Schritte erheblich erschweren.

Die weltweit wachsende Zahl von Menschen ist, wie schon erwähnt, wechselseitig eng gekoppelt mit dem erfolgten technischen Fortschritt und hängt, wie dieser, ebenfalls eng mit der erfolgten Staatenbildung zusammen. Als Folge dieser Prozesse sieht sich der Mensch heute mit der Situation konfrontiert, daß er durch sein Handeln, ja durch sein bloßes Dasein in so großer Zahl, *globale* Wirkungen erzeugt und dabei bereits noch zu *Lebzeiten* mit den oftmals negativen Folgen derartiger Globalwirkungen konfrontiert wird; hierfür sind die bereits sichtbaren Umweltschäden ein eindringliches Beispiel. Die Möglichkeiten unmittelbarer Selbstzerstörung durch massive nukleare Vernichtung oder durch gelegentliche Unfälle mit weitreichender Wirkung kommen hinzu. All dies sind Erfahrungen, auf die der Mensch aufgrund seiner eigenen, mehrere Millionen Jahre andauernden Entwicklung in seiner evolutionären Spätphase *nicht vorbereitet* ist. Sieht man von der Schlußphase dieses Prozesses einmal ab, so waren Menschen immer nur zu lokalen Wirkungen fähig. Lokale Linearität der Verhältnisse, nicht unmittelbar erkennbare Rückkopplungen und ein weitgehend individuell kontrollierbares soziales Umfeld waren die charakteristischen Gegebenheiten. Im Zuge der jüngeren Entwicklung wurden „experimentelle" Formen der Ausbildung gesellschaftlicher Organisationsrahmen und ein immer weiterreichender – doch in seinen Wirkungen stets noch lokaler – technischer Fortschritt zum charakteristischen Merkmal der Entwicklung. Das durch die Evolution angelegte Prinzip der Ausdehnung der eigenen Zahl durch zahlreiche Nachkommen blieb in all dieser Zeit auch aus der Sicht der gesellschaftlichen Organisationsformen wünschenswert, da es in natürlicher Weise den Machtinteressen dieser Formen entgegenkommt. Damit steht heute ein von der menschlichen Natur wie der kulturell-ethischen Entwicklung her vorgegebenes Prinzip im Zentrum einer globalen Rückkoppelungswirkung, auf die die Welt bisher keine Antwort weiß. Dabei ist zusätzlich darauf hinzuweisen, daß angesichts einer demographischen „Zeitbombe" (die meisten auf der Erde lebenden Menschen kommen erst noch ins fortpflanzungsfähige Alter) die tatsächliche Situation noch bedrohlicher ist, als es die Zahl von 5 Milliarden Menschen bereits anzeigt.

Die Sekundärfolgen der Überbevölkerungskrise sind groß, wenn auch z.T. von Nebenwirkungen des technischen Fortschritts, der westlichen Konsumformen und der politischen Ordnung, die alle direkt oder indirekt mit der Überbevölkerungsproblematik zusammenhängen, überdeckt. Die zentrale Rolle der Überbevölkerung für die heutigen Schwierigkeiten wird aber deutlich bei der Vorstellung einer Welt mit beispielsweise nur *500 Millionen Menschen,* in der viele unserer heutigen Probleme von allein verschwinden würden. Fragt man nach den unmittelbaren Auswirkungen der Überbevölkerung, so ist vor allem der weltweit drohende *Zusammenbruch des Ökosystems* zu nennen, verursacht u.a. durch die immer schneller voranschreitende Vernichtung der tropischen Regenwälder. Andere Folgen sind die gewaltigen Produktionsanforderungen, Ressourcenbeanspruchungen und Energiebedürfnisse, die erhebliche, teils toxische Abfallproduktion und nicht zuletzt die militärischen Erfordernisse in den entwikkelten Staaten. Dabei ist feststellbar, daß die materiellen Anforderungen mit dem Entwicklungsstand steigen, die Kinderzahl hingegen mit zunehmender Entwicklung glücklicherweise abnimmt. Hinsichtlich der Lösung der anstehenden Probleme kann von den Staaten der Dritten Welt ein wesentlicher Beitrag *nicht* erwartet werden, da sich in Maßnahmen wie der Rodung der Urwälder letztlich der legitime und mit den vorhandenen innerstaatlichen Machtmitteln auch nicht zu beherrschende Überlebenswille von Millionen betroffener Menschen äußert. Entsprechend sind in den Industrienationen Umwidmungen signifikanter Teile des Bruttosozialprodukts angesichts der Konsumerwartungen der Bevölkerung ebenfalls nicht politisch durchsetzbar. Den Ansatzpunkt zu einer Lösung bietet daher dort wie hier nur eine *signifikante Senkung der Menschenzahl* über einen längeren Zeitraum in lokal und global abgestimmter Weise im Rahmen eines politischen Gesamtentwurfs. In diesem Zusammenhang können die sich andeutenden Möglichkeiten hinsichtlich der Nutzung *informationsverarbeitender Systeme* vielleicht eine Schlüsselfunktion gewinnen (vgl. hierzu auch 3.3).

Faßt man die gegebenen Hinweise zusammen, so ergibt sich insgesamt folgendes Bild:

1. Die Menschheit befindet sich auf diesem Planeten nicht in einem *gleichgewichtigen Systemzustand,* der alleine ein längerfristiges Überleben ermöglichen kann. Dies gilt sowohl für die Anzahl der Menschen, als auch für ihre Ressourcenanforderungen und Abfallprodukte. Aus einer biologisch-evolutionstheoretischen Sicht sind 100.000 Jahre ein kurzer Zeitraum. Hinsichtlich des Befindens der Menschheit kann man selbst bei einem Zeithorizont von 1.000 Jahren keine Prognose wagen; selbst die bloße Existenz der Menschheit kann über einen solchen Zeitraum nicht länger selbstverständlich als gesichert angesehen werden. Tatsächlich war während der letzten 3 Millionen Jahre der Zustand der Menschheit noch nie so *labil* wie heute.
2. Selbst in einer kurzfristigen Perspektive droht als Folge der katastrophalen weltweiten Überbevölkerungskrise ein völliger Zusammenbruch des Ökosystems. Aufgrund der langen Zeiträume demographischer Prozesse ist diese Gefahr u.U. selbst bei vorhandenem politischen Willen nicht mehr beherrschbar. Sollte noch eine Chance der politischen Lösung bestehen, dann sicher nur bei schnellen, entschlossenen Maßnahmen.
3. Die Lösung der globalen Überbevölkerungskrise ist heute die weltweit größte politische Aufgabe. Andere politische Aufgaben – die dadurch keineswegs überflüssig werden – müssen vor diesem globalen Hintergrund gesehen werden. Denn einen völligen Zusammenbruch des Ökosystems könnten die bisherigen sozialen, wirtschaftlichen, kulturellen und politischen Formen nicht überleben.

1.2 Das Befinden in den großen Industrienationen

In den großen Industrienationen zeigen sich die Möglichkeiten menschlicher Technik und menschlichen Gestaltungswillens besonders eindrucksvoll. Hier wurden für viele hundert Millionen Menschen Lebensbedingungen und Lebenschancen verwirklicht, die in der Geschichte ohne Beispiel sind [7]. Dies geschah teilweise in Ländern mit ungünstigen klimatischen Bedingungen und umschließt Gebiete, die zu den am dichtesten besiedelten auf der Erde gehören. Der erreichte Stand ist nur in Verbindung mit einer sehr strikten gesellschaftlichen Organisation verständlich und ist nach wie vor abhängig von einem *reibungslosen Zusammenspiel* einer komplexen Gesamtheit von Einzelkomponenten.

Betrachtet man das Befinden der Menschen in diesen Industrieländern, so stehen dort nicht die drohenden internationalen Ungleichgewichte im Zentrum der Wahrnehmung, sondern vielmehr eine große Zahl spezifischer Zielvorstellungen und Problembereiche, die direkt mit dem erreichten Entwicklungsstand zu tun haben. Es ist unmöglich, hier auf alle betroffenen Problembereiche einzugehen. Einige wesentliche, die auch in dem zugrundeliegenden Buch [31] diskutiert werden, seien hier genannt.

Da ist zunächst die Sorge um den Erhalt und die weitere Verbesserung des eigenen Lebensstandards, die aus guten subjektiven wie allgemeinen Gründen für viele Menschen und viele Organisationen ein zentrales Thema bleibt. Die Zielvorstellung *„Wachstum"* hat hier eine ihrer Wurzeln und viele Ängste finden hier einen Ansatzpunkt, z.B. die Angst vor internationalen Rohstoffknappheiten, Handelskriegen oder Wettbewerbsnachteilen und ebenso die Angst vor einem Nachlassen der eigenen (relativen) Leistungsfähigkeit. Mittlerweile kollidiert das Ziel des wirtschaftlichen Wachstum allerdings mit verschiedenen Folgewirkungen, zu denen vor allem die *Umweltzerstörungen* in den westlichen Industrienationen gehören. Diese Zerstörungen werden im Zurückgang bzw. im Aussterben heimischer Tierarten ebenso sichtbar wie in ständig wachsenden Müllbergen, in zunehmenden Vergiftungserscheinungen und in einer Vielzahl anderer Problembereiche, die alle auf bestehende Ungleichgewichte und mangelnde Integration des Menschen in natürliche Kreisläufe hindeuten. Zu den letztgenannten Ungleichgewichten zählen einige von potentiell lebensbedrohendem Ausmaß wie das „Aufheizen" der Atmosphäre durch die Nutzung fossiler Brennstoffe und die mögliche Zerstörung der Ozonschicht. Eng mit der Umweltschutzproblematik verknüpft ist die Frage der *Energieversorgung*. Angesichts der erkennbar großen Energieanforderungen und der fehlenden Bereitschaft großer Bevölkerungsteile zu signifikanten Konsumeinschränkungen und angesichts der umweltgefährdenden Belastungen, die mit einer nicht-nuklearen Erzeugung großer Energiemengen verbunden sind, wird eine *Atomenergiepolitik* zumindest für eine *Übergangszeit* zu einer politischen Notwendigkeit, auch wenn als Preis bestimmte Sicherheitsrisiken, längerfristige Entsorgungsnotwendigkeiten, eine Totalablehnung durch Teile der Bevölkerung und schließlich bestimmte Schutzmaßnahmen mit möglicherweise negativen Nebeneffekten für bürgerliche Freiheitsrechte in Kauf genommen werden müssen. Politisch wird dabei die Ausgestaltung der Übergangszeit zu einer Herausforderung, wobei sowohl die Frage von Einsparmöglichkeiten, als auch die Frage heutiger und vor allem zukünftiger alternativer Energieerzeugungsformen im Zentrum des Interesses stehen.

Einen großen Platz in der öffentlichen Diskussion nimmt die weitere *Mehrung persönlicher Entfaltungsmöglichkeiten* ein, wobei z.Z. die Lebenschancen bestimmter Bevölkerungsgruppen, wie z.B. der Frauen, im Zentrum der Debatte stehen. Es ist einer der besonderen Vorzüge einer technischen Hochentwicklung und materiellen Ausstattung, wie sie in den westlichen Industriestaaten verwirklicht wurden, daß solche Probleme in konzentrierter Weise angegangen werden können. Es ist jedoch andererseits nicht zu übersehen, daß unterhalb dieser Ebene z.T. sehr viel elementarere Bedürfnisse auf Lösungen warten. Dies gilt vor allem für die nun seit Jahren bestehende große *Arbeitslosigkeit* eines erheblichen Bevölkerungsteils, die viele Menschen – gerade auch junge Menschen – um ihren fairen Anteil an Entfaltungsmöglichkeiten und Lebenschancen bringt und immer mehr zu einer Zweiteilung der Gesellschaft führt. Es hat den Anschein, daß sich in dieser langjährigen Arbeitslosigkeit die Grenzen unseres bisherigen gesellschaftlichen Güter-Transfermodells andeuten und daß zu ihrer Überwindung prinzipiell neue Organisationsformen gefunden werden müssen. Dieser Punkt, der eng mit dem schon begonnenen Übergang in die Informationsgesellschaft zusammenhängt und der in „Wende in die Zukunft" eine zentrale Stellung einnimmt, wird unter 3.2 noch ausführlicher diskutiert.

Abschließend seien hier einige Problembereiche genannt, die mit unserer hochentwickelten gesellschaftlichen Organisation direkt zusammenhängen. Dies betrifft die notwendige *Uniformierung* der Gesamtbevölkerung zu Trägern eines komplexen, arbeitsteiligen Systems, die z.B. in der allgemeinen Schulpflicht oder in der allgemeinen Wehrpflicht zum Ausdruck kommt und als Preis für hohe Funktionsfähigkeit eine erhebliche, oft gar nicht mehr wahrgenommene Einschränkung individueller Spielräume beinhaltet („Diktat der Effizienz"). Es sind immer wieder Tendenzen feststellbar, diese Uniformität durch Nutzung verschiedener Maßnahmen wie ökonomischen oder sozialen Druck oder Einsatz neuartiger technischer Hilfsmittel (wie exzessive Nutzung von Informationssystemen) weiter zu verschärfen. Hinter solchen Maßnahmen steht oftmals Machtinteresse, oftmals aber auch die Sorge vor einem Zustand der *faktischen Nichtregierbarkeit* der großen Industriestaaten als Folge von natürlich auch vorhandenen Degenerationsserscheinungen. Zu letzteren zählt im politischen Bereich vor allem auch die Ausnutzung struktureller Blockademacht durch Individuen und insbesondere gesellschaftliche Organisationen, die sich einer fairen Anpassung an aktuelle gesamtgesellschaftliche Notwendigkeiten zu entziehen wissen und dabei oft Egoismus und mangelnde Anpassungsbereitschaft hinter einer Maske aus (vorgegebener) Nachdenklichkeit oder sachlichem Engagement verstecken. Der immer wieder vergebliche Kampf um den Abbau überholter Subventionen liefert hierfür ein illustratives Beispiel. Zu erwähnen sind aber auch die Degenerationen im sozialen Bereich bis hin zu Formen der Glücksunfähigkeit und des Vandalismus, die teilweise mit der mittlerweile dominierenden „unnatürlichen" Lebenssituation der Menschen zusammenhängen [9], [21].

Die Probleme der westlichen Industrienationen sind zahlreich und die Durchsetzung einer konsistenten Politik ist erheblich erschwert [35]. *Lothar Späth* beschreibt sehr eindringlich die vorhandene diffuse Mischung *materiell-immaterieller* Wünsche der Bürger (bei nach wie vor starker materieller Grundorientierung [31], S. 81), die Konzentration der öffentlichen Diskussion auf *jeweils ein Thema,* wobei die Themen sich in rascher Folge abwechseln und Argumentationen oft einen zirkulären Charakter aufweisen ([31], S. 19 ff) und schließlich das zentrale Manko in unserer öffentlichen Diskussion, in der zum eigentlichen Kern der Probleme – im Sinne einer *entscheidungstheoretisch fundierten* Präzision in der Formulierung von Alternativen – überhaupt nicht vorgedrungen wird ([31], S. 30).

Es fällt nicht leicht mit der Feststellung zu leben, daß letztlich nur in diesen mit eigenen Problemen überlasteten westlichen Industrienationen die politischen, sozialen, materiellen und geistigen Voraussetzungen gegeben sind, um die weltweit drängenden Ungleichgewichte vielleicht noch rechtzeitig auszutarieren. Dies bedingt allerdings eine erhebliche Veränderung in den politischen Prozessen (z.B. unter sehr viel stärkerer Einbeziehung naturwissenschaftlicher und entscheidungstheoretischer Sichtweisen, vgl. [31], S. 31 ff) und stellt zugleich eine große Herausforderung an die handelnden Politiker dar. Auf mögliche Lösungsansätze, die wesentlich auch mit den neuen Möglichkeiten in der Informationstechnologie zusammenhängen, wird weiter unten noch eingegangen. Zuvor ist aber eine Diskussion der *Eigengesetzlichkeit* unserer politischen und sozialen Großsysteme erforderlich, da nur im Rahmen der Funktionsbedingungen dieser Systeme neue politische Ansätze realisierbar sind.

1.3 Die Eigengesetzlichkeit der politischen und sozialen Großsysteme

„Wende in die Zukunft" beginnt mit einer längeren Darstellung, in der verbreitete Klischeevorstellungen über die Macht der Politiker ausgeräumt werden. Dies geschieht durch eine Darstellung der Systembedingungen, unter denen in einer offenen demokratischen Gesellschaft Macht ausgeübt werden kann. Im Kern reduzieren sich diese Bedingungen auf standardisierte Verfahrensabläufe, in denen in jedem Stadium die Presse, interessierte Bürger, Unternehmen und Organisationen Einfluß nehmen können und unterschiedliche politische Instanzen ebenso wie Gerichte in erheblichem Umfang beteiligt sind. In diesem Prozeß verfügen viele Gruppen über spezifische *Blockademöglichkeiten,* wodurch insgesamt der Zwang zum „Schnüren großer Pakete unzusammenhängender Problembereiche", für die dann in Form von Kompromissen

Rahmenlösungen vereinbart werden, gefördert wird. Robuste Vorentscheidung über die (relative) Höhe bestimmter Etatposten fallen in diesen Bereich. In vielen Fällen ist der politische Prozeß mittlerweile derart kompliziert, daß der einzelne sich vielfach in der Verfolgung und Formulierung seiner Zielvorstellungen völlig den Bedingungen des Prozesses unterwirft und damit de facto als Interessenvertreter *Rollen* wahrnimmt. In einer derartigen Rollenwahrnehmung vertritt er dann nicht mehr als richtig erkannte konsistente Lösungen politischer Ausgleichsprobleme, sondern vielmehr diejenigen Extrempositionen, die schließlich in Wechselwirkung mit entgegengesetzten Positionen die eigentlich angestrebte Gleichgewichtslösung zu realisieren versprechen (Tarifverhandlungen sind hierfür ein immer wieder instruktives Beispiel). Es ist typisch für eine derartige Umsetzung von Politik, daß letztlich jede nur denkbare Position auch irgendwo einmal formuliert wird ([31], S. 11) und daß beispielsweise bei der Initialisierung eines Gesetzes niemand weiß, was am Ende einmal als endgültige Formulierung verabschiedet werden wird. Auch wird im nachhinein, wie immer die konkreten Festlegungen erfolgt sind und wie immer bestimmte spätere Zufallseinflüsse konkrete Gegebenheiten bewirkt haben, jemand alles schon vorher gewußt und recht behalten haben.

Eine der nachteiligen Folgen des beschriebenen politischen Prozesses ist die damit verbundene Erleichterung einer *kurzfristigen Erfolgsorientierung,* die einer schnellen Befriedigung bestehender Bedürfnisse auf Kosten langfristiger Gleichgewichte den Vorzug gibt. Es wird dabei versucht, Einschränkungen und Nachteile eher in die Zukunft zu verschieben, und zwar – bewußt oder unbewußt – auch zu Lasten anderer Personen bzw. nachfolgender Generationen. Feststellbar ist auch, daß nachteilige Folgen einer eigentlich von vorneherein erkennbar gefährlichen Politik häufig nicht zu spürbaren persönlichen Konsequenzen bei den politisch verantwortlichen Personen führen. Statt einer direkten, persönlich spürbaren Rückkoppelung herrschen Formen der Verdrängung und Verdunklung im Rahmen größerer Gesamtzusammenhänge vor. Dies geht soweit, daß häufig Verantwortungen bestimmter Personen für Regelungen und deren Folgen, seien sie nun vorhersehbar gewesen oder nicht, überhaupt fehlen, und wenn es sie doch gibt, dann nur *formal* und nicht inhaltlich. Insbesondere stellt der gegebene politische Prozeß häufig ein Mittel dar, um dem eigentlich dringend erforderlichen Zwang zur *Abwägung von Alternativbündeln* erzielbarer Resultate als Ergebnis konsistenter Politik zu entgehen. Dieser entscheidende Zwang besteht heute primär nur noch bei der Verabschiedung von Haushalten; ein Vorgang, der daher auch in unserem Systemrahmen die „Stunde der Wahrheit" darstellt. Auf diese Weise fehlt insgesamt in der Politik das zentrale Element einer in einer *entscheidungstheoretischen Perspektive* ausreichenden Deutlichkeit der individuellen Position, nämlich eine öffentlichen Bekundung von Präferenzen zwischen präzise formulierten deterministischen Alternativen, unabhängig von der Frage ihrer Realisierbarkeit [16], [33].Um dies an einem Beispiel zu verdeutlichen, betrachte man den Zusammenhang zwischen zulässiger Höchstgeschwindigkeit und Unfalltoten im Straßenverkehr. In diesem Zusammenhang ist es wenig hilfreich zu erfahren, daß ein Politiker für weniger Verkehrstote und weitgehende Entscheidungsfreiheit der Bürger ist (dies ist beides selbstverständlich). Viel wichtiger wäre demgegenüber eine Präferenzaussage, z.B. zwischen den Alternativen (Höchstgeschwindigkeit 100 km/h, 8.000 Unfalltote) und (Höchstgeschwindigkeit 120 km/h, 9.000 Unfalltote), wobei Randfälle wie (Höchstgeschwindigkeit 20 km/h, 2.000 Tote) natürlich ebenfalls zu berücksichtigen sind. Randfälle zeigen in diesem Zusammenhang die Unsinnigkeit von Tabuisierungen (etwa der

Akzeptanz von „Todesfällen") auf und deuten zugleich auf mögliche Rückkopplungen hin. Hierzu gehören z.B. Auswirkungen auf die Lebensqualität, aber z.B. auch statistisch meßbare, implizite Einschränkungen der Überlebensmöglichkeiten vieler Menschen bei bestimmten, einschneidenden Maßnahmen, wie z.B. einer drastischen Senkung der zulässigen Höchstgeschwindigkeit. Ähnlich klare Aussagen wären z.B. bei der Abwägung von Unfallrisiken in Kraftwerken und Versorgungsrisiken bei einer vergleichsweise kleinen Zahl von Kraftwerken erwünscht (vgl. hierzu den entscheidungstheoretischen Ansatz in [15], [17]), sowie analog auch bei Abwägungen im Datenschutzbereich hinsichtlich der Zahl möglicherweise nicht festgenommener Terroristen im Vergleich zur Zahl deshalb nicht unbeabsichtigt geschädigter Bürger. Man kann diese Liste beliebig weiter fortsetzen. In der öffentlichen Diskussion und Handhabung dieser Fragestellungen werden *Defizite* unseres politischen Systems deutlich, die letztlich auch aus mangelndem Verständnis handelnder Politiker für komplexe Systemzusammenhänge resultieren und die teilweise durch bürokratische und rechtliche Formen der *Verschleppung* von Entscheidungen noch verschlimmert werden. Die beschriebenen Defizite zeigen sich nicht zuletzt auch im Bereich der *militärischen Hochrüstung* und der in diesem Zusammenhang beobachtbaren Automatismen, die Elemente eines sich verselbständigenden Prozesses beinhalten. Alle diese negativen Erscheinungen sind Ursachen für eine beobachtbare Entfremdung zwischen Bürgern – besonders auch jungen Bürgern – und unserer politischen Gesamtordnung.

So wichtig eine inhaltliche Kritik der für die politischen Handlungsmöglichkeiten entscheidenden Rahmenbedingungen ist, so wichtig sind umgekehrt auch Hinweise zu der positiven Rolle dieser Systemgegebenheiten. Wie bereits unter 1. 1 angesprochen, ist der Mensch von seiner natürlichen Ausstattung her mit einer konsistenten Handhabung der komplexen politischen Interaktionsvorgänge *überfordert.* Bereits die Formulierung von Präferenzen bzgl. der Ausprägung einiger wichtiger Ziele fällt schwer. Dies gilt in einem noch stärkeren Maße für den inter-personellen Ausgleich solcher Präferenzen, für die Einschätzung der Wahrscheinlichkeit bestimmter Ereignisse, für die Berücksichtigung von Rückkoppelungseffekten, für die Abschätzung spieltheoretischer Aspekte von Situationen [33], usw.. Angesichts dieser Komplexität der konkreten Verhältnisse und einer offenen Zukunft, die entscheidend von Nebenläufigkeiten und Zufallseinflüssen geprägt ist, sollten die Möglichkeiten und die Verantwortung des Einzelnen nicht überfordert werden. Angestrebt werden sollte stattdessen ein geeignetes Zusammenspiel zwischen Systembedingungen und individueller Verantwortung, wobei im Sinne einer evolutionstheoretischen Betrachtung als Erfolgsmaßstab z.B. das *langfristige Uberleben freier und selbstbestimmter Menschen unter vergleichsweise glücklichen Lebensbedingungen* anzusehen wäre.

Konsequenterweise haben die Menschen in der Ausbildung ihrer gesellschaftlichen Organisationsformen große Teile ihrer *Autonomie* auf diese Organisationsformen verlagert. Aus systemtheoretischer Sicht beobachten wir hier *Kooperations- und Arbeitsteilungsformen,* wie sie z.B. im Bereich der Biologie beim Übergang von Ein- zu Mehrzellern wirksam wurden [22]. Es gibt keinen Zweifel, daß die entsprechenden gesellschaftlichen Organisationssysteme ihrerseits einen *spezifischen Evolutionsprozeß* durchlaufen und daß sich in Institutionen und Regelungen wie einem Parlament mit Fünf-Prozent-Klausel, dem Föderalismus [30], dem konstruktiven Mißtrauensvotum, einem weitgehend autonomen Verfassungsgericht, einer in wesentlichen Teilen unveränderbaren Verfassung, dem Prinzip der Gewaltenteilung, der Freiheit der Presse, der Freiheit von Forschung und Lehre, der marktwirtschaftlichen Ordnung und vielen anderen Regelungen *historische Erfahrung* und *Wissen um die Natur von großen Menschenmassen* in geronnener Form ausdrückt. D.h., daß unsere z.T. schwerfälligen und teils ärgerlichen politischen Systemzwänge zumindest aus einer evolutionstheoretischen Sicht eine deutlich höhere Überlebensgarantie beinhalten, als dies beliebige spontane Änderungen je könnten. Aus bestimmten historischen Erfahrungen gilt dies besonders auch für Prinzipien wie die *Menschenrechte* und den *Schutz von Minderheiten* (die in schwierigen Zeiten gerne von abstimmenden Mehrheiten oder von „aufgeklärten Minderheiten im Machtbesitz" außer Kraft gesetzt werden), und ebenso für die *militärische Verteidigungsfähigkeit* gegenüber anderen Mächten (die bisher immer wirksamer als verbale Friedensbeteuerungen war). Ferner ist auch anzuerkennen, daß unsere politische Ordnung, wie gegebenenfalls jede realisierte Alternative, einen aus der Sicht der Machtverhältnisse gegebenen *Status Quo* repräsentiert, der gegenüber denkbaren Alternativen denselben Platzvorteil besitzt, den jede biologische Form in ihrer Nische ebenfalls gegenüber denkbaren, bisher nicht vorhandenen Konkurrenten aufweist. Dieser Platzvorteil geht soweit, daß er als Teil der Erziehung (legitimerweise) sogar gewisse Zugriffsrechte auf die sich bildenden Denkvorgänge Jugendlicher beinhaltet, sei es nun z.B. hinsichtlich der Wünschbarkeit eines demokratischen Systems oder hinsichtlich der Wünschbarkeit einer arbeitsteiligen Gesellschaft. Entsprechend große Einflußmöglichkeiten in den Medien finden in diesem Zusamnmenhang ihre Begründung.

Fassen wir diese Überlegungen zusammen, so erweist sich der politische Prozeß als ein Agieren unter starken Eigengesetzlichkeiten eines Rahmensystems, welches mittlerweile einen Teil der ursprünglichen Autonomie der Menschen (mittels einander kontrollierender Instanzen) verwaltet. Die zukünftige Balance in diesem Wechselspiel ist Teil eines spezifischen *Evolutionsprozesses,* dessen weiterer Verlauf schwer abschätzbar ist, der aber potentiell die Überlebenschancen der Menschheit vergrößern kann, da er in Form eines zumindest partiell kontrollierten Experiments die natürlichen Defizite des Menschen hinsichtlich der Steuerung sozialer Großorganisationen durch langfristige *implizite Wissensakkumulation* überwinden hilft. Das Anerkennen dieser Ausgangssituation bedeutet keineswegs ein Abdanken der Politik. „Wende in die Zukunft" zeigt vielmehr deutlich, daß es auch innerhalb dieser Rahmenbedingungen möglich ist, konsistente Entwürfe zukünftiger Entwicklungen auf der Basis verbliebener Grundsatz-Alternativentscheidungen vorzulegen. Als Teil derartiger Entwürfe hat dann das Rahmensystem die Aufgabe, die Angleichung der Zielsetzungen an Millionen von individuellen (z.T. nicht einmal verbalisierbaren) Einzelbedürfnissen vorzunehmen. Intelligente Politikentwürfe – im Rahmen des politischen Systems – sind möglich und dringend benötigt, z.B. im Hinblick auf die *Eindämmung der atomaren Hochrüstung,* die *Bewältigung der Umweltgefahren,* die *Lösung der Uberbevölkerungskrise* sowie schließlich auch die soziale Bewältigung des Eintritts der westlichen Industrienationen in die *Informationsgesellschaft,* die im Zentrum des Interesses im Rahmen dieser Arbeit steht.

2 Perspektiven der Informationsgesellschaft

2.1 Chancen und Risiken der zukünftigen Entwicklung

Die Bundesrepublik befindet sich bereits wie alle großen Industriestaaten auf dem Wege in die Informationsgesellschaft und wird diesen Weg weitergehen. In dieser Frage ist die Aussage in „Wende in die Zukunft", im Unterschied zu manchen anderen öffentlichen Diskussionen dieser Grundsatzfrage, klar. Es gibt gute Gründe für diese Einschätzung der aktuellen Lage. Zentral sind wieder die in 1.3 diskutierten Systembedingungen, und zwar an dieser Stelle in Form der *internationalen Konkurrenzsituation* zwischen den Industriestaaten, die bestimmte Handlungen unsererseits erzwingen, vorausgesetzt, wir wollen nicht den Schritt in eine wirtschaftliche Zweitklassigkeit antreten. Es ist aufgrund der Grundhaltung der Bevölkerung auszuschließen, daß starke ökonomische Einbußen widerstandslos hingenommen würden. Insofern ist unabhängig von anderen Überlegungen ein starker politischer Druck hin zu einer breiten Nutzung der Möglichkeiten moderner Informationsverarbeitung gegeben. Da dieser Prozeß allerdings voraussichtlich kaum einen Bereich der Gesellschaft unverändert lassen wird und teilweise massive Umorientierungen und eine starke Veränderung von Gewichten erwarten läßt, ist die Frage der *fairen, politischen Bewältigung* dieses Vorgangs eine der aktuellen Herausforderungen, der sich *Lothar Späth* in „Wende in die Zukunft" stellt. Damit konzentriert er sich auf die eigentlich interessierenden politischen Fragen, während heute vielfach in der beobachtbaren Betonung der angeblich noch ungeklärten *Akzeptanzproblematik* vor allem eines erkennbar wird: der (natürlich legitime) Versuch überkommener Strukturen, ihrer Auflösung entgegenzuwirken ([31], S. 43 ff) und der Aufbau von Verhandlungspositionen im Ringen um ein spezifisches Gleichgewicht in der sich bildenden Informationsgesellschaft. D.h., es geht auch dort letztlich nicht mehr um die eigentliche Grundsatzfrage, sondern nur noch um die Ausgestaltung und Nutzung von Freiräumen, die natürlich auf diesem Wege vorhanden sind.

Fragt man nach Chancen und Risiken der zukünftigen Entwicklung und nach politischen Beurteilungsmaßstäben für diesen Prozeß, so gibt es wieder eine Vielzahl von Einzelaspekten, von denen hier nur einige exemplarisch genannt seien. Hinsichtlich der bestehenden Chancen ist zunächst grundsätzlich festzustellen, daß die immer weitergehende Übertragung von Aufgabenstellungen, die bisher von Menschen übernommen wurden, auf integrierte infomationsverarbeitende Systeme völlig im Trend einer langfristigen menschlichen Vorgehensweise liegt, die letztlich die weitgehende *Befreiung des Menschen von der Arbeit* (im Sinne einer zum Erwerb des Lebensunterhalts *erzwungenen* Tätigkeit) zum Ziel hat. Insofern ist die jetzt erfolgende informationstechnische Revolution in dieser Hinsicht nur ein Schritt in einer langen Reihe von Veränderungen, allerdings insofern ein gewaltiger, als er potentiell die Möglichkeit einer fast vollständigen Befreiung des Menschen von Arbeitszwängen beinhaltet, wobei auch der Weg dorthin partiell bereits mit starker Systemunterstützung erfolgen kann. Über dieses prinzipielle Ziel der *Arbeitsentlastung* hinaus verspricht die intensive Nutzung der Informationstechnologie aber vieles mehr: *Leistungs-Verbesserungen* in zahlreichen Einzelfragen (z.B. CAD/CAM-Systeme, CIM/FMS-Technologie, Expertensysteme, Entscheidungsunterstützungssysteme, Gruppen-Entscheidungsunterstützung, neue Lenkungssysteme im Verkehrsbereich, usw.), völlig *neue Formen des Wissenstransfers* (wissensbasierte Systeme, Bürokommunikation, rechnergestütztes Lernen, Anfrageauswertung in Datenbanken), energie- und rohstoffsparende Produktions- und Verbrauchsweisen, Auflösung heute bestehender Anwesenheitspflichten oder *strenger Raum-Zeitkopplungen* (durch Elemente wie Datenfernkommunikation, Video-Konferenzen, Trennung von Betrieb und Arbeitsplatz). Die Liste dieser unmittelbaren Verbesserungen zahlreicher Einzelfragen ließe sich beliebig verlängern. In [31] werden die Konsequenzen dieses Veränderungsprozesses, der letztlich auf weniger starre Rahmenbedingungen, auf individuelle Flexibilität, auf mehr Wahlmöglichkeit im Detail, weniger unvermeidbare Nachteile, mehr persönliche Optionen und damit auf mehr Lebenschancen für mehr Personen abzielt, detailliert diskutiert ([31], S. 52 ff). Dabei sind die längerfristig zu erhoffenden Weiterentwicklungen, wie *leistungsfähige Roboter* für den Individualgebrauch (Übernahme vielfältiger Arbeiten und Funktionen, z.B. im Haushalt, als Trainingspartner oder auch im Erziehungs- und Pflegebereich) noch gar nicht in vollem Umfang in die Überlegungen einbezogen.

Natürlich gibt es in dieser optimistischen Darstellung auch genügend versteckte Probleme, die in der öffentlichen Diskussion eine Rolle spielen und auf die nicht zuletzt auch in „Wende in die Zukunft" ausführlich eingegangen wird. Da sind zunächst einmal dic *Mißbrauchsmöglichkeiten* , die dieser wie jeder anderen Technik anhaften und die letztlich mit den immer berechtigten Zweifeln an der Vernunft der politisch Handelnden angesichts der Systemzwänge, denen sie unterworfen sind, zusammenhängen. Die mit zunehmender *Informationsdichte* potentiell auch wachsenden Mißbrauchsmöglichkeiten sind eine ernstzunehmende Gefahr [37], [38] und sollten u.a. zu sehr viel strikteren *Datenschutzmaßnahmen* Anlaß geben. Ein zentrales Element in der öffentlichen Diskussion ist die Frage der *Arbeitslosigkeit*, die wegen der heute zentralen Bedeutung der Arbeit für die Verteilung *gesellschaftlicher Partizipationsrechte* einen besonders hohen Stellenwert besitzt. Es gibt viele Indizien, daß der seit 200 Jahren bestehende Trend zu einer immer geringeren durchschnittlichen Lebensarbeitszeit (Arbeit verstanden als erzwungene Beschäftigung zur Sicherung des Lebensunterhalts) sich beim Übergang in die Informationsgesellschaft weiter fortsetzen und sogar beschleunigen wird. Dabei kommt erschwerend hinzu, daß existenziell benötigte menschliche Arbeit sich immer mehr auf Spezialbereiche konzentrieren wird, für die von der biologischen Ausstattung, der erfahrenen Ausbildung und der Persönlichkeitsstruktur her nur noch Teile der Bevölkerung überhaupt in Frage kommen. Dieser generelle Trend hängt zunächst mit der immer rascher erfolgenden Übernahme auch vergleichsweise anspruchsvoller (und vom Stellenvolumen her signifikanter) menschlicher Tätigkeiten (wie z.B. im CAD-Bereich, in der Bürokommunikation und bald auch im Ausbildungsystem und z.B. in der medizinischen, juristischen und wirtschaftlichen Beratung) durch rechnergestützte Systeme zusammen, wird aber noch erheblich verstärkt durch die Konstruktion des gesamten Sozialsystems, das direkt oder indirekt weite Teile der Familienversorgung, der Förderung der Heranwachsenden, der Arbeitslosenunterstützung, der Versorgung der Rentner und der Unterstützung von Kranken finanziell an *Vollarbeitsplätze* bindet und damit den Unternehmen eine lokale Optimierung durch überzogene Rationalisierungen geradezu aufzwingt. Der Druck in dieser Richtung nimmt dabei mit jeder weitergehenden Verschärfung der Arbeitslosigkeit zu und kann nur durch andere Architekturen des Sozialsystems, wie sie unter 3.2 diskutiert werden, überwunden werden. Erwähnt sei aber schon an dieser Stelle, daß beim Übergang in das Informationszeitalter eher ein *Verteilungs-* als ein *Arbeitsplatzproblem* abzusehen ist, vorausgesetzt, die Politik bemüht sich um einen *fairen Ausgleich* der schon jetzt erkennbaren Schwierigkeiten. In diesem Zusammenhang kann Besitzstandsdenken zu einem großen Problem werden, da beim Wegfall vieler heute gut dotierter Positionen die Möglichkeiten für größere finanzielle Differenzierungen wohl geringer werden, als sie heute sind.

Fragen der *fairen Regelung* scheinen auch im Zentrum anderer Vorbehalte gegen die sich ankündigenden Änderungen vorzuliegen. Wenn etwa die Möglichkeit einer Ausübung einer Tätigkeit zu Hause in freier Zeitgestaltung, die für Frauen und Männer gleichermaßen attraktiv sein kann, als Anschlag auf die Selbstentfaltungsmöglichkeiten und bestehende soziale Kontaktmöglichkeiten gesehen wird, so werden darin Deformationen des Denkens erkennbar. In dieser Situation sollte viel eher der Ruf nach mehr persönlicher Freiheit in der Familie und nach geeigneten Möglichkeiten sozialer Kontaktaufnahme laut werden, als ein Festhaltenwollen an bisherigen Formen der Arbeit an einem festen, externen Arbeitsplatz, zu festen Zeiten und verbunden mit einer relativ starken, langfristigen Einschränkung des persönlichen Spielraums.

Faßt man die gegebenen Hinweise zusammen, so wird eine große Palette neuer persönlicher Optionen und individueller Gestaltungsmöglichkeiten als Folge des Übergangs in die Informationsgesellschaft deutlich, u.a. bewirkt durch die Auflösung der heute noch sehr starren Arbeitsbedingungen. In diesem Prozeß wird die Arbeit auch einiges von ihrem heute noch zentralen Stellenwert verlieren und werden neue Formen des gesellschaftlichen Befindens an Bedeutung gewinnen ([31] S. 63 ff). Vieles wird fundamental anders sein als heute und eine verantwortliche Politik muß rechtzeitig Vorsorge für diesen Übergang treffen. Leitmotiv für diesen Prozeß muß das gemeinsame Ziel einer *fairen Anpassung* an die neuen Verhältnisse sein. Viele, gerade auch junge Menschen, haben ihre Chancen in diesem Prozeß längst erkannt und sind voller Dynamik damit beschäftigt, diese neuen Möglichkeiten für sich auszuloten.

2.2 Maschinelle Intelligenz

Der beschriebene Übergang in die Informationsgesellschaft und die dafür ursächlichen *Leistungen rechnergestützter Systeme* hängen eng mit prinzipiellen Fragen nach den potentiellen Fähigkeiten von Automaten und damit – in umgangssprachlicher Vereinfachung – mit der Frage nach den Möglichkeiten und Grenzen *maschineller Intelligenz* zusammen. Einige der beobachtbaren Sorgen und Vorbehalte gegen zunehmende Rechnernutzung hängen ebenfalls direkt oder indirekt mit diesem Problemkreis zusammen, z.B. aufgrund bestehender Befürchtungen vor diesbezüglichen Möglichkeiten von Rechnern. Umgekehrt gibt es auch völlig überzogene öffentliche Erwartungen hinsichtlich kurzfristig möglicher positiver Beiträge maschineller Intelligenz, die z.B. in der aktuellen Diskussion über das Fachgebiet der *„Künstlichen Intelligenz"* deutlich werden. Im Hinblick auf dieses Fachgebiet irritiert u.a. der Anspruch, der (bewußt oder unbewußt) mit der historisch gewachsenen Benennung verbunden ist sowie die Natur des langfristigen Forschungsziels. Irritierend ist ebenso die in der öffentlichen wie wissenschaftlichen Diskussion häufig zu beobachtende Vertauschung von heutigen Möglichkeiten und langfristigen Hoffnungen. Die Dürftigkeit mancher aktueller Lösung stört zusätzlich, wie andererseits einige zukunftsweisende Erfolge zumindest zu begründeten Hoffnungen Anlaß geben. Es scheint bei dieser Ausgangssituation nützlich, einige grundsätzliche Hinweise zur Frage der maschinellen Intelligenz einzubeziehen (vgl. auch [1], [2], [6], [12], [13], [26], [34]). Vorweg sei aber betont, daß die *zentrale Stellung der Menschen* von all diesen Überlegungen letztlich nicht tangiert wird, so lange eine verantwortliche Politik den Freiraum für diese dominierende Rolle des Menschen sichert (vgl. hierzu 3.3).

Tritt man in eine Diskussion um *maschinelle Intelligenz* ein, so stellt sich zunächst die Frage nach dem Begriff der Intelligenz beim Menschen oder bei Tieren. Es ist eine Tatsache, daß eine allgemein akzeptierte verbindliche Definition dieses Begriffes nicht bekannt ist. Interessant ist auch, daß im Zuge der Steigerung rechnerbasierter Leistungen der Intelligenzbegriff (und auch die entsprechenden Meßmethoden) beständig modifiziert wurden: so würde heute z.B. niemand mehr die Fähigkeit zur Durchführung arithmetischer Rechnungen oder die exakte Beherrschung von Regeln zur Groß- und Kleinschreibung oder gute Fähigkeiten beim Schachspiel für sich allein als Ausweis von Intelligenz gelten lassen. Den angemessenen Zugang zum Begriff der Intelligenz bietet wahrscheinlich wieder eine evolutionstheoretische Betrachtungsweise. In dieser würde man Intelligenz u.a. mit einer *anpassungserhöhenden Fähigkeit zur Manipulation von und zur Inferenz in internen Modellen der umgebenden Welt sehen*, wobei diese Modelle ihrerseits *symbolhaft* repräsentiert sein können. Man kann davon ausgehen, daß alle höheren Lebensformen, und insbesondere der Mensch, über sehr differenzierte Modelle dieser Welt verfügen und diese Modelle als Grundlage für *Wahl- oder Instinkthandlungen* nutzen [20], [36]. Die benutzten Modelle, und die Arten der Informationsgewinnung aus solchen Modellen, sind tendenziell gut (im Sinne von lebenserhaltend), da der Mechanismus der Evolution anderenfalls eine längerfristige Tradierung dieser Elemente ausgeschlossen hätte. Wichtig ist allerdings, daß zwischen Modell und Wirklichkeit im allgemeinen große Lücken klaffen. Modelle sind also nur (ausreichend gute) Annäherungen an eine uns überhaupt nur partiell bekannte Realität. So beinhaltet z.B. die typische Vorstellung eines Baumes als Teil des Weltmodells eines Steinzeitmenschen Elemente wie „Undurchdringlichkeit", „Nahrungsquelle", „Tarnungsmöglichkeit", aber nichts von der diffizilen Feinheit, die die moderne Physik (z.B. auf der atomaren Ebene) zur Beschreibung eines Baumes verwenden würde. Nicht überraschend ist daher auch, daß unser gesamter Wahrnehmungsapparat („Weltbildapparat" [20]) primär für die in unserem internen Modell des Baumes relevanten Kategorien wie Stamm, Rinde, Äste, Blätter, Farbe, Früchte usw. ausgelegt ist; dies gilt entsprechend für die Alltagssprache!. Diese Beschränkung hat letztlich ihre Begründung darin, daß unter Steinzeitbedingungen genau auf dieser Ebene Überlebensfragen tangiert werden.

Der hier vertretene Standpunkt, daß *Modellierungsfähigkeit und Inferenz in Modellen* zentrale Elemente jeder intelligenten Tätigkeit sind, findet sich bestätigt bei einem Blick in den Wissenschaftsbereich. *Modellierung* ist eine zentrale Aufgabe in fast allen Disziplinen [3], von der Mathematik (abstrakte Sprachen) und Informatik (Spezifikation) über die Naturwissenschaften, die Ingenieurwissenschaften und die Wirtschaftswissenschaften bis hin zu Disziplinen wie der Psychologie, der kognitiven Linguistik und den Politikwissenschaften. Disziplinen wie die *Systemtheorie* oder das *Operations Research* befassen sich im wesentlichen überhaupt nur mit diesem Problemkreis und *Simulation,* also Inferenz in Modellen anstelle von realer Prüfung, ist für das Zeitalter der Informationstechnologie das Stichwort schlechthin!

Inferenz in vorgegebenen Modellen ist auch der methodische Rahmen heutiger *Expertensysteme,* von denen einige, wie z.B. DENDRAL (ein System zur chemischen Analyse organischer Substanzen), MACSYMA (ein System zur symbolischen Integration und zur Vereinfachung von mathematischen Formeln) und das VAX-Konfigurationssystem XCON erstaunliche Leistungen erbracht haben. Hochkomplexe *on-line*

Steuerungssysteme, z.B. zur Beherrschung technischer Prozesse oder zur Kontrolle von Verkehrssystemen (Autopilot, Zug-Leitsysteme), können entsprechend verstanden werden. Roboter, die in eingeschränkten Problembereichen komplexe Aufgaben lösen (Manipulation in „Klötzchen-Welten" [6]), Systeme, die in eingeschränkten Kontexten bewegte Bilder verstehen (z.B. die Analyse des Verkehrsgeschehens an einer Kreuzung [23]) oder schließlich Systeme, die in eingeschränkten Bereichen (einige Paragraphen des Verkehrsrechts [5]) natürlich-sprachliche Texte verstehen, basieren letztlich immer auf einem geeigneten, symbolisch repräsentierten Modell eines kleinen Ausschnitts der Welt (klein deshalb, weil mehr heute noch nicht bewältigt werden kann).

Über den beschriebenen Stand weisen aktuelle Forschungen hinaus. So steht im Bereich der entscheidungsunterstützenden Systeme der Schritt zu *integrierten Daten-, Algorithmen-und Modellbanken* bevor [4], [14], [25], welche in der simultanen Nutzung zahlreicher Modelle der beobachteten Flexibilität von Menschen näher kommen werden. Die automatische Modifikation von Modellen, orientiert an erzielten Ergebnissen und gemachten Erfahrungen, wurde in dem bekannten System AM (A Mathematician (18], [19]) realisiert, das so komplexe Begriffe wie „Primzahl" und „Primzahlzwilling" automatisch generiert hat. In dieselbe Kategorie fallen erfolgreiche Realisierungen von *„Lernkomponenten"* (z.B. bei strategischen Spielen), die zu beobachtbaren Leistungssteigerungen von solchen Systemen aufgrund der Akkumulation früherer Spielerfahrungen (nach sehr allgemeinen Prinzipien) geführt haben. Dies gilt analog für fortschrittliche Methoden der *statistischen Inferenz in Datenbanken* unter Einbeziehung von Techniken der automatischen Konzeptgenerierung mit zahlreichen potentiellen Anwendungen, z.B. im Bereich des Umweltschutzes oder der medizinischen Therapieplanung.

Man könnte diese Liste noch um viele interessante Elemente erweitern. Jedes Beispiel würde die hier vertretene These stützen, daß eine *maschinelle Intelligenz* im Sinne einer *erfolgreichen Inferenz in (partiellen) Weltmodellen* möglich ist. Diese Form der Intelligenz (die noch keine Bewußtseinsebene beinhaltet) ist schon heute in genügend eingegrenzten Kontexten, in denen das lokale Weltmodell als Basis ausreicht, Menschen in entsprechenden Funktionen teilweise überlegen (automatische Steuerung, bestimmte Expertensysteme, verschiedene strategische Spiele). Aus theoretischer Sicht vielleicht überraschend ist die Tatsache, daß die *Prinzipien der Manipulation und Inferenz* mittlerweile sehr weitgehend verstanden sind (logische Kalküle, Wahrscheinlichkeitstheorie, Entscheidungstheorie, Statistik, Optimierung, robuste Auswertungsmethoden). Demgegenüber bestehen nach wie vor erhebliche Defizite im Aufbau von globalen Weltmodellen, für die bisher nur erste Ansätze vorliegen. Komplexe Weltmodelle baut auch der Mensch nur über lange Zeiträume auf, und er verwendet dazu ein Begriffssystem, die *Sprache,* das auf vielen inhaltlich noch nicht verstandenen, jedem Menschen von Natur aus bereits mitgegebenen Grundfunktionen basiert. Derartige Grundfunktionen, die auch dem gesamten Wahrnehmungsapparat zugrundeliegen, erweisen sich in den aktuellen Forschungen zur künstlichen Intelligenz immer wieder als *kritische Engpaßstelle,* die den weiteren Fortschritt auf breiter Front (Bildverstehen, Sprachverstehen, Robotik) hemmt [8]. Es ist aus heutiger Sicht abzusehen, daß zur erfolgreichen Realisierung dieser Basisfunktionen ingenieurmäßige Beiträge und Beiträge der Mathematik eine zentrale Rolle spielen werden. Es kann auch sein, daß in diesem Bereich *analoge Komponenten,* deren bisheriges Fehlen in mancher Kritik der Ansätze im Bereich der künstlichen Intelligenz besonders herausgestellt wird

[8], eine größere Bedeutung erlangen werden. Dies gilt entsprechend für neuartige Formen der Systementwicklung und -erweiterung, die auf Nachbildungen des natürlichen Evolutionsprozesses beruhen und in anderen Zusammenhängen unter dem Stichwort *Evolutionsstrategie* untersucht werden [10], [27], [28].

Zusammenfassend bedeutet also die hier erfolgte Bejahung der Möglichkeit „Künstlicher Intelligenz" keine Unterstützung für Visionen, die bereits sehr bald Maschinen als perfekte Kopien von Menschen für möglich halten. Dem stehen u.a. die nach wie vor substantiellen Defizite im Verständnis fast aller wesentlichen Basisfunktionen ebenso entgegen wie u.U. prinzipielle Grenzen der heute verfolgten Ansätze. Den in dieser Hinsicht zurückhaltenden Bemerkungen von *Lothar Späth* ([31], S. 59 ff) kann man also partiell zustimmen, wenn auch mit der Einschränkung, daß dies in speziellen Kontexten – und die sind überraschenderweise für eine sehr große Zahl von beruflichen Funktionen gegeben – ganz anders sein kann. Eine Einschränkung ist auch bei einer langfristigen Perspektive angebracht. Zum einen beobachten wir schon heute im *Zusammenwirken von Mensch und Maschine* eine neue Stufe evolutionärer Entwicklung ([31], S. 60 ff), zum anderen sind langfristig Systeme denkbar, die in einer breiten Palette von Funktionen einen Vergleich mit den kognitiven Fähigkeiten des Menschen nicht zu scheuen brauchen. Absehbare Fortschritte in dieser Richtung sind auch gesellschaftlich dringend erwünscht. Z. B. erfordern die absehbaren Engpässe im *Pflegebereich* für eine im Mittel immer älter werdende Bevölkerung dringend geeignete Systemlösungen, um gerade in diesem Bereich durch Entlastung von Routineaufgaben Raum für vermehrte menschliche Kontakte zu schaffen.

2.3 Der Mensch als Bezugspunkt

Die gerade diskutierte Frage der Intelligenz von Maschinen wird in vielen Gesprächen als „Angriff" auf den Kern des Menschen verstanden. Mittels semantischer Spitzfindigkeiten werden dann alle bisherigen Leistungen von Systemen auf die sture Verarbeitung von Bit-Folgen reduziert und damit vermeintlich in ihrer Dürftigkeit entlarvt. Es gibt aber allen Grund zu der Annahme, daß auch beim Menschen auf einer gewissen Ebene eine ausschließliche Verarbeitung von Symbolen und Signalfolgen erfolgt [3], was aber keineswegs gegen seine Intelligenz spricht. Auch kann begriffliche Differenzierung letzlich nichts an der Tatsache ändern, daß u.U. ein Rechner im direkten Vergleich mit einem Menschen eine Schachpartie gewinnt, ein Rätsel schneller löst oder einen Fehler eher diagnostiziert. Bei genauerer Betrachtungsweise ist all dies auch unproblematisch, sobald nämlich entsprechende Lösungsfähigkeiten nicht mehr mit soviel Bedeutung belegt werden, wie dies heute oft geschieht. D.h., daß sich bei genauer Betrachtungsweise einige spezielle Intelligenzfähigkeiten isoliert als genauso wenig charakteristisch für den Menschen erweisen wie beispielsweise vorhandene motorische oder musische oder emotionale Fähigkeiten bzw. Reaktionen, die jede für sich ebenfalls langfristig in Gefahr geraten können, gegen Systemlösungen partiell nicht konkurrenzfähig zu sein. Fragt man aus dieser Perspektive nach dem, was heute spezifisch den Menschen gegenüber der Maschine auszeichnet, dann läßt sich dies vielleicht am stärksten durch die Begriffe *Freiheit* und *Bewußtsein* beschreiben. Ein genaues Verständnis beider grundlegender Begriffe stellt heute eine der zentralen Herausforderungen an die Naturwissenschaften und die Geisteswissenschaften dar. Im Gegensatz zu der wohl aus prinzipiellen Gründen nicht verstehbaren und nicht beantwortbaren Grundsatzfrage nach der „Existenz der Welt“ sind tiefliegende Einsichten hinsichtlich der materiell-biologischen *Möglichkeiten von Freiheit* und der *Verwirklichung von Bewußtsein* wahrscheinlich erreichbar [12], [13], [24], [26], [32], [36]. Wie in dem Ringen um eine Präzisierung des Intelligenzbegriffs stehen beteiligte Disziplinen wie die Mathematik, die Informatik, die Systemtheorie, die Psychologie und die Philosophie hier vor einer faszinierenden Aufgabe, zu deren Lösung mit dem methodischen Ansatz der *„Ausprägung des Ich-Symboles“* in internen Weltmodellen ein erster wichtiger Schritt getan ist [12], [13]. In dieser Sichtweise entsteht Bewußtsein aus einer Überlagerung und Verschmelzung einer intern vorhandenen, breit gefächerten symbolischen Repräsentation der eigenen Person mit den durch den Wahrnehmungsapparat direkt verfügbar gemachten, kontinuierlich anfallenden Informationen über das eigene Handeln und Fühlen [26].

Diese Forschungen weisen alle in eine weite Zukunft, aber schon der Gedanke an die Möglichkeit *„sich ihrer selbst bewußter Automaten“* hat etwas Faszinierendes. Es ist aber wichtig festzuhalten, daß selbst derartige bewußte Automaten noch immer nichts an der *zentralen Stellung des Menschen,* von der im weiteren die Rede sein soll, ändern können. Die Menschheit ist weitgehend im *Besitz der Macht* auf dieser Erde, und die Menschen richten die Verhältnisse letztlich ein zu ihrem Wohlbefinden. Dieses Wohlbefinden wird primär definiert durch die Funktionsbedingungen eines chemisch-biologischen Apparats und einer im Rahmen des Evolutionsprozesses gewonnenen Grundausstattung und ist der letztendliche Maßstab menschlicher Bewertung von Gegebenheiten, völlig losgelöst von irgendwelchen objektivierbaren Kriterien. Bei dieser Ausgangssituation sind für den Menschen tendenziell diejenigen Dinge mit Bedeutung versehen, die er selber tut. Dies war vielleicht in einer gewissen Epoche der Kampf mit dem Degen (gegen Atombomben sinnlos), zu einem anderen Zeitpunkt das Weben von Stoffen mit der Hand (macht eine Maschine heute besser) und zu wieder einem anderen Zeitpunkt die Addition von Zahlenkolonnen, das Ausfüllen von Zahlscheinen, das Erteilen von Unterricht, das Erlernen einer bestimmten Schrift, das Gewinnen von Schachpartien und vieles andere mehr. Sollten aufgrund technologischer Veränderungen diese oder andere Aufgaben, vielleicht die meisten heutigen Arbeiten insgesamt, obsolet werden (in dem Sinne, daß Automaten diese Dinge effektiver übernehmen können), so werden für den Menschen eben andere Bereiche wichtig werden, und zwar wieder genau diejenigen Dinge, die er konkret tut, was immer das dann auch sein mag. Bei langfristig angemessener gesellschaftlicher Organisation wird es sich dabei letztlich immer wieder um „Ersatzfelder“ handeln für das, was Menschen von ihrer evolutionsbedingten Grundprägung hier immer getan haben, nämlich z.B. die materielle Basis des Überlebens sichern, seine Angehörigen lieben, sich für seine Freunde einsetzen, sich für Aufgaben engagieren, Erfahrungen sammeln, in kleineren Gruppen einen anerkannten Platz einnehmen wollen, sich bewähren wollen und sich gegebenenfalls auch für eine als gut erkannte Sache opfern. Wenn man in dieser Perspektive die Aufgabe verantwortungsvoller Politik beim Übergang in die Informationsgesellschaft formuliert, dann geht es im Kern darum, in einer geeigneten, fairen Steuerung *materielle und geistige Bedingungen* zu schaffen, die dem Menschen ein Dasein mit den beschriebenen Selbstverwirklichungselementen ermöglichen und somit seinen natürlichen Bedürfnissen und seiner biologischen Vorstrukturierung entgegenkommen. Von möglichen konkreten Schritten auf diesem Wege soll im weiteren die Rede sein.

3 Die Herausforderung an die Politik

3.1 Forschungspolitische Notwendigkeiten und Maßnahmen der Strukturpolitik

Die aus der internationalen Konkurrenzsituation resultierenden Notwendigkeiten und das besondere – auf Selbstverstärkung von Prozessen zielende – Potential moderner Informationsverarbeitung zwingen eine führende Industrienation wie die Bundesrepublik und einen industriell entwickelten Kontinent wie Europa zu erheblichen Anstrengungen zur Sicherung der Wettbewerbsfähigkeit in diesem Bereich. Der internationale Wettlauf der Forschungsförderung in der Informationstechnologie und die Erkenntnis, daß Forschung heute eine der *zentralen Produktivkräfte* ([31], S. 114) ist, unterstützen diese Betrachtungsweise. *Lothar Späth* ([31], S. 111) verstärkt diese Sichtweise noch durch die generelle – bis heute viel zu wenig beachtete – Forderung, *Steuerungsintelligenz* auch im politischen Bereich einzubringen; Gebiete wie Kybernetik, Synergetik, Entscheidungstheorie und Systemtheorie sind hier besonders zu erwähnen [3]. Es ist wichtig für die Politik, angesichts dieser Situation angemessen zu reagieren. Eine Förderung der Grundlagenforschung ist ebenso erforderlich wie angewandte Forschungen in den genannten Bereichen. Nicht vergessen werden sollten darüberhinaus geeignet angelegte Ausbildungsprogramme für breite Bevölkerungskreise und Forschungen und Programme zur Überwindung von Hemmschwellen hinsichtlich einer breiten Rechnernutzung.

Geht man von diesen allgemeinen und natürlich wichtigen Grundsatzaspekten einmal weg, so wird das Gestalten einer konkreten Forschungspolitik schwierig, da es mit der Bereitstellung flächendeckender Mittel und z.B. der simultanen Schaffung zahlreicher neuer Professuren nicht getan ist. Nach einer zunächst verzögerten Entwicklung z.B. der *Informatik* ([31], S. 23) beobachtet man heute die soeben angedeuteten gegenteiligen Phänomene. Die Ergebnisse sind beunruhigend. Ein sich selbst anheizendes Berufungskarussell erschwert längerfristige Orientierung und fördert Mittelmaß in den Besetzungen, ein Projektüberangebot macht Forscher zu Verwaltern von Projektbündeln, eine Projektbegutachtungs- bzw. -kooperationskarawane bewegt sich durch Europa, und alle Voraussetzungen zu einer *fachlichen Nabelschau* sind gegeben. Demgegenüber stehen wir vor der sich immer weiter verschärfenden Situation einer starken Segmentierung des Gesamtwissens ([31], S. 137) mit der dringenden Notwendigkeit einer *interdisziplinären Zusammenarbeit* zur Erarbeitung zukunftsgemäßer Lösungen. In einer solchen Zusammenarbeit, die Mathematiker, Informatiker, Kognitionswissenschaftler, Philosophen, Psychologen, Statistiker, Systemanalytiker, Ingenieure und Ökonomen in geeigneten längerfristigen Projekten zusammenbringt, ließen sich Lösungen der eigentlich interessierenden Probleme erarbeiten, im Unterschied zu den häufig beobachtbaren Scheinlösungen für Fragen, die niemand gestellt hat. Tatsächlich liegt in einer solchen interdisziplinären Zusammenarbeit, z.B. zur Realisierung zukunftsweisender Software, aufgrund der hier gegebenen speziellen Bedingungen im Bereich der Wissenschaft eine besondere Chance, in der Bundesrepublik bzw. in Europa zu international herausragenden Ergebnissen zu kommen, während dies in vielen anderen Bereichen der Informationstechnologie weniger der Fall ist. Leider sind in der bundesdeutschen Wissenschaftspolitik trotz großer Förderbeträge entsprechende Initiativen fast nie erfolgt. Hierbei spielt wohl auch die Tatsache eine Rolle, daß unabhängig vom Engagement im Einzelfall für alle beteiligten Institutionen und Verwaltungen – auch die Deutsche Forschungsgemeinschaft – letztlich die klassische Projektförderung kleiner, absehbarer Schritte auf der dokumentierten Basis vieler früherer kleiner Schritte (und dies im Proporz verwaltet nach genau eingeteilten Fächer-Kategorien) die (lokal) einfachere und weniger riskante Politik der Mittelvergabe darstellt. Demgegenüber scheint die Vorstellung des gemeinsamen Versuchs der Erarbeitung ganz neuer Lösungen auf der Basis früherer erfolgreicher Arbeiten in tangierten Gebieten bei vollem Erfolgsrisiko weniger verbreitet zu sein. Vielleicht kann es bei diesen Systemgegebenheiten einmal eine wichtige Funktion eines geeigneten Gebietes, wie z.B. der „Künstliche Intelligenz", sein, einen den vorhandenen bürokratischen Gegebenheiten genügenden fachlichen Ort für die angedeuteten interdisziplinären Forschungen bereitzustellen. Selbst bei einer derartigen Perspektive bleibt aber das Fehlen eines stärkeren Einsatzes von *Risikokapital* auch im Wissenschaftsbereich ein bedrohliches Defizit, zu dem hier abschließend nur angemerkt werden soll, daß der, der nicht wagt, auch nicht gewinnt.

Diese eher kritischen Bemerkungen zur Forschungsförderung in dem zur Diskussion stehenden Bereich und der Hinweis auf fehlende Risikofreude ist hier auch deshalb erfolgt, weil sich in der Frage der *Strukturpolitik* die Herausforderungen entsprechend stellen. Nimmt man die Bedeutung der Informationstechnologie für die *mittelständische Industrie* oder für Deutschlands wichtigsten Exportbereich, den *Maschinenbau,* dann ist die Notwendigkeit einer strukturellen Förderung entsprechender Neuerungen evident. In [31] wird hierzu sehr illustrativ ausgeführt, daß in Zukunft Informationsströme wichtiger sein werden als Verkehrsströme, und daß der Staat, so wie er für das eine sorgt, auch für das andere sorgen muß. Zu erwarten, daß etwa hinsichtlich einer adäquaten Bereitstellung von Einrichtungen zur Datenfernkommunikation entsprechende Installationen von einzelnen Betrieben oder Branchen initiiert werden könnten, ist angesichts der vorhandenen Systembedingungen unrealistisch. Es dokumentiert überzeugend die politische Handlungsfähigkeit von *Lothar Späth*, daß er in der international bereits schwierigen Konkurrenzsituation den ihm gegebenen Spielraum genutzt hat und auch noch nutzt, um über Kontaktanbahnungen, Richtungsvorgabe und konkrete strukturelle Maßnahmen wie der Förderung von *Gründungszentren* bestehende Defizite zu beseitigen. Dabei orientiert er sich an der Zielvorstellung, vorhandenes innovatives Potential für Wachstum und Beschäftigung nutzbar zu machen, also die Produktivkraft des technischen Fortschritts ([31], S. 183 ff) über gezielten Technologie-Transfer frühestmöglich zur Sicherung der Wettbewerbsfähigkeit und zur Schaffung überlebensfähiger neuer Arbeitsplätze einzusetzen. Diese Art des individuellen politischen Handelns ist ein wichtiges Korrektiv zu den oftmals lähmenden politischen Standardprozeduren und in dieser Weise sowohl vom Wähler gewünscht, als auch von der politischen Systemkonstruktion her gefordert. Gerade für leistungswillige Bürger haben diese konkreten Handlungen in besonderem Maße Gewicht und Signalkraft und stehen daher auch (in Verbindung mit ihrer theoretischen und konzeptionellen Fundierung) mit gutem Grund im Zentrum einer erfolgten wissenschaftlichen Ehrung [11]. Die immer wieder auch zu hörende puristische Kritik an diesen Maßnahmen mit ihrer Überbetonung der Marktmechanismen verkennt hier gleich dreierlei: zum einen das vergleichsweise kleine Volumen erfolgter finanzieller Aufwendungen im Verhältnis zu bestimmten Subventionsmaßnahmen (vgl. hierzu das ZEIT-Gespräch mit *Lothar Späth* vom 13. Dezember 1985), ferner die vorhandenen Leistungsgrenzen des Marktmechanismus in seiner Funktion als Steuerungselement für Strukturentscheidungen (schließlich ist dieser Mechanismus kein Selbstzweck, sondern beweispflichtig in einem größeren Systemkontext) und schließlich die dominierende Bedeutung des der Marktwirtschaft übergeordneten politischen Systemzusammenhangs, von dem in 1.3 die Rede war. Das langfristige Überleben dieses politischen Systems (auch unter schwierigen Bedingungen) ist das primäre Ziel, und das Erreichen dieses Ziels hängt eben entscheidend auch von der gezielten Ausnutzung vorhandener Spielräume durch Politiker mit entsprechenden Einsichten ab. Genau aus diesen Gründen ist das politische System auch auf verantwortlich handelnde Personen gegründet und nicht nur auf abstrakte Prinzipien oder formale Prozeduren.

Fassen wir zusammen: In den Forschungen zur Informationstechnologie haben die Bundesrepublik und Europa zwar Boden gut gemacht, aber bisher nicht vollständig zu den führenden Nationen USA und Japan aufgeschlossen. Wenn man dies leisten will, sind gezielte und risikobereite Maßnahmen der Forschungsförderung und der Strukturpolitik gefordert, die sich insbesondere auf solche Bereiche konzentrieren, in denen wir strukturell zu einer internationalen Führungsposition befähigt sind. Dies scheint vor allem auch den Bereich fortgeschrittener Softwarelösungen für solche Anwendungsgebiete zu betreffen, in denen eine interdisziplinäre Zusammenarbeit tangierter wissenschaftlicher Disziplinen eine notwendige Voraussetzung darstellt. Dieser Bereich ist gegenüber Hardwareentwicklung oder Sprachentwicklung längerfristig auch ökonomisch besonders interessant, da hier das Wissen nicht so schnell *zum allgemein verfügbaren Standard wird* bzw. *veraltet*. Auch führen Vorteile in diesem Bereich unmittelbar zu Vorteilen in den jeweiligen Anwendungsgebieten. Es bleibt zu hoffen, daß Politik und Forschungsförderungsinstitutionen dies erkennen und die notwendigen mutigen Schritte auch ohne dreifache Absicherung unternehmen. Aus der höheren Perspektive einer frei gesteuerten politischen Ordnung sind sie das in dieser Situation dem Gesamtwohl schuldig.

3.2 Notwendige Orientierungsvorhaben durch die Politik

Die Hinweise in 3.1 betreffen das Zentrum der Dynamik auf dem Wege in die Informationsgesellschaft, aber nicht die Breite der politischen Aufgaben auf diesem Wege, die die eigentliche gesellschaftliche Relevanz dieses Prozesses ausmacht. Hinsichtlich der konkreten Ausgestaltung dieses Weges ist vieles heute noch unklar, gewiß ist nur, daß die Veränderungen gravierend sein werden. In einer derartigen Situation ist es ganz wesentlich, daß Politiker unter Nutzung vorhandener systemtheoretischer Methoden *mögliche Szenarien* zukünftiger Entwicklung offen diskutieren, um die sonst unvermeidbare Herausbildung bestimmter Erwartungshaltungen oder den Aufbau bestimmter Anspruchsformen von vorneherein abzuschwächen. Das Beharrungsvermögen entsprechender (legitimer) Anspruchsformen zeigt sich heute z.B. bei der Frage der bruttolohnbezogenen Rente und steht bestimmten, in absehbarer Zeit vielleicht notwendigen Schritten entgegen, sofern nicht wenigstens heute auf die mögliche Notwendigkeit bestimmter Schritte in einigen Jahren (bzw. Jahrzehnten) hingewiesen wird. Eine Politik des bloßen „Weiter so", und die Hoffnung auf das erneute Auftreten bestimmter früherer Ablaufmuster ist in einer derartigen Situation nicht nur naiv, sondern wegen der indirekten Einschränkungen für spätere Lösungsoptionen schlichtweg verantwortungslos.

Betrachtet man zukünftige Szenarien unter den Stichworten „Technologie, Wachstum und Beschäftigung", so erkennt man sicher die schon diskutierten gewaltigen technologischen Veränderungen, man erkennt auch qualitative wie quantitative Wachstumsmöglichkeiten in Abhängigkeit von den immer spürbarer werdenden Restriktionen der Umweltbelastbarkeit, hingegen fällt es schwer, eine Verbesserung der Beschäftigungssituation unter den gegebenen Systembedingungen für möglich zu halten. Viel eher erkennt man eine zunehmende *strukturelle Arbeitslosigkeit* im Sinne abnehmender Arbeitsnotwendigkeiten und unsymmetrischer Verteilung von Arbeitsfähigkeit. Auch diese Tendenz darf nicht verschwiegen werden, da sie in zunehmendem Maße Lebenschancen blockiert und da ein Nicht-zur-Kenntnis-Nehmen dieser Entwicklung letztlich für einen möglichst langen Zeitraum auf eine unfaire Lösung der absehbaren Anpassungsprobleme abzielt.

Demgegenüber sollte eine verantwortungsvolle Politik sich tendenziell eine Sichtweise zu eigen machen, die in den letzten Jahren in unterschiedlichen Varianten in die öffentliche Diskussion eingetreten ist und z.B. mit dem Stichwort einer *allgemeinen Grundversorgung* beschrieben werden kann. Bei dieser Sichtweise geht man davon aus, daß angesichts der Leistungsfähigkeit des bundesdeutschen Industrieapparats, der über Generationen aufgebaut wurde, das erwirtschaftete Ergebnis immer weniger bestimmten arbeitenden Personen zuzurechnen ist, als vielmehr dem Gesamtsystem an sich. Stellt man sich nur für einen Augenblick einen vollständig automatisierten Produktionsapparat vor, so wird die Richtigkeit dieser Sichtweise evident. Konsequenterweise wird in zunehmendem Umfang die Zugehörigkeit zum Staat (im Sinne eines Anteil-Rechts) zu einem *Partizipationsrecht* an der gesamten Güterproduktion führen. Dieses Partizipationsrecht gilt für Kinder, Erwachsene, Rentner, Berufstätige, Hausfrauen, Arbeitslose, usw. gleichermaßen und betrifft einen Grad der Versorgung, der menschenwürdig sein soll, bestimmte *Leistungspflichten* beinhalten kann und über den letztlich politisch entschieden wird. Das angesprochene Partizipationsrecht ist in stark eingegrenzter Weise natürlich auch heute de facto gegeben, wenn auch verdeckt und unter Einbeziehung sehr unterschiedlicher Elemente wie u.a. Ansprüche gegenüber Angehörigen oder der Sozialhilfeanspruch. Es ist auch verständlich, daß man bis heute in dieser Frage zurückhaltend operiert, da bisher, und auch noch in naher Zukunft, ein *ökonomischer Zwangsmechanismus* zur Sicherstellung eines ausreichenden Arbeitsangebots notwendig ist. Dennoch erscheint mittlerweile der Zeitpunkt gekommen zu sein, um in langsamen Schritten zu anderen Systemkonstruktionen überzugehen, wobei zunächst graduelle, an bestimmten Bevölkerungsgruppen orientierte Schritte vorgesehen werden sollten und geeignete Finanzierungsinstrumente, z.B. orientiert an der *Wertschöpfung* von Betrieben, gefunden und durchgesetzt werden müssen.

Der beschriebene Ansatz wird längerfristig eine Vielzahl der Probleme lösen helfen, vor denen wir heute stehen. Bestehende Ungerechtigkeiten bei der Versorgung von Kindern, bei der gesellschaftlichen Bewertung von Hausarbeit oder bei der Versorgung älterer Menschen würden weitgehend beseitigt, genauso wie viele bestehende ökonomische Zwänge und Machtstrukturen in der Lebensgestaltung oder in Lebensgemeinschaften. Vor allem aber ermöglicht ein solcher Schritt tendenziell eine Befreiung der Arbeitsentlohnung von der indirekten Finanzierung des gesamten Sozialbereichs und macht daher *Arbeit vielfach wieder konkurrenzfähig* ([31], S. 118 ff). Auf der Basis einer Grundversorgung ist auch eine sehr viel stärkere persönliche Differenzierung nach Interessen und individuellen Lebensentwürfen möglich. Da der Arbeitslohn nur noch partiell zum Lebensunterhalt beiträgt, wird eine soziale, musische oder freizeitorientierte Lebenssicht ebenso möglich sein wie eine nach wie vor starke Konzentration auf berufliche Tätigkeit. Arbeitsmöglichkeiten werden bei diesem Finanzierungsmodell, bei dem die eigentlichen Lohnkosten signifikant niedriger sind als heute, wahrscheinlich wieder in sehr viel größerem Maße verfügbar sein und dabei Bereiche betreffen, in denen heute aus finanziellen Gründen kaum Arbeit nachgefragt wird (z.B. in der Altertumsforschung, im Bibliotheksbereich, in der sozialen Betreuung oder in der Kunst). Es ist ja nicht so, als gäbe es jetzt oder in der Informationsgesellschaft keine Arbeit im Sinne einer für die Allgemeinheit nützlichen Betätigung, es gibt nur unter den vorhandenen Finanzierungsbedingungen zu wenig nachgefragte Arbeit.

Faßt man diese Hinweise zusammen, so erweist sich als Reaktion auf die sich verschärfende Problematik der *strukturellen Arbeitslosigkeit* eine neue Form des *gesellschaftlichen Gütertransfers* als langfristig notwendiger Schritt, wenn eine faire Anpassung an die Bedingungen der Informationsgesellschaft gelingen soll. Dieser Schritt ist zugleich enorm hilfreich bei der Lösung einer großen Zahl anderer aktueller gesellschaftlicher Probleme. Da er zugleich die Nachfrage nach Arbeit von heutigen kontraproduktiven Zusatzbelastungen löst, erleichtert dieser Schritt zugleich die Arbeitsplatzkrise und gibt sogar Bereichen eine Chance, die heute für bezahlte Arbeit weitgehend ausfallen. Das mit dem beschriebenen Prozeß verbundene Element einer individuelleren Lebensgestaltung wird wahrscheinlich auch heutige Partialprobleme wie „Ladenschlußzeiten", „Heimarbeit" oder „Agrarmarktprobleme" lösen helfen, ebenso wie die langsame Umorientierung weg von einem *berufsbezogenen Lebensentwurf* und hin zu neuen Werten und Bedeutungsdimensionen, wie sie in 2.3 angesprochen wurden. Der beschriebene Umorientierungsprozeß scheint unauflöslich mit dem Weg in die Informationsgesellschaft verbunden zu sein und beinhaltet über die beschriebenen Aspekte hinweg vielfache Anforderungen an die Politik. So werden in diesem Übergang viele heute zugestandene Privilegien ihre Legitimationsbasis verlieren, die Eigentumsfrage wird sich in manchen Aspekten neu stellen, bestimmte teuere „Oasen" wie der gesamte Medizinbereich werden sich an veränderte Rahmenbedingungen anpassen müssen, und nicht zuletzt werden weiterhin bestimmte hochqualifizierte Bürger zentrale Arbeitsfunktionen im Kernbereich der Organisation des informationsgesellschaftlichen Gesamtsystems wahrzunehmen haben. Die *Motivation* und *Ausbildung* eines entsprechend qualifizierten Nachwuchses unter den beschriebenen Bedingungen einer postindustriellen Gesellschaft ist eines der Probleme, über das nicht früh genug nachgedacht werden kann. Denn schon heute scheint gerade die Motivation für eine entbehrungsreiche und zeitaufwendige lebenslange Lern- und Forschertätigkeit immer schwerer erreichbar zu sein.

Angesichts dieser Probleme ist Orientierung und Perspektive geboten, offene Diskussion möglicher Alternativen in einer längerfristigen Perspektive und ohne kurzfristige Bedrohung bestehender ökonomischer Positionen. Konsensbildung und Vorbereitung auf Zukünftiges ist notwendig und ebenso eine Positionsbeziehung in grundsätzlichen Abwägungsfragen auf dem Weg zu diesem Ziel. Es ist bedauerlich, daß in der aktuellen Politik von all dem so wenig die Rede ist, auch wenn einige Beiträge führender Politiker aus jüngerer Zeit, und „Wende in die Zukunft" gehört dazu, zu Hoffnungen für die Zukunft Anlaß geben.

3.3 Der Umgang mit den Überlebensfragen

Es ist aus der Sicht dieses Textes notwendig, zum Schluß auf die prinzipiellen Überlebensfragen wie die Gefahr einer *atomaren Vernichtung,* dem drohenden *Zusammenbruch des Ökosystems* und dem bedrückendsten aller Probleme, nämlich der *weltweiten Überbevölkerungskrise,* zurückzukommen, da ohne eine Lösung für diese Bedrohungen jede andere politische Betätigung sich letztendlich als sinnlos erweisen wird. Konzentriert man sich zunächst auf die Gefahr der *atomaren Vernichtung,* so scheint hier trotz der beobachtbaren Automatismen im Rüstungsbereich bei einer geeigneten Mischung aus demonstriertem eigenem Selbstbehauptungswillen, praktizierter Kalkulierbarkeit des eigenen Verhaltens und *intelligenten Abrüstungsinitiativen* durchaus die Möglichkeit zu bestehen, die Wahrscheinlichkeit einer derartigen Vernichtung (die ohne Selbstaufgabe einer der beteiligten Parteien nicht auf Null reduziert werden kann!) *sehr klein* zu halten, so daß Zeit für heute noch nicht absehbare, internationale Systemanpassungen bleibt, die irgendwann einmal vielleicht das Problem als solches gänzlich beseitigen werden. Intelligente Politik bedeutet in dieser Situation für uns als ökonomisch stärkere Gruppierung eine Auflösung der *spieltheoretischen* Problematik in der Rüstungspolitik durch eigene Abrüstungsvorleistungen und Kopplung der eigenen zukünftigen Waffenproduktion an diejenige der anderen Seite. Wenn hierbei glaubwürdig damit gedroht werden kann, in Zukunft jede weitere Maßnahme der anderen Seite in doppeltem Umfang nachzuvollziehen, so bestehen gute Aussichten, daß jede weitere Aufrüstung unterbleibt, da sie für den Handelnden die eigene Situation nur verschlechtern kann. Diese Art der wechselseitigen Fesselung, die dem spieltheoretischen Charakter der Situation gerecht wird, ist natürlich auch innenpolitisch gegenüber Nutznießern einer forcierten Rüstung nicht einfach durchsetzbar (und bedingt daher entsprechende ökonomische Alternativangebote), dafür aber vielversprechend, vorausgesetzt, daß ein sehr breiter politischer Konsens hergestellt und nach außen kommuniziert werden kann. Der Nato-Doppelbeschluß war ein erster Schritt zu einer derartigen intelligenten Politik und das Vollziehen auch der 2. Phase aus strategischer Sicht eine unbedingt notwendige Konsequenz dieses intelligenten Ansatzes. Es bleibt nun abzuwarten, wie weit die mit diesem Beschluß verbundenen Ziele der Rüstungseinschränkung mittelfristig erreicht werden.

Die *Gefährdung des Ökosystems* und die *Überbevölkerungskrise* sind als Probleme sehr eng gekoppelt. Mit jeder weiteren Zunahme der Zahl der Menschen auf dieser Erde nehmen die Probleme zu, genauso wie die Explosionsgefahr bei der immer weiteren Erhöhung des Drucks in einem Kessel, der ohnehin kurz vor der Explosion steht. Es gibt auch überhaupt keinen Anlaß zu der Hoffnung, daß die Menschen hier oder in der Dritten Welt durch eigene Zurückhaltung zu einer wesentlichen Entlastung der Umweltproblematik beitragen werden. Dies widerspricht in dem einen Fall gewachsenen Grundansprüchen und systemimmanenten Bedingungen, und in dem anderen Fall dem natürlichen Überlebenswillen der Menschen. Will man in dieser Situation die *natürliche Lösung* eines Systemzusammenbruchs und nachfolgenden millionenfachen Elends verhindern, so bleibt nur die Möglichkeit des gezielten Druckabbaus, d.h. einer Politik, die weltweit auf eine *deutliche Reduzierung der Zahl der Menschen* gerichtet ist. Bei einer kleineren Zahl kann man die Belastungen der Umwelt reduzieren und dennoch den Pro-Kopf-Konsum erhöhen. Man erhält auch Spielräume, um z.B. den Lebensstandard in der Dritten Welt zu heben. Daß eine Umkehrung des Trends in der Bevölkerungsentwicklung möglich ist, hat China – mit allerdings z.T. wenig schönen

Methoden – demonstriert. Bei einer entschlossenen, sich selbst nicht ausnehmenden Politik könnten die entwickelten Staaten die bei ihnen freiwerdenden Ressourcen gezielt zur Förderung einer entsprechenden, durch ökonomische Anreize gesteuerten Politik gegenüber der Dritten Welt einsetzen. Hier ist eine Vielzahl von konkreten Maßnahmen denkbar, die an dieser Stelle nicht erörtert werden können, die es aber wert wären, im Rahmen von Forschungsprojekten unter Einschluß von Politik-, Sozial- und Geisteswissenschaften genauer geprüft zu werden. Im Zentrum der Zielsetzung steht eine weitere Verminderung der Zahl der Menschen in den Industriestaaten mit daraus resultierenden Ressourcenüberschüssen, die teils zur Verbesserung der Umweltbedingungen hier und teils zur Verbesserung der Lebensbedingungen in der Dritten Welt genutzt werden könnten, und zwar *ausschließlich* konzentriert auf solche Staaten (und gegebenenfalls Personen), die in ihrem Bereich sinkende Geburtenzahlen und bestimmte Umweltschutzmaßnahmen realisieren. Eine solche Politik, die über einige Generationen durchgehalten werden müßte, mag hart erscheinen, ist aber human im Vergleich zu dem *millionenfachen Verhungern,* wie es heute bereits permanent (wenn auch oft unbemerkt) geschieht. Ist einmal ein Gleichgewicht auf niedrigem Bevölkerungsniveau erreicht, so kann eine im wesentlichen identische Reproduktion, (an der langfristig ohnehin kein Weg vorbeiführt!) erfolgen. Es wird an dieser Stelle nicht verkannt, daß die nationalen wie internationalen Rahmenbedingungen dem beschriebenen Ansatz total entgegenstehen. Dennoch ist nicht auszuschließen, daß die Grausamkeit der Alternative, die in ihren Konsequenzen in den nächsten Jahren und Jahrzehnten immer offensichtlicher werden wird, vor allem in den westlichen Industrienationen zu einem grundsätzlichen Umdenken führen wird. Gerade auch aus ethischer Sicht wird man einer bewußt geplanten Regulierung gegenüber einem nicht mehr zu verdrängenden Massensterben den Vorzug geben.

In diesem Zusammenhang scheint es hier zum Abschluß auch nützlich zu sein, einige der üblichen Vorbehalte und Ängste angesichts einer zahlenmäßigen Abnahme der Bevölkerung (die sicher zeitweise mit einigen unschönen Begleiterscheinungen verbunden ist) zu entkräften. Solche Ängste beziehen sich u.a. auf die Sicherung des Volkseinkommens, der Renten, der militärischen Stärke usw. und sind ja in der Bundesrepublik mit ihrer ohnehin abnehmenden Bevölkerung ein häufiges Thema. Erneut liegt in dem bereits begonnenen Übergang in die *Informationsgesellschaft* der Schlüssel zu einer Lösung. Rechnergestützte Systeme werden, wie oben schon diskutiert, viele der befürchteten Funktionslücken schließen können. Dies betrifft den Erhalt des zur Verteilung verfügbaren Bruttosozialproduktes wie die Verteidigungsfähigkeit und nicht zuletzt auch den Wissenstransfer in die unterentwickelten Länder. Rechnergestützte Systeme werden auch, so schwer dieser Gedanke für manchen auf den ersten Blick sein wird, in der Versorgung von Kindern, Kranken und älteren Menschen zu akzeptablen Lösungen und damit zur Überwindung befürchteter Systemdefizite führen. Akzeptabel bedeutet hier die Übernahme bestimmter aufwendiger Routineverpflichtungen, und gerade hierdurch wird auch unter den absehbaren, schwierigen Bedingungen der Raum für die so wichtigen menschlichen Kontakte, die dann von diesen Routineaufgaben entlastet sind, erhalten.

Es ist angesichts dieser schwierigen Notwendigkeiten und dieses Balanceakts in der Nutzung kompliziertester Technik mit dem Ziel einer Entspannung der Umweltkrise über die Verringerung der Menschenzahl auf diesem Planeten eine vielleicht tröstende Feststellung, daß nur der Druck und das Potential dieser viel zu großen Zahl von Menschen zu dieser leistungsfähigen Technik und diesem Stand der Wissenschaft geführt haben, die in Zukunft vielleicht eine Lösungsmöglichkeit erlauben. Das Gesamtsystem mußte erst so groß werden und in diese bedrohliche Lage geraten, um über die Infrastruktur und das technische Wissen zu verfügen, das einer deutlich geschrumpften Zahl von Menschen vielleicht einmal ein Dasein in stabilen natürlichen Kreisläufen als integraler, nicht mehr überall dominierender Bestandteil der umgebenden Natur ermöglichen wird.

Zusammenfassung

Politik im ausgehenden 20. Jahrhundert muß weltweit drohende Gefahren ebenso meistern wie schwierige Abwägungsentscheidungen hinsichtlich der weiteren Entwicklung der komplexen gesellschaftlichen Gebilde der hochentwickelten Industriestaaten. Dabei ist sie den Zwängen der eigenen Systembedingungen unterworfen. Wie schon immer in der Geschichte zeigt sich auch hier, daß die Gestaltungsfähigkeit der handelnden Personen letztlich der wichtigste Anknüpfungspunkt für die Hoffnung auf faire und humane Lösungen auch unter schwierigen Bedingungen ist, wiewohl Garantien nicht gegeben werden können und Scheitern immer möglich bleibt. In der aktuellen Lage kommt dabei einer erfolgreichen Bewältigung des *Übergangs in die Informationsgesellschaft* eine entscheidende Bedeutung zu, da dieser Übergang zu einer Vervielfachung verfügbarer Optionen führt und damit eine sehr gezielte Anpassung an konkrete Notwendigkeiten erleichtert. Potentiell schließt dies auch die aus einer systemtheoretischen Sicht unbedingt notwendigen Schritte hin zu einer *Verringerung der Menschenzahl* auf diesem Planeten ein.

Lothar Späth hat es in „Wende in die Zukunft“ unternommen, gegen herrschende Modetrends diesen wichtigen Übergang in die Informationsgesellschaft in einer Gesamtsicht darzustellen und in einen politischen Gesamtentwurf einzubringen, der wissenschaftlichen Aspekten der Fragestellung gerecht wird und der zugleich konkretes politisches Handeln reflektiert.

Danksagung. Der vorliegende Text ist wesentlich geprägt durch zahlreiche Gespräche mit Angehörigen, Freunden, Bekannten, Kollegen, Mitarbeitern und Studenten. Für diese Unterstützung möchte ich mich an dieser Stelle bedanken.

Literatur

[1] A. Barr, E. A. Feigenbaum: The handbook of artificial intelligence vol. I., W. Kaufman Inc., Los Altos 1981

[2] A. Barr, E. A. Feigenbaum: The handbook of artificial intelligence vol. II., Pitman, London 1982

[3] H. Beran, F. Pichler (Hrsg.): Beiträge zur Systemforschung, Springer Verlag, Wien 1985

[4] R.W. Blanning.: A relational framework for model bank organization, Proc. IEEE Intl. Workshop on Languages for Automation, New Orleans 1984, S. 141-146.

[5] A. Blaser, B. Alschwee, He. Lehmann, Hu. Lehmann, W. Schönfeld: Ein juristisches Expertensystem mit natürlichsprachlichem Dialog – ein Projektbericht, in: W. Brauer, B. Radig (Hrsg.): Wissensbasierte Systeme, Springer Verlag 1985, S. 42-57

[6] P. R. Cohen, E. A. Feigenbaum: The handbook of artificial intelligence vol. III., Pitman, London 1982

[7] R. Dahrendorf: Lebenschancen, Suhrkamp, Frankfurt 1979
[8] H. L. Dreyfuss: Die Grenzen künstlicher Intelligenz, Athenäum, Königstein 1985
[9] I. Eibl-Eibesfeldt: Die Biologie des menschlichen Verhaltens. Grundriß der Humanethologie, Piper, München 1984
[10] L. J. Fogel, A. J. Owens, M. J. Walsh: Artificial intelligence through simulated evolution, John Wiley, New York 1966
[11] R. Henn, L. Späth, H. Lübbe, G. Krüger: Beschäftigung und Technologietransfer, Athenäum Verlag, Königstein 1985
[12] D. Hofstädter, D. Dennett: The mind's I, Bantam Books, New York 1981
[13] D. Hofstadter: Gödel, Escher, Bach, Klett-Cotta, Stuttgart 1985
[14] M. Jarke, F. J. Radermacher: Model management for decision support: A proposal, Preprint, Universität Passau 1986
[15] R.L. Keeney: Siting energy facilities, Academic Press, New York 1980
[16] R.L. Keeney, H. Raiffa: Decisions with multiple objectives, Wiley, New York 1976
[17] R.L. Keeney, O. Renn, D. von Winterfeldt, U. Kotte: Die Wertbaumanalyse, High Tech. Verlag, München 1984
[18] D.B. Lenat: On automated scientific theory formation: A case study using the AM program, in: J.E. Hayer, D. Michie, L.I. Mikulich (Prsg.): Machine and Intelligence, Halsted Press, New York (1977) 9
[19] D.B. Lenat: EURISKO – A program that learns new heuristics and domain concepts, in: AI (1983) 21
[20] K. Lorenz: Die Rückseite des Spiegels, Piper Verlag, München 1973
[21] K. Lorenz: Die acht Todsünden der zivilisierten Menschheit, Piper Verlag, München 1973
[22] E. Mayr: The growth of biological thought, Belknap-Harvard, Cambridge 1983
[23] B. Neumann: Knowledge sources for understanding and describing time-varying scenes, in: W. Wahlster (Hrsg.): GWAI-82, Informatik Fachberichte, Springer Verlag, Berlin 1982, S. 1-21
[24] K.R. Popper: Objektive Erkenntnis. Ein evolutionärer Entwurf, Hoffmann & Campe, Hamburg 1974
[25] F.J. Radermacher: Entwicklungsperspektiven rechnergestützter Entscheidungsfindung, erscheint in J. Wolff (Hrsg.): Proceedings des IBM-Symposiums „Entscheidungsunterstützende Systeme", Oldenbourg Verlag, München 1987
[26] F.J. Radermacher: Überlegung zum Bild des Menschen: Die Sichtweise eines Mathematikers und Informatikers, Buchmanuskript, Universität Passau 1986
[27] I. Rechenberg: Evolutionsstrategie, Frommann-Holzboog, Stuttgart 1973
[28] H.P. Schwefel: Optimierung von Simulationsmodellen mit der Evolutionsstrategie, in: B. Schneider, U. Ranft (Hrsg.): Simulationsmethoden in der Medizin und Biologie, Springer Verlag, 1978, S. 115-129
[29] L. Späth: Die Chancen der Vielfalt, Verlag Bonn Aktuell, Stuttgart 1979
[30] L. Späth: Das Kabel, Verlag Bonn Aktuell, Stuttgart 1981
[31] L. Späth: Wende in die Zukunft: Die Bundesrepublik auf dem Weg in die Informationsgesellschaft, Spiegel-Verlag, Hamburg 1985
[32] G. Vollmer: Evolutionäre Erkenntnistheorie, Hirzel Verlag, Stuttgart 1981
[33] J. von Neumann, O. Morgenstern: Theory of games and economic behaviour, University Press, Princeton 1963
[34] J. von Neumann: The general and logical theory of automatas, in: The world of mathematics, Simon and Schuster, New York 1956
[35] C. F. von Weizsäcker: Wege in der Gefahr, Hanser Verlag, München 1976
[36] C. F. von Weizsäcker: Der Garten des Menschlichen, Hanser Verlag, München 1978
[37] J. Weizenbaum: Die Macht der Computer und die Ohnmacht der Vernunft, Suhrkamp, Frankfurt 1977
[38] J. Weizenbaum: Kurs auf den Eisberg, Pendo Verlag, Zürich 1985

Gedanken zur ökonomischen Analyse des Rechts

Reimer Schmidt

1. Die Emanzipation der Wirtschaftswissenschaften vom Rahmen der klassischen Rechts- und Staatswissenschaftlichen bzw. Rechts- und Wirtschaftswissenschaftlichen Fakultäten gehört zu den wesentlichen gesellschaftspolitisch wirksamen Ausprägungen geistig-wissenschaftlicher Entwicklung, beginnend im vorigen Jahrhundert. Diese Entwicklung hatte im Bereich der Volkswirtschaftslehre zur Ausbildung bedeutender Wissenschaftsschulen, innerhalb der Betriebswirtschaftslehre zur Aufarbeitung der wissenschaftlich relevanten wirtschaftlichen Betriebsvorgänge geführt. Unter den praktisch besonders bedeutsamen Auswirkungen dieser Bewegung ist die Schaffung des Wirtschaftsprüferberufs in Loslösung von dem Sockel der vollen juristischen Ausbildung zu nennen. Der Differenzierungsprozeß, auf den die häufig unbefriedigende juristische Betreuung der Studenten der Wirtschaftswissenschaften von Einfluß war, setzt sich dann innerhalb der Wirtschaftswissenschaften i.w.S. in Richtung auf die Betriebswirtschaftslehre mit gewichtigem Akzent, allerdings ohne organisatorische Trennung im Universitätsgefüge, und bezüglich der Soziologie fort.

Die praktische Eingängigkeit der betriebswirtschaftlichen Ausbildung und ihre materiell begründete Karrierewirksamkeit führten zu den heutigen Studentenrelationen, aber auch zur Aufhebung des früher teilweise vorhandenen faktischen Juristenmonopols in Führungsstellen der Wirtschaft. Die mathematischen Denkrichtungen im Bereich von Wirtschaftswissenschaften und Soziologie bedeuteten neue eigenständige Methoden für diese Wissenschaften und damit eine noch deutlichere Abgrenzung zur herkömmlichen juristischen Methodenlehre. Es wurde unter Einbeziehung der wissenschaftlichen Statistik durch Quantifizierung ein großer Schritt von der (in ihrer Bedeutung nicht angezweifelten) Wirtschafts- und Sozialphilosophie zur unmittelbaren praktischen Ergebnisauswertung getan. Die (mit Hilfe von Computern mögliche) Umsetzung von ökonomischen Diagnosen, Lösungs-, besonders Simulationsmodellen und Ergebnissen in Zahlen bedeutet einen Denkfortschritt.[1] Eine sichtbare Anregung der Kreativität der Forschung wurde aber auch durch den stärkeren wissenschaftlichen Wettbewerb hervorgerufen, der mit der durch den großen Zuspruch der Studenten verursachten Vermehrung der Professorenzahl zusammenhängt.

Dieser Wettbewerb erstreckt sich über die Grenzen und ist in den Wechselbeziehungen zu den USA besonders sichtbar. Hier wird wirksam, daß die Wirtschaftswissenschaften nicht wie die Rechtswissenschaft an nationale Normengefüge geknüpft sind. Es kommt noch eine Überlegung hinzu: der Jurist mag in der streitigen Auseinandersetzung und ihrer Lösung durch seine Denkmethode besondere Stärken besitzen, bezüglich der konkreten Aktion im wirtschaftlichen Wettbewerb gibt ihm diese Denk-

1 Dazu Ulrich Klug, Juristische Logik, 4. Aufl., Berlin, Heidelberg, New York, 1982; Reimer Schmidt, Zahlen im Recht, Festschrift für Karl Larenz zum 80. Geburtstag, 1983, 559-570.

methode indessen keine Hilfestellung. Er ist dahin orientiert zu prüfen, ob Wettbewerbsmaßnahmen rechtlich unangreifbar und kartellrechtlich in Ordnung sind, während die wirtschaftlich-wissenschaftliche Ausbildung primär dahin geht, das Instrumentarium der wirtschaftlichen Handlungen selbst zur Hand zu haben.

Bei einer derartigen wissenschaftspolitischen Gesamtsituation liegt es nahe, daß sich die Impulse der Wirtschaftswissenschaften auch auf wissenschaftliche Grenzgebiete erstrecken, aber auch in andere Wissenschaften hineinreichen. Die kritische Einstellung der alten Fakultäten, die bereits „Grenzgänge" für nicht unbedenklich hielten, wurde im Bewußtsein überwunden, daß es legitim sei, mit den Methoden der eigenen Wissenschaft auch in die Bereiche anderer Wissenschaften hineinzuarbeiten.

2. Betrachtet man zunächst die Ausgangspunkte dieser Skizze von der rechtswissenschaftlichen Seite, geht man sinnvoll von der Theorie des Zwecks der Rechtsordnung aus, wie sie Gustav Radbruch vertreten hat: neben der (primären) Gerechtigkeitsfunktion des Rechts steht einerseits die Zweckerreichungsfunktion und andererseits die Rechtssicherheitsfunktion, d. h. die Sicherung der Vorhersehbarkeit der Entscheidungen. Soweit Rechtsnormen wirtschaftliche Zwecke umfassen, ist dies unter dem Gesichtspunkt der Zweckerreichungsfunktion zu beurteilen. Hier liegt ein Ansatzpunkt der ökonomischen Analyse des Rechts, wie sie von den Wirtschaftswissenschaften her vertreten wird.

Dadurch daß Art. 20 III GG den Richter nicht nur an das Gesetz, sondern zugleich allgemein an das „Recht" bindet, ist die bis dahin vielfältig angegriffene starre Methode der Rechtsanwendung, bei der die logische Subsumtion den Kernpunkt bildete („Begriffsjurisprudenz"), durch eine „gemäßigte Falljurisprudenz" auch förmlich abgelöst worden. Wissenschaftliche Denkrichtungen wie die Interessenjurisprudenz, der Skandinavische Realismus, die Neo-Soziologische Rechtsschule in den USA trugen ihre Früchte,[2] wobei zugleich das Spannungsverhältnis zur Vorhersehbarkeit der Entscheidungen wuchs. Es entwickelte sich eine „Wertungsjurisprudenz",[3] die dadurch gekennzeichnet ist, daß in einem System, nicht der Rechtsvorschriften, sondern der typischen Problemlagen zur Lösung des Einzelfalls Wertungen in verschiedenen Ebenen vorgenommen werden. Derartige Wertungsebenen sind z. B. diejenige des individuellen Interesses und des Allgemeininteresses, des ideellen oder materiellen Interesses, der Beurteilung von konkreten Machtlagen oder Vertrauenssituationen, des Schutzes des materiell Schwächeren usw. Der Richter versucht, den konkreten Fall im Einklang mit vorentschiedenen vergleichbaren Wertungen (wenn möglich, mit der im Gesetz zum Ausdruck gebrachten Wertung) zu lösen. Seine sensible Beurteilung ist auf den gedanklichen Nachvollzug der Wertung seitens der konkret Beteiligten und deren Vergleich mit „Gesetz und Recht" in dem gekennzeichneten Sinne abgestellt, seine Vorausschau zugleich auf die Vereinbarkeit seiner Beurteilung mit zukünftigen, etwa zur gleichen „Fallgruppe" gehörenden (nicht mit dem zu entscheidenden Sachverhalt identischen) Fällen beschränkt. Der Verwaltungsbeamte ist nach dem Grundsatz der Gesetzmäßigkeit der Verwaltung eng an das Gesetz gebunden, hat dafür aber innerhalb der jeweiligen Rahmenregelungen und höchstrichterlichen Interpretationen auch vorausschauende Daseinsvorsorgeaufgaben.

---

2 Vgl. z. B. Reimer Schmidt, Soergel-Kommentar zum BGB, Bd. 1, 1967, Einl. Rdnr. 103-125.

3 Vgl. dazu hier die Gesamtdarstellung bei Karl Larenz, Methodenlehre der Rechtswissenschaft, 5. Aufl., Heidelberg, New York, Tokio 1983.

Nach herkömmlichen Vorstellungen von Rechtswissenschaft und -praxis kann nach allem auch eine ökonomische Analyse die von Rechtsprechung und Wissenschaft institutionell geprägten Inhalte der wesentlichen Rechtsgedanken nur insoweit erfassen, als andere als wirtschaftliche Betrachtungsweisen, insbesondere die Prinzipien von Gerechtigkeit und Rechssicherheit, nicht unangemessen vernachlässigt werden.

Eine ökonomische Analyse und Beurteilung der Zweckerreichungsfunktion der betreffenden Vorschriften und Entscheidungen ist legitim, ja notwendig. Die Analyse betrifft aber nur einen Sektor daraus, denjenigen der wirtschaftlichen Ausgangstatbestände und Rechtsfolgen sowie der ökonomischen Adäquanz der eingesetzten juristischen Mittel, einen allerdings hochbedeutsamen Sektor. Allerdings bedarf es bei der Anwendung mathematischer Methoden jeweils genauer Prüfung, ob die eingesetzten mathematischen Funktionen die wirtschaftliche Relation genau treffen und ob die Umsetzung der sprachlichen Begriffe in die mathematischen und umgekehrt sicher ist. Das Ergebnis derartiger Analysen kann indessen überhaupt nur dann in die juristische Wertung übernommen werden, wenn zugleich etwa mit den Rechtsvorschriften oder Entscheidungen legitim erstrebte andere als wirtschaftliche Zwecke nicht unangemessen beeinträchtigt werden und – wie erwähnt – den anerkannten Prinzipien von Gerechtigkeit und Rechtssicherheit Rechnung getragen wird.

3. Die Rechtsordnungen werden unter der Perspektive und mit den Methoden der Wirtschaftswissenschaften unter zwei Hauptgesichtspunkten betrachtet, einerseits in Gestalt einer ökonomischen Analyse des Rechts und andererseits unter dem Gesichtspunkt einer Theorie der Verfügungsrechte (property rights). Richard A. Posner hatte im Jahre 1972 eine ökonomische Analyse des Rechts vorgelegt,[4] die auf Ronald Coases Untersuchungen über das Problem der sozialen Kosten aufbaute.[5] Eine Grundlage des Coaseschen Gedankengangs war die Arbeit von A. C. Pigou.[6] Nach Pigou soll der volkswirtschaftliche Werteverzehr grundsätzlich die Summe des einzelwirtschaftlichen Werteverzehrs sein. Eine Differenz zwischen beiden sind soziale Kosten, die – und in diesem Punkt unterscheidet sich Pigou von Coase und Posner – durch Staatsintervention als der günstigeren Allokation von Ressourcen verringert werden müßten. Der Grundgedanke von Coase geht dahin, daß die Kosten den volkswirtschaftlichen Abläufen nicht generell zutreffend zugeordnet werden, daß vielmehr von Wirtschaftssubjekten Güter und Dienstleistungen kostenlos in Anspruch genommen werden, wobei die Kosten Dritten zugerechnet werden. Wenn solche Güter der Allgemeinheit zustehen, spricht man in diesem Zusammenhang von sozialen Kosten. In einem Markt der freien Kräfte soll die richtige Kostenzuteilung zur optimalen Allokation wirtschaftlicher Ressourcen führen. Das Besondere an der Arbeit Posners war, daß dieser die gesamte Rechtsordnung unter ökonomischen Gesichtspunkten analysierte, wobei er die ökonomische Rationalität zur Grundannahme seiner Analyse machte. Diese stelle in einer Marktwirtschaft eine der wenigen Gesetzmäßigkeiten überhaupt dar. Man kann sicherlich sagen, daß diese Überlegungen letztlich in den Bereich volkswirtschaftlicher Rationalisierungsüberlegungen gehören mit dem Ziel einer Lehre von der allgemeinen Wohlfahrtsökonomie.

---

4 Richard A. Posner, Economic Analysis of Law, 3rd Edition, Boston and Toronto 1986.

5 Deutsche Übersetzung in Assmann, Kirchner, Schanze (Hrsg), Ökonomische Analyse des Rechts, Kronberg/Ts. 1978, S. 146-202. Von Interesse sind auch die drei Einführungsaufsätze des Herausgebers.

6 A.C.Pigou, The Economics of Welfare, 4th Edition, London 1932, Nachdruck 1952.

Eine Kritik der Rechtsordnung unter derartigen ökonomischen Gesichtspunkten hat ihren begründeten Platz im Zusammenhang mit der Beurteilung der Gesetzgebungs- und sonstigen Rechtsetzungsverfahren. Es fehlt häufig, wenn nicht bereits an den statistischen Beurteilungsgrundlagen, so doch an der wissenschaftlich gesicherten Beurteilung der Auswirkung der Normen und im Zusammenhang mit der Rechtsprechung der Auswirkung der Entscheidungen. Allerdings fehlt in der ökonomischen Literatur weitaus überwiegend die Beurteilung in anderen Wertungsebenen als der gekennzeichneten ökonomischen. Diese anderen Wertungsebenen können, wie erwähnt, unter Gerechtigkeits- und auch Rechtssicherheitsgesichtspunkten im Hinblick auf die Gesamtaufgaben der Rechtsordnung den Vorrang haben. Ebensowenig wie in der Betriebswirtschaftslehre die ökonomisch optimale Lösung zugleich stets den Gerechtigkeitserfordernissen genügen kann, dürften die Verhältnisse auch bezüglich der hier erörterten volkswirtschaftlichen Urteilsmaßstäbe liegen; denn auch die Mikroökonomie stellt noch andere Maßstäbe zur Verfügung als die Kostenzuordnung.[7] Allerdings dürften nicht etwa – wie Horn meint – alle Wertungen, die ökonomischem Handeln zugrunde liegen, zunächst außerökonomischer Natur sein, so differenziert und in der Intensität unterschiedlich sie auch sein mögen.[8] Es gibt sicherlich weder einen ökonomischen noch einen juristischen „Wertmonismus". Vor allem sollte in diesem Zusammenhang deutlich gemacht werden, daß die Kritik an unzutreffenden Kostenzuweisungen sowohl unter dem Gesichtspunkt der individualrechtlich unzutreffenden als auch weiterhin einer unter Gesichtspunkten der Allgemeinheit falschen Lösung stehen muß. Der Verfasser folgt also hier nicht der Grundauffassung Carl C. v. Weizsäckers, die dieser im Zusammenhang mit der Prüfung der property rights geäußert hat[9] bei der Abwägung zwischen Effizienz und Gerechtigkeit, indem er bei rechtswissenschaftlicher Betrachtungsweise der letzteren im Sinne der Radbruch'schen Trias hohes Gewicht beimißt. Wesentlich zur Wertung auch Friedrich Kübler.[10] Nach allem geht es unter rechtswissenschaftlichen Gesichtspunkten bei der Economic Analysis of Law um eine auf ökonomische Gesichtspunkte beschränkte, tiefgreifende volkswirtschaftliche und betriebswirtschaftliche Positionen berücksichtigende Methode der Wertung der zwischen den Beteiligten gegebenen und der die Allgemeinheit betreffenden Interessenlage.

4. Während die ökonomische Analyse des Rechts im Kern das Wertungsproblem und damit eine allgemeine Kritik an dem Rechtssystem betrifft, bedeutet die Lehre von den property rights eine partielle ökonomische, systematische Kritik an der Regelung der Zuordnung der Güter und der Verfügungsmöglichkeiten über sie. Beide Theorien gehören allerdings eng zusammen und beruhen auf den gleichen ökonomischen Ausgangspositionen.[11] Es fließen auch hier Ansätze verschiedener Teildisziplinen der Volkswirtschaftslehre zusammen. Auch steht die Klärung des Wandels der Produktverhältnisse durch Karl Marx (weit) im Hintergrund.[12]

---

7 Zu allen Norbert Horn, Zur ökonomischen Rationalität des Privatrechts – die privatrechtstheoretische Verwendbarkeit der ‚Economic Analyses of Law', AcP Bd. 176, 1976, 307-334, m.w.Nachw. aus der rechtswissenschaftlichen Literatur.

8 Zu der „Verengung" der Motivationen Günter H. Roth, ZGR 1986, S. 371-382.

9 Carl C. v. Weizsäcker in Manfred Neumann, Ansprüche, Eigentums- und Verfügungsrechte, Schriften des Vereins für Socialpolitik, NF, Bd. 140, Berlin 1984, S. 123-152.

10 Friedrich Kübler, Was leistet die Konzeption der property rights für aktuelle rechtspolitische Probleme? in Manfred Neumann, a.a.O., S. 105-122, insbes. 120 f.

11 Vgl. Coase, a.a.O.; Posner, a.a.O., 11-39.

12 Dazu z. B. Gerard Gäfgen, in Manfred Neumann, a.a.O., 43-62, 46 f.

Die Theorie von den property rights ist von den formalen materiellen Rechtspositionen gelöst und geht von „Verfügungsrechten" als den für die Transaktionskosten maßgebenden Kriterien aus. Die Eigentumsordnung als solche sei – marktwirtschaftliche Freiheit vorausgesetzt – keine geeignete Grundlage für die angemessenen Verteilungsmechanismen. Der Begriff der Verfügung wird hier selbstverständlich in einem anderen als dem klassischen juristischen Sinn verwendet. In der ökonomischen Theorie wird auf jene freiheitlichen Dispositionsmöglichkeiten Bezug genommen, die die Verfassung bietet. Es wird sozusagen eine zweite „ökonomische Gerechtigkeit" neben die materiale Gerechtigkeit des traditionellen Rechtssystems gestellt. Für diese ökonomische Gerechtigkeit ist das Ziel der Wohlfahrtsmaximierung maßgebend.[13]

Hier wird die gemeinsame Wurzel mit der ökonomischen Analyse des Rechts ganz deutlich: der Gesichtspunkt der von der Gerechtigkeitsvorstellung des Rechtssystems separierten ökonomischen Wohlfahrtsgerechtigkeit.

Ebenso wie in den USA schließen sich an die allgemeine Theorie von den property rights „Anwendungsetüden" für einzelne Rechtsgebiete an; Als Beispiel werden hier die Arbeiten von Michael Adams genannt. Seine ökonomische Analyse der Sicherungsrechte[14] betrifft einen Gegenstand, der sich wegen seiner materiell überwiegend ökonomischen Bezogenheit besonders dafür eignet, die juristische Wertung durch eine ökonomische zu überprüfen. Seine ökonomische Analyse des Zivilprozesses[15] macht eine derartige Aussage schwieriger, weil es sich um eine unter besonderen Maximen der materiellen und der formellen Gerechtigkeit stehende Materie handelt. Immerhin wird eine interessante Utilitaritätserwägung vorgelegt. Von großer Bedeutung ist die Arbeit von Adams über die Gefährdungs- und Verschuldenshaftung,[16] mit der der Verfasser sich auf ein sehr schwieriges Gebiet gewagt hat. Auch diese Arbeit ist anregend und materiell förderlich, obwohl – z. B. wenn eigene Gedanken zu so fundamentalen Rechtsgedanken wie Kausalität, Verschulden, Schadenminderungspflicht u. ä. entwickelt werden – doch die Verbindungslinien zu der rechtswissenschaftlichen Diskussion[17] entbehrt werden. Auch die Funktion der Versicherung kommt in diesem Zusammenhang zu kurz, weil sie überwiegend unter Kostenzuordnungsgesichtspunkten gesehen und der Schutz der Drittgeschädigten, der jedem Insolvenzschutz, von dem immer gesprochen wird, zeitlich weit vorauseilt, nach Ansicht des Verfassers nicht zutreffend gewertet wird. Vor allem sollte nach Ansicht des Verfassers zwischen dem Produkt Versicherung, der Marktsituation und der staatlichen Regulierung[18] stärker unterschieden werden.

---

13 Vgl. dazu aus der deutschen Literatur insbes. Peter Häberle, Vielfalt der property rights und der verfassungsrechtliche Eigentumsbegriff, in Manfred Neumann, a.a.O., 63-102, der eine tiefgründige Analyse der verfassungsrechtlichen Perspektive vorlegt; Gäfgen, a.a.O.; Horn, a.a.O., 313-319; Kübler, a.a.O.

14 Michael Adams, Ökonomische Analyse der Sicherungsrechte, Königstein/Ts. 1980; besprochen von W. Lindacher, AcP 1981, 337-340.

15 Michael Adams, Ökonomische Analyse des Zivilprozesses, Königstein/Ts. 1981.

16 Michael Adams, Ökonomische Analyse der Gefährdungs- und Verschuldenshaftung, Heidelberg 1985, 56-65.

17 Sie wurden bei Abschluß dieses Beitrags vorgelegt in der Hamburger rechtswissenschaftlichen Habilitationsschrift von Peter Behrens, Tübingen 1986, auf deren Gedankenzug die Arbeiten von Ernst-Joachim Mestmäcker wesentlichen Einfluß gehabt haben.

18 Auf das umfangreiche Schrifttum zum Problemkreis Regulierung und Wettbewerb und zur Deregulierung kann hier nur allgemein hingewiesen werden.

5. Seit der Verein für Socialpolitik in seiner Arbeitstagung 1963[19] das Verhältnis der Wirtschaftswissenschaft zur Rechtswissenschaft, Soziologie und Statistik untersucht hat, hat das Thema dieses Festschriftbeitrages sich immer weiter in das Zentrum einer umfassenden Diskussion hineinbewegt.

Dabei hat die Tagung 1983[20] der genannten wissenschaftlichen Vereinigung zur Vertiefung beigetragen.

Die „European Law and Economics Association" (Lund) ist dabei ein Resonanzboden der weiteren dynamischen Diskussion in den USA. Die Gesetzgeber und vor allem die Rechtswissenschaft werden in Zukunft schwerlich an den methodischen Fragestellungen vorbeigehen können, die sich aus einer ökonomischen Analyse des Rechts ergeben. In diesem Sinne handelt es sich um politische Ökonomie, die es nahelegt, gerade in dieser Festschrift einen Beitrag zu dem Thema zu leisten.[21]

---

19 Raiser, Sauermann, Schneider (Hrsg), Das Verhältnis der Wirtschaftswissenschaft zur Rechtswissenschaft, Soziologie und Statistik, Schriften des Vereins für Socialpolitik, NF, Bd. 33, Tübingen 1964.

20 S. o. Fn. 9. Dazu NZZ 1983, Nr. 233, 13.

21 Der Beitrag wurde am 1. Oktober 1986 abgeschlossen. Der Verfasser dankt Herrn Rechtsanwalt Matthias Dhom für seine Mitarbeit.

Im Strom der Zeit bleiben. Ohne technischen Fortschritt keine Zukunft

Franz Josef Strauss

Zusammenfassung

Technische Katastrophen wie das Challenger-Unglück und der Reaktorunfall von Tschernobyl waren einmal mehr Wasser auf die Mühlen derer, die seit jeher gegen den technischen Fortschritt Sturm laufen. Wir alle wissen: menschlichem Handeln sind Grenzen gesetzt. Dennoch: Wir dürfen uns dem technischen Fortschritt nicht verweigern, wenn der erreichte Wohlstand, das Netz der sozialen Sicherheit und die innere und äußere Sicherheit erhalten bleiben sollen. Technischer Fortschritt ermöglichte den raschen wirtschaftlichen Aufstieg der Bundesrepublik Deutschland nach dem Zweiten Weltkrieg. Ein genereller Verzicht auf naturwissenschaftlich-technische Forschung und auf ihre Umsetzung zum Beispiel bei der Weiterentwicklung der Kernenergie oder der Luft- und Raumfahrttechnik kann nicht verantwortet werden. Massenarbeitslosigkeit und der Zusammenbruch des sozialen Systems wären die Folge. „Alternativer“ Lebensstil ist keine Alternative zum Leben in der modernen Industriegesellschaft.

1. Die Bedeutung des technischen Fortschritts für die Bundesrepublik Deutschland

Die wirtschaftliche und politische Stellung eines Landes in der Welt wird oft durch nicht beeinflußbare Faktoren, wie zum Beispiel Reichtum an Bodenschätzen, nutzbare Grundfläche, geographische Lage und klimatische Verhältnisse bestimmt. Länder, die von der Natur nicht in dieser Art bevorzugt werden, hatten daher seit jeher nur eine Chance, wenn sie es verstanden, den „Rohstoff Geist“ zu entwickeln und zu nutzen. Nur so konnte es gelingen, daß sich Länder, die mit natürlichen Ressourcen nur stiefmütterlich ausgestattet sind, dennoch in weltwirtschaftlicher Hinsicht eine Spitzenstellung erarbeiten konnten. Dazu gehört auch die Bundesrepublik Deutschland.

Die Entwicklung der Bundesrepublik Deutschland nach dem 2. Weltkrieg vom größten Trümmerhaufen der Weltgeschichte zum geachteten Mitglied in der Spitzengruppe der Industrienationen ist undenkbar ohne die motorische Wirkung der naturwissenschaftlichen Forschung, ohne die Entwicklung neuer Techniken und ihre innovatorische Nutzung. Die Sicherung einer ausreichenden Ernährungsbasis für 60 Millionen Menschen, die auf engstem Raum zusammenleben, der Wiederaufbau der gewerblichen Wirtschaft und neue, moderne Arbeitsplätze, der Auf- und Ausbau der Infrastruktur auf allen Gebieten, vor allem im Bereich von Bildung, Verkehr und Daseinsvorsorge, Wohlstand und sichere Einkommen für alle Bevölkerungsschichten sowie ein Netz umfassender sozialer Sicherheit: All das war nur möglich durch konsequente Nutzung und Weiterentwicklung des technischen Fortschritts in Wissenschaft, Wirtschaft und Verwaltung. Nur dadurch konnte die Produktivität, das Leistungsergebnis der menschlichen Arbeit, kräftig und dauerhaft erhöht werden. Nur auf der Grundlage hoher und steigender Produktivität der Wirtschaft konnten Fortschritte in sozialen Bereichen, zum Beispiel in der Altersversorgung und im Gesundheitswesen oder auch bei der Humanisierung der Arbeitsbedingungen, durchgesetzt und finanziert werden – Fortschritte also, die heute von den meisten Bürgern als selbstverständlicher Besitzstand betrachtet werden.

Zwei technische Katastrophen haben jedoch im Jahre 1986 die Diskussion über Sinn oder Unsinn, Nutzen oder Gefahr des technischen Fortschritts zu einem neuen Höhepunkt geführt: Die Explosion der amerikanischen Raumfähre „Challenger“ am 28. Januar 1986, aber mehr noch die Zerstörung eines Reaktorblocks im sowjetischen Kernkraftwerk Tschernobyl und die dadurch erfolgte Freisetzung beträchtlicher Mengen radioaktiver Strahlung am 26. April 1986.

Die Auseinandersetzung um den technischen Fortschritt wird vor allem in der Bundesrepublik Deutschland seit Jahren eher wie ein emotionaler Glaubenskrieg als mit rational begründeten Argumenten geführt. Hier hat sich seit Beginn der 70er Jahre zunehmend eine undifferenzierte Technikangst mit einem diffusen Zukunftspessimismus verbunden, der schließlich in der pauschalen Ablehnung der Industriekultur schlechthin gipfelte.

Die Fortschrittskritik von heute ist zu einem guten Teil die Reaktion auf die zusammengebrochene naive Fortschrittsgläubigkeit in der Vergangenheit: Den Maschinenbauern folgten die Maschinenstürmer, der Vergötzung folgte die Verteufelung des Fortschritts.

2. Kernenergie und Luft- und Raumfahrttechnik als Motoren des Aufschwungs

„Challenger“ und „Tschernobyl“ haben nur deshalb so tiefe Bewegung ausgelöst, weil sie für zwei Technikbereiche stehen, die für den Aufstieg der Bundesrepublik Deutschland nach 1949 von entscheidender Bedeutung waren: Die friedliche Nutzung der Kernenergie und der Auf- und Ausbau der Luft- und Raumfahrttechnik.

Ich habe in den 50er Jahren als Kabinettsmitglied das Ringen um diese grundlegenden Entscheidungen für die deutsche Wirtschaft nicht nur aus nächster Nähe miterlebt, sondern auch maßgeblich mitbeeinflußt. Als die Bundesrepublik Deutschland nach Inkrafttreten der Pariser Verträge am 5. Mai 1955 wieder die Erlaubnis bekam, auf dem Gebiet der Kerntechnik tätig zu werden, gab es für mich nicht den geringsten Zweifel, daß wir alles versuchen mußten, um auf diesem Gebiet trotz eines scheinbar unaufholbaren Forschungsrückstandes von 15 Jahren wieder den Anschluß an die westlichen Industrienationen zu gewinnen. Wir haben dieses Ziel bereits nach 10 Jahren, 1965, erreicht. Ende der 60er Jahre waren wir dann in der Lage, uns dem internationalen Wettbewerb zu stellen und Kernkraftwerke zu exportieren, die allen Ansprüchen genügten. Heute steht die deutsche Nukleartechnik in punkto Zuverlässigkeit und Sicherheit weltweit an der Spitze. Zehntausende sicherer Arbeitsplätze sind mittelbar oder unmittelbar im Umfeld der Kerntechnik entstanden.

Der konsequente Ausbau der Kernenergie hat nicht nur unsere Energieversorgung vom Ausland unabhängiger und uns damit weniger erpreßbar gemacht – ich erinnere an die verzweifelte Lage nach den Ölpreiskrisen der 70er Jahre. Die Kernenergie leistete und leistet einen ganz entscheidenden Beitrag dazu, daß deutsche Produkte dank relativ niedriger Energiekosten heute trotz weltweiter Verschärfung des Wettbewerbs und trotz hoher Arbeitskosten auf den Weltmärkten immer noch konkurrenzfähig sind. Im ersten Halbjahr 1986 hat die Bundesrepublik erstmals in ihrer Geschichte die USA vom ersten Platz unter den Exportnationen verdrängt.

Die nach dem Reaktorunfall von Tschernobyl neu aufgebrochene Diskussion über die Zukunft der Kernenergie, über die mit ihr verbundenen Gefährdungen und Risiken, muß offen und öffentlich geführt werden.

Für eine ehrliche Risikodiskussion ist immer Voraussetzung, daß drei Aspekte gegeneinander abgewogen und bedacht werden:

- Die Chancen und die Risiken der zur Diskussion stehenden Technik,
- Chancen und Risiken möglicher Alternativen und
- die Folgen, wenn man nichts tun würde.

Nur eine Zusammenschau dieser drei Aspekte bringt den Maßstab für die notwendigen Entscheidungen. Wer dem Bürger auch nur einen dieser Aspekte verschweigt, in der Energiediskussion etwa die Langzeitrisiken für unser Klima durch vermehrten Einsatz fossiler Brennstoffe, der täuscht bewußt die Bevölkerung oder ist gar nicht in der Lage, die Zusammenhänge richtig zu erkennen.

Wer jetzt den Ausstieg aus der Kernenergie fordert, ohne die entsprechenden Alternativen zur Verfügung zu haben, handelt leichtfertig und unverantwortlich. Unsere heutigen Entscheidungen werden vor allem für die kommende Generation wirksam werden, da in der Energiepolitik ein Denken und Handeln über Jahrzehnte notwendig ist. Nach dem heutigen Stand der Forschung müssen wir davon ausgehen, daß wir unseren Kindern und Enkeln voraussichtlich noch keine gleichwertige Alternative zur Kernenergie anbieten können. Angesichts des auch mit der Kernenergie verbundenen Risikos ist es notwendig, mit allen Kräften nach günstigeren Alternativen zu suchen und solche zu entwickeln. Auf eine Weiterentwicklung der Kerntechnik könnten wir mit gutem Gewissen gegenüber unseren Nachkommen nur dann verzichten, wenn wir schon sicher sein könnten, daß wir ihnen etwas Gleichwertiges oder Besseres anbieten können. Die entscheidende Frage lautet: Wird es innerhalb der nächsten Generation, wenn sich die Weltbevölkerung voraussichtlich auf 10 Milliarden Menschen verdoppelt haben wird, einen Energieträger geben, der den benötigten Zukunftsbedarf der Menschheit auf lange Sicht zu decken in der Lage ist – so wie es aus heutiger Sicht nur die Kernenergie vermag? Niemand kann diese Frage heute abschließend beantworten. Gerade deshalb darf vorerst auf eine intensive Weiterentwicklung der Kernenergie auf keinen Fall verzichtet werden!

Ähnlich wie bei der Einführung der Kernenergie lagen die Dinge bei der Entscheidung für oder gegen eine eigene deutsche Luft- und Raumfahrtindustrie. Auch hier hatten wir durch eine 10jährige Zwangspause zwischen 1945 und 1955 den Anschluß verloren. Ich war damals der Meinung, daß man unbedingt versuchen mußte, die 10 Jahre Rückstand aufzuholen, zunächst amerikanisches Gerät zu warten, dann in Lizenz nachzubauen und schließlich über den Nachbau die Ingenieurkapazitäten zu schaffen und das technisch-wissenschaftliche Potential für eigene Entwicklung oder zur Koproduktion aufzubauen.

Wir sind diesen langen, beschwerlichen und kostspieligen Weg gegangen. Rückblickend stelle ich fest – und es wird mir heute kaum jemand widersprechen: Es hat sich gelohnt. Die deutsche Luft- und Raumfahrtindustrie gehört zu den stürmisch wachsenden Branchen unserer Wirtschaft. Wir produzieren heute, zusammen mit unseren europäischen Partnern, im militärischen wie im zivilen Bereich absoulte Spitzentechnik – angefangen von Tornado und Spacelab über Ariane bis hin zum Airbus.

Die Luft- und Raumfahrtindustrie ist der Schnitt- und Brennpunkt nahezu aller bisherigen technischen Entwicklungen. Sie strahlt mit Abertausenden neuer Erfindungen auf ebensoviele Industrien und Märkte der Zukunft aus. Der außergewöhnliche Zugewinn von Verfahrens- und Fertigungswissen, von Weiterentwicklungen hochleistungsfähiger Werkstoffe, von neuen Kenntnissen der Managementmethoden für die Bewältigung hochkomplizierter Projekte und nicht zuletzt die Automatisierung umfangreicher Prozeßabläufe haben Langzeitwirkung für die weitere industrielle Entwicklung in aller Welt. Die neuen Fähigkeiten bringen dabei denen erhebliche Konkurrenzvorteile, die sie besitzen und beherrschen. Luft- und Raumfahrt schaffen die Grundlagen für die Techniken der Zukunft und damit für den wirtschaftlichen und sozialen Wohlstand kommender Generationen.

3. Technischer Fortschritt und Arbeitswelt

Es ist richtig: Neue Techniken und Verfahren verändern tiefgreifend unsere Arbeitswelt. Unter dem Eindruck einer sich drastisch verschlechternden Arbeitsmarktlage seit Beginn der 70er Jahre hat sich die Diskussion immer heftiger entwickelt. Polarisierende Schlagworte wie „Job-Killer“ auf der einen und „Job-Knüller“ auf der anderen Seite machen die Runde.

Die bisherigen Erfahrungen zeigen: Der Einsatz neuer technischer Vorhaben kann den einzelnen Arbeitsplatz gefährden, macht die Arbeitsplätze insgesamt aber sicherer. Neue Techniken sind daher das Fundament für neue Arbeitsplätze. Der technische Fortschritt führt dazu,

- die Produktivität zu erhöhen und damit die internationale Wettbewerbsfähigkeit zu behaupten,
- Produkte billiger und rationeller herzustellen, preisgünstiger abzugeben und damit Kaufkraft für andere Zwecke freizumachen sowie
- neue Produkte und Märkte entstehen zu lassen.

Es läßt sich nachweisen, daß gerade in den Branchen, die am stärksten modernisiert haben, zusätzliche Arbeitsplätze geschaffen wurden.

Dafür zwei Beispiele:

- In der Automobilindustrie, in der rund 60 % aller in der Bundesrepublik Deutschland eingesetzten Roboter arbeiten, hat die Zahl der Beschäftigten von 1975 bis 1984 um 125.000 zugenommen.
- Bei Banken und Versicherungen hat entgegen allen Prognosen der massive Einsatz moderner Bürotechnik nicht zu einem Abbau von Arbeitsplätzen geführt. Zwischen 1980 und 1984 stieg die Zahl der in diesen Branchen bestehenden Arbeitsplätze um 23.000 bzw. 3,1 %.

Während im Industriedurchschnitt der Jahre 1980 bis 1984 der Beschäftigungsrückgang 10 % betrug, lag er in produktivitätsschwachen Branchen bei 13,2 % und in produktivitätsstarken Branchen bei 7,2 %. Per saldo ist es also nicht die zu weit vorangetriebene, sondern die unterlassene Modernisierung, die neben konjunkturellen und demographischen Einflüssen zur Belastung für den Arbeitsmarkt wird.

In letzter Konsequenz würde das Schlagwort von der arbeitsplatzvernichtenden Technik darauf hinauslaufen, jegliche Arbeit so unproduktiv wie möglich zu gestalten und die Maschine durch den Menschen zu ersetzen. Die wirtschaftlichen Folgen unterlassener Modernisierung wären verheerend: Verteuerung der Arbeitskosten, Verlust der Wettbewerbsfähigkeit, Rückgang des Umsatzes und der Realeinkommen und schließlich der Zusammenbruch des ganzen Arbeitsmarktes.

Wohlstand und soziale Sicherheit haben ihren Grund und ihre Ursachen darin, daß es gelungen ist, technische Ideen in marktgängige Produkte umzusetzen. Der technische Fortschritt ist somit eine Hauptquelle unseres hohen Lebensstandards.

4. „Alternativer" Lebensstil ist keine Alternative zum Leben in der modernen Industriegesellschaft

Von Gruppierungen, die die Industriegesellschaft bekämpfen, wird als Alternative eine generelle Veränderung der Strukturen gefordert. Dafür werden Begriffe wie „sanfter Weg" oder „Umbau der Industriegesellschaft" verwendet.

Die wichtigsten Strukturmerkmale einer solchen alternativen Gesellschaftsordnung sind

- weitgehende Konzentration der Menschen in kleinen, überschaubaren Siedlungseinheiten,
- weitgehende wirtschaftliche Autarkie der in diesen Siedlungen lebenden Menschen und größtmögliche politische Selbstbestimmung,
- weitgehende Aufhebung der Arbeitsteilung,
- weitgehende Selbstversorgung mit landwirtschaftlichen Produkten und regenerativer Energie,
- Verwendung weitgehend einfacher und selbstproduzierbarer technischer Geräte.

Solche Strukturen sind auf *freiwilliger* Basis in einer Industriegesellschaft im *Einzelfall* möglich und nicht generell abzulehnen. Der Versuch, unser ganzes Land auf eine solche Struktur auszurichten, hätte katastrophale Folgen. Er würde zu einem Verlust der Leistungsfähigkeit unserer Volkswirtschaft führen, zumal wir auf den Weltmärkten nicht mehr konkurrenzfähig wären. Die Folge davon wäre der Zusammenbruch des Sozialstaates und die Destabilisierung unserer freiheitlichen Ordnung.

Die Durchsetzung einer solchen Gesellschaftsordnung verlangt straffe Steuerung, in der Eliten festlegen, was notwendig ist. Nicht von ungefähr verlangen manche Repräsentanten dieser Szene die Verwirklichung des Ökostaates mit diktatorischen Maßnahmen, denn diese utopistische Alternative zur Industriegesellschaft verträgt aus ideologischen und praktischen Gründen keine „Abweichler". Ideologien, die nur noch ihre Überzeugung gelten lassen, führen zwangsläufig zur Diktatur, und zwar zur „Diktatur der Inkompetenz", wie es ein Bannerträger der grünen Szene einmal ausdrückte (G. Bastian).

Die grün-rote alternative Politik will mit dogmatischem Anspruch die Bedürfnisse der Menschen begrenzen und glaubt damit, die Umweltprobleme lösen zu können. Dies ist nichts anderes als eine neue Variante der immer wieder versuchten Freiheitsberaubung durch ideologisch fixierte Menschheitsbeglückung. Die Verfechter einer solchen Politik geben vor, genau zu wissen, wie künftige Entwicklungen zu bestimmten Zeitpunkten aussehen werden. Die Erfahrung der letzten Jahrzehnte hat uns jedoch eindrucksvoll und mitunter schmerzlich gelehrt, wie im wahrsten Sinne des Wortes kurzsichtig unsere Erkenntnisse über künftige Entwicklungen sind, wie begrenzt die Möglichkeit der Prognose ist. Auf solch unsicherer Basis dogmatische Zukunftsentwürfe zu fertigen und festgelegte Wege den Menschen zu verordnen, ist unverantwortlich.

Ich bin für stetige Weiterentwicklung unserer Zivilisation und unserer Gesellschaftsordnung, aber gegen die dogmatisch verordnete Fernsteuerung der Lebensweise des einzelnen. Die Antwort auf die grün-alternative Herausforderung darf nicht der reglementierte Verzicht sein, sondern muß die Förderung des bewußten Umgangs mit neuen Möglichkeiten, die umweltbewußte Lebensweise im Wohlstand, die Nutzung neuer Chancen zur persönlichen und freien Lebensgestaltung sein.

Es gibt keine vertretbare Alternative zur modernen Industriegesellschaft: Ein Volk, das nicht auf den technisch-wissenschaftlichen Fortschritt setzt, das Wachstum verteufelt und aus dem Strom der Zeit aussteigen will, wird binnen kurzem den Anschluß verlieren und mit ihm Wohlstand und innere und äußere Sicherheit, kurz: seine Zukunft verspielen.

Zur ökonomischen Analyse internationaler Institutionen

HANS-JÜRGEN VOSGERAU

Zusammenfassung

Die weltwirtschaftliche Entwicklung ist durch vielfältige Prozesse der Internationalisierung in den Bereichen der Güter-und Finanzmärkte, der Produktion und der wirtschaftspolitischen Interdependenzen gekennzeichnet. Sie werden aufgefaßt als Interaktionen zwischen den sich intensivierenden internationalen wirtschaftlichen Transaktionen selbst und den internationalen Institutionen, welche für diese den Ordnungsrahmen bilden. Vorbedingung für die Erfassung der Veränderungen dieser Transaktionen und Institutionen ist eine zweckentsprechende Strukturierung. Hierzu werden Vorschläge unterbreitet als Ausgangspunkt für ökonomische und juristische Analyse der Internationalisierungsprozesse, deren schließliches Ziel ein Beitrag zur Verbesserung ihrer Gestaltung ist.

1 Internationalisierung der Wirtschaft

Die weltwirtschaftliche Entwicklung in den letzten Jahrzehnten ist gekennzeichnet durch Prozesse der Internationalisierung auf vielen Gebieten. Diese führen auf der einen Seite zu einer Intensivierung internationaler Wirtschaftsbeziehungen, doch verursachen sie auf der anderen Seite Anpassungsprobleme, welche gegenläufige und auch widersprüchliche Entwicklungen hervorrufen. Zunehmende Export- und Importquoten, steigender Handel in Zwischenprodukten und Dienstleistungen sowie ein sich vergrößernder Anteil des intrasektoralen Handels werden begleitet von einem außerordentlichen Wachstum internationaler Finanztransaktionen. Gleichzeitig sind massive internationale Faktorbewegungen, Ressourcentransfers und Wanderungen zu beobachten. Die gestiegene Mobilität qualifizierten Personals ist eng verknüpft mit internationalen Informations- und Technologie-Transfers. Die sich rasch ändernde Struktur der internationalen Arbeitsteilung in der Produktion erfordert kostspielige Anpassungsprozesse, zu deren Vermeidung oder doch erhofften Milderung häufig protektionistische Maßnahmen aller Art ergriffen werden. Im Finanzbereich führte das Recycling der Petrodollars zu einer extrem ungleichgewichtigen Entwicklung der internationalen Verschuldung. Die Schwankungen der Wechselkurse überstiegen das Ausmaß, welches bei der Abkehr vom Bretton Woods-System erwartet worden war. Ob verstärkte Koordinierung der nationalen Wirtschaftspolitiken wünschbar und realisierbar ist, bleibt vorderhand eine offene Frage.

Parallel zu diesen skizzierten Veränderungen in den internationalen wirtschaftlichen Transaktionen erfolgen Veränderungen in ihren Organisationsformen und in den rechtlichen und institutionellen Rahmenbedingungen. Zu beobachten sind Entwicklungen von traditionellem nationalem Recht hin zu internationalen und supranationalen Gesetzgebungen – nicht nur im Rahmen der europäischen Gemeinschaften, sondern auch im Weltmaßstab, wenn auch in schwächerem Umfang. Nach wie vor gilt, daß internationales und Völkerrecht wegen der größeren Durchsetzungsprobleme wesentlich schwächer sind als nationales Recht.

Private und halbprivate Organisationen machen Gebrauch von den verfügbaren nationalen und internationalen Rechtselementen für ihre eigenen Zwecke: multinationale Unternehmungen, internationale Kooperationen entwickeln sich rasch und stellen die nationalen Regierungen und Verwaltungen vor zunehmende Probleme. Internationale Organisationen wie etwa die UNO mit ihren Unterorganisationen, das GATT, die UNCTAD, die OECD, der Internationale Währungsfonds, die Weltbank, die Europäischen Gemeinschaften entwickeln sich und verändern teilweise ihre Funktionen. Neue internationale Institutionen bilden sich mit dem Ziel, Bedürfnisse nach grenzüberschreitender Kommunikation und Kooperation zu befriedigen.

Die vorstehend geschilderten Prozesse der Internationalisierung im wirtschaftlichen Bereich lassen sich auffassen als Interaktion zwischen Veränderungen der internationalen wirtschaftlichen Transaktionen selbst und Veränderungen der Organisationsformen, innerhalb derer sie sich abspielen. Ihre Beschreibung, Strukturierung und Analyse hat sich der Anfang 1986 an der Universität Konstanz eingerichtete Sonderforschungsbereich 178 „Internationalisierung der Wirtschaft" zur Aufgabe gemacht, wobei das letzte Ziel darin besteht, schließlich einen Beitrag zur Verbesserung der Internationalisierungsprozesse zu leisten. In Verfolgung dieses Ziels kooperieren Ökonomen und Juristen, wobei Entwicklungen aus neueren Bereichen der jüngeren wissenschaftlichen Diskussion zusammengeführt werden mit der sich rasch wandelnden weltwirtschaftlichen Realität selbst. Die Problemstellungen liegen in der Schnittmenge von herkömmlicher Außenwirtschaftslehre, der sich entwickelnden internationalen Betriebswirtschaftslehre und dem internationalen Wirtschaftsrecht. Dabei kommt es entscheidend auf die Art der bislang völlig unterentwickelten Verknüpfungen zwischen diesen Disziplinen an. Ansatzpunkte gibt es in der Theorie der Eigentums- und Verfügungsrechte („Property Rights Approach", in der Organisationstheorie, dem Komplex der Public-Choice-Ansätze und der sich entwickelnden Neuen Institutionenökonomik, die ihrerseits Elemente der amerikanischen „Law and Economics"-Diskussion aufgreift, an die gute deutsche Tradition der Gesamten Staatswissenschaften anknüpft und die ordnungstheoretische und ordnungspolitische Orientierung wiederbelebt.

Die folgenden Bemerkungen sind ein Vorschlag zur Gliederung des Aufgabengebiets, der das Ziel verfolgt, die Forschungsarbeiten zur Analyse der Internationalisierungsprozesse organisierbar zu machen, welche notwendig sind, um die vielen drängenden weltwirtschaftlichen Probleme einer Lösung näherzubringen.

2 Ebenen der Analyse

Einem Vorschlag von Furubotn und Richter [1] folgend lassen sich drei analytische Ebenen unterscheiden:

– die ökonomische Analyse *gegebener* Institutionen ist ihrem Wesen nach statisch und weitgehend mit der Eigentums- und Verfügungsrechtsanalyse deckungsgleich. Es geht darum, die Neoklassik durch Präzisierung des institutionellen Gehalts anzureichern und damit die abzuleitenden Verhaltensweisen realitätsnäher zu machen. Dies setzt eine möglichst präzise Erfassung der Inhalte der Anspruchs-, Verfügungs- bzw. Eigentumsrechte voraus. Beispiele für derartiges Vorgehen finden sich in der Diskussion über Mitbestimmung und Arbeiterselbstverwaltung – doch nicht nur hier. Eine solche Art der Analyse gegebener Institutionen sollte wohl der erste Schritt sein.

– Ein wesentlich ehrgeizigeres Unterfangen ist die Erklärung *institutionellen Wandels*. Ihr Gegenstand ist der Versuch, die Entwicklung von Institutionen aufgrund sich ändernder ökonomischer Bedingungen zu deuten. Institutioneller Wandel wird begriffen als Ergebnis ökonomischer und insbesondere durch Märkte vermittelter Kräfte. Dabei spielt das Konzept der Transaktionskosten eine wichtige Rolle. Nur effiziente Institutionen, das heißt solche mit geringeren Transaktionskosten, überleben im Wettbewerb – so lautet die Hypothese. Ob die sich herausbildenden Institutionen freilich unter normativen Gesichtspunkten akzeptabel sind, ist eine weitere Frage, deren Beantwortung allerdings Klarheit über die Inhalte solcher Normen voraussetzt. Die in jüngster Zeit viel diskutierten internationalen Finanzinnovationen sind gewiß als Antworten der Märkte auf veränderte Bedingungen interpretierbar. Die differierenden Beurteilungen von Notenbanken und Aufsichtsbehörden spiegeln unterschiedliche normative Beurteilungen wieder.

– Auf der dritten Stufe geht es um die „optimale“ *Wahl bestimmter Institutionen*. Das Interesse liegt hier auf der Art und Weise, wie eine Gesellschaft Institutionen gestaltet, innerhalb derer sich sodann die laufenden Transaktionen vollziehen können. Die Frage nach den Kriterien solcher Gestaltung ist selbstverständlich offen. Die Public-Choice-Theorie legt die Vermutung nahe, daß nicht immer solche Institutionen gewählt werden, welche zu einem gesellschaftlichen Optimum führen, wobei wiederum die Frage nach dessen Definition vorgängig zu klären ist. Das Pareto-Kriterium spielt hierbei naturgemäß eine besondere Rolle, doch reicht es in der Regel allein nicht aus, um die schwierigen Verteilungsfragen zu lösen.

Die frühere Diskussion um das Europäische Währungssystem und die gegenwärtige Auseinandersetzung um eine Veränderung des Weltwährungssystems weg vom reinen Floating und hin zu mehr Wechselkursstabilität lassen sich als Beispiele für Prozesse des „Institutional Choice“ anführen.

– Gewiß werden konkrete Projekte alle drei Ebenen berühren: die Analyse gegebener Institutionen hat oft historische Dimension und gehört damit in die zweite Ebene; letztes Ziel der meisten wissenschaftlichen Untersuchungen ist es, über die reine Erkenntnis hinaus einen Beitrag zur wirtschafts- und rechtspolitischen Gestaltung zu leisten, womit die dritte Ebene betreten wird. Gleichwohl ist eine bewußte und klare Unterscheidung der genannten drei Sphären unabdingbar zur Verständigung in einer interdisziplinär angelegten Unternehmung.

3 Analytische Werkzeuge

Die ökonomische Analyse von Institutionen – und dies gilt ebenso für jene *internationaler* Institutionen mit ökonomischen Aufgaben – basiert auf der neoklassischen Mikroökonomik mit Produktions-, Konsum- und Preistheorie, die in ihren partialanalytischen und allgemein-gleichgewichtstheoretischen Varianten im Zentrum der modernen Wirtschaftstheorie steht. Die Grundlage ist methodologischer Individualismus, das heißt sie geht von der Basishypothese aus, daß Individuen oder Gruppen von ökonomischen Akteuren ihre Ziele – häufig als Nutzenfunktion formuliert – unter bestimmten Restriktionen zu maximieren trachten. Zu diesen Restriktionen gehören in unserem Zusammenhang insbesondere spezifische rechtliche und institutionelle Bedingungen. Letzteres unterscheidet die neuere Mikroökonomik von den traditionellen, etwa durch Samuclson [2] geprägten Formulierungen, in denen beispielsweise das Konzept der Unternehmung auf jenes einer Produktionsfunktion reduziert wurde. In der neueren Mikroökonomik hingegen werden organisatorische Besonderheiten etwa im Bereich einer Unternehmung – auch im Rahmen multinationaler Unternehmungen – ernstgenommen, so daß die Theorie unmittelbar zur Erklärung real beobachteter Phänomene herangezogen werden kann.

Ausgehend von dem mikroökonomischen Kernstück der Wirtschaftstheorie lassen sich mehrere Entwicklungsrichtungen verfolgen, die alle auch für die Institutionenanalyse herangezogen werden können:

– Die herkömmliche, komparative Statik wird ergänzt durch Untersuchung der Anpassungspfade, die nach einer Störung, etwa einer institutionellen Änderung, durch Ungleichgewichtssituationen zu einem neuen Gleichgewicht führen. Die statische Analyse muß zu diesem Zweck durch Dynamik ergänzt werden.

– Eine besondere Variante dynamischer Analyse ist die Verknüpfung zwischen Bestands- und Strömungsgrößen, welche zum Beispiel Grundlage für die Wachstumstheorie ist: Investitionen erhöhen den Kapitalbestand. Entsprechendes gilt in der finanziellen Sphäre: Kreditaufnahme erhöht den Verschuldungsstand. Im internationalen Bereich hat die Verschuldungskrise die Aufmerksamkeit auf diese Zusammenhänge gelenkt: Ohne eine Passivierung der Leistungsbilanz der Gläubigerländer läßt sich die Nettoverschuldung der Schuldnerländer nicht reduzieren.

– Aggregation einzelwirtschaftlicher Variabler führt zur makroökonomischen Analyse, welche Voraussetzung für eine Erklärung gesamtwirtschaftlicher, monetärer und finanzwirtschaftlicher Probleme ist. Die nationalen und internationalen Institutionen, welche mit dem Ziel der Globalsteuerung entwickelt wurden, erfordern makroökonomische Analyse, welche im internationalen Bereich in den vergangenen Jahren große Fortschritte gemacht hat. Das gegenwärtige Hauptproblem, nämlich die Lösung der wirtschaftspolitischen Koordinierungsaufgaben, wurde bereits erwähnt.

– Wenn eine begrenzte Anzahl von Akteuren untereinander Transaktionen abwickeln, so entstehen spieltheoretische Probleme, die mit geeigneten Methoden analysiert werden können. Die Anwendung spieltheoretischer Instrumente auf internationale Probleme steckt freilich noch in den Kinderschuhen. Ob der Versuch, mittels dynamischer Spieltheorie internationale Koordinierungsprobleme zu erhellen, erfolgreich ist, läßt sich derzeit noch nicht absehen.

– Erfolgversprechender scheinen demgegenüber die von der Public Choice-Richtung entwickelten Verfahren der Beobachtung tatsächlicher Entscheidungsprozesse, unter Einschluß politischer Prozesse, welche zur Entstehung und Veränderung internationaler Institutionen führen. Dabei werden Interaktionen, die nicht im engeren Sinn als ökonomisch bezeichnet werden können, in Analogie zu Marktprozessen modelliert. Diese Neue Politische Ökonomie oder ökonomische Theorie der Politik wurde in jüngerer Zeit erfolgreich zur Analyse des zunehmenden Protektionismus eingesetzt [3]. Elemente der Theorie der Clubs [4] lassen sich zur Beschreibung und zum Verständnis der Entstehung neuer internationaler Institutionen, wie zum Beispiel des Europäischen Patentamts [5] heranziehen.

– Immer dann, wenn der Zukunftsaspekt ökonomischer Entscheidungen eine wichtige Rolle spielt, müssen Risiko und Unsicherheit berücksichtigt werden. Eng verknüpft hiermit sind Phänomene der Information und ihrer Kosten sowie der Erwartungsbildung. Eine in letzter Zeit rasch wachsende Literatur beschäftigt sich mit diesen Problemen, die zu klären sind, wenn solche Institutionen analysiert werden sollen, welche der Risikoverteilung (Versicherungen), der Informationsbeschaffung und -übermittlung (Beratungsfirmen) und der Bereitstellung ähnlicher Dienstleistungen gewidmet sind.

4 Objekte internationaler wirtschaftlicher Transaktionen

Wirtschaftliche Transaktionen – auch grenzüberschreitende – können sich auf sehr verschiedene Objekte beziehen. Es ist zu erwarten, daß die institutionellen Rahmenregelungen je nach den Transaktionsobjekten unterschiedlich sind. Voraussetzung für eine Aufdeckung dieser Zusammenhänge ist eine zweckentsprechende Unterscheidung zunächst nach Arten der Transaktionsobjekte und dann nach den Varianten institutioneller Regelungen.

Eine vordergründige, doch wichtige Unterscheidung der Transaktionsobjekte ist jene zwischen Sachgütern und Dienstleistungen einerseits und Ansprüchen im weitesten Sinne andererseits.

– Bezüglich der Sachgüter läßt sich auf die bekannten Güterordnungen (Rohstoffe, Produktionsmittel, Zwischenprodukte, Konsumgüter) hinweisen. Sie bilden den Gegenstand des traditionellen Außenhandels. Dienstleistungen hingegen haben in jüngerer Zeit eine bedeutende Expansion im internationalen Verkehr erfahren. Symptomatisch hierfür ist der Beschluß von Punta del Este, den internationalen Dienstleistungsverkehr in die kommende GATT-Runde mit aufzunehmen. Die Besonderheit von Dienstleistungen besteht darin, daß eine internationale Transaktion auch eine grenzüberschreitende Bewegung des Dienstleistungsproduzenten oder des Dienstleistungskonsumenten erfordert. Damit wird die Abgrenzung zwischen Güterhandel und Faktorbewegungen angesprochen. Gefördert wird der internationale Austausch von Dienstleistungen durch die technologischen Innovationen in der Informationsverarbeitung und -übermittlung, welche ihren Höhepunkt wohl noch nicht erreicht haben.

– Eine besondere Rolle spielen internationale Transaktionen, an denen Menschen beteiligt sind. Massenhafte grenzüberschreitende Wanderungen von Arbeitskräften, aber auch die erhöhte Mobilität qualifizierten Personals unterscheiden sich deswegen von anderen internationalen Transaktionen, weil das Objekt der Transaktion gleichzeitig handelndes Subjekt ist (für den Sklavenhandel früherer Zeiten traf dies nicht zu).

Damit ergeben sich naturgemäß andersartige Notwendigkeiten für die rechtlichen Rahmenbedingungen.

– Zu den Ansprüchen, Eigentums- und Verfügungsrechten im weiteren Sinne gehören insbesondere Geld und Währungen, Kreditbeziehungen, Finanztitel wie Obligationen, Beteiligungstitel, Aktien usw. Die zunehmende Liberalisierung der Geld- und Kapitalmärkte und die schon erwähnten Finanzinnovationen haben zu einem außerordentlichen Anwachsen finanzieller Transaktionen geführt. Sie haben sich in erheblichem Umfang von den güterwirtschaftlichen Transaktionen gelöst. Trotzdem dürfen die direkten und indirekten Zusammenhänge zwischen der güterwirtschaftlichen und der monetären Sphäre im internationalen Wirtschaftsverkehr nicht übersehen werden.

Eine zweite Klassifizierung der Objekte internationaler Transaktionen ist von besonderer Bedeutung für die ökonomische Institutionenanalyse. Es ist die Unterscheidung zwischen privaten und öffentlichen Gütern. Gegenstand des traditionellen Handels sind in der Regel private Güter. Für sie gilt, daß jedermann vom Genuß ausgeschlossen werden kann, der nichts zur Bereitstellung beiträgt. Private Güter eignen sich daher zur individuellen Produktion und zum individuellen Konsum durch einzelne Wirtschaftssubjekte, welche über freie Wettbewerbsmärkte untereinander kommunizieren und ihre dezentral getroffenen Entscheidungen koordinieren. Dies gilt ebenso im nationalen wie im internationalen Rahmen. Bei öffentlichen Gütern hingegen tritt häufig infolge der Nichtausschließbarkeit das Trittbrettfahrer- („free rider")-Problem und damit das Phänomen der Unterversorgung auf, sofern nicht marktübergreifende Institutionen entstehen. Historisch sind dies Vereinigungen, Verbände privater und öffentlich-rechtlicher Art, vor allem aber der Staat, der seit Jahrhunderten, ja seit Jahrtausenden die klassischen öffentlichen Güter wie Rechtsordnung, innere Sicherheit, Verteidigung und in jüngerer Zeit auch gewisse (Sozial-)Versicherungen und andere, häufig als Infrastruktur bezeichnete Güter und Dienste produziert und bereitstellt. All dies ist bekannt und in der neueren Finanztheorie ausgiebig diskutiert worden. Die Verknüpfungen dieser Probleme mit den institutionellen Regelungen zu ihrer Lösung sind freilich vor allem im internationalen Kontext noch kaum erkannt und bewußt gemacht worden.

Die internationale Dimension des Komplexes wird plastisch beschrieben durch die Formulierung „international public goods without international government", welche jüngst Kindleberger [6] geprägt hat.

5 Internationale öffentliche Güter

Friede ist wohl das wichtigste internationale öffentliche Gut. Obwohl seine Herstellung und Bewahrung wichtige ökonomische Dimensionen hat, wird Friede überwiegend nicht als ein in erster Linie ökonomisches Phänomen angesehen. Zu den im engeren Sinn ökonomischen internationalen öffentlichen Gütern zählt Kindleberger (1) ein offenes Handelssystem unter Einschluß der Freiheit der Meere, (2) wohldefinierte Anspruchs-, Eigentums- und Verfügungsrechte, (3) Standards betreffend Maße und Gewichte, (4) internationales Geld, gegebenenfalls auch ein System fester Wechselkurse oder eine andere Art der Koordination von nationalen Wirtschaftspolitiken.

Nationale öffentliche Güter werden im Normalfall von der Regierung bereitgestellt. Dies gilt jedenfalls dann, wenn die in der Regel auch innerhalb von Nationalstaaten divergierenden Interessen mittels einer funktionierenden Verfassung zum Ausgleich gebracht werden, so daß die Regierung ein wirksames Mandat zur Durchführung konkretisierter Aufgaben und der hierzu erforderlichen Steuererhebung erhält. Im internationalen Bereich gibt es nichts Analoges, sieht man von den historischen Beispielen für Hegemonien ab – „Pax Romana", „Pax Britannica" – die freilich zeitlich und räumlich immer ihre Grenzen hatten. Die UNO ist keine Weltregierung, welche die nötigen internationalen, öffentlichen Güter bereitstellen könnte. Daher bleiben nur Vereinbarungen, welche teils aus Einsicht in zumindest langfristig gemeinsame Vorteile, teils aufgrund mehr oder weniger starken Drucks der mächtigeren Mitglieder der Völkerfamilie zustande kommen – aber häufig eben auch nicht zustandekommen. Im letzteren Fall ist die Analyse der Ursachen besonders vordringlich.

Nach dem zweiten Weltkrieg waren es vor allem die Vereinigten Staaten von Amerika, die eine weltwirtschaftliche Führungsrolle übernahmen: Weltbank und Weltwährungsfonds dienen der „Produktion" des öffentlichen Gutes Stabile Währung, das GATT wacht über ein offenes Handelssystem. Ohne den amerikanischen Beitrag wären ihre Erfolge kaum zustandegekommen.

Viele der heutigen weltwirtschaftlichen Probleme lassen sich auffassen als Konsequenz der relativen Verminderung der US-amerikanischen Dominanz. Manche Autoren sprechen von der „Macht der Triade" [7] , womit die drei Zentren USA, Ostasien mit Japan als ökonomischem Mittelpunkt und Europa gemeint sind. Multilaterale Kooperation zwecks gemeinsamer Bereitstellung öffentlicher Güter ist verständlicherweise komplizierter als die Durchsetzung der Vorstellungen einer einzigen Führungsmacht. Dies gilt nicht nur für die Währungsprobleme, sondern auch für GATT-Verhandlungen, Seerechtsregelungen und viele andere Aspekte der internationalen Wirtschaftsbeziehungen, wo öffentliche Güter eine Rolle spielen. Ohne die eine oder die andere Art internationaler Institutionen werden sie nicht – oder jedenfalls nicht in ausreichendem Umfang – bereitgestellt.

6 Internationale Institutionen mit wirtschaftlichen Funktionen

Der Begriff der Institution wurde bisher in einem denkbar weiten Sinn gebraucht. Er umfaßt alle Arten von Regelungen, welche für internationale wirtschaftliche Transaktionen relevant sind. Damit gehören nicht nur die im eigentlichen Sinne internationalen Organisationen wie etwa Welt-Währungs-Fonds und Weltbank zu den internationalen Institutionen, sondern – gewissermaßen am anderen Ende der Skala – auch die nationalen Handelsrechte, die im Zusammenwirken mit dem Internationalen Privatrecht den Rahmen für den Außenhandel abgeben. Dazwischen existiert eine Fülle von teils öffentlich-rechtlichen, teils privatrechtlichen Organisationsformen und Regelungssystemen, welche den Rahmen für die verschiedenen Arten internationaler wirtschaftlicher Transaktionen bilden. Im Folgenden wird eine Gliederung nach drei Kriterien vorgeschlagen, welche eine erste Strukturierung erlaubt, die jedoch noch weiter differenziert werden muß.

6.1 Räumliche Geltung und Integrationsgrad

Unter den realisierten internationalen Institutionen lassen sich zwanglos solche mit weltweitem, umfassendem Geltungsbereich von den regionalen, nur wenige Länder umfassenden Institutionen unterscheiden. In die erste Gruppe gehören die Vereinten Nationen mit ihren meist funktional definierten Unterorganisationen, von denen die wirtschaftlich bedeutenden wie Weltbank, Internationaler Währungs-Fonds, GATT bereits mehrfach erwähnt wurden. Zu den regional definierten internationalen Organisationen gehören die Europäischen Gemeinschaften, der Rat für gegenseitige Wirtschaftshilfe (COMECON), die OECD, verschiedene regional definierte UNO-Unterorganisationen, aber auch Freihandelszonen (EFTA), das bereits erwähnte Europäische Patentamt und viele andere mehr. Für die weltweit agierenden Institutionen läßt sich feststellen, daß sie entweder sehr schwache Durchsetzungskraft haben, wie zum Beispiel weite Bereiche des Völkerrechts, oder aber einen hohen unmittelbaren, gemeinsamen Nutzen; letzteres gilt wohl vom internationalen Handelsrecht. Regional begrenzte Institutionen im internationalen Bereich hingegen haben häufig größere Integrationswirkungen, jedenfalls wenn und häufig weil die Interessengegensätze geringer sind.

Dieser Unterscheidung liegt ein wichtiges Phänomen zugrunde, das man mittels des Begriffs des Integrationsgrades einer Region beschreiben kann. Je enger die wirtschaftlichen Verflechtungen sind, desto größer wird der Nutzen wirksamer Institutionen zur Erleichterung der internationalen Transaktionen, desto leichter werden Interessengegensätze auszugleichen sein oder – in der Terminologie öffentlicher Güter: desto homogener werden die Präferenzen für internationale öffentliche Güter, desto besser daher die Voraussetzungen für ihre gemeinsame Produktion.

Nun können die Verflechtungsgrade bezüglich verschiedener Arten internationaler Transaktionen durchaus unterschiedlich sein, insbesondere also differieren zwischen Güterhandel und Kapitalverkehr, zwischen Arbeitskräftewanderungen und Technologieübertragungen, so daß die optimalen Integrationsräume je nach Bereich sehr verschieden sein können. Bezüglich der Währungsräume sind diese Zusammenhänge unter dem Thema der „optimal currency area" diskutiert worden (Europäisches Währungssystem, Dollarraum, Sterling-Zone).

Unter dem Gesichtspunkt der regionalen Ausdehnung internationaler Institutionen könnte man das Phänomen der „Internationalisierung der Wirtschaft" auch beschreiben als eine Erweiterung optimaler wirtschaftlicher Integrationsräume für eine zunehmende Anzahl wirtschaftlicher Funktionsbereiche, von den Nationalstaaten über regionale und kontinentale Gruppierungen zu weltweiten Institutionalisierungen.

6.2 Zentralisierungsgrad

Die weite Begriffsbestimmung der internationalen Institutionen bringt es mit sich, daß darunter sowohl solche fallen, die an einer Stelle, mit einer wohldefinierten Organisation, womöglich einem Präsidenten, lokalisiert greifbar und sichtbar existieren, als auch andere, die wie das System des internationalen Handelsrechts, in nationalen Gesetzen und Verordnungen niedergelegt, in täglicher Praxis realisiert und allenfalls in Streitfällen durch Gerichtsurteile sichtbar gemacht werden. Die Gruppe der ersteren hat einen hohen Zentralisierungsgrad, die Gruppe der letzteren sind dezentrale

Institutionen. Je nach den Objekten internationaler Transaktionen eignet sich bisweilen die eine, bisweilen die andere Form besser als Ordnungsrahmen. So liegt die Vermutung nahe, daß im Zweifel dezentrale institutionelle Regelungen, durch welche freie Märkte etabliert und funktionstüchtig gemacht werden, dann effizienter arbeiten, wenn es sich um private Güter handelt. Die Bereitstellung und Zuweisung öffentlicher Güter hingegen wird einen höheren Zentralisierungsgrad erfordern.

Im Zweifel wird der Entscheidungsspielraum einzelner Akteure durch zentralisierte Institutionen stärker eingeengt, während dezentrale Institutionen, die lediglich die Spielregeln für wirtschaftliche internationale Transaktionen festlegen, den Einzelakteuren mehr Spielraum belassen. Zwischen den beiden extremen Formen lassen sich viele Institutionen denken, die eine Mischung von zentralen und dezentralen Elementen enthalten. Besondere Fragen tauchen auf, wenn es sich um wenige Akteure handelt, deren Aktionen in einer solchen Weise aufeinander einwirken, daß spieltheoretische Probleme gelöst werden müssen. Im nationalen Bereich sind die Arbeitsmärkte Beispiele hierfür, im internationalen Bereich die Wechselkurspolitik, aber auch große Bereiche der Handelspolitik. Die Zollsenkungsrunden innerhalb des GATT lassen sich als Bemühung verstehen, diese Art von Problemen zu lösen, so daß das häufig entstehende Gefangenen-Dilemma vermieden wird.

6.3 Verfassung, Gesetz und Vertrag

Auf einer anderen Ebene liegt eine Einteilung von Institutionen gemäß dem Unterscheidungskriterium der Dauerhaftigkeit. Die eine Ebene ist jene der Spielregeln, des Grundkonsens oder der Verfassung. Auf einer zweiten Ebene spielt sich der laufende politische und wirtschaftliche Prozeß ab, wo die Akteure gemäß ihren Interessen und im Rahmen der Spielregeln handeln. Auf dieser Ebene sind die Institutionen flexibler und passen sich veränderten Bedingungen rascher an. Buchanan [8] unterscheidet „constitutional choice“ von „post-constitutional choice“. In der Verfassungs- und Rechtstheorie werden die Charakteristika und Unterschiede dieser beiden Arten von Institutionen im einzelnen diskutiert. Im Zusammenhang mit der ökonomischen Analyse internationaler wirtschaftsrelevanter Institutionen ist vor allem festzuhalten, daß sich jene mit Verfassungscharakter ihrer Natur nach weniger rasch verändern lassen. Aus Gründen der Systemstabilisierung gibt es in der Regel besondere Verfahren zur Änderung von Verfassungsregeln. Demgegenüber lassen sich Institutionen unterhalb der Verfassungsebene durch einfache Gesetzgebung, Rechtsprechung, Verordnungen, ja durch privatautonome Vereinbarungen, d.h. Verträge, an Änderungen der wirtschaftlichen Erfordernisse wesentlich flexibler anpassen.

Der vorstehend skizzierten Einteilung entspricht daher eine Unterscheidung nach den Arten der Genese von Institutionen – auch internationalen Institutionen. Sie ist wichtig für die eingangs erwähnte Analyseebene des „Institutional Choice“; denn die Art und Weise, wie Institutionen gestaltet und verändert werden können, hat Bedeutung für ihre Eignung zur Regelung verschiedenartiger Transaktionen. Die Diskussion um die Vertragsformen, Investitionsschutzabkommen und völkerrechtlichen Eigentumsgarantien etwa im Bereich internationaler Großprojekte im Ressourcensektor liefert reiches Anschauungsmaterial [9].

7 Zusammenhänge zwischen weltwirtschaftlichen Transaktionen und ihren institutionellen Regelungen: Ausblick

Die vorstehenden Bemerkungen wollen und können keine allgemeine Theorie internationaler wirtschaftlicher Institutionen bilden. Sollte eine solche Theorie überhaupt möglich sein, so ist sie jedenfalls zum gegenwärtigen Zeitpunkt nicht in Sicht. Ziel des Versuches ist es jedoch, zur Entwicklung eines konzeptionellen Rahmens beizutragen, innerhalb dessen die Zusammenhänge zwischen dem internationalen Ordnungsrahmen und den sich wandelnden, weltwirtschaftlichen Beziehungen besser als bisher analysiert werden können. Hierzu ist eine Strukturierung des Problemfeldes erforderlich, die den beteiligten Disziplinen und Arbeitsrichtungen ihre jeweiligen Aufgaben zuweist und die Kooperationsfelder beschreibt. Diese Strukturierung muß weiter entwickelt werden, wobei die bei der Arbeit an konkreten Problemen schon erzielten und für die Zukunft erhofften Ergebnisse einfließen müssen.

Wie breit das Aufgabenfeld ist, soll zum Abschluß am Beispiel der Zusammenhänge zwischen dem traditionellen Außenhandel mit Gütern und den neuen Formen internationaler Faktorbewegungen skizziert werden. Diese Zusammenhänge sind Gegenstand eines der elf Teilprojekte des zuvor erwähnten Konstanzer Sonderforschungsbereichs.

Internationaler Güteraustausch wird nach den lange etablierten Regeln der nationalen Kauf- und Handelsrechte in Verbindung mit dem Internationalen Privatrecht abgewickelt. Das GATT sorgt darüber hinaus für ein Minimum an Einhaltung von Spielregeln hinsichtlich Einfuhrbeschränkungen und Exportförderungsmaßnahmen. Dieses Welthandelssystem ist freilich höchst unvollkommen und lückenhaft: es gelingt nur mit Mühe, protektionistische Strömungen einigermaßen unter Kontrolle zu halten, weil die durch die Probleme der Anpassung an den rascher werdenden weltwirtschaftlichen Strukturwandel mobilisierten Kräfte politisch oft sehr durchsetzungsfähig sind. Die Mechanismen des Ausgleichs zwischen dauerhaften Gewinnern und zeitweiligen Verlierern der Außenhandelsintensivierung sind noch immer unzureichend entwickelt.

In dem Maße, wie Außenhandel mit Gütern und Diensten infolge solcher Hemmnisse nicht zur internationalen Angleichung der Preise und der Faktoreinkommen führen kann, verstärken sich die Anreize für grenzüberschreitende Faktorbewegungen, vor allem dann, wenn deren Kosten infolge technologischer Neuerungen sinken. Der Sog rasch wachsender Ökonomien auf Arbeitskräfte und der Druck von Armut und Unterbeschäftigung auf Auswanderung sind Beispiele. Die Zunahme von Direktinvestitionen, vielfältigen Kooperationsformen, internationaler Kreditgewährung in großem, ja bisweilen übersteigertem Umfang – kurz: internationale Kapitalbewegungen sind ein anderes Beispiel. Hinzu kommen neue Arten des internationalen Know-How- und Technologietransfers, wobei die Grenzen zwischen Immaterialgüterhandel, Humankapitaltransfer und Dienstleistungshandel fließend sind.

Es zeigt sich, daß die traditionelle These, Handel und Faktorbewegungen seien Substitute, nicht generell gilt. In weiten Bereichen sind beide Arten internationaler Transaktionen komplementär. Diese Bereiche gilt es präzise zu umschreiben, denn sie werden sehr maßgeblich mitbestimmt durch die organisatorischen Rahmenbedingungen und rechtlichen Regelungen für Handel und Faktorwanderungen.

Dem internationalen Handelsrecht und dem GATT entsprechende Institutionen für Auslandsinvestitionen gibt es bisher erst in bescheidenen Ansätzen: Internationale

Schiedsgerichte, UNO-Deklarationen, nationale Kreditversicherungen, die Diskussion um eine internationale Investitionsschutzversicherung (MIGA) sind Beispiele.

Wenn es gelingt, internationale Faktorbewegungen durch Einrichtung und Vervollkommnung geeigneter Institutionen – im hier verwendeten weiten Sinne des Begriffs – sicherer zu machen, lassen sich auf diese Weise gewiß auch viele Probleme im Bereich des Handels und der Strukturanpassung entschärfen.

Innerhalb des Komplexes internationaler Faktorbewegungen beanspruchen die Beziehungen zwischen Migrationen und Kapitaltransfers besondere Beachtung. Die Probleme der Gastarbeiter, der illegalen Einwanderung, der Definition von Asylrechten haben über das eigentlich Ökonomische ins Politische und Ethische hineinreichende Aspekte; doch sind sie eben auch sehr stark wirtschaftlich bedingt, was bei ihrer rechtlichen Regelung zu berücksichtigen ist.

Die zu lösenden ökonomischen Probleme, die rechtlichen Konstruktionen und die politischen Prozesse der Durchsetzung greifen vielfach ineinander. Das Feld für interdisziplinäre wissenschaftliche Analyse ist weit. Ihre Ergebnisse sollten für die Handelnden in Unternehmungen, Parlamenten, nationalen Regierungen und internationalen Organisationen hilfreich sein.

Literatur

1. Furubotn, E.G. and Richter, R. (1984): Editorial Preface to a Symposium on the New Institutional Economics, Zschr.Ges.Staatswiss. 140, 3
2. Samuelson, P.A. (1947): Foundations of Economic Analysis, Harvard University Press, Cambridge/Mass.
3. Frey, B.S. (1985): Internationale Politische Ökonomie, Vahlen, München
4. Buchanan, J.M. (1965): An Economic Theory of Clubs, Economica 32, 1-14
5. Hutter, M. (1986): The Role of Clubs in Producing Legal and Political Innovations, Münchner wirtschaftswissenschaftliche Beiträge 86-04, 1-16
6. Kindleberger, C.P. (1986): International Public Goods without International Government. Am Ec Rev 76, 1-13
7. Ohmae, K. (1985): Macht der Triade. Die neue Form weltweiten Wettbewerbs. Gabler, Wiesbaden
8. Buchanan, J.M. (1975): The Limits of Liberty. Between Anarchy and Leviathan, The University of Chicago Press, Chicago and London.
9. Dolzer, R. (1985): Eigentum, Enteignung und Entschädigung im geltenden Völkerrecht. Springer Verlag, Berlin/ Heidelberg/New York.

II. Forschungs- und Wissenschaftspolitik

Über die optimale Größe einer Forschungsgruppe

Martin J. Beckmann

Zusammenfassung

Die Produktivität eines Forschers ist eine zunehmende Funktion der Zahl der Mitarbeiter in einem Team, die Zeit für die Forschung dagegen eine abnehmende Funktion, der Output das Produkt von beiden. Man muß unterscheiden zwischen der Teamgröße, die den Output eines Forschers, den Output des Teams oder den Wert des Outputs minus die Kosten maximiert. Aufgrund von Erfahrungswerten bei der Cowles Commission wird die optimale Größe eines Forschungsteams in der mathematischen Nationalökonomie und Ökonometrie auf etwa 3–4 geschätzt.

1.

Zur Sicherung der Priorität werden in Zeitschriften wie den „Physical Review Letters" Forschungsergebnisse publiziert und dabei kann man gelegentlich beobachten, daß die Namensliste der beteiligten Forscher die Hälfte der gesamten Ankündigung beansprucht. Insbesondere in Physik scheinen die enormen Aufwendungen für Versuchsanlagen einen entsprechenden Personalaufwand zu erfordern. Technische Notwendigkeiten haben so zur Bildung von Forscherteams geführt, die unter Umständen mehrere Dutzend hochqualifizierte Techniker und Wissenschaftler umfassen.

Im Gegensatz dazu herrscht in mehr theoretisch orientierten sozialwissenschaftlichen Disziplinen immer noch der forschende Einzelgänger vor, der nur von ein zwei Assistenten unterstützt wird, die kleine Forschungsgruppe dominiert immer noch. Ist das ein Zeichen für Rückständigkeit in den Sozialwissenschaften? Welche Faktoren bestimmen den optimalen Umfang einer Forschungsgruppe? In der vorliegenden Arbeit werden dazu keine Richtzahlen abgeleitet, höchstens zur Verdeutlichung der Gedankengänge. Aber es soll den Einflußgrößen nachgegangen werden, die den optimalen Umfang einer Forschergruppe, die optimale Kontrollspanne bestimmen. Von dieser Kontrollspanne scharf zu unterscheiden ist die Kontrollspanne, die in der Forschungsverwaltung zu beobachten ist. Letztere Tätigkeit wird von Funktionären ausgeübt, die selbst nicht mehr aktiv forschen, wie sie übrigens selbst ohne weiteres zuzugeben bereit sind.

Meinen Untersuchungen schwebt als Typus die theoretische Forschung vor, wie sie für die Sozialwissenschaften und bis zu einem gewissen Ausmaß auch noch für die Physik charakteristisch sind. Keine speziellen Geräte und Ausrüstungen sind notwendig. Die einzigen vom Forscher benötigten Hilfsmittel sind Bibliothek und Computer. Ihr

Einsatz unterliegt den gleichen Prinzipien, wie sie auch für jede andere Ressource gelten: jede zusätzliche Stunde, die in der Bibliothek oder am Computer verbracht wird, muß den gleichen Ertrag bringen, wie eine zusätzliche Stunde, die der Forscher für sich allein arbeitet. Ist der Grenzertrag eines dieser Faktoren stets unter diesem Niveau, dann werden diese Hilfsmittel gleich gar nicht eingesetzt.

Wenn man sich mit der optimalen Größe eines Teams beschäftigt, dann ist es gerade die Ressource „Mitarbeiter“ auf die man sein Hauptaugenmerk richten möchte: Die Zeit, die man mit anderen im Gedankenaustausch verbringt und die der Information, Anregung, Kritik und Ermunterung dient.

Die einzige Art von Gemeinschaftsforschung, die ich aus eigener Anschauung kenne, besteht in häufigen, mitunter täglichen Zusammenkünften mit einem oder zwei Mitarbeitern oder auch der gesamten Gruppe. So eine Sitzung kann ganz spontan anberaumt werden, wenn eines der Gruppenmitglieder eine Idee hatte, die an den anderen Gruppenmitgliedern ausprobiert werden soll. In den meisten Fällen wird diese Idee zerpflückt werden oder einem Revisions- und Ergänzungsprozeß unterzogen werden. In der Darstellung und Diskussion mit Kollegen muß die Idee ihren Wert beweisen oder aber untergehen. Es kommt auch vor, daß während einer solchen Diskussion neue Ideen entstehen. Perioden intensiven Austausches mit anderen müssen aber auch mit Perioden abwechseln, in denen die Gruppenmitglieder für sich alleine arbeiten. Diese Perioden sind nicht nur für die Verarbeitung der empfangenen Informationen, sei es von Kollegen, sei es aus der Literatur notwendig, sondern auch für die Erledigung der begleitenden Tätigkeiten des Forschers, wie etwa Berechnungen und dem Anfertigen eines mehr oder minder endgültigen Manuskripts. Schließlich sind diese Ruhezeiten für viele Forscher die Zeiten, in denen Ideen für neue Forschungsrichtungen heranreifen.

Dabei hat das einzelne Mitglied in einem Forschungsteam nicht uneingeschränkte Entscheidungsfreiheit darüber, wie er/sie die Zeit auf diese Dinge verwendet. Wenn das Team richtig funktionieren soll, dann muß ein Gruppenmitglied bei Bedarf auch den anderen zur Verfügung stehen. Die zeitlichen Freiräume, die dem einzelnen zur Verfügung stehen, hängen daher wesentlich davon ab, wie viele andere Anspruch auf seine Zeit haben, d. h. von der Größe der Gruppe.

2.

Zur Formalisierung dieser Vorstellungen sei $1+x$ die Größe der Gruppe einschließlich des Leiters; der speziellen Natur des Leiters wird in dieser Arbeit nicht nachgegangen, wir behandeln den Chef wie jedes andere Mitglied des Teams auch. Jedes Gruppenmitglied hat Interaktionen mit x anderen Gruppenmitgliedern und kann ihre Unterstützung und Sachkenntnis in Anspruch nehmen. Vorausgesetzt, daß neue Ideen in den Zeiträumen entstehen, da die Gruppenmitglieder sich selbst überlassen sind, dann hängt die Produktivität eines Mitarbeiters von zwei Faktoren ab:

Der Zeit, die einem selbst zur Verfügung steht.

Zugriffsmöglichkeiten auf Fähigkeiten anderer Gruppenmitglieder.

Die Arbeitszeit wird auf 1 normiert, die Beanspruchung $a(x)$ durch die anderen x Mitglieder ist eine zunehmende Funktion von x. Die Zeit, die einem für sich selbst bleibt, wird dann gegeben durch

$$1 - a(x) \tag{1}$$
$$a'(x) > 0$$

Der Output eines Forschers wird als zunehmende Funktion der ihm zur Verfügung stehenden Zeit (1) und der Zugriffsmöglichkeiten auf die x anderen angesetzt. Wie aber beeinflußt diese Zugriffsmöglichkeit die Produktivität? Die Produktivität des einzelnen für sich normieren wir auf 1. Dann ist die Produktivität einer Stunde, die mit x anderen verbracht wird, eine zunehmende Funktion von x, die wir wie folgt ansetzen

$$1 + b(x)$$
$$b'(x) > 0$$

Der Output q einer Person ergibt sich dann als Produkt von zur Verfügung stehender Zeit und Produktivität pro Zeiteinheit:

$$q = q(x) = (1 - a(x))\,(1 + b(x)) \tag{2}$$

Es wird angenommen, daß jedes Gruppenmitglied einen konstanten Anspruch auf die Zeit eines anderen hat: Jedes Gruppenmitglied kann mit konstanter Wahrscheinlichkeit eine Plenarsitzung verlangen oder eine 2-Mann Konferenz, das bedeutet, daß

$$a(x) = a \cdot x \tag{3}$$

Analog wird b(x) linearisiert

$$b(x) = b \cdot x \tag{4}$$

Das führt auf eine individuelle Produktionsfunktion

$$q(x) = (1 - ax)\,(1 + bx) \tag{5}$$

Dabei ist es realistisch, anzunehmen, daß

$$0 < a < 1, \qquad 0 < b < 1 \tag{6}$$

Eine Gruppenbildung ist dann rentabel, wenn gilt

$$\frac{dq(x)}{dx} > 0 \qquad \text{für } x = 0$$

Daraus folgt

$$a < b \tag{7}$$

Sind $x = 1/a$ andere Gruppenmitglieder vorhanden, dann bleibt dem einzelnen keine Zeit mehr für sich: die Produktivität ist Null. Dazwischen gibt es sicherlich eine Teamgröße, die zu maximaler Produktivität der einzelnen Gruppenmitglieder führt.

3.

Wie soll der Output der Gruppenmitglieder zum Output der Gruppe zusammengefaßt werden? Typischerweise teilt der Leiter der Forschungsarbeit das Projekt in Teilprojekte auf, die den Mitgliedern des Teams zugewiesen werden und für das sie verantwortlich sind. Die Mitarbeiter bearbeiten ihre Aufgaben mit Unterstützung der anderen Gruppenmitglieder, dabei wird angenommen, daß die Forschungsarbeit von den einzelnen Mitgliedern erledigt wird. Es kommt nicht darauf an, ob ein Fortschritt während einer Diskussion oder während der Einzelarbeit erzielt wird.

Der Output der Gruppe ist dann gleich der Summe der Outputs der Mitglieder, gerade so wie das ganze Projekt die Summe seiner Teilprojekte ist. Dieser Output Q(x) ist dann gleich x + 1 mal dem Output des repräsentativen Gruppenmitglieds.

An dieser Stelle könnte man zwei Arten von Gruppenführung unterscheiden, nämlich anweisend oder mitwirkend. Im ersten Fall hat der Leiter kein eigenes Teilprojekt zu bearbeiten, im zweiten Fall tut er das. Der Leiter kann sogar das Schreiben von Einleitungen, verbindenden Texten und Zusammenfassungen anderen Gruppenmitgliedern übertragen, wird sich jedoch im allgemeinen diesen wichtigen Aufgabenkreis selbst vorbehalten.

Hier wird jedoch davon ausgegangen, daß der Gruppenleiter ein Teilprojekt bearbeitet wie jeder andere auch, so daß gilt

$$Q(x) = (1 + x)\,(1 - ax)\,(1 + bx) \tag{8}$$

Das ist eine kubische Funktion von x.

$$Q\,(x) = 1 + (1 + b - a)x + (b - a - ab)x^2 - abx^3 \tag{9}$$

die in Abbildung 1 für die Werte a = 0,1; b = 0,2 gezeichnet ist.

Diese Funktion besitzt alle Eigenschaften einer klassischen Produktionsfunktion. Sie hat zunächst positive und zunehmende Ertragszuwächse, dann fallende und schließlich negative Grenzprodukte.

$$Q'(x) = 1 + b - a + 2(b - a - ab)x - 3abx^2 \tag{10}$$

$$Q''(x) = 2(b - a - ab) - 6abx \tag{11}$$

Man beachte, daß Q(x) zunächst konvex und dann wegen (6), (7), (11) konkav ist.

Welches Ziel soll bei der Wahl der optimalen Größe einer Forschungsgruppe verfolgt werden? Ist es

i) maximaler individueller Output q(x)?
ii) maximaler Output Q(x) der Gruppe?
iii) maximale Differenz zwischen Output und Kosten, also Q(x) − wx? Dabei sind w die Kosten der Beschäftigung eines zusätzlichen Gruppenmitgliedes.

Die Beteiligten haben unterschiedliche Zielsetzungen, nämlich

i) wird vom einzelnen Gruppenmitglied verfolgt
ii) wird vom Leiter der Gruppe verfolgt
iii) wird vom Auftraggeber verfolgt.

Die Gesellschaft sollte sich den Standpunkt des Auftraggebers zu eigen machen, selbst dann, wenn es sich um privat finanzierte Forschung handelt. Hier soll die optimale Teamgröße unter den Zielsetzungen (i) bis (iii) verglichen werden.

Unter i) ist das Optimum erreicht, wenn

$$0 = \frac{d}{dx}\,q\,(x) = \frac{d}{dx}(1 - ax)\,(1 + bx) = b - a - 2abx$$

ist und das liefert

$$\hat{x} = \frac{1}{2}\,\left(\frac{1}{a} - \frac{1}{b}\right) \tag{12}$$

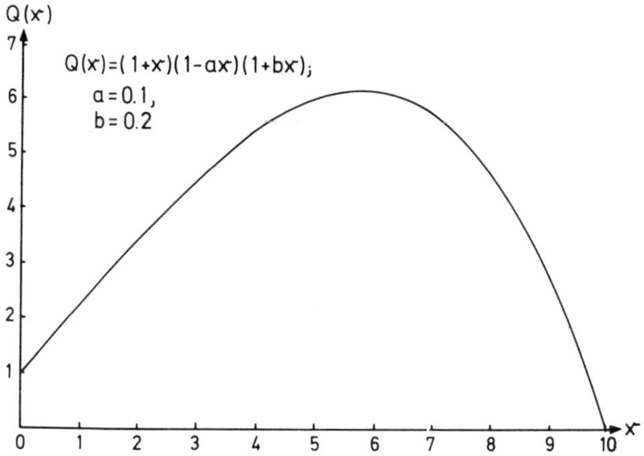

Ist jedoch $a \geq b$, dann hat man dagegen

$$\hat{x} = 0 \tag{13}$$

Dieser Output ist um so größer, je größer der Produktivitätsgewinn b durch Rückgriff auf andere ist und um so kleiner, je größer die Beanspruchungen a durch andere Gruppenmitglieder sind.

Den Erfahrungen des Verfassers nach haben Werte wie

$$a = 0{,}1;\ b = 0{,}2 \tag{14}$$

die richtige Größenordnung. Das ergibt

$$\hat{x} = \frac{1}{2}(10-5) = 2.5$$

Das führt auf eine Gruppengröße von 3 bis 4 für optimale individuelle Arbeitsbedingungen.

Der Gruppenoutput wird maximiert, wenn gilt

$$\begin{aligned} Q &= \frac{d}{dx}(1 + x)\, q(x) \\ &= q(x) + (1 + x)\, q'(x) \end{aligned}$$

und das liefert

$$q'(x) = -\frac{q}{1+x} < 0 \tag{15}$$

Daraus entnimmt man, daß der Output des Teams am größten ist, wenn die Produktivität des einzelnen bereits abnimmt, das heißt für eine Gruppengröße über $\hat{x}$. Insbesondere, unter Benützung von (10)

$$3ab\, x^2 - 2(b - a - ab)\, x + a - b - 1 = 0$$

oder

$$\tilde{x} = \frac{1}{3\,ab}\,(b-a-ab) \pm \frac{1}{3\,ab} \qquad (b-a-ab)^2 + (1+b-a)\,3ab \tag{16}$$

$$\tilde{x} = 5.8$$

für die Werte (14).

Wir wenden uns jetzt der Betrachtung der Zielsetzung (iii) zu. Die Opportunitätskosten eines einzelnen sind, was diese Person für sich leisten könnte, nämlich

$$q(0) = 1.$$

Damit ist w = 1 und die Zielfunktion ist

$$\max_{x}\, Q\,(x) - x$$

Das liefert

$$Q'\,(x) = 1 \tag{17}$$

was geschrieben werden kann als

$$q(x) + (1 + x)\,q' = 1$$

oder

$$q'\,(x) = \frac{1 - q(x)}{1 + x} < 0 \tag{18}$$

vorausgesetzt, Gruppenarbeiter sind produktiver als Einzelgänger.

Vergleicht man (17) und (18), dann erkennt man, daß Ziel (iii) am besten mit einer Gruppengröße $1 + x^*$ verwirklicht wird, die nach (17) jedoch unter der Größe für maximalen Teamoutput liegt. Der Formel (18) entnimmt man, daß $1 + x^*$ größer ist, als es für die Maximierung der individuellen Outputs notwendig ist.

Mit den Werten aus (14) hat man

$$x^* = 3.18$$

und das optimale Team hätte dann einen Umfang von 4, einschließlich des Leiters.

5.

Hervorragende Leistung in der Forschung ist nicht nur eine Sache des wirtschaftlichen Wirkungsgrades, sie geht weit darüber hinaus. Der Wettbewerb um Auszeichnung ist hart und wird noch durch den Nobelpreis und ähnliche Auszeichnungen verschärft. Wissenschaftliche Forschung wird in allen hochentwickelten Nationen nicht nur dem einzelnen und seinem Ehrgeiz überlassen, sondern als Angelegenheit von nationaler Bedeutung betrachtet. Zu Recht verdienen die materielle Unterstützung der Forschung, die Qualität der Universitäten und die Entdeckung und Förderung von Talenten aus allen Bevölkerungsschichten allenthalben große Aufmerksamkeit. In dieser Arbeit haben wir gezeigt, daß ein wichtiger Beitrag für Spitzenleistungen in der

Forschung durch eine geeignete Organisation dieser Forschung geleistet werden kann, insbesondere kann die Gruppengröße von Bedeutung sein. Was in der Physik angebracht ist, kann in den Sozialwissenschaften und der theoretischen Physik durchaus zu viel des Guten sein. Bei allem Respekt für die Vorteile interdisziplinärer Gruppenarbeit scheint die optimale Gruppengröße relativ klein zu sein. Die Cowles Commission for Research in Economics an der Universität Chicago hatte selbst zu ihren Glanzzeiten kein Team mit mehr als 4 Mitgliedern aufzuweisen. In dieser Zeit hat die Cowles Commission aus einer Gesamtzahl von etwa 30 Mitgliedern nicht weniger als vier Nobelpreisträger hervorgebracht und das ist keine geringe Anerkennung für die Wahl der Gruppengröße: small is beautiful.

Literatur

Beckmann, M.J: „Tinbergen Lectures on Organization Theory“, Springer Verlag, Berlin, New York, 1983

Forschungspolitik in Baden-Württemberg

HELMUT ENGLER

Aufgabe staatlicher Wissenschaftspolitik ist es, die für eine erfolgreiche Forschung erforderlichen politischen, rechtlichen und materiellen Voraussetzungen zu schaffen. Dies gilt für jedes Fach ohne Rücksicht auf den Grad seiner unmittelbaren sozialen Nützlichkeit und gesellschaftlichen Relevanz. Die Förderung der Wissenschaft um ihrer selbst willen und die Sicherung der Freiheit des Wissenschaftlers für sein Streben nach Wahrheit und Erkenntnis ist deshalb vornehmstes Ziel der Wissenschaftspolitik der baden-württembergischen Landesregierung.

Im folgenden Beitrag werden vor allem die forschungspolitischen Maßnahmen erläutert, die die baden-württembergische Landesregierung in den vergangenen Jahren ergriffen hat, um die Leistungsfähigkeit der für die Wirtschaft relevanten Forschung zu steigern. Diese thematische Beschränkung wurde durch den Titel der Festschrift „Forschung, Wachstum und Beschäftigung" vorgegeben. Die Darstellung umfaßt damit zwar einen wichtigen Teil, aber eben nur einen Teil der Wissenschafts- und Forschungspolitik der baden-württembergischen Landesregierung, die darauf ausgerichtet ist, die Forschung in ihrer ganzen Breite und Vielfalt zu fördern.

I. Forschung und technologischer Wandel

„Der Aufstieg kann sich nicht mit dem billigen Massengut vollziehen, auch nicht mit gewerblichem Halbzeug, sondern nur mit dem Fertigfabrikat und der hochwertigen Sonderleistung."[1] So beschrieb Theodor Heuss in seiner Biographie des großen schwäbischen Unternehmers Robert Bosch die wirtschaftlichen Entwicklungsmöglichkeiten des Königreichs Württemberg zur Zeit von Ferdinand Steinbeis. Die wirtschaftliche Bedeutung technisch anspruchsvoller Produkte ist seit dieser Zeit noch gewachsen: Wirtschaftliches Wachstum, hoher Beschäftigungsgrad, sozialer Frieden und auch eine gesunde Umwelt hängen davon ab, wie sich unsere Wirtschaft im internationalen Wettbewerb behaupten kann. Dies gilt besonders für ein rohstoffarmes, lohnintensives und exportabhängiges Land wie die Bundesrepublik Deutschland.

Die Industrie ist „so gut oder so schlecht wie die wissenschaftliche Umgebung, in der sie lebt".[2] Sie übernimmt nicht nur die Absolventen, sondern auch die Forschungs-

1 Theodor Heuss, Robert Bosch. Leben und Leistung, Stuttgart und Tübingen 1946, S. 91
2 Hansgeorg Gareis, Deutschland – wissenschaftlich und technologisch Hinterland?, in Futura. Informationen aus dem Boehringer-Ingelheim Fonds über Forschung und Wissenschaftspolitik, 4/1986, S. 7

ergebnisse der Hochschulen. Es besteht kein Zweifel, daß in der Hochschulforschung manches verbessert werden kann und muß. Bei aller Kritik darf aber nicht vergessen werden, daß die Hochschulen im vergangenen Jahrzehnt vorrangig damit beschäftigt waren, den geburtenstarken Jahrgängen eine qualifizierte Ausbildung zu vermitteln. Politik, Gerichte und Öffentlichkeit haben sich wenig darum gekümmert, wie die Hochschulen mit dieser Aufgabe fertig wurden. Unter erschwerten Bedingungen haben die Hochschulen Außerordentliches geleistet. Daß im Spannungsverhältnis zwischen Massenausbildung und Spitzenforschung die Forschung in vielen Bereichen zu kurz kam, ist am wenigsten ihnen anzulasten. Sie haben oft warnend auf diese Konsequenzen hingewiesen.[3]

Der absehbare Rückgang der Studentenzahlen wird die Bedingungen für die Forschung langsam, aber spürbar verbessern. Entscheidend wird dabei sein, ob es dem Staat und auch den Universitäten selbst gelingt, die immer knappen Fördermittel richtig einzusetzen. Hier hat in der Vergangenheit manchmal der Mut gefehlt, mehr zu differenzieren und Schwerpunkte zu setzen. Die Forschungsförderung war und ist teilweise noch immer zu sehr auf die Breite statt auf die Spitze ausgerichtet. Insgesamt wurde zu wenig getan, „wirklich gute Forschung herauszustellen und, wo nötig, auch schlechte Forschung zu diskreditieren".[4]

II. Forschungslandschaft in Baden-Württemberg

In Baden-Württemberg ging die Landesregierung schon früh daran, die Rahmenbedingungen für die Forschung zu verbessern und die Forschungsinfrastruktur auszubauen.

1. Forschungspotential

Sie konnte dabei auf eine Forschungslandschaft bauen, die in ihrer Dichte und Streuung heute nicht nur in der Bundesrepublik Deutschland einzigartig ist:

- Mit neun Universitäten, sieben Musik- und Kunsthochschulen, sechs Pädagogischen Hochschulen, 36 Fachhochschulen (davon 8 staatlich anerkannte Fachhochschulen) und acht Berufsakademien ist Baden-Württemberg das hochschulreichste Bundesland.
- 13 von 59 Einrichtungen der Max-Planck-Gesellschaft haben ihren Sitz in Baden-Württemberg.

---

3 Vgl. dazu die Diskussion über die Leistungsfähigkeit der deutschen Forschung auf der Jahresversammlung der Westdeutschen Rektorenkonferenz 1981, in: Westdeutsche Rektorenkonferenz, Bildungspolitik – kein Thema mehr?, Dokumente zur Hochschulreform XLIV/1981, Bonn 1981, S. 145 – 192; Christoph Schneider (Hrsg.), Forschung in der Bundesrepublik Deutschland, Weinheim 1983; Stifterverband für die Deutsche Wissenschaft (Hrsg.), Förderung wissenschaftlicher Spitzenleistungen, Essen 1982

4 Theodor Berchem, Die Wissenschaftsförderung seit 1945 aus der Sicht der Wissenschaft, in: Fritz Thyssen-Stiftung (Hrsg.), Tradition und Aufgaben staatlicher und privater Wissenschaftsförderung, Köln 1984, S. 50; vgl. auch Wissenschaftsrat, Empfehlungen zur Forschung und zum Mitteleinsatz an den Hochschulen, Köln 1979, S. 18

- 14 von 35 Instituten der Fraunhofer-Gesellschaft sind in Baden-Württemberg beheimatet.
- 5 überregionale Forschungseinrichtungen befinden sich in Baden-Württemberg, darunter das größte deutsche Fachinformationszentrum: das Fachinformationszentrum für Mathematik, Physik, Energie in Karlsruhe.
- Dazu kommen 20 außeruniversitäre Forschungseinrichtungen wie z. B. das Mathematische Forschungsinstitut Oberwolfach, das Institut für Seelische Gesundheit in Mannheim und der Konstanzer Arbeitskreis für mittelalterliche Geschichte, und weitere 20 Einrichtungen der Ressortforschung, die alle weitgehend vom Land finanziert werden.
- 3 Großforschungseinrichtungen – das Kernforschungszentrum Karlsruhe, das Deutsche Krebsforschungszentrum in Heidelberg und das Forschungszentrum Stuttgart der Deutschen Forschungs- und Versuchsanstalt für Luft- und Raumfahrt (DFVLR) – sind in Baden-Württemberg angesiedelt.
- 9 Institute der industriellen Gemeinschaftsforschung führen Forschungs- und Entwicklungsarbeiten insbesondere mit der mittelständischen Industrie und für sie durch.
- Mit dem Europäischen Laboratorium für Molekularbiologie in Heidelberg und dem Institut für Transurane in Karlsruhe verfügt Baden-Württemberg über zwei bekannte internationale Forschungseinrichtungen.
- 1984 arbeiteten 16,7 % des wissenschaftlichen Personals aller Hochschulen, 20,6 % des wissenschaftlichen Personals aller außeruniversitären Forschungseinrichtungen und 23,7 % des gesamten Forschungs- und Entwicklungspotentials der deutschen Industrie in Baden-Württemberg.[5] Diese Anteile haben sich bis heute noch erhöht.

Baden-Württemberg gehört damit zu den forschungsintensivsten Regionen Europas. Diese Forschungslandschaft ist zu einem beträchtlichen Teil das Ergebnis einer längerfristig angelegten Wissenschafts-, Forschungs- und Technologiepolitik, die auch bei früheren Regierungen eine wichtige Rolle spielte, die in den vergangenen Jahren zu einem der Schwerpunkte des Regierungsprogramms wurde.

2. Forschungskommission

Zur Vorbereitung der notwendigen Maßnahmen setzte die Landesregierung Mitte 1982 eine Forschungskommission ein mit dem Auftrag, Vorschläge zu erarbeiten, wie die Leistungsfähigkeit und die Effizienz der Grundlagenforschung und der angewandten Forschung in Baden-Württemberg gesteigert werden kann und welche Forschungsbereiche besonders gefördert werden sollen. Nach intensiven Beratungen legten die 28 Mitglieder aus Wirtschaft und Wissenschaft Ende 1982 einen umfassenden Katalog von Empfehlungen vor.[6] Aus diesen Vorschlägen entwickelte die Landesregierung ein differenziertes Forschungs- und Technologiekonzept, das wiederum mit Vertretern der Wissenschaft und der Wirtschaft abgestimmt wurde und zum Ziel hatte, die Infrastruktur in der Grundlagenforschung und in der angewandten Forschung in den Schlüsseltechnologien zu verstärken und den Technologietransfer zu beschleunigen.

---

5 Landesregierung Baden-Württemberg (Hrsg.), Statistisch-prognostischer Bericht 1985/86, Stuttgart 1986, S. 126

6 Forschungskommission Baden-Württemberg, Abschlußbericht, Stuttgart 1982

3. Finanzieller Rahmen

Der Landesregierung war klar, daß die Umsetzung dieses Konzepts erhebliche Mittel erforderte, die nur durch teilweise schmerzliche Eingriffe in andere Politikbereiche aufgebracht werden konnten. Sie hat auch unpopuläre Maßnahmen nicht gescheut, um den erforderlichen finanziellen Spielraum zu schaffen. Sie betrieb eine strenge Personalbewirtschaftung mit Stellenstreichungen vor allem im Bereich der Schulen und mit befristeten Besetzungs- und Beförderungssperren. Sie schloß drei Pädagogische Hochschulen. Sie nahm die Hochschulen nicht nur bis 1990 von den Stellenstreichungen aus, sondern schuf allein im Haushalt 1987/88 285 neue Stellen für Universitäten und Fachhochschulen. BadenWürttemberg gibt für den Wissenschaftsbereich mehr Mittel (17 %) aus, als seinem Anteil unter den Ländern nach dem Königsteiner Schlüssel (15,3 %) entspricht. Die Aufwendungen des Landes für die außeruniversitären Forschungseinrichtungen betrugen 1985 mit rund 520 Millionen DM fast 19 % der Aufwendungen aller Länder.[7]

Die Landesregierung unternimmt diese Anstrengungen, weil sie davon überzeugt ist, daß die Wirkung von Investitionen in Wissenschaft und Forschung weitaus größer ist als die Summe der Mittel, die dafür aufgebracht werden müssen. Forschungsförderung darf vor allem dann nicht aufhören, wenn das Geld knapp ist oder knapp wird. Wer allzu sehr am Risikokapitaleinsatz und an der Zukunftsvorsorge spart, darf sich nicht wundern, wenn er später für die Subvention von Strukturkrisen umso schmerzlicher bluten muß.[8] Die Landesregierung hat sich – worauf Ministerpräsident Späth in seiner Regierungserklärung zur Halbzeit der laufenden Legislaturperiode hinwies – „diese Entscheidungen nicht leicht gemacht. Aber mehr und mehr setzt sich die Überzeugung durch, daß diese Forschungsinvestitionen eigentlich die Schlüsselentwicklungen für die Verbesserung der Arbeitssituation unserer Bevölkerung in den Zukunftstechnologien garantieren können.... Wir geben für die Forschungs- und Entwicklungspolitik im Landesvergleich, bezogen auf die Größe unseres Haushalts, jährlich 750 Millionen DM mehr aus als der Durchschnitt der Bundesländer. Dies belastet uns ohne Zweifel. Aber dies sind die Zukunftsinvestitionen, die wir für unsere Kinder tätigen."[9]

4. Grundsätze der baden-württembergischen Forschungspolitik

Die Landesregierung hatte und hat nicht den Ehrgeiz, Forschung und Entwicklung als staatlicher „Möchtegern-Unternehmer" – wie ihr einmal vorgeworfen wurde – planen und lenken zu wollen. Sie ist allerdings auch der Auffassung, daß der Staat im Forschungsbereich nicht auf eine Nachtwächterposition beschränkt werden kann, sondern auch Anstöße für Forschungs-, Entwicklungs- und Innovationsaktivitäten geben muß. Forschungspolitik ist heute mehr als Wissenschaftspolitik; sie ist ein Verbund von Wissenschafts-, Technologie-, Wirtschafts-, Regional-, Strukturpolitik und – zunehmend – internationaler Politik.

In dem bewährten auf Arbeitsteilung und Kooperation angelegten System unserer Forschung haben Staat und Wirtschaft unterschiedliche Aufgaben. Sie resultieren aus

7 Bundesminister für Forschung und Technologie, Faktenbericht 1986 zum Bundesbericht Forschung, Bonn 1986, S. 271

8 Hubert Markl, Die Zukunft auskundschaften, in: Süddeutsche Zeitung, 19.4.1986, S. 9

9 Landtag von Baden-Württemberg, 9. Wahlperiode, Protokoll der 47. Sitzung vom 23.4.1986, S. 3752

ihren unterschiedlichen Interessen, Zielen und Strukturen. Keine Seite sollte Aufgaben zu übernehmen versuchen oder übernehmen, die die andere Seite wirtschaftlicher und mit größerer Effizienz erledigen kann. Die gemeinsamen Forschungsanstrengungen zwischen Wissenschaft, Wirtschaft und Staat werden nur dann erfolgreich sein, wenn die Eigenständigkeit der Partner und die Arbeitsteilung zwischen ihnen gewahrt bleiben.

Angewandte Forschung und Entwicklung neuer Produkte und Techniken und ihre Umsetzung auf dem Markt sind primär Aufgaben der Wirtschaft. Im Hinblick auf ihre Stellung auf dem Markt und wegen ihres eigenständigen Kapitaleinsatzes müssen die Unternehmen selbst entscheiden, was sie mit welcher Zielsetzung und in welchem Umfang forschen und entwickeln. Noch so gut dotierte staatliche Programme können Marktgespür und Markterfolge der Unternehmen nicht ersetzen. Staatliche Forschungs- und Technologiepolitik kann und darf nicht die Produktionsstruktur der Wirtschaft in bestimmte Bahnen lenken wollen. „Forschungs- und Technologiepolitik hat subsidiären Charakter. Der Staat kann dem strukturellen Wandel Impulse in die von ihm für wünschenswert gehaltene Richtung geben, er kann ihn aber nicht lenken. Die Hauptlast des Strukturwandels muß der Markt, müssen die Marktteilnehmer tragen.“[10]

Der Staat muß aber dort eingreifen, wo durch forschungs- und technologiefördernde Maßnahmen in Konkurrenzländern Wettbewerbsverzerrungen entstanden sind und für die deutsche Industrie die Gefahr droht, ihre technologische Wettbewerbsfähigkeit zu verlieren. Er muß auch besonders risikoreiche und aufwendige längerfristige Forschung und Entwicklung in wichtigen Schlüsseltechnologien unterstützen, mit der die Wirtschaft überfordert ist. Schließlich muß er dort vorangehen, wo sich Unternehmen wegen des Fehlens eines Marktes zurückhalten, originäre staatliche Aufgaben wie Gesundheitsfürsorge und Umweltschutz aber ohne technischen Fortschritt nicht verantwortlich erfüllt werden können.

Die Hauptaufgabe des Staates liegt darin, für verläßliche und forschungsfreundliche Rahmenbedingungen zu sorgen und eine leistungsfähige Forschungsinfrastruktur zu schaffen. Dazu muß er vor allem auf drei Feldern tätig werden:

- Er muß die Grundlagenforschung an den Universitäten und in den außeruniversitären Forschungseinrichtungen in ihrer ganzen Vielfalt und Breite fördern, da sie entscheidend den wissenschaftlich-technischen Standard eines Landes bestimmt und sichert.
- Er muß den Wissens- und Technologietransfer zwischen der Wirtschaft und den staatlichen Forschungseinrichtungen verbessern. Dazu muß er den Hochschulen die Öffnung zur Wirtschaft ermöglichen, ohne dabei ihre originären Aufgaben zu behindern und die Freiheit von Forschung und Lehre einzuschränken.
- Er muß ein forschungsfreundliches Klima schaffen, in dem blinde Technikeuphorie ebensowenig Platz hat wie Technikfeindlichkeit.

Grundlagenforschung ist aber nicht nur Voraussetzung und Basis für neue Technologien, sondern sie hat auch eine enorme kulturelle Bedeutung. Grundlagenforschung strebt nach wissenschaftlicher Erkenntnis, ohne sich zunächst um praktische Anwendbarkeit und Verwertbarkeit zu kümmern. Der Forscher wählt die Gegenstände seiner Forschung allein nach seiner Neugierde und nach dem Kriterium wissenschaftlicher

---

10 Lothar Späth, Der Staat kann nur Impulse für den Wandel geben, in: Handelsblatt, 31.12.1986, S. 37

Relevanz aus. Er braucht einen großen Freiraum, wenn er herausfinden will, was die Welt im Innersten zusammenhält. Erkenntnisstreben und Freiheit gehören zusammen, wenn der Forscher – und damit auch die Gesellschaft – die Phänomene der Welt besser verstehen und zu einer tiefer gegründeten Einsicht in das Wesen des Menschen und in den Sinn des menschlichen Daseins kommen will. Der Staat ist verpflichtet, die Forschung in ihrer ganzen Breite von der Anthropologie bis zur Zoologie zu fördern. Für den Wissenschaftler besteht seine Verantwortung gegenüber der Gesellschaft dafür „nicht zum geringsten gerade darin, die Forschungsfreiheit – natürlich unter Beachtung strenger ethischer Normen – gut zu nutzen".[11]

In ihrer Forschungspolitik läßt sich die Landesregierung von folgenden Grundsätzen leiten:

1. Richtschnur und Rahmen ist die grundgesetzlich garantierte Freiheit der Wissenschaft. Sie verpflichtet den Staat, für die rechtlichen, organisatorischen und finanziellen Grundlagen der Forschung zu sorgen.
2. Vorrangiges Ziel ist es, Spitzenleistungen zu fördern, ohne die Breitenförderung zu vernachlässigen. Dies geschieht durch die Bildung von Schwerpunkten, die internationalen Ansprüchen genügen. Schwerpunktbildungen sind notwendig, um die knappen Mittel möglichst effizient einzusetzen. Sie sind unter dem Gesichtspunkt der Wissenschaftsfreiheit unbedenklich, wenn es neben solchen Schwerpunkten noch andere Entfaltungsmöglichkeiten für die Wissenschaftler gibt.
3. Alleinige Förderkriterien sind die Leistungsbereitschaft und die Leistungsfähigkeit des Wissenschaftlers und die Qualität seiner Forschung.
4. Wie zur Forschung, so gehört auch zur Forschungsförderung eine kalkulierte Risikobereitschaft. Man kann es eher hinnehmen, mit einer unkonventionellen Idee zu scheitern, als eine aussichtsreiche Idee vorzeitig zu verwerfen.
5. Ohne den technischen Fortschritt können die komplexen Probleme der Gegenwart und der Zukunft nicht gelöst werden. Die Chancen und Möglichkeiten des technischen Fortschritts müssen deshalb vernünftig genutzt, seine Risiken und Gefahren verantwortungsbewußt begrenzt werden.

Das Land schafft dort, wo sich Ansätze für besondere Leistungen abzeichnen, durch zusätzliche Förderung die kritische Masse, die Spitzenleistungen erst ermöglicht. Wichtige Entscheidungskriterien waren und sind dabei auch immer die Unterstützung, die der Forscher oder die Forschergruppe von Bund, anderen Förderorganisationen und der Industrie erhält, und die Bereitschaft der Universitäten, zugunsten dieses Schwerpunkts intern Stellen und Mittel umzuwidmen. Diese Politik fördert den Wettbewerb innerhalb und außerhalb der Universitäten, der für die Forschung nur von Vorteil sein kann.

Forschung wird allerdings nicht ohne weiteres immer besser, je mehr Geld zur Verfügung steht. Ihre Qualität hängt maßgeblich von den Personen ab, die sie betreiben. Die Landesregierung richtet deshalb neue Schwerpunkte und Institute vor allem dort ein, wo herausragende Wissenschaftlerpersönlichkeiten bereits erfolgreich gearbeitet haben. Die Landesregierung versucht, in Anknüpfung an vorhandene Kapazitäten eine Infrastruktur zu schaffen, die insbesondere auch die fachübergreifende Arbeit, ohne die die wissenschaftlichen und technischen Probleme von heute nicht mehr gelöst werden können, ermöglicht und fördert.

---

11 Hubert Markl, Forschung im Widerstreit der Erwartungen, in: Forschung – Mitteilungen der Deutschen Forschungsgemeinschaft, 3/1986, S. IV

5. Forschungspolitisches Instrumentarium

Um der Dynamik des wissenschaftlichen und technischen Fortschritts und den haushaltsrechtlichen Erfordernissen Rechnung zu tragen, hat die Landesregierung ein differenziertes Förderinstrumentarium entwickelt. Es ist als „Hilfe zur Selbsthilfe" gedacht und so ausgestaltet, daß auf aktuelle Entwicklungen in Wissenschaft und Technik flexibel reagiert, erfolgversprechende Forschungsschwerpunkte eingerichtet und die Hochschulen in ihren Strukturüberlegungen gezielt unterstützt werden können.

5.1. Forschungsschwerpunktprogramm

Um die Leistungsfähigkeit der Universitäten in der ganzen Breite ihres Fächerspektrums zu erhöhen, hat die Landesregierung 1985 ein Forschungsschwerpunktprogramm eingerichtet, für das bis 1989 jährlich 30 Millionen DM zur Verfügung stehen. Mit diesen Mitteln soll die Grundausstattung der Universitäten verbessert werden, die durch staatliche Sparmaßnahmen, hohe Lehrbelastung und sprunghaft steigenden Finanzbedarf der Forschung in den letzten Jahren zum Teil stark ausgedünnt war. Die Mittel können auch eingesetzt werden, um für die Durchführung von Forschungsvorhaben die Geräteausstattung von Instituten auf den neuesten technischen Stand zu bringen.

Gefördert werden Forschungsvorhaben, in denen mehrere Forscher – häufig interdisziplinär – an einem wissenschaftlich wichtigen Thema arbeiten und für die Drittmittel von Forschungsförderorganisationen bereitgestellt worden sind. Auf Vorschlag der einzelnen Universitäten bewilligt das Ministerium für Wissenschaft und Kunst nach einer sorgfältigen Beurteilung durch externe Gutachter die Einrichtung eines Schwerpunktes. Im Interesse der Flexibilität soll die Förderdauer in der Regel drei Jahre nicht überschreiten.

5.2. Forschungspool

Das Forschungsschwerpunktprogramm wird ergänzt durch einen zentralen Forschungspool, der im Haushalt 1987/88 jeweils 9,3 Millionen DM umfaßt. Diese Mittel dienen dazu, besonders qualifizierten Forschern für begrenzte Zeit eine zusätzliche Forschungsausstattung zu gewähren und sie kurzfristig in den Stand zu versetzen, sich an Forschungsprogrammen zu beteiligen. Dadurch soll auch der Technologietransfer verstärkt werden. Mit diesen Mitteln ist es möglich, schnell auf neue Entwicklungen zu reagieren und auch größere Forschungsvorhaben einzuleiten, ohne zusätzliche Haushaltsanträge stellen zu müssen.

5.3. K.-w.-Stellen-Pool

Im Haushaltsplan 1977 war – zur Realisierung von Einsparungen im Landesetat – an einer bestimmten Zahl von Stellen bei den Universitäten der Vermerk „künftig wegfallend" ausgebracht worden. 157 dieser Stellen waren 1984 noch nicht gestrichen. Wegen der angespannten Situation im Hochschulbereich erklärte sich die Landesregierung in Gesprächen mit den Universitäten bereit, diese 157 Stellen in einen Pool einzubringen, der zur Unterstützung der weiteren Entwicklung der Universitäten, insbesondere von Umstrukturierungsmaßnahmen, verwendet werden soll.

Die Universitäten können aus diesem Pool in begrenztem Umfang Stellen und Personalmittel erhalten, wenn sie bereit sind, aus ihrem Stellenbestand durch Umschichtung einen Eigenbeitrag zu leisten. Die Stellen oder Mittel werden den Universitäten nur befristet zugewiesen. Nach Ablauf der Frist fallen sie in den Pool zurück. Durch dieses Verfahren ist gewährleistet, daß der Pool längere Zeit erhalten und für die wechselnden Bedürfnisse der Universitäten eingesetzt werden kann. Im Haushalt 1987/88 sind für 1987 2,8 Millionen DM und 8 Stellen, für 1988 4,2 Millionen DM und 9 Stellen vorgesehen.

III. Schwerpunkte der Forschungsförderung

1. Ausbau der Grundlagenforschung in den Schlüsseltechnologien

Wirtschaft, Politik und Öffentlichkeit neigen dazu, Forschung vor allem unter dem Aspekt der sofortigen Nutzbarkeit ihrer Ergebnisse zu betrachten und zu bewerten. Politiker stehen angesichts konkurrierender Interessen unter dem Druck der Öffentlichkeit, den enormen Finanzbedarf der Forschung durch vorzeigbare Ergebnisse und Leistungen zu rechtfertigen. Es ist deshalb nicht leicht, der Offentlichkeit verständlich zu machen, daß sich Erkenntnisse der Grundlagenforschung im allgemeinen nicht kurzfristig, sondern erst viel später als technisch nutzbar erweisen.

Gerade in wirtschaftlich schwierigen Zeiten wächst die Neigung, die begrenzten Fördermittel auf Projekte und Bereiche zu konzentrieren, die kurzfristig Ergebnisse für die Anwendung erwarten lassen. Die Landesregierung hat dagegen seit 1982 die Grundlagenforschung im Bereich der Schlüsseltechnologien erheblich ausgebaut, um die materiellen Voraussetzungen für wissenschaftliche Fortschritte und damit für die Beherrschung dieser Technologien zu schaffen. Schwerpunkte wurden insbesondere geschaffen in den Bereichen Informationstechnik/Mikroelektronik, Fertigungstechnik, Neue Materialien, Umwelt- und Energieforschung, Biotechnik und Luft- und Raumfahrttechnik.

2. Außeruniversitäre Forschungsinstitute

Die Ergebnisse der Universitätsforschung eignen sich, selbst wenn sie nicht der Grundlagenforschung zuzurechnen sind, selten zur unmittelbaren Vermarktung. Es sind Laborergebnisse oder im Laboratorium funktionierende Modelle. Damit kann sich ein Auftraggeber aus der Industrie in der Regel nicht begnügen. Die Herstellung der Marktreife und die Entwicklung zur Serienproduktion gehören aber nicht zu den Aufgaben einer Universität. Um das Haftungsrisiko für die Kalkulation von Zeit und Geld und die Gewährleistung für die Güte des Produkts übernehmen zu können, fehlen ihr sowohl die Erfahrungen als auch die notwendigen Ressourcen.[12]

Eine Auslagerung derartiger stark anwendungsorientierter Forschungs- und Entwicklungsaufgaben aus der Universität wird den Eigengesetzlichkeiten und den Koo-

---

12 Jürgen Blum, Dieter Kaufmann, Ziele, Grenzen und praktische Wege einer technologischen Zusammenarbeit zwischen Hochschulen und Industrie, in: Wissenschaftsrecht, Wissenschaftsverwaltung, Wissenschaftsförderung, 1/1986, S. 19 ff; Gerhard Selmayr, Auftragsforschung und hochschulinterne Bedingungen, in: Transfer-Information, 4/1985, S. 104 ff.

perationsinteressen beider Seiten am ehesten gerecht. Das Interesse der Industrie an solchen Einrichtungen muß dabei allerdings über verbale Bekenntnisse hinausgehen; es sollte sich in einer angemessenen finanziellen Beteiligung niederschlagen. Zu diesem Zweck wurden in den letzten Jahren vier außeruniversitäre Forschungsinstitute gegründet:

- Institut für Mikroelektronik an der Universität Stuttgart
- Forschungszentrum Informatik an der Universität Karlsruhe
- Institut für die Anwendung von Lasertechnologien in der Medizin an der Universität Ulm
- Institut für naturwissenschaftliche und medizinische Forschung an der Universität Tübingen in Reutlingen

Diese Institute sind in der Rechtsform einer Stiftung organisiert. In den Entscheidungsgremien sind Wissenschaft, Wirtschaft und Staat gleichgewichtig vertreten, um den firmenübergreifenden Charakter und die Gemeinnützigkeit zu gewährleisten. Den Instituten ist ein Förderverein angeschlossen, dem interessierte Firmen angehören und der über Mitgliedsbeiträge die Aktivitäten der Stiftung mitfinanziert. Das Land trägt die Kosten für den Neubau und die apparative Grundausstattung. Die Betriebskosten teilen sich in der Anfangsphase das Land, die Stifterfirmen und andere beteiligte Unternehmen. Mittelfristig sollen sich die Institute aber durch Forschungsvorhaben, die gemeinsam mit Unternehmen durchgeführt werden, weitgehend selbst tragen.

Aufgabe dieser Institute ist es, den Transfer von Forschungsergebnissen in die Praxis zu erleichtern und Forschungsprojekte der Universitäten zur Anwendungsreife zu führen. Die Institute sind „Anwendungswerkstätten" der Universität, die in Zusammenarbeit mit Unternehmen Grundlagenerkenntnisse vom Labormaßstab bis zum vorindustriellen Maßstab und bis zur Anwendungsreife weiterentwickeln. Eigene Forschungsvorhaben sollten sie nur in beschränkten Umfang durchführen.

Die Vorteile solcher außeruniversitärer Forschungseinrichtungen gegenüber den Universitäten liegt neben einem direkteren Zugang zu den Unternehmen, erleichterten Investitionsmöglichkeiten und einer flexibleren Personalwirtschaft vor allem darin, daß sie bei der Vertragsgestaltung und Projektdurchführung mehr auf die Bedürfnisse der Industrie eingehen können.[13] Diese Vorteile müssen aber in jedem Einzelfall sorgfältig gegenüber der Schwächung abgewogen werden, zu der eine solche Auslagerung in Teilbereichen der Universitätsforschung führen kann.[14] Es muß vor allem sichergestellt werden, daß die Ausbildung des wissenschaftlichen Nachwuchses, auf den auch diese außeruniversitären Forschungsinstitute angewiesen sind, nicht darunter leidet. Solche Konstruktionen sind deshalb nur dort gerechtfertigt, wo insbesondere der mittelständischen Industrie über die Weiterentwicklung von Forschungsergebnissen in Prototypen und in kleinen Serien die Anpassung an den technologischen Strukturwandel erleichtert werden soll.

Diese Forschungsinstitute außerhalb der Universität sind ein Angebot an die Wirtschaft. Sie muß zum Gelingen dieses Versuchs ihren Teil beitragen. Bei der Vergabe

---

13 Jürgen Allesch, Rolf Amann, Dagmar Preiß-Allesch (Hrsg.), Hochschullehrer und Praxis, Berlin 1986, S. 148 f

14 Vergleiche die Kritik von Professor Berchem, dem Präsidenten der Westdeutschen Rektorenkonferenz, an Tendenzen zur Auslagerung der Forschung aus den Universitäten auf der 150. Plenarversammlung der Westdeutschen Rektorenkonferenz am 3./4. November 1986 in Bonn, in: Deutsche Universitätszeitung, 15-16/1986, S. 10

und Durchführung gemeinsamer Forschungsvorhaben ist die Industrie bisher noch zurückhaltend. Sie zwingt damit die Institute, ihre Finanzierung durch die Einwerbung von Drittmitteln bei den traditionellen Förderorganisationen sicherzustellen. Außeruniversitäre Forschungsinstitute verfehlen aber ihren Zweck und ihren Auftrag, wenn sie bei der Einwerbung von Drittmitteln in Konkurrenz zu den Universitäten treten. Die Grundlagenforschung muß im Verantwortungsbereich der Hochschulen bleiben, und auch die angewandte Forschung ist in den Hochschulen in der Regel besser aufgehoben.

3. Forschungsschwerpunktprogramme an Universitäten

Im Forschungsschwerpunktprogramm laufen 1987 120 Forschungsvorhaben aus allen Disziplinen. Darunter befinden sich auch 39 von insgesamt 157 Sonderforschungsbereichen, die die Deutsche Forschungsgemeinschaft im Augenblick fördert.

Das Forschungsschwerpunktprogramm hat in den Universitäten rege Aktivitäten ausgelöst und den Wettbewerb unter ihnen belebt. Es ist aber nicht zu übersehen, daß die Universitäten teilweise nicht der Versuchung widerstehen konnten, die Möglichkeiten des Forschungsschwerpunktprogramms mehr zur Befriedigung von mancherlei konkurrierenden Ansprüchen innerhalb der Universität als zur Bildung leistungsstarker Schwerpunkte einzusetzen. Das Forschungsschwerpunktprogramm verfehlt jedoch seinen Zweck und seine Wirkung, wenn es zu einem landesspezifischen „Normalverfahren“ nach dem Vorbild der DFG wird. Die Fortführung des Forschungsschwerpunktprogramms über das Jahr 1989 wird davon abhängen, ob es gelingt, die Zahl der Forschungsschwerpunkte zu verringern und strenge Auswahlmaßstäbe auszulegen.

4. Rechnerausstattung

Ohne moderne Geräte können weder die Studenten und der wissenschaftliche Nachwuchs qualifiziert ausgebildet, noch kann ohne sie erstklassige Forschung betrieben werden. Dies trifft besonders auf die Rechnerausstattung der Universitäten zu, die im Zuge der „Computerisierung“ der Wissenschaft für alle Fächer zu einer existentiellen Frage geworden ist. Auf Initiative von Ministerpräsident Späth wurde Ende 1986 der erste Höchstleistungsrechner CRAY II außerhalb der USA in Stuttgart installiert. Auch die Universität Karlsruhe soll einen neuen Höchstleistungsrechner ETA 10 erhalten, der ihre Rechnerkapazität um ein Vielfaches erweitert. Neben den Instituten der beiden Universitäten können auch andere Hochschulen und Forschungseinrichtungen innerhalb und außerhalb des Landes und interessierte Unternehmen nach einem festen Gebührensatz auf diesen Höchstleistungsrechnern rechnen.

Der hohe Finanzbedarf der Höchstleistungsrechner macht eine enge Zusammenarbeit der Universitäten erforderlich, da diese Spitzentechnologie nicht an jeder Hochschule bereitgestellt werden kann. Die beiden Standorte Karlsruhe und Stuttgart haben sich dafür grundsätzlich bewährt. In der nächsten Zeit kommt es darauf an, diese Standorte auf dem modernsten Stand der Technik zu halten und für die anderen Hochschulen die Zugangsvoraussetzungen, z. B. über schnelle Datenleitungen, zu verbessern.

Nicht weniger wichtig für die Leistungsfähigkeit der Wissenschaftler und der Institute sind die Arbeitsplatzrechner, die in wenigen Jahren zur Ausstattung eines jeden

Forschers gehören werden. Durch die Beteiligung am Computerinvestitionsprogramm des Bundes ist es der Landesregierung gelungen, die Ausstattung der Hochschulen mit diesen Rechnern entscheidend zu verbessern.

IV. Wissenschaftlicher Nachwuchs

Wissenschaftliche Leistungen können mit noch so viel Geld nicht erzwungen werden, wenn qualifizierte Forscher fehlen. Dies gilt sowohl für die erfahrene Forscherpersönlichkeit als auch für den jungen Nachwuchswissenschaftler. Gerade von seiner Leistungsfähigkeit hängen aber Qualität und Fortschritt unserer Forschung in den nächsten Jahren ab. Die Ausbildung des wissenschaftlichen Nachwuchses vollzieht sich auch heute noch ganz überwiegend in den überlieferten Verfahren der Promotion und der Habilitation.

Vor allem die verzerrte Altersstruktur des Lehrkörpers der Universitäten, die auf die rasche Personalexpansion der Sechziger- und Siebzigerjahre zurückgeht, hat die Berufsaussichten des wissenschaftlichen Nachwuchses drastisch verschlechtert. Dies ist nicht nur ein individuelles soziales, sondern insbesondere auch ein hochschulpolitisches und gesellschaftliches Problem, zu dessen Lösung verschiedene Maßnahmen dienen.

1. Fiebiger-Programm

Baden-Württemberg hat schon Ende 1984 ein Sonderprogramm zur Förderung des wissenschaftlichen Nachwuchses (Fiebiger-Programm) eingerichtet. Seit 1985 sind danach für fünf Jahre jeweils 40 zusätzliche Professorenstellen der Besoldungsgruppen C 4 und C 3 pro Jahr vorgesehen und bis 1988 schon in den Haushalt eingestellt worden. Auf diese Stellen sollen hochqualifizierte jüngere Wissenschaftler (Altersgrenze grundsätzlich 45 Jahre) berufen werden, wobei Bewerber aus dem eigenen Land nicht bevorzugt werden.

Zum Ausgleich für die neuen Stellen müssen die Universitäten andere Stellen benennen, die bis Ende der Neunzigerjahre wegfallen werden, wenn sich die Altersstruktur des Lehrkörpers wieder normalisiert. Sie müssen außerdem die Professuren aus ihrem Bestand angemessen ausstatten. Beide Auflagen stellen sicher, daß die Universitäten sorgfältig überlegen, wo sie diese zusätzlichen Stellen einrichten wollen. Die bisherigen Anträge und Berufungen zeigen, daß die Universitäten diese Möglichkeit auch nutzen, um – quer durch alle Disziplinen – die Gewichte in Richtung auf forschungsintensive Fächer zu verschieben.

Dieses Programm macht es möglich, langfristig die ungleiche Erneuerungsquote des Lehrkörpers, die sonst im Durchschnitt aller Fächer zwischen 1,3 % (von 1985 bis 1989) und 4,8 % (von 1995 bis 1999) läge, auf eine in den nächsten 15 Jahren annähernd konstante Erneuerungsquote von 3,5 % zu glätten.

Leider hat sich die ungünstige berufliche Situation des wissenschaftlichen Nachwuchses in vielen Fächern noch nicht wesentlich gebessert, da einige Länder bisher noch keine entsprechenden Maßnahmen getroffen haben und die anderen Länder mit ähnlichen Programmen teilweise erheblich hinter dem notwendigen Maß zurückgeblieben sind.

2. Graduiertenkollegs

Eine für die deutschen Hochschulen neuartige Form der Nachwuchsförderung sind die Graduiertenkollegs, in denen sich besonders qualifizierte Absolventen über mehrere Jahre voll der Forschung widmen sollen. In seinen Empfehlungen zur Struktur des Studiums hat der Wissenschaftsrat die Einführung dieser in den USA weithin üblichen Förderungsmöglichkeit empfohlen, um „die für hochwertige Forschung notwendigen Voraussetzungen zu sichern, damit sich das Forschungspotential der Nachwuchskräfte und der erfahrenen Wissenschaftler besser entfalten und gegenseitig ergänzen und damit die internationale Wettbewerbs- und Kooperationsfähigkeit der deutschen Hochschulen verbessert werden kann".[15] Wegen der überregionalen und internationalen Bedeutung der Graduiertenkollegs sollten Bund und Länder ihre Finanzierung gemeinsam tragen.

Graduiertenkollegs werden von Universitäten beantragt und nach einer externen wissenschaftlichen Begutachtung vorzugsweise dort eingerichtet, wo bereits anerkannte und leistungsfähige Forschungsschwerpunkte vorhanden sind. Sie bringen damit ein neues Element in den Wettbewerb zwischen den Universitäten. An dieser „akademischen Gründungswelle"[16] ist das Land überproportional beteiligt: Von den vier bundesweit bisher als Modellversuche bewilligten Graduiertenkollegs befinden sich drei – das Graduiertenkolleg „Polymerwissenschaften" in Freiburg, das Graduiertenkolleg „Biochemische Pharmakologie" in Konstanz und das Graduiertenkolleg „Neurobiologie" in Tübingen – an baden-württembergischen Universitäten. Weitere Graduiertenkollegs – auch in den Geisteswissenschaften – sind in Vorbereitung.

V. Verbesserung des Technologietransfers

Der Technologietransfer, „die Übermittlung von Forschungsergebnissen, Fakten und Methoden zwischen Hochschulen, Forschungseinrichtungen, Industrie und Gesellschaft",[17] ist keine neue Erfindung. Er hat in der Vergangenheit institutionell und projektbezogen recht gut funktioniert, ohne daß darüber viel geredet wurde. In den Ingenieurwissenschaften und in Teilbereichen der Naturwissenschaften war und ist er nicht der exklusive Sonderfall, sondern der Normalfall im Forschungsalltag. Dies gilt gerade für Baden-Württemberg, das schon immer über ein gut ausgebautes institutionelles System der verschiedenen Formen des Technologietransfers verfügt hat.

Der entscheidende Unterschied gegenüber früher liegt neben der weltwirtschaftlichen Verflechtung darin, daß der technische Wandel immer schneller fortschreitet und die Zeitspanne zwischen Entdeckung, Erfindung und Anwendung und damit der Innovationszyklus von Produkten immer kürzer wird.

Die Hochschulen reagieren im allgemeinen nur auf gezielte Anfragen der Unternehmen. Insbesondere die mittelständische Industrie tut sich in der Zusammenarbeit mit Forschungseinrichtungen aber oft schwer, weil die Einsicht in akademische Arbeitsweisen und Organisationsstrukturen fehlt und Vermittlungsschwierigkeiten

---

15 Wissenschaftsrat, Empfehlungen zur Struktur des Studiums, Köln 1986, S. 64

16 Der Spiegel, 52/1986, S. 34

17 Oskar Mahrenholtz, Verbesserung des Technologietransfers, in: Forschung – Mitteilungen der Deutschen Forschungsgemeinschaft, 1/1986, S. 3

die Kontaktaufnahme belasten. Beide Seiten müssen sich deshalb noch mehr bemühen, sich in die Denk- und Arbeitsweise und in die Probleme des Partners hineinzuversetzen.

Mit einem ganzen Bündel von Maßnahmen hat die Landesregierung versucht, die Zusammenarbeit zwischen Hochschulen und Wirtschaft qualitativ und quantitativ zu verbessern, um insbesondere den kleinen und mittleren Unternehmen bei der Bewältigung des technischen Strukturwandels zu helfen.

1. Ausbildung an den Universitäten

Die Ausbildung der Studenten ist die wahrscheinlich wirksamste Form des Technologietransfers. Durch eine moderne und gründliche Ausbildung ihrer Studenten tragen die Universitäten mehr zur Vermittlung neuester wissenschaftlicher Erkenntnisse und Methoden bei, als durch manche Informations- und Beratungsdienste. Diese Ausbildungsleistung der Hochschulen ist angesichts der Überlast, die sie seit Jahren tragen, um die geburtenstarken Jahrgänge qualifiziert auszubilden, nicht so selbstverständlich, als daß man sie bei der Aufzählung der Aktivitäten des Technologietransfers vernachlässigen dürfte. Stellvertretend für viele andere Fächer steht das Fach Informatik. Die „Informatisierung" nicht nur aller Wissensbereiche, sondern auch aller Produktions- und Dienstleistungsbereiche verlangt Fachleute mit fundierten Kenntnissen. Zur Sicherstellung des Ausbildungsangebots in der Informatik, insbesondere zur Bewältigung der enormen Überlast der Informatikfakultäten in Karlsruhe (180 %) und in Stuttgart (160 %) hat die Landesregierung den Universitäten seit 1985 28 Stellen und 13 Millionen DM zusätzlich zur Verfügung gestellt.

2. Fachhochschulen

Praxisnähe und Anwendungsbezogenheit zeichnen die Fachhochschulen in Lehre, angewandter Forschung und Entwicklung aus. Ein weiterer Vorteil liegt in ihrer regionalen Verteilung, die es ihnen erleichtert, Transferleistungen für benachbarte Unternehmen schnell und effektiv erbringen zu können.

Um das Innovationspotential an den Fachhochschulen weiter zu stärken und ihre Ausstattung der technischen Entwicklung und den dadurch gestiegenen Anforderungen an Ausbildung und Technologietransfer anzupassen, hat die Landesregierung 1984 ein Schwerpunktprogramm für die Fachhochschulen aufgelegt, aus dem ihnen bis 1990 jährlich 10 Millionen DM zur Verbesserung ihrer Grundausstattung insbesondere in den Bereichen CAD/CAM, Mikroelektronik, Optoelektronik und Kommunikationstechnik zufließen. Auch die Ausstattung mit Arbeitsplatzrechnern wurde erheblich verbessert, wofür die Landesregierung weitere 5 Millionen DM und die Fachhochschulen durch Umschichtung die gleiche Summe bereitstellten.

Mit diesen Mitteln des Schwerpunktprogramms wurden bis jetzt auch an 10 Fachhochschulen Innovations- und Transferstellen eingerichtet, die – in Abstimmung mit der Steinbeis-Stiftung für Wirtschaftsförderung – dazu dienen, Erkenntnisse der Grundlagenforschung so aufzubereiten, daß sie in Zusammenarbeit mit Unternehmen in praktikable Lösungen umgesetzt werden können. In diesen Fachhochschulen wird auch das „Furtwanger Modell" erprobt, das Professoren die Übernahme von Beratungs- und Entwicklungstätigkeiten für die gewerbliche Wirtschaft als Dienstaufgabe ermöglicht. Die Lehrverpflichtung kann zugunsten der Beratungstätigkeit um bis zu neun Semesterwochenstunden ermäßigt werden. Aus den Einnahmen, die die Fachhochschule aus den Entwicklungsaufträgen erzielt, werden die Lehraufträge finanziert, die zur Erfüllung des Lehrangebots erforderlich sind.

Um die in den verschiedenen Transferaktivitäten besonders engagierten Professoren zu entlasten, bewilligte die Landesregierung ein auf fünf Jahre befristetes Sonderprogramm zur Verbesserung der personellen Infrastruktur der Fachhochschulen. Aus ihm erhalten die Fachhochschulen von 1987 bis 1991 jährlich 3 Millionen DM zur befristeten Beschäftigung von Assistenten und studentischen Hilfskräften. Alle diese Maßnahmen führen zu einer erheblichen Steigerung der Leistungsfähigkeit der Fachhochschulen und festigen ihre herausragende Position im Technologietransfer.

3. Regierungsbeauftragter für Technologietransfer

Der 1983 bestellte Regierungsbeauftragte für Technologietransfer hat die Aufgabe, die Anpassung der mittelständischen Wirtschaft an den raschen technischen Strukturwandel zu unterstützen und zu beschleunigen. Er ist Vorsitzender der Steinbeis-Stiftung für Wirtschaftsförderung, zu deren Dienstleistungsangebot insbesondere 16 Technische Beratungsdienste und 37 Transferzentren gehören.[18] Die Technischen Beratungsdienste sollen den in ihrem Einzugsgebiet gelegenen Unternehmen bei der Bewältigung ihrer technischen und organisatorischen Pläne helfen, um ihre Produktivität und Wettbewerbsfähigkeit zu steigern. Ihr Beratungs-, Forschungs- und Entwicklungsangebot umfaßt alle wesentlichen technischen und betriebswirtschaftlichen Arbeitsgebiete. Sie finanzieren sich fast ausschließlich aus Aufträgen.

Die Transferzentren, die im allgemeinen gleichfalls an Fachhochschulen eingerichtet sind, ergänzen technologiespezifisch die Technischen Beratungsdienste. Schwerpunkte ihrer Tätigkeit liegen unter anderem in den Bereichen Mikroelektronik und Optoelektronik, Fertigungs- und Robotertechnik, System- und Regelungstechnik, angewandte und Umweltchemie, Biotechnik. Nach einer Startphase von zwei Jahren müssen sie ihre Betriebskosten aus Aufträgen selbst decken. Die in den vergangenen Jahren stetig gestiegenen Umsätze der Steinbeis-Stiftung zeigen, daß das Dienstleistungsangebot von der Wirtschaft angenommen worden ist.

4. Technologietransferstellen

Neben den Innovationsberatungsstellen der Industrie- und Handelskammern und den Technischen Beratungsdiensten gehören zu diesem Netz Technologietransferstellen an allen Universitäten des Landes und acht Fachberatungsstellen. Aufgabe der Technologietransferstellen der Universitäten ist es, kleinen und mittleren Unternehmen den Zugang zur Hochschulforschung zu erleichtern und Hochschullehrern bei der Anknüpfung und Abwicklung von Kontakten zur Wirtschaft und auch zu öffentlichen Institutionen zu helfen. Vorrangiges Ziel der Fachberatungsstellen ist es, die besondere Fachkompetenz der Wissenschaftler in den Bereichen Mikroelektronik, technische Sensoren, Montageautomatisierung und CAD/CAM und die moderne Ausstattung dieser Institute für die Wirtschaft nutzbar zu machen. Eingebunden in dieses Netz

18 Regierungsbeauftragter für Technologietransfer BadenWürttemberg/Steinbeis-Stiftung für Wirtschaftsförderung, Jahresbericht für 1986, S. 10

sind auch die Institute der Industriellen Gemeinschaftsforschung und Transferstellen des Kernforschungszentrums in Karlsruhe, des Deutschen Krebsforschungszentrums in Heidelberg und des Forschungszentrums der Deutschen Forschungs- und Versuchsanstalt für Luft- und Raumfahrt in Stuttgart.

5. Technologiezentren

Zur Verbesserung der technologischen Infrastruktur und der regionalen Wirtschaftsstruktur hat die Landesregierung auch den Aufbau von 10 Technologiezentren im Land initiiert und gefördert. Sie sind in Stuttgart, Karlsruhe, Heidelberg und Mannheim, aber auch in weniger dicht besiedelten Räumen wie Aalen, Freiburg, Konstanz, Offenburg, St. Georgen und Ulm eingerichtet.

Technologiezentren sind „die organisierte räumliche Zusammenfassung technologieorientierter Unternehmen, die sich mit der Entwicklung neuer Produkte und Verfahren vornehmlich im Bereich von Spitzentechnologien befassen".[19] Ihre wesentlichen Merkmale sind ein flexibles Angebot an Raum, Managementhilfen und technischer Infrastruktur, das von interessierten Unternehmensgründern oder Unternehmen für einen begrenzten Zeitraum zu verbilligten Tarifen in Anspruch genommen werden kann. „Das Hauptziel dieser Einrichtung ist es, die besonderen Schwierigkeiten zu überbrücken, die technologieorientierte Unternehmensgründungen zu überwinden haben, und zugleich das vorhandene wissenschaftlich-technische Potential für eine ausgewogene Verteilung neuer technologischer Entwicklungen in möglichst allen Landesteilen zu nutzen."[20]

Hinter der Gründung der Technologiezentren steht die Vorstellung, daß „die Gruppierung von technologieorientierten Unternehmen um einen größeren Technologiegeber, z. B. eine Hochschule, eine stimulierende Wirkung auf die Entwicklung und Umsetzung neuer Technologien haben kann".[21] Voraussetzung für einen Erfolg solcher Einrichtungen – das bestätigen auch die Erfahrungen ln den USA – sind deshalb Vielfalt und räumliche Nähe der wissenschaftlichen und Forschungseinrichtungen, mit denen der Unternehmensgründer zusammenarbeiten und aus denen er qualifiziertes Personal gewinnen kann.

Das Betreiben eines Technologiezentrums oder eine rechtlich, finanziell und organisatorisch verantwortliche Mitwirkung am Betrieb eines Technologiezentrums ist nicht Aufgabe der Universität. Darauf hat der Wissenschaftsrat überzeugend hingewiesen.[22] Die Hochschulen wären überfordert, wenn sie für Erfolg oder Mißerfolg der Technologiezentren Verantwortung zu übernehmen hätten, und würden ihr Ansehen an das wirtschaftliche Überleben von Firmen im Technologiezentrum binden.[23]

---

19 Jürgen Morlok, Technologiezentren als Keimzellen für neue Unternehmen, in: Mittlerer Neckar, 5/1985, S. 25; vgl. zum folgenden auch Stellungnahme des Ministeriums für Wirtschaft, Mittelstand und Technologie auf den Antrag der Abgeordneten Weyrosta u. a. (SPD), Entwicklung von Forschungs- und Technologiezentren in Baden-Württemberg, in: Landtag von Baden-Württemberg, Drs. 9/3301

20 Lothar Späth, Mosaikstein der Technologiepolitik, in: Stuttgarter Nachrichten, 16.1.1985, S. 14

21 Forschungskommission Baden-Württemberg, Abschlußbericht, Stuttgart 1982, S. 35

22 Wissenschaftsrat, Stellungnahme zur Zusammenarbeit zwischen Hochschulen und Wirtschaft, Köln 1986, S. 43

23 Universität Karlsruhe (Hrsg.), Technologiezentren, Bericht der Arbeitsgruppe „Technologietransfer" der Kanzler und Leitenden Verwaltungsbeamten der Bundesrepublik Deutschland, Karlsruhe 1985, S. 4 ff.

Eine enge Zusammenarbeit zwischen Hochschule und Unternehmen in Technologiezentren kann jedoch für beide Seiten von Vorteil sein: Die Gründerfirmen erhalten Zugang zum Know-how und zur modernen Geräteausstattung der Universität. Die Universitäten erhalten wertvolle Anregungen aus der Praxis für Forschung und Lehre. Für Hochschulabsolventen und ausscheidende Wissenschaftler eröffnet sich die Chance, sich mit ihren wissenschaftlichen Ideen selbständig zu machen, ohne auf den engen Kontakt zu ihrer Heimatuniversität verzichten zu müssen.

Vor überzogenen Erwartungen muß jedoch gewarnt werden. Technologiezentren können durchaus einen Beitrag zur Verbesserung der technologischen Infrastruktur und der Wirtschaftsstruktur einer Region leisten. Sie sind aber kein geeignetes Mittel für die kurzfristige Verbesserung schwieriger Arbeitsmarktlagen, was sich kommunale Antragsteller gelegentlich zu versprechen scheinen.

Mit den bestehenden 10 Technologiezentren dürfte das Potential für derartige Einrichtungen im Land vorerst ausgeschöpft sein. Die Landesregierung hat ihre finanzielle Unterstützung nach Art und Dauer begrenzt und an das Engagement der regionalen Institutionen gebunden, um zu verhindern, daß die Förderung der Technologiezentren zu einer Dauersubvention wird.[24]

6. Wissenschaftliche Weiterbildung

Die in der Erstausbildung erworbenen Qualifikationen reichen nicht für ein ganzes Berufsleben aus. „Lebenslanges Lernen“ wird für den Einzelnen zur persönlichen und beruflichen Verpflichtung und für die Wirtschaft zur existentiellen Notwendigkeit.[25]

Die Landesregierung hält die Förderung der Weiterbildung auf allen Ebenen für eine wichtige bildungs-, wirtschafts- und gesellschaftspolitische Aufgabe. Schon 1984 hatte sie eine Kommission Weiterbildung eingesetzt mit dem Auftrag, Vorschläge vorzulegen, wie das System der beruflichen Weiterbildung ausgebaut werden muß, um den sachlichen und menschlichen Herausforderungen einer modernen Industriegesellschaft gewachsen zu sein.[26] Diese Vorschläge und die Ergebnisse des Weiterbildungskongresses, den die Landesregierung Ende 1984 in Stuttgart veranstaltet hat, bilden die Grundlage ihres Ende 1986 beschlossenen Gesamtkonzepts für die allgemeine und die berufliche Weiterbildung. Damit soll das bestehende Weiterbildungsangebot der verschiedenen Träger nicht verstaatlicht, aber besser abgestimmt und effizienter und treffsicherer gemacht werden.

Den Hochschulen kommt in diesem Konzept eine wichtige Aufgabe zu. Ihr Vorteil gegenüber den anderen Trägern der Weiterbildung besteht darin, daß sie durch ihren direkten Zugriff auf Forschungsergebnisse und Forschungskapazitäten die Weiterbildung eng mit dem Wissens- und Technologietransfer verbinden können. Wegen ihrer hohen Lehrbelastung konnten die Hochschulen dieser Aufgabe bisher noch nicht im wünschenswerten Umfang nachkommen. An verschiedenen Hochschulen wurden Kontaktstellen für die wissenschaftliche Weiterbildung eingerichtet und geeignete Veranstaltungen zu einem offiziellen Weiterbildungsangebot zusammengefaßt, das

24 Staatsanzeiger, 30/1985, S. 3

25 Erich Staudt, Eine gewaltige Investition in Humankapital, in: Frankfurter Allgemeine Zeitung, 8.2.1986, S. 13

26 Weiterbildung. Herausforderung und Chance, Bericht der Kommission „Weiterbildung“, erstellt im Auftrag der Landesregierung von Baden-Württemberg, November 1984

schrittweise um neue, auf die Bedürfnisse von berufstätigen Hochschulabsolventen ausgerichtete Kurse ergänzt wird.

Diese Angebote beschränken sich nicht auf den naturwissenschaftlich-technischen Bereich, sondern umfassen das ganze Fächerspektrum der Hochschulen. Qualifizierung darf auch nicht nur der Verbesserung der fachlich-wissenschaftlichen Kenntnisse dienen, sondern sie muß auch die Verbesserung der sozialen Kompetenz des Einzelnen umfassen.

7. Abbau bürokratischer Regelungen

Es gehört fast schon zum Selbstverständnis von Wissenschaftlern und Vertretern der Wirtschaft, die bürokratischen Fesseln der Forschung mehr oder weniger heftig zu kritisieren. Als „ärgerliches Hemmnis" wurden und werden dabei die „Regeln und Richtlinien über die Verwendung von Drittmitteln" betrachtet, „die im jeweiligen Einzelfall vielleicht sinnvoll, in ihrer Fülle aber nicht mehr überblickbar sind".[27] Abgesehen davon, daß der Staat angesichts seiner Erfahrungen und seiner Verantwortung für einen möglichst effektiven Einsatz der Forschungsmittel auf ein bestimmtes Maß an Kontrolle nicht verzichten kann, zeigt eine genaue Prüfung der Klagen immer wieder, daß es sich im allgemeinen um Probleme handelt, die mit etwas gutem Willen im Interesse der Forschung gelöst werden können. Dazu haben vor allem die Erleichterungen beigetragen, die die Landesregierung entsprechend den Empfehlungen der Forschungskommission[28] im Drittmittelbereich schon 1983 eingeführt hat. Dabei handelt es sich um folgende Regelungen:

- Vorrang der Bewilligungsbedingungen des Drittmittelgebers gegenüber staatlichen Verwaltungsvorschriften
- Freie Personalauswahl des Projektleiters
- Erleichterungen im Reisekostenbereich
- Zwischenfinanzierung des Personals bei Auftragslücken
- Herausnahme der Drittmittel als Bemessungsgrundlage für die Globalen Minderausgaben.

Diese Regelungen haben sich so bewährt, daß sie für die Novellierung des Hochschulrahmengesetzes Vorbild wurden. Die administrativen Rahmenbedingungen für die Forschung mit Mitteln Dritter sind in Baden-Württemberg ausgesprochen forschungsfreundlich. Dies mag einer der Gründe dafür sein, daß die den Universitäten zugeflossenen Drittmittel von 1981 bis 1985 von 270,8 Millionen DM auf 360,0 Millionen DM, also um 33 % gestiegen sind.

8. Technologietransfer – Geschäft auf Gegenseitigkeit

Trotz dieser vielfältigen Bemühungen und teilweise erheblichen Fortschritten gibt es immer noch Kommunikations- und Kontaktschwierigkeiten zwischen Wirtschaft und Wissenschaft.

---

27 Hans Machleidt, Hochschul- und Industrieforschung, in: Futura. Informationen aus dem Boehringer-Ingelheim Fonds, 3/1986, S. 22; vgl. dazu auch: Richard von Weizsäcker, Die Verantwortlichkeit der Wissenschaft, in: Presse- und Informationsamt der Bundesregierung, Bulletin 129/1986, S. 1082; Heinz Maier-Leibnitz, Gibt es einen Konflikt zwischen Bürokratie und Wissenschaft?, in: Zwischen Wissenschaft und Politik, Bonn 1979, S. 178 – 181

28 Forschungskommission Baden-Württemberg, a. a. O., S. 64

Technologietransfer ist keine Einbahnstraße, sondern ein Geschäft auf Gegenseitigkeit. Die Hochschulen haben nicht nur eine „Bringschuld“, die sie mit großem Engagement einzulösen versuchen. Die Wirtschaft hat auch eine „Holschuld“, deren sie sich oft noch nicht genügend bewußt ist. Sie darf nicht nur auf das Angebot der Hochschulen zum Wissens- und Technologietransfer warten. Sie muß frühzeitig die Beratung durch Wissenschaftler suchen und Zusammenarbeit anbieten.

Die Möglichkeiten des Technologietransfers dürfen jedoch nicht überschätzt und seine Grenzen nicht unterschätzt werden. Es liegt im eigenen Interesse der Universitäten, daß sie ihre Forschungsergebnisse möglichst schnell in die Praxis umsetzen. Hier hat sich in den vergangenen Jahren ein notwendiger Bewußtseinswandel in den Universitäten vollzogen, der weiter gefördert werden muß. Die Hochschulen werden durch die verstärkte Zusammenarbeit mit der Wirtschaft nicht fremdbestimmt. Das zeigt sich schon an den Mitteln für Auftragsforschung aus der Industrie, die selbst bei Technischen Universitäten nur rund 8 % der gesamten Drittmittel ausmachen. „Nicht die Zusammenarbeit zwischen Universität und Wirtschaft ist eine Gefahr. Bedenklich wäre es nur, wenn unter dem Deckmantel freier Wissenschaft interessenbedingte Forschung betrieben würde oder wenn man sich scheute, über die Zusammenhänge nüchtern und offen zu sprechen.“[29]

VI. Geistes- und Sozialwissenschaften

Das Tempo des technischen Fortschritts stellt immer höhere Anforderungen an die Fähigkeit und die Bereitschaft der Menschen zur Anpassung an die Veränderung ihrer Lebens- und Arbeitsbedingungen. Spätestens seit dem Bericht des „Club of Rome“ müssen wir davon ausgehen, daß der Fortschritt nicht mehr unumstrittene Anerkennung findet. Die geänderte Einstellung vieler Menschen zu Wissenschaft und Technik, ihre Ängste und Befürchtungen vor der Zweischneidigkeit des technischen Fortschritts müssen als gegebene Tatsachen ernstgenommen werden. Wissenschaftlich-technischer Fortschritt kann nicht gegen die Bevölkerung, sondern nur mit ihr verantwortlich gestaltet werden.

1. Grenzen der Wissenschaft

Das Mißtrauen der Öffentlichkeit gegenüber den Auswirkungen des technischen Fortschritts wird nur dann abgebaut werden können, wenn sie die Gewißheit hat, daß der Staat willens und in der Lage ist, Mißbräuche zu unterbinden. Dies gilt besonders für den Bereich der Gentechnik, die eine neue Qualität naturwissenschaftlich-technischer Möglichkeiten mit sich gebracht hat. Als erstes Land hat Baden-Württemberg die Anwendung der neugefaßten „Richtlinien zum Schutz vor Gefahren durch in-vitro-neukombinierte Nukleinsäuren“ (Genrichtlinien), die bisher nur für vom Bund und von der Deutschen Forschungsgemeinschaft geförderte Forschungsprojekte galten, auch im Hochschulbereich verbindlich vorgeschrieben. Das Land hat bei der Kultusministerkonferenz angeregt, daß auch die anderen Länder ebenso verfahren.

29 Richard von Weizsäcker, a. a. O. (Fn. 27), S. 1083

Der Gesetzgeber muß Zeichen setzen und klare Grenzen ziehen, wenn er mit dem Tempo des technischen Fortschritts Schritt halten und denkbaren Mißbräuchen möglichst früh entgegenwirken will. Es geht dabei nicht darum, die Wissenschaft in ihrem Erkenntnisstreben unnötig zu reglementieren oder die Forschungsfreiheit unzulässig einzuschränken, es geht darum, „den Menschen davor zu schützen, zum bloßen Objekt der Forschung zu werden".[30]

2. Die Aufgabe der Geistes- und Sozialwissenschaften

Die neuen Technologien schaffen nicht nur „Fortschritt", sondern auch gesellschaftliche, kulturelle und politische Spannungen. Je rascher die technische Entwicklung voranschreitet, je mehr sie in die Privatsphäre jedes Einzelnen einzudringen droht, um so drängender stellen sich die Fragen nach den sozialen Auswirkungen der Technik, nach den ethisch begründeten Grenzen menschlichen Handelns und nach dem Wertesystem und Menschenbild unserer Gesellschaft. In der Aufarbeitung dieser Fragen liegt die große Herausforderung und die große Chance der Geisteswissenschaften.[31]

Geistes- und Naturwissenschaften müssen Wege finden, wie sie gemeinsam an zukunftsrelevanten Entwicklungen arbeiten können. Weil sie viele Disziplinen unter ihrem Dach vereinigt, ist die Universität wie keine andere Stätte geeignet, diesen Dialog zu führen und der Ort der öffentlichen Diskussion zu sein.

Die Förderung der Geisteswissenschaften war und ist deshalb ein wichtiger Bestandteil der Forschungspolitik der Landesregierung. Neben der regulären Ausstattung zahlreicher geistes- und sozialwissenschaftlicher Disziplinen an allen Landesuniversitäten und an den Pädagogischen Hochschulen fördert sie mit beträchtlichen Mitteln fünf geisteswissenschaftliche Sonderforschungsbereiche von insgesamt 17 in der Bundesrepublik Deutschland, 20 Forschungsschwerpunkte geistes- und sozialwissenschaftlicher Ausrichtung und eine ganze Reihe von geisteswissenschaftlichen außeruniversitären Forschungseinrichtungen.

Ein schlichter Vergleich der Fördermittel für Geistes- und Naturwissenschaften gäbe ein falsches Bild, da die jeweiligen Bedürfnisse vom finanziellen Umfang her zu unterschiedlich sind. Von einer „Marginalisierung" kultur- und geisteswissenschaftlicher Fächer und von einer „Verödung fachwissenschaftlicher und akademischer Vielfalt"[32] kann jedenfalls keine Rede sein.

Die Landesregierung ist bereit, auch in Zukunft erfolgversprechende Ansätze in dieser Richtung zu unterstützen. Dies gilt beispielsweise für den Ausbau der Philosophie in Konstanz, für die Einrichtung eines Instituts für Informatik und Gesellschaft in Freiburg, das in interdisziplinärer Zusammenarbeit die gesellschaftlichen Folgen des Einsatzes der Informationstechniken und ihre Auswirkungen auf den Einzelnen unter-

30 Ernst Benda, Die Gentechnik pocht an die Grenzen der Rechtsordnung, in: Handelsblatt, 8./9.11.1985, S. 8

31 Vgl. den Bericht über die Jahrestagung 1985 der Westdeutschen Rektorenkonferenz zum Thema „Anspruch und Herausforderung der Geisteswissenschaften", in: Westdeutsche Rektorenkonferenz, Dokumente zur Hochschulreform 56/1985; Odo Marquard, Verspätete Moralistik, in: Frankfurter Allgemeine Zeitung, 18.3.1987, S. 34

32 Rosa Replik, Tendenzen der Forschung und Technologiepolitik der Bundesländer, in: Bund Demokratischer Wissenschaftlerinnen und Wissenschaftler (Hrsg.), Forschungs- und Technologiepolitik. Kritik und Alternativen, Marburg 1986, S. 120

suchen soll, und für den Aufbau eines sozialwissenschaftlichen Forschungszentrums in Mannheim, das die Universität Mannheim zu einem Kristallisationspunkt für sozialwissenschaftliche Forschung und Lehre machen soll. Die Landesregierung erhofft sich von diesem Ausbau des Forschungspotentials der Geistes- und Sozialwissenschaften eine intensivere Auseinandersetzung mit den vielfältigen Folgen des technischen und sozialen Wandels und wissenschaftlich fundierte Entscheidungsgrundlagen für eine realistische und verantwortliche Technologiefolgenabschätzung.

VII. Grenzüberschreitende Zusammenarbeit

Im harten weltweiten Technologiewettbewerb kann Europa es sich nicht länger leisten, die ohnehin vergleichsweise knappen personellen und finanziellen Ressourcen in der Forschung durch ein unabgestimmtes Nebeneinander zu vergeuden. Die europäischen Länder müssen zu einer gemeinsamen Strategie bei der Entwicklung der Zukunftstechnologien finden und „dabei dem Gedanken Rechnung tragen, daß diese Entwicklungen in Größenordnungen ablaufen, die einen europäischen Rahmen notwendig machen, weil sie für ein Institut oder einen Staat allein gar nicht mehr tragbar sind“.[33]

Wie schwer sich die Europäische Gemeinschaft trotz aller Absichtserklärungen bei der Formulierung und Festlegung einer gemeinschaftlichen Forschungs- und Technologiepolitik tut, zeigt die Auseinandersetzung um den finanziellen Umfang des EG-Rahmenprogramms für Forschung und Entwicklung von 1987 bis 1991.[34] Die Landesregierung hat deshalb ihre Anstrengungen darauf gerichtet, das Land zu einem „Modellbeispiel einer europäischen Hochtechnologie-Region zu machen, für die es wirklich keine trennenden Grenzen mehr gibt“.[35] Sie hat dazu die Zusammenarbeit im Forschungs- und Technologiebereich mit Frankreich und der Schweiz erheblich verstärkt.

Ein aktuelles Beispiel der grenzüberschreitenden Zusammenarbeit der Hochschulen und wissenschaftlichen Einrichtungen in der Oberrhein-Region ist das deutsch-französische Institut für Automation und Robotik an den Universitäten Karlsruhe und Straßburg, das auf Initiative von Ministerpräsident Späth gegründet worden ist. Das Institut hat die Aufgabe, die interdisziplinäre Zusammenarbeit zwischen Baden-Württemberg und Frankreich zu vertiefen, den Austausch von Wissenschaftlern und Studenten zu fördern und den Technologietransfer zu stärken. Eine Breitbandverkabelung, die im Rahmen des EUREKA-Programms „Europäisches Forschungsnetz“ geplant ist, soll eine leistungsfähige Verbindung zwischen Karlsruhe und Straßburg sicherstellen. Die Landesregierung und die französische Regierung stellen für die Startphase von drei Jahren jeweils 1 Million DM pro Jahr zur Verfügung. Später soll sich das Institut durch Aufträge aus den großen europäischen Forschungsprogrammen weitgehend selbst tragen.

---

33 Die Gemeinschaft braucht neue Strukturen für eine wirtschaftlich-dynamische Zusammenarbeit. Interview mit Ministerpräsident Späth, in: Esslinger Zeitung, 3.4.1985, S. 1

34 Karl-Heinz Narjes, Europäische Forschungspolitik, in: Vortragsreihe des Instituts der Deutschen Wirtschaft, 29/1986; Landesregierung von Baden-Württemberg, Wochendienst 32-33/1986, S. 2/3

35 Lothar Späth zit. nach: Handelsblatt, 28./29.9.1985, S. 20

Ein erfreulicher Forschungs- und Technologieverbund zeichnet sich auch in der Biotechnik und in der Polymerforschung ab. In Freiburg wurden mit der ersten Ausbaustufe eines Up-Scaling-Labors die Voraussetzungen für gemeinsame Forschungsanstrengungen zwischen den Universitäten Freiburg, Basel, Mülhausen und Straßburg und für eine Verstärkung des Technologietransfers mit interessierten Unternehmen geschaffen. Das Graduiertenkolleg Polymerforschung bringt diese Universitäten noch näher zusammen. Um den Bedarf der Hochschulen und der Industrie der Region an Rechnerkapazität zu decken, wird zwischen Freiburg und Stuttgart ein Anschluß zum CRAY II eingerichtet. Durch das dazu gehörende Beratungszentrum kann auch die Wirtschaft der Region ohne Schwierigkeiten auf diesen Höchstleistungsrechner zugreifen.

Die Landesregierung will mit diesen konkreten grenzüberschreitenden Forschungsprojekten in einem überschaubaren Bereich das vorwegnehmen, was für die Europäische Gemeinschaft aufgrund ihrer Größe und heterogenen Struktur sehr viel schwerer zu verwirklichen ist. Sie hat dazu auch Gespräche mit den Regionen Rhône-Alpes, Katalonien und Lombardei aufgenommen, um „durch den gemeinsamen Ausbau der Forschungsinfrastruktur Kräftefelder zusammenzuführen und diese fortschrittlichen Technologieregionen als Schrittmacher für die Forschungs- und Technologieintegration in Europa zu nutzen“.[36]

VIII. Dynamische Forschungspolitik

Baden-Württemberg hat eine Dichte und eine Vielfalt an Forschungseinrichtungen, die von keinem Land übertroffen wird. Dies hat zum Teil historische Ursachen, ist aber auch das Ergebnis einer überlegten und langfristig angelegten Forschungs- und Technologiepolitik. Es wäre deshalb unzulässig, im Interesse einer „gerechten Verteilung“ auf das Forschungspotential des Landes als Begründung dafür zu verweisen, daß in Baden-Württemberg keine weiteren überregionalen Forschungseinrichtungen angesiedelt werden sollen.

Regionale Strukturpolitik und Ausgleich der Lebensverhältnisse in der Bundesrepublik Deutschland sind wichtig. Bei allem Bemühen um eine gleichmäßige Verteilung der überregionalen Forschungseinrichtungen müssen aber die Qualität und die Dichte des wissenschaftlichen Umfelds die entscheidenden Standortkriterien sein und bleiben. Dies entspricht nicht nur dem Selbstverständnis und dem spezifischen Interesse der Wissenschaft. Dies verlangt auch der Grundsatz, daß beim Einsatz der immer begrenzten finanziellen Mittel Aufwand und Ertrag in einem verantwortbaren Verhältnis stehen müssen. Oberstes Ziel aller Anstrengungen muß immer eine Forschungseinrichtung internationalen Zuschnitts sein. „Keiner sollte ein Interesse daran haben, daß diejenigen, die heute stark sind, im Interesse der ‚Gleichheit‘ in Zukunft schwach werden. Ein derartiger ‚Ausgleich‘ der Lebensverhältnisse würde über kurz oder lang die gesamte Forschung und Wissenschaft in der Bundesrepublik schwächen.“[37]

---

36 Lothar Späth zit. nach: Wirtschaftswoche, 31/1986, S. 20

37 Lothar Späth, Ansprache anläßlich der Jahrestagung 1984 der Fraunhofer-Gesellschaft, in: Fraunhofer-Gesellschaft, Zeitverhältnisse, München 1984, S. 14

Erfolgreiche Forschung ist nicht nur eine Sache des Geldes, sondern ebenso sehr eine Sache des Klimas. Jeder weiß, wie wichtig das Betriebsklima für die Leistungsfähigkeit und die Leistungskraft eines Unternehmens ist. Gleiches gilt auch für das Arbeitsklima in den Universitäten und die Einstellung der Öffentlichkeit. Die vielleicht größte Leistung von Ministerpräsident Späth liegt darin, daß es ihm mit seiner Landesregierung gelungen ist, nach Jahren des Mißtrauens und der Zurückhaltung gegenüber allem, was mit Wissenschaft allgemein und mit Universitäten im besonderen zu tun hat und was in den Universitäten geschieht, eine neue Aufbruchsstimmung und ein stimulierendes Forschungsklima zu erzeugen, in dem Forschung nicht behindert, sondern gefördert wird und Leistung zum ausschlaggebenden Bewertungskriterium geworden ist. „Es ist kein Geheimnis, daß sich an den Universitäten Baden-Württembergs gut arbeiten läßt. Wenn andere Bundesländer darin wetteifern, auch bei sich ein vergleichbar gutes Forschungsklima zu gewährleisten, so muß uns um die Lage der Forschung bundesweit nicht bange sein."[38]

Die Landesregierung wird diesen Weg in den nächsten Jahren konsequent weitergehen. Qualität, Differenzierung und Internationalität sind die Kriterien, an denen sie auch in Zukunft ihre Forschungs- und Technologiepolitik ausrichten wird. Nicht die prinzipielle Gleichwertigkeit der Hochschulen darf für forschungspolitische Entscheidungen den Ausschlag geben, sondern allein die Leistungsfähigkeit, die Leistungsbereitschaft und die Leistungen der einzelnen Universitäten, ihrer Fakultäten und Institute. Zu Recht hat der frühere bayerische Kultusminister Professor Hans Maier darauf hingewiesen, daß die deutsche Universität der Neunzigerjahre mit dem Ansehen, das ihre Forschung genießt, stehen und fallen wird.[39]

Die Landesregierung wird deshalb die Forschungskapazitäten im Land weiter ausbauen, damit die Universitäten auch in den Neunzigerjahren in der Lage sind, ihre „Schrittmacherfunktion im Bereich der Forschung und Entwicklung" zu erfüllen und ihre Position im internationalen Forschungswettbewerb zu festigen.[40] Sie stützt sich dabei wieder auf den Sachverstand unabhängiger Fachleute und hat in Absprache mit der Landesrektorenkonferenz eine neue Kommission „Forschung Baden-Württemberg 2000" eingesetzt. Diese Kommission soll eine Bestandsaufnahme der bisherigen Forschungspolitik vornehmen und Vorschläge zur Weiterentwicklung der universitären Forschungslandschaft in den Neunzigerjahren machen. Ziel dieser forschungspolitischen Anstrengungen ist es, neue wissenschaftliche Entwicklungen und technologische Trends möglichst frühzeitig aufzuspüren, damit das Land die Möglichkeiten wissenschaftlicher und technischer Neuerungen nutzen, aber auch ihre Risiken und Gefahren rechtzeitig erkennen und verantwortungsbewußt bewältigen kann.

---

38 Hubert Markl, zit. nach: Südkurier, 8.1.1985

39 Hans Maier, Die Universität denkt, die Agentur lenkt und der Betrieb blüht, in: Die Welt, 28.6.1986, S. 6

40 Das Mittelmaß vermeiden. Ministerpräsident Späth zu Fragen der künftigen Bildungspolitik, in: Südkurier, 20.12.1986, S. 6

Der wissenschaftliche Verlag und seine Mittlerrolle

HEINZ GÖTZE

I. Gutenberg und seine Nachfolge

Historisches

„Mehr als das Gold hat das Blei die Welt verändert und mehr als das Blei in der Flinte das Blei im Setzkasten".

Mit diesem Aphorismus hat Georg Christoph Lichtenberg (1742–1799) die epochale Bedeutung der Erfindung der Buchdruckerkunst in Europa um 1440 auf eine nüchterne Formel gebracht.

Im Fluß der Geschichte erscheint Gutenbergs Tat nicht als reiner Zufall. Sie erfolgte gleichzeitig mit dem durch den Fall von Konstantinopel im Jahre 1453 markierten Beginn der Neuzeit. Die Wiederentdeckung der griechischen Sprache und Literatur im Westen und das Aufblühen von Renaissance und Humanismus begleiteten dieses Ereignis.

Die neuen Möglichkeiten der Vervielfältigung von Schriftwerken und ihrer weiträumigen Bekanntmachung sind sofort erkannt und genutzt worden. Die rasche Breitenwirkung der Ideen der Renaissance, des Humanismus und der Reformation wäre ohne den Buchdruck nicht denkbar gewesen. Bereits um 1500 gab es in 60 deutschen Städten insgesamt 200 Druckereien. Italien überflügelte uns bald: um 1500 hatte allein Venedig 150 Druckereien – unter ihnen die berühmt gewordene Offizin des Aldus Manutius. Weitere Druckereien wuchsen in Paris, Antwerpen, Leiden, Amsterdam, Basel und London empor. Die soziologischen und kulturellen Auswirkungen waren unübersehbar. Der neue Beruf des häufig humanistisch gebildeten Verlegers und Druckers entstand. Diese hochangesehenen Persönlichkeiten, deren Namen noch heute Klang besitzen, standen am Tor zur Neuzeit. Sie hatten den Schlüssel für den Fortschritt des Wissens in der Hand. In dieser frühen Zeit waren Drucker und Verleger ein und dasselbe. Sie standen in enger Verbindung mit den geistigen Führern ihrer Zeit wie Philip Melanchthon, Ulrich von Hutten oder Erasmus von Rotterdam. Eine bildhafte Geschichte mag dies erhellen – sei sie nun wahr oder nur gut erfunden:

Im Herzen Europas, am Bogen des Rheins hinter der Anhöhe, auf dem das Basler Münster steht, waren am Anfang des 16. Jahrhunderts der Humanist und Gelehrte Erasmus von Rotterdam und Ulrich von Hutten, der Ritter und Dichter, bei ihrem Verleger und Drucker Froben. Johann Froben verbeugte sich vor Ulrich von Hutten:

„Herr Ulrich, ich verneige mich vor Euch und Eurem unsterblichen Geiste."

Ulrich von Hutten erwiderte:

„Unsere Unsterblichkeit wäre wie Staub in der Nacht, wenn Ihr nicht wäret, Froben, der unseren Worten und Werken Unsterblichkeit verleiht."

Im Laufe der Zeit lösten sich die Aufgaben des Verlegers von den Funktionen des Druckers. Der Weg führte einerseits zum Beruf des Verlegers als des Anregers oder auswählenden Vermittlers und zum Techniker der schwarzen Kunst andererseits, der seine Arbeit als Serviceleistung verstand. Diese Entwicklung fand ihren äußeren Ausdruck darin, daß nur noch der Verleger auf dem Titelblatt eines Buches oder einer Zeitschrift erschien.

Die Verbreitung des Wortes und die Organisation der Wissenschaft

Vernachlässigen wir die Welt der Belletristik und rücken die uns hier interessierende wissenschaftlich-technische Literatur ins Blickfeld, so wird deutlich, daß erst mit der Erfindung des Buchdrucks ein wissenschaftlicher Gedankenaustausch auf breiterer Basis und über größere Entfernungen hin möglich geworden war. Die Folgezeit war gekennzeichnet vom Aufkeimen neuer Ideen, der Gewinnung naturwissenschaftlicher Erkenntnisse und ihrer Auswirkung auf den technischen Fortschritt. Dieser Prozeß ging einher mit der Gründung der ersten großen Akademien:
1603 Accademia Nazionale dei Lincei, Rom;
1635 Académie Française, Paris;
1652 Akademie der Naturforscher Leopoldina, Schweinfurt/Halle;
1660 Royal Society of London.

Es bildete sich ein System wissenschaftlicher Arbeit heraus, das die durch Satz und Vervielfältigung geschaffenen Vorteile der räumlichen und zeitlichen Kommunikation voll ausnutzte. Es kann als ein Kreislauf folgendermaßen beschrieben werden:

1. Rezeption der gedruckten und verbreiteten Information.
2. Verarbeitung dieser Information nach wissenschaftlichen Grundsätzen.
3. Produktion neuer Ergebnisse mit wissenschaftlichen Methoden.
4. Niederschrift, Druck und Verbreitung der neu produzierten Ergebnisse an einen beliebig weiten Kreis innerhalb möglichst kurzer Fristen.
5. Rezeption der neuen Information und weitere Verarbeitung im Sinne des Kreisprozesses (s. 1. und 2.), um weitergehende Gedanken und neue Ergebnisse zu produzieren.

Es wird deutlich, daß der wissenschaftliche Produktionsvorgang aufs engste mit der Rezeption verbreiteten Wissens verbunden ist. Diese Rezeption kann auf mündlichem Wege erfolgen – zum entscheidenen Teil aber erfolgt sie seit jeher über gedruckte Medien, deren Text jederzeit nachprüfbar und reproduzierbar ist. Mit anderen Worten: ohne die gedruckte Information in wissenschaftlichen Büchern und Zeitschriften (ab 1665) wäre die Entwicklung der Wissenschaften – einschließlich ihrer technischen Auswirkungen – seit Gutenberg nicht denkbar gewesen.

Das gedruckte Wort und sein Autor – Autor und Verlag – Urheberrecht

Im Gefolge dieser Verschwisterung von Rezeption – Produktion – Proliferation und der entscheidenden Rolle, die das gedruckte Wort dabei spielt, haben sich „symbiotische“ Formen der Verbindung des wissenschaftlich Tätigen mit seiner Literatur entwickelt, um so mehr, als eben diese Wissenschaftler sowohl rezipierend als produzierend an dem skizzierten Kreislauf teilnehmen, dessen Vehikel das gedruckte Wort ist. Hieraus wiederum haben sich – wie ich es nennen möchte – „anthropomorphe“ Formen der Literaturpraxis entwickelt. Der Wissenschaftler lebt mit seinen Büchern und Zeitschriften. Er schätzt dabei Informationsquellen, die verläßlich und auf hohem Niveau informieren, mit einem Maximum an Qualität und Schnelligkeit. Er bemüht sich seinerseits um eine entsprechend klare und zugleich ästhetisch ansprechende Form der Information, wenn er selbst das Ergebnis seiner produktiven Phase dem Buch oder der Zeitschrift zur Verbreitung anvertraut.

Der wissenschaftliche Verleger versucht, die publizistischen Wünsche und Anregungen seiner Autoren und Herausgeber im Rahmen des beschriebenen Kreislaufes zu verwirklichen, und gibt selbst Anregungen aufgrund seiner Kenntnisse der Bedürfnisse des Wissenschaftsbereichs einerseits und des Marktes andererseits. Dieser *Markt* setzt sich zusammen aus Wissenschaftlern und Technikern mit ihrem Nachwuchs, aus wissenschaftlichen Institutionen, Bibliotheken und Industrieunternehmen. Damit wird dreierlei bewirkt: die Erhaltung des oben beschriebenen Kreislaufs des wissenschaftlichen Fortschritts, die Ausbildung des wissenschaftlichen und technischen Nachwuchses und die Übersetzung des wissenschaftlichen Fortschrittes in die Praxis. Im Laufe der Zeit haben sich die technischen und logistischen Möglichkeiten der Herstellung und Verbreitung gedruckter Informationen zunehmend verbessert. Die 1886 abgeschlossene Internationale Berner Urheberkonvention zum Schutze des Urhebers hat nicht nur die ungehinderte Verbreitung des Wissens aus dem begrenzten Bereiche landeshoheitlicher Privilegien in internationale Dimensionen ermöglicht, sondern der gewaltigen Ausbreitung geistigen und wissenschaftlichen Gedankenaustausches sicheren Grund gegeben, ohne den die weltweite wissenschaftlich-technologische Entwicklung des vergangenen Jahrhunderts nicht denkbar gewesen wäre.

Kostenminimierungen bei der Herstellung und die Ausnutzung aller organisatorischen Möglichkeiten des Versandes erlauben heute die Bestellung und Entgegennahme einer Zeitschrift oder eines Buches praktisch an jedem Orte der Welt. Die nach dem Zweiten Weltkrieg zunehmende Verwendung der englischen Sprache für die Vermittlung wissenschaftlicher Information hat eine weitere Förderung weltweiten Gedankenaustausches im Bereiche von Forschung und Entwicklung erlaubt.

Die Bedeutung des gedruckten Wortes für die Entfaltung von Wissenschaft und Technologie

Wie nachhaltig sich der frühe Einsatz des gedruckten Wortes auf die Entfaltung bestimmter Forschungsgebiete auswirkt, hat die Geschichte der chemischen Industrie in Deutschland gezeigt. Der größte Teil der frühesten Publikationen auf diesem Gebiete entstand hier, und zwar bereits in der zweiten Hälfte des 18. Jahrhunderts. Der herzoglich braunschweigisch-lüneburgische Bergrat Lorenz von Crell begründete 1778 das *Chemische Journal* und 1784 die *Chemischen Annalen.* Es ist höchst bemerkenswert, daß bereits Crell wiederholt seine Sorge ausgedrückt hat, daß an einem Ort erzielte wissenschaftliche Ergebnisse an anderen Stellen nicht beachtet oder übersehen würden mangels geeigneten Informationsaustausches, den zu fördern er nicht müde wurde. *Noch heute* rechnet man damit, daß sich die volkswirtschaftlichen Verluste in der Bundesrepublik durch veröffentlichte, aber nicht beachtete Forschungsergebnisse auf jährlich etwa DM 15 Milliarden belaufen. Das liegt an nichts anderem als an mangelnder Literaturbeobachtung.

Der frühen literarischen Aktivität auf dem Gebiete der Chemie in Deutschland verdanken wir übrigens das erste wissenschaftliche Spezialorgan, die vor 125 Jahren von

Remigius Fresenius begründete *Zeitschrift für Analytische Chemie.* Schließlich sind die frühzeitigen Beschäftigungen mit der Chemie, für die sich auch der mit Berzelius befreundete Johann Wolfgang von Goethe stets lebhaft interessierte, der Grund, daß die großen, noch heute hervorragenden chemischen Datensammlungen wie *Gmelins Handbuch der Anorganischen Chemie* (seit 1817) und *Beilsteins Handbuch der Organischen Chemie* (seit 1881) in Deutschland entstanden sind. Unternehmungsfreudige und risikobereite Verlage schufen in allen Fällen die Voraussetzungen für das Gedeihen dieser Literatur. Bedeutende Verlage wie der der Meyerschen Buchhandlung in Lemgo, später das Bibliographische Institut, das schon frühzeitig (1832) eine Filiale in New York besaß, begleiten jene Periode. Zeitschriftengründungen waren schon damals riskante Unternehmen, und es mußten mehrere der von Crell gegründeten Zeitschriften wieder eingestellt werden, bevor die 1832 von Brandes, Geiger und Liebig gegründeten *Annalen der Pharmazie* im Gemeinschafts-Verlag von Meyer, Lemgo und Winter, Heidelberg – seit 1873 unter dem noch heutigen geläufigen Titel *Justus Liebigs Annalen der Chemie* – festen Grund erhielten. Die von mir aus dem Bereiche der Chemie gewählten Beispiele gelten paradigmatisch für viele andere. Mitte des 19. Jahrhunderts begann die große Zeit der medizinischen Zeitschriften und Buchpublikationen. Rudolf Virchow hat in seinem Vorwort zu dem 1854–76 erschienenen *Handbuch der Speziellen Pathologie und Therapie* die Rolle des Verlegers bei dieser Entfaltung der medizinischen Literatur wie folgt charakterisiert: „Der erste Gedanke, ein Werk dieser Art zu begründen, gebührt dem Verleger . . .“. An anderer Stelle: „Männer der Wissenschaft können der Industrie eines Verlegers nicht entbehren . . . Manches bedeutende Werk würde ohne diese Spekulation nie zutage gefördert sein. Allein die eifrigste Industrie kann nicht alle berühmten Männer für sich gewinnen noch vermag sie alle Weisheit flüssig zu machen.“

II. Das heutige Bild der wissenschaftlichen Publizistik

Das Instrumentarium

Im Laufe der geschichtlichen Entwicklung haben sich bestimmte Typen wissenschaftlicher Informationsorgane herausgebildet.

1. Die wissenschaftliche Zeitschrift:

a) die Originalienzeitschrift (Primärzeitschrift),

b) die Fortschritts- bzw. Ergebnisse-Berichte (Sekundärliteratur), die über die wissenschaftlichen Erkenntnisse im Rahmen eines bestimmten Fachgebietes innerhalb eines gewissen Zeitraumes zusammenfassend berichten,

c) die Referate-Zeitschriften (Tertiärliteratur), die über die Literatur eines bestimmten Fachgebietes regelmäßig und möglichst vollständig referieren.

2. Das wissenschaftliche Buch:

a) die wissenschaftliche Spezialmonographie, die der Primärzeitschrift vergleichbar ist und die über die Ergebnisse der wissenschaftlichen Arbeit eines Forschers oder Forscherteams monographisch berichtet,

b) das Referenzbuch, in dem über ein größeres wissenschaftliches Thema zusammenhängend berichtet und das zugrundeliegende Tatsachenmaterial ausgebreitet wird,

c) das wissenschaftliche Handbuch, das in extenso über den Stand der Forschung in einem größeren, zusammenhängenden Sachgebiet möglichst vollständig berichtet und die relevante Literatur nachweist,
d) wissenschaftliche Atlanten,
e) das wissenschaftliche Lehrbuch,
f) das Taschenbuch mit kurzgefaßten Darstellungen und ausgewählten Daten eines bestimmten Wissensgebietes,
g) die Datensammlung.

Für die wissenschaftliche Forschung stehen heute die Primärzeitschriften und die Spezialmonographien im Zentrum des Blickfeldes. In ihnen wird die Front der Forschungsarbeit sichtbar. Gedankenaustausch und kritische Auseinandersetzung zwischen verschiedenen Forschergruppen in verschiedenen Ländern ist auf die Information durch diese Primärliteratur angewiesen.

Eine weitere Gruppe von Publikationen gilt der Information über Anwendungsbereiche, die durch die Sekundär- und Tertiärliteratur erfolgt. Beispielsweise haben bestimmte medizinische Zeitschriften den ausschließlichen Zweck, den Arzt in der Praxis über die neuesten Erkenntnisse in Diagnose und Therapie zu informieren. Gleiches gilt für bestimmte Zeitschriften der Physik, der Chemie und der Technik, die in erster Linie über die Anwendungsmöglichkeiten informieren und die Verbindung zwischen Wissenschaft und Industrie herstellen. Entsprechende Ziele verfolgen Facharztzeitschriften in der Medizin, Zeitschriften für technische Sparten wie Elektrotechnik, Holzforschung, Werkstattstechnik, Maschinenbau etc. Man ist berechtigt zu sagen, daß es keinen praktischen und technologischen Fortschritt ohne die Information durch wissenschaftliche Zeitschriften und Buchliteratur gäbe.

Die vorstehenden Ausführungen zeigen, daß das wissenschaftliche Verlagswesen ein vollständiges Instrumentarium für die verschiedenen Informationsstufen geschaffen hat. Es dient der kritischen Auseinandersetzung unter den Wissenschaftlern in gleicher Weise wie der Weitergabe relevanter wissenschaftlicher Ergebnisse an die Industrie und an praxisorientierte Informationsempfänger. Die Art und Weise des Informationstransfers durch den wissenschaftlichen Verlag auf den verschiedenen Stufen hat sich im Wandel der Zeiten den jeweiligen Erfordernissen angepaßt.

Veränderungen nach dem Zweiten Weltkrieg – Sprachenfrage

So fand der deutsche wissenschaftliche Verlag nach dem Zweiten Weltkrieg völlig veränderte Bedingungen vor, sowohl innerhalb seines eigenen Landes als auch hinsichtlich seiner internationalen Verknüpfungen. Die weitgehende Auflösung der äußeren Voraussetzungen, wie der Funktion der Universitäten und Technischen Hochschulen, hatte das Potential an Herausgebern und Autoren weitgehend reduziert. Zerstörte Druckereien, vernichtete Verlagsbüros und nicht zuletzt mangelnde Kapitalgrundlagen verhinderten die praktische Arbeit und zwangen zu neuen Konzeptionen. Sie mußten das Ziel haben, zunächst eine realistische Arbeitsgrundlage wiederherzustellen. Zugleich war erhebliche Phantasie erforderlich, um die möglichen und richtigen Entwicklungslinien in die Zukunft zu erkennen. Der Hunger nach Literatur, der die ersten produktiven Jahre der Nachkriegszeit beherrschte, war verführerisch und zeigte begrenzte Erfolge, die nach Lage der Dinge nur befristet sein konnten. Der Blick in die Zukunft erforderte Risikofreudigkeit und unkonventionelles Denken. Da war besonders die Sprachenfrage, die für den wissenschaftlichen Gedankenaustausch ein entscheidendes Problem wurde. Niemand konnte ernsthaft glauben, daß die bis ans Ende der 20er Jahre beherrschende Stellung der deutschen Sprache in der Wissenschaft wiederherstellbar gewesen wäre. Die Abwanderung hochqualifizierter Wissenschaftler aus Mitteleuropa in den angelsächsischen Bereich und besonders in die Vereinigten Staaten hatte einen irreversiblen Prozeß eingeleitet. Nationales Denken, so positiv es für die Wiederfindung eines gesunden Selbstverständnisses sein mochte, war hier fehl am Platze. Es kam ganz unabhängig von unserer besonderen Lage hinzu, daß es überhaupt kaum noch einer Nation allein möglich war, Fortschritte auf dem Gesamtgebiet von Wissenschaft und Technologie ohne enge internationale Zusammenarbeit zu erzielen. Hier nun lag die Führung in den Vereinigten Staaten, wo die erforderlichen Mittel für die kostspielig gewordene Forschung bereitgestellt wurden, was zugleich eine starke Anziehungskraft auf hervorragende Wissenschaftler aus aller Herren Länder ausübte. Damit war der Weg zum (amerikanischen) Englisch als internationaler Wissenschaftssprache der Zukunft vorgezeichnet. Englisch als lingua franca einer neuen internationalen Forschergeneration übernahm die Rolle, die das Lateinische einmal gehabt hatte, in dem noch Carl Friedrich Gauß (1777–1855) seine bedeutenden Beiträge zur Mathematik abgefaßt hatte.

Internationale und nationale Ausbreitung wissenschaftlich-technischer Information

Wenn der Springer-Verlag frühzeitig die Verwendung der englischen Sprache in seinen wissenschaftlichen Zeitschriften und Büchern empfahl, so war dies mit einem erheblichen Existenzrisiko verbunden. Es war zunächst keineswegs eine Maßnahme zur Erzielung besserer Rentabilität. Wir mußten mit Absatzschwierigkeiten im eigenen Lande rechnen, ohne sicher zu sein, daß unsere Bemühungen im Ausland akzeptiert würden, zumal es eine gute Weile brauchte, bis der Anschluß an die internationale Forschung wiedergewonnen werden konnte. Aber gerade dieses war ohne den unmittelbaren wissenschaftlichen Gedankenaustausch in englischer Sprache nicht möglich! Es ist kein Wunder, daß uns auf diesem Wege, der 1964 in die Gründung eines Tochterverlages in New York mündete, über lange Zeit kein anderer deutscher Verlag gefolgt ist. Zugleich bin ich überzeugt, daß sich die unbeugsame Verfolgung dieses Zieles durch unseren Verlag als eine Pionierleistung für die deutsche Wissenschaft und ihre Wiedererlangung internationaler Geltung erwiesen hat. Letzten Endes war es auch nur auf diesem Wege möglich, das Ziel der Herausgabe wissenschaftlicher Informationsorgane mit höchstem Anspruch zu verwirklichen. Parallel damit ergab sich die zwingende Notwendigkeit, internationale Vertriebsmöglichkeiten zu schaffen, die die neuen Informationsträger weltweit verfügbar machten. Das eine bedingte das andere – das andere wäre ohne das eine zum Scheitern verurteilt gewesen.

Daneben aber galt es, den Informationstransfer im eigenen Lande so intensiv und erfolgreich wie möglich zu gestalten. Für diese Aufgabe wiederum war die Einbindung in ein internationales wissenschaftliches Informationssystem unabdingbar. Die Mittlerrolle und Aufgabe des Verlages hat sich dabei prinzipiell gegenüber dem, was Rudolf Virchow in der Mitte des vergangenen Jahrhunderts schrieb, nicht geändert. Die Bemühungen des Verlages aber können nur dann erfolgreich sein, wenn sie vom Vertrauen und der aktiven Mitarbeit unserer Wissenschaftler, Techniker und Ärzte getragen werden. Dieses Vertrauen der Autoren und Herausgeber versucht der Verlag zu rechtfertigen mit dem Bemühen, den Publikationen ein Höchstmaß an Qualität der Wiedergabe von Text und Bild und an Verbreitung zu sichern. Dieses Vertrauensverhältnis ist nach wie vor vorhanden.

Neue Technologien – Das Photokopieren

Der Fortschritt der Druck- und vor allem der Kopiertechnik hat jedoch ein Problem geschaffen, das sich als immer gewichtiger herausstellt für den gesamten Fluß der Informationsvermittlung. Die Technologie erlaubt es, Druckerzeugnisse, Filme, Musikwerke und vieles andere kostengünstig und ohne wesentlichen Qualitätsverlust zu reproduzieren. Hiervon wird in unübersehbarem und ständig wachsendem Maße Gebrauch gemacht. Es werden dabei die Vorleistungen von Autor, Herausgeber und Verlag genutzt – jedoch ohne Entlohnung bzw. ohne hinreichende Entlohnung. Es ist damit für das Verlagswesen eine Situation entstanden wie für eine Industrie ohne Muster- und Patentschutz.

Bedeutung des Urheberrechts für die Verbreitung des Wissens – Schrankenloses Photokopieren und seine Folgen

Die Folge davon ist, daß Käufer bzw. Benutzer eines Buches oder einer Zeitschrift das über die Jahrhunderte entstandene und vervollkommnete System der verlegerischen Arbeit im weitesten Sinne als völlig selbstverständlich hinnehmen. Der Käufer eines Buches oder der Bezieher einer Zeitschrift machen sich nicht mehr allzu viele Gedanken über den Wert der geistigen Leistung von Autor und Herausgeber und über den Umfang und die Bedeutung der technischen Vorgänge und der wirtschaftlichen Risiken, die hinter der Arbeit des Verlegers stehen. Dies alles spielt sich für ihn im Verborgenen ab. Was er aber täglich zu sehen bekommt, sind die überall stehenden Photokopiergeräte, mit denen man sich selbst Bücher durch Kopieren originaler Ausgaben so leicht verschaffen kann. Den Gipfel der damit verbundenen Gedankenlosigkeit stellt die kürzlich wirklich erhobene vorwurfsvolle Frage eines Ordinarius einer Technischen Hochschule dar, warum sein Buch im Handel DM 58,– koste, wo sich doch einer seiner Schüler für DM 30,– am Photokopierer ein viel billigeres Exemplar hergestellt habe! Hier wird eine bedauerliche Verständnislosigkeit für die geistigen und wirtschaftlichen Vorleistungen von Autor und Verlag offenbar. Zum anderen zeigt sich eine bedenkliche Einstellung zum Begriff des geistigen Eigentums. Realisiert wird lediglich der Photokopierapparat als billiges Reproduktionsgerät!

Es zeigt sich hier eine beklagenswerte Trübung des allgemeinen Rechtsbewußtseins. Sie äußert sich unter anderem darin, daß Verstöße gegen Vervielfältigungsbestimmungen oder gar Raubdrucke oft als eine Art von Kavaliersdelikten angesehen werden. Es gibt sogar Gruppen – nicht nur in Deutschland gehören dazu Bibliothekare –, die aus wirtschaftlichen Gründen an vergütungsfreier Reproduktion im großen Stile interessiert sind und den gegen schrankenloses Photokopieren eingestellten wissenschaftlichen Verlagen mangelnde Einsicht in die Bedürfnisse des Wissenschaftsbetriebes vorwerfen. Eine so pervertierte Auffassung unterdrückt geflissentlich, daß der weltweite Gedankenaustausch und das ihm zugrundeliegende Publikations- und Verteilungssystem – kurz der freie Informationsaustausch in Wissenschaft und Literatur – von den Verlagen erst geschaffen worden ist. Er war allerdings nur auf der Grundlage eines geregelten Urheberrechtsschutzes überhaupt möglich.

Es ist offenbar eine Tatsache, daß im allgemeinen Bewußtsein – schlimmer noch in der gerichtlichen Praxis – geistiges Eigentum niedriger eingestuft wird als Sacheigentum. Der Schutz von Urheber- und Verlagsrechten ist auch volkswirtschaftlich von größter Bedeutung. Aus Großbritannien stammt eine Studie jüngster Zeit, die bei sehr vorsichtiger Schätzung den Beitrag der Copyright-Industrien zur Volkswirtschaft auf rund 6 Milliarden Pfund beziffert, das sind 2,6 % des ‚gross national product' – größer als der Anteil der Lebensmittel- oder Autoindustrie (Jennifer Philips 1985). Die Schätzung enthält keine überseeischen Erlöse.

Bereits 1983 – also vor vier Jahren – gab es in Deutschland knapp eine Million Photokopiergeräte. Neuere Zahlen liegen nicht vor, doch ist eine erhebliche Steigerung während der letzten Jahre anzunehmen. Allein in der Bundesrepublik Deutschland wird mit mindestens 2,5 Milliarden Photokopien urheberrechtlich geschützten Materials pro Jahr gerechnet. Daß hierdurch der normale Bezug der Primärliteratur eingeschränkt wird, die Auflagen sinken und die Preise entsprechend ansteigen müssen, liegt auf der Hand.

Wissenschaftliche Bibliotheken sind nicht unerheblich an dieser Photokopierflut beteiligt. Es ist üblich geworden, bestimmten Bibliotheken, vornehmlich Universitätsbibliotheken, Schwerpunktgebiete zuzuordnen, für die diese Bibliothek die erreichbaren Publikationen bevorzugt anschafft. Eine solche Bibliothek steht im Verbund mit anderen Bibliotheken mit anderen Schwerpunkten. Der Benutzer erhält diejenigen Artikel aus einer Zeitschrift, die in ‚seiner' Bibliothek nicht gehalten wird, eine Photokopie über das Fernleihsystem von der für das betreffende Fachgebiet zuständigen Bibliothek. Es ist leicht einzusehen, daß die durch dieses System bewirkte rückläufige Abonnementsbewegung zwangsläufig zur Erhöhung der Abonnementspreise führt, die in einem circulus vitiosus wiederum zu Abonnementsverlusten führt etc. etc. Man vergegenwärtigt sich selten, daß die Auflagenhöhen wissenschaftlicher Originalienzeitschriften im allgemeinen nur zwischen 500 und 1500 liegen, selbst wenn sie sich eines großen internationalen Ansehens und entsprechenden Verbreitungspotentials erfreuen. Wenn auch wissenschaftliche Verlage wie der Springer-Verlag durch internationale Ausweitung ihrer Absatzmärkte diesem Problem zu begegnen suchen – was zugleich im Interesse der Autoren liegt –, so kann der beschriebene Rückgang der Abonnementszahlen damit nicht ausgeglichen werden. Es sollte deshalb ernsthaft überlegt werden, ob nicht der laufenden Einschränkung von Bibliotheksetats und der Tendenz zu immer neuen und immer größeren Zentralbibliotheken entgegengewirkt werden sollte. Das ist kein Ruf nach dem Staat, sondern nur nach der Aufrechterhaltung einer angemessenen Ausstattung der öffentlichen Bibliotheken mit wissenschaftlichem Informationsgut, das letzten Endes dem wissenschaftlichen und technologischen Fortschritt dient. Sie stellt deshalb nicht zuletzt auch eine notwendige und profitable Investition für die wirtschaftliche Zukunft eines Landes wie der Bundesrepublik Deutschland dar, die als eines der Länder mit höchstem Lohnniveau darauf angewiesen ist, national und international hochwertige Güter und Dienstleistungen anzubieten, da sie in der Massenproduktion nicht mehr konkurrenzfähig ist. Die angemessene Ausstattung von Bibliotheken erscheint deshalb auch unter wirtschaftlichen Aspekten sinnvoll.

Darüber hinaus ist zu wünschen, daß die Benutzer wissenschaftlicher Literatur, die zum großen Teil wiederum selbst potentielle Autoren sind, sich ihrer Eigenverantwortung für die Erhaltung einer qualitativ hochstehenden wissenschaftlichen Literatur stärker bewußt würden.

Rolle der wissenschaftlichen Gesellschaften

In den Vereinigten Staaten liegen im allgemeinen die Preise wissenschaftlicher Zeitschriften niedriger als bei uns, was drei Hauptgründe hat: einmal ist das Käuferpotential (einschließlich der Bibliotheken) größer als bei uns, zum anderen fühlen sich die *wissenschaftlichen Gesellschaften* in viel stärkerem Maße für Zeitschriften ihres Fachgebietes verantwortlich, was sich im Pflichtbezug der betreffenden Zeitschrift für ihre Mitglieder äußert. Drittens ist es in den Vereinigten Staaten üblich, daß der Autor für die Veröffentlichung seiner Arbeit in einer angesehenen Zeitschrift im allgemeinen eine ‚page charge', d. h. einen Seitenpreis zahlen muß. Das führt einmal dazu, daß sich der Autor einer knappen und klaren Ausdrucksweise befleißigt und daß andererseits die Finanzierung der betreffenden Zeitschriften durch ‚page charges' so günstig beeinflußt wird, daß die Abonnementspreise niedrig gehalten werden können – mit entsprechenden Auswirkungen auf die Verbreitung der Zeitschriften. Die ‚page charge' selbst wiederum zahlt im allgemeinen nicht der Autor, sondern ist selbstverständlicher Teil des Finanzierungsbetrages *(‚grant')* für die Durchführung einer wissenschaftlichen Arbeit. Da diese ‚grants' staatliche Subventionen darstellen, handelt es sich hier lediglich um einen anderen Kreislauf des Geldes als bei uns, und die niedrigeren Abonnementspreise werden relativiert – was aber der Bibliothekar oder Privatkäufer bei uns nicht sieht. Die weitaus zweckentsprechendste Form der Förderung wissenschaftlicher Zeitschriften ist der Einsatz der zuständigen Gesellschaften und ihrer Mitglieder für das Organ ihres Faches. Auch hier wiederum liegen die Dinge in den Vereinigten Staaten sehr viel günstiger, wo die Mitglieder der wissenschaftlichen Gesellschaften ein größeres Gefühl der Verbundenheit mit ihren Zeitschriften zeigen.

Der Verästelungsprozeß – Die wissenschaftliche Spezialisierung und ihre Folgen

Der Rückgang der Abonnementszahlen hochwissenschaftlicher Zeitschriften hat schließlich noch einen anderen Grund, der in der wissenschaftlichen Entwicklung selbst begründet liegt. Die moderne Forschung hat zu immer stärkerer Spezialisierung geführt. Gab es beispielsweise noch vor einer Generation in der Medizin ein geschlossenes Forschungsgebiet „Humanphysiologie", so ist dieses umfassende Thema inzwischen in zahlreiche Teilgebiete mit speziellen Forschungsrichtungen aufgespalten. Zwangsläufig muß es Spezialzeitschriften für diese neuen Forschungsgebiete geben, die nun nicht mehr auf einen gleichgroßen Interessentenkreis treffen können wie das frühere Organ für das Gesamtgebiet Physiologie. Mit anderen Worten: der Verästelungsprozeß der Wissenschaft in immer zahlreichere Teil- und Einzeldisziplinen verringert die Auflagenhöhen der Spezialzeitschriften automatisch. Diesem Prozeß hat die internationale Ausweitung der Interessentenkreise und die Zunahme der Forschungsstellen bis zu einem gewissen Grade entgegengewirkt – doch eben nur bis zu einem gewissen Grade.

III. Die Zukunft des wissenschaftlichen Informationswesens

Das eingangs von Lichtenberg zitierte Blei ist heute aus den Druckereien so gut wie ganz verschwunden. Statt dessen haben sich optische und computergesteuerte Systeme der Herstellung des Satzes von wissenschaftlichen und nichtwissenschaftlichen Texten bemächtigt. Erhalten geblieben ist die Übertragung dieses mit anderen Mitteln erstellten Satzes und der dazugehörigen Illustrationen auf Offset-Druckmaschinen, die das gleiche, in manchen Fällen ein besseres Ergebnis für das fertige Werk erzielen als bisher. Auf jeden Fall ist die Produktion schneller und preisgünstiger.

Computer Production

Der Verlag ist mit dieser Nutzung moderner Computertechnologien insofern verbunden, als Autoren ihre Manuskripte nicht nur in konventioneller, sondern auch in Form von Computertapes bereitstellen können. Das vom Verlag gewünschte, bei der Druckerei in Auftrag gegebene Werk bleibt in der äußeren Form des Endproduktes das gleiche. Das Papier als Informationsträger – und damit die Zeitschrift und das Buch in der herkömmlichen Form – bleiben erhalten. Die Weiterentwicklung immer differenzierterer Druckmaschinen mit computerisierten Steuerungselementen scheint darauf hinzuweisen, daß der Bedarf an gedruckten Medien nach wie vor groß ist und auch für die Zukunft optimistisch beurteilt wird. Dabei ist zu berücksichtigen, daß die Druckereien im allgemeinen nur zu einem gewissen Teil mit Satz und Druck wissenschaftlicher Bücher und Zeitschriften beschäftigt sind. Der Hauptanteil ihrer Aufträge entfällt auf die Herstellung von Werbematerial, Kunstbüchern oder Romanliteratur.

Zweifellos aber eröffnet der Einsatz moderner Computersysteme und einschlägiger Programme ein neues Feld der wissenschaftlichen Dokumentation, das seine Entsprechung in der erwähnten Bereitstellung der Manuskripte in maschinenlesbarer Form hat. Diese Welt des ‚*Electronic Production*' bietet dem Verlag neue, in ihrer vollen Tragweite noch nicht übersehbare Möglichkeiten. Dabei sind die immer sinnreicher entwickelten Computerhilfen keineswegs als Ersatzleistungen für konventionelle Verfahren anzusehen – sie werden im Gegenteil immer wichtiger für die Erzielung eines ästhetisch besseren typographischen Bildes, eines optimalen Layout und wesentlich verbesserter Abbildungsreproduktion. Ganz unabhängig davon aber wird die papierlose Datenspeicherung für bestimmte Informationsgebiete und für große Datenmengen, die rasch geordnet und systematisch abgefragt werden können, die Methode der Wahl sein. Hierauf komme ich weiter unten zurück.

Die Zukunft der gedruckten Medien

Die oft gestellte Frage, ob der Einsatz von Computern das gedruckte Wort in Buch und Zeitschrift verdrängen wird, muß differenziert beantwortet werden. Wenden wir den Blick zurück auf die am Schluß des vorigen Abschnittes beleuchtete Situation der wissenschaftlichen Primärzeitschriften, so glaube ich, daß eine Reihe von Faktoren für das Weiterleben dieser Medien in gedruckter Form sprechen – unabhängig von all den eben erwähnten Verbesserungen der computergestützten *Herstellung*. Den Hauptgrund sehe ich in der bereits erwähnten „anthropomorphen" Gestalt der Zeitschrift: Format, Einteilung, Anordnung, Erreichbarkeit, Benutzbarkeit haben im Laufe der

Jahrhunderte eine durch die realen Bedürfnisse des Lesers optimierte Form erhalten. Die Möglichkeit, ein Zeitschriftenheft oder ein Buch zu jeder Zeit und überall lesen oder durchblättern zu können (‚browsing') ohne die Zwischenschaltung noch so benutzerfreundlicher Apparate, wird weiterhin als attraktiv empfunden werden. Außerdem weiß jeder wissenschaftlich Arbeitende, daß er beim Blättern in seiner Zeitschrift auf der Suche nach bestimmten Themen unerwartet etwas ganz anders, aber Hochinteressantes finden kann, das vielleicht wichtiger ist als das, was er ursprünglich suchte. Auch die sehr menschliche Komponente des Praktisch-Ästhetischen sollte nicht vernachlässigt oder vergessen werden. Mir hat ein bedeutender Mathematiker erklärt, daß ihm die ganze Wissenschaft keinen Spaß mehr mache, wenn er nicht das Ergebnis seiner Arbeit in einer anständigen, d. h. angesehenen und drucktechnisch vorbildlich ausgestatteten Zeitschrift publiziert sieht. Darüber hinaus bieten die auf Papier gedruckten Medien vorerst noch folgende Vorteile:

1. die schnelle und weltweite Verbreitung aufgrund eines im Laufe der Zeit sinnreich entwickelten Verteilersystems mit optimierter Kostenstruktur.
2. die Herstellungsmöglichkeit zahlreicher jederzeit erreichbarer Kopien, bei der der mögliche Verlust einzelner Kopien für die Erhaltung des wissenschaftlichen Textes irrelevant ist.

Für Lehrbuchtexte ist die Bedeutung des gedruckten Wortes gleichfalls offenkundig, wenn auch aus teilweise anderen Gründen: Dem cognitiven Lernprozeß entspricht die Anordnung und Wiedergabe des Stoffes im Lehrbuch mit der problemlosen Möglichkeit von Vorwärts- und Rückwärtsinformationen, der Wiederholungen und der Form- und Bilderfassungen etc. Es darf darüber hinaus nicht vergessen werden, daß der Zugang zu Datenbasen keineswegs schon überall selbstverständlich ist. Das gilt in besonderem Maße außerhalb der reinen Industrieländer (Dritte Welt!).

Die wissenschaftliche Spezialzeitschrift hat noch eine weitere spezielle Funktion: Die bereits beschriebene Verästelung der wissenschaftlichen Spezialisierung läuft parallel mit der Arbeitsweise des einzelnen Wissenschaftlers, der nur noch sein eng umrissenes Forschungsgebiet wissenschaftlich völlig beherrscht und dessen wissenschaftlicher Gedankenaustausch sich ausschließlich auf dieses Forschungsgebiet bezieht. Die Schaffung immer neuer Spezialzeitschriften in den letzten Jahrzehnten, die weiterhin anhält, befriedigt seinen speziellen Informationsbedarf optimal. Er wird auf die Lektüre dieser Zeitschrift nicht verzichten und sie stets zur Hand haben wollen.

Elektronische Parallelausgaben der gedruckten Medien – CD-ROM/ADONIS

Im Rahmen der heutigen Möglichkeiten der Volltextspeicherung werden unabhängig von den gedruckten Versionen in Zukunft je nach Bedarf auch *elektronische* Ausgaben verfügbar gemacht werden. Es gibt schon heute Programme für die Speicherung von Abbildungen und für ihre farbige Wiedergabe – allerdings noch zu enorm hohen Kosten. Damit gehen Verbesserungen des Auflösungsvermögens der Bildschirme einher. Es ist ferner möglich, gedruckte Texte als Faksimile zu speichern und zu reproduzieren. Ein besonders ansprechendes und benutzerfreundliches System ist die CD-ROM-Platte mit einer Kapazität von etwa 400 Millionen Zeichen, die in der Form der Compact Discs mit Musikprogrammen bekannt ist. ROM heißt „Read Only Memory", d. h. daß der Inhalt nur zum Gelesenwerden da ist und nicht direkt kopiert werden kann. Das macht sie urheberrechtlich sicherer, ein für den Autor sowohl wie für den Verleger entscheidend wichtiger Punkt.

Dieses CD-ROM-System wird verwendet für das Dokument-Liefersystem ADONIS, ein Projekt, an dem vier europäische Verlage (Blackwell, Elsevier, Pergamon und Springer) seit 1980 gemeinsam arbeiten. Es ist inzwischen mit einem zunächst auf zwei Jahre begrenzten Forschungsversuch in die Praxis eingeführt. ADONIS vermittelt über CD-ROM den aktuellen Inhalt von 250 wissenschaftlichen Zeitschriften der Medizin und der Biologie. Die Zeitschriftenbeiträge werden über einen Scanner auf CD-ROM übertragen und nach einer Kombination von Hardware und Such- wie Retrieval-Software abrufbar sein.

Neben der British Library (Document Supply Center) werden die Medizinische Zentralbibliothek in Köln, die Königliche Akademie der Wissenschaften in Amsterdam, das Centre de Documentation Scientifique et Technologique in Paris sowie das Institut für Wissenschaft und Technik in Madrid ihren Benutzern den Zeitschriftenservice dieses Pilotprojekts zur Verfügung stellen. Ziel von ADONIS ist es, durch die Zusammenarbeit von Verlagen und Bibliotheken einen benutzerfreundlicheren Service zu entwickeln, der außerdem wirtschaftlicher als die konventionellen manuellen Kopierverfahren ist und vor allem die *Wahrung des Copyright* verspricht. 20 Prozent der jetzt über ADONIS angebotenen 250 Zeitschriften sind Titel von Verlagen, die nicht im ADONIS-Konsortium vertreten sind, an einer Beteiligung aber interessiert sind. Es sind dies die Verlagshäuser Butterworth, Churchill Livingston, Mosby, Munksgaard, Thieme und Wiley. Der Inhalt sämtlicher 250 Zeitschriften wird jährlich auf 50 CD-ROM-Platten untergebracht werden können, so daß im Durchschnitt jede Woche eine neue CD-ROM-Platte (zirka 5000 Seiten) zu produzieren ist. Die an dem Versuchsobjekt beteiligten Bibliotheken verpflichteten sich, neben den CD-ROM-Versionen auch weiterhin die Zeitschriftenhefte zu beziehen und für ihre Leser vorrätig zu halten.

Inwieweit die Erwartungen der Verleger von ADONIS wirklich erfüllt werden oder ob damit nur eine weitere Schleuse des Photokopierens geöffnet wird, bleibt abzuwarten. Der wesentliche Vorteil gegenüber dem *wilden* Photokopieren soll – wie oben schon erwähnt – in der *Wahrung des Copyright* liegen.

Verarbeitung großer Datenmengen – Datenbanken

Anders als bei der Primär- und Sekundärliteratur liegen die Dinge bei der Tertiärliteratur und ihren Präsentations- und Zugriffsmöglichkeiten. Die wissenschaftliche Tätigkeit der letzten Jahrzehnte ist charakterisiert durch ein Anwachsen des wissenschaftlichen Datenmaterials in bisher nicht für möglich gehaltener Größenordnung. Hier ist nun in der Tat die Datenverarbeitung mit Hilfe elektronischer Technologien das Mittel der Wahl. Nicht unähnlich der Situation zu Gutenbergs Zeiten, in der die neu erschlossene Möglichkeit der Vervielfältigung und Verbreitung mit einem gleichzeitigen Aufbruch neuer Ideen und Entwicklungen auf geistigem und wissenschaftlichem Gebiete einherging, so ist auch heute ein Parallelismus erkennbar zwischen dem geschilderten Anwachsen der Datenmengen und der gleichzeitigen Bereitstellung neuer Technologien zu ihrer Bewältigung.

In der organischen Chemie wurden in einer Periode von 130 Jahren, nämlich von 1830 bis 1960 rund 1,5 Millionen Verbindungen beschrieben. Innerhalb der Jahre 1961 bis 1980, also in einer Periode von nur 20 Jahren, kamen 3,5 Millionen neuer Verbindungen hinzu. Die ersten 1,5 Millionen konnten auf 300000 Druckseiten für einen Berichtszeitraum von 100 Jahren (1880–1980) dargestellt werden. Für die in den letzten 20 Jahren neu hinzugekommenen Verbindungen wären rund 800000 Druckseiten erforderlich. Damit werden Probleme für die traditionelle Literaturdokumentation und ihre Zugriffsmöglichkeiten im konventionellen Sinne sichtbar.

Voraussetzung oder Grund für das riesige Anwachsen der Datenmengen war die weltweite Erhöhung der wissenschaftlichen Aktivitäten. Die Anzahl der Wissenschaftler und Ingenieure in Forschung und Entwicklung hat sich in den Industrieländern seit 1965 verdoppelt. Die Ausgaben für Forschung und Entwicklung haben sich nicht nur proportional zum Bruttosozialprodukt entwickelt, sondern sind stärker gewachsen – in der Bundesrepublik Deutschland von 1,97 % des Bruttosozialproduktes 1982 auf 2,7 % des Bruttosozialproduktes 1987. Dieser Trend hält an. Nun ist die Sammlung von Daten nur ein Teil der wissenschaftlichen Informationstätigkeit der Verlage. Deshalb trifft die beschriebene Datenflut im wesentlichen einen bestimmten Teil der wissenschaftlichen Literatur: die Tertiärliteratur im Gegensatz zur Originalliteratur, die die neuesten Forschungsergebnisse verbreitet.

Für Speicherung und Ordnung der Daten werden auch weiterhin nach Möglichkeit Handbuch- und Datensammlungsliteratur eingesetzt werden, die den besonderen Vorteil der leichten Verfügbarkeit am Arbeitsplatz haben. Es werden jedoch in wachsendem Maße Computerprogramme mit Suchtechnologien eingesetzt werden, die die leichtere und schnellere Benutzbarkeit der gedruckten Datensammlungen erlauben. Daneben wird die rein elektronische Datensammlung und -verarbeitung für die rasche Erfassung, systematische Ordnung und schnelle Zugriffsmöglichkeit des ständig wachsenden Faktendatenmaterials unentbehrlich werden.

Die ersten Datenbanken wurden Ende der 60er Jahre angeboten. Dabei handelte es sich zunächst im wesentlichen um die Erfassung bibliographischer Daten und Referenzen. Seit einigen Jahren wächst die Anzahl der Datenbanken mit Faktensammlungen. Der weltweite Umsatz aus der Benutzung solcher Datenbanken mit naturwissenschaftlich-technischer Information betrug 1984 weltweit etwa DM 270 Millionen, für 1986 hat man mit DM 550 Millionen gerechnet. Der Anteil der BRD hieran lag 1984 etwa bei DM 20 Millionen, für 1986 lagen die Schätzungen bei etwa DM 30 Millionen. Der weltweite Umsatz aus der elektronischen On-line-Nutzung von wissenschaftlich-technischen sowie Wirtschafts- und Rechtsinformationen wird für 1986 auf 6,2 Milliarden, 1987 auf 7,7 Milliarden US Dollar geschätzt, wovon auf die Bundesrepublik etwa DM 140 Millionen entfallen. Die Einrichtung von Kommunikationsnetzen und der Einsatz von Mikrocomputern am Arbeitsplatz in Universität und Industrie werden diese Anteile rasch vergrößern. Hier liegen heute noch gewisse Probleme des Kosten-Nutzen-Verhältnisses, das im Bereiche der gedruckten Medien im Laufe der Jahre optimiert werden konnte.

Zum Vergleich der derzeitigen Umsätze aus dem elektronischen Vertrieb mit dem Umsatz der gedruckten Medien: Den für die Bundesrepublik genannten DM 140 Millionen für 1986 stehen Literaturumsätze im Jahre 1984 (die Angaben für 1986 liegen noch nicht vor) von etwa DM 4,2 Milliarden gegenüber, wovon DM 3,2 Milliarden auf Bücher und 1 Milliarde auf Zeitschriften entfallen.

Ein Komplex, der in diesem Zusammenhang eine große Rolle spielt, aber leider selten diskutiert wird, ist die Datensicherheit, d.h. die Vermeidung des Verlustes von Daten aus technischen oder vorsätzlich zerstörerischen Gründen. Die gedruckten Medien sind gegen diese Gefahren durch die multiple Verbreitung der Medienträger gesichert.

Zusammenfassung

Es kann keinem Zweifel unterliegen, daß wir Zeugen einer Revolution der Datenverarbeitung und Informationsübertragung sind, die der Erfindung Gutenbergs durchaus an die Seite zu stellen ist. Wir sahen, daß sich dabei der Computereinsatz keineswegs nur auf Systeme der Datenspeicherung und Datenbanken erstreckt. Die neuen Technologien tragen in ebenso spektakulärer Weise zu Verbesserungen der Textverarbeitung, der Textordnung, der Indexerstellung und der ästhetischen Verbesserung des Satzbildes und des Layout für die gedruckten Medien bei. Wir sollten deshalb das Eindringen der elektronischen Technologien nicht als ein den gedruckten Papiermedien feindlich gegenüberstehendes System betrachten. Der Einsatz dieser Informationssysteme wird ein wesentlicher Bestandteil unseres technologischen Zeitalters sein. Es wird in einem produktiven Widerspiel stehen mit den von der Coumputertechnologie unterstützten *konventionellen* Medien, die aufgrund ihrer von mir als anthromorph gezeigten Eigenschaften ihre bedeutende Rolle für die Wissenschaftsentwicklung weiterspielen werden. Es ist in diesem Zusammenhang interessant zu sehen, daß sich auch in der Computertechnologie selbst die „menschenfreundlichen“, d.h. benutzerfreund-

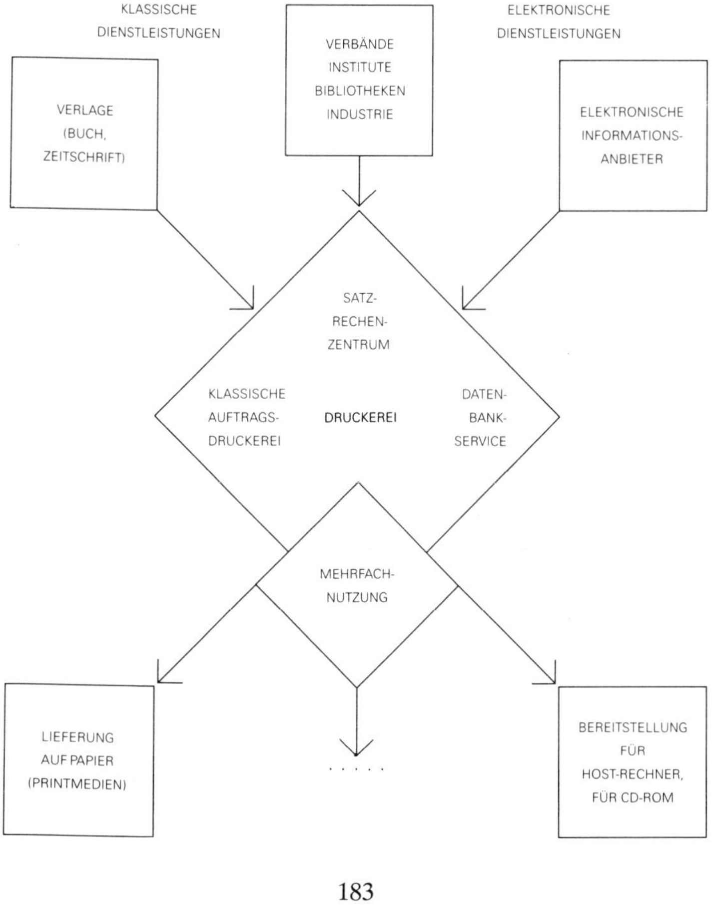

lichen Systeme und Geräte auf die Dauer durchsetzen werden, denn nicht jeder Mensch, nicht einmal jeder Physiker, Chemiker, Biologe etc. ist ein Coumputerfan.

Die Setzereien und Druckereien, deren Kunst einst den Ausgangspunkt der Gutenbergschen Informationsrevolution bildeten, sind heute gefordert, sich der neuen Technologien zu bedienen, denn sie ermöglichen Verbesserungen hinsichtlich Schnelligkeit, Kostenersparnis und Satzqualität der auf Papier gedruckten und verbreiteten Medien und erlauben zugleich die Weiterverwendung für Datenspeicherungen jeglicher Art. Das hier beigegebene Schema der Arbeitsverläufe einer modernen Druckerei, die dem wissenschaftlichen Satz und Druck verpflichtet ist, mag dies deutlich machen.[1]

Die Rolle des Verlegers im Dienste der Wissenschaft als Anreger und Vermittler zwischen Informanten und zu Informierenden, zwischen Wort und Tat, zwischen Autor und Leser, bleibt bestehen und scheint wichtiger denn je! Je weiter er seine Informationsdienste spannt und je höhere Anforderungen er an ihre Qualität stellt, um so besser erfüllt er seine Aufgabe im Interesse des wissenschaftlichen und technologischen Fortschritts. Ohne diesen wiederum ist ein friedliches und menschenwürdiges Dasein einer ständig wachsenden Weltbevölkerung nicht vorstellbar. Eine unabdingbare Voraussetzung ist der Schutz der geistigen, schöpferischen Leistung des Menschen, den allein das Urheberrecht gewährt, auf dessen Boden auch die Arbeit der Verleger steht:

Das Wissen mehren – die Zukunft gestalten.

1 Ich verdanke dieses Schema Herrn Wolfram Joos, Vorstandsmitglied der Universitätsdruckerei H. Stürtz AG in Würzburg.

Technologiepolitik in einer offenen Gesellschaft

JÜRGEN MORLOK

Zusammenfassung

Neue Technologien bringen Herausforderungen für unsere Gesellschaft mit sich, bei der Chancen und Risiken nahe beieinander liegen. Sie sind damit eine Herausforderung für jede Politik, die es mit der Sicherung der Bürgerfreiheiten ernst meint. Technologische Spitzenleistungen sind auf Dauer auch nur in einem Klima geistiger Offenheit und kultureller Vielfalt möglich. Technik und technischer Fortschritt sind außerdem für ein dicht besiedeltes und ressourcenarmes Land notwendig. Trotzdem haben sich Fortschrittskritik und Zukunftsangst breit gemacht. Die Lösung liegt aber nicht in individueller Verweigerung, schon gar nicht im generellen Wachtumsverzicht. Sie kann nur darin liegen, genau zu prüfen, wo die Chancen und Risiken der marktwirtschaftlichen Produktion liegen, um die Praxis unserer Wirtschafts- und Gesellschaftsordnung so zu gestalten, daß Effektivität und Humanität keine sich gegenseitig ausschließenden Ziele sind.

1. Zukunftsgestaltung als Motiv politischen Handelns

Neue Technologien bringen neue Herausforderungen für unsere Gesellschaft mit sich. Wie grundlegend der auf uns zukommende gesellschaftliche Wandel sein wird, zeigt sich daran, daß kaum ein Bereich zu sehen ist, für den die Nutzung neuer Technologien keine Fragen aufwirft – und zwar unter positiven ebenso wie unter negativen Vorzeichen. Die Arbeitswelt verändert sich und wird sich weiter verändern; damit einhergehen wird ein Wandel der Berufsbilder; und es ist offenkundig, daß dies nicht ohne Auswirkungen auf die Inhalte von Bildung und Ausbildung bleiben kann. Neue Technologien verursachen in vielen Wirtschaftsbereichen einen rasanten Produktivitätsfortschritt – einerseits eine unerläßliche Voraussetzung für die Konkurrenzfähigkeit unserer Wirtschaft, andererseits aber auch eine schwierige Herausforderung für eine vorausschauende Arbeitsmarkt- und Beschäftigungspolitik. Neue Technologien sind eine Herausforderung für unsere Wissenschafts-, Forschungs- und Technologiepolitik. Und schließlich bringen sie die Gefahr mit sich, daß der Bürger in früher unvorstellbarem Ausmaß in allen Lebenszusammenhängen erfaßt, gespeichert und damit potentiell kontrolliert wird; sie sind damit auch eine Herausforderung für jede Politik, die es mit der Sicherung der Bürgerfreiheiten ernst meint.

Man sieht: Chancen und Risiken liegen nahe beieinander. Jedenfalls ist es die Aufgabe der Politik, den Prozeß des Wandels unserer Gesellschaft mitzugestalten. Ob dieser Prozeß zu Recht als Übergang von der Industrie- zur Informationsgesellschaft beschrieben werden kann, mag dahingestellt bleiben. Jedenfalls sind die Veränderungen so grundlegend, daß ein Treibenlassen, daß ein Wildwuchs nicht in Frage kommen darf.

Vorausschauende Gestaltung gesellschaftlicher Verhältnisse – das ist Politik. Und für Liberale hat dieser Gestaltungsprozeß immer zugleich Dienst an der Freiheit zu sein. Das heißt: Anknüpfend an liberale Traditionen, aufbauend auf den liberalen Idealen der Freiheit, der Persönlichkeit und der Wahrung der Würde des Menschen, müssen wir in jeder gesellschaftlichen Situation Antworten suchen und entwickeln auf neue Fragen und Herausforderungen – mit dem Ziel, mehr Freiheit für mehr Menschen zu ermöglichen. Es geht also um mehr als nur um die Sicherung unserer Zukunftschancen; es geht auch darum, unsere Zukunft so zu sichern, daß gleichzeitig Liberalität, Freiheit und Vielfalt in allen gesellschaftlichen Bereichen gestärkt und nicht etwa abgebaut werden.

2. Technischer Fortschritt und persönliche Freiheit

Die Sicherung unserer Zukunftschancen erfordert es, neu und grundsätzlich über das Verhältnis von technischem Fortschritt und persönlicher Freiheit nachzudenken. Denn es ist richtig:

In unserem Lande haben sich Fortschrittskritik und Zukunftsangst breitgemacht. Es hat sich ein tiefwurzelndes Unbehagen an jedweder Technologie, eine bewußte Abkehr von den Errungenschaften der technischen Zivilisation entwickelt.

Technik und technischer Fortschritt sind aber gerade für unser dicht besiedeltes und ressourcenarmes Land notwendig. Ohne naturwissenschaftlich-technische Kreativität bei uns kommt die Ausbeutung der Dritten Welt nicht zum Stillstand, gehen der Umweltschutz und die Humanisierung der Arbeit nicht voran, kann der internationale Wettbewerb nicht bestehen, läßt sich die Arbeitslosigkeit nicht beseitigen, bleibt die junge Generation ohne Zukunft, weil Bildung und Ausbildung und schließlich auch die Alterssicherung mangels Finanzierbarkeit nicht mehr garantiert werden können.

Der Nationalökonom Joseph Schumpeter hat den Fortschritt als Prozeß der schöpferischen Zerstörung bezeichnet. Schöpfertum, Beseitigung des Mangels auf der Welt auf der einen Seite, Zerstörung alter sozialer und natürlicher Strukturen und erhöhte Risiken auf der anderen Seite – das ist und bleibt die Ambivalenz der Technik. Weder naive Fortschrittsgläubigkeit in das technisch Machbare von allem und jedem, noch radikale Ablehnung jeden technischen Fortschritts helfen dabei weiter.

Die Lösung liegt deshalb nicht in der individuellen Verweigerung, schon gar nicht im generellen Wachstumsverzicht. Sie kann nur darin liegen, genau zu prüfen, wo die Chancen und Risiken der marktwirtschaftlichen Produktion liegen, um die Praxis unserer Wirtschafts- und Gesellschaftsordnung so zu gestalten, daß Effektivität und Humanität keine sich gegenseitig ausschließenden Ziele sind.

Wer es also mit einer vernünftigen Zukunftsgestaltung ernst meint, muß gerade die innovatorische Kraft einer durch das Prinzip „Markt" bestimmten wirtschaftlichen und gesellschaftlichen Ordnung herausfordern.

Der Alternativradikalismus „Rückkehr zur Kerzenlichtgesellschaft" oder „Technik-über-alles-Ideologie" ist nicht nur sachlich falsch, sondern auch gefährlich für die

Stabilität unserer Gesellschaft. Technik als solche ist unter Wertgesichtspunkten neutral. Ob sie dem Menschen nutzt oder schadet, hängt davon ab, wie Menschen mit ihr umgehen, wie Menschen sie einsetzen. Technik liefert uns Mittel, aber die Zwecke setzen wir selber.

3. Technischer Fortschritt, Wachstum und Beschäftigung

Fünf Konsequenzen scheinen mir auf der Hand zu liegen:

Auf die Nutzung neuer Technologien sind wir in den verschiedensten Wirtschaftsbereichen angewiesen. Die beständige Strukturanpassung und Modernisierung unserer Wirtschaft ist unvermeidlich, weil wir sonst im internationalen Konkurrenzkampf nicht bestehen könnten und weitere Arbeitsplätze verlieren würden. Denn Subventionismus und Protektionismus sind ungeeignete, ja auf Dauer selbstmörderische Instrumente, durch die vorhandene Probleme allenfalls verschoben werden können – aber mit der Konsequenz, daß sie dann später um so schärfer zutage treten.

Andererseits aber führt die Einführung und Nutzung neuer Technologien zum Beispiel bei den Kommunikations- und Informationstechniken zwar auch zum Entstehen neuer Wachstumsbereiche, genauso aber auch zu einer Gefährdung vorhandener Arbeitsplätze. Wer also will, daß die notwendige Einführung neuer Technologien die schwierige Situation auf dem Arbeitsmarkt nicht weiter verschärft, muß um so energischer nach branchen- und regionalspezifischen und vor allem nach flexiblen Regelungen für die Entlohnung und die Arbeitszeit suchen.

Flexible Lösungen, Arbeitszeit nach Maß heißt ja nicht – wie heute vielfach unterstellt – Rückkehr zur Arbeitgeberwillkür und Rückmarsch ins vorige Jahrhundert. Aber es heißt, daß durch dezentrale Vereinbarungen, zum Beispiel innerhalb eines Betriebes, sinnvollere, praktikablere Lösungen gefunden werden können, die den betrieblichen Notwendigkeiten der Arbeitsorganisation ebenso gerecht werden wie den Wünschen der Arbeitnehmer selbst.

Eine solidarische Neuverteilung der Arbeit ist notwendig; die Höhe der gegenwärtigen Arbeitslosigkeit, die demographische Entwicklung der nächsten Jahre und der durch neue Technologien ausgelöste Produktivitätsschub sprechen allesamt für diese These.

Und schließlich spricht für arbeitszeitverkürzende Maßnahmen auch die Chance, mehr Freiheit in die individuelle Lebensplanung zu bringen. Auch hier bietet die Anwendung neuer Technologien neue Chancen. Sie verantwortungsbewußt zu nutzen, ist in erster Linie Aufgabe der Tarifvertragsparteien.

Die Einführung neuer Technologie verändert schließlich in starkem Maße herkömmliche Strukturen in den Betrieben bis hin zum einzelnen Arbeitsplatz. Auch hier liegen Chancen und Risiken dicht beieinander: Den Befürchtungen etwa einer Isolierung und Entsolidarisierung der Arbeitnehmer durch Heimarbeitsplätze, einer vermehrten Kontrollierbarkeit des einzelnen Arbeitnehmers oder des Abbaus von Schutzrechten der Arbeitnehmer über vermehrte Teilzeitarbeitsplätze oder Job-Sharing-Verträge steht die Möglichkeit der Einschränkung oder gar Beseitigung schwerster Arbeit in etlichen Bereichen industrieller Produktion gegenüber. Auch hier also ist partnerschaftliches Handeln angezeigt. Neue Technologien dürfen den Arbeitnehmern nicht übergestülpt werden. Erweiterte Beteiligungs- und Mitwirkungsmöglichkeiten der unmittelbar Betroffenen, nicht der Funktionäre, sind deshalb ein Gebot der Stunde.

Die Förderung von Innovation, Forschung und Entwicklung gerade im Bereich der kleinen und mittleren Unternehmen muß weiter verbessert werden. Besonderes Gewicht kommt der Förderung des Technologietransfers zu: Die Umsetzung und wirtschaftliche Nutzung von Forschungsergebnissen muß beschleunigt werden. Verbesserte Kooperation zwischen Wissenschaft und Wirtschaft, Erleichterung des Personalaustausches zwischen beiden Bereichen, verbesserte Technologieberatung insbesondere für den Mittelstand, Existenzgründungshilfen für Wissenschaftler, die sich selbständig machen wollen, schließlich bessere Rahmenbedingungen für Wagnisfinanzierung und die Bereitstellung von Risikokapital – alles zusammen ergibt ein stimmiges Konzept einer zukunftsorientierten Wirtschaftsförderung.

Schließlich erfordert die Einführung neuer Technologien parallel dazu eine bildungspolitische Qualifizierungsoffensive. Dies bedingt größere, auf die Entwicklung der Arbeitswelt und der Technik ausgerichtete Anstrengungen im Bereich von Bildung und Ausbildung. Denn die Arbeitsplätze der Zukunft werden in der Regel nicht etwa geringere, sondern höhere Qualifikationen erfordern.

4. Technologie und kulturelle Entwicklung

Unsere hochindustrialisierte Gesellschaft muß sich im internationalen Wettbewerb auf neuen technologieintensiven Märkten bewähren. Zu diesen Märkten gehören die neuen Informations- und Kommunikationstechniken und deren Anwendungsbereiche. Unter dem Einfluß dieser Techniken entstehen auch in der Medienwirtschaft neue Informations-, Wachstums- und Beschäftigungspotentiale, deren Verwirklichung von der Verfügbarkeit und Nutzung vielfältiger kultureller Angebote und Leistungen abhängt.

Die neuen Techniken beeinflussen einerseits alle Bereiche der Kultur. Sie machen neue Lebens-, Arbeits- und Kunstformen möglich, sie stellen neue Produktions- und Verbreitungsmittel bereit. Sie weisen aber auch mit ihrem Trend zur Kommerzialisierung eine wachsende Tendenz zur bloßen Unterhaltung und Zerstreuung auf und können damit zur Gefährdung für kulturelle Traditionen und kulturelle Identität werden.

5. Kultur und Wirtschaft

Ein wesentliches Element unserer Kultur aber ist die Pflege der bestehenden Kulturgüter und Bildungswerte. Kultur ist zugleich auch ein großes Experimentierfeld, auf dem mit Mut, kritischem Geist und Weltoffenheit Innovationen entstehen, deren Impulse in alle Bereiche der Gesellschaft gehen.

Kultur prägt so die geistigen Grundlagen auch des wirtschaftlichen Handelns. Sie schafft ein Gegengewicht gegen die Tendenzen der Erstarrung, Bürokratisierung, Risikovermeidung und Standardisierung. Lebendige Kultur, kulturelle Kreativität und Individualität ist wesentlich für die wirtschaftliche Leistungsfähigkeit und Innovationskraft eines Landes. Wirtschaftliche und technologische Spitzenleistungen sind auf Dauer nur in einem Klima geistiger Offenheit und kultureller Vielfalt möglich.

Freiheitliche Wirtschaftspolitik und freiheitliche Kulturpolitik sind also miteinander verbunden und aufeinander bezogen. Entgegen einer langen deutschen Tradition dürfen Kultur und Wirtschaft, Kultur und Technik, Kultur und Demokratie, nicht mehr als getrennte, ja als gegensätzliche Bereiche verstanden werden. Das gilt gerade mit Blick auf die wachsenden strukturellen Zusammenhänge in der Informations- und Wissensgesellschaft.

Mit Entscheidungen in kulturell-wirtschaftlichen Bereichen wird also nicht nur über Beschäftigung, sondern auch über die Freiheitsräume einer Gesellschaft stets mitentschieden.

Die Kulturwirtschaft (industrie culturelle) ist gegenwärtig durch die Anwendung der neuen Kommunikationstechniken einer Expansion der elektronischen Medien und einer Internationalisierung der Kulturmärkte ausgesetzt. Die audiovisuellen Programmindustrien werden eine internationale Wachstumsbranche, in der zunehmend Arbeitsplätze geschaffen werden können. Die Nachfrage nach Unterhaltungsprogrammen wird sich durch Kabel- und Satellitenfernsehen in den nächsten Jahren vervielfachen. Die EG schätzt, daß künftig jährlich rund 125.000 Stunden „neue" Unterhaltung produziert werden müssen. Die Jahresproduktion von Frankreich, Großbritannien, Italien und der Bundesrepublik zusammen beträgt heute 4.000 - 5.000 Stunden. Welchen Anteil der künftigen Programme wird Europa, wird die Bundesrepublik Deutschland produzieren? Das ist eine wirtschaftliche und kulturelle Frage.

6. Kultur und elektronische Medien

Kultur ist immer maßgeblich mitbestimmt durch das jeweilige Medium, in dem sie sich vermittelt und durch die verwendeten Techniken. Dabei spielen die Medien und die Techniken jeweils eine dienende, vermittelnde oder auch beherrschende Rolle.

Kulturpolitik soll dafür Sorge tragen, daß die Rahmenbedingungen so gestaltet werden, daß sowohl die elektronischen Medien eine Chance haben, als auch die traditionellen Medien als Mittel kultureller Kommunikation und als Bereicherung menschlichen Daseins erhalten bleiben und sich weiterentwickeln können.

Durch die Kombination von Wort, Schrift und bewegtem Bild sprechen die elektronischen Medien nicht isoliert Intellekt oder einzelne Sinne und Emotionen an, sondern den ganzen Menschen. Die Botschaften elektronischer Medien können als Anspruch auf totale Erklärung von Lebenszusammenhängen mißverstanden werden. Eigenständiges Nachdenken kann dann den Fluß der Kommunikation kaum noch unterbrechen.

Die Wirkung dieser Form von Kommunikation ist abhängig von den Maßstäben, die der einzelne Konsument selbst für Kommunikation zur Verfügung hat. Angesichts wachsender Freizeit mit der Möglichkeit ebenfalls wachsenden Fernsehkonsums ist deshalb das kulturelle Bewußtsein des einzelnen wie der ganzen Gesellschaft einer großen Herausforderung ausgesetzt. Ohnehin bestimmen individuelle Bildungsvoraussetzungen den Grad der eigenständigen Teilnahme an Kommunikation und in ihrem Zusammenhang der Distanz zu den jeweiligen Medien.

Die vielfältigen Nutzungsmöglichkeiten der elektronischen Medien haben ambivalente Wirkungen. So können einerseits spezielle Angebote für Minderheiten Isolierungen der verschiedensten Art aufheben, so z.B. für Körperbehinderte oder ältere Mitbürger. Andererseits nimmt die Bedeutung der Kulturschranke Lese- und Schreibfähigkeit ab. Mit dem z.B. daraus folgenden „Verschwinden der Kindheit" verändert sich unsere Gesellschaft langfristig.

Durch Zugriff auf neue ausländische Medienangebote öffnen sich Blickwinkel und Weltverständnis. Zugleich wirken Einengung und staatliche Zuteilung von Informationen in Diktaturen negativ auf unsere Gesellschaft zurück. Die UNESCO-Diskussion um einen weltweit freien Fluß an Informationen hat deshalb auch für uns unmittelbare Bedeutung.

Je perfekter die scheinbare Darstellung und Vermittlung von Kultur und von Realität durch die elektronischen Medien technisch möglich und durch den Zuschauer abrufbar sind, desto größer werden zugleich die Möglichkeiten zur Manipulation durch die Programmhersteller und -vermittler.

Mit den neuen Medientechniken lassen sich nicht nur neue kulturelle Angebote machen. Vielmehr beeinflussen und verändern die Bedingungen der Medientechniken auf einer ersten Stufe die Darstellungen der Welt durch die Vermittlung einer Überfülle oft zusammenhangloser Informationen, eine Atomisierung der Weltereignisse, dann aber auch die Gedanken der Menschen über die Welt, durch die Macht der sie interpretierenden Moderatoren. Auf diese Weise kann es dazu kommen, daß bei mehr Freiheit und mehr freier Zeit zu offener Kommunikation und kulturellem Dialog die Welt des Mediums zu wirklich empfundener Realität wird.

Trotzdem setzen Liberale Vertrauen in die Fähigkeit der Menschen, ihr Leben in eigener Verantwortung zu gestalten und so auch die Chancen bei der Gestaltung der elektronischen Medien wahrzunehmen. Gleichwohl gibt es auch Gefährdungen für unseren demokratischen Kultur- und Rechtsstaat, die politisches Handeln erfordern, z.B. wenn Datenvernetzung Uberwachung des einzelnen ermöglicht oder Kanalfülle das vermeintliche Schlaraffenland des Amusements schafft zu Lasten kritischen Nachdenkens und von Eigenverantwortlichkeit.

Kultur und damit jedes Medium als Ausdrucksform muß den Menschen, seine Selbstentfaltung und Eigenverantwortung in den Mittelpunkt stellen.

Gelingt es, den Menschen als ihren Orientierungs- und Bezugspunkt zu sehen, dann können die elektronischen Medien, die von vielen heute noch als Barriere zwischen Mensch und Natur bzw. zwischen Mensch und gesellschaftlicher Realität angesehen werden, gerade zur Uberwindung von Isolierung beitragen.

Das gelingt jedoch nur, wenn einerseits die hervorragenden technischen Möglichkeiten der Medienentwicklung im elektronischen Zeitalter genutzt, andererseits diese aber nicht als Instrument zur Meinungsmanipulation mißbraucht werden. Die elektronischen Medien stehen nicht nur materiell, sondern mehr noch in einem grundsätzlichen Sinne in der Phase der Bewährung als Element von Bewahrung und Entwicklung von Kultur.

Dies alles spricht für eine Struktur der neuen Medien, die – unter einem öffentlichrechtlichen Dach – auch privaten Anbietern Raum läßt, die möglichst dezentral angelegt ist, um lokale und regionale Angebote zu ermöglichen und zu fördern, und die vor allem den „Offenen Kanal" als Möglichkeit aktiver Bürgerbeteiligung erhält. Zwei weitere Problemkreise müssen in diesem Zusammenhang erwähnt werden.

Erstens: Parallel zu der gesetzgeberischen Arbeit an einem ordnungspolitischen Rahmen für die neuen Medien müssen Landtage und Landesregierungen flankierende Maßnahmen treffen. Dazu gehört in erster Linie ein umfassendes medienpädagogisches Konzept, das mit den erforderlichen Finanzmitteln durchgesetzt werden muß. Denn schon jetzt ist klar, daß der Bürger umfassend auf die sinnvolle Nutzung der neuen Medien vorbereitet, ja dazu erzogen werden muß. Dabei sind vor allem Schule, Hochschule, Fort-, Weiter- und Erwachsenenbildung einzubeziehen. Medienpädagogik kann freilich nicht die Gefahren der neuen Medien verhindern. Sie kann allenfalls Hilfestellung bei der Bewältigung der Probleme leisten, die sich aus der Mediennutzung ergeben. Die letztliche Eigenverantwortung des einzelnen kann und will sie nicht ersetzen, sondern stärken.

Und zweitens: Der Datenschutz wird besonders für den Bereich der Kabelkommunikation zu einer politischen Herausforderung ersten Ranges. Schwerwiegende Gefahren drohen vor allem für die Persönlichkeitssphäre und machen ein weitestgehendes Speicherverbot von personenbezogenen Daten sowie ihre (soweit technisch möglich) Anonymisierung erforderlich. Insgesamt bedarf es einer bereichsspezifischen Sonderregelung für den Datenschutz, da das geltende Datenschutzrecht den speziellen Problemen der Kabelkommunikation nicht gerecht wird.

Nicht nur im Bereich der neuen Medien stellen sich für den Datenschutz neue Herausforderungen. Die mögliche Einstellung von Persönlichkeits-, Leistungs- und Bewegungsprofilen der Bürger (als Nutzer der neuen Medien, am Arbeitsplatz, im Gesundheits- und Sozialbereich oder durch die Tätigkeit von Polizei und Grenzschutz) stellt eine Herausforderung für alle dar, die einen „gläsernen Menschen" nicht wollen. Bereichsspezifische Lösungen für die verschiedensten Anwendungsbereiche neuer Technologien sind notwendig, um das Grundrecht auf Datenschutz real zu gewährleisten. Eine Abwehrhaltung gegenüber neuen Technologien hilft nicht weiter, sondern nur ein vorausschauendes Handeln, das die freiheitserweiternden Chancen neuer Technologien nutzt und zur Entfaltung kommen läßt und das zugleich die freiheitsbeschränkenden Risiken soweit nur irgendmöglich ausschaltet.

7. Technologie als Chance einer offenen Gesellschaft

Aufgabe liberaler Politik ist es, den Mut der Menschen zu stärken, von ihrem Verstand sinnvollen Gebrauch zu machen. Nur so kann sich eine qualitativ neu bestimmte Fortschrittsidee durchsetzen, für die auch die junge Generation sich zu engagieren bereit ist. Eine hochwertige Technik braucht eine sachverständige und weitsichtige Technologie-Politik. Denn in diesem für die nachindustrielle Gesellschaft wichtigen Bereich gewinnt das urliberale Thema des Verhältnisses des einzelnen zu Staat und Gesellschaft neue Aktualität. Wir müssen die Kraft zur Erneuerung unserer Gesellschaft und zum Entwerfen von Zukunftsbildern finden, und wir müssen den Mut haben, die Bürger von der Notwendigkeit solcher Erneuerungen zu überzeugen.

Deshalb ist eine zentrale Aufgabe der Zukunftsgestaltung, einen humanen und freiheitserweiternden Gebrauch von technischen Möglichkeiten zu machen. Die Chancen einer offenen Gesellschaft hängen davon ab.

Die 600jährige Heidelberger Universität als Beispiel für Tradition und Fortschritt

GISBERT FRHR. ZU PUTLITZ

Zusammenfassung

Die 600jährige Geschichte der Universität Heidelberg kann als Beispiel für die fruchtbare Entwicklung der Wissenschaften herangezogen werden. Qualität in Forschung und Lehre, motivierte Studenten, Autonomie der Hochschule und ausreichende Ressourcen sind die Ingredienzen, aus denen gute Wissenschaft entsteht. Daß wir heute einen positiven Trend an unseren Hochschulen beobachten können, ist sicher auch darauf zurückzuführen, daß der Staat die notwendigen Bedingungen für ein erfolgreiches Wirken in Forschung und Lehre schafft.

Als die Heidelberger Universität am 18. Oktober 1386 mit einem Hochamt in der Heiliggeistkapelle feierlich eröffnet wurde, waren ein Professor der Theologie, zwei Artistenmagister und einige Scholaren (Studenten) zugegen. Tags darauf wurde in der Theologischen und in der Artistenfakultät der Unterricht aufgenommen. Marsilius von Inghen, der erste Rektor, las um 6 Uhr morgens über Logik, um 8 Uhr begann Reginald von Alna mit einer Vorlesung über den Titusbrief und um 1 Uhr führte Heilmann Wunnenberg aus Worms die anwesenden Studenten in die Physik des Aristoteles ein. Mit dem Eintreffen des Johann von Noet im Dezember 1386 nahm auch die Juristische Fakultät ihre Tätigkeit auf; der erste Mediziner kam dann im Jahre 1388.

So hatte die Heidelberger Universität mit vier Fakultäten begonnen, in denen vier Lehrkräfte Studenten unterrichteten. Schon Ende des ersten Jahres verzeichneten die Matrikel über 570 eingeschriebene Namen, und die Zahl der Magister, die sich bis Ostern auf 16 erhöht hatte, erfuhr durch die Zuwanderung von 24 Magistern und Bakkalaren aus Prag, wo Streitigkeiten zwischen Böhmen und Nichtböhmen ausgebrochen waren, einen weiteren Zuwachs.

600 Jahre später hat die Universität Heidelberg fast 30.000 Studenten und 10.000 Universitätsmitglieder, davon etwa 700 Professoren. Die Vermehrung und Differenzierung des Wissens besonders seit der Mitte des 19. Jahrhunderts hat neue Fachgebiete und wissenschaftliche Schwerpunkte entstehen lassen und den Bedarf an Lehrkräften, Räumlichkeiten und finanziellen Ressourcen ständig erhöht.

Aus den ursprünglich vier Fakultäten sind seither achtzehn geworden. Während an der spätmittelalterlichen Universität alles Wissbare und Wissenswerte noch im Kanon der sieben ‚artes liberales' zusammengefaßt werden konnte – die allerdings auch schon eine Differenzierung zwischen den allgemeinbildenden Fächern des Triviums und den exakten Wissenschaften des Quadriviums aufwiesen –, ist heute die Gemeinschaft der Wissenschaften mit einer noch immer zunehmenden Spezialisierung des Wissens für viele zur Fiktion geworden. Das Privileg der höheren Bildung hat sich zu einem Recht für alle entwickelt, aus der Hohen Schule wurde die Massenuniversität, deren Kommunikationszusammenhänge nicht mehr selbstverständlich durch die soziale Homogenität von Schülern und Lehrern geprägt sind. Aus der Gemeinschaft von Wahrheitssuchenden, für Karl Jaspers noch die tragende Basis des universitären Zusammenhalts, ist eine hochorganisierte Gremienuniversität geworden. Mit dem besonders in der Medizin und in den Naturwissenschaften extrem gestiegenen finanziellen und institutionellen Aufwand haben sich aber auch die Staatsbefugnisse gegenüber der Universität zwangsläufig erweitert.

Die Bedeutung der Wissenschaft und der wissenschaftlichen Bildung für alle Bereiche von Gesellschaft und Staat ist seit dem letzten Jahrhundert kontinuierlich gestiegen. Sie wird angesichts der Herausforderungen durch neue Technologien und durch die Vielzahl von Problemen, deren Lösung wissenschaftliche Ansätze verlangt, in Zukunft sicher noch weiter wachsen.

Vor dem Hintergrund dieser Entwicklungen scheint die heutige Universität Heidelberg auf den ersten Blick nur noch wenig gemeinsam zu haben mit der universitas studii Heidelbergensis, deren Gründung durch den pfälzischen Kurfürsten Ruprecht I. betrieben und vom römischen Papst Urban VI. genehmigt worden war.

Gleichwohl hat sich die Heidelberger Universität seit ihrer Gründung in einem ständig wechselnden politischen und gesellschaftlichen Umfeld behaupten können und damit eine erstaunliche Lebensfähigkeit an den Tag gelegt. Wir wissen aus ihrer Geschichte, vor welche Schwierigkeiten sich die akademische Gemeinschaft immer wieder gestellt sah im Spannungsfeld zwischen den kurfürstlichen Landesherren, der kirchlichen Autorität, durch deren Pfründen sie lange finanziert wurde, und der Stadt. Die Universität hat sich ihre zähe Lebenskraft dabei ganz sicher auch durch die dynamische Spannung zwischen konservativem Bewahren und ständigem Fortschreiten im Wissen erhalten, eine Spannung, die im Zusammenwirken von Lehrenden und Lernenden entstehen konnte.

Es lohnt sich, den Bedingungen dieser Überlebensfähigkeit über die Jahrhunderte hinweg nachzugehen und daraus gewisse Schlüsse zu ziehen. Die Fragen, wie die Universität Heidelberg – stellvertretend für viele andere europäische Universitäten – seither ihren Weg zwischen Tradition und Fortschritt genommen hat, was sie sich bewahrt und wie sie sich verändert hat, wie ihr Weg in die Zukunft gestaltet werden kann, werden daher im Mittelpunkt der folgenden Ausführungen stehen.

Die Gründung der Universität Heidelberg, vordergründig den politischen Machterwägungen Kurfürst Ruprechts I. von der Pfalz entsprungen, war zunächst – ähnlich wie andere obrigkeitsstaatliche Gründungen – Ausdruck dafür, daß nun Fürsten von der Bildung – als einer Möglichkeit zur Organisierung und Zentralisierung von Herrschaft – Gebrauch machten, ihr also eine Bedeutung für das Ansehen der Residenz zusprachen. Zugleich war die Gründung ein Ausdruck des zunehmenden Bedarfs des Hofes an Spezialisten für Diplomatie, Verwaltung, Rechtsprechung und Kirchenfragen, hinter dem die allgemein zunehmende Tendenz zur Verschriftlichung stand. Daß die Universität Heidelberg so bald nach ihrer Gründung eine relativ hohe Frequenz erreichte, rührt wohl daher, daß die neue Universität einem Bedürfnis entgegenkam, das sich nicht nur aus dem Bedarf an praktischer Ausbildung erklären läßt. Wie Arnold Esch in seiner Berner Rektoratsrede im Jahre 1985 hervorhob, war die untrennbare Verbindung des Drangs nach Wissen und Erkenntnis mit dem Verlangen nach praktischer Ausbildung schon früh „die Substanz, aus der Universität immer gemacht sein wird“ [1]. So war auch die Gründung der Universität Heidelberg ein weiteres Beispiel für die zunehmende Bedeutung von Erkenntnis und Wissen in der mittelalterlichen Welt.

Daß äußere Umstände wie Pest und Seuchen, Krieg und Verheerung die innere Kraft der Universität nicht zu brechen vermochten, möchte ich darauf zurückführen, daß die Universität einem allgemein menschlichen Grundbedürfnis nach Wissen und Erkenntnis entgegenkam und zugleich die neuen Bedürfnisse geistiger wie materieller Art, wie sie durch neue Formen des sozialen und politischen Zusammenlebens entstanden waren, in ihrer institutionellen und rechtlichen Form berücksichtigte. Dieser letztere Aspekt der mittelalterlichen Universität, ihre damals geprägte korporative Autonomie, wie auch das angesprochene Prinzip der Universalität des Wissens, konnten sich bis in unsere Zeit hinein erhalten.

Mit der Universität Heidelberg war nach Prag, Krakau und Wien also eine weitere akademische Korporation im nördlichen Mitteleuropa ins Leben getreten, und dies in einer Zeit des Umbruchs, in der das Mittelalter und seine Partikulargewalten – Kirche und Kaisertum – zunehmend an Autorität verloren. Es waren nun Könige, Fürsten und Städte, die Universitätsgründungen initiierten. Dem Pariser Modell nachgestaltet, wurde hier ein weiterer genossenschaftlicher Zusammenschluß von Lehrenden und Lernenden zur Wahrung der ihnen übertragenen Rechte und Privilegien gebildet, die es fortan gegen weltliche und kirchliche Ansprüche zu verteidigen galt. Zusammen mit den anderen europäischen Korporationen trug nun auch die Heidelberger Universität dazu bei, daß mit der Zeit eine neue, relativ autonome soziale Schicht entstand, die sich geistiger Arbeit verschrieb und Bildung und Privilegien erwarb, welche in Deutschland bis dahin den Geistlichen vorbehalten waren. Die Existenz relativ selbstverwalteter akademischer Institutionen, die sich weitgehend selbst rekrutieren konnten, war dabei eine der Grundbedingungen dieses sozialen Prozesses.

Über sechs Jahrhunderte hinweg bestimmte das politische Zeitgeschehen die Geschicke der Universität Heidelberg. Bis zur Auflösung der Pfalz und deren Übergang an das Großherzogtum Baden teilte die Universität fast immer das Schicksal des kurpfälzischen Umlandes. Pestepidemien, Kriege und religiöse Richtungskämpfe, aber auch Konkurrenzgründungen von Universitäten, gingen der Universität in den ersten Jahrhunderten ihres Bestehens immer wieder fast an die geistige und materielle Substanz.

Natürlich war die Gründung der Heidelberger Universität vor 600 Jahren nicht einfach gleichzusetzen mit dem Beginn freier Forschung und Lehre, denn über Jahrhunderte hinweg verdankte sie ihre Existenz der Förderung durch die Kurfürsten und war daher zu starker Loyalität gegenüber dem Hof verpflichtet. Für ihre enge Verbindung mit dem Hof mußte die Universität daher einen hohen Preis bezahlen: so war sie stets von den politischen und religiös-konfessionellen Entscheidungen der Kurfürsten abhängig und teilte in der Folge deren politisches Schicksal. Wie die gesamte Kurpfalz hatte sie unter den beiden großen Kriegen des 17. Jahrhunderts, dem Dreißigjährigen Krieg und dem Pfälzischen Erbfolgekrieg, besonders zu leiden. Andererseits leitete die reformatorische Bewegung eine Entwicklung der Heidelberger Universität zu einem weltoffenen Zentrum calvinistischer Wissenschaft in der zweiten Hälfte des 16. Jahrhunderts ein. Diese Entwicklung zur calvinistischen Universität, an der sich berühmte Gelehrte wie Ursinus, Erastus, Gothofredus und Gruterus versammelten, und die Studenten aus dem gesamten calvinistischen Europa anzog, erhielt dabei ihre größten Impulse durch die international-konfessionellen Interessen der reformierten

Kurfürsten Ottheinrich und Friedrich III. sowie ihrer Nachfolger. Eike Wolgast hat zudem darauf hingewiesen, daß es nicht die Universität war, die sich gegen Ende des 15. Jahrhunderts zuerst dem Humanismus öffnete, sondern der kurfürstliche Hof unter dem Kurfürsten Philipp und seinem Kanzler Johann von Dalberg [2].

Die zunehmend wissenschaftsferne Haltung des Hofes, die 1720 mit dem Umzug des Landesherrn Karl Philipp nach Mannheim ihren extremen Ausdruck fand, trug dagegen, zusammen mit den Auswirkungen einer verspäteten, aber mit Vehemenz durchgesetzten Gegenreformation, dazu bei, daß die Heidelberger Universität im 18. Jahrhundert über eine intellektuelle Mittelmäßigkeit [3] nicht hinauskam. Das Desinteresse der Kurfürsten an ihrer Universität hatte sie gegen Ende jenes Jahrhunderts fast dem finanziellen Ruin ausgeliefert, mit dem ein geistiger Niedergang einherging.

Im 19. Jahrhundert erlebte die Heidelberger Universität ihre zweite Blütezeit, die sie wiederum der Förderung eines Landesfürsten zu verdanken hatte. Nach der Auflösung der alten Kurpfalz als Folge der Napoleonischen Kriege stellte Großherzog Karl Friedrich von Baden seine Universität durch neuerlassene Statuten im Jahre 1803 auf ein solides finanzielles Fundament und gab ihr den Status einer badischen Landesuniversität. Neben den Geisteswissenschaften, repräsentiert durch Namen wie Creuzer, Voß und Hegel, Paulus, Daub und Mittermaier, sowie Häusser, Gervinus, Schlosser und von Treitschke, oder Vangerow, Mohl, Bluntschli und Bekker, trugen vor allem die Naturwissenschaftler zur Bedeutung Heidelbergs bei. Nach der Begründung der modernen Chemie durch Gmelin bildete das Triumvirat Bunsen, Kirchhoff und von Helmholtz, zu Zeiten erweitert um den Mathematiker Königsberger, ein wissenschaftlich außerordentlich fruchtbares Gespann. Kirchhoff und Bunsen entdeckten gemeinsam die Spektralanalyse, von Helmholtz erarbeitete seine Studien zur Akustik und zur physiologischen Optik, und im Zusammenwirken des Physikers Quincke mit dem Astronomen Max Wolf wurden die Grundlagen einer modernen Astronomie gelegt. Zu Ende des 19. Jahrhunderts waren schließlich alle Fakultäten, vor allem aber auch die Medizin, hervorragend besetzt. Als Beispiele für herausragende Gelehrte jener Zeit seien Richard Rothe und Ernst Troeltsch, Ferdinand Kehrer und Vinzenz Czerny, Kuno Fischer und Karl Knies stellvertretend genannt. Nach dem politisch-geistigen Einschnitt durch den Ersten Weltkrieg kennzeichnete die Universität ihr freiheitlich-liberales Klima. Schon um die Jahrhundertwende hatten sich Gesprächskreise um Max und Marianne Weber, um den Kunsthistoriker Henry Thode, um Friedrich Gundolf und Stefan George gebildet, wenig später um Ludolf von Krehl, Victor von Weizsäcker und Karl Jaspers, Kreise, in denen ein reger geistiger Austausch von hohem, z. T. allerdings etwas elitärem Niveau, gepflegt wurde. Auch Frauen waren nun an der Universität Heidelberg immatrikuliert, nachdem ihnen Baden als erster deutscher Staat 1900 die Hochschulzulassung ermöglichte und schon 1895 die erste Frau, Katharina Windscheid, in der Philosophischen Fakultät promoviert worden war.

Aus diesen geschichtlichen Betrachtungen zum Verhältnis zwischen der wissenschaftlichen Bedeutung der Universität Heidelberg und dem politischen Klima lassen sich meiner Meinung nach folgende Erkenntnisse ableiten: Blütezeiten der Universität fielen stets mit Perioden zusammen, in denen ein wissenschaftsfreundliches und politisch gemäßigtes Klima persönlichen und politischen Freiraum gewährte und in denen staatliche Einflußnahme und Reglementierung minimal waren. Zu den grundlegenden Bedingungen für die Überlebensfähigkeit einer Universität gehörten also neben der notwendigen engagierten Förderung durch den Staat und einem gesicherten finanziellen Rahmen die Autonomie für Forschung und Lehre sowie die Freiheit zur Entwicklung einer Eigendynamik. Die Geschichte der Heidelberger Universität zeigt auch, daß wissenschaftliche Blütezeiten mit einer internationalen Anziehungskraft der Universität einhergehen und daß daher der beste Garant für die internationale Bedeutung einer Hochschule deren hohes wissenschaftliches Niveau ist.

Dagegen führten mangelnde finanzielle Ressourcen wie auch politische und konfessionelle Gängelungen immer zum Niedergang der Universität, was z.B. durch das 18. Jahrhundert hervorragend belegt werden kann. In einem Klima der Unfreiheit, des ideologischen Drucks und des menschenverachtenden Terrors, wie es für die Zeit des Nationalsozialismus charakteristisch war, konnten nur vereinzelte, herausragende wissenschaftliche Leistungen hervorgebracht werden. Ideologischer Eifer verträgt sich nicht mit wissenschaftlicher Methodik, die das Erkennen objektiver Gesetzmäßigkeiten zum Ziel hat. Eine Wissenschaft, die sich primär einer nationalistischen Ideologie verpflichtet weiß, fällt zwangsläufig im internationalen Vergleich schnell zurück, wie das Beispiel der nationalsozialistischen Universität Heidelberg zwischen 1933 und 1945 belegt.

Vom politischen Engagement vieler Heidelberger Professoren für die Weimarer Republik, das der Universität in den 20er Jahren den Ruf einer „Musteruniversität" der Republik [4] eingetragen hatte, war unter der Diktatur nur noch wenig zu spüren. Die den neuen Machthabern rassisch oder politisch Mißliebigen mußten – besonders unter dem Druck einer radikalen Studentenschaft – die Universität verlassen. Die Säuberungen, die mehr als ein Drittel der Lehrstuhlinhaber und Habilitierten trafen, stießen kaum auf Protest.

So verharrte die Universität in den zwölf Jahren der Diktatur, wie Jaspers es später ausdrückte, in „schuldvoller Passivität": Wenn sich auch keine große Zahl von Universitätsmitgliedern als nationalsozialistische Fanatiker hervortat, so stellte sich doch kaum jemand vor die Mitglieder der Universität, denen das Regime ihre menschlichen und politischen Rechte absprach. Die Fakultäten waren recht unterschiedlich von den Säuberungen betroffen, so daß für viele Professoren der wissenschaftliche Alltag weiterging. Keineswegs alle freien Lehrstühle wurden allerdings mit linientreuen Nationalsozialisten besetzt, und es gelang immer wieder, hervorragende Gelehrte ihres Fachs zu berufen, die dann nach 1945 zusammen mit jenen, die als Flüchtlinge hinzukamen, am Wiederaufbau der Universität mitwirkten.

Seit ihrer offiziellen Wiedereröffnung am 7. Januar 1946 hat die Heidelberger Universität wie alle anderen deutschen Universitäten eine Phase der Bildungsexpansion und der Entwicklung hin zur Massenuniversität durchlaufen, die eine wachsende Bedeutung der Lehre auf Kosten der Forschung mit sich brachte. Seit einigen Jahren wird dieser Tendenz durch verstärkte Forschungsförderung entgegengesteuert, deren Akzeptanz allerdings ein forschungsfreundliches Klima in Politik und Öffentlichkeit ebenso wie an den Universitäten selbst zur Voraussetzung hat. Gleichzeitig stellt sich angesichts der Entwicklung der Wissenschaften zu immer größerer Komplexität und Spezialisierung die Frage, wie wissenschaftliche Erkenntnisse jenen, die sie anwenden und nutzen, vermittelt werden können. Dies betrifft nicht nur die Problematik der Ausbildung und das speziellere Thema des Technologietransfers, sondern auch die Frage der Akzeptanz von Wissenschaft in der Öffentlichkeit überhaupt. Es besteht kein Zweifel, daß heute ein großer Teil der Bevölkerung kritisch, oder zumindest skeptisch gegenüber der Wissenschaft eingestellt ist. Dies als eine allgemeine Technik- oder Technologiefeindlichkeit zu bezeichnen, hielte ich allerdings für übertrieben. Vielmehr stehen viele Menschen einer hochtechnologischen Entwicklung zu Recht mißtrauisch gegenüber, in deren komplexe Zusammenhänge sie keinen Einblick mehr haben, deren Folgen für ihren beruflichen oder privaten Alltag jedoch größte Veränderungen bringen können. Hier haben Wissenschaftler ebenso wie Politiker eine Bringschuld gegenüber der Öffentlichkeit. Fragen nach der Ethik der Wissenschaften müssen gestellt werden ebenso wie die nach dem Anspruch und der Bedeutung der Geisteswissenschaften in einer immer technischer werdenden Welt, alles Fragen, auf die es keine verlässlichen, eindeutigen Antworten gibt. Trotz unbeantworteter Fragen – vielleicht sogar ihretwegen – müssen Strategien für die Universität der nächsten fünfzehn bis zwanzig Jahre entwickelt werden.

Wir müssen uns also unter Berücksichtigung der oben aus der Geschichte der Universität entwickelten Grundprinzipien fragen, wohin die Universität der Zukunft geht. Alle diese Überlegungen setzen natürlich voraus, daß sich die gegebenen Randbedingungen, d.h. stagnierendes Sozialprodukt, wachsende Bedeutung einer wissenschaftlichen Ausbildung, sinkende Studentenzahlen und erhebliche technologische Herausforderungen, nicht wesentlich verändern. Zudem muß die Zukunft der Geisteswissenschaften ganz besonders berücksichtigt werden – nahezu die Hälfte aller Studenten in Heidelberg studiert im geisteswissenschaftlichen Bereich.

Es ist gegenwärtig sicher unbestreitbar, daß die klassische Ausbildung für das Lehramt auf längere Zeit ihre bisherige große Bedeutung verliert, was vor allem für die Philologien Folgen haben wird. Die Hauptzielrichtung der klassischen Fächer der Lehrerbildung wird sich vom Ausbildungsziel des Lehramts wegbewegen, weshalb der Forschung in diesen Fächern wieder ein größerer Stellenwert eingeräumt werden müsste. Denn die in der Forschung und der wissenschaftlichen Methodik geschulten Geisteswissenschaftler, zumal wenn sie zusätzlich noch moderne Arbeitsmethoden kennengelernt und Auslandserfahrung gesammelt haben, werden in ein wesentlich breiteres Berufsfeld als das des Lehrers vermittelt werden können. Vor allem im Bereich der sogenannten Kulturarbeit wie auch im Medienbereich läßt sich schon jetzt ein breites Spektrum neuer Spezialisierungen und Berufsbilder erkennen.

Spezialbereiche wie z.B. die Gerontologie werden an Bedeutung erheblich zunehmen. Dasselbe gilt für die Asienwissenschaften, bei denen in Deutschland in Zukunft ein größerer Wert auf die kulturwissenschaftliche Komponente gelegt werden sollte.

Der Fremdsprachenerwerb wird auch in den nicht-philologischen Fächern zunehmend über die Qualifikation der Hochschulabsolventen für Tätigkeitsfelder in Bereichen außerhalb der Hochschule entscheiden. Im Zeichen der wachsenden Internationalität in den Rechts- und Wirtschaftswissenschaften werden künftige Juristen, Betriebs- und Volkswirte wesentlich mehr Fremdsprachenkenntnisse benötigen als frühere Generationen. Die Kombination von Recht und Technik eröffnet immer neue Berufsfelder. Erfahrungen und Kenntnisse im Umgang mit modernen Methoden der Daten- und Informationsverarbeitung sowie mit neuen Kommunikationstechniken bekommen zunehmendes Gewicht für die geisteswissenschaftliche Forschung und Lehre, wie dies in der Linguistik bereits der Fall ist, und werden die Chancen von Hochschulabgängern, eine ihrer Ausbildung entsprechende Stelle zu erhalten, erheblich erhöhen.

Mit Problemen wie der Umwelt- und Ressourcenschonung, der Energiepolitik und der Welternährung stellen sich der Wissenschaft wahrhaft interdisziplinäre Probleme, die von den einander sonst fremden Einzelfakultäten eine neue Art der Kooperation einfordern.

In allen naturwissenschaftlichen Disziplinen setzt sich der Trend zu immer detaillierteren Fragestellungen und immer komplexeren Untersuchungsverfahren weiter fort, begleitet von einem riesigen Datenberg, den es zu verarbeiten gilt. In Heidelberg wird daher mit einer Interdisziplinären Projektgruppe für Wissenschaftliches Rechnen die Grundlage für die professionelle und effiziente Lösung komplizierter numerischer Probleme geschaffen, wobei auch die Einbindung in internationale Datennetze eine Rolle spielt. In den Bereichen der Physik und Chemie, vor allem aber in der Biologie, werden neue Kooperationsformen zwischen Universität und Industrie entwickelt, die natürlich keinen Einfluß auf die freie Entscheidung über Forschungsgegenstände und die Verwendung von Ergebnissen ausüben dürfen.

In der Medizin bilden die Erforschung, Behandlung und Therapie von Krebserkrankungen sowie von Herz- und Kreislaufkrankheiten Schwerpunkte der gegenwärtigen und zukünftigen wissenschaftlichen Arbeit. Bedeutende Fortschritte werden in diesem Zusammenhang von der Zusammenarbeit mit den Molekularbiologen erwartet. Wesentliche Beiträge zur Lösung dieser Fragen werden jedoch aus Universitäten nur kommen können, wenn neben der klinischen Arbeit genug Freiraum für die Forschung vorhanden ist.

Die Internationalität der Wissenschaft sollte durch einen noch verstärkten Austausch mit Wissenschaftlern aus anderen Ländern gefördert werden. Die Zahl der Studenten muß unter Beibehaltung der Zahl der Lehrkräfte gesenkt werden, um den Studenten durch den intensiveren Kontakt mit ihren Lehrern den Zugang zur Forschung und zu den Grundlagen wissenschaftlichen Denkens zu erleichtern. Zur Forschung kann man nur durch exemplarisches Lernen angeregt werden. Lehrer-Schüler Kontakte sind daher die beste Methode einer wissenschaftlichen Ausbildung.

Lassen Sie mich am Schluß einige Thesen zur zukünftigen Hochschulpolitik formulieren, die als eine Zusammenfsssung jener Erkenntnisse verstanden werden können, die wir im Blick auf sechs Jahrhunderte Universitätsgeschichte erworben haben:

– Die Forschung muß an der Universität wieder die dominierende Rolle einnehmen. Universitäten sind nach wie vor die wichtigsten Stätten der Grundlagenforschung. Der Gesichtspunkt der guten Forschung sollte die Auswahl des Lehrkörpers bestimmen. Bildung durch Teilhabe an der Forschung ist unverzichtbar für eine wissenschaftliche Ausbildung, in der vor allem erlernt werden muß, wie Probleme mit unbekannter Lösung einer wissenschaftlichen Bearbeitung zugänglich gemacht werden können. Diese Kenntnisse sind notwendig, um die Gesellschaft in allen Bereichen zu gestalten.

– Die Lehre an den Universitäten muß durch intensiven Kontakt zwischen Lehrenden und Lernenden verbessert werden. Das hat einen Rückgang der Studentenzahlen zur Voraussetzung, bei Erhaltung der Kapazität des Lehrkörpers. Auch die Lehrmethoden müssen überprüft werden. Effiziente Lehre setzt ein ausreichendes Maß an verbindlichen Vorkenntnissen bei den Studenten voraus. Das bedeutet, daß das Schulsystem von einzelnen Leistungsspitzen weggeführt werden muß, wieder hin zu einer breiten Grundbildung. Das 13. Schuljahr sollte abgeschafft werden, damit die Studenten jünger als bisher ihre Ausbildung beginnen und auch beenden können.

– Der wissenschaftliche Nachwuchs an den Hochschulen muß nachhaltig gefördert werden. Das bedeutet nicht nur, daß genügend Stellen dafür zur Verfügung gestellt werden müssen, sondern auch, daß diese Stellen attraktiv in Bezug auf ihre Ausstattung sind. Vom Prinzip der Zeitverträge bis zur endgültigen Berufung auf eine Lebenszeit-Stelle sollte allerdings nicht abgewichen werden. Es scheint wichtig, auch für einen gesunden Altersaufbau beim wissenschaftlichen Nachwuchs Sorge zu tragen. Das vom Land Baden-Württemberg in vorbildlicher Weise unterstützte Nachwuchsförderungsprogramm sollte weite Verbreitung finden.

– Mit der rückläufigen Zahl der Studenten sollte wieder die freie Wahl des Studienorts garantiert werden. Der Wechsel von einer Universität zur anderen und das Auslandsstudium sollten nachhaltig gefördert werden. Geistige Unabhängigkeit – eine der Grundbedingungen für innovative Leistungen – setzt auch Vertrautheit mit neuen Lebensräumen voraus.

– Ein schärferer Wettbewerb unter den Universitäten ist wünschenswert. Eine Differenzierung der Qualität der Universitäten in Forschung und Lehre muß nicht negativ sein. Vor allem sollte dieser Wettbewerb nicht durch staatliche Regulative verhindert werden. Ein freieres Berufungssystem ohne Festsetzung von Quoten für besser bezahlte Stellen und die freie Wahl des Studienortes für die Studenten sind wichtige Instrumente in diesem universitären Wettbewerb.

Der Abbau von Überkapazitäten an den Universitäten darf nicht gleichmäßig für alle Hochschulen eines Landes erfolgen, sondern muß gegebenenfalls zur gezielten Schließung von ganzen Universitäten führen, wobei auch an eine Rückführung einzelner Hochschulen auf den Status von Fachhochschulen gedacht werden kann.

– Die Autonomie der Universitäten in bezug auf die Auswahl ihres Lehrkörpers, die Aufnahme und Abschaffung von Studienrichtungen und die Gestaltung ihres Finanzrahmens sollte innerhalb der vom Staat gezogenen Grenzen soweit wie möglich realisiert werden. Hierzu gehören ein größerer Freiraum in der Haushaltsführung unter einem Globalhaushalt, ebenso wie eine größere Verläßlichkeit der Gesetze. Dann werden die Universitäten auch im nächsten Jahrtausend jene Aufgabe erfüllen können, die ihnen von Staat und Gesellschaft zugewiesen wurde: Neues zu entwickeln, neue Erkenntnisse zu gewinnen und die Wahrheit zu finden.

Literatur

1. Esch A (1985) Die Anfänge der Universität im Mittelalter. Berner Rektoratsreden, S. 13
2. Vgl., Wolgast E (1986) Die Universität Heidelberg 1386-1986. Springer, Berlin Heidelberg New York, S. 21
3. Vgl., Wolgast, op.cit., S. 65
4. Berliner „Welt am Morgen" 1926, zit. nach Wolgast, S. 127

Tonbach – Ein Symbol für die Forschungspolitik des Landes Baden-Württemberg

Horst Sund

Zusammenfassung

Die Entwicklung der baden-württembergischen Universitäten in den achtziger Jahren ist gekennzeichnet mit dem Begriff Tonbach. Tonbach I, II und III erbrachten wichtige Weichenstellungen und Tonbach IV ist bereits ins Auge gefaßt. Der Aufsatz beschreibt im einzelnen die Ergebnisse der drei bisherigen Tonbach-Treffen und die sich daraus ableitenden Zukunftsperspektiven.

1. Einleitung

Die Entwicklung der baden-württembergischen Universitäten in den achtziger Jahren ist gekennzeichnet mit dem Begriff Tonbach. Tonbach I, II und III erbrachten wichtige Weichenstellungen und Tonbach IV ist bereits ins Auge gefaßt.

Was bedeutet Tonbach? In Verfolgung einer zukunftsorientierten Politik – nach außen hin dokumentiert durch Regierungserklärungen [1,2], durch die Kongresse der Landesregierung zu den *Zukunftschancen eines Bundeslandes*[3] sowie durch sein im Oktober 1985 publiziertes Buch *Wende in die Zukunft* [4] – hat Ministerpräsident Lothar Späth auch die Forschungspolitik aktiv mitgestaltet. Kennzeichnend dafür ist ein permanenter Dialog zwischen der Landesregierung und den Rektoren bzw. Präsidenten der baden-württembergischen Universitäten. Besonders wegweisend dafür ist der Gedankenaustausch auf den Klausurtagungen in Tonbach geworden, einem kleinen Ort im Schwarzwald in der Nähe von Alpirsbach.

In diesen Klausurtagungen ging es nicht darum, Tagesprobleme des Haushalts oder der Ressourcenerhöhung zu diskutieren, vielmehr sollten generelle Entwicklungslinien besprochen und Lösungsmöglichkeiten für Zukunftsprobleme erörtert werden. Schwerpunkte dieser Diskussionen waren Finanzierung der Forschung, Chancen des wissenschaftlichen Nachwuchses, Fächerkonzentration und Perspektiven der Forschungslandschaft Baden-Württembergs bis zur Jahrtausendwende.

2. Tonbach I

Nach vorausgegangenen kleineren Diskussionsrunden lud Ministerpräsident Lothar Späth zusammen mit dem Wissenschaftsminister Helmut Engler und Staatssekretär Norbert Schneider die Landesrektorenkonferenz zu einem ersten Tonbacher

Gespräch am 24. und 25. Juni 1983 ein. Im Mittelpunkt der Diskussion standen die Personalausstattung der Universitäten, die Bildung von Forschungsschwerpunkten und die Fächerkonzentration.

Ein erstes bedeutsames Gesprächsergebnis war die Bestandsgarantie für die Universitäten im personellen Bereich. Angesichts der Tatsache, daß die Hochschulen in der Bundesrepublik Deutschland mit 1,27 Millionen Studierenden eine Überlast von etwa 60 % zu verkraften haben, wurde vereinbart und durch die Landesregierung am 4. Juli 1981 beschlossen: „Für den Zeitraum von 1985 bis 1990 werden die einzelnen Universitäten von weiteren Personalstelleneinsparungen freigestellt."

Der zweite wesentliche Besprechungspunkt betraf die Spitzenforschung und die Forschungsschwerpunkte im Lande Baden-Württemberg. In der Erkenntnis, daß Forschungsförderung und moderne Wirtschaftsstrukturen voneinander nicht zu trennen sind, Forschung Innovationen schafft, Innovationen zu Investitionen führen und ohne Investitionen eine dauerhafte Arbeitsplatzsicherung nicht möglich ist, hat die Landesregierung forschungspolitische Leitlinien formuliert [1]. In seiner Regierungserklärung vom 19. Juli 1984 erklärte Ministerpräsident Späth: „Wir sehen in den Hochschulen und wissenschaftlichen Einrichtungen unseres Landes wichtige Zukunftsgaranten." [1]

Um diese Garantie einzulösen, ist verstärkt darauf hinzuwirken,die Grundausstattungen der Universitäten zu verbessern, um damit ihre Eigeninitiative zur Einrichtung von Forschungsschwerpunkten zu unterstützen. Das ist erforderlich, weil erst nach Vorhandensein einer ausreichenden Grundausstattung ein Sonderforschungsbereich bei der Deutschen Forschungsgemeinschaft mit Aussicht auf Erfolg beantragt werden kann. Zu dieser Grundausstattung gehören eine den Forschungsschwerpunkt abrundende Anzahl von Stellen für Professoren und Mitarbeiter sowie von Großgeräten.

Um die Zahl der Forschungsschwerpunkte und damit die Spitzenforschung in Baden-Württemberg auszubauen, wurden deshalb Grundsätze für eine *Forschungszusatzausstattung* abgesprochen und von der Landesregierung am 4. Juli 1983 beschlossen: „Ab Haushalt 1985 sollen für die Forschungszusatzausstattung der Universitäten weitere Mittel in der Größenordnung von 30 Millionen DM jährlich zur Verfügung gestellt werden."

Über die Verteilung dieser Mittel entscheidet unter Federführung des Ministeriums für Wissenschaft und Kunst eine Arbeitsgruppe, die auf Vorschlag der Universitäten mit hochqualifizierten Wissenschaftlern der Landesuniversitäten besetzt wurde. Die erste Aufgabe dieser Arbeitsgruppe bestand darin, allgemeine Kriterien für die Gewährung einer Forschungszusatzausstattung zu entwickeln, ehe die Verteilung diskutiert werden konnte. Die Arbeitsgruppe hat bisher – und so wird es voraussichtlich auch in Zukunft bleiben – durch ihre sachverständige Arbeit zur Zufriedenheit aller gearbeitet und dadurch wesentlich mit dazu beigetragen, die allgemeine Forschungssituation zu verbessern und die Forschung an baden-württembergischen Universitäten zu intensivieren.

Dieses Programm bot und bietet nach wie vor einen großen Anreiz und durch seine motivierende Wirkung konnte man sogar eine gewisse Aufbruchstimmung verspüren.

Wenn der Förderung der Schwerpunktsforschung eine so große Aufmerksamkeit geschenkt wird, könnte der Eindruck entstehen, es käme auf die „Einzelforschung" nicht besonders an. Es soll deshalb betont werden, daß neben der Bildung und Förderung von Forschungsschwerpunkten aber auch der Tatsache Rechnung zu tragen ist, daß ein großer Teil der Forschung nach wie vor auf der Arbeit einzelner Wissenschaftlerinnen oder Wissenschaftler beruht, die nicht auf eine institutionalisierte Kooperation angewiesen sind oder sein wollen. Die Aufgabe der Universität ist es daher, dafür zu sorgen, auch diesem Kreis von Wissenschaftlern ebenso wie den Schwerpunkten die notwendige Unterstützung zuteil werden zu lassen, da ihrer Arbeit der gleiche Rang zukommt; das gilt insbesondere für die geisteswissenschaftlichen Fächer.

Der dritte Gesprächspunkt befaßte sich mit der Fächerkonzentration. Hier sollte, auch nach Absprache unter den Universitäten, versucht werden, wenig ausgebaute Fächer zu Gunsten von Schwerpunkten und gut ausgebauten Bereichen aufzugeben, gleichzeitig aber dafür Sorge zu tragen, daß, bezogen auf alle neun Landesuniversitäten, die Fächervielfalt erhalten bleibt. Ein entsprechendes Konzept sollte von den Universitäten ausgearbeitet werden.

3. Tonbach II

In der zweiten Tonbacher Gesprächsrunde am 27. und 28. Oktober 1984 standen Fragen der langfristigen Entwicklung der Universitäten sowie die Förderung des wissenschaftlichen Nachwuchses im Mittelpunkt der Diskussion.

In den sechziger und siebziger Jahren hatte die starke Nachfrage nach Studienplätzen einen raschen Ausbau der Hochschulen notwendig gemacht. Die Folge davon war die Berufung zahlreicher – junger – Professorinnen und Professoren mit der Konsequenz, daß in den achtziger und neunziger Jahren an den Universitäten weitaus weniger Professorenstellen zur Besetzung frei wurden oder werden als dies in früheren Jahren der Fall war. Der Ersatzbedarf, der normalerweise 4 % beträgt, liegt heute in manchen Fächern sogar noch unter 1 %. Angesichts dieser Tatsache verlieren selbst fähige Nachwuchswissenschaftler das Interesse an einer Tätigkeit an der Hochschule oder einer Forschungseinrichtung und bauen sich deshalb eine berufliche Existenz außerhalb der Hochschulen auf. Um dieser Abwanderung entgegenzuwirken und Spitzenforscher an baden-württembergischen Universitäten zu halten, wurde vereinbart, neue Professorenstellen einzurichten, um diese ungünstige Altersstruktur auszugleichen. Erst wenn der Ersatzbedarf sich in den Jahren nach 1990 wieder günstiger entwickelt bzw. normalisiert, ist eine entsprechende Rückführung der jetzt zusätzlich zur Verfügung gestellten Stellen in Aussicht genommen.

Die Landesregierung hat deshalb beschlossen, für die Jahre 1985 bis 1989 jeweils 40 neue Professorenstellen, insgesamt also 200, in den Haushalt aufnehmen zu lassen. Dieses Vorhaben entspricht dem von den Präsidenten der deutschen Wissenschaftsorganisationen am 16. Oktober 1984 verabschiedeten *Memorandum zur Sicherung der Leistungsfähigkeit der Hochschulforschung und Förderung des wissenschaftlichen Nachwuchses*, in dem in Anlehnung an den *Fiebiger-Plan* die Länder aufgefordert werden, zum Ausgleich der verzerrten Altersstruktur bis zum Ende der achtziger Jahre jährlich mindestens 200 neue Professorenstellen zu schaffen.

Zur Realisierung dieses Vorhabens wurde im Anschluß an das zweite Tonbacher Gespräch eine von den zuständigen Ministerien und Vertretern der Universitäten gebildete Arbeitsgruppe eingesetzt, um konkrete Vorschläge auszuarbeiten. Inzwischen hat der Landtag diese *Fiebiger-Professuren* in den Haushalt aufgenommen und die ersten Besetzungen sind bereits erfolgt. Neben Baden-Württemberg haben lediglich die Bundesländer Bayern und Berlin entsprechende Programme aufgelegt. Es ist bedauerlich, daß die anderen Bundesländer sich nicht zu vergleichbaren Lösungen entschließen konnten, denn bei der Berufung der Fiebiger-Professoren wird verfahren wie bei allen anderen Berufungen mit der einzigen Ausnahme: da es sich um ein Programm für Nachwuchswissenschaftler handelt, dürfen die zu Berufenden das 45. Lebensjahr nicht überschritten haben.

Da natürlich auch aus anderen Bundesländern Berufungen an baden-württembergische Universitäten erfolgen können, kommt das Programm Baden-Württembergs auch anderen Bundesländern zugute, ohne daß die wünschenswerte Gegenseitigkeit gewährleistet ist.

Weiterhin wurde vereinbart, zur Stärkung der Forschung der baden-württembergischen Universitäten beim Ministerium für Wissenschaft und Kunst einen zentralen Pool für Stellen und Personalmittel zu schaffen. In ihn sollten unter anderem diejenigen Personalstellen eingebracht werden, die auf Grund der Sparmaßnahmen des Nachtrages zum Haushalt 1977 künftig wegfallen sollten, sobald deren Stelleninhaber aus dem Dienst ausgeschieden sind. Aus diesem Pool wird das Wissenschaftministerium dann Stellen oder Personalmittel zur Verfügung stellen, um bestehende Forschungsschwerpunkte auszubauen bzw. neue, für die strukturelle Entwicklung bedeutsame Schwerpunkte zu fördern. So entsteht für die Universitäten ein Anreiz, den Ausbau bestehender und die Schaffung neuer Forschungsschwerpunkte auch durch universitätsinterne Umschichtungen voranzutreiben, da zur Bedingung gemacht wurde, Stellen oder Mittel in der Regel nur dann zur Verfügung zu stellen, wenn die jeweilige Universität einen eigenen gewichtigen Beitrag durch Umschichtung zu leisten bereit ist. Es sei darauf hingewiesen, daß diese Maßnahme nicht als ein Mittel zum Abbau gegenwärtiger Überlastsituationen in den Universitäten zu verstehen ist.

Ein weiterer Beratungspunkt von Tonbach II war die bessere Ausstattung der Universitäten mit Arbeitsplatzrechnern. In dieser Frage wurde das Ministerium für Wissenschaft und Kunst gebeten, ein mehrjähriges Beschaffungsprogramm für Arbeitsplatzrechner auszuarbeiten, um die Forschung zu unterstützen und auch den Studenten die Möglichkeit zu geben, im praktischen Umgang Erfahrungen zu sammeln. Hierzu äußerte Ministerpräsident Späth in seiner Presseerklärung vom 29. Oktober 1984 die Erwartung, daß die Bundesregierung das von ihr angekündigte Programm für die Beschaffung von Arbeitsplatzrechnern bald realisiert. Er stellte in Aussicht, daß die Landesregierung unverzüglich mit dem Bund Verhandlungen aufnehmen werde, um die angemessene Berücksichtigung Baden-Württembergs sicherzustellen. Der Bund konzipierte bald darauf ein sogenanntes Computer-Investitions-Programm („CIP"), das sich an einem Gesamtbetrag (Bund und Länder) von 250 Millionen DM für die Jahre 1985-1988 orientierte. Für 1985 wurde eine Probephase im Umfang von 40 Millionen DM geplant. Das Land beschloß in der ersten Jahreshälfte 1985, bis zum Jahre 1987 einen Betrag von 18 Millionen DM für die Beschaffung von Arbeitsplatzrechnern bereitzustellen.

Die in dem ersten Tonbacher Gespräch behandelte Fächerkonzentration war auch Gegenstand des zweiten Tonbacher Gespräches. Angesichts der Tatsache, daß den Universitäten im Augenblick wegen der durch hohe Studentenzahlen bedingten Mehrbelastung kaum Spielräume verbleiben, war ein Durchbruch, den man sich erwartet hatte, nicht möglich; man wollte deshalb dieses Konzept nicht weiter verfolgen. Es wurde aber angeregt, daß jede Universität auf der Basis von langfristigen strukturellen Entwicklungsplanungen, die jede für sich ausarbeiten könne, festlegen sollte, ob sie und gegebenenfalls welche Schwerpunkte sie für ihre eigene Entwicklung vorsehen wolle. Der Ministerpräsident äußerte, er sehe gute Möglichkeiten, Überlegungen zur Umstrukturierung auf freiwilliger Basis vorzunehmen, durch die die Universitäten ein differenzierteres Profil gewinnen könnten.

4. Tonbach III

Die zwei wesentlichsten Ergebnisse der dritten Tonbacher Klausurtagung, die am 28. und 29. November 1986 stattfand, waren

1. die Einsetzung einer Expertenkommission, die im Auftrag der Landesregierung bis 1988 eine Konzeption dafür erarbeiten soll, wie die Forschungslandschaft Baden-Württemberg bis zur Jahrtausendwende gestaltet und schwerpunktsmäßig weiterentwickelt werden kann und
2. die Einsetzung einer weiteren Arbeitsgruppe, die bis zur Mitte des Jahres 1987 ein erstes Konzept für eine umfangreiche Wissenschaftsdatenbank an den baden-württembergischen Universitäten vorlegen soll.

Die von der Landesregierung eingesetzte Expertenkommission, unter dem Arbeitstitel *Forschung Baden-Württemberg 2000*, wird ihre Arbeit im Herbst 1987 aufnehmen. Besonderer Wert wird auf die fachliche und personelle Unabhängigkeit des Gremiums gelegt, für dessen Besetzung die Universitäten bereits Vorschläge erarbeitet haben. Es ist wichtig zu betonen, daß die Mitglieder dieser Kommission nicht aus Baden-Württemberg stammen sollen. Hervorzuheben ist weiterhin, daß alle bisher Befragten spontan zugesagt haben mitzuarbeiten, weil sie eine solche Aufgabe als interessant und reizvoll ansehen.

Die Aufgabenbeschreibung für diese Kommission lautet: „Das für 1988 vorgesehene Schlußgutachten der Expertenkommission soll Auskunft darüber geben, wie die baden-württembergischen Universitäten ihre Struktur schwerpunktsmäßig den langfristigen Entwicklungen anpassen, dabei ihre Forschungsfelder international koordinieren und somit die für Baden-Württemberg insgesamt größtmögliche Effizienz erzielen können. Dazu werden die Universitäten jeweils eigene Vorstellungen und Konzepte erarbeiten, die dann insgesamt in die Kommissionsarbeit eingebracht werden.“ [5]

Zu dem zweiten Hauptgesprächsgegenstand ist zu sagen, daß es dem Anliegen des Ministerpräsidenten entspricht, eine Bestandsaufnahme und kritische Überprüfung des an den baden-württembergischen Universitäten vorhandenen, auf Computern gespeicherten Wissen- und Datenbestandes vorzunehmen. Zwar gibt es an einzelnen Hochschulen bereits sogenannte Fachinformationszentren, doch bleibt zweifelhaft, ob ein koordiniertes System von thematisch abgestimmten und miteinander verbundenen Wissenschaftsdatenbanken, wie es beispielsweise schon in USA verbreitet ist, bei uns zur Verfügung steht. Aufgabe der vorgesehenen Arbeitsgruppe, der Fachleute aus Universitäten und Spezialisten der Herstellerfirmen angehören sollen, ist es, Vorschläge für ein langfristiges Aufbaukonzept und voraussichtlich auch für ein konkretes Pilotprojekt an einer Universität des Landes zu erarbeiten.

Wichtig für die Universitäten war als Ergebnis von Tonbach III auch die grundsätzliche Zusage, das 1989 auslaufende Programm zur Unterstützung der Schwerpunktforschung fortzuführen. Die Rektoren und Präsidenten der baden-württembergischen Universitäten erklärten in der Sitzung einhellig, daß dieses zur Zeit mit 30 Millionen

DM pro Jahr ausgestattete Programm sich außerordentlich bewährt und die baden-württembergische Forschung insgesamt positiv beeinflußt habe.

Daß die Ergebnisse von Tonbach III eine besondere Aufmerksamkeit durch die Landespolitik erfahren haben, ist verständlich und läßt sich unter anderem an dem ausführlichen Presseecho [6] sowie an zwei unmittelbar auf das Gespräch folgende Landtagsanfragen [7,8] aufzeigen. Aus der Antwort des Wissenschaftsministers zu den beiden Anfragen geht hervor, daß die Empfehlungen der Kommission der Landesregierung Entscheidungshilfen für die künftige Forschungspolitik, für den Ausbau der Forschungsinfrastruktur und für die Bildung von Forschungsschwerpunkten in und zwischen den Universitäten sowie mit außeruniversitären Forschungseinrichtungen geben sollen. Deutlich wird dabei auch, daß Wissenschaft und Forschung zu den gewichtigsten Gestaltungsaufgaben einer vorausschauenden Politik gehören: „Dabei genügt es nicht, nur dic Tagesprobleme zu lösen. Es ist vielmehr notwendig, mittel- und längerfristige Strategien zu entwicklen, wie wirtschaftliches Wachstum, Konkurrenzfähigkeit und Arbeitsplätze gesichert und die mit dem naturwissenschaftlich-technischen Fortschritt einhergehenden Veränderungen unserer materiellen Lebensbedingungen gesellschaftlich und individuell verstanden und verarbeitet werden können. Den Universitäten kommt bei der Bewältigung dieser Aufgaben eine zentrale Bedeutung zu. Von den Ergebnissen der Grundlagenforschung hängt entscheidend die wissenschaftliche, technische, wirtschaftliche und gesellschaftliche Zukunft unseres Landes ab." [7]

Die Expertenkommission Forschung Baden-Württemberg 2000 soll vor allen Dingen die folgenden Fragen beantworten:

1. Welche mittel- und längerfristigen Trends zeichnen sich in Wissenschaft, Forschung und Technik ab?
2. Wie muß die Forschungslandschaft in Baden-Württemberg in den nächsten Jahren beschaffen sein, um den Herausforderungen der neunziger Jahre gewachsen zu sein?
3. Welche Konsequenzen haben diese Entwicklungen für die Universitäten des Landes?

Die Vorschläge der Kommission sollen den Universitäten kein festes „Korsett" verordnen, sondern ihnen Möglichkeiten für ihre strukturelle Weiterentwicklung aufzeigen.

Besprochen wurde in Tonbach III schließlich noch ein *Berufungspool*. Dieser soll dazu dienen, bei wichtigen Berufungen oder Bleibeverhandlungen zu gewährleisten, daß für die jeweilige Universität und für das Land wichtige Wissenschaftler gewonnen oder zum Bleiben bewegt werden können. Ein solcher Berufungspool ist die konsequente Weiterführung der bisher vom Land praktizierten Berufungspolitik.

5. Schlußbemerkung

Ministerpräsident Späth sieht seine Aufgabe auch darin, für die Entwicklung des Landes Baden-Württemberg in allen Bereichen intensive Auslandsbeziehungen anzuknüpfen und zu unterhalten. Ausdruck dafür sind seine zahlreichen Treffen, auf denen er internationale Kontakte herstellt, und es ist bemerkenswert, daß seinen Delegationen nicht nur Politiker und Wirtschaftler angehören, sondern auch stets Rektoren von Universitäten oder Fachhochschulen und weitere Wissenschaftler. Auf diese Weise können die zahlreichen internationalen Beziehungen der Hochschulen intensiviert und neue Beziehungen angebahnt werden. Es gibt wohl kein Bundesland, in dem Vergleichbares zu beobachten ist, die Hochschulen in diese Aktivitäten direkt mit einbezogen werden. Am deutlichsten äußert sich dieses wohl in den Beziehungen zur Volksrepublik China. Nicht nur, daß auf Anregung des Ministerpräsidenten die *Baden-Württembergische Gesellschaft zur Förderung der Wissenschaftlichen und Technischen Zusammenarbeit mit der Volksrepublik China e.V.* gegründet wurde, sondern auch, daß baden-württembergische Hochschulen nicht weniger als 14 Partnerschaften mit Wissenschaftseinrichtungen der Volksrepublik China abgeschlossen haben. Es sind dies:

Universität Heidelberg:
- Erste Fremdsprachenhochschule Peking
- Fremdsprachenhochschule Schanghai
- Nankai-Universität Tianjin
- Medizinische Hochschule Wuhan

Universität Hohenheim:
- Landwirtschaftliche Hochschule Peking

Universität Karlsruhe:
- Technische Hochschule Kumming
- Institute of Technology Peking

Universität Konstanz:
- Fudan-Universität Schanghai
- Jiao Tong-Universität Schanghai

Fachhochschule Konstanz:
- Fachhochschule Nanjing
- Jiao Tong-Universität Schanghai

Universität Stuttgart:
- Technische Hochschule Hefei
- Institut für Maschinenbau Schanghai

Fachhochschule für Druck und Papier Stuttgart:
- Technische Hochschule Xian.

Spezielle Programme des Landes Baden-Württemberg erlauben es den Hochschulen, die wissenschaftlichen Kontakte zu ausländischen Universitäten verstärkt zu unterhalten. Dies gilt nicht nur für die Beziehungen zur Volksrepublik China, sondern auch zum Beispiel für die Kooperation mit den Wissenschaftseinrichtungen der Region Rhone-Alpes und zum Verbund der Universitäten im Oberrheingebiet (Basel, Mülhausen, Freiburg, Straßburg und Karlsruhe).

Die zusammen mit den Universitäten des Landes erarbeiteten Leitlinien der Hochschul- und Forschungspolitik sind als Teil eines Programmes zu sehen, das die Zukunft des Bundeslandes BadenWürttemberg sichern soll [1-3,9] Leitlinie der Politik von Ministerpräsident Späth ist es, das Wohlergehen des Landes nicht dem Zufall zu überlassen. Die vier Zukunftskongresse der Landesregierung beschäftigten sich mit ökonomischen, technischen, bildungs- und gesellschaftspolitischen sowie umweltrelevanten Problemen und Entwicklungen. In diesen Kongressen wurde deutlich, daß die Verflechtung und Vernetzung der verschiedenen Einzelsysteme sehr komplex ist und daß nur ein mühsamer Prozeß des ständigen Forschens, Prüfens und Abwägens die Chance eröffnet, die vor uns liegenden Aufgaben zu bewältigen. Baden-Württemberg betreibt mit einem hohen Aufwand an Investitionen und mit einer von allen anderen Ressorts abweichenden Personalpolitik intensiv Hochschul- und Wissenschaftspolitik. Der Ministerpräsident sieht die Entwicklung der Universitäten „sehr optimistisch unter der Voraussetzung, daß wir den Mut haben, der Universität zwei Dinge zu geben: Geld und Freiheit. Und ich wiederhole das: Nicht nur Freiheit, sondern auch Geld. Ich bin auch der Meinung, daß wir eine unglaubliche Chance haben mit dem Zurückgehen der Studentenzahlen." [10]

Im Programm des Ministerpräsidenten nehmen die Universitäten einen zentralen Platz ein, sie sollten sich dieser Funktion auch bewußt sein. Es muß ihre Aufgabe sein, dem Politiker Hilfen an die Hand zu geben und diesen in die Lage zu versetzen, sachgerechte Entscheidungen zu treffen:

1. Der Wissenschaftler muß die Welt durchsichtiger und verständlicher machen, damit wir, indem wir sie verstehen, sie zu beherrschen lernen.

2. Der Wissenschaftler hat Orientierungswissen zur Verfügung zu stellen und Vertrauen in die Wissenschaft zu schaffen, damit sich die Gutwilligen unserer Gesellschaft daran orientieren können.

3. Wissenschaftler müssen ehrlich sein, und sie müssen dies vermitteln, damit sie mit ihrer Meinung auch dann akzeptiert werden, wenn sie bei Problemen, für die es noch keine eindeutigen Lösungen gibt, widersprechende Meinungen vertreten. Die Wissenschaft muß auch deutlich machen, was sie tatsächlich zu leisten imstande ist, wo die Grenze des Leistbaren liegt und daß jenseits dieser Grenze eine scheinbare Kompetenz nicht weiterhilft.

4. Wissenschaftler müssen verhindern, daß die Inkompetenz der scheinbar Kompetenten,weil deren Aussagen eingängiger sind, bestimmend wird.

5. Jeder Wissenschaftler muß bei seiner Aussage offenlegen, ob er als Homo investigans oder als Homo politicus spricht. Die Grenzen zwischen gesicherter wissenschaftlicher Aussage und der im Bereich der Politik angesiedelten Spekulationen dürfen nicht verwischt werden. (S. hierzu [11].)

6. Die Universitäten müssen sich neben der Berufsausbildung und der Forschung auch der Vermittlung der Allgemeinbildung und der Weiterbildung widmen.

7. Die Universitäten müssen frühzeitig neue Problemfelder besetzen, zum Beispiel wirtschaftliche Zusammenhänge untersuchen, politische Prozesse verdeutlichen oder in der Rechtswissenschaft Probleme wie die rechtliche Frage der Computerwelt oder des Sozialrechtes behandeln. Die Naturwissenschaftler müssen Umweltprobleme ohne Aufforderung aufgreifen und aktiv mitwirken, wenn es gilt, Umweltkatastrophen wie die von Tschernobyl oder der Rheinvergiftung in den Griff zu bekommen und die Folgen zu beherrschen. Auch den Geisteswissenschaften kommen wichtige Aufgaben zu. Dabei geht es vor allem um die Erforschung der Folgen technischer Entwicklung und deren Konsequenzen für die Arbeits- und Freizeitgesellschaft sowie für die Kultur im allgemeinen. Sie müssen die Wechselbeziehungen zwischen Technik und Kultur sowie Technik und Ethik in einer modernen Industriegesellschaft behandeln. (S. hierzu [12].)

Um diese Zukunftsaufgaben zu bewältigen, müssen die Universitäten eine eigene Beweglichkeit entwickeln, nicht zuletzt, um zu verhindern, daß der Staat sich eigene weisungsgebundene Institutionen schafft, die diese Aufgaben und zumindest einen Teil der Ressourcen der Universitäten übernehmen.

Weiterhin müssen wir als Universität dafür sorgen, daß

1. der Politiker dem Wissenschaftler bzw. der Wissenschaft vertrauen kann,

2. die Wissenschaft sich selbst kontrolliert und die Frage, ob man alles tun darf, was man kann, immer gegenwärtig bleibt, und
3. Autorität nur aus der Kompetenz heraus begründet werden kann.

In seinem Buch *Wende in die Zukunft* hat Lothar Späth ein Szenarium der Industriegesellschaft der neunziger Jahre eindrucksvoll und scharfsichtig beschrieben. Zu diesem Szenarium gehört eine wegweisende Forschungspolitik. Die Tonbacher Gespräche mit ihrem intensiven Gedankenaustausch zwischen der Landesregierung und der Landesrektorenkonferenz haben sich als ein erfolgreicher Weg zur gemeinsamen Erarbeitung der für die Zukunft der Universitäten und des Landes wichtigen Weichenstellung ergeben. Besonders erfreulich bei diesem Gedankenaustausch war, daß er von allen Seiten nicht nur als nützlich, sondern auch als sehr konstruktiv und kooperativ empfunden wurde und eine Vertrauensbasis geschaffen hat, die eine freie und vertrauensvolle Diskussion ermöglicht und damit die Chance eröffnet, gemeinsam an der Bewältigung der Zukunft zu arbeiten.

Literatur

[1] Späth L (1984) Regierungserklärung der Landesregierung für die Legislaturperiode 1984-1988 am 19. Juni 1984 im Landtag von Baden-Württemberg.

[2] Späth L (1986) Regierungserklärung vor dem Landtag von Baden-Württemberg zur Halbzeit der Legislaturperiode am 23. April 1986.

[3] Dokumentation der Kongresse der Landesregierung Baden-Württemberg (herausgegeben vom Staatsministerium Baden-Württemberg, 1982-1984, bzw. von Rudolf Wildenmann, 1985)
1982: „Zukunftschancen eines Industrielandes"
1983: „Zukunftschancen eines Industrielandes – Neue Strukturen unserer Gesellschaft"
1984: „Zukunftschancen eines Industrielandes – Herausforderung Weiterbildung"
1985: „Zukunftschancen eines Industrielandes: Umwelt, Wirtschaft, Gesellschaft – Wege zu einem neuen Grundverständnis"

[4] Späth L (1985) Wende in die Zukunft – Die Bundesrepublik auf dem Weg in die Informationsgesellschaft. 1. Auflage. Rowohlt Verlag, Reinbek bei Hamburg.

[5] Pressemitteilung 336/86 des Staatsministeriums Baden-Württemberg vom 6. Dezember 1986.

[6] z.B. Ein Forschungskonzept bis zum Jahr 2000 (Stuttgarter Zeitung vom 1. Dezember 1986), Datenbank auch für das Wissen (Südkurier vom 1. Dezember 1986) und dpa vom 1.Dezember 1986.

[7] Landtag von Baden-Württemberg, Drucksache 9/3929 vom 9. Dezember 1986.

[8] Landtag von Baden-Württemberg, Drucksache 9/3962 vom 12. Dezember 1986.

[9] Späth L (1986) Wohin steuert die Hochschulpolitik? Interview mit dem uni-info der Universität Konstanz. Uni-info 161 vom 19. Dezember 1986: 24-25.

[10] Späth L (1986) Grußwort zur Eröffnung der Jahresversammlung 1986 der Westdeutschen Rektorenkonferenz in Heidelberg am 5. Mai 1986, in Dokumente zur Hochschulreform 58/1986 (herausgegeben von der Dokumentationsabteilung der Westdeutschen Rektorenkonferenz). Bonn-Bad Godesberg: 55-58.

[11] Mohr H (1985) Homo investigans/Homo politicus - Zum Selbstverständnis des Naturwissenschaftlers. Universitätsverlag Konstanz, Konstanz.

[12] Mittelstraß J (1986) Wissenschaft als Kultur, in Dokumente zur Hochschulreform 58/1986 (herausgegeben von der Dokumentationsabteilung der Westdeutschen Rektorenkonferenz). Bonn-Bad Godesberg: 59-96.

Hochschulökonomie – Anmerkungen zum Weg der deutschen Hochschulen in die 90er Jahre

George Turner

Zusammenfassung

Die Hochschulen haben sich noch nicht auf das Ende ihrer Expansion eingestellt. Seit 10 Jahren erfolgt das Wachstum ihrer Aufgaben ohne entsprechendes Wachstum der Ressourcen. Dies gestattet keine Resignation, sondern verlangt weitere Anstrengungen zur Steigerung der Effizienz. Dabei geht es nicht nur um Zählbares und Meßbares, sondern vorrangig um die Qualität der Leistungen in Forschung, Lehre und Studium. Es gilt, durch verstärkte Transparenz, durch verwendungsorientierte Mittelverteilung, durch akzeptierte neue Leitbilder und durch Verbesserung der Kommunikation die Hochschulmitglieder zu veranlassen, über die Berufsroutine hinaus Energien und Kreativität für die drängenden Herausforderungen aufzubringen.

1 Finanzrahmen ohne Illusionen

Die Zeit der eindrucksvollen Steigerungsraten in den Hochschulhaushalten ist seit langem vorbei. Waren in dem Jahrzehnt von 1965 bis 1975 die Ausgaben von Bund und Ländern für die Hochschulen nominell noch um fast 300 % gewachsen, so stiegen sie in der folgenden Dekade nur noch um 62 %; inflationsbereinigt sind das günstigstenfalls 20 %. Die Ausstattung mit Stellen für wissenschaftliches Personal blieb dabei nahezu unverändert. Der Anteil der Hochschulen am öffentlichen Gesamthaushalt sank von 3,8 % im Jahre 1975 sogar für mehrere Jahre auf 3,4 % ab und erreichte erst wieder 1984 und '85 3,7 %; 1985 beliefen sich die Ausgaben von Bund und Ländern für die Hochschulen auf 22 Mrd. DM.

Die Studienberechtigten haben sich indessen von den Finanzrestriktionen kaum beeinflussen lassen. Der Zuwachs der Studentenzahlen von 1975 bis 1985 liegt mit 57 % deutlich über dem realen Mittelzuwachs der Hochschulen. Es überrascht daher nicht, daß wir jetzt an den wissenschaftlichen Hochschulen wieder dieselben Betreuungsrelationen erreicht haben wie 1960, als 15 Studenten auf eine Stelle für wissenschaftliches Personal kamen – eine Überfüllungssituation, die die damaligen Ausbauentscheidungen maßgebend beeinflußt hatte.

Dieser Rückblick auf die Finanzpolitik der letzten 10 Jahre läßt keine Illusionen und schon gar kein Wehklagen zu: Die Hochschulen müssen ihre Aufgaben im wesentlichen mit dem erreichten Anteil am öffentlichen Haushalt erfüllen. Der beginnende Eintritt der geburtenschwächeren Jahrgänge in die Hochschulen wird erst recht keine neue Mittelexpansion auslösen. Die Ministerpräsidenten haben im Oktober 1984 entschieden:

„Angesichts der Finanzlage der Länder sehen die Regierungschefs der Länder keine Möglichkeiten, in erheblichem Umfang finanziell über die bisherigen und die geplanten Anstrengungen zugunsten der Hochschulen hinauszugehen. Sie unterstützen insoweit ausdrücklich die Finanzministerkonferenz. Die Regierungschefs der Länder erwarten, daß alle möglichen Maßnahmen ergriffen werden, die auch unter Berücksichtigung der künftigen Berufschancen der Hochschulabsolventen zu einer Effizienzsteigerung an den Hochschulen führen."

Die Enttäuschung der Hochschulen, aber auch der Wissenschaftsminister über diese Entscheidung ist verständlich. Denn nachdem Staat und Hochschulen 1976/77 die Öffnungspolitik vereinbart hatten, haben die Hochschulen bei der Zurückdrängung des Numerus clausus nach Kräften mitgeholfen. Die ihnen hierfür zugesagten befristeten Überlastmittel sind demgegenüber hinter den Erwartungen und Notwendigkeiten zurückgeblieben. Bauliche Engpässe und mehr noch die Engpässe in der personellen Betreuung der Studenten belegen dies. Die Ausbildungsqualität, aber auch der Entfaltungsraum für die Forschung bleiben davon nicht unberührt. Doch dies ändert nichts daran, daß sich die Hochschulen und die Wissenschaftsminister vorrangig an der Erwartung der Ministerpräsidenten zu orientieren haben, die Effizienz zu steigern, also die Ressourcen so einzusetzen, daß mit den gegebenen Mitteln optimale Ergebnisse erzielt werden können. Hochschulökonomie ist deshalb oberstes Gebot.

Die Arbeit in den Hochschulen würde verkannt, wollte man die hochschulökonomische Zielsetzung lediglich als kurzfristige Reaktion auf schmerzhafte Engpässe der letzten Jahre verstehen. Dem haushaltsrechtlichen Gebot der Wirtschaftlichkeit und Sparsamkeit und der entsprechenden Kontrolle durch die Rechnungshöfe waren die Hochschulen stets unterworfen. Sie haben intern vielfältige Anstrengungen unternommen, ihre Abläufe zu rationalisieren und mit den gleichen Mitteln mehr zu erreichen. Davon zeugen eine Vielzahl von Wirtschaftlichkeitsuntersuchungen und -vergleichen und die Einführung von Methoden des modernen Managements. Der Appell, betriebswirtschaftliche Kreativität und Phantasie zu entwickeln, wird ernst genommen. Einen Vergleich mit der Kostenrationalität anderer Sektoren unserer Gesellschaft – vom Gesundheitswesen über die Landwirtschaft bis hin zum Wohnungsbau – braucht der Hochschulbereich nicht zu scheuen.

Gar zu einfach macht es sich eine vordergründige Kritik, die die Hochschulen gern zu einem „Faß ohne Boden" zu stilisieren versucht. Nahrung bekamen diese Vorurteile 1982, als Ralf Dahrendorf vor der Jahresversammlung der Westdeutschen Rektorenkonferenz die These vertrat: „Die deutschen Universitäten sind außerordentlich ineffizient." Doch seine Beweisführung mit internationalen Vergleichsdaten mißlang. Im Gegenzug konnte die Westdeutsche Rektorenkonferenz einen Vergleich der Studienkosten mit den Kosten für einen Platz in der betrieblichen Ausbildung vorlegen, die häufig als vermeintlich kostengünstigere Alternative zum Hochschulstudium ins Gespräch gebracht wird. Anfang der 80er Jahre beliefen sich die Nettokosten für einen betrieblichen Ausbildungsplatz nach Berechnungen des Instituts der Deutschen Wirtschaft auf 16.000 DM. Die vom Bundesminister für Bildung und Wissenschaft annäherungsweise errechneten Kosten eines Studienplatzes pro Jahr betrugen demgegenüber einschließlich des Forschungsanteils zwischen 3.000 DM (Rechtswissenschaft) und 29.000 DM (Medizin); in der Mehrzahl der Fächer blieben sie unter 10.000 DM. Selbst wenn man die im Vergleich zur beruflichen Bildung längere Studiendauer berücksichtigt, sind danach die Kosten eines Studienplatzes im Durchschnitt eher niedriger als die einer betrieblichen Ausbildung.

Dieser Vergleich richtet sich gegen Verzerrungen in der öffentlichen Diskussion, enthält aber keine „Entwarnung" für die Hochschulen. Die bisherige Bilanz der durchaus anzuerkennenden hochschulökonomischen Bemühungen kann noch keinesweg befriedigen. Noch immer sind es nur Teile der Administration und nur selten die Gremien der akademischen Selbstverwaltung, die die Dringlichkeit einer Optimierung des Mitteleinsatzes erkannt haben und entsprechend handeln. Ein Hindernis scheint die gelegentlich ernsthaft begründete, häufig aber nur vorgeschützte Auffassung zu sein, wissenschaftliche Arbeit werde dadurch sachfremden Gesetzen unterworfen. Die Zurückhaltung gegenüber effizienzorientierten Untersuchungen und Maßnahmen kann dann letztlich als Verteidigung der Freiheit der Wissenschaft ausgegeben werden. Aber selbst wenn hier und da der Zugriff von Betriebswirten gar zu unbefangen gewesen sein sollte: Niemand will die Hochschulen zu Unternehmen machen, die Gewinn erwirtschaften. Sie sind und bleiben öffentliche Einrichtungen, die öffentliche Aufgaben erfüllen. Das allgemeine ökonomische Prinzip, daß Leistungen mit möglichst geringem Aufwand zu erbringen sind, gilt jedoch auch für sie. Es gilt für betriebswirtschaftlich steuerbare Verwaltungsabläufe und es gilt im Kernbereich von Forschung und Lehre – hier vor allem in dem Sinne, daß Organisations- und Kommunikationsformen die Voraussetzungen dafür schaffen, daß die produktive Kraft wissenschaftlicher Freiheit den allgemeinen Zielen der Institution Hochschule zugute kommt. Auch die Voraussetzungen für die Arbeitsmotivation, für die Freude an der eigenen Leistung und für den anregenden kollegialen Umgang sind legitime Gegenstände hochschulökonomischer Betrachtung. Hochschulökonomie hat es deshalb nicht nur mit Zählbarem und Meßbarem zu tun, sondern vor allem mit der Realität des Arbeitsfeldes Hochschule und seinen Leistungsergebnissen. Es geht nicht nur um Quantität, sondern mehr noch um Qualität.

2 Herausforderungen

Die Hochschulen stehen auf ihrem Weg in die 90er Jahre vor Herausforderungen, die mit dem Selbstlauf des Bestehenden nicht zu bewältigen sind:

- Unakzeptabel lange Studienzeiten und die damit einhergehende Bindung von Ressourcen sprechen dagegen, daß die Ausbildungsleistungen wirklich ökonomisch erbracht werden.
- Diese vermeidbarerweise gebundenen Ressourcen bleiben nicht zuletzt einer Hochschulforschung vorenthalten, deren Stellung auf dem nationalen Forschungsmarkt gefährdet ist und deren Beitrag zur Selbstbehauptung der deutschen Wirtschaft auf den umkämpften internationalen Märkten nachdrücklich eingefordert wird.
- Die zunehmenden Erwartungen der Öffentlichkeit an die Hochschulen, nicht nur Ausbildung, sondern auch Bildung zu vermitteln, nicht nur wirtschaftlich verwertbare Forschungsleistungen zu erbringen, sondern auch die ökologischen und sozialen Konsequenzen zu bedenken, werden derzeit noch nicht voll befriedigt.
- Von externer Funktionalität der Hochschulausbildung kann kaum die Rede sein, wenn womöglich zwei Drittel der wissenschaftlich ausgebildeten Absolventen künftig keine adäquate Beschäftigung finden werden.

– Der Altersaufbau der Professorenschaft läßt dem wissenschaftlichen Nachwuchs nur geringe Chancen und stellt damit die Regenerationsfähigkeit der Hochschulen in Frage.

Im einzelnen ergibt sich das folgende Bild:

2.1 Leistungspotential für die 90er Jahre

Zu einer realistischen Situationsbeschreibung gehört es, nicht nur die Probleme der Hochschulen aufzuzeigen, sondern auch ihr Leistungspotential zu würdigen. Die Hochschulexpansion des letzten Vierteljahrhunderts ist die Antwort der in dieser Zeit Verantwortlichen auf die nachhaltig gestiegene Bildungsnachfrage der Bevölkerung, auf die Überfüllung der Hochschulen und auf die Besorgnis, die deutsche Wirtschaft könnte mangels ausreichender Qualifikationen der Erwerbsbevölkerung den internationalen Konkurrenzkampf nicht bestehen.

Nach 1960 entstanden, beginnend mit der Universität Bochum, 27 neue Hochschulen mit universitärem Rang, häufig verbunden mit dem Ziel, die Wirtschaftsräume außerhalb der traditionellen Ballungszentren zu entwickeln. Höhere Fachschulen, Ingenieurschulen und Akademien wurden zu Fachhochschulen ausgebaut und in den Hochschulbereich aufgenommen, der damit heute mehr als 200 Einrichtungen umfaßt.

Seit Beginn der Gemeinschaftsaufgabe Hochschulbau im Jahre 1970 wurden rd. 300.000 flächenbezogene Studienplätze neu geschaffen, einschließlich aller Infrastruktureinrichtungen, der zugehörigen Sonderflächen für Forschungsschwerpunkte und der Ausstattung mit oft sehr aufwendigen Großgeräten – insgesamt ein eindrucksvolles Potential für anspruchsvolle Forschung und für die Ausbildung großer Studentenzahlen. Allerdings ist es in diesem Zeitraum trotz des Ausbaus enger geworden an unseren Hochschulen. Unter dem Ansturm der Studenten ist die Belegungsquote von 120 auf 160 % gestiegen, d. h., der Lehrbetrieb muß derzeit mit einer durchschnittlichen räumlichen Überlastung von 60 % durchgeführt werden.

Ein weiterer, wenn auch zunächst nur quantitativer Indikator für das Leistungsvermögen der Hochschulen ist die Zahl ihres wissenschaftlichen Personals. Hier gab es von 1960 bis 1985 ziemlich genau eine Vervierfachung, nämlich von 19.000 auf knapp 79.000 Personalstellen; die Zahl der faktisch in den Hochschulen beschäftigten Wissenschaftler liegt noch darüber. Fast 25.000 Stellen stehen an den wissenschaftlichen und Kunsthochschulen für Professoren zur Verfügung – gegenüber 5.200 im Jahre 1960. Von diesen Stellen entfallen fast 10.000 auf Professoren der höchsten Besoldungsstufe, also auf jene, die die Richtung von Forschung und Lehre maßgebend bestimmen und allein oder gemeinsam mit Kollegen für ein wissenschaftliches Institut Verantwortung tragen. Knapp 9.000 Professoren sind an Fachhochschulen beschäftigt.

2.2 Ausbildung und Beschäftigung

a) Von 1960 bis 1985 haben sich die Studentenzahlen von knapp 300.000 auf 1,3 Mio erhöht, einschließlich der Fachhochschulen und ihrer Vorgängereinrichtungen; davon sind rd. 1 Mio an den Universitäten eingeschrieben. Das ist eine Steigerung um den Faktor 4,5. Vorausgesetzt, die Ausbildungsleistung der Hochschulen zu Beginn dieses Vierteljahrhunderts sei akzeptabel gewesen, wäre es hochschulökonomisch zu wünschen, daß auch die Input- und Output-Veränderungen, insbesondere die Studienanfänger- und Absolventenzahlen, im wesentlichen diesem Faktor entsprochen hätten (unbeschadet der Jahrgangsverschiebungen). Das ist jedoch nicht der Fall. Die Zahl der erfolgreichen Absolventen stieg lediglich um den Faktor 3, nämlich von 48.000 auf 141.000 (1984). Die Zahl der Studienanfänger stieg um den Faktor 2,7, worin sich erst zu einem geringen Teil die rückläufige Tendenz der letzten beiden Jahre spiegelt. Die Hochschulen haben folglich in diesem Vierteljahrhundert für ihre Ausbildungsleistungen ein höheres Maß an Studienzeiten ihrer Studenten verbraucht und – nimmt man die Vervierfachung des wissenschaftlichen Personals hinzu – relativ mehr Personalressourcen in Anspruch genommen. 1983 belief sich die Verweilzeit der Universitätsabsolventen im Mittel aller Abschlußprüfungen einschließlich der Fachwechsel und Parkstudien auf 7,4 Jahre. Das Durchschnittsalter der Absolventen erreichte dadurch 28 Jahre.

Die steigenden Studienzeiten werden seit Beginn der Hochschulexpansion, als sie bereits als überhöht galten, immer wieder vergeblich diskutiert, analysiert und „bekämpft". Der Wissenschaftsrat hat in seinen jüngsten Empfehlungen zur Struktur des Studiums eine Fülle von Faktoren zusammengetragen: schulische Vorbereitung, Fachwechsel, Arbeitsmarktüberlegungen, Werkarbeit, unzureichende Ausstattung mit Lehr- und Lernmaterialien, Erschwernisse bei der Nutzung von Labors und Bibliotheken, fehlende Vorgaben für die Absolvierung des Studiums, Ausweitung der Abschlußarbeiten, Aufblähung des „prüfungsrelevanten" Lehrangebots im Zuge der Ermittlung des Personalbedarfs, ungünstige Betreuungsrelationen, erschwerte Kommunikation zwischen Studenten und Lehrpersonen. Ein Ursachenbündel, das die Entwicklung der Wissenschaften und zugleich reale Interessenlagen widerspiegelt, sei ausführlich zitiert:

„Die Neigung, jede Spezialisierung auf einem Fachgebiet in das Studienangebot und, wenn möglich, in die Prüfungsordnung aufzunehmen, ist unverkennbar .... Häufig sind Prüfungs- und Studienordnungen zu einer Art „Geschäftsverteilungsplan" abgesunken, der nicht zuletzt partikuläre Interessen einzelner Lehrkräfte legitimieren und auf Dauer festschreiben soll ... . Es kommt aber auch dazu, daß in der Lehre die für das weitere Studium und für die Prüfungen notwendigen Inhalte zugunsten von Spezialisierungen oder Interessen einzelner Hochschullehrer und anderer Lehrkräfte vernachlässigt werden. Der Student muß dann zusehen, wie er die Lücken auf eigene Faust schließt, was regelmäßig ebenfalls zu Lasten der Studiendauer geht."

Zu kurz gekommen sind in dieser Aufzählung die Erwartungen der Beschäftiger – der öffentlichen Arbeitgeber ebenso wie der privaten – und auch der Organisationen der freien Berufe. Diese Erwartungen bilden zusammen mit den vorgenannten „hausgemachten" Gründen für die Verlängerung der Studienzeiten eine „unheilige Allianz". Jedem hochschulpolitisch Interessierten fällt auf: Der Staat, abseits seiner Rolle als Arbeitgeber, fordert ein kurzes Studium und rühmt, m. E. zu recht, die Vorzüge einer auf das Wesentliche konzentrierten Ausbildung. Beteiligt er sich aber als oberste Schulbehörde an der Reform der Lehrerbildung, als Gesundheitsministerium an der Reform der Mediziner-, Zahnmediziner- und Apothekerausbildung oder als Justizministerium an der Reform der Juristenausbildung, dann wollen die Kataloge vermeintlich unverzichtbaren Studienstoffs kein Ende nehmen. Ebenso sieht es in der Privatwirtschaft aus. Die branchenübergreifenden Vertretungen, etwa die Bundesvereinigung der Arbeitgeberverbände und die Industrie- und Handelskammern, lassen an ihrer Präferenz für junge, flexible Absolventen keinen Zweifel. Aber wenn der Verband der Chemischen Industrie und die verschiedenen Fachgesellschaften an der

Reform des insgesamt (einschließlich der üblichen Promotion) 18semestrigen Chemiestudiums mitwirken, dann darf man allenfalls noch auf eine Verkürzung um ein Semester hoffen. Für die Physik, die Elektrotechnik oder die Architektur ist ähnliches zu berichten. Und wenn Absolventen mit bemoosten Häuptern auf der Suche nach ihrer ersten Anstellung vor den Personalchef treten und ihn mit einer besonders breiten und zugleich vielfältig spezialisierten Anlage ihres Studiums, mit fachnaher Erwerbstätigkeit neben dem Studium und mit einer eineinhalbjährigen hochqualifizierten Diplomarbeit beeindrucken können, dann spricht sich auch das an der Universität herum und setzt Maßstäbe.

Dieses Spiel spielen wir in der Bundesrepublik seit 20 Jahren, etwa seit Hans Dichgans' alarmierender Streitschrift „Mit 30 in den Beruf?". Wenn wir es ernst damit meinen, daß die Hochschulen als rationell, ökonomisch handelnde Institutionen ihren Weg in die 90er Jahre gehen, dann sollten wir damit aufhören. Wir müssen uns darüber verständigen, wie die Zeiten und wie die Kosten für die wissenschaftliche Qualifizierung für anspruchsvolle Berufe zwischen den Hochschulen und den Abnehmern verteilt werden sollen. Denn natürlich müßten das Referendariat oder die Probezeit und vor allem die Weiterbildung für Lehrer und Juristen ausgeweitet werden, wenn ihnen die Universität weniger Wissen vermittelte. Und selbstverständlich wäre die Einarbeitungszeit in den Betrieben länger, wenn der junge Akademiker vor allem Grund- und Methodenwissen mitbrächte, aber kaum Spezialkenntnisse, die ihn sogleich oder alsbald voll einsetzbar machen. Eines steht fest: Die Hochschulen können mit einer ganzen Reihe von Maßnahmen die hausgemachten Ursachen für lange Studienzeiten beseitigen und haben ihre Aufgaben hier noch längst nicht gelöst. Aber in dieser Substanzfrage sind sie allein nicht handlungsfähig.

b) Die erwähnte Verdreifachung der jährlichen Absolventenzahlen im letzten Vierteljahrhundert ist mehr als eine statistische Größe. Sie signalisiert eine Neubewertung der „akademischen" Berufe, ihres Prestiges und ihrer berufspolitischen Verfassung. Sie steuert auf Strukturbrüche im Beschäftigungssystem und in den Hochschulen selbst zu. Die Brisanz, die in dieser Verdreifachung der Absolventenzahlen liegt, wurde bislang noch weitgehend durch eine erstaunliche Aufnahmefähigkeit und Flexibilität des allgemeinen Arbeitsmarktes aufgefangen. Nur Teilarbeitsmärkte, vor allem für Lehrer und Sozialarbeiter, sowie die schrittweise Annäherung der Arbeitslosenquote der Hochschulabsolventen an die allgemeine Arbeitslosenquote machten den Umbruch sichtbar. Waren z. B. im September 1978 erst 34.900 arbeitslose Akademiker bei der Arbeitsverwaltung gemeldet, so lautete die Vergleichszahl im September 1985 bereits 117.500.

Die nächsten Jahre bringen endgültig das Ende der Beschaulichkeit. Bis Anfang der 90er Jahre werden die Hochschulen ihre Absolventen mit Jahrgangsstärken von etwa 200.000 entlassen. Bis zur Jahrhundertwende werden 2,6 bis 2,8 Millionen Hochschulabsolventen um etwa 900.000 bis 1 Million durch Ausscheiden frei werdende Arbeitsplätze kämpfen, die ihren Qualifikationen entsprechen. Selbst eine optimistische Erwartung an die Vermehrung akademischer Berufspositionen wird nichts an der Größenordnung ändern können, daß etwa zwei von drei Absolventen in diesem Wettbewerb zu den Verlierern gehören werden.

Stellten die traditionellen akademischen Berufe gemeinsam mit den Volksschullehrern 1961 nur rd. 780.000 Erwerbspersonen (ohne Absolventen der Ingenieur- und Höheren Fachschulen), so hat man sich für das Jahr 2000 auf eine Größenordnung von 3,5 Mio erwerbstätige Absolventen der wissenschaftlichen und Fachhochschulen einzurichten; das werden dann ca. 14 % der Erwerbstätigen sein. Für eine Gesellschaft, die ihren materiellen Wohlstand nicht auf den Export von Rohstoffen, sondern von Know-how gründet, ist das eine nicht zu unterschätzende Chance. Doch ob diese Chance genutzt wird, entscheidet sich danach, ob die überkommenen Berufsstrukturen, insbesondere der Zuschnitt und die Mischung von Tätigkeitsprofilen, in die dynamische Veränderung der Produktion, der Dienstleistungen und der sozialen Rahmenbedingungen einbezogen werden können.

Entsprechendes gilt für die Hochschulen. Sie müssen ihre Studenten auf die differenzierten, heute häufig nur unscharf umrissenen Einsatzfelder der späteren Absolventen vorbereiten. Die Erfahrungen der letzten Jahre sind nicht ermutigend. Der Vorschlag, ein dreijähriges Grundstudium für die große Zahl und ein weiteres Studium für eine qualifizierte, wissenschaftlich besonders befähigte Minderheit einzurichten, war trotz mehrerer Anläufe politisch nicht durchsetzbar. Dabei war man sich auf dem Reißbrett schon vor fast 20 Jahren, nämlich bei der damals vom Wissenschaftsrat und von der Westdeutschen Rektorenkonferenz befürworteten Einführung von Gesamthochschulen, darüber im klaren, daß die Hochschulexpansion nicht auf den von Humboldt ausgelegten Gleisen gefahren werden könne; ebenso war klar, daß der Ausbau der Fachhochschulen allein die neuen Quantitäten nicht zu tragen vermag. Das Beschäftigungssystem wird sich deshalb alsbald einem beträchtlichen Erwartungsdruck der in den traditionellen Strukturen ausgebildeten Hochschulabsolventen ausgesetzt sehen. Dieser wird es zu stärkeren Anpassungsleistungen zwingen, als die Kurzstudienabsolventen es je vermocht hätten. Die Universitäten zahlen ihren Preis für die versäumte Reform in Gestalt ihrer Überfüllung und in Gestalt der Unsicherheit und auch der Resignation mancher ihrer Studenten – und zwar schon jetzt.

c) Der wissenschaftliche Nachwuchs ist von der raschen Expansion des Hochschulbereichs in besonderem Maße betroffen. Expansion und Restriktion treffen ihn überproportional. 1972, auf dem Höhepunkt der Ausweitung des Lehrkörpers, war die Rate der neu besetzbaren Professorenstellen, die in einem statischen System bei 4 bis 5 % liegt, auf 15 % hochgeschnellt. Junge, nicht immer herausragend qualifizierte Wissenschaftler hatten in dieser Phase einmalig günstige Berufschancen. In der ersten Hälfte der 80er Jahre war die Erneuerungsrate auf durchschnittlich 1,8 %, in einigen Fächern sogar auf weniger als 1 % abgesunken. Angesichts des hohen Anteils jüngerer Professoren sind Pensionierungen selten geworden, neue Stellen kommen kaum hinzu und überdies hat in den letzten Jahren sogar, wenn auch nur geringfügig, ein Stellenabbau stattgefunden. Kurzum: der wissenschaftliche Nachwuchs steht tendenziell vor verschlossenen Toren. Für die Universitäten bedeutet dies, daß sie von den Impulsen und Neuerungen, mit denen der wissenschaftliche Nachwuchs noch in jeder Generation frischen Wind ins Bestehende gebracht hat, weitgehend abgeschnitten sind.

Allerdings kann berichtet werden, daß Hochschulen und Staat dieser Entwicklung nicht tatenlos zugesehen haben. Bereits 1979 hatte die Westdeutsche Rektorenkonferenz auf die Konsequenzen der verzerrten Altersstruktur hingewiesen und mit ihrem sogenannten Fiebiger-Plan vorgeschlagen, die Zeitspanne einer unterdurchschnittlichen Erneuerungsrate mit zusätzlichen Stellen zu überbrücken und diese später wieder einzuziehen. Bayern und Baden-Württemberg sind bei der Realisierung dieses, wenn auch modifizierten, Plans vorangegangen. Berlin richtet in den Jahren 1985 bis 1989 jährlich 18 Professorenstellen zusätzlich ein; das entspricht 1 % der an seinen drei Kuratorialhochschulen insgesamt vorhandenen Professorenstellen. Gleichfalls eine Reaktion auf die verzerrte Personalstruktur ist das von den Regierungschefs des Bundes und der Länder beschlossene Heisenberg-Programm zur Förderung des hochqualifizierten Nachwuchses, das seit 1978 von der Deutschen Forschungsgemeinschaft betreut wird und 1984 mit einem Volumen von 19 Mio DM ausgestattet war.

Aber nicht nur die Berufschancen des fertig ausgebildeten wissenschaftlichen Nachwuchses stehen unter den Vorzeichen einer strukturell aus dem Ruder gelaufenen Hochschulexpansion auf dem Spiel. Angesichts der großen Studentenzahlen und der wenig differenzierten Ausbildungsstrukturen ist es auch schwerer geworden, die wissenschaftlich besonders befähigten Studenten frühzeitig zu erkennen und sie wissenschaftlich und persönlich zu fördern. Die Wissenschaftsorganisationen, voran der Wissenschaftsrat, haben die traditionellen Bemühungen der Begabtenförderungswerke durch weiterreichende Konzeptionen und Vorschläge ergänzt. Freilich gilt gerade auf diesem Feld, daß die Aufmerksamkeit und das Engagement des einzelnen Hochschullehrers durch nichts zu ersetzen sind.

2.3 Forschung

Die Forschungsleistungen der deutschen Hochschulen sind im Schnitt besser als es die Vielzahl besorgter Kommentare vermuten läßt. Unbestritten ist, daß der Ausbau der Hochschulen auch der Hochschulforschung zugute gekommen ist. Ihre personelle und materielle Ausstattung wird im Prinzip den Notwendigkeiten anspruchsvoller Forschung gerecht und braucht keinen internationalen Vergleich zu scheuen. Bemängelt wird vor allem die Spärlichkeit international beachteter Spitzenleistungen. Wie wenig allerdings die Verteilung der Nobelpreise eine solche Kritik zu begründen vermag, ist in letzter Zeit des öfteren ausgeführt worden: Sie sind auf wenige Fächer beschränkt, erfassen z. B. nicht die in der Bundesrepublik Deutschland besonders leistungsstarken Ingenieurwissenschaften; sie bilden das breit gefächerte Spektrum von Spitzenleistungen unmittelbar unterhalb des Nobelpreis-Niveaus nicht ab; sie sind gänzlich auf die individuellen Leistungen des Preisträgers zugeschnitten und sie können nationale Verzerrungen, die sich aus der Zusammensetzung der Auswahlkommissionen ergeben, nicht vermeiden.

Ein wichtiges Indiz dafür, daß es um die deutsche Forschung nicht ganz so schlecht steht, sind die Erfahrungen der Alexander von Humboldt-Stiftung, die ein steigendes Interesse ausländischer Wissenschaftler an einem Aufenthalt an deutschen Hochschulen registriert; wie auch auf der anderen Seite zahlreiche deutsche Wissenschaftler Einladungen an renommierte Forschungseinrichtungen des Auslandes, insbesondere der USA, erhalten. Als vor kurzem die Kommission der Europäischen Gemeinschaft die Reputation der wissenschaftlichen Leistungen ihrer Mitgliedsländer untersuchen ließ, schnitt die deutsche Forschung im Urteil der ausländischen Wissenschaftler besser ab als im offenbar zu selbstkritischen Urteil der deutschen.

Gleichwohl sind die nachdenklichen Hinweise ernst zu nehmen, die in dem großen Übersichtsband der Deutschen Forschungsgemeinschaft von 1983 „Forschung in der Bundesrepublik Deutschland" enthalten sind. Z. B. vermißt der Zoologe Gerhard Neuweiler wissenschaftliche Risikobereitschaft: „Die persönlichen Leitlinien sind bei uns zu sehr auf internationale Anerkennung und zu wenig auf gedankliche Unabhängigkeit gerichtet. Mit dieser Einstellung kann man sich um des sicheren Erfolges willen nur auf bekannten Bahnen bewegen." Er sieht das Laufbahndenken überhand nehmen, verweist auf eine dem Unkonventionellen nicht förderliche Grundstimmung in der Gesellschaft und vermutet Rückwirkungen der Lehrbelastung auf die Innovationsbereitschaft: „Der Großteil der Hochschullehrer ist lustlos und hat sich hinter den offiziellen Sollstundenzahlen verbarrikadiert."

Ernst zu nehmen sind aber auch jene strukturellen Verschiebungen, die die Rolle der Hochschulen in der deutschen Forschungslandschaft gefährden. Hier sind die Hochschulen – ohne den Schutz ihrer nahezu uneingeschränkten Monopolstellung in der Ausbildung – Teil eines differenzierten Marktes. Hier müssen sie sich behaupten, und hier können sie auch ihre Substanz verlieren. Der Faktenbericht 1986 zum Bundesbericht Forschung läßt keinen Zweifel daran, daß die Auswanderung der Forschung aus den Hochschulen noch keineswegs zum Stillstand gekommen ist. Er schätzt, daß der Wirtschaftssektor seinen Anteil an den Gesamtsausgaben für Forschung und Entwicklung von 1979 bis 1985 von 66,1 % auf über 70 % ausdehnen konnte, während der Anteil der Hochschulen im selben Zeitraum von 16 % auf voraussichtlich nur noch 13,8 % geschrumpft ist – eine Entwicklung, zu der auch die Länder durch Verlagerung ihrer Förderungsmittel auf außeruniversitäre Forschungseinrichtungen beitragen.

Sicherlich beginnen die Hochschulen, sich auf die verschärfte Konkurrenz einzustellen. Das Volumen ihrer Drittmittel wächst, nicht zuletzt durch die Mittelexpansion der für die Hochschulforschung so bedeutsamen öffentlichen Steuerungsinstrumente der Deutschen Forschungsgemeinschaft und des Bundesministeriums für Forschung und Technologie. Auch mit ihrer verstärkten Zusammenarbeit mit der privaten Wirtschaft auf dem Gebiet der anwendungsbezogenen Forschung, einschließlich des Ausbaus des Wissenschafts- und Technologietransfers, bringen die Hochschulen ihre wachsende Bereitschaft zum Ausdruck, ihre Ressourcen flexibler einzusetzen und sich zunehmend den Anforderungen an Effizienz und Erfolgskontrolle zu stellen. Dennoch zeigen beide Hinweise – jener auf unzulängliche Risikobereitschaft der Forscher und jener auf den rückläufigen Anteil der Hochschulforschung am Forschungsbudget – ein und dasselbe Defizit auf: die noch immer unzureichende Mobilisierung des vorhandenen Leistungspotentials. Initiative und Kreativität freizusetzen, muß deshalb vorrangiges Anliegen jeder Hochschulpolitik sein, die auf Optimierung des Ressourceneinsatzes zielt.

2.4 Erosion der Leitbilder

Wie motiviert die Institution Hochschule – insbesondere die Universität – ihre Mitglieder, die Herausforderungen der Gegenwart und der überschaubaren Zukunft anzunehmen? Es gehört geradezu zum Wesen jeder Institution, daß sie ihren Mitgliedern Orientierung gibt, daß sie sie motiviert, Energien auf die Bewältigung neuer Aufgaben zu richten und die überkommenen Strukturen erforderlichenfalls zu verändern. Ein solches dynamisches Bild bieten die Hochschulen jedoch nur in Teilbereichen. Der prägende Eindruck ist eher der der Statik, wenn nicht gar der Starre, wie etwa bei der Struktur des Studiensystems.

Den Hochschulen gelingt es offenbar nur unzureichend, einen allseits akzeptierten geistig-moralischen Rahmen zu verkörpern, der ihre Mitglieder auch ohne Rechtsnormen und ohne bürokratische Bevormundung zu engagierter Arbeit für die Ziele der Institution und zum vernünftigen Umgang miteinander veranlaßt. Die Schwäche ihrer eigenständigen, traditionellen Orientierung wird beispielhaft sichtbar im Ausmaß der bürokratischen Detailregulierungen, die sich seit fast zwei Jahrzehnten wie ein Netz über die Hochschulen gelegt haben. Zum Teil haben die Hochschulen selbst nach Vorgaben gerufen, zum Teil waren sie für die ökonomische Nutzung der enormen Mittel, die ihnen im Zuge der Expansionspolitik zuflossen, nicht gerüstet. Viele hauptamtlich Beschäftigte reagieren auf die unbewältigte neue Situation mit routinierter Pflichterfüllung, gehen ihrem Job nach und arbeiten nebeneinander her. Der achtenswerte Fleiß der meisten Studenten gilt nur dem Abschlußexamen als Eintrittsbillett in das Berufsleben. Viele von ihnen glauben kaum noch, daß die Hochschule und ihr Studium dort zu ihrer persönlichen Entwicklung Wesentliches beizutragen haben.

Die Hochschulen befinden sich spätestens seit den 60er Jahren in einer noch immer nicht abgeschlossenen Phase des Umbruchs und der Neubestimmung ihres Selbstverständnisses. Die einprägsamen Traditionsformeln wie die Einheit von Forschung und Lehre, die nur der Wahrheitssuche verpflichtete Freiheit der Wissenschaft, Forschen und Studieren in Einsamkeit und Freiheit, die Gemeinschaft der Lehrenden und Lernenden, Bildung durch Wissenschaft usw. haben ihre orientierende Funktion zwar nicht völlig eingebüßt. Aber den Höhepunkt ihrer wissenschaftlichen – im Ergebnis auch industriepolitischen – Produktivität erreichten sie unter Rahmenbedingungen, die vielleicht bis in die 20er Jahre hinein währten. An der berufsvorbereitenden Massenausbildung, an der Auflösung des Bildungsbürgertums und an dem spezialisierten, arbeitsteiligen Forschungsbetrieb von heute haben sich die tradierten Leitbilder vielfältig gebrochen, gelegentlich in ihr Gegenteil verkehrt.

Die Unsicherheiten im Selbstverständnis der Universität gehen zwar auch zu Lasten ihrer Leistungsfähigkeit in der spezialisierten Wissenschaftsproduktion und der Effizienz des Ausbildungssystems. Vor allem aber gehen sie zu Lasten jener Erwartungen der Öffentlichkeit, die mit wachsender Ungeduld neben der Fachausbildung auch Bildung und neben den Beiträgen des wissenschaftlich-technischen Fortschritts zum materiellen Wohlstand auch die Verträglichkeit dieses Fortschritts für Umwelt und Sozialbeziehungen einfordern. Die Wissenschaft und besonders ihre traditionsreichste und produktivste Stätte, die Universität, sollen in die von ihnen veranlaßte beschleunigte Umwälzung aller Lebens- und Arbeitsverhältnisse wieder Überschaubarkeit und Sinnhaftigkeit hineinbringen. Doch diese Erwartung trifft auf eine Wissenschaft, deren Strukturgesetz es geradezu ist, durch Konzentration auf isolierte Realitätsausschnitte neue Erkenntnisse hervorzubringen und sich dabei von den Motiven, Interessen, Rahmenbedingungen und Konsequenzen wissenschaftlichen Arbeitens nicht irritieren zu lassen. Drei Beispiele mögen dieses Dilemma veranschaulichen:

– Schon 1966 stellte der Wissenschaftsrat nüchtern das Ende der „Bildung durch Wissenschaft" fest. Es sei ein Mißverständnis, „aus dem Kennenlernen der Wissenschaft und ihrer Methoden ergebe sich zwangsläufig die Fähigkeit zu selbständigem und kritischem, das heißt zu verantwortungsbewußtem Denken und Handeln." Der Bildungswert unserer immer enger werdenden Disziplinen hat sich auf einige fächerübergreifende instrumentelle Fähigkeiten reduziert; größere Zusammenhänge geraten aus dem Blick und Bemühungen um Selbst- und Weltverständnis scheinen in den segmentierten Fächern nach der Austreibung der Philosophie keinen legitimen Platz mehr zu haben. Respektable Versuche nach dem Zweiten Weltkrieg, mit dem Studium generale die Konsequenzen aus dem moralischen Zusammenbruch der deutschen Universität zu ziehen, sind an der Eigendynamik der Fächer und an den Interessen der Studenten an pragmatischer Berufsvorbereitung abgeprallt.

– Weder die „Gemeinschaft der Lehrenden und Lernenden" noch auch nur die „Gemeinschaft der Lehrenden" haben den zentrifugalen Kräften der Spezialisierung standhalten können. Das Fach, seit je das Zentrum der Universität, steht in der Gefahr, zum Schrebergarten zu verkommen, dessen Rasen von Nachbarn und Passanten nicht betreten werden darf. Die Aufsplitterung schreitet voran, Überschaubarkeit und Verständigungsmöglichkeiten schwinden und die Verbindungslinien zur komplexen Lebenspraxis mit ihren Anforderungen und Verantwortlichkeiten werden immer dünner. Trotz der Bemühungen um interdisziplinäre Zusammenarbeit – z. B. mit der Einrichtung von Forschergruppen und Sonderforschungsbereichen durch die Deutsche Forschungsgemeinschaft ist die Institution Universität eher durch Parzellierung als durch Integrationskraft gekennzeichnet.

– Verstärkt wird diese Erosion der Leitbilder durch die inhaltliche Verunsicherung, wenn nicht gar Krise vieler Fächer. Gerade weil die Wissenschaft aus der Wechselbeziehung mit ihrem Umfeld lebt, nimmt sie auch an dessen Brüchen und Verunsicherungen teil; z. B. die Medizin, deren apparative und pharmazeutische Ausrichtung heute vielfach in Frage gestellt ist, oder die Pädagogik, die gegenüber der Vielfalt der Einflüsse auf das Lernen und gegenüber dem Wertewandel in der Gesellschaft häufig hilflos erscheint.

Es überrascht deshalb nicht, daß sich die Universität schwer tut, die Erwartungen an Persönlichkeitsbildung ihrer Studenten und an Verantwortung für die wissenschaftliche Arbeit zu erfüllen. Dieser Befund geht über eine nostalgische Erinnerung an die Geistes- und Sozialgeschichte der deutschen Universität weit hinaus. Er weckt Zweifel, ob das Studium und die Wissenschaftsproduktion in ihrer derzeitigen Ausrichtung tatsächlich allen Anforderungen unserer technischen Zivilisation gerecht werden. Wer die Urteile der Arbeitgeberverbände über die Hochschulausbildung aufmerksam verfolgt, weiß: Beklagt wird nicht mangelndes Fachwissen der Absolventen, sondern die geringe Vermittlung von Teamfähigkeit, praxisbezogener Phantasie, Führungseigenschaft, Weltoffenheit, Übersicht, kurzum: von Persönlichkeitsmerkmalen, die sicherlich auch Bestandteile des tradierten Bildungsbegriffs sind. Wer die Perspektiven von Arbeitsteilung und Arbeitszusammenfassung bedenkt, weiß: Die technische Entwicklung führt uns in eine Informationsgesellschaft, in der die Anhäufung und Bereitstellung des Wissens Sache der Maschinen ist und vom qualifizierten Erwerbstätigen vor allem der intelligente, kreative Umgang mit verfügbaren Informationen verlangt wird. Auch dies sind Anforderungen, die über spezialistische Fachausbildung hinausgehen. Und wer die Akzeptanz des technischen und wirtschaftlichen Wandels im Auge hat, sieht, daß nur die Zusammenschau der Wirklichkeitsausschnitte und die wechselseitige Rücksichtnahme von Ökonomie, Ökologie, Sozialbeziehungen und privater Autonomie die Chance zur Verständigung der Gesellschaft über ihre Zukunft enthalten.

Diese Punkte machen den Zusammenhang deutlich zwischen den Leitbildern, deren die Hochschule zur Bewältigung ihrer Herausforderungen bedarf, und den Selbstbehauptungschancen der modernen Informationsgesellschaft. Lothar Späth verweist hierzu mit Recht auf die Aktualität der Geisteswissenschafen: „Ob in einer Gesellschaft das Dialogische oder das Monologische, die Verknüpfung oder die Vereinsamung, ob Konsens oder Dissens überwiegen, ist eine Frage, die im Vorfeld jeder technischen Manifestation entschieden wird ... Geisteswissenschaften, die den technischen Fortschritt in ständiger kritischer Begleitung auf seine individuellen und gesellschaftlichen Chancen zur Realisation wünschbarer Werte „abklopfen“ würden, hätten eine kulturstabilisierende Bedeutung. Sie würden der wachsenden technischen Informationsflut kulturelle und anthropologische Maßstäbe zur menschlichen Informationsverarbeitung beigeben. Sie könnten aus Kommunikationsmöglichkeiten Verständigungschancen machen.“

3 Handeln in der Hochschulpolitik

Die Herausforderungen, denen sich die Hochschulen auf ihrem Weg in die 90er Jahre gegenübersehen, verlangen zum einen eine Reihe sachpolitischer Maßnahmen wie z. B. die Verbesserung der Chancen des wissenschaftlichen Nachwuchses, die Offenhaltung der Hochschulen, die behutsame Steuerung der Ausbildungskapazitäten zugunsten aussichtsreicher Berufsfelder oder die Neuverteilung der Kosten der Berufsvorbereitung auf Hochschulen und Beschäftiger. Zum anderen und vor allem aber geht es um die Mobilisierung des vorhandenen Leistungspotentials. Mit diesem Anspruch ist Hochschulökonomie oberstes Gebot. Der Umbau der Hochschulen zur Massenausbildungsstätte und zum modernen Forschungsbetrieb ist seit Jahrzehnten im Gang. Aber die neuen Quantitäten und Organisationsstrukturen haben noch kaum jene Kreativtät in den Hochschulalltag hineingetragen, die die sicherste Gewähr für einen optimalen Einsatz der bereitstehenden, durchaus beachtlichen Ressourcen bietet. Die deutsche Hochschulgeschichte und Beobachtungen im Ausland machen deutlich, daß die Einstellung der Hochschulmitglieder zu ihrer Arbeit und zu ihrer Institution wesentlich geprägt ist von den Arbeitsbedingungen und dem Arbeitsumfeld sowie von den hochschulbezogenen und gesamtgesellschaftlich durchgesetzten Orientierungen. Für dieses „Klima" trägt auch die Hochschulpolitik – die des Staates und die der Hochschulen – Mitverantwortung. Von dieser Mitverantwortung soll im folgenden die Rede sein.

3.1 Wettbewerb

Jedes Unternehmen ist so gut wie die Motivation seiner Mitarbeiter. Das gilt auch für Behörden und es gilt für Hochschulen. Für die Motivation und Verhaltenssteuerung im öffentlichen Dienst gibt es vor allem das anvertraute öffentliche Amt und die Fülle der Rechts- und Verwaltungsvorschriften; nicht jedoch die Angst um den Arbeitsplatz und kaum die Chance, materiell „große Sprünge" machen zu können. Der öffentliche Sektor ist damit nicht schlecht gefahren, zumal dann, wenn er ein Amtsverständnis durchsetzen konnte, das den vollen Arbeitseinsatz um der Sache willen und um der immateriellen Anerkennung willen lohnend erscheinen läßt.

Hier – in Arbeitsplatzsicherheit, Reputation und akzeptiertem Einkommen – liegt auch heute noch die maßgebende Schubkraft für die wissenschaftliche Produktivität an den Hochschulen. Die Hochschulen haben aber damit ihre Möglichkeiten noch nicht ausgeschöpft. Vernachlässigt worden ist vor allem der Wettbewerb. Sein Grundgedanke ist es, daß begehrte, knappe Güter demjenigen zugeteilt werden, der die zugrundegelegten Regeln des Wettbewerbs besser erfüllt als andere. Den Beteiligten werden auf diese Weise die Erfolge und Mißerfolge ihres Handelns und Unterlassens spürbar zugerechnet. Wichtig sind dabei nicht die einzelnen Instrumente, sondern die Veränderung der Mentalität, nämlich der Ansporn, besser sein zu wollen und zu müssen als andere.

Selbstverständlich fordert niemand den völlig freien Wettbewerb. Dieser würde nicht nur die Professorengehälter oder die Existenz ganzer Hochschulen von der Bewährung am Markt abhängig machen, sondern auch das unverzichtbare Mindestmaß an Kooperation und Kollegialität infrage stellen. Zu fordern ist stattdessen eine hochschulspezifische Überprüfung und Sicherung jener vier Elemente, die zu einer funktionierenden Wettbewerbsordnung gehören: des Handlungsspielraums, der Handlungsfähigkeit (Hochschulmanagement), der Transparenz und der Belohnung. Den Hochschulen sind diese Wettbewerbselemente in der Forschungsförderung, aber auch bei Berufungen und bei der Auslese des wissenschaftlichen Nachwuchses durchaus vertraut, wenn auch mit zahlreichen Brechungen und Inkonsequenzen.

Das Beispiel Forschungsförderung weist bereits darauf hin, daß der Wettbewerbsgedanke sich nicht isoliert auf die einzelnen Hochschulen beziehen kann. Die Deutsche Forschungsgemeinschaft, die wesentlich eine Selbstverwaltungsorganisation der Universitäten ist, hat mit ihrem jährlichen Förderungsvolumen von inzwischen einer Milliarde DM entscheidenden Anteil an tatsächlich bestehendem Wettbewerb. Nach Maßgabe hochschulpolitisch legitimierter Förderungsprogramme und qualitativer Bewertungsverfahren „belohnt" sie „bessere" Forschung. In einer ähnlichen Rolle befinden sich andere Drittmittelgeber wie die Ministerien und die private Wirtschaft. Eigener Handlungsspielraum der Hochschulen selbst entsteht hingegen in dem Maße, wie sie in der Lage sind, über ihre Mittel durch Umschichtung zu disponieren, Fonds zu bilden und über konkurrierende Ansprüche zu entscheiden. Zwar gibt es auch hierfür ermutigende Beispiele. Insgesamt jedoch wirkt sich die Vielfalt detaillierter und starrer Vorgaben lähmend aus. Einige Beispiele seien herausgegriffen.

Die – im Prinzip unvermeidbare – Verpflichtung zur vollständigen Ausschöpfung der Ausbildungskapazitäten behindert in Numerus-clausus-Fächern die gezielte Ausweitung der Forschungskapazitäten. Die Einheitlichkeit des Lehrdeputats – nur unwesentlich aufgelockert durch Forschungsfreisemester – behindert den vorrangigen Einsatz der besonders befähigten Professoren in Forschungsschwerpunkten des Fachbereichs oder der Universität: Wenn womöglich, wie es von kompetenter Seite geltend gemacht wird, nur 20 % der Wissenschaftler an den Hochschulen wirklich forschen, ist es nicht in Ordnung, daß 100 % der Universitätsprofessoren durch geringe Lehrverpflichtung und durch die vorlesungsfreie Zeit so gestellt werden, als seien sie gleichgewichtig in Forschung und Lehre tätig. Die für den Regelfall vorgegebene Nichtübertragbarkeit von Haushaltsmitteln behindert das Ansparen für aufwendige Vorhaben. Die bürokratische Kontrolle von Drittmitteln und ein starres Tarifvertragsrecht für die wissenschaftlichen Mitarbeiter behinderten bis vor kurzem die Hochschulen auf dem Markt der anwendungsbezogenen Forschung; die Novellierung des Hochschulrahmengesetzes und das Zeitvertragsgesetz schaffen nunmehr Abhilfe.

Allerdings zeigt die flexiblere Anpassung der Arbeitsverträge an die Projekterfordernisse auch, daß die Hochschulpolitik hier eine schwierige Balance zu finden hat, da solche Dispositionsmöglichkeiten die Gefahr mit sich bringen, die Attraktivität des Arbeitsplatzes Hochschule für den hochqualifizierten wissenschaftlichen Nachwuchs zu verringern. Diese Balance gilt es bei der Durchsetzung des Wettbewerbsgedankens generell zu finden: Die zeitiche Befristung von Verträgen und Ausstattungen erhöht zwar den Handlungspielraum und eröffnet Möglichkeiten der Erfolgskontrolle; zugleich reduziert sie jedoch Stetigkeit und Verläßlichkeit, die für selbstbestimmtes wissenschaftliches Arbeiten unverzichtbar sind. Mit einer gesicherten, wenn auch eng begrenzten Grundausstattung wird diesem Erfordernis Rechnung getragen.

Während für den Wettbewerb in der Forschung breite Erfahrungen bestehen und die hochschulpolitischen Hebel zur Erweiterung des notwendigen Handlungsspielraums erkennbar sind, scheinen Lehre und Studium vom Wettbewerb weithin unberührt zu bleiben. Solange die Zahl der Studienbewerber die Zahl der Studienplätze übersteigt und gleichzeitig eine zentrale Vergabestelle den verfassungsrechtlich verbürgten Zulassungsanspruch der Bewerber nach generellen Kriterien zu erfüllen versucht, kann es in der Tat einen Wettbewerb der Hochschulen um die besten Studenten nicht geben. Der jetzt gelungene Einbruch in das ZVS-System, der den Hochschulen eine Quote von 15 % der Studienplätze in der Medizin zur eigenen Besetzung zuweist, zeigt die notwendige Kurskorrektur an. Aber auch nach einer Abschaffung des zentralen Vergabe- und Verteilungsverfahrens bleibt die Gestaltung einer solchen Wettbewerbsordnung eine schwierige Aufgabe. Es gilt zu verhindern, daß einzelne Hochschulen – und sei es auch nur für einen begrenzten Zeitraum mit trügerischem Erfolg – durch „Discount-Examina" für ihre sonst ungenutzten Studienplätze Nachfrage zu schaffen versuchen. Der derzeitige Handlungsspielraum in Lehre und Studium ist demnach begrenzt. Voll ausgeschöpft ist er jedoch noch keineswegs. Zu verstärken ist zum Beispiel die wettbewerbsorientierte Bereitstellung von Sondermitteln für innovative Entwicklungsvorhaben (Modellversuche), für die Heranbildung des wissenschaftlichen Nachwuchses (Graduiertenkollegs), für die intensivere Betreuung von Doktoranden und Diplomanden (Deputatsanrechnung und Zusatzaustattungen) oder für die Vergabe von Preisen für hervorragende Leistungen der Studenten und des wissenschaftlichen Nachwuchses.

3.2 Transparenz

Um so mehr sind Lehre und Studium angesprochen, wenn es um die elementare Voraussetzung von Wettbewerb und letztlich jeder hochschulökonomischen Steuerung der Hochschulen geht, nämlich um Transparenz. Nur wenn die Hochschulen und ihre Mitglieder Kenntnis der „Kostenfaktoren" haben, wenn sie wissen, welche Ressourcen für die Zielerreichung sachlich nicht zwingend erforderlich sind, wenn sie die Ursachen für Fehlallokationen untersuchen, können sie unwirtschaftliche Entwicklungen korrigieren und sich selbst neue Handlungsspielräume eröffnen.

Tatsächlich dominiert die unreflektierte Berufsroutine, und mancher Kostenfaktor des Studiums bleibt von vornherein im wohltätigen Dunkel einer black box verborgen. Es ist zum Beispiel nicht effizient, den teueren Kleingruppenunterricht möglichst flächendeckend anzustreben. Er sollte auf dasjenige Maß beschränkt werden, das wirklich unerläßlich ist, um die Studenten exemplarisch an aktive Teilnahme und praktische Übungen heranzuführen. Es ist auch nicht effizient, für die Vermittlung eines Stoffgebietes z. B. vier Semesterwochenstunden aufzuwenden, wenn im wesentlichen derselbe oder vielleicht gar ein besserer Lerneffekt im Selbststudium durch systematische Lektüre und durch eine ergänzende Lehrveranstaltung im Umfang von zwei Semesterwochenstunden erreicht werden könnte. Bei aller Hochachtung vor unserem Lehrbetrieb: Daß sämtliche Lehrveranstaltungen durch ihre Lebendigkeit, ihre Didaktik und ihre Forschungsnähe jedem Buch überlegen wären, ist eher unwahrscheinlich. Friedrich Daniel Schleiermacher, 1810 erster Dekan der Theologischen Fakultät der neuen Berliner Universität, hatte hierzu feinsinnig gefragt, „warum der Staat einige Manner lediglich dazu besoldet, damit sie sich des Privilegiums erfreuen sollen, die Wohltat der Druckerei ignorieren zu dürfen". Der bislang übliche Lehraufwand – z. B. von 160 Semesterwochenstunden für ein geistes- oder sozialwissenschaftliches Studium – sollte jedenfalls nicht weiterhin als Besitzstand oder gar als Stein der Weisen akzeptiert werden. Die Forderung nach „Selbstdurchleuchtung" der Hochschulen ist seit langem aktuell.

Weitere Reserven für Umschichtungen und Leistungsverbesserungen, die die Hochschulen bei solcher Selbstdurchleuchtung vorfinden, seien nur angedeutet: die Stoffüberfrachtung in den einzelnen Studiengängen, die häufig zu späten Fachwechsel- und Abbruchentscheidungen der Studenten, die Anrechnung von Kleinstveranstaltungen auf das Lehrdeputat, die geringe oder rasch schwindende Präsenz der Studenten in vielen Lehrveranstaltungen, die Fehlsteuerung, daß jedes Fachgebiet nach Absicherung in der Prüfungsordnung glaubt streben zu müssen, oder die brisante Frage nach der regionalen Konzentration nicht ausgelasteter Fächer. Zur „Selbstdurchleuchtung“ gehört es auch, daß sich die Fachbereiche nicht nur beiläufig Rückmeldungen zur Qualität ihrer Ausbildungsleistungen verschaffen, z. B. durch Befragung von Absolventen und Abnehmern sowie durch systematische Gespräche der Professoren mit den Studenten über den Erfolg der Lehrveranstaltungen und über deren zeitliche Inanspruchnahme durch die Nachbereitung der Vorlesungen, durch Übungsarbeiten, Prüfungen usw.

Trotz dieser beträchtlichen Transparenzdefizite in Lehre und Studium kann festgestellt werden, daß das Leistungsgefüge der Hochschulen in den letzten 10, 15 Jahren durchsichtiger geworden ist. Das Berichtswesen zur Forschung und zum Studium ist vorangekommen. Repräsentative Befragungen geben Einblick in die Problemsicht der Hochschulmitglieder. Organisationssoziologische Untersuchungen legen komplexe Funktionszusammenhänge offen. Statistische Porträts einzelner Hochschulen sowie Kennzahlenvergleiche und erste tastende Versuche mit fachspezifischen Ranking-Lists und mit den in den USA bewährten Self-Studies zielen in die richtige Richtung. Es ist Sache der Fachbereichssprecher, aber auch der Hochschulleitung, solche Informationen und Impulse aufzunehmen und das konstruktive Gespräch der Beteiligten über Leistungsdefizite und über die Nutzung von Wettbewerbsvorteilen gegenüber anderen Hochschulen zustande zu bringen. Viel zu häufig haben Alltagsroutine und die Wunden alten Streits oder auch folgenlos gebliebene Gleichgültigkeit solche Gesprächsmöglichkeiten verschüttet. Aufgabe der Hochschulorgane, erforderlichenfalls der Wissenschaftsverwaltung und des Parlaments ist es, die dabei entwickelten neuen Lösungsvorschläge zu ermutigen, sie materiell zu unterstützen und Widerstände zu überwinden. Die Hochschulen täten gut daran, sich solche Verbesserung ihrer Transparenz als ständige Aufgabe vorzunehmen, hierfür klare Verantwortlichkeiten zu begründen und sich über die Ergebnisse dieser Bemühungen periodisch Rechenschaft abzulegen.

3.3 Kommunikation

Die Mobilisierung des Leistungspotentials der Hochschulen bedarf neben dem Engagement für das anvertraute öffentliche Amt, neben den Herausforderungen des Wettbewerbs und neben der Transparenz der Leistungserbringung noch eines weiteren: der Verständigung der Hochschulmitglieder untereinander. Die gemeinsame Sache Hochschule muß von ihren Mitgliedern als gemeinsame angenommen und gelebt werden. Nur so wird die Institution Hochschule die an sie gerichteten Erwartungen erfüllen können. Bereits die Feststellung der Stärken und der Schwachpunkte in Forschung, Lehre und Studium erfordert den Austausch und die Zusammenführung von Erfahrungen und Einschätzungen der Beteiligten. Gelingen kann dies nur, wenn sich die Hochschulmitglieder auch als sozialer Verbund verstehen. Eine solche Binnenkommunikation ist unter den gewandelten Verhältnissen der Massenausbildungsstätte und des arbeitsteiligen Forschungsbetriebs noch nicht gelungen. Deshalb muß die Hochschule versuchen, durch eine Vielzahl praktischer Schritte wieder zu einer Stätte der Begegnung zu werden, wobei vor allem auch politische Gräben überwunden werden müssen.

Wer die amerikanischen Faculty-Clubs kennt, wem die Betreuung der Studenten in Großbritannien durch den Tutor vertraut ist und wer die Identifikation angelsächsischer Studenten mit ihrer Universität – nicht zuletzt aufgrund geselliger, kultureller und sportlicher Aktivitäten – erlebt hat, der empfindet den Mangel an unseren Hochschulen besonders schmerzlich. Die angelsächsische Unbefangenheit, mit der Wissenschaftler über Fachgrenzen hinweg miteinander sprechen, und die persönliche Sicherheit, mit der sie sich dem kritischen Urteil der Kollegen aussetzen, um dabei Neues zu lernen, ist immer wieder beeindruckend.

An ausbaufähigen Ansätzen fehlt es auch an den deutschen Hochschulen nicht. Es gibt auch heute noch – oder schon wieder – den Professor, der Studenten seines Seminars zum Tee einlädt. Es gibt den Fachbereichssprecher, der einmal im Semester ein kleines Buffet aufbaut und seine Kollegen zusammen mit besonders wachen Assistenten und Studenten zum Gespräch über ein gemeinsam interessierendes Thema oder zu Vorträgen über die Forschungsleistungen des Fachbereichs bittet. Es gibt den AStA, der Feste und Diskussionsveranstaltungen organisiert. Es gibt Versuche, jedem Studienanfänger einen „personal advisor“ zu benennen, was bei Heranziehung der wissenschaftlichen Mitarbeiter quantitativ ohne Frage machbar ist. Und es gibt die Universitäten, die Ringvorlesungen zu Fragen der Zeit anbieten und sich damit zugleich an die allgemeine Öffentlichkeit wenden. So können Hochschulmitglieder ihre Hochschule als die ihre erfahren. Dabei geht es gewiß nicht nur um die Hebung des Wohlbefindens, sondern vor allem um die Weitung des Blicks, um das Verstehen über Fachgrenzen hinweg, um die Erleichterung der Zusammenarbeit, letztlich um die Stimulierung von Leistung.

Die verdichtete Kommunikation – und nur sie – gibt der Hochschule die Chance, sich wieder ihrem Bildungsauftrag zu nähern und durch gemeinsame Erkenntnissuche die Verantwortung der Wissenschaft auch vor der Öffentlichkeit anschaulich zu machen. Mit der Überwindung der Sprachlosigkeit zwischen den Disziplinen könnte sie sich verstärkt den ökologischen, kulturellen und sozialen Folgen wissenschaftlicher Arbeit zuwenden. Sie könnte einen jahrzehntelangen Trend umkehren, den Odo Marquard vor der Jahresversammlung der Westdeutschen Rektorenkonferenz 1985 zugespitzt so beschrieben hat: „Nicht zufällig begann genau zu jenem Zeitpunkt, als mit den Fakultäten die letzten Interdisziplinaragenturen aus der Universität verschwanden, quasi als ihr Ersatz die heutige Konjunktur des Wissenschaftstourismus: die humanwissenschaftlich interfachlichen Gespräche werden seither zur Sache des – gegenüber der Universität – anderen Ortes. So ist man zwar weiterhin an der Universität; aber man denkt nun woanders.“

Das neue Hochschulrecht – das Hochschulrahmengesetz von 1975, auch in seiner Gestalt von 1985 – ermutigt und unterstützt die notwendige Trendwende. In seinem nüchternen Paragraphenwerk zieht es Folgerungen aus der Erosion tradierter Leitbilder und aus fundamentalen Veränderungen der wissenschaftlichen Ausbildung und Forschung. Es bekräftigt Bewährtes, setzt neue Akzente und gibt damit den Hochschulmitgliedern Orientierungen für ihre Arbeit und ihre Kommunikation. Es schlägt dabei eine Richtung ein, die sowohl den wissenschaftimmanenten Anforderungen als auch den absehbaren gesellschaftlichen Notwendigkeiten gerecht zu werden verspricht:

- Der Anspruch der Institution Hochschule, in öffentlicher Verantwortung zu stehen, also nicht nur ein Dienstleistungsbetrieb zur Erzeugung beliebiger Forschungs- und Ausbildungsergebnisse zu sein, wird aufrecht erhalten.
- Bildung ist auch unter den Vorzeichen des HRG ebenso wenig wie zu Zeiten der Gründung der Berliner Universität bloße Privatsache der Studenten, die von ihrer Fachausbildung abgespalten wäre; sie gehört vielmehr zum öffentlichen Auftrag der Hochschulen.
- Ferner anerkennt das HRG ausdrücklich die berufsvorbereitende Funktion des wissenschaftlichen Studiums, aber es widersteht der technokratischen Versuchung, sie auf Einübung in vorhandene Berufsroutine zu beschränken.
- Das Hochschulrahmengesetz respektiert die Fächer, ordnet sie aber dem einheitlichen Ziel eines Studiengangs sowie seinen didaktischen Notwendigkeiten und kapazitären Grenzen unter und schränkt insoweit die Freiheit der Lehre und des Studiums ein.
- Sowohl in der Forschung als auch in der Lehre schlägt das Gesetz vielfältige Brücken zwischen Wissenschaft und Praxis.
- Bei der inneren Willensbildung der Hochschulen zieht es Konsequenzen aus der Expansion des Lehrkörpers durch die Gruppenrepräsentanz in den Kollegialorganen.

Gemessen an der uns so vertrauten sprachlichen Kraft des Humboldt'schen Konzeptes, das die Phantasie beflügelt, mag dieses Leitbild des neuen Hochschulrechts etwas hausbacken ausgefallen sein. Tragfähig erscheint es gleichwohl. Jetzt kommt es darauf an, den so vorgezeichneten und weithin schon eingeleiteten Umbau der deutschen Hochschulen konsequent fortzusetzen und ihr Leistungspotential, das durch die Anstrengungen der letzten Jahrzehnte geschaffen worden ist, voll zur Geltung zu bringen.

III. Neue Technologien

Künstliche Intelligenz: Was sie ist und was nicht

PETER DEUSSEN

1. Einleitung

Der Begriff „künstliche Intelligenz“ hat in der kurzen Zeit seiner Existenz eine erstaunliche Karriere gemacht und läuft dabei Gefahr, sich selbst ad absurdum zu führen. Nicht nur, daß künstliche Intelligenz in Stellen- oder Produktannoncen auf die Verwendung von für dieses Gebiet spezifischen Programmiersprachen wie LISP oder PROLOG reduziert wird, sie wird im kommerziellen Bereich auch meist auf das Gebiet der Expertensysteme, was immer man darunter verstehen mag, eingeengt. Und weil es trotz allem ein offenbar zugkräftiges Wort ist, versucht alle Welt, ein bißchen davon auch für sich zu pachten, der Etikettenschwindel ist in vollem Gange. Die Fügung *künstliche Intelligenz* kam aus der englischsprechenden Welt auf uns, sie ist die naive Eindeutschung von *artificial intelligence*, naiv deshalb, weil unser Wort *Intelligenz* eine andere Konotation hat als das englische *intelligence*, was etwa dessen Verwendung in *Central Intelligence Agency* verdeutlichen mag.

Künstliche Intelligenz ist ein Gebiet der Informatik, das sich zum Ziel gesetzt hat, die intelligenzverstärkende Fähigkeit des Rechners offensiv voran zu treiben. Sucht man aber nach einer Abgrenzung gegenüber der Informatik, so kann man allenfalls sagen, daß letztere sich in der Vergangenheit eher als eine Querschnittswissenschaft, als eine „Werkzeugwissenschaft des Geistes“ [Gan] verstand. Von den Werkzeugen und den Methoden her ist künstliche Intelligenz nicht prinzipiell und auf Dauer haltbar von der Informatik abzugrenzen. Mit künstlicher Intelligenz wollen wir also ein ganz bestimmtes Gebiet der Informatik bezeichnen, das sich die festumrissene Aufgabe setzt, Rechner so einzurichten, zu programmieren, daß sie in zunehmendem Maße intellektuelle Tätigkeiten übernehmen können, die ehemals dem Menschen vorbehalten schienen, und dafür auch neue Werkzeuge entwickelt, über die zu sprechen sein wird.

Künstliche Intelligenz meint für manche Fachvertreter aber auch das, was naiverweise damit verbunden wird, nämlich die Nachbildung menschlicher Intelligenz durch Maschinen, durch Rechner, um auf diese Weise Aufschlüsse über die Mechanismen der menschlichen Intelligenz zu gewinnen. In wieweit gerade dieses Ziel Bestand und Bedeutung hat oder haben wird, darüber gehen die Meinungen begreiflicherweise weit auseinander. Euphorische Fachvertreter preschen vor und stellen die Fachseriosität hinter sich lassend, Utopien als baldige Realität hin, ja, meinen sogar, die Intelligenz kleiner Kinder bald mit Maschinen nachbilden zu können. Wenn solche Vertreter angegriffen oder als lächerlich abgetan werden (vgl. [Spä]), so nur zu Recht, schaden sie doch dem tragfähigen Teil der künstlichen Intelligenz erheblich. Heftige und fundierte Kritik an dem Ansatz, der letztlich auf [New] zurückgeht, hat diejenigen, die in seiner Verfolgung ihre Aufgabe sehen, begreiflicherweise verunsichert. Hervorzuheben sind hier die Bücher [Dre1] und [Dre2], in welchen von der geisteswissenschaftlichen Seite und der der Informatik her die Auseinandersetzung geführt wird. Wer schließlich recht haben wird, hängt wohl davon ab, was unter Intelligenz verstanden wird, und da bereits das ein Streitpunkt ist, entbehrt die Auseinandersetzung möglicherweise überhaupt der Grundlage.

Sprechen wir daher unverfänglicher von intellektueller Leistung anstelle von künstlicher Intelligenz, so wird meist schnell Konsens erzielt: ein Rechner vermag intellektuelle Leistungen zu erbringen. Wenn ein Kind in der Schule rechnet, so vollbringt es intellektuelle Leistungen, wie die Eltern unschwer bestätigen; im Mittelalter wurde diese Fähigkeit sogar an den hohen Schulen gelehrt. Heute kann dies eine Maschine. Auskünfte über Flugverbindungen und Flugtarife werden, sofern vom Menschen eruiert und gegeben, als intellektuelle Leistung angesehen. Heute kann dies eine Maschine, im Prinzip sogar mit natürlichsprachlich geschriebener Eingabe und gesprochener Ausgabe. Findet sich ein Mensch – jung oder alt – in ihm völlig unbekanntem Gelände allein anhand von Karten und Kompaß zurecht, so ist das eine intellektuelle Leistung – heute kann dieses auch eine Maschine, z.B. in den cruise missiles. Die Liste ließe sich beliebig fortsetzen, und ebenso wie uns die Vergangenheit lehrt, daß die *Kraft-Maschine* den Menschen in spezialisierten Bereichen *körperlicher Tätigkeit* bei weitem übertroffen hat, ebenso haben wir schon gelernt und werden es zukünftig in noch größerem Umfang lernen, daß die *Intellekt-Maschine* den Menschen in spezialisierten Bereichen *intellektueller Tätigkeit* bei weitem übertreffen wird. Das sei als These gewagt, die Zukunft wird's zeigen. Ebensowenig aber, wie ich mich als Mensch durch die Tatsache infrage gestellt sehe, daß das Auto schneller läuft als ich, das Flugzeug besser fliegt als ich, ebensowenig bin ich als Mensch durch Rechner, durch Expertensysteme, durch Sichtsysteme und was sonst noch alles geschaffen wird, in Frage gestellt. Wenn man in Kenntnis der fachlichen Möglichkeiten und Zusammenhänge sowie auch der geschichtlichen Entwicklung und nicht aus einem allgemeinen Unbehagen heraus argumentiert, so bedarf es nicht der Berufung auf menschliche Kreativität, um sich gegen die künstliche Intelligenz abzugrenzen.

2. Was können Rechenmaschinen eigentlich?

Im Jahr 1770 entwickelte J. Watt eine bereits vorhandene Erfindung, die Dampfmaschine, zur Technologie; vorher gab es außer Sklaven, Tieren, ein wenig Wasser und Wind keine Quellen mechanischer Energie. In nur zweihundert Jahren aber veränderte diese Maschine unsere Welt völlig. Hingegen weiß der Mensch nachweislich schon seit 5000 Jahren, daß auch *Information* und *Daten* von mechanischen Geräten verarbeitet werden können. Die wichtigsten Daten für den Mensch waren von alters her Tag und Stunde, und so nehmen denn Uhren (schon 3000 vor Christus in Ägypten in Form von Wasseruhren) die wichtige Funktion der Tageseinteilung war. Die Einteilung des Jahres erforderte Kalenderwerke, mechanische Himmelssphären, Getriebe für Epizyklen und Astrolabien. Alles dies entstand ebenfalls lange vor der Zeitwende. Wesentlich für unsere Rechenmaschinen war die Erfindung der Räderuhr (1290 nach Christus). Hier flossen die gesammelten mechanischen Kenntnisse und Erfahrungen zusammen um *ein* Produkt, die Uhr, zu einem ungeahnten Höhepunkt zu bringen

[Gün]. Die Verfeinerung der Technik brachte die Federuhr (P.Henlein, 1513), und sie erst ermöglichte es W.Schickard (1623), B.Pascal (1643) und G.W.Leibniz (1673) die ersten Rechenmaschinen für die Grundrechenarten – Addition, Subtraktion, Multiplikation und Division – zu konstruieren. Aber die Zeit war wohl noch nicht reif für einen größeren Einsatz solcher Rechengeräte, vielleicht lag es auch daran, daß eine richtige Fertigung dafür noch nicht möglich war. Jedenfalls wandte man sich in den nächsten hundert Jahren mehr der Konstruktion allerhand merkwürdiger Automaten zur Unterhaltung der Landesfürsten zu, als daß die Technik der Rechenmaschinen konsequent weiterentwickelt worden wäre. Erst Charles Babbage (1792–1871) brachte mit seiner *difference engine* und *analytical engine* neue Ideen: ein sehr kompliziertes Rechenwerk, so kompliziert, daß es mit der damaligen Feinmechanik nie zum Laufen gebracht werden konnte, sollte durch Bänder von Lochkarten, die J. M. Jacquard (1752 - 1834) zur Steuerung seines Musterwebstuhls verwendete, gesteuert werden [Obe]. Hermann Hollerith (1860 - 1929) übernahm die Idee der Lochkarte und baute seine Zähl- und Sortiermaschinen, deren Durchbruch mit dem Einsatz bei der 11. großen amerikanischen Volkszählung von 1890 erfolgte. Jetzt begann sich die Entwicklung zu beschleunigen, Rechenmaschine und Lochkartenmaschine verbanden sich zu wertvollen Geräten für die Buchhaltung. Die beginnenden dreißiger Jahre koppelten Deutschland allmählich von der weltweiten Entwicklung ab und so muß bei diesem historischen Überblick noch auf die Leistungen Konrad Zuses hingewiesen werden. Mit privaten Mitteln entwickelte er ohne staatliche Hilfe 1941 den ersten freiprogrammierbaren, allerdings noch elektromechanischen Rechner der Welt, die Z3. 1945, als es gar keine Möglichkeiten mehr für ihn gab, seine Ideen zu realisieren, begann Konrad Zuse über höhere Programmiersprachen nachzudenken. Er entwarf seinen Plankalkül, der sehr viele wichtige Konzepte moderner Programmiersprachen schon damals, fern jeder Realisierungsmöglichkeit, enthielt [BaWö]. Mit seinem Plankalkül wagte er sich an Aufgaben heran, die man heute der künstlichen Intelligenz zurechnen würde: er versuchte ein schachspielendes Programm zu entwerfen.

An dieser Stelle muß man sich fragen, was wohl ein Gremium zur Technologiefolgenabschätzung in der damaligen Zeit zu dieser neuen Erfindung für Aussagen gemacht hätte!

Was vermögen nun solche Rechenmaschinen und was die in aller Munde befindlichen Mikroprozessoren, die ja auch nur Rechenmaschinen im Kleinen sind? Es ist für ihr Verständnis völlig unerheblich, daß es in ihnen Schalter, Flipflops, Register, Bits und Bytes und was der Fachtermini mehr sind, gibt. Allenfalls für ihr Funktionieren spielt das eine Rolle. Sie vermögen scheinbar wenig, nämlich *Zeichenreihen, auch Wörter genannt, nach vorgegebenen Vorschriften zu verarbeiten*. Um die ganze Spannweite dieser Aussage zu ermessen, sollen deren einzelne Begriffe näher betrachtet werden: Zeichenreihen sind, wie es das Wort sagt, lineare Aneinanderreihungen von Zeichen, die einem vorgegebenem Alphabet entnommen sind, etwa dem der Tastatur, mit welcher dieser Aufsatz geschrieben wurde. Die Verarbeitungsmöglichkeiten sind sehr primitiv, sie bestehen darin, Teile von Zeichenreihen zu löschen oder durch andere zu ersetzen oder in Zeichenreihen andere einzufügen, also gerade das, was man beim Schreiben auch tut. Die Zeichenreihen aber umspannen unser ganzes geistiges Universum. Sind nicht Texte, also geschriebene Sprache, das Bild unseres Denkens und vermögen die Summe unseres Wissens zu überliefern? Jeder Text ist letztendlich Zeichenreihe, aber auch Zahlen sind es. Mathematische Formeln sind Zeichenreihen ebenso wie mathematische Aussagen und Sätze, aber auch jede andere schriftliche Form unseres Wissens. Insbesondere aber sind die *Vorschriften,* das Programm, nach welchem ein Rechner die Zeichenreihen verarbeiten soll, ebenfalls Zeichenreihen. Der Rechner kann also seine eigenen Verarbeitungsvorschriften ver- und bearbeiten, und das ist der tiefere Grund für seine Universalität und Mächtigkeit. Diese Anwendbarkeit auf sich selbst hat D. Hofstadter so fasziniert, daß er darüber sein spannendes und umfangreiches, aber keineswegs leicht verständliches Buch „Gödel, Escher, Bach“ [Hof] schrieb, sie läßt sich aber auch soweit mathematisch fassen, daß damit das Vorhandensein grundsätzlicher Grenzen für den Rechner bewiesen werden kann, z.B. kann es kein Programm geben, das je zwei andere Programme daraufhin überprüft, ob sie dasselbe leisten oder nicht, oder das prüft, ob ein Programm, wenn es gestartet wurde, jemals zu einem Ende kommt.

Die genannte prinzipielle Universalität und Mächtigkeit des Rechners im Verein mit der atemberaubenden technischen Entwicklung seit 1970 hat Einsatzmöglichkeiten eröffnet, die uns früher nicht in den Sinn gekommen wären. Wer hätte z.B. 1975 schon daran gedacht, daß Arbeitsplatzrechner mit hochauflösender Farbgraphik für einen erschwinglichen Preis auf den Markt kommen würden, wer hätte daran gedacht, daß wir dabei 100 und 200 Millionen Bytes Speicherkapazität zur Verfügung hätten — zum Vergleich: das Buch der Bücher, die Bibel, hat rund 4.6 Millionen Zeichen und benötigt daher ebensoviele Bytes an Speicherplatz.

Die heute für einen gegenüber früher vergleichsweise geringen Preis verfügbaren hohen Speicherkapazitäten und Verarbeitungsgeschwindigkeiten ermöglichen es, Probleme anzugehen, die eben daran früher scheitern mußten. So können jetzt große Suchräume aufgespannt und in akzeptabler Zeit durchmustert werden und diesem Umstand ist es zu verdanken, daß Programmiertechniken der künstlichen Intelligenz in den Bereich des praktischen Einsatzes kommen.

3. Das Regelparadigma ...

Eine zweite Entwicklungslinie muß nun verfolgt werden, will man die künstliche Intelligenz richtig einordnen. Diese Linie spiegelt ein tiefliegendes Streben des menschlichen Geistes wider, sein Wissen, sei es nun induktiv oder aber deduktiv gewonnen, in Form möglichst einfacher Regeln zu kodifizieren, wo immer es geht.

Das hat den Zweck, das Wissen übersichtlich zu präsentieren, übersichtlich zu kommunizieren und damit dessen Verwendung zu vereinfachen, unter Umständen soweit, daß die Regeln *mechanisch*, gewissermaßen gedankenlos handhabbar werden.

Etwa 1700 vor Christi Geburt lebte auf Kreta die ebenso schöne wie geistreiche Königstochter Ariadne. Sie gab ihrem geliebten Theseus nicht nur einen Faden, sondern auch ihr Wissen darum, wie man in das Innere des Palastes von Knossos (des Labyrinths) zum Minotauros gelangt in Form zweier Regeln an die Hand. Die beiden Regeln lauteten:

wenn es gibt noch einen ungenutzten Weg
dann nimm den nächsten ungenutzten Weg und gehe bis zur nächsten Verzweigung
und
wenn es gibt keinen ungenutzten Weg
dann gehe zurück zur vorhergehenden Verzweigung.

Aber nicht nur die Regeln gab sie dem schwerterschwingenden Theseus, sondern auch das zugehörige Verfahren, das Programm:

Start beim Eingang;
solange Innenhof (mit Minotauros) noch nicht erreicht ist *tue:*
  wähle eine anwendbare Regel und wende sie an;

Ariadne implementierte damit den ersten rücksetzenden Suchalgorithmus würden wir heute sagen, und sie ist deshalb wohl mit Fug und Recht die erste Informatikerin zu nennen. Einiges später, die Griechen hatten die Macht des logisch denkenden Geistes entdeckt, lebte um 350 vor Christi Geburt Aristoteles. Er faßte aus seiner damaligen Sicht das logische Argumentieren in Form von 19 Schlußregeln, die ebenfalls die *wenn .... dann* Form haben, zusammen (vgl. [Hil]). Seine Regeln sollten bis in die heutige Zeit richtungweisend für Logik und Philosophie bleiben. Etwa um diesselbe Zeit, nämlich um 300 vor Christus, formulierte Euklid zwei *wenn .... dann*-Regeln, die es zusammen mit dem Verfahren, wie es schon Theseus benutzt hatte, gestatten, den größten gemeinsamen Teiler zweier natürlicher Zahlen zu bestimmen. Dieser sogenannte Euklidische Algorithmus ist auch heute immer noch der beste für die genannte Aufgabe.

Ein großer Zeitsprung führt uns zu Mukhamad ibn Musa abu Abdallah *al-Khorezmi* al-Madjusi al-Qutrubulli. Er wirkte um 815 nach Christi Geburt im „Haus der Weisheit" des Kalifen al Mamun in Bagdad. Alle seine Bücher wurden ins Lateinische, das damalige Englisch, übersetzt, und eines hatte den Titel „Algorithmi de Numero Indorum" , zu deutsch „Al-Khorezmi über die indische Zahl": Algorithmi war die Latinisierung des Namens Al-Khorezmi, und so entstand unser Wort Algorithmus. Das umfangreiche Werk al-Khorezmis beschäftigte sich mit in Form einfacher Regeln gefaßten Vorschriften für die Astronomie, für die Geographie, für das Lösen von Gleichungen und auch für das Rechnen mit Zahlen. Eine seiner Regeln sei hier wiedergegeben:

wenn in einer Subtraktion nichts übrigbleibt
dann schreibe einen kleinen Kreis, damit der Platz nicht leer bleibe.

Die Regel behandelt die Null, den „kleinen Kreis" bei der Subtraktion [Zem]. Erst 1533 wird dieses Rechnen mit Zahlen in Stellenschreibweise von A.Riese im deutschen Sprachraum, speziell für die Kaufleute verbreitet [Obe]. 1646 bis 1716 wirkte, und damit sei's genug der Historie, das große Genie G.W.Leibniz. Nicht nur daß er eine Rechenmaschine für die vier Grundrechenarten baute und die Dualzahlen erfand, er griff im Rahmen seines Gesamtwissens und durchaus seiner Philosophie entsprechend die Ideen Aristoteles' wieder auf, wenn er das formale, das maschinelle Rechnen mit Zahlen übertragen wollte auf das Argumentieren: „calculemus", laßt uns rechnen rief er aus, „um die Wahrheit zu finden" [Dav]. Dieses Programm, das mit Aristoteles begann und das Leibniz wieder aufgriff, wurde erst mit dem Ausgang des vergangenen Jahrhunderts (G.Frege, G.Boole) und in den dreißiger Jahren dieses Jahrhunderts (D.Hilbert, K.Gödel) zu seinem wesentlichen Abschluß gebracht. Die formale, die mathematische Logik fand ihre Klärung, die Logik wurde zu einem Kalkül (von lat. calculus = Rechensteinchen für den römischen Abakus, dem damaligen Taschenrechner).

Die mathematische Logik ist die Grundlage der formalen Darstellung von Wissen. Sie erst erlaubt es, das formal dargestellte Wissen kalkülhaft zu bearbeiten, also durch einen Rechner manipulieren zu lassen. Und alle Techniken zur (rechnergerechten) Darstellung von Wissen sind daran zu messen, inwieweit sie sich auf die mathematische

Logik zurückführen lassen. Die Regeln, nach welchen solcherart formal dargestelltes Wissen manipuliert werden darf, sind wieder von der Form

wenn A *dann* B.

Der Rückblick in die Geschichte, aber auch die nachfolgenden Anwendungen führen immer wieder auf solchen Regeln, und sie werden stets nach dem Muster des zu Beginn formulierten Verfahrens für Theseus verwendet:

Beginn bei Startsituation;
solange Abbruchkriterium noch nicht erreicht ist *tue:*
  wähle eine auf die momentane Situation anwendbare Regel aus und wende sie auf diese Situation an;

Auch das Spiel des homo ludens ist nach diesem Regelparadigma geformt: mit fest vorgegebenen Regeln wird das Theseus-Verfahren durchgeführt solange, bis eben sein Abbruchkriterium, d.h. hier das Spielende erreicht ist. Abbruchkriterium und die Strategie zur Auswahl der anzuwendenden Regel bieten in der Praxis die eigentlichen Schwierigkeiten, wie unschwer dem Vergleich mit dem Spiel zu entnehmen ist, jedoch sind in der Formulierung des Theseus-Verfahrens diese Schwierigkeiten offengelegt und auf den Punkt gebracht worden. Übrigens, die einfachste Form der Auswahl ist es, die nächste Regel aus einer vorgefertigten Sequenz von Regeln zu nehmen. Eine solche vorgefertigte Sequenz von Regeln zu erstellen ist die klassische Form des Programmierens.

4. ... und seine Anwendungen

A. beim Rechnen. Das ganz gewöhnliche Rechnen ist bereits eine erste und ohne Zweifel wichtige Anwendungen des Regelparadigmas. Wenn man in der Schule oder aber als Physiker Formeln, etwa

$$(a+b)(a-b)$$

umformen oder vereinfachen muß, so verfährt man nach dem Theseus-Verfahren mit Regeln der Art

wenn in der umzuformenden Formel eine Unterformel der Form $x+y$ vorkommt
dann dann wird diese Unterformel durch $y+x$ ersetzt

oder

wenn in der umzuformenden Formel eine Unterformel der Form $x(y+z)$ vorkommt
dann dann wird diese Unterformel durch $xy+xz$ ersetzt

bis die Formel die gewünschte Form hat. Die erste Regel reflektiert das Kommutativgesetz der Addition und die zweite das Distributivgesetz; m.a.W. die Regeln sind hier nichts anderes als operativ formulierte Gesetze unserer Zahlen. In der Physik treten häufig sehr komplizierte Formelgebilde auf, insbesondere dann, wenn partielle Differentialgleichungen, das Gerüst der Physik, zu lösen sind. Um den Physiker bei der Bearbeitung solcher Ungetüme zu entlasten und um Rechenfehler zu vermeiden, wurde 1975 das regelbasierte System MACSYMA entwickelt, mit dessen Hilfe der Naturwissenschaftler komplizierte Formeln umformen kann. Dieses fälschlicherweise „symbolisch" genannte Rechnen – welches Rechnen ist denn nicht „symbolisch", wenn wir mit den Symbolen für die gedachten Zahlen arbeiten? – hat in den letzten Jahren immens an Bedeutung gewonnen. In den letzten Jahren deshalb, weil es erst die heutige Technik erlaubt, spezielle Algorithmen in Form von höchstintegrierten Schaltungen direkt auf Chips zu bringen, „in hardware zu gießen", und damit enorm schnell und leistungsfähig zu machen. So wird eine bestimmte Form der Arithmetik in extensiver Weise in der Kryptographie verwendet, und wenn zukünftig Chip-Karten zur Authentifizierung beim Zugang zum Konto oder zu den „value added services" der Post benutzt werden, so deshalb, weil die für das Verschlüsseln nötigen Rechen-Algorithmen auf dem Chip untergebracht werden können. Aber nicht nur in der Kryptographie muß viel und speziell gerechnet werden, auch die Bildverarbeitung und Bilderzeugung (siehe weiter unten) benötigen immense Rechenleistungen.

B. in der Logik. Das Rechnen ist uns viel zu sehr in Fleisch und Blut übergegangen, als daß wir diese Tätigkeit als Verarbeitung von Wissen ansehen würden. Betrachtet man die (mathematische) Logik, so sieht das schon anders aus. Im vorangehenden Abschnitt wurde der Bogen von Aristoteles über Leibniz bis in die dreißiger Jahre dieses Jahrhunderts gespannt: diese Zeit wurde benötigt, um die Grundmuster unserer logischen Argumentation in ein gültiges formales Gewand zu kleiden und damit einer mechanischen Behandlung ähnlich dem Rechnen zugänglich zu machen. Unter *Aussagen* sollen – wohltuend ungenau – sprachliche Gebilde verstanden werden, für die es sinnvoll ist zu fragen, ob sie *wahr* oder *falsch* sind, etwa

A: Der Zündfunke springt an allen Zündkerzen über

B: es ist Benzin im Tank

C: der Starter wurde betätigt

D: der Motor läuft.

Keine Aussage sind danach z.B. die Eigenschaft gerade zu sein oder ich lüge. Aussagen werden zu neuen Aussagen zusammengesetzt, wenn man verbindende Partikel wie *und* (abgekürzt durch $\wedge$), *oder* (abgekürzt durch $\vee$), *impliziert* (abgekürzt durch $\rightarrow$) zwischen sie sowie *nicht* (abgekürzt durch $\neg$) vor sie setzt, z.B.

der Zündfunke springt an allen Zündkerzen über *und nicht* es ist Benzin im Tank oder kurz

$$A \wedge \neg B.$$

Auf diese Weise kommt man von gegebenen Aussagen zu immer neuen, wobei allerdings völlig außer Acht gelassen wird, wie es sich mit der Wahrheit der zusammengesetzten Aussage verhält. An dieser Stelle kommt nun eine Regel ins Spiel, die schon Aristoteles aufstellte und die heute beim automatischen Beweisen (vgl. Abschnitt 5) ebenfalls verwendet wird, der sogenannte modus ponens oder die Abtrennungsregel:

wenn	dic Aussagen		
	A		A
	A → B wahr sind,		A → B
dann	ist die Aussage	oder kurz	———
	B wahr		B

Geht man also von einer Menge von als wahr bekannten Aussagen aus, so erzeugt uns das Theseus-Verfahren mit der Abtrennungsregel immer neue wahre Aussagen, sofern die Abtrennungsregel überhaupt anwendbar ist. Die obigen Aussagen A,B,C,D erlauben noch keine Anwendung der Abtrennungsregel, wohl aber die Aussagen

E: $A \wedge B \wedge C$

F: $A \wedge B \wedge C \rightarrow D$,

und sie liefert D, also *der Motor läuft*, als wahre Aussage, sofern E und F als wahr unterstellt werden dürfen. Der so umrissene Teil der sogenannten Aussagenlogik ist noch zu grob, als daß man mit ihm diffizilere Dinge behandeln könnte und das kommt daher, daß die Aussagen neben ihrer Zusammensetzung mittels der obengenannten Partikel eine weitere Feinstruktur haben. Zum Beispiel würde man aus den Aussagen

alle Menschen sind sterblich

Sokrates ist ein Mensch

schließen wollen:

Sokrates ist sterblich.

Mit dem modus ponens geht das offensichtlich nicht direkt, es sei denn wir würden das feinere Instrument der Prädikatenlogik ansetzen – dafür aber muß auf die Literatur verwiesen werden ([DeSie], [Hil]).

C. in Expertensystemen. Ohne daß bisher das Stichwort gefallen ist, haben wir mit der Anwendung in der Logik bereits einen Grundmechanismus der (regelbasierten) Expertensysteme angesprochen, den es jetzt zu vertiefen gilt. Die Aussage F lautet ausgeschrieben

F: der Zündfunke springt an allen Zündkerzen über
und es ist Benzin im Tank
und der Starter wurde betätigt
impliziert der Motor läuft

Zusammen mit der Abtrennungsregel entsteht aus der Aussage F, sofern sie als gesichert gelten kann, nunmehr die Regel

wenn der Zündfunke springt an allen Zündkerzen über
und
es ist Benzin im Tank
und
der Starter wurde betätigt
dann der Motor läuft.

Man sieht: wahre Implikationen, also wahre Aussagen der Art A → B, kann man ebenfalls als Regeln ansehen und solche Regeln sind Wissen über Sachverhalte. In unserem kleinen Beispiel kann mit dieser (einzigen) Regel aus den Aussagen oder den *Fakten*

A: der Zündfunke springt an allen Zündkerzen über

B: es ist Benzin im Tank

C: der Starter wurde betätigt

das neue Faktum

D: der Motor läuft.

erschlossen werden. Umgekehrt aber kann man die Regel auch so verwenden, daß uns die Prämissen A, B und C sagen, wonach wir sehen müssen, wenn der Motor *nicht* läuft: wir haben ein kleines (und triviales) regelbasiertes Expertensystem zur Diagnose von Fehlern in einem Motor. In Wirklichkeit sind die Regeln zum einen komplizierter und zum anderen sind sie sehr zahlreich, es gibt Systeme mit vielen tausenden solcher Regeln und aus dieser Massenhaftigkeit ergeben sich die eigentlichen Probleme bei der Konstruktion solcher Expertensysteme.

• Zunächst müssen diese Regeln erst einmal gewonnen werden, diese sogenannte Wissensakquisition bringt fachliche und menschliche Probleme mit sich: der menschliche Experte, etwa der erfahrene Kfz-Meister oder auch der Mediziner, muß erst einmal sein Erfahrungswissen in Form von *wenn....dann*-Regeln kleiden, welche Tätigkeit in den meisten Fällen ungewohnt ist und in günstig gelagerten Fällen zu einer Änderung der Denkschemata der Betroffenen, in weniger günstigen zur Verweigerung führen kann. Aus diesen und anderen Gründen versucht man gegenwärtig, Regeln, die Erfahrungswissen wiedergeben, dort wo es geht aus streng begründeten, etwa physikalischen Modellen direkt zu gewinnen. Die damit verbundene Forschungsrichtung wird derzeit sehr intensiv betrieben.

• Wenn das System viele Regeln enthält, dann werden in vielen Situationen die Prämissen von mehr als einer Regel durch die gegebenen Fakten erfüllt: welche dieser Regeln aber soll dann zur Anwendung gelangen? Das damit gegebene Problem der Regelauswahl wirft viele Fragen auf, insbesondere beeinflußt die eingeschlagene Strategie zur Regelauswahl die Güte des Expertensystems in besonderem Maße (vgl. Ende des Abschnitts 3).

• Je größer die Menge der Regeln um so größer die Gefahr der Widersprüchlichkeit: wer kann schon sicher sein, daß bei 10000 Regeln nicht doch irgendwo versteckt ein Widerspruch steckt? Ein formales, maschinell überprüfbares Kriterium zur Entdeckung von Widersprüchen aber existiert bei Erfahrungswissen nicht. Viele Regeln sind selbst nicht vollständig, weil aus Gründen der Handhabbarkeit gar nicht alle Prämissen aufgelistet werden können (man denke nur an unsere sicher sehr verkürzte Regel für das Laufen des Motors), d.h. aber daß die Regelausnahmen u.U. zu einer Revision der Schlußkette führen können. Beide Problembereiche sind Gegenstand der Forschung.

• Die (sehr vielen) Regeln müssen in das System eingegeben werden, und für den Benutzer des Systems wäre eine natürlichsprachliche Eingabe am bequemsten. In begrenzten Umfang ist das auch möglich, erfordert aber auch noch viel Forschungs- und Entwicklungsarbeit.

• Eben weil (menschliches) Erfahrungswissen nicht vollständig sein kann, ist es auch kein darauf aufbauendes Expertensystem: die Validierung des Expertensystems besteht in den in der Vergangenheit damit behandelten Fallstudien, eine Prognose über die Güte des Systems für den neuen Fall kann bestenfalls statistischen Charakter haben. Das Expertensystem ist in aller Regel nicht für den Laien, sondern zur Unterstützung des Experten da! Deshalb sollte ein Expertensystem einen Teil haben, der die Schlüsse, die das System zieht, im Nachhinein dem menschlichen Benutzer in übersichtlicher Form erklären kann. Auch diese Erklärungskomponenten sind Gegenstand vieler Forschungsbemühungen.

Trotz aller genannten und vieler weiterer Schwierigkeiten haben einige Expertensysteme nicht nur Berühmtheit sondern auch praktischen Nutzen gebracht, und so nimmt es denn auch nicht Wunder, wenn der Name Expertensystem von vielen Unberufenen versucht wird für sich zu pachten und manches, was früher schlicht Datenbank hieß, heißt heute Expertensystem. Für eine Diskussion gelungener Expertensysteme ist hier nicht der Platz und es muß wieder auf die Literatur,etwa [Bra], [Buc], [Hay] oder [Wat] verwiesen werden.

5. Der Sonderforschungsbereich 314 „Künstliche Intelligenz“

Nach eineinhalbjähriger Vorbereitung nahm am 1. Januar 1985 der SFB seine Arbeit auf und in diesem Jahr steht bereits seine nächste Begutachtung an. Als Sprecher des SFB kann der Verfasser feststellen, daß der SFB sehr gute Arbeit geleistet hat und unter guten Voraussetzungen in die Begutachtung für die nächste dreijährige Förderungsperiode geht. Der SFB ist länder- und institutionenübergreifend: an ihm sind beteiligt die Fakultäten Informatik und Maschinenbau der Universität Karlsruhe, das Fraunhofer-Institut für Informations- und Datenverarbeitung in Karlsruhe, der Fachbereich Informatik der Universität Kaiserslautern und der Fachbereich Informatik der Universität Saarbrücken. 33 zusätzliche Wissenschaftlerstellen, Mittel für etwa ebensoviele wissenschaftliche Hilfskräfte und 2,95 Mio DM für Investitionen hat die Deutsche Forschungsgemeinschaft in den ersten drei Jahren bereitgestellt, unterstützt durch Sondermittel für die DFG, die der Bundesminister für Forschung und Technologie für die Grundlagenforschung in der Informationstechnik vorsah. Das Land Baden-Württemberg hat mit seinem Programm für Forschungsschwerpunkte die Grundausstattung der SFB-Gruppen an der Universität Karlsruhe anfänglich großzügig unterstützt. Der SFB beginnt aber jetzt, wie alle anderen Informatikgruppen in die Schere der Wartungskosten für die beschafften Rechner, und zwar für *Hard- und Software* hineinzulaufen. Diese Problematik bedarf einer grundsätzlichen Regelung, die Phantasie und Flexibilität sowohl auf Seiten der öffentlichen Hände wie auf der der Rechneranbieter verlangt, denn sonst läuft die Wissenschaft (und nicht nur sie) Gefahr, die in guten Zeiten beschafften Systeme in Zeiten knapper werdender laufender Mittel nicht mehr ordnungsgemäß betreiben und einen Ausgleich der Wirtschaftszyklen nicht unterstützen zu können.

Der SFB hat derzeit 12 Projekte, die sehr unterschiedliche Bereiche abdecken und von Grundlagenfragen bis hin zu konstruktiven Ingenieurproblemen reichen (vgl. auch [Büc]). Bereits 1976 wurde in Karlsruhe ein Projekt begonnen, das eigentlich die Keimzelle des SFB darstellte: in ihm wurde im Laufe der Zeit ein System zum automatischen Beweisen mathematischer und anderer Aussagen erstellt (vgl. Abschnitt 4B). Das Beweissystem „Markgraf Karl Refutation Procedure“ (vgl. [DeSie]) hat mittlerweile 5-10 MByte Code, ist somit vom Umfang her gesehen einem Betriebssystem durchaus gleichwertig und bringt deshalb ähnliche Probleme der Wartung und Pflege mit sich. Fernziel ist es, mit dem Beweiser eines Tages ein Lehrbuch vollständig und automatisch zu beweisen; da jedoch der Informatiker nicht nur formal-logisch denkt und arbeitet, muß zusätzlich heuristisches Wissen den Beweis begleiten und darin liegt eine der Hauptschwierigkeiten und Herausforderungen des genannten Fernziels. Ein näherliegendes Ziel besteht in der voll- oder halbautomatischen Verifikation von sicherheitsrelevanter Software und das ist ebenfalls ein Problem des Beweisens. Die bisherigen Versuche haben entmutigt, was aber daran liegt, daß der Software-Problemkreis nicht genügend eingegrenzt wurde; durch Einschränkung etwa auf Software für Eisenbahnsignaltechnik oder für ähnlich gelagerte Bereiche hoffen wir voran zu kommen. Eng mit der Arbeit am automatischen Beweiser hängt das zweite Projekt zusammen, das sich mit dem Rechnen im allgemeinen Sinne (vgl. Abschnitt 4A) beschäftigt. Der Bereich der Expertensysteme nimmt naturgemäß einen großen Raum im SFB ein und wird sich (hoffentlich) noch ausdehnen können. In keinem der bisherigen vier Projekte geht es darum, einfach ein Expertensystem zu erstellen, sondern in jedem wird ein spezifisches Problem untersucht: Expertensysteme sind große Softwareprojekte und der Fortschritt entsteht wie in jeder Ingenieursdisziplin aus einer Mischung von Grundlagenerkenntnis, von Methodologien und von Experimenten. In einem Projekt wird versucht, eine Art Lernfähigkeit in ein Expertensystem einzubauen; der Gegenstand des Expertensystems ist die Fehlerdiagnose für eine Bearbeitungsmaschine, die man aus der Messung von Werkstücken während der Produktion erhält. Ein zweites Projekt behandelt ebenfalls die Fehlerdiagnose mittels eines Expertensystems und zwar diesmal mit den Zielen, einerseits das Expertensystem unter Realzeitbedingungen in ein technisches System (etwa Raffinerie) zu integrieren und andererseits die Regeln direkt aus der physikalischen Beschreibung des technischen Systems zu gewinnen (vgl. Abschnitt 4C). Zwei weitere Projekte behandeln den Einsatz von Expertensystemen in der Konstruktion und Fertigung und hier besonders unter dem Aspekt der Planung hochflexibler Fertigungsanlagen für kleine Stückzahlen.

Spektakulär wirken immer solche Projekte, die die höchstentwickelten Kommunikationsfähigkeiten des Menschen nachzuahmen versuchen: das Sehen und das Verstehen der (geschriebenen) natürlichen Sprache. Die mühselige Kleinarbeit, die selbst für die bescheidensten Fortschritte nötig ist, läßt immer wieder die menschlichen Fähigkeiten ehrfurchtsvoll bestaunen. Mit der Kamera erhält man zunächst nur eine Million Schwarz-Weiß-Werte einer in Punkte aufgelösten Szene und ebenso viele Werte wenigstens siebenmal in der Sekunde, wenn bewegte Szenen betrachtet werden. Diese aberwitzige, jedoch größtenteils triviale Datenmenge verarbeitet der Mensch in kürzester Zeit: es werden die Objekte der Szene identifiziert, sie werden möglicherweise abstrakt als Symbole dagestellt und schließlich bilden wir daraus wenige Sätze, die einem anderen Menschen die bewegte Szene in ihren wesentlichen Punkten beschreiben: eine Datenreduktion um den Faktor 100.000 und mehr. All das wird in zwei Projekten versucht nachzubilden: das eine geht von den Millionen von Schwarz-Weiß-Werten aus und verarbeitet sie, um eine symbolische Beschreibung der bewegten Szene zu erhalten. Das andere setzt auf dieser symbolischen Beschreibung auf und generiert daraus Sätze der natürlichen Sprache, die die bewegte Szene in ihrem Ablauf beschreibt. Vielleicht wird so einmal in ferner Zukunft der Fußballreporter wegrationalisiert, wichtiger aber ist die näherliegende Anwendung in optischen Überwachunssystemen. Das Verstehen *geschriebener* natürlicher Sprache durch einen Rechner ist ein altes Ziel (*gesprochene* natürliche Sprache bringt nocheinmal eine ganz neue Dimension an Schwierigkeiten mit sich). „Verstehen“ bedeutet hierbei, daß die gelesenen Sätze zu dem gespeicherten Wissen in Beziehung gesetzt werden. In dieser Allgemeinheit war diese Absicht in der Vergangenheit immer zum Scheitern verurteilt und wird es wohl auch in Zukunft bleiben. Anders sieht es aus, wenn die „Welt“ oder der Wissensbereich, von dem die zu verstehenden Sätze handeln, drastisch eingeschränkt wird: dann können die Mehrdeutigkeiten der natürlichen Sprache aufgelöst werden, es können unvollständige Sätze, Ellipsen, vervollständigt und Fernbezüge in einem Dialog richtig gedeutet werden, kurz der Rechner kann zu einem intelligenten Dialogpartner werden. Die zentrale Idee eines Projektes ist es, ein Expertensystem mit einer natürlichsprachlichen Benutzerschnittstelle zu versehen, wobei das Expertensystem sowohl zur Darstellung des (eingeschränkten) Wissensbereichs für die Analyse der Sprache, als eben auch als Hintergrund für die zu gebenden Auskünfte dient.

Der autonome mobile Roboter mit zwei Armen und (zweifingrigen) Händen ist in gewissem Sinne eine Querschnittsanwendung im SFB: hier fließen Expertensysteme zur Planung der Handlungen des Roboters, zur Interpretation der Sensorsignale (der „Sinne“ des Roboters) ein, hier benötigt man die genannte Auswertung von Bildern und Bildfolgen, damit der Roboter sich in seiner keineswegs statischen Umgebung zurechtfindet – die aufklappende Tür muß ebenso berücksichtigt werden wie der in seine Gedanken versunken herumlaufende Wissenschaftler, denn das Gerät wiegt knapp eine Tonne und marschiert bis zu 5 km/h schnell! Zwei weitere Querschnittsprojekte befassen sich mit der Verbesserung von Software-Hilfsmitteln für die künstliche Intelligenz. PROLOG ist in aller Munde, jedoch noch weit davon entfernt, ein im Sinne des „software engineering“ sicheres Programmierhilfsmittel zu sein; auch die Effizienz läßt vieles zu wünschen übrig. Es hat sich in diesem und ähnlich gelagerten Projekten an anderen Orten wieder ganz deutlich gezeigt, daß eine verfrühte Hardware-Realisierung, wie sie manche Vorhaben in Japan vorsahen, durch konsequenten Einsatz von Grundlagenwissen und Kenntnissen aus dem klassischen Übersetzerbau auf ganz normalen Rechnern überholt wird. LISP ist die zweite – eigentlich die erste – Programmiersprache in der künstlichen Intelligenz. Mit ihr wurden und werden viele Expertensysteme implementiert, auch die des SFB; ein Projekt im SFB hat die Aufgabe, im Verein mit den Expertensystemprojekten die marktüblichen Werkzeuge und Hilfsmittel für die Implementierung von Expertensystemen zu verbessern und neue bereitzustellen.

Der SFB läuft gut. Entsprechend alter Erfahrungen bei Sonderforschungsbereichen finden die einzelnen Projekte erst gegen Ende der ersten dreijährigen Förderperiode zusammen, und das zeigt sich auch hier: neue Projekte werden aus der Zusammenarbeit geboren und Außenstehende entdecken ihr Interesse an dem SFB. Auf Bundes- und Landesebene neu angedachte Forschungseinrichtungen mit einem Schwerpunkt in der künstlichen Intelligenz werden zwar erst einmal anlaufen müssen, und das dauert erfahrungsgemäß drei bis fünf Jahre; aber trotzdem können sie den laufenden SFB schon jetzt in ein zentrifugales Kraftfeld sowohl in finanzieller wie insbesondere personeller Hinsicht bringen, das dem Gedeihen des SFB abträglich ist.

6. Schlußwort

Phänomenologisch gesehen lassen sich die Aufgaben der künstlichen Intelligenz und damit die der Informatik wie folgt zusammenfassen (aus [DHJLN]): Daten sind einfache Formen des Wissens. In den „klassischen“ Disziplinen der Informatik ist das Wissen über die Zusammenhänge der Daten gewissermaßen in den Programmen versteckt, die künstliche Intelligenz versucht demgegenüber dieses Wissen explizit darzustellen. Fakten, Modelle, Verfahren, Methoden und Regeln sind solches Wissen, das über das „Wissen“ einfacher Datensammlungen weit hinaus geht. Die Verarbeitung solchen Wissens besteht in dessen Verknüpfung, Kombination, Vergleich und nicht zuletzt in dessen Ablage und Wiederauffinden im Speicher, sowie in der Aufgabe, aus dem Wissen Schlüsse zu ziehen (Inferenz). Die Rechnerfunktionen der Ein- und Ausgabe entwickeln sich folgerichtig in Analogie zu denen menschlicher Organe für die Kommunikation mit der Umwelt. Es werden also zusammenfassend die klassischen Funktionen (Speichern, Rechnen, Eingabe, Ausgabe) des Rechners durch deren Verallgemeinerungen abgelöst:

- Speichern von Wissen (Daten, Fakten, Verfahren, Modelle, Methoden, Regeln, Schlußweisen, Systemstrukturen)
- Verarbeitung von Wissen (Verknüpfen, Induktion, Deduktion, Inferenz, Vergleichen, Suchen und Wiederauffinden)
- Rezeption („Verstehen" gesprochener oder geschriebener natürlicher Sprache, „Verstehen" von Bildern und Bildfolgen, „Verstehen" akustischer Signale und solcher anderer Sensoren)
- Reaktion (durch gesprochene oder geschriebene natürliche Sprache, durch bildliche oder graphische Darstellungen, durch Aussendung akustischer oder anderer Signale, durch Steuerung von Geräten).

„Verstehen" soll hier wie schon früher gesagt bedeuten, daß die rezipierten Signale zu dem gespeicherten Wissen in Beziehung gesetzt werden. Sprach man bisher von Datenverarbeitung, so spricht man folgerichtig jetzt von Wissensverarbeitung; die Rechenmaschine entwickelt sich dabei zum wissensbasierten System.

Wichtigste Werkzeuge zum Erreichen dieser Ziele sind die symbolische Darstellung des Wissens, etwa mittels der (mathematischen) Logik (vgl. Abschnitt 4B) und daraus abgeleiteter, problemnaher Datenstrukturen, sowie die Verarbeitung des Wissens nach Regeln (vgl. Abschnitt 3). Das Regelparadigma, betrachtet als ein der Wissensverarbeitung angemessener Programmierstil, ist ein Novum in der Informatik, aber betrachtet als eine operative Darstellung von Wissen, ist es ein uralter, durch die gesamte Wissenschafsgeschichte verfolgbarer Ansatz. Man macht es sich daher zu einfach, wenn die künstliche Intelligenz und die Fähigkeiten von Expertensystemen in Zusammenhang mit einem „simplen Ja-Nein-Schema" [Spä] gesehen werden.

Das Regelparadigma, insbesondere aber das Verfahren des Theseus (Abschnitt 3) ist auch das Abbild der Architektur, wie sie unseren gängigen Rechnern eignet. Mit den jetzt zur Verfügung stehenden technischen Möglichkeiten zeichnen sich jedoch gänzlich neue Architekturen von Rechnern ab, die dementsprechend neue Programmierstile und damit neue Möglichkeiten der operativen Darstellung von Wissen eröffnen. 1983 wurde die Firma Thinking Machines Corporation mit dem Kapital des Wissens eines jungen Promovenden des MIT, W.D.Hillis, unweit desselben gegründet. 1986 wurde die erste „Connection Machine" ausgeliefert: sie hat 65536 ($=2^{16}$) Prozessoren, die alle parallel auf den Daten arbeiten können (vgl. [Hill]). Die an großen Vektorrechnern gemessen billige Maschine ist sowohl für Aufgaben der künstlichen Intelligenz (z.B. Bildverarbeitung, Textrecherchen in großen Wissensbanken) wie auch für solche des sogenannten „wissenschaftlichen" Rechnens, etwa in der Physik, Geophysik (Aufbereitung von seismischen Daten) und Technik (Methode der finiten Elemente) gedacht. Die Maschine erreicht dabei ein Leistungsäquivalent von bis zu 10 Milliarden (10.000.000.000) Befehlen in der Sekunde. Mittlerweile hat sich (außerhalb der BR Deutschland) um diese innovative Maschine herum eine neue Gemeinde und mit ihr ein neuer Programmierstil, „connectionism" genannt, herausgebildet, die intensiv die sich eröffnenden Möglichkeiten exploriert.

Das ist nur ein Beispiel, das neben einer Reihe weiterer steht, wie etwa das deutsche Suprenum-Projekt, welches allerdings mehr numerisch orientiert ist, und wie eine Reihe weiterer in USA und Japan verfolgter Projekte [CW]. Neuerdings ist ein weiteres Schlagwort – das neuronale Rechnen – in die Diskussion gebracht worden, für das sich bereits der Bund zu interessieren beginnt. Dahinter verbirgt sich die Idee, daß Prozessoren mit Eigenschaften und Verschaltung von Neuronen effizientere Darstellungen des operativen Wissens als bisher ermöglichen.

Alle diese Entwicklungen müßten eigentlich sehr intensiv und sorgfältig verfolgt werden, damit sich nicht wieder Anschlußlücken auftun, die die BR Deutschland in dem zunehmend expandierenden Marktbereich der Wissensverarbeitung (vgl. auch [Krü]) an den Rand des Geschehens drücken. Einmal kostet das nicht unbeträchtlich Geld und zum anderen aber gibt es eine unüberwindliche Hürde in der Form, daß die Informatik trotz aller Ausbaubemühungen des Bundes und insbesondere der des Landes BadenWürttemberg durch die nach wie vor hohen Studenten- und Studentenanfängerzahlen, sowie durch die Vielzahl bereits eingegangener Kooperationsverpflichtungen so belastet ist, daß weitere Aufgaben nur übernommen werden können, wenn sie im Verbund mit der Informatik von anderen Schultern mitgetragen werden.

Literatur

[BaWö] F.L.Bauer, H.Wössner: Zuses „Plankalkül“, ein Vorläufer der Programmiersprachen – gesehen vom Jahre 1972. Elektronische Rechenanlagen 14 (1972). pp. 11-118

[Bra] W. Brauer, B. Radig (Ed.) Wissensbasierte Systeme (GI-Kongress 1985). Informatik Fachberichte 112, Springer 1985

[Buc] B.G.Buchanan, E.H.Shortcliffe: Rule-Based Expert Systems: The MYCIN Experiments of the Stanford Heuristic Programming Project. Addison-Wesley 1984.

[Büc] H.Bücken: Profil: DFG-Sonderforschungsbereich „Künstliche Intelligenz“, in: Die Umschau, Nr.9, September 1986

[CW] Entwickler nähern sich dem 1000-Gigaflop-Ziel. Computerwoche Bd.14 Nr.9, 27.Febr.87, pp 28-29

[Dav] M.Davis: The Prehistory and Early History of Automated Deduction, in: Automation of Reasoning 1 (J.Siekmann, G.Wrightson eds.) Springer 1983

[DeSie] P.Deussen, J.Siekmann: Das Karlsruher Beweissystem: „Die Markgraf Carl Refutation Procedure“ in: Fridericiana , Zeitschrift der Universität Karlsruhe, Heft 30, 1982

[DHJLN] P.Deussen, W.Hohenhinnebusch, S.Jähnichen, P.C.Lockemann, H.-H.Nagel: Aufgaben, Ziele, Organisation eines Zentrums für wissensbasierte Systeme in Naturwissenschaft und Technik (KI-Zentrum) in Karlsruhe. Konzeption für den BMFT, Dezember 1986

[Dre1] H.L.Dreyfus: What Computers can't do – The Limits of Artificial Intelligence. Harper & Row, New York
H. L. Dreyfus: Die Grenzen künstlicher Intelligenz. Athenäum Verlag, 1985

[Dre2] H.L.Dreyfus, S.E.Dreyfus: Mind over Machine. Basil Blackwell, Oxford 1986

[Gan] K.Ganzhorn: Informatik im Übergang. Festvortrag anläßlich der 10-Jahresfeier der Fakultät für Informatik der Universität Karlsruhe. Informatik-Spektrum (1983) 6:1–6

[Gün] F.R.Güntsch: Geschichte der Datenverarbeitung. Vorlesungs-Manuskript, Fak.f. Informatik, Universität Karlsruhe

[Hay] Frederick Hayes-Roth, Donald A. Waterman, Douglas B. Lenat: Building Expert Systems. Addison-Wesley 1983.

[Hil] D.Hilbert, W.Ackermann: Grundzüge der theoretischen Logik. Springer 1972 (6. Edition)

[Hill] W.D.Hillis: The Connection Machine. MIT Press 1986

[Hof] D.R.Hofstadter: Gödel, Escher, Bach. Vintage Books 1980

[Krü] G.Krüger: Informatik und Technologietransfer, im gleichen Band

[New] A.Newell, H.A.Simon: Human Problem Solving. Prentice Hall 1972

[Obe] R.Oberliesen: Information, Daten und Signale. Sachbuch rororo 1982

[Spä] L.Späth: Wende in die Zukunft. Rowohlt 1985

[Wat] D.A.Waterman: A Guide to Expert Systems. Addison-Wesley 1986

[Win] P. H. Winston: Artificial Intelligence. Addison-Wesley 1984.

[Zem] H.Zemanek: Dixit Algorizmi. Short version of an extensive work to be published later, Manuscript 1979

Technologie als Voraussetzung für Dienstleistungsqualität

Horst Kleiner

Zusammenfassung

Eine hochentwickelte technologische Infrastruktur kennzeichnet heute die Verwaltungs- und Vertriebsapparate der meisten deutschen Bausparkassen. Elektronische Datenverarbeitung sowie Informationstechnologien sorgen in allen Geschäftsbereichen und auf allen Entscheidungsebenen für eine wirtschaftliche Bewältigung des Massengeschäfts Bausparen. Investitionen in Innovationen haben auch dazu beigetragen, den individuellen, auf die Bedürfnisse des einzelnen Kunden zugeschnittenen Charakter eines Bausparvertrags zu bewahren und weiterzuentwickeln. Dieses hohe Maß an Dienstleistungsqualität ist das Resultat des planmäßigen und gezielten Einsatzes moderner Technologien über den Zeitraum von mehr als zwei Jahrzehnten.

1 Hohe Dienstleistungsqualität – Qualitätskriterium im Bauspargeschäft

Ein Bausparvertrag ist in Hinblick auf seine monetären und rechtlichen Strukturen ein hochentwickeltes Produkt. Hinzu kommt eine ausgeprägte Differenzierung innerhalb des einzelnen Angebots sowie weitgehende Freiheiten des Kunden in der Gestaltung der Vertragslage. Alles in allem: Der Vertrieb des Produkts Bausparvertrag verlangt eine intensive Beratung. Die Bausparkasse muß den Kunden über die Gestaltungsmöglichkeiten informieren und seine individuelle Situation berücksichtigen.

Diese Beratungsintensität besteht – in unterschiedlichen Maßen – während der gesamten Laufzeit eines Vertrags: vom Abschluß über die Ansparphase und das Zuteilungsstadium bis zur Darlehens- oder Tilgungsphase. Die Kunden verlangen diese Zuwendung zu Recht: Schließlich berührt die Entscheidung, Wohneigentum zu erwerben, auf Jahre hinaus das tägliche Leben.

Es liegt auch im Interesse der Bausparkasse, ein hohes Maß an Dienstleistungsqualität zu gewährleisten: Der Wettbewerb der Bausparkassen untereinander erfolgt vor allem über die Dienstleistungsqualität.

Ohne die Anwendung moderner Technologie, vor allem aus dem Bereich der elektronischen Datenverarbeitung sowie der Informations- und Kommunikationstechnologie, hätten die Bausparkassen das hohe Niveau ihrer Dienstleistungen nicht erreicht. Welche Entwicklungen die Bausparkasse Schwäbisch Hall in den vergangenen Jahren veranlaßt hat und für die Zukunft vorbereitet, beschreibt dieser Beitrag.

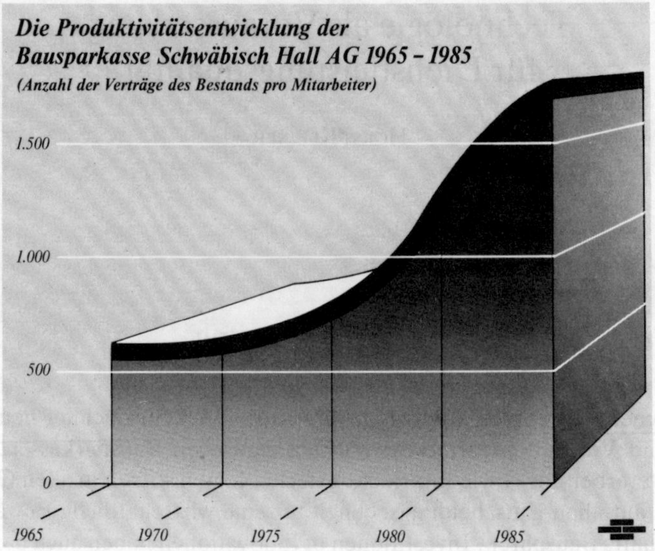

Das Schaubild zeigt die Entwicklung der Produktivität der Bausparkasse Schwäbisch Hall AG in den vergangenen Jahren. Die Produktivität eines einzelnen Jahres ergibt sich aus der Anzahl der pro Mitarbeiter verwalteten Bausparverträge. Das Massengeschäft Bausparen stellt hohe Anforderungen. Dabei ist es eine informations- und beratungsintensive Dienstleistung. Nur die hohe Qualifikation der Mitarbeiter und leistungsfähige, informationsverarbeitende Systeme sichern eine adäquate Dienstleistungsqualität.

Für die verbundeigene Bausparkasse Schwäbisch Hall spielen die durch Technologieeinsatz vollzogenen Veränderungen in den Strukturen der Verbundpartner Volksbanken und Raiffeisenbanken eine große Rolle. In diesem Zusammenhang sei auf den Beitrag von Helmut Guthardt, Vorsitzender des Vorstands der Deutschen Genossenschaftsbank, Frankfurt am Main, verwiesen.

2 Entwicklung und Stand der EDV-Technik im Anwendungsbereich der Bausparkasse

Seit zwanzig Jahren befindet sich die Anwendung der EDV in der Kreditwirtschaft in einer anhaltenden Innovationsphase. Drei Entwicklungsphasen lassen sich seit den Anfängen in den sechziger Jahren beschreiben: die sogenannte „Stapelverarbeitung", die das sprunghaft angestiegene Massengeschäft bewältigte; die Dialogsysteme und schließlich die Netzwerke, die die Grundlage der Informationsverarbeitung heute und in der Zukunft darstellen.

Bei den deutschen Bausparkassen wurde die EDV schon zu einem frühen Zeitpunkt eingeführt. Sie setzte sich zunächst bei der Sachbearbeitung und im Verwaltungsbereich durch, bis sie schließlich auch in den marketing- und vertriebsorientierten Dienstleistungsbereichen zum Einsatz kam. Die EDV-Durchdringung vollzog sich also von „innen nach außen", von der Sachbearbeitung zum Vertrieb.

2.1 Anforderungen an den Technologieeinsatz

Zwei Faktoren stellen hohe Anforderungen an die EDV-Anwendung im Bauspargeschäft: der Charakter des Produkts und die Wettbewerbssituation.

Bausparen ist ein abstrakter Vorgang. Das Produkt, Bausparvertrag bzw. Baufinanzierung, ist stark erklärungsbedürftig und im Angebot in hohem Maße differenziert.

Die Wünsche der Kunden verlangen zudem größere Freiheiten in der Gestaltung der Vertragslage. Entsprechend wachsen die Anforderungen an Datensammlung, Datenverwaltung und Informationsbereitstellung.

Auch die veränderte Wettbewerbssituation im Bauspargeschäft stellt erhöhte Ansprüche. Bestandssicherung und Wachstum müssen sorgfältig geplant und vorbereitet werden.

Ein solches Anforderungsprofil läßt sich ohne ausreichende Informationen nicht erfüllen. Nur wer über eine Vielzahl von Informationen über die unterschiedlichsten Sachverhalte aus den verschiedensten Quellen verfügt, kann am Markt erfolgreich agieren und bestehen. Dabei spielen Informationen aus Politik, Wirtschaft und dem Sozialbereich eine ebenso große Rolle wie Informationen über Kunden, Nichtkunden, potentielle Kunden, Gesprächspartner und Wettbewerber. Aber nur derjenige wird Nutzen aus diesen Informationen ziehen, der sie jederzeit verfügbar, schnell abrufbar, sachbezogen aufbereitet hält und sie zur richtigen Zeit am richtigen Ort einsetzen kann. Elektronische Rechenanlagen, Direktzugriffspeicher, elektronische Kommunikationsnetze, optische Anzeigegeräte, schreibende Terminals sowie programmierbare Endgeräte bieten die technischen Voraussetzungen, die Anforderungen in diesem spezifischen Anwendungsbereich zu erfüllen.

2.2 Die technologische Infrastruktur der Bausparkasse

Informationsspeicher

Die Bausparkasse Schwäbisch Hall setzt seit Mitte der 60er Jahre Direktzugriffspeicher zur Datenspeicherung ein. Gespeichert sind Informationen für nahezu alle Funktionsbereiche des Unternehmens und für alle hierarchischen Ebenen. Dem Management und den für die geschäftspolitische Planung zuständigen Stäben steht eine Informationsbasis zur Verfügung, die jederzeit für geschäftspolitische Planungen und Entscheidungen genutzt werden kann. Der Vertrieb verfügt über ein Datenvolumen, das er zur Erfüllung seiner planerischen, steuernden, kontrollierenden, vor allem aber seiner akquisitorischen Aufgaben einsetzt. Das bereitgehaltene Informationsangebot erlaubt individuelle Beratung und Betreuung ebenso wie zielgruppenorientierte Verkaufsaktionen.

Im Mittelpunkt der Bausparvertragsverwaltung steht die Verarbeitung der Kundendaten: die Vertragsverhältnisse, die Bausparkonten und die Bausparvertragsakten. Diese Informationen können jederzeit für alle zugriffsberechtigten Informanten bereitgestellt werden. Innerbetrieblich bilden sie die Basis für eine rationelle, schnelle, sichere und einheitliche computerunterstützte Sachbearbeitung. Für den Außendienst, die betreuenden Banken und die Bausparer selbst, die Voraussetzung zur direkten und aktuellen Information.

Die Informationsspeicher unterstützen auch das Rechnungswesen mit seinen Komponenten Buchhaltung, Statistik, Kostenrechnung und Controlling. Die gespeicherten

Informationen erlauben einen ständigen Überblick über den Stand des Vermögens und der Vermögensquellen des Unternehmens, vor allem aber über den Stand von Aufwand und Ertrag, das vorläufige Betriebsergebnis sowie den Soll-Ist-Vergleich zwischen Planung und aktuellem Ergebnis.

Informationsverarbeitung

Die Verarbeitung großer Informationsmengen, sei es im Stapelbereich, sei es im Teleprozessing, erfordert leistungsfähige Rechner mit hoher Ausfallsicherheit, hochqualifizierte Betriebssysteme, eine Anzahl benutzerfreundlicher Abfragesprachen und einfache, für den Datenverarbeitungslaien problemlos anwendbare Programmiersprachen. Die in Großrechnern meist mehrfach vorhandenen, synchron arbeitenden Prozessoren sichern eine optimale Verfügbarkeit, und die seit vielen Jahren nach einer einheitlichen Architektur entwickelten Betriebssysteme schaffen die Voraussetzung für eine weitgehende Automatisierung der Verarbeitungsabläufe.

Die Anforderungen an die Qualität der Dienstleistungen sind hoch. Die Bausparkasse erfüllt sie zu einem erheblichen Teil mit Hilfe der elektronischen Datenverarbeitung und setzt zu diesem Zweck modernste Technik ein. Für die Berechnung der Rechnerkapazität legen die Planer strenge Maßstäbe an. Die Rechnerleistung wird so ausgelegt, daß alle in der Spitzenarbeitszeit im lokalen Teleprozessing anfallenden Informationsabrufe durchschnittlich innerhalb einer Sekunde befriedigt werden können. Ob sich diese Vorgabe auch zukünftig bei steigendem Abfragebetrieb über Bildschirmtext und die neuen Dienste der Deutschen Bundespost unter wirtschaftlichen Gesichtspunkten wird halten lassen, ist noch nicht absehbar. Nach dem derzeitigen Wissensstand über die Leistungsfähigkeit der künftigen Rechner, steht aber fest, daß die Bausparkasse auch weiterhin leistungsstarke Systeme wird einsetzen müssen, wenn das erreichte quantitative und qualitative Niveau noch verbessert werden soll.

Netzwerke

Sternförmig aufgebaute Kommunikationsnetze werden seit Jahren zur Daten- und Textkommunikation eingesetzt. Dabei übernimmt der zentrale Rechner die Aufgabe der Verbindungsverwaltung. Diese technische Konfiguration eignet sich vor allem für den Dialog zwischen Anwender und zentral geführten Informationsbeständen.

Die Bausparkasse Schwäbisch Hall versorgt im lokalen Bereich ca. 2 000 Teilnehmer mit Daten, Text und Business-Grafik aus zentral geführten Informationsbeständen über ein Koaxial-Kabelnetz. Zur Erhöhung der Flexibilität bei Arbeitsplatzverlegungen und bei Einrichtung zusätzlicher Teilnehmerplätze wird in bestimmten Bereichen die Ablösung des für die Zwecke der Büroautomation nicht in jedem Fall geeigneten Koaxial-Kabelnetzes durch Glasfasertechnik erwogen und erprobt.

Öffentliche Netze

Zur Datenkommunikation stellt die Deutsche Bundespost zur Zeit vier Netze zur Verfügung: das Fernsprechnetz, das Direktrufnetz (HfD), Datex-L, Datex-P und als Variante das Btx-Netz im Rechnerverbund.

Diese Netze, insbesondere aber die bis 1990 geplante Einführung des ISDN, erschließen den Dienstleistungsunternehmen Wege, Informationen und Dienstleistungen aktuell, schnell und sicher zum Verbraucher oder Berater zu bringen. Sie machen umgekehrt den Verbraucher von Geschäftszeiten und Ansprechpartnern unabhängig und ermöglichen ihm den direkten Dialog mit seinem Dienstleistungsunternehmen. Für Unternehmen mit stark verzweigtem, fachkundigem Außendienst eröffnen sich Möglichkeiten zur dezentralen und damit wirtschaftlichen Abwicklung von Arbeiten im Dialog.

Die Bausparkasse Schwäbisch Hall setzt seit Januar 1986 bei mehr als 1 000 Außendienstmitarbeitern Btx im Rechnerverbund ein. Der Außendienst nutzt diese Kommunikationsform vorwiegend zur Beschaffung aktueller Informationen über seine Kunden, zur Anforderung von Beratungsleistungen und Akquisitionshilfen, zur Bestellung von Informations- und Werbematerial, für den Mitteilungsdienst und zur Text- und Datenkommunikation. Die zwischen der Bausparkasse und ihren genossenschaftlichen Partnern geplanten Rechnerverbindungen, die damit realisierbaren Dialoganwendungen, Informationsverknüpfungen und Veränderungen der Informationsübermittlung, bieten gute Chancen zur wirtschaftlichen Arbeitsabwicklung und zur Steigerung der Dienstleistungsqualität.

Neue Entwicklungen bei den Datenendgeräten

Eine ganz neue Entwicklung wurde durch den Personalcomputer eingeleitet: die individuelle Datenverarbeitung. War der Benutzer bisher auf zentral vorbereitete Informationen angewiesen, so besteht jetzt die Möglichkeit, Informationen aus zentral gespeicherten Beständen auf dem Wege der Telekommunikation zu erhalten und sie nach individuellem Bedarf zu verarbeiten, aufzubereiten und darzustellen. Aus der Kombination von Zentralinformationen und Individualdaten lassen sich vom Berater auf den Verbraucher zugeschnittene Beratungsunterlagen entwickeln.

Die Bausparkasse setzt in ihrem Innenbereich rd. 2 000 monochrome, farbanzeigende, grafikfähige Datensichtgeräte und Drucker zur Informationsausgabe an innerbetrieblichen Arbeitsplätzen ein. Die Vertriebsorgane beschaffen sich über professionelle Btx-Geräte Informationen aus den zentralen Informationsbeständen der Hauptverwaltung. Mehr als 50 Mitarbeiter des Innen- und Außendienstes nutzen die Möglichkeit der individuellen Datenverarbeitung mit Hilfe von Personalcomputern.

3 Beispiele praktischer Anwendung der computergestützten Technologie im Innendienst

Die Ausstattung der Bausparkasse mit computergestützter Technologie hat alle Entscheidungsbereiche und Entscheidungsinstanzen erreicht. Sowohl individuelle, sensible geschäftspolitische Initiativen als auch die Bewältigung des Massengeschäfts in der Sparerabteilung – sie betreut das Vermögen von Millionen von Bausparern – sind heutzutage ohne die Hilfe zentraler und peripherer Rechnersysteme nicht mehr denkbar.

Wurde dadurch die Dienstleistungsqualität gesteigert? Bringt dies alles mehr Individualität in das Massengeschäft, so wie es der Kunde fordert? Fragen, welche die Beschreibung der Praxisanwendung beantwortet.

3.1 Simulationsmodelle – Prognoseinstrument für die Geschäftsleitung

Die Dienstleistung der Bausparkasse beginnt nicht erst beim Kundengespräch. Um überhaupt ein erfolgversprechendes Verkaufsgespräch führen zu können, muß die Bausparkasse eine überzeugende Produktpalette anbieten. Produktgestaltung, Tarifangebot und Pflege des vorhandenen Vertragsbestands sind Dienstleistungen, die ohne den Einsatz technologiegestützter Systeme nicht mehr durchführbar sind: Produktinnovation und Bestandspflege erfordern Entscheidungen von großer Tragweite.

Um die Auswirkungen solcher Entscheidungen abschätzen zu können, arbeitet Schwäbisch Hall mit Simulationsmodellen, die Prognosen über die Geschäftsentwicklung zulassen. Ein Simulationslauf – aus Kapazitätsgründen nur auf Großrechner möglich – basiert auf einer Auswahl von Einzelverträgen, die nach bestimmten Vorgaben strukturiert werden. In die Prognoseberechnung fließen Erkenntnisse der zurückliegenden Entwicklung und aktuelle Vorgaben, zum Beispiel die Neugeschäftsentwicklung, ein. Auf der Grundlage solcher Aussagen kann die Bausparkasse ihr Tarifangebot marktgerecht gestalten. Während früher ohne die jetzt selbstverständliche technische Unterstützung Rücksicht genommen werden mußte auf die Berechenbarkeit von Zinsen und Bewertungszahlen, verliert dieser Aspekt heute an Bedeutung.

3.2 Bewältigung des Massengeschäfts – beschrieben am Beispiel der Sparerabteilung

Massengeschäft

In der Bundesrepublik gibt es heute sechzehn Millionen Bausparer. Achtzehn private und dreizehn öffentliche Bausparkassen betreuten bis Ende 1986 24,6 Millionen Bausparverträge mit einer Bausparsumme von 850,7 Milliarden DM. 5,34 Millionen Verträge bilden den Bestand von Schwäbisch Hall; 631.899 Neuabschlüsse wurden allein von dieser Bausparkasse in einem Jahr – 1986 – erzielt. Die Anforderungen dieses Massengeschäfts werden aus folgenden Zahlen deutlich: Pro Arbeitstag wurden – rein rechnerisch – mehr als zweieinhalb Tausend Neuverträge aufgenommen. 4,8 Milliarden DM Spargelder flossen 1986 auf die Konten der Bausparer: Täglich mußten 21 Millionen DM entsprechend verbucht werden. Erheblich auch der Aufwand, mit dem die Bausparkasse ihren Kunden Zugang zur staatlichen Bausparförderung verschafft: Allein die Anträge auf Wohnungsbauprämie erreichten vergangenes Jahr die Zahl von 1,6 Millionen. Damit ist das Bauspargeschäft im eigentlichen Wortsinn „Massengeschäft", das wie bei anderen Dienstleistungs- oder Handelsunternehmen als „massenhafter Anfall zu verrichtender Leistungen" beschrieben wird. Jedoch ist das Dienstleistungsangebot einer Bausparkasse hochdifferenziert, stark erklärungsbedürftig und im Regelfall von langfristiger Kundenbindung. Mit anderen Worten: Die Bausparkasse betreibt „individuelles Massengeschäft", wobei das Leistungsangebot individuellen Bedürfnissen gerecht werden muß.

Die Bewältigung massenhafter Arbeitsvorgänge in sensiblen monetären und rechtlichen Bereichen muß von hoher, verläßlicher Dienstleistungsqualität zeugen. Diese ist heute nur unter Einsatz technischer Hilfsmittel, insbesondere der elektronischen Datenverarbeitung, und ständiger Innovationsbereitschaft realisierbar. Ein Blick in die Arbeit der Sparerabteilung soll diese Erfahrung verdeutlichen.

Individuelles Massengeschäft

Seit Jahren werden die steigenden Anforderungen des Massengeschäfts im Sparerbereich mit technologischer Unterstützung bewältigt: die elektronische Datenverarbeitung erfaßt und strukturiert die Kundendaten, sie führt weitgehend den Schriftverkehr durch und bietet dem Sachbearbeiter eine ausreichende Datengrundlage, um die Bausparer im Bedarfsfall schnell und umfassend zu informieren.

Der erste Schritt in dieser Richtung war die Einführung der aktenlosen Sachbearbeitung. Dieses System hatte zum Ziel, den Bausparvertrag und die Kontenentwicklung jedes einzelnen Kunden transparent zu gestalten. Der Sachbearbeiter sollte in die Lage versetzt werden, sich schnell und umfassend über Vertragsablauf und Kontenentwicklung zu informieren. Um diese Anforderung zu erfüllen, müssen alle Schriftstücke, die zwischen den Kunden und der Bausparkasse ausgetauscht werden, verfilmt werden. So entsteht ein geschlossenes Informations- und Dokumentationssystem. Auf der Basis des ständig aktualisierten Datenmaterials kann der angesprochene Sachbearbeiter ratsuchende Kunden individuell und schnell beraten. Außerdem ermöglicht dieses Archivierungssystem unterschiedlichen Stellen des Hauses, zu gleicher Zeit Daten abzurufen. In Papierform geführte Akten bestehen nicht mehr.

Der nächste Schritt zu marktgerechter Beratung und Betreuung der Bausparer führte über die computerunterstützte Sachbearbeitung. Dabei werden alle Daten und Informationen zu einem Bausparvertrag vom System koordiniert und sachbezogen aufbereitet. Im Dialog zwischen Sachbearbeiter und System werden vertragsrelevante Aspekte geprüft und dem Sachbearbeiter zur Entscheidung am Bildschirm übermittelt. Fazit: Steigerung der Dienstleistungsqualität und hohe Bearbeitungssicherheit. Bei der extrem hohen Frequenz der Kundenkorrespondenz – pro Tag 65 000 Briefe – lag die Einführung der automatisierten und automatischen Korrespondenz im Sparerbereich nahe. Etwa 80 Prozent des Schriftverkehrs werden heute mit Hilfe der EDV-Anlage bewältigt. Dieser Anteil wird durch die Intensivierung der computerunterstützten Textverarbeitung weiter steigen. Der Sachbearbeiter hat dann die Möglichkeit, nahezu die gesamte Korrespondenz über die EDV-Anlage abzuwickeln. Durch eine spezielle Systemtechnik können gespeicherte Texte zu einem individuellen Schriftstück gestaltet werden. Das System erstellt den Brief und kann ihn direkt versenden.

Die technologische Entwicklung hat trotz steigender Anforderungen des Massengeschäfts den individuellen Charakter der Kundenbetreuung nicht verändert. Im Gegenteil: Mit Hilfe der EDV können Kunden gezielter über wichtige Stationen ihres Bausparvertrags informiert und sachbezogen beraten werden. So erhalten beispielsweise prämienberechtigte Bausparer konkrete Hinweise, wie sie die höchstmögliche Wohnungsbauprämie erzielen können.

Die EDV-unterstützte Sachbearbeitung wird ständig verbessert und weiterentwikkelt. Im Mittelpunkt steht dabei die Dialogbearbeitung aller bauspartechnischen Vorgänge. Trotz weiterentwickelter EDV-Unterstützung werden Entscheidungsspielraum und Entscheidungskompetenz der Mitarbeiter erhalten bleiben. Hohe Qualifikation und Lernbereitschaft sind auch in Zukunft unerläßlich.

4 Beispiele praktischer Anwendung der computergestützten Technologie im Außendienst der Bausparkasse

Im Rahmen der Ausstattung der Bausparkasse mit computergestützter Technologie stand der Innendienst am Anfang: Die Entwicklung setzte bei der eigentlichen Sachbearbeitung ein und führte über die aktenarme Sachbearbeitung zur aktenlosen Sachbearbeitung. Aus diesem Grund ist die Evolution in technischer und anwendungspraktischer Hinsicht gut zu beobachten. Man beschreibt diesen Schritt als Übergang von der Datenverarbeitung zur Informationsverarbeitung.

Im Außendienst begann diese Entwicklung später, allerdings auch auf einer höheren Evolutionsstufe: die EDV-Anwendung wurde „nach außen" verlagert; die Grundlage bildete dabei die Vernetzung mit dem Großrechner. Die Zielsetzung lautete auch hier: Steigerung der Dienstleistungsqualität. Kundenwünsche sollen nicht nur erfaßt und „erledigt" werden. Die ganzheitliche Kundenbetreuung, die Kundenorientierung bildet das Ziel.

Voraussetzung ist, daß Informationen „vor Ort" verfügbar sind. Dies gewährleistet der Verbund mit dem Rechenzentrum der Hauptverwaltung. Daten aus dem Zentralarchiv können dann bei Bedarf mit extern erstellten Akquisitionsdaten, Regionaldaten oder Kundengruppendaten aufbereitet werden. Je intensiver der Außendienst Informationstechnologie anwendet, desto wichtiger ist die Qualifizierung der Mitarbeiter. Dies gilt auch für die Mitarbeiter der Genossenschaftsbanken.

4.1 Informationsbeschaffung und Informationsaufbereitung: die Arbeit der Marktforschung

Die Bedeutung branchenrelevanter Informationen als Grundlage weitreichender Entscheidungen weist der Marktforschung ein weites und wichtiges Tätigkeitsfeld zu. Die Arbeitsergebnisse bilden die Voraussetzung für hohe Dienstleistungsqualität, die in Konsumentenvorteile und damit in eine starke Wettbewerbsposition münden.

Hauptaufgaben sind: schnelle, sichere und umfassende Erforschung der Wünsche und Bedürfnisse der tatsächlichen und potentiellen Bausparkunden, die exakte Beschreibung der aktuellen Marktsituation und die treffsichere Prognostizierung zukünftiger Marktentwicklungen. Anforderungen, deren Erfüllung zu einem großen Teil nur mit dem zunehmenden Einsatz moderner Technik in einem vertretbaren Zeit- und Kostenrahmen möglich ist.

Zum Beispiel die computergesteuerte Telefonumfrage: Die heutige Verbreitung des Mediums „Telefon" – mittlerweile sind 95 Prozent der Bevölkerung telefonisch erreichbar, Telefonbesitz ist nur noch in ganz geringem Maße mit sozial differenzierenden Merkmalen verbunden – die Verbreitung des Mediums „Telefon" erlaubt es, demoskopische Untersuchungen telefonisch durchzuführen, sofern die Interviewdauer 25 Minuten nicht übersteigt und keine optischen Befragungshilfen benötigt werden. Bei diesen Untersuchungen wird nicht nur die Stichprobenauswahl vom Rechner gesteuert, er sorgt auch dafür, daß Befragungspersonen, die nicht erreicht wurden, später automatisch wieder angewählt werden. Der Interviewer spricht am Telefon nur noch Fragen aus, deren Wortlaut ihm am Bildschirm vorgegeben werden. Antworten gibt er direkt in den Rechner ein. Nach jedem abgeschlossenen Interview kann der aktuelle Stand der statistischen Ergebnisse der Untersuchung abgerufen werden.

Computergesteuerte Telefonumfragen machen Untersuchungen schneller (je nach Institutskapazität sind heute 500 – 1 000 Telefoninterviews täglich möglich), billiger, zuverlässiger (größere Stichproben enthalten geringere Fehlertoleranzen) und organisatorisch einfacher und flexibler. Werden die Untersuchungsergebnisse zudem noch per Datenträger an die Marktforschungsabteilung weitergegeben, ist eine statistische und graphische Aufbereitung der Ergebnisse nach den unterschiedlichen Interessen einzelner Fachabteilungen auch im nachhinein schnell und kostengünstig möglich.

4.2 Informationstechnologie im Vertrieb

Ausbildung

Für die Bausparkasse Schwäbisch Hall, die mit den Volksbanken und Raiffeisenbanken aufs engste zusammenarbeitet, spielt die Schulung von Mitarbeitern der genossenschaftlichen Banken in bausparspezifischen Belangen eine große Rolle.

Veränderte Personalstrukturen, erheblicher Personalzuwachs bei den Banken sowie die veränderten Rahmenbedingungen des kreditwirtschaftlichen Umfeldes erhöhen die Qualifikationsansprüche für den Vertrieb des Produkts Bausparen. Zur Intensivierung der Aus- und Fortbildungsmaßnahmen für genossenschaftliche Bankmitarbeiter werden computergestützte Ausbildungsprogramme entwickelt und eingesetzt.

Individuelle Kundenberatung

Zur Vorbereitung individueller Kundenberatung stellt die Bausparkasse ihren Vermittlern alle zur Beratung notwendigen Daten zur Verfügung. Je differenzierter die angebotenen Informationen sind, desto gezielter kann die Beratung erfolgen.

Technologie-Einsatz im Außendienstbereich wird von den Mitarbeitern grundsätzlich begrüßt: Es entspricht dem Selbstverständnis der Berater- und Verkäufermentalität, daß man sich im Unternehmen, in seinem Marktgebiet und im Kundengespräch sicher fühlt. Nur durch qualifizierte und zeitige Information sowie weiterbildendes Training – auch auf dem Gebiet der Informationsgewinnung und -analyse – lernt der Außendienstmitarbeiter, sich den Veränderungen des Marktes anzupassen. Nachdem Schwäbisch Hall bereits über fünf Jahre den Einsatz des Mediums Bildschirmtext erprobt hatte, begann 1985 die Ausrüstung des gesamten Außendienstes mit Btx-Endgeräten. Die Leitungsebene des Außendienstes wird mit Personalcomputern ausgestattet, die neben ihrer Eigenschaft als Btx-Endgerät durch entsprechende Software-Ausstattung allen mit der Regieführung zusammenhängenden Aufgaben dienen sollen.

Versehen mit vielseitigen Modellberechnungen und individuellen Berechnungen konnte der Außendienst mit Hilfe moderner Technologie die Dienstleistungsqualität steigern. Dies kommt den Bausparern zugute, die insgesamt kritischer geworden sind und detaillierte Aussagen über ihre Finanzierungsvorhaben verlangen. Um diesen Ansprüchen gerecht zu werden und die Dienstleistungsqualität weiter zu steigern, setzt die Bausparkasse auch in Zukunft auf die technologische Entwicklung.

5 Informationstechnologie im Bereich Management und Geschäftsleitung

5.1 Informationen für Management und Geschäftsleitung

Der Technologieeinsatz im Bereich Management und Geschäftsleitung muß völlig anderen Anforderungen genügen als in den großen Linienabteilungen des Unternehmens. Informationen müssen in der dafür geeigneten Form angeboten werden, damit Entscheidungen schnell und zuverlässig getroffen werden und Initiativen und Reaktionen zum geeigneten Zeitpunkt auf sicherer Datenbasis erfolgen können.

Die Informationstechnologie dient der Geschäftsleitung bei der Erfüllung von Management-Aufgaben. Diese erstrecken sich auf alle Maßnahmen zur Sicherung der Wettbewerbsfähigkeit, der Ertragsstärke und der Erhöhung der Dienstleistungsqualität. Die vergangenen Jahre haben einen steigenden Informationsbedarf für Unternehmensentscheidungen aller Art mit sich gebracht – dies sowohl auf betrieblicher Ebene als auch im branchenbezogenen Vergleich.

Volkswirtschaftliche, betriebswirtschaftliche und statistische Daten stehen durch die Auswertungs- und Darstellungsmöglichkeiten der EDV in immer differenzierterer Form zur Verfügung. Erst durch dieses Medium war es möglich, Zahlen, Auswertungen und Analysen zu gewinnen, auf die man mit manuellen Mitteln niemals Zugriff bekommen hätte. Da das Informationsangebot heute sehr groß ist, muß das Datenmaterial in gestraffter, übersichtlicher und genügend differenzierter Form dargestellt werden. Doch nicht jede technisch mögliche Verbesserung und Steigerung des Informationsangebots ist auch angebracht. Schon im Hinblick auf das Kosten-Nutzen-Verhältnis ist abzuwägen, ob die zusätzlich mögliche Information tatsächlich das bringt, was Anbieter und Planer als selbstverständlich unterstellen. Nicht jede Managementinformation muß auf Knopfdruck über Bildschirm bereitstehen. Im Einzelfall können sich konventionelle Darstellungsmethoden als durchaus überlegen erweisen. So wird es nach wie vor bei den verschiedenen Formen der Information bleiben – wenn auch mit veränderter Gewichtung:

1. Manuelle Auswertungen und Aufstellungen für die kurzfristige Information.
2. Umfangreiche Informationen in Listenform oder vom Bildschirm über die zentrale EDV-Anlage.
3. Auswertungen über die individuelle Datenverarbeitung. Hierfür werden – meist auf Basis des Vormaterials der zentralen EDV – gezielt Informationen für spezielle Empfängerkreise aufbereitet und dargestellt. Diese sind dann direkt über Bildschirm abrufbar.

Die Möglichkeiten der individuellen Datenverarbeitung erweisen sich unter den derzeitigen organisatorischen Voraussetzungen als optimal. Die IDV berücksichtigt – auf sehr flexible Weise – die Informationsbedürfnisse sowohl des gesamten Managements als auch spezieller Bereiche, was die zentrale EDV so nur bedingt zu erfüllen vermag.

5.2 Anwendung individueller Datenverarbeitung

Im Bereich Controlling, einer Informationsschnittstelle des Unternehmens, ist die Anwendung der individuellen Datenverarbeitung angezeigt. Mit ihrer Hilfe werden entscheidungsrelevante Informationen berechnet, aggregiert, vernetzt, Alternativen erarbeitet, ein ganzes Spektrum notwendiger Daten erstellt. Dies läßt sich weiterentwickeln zu einem kompletten Informations- und Planungssystem, das durch immanente Frühwarnindikatoren Steuerungseingriffe ohne Zeitverlust ermöglicht.

Das Einsatzgebiet der IDV umfaßt Berichtswesen, Planung, Budgetierung, Simulation und spezielle Ermittlungen für täglich sich ändernde Aufgabenstellungen. Prognoseberechnungen sind im Bauspargeschäft besonders wichtig: Der Wohnungsbau und seine Finanzierung entwickeln sich alles andere als kontinuierlich, und deshalb kann die modellhaft prognostische Vorwegnahme solcher Entwicklungen für die Geschäftspolitik entscheidende Hilfen geben. Dies gilt auch für die Geschäftssteuerung im Absatzbereich.

Durch wesentlich vereinfachtes Handling, etwa mit Hilfe von Tabellen-Kalkulationsprogrammen, die keine speziellen Programmierkenntnisse erfordern, lassen sich Informationsgewinnung und -darstellung in den Stabs- und Fachbereichen durchführen.

Dabei wird in den meisten Fällen eine integrierte Abwicklung über Host-PC angestrebt. Hier kommuniziert der Personalcomputer mit dem zentralen Rechner und erhält von dort die zu verarbeitenden Grunddaten überspielt. Aber auch die Vernetzung der einzelnen Personalcomputer untereinander gewinnt an Bedeutung, da der Zugriff auf weitere Informationsquellen eines anderen Personalcomputers den Anwendungsspielraum erheblich erweitert.

5.3 Veränderte Anforderungen an Qualifikation und Arbeitsstil

Diese neue Form der Tätigkeit auf Führungs- und Stabsebene verändert auch die Arbeitsinhalte und stellt erweiterte Qualifikationsanforderungen an die Mitarbeiter des Managements. Die neuen Medien müssen nicht nur gezielt eingesetzt, sondern auch in ihrer Anwendung weiterentwickelt werden. Dabei besitzt die Darstellung in Form von Berichten, Tabellen und Grafiken bereits einen hohen Stellenwert. Daten in dieser aufbereiteten Form stehen abrufbereit am Bildschirm zur Verfügung. Neben einer regelmäßigen, kurzgefaßten Information über die Lage des Unternehmens werden – wegen der Fülle des Materials – in Zukunft nur noch entscheidungsrelevante Vorgänge und Entwicklungen an die Führungsebene herangetragen. Alle anderen Daten stehen für den Zugriff am Bildschirm bereit.

6 Informationstechnologien und veränderte Beschäftigungsstrukturen

6.1 Akzeptanz und Akzeptanzprobleme

Das Meinungsbild der Öffentlichkeit

Der Wert installierter Datenverarbeitungsanlagen hat sich in der Bundesrepublik Deutschland zwischen 1960 (700 Millionen DM) und 1980 (26 Milliarden DM) um das 37fache erhöht. Gleichzeitig hat nach Angaben des Instituts für Arbeitsmarkt- und Berufsforschung die Zahl der im Verwaltungsbereich Beschäftigten um mehr als zwei Millionen zugenommen. Trotzdem gilt der Computer als „Jobkiller".

Wenn auch von rund zwei Dritteln der Bevölkerung anerkannt wird, daß die „Computerisierung" aus Wettbewerbsgründen unausweichlich ist, hat sich zu diesem Zukunftsproblem ein erhebliches Negativ-Potential aufgebaut, das auch bei Jugendlichen stark ausgeprägt ist. Dabei werden die Auswirkungen der Mikroelektronik auf die Arbeitssituation von Technik-Befürwortern oft skeptischer beurteilt als von Technik-Gegnern.

Kein Zweifel: In der Öffentlichkeit sind Befürchtungen vorhanden, daß die technologische Entwicklung Arbeitsplätze in unvertretbarem Maße vernichte. Vielleicht beruhen die Befürchtungen über den weiteren Technologieeinsatz auch auf Erfahrungen bisheriger Rationalisierungsprojekte, bei denen der organisatorisch-technische Aspekt dominierte und die sozialpsychologischen Komponenten nicht hinreichend berücksichtigt wurden. Künftige technologische Innovationen sollten daher kritisch die Erfahrungen der bisherigen Praxis auswerten: aus Fehlern lernen und auf Erfolgen weiterbauen.

Akzeptanzbarrieren abbauen!

Der Einsatz neuer Technologien ist eine wesentliche Voraussetzung für die stetige Verbesserung der Dienstleistungsqualität und der Wettbewerbsfähigkeit. Gerade im Dienstleistungsbereich ist der Mensch als qualifizierter und leistungsbereiter Mitarbeiter ein wesentlicher Faktor. Im Banken- und Bausparkassenbereich wird kundenfreundliche, fundierte und individuelle Beratung immer wichtiger. Es stellt sich aber die Frage, wie es um die Akzeptanz neuer Arbeitsverfahren und Technologien bei den Mitarbeitern bestellt ist. Vorhandene Ursachen potentieller Akzeptanzprobleme müssen frühzeitig erkannt und beseitigt werden.

Eine maßgebliche Ursache ist die Angst vor dem Unbekannten, was zu einer Distanz gegenüber neuen Arbeitstechniken führen kann. Mit Vorbehalten und gegen inneren Widerstand zu arbeiten, führt zu Unlust und geringerer Leistung. Andererseits ist aber auch zu beobachten, wie sich derartige Vorbehalte und Befürchtungen bei täglicher Anwendung mit der Zeit verringern: Befragungen zeigen, daß Mitarbeiter die neuen Technologien als Arbeitsmittel akzeptieren, je intensiver sie damit umgehen. Die Technik bereitet kein Unbehagen mehr, sobald sie beherrscht wird.

Die Unternehmen können wesentlich dazu beitragen, ihre Mitarbeiter auf die Entwicklungen der Informations- und Kommunikationstechnologien vorzubereiten. Hier ist ein „Qualifizierungsschub" notwendig. Und: Es bedarf eines erweiterten Verständnisses beruflicher und betrieblicher Weiterbildung. Weiterbildung kann nicht nur Angst vor Technikfolgen abbauen und soziale und personale Sinnbezüge herstellen, sie kann auch dazu beitragen, die Risiken einer unkontrolliert „computerisierten Gesellschaft", nämlich Isolierung sowie Kreativitäts- und Kritikverlust vermeiden zu helfen, indem sie intellektuelle, kreative und soziale Fähigkeiten aktivieren hilft.

6.2 Veränderte Anforderungen an die Arbeitsorganisation

Erhöhte Anforderungen

Die Bewältigung des immer größer werdenden Arbeitsaufwands zur Sicherung und Erweiterung der Marktposition und der Dienstleistungsqualität wäre ohne die Steigerung der Arbeitsproduktivität, die wiederum erhebliche Investitionen erforderte, nicht möglich gewesen. Im Rückblick betrachtet haben Konjunkturverlauf und Produktivitätsfortschritt bei den Bausparkassen zu keinen erheblichen Reduzierungen im Personalbereich geführt; im wesentlichen hat sich der Personalbestand durch die altersbedingte Fluktuation vermindert.

Re-integrierende statt traditioneller Rationalisierung

Die Arbeitsteilung im Verwaltungsbereich ist traditionell durch die Aufteilung in planende, dispositive und operative Tätigkeiten einer Aufgabe gekennzeichnet. Es entspricht tradierter, tayloristisch geprägter Arbeitsorganisation, Aufgaben, die aufgrund ihrer Häufung vom Stelleninhaber oder der organisatorischen Einheit quantitativ nicht mehr bewältigt werden können, weiter zu zergliedern, um durch Spezialisierung eine größere Arbeitsbeschleunigung zu erreichen. Mit zunehmender Arbeitsteilung steigt auch die Zahl der Informationstransaktionen (Informationsaustausch), wobei die Trägheit des Informationsflusses zunimmt. Dieses Phänomen wird durch die transaktionsbedingt auftretenden Unterbrechungen des Informationsflusses ausgelöst. Zu deren Beseitigung muß laut empirischen Untersuchungen mehr als 30 % der Arbeitszeit aufgewendet werden.

Die Bausparkasse hat sich daher bereits vor einigen Jahren entschlossen, in entsprechenden Arbeitsbereichen Veränderungen vorzunehmen. Die bisher verrichtungsorientierte Arbeitsweise wandelte sich so zu einer problem- oder objektorientierten Aufgabenerfüllung. Damit stellt sich ein Gesamtüberblick über den Arbeitsablauf ein, womit positive Auswirkungen auf den Leistungsvollzug und die Arbeitszufriedenheit bewirkt werden. Resultate, die auch unseren Kunden zugute kommen. Eine im Wortsinn betriebene „Reorganisation" ist schon aufgrund des Komplexitätsgrades eine geistig-qualifikatorische Aufgabe und damit ein Prozeß, der die Unternehmenskultur gestaltet.

7 Ausblick

Die Investitionen in Innovationen haben sich ausgezahlt. Die Anforderungen des Massengeschäfts der zurückliegenden Jahrzehnte wurden bewältigt, der Strukturwandel des Bauspargeschäfts vom „Bring- zum Holgeschäft" nachvollzogen. Dies alles wäre ohne die Unterstützung der elektronischen Datenverarbeitung und der Informations- und Kommunikationstechnologien nicht durchführbar gewesen. Mit variantenreich gestalteter Produktpalette, kundenspezifischem Service und hoher Dienstleistungsqualität hat die Bausparbranche Jahre gezielten Wachstums erlebt.

Investitionen in Innovationen werden auch in Zukunft unausweichlich sein. Neue, säkulare Veränderungen des Marktgefüges kündigen sich an. Die Herausforderungen auf dem Privatkundenmarkt steigen: Um so wichtiger wird auch in Zukunft eine hohe Dienstleistungsqualität sein. Im Wettbewerb der Bausparkassen ist deshalb schon heute die Entscheidung zugunsten der neuen Technologien gefallen.

Programmverifikation und Künstliche Intelligenz

WOLFRAM MENZEL und WERNER STEPHAN

Zusammenfassung

Ein großes Programmsystem, das heute zum ersten Mal die Hand seiner Programmierer verläßt, arbeitet kaum je fehlerfrei. Es gibt aber Situationen, in denen man auf völliger Korrektheit bestehen muß. Formale Programmverifikation ist auf die Dauer unentbehrlich. In ihrer heutigen Gestalt beinhaltet sie eine Gesamtdisziplin des formalen Vorgehens bei der Programmerstellung, und sie bedient sich der zentralen und weitest fortgeschrittenen Techniken der Künstlichen Intelligenz.

1. Übersicht

Wohl jeder erwachsene Bürger unseres Landes kommt mittlerweile regelmäßig in Kontakt mit der elektronischen Datenverarbeitung: als Kunde von Banken, Versandhäusern und öffentlichen Versorgungsbetrieben, als Benutzer von immer billiger angebotenen Heimcomputern und zunehmend auch im Beruf. Ebenso verbreitet wie die Datenverarbeitung selbst ist allerdings auch der Ärger über Pannen, Ausfälle und sonstige Unzulänglichkeiten in diesem Bereich. Wohlgemerkt, es ist hier nicht die Rede von berechtigten oder unberechtigten Ängsten etwa in bezug auf die sozialen Auswirkungen der neuen Technologien. Gemeint sind vielmehr konkret erfahrene Mängel im Zusammenhang mit der Datenverarbeitung. Schon das Textsystem, mit dem dieser Beitrag erstellt worden ist, und das das Arbeiten gegenüber dem früheren Zustand so viel angenehmer macht, weist gewisse Fehler auf, die dann und wann zu einem Faustschlag auf den Tisch führen. Hinzu kommen Presseberichte über Vorkommnisse außerhalb des eigenen Erfahrungsbereiches. Z. B. in der *FR* vom 20.11.86: „Ein Übungscountdown für einen angenommenen Raumfährenstart endete am Dienstag auf dem Raketenstartgelände auf Kap Canaveral im US-Staat Florida vorzeitig, weil Probleme mit dem Computerprogramm auftraten. ...“ Beispiele wie das letzte zeigen, daß die angesprochenen Probleme nicht nur den Ruf der Datenverarbeitung schädigen, sondern auch sehr kostspielig sein können.

Nicht alle überhaupt auftretenden Mängel betreffen den Bereich, für den die Informatik zuständig zeichnet, man denke etwa an die vom ehemaligen Kanzler Schmidt im Bundestag (zu Recht) als unlesbar bemängelte Gasrechnung. Aber selbst wenn man das Umfeld der Informatik außer acht läßt, bleiben vielfältige Ursachen zu benennen. Es kann sich handeln um *technische Defekte* bei Verarbeitungseinheiten, Speicher- und Übertragungsmedien sowie Ein- und Ausgabegeräten. Häufig sind sicher auch *Bedie-*

nungsfehler, die von der Eingabe einer falschen Kontonummer bis hin zum irrtümlichen Einspeisen eines Übungsprogramms in die Rechner der Luftabwehrzentrale der NATO reichen. Eine in vieler Hinsicht ausgezeichnete Rolle spielen *Programmfehler*.

Hierunter soll zunächst einmal – naiv – einfach dies verstanden werden, daß ein Programm den gestellten Anforderungen nicht gerecht wird. Programmfehler bilden dann mit Abstand die wichtigste Quelle für Fehlverhalten oder unnötige Kosten im Arbeiten mit EDV-Anlagen. Das rührt schon daher, daß die Software – die Programme im gesamten Spektrum von der Maschinenschnittstelle bis zum Benutzerwunsch – den kostenträchtigsten Faktor beim Erstellen eines Gesamtsystems bilden. Hinzu kommt, daß hier die Fehler schlecht zu lokalisieren und durch Testen nicht vollständig zu erfassen sind. Auch statistische Methoden und eingebaute Redundanz gestatten keine ausreichende Fehlerbeherrschung, und zudem steht die Korrektur unter dem erhöhten Risiko zusätzlicher Fehler. Es ist heute so gut wie unbestritten, daß kaum je ein größeres Programmsystem fehlerfrei arbeitet, nachdem es zum erstenmal die Hände seiner Programmierer verlassen hat. Der "naive" Benutzer ist Programmfehlern ziemlich hilflos ausgeliefert, im Gegensatz zu technischen Defekten ist ein einfacher Austausch der betroffenen Komponenten nicht möglich.

Wie lassen sich Programmfehler ausschließen? Organisatorische Maßnahmen, die selbst auch wieder rechnerunterstützt sein können, dienen dazu, Fehlerquellen einigermaßen auszuschließen, die sich aus dem Zusammenwirken vieler Mitarbeiter an der Erstellung von großen Programmsystemen ergeben. Hier wie auch bei der Programmierung von Einzelkomponenten bringen Programmiersprachen, welche eine strukturierte Vorgehensweise unterstützen, einen erheblichen Qualitätsgewinn. Am Ende der Entwicklungsphase stehen im allgemeinen systematische Testverfahren. All diese Maßnahmen *garantieren* jedoch *nicht* völlig fehlerfreie Programme. Gewiß, in vielen Fällen mag das so Erreichte sicher den gestellten Anforderungen genügen, wie bei technischen Systemen sonst auch eine gewisse Unsicherheit tolerabel erscheint. *Aber:* Bei kritischen Programmteilen kann aufgrund der weitreichenden Auswirkungen von Programmfehlern (siehe das oben genannte Beispiel) und damit im wesentlichen aus wirtschaftlichen Gründen der Wunsch nach absolut korrekten Programmen entstehen. In noch viel stärkerem Maße ist dies der Fall, wenn das Leben von Menschen praktisch ohne weitere Eingriffsmöglichkeit nur vom Funktionieren eines Rechnersystems abhängt. Diese Situation dürfte in der Zukunft häufiger, als es noch im Moment der Fall ist, auftreten.

Ist nun das Streben nach völlig fehlerfreien Programmen überhaupt ein sinnvolles Unterfangen? Wie läßt sich ein solches Ziel überhaupt präzise definieren? Welches Maß an Sicherheit in bezug auf das korrekte Funktionieren von Programmsystemen ist prinzipiell denkbar? Eine weithin akzeptierte Antwort lautet: Die größte denkbare Sicherheit bieten Programme, die ausgehend von einer formalen Spezifikation in ebenfalls formal als zulässig nachgewiesenen Schritten entwickelt wurden. „Formal“ bedeutet hier zum einen, daß sowohl die Spezifikationssprache wie auch alle Sprachen auf weiteren Entwurfsebenen bis hin zur Implementierungssprache hinsichtlich ihrer Syntax und Semantik mathematisch exakt definiert sind. In bezug auf durchzuführende Korrektheitsbeweise bedeutet „formal“, daß ein fester, mathematisch exakt vorgegebener und als korrekt nachgewiesener Kalkül für die Schlußfolgerungen verwendet wird. Methoden für ein solches formales Vorgehen bei der Programmentwicklung zu erarbeiten, ist Gegenstand der *Programmverifikation*. Diese Definition ist weiter gefaßt, als es ursprünglich der Fall war: Anfangs war das Anliegen der Programmverifikation einfach, ein fertig vorgegebenes Programm in bezug auf eine Spezifikation als korrekt nachzuweisen. Erst im Laufe der Zeit ist klargeworden, daß sowohl auf der Seite der Spezifikationen wie auch auf der Programmiersprachenseite mehrere Ebenen betrachtet werden müssen. Der wesentliche Unterschied besteht darin, daß nicht erst bei der Verifikation des fertigen, irgendwie zustande gekommenen Programms formale Verfahren eingesetzt werden, sondern bereits die Programmentwicklung formal erfolgt. Das schließlich entstandene Programm ist dann automatisch korrekt in bezug auf die Ausgangsspezifikation.

Ein erster, sehr grundsätzlicher Einwand gegen ein solches Anliegen liegt nach dem oben Gesagten auf der Hand: Die angestrebte formale Vorgehensweise bedeutet letztlich einen Rekurs auf mathematische Grundlagen. Die Frage nach der erzielten Sicherheit in bezug auf ein korrektes Funktionieren von Programmen geht damit über in die Frage, wie gewiß wir uns der mathematischen Grundlagen überhaupt sein dürfen. Eine Diskussion dieser Problematik ist nicht informatikspezifisch und soll daher an dieser Stelle auch nicht geführt werden. Man kann aber wohl sagen: Ein Nachweis der Korrektheit im Rahmen des grundlagentheoretisch Gesicherten würde dem Informatiker bei weitem ausreichen.

Zurück zur Ausgangsfrage. Die vorgeschlagene Lösung bringt eine objektivierte Definition der Programmkorrektheit durch Bezugnahme auf eine formale Spezifikation. Nach Meinung der Autoren notwendig ausgeklammert wird damit der Zusammenhang mit der subjektiven Vorstellung, die ein oder mehrere Individuen von dem gewünschten Verhalten des angestrebten Programmes haben. Häufig wird dann als Einwand gegen die formale Programmverifikation das Problem der Umsetzung von informell vorhandenen Anforderungen in eine formale Spezifikation genannt. Gewiß: Bei falschen Ausgangsspezifikationen, d. h. solchen, welche die für ein Programm relevante (z. B. physikalische) Realität nicht richtig modellieren, schützt auch formale Verifikation nicht vor unangenehmen Folgen. Wie im nächsten Abschnitt dargelegt werden soll, kann trotz dieser nicht zu leugnenden Begrenzung auf ein formales Vorgehen nicht verzichtet werden.

Im Mittelpunkt dieses Beitrags steht jedoch die Auseinandersetzung mit einer anderen Frage. Viele Leser werden den Autoren sicher in der Einschätzung folgen, daß die skizzierte formale Vorgehensweise die größte *denkbare* Sicherheit in bezug auf die Korrektheit von Programmen bietet. Ist diese Vorgehensweise jedoch auch *machbar* – machbar angesichts des enormen Aufwands, den eine formale Behandlung realistischer Programme mit sich bringt? Es ist ja unbestreitbar: Auch in der bisherigen Geschichte der mathematischen Logik ist nur untersucht worden, welche prinzipiellen Möglichkeiten zu exaktem Vorgehen bestehen. Kaum einmal wird im Alltagsgeschäft, also beim Beweisen mathematischer Sätze, auf streng formaler Grundlage verfahren. Viele falsche informelle Beweise legen hiervon Zeugnis ab. Daß dies bisher der Fall gewesen ist, beruht nicht auf individuellem Versagen, sondern auf Sachzwängen. Durch den Einsatz von Rechnern auch im Bereich der Logik ist jedoch eine neue Situation entstanden. Die Frage, die sich nunmehr stellt, lautet: Kann der mit einem strikt formalen Vorgehen verbundene Aufwand durch die Zuhilfenahme von Rechnern soweit reduziert werden, daß wenigstens für kritische Programm(teil)e ein praktischer Einsatz im Bereich des Möglichen liegt. Es ist dies die Frage nach dem Einsatz von Techniken der *Künstlichen Intelligenz* auf dem Gebiet der Programmverifikation.

2. Die Rolle formaler Verfahren

Den Ausgangspunkt bei der Programmverifikation bildet wie schon angesprochen eine Aufgabenbeschreibung unter Verwendung einer sogenannten *Spezifikationssprache* mit formaler Syntax und Semantik. Die Entwicklung solcher Sprachen steht seit einiger Zeit sehr stark im Zentrum des Interesses. In den meisten Fällen handelt es sich um eine Variante der Prädikatenlogik erster Stufe, evtl. eingeschränkt auf gewisse Formelmengen. Z. B. verwendet man allquantifizierte Gleichungen zur Spezifikation abstrakter Datentypen [6]. Vom Standpunkt der Programmiersprachen aus gesehen handelt es sich um *funktionale* Sprachen. Wenn als Implementierungssprache ebenfalls eine solche funktionale Sprache dient, kann der gesamte Verifikationsprozeß auf dieser Ebene ablaufen. Begonnen wird in jedem Fall mit einer einfachen, nur am Problem orientierten Spezifikation des gewünschten Verhaltens, die aber bereits formal ist. Dies geschieht im allgemeinen auf eine *nichtalgorithmische* Weise – ein Programmablauf ist noch nicht festgelegt – und unter Verwendung *abstrakter,* d. h. implementierungsfrei gegebener *Datenstrukturen.* Schrittweise nähert man sich dann einer algorithmischen und damit schon lauffähigen Spezifikation, die evtl. spezielle Datenstrukturen, wie etwa bestimmte Listen, verwendet. Jeder dieser Implementierungsschritte macht einen formalen Korrektheitsbeweis in bezug auf einen vorher definierten *Implementierungsbegriff* notwendig, siehe etwa [5].

Noch einmal zur Unterscheidung: Alle geschilderten Abläufe finden im Prinzip bei jedem größeren Implementierungsvorhaben statt. Nur spielt sich üblicherweise eben alles auf einer nichtformalen Ebene ab. Als Kommunikationsmittel dient die natürliche Sprache, evtl. angereichert mit Tabellen, Diagrammen und ähnlichem. Schlimmer noch ist es um die notwendigen Beweise bestellt. Diese werden vom einzelnen "im Kopf" durchgeführt oder mit mehreren Beteiligten mehr oder weniger systematisch durchgesprochen. Auch wenn bei diesem Vorgehen keine fundamentalen Irrtümer auftreten – wir gehen ja davon aus, daß alle Beteiligten ihr Handwerk verstehen –, werden sich doch fast immer kleinere "Ungenauigkeiten" einschleichen. Typischerweise handelt es sich dabei um (Rand-) Fälle, die übersehen werden. Irgendwann beim Benutzen des Programms treten dann diese Fälle doch auf, fast immer mit katastrophalen Folgen. Die Erstellung von Computerprogammen unterscheidet sich hier drastisch von vielen anderen Ingenieurdisziplinen: Man kann keine "Toleranz" für Ungenauigkeiten der genannten Art angeben, nur die *totale* Vermeidung führt zu vertrauenswürdigen Systemen.

Auch wenn für eine formale Spezifikation die Übereinstimmung mit informell vorgegebenen Anforderungen oder gar deren Übereinstimmung mit tatsächlichen Notwendigkeiten nicht im mathematischen Sinn bewiesen werden kann, bietet eine formale Grundlage Vorteile. Es ist z. B. durchaus möglich, formal Eigenschaften einer gegebenen Spezifikation abzuleiten und diese dann zu überprüfen, d. h. als wünschenswert oder nicht wünschenswert zu klassifizieren. Gegebenenfalls ist die Spezifikation anschließend abzuändern.

Fazit: Schon auf einer Ebene, die von einer konkreten Implementierung noch sehr weit entfernt sein kann, bieten formale Methoden unschätzbare Vorteile. Der zutreffende Einwand, daß der allererste Anfangspunkt selbst nicht formal zu etablieren ist, erscheint wenig schwerwiegend angesichts der Tatsache, daß alle weiteren Konkretisierungsschritte in einem formalen Rahmen und damit Korrektheit in einem wohldefinierten Sinn garantierend durchgeführt werden können. Hinzu kommt, daß man durchaus von einem "Testen" von Spezifikationen sprechen kann.

Hauptsächlich aus Effizienzgründen wird in den meisten Fällen die Implementierung in einer *imperativen* Programmiersprache angestrebt. Beim Übergang von einer funktionalen Ebene zu imperativen Sprachen werden Formalismen benötigt, die es gestatten, über von Programmen bewirkte Zustandsveränderungen zu sprechen. Solche Formalismen sind z. B. die sogenannte *HOARE-Logik* [10] oder allgemeiner die *Dynamische Logik* [9] und bestimmte Varianten der *Temporallogik* [14]. Ausgangspunkt ist in jedem Fall eine formale Semantik der betrachteten Programmiersprache. Wie im Fall der Spezifikationssprachen kann man auch hier sagen, daß die theoretischen Untersuchungen so weit gediehen sind, daß bei einer angestrebten Anwendung keine Probleme grundsätzlicher Art auftreten sollten.

Auch auf der Ebene der imperativen Programmiersprachen sollte nicht an eine Implementierung in einem Schritt gedacht werden. Sinnvoller ist es, ausgehend von einem Programm "nahe an der Spezifikation" durch *Programmtransformationsschritte* das endgültige, auch weitergehenden Effizienzanforderungen genügende Programm zu entwickeln. Man muß sich dabei nicht auf ein Repertoire an festen, allgemein formulierten und ein für allemal verifizierten Transformationsregeln beschränken. Vielmehr können auch sehr spezielle Transformationsschritte zur Anwendung kommen, wenn ein Formalismus zur Verfügung steht, der die Zulässigkeit des Schritts in dem gegebenen Kontext zu beweisen gestattet. Im Gegensatz etwa zu der sehr eingeschränkten HOARE-Logik ist die Dynamische Logik ein solcher Formalismus.

Für den Übergang von einer funktionalen Spezifikation zu einem imperativen Programm gilt ganz entsprechend das oben Gesagte: Keine im mathematischen Sinn "großen" Theoreme gilt es zu beweisen, sondern es geht darum, die vielen (jede für sich genommen trivial erscheinenden) Fehlermöglichkeiten auszuschalten. Dies ist keine graue Theorie: Bei einer versuchsweise von Hand durchgeführten formalen Verifikation (in der HOARE-Logik) eines im Einsatz befindlichen Programmoduls wurden zahlreiche, bis dahin unerkannt gebliebene Fehler entdeckt. Die Autoren sind der festen Überzeugung, daß eine größere Zahl solcher, leider im Moment noch sehr aufwendiger Versuche die Einsicht in die Notwendigkeit von formaler Verifikation erheblich fördern würde.

3. Der Einsatz von Mitteln der Künstlichen Intelligenz

In der Künstlichen Intelligenz wird versucht, auf bestimmten, eingegrenzten Gebieten auf Rechnern Leistungen und Verhalten hervorzubringen, wie sie beim Menschen als "intelligent" eingestuft würden. Beispiele sind das Sprach- und Bildverstehen, das Beherrschen von Spielen wie Schach und Dame, die Handhabung von Werkzeugen, die Simulation der Entscheidungsfindung von Experten (auf bestimmten Gebieten) und das Führen mathematischer Beweise. Es ist sicher nicht ganz einfach, eine genaue Abgrenzung zu anderen Gebieten der Informatik anzugeben – schon das Addieren von Zahlen kann man durchaus als Intelligenzleistung ansehen. Auch ist weder eine Definition des Begriffes "Denken" noch die Beantwortung der sich daran anschließenden Frage, ob auch Maschinen denken können, zu erwarten. Vielmehr werden *lauffähige Modelle* von bestimmten Denkleistungen erstellt und getestet, was auch beinhaltet, daß das beobachtbare Verhalten solcher Systeme mit menschlichem Verhalten verglichen wird. Ganz in Analogie z.B. zur Physik steckt dahinter natürlich der *Anspruch*, daß diese Modelle in irgendeiner Weise die Realität beschreiben. Nur läßt sich auch in diesem Fall ein positiver Bescheid aus endlich vielen "Experimenten" nicht ableiten. Grundsätzlich *neu* an der künstlichen Intelligenz, verglichen mit anderen Ansätzen, ist, daß die entwickelten Modelle zum einen vollständig exakt, d. h. ohne Deutungsspielraum sind, und zum anderen erprobt werden können.

Unbestreitbare Anfangserfolge haben unter anderem dazu geführt, daß auf einigen Gebieten wie z.B. bei den Expertensystemen der akademische Bereich bereits verlassen wurde und kommerziell verwertbare Produkte entwickelt wurden. In bezug auf die Grundlagenforschung jedoch ist eine gewisse Ernüchterung eingetreten. Viele in der Vergangenheit gemachte recht konkrete Vorhersagen – man denke etwa an die Leistungsfähigkeit von Schachprogrammen – sind nicht eingetroffen. Fortschritte werden nur noch langsam und unter großem Einsatz erzielt. Um erfolgreich an solchen Fortschritten zu arbeiten, bedarf es keiner fixierten Position in der eher unscharf gestellten Frage, ob sich hinter den zutage tretenden Schwierigkeiten ein grundsätzlicher Unterschied zwischen maschineller und menschlicher Intelligenz verberge (wie etwa in [1] argumentiert wird). In vielen Fällen hat sich herausgestellt, daß hinter Rubriken wie Computersehen oder mechanischem Beweisen vielschichtige und weitverzweigte Problemfelder liegen, die nicht handstreichartig und vor allem nicht mit einer Methode allein angegangen werden können. Auch Experten der künstlichen Intelligenz konnten dies *vorab* nicht richtig einschätzen.

Hilfestellung bei dem Anliegen, formale Programmverifikation praktisch einzusetzen, versprechen innerhalb der KI die Methoden der automatischen Deduktion. Es geht darum, das Folgern innerhalb von formalen Systemen der verschiedensten Art ganz oder auch nur teilweise zu automatisieren. Bevor eine Einschätzung der Erfolgsaussichten versucht wird, soll die Vielschichtigkeit allein dieses Teilgebietes der KI an Hand von einigen Gegensatzpaaren aufgezeigt werden. Am Anfang stand die Suche nach einem ganz *allgemeinen* Problemlöseverfahren [13]. Es ist jedoch bald offensichtlich geworden, daß ohne anwendungsspezifische Information die Beweissuche notwendig wenig zielgerichtet und damit oft erfolglos ist. Auf der anderen Seite arbeiten *spezielle* Verfahren wie z.B. Formelvereinfacher [12] sehr effizient. Der Einsatzbereich ist allerdings so eingeschränkt, daß sich z.B. die Programmverifikation auf solche Verfahren *allein nicht* abstützen läßt. Ebenso wie auf dem Gebiet der Schachprogramme kann man weiterhin unterscheiden zwischen *„brute force“* Verfahren und *„intelligenten“* Verfahren. „Brute force“ Verfahren vertrauen auf effiziente Implementierungen und vor allem auf Fortschritte bei der Hardwareentwicklung. Ein System wie [15] findet *alle kurzen* Beweise im Sekundenbereich. „Intelligente“ Verfahren, die problemspezifische Heuristiken verwenden, wie z.B. [3], sind im allgemeinen langsamer, natürlich unvollständig, aber zu erstaunlichen – durchaus auch gemessen an menschlichen Fähigkeiten – (Beweis-)Leistungen imstande. Gerade in letzter Zeit wird auch über den Grad der Automatisierung diskutiert. *Vollautomatischen* Verfahren [2], die nur über das Einstellen von Systemparametern gesteuert werden können (und auch werden, was vergleichende Untersuchungen erschwert) stehen *interaktive* Systeme gegenüber. Im einfachsten Fall handelt es sich dabei um bloße proof-checker (d. h. Prüfverfahren für einen *schon gefundenen* Beweis). Der Zwischenbereich ist bisher wenig untersucht. Gerade im Hinblick auf die automatische Programmverifikation kann man hier einiges erwarten: Es ist ja gar nicht nötig, die zündenden Beweisideen automatisch zu finden, viel wäre gewonnen, wenn die lästige, aber nicht in allen Fällen ganz triviale Routinearbeit vom Rechner unterstützt würde. Neuere Systeme wie [7], oft ausgehend von proof-checkern entwickelt, gehen in diese Richtung. Es kommt hier entscheidend darauf an, gegebene Basissysteme geschickt zu erweitern, um zu überschaubaren Beweisen zu kommen.

Wie steht es nun genauer mit den Möglichkeiten, durch Einsatz von KI-Techniken formale Programmverifikation praktisch möglich zu machen? Auf der Ebene funktionaler Spezifikations- und Programmiersprachen sind bisher die größten Fortschritte erzielt worden. Systeme, die das *Rechnen mit Gleichungen* unterstützen [16] wie auch solche, die speziell *Induktionsbeweise* automatisieren [3], [1], existieren bereits. Auf Grund der gemachten Erfahrngen kann man sagen, daß die Möglichkeiten, die in solchen Systemen stecken, bei weitem noch nicht ausgeschöpft sind und daher sowohl eine erhebliche Steigerung der Leistungsfähigkeit wie auch eine Vergrößerung der Anwendungsmöglichkeiten bereits jetzt *absehbar* ist. Auf der Ebene der imperativen Sprachen ist die Situation nicht ganz so günstig. Die meisten existierenden Systeme wie z.B. [11] beruhen auf dem Ansatz, Aussagen über imperative Programme, die mit geeigneten Zusicherungen (formalisierten Kommentaren) versehen sind, gleich zu Beginn des Verifikationsprozesses in prädikatenlogische Aussagen zu überführen. Diese Methode erzwingt eine starre Vorgehensweise: Eine schrittweise Veränderung von Programmen mit den dazugehörenden Beweisen ist kaum durchführbar, und der automatische Beweis der erzeugten „Verifikationsbedingungen" macht oft Schwierigkeiten. Andere Ansätze [8] werden zur Zeit untersucht, sind jedoch noch nicht so weit fortgeschritten, daß eine auf konkreten Erfahrugen beruhende Einschätzung abgegeben werden könnte.

Nach Einschätzung der Autoren kann der Stand der Kunst in wenigen Sätzen so zusammengefaßt werden: Die logischen Grundlagen der Programmverifikation sind hinlänglich untersucht. In Bezug auf die Automatisierung existiert eine Vielzahl von unterschiedlichen, verwertbaren Ansätzen und lauffähigen Systemen. Die Ansätze sind zum Teil neueren Datums und noch längst nicht hinlänglich untersucht, bilden jedoch handfeste Ausgangspunkte für die weitere Arbeit. Wir arbeiten nicht mehr im Niemandsland. Bei den existierenden Systemen handelt es sich um „Laborsysteme", die nicht auf den industriellen Einsatz sondern auf die Evaluierung bestimmter grundsätzlicher Vorgehensweisen gerichtet sind. Integrierte Systeme, d.h. solche, die mehrere Ansätze vereinen, existieren kaum. Mindestens in dem von den Autoren übersehenen Bereich ist die Zusammenarbeit mit den (potentiellen) Anwendern nicht ausreichend.

Welche Empfehlungen können für den Bereich der automatischen Programmverifikation ausgesprochen werden? Für einen großen Zeitraum muß weiter Grundlagenforschung betrieben werden, müssen bestehende Ansätze ausgearbeitet und wenn notwendig erweitert werden. Nur längerfristige Projekte haben hier einen Sinn, da mit revolutionären Fortschritten, die obendrein schnell zu realisieren sind, nach dem gegenwärtigen (nicht gering zu schätzenden!) Erkenntnisstand kaum zu rechnen ist. Es sollte auf eine Integration verschiedener, sich ergänzender Techniken hingearbeitet werden. Allerdings muß auch bei einer Zentralisierung der Bemühungen – beim Setzen auf große, aber wenige Projekte – das Weiterverfolgen konkurrierender Ansätze gewährleistet sein. Auswahlentscheidungen können zum gegenwärtigen Zeitpunkt nicht getroffen werden. Die Umsetzung von Laborsystemen in Produkte erfordert einen immensen Arbeitsaufwand, der nur sinnvoll ist, wenn Ansätze vollständig evaluiert sind. Dies kann in Teilbereichen natürlich schon bald der Fall sein. Grundsätzlich sollte der Anwendungsbereich vorrangig die Rolle eines „Problemlieferanten" einnehmen.

Die Künstliche Intelligenz erforscht den Begriff und die Reichweite des technisch Machbaren im Bereich menschlicher Intelligenzleistungen. In einer ausgezeichneten Weise zeigt sich an der automatischen Programmverifikation die Eigenart der Fragen, die dabei entstehen. Es sind Fragen, die in der Geschichte der Wissenschaft sehr neu sind. Zwar scheint die Zeit vorbei zu sein, da die wesentlichen Ziele der Programmverifikation als Phantasmen galten. Aber ihr Weg hat eben erst begonnen.

Literatur

1. Biundo S, Hummel B, Hutter D, Walther C (1986) The Karlsruhe induction proving system. Proc. 8th International Conference on Automated Deduction, Oxford. LNCS 230. Springer-Verlag Berlin Heidelberg New York
2. Bläsius K, Eisinger N, Herold A, Siekmann J, Smolka G, Walther C (1981) The Markgraf Karl refutation Procedure. Proc. of the 7th International Joint Conference on Artificial Intelligence. Vancouver
3. Boyer R S, Moore J S (1975) Proving theorems about LISP functions. JACM 22: 129-144
4. Dreyfus H L, Dreyfus S E (1986) Mind over machine. The free press. New York
5. Ehrig H., Kreowski H J, Mahr B, Padawitz (1982) Algebraic implementation of abstract data types. TCS 20:209-263
6. Goguen J A, Thatcher J W, Wagner E G (1976) An initial algebra approach to the specification, correctness, and implementation of abstract data types. IBM Research Report RC 6487
7. Gordon M, Milner R, Wadsworth C (1979) Edinburgh – LCF. LNCS 78 Springer-Verlag Berlin Heidelberg New York
8. Hähnle R, Heisel M, Reif W, Stephan W (1986) An interactive verification system based on dynamic logic. Proc. 8th International Conference on Automated Deduction, Oxford. LNCS 230. Springer-Verlag Berlin Heidelberg New York
9. Harel D (1979) First-Order Dynamic Logic. LNCS 68. Springer-Verlag Berlin Heidelberg New York
10. Hoare C A R (1969) An axiomatic basis for computer programming. Communications of the ACM 12:576-580
11. Igarashi S, London R, Luckham C (1975) Automatic program verification. Acta Informatica 4:145-182
12. Käufl Th (1986) Programm verifier ‚Tatzelwurm': Reasoning about systems of linear inequalities. Proc. 8th International Conference on Automated Deduction, Oxford. LNCS 230. Springer-Verlag Berlin Heidelberg New York
13. Newell A, Shaw J C, Simon H (1959) Report on a general problem solving program. Proc. Int. Conf. Information Processing. Paris
14. Pnueli A (1977) The temporal logic of programs. Proc. 18th I.E. E. E. Annual Symposium on Foundations of Computer Science. Providence
15. Stickel M E (1986) A PROLOG technology theorem prover implementation by an extended PROLOG compiler. Proc. 8th International Conference on Automated Deduction, Oxford. LNCS 230. SpringerVerlag Berlin Heidelberg New York
16. Thomas Ch (1984) RR Lab – Ein Labor für Termersetzungssysteme. MEMO-SEKI-84-1. FBI Universität Kaiserslautern

Operations-Research-Expertensysteme – Wissenstransfer für die klein- und mittelständische Industrie

Klaus Neumann

Zusammenfassung

Das Operations Research stellt Methoden zur Entscheidungsfindung über den bestmöglichen Einsatz beschränkter Ressourcen bereit. Diese Methoden sind bisher in der klein- und mittelständischen Industrie nur vereinzelt angewendet worden. Expertensysteme bieten jedoch die Möglichkeit, dieses Wissen in ständig aktualisierter und „benutzerfreundlicher" Form dem Praktiker verfügbar zu machen, wobei insbesondere die neuen Fähigkeiten der 5. Computergeneration Berücksichtigung finden können. Nach der Beschreibung einiger typischer Anwendungen von Operations-Research-Methoden in der Unternehmenspraxis wird in diesem Artikel der grundsätzliche Aufbau von Expertensystemen erläutert. Danach werden zwei am Institut des Verfassers entwickelte Expertensysteme für die Maschinenbelegungsplanung und Projektplanung vorgestellt.

1. Einführung: Wissenstransfer auf dem Gebiet Operations Research durch Expertensysteme

Das Operations Research hat in den vergangenen vierzig Jahren eine Vielzahl von quantitativen Methoden zur Vorbereitung und Unterstützung unternehmerischer Entscheidungen entwickelt. Operations-Research-Methoden stehen insbesondere für Bereiche, in denen wirtschaftliches Handeln gefordert ist, wie Produktionsplanung und -steuerung, Fertigung, Lagerhaltung, Distribution, Absatz und Investition, zur Verfügung. Diesem umfangreichen Wissen steht – wenn man von einigen großen Unternehmen absieht – jedoch immer noch eine relativ bescheidene Anwendung in der betrieblichen Praxis gegenüber. Gründe dafür, daß insbesondere in der klein- und mittelständischen Industrie die Methoden des Operations Research bisher nur vereinzelt angewendet worden sind, sind unter anderem der Mangel an entsprechend wissenschaftlich vorgebildeten Führungskräften und Mitarbeitern, der in der Regel große Zeitdruck, unter dem die meisten unternehmerischen Entscheidungen getroffen werden müssen, der rasche Fortschritt auf einigen Teilgebieten des Operations Research, der oftmals in kurzer Zeit eine große Zahl neuer Methoden hervorbringt und bisher angewandte Techniken schnell veralten läßt, vor allem aber die Tatsache, daß das Operations-Research-Wissen überwiegend in abstrakter, dem Praktiker kaum verständlicher Form vorliegt. Es sollte aber gerade auch Aufgabe der Universitäten sein, an denen die meisten Operations-Research-Methoden entwickelt werden, dafür zu sorgen, daß dieses Wissen auf breiter Front für die betriebliche Praxis nutzbar gemacht werden kann.

In seinem Buch „Wende in die Zukunft" beschreibt Lothar Späth den Wandel der Industriegesellschaft zur Informationsgesellschaft. Ein Grundpfeiler dieser Wende ist der Technologietransfer, der in unserem Fall einem Wissenstransfer entspricht. Unter konsequenter Ausnutzung der Möglichkeiten, die insbesondere die 5. Generation von Computern bieten wird (oftmals mit dem Schlagwort „Künstliche Intelligenz" bezeichnet), ist es deshalb eine der wesentlichen Aufgaben des modernen Operations Research, wissensbasierte Programmsysteme (sogenannte *Expertensysteme*) zu entwikkeln, die auch von nicht wissenschaftlich vorgebildeten Praktikern für die Planung und Durchführung unternehmerischer Entscheidungen genutzt werden können. Die Verfügbarkeit leistungsfähiger und preiswerter Kleinrechner wird es dann insbesondere der klein- und mittelständischen Industrie ermöglichen, eine Vielzahl von Operations-Research-Methoden erfolgreich einzusetzen.

Wie der Name sagt, soll ein Expertensystem das Wissen eines oder mehrerer Experten auf einem deutlich abgegrenzten Gebiet (zum Beispiel das methodische und praktische Wissen für eine kostengünstige Lagerhaltung) enthalten. Neueste Methoden und Erfahrungen sollen dabei durch regelmäßig aktualisierte Systemversionen verfügbar gemacht werden. Ein Expertensystem muß in der Lage sein, im Dialog mit dem Benutzer ein konkretes praktisches Problem zu erfassen, zu modellieren und mit Hilfe des gespeicherten Wissens eine oder mehrere Lösungen zu finden, die (wieder im Dialog mit dem Benutzer) entsprechend praktischen Erfordernissen gegebenenfalls noch zu modifizieren sind. Expertensyteme müssen auch in Situationen, die durch unvollständige Information und zufällige Einflüsse gekennzeichnet sind, einsetzbar sein, und sie werden mehr und mehr gewisse kognitive Funktionen, die bisher ausschließlich Menschen vorbehalten waren (z. B. Lernfähigkeit), übernehmen.

2. Operations Research in der Unternehmenspraxis

Operations Research befaßt sich mit *quantifizierbaren Problemen*, bei denen es mehrere Entscheidungsmöglichkeiten gibt. Die Aufgabe besteht dann darin, *alle möglichen Alternativen* aufzufinden (allein dies ist in der Praxis oft schon recht schwierig) und unter ihnen die *beste auszusuchen* gemäß einem bestimmten *Zielkriterium* (das einen möglichst kleinen Wert annehmen soll, wenn es sich etwa um Kosten, benötigte Zeit oder ähnliches handelt, oder einen möglichst großen Wert, wenn es sich z. B. um den erzielten Gewinn oder die Menge eines gewünschten Endproduktes bei einem Produktionsprozeß handelt). Beim Auffinden aller möglichen Alternativen ist zu beachten, daß im allgemeinen eine große Zahl sogenannter *Nebenbedingungen* oder *Restriktionen* erfüllt sein muß, die in der Regel besagen, daß alle bei dem Problem benötigten Ressourcen (z. B. Rohstoffe, Maschinen, Kapital, Zeit, Fachkräfte, Lagerraum, Transportwege) nur beschränkt verfügbar sind. Manchmal sind noch Nebenbedingungen anderer Art, etwa die vorgeschriebene Reihenfolge gewisser Arbeitsvorgänge bei einem Fertigungsprozeß, zu beachten.

Operations Research ist also, kurz gesagt, Entscheidungsfindung über den bestmöglichen Einsatz beschränkter Ressourcen (bei Vorhandensein von gegebenenfalls weiteren Restriktionen). Die hierzu seit Ende der vierziger Jahre entwickelten Methoden finden primär im wirtschaftlichen und technischen Bereich Anwendung. Jedoch lassen sich auch gesellschaftspolitische Fragestellungen, die Konfliktsituationen beinhalten, mit Methoden des Operations Research (aus dem Operations-Research-Teilgebiet Spieltheorie, vgl. z. B. Luce/Raiffa [8]) behandeln, sofern sie nur *quantifizierbar* sind und *bewertet* werden können. „Quantifizierbar" schließt dabei nicht die Möglichkeit aus, daß es sich um Probleme mit unvollständiger Information handelt, zufällige Einflüsse auftreten und Vorhersagen mit großen Unsicherheiten verbunden sind (solche Aspekte lassen sich durch Heranziehung von Hilfsmitteln aus der Wahrscheinlichkeitsrechnung und Statistik mit erfassen).

Im folgenden sollen einige typische Operations-Research-Probleme aus dem wirtschaftlichen Bereich skizziert werden, wobei insbesondere Gebiete erwähnt werden, für die am Institut für Wirtschaftstheorie und Operations Research der Universität Karlsruhe Expertensysteme entwickelt werden.

In der *Produktions-Programmplanung* für einen Betrieb versucht man, alle von dem Betrieb hergestellten Produkte sowie die hiervon produzierten Mengen, bezogen auf eine bestimmte Planungsperiode, festzulegen (vgl. etwa Hoitsch [5], Kapitel 4). Als Zielkriterium wählt man hierbei in der Regel eine monitäre Zielfunktion, die den (zu maximierenden) erwarteten Gewinn (das Betriebsergebnis) der Periode darstellt und sich als Differenz aus den (fixen bzw. beschäftigungsunabhängigen und variablen bzw. beschäftigungsabhängigen) Erlösen und den (fixen und variablen) Kosten ergibt. Manchmal sind auch andere Zielkriterien wie (maximale) Eigenkapitalrentabilität (Quotient aus Gewinn und Eigenkapital) oder (maximale) Kapazitätsauslastung von Interesse. Als Restriktionen treten etwa die nur in beschränkter Menge verfügbaren Produktionsfaktoren (Arbeitskräfte, Betriebsmittel wie z. B. Maschinen, Werkstoffe), eventuelle Lieferverpflichtungen für gewisse Produkte, von der Marketing-Abteilung prognostizierte Mindest- oder Höchstabsatzmengen für bestimmte Güter und gegebenenfalls die verlangte Qualität einiger Produkte (etwa Oktanzahl bei Benzin) auf. Für die Produktions-Programmplanung werden an Operations-Research-Methoden insbesondere Verfahren der linearen und nichtlinearen Optimierung eingesetzt (s. Neumann [9], Kapitel 1 und 3).

Für die Produktion der in der Programmplanung festgelegten Güter (mengen) werden in der Regel Produktionsaufträge zusammengestellt. Die Planung und Durchführung dieser Produktionsaufträge ist Aufgabe der *Produktions-Prozeßplanung*. Hierzu gehören u.a. die *Termin- und Kapazitätsplanung* (Termingrobplanung ohne oder mit Kapazitätsschranken) und die *Maschinenbelegungsplanung* (Reihenfolge- und Terminfeinplanung).

Die Termin- und Kapazitätsplanung ist Teil des umfangreicheren Operations-Research-Gebietes *Projektplanung*, das Methoden zur optimalen Planung und Überwachung der Ausführung von Projekten bereitstellt (vgl. Neumann [11], Kapitel 2). Unter einem Projekt versteht man dabei ein Vorhaben, das sich aus einzelnen Zeit beanspruchenden Teilarbeiten (Tätigkeiten, Arbeitsvorgängen) zusammensetzt, zwischen denen gewisse Anordnungsbeziehungen bestehen (d. h., es ist vorgeschrieben, welche Tätigkeiten unmittelbar aufeinander folgen können oder müssen). Beispiele für solche Projekte sind neben Bau- oder Fertigungsvorhaben komplexe Beschaffungsaufträge, die Einführung von EDV-Systemen oder neuen Fertigungsmethoden in Betrieben sowie Forschungs- und Entwicklungsprojekte.

Die Ausführung von Projekten erfordert Zeit, verursacht Kosten und macht in der Regel den Einsatz von Betriebsmitteln, Arbeitskräften und Werkstoffen notwendig.

Dementsprechend sind im Rahmen der Projektplanung Methoden zur *Zeit-* oder *Terminplanung*, zur *Kostenplanung* und zur *Einsatzmittel-* oder *Kapazitätsplanung* entwickelt worden. Diese Verfahren nutzen die Tatsache aus, daß einem Projektablauf ein bewerteter gerichteter Graph (*Netzplan* genannt) zugeordnet werden kann. Die einzelnen Planungsprobleme lassen sich dann auf entsprechende Optimierungsaufgaben in Netzplänen zurückführen (vgl. Neumann [11], Kapitel 1 und 2).

Sind die Dauern der einzelnen Tätigkeiten eines Projektes vorgegeben, so können mit den Methoden der Terminplanung unter anderem die kürzeste Gesamtdauer des Projektes, die Anfangs- und Endtermine der einzelnen Tätigkeiten und die sogenannten kritischen Vorgänge (d. h. diejenigen Tätigkeiten, deren Verlängerung eine entsprechend große Hinausschiebung des Projektendes verursacht) ermittelt werden. Das Zielkriterium ist hierbei also die (zu minimierende) Projektdauer, und als Nebenbedingungen treten unter anderem die Anordnungsbeziehungen zwischen den einzelnen Tätigkeiten auf. Im Rahmen der Kostenplanung sucht man die minimalen Projektkosten und die einzelnen Projekttermine in Abhängigkeit von der (als Parameter betrachteten) Projektdauer zu bestimmen. In der Kapazitätsplanung strebt man eine optimale (etwa kostengünstigste) Verteilung der nur beschränkt verfügbaren Einsatzmittel auf die einzelnen Arbeitsvorgänge des Projektes an.

Die *Maschinenbelegungsplanung* befaßt sich damit, die Reihenfolge, in der gewisse Aufträge auf vorhandenen Maschinen zu bearbeiten sind, optimal festzulegen (*optimaler Ablaufplan*). Ein Planungsproblem ist dann durch die vorliegende Maschinenkonfiguration, bestimmte zu berücksichtigende Eigenschaften der Aufträge und das Zielkriterium gegeben. Was die Maschinenkonfiguration betrifft, hat man zwischen identischen und unterschiedlichen Maschinen (mit verschiedenen Bearbeitungsgeschwindigkeiten) sowie zwischen parallelen und nacheinander (in Serie) zu durchlaufenden Maschinen zu unterscheiden. In letzterem Fall kann die Reihenfolge, in der die Aufträge auf den einzelnen Maschinen zu bearbeiten sind, beliebig, für alle Aufträge gleich oder von Auftrag zu Auftrag verschieden sein. Zu berücksichtigende Eigenschaften der Aufträge sind etwa, ob einzelne Aufträge unterbrochen werden können oder ungeteilt bearbeitet werden müssen, ob Bereitstellungstermine, Fälligkeitstermine oder nicht überschreitbare Fertigstellungstermine vorgegeben sind und ob Reihenfolgebeziehungen zwischen bestimmten Aufträgen eingehalten werden müssen. Als (zu minimierendes) Zielkriterium kommen z. B. der Abschlußzeitpunkt des zuletzt bearbeiteten Auftrags, die maximale Terminüberschreitung der einzelnen Aufträge oder bestimmte Strafkosten bei Terminüberschreitungen infrage. Bedingt durch die vielen verschiedenen Möglichkeiten für die Maschinenkonfiguration, die charakteristischen Eigenschaften der Aufträge und die Wahl des Zielkriteriums ist eine große Zahl leistungsfähiger Operations-Research-Verfahren zur Ermittlung optimaler Ablaufpläne entwickelt worden (s. etwa French [2]).

Innerhalb eines Produktions- oder Distributionsprozesses können oder müssen an verschiedenen Stellen Güter gelagert werden. Läger dienen der zeitlichen Entkoppelung von Tätigkeiten, etwa zwischen dem Eintreffen und Verteilen von Gütern oder zwischen Produktion und Auslieferung, und erlauben damit unter anderem einen Ausgleich von Produktions- und Nachfrageschwankungen. Die zentrale Frage der *Lagerhaltung* ist, wann und wieviel von jedem Gut bestellt werden soll. Nebenbedingungen sind bei einem Lagerhaltungsproblem z. B. vorgegebene Lieferzeiten für die einzelnen Güter und der verfügbare Lagerraum. Als Zielkriterium wird in der Regel die Summe aller Lagerkosten verwendet (wobei Einkaufs- und gegebenenfalls fixe Bestellkosten, die „eigentlichen" Lagerungskosten wie Zinskosten für das im Lager gebundene Kapital, Miet- und Personalkosten, Versicherungsbeiträge u. a. sowie eventuelle Verluste durch mangelnde Lieferbereitschaft des Lagers zu berücksichtigen sind). Verschiedene Methoden zur Bestimmung optimaler „Lagerhaltungspolitiken" sind z. B. in Neumann [10], Kapitel 2, beschrieben.

Als letztes wichtiges Operations-Research-Teilgebiet sei die *Tourenplanung* erwähnt. Hierbei sucht man Touren, die von einem Startort aus über eine Anzahl vorgegebener Strecken zurück zum Startort führen, so zu bestimmen, daß etwa deren Gesamtlänge oder die zum Durchfahren der Tour benötigte Zeit (wieder unter Einhaltung gewisser Restriktionen) möglichst klein wird. Hierunter fällt die Planung von Müllentsorgungstouren, Straßenreinigungstouren und von allgemeinen Wartungs- und Überwachungstouren entlang vorgegebener Strecken z. B. durch Straßenmeistereien. Ein ähnliches (aber interessanterweise viel schwieriger zu lösendes) Problem liegt vor, wenn nicht vorgegebene Strecken, sondern Orte (an denen sich beispielsweise Kunden befinden) regelmäßig angefahren werden müssen. Transportunternehmen, die über einen bestimmten Fuhrpark verfügen und regelmäßig Kunden mit Waren zu beliefern haben, stehen vor einer solchen Aufgabe. Für die zur Lösung von Tourenplanungsproblemen entwickelten Operations-Research-Methoden vgl. z. B. Domschke [1], Kapitel 3, 4 und 5.

3. Aufbau von Expertensystemen

Die drei wesentlichen Komponenten eines Expertensystems sind eine Datenbasis, eine Wissensbasis und eine Inferenzmaschine (s. z. B. Hayes-Roth/Waterman/Lenat [3], Sell [13] oder Waterman [15]). Die *Datenbasis* enthält alle das jeweilige Problem charakterisierenden Daten, insbesondere also die Eingabedaten und die nach Ausführung der betreffenden Rechnerprogramme erhaltenen Resultate. Die Daten in der Datenbasis beziehen sich jeweils auf das gerade vorliegende Problem. Die *Wissensbasis* dagegen enthält Regeln und Fakten (z. B. eine sogenannte *Methodenbank*) zur Lösung aller Probleme des Gebietes, für das das Expertensystem entwickelt worden ist (z. B. Projektplanung oder Tourenplanung oder Teilgebiete hiervon). Die *Inferenzmaschine* kann als „Schlußfolgerungsmechanismus" zur Wissensauswertung angesehen werden. Sie benutzt Fakten und wendet Regeln der Wissensbasis auf die Eingabedaten des zu lösenden Problems aus der Datenbasis an und steuert insbesondere die Ausführung von Algorithmen aus der Methodenbank.

Die meisten Expertensysteme enthalten noch einige weitere Komponenten. Die *Erklärungskomponente* erläutert dem Benutzer den Lösungsgang, zeigt also insbesondere, durch Anwendung welcher Fakten und Regeln aus der Wissensbasis die Inferenzmaschine das Ergebnis gewonnen hat. Die *Dialogkomponente* stellt eine Schnittstelle zwischen Benutzer und System dar, bereitet die ein- und auszugebenden Daten auf, übermittelt und interpretiert Fragen des Benutzers an das System und gibt dem Benutzer die Antworten des Systems bekannt. Die Dialogkomponente enthält hierzu unter anderem einen *Dateneditor*, der nach Feststellung des Typs des zu lösenden Problems (zusammen mit dem Benutzer) dafür sorgt, daß alle für die Lösung des Problems erforderlichen Daten eingelesen werden. Das *Ausgabeprogramm* liefert die Resultate in möglichst benutzerfreundlicher Form, z. B. als Graphiken oder Tabellen auf einem

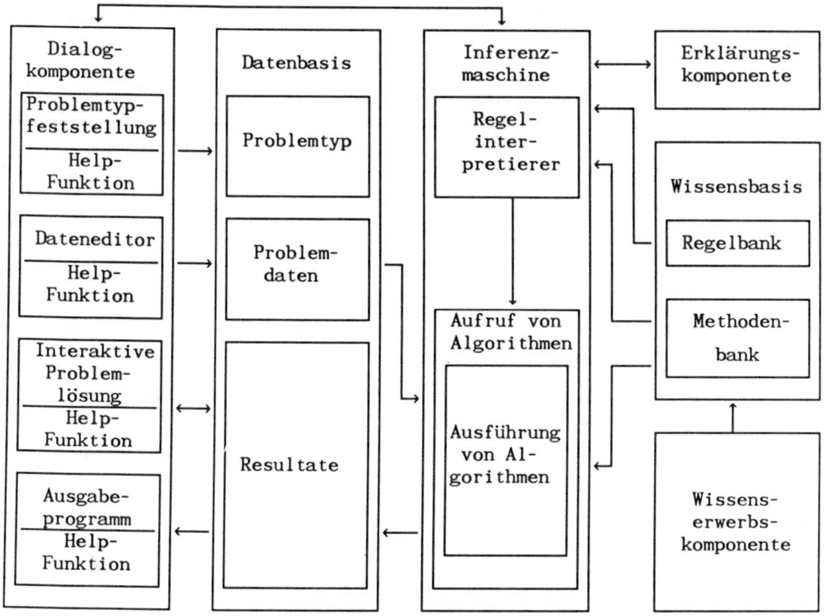

Abb. 1. Aufbau eines Expertensystems

Bildschirm oder einem Plotter. Die Dialogkomponente bietet dem Benutzer zudem in der Regel eine Anzahl sogenannter *Help-Funktionen* an, mit deren Hilfe der Benutzer Informationen z. B. über die Algorithmen in der Methodenbank und Eigenschaften („Merkmale") von mit diesen Algorithmen lösbaren Problemen erhalten kann und die ihn bei der Benutzung des Dateneditors und des Ausgabeprogramms unterstützen. Moderne Expertensysteme besitzen auch eine *Wissenserwerbskomponente*, die es erlaubt, neues Wissen in die Datenbasis aufzunehmen und bisheriges Wissen aufgrund von „Erfahrungen" des Systems bei der Problemlösung und im Dialog mit Benutzern zu verändern. Die letztere Möglichkeit macht das Expertensystem zu einem *lernenden System*. Abb. 1 zeigt den Aufbau eines Expertensystems in übersichtlicher Form.

Es ist typisch für ein Expertensystem, daß es möglich ist, in jeder seiner Komponenten Änderungen vorzunehmen, ohne die übrigen Komponenten entsprechend ändern zu müssen. Charakteristisch für ein Expertensystem ist auch die interaktive Arbeitsweise. Spezifische Kenntnisse und Erfahrungen des Benutzers können und sollen mit in die Problemlösung einfließen. Insbesondere soll der Benutzer die Möglichkeit haben, gegebenenfalls aus mehreren Lösungsvorschlägen auszuwählen oder Lösungsvorschläge aufgrund fehlender praktischer Realisierbarkeit abzulehnen und im Dialog mit dem System eine neue praktikable Lösung zu erarbeiten.

4. Operations-Research-Expertensysteme

Die Entwicklung von Expertensystemen begann in den USA in den 70er Jahren. Wichtige Expertensysteme, bei deren Erstellung Pionierarbeit geleistet wurde, sind MYCIN und CADUCEUS für ärztliche Diagnose, PROSPECTOR zur Entdeckung von Erzlagerstätten und DENDRAL zur Erkennung chemischer Strukturen (s. Hayes-Roth/Waterman/Lenat [3], Kapitel 1). Für Expertensysteme zur Vorbereitung und Unterstützung unternehmerischer Entscheidungen gibt es bisher erst vereinzelte Ansätze, z. B. in den Bereichen Portfolioanalyse und Finanzierung. Quantitative Methoden des Operations Research sind dabei kaum einbezogen worden.

Am Institut für Wirtschaftstheorie und Operations Research der Universität Karlsruhe ist im Rahmen des Praktikums „Operations Research auf Kleinrechnern" für Wirtschaftsingenieur-Studenten, ergänzt durch Studien- und Diplomarbeiten, der Prototyp eines einfachen *Expertensystems* zur *Maschinenbelegungsplanung*, genannt SCHEDULE, entstanden (vgl. Lamatsch/Morlock/Neumann/Rubach [7]). Dieses Expertensystem ist entsprechend Abb. 1 aufgebaut, abgesehen von der fehlenden Wissenserwerbskomponente. Da die Ausbildung von Studenten primäre Aufgabe des Praktikums „Operations Research auf Kleinrechnern" ist, sind einige Komponenten des Expertensystems SCHEDULE, z. B. die Dialogkomponente, nicht so komfortabel gestaltet worden, wie es für einen unmittelbaren Einsatz des Systems in der klein- und mittelständischen Industrie wünschenswert wäre. Beispielsweise werden vom Benutzer gewisse generelle Kenntnisse in der Modellierung und Lösung von Operations-Research-Problemen erwartet, wie sie etwa ein Wirtschaftsingenieur-Student im Grundstudium an der Universität Karlsruhe erwirbt. Kenntnisse in der Maschinenbelegungsplanung werden jedoch nicht vorausgesetzt.

Die wichtigste Komponente des Systems SCHEDULE ist die Wissensbasis. Wie in Abschnitt 2 beschrieben, gibt es eine große Zahl von verschiedenen Möglichkeiten für die Maschinenkonfiguration, die Beschaffenheit der Aufträge und die Wahl des Zielkriteriums. Daraus resultiert eine Vielzahl unterschiedlicher Problemtypen, und entsprechend viele verschiedene Lösungsverfahren sind entwickelt worden. In der Methodenbank des Systems SCHEDULE sind z. Z. Algorithmen für 37 verschiedene Probleme mit Angabe ihres Rechenaufwandes gespeichert. Dies reicht aber bei weitem nicht aus, um alle in der Praxis auftretenden Probleme der Maschinenbelegungsplanung zu lösen. Die Wissensbasis enthält deshalb außer den Algorithmen sogenannte *Reduktionsregeln*, mit deren Hilfe man für ein gegebenes Problem, zu dem in der Methodenbank kein Lösungsverfahren vorhanden ist, ein oder mehrere „benachbarte" Probleme finden kann, für die es Algorithmen in der Methodenbank gibt. Benachbarte Probleme können sich von dem gegebenen Problem etwa durch eine leichte Modifikation der Maschinenkonfiguration oder des Zielkriteriums oder durch eine „Abschwächung" gewisser Nebenbedingungen (z. B. Weglassen von Fälligkeitsterminen oder Nichtberücksichtigung gewisser Anordnungsbeziehungen zwischen den einzelnen Aufträgen) unterscheiden. Die Reduktionsregeln lassen sich durch gerichtete Graphen beschreiben (vgl. Lamatsch/Morlock/Neumann/Rubach [7]), die in einfacher Weise im Rechner gespeichert werden können. Die „Entfernungen" zwischen einzelnen Knoten in diesen Graphen sind ein Maß für die „Nähe" der entsprechenden Probleme.

Durch Auswertung der Reduktionsregeln liefert die Inferenzmaschine dem Benutzer Vorschläge über benachbarte Probleme, und im Dialog mit dem Benutzer wird ein Lösungsverfahren ausgewählt. Für diese Auswahl können gewisse praktische Gegebenheiten des zu lösenden Problems und der erforderliche Rechenaufwand der einzelnen Algorithmen mit berücksichtigt werden. Ein Algorithmus für ein benachbartes Problem liefert im allgemeinen nur eine „suboptimale Lösung" für das ursprüngliche Problem, die aber in der Praxis meist von ausreichender Genauigkeit ist.

Die Dialogkomponente von SCHEDULE bietet dem ungeübten Benutzer über Help-Funktionen zahlreiche Informationen zur Maschinenbelegungsplanung an. Der Dateneditor erfragt die Eingabedaten für das zu lösende Problem vom Benutzer. Die Daten werden vom System erst akzeptiert, wenn einige Plausibilitätstests erfolgreich ausgeführt worden sind. Das Ausgabeprogramm übermittelt dem Benutzer den berechneten Ablaufplan auf Wunsch in Form von sogenannten Balken- oder Ganttdiagrammen oder in tabellarischer Form. Die Ausgabe erfolgt wahlweise auf dem Bildschirm oder einem Plotter.

Die bisherigen Erfahrungen mit dem Expertensystem SCHEDULE haben gezeigt, daß sich SCHEDULE auch von Benutzern, die über keine oder nur geringe Vorkenntnisse auf dem Gebiet Maschinenbelegungsplanung verfügen, wegen der intensiven Unterstützung durch Help-Funktionen gut handhaben läßt. Ein Mangel des Systems ist die fehlende Lernfähigkeit. Werden beispielsweise gewisse benachbarte Probleme oder entsprechende Algorithmen bevorzugt von Benutzern gewählt, so sollten diese Lösungsverfahren späteren Benutzern mit „höherer Priorität" vorgeschlagen werden.

Derzeit wird am Institut für Wirtschaftstheorie und Operations Research der Universität Karlsruhe ein *Expertensystem zur Projektplanung* entwickelt, von dem ein erster Prototyp bereits fertig gestellt ist (s. Hofmann/Lamatsch [4]). Die Entwicklung dieses Systems erfolgt ebenfalls im Rahmen des Praktikums „Operations Research auf Kleinrechnern", ergänzt durch Ergebnisse aus Studienarbeiten, Diplomarbeiten und laufenden Dissertationen. Die Wissensbasis des Systems enthält Methoden zur Termin-, Kosten- und Kapazitätsplanung von Projekten (vgl. Abschnitt 2). Großer Wert wird bei der Systementwicklung wieder auf eine benutzerfreundliche „Oberfläche" gelegt, die es auch Benutzern ohne Vorkenntnisse über Projektplanung erlaubt, das System erfolgreich zu handhaben. Ferner sollen dem Benutzer verstärkt Eingriffsmöglichkeiten in den Ablauf von Lösungsverfahren geboten werden, d.h., es sind möglichst viele „interaktive Algorithmen" zu implementieren.

Will ein Benutzer das Expertensystem zur Planung und Überwachung der Ausführung eines bestimmten Projektes einsetzen, so werden vom System zunächst durch gezielte Fragen an den Benutzer gewisse „Merkmale" des Projektes ermittelt. Zu den Merkmalen zählen z. B. die Unterbrechbarkeit oder Nichtunterbrechbarkeit von Arbeitsvorgängen, ob zwischen aufeinanderfolgenden Vorgängen eine Mindestzeitspanne und/oder eine Höchstzeitspanne vorgeschrieben sind, von welcher Art die benötigten Einsatzmittel (Maschinen, Arbeitskräfte) sind, und in welcher Weise sie beschränkt sind, was für vorgangs- und projektbezogene Kosten anfallen und welches Zielkriterium gewählt werden soll.

Nach Feststellung des Problemtyps sucht das System im Dialog mit dem Benutzer geeignete Optimierungsverfahren aus, wobei gegebenenfalls wieder nur Verfahren für „benachbarte Probleme" infrage kommen, wenn die Methodenbank keine „unmittelbar passenden" Algorithmen enthält. Für die Dateneingabe werden dem Benutzer verschiedene Menüs zur Verfügung gestellt. Die Daten werden vor ihrer Aufbereitung wieder auf Fehler überprüft. Im nächsten Schritt erstellt das System intern einen geeigneten dem zugrunde liegenden Projekt entsprechenden Netzplan, da die Optimierungsverfahren der Projektplanung mit solchen Netzplänen operieren (s. Abschnitt 2). Bei einem interaktiven Algorithmus werden die einzelnen Optimierungsschritte in Form einer Ganglinie angezeigt, so daß der Benutzer am Bildschirm jederzeit verfolgen kann, welche Arbeitsvorgänge bereits eingeplant sind und wie groß die Kapazitätsauslastung durch die schon eingeplanten Vorgänge ist. Die Resultate können auf Bildschirm, Drucker oder Plotter ausgegeben werden, wobei der Benutzer die Wahl zwischen tabellarischer Ausgabe und graphischer Darstellung in Form von Ganglinien oder Balkendiagrammen hat.

Im Gegensatz zu SCHEDULE ist das Expertensystem zur Projektplanung von vornherein als *lernendes System* konzipiert worden (vgl. Jochens [6]). Ist für ein zu lösendes Problem kein Algorithmus in der Methodenbank vorhanden, so wird der Übergang zu einem benachbarten Problem mit „Übergangskosten" bewertet, die ein Maß für die bei der Problemmodifikation auftretenden Nachteile (z. B. Verletzung von Nebenbedingungen) darstellen. Da es im allgemeinen mehrere mögliche Modifikationen eines gegebenen Problems gibt, für die Lösungsverfahren in der Methodenbank verfügbar sind, wird man eine Problemmodifikation bzw. ein entsprechendes Verfahren mit „minimalen Übergangskosten" suchen. Zweckmäßiger als die Auswahl nur eines Algorithmus ist die Auflistung aller möglichen Problemmodifikationen bzw. infrage kommenden Algorithmen, geordnet nach wachsenden Übergangskosten, d. h. die Ausgabe einer *Rangliste* (in der also der Algorithmus mit den geringsten Übergangskosten an erster Stelle steht). Aus dieser Rangliste kann der Benutzer dann einen Algorithmus auswählen, wobei er bei dieser Wahl auch praktisch relevante Nebenbedingungen oder Einflußgrößen berücksichtigen kann, die nicht oder nur schwer zu quantifizieren sind. Entscheidet sich der Benutzer für ein Verfahren, das nicht an erster Stelle der Rangliste steht, dann werden die Übergangskosten nach einer geeigneten Strategie so geändert, daß sie sich den „richtigen" Übergangskosten (die den ausgewählten Algorithmus an die erste Stelle der Rangliste setzen würden) annähern. In dieser Weise „lernt" das Expertensystem von seinen Benutzern; insbesondere wird eine ursprünglich „falsche" Festlegung der Übergangskosten nach und nach korrigiert. Entsprechend kann das Expertensystem auch auf eine Änderung von äußeren Rahmenbedingungen für die Projektplanung durch Korrektur seiner Wissensbasis geeignet reagieren.

Insbesondere bei Forschungs- und Entwicklungsprojekten ist die Voraussage der Dauern der einzelnen Tätigkeiten in der Regel mit großen Unsicherheiten verbunden. Für diesen Fall, in dem die Vorgangsdauern zweckmäßigerweise durch sogenannte „Zufallsgrößen" beschrieben werden, sind ebenfalls Projektplanungsmethoden entwickelt worden (z. B. PERT oder Simulationsverfahren), die in das Expertensystem aufgenommen werden.

Bei allen „Standardmethoden" der Projektplanung wird angenommen, daß der Ablauf des Projektes von vornherein eindeutig festgelegt ist und Rücksprünge während des Projektablaufes zu bereits zuvor einmal realisierten Vorgängen nicht auftreten. Insbesondere wird also jeder Arbeitsvorgang genau einmal ausgeführt. In Forschungs- und Entwicklungsprojekten, bei der Planung und Überwachung von Produktionsprozessen, im Marketing (etwa bei der Einführung eines neuen Produktes) und bei vielen anderen Projekten ist dies aber oft nicht der Fall. Denken wir etwa an die Bearbeitung eines Werkstückes nacheinander auf verschiedenen Maschinen (was sich aus vielen einzelnen Arbeitsvorgängen zusammensetzen kann). Bevor das bearbeitete Werkstück zur Montage weitergeleitet wird, ist ein Test (eine Qualitätskontrolle) durchzuführen. Dabei erweisen sich etwa nur 90% der Werkstücke als brauchbar, bei 10% liegen Material- oder Bearbeitungsfehler vor, von denen ein Teil, etwa 7%, durch Nachbesserung behoben werden kann. Der Rest (in unserem Fall 3%) ist Ausschuß, und es muß zu einem früheren „Zustand" des Projektes (etwa zu einer erneuten Materialbestellung oder Neuanfertigung) zurückgesprungen werden. Für solche nicht determinierte Projektabläufe sind in den letzten Jahren spezielle Verfahren erarbeitet worden (s. etwa Neumann/Steinhardt [12]), die zu einem späteren Zeitpunkt ebenfalls in das Expertensystem integriert werden sollen.

Ein weiteres Arbeitsgebiet des Instituts für Wirtschaftstheorie und Operations Research ist die *Tourenplanung* (vgl. Abschnitt 2). Es ist geplant, auch für die Tourenplanung ein Expertensystem zu entwickeln.

Literatur

[1] Domschke, W.: Logistik – Rundreisen und Touren; R. Oldenbourg, München, 1982

[2] French, S.: Sequencing and Scheduling; Ellis Horwood, Chichester, 1982

[3] Hayes-Roth, F., Waterman, D.A., Lenat, D.B. (Eds.): Building Expert Systems, Addison-Wesley, Reading, Mass., 1983

[4] Hofmann, H., Lamatsch, A.: Programmsystem Projektplanung – Vorstufe eines Expertensystems; Report WIOR-277, Institut für Wirtschaftstheorie und Operations Research, Universität Karlsruhe, 1986

[5] Hoitsch, H. – J.: Produktionswirtschaft; Franz Vahlen, München, 1985

[6] Jochens, H.: Implementation eines Expertensystems zur Auswahl von Algorithmen; Studienarbeit, Institut für Wirtschaftstheorie und Operations Reserarch, Universität Karlsruhe, 1986

[7] Lamatsch, A., Morlock, M., Neumann, K., Rubach, T.: SCHEDULE – An Expert System for Machine Scheduling; Report WIOR-294, Institut für Wirtschaftstheorie und Operations Research, Universität Karlsruhe, 1986

[8] Luce, R. D., Raiffa, H.: Games and Decisions; John Wiley, New York, 1957

[9] Neumann, K.: Operations-Research-Verfahren, Band I: Carl Hanser, München, 1975

[10] Neumann, K.: Operations-Research-Verfahren, Band II; Carl Hanser, München, 1977

[11] Neumann, K.: Operations-Research-Verfahren, Band III; Carl Hanser, München, 1975

[12] Neumann, K., Steinhardt, U.: GERT Networks; Lecture Notes in Economics and Mathematical Systems, Vol. 172, Springer, Berlin, 1979

[13] Sell, P. S.: Expert Systems – A Practical Introduction; McMillan, Houndmills, 1985

[14] Späth, L.: Wende in die Zukunft; Rowohlt, Hamburg, 1985

[15] Waterman, D. A.: A Guide to Expert Systems; Addison-Wesley, Reading, Mass., 1986

Operationale Programmierung mit einem Experten-System für interaktive Methodenkonstruktion

DIETHARD PALLASCHKE, DIRK SOLTE und RALF MICHALSKI

Zusammenfassung

Das Operations Research als Disziplin der angewandten Mathematik übt einen ständig wachsenden Einfluß auf Managementmethoden der heutigen Zeit aus. Problemstellungen der Praxis sind mehr und mehr, vom wissenschaftlichen Standpunkt aus betrachtet, optimal lösbar geworden. Das Problem der Verfügbarkeit neuer Techniken wie auch die Kombination verschiedener Methoden zur Lösung von Problemen mit hoher Komplexität kann nur mit Hilfe von speziellen Programmierumgebungen gelöst werden. Ein derartiges System ist notwendigerweise auf die Erfordernisse und die Bezeichnungsweise der Mathematik abzustimmen. Das ist der einzige Weg zur Realisierung eines effektiven und unmittelbaren Transfers wissenschaftlicher Resultate aus dem Bereich des Operations Research.

Einleitung

Der Sinn einer Programmierumgebung für die mathematische Optimierung besteht in einer flexiblen Unterstützung bei der programmtechnischen Umsetzung von Definitionen und Algorithmen, damit es dem Wissenschaftler möglich ist, seine Ideen optimal zu implementieren. Dazu gehört insbesondere die Möglichkeit auf bereits vorhandene Verfahren und Strukturen in einem offenen System während einer Algorithmenrealisierung zuzugreifen. Ebenso ist es notwendig, daß die aufwendigen Eingabe- und Ausgaberoutinen automatisch generiert werden.

Diese Arbeit ist ein kurzer Bericht über ein derartiges System mit dem Titel OSIM-PC – *An Open System For Interactive Methodconstruction.* Das System OSIM-PC ist im Rahmen der Forschungsförderung der angewandten Informatik in Baden-Württemberg als Dissertation an der Universität Karlsruhe entstanden und in ausführlicher Form in [18] beschrieben. OSIM-PC ist eine Programmierumgebung, die Methoden und Datentypen so verwaltet, daß sie in einem interaktiven Prozeß mit dem Benutzer, bei der Konstruktion neuer Verfahren wiederverwendet werden können. Die Realisierung dieses offenen Systems ist insbesondere abgestimmt auf die Implementation von mathematischen Algorithmen aus dem Bereich der Statistik und des Operation Research. Damit wird eine weitgehende Automatisierung der Transformation von konstruktiven Theoremen und Definitionen in ein Computerprogramm, welches in einer gängigen Programmiersprache wie etwa Ada, FORTRAN, oder Pascal als Endergebnis codiert ist, ermöglicht. Eine besondere Eigenschaft dieses Systems ist die Möglichkeit der individuellen Bildschirmausgabe, um so komplexe Datenstrukturen wie etwa Matrizen, Vektoren und deren Kombination angemessen darzustellen.

1. Die Generelle Konzeption von Experten-Systemen

In der aktuellen wissenschaftlichen Forschung nimmt die Diskussion in Hinblick auf die Entwicklung von Experten-Systemen und interaktiven entscheidungsunterstützenden Systemen einen breiten Raum ein. Allgemein wird dabei der Versuch unternommen, eine Abbildung von Experten-Fähigkeiten auf eine computerinterne Darstellung zu finden (knowledge engineering). Dies ist die grundlegende Voraussetzung dafür, in einem späteren Problemlösungsprozeß dieses gespeicherte Wissen als künstliche Intelligenz zur Entscheidungsunterstützung hinzuziehen zu können.

In Abb. 1 stellt die linke Seite den wissenschaftlichen Experten dar, während die rechte Seite die Realisierung der künstlichen Intelligenz repräsentiert. Es ist sofort ersichtlich, daß der Prozeß der Lösungsfindung auf beiden Seiten sehr ähnlich verläuft. Nutzt der natürliche Experte dabei natürliches Wissen in Verbindung mit seinem Erfahrungsschatz aus (NK), so kann der künstliche Experte auf künstliches Wissen (AK) zugreifen, welches in einem internen Modell als Abbildung der realen Gegebenheiten abgespeichert ist. Detaillierte Darstellungen zu Informationssystemen, Experten-Systemen und Prinzipien der künstlichen Intelligenz finden sich in [7], [9], [12], [14]. In Verbindung mit den in diesem Artikel angesprochenen Problematiken sind insbesondere solche Abhandlungen von Interesse, die die Gebiete der automatischen Programmierung und Experten-Systeme behandeln (z. B. [1], [3], [5], [8], [14]). Darüber hinaus müssen wir Programmsysteme berücksichtigen, die für die Unterstützung von Entscheidungsprozessen, mit ökonometrischen Methoden in Verbindung mit einer umfangreichen Datenbasis, konstruiert worden sind. Beispiele dafür sind:

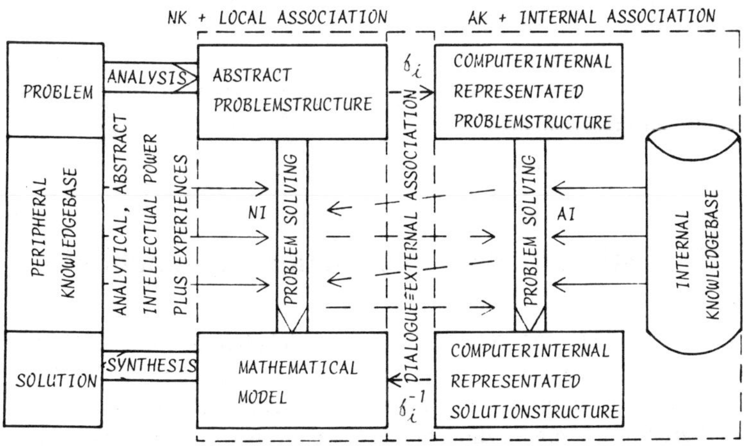

Abb. 1. Experten Gespräch zur Lösungsfindung

— CLUSTAN (siehe [19])
— IAS (siehe [6])
— MEBA (siehe [9])
— SAS (siehe [15]).

Das Ziel der oben erwähnten Experten-Systeme ist es, dem Anwender, in diesem Zusammenhang ein Sachbearbeiter oder auch Wissenschaftler, eine einfache und unproblematische Arbeit mit (statistischen) Daten zu ermöglichen. Arbeiten bedeutet in diesem Zusammenhang das gezielte Auswerten von Vergangenheitsdaten zu dem Zweck, geeignete Verhaltens-, beziehungsweise Zustandsübergangsfunktionen für eine wirtschaftliche Variable zu entwickeln. Dies geschieht zu dem Zweck Entscheidungsalternativen aufzuzeigen, deren Auswirkungen auf ökonomische Größen zu prognostizieren und zu simulieren sowie die so gefundenen dynamischen Vorgänge zu bewerten. Deshalb ist einerseits ein Dialogsystem notwendig, das individuell auf den jeweiligen Benutzer zugeschnitten werden kann. Andererseits muß eine Sammlung von Methoden des Operation Research und der mathematischen Statistik verfügbar sein. Ebenso sollte es möglich sein, das rechnerintern gespeicherte Wissen um neue Operatoren und Datenstrukturen zu erweitern.

Das Problem bei den oben genannten Produkten besteht dabei in ihrer weitgehend konzeptuellen Entwicklung und Realisierung als integrierte Systeme (vgl. [17]). Daraus ergibt sich, daß es nahezu unmöglich ist, neue Algorithmen und/oder Datenstrukturen ohne die Hilfe eines System-Ingenieurs einzubringen. Dies allerdings ist die Hauptforderung eines Wissenschaftlers im Bereich der Statistik, der mathematischen Programmierung oder generell der angewandten Mathematik. Es ist von großem Interesse, bereits bei der Entwicklung einer neuen Methode, ihre Auswirkung auf einen Entscheidungsprozeß zu untersuchen. Genauso besteht die Notwendigkeit zur Untersuchung des numerischen Verhaltens bei einem Algorithmus. Darüber hinaus sollten neue Prozessorstrukturen, die in einem Mainframe-Verbund von Computern bestehen, programmiert und genutzt werden können (siehe [10]). Ohne die Verfügbarkeit eines Entwicklungswerkzeuges zur sofortigen Einbindung aktueller Ideen in einen Daten- und Methodenrahmen, wird der Implementationsprozeß neuer Techniken fehleranfällig und äußerst aufwendig.

Also können wir sagen, daß das Hauptziel bei Programmierumgebungen für die mathematische Programmierung darin besteht, ein dynamisch wachsendes System zur Verfügung zu stellen, das, neben einer benutzerorientierten Datenverwaltung, den komfortablen Methodenzugriff ermöglicht. Existierendes Wissen muß für die Selektion und Integration in neue Entwicklungen sowohl durch den Benutzer als auch durch das System selbst verfügbar sein.

2. OSIM-PC, das Konzept der Implementation

Das offene System OSIM-PC ([13], [18]), entwickelt und implementiert am Institut für Statistik und Mathematische Wirtschaftstheorie an der Universität Karlsruhe, ist eine intelligente Programmierumgebung auf dem Gebiet des econometric engineering, d. h. ein Programm-System für die Entwicklung alternativer Lösungsansätze mit Hilfe ökonometrischer Methoden wie Ökonomie, Statistik und Mathematik. Der Kern von

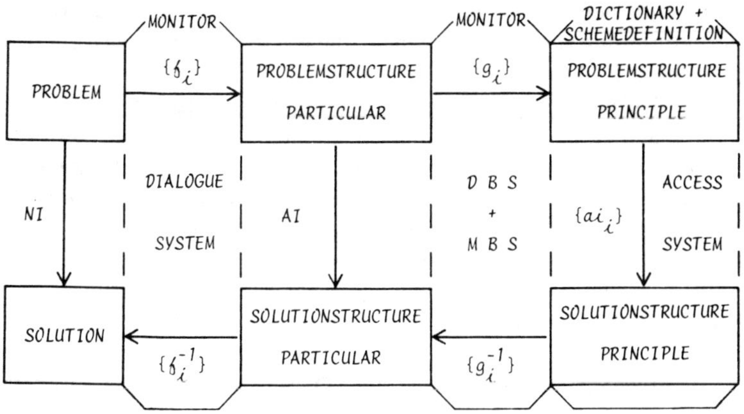

Abb. 2. Diagramm der rechnerunterstützten Lösungsfindung

OSIM-PC ist ein Verwaltungsmodul, welcher benutzerselektierte Wissenelemente aufgrund einer Beschreibung (vgl. g_i, f_i, ai_i in Abb. 2), d. h. die im Daten- und Methodendictionary gespeicherte Information, kombinieren kann. Auf diese Weise wird der Charakter des künstlichen Experten durch den Benutzer bestimmt. Abbildung 3 zeigt die grundlegende Struktur der Hauptkomponenten von OSIM-PC.

Ein Problem im Hinblick auf die implementierten Methoden ist die Forderung ihrer dynamischen Einbindung in das System. Besonders die folgenden Punkte müssen dabei beachtet werden:

- Schnittstellendefinition ohne Anpassungserfordernisse,
- dimensionslose Methodenimplementation,
- seiteneffektfreie Operatorprogrammierung.

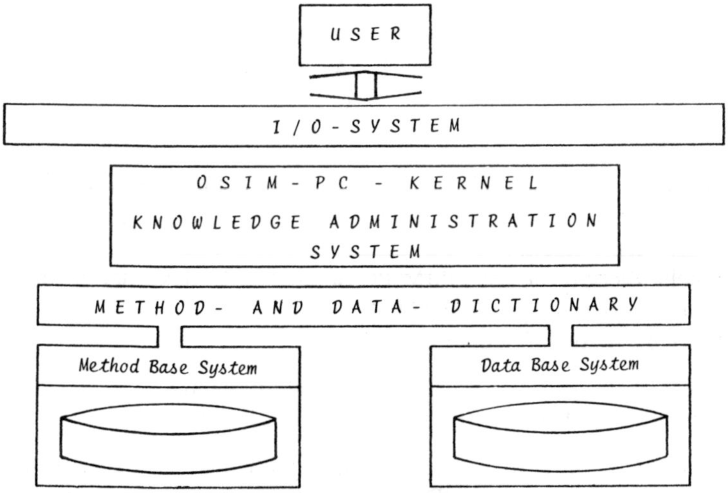

Abb. 3. Der künstliche Experte

Einen wesentlichen Einfluß auf die hier dargestellte Technik für die Konstruktion und die Strukturierung von Programmen hat die Forschung im Bereich der modularen Sprachen (siehe z. B. Ada [2], [20], Modula-2 [22]). Sie bieten dem Benutzer die Möglichkeit große Systeme komponentenweise zu implementieren, wobei jeder einzelne Baustein separat kompiliert wird. Danach können die auf diese Weise erstellten Objekt-Module zusammengebunden werden, um eine lauffähige Programmphase zu erhalten. Dieses Konzept ist nicht neu, da es bereits in den Programmiersprachen FORTRAN und COBOL realisiert war. Aber bei Sprachen, die die Definition abstrakter Datentypen (ADT) unterstützen, ist es wichtig, einen Formalismus für die detaillierte Beschreibung der Schnittstellen einzelner Module bereitzustellen. Reichte es bisher aus, einzelne Routinen über ihre Ansprungadressen zu verknüpfen wie z. B. in FORTRAN, müssen nun Informationen über exportierte und importierte Konstrukte an den Compiler übergeben werden. Daraus resultiert eine Zweiteilung der Programmierung, nämlich

1. der Schnittstellendefinition und
2. der Realisierung von Objekten.

Detaillierte Darstellungen der Ideen und Techniken der modularen Programmierung wie auch Diskussionen zu Problemen in Verbindung mit der Implementation von höheren Programmiersprachen kann man in [1], [3], [4], [5], [11], [21] finden.

Die Implementationstechnik der operationalen Programmierung kann als die Spezialisierung der Schnittstellenkonstruktion, die für die automatische Programmierung nötig ist, aufgefaßt werden. Die Operationale Programmierung ist die grundlegende Strukturierung des Zugriffsystems von OSIM-PC. Die Hauptidee dabei ist es Methoden (≙ Operatoren) durch ihre funktionale Deklaration zu klassifizieren. Deshalb wird für jede Familie von Operatoren, der eine konstruierte Methode angehört, eine Beschreibung in das Dictionary eingetragen. Dieser Eintrag repräsentiert das funktionale Prinzip eines Operators in Bezug auf die Komposition mit anderen Methoden. Unter Benutzung dieser Beschreibung ist es möglich, eine Aufrufsequenz für ein Mitglied der oben angeführten Familie zu konstruieren, d. h. einen Teil ihrer Implementation automatisch zu programmieren.

Sei dazu

$$T_x(A, B) := \left\{ \begin{array}{l} T_r \mid T_r : A \rightarrow B; r \varepsilon X \\ \qquad\omega \\ \qquad x \mapsto (T(r))(x) \end{array} \right\}$$

Dann kann man den Transformationsoperator als Funktor von der mathematischen Beschreibung (externe Sicht) in das interne Modell, d. h. die aktuelle Programmiersprache, interpretieren.

Die aktuelle Zielsprache von OSIM-PC ist ein Ada-Dialekt, der die meisten Möglichkeiten von modularen Sprachen enthält.

Generierung der Aufruf-Sequenz:

$$T_x(A, B) \rightarrow \{\text{Schnittstellendefinitionen}\}$$
$$T_x(A, B) \mapsto \text{"FUNCTION T (x : X; a : A) : B;"}$$

Als einen nächsten Transformationsschritt muß man die Vereinbarungen des Benutzers zur Notation beachten. Das Zugriffsystem muß in der Lage sein zu einer gesuchten Methode eine Ausprägung des oben beschriebenen Prinzips aufzufinden. So

```
Complex Algorithm

Category implementation
T : X × A ———→ B
Objects X, A, B
Morphism T

=>

INTERFACE;
UNIT U_X_CAT_A_B;
USES XUNIT;
USES AUNIT;
USES BUNIT;
FUNCTION T (x : X; CONST a : A) : B;
```

Abb. 4. Die Implementation von Operatoren

bekommt man beispielsweise durch die weitere Spezifikation von X als Matrix, A als Vektor und B als Vektor eine Liste der Gestalt

FUNCTION T (r : Matrix; x : VECTOR) : VECTOR;

mit allen Mitgliedern T dieser Familie. Diese Art der Katalogisierung von Methoden kann als Implementation von Kategorien im mathematischen Sinne angesehen werden. Dies bedeutet, man interpretiert eine Familie von Operatoren, die durch denselben Variablentyp X repräsentiert werden kann, als Morphismus über den Objekten A und B.

Abschließend müssen wir noch darlegen, wie Objekte einer Kategorie im obigen Schema realisiert werden. Dazu muß während des Benutzerdialoges die Entscheidung getroffen werden, ob es sich bei einem Objekt um einen Funktionenraum

$$Z = \{T \mid T \varepsilon T_x (A, B)\}$$

handelt. Wenn dies der Fall ist, muß das oben beschriebene Implementationskonzept angewendet werden. Dies bedeutet für solche Objekte gilt:

T ε U_X_CAT_A_B

und alle Elemente dazu sind deklariert über eine Eintragung als FUNCTION.

Alle anderen Räume, deren Elemente nicht funktional, sondern durch konstruktive Definitionen deklariert sind, das heißt durch eine Beschreibung wie Elemente dieses Objektes repräsentiert werden können, werden als algebraische Strukturen realisiert (Abb. 5).

Auf diese Wiese hat man eine geschlossene Implementation, in der die Elemente in einfacher Art und Weise wiederaufgefunden und zusammengebunden werden können. Die aufwendigen und damit kostenintensiven Editier-Operationen (read, write) werden von OSIM-PC Dialog-Supervisor (vgl. Abb. 2) übernommen und müssen daher nicht programmiert werden.

Objects

Algebraic structure implementation

I. Elements

(i) Objectdefinition,

(ii) The empty set,

(iii) Unit element(s).

II. Operations on elements

(i) Assignment,

(ii) Creation, deletion, modification (read/write).

=>

```
INTERFACE;
UNIT AUNIT;
TYPE A = Definition of A;
elements and operations;
```

Abb. 5. Die Implementation von Objekten

3. Anwendung

Für die Darstellung eines Beispiels für einen Operator, der mit Hilfe der operationalen Programmierung mit dem offenen System OSIM-PC implementiert wurde, haben wir das Regressionsfunktional LEASTSQUARE, das die multiple lineare Regression einer Variablen y beschreibt, gewählt. Die theoretische Beschreibung dieses Beispiels stammt aus [16].

Definition*/LEASTQUARE/*

Assumptions:

Sei $X = (x_{ij})_{i=1..m,\, j=1..n}$ eine Matrix und

sei $y = (y_i)_{i=1..m}$ ein Vektor.

Remark*//*

Problem:

Finde einen Vektor $b \varepsilon R^n$, der die Funktion

$S(b) = \| (y-Xb) \|^2$ minimiert; dabei bezeichne $\| \cdot \|$ die euklidische Norm.

Remark*/End/*

Result:

Ein Vektor b des R^n.

Algorithm:

Falls die Matrix $(X^TX)^{-1}$ existiert, dann ist die Lösung endlich und gegeben durch $b = (X^TX)^{-1}X^Ty$.

Sonst haben wir eine $(n-r)$ -dimensionale Mannigfaltigkeit und wir bekommen eine Lösung durch Konstruktion von $b = (X_1{}^TX_1)^{-1}X^T{}_1y$, wobei X_1 aus $(n-r)$ linear unabhängigen Spalten von X besteht.

Definition*/End/*

$\Rightarrow$ LEASTSQUARE ε T_{MATRIX} (VECTOR, VECTOR).

4. Implementation

```
FUNCTION LEASTSQUARE (CONST X : MATRIX; y : VECTOR) : VECTOR;
 VAR bTEMP : VECTOR;
     XT, XONE, XTEMP : MATRIX;
 BEGIN
  LEASTSQUARE := EMPTYVECTOR;
  bTEMP := EMPTYVECTOR;
  XT := EMPTYMATRIX;
  XONE := EMPTYMATRIX;
  XTEMP := EMPTYMATRIX;
  LETMATRIX (XT, TRANSPOSE (X));
  LETMATRIX (XTEMP,MATRIXMUL (XT,X));
  LETMATRIX (XTEMP,INVERSEMATRIX(XTEMP));
  IF XTEMP ≠ EMPTYMATRIX
   THEN
    BEGIN
     LETMATRIX(XTEMP,MATRIXMUL(XTEMP,XT));
     LETVECTOR(bTEMP,MATRIXMULV(XTEMP,y))
    END
   ELSE
    BEGIN
     LETMATRIX(XONE,MAXMATROID(X));
     LETVECTOR (bTEMP, LEASTSQUARE (XONE, y))
    END;
  LEASTSQUARE := bTEMP;
  DISPOSEMATRIX(XT);
  DISPOSEMATRIX(XONE);
  DISPOSEMATRIX(XTEMP)
END;
```

Literatur

[1] Amman U (1984) Programmiersprachen und Programmentwicklung. Springer, Berlin Heidelberg New York.

[2] Ausnit C, Cohen N, Goodenough J, Eanes R (1985) Ada in Practice. Springer, Berlin Heidelberg, New York.

[3] Bauer F.L, Wössner H (1984) Algorithmische Sprache und Programmentwicklung. Springer, Berlin Heidelberg New York.

[4] Bode A, Händler W (1980/1983) Rechnerarchitektur I/II. Springer, Berlin Heidelberg New York.

[5] Brodie I, Myopoulos J, Schmidt J.W (1984) On Conceptual Modelling. Springer, Berlin Heidelberg New York.

[6] Fleck M (1975) IAS-System Bonn. Paper No. 72 der Wirtschaftstheoretischen Abteilung der Universität Bonn.

[7] Floyd C, Kopetz H (1981) Software Engineering – Entwurf und Spezifikation. German Chapter of the ACM. Teubner, Stuttgart.

[8] Goos G (1981) Werkzeuge der Programmiertechnik. Informatik Fachberichte. Springer, Berlin Heidelberg New York.

[9] Hauer K.-H (1980) Portable Methodenmonitoren. Informatik Fachberichte. Springer, Berlin Heidelberg New York.

[10] Hoßfeld F (1983) Parallele Algorithmen. Informatik Fachberichte. Springer, Berlin Heidelberg New York.

[11] Jackson M.A (1975) Principles of Program Design. Academic Press, London New York San Francisco.

[12] Lockemann P.C, Mayr H.C (1978) Rechnergestützte Informationsysteme. Springer, Berlin Heidelberg New York.

[13] Michalski R (1986) Ein Characterdevice-Driver für dynamische ADT – ESIMPC.DRV. Interner Bericht, Karlsruhe.

[14] Nilsson N.J (1982) Principles of Artificial Intelligence. Symbolic Computation. Springer, Berlin Heidelberg New York.

[15] SAS Institut Inc. (1982) SAS Users Guide. SAS, North Carolina.

[16] Schönfeld P (1969) Methoden der Ökonometrie. Vahlen, Berlin Frankfurt.

[17] Solte D (1983) Technologietransfer im Bereich der Software-Implementation auf Rechnern der mittleren Datentechnik bei Banken und Versicherungen — Projekt CAESAR. Interner Bericht, Karlsruhe.

[18] Solte D (1987) Open Systems – Ein lernendes Verwaltungssystem für die rechnerunterstützte Methodenkonstruktion im Bereich des Operation Research. Fortschritt-Bericht VDI Reihe 16 Nr. 38. VDI-Verlag Düsseldorf.

[19] Steinhausen D, Langer K (1977) Clusteranalyse, Einführung in Methoden und Verfahren der automatischen Klassifikation. De Gruyter, Berlin New York.

[20] United States Department of Defense (1980) Reference Manual for the Ada Programming Language. U.S. Government, Washington D.C.

[21] Waite W.M, Goos G (1984) Computer Construction. Springer, Berlin Heidelberg New York.

[22] Wirth N (1983) Programming in Modula-2. 2nd edition. Springer, Berlin Heidelberg New York.

Expertensysteme und konventionelle Programme – Unterschiede und Kopplungsprobleme

MICHAEL M. RICHTER

Zusammenfassung

Es werden die wichtigsten Prinzipien der Wissensrepräsentation diskutiert und in Relation zur codierten Repräsentation in traditionellen Programmen gestellt. Hierin wird der wichtigste Aspekt gesehen, den Expertensysteme im Verhältnis zur herkömmlichen Programmierung auszeichnen. Weiter werden die Übergänge betrachtet, die zwischen der Wissensrepräsentation, der Darstellung auf Programmiersprachenebene und den schnellen Algorithmen (z. B. Datenbankoperationen) bestehen.

§ 1 Zur Begriffsbestimmung von „Expertensystemen“

Es gibt vielfältige Ansätze und Versuche, den Begriff des Expertensystems zu definieren.

Beliebt ist es, zur Erklärung einer Einteilung Anwendungsgebiete anzubieten: Systeme zur Diagnose, Überwachung, Prognose, Planung, zum Entwurf usw.

Nun ist jedoch klar, daß eine Klassifikation nach Anwendungsmöglichkeiten wohl kaum zu einer Bestimmung des Begriffes selber dienen kann. Ein alternativer Definitionsversuch besteht darin, die möglichen Fähigkeiten eines Expertensystems aufzuzählen. Zu diesen können etwa die Tätigkeiten des Erkennens, des Suchens oder des Lernens gehören. Hiermit ist man dem wirklichen Sachverhalt zwar schon etwas nähergerückt, aber der Kern der Sache ist immer noch nicht adäquat getroffen worden.

Viele traditionelle Programme besitzen nämlich ganz ähnliche Fähigkeiten. Dazu gehören etwa entscheidungsunterstützende Systeme und andere Systeme des Operations Research.

Um zu einer brauchbaren Erklärung zu kommen, wollen wir zunächst die Situationen, in denen Expertensysteme sinnvoll sind, auf eine etwas andere Art umreißen. Sie sind durch zwei charakteristische Eigenarten bestimmt. Zum einen zeichnen sie sich durch einen hohen Grad an Indeterminiertheit aus. Dieser birgt stets die Gefahr einer kombinatorischen Explosion in sich, welche dann eine Lösung aus Zeit- und Platzgründen verbieten würde. Zum anderen handelt es sich nicht um mathematisch klar umrissene Strukturen, wie sie etwa in der Algebra auftreten. Die vorhandenen Informationen sind mit vielerlei Unzulänglichkeiten des täglichen Lebens behaftet. Sie können unvollständig und schlecht strukturiert sein. Sie sind ungewiß und gelegentlich auch falsch oder sogar inkonsistent. Gegenstand des Interesses sind solche Problematiken, bei denen eine sinnvolle Lösung möglich ist. Sicherlich ist dies dann der Fall, wenn

Menschen in der Lage sind, solche Lösungen anzubieten. Der Grund dafür liegt meist darin, daß vielfältige Rand- und Nebenbedingungen das Problem etwas weniger komplex und etwas weniger ungenau werden lassen, als es beim ersten Hinsehen erscheint.

Beschränken wir uns zunächst auf den Komplexitätsaspekt. Grob gesehen gibt es zwei Möglichkeiten, ihn zu behandeln:

1. Der statische oder compilerorientierte Ansatz

Man versucht, alle in den zusätzlichen Randbedingungen enthaltenen Informationen ein für allemal auszunutzen und in ein Programm einzubauen. Dabei möchte man dann allen denkbaren Anwendungsfällen im wesentlichen Rechnung tragen. Gelingt es einem, auf diese Weise einen schnellen Algorithmus herzustellen, so ist die Aufgabe erfolgreich gelöst, und es sind keine weiteren Anstrengungen mehr nötig. Implizit ist dann das „Wissen", das man über die Situation hat, in das konventionelle Programm hineincodiert worden. Es stellt sich aber heute mehr und mehr heraus, daß diesem klassischen Ansatz doch klare Grenzen gesetzt sind.

2. Der interpretative Ansatz und die adäquate Repräsentation

Dies ist der Ansatz der Expertensysteme. Hier wird erst einmal versucht, das über die Situation vorhandene Wissen natürlich, d. h. nicht codiert, aufzuschreiben. Wir unterscheiden dabei Wissen über elementare Tatsachen, Wissen über allgemeine Regeln und Zusammenhänge, Wissen über Abläufe, Wissen über empfehlenswerte und ungünstige Verhaltensweisen, Wissen über dieses Wissen: eben all dieses Wissen, was uns als Menschen eben auch beeinflußt, unsere Entscheidungen gerade so und nicht anders zu treffen.

Das System sollte in die Lage versetzt werden, unter Ausnutzung dieses Wissens seine Vorgehensweisen, Algorithmen und Kontrollstrukturen dynamisch zu ändern und den Anforderungen optimal anzugleichen. Die Formalismen, welche hier angewandt und eingesetzt werden, sind dem menschlichen Denken abgeschaut.

Wir können und wollen auf dem heutigen Stand der Kenntnisse natürlich nicht behaupten, daß Maschinen genauso denken wie Menschen. Es handelt sich vielmehr um einfache, manchmal primitive aber auch häufig erfolgreiche Analoga menschlicher Verhaltensweisen. Solche Dinge sind in der Geschichte der Wissenschaftstheorie durchaus nicht neu, man denke nur etwa an den Begriff des „Beweises". Ein Beweis im menschlichen Bereich ist eine Argumentation zwischen Leuten, von denen die einen die anderen von der Richtigkeit ihrer Behauptung zu überzeugen versuchen. Dabei spielen sich bei den Adressaten verschiedene, durchaus nicht genau bekannte, aber vermutlich bei verschiedenen Leuten durchaus verschiedene Gehirnvorgänge ab, die gegebenenfalls schließlich zur Akzeptanz der Behauptung führen. Die formale Logik hat versucht, dies in abstrakten Kalkülen nachzuvollziehen. Diese Kalküle haben nun gewiß mit den menschlichen Gehirnstrukturen nicht mehr so viel gemeinsam. Nichtsdestoweniger beschreiben sie die Argumentationen auf einer gewissen Abstraktionsebene ganz exakt; hierin liegt eben auch der Erfolg der formal-logischen Methoden.

Die Künstliche Intelligenz versucht nun andere menschliche Denkmuster und Verhaltensweisen zu isolieren, zu formulieren, zu formalisieren und schließlich zu implementieren. Es hat sich gezeigt, daß diese Vorgehensweise gleichzeitig geeignet ist, die andere erwähnte Problematik der Expertensystemsituation zu behandeln, nämlich die

Phänomene der Unsicherheit, Unvollständigkeit und Inkorrektheit des Wissens. Doch das hängt damit zusammen, daß auch in an und für sich klaren Ausgangssituationen dasjenige Wissen, was über die jeweilige Situation vorhanden ist und zu Lösungsvorschlägen führt, im allgemeinen durchaus weit weniger klar und präzise ist.

§2 Bemerkungen zur adäquaten Wissensrepräsentation

Wir haben weiter oben festgestellt, daß auch traditionelle Programme Wissen über den betrachteten Gegenstand repräsentieren. So kann zum Beispiel die Tatsache, daß das Register 7 eine 0 enthält, in einem Programm bedeuten, daß ein Objekt X existiert, welches eine gewisse Eigenschaft P besitzt. Dasselbe kann in einem anderen Programm bedeuten, daß alle Objekte X diese Eigenschaft P besitzen und in einem dritten Programm kann dies schließlich heißen, daß nun die Regel gilt, mit einem gewissen Objekt X eine gewisse Operation oder Manipulation vorzunehmen. Etwas oberflächlich würde man bemerken, daß auf diese Weise das betreffende Wissen deswegen nicht angemessen repräsentiert ist, weil dasselbe nur „codiert" ist. Dagegen ist nämlich einzuwenden, daß eine jede Wissensrepräsentation schließlich nur eine Codierung ist. Es geht auch nicht darum, den Begriff der Wissensrepräsentation formal exakt zu definieren, aber wir möchten ihn doch durch Angabe einiger Kriterien etwas schärfer umreißen.

(α) Das Uniformitätskriterium

Das Kriterium der uniformen Repräsentation von Wissen besagt, daß Gleiches oder Analoges auch in gleicher oder analoger Form repräsentiert wird. Diese Forderung bezieht sich nicht nur auf einen einzigen Sachverhalt oder auf ein einziges Programm, sondern auf die gesamte Wissensrepräsentationssprache. So würden etwa Existenzaussagen stets auf die gleiche Weise hingeschrieben werden und dasselbe würde auf All- oder Universalaussagen zutreffen. Des weiteren wollen wir dieses Kriterium so verstehen, daß es die Forderung der uniformen Lesbarkeit beinhaltet. Das bedeutet, daß wir unabhängig von der speziellen Situation feststellen können müssen, um welche Art der Aussage es sich handelt; ob wir ein allgemeines Gesetz, eine Frage, einen Befehl oder eine Ablaufbeschreibung vor uns haben. Der Sinn des Uniformitätskriteriums ergibt sich einmal daraus, daß man das System selbst in die Lage versetzen will, dynamisch auf neue Situationen angemessen zu reagieren. Dies wird dann interessant, wenn man als Programmierer nicht mehr in der Lage ist, mögliche Situationen im voraus zu erfassen, daher das System in die Lage versetzen will, selbständig zu reagieren. Weitere Motivationen für dieses Kriterium ergeben sich aus Anforderungen an das Problemlöseverhalten des Systems. Die wichtigste dieser Forderungen ist, daß ähnliche Probleme auch mit ähnlichen Lösungsversuchen angegangen werden sollen. Es bedeutet nicht, daß ähnlich klingende Probleme auch ähnliche Lösungen haben müssen; es heißt nur, daß man bei einer leichten Variation der Problemstellung als erstes einmal versucht die Lösungsmethode auch entsprechend zu variieren. Eine Konsequenz hiervon ist, daß man einfache Aufgaben auch einfach zu lösen versucht.

(β) Die Beachtung hierarchischer Abhängigkeiten

In Problemsituationen gibt es verschiedene Arten hierarchischer Abhängigkeiten. Zum einen sind solche Abhängigkeiten natürlich dann gegeben, wenn wir über Eigenschaften von Dingen reden oder über Eigenschaften von Eigenschaften usw. Eine andere Form der Hierarchie ist gegeben, wenn wir etwa Autos zu Fahrzeugen abstrahieren, Fahrzeuge zu bewegten Gegenständen, bewegte Gegenstände zu Gegenständen usw. Im ersten Falle würden wir von einer Typenhierarchie sprechen und im zweiten Falle von einer Abstraktionshierarchie. Je nach Art der Hierarchie zerfällt die Welt dann in verschiedene Ebenen, die einer partiellen Anordnung unterliegen. Zwischen diese Ebenen wird durch geeignete Relationen oder Funktionen vermittelt. Der Sinn dieser Ebenen ergibt sich zum einen daraus, daß ihnen jeweils ganz verschiedene Aufgaben zufallen. Noch wichtiger aber erscheint, daß geeignetes Wissen vielfach nur auf gewissen Ebenen verfügbar ist. So wird man etwa das Wissen über den Zusammenhang zwischen Kraft, Masse und Beschleunigung auf der Ebene der Kraftfahrzeuge vergeblich suchen, es ist nämlich auf der abstrakteren Ebene der bewegten Massenpunkte notiert.

(γ) Die Strukturerhaltung durch die Repräsentation

Dies ist im Grunde eine Zusammenfassung, Verschärfung und Erweiterung der beiden Forderungen (α) und (β). Von Strukturerhaltung zu reden, ist sinnvollerweise nur möglich, wenn von einer Transformation zwischen zwei Strukturen die Rede ist.

Die eine dieser beiden Strukturen ist häufig nur informell gegeben. Es handelt sich um die Strukturierung des untersuchten Problembereiches, wie sie von den (menschlichen) Fachleuten vorgenommen wurden. Diese Strukturierung liegt, wenn überhaupt, so nur in natürlicher Sprache vor. In technischen oder wirtschaftlichen Bereichen handelt es sich dabei glücklicherweise häufig um eine präzisiertes Fragment der Umgangssprache. Nichtsdestoweniger sind diese Fachsprachen immer noch von mehr oder weniger vagen und informellen Hinweisen voll.

Bei der zweiten Struktur handelt es sich um die Repräsentationssprache, die dem Expertensystem zugrunde liegen soll. Die Transformation von der informellen, naiven Beschreibung in die formale Repräsentationssprache soll dabei alle wichtigen Strukturen erhalten. In der Algebra würde man hier von Homomorphismen oder unter Umständen auch von Isomorphismen sprechen.

Die Forderung nach der Strukturerhaltung hat mehrere Gründe. Von einem menschlichen Experten kann man verlangen, daß er sich in einer Sprache, welche seiner eigenen Fachsprache sehr ähnlich ist, klar, angemessen und präzise ausdrücken kann. Ein solcher Experte ist aber im allgemeinen völlig überfordert, wenn er sich in einer ihm strukturell unbekannten Sprache ausdrücken soll. Hier würde ein Übersetzungsvorgang von ihm verlangt, der erstens an sich sehr schwierig sein kann und dem er zweitens völlig ungeübt gegenüber steht. Aus dem Bereich der Programmiersprachen ist so etwas ja bekamt. In einer höheren Programmiersprache können wir uns viel fehlerfreier ausdrücken als etwa im Maschinencode. Hier haben wir auch den eigentlichen Grund für das Interesse an natürlichen Sprachen im Zusammenhang mit den Expertensystemen. Die natürliche Sprache oder die Fragmente hiervon sind nämlich ideale Wissensrepräsentationssprachen. Sie wurden ja im Laufe der Menschheitsgeschichte extra zu dem Zwecke entwickelt, die Umwelt und das Wissen darüber zu repräsentieren. Das Problem liegt darin, daß wir die natürliche Sprache zwar benutzen können, sie aber strukturell durchaus nicht in dem Sinne verstehen, daß wir sie etwa genau, angemessen und einheitlich beschreiben können; von einer formalen Repräsentation etwa sind wir sogar noch sehr weit entfernt.

In den existierenden Ansätzen zur Wissensrepräsentation wird versucht, den obigen Kriterien mehr oder weniger Rechnung zu tragen. Dies ist aber bisher nur sehr fragmentarisch gelungen. Die bisherigen Ansätze enthalten Elemente der Prädikatenlogik, der Typenlogik sowie Produktionsregeln. Zu höheren Gesamtheiten werden sie mittels semantischer Netze oder Frames zusammengefaßt. Entscheidend ist dabei, daß die reine Repräsentation nicht von den Wissensverarbeitungsmethoden, also den Problemlösemechanismen getrennt werden kann. Diesen wollen wir uns jetzt zuwenden.

§3 Das Transformationsproblem und einige Lösemechanismen

Ein Expertensystem hat wie jedes andere Programm eine Eingabe und eine Ausgabe, seine Aufgabe ist, die Eingabe in die gewünschte Ausgabe zu überführen. Vom Standpunkt klassischer Programme aus gesehen hat diese Transformation jedoch einige recht merkwürdige Eigenheiten:

Eingabe	$\Rightarrow$	Ausgabe
komplex		einfach
unstrukturiert		wohlstrukturiert
vage		exakt
unvollständig		vollständig
fehlerbehaftet		richtig
inkonsistent		konsistent

Wenn wir in üblicher Sprechweise sagen, daß die Ausgabe (welches eine Antwort, eine Auswahl, ein Vorschlag etc. sein kann) aus der Eingabe erschlossen wird, so kann es sich bei diesen Schlußweisen nicht nur um traditionelle deduktive logische Schlüsse handeln. Neben den deduktiven Schlüssen, welche neue Wahrheiten behaupten, nehmen denn auch die induktiven Schlüsse einen weitaus größeren Raum ein. Induktive Schlüsse behaupten nicht unbedingt absolute Wahrheiten, sondern liefern vermutete Gesetzmäßigkeiten, welche als weitere Hypothesen dienen können. Der wichtigste äußere Unterschied zwischen deduktiven und induktiven Schlüssen ist, daß erstere monoton sind und letztere nicht. Das bedeutet, daß bei einer Vergrößerung der Prämissenmenge (also durch neues Wissen etwa) unter Umständen vorher erlaubte Hypothesenbildungen jetzt hinfällig werden. Für eine allgemeine Übersicht über nichtmonotone Schlußweisen verweisen wir auf [Rei]. Wir wollen uns jetzt einigen speziellen Techniken zuwenden, welche einen Beitrag zu unseren Transformationsproblemen leisten.

(α) Baumtheorien

Wir legen eine weitgehend beliebige Beschreibungssprache zugrunde, zum Beispiel eine prädikatenlogische.

Unter einer Baumtheorie verstehen wir eine Familie von Formelmengen unserer Sprache, die an den Knoten eines Baumes angeheftet sind. Dabei sollen folgende beiden Bedingungen gelten:

1. Die Formeln längs eines jeden Pfades sind konsistent.
2. Die Formeln längs eines maximalen Pfades beschreiben ein Modell (etwa eine Maschine) vollständig.

Eine Baumtheorie stellt somit eine Familie von einzeln konsistenten Formelnmengen dar, welche zusammengenommen aber durchaus inkonsistent sein können. Eine Verzweigung in diesem Baum kann man sich zum Beispiel als den Übergang zu zwei möglichen Alternativen vorstellen:

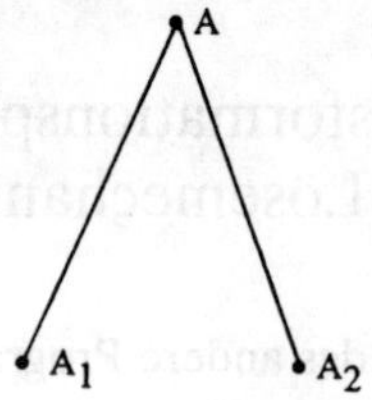

A1 und A2 können dabei mögliche genauere Spezifizierungen von A bedeuten. Systematisch angewandt wurden die Baumtheorien bei einer klassischen inkonsistenten Theorie: der Gleitkommaarithmetik. Die Gleitkommaarithmetik ist deswegen inkonsistent, weil es sich in Wirklichkeit um mehrere verschiedene und durchaus unverträgliche Theorien handelt (vgl. [Zad]). So kann etwa der Übergang zu A1 „runden nach unten" und der Übergang zu A2 „runden nach oben" bedeuten. Ein anderes Beispiel wäre in dem Produktspektrum eines Betriebes gegeben: A könnte „Zange" bedeuten während A1 „Kneifzange" und A2 „Kombizange" bedeuten könnte.

Baumtheorien erlauben auch eine Präzisierung der Begriffe „Analogie" und „Lernen durch Analogie". Dabei kann man zwei in einer Baumtheorie beschriebene Modelle als „ähnlich" betrachten. Den Grad der Ähnlichkeit kann man durch den Grad der Verzweigung der einzelnen Pfade innerhalb des Baumes beschreiben. Weiter läßt sich der Begriff „sinngemäße Übertragung" von Information von einem Pfad auf einen anderen beschreiben. Informationen lassen sich von einem Pfad auf einen anderen dann übertragen, wenn sie nicht gerade den definierenden Unterschied an der Verzweigung betreffen. Ausgeführt wurde dies in dem System LESP (vgl. [Alt]).

(β) Zeitliches Verhalten und Situationen

Auch in zeitlich sich verändernden Situationen betrachten wir mehrere Modelle. Diese Modelle sind in einem Graphen angeordnet und die Übergangsrelation in dem Graphen bedeutet, daß ein (z.B. zeitlicher) Übergang von einem zum anderen Modell möglich ist. Der Graph kann dabei durchaus Zyklen enthalten. Dies widerspricht keineswegs der üblichen Vorstellung von einer linearen Zeit, weil man ja auch mehrere zukünftige Möglichkeiten beschreiben möchte, und dabei evtl. in einen alten Zustand zurückkommen kann. Die Pfeile in diesem Graphen kann man als Übergänge zwischen den einzelnen Modellen deuten. Traditionell heißen solche Graphenmodelle Kripke-Strukturen. Die syntaktische Beschreibung solcher Modelle erfolgt in der Sprache der Modallogik. Die Modallogik enthält folgende beide Operatoren:

- den Notwendigkeitsoperator $\Box$
- den Möglichkeitsoperator $\Diamond$

Für eine Aussage P bedeutet das:

$\Box$ P: „P gilt notwendigerweise",
$\Diamond$ P: „P gilt möglicherweise",

was interpretiert wird als:

In allen vom jeweiligen Zustande aus erreichbaren Modellen gilt P bzw. es gibt einen vom gegenwärtigen Zustand aus erreichbares Modell, in dem P gilt.

In [He-Re-Ri-We] wurde diese Beschreibungssprache auf den Fall unvollständiger Informationen angewandt. In einer medizinischen Situation wurde eine Menge von n sog. Symptomvariablen x_k angenommen, welche jeweils einen Wertebereich W_k haben. Ein *Informationsvektor* I war ein Vektor der Form $(a_k \mid k=1,\dots,n)$, wobei a_k entweder die Variable x_k oder ein Element aus dem Wertebereich W_k war. Im Falle $a_k = x_k$ bedeutete dies, daß der Wert des entsprechenden Symptoms noch unbekannt war, andernfalls war die Variable bereits mit einem gemessenen Wert belegt. Die Übergänge zwischen den einzelnen Informationsvektoren waren mit Untersuchungen U indiziert. Ein mit U indizierter Pfeil sollte dabei von I_1 nach I_2 genau dann führen, wenn ein möglicher Ausgang der Untersuchung U vom Informationszustand I_1 zum Informationszustand I_2 führen kann. Eine konkrete Folge von Untersuchungen ergab dann einen Pfad in diesem Informationsgraphen. Die Modaloperatoren erlaubten dann einfache Sprechweisen wie etwa: „in einem gewissen Informationszustand I ist es noch möglich, daß der Patient eine gewisse Krankheit K hat". DerEinsatz solcher Methoden ist auch in einem ganz anderen Zusammenhang bekannt, nämlich der dynamischen Logik, welche vielen Kalkülen in der Programmverifikation zugrunde liegt.

Anstatt Zeitpunkte als Grundobjekte zu nehmen, kann man sich auch auf Zeitintervalle beziehen. Dieser Ansatz liegt dem System HIQUAL zugrunde. In HIQUAL wird das Verhalten technischer Systeme auf verschiedenen Abstraktionsebenen beschrieben und es werden Bezüge zu anderen Phänomenen wie dem kausalen Verhalten untersucht. Eine ausführliche Beschreibung wie auch eine detaillierte Analyse diesbezüglicher Systeme findet man in [Vo].

(γ) Abstraktions- und Konkretisierungsabbildungen

Abstraktionsphänomene traten bereits im Zusammenhang mit den Baumtheorien auf. Es ist jedoch interessant, die Beziehung zwischen zwei Abstraktionsstufen etwas genauer zu analysieren.Betrachten wir zwei Ebenen E_1 und E_2, wobei wir die Ebene E_1 als die „abstraktere" Ebene bezeichnen wollen. Der unteren Ebene E_2 seien Beschreibungsvariable

$$x_1 \dots, x_k \dots x_{k+j}, \dots x_n$$

zugeordnet, während die obere Ebene E_1 die Beschreibungsvariablen $x_1, \dots x_{k-1}$, y, $x_{k+j+1}, \dots, x_n$haben möge. Der Wertebereich einer Variablen x sei dabei W(x). Auf der oberen Ebene sind also die Variablen $x_k, \ldots, x_{k+j}$ durch die neue Variable y ersetzt. Die Beziehung zwischen diesen beiden Ebenen wird durch eine Abstraktions- und eine Konkretisierungsabbildung hergestellt:

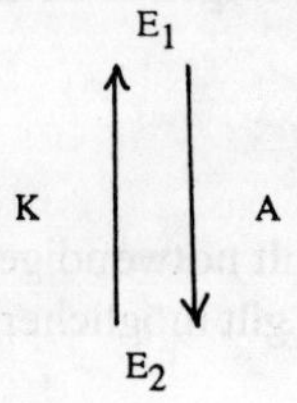

Dabei sind A und K Abbildungen

$$A: W(x_k) \times W(x_{k+1}) \times \ldots W(x_{k+j}) \rightarrow W(y)$$
$$K: W(y) \rightarrow W(x_k) \times W(x_{k+1}) \times \ldots W(x_{k+j})$$

Zwischen diesen beiden Abbildungen soll die Beziehung bestehen

$$A(K(a)) = a$$

für jedes a in W(y).

In diesem Falle sagen wir, daß K eine zu A gehörige Konkretisierung ist. Natürlich kann eine Abstraktionsbildung A mehrere zugehörige Konkretisierungen K1 oder K2 besitzen.

Abstraktionen sind u.a. bei der Behandlung von Unschärfe und Vagheit wichtig. Um eine vage Aussage mit irgendwelchem Nutzen verwenden zu können, muß eine gewisse Information über die Art oder den Grad der Vagheit vorhanden sein. Die Isolierung des „vagen" oder „richtigen" Aspektes einer Aussage bedeutet den Übergang zu einer weniger informativen, abstrakteren Ebene. Auf dieser abstrakteren Ebene wird die vage Aussage dann zu einer wahren Aussage, die man im Informationsfluß weiter verwerten kann. Auf der abstrakteren Ebene sind die so erzielten Schlüsse natürlich nicht mehr so informativ wie auf der konkreten Ebene. Durch Heruntergehen zu konkreteren Ebenen mittels einer Konkretisierungsabbildung kann man dann aber gewisse Informationen nach unten übertragen. Dies ist relativ typisch dafür, daß man mittels unscharfer Aussagen den Suchraum einschränken kann. Abstraktionsabbildungen in einem Diagnoseprozeß wurden etwa in [He-Re-Ri-We] beschrieben.

§4 Die Interface-Probleme

Es reicht natürlich nicht aus, Expertensysteme nur auf einer abstrakten hohen Stufe zu beschreiben. Zum einen müssen die Beschreibungssprachen in andere Programmiersprachen und schließlich und endlich in eine Maschinensprache übersetzt werden. Zum anderen ist es häufig nötig, auf gewisse schnelle Algorithmen, Datenbankoperationen oder konventionelle Operations Research-Programme zuzugreifen. Grob gesehen haben wir folgendes Bild:

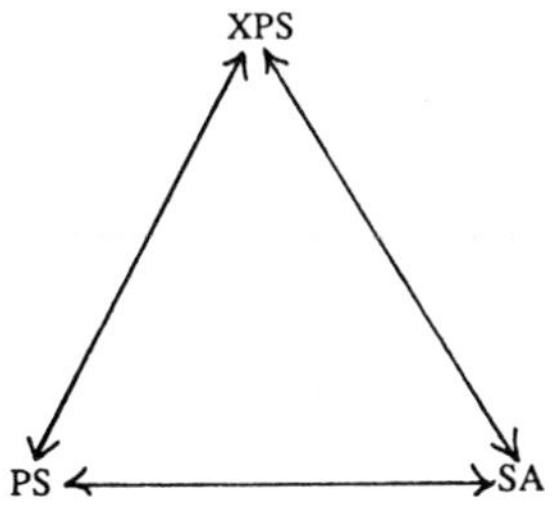

Dabei soll XPS die abstrakte Expertensystemebene, PS die Programmiersprachenebene im herkömmlichen Sinne und SA der schnelle Algorithmus sein. Zwischen diesen drei Komponenten muß jeweils ein Interface bestehen. Wir wollen uns insbesondere für die Übergänge interessieren, die zu SA hin bestehen. Die Schnelligkeit von SA rührt daher, daß relativ viele Operationen in uniformer und gleichmäßiger Weise (evtl. sogar parallel) vollzogen werden. Die Aufgaben, die an SA übergeben werden, sind aber im allgemeinen nicht von dieser Art. Zur Lösung der Problematik bieten sich folgende Wege an:

1. Der Algorithmus SA wird in einer nicht gleichförmigen Aufgabe von einem Oberprogramm mit stets wechselnden Parametern aufgerufen.
2. Es erfolgt ein ständiger Dialog zwischen SA und PS bzw. XPS.
3. Die Arbeitsteilung zwischen den Komponenten wird so vorgenommen, daß SA gar nicht die ursprüngliche Aufgabe löst, sondern eine modifizierte, welche aber dafür uniformer ist.

Ansätze wie die in 1 und 2 genannten zerstören in der Regel jegliche Effizienz, die SA anzubieten hat. Es bleibt hier also nur der Ausweg 3. Um diesen Weg beschreiten zu können, braucht man in der Regel eine neuartige Aufbereitung des Problemes. Insbesondere bedarf es hier einer Neufassung der Komplexität der einzelnen Schritte: Auf der einen Seite haben wir es mit einer intelligenten, flexiblen aber relativ langsamen Sprache zu tun; auf der anderen Seite haben wir den schnellen Algorithmus, der viele uniforme Einzelschritte in kurzer Zeit ausführen kann. Es kommt darauf an, das Problem so umzuformulieren, daß die jeweiligen Stärken der einzelnen Seiten ausgenützt werden.

Wir wollen zwei Beispiele dafür einführen, wie man sich in solchen Situationen verhalten kann. Beim ersten Beispiel handelt es sich darum, wie man PROLOG durch ein Datenbanksystem unterstützen kann. Es hat hier in der Literatur eine Reihe von Ansätzen gegeben, vgl. [Sp]. In den meisten Fällen bezahlt man den Einsatz eines Datenbanksystems dadurch, daß man etwas überflüssige Arbeit leistet. Diese kann zum Beispiel darin bestehen, daß man sich nicht eine Lösung des Problemes schafft, sondern die Gesamtheit aller Lösungen erhält. Es ist nämlich nur diese etwas „unnötige" Aufgabe effizient zu lösen; es würde den ganzen uniformen Mechanismus zerstören, wenn man stets abfragen würde, ob man bereits eine Lösung hat.

Ein zweites Beispiel ist in einem Expertensystem durchgeführt, welches in [Ing] beschrieben ist. Hier handelt es sich darum, daß eine medizinische Diagnose zu Indexierungszwecken segmentiert werden soll. Der „Routine"-Teil der Lösung besteht darin, in einem sehr umfangreichen Lexikon gewisse Wortstämme nachzuschlagen; der „intelligente" Lösungsteil besteht in dem Einsatz diffiziler linguistischer Regeln zur Ausschaltung falscher Segmentierungen. Dieser Anteil wurde in Produktionsregelform in OPS 5 geschrieben. Es erwies sich als zweckmäßig, im Routineteil Lösungen derart zu approximieren, daß man erst einmal eine (relativ kleine) Menge von Segmentierungen isolierte, unter denen sich die richtige dann befand. Die Auffindung der gesuchten Lösung konnte dann mit den (langsamen) Produktionsregeln an einer inzwischen kleiner gewordenen Menge erfolgen.

Die Interface-Probleme werden sich mit steigendem Einsatz von Expertensystemen in realen Situationen immer mehr als zentral erweisen. Der Forschungsstand auf diesem Gebiete ist jedoch noch sehr unbefriedigend. Im Datenbankbereichssystem gibt es bereits seit längerem Datenbankmanagementsysteme, welche von der informellen Beschreibung des Problems ausgehen und Vorschläge zur Anlage des Datenbanksystems machen. Dies geschieht auf formale oder halbformale Weise. Ähnliche Unterstützungssysteme sind im Expertensystembereich so gut wie unbekannt. Die zukünftigen Einsatzmnöglichkeiten von Expertensystemen werden aber von den Entwicklungen in diesem Bereich entscheidend beeinflußt werden.

Literatur

[Alt]: K. Althoff: Konzept und Realisierung eines Systems zur Prüfplanerstellung unter Berücksichtigung des Lernaspektes. Diplomarbeit, Aachen 1986.

[He-Re-Ri-We]: P. Heinen – H. Reusch – M. M. Richter – Th. Wetter: Formal Description of Objects, Processes and Levels of Expert Reasoning. In: Proc. GWAI-85, ed. H. Stoyan, Informatik-Fachberichte 118, Springer-Verlag, S. 285-294.

[Ing]: J. Ingenerf: Expertensystem zur automatischen Indexierung von Diagnosen am Beispiel von Snomed. Diplomarbeit, Aachen 1986

[Rei]: M. Reinfrank: An Introduction to Non-Monotonic Reasoning Memo SEKI-85-02, Fachbereich Informatik, Universität Kaiserslautern.

[Ri]: M. M. Richter: Architecture and Applications of Expert Systems. Erscheint in: Expert Systems in Statistics, ed. R. Haux, Fischer-Verlag 1986.

[Sp]: P. Spieker: Möglichkeiten der Kopplung von PROLOG und einem Datenbanksystem, ausgeführt am Beispiel der IDM. Diplomarbeit, Aachen 1986

[Vo]: H. Voß: Representing and Analyzing Causal, Temporal, and Hierarchical Relations of Devices. Dissertation, Kaiserslautern 1986.

[Za]: W. Zadrozny: A Scheme for Axiomatizing Floating Point Arithmetics. Erscheint in: IEEE Transactions on Computers.

Zur Versorgung der politischen Entscheidungsträger mit aussagefähigeren Informationen für veränderte Entscheidungssituationen

PAUL STÄHLY

Zusammenfassung

Die politischen Entscheidungsträger sind für die Bewältigung unvorhergesehener Ereignisse in der Regel mit unzureichenden Entscheidungsgrundlagen versorgt. Einerseits steht verfügbare Information in einer für sie nicht nutzbaren Form zur Verfügung, andererseits wird der Aussagegehalt unscharfer bzw. unexakter Information nicht systematisch ausgeschöpft. Es wird ein Netzwerk von Expertensystemen vorgeschlagen, welches in der Lage ist, die gegenseitige Verpflichtung der verschiedenen Nachfrager und Anbieter einer Gesamtwirtschaft abzubilden und die Entscheidungsträger hinsichtlich ihrer Informationssituation zur Bewältigung unvorhergesehener Entscheidungssituationen bzw. zur Simulation und Analyse möglicher Szenarien maßgeblich zu unterstützen. Als Beispiel wird auf eine Modellierung des Energiebereiches in der Schweiz eingegangen.

1. Problematik

Unser Wirtschaftssystem ist durch eine sogenannte freie soziale Marktwirtschaft gekennzeichnet. Die Entscheide über Art und Ausmaß der wirtschaftlichen Leistungserstellung und wichtiger damit verbundener Größen liegen im Normalfall weitgehend im Verantwortungsbereich der Privatwirtschaft und werden, soweit der Handlungsspielraum aus übergeordneter, gesamtstaatlicher Interessenslage heraus nicht Beschränkungen unterworfen ist, über den Markt gesteuert. Diese dezentralisierte Selbststeuerung hat sich bisher grundsätzlich bewährt. In der heutigen hochverflochtenen Wirtschaft können jedoch durch Krisen in Teilbereichen, verursacht etwa auch durch Ereignisse im Ausland, ernsthafte Störungen des Gleichgewichts entstehen, deren Regelung durch die Marktkräfte nicht oder nicht zeitgerecht erfolgen kann. Für solche Fälle wird von den politisch Verantwortlichen ein korrigierendes Eingreifen erwartet – oft in einem emotional gespannten Klima. Die Beispiele der letzten Jahre sind zahlreich: Energiepolitik, Arbeitsmarkt, Verkehr, Umwelt etc.

Die oft weitreichenden, mitunter von politischen Lagern geforderten Eingriffe in ein sehr komplexes System erfordern eine sorgfältige Prüfung der erwogenen Maßnahmen. Die Wahrnehmung dieser Aufgabe verlangt Informationen als Entscheidungsgrundlage, die die Kenntnis der gewohnten Situation übersteigen:

– wenn der Selbststeuerungsmechanismus des Marktes mindestens teilweise außer Kraft gesetzt ist, sind Informationen zu den aktuellen bzw. geänderten zu befriedigenden *Bedürfnissen* nötig;

- Informationen über noch vorhandene *Substitutionsmöglichkeiten*, *aktivierbare Potentiale* und *Engpaßfaktoren* sind erforderlich;
- Aussagen zu den direkten und indirekten Auswirkungen von *Ereignissen* auf die wirtschaftliche Leistungserstellung, Umwelt etc. sind notwendig, um die richtigen Maßnahmen vorzubereiten bzw. zu ergreifen;
- ebenso sind Aussagen zu den direkten oder indirekten Auswirkungen potentieller alternativer *Maßnahmen* notwendig;
- insbesondere sind auch Aussagen über *möglichst wirksame* bzw. effiziente Maßnahmen hinsichtlich verschiedener, oftmals miteinander konkurrierender Zielsetzungen gerade in Zeiten des Mangels äußerst wertvoll.

Konfrontiert man diese keinesfalls vollständige Liste von benötigten Informationen mit den vorhandenen, so müssen gravierende Defizite festgestellt werden. Meist fehlen systematisch erhobene Zahlen über die Verflechtung der verschiedenen Bereiche, etwa hinsichtlich der Güterströme, untereinander. Ohne Kenntnis dieser Interdependenzen ist jedoch eine zuverlässige Abschätzung der Auswertungen bestimmter Maßnahmen nicht möglich.

Andererseits ist sehr viel für die Entscheidungsfindung bedeutsame Information vorhanden. Ihre systematische Auswertung erfolgt bis heute jedoch noch nicht. Eine konsequente Vorsorge erfordert die Vorbereitung der Auswertung und Bereitstellung dieser vorhandenen, wichtigen Informationen zuhanden der Entscheidungsträger. Diese Forderung erhält auf dem Hintergrund des raschen Wandels in der wirtschaftlichen und gesellschaftlichen Umwelt zusätzliche Bedeutung.

Zusammenfassend kann festgehalten werden:

- die Entscheidungsträger in der Politik benötigen zur Wahrnehmung ihrer Aufgaben Informationen
  - zum Ist-Zustand, d.h. heutige Bedarfsmengen, Verflechtungen etc.,
  - über vorhandene Handlungsspielräume, z.B. Substitutionsmöglichkeiten,
  - über Wirkungen von Ereignissen und Maßnahmen,
  - zur wirksamen Koordination und Optimierung von Maßnahmen;
- diese Information steht heute nicht in für sie nutzbarer Form zur Verfügung;
- die Lösung dieses Problems ist notwendig, muß aber weitgehend im Rahmen existierender Strukturen erfolgen.

Im folgenden wird ein rechnergestütztes Konzept vorgeschlagen, das die zusätzlich benötigte Leistung zur Bereitstellung der benötigten Information für die Entscheidungsträger und eine damit erzielbare Produktivitätssteigerung im wesentlichen mit den bestehenden Stellen in Verwaltung und Wirtschaft zu erbringen ermöglicht. Dieses Konzept wird am Beispiel der schweizerischen Energiewirtschaft, wo es gegenwärtig realisiert wird, konkretisiert. Das Energiewesen stellt nicht erst seit den jüngsten Energiekatastrophen ein typisches Beispiel für die skizzierte Problematik dar:

- es ist eng verflochten mit einer sich rasch wandelnden Wirtschaft und mit sich ändernden Konsumgewohnheiten;
- es zeitigt Wirkungen in zunächst getrennten Bereichen, namentlich in der Umwelt;
- es ist Gegenstand politischer Kontroversen.

2. Ein Netzwerk von Expertensystemen zur Unterstützung der Entscheidungsträger

Das Konzept sieht ein Netzwerk von Teilmodellen vor, die sich nach den Bedürfnissen der jeweiligen Entscheidungsträger richten. Die einzelnen Teilmodelle sind zu einem Gesamtsystem integrierbar, womit die Abstimmung der verschiedenen Bereiche und Entscheidungsstufen gewährleistet wird. Die Methodik – ein neuer Typ von Expertensystemen – erlaubt eine optimale Auswertung der jeweils vorhandenen, insbesondere auch unscharfen Information. Das Netzwerk dieser unterstützenden Systeme ist bereichsweise und evolutionär aufbaubar. Betrieb und Unterhalt der einzelnen Module kann durch existierende Organisationen und Institutionen (Ämter, Verbände etc.) übernommen werden. Diese werden das Instrument vor allem auch zur rechnergestützen Informationsaufbereitung ihrer eigenen laufenden Bedürfnisse einsetzen. Damit wird erreicht, daß die Ausgangsdaten dauernd aktualisiert sind, sei es im Eintrittsfall unvorhergesehener Krisen, sei es hinsichtlich der vorsorglichen Analyse möglicher Krisenfälle.

2.1. Modellierung der Systeme

Es ist nicht möglich, Aussagen über wirtschaftliche Sachverhalte, über Reaktionen des Wirtschaftsystems auf exogene Ereignisse, die noch nicht wirklich stattgefunden haben, und erwogene Maßnahmen zu machen, ohne dabei ein *Modell* zu benutzen. Ideal wäre ein vollständiges, korrektes Modell der Systeme (z.B. des Wirtschaftssystems), das deren Funktionsweisen isomorph, ohne wesentliche Fehler hinsichtlich der interessierenden Aspekte wirklichkeitsgetreu abbildet. Im Gegensatz zu naturwissenschaftlichen Problemstellungen stehen uns indessen solche Modelle für das hier betrachtete Problem nicht zur Verfügung.

Der Entscheidungsträger muß vielmehr die benötigte Information aus für ihn greifbaren und verwertbaren Informationen verschiedener Quellen herstellen. Dieser Prozeß kann und muß unterstützt werden. Fragt man nach heute vorhandener, für die Entscheidungsträger relevanter Information, so wird man feststellen, daß es davon fast unüberschaubare Fülle gibt: dazu gehören die amtlichen Statistiken, Statistiken der Wirtschaftsverbände, Informationen bei den einzelnen Unternehmungen etc. Meist ist diese Information zwar nicht exakt, aber sie ist vorhanden und wertvoll.

Die Auswertung dieser Information ist jedoch von einer Person allein oder von einem Team nicht zu leisten. Die handelnden Organe benötigen daher ein Werkzeug, das die für sie relevante, heute vorhandene Information darstellt und für ihre Bedürfnisse auswertet. Es muß also ein Modell des Wirtschaftsystems und weiter interessierender Systeme gestellt werden, das von der real existierenden Informationssituation ausgeht. Es gilt somit, weniger die Systeme als solche, als vielmehr die zu diesen vorhandene Informationslage zu modellieren.

2.2. Randbedingungen

Ein Modell muß nicht nur aufgebaut, sondern auch bedient und unterhalten werden. Es wäre verfehlt, ein Mammutmodell entwickeln zu wollen, welches sämtliche Beziehungen des Wirtschaftssystems und weiterer Systeme zu enthalten hätte. Die

Formulierung eines derartigen Modells dürfte aus verschiedenen Gründen zum Scheitern verurteilt sein. Das Modell wäre zu wenig flexibel im Hinblick auf die laufend erforderlichen Anpassungen, die sich aufgrund der Strukturveränderungen im System im Laufe der Zeit ergeben. Die zentrale Datenbeschaffung und Datenanpassung würde ein kaum zu bewältigendes Problem darstellen. Im weiteren dürfte das Wissen der Führungskräfte und Spezialisten auf allen Stufen, welche heute diese Systeme bereits lenken, nicht genügend zum Tragen kommen. Dies könnte insbesondere in jenen Fällen, in denen Detailkenntnisse und die Erfahrung über ein Teilsystem dominiert, wie etwa beim Beheben von Friktionen in unvorhergesehenen Situationen, verhängnisvolle Konsequenzen nach sich ziehen [1].

Man wird also nicht ein monolithisches Modell anstreben, sondern ein Netzwerk von untereinander kompatiblen und sich ergänzenden Modellen. Diese Modelle sollen Werkzeug bzw. Hilfsmittel sein und nicht ihrerseits viele wertvolle zusätzliche Ressourcen beanspruchen. Das führt zu folgenden Grundsätzen:

- die Modelle sollen auf die bestehenden und eingespielten Strukturen ausgerichtet sein;
- die Modelle müssen die von den entscheidenden Organen gewünschte Information in der für sie verwertbaren Form liefern;
- sie müssen auf der heute existierenden Informationsbasis betrieben werden können;
- die Bedienung muß einfach sein;
- der Unterhalt der Modelle muß möglichst weitgehend mit den bestehenden Ressourcen gedeckt werden;
- die unterschiedlich exakten, unscharfen Ausgangsdaten sowohl innerhalb als auch zwischen den einzelnen Teilsystemen müssen aufeinander abgestimmt werden können;
- ein positiver Nutzeffekt muß möglichst bald sichtbar sein.

Diese Grundsätze sind nicht alle gleichgewichtig, die Verletzung eines jeden von ihnen dürfte jedoch den Erfolg eines solchen Instrumentes erheblich gefährden.

2.3. Zum Konzept des Modellsystems

Das Modellsystem, das von einer Mitarbeitergruppe am Institut für Unternehmensforschung an der Hochschule St. Gallen für Wirtschafts- und Sozialwissenschaften entwickelt worden ist, sieht ein Netzwerk von Teilmodellen vor, die jeweils die einzelnen Entscheidungsträger interessierenden Aspekte des Gesamtsystems modellieren [3]. Diese Teilmodelle können autonom betrieben werden. Jedes Teilmodell enthält soviel Information über die übrigen Teile des Gesamtsystems, wie dies für die Erfüllung der ihm zugeordneten Aufgabe notwendig ist. Damit enthalten sie jeweils auch Informationen, die (Haupt-)Gegenstand anderer Teilmodelle sind, wenn auch in aggregierter Form. Dies verlangt einerseits Konsistenz zwischen den Teilmodellen und ermöglicht andererseits die erwünschte Abstimmung der verschiedenen Bereiche und Entscheidungsstufen.

Aus übergeordneter Sicht kann das Netz aller Teilmodelle als Gesamtmodell des Systems betrachtet werden, das jedoch den einzelnen Akteuren je ein genau auf ihre Bedürfnisse zugeschnittenes Teilmodell zur Verfügung stellt.

Diese modulare Konzeption erlaubt zudem eine evolutionäre Transformation der heutigen Situation. Diese verfügt heute nur in Ansätzen über computerunterstützte

Entscheidungshilfen. Es können nun parallel und nacheinander einzelne Bereiche isoliert bearbeitet und anschließend in das Gesamtnetz eingefügt werden.

Bei den einzelnen Modulen oder Teilmodellen handelt es sich um moderne, leistungsfähige *Expertensysteme*, die Information zu quantifizierbaren Größen samt ihrer Semantik darzustellen und auszuwerten gestatten. Sie erlauben den Aufbau von Statistiken, Buchhaltungen oder Bilanzen zu den jeweiligen Teilbereichen sowohl für den Ist-Zustand als auch für fiktive künftige Situationen. Sie können dies auch auf der Basis von unscharfer oder lückenhafter Information tun, d.h. unter den für die politischen Instanzen im Entscheidungsfalle effektiv vorhandenen Bedingungen.

Die Darstellung des Ist-Zustandes ist Voraussetzung von Störfällen und eröffnet gleichzeitig die Möglichkeit, Unterhalter für die Teilmodelle zu finden: Indem die Expertensysteme gleichzeitig Ämtern und Verbänden, die mit statistischen oder buchhalterischen Aufgaben vertraut sind, als Hilfsmittel für ihre laufenden Aufgaben dienen können, werden die Instrumente für sie unabhängig von der hier besprochenen Thematik interessant. Sie können deshalb zu Trägern und Unterhaltern von Teilmodellen werden, die dann den politischen Instanzen für ihre Arbeit zur Verfügung stehen. Da das Instrument so konzipiert ist, daß es die Simulation von Krisensituationen erlaubt, ist gleichzeitig die Simulation von zu erwartenden oder möglichen Entwicklungen durchführbar. Dieser Umstand dürfte für die über das Instrument verfügenden Verbände und Ämter zusätzlich interessant sein, da sie damit die sie selbst berührenden Auswirkungen der auf höherer Entscheidungsstufe vorgesehenen Szenarien durchzusimulieren und zu analysieren in der Lage sind.

2.4. Methodik

Bei der verwendeten Methodik handelt es sich um an der ETH Zürich entwickelte Expertensysteme für quantitative Information [2]. Diese haben sich in verschiedenen Forschungs- und Auftragsarbeiten, bei denen vergleichbare Informationsprobleme vorlagen, bewährt.

Bei einem Expertensystem werden in der Regel folgende drei Hauptkomponenten unterschieden:

– Die *Benützerschnittstelle:* Sie erlaubt die Eingabe von Information und von Fragen bzw. die Ausgabe von Information.

– Die *Wissensbasis:* Sie enthält das Wissen zum System. In unserem Falle sind dies meist Tabellen über Bestände von Objekten (Personen, Emissionen, Energiemengen, Fahrzeugbestände etc. oder Relationen wie Wirkungsgrade, Fahrleistungen, Bedarfsmengen pro Kopf etc.). Diese Information ist meist unscharf und wird mit Vertrauensbereichen kodiert. Die Wissensbasis enthält jedoch nicht nur die Zahlen bzw. Vertrauensintervalle, sondern auch die Definitionen der Größen: das System „versteht" die zur Bezeichnung der Größen verwendete *Sprache*, d.h. es „weiß", daß eine Änderung, z.B. des Energieangebots, eine Veränderung der Produktion oder der spezifischen Verbräuche zur Folge haben muß. Veränderungen in einer Tabelle implizieren in der Regel weitere Korrekturen in derselben Tabelle und entsprechende Korrekturen in anderen Tabellen. Oft ist eine ganze Kettenreaktion solcher Korrekturen notwendig. Das Expertensystem besitzt hinsichtlich der verwalteten Tabellen das Wissen eines kompetenten Buchhalters: Es weiß, was mit anderem wie zusammenhängt.

– Mit dem Einsatz von leistungsfähigen Techniken (Filtertechniken) lässt sich die in der Wissensbasis vorhandene unscharfe Information auf eine Weise auswerten, die unsere natürlichen Fähigkeiten übersteigt. Diese Arbeit leistet der *Inferenzteil* des Systems. Er stellt – schematisch gesprochen – aus den in der Wissensbasis bereits vorhandenen Tabellen neue, korrigierte oder gesuchte Tabellen her. Die Information über die gesuchten Tabellen wird dabei ausschließlich durch Auswertung der vorhandenen Information erzeugt (reine Informationstransformation).

Das verwendete Verfahren kann plakativ vereinfacht als intelligenter Tabellenkalkulator betrachtet werden, der mit unscharfen und unvollständigen Tabelleneintragungen umgehen kann und die Bedeutung versteht, d.h. er versteht die Bedeutung der in den Tabellen verwendeten Begriffe und kann somit bei der Berechnung einer Tabelle die in den anderen Tabellen vorhandene relevante Information heranziehen.

Die Leistungsfähigkeit des Verfahrens beruht auf der Tatsache, daß die vorhandene Information typischerweise sehr viel mehr impliziert, als wir mit „unbewaffnetem Verstand“ zu sehen vermögen.

Die konzeptionelle Einfachheit des Systems darf jedoch nicht darüber hinwegtäuschen, daß besonders bei Informationen zu verschiedenen Zeitpunkten eine reiche Interdependenz zwischen den Größen besteht, die mathematisch in der Gestalt von *Markov-Prozessen* (mit linearem Zustandsmodell und nichtlinearem „Meßmodell“) dargestellt werden kann. Dies ermöglicht den Einsatz von sehr leistungsfähigen Algorithmen (namentlich Filtertechniken).

3. Beispiel: Teilmodell Energiesektor im Rahmen der wirtschaftlichen Landesversorgung

Die Veranschaulichung der dargelegten Grundsätze soll am entwickelten Expertensystem zum schweizerischen Energiefluß vorgenommen werden.

Eingriffe ins bestehende Energiesystem, ob von exogenen Ereignissen oder von politischer Willensbildung erzwungen, verlangen die Auswertung zahlreicher Informationen über die künftig noch benötigten Mengen, die möglichen Sparpotentiale, die Substitutionsmöglichkeiten, die Wirkungen von Beschränkungen der Energiezuteilungen auf die Produktion der Wirtschaft etc.

Diese quantitative Information zum Energiefluß und zu den interessierenden abhängigen Größen wird größtenteils die Gestalt von Tabellen haben und mindestens zum Teil nicht in exakter Form beschaffbar sein. Bei ihrer Verarbeitung sind die Verflechtung der einzelnen Energieträger, die Umwandlungswirkungsgrade, die Produktions- und Lagerkapazitäten etc. zu berücksichtigen.

Ein Modell des Energieflusses soll dem Entscheidungsträger solche benötigte Information liefern, namentlich zu den in veränderten Umständen fehlenden Mengen (Defizite), zu Substitutionsmöglichkeiten und zu den Wirkungen der erwogenen Maßnahmen.

Der Verkehr mit dem Modell sollte möglichst einfach sein. EDV-technisch gesprochen heißt das, daß die Schnittstelle zwischen Entscheidungsträger und Modell einfach sein muß. Für das Energiewesen haben sich (wie in allen Bereichen, wo Informationen in Form von Mengenangaben gefragt sind) Tabellen als gebräuchliches Medium eingebürgert. Die Beschreibung von Ereignissen und Maßnahmen soll deshalb dem Modell in Form von Tabellen übermittelt werden können. Das Modell soll die gesuchten Informationen ebenfalls in Tabellenform liefern, deren Gestalt der Entscheidungsträger festlegt.

Schließlich muß das Modell über die künftigen Jahre hinweg aufdatierbar sein, d.h. es muß immer die aktuellen Daten enthalten, und bestehende Datenlücken sollten nach und nach geschlossen oder wenigstens verkleinert werden.

Gemäß dem oben beschriebenen Konzept besteht das angestrebte Instrumentarium aus einzelnen Bausteinen,

- welche von *bestehenden Organisationen* wie Bundesämtern, Verbänden etc. für ihre eigenen Informationsbedürfnisse eingesetzt und für ihre Ziele betrieben und unterhalten werden,
- welche aber gleichzeitig so konzipiert sind, daß sie die Arbeit der politischen Organe möglichst effizient zu unterstützen gestatten und
- welche miteinander zu einem harmonischen *Gesamtsystem* zusammengeschlossen werden können.

3.1. Energiefluß und Energieversorgungssysteme (Ist-Zustand)

Der aktuelle schweizerische Energiefluß wird durch ein Tabellenwerk beschrieben,

- das einerseits möglichst nahe bei den in der *Schweizerischen Energiestatistik* und bei den laufend durchgeführten Erhebungen etwa des Schweizerischen Energie-Konsumenten-Verbands von Industrie und Wirtschaft verwendeten Tabellen liegt,
- das andererseits die wesentlichen *Relationen* zwischen den Flüssen zu erfassen erlaubt.

Auf der Stufe der *Primärenergie* wird die in den *Speicherseen* lagernde Wassermenge, der Import und die Lagerung von *Rohöl*, sowie der *Brennholzschlag* erfaßt.

Die in der Schweiz erfolgende *Umwandlung* von Primärenergie in Endenergie (in Abb. 1 „Umwandlung I" und „Verteilung") wird vollständig beschrieben:

- *die Stromerzeugung* in Wasser- und Kernkraftwerken, in ölthermischen Kraftwerken (Vouvry) und in Wärmekraftkopplungsanlagen;

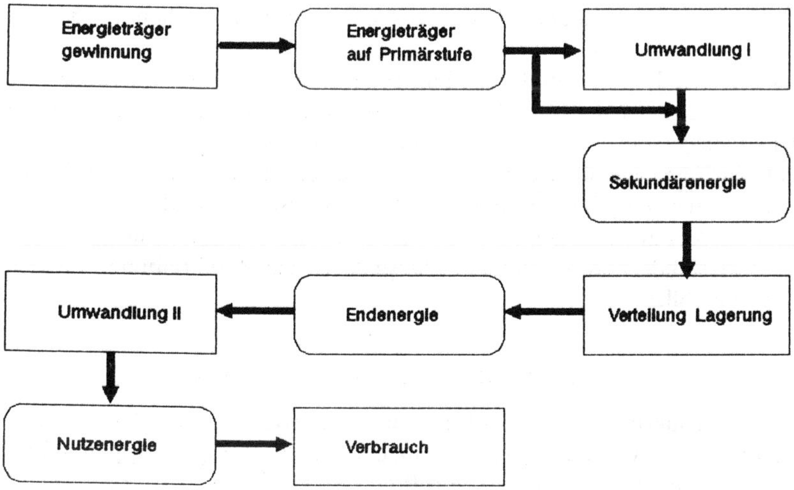

Abb. 1. Energiefluß von der Energiegewinnung bis zum Verbrauch

– die *Raffinierung* von flüssigen Brenn- und Treibstoffen;
– die (mengenmäßig geringe) Erzeugung von *Stadtgas*;
– die Erzeugung von *Brennholz* durch Trocknung am Lager;
– die Erzeugung von *Fernwärme*.

Dieser Modellteil lehnt sich sehr eng an die Schweizerische Energiestatistik an.

Die *Endenergielager* werden auf den Stufen Importeure, Händler und Verbraucher erfaßt. (Sie sind nicht Bestandteil der Schweizerischen Energiestatistik.)

Die *Umwandlung der Endenergie in Nutzenergie* (in Abb. 1 „Umwandlung II") wird detaillierter als in der Schweizerischen Energiestatistik erfaßt, weil die *Beschreibung der Energieversorgungs- bzw. -umwandlungssysteme* notwendig ist, um die *Substitutionsmöglichkeiten* abzuschätzen. Hier wird auch eine differenzierte Betrachtung der von Systemtyp zu Systemtyp verschiedenen und teilweise von der Systembelastung abhängigen Wirkungsgrade angestrebt.

Der *Nutzenergieverbrauch* schließlich muß für den mengenmäßig wichtigsten Teil *Raumwärme* (für die Wohnungen der Privathaushalte, für Räume der Sektoren Dienstleistungen, Gewerbe und Landwirtschaft sowie für die Büros der Industrie), schon wegen der starken saisonalen Nachfrageschwankungen, durchgängig modelliert werden.

Für die *Haushalte* wird der gesamte Endverbrauch, also inklusive Warmwasser und Prozeß/Kraft/Licht, erfaßt. Bei der letzten Kategorie wird das Kochen, das Kühlen und das Waschen separat ausgewiesen.

Der Sektor *Dienstleistungen/Gewerbe/Landwirtschaft* sollte für Bewirtschaftungszwecke feiner aufgeschlüsselt erfaßt werden. Aber auch für statistische Zwecke scheint eine disaggregierte Betrachtungsweise sinnvoll, handelt es sich doch um den am stärksten wachsenden bzw. sich verändernden Bereich der Wirtschaft. Aus Datengründen können vorerst nur die Bereiche „Gastgewerbe", „Spitäler", „Banken und Versicherung" separat erfaßt werden. Auf die Behandlung der Raumwärme in diesem Sektor wurde bereits hingewiesen.

Die *Industrie* benötigt zunächst eine von der Produktion weitgehend unabhängige Energiemenge für die Raumwärme. Diese wird separat erfaßt. Die für Produktionszwecke eingesetzte Endenergie, der Zusammenhang mit den produzierten Mengen sowie die Substitutionsmöglichkeiten werden in später zu erstellenden *Branchenmodellen* untersucht werden.

Der Bereich *Verkehr* muß vom Fahrzeugbestand und den Fahrzeugkilometern bzw. den für die verschiedenen Adressaten zu erbringenden Leistungen (gemessen in Tonnen- oder Personenkilometern) ausgehend modelliert werden.

Schließlich ist gegenüber den meisten schweizerischen Zusammenstellungen zum Energieverbrauch eine Beschreibung nicht auf Jahresbasis, sondern für kürzere Zeiträume nötig. Vor allem wegen der saisonal unterschiedlichen Produktionsmöglichkeiten, Lagerbestände und Verbräuche. Deshalb ist die Beschreibung von *1-Monats-Perioden* sinnvoll.

3.2. Veränderung des Energieflusses

Anlaß zu Eingriffen geben zunächst massive, *exogen verursachte Veränderungen* des Energieflusses, welche die Versorgung gewisser Nachfragergruppen in Frage stellen. Diese Veränderungen können betreffen:
– den *Import* und *Export* von Energieträgern, z.B. bei einer Erdölverknappung;

- die *Produktion* von Energieträgern, z.B. bei Ausfall von Elektrizitätsproduktionsanlagen;
- die *Nachfrage* nach Endenergie, z.B. bei einer tiefgreifenden Störung der Volkswirtschaft;
- aber auch Forderungen wie z.B. der „Ausstieg aus der Kernenergie", die methodisch zu gleichartigen Problemstellungen führen.

Die Arbeit mit dem Modell kann grob in drei Phasen oder Schritte eingeteilt werden: Analyse der Störungen, Zielformulierung und Maßnahmenevaluation.

1. Schritt: Analyse

Das Modell muß in einem ersten Schritt erlauben, solche aus der Sicht der Energiewirtschaft exogen verursachte Veränderungen zu erfassen, zu quantifizieren und ihre Auswirkungen auf den Energiefluß zu bestimmen.

Der *aktuelle Energiefluß* (vor der Störung) wird, wie bereits erwähnt, durch ein umfangreiches Tabellenwerk erfaßt. Die quantitative Beschreibung der *Veränderungen* erfolgt ebenfalls in einigen Tabellen. Das Modell wird nach Auswertung der gegebenen Information vornehmen und die entstehenden Defizite auf allen Ebenen bis zur Nutzenergie bestimmen (Abb. 2).

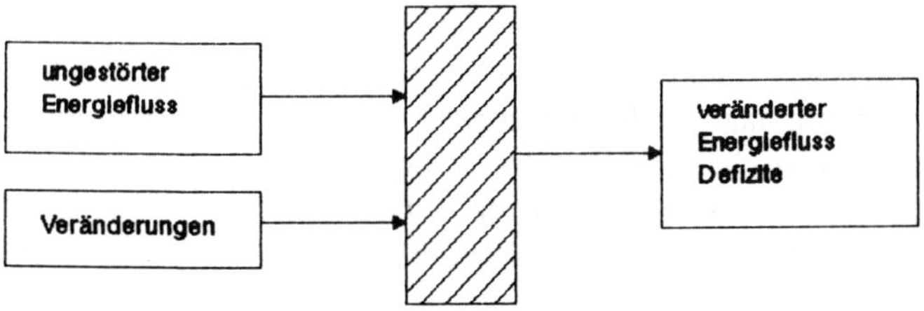

Abb. 2. Konsequenzen der Veränderungen

2. Schritt: Ziele

Eine *Bewirtschaftung* der Energieträger wird dann einsetzen müssen, wenn der Markt den Ausgleich der Defizite nicht leisten kann, ohne wesentliche Ziele der Versorgung der Endverbraucher mit Energie zu gefährden.

Man wird dann eine Prioritätenliste der *Versorgungsziele* festlegen müssen, im Falle der Wirtschaft ausgehend von den anzustrebenden Produktionszielen.

Ebenso ist der *grenzüberschreitende Handel* mit Energieträgern (Import und Export) zu überprüfen und eventuell zu verändern. Gegebenenfalls ist ein veränderter Bedarf zu berücksichtigen. Schließlich sind gewisse leicht aktivierbare *Sparpotentiale* zu aktivieren, die die oben erwähnten Produktions- und Versorgungsziele nicht tangieren (z.B. Klimatisierung von Arbeitsstätten, etc.).

Diese Größen sind in Tabellen mittels Bereichsangaben zu quantifizieren. Das Modell wird dann in einem 2. Schritt die aus diesen Angaben resultierenden neuen *Endenergienachfragen* und das neue *Endenergieangebot*, d.h. den neuen Energiefluß berechnen sowie die Defizite zwischen Angebot und Nachfrage, differenziert nach den einzelnen Nachfragergruppen und Energieträgern, abzuschätzen erlauben (Abb. 3).

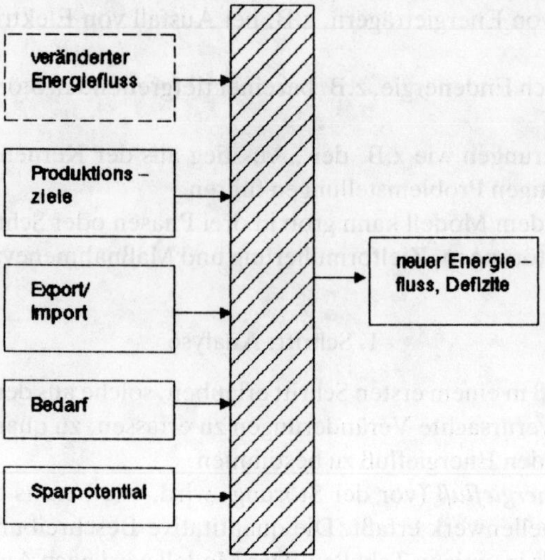

Abb. 3. Konsequenzen der übergeordneten Zielsetzungen

3. Schritt: Maßnahmen

Der als Ergebnis resultierende neue Energiefluß und die noch verbleibenden Defizite werden die Grundlage für die Arbeit der *Abteilung Energie* des Industrieamtes des Bundesamtes für wirtschaftliche Landesversorgung bilden. Durch eine *Veränderung der Endenergieproduktion*, durch *Nutzung* und Aktivierung *von Substitutionsmöglichkeiten* etc. wird man in einem 3. Schritt einen *Endenergiefluß* zu erreichen suchen, wel-

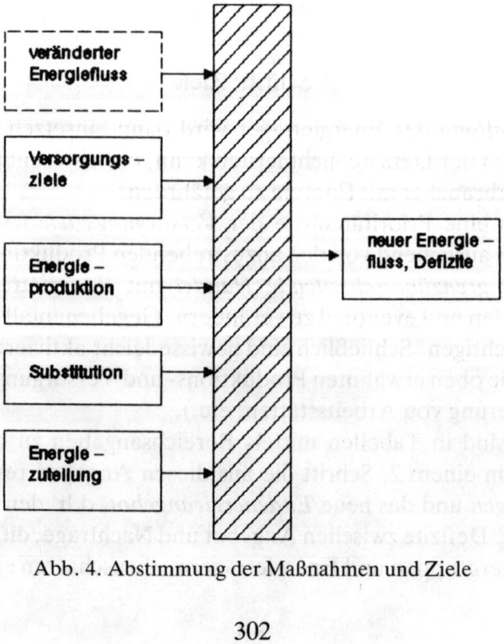

Abb. 4. Abstimmung der Maßnahmen und Ziele

cher Angebot und Nachfrage bei möglichst hohen Zielerfüllungsgraden in ein neues Gleichgewicht bringt (Abb. 4).

Diese Rechenprozesse werden in der Regel mehrfach durchlaufen werden müssen und verschiedene hierarchische Stufen betreffen.

Dabei werden die in den obigen Schemata links stehenden Eingabemöglichkeiten jeweils nur zum Teil genutzt werden; das Modell wird sie dann so ergänzen, daß die Ziele- und Maßnahmen möglichst gut aufeinander abgestimmt und die Defizite möglichst gering werden.

3.3. Bereitschaft und Unterhalt

Wie am Ende von Kapitel 2 bereits erwähnt, sieht das Konzept vor, daß die einzelnen Modellbausteine *von bestehenden Organisationen* für ihre eigenen Zwecke eingesetzt werden und daß diese der Abteilung Energie für Übungszwecke sowie in einem Krisenfall verfügbar gemacht werden können.

Der Zentralteil des Modells, der Endenergieangebot und Endenergienachfrage gesamthaft beschreibt und größtenteils der Schweizerischen Energiestatistik entspricht, sollte beim *Bundesamt für Energiewirtschaft* zur Erstellung der Energiestatistik und gegebenenfalls zur Durchführung von Analysen, welche die Größenordnung sowie die Veränderungen gewisser Flüsse betreffen oder für die Rechnung von energiepolitischen Szenarien, Prognoserechnungen etc. eingesetzt und betrieben werden.

Die Modellierung der *Nachfrage* wird längerfristig größtenteils durch eigenständige Modelle erfolgen. Es ist z.B. geplant, die Energienachfrage des Verkehrs durch ein Modell, das die Schweizerische Verkehrsstatistik erstellt und vom Bundesamt für Statistik betrieben wird, rechnen zu lassen. Für die Metallindustrie könnte der Verein Schweizerischer Maschinen-Industrieller ein Branchenmodell betreiben, das die entsprechenden Daten liefert. Der Sektor Haushalte sowie der Bereich Raumwärme scheinen uns jedoch beim Bundesamt für Energiewirtschaft am besten aufgehoben zu sein.

Die *Endenergieproduktion*, Import, Lagerung und Verteilung der Endenergie, wird mittelfristig durch Modelle der einzelnen Energiebranchen erfaßt:

- ein Modell der *Elektrizitätswirtschaft* kann zur Erstellung der Schweizerischen Elektrizitätsstatistik beim Bundesamt für Energiewirtschaft betrieben werden;
- der *Erdölmarkt* kann mit einem Modell erfaßt werden, das von der Erdölbranche für ihre Zwecke eingesetzt werden kann, gegebenenfalls in Zusammenarbeit mit der Schweizerischen Erdölvereinigung (Statistik);
- der *Kohlemarkt* kann mittels eines Modelles erfaßt werden, das der Schweizerischen Zentralstelle für Kohleeinfuhr primär für ihre Zwecke dienen würde;
- für das Modell des *Holzmarktes* kommt das Bundesamt für Forstwesen und Landschaftsschutz in Frage;
- die statistische Erfassung und Auswertung der Daten zum *Gasmarkt* kann beim Verband der Schweizerischen Gasindustrie gute Dienste leisten.

Eine die Energiebranche überdeckende Umstellung des Statistikwesens auf computergestützte Systeme gemäß dem vorgeschlagenen Konzept wird die Informationslage für alle Beteiligten erheblich verbessern. Dieser Effekt dürfte daher neben dem angestrebten Nutzen für die energiepolitisch verantwortlichen Stellen nicht ohne Gewinn für die Branche selbst sein.

Hinsichtlich der Kosten ist zu beachten, daß eine Umstellung des heutigen Statistikwesens auf einen weitgehend computergestützten Betrieb ohnehin in den nächsten Jahren erfolgen muß. Aus der Sicht der Versorgung des Landes mit Energie und der mit der Energieversorgung zusammenhängenden Fragen, aber auch aus der Sicht der optimalen Bewirtschaftung des Faktors Information zu Handen der Energiebranche dürfte ein koordiniertes Vorgehen mit beträchtlichen Synergieeffekten verbunden sein.

Das hier beschriebene System wird in der Schweiz gegenwärtig mit empirischen Daten realisiert. Erweiterungen auf weitere Teilbereiche der Gesamtwirtschaft wie Verkehr, Arbeitskräftemarkt etc. sind vorgesehen.

Literatur

[1] Kränzlin R. / Stähly P. (1983) Modellkonzept zur gegenseitigen Abstimmung der verschiedenen Bereiche und Entscheidungsstufen in der wirtschaftlichen Landesvorsorge, in: Wirtschaftliche Landesvorsorge im Rahmen der Sicherheitspolitik (Hrsg. Stähly P.). Paul Haupt, Bern und Stuttgart

[2] Schmid B. (1978) Bilanzmodelle. Berichte zur Orts-, Regional- und Landesplanung Nr. 40, ORL-Institut der ETH, Zürich

[3] Schmid B. / Stähly P. (1985) Modell zur gegenseitigen Abstimmung der verschiedenen Bereiche und Entscheidungsstufen in der wirtschaftlichen Landesversorgung, Teile A und B. Forschungsprojekt Nr. 1.865-0.83 des Schweizerischen Nationalfonds zur Förderung der wissenschaftlichen Forschung, Bern

Elemente und Strukturen betrieblicher Informationssysteme

Franz Steffens

Zusammenfassung

Betriebliche Informationssysteme sind heute computergestützt und besitzen in der modernen Informationstechnik ihre Infrastruktur. Sie entstehen durch das Zusammenwirken einer Organisation von personellen Aufgabenträgern mit einem technischen System, das selbst ein Verbund von Systemen ist. Informationssysteme unterliegen einer Evolution, deren Antriebskräfte die Innovationen der Informationstechnik bilden und die erhebliche Folgen für die in ihnen eingebundenen Organisationen besitzen. Dies macht Informationssysteme zum strategischen Faktor für die Unternehmungspolitik. Es ist notwendig, Aufgabe, Verantwortung und Kompetenz für Gestaltung und Betrieb der Informationssysteme gleichermaßen auf der Seite der zentralen Datenverarbeitung und der Benutzerorganisation einer Unternehmung aufzubauen und in der Leitungshierarchie zu verankern.

1. Informationstechnik, die Infrastruktur für Informationssysteme

Informationssysteme entstehen durch das kommunikative Zusammenwirken zahlreicher Stellen, d.h. personeller und maschineller Funktionsträger, die durch die Erfüllung der ihnen übertragenen informationsverarbeitenden Aufgaben auf den Gebieten der Planung, Steuerung und Kontrolle, des Berichtswesens, der Dokumentation, der Verwaltung und insbesondere des Rechnungswesens Arbeitszusammenhänge bilden. Gewiß sind Information und Kommunikation von jeher zentrale Tatbestände der Unternehmungsorganisation, zu deren Aufgaben die ablauforganisatorische Definition und aufbauorganisatorische Lozierung aller informationsverarbeitenden Funktionen gehören; doch haben erst die informationstechnischen Innovationsprozesse der letzten Jahrzehnte in den Unternehmungen bewirkt, daß die informatorischen Prozesse und ihre Organisation nunmehr eine neue Qualität gewonnen haben, die den Namen Informationssystem rechtfertigt. Die neue Qualität, die Informationssysteme heute auszeichnet, basiert auf der Informationstechnik, die in ihnen zur Anwendung gelangt. Kern dieser Technik ist die Mikroelektronik, die die physikalische Basis informationsverarbeitender Maschinen bildet. Sie hat dem Prinzip der Digitalisierung von Daten und Informationen sowie dem Konzept der Speicherung von Programmen, d. h. von Steuerungsinformationen zur Verarbeitung von Nutzinformationen, erst zu dem innovativen Durchbruch im heute bekannten Ausmaß verholfen. „Information und

Elektronik in Informationssystemen müssen also gesehen werden als ein Zusammentreffen geistig-logischer Prinzipien mit einer unglaublich leistungsfähigen Technologie, der Elektronik" ([3], S. 71).

Informationssysteme lassen sich unter drei Aspekten betrachten. Unter dem ersten gelten Informationssysteme stets als informationstechnikgestützt; d. h. sie besitzen einen informationstechnischen Unterbau gleich einer Infrastruktur, auf der sich alle oder zumindest die meisten informatorischen Prozesse einer Benutzergemeinschaft vollziehen. Der zweite Gesichtspunkt hebt darauf ab, daß die Benutzergemeinschaft im Informationssystem kein zufälliges oder ungeordnetes Nebeneinander, sondern eine wohlstrukturierte Gesamtheit personeller Aufgabenträger, d. h. eine Organisation – eben die Benutzerorganisation – bildet, deren Einzelaktivitäten zu einer auf die Unternehmungspolitik ausgerichteten Ganzheit integriert sind. Unter dem dritten Aspekt können Informationssysteme dazu geschaffen sein, in ihrer Umwelt sogenannte Basissysteme in dem Sinne zu beherrschen, daß deren Verhalten erklärt und vorausbestimmt bzw. beeinflußt werden kann. Die Basissysteme einer Unternehmung erfüllen betriebliche Grundfunktionen, in deren Mittelpunkt die Leistungserstellung im Betrieb (Produktion) sowie die Leistungsverwertung am Markt (Absatz) und das Finanzwesen stehen. (Die betrieblichen Grundfunktionen Produktion, Absatz und Finanzen wurden von Erich Gutenberg in den Mittelpunkt der Betriebswirtschaftslehre gerückt und zum Gliederungspunkt seiner betriebswirtschaftlichen Theorie erhoben. Vgl. [5], [6] und [7].) Durch Veranlassung, Durchsetzung und Erfassung aller Prozesse und Handlungen, die der Erfüllung dieser Grundfunktionen unmittelbar dienen, wirken Informationssysteme auf ihre Basissysteme ein. Die Beherrschung des Basissystems ist dann Inhalt der Funktion des Informationssystems, genauer gesagt: seiner Hüllenfunktion. Technologie-, Organisations- und Funktionsgesichtpunkt bilden also die drei Teilaspekte, unter denen Informationssysteme zu analysieren und zu beurteilen sind.

Unter einer Infrastruktur versteht man die von einer Gemeinschaft genutzte Einrichtung, die es deren Mitgliedern erst ermöglicht, individuelle Prozesse oder Aktivitäten zu betreiben. Sie bildet also die instrumentelle Grundlage, die von mehreren Akteuren gemeinschaftlich genutzt wird. Dies gilt insbesondere für die Infrastruktur eines Informationssystems; sie trägt technischen Charakter und umfaßt alle Konstrukte der Informationstechnik, die einem Verbund aus Produzenten, Anbietern und Nachfragern von Informationen beim Vollzug ihrer informatorischen Prozesse dienen. Dabei versteht sich Informationstechnik als Sammelbegriff für unterschiedliche Techniken, die zur Infrastruktur eines Informationssystems integriert sind ([19], Sp. 930 f.). Daher läßt sich dieser Unterbau auch multitechnologisch nennen. Die systematische Beschreibung und Klassifikation der informationstechnischen Infrastruktur kann sicherlich aus verschiedenen Blickwinkeln unternommen werden. Aus traditioneller Sicht wird eine Zerlegung in Komponenten äquivalenter oder ähnlicher Funktionalität angestrebt: Das Ergebnis ist ein Schalenmodell, in dessen Zentrum die Hardware, d.h. die zentralen und peripheren Einrichtungen der Datenverarbeitung sowie die Kommunikationseinrichtungen stehen.

Diesen Kern umschließen Schalen von Software, deren innerste Systemsoftware beinhaltet und deren äußerste die Anwendungssoftware repräsentiert. Die Anordnung der Schalen bringt die (Hardware-) Systemnähe bzw. im entgegengesetzten Sinn die Anwendernähe aber auch Abhängigkeiten im Sinne von Systemvoraussetzungen zum Ausdruck ([4], S. 155 ff.). Im Zuge der Weiterentwicklung der Hard- und Softwaretechnologie ändert sich die Besetzung der Schalen. Als Folge der zunehmenden Penetrierung der betrieblichen Aufgaben durch Systemanalyse und -entwicklung nimmt der Kranz der Anwendungssoftware zu. Es ist aber auch die Tendenz erkennbar, daß gewisse Funktionen, die zuerst in Anwendungssystemen zur Verfügung stehen, später von ihrem spezifischen Anwendungsbezug losgelöst und generalisiert als systemnahe Software (Basissoftware) realisiert werden. Auch das Vordringen von Software mit neuartigen Funktionen, wie zum Beispiel Softwaretools oder Teachware, verändert Zusammensetzung und Gewicht der Schalen des Modells. Analoges gilt für die Innovationen auf dem Hardware-Sektor. Eine andere Sichtweise, die auf die Strukturmerkmale der Konfiguration von Rechnersystemen und der Topologie ihrer Vernetzung abhebt, kann zu einer Typologie der informationstechnischen Infrastruktur für Informationssysteme führen. In eine solche Typologie ließen sich Erscheinungsformen, wie zum Beispiel Zentralisation bzw. Dezentralisation der Datenverarbeitung, verteilte Datenbanken, verteilte Verarbeitung aber auch Verarbeitung und Kommunikation von Text, Bild und Sprache u.a.m., einordnen.

2. Informationssystem, ein Verbund von Systemen

Grundlegend für das Verständnis des Informationssystems und der Analyse seiner Funktionen ist der abstrakte Systembegriff ([12], passim bzw. [8], S. 800-816). Unter einem System versteht man eine Gesamtheit von Systemelementen, die untereinander und mit der Außenwelt, dem sogenannten Umsystem, in einem Wirkungszusammenhang stehen. Die Systemelemente sind aktiv bzw. dynamisch, indem sie im Zeitablauf bestimmte Größen empfangen sowie andere abgeben und dabei ihren eigenen Zustand ändern. Die empfangenen bzw. abgegebenen Größen werden unter den Systemelementen sowie zwischen diesen und dem Umsystem ausgetauscht. Die Austauschverbindungen und ihre Richtungen legen die Systemstruktur fest. Die Austauschaktivitäten, die sich innerhalb des Systems und zwischen System und Umsystem im Zeitablauf vollziehen, bilden das Systemverhalten. Dieses folgt einer Gesetzmäßigkeit, die in jedem Zeitpunkt und in Abhängigkeit vom Systemzustand, d.h. vom Zustand der Systemelemente festlegt, welche Fortsetzungsmöglichkeiten es für das Systemverhalten gibt. Dabei wird die Abstraktionsklasse des wahlweise realisierbaren Systemverhaltens als Systemfunktion bezeichnet und entsprechend der Unterscheidung zwischen dem inneren Verhalten und dem Verhalten des Systems gegenüber seinem Umsystem zwischen interner Funktion und Schnittstellenfunktion (oder Systemhüllenfunktion) unterschieden. Da die Systemelemente die Funktionen ermöglichen und das Verhalten bewirken, werden diese auch Funktionsträger genannt. Aus einem System entsteht ein Sub- oder Untersystem, wenn die Menge seiner Elemente auf eine Teilmenge reduziert und die diesbezüglich noch gegebene Funktionalität und Systemstruktur uneingeschränkt beibehalten wird. Dagegen gewinnt man aus einem System ein partielles oder Teilsystem, indem zwar an der ursprünglich gegebenen Funktionsträgermenge festgehalten wird, jedoch dafür nur Teile der Funktionalität oder Systemstruktur betrachtet werden. Die Kombination beider Begriffsbildungen führt zum partiellen Untersystem.

Wiewohl der Begriff des Informationssystems in der Literatur heute noch nicht einheitlich definiert wird ([15], S. 263 f), scheint sich auf Dauer eine weite Begriffsfassung durchzusetzen: Demnach versteht man unter einem Informationssystem die Gesamtheit der Personen oder Personengruppen, der Rechnersysteme und ihrer Komponenten sowie der Kommunikationseinrichtungen, deren Teile zwar bestimmte Informationsverarbeitungsfunktionen selbständig übernehmen, aber insgesamt einen Arbeitszusammenhang bilden ([13], S. 2). Als Informationsverarbeitungsfunktionen gelten dabei Erfassung, Speicherung, Übertragung und Transformation von Informationen ([16], S. 271). Informationssysteme erweisen sich also als spezielle Interpretation des allgemeinen Systembegriffs; sie bilden eine Modellklasse, die dadurch entsteht, daß einerseits die Systemelemente als Träger informationsverarbeitender Funktionen und andererseits die von den Systemelementen aufgenommenen, transformierten und abgegebenen bzw. die zwischen den Elementen des Systems und dem Umsystem übertragenen Größen als Informationen in Gestalt von Daten bzw. Nachrichten interpretiert werden. Die Funktionsträger können maschineller oder personeller Natur sein. Ein Informationssystem ist also im Grenzfall als ausschließlich von Personen getragen denkbar (wenngleich heute nicht realistisch); es heißt insbesondere rechnergestützt, wenn ein Teil seiner informationsverarbeitenden Funktionen durch elektronische Datenverarbeitung (EDV) automatisiert ist ([16], S. 271), und läßt sich schon heute in gewissen Anwendungen als ausschließlich aus maschinellen Funktionsträgern aufgebaut entwerfen und realisieren.

Wesentlich für die Abgrenzung eines Informationssystems ist die Forderung, daß die informationsverarbeitenden Einzelfunktionen seiner Systemelemente einen logischen Zusammenhang bilden. Jede dieser Einzelfunktionen läßt sich als Operator auffassen, der Informationen gewisser Ausgangs- oder Definitionssorten in eine Information einer Zielsorte überführt bzw. abbildet. Diese Auffassung ist auf die Funktion sowohl menschlicher als auch maschineller Funktionsträger anwendbar. Der Operator und die Gesetzmäßigkeiten, denen er unterliegt, verkörpern sozusagen das Arbeitsverfahren und der jeweilige Funktionsträger die Arbeitsmittel der informationsverarbeitenden Aufgabe. Der logische Zusammenhang zwischen den Einzelfunktionen eines Informationssystems beruht auf zwei unterschiedlichen Tatbeständen, die allerdings nicht voneinander unabhängig sind. Zum einen gibt es zahlreiche Einzelfunktionen, die ganz oder teilweise auf dieselben Informationssorten zurückgreifen, wobei die Zielsorte der einen Funktion mit einer Ausgangssorte einer anderen zusammenfallen kann. Zum anderen besteht im allgemeinen eine Abhängigkeit zwischen den Einzelfunktionen in dem Sinne, daß der Abschluß gewisser Funktionen die Bedingung für die Durchführung oder Durchführbarkeit anderer darstellt, wodurch ein Steuerungszusammenhang für die Gesamtheit der Funktionen begründet wird. Die Menge der Einzelfunktionen und ihr Steuerungszusammenhang oder, anders ausgedrückt, die Gesamtheit der Einzelaufgaben zusammen mit der Bearbeitungsfolge bilden aus der Sicht der klassischen Organisationslehre die Ablauforganisation des Informationssystems ([9], Sp. 1 ff.). Die Zuweisung der Einzelfunktionen zu Funktionsträgern, d.h. die Aufgabenzuweisung oder -verteilung, bildet einen wichtigen Bestandteil der Aufbauorganisation des Systems ([10], Sp. 179 ff.). Dabei werden die Wörter Aufgabe und Funktion synonym verwendet. Aus Informationsangebot und -nachfrage der Systemelemente, die zufolge ihrer Aufgabenerfüllung entstehen, leitet sich die Kommunikation zwischen den Funktionsträgern, d.h. die Übermittlung von Nachrichten im Informationssystem, ihre Struktur und Frequenz ab. Die Menge der ablauforganisatorisch zusammenhängenden Funktionen bildet jeweils einen Aufgabenbereich. Durch die Zuweisung der Einzelfunktionen zu Funktionsträgern entstehen deren Aufgabengebiete. Ein Informationssystem bildet also definitionsgemäß eine integrierte Einheit, wobei die Integration im Sinne der oben geschilderten Zusammenhänge einerseits auf der Datenebene und andererseits auf der Ebene des Steuerungszusammenhangs seiner Aufgabenbereiche und vermöge der Bildung von Aufgabengebieten für Funktionsträger folglich auch auf der Kommunikationsebene vollzogen wird.

Jedes Informationssystem läßt sich als ein System von Systemen begreifen. Seine informationstechnische Basis oder Infrastruktur bildet das sogenannte EDV-Subsystem, das von seiner Benutzerorganisation umschlossen wird. Die Benutzerorganisation stellt durch ihre Aufbau- und Ablauforganisation ein eigenständiges System dar, das über die Benutzeroberfläche bzw. -schnittstelle des EDV-Systems mit diesem verbunden ist. In diesem Sinne bildet die Benutzerorganisation bezüglich eines Informationssystems das Komplementsystem zum EDV-Subsystem. Letzteres, welches auch technisches Informationssystem genannt wird, umfaßt in der Regel ein breites Spektrum von EDV-Anwendungssystemen und das für deren Funktionsfähigkeit notwendige EDV-Trägersystem. Das EDV-Trägersystem ist aus den zentralen und peripheren Einrichtungen der Datenverarbeitung sowie den Kommunikationseinrichtungen und aus der für das Betreiben dieser Hardware erforderlichen Basissoftware aufgebaut und für eine adäquate Aufnahme der EDV-Anwendungssysteme und Versorgung der Benutzer ausgelegt. Jedes Anwendungssystem besteht aus einer Anwendungssoftware und ihren im EDV-Trägersystem residenten Datenbeständen, die als Ausschnitt einer umfassenden Datenbank organisiert und verwaltet sein können. Zum Grundverständnis vom Informationssystem gehört also die Vorstellung, daß ein Gesamtsystem in Untersysteme und diese in weitere Untersysteme und so fort zerfallen oder – in umgekehrter Sicht – daß jedes Informationssystem stufenweise aus selbständigen Systemen zusammengefügt ist und somit eine Systemhierarchie bildet. Dabei ergibt die oben unternommene Gliederung nur einen sehr groben Rahmen.

Beim Informationssystem stehen informationsverarbeitende Funktionen im Vordergrund. Die Hüllen- oder Schnittstellenfunktion eines solchen Systems dient dem Informationsaustausch mit seinem Umsystem. Information gewinnt außerhalb der materiellen Sphäre im Informationssystem objektiven Charakter als Form oder Struktur. „Man beginnt sich daher heute daran zu gewöhnen, daß Information als eine dritte, von Materie und Bewußtsein verschiedene Sache aufgefaßt werden muß" ([21], S. 51). Gleichwohl ist die Realisierung aller informatorischen Prozesse im Informationssystem an materielle und energetische Vorgänge gebunden. Umgekehrt sind die Funktionen eines physischen Systems (zum Beispiel eines Produktionssystems) vorrangig materieller und energetischer Natur, wiewohl auch hier informatorische Prozesse einen integralen Bestandteil des Systemverhaltens bilden. Physische Prozesse (zum Beispiel Fertigungsvorgänge) lassen sich sogar selbst als informationsverarbeitende Vorgänge auffassen, wenn dadurch den Prozeßergebnissen (zum Beispiel den hervorgebrachten Werkstücken) Informationen (zum Beispiel Gestaltinformationen) aufgeprägt werden ([14], S. 134 ff.). Dennoch liegt die Zweckbestimmung eines physischen Systems darin, Materie oder Energie mit seinem Umsystem auszutauschen. Bei Informationssystemen wirken also materielle und energetische Prozesse ebenso notwendig mit wie bei physischen Systemen informatorische Prozesse. Dieser Sachverhalt wird Reziprozität von Materie und Energie einerseits und Information andererseits genannt ([18], S. 448). Die Unterscheidung der Systeme in physische und Informationssysteme hebt also nicht auf den Charakter der beteiligten Prozesse, sondern auf die jeweilige Zweckbestimmung der Hüllenfunktion ab.

Zu den Basisfunktionen einer Unternehmung zählen alle Aufgaben, die der Erfüllung des Unternehmungszwecks unmittelbar dienen. Hierzu gehören die Aufgabenkomplexe: Beschaffung, Produktion, Absatz und Finanzen. Jedem Komplex dient ein eigenes Basissystem, das sich gegebenenfalls als Systemhierarchie darstellt. Der Produktion dient das Produktionssystem. Die Elemente oder Funktionsträger eines Produktionssystems sind die Produktionsmittel bzw. (produktionsbereiten) Kombinationen von Produktionsmitteln, die sich als eigene Produktionsmitteleinheiten auffassen lassen. Die Produktionseinrichtungen, die zu ihrem Betrieb erforderlichen Betriebsmittel und das Produktionspersonal bilden die atomaren Produktionsmittel des Systems. Diese sind die Träger der technologischen Prozesse, d.h. der Erzeugung, Lagerung und des Transportes, dem die Produktionsobjekte (wie zum Beispiel Materialien, Halbzeug, Einzel- und zusammengesetzte Teile, Artikel u. a.) unterworfen sind. Die bezüglich der Produktionsmittel virtuellen technologischen Prozesse (bzw. Produktionsverfahren) und ihre Produktionsobjekte repräsentieren die internen Funktionen des Produktionssystems. Aus diesen resultiert die Hüllenfunktion des Systems: Die Produktion, d.h. die Umwandlung bzw. Kombination von (beschafften) Faktoren in (abzusetzende) Produkte. Das Zusammenwirken der internen Funktionen zur Produktionsfunktion des Systems gegenüber seinem Umsystem setzt eine Systemstruktur, d.h. eine Vernetzung der Funktionsträger durch einen Material-Energiefluß oder anders ausgedrückt durch einen Produktionsobjektefluß voraus. Jedes Produktionssystem besitzt diesen Aufbau und kann dabei in eine Hierarchie von Untersystemen zerfallen, die nach Werken, Produktionsbereichen bzw. -stufen oder -abschnitten gegliedert ist. Ein Produktionssystem ist ein physisches System im oben erklärten Sinne. Die anderen Basissysteme, die den Aufgabenkomplexen Beschaffung, Absatz und Finanzen dienen, lassen sich analog wie das Produktionssystem als besondere Interpretationen des abstrakten Systembegriffs charakterisieren. Wenn dabei dem Absatz- bzw. Beschaffungsbereich der Versandbetrieb einschließlich des Fertigwarenlagers bzw. die Warenannahme einschließlich des Wareneingangslagers zugeordnet werden, so enthalten auch diese Bereiche Basissysteme, die als physische Systeme zu interpretieren sind. Im übrigen treten in diesen Bereichen Basissysteme auf, die den Charakter von Informationssystemen besitzen. Beispiele hierfür sind die Verkaufs- bzw. Einkaufsorganisation, also Basissysteme, deren Außenfunktion (oder Hüllenfunktion) im wesentlichen darin besteht, Angebote abzugeben bzw. einzuholen und Kaufverträge abzuschließen, d. h., letztlich Informationen mit Kunden bzw. Lieferanten auszutauschen. Die Basissysteme einer Unternehmung sind also selbst entweder physische Systeme oder Informationssysteme.

Informationssysteme, die selbst keine Basissysteme sind, dienen letztlich der Aufgabe, das Geschehen auf der Ausführungsebene einer Unternehmung durch ihre Führungskräfte beherrschbar zu machen, d. h. solche Informationssysteme sind dazu geschaffen, bestimmte Basissysteme zu beherrschen. Sie werden Führungssysteme genannt. Zum Beispiel besteht die Aufgabe eines Produktionsführungssystems darin, die Geschehensabläufe im (physischen) Produktionssystem der Unternehmung vorauszuplanen, zu steuern bzw. zu regeln und zu dokumentieren. Analog ist es die Aufgabe eines Vertriebsführungssystems, das Absatzgeschehen einer Unternehmung, d. h. ihren Vertriebsapparat zu beherrschen. Diese Aufgabenbestimmung führt gewissermaßen zu einer Dualität von Basissystem und seinem Führungssystem. Die Dualität besteht in dem Sinne, daß die informationsverarbeitende Aufgabe eines solchen Informationssystems im Prinzip darin besteht, Modelle vom Basissystem, das es zu beherrschen sucht, zu bilden, zu speichern und auszuwerten. Dementsprechend wird der Begriff der Informationsverarbeitung in seinem Kern als Transformation von in der Regel einfachen Modellen in komplexere, zum Beispiel von Stücklisten, Arbeitsplänen und Bedarfen in Betriebsaufträge verstanden. Die Leistungsfähigkeit eines Führungssystems hängt wesentlich davon ab, inwieweit es gelingt, im Informationssystem ein homomorphes Modell vom Basissystem zu besitzen. Diese Sichtweise steht im Einklang mit demjenigen Informationsbegriff der Informatik, der Information als modellhafte Darstellung von Zuständen und Vorgängen eines Realitätsausschnittes auffaßt mit dem Ziel, Erkenntnisse über diesen Ausschnitt zu gewinnen oder das Geschehen in ihm zu beeinflussen ([13], S. 2). Der Informationsbegriff ist also weit gefaßt und besitzt hier aus semiotischer Sicht nicht nur eine syntaktische und semantische, sondern auch eine pragmatische Dimension.

Die Systeme, die in einer Unternehmung auftreten, sind also physische oder Informationssysteme, jedes physische System ist insbesondere Basissystem, und Informationssysteme sind entweder Basissysteme oder Führungssysteme. Die Systeme aller Kategorien besitzen im Grunde den gleichen Aufbau aus den Systemelementen und ihrer Funktionalität, aus der Systemstruktur und der daraus resultierenden Hüllenfunktion. Dabei kann ein System in eine Hierarchie von Untersystemen zerfallen; insbesondere besitzt jedes Informationssystem eine Benutzerorganisation und ein technisches Informationssystem als Untersysteme. Jedem Basissystem entspricht ein Informationssystem, das sein Führungssystem ist; so zum Beispiel dem Produktionssystem sein Produktionsführungssystem. Erst das Basissystem und sein Führungssystem zusammengenommen bilden einen Beitrag zum Entstehen eines funktionsfähigen Systems. Die Schnittstelle zwischen Führungs- und Basissystem bilden Aktoren bzw. Sensoren, d. h. maschinelle oder personelle Funktionsträger, die Informationen über zu veranlassende Maßnahmen oder Prozesse in ebendiese umsetzen bzw. umgekehrt Zustände oder Zustandsänderungen in entsprechende Informationen abbilden und an das Informationssystem zurückmelden. Die Informationen, die das Führungssystem auf diese Weise mit seinem Basissystem austauscht, sind stets Veranlassungen und Rückmeldungen; im Fall des Produktionsführungssystems zum Beispiel Fertigungsveranlassungen und Betriebsdatenrückmeldungen. Die Schnittstelle, an der Veranlassungen in Maßnahmen und Prozesse umgesetzt werden und Rückmeldungen über Ereignisse und Vorgänge entstehen, heißt Peripherik des Führungssystems. Handelt es sich bei dem Basissystem um ein physisches System, so bildet die Peripherik eine Nahtstelle zwischen informatorischen Signalen und materieller Technik ([3], S. 74). Werden die Funktionen der Peripherik in diesem Fall durch maschinelle oder apparative Träger automatisiert, so spricht man von Basisautomation. Die Funktionsfähigkeit (oder Lebensfähigkeit) der Einheit aus Basis- und Führungssystem bedeutet, daß das System insgesamt seinen Bestand dauerhaft nur sichern kann, wenn die Basisfunktionen durch die Funktionalität des Führungssystems laufend auf die Erfordernisse und Wirkungen (insbesondere Störungen) des Umsystems sinnvoll abgestimmt werden ([2], S. 108 ff.).

Die Funktionen eines Führungssystems lassen sich in folgende Aufgabenbereiche gliedern: erstens Planung, zweitens Regelung bzw. Steuerung und drittens Dokumentation einschließlich Berichtswesen. Da diese Funktionsbereiche teilweise durch dieselben Elemente des Führungssystems getragen werden, bildet jeder von ihnen zusammen mit der von ihm beanspruchten Funktionsträgermenge und der darauf definierten Systemstruktur ein Teilsystem, d. h. man betrachtet das Planungssystem, das Regelungs- bzw. Steuerungssystem sowie das Dokumentations- und Berichtssystem als die Teilsysteme des Führungssystems. Jedes Teilsystem besitzt sein informatorisches Modell vom Basissystem. Diese müssen jedoch aufeinander abgestimmt sein; denn die Teilsysteme hängen durch einen laufenden Informationsaustausch voneinander ab.

Im Planungssystem werden die virtuellen und in Zukunft wahlweise realisierbaren Entitäten des Basissystems, die gegebene oder erwartete Anforderungen des Umsystems erfüllen, ermittelt sowie bewertet und Auswahlen über die zukünftig zu realisierenden Alternativen getroffen. Dabei kann die Planungsaufgabe unterschiedlich dimensioniert sein. Im ersten Fall sind Aufbau und Wirkungsweise des Basissystems durch das Planungsmodell invariant vorgegeben, so daß sich die Planungsaufgabe hier auf die Gestaltung des künftigen Basissystemverhaltens beschränkt. Ein Planungssystem, das diesen Aufgabentyp erfüllt, heißt operativ. Zum Beispiel sind Produktionsplanungssysteme in diesem Sinne operativ, gleichgültig ob sie in Form der Grobplanung zumindest teilweise mit aggregierten Planungstiteln oder in Form der Feinplanung mit ausschließlich atomaren Planungstiteln vorliegen. Wesentlich für Produktionsplanungssysteme ist, daß sie bei unveränderlich gegebenem Aufbau des Produktionssystems aus Produktionsmitteln, fest gegebener Funktionalität aller Produktionsmittel und invarianter Material-Energie-Flußstruktur nur die Produktionsprozesse und die damit verbundenen terminierten Erzeugungs- und Verbrauchsmengen an Produktionsobjekten und Belegungen von Produktionsmitteln als Planungsvariablen behandeln. Im zweiten Fall können alle Entitäten des Basissystems zu Planungsvariablen werden, so daß die Planungsaufgabe sich nun umfassend auf die Gestaltung von Aufbau und Wirkungsweise des Basissystems bezieht und das mögliche Systemverhalten bei variierendem Aufbau des Basissystems aus Funktionsträgern, bei veränderlicher Funktionalität und Systemstruktur mit einschließt. Dabei wird vorausgesetzt, daß es im Basissystem Funktionsträger gibt, die die Aufgabe haben, die geplanten Änderungen des Basissystemaufbaus, der Funktionalität und Struktur erst zu verwirklichen. Diese Realisierungsmaßnahmen und -vorgänge gehören dann ebenfalls zum Planungsgegenstand. Ein Planungssystem, dessen Aufgabe so dimensioniert ist, heißt strategisch. Beispielsweise besitzt die Fabrikplanung in diesem Sinne strategischen Charakter, da sie den Aufbau des Produktionssystems aus Produktionsmitteln, deren Funktionalität sowie die Struktur des Produktionsobjekteflusses im Produktionssystem und letztlich auch die Prozesse, die zur Realisierung dieser Systemkonzepte führen, zum Gegenstand hat ([22], S. 172 ff.). Operatives und strategisches Planungssystem sind ebenfalls als Teilsysteme jedes Führungssystems aufzufassen. Sie bedingen einander insofern, als Entscheidungen über Planungsvariablen, die im strategischen Planungssystem getroffen werden, zu Vorgaben, d. h. Planungskonstanten des operativen Planungssystems werden.

Jedem (operativen oder strategischen) Planungssystem entspricht ein Regelungs- bzw. Steuerungssystem; so zum Beispiel dem Produktionsplanungssystem das Produktionssteuerungssystem (oder Betriebssteuerungssystem). Aber auch die Fabrikplanung besitzt ein Steuerungssystem, durch das alle Aktivitäten, die erst zur geplanten Produktionssystemänderung bzw. -erweiterung führen, eingeleitet und überwacht werden. Die Gestaltungsalternativen, die durch die Entscheidungen des Planungssystems zur Realisierung bestimmt sind, d.h. das im engeren Sinne Geplante, werden in Gestalt freigegebener Aufträge an das entsprechende Regelungs- bzw. Steuerungssystem übergeben. Zum Beispiel übergibt das Produktionsplanungssystem die freigegebenen Betriebsaufträge an das Produktionssteuerungssystem. Dem Regelungs- bzw.

Steuerungssystem fällt die Aufgabe zu, auf Grund der im Planungssystem freigegebenen Aufträge und der Rückmeldungen vom Basissystem die Voraussetzungen für die Veranlassung (oder Einsteuerung) der terminlich fälligen Aufträge zu prüfen, gegebenenfalls die Veranlassung vorzunehmen und aus den laufend erfolgten Veranlassungen und Rückmeldungen ein aktuelles Bild über die Situation im Basissystem (im Sinne einer Leitstandfunktion) fortzuschreiben. Dabei beinhalten die Rückmeldungen die realisierten Aufträge bzw. deren qualitative und quantitative Abweichungen gegenüber den veranlaßten Aufträgen. In den Bereich der Regelungs- bzw. Steuerungsaufgaben fällt aber auch die taktische Reaktion auf Störungen, die im Basissystem kurzfristig eintreten. In solchen Fällen werden Ersatzmaßnahmen bzw. Ausweichaktivitäten nach vordefinierten Entscheidungsregeln eingeleitet. Zum Beispiel reagiert das Produktionssteuerungssystem auf plötzlichen Betriebsmittelausfall durch taktische Umdisposition der davon betroffenen Arbeitsgänge in entsprechende Ausweicharbeitsgänge. Jedes Steuerungs- und Regelungssystem besitzt eine solche taktische Dispositionsfunktion. Schließlich gehört es zur Aufgabe des Regelungs- bzw. Steuerungssystems, die Rückmeldungen aus dem Basissystem permanent Plausibilitätsprüfungen zu unterziehen und für Auswertungen durch das Planungs- und Berichtssystem freizugeben. Das Steuerungs- bzw. Regelungssystem ist das Bindeglied zwischen Basis- und Planungssystem. Je nachdem, wie weitgehend der Wirkungsablauf, der die Basisfunktionen mit den Dispositions- und Planungsfunktionen koppelt, als offen bzw. geschlossen gelten kann, wird von einem Steuerungs- bzw. Regelungssystem gesprochen.

Das Zusammenwirken von Planungs- und Regelungs- bzw. Steuerungssystem impliziert einen Informationsaustausch zwischen Funktionsträgern, die teils Personen und teils Maschinen sind. Die dabei übermittelten Nachrichten erfüllen bei ihren Empfängern bestimmte Funktionen, die durch die Systeme definiert sind. Darüber hinaus werden in jedem Führungssystem aber auch Nachrichten zusammengestellt und an personelle Funktionsträger innerhalb und außerhalb des Führungssystems übermittelt, die dort keine durch ein System definierte Funktion zu erfüllen haben. Solche Nachrichten dienen der Unterrichtung der Empfänger und heißen dementsprechend Berichte. Berichte entstehen durch Auswertungen des Datenbestandes, über den ein Führungssystem verfügt. Diese Auswertungen sind entweder standardisiert oder erfolgen ad hoc. Standardisierung bedeutet, daß die den Auswertungen zugrunde liegenden informationsverarbeitenden Prozesse vordefiniert sind. Außer der formalen und inhaltlichen Berichtgestaltung umfaßt die Standardisierung aber auch die Nachrichtenverteilung. Hierbei sind die Adressaten, Anlässe und Zeitpunkte der Berichterstattung festzulegen. Schließlich muß mit diesen die Gestaltung der Berichte unter den Gesichtspunkten der Informationsselektion und -verdichtung abgestimmt werden. Ad-hoc-Auswertungen von Datenbeständen treten fallweise auf. Sie sind dadurch gekennzeichnet, daß erst im Zeitpunkt ihrer jeweiligen Anforderung bekannt wird, welche Datensorten heranzuziehen sind und nach welcher Verarbeitungslogik vorzugehen ist. Gleichwohl sind auch hier generelle Regelungen zu treffen. Diese beziehen sich auf die Zugriffsberechtigungen einzelner Funktionsträger oder Funktionsträgergruppen auf Datenbestände, ihre Teile und Elemente. Gegenstand sowohl der Standard- als auch der Ad-hoc-Berichte können Planungsvoraussetzungen und -ergebnisse der verschiedenen Planungsteilsysteme, Veranlassungen sowie Rückmeldungen (einschließlich Störfallmeldungen) der Steuerungs- und Regelungssysteme und schließlich Soll-Ist-Vergleiche und Erkenntnisse aus darauf basierenden Abweichungsanalysen sein.

In manchen Fällen ist es notwendig oder zweckmäßig, über vergangene Vorgänge und Ereignisse, die sich im Basissystem zugetragen haben, Aufzeichnungen anzufertigen und für spätere Recherchen bereitzuhalten. Dabei handelt es sich um eine Dokumentation der mit Rückmeldungen gewonnenen Daten und ihre Aufbewahrung für eine bestimmte Zeit. Eine solche Datendokumentation ist beispielsweise in vielen Produktionsbetrieben üblich. Sie erstreckt sich dort auf eine bisweilen vertraglich oder gesetzlich vorgeschriebene Protokollierung der technologischen Prozesse, die an Chargen, Serien oder Individuen von Produktionsobjekten vollzogen werden. Diese Dokumentationsaufgaben werden durch ein eigenes Teilsystem des Führungssystems, das Führungsdokumentationssystem, wahrgenommen.

Die Dualität von Führungs- und Basissystem besteht in dem Sinne, daß im Führungssystem ein Modell vom Basissystem vorliegt. Zum Beispiel besitzt das Produktionsführungssystem ein Modell des Produktionssystems. Ein solches Modell setzt sich aus zahlreichen Bausteinen zusammen, die selbst wieder Modelle von Objekten oder Sachverhalten der unterschiedlichsten Art sind. Die informationsverarbeitenden Funktionen, die sich auf das Gesamtmodell beziehen, lassen sich, wie schon gesagt, als Transformationen von in der Regel einfachen Teilmodellen in komplexere auffassen. Sie benötigen gewisse Modellbausteine als Argumente und erzeugen andere. Soweit Bausteine des Gesamtmodells durch die Planungs-, Steuerungs- bzw. Regelungs- oder weitere Funktionen des Führungssystems zwar benötigt, aber selbst nicht generiert werden, müssen sie durch andere Funktionen, die außerhalb des Führungssystems liegen, erzeugt werden. Beim Produktionsführungssystem trifft dies zum Beispiel auf die Produktionsobjekte, Produktionsaufgaben, Produktionsmittel, Produktionsprozesse (technologische Prozesse) und andere Objekte oder Sachverhalte des (physischen) Produktionssystems zu. Von solchen Entitäten des Basissystems sind erst Modelle zu bilden und dem Führungssystem, hier insbesondere dem Produktionsplanungs- und -steuerungssystem zur Verfügung zu stellen. Dieser Zusammenhang hat zum Beispiel im Produktionsbereich zur Einrichtung besonderer Organisationen geführt, denen die Konstruktion der Erzeugnisse, Baugruppen, Teile sowie Rohlinge und die Planung der technologischen Prozesse für deren Herstellung obliegen. Die Arbeitsergebnisse dieser Organisationen, d. h. der Abteilungen für Konstruktion und Fertigungsplanung, sind die Produktions- und Konstruktionsdaten, also wesentliche Grunddaten im Datenmodell des Produktionsführungssystems. Das am Beispiel des Produktionsbereichs erläuterte Prinzip gilt aber ganz allgemein. Alle Objekte und Sachverhalte eines Basissystems, von denen im Führungssystem Modelle bzw. Informationen zwar benötigt, aber nicht generiert werden, müssen zuvor durch eine besondere Planungsfunktion, die Basisplanungsfunktion genannt werden soll, modelliert werden. Soweit die technisch-wissenschaftliche oder kommerzielle Bedeutung solcher Planungsaufgaben gewichtig genug ist, werden diese durch ein eigenes System, das Basisplanungssystem, wahrgenommen. Die Aufgabe des Basisplanungssystems besteht letztlich darin, die Grunddaten für das Datenmodell des Führungssystems bereitzustellen.

Grundsätzlich entspricht jedem Führungssystem außer seinem Basissystem, das betriebliche Grundfunktionen ausführt, noch ein Basisplanungssystem. Letzteres hat die Aufgabe, bestimmte Grunddaten über das Basissystem zu planen, aufzubauen und dem Führungssystem zu übergeben. Diese Grunddaten werden dort benötigt, um die Führungsfunktionen gegenüber dem Basissystem auszuüben. Beide Systeme, sowohl das Basis- als auch das Basisplanungssystem können indessen dasselbe Führungssystem besitzen. Das bedeutet, daß in diesem Fall auch die Aktivitäten im Basisplanungssystem unter der Kontrolle des Führungssystems stehen. In diesem Sinne ist zum Beispiel ein Produktionsbereich organisiert, wenn nicht nur die Prozesse des physischen Produktionssystems, sondern auch die technisch-administrativen Vorgänge und Tätigkeiten der Konstruktion und Fertigungsplanung durch das Produktionsführungssystem geplant und gesteuert bzw. geregelt werden. Ein Basisplanungssystem steht also ebenso wie ein Basissystem unter der Kontrolle eines Führungssystems, und alle Zusammenhänge, die zwischen Führungs- und Basissystem bestehen, gelten insbesondere für Basisplanungssysteme.

Sowohl die Basis- als auch die Basisplanungssysteme befinden sich auf der Ausführungsebene einer Unternehmung. Die Basissysteme sind die Träger der betrieblichen Grundfunktionen und treten als physische Systeme oder als Informationssysteme auf. Ein Beispiel für ein Basissystem, das ein Informationssystem darstellt, ist die Verkaufsorganisation. Ein solches Informationssystem verarbeitet eine Fülle von Unterlagen unterschiedlicher Art, die Informationen enthalten. Die Unterlagen bestehen aus Texten, Bildern oder Zusammenstellungen von Daten und unterliegen allen Formen der Informationsverarbeitung, d.h. der Erfassung, Speicherung, Übertragung und Transformation. Dabei kann die Texterschließung, eine besondere Form der Transformation, auftreten, die als Umwandlung der Textunterlage in die ihren Inhalt beschreibenden Daten aufzufassen ist. Außer Daten und Nachrichten im herkömmlichen Sinne treten also hier Text-Bild-Unterlagen als besondere Einheiten auf, die durch Datenverarbeitungs- und Kommunikationsprozesse zu manipulieren sind. Beispiele für Unterlagen eines Verkaufssystems sind Angebote, Angebotszeichnungen, Produkt- oder Projektbeschreibungen, Aufträge, Liefer- und Leistungsverträge bzw. -bedingungen, Fertigungs- und Versandvorschriften u.a. mehr. Für einige Kategorien von Unterlagen kann es notwendig oder zweckmäßig sein, die in der Vergangenheit empfangenen, erstellten oder bearbeiteten Dokumente ganz oder auszugsweise für eine Zeitlang aufzubewahren und für eventuelle Recherchen bereitzuhalten. Dafür ist gegebenenfalls ein besonderes Dokumentationssystem einzurichten. Ein solches Basisdokumentationssystem gehört auch der Ausführungsebene an und kann der Kontrolle eines Führungssystems unterstellt werden. Es soll daher ebenso wie das Basis- und Basisplanungssystem ein Ausführungssystem genannt werden. Die Zusammenfassung von Ausführungssystemen, die demselben Führungssystem unterstehen, soll wiederum Ausführungssystem heißen.

Die Führungsaufgaben werden auf zwei verschiedenen Ebenen vollzogen. Auf der operativen Ebene geht es um die Führung des Systembetriebs, auf der strategischen um die Führung der Systemgestaltung von Ausführungssystemen. Durch die Peripherik erteilen die Führungssysteme ihre Aufträge an die Ausführungssysteme. Diese Aufträge fixieren entweder einzelne Realisierungen (Erfüllungen) oder Klassen von Realisierungen (Erfüllungsklassen) bestimmter Funktionen eines Ausführungssystems. Jeder Auftrag durchläuft dabei bestimmte Status: Er ist geplant, solange er noch eine unentschiedene Alternative im Planungssystem darstellt, er gilt als freigegeben, wenn er im Planungssystem als zu realisierende Alternative gekennzeichnet und an das Steuerungs- bzw. Regelungssystem übergeben ist, er wird als veranlaßt angesehen, sobald er an die Systemperipherik übermittelt ist, und gilt als realisiert, nachdem er im Ausführungssystem erfüllt und von dort an das Führungssystem zurückgemeldet worden ist. Ein Auftrag, durch den eine bestimmte Realisierung oder Erfüllung einer Funktion gefordert wird, soll Erfüllungsauftrag genannt werden. Demgegenüber soll von einem Funktionsauftrag gesprochen werden, wenn lediglich eine Realisierungs-

oder Erfüllungsklasse spezifiziert und somit nur die Einschränkung einer Funktion für den Realisierungsvorgang vorgegeben ist. Ein Erfüllungsauftrag legt mindestens einen Prozeß hinsichtlich seiner qualitativen, quantitativen und zeitlichen Merkmale fest und bestimmt alle dafür benötigten Aufgabenträger hinsichtlich ihrer zeitlichen Beanspruchung sowie der qualitativen und quantitativen Bestimmungsgrößen der von ihnen zu erbringenden Arbeitsleistung. Ist der Auftragsgegenstand ein Projekt, so ist ein Netz logisch verknüpfter Prozesse mit allen oben genannten Spezifikationen in Auftrag zu geben. Ein solcher Erfüllungsauftrag läßt sich dann als Netz von Einzelaufträgen auffassen und wird daher auch Auftragsnetz genannt. Zum Beispiel werden bei der Produktionsplanung, Fabrikplanung und Planung (der Gestaltung) von Informationssystemen stets Erfüllungsaufträge, oft in Form von Auftragsnetzen (Projektaufträgen), formuliert. Auch zur Beherrschung der Arbeitsprozesse einer Konstruktions- oder Fertigungsplanungsabteilung werden in der Regel vom entsprechenden Führungssystem Erfüllungsaufträge geplant, freigegeben und veranlaßt. In anderen Fällen ist es dagegen zweckmäßig oder auch nur möglich, die Funktionsträger der Ausführungsebene lediglich mit der Wahrnehmung eines zu erwartenden Volumens eingegrenzter Aufgaben zu beauftragen und dabei ihre vorausssichtliche zeitliche Beanspruchung sowie die qualitativen und quantitativen Determinanten der zu erbringenden Arbeitsleistung vorzugeben. Dies geschieht durch Funktionsaufträge. Sie schöpfen die im Ausführungssystem vordefinierten Zuständigkeiten der Funktionsstellen in Abhängigkeit von der jeweiligen Bedarfslage aus, indem sie (auch durch temporäre Personalumsetzungen) eine Abstimmung zwischen dem erwarteten Profil an Aufgabenerfüllungsmengen und der bereitzustellenden qualitativen und quantitativen Kapazität der Aufgabenträger herbeiführen. Vor allem administrative Tätigkeiten lassen sich mit dem Instrument des Funktionsauftrages führen. Im Vergleich zu ihm ist der Erfüllungsauftrag immer dann das gebotene Führungsinstrument, wenn zur Beherrschung der Ausführungsebene eine Verfolgung der individuellen Aufgabenerfüllung, d.h. eine Auftragsverfolgung, vonnöten ist.

Jedes in einem Unternehmen installierte Führungssystem, so zum Beispiel auch das Produktionsführungssystem, bedarf selbst sowohl der operativen als auch der strategischen Führung. Da Führungssysteme insbesondere Informationssystem sind, geht es hier um die operative und strategische Führung von Informationssystemen. Erstere bezieht sich wiederum auf den Betrieb, letztere auf die Gestaltung der Informationssysteme. Die Qualität, mit der diese Führungsaufgaben erfüllt werden, ist ein wesentlicher Bestimmungsgrund für das qualitative Niveau, auf dem die zu führenden Informationssysteme selbst ihre Aufgaben meistern. So ist zum Beispiel ein moderner, durch Informationstechnik gestützter Aufbau eines Produktionsplanungs- und -steuerungssystems, aber erst recht der fachlich profunde und effiziente Betrieb eines solchen Führungssystems, notwendig, um das physische Produktionssystem nach modernen Gesichtspunkten wirkungsvoll zu beherrschen. Dieser Zusammenhang gilt allgemein. Die Existenz jedes Führungssystems wirft auf sich selbst bezogene operative und strategische Führungsaufgaben auf, deren Lösung bestimmten Funktionsträgern, die auch dem Führungssystem angehören, zu überantworten ist; d.h. in jedem Führungssystem müssen die Funktionen und Funktionsträger für die eigene operative und strategische Führung eingebaut sein. Dabei gilt auch für das eingebaute Führungssystem im Grundsatz alles, was bisher über Führungssysteme ausgesagt wurde.

Jedem Ausführungssystem ist ein Führungssystem eindeutig zugeordnet. Diese Beziehung ist Ausdruck einer fremdbestimmten Führung, da die personellen Aufgabenträger beider Systeme überwiegend verschieden sind. Darüber hinaus ist jedes Führungssystem durch seine Selbstführung auf sich selbst bezogen. Das Ausführungssystem und sein Führungssystem bilden eine Einheit, da alle Ausführungsfunktionen durch entsprechende Führungsfunktionen und diese wiederum durch weitere Führungsfunktionen beherrscht werden. Dabei wird die Erfüllung jeder Führungsaufgabe von drei Momenten getragen. Diese Beweggründe für Führungsprozesse sind Initiative, Entscheidung und Weisungsrecht ([11], S. 114 ff.). Sie bilden einen wesentlichen und untrennbaren Bestandteil aller Vorgänge auf der Führungsebene. Die Initiativfunktion ist dazu bestimmt, in den jeweiligen Verantwortungsbereichen Entscheidungsbedarfe und die ihnen zugrunde liegenden Probleme auszumachen und zu präzisieren. Die Entscheidungsbedarfe lösen erst die Planungsprozesse aus und werden durch Entscheidungen, die infolge der Planungsergebnisse zu treffen sind, gedeckt. Für die Planungsprozesse der operativen Ebene ist charakteristisch, daß die auslösenden Entscheidungsbedarfe sowie die Planungsprozesse selbst der Art nach bekannt und meistens periodisch wiederkehrend sind. Anders verhält es sich bei der strategischen Planung. Der Entscheidungsbedarf, der ihr zugrunde liegt, trägt in der Regel den Charakter der Einmaligkeit. Ihn rechtzeitig und durch die Gesamtsituation des Verantwortungsbereichs bedingt zu erkennen, ist eine kreative Führungsleistung. Der Entscheidungsfunktion obliegt die (unter Umständen schrittweise) Einengung von Wahlmöglichkeiten auf die zu realisierende Alternative; sie greift durch die Setzung der Ziele und Festlegung der Restriktionen bereits in die Modellbildung ein und ist bei der Modellauswertung, die letztlich zum Entschluß führt, bestimmend. Während sich die operative Planung in weiten Bereichen auf standardisierte Modellbildungen und teilweise auf algorithmisierte Modellauswertungen stützen kann, stehen bei der strategischen Planung eine auf den Einzelfall ausgerichtete Modellbildung und eine davon abhängige Modellauswertung im Vordergrund. Die Anordnungs- oder Weisungsfunktion verleiht schließlich den Entscheidungen und somit den Aufträgen, in denen die Entschlüsse formuliert sind, die Durchsetzungskraft.

Die Initiativ-, Entscheidungs- und Anordnungsfunktion werden zur Leitungsfunktion zusammengefaßt. Jeder personelle Aufgabenträger, der eine Leitungsfunktion innehat, heißt Instanz oder Leitungsstelle ([11], S. 114). Die Leitungsfunktionen bilden als Beweggründe oder Momente aller Führungsprozesse einen integralen Bestandteil der Führungsfunktionen. Jeder Führungsprozeß (d.h. Realisierung einer Führungsfunktion), der letztlich in die Veranlassung eines Auftrages und seine Rückmeldung einmündet, beruht auf der Initiative einer Instanz. Die Entscheidung einer Instanz ist es, die den Inhalt jedes Auftrages bestimmt oder deckt. Schließlich sichert die Anordnungsgewalt einer Instanz, daß jede Auftragsveranlassung und -rückmeldung tatsächlich vollzogen wird. Die Führungsfunktionen werden teils von den Instanzen selbst durchgeführt und teils auf solche Aufgabenträger delegiert, die keine Leitungsfunktion ausüben, d.h. keine Instanzen darstellen. Delegation bedeutet Übertragung der Zuständigkeit und Verantwortung für Funktionen auf personelle Aufgabenträger im Rahmen der Systemgestaltung. Zuständigkeit und Verantwortung werden dabei von einer übergeordneten Instanz übertragen, bei der beide primär liegen. Delegation kann sich sowohl auf Führungs- als auch auf Ausführungsfunktionen beziehen. Werden Führungsfunktionen auf Stellen delegiert, die keine Leitungskompetenz besitzen, so verbleiben die mit ihnen verbundenen Leitungsfunktionen bei der delegierenden Instanz. Die mit Führungsfunktionen aber ohne Leitungskompetenz ausgestatteten Aufgabenträger werden auch Leitungshilfsstellen genannt ([11], S. 137).

Zum Beispiel sind die personellen Aufgabenträger, denen die Produktionsplanung und -steuerung einschließlich des damit verbundenen Berichtswesens und der Datendokumentation obliegt, Leitungshilfsstellen. Ein Produktionsführungssystem besteht oftmals aus einer großen Anzahl solcher Stellen, die mit Disponenten und Sachbearbeitern besetzt sind. Ihre Aktivitäten stehen unter der Führung von Instanzen, die ihnen unmittelbar bzw. mittelbar vorgesetzt sind und (im Einliniensystem) eine Hierarchie bilden. Diese Instanzen gehören ebenfalls zum Produktionsführungssystem, weshalb die von ihnen wahrgenommenen Führungsaufgaben auch als Selbstführungsfunktion des Produktionsführungssystems aufgefaßt werden können. Die Sachbearbeiter und Disponenten des Produktionsführungssystems werden in der Regel mit dem Instrument des Funktionsauftrages geführt. Ihre Aufgabe besteht letztlich darin, Betriebsaufträge zu formulieren und deren Ausführung im Produktionssystem zu veranlassen. Bei den Betriebsaufträgen handelt es sich um Erfüllungsaufträge, die in der Regel direkt an diejenigen Stellen des Produktionssystems übermittelt werden, deren Aufgabe es ist, die Betriebsaufträge in physische Produktionsprozesse oder administrative Arbeitsprozesse umzusetzen. Diese Stellen sind einerseits Ausführungsstellen des Produktionssystems und andererseits die Peripherik des Produktionsführungssystems, weshalb letzteres gegenüber ersterem nicht abgeschlossen ist. Alle Ausführungsstellen des Produktionssystems, also auch die Empfänger der Betriebsaufträge, sind ihrerseits einer Instanzenhierarchie unterstellt, die Teil des Produktionssystems ist. Auch diese Instanzen führen in der Regel mit dem Instrument des Funktionsauftrages. Auf der untersten Hierarchiestufe stehen insbesondere die mit der Ausführung der Betriebsaufträge befaßten Stellen unter den Funktionsaufträgen ihrer unmittelbaren Vorgesetzten, der Meister bzw. Gruppenleiter. Diese Funktionsaufträge müssen laufend mit den geplanten und veranlaßten Betriebsaufträgen so abgestimmt sein, daß sich letztere als Realisierungen von ersteren erweisen; denn nur dadurch wird den Betriebsaufträgen der für ihre Durchsetzbarkeit notwendige Anordnungscharakter verliehen, den sie allein durch den Freigabe- und Veranlassungsakt des Produktionsführungssystems noch nicht besitzen. Die Selbstführungsfunktion des Produktionssystems überschneidet sich hier mit der Fremdführungsaufgabe des Produktionsführungssystems. Die Leitungshilfsstellen des letzteren erfüllen durch Formulierung und Veranlassung der Betriebsaufträge nur eine fachliche Funktion. Die Veranlassungen von Betriebsaufträgen und die notwendigen Rückmeldungen werden erst vermöge der Leitungskompetenz, die bei den Instanzen des Produktionssystems liegt, durchsetzbar.

Initiierung, Auswahl und Durchsetzung aller Aktivitäten und Prozesse sowohl eines Ausführungssystems als auch des ihm zugeordneten Führungssystems sind in der Leitungskompetenz ihrer jeweiligen Instanzenhierarchien verankert. Diese wurzeln in einer gemeinsamen obersten Instanz, wodurch erst eine einheitliche Willensbildung und -durchsetzung in beiden Systemen möglich wird. Diese Instanz ist Element sowohl des Ausführungs- als auch seines Führungssystems. Die Gesamtheit der Instanzen beider Systeme zusammen mit ihrer Führungs- und insbesondere Leitungsfunktionalität sowie mit ihrer Verknüpfung zur Leitungsstruktur bildet das Leitungssystem. Das Ausführungssystem, das dazu definierte Führungssystem und das beide überlagernde Leitungssystem ergeben erst ein funktionsfähiges System, das die Erfüllung der zugrunde liegenden Basisfunktionen auf Dauer sichert. Die Selbstführungsfunktion des Ausführungssystems wird durch die fachliche Fremdführungsfunktion des gegebenenfalls dazu eingerichteten Führungssystems unterstützt, wobei dann das Führungssystem durch eine eigene Selbstführungsfunktion beherrscht wird, die ebenso wie die Führungsfunktion des Ausführungssystems aus der gemeinsamen obersten Instanz des funktionsfähigen Systems abgeleitet wird. Bei der Gestaltung funktionsfähiger Systeme ist das Führungssystem eine Option, die zuerst in Produktionsbereichen durch die Einführung von Produktionsplanungs- und -steuerungssystemen bekannt geworden ist, die neuerdings aber auch Eingang in die Organisation anderer Bereiche, zum Beispiel in Vertriebsbereichen als Vertriebsplanungs- und -steuerungssystem findet.

Allein Basissysteme sind dazu bestimmt, Grundfunktionen einer Unternehmung auszuüben. Die Grundfunktionen werden zu den bekannten unternehmerischen Aufgabenkomplexen: Beschaffung, Produktion, Absatz und Finanzen zusammengefaßt. Da den Grundfunktionen, die der Beschaffung, Entwicklung und Betreuung von Mitarbeitern einer Unternehmung dienen, besondere Bedeutung zukommt, bilden diese einen eigenen Aufgabenkomplex: das Personalwesen. In manchen Fällen ist es wirtschaftlich sinnvoll, Forschungs- oder Entwicklungsaufgaben im Unternehmen selbst durchzuführen, anstatt entsprechende Dienstleistungen oder ihre Ergebnisse am Markt zu beschaffen. Dann entstehen auch dafür eigene Aufgabenkomplexe: die Forschung bzw. Entwicklung. Jeder der genannten Komplexe von Grundfunktionen einer Unternehmung bildet sozusagen den Kristallisationspunkt für die Entstehung eines besonderen Basissystems. Im Produktionsbereich ist dieses das physische Produktionssystem, das mit Rücksicht auf die spätere homonyme Verwendung des Wortes „Produktionssystem“ auch Produktionssystem im engeren Sinne genannt werden soll. Ein solches Basissystem und gegebenenfalls das dazu eingerichtete Basisplanungs- und -dokumentationssystem formieren ein Ausführungssystem. Letzteres und das zu seiner Beherrschung geschaffene Führungssystem sowie das Leitungssystem bilden erst ein funktionsfähiges System, das die Erfüllung der zugrunde liegenden Basisfunktionen auf Dauer sichert. Im Fall der Produktionsfunktion als einer der unternehmerischen Grundfunktionen ist das Produktionssystem im weiteren Sinne des Wortes gleich dem funktionsfähigen System. Dieses zerfällt in das physische Produktionssystem (oder Produktionssystem im engeren Sinne) und das Produktionsinformationssystem, wobei letzteres als Zusammenfassung aller Informationssysteme aus dem entsprechenden Ausführungs- und Führungssystem aufzufassen ist. In Übereinstimmung mit dieser Begriffsbildung lassen sich für alle angeführten Grundfunktionskomplexe einer Unternehmung funktionsfähige Systeme angeben.

Die funktionsfähigen Systeme, die für eine Unternehmung grundlegend sind, d.h. das Absatz-, Produktions-, Beschaffungs-, Finanz-, Personal- und gegebenenfalls das Forschungs- und Entwicklungssystem bedürfen der Integration, damit sie insgesamt durch ihr Zusammenwirken den Unternehmenszweck, d. h. die Funktion der Unternehmung gegenüber ihren Märkten, erfüllen. Integration bedeutet dabei Anordnung selbständiger Systeme mit jeweils eigener Funktionalität zu einem umfassenden System, in dem sich die Teile sinnvoll ergänzen und eine neue Funktionalität erzeugen. Schon die Schaffung eines Systems aus seinen funktionsbehafteten Elementen ist in diesem Sinne eine Integration; aber erst recht der Aufbau eines Gesamtsystems aus Unter- oder Teilsystemen. Integration heißt also ein umfassendes System bilden; d.h. letztlich ein System möglichst vollständig und widerspruchsfrei erklären. Die Integration nebengeordneter Systeme, wie zum Beispiel des Absatz-, Produktions- und Beschaffungssystems, impliziert die Festlegung der Schnittstellen und ihrer Funktionen, die die Einzelsysteme verbinden. Diese Schnittstellen bzw. Schnittstellenfunktionen liegen auf zwei Ebenen, zum einen auf der physischen und zum anderen auf der

Informationsebene. Auf der physischen Ebene sind das Wareneingangssystem, das dem Beschaffungsbereich zuzurechnen ist, mit dem physischen Produktionssystem und dieses wiederum mit dem Versandsystem, das dem Absatzbereich angehört, durch Lieferungen und Leistungen gekoppelt. Der Transfer der Produkte bzw. Faktoren zwischen der Unternehmung und ihren Märkten erfolgt über das Versand- bzw. Wareneingangssystem. Auf der informatorischen Ebene sind das Absatz-, Produktions- und Beschaffungsinformationssystem miteinander verbunden. Das Verkaufssystem ist Bestandteil des Absatzinformationssystems. Ihm obliegt der Informationsaustausch mit den Kunden des Unternehmens sowie mit Marketinginstitutionen. Übertragen werden Anfragen, Angebote und Aufträge aber auch Informationen über Märkte, Abnehmer und Mitbewerber. Die aus Kundenaufträgen abgeleiteten Bedarfe führen, soweit sie nicht durch physische oder Bestellbestände gedeckt werden können, zu Anfragen des Verkaufssystems an das Produktionsplanungssystem und werden von dort nach Anpassung der Produktionseinplanung durch entsprechende Bestätigungen beantwortet. Bereits im Vorfeld der Kundenauftragseingänge lösen die durch Prognosen des Absatzplanungssystems generierten autonomen Bedarfe analoge Anfragen und Bestätigungen zwischen dem Absatz- und Produktionsführungssystem aus. Hierzu im Prinzip spiegelbildlich verhalten sich die Schnittstellen zwischen dem Produktions- und Beschaffungsinformationssystem. Die nur beispielhaft angedeutete Problematik der Schnittstellendefinition tritt bei der Einkopplung jedes funktionsfähigen Systems in das Gesamtsystem der Unternehmung auf und stellt in jedem Einzelfall spezifische Anforderungen an den Systementwurf.

Die Integration nebengeordneter funktionsfähiger Einzelsysteme bildet ein Gesamtsystem, dem dann wieder ein Führungssystem zugeordnet wird, um die Einzelsysteme zu koordinieren. Dieses Führungssystem soll auch Koordinierungssystem heißen. Beide zusammengenommen, das Gesamtsystem und sein Koordinierungssystem sowie deren Leitungssystem bilden wieder ein funktionsfähiges System. Koordiniert werden die Planungen, genauer gesagt die Planungsinhalte der nebengeordneten Einzelführungssysteme sowohl auf der operativen als auch auf der strategischen Ebene. Koordination bedeutet ganz allgemein die Zusammenordnung von unterschiedlichen Komponenten zu einer sinnvollen Ganzheit; zum Beispiel von Teilen zu einer Baugruppe oder von Arbeitsgängen zu einem Arbeitsplan aber auch von Absatz-, Produktions- und Beschaffungsprozessen zu einem in seinen Bestandteilen abgestimmten Umsatzprozeß der Unternehmung ([6], S. 1 f.). Die Koordination der Einzelsysteme im Gesamtsystem vollzieht sich, wie gesagt, auf zwei Ebenen. Auf der strategischen Ebene bedeutet sie Abstimmung des Aufbaus und der Wirkungsweise der Einzelsysteme derart, daß ein harmonisierter Gesamtaufbau und eine sinnvolle Wirkungsweise des Gesamtsystems erreicht werden. Auf der operativen Ebene bedeutet sie Abstimmung des Verhaltens der Einzelsysteme mit dem Ziel, die Sinnhaftigkeit des Gesamtsystemverhaltens zu gewährleisten. Dabei bildet die Integration der Einzelsysteme zum Gesamtsystem die Voraussetzung, der zufolge die Koordinierungsaufgabe erst entsteht.

Von elementarer Bedeutung für die Erreichung des Unternehmungszwecks sind die Integration des Absatz-, Produktions- und Beschaffungssystems zu einem Gesamtsystem und die Koordination der Einzelsysteme. Der Koordinationsaspekt erstreckt sich hierbei primär auf die realgüterwirtschaftlichen Vorgänge der zu koordinierenden Einzelsysteme und auf die Potentiale ihrer Träger. Die Absatz-, Produktions- und Beschaffungsprozesse, die an Realgütern vollzogen werden, erfüllen unternehmerische Grundfunktionen und werden daher von Basissystemen ausgeführt. Die Produktionsprozesse repräsentieren das Verhalten des physischen Produktionssystems. Die Absatz- bzw. Beschaffungsprozesse modellieren hier den Abfluß der Produkte bzw. den Zufluß der Faktoren auf dem Hintergrund der nach Regionen, Sektoren und Geschäftseinheiten strukturierten Absatz- bzw. Beschaffungsmärkte und in Abhängigkeit von Marktfaktoren und Geschäftskonditionen. Sie stellen also die realgüterwirtschaftlichen Vorgänge dar, die die Hüllenfunktion der Unternehmung gegenüber ihren Märkten erfüllen. Die Koordination verkettet hierbei Absatz-, Produktions- und Beschaffungsprozesse zu einem in allen Komponenten abgestimmten Umsatzprozeß der Unternehmung. Daher soll das übergeordnete, funktionsfähige System, das unter diesem Koordinierungsaspekt gebildet wird, Umsatzsystem heißen. Damit das Führungssystem des Gesamtsystems die Koordinierungsaufgabe erfüllen kann, muß es ein Modell von jenen Basissystemen besitzen, die die Umsatzprozesse zustande bringen. Von diesen Basissystemen gibt es aber bereits in den Führungssystemen der beteiligten Einzelsysteme Modelle, zu denen das für Koordinationszwecke geschaffene Gesamtmodell homomorph sein muß.

Die Führungssysteme sowohl der Einzelsysteme als auch des Gesamtsystems besitzen Modelle von der Ausführungsebene. Dabei entsteht das Gesamtmodell nicht einfach durch Zusammenfassung der Einzelmodelle. Vielmehr gewinnt man ersteres aus letzteren, indem Komplexität und Kompliziertheit der zu modellierenden Ausführungssysteme reduziert werden. Dies führt beim Gesamtmodell zu einer im Vergleich mit den Einzelmodellen reduzierten Varietät der Gestaltungs- bzw. Handlungsalternativen ([1], S. 21), die durchaus gewünscht ist. Komplexität bzw. Kompliziertheit sind Systemeigenschaften, die durch Art und Vielfalt der Funktionen und Strukturen bzw. der Funktionsgrößen und Systemelemente bestimmt werden. Die Varietät eines Entscheidungsmodells mißt die Mächtigkeit der darin erfaßten Gestaltungs- bzw. Handlungsalternativenmenge. Die Kompliziertheit eines Systems läßt sich durch Aggregation seiner Modellgrößen reduzieren, während seine Komplexität durch isolierende Abstraktion von allen funktionalen und strukturellen Gegebenheiten bis auf die für die weitere Analyse wesentlichen reduzierbar ist. Aus der geringeren Varietät des Gesamtmodells im Vergleich mit den Einzelmodellen folgt, daß einer bestimmten Alternative des Gesamtmodells im allgemeinen eine Alternativenklasse in den Einzelmodellen entspricht und somit eine Entscheidung auf der Grundlage des Gesamtmodells die Auswahlmöglichkeiten in den Einzelmodellen lediglich einschränkt, sie dadurch jedoch aufeinander abstimmt. In diesem Sinne werden die Planungsinhalte der einzelnen Führungssysteme koordiniert.

Im Fall des Umsatzsystems sind die operativen und strategischen Pläne des Absatz-, Produktions- und Beschaffungssystems zu koordinieren. Dazu dient ein Gesamtmodell, das in der Regel aus einem Produktionsmodell und damit gekoppelten Marktmodellen besteht. Diese Teilmodelle sind wesentlich abstrakter als die Planungsmodelle, mit denen das Absatz-, Produktions- und Beschaffungssystem arbeiten. Die höhere Abstraktionsstufe wird durch Reduktion des Modellierungsobjektes und durch Aggregation der Modellgrößen erreicht. Das Produktionsmodell bleibt auf das physische Produktionssystem oder Teile desselben, die für die Koordination kritisch sind, beschränkt. In den Marktmodellen stehen die Absatz- bzw. Beschaffungsfunktion mit ihren endogenen und exogenen Größen, die Träger dieser Funktionalität in den Märkten und deren Struktur im Vordergrund. Die operative Planung ist auch hier dadurch gekennzeichnet, daß Elemente, Funktionalität und Struktur der als Systeme modellierten Märkte und Produktionsbetriebe der Unternehmung invariant vorgegeben sind und nur das Betreiben des daraus gebildeten Systemverbundes zur Disposition steht. Im Unterschied dazu befaßt sich die strategische Planung mit der Gestaltung dieses Systemverbundes und insbesondere mit der Abstimmung der von ihren Elementen getragenen Produktions- und Marktpotentiale.

Dementsprechend liegt die operative Führungsaufgabe des Umsatzsystems darin, miteinander verträgliche Absatz-, Produktions- und Beschaffungsprogramme als Alternativen zu entwickeln, die gegebene qualitative und quantitative Markt- und Produktionspotentiale beachten, und daraus ein in allen drei Bereichen abgestimmtes Gesamtprogramm abzuleiten, das ein gesetztes Erfolgsziel sichert. Diese Programmplanung, die das Umsatzgeschehen koordinieren soll, trägt in der Regel statischen Charakter und wird als rollierende Planung mit festem Planungszeitabschnitt und gleitendem Planungshorizont ausgestaltet. Wie schon grundsätzlich dargelegt, gibt die Planungskomponente des Koordinierungssystems das zur Realisierung bestimmte Gesamtprogramm frei und leitet es an die entsprechende Steuerungs- bzw. Regelungskomponente weiter. Letztere hat dann die Aufgabe, die Umsetzung der aufeinander abgestimmten Programme im Absatz-, Produktions- und Beschaffungssystem zu veranlassen und Rückmeldungen über die Erfüllung der Planvorgaben aus den Einzelführungssystemen zu Kontrollzwecken entgegenzunehmen. Das Instrument, mit dem das Gesamtführungssystem die Einzelführungssysteme führt bzw. koordiniert, ist der Planungsauftrag. Durch ihn wird einem nachgeordneten Planungssystem aufgetragen, durch die eigene und detaillierte Planung eine in aggregierten Planungsgrößen formulierte Vorgabe zu erfüllen. Ein Planungsauftrag ist daher ein spezieller Erfüllungsauftrag, durch den die Realisierung einer nachgeordneten Planungsaufgabe spezifiziert wird. Dabei ist die Aggregation der Planungsgrößen neben der Reduktion des Modellierungsgegenstandes der methodische Weg, auf dem es erst gelingt, die Interdependenzen der integrierten Einzelsysteme durch Gesamtpläne zu beherrschen, ohne an der damit verbundenen erheblichen Ausweitung des Analysefeldes zu scheitern.

Aggregation bedeutet Zusammenfassung solcher Entitäten, zwischen denen eine Äquivalenzbeziehung besteht, also eine Faktorisierung von Entitäten eines Systems. Bei der Programmplanung werden Objekte der Absatz-, Produktions- und Beschaffungsprozesse zu Familien aggregiert, so daß die Programme nur noch Quantitäten für Objektfamilien enthalten. Dabei muß die Familienbildung verschiedenen Anforderungen genügen. Zunächst müssen die Aggregate so beschaffen sein, daß auch mit ihnen eine sinnvolle Modellierung der Absatz-, Produktions- und Beschaffungsprozesse möglich ist. Unter diesem Gesichtspunkt werden zum Beispiel Produktionsobjekte zusammengefaßt, die aus einem gemeinsamen Vorprodukt oder Ausgangsmaterial oder auf der Basis einer bestimmten Technologie, einer gemeinsamen Produktionseinrichtung oder an einem gegebenen Standort produzierbar sind. Dadurch lassen sich die Erzeugungsquantitäten von Objektfamilien auf die Nutzung differenzierter Produktionspotentiale abbilden. Im Absatzbereich werden Objektfamilien gebildet, die eine möglichst zuverlässige Prognose der Bedarfsentwicklung gestatten und auf einer jeweils einheitlichen Absatzstrategie basieren können. Neben der üblichen Faktorisierung der Absatzobjekte nach regionalen und sektoralen Gesichtspunkten werden auch solche Produktfamilien gebildet, deren Mitglieder bei ihren Abnehmern eine vergleichbare Verwendung finden oder einem lokalisierbaren Wettbewerb ausgesetzt sind. Solchen Aggregaten lassen sich dann einheitliche Konzepte der Absatzförderung bzw. gezielte Wettbewerbsmaßnahmen zuordnen. Die Familienbildung oder Faktorisierung muß aber noch weiteren Anforderungen genügen. So müssen die Absatz-, Produktions- und Beschaffungsobjektfamilien unter Berücksichtigung der tatsächlichen Vernetzung ihrer Elemente durch die Produktionsprozesse sinnvoll aufeinander abbildbar sein. Schließlich muß die Faktorisierung so erfolgen, daß die Aufteilung der Gesamtquantität einer Objektfamilie auf die einzelnen Objekte, die erst im Rahmen der Detailplanung der Einzelführungssysteme vorgenommen wird, keinen Einfluß auf die Programmplanung des Koordinierungssystems ausübt; d.h. die Wirkung der Gesamtquantität einer Objektfamilie auf die übrigen Größen der Programmplanung muß gegenüber ihrer späteren Aufteilung auf die einzelnen Objekte der Familie invariant sein. Diese Voraussetzungen müssen erfüllt sein, um eine koordinierende Gesamtplanung auf der Basis aggregierter Planungsgrößen mit nachgeordneten Einzelplanungen, die nur noch atomare Planungsgrößen enthalten, sinnvoll koppeln zu können.

Die operative Koordination des Umsatzgeschehens kann nur dann erfolgreich sein, wenn es auf Dauer gelingt, die Produktions- und Marktpotentiale, über die das Unternehmen verfügt bzw. die ihm zugänglich sind, aufeinander abgestimmt zu halten. Unter einem Potential wird ein Nutzungsvorrat verstanden, der durch Sachmittel, Rechte oder (technologisches, organisatorisches u. a.) Wissen verkörpert wird. Solche Potentiale sind bei den Funktionsträgern der als Systeme modellierten Märkte und Produktionsbetriebe der Unternehmung loziert und besitzen eine qualitative und quantitative Charakteristik. Zum Beispiel lassen sich die Produktionseinrichtungen, die in einem Betrieb installiert sind, durch ihre qualitative und quantitative Kapazität kennzeichnen ([5], S. 73 ff.). Das unternehmensspezifische Wissen über Produkt- und Produktionstechnik aber auch Rechte und Patente lassen eine analoge Charakterisierung zu ([23], S. 127 ff.). Diese Potentiale, über die das Unternehmen als Produzent verfügt, determinieren das Feld seiner virtuellen Angebotspositionen. Dem stehen affine, aber in Grenzen durchaus heterogene Potentiale der Wettbewerber des Unternehmens gegenüber. Unternehmens- und Wettbewerberpotentiale treffen im Markt mit den Potentialen möglicher Abnehmer zusammen. Die Potentiale, über die letztere verfügen, determinieren in einem spiegelbildlichen Sinne die Felder ihrer virtuellen Nachfragepositionen. Die strategische Koordinationsaufgabe des Umsatzsystems besteht im wesentlichen darin, durch Anpassung des eigenen Angebotspotentials an bereits zugängliche aber sich laufend fortentwickelnde Nachfragepotentiale oder durch Erschließung neuer Nachfragepotentiale oder durch Differenzierung des eigenen Potentials im Vergleich zu den Wettbewerberpotentialen die Wettbewerbskraft der Unternehmung nachhaltig zu stärken. Die Lösung dieser Aufgabe läuft darauf hinaus, den Systemverbund, den die Märkte und Produktionsbetriebe der Unternehmung bilden, d. h. die Absatz-, Produktions- und Beschaffungsfunktionalität, ihre Träger und die Struktur ihrer Verknüpfung immer wieder zu überdenken und neu zu gestalten. Auch hier muß die Planung von Aufbau und Wirkungsweise des Systemverbundes auf aggregierten Größen basieren und von einer selektiven Sicht auf den Modellierungsgegenstand geleitet sein, um der Koordinierungsrolle gerecht zu werden. Daher kann bei der strategischen Planung, die im Koordinierungssystem erfolgt, auch von einer System-Rahmenplanung gesprochen werden. Das Ergebnis einer solchen System-Rahmenplanung wird ebenfalls in Form eines Planungsauftrages freigegeben und zu einer Planvorgabe für die nachgeordneten strategischen Planungen; d.h. die strategische Planungskomponente des Umsatzsystems koordiniert die Fabrikplanung sowie die strategische Absatz- und Beschaffungsplanung der Einzelführungssysteme, indem sie einen Systemrahmen vorgibt und überwacht, wie die Vorgabe durch die anschließende strategische Detailplanung des Absatz-, Produktions- und Beschaffungssystems erfüllt wird.

Das Umsatzsystem ist ein funktionsfähiges System, das aus einem Ausführungssystem, dem dazu definierten Führungssystem und dem beide überlagernden Leitungssystem besteht. Dabei ist das Ausführungssystem ein Gesamtsystem, das durch Integration von Absatz-, Produktions- und Beschaffungssystem entsteht. Sein Führungs- oder Koordinationssystem ist dafür konzipiert, die Einzelsysteme unter dem Aspekt des Umsatzgeschehens operativ und strategisch zu koordinieren. Im Rahmen der vollzogenen Koordination sind dann die Einzelsysteme erst funktionsfähig, d.h., die Funktionsfähigkeit der Einzelsysteme ist in die Funktionsfähigkeit des übergreifenden und koordinierenden Umsatzsystems eingebettet. Der Beziehung zwischen dem Einzelführungssystem und seinem Ausführungssystem entspricht die Relation zwischen dem Gesamtführungs- oder Koordinationssystem und dem Gesamtsystem. Während die operative bzw. strategische Planung eines Einzelführungssystems die Prozeßplanung bzw. Systemplanung der unteren Ausführungsebene, in der die Basisfunktionen der Unternehmung liegen, zum Inhalt hat, erstreckt sich die operative bzw. strategische Planung des Koordinationssystems auf die Programmplanung bzw. System-Rahmenplanung. Auf beiden Ebenen dienen diese Systeme der Fremdführung ihrer jeweiligen Ausführungssysteme und bewirken dies durch Erfüllungs- bzw. Planungsaufträge. Die Funktionen sowohl der Einzelführungssysteme als auch des Gesamtführungssystems sind dazu bestimmt, das jeweilige Ausführungssystem durch die Instanzen des Leitungssystems beherrschbar zu machen. Dabei wird ein großer Teil der Führungsfunktionalität auf sogenannte Leitungshilfsstellen delegiert, deren Zusammenfassungen zu Abteilungen auf der Ebene der Einzelführungssysteme wie Linienabteilungen, dagegen auf der Ebene der Koordinierungssysteme als Stabsabteilungen anzusehen sind. Alle Führungs- und Ausführungssysteme besitzen im bereits bekannten Sinne eine Selbstführung, die von einem Leitungssystem getragen wird, das durch seine oberste Instanz eine einheitliche Willensbildung und -durchsetzung in den teils gekoppelten und teils geschachtelten Systemen garantiert.

Bei der Bildung eines Gesamtsystems aus funktionsfähigen Einzelsystemen, die Grundfunktionen eines Unternehmens tragen, handelt es sich um eine Systemintegration auf erster Stufe. Daher sollen solche Gesamtsysteme und ihre Komponenten, d.h. die funktionsfähigen Einzelsysteme und deren Ausführungs-, Führungs- und Leitungssysteme, auch Systeme erster Ordnung genannt werden. Zum Beispiel entsteht durch Integration des Absatz-, Produktions- und Beschaffungssystems ein Gesamtsystem erster Ordnung. Die Integration von Einzelsystemen zu einem Gesamtsystem ist zwar begrifflich von der Koordination der integrierten Einzelsysteme zu trennen, doch wird jede Gesamtsystembildung von einem besonderen Koordinierungsaspekt geleitet. Neben den bereits bekannten und elementaren Gesichtspunkt des Umsatzprozesses treten weitere Koordinierungsaspekte. Unter dem Gesichtspunkt einer unternehmensweit betriebenen Personalentwicklung müssen die Aufgaben des Systems, das für das Personalwesen zuständig ist, mit allen Unternehmensbereichen, d.h. mit allen übrigen Systemen, abgestimmt werden. Das kann zur Einrichtung eines besonderen Koordinierungssystems (Stabes) mit einem entsprechend abgegrenzten Gesamtsystem führen. Die Planung der Zahlungsströme des Unternehmens mit dem Ziel, das finanzielle Gleichgewicht aufrechtzuerhalten, birgt einen klassischen Koordinierungsaspekt in sich, unter dem das liquiditätswirksame Geschehen im Absatz-, Beschaffungs- und Personalsystem mit dem System für das Finanzwesen abzustimmen ist ([7], S. 1 ff.). Gleiches gilt für das Rechnungswesen und insbesondere für die zukunftsbezogene Erfolgs- und Wirtschaftsplanung der Unternehmung, wodurch die bekannte Koordinierungsfunktion des Controllers angesprochen ist, unternehmensweit die Kosten bzw. Aufwendungen und ihr Mengengerüst mit den Erlösen bzw. Erträgen und deren Mengengerüst so abzustimmen, daß das Erfolgsziel erreicht wird. Besitzt das Unternehmen ein Forschungs- und Entwicklungssystem, so entstehen auch hier besondere Koordinierungsbedarfe, die auf die Abstimmung der Innovationsprozesse in den einzelnen Unternehmensbereichen mit entsprechenden Forschungs- und Entwicklungsfunktionen gerichtet sind. Zu dem Entwicklungssystem, das in eine solche Koordination einzubinden ist, zählt gegebenenfalls auch der Bereich für die Entwicklung der Informationssysteme. Jeder erwähnte Koordinierungsaspekt verlangt nach Etablierung eines besonderen Koordinierungssystems, dem jeweils ein Gesamtsystem als sein Ausführungssystem entspricht. Somit entsteht unter den verschiedenen Koordinierungsaspekten ein System von funktionsfähigen Systemen zweiter Ordnung, die jedoch alle durch ihre Leitungssysteme in einer gemeinsamen obersten Instanz, der Unternehmensleitung, wurzeln. Jedes funktionsfähige System zweiter Ordnung besitzt einen analogen Aufbau wie funktionsfähige Systeme erster Ordnung, wobei ein Ausführungssystem zweiter Ordnung immer ein Gesamtsystem erster Ordnung darstellt.

Die Idee des rekursiven Aufbaus der Systeme, die eine Unternehmung ausmachen, ist bereits Anfang der sechziger Jahre bekannt geworden, als gewisse Grundlagen der Kybernetik auf Konzeptionen für die Unternehmensorganisation übertragen wurden ([1], passim). In Unternehmen mit Spartenorganisation läßt sich für jede Sparte ein System von funktionsfähigen Systemen zweiter Ordnung bilden, dessen Komponenten den verschiedenen Koordinationsaspekten Rechnung tragen. In diesem Fall ist es notwendig, die unter einem beliebigen, aber festen Koordinierungsgesichtspunkt gebildeten funktionsfähigen Systeme zweiter Ordnung, wie zum Beispiel alle Umsatzsysteme, spartenübergreifend zu integrieren und zu koordinieren. Im Fall der Umsatzsysteme ist eine derartige Integration und Koordination auf nächsthöherer Stufe vor allem dann notwendig, wenn die Sparten in einer Lieferbeziehung stehen. Diese Systemintegration und -koordination führt zur Bildung neuer funktionsfähiger Systeme auf höherer Integrationsstufe. Der durch real existente Organisationsmodelle belegbare rekursive Systemaufbau rechtfertigt die Definition eines funktionsfähigen Systems n-ter Ordnung, dessen Komponenten, d. h. dessen Ausführungs-, Führungs- und Leitungssystem, ebenfalls von n-ter Ordnung genannt werden. Dies geschieht, indem von den bekannten funktionsfähigen Systemen erster Ordnung ausgegangen wird und die Gesamtsysteme n-ter Ordnung, die durch Integration funktionsfähiger Systeme n-ter Ordnung entstehen, die Ausführungssysteme n+1-ter Ordnung bilden. Eine Unternehmung besitzt also im allgemeinen ein Systemgerüst, d. h. ein System aus funktionsfähigen Systemen unterschiedlicher Integrationsstufen, die unter verschiedenen Koordinationsaspekten gebildet sind. Die Komponenten dieses Systemgerüsts sind letztlich Führungs-, Ausführungs- und Leitungssysteme. Während Führungs- und Leitungssysteme stets Informationssysteme darstellen, können unter den Ausführungssystemen sowohl physische als auch Informationssysteme auftreten. Dabei ist der Unternehmensbegriff keinesfalls so eingeengt zu sehen, daß die Unternehmung mit einem System gleichzusetzen wäre ([20] passim). Eine Unternehmung besitzt vielmehr ein Systemgerüst der beschriebenen Art, das von Fall zu Fall durchaus unterschiedlich weitreichend und intensiv ausgestaltet sein kann.

3. Informationssystem als strategischer Faktor

Der Gegenstand strategischer Führung im Unternehmen, insbesondere strategischer Planung, ist die Systemgestaltung. Systeme sind die Bausteine einer Unternehmung, sie treten als physische und als Informationssysteme auf und übernehmen die Rollen des Ausführungs-, insbesondere Basissystems, des Führungs- oder Koordinierungssystems und des Leitungssystems. Diese Bausteine bilden ein Systemgerüst, worin den Informationssystemen besonderes Gewicht zukommt. Jedes System besteht aus spezifischen Funktionen und ihren Trägern sowie aus einer darüber gelegten Struktur, die die Systemelemente zu einer Ganzheit und ihre Funktionen zur Hüllenfunktion des Systems integriert. Systeme können mit ihrer Hüllenfunktion wieder Elemente übergeordneter Systeme bilden, für die dann eine eigene Struktur konstitutiv ist. Das Systemgerüst der Unternehmung sollte so beschaffen sein, daß seine Funktionalität insgesamt in optimaler Weise auf den Unternehmenszweck ausgerichtet ist. Dies zu gewährleisten, ist Aufgabe der strategischen Führung. Insofern sind Informationssysteme ein bestimmendes Element, d. h. ein Faktor der Unternehmensstrategie.

Die Auffassung, daß eine Unternehmung eine methodisch fundierte, ablauforganisatorisch definierte und aufbauorganisatorisch institutionalisierte strategische Führung besitzen muß, ist heute allgemein anerkannt. Dagegen wird nicht immer die Notwendigkeit erkannt, Informationssysteme in die strategischen Planungen und Entscheidungsprozesse einzubeziehen. Dies ist umso bemerkenswerter, als die technische Entwicklung der Informationsverarbeitung und Kommunikation inzwischen einen hohen Stand erreicht hat, der Aufbau und Betrieb hochintegrierter rechnergestützter Informationssysteme ermöglicht, und allgemein bekannt ist, welche Bedeutung moderne Informationssysteme für die Wettbewerbsposition einer Unternehmung besitzen und welches Investitionsvolumen mit ihrer Entwicklung und ihrem weiteren Ausbau verbunden ist. Viele Firmen überlassen dennoch heute die Planung ihrer Informationssysteme vorwiegend oder ausschließlich den Entwicklungsabteilungen ihres zentralen Datenverarbeitungsbereichs und beteiligen die späteren Betreiber der erst zu entwickelnden bzw. zu implementierenden Systeme nur peripher an den vorangehenden Planungs- und Entscheidungsprozessen. Diese Vorgehensweise trägt aber dem umfassenden Informationsbegriff, demzufolge die Benutzerorganisation und ihr EDV-System als Einheit zu betrachten sind, nur ungenügend Rechnung. Oft ist dann die Folge, daß Aspekte der informationstechnischen Infrastruktur und nicht die Anforderungen der Anwender dieser Technik bei der Planung der Informationssysteme dominieren. Ganz im Gegensatz dazu sollten aber die Systembetreiber das Primat im Prozeß der strategischen Planung der Informationssysteme einer Unternehmung besitzen.

Innerhalb eines funktionsfähigen Systems erster Ordnung treten an verschiedenen Stellen Informationssysteme mit recht unterschiedlichen Funktionen auf. Beispielsweise besitzt das Produktionssystem auf der Ausführungsebene Informationssysteme, die der Erstellung und Pflege aller Produktions- und Konstruktionsdaten dienen und die Abteilungen für Konstruktion und Fertigungsplanung als ihre Benutzerorganisationen umfassen. Die Rechnerunterstützung dieser Informationssysteme ist unter den Begriffen „Computer Aided Design (CAD)“ und „Computer Aided Planning (CAP)“ bekannt geworden. Das operative Führungssystem besteht hier aus den sehr mächtigen Informationssystemen für die Produktionsplanung und Betriebssteuerung, mit denen ebenfalls umfangreiche Benutzerorganisationen verbunden sind und die heute bereits sehr weitgehend durch EDV-Systeme (PPS-Systeme) unterstützt werden. Auf der strategischen Führungsebene ist manchmal die Fabrikplanung als eigenständiges Informationssystem mit Rechnerunterstützung ausgebildet. Schließlich ist das Leitungssystem des gesamten Produktionsbereichs als Informationssystem aufzufassen, dessen teilweise EDV-Unterstützung unter dem Schlagwort „Management Informations System (MIS)“ wiederholt diskutiert worden ist. Für alle Informationssysteme, die im Produktionsbereich auftreten, muß es eine Kompetenz geben, der die Planung der Systemgestaltung obliegt. Hierbei handelt es sich um eine strategische Planungskompetenz: die Informationssystemplanung (IS-Planung) für den Produktionsbereich. Es ist zweckmäßig, diese Kompetenz bezüglich aller Informationssysteme des Produktionsbereichs in einer organisatorischen Einheit, dem sogenannten IS-Führungssystem, zu konzentrieren. Das IS-Führungssystem ist insbesondere ein Führungssystem im zuvor definierten Sinne und sollte entsprechend seiner Bedeutung aufbauorganisatorisch als Stab der Leitung des Produktionsbereichs zugeordnet sein. Die zentrale Aufgabe des IS-Führungssystems ist die bereichsweite IS-Planung. Diese strategische Planungsaufgabe umfaßt die Gestaltung der Ablauf- und Aufbauorganisation aller betroffenen Benutzerorganisationen ebenso wie den logischen (d.h. implementierungsneutralen) Grobentwurf der sie unterstützenden EDV-Anwendungssysteme. Dabei sollten die Entwurfsunterlagen so weitreichend und detailliert ausgearbeitet werden, daß es auf ihrer Grundlage möglich ist, die technische und organisatorische Durchführbarkeit jedes einzelnen Projektes zu prüfen, die damit verbundenen Kosten und Nutzen zu beurteilen, Prioritäten für konkurrierende Projekte des Bereichs zu vergeben und letztlich hinreichend präzise Projektaufträge für die EDV-Anwendungssystementwicklung zu formulieren. Für jedes funktionsfähige System erster aber auch höherer Ordnung sollte ein IS-Führungssystem mit der erläuterten Funktionalität als Stab der jeweiligen Leitung eingerichtet werden. Im Fall der funktionsfähigen Systeme höherer Ordnung einer Sparte bzw. des Unternehmens lassen sich die Kompetenzen, die sich hier auf die Gestaltung der entsprechenden Koordinierungssysteme beziehen, wieder in einer aufbauorganisatorischen Einheit vereinigen, d.h. in einem Stab zusammenfassen, der an die Sparten- bzw. Unternehmensleitung berichtet. Die Gestaltung aller betrieblichen Informationssysteme liegt dann in der Verantwortung solcher Bereichs-, Sparten- und Unternehmensstäbe, deren Mitarbeiter eine solide Fachkompetenz auf den Gebieten sowohl der Informationsverarbeitung und Kommunikation als auch der vielfältigen Anwendungen besitzen müssen, um ihren Aufgaben gerecht zu werden. Die Funktionen dieser IS-Führungssysteme gehen naturgemäß über den Aufgabenbereich klassischer Organisationsabteilungen weit hinaus.

In der Regel verfügt eine Unternehmung über eigene Ressourcen, die im weitesten Sinne der Entwicklung ihrer EDV-Systeme dienen. Die Entwicklungsaufgaben, um die es hier geht, gehören wie alle Entwicklungs- und Forschungsaufgaben zu den Grundfunktionen der Unternehmung. Sie erstrecken sich nicht nur auf Entwurf und Eigenentwicklung von EDV-Anwendungssystemen, sondern auch auf Analyse und Auswahl von Fremdsoftware für ein breites Anwendungsspektrum und schließen eine damit abgestimmte Planung und Auswahl der EDV-Trägersysteme ein. Diese Aufgabenvielfalt läßt sich wiederum organisatorisch integrieren und einem besonderen System, dem IS-Entwicklungssystem, übertragen. Der organisatorische Aufbau und der Funktionsumfang eines solchen IS-Entwicklungssystems hängen wesentlich von der Größe des Unternehmens und von der Intensität ab, mit der es von EDV-gestützten Informationssystemen bereits durchdrungen ist und künftig durchdrungen werden soll. Die Entwicklungsaktivitäten, die hier zu vollziehen sind, werden als Projekte geplant und geführt und von Projektorganisationen getragen. Die Entwicklungsabteilungen, in denen die dem jeweiligen Projektverlauf angepaßten Projektorganisationen Aufnahme finden, gehören im allgemeinen dem zentralen Datenverarbeitungsbereich der Unternehmung an, wozu auch die Rechenzentren gehören. Die Aufgabenstellung des IS-Entwicklungssystems ist letztlich darauf ausgerichtet, die in den IS-Plänen der IS-Führungssysteme grob projektierten EDV-Systeme, die ja stets nur Teil umfassender Informationssysteme sind, einer Implementierung zuzuführen und für die organisatorische Einführung bereitzustellen.

Auf der einen Seite werden Entwurf und Implementierung aller EDV-Systeme im IS-Entwicklungssystem zentralisiert, auf der anderen Seite werden die strategischen Planungskompetenzen für die umfassenden Informationssysteme in den jeweils verantwortlichen Benutzerbereichen angesiedelt. Daraus folgt eine weitere Koordinierungsaufgabe. Diese Aufgabe besitzt sowohl eine operative als auch eine strategische Komponente. Für das gesamte Unternehmen muß auf der strategischen Ebene ein IS-Rahmenplan und auf der operativen Ebene ein IS-Entwicklungsplan aufgestellt werden ([17], S. 163 ff.). Diese Führungsaufgaben sind einem IS-Koordinationssystem, das als Stab der Unternehmensleitung fungiert, zu übertragen. Die IS-Rahmenplanung dient nicht nur der Vorstrukturierung der gesamten IS-Entwicklung in Untersysteme, Ausbaustufen und Einführungsschritte sowie der fachlichen Abstimmung aller Einzelprojekte und ihrer Komponenten. Sie hat auch die Aufgabe, den Prozeß der Technik- und Anwendungsinnovation der Unternehmung auf den Gebieten der Information und Kommunikation mit der allgemeinen technologischen Entwicklung, mit den Erfordernissen des Wettbewerbs und nicht zuletzt mit der eigenen Investitionsfähigkeit abzustimmen. Außerdem müssen aus dem IS-Rahmenplan alle Anforderungen für einen angemessenen Aufbau und eine hinreichende Ausstattung des IS-Entwicklungssystems abgeleitet werden. Demgegenüber fällt der IS-Entwicklungsplanung die Aufgabe zu, die Abwicklung der Einzelprojekte nach Maßgabe unternehmensweiter Prioritäten zeitlich so zu strukturieren, daß die Erfordernisse der verschiedenen Benutzerbereiche mit den Möglichkeiten der zentralen EDV-Systementwicklung global abgestimmt sind.

Literatur

[1] Beer, Stafford: The Viable System Model: Its Provenance, Development, Methodology and Pathology. In: Operational Research Society Ltd. (Hrsg.): Journal of the Operational Research Society, 35 (1984) 1, S. 7-25.

[2] Beer, Stafford: Diagnosing the System for Organizations. Chichester, New York u.a.: John Wiley & Sons 1985.

[3] Ganzhorn, Karl E.: Industrielle Innovation und Informationstechnik. In: IBM-Deutschland GmbH (Hrsg.): Technik und Gesellschaft – Innovation durch Information. Stuttgart 1982, S. 68-75.

[4] Ganzhorn, Karl E.; Schulz, Klaus M. und Walter, Wolfgang: Datenverarbeitungssysteme – Aufbau und Wirkungsweise. Berlin, Heidelberg, New York: Springer 1981.

[5] Gutenberg, Erich: Grundlagen der Betriebswirtschaftslehre. Band 1: Die Produktion, 1. Aufl. 1951 (24. Aufl. 1983). Berlin, Heidelberg, New York: Springer.

[6] Gutenberg, Erich: Grundlagen der Betriebswirtschaftslehre. Band 2: Der Absatz 1. Aufl. 1955 (17. Aufl. 1980). Berlin, Heidelberg, New York: Springer.
[7] Gutenberg, Erich: Grundlagen der Betriebswirtschaftslehre. Band 3: Die Finanzen 1. Aufl. 1969 (8. Aufl. 1984). Berlin, Heidelberg, New York: Springer.
[8] Klaus, Georg und Liebscher, Heinz: Wörterbuch der Kybernetik. 4. Aufl., Berlin: Dietz 1986.
[9] Kosiol, Erich: Ablauforganisation, Grundprobleme der. In: Grochla, Erwin (Hrsg.): Handwörterbuch der Organisation. Stuttgart: C. E. Poeschel 1980, Sp. 1-8.
[10] Kosiol, Erich: Aufbauorganisation, Grundprobleme der. In: Grochla, Erwin (Hrsg.): Handwörterbuch der Organisation. Stuttgart: C. E. Poeschel 1980, Sp. 179-187.
[11] Kosiol, Erich: Organisation der Unternehmung. Wiesbaden: Th. Gabler 1962.
[12] Lange, Oscar: Wholes and Parts – A General Theory of System Behaviour. Oxford, London, u. a.: 1965.
[13] Lockemann, P. und Mayr, H.: Rechnergestützte Informationssysteme. Berlin, Heidelberg, New York: Springer, 1978.
[14] Ropohl, Günter: Flexible Fertigungssysteme – Zur Automatisierung der Serienfertigung. Mainz: Otto Krauskopf 1971.
[15] Schneider, Hans-Jochen (Hrsg.): Stichwort „Informationssystem". In: Lexikon der Informatik und Datenverarbeitung. München, Wien: R. Oldenburg 1983, S. 263 f.
[16] Schneider, Hans-Jochen (Hrsg.): Stichwort „Informationssystem, rechnergestütztes", In: Lexikon der Informatik und Datenverarbeitung. München, Wien: R. Oldenburg 1983, S. 271.
[17] Steffens, Franz: Strategische Planung von Informationssystemen. In: VDI Zentrum Wertanalyse (Hrsg.): Kongreß Wertanalyse '84 – Geplante Innovation (Tagungsband), Mannheim 1984.
[18] Steinbuch, Karl: Systemanalyse – Versuch einer Abgrenzung, Methoden und Beispiele. In: IBM-Deutschland GmbH (Hrsg.): IBM-Nachrichten 17 (1967) 182, S. 448.
[19] Szyperski, Norbert: Informationssysteme, computergestützte. In: Grochla, Erwin (Hrsg.): Handwörterbuch der Organisation. Stuttgart: C.E. Poeschel 1980, Sp. 920-933.
[20] Ulrich, Hans: Die Unternehmung als produktives soziales System. Bern, Stuttgart: Paul Haupt 1968.
[21] Weizäcker, Carl Friedrich von: Die Einheit der Natur. 5. Aufl., München: Carl Hanser 1979.
[22] Wiendahl, Hans-Peter: Betriebsorganisation für Ingenieure. München und Wien: Carl Hanser 1983 (2. Aufl. 1986).
[23] Wittmann, Waldemar: Betriebswirtschaftslehre. Band 1, Tübingen: J.C.B. Mohr (Paul Siebeck) 1982.

Ein Verfahren zur automatischen Erkennung chinesischer Schriftzeichen

WOLFGANG THOMASSEN

Zusammenfassung

Die Verarbeitung großer Informationsmengen macht es notwendig, neben der automatischen Eingabe in Computer auch die Erkennung der Inhalte zu realisieren. In Westeuropa werden 26 lateinische Buchstaben als Wortelemente verwendet (26 Musterklassen). Die Begriffsbildung im Chinesischen weist demgegenüber eine völlig andere Darstellungsform auf. Sie ist aus der Bildform entstanden und benutzt als Grundelemente strichförmige Basis-Symbole. Der Grundvorrat an Schriftbildern selbst beträgt mindestens 7000 Schriftzeichen (Standardsatz), was für die Mustererkennung 7000 Klassen bedeutet. Es wurde der Versuch unternommen, durch Zerlegung des chinesischen Schriftzeichens in sogenannte Basis-Symbole zu einer verwertbaren Klassenzahl zu kommen.

1. Vorbemerkung

Die Verarbeitung großer Informationsmengen macht es notwendig, nach Verfahren zu suchen, die ein automatisches Erkennen der Information ermöglichen. Geht man bei der Informationsform von dem geschriebenen Wort aus, so sind die Grundelemente der westeuropäischen Sprachen die lateinischen Buchstaben sowie die Sonderzeichen wie Umlaut, Akzent etc.

Alle westlichen Sprachen bedienen sich dieser Grundmenge zur Bildung ihres Wortschatzes. Eine Erkennung des geschriebenen Wortes begrenzt sich daher auf die Erkennung der einzelnen Wortelemente und Wortgrenzen, so daß die Zahl der Erkennungsmuster 26 lateinische Buchstaben beträgt. Für die Mustererkennung bedeutet dies 26 Klassen.

Soll eine automatische Erkennung für andere Schriftarten wie z. B. der chinesischen ermöglicht werden, so stößt dies auf zwei wesentliche Unterschiede:

a) Der Wortbegriff wird durch mindestens ein Schriftbild dargestellt und besteht aus einer Vielzahl (bis zu 30) Einzelstrichelementen.

b) Die Grundzeichenmenge beträgt nach dem heutigen Stand mindestens 7000, was gleichzeitig der Klassenzahl für den Erkennungsprozeß entspricht.

Um diese Schwierigkeiten abschätzen zu können, muß kurz auf den Erkennungsprozeß eingegangen werden. Zur eindeutigen Identifizierung eines Schriftzeichens benötigt man dessen Merkmale. Diese Merkmale müssen charakteristisch für jedes Schriftbild sein und sich gegenüber allen anderen unterscheiden, so daß eine Eindeutigkeit gewährleistet wird. Es muß auch sichergestellt werden, daß kleine Unkorrektheiten in der Darstellung bzw. Störungen beim Leseprozeß nicht zu erheblichen Merkmalsveränderungen führen. Besteht nun ein zu erkennendes Schriftbild aus sehr vielen Einzelelementen (Striche), so ist die Merkmalsmenge sehr hoch und die Entscheidungsfindung äußerst schwierig. Ein weiteres fast unlösbares Problem ist in der enorm hohen Klassenzahl von 7000 zu sehen.

Für die Schriftbilderkennung wird von der Verfügbarkeit der Schriftbilddaten in Form eines Matrixbildes ausgegangen. Die Aufnahme des Schriftbildes kann nach bekannten technischen Verfahren wie Video-Kamera, Digitalisiertablett oder Scanner-Technik erfolgen. Für die Ermittlung der zeichenspezifischen Merkmale muß eine Vorverarbeitung durchgeführt werden. Hierzu gehören die Erfassung der Positionen des Schriftbildes, die Beseitigung von Verschmutzungen (Störung) sowie die Reduzierung des gerasterten Schriftbildes auf die wichtigsten Bildpunkte (Skelettbildung).
In Abbildung 1 ist auf der linken Seite das gerasterte Schriftbild und auf der rechten Seite die Skelett-Form aufgezeichnet. Dieser Übergang muß mit geeigneten Bild-Algorithmen mit Hilfe des Computers geschehen. Besondere Schwierigkeiten treten bei den Kreuzungspunkten auf. Das entwickelte Verfahren wird noch für den gesamten Zeichenvorrat auf Zuverlässigkeit untersucht.

2. Lösungsansatz

Bei bisher bekannten Mustererkennungsverfahren wird aufgrund vorgegebener Merkmale nach Kriterien unterschieden, die aufgrund ihrer statistischen Verteilung die höchste Wahrscheinlichkeit aufweisen. Ein solches statistisches Verfahren weist bei einer niederen Klassenzahl sehr gute Ergebnisse auf. Bei großen Klassen, wie dies bei der chinesischen Schriftzeichenerkennung vorliegt, sind bisher keine befriedigenden Ergebnisse bekannt.

Es liegt daher nahe, nach neuen Möglichkeiten zu suchen, wobei die Struktur des chinesischen Schriftzeichens intensiver in den Lösungsprozeß eingebunden werden soll. Analysiert man das Schriftbild nach dem Gesichtspunkt, Grundelemente zu fin-

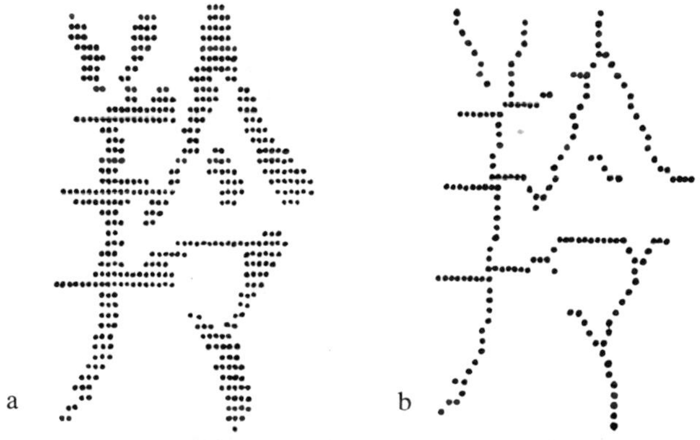

Abb. 1.(a) Rasterbild (50x50 Bildpunkte). (b) Skelettbild

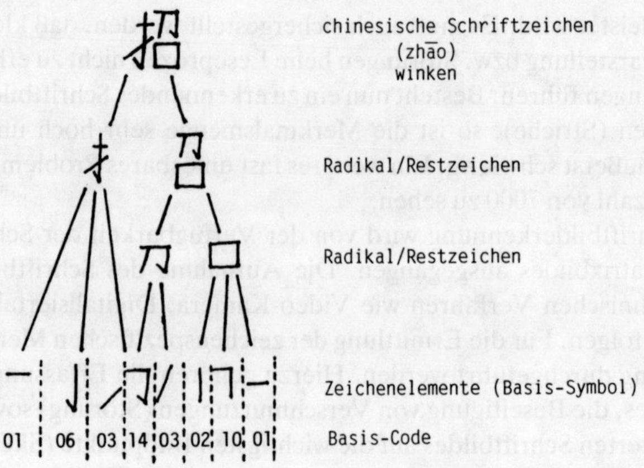

Abb. 2. Zerlegung eines chinesischen Schriftzeichens in Basis-Symbole

den, die es erlauben, sehr viele Schriftzeichen damit herstellen zu können, so würde sich das Erkennungsproblem auf das Auffinden solcher Grundelemente (Basis-Symbole) konzentrieren. Um diesen Zusammenhang besser zu verstehen, wurde in Abbildung 2 die Zerlegung des chinesischen Schriftzeichens (zhāo) in sogenannte Basis-Symbole vorgenommen. Man erkennt sehr schnell, daß es möglich ist, einfache Grundelemente (Striche) für die Komposition des chinesischen Schriftzeichens zu finden.

Es drängt sich natürlich sofort die Frage auf, wieviele solcher Grundelemente (Basis-Symbole) zur Verfügung stehen müssen und welche Kriterien zu erfüllen sind. 7000 chinesische Schriftzeichen automatisch erkennen zu können, setzt die erste Forderung an die Basis-Symbolmenge und -form. Eine zweite Forderung wird dadurch gegeben, daß das Finden dieser Basis-Symbole aus dem gesamten Schriftbild möglichst schnell und fehlerfrei erfolgen muß. Besonders wichtige Erkennungsmerkmale des chinesischen Schriftzeichens nach Abbildung 3 sind die Endpunkte (t), die Verbin-

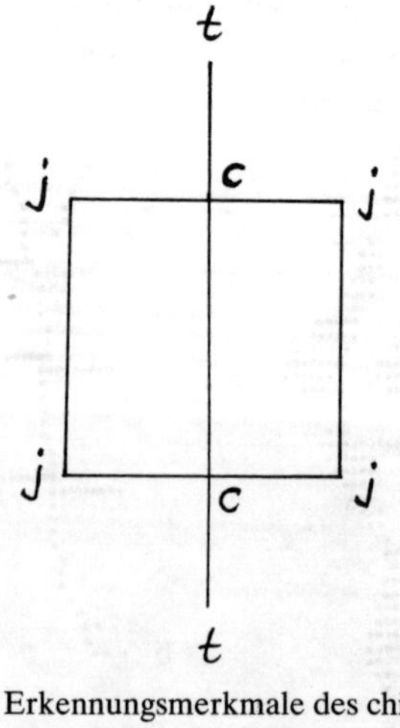

Abb. 3. Darstellung der Erkennungsmerkmale des chinesischen Schriftzeichens. Endpunkt: t; Eckpunkt: j; Kreuzungspunkt: c

dungspunkte (j) zweier Striche verschiedener Richtung und die Kreuzungspunkte (c) verschiedener Striche.

Umfangreiche Untersuchungen haben ergeben, daß mit einfachen Erkennungsalgorithmen die Auffindung dieser Basis-Symbole schnell und fehlerfrei geschieht, wenn sie möglichst nur Endpunkte aufweisen oder/und nur Verbindungspunkte. Diese Regel führt auf zwei wesentliche Grundformen der Basis-Symbole:

1. Einfache Striche
2. Geschlossener Kurvenverlauf

Die nach diesen Regeln und den vorgegebenen 7000 Schriftzeichen entwickelten Basis-Symbole zeigt in Tabellenform die Abbildung 4.

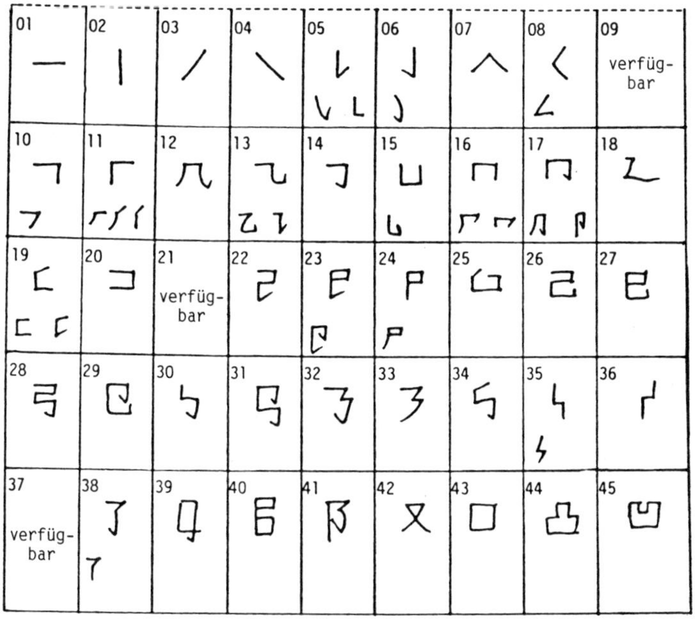

Abb. 4. Basis-Symbol-Tabelle

Man erkennt 42 Basis-Symbole, die durch Code-Nummern festgelegt sind. Nach den bisherigen Untersuchungen genügen diese für den gesamten Zeichenvorrat von 7000 Schriftzeichen. Wegen der Erweiterungsfähigkeit sind drei Plätze unbesetzt.

Das chinesische Schriftzeichen muß durch die Basis-Symbole eindeutig darstellbar sein. Ersetzt man die Basis-Symbole durch ihre Platzzahl, so erhält man für das chinesische Schriftzeichen eine Codierung, in der die Platzzahl für das Basis-Symbol enthalten ist. Diese Codierung wird als Basis-Code bezeichnet. Für drei chinesische Schriftzeichen wurde dieser Basis-Code entsprechend Abbildung 5 ermittelt.

Beispiel 1

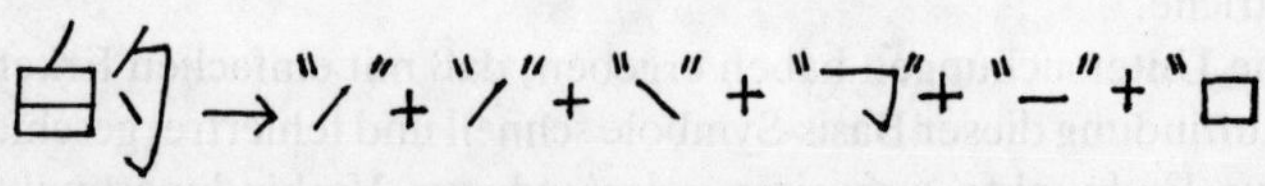

Basis-Code = 03 03 04 14 01 43

Beispiel 2

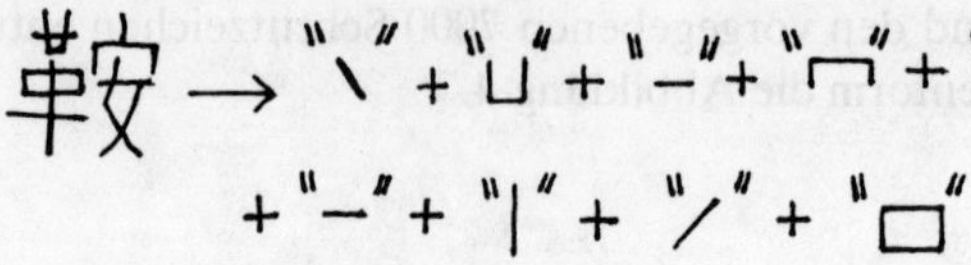

Basis-Code = 04 15 01 16 08 01 01 02 03 43

Beispiel 3

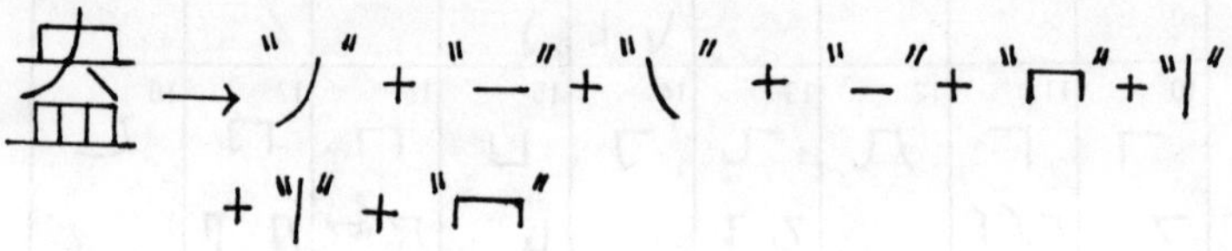

Basis-Code = 03 01 04 01 16 02 02 16

Abb. 5. Beispiele der Strichanalyse für den Basis-Code

Um die Basis-Symbole in ihrer Formgebung zu erfassen, codiert man den Strichablauf nach Richtungssektoren. Es werden zwölf Richtungssektoren unterschieden, die man mit den Buchstaben a – l belegt und deren Lage man aus der Abbildung 6 entnehmen kann.

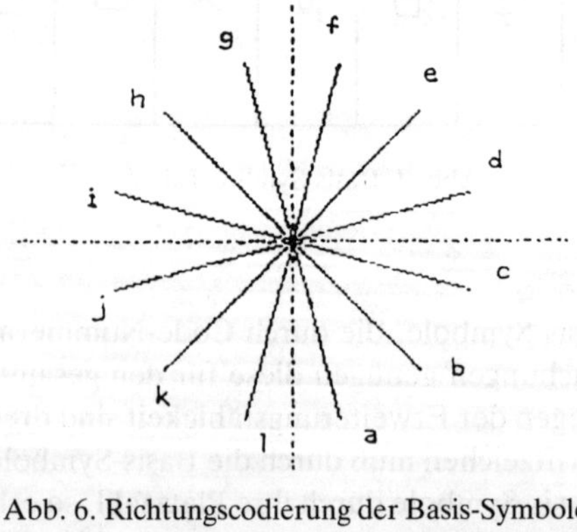

Abb. 6. Richtungscodierung der Basis-Symbole

Soll für das Basis-Symbol mit der Code-Nummer 22 der Richtungscode gebildet werden, so verfolgt man den Symbolzug von Endpunkt zu Endpunkt und findet für jeden Strichbereich den entsprechenden Richtungscode, wie er in Abbildung 7 aufgeschrieben ist.

Basis-Symbol: Code 22

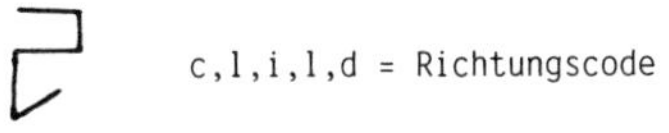

Abb. 7. Beispiel zur Richtungscodierung

Während man für die Erkennung der chinesischen Schriftzeichen 7000 Basis-Codes benötigt, ist die Zahl der Richtungscodes nur für die Basis-Symbole notwendig, d. h. 42 Code-Werte. Beim Auffinden der einzelnen Basis-Symbole sind deshalb nur 42 verschiedene Muster, d.h. Klassen zu erkennen, was eine enorme Reduktion für den Suchprozeß bedeutet.

Nach der bis jetzt beschriebenen Methode der Codierung des chinesischen Schriftzeichens nach Basis-Symbolen, muß die Frage geklärt werden, ob eine Mehrdeutigkeit für die chinesischen Schriftzeichen vorliegt, d. h. ob gleiche Symbolarten und -mengen zu verschiedenen Schriftzeichen führen. Die bisher durchgeführten Untersuchungen ergaben, daß über 90 % der Schriftzeichen eindeutig codierbar sind, der Rest kann mehrdeutig sein.

Eine solche Mehrdeutigkeit ist in Abbildung 8 für den angegebenen Basis-Code aufgezeichnet. Man sieht sehr deutlich, daß zu den angegebenen acht chinesischen Schriftzeichen ein und derselbe Basis-Code gehört. Um diese Mehrdeutigkeit zu unterbinden, wird aufgrund der Strukturanalyse eine Syntax entwickelt, die die Entscheidungsmerkmale für das zuzuordnende Schriftzeichen enthält und so eine sofortige Ein-

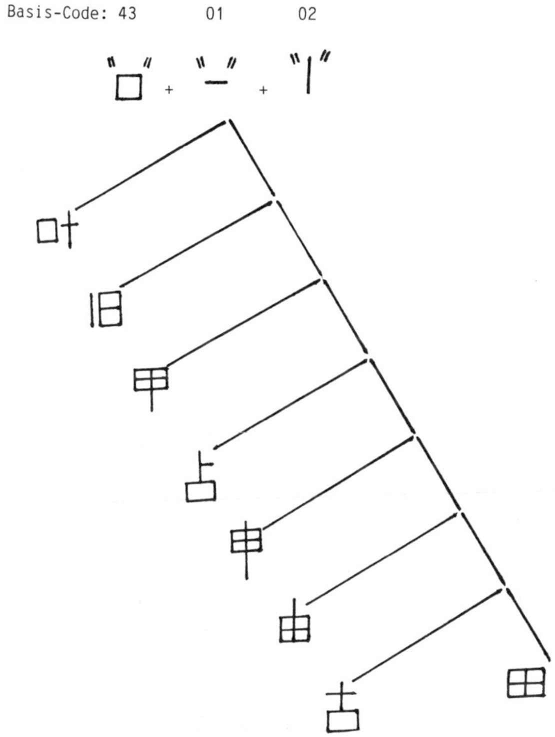

Abb. 8. Mehrdeutigkeit bei der Strukturanalyse

deutigkeit gewährleistet. Der Aufbau der Syntax für die restlichen 10 % der mehrdeutigen chinesischen Schriftzeichen wird zur Zeit bearbeitet und zu einem späteren Zeitpunkt veröffentlicht.

3. Vor- und Nachteile des Verfahrens

Nach den bisherigen Ergebnissen sind mit diesem Verfahren sowohl gerasterte Druckbilder als auch handgeschriebene Schriftzeichen, die möglichst in Blockschrift dargestellt werden sollten, d. h. mit möglichst gut erkennbaren Zeichenelementen, zu verarbeiten. Wird das Schriftzeichen in einem Linienzug handschriftlich vollzogen, so ist die Erkennung mit diesem Verfahren nicht möglich.

Eine weitere Schwierigkeit liegt in der Strichverfolgung bei nicht einwandfrei reproduzierbaren Strichwerten. Hier können Unterbrechungen, Verzerrungen und Verschmutzung zu Fehlergebnissen führen. Eine abschließende Beurteilung ist erst nach umfangreichen praktischen Untersuchungen möglich. Es ist durchaus denkbar, daß mit der verminderten Klassenzahl bereits erfolgreich getestete Verfahren in dieses zu integrieren sind.

4. Ausblick

Das Verfahren der Mustererkennung über Basis-Symbole und der Strukturanalyse für die Syntax bietet an dem Beispiel der chinesischen Schriftzeichenerkennung die ausgezeichnete Möglichkeit, grundsätzliche Erkenntnisse für den Einsatz in Informations- und Organisationssystemen zu gewinnen. Es ist zu erwarten, daß über den jetzigen Anwendungsfall hinaus Erkenntnisse erzielt werden, die über die Bildanalyse durch geeignete Symbolcodierung zu einer schnelleren und effizienteren Informationsauswertung führen.

An dieser Arbeit hat der Wissenschaftler Ingenieur HE Houcon von der Jiao-Tong-Universität Shanghai im Rahmen eines zweijährigen Stipendiums der Landesregierung Baden-Württemberg erfolgreich gearbeitet, wofür wir ihm an dieser Stelle danken. Ebenso seinem deutschen Partner, Herrn Dipl.-Ing. Pirmin Beck für die stets guten Anregungen bei der softwaremäßigen Lösung dieser Aufgabe.

Literatur

1. FU K.S. (1977) Introduction to syntactic pattern recognition. Syntactic Pattern Recognition, Applications. Springer, Berlin Heidelberg New York
2. GUO X.F, LUO Y.G. (1985) Recognition method for printed Chinese character. ACTA Electronica Sinica 13:Nr. 1
3. HSU W.H., CHENG F.H. (1985) Recognition of handwriting Chinese character by stroke structure analysis method. Proc. of CLCS, San Francisco U.S.A. 2
4. Rosenfeld A., Kak A.C. (1976) Digital Picture Processing. Academic Press
5. SHU W.H., GUO Q., LI L. (1985) A study on on-line handwritten Chinese character recognition. Proc. of CLCS, San Francisco U.S.A. 2
6. TANG B.X., SONG G.X. (1983) Chinese character structure recognition. Proc. of 1983 ICCIP, Beijing
7. Takahashi T., Masuda I. (1981) Recognition of handprinted Chinese Characters by stroke extraction method using penpoints sequence. PRL 81–12:78–94

Fortschritte mit neuen Werkstoffen: Keramik für den Maschinenbau

FRITZ THÜMMLER und GEORG GRATHWOHL

Zusammenfassung

In den letzten zwei Jahrzehnten erfolgte eine zunehmend stürmische Entwicklung neuer keramischer Werkstoffe, deren Potential für Anwendungen im Maschinenbau, Elektronik, Elektrotechnik, Fertigungstechnik und anderen Bereichen von hohem Interesse ist. Die bisher realisierten Eigenschaften dieser neuen Keramiken haben zu sehr großen Hoffnungen, verschiedenen technischen und wirtschaftlichen Erfolgen, aber auch zu gewissen Ernüchterungen geführt. Da das Potential dieser Werkstoffgruppe aber noch keinesfalls ausgeschöpft, d.h. die Werkstoffentwicklung noch in vollem Fluß ist, sind weitere positive Ergebnisse und „Durchbrüche" zu erwarten. Im vorliegenden Beitrag werden die wichtigen Aspekte dieser Entwicklung beschrieben. Auf Anwendungen besonders im Maschinenbau wird eingegangen und die Notwendigkeit einer fachübergreifenden Zusammenarbeit zwischen Anwender, Konstrukteur und Werkstoffwissenschaftler aufgezeigt.

1. Einführung

Werkstoffe spielen in der Technik eine entscheidende und zugleich begrenzende Rolle, da durch sie vielfach die Einsatzgrenzen von Bauteilen im Hinblick auf Temperatur, Beanspruchungszeit und Umgebungsbedingungen bestimmt werden. Auch die Zuverlässigkeit, Wirtschaftlichkeit und Ästhetik von Maschinen, Anlagen oder Bauten sind Fragen der Werkstoffe oder der Konstruktion, wobei beides oft im Zusammenhang steht. Es lassen sich zahlreiche technische Entwicklungen nennen, die mit einer gezielten Werkstoffentwicklung verknüpft waren bzw. sind, z. B. die gesamte Luftfahrttechnik einschließlich des Überschallflugzeuges und der Gasturbine, die Raumfahrt, die Kerntechnik, der Motorenbau, die Fertigungstechnik insbesondere mit der dazugehörigen Werkzeugtechnik, die Elektronik und vieles andere mehr.

Dabei kommt dem Werkstoffgebiet beim technologischen Wettbewerb zwischen den Industrienationen eine besondere Bedeutung zu: Staaten mit hochentwickelter Werkstofftechnik haben einen inhärenten Wettbewerbsvorteil und sind im allgemeinen technologisch führend. Dies wird seit längerer Zeit von den Regierungen erkannt. So werden in vielen Ländern, z. B. den USA, Japan, Bundesrepublik Deutschland u.a. Materialforschungsprogramme in größerem Umfange durch öffentliche Mittel gefördert, wobei langfristige Planungen und Förderzeiträume bis zu 10 Jahren eine kontinuierliche Entwicklung sicherstellen sollen. Zur Erhöhung der Erfolgsaussichten bei der angewandten Materialforschung wird in zunehmendem Maße eine Zusammenarbeit zwischen Universitäten und öffentlich geförderten Forschungsinstituten, Werkstoffherstellern und werkstoffanwendender Industrie angestrebt. Darüber hinaus betreibt die Industrie selbst in viel größerem Umfange als z.B. vor 10 Jahren Werkstoffentwicklungen aus eigenen Mitteln, um für den Wettbewerb künftiger Jahre gerüstet zu sein. Keramischen Werkstoffen kommt dabei eine herausragende Bedeutung zu.

2. Die Herausforderung: „Neue Keramiken"

Keramiken gehören zu den ältesten Gebrauchsmaterialien und finden seit Jahrtausenden Verwendung in wichtigen Lebensbereichen des Menschen. Noch vor 20 Jahren verbanden sich mit diesem Begriff ganz überwiegend Massenprodukte für Anwendungen im Bauwesen, Haushalt, Sanitär- und Hygienebereich, Ofenbau, Isoliertechnik und – nicht zu vergessen – als Werkstoff für den bildenden Künstler. Darüber hinausgehende technische und vor allem ingenieurmäßige Anwendungen, z. B. als Hochtemperaturwerkstoff und als Schneidkeramik spielten eine eher untergeordnete Rolle und traten kaum stärker in Erscheinung. Heute jedoch umfassen „neue Keramiken" auch Hochleistungswerkstoffe für extreme Beanspruchungen und erschließen Schritt für Schritt neue Anwendungsgebiete. Tabelle 1 gibt eine Übersicht über Anwendungen fortgeschrittener keramischer Werkstoffe in der Technik, eingeteilt nach ihren „Funktionen". Man erkennt, daß Keramiken jetzt in viele wichtige Bereiche der Technik eindringen. Neue technische Entwicklungen werden von ihnen maßgeblich beeinflußt oder durch sie erst ermöglicht, z.B. in der Sensortechnik und im Heißgasbereich von Verbrennungsmotoren. Die technische und wirtschaftliche Bedeutung solcher und anderer Einsatzbereiche ist sehr hoch einzuschätzen.

Eine Darstellung wie in Tabelle 1 ist erst seit wenigen Jahren möglich; manches davon ist allerdings noch Zukunftsmusik, zumindest was eine Serienfertigung betrifft. Der wertmäßige Anteil für die Elektronik (Substrate u.a.) dürfte bei 70–80 % des Umsatzes der neuen Keramiken liegen, der für ingenieurmäßige Anwendungen (Strukturkeramik für den Maschinenbau) unter 10 %. Die derzeitige Situation mag auch durch einige Ziffern gekennzeichnet werden: Der Umsatz in technischer Keramik in Japan wird für 1985 mit (umgerechnet) ca. 11 Mrd DM genannt, für die USA gilt eine ähnliche Zahl, mit einem durchschnittlichen Jahreswachstum von 8–9 %. Für die Bundesrepublik Deutschland kann ca. 1 Mrd DM angegeben werden. Allerdings gehen die veröffentlichten Angaben stark auseinander, da die zugrunde liegenden Begriffe „Technische Keramik", „High Tech Ceramics" und „Fine Ceramics" nicht deckungsgleich und auch nicht gut definiert sind. Für das Jahr 2000 wird in der westlichen Welt mit einem Umsatz von 50 Mrd DM oder mehr gerechnet. Zuwachsraten der jüngsten Vergangenheit sowie verschiedene Entwicklungsfortschritte auf wichtigen Gebieten lassen solche Prognosen als nicht unseriös erscheinen.

Vor einigen Jahren entstand in den USA der Begriff des „ceramic fever", vor allem aufgrund der aus Japan bekanntgewordenen sehr intensiven Anstrengungen, gepaart mit Hoffnungen und Wünschen für neue, rasch wachsende Märkte. In der Tat sind die umfassend angelegten Forschungsvorhaben, die Budgets und Investitionen sowie die Gründung neuer und der Ausbau bestehender Forschungs- und Entwicklungszentren

Tabelle 1. Anwendung fortgeschrittener keramischer Werkstoffe in der Technik

Vorwiegende Beanspruchung	Geforderte Eigenschaften	Einsatzgebiete
Thermisch	Hochtemperatur- und Temperaturwechselbeständigkeit, Wärmeleitfähigkeit bzw. Wärmewiderstand	HT-Komponenten, Rohre, Tiegel, Gehäuse; Heizelemente, IR-Strahler; Brennerteile, Wärmetauscher; Schweißdüsen, Heißgasfilter, Auskleidungen, Wärmedämmschichten, -platten, -ziegel, NE-Metallguß; Kohlevergasung/-verflüssigung; KFZ-Abgassysteme.
Mechanisch	Langzeit- und Hochtemperaturfestigkeit, Ermüdungsfestigkeit, Temperaturwechselbeständigkeit, tribologische Eigenschaften	Motoren: Ventil- und Kolbenteile, Vorkammern, Stössel, Bolzen, Kipphebel; Turbolader; Gasturbinen: Brennkammer, Stator, Rotor, Gasführungsteile; Bremsbeläge; Düsen, Lager, Dichtungen, Gleitringe; Schneidwerkwerkzeuge, allg. Verschleiß- und Führungsteile, Mahlkörper, Schleifmittel; Verschleißschutzschichten; Panzerungen.
Chemisch und biologisch	Korrosionsbeständigkeit, Biokompatibilität, Adsorptionsfähigkeit	Laborgeräte; Konz.-Mess- und Leck-Such-Systeme (Sensoren); Katalysatorträger für Abgasreinigung und chem. Industrie; Schmelzelektrolyse; korrosionsfeste Teile und Schutzschichten; Implantate für Gelenk- und Zahnersatz, Teile für innere Organe.
Elektrisch und magnetisch	Elektrische Leitfähigkeit bzw. Widerstand, Supraleitung, Halbleitung, Piezo- und Thermoelektrizität, Dielektrische Eigenschaften	Substrate, Packages; Kondensatoren, Varistoren, Thermistoren, Dioden, Durchführungen, Gehäuse; Sensoren; Solarzellen; Isolatoren, Heizelemente; Weich- und Dauermagnete; Energiewandler (Piezokeramiken, Schwingquarze).
Optisch	Lichtdurchlässigkeit und Lichtleitung, Lichtbündelung, Fluoreszenz	Na-Hochdrucklampen, Speziallampen, Fenster für verschiedene Strahlungsarten, Lasermaterialien, Spiegel, Faseroptiken.
Nuklear	Strahlungsdurchlässigkeit bzw. Absorption, Hochtemperaturbeständigkeit, Strahlen- und Korrosionsbeständigkeit	Kernbrenn- und Brutstoffe, Moderatoren, Absorber, Beschichtungen, Auskleidungen, Einschließung von hochaktiven Abfällen, Abschirmungen.

in der Industrie und bei öffentlich geförderten Institutionen, nicht nur in USA und Japan, für das Gebiet kennzeichnend. Insbesondere ist die Gründung der „Japanese Fine Ceramic Association“ mit dem Zusammenschluß von 172 (!) an Entwicklungen mit neuer Keramik interessierten Firmen ohne Beispiel. Eine breite technologische Entwicklung [7] ist in vollem Gange, gepaart mit Versuchen zur umfangreichen Markteinführung, die sich über längere Zeit fortsetzen wird.

3. Die Stoffe und ihre Eigenschaften

Während die „klassischen“ keramischen Werkstoffe und Baustoffe überwiegend silikatisch und z. T. sehr komplexer Natur sind, kommen die „neuen“ Materialien besonders aus den Bereichen der Oxid- und Nichtoxidkeramik. Die Tabellen 2 und 3 zeigen eine Übersicht über die wichtigsten Stoffe. Viele von ihnen sind als chemische Verbindungen mit hoher Härte und hohem Schmelzpunkt schon lange bekannt, ihre

Tabelle 2. Oxidkeramiken

Stoff	theoret. Dichte [g/cm³]	Schmelzpunkt [K]	Gitterstruktur	Bildungsenthalpie [kJ/mol]	Wärmeausdehnungskoeffizient (293–1270 K) [10^{-6}/K]	Wärmeleitfähigkeit (293 K) [W/m · K]	E-Modul (293 K) [GN/m²]	Biegefestigkeit[c] (293 K) [MN/m²]	maximale Anwendungstemperatur (Richtwerte) [K]
BeO	3,01	2840	hexagonal	– 580	9	264	390	300	—
MgO	3,58	3110	kubisch	– 570	14	36	320	300	2000
Al_2TiO_5	3.77	2130	orthorhombisch	– 2500	1,5	2	13	40	1670
Al_2O_3	3.98	2320	rhomboedrisch[b]	– 1590	8	27	400	400 (1000)	2100
ZrO_2	5,56.	2950	monoklin[a]	– 1040	9–10,5[d)]	2[d)]	205[d)]	600–900[d] (1500)[e]	2000
HfO_2	9,68	3170	monoklin	– 1010	10	3	—	—	—
ThO_2	10,00	3490	kubisch	– 1170	10	10	240	110	—

[a]Umwandlungen: ZrO_2 oberhalb ca. 1423 K tetragonal, oberhalb 2623 K kubisch
[b]Bei Al_2O_3 können unter bestimmten Herstellungsbedingungen verschiedene Phasen auftreten, die sich alle bei Temperaturen oberhalb 1423 K in die stabile rhomboedrische Phase umwandeln
[c]Richtwerte, abhängig von Dichte und Gefüge
[d]Werte gelten für teilstabilisiertes ZrO_2
[e]Labor-Spitzenwerte

Entwicklung als vielseitig anwendbare Werkstoffe, z. T. als „Hochleistungswerkstoffe", ist jedoch neueren Datums. Teilweise ist sie noch in vollem Fluß und erfordert besonders optimierte und viel „know-how" enthaltende Herstellungstechnologien, die hier nicht behandelt werden können. Dabei ist entscheidend, daß z. B. die für Anwendungen im Maschinenbau erforderlichen hohen Festigkeiten und Bruchzähigkeiten nicht nur vom Grundmaterial selbst abhängen, sondern erst durch die Erzielung höchster Verdichtung und die Einstellung optimierter Mikrogefüge ermöglicht werden. Dabei sind gut spezifizierte Rohstoffe hoher Reinheit sowie ein vollständig reproduzierbares „processing" (Pulvervorbereitung, Formgebung, Sintern u. a.) von ausschlaggebender Bedeutung. Ein gleichbleibendes Eigenschaftsprofil, auf das sich der Anwender verlassen kann, ist besonders wichtig und, vor allem bei den Nichtoxidkeramiken, noch keineswegs selbstverständlich. Durch Fortschritte dieser Art konnte beim Al_2O_3 das Niveau der mittleren Festigkeit während einiger Jahrzehnte Entwicklung von 200 MN/m² auf derzeit 400-450 Mn/m² bei hochwertigen Serienprodukten gesteigert werden (Abb. 1). Labor-Spitzenwerte liegen noch wesentlich höher.

Tabelle 3. Nichtoxidische Keramiken

Stoff	theoret. Dichte [g/cm³]	Schmelzpunkt [K]	Gitterstruktur	Bildungsenthalpie [kJ/mol]	Wärmeausdehnungskoeffizient (293–1270 K) [10^{-6}/K]	Wärmeleitfähigkeit (293 K) [W/m · K]	E-Modul (293 K) [GN/m²]	Biegefestigkeit[c] (293 K) [MN/m²]	maximale Anwendungstemperatur (Richtwerte) ox. [K]	red. [K]
C	2,26	4070 (subl.)	hexagonal (Graphit)	—	∥:<0,1 ⊥:<28	∥:>400[a] ⊥:<8	10–25	20–50[b]	1270	3270
Si_3N_4	3,19	2170 (diss.)	hexagonal (α,β)	– 630	RBSN 2,7 HPSN 3,3	10 15	160 300	250–340 650–1000	1720 1520	1970 —
SiC	3,21	3100 (peritekt.)	hex. (α), kub. (β)	– 70	4,5–5,5	60–150	300–400	400–800	1870	2470
AIN	3,26	2500 (diss.)	hexagonal	– 290	5,4	110–170	315	300–450	1570	1970
TiB_2	4,52	3470	hexagonal	– 280	8	65–120	500–570	700–1000	1570	—
BN	2,27	3000	hexagonal	– 225	1	25	300	50	1270	2970
	3,48		kubisch		10	42	800	120	1670	—
B_4C	2,52	2720	rhomboedrisch	– 40	6	28	460	400	970	2570

[a]praktische Werte 84–418 abhängig von der Textur
[b]mit steigender Temperatur ansteigend
[c]Richtwerte abhängig von Dichte und Gefüge

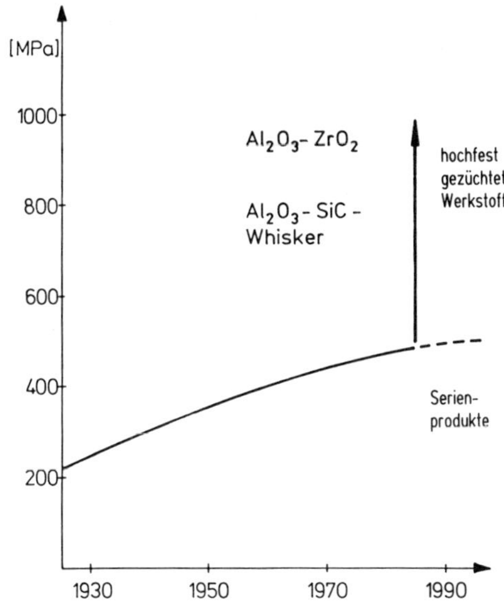

Abb 1. Entwicklung der mittleren Festigkeit von Al_2O_3-Keramiken (schematisch)

Die Festigkeiten von Keramiken, die in der Regel als Biegebruchfestigkeit gemessen werden, sind allerdings nicht durch einen einzigen Wert gekennzeichnet, sondern unterliegen einer statistischen Verteilung (Weibull-Verteilung). Außerdem können die Werte stark von der Oberflächenbeschaffenheit, d. h. vom Bearbeitungszustand, und von der Größe des Prüfkörpers bzw. des Bauteils beeinflußt werden.

Einige der Formeln in Tabellen 2 und 3, wie ZrO_2, Si_3N_4 und SiC repräsentieren jeweils eine ganze Gruppe von Werkstoffen, von denen jeder einzelne je nach Zusammensetzung und Gefügezustand ein individuelles Eigenschaftsprofil aufweist. Bei den Si_3N_4-Basis-Materialien hat sich dabei die Untergruppe der Sialone herausgebildet, womit Mischkristall-Phasen aus Si_3N_4 und bestimmten Oxiden, vornehmlich Al_2O_3, bezeichnet werden. Dabei ist denkbar, daß jeweils der richtige Werkstoff für eine bestimmte Anwendung „maßgeschneidert" werden kann. Schon hierdurch ergibt sich, daß das Gebiet der „neuen Keramiken" außerordentlich vielseitig und entwicklungsintensiv ist.

Die Tabellen 2 und 3 zeigen auch, daß diese Keramiken größtenteils hochtemperaturbeständig sind. Das bedeutet gleichermaßen hinreichende chemische Beständigkeit, besonders Oxidationsfestigkeit sowie mechanische Festigkeit bis zu hohen Temperaturen. In dieser Hinsicht sind die Keramiken den Metallen und Legierungen weit überlegen. So verlieren einige SiC-Werkstoffe von Raumtemperatur bis 1200 °C, andere sogar bis 1500 °C kaum an Festigkeit. Allerdings ist das Festigkeitsniveau selbst gerade bei dieser Werkstoffgruppe, noch verbesserungsbedürftig. Auch Si_3N_4-Werkstoffe besitzen ein sehr gutes Hochtemperaturverhalten. Besonders hohe Festigkeits- und Bruchzähigkeitswerte lassen sich durch die Einstellung mehrphasiger Gefüge nach neuartigen Prinzipien erhalten, nämlich durch „Umwandlungsverstärkung" und „Faserverstärkung" (s.u.), was in Abb. 1 bereits angedeutet wurde. Aus der Reihe der übrigen Eigenschaften sei besonders auf den Elastizitätsmodul und den Wärmeausdehnungskoeffizienten hingewiesen: Beide liegen für ZrO_2-Werkstoffe nahe bei den

Tabelle 4. Besonderheiten fortgeschrittener Keramiken

Oxidkeramik (bes. Al_2O_3 und ZrO_2) – verbesserte Festigkeit und Bruchzähigkeit durch optimierte Gefüge und Umwandlungsverstärkung – Einführung der Faser- und Whiskerverstärkung – Hochtemperaturfestigkeit – Verschleißfestigkeit – niedere Reibungskoeffizienten – Korrosionsbeständigkeit
Nichtoxidkeramik (bes. Si_3N_4 und SiC) – besondere Kombination von Eigenschaften (kovalente Bindung mit großer Hochtemperaturfestigkeit, niedere Dichte, niedere thermische Ausdehnung, gute Temperaturwechselbeständigkeit) – Verbesserte Festigkeit und Bruchzähigkeit durch Einstellung optimierter Gefüge und Bindephasen – Einführung der Faser- und Whiskerverstärkung – Verschleißfestigkeit – niedere Reibungskoeffizienten – Oxidations- und Korrosionsbeständigkeit
Kohlenstoff – Einführung der artgleichen Faserverstärkung (CFC), unidirektional, laminar und mehrdimensional, mit hoher, kaum temperaturabhängiger Festigkeit – geringe Dichte
Allgemein – keine Rohstoffprobleme

Werten von Stahl, was für die Verbindungstechnik zwischen beiden günstig ist. Andere wichtige Keramiken (Al_2O_3, SiC, Si_3N_4) haben höhere E-Moduli und niedrigere Wärmeausdehnungskoeffizienten, wodurch sich besonders die Nichtoxidkeramiken auszeichnen; das bei Keramiken problematische Thermoschockverhalten und die Temperaturwechselbeständigkeit werden durch geringe Wärmeausdehnung günstig beeinflußt. Für viele Anwendungen ist die besondere Verschleißfestigkeit von ausschlaggebender Bedeutung. Einige dieser Eigenschaften führen, zusammen mit modernen Herstellungsverfahren und Verstärkungsprinzipien zu den Besonderheiten der neuen Keramiken, die in Tabelle 4 zusammengefaßt sind.

4. Die Sprödigkeit und was dagegen zu tun ist

Leider sind auch die neuen Keramiken durch eine sehr unangenehme Eigenschaft, nämlich die Sprödigkeit, gekennzeichnet. Dies hängt ganz fundamental mit ihrem überwiegend kovalenten oder ionischen Bindungszustand zusammen: Ein Gleiten von Versetzungen (einer bestimmten Art von Gitterstörungen), was das Hauptprinzip der plastischen Verformung bei Metallen darstellt, tritt, wenn überhaupt, erst bei so hohen Spannungen auf, bei denen die Bruchfestigkeit überschritten wird. Mechanisch oder thermisch hervorgerufene Spannungsspitzen können – zumindest bei niederen und mittleren Temperaturen – somit nicht durch plastische Vorgänge im Bauteil abgebaut werden. Das Geschehen bei Überlastung wird nicht durch Nachgiebigkeit und Verformung, sondern durch Rißbildung, Rißwachstum und ggf. katastrophalen Bruch bestimmt.

Es ist ein klar erkanntes Ziel der Keramikentwicklung, die Gefügezustände so zu optimieren, daß keramische Komponenten trotz ihrer inhärenten Sprödigkeit im Maschinen- und Apparatebau mit hoher Zuverlässigkeit einsetzbar werden. Dabei lassen sich vier Merkmale festlegen, in denen sich die neuen Keramiken vor dem Konstrukteur zu bewähren haben:

- Erhöhung der Festigkeit, um den „Sicherheitsabstand" zum Versagensfall zu vergrößern.
- Verringerung der Festigkeitsstreuung, um die Akzeptanz der Ingenieurkeramik durch die Bereitstellung und Gewährleistung konstruktionsrelevanter Materialdaten zu fördern.
- Erhöhung des Rißwiderstands (Bruchzähigkeit), um Risse bei ihrer Entstehung und in ihrer Ausbreitung zum katastrophalen Bruch zu behindern.
- Behinderung des *langsamen* Rißwachstums, damit unterkritische Risse bei mechanischer oder kombiniert mechanisch-korrosiver Langzeitbeanspruchung nicht zur kritischen Größe wachsen.

Diese Ziele werden in mehrfacher Weise angegangen, wobei es werkstoffphysikalisch immer darum geht, die prinzipiell unvermeidbaren Gefügefehler möglichst klein werden zu lassen und ihr Wachstum nach Kräften zu behindern. Die verschiedenen Wege hierzu werden im folgenden geschildert.

5. Hochfeste und bruchzähe Keramiken

Drei Prinzipien können zur Erreichung der angesprochenen Ziele verfolgt werden, nämlich:

- Umwandlungsverstärkung
- Faser- und Whiskerverstärkung
- Verwendung gleichmässiger, ultrafeiner Pulver ($<< 1 \mu m$) mit Erzielung extrem feinkörniger Gefüge.

Die besonders intensiv untersuchte *Umwandlungsverstärkung* [3, 10] beruht auf der martensitischen, mit einer Volumenzunahme verbundenen Umwandlung des tetragonalen zum monoklinen ZrO_2. Tetragonale ZrO_2-Partikel können in einer ZrO_2- oder einer anderen Keramikmatrix Druckspannungszonen bewirken, die anlaufende Mikrorisse in ihrer Ausbreitung effektiv behindern. Dabei sind bevorzugt feine Partikel wirksam, die bis weit unter ihre Gleichgewichtstemperatur metastabil tetragonal bestehen bleiben und erst bei Einwirkung mechanischer Spannungen, d. h. bei Beanspruchung umwandeln. Wie Festigkeit und Bruchzähigkeit mit abnehmender ZrO_2-Partikelgröße (aufgrund längerer Mahldauer) ansteigen, ist in Abb. 2 dargestellt. Dieses Prinzip hat bereits zu kommerziellen Produkten geführt, wie teilstabilisiertes ZrO_2 (PSZ), tetragonales, polykristallines (feinstkörniges) ZrO_2 (TZP) oder umwandlungsverstärktes Al_2O_3 mit den in Abb. 1 und den Tabellen 2 und 3 angegebenen Festigkeits- und Bruchzähigkeitswerten. Weit höhere Werte ($>$ 2000 MPa und $>$ 20 MPa $\sqrt{m}$) werden für realisierbar gehalten. Die Einführung solcher ZrO_2-Werkstoffe in die Praxis hat für Schneidstoffe, Messer, Scheren und Bauteile für verschiedene Anwendungen begonnen. Es handelt sich hier noch um ziemlich teure, bzgl. ihrer Eigenschaften jedoch um sehr attraktive Produkte. Dieses Verstärkungsprinzip wurde bis vor kurzem ausschließlich für niedere Temperaturen ($<$ 200–300 °C) für anwendbar gehalten, da

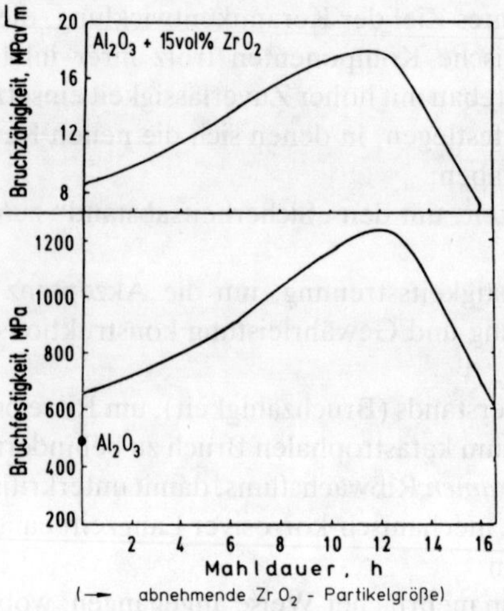

Abb. 2. Abhängigkeit der Festigkeit und der Bruchzähigkeit von ZrO_2-umwandlungsverstärktem Al_2O_3 von der Mahldauer [8]

bei höherer Temperatur ein drastischer Abfall der mechanischen Eigenschaften zu verzeichnen ist. Es zeigte sich jedoch, daß unter bestimmten Bedingungen die Verstärkungseffekte auch bei höheren Temperaturen und langen Zeiten bestehen bleiben [4, 9].

Eine Materialgruppe mit besonders großem Innovationspotential sind mit *nichtmetallischen Fasern oder Whiskern verstärkte Keramiken*. Während faserverstärkte Kunststoffe (mit Glasfasern (GFK) oder mit Kohlefasern (CFK)) und – in geringerem Umfange – faserverstärkte Leichtmetalle schon lange bekannt und z. T. eingeführt sind (Sportgeräte, Boote, Flüssigkeitstanks, Karosserieteile, neuerdings Flugzeugleitwerke, evtl. Leichtmetall-Motorkolben), stehen faser- und whiskerverstärkte Keramiken bei vielversprechenden Laboratoriumsergebnissen erst im Anfang ihrer Entwicklung. Die besondere Bedeutung der Fasern und Whisker liegt in ihrer hohen Eigenfestigkeit mit Richtwerten von 2000–4000 MPa, auf deren Ursache hier nicht eingegangen werden soll. Whisker sind haarförmige, in der Regel aus der Gasphase gewachsene einkristalline Fasern besonders hoher Festigkeit, aber nur sehr begrenzter Länge. Kohlenstoff- und Al_2O_3-Fasern werden als kontinuierliche Fasern für andere Anwendungen als Keramikverstärkung bereits in größerem Umfange erzeugt (Tonnen/Jahr), bei den viel teureren Whiskern (sehr interessant SiC-Whisker!) hält sich die Herstellung noch in bescheidenerem Rahmen.

Zur Herstellung von keramischen Werkstoffen oder Bauteilen werden diese Fasern oder Whisker mittels besonderer Techniken in eine Matrix eingebracht, die eine ähnliche oder verschiedene Zusammensetzung wie die Fasern aufweisen kann. Die Einlagerung kann eindimensional oder zweidimensional gerichtet (besonders bei Langfasern) oder auch ungerichtet erfolgen; man erhält dementsprechend ein- oder mehrdimensionale Verstärkung. Zur Erzielung eines größeren Verstärkungseffekts sind Volumenanteile von 20–50 % an Fasern oder Whiskern erforderlich, der größte Effekt ist bei eindimensionaler Verstärkung mit Langfasern zu erzielen, wobei allerdings ein stark anisotropes Material entsteht. Die Entwicklung dieser faserverstärkten Werkstoffe

Tabelle 5. Keramikfaser- und -whiskerverstärkte Werkstoffe (Beispiele)

Matrix	Anteil [Vol-%] Faser (f) Whisker (w)		Festigkeit (Richtwerte) [MPa]	Bruchzähigkeit (Richtwerte) [MPa $\sqrt{m}$]
Glas	C oder SiC (f)	30–65 (1d)	600–900	10–25
Glaskeramik	C oder SiC (f)	30–50 (1d)	550–700	10–17
Glaskeramik	C oder SiC (f)	50 (2d)	380	10
Al_2O_3	SiC (w)	40	850	8,5
RBSN	SiC (w)	30	450	—
HIPSN ($Y_2O_3 + Al_2O_3$)	SiC (w)	30	975	6,4
SiC (CVI)	SiC (f)	45 (2d) (10% Poros.)	580	12–18
HPSN	C (f)	30 (1d)	450	15,6
C*	C (f)	30 (1d)	1000	—
Al	SiC (f)	40 (1d)	1050	16–22

RBSN = Reaktionsgebundenes Siliziumnitrid; HIPSN = Heißisostatisch gepreßtes Siliziumnitrid; HPSN = Heißgepreßtes Siliziumnitrid; CVI = Chemical vapor impregnation; 1d, 2d = ein- bzw. zweidimensional verstärkt; *CfC = Kohlefaserverstärker Kohlenstoff

käme in gewisser Weise an ein Endziel, wenn der Fasereinbau entsprechend den Kraftlinien im Bauteil erfolgt, wie die Natur es uns in vielfältiger Weise (Holz, Knochen, u. a.) vormacht. Eine Auswahl faser- und whiskerverstärkter Werkstoffe findet sich in Tabelle 5.

Technologisch besonders fortgeschritten ist der kohlefaserverstärkte Kohlenstoff [5, 6] (CFC), der im weiteren Sinne ebenfalls als keramischer Werkstoff bezeichnet werden kann. Intensiv untersucht wird auch SiC-whiskerverstärktes Al_2O_3 [1]. Diese Keramiken sind der Gruppe der Verbundwerkstoffe zuzurechnen. Solche Materialien sind zu bemerkenswert hoher Festigkeit und Bruchzähigkeit entwickelt worden und sind auch für hohe Temperaturen geeignet. CFC behält seine Festigkeit (bis 1000 MN/m^2 bei eindimensionaler Verstärkung) bis ca. 2000 °C, ist aber oberhalb 600 °C leider sehr oxidationsempfindlich. Dieser Werkstoff ist aber wegen seines niedrigen spezifi-

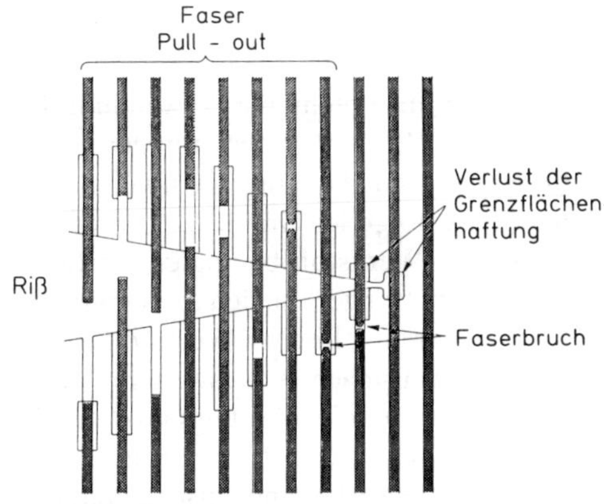

Abb. 3. Bruchvorgang in einer faserverstärkten Keramik, schematisch [10]

schen Gewichtes und weil man daraus großflächige und großvolumige Teile herstellen kann, äußerst interessant und wird z.B. beim Bau von Raumfahrzeugen in großem Umfange verwendet. Wenn es gelänge, CFC oxidationsfest zu machen, hätte man ein Supermaterial in den Händen! Hieran wird intensiv gearbeitet. Auch tritt bei faserverstärkten Keramiken kein katastrophaler Bruch auf, sofern die Fasern lang genug sind und beim Bruch der Matrix „pullout"-Effekte die vollständige Zerstörung zunächst verhindern (Abb. 3). Diese Materialgruppe könnte in Zukunft im Maschinenbau, aber auch in anderen Bereichen wie der medizinischen Implantationstechnik oder bei Kernfusionsanlagen zu ganz neuen Problemlösungen führen.

Bedeutende Verbesserungen der Materialqualität sind auch durch verbesserte Rohstoffe zusammen mit neuen Herstellungstechnologien zu erwarten. Das Ziel ist, die in jeder Keramik vorhandenen, die Festigkeit und Zähigkeit begrenzenden Störstellen des Mikrogefüges wie Poren, Einschlüsse, Verunreinigungen, weiche Korngrenzen, ungleichmäßige Korngröße u. a. möglichst weitgehend zu eliminieren. Ein Weg hierzu könnte die *Verwendung ultrafeiner* ($<< 1 \mu m$), eventuell *monodisperser*, und *reinster Pulver* sein, die heute nach verschiedenen Verfahren hergestellt werden können. Wenn es gelingt, solche Pulver bei der Formgebung gleichmäßig zu packen und beim anschließenden Sintern Kornwachstum weitgehend zu vermeiden, dann würde sich der kritische Fehler im hypothetischen, d.h. rein rechnerischen Idealfall auf die Größenordnung des Partikeldurchmessers reduzieren, was zu extrem hohen Festigkeiten führen würde. Dabei ist auch eine Kombination mit der Umwandlungsverstärkung angezeigt. In der Tat wurden die bis heute bei Keramiken berichteten höchsten Festigkeiten und Bruchzähigkeiten mit umwandlungsverfestigenden ZrO_2-Werkstoffen extremer Feinkörnigkeit erreicht.

6. Die Notwendigkeit der fachübergreifenden Zusammenarbeit

In den bisherigen Abschnitten war überwiegend von den Materialien die Rede, deren Eigenschaften zweifellos die Basis für die Praxis darstellen. Eine breite Anwendung der Ingenieurkeramik ist jedoch nur zu erreichen, wenn Konstrukteure und Anwender mit dem Werkstoffkundler und dem Keramik-Hersteller eng zusammenarbeiten. Das gilt insbesondere für die heute gegebene Situation im Maschinenbau, in der hochgesteckte Erwartungen auf potentielle Anwendungsfälle treffen, die durch schwierigste Beanspruchungsprofile, verbunden mit der Forderung nach höchster Zuverlässigkeit, gekennzeichnet sind. Der Ingenieurwerkstoff Keramik mit seinem großen Potential kann nur dann erfolgreich eingesetzt werden, wenn der Konstrukteur bereit ist, die durch den spröden Werkstoff bedingten Gestaltungsrichtlinien sich zu erarbeiten und zur Anwendung zu bringen. In den meisten Fällen weichen diese Konstruktionsprinzipien von denen der metallischen Werkstoffe ab, die bisher das wesentliche Rüstzeug des Konstrukteurs ausmachen. Desweiteren müssen die Ingenieure die Leistungsdaten der neuen Werkstoffe, die allerdings großenteils vom Hersteller bzw. vom Werkstofforscher prüftechnisch erst noch erarbeitet und werkstoffwissenschaftlich interpretiert werden müssen, bewerten und entscheiden, ob diese mit den jeweiligen Beanspruchungsfällen in Übereinstimmung zu bringen sind. Dabei ist für jeden

Anwendungsfall auch die Forderung nach einer Fertigungstechnologie eingeschlossen, die gleichermaßen den Gestaltungsrichtlinien, der geforderten Zuverlässigkeit und der Wirtschaftlichkeit Rechnung trägt. Durch diese Forderung des Anwenders an den Hersteller der Bauteile schließt sich der Kreis der notwendigen wechselseitigen Beziehungen.

Die wesentlichen fachübergreifenden Problemkreise können wie folgt charakterisiert werden:

- Weiterentwicklung der Werkstoffe und Herstellungstechnologien, um zu Materialien und Bauteilen mit besser reproduzierbaren Eigenschaften bei akzeptablen Kosten, d.h. zu verbesserter „Serienfähigkeit" zu gelangen. Etablierung von Verfahren zur zerstörungsfreien Bauteilprüfung als Fertigungskontrolle.
- Bereitstellung der anwendungsrelevanten Eigenschaften, z. B. Festigkeits-, Kriech- und Ermüdungsdaten (unterkritisches Rißwachstum), einschließlich der zu erwartenden Streuungen sowie der Abhängigkeit der Eigenschaften vom Werkstoff- und Bauteil-Zustand.
- Erarbeitung bzw. Optimierung der Verbindungs- und Fügetechniken Keramik-Metall und Keramik-Keramik. Diese bedürfen für jeden einzelnen Anwendungsfall einer sorgfältigen Erprobung.
- Entwicklung von Verfahren zur Hartbearbeitung keramischer Bauteile, Festlegung der jeweils idealen Schnittpunkte zwischen der endkonturnahen Fertigungstechnik und der Nachbearbeitung unter Berücksichtigung der erreichbaren bzw. erforderlichen Toleranzen und der Wirtschaftlichkeit.
- Erarbeitung von Lebensdaueranalysen für keramische Bauteile, deren Beanspruchungsprofile (besonders Spannungsverteilungen) mit hoher Genauigkeit ggfs. mit numerischen Methoden ermittelt werden.
- Werkstoffgerechte Gestaltung der keramischen Bauteile mit dem Ziel der Ausnutzung der günstigen (z. B. hohe Druckfestigkeit) und der Berücksichtigung der ungünstigen Eigenschaften (z. B. Minimierung von Zugbeanspruchungen und Spannungsspitzen); Realisierung des Prinzips: „Keramikgerechtes Konstruieren".
- Experimentelle Überprüfung der erarbeiteten Lebensdauerprognosen für keramische Bauteile, in praxisnahen Tests und in Feldversuchen.
- Bewertung der durch den Einsatz keramischer Teile erzielbaren Fortschritte und eingehandelten Risiken.

Je schwieriger und teurer ein Aggregat mit keramischen Teilen, je komplexer seine Beanspruchung ist und je höher seine Zuverlässigkeit gefordert wird, umso vollständiger müssen o. a. Punkte quantifiziert werden. Die keramischen Teile in der Antriebstechnik (Dieselmotor, Turbolader, Gasturbine, s. Kap. 7) sind wichtige Beispiele hierfür.

Die hier skizzierten Zusammenhänge standen auch bei der Gründung des *Instituts für Keramik im Maschinenbau der Universität Karlsruhe* Pate, in dem eine Zusammenarbeit zwischen Ingenieuren aus dem Konstruktions- und dem Anwendungsbereich mit Werkstoffwissenschaftlern und Schadensforschern ins Leben gerufen wurde. Neben der Forschung und Entwicklung soll das Institut eine gründliche Ausbildung von angehenden Maschinenbau-Ingenieuren auf dem Gebiet der Technischen Keramik ermöglichen.

7. Anwendungen im Maschinenbau

In Tabelle 6 sind die wichtigsten derzeitigen und für die Zukunft vorauszusehenden Anwendungen von Hochleistungskeramiken im Maschinenbau zusammengefaßt.

Die *derzeitige Situation* ist gekennzeichnet durch zunehmenden Einsatz von Al_2O_3-, Si_3N_4- und SiC-Keramiken als verschleißfester Werkstoff, z. B. als Dicht- bzw. Gleitringe im Pumpen- und Armaturenbau, Düsen, trockenlaufende und hochbelastete Lager u. a. Hier ist das ausgezeichnete tribologische Verhalten bestimmter Werkstoffpaarungen maßgebend. Si_3N_4- und Al_2O_3-Keramiken haben sich beachtliche Marktanteile als Schneidwerkstoffe erobert und bieten besonders für die Feinbearbeitung auf automatischen Maschinen technische und wirtschaftliche Vorteile. Sie stehen in scharfem Wettbewerb mit beschichteten Hartmetallen und den sog. superharten Stoffen, wie dem Diamant und dem kubischen Bornitrid, die mit ihrer enormen Leistungsfähigkeit ebenfalls zunehmend Verwendung finden.

Im Kraftfahrzeugbau hat der keramische Katalysatorträger weithin Eingang gefunden. Die Besonderheit liegt hier nicht bei den Werkstoffeigenschaften (Cordierit), sondern in der Fertigungstechnik, an die bei der Herstellung der filigranen Wabenstrukturen hohe Anforderungen gestellt werden. Ein weiteres Serienprodukt sind die keramischen Auskleidungen des Abgasführungssystems aus Aluminiumtitanat, die bereits für mehrere aufgeladene Fahrzeugtypen Verwendung finden. Der keramische Turbolader, dessen Serienreife man in Japan schon 1983 erwartet hat, ist jetzt Realität; er wird derzeit im ersten Serienfahrzeug für den japanischen Inlandsmarkt eingebaut. Sein geringes Gewicht ermöglicht ein besonders rasches Ansprechen der Aufladung. Die komplizierte Form des Si_3N_4-Rotors erforderte einen hohen Entwicklungsauf-

Tabelle 6. Anwendung von Hochleistungskeramiken im Maschinenbau (Beispiele für zu erwartende „Durchbrüche")

Kurzfristig	(derzeit und bis 1988) Verschleißteile (Dichtringe, Düsen, Lager u.a.) Schneidwerkzeuge, (Al_2O_3- und Si_3N_4-Basis, einschließlich Beschichtungen) Wärmetauscher bis 1000°C Wärmedämmschichten in Gasturbinen KFZ-Teile (Katalysatorträger, Abgasführung, Ventile, Turbolader, Keramikfaser-verstärkte Kolben) Sensoren
Mittelfristig	(1988–1992) Weitere verschleiß- und korrosionsfeste Maschinenteile Weitere KFZ-Teile (Vorkammer, Zylinderliner, Kolbenböden, Hebel, Ventilteile, Bolzen, Abgasführung, größere Turbolader) Gasturbine, statische Teile (Brennkammer, bes. Beschichtungen, Stator, Wärmetauscher u.a.)
Langfristig	(nach 1990–2000) Weitere Maschinen- und Apparateteile, Gebrauchsgegenstände Weiterentwickelter Dieselmotor (wärmeisoliert, optimierte Abgasnutzung, Wegfall der Wasserkühlung, Gewichtsersparnis) Gasturbinen (statische und rotierende Teile) Flugtriebwerke (Teile) Kernfusionsanlagen (Schutz der inneren Wand, Limiter u.a.).

wand. Keramische Glühkerzen und Sensoren für verschiedene Anwendungen sind weitere Serienprodukte.

Große Bedeutung erlangten keramische Beschichtungen, gleichermaßen zur Erhöhung der Verschleißfestigkeit als auch der Wärmedämmung. Mehrfachbeschichtete Hartmetalle mit Keramik als äußerer Schicht werden heute von vielen Hartmetallherstellern angeboten und verdrängen zunehmend unbeschichtetes Hartmetall. Sie werden als Wendeplatten für die spangebende Metallbearbeitung und als Werkzeuge für die spanlose Umformung eingesetzt. Zirkondioxid-Beschichtungen für die Wärmedämmung bei Triebwerksteilen (Brennkammern) sind im zivilen wie militärischen Flugzeugbau Stand der Technik, wenn auch noch nicht voll ausgereift.

Mittel- und langfristig wird mit einer starken Ausweitung des Marktes für die bereits genannten Anwendungen und für weitere verschleiß-, korrosions- und hochtemperaturbeständige Maschinenteile gerechnet. Brenner mit angeschlossenem Wärmetauscher für die Wohnhausheizung könnten sich durchsetzen. Im Motorenbau (Dieselmotor) wird intensiv an der Einführung keramischer Teile gearbeitet, da sich dadurch Gewichtseinsparungen und erhöhte Lebensdauer (geringerer Verschleiß bei verringerter Reibung) ergeben können. Über Wärmedämmung durch keramische Vorkammern sowie im Kolben- und Zylinderbereich hofft man, eine Verringerung der Kühlleistung und eine Erhöhung der Abgastemperatur mit verbesserter Nutzungsmöglichkeit des Abgases zu erreichen. Ein schmiermittelfreier Betrieb rückt bei Verwendung von

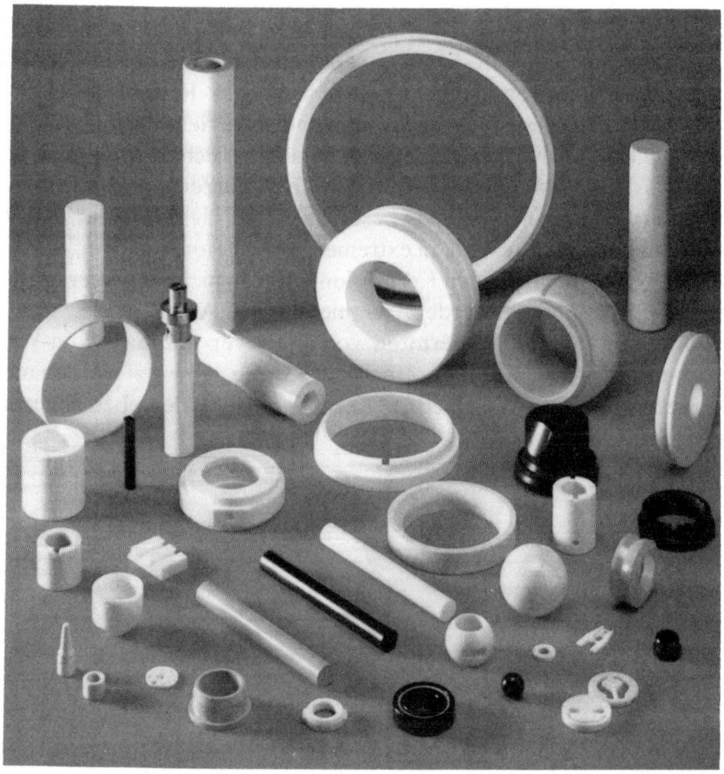

Abb. 4. Keramikteile aus Aluminiumoxid, Zirkonoxid und Siliciumcarbid (schwarz) (Friedrichsfeld)

Abb. 5. Ziehwerkzeuge zur Drahtherstellung aus Aluminiumoxid und Zirkonoxid (Feldmühle, Plochingen)

Keramikkomponenten in weiteren Aggregaten in greifbare Nähe, jedoch dürfen einige Nachteile, z.B. bzgl. der Schadstoffemission nicht übersehen werden.

Ein besonders interessantes und schwieriges Arbeitsgebiet ist die Einführung keramischer Teile, bevorzugt Si_3N_4 und SiC in die Gasturbine für Arbeitstemperaturen bis 1350 °C. Ein entsprechendes Forschungsprogramm „Keramische Bauteile für Fahrzeug-Gasturbinen" [2] wurde vom BMFT von 1974–1983 in der Keramik- und Kraftfahrzeugindustrie sowie in verschiedenen Forschungsinstituten gefördert und führte zur erfolgreichen Erprobung einer Turbine in einem Versuchsfahrzeug. Darüber hinaus wurden zahlreiche „spin-off"-Ergebnisse erzielt. Die Turbine enthält neben anderen keramischen Komponenten einen vollkeramischen Rotor aus heißgepreßtem Si_3N_4. Trotz dieses Erfolges ist man sich einig, daß die serienfähige „keramische Gasturbine" ein längerfristiges Entwicklungsziel darstellt. Technologisch und wirtschaftlich relevant wird sie vermutlich zunächst bei Großfahrzeugen; die Entwicklung ist auch nicht auf erdgebundene Turbinen beschränkt. Für dieses Gebiet sind Bauteilzuverlässigkeit und Fertigungstechnik in extremer Weise gefordert.

Aus heutiger Sicht können auch Kernfusionsanlagen nicht ohne keramische Hochleistungswerkstoffe realisiert werden, da metallische Anlagenteile, wie die erste (innere) Wand, Limiter und Divertoren vor intensiver Plasma-Wand-Wechselwirkung, etwa durch SiC- oder Kohlenstoffbasiswerkstoffe geschützt werden müssen.

Abbildungen 4–7 zeigen verschiedene Keramikteile aus den oben angesprochenen Einsatzbereichen.

Abb. 6. Turbolader-Rotor aus Siliziumnitrid (Elektroschmelzwerk Kempten)

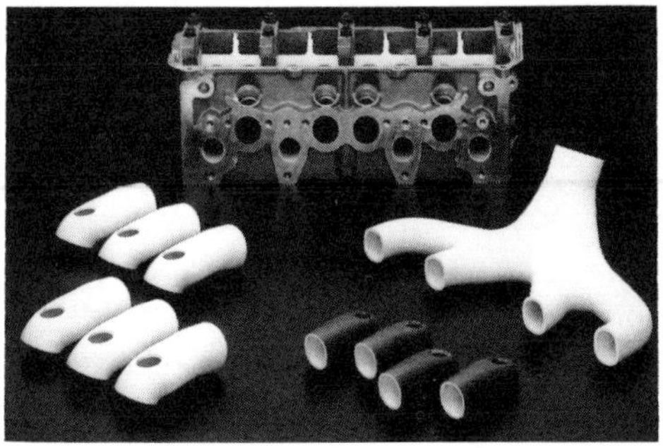

Abb. 7. Auskleidungen für den PKW-Abgaskanal (Portliner) aus Aluminiumtitanat (Hoechst CeramTec, Selb)

8. Ausblick

Die weitere und langfristige Einführung keramischer Hochleistungswerkstoffe in den Maschinenbau wird aufgrund der meist hohen und komplexen Anforderungen eng mit der Weiterentwicklung der Herstellungstechnologie, der Bauteilzuverlässigkeit und mit der Frage der Wirtschaftlichkeit verknüpft sein. Ingenieure verschiedenster Disziplinen und Materialforscher sind hier gefordert. Auch wenn der Umfang der Keramikanwendung im Maschinenbau den in der Elektronik nicht so schnell erreichen wird, wird die Bedeutung dieser neuen Werkstoffe für den Maschinenbau weiter stark zunehmen. Die Universitäten können für die Bewältigung der anstehenden Probleme sowohl bei der Ausbildung der Ingenieure als auch in der Forschung wichtige Beiträge leisten. Das „Institut für Keramik im Maschinenbau" an der Universität Karlsruhe hat sich diese Aufgabe zum Ziel gesetzt.

Literatur

[1] P.F. Becher, G.C.Wei: Toughening Behaviour in SiC-Whisker-reinforced Alumina. Comm. Am. Ceram. Soc. 67 (1984) 259.

[2] W. Bunk, M. Böhmer (Hrsg.): Keramische Komponenten für Fahrzeug-Gasturbinen, 3 Bde, Springer-Verlag 1978, 1981, 1984.

[3] N. Claussen: Umwandlungsverstärkte keramische Werkstoffe. Z. Werkstofftechnik 13 (1982)

[4] N.Claussen, F.Sigulinski, M.Rühle: Transformation of (Zr,Hf)O_2 Particles in an Al_2O_3 Matrix. Advances in Ceramics 3 (1981) 164.

[5] E.Fitzer, W.Hüttner: Faserverstärkte All-Carbon-Werkstoffe. Sprechsaal 113 (1980) 452 ff u. 919 ff.

[6] E. Fitzer, H. Jäger: Oberflächenbehandlung von Kohlenstoffasern und mechanische Eigenschaften von Laminaten. Z. Werkstofftechnik 16 (1985) 215 ff. u. 232 ff.

[7] G. Grathwohl: Wege der neuen Keramik. Innovation 3 (1985) 274.

[8] T.Kosmac, R.Wagner, N.Claussen: X-Ray Determination of Transformation Depths in Ceramics Containing Tetragonal ZrO_2. J. Am. Ceram. Soc. 64 (1981) C 72.

[9] H.Olapinski, U.Dvorak, W.Burger: High Temperature Durability of Zirconia in: Ceramic Materials and Components for Engines (Ed. W. Bunk, H.Hausner), Verlag Deutsche Keramische Gesellschaft, Bad Honnef, 1986, 537.

[10] G.Petzow, N.Claussen: Zähigkeitsverbesserung von Sonderkeramiken. Radex-Rundschau (1977) 110

[11] D. C.Philipps: Fibre-reinforced ceramics. In EUR 9565 EN (1985), Ed.: R.W.Davidge.

IV. Technologietransfer und Innovation

Auswirkungen der Informationstechnologie im Dienstleistungsbetrieb

Arno Paul Bäumer und Uwe Haasen

Der Stellenwert der Information als Produktionsfaktor nimmt immer mehr zu. Das Verfügen über Informationen und ihre effiziente Nutzung ist für viele Unternehmen von ausschlaggebender Bedeutung.

Für die Verwaltungsarbeiten in Dienstleistungsbetrieben ist Information Rohstoff und Produkt zugleich. Dies gilt in besonderem Maße für Versicherungsunternehmen, weil dort ein intensiver Informationsaustausch zwischen dem Versicherer und den Kunden sowie dem Außendienst erfolgt. Die Informationen werden in vielfältigen Formen empfangen, verarbeitet, gespeichert und gesendet.

Neben Preis, Leistung und Bonität eines Versicherungsunternehmens ist die Qualität seiner Verwaltung, die zuverlässige und schnelle Informationsbereitschaft ein wichtiges Auswahlkriterium für den Kunden.

Deshalb müssen Versicherungen, aber auch Dienstleistungsbetriebe allgemein, heute über vielfältige und moderne Techniken verfügen, um die Informationsprozesse innerhalb der Verwaltung zu unterstützen.

Der Einsatz der Informationstechnologien wirkt sich in vielfältiger Art und Weise auf Dienstleistungsbetriebe aus: diese erfahren wirtschaftliche, organisatorische und personelle Veränderungen. Die Unternehmen ihrerseits beeinflussen durch den Einsatz von Informationstechnologien die Wirtschaft.

Die Auswirkungen der Informationstechnologien werden in den nachfolgenden Abschnitten – unter besonderer Berücksichtigung der Versicherungsunternehmen – aufgezeigt.

1 Entwicklung der Informationstechnologie am Beispiel größerer Versicherungsunternehmen

Innerhalb der Dienstleistungsbetriebe funktionieren insbesondere Versicherungsunternehmen als „Bürofabriken", die ihre Produkte jedoch nicht mit Hilfe von Fließ- oder Montagebändern, sondern mit Kommunikationstechnik und Datenbanken erstellen und verwalten. Typisch für sie ist die Verarbeitung großer Text- und Datenmengen: ein breites Einsatzfeld für leistungsfähige Datenverarbeitungsanlagen.

Die Verwaltung der hierzulande rund 360 Millionen Versicherungsverträge erfordert bei den einzelnen Unternehmen einen erheblichen Dienstleistungsapparat. Bundesweit sind in dieser Branche etwa 200 000 angestellte Mitarbeiter beschäftigt, wobei die Personalkosten etwa 70 Prozent der gesamten Kosten ausmachen.

In dem Aufgabenspektrum der Versicherungsunternehmen dominiert die Kommunikation mit Kunden und Vertretern. Beispielsweise produziert und versendet ein großes Unternehmen täglich 20 000 Briefe und mehr.

Daneben muß ein Versicherer in großem Umfang Geld einnehmen (täglich 160 000 Buchungen und mehr), anlegen (täglich über 20 Mio. DM) und auszahlen (ca. 14 Mio. DM)[1]; Arbeitsabläufe dieser Art haben den Charakter von Massenvorgängen. Vor diesem Hintergrund und bei der derzeitigen Entwicklung auf den Versicherungsmärkten (kritische Industrie- und Privatkunden, wachsender Kostendruck, engere Märkte und härterer Wettbewerb) sind die ständig notwendige technologische Modernisierung und Rationalisierung sowie die laufende Verbesserung des Kundenservices für das Unternehmen existenzielle Fragen. Wettbewerbsvorteile, die gewinnbringendes Wachstum und langfristiges Überleben sichern, müssen systematisch ausgebaut werden. Informationstechnologien sind dabei ein wichtiger Schlüssel.

Vor 150 Jahren standen dem Versicherungsangestellten noch keine technischen Hilfsmittel zur Verfügung. „Mit der gespitzten Gänsefeder" verwaltete er die Verträge der Kunden „von der Wiege bis zur Bahre". Die Daten wurden in einer Akte festgehalten. Dies war mit einer großen Anzahl an Such- und Sortiervorgängen verbunden und erfoderte einen hohen Raumbedarf.

Mit der Einführung der Lochkartenverfahren in den 20er Jahren erfolgte der erste wichtige Schritt in die moderne Datenverarbeitung. Allerdings setzte die begrenzte Speicherkapazität der Lochkarte der maschinellen Datenverarbeitung deutliche Grenzen.

Mitte der 60er Jahre kam der Durchbruch zu leistungsfähigeren EDV-Lösungen durch Magnetbandverfahren. Der Versicherungsbestand wurde nunmehr auf Magnetbändern geführt und mit Hilfe einer zum Teil umfangreichen Programmkette (Batchbetrieb) bearbeitet. Mehrere Vorgänge konnten bereits vollautomatisch abgewickelt werden. Die restlichen Fälle übernahm der Sachbearbeiter, nachdem er zuvor Auskunftsblätter und Zahlungsstandsanzeigen vom EDV-System angefordert hatte (Wartezeit bis zu 5 Tagen). In dieser Zeit unterstützten Hilfsdienste die Fallvorbereitung und die eigentliche Fallbearbeitung erfolgte arbeitsteilig durch Spezialisten (Rechner, Korrespondenten, Buchhalter usw.). Die Bearbeitung einer Kundenzuschrift dauerte noch 2–3 Wochen.

Die Einführung leistungsfähiger Datenbanken brachte in den 70er Jahren den bislang größten Rationalisierungserfolg. Die Bestandsführung auf Magnetplatten mit Direktzugriff über das Bildschirm-Terminal des Sachbearbeiters (EDV-Dialog) war die revolutionierende Neuerung dieser noch andauernden EDV-Epoche. Die Verbesserung des Preis-Leistungs-Verhältnisses bei der Hardware begünstigte die rasche Verbreitung der neuen Technologien.

Schreibarbeiten werden heute überwiegend vollautomatisch oder zumindest EDV-gestützt erledigt. Eine Vielzahl an Geschäftsvorfällen wird direkt am Bildschirm vom Sachbearbeiter angestoßen und automatisch vom EDV-System zu Ende geführt. Jeder zweite Geschäftsvorfall wird vollständig ohne Sachbearbeiter über die „inneren Aktivitäten" des EDV-Systems (z.B. automatisches Mahnverfahren) erledigt. Dadurch sind die Durchlaufzeiten der Vorgänge stark gesunken. Während die Erfüllung eines Kundenwunsches vom Posteingang bis zum Versand der Antwortbriefe vor 15 Jahren noch 3 Wochen dauerte, kann dieser heute in 90 % der Fälle innerhalb von 2 Tagen

1 vgl. Bericht über das 150. Geschäftsjahr der Karlsruher Lebensversicherungs AG, S.65f.

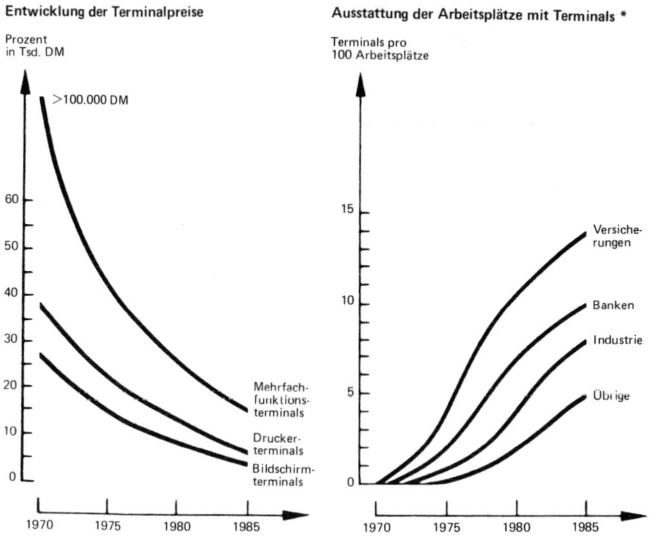

Abb. 1. Diffusion und Preisentwicklung von Terminals. Quelle: Diebold Deutschland GmbH, zitiert bei/übernommen von Graus, W.: Einführung, in: Spiegel-Verlag (Hrsg.) Märkte im Wandel, Band 9: Datentechnik und Informationsverarbeitung, Hamburg, 4/1979, S. 11-32

bearbeitet werden. Ein Versicherungsangestellter verwaltet heute doppelt soviele Verträge wie damals.

Abbildung 1 verdeutlicht, daß Arbeitsplätze in Versicherungsunternehmen im Vergleich mit anderen Branchen am dichtesten mit Bildschirmgeräten ausgestattet sind. Heute verfügt fast jeder Sachbearbeiter in den Versicherungsverwaltungen über ein eigenes Terminal. Verfügbarkeit und kurze Anwortzeiten des EDV-Systems sind wichtige Voraussetzungen für die Akzeptanz der Informationstechnologien durch die Sachbearbeiter, für eine rationelle Fallbearbeitung und einen schnellen Kundenservice. Dazu bedarf es auch der Bereitstellung entsprechend großer Speicherkapazitäten und leistungsfähiger EDV-Rechner.

Bei der Verarbeitung von wenig strukturierten Informationen und nicht definierten Vorgängen nutzen auch Stabs- und Führungskräfte in zunehmendem Maße die Möglichkeiten, die ihnen die Individuelle Datenverarbeitung (IDV) bietet.

Am heutigen Büroarbeitsplatz bestehen jedoch nach wie vor Probleme. Informationen müssen immer wieder neu aufgegriffen, übertragen und gespeichert werden. Diese Vorgänge sind fehleranfällig und mit hohen Kosten verbunden. Durch das Zusammenwachsen des bislang getrennten technischen Bereiches der Daten- und Textverarbeitung einerseits und der Nachrichten- und Bürotechnik andererseits (vgl. Abbildung 2), eröffnen sich jedoch neue Chancen und Perspektiven für die Zukunft.

Wie Abbildung 3 zeigt, werden Büroarbeitsplätze in den 90er Jahren mit einem mehrfunktionalen Gerät ausgestattet sein, das Nachrichten aufnimmt, verarbeitet, speichert und weiterleitet. Der Schreibtisch wird zur „working station" mit zunehmend intelligenteren Terminals (z.B. Personalcomputer), d.h. EDV-Rechnerleistung ist nicht über zentrale Rechner, sondern auch vor Ort verfügbar.

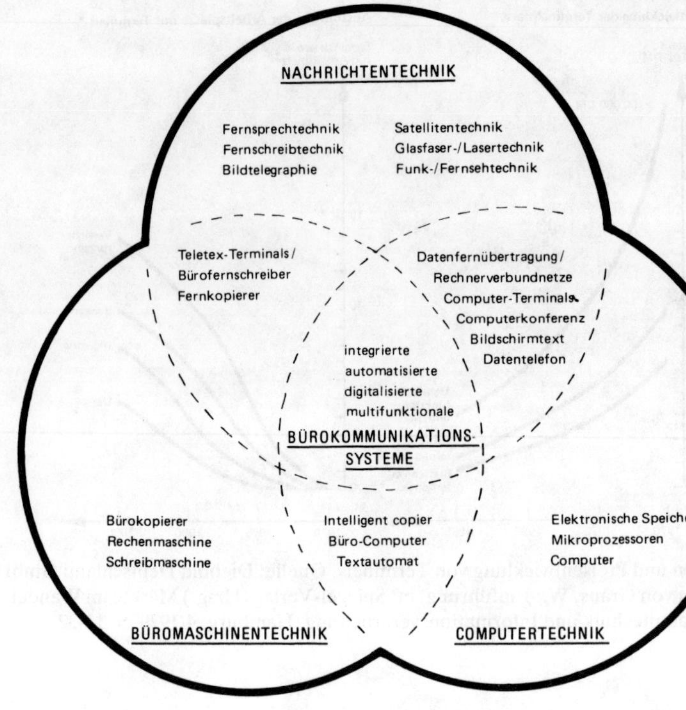

Abb. 2. Quelle: Karcher, H.: Büro der Zukunft – Microcomputer und Telekommunikation, September 1982, S. 143

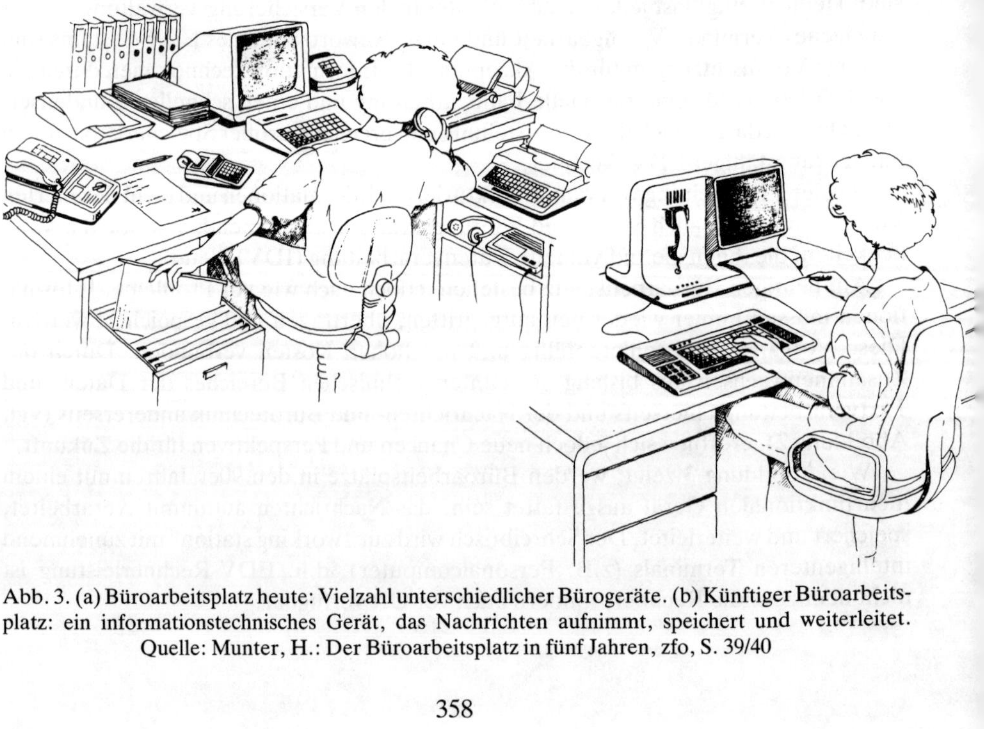

Abb. 3. (a) Büroarbeitsplatz heute: Vielzahl unterschiedlicher Bürogeräte. (b) Künftiger Büroarbeitsplatz: ein informationstechnisches Gerät, das Nachrichten aufnimmt, speichert und weiterleitet. Quelle: Munter, H.: Der Büroarbeitsplatz in fünf Jahren, zfo, S. 39/40

2 Auswirkungen von Informationstechnologien

2.1 Organisatorische Veränderungen

Aufbau- und Ablauforganisation der Dienstleistungsbetriebe werden in unterschiedlicher Art und Weise durch neue Technologien beeinflußt. Vor Einführung neuer Technologien empfiehlt es sich, bestehende Aufbau- und Ablauforganisationen zu überprüfen und gegebenenfalls rechtzeitig vorher anzupassen.

2.1.1 Integration von Arbeitsabläufen

Nach dem Motto „Alles aus einer Hand“ entwickeln sich die Organisationsstrukturen in Dienstleistungsbetrieben wieder weg von einer funktionalen Arbeitsteilung. Logisch zusammenhängende Aufgaben werden zusammengefaßt und Fälle „rundum“ bearbeitet. Die Abkehr vom „Taylorismus“ ermöglicht es, wieder integriert ganzheitlich zu arbeiten. Mehrfachinformationen entfallen, Abteilungsschranken öffnen sich, die Menschen denken in Zusammenhängen und handeln selbständiger. Dadurch werden die Tätigkeitskomplexe des mittleren Managements (Kontrolle und Koordinierung) vermehrt in Frage gestellt, so daß sich den Dienstleistungsbetrieben die Chance bietet, ihre Hierarchien zu verkürzen und flexibler zu agieren.

Die Steuerung der Sachbearbeitung erfolgt stattdessen zunehmend durch EDV-gestützte Benutzerführung. „Helpfunktionen“ ersetzen die herkömmlichen Arbeitsanweisungen in Papierform. Das EDV-System informiert den Benutzer und unterstützt seine Arbeit. Die neuen Anweisungssysteme erfordern allerdings einen hohen Entwicklungs- und Pflegeaufwand, der von liniennahen Stabsabteilungen erbracht wird, so daß die Anzahl der Stabsmitarbeiter steigt.

2.1.2 Zentralisierung versus Dezentralisierung

Die Einführung der elektronischen Massendatenverarbeitung führte aus wirtschaftlichen Gründen zunächst zur zentralen EDV-Unterstützung der Bürotätigkeit. On-Line-Datenverarbeitung und bessere Kosten-Nutzen-Relationen bei der Hardware machen nun den Trend zur technischen Dezentralisierung (EDV-Intelligenz vor Ort) wirtschaftlich möglich und sinnvoll. Entscheidungsprozesse können durch bessere und schnellere Informationsversorgung direkt auf unteren Ebenen auch räumlich entfernt vollzogen werden.

Großanlagen sind andererseits per Datenfernübertragung und -verarbeitung direkt erreichbar. Daten können direkt am Ort des Entstehens erfaßt werden. Die Technik wird stärker an den einzelnen Arbeitsplatz herangeführt, so daß dieser standortmäßig flexibler wird. Hierdurch könnte auch die Heimarbeit wesentliche Bedeutung erlangen. Allerdings entstehen dadurch neue Probleme wie die Schulung und Weiterbildung von Mitarbeitern, der Wunsch nach sozialen Kontakten und der notwendige Verzicht auf soziale Einrichtungen (wie eine Kantine).

Die Datenverarbeitung ist nicht mehr ausschlaggebendes Entscheidungskriterium bei der Frage, ob ein Dienstleistungsbetrieb zentral oder dezentral organisiert sein sollte. Die Möglichkeit, Informationen von jeder mit dem System verbundenen Stelle zu verarbeiten, hebt bisherige Zwänge zur Zentralisierung auf.

Viele technische Komponenten wachsen zu einem komplexen Arbeitsplatz zusammen, wodurch die Mitarbeiter in die Lage versetzt werden, im Rahmen des arbeitsteiligen Dienstleistungsbetriebes selbstverantwortlich zu handeln. Delegation von Verantwortung wird aus diesem Grunde unvermeidlich. Die neuen Informationstechnologien ermöglichen also sowohl zentrale als auch „beherrschbare" dezentrale Datenverarbeitung.

2.1.3 Entscheidungs- und Planungsprozesse

Bei der Bereitstellung von Planungsdaten spielen Informationstechnologien eine große Rolle. Ihr Einsatz ermöglicht es, Planungs- und Abstimmprozesse zu vereinfachen und zu verkürzen. Die steigende Transparenz der Teilpläne und Einzelentscheidungen fördert ihr Verständnis. Entscheidungsgrundlagen können rascher und sicherer erarbeitet werden. Über viele Daten wie Kostenverläufe, Vertriebsergebnisse, Marktentwicklungen kann die Unternehmungsführung schnell, zuverlässig und detailliert verfügen.[2] Entscheidungs- und Planungsprozesse werden derart unterstützt, daß sich die Ungewißheit, mit der jede Entscheidung behaftet ist, reduziert.

Die größere Informationsquantität, die mit neuen Informationstechnologien erzeugt werden kann, erlaubt noch keine Rückschlüsse auf die Qualität der Informationen. So besteht trotz der zunehmenden Flut von Daten, Texten, Zeichnungen und Bildern vielfach ein Mangel an gezielten und sachgerecht aufbereiteten Informationen. Aus dem Datenvolumen sind die wirklich relevanten Informationen zu selektieren und entscheidungsstützend zu nutzen. Nur der gezielte Einsatz der Informationstechnologien hilft die Informationsqualität und damit die Entscheidunggrundlagen zu verbessern.

Der zunehmende Technologieeinsatz führte in der Vergangenheit zunächst zu wachsender Formalisierung (z.B. Anweisungen) und zu Bergen bedruckten Papieres. Heute ermöglicht der gezielte Informationsabruf über Bildschirmterminals diesen Bürokratisierungstendenzen entgegenzuwirken und schneller zu handeln.

Die Automation führte in vielen Dienstleistungsbetrieben zu mehr Flexibilität und befreite sie von den starren Arbeitszeitregelungen und Geschäftszeiten (Bankautomaten, operatorloser Betrieb des Rechenzentrums).

2.1.4 Schnittstelle zwischen Anwender-Fachbereich und EDV

Bei der Entwicklung und Einführung neuer Informationstechnologien in Dienstleistungsbetrieben sind die Interessen des Fachbereichs „EDV" und der Anwender-Fachbereiche nicht zwangsläufig deckungsgleich. Aufgabe der Unternehmensführung ist es, diese Interessen zu integrieren und sie an den Unternehmenszielen auszurichten. Um die Effizienz im Unternehmen zu steigern, müssen die Kompetenzen und Aufgaben derart zwischen den Fachbereichen verteilt werden, daß möglichst wenig Reibungsverluste zwischen den einzelnen Schnittstellen entstehen und allgemein anwendbare Technologiesysteme entwickelt und eingesetzt werden.

---

2 Vgl. Kakies, P.: Schriftliche Fassung des Vortrags: Stand und Entwicklungslinien der Informationstechnik in der Versicherungswirtschaft; Köln 18.3.1986, S. 18

Es gibt eine Reihe von aufbauorganisatorischen Lösungen, die den oben genannten Anforderungen mehr oder weniger gerecht werden. Zwei der am häufigsten anzutreffenden Alternativen seien kurz dargestellt.

Beispiel 1 (ohne zentrale Betriebsorganisation)

Anwender-Fachbereiche und EDV realisieren gemeinsam Projekte. Während der EDV-Fachbereich über das EDV-spezifische Know How verfügt, vertreten fachlich qualifizierte Mitarbeiter der Anwender-Fachbereiche die Fachbereichs-Anforderungen. Inwieweit die Wünsche der Anwender berücksichtigt werden bzw. der Fachbereich auf die Entscheidungsfindung Einfluß nehmen kann, hängt in großem Umfang von der Mündigkeit, der EDV-spezifischen Qualifikation sowie der Kooperationsbereitschaft aller Beteiligten ab.

Vorteil: In diesem Modell besteht nur *eine* Schnittstelle, so daß die Reibungsverluste und der Koordinationsaufwand relativ gering sind.

Nachteil: Fachbereichsübergreifende Interessen werden erfahrungsgemäß nur unvollständig berücksichtigt. Es besteht die Gefahr von „Insellösungen" aufgrund fachbereichsegoistischer Verhaltensweisen.

Beispiel 2 (mit einer zentralen Betriebsorganisation)

Neben den Anwender- und EDV- Fachbereichen soll eine zentrale Betriebsorganisation als neutrale Institution im Unternehmen einen Interessenausgleich zwischen den Fachbereichen erzielen und fachbereichsübergeordnete Belange vertreten. Hier werden Mitarbeiter eingesetzt, die die Gesamtstruktur des Unternehmens kennen und zudem sowohl über fachbereichsspezifische als auch übergreifende Kenntnisse verfügen.

Vorteil: Interessenausgleich zwischen den Fachbereichen und weitgehende Beachtung fachbereichsübergreifender Belange.

Nachteil: „All-round-Organisatoren" sind nur schwer auszubilden. Außerdem neigen Modelle dieser Art in der Praxis zu Überorganisation und steigender Formalisierung.

Jeder Dienstleistungsbetrieb muß Vor- und Nachteile der sich bietenden Organisationslösungen gegeneinander abwägen und unter Berücksichtigung seiner speziellen betrieblichen Gegebenheiten die beste Lösung suchen.

2.1.5 Datensicherheit und Datenschutz

Führte der Einsatz der neuen Informationstechnologien in den meisten Dienstleistungsbetrieben einerseits zu mehr Flexibilität, so entstanden andererseits auch neue und stärkere Abhängigkeiten. Beipielsweise kann ein Ausfall der zentralen EDV heute zu einer Stillegung des gesamten Dienstleistungsbetriebes führen.

Durch organisatorische und technische Maßnahmen können Dienstleistungsbetriebe dem in jüngerer Zeit immer häufiger auftretenden Datenmißbrauch, Datendiebstahl und der Gewaltanwendung vorbeugen. Die Sicherheit und ständige Verfügbarkeit der EDV, die auch im Hinblick auf die steigende Anzahl an Endbenutzern erhöhte Anforderungen erfährt, muß durch konsequente Sicherung der Daten und Programme, durch regelmäßige Kontrollen und durch Bereitstellung sofort einsatzfähiger Ausweich-Rechenzentren gewährleistet werden.

2.2 Personelle Veränderungen

2.2.1 Arbeitnehmer im Innendienst

Durch den Einsatz von Informationstechnologien sowie den damit verbundenen organisatorischen Veränderungen wird der Arbeitnehmer in vielfältiger Art und Weise betroffen. Die Informationstechnologie entlastet ihn von Hilfsfunktionen und monotonen Informationsbe- und -verarbeitungsaufgaben. Sein Aufgabenspektrum vergrößert sich und er erhält erweiterte Verantwortungsbereiche und Entscheidungsbefugnisse.

Zusätzliche Aufgaben, größere Verantwortung, neue Arbeitsmittel und geänderte Arbeitsabläufe stellen neue Anforderungen an Leistungsbereitschaft und -fähigkeit der Angestellten. Langjährige fachliche Berufserfahrung nutzt hier manchmal wenig. Dem jungen Mitarbeiter – schon in frühen Jahren an den Umgang mit den neuen Informationstechnologien gewöhnt – fällt es häufig leichter, den neuen Anforderungen gerecht zu werden. Fehlende Qualifikation muß über betriebliche Aus-, Fort-und Weiterbildungsmaßnahmen behoben werden. In vielen Fällen können mangelnde Akzeptanz und dadurch bedingte Motivationslücken über rechtzeitige und ausführliche Information sowie Partizipation der Mitarbeiter im Einführungsprozeß vermieden werden.

2.2.2 Mitarbeiter des Außendienstes

Der Außendienst wird zunehmend durch Informationstechnologien in seiner Aufgabe unterstützt, den Kunden besser zu betreuen und zu beraten. Er kann sein Angebot direkt und individuell für jeden Kunden erarbeiten und gezielt auf dessen Wünsche abstimmen. Mit Hilfe neuer Hard- und Software (z.B. tragbarer Personalcomputer mit Großrechneranschluß) werden schnelle und zuverlässige Informationen (wie Beispielrechnungen, Konkurrenzanalysen oder Finanzierungsmodelle) vom Außendienstmitarbeiter veranlaßt, vor Ort (z.B. in der Wohnung des Kunden) ausgedruckt und an den Kunden weitergegeben.[3]

Es gibt Bestrebungen, Geschäftsvorgänge der inneren Verwaltung zum Außendienst zu verlagern. „Datenerfassung am Ort des Entstehens" ist eines der Argumente. In der Praxis ergeben sich hierzu jedoch voraussichtlich nur begrenzte Möglichkeiten. Die Hauptaufgabe der Außendienstmitarbeiter ist der Verkauf und nicht die Vorgangsbearbeitung bzw. Verwaltung.

2.3 Einzelwirtschaftliche Veränderungen

2.3.1 Rationalisierung

Ziel des Einsatzes neuer Informationstechnologien ist die Rationalisierung und Qualifizierung der betrieblichen Funktionen. Es sollen schneller bessere Ergebnisse erzielt werden. Die Übertragung von Massen- und Hilfsfunktionen auf die Maschine sowie vereinfachte Arbeitsabläufe haben die Durchlaufzeiten der Vorgänge in hohem Maße gesenkt. Der Platzaufwand für die Speicherung von Daten ist deutlich gesunken. Bildschirmauskünfte ersetzen weitgehend das Papier. Der Ersatz der Akte führte zu

3 Vgl. Kakies, P.: s.v., S. 16

weniger Such- und Sortierungsvorgängen. Ca. 80 % des gesamten Schriftwechsels wird zentral und vollautomatisch versendet.

In der Versicherungswirtschaft führte dies zu großen Rationalisierungs- bzw. Substitutionseffekten des Menschen durch die Maschine, die jedoch durch das Wirtschaftswachstum einerseits und innerbetriebliche Umsetzungen andererseits ausgeglichen wurden. Dies erforderte eine hohe Mobilität und Flexibilität der Angestellten.

2.3.2 Wirtschaftlichkeit von Informationstechnologien

Seit 30 Jahren fallen die Hardware-Kosten bezogen auf die Leistung alljährlich um 20–30%, wie Abbildung 4 verdeutlicht. Der Leistungsbedarf der Dienstleistungsbetriebe steigt jedoch überproportional, so daß die absoluten Hardware-Kosten zunehmen. Die relativ billige Rechnerleistung ermöglicht, daß viele Mitarbeiter diese nutzen können. Der Zugriff zum Computer ist auch dann wirtschaftlich, wenn er nur sporadisch erfolgt.

Die Software-Kosten weisen eine steigende Tendenz auf. Der hohe Zeitbedarf für Software-Entwicklung hat in vielen Dienstleistungsunternehmen zu Kapazitätsproblemen geführt. Während in Linien-Bereichen der Dienstleistungsunternehmen große Rationalisierungserfolge erzielt wurden, nimmt die Anzahl der Mitarbeiter für die Anwendungsentwicklung im EDV-Bereich überproportional zu. Mit Hilfe von standardisierter, auf einen bestimmten Grundnutzen ausgerichtete Software sowie durch Schaffung von Anwendungsinstrumentarien, können diese Aufwendungen teilweise

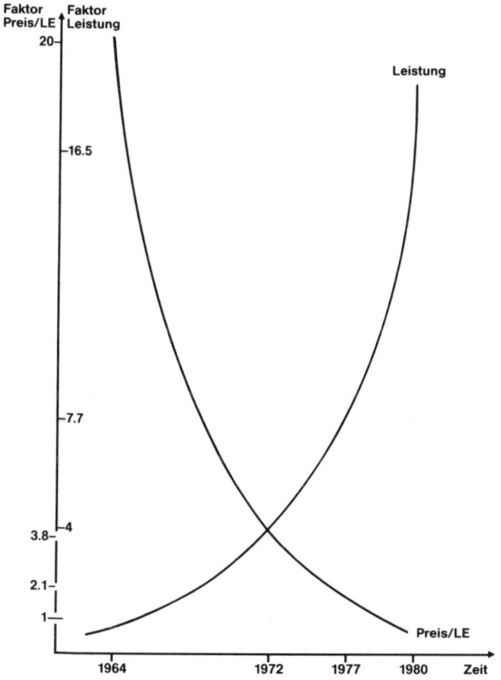

Abb. 4. Entwicklung Preis-/Leistungsverhältnis (Großsysteme).
Quelle: IBM-Unternehmensseminare

gesenkt werden. Software-Standardfunktionen wie beispielsweise Textverarbeitung, Kalkulation und Graphik sind heute schon für 1.000 - 2.000 DM zu bekommen.

Die Hard- und Software-Kostenanteile an den Gesamtsystemkosten entwickeln sich gegenläufig:

Trend:	HW %	SW %
1968	90	10
1978	50	50
2000	10-20	80-90

Im Jahre 2000 wäre die umgekehrte Kostenrelation wie 1968 erreicht.

Die Gesamt-Kosten für EDV steigen kontinuierlich an. Die EDV muß bei der Vielzahl von Produkten und Anbietern sinnvolle Wege und Lösungen zu einer wirtschaftlichen Nutzung finden. Pilotprojekte mit Herstellern sind dabei sehr hilfreich. Sie bringen dem Unternehmen frühzeitig Informationen über Funktionsweise und Einsatzmöglichkeiten sowie Akzeptanz der neuen Technologien. Andererseits zeigt die Praxis, daß auch die Hersteller von den Pilotergebnissen der Testfelder lernen und diese Kenntnisse der Produktion zugute kommen.

2.3.3 Dienstleistungsqualität und Wettbewerbsfähigkeit

Die laufende Verbesserung der Dienstleistungsqualität ist unabdingbar, wenn sich ein Unternehmen langfristig im Markt behaupten will. Die Zielgruppe der Dienstleistungsbetriebe, Firmen- und Privatkunden, wird im härter werdenden Wettbewerb um Marktanteile mit attraktiven Angeboten umworben. Durch schnelle Auskunftssysteme kann der Kunde die gewünschten Informationen schnell und zuverlässig erhalten. Dabei können die Angebote der Dienstleistungsbetriebe immer individueller und flexibler auf den Kunden ausgerichtet werden.

Der Kundenwunsch, auch außerhalb der Geschäftszeit Dienstleistungen in Anspruch zu nehmen, wird heute durch den „freundlichen Automat" erfüllt. Dieser kennt keine restriktiven Öffnungszeiten mehr. Zukünftig wird der Kunde beipielsweise über BTX die benötigten Informationen zu Hause erhalten und seinerseits über BTX aktiv tätig werden können. Angebot und Verkauf werden heute schon in vielen Fällen über elektronische Medien abgewickelt.

Die steigenden Gemeinkosten sowie der Bedarf an schnelleren und besseren Informationen, die über qualifizierte Entscheidungen zu Wettbewerbsvorsprüngen führen, zwingen die Dienstleistungsbetriebe, alle Rationalisierungsreserven, die sich durch den Einsatz von Informationstechnologien realisieren lassen, zu nutzen.

2.4 Gesamtwirtschaftliche Veränderungen: Struktureffekte, Arbeitsmarkt und Ausbildung

Einzelne Dienstleistungsbetriebe beeinflussen als Großabnehmer von Hard- und Software das Angebot bzw. die Angebotsvielfalt der Hersteller. Grundsätzlich erfordern Verkauf und Verbreitung der neuen Informationstechnologien, daß die Ansichten, Interessen und Motivationen von Herstellern und Anwendern in Einklang gebracht werden. In vielen Fällen sind insbesondere große Dienstleistungsbetriebe

Pilotanwender für neue Technologien. Erfahrungen aus Pilotanwendungen können sowohl auf Anwender- als auch auf Herstellerseite verwendet werden.

Der Arbeitsmarkt wird durch die Nachfrage sowie durch die Rationalisierungs- und Substitutionsprozesse der Dienstleistungsbetriebe sowohl in quantitativer als auch in qualitativer Hinsicht stark beeinflußt. Der steigende Bedarf der Dienstleistungsbetriebe an Hard- und Software erzeugt ständig neue Arbeitsplätze bei Herstellern bzw. Anbietern.

Bisher vom Menschen verrichtete Hilfsfunktionen werden zunehmend von der Maschine übernommen. Gleichzeitig nehmen aber qualifizierte Aufgaben – insbesondere im EDV-Bereich – zu, so daß es zu starken Verschiebungen im Anforderungsprofil der Versicherungsangestellten kommt und häufig völlig neue Berufsbilder geschaffen werden. Qualifikationsdefizite werden durch Aus-, Fort- und Weiterbildungsmaßnahmen der Dienstleistungsbetriebe behoben.

3 Perspektive

Die neuen Informationstechnologien werden weiter an Bedeutung gewinnen und die Arbeit des Menschen im Büro immmer stärker unterstützen. Sie determinieren nicht die Zukunft, sondern sie eröffnen uns neue Handlungs- und Gestaltungsspielräume. Die sich bietenden Möglichkeiten müssen von den Dienstleistungsunternehmen als Chance und Herausforderung verstanden werden.

Im Hinblick auf die demografische Entwicklung mit einem sinkenden Anteil erwerbstätiger Menschen sind große Anstrengungen erforderlich, damit unser Lebensstandard auch zukünftig gesichert bleibt. Notwendig ist insbesondere die ständige Angebotsverbesserung und Produktivitätssteigerung in allen Bereichen der Dienstleistungsbetriebe. Einen entscheidenden Beitrag hierzu vermögen neue Informationstechnologien zu leisten.

Die Bedeutung von Produkt-Innovationen für die Wettbewerbsfähigkeit eines Industrieunternehmens

Marcus Bierich

Zusammenfassung

Innovationen stärken die Wettbewerbsfähigkeit von Unternehmen wie auch von Volkswirtschaften. Neben Organisations- und Prozeß-Innovationen kommt es dabei vor allem auf Produkt-Innovationen an. Die Entwicklung und Durchsetzung von Produkt-Innovationen erfordert technische und finanzielle Vorleistungen. Das Ausmaß solcher Vorleistungen und die Auswirkungen auf die Wettbewerbsfähigkeit eines Unternehmens soll anhand von zwei Beispielen aus der Kraftfahrzeugausrüstungsindustrie dargestellt werden.

Die beiden Beispiele gehören verschiedenen Klassen von Produkt-Innovationen an. Entsprechend unterschiedlich verlief ihre Durchsetzung und Ausbreitung im Markt. Sie weisen aber auch Gemeinsamkeiten auf. In beiden Fallen mußten unterschiedliche Techniken und Technologien zusammengeführt und fortentwickelt werden, um die neuen Erzeugnisse hervorzubringen.

Die wirkungsvolle Kombination unterschiedlicher technischer und technologischer Disziplinen dürfte sich auch in Zukunft als ein wichtiger Ansatz für Produkt-Innovationen und damit für die Wettbewerbsfähigkeit erweisen.

1 Die Bedeutung von Innovationen für die Unternehmensentwicklung

Produkt-Innovationen sind Antworten der Unternehmer auf die technisch-ökonomischen Herausforderungen ihrer Zeit. Sie waren und sind häufig Anlaß von Unternehmensgründungen. Sie zwingen aber auch die schon bestehenden Unternehmen zu einem immer erneuten Wandel. Die Fähigkeit der Unternehmen zur Innovation ihrer Produkte – wie auch zur Erneuerung ihrer Verfahren in Fertigung, Vertrieb und Verwaltung – wird zur Bedingung für Wachstum und Wettbewerbsfähigkeit.

Wir leben in einer Zeit beschleunigten technischen Fortschritts. Die Produktlebenszyklen werden kürzer, die Produkt-Innovationen komplexer und aufwendiger. Neue Technologien drängen zur Anwendung, bisher getrennte Technologiefelder wachsen zusammen. Zusätzlich auftretende Wettbewerber tragen insbesondere im Zuge der Internationalisierung und Globalisierung der Märkte zu einer weiteren Beschleunigung des Innovationstempos bei.

Unsere Volkswirtschaft ist durch hohe Export- und Importanteile sowie durch umfangreiche, wechselseitige Kapitalbeteiligungen mit der Weltwirtschaft verflochten. Wir können die Zukunft unserer Unternehmen deshalb nur durch eine Stärkung der Wettbewerbsfähigkeit im internationalen Maßstab sichern.

2 Der Zusammenhang zwischen Innovation und Wettbewerbsfähigkeit, Wachstum und Beschäftigung

Innovation und Wettbewerbsfähigkeit, Wachstum und Beschäftigung spielen sich zunächst auf der Ebene der Unternehmen ab. Die Ergebnisse prägen die Volkswirtschaft. So schlägt sich eine hohe Wettbewerbsfähigkeit, wenn sie für eine größere Anzahl von Unternehmen eines Landes gegeben ist, in Exporterfolgen und in einer dynamischen binnenwirtschaftlichen Entwicklung nieder.

Auf der anderen Seite können zu hohe Faktorkosten, nachlassende Leistungsbereitschaft und technologischer Rückstand die Wettbewerbsfähigkeit und damit das Wachstum einer ganzen Volkswirtschaft gefährden. Auch die Bundesrepublik ist dagegen nicht gefeit. Eine Überbewertung der eigenen Währung, wie wir sie gegenwärtig erfahren, erschwert die Lage zusätzlich. In dieser Situation sind alle gefordert, die zum Leistungspotential unserer Volkswirtschaft beitragen können – die Unternehmen, die Tarifpartner, die wirtschaftspolitischen Instanzen.

In einer marktwirtschaftlichen Ordnung stehen die Unternehmen in besonderer Verantwortung. Es ist ihre originäre Aufgabe, das Innovationspotential durch intensive Forschung zu entwickeln und dieses Potential konsequent und effizient in wettbewerbsfähige Marktleistungen umzusetzen.

Die Wettbewerbsfähigkeit eines Unternehmens wird durch mehrere Faktoren beeinflußt:

- Gesellschaftliche und wirtschaftliche Rahmenbedingungen,
- Qualifikation und Motivation der Mitarbeiter,
- Instrumente und Methoden der Unternehmensführung,
- Produktivität der Maschinen und Anlagen,
- Effizienz der Arbeitsverfahren und -abläufe,
- Akzeptanz der Produkte.

Die gesellschaftlichen und wirtschaftlichen Rahmenbedingungen sind seitens der Unternehmer nur langfristig durch eine international ausgerichtete Standortpolitik veränderbar. Die weiteren Faktoren können durch Innovationen in drei Bereichen beeinflußt werden:

- *Organisations- und Managementinnovationen,* d. h. Neuerungen bei internen und externen Geschäftsabläufen,
- *Prozeß-Innovationen,* d.h. Neuerungen in der Erzeugnisherstellung,
- *Produkt-Innovationen,* d. h. neue Erzeugnisse.

Alle diese Innovationsarten sind wichtig. In welchem Maße aber dadurch die Wettbewerbsfähigkeit eines Unternehmens beeinflußt wird, hängt entscheidend von der Art des auf einem Markt vorherrschenden Wettbewerbs ab. Die Bosch-Gruppe, die hier als Beispiel betrachtet wird, bewegt sich hauptsächlich auf Märkten, auf denen ein Qualitäts- und Innovationswettbewerb herrscht; deshalb haben Produkt-Innovationen einen überragenden Einfluß auf ihre Wettbewerbsposition. Dem entspricht auch die Zielsetzung der Gruppe. Sie will qualitativ hochwertige und technisch anspruchsvolle Produkte anbieten, mit denen sich eine dauerhafte Beschäftigung und ein angemessener Ertrag erzielen lassen.

Erfolgreiche Produkt-Innovationen sind das Ergebnis einer zielgerichteten, an den Ressourcen des Unternehmens orientierten Forschungs- und Entwicklungspolitik. Empirische Untersuchungen bei einer Reihe von Unternehmungen haben gezeigt, daß ein Zuviel an Innovation genauso ergebnismindernd wirkt wie ein Zuwenig. Eine sinnvolle inhaltliche Ausrichtung seiner Forschungs- und Entwicklungspolitik muß sich jedes Unternehmen vor dem Hintergrund seiner Potentiale und der externen Herausforderungen selbst erarbeiten.

So wurde bei Bosch für das Gebiet der Kraftfahrzeugausrüstung ein 3-S-Programm formuliert. Danach wurden Produkte entwickelt und hergestellt, die den Straßenverkehr sparsamer, sicherer und sauberer machen. Bosch hat damit wesentliche Beiträge zur Erhöhung der Verkehrssicherheit, der Verringerung der Umweltbelastung und der Einsparung von Primärenergie geleistet. In diesem Beitrag sollen mit Benzineinspritzung und ABS zwei Produkt-Innovationen aus dem 3-S-Programm dargestellt werden; beide sind für die Wettbewerbsfähigkeit von Bosch auf dem Kraftfahrzeugausrüstungsgebiet von großer Bedeutung.

Zur Charakterisierung von Produkt-Innovationen ist es nützlich, drei verschiedene Klassen zu unterscheiden (Abb. 1).

In eine *1. Klasse* fallen solche Veränderungen, die ein schon vorhandenes Ziel, eine gegebene Aufgabe mit einer grundsätzlich schon vorhandenen Methode – wenn auch verbessert oder verbilligt – angehen. Beispiele sind etwa Zündkerzen, Starter oder Leuchten. Diese Neuerungen werden als Verbesserungs-Innovationen bezeichnet.

Eine *2. Klasse* umfaßt solche Entwicklungen, die einen schon vorhandenen Lösungsansatz durch einen neuen ersetzen, das gegebene alte Ziel also auf einem neuen Wege erreichen. Hierzu gehören Produkte wie die Blei-Calcium-Batterie als Ersatz für die bisherige Blei-Antimon-Batterie, die Benzineinspritzung, die den Vergaser substituiert, oder – außerhalb des Produktprogramms von Bosch – die Hydraulik-Bremse, anstelle der früher üblichen mechanischen Bremse. Man könnte diese Erfindungen als Methoden- oder auch Substitutions-Innovationen bezeichnen.

1. Bekannte Ziele und bekannte Methoden
z. B.: Zündkerzen
Starter
Leuchten

2. Bekannte Ziele und neue Methoden
z. B.: Benzineinspritzung
Blei-Calcium-Batterie
Hydraulik-Bremse

3. Neue Ziele und bekannte/neue Methoden
z. B.: Air-Bag
Anti-Blockier-System
Antriebs-Schlupf-Regelung

Abb. 1. Innovationsklassen

Eine *3. Klasse* von Erfindungen schließlich setzt selbst neue Ziele und erreicht sie in der Regel mit neuen Mitteln, in Ausnahmefällen aber auch mit bekannten Methoden. Beispiele hierfür sind:

- der Air-Bag und die Gurtstraffer, die beim Aufprall des Fahrzeugs die Insassen auffangen und so deren Sicherheit erhöhen,
- das Anti-Blockier-System ABS, das beim Überbremsen ein Blockieren der Räder verhindert und so das Fahrzeug fahrstabil und lenkbar hält,
- das Antriebs-Schlupf-Regelsystem ASR, das beim Anfahren bzw. raschen Beschleunigen auf glatter Fahrbahn ein Durchdrehen der Antriebsräder verhindert und so die Fahrstabilität des Fahrzeugs wesentlich verbessert.

In Abgrenzung zu den zuvor gewählten Begriffen könnte man diese Erfindungen als Zweck- oder Ziel-Innovationen bezeichnen. Sie unterscheiden sich von den Methoden- oder Substitutions-Innovationen dadurch, daß sie ihren Bedarf und Markt nicht schon vorfinden, sondern erst selbst begründen und schaffen.

Die letztgenannte Innovationsklasse ist besonders geeignet, Wachstum und Beschäftigung eines Unternehmens, wie auch der Volkswirtschaft, günstig zu beeinflussen. Dies kann auch für eine Methoden- oder Substitutions-Innovation gelten; freilich kommt es hier darauf an, wie groß die Einbußen aufgrund des substituierten Produktes im eigenen Unternehmen oder bei Konkurrenten sind.

Bei den ausgewählten Beispielen Benzineinspritzung und ABS handelt es sich um je eine Methoden- und Ziel-Innovation. Ihre Entwicklung und Umsetzung am Markt wird im folgenden geschildert und ihre unterschiedlichen Verläufe werden begründet.

3 Der Beitrag der Produkt-Innovation zur Wettbewerbsfähigkeit eines Unternehmens – Zwei Fallbeispiele aus der Bosch-Gruppe –

3.1 Charakterisierung der Beispiele

3.1.1 Benzineinspritzung

Die Gemischbildung beim Ottomotor, d. h. die Zumessung und Aufbereitung des Kraftstoffs in einem jeweils optimalen Verhältnis zu der vom Motor angesaugten Luftmenge, kann entweder durch einen Vergaser oder mit einer Benzineinspritzung erfolgen. Der Vorteil der Benzineinspritzung gegenüber dem Vergaser beruht auf der genauen Messung der für die Gemischbildung relevanten momentanen Betriebszustände des Motors (Motordrehzahl, Gaspedalstellung, Kühlwassertemperatur usw.) und der daraus abgeleiteten genauen Dosierung der Kraftstoffmenge zu der vom Motor angesaugten Luftmenge. Eine gleichmäßigere Verteilung des Kraftstoffs auf die einzelnen Zylinder kommt als weiterer Vorteil hinzu.

Abbildung 2 stellt für die Benzineinspritzung den Verlauf der Stückzahlentwicklung dar; der bisherige Verlauf ist in drei Phasen eingeteilt.

Die Anfänge der Benzineinspritzung bei Bosch reichen in die frühen 30er Jahre zurück. Ihre erste Anwendung betraf Flugmotoren, bei denen sie sich durch größere Zuverlässigkeit, höhere Motorleistung in großen Höhen sowie Lageunabhängigkeit auszeichnete.

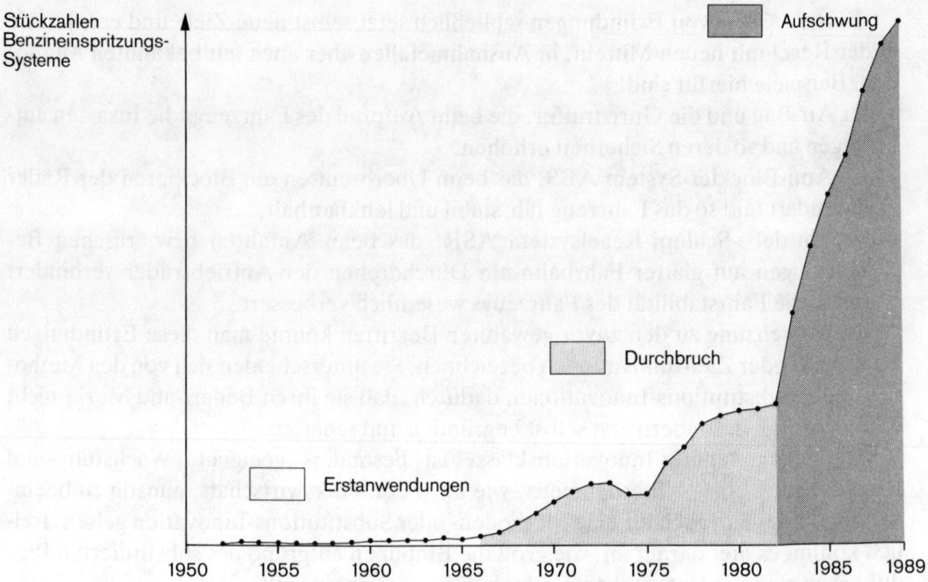

Abb. 2. Stückzahlentwicklung Benzineinspritzung

Benzineinspritzung wurde beim Personenwagen erstmalig in den 50er Jahren bei ausgewählten Modellen und Rennwagen eingesetzt. Hier ging es in erster Linie um Leistungssteigerung und Kraftstoffersparnis. Einem breiteren Einsatz im Automobil standen lange Zeit – im Vergleich zum Vergaser – höhere Kosten im Wege.

Mitte der 60er Jahre sah sich das Volkswagenwerk, das damals jährlich rund 500000 Fahrzeuge in die USA exportierte, mit den ersten amerikanischen Forderungen nach Abgasreinigung konfrontiert. Um diesen zu entsprechen, rüstete das Volkswagenwerk von 1967 an eines seiner Modelle für den USA-Export mit der von Bosch entwickelten elektronischen Benzineinspritzung aus. Damit gelang der Durchbruch zur Großserienproduktion.

In den folgenden Jahren nahm das Interesse an der Benzineinspritzung vor allem in Deutschland, aber auch weltweit, zu. Die Nachfrage erhöhte sich insbesondere als Folge des zunehmenden Umweltbewußtseins sowie der verschärften Bestimmungen. Außerdem konnten Anfang der 70er Jahre zwei neue leistungsfähigere und gleichzeitig preisgünstigere Systemvarianten vorgestellt werden. So wurde Benzineinspritzung seit Anfang der 80er Jahre in immer mehr Modellen aller Fahrzeughersteller angewandt.

In den USA beträgt der Ausrüstungsgrad aufgrund der dortigen strengen Abgasgesetzgebung heute schon mehr als 50 %. Bis zum Ende des Jahrzehnts erwartet man einen Anteil der Benzineinspritzung von 90 %. In Europa werden derzeit knapp 25 % aller Ottomotoren für Personenwagen mit Benzineinspritzung ausgerüstet, wobei der Anteil in den höheren Klassen darüber und in den unteren darunter liegt.

3.1.2 ABS

Das ABS ist ein elektronisches Bremsregelsystem, das die Bremskraft auch bei Überbremsen durch den Fahrer so dosiert, daß kein Rad blockieren kann. Das Fahrzeug bleibt fahrstabil und lenkbar; die Bremswege sind in der Regel merklich kürzer.

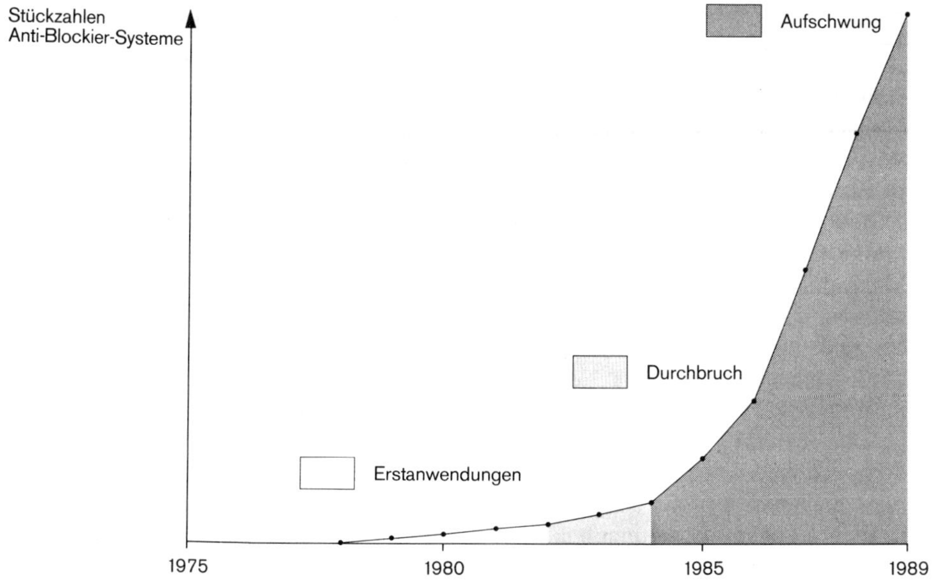

Abb. 3. Stückzahlentwicklung des Anti-Blockier-Systems (ABS)

Mit den früher ausschließlich verfügbaren mechanischen und hydraulischen Konstruktionselementen gelang es trotz großer Anstrengungen nicht, ein brauchbares ABS für Straßenfahrzeuge darzustellen; lediglich bei Flugzeugen mit den Bedingungen einer geraden Landepiste wurden derartige Systeme eingesetzt.

Mitte der 60er Jahre begann die damalige Beteiligungsgesellschaft Teldix, die heute ganz zur Bosch-Gruppe gehört, in enger Zusammenarbeit mit der Daimler-Benz AG die Entwicklung eines elektronisch geregelten ABS.

Mit den Mitteln der Mikroelektronik, die eine hohe Integration von Bauelementen und damit die erforderliche Zuverlässigkeit ermöglichte, gelang es Mitte der 70er Jahre, ein den Sicherheitsanforderungen für Bremsen genügendes ABS zu entwickeln, das seit Ende 1978 gefertigt wird.

Abbildung 3 stellt den Stückzahlverlauf für das ABS und eine analog zur Darstellung der Benzineinspritzung gewählte Phaseneinteilung dar.

Bis 1982 wurde ABS bei insgesamt geringen Stückzahlen als Sonderausstattung für Modelle der oberen Preisklasse von drei deutschen Erstanwendern in den Markt eingeführt.

Von 1983 an stieg das Interesse bei den Endverbrauchern stark an. Weitere deutsche und erstmalig auch ausländische Hersteller nahmen ABS in die Sonderausstattung auf.

1985 wurde das System in die Grundausstattung einer ganzen Reihe von Personenwagen-Modellen übernommen. Der Absatz stieg um 100 % gegenüber dem Vorjahr an.

Trotzdem stehen wir voraussichtlich erst am Anfang des Produktlebenszyklus' von ABS. Die Ausrüstungsquote an der Personenwagen-Weltproduktion hat 1986 erst 3 % erreicht. Bei den führenden deutschen Herstellern der oberen Preisklasse sind die Ausrüstungsquoten jedoch schon sehr hoch.

3.2 Vergleich von Benzineinspritzung und ABS

Der Vergleich der Umsatzkurven für Benzineinspritzung und ABS zeigt unterschiedliche Verläufe (vgl. Abbildung 4). Die Markteinführung der Benzineinspritzung erstreckte sich über einen Zeitraum von mehr als 30 Jahren mit ungleichmäßigen Wachstumsraten, während die Marktdurchsetzung des ABS nach einer kurzen Anlaufphase in gleichmäßig steigenden Wachstumsraten verläuft.

Die Benzineinspritzung zielt als Substitutions-Innovation auf einen vorhandenen Markt. Der Marktwiderstand in der Anfangsphase war daher geringer als bei ABS, die Markteinführung weniger problematisch. Mittelfristig war aber der Marktwiderstand höher und konnte nicht schlagartig gebrochen werden. Dies lag vor allem daran, daß das zu ersetzende Produkt weiterhin als Alternative am Markt präsent war und sich darüberhinaus wehrte. Die Vergaserhersteller verbesserten die Leistungsfähigkeit ihres Produkts weiter, u.a. durch elektronische Zusatzgeräte.

Da die Benzineinspritzung im Vergleich zum Vergaser zwar erhebliche, aber doch nur graduelle Vorteile bringt und diese in Europa von der Umweltschutzgesetzgebung für den überwiegenden Teil der hergestellten Personenwagen nicht zwingend verlangt werden, können die Automobilhersteller bei mittleren und kleineren Modellen die Substitutionsentscheidung noch hinauszögern.

Dagegen mußte das ABS zunächst seinen Nutzen beweisen und den Bedarf wekken. Es hatte dabei große Marktwiderstände zu überwinden. So blieb auch die Stückzahlentwicklung in den ersten Jahren hinter den Erwartungen zurück. Die Automobilhersteller forcierten den Verkauf von ABS anfangs nicht, und auch die Automobilkäufer verlangten es in Unkenntnis der Vorteile nicht. Da die Automobilhändler nicht über Vorführstrecken verfügen, konnten sie die Vorzüge des Systems auch im Verlauf der Kaufentscheidung nicht demonstrieren.

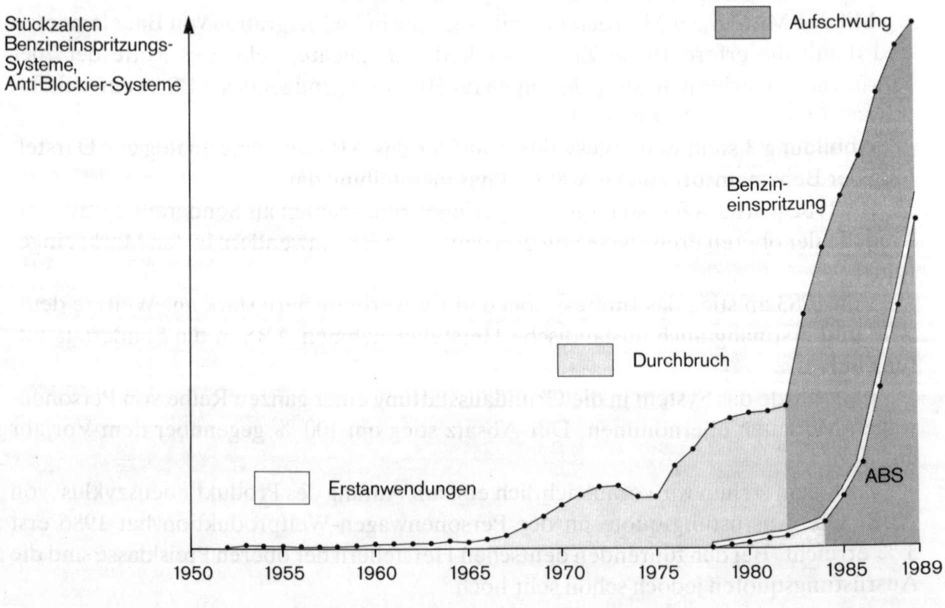

Abb. 4. Stückzahlentwicklung der Benzineinspritzung und des Anti-Blockier-Systems (ABS)

Der nach Überwindung der Widerstände einsetzende stürmische Aufschwung dürfte in erster Linie darauf beruhen, daß es für das Produkt keine Alternative am Markt gibt. Der Automobil-Hersteller muß auf das ABS zurückgreifen, wenn der Kunde diese Funktion verlangt.

Auch die regionale Marktverbreitung verlief unterschiedlich. Bei der Benzineinspritzung waren vor allem in der Durchbruchsphase die nationalen Abgasgesetze für die regionale Marktverbreitung bestimmend. Die breitere Markteinführung wurde zunächst durch die Absatzgesetze in den USA und später in Japan begünstigt. Trotz der weniger strengen Bestimmungen entwickelte sich aber auch in Europa eine stetig steigende Nachfrage, da hier höhere Anforderungen an die Leistung und Laufqualität der Motoren gestellt werden.

Das ABS wurde in enger Zusammenarbeit mit deutschen Automobilfirmen entwickelt und zunächst auch nur von deutschen Herstellern aufgegriffen. Daran schloß sich die Verbreitung in Europa an. Die amerikanischen und japanischen Automobilhersteller haben sich erst später zu seiner Verwendung entschlossen.

3.3 Gründe für den positiven Verlauf bei Benzineinspritzung und ABS

Benzineinspritzung und ABS sind nur zwei Beispiele für Produkt-Innovationen. Obwohl sie zu unterschiedlichen Klassen gehören, sind doch die Gründe, die für ihren Erfolg maßgeblich sind, vergleichbar. Diese Gründe sind in erster Linie technischer und organisatorischer, aber auch markt- und unternehmenspolitischer Art.

Sowohl Benzineinspritzung als auch ABS sind technisch anspruchsvolle Systeme. Sie verlangen technische und technologische Expertise auf einer Vielzahl von Gebieten, die der Zusammenfassung und Koordination bedürfen. So beruht die Benzineinspritzung z.B. auf Erfahrungen in

- Verbrennungstechnik
- Hydraulik
- Elektronik und Mikroelektronik
- Sensorik
- Präzisionsmengenfertigung.

In den verschiedenen Geschäftsbereichen von Bosch waren umfangreiche Kenntnisse auf diesen Gebieten vorhanden; sie mußten jedoch wirkungsvoll zusammengeführt werden. Das geschah durch ein bereichsübergreifendes und motivierendes Projektmanagement. So gelang es, die geplanten Systeme mit dem angestrebten Preis/Leistungsverhältnis und mit der erforderlichen Qualität zu entwickeln.

Für die weitere Marktdurchdringung bei Benzineinspritzung war es jedoch erforderlich, das Preis/Leistungsverhältnis ständig weiter zu verbessern. Dies war durch Kosteneinsparungen entsprechend der Erfahrungskurve, aber auch aufgrund des Preisrückgangs bei elektronischen Bauelementen möglich, obwohl der Funktionsumfang gleichzeitig stetig erweitert wurde. Mit der neuen Zentraleinspritzung wurde das Angebot um eine einfachere und kostengünstigere Version erweitert, die bei höherer Leistung auch preislich mit elektronisch aufgerüsteten Vergasern konkurrieren kann.

Bei der technischen Konzeption von Substitutions-Innovationen kann man sich an Preis und Leistung des zu ersetzenden Produktes orientieren. Solche Orientierungen existieren bei Ziel-Innovationen nicht. Es bestehen daher große Unsicherheiten bezüglich der zu wählenden Preisklasse. Hier liegt ein zusätzlicher Unterschied zwischen Substitutions-Innovationen und Ziel-Innovationen.

Bei der Entwicklung des ABS konzentrierte man sich zunächst auf die Aufgabe, die volle Funktionsfähigkeit des Systems zu erreichen, was zu relativ hohen Herstellkosten führte. Für eine Markteinführung kamen deshalb zunächst nur Kraftfahrzeuge der oberen Preisklasse in Frage, da der Preis eines solchen Ausrüstungssystems in Relation zum Gesamtpreis des Wagens zu sehen ist.

Zusätzlich war für die Markteinführung eine Preisbildung nach Zielkosten aufgrund der Erfahrungskurve notwendig. In der Folgezeit gelang es dann auch, aufgrund stark steigender Stückzahlen die Kosten des Systems nachhaltig zu senken. Einen zusätzlichen Beitrag leisteten die technologischen Fortschritte der Mikroelektronik, die es gestatteten, zu höherer Integration und damit zu einer wesentlich geringeren Anzahl von Bauelementen überzugehen.

In dem Maße, wie die Kosten des ABS im Laufe der Zeit relativ zum Gesamtpreis des Automobils weiter gesenkt werden können, wird das System für immer mehr Pkw-Modelle des mittleren und unteren Preissegmentes interessant. Damit steigt der Anteil der mit ABS ausgerüsteten Personenwagen an der Gesamtzahl der Personenwagen stark an.

Neben produkttechnischen und organisatorischen Entscheidungen waren aber auch marktpolitische Maßnahmen für den Erfolg ausschlaggebend. Es gelang in beiden Fällen, mit innovationsfreudigen und risikobereiten Automobilherstellern über lange Jahre hinweg eng zusammenzuarbeiten, dabei auch gemeinsam manche Durststrecke zu überwinden und so den Durchbruch der Innovationen zu realisieren.

Betriebswirtschaftlicher Human-, Wissens- und Technologietransfer aus universitärer Sicht

Werner Dinkelbach

Zusammenfassung

Mit diesem Beitrag wird versucht, die allgemeine Diskussion über den Technologietransfer zwischen Hochschulen und Praxis, bei der vielfach technologische Gesichtspunkte im Vordergrund stehen, ein wenig zu strukturieren und dabei ergänzend den Human- und Wissenstransfer herauszustellen. Nach mehr allgemeinen Überlegungen zum Begriff und zu den Formen des Transfers konzentrieren sich in der zweiten Hälfte die Ausführungen auf betriebswirtschaftliche Aspekte.

1. Einführung

Ist Technologietransfer ein Modewort für ein Zaubermittel zur Lösung von Problemen, deren prinzipielle Unlösbarkeit festzustehen scheint? Oder ist Technologietransfer lediglich ein neues Wort für etwas, was es schon immer gegeben hat, allerdings ohne diesen gleichermaßen wirkungsvollen wie geheimnisvollen Namen? Oder steht hinter dem Komplex, der heute vielfach mit Technologietransfer umschrieben wird, selbst eine Reihe neuartiger ungelöster Fragen? Wenn im Laufe dieses Beitrages alle drei Fragen positiv beantwortet werden, wird bereits an dieser Stelle deutlich, daß Technologietransfer, verstanden als „die Übertragung (und Anwendung) technologischen Wissens und Know hows von einem Ausgangsbereich in einen anderen Bereich" ([08], Sp. 1917), ein recht komplexes Thema sein muß, das auch hier weder umfassend noch endgültig behandelt werden kann.

In jüngster Zeit wird zunehmend nicht nur vom Technologietransfer, sondern auch vom Wissenstransfer gesprochen. Im universitären Bereich spricht man gern vom Wissens- und Technologietransfer, aber auch beim Technologietransfer zwischen unterschiedlich hoch entwickelten Ländern spielt der Wissenstransfer bzw. – in diesem Zusammenhang – Knowhow-Transfer eine zentrale Rolle. Im folgenden wird neben dem Wissens- und Technologietransfer darüber hinaus auch der Humantransfer zu analysieren sein, worunter der Transfer von Personen verstanden wird, die über ein bestimmtes Wissen und zugleich über die Fähigkeit verfügen, dieses Wissen zu verwerten. Human-, Wissens- und Technologietransfer werden in diesem Beitrag in etwa gleichgewichtig beleuchtet.

Wenngleich in diesem Aufsatz hin und wieder auf den Transfer allgemein, d.h. aller Fachrichtungen einer Universität in die wie auch immer definierte Praxis, zurückgegriffen wird, so steht doch im Mittelpunkt dieser Ausführungen der betriebswirtschaftliche Transfer. Dies liegt nicht nur darin begründet, daß der Verfasser der Betriebswirtschaftslehre relativ am nächsten steht, sondern auch darin, daß der Transfergedanke in der hier dargestellten Sicht in dieser Disziplin verhältnismäßig neuartig ist, da sich die Wandlung der Betriebswirtschaftslehre von einer mehr geisteswissenschaftlichen zu einer zumindest teilweise auch technologisch orientierten Disziplin erst in der zweiten Hälfte dieses Jahrhunderts vollzogen hat.

Weniger Human- und Wissenstransfer als vielmehr Technologietransfer im engeren Sinne gehören nicht nur zu den Aufgaben von Universitäten und insbesondere Technischen Hochschulen, sondern u. a. zu den Aufgaben der sogenannten Großforschungseinrichtungen, der Institute der Max-Planck- wie auch der Fraunhofer-Gesellschaft. Obwohl hier auch betriebswirtschaftlicher Technologietransfer stattfindet (z.B. bei der Gesellschaft für Mathematik und Datenverarbeitung oder dem Fraunhofer-Institut für Arbeitswirtschaft und Organisation), wird die Thematik im folgenden in erster Linie „aus universitärer Sicht" angegangen.

Das Thema dieses Beitrages kann sehr extensiv aufgefaßt werden. Könnte nicht so ziemlich jedes Problem unserer heutigen Gesellschaft in irgendeiner, mehr oder weniger direkten Weise mit Human-, Wissens- oder Technologietransfer in Verbindung gebracht werden? Durch die Beschränkung auf „betriebswirtschaftlichen" Transfer – und dieser wiederum – „aus universitärer Sicht" wird zwar eine erhebliche thematische Einengung vorgenommen, dennoch kann trotz dieser Beschränkung im Rahmen dieses Beitrages keine umfassende Behandlung dieser gleichermaßen aktuellen wie auch kontroversen Thematik erwartet werden.

2. Grundsätzliches zum Wissens- und Technologietransfer

2.1. Einige begriffliche Vorbemerkungen

Versteht man unter Transfer – unmittelbar aus dem Lateinischen abgeleitet – eine Übertragung bzw. einen Vorgang des Übertragens, dann entsteht sofort eine dreiteilige Frage: Was wird woher wohin transferiert? Im folgenden wird das Was des Transfers als Transferobjekt bezeichnet, auf das im nachfolgenden Abschnitt 2.2 näher eingegangen wird. In diesem Beitrag wird das Woher auf Universitäten bzw. wissenschaftliche Hochschulen eingeschränkt, wobei derjenige, der ein Transferobjekt zur Verfügung stellt, aus naheliegenden Gründen Transferanbieter heißt. Transferanbieter können u. a. eine Universität (z.B. vertreten durch eine Kontaktstelle), eine Einrichtung einer Universität (z.B. ein Fachbereich oder ein Universitätsinstitut) oder ein einzelner Hochschullehrer sein. Unter dem Wohin ist die Praxis, d.h. in erster Linie private und öffentliche Unternehmen aller Art, zu verstehen, wobei derjenige, der an einem Transferobjekt interessiert ist oder sich um ein solches bemüht, Transfernachfrager genannt wird. Gegebenenfalls wird zur Kontaktaufnahme zwischen Transferanbieter und Transfernachfrager oder zur Realisierung des Transfers eine weitere Person oder Einrichtung, die im folgenden mit Transferträger bezeichnet wird, hinzugezogen.

Für die Belange dieses Aufsatzes wird nunmehr versucht, wenigstens eine vage Umschreibung der zentralen Begriffe Technologie und Wissen zu formulieren, um eventuellen Mißverständnissen vorzubeugen. Versteht man hier Technik im Sinne einer bestimmten Fertigkeit, dann könnte Technologie ein Oberbegriff sein, mit dem verschiedene Techniken zu einem geschlossenen System zusammengefaßt werden. So könnte man beispielsweise das Newton-Verfahren, angewandt etwa zur Bestimmung der Quadratwurzel einer positiven reellen Zahl, als eine Rechentechnik und die Menge aller konvergenten iterativen Verfahren als eine (Rechen-)Technologie bezeichnen. Oder: Die Computertechnik wird sich mehr mit dem Computer als Maschine und ihren Gesetzmäßigkeiten befassen, während sich die Computertechnologie umfassender mit den Eigenschaften des Computers insbesondere auch in Hinblick auf dessen Einsatzmöglichkeiten und ihren vielfältigen Implikationen beschäftigt. Streng genommen müßte man den Transfer einer Technik, z.B. eines bestimmten chemischen Verfahrens zur Herstellung eines bestimmten Werkstoffes, als Techniktransfer bezeichnen; allerdings hat sich in diesem Zusammenhang das – vielleicht besser klingende – Technologietransfer eingebürgert.

Eine Einführung des Begriffs Information – hier verstanden als Voraussetzung für die Einführung des Begriffs Wissen – erscheint in der heutigen sogenannten Informationsgesellschaft gleichermaßen überflüssig wie schwierig (vgl. u. a. [06]). Faßt man Information in erster Annäherung als synonym mit Mitteilung, Auskunft, Nachricht oder Datum auf, dann wird deutlich, daß Informationen gewonnen, verarbeitet, gespeichert oder übertragen werden können. Unter Informationstechnologie könnte man dann die Technik der Informationsgewinnung, -verarbeitung, -speicherung oder -übertragung verstehen. Gegenstand der Informationsspeicherung etwa ist das Speichern – gewissermaßen das Lagern – von Informationen in Informations- bzw. Datenbanken, aus denen Benutzer, die über eine Zugriffsberechtigung verfügen, die sich aber weder zu kennen noch über gleiche oder ähnliche Zielvorstellungen zu verfügen brauchen, Daten abrufen und verwerten können. Das Abrufen geschieht dialog- und programmgesteuert, im Prinzip in gleicher Weise wie ein Artikel aus einem modernen Hochregallager ausgelagert wird.

Was aber ist nun Wissen? Mit dieser Frage haben sich schon mehrere Disziplinen über viele Jahre beschäftigt. Hier möge es genügen, kurz herauszuarbeiten, daß Wissen mehr ist bzw. sein sollte als eine Sammlung von Daten. Zwar beinhaltet auch Wissen Informationen über etwas oder Kenntnisse von etwas. Aber Wissen ist nicht nur Kenntnis von vielen Daten, Mitteilungen o.ä., sondern ein System von Daten, d.h. eine Menge von Daten, die durch Regeln miteinander in Beziehung stehen. Daraus resultiert, daß Wissen im Gegensatz zu Information stets in einem größeren geschlossenen Zusammenhang steht. Nicht unbeeinflußt durch die öffentlichkeitswirksamen Entwicklungen in der Computertechnologie, insbesondere durch die Diskussion über die Computer der fünften Generation, die nicht mehr nur als Datenverarbeitungs-, sondern als Wissensverarbeitungsmaschinen angesehen werden, wird heute vielfach von Wissen im Sinne von formalisierbarem und damit computerfähigem, d.h. durch Computer verarbeitbarem Wissen gesprochen (vgl. u.a. [13]). So wird etwa Expertenwissen in Expertensystemen maschinell gespeichert, die ihrerseits den wissensbasierten Systemen („Künstliche Intelligenz“) zuzurechnen sind. Neben dem Wissen, das dem Computer anvertraut werden kann, das mithin vom Menschen abstrahierbar ist, gibt es aber noch eine weitere, vielleicht wichtigere Dimension des Wissens: Es gibt Wissen, das zu erwerben, zu entwickeln, zu verwalten, zu verwerten und vor allem zu bewerten, dem Menschen vorbehalten ist. So gibt es Wissen, das dem gesunden Menschenverstand zuzurechnen ist; es gibt nicht formalisierbares Wissen über die geistige und materielle Welt; es gibt Wissen über die sozialen Folgen technischer Prozesse oder über die durch die Ethik gesetzten Grenzen der Wissenschaft. Wissen dieser Art ist an den Menschen als Wissensträger gebunden und kann nur durch ihn transferiert werden (vgl. Abschnitt 4).

2.2. Forschungsergebnisse als Transferobjekte

Nach den bisherigen Ausführungen könnte alles, was Transferanbieter anbieten und Transfernachfrager nachfragen, Gegenstand des Transfers, d.h. Transferobjekt, sein. Es liegt auf der Hand, daß diese Umschreibung einer weiteren Präzisierung bedarf. Transferobjekt in dem in diesem Beitrag verstandenen Sinne, d.h. bei einem Transfer „aus universitärer Sicht", kann nur etwas sein, was insbesondere Universitäten als Stätten der Forschung anzubieten in der Lage sind. Mit anderen Worten: Transferobjekte können nur direkte oder auch indirekte Ergebnisse der Forschung sein. Diese Auffassung schließt selbstverständlich nicht aus, daß auch außerhalb wissenschaftlicher Hochschulen im öffentlichen wie im privaten Bereich Forschung betrieben wird, deren Ergebnisse transferiert werden können oder müssen bzw. in der Praxis eingesetzt werden. Diese Auffassung soll jedoch bewußt den Transfer dessen ausschließen, was nicht Ergebnis der Forschung ist und für dessen Transfer (Vermittlung) außeruniversitäre Bildungseinrichtungen in großer Zahl und in unterschiedlichen Varianten existieren. – Die folgenden Überlegungen zu universitärer Forschung und ihren Ergebnissen dienen einer weiteren Präzisierung des Transferobjektes. Insbesondere unter dem Aspekt des Transfers ist es naheliegend, den Komplex Forschung in wenigstens drei Kategorien zu untergliedern, die sich sowohl aus der Art des zu erforschenden Gegenstandes als auch aus der Art der Adressaten der Ergebnisse herleiten lassen.

Am Beginn aller Forschungsbemühungen steht die Grundlagenforschung, bei der es um die Suche nach Erkenntnissen zum besseren Verstehen des Menschen und seiner geistigen wie natürlichen Umwelt geht. Man könnte auch von einer reinen Forschung sprechen, so wie es eine reine – im Gegensatz zur angewandten – Mathematik gibt. Die Idee, was und wie etwas erforscht werden soll, geht vom Forscher aus, der an der Entwicklung seines Faches aktiv teilhaben möchte und der seine Ergebnisse nicht nur in Publikationen, sondern auch mehr oder weniger direkt in Form von Lehrveranstaltungen an nachfolgende Generationen weitergibt (vgl. Abschnitt 4).

Unter angewandter Forschung ist die Suche nach etwas Neuem zu verstehen, das man gegebenenfalls anwenden kann und für das möglicherweise bestimmte Adressaten existieren. Man denke etwa an ein neues Material mit bestimmten Eigenschaften, an einen neuen Algorithmus, um ein mathematisches Problem zu lösen, oder ein neues Software-Paket für einen betrieblichen Planungsprozeß. Die Idee geht überwiegend vom Forscher selbst aus, sie kann jedoch auch von potentiellen Anwendern angeregt sein.

Eine Auftragsforschung hat, wie bereits der Name aussagt, stets einen Auftraggeber, z.B. eine Behörde, ein Industrieunternehmen, eine Versicherungsgesellschaft oder ein Marktforschungsinstitut. Mit der Erteilung eines Auftrages durch den Auftraggeber ist im allgemeinen die Idee dessen, was erforscht werden soll, vorgegeben. Es sind die Auswirkungen (die Konsequenzen, die Implikationen) dieser vorgegebenen – oder vielleicht auch ausgehandelten – Idee zu erforschen oder – vielleicht auch nur – zu ermitteln. Bei der Auftragsforschung stehen Forscher und Auftraggeber in einer engen, vertraglich definierten Beziehung, was u.a. in Hinblick auf die Freiheit der Forschung (Art. 5 Abs. 3 GG) nicht unproblematisch ist (vgl. u.a. [03], S. 10 ff.; [20]).

Es ist selbstverständlich, daß nicht jedes Forschungsprojekt eindeutig in die erwähnten Kategorien eingeordnet werden kann. Es wird immer Übergänge und Überschneidungen geben. Dennoch kann gerade für die Transferdiskussion eine derartige Kategorisierung nützlich sein. Universitäten gestatten alle drei Kategorien der Forschung, sie sollten diese jedoch in einem ausgewogenen Verhältnis fördern, um ihrem gesetzlichen Auftrag gerecht zu werden.

Für Forschung ist Risiko ein konstitutives Element. Forschung gleich welcher Kategorie führt im allgemeinen zu neuen Ergebnissen, wobei der Forscher überwiegend das Risiko trägt, ein bestimmtes Ergebnis, welches von ihm selbst artikuliert oder von Dritten vorgegeben wurde, zu erzielen. Viele sogenannte Forschungsergebnisse, die durch elementare Methoden risikolos gefunden werden können, sind möglicherweise von großem Nutzen, sie sind jedoch nicht als Transferobjekte in dem hier verstandenen Sinne anzusehen.

2.3. Technologietransfer und Wissenstransfer

In natur- und ingenieurwissenschaftlichen Fakultäten deutscher Hochschulen existiert seit langem – gewissermaßen wie ein selbstverständlicher und zugleich notwendiger Bestandteil der Forschung – Technologietransfer, d.h. eine sowohl institutionelle als auch projektbezogene Zusammenarbeit zwischen einzelnen Lehrstühlen und Unternehmen, die im allgemeinen durch beiderseitigen Nutzen, insbesondere durch gegenseitige Befruchtung, gekennzeichnet ist. Eine Kooperation von Hochschule und Wirtschaft ist mithin keine Erfindung unserer Tage. Es gab und gibt für die Probleme der Praxis sowohl aufgeschlossene Hochschullehrer als Transferanbieter als auch kooperationsbereite, sich für die wissenschaftliche Seite ihrer Probleme interessierende Praktiker als Transfernachfrager. Als Beispiel für einen sehr gut dokumentierten Technologietransfer in dem skizzierten Sinne wird auf die zweimonatlich erscheinende, von der Technischen Universität Berlin herausgegebene Zeitschrift „Forschung Aktuell" verwiesen, die zugleich mit ihrem umfangreichen Leser-Service helfen soll, die an der TU Berlin gewonnenen Forschungsergebnisse möglichst schnell und zugleich gezielt in die Praxis zu transferieren.

Versucht man, Konzepte des Technologietransfers aus den Natur- und Ingenieurwissenschaften auf die Geisteswissenschaften zu übertragen, dann stellt der Begriff Technologie zunächst einmal ein Hindernis in dem Sinne dar, als in den Geisteswissenschaften Technologien im üblichen Sinne nicht Gegenstand der Forschung sind. So ist es zu erklären, daß in diesem Bereich, wenn überhaupt von Transfer gesprochen wird, dann weniger Technologietransfer als vielmehr Wissenstransfer Gegenstand der Überlegungen ist.

Aufgrund der Diskussionen im politischen wie auch im hochschulpolitischen Raum sollten nicht nur die Natur- und Ingenieurwissenschaften ihre Forschungsergebnisse – ihre Technologien –, sondern auch die Geisteswissenschaften ihre Forschungsergebnisse – ihr Wissen – zum Wohle der Gesellschaft transferieren, so daß sich gerade in diesem Zusammenhang der Begriff Wissens- und Technologietransfer eingebürgert hat. Welchen Beitrag können die Hochschulen – so fragen die Politiker neuerdings – mit ihrem Forschungspotential aller Fachrichtungen für die wirtschaftliche Leistungsfähigkeit eines Bundeslandes oder unserer Republik leisten? „Das Neue liegt wohl eher darin, daß die Zusammenarbeit jetzt erstmals systematisch angegangen werden soll, daß ganze Hochschulen und alle geeigneten (und hierzu bereiten) Fachrichtungen auf Innovationsanstöße und umsetzungsfähige Ergebnisse abgeklopft, anstehende Fragestellungen zwischen Hochschullehrern und Wirtschaftsvertretern (im weiteren Sinne) besprochen und gemeinsame Vorhaben, Forschungs- und Entwicklungsprojekte ermuntert und durch geeignete Regelungen unterstützt werden sollen" [07].

Für die Mehrzahl geisteswissenschaftlicher Fachrichtungen führte diese Herausforderung zu neuartigen, insbesondere ungewohnten Fragestellungen. Kann das in den Geisteswissenschaften erarbeitete – seit Jahrhunderten akkumulierte – Wissen überhaupt Objekt eines Transfers sein? Gibt es geisteswissenschaftliche Transferanbieter? Existieren geisteswissenschaftliche Transfernachfrager? Es bedarf keiner näheren Begründung, daß die aufgeworfenen Fragen in diesem Rahmen nicht beantwortet werden können. Lediglich für die Betriebswirtschaftslehre – zählt man sie im weiteren Sinne zu den Geisteswissenschaften – wird versucht, in den nachfolgenden Abschnitten einige Antworten zu geben.

3. Betriebswirtschaftlicher Wissens- und Technologietransfer

3.1. Gegenstände des betriebswirtschaftlichen Transfers

Die Frage nach den Gegenständen des betriebswirtschaftlichen Transfers ist eng verbunden mit der nicht leichten Frage nach den betriebswirtschaftlichen Forschungsergebnissen. Ein Gang durch eine größere Bibliothek, in der betriebswirtschaftliche Forschungsergebnisse dokumentiert sind, würde zwar rein quantitativ einen imponierenden Eindruck vermitteln, im übrigen aber nicht weiterhelfen. Von den zahlreichen Arbeiten von Betriebswirten über ihr Fach können hier höchstens einige genannt werden (vgl. u.a. [21]; [09]; [01]). Stattdessen wird beispielhaft je ein mehr wissensorientiertes und ein mehr technologieorientiertes Transferobjekt erwähnt.

Es ist etwa die Frage nach den Herstellkosten eines Produktes für ein Unternehmen aus verschiedenen, unmittelbar einsehbaren Gründen gleichermaßen elementar, wichtig wie auch schwierig. Nur mit einem theoretisch schlüssigen und praktisch einwandfrei eingeführten Kostenrechnungssystem lassen sich die Ergebnisse vergangener Produktionsperioden sinnvoll kontrollieren sowie für künftige Produktionsperioden zielgerechte Entscheidungen treffen. So ist beispielsweise die „Flexible Plankostenrechnung und Deckungsbeitragsrechnung" von W. Kilger [10] als Forschungsergebnis auf der einen Seite ein Lehrbuch für Studierende der Betriebswirtschaftslehre, die das Gelernte später in der Praxis einsetzen können, auf der anderen Seite ist es auch unmittelbar Transferobjekt, indem der Verfasser sein Kostenrechnungssystem in Unternehmen realisierte.

Durch das Eindringen der EDV insbesondere auch in fast alle Bereiche unternehmerischer Aktivitäten spielen zwangsläufig der Computer und seine betrieblichen Einsatzmöglichkeiten als Transferobjekt eine zentrale Rolle bei einem mehr technologieorientierten betriebswirtschaftlichen Transfer. So sieht etwa das Institut für Wirtschaftsinformatik an der Universität des Saarlandes „seine Aufgabe darin, einen Beitrag zum Transfer zwischen Wissenschaft und Praxis in der angewandten Datenverarbeitung zu leisten" [14]. Es führt u.a. anwendungsorientierte Projekte durch. So wurden beispielsweise für mehrere Unternehmen unterschiedlicher Branchen im Bereich der Produktion Konzepte zur EDV-gestützten Produktionsplanung und -steuerung erarbeitet, ferner Einsatzmöglichkeiten von Standardsoftware für die Kostenrechnung untersucht und erforderliche Einführungsstrategien entwickelt [14].

3.2. Strukturierung des Transferprozesses

Betriebswirtschaftliches Wissen und betriebswirtschaftliche Technologien, wie sie im Abschnitt 3.1 als Transferobjekte skizziert wurden und wie sie für einen Transfer zwischen Universitäten und der betrieblichen Praxis typisch sind, können durch Mitglieder betriebswirtschaftlicher Abteilungen (Fachbereiche oder Fakultäten) aus dem Kreis der Professoren, der Assistenten wie auch der Studenten (Absolventen) transferiert werden. Die Art des Prozesses, in dem sich der Transfer vollzieht, kann recht unterschiedliche Formen annehmen. Im folgenden werden in erster Annäherung drei verschiedene Prozeßstrukturen herausgearbeitet.

Der Transferprozeß vollzieht sich sowohl unmittelbar, indem Mitglieder einer Universität als Transferanbieter ihre Transferobjekte der Öffentlichkeit – etwa durch Fachliteratur oder durch öffentliche Vorträge – präsentieren, als auch indirekt, indem potentielle Transfernachfrager die sie interessierenden Transferobjekte zur Kenntnis nehmen und sich ihrer je nach speziellem Bedarf bedienen können, ohne mit dem Transferanbieter Kontakt aufnehmen zu müssen. Diese mehr traditionelle, d.h. dem universitären Selbstverständnis zuzurechnende Prozeßstruktur, bei der ein eigener Transferträger entfällt, dürfte sich in erster Linie auf allgemein zugängliche Forschungsergebnisse wie auch auf lehrbuchartige Einführungen in aktuelle betriebswirtschaftliche Fragen beziehen, wie etwa die Kommentierung der Vorschriften des durch das Bilanzrichtlinien-Gesetz vom 19.12.1985 geänderten Bilanzrechts in einem „Handbuch der Rechnungslegung" [11].

Der Transferprozeß vollzieht sich unmittelbar und direkt vom Transferanbieter (Universität) zum Transfernachfrager (Praxis). Die folgenden drei Beispiele mögen das hiermit Gemeinte verdeutlichen. Ein Unternehmen stellt einen Diplom-Kaufmann als Berufsanfänger ein, der sich schon während seines Studiums in Hinblick auf eben dieses Unternehmen oder dessen Branche spezialisiert und ein diesbezügliches Wissen erworben hat. Oder: Ein Unternehmen läßt sich von einem Assistenten, dessen wissenschaftliche Aktivitäten gezielt oder zufällig mit den speziellen Problemen dieses Unternehmens zusammenfallen, ein bestimmtes Software-Produkt erstellen. Oder: Ein Unternehmen bedient sich unmittelbar der beratenden Mithilfe eines Hochschullehrers oder eines universitären An-Instituts (An-Institute sind im Gegensatz zu Instituten der Universitäten Institute an Universitäten, die in erster Linie der Forschung dienen und insbesondere dem Wissens- und Technologietransfer verpflichtet sind, die jedoch nur in begrenztem Umfang aus Haushaltsmitteln der Universitäten finanziert werden (vgl. [19])). In diesen Fällen steht der Transferanbieter unmittelbar, d.h. ohne Einschaltung eines Transferträgers, und direkt mit einem interessierten Transfernachfrager in Beziehung. Diese Struktur eines Transferprozesses ist insbesondere durch die Identität von Transferanbieter und Transferträger gekennzeichnet.

Schließlich kann sich der Transferprozeß auch mittelbar, d.h. unter Zuhilfenahme eines eigenständigen Transferträgers, vollziehen, der Transferobjekte vom Transferanbieter empfängt und diese in gezielter Form an Transfernachfrager weiterleitet oder zumindest bei der Vermittlung behilflich ist. Zu Transferträgern dieser Art gehören zum einen Einrichtungen von oder an Universitäten, wie die in den letzten Jahren vielerorts entstandenen universitären Kontaktstellen. So existieren beispielsweise an der Universität des Saarlandes eine Kontaktstelle für Wissens- und Technologietransfer, an der Universität Bielefeld ein Zentrum für Wissenschaft und Praxis und an der Universität Kaiserslautern eine Kontaktstelle für Innovations- und Technologieberatung. Budach und Heinemann [05] haben eine Broschüre herausgegeben, in der u. a. die Transfereinrichtungen an deutschen Hochschulen zusammengestellt sind. Zum anderen sind hier Einrichtungen zu erwähnen, die von Unternehmen, von Verbänden usw. getragen werden, wie z.B. das Universitätsseminar der Wirtschaft (USW) oder die Zentrale für Produktivität und Technologie Saar e. V. (ZPT). Darüber hinaus gibt es auch einige selbständige, erwerbswirtschaftlich arbeitende Einrichtungen, die sich dem Technologietransfer verpflichtet fühlen bzw. diesen zum Gegenstand ihrer unternehmerischen Aktivitäten machen. Der Transfer kann in diesen Fällen sowohl direkt, z.B. als Einzelauftrag, als auch indirekt, z.B. in Form von Kursen für mehrere Teilnehmer, erfolgen. Charakteristisch für den zuletzt genannten Prozeßtyp ist die bewußte Trennung von Transferanbieter und Transferträger, wobei durch die Beispiele die Markteigenschaften des Transferprozesses unverkennbar deutlich werden.

4. Betriebswirtschaftlicher Humantransfer

Im Rahmen aktueller Diskussionen zum Technologietransfer wird auch – und zwar völlig zu Recht – darauf hingewiesen, daß insbesondere bei weniger technologisch orientierten Disziplinen, wozu traditionellerweise auch die Betriebswirtschaftslehre zu zählen ist, der eigentliche Transfer durch Absolventen entsprechender Studiengänge erfolgt. Man kann in diesem Zusammenhang von Humantransfer sprechen, in Anlehnung an den in den Wirtschaftswissenschaften verbreiteten Begriff Humankapital, welches seinerseits als „das gesamte dem Betrieb zur Verfügung stehende menschliche Leistungspotential" ([15], Sp. 997) verstanden wird. „Universitäre Ausbildung ist die breiteste und wirksamste Form, in der Technologietransfer überhaupt möglich ist" ([03], S. 5). Wie läßt sich aber in diesem Zusammenhang das Transferobjekt definieren? Studierende der Betriebswirtschaftslehre eignen sich im Laufe ihres Studiums gewisse wirtschaftswissenschaftliche, insbesondere betriebswirtschaftliche Kenntnisse an – im allgemeinen mit dem Ziel, mit diesen Kenntnissen das erstrebte Examen zu bestehen; sie kommen darüber hinaus in Spezialveranstaltungen auch mehr oder weniger intensiv mit neueren Forschungsergebnissen in Berührung. So nimmt etwa ein Diplom-Kaufmann, der die Universität verläßt, einen Ausschnitt betriebswirtschaftlichen Wissens und betriebswirtschaftlicher Technologien mit an seinen Arbeitsplatz im betrieblichen Alltag. Kann ein so skizzierter Ausschnitt betriebswirtschaftlicher Erkenntnisse als das Transferobjekt eines betriebswirtschaftlichen Humantransfers verstanden werden? Würde man diese Frage bejahen, dann wären die Transferobjekte beim Humantransfer identisch mit den Transferobjekten beim Wissens- und Technologietransfer. Der Mensch wäre Träger von Transferobjekten. Als solcher wäre er insofern entindividualisiert, als ein Transfer von Wissen und Technologien nicht an eine bestimmte Person gebunden ist, teilweise sogar mittels moderner Informationstechnologien völlig unabhängig von Personen als Transferträger erfolgen kann. Kann man Absolventen betriebswirtschaftlicher Studiengänge lediglich als reine Transferträger in dem geschilderten Sinne betrachten?

Die Universität sollte ihre betriebswirtschaftlichen Absolventen nicht nur zu Trägern von Wissen und Technologien machen, sondern sie darüber hinaus befähigen, Aufgaben im Rahmen der Unternehmensführung im weitesten Sinne übernehmen zu können. „In Zukunft ist mehr allgemeine Denk- und Lernschulung erforderlich. Wichtig ist eine umfassende Persönlichkeitsbildung: kommunikatives und gemeinschaftsbezogenes Verhalten einüben, aus eigenem Antrieb Fragen stellen, Ideen finden, Probleme analysieren, bei der Suche nach Lösungen neue Wege gehen, flexibel reagieren, sich in Teams integrieren und sich in diesen Teams konsensfähig verhalten" ([16], S. 16). Zur erfolgreichen Bewältigung dieser Aufgaben ist in erster Linie die Fähigkeit von Bedeutung, abstrakt denken zu können, insbesondere Problemstrukturen erkennen, analysieren und systematisieren zu können, um auf diese Weise in der Lage zu sein, Konsequenzen betrieblicher Entscheidungen, die tagtäglich vorzubereiten, zu beurteilen oder zu treffen sind, abschätzen zu können. In einer Studie über „Berufschancen für Wirtschaftsingenieure", in der 1.235 Stellenangebote aus der Frankfurter Allgemeinen Zeitung aus den Jahren 1978 bis 1983 analysiert wurden, fand bei der Anforderung „Persönliche Eigenschaften/Fähigkeiten" das Merkmal „Analytisches Denken" die häufigste Erwähnung (vgl. [12], S. 39). Hierzu gehört in zweiter Linie auch die Fähigkeit der Beherrschung der in kaufmännische Bereiche weiter vordringenden technischen Instrumentarien, um deren Entwicklung und Einsatz aktiv mitbestimmen zu können und nicht um sich von ihnen beherrschen, d.h. in diesem Zusammenhang fremdbestimmen, zu lassen. Fähigkeiten dieser Art erlernt man nicht durch Lektüre betriebswirtschaftlicher Texte oder durch deren Auswendiglernen; sie können – wenn überhaupt – in besonderer Weise durch aktive Auseinandersetzung mit den theoretischen Grundlagen der Betriebswirtschaftslehre in Übungen, Praktika, Seminaren usw. erworben werden. Transferobjekte eines betriebswirtschaftlichen Humantransfers sind folgerichtig in dem beschriebenen Sinne ausgebildete Absolventen, d.h. Menschen mit bestimmten, in der betrieblichen Praxis brauchbaren und benötigten Fähigkeiten. Für den betriebswirtschaftlichen Humantransfer in dem hier verstandenen Sinne ist mithin die Identität von Transferträger und Transferobjekt charakteristisch.

5. Nutzen und Gefahren des Human-, Wissens- und Technologietransfers

Der Nutzen eines Transfers im Sinne des Übertragens von neuen Erkenntnissen ist in erster Annäherung positiv zu bewerten, wenn man davon ausgeht, daß ein „Mehr-Wissen" von höherem Nutzen als ein „Weniger-Wissen" ist. Dabei sind allerdings zwei Einschränkungen zu machen. Zum einen existieren heute oder in nicht allzu ferner Zukunft neben Technologien, die sowohl große Chancen als auch immense Risiken in sich bergen, auch solche, deren Einsatz und damit auch deren Transfer unter ethischen Gesichtspunkten nicht zu verantworten sind. Man denke etwa an die Chancen und Risiken der Gentechnologie (vgl. u.a. [04]). Derartige Technologien mögen heute betriebswirtschaftlich nicht relevant sein; ob sie es einmal werden könnten, ist noch nicht abzusehen. Der Transfer von risikobehafteten Technologien wirft vielfach zahlreiche ungelöste Probleme auf und kann somit nicht unreflektiert als etwas Positives gesehen werden. Es ist in diesem Zusammenhang ein „Mehr-Wissen" mit einem Mehr an Verantwortung verknüpft. Zum anderen sind bei einer Beurteilung eines Transferprozesses auch dessen Kosten zu berücksichtigen. Stellen die Transferobjekte bei

Berücksichtigung der Transferkosten auch ökonomisch interessante Erkenntnisse dar? Könnte sich der Transfernachfrager diese Erkenntnisse möglicherweise auch auf andere Art beschaffen oder auf ihre Kenntnis verzichten? Eine ernsthafte Kosten-Nutzen-Analyse sollte mithin jeden Transferprozeß begleiten.

Wenn heute häufig gegen die aktuelle „Transferwelle“ polemisiert wird – Staudt [17] spricht von einem „Technologietransfer-Aktivismus“ –, so geht dies grundsätzlich nicht gegen das bisher hier Gesagte, nicht gegen einen Technologietransfer an sich, sondern gegen gewisse Auswüchse, die glaubhaft machen wollen, daß Technologietransfer etwas völlig Neues sei, ohne den die Volkswirtschaft der Bundesrepublik Deutschland großen Schaden erleiden würde. Transfer hat es schon immer gegeben, allerdings ohne einen so zugkräftigen Namen und ohne eine lautstarke politische und journalistische Öffentlichkeitsarbeit. Kritik wendet sich u.a. gegen die zum Teil recht üppige Subventionierung der „Technologietransferbürokratie“ (Staudt [17]) aus Mitteln der öffentlichen Hand. Dies richtet sich auch gegen die zahlreichen neuen Kontaktstellen für den Technologietransfer an deutschen Hochschulen oder etwa die Bestellung von Landesbeauftragten für Forschung und Technologie (z.B. Niedersachsen). Ohne die zuletzt aufgeworfenen Fragen hier weiter zu vertiefen, dürfte die gegenwärtige Aktivierung des Transfers zumindest für mittelständische Unternehmen als Transfernachfrager, die weniger Kontakt zu Hochschulen haben als Großunternehmen, mittel- und langfristig von Nutzen sein. Das relativ breite Spektrum der aktuellen Diskussion über die zuletzt aufgeworfenen Aspekte des Technologietransfers möge durch zwei Zitate belegt werden, die die Situation anscheinend gegensätzlich, dennoch treffend charakterisieren. Auf der einen Seite heißt es bei Staudt ([18], S. 39): „Die verbreiteten und auf Vermittlerfunktion und Selbstdarstellung reduzierten Technologietransferkonzepte des Wissenschaftssystems im Verbund mit der Politik, leben aber von der Utopie ..., daß hinreichende Lösungsbausteine für innovatorische Defizite irgendwo vorhanden sind. Sie müßten lediglich über solche Einrichtungen vermittelt oder vermarktet werden.“ Auf der anderen Seite schreibt Beckurts [02]: „Es gibt so etwas wie eine Bringschuld der Wissenschaft, aber zugleich auch eine Holschuld der Industrie. Dies bedeutet, daß man sich als wissenschaftliche Partner gegenseitig ernst nimmt und zu einer grundsätzlich vorurteilsfreien Zusammenarbeit bereit findet. Der immer wieder aufkeimende Dünkel, der die Andersartigkeit von Forschung in Hochschule und Industrie zu einer Anderswertigkeit ihrer jeweiligen Träger hochstilisiert, ist weder sachlich gerecht noch letztlich irgend jemandem dienlich“.

Bei der Beurteilung des Technologietransfers sollte aber auch der selten erwähnte Nutzen für den Transferanbieter zur Sprache kommen, der über ein mögliches finanzielles Entgelt hinausgeht. Transfer vollzieht sich häufig nicht in eine Richtung, sondern in einem sich gegenseitig befruchtenden Prozeß. Transfer bedingt somit vielfach einen „Retransfer“, der sich seinerseits mit neuen Ideen positiv auf die Forschung auswirken kann. So heißt es beispielsweise im Vorwort des schon erwähnten Buches von Kilger ([10], S. 5): „Das vorliegende Buch ist das Ergebnis von fast drei Jahrzehnten wissenschaftlicher und praktischer Arbeit auf dem Gebiet der Plankostenrechnung“. Sollten sich die wissenschaftlichen Hochschulen nicht verstärkt um Transferprozesse dieser Art bemühen? Der sich aus dem Retransfer für den Transferanbieter ergebende positive Nutzen läßt sich sicherlich im allgemeinen kaum quantifizieren, sollte jedoch bei der Beurteilung des Technologietransfers nicht vernachlässigt werden. Insbesondere könnte durch eine stärkere Betonung des Retransfers, sofern ein solcher vorhanden oder zu erwarten ist, die Tätigkeit eines Hochschullehrers als Technologieanbieter und/oder -träger aus seiner Aufgabe als Forscher heraus bereitwilliger geduldet bzw. gerechtfertigt werden.

Neben dem Nutzen für Transferanbieter und -nachfrager muß auf die Gefahr hingewiesen werden, die aus einer Überbetonung des Wissens- und Technologietransfers gegenüber dem Humantransfer resultiert. In diesem Zusammenhang ist auch eine damit verbundene Überbetonung des Anwendungsaspektes bei der betriebswirtschaftlichen Ausbildung gegenüber einer mehr theorieorientierten Ausbildung zu sehen. Verständlich ist diese Entwicklung, denn der Wissens- und Technologietransfer bringt für Anbieter wie für Nachfrager möglicherweise unmittelbaren, in Geldeinheiten meßbaren Nutzen. Dagegen ist der Humantransfer kaum kurzfristig, sondern höchstens langfristig und dann äußerst schwierig zu messen; er verlangt vom Anbieter insbesondere einen zeitaufwendigen und arbeitsintensiven Einsatz bei der Betreuung der Auszubildenden. Eine universitäre Ausbildung, die sich vornehmlich oder gar ausschließlich an der Anwendbarkeit des Ausbildungsgegenstandes und damit implizit an dessen Transfer unter gleichzeitiger Vernachlässigung des Humantransfers orientiert, kommt nicht nur ihrem gesetzlichen Auftrag nicht nach, sondern schadet letztlich auch der sie tragenden Gesellschaft, denn ohne Humantransfer kann es langfristig auch keinen Wissens- und Technologietransfer mehr geben, es sei denn, die Unternehmen bilden ihre Führungskräfte selbst in eigenen oder von ihnen getragenen Einrichtungen aus.

Literatur

[01] Albach H (1986) Allgemeine Betriebswirtschaftslehre – zum Gedenken an Erich Gutenberg. Zeitschrift für Betriebswirtschaft 56: 578-613

[02] Beckurts K H (1984) Industrieforschung und ihre Relevanz für Hochschulen. Fortbildungsprogramm für die Wissenschaftsverwaltung, Materialien Nr. 20. Universität-Gesamthochschule Essen: 3-20

[03] Blum J, Kaufmann D (1985) Ziele, Grenzen und praktische Wege einer technologischen Zusammenarbeit zwischen Hochschule und Industrie. Wissenschaftsrecht, Wissenschaftsverwaltung, Wissenschaftsförderung 18: 1-40

[04] BMFT (Der Bundesminister für Forschung und Technologie) (Hrsg.) (1985) In-vitro-Fertilisation, Genomanalyse und Gentherapie. Schweitzer, München

[05] Budach W, Heinemann G (Hrsg.) (1986) Technologietransfereinrichtungen in der Bundesrepublik Deutschland. 6. Auflage; Ruhr-Universität, Bochum

[06] Folberth O G, Hackl C (Hrsg.) (1986) Der Informationsbegriff in Technik und Wissenschaft. Oldenburg, München

[07] Friedrich H R (1985) Hochschule und Wirtschaft heute. Blick durch die Wirtschaft 08.08.1985

[08] Geschka H (1979) Technologietransfer. In: Kern W (Hrsg.) Handwörterbuch der Produktionswirtschaft. Poeschel, Stuttgart Sp. 1917-1930

[09] Gutenberg E (1984) Rückblick. Zeitschrift für Betriebswirtschaft 54: 1151-1168

[10] Kilger W (1981) Flexible Plankostenrechnung und Deckungsbeitragsrechnung. 8. Auflage; Gabler, Wiesbaden

[11] Küting K, Weber C P (Hrsg.) (1986) Handbuch der Rechnungslegung. Schäffer, Stuttgart

[12] Mohr U, Zündorf H (1985) Berufschancen für Wirtschaftsingenieure – Eine Auswertung von Stellenanzeigen. Der Technologie-Manager 34: 36-40

[13] Riekert W F (1986) Systemkomponenten zum Wissenserwerb. In: Fischer G, Gunzenhäuser R (Hrsg.) Methoden und Werkzeuge zur Gestaltung benutzergerechter Computersysteme. de Gruyter, Berlin New York

[14] Scheer A-W (Hrsg.) (1986) Institut für Wirtschaftsinformatik. Saarbrücken

[15] Schoenfeld H-M (1975) Human Asset Accounting. In: Gaugler E (Hrsg.) Handwörterbuch des Personalwesens. Poeschel, Stuttgart Sp 996-1004

[16] Sparberg L F W (1984) Neue Technologien – Wandel in der Bildung. IBM Nachrichten 34, Heft 271: 15-20

[17] Staudt E (1984) Die Aufregung um den Technologietransfer. Frankfurter Allgemeine Zeitung, Nr. 132, 09.06.1984

[18] Staudt E (1985) Know-how-Tausch: Kontrolle des Marktes als Regulativ. Computerwoche 12, Nr. 43: 38-40

[19] Tettinger P J (1982) Zur Rechtsstellung von „Instituten an der Universität". 2. Auflage; Hochschulverband, Bonn

[20] Wissenschaftsrat (Hrsg.) (1986) Stellungnahme zur Zusammenarbeit zwischen Hochschule und Wirtschaft. Köln

[21] Wöhe G (1974) Betriebswirtschaftslehre, Entwicklungstendenzen der Gegenwart. In: Grochla E, Wittmann W (Hrsg.) Handwörterbuch der Betriebswirtschaft, Band 1. Poeschel, Stuttgart Sp 710-747

Möglichkeiten und Grenzen mittelstandsspezifischer Innovationsförderung – Ein kritisches Resümee bisheriger Erfahrungen

GISELA GIELOW und HELMAR KRUPP

Zusammenfassung

Die Innovationsfähigkeit und die innovatorische Bedeutung von kleinen und mittleren Unternehmen ist sowohl in der wissenschaftlichen Diskussion als auch in den technologiepolitischen Konzeptionen lange unterschätzt worden. Seit Mitte der 70er Jahre ist das mittelstandsspezifische Innovationspotential zunehmend untersucht worden. Die mittelstandsspezifische Innovationsförderung hat deutlich an Gewicht gewonnen. Kleine und mittlere Unternehmen sind relativ erfolgreich bei der Vermarktung ihrer FuE-Ergebnisse, beschränken sich aber weitgehend auf Anpassungs- und Weiterentwicklungen. Die Evaluierung verschiedener Maßnahmen der mittelstandsspezifischen Innovationsförderung zeigt, daß kleine und mittlere Unternehmen überwiegend indirekte FuE-Förderungsmaßnahmen nutzen, zu einem kleineren Teil aber auch von der direkten Forschungsförderung profitieren. Indirekte und direkte FuE-Förderung sind keine konkurrierenden, sondern sich ergänzende Instrumente.

Einleitung

Die Innovationsfähigkeit und die innovatorische Bedeutung von kleinen und mittleren Unternehmen sind bis in die Mitte der 70er Jahre hinein vielfach unterschätzt worden. Diese stiefmütterliche Behandlung des mittelstandsspezifischen Innovationspotentials erschien allerdings aufgrund der damaligen, aus heutiger Sicht sehr unvollständigen Datenbasis gerechtfertigt zu sein. An den Erhebungen zur Statistik für Forschung und Entwicklung in der Wirtschaft in der Bundesrepublik hatten sich beispielsweise bis 1977 nur wenige Unternehmen mit weniger als 1000 Beschäftigten beteiligt (5), und auch die Patentstatistik schien die Einschätzung zu bestätigen, daß die Forschungsintensität dieser Unternehmensgruppe relativ gering sei. Im Licht neuerer Forschungsergebnisse mußte dieser Einschätzung jedoch korrigiert werden. Majer (8) zeigte beispielsweise anhand einer Untersuchung von in Baden-Württemberg ansässigen Unternehmen mit weniger als 500 Beschäftigten, daß viele kleine und mittlere Unternehmen Forschung und Entwicklung i.S. der international gültigen OECD-Konvention (3) betreiben, diese aber häufig in der Konstruktionsabteilung abwickeln und als Konstruktion bezeichnen, so daß sie in früheren Untersuchungen die Frage, ob sie FuE treiben, verneint hatten. Diese Erfahrungen wurden auch in späteren Untersuchungen bestätigt. Aufgrund der mittlerweile verfügbaren Daten kann davon ausgegegangen werden, daß rund ein Drittel aller Unternehmen des Produzierenden Gewerbes mit weniger als 1000 Beschäftigten FuE treibt und somit innovativ ist (5).

Die Erkenntnis der innovatorischen Leistungen von kleinen und mittleren Unternehmen schlug sich auch in der staatlichen Technologie- und Innovationspolitik nieder. Seit Ende der 70er Jahre haben mittelstandsspezifische Innovationsförderungsmaßnahmen im Rahmen der gesamten Forschungs- und Technologiepolitik in allen hochindustrialisierten Ländern deutlich an Gewicht gewonnen. In der Bundesrepublik Deutschland wurde die Erhöhung der politischen Aufmerksamkeit in bezug auf die Innovationsfähigkeiten und -probleme der mittelständischen Industrie durch den Beschluß eines Maßnahmenbündels deutlich, dem „Forschungs- und technologiepolitischen Gesamtkonzept für kleinere und mittlere Unternehmen", das 1978 von der Bundesregierung beschlossen wurde.

Die in dem Gesamtkonzept enthaltenen Maßnahmen sollen dazu beitragen, daß in innovierenden kleinen und mittleren Unternehmen

- das FuE-Potential gefestigt bzw. erweitert wird;
- die Voraussetzung für die Erarbeitung von Produkt- und Prozeßinnovationen verbessert werden und
- die Leistungs- und Wettbewerbsfähigkeit gestärkt wird.

Ein großer Teil der im Gesamtkonzept enthaltenen Maßnahmen gehört zu den Maßnahmen der sogenannten indirekten Forschungsförderung. Indirekte Forschungsförderung heißt, daß in einem Programm unabhängig von Technologiebereichen, Risikohöhe, Qualität und wirtschaftlichen Erfolgsaussichten eines bestimmten Projektes FuE-Tätigkeiten subventioniert werden, während die direkte Forschungsförderung darauf abzielt, die FuE in besonders risikoreichen und/oder volkswirtschaftlich wichtigen Innovationsvorhaben im Rahmen vorgegebener Technologiefelder zu fördern. Die Vor- und Nachteile der indirekten Förderung im Vergleich zur direkten Forschungsförderung sind in vielen technologiepolitischen Diskussionen thematisiert worden (6). Als Vorteil der indirekten Forschungsförderung, insbesondere in bezug auf die Förderung von kleinen und mittleren Unternehmen, werden dabei durchgängig die große Breitenwirkung, die Einfachheit der administrativen Handhabung und die relative Marktferne betont. Im Gegensatz zur direkten Projektförderung werde dem Unternehmen kein Anreiz gegeben, FuE-Projekte im Rahmen eines bestimmten, vom Staat vorgegebenen Technologiefeldes durchzuführen, sondern die Auswahl der jeweiligen Technologiegebiete der „Suchfunktion des Marktes" überlassen. Kritiker der indirekten Forschungsförderung befürchten dagegen, daß diese Form der Forschungsförderung nur Technologien auf mittlerem und niedrigem Niveau fördere, die Gefahr von hohen Mitnehmereffekten mit sich bringe und damit ineffektiv sei.

Zur Überprüfung der Wirkungsweise und Wirksamkeit einiger der im Gesamtkonzept enthaltenen Maßnahmen sind mittlerweile Wirkungsanalysen durchgeführt worden. Aufgrund der Ergebnisse dieser Wirkungsanalysen ist es inzwischen möglich, sowohl die Gültigkeit der den Maßnahmenkonzeptionen zugrundeliegenden Wirkungshypothesen zu überprüfen als auch die Berechtigung der in den technologiepolitischen Diskussionen benutzten Argumente in bezug auf die Vor- und Nachteile der indirekten Forschungsförderung im Vergleich zur direkten Forschungsförderung kritisch zu hinterfragen.

Um die den verschiedenen Maßnahmen zugrundeliegenden Wirkungshypothesen überprüfen zu können, werden im folgenden zunächst einige typische Merkmale von Innovationsprozessen in kleinen und mittleren Unternehmen beschrieben und empirisch beobachtbare Innovationsstrategien dokumentiert. Daran anschließend werden ausgewählte Ergebnisse bisheriger Wirkungsanalysen zur Wirksamkeit von mittelstandsspezifischen Innovationsförderungsmaßnahmen erläutert und eine kursorische Bilanz der bisherigen Erfahrungen gezogen.

1. Typische Merkmale von FuE und Innovation in kleinen und mittleren Unternehmen

Die ersten Studien, die sich mit den charakteristischen Abläufen von Innovationsprozessen in kleinen und mittleren Unternehmen befaßt haben, führten teilweise dazu, daß die lange Zeit vorherrschende Unterschätzung ihrer Innovationsfähigkeit abgelöst wurde durch eine Überschätzung ihres Innovationspotentials (4). Der empirische Befund, daß kleine und mittlere Unternehmen einen höheren Anteil ihrer FuE-Projekte erfolgreicher vermarkten können als Großunternehmen, ist teilweise so interpretiert worden, daß ihre Innovationsfähigkeit die von großen Unternehmen übertrifft. Tatsächlich läßt sich anhand verfügbarer Untersuchungsergebnisse zeigen, daß der Anteil erfolgreich kommerzialisierter FuE-Projekte in mittelständischen Unternehmen höher ist als in Großunternehmen (9). Während bei kleinen und mittleren Unternehmen etwa ein Drittel aller begonnenen FuE-Projekte zu wirtschaftlich erfolgreichen Ergebnissen führt, ist dies in Großunternehmen durchschnittlich nur bei einem Fünftel bis einem Viertel aller begonnenen FuE-Projekte der Fall. Die Risiken, die den Erfolg eines Innovationsprojekts bedrohen, sind dabei nahezu identisch mit denen in Großunternehmen, denn die meisten Innovationsprojekte scheitern in der Markteinführung. Daraus wird deutlich, wie schwer die zukünftige Marktentwicklung selbst von den relativ eng am Markt operierenden kleinen und mittleren Unternehmen antizipiert werden kann.

Die Innovationstätigkeit von kleinen und mittleren Unternehmen unterscheidet sich allerdings in einigen Punkten deutlich von der großer Unternehmen. Der Schwerpunkt der FuE-Aktivitäten von kleinen und mittleren Unternehmen liegt eindeutig im Bereich Entwicklung, während sie kaum Forschung im engeren Sinne durchführen. Der kostenmäßige Anteil der FuE-Aufwendungen an den gesamten Innovationsaufwendungen liegt zwischen 40 % und 50 % und ist damit deutlich höher als in großen Unternehmen. Dieser Unterschied ist darin begründet, daß in kleinen und mittleren Unternehmen die Verwertbarkeit der FuE-Ergebnisse in hohem Maße sichergestellt sein muß. Deshalb sind sie bestrebt, Finanzierungsengpässe gar nicht erst entstehen zu lassen, in dem sie hohe Investitionsaufwendungen vermeiden, die mit der Produktionsvorbereitung für die Produktion technischer Neuerungen weit außerhalb des bestehenden Produktionsprogramms verbunden wären. Dadurch sind die Aufwendungen für die Produktionsvorbereitung und -aufnahme sowie für die Markteinführung relativ niedrig, da häufig auf das vorhandene Wissen im bestehenden Vertriebssystem zurückgegriffen werden kann.

Diesen quantitativen Strukturen von FuE und Innovation entsprechen die Inhalte der Innovationsprozesse in kleinen und mittleren Unternehmen. Die Produktinnovationen bestehen hauptsächlich aus funktionalen Erweiterungen bereits vorher auf dem Markt angebotener Produkte. Die FuE-Aktivitäten sind somit eng an das bereits bestehende Produktionsprogramm angelehnt, wodurch erklärt wird, daß die Aufwendungen für die Produktionsvorbereitung und die Markteinführung neuer Produkte relativ niedrig gehalten werden können. Die enge Bindung der inhaltlichen Ausgestaltung der FuE-Aktivitäten an das bestehende Produktionsprogramm begünstigt eine schnelle Umsetzung und eine höhere Erfolgswahrscheinlichkeit der Kommerzialisierung von FuE-Ergebnissen im Vergleich zu FuE-Aktivitäten, deren Inhalte sehr weit von einem bestehenden Produktionsprogramm entfernt sind. Es gibt allerdings einige kleine innovierende Unternehmen, die stark technologieorientiert sind und dem Angebot an Spitzentechnologien einen zentralen Stellenwert für ihre Wettbewerbsfähigkeit zuschreiben. Diese Unternehmen operieren häufig in relativ überschaubaren Marktnischen und sichern ihre Wettbewerbsposition durch ständige Innovationstätigkeit, die auch über die funktionale Erweiterung bereits eingeführter Verfahren oder auf dem Markt angebotener Produkte hinausgehen kann. Aber auch die innovatorische Leistung dieser kleinen Gruppe ist keine Bestätigung der These, daß kleine und mittlere Unternehmen durchgängig innovationsfähiger sind als große Unternehmen, denn die relativ leichte Überschaubarkeit der Marktnischen, auf denen die technologieorientierten kleinen Unternehmen operieren, erleichtert die erfolgreiche Kommerzialisierung von FuE-Ergebnissen im Vergleich zu FuE-Projekten, deren Ergebnisse auf großen Märkten kommerzialisiert werden sollen.

Die Tatsache, daß innovierende kleine und mittlere Unternehmen ihre FuE-Ergebnisse erfolgreicher vermarkten können als große Unternehmen, ist nach den vorliegenden Untersuchungsergebnissen somit wohl eher darauf zurückzuführen, daß sie sich überwiegend auf relativ marktnahe Innovationen konzentriert haben und sich insgesamt eine spezifische, zum Teil symbiotische Arbeitsteilung zwischen innovierenden Unternehmen verschiedener Größenklassen entwickelt hat, der Thesen zur generellen Überlegenheit einer Unternehmensgrößenklasse nicht gerecht werden.

Insgesamt läßt sich das vorläufige Fazit ziehen, daß die Palette der Innovationstätigkeit von innovierenden kleinen und mittleren Unternehmen von bescheidenen Entwicklungsarbeiten bis zu nationalen Spitzenleistungen reicht, wobei im Durchschnitt Anpassungs- und Weiterentwicklungen bereits auf dem Markt eingeführter Verfahren und Produkte, also sogenannte inkrementale Innovationen, überwiegen. Dieser Ausrichtung der Innovationstätigkeit entspricht, daß das Angebot von hochentwickelten Technologien nur von wenigen kleinen und mittleren Unternehmen als die wichtigste Bedingung für eine gute Marktstellung eingeschätzt wird. In einer Untersuchung, deren Ergebnisse repräsentativ für 10000 kleine und mittlere Unternehmen der Bun-

Tabelle 1. Faktoren, die für eine gute Marktstellung als wichtig eingeschätzt werden. Quelle: ISI

Faktor	Nennungen in %
Pünktlichkeit, kurze Lieferzeiten	61,4
Technische Kundenberatung	56,6
breite Angebotspalette	47,5
Preisgestaltung	46,4
Angebot von hochentwickelten Technologien	46,0
seit langem bestehende Geschäftsbeziehungen	38,2
Kundendienst, Wartung, Reparatur etc.	28,4
Produkt-/Firmenwerbung	15,1
Angebot von bekannten u. eingeführten Technologien	11,4
Sonstiges	2,5

desrepublik sind, wurde festgestellt, daß das Angebot von hochentwickelten Technologien nur als fünftwichtigster Faktor für die Wettbewerbsfähigkeit genannt wurde, während Pünktlichkeit, kurze Lieferzeiten, eine breite Angebotspalette und die Preisgestaltung als wichtigere Faktoren eingeschätzt wurden. Einen Überblick über die Nennungen gibt Tabelle 1.

2. Innovationshemmnisse in kleinen und mittleren Unternehmen

In den Wirkungshypothesen, die den verschiedenen Maßnahmen des Gesamtkonzeptes zugrundeliegen, wird davon ausgegangen, daß die Entfaltung des Innovationspotentials von kleinen und mittleren Unternehmen durch die Existenz von finanziellen und/oder Informationsengpässen nachhaltig beinträchtigt wird. In einschlägigen Untersuchungen zeigte sich, daß mittelständische Unternehmen tatsächlich durchgängig Finanzierungs- und Informationsprobleme neben dem Mangel an qualifiziertem FuE-Personal zu den wichtigsten Innovationshemmnissen zählen (9). Bei den Versuchen, die reale Bedeutung dieser Probleme zu bestimmen, erwies sich, daß die Wirkung dieser Hemmnisse in der subjektiven Wahrnehmung oft überschätzt worden ist. In verschiedenen Untersuchungen des ISI wurde beispielsweise analysiert, welche hemmenden Wirkungen von Finanzierungs- und Informationsproblemen tatsächlich ausgegangen sind und welche Entwicklungen eingetreten wären, wenn es diese Hemmnisse nicht gegeben hätte (7, 10, 11).

Dabei ergab sich, daß nur bei einem relativ kleinen Teil der kleinen und mittleren innovierenden Unternehmen reale Finanzierungsengpässe aufgetreten sind, in denen mit der Beschaffung von spezifischen Innovationskrediten größere Probleme verbunden waren als bei der Beschaffung von Krediten für andere Unternehmenszielsetzungen. Die Schwierigkeiten lagen überwiegend in zu hohen Sicherheitsanforderungen der Geldgeber. Bei einer noch kleineren Gruppe von innovierenden Unternehmen haben sich Finanzierungsprobleme derart ausgewirkt, daß in den vergangenen fünf Jahren strategisch wichtige Innovationsvorhaben mit besonders hohem Finanzierungsbedarf aufgrund von Kapitalengpässen nicht durchgeführt werden konnten (7). Finanzierungsprobleme dieser Art sind primär in kleineren Unternehmen mit weniger als 100 Beschäftigten aufgetreten. Das große Ausmaß, das in der subjektiven Einschätzung den Finanzierungsproblemen als Innvationshemmnis zugesprochen wird, muß danach zum größten Teil damit erklärt werden, daß in den Unternehmen nicht stringent zwischen der allgemeinen Unternehmensfinanzierung und der Innovationsfinanzierung unterschieden wird und sich somit allgemeine Finanzierungsprobleme auch auf die Innovationsfinanzierung auswirken. Finanzierungsengpässe ergeben sich vor allen Dingen dadurch, daß unternehmensintern eine Obergrenze für eine als vertretbar eingeschätzte Verschuldung festgelegt wird, die dann bei der Planung der einzelnen Budgets nicht überschritten werden soll, und weniger durch eine Verweigerung von beantragten Fremdfinanzierungsmitteln.

Ob es in bezug auf die Informationsprobleme ähnliche Unterschiede im Ausmaß der tatsächlichen Wirkungen und der subjektiven Perzeption dieses Ausmaßes gibt, läßt sich empirisch sehr viel schwerer nachweisen als in bezug auf die Finanzierungsprobleme, da es kaum möglich ist, die denkbaren alternativen Entwicklungen zu bestimmen, die bei der Abwesenheit der Hemmnisse eingetreten wären. Die bisher vorliegenden Ergebnisse lassen allerdings den Schluß zu, daß es für die Einschätzung des Ausmaßes der Informationsprobleme auf keinen Fall ausreicht, nur die subjektiven Einschätzungen der Unternehmen zu ermitteln. Bei verschiedenen Untersuchungen wurde sowohl festgestellt, daß kleine und mittlere Unternehmen dazu neigen, ihre Informationsdefizite zu überschätzen, während es auch Belege dafür gibt, daß umgekehrt Informationsdefizite systematisch unterschätzt werden (10, 11). Generell läßt sich das Informationsverhalten von innovierenden kleinen und mittleren Unternehmen als vergleichsweise unsystematisch beschreiben. Bei einer für 10000 innovierenden Unternehmen repräsentativen Befragung ergab sich, daß nur knapp die Hälfte regelmäßig systematische Recherchen über längerfristige technische Entwicklungstrends durchführte (10). Die Zahl der Unternehmen, die systematisch versuchten, das zukünftige Marktpotential für neue technische Entwicklungen abzuschätzen, lag noch darunter. Schwierigkeiten, die als notwendig erachteten Informationen in vollem Umfang zu beschaffen, ergaben sich etwa bei der Hälfte dieser Recherchen. Die Verteilung dieser Informationsprobleme zeigen die Tabellen 2 und 3.

Tabelle 2. Informationsprobleme bei der Abschätzung längerfristiger technischer Entwicklungstrends. Quelle: ISI

Probleme	Nennungen in %
für den notwendigen Bereich sind zu wenige Informationen vorhanden	23,4
die systematische Suche und Auswertung der Informationen ist zu aufwendig	22,4
die verfügbaren Informationen sind zu unspezifisch	20,7
die angebotenen Informationsdienste sind zu teuer	10,8
das Informationsangebot ist zu umfangreich	8,9
die Informationen sind zu spät verfügbar	3,0
Sonstiges	0,0

Tabelle 3. Informationsprobleme bei der Abschätzung von Marktpotentialen für technische Neuerungen. Quelle: ISI

Probleme	Nennungen in %
Bestimmung des realisierbaren Gesamtabsatzes	83,8
Ermittlung des optimalen Preis-/Leistungsverhältnisses	35,9
Ermittlung der geeigneten Absatzwege	26,3
Ermittlung der Zielgruppe	18,0
Bestimmung der von den Kunden erwarteten Lieferfähigkeit	6,0
Sonstiges	3,6

Das Informationsverhalten der kleinen und mittleren innovierenden Unternehmen ist stark durch die Branchenzugehörigkeit, zum Teil aber auch die Unternehmensgröße, bestimmt. Mit abnehmender Unternehmensgröße wird auch die Höhe der Ressourcen geringer, die für die unternehmensinterne Informationsverarbeitung zur Verfügung stehen. Daraus läßt sich aber nicht der Schluß ziehen, daß der Informationsstand in kleinen Unternehmen in jedem Fall schlechter sein muß als der in größeren Unternehmen. Größere Unternehmen haben zwar in der Regel mehr Ressourcen zur Informationsaufnahme, die Strukturen der Informationsverarbeitung sind aber nicht selten dadurch bestimmt, daß die Verwaltungen von größeren Unternehmen stark bürokratische Züge aufweisen und organisatorisch in Subsysteme verfallen, die jeweils eigene, teilweise miteinander konkurrierende Zielsetzungen verfolgen können. Die Auswirkungen der Fragmentierung von Informationsbeschaffung und -verarbeitung in Großunternehmen auf die Fähigkeit, effektive Innovationsentscheidungen zu treffen, sind beispielsweise ausführlich von Nelson/Winter (12) analysiert worden.

Ebenso wie das Ausmaß der Finanzierungs- und Informationsprobleme wird vermutlich auch das Ausmaß des Problems, geeignete Mitarbeiter für Forschung und Entwicklung zu bekommen, in innovierenden kleinen und mittleren Unternehmen in der subjektiven Problemperzeption überschätzt (10). Probleme der Art, daß die Suche nach geeigneten Mitarbeitern einmal oder öfter länger als ein halbes Jahr gedauert hat, konnten bisher nur als stark branchenabhängig nachgewiesen werden. Probleme, qualifizierte Mitarbeiter für FuE zu rekrutieren, ergaben sich dann, wenn Mitarbeiter mit Spezialqualifikationen oder spezifischen Berufserfahrungen gesucht wurden, waren aber relativ unabhängig von der Unternehmensgröße, weil die Nachfrage nach Mitarbeitern mit derartigen Qualifikationen generell das vorhandene Angebot übersteigt und dementsprechend auch Großunternehmen Probleme haben, Mitarbeiter mit diesen gewünschten Spezialqualifikationen auf dem Arbeitsmarkt zu finden.

Mit den bisher skizzierten Ergebnissen lassen sich einige vorläufige Schlüsse über die Gültigkeit der in den verschiedenen Maßnahmen des Gesamtkonzepts zugrunde gelegten Wirkungshypothesen über Innovationsverhalten und -probleme in kleinen und mittleren Unternehmen ziehen. Die Förderung von FuE subventioniert die Innovationsphase mit dem höchsten finanziellen Aufwand, diese ist aber nicht die risikoträchtigste Phase. Finanzielle Förderung mit dem Ziel, den Abbau von Innovationshemmnissen zu erreichen, ist insbesondere für kleine Unternehmen problemadäquat, da in diesen Finanzierungshemmnisse tatsächlich so wirken können, daß wichtige Innovationsvorhaben nicht durchgeführt oder in der Durchführung beeinträchtigt werden. In größeren Unternehmen sind dagegen die relative Bedeutung von Finanzierungshemmnissen niedriger und der Beitrag einer finanziellen Förderung von FuE im Rahmen der gesamten Unternehmensstrategie von geringerem Gewicht. Sowohl die Ergebnisse in bezug auf die inhaltliche Ausgestaltung von Innovationsprozessen als auch auf das Finanzierungsverhalten legen die Schlußfolgerung nahe, daß FuE und Innovation als Bestandteil der gesamten Unternehmensstrategie geplant und ausgestaltet werden. Angestrebt wird dadurch eine Balance im Zusammenwirken der einzelnen Unternehmensfunktionen. FuE und Innovation sind in Größe und Inhalt abgestimmt auf die Produktion und den Vertrieb. Im Rahmen dieser Unternehmensstrategien ist der theoretisch höchste Wirkungsgrad, den eine mittelstandsspezifische FuE-Förderung erzielen kann, die vollständige Verwendung der Förderung für zusätzliche FuE-Aktivitäten und eine dementsprechende Ausweitung von Innovationsprozessen, die hauptsächlich die funktionale Erweiterung bereits benutzter Verfahren oder auf dem Markt angebotener Produkte beinhalten. Möglichkeiten der strategischen Umorientierungen der Innovationstätigkeit auf eine forschungsintensivere FuE und/oder den Einstieg in für die Unternehmen neue Technologiegebiete sind aufgrund der Vernetzung von FuE und Innovation mit den anderen Unternehmensfunktionen dagegen begrenzt. Die bisherigen Ergebnisse der verschiedenen Wirkungsanalysen bestätigen diese Vermutungen.

3. Ausgewählte Wirkungsaspekte indirekter Forschungsförderung

Das, gemessen am Programmvolumen und der Zahl der geförderten Unternehmen, wichtigste mittelstandsspezifische FuE-Förderungsprogramm sind die FuE-Personalkostenzuschüsse für kleine und mittlere Unternehmen des Produzierenden Gewerbes. Sie werden als Zuschüsse zu den im Vorjahr gezahlten steuerpflichtigen Bruttolöhnen und -gehältern der FuE-Beschäftigten in Unternehmen mit weniger als 500 Beschäftigten gewährt. Die folgenden Ausführungen sind primär auf die Wirkungsweise und Auswirkungen dieses Programms beschränkt, da die Breitenwirkung und die verschiedenen Wirkungstypen sich am deutlichsten anhand dieses Programms zeigen lassen und die innerbetrieblichen Auswirkungen mit denen anderer indirekter Förderungsmaßnahmen kompatibel sind (10).

Das 1979 eingeführte FuE-Personalkostenzuschußprogramm wurde bis 1983 von insgesamt rund 11000 Unternehmen mindestens einmal in Anspruch genommen. Während die Zuschüsse zunächst von größeren Unternehmen stärker genutzt wurden, profitierten im Programmverlauf zunehmend auch kleinere Unternehmen davon. Die Höhe des durchschnittlichen Zuschusses pro Unternehmen verringerte sich entsprechend von rund 71000 DM im ersten Jahr auf rund 51000 DM im vierten Jahr der Laufzeit. Mehr als die Hälfte der in den ersten vier Jahren geförderten Unternehmen hatte weniger als 100 Beschäftigte.

Im Unterschied zur Größenverteilung ist die Verteilung der geförderten Unternehmen nach Branchen im Zeitverlauf sehr stabil geblieben. Rund drei Viertel der geförderten Unternehmen gehörten zum Investititionsgütergewerbe, während sich der Rest etwa zu 50 Prozent auf das Grundstoff-Produktionsgütergewerbe und das Verbrauchsgütergewerbe verteilt. Unternehmen aus dem Bergbau sowie dem Nahrungsmittel- und Genußmittelgewerbe sind nur vereinzelt gefördert worden. Diese branchenmäßige Verteilung der geförderten Unternehmen entspricht in etwa der branchenmäßigen Verteilung der FuE-Aufwendungen in den Unternehmen des Verarbeitenden Gewerbes insgesamt.

Auch die Verteilung der geförderten Unternehmen auf die Bundesländer entspricht der Verteilung der Unternehmen des Verarbeitenden Gewerbes insgesamt. Zwei Drittel der in den ersten vier Jahren geförderten Unternehmen sind in Baden-Württemberg, Nordrhein-Westfalen und Bayern ansässig. Erwartungsgemäß haben, vor allen Dingen zu Beginn der Programmlaufzeit, deutlich mehr Unternehmen aus Ballungsgebieten die Förderung in Anspruch genommen, während nur ein kleinerer Teil der geförderten Unternehmungen in ländlichen Regionen ansässig war. Im Zeitverlauf hat sich die Beteiligung von Unternehmen aus ländlichen Regionen leicht erhöht. Korrespondierend mit der Veränderung der durchschnittlichen Größe der geförderten Unternehmen und der Verschiebung der regionalen Struktur hat sich auch die Struktur der FuE- und Innovationstätigkeit in den geförderten Unternehmen verändert. Die anfänglich geförderten Unternehmen waren, gemessen am Grad der Außenorientierung, dynamischer und relativ stärker technologieorientiert. Die Bedeutung des Angebots von hochentwickelten Technologien für eine gute Marktstellung wurde von den anfänglich geförderten Unternehmen deutlich höher eingeschätzt als bei den später geförderten Unternehmen.

Ein Vergleich mit dem Bekanntheits- und Nutzungsgrad anderer staatlicher Maßnahmen zur Förderung von FuE und Innovation zeigte, daß mit dem Personalkostenzuschußprogramm insbesondere die Unternehmen gefördert wurden, die bis zum Beginn dieses Programms nicht von der staatlichen Forschungs- und Technologiepolitik profitiert hatten. Der überwiegende Teil der anderen Förderungsmaßnahmen für FuE war knapp der Hälfte der Unternehmen nicht bekannt. Der Nutzungsgrad der anderen Maßnahmen war wiederum noch geringer als der Bekanntheitsgrad. Tabelle 4 zeigt die Verteilung des Bekanntheits- und Nutzungsgrades der Programme.

Die FuE-Personalkostenzuschüsse sind nicht zweckgebunden, sondern können für die Durchführung beliebiger Unternehmensaktivitäten verwendet werden. Tatsächlich sind aber in einem großen Teil der Unternehmen die Zuschüsse im Sinne der Programmzielsetzungen zur Festigung bzw. zur Ausweitung der FuE-Aktivitäten genutzt worden. Dies geschah sowohl durch die Erhöhung der Einsatzzeiten von teilweise in FuE beschäftigtem Personal, durch Neueinstellungen von z.T. höher qualifiziertem Personal, durch die Erhöhung von FuE-Investititionen, Ausweitung des Volumens, Verkürzung der Durchführungszeiten und zeitliche Vorverlegung von FuE-Projekten als auch durch die Vergabe von externen FuE-Aufträgen und eine generelle Erhöhung der Kontinuität von FuE. Rund ein Viertel der geförderten Unternehmen nutzten den Zuschuß vollständig zur Finanzierung von zusätzlichen FuE- und Innovationsarbeiten,

Tabelle 4. Kenntnis und Nutzung staatlicher Fördermaßnahmen bei mit einem Personalkostenzuschuß geförderten Unternehmen. Quelle: ISI

Fördermaßnahmen	Anteil der Nennungen in %			
	nicht bekannt	bekannt	bekannt u. genutzt	Summe
Investitionszulage für Forschungs- und Entwicklungsinvestitionen	13,4	40,8	45,8	100,0
Kreditprogramme (MI/MII) der Kreditanstalt für Wiederaufbau	30,0	50,9	19,1	100,0
Projektförderung durch das Bundesministerium für Forschung und Technologie	34,1	54,8	11,1	100,0
Programm Externe Vertragsforschung (Arbeitsgemeinschaft Industrieller Forschungsvereinigungen, AIF)	25,8	50,8	23,3	100,0
Sonderprogramm Mikroelektronik (VDI-Technologiezentrum)	57,9	32,0	10,1	100,0
Technologie- und Innovations-Beratungsstellen	43,3	46,6	10,1	100,0
Institutionen für Vertragsforschung (z. B. Fraunhofer-Gesellschaft)	41,0	54,5	4,5	100,0
Gemeinschaftsforschungsinstitute (industrielle Forschungsvereinigungen)	53,4	42,1	4,5	100,0

Tabelle 5. Nutzung des FuE-Personalkostenzuschusses. Quelle: ISI

Der Zuschuß wurde genutzt	Anzahl der Nennungen (teilweise Mehrfachnennungen möglich) in %
Zur Verbesserung der Ertragslage; die Innovationsvorhaben wurden unabhängig davon im geplanten Umfang realisiert	15,3
Teilweise zur Finanzierung von zusätzlichen FuE-Arbeiten und teilweise für ohnehin geplante FuE-Arbeiten	50,6
Vollständig für eine Erhöhung der FuE-Aufwendungen	23,0
Zur Durchführung eines größeren Innovationsvorhabens, das sonst nicht realisiert worden wäre	9,8
Zur Finanzierung von Produktionsaufnahme und Markteinführung neuer Produkte sowie für andere Innovationsaktivitäten	16,2

rund die Hälfte nur teilweise, der Rest nutzte die Zuschüsse für ohnehin geplante FuE-Projekte. In den Unternehmen, die eine Ausweitung der FuE-Personalkapazität vorgenommen hatten, konnte diese Ausweitung aufgrund des Zuschusses früher als geplant oder erst durch den Zuschuß realisiert werden. Einen Überblick über die Verteilung der Zuschußwirkungen gibt Tabelle 5.

Sämtliche Ausweitungen der FuE-Aktivitäten wurden zur Verbesserung des Erreichungsgrades von ohnehin formulierten Unternehmens- und Innovationszielsetzungen vorgenommen. Insgesamt sind schätzungsweise rund 60 Prozent des Programmvolumens für zusätzliche FuE- und Innovationsaktivitäten genutzt worden, während die übrigen 40 Prozent für Tätigkeiten verwendet wurden, die auch ohne den Zuschuß durchgeführt worden wären. Der Wirkungsgrad der FuE-Personalkostenzuschüsse betrug in den ersten vier Jahren somit rund 60 Prozent. Dieser Wirkungsgrad ist im internationalen Vergleich deutlich höher als der in den USA und Schweden und etwa gleich hoch wie der in Kanada für vergleichbare Programme ermittelte Wirkungsgrad. Der Anteil der geförderten Unternehmen, die den Zuschuß lediglich mitgenommen haben, liegt schätzungsweise zwischen 15 % - 30 %. Diese Mitnehmereffekte traten vor allen Dingen bei relativ innovationsschwachen Unternehmen mit geringer Außenorientierung auf, während innovationsstarke, relativ hoch außenorientierte Unternehmen die Zuschüsse überproportional für zusätzliche FuE- und Innovationstätigkeiten verwendet haben.

Da der enge Zusammenhang zwischen der Höhe der FuE-Aufwendungen und dem Innovations-Output mittlerweile empirisch belegt ist, kann vermutet werden, daß die in den geförderten Unternehmen ermittelte Ausweitung derjenigen FuE-Aktivitäten, zu der die FuE-Personalkostenzuschüsse geführt haben, eine entsprechende Wirkung auch auf Höhe und Qualität des Innovations-Outputs hatte. Aufgrund des auch bei kleinen und mittleren Unternehmen immer noch beträchtlichen Risikos von Innovationsvorhaben und der nur relativ durchschnittlichen Bedeutung von hochentwickelten Technologien für die Wettbewerbsfähigkeit können aber die Auswirkungen einer

Verbesserung der FuE-Ausstattung auf die Wettbewerbsfähigkeit nur mittelfristig und mittelbar auftreten und somit nicht mehr quantifiziert werden. Der Unspezifität der indirekten Förderung technischer Entwicklung entspricht damit eine nicht-spezifizierbare Wirkung auf Beschäftigung und Steigerung der Wettbewerbsfähigkeit insgesamt.

Auswirkungen auf die Inhalte der Innovationsstrategien konnten dagegen nicht nachgewiesen werden. Alle geförderten Unternehmen waren bereits vor der Inanspruchnahme innovativ tätig und hatten FuE-Schwerpunkte entwickelt, deren Risikohöhe durch die Förderung nicht tangiert wurde. Ein „Dornröschen"-Effekt, also die erstmalige Initiierung von FuE und Innovation durch die Förderung, konnte bisher nicht nachgewiesen werden. Dieses Ergebnis entspricht den oben formulierten Vermutungen und ist weitgehend identisch mit denen der Evaluierung anderer indirekter FuE-Förderungsprogramme. So wird beispielsweise in der Evaluierung des Programms Externe Vertragsforschung deutlich, daß die meisten der geförderten Unternehmen bereits vor der Förderung relativ innovationsorientiert waren (1). Fast alle betrieben interne FuE und hatten Erfahrungen in bezug auf die Vergabe von FuE-Aufträgen und der Nutzung externer Beratung. Auch die Klientel der öffentlich geförderten Innovationsberatungsstellen war in überwiegender Zahl bereits vor der Inanspruchnahme der Innovationsberatung innovativ tätig und mit der Lösung technischer Probleme vertraut (2). Zumindest kurz- und mittelfristige Umorientierungen von vorher entwickelten Unternehmensstrategien durch die Inanspruchnahme eines indirekten FuE-Förderungsprogramms sind somit relativ unwahrscheinlich.

Ebenfalls nicht nachweisbar ist die Gültigkeit der These, daß die indirekte Forschungsförderung für alle innovierenden kleinen und mittleren Unternehmen die beste Förderung darstellt. Eine Evaluierung der fachprogrammbezogenen Projektförderung, die von kleinen und mittleren Unternehmen in Anspruch genommen wurde, zeigt, daß die in vielen technologiepolitischen Debatten vorgetragenen Argumente in bezug auf die Nachteile der Projektförderung empirisch kaum zu verifizieren sind (13).

4. Auswirkungen und Wirkungsweise der fachprogrammbezogenen Projektförderung in kleinen und mittleren Unternehmen

Bei der Evaluierung der Inanspruchnahme der fachprogrammbezogenen Projektförderung durch kleine und mittlere Unternehmen von 1972–1983 wurde deutlich, daß die diesem Instrument oft nachgesagte branchenmäßige Bevorzugung einzelner Wirtschaftszweige nicht zu erkennen ist (13). Die branchenmäßige Verteilung der Unternehmen zeigt keine wesentlich höhere Selektivität als bei der Personalkostenzuschußförderung. Mit beiden Förderinstrumenten wurden bevorzugt Unternehmen aus den Wirtschaftszweigen gefördert, in denen überdurchschnittlich häufig FuE betrieben wird, nämlich Maschinenbau und Elektrotechnik. Auch in bezug auf die Regionalverteilung fanden sich keine großen Unterschiede. Wie bei der Personalkostenzuschußförderung sind die meisten der mit der fachprogrammbezogenen Projektförderung geförderten Unternehmen in Baden-Württemberg, Bayern und Nordrhein-Westfalen ansässig. Diese Verteilung entspricht somit ebenfalls der Verteilung der Unternehmen des Verarbeitenden Gewerbes insgesamt auf die Bundesländer. Eine vergleichende

Betrachtung der Wirkungsweise und Wirksamkeit zeigt, daß die fachprogrammbezogene Projektförderung einerseits und die FuE-Personalkostenzuschüsse andererseits von unterschiedlichen Unternehmenstypen in Anspruch genommen wurden. Unternehmen vergleichbarer Größe, die die fachprogrammbezogene Projektförderung erhielten, sind im Durchschnitt technologieorientierter als diejenigen, die mit den FuE-Personalkostenzuschüssen gefördert wurden. Erstere habe beispielsweise fast dreimal so viele FuE-Vollzeitbeschäftige und führten zweieinhalbmal häufiger FuE-Projekte mit einem Aufwand von über 300 000 DM bis zum Prototyp durch. Für sie ist auch das Angebot an hochentwickelten Technologien ein wichtigerer Wettbewerbsfaktor als für die Unternehmen, die nur mit dem Personalkostenzuschußprogramm gefördert wurden. Deutlich stärker war auch der Einfluß der fachprogrammbezogenen Förderung auf die Formulierung von Unternehmenszielsetzungen. Generell wurde mit der Anspruchnahme dieses Instruments die Bereitschaft, risikoreiche, technisch exponierte Projekte früher zu beginnen bzw. Entwicklungen erheblich auszuweiten, erhöht.

Die bisherigen Erfahrungen zeigen, daß die unterschiedlichen Förderungsinstrumente von unterschiedlichen Typen von innovierenden kleinen und mittleren Unternehmen in Anspruch genommen werden. Die Vermutung liegt somit nahe, daß kein Förderungsinstrument für alle Problemlösungen in innovierenden kleinen und mittleren Unternehmen die beste Lösung darstellt, sondern daß die Effizienz einzelner Förderungsinstrumente in unterschiedlichen Unternehmenstypen unterschiedlich zu beurteilen ist. Insofern können auch keine generellen Vor- bzw. Nachteile einer Instrumentenart nachgewiesen werden. Innovationshemmnisse, denen mit dem Einsatz indirekter Förderung begegnet werden kann, sind tendenziell komplementär zu denen, die mit dem Einsatz direkter Förderungsinstrumente abgebaut werden können. Dies gilt um so mehr, wenn nicht nur die Innovationsprozesse in kleinen und mittleren Unternehmen, sondern auch die in Großunternehmen miteinbezogen werden. Beide Instrumente sind also nur bedingt substituierbar und damit auch nicht aus ordnungspolitischen Überlegungen austauschbar.

Die skizzierten Ergebnisse bestätigen darüber hinaus die Berechtigung der in verschiedenen Studien der Innovationsforschung formulierten Forderung, bei innovationstheoretischen und innovationspolitischen Überlegungen nicht von der Annahme idealtypischer innovierender Unternehmen auszugehen, sondern von der Existenz verschiedener Typen innovierender Unternehmen (14). Bereits Schumpeter (15) hatte in seinen Überlegungen zur Entwicklung eines realitätsgerechten Begriffs von Unternehmensrationalität darauf hingewiesen, daß die Zweckrationalität einer Unternehmensstrategie nur situationsgebunden beurteilt werden könne. Seine Forderung, aus empirischen Studien jeweils Typen möglicher rationaler Strategien zu entwickeln, ist angesichts der heute verfügbaren Erkenntnisse der Innovationsforschung immer noch aktuell ebenso wie sein kritischer Hinweis, daß die Formulierung von Verhaltenshypothesen in Erfahrungszusammenhängen, die weit vom persönlichen Erfahrungshintergrund des Betrachters entfernt sind, bedeutet, sich der Gefahr des „stepping on clouds" auszusetzen.

Literatur

(1) Allesch J., Fiedler H. und Martin, H.-J., Förderung der Auftragsforschung, Zwischenbilanz der Fördermaßnahme „Externe Vertragsforschung“. Eine Untersuchung der TU Berlin (Technologie-Transfer-Stelle) in Zusammenarbeit mit dem FhG/ISI Karlsruhe im Auftrag des BMFT

(2) Bräunling G., Pinter J. und Walter G.H., Darstellung, Bewertung und Perspektiven öffentlich geförderter Pilotvorhaben zur Innovationsberatung – eine Zwischenbilanz, FhG/ISI, Karlsruhe 1981

(3) Frascati-Handbuch II, Allgemeine Richtlinien für statistische Übersichten in Forschung und experimenteller Entwicklung, hrsg. vom Stifterverband für die Deutsche Wissenschaft, Essen 1980

(4) Gielow G., Unterschiede im Innovationsverhalten zwischen kleinen und großen Unternehmen, in: Fritsch, M./Hull, C. (Hrsg), Arbeitsplatzdynamik und Regionalentwicklung, Berlin 1987

(5) Gielow G., Kuntze U., Mannsbart W., Meyer-Krahmer F., Möglichkeiten einer Verbesserung des Repräsentationsgrades der Statistik über Forschung und Entwicklung in der Wirtschaft in der Bundesrepublik Deutschland, Bericht an den Bundesminister für Forschung und Technologie, FhG-ISI, Karlsruhe 1982.

(6) Gielow G., Krist H., Meyer-Krahmer F., Industrielle Forschungs- und Technologieförderung – Diskussion theoretischer Ansätze und ihrer empirischen Evidenz, Bericht an den Bundesminister für Forschung und Technologie, FhG/ISI, Karlsruhe 1985

(7) Gielow G., Kuntze U., Meyer-Krahmer F., Investition und Innovation in kleinen und mittleren Unternehmen, Bericht an die Kreditanstalt für Wiederaufbau, FhG/ISI, Karlsruhe 1984

(8) Majer H., Aspekte der Forschungs- und Entwicklungsaktivitäten kleiner und mittlerer Industriebetriebe, in: Zeitschrift für Wirtschafts- und Sozialwissenschaften, 1976/3

(9) Meyer-Krahmer F., Gielow G., Kuntze U., Innovationsförderung bei kleinen und mittleren Unternehmen, Frankfurt/New York 1982

(10) Meyer-Krahmer F., Gielow G., Kuntze U., Wirkungsanalyse der Zuschüsse für Personal in Forschung und Entwicklung, Bericht an den Bundesminister für Wirtschaft, FhG/ISI, Karlsruhe 1984

(11) Meyer-Krahmer F., u.a., Erfassung regionaler Innovationsdefizite, Schriftenreihe 06 „Raumordnung“ des Bundesministers für Raumordnung, Bauwesen und Städtebau, Bonn 1984

(12) Nelson R., Winter S.G., An Evolutionary Theory of Economic Change, Cambridge, Massachusetts, London 1982

(13) Siegert G., Meyer-Krahmer F., Walter G.H., Wirkungsanalyse der fachprogrammbezogenen Projektförderung bei kleinen und mittleren Unternehmen. Bericht an den Bundesminister für Forschung und Technologie, FhG/ISI 1985

(14) Uhlmann L., Der Innovationsprozeß in westeuropäischen Industrieländern, Bd. 2: Der Ablauf industrieller Innovationsprozesse, Berlin-München 1978

(15) Schumpeter J.A., The Meaning of Rationality in the Social Sciences, in: Zeitschrift für die gesamte Staatswissenschaft 140, Heft 4, 1984

Auswirkungen moderner Informations- und Kommunikationstechnologien auf die Entwicklung und die Struktur der Beschäftigung im deutschen Bankgewerbe

HELMUT GUTHARDT

Zusammenfassung

Die Beschäftigungsfolgen moderner Technologien sind im Zusammenhang mit dem Strategienwandel zu sehen, der durch die seit 1980 grundlegend veränderte Bankenumwelt erzwungen wurde und welcher zum vermehrten Einsatz moderner Informations- und Kommunikationstechnologien bei deutschen Banken führte. Der technische Fortschritt hat im deutschen Bankgewerbe per saldo einen positiven Einfluß auf den Arbeitsmarkt. Der arbeitssparende Effekt, der beim Einsatz neuer Techniken an den einzelnen Bankarbeitsplätzen durchaus entstehen kann, wurde im hohen Maße überkompensiert. Infolge sich verändernder Nachfrage- und Geschäftsstrukturen und insbesondere über neue Anwendungsgebiete der modernen Informations- und Kommunikationstechnologien wurden mehr neue Arbeitsplätze geschaffen als alte vernichtet. Die Banken sind in der Bundesrepublik Deutschland der Wirtschaftsbereich mit der größten Verbreitung von EDV-Geräten und -Systemen. Nichtsdestoweniger liegt im Bürobereich ein Investitions- und Rationalisierungspotential brach, das in Zukunft insbesondere durch neue Informations- und Kommunikationstechniken stärker genutzt werden kann. Gesucht wird eine neue Form der Rationalisierung, die gleichermaßen die internationale Wettbewerbsfähigkeit u n d die Beschäftigung in Banken erhöht. Erforderlich sind Einsatzbedingungen für neue technische Systeme, die zu einer möglichst hohen Akzeptanz bei den Mitarbeitern führen, um die Rationalisierungsziele zu erreichen. Für die Zukunft erwarten die Banken eine weitere Zunahme der Zahl der Beschäftigten durch die Einführung und Anwendung neuer Technologien. Die Steigerung der Arbeitsproduktivität hat sich im Trend verlangsamt. Eine Fortdauer dieses Trends unterstellt, wird dies ausreichen, um die Einbußen im zukünftigen Produktionswachstum wettzumachen oder überzukompensieren. Infolge der angestrebten Ausweitung von Akquisition und Beratung wird die Tendenz zu höher qualifizierten Tätigkeiten im deutschen Bankgewerbe anhalten.

Einleitung

Sucht man nach einer Erklärung des stürmischen technischen Fortschritts im deutschen Bankgewerbe, so fällt zunächst die seit Beginn der 80er Jahre grundlegend veränderte Umwelt der deutschen Banken ins Auge. Sie zwingt zu neuen Strategien und zum Einsatz neuer Techniken, denn Strategie und Technik stehen in einem ursprünglichen Wirkungszusammenhang: Zeigt eine Strategie einen möglichen oder geplanten Weg auf, der zu einem Ziel führen soll, so ist die technische Lösung die Realisierung hierzu.

Eine Auslöserfunktion für den Strategienwandel hatte die internationale Schuldenkrise, die zu Beginn der 80er Jahre einsetzte. Seit dem Beginn dieser Krise werden in zunehmendem Maße neue Finanzinstrumente angeboten. Das Besondere an dieser Entwicklung besteht in einem zunehmenden Trend zur Verbriefung von Einlagen- und Kreditpositionen (*Securitization*). Dahinter stehen einmal Veränderungen in der Schuldnerstruktur: Zunehmend sind anspruchsvolle Schuldner aus Industrieländern an die Stelle der Entwicklungsländer getreten. Erstere ersetzen oftmals über die Dekkung ihres jeweiligen Mittelbedarfs hinaus bestehende Kreditverträge durch neue Vereinbarungen mit längeren Laufzeiten und niedrigeren Margen. Bei international reichlich verfügbarer Liquidität führt der intensive Wettbewerb der Banken um gute Adressen aus diesem Kreditnehmerkreis zum Angebot immer neuer Finanzierungsformen. Gleichzeitig geht die traditionelle Nachfrage nach syndizierten Eurokrediten tendenziell zurück. Zum anderen hat sich auch die Anlegerstruktur gewandelt: In Europa und Japan sammelten sich international disponible Gelder in hohen Beträgen an. Demgegenüber sind die OPEC-Länder als Liquiditätsquelle praktisch ausgefallen. Die Anleger aus den Industrieländern sind – anders als die OPEC-Staaten, die einen Großteil ihrer Mittel bei den internationalen Banken plazierten –, zunehmend an direkten Anlagen auf dem Geld- und Kapitalmarkt interessiert. Schließlich und endlich ergaben sich strukturelle Veränderungen bei den Kapitalsammelstellen selbst, den internationalen Banken. „Auf dem Höhepunkt der internationalen Schuldenkrise 1982/1983 sichtbar gewordene Schwächen in den Bilanzstrukturen der Banken haben potentielle Bankkunden dazu bewegt, sich eher von Unternehmen oder Regierungen westlicher Länder begebenen Anleihen zu öffnen und dabei die Banken zu umgehen (*Disintermediation*). Die damit eingeleitete Schwächung der Banken hat in der Folge zu einer Flut neuer Finanzinstrumente geführt, die auf den direkten Bedarf von Anlegern und Schuldnern zugeschnitten sind." [1]

Nicht nur die Marktbedingungen, sondern auch die politischen Rahmenbedingungen haben sich seit Beginn der 80er Jahre entscheidend geändert. Zu erinnern ist hier an die Deregulierungsmaßnahmen an den nationalen Märkten, die Lockerung von Devisenkontrollen im grenzüberschreitenden Geld- und Kapitalverkehr, die Beseitigung steuerlicher Hemmnisse, die Reform des Börsenwesens und anderes mehr.

Zusammen mit den Markt- und politischen Rahmenbedingungen erfuhren auch die technologischen Rahmenbedingungen für die deutschen Banken einen grundlegenden Wandel. Die modernen Telekommunikationstechniken, die in Banken immer stärker Einzug gehalten haben, ermöglichen es, alle Informationen praktisch zeitgleich zu übermitteln. Diese Technologien tragen daher zur *Globalisierung* der Finanzmärkte ebenso bei, wie der nahezu grenzenlose Erfindungsreichtum bei der Kreierung neuer Finanzinstrumente, der die früher scharfen Grenzen zwischen den einzelnen Teilmärkten verwischt hat.

Technische Innovationen und Finanzinnovationen sind kein Selbstzweck, sondern erfüllen in Bankunternehmen die Funktionen

- der Sicherung der internationalen Wettbewerbsfähigkeit,
- der Stärkung der Ertragslage, die unter dem Einfluß der Risiken aus dem internationalen und nationalen Bankgeschäft, des Margenverfalls und des Personal- und Sachkostendrucks zunehmend zu erodieren drohte, sowie nicht zuletzt
- der Aufrechterhaltung eines möglichst hohen Beschäftigungsstandes.

Die Beschäftigungsfolgen moderner Technologien können nicht isoliert, bezogen allein auf die Bundesrepublik Deutschland gesehen werden, wenn Fehlbeurteilungen vermieden werden sollen. Sie sind vielmehr im Zusammenhang mit dem Strategienwandel zu sehen, der durch die seit 1980 grundlegend veränderte Bankenumwelt erzwungen wurde und zum vermehrten Einsatz moderner Informations- und Kommunikationstechnologien bei deutschen Banken führte. Daher war es notwendig, zunächst den internationalen Bezugsrahmen einleitend darzustellen.

1. Quantitative Beschäftigungsentwicklung und qualitative Beschäftigungsstruktur im deutschen Bankgewerbe 1960–1985

Anfang der 80er Jahre warnten Arbeitsmarktforscher und Gewerkschaften vor akuten quantitativen und qualitativen Beschäftigungsgefahren im deutschen Kreditgewerbe. Rund ein Viertel der Bankarbeitsplätze sei bedroht, insbesondere durch neue Technologien. Ausgehend von den rund 530000 Bankmitarbeitern im Jahre 1980 würde sich das Bankpersonal im Jahrzehnt 1980 bis 1990 um jahresdurchschnittlich 13000 auf schließlich etwa 400000 im Jahre 1990 verringern.

Von Seiten der Banken ist dieser Prognose damals deutlich widersprochen worden. Die Banken argumentierten:

– Wenn Hersteller zu dem Schluß kommen, daß bei Anwendung der von ihnen angebotenen Techniken eine bestimmte Anzahl von Arbeitsplätzen frei wird, müsse methodisch angemerkt werden, daß die Berechnungen unter sogenannten ceteris paribus-Bedingungen angestellt werden. Unter diesen Bedingungen wird in die aktuellen betrieblichen Gegebenheiten eine neue arbeitssparende Technologie eingeführt und dann rechnerisch ermittelt, wieviel Arbeitsplätze überflüssig werden. Dabei werden keine Überlegungen über die Schaffung neuer Arbeitsplätze aufgrund sich verändernder Nachfrage- und Geschäftsstrukturen und insbesondere über neue Anwendungsgebiete dieser Technologien angestellt. Daher können sie bereits vom Ansatz her nur zu negativen Personalprognosen kommen.

– Die Aussage, daß etwa ein Viertel der Bankmitarbeiter in den 80er Jahren von neuen Technologien „betroffen" werden, dürfe nicht vorschnell als „aufgrund neuer Technologien überflüssig" mißverstanden werden.

– Die negativen Teilergebnisse bestimmter Studien dürften durch das Übergehen der positiven Teilergebnisse nicht unzulässigerweise verallgemeinert und als das Gesamtergebnis dargestellt werden.

Der empirische Befund zeigt, daß die Bewertung der Banken sich als zutreffend erwiesen hat und umgekehrt die Negativmeldungen damals wie heute einer objektiven Grundlage entbehren.

Ein Vergleich der Beschäftigungsentwicklung in der Gesamtwirtschaft der Bundesrepublik und im deutschen Kreditgewerbe im Zeitabschnitt 1960 bis 1985 führt zu folgenden Ergebnissen:

– Während in der Gesamtwirtschaft die Zahl der Beschäftigten mit zwischenzeitlichen Schwankungen um insgesamt 2 % zurückgegangen ist, stieg im gleichen Zeitraum die Zahl der Beschäftigten im Kreditgewerbe – trotz oder gerade wegen intensiver Anwendung neuer Technologien – um 140 %. Selbst in den Rezessionsjahren 1975/76/77 und 1982/83, in denen in der Gesamtwirtschaft erhebliche Beschäftigungseinbußen zu verzeichnen waren, verminderten sich im Kreditgewerbe allenfalls die Zuwachsraten des Personalbestandes.

– Angesichts der Anfang der 80er Jahre aufgestellten Behauptung, die Beschäftigtenzahl ginge in den 80er Jahren um 25 % zurück, verdient der Punkt, daß in den bisher zurückgelegten 6 Jahren dieses Jahrzehnts ein Zuwachs von knapp 50000 auf inzwischen über 580000 Bankmitarbeiter zu verzeichnen gewesen ist, besondere Beachtung. Gerade in den letzten 4 Jahren, die mit verstärkten Automationsbestrebungen der Banken verbunden waren, waren die Personalzuwächse in den Kreditinstituten mit etwa 10000 p. a. überdurchschnittlich hoch. Und für eine Trendwende sind bisher keine Anzeichen in Sicht.

– Saisonal und konjunkturell liegen die Personalbestände in den Kreditinstituten seit längerem wieder über den entsprechenden Trendwerten, und der zwischenzeitlich abgeflachte positive Beschäftigungstrend ist zuletzt wieder steiler geworden.

Der arbeitssparende Effekt, der beim Einsatz neuer Techniken an den einzelnen Bankarbeitsplätzen durchaus entstehen kann, wurde im deutschen Kreditgewerbe in hohem Maße überkompensiert.

Produktivitätsrechnungen und -vergleiche geben eine Vorstellung davon, in welchem Ausmaß durch die Anwendung der elektronischen Datenverarbeitung als Schlüsseltechnologie im deutschen Bankgewerbe rein rechnerisch Arbeitskräfte freigesetzt wurden.

So sind die Bilanzsummen bzw. die Geschäftsvolumina der Kreditinstitute im Vergleich zu den Bankbelegschaften in den letzten Jahrzehnten wesentlich stärker gewachsen. Zur Illustration der bisher erzielten Rationalisierungseffekte soll das folgende Zahlenbeispiel dienen: Die Deutsche Bank AG hatte im Jahre 1985 41674 Mitarbeiter und eine Bilanzsumme von rd. 142 Mrd. DM. Die Zahl der Mitarbeiter hat sich seit Anfang der 50er Jahre mehr als verdreifacht, die Bilanzsumme dagegen hat sich in der gleichen Zeit fast vervierzigfacht. Legt man die durchschnittliche Bilanzsumme von 311000 DM je Mitarbeiter zugrunde, die sich für das Jahr 1952 ergibt, so hätte die Deutsche Bank im Jahre 1985 rund 455000 Mitarbeiter haben müssen, wenn sie auf dem Rationalisierungsstand von 1952 geblieben wäre. Nach dem Stand von 1960 müßte sie etwa 240000 Beschäftigte haben, nach dem Stand von 1970 wären es noch knapp 150000 Mitarbeiter und nach dem Stand von 1980 noch knapp 55000 Mitarbeiter.

An diesen Beispielen wird deutlich, daß in der deutschen Kreditwirtschaft in der Vergangenheit der Fortschrittstyp des überwiegend arbeitssparenden technischen Fortschritts vorherrschte. Akzentuiert wurde diese Entwicklung durch den scharfen Lohnkostenanstieg, der zu einer Verschiebung der Relation zwischen Personalkosten und Kapitalkosten zu Ungunsten der Personalkosten führte. Wenn die arbeitssparende Wirkung des technischen Fortschritts in der deutschen Kreditwirtschaft dennoch nicht zu einer sinkenden Beschäftigtenzahl führte, die Zahl der Beschäftigten sich vielmehr permanent erhöhte, so war dies letztlich auf die fortlaufend wachsende Nachfrage und die Anpassung der Bankdienstleistungen an die geänderten Nachfragebedürfnisse zurückzuführen. Erleichtert wurde die Anpassung durch den Einsatz moderner Techniken sowie das Ausdehnen dieser Techniken auf neue Anwendungsfelder.

Moderne Technologien lösten im deutschen Bankgewerbe per saldo positive Beschäftigungswirkungen aus. Die Hauptgründe dafür waren:

1. Innerhalb der deutschen Banken dominiert der Banktyp des innovationsstarken Bankunternehmens. Bankunternehmen, die einen hohen Automationsstand haben, sind vergleichsweise ausbildungs- und beschäftigungsstark. Offensichtlich gelingt es ihnen, die Qualifikation der Mitarbeiter an die Erfordernisse der Mikroelektronik rasch anzupassen, während in nicht so innovationsstarken Unternehmen mangelnde Qualifikation ein ernsthaftes Hindernis für den Einsatz der Mikroelektronik darstellt. In den innova-

tionsstarken Bankunternehmen wird versucht, die Mitarbeiter, die den steigenden Qualifikationsanforderungen der neuen Techniksysteme nicht gerecht werden können, auf andere Positionen umzusetzen oder die natürliche Fluktuation zu nutzen bzw. die Möglichkeiten einer betrieblichen Vorruhestandsregelung. Entlassungen im Zusammenhang mit neuen Technologien sind im deutschen Bankgewerbe bisher nicht erfolgt.

2. Die vorstehenden Ergebnisse beruhen auf einem Quervergleich des innovationsstarken Banktyps (Typ 1), des durchschnittlich innovationsstarken Banktyps (Typ 2) sowie des innovationsschwachen Banktyps (Typ 3). Außer diesem Quervergleich sind historische Längsvergleiche in einzelnen Bankunternehmen angestellt worden, wobei Phasen, die durch Techniksprünge gekennzeichnet sind, sowie Phasen ohne Techniksprünge miteinander verglichen wurden. Im jeweiligen Bankunternehmen sind Phasen, die durch Techniksprünge gekennzeichnet sind – wie die Untersuchungen zeigen –, positiv korreliert mit steigender Ausbildung und Beschäftigung und steigendem Qualifikationsniveau.

3. Die allgemeine Position eines Bankunternehmens in seinen Geschäftsfeldern spiegelt sich meistens in der Ausstattung mit Informationstechnik wider. Spitzenunternehmen sind in der Entwicklung meist fortgeschritten. Demgegenüber weisen die schwachen Unternehmen eine nicht ausreichende Ausstattung auf. Die Konsequenz sind mangelnde internationale Wettbewerbsfähigkeit, hohes Arbeitsplatzrisiko und schrumpfender Personalbestand.

Der technische Fortschritt hat in der Kreditwirtschaft einen positiven Einfluß auf den Arbeitsmarkt. Der frühzeitige Einsatz von Mikroelektronik und ihre schnelle Umsetzung in neue Produkte und Produktionsverfahren hilft, die Wettbewerbsfähigkeit der Kreditwirtschaft zu verbessern und gleichzeitig einen wichtigen Beitrag zur Arbeitsplatzsicherheit und Ausweitung der Beschäftigung zu leisten. Was die Beschäftigungsfolgen angeht, so wird der technische Fortschritt im übrigen durch Faktoren wie Strukturwandel, Wachstum und internationaler Wettbewerb überlagert. Die Beschäftigungswirkungen können infolgedessen nicht allein auf den Faktor technischer Fortschritt zurückgeführt werden.

Die *qualitativen* Beschäftigungsfolgen der neuen Technologien, die sich in Verschiebungen in der Beschäftigungsstruktur zeigen, da neue Technologien Arbeitsinhalte und -abläufe verändern und sich damit zwangsläufig auf die berufliche Qualifikation auswirken, werden in der Literatur kontrovers diskutiert. Vier Thesen stehen einander gegenüber:

1. Die Dequalifizierungs-These geht davon aus, daß als Folge neuer Technologien das Qualifikationsniveau abnimmt, da sich Arbeitsinhalte verkleinern und Arbeitsabläufe vereinfachen werden.
2. Die Höherqualifizierungs-These besagt demgegenüber, daß neue technische Systeme höhere Qualifikationen verlangen, da die Mitarbeiter von Routinearbeiten entlastet werden und der Anteil der qualifizierten Arbeit infolgedessen zunimmt.
3. Die Polarisierungs-These geht davon aus, daß bisher weniger qualifizierte Kräfte eine weitere Einengung ihres Tätigkeitsbereichs erfahren, während höherqualifizierte Mitarbeiter durch die Befreiung von Routinearbeiten weitere qualifizierte Tätigkeiten übernehmen können. Der qualifikatorische Mittelbau werde deutlich zurückgehen, und entsprechend würden sich oben und unten zwei Qualifikationsschwerpunkte bilden.
4. Die Konvergenz-These schließlich besagt, daß sich im Zuge des technischen Wandels die Qualifikationsanforderungen eher annähern und auf den mittleren Bereich konzentrieren werden.

Über die Fortsetzung des Trends zu höher qualifizierten Tätigkeiten im Kreditgewerbe kann es angesichts des empirischen Befunds keine Zweifel geben.

Beispielsweise hat in den letzen Jahren eine deutliche Verschiebung in der relativen Besetzung der Tarifgruppen zu den höheren Gruppen hin stattgefunden. Dabei liegt die Bruchstelle der beiden gegenläufigen Trends zwischen den Tarifgruppen 4 und 5:

- So ist derjeweilige Anteil der Angestellten in den oberen Tarifgruppen 5 bis 9 permanent gewachsen. Demgegenüber sind die Besetzungsanteile in den unteren 4 Tarifgruppen stetig gesunken.
- Der Trend zu höher qualifizierten Tätigkeiten ist so ausgeprägt verlaufen, daß sich die Besetzungsrelation der Tarifgruppen 1 bis 4 zu den Tarifgruppen 5 bis 9 zwischenzeitlich auf etwa 30 : 70 zugunsten der höheren Tarifgruppen verschoben hat, gegenüber 50 :50 im Jahre 1973.
- Noch deutlicher wird die Schwerpunktverlagerung bei einer Zusammenfassung des Tarifgruppensystems zu 3 „Qualifikationsgruppen". So ist der mittlere Block – trotz der internen Verschiebungen von Tarifgruppe 4 in Richtung Tarifgruppen 5 und 6 – mit insgesamt rund 60 % relativ stabil geblieben. Demgegenüber haben sich die Besetzungsanteile des unteren und des oberen Blocks zwischenzeitlich mehr als umgekehrt.

2. Entwicklung der Datenverarbeitungstechnologien und ihrer Einsatzformen im deutschen Bankgewerbe

Zur Versachlichung der Diskussion um die Rationalisierungsvoraussetzungen im Bankgewerbe, ihre Schwerpunkte und die zu erwartende Entwicklung in Sparkassen, Genossenschaftsbanken und privaten Kreditbanken hat ein Forschungsprojekt unter Leitung von Ursula Schumm-Garling wesentlich beigetragen. Dieses Projekt hatte die Veränderung von Sachbearbeitertätigkeiten als Folge technisch-organisatorischer Umstellungen in öffentlichen und privatwirtschaftlichen Dienstleistungsunternehmen am Beispiel von privaten, öffentlich-rechtlichen und genossenschaftlichen Banken und die Entwicklung von Vorschlägen für Humanisierungsstrategien zum Inhalt. DieErgebnisse sind in einer Studie „Mikroelektronik im Bankgewerbe", herausgegeben vom Rationalisierungs-Kuratorium der Deutschen Wirtschaft, Eschborn [2], zusammengefaßt.

Was speziell die Entwicklung der Datenverarbeitungstechnologien und ihrer Einsatzformen im deutschen Bankgewerbe anlangt, so sind Anlagen der Groß-EDV insbesondere in Zentralverwaltungen der großen Institute, bei Buchungsgemeinschaften und Verbandsrechenzentren installiert. Sie sind charakterisiert durch hohe Verarbeitungsgeschwindigkeit und leistungsstarke Arbeits- und Datenspeicher.

Die Tendenz zur *Miniaturisierung* elektronischerBauelemente, verbunden mit der verhältnismäßig billigen Massenherstellung der „Chips", hat insgesamt zu einer erheblichen Preissenkung im *Hardware*-Bereich geführt. Sie hat darüber hinaus dazu beigetragen, daß die traditionelle Unterscheidung der angebotenen Computersysteme in Großcomputer auf der einen Seite und Systeme der kleinen und mittleren Datentechnik, die in Leistungs- und Anwendungsfunktionen begrenzt waren, auf der anderen Seite an Bedeutung verloren hat.

Die Preissenkung und die gleichzeitige Leistungssteigerung haben zu einer Ausweitung der technischen Anwendungsmöglichkeiten im deutschen Bankgewerbe geführt.

Dies läßt sich anhand des Aufbaues und des Einsatzes von Rechenanlagen verfolgen. Da die meisten Institute, namentlich im Genossenschaftssektor, aber auch bei den Sparkassen, wegen ihrer relativ geringen Betriebsgröße EDV-Anlagen nicht wirtschaftlich einsetzen konnten, waren sie zu Gemeinschaftslösungen gezwungen und schlossen sich daher seit Anfang der 60er Jahre zu kleineren Buchungsgemeinschaften mit zugehöriger Buchungszentrale zusammen.

Mit der wachsenden Leistungsfähigkeit von EDV-Anlagen erschien unter Wirtschaftlichkeitsgesichtspunkten der Einsatz von Anlagen der Groß-EDV in Verbandsrechenzentren effizienter als die Verwendung vieler kleiner und weniger leistungsfähiger Anlagen in Buchungsgemeinschaften. Daher wurde auf Verbandsebene Ende der 60er Jahre mit dem Aufbau großer regionaler Verbandsrechenzentren begonnen, und die Buchungsgemeinschaften als ursprüngliche Form der Datenverarbeitung lösten sich nach und nach auf. Eine ähnliche Konzentrationsentwicklung läßt sich auch für die privaten Kreditbanken feststellen, bei welchen die technischen Filialen zu einem oder mehreren Rechenzentren zusammengefaßt wurden.

Mit dem Auf- und Ausbau von *Datenübertragungsnetzen* zu Beginn der 70er Jahre, beispielsweise dem GENO-Netz im genossenschaftlichen Bereich, dem Giro-Netz im Sparkassensektor und dem Zahlungsverkehrsnetz der Deutschen Bundesbank, konnte der Zahlungsverkehr effizienter gestaltet werden. Die anfallenden Daten wurden zunächst in den Bankstellen auf Magnetband oder Diskette erfaßt, zu Konzentratorstellen transportiert und im Stapelverfahren per Datenfernübertragung in den Zentralrechner eingelesen und verarbeitet. Einen qualitativen Entwicklungssprung stellte dann der Übergang zu Online-angeschlossenen Terminals dar. Online-Anschluß bedeutet eine dauernde unmittelbare Verbindung des Terminals mit der zentralen Datenverarbeitungsanlage. Während bei den Eigenanwendern im Sparkassenbereich erste Online-Installationen von Schalter- und Kassenterminals bereits Ende der 60er Jahre erfolgten, konnten bei Fremdanwendern die Verbandsrechenzentren erst Mitte der 70er Jahre erste Online-Pilotinstallationen anbieten.

Die Datenfernübertragung auf internationaler Ebene ist mit den Stichworten SWIFT Society for Worldwide Interbank Financial Telecommunication, 1973 gegründet, Euroclear, 1968 errichtet, sowie Cedel, 1969 gegründet, verknüpft. Uber die SWIFT-Datenfernübertragung werden internationale Zahlungsaufträge, Devisenhandelsbestätigungen, Kontoauszüge und damit zusammenhängende Anfragen und Antworten zwischen den Mitgliedsbanken vornehmlich aus dem anglo-amerikanischen, dem west- und osteuropäischen Raum sowie aus Japan ausgetauscht. Das Euro-clear-System und das mit ihm konkurrierende Cedel-System sind Systeme zur Zug-um-Zug-Regulierung internationaler Wertpapier-Transaktionen. Daneben bieten sie die Möglichkeit der Verwahrung und Verwaltung internationaler Wertpapiere und anderes mehr.

Die Art und der Umfang von Datenverarbeitungs*programmen* haben in der Vergangenheit stark zugenommen. Da der EDV-Einsatz im Kreditgewerbe zunächst überwiegend von der Anforderung bestimmt war, ein rasant wachsendes Postenvolumen im Mengengeschäft zu bewältigen, wobei je nach Geschäftsstruktur bei den einzelnen Institutsgruppen unterschiedliche Akzente gesetzt wurden, bezogen sich die ersten Anwendungslösungen schwerpunktmäßig auf die Bereiche

- Schalter/Kasse mit Kontokorrent- und Sparverkehr
- Buchungs- und Rechnungswesen, erst im Stapel-, dann zunehmend im Dialogverfahren.

Die Phase der Bewältigung des Massengeschäfts ist inzwischen im wesentlichen abgeschlossen.

Die weitere Entwicklung ist gekennzeichnet durch Anwendungslösungen für die Unterstützung der Geschäftsabwicklung im Devisen- und Geldhandelsbereich, Kreditbereich, Wertpapierbereich, Auslandsbereich und durch den Aufbau integrierter Kunden- und Management-Informationssysteme.

Die zukünftigen Schwerpunkte der Bankautomation werden daher sein:

- zunehmende Computerunterstützung der Sachbearbeitung durch umfassendere Informationssysteme zum Zweck der Verbesserung der Beratungsqualität und durch Integration von Daten- und Textverarbeitung
- Realisierung von Management-Informationssystemen zur Verbesserung von Unternehmensplanung und Geschäftsführung, betreffend sowohl die Kostenrechnung und Kalkulation als auch Daten zur Markt-, Branchen- und Unternehmensentwicklung sowie zur Liquiditätssteuerung.

Der Endpunkt dieser Entwicklung könnte die vollständige vertikale Integration aller Funktionen eines Geschäftsvorfalls in die EDV und die weitgehende horizontale Integration aller Geschäfts- und Administrationsbereiche eines Kreditinstituts in die EDV sein.

Die zunehmende Integration der Datenverarbeitungsfunktionen zu immer komplexeren Programmen und Programmsystemen führte zu immer längeren Entwicklungszeiträumen. Daher suchten die Hersteller nach Wegen zu einer wirtschaftlichen Software-Entwicklung und -Wartung. Da die „Produktionskosten" für Software überwiegend Personalkosten sind, ist kaum ein Kreditinstitut in der Lage, unter vertretbaren Aufwendungen die erforderliche Software selbst zu entwickeln. Daher hat es wesentlich zu den erweiterten Einsatzformen der EDV im Bankbetrieb beigetragen, daß die Hersteller Lizenzprogramme bereitstellten und die Anwendung der Datenverarbeitung auch für kleinere Institute ermöglichten.

Standardisierte Software-Pakete werden aber auch von den Verbands- und Gemeinschaftszentren entwickelt und in den ihnen angeschlossenen Banken, Genossenschaftsbanken und Sparkassen eingesetzt.

An der bisherigen Darstellung ist deutlich geworden, daß sich das Erscheinungsbild der Kreditinstitute in den nächsten Jahren nicht zuletzt aufgrund der technologischen Entwicklung verändern wird. Dies gilt sowohl für die Kommunikation zwischen Kunden und Kreditinstituten als auch für die innerbetrieblichen Arbeitsabläufe und die Tätigkeitsanforderungen.

Die künftigen Schwerpunkte der Bankautomation werden aus Hersteller- und Anwendersicht liegen in:

1. Kundenselbstbedienung. Zu den Einrichtungen der Kundenselbstbedienung sind im einzelnen zu zählen:

- Geldausgabeautomaten
- Selbstbediente Kontoauszugsdrucker
- Bildschirmgeräte mit Kartenleser, Tastatur und Display (Bildschirm) als selbstbediente Geräte zur Durchführung von Überweisungen und zur Abfrage von Informationen.

Es besteht die Möglichkeit, diese Komponenten entweder in einem Universalgerät zu vereinigen oder aber unterschiedliche Kombinationen zu verwirklichen.

Eine gegenwärtige und zukünftige Sonderform der Kundenselbstbedienung ist der Bildschirmtext.

Die Technik ermöglicht jetzt auch eine Rationalisierung, die über die Banken hinaus den Zahlungsverkehr zwischen Banken und Handel betrifft (Point-of-Sale-Terminals).

2. Distributed Data Processing („Verteilte Datenverarbeitung"). Der Begriff „Verteilte Datenverarbeitung" ist verhältnismäßig weit. Das Spektrum reicht von kleinen Ein-

zelsystemen als stand-alone-Installationen ohne Verbindung zu anderen Rechnern bis zu dialog- und netzwerkorientierten Systemen, die unter zentraler Steuerung und Kontrolle in unterschiedlichem Ausmaß eine dezentrale Datenverarbeitung und Datenspeicherung erlauben. „Verteilte Datenverarbeitung" bezeichnet keine prinzipiell neue technische Entwicklung, sondern ein datenverarbeitungs-organisatorisches Prinzip mit der Zielsetzung einer optimalen Verteilung von Datenverarbeitungsfunktionen in Datennetzen.

3. Integration von Daten- und Textverarbeitung. Textverarbeitungssysteme werden schon seit einigen Jahren in Kreditinstituten eingesetzt, wobei es sich zunächst um autonome Systeme handelte, ohne Verbindung zur EDV. Ein weiterer Schritt könnte im Zusammenlegen der Aufgaben von Datenverarbeitung und Textverarbeitung in einem System bestehen. Im Verlauf dieser Entwicklung wird es möglich, die zentralen Textsekretariate weitgehend aufzulösen. An ihre Stelle wird der einzelne Sachbearbeiter an seinem Universalterminal treten, welcher im Rahmen seiner Geschäftsvorfallbearbeitung auch Geschäftskorrespondenz veranlaßt.

4. Integration von EDV- und neuen Kommunikationstechnologien. Über die Integration von Daten- und Textverarbeitung hinaus ist ein Schwerpunkt der zukünftigen Entwicklung in der zunehmenden Einbeziehung der verschiedenen neueren Kommunikationstechnologien in angestrebte integrierte Konzepte der Daten-, Text-, Bild- und Sprachverarbeitung und -übermittlung zu sehen. Die technischen Voraussetzungen für eine freizügige Kommunikation werden künftig durch offene Netze, wie sie mit Hilfe von ISDN Integrated Services Digital Network möglich sind, geschaffen. Es handelt sich dabei um ein Dienste integrierendes Fernmeldenetz, mittels dessen alle Arten von Datenkommunikation über ein Netz abgewickelt werden können.

Zusammenfassend kann man also feststellen:

– Die Banken sind in der Bundesrepublik der Wirtschaftsbereich mit der größten Verbreitung von EDV-Geräten. Auch kann kaum ein anderer Bereich auf eine vergleichbar lange Erfahrung mit der EDV zurückblicken. Bei einigen Kreditinstituten wird bereits seit fast 35 Jahren mit EDV-Geräten und -Anlagen gearbeitet. Der Grund für diese Entwicklung ist die große Aufgeschlossenheit der Banken gegenüber den Anwendungsmöglichkeiten der EDV. Davon unabhängig erzwingt der intensive Bankenwettbewerb den Einsatz der jeweils modernsten Technik, da sich nur auf diese Weise technologische Wettbewerbsvorsprünge erzielen lassen.

– Die betrieblichen Organisationslösungen für den Einsatz bestimmter technischer Varianten differieren in Abhängigkeit von der Unternehmungsform, der Geschäftsstruktur, der Betriebsgröße, der geschäftspolitischen Zielsetzung und der EDV-Ausstattung von Bankengruppe zu Bankengruppe ganz erheblich. Die Mikroelektronik erweitert in der Tendenz die unternehmerischen Entscheidungsspielräume. Wenn es auch Einsatzbereiche gibt, bei denen die Wirtschaftlichkeitsrechnung bereits eine eindeutige Antwort auf die Frage nach der betrieblichen Organisation des Einsatzes bestimmter technischer Varianten nahelegt, verbleibt doch ein großer Bereich von Einsatzfällen, in denen das nicht so ist. Damit kommen andere Entscheidungskriterien zum Tragen, wie z. B. Firmentradition oder Arbeitsmarktüberlegungen.

– Die Zukunft wird die Ausweitung moderner Informations- und Kommunikationstechnologien auf neue Anwendungsfelder bringen. Schwerpunktmäßig handelt es sich dabei um Tätigkeiten des Typs der „projektbezogenen Sachbearbeitung". Im Mittelpunkt der Aufgabenstellung dieses Typs steht das Projekt, d. h. die Bewältigung des Einzelfalles. Ein möglicher Endpunkt dieser Entwicklung könnte die vollständige vertikale Integration aller Funktionen eines Geschäftsvorfalls in die EDV und die weitgehende horizontale

Integration aller Geschäfts- und Administrationsbereiche eines Kreditinstituts in die EDV sein.

Unter dem Blickwinkel der Anwendung mikroelektronischer Geräte und Systeme gewinnt vor allem die Informations- und Kommunikationstechnik im *Bürobereich* wachsende Bedeutung:

Der tertiäre Sektor – beispielsweise Wirtschaftsorganisationen, öffentliche Verwaltung, Medien, Bildung, Wissenschaft –, der zum überwiegenden Teil Büro-, Informations- und Dienstleistungstätigkeiten umfaßt, ist inzwischen zum größten Arbeitsmarkt unserer Volkswirtschaft geworden. Beispielsweise waren 1985 über 50 % oder über 13 Mio aller Erwerbstätigen im tertiären Sektor beschäftigt gegen erst 20 % oder 5 Mio im Jahre 1950. Und die Tendenz ist weiter steigend. Im Gegensatz dazu blieb das Rationalisierungspotential im Bürobereich bis in die 80er Jahre hinein weitgehend ungenutzt, obwohl hier der Personalkostenanteil mit 80 % sehr hoch ist. „Seit der Jahrhundertwende bleibt der Produktivitätszuwachs im Bürobereich um den Faktor 10 hinter der Steigerung in der industriellen Fertigung zurück. Dieser Rückstand tritt auch in der durchschnittlichen Kapitalausstattung zu Tage, die heute pro Büroarbeitsplatz etwa 5000,– DM beträgt gegenüber 150000,– bis 200000,– DM im Produktionsbereich" [3].

Im Bürobereich liegt mithin ein Investitions- und Rationalisierungspotential brach, das in Zukunft insbesondere durch neue Informations- und Kommunikationstechnik stärker genutzt werden kann. Bis zum Jahre 1990 dürften vor allem bei Banken und Versicherungen etwa ein Viertel aller Arbeitsplätze computerunterstützt sein. Banken und Versicherungen investieren bereits gegenwärtig erhebliche Mittel in die Medienunterstützung ihrer Arbeitsplätze. Einer Studie der Pactel GmbH, Frankfurt [4], zufolge wurden Anfang der 80er Jahre in den damals 38000 Niederlassungen der Banken und Sparkassen in der Bundesrepublik Deutschland jährlich für Automation 1,4 Mrd DM investiert. Die Bundesrepublik Deutschland hat nach dieser Studie das bestausgebaute Bankwesen in Europa. Bis 1990 werden die installierten EDV-Anlagen in deutschen Banken einen Wert von 7,5 Mrd. DM erreichen. Das bedeutet eine Verdoppelung gegenüber Anfang 1980.

Insgesamt kann der durch Informations- und Kommunikationstechnik automatisierbare Anteil auf 20 - 25 % aller Büroarbeitsplätze veranschlagt werden. Das entspricht einem Volumen von etwa 2,5 bis 3 Mio Arbeitsplätzen. Dieses Volumen darf jedoch nicht mit einer Freisetzung von Arbeitskräften gleichgesetzt werden. Parallel zur Rationalisierung wächst nämlich auch die zu erwartende Informationsmenge mit gegenwärtig etwa 8 % p. a. Die Hersteller moderner Informations- und Kommunikationstechnik schätzen, daß das Automatisierungspotential etwa gerade ausreicht, um diesen Zuwachs zu kompensieren.

3. Personalpolitik und technologischer Wandel

Die Forderung nach Stärkung der internationalen Wettbewerbsfähigkeit *und* die nach mehr Beschäftigung lassen sich erfüllen, wenn der Einsatz der in Bankunternehmen vorhandenen Personalressourcen optimiert wird. Das Ziel der Kostensenkung, insbesondere der Personalkostenreduzierung, ist unverändert aktuell. Das Senken der Personalkosten ist allerdings keinesfalls die einzige Möglichkeit zur Verbesserung der Unternehmenssituation. Die Wettbewerbsfähigkeit des Unternehmens auf den internationalen Märkten wird nämlich wesentlich beeinfußt durch die Faktoren

- Produkt-/Verfahrenspolitik (z. B. wird die Produktqualität wesentlich bestimmt durch die Produktentwicklung und die Innovationspolitik)
- Preispolitik (sie wird bestimmt durch Personalkosten, Kosten für das Fremd- und Eigenkapital, Energie- und Transportkosten, Steuerkosten usw.)
- Serviceleistung und Beratung (sie sind abhängig von der Organisation sowie der Anzahl und Qualifikation des dafür verantwortlichen Personals).

Im Endeffekt werden die Leistungen auf diesen Gebieten vom Ideenreichtum und von der Erfindungskraft der dafür Verantwortlichen bestimmt.

Verbietet sich aus übergeordneten Gesichtspunkten die isolierte Anwendung klassischer Rationalisierungsmethoden, wie Zero Base Budgeting oder Gemeinkostenanalyse, die alle mit Personalabbau verbunden sind, so stellt sich die neue Aufgabe wie folgt: Die im Unternehmen vorhandenen Personalreserven müssen aufgefunden und wieder so eingesetzt werden, daß die Wettbewerbsfähigkeit gesteigert wird. Mit anderen Worten: das verfügbare Mitarbeiter-Potential muß auf jene Funktionen gelenkt werden, die am raschesten und nachhaltigsten der Verbesserung der Wettbewerbsfähigkeit des Unternehmens dienen. Im Endeffekt bedeutet dies, daß die Wertschöpfung gesteigert und die Effizienz durch den optimalen Einsatz der Ressource Personal erhöht wird.

Für diese Form der Rationalisierung und den veränderten Personaleinsatz gibt es eine ganze Reihe von Möglichkeiten, wie eine kurze Aufzählung zeigt:
- Die Produkt- und Verfahrensinnovationen können verstärkt,
- neue Marketingideen entwickelt werden,
- die Kundenakquisition und der Verkauf von Dienstleistungen werden forciert,
- die Leistungsbereitschaft der Back-Offices sowie
- die Serviceleistungen und die Beratung werden verbessert,
- die Qualitätskontrolle wird verstärkt, wodurch weniger Reklamationen entstehen.

Dieser Katalog läßt sich verlängern und wird sicherlich von Unternehmen zu Unternehmen unterschiedlich ausfallen.

Durch eine Projektgruppe werden zunächst Analysen erstellt, um Potentiale für mögliche Verbesserungen ausfindig zu machen. Dazu wird in der Art des oben skizzierten Katalogs eine Liste aller Sachgebiete im Unternehmen aufgestellt, bei denen durch Einsatz von Personal die Leistung verbessert werden kann. Danach heißt es, das verfügbare Mitarbeiterpotential nach Qualifikation und Anzahl festzustellen. Wichtig ist dabei: Neben den Freizustellenden müssen auch alle die Mitarbeiter ausfindig gemacht und aktiviert werden, die bislang nicht voll ausgelastet sind.

Beim Auffinden von gewinnbringenden Einsatzmöglichkeiten für freigestellte Mitarbeiter empfiehlt sich die Anwendung der Wertanalyse, mit Hilfe deren sich auch Innovation und Kreativität fördern lassen, um neue Arbeitsplätze zu finden, die die Wettbewerbsfähigkeit verbessern. Die Wertanalyse verspricht in Fällen komplexer Problemfelder gute Erfolgsaussichten.

Bei der Wertanalyse, die zunächst in die industrielle Fertigung Eingang fand, inzwischen aber auch mit Erfolg in Dienstleistungsunternehmen angewendet wird, handelt es sich um eine Methode, um das Verhältnis zwischen Kosten und Nutzwert eines Produktes/ einer Dienstleistung zu optimieren. Dabei kann das Produkt/ die Dienstleistung durch kritische Überprüfung seiner/ ihrer Funktionen verbessert, vereinfacht und verbilligt werden.

Für das Auffinden unterbeschäftigter Mitarbeiter ist in Unternehmen eine unternehmensinterne Vermittlungsstelle mit offener Tür und psychologisch geschulten Beratern einzurichten. Allerdings sind auch die psychologischen Schwierigkeiten nicht zu übersehen, denen unterbeschäftigte Mitarbeiter ausgesetzt sind: Man offenbart mit der Bekanntgabe seiner Unterbeschäftigung auch eine gewisse Entbehrlichkeit, die aus Gründen der Arbeitsplatzerhaltung nur sehr ungern bloßgestellt wird. Durch die Umschulung freigestellter Mitarbeiter wird allerdings oftmals eine neue Motivation erreicht.

Um das angestrebte Ergebnis zu erreichen, bedarf die klassische Form der Arbeitsgestaltung und Arbeitszeitregelung einer kritischen Überprüfung. Auch hier ist Neuerung dringend notwendig. Als Beispiele seien hier nur angeführt: Teilzeitarbeit sollte auf allen Gebieten und in allen möglichen Variationen erprobt werden. Die öffentliche Diskussion und Aktionen in einzelnen Unternehmen lassen seit einiger Zeit Ansätze in dieser Richtung erkennen. Sie berechtigen zu einiger Hoffnung.

Zur Konfliktlösung müssen die Tarifpartner aufgeschlossen an die Aufgabe herangehen. Die Mehrzahl der Mitarbeiter in den Betrieben ist einsichtig und steht bei richtiger Information solchen Neuerungen durchaus aufgeschlossen gegenüber. Diejenigen, die sich um das Wohl dieser Mitarbeiter sowie ihrer Betriebe kümmern und die deren Rechte vertreten, also Unternehmer, Vorgesetzte, Gewerkschaften, Belegschaftsvertretungen, werden sich noch strenger selbstkritisch zu prüfen haben, ob alle bisher vertretenen Standpunkte heute noch richtig und haltbar sind. „Wir müssen uns davor hüten, daß auf unsere zahlreichen betriebsbezogenen Verfassungen, Gesetze, Verträge und Vereinbarungen nicht eines Tages das Wort „Vernunft wird Unsinn, Wohltat Plage" zutrifft" [5].

Gesucht wird also eine neue Form der Rationalisierung. Sie muß gleichermaßen die internationale Wettbewerbsfähigkeit *und* die Beschäftigung erhöhen. Sie darf nicht zu höheren Arbeitslosenzahlen führen. Erforderlich sind Einsatzbedingungen für neue technische Systeme, die zu einer möglichst hohen Akzeptanz bei den Mitarbeitern führen, um die Rationalisierungsziele zu erreichen.

Ausblick

Für die Zukunft erwarten die deutschen Banken eine weitere Steigerung der Bankbelegschaften durch die Einführung und Anwendung neuer Informations- und Kommunikationstechnologien. Die Zunahme der Arbeitsproduktivität hat sich im Trend verlangsamt. Eine Fortdauer dieses Trends unterstellt, wird dies ausreichen, um die Einbußen im zukünftigen Produktionswachstum wettzumachen oder überzukompensieren. Infolge der angestrebten Ausweitung von Akquisition und Beratung wird die Tendenz zu höher qualifizierten Tätigkeiten anhalten. Für eine pessimistische Einschätzung der Beschäftigungsmöglichkeiten im deutschen Bankgewerbe besteht insoweit sowohl in quantitativer als auch in qualitativer Hinsicht nach wie vor kein Grund.

Literatur

1) Lamfalussy, A., Innovations financières, politique monétaire et stabilité des marchés, in: Banque, Nr. 457, Januar 1986, S. 8 ff.
2) Czech D./Haufe, U./Schumm-Garling, U./Weiß, G./Zach, M., Mikroelektronik im Bankgewerbe/ Veränderung von Technik und Sachbearbeitung, Manuskriptdruck, Hrsg. Rationalisierungs-Kuratorium der Deutschen Wirtschaft, 1983.
3) Lohr, H., Einflüsse der Mikroelektronik auf die Sachinvestitionen, Vortrag anläßlich des 19. List-Gesprächs „Wandlungen im Investitionsverhalten" am 10. März 1983, IHK Köln, unveröff. Mskr.
4) Pactel GmbH, Frankfurt am Main, Die Automation im Europäischen Bankwesen 1979 bis 1990, Frankfurt am Main, 1980.
5) Kost, W., Statt kündigen rentabler beschäftigen, in: Blick durch die Wirtschaft vom 1. Juli 1983.

Finanzierungsaspekte von Innovation und technischem Fortschritt

Alfred Herrhausen

Zusammenfassung

Innovationsfinanzierung beschränkt sich nicht auf die Finanzierung von Wagnissen, sondern umfaßt eine breite Palette von Mittelbereitstellungen im Rahmen der „normalen" Investitionstätigkeit der Unternehmen. In der risikoreichen Forschungs- und Entwicklungsphase ist Eigenkapital die adäquate Finanzierungsquelle. Die Möglichkeiten zur Eigenkapitalbeschaffung haben sich durch das Wachstum der organisierten Kapitalmärkte sowie durch Kapitalbeteiligungs- und Venture Capital-Gesellschaften verbessert. Bei Fremdfinanzierungen spielen neben dem klassischen Kreditgeschäft vor allem Projektfinanzierungen und Leasing eine Rolle. Die Einschaltung der Geschäftsbanken in den „Venture-Kredit" stellt besondere Anforderungen an die Kreditwürdigkeitsprüfung und die Beratung und Betreuung der Kunden.

1. Innovation tut not

Kein Zweifel: Innovation und technischer Fortschritt sind existentiell für unser Land. Kein Zweifel deshalb auch, daß Innovationsfinanzierung für uns wichtig ist.

– Innovationen sind konstitutives Element unserer wettbewerblich organisierten Wirtschaftsordnung.

Noch immer gilt, was Joseph Schumpeter in seiner Schrift „Kapitalismus, Sozialismus und Demokratie" herausgestellt hatte: „Der fundamentale Antrieb, der die kapitalistische Maschine in Bewegung setzt und hält, kommt von den neuen Konsumgütern, den neuen Produktions- oder Transportmethoden, den neuen Märkten, den neuen Formen der industriellen Organisation ...". Diese Innovationen ziehen einen fortwährenden „Prozeß der schöpferischen Zerstörung" nach sich, einen „Prozeß der industriellen Mutation ..., der unaufhörlich die Wirtschaftsstruktur von innen heraus revolutioniert, unaufhörlich die Struktur zerstört und unaufhörlich eine neue schafft" [10], S. 137 f.). M.a.W., hierin prägt sich jenes Gestaltungs- und Freiheitsangebot aus, das unserem Wirtschaftssystem immanent ist. Zugleich folgt daraus eine stetige Vitalisierung, die den Erfolgscharakter unserer Wirtschaftsordnung ausmacht.

– Jegliches Wachstum bezieht seinen Antrieb in erheblichem Maße aus technologischen Veränderungen in Produkten und Produktionsprozessen, die ihre Umsetzung in Innovationen am Markt erfahren. Dies ist für uns um so wichtiger, als die klassischen Produktionsfaktoren zunehmend an Bedeutung verlieren. Hinzu kommt, daß auch die Aufrechterhaltung der internationalen Wettbewerbsfähigkeit mehr denn je den Faktoreinsatz erfordert, an dem wir reich sind: technische Phantasie und subtiler Erfindergeist – der vierte Produktionsfaktor.

– Für das einzelne Unternehmen im Wettbewerb

- bedeutet Innovation zunächst einmal unternehmerisches Wachstum,
- bringt Innovation höhere Erlöse (Stichwort: Pioniergewinne),
- heißt Innovation niedrigere Stückkosten (Stichwort: Prozeßverbesserung).

Diese Sachverhalte sind eng korreliert. Ohne Rentabilität keine Stärkung der Eigenkapitalbasis, ohne Eigenkapital keine Investitionen, ohne Investitionen keine Innovationen und ohne Innovationen kein Wachstum, ohne Wachstum kein gesicherter Bestand des Unternehmens im Wettbewerb.

Diesbezügliche Untersuchungen der Zusammenhänge in der Bundesrepublik und den USA zeigen auf, daß

- Unternehmen mit positiven Entwicklungsperspektiven 14 % ihres Umsatzes mit Produkten erzielen, die sich in der Einführungsphase befinden, 39 % mit Produkten in der Wachstumsphase, 37 % in der Reifephase und 10 % in der Schrumpfphase [8];
- neue Produkte und Verfahren nach Einschätzung der Unternehmen in den jeweils nächsten 5 Jahren einen wesentlichen Beitrag zur Ertragsentwicklung leisten müssen;
- entwicklungsfreudige Unternehmen einen durchschnittlichen return on investment aufweisen, der während der letzten 10 Jahre um 50 % höher lag als der von innovationsschwachen Firmen [2].

Kein Zweifel auch, daß sich die Dynamik von technischem Fortschritt und Innovationsbedarf weltweit verstärkt hat. Das gilt generell, aber speziell im Bereich der sog. Schlüsseltechnologien, etwa der Mikroelektronik, der Biotechnologie und der Werkstofftechnik. Diese Technologien durchdringen mehr und mehr die gesamte Wirtschaft und sind die Voraussetzung für die Herstellung konkurrenzfähiger Produkte.

Pessimistische Befunde wie „Technologielücke" und „Eurosklerose" haben zeitweise den Eindruck begünstigt, als stünden wir international im technologischen Abseits. Indessen ist es keineswegs so schlecht um die Innovationskraft der deutschen Wirtschaft bestellt:

– Nach wie vor hat die deutsche Wirtschaft auf vielen Gebieten eine technologische Spitzenposition inne. Nach einer Umfrage bei internationalen Branchenexperten rangiert die bundesdeutsche Wirtschaft in einer Technologie-Rangfolge in acht von vierzehn Wirtschaftszweigen an Nummer eins. Dazu gehören so wichtige Bereiche wie der Maschinenbau, Kraftwerke Automatisierungstechnik, Medizintechnik sowie das gesamte Gebiet der Automobiltechnik. Die Vereinigten Staaten erscheinen in dieser Rangliste nur viermal auf dem ersten Platz, die Japaner nur zweimal.

– Die deutsche Wirtschaft sichert diesen Vorsprung auch für die Zukunft ab: Bei jährlichen Ausgaben für Forschung und Entwicklung in Höhe von z.Z. rd. 59 Mrd DM, die einen Anteil von 2,9 % des Bruttoinlandsprodukts ausmachen, liegt die Bundesrepublik ebenfalls im internationalen Vergleich ganz weit vorn.

– Die Leistungen der deutschen Unternehmen genießen nach wie vor in der Welt ein hohes Ansehen. Die Know-how-Bilanz der deutschen Unternehmen (ohne Tochtergesellschaften ausländischer Unternehmen in der Bundesrepublik Deutschland) gegenüber dem Ausland ist nicht nur aktiv, sie weist sogar steigende Überschüsse auf.

– In den Unternehmensstrategien spielen neue Produkt- und Produktionskonzepte eine zunehmende Rolle. Anfang der 80er Jahre richtete sich nach dem Ifo-Innovationstest die Innovationsstrategie nur bei weniger als einem Drittel der Unternehmen auf neue Produktkonzepte; die vergleichsweise weniger risiko-intensive Weiterentwicklung vorhandener Erzeugnisse stand im Vordergrund. Mitte der 80er Jahre dagegen wollten bereits über die Hälfte der Unternehmen neue Produktkonzepte realisieren [7]. Wie eine andere Umfrage zeigt, führten sieben von zehn Unternehmen, die sich zu den Spitzenreitern zählen, in den letzten fünf Jahren neue Produktlinien ein. Mit diesen Neueinführungen erwirtschaftete jedes dritte Unternehmen bereits ein Drittel, jedes 14. Unternehmen sogar mehr als die Hälfte seines Umsatzes [1].

Sicher bestehen auf Einzelgebieten Rückstände (Computertechnologie, Mikrochips etc.). Allerdings kann kein Land auf Dauer alle technologischen Spitzenpositionen besetzen. Zeitweise bzw. sektorale Technologie-Rückstände sind zumal für ein Land von der Größe der Bundesrepublik Deutschland unvermeidbar. Das zeigt allein schon – bei gleicher Forschungsintensität – das erheblich größere absolute Volumen der F+E-Ausgaben in den USA und Japan; es ist dort, nach Angaben des Battelle-Instituts [1], real knapp viermal bzw. doppelt so hoch wie hier. Diese Länder weisen auch eine stärkere F+E-Personalkapazität aus (das 5,8fache in USA und das 2,6fache in Japan 1983).

Ein Ansatzpunkt, diese strukturellen Ungleichgewichte wettzumachen, besteht darin, daß Europa sich als Wirtschaftsgemeinschaft mit Technologiekooperation und Technologietransfer über die nationalen Grenzen hinweg begreift: Die EG sozusagen als Kürzel für „Entwicklungsgemeinschaft"; mit der Eureka-Initiative und dem jüngst verabschiedeten Rahmenprogramm für Forschung und Entwicklung in der EG ist ein begrüßenswerter Anfang gemacht worden.

Wenn pessimistische Befunde wie der einer immer wieder behaupteten Technologielücke je einen Sinn hatten, dann den der Mahnung: Um die Wettbewerbsstellung zu erhalten, müssen Unternehmen kontinuierlich, schnell und flexibel Forschungs-und Entwicklungsergebnisse in marktreife Produkte umsetzen.

2. „Alltägliche" Innovationsfinanzierung

Ist die Finanzierung hierbei ein Engpaßfaktor? Häufig wird Innovationsfinanzierung gleichgesetzt mit der Finanzierung von Wagnissen, insbesondere mit der Finanzierung von Erfindungen und Hochtechnologie. Nicht, daß diese Betrachtung falsch wäre – sie ist aber zu einseitig auf das Spektakuläre gerichtet. Innovation heißt weder, daß das Rad stets neu erfunden werden muß, noch daß das Silicon Valley 1:1 kopiert werden müßte.

Gerade Innovationen, für die die Unternehmen auf bereits vorhandenes Know-how zurückgreifen können, haben große Bedeutung. „Es gibt durchaus erfolgreiche Innovationen, die nur Altbekanntes, allerdings in neuer Kombination, an den Markt bringen. ... Nicht die sogenannte Erfindungshöhe, sondern der Markterfolg zeichnet eine Innovation aus" ([6], Ziffer 314). Neuerungsbedarf tritt überall auf, nicht nur im high-tech-Bereich, sondern ebenso in der Anwendung und Vermarktung von low-tech. Und seine Finanzierung ist selten primär eine Frage besonderer Finanzierungskonzepte, vielmehr zunächst eine Frage der Herstellung gesunder Finanzstrukturen „für den Alltag".

Die Finanzierung von Innovationen ist nichts Neues. Tagein, tagaus werden für Hunderte von Millionen Mark die verschiedenartigsten Innovationen finanziert. Man muß sich dazu nur Umfang und Vielgestaltigkeit allein der bisherigen Innovationsaktivität vor Augen führen: Zwei Drittel aller Investitionen in der verarbeitenden Industrie – so eine Untersuchung des Ifo-Instituts – werden durch die technische Entwicklung beeinflußt [4].

Die gesamten Innovationsbudgets der deutschen Industrie absorbierten 1985 rd. 5,2% der Umsätze. Dieser Anteil hat in den vergangenen Jahren kräftig zugenommen.

- Rd. 25% (1985) der Ausgaben gehen in Forschungs- und Entwicklungsanstrengungen, d.h. jenen Teil der Aktivitäten, der zwar am stärksten zukunftsorientiert ist, jedoch auch am marktfernsten erfolgt;
- 22 % sind der – marktnäheren – Konstruktion und dem Design gewidmet;
- 1 % sind Ausgaben für Patente und Lizenzen;
- 27 % sind für Prozeßinnovationen vorgesehen;
- und schließlich 25 % dienen der Produktions- und Absatzvorbereitung [8].

Dies allein deutet bereits an, daß die normale Finanzierung und somit auch das Geschäft der Banken traditionell Finanzierung von Innovationen ist – eine Tatsache, die häufig nicht so gesehen wird.

Auch mit einem anderen finanzierungsrelevanten Mißverständnis gilt es aufzuräumen. Innovationen sind nicht, wie häufig angenommen wird, eine Domäne von großen Firmen mit einem eingespielten Forschungsapparat. Untersuchungen haben aufgezeigt, daß

- es keinen engen Zusammenhang zwischen Unternehmensgröße und technischem Fortschritt gibt,
- vielmehr Unternehmen der verschiedensten Größenklassen die technologische Entwicklung vorantreiben,
- die Produktivität von Forschung und Entwicklung bei wachsender Unternehmensgröße sogar abnimmt (was z.T. allerdings auch mit der weniger gezielt einsetzbaren Grundlagenforschung in Großunternehmen zu tun hat).

Innovationsfinanzierung ist somit zu wesentlichen Teilen auch Mittelstandsfinanzierung.

Das gilt selbst für den Bereich der F+E-Aktivität. Diese konzentriert sich zwar auf relativ wenige – wachstums- und ertragsmäßig starke – Branchen, die Chemische Industrie, den Maschinen-, Fahrzeug- und Luftfahrtbau sowie die Elektrotechnik. Und Großunternehmen mit 10 000 und mehr Beschäftigten, die über eine größere Ertragskontinuität und stärkere Kapitalstruktur verfügen, vereinigen ihrerseits mehr als die Hälfte (58 %; 1981) der F+E-Ausgaben auf sich. Kleine und mittlere Unternehmen (bis unter 100 bzw. unter 500 Beschäftigte) absorbieren lediglich einen Anteil von 13 % – weniger als Siemens allein.

Dabei ist allerdings letzteres nicht unbedingt ein zutreffender Maßstab für die F+E-Anstrengungen der kleineren Unternehmen. So wendeten von den forschungstreibenden Betrieben 1983 die kleinen Unternehmen bis zu 7,5 % ihres Umsatzes für F+E auf, die größeren und Großunternehmen nur 2 bzw. 3,7 %. Großunternehmen sind im „Suchprozeß" des technischen Fortschritts also keineswegs generell aktiver. Die zunehmende Einführung der Mikroelektronik hat vielmehr sogar zu einer „Miniaturisierung des technischen Fortschritts" geführt [5].

Und schließlich: Innovationsfinanzierung erfolgt in der Bundesrepublik Deutschland weitgehend ohne staatliche Beteiligung. In der Privatwirtschaft wird das Forschungs- und Innovationsrisiko fast ausschließlich von den Unternehmen bzw. den sie finanzierenden Banken getragen; nur 1,8 % der Innovationsausgaben im Verarbeitenden Gewerbe – so eine Untersuchung des Ifo-Instituts [9] – werden vom Staat übernommen.

Dies ist im ordnungspolitischen Interesse erwünscht und im Sinne der Effizienzkontrolle notwendig.

All diese Überlegungen zeigen einen zentralen Punkt: Die Lösung der Finanzierungsaufgabe muß vorrangig im Rahmen der normalen unternehmerischen Finanzierung gesucht werden. Kernproblem ist die Fähigkeit der Unternehmen, Risiken tragen zu können.

3. Mobilisierung von Risikokapital

Dabei gilt das Hauptaugenmerk zunächst den Kapitalstrukturen, insbesondere einer tragfähigen Eigenkapitalausstattung und – als Mittel dazu – der Mobilisierung von Risikokapital von außen. Besondere Finanzierungstechniken, wie etwa bei großtechnologischen Projekten einerseits oder der Gründungsfinanzierung junger Technologieunternehmen andererseits, füllen eher „Nischenbereiche" aus.

Eigenkapital stellt die risikoadäquate Finanzierungsquelle der Innovation dar, und zwar um so mehr, je weiter das jeweilige Projekt noch vom Markt entfernt ist. Damit ist primär die risikoreichere Forschungs- und Entwicklungsphase angesprochen. Hier müssen Cash-flow, Ertragskraft und die Verfügbarkeit von Risikokapital dominieren, Mittelaufnahmen von außen sind eher die Ausnahme. In der marktnahen Phase der Realisierung kommen dagegen Fremdmittel verstärkt hinzu, wobei jedoch auch die Eigenkapital-Ausstattung die wesentliche Grundlage für deren Beschaffung bleibt.

Zur Illustration: Wie das Ifo-Institut in seinem Innovationstest feststellte, absorbiert der Aufwand für grundlegendes Know-how bei Produkt- oder Prozeßinnovationen rund die Hälfte der gesamten unternehmerischen Innovationsbudgets [7]. Auch in der anderen Hälfte enthält der „Umsetzungsaufwand" für die Neuentwicklung (Aufwendungen für Arbeitsvorbereitung, Markterschließung einschließlich Prozeßverbesserungen in Büro und Verwaltung) nur z.T. Investitionen in „beleihungsfähige" Aktiva; der Selbstfinanzierung und Eigenmittelkraft kommen somit überragende Bedeutung zu.

Risikofähigkeit und eine ausreichende Eigenkapitalbasis haben eine hohe Korrelation. Dies gilt um so mehr, als das risikotragende, haftende Eigenkapital wichtige Überbrückungsfunktionen hinsichtlich innovationsspezifischer Probleme auszuüben in der Lage ist:

1. Die Entwicklung eines Produktes und die Markteinführung kosten zunächst einmal Geld. Sie bringen Anlaufverluste mit sich, und erst zu einem späteren Zeitpunkt ergibt sich ein positiver Cash-Flow.
2. Nicht jede Innovation hat den angestrebten Markterfolg; wenigen „Bestsellern" stehen viele „Flops" gegenüber.
3. Bei High-Tech-Projekten gibt es das „Gesetz" der langsamen Markteinführung und der schnellen Veralterung. Hier haben wir es nicht mit hintereinander ablaufenden Zyklen zu tun, vielmehr überlagern sich die Lebenszyklen der einzelnen Produkte. Manche Produkte sind schon zum Zeitpunkt veraltet, an dem sie auf dem Markt

eingeführt werden. Zumindest ist vielfach kein Geld vorhanden, um schon während der Produktentwicklung künftige Marktchancen abzusichern.

Die Puffer-Funktion des Eigenkapitals kann und darf nicht von Bankkrediten übernommen werden. Zins- und Tilgungsleistungen würden den Weg zur Rentabilitätsschwelle verlängern oder gar verbauen. Die Insolvenzstatistik macht augenfällig, daß Mängel in der Eigenkapitalausstattung eine wesentliche Insolvenzursache sind.

Mit Recht wird bereits seit Jahren beklagt, daß die Ausstattung der Unternehmen mit Eigenkapital den innovationsbedingten Anforderungen nicht in ausreichendem Maß gerecht wird. Schlimmer noch: Geradezu scherenartig haben sich steigender Innovationsbedarf und Erosion der Eigenkapital-Ausstattung auseinanderentwickelt. Nicht nur im internationalen Vergleich ist die Eigenkapitalquote in der Bundesrepublik niedrig. Sie zeigte auch über lange Jahre eine abfallende Tendenz. Erst in jüngster Zeit hat sich die Tendenz leicht gebessert.

Eine Durchschnittsbetrachtung verschweigt indessen noch mehr als sie sagt: Während die deutschen Kapitalgesellschaften zuletzt im Schnitt eine Eigenkapitalquote von 18,5 % aufweisen, liegt der Anteil des Eigenkapitals an der Bilanzsumme bei stark innovativen Sektoren um einige Prozentpunkte höher. Dabei ist in diesem Agio nichts Beruhigendes zu sehen, vielmehr eine Herausforderung. Ein besonderes Problem stellt die Eigenkapitalausstattung neugegründeter Unternehmen dar. Nach einer Untersuchung der Handelskammern betrug sie im Durchschnitt 12 bis 15 % [11].

Gewiß, der Befund ist eindeutig. Indessen wäre es eine Fehlinterpretation, die unbefriedigende Kapitalstruktur der Unternehmen auf einen generellen Mangel an Kapitalangebot zurückzuführen. Eine unzureichende gesamtwirtschaftliche Ersparnis- und Kapitalbildung ist in unserer Volkswirtschaft nicht festzustellen. Es fehlt auch nicht an Geld für risikoträchtige Anlagen. Nicht die Verfügbarkeit von Kapital ist bei uns ein Problem, sondern die richtige Allokation. Für die bisherige Kapitalfehlleitung gibt es sicher eine Reihe von Gründen, allen voran die zeitweise fehlende Rentabilität als Wegweiser.

Derjenige Eigenkapitalgeber, der Kapitalverlustrisiken zu übernehmen bereit ist, erwartet eine adäquate Verzinsung des eingesetzten Kapitals. Die vielfältigen Ansprüche, die heute an Unternehmen durch Steuern, Sozialgesetzgebung und Tarifabschlüsse gestellt werden, beschneiden die Renditefähigkeit. Die Sozialbilanzen, die publiziert werden, sprechen eine beredte Sprache. Unter solchen Rahmenbedingungen floß in der Vergangenheit Kapital vorrangig in – vermeintlich – risikolose Anlagen, zumal in solche Anlagen, die, z.T. steuerlich bedingt, höhere Renditen abwarfen als Risikokapital.

Man befand sich also in einem ökonomischen Dilemma. Die Ertragsschwäche von Unternehmen verursachte nicht nur eine Zurückhaltung der Eigenkapitalgeber gegenüber Risikobeteiligungen. Durch diese Zurückhaltung wurde auch über die Erosion der haftenden Eigenmittel die Fähigkeit der Unternehmen beschnitten, ihren Erneuerungsbedarf angemessen wahrzunehmen.

Die innovationsrelevanten Folgen der Kapitalfehlleitung sind inzwischen von allen Beteiligten erkannt. Erste Konsequenzen sind auch im politischen Bereich gezogen worden, weitere müssen noch folgen.

Seit Anfang der 80er Jahre hat sich die Rentabilität des in den Unternehmen eingesetzten Kapitals kräftig verbessert. Die Rendite des Sachanlagevermögens in der Gesamtwirtschaft belief sich nach der Berechnung der Bundesbank 1985 auf 11 1/2 % – 3 1/2 Prozentpunkte mehr als 1981/82 –, während sich der Kapitalzins, gemessen an der Rendite festverzinslicher Wertpapiere auf unter 7 % zurückgebildet hat. Diese Scherenbewegung bedeutet: Die Sachanlagenrendite schließt wieder eine Prämie für das Risiko ein.

Der Kapital-Leitfunktion der Renditen kommt eine überragende Bedeutung zu, und sie „stimmt" inzwischen auch wieder.

Im Mittelpunkt der Mobilisierung von Risikokapital muß der organisierte Kapitalmarkt stehen. Und die Aktie sollte dabei das bevorzugte Vehikel bleiben, das sie schon immer war. Ihre besondere Eignung als fungibler Anlagetitel beruht insbesondere auf der überschaubaren und standardisierten Regelung von Rechten und Pflichten.

Insofern geht es ganz allgemein um Bemühungen, die Aktie wieder stärker in die Unternehmensfinanzierung einzubeziehen bzw. die Bedingungen dafür zu verbessern. Ein erster Schritt hierzu ist mit der Einrichtung eines geregelten Marktes an der Börse getan worden. Aber es bleiben noch weitere Wünsche offen; z. B. weiterer Abbau der steuerlichen Doppelbelastung, Beseitigung von Gesellschafts- und Börsenumsatzsteuer.

Zweifellos haben die günstigen Börsenbedingungen der letzten Jahre den Aktienfinanzierungs-Gedanken wesentlich unterstützt. Dabei hat sich in organisatorischer Hinsicht die Börsennotierung einer Aktiengesellschaft als Wert sui generis erwiesen. Hier ließen sich höhere Emissionskurse für die Emittenten erzielen als beispielsweise bei Kapitalerhöhungen nicht börsennotierter Gesellschaften.

Die Welle von Börsen-Neueinführungen seit 1983 war das Ergebnis langjähriger Vorüberlegungen und Vorbereitungen. Hierbei hat sich das Vertrauen der Unternehmen zu einer universellen Hausbank als besonders förderlich erwiesen. Mit ihr zusammen gilt es zu beraten, welche Wege einer Mittelbeschaffung sich eröffnen, wenn die Börsenreife grundsätzlich bejaht werden kann. Schwieriger aber ist es oft, die familiengebundenen Gesellschafter von der Notwendigkeit der Börseneinführung zu überzeugen und in ein gemeinsames Konzept einzubinden.

Seit 1983 hat die Deutsche Bank 41 Gesellschaften neu an die Börse gebracht. Die bisherigen Erfahrungen sind durchweg ermutigend. Auch künftig wird die Bank ihre Bemühungen fortsetzen, neue Gesellschaften für den Gang an die Börse zu gewinnen.

Die Vorstellung, neben der Aktie andere Eigenkapitaltitel auf die Ebene des organisierten Kapitalmarktes zu heben, begegnet erheblichen Zweifeln. Das gilt selbst für die der Aktie am relativ nächsten stehenden GmbH-Anteile; gelegentlich ist die Anregung zu hören, sie in den regionalen Börsenhandel einzubeziehen. Zweifel sind angebracht wegen der weniger überschaubaren oder standardisierten Struktur von Rechten und Pflichten der Gesellschaft und damit auch unter Anlegerschutzaspekten.

Am nichtorganisierten Risikokapitalmarkt haben potentielle Kapitalgeber kaum Möglichkeiten, durch entsprechende Vorkehrungen ihre Kapitaleinlage gegen Verluste zu schützen. Der „tätigen Beteiligung", die hier die besten Voraussetzungen schaffen würde, stehen in der Regel persönliche und sachliche Umstände sowohl von seiten des Kapitalgebers als auch des Kapitalnehmers entgegen.

Daher bedarf es eines Instrumentariums, das diese Probleme mildert und im Idealfall einen mittelbaren Zugang zum organisierten Kapitalmarkt für Risikotitel eröffnet.

Eine Lösung ist in Beteiligungsgesellschaften zu sehen, die für eine Reihe mittelständischer Unternehmen einerseits eine Kapitalsammelfunktion ausüben und andererseits durch „risk management" die Übernahme des Kapitalverlustrisikos tragbar machen. Für kapitalsuchende Unternehmen bieten diese Gesellschaften die Chance, die Eigenkapitalbasis zu verbreitern, gleichzeitig jedoch die unternehmerische Selbständigkeit und den Charakter eines Familienunternehmens weiterhin zu erhalten.

Kapitalbeteiligungsgesellschaften wurden bereits Mitte der 60er Jahre – vorwiegend durch Banken – gegründet. Dies macht deutlich, daß die Banken der Eigenkapitalversorgung der mittelständischen Wirtschaft schon frühzeitig Bedeutung beigemessen haben und bereit waren, Experimente zu wagen.

Der große Vorteil der Beteiligungsgesellschaften besteht darin, daß sie
- wachstumsträchtigen, ertragsstarken Unternehmen mit innovativem, technischem Potential Kapital auf Zeit zur Verfügung stellen können;
- keine Änderung der Rechtsform und auch keine formelle Unternehmensbewertung bei Beginn und am Ende des Engagements erforderlich machen (die Beteiligung erfolgt meist in Form der Stillen Gesellschaft) und
- den Firmen auch Management-Beratung anbieten.

Per Ende 1986 wurden 44 Kapitalbeteiligungsgesellschaften mit rd. 1200 Beteiligungen und einem Anteilsvolumen von 1,4 Mrd DM erfaßt.

Die Zahlen erscheinen nur vordergründig bescheiden, denn der Schwierigkeitsgrad des Eigenkapitalgeschäfts darf nicht verkannt werden. Seit Mitte der 60er Jahre hat es eine Reihe von Anläufen gegeben, diese Form der Unternehmensfinanzierung schneller und stärker auszubauen. Daß es dabei auch Rückzüge und Mißerfolge gibt, gerade auch im Bereich der Gesellschaften, deren Zielgruppe innovative Unternehmen sind, ist selbstverständlich. Man sollte daher mit dem Erreichten nicht unzufrieden sein.

Die Aufgabe, speziell innovativen Unternehmen durch Eingehen einer Beteiligung Risikokapital zuzuführen und Gründungsfinanzierungen durchzuführen, haben Venture Capital Gesellschaften übernommen. Die älteste überregionale Gesellschaft in der Bundesrepublik, die sich mit der Vergabe von Venture Capital befaßt, ist die Wagnisfinanzierungsgesellschaft (WFG), eine Mitgründung der Deutschen Bank.

Die Beteiligung ist in der Regel zeitlich festgeschrieben, die Beteiligungsquote unterschiedlich, in den meisten Fällen aber auf Minderheitsbasis, um den unternehmerischen Spielraum des Innovators zu erhalten. Nach erfolgreicher Durchführung des Vorhabens hat der Unternehmer die Möglichkeit, die Anteile zurückzukaufen. Alternativ ist eine Veräußerung an Dritte oder, bei entsprechender Unternehmensgröße, über die Börse möglich.

Neben der Eigenmittelzuführung bieten auch Venture Capital Gesellschaften Managementunterstützung an.

Das Fondsvermögen der VC-Gesellschaften in der Bundesrepublik betrug Ende 1985, bei rd. 30 Gesellschaften, knapp 1 Mrd DM. Die Deutsche Bank ist in diesem Bereich derzeit mit rd. 75 Mio DM am Kapital von VC-Gesellschaften beteiligt.

Venture Capital-Finanzierung zeichnet sich durch eine Risiko- und Phasenkongruenz aus. Sie richtet sich nach den Entwicklungs- und Wachstumsschritten des Unternehmens. So besteht die typische Venture Capital-Finanzierung aus verschiedenen Phasen.

In der Gründungsphase geht es um die Finanzierung der Erstellung des Produktkonzeptes, der Überprüfung von Ideen und der Marktanalyse (sogenanntes „seed-financing"). Mit „start-up-financing" wird die Mittelbeschaffung für die Gründung des Unternehmens, die Fortentwicklung des Produkts, die Produktionsvorbereitung bezeichnet. Meist wird hier auf Eigenmittel, Fördermittel oder persönliche Kredite zurückgegriffen. Hier treten auch vereinzelt Wagnisfinanciers auf den Plan. Venture Capital ist zunehmend in der Phase des „first stage financing" gefragt, wenn die Aufnahme der Produktion ansteht und die Produkte in den Markt eingeführt werden sollen. Erst in der Expansionsphase, wenn es um den Auf- und Ausbau der Vertriebskanäle und die Erweiterung des Produktions- und Vertriebssystems geht, beginnt die Suche nach geeigneten Fremdkapitalgebern. In der Reifephase kann dann der Schritt an die Börse erfolgen.

Der bisherige Erfolg des Venture Capital stimmt durchaus positiv. Dennoch befinden wir uns in der Bundesrepublik Deutschland in Sachen Venture Capital noch am Anfang der Lernkurve. Dies gilt für alle Beteiligten.

Darunter darf man den Kreditinstituten konzedieren, daß sie nicht nur lernwillig und lernfähig , sondern auch risikofreudiger geworden sind. Das Engagement der Banken in Venture Capital-Gesellschaften kann aber nur begrenzt sein. Dies ergibt sich nicht zuletzt aus der Philosophie des Venture Capital-Gedankens. Dieser Grundidee entsprechen eigentlich erst VC-Gesellschaften unter Beteiligung von Industrieunternehmen (so die Beteiligung des Siemens-Konzerns an einem VC-Fonds). Hier liegt der erfolgversprechendere Ansatz, zumal bei uns sog. spin offs und buy outs durch mit der Unternehmenspraxis vertraute Manager nicht eine solche Rolle spielen wie in den USA.

Andererseits sind inzwischen in nahezu jedem Bundesland Kapitalbeteiligungs- oder Venture Capital-Gesellschaften unter staatlicher Mitwirkung gegründet worden. So sehr die Technologie- und Wachstumsorientierung, die darin zum Ausdruck kommt, zu begrüßen ist: das ordnungspolitische Gebot der Subsidiarität darf damit nicht ungültig werden. Es kann nicht darum gehen, unter technologiepolitischen Vorwänden letztlich Regionalpolitik zu betreiben.

4. Aufgabe der Banken in der Fremdfinanzierung von Innovationen

Neben ihrem Engagement bei der Eigenkapitalbeschaffung steht für die Banken die Aufgabe der Fremdkapitalbeschaffung. Das naturgegebene Sicherheitsbedürfnis des Kreditgeschäfts scheint zwar auf den ersten Blick jeder Wagnisfinanzierung diametral entgegenzustehen. Indessen gibt es hier durchaus Spielräume, die genutzt werden können, ja müssen.

Spielräume werden erkennbar in der Palette der Finanzierungstechniken. Erwähnt seien neben dem klassischen Kreditgeschäft die Projektfinanzierung und das Leasing. Die Projektfinanzierung kann bei solchen Innovationsvorhaben Anwendung finden, deren durchdachte Konzeption einen künftigen Ertragsstrom aus dem Projekt mit einem angemessenen Grad an Sicherheit kalkulierbar macht; dieser Ertragsstrom ist sozusagen die Sicherheit. Insofern übernehmen die Banken Risiken aus dem Investitionsvorhaben. Projektfinanzierungen wurden bisher vorwiegend für größere Vorhaben im Rohstoff- und Energiebereich angewandt. In ähnlicher Weise läßt sich auch das Leasing bei der Finanzierung innovativer Anlagen einsetzen, wobei es ebenfalls darauf ankommen kann, daß ein angemessener cash flow aus der Anlage absehbar ist. Das

Leasing spielt schon bisher nicht zuletzt im mittelständischen Bereich eine wesentliche Rolle.

Die Spielräume für Innovationsfinanzierung mit Fremdkapital sind generell gewachsen. Denn die Banken nehmen auch im Kreditgeschäft die Aufgabe ernst, stets nach neuen Wegen zu suchen, um Partner der Unternehmen mit der Bereitschaft zu sein, Wagnisse, besser Risiken, in vertretbarem Rahmen mitzutragen.

Dabei ist den Banken bewußt, daß fehlende Innovationen (und Innovationsfinanzierung) bei Unternehmen ebenfalls ein Wagnis beinhalten – ein größeres Wagnis als die Neuerung selbst, weil fehlende Neuerungsaktivitäten am Markt für ein Unternehmen auf Dauer das „Aus" zur Folge haben können. Es geht auch darum, rechtzeitig interessante Firmenkunden von morgen zu erkennen und dort Betreuung und finanzielle Unterstützung an die Bank zu binden. Die Beschäftigung mit jungen, innovativen Firmen kann die Qualität der Firmenkundenbetreuung insgesamt befruchten und verbessern.

4.1. Besondere Anforderungen an die Kreditwürdigkeitsprüfung

Neben der Intensität der Betreuung ist es vor allem eine Komponente, die die Beziehung zu innovativen Kreditkunden von den übrigen unterscheidet: die Höhe der Risikoschwelle. Dies gilt insbesondere für kleine und mittlere Unternehmen sowie für Existenzgründer.

Bei kleinen und mittleren Unternehmen beinhalten eine Reihe von externen und internen Faktoren ein gegenüber größeren Unternehmen vergleichsweise höheres Innovationsrisiko:

- Ein unzulängliches oder nicht ausreichendes Forschungs-und Entwicklungsmanagement erhöht das Risiko von Fehlschlägen;
- mangelnde Risikostreuung läßt die Existenz eines Unternehmemens oft vom erfolgreichen Ausgang *einer* Innovation abhängen.
- kleine und mittlere Unternehmen unterschätzen die Innovationsrisiken und überschätzen die Vermarktungschancen.

Dem stehen natürlich auch komparative Vorteile der kleineren Unternehmen gegenüber. Sie liegen in einer größeren Marktnähe, in einer besseren Flexibilität und sicher auch in einer höheren Identifikation des Unternehmers mit dem Projekt.

Daraus folgt, daß die normalen Beurteilungskriterien der Kreditwürdigkeitsanalyse durch die Banken nicht anwendbar sind. Ohne neue Risikokriterien kann eine wirksame Einschaltung der Geschäftsbanken in den „Venture Credit" nicht erfolgen. Hier gilt es, in der Kreditwürdigkeitsprüfung mehr denn je von Branche zu Branche und von Unternehmen zu Unternehmen zu unterscheiden.

Im Vordergrund stehen hierbei Fragen der Marktmöglichkeiten des innovativen Produktes bzw. der Dienstleistung. Die Realisierung einer Innovation muß durch eine Planung untermauert sein. Die Idee als solche muß überprüft, technische Machbarkeiten abgeklopft, das Marktpotential ausgelotet, der Investitionsrahmen abgesteckt und die Kosten- und Erlösseite geplant werden. Insoweit kommt der persönlichen Betrachtung des Unternehmers eine ganz besondere Bedeutung zu, der Frage nämlich, inwieweit er in der Lage ist, das vorgestellte Vorhaben am Markt zu realisieren.

4.2. Zusätzliche Anforderungen von Existenzgründern

Bei Existenzgründern resultieren aus der mangelnden Management- und Marketingerfahrung zusätzliche Risiken und Kosten. Es ist an der Tagesordnung, daß von einem Existenzgründer Probleme der Produktion und des Vertriebs unterschätzt werden. Dies gilt nicht nur für den Erfinder und „Tüftler". Auch spin-offs leiden häufig darunter, daß die kaufmännische Praxis fehlt. Der Techniker in einem Konzern, der sich selbständig macht, hat sich oftmals wenig mit Fragen der Buchhaltung und der Marktanalyse beschäftigt. Wissenschaftler konnten während ihres Studiums kaum einen Blick in die benachbarte Disziplin der Betriebswirtschaftslehre werfen. Um so wichtiger erscheint der Management-Flankenschutz. Neben der Hilfestellung von Kammern und Verbänden bieten die Kreditinstitute in ihrer Funktion als Hausbank Beratung und Information an.

Gerade die Banken als Berater der ersten Stunde haben es aus ihren Erfahrungen mit Existenzgründern in der Hand, die richtigen Fragen zu stellen und gemeinsam mit dem Gründer nach Lösungswegen zu suchen. Sie beschreiten hierbei neue Wege und erarbeiten Problemlösungsstrategien, um den gestiegenen Anforderungen, insbesondere innovativer Existenzgründer, gerecht zu werden.

Konkret geht es hierbei um eine Mehrfachstrategie, um vielstufige Ansätze. Gewissermaßen in der Explorationsphase gehört dazu bei der Deutschen Bank eine Broschüre „Entscheidungshilfe für Existenzgründer". Zur Unterstützung der späteren Beratung kann für diese Kundengruppe wie auch für „gestandene" Unternehmen die breite Palette des db-Unternehmensservice eingesetzt werden. So können beispielsweise über den Datenbankservice „db-data" Recherchen durchgeführt werden, mit deren Hilfe sich der Gründer weltweit über den technischen Stand seines speziellen Vorhabens informieren kann. Kontakte zu künftigen Abnehmern können über einen Contact-Service hergestellt werden; bei einer vorausschauenden Planung der Liquidität und der Bilanzen wird auf den Finanz- und Erfolgsplanungs-Service „db-plan" zurückgegriffen.

4.3. Erhöhte Anforderungen an die Firmenkundenbetreuer

Die aufgezeigten Besonderheiten umreißen veränderte Anforderungen an die Firmenkundenbetreuer. Beginnend mit einem hohen Beratungsbedarf des Innovators zur Festlegung eines unternehmerischen Konzeptes bis hin zur Finanzierung des Umlaufvermögens nach erfolgreicher Markteinführung muß der Firmenkundenbetreuer einen hohen Grad an betriebswirtschaftlichen Kenntnissen, aber vor allem auch Fingerspitzengefühl mitbringen. Die darüber hinaus erforderliche intensive Betreuung wird am wirkungsvollsten durch Spezialisten im Team erbracht.

Aus dieser Erkenntnis heraus hat die Deutsche Bank in den Firmenkunden-Abteilungen der Hauptfilialen „Innovations-Teams" zusammengestellt oder zumindest Fachleute für Innovationsfragen installiert. Dies sind „gestandene" Firmenkundenbetreuer, die neuen Techniken gegenüber besonders aufgeschlossen sind und aus diesem Interesse heraus bereits mit technologie-orientierten Unternehmen zu tun hatten. Sie verfügen über eine breite Ausbildung und zeigen Bereitschaft, oft über das laufende Bankgeschäft hinaus junge Unternehmer zu betreuen und zu beraten. Dazu benötigen sie Entscheidungsfreudigkeit und Risikobewußtsein. Wegen des höheren Risikos solcher Kredite an junge, innovative Unternehmen wurden eigene Kreditkontingente (Fonds) zur Verfügung gestellt.

4.4. Beratungsaufgabe der Banken beim Einsatz öffentlicher Fördermittel

Eine wichtige Aufgabe kommt den Banken bei der Beratung und Abwicklung im Bereich der staatlichen Existenzgründungs- und Innovations- bzw. Investitionsförderung bei jungen, aber auch bei etablierten Unternehmen zu. Neben zinsgünstigen Kreditprogrammen gewährt die Öffentliche Hand Zuschüsse und Zulagen sowie steuerliche Präferenzen. Bei Kreditprogrammen ist es in der Regel erforderlich, daß die Anträge über eine Bank weitergeleitet werden, die für die Einhaltung der Richtlinien und Rückzahlung der Beträge haftet. Die Variationsbreite der öffentlichen Mittel ist mit rd. 400 teilweise völlig unterschiedlich ausgestalteten Programmen sehr groß; sie erfordert einen erfahrenen Partner, um den für das Vorhaben passenden Finanzierungs-Mix zusammenzustellen.

Der erfreuliche Besinnungsprozeß, der unternehmerischen Initiativen als Grundvoraussetzung für am Markt erfolgreiche Produkt- und Verfahrensinnovationen wieder den erforderlichen Stellenwert einräumt, verlangt ohne Zweifel auch „Innovationen“ auf den Kapital- bzw. Kreditmärkten, die unseren Unternehmen entgegenkommen. Hier ist vieles, z.T. unbemerkt von der Öffentlichkeit, bereits inganggekommen. Die Banken werden alles tun, um hierzu auch in Zukunft einen wichtigen Beitrag zu leisten.

Literatur

[1] Battelle-Institut e.V. (1987) Forschungsbuget 1987, Frankfurt

[2] Deschamps J P u.a. (1986) Management der Geschäfte von Morgen, Hrsg. Arthur D. Little International. Gabler, Wiesbaden

[3] Juncker K (1985) Chancen und Risiken der Finanzierung von Innovationen aus Sicht einer Bank. In: Wissenstransfer zwischen Universität und Wirtschaft, Hrsg. Theis A, Graumann W, Oppermann T. Nomos Baden-Baden

[4] Neumann F, Rammer P, Scholz L (1986) Energieeinsparung als Motiv für Investitionen in der deutschen Industrie. Ifo-Schnelldienst 34/86: 11–19

[5] Oppenländer K H (1986) Zur Innovationskraft kleiner und mittlerer Unternehmen. Ifo-Studien 1–3/86: 132–143

[6] Sachverständigenrat zur Begutachtung der gesamtwirtschaftlichen Entwicklung (1985) Auf dem Weg zu mehr Beschäftigung. Kohlhammer, Stuttgart und Mainz

[7] Schmalholz H (1986) Innovation als Wachstumsmotor. Ifo-Schnelldienst 6/86: 5–10

[8] Schmalholz H (1987) Innovationsdynamik der deutschen Industrie in den achtziger Jahren. Ifo-Schnelldienst 1–2/87: 20–28

[9] Scholz L (1986) Finanzierung von Forschung, Entwicklung und Innovation in der Bundesrepublik Deutschland. Ifo-Schnelldienst 26–27/86: 3–10

[10] Schumpeter J (1950) Kapitalismus, Sozialismus und Demokratie. 2. Auflage. Lehnen, München

[11] Zapp H (1985) Banken – Berater der ersten Stunde. VDI-Nachrichten 39 v. 27.09.85

Export und Innovation – Eine Kausalitätsuntersuchung für die Bundesrepublik Deutschland

Alexander Karmann, Peter Kischka und Gholamreza Nakhaeizadeh

Zusammenfassung

In der vorliegenden Arbeit soll mit Hilfe eines einfachen makroökonomischen Modells untersucht werden, welcher Kausalitätszusammenhang zwischen Export und der Förderung innovativer Technik in der Bundesrepublik Deutschland als einem exportabhängigen Industrieland besteht. Zu diesem Zweck werden statistische Verfahren verwendet, welche auf der Arbeit von Granger aufbauen. Die Ergebnisse reagieren sehr sensitiv auf die verwendeten Lagstrukturen. Obwohl in manchen Fällen auf eine wechselseitige Kausalität geschlossen werden kann, geht die Kausalitätsrichtung in der Regel von der Innovationsförderung zum Export.

1 Einleitung

Die Erfahrungen der Vergangenheit zeigen, daß wirtschaftliche Rezession und Arbeitslosigkeit auf das Engste mit Fragen des strukturellen Wandels, des Innovationspotentials der Wirtschaft und gezielter staatlicher Förderungsmaßnahmen verbunden sind. Wie ein wirtschaftstheoretischer Rückblick lehrt, sind die von Konjunkturpolitikern in den vergangenen rezessiven Phasen vorgeschlagenen Lösungskonzepte nicht geeignet, Ursachen von strukturellen Krisen zu überwinden, es sei denn unter Preisgabe stabilitätspolitischer Ziele. Ein dauerhafter wirtschaftlicher Aufschwung ist weder vom traditionell-keynesianischen Konzept einer globalen Nachfragestützung zu erwarten, da hierdurch inflationäre Tendenzen gefördert werden und über eine Verunsicherung der Wirtschaftsteilnehmer ein Rückgang kurzfristiger Beschäftigungserfolge zu erwarten ist. Noch ist ein solcher Aufschwung durch Anwendung des monetaristisch-angebotsorientierten Konzepts einer reinen Geldmengensteuerung zu erreichen, das zwar in vielen Ländern das Inflationsproblem zu entschärfen half, dabei jedoch eine rapide Zunahme der Arbeitslosenzahlen in Kauf zu nehmen hatte.

Je rascher und reibungsloser die Umsetzung wissenschaftlicher Erkenntnisse und innovativer Methoden im Produktionsbereich gelingt, desto größer sind die Chancen einer langfristigen Wettbewerbsfähigkeit der Wirtschaft der Bundesrepublik Deutschland vor dem Hintergrund sich schnell anpassender internationaler Märkte.

Unter diesen Voraussetzungen kommt der Förderung von Anpassungsprozessen zur Umstrukturierung der Wirtschaft eine besondere Bedeutung zu. Der Staat hat hier die Aufgabe, direkt oder indirekt eine Starthilfe zur Schaffung neuer infrastruktureller

Einrichtungen zu geben. Vorrangig werden – so ist zu vermuten – vor allem technologisch neue, zukunftsträchtige Industriezweige zu fördern sein. Die hierdurch erzielten Beschäftigungsimpulse können als besonders effizient angesehen werden.

In der vorliegenden Arbeit soll untersucht werden, welcher Zusammenhang zwischen der starken Exportabhängigkeit der BRD und der Förderung innovativer Techniken besteht. In Abschnitt 2 gehen wir auf Untersuchungen dieser Wechselwirkung ein, die insbesondere für den angelsächsischen Bereich vorliegen. Abschnitt 3 behandelt die makroökonomische Modellierung und die verwendete Datengrundlage. Anschließend stellen wir die statistischen Verfahren für die Durchführung von Kausalitätsuntersuchungen dar. In Abschnitt 5 werden die empirischen Ergebnisse für die BRD dargestellt. Die abschließende Interpretation zeigt, daß in der Regel das Exportvolumen kausal von Innovationsausgaben beeinflußt wird, eine umgekehrte Wirkung jedoch nicht vorliegt.

2 Vorliegende Untersuchungen

Die Kenntnis der Zusammenhänge zwischen Exportvolumen und Innovation ist für entwickelte Industrienationen und für die industrielle Entwicklung sogenannter Schwellenländer von entscheidender Bedeutung. Verschiedene Autoren haben theoretische und empirische Untersuchungen durchgeführt; i. a. werden dabei die Ausgaben für Forschung und Entwicklung (FuE) als Maß für die Innovationstätigkeit verwendet.

Eher theoretische Aspekte stehen z. B. in [7], [12] im Vordergrund. P. Krugman zeigt im Rahmen eines Gleichgewichtsmodells, daß – falls Innovationen mit zeitlicher Verzögerung auch weniger entwickelten Ländern zur Verfügung stehen – die entwikkelten Staaten ständig neue innovative Entwicklungen in Gang setzen müssen, nicht nur aus Wachstumsgründen, sondern sogar um die realen Einkommen nicht absinken zu lassen. B. Spencer und J. Brandner zeigen, daß die Förderung von FuE-Ausgaben den inländischen Wohlfahrtsstandard hebt. Empirische Analysen werden z. B. in [5], [6], [8] durchgeführt. Dabei legen die Autoren besonderes Gewicht auf die Frage, inwieweit der Export die Ausgaben für FuE beeinflußt. Der Grund hierfür liegt in möglichen Nachfrageunterschieden für den Export und den einheimischen Markt. Wenn die Nachfrageelastizität bzgl. der FuE-Ausgaben im Ausland größer als im Inland ist, dann wirken sich FuE-Ausgaben desto stärker aus je größer das Exportvolumen ist. Als Gründe für unterschiedliche Elastizitäten nennt K. Hughes die Differenziertheit ausländischer Märkte und den lokalen Wettbewerbsdruck auf Exportmärkte ([5], S.308ff). Die empirische Untersuchung für Großbritannien in [5] bestätigt die Abhängigkeit der FuE-Ausgaben vom Export; in der Tat weist K. Hughes nach, daß eine simultane Abhängigkeit von Exportvolumen und FuE-Ausgaben besteht. Dieses Ergebnis ist sowohl aus ökonomischer als auch ökonometrischer Sicht (vgl. Abschnitt 3) von großer Bedeutung. Die genannten empirischen Arbeiten bedienen sich alle der Querschnittsanalyse, wobei in [6], [8] nur Export und FuE-Ausgaben untersucht werden, in [5] darüber hinaus weitere ökonomische Kenngrößen, wie Wachstumsrate, Ausbildungsstand etc., benutzt werden.

3 Ein makroökonomisches Kausalmodell für Export und Innovation

Die wesentlichen Träger der FuE-Ausgaben sind allen voran die private Wirtschaft, Hochschulen und Großforschungseinrichtungen sowie der Staat. Wie bereits in Abschnitt 2 erwähnt, verwendet man i. a. FuE-Ausgaben als Indikator für die nicht direkt meßbare Innovationstätigkeit. Wir schließen uns dieser Vorgehensweise an und verwenden sowohl das Gesamtvolumen der FuE-Ausgaben als auch einen unten genauer spezifizierten Teil dieser Ausgaben, der für unsere Untersuchung besonders geeignet erscheint.

Die Relevanz der FuE-Ausgaben ist in der BRD insbesondere vor dem Hintergrund der starken Exportabhängigkeit zu sehen. Die in Abschnitt 2 dargestellten Untersuchungen an Hand von Querschnittsdaten legen die Vermutung nahe, daß eine simultane Kausalitätsbeziehung zwischen Exportvolumen und FuE-Ausgaben besteht, d. h. daß nicht nur der Export durch FuE-Ausgaben beeinflußt wird, sondern umgekehrt auch FuE-Ausgaben durch das Exportvolumen induziert werden. Die Kenntnis solcher Kausalitätsrichtungen ist für ökonometrische Modelle, die FuE-Ausgaben und das Exportvolumen enthalten, jedoch entscheidend, um erwartungstreue Schätzer für die Parameter zu erhalten. Auf diese Tatsache hat zum ersten Mal Haavelmo in [4] hingewiesen.

Das von uns verwendete Modell besteht aus dem folgenden simultanen Gleichungssystem

$$Ex = a_0 + a_1\,Ex_{-1} + \ldots + a_p Ex_{-p} + b_1\,FE_{-1} + \ldots + b_q FE_{-q} + u \qquad (1)$$
$$FE = c_0 + c_1\,FE_{-1} + \ldots + c_p FE_{-p} + d_1\,Ex_{-1} + \ldots + d_q Ex_{-q} + w \qquad (2)$$

Dabei sind Ex bzw. FE die jeweils aktuellen Werte für Exportvolumen bzw. FuE-Ausgaben, Ex_{-k}, FE_{-k} die jeweiligen Werte der k-ten Vorperiode, u, w unabhängige, normalverteilte Störvariable. Das anschließend dargestellte Granger-Verfahren erlaubt es, aus der Schätzung der Parameter a_i, b_i, c_i, d_i die gewünschten Kausalitätsaussagen abzuleiten.

Die verwendeten Daten für die FuE-Ausgaben stammen aus [1]. Dabei wurden einerseits die Gesamtausgaben berücksichtigt, andererseits wurde die Summe der in

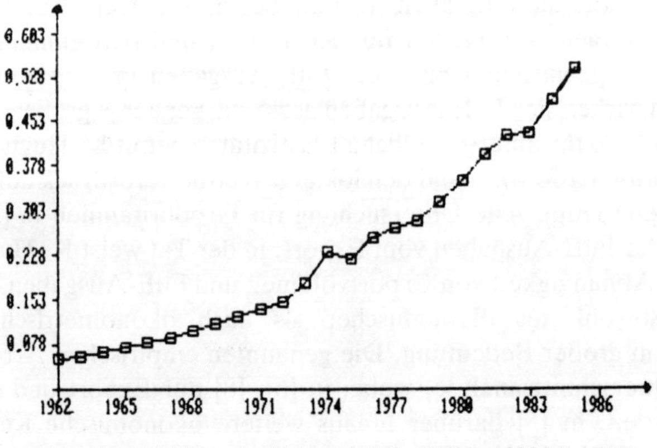

Abb. 1. Entwicklung des Exports 1962–1986 in 1000 Mrd DM

Abb. 2. Entwicklung der Ausgaben für FuE in den Sektoren Wirtschaft und „private inländische Institutionen ohne Erwerbszwecke" 1962–1986 in Mrd DM

den Sektoren Wirtschaft und „Private inländische Institutionen ohne Erwerbszweck" getätigten Ausgaben verwendet. Diese Ausgaben sind in unmittelbarem Zusammenhang mit Produkt- und Prozeßinnovation zu sehen, während Staat und Hochschulen als Träger allgemeinwissenschaftlicher Einrichtung indirekt beitragen. Die staatliche FuE-Finanzierung in den beiden oben genannten Sektoren ist jedoch enthalten. Als Exportwerte wurden die in [13] angegebenen Ausfuhrwerte verwendet. Der Untersuchungszeitraum ist 1962–1985.

Die Entwicklung der Zeitreihen zeigen die Abbildungen 1–3.

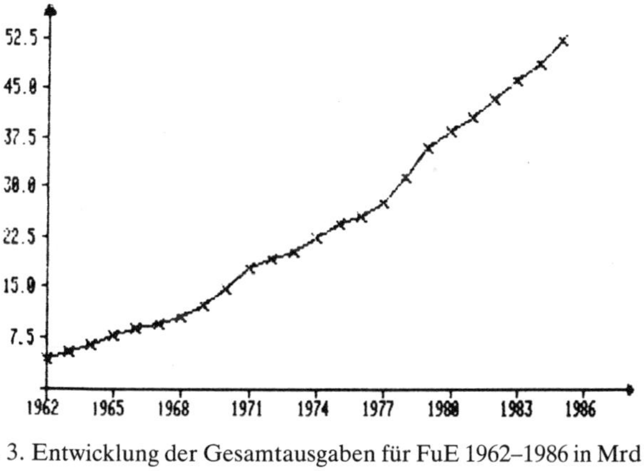

Abb. 3. Entwicklung der Gesamtausgaben für FuE 1962–1986 in Mrd DM

4 Statistisches Verfahren zur Bestimmung der Kausalitätsrichtung

4.1 Auswahl des Testverfahrens

Für Testverfahren, die sich mit empirischen Überprüfungen der Kausalität bzw. der Exogenität beschäftigen, sind vornehmlich die auf [3] und [11] basierenden Verfahren benutzt worden. Bei der Untersuchung der Kausalität innerhalb des Export-Innovation-Prozesses beschränken wir uns jedoch lediglich auf das Granger-Verfahren. Einerseits wird dadurch das beim Sims-Verfahren auftretende Problem der Autokorrelation der Residuen umgangen, andererseits basiert das Sims-Verfahren auf Regressionsgleichungen, welche sowohl die vergangenen als auch die zukünftigen Werte der Variablen enthalten. Aus diesem Grund ist der Verlust der Freiheitsgrade bei diesem Verfahren sehr groß. Da durch die Anwendung der Jahresdaten die Anzahl der Beobachtungen in der vorliegenden Untersuchung sehr beschränkt ist (24 Beobachtungen), wäre auch von diesem Gesichtspunkt aus die Anwendung des Sims-Verfahrens nicht sinnvoll gewesen.

4.2 Granger-Verfahren

Granger definiert in [3] Kausalität wie folgt: „We say that Y_t is causing X_t if we are better able to predict X_t using all available information than if the information apart from Y_t had been used". Dabei nimmt Granger an, daß X_t und Y_t zwei kovarianzstationäre Zeitreihen sind. Dieselbe Definition kann für eine Kausalitätsbeziehung von Y_t durch X_t verwendet werden. Betrachtet man als vorhandene Informationen lediglich die Informationen, welche bezüglich der Vergangenheit von X_t und Y_t vorhanden sind, so ist die oben erwähnte Definition äquivalent mit der folgenden: Es gibt eine Kausalbeziehung von Y_t zu X_t, wenn $\sigma^2 (X_t \mid \bar{Y}_t, \bar{X}_t) < \sigma^2 (X_t \mid \bar{X}_t)$ gilt. Dabei bezeichnen $\bar{Y}$ und $\bar{X}$ jeweils alle vergangenen Werte von Y und X; $\sigma^2 (A \mid B)$ repräsentiert den Prognosefehler bei Verwendung einer optimalen Prognosefunktion. Beschränkt man sich beim Prognoseverfahren auf lineare Prognosefunktionen, so läßt sich der Granger-Test durch eine Regressionsanalyse durchführen. Dieses Verfahren wurde von Granger nicht explizit vorgeschlagen, sondern ist implizit in seiner Arbeit vorhanden. Zum ersten Mal hat Sargent [10] den Test in der genannten Form benutzt. Für den allgemeinen Ansatz sind folgende Regressionsgleichungen zu untersuchen:

$$X_t = \sum_{i=1}^{\infty} a_i X_{t-i} + \sum_{i=1}^{\infty} c_i Y_{t-i} + u_t \tag{3}$$

$$Y_t = \sum_{i=1}^{\infty} b_i X_{t-i} + \sum_{i=1}^{\infty} d_i Y_{t-i} + v_t \tag{4}$$

Dabei bezeichnen u_t und v_t zwei Störvariablen. In der Regressionsgleichung (3) sind alle vergangenen Werte von X_t und Y_t zum Prognostizieren von X_t verwendet worden. Wird festgestellt, daß alle c_i ($i = 1,\ldots, \infty$) sich nicht signifikant von Null unterscheiden, so haben die vergangenen Werte von Y_t keinen Einfluß auf die Prognose von X_t. Deshalb steht nach der Granger-Definition Y_t nicht in einem kausalen Zusammenhang zu X_t. Entsprechend kann man durch die Überprüfung der Hypothese $b_i = 0$ ($i = 1,\ldots, \infty$) feststellen, ob X_t kausal zu Y_t ist.

Eine Bibliographie der Arbeiten, die zum Kausalitäts- bzw. Exogenitätstest das Granger-Verfahren verwenden, findet man in [2]. Es ist klar, daß die klassische Regressionsanalyse auf (3) und (4) nicht anwendbar ist, da es sich hier um Regressionsgleichungen mit einer unendlichen Anzahl von Parametern handelt. Aus diesem Grund müssen (3) und (4) durch die folgenden Regressionsgleichungen ersetzt werden:

$$X_t = \sum_{i=1}^{m_1} a_i X_{t-i} + \sum_{i=1}^{m_2} c_i Y_{t-i} + u_t \tag{5}$$

$$Y_t = \sum_{i=1}^{n_1} b_i X_{t-i} + \sum_{i=1}^{n_2} d_i Y_{t-i} + v_t \tag{6}$$

Es gibt keine Regel, um m_1, m_2, n_1 und n_2 zu bestimmen; diese Werte müssen im allgemeinen ohne a-priori-Kenntnisse festgelegt werden. Eine inadäquate Wahl dieser Größen kann aber in manchen Fällen zu verzerrten Testergebnissen führen. Berücksichtigt man beispielsweise in (5) nicht die Lagvariablen, deren Koeffizienten sich signifikant von Null unterscheiden, so verursacht dies eine Autokorrelation der Residuen.

4.3 Bildung und Schätzung der Regressionsmodelle

Zur Untersuchung der gegenseitigen Kausalität zwischen Innovation und Export müssen unter Anwendung des Granger-Verfahrens die Regressionsgleichungen (1) und (2) behandelt werden. Um die Nullhypothese $b_i = 0$ bzw. $d_i = 0$ für alle i überprüfen zu können, muß ein F-Test durchgeführt werden. Wie bereits in Abschnitt 4.2 bemerkt, müssen die Parameter p und q in (1) und (2) a-priori festgelegt werden. Wir folgen [9] und bezeichnen das Paar (p,q) als *Lagstruktur*. Es ist schon bekannt, daß die Gültigkeit des Kausalitätstests unter anderem von der Wahl solcher Lagstrukturen abhängig ist. Aus diesem Grund haben wir die Werte der F-Statistik für verschiedene Kombinationen der Lagstrukturen berechnet.

5 Die empirischen Ergebnisse und ihre Beurteilung

5.1 Werte der F-Statistik

Die Parameter des Export-Innovationsmodells, das durch die Gleichungen (1) und (2) dargestellt worden ist, wurden unter Anwendung der kQ-Methode geschätzt. Neben der Werten der F-Statistik sind auch die Schätzwerte der DW-Statistik, R^2 und die t-Statistik berechnet. Wir berichten jedoch hier nicht über alle Schätzergebnisse und Prüfmaße, sondern werden lediglich die berechneten Werte der F-Statistik und die Autokorrelationskoeffizienten der ersten Ordnung der Residuen für verschiedenen Kombinationen von Lagstrukturen (p,q) in den Tabellen 1 und 2 wiedergeben. Die Werte von p und q variieren dabei zwischen 2 und 7. Auf die Verwendung größerer Werte für p und q wurde verzichtet, da dies mit einem drastischen Verlust an Freiheitsgraden verbunden wäre.

Tabelle 1. Werte der F-Statistik und des Autokorrelationskoeffizienten der Residuen. FuE-Werte: Ausgaben in den Sektoren Wirtschaft und „Private inländische Institutionen ohne Erwerbszweck“

Lagstruktur	Kausalitätsrichtung			
	Export →	FuE	FuE →	Export
(2,2)	F(2,16) = 3,0787[b]	(0,189)	F(2,16) = 6,3990[a]	(–0,137)
(2,3)	F(3,14) = 2,3435[c]	(0,055)	F(3,14) = 4,3776[a]	(–0,024)
(2,4)	F(4,12) = 3,7346[b]	(–0,133)	F(4,12) = 3,1337[b]	(–0,026)
(2,5)	F(5,10) = 7,5207[a]	(0,329)	F(5,10) = 5,1547[b]	(0,022)
(2,6)	F(6, 8) = 5,3252[a]	(0,197)	F(6, 8) = 3,9072[a]	(–0,089)
(2,7)	F(7, 6) = 4,2631[b]	(–0,011)	F(7, 6) = 3,7955[b]	(0,173)
(3,2)	F(2,14) = 0,7100	(0,205)	F(2,14) = 4,7591[a]	(–0,193)
(3,3)	F(3,13) = 1,3376	(0,019)	F(3,13) = 3,4787[b]	(–0,024)
(3,4)	F(4,11) = 3,0401[b]	(–0,214)	F(4,11) = 2,7491[c]	(0,045)
(3,5)	F(5, 9) = 5,4887[a]	(0,207)	F(5, 9) = 3,6038[b]	(0,013)
(3,6)	F(6, 7) = 3,6728[b]	(0,175)	F(6, 7) = 2,7195[c]	(–0,094)
(3,7)	F(7, 5) = 3,1970[a]	(–0,094)	F(7, 5) = 2,7150[a]	(0,184)
(4,2)	F(2,12) = 0,4019	(0,188)	F(2,12) = 4,1942[b]	(–0,229)
(4,3)	F(3,11) = 2,3202[c]	(–0,241)	F(3,11) = 3,1099[b]	(–0,050)
(4,4)	F(4,10) = 3,2266[b]	(–0,379)	F(4,10) = 2,3005[c]	(0,040)
(4,5)	F(5, 8) = 4,7083[a]	(0,124)	F(5, 8) = 3,8294[b]	(0,204)
(4,6)	F(6, 6) = 3,2609[c]	(0,026)	F(6, 6) = 2,7114[c]	(0,150)
(4,7)	F(7, 4) = 3,2540[c]	(–0,468)	F(7, 4) = 2,0784	(0,177)
(5,2)	F(2,10) = 0,8216	(–0,155)	F(2,10) = 4,6640[b]	(–0,269)
(5,3)	F(3, 9) = 1,2705	(–0,309)	F(3, 9) = 3,1447[c]	(–0,126)
(5,4)	F(4, 8) = 1,9357	(–0,314)	F(4, 8) = 2,1003	(–0,105)
(5,5)	F(5, 7) = 3,2649[c]	(0,138)	F(5, 7) = 4,9749[b]	(0,053)
(5,6)	F(6, 5) = 2,1738	(0,037)	F(6, 5) = 5,3136[b]	(–0,452)
(5,7)	F(7, 3) = 1,9951	(–0,465)	F(7, 3) = 3,9407[c]	(–0,393)
(6,2)	F(2, 8) = 0,0202	(–0,154)	F(2, 8) = 4,9962[b]	(–0,159)
(6,3)	F(3, 7) = 0,0129	(–0,161)	F(3, 7) = 3,3827[c]	(–0,065)
(6,4)	F(4, 6) = 0,3804	(–0,215)	F(4, 6) = 2,2518	(–0,157)
(6,5)	F(5, 5) = 0,7696	(0,029)	F(5, 5) = 7,3620[a]	(–0,384)
(6,6)	F(6, 4) = 0,5618	(0,047)	F(6, 4) = 4,9953[b]	(–0,441)
(6,7)	F(7, 2) = 0,5270	(–0,442)	F(7, 2) = 8,9655[c]	(–0,416)
(7,2)	F(2, 6) = 0,0275	(–0,271)	F(2, 6) = 3,1853[c]	(–0,160)
(7,3)	F(3, 5) = 0,0169	(–0,264)	F(3, 5) = 2,0184	(–0,045)
(7,4)	F(4, 4) = 0,2009	(–0,433)	F(4, 4) = 1,2740	(–0,149)
(7,5)	F(5, 3) = 0,5781	(–0,298)	F(5, 3) = 7,1711[b]	(–0,514)
(7,6)	F(6, 2) = 0,4115	(–0,334)	F(6, 2) = 4,4200	(–0,441)
(7,7)	F(7, 1) = 2,0309	(–0,868)	F(7, 1) = 12,2556	(–0,868)

[a]Signifikant auf dem 1 %-Niveau
[b]Signifikant auf dem 5 %-Niveau
[c]Signifikant auf dem 10 %-Niveau
Die Klammern enthalten die Autokorrelationskoeffizienten der Residuen

Tabelle 2. Werte der F-Statistik und des Autokorrelationskoeffizienten der Residuen. FuE-Werte: Die Gesamtausgaben

Lagstruktur	Kausalitätsrichtung			
	Export →	FuE	FuE →	Export
(2,2)	F(2,16) = 3,9372[b]	(0,100)	F(2,16) = 6,8824[a]	(–0,188)
(2,3)	F(3,14) = 2,7496[c]	(–0,003)	F(3,14) = 4,9104[a]	(–0,029)
(2,4)	F(4,12) = 3,13026[b]	(–0,194)	F(4,12) = 3,3186[b]	(–0,076)
(2,5)	F(5,10) = 6,6860[a]	(0,249)	F(5,10) = 8,3688[a]	(–0,096)
(2,6)	F(6, 8) = 4,6597[a]	(0,134)	F(6, 8) = 5,6716[a]	(–0,124)
(2,7)	F(7, 6) = 4,1395[b]	(–0,079)	F(7, 6) = 3,8021[b]	(0,015)
(3,2)	F(2,14) = 1,0132	(0,046)	F(2,14) = 5,4707[a]	(–0,252)
(3,3)	F(3,13) = 1,2779	(–0,113)	F(3,13) = 4,8720[a]	(–0,036)
(3,4)	F(4,11) = 1,9859	(–0,332)	F(4,11) = 3,2571[b]	(–0,012)
(3,5)	F(5, 9) = 4,4450[a]	(0,136)	F(5, 9) = 6,3023[a]	(–0,172)
(3,6)	F(6, 7) = 3,0832[c]	(0,038)	F(6, 7) = 4,2611[b]	(–0,125)
(3,7)	F(7, 5) = 2,7154[c]	(–0,227)	F(7, 5) = 2,7231[c]	(–0,018)
(4,2)	F(2,12) = 0,8029	(0,056)	F(2,12) = 4,6314[b]	(–0,261)
(4,3)	F(3,11) = 1,2752	(–0,221)	F(3,11) = 4,1209[b]	(–0,043)
(4,4)	F(4,10) = 1,8202	(–0,359)	F(4,10) = 2,8238[c]	(–0,020)
(4,5)	F(5, 8) = 3,9614[b]	(0,152)	F(5, 8) = 5,8124[a]	(–0,100)
(4,6)	F(6, 6) = 2,6429[c]	(0,035)	F(6, 6) = 4,5432[b]	(0,235)
(4,7)	F(7, 4) = 2,2258	(–0,322)	F(7, 4) = 4,2235[c]	(–0,219)
(5,2)	F(2,10) = 0,7777	(–0,050)	F(2,10) = 4,1722[b]	(–0,256)
(5,3)	F(3, 9) = 1,0947	(–0,191)	F(3, 9) = 3,4043[b]	(–0,047)
(5,4)	F(4, 8) = 2,2416	(–0,217)	F(4, 8) = 2,2705[c]	(–0,056)
(5,5)	F(5, 7) = 3,8966[b]	(0,228)	F(5, 7) = 15,3739[a]	(–0,251)
(5,6)	F(6, 5) = 2,5210	(0,080)	F(6, 5) = 10,9868[a]	(–0,555)
(5,7)	F(7, 3) = 2,1846	(–0,353)	F(7, 3) = 6,0757[c]	(–0,634)
(6,2)	F(2, 8) = 0,5048	(–0,073)	F(2, 8) = 3,6990[b]	(–0,174)
(6,3)	F(3, 7) = 0,6841	(–0,029)	F(3, 7) = 2,7963	(–0,024)
(6,4)	F(4, 6) = 0,4925	(–0,039)	F(4, 6) = 1,8123	(–0,064)
(6,5)	F(5, 5) = 0,5960	(0,053)	F(5, 5) = 20,9239[a]	(–0,633)
(6,6)	F(6, 4) = 0,4138	(0,067)	F(6, 4) = 15,2266[a]	(–0,518)
(6,7)	F(7, 2) = 0,4166	(–0,551)	F(7, 2) = 13,8949[b]	(–0,525)
(7,2)	F(2, 6) = 0,2490	(–0,242)	F(2, 6) = 2,4311	(–0,172)
(7,3)	F(3, 5) = 0,3846	(–0,235)	F(3, 5) = 1,6266	(–0,025)
(7,4)	F(4, 4) = 0,2520	(–0,242)	F(4, 4) = 0,9818	(–0,058)
(7,5)	F(5, 3) = 0,7008	(–0,505)	F(5, 3) = 13,5066[a]	(–0,753)
(7,6)	F(6, 2) = 0,7182	(–0,641)	F(6, 2) = 16,6817[b]	(–0,491)
(7,7)	F(7, 1) = 1,2552	(–0,526)	F(7, 1) = 7,4770	(–0,526)

[a]Signifikant auf dem 1 %-Niveau
[b]Signifikant auf dem 5 %-Niveau
[c]Signifikant auf dem 10 %-Niveau
Die Klammern enthalten die Autokorrelationskoeffizienten der Residuen

5.2 Interpretation der Ergebnisse

Überprüft man die Werte der F-Statistik und des Autokorrelationskoeffizienten der Residuen in Tabellen 1 und 2, so kann man diese Ergebnisse wie folgt analysieren:

- Die Werte der F-Statistik machen deutlich, wie sensitiv die Testergebnisse auf die Länge der verwendeten Lags reagieren. Aus diesem Grund sollten ähnliche Kausalitätsuntersuchungen möglichst unter Verwendung verschiedener Lagstrukturen durchgeführt werden.
- Bei geringen Werten p liegt eher wechselseitige Kausalität vor; d. h. beide Kausalitätsrichtungen sind mindestens auf dem 10 %-Niveau signifikant. Bei höheren Werten p liegt die Kausalitätsrichtung von FuE auf Export vor.
- Abgesehen von den Lagstrukturen, bei denen die Werte der Autokorrelationskoeffizienten ziemlich groß sind und somit die entsprechenden Werte der F-Statistik nicht als zuverlässig betrachtet werden können, zeigen die Ergebnisse, daß in der Regel die FuE-Ausgaben den Export beeinflussen. Es gibt zwar Fälle, in denen auf eine gegenseitige Auswirkung geschlossen werden kann; eine umgekehrte einseitige Implikation von Export auf FuE ist jedoch nicht nachweisbar.
- Die Ergebnisse sind unabhängig von der Spezifikation der FuE-Ausgaben, wie sie in Abschnitt 3 beschrieben wird.
- Es sei schließlich darauf hingewiesen, daß das in der vorliegenden Arbeit angewendete Granger-Verfahren sich lediglich auf die Informationen bezüglich Innovation und Export beschränkt, die auf den vergangenen Werten dieser Größen beruhen. Dadurch unterscheidet sich der hier vorgestellte Ansatz von den in Abschnitt 2 erwähnten Modellen der Querschnittsanalyse.

Literatur

[1] Bundesminister für Forschung und Technologie (1986): Faktenbericht 1986 zum Bundesbericht Forschung.

[2] Feige EL, Pearce DK (1979): The Causal Relationship Between Money and Income: Some Caveats for Time Series Analysis, Rev Econ Stat 61: 521–533.

[3] Granger CWJ (1969): Investigating Causal Relations by Econometric Models and Cross-Spectral Methods. Economet 37: 424–438.

[4] Haavelmo T (1943): The Statistical Implication of a System of Simultaneous Equations. Economet 11: 1–12.

[5] Hughes KS (1986): Exports and Innovation: A Simultaneous Model, Euro Econ Rev 30: 383–399

[6] Keesing DB (1967): The Impact of Research and Development on United States Trade, Jour Poli Econ 61: 49–57.

[7] Krugman P (1979): A Model of Innovation, Technology Transfer and the World Distribution of Income, Jour Poli Econ 70: 950–959.

[8] Mansfield E, Romeo A, Wagner S (1979): Foreign Trade and US Research and Development, Rev Econ Stat 61: 49–57.

[9] Nakhaeizadeh G (1987) The Causality Direction in Consumption-Income Process and Sensitivity to Lag Structure. App Econ 19: 829–838.

[10] Sargent TS (1976): A Classical Macroeconomic Model for the United States, Jour Poli Econ 84: 207–237.

[11] Sims c. a. (1972): Money Income and Causality. Ame Econo Rev 62: 540–552.

[12] Spencer BJ, Brandner JA (1983): Determinants of the Structure of US Foreign Trade, 1958–1976, Jour Econ Stud 163: 707–722.

[13] Statistisches Bundesamt (lfde. Jg.): Statistisches Jahrbuch für die Bundesrepublik Deutschland.

Empirische Untersuchung zur Exportabhängigkeit des Landes Baden-Württemberg

HARTMUT KOGELSCHATZ

Zusammenfassung

Auswirkungen der Exportnachfrage nach Produkten des Landes Baden-Württemberg auf Produktion, Beschäftigung und Einkommen werden untersucht im Rahmen eines Input-Output-Modells, das durch Konsum- und Investitionsfunktionen erweitert wird. Für diese gesamtwirtschaftlichen Größen werden Multiplikatoreffekte auf Landesebene berechnet, die bei einer Änderung der sektoralen Exportnachfrage nach verschiedenen Gütergruppen zu erwarten sind. Es ergeben sich sehr unterschiedliche Rangfolgen der Sektoren bezüglich ihrer Wirkungen auf Produktion, Beschäftigung und Einkommen.

1. Einleitung

Für das Land Baden-Württemberg wird untersucht, wie sich Änderungen der sektoralen Exportnachfrage auf Produktion, Beschäftigung und Einkommen auswirken. Insbesondere interessiert die Frage, welche Sektoren bei einer gegebenen Änderung der Auslandsnachfrage nach ihren Gütern die größten Effekte auf die genannten gesamtwirtschaftlichen Zielgrößen aufweisen. Als Instrument für die Analyse dieser Fragestellungen in einer sektoral gegliederten Wirtschaft bietet sich ein Input-Output-Modell an, das durch güterspezifische Konsum- und Investitionsfunktionen erweitert wird. Für empirische Untersuchungen der Wirtschaftsverflechtung einer Region eignet sich Baden-Württemberg aufgrund der Datenlage in besonderem Maße. Dieses Bundesland ist das einzige, für das funktionell abgegrenzte Input-Output-Tabellen nach der Konzeption der Tabellen des statistischen Bundesamtes erstellt werden. Dies ermöglicht einerseits eine ergänzende Verwendung von Bundesdaten (hier z.B. über Konsumgewohnheiten und Abschreibungen) und andererseits einen Vergleich zwischen Land und Bund, der die Besonderheiten der regionalen Wirtschaftsstruktur aufzeigen kann.[1]

2. Modelle der Untersuchung

Ausgangspunkt ist das statische offene Input-Output-Modell von Leontief für eine Wirtschaft, in der n Güter in n Sektoren hergestellt werden:

(M0) $$(I-A)x = f. \tag{1}$$

1 Für die Hilfe bei den empirischen Berechnungen danke ich E. Dörr, P. Gottfried und P. Suess.

Dabei bezeichnen A bzw. I die nxn Inputmatrix bzw. Einheitsmatrix, x bzw. f den nx1 Vektor der Bruttoproduktion bzw. Endnachfrage. Dieses Modell liegt – von wenigen Ausnahmen abgesehen – den empirischen Untersuchungen zur sektoralen Ausfuhrabhängigkeit von Produktion und Beschäftigung zugrunde. Als Nachteil dieses Ansatzes ist insbesondere die Vernachlässigung der Erklärung der Endnachfrage zu nennen. Daher werden hier güterspezifische Konsum- und Investitionsfunktionen eingeführt, die jeweils linear in Abhängigkeit vom Volkseinkommen Y angesetzt werden (vgl. z.B. Schumann [7]). Die Konsumfunktionen lauten

$$c_i = c_i^| Y + c_i^o \qquad i=1,\ldots,n, \tag{2}$$

wobei $c_i^|$ die marginale Konsumquote und c_i^o den Basiskonsum bezeichnen. Daraus ergibt sich das erweiterte statische offene IO-Modell

$$\text{(M1)} \qquad (I\text{-}A\text{-}cv)\ x=f^o. \tag{3}$$

Dabei sind c bzw. f^o Vektoren der Konsumquoten bzw. der autonomen Endnachfrage; v bezeichnet den Vektor der Wertschöpfungskoeffizienten. Zusätzlich lassen sich sektorale Investitionsfunktionen einführen. Wenn die $c_i^|$ als marginale Endnachfragequoten für Konsum und Investition interpretiert werden, ändert sich das Modell formal nicht, wohl aber die empirischen Werte und Ergebnisse. Das derart modifizierte Modell wird mit (M2) bezeichnet.

Die Variablen der Modelle werden im folgenden jeweils als Wertgrößen angesetzt. Unter der realistischen Annahme, daß die Matrix (I-A) nichtnegativ invertierbar ist, lautet die Lösung von (MO)

$$x = (I\text{-}A)^{-1} f = Lf \tag{4}$$

für jeden Endnachfragevektor $f \geq 0$, wobei $L=(l_{ij}):=(I-A)^{-1}$ Leontief-Inverse von A genannt wird. Ist f speziell der j-te Einheitsvektor e_j, so zeigt sich, daß l_{ij} die in Sektor i erforderliche Produktion pro Einheit Endnachfrage nach Gut j angibt. Entsprechend lassen sich die Modelle (M1) bzw. (M2) lösen und die Koeffizienten der Inversen interpretieren, wobei die Produktion nicht nur Zwischen- und autonome Endnachfrage befriedigen muß, sondern auch die durch den Keynes'schen Multiplikatorprozeß induzierte Konsum- bzw. Investitionsnachfrage.

3. Produktions-, Beschäftigungs- und Einkommenswirkungen der Exportnachfrage

Für die in Abschnitt 2 skizzierten drei Modellversionen wird untersucht, wie sich eine Veränderung der Exportnachfrage nach Gütern von Sektor j um eine Geldeinheit auswirkt auf Bruttoproduktionswert X, Beschäftigung B und Einkommen Y des Landes. Diese Gesamteffekte ergeben sich als Summe der induzierten Veränderungen in den einzelnen Sektoren. Es handelt sich um Multiplikatoren bzgl. einer Einheit Endnachfrage nach Gut j. Wirkungen auf das restliche Bundesgebiet werden teilweise erwähnt, Rückwirkungen aus anderen Bundesländern oder dem Ausland werden jedoch vernachlässigt. Die Effekte werden hier jeweils für das Ausgangmodell (MO) angegeben; ihre allgemeine Darstellung für (M1) bzw. (M2) findet sich bei Kogelschatz [2].

Der gesamte Produktionseffekt in (MO) ergibt sich als Summe der Produktionen l_{ij} in allen Sektoren i, also als j-te Spaltensumme $L_j := \Sigma l_{ij}$ der Leontief-Inversen L von A.

Während die bisher betrachteten Multiplikatoren L_j die gesamtwirtschaftliche Bruttoproduktion erfassen, die pro Einheit Endnachfrage nach Gut j induziert wird, bieten analog konstruierte Multiplikatoren

$$B_j = \sum_{i=1}^{n} b_{ij} \text{ aus der sog. Beschäftigungsinversen } B = (b_{ij})$$

die Möglichkeit, gesamtwirtschaftliche Beschäftigungswirkungen zu erfassen. Die Beschäftigungsinverse B ergibt sich durch eine Linksmultiplikation der Leontief-Inversen mit der Diagonalmatrix Λ der sektoralen Arbeitskoeffizienten λ_i. Die Koeffizienten b_{ij} geben die Beschäftigung (in Personen) in Sektor i an, die pro Endnachfrageeinheit nach Gut j induziert wird. Vorausgesetzt wird dabei eine Vollauslastung der Kapazitäten bzw. ein konstanter Auslastungsgrad, was beispielsweise unrealistisch erscheint in der heutigen Zeit unerwünschter Unterauslastung. Arbeitsrechtliche und sozialpolitische Probleme bleiben ebenso unberücksichtigt wie arbeitsmarktstrategische Überlegungen beim Halten qualifizierter Mitarbeiter in Rezessionsphasen.

Die Einkommensmultiplikatoren Y_j bzgl. der Endnachfrage nach Gut j ergeben sich durch Multiplikation des Wertschöpfungsvektors v mit dem j-ten Spaltenvektor von L. Dabei ist

$$v := e\,(I-A) - r \text{ mit } r_i := (M+D+(T-Z))_i/x_i. \qquad (5)$$

e bzw. r bezeichnen Zeilenvektoren von Einsen bzw. Abzugskoeffizienten r_i, die die Anteile von Importen M, Abschreibungen D und indirekten Steuern T minus Subventionen Z am Output x_i des Sektors i angeben. Als Einkommenseffekte erhält man für $f=e_j$ wegen $x_i=l_{ij}$

$$y_j = 1-(rL)_j. \qquad (6)$$

4. Daten der empirischen Untersuchung

Baden-Württemberg ist das einzige Bundesland, für das Input-Output-Tabellen (IOT) von einer amtlichen Stelle, nämlich vom Statistischen Landesamt erstellt werden. Dieses Amt veröffentlichte IOT für die Jahre 1972, 1978, 1980. Für die folgenden empirischen Analysen wird die IOT für 1978 zugrundegelegt, da diese – im Gegensatz zu der für 1980 – auf einer Material- und Wareneingangserhebung basiert und daher zuverlässiger erscheint (s. Münzenmaier [5]). Von den beiden Tabellenvarianten wird für die Effekte in Baden-Württemberg die der regionalen Verflechtung (heimischen Produktion) verwendet, die durch felderweisen Abzug geschätzter Importe aus der technologischen Verflechtungstabelle entsteht. Letztere Tabelle, die weitgehend originäre Daten enthält und die Importe nach Güterarten ausweist, eignet sich für die Bestimmung der in anderen Bundesländern induzierten Effekte. Für die Beschäftigungswirkungen werden zusätzlich sektorale Arbeitskoeffizienten aus internen Daten des Statistischen Landesamtes herangezogen.

Einige nicht verfügbare Landesdaten werden hilfsweise durch entsprechende Bundesdaten ersetzt: Zur Bestimmung der Volkseinkommenseffekte werden Input-Output-Daten des Statistischen Bundesamtes (StBA [9]) über Abschreibungen sowie indirekte Steuern, Subventionen verwendet. Die Einkommenseffekte hängen von sektoralen Konsum- bzw. Investitionsfunktionen ab, die geschätzt werden aus Regressionen von C bzw. I auf das Volkseinkommen Y mit Zeitreihen des StBA [8], (S. 56, 63, 176f., 198f.) für 1960-1980, wobei eine Deflationierung von Y auf das Basisjahr 1976 erfolgt mit einem Preisindex der letzten inländischen Verwendung. Die C- und I-Daten nach Gütergruppen liegen in Preisen von 1976 vor. Entsprechende Daten für Baden-Württemberg sind leider nicht verfügbar; jedoch liegt die Vermutung nahe, daß Landesdaten zu ähnlichen Koeffizienten führen würden wie die Bundesdaten.

Die IOT für Baden-Württemberg unterscheidet 27 Sektoren bzw. Gütergruppen. Bedingt durch eine andere Klassifikation der Regressionsdaten erfolgt für das Modell eine Aggregation auf 11 Sektoren, die in Tabelle 1 mit Zuordnung zur ursprünglichen Sektorengliederung angegeben sind.

Beim Sektor Kreditinstitute und Versicherungen (Nr. 10 im Modell) ist kritisch anzumerken, daß unterstellte Entgelte für Bankdienstleistungen nicht auf die Empfängersektoren verteilt sondern im Diagonalfeld verbucht sind. Dies beinhaltet den Ausweis einer überhöhten Vorleistung und zu geringer Wertschöpfung (vgl. StBA [9], S. 73). Die empirischen Ergebisse für diesen Sektor sind daher wenig aussagefähig. Die Einflüsse auf andere Sektoren infolge der Interdependenz werden hier vernachlässigt.

Tabelle 1. Sektorengliederung der Input-Output-Tabelle Baden-Württembergs 1978

Sektorennummer in Modell	Sektorennummer in Tabelle	Sektorenbezeichnung in Tabelle	Sektorenbezeichnung in Modell
1	1	Landwirtschaft	Landwirtschaft
2	2	Energie, Bergbau	Energie, Bergbau
3	3	Chemie, Mineralöl	Chemie, Kunststoffe
	4	Kunststoff, Gummi	
4	5	Steine u. Erden, Glas	Steine u. Erden, Glas
5	6	Eisen, NE-Metalle, Gießeisen	Metall
	7	Stahl-, Maschinenbau, ADV	
	8	Fahrzeuge	
	9	Elektrotechnik	
	10	EBM-Waren	
6	11	Holz	Holz, Papier, Druck
	12	Papier, Druck	
7	13	Leder, Textilien, Bekleidung	Leder, Textilien, Bekleidung
8	14	Nahrungsmittel, Tabak	Nahrungsmittel, Tabak
11	15	Bau	Dienstleistungen, Bau
	16	Handel	
9	17	Eisenbahnen, Schiffahrt	Verkehr, Post
	18	Postdienstleistungen	
	19	Übriger Verkehr	
10	20	Kreditinstitute, Versicherungen	Kreditinstitute, Versicherungen
11	21	Wohnungsvermietung	Dienstleistungen, Bau
	22	Gastgewerbe	
	23	Wissenschaft, Verlage	
	24	Gesundheits- u. Veterinärwesen	
	25	Sonstige Dienstleistungen	
	26	Staat	
	27	Private Organisationen o.E.	

5. Vorgehensweise und Ergebnisse der empirischen Untersuchung

Zunächst wird die auf 11 Sektoren aggregierte Tabelle der regionalen Verflechtung herangezogen, um über die Leontief-Inverse L der Inputkoeffizientenmatrix A die heimischen Produktionseffekte LO_j zu bestimmen, die pro Einheit Exportnachfrage nach Gut j in Baden-Württemberg (B.-W.) gemäß Modell (MO) induziert werden. Diese Effekte und eventuell die Beschäftigungswirkungen BO_j nach dem einfachen Ansatz in Abschnitt 3 werden üblicherweise in empirischen Studien der Ausfuhrabhängigkeit bestimmt bzw. meist auf den Vektor der tatsächlichen Exportnachfrage bezogen hochgerechnet. Hier werden zusätzlich die Einkommensmultiplikatoren YO_j für B.-W. ermittelt, die wiederum maßgeblich sind für die induzierte Konsum- bzw. Investitionsnachfrage in den Modellen (M1) bzw. (M2).

Den empirischen Berechnungen für die Modelle (M1) bzw. (M2) mit sektoralen Konsum- bzw. zusätzlich Investitionsfunktionen liegen OLS-Regressionen für das Bundesgebiet zugrunde, deren Ergebnisse sich in Tabelle 2 finden. Wie zu erwarten, sind die Investitionsquoten statistisch schlecht gesichert, während die Konsumquotenschätzungen zuverlässiger erscheinen. Daher sind die Ergebnisse für (M2) mit Vorsicht zu betrachten. Es wird unterstellt, daß die geschätzten Konsum- und Investitionsquoten annähernd für B.-W. anwendbar sind.

Die Exportnachfrage nach Gütern aus B.-W. beeinflußt über Vorlieferungen sowie induzierte Konsum- und Investitionsnachfrage auch die ökonomische Aktivität in anderen Bundesländern. Entsprechende Multiplikatoren für das Bundesgebiet lassen sich aus der technologischen Tabelle für B.-W. schätzen, wenn güterweise die Aus-

Tabelle 2. Konsum- und Investitionsregression

Sektor	Konsumquote	Standardfehler	Bestimmtheitsmaß R^2
1	0,01989	0,0007	0,9744
2	0,01963	0,0010	0,9494
3	0,08796	0,0014	0,9954
4	0,00895	0,0003	0,9844
5	0,12976	0,0045	0,9776
6	0,04044	0,0013	0,9798
7	0,08403	0,0028	0,9800
8	0,12089	0,0029	0,9890
9	0,03309	0,0017	0,9524
10	0,02431	0,0012	0,9551
11	0,17041	0,0094	0,9450
Sektor	Investitionsqote	Standardfehler	Bestimmtheitsmaß R^2
5	0,107749	0,0077	0,9123
6	0,006619	0,0002	0,9777
7	0,000794	0,0000	0,9370
9	0,007130	0,0009	0,7415
11	0,097882	0,0116	0,7770

Für die anderen Sektoren sind die Investitionsquoten nach Gütergruppen Null, da diese Güter nicht als Anlageinvestitionen verwendet werden.
Berechnung aus Daten des StBA ([3], S. 56, 63, 176f., 198f.). Die Achsenabschnitte der Regressionsgeraden sind nicht angegeben, da sie für die folgenden Berechnungen nicht benötigt werden.

landsimporte abgezogen werden. Bei den hier berechneten Multiplikatoren ist anzumerken, daß Rückwirkungen aus anderen Bundesländern bzw. dem Ausland nicht erfaßt sind.

Die Produktions-,Beschäftigungs- und Einkommensmultiplikatoren für B.-W. sind in Tabelle 3a angegeben. In Tabelle 3b findet man die zugehörigen durchschnittlichen Multiplikatorwerte sowie die Rangkorrelationskoeffizienten (nach Spearman) zwischen den drei Multiplikatortypen in den drei Tabellen. Diese ermöglichen einen Vergleich der Rangordnungen über alle Sektoren von jeweils zwei Multiplikatoren.

Das in der Literatur ganz überwiegend untersuchte Standardmodell (MO) liefert Bruttoproduktionsmultiplikatoren mit einem Durchschnittswert von 1,58, wobei die Einzelwerte zwischen 1,65 (Sektor Nahrung) und 1,2 (Energie, Bergbau) liegen. Dabei wird hier und im folgenden die Extremposition von Sektor 10 (Kreditinstitute, Versicherungen) nicht berücksichtigt, da sie buchungstechnisch bedingt ist (vgl. Abschnitt 4). Der weitaus größte Exportsektor, der Sektor 5 der metallverarbeitenden Industrien, auf den etwa 2/3 aller Exporte von B.-W. entfallen, rangiert mit einem Multiplikatorwert von 1,38 im unteren Mittelfeld. Innerhalb dieses dominierenden Exportsektors liegt der Fahrzeugbau mit 1,43 vor dem Maschinenbau mit 1,39 und der Elektrotechnik mit 1,36, wobei diese Werte sich aus dem Modell mit den ursprünglichen 27 Sektoren ergeben. Der Sektor der metallverarbeitenden Industrien ist auch für die Bundesrepublik Deutschland der wichtigste Exportsektor, auf den 1986 mehr als die Hälfte aller Exporte entfallen.

Tabelle 3a. Multiplikatoren für Baden-Württemberg

	Produktion			Beschäftigung(.10^6)			Einkommen		
Sektor	L0	L1	L2	B0	B1	B2	Y0	Y1	Y2
1	1.46486	2.52910	3.28320	34.4221	45.7622	53.8832	0.561622	0.96803	1.27985
2	1.19689	2.21098	2.92955	5.2319	16.0376	23.7759	0.535157	0.90417	1.17912
3	1.46181	2.21740	2.75280	8.9896	17.0409	22.8067	0.398743	0.60369	0.75625
4	1.49959	2.57418	3.33562	12.8286	24.2790	32.4790	0.567083	0.98144	1.29017
5	1.37722	2.47168	3.24719	13.4759	25.1380	33.4895	0.577566	1.00738	1.32764
6	1.44599	2.59373	3.40699	15.3016	27.5914	36.2896	0.605685	1.07837	1.48057
7	1.35351	2.35715	3.06881	17.8079	28.5023	36.1609	0.529642	0.89109	1.16040
8	1.64981	2.56861	3.21965	16.8059	26.5963	33.6074	0.484869	0.78779	1.01349
9	1.25961	2.64793	3.63167	17.2212	32.0145	42.6085	0.732644	1.42426	1.93958
10	3.32772	3.84551	4.21241	32.8538	38.3712	42.3223	0.273250	0.36945	0.44114
11	1.28980	2.74559	3.77713	15.4313	30.9435	42.0523	0.768248	1.52871	2.09534

Rangordnung	Produktion			Beschäftigung			Einkommen		
Sektor	RL0	RL1	RL2	RB0	RB1	RB2	RY0	RY1	RY2
1	4	7	6	1	1	1	6	6	6
2	11	11	10	11	11	10	7	7	7
3	5	10	11	10	10	11	10	10	10
4	3	5	5	9	9	9	5	5	5
5	7	8	7	8	8	8	4	4	4
6	6	4	4	7	6	5	3	3	3
7	8	9	9	3	5	6	8	8	8
8	2	6	8	5	7	7	9	9	9
9	10	3	3	4	3	2	2	2	2
10	1	1	1	2	2	3	11	11	11
11	9	2	2	6	4	4	1	1	1

Tabelle 3b

Variable	Mittelwert	Standard-abweichung	Median	Minimum	Maximum
L0	1.57516	0.594714	1.44599	1.19689	3.32772
L1	2.61471	0.441847	2.56861	2.21098	3.84551
L2	3.35132	0.406664	3.28320	2.75280	4.21241
B0	17.30635	8.901689	15.43128	5.23188	34.42213
B1	28.38335	8.566811	27.53138	16.03760	45.76223
B2	36.31595	8.871373	36.16091	22.80668	53.88325
Y0	0.54859	0.137696	0.56162	0.27325	0.76825
Y1	0.95857	0.326957	0.96803	0.36945	1.52871
Y2	1.26405	0.468580	1.27085	0.44114	2.09534

Spearman's Rangkorrelationskoeffizienten

	L0	L1	L2	B0	B1	B2	Y0	Y1	Y2
L0	1.00000	0.28182	0.16364	0.30909	0.18182	0.06364	−0.56364	−0.56364	−0.56364
L1	0.28182	1.00000	0.96364	0.47273	0.64545	0.66364	0.33636	0.33636	0.33636
L2	0.16364	0.96364	1.00000	0.47273	0.68182	0.71818	0.43636	0.43636	0.43636
B0	0.30909	0.47273	0.47273	1.00000	0.93636	0.87273	−0.09091	−0.09091	−0.09091
B1	0.18182	0.64545	0.68182	0.93636	1.00000	0.97273	0.15455	0.15455	0.15455
B2	0.06364	0.66364	0.71818	0.87273	0.97273	1.00000	0.30909	0.30909	0.30909
Y0	−0.56364	0.33636	0.43636	−0.09091	0.15455	0.30909	1.00000	1.00000	1.00000
Y1	−0.56364	0.33636	0.43636	−0.09091	0.15455	0.30909	1.00000	1.00000	1.00000
Y2	−0.56364	0.33636	0.43636	−0.09091	0.15455	0.30909	1.00000	1.00000	1.00000

Betrachtet man das realistischere Modell (M1) mit endogenisierter Konsumnachfrage, so steigt der durchschnittliche Produktionsmultiplikator auf 2,61, wobei sich die Rangordnung der Sektoren drastisch ändert:

Rang	Nahrung	Verkehr, Post	Dienstleistungen
(MO)	2	10	9
(M1)	6	3	2

Diese Änderung spiegelt sich in dem niedrigen Rangkorrelationskoeffizienten von 0,28 für die L0- und L1-Werte. Die Ergebnisse für Modell (M2) werden hier nicht kommentiert, da die Schätzungen der Investitionsquoten weniger zuverlässig sind. Jedenfalls ergeben sich stets vergrößerte Multiplikatoren.

Die Beschäftigungsmultiplikatoren können aus den in Abschnitt 3 genannten Gründen nur als erster Ansatz der sektoralen Arbeitsmarkteffekte gesehen werden. Sie geben die Anzahl ($\cdot 10^6$) der pro Einheit Exportnachfrage induzierten Erwerbstätigen an. Der durchschnittliche Effekt in Modell (M0) bzw. (M1) liegt bei 17,3 bzw. 28,4, wobei die Landwirtschaft wie üblich die stärksten Effekte aufweist, gefolgt von den Sektoren Verkehr, Dienstleistungen und Leder, Textilien, Bekleidung. Die Rangordnungen sind in beiden Modellen sehr ähnlich. Der Sektor der metallverarbeitenden Industrien liegt wieder im unteren Mittelfeld.

Die Einkommenseffekte in B.-W. betragen durchschnittlich 0,55 bzw. 0,96 in Modell (M0) bzw. (M1). Die starke Verringerung gegenüber den Bruttoproduktionswerten ist im wesentlichen auf die großen Vorlieferungsanteile zurückzuführen. Die Rangordnung der Einkommensmultiplikatoren ist unabhängig vom Modell (vgl.

Kogelschatz [2]) und wird von den Sektoren Dienstleistungen, Verkehr und Holz, Druck, Papier angeführt. Der Hauptexportsektor der metallverarbeitenden Industrien folgt auf Platz 4 mit leicht überdurchschnittlichen Werten. Die Elektrotechnik leistet darin den größten Einkommensbeitrag. Schließlich ermöglichen die Rangkorrelationskoeffizienten in Tabelle 3b einen Vergleich der Ranggordnungen der drei Multiplikatoren innerhalb eines Modells:

Rang	B0	B1	Y0	Y1
L0	0,31		-0,56	
B0			-0,1	
L1		0,65		0,34
B1				0,15

Für Modell (M0) zeigt sich, daß Produktion und Beschäftigung nur schwach korreliert sind und die Einkommenseffekte sogar eine tendenziell entgegengesetzt gerichtete Rangordnung aufweisen. Bei Modell (M1) mit Konsumfunktionen sind alle Rangordnungen positiv korreliert, wobei allerdings nur Produktion und Beschäftigung einigermaßen ähnliche Rangordnungen aufweisen, während die von Beschäftigung und Einkommen fast unkorreliert sind.

Die bisher betrachteten Multiplikatoren beziehen sich auf die Veränderung der Exportnachfrage nach Gütern eines Sektors. Abschließend soll angegeben werden, wie sich die Produktion ändert, wenn die Exportänderung (um 1 DM) proportional zu den bisherigen Exporten in den einzelnen Sektoren erfolgt. Dieser Multiplikator beträgt 1,39 bzw. 2,48 für Modell (M0) bzw. (M1) und liegt damit – wie zu erwarten – nahe an den bisher berechneten Multiplikatorwerten für den dominierenden Exportsektor der metallverarbeitenden Industrien. Ähnliches gilt für die Beschäftigungs- und Einkommenswirkungen einer proportionalen Exportänderung, die aus Änderungen der Auslandskonjunktur, der Inflationsraten oder der Wechselkurse resultieren kann.

6. Ausblick

In dieser Arbeit wurde untersucht, wie eine veränderte Exportnachfrage nach Gütern aus B.-W. die Produktion, Beschäftigung und das Einkommen in diesem Land beeinflußt. Effekte auf andere Bundesländer und daraus resultierende Rückwirkungen auf B.-W. wurden nicht betrachtet. Der Einfluß auf die sektorale ökonomische Aktivität im restlichen Bundesgebiet ließe sich näherungsweise mit Hilfe der technologischen Input-Output-Tabelle für B.-W. bestimmen, da diese die Vorleistungen aus anderen Ländern güterweise aufweist.

Von besonderem Interesse wäre ein Vergleich der Exportabhängigkeit von B.-W. einerseits und der Bundesrepublik Deutschland andererseits. Von der Datenlage her gibt es kein anderes Bundesland, für das ein solcher Vergleich möglich wäre, da lediglich für B.-W. Input-Output-Tabellen existieren, die kompatibel sind zu denen des Statistischen Bundesamtes. Eine derartige Gegenüberstellung der landesspezifischen sektoralen Exportwirkungen im Vergleich zu den Effekten des Bundesexportes könnte die relative Ausfuhrabhängigkeit dieses besonders exportorientierten Bundeslandes aufzeigen.

Literatur

[1] Holub H-W, Schnabl H (1985) Input-Output-Rechnung: Input-Output-Tabellen. 2. Auflage. Oldenburg, München Wien

[2] Kogelschatz H (1987) On the Identification of Key Sectors. Critical Theoretical and Empirical Analysis of Key Sectors Indices. In: Measurement in Economics. Theory and Application of Economic Indices. Ed by W. Eichhorn in cooperation with W.E. Diewert et al. Physica, Heidelberg Berlin New York Tokyo

[3] Krengel R (Hrsg.) (1982) Die Weiterentwicklung der Input-Output-Rechnung in der Bundesrepublik Deutschland. Sonderhefte zum Allgemeinen Statistischen Archiv 18. Vandenhoeck & Ruprecht, Göttingen

[4] Münzenmaier W (1982) Besonderheiten der Input-Output-Rechnung für Bundesländer – dargelegt am Beispiel Baden-Württembergs. In: Krengel R (1982): 123-142

[5] Münzenmaier W (1985) Konzeption und Methode der Input-Output-Tabellen Baden-Württemberg 1978. Jahrbuch Baden-Württemberg. Statistisches Landesamt Baden-Württemberg, Stuttgart: 145-165

[6] Münzenmaier W (1985) Input-Output-Tabellen 1978. In: Baden-Württemberg in Wort und Zahl, H. 7: 248-253

[7] Schumann J (1975) Möglichkeiten und Bedeutung einer teilweisen endogenen Erklärung des privaten Konsums und der privaten Investitionen im statischen offenen Input-Output-Modell. Jahrbücher für Nationalökonomie und Statistik 189: 378-409

[8] Statistisches Bundesamt Wiesbaden (1982) Revidierte Ergebnisse 1960 bis 1981. Fachserie 18: Volkswirtschaftliche Gesamtrechnungen, Reihe S. 5. Kohlhammer, Stuttgart Mainz

[9] Statistisches Bundesamt Wiesbaden (1983) Input-Output-Tabellen 1978. Fachserie 18: Volkswirtschaftliche Gesamtrechnungen, Reihe 2. Kohlhammer, Stuttgart Mainz

Informatik und Technologietransfer

GERHARD KRÜGER

Zusammenfassung

Die junge zwanzig Jahre alte Wissenschaft Informatik erweist sich, zusammen mit ihrem „Rohstoff" Mikroelektronik, immer stärker als die Schlüsseltechnologie der gerade beginnenden Informationsgesellschaft. Das neue Berufsbild des Diplom-Informatikers hat sich ohne Einschränkungen durchgesetzt. Neue Gebiete der Informatik, wie Robotik, Telematik und Künstliche Intelligenz entfalten sich mit enormer Dynamik, der Computer wird in diesen Gebieten zur universellen softwaregetriebenen Informatikmaschine. Die Informatisierung großer industriell-wirtschaftlicher Gebiete stellt nicht zuletzt den einheimischen Mittelstand vor höchste internationale Konkurrenzforderungen. Eine Bündelung der Kräfte von Wissenschaft, hier insbesondere die Universitäten, Wirtschaft und Staat in der Bundesrepublik in einem Technologiekooperationsdreieck in Informatik und Mikroelektronik ist die Forderung der Stunde. Durch die offensive Forschungs- und Technologiepolitik des Landes Baden-Württemberg ist in der Informatik eine hervorragende Ausgangsposition für den weltweiten Wettbewerb der kommenden Jahre geschaffen.

1. Einführung

Die Kernworte unseres Themas haben sicher eines gemeinsam: weder Informatik noch Technologietransfer konnte man bis in die siebziger Jahre hinein erfolgreich in einem Lexikon nachschlagen. Heute sind beide Begriffe geläufiges Wortgut von Politikern, Publizisten, Wirtschaftlern und Wissenschaftlern, wenn es um Aussagen darüber geht, wie Wirtschaft und Gesellschaft den massiven technologischen Wandlungsdruck dieser Jahrzehnte bewältigen können und wie der immer schärfere internationale Wettbewerb besonders in den industriell fortgeschrittenen Produkten und Verfahren der sogenannten High Tech Ebene bestanden werden kann.

Es läßt sich allerdings auch erkennen, daß der sehr häufige Gebrauch dieser Wortschöpfungen die Gefahr einer Abnutzung, eines Wertverlustes entstehen läßt. So kommt bei kritischen Beobachtern schon gelegentlich die Meinung auf, daß es sich hier um Modeworte, wenn nicht gar Modetorheiten handelt, die so schnell vergehen werden, wie sie in den letzten Jahren in die öffentliche Diskussion gekommen sind. Es macht daher schon Sinn, beide Begriffe: die Informatik als wissenschaftliche Disziplin und Berufsfeld und den Technologietransfer als eine Form koordinierter Kooperation der Wirtschaft mit der Wissenschaft mit Unterstützung von Staat und Gesellschaft in ihrem jeweiligen Gehalt zu analysieren und ihre Wechselwirkungen aufzuzeigen.

2. Die Entstehung der Informatik in den siebziger Jahren

Beginnen wir mit der Entwicklung der Informatik als Wissenschafts- und Hochschuldisziplin. Sie ist eine in der Tat sehr junge Wissenschaft, die als eigenständige Disziplin erst seit rund 20 Jahren an den wissenschaftlichen Hochschulen und den Fachhochschulen der Bundesrepublik vertreten ist. Die Einführung des Studiengangs Informatik mit dem akademischen Abschluß des Diplom-Informatikers geschah Anfang der siebziger Jahre in einer Gemeinschaftsaktion von Bund und Ländern im sogenannten „Überregionalen Forschungsprogramm Informatik". Aus heutiger Sicht ist es interessant zu konstatieren, daß nach einem kurzen Anfangsboom, der nicht zuletzt durch eine undifferenzierte Berichterstattung der Presse beeinflußt wurde „arbeitsloser Bäcker wird nach kurzer Umschulung hochbezahlter Programmierer", die Studentenzahlen in der Informatik nur langsam zunahmen. Es hatte sich nämlich bei den Studienwilligen schnell herumgesprochen, daß Informatik nicht das „ideale Studienfach" für Interessenten ist, die sich beim Studium nicht überanstrengen wollen, beruflichen Spitzengehältern aber nicht unbedingt ablehnend gegenüberstehen.

Mit anderen Worten: Wer ein Informatikstudium danach auswählt, ein verhältnismäßig leichtes „programmierorientiertes" Studium zu absolvieren, das aber mit hoher Sicherheit in einen hochdotierten Arbeitsplatz führt, wird durch die Studienrealität meist sehr enttäuscht. Die Fachvertretungen der Informatik haben stets darauf hingewiesen, daß es sich beim Hauptfach Informatik um ein anspruchsvolles Studium handelt, das überdurchschnittliche mathematische und teilweise auch naturwissenschaftliche Fähigkeiten erfordert.

Informatik als die Wissenschaft, Technik und Anwendung der Verarbeitung von Informationen mit technischen Mitteln, vorzugsweise Computern, durch maschinell abwickelbare problemlösende Verfahren (Software) ist zwar keine mathematisch-naturwissenschaftliche Disziplin, sondern wegen ihrer praktischen Zweckbezogenheit eine Ingenieurwissenschaft, wenn auch besonderer Art. Sie setzt aber als Basis ihrer Problemlöseverfahren im großen Umfang Erkenntnisse der Mathematik ein und fordert daher vom Informatiker in Studium und Beruf eine fundierte Vertrautheit mit der Mathematik und ihren Anwendungsmöglichkeiten.

Der schrittweise Aufbau der Informatikstudiengänge an etwa 14 Universitäten und einer Reihe von Fachhochschulen, die nur langsam steigenden Studentenzahlen und eine Studiendauer von real 11-12 Semestern ergaben im ersten Informatikjahrzehnt natürlicherweise nur geringe Absolventenzahlen. Ende der siebziger Jahre zählte das Statistische Bundesamt gerade 3500 im Beruf stehende Diplom-Informatiker, von denen ein wesentlicher Teil als wissenschaftliche Mitarbeiter vorerst an den Hochschulen verblieb.

Auch die erreichte Zahl der Informatik-Professoren nahm sich nach Beendigung der Anlaufförderung des Überregionalen Forschungsprogramms Informatik um 1977/78 mit etwa 150 Professorenstellen noch recht bescheiden aus. Addiert man dazu die Planstellen für wissenschaftliche Assistenten von 400-450 ergibt sich insgesamt ein sehr bescheidener quantitativer Umfang des wissenschaftlichen Personals, das in den siebziger Jahren die Informatik in der Bundesrepublik aufbaute. Bei dieser Ausgangslage ist es sicherlich nicht verwunderlich, daß der Bekanntheitsgrad und auch die direkte fachliche Außenwirkung der Informatik in der Vergangenheit in den Fach- und Einflußebenen von Industrie und Wirtschaft, aber auch im gesellschaftlichen und politischen Bereich recht gering war.

3. Die achtziger Jahre: Umbruch in der Computertechnik und -nutzung

In jüngster Zeit ist hier, wie allgemein anerkannt, ein dramatischer Wandel eingetreten. Er beruht auf einer Reihe von Faktoren unterschiedlichster Art, die sich – wie man es immer wieder in der Industrie- und Technikgeschichte beobachten kann – in einem kaum entwirrbaren Beziehungsgeflecht von Ursache, Wirkung und Wechselwirkung miteinander verbunden haben und eine neue Zukunftsdimension schaffen, die global mit dem Schlagwort: „die hochindustrialisierten Länder auf dem Weg in die Informationsgesellschaft“ umschrieben wird.

Im Rahmen dieses Beitrages kann naturgemäß die ganze Breite dieser säkularen Herausforderung nicht analysiert werden, daher sollen nur exemplarisch einige Einflußgrößen und Entwicklungen angesprochen werden, die sich direkt auf unser Thema beziehen.

Die erste Feststellung ist sicher etwas provokatorisch und aus einem Abstand von nur wenigen Jahren nicht ohne Risiko zu formulieren. Sie lautet: Die zukünftige Geschichtsschreibung wird die Wende von den siebziger in die achtziger Jahre vermutlich als den eigentlichen Beginn des Zeitalters der Informatik und Computertechnik datieren.

Trotz der zeitweise großen Aufmerksamkeit für die – damals so bezeichneten – Elektronengehirne und der enormen wissenschaftlichen und technischen Fortschritte in Computer-Hardware und -Software, die zum Entstehen der wissenschaftlichen Fächer Computer Science (USA) und Informatik (Europa, Bundesrepublik Deutschland) führten, war die tatsächliche gesellschaftliche Durchdringung dieser neuen Technik zwischen 1950 und 1980 gering. Die Datenverarbeitung war in den Augen der Öffentlichkeit eine schwarze Kunst von Spezialisten für Spezialisten und hauptsächlich geeignet, riesige Zahlenmengen routinemäßig zu verarbeiten. Der einzelne Bürger hatte kaum unmittelbaren Kontakt mit der neuen Technik, er mußte nur ihre Kinderkrankheiten zum Beispiel in Form der inzwischen sprichwörtlich gewordenen „nicht mehr lesbaren computererstellten Wasserrechnung“ erleiden. Auch in der Arbeitswelt blieben die Welten der in ihren Rechenzentren verschanzten DV-Experten und der übrigen Beschäftigten deutlich getrennt. Nur wenige DV-Unternehmer, wie Heinz Nixdorf, favorisierten die Idee des Computers am Arbeitsplatz, die dezentrale Datenverarbeitung.

Der Umschwung von der elitären Rolle der Computerbeherrschung und -nutzung zur Massennutzung von Computerkapazität im Berufsalltag, in der Ausbildung und im Privatbereich ist sicher, wenn auch nicht alleine, mit dem Aufkommen des Mikrocomputers in seiner Nutzungsform als Individual- oder Personalcomputer (PC) verbunden.

Erschienen 1977 die ersten dieser Geräte auf dem – kalifornischen – Markt, wird heute ihr Bestand allein im Sektor der rein beruflichen Anwendung weltweit auf über 10 Millionen Stück geschätzt. 1990 werden es 30 Mio. professionelle PC sein. Die Absatzzahlen für die Bundesrepublik betrugen 1981 wenige 10000 Stück, 1986 300000 und für 1989 wird ein Absatz von über 700000 Stück erwartet.

Eine andere Zahlenreihe: 1985 wurde in der Bundesrepublik Personalcomputersoftware im Werte von ca. 700 Mio. DM umgesetzt, 1990 werden es 2,5 Mrd. DM sein. Damit übertrifft der Marktumsatz allein dieser Computer-Winzlinge und ihres Zubehörs Ende des Jahrzehnts wertmäßig den gesamten Umsatz der DV-Branche Mitte der siebziger Jahre. Legt man zudem einen kontinuierlichen mittleren Preisverfall von mindestens 20% pro Jahr pro Leistungseinheit zugrunde, der auch in der überschaubaren Zukunft anhalten wird und berücksichtigt die „kleine Stückelung" mit der auf den Individualrechnern hochqualifizierte Hardware- und Softwareleistungen dem Einzelnen in die Hand gegeben werden, so läßt sich bereits aus dieser Sicht die Eingangsthese kaum bezweifeln, daß wir gerade die ersten tastenden Schritte in das „Informatik- und Computer-Zeitalter" in Wirtschaft und Gesellschaft tun.

Ein wirtschaftliches Schlaglicht, wie tiefgreifend sich die Situation gegenwärtig wandelt, mag auch daran zu erkennen sein, daß über 90 % der 2,1 Millionen registrierten Betriebsstätten in der Bundesrepublik noch bis vor kurzem mit einer informations- und kommunikationstechnischen Ausrüstung ausgekommen sind, die aus Schreibmaschine, Telefon und günstigenfalls einem Kopierer besteht. Gerade auch bei diesen Kleinbetrieben verzeichnet der leistungsfähige Arbeitsplatz-Individualrechner inzwischen erhebliche Zuwachsraten.

Technisch-wirtschaftlich gesehen ist der Personalcomputer in erster Linie eine konsequente Nutzung der Fortschritte billiger hochintegrierter mikroelektronischer Chiptechnologie, deren revolutionäre Fortschritte auch die Triebkraft für die anderen Entwicklungen der digitalen Informations- und Kommunikationstechnik sind. Ist der Personalcomputer mit seiner mikroelektronischen Basis sicher die augenfälligste Erscheinung, die die Neuzeit der Informatik und Computernutzung sinnfällig macht, so sind doch andere Entwicklungslinien, z .B. die computerintegrierte Fabriktechnik (CIM Computer Aided Manufacturing) oder der Übergang auf digitale Telekommunikationstechniken durch die internationalen Postverwaltungen ebenfalls von weitreichender Bedeutung. Auch hier wurden die konzeptionellen Weichen unter dem Einfluß der Mikroelektronik zu Beginn der achtziger Jahre gestellt, mit dem Ergebnis, daß sich in diesen Gebieten, wie beim persönlichen Computer, der technische Umbruch in seiner vollen Breite in diesen Jahren zu entfalten beginnt.

Zur Untermauerung der Behauptung vom Beginn der Informatikzeit in diesem Jahrzehnt seien zusätzlich einige Zahlen aus der US-Industrie herangezogen. So wurden für rechnergestütztes Entwickeln und Konstruieren von der amerikanischen Industrie 1980 etwa 400 Mio. $ ausgegeben, 1985 bereits 2,5 Mrd. $ und bis 1990 wird eine nochmalige Steigerung auf 6,5 Mrd. $ erwartet, also um mehr als das 15fache. Für den Aufbau innerbetrieblicher fertigungsbegleitender Informations- und Kommunikationssysteme, insbesondere der digitalen Fabrikkommunikation, steigern sich die Investitionen der US-Industrie von knapp 100 Mio. $ in 1980 auf nach konservativen Schätzungen über 800 Mio. $ (1990). Mit hochautomatisierten Produktionseinrichtungen der CIM-Technik drängen sowohl die Amerikaner als auch die Japaner auf die Weltmärkte, eine gewaltige Herausforderung für unsere, im Augenblick sehr wettbewerbsstarke deutsche Investitionsgüterindustrie.

4. Die neuen Herausforderungen an die Informatik

Es soll an dieser Stelle nicht weiter ausgeführt werden, daß neben den technisch-wirtschaftlichen Fortschritten in der Mikroelektronik wissenschaftliche Ergebnisse und Erkenntnisse der Informatik aus den letzten 20-30 Jahren die beschriebene dramatische Entwicklung der Anwendungen entscheidend ermöglicht haben.

Umgekehrt sieht sich die Informatik selbst einem großen Entwicklungsdruck ausgesetzt, den die Anwendungsgebiete des Informatikwissens in Form einer Flut ungelöster Fragestellungen an die Informatik „zurückspielen“.

Durch eigene wissenschaftliche Fortschritte, verbunden mit dem Nachfragedruck der Anwender nach wissenschaftlichen Ergebnissen, sind in der Informatik, die sich gerade mit einem Spektrum von Teildisziplinen konsolidiert hat – heute schon als „klassische Informatikgebiete“ bezeichnet – neue Fachgebiete im Entstehen. Es bedarf keiner großen Vorhersagekraft, daß diese neuen Gebiete das Zukunftsbild der Informatik entscheidend prägen werden.

Drei Beispiele seien hier genannt.

Informatik und Robotertechnik

Die erwähnte industrielle Automatisierungstechnik ist schon seit den sechziger Jahren ein Schrittmacher in der Nutzung von Computern zur Prozeßlenkung, zur Materialflußsteuerung und in der Planung und Disposition. Die Informatik hat dazu ihre Beiträge u. a. mit der Realzeit-Softwaretechnik, präzisen Modellierungs- und Simulationsverfahren für technische Prozesse, der Prozeßführung durch bildschirmgeführte Leitstände und der Entwicklung hochgesicherter, fehlertoleranter Rechensysteme geleistet.

Völlig neue Herausforderungen für die Informatik stellt nun die hochflexible roboterorientierte Fertigungstechnik. Es geht in der Robotertechnik nicht mehr um die Integration von Prozeß- und Fertigungsrechnern in die im wesentlich funktional unveränderte Welt der Meß-, Steuer- und Regelungstechnik, sondern um eine neue Dimension der Informationsverarbeitung. Von Fertigungsrobotern verlangt man heute, daß sie „sehen“ können, daß sie Werkstücke, Montageteile erkennen und unter Sichtkontrolle des Roboters in komplexen Fertigungs- und Montageprozessen verarbeiten können. Der konsequente nächste Schritt von der Einzelbilderkennung führt zur Bewegtbilderkennung, d.h. der Analyse und Bewertung ganzer Szenenfolgen, also ein echtes Computer-Sehen. Ähnliche Forderungen werden an die Erkennung und Nutzung akustischer Signale in Produktions- und Prüfprozessen gestellt und auch der Tastsinn, eine gewisse Feinfühligkeit beim Umgang mit empfindlichen Werkstücken, wird in der modernen robotergestützten Fertigungstechnik gefordert.

Roboter, die sehen, hören, fühlen, Bewegungen koordinieren und sich selbst steuern und überwachen, können dies nur auf der Basis einer „eingebauten“ Computer-Intelligenz realisieren, d. h. mit entsprechenden in Software verfügbaren Informationserfassungs- und -verarbeitungsverfahren, die von der Informatik erarbeitet und zur Verfügung gestellt werden müssen.

Erkennen visueller und akustischer Informationen ist natürlich auch in anderen Anwendungszusammenhängen von höchster Bedeutung, z. B. in der Erkennung und Interpretation gesprochener Sprache. Dabei ist zu bemerken, daß die Erkennung von Eingangssignalen bei der Nutzung entsprechender Sensortechnik nicht auf den – recht begrenzten – Leistungsumfang der menschlichen Sinnesorgane begrenzt ist, so daß die Computer sehr wohl im Infrarotbereich sehen und im Ultraschallbereich hören können.

Grundsätzliche Aufgabe für die Informatik ist es somit, die grundlegenden Verfahren der maschinellen Bild- und Spracherkennung im wesentlichen unabhängig vom späteren Anwendungszweck zu erforschen und sie in jeweils angepaßter Form den einzelnen Anwenderanforderungsprofilen zur Verfügung zu stellen, wobei die Grenzen der menschlichen Erkennungsfähigkeiten durchaus überschritten werden können. Sowohl die Erarbeitung der fundamentalen Lösungssysteme für die grundsätzlichen Fragestellungen computergestützter Informationsprozesse als auch ihre technisch-wirtschaftliche Anpassung an konkrete Anwendungsprofile sieht die Informatik als ihre ureigene Aufgabe an.

Die Anwendung ist in der Regel nicht durch den Einsatz eines einzigen Informatikverfahrens abzudecken, im Gegenteil jedes Informationssystem, und man braucht hier den Menschen nicht auszunehmen, wird funktional durch das zweckgerichtete Zusammenspiel, d. h . die wechselseitig abhängige Erfassung und Verarbeitung mehrerer Informationsströme gekennzeichnet.

So bilden sich auch in der Informatik, ausgehend von den an Grundproblemen ausgerichteten Basisgebieten an Anwendungen orientierte Fachgebiete aus, die Informatikwissen aus mehreren Basisbereichen aufnehmen und anwendungsbezogen umsetzen, vertiefen, erweitern und integrieren.

Für unser Beispiel der Automatisierung mit Handhabungsautomaten (Robotern) ist das Informatikgebiet, das die Informationsflüsse in der beschriebenen Weise in und zwischen Robotern behandelt, die Robotik.

Telematik

Ein anderes an einem großen Anwendungsfeld ausgerichtetes Gebiet der Informatik ist die Telematik. Die Digitalisierung aller Formen der technischen Informationsübertragung und -darbietung ist besonders durch die aktuellen Veränderungen in der Unterhaltungselektronik, wie der digitalen Schall- oder Videoplatte bzw. der kommenden Digitalkassette, in das öffentliche Bewußtsein gedrungen. Auch diese Entwicklung steht erst am Anfang und wird in wenigen Jahrzehnten mit dem digitalen Rundfunk und Fernsehen über die erwähnte persönliche digitale Video- und Audiotechnik hinaus die heutige Analogtechnik in der Unterhaltungselektronik völlig verdrängen.

Dem Bürger weniger bewußt ist die Tatsache, daß die internationalen Postverwaltungen gewaltige Anstrengungen unternehmen, die öffentlichen Fernmeldenetze, insbesondere das Telefonnetz, auf Digitaltechnik umzustellen um darauf aufbauend viele neue Telekommunikations-Leistungen und -Dienste den geschäftlichen und privaten Teilnehmern anzubieten.

Für die neuen digitalen Fernmeldenetze, die in einer noch in diesem Jahrhundert geplanten Ausbaustufe auch z .B . das private Bildtelefon umfassen werden, hat die Informatik eine Schlüsselbedeutung. Praktisch alle wesentlichen Steuer- und Vermittlungsfunktionen in den öffentlichen Netzen bis hin zur Mikrorechnersteuerung im digitalen Fernsprechapparat beim Teilnehmer werden von Computern übernommen werden, was im Kern auf die Lösung eines riesigen Softwareproblems hinausläuft. Spielten z.B. noch vor 10-15 Jahren Softwareanteile an den Kosten einer öffentlichen Telefonvermittlungsanlage kaum eine Rolle, betragen die Programmentwicklungs- und -testkosten bei den heutigen digitalen Fernsprechvermittlungen der Deutschen Bundespost über 80 % des gesamten Entwicklungsaufwandes.

Im innerbetrieblichen Kommunikationswesen sind vergleichbare Entwicklungen festzustellen, deren wirtschaftlicher Umfang bereits am Beispiel der US-güterproduzierenden Industrie belegt wurde.

Auch hier hat sich die Informatik der neuen Anwendungsherausforderung gestellt und bietet als Brückengebiet zwischen Informatik und der neuen digitalen Kommunikationstechnik das neue Fachgebiet Telematik an. Das Gewicht dieser Verbindung mag dadurch deutlich werden, daß die Kommunikationsindustrie im Weltumsatz die Computer-/Datenverarbeitungsindustrie immer noch erheblich übertrifft, wobei man offen lassen kann, ob zukünftig die Bedürfnisse der Kommunikationstechnik die Computerindustrie vorantreiben oder ob die Kommunikationsanforderungen der Massennutzung von Computern die Kommunikationssysteme entscheidend prägen werden.

Aller Wahrscheinlichkeit ist diese – in Fachkreisen beliebte – Auseinandersetzung ein Streit um des Kaisers Bart, da sich – begründet auf derselben Informatik- und Mikroelektronikbasis – beide Gebiete: Computer und Kommunikation in Technologie und Nutzung unauflösbar verbinden werden.

Künstliche Intelligenz

Ein drittes Beispiel – nach der computerintegrierten Produktionsautomatisierung und der digitalen Telekommunikation – für die neue Rolle der Informatik ist ein Gebiet, das sich im Sturmschritt die Aufmerksamkeit der Fachwelt und der Öffentlichkeit erobert hat, die sogenannte Künstliche Intelligenz. Befreit man diesen Begriff von allen phantastischen Vorstellungen und Prognosen, mit denen er von einigen seiner Befürworter mehr vernebelt als aufgehellt wird, und auch vom emotionalen Angstballast, mit dem er gern in der breiten Öffentlichkeit belastet wird, bleibt nach dem heutigen Erkenntnisstand folgendes: Die wissenschaftlichen Fachgebiete, die unter dem unscharfen Schlagwort Künstliche Intelligenz zusammengefaßt werden, sind Grundgebiete der Informatik im Sinne der oben gemachten Ausführungen. Sie haben Werkzeugcharakter für den Menschen und sind realisiert in Informatikmaschinen, technische Einrichtungen zur Erleichterung der geistigen Arbeit des Menschens und zur Befriedigung anderer menschlicher Bedürfnisse, so wie es die Kraftmaschinen zur Unterstützung der körperlichen Arbeit, der Verbesserung der Fortbewegung usw. seit dem 18./19. Jahrhundert sind.

Mit ihren Ansprüchen und Zielrichtungen stellen sie allerdings einen revolutionären Fortschritt, einen Quantensprung in der Entwicklung der Informatik dar.

Beschäftigte sich die Informatik am Anfang ihrer Geschichte stark mit der Entwicklung von Computern und mit den – nicht sehr anwendungsfreundlichen – Eigenschaften der elementaren Computerstrukturen, einschließlich der Computerspeicher und Ein-/Ausgabegeräte und versuchte sie durch Betriebssoftware und geeignete Programmierunterstützungen (beispielsweise Programmiersprachen) für den Gebrauch durch Datenverarbeitungsspezialisten „zu veredeln", so ist der Anspruch der neuen Informatik viel weitergehend.

Der Weg, den die Künstliche Intelligenz im Kern weist, ist der Übergang von der Datenverarbeitung (Daten als Zahlen und Texte) über die Informationsverarbeitung (Verknüpfung von Zahlen, Text, Bild, usw.) zur Wissensverarbeitung.

Die Herausforderungen sind hier – menschliches – Wissen in maschineller Form so darzustellen und in seiner natürlichen Komplexität zu verknüpfen, daß unter Einsatz systematischer, auf logischen Prinzipien beruhender Schlußverfahren menschliche Problemlöse- und -entscheidungsverfahren maschinell – d. h. durch Computer-Software – nachgebildet werden können.

Die Fruchtbarkeit dieses Ansatzes liegt entwicklungsgeschichtlich gegenwärtig wohl darin, daß sich die Informatik von der (Zahlen-) Rechenmaschine und Datenverarbeitung im bisherigen Sinne löst und ihre informationsverarbeitenden Systeme, die Computer, dem alltäglichen Benutzer in völlig neuer Form und mit neuem Leistungsumfang als echte Informatikmaschinen präsentiert.

Die Informatiksysteme der neuen Generation stützen sich natürlich ohne Ausnahme auf die gewaltigen Hardwarepotentiale, die durch die mikroelektronischen Leistungssteigerungen geschaffen wurden. Die Mikroelektronik liefert das unverzichtbare Rohmaterial, ohne das die neue Informatik nichts mehr als ein wissenschaftlicher Traum wäre. Allerdings bliebe sie umgekehrt für sich allein ganz unfruchtbar, wenn ihr die Informatik nicht Kraft und Leben geben würde.

An dieser Stelle schließt sich der Kreis. Die Mikroelektronik liefert der Informatik funktional und wirtschaftlich die Bausteine, die von der Informatik als Grundlage technischer Systeme für die Umsetzung ihrer Methoden, Verfahren und Techniken als Werkzeuge der Informations- und Wissensverarbeitung genutzt werden. Mikroelektronik und Informatikwerkzeuge bilden aus der Sicht der Anwender wiederum den Sockel, auf der er seine ganz spezifische Anwendung realisiert. Dabei kommt der Informatik eine nahezu universelle Unterstützungs- und Dienstleistungsfunktion zu, da – wie uns inzwischen allen bewußt – es kaum ein Gebiet qualifizierter menschlicher Betätigung gibt, in denen Informatikanwendersysteme nicht unterstützend, in der Regel sogar als unverzichtbarer integrierender Bestandteil, eingesetzt werden können und müssen.

5. Technologietransfer

Kritiker dieser Wortschöpfung und der dahinterstehenden Modelle weisen mit Recht darauf hin, daß es einen Übergang von wissenschaftlichen Ergebnissen und technischen Neuerungen aus den Forschungslabors und -werkstätten der Universitäten und Technischen Hochschulen in die Wirtschaft schon sehr lange gibt. Seit dem Vordringen der wissenschaftlichen Erkenntnisse der Mathematik, Physik, Chemie, Biologie und der technischen Wissenschaften in die industrielle Praxis in der zweiten Hälfte des 19. Jahrhunderts, ist diese Verbindung von bleibender Bedeutung für die wirtschaftliche Entwicklung gewesen. Gerade die Universität Karlsruhe kann hier aus der Reihe ihrer Forscherpersönlichkeiten zahlreiche glänzende Beispiele liefern.

Neben dieser ungebrochenen Tradition der Kooperation Wissenschaft und Praxis gab und gibt es seit den sechziger Jahren Probleme, die aus übergeordneter wirtschafts- und technologiepolitischer Sicht zu Bedenken Anlaß geben und die schließlich zu Aktivitäten auch von staatlicher Seite führten, die heute unter dem Stichwort Technologietransfer zusammengefaßt werden.

Exemplarisch seien diese ungünstigen Tendenzen an einigen Wirtschaftszweigen, wie der Optik und Fototechnik, der Uhrenindustrie, Unterhaltungselektronik, Fernmelde- und Funktechnik und Büromaschinenbranche skizziert. Diese Gebiete sind nicht willkürlich ausgewählt, sondern weisen zumindest zwei Gemeinsamkeiten auf.

Zum einen kann man sie – aus heutiger Sicht – unter den Oberbegriff der Informationstechniken rechnen, zum anderen waren sie viele Jahrzehnte auf dem Weltmarkt eine Domäne der Industrien Deutschlands und seiner Nachbarn Österreich und Schweiz.

Die Verluste wesentlicher Teile dieses klassischen europäischen Markteinflusses an ostasiatische Mitbewerber und die USA und die gravierende Tatsache, daß die entscheidende Innovations- und Marktkraft in den neuen Technologien der Computertechnik, Videotechnik und nicht zuletzt in der Basistechnologie Mikroelektronik von Beginn an in diesen Regionen lag, haben Politik und Gesellschaft mit Recht alarmiert.

Eine Analyse der technisch-wissenschaftlichen Spitzenleistungen unserer weltweiten Mitbewerber zeigt nun in der Tat, daß ein wesentliches Erfolgselement dieser innovativen Industrieentwicklungen in einer engen, fruchtbaren arbeitsteiligen Zusammenarbeit zwischen der Wissenschaft, insbesondere den Universitäten, der in den Spitzentechnologien tätigen Wirtschaft (High-Technology, High Tech) und des fördernden und koordinierenden Staates liegt.

Ein ganz wesentliches Moment ist dabei, daß es in diesen Ländern leichter und insbesondere schneller gelingt, Ergebnisse der Forschung aus den Universitäts- und Industrie-Laboratorien in innovative wettbewerbsbestimmende Produkte und damit in Marktvorsprünge umzusetzen.

Der F+E-Gesamtfinanzierungsaufwand, der Anteil der Forschungs- und Entwicklungsaufwendungen am Bruttosozialprodukt eines Landes erweist sich dagegen global gesehen nicht als Erklärung für Innovationsdifferenzen geeignet, denn hier hält die Bundesrepublik Deutschland einen stolzen Spitzenplatz. Eher liegt bei der Erklärung von High Tech Erfolgsdifferenzen der Schluß nahe, daß die Schwerpunktsetzungen öffentlicher und privater Forschungsinvestitionen in der Bundesrepublik in der Vergangenheit nicht voll die Technologiefelder getroffen haben, die heute und in Zukunft die Welttechnologiemärkte dominieren werden.

Insgesamt bestehen in der Relevanzeinschätzung der Herausforderung des Technologiewettbewerbs der hochindustrialisierten Länder, insbesondere durch die Hauptwettbewerber der Bundesrepublik in den informatikbezogenen Technologien und ihren Anwendungen in Politik, Wirtschaft und Wissenschaft unseres Landes keine Meinungsunterschiede mehr, so daß die Zeichen für ein abgestimmtes vorwärtsdrängendes Handeln in der Bundesrepublik Deutschland recht günstig stehen.

6. Informatik und Technologietransfer in Aus- und Weiterbildung

Welche Rolle kann die Informatik in einer Forschungs- und Technologiepolitik spielen, deren Ziel es ist, die Vorteile der neuen Informations- und Kommunikationstechniken für eine positive gesellschaftliche Entwicklung zu nutzen, eine starke weltwirtschaftliche Position zu halten und die potentiellen Risiken der neuen Techniken, beispielsweise für den Arbeitsmarkt oder in der Persönlichkeitssphäre zu beherrschen.

Unbestritten ist, daß die Informationsgesellschaft, in die unser Weg führt, eine andere, in der Regel höhere Qualifikationsstruktur als die heutige Industriegesellschaft haben wird. In der industriellen Revolution des 19. Jahrhunderts entstanden völlig neue Berufe, wie der Elektro-Ingenieur und der Maschinenbau-Ingenieur oder es wandelten sich Handwerksberufe wie der Schmied oder Wagner zum Metallfacharbeiter und Kraftfahrzeugschlosser. In gleicher Weise ist in unserer Zeit der Informations-Ingenieur, eben der Diplom-Informatiker, neu entstanden und es werden sich wiederum viele Berufsbilder unter dem Einfluß der Informatik fundamental wandeln. Dabei ist für viele Menschen heute die Informatik so unbekannt und unverständlich wie es die Elektrizität oder der pferdelose (Motor-)Wagen für unsere Vorfahren vor hundert Jahren war.

Ein praktisch nutzbringender und gleichzeitig selbstbewußter und verantwortungsvoller Umgang mit der Informatik und den Informatikmaschinen und Informatiksystemen ist allerdings nur möglich, wenn der diese Systeme nutzende Informatikanwender nicht nur ein simples Bedienungswissen, sondern ein wirkliches Grundverständnis des Problemlösens mit Informatiksystemen hat. Dabei geht es nicht um mikroelektronische Details, sondern um die problemnahen Lösungsverfahren der Informatik mit ihren Möglichkeiten und Grenzen.

Mit anderen Worten: Wir brauchen Fachkräfte der Hauptfachrichtung Informatik in erheblicher Zahl und zwar zum einen, um auf der Basis der Mikroelektronik und anderer physikalischer Technologien in der an den vorangegangenen Beispielen modellhaft geschilderten Weise die Wissenschaft Informatik und ihre praktische Umsetzung voranzutreiben, zum anderen aber um im Zusammenwirken mit den Fachkräften und Ausbildern eines Anwendungsgebietes von Informatikergebnissen die Verwender bzw. Nutzer von Informatiksystemen fachbezogen zu qualifizieren.

Aus- und Weiterbildung auf allen Bildungsebenen in der neuen Technik Informatik – ein Technologietransfer in die Köpfe – stellen die größte unmittelbare Herausforderung dar, und zwar nicht nur in berufsqualifizierender Hinsicht sondern auch als ein Schlüssel für die gesellschaftliche Verträglichkeit des massiven strukturellen Wandels, in dem wir uns befinden. Eine die eigenen Interessen vertretende sachbezogene Entscheidung kann der Bürger nur dann treffen, wenn er zumindest ein Grundverständnis der Informatik und ihres technischen, wirtschaftlichen und gesellschaftlichen Potentials aber auch ihrer Gefahren und Grenzen hat.

Es ist mehr als ein interessanter Nebeneffekt, daß trotz deutlich sichtbarer Ansätze und einschlägiger Versuche eine breitangelegte Anti-Computerhaltung in unserer Gesellschaft nicht Fuß fassen konnte. Auch hier haben die Kleinstcomputer als Heim- und Spielcomputer eine wichtige, oft übersehene, Rolle gespielt. Ein Computer zuhause, den der Junior glänzend beherrscht, hilft der eigenen Anschauung und Urteilsbildung und wirkt damit besser als jedes andere Argument einer einseitigen Dämonisierung der Computertechnik, aber auch einer überzogenen Computergläubigkeit entgegen.

Die Informatiker an den wissenschaftlichen Hochschulen und den Fachhochschulen leisten beim Heranbilden des Nachwuchses außergewöhnliches. Nach einem explosionsartigen Anstieg der Studienanfängerzahlen im Hauptfach Informatik seit 1980 – auch die Abiturienten haben die Zeichen der Zeit erkannt – sind allein an den Universitäten zum WS 86/87 etwa 29000 Informatikstudenten eingeschrieben. Damit gehört die Informatik zu den großen naturwissenschaftlich-technischen Studienfächern. In den nächsten Jahren werden jährlich 2000-2500 Diplom-Informatiker aus den Universitäten in das Berufsleben eintreten, ein aus heutiger Sicht unproblematischer Übergang, da die Zahl der offenen Stellen die Absolventenzahl deutlich – Ende 1986 um das Vierfache – übersteigt.

Die anhaltend hohe Nachfrage ist insofern nicht selbstverständlich, da in den Jahren 1984-86 mehr Diplom-Informatiker nach Abschluß ihres Studiums auf den Arbeitsmarkt gekommen sind als in der davor liegenden Gesamtzeit seit 1971, als die ersten Informatikdiplome vergeben wurden. Es sieht im Gegenteil gerade danach aus, Analysen der Stelleninserate und Firmenbefragungen zeigen das ebenso wie die Statistiken der Arbeitsverwaltung, daß die Nachfrage nach Informatikern umso stärker steigt, je mehr Diplom-Informatiker in Wirtschaft und Verwaltung berufstätig sind.

Es besteht berechtigte Hoffnung und viele Rückmeldungen aus der Wirtschaft weisen daraufhin, daß mit den jungen, in der Regel hochmotivierten Diplom-Informatikern ein Technologietransfer besonders intensiver Art verbunden sein wird, nämlich der Übergang des neuesten Wissens unseres Fachs in den Köpfen leistungsfähiger einsatzbereiter Absolventen in die unter starkem Informatisierungsdruck stehende Wirtschaft.

Der andere Schritt, den die Hochschulinformatik tun muß und wird, ist die Grundlagen- und Nebenfachausbildung in Informatik für die Studenten anderer Fachrichtungen. Die Erkenntnis, ohne Informatikanteile nicht mehr auskommen zu können, hat sich zumindest in den ingenieurwissenschaftlichen Fächern in jüngster Zeit durchgesetzt und dringt – deutlich sichtbar –, schrittweise auch in viele andere Fachrichtungen vor. Dabei ist klar zu unterscheiden: Informatikwissen ist von Informatikern zu lehren; die Integration von Anwendungsergebnissen der Informatik in den Wissensstoff und die Methodik eines Fachs ist dagegen Aufgabe des Faches selbst und kann von niemandem stellvertretend übernommen werden. Der Informatiker wird hier natürlich seinen Beitrag leisten, wobei es schon Beispiele interdisziplinärer Kooperation zwischen Anwendungsfächern und Informatik nicht nur an amerikanischen Universitäten, sondern auch in hervorragender Weise in der Bundesrepublik gibt.

Zusammenfassend kann gesagt werden: Durch die Initiative der Bundesregierung, zuständig vertreten durch das heutige Bundesministerium für Forschung und Technologie, wurde durch den frühen Aufbau der Informatik als Hochschuldisziplin ein Potential geschaffen, das uns besonders im Vergleich zu unseren europäischen Nachbarn eine ausgezeichnete Ausgangsposition im Qualifikationswettbewerb gibt. Bei einem Bestand von etwa 10000 Diplom-Informatikern (Universitäten und Fachhochschulen) Ende 1985 rechnen wir bei den gegenwärtigen Studentenzahlen mit einer Verdopplung des Berufsbestands bis Ende 88 und einem weitgehend stabilen weiteren Zugang von 3500-4500 Absolventen aus beiden Hochschularten bis Mitte der neunziger Jahre. Der Informatiker als Informationsingenieur hat sich als Berufsbild etabliert. Seine Einsatzfelder sind weit gefächert. Er ist in der Informatikindustrie aktiv, spielt aber eine genauso wichtige Rolle in der Informatik- und Mikroelektronikintegration in technischen Produkten und Produktionsverfahren, z. B. des Maschinenbaus, der Verfahrenstechnik, der Elektrotechnik und des Straßenfahrzeugbaus. Das gleiche gilt für den wachsenden Dienstleistungsbereich, wo in den Bereichen Handel, Geldwirtschaft, Gastronomie usw. der Informatikeinfluß immer deutlicher wird.

7. Technologietransfer in der Forschung

Die strategische Situation zwischen der Hochschul-Informatik- und der Informatikindustrie (DV-Hersteller) in der Forschung ist historisch dadurch gekennzeichnet, daß nach einer frühen Phase der Grundlagenforschung in den vierziger Jahren zumindest im Bereich der eigentlichen Computerentwicklung (Hardware) die Industrielaboratorien die dominierende Rolle übernommen hatten. Auch im Softwarebereich kamen viele innovativen Fortschritte von der industriellen Seite. Für die Beurteilung der Ausgangssituation eines Technologietransfer Universität – Wirtschaft ist es daher wesentlich festzuhalten, daß sich das Industrieprodukt Computer schon recht erfolgreich am Markt durchsetzte, bevor eine entsprechende wissenschaftliche Disziplin an den Universitäten etabliert wurde. Der Anstoßeffekt des Computers für unsere Wissenschaft läßt sich leicht am amerikanischen Begriff „Computer Science" ablesen, eine Eingrenzung, die der wissenschaftstheoretischen Stellung und der beschriebenen neuen Rolle der Informatik in Zukunft immer weniger gerecht werden wird.

Das Gewicht der Industrieforschung wird auch an der Größe der einschlägigen Industrieforschungslabors deutlich, von denen mehrere – jedes für sich – mit dem Stammpersonal der gesamten deutschen Universitätsinformatik vergleichbar sind, vom Umfang und der Qualität der apparativen Ausrüstung einmal abgesehen.

In den Software- und Problemlöse-Methodiken der Informatik hat sich – trotz dieser Industrieaufwendungen – die Universitätsforschung immer besser als im hardwaretechnischen Bereich behaupten können. Die grundlegenden Beiträge der weltweiten Hochschulforschung liegen hier ohne Zweifel an erster Stelle.

Der Übergang von der hardwaretechnischen Vorherrschaft zur Softwaredominanz im weitesten Sinne und die immer stärkere Verwissenschaftlichung von Methodik und Produktforschung und -entwicklung, wie an den Beispielen Telematik, Robotik und künstliche Intelligenz gezeigt, verändern die Gewichte zwischen Industrieforschung und Hochschule ganz deutlich zugunsten der Hochschule. Dafür gibt es praktische und systemimmanente Gründe. Systemimmanent scheint die Fähigkeit der Universität zu sein, große Freiräume für unkonventionelle Ideen zu bieten, im „kreativen Chaos" Leute verschiedener Denkrichtungen zusammenzuführen und aus ihrem Zusammenkommen und ihren manchmal handfesten Auseinandersetzungen schöpferische Funken zu schlagen. Auch die ständige Auseinandersetzung mit den Studenten, gelegentlich als Lehrlast beklagt, scheint eher synergetisch energiesteigernd zu wirken.

Zumindest zeigt die Entwicklung der letzten Jahre sehr deutlich und hier ist gerade Baden-Württemberg mit seiner liberalen offenen Hochschulpolitik und seinen Forschungsförderungsstrategien ein Beispiel, daß die Angst der früheren Jahre, die Universitäten würden neben den hochdotierten Industrie- und Staatsforschungs-Einrichtungen zu zweitrangigen Lernfabriken degenerieren, völlig unbegründet war. Nachdem manche durch übertriebenen Reformeifer und mangelndes, möglicherweise verlorengegangenes Verständnis der Arbeitsweise einer Hochschule aufgetretene Fehlentwicklung wieder korrigiert wurde und wenn die Überlastungen der Universitäten durch die geburtenstarken Jahrgänge abgebaut sein werden, haben die Universitäten erst recht die Chance, ihren vorderen Platz in der Forschungslandschaft zu halten und weiter im internationalen Maßstab zu verbessern, wobei allerdings auch nicht zu übersehen ist, daß sich in der Hochschulwelt der Bundesrepublik bedingt durch differierende Randbedingungen Unterschiede herauszubilden beginnen.

Praktisch ist für die Wirtschaft die Verbindung mit der Universität neben dem

Zufluß unkonventioneller Ideen und fortgeschrittener wissenschaftlicher Ergebnisse in erster Linie wohl deswegen interessant, weil sie sich Linderung bei der wichtigsten Engpaßsituation im Spitzentechnologiebereich erhofft, bei der Gewinnung hochqualifizierter Nachwuchsleute. In Übereinstimmung mit der These vom Anstieg des Qualifikationsniveaus beim Übergang in die Informationsgesellschaft ist trotz der gestiegenen Absolventenzahlen der Bedarf „an guten Leuten" ungebrochen. Die Großnachfrager der Informatikindustrie, aber auch große Informatikanwender unternehmen, ähnlich wie es aus den USA bekannt ist, erstaunliche Rekrutierungsanstrengungen, um sich Spitzenleute zu sichern. Zuweilen müssen sich die Informatikinstitute den freundschaftlichen Vorwurf anhören, man habe wohl kein Interesse mehr an guten Beziehungen zur Firma X, weil man schon solange keine guten Absolventen mehr vermittelt habe.

Einer besonderen Herausforderung sehen sich in dieser Gesamtlage die mittelständischen Unternehmen gegenüber, die sich, im allgemeinen allein auf sich gestellt, weder gewaltige Forschungsaufträge noch aufwendige Rekrutierungs- und Kontaktpflegekampagnen leisten können. Es braucht andererseits nicht erläutert zu werden, wie sensibel meist ein mittelständisches Unternehmen von der in der Kopfzahl oft sehr kleinen Zahl spitzenqualifizierter Fachkräfte abhängt. Auch sind der Innovationsbedarf und die Innovationsleistung der Mittelständler sicher nicht kleiner als der Beitrag der Großindustrie. Bei dem rasanten Entwicklungstempo von Informatik und Mikroelektronik können überall im Mittelstand leicht existenzgefährdende Lücken auftreten. Anders als bei den Großfirmen, die meist direkt mit den Instituten und Fakultäten kooperieren und dafür auch ohne Schwierigkeiten die finanziellen, personellen und organisatorischen Hilfsmittel mobilisieren können, bedarf es beim Mittelstand eines breiteren Technologietransferinstrumentariums. Mit Unterstützung der Landesregierung sind dafür als eine wirkungsvolle Maßnahme an den Universitäten und Fachhochschulen Beratungs- und Kontaktstellen entstanden, die gerade auf Beratungs- und Entwicklungsaufgaben kleineren und mittleren Umfangs ausgerichtet sind.

Ein noch weitergehender Ansatz, der von der Universität Karlsruhe, bevorzugt der Fakultät für Informatik, ausgegangen ist, hat gerade im Bereich des Technologietransfers und des Brückenschlags zum Mittelstand erfreulich positive Zeichen gesetzt.

Das Forschungszentrum Informatik an der Universität Karlsruhe, fachlich verantwortlich geleitet von Professoren der Karlsruher Universität und getragen vom baden-württembergischen Ministerium für Wirtschaft, Mittelstand und Technologie, bündelt ein breites Spektrum von Forschungs- und Entwicklungsarbeiten auf den dynamischen Zukunftsfeldern der Informatik und macht die Ergebnisse einem breiten stark mittelständig orientierten Unternehmenskreis zugänglich. Die Industrie hat die Initiative mit Energie aufgegriffen und beteiligt sich nicht nur an vielen gemeinsamen fachlichen Kooperationsvorhaben, sondern auch durch einen sehr aktiven Förderverein an der strategischen Planung, der Organisation und der übergreifenden Ausrichtung des Forschungszentrums Informatik.

Zum Abschluß dieses Abschnittes soll noch auf einen Punkt eingegangen werden, der für das Technologietransferpotential der Informatik von nicht zu unterschätzender Bedeutung ist. Kurz gesagt geht es darum, daß es aus fachimmanenten Gründen in der Informatik kein „Praxisgefälle" von der Wirtschaft in die Hochschule geben braucht. Auch der Umkehrschluß gilt. Informatik in der industriellen Anwendung kann auf die Dauer nur international erfolgreich bestehen, wenn es kein permanentes bzw. zeitverzögertes „Theoriegefälle" aus der Hochschulinformatik in die Praxis gibt.

Anders als beispielsweise bei der technischen Forschung in Verbindung mit großen Produktionsanlagen oder den betriebswirtschaftlichen Untersuchungen über ein Unternehmen braucht sich die Informatikforschung nicht mit kleineren Modellanlagen oder überhaupt nur der abstrakten Nachbildung der Praxis zu begnügen. Zumindest vom Platzbedarf, den Anschaffungs- und Betriebskosten her, läßt sich für die Ausbildung der fortgeschrittenen Studenten und die wissenschaftliche Arbeit in der Forschung ohne Rangunterschied die gleiche apparative Ausrüstung in der Universität einsetzen wie in der Softwareentwicklung einer Informatikfirma.

Da darüberhinaus Methoden- und Softwareentwicklungen bei richtiger arbeitstechnischer und instrumenteller Unterstützung eine intellektuelle Herausforderung für einen Einzelnen oder ein kleines Team und keine hochgradig arbeitsteilige Massenproduktion sind, kann auch ein mittleres Universitätsinstitut mit seinen meist sehr engagierten und produktiven Studenten und Assistenten (und natürlich auch Professoren) in Software realisierte Informatikergebnisse liefern, die voll industriell-professionellen Maßstäben standhalten. Dabei wird die Universität natürlich nicht primär an vermarktbaren Softwareprodukten interessiert sein, aber eben doch ausgereifte Ergebnisse liefern können, für die in der Praxis großer Bedarf besteht und für die die Industrie auch bereit ist, einen fairen Gegenwert zur Unterstützung der nicht billigen Informatikforschung bereitzustellen.

Der enorme internationale Wettbewerbsdruck, der weltweite Mangel an erstklassigen Leuten, der Wunsch unserer Universitäten sowohl inhaltlich als auch bei der Hardware-/Software-Ausrüstung an der Spitze des Weltstandards mitzuhalten, was mit Haushaltsmitteln sicher nicht allein zu bewältigen ist, schaffen eine für beide Seiten: Wirtschaft und Hochschule vorteilhafte breite gemeinsame Interessenbasis für eine umfassend angelegte Technologiekooperation, die den Aufforderungen der Politik und der Öffentlichkeit nach mehr Technologietransfer voll entspricht.

8. Staat und Technologietransfer

In den bisherigen Ausführungen ist bereits in verschiedenen Zusammenhängen die Rolle des Staates im Technologietransferprozeß angesprochen worden. Eine übergreifende Feststellung ist ohne Zweifel, daß unter den heutigen und für die Zukunft absehbaren Bedingungen eine langfristig erfolgreiche Technologiezusammenarbeit nur in einem Dreiecksverhältnis der Partner Hochschule – Wirtschaft – Staat vorstellbar ist.

Die Begründungen dafür sind aus Sicht eines an der Universität angesiedelten Praktikers der Technologiekooperation weniger philosophischer als sehr praktischer Natur. Als erstes ist hier der vielleicht trivial klingende Punkt zu nennen, daß Technologietransfer auch im Sinne der ihn fordernden Politiker eigentlich nur Sinn macht, wenn wirklich für die Wirtschaft wesentliche Ergebnisse zeitgerecht, d. h. frühzeitig aus der Universität zum Adressaten gelangen. Das bedeutet, daß vom Universitätsinstitut ergebnis- und zeitplanorientiert, wenn auch nicht ohne Erfolgsrisiko, gearbeitet werden muß. Eine Nichteinhaltung der Pläne und Absprachen bedeutet einen Nachteil für den Empfänger, anderenfalls wäre wohl kaum von einem wesentlichen Ergebnis, sondern eher von einem Good-Will-Kontakt zu sprechen. Das in den meisten Fällen transfergezielt gearbeitet werden muß, ist wohl nach aller Erfahrung unbestritten. In den seltensten Fällen sind die Ergebnisse aus der universitären Grundlagenforschung, auf der ja normalerweise ein Wirtschaftskontakt aufbaut, bereits so ausgereift, daß sie direkt von der Industrie übernommen werden können. Plan- und termingerechtes Arbeiten kann von einer (Universitäts-) Einrichtung natürlich nur geleistet werden, wenn es in planbarer, d. h. berechenbarer Umgebung operiert. Eine elementare Forderung an den Träger der Hochschule, den Staat, ist daher Stabilität und Kontinuität für seine Hochschulen sicherzustellen. Selbst bei sich schnell und unerwartet ändernden politischen und finanziellen Randbedingungen müßte die öffentliche Hand sicherstellen, daß sich nicht beispielsweise jede ungünstige Steuerschätzung sofort in abrupten Haushaltsbremsprozessen bis in die Tagesarbeit der Institute auswirkt.

Als eine stimulierende Maßnahme hat sich erwiesen, den Instituten im Rahmen des Haushaltsrechtes für die eingeworbenen Industriemittel Dispositionsfreiräume zu ermöglichen. Forschungskooperationen tragen per definitionem ein hohes Risiko und führen des öfteren zu unerwarteten überraschenden Resultaten, nicht immer in der erwünschten positiven Richtung. Beim Auftreten von Hindernissen und Fehlschlägen ist eine schnelle Reaktion und das heißt oft Umdisposition zwingend, will man die entscheidenden Ziele doch noch erreichen. Eine monatelange Genehmigungsprozedur der Umwidmung vorhandener Industriemittel behindert die notwendige Flexibilität, gefährdet den Kooperationserfolg und zerstört das Vertrauen der Partner.

Aus der Erfahrung des Verfassers hat die sachgerechte Handhabung dieser Probleme durch das Ministerium für Wissenschaft und Kunst des Landes Baden-Württemberg, unterstützt in Karlsruhe durch die Universitätsverwaltung, erheblichen Anteil an dem Vertrauensverhältnis, das wir durch unsere Verläßlichkeit bei der Wirtschaft unseres Landes gewinnen konnten.

Eine weitere Förderungsmaßnahme zielt in dieselbe Richtung. Als Technologiepartner ist ein Institut, eine Fakultät, eine Universität nur interessant, wenn man nicht mit Eintagsfliegen handelt, sondern auf einem breiten Fundament anhaltender wissenschaftlicher Kreativität und Produktivität steht. Dieses Potential kann nur durch vom Staat ausreichend und mit langem Atem geförderte freie Grundlagenforschung geschaffen und gehalten werden. Für die ungebundene, oft der wirtschaftlichen Verwertung weit vorauseilende freie Grundlagenforschung kann es keine Substitution durch noch so gut gemeinte Industriemittel geben.

Im Übergangsbereich von der Grundlagenforschung zur angewandten Forschung lassen sich allerdings gezielt eingesetzte öffentliche Mittel und Industriebeiträge durchaus in leistungssteigernder Weise in größeren Vorhaben der „Vorlaufforschung" miteinander verbinden, eine Praxis, die sowohl vom Bundesministerium für Forschung und Technologie, als auch sehr intensiv von der Landesregierung Baden-Württemberg im Rahmen ihrer Forschungsförderungsprogramme betrieben wird.

9. Schlußbemerkungen

Stand und Tendenzen des Themas Informatik und Technologietransfer lassen sich aus dem Erfahrungshorizont eines Informatikers an der Universität Karlsruhe wie folgt zusammenfassen. Nach der Phase des Aufbaus und der Konsolidierung erlebt die Informatik als Wissenschaftsdisziplin und eine Schlüsseltechnologie des kommenden

Informationszeitalters seit etwa 1982 einen gewaltigen Aufschwung. Die deutsche und europäische Wirtschaft haben erkannt, daß sie sich in der Nutzung der Informatik, der Mikroelektronik und den sich daraus ableitenden Informations- und Kommunikationstechniken und ihrer Anwendungen einer säkularen weltwirtschaftlichen Herausforderung gegenüber sehen, bei der die Platzkarten für die vorderen Ränge im Reigen der Industrienationen für die nächsten Jahrzehnte jetzt vergeben werden.

Einem besonderen Veränderungsdruck sieht sich dabei der industrielle Mittelstand ausgesetzt. Diese Herausforderung kann nur bestanden werden, wenn die Wissenschaft, insbesondere die Universitäten, die Wirtschaft in allen ihren Schattierungen und der Staat neue Wege in der Bündelung der Kräfte und in den Formen der Zusammenarbeit gehen.

Technologietransfer, besser eigentlich die gleichgewichtige und gleichberechtigte Technologiekooperation zwischen Wissenschaft und Wirtschaft, wie sie sich bereits in den letzten Jahren – zumindest in unserem Bereich – vertrauensvoll, erfolgreich und mit viel Verständnis füreinander entwickelt hat, sind ein entscheidender Beitrag zum Bestehen im internationalen Wettbewerb und bei der Schaffung konstruktiver, sozialverträglicher, fortschrittlicher Strukturen für die Informationsgesellschaft, an deren Schwelle wir uns befinden.

Die Landesregierung Baden-Württemberg hat mit dem unermüdlichen Einsatz von Lothar Späth sehr viel getan, um diese Entwicklungen anzuregen und vielfältig zu fördern. Es ist wesentlich ihrer Forschungs- und Technologiepolitik zu verdanken, daß sich im Lande nicht nur die neuen Technologien, insbesondere Informatik und Mikroelektronik, weit überdurchschnittlich entwickelten, sondern daß auch Zeichen für neue Formen der Kooperation Wissenschaft und Wirtschaft mit großer Zukunftsbedeutung gesetzt werden konnten.

Nichttechnischer Technologietransfer

Burkhard Rauhut

Zusammenfassung

Technologietransfer bedeutet nicht allein Übertragung von technischem Wissen. Zum Teil an Hand von Beispielen wird gezeigt, daß auch der Wissenstransfer von den Hochschulen in die Anwendungen im nichttechnischen Bereich, speziell in der Mathematischen Statistik, durchaus verbesserungsbedürftig ist.

1. Problematik

Der aus dem angelsächsischen Sprachbereich stammende Begriff des Technologietransfers bezeichnete ursprünglich eben dieses: Den Transfer der hochentwickelten Technologie der industrialisierten Länder in die Entwicklungsländer oder allgemein „… the acquisition, development, and utilization of technological knowledge by a country other than that in which this knowledge is originated," [2]. Dementsprechend weitgefächert ist die Literatur zu dieser Thematik, insbesondere seitdem erkennbar wurde, welche Vielzahl schädlicher Nebenwirkungen mit einem derartigen Transfer verbunden sein kann (z. B. [1], [9]).

Seit einigen Jahren wird jedoch der Begriff Technologietransfer in etwas anderer Bedeutung gebraucht: Man versteht darunter im wesentlichen, kleinere und mittlere Unternehmen mit vergleichsweise geringen Forschungsmöglichkeiten das in den Hochschulen „bereitliegende" Wissen und Knowhow verfügbar zu machen. So hat sich z. B. Lothar Späth aufgrund der Wirtschaftsstruktur Baden-Württembergs, verbunden mit der Erkenntnis, daß der Anschluß an die Weltwirtschaft der Zukunft nur über die neuen, zukunftsträchtigen Technologien gehalten werden kann (s. [10]), schon sehr früh und sehr engagiert für einen Technologietransfer in diesem Sinne eingesetzt.

Die Instrumente zur Anregung und Durchführung eines derartigen Austauschs zwischen den Hochschulen und der Praxis sind bisher im wesentlichen die Einrichtung von Technologieparks in der Nähe von Universitäten, Transfereinrichtungen an den Hochschulen sowie begleitende Maßnahmen wie Beratung, Bereitstellung von Risikokapital u.ä.

Bei allen Äußerungen zu diesem Themenkreis fällt auf, daß praktisch stets – implizit oder explizit – davon ausgegangen wird, daß es auf die möglichst schnelle und reibungslose Umsetzung *technologischer* Fertigkeiten und Kenntnisse ankommt, wobei insbesondere die Mikro-, Informations- und Biotechnologie besonders betont werden. Zwar wird vereinzelt darauf hingewiesen, daß insgesamt die „… Umsetzung wissenschaftlicher Ergebnisse in die Praxis bis hin zur Entwicklung neuer Industrien ..." ([7], S. 11/12) beschleunigt werden müsse, doch scheint dies – auch in der zitierten Formulierung – eher „handfest" als allumfassend gemeint zu sein. Der Begriff „allumfassend" soll dabei andeuten, daß es neben den offensichtlichen technologischen Kenntnissen und Fertigkeiten der Hochschulen andere Wissensbereiche gibt, die durchaus und notwendigerweise in der Zukunft wesentlich stärker und vor allem schneller umgesetzt werden müßten (in Handlungsvorgaben etwa) als das bisher der Fall ist.

Ich denke dabei vor allem an ein Gebiet, das mir naturgemäß besonders naheliegt und das eigentlich schon seit jeher eine der Antriebskräfte für den technischen Fortschritt lieferte: die Mathematik.

Natürlich trifft es nicht global zu, daß mathematische Erkenntnisse bisher nicht schnell und effizient genug in die Praxis umgesetzt wurden: In vielen Fällen werden neue mathematische Ergebnisse nahezu on-line in den Anwendungen weiterverarbeitet, da der Anstoß zu ihrer Entwicklung häufig durch ein konkretes angewandtes Problem gegeben ist. Diese Entwicklung ist umso stärker zu beobachten, je leistungsfähiger und schneller die verfügbaren Computer werden. Doch trifft diese Feststellung nur auf einige Teilgebiete der Mathematik zu, vornehmlich auf die numerische Analysis und auf Teilgebiete der Stochastik.

In diesem Sinne ist zweifellos durch die rasante Entwicklung der Computertechnologie eine Verbesserung der Umsetzbarkeit mathematischer Methoden in praktisch relevante Probleme erzielt worden. Gleichzeitig birgt jedoch dieses Transfermedium Elektronenrechner eine Reihe von Gefahren, die anhand der Stochastik, speziell der mathematischen Statistik, exemplarisch aufgezeigt werden sollen.

2. Anmerkungen aus der Mathematischen Statistik

Die Wahl des Gebietes Statistik zur Verdeutlichung des soeben Gesagten erfolgt nicht von ungefähr: Mehr und mehr setzt sich in allen Technikfächern – wie vorher schon bei den Wirtschaftswissenschaften – die Erkenntnis durch, daß die Beschreibung der meisten realen Probleme nicht deterministisch, sondern durch Zufallsvariablen zu erfolgen hat. Nahezu alle Größen nämlich, die in der Wirtschaft oder Technik verwendet werden, sind zufallsbehaftet, sei es die Nachfrage nach einem Produkt, die Anzahl der Verkehrsteilnehmer während eines Zeitraumes, die Bruchfestigkeit von Stahl oder die maximale Windgeschwindigkeit, um nur einige völlig willkürlich zu nennen. Diese Größen sind praktisch nie exakt anzugeben, sie sind nur durch ihre Wahrscheinlichkeitsverteilungen beschreibbar, so daß die Stochastik in mehr und mehr Gebieten zur Beschreibung der tatsächlich ablaufenden Vorgänge benötigt wird. Doch nicht nur zur Beschreibung, mehr fast noch zur Kontrolle wird vor allem die mathematische Statistik benötigt. Man denke nur an den Bereich der Statistischen Qualitätskontrolle, der von außerordentlicher wirtschaftlicher Bedeutung ist und auf die Wettbewerbsfähigkeit einen starken Einfluß hat. (So schätzt man, daß der verstärkte Einsatz der mathematischen Statistik in der Bundesrepublik Deutschland Anfang der fünfziger Jahre im Rahmen der statistischen Qualitätskontrolle in einigen Bereichen Produktionskostenersparnisse bis zu 50% bewirkt hat. Natürlich sind Verbesserungen in einer derartigen Größenordnung heutzutage kaum noch möglich, doch hält man sich vor Augen, welche enorme Bedeutung die Qualität eines Produktes – im Sinne einer Übereinstimmung des Entwurfs mit dem tatsächlichen Produkt – für die Wettbewerbsfähigkeit gerade deutscher Produkte auf dem Weltmarkt hat, dann sieht man die unmittelbare praktische Wichtigkeit dieses Wissenszweiges).

Neben der Wichtigkeit als Grund für die Auswahl der Statistik gibt es einen weiteren, der mit der oben erwähnten Entwicklung der Computer zusammenhängt: Eine ständig wachsende Flut von Softwarepaketen zur Lösung mathematisch-statistischer Fragen. Seien es Programmsammlungen wie SPSS (Statistical Package for Social Sciences), BMDP (Biomedical Computer Programs), SAS (Statistical Analysis System), OSIRIS (Organized Set of Integrated Routines for Investigation with Statistics) oder andere: Für die meisten bisher lösbaren Probleme der statistischen Auswertung gibt es fertige Programme, die vom Anwender praktisch nur wenig Kenntnisse aus der mathematischen Statistik verlangen.

An dieser Stelle aber wird bereits ein Schwachpunkt der derzeitigen Wissensumsetzung aus der Forschung in die Praxis in nichttechnischen Fächern – also beim nichttechnischen Technologietransfer – deutlich: die leichte und schnelle Verfügbarkeit von automatisierten Problemlösungen führt – oder besser verführt – dazu, Lösungsmethoden einzusetzen, die nicht auf das zugrunde liegende Problem zugeschnitten sind.

Als Beispiel sei nur die extreme häufige Verwendung des sogenannten t-Testes genannt. Es handelt sich dabei um ein Testverfahren, mit dem man entscheiden kann, welches von zwei unterschiedlichen Verfahren z. B. im Mittel das bessere ist – unter der Voraussetzung allerdings, daß die zugrunde liegenden Meßwerte normalverteilt sind, d.h. einer bestimmten Wahrscheinlichkeitsverteilung gehorchen. Die Güte des Vergleiches, d.h. des t-Testes, hängt entscheidend von dieser Voraussetzung ab, doch nur in den seltensten Fällen wird diese nachgeprüft. Im technischen Bereich ist das etwa vergleichbar mit dem Versuch, Metallteile zu kleben mit einem Kleber, der speziell für Holz entwickelt wurde: Wenn man Glück hat, hält es „ein bißchen".

Die Gefahr eines derartigen unvollständigen Wissenstransfer hat natürlich schon immer bestanden und kann eigentlich immer an der Schnittstelle zwischen unterschiedlichen Fachgebieten auftreten, doch ist die Gefahr gerade bei nichttechnischem Wissen wie dem der Mathematik durch den Einsatz von Elektronenrechnern und den darauf verfügbaren Programmen in der letzten Zeit enorm vergrößert worden.

Abhilfe wäre hier vor allem dadurch zu schaffen, daß bei den Programmbeschreibungen neben der Angabe der Möglichkeiten, die das jeweilige Programm bietet, viel mehr als bisher darauf hingewiesen, gerade davor gewarnt würde, was das Programm eben nicht kann bzw. wofür es nicht eingesetzt werden darf.

Der soeben besprochene Punkt betrifft eher die Qualität als die Schnelligkeit, mit der nichttechnisches Wissen transferiert wird. Doch auch bei der Schnelligkeit der Umsetzung hapert es, vor allem dann, wenn Verfahren, Meßmethoden, Beurteilungskriterien o.ä. schon so lange benutzt werden, daß sie nahezu Gewohnheitsrecht geworden und etwa in DIN-Normen kodifiziert sind, obwohl ihre Überlegenheit über andere Methoden keinesfalls bewiesen ist. Werden dann forschungsmäßig Fortschritte erzielt in dem Sinne, daß bessere Methoden als die bisher benutzten und in Normen festgelegten entwickelt werden oder daß Genaueres über die Voraussetzungen für ihre korrekte Anwendung bekannt wird, dann dauert es in der Regel zu lange, bis diese Fortschritte das Althergebrachte verdrängt haben. Dies wird auch wieder verstärkt durch die oben erwähnte Tendenz, mehr und mehr fertige Programmsammlungen zu benutzen, in denen die alten Verfahren fertig programmiert vorliegen, während neue erst selbst programmiert werden müßten.

Ein Beispiel – ebenfalls aus der mathematischen Statistik – soll diesen Punkt verdeutlichen. Es handelt sich hierbei um das Erkennen von Ausreißern, d.h. von Werten innerhalb einer Meß- oder Beobachtungsreihe, die „weit“ entfernt von den übrigen liegen, ohne daß ein äußerer Grund zu erkennen ist (wie etwa Schreibfehler, Änderung der Rahmenbedingungen o.ä.). Eine Festlegung dessen, was als „weit entfernt“ gelten soll, kann dann nur durch einen sogenannten Ausreißertest erfolgen, d.h. eine mathematische Vorgehensweise, bei der nach Vorgabe einer (zuzulassenden) Irrtumswahrscheinlichkeit objektiv darüber entschieden wird, ob ein Wert als Ausreißer zu betrachten (und damit für die weitere Auswertung zu verwerfen) ist oder nicht.

Das Problem, bei Vorliegen bestimmter Voraussetzungen einen (im mathematischen Sinne zu präzisierenden) optimalen Ausreißertest zu konstruieren, ist nahezu 150 Jahre alt, doch erst in den letzten 10 Jahren sind wirkliche Fortschritte erzielt worden.

Da in der Praxis nicht darauf gewartet werden kann, bis die besten Verfahren gefunden werden (wenn es solche überhaupt gibt), sind bereits frühzeitig in Lehrbüchern und DIN-Blättern Vorgehensweisen vorgeschlagen worden, von denen man heute weiß, daß sie nicht die besten sind. Das ist an sich natürlich nichts Ungewöhnliches, doch da man inzwischen für einige Problemklassen optimale Verfahren kennt, ist es nicht recht verständlich, warum diese noch keine Berücksichtigung in den Anwendungen finden können, d.h. warum sie aus der mathematischen Welt noch nicht herausgekommen sind.

So wird in DIN 53804, Teil 1 „Statistische Auswertungen“ 1981, unter Punkt 8 die Behandlung ausreißerverdächtiger Einzelwerte abgehandelt, wobei für normalverteilte Einzelwerte bei weniger als 30 Werten ein Ausreißertest nach Dixon, für mehr als 30 Werte ein entsprechender Test nach Grubbs empfohlen wird.

Diese Norm besteht bis heute unverändert, obwohl man seit mindestens 1979 weiß, daß für normalverteilte Werte der Grubbs-Test für alle Anzahlen von Werten das beste Verfahren ist, um Ausreißer zu erkennen. Da außerdem keine Angaben in der erwähnten DIN-Norm zu finden sind darüber, wie man zu verfahren hat, wenn die Werte nicht normalverteilt sind, steht zu befürchten, daß in der Praxis auch ohne diese (notwendige) Voraussetzung der Normalverteilung das angegebene Verfahren benutzt wird, was zu völlig falschen Ergebnissen führen kann.

Zur Abhilfe kann hier zum einen nur empfohlen werden, mehr als bisher bei allen Normen, Empfehlungen o.ä. anzugeben, was man *nicht* darf bzw. welche Voraussetzungen unbedingt erfüllt sein müssen und zum anderen zu versuchen, neue Forschungsergebnisse schneller umzusetzen durch die Ausbildung von Personen, die mehr als bisher fächerübergreifend denken können und die in der Lage sind, sich mit Spezialisten verschiedener Fachrichtungen (mindestens also zweier) fachlich fundiert verständigen zu können. Zwar ist diese Forderung gerade im universitären Bereich schon vor langer Zeit und immer wiederholt gestellt worden, doch sollte die immer stärkere Spezialisierung der Fachgebiete in den letzten Jahrzehnten im Zusammenhang mit den Überlegungen zur Einrichtung von Transferstellen Anlaß sein, sie erneut zu bekräftigen.

Zur Verstärkung dieser Forderung sollte noch angemerkt werden, daß es natürlich neben dem oben erwähnten „minder schweren“ Fall der Empfehlung nicht-optimaler, aber immerhin relativ guter Verfahren Fälle gibt, bei denen die Sachkenntnis bezüglich anderer Fächer als des eigenen derart gering ist, daß völlig unsinnige Vorschriften resultieren.

Bleiben wir zur Veranschaulichung bei dem soeben erwähnten Problem der Ausreißerbehandlung. In dem DIN-Blatt 13 913, in dem die Anforderungen und Prüfungen für elastomere Abformmassen in der Zahnheilkunde festgelegt sind, wird eine (bindende!) Vorschrift angegeben, wie die Gesamtverarbeitungszeit zu messen ist. Nach einigen techniscnen Ausführungen heißt es (Zitat) „Als Gesamtverarbeitungszeit wird der Mittelwert aus drei solchen Bestimmungen errechnet und ... notiert. Jeder Eingabewert, der mehr als ± 25 % vom Mittelwert abweicht, wird eliminiert und durch eine neue Messung wiederholt."

Offensichtlich wird hier von der Vorstellung ausgegangen, daß ein Wert, der um mehr als 25 % vom Mittelwert dreier Beobachtungen abweicht, als Ausreißer anzusehen und daher wegzulassen bzw. zu ersetzen ist.

Man sieht allerdings sehr leicht, daß diese Vorschrift völlig sinnlos ist, da sie von der absoluten Lage des Mittelwertes abhängt, die Eigenschaft, Ausreißer zu sein, jedoch von der relativen Lage der Einzelwerte zum Mittelwert. So ist es nach der obigen Vorschrift möglich, daß von drei (mühevoll bestimmten) Einzelwerten 0,1,2 oder sogar alle 3 zu verwerfen sind. Als Beispiele können die Zahlentripel $T_0 = (3,4,5)$, $T_1 = (3,5,6)$, $T_2 = (2,3,4)$ und $T_3 = (1,2,6)$ angegeben werden, wobei von den drei Werten von T_0 keiner wegzulassen ist, bei T_1 der Wert 3, bei T_2 die Werte 2 und 4 und bei T_3 schließlich alle drei Werte zu verwerfen sind.

Derart krasse Fälle von mangelndem Transfer des Wissens eines Gebietes in ein anderes sind vielleicht selten, doch ihr Auftreten überhaupt könnte vielleicht weitgehend dadurch vermieden werden, daß man (eingerichtete oder einzurichtende) Transferstellen an den Hochschulen nicht nur im technischen Sinne versteht, sondern sie als zweiseitige Verteilungsstellen ansieht, die Anfragen aus der Praxis, seien sie technischer, natur-, geisteswissenschaftlicher oder mathematischer Natur, an die entsprechenden Fachleute weiterleitet – und umgekehrt. Dabei müßte vor allem die Praxis dazu ermuntert werden, Anfragen nicht erst dann zu stellen, wenn sie konkrete Probleme hat, sondern immer schon dann, wenn abzusehen ist, daß benötigte Spezialisten im eigenen Bereich nicht verfügbar sind.

Dies gilt aus meiner Sicht in besonderem Maße für die Mathematik und dabei insbesondere für die mathematische Statistik, da diese auch für die Umsetzung des Forschungswissens in die Entwicklung moderner Technologien von großer Bedeutung ist.

Literatur

[1] Analytical Studies of the OECD: North/South Technology Transfer. The Adjustments ahead, Paris 1982

[2] Derakhshani S (1984) Factors effecting success in international transfer of technology. The developing Economics Vol. 22, No. 1

[3] Dieter K (1985) Technologietransfer. Mitteilungsblatt der TU Clausthal, Heft 59

[4] DIN 13 913: Elastomere Abformmassen, Berlin 1982

[5] DIN 53 804 Teil 1: Statistische Auswertungen, Berlin 1981

[6] Halm S J (1983) Internal Technology Transfer – Role of Research Institute, Technology Transfer Agents and Universities in Relation with Commercialization of Technology. United Nations Industrial Development Organization, National Workshop on Technology Transfer Policies and Planning, Kuala Lumpur, Malaysia, 12.-14.12.1983

[7] Henn R, Späth L, Lübbe H, Krüger G (1985) Beschäftigung und Technologietransfer. Athenäum-Verlag, Meisenheim
[8] Merkle E (1984) Technologieparks. Eine Möglichkeit zur Verbesserung des Technologietransfer. Wist, 13. Jahrgang, Heft 1
[9] van Scherpenberg J, Steidle V (1981) Materialien zum Nord-Süd-Technologietransfer. Stiftung Wissenschaft und Politik, Ebenhausen
[10] Späth L (1985) Wende in die Zukunft. Rowohlt

Der Mittelstand in der technologischen Herausforderung

GERHARD ZEITEL

Zusammenfassung

Die rasche technologische Entwicklung hat dazu beigetragen, die Aufmerksamkeit wieder vermehrt auf die kleinen und mittleren Betriebe zu lenken. Diese sind in beachtlichem Umfang Innovationsträger. Ihre hohe Flexibilität kommt ihnen bei der Umsetzung von Innovationen zugute. Sie eröffnet den mittelständischen Unternehmen besondere Chancen. Um diese nutzen zu können, sind allerdings Rahmenbedingungen notwendig, die es ihnen erlauben, sich die erforderlichen Technologie- und Marktinformationen zu beschaffen sowie das zur Finanzierung von Innovationsvorhaben unerläßliche Eigenkapital zu bilden. Eine sinnvolle Bildungspolitik ist darüber hinaus Voraussetzung für die intellektuelle Bewältigung dieses Prozesses, auch im Bereich der kleinen und mittleren Unternehmen. Wenn der Mittelstand so die Chancen der technologischen Entwicklung nutzen kann, sind als Folge des technischen Fortschritts, insbesondere im Dienstleistungsbereich, Arbeitsplatzgewinne zu erwarten, die den Mittelstand zum Hoffnungsträger bei der Beseitigung der Arbeitslosigkeit machen.

I.

In vielen Ländern der Welt ist in der jüngsten Vergangenheit zu beobachten, daß den mittleren und kleinen Unternehmen wirtschaftspolitisch vermehrt Aufmerksamkeit, Anerkennung und Zuneigung zuteil wird: von Verbandsvertretern, von Politikern und von Wissenschaftlern. Dies kann festgestellt werden, obwohl in einzelnen Bereichen der Wirtschaft bedeutsame Großfusionen und Konzentrationsprozesse spektakuläre Diskussionen auslösen. Der Einstellungswandel gegenüber mittleren und kleineren Unternehmen, der eine Renaissance mittelstandsorientierter Wirtschaftspolitik einläutet, ist kein Zufall oder eine Modeerscheinung, sondern hat tiefergreifende Wurzeln in wirtschaftlichen, technologischen, gesellschaftlichen und sozialen Entwicklungstendenzen.

In höher industrialisierten Ländern ist die Nachfrage nach Gütern und Leistungen bei dem erreichten Wohlstandsniveau vielfach durch eine Individualisierungstendenz gekennzeichnet, und in wirtschaftlich weniger entwickelten Ländern hat sich die primär auf Großprojekte ausgerichtete Politikgestaltung als zu einseitig bzw. verfehlt erwiesen. Der schnelle technologische Wandel hat in wichtigen Bereichen eine Miniaturisierungstendenz von Produktionsaggregaten bzw. -anlagen (z.B. bei der Mikroelektronik) zur Folge, die vermehrt Anwendungsmöglichkeiten für mittlere und kleine

Unternehmen eröffnet. Die sozialen Folgekosten industrieller Großagglomerationen haben im Hinblick auf die erforderliche Infrastruktur und die notwendigen Umweltschutzmaßnahmen vielfach zu einer immer größeren Finanzlast geführt, die den Trend zu dezentraler Produktion ebenfalls begünstigen. Nicht zuletzt sind die humane Gestaltung der individuellen Arbeitsverhältnisse und der Sozialbedingungen in der mittelständischen Wirtschaft überwiegend eher zu realisieren als in großen Unternehmen – trotz vielfältiger gesetzlicher Regelungsbemühungen.

Mittelständische Betriebe bilden das Kernelement unserer marktwirtschaftlichen Ordnung. 99 % aller Unternehmen in der Bundesrepublik gehören hierzu. Sie beschäftigen über 65 % aller Arbeitnehmer und erwirtschaften mehr als 50 % der steuerbaren Umsätze.[1]

Mittelständische Betriebe sind durch die Verknüpfung von Eigentumsfunktion und selbständiger Tätigkeit gekennzeichnet. In den Unternehmerperson findet sich noch die ursprüngliche produktive Einheit von Eigentum und Leistung. Die Wahrnehmung der Führungsaufgaben ist mit der materiellen und ideellen Haftung für die Folgen verbunden. Nicht der besoldete Manager, sondern der mittelständische Unternehmer ist in ausgeprägter Weise die Verkörperung des Unternehmers.

Das Eingehen auf Kundenwünsche, der persönliche Service und die hohe Qualität der Leistung zeichnen viele mittelständische Betriebe aus. Im Vergleich zu Großunternehmen verfügen sie über eine höhere Flexibilität in der Produktion und können rascher auf wechselnde Marktentwicklungen reagieren. Daher kommt ihnen die zunehmende Differenzierung der Nachfrage zugute, die oft kurzfristige Produktionsumstellungen erfordert. Der Trend zur verstärkten Spezialisierung, der sich in einer fortschreitenden Arbeitsteilung zwischen Unternehmen unterschiedlicher Größe auswirkt, bietet kleinen und mittleren Unternehmen besondere Möglichkeiten. Diese sind auch eher in der Lage, technische Neuerungen in ihre Angebotsleistung miteinzubeziehen.

II.

Die Fähigkeit mittlerer und kleinerer Unternehmen, technologische Neuerungen schnell aufzugreifen und wirtschaftlich zu verwerten, liegt besonders darin begründet, daß wesentliche betriebliche Funktionen in der Hand des Unternehmers konzentriert sind. Das persönliche Engagement des Unternehmers, der nicht an formelle Entscheidungsgremien und -stufen gebunden ist, ermöglicht rasches und unkonventionelles Handeln.

Dieses persönliche Engagement ist gegenwärtig besonders gefordert, weil sich die technologisch-wissenschaftliche Entwicklung in schnellem Tempo vollzieht. Dies gilt nicht nur für den vieldiskutierten Computereinsatz und die Mikroelektronik, sondern ebenso für die Lasertechnik, die Biotechnologie und neue Materialien. Die Anwendung dieser neuen Technologien befindet sich – wie die vorliegenden Zahlen für die einzelnen Bereiche erkennen lassen – erst im Anfangsstadium. Sie werden noch erhebliche Wandlungstendenzen in der Gestaltung der betrieblichen Produktion, der Ver-

---

1 Vgl. Bundesministerium für Wirtschaft (Hrsg.): Unternehmensgrößenstatistik 1985, Bonn 1986, S. 20.

waltungsorganisation und des Absatzes zur Folge haben. Diese Wandlungstendenzen werden auch das Gewicht großer Wirtschaftsbereiche weiter verändern. So ist davon auszugehen, daß im Hinblick auf das einsetzbare Rationalisierungspotential der Anteil der Beschäftigten bei der Produktion von Gütern zurückgehen, im Informations- und im allgemeinen Dienstleistungssektor dagegen zunehmen wird. Dies alles bedeutet für die mittelständischen Unternehmen eine besondere innovatorische Herausforderung, die große Chancen, aber auch erhebliche Risiken beinhaltet.

Unternehmen erhalten die Impulse für Innovationen sowohl direkt vom Markt als auch von neuen technologischen Möglichkeiten. Das Innovationsverhalten kleinerer und mittlerer Unternehmen orientiert sich an in naher Zukunft bestehenden Absatzmöglichkeiten und an der unmittelbaren wirtschaftlichen Nutzung. Einzelaufträge für Spezialfertigungen enthalten vielfache Problemstellungen, welche nicht nur zu Produktions- und Verfahrensentwicklungen oder Erfindungen im eigenen Betrieb führen, sondern oft auch beim Auftraggeber Innovationen zur Folge haben.

Mittelständische Unternehmen sind freilich sowohl beim Zugang zu Marktinformationen als auch bei deren Verwertung gegenüber Großbetrieben unterlegen. Das gleiche gilt hinsichtlich der Beschaffung von Informationen über moderne technologische Entwicklungen und vorhandene staatliche Fördermaßnahmen. Bei der Frage nach Innovationshemmnissen oder -engpässen wird von den kleinen und mittleren Unternehmen neben der mangelnden Eigenkapitalbasis am häufigsten auf das Problem mangelnder Information über das Marktpotential neuer Entwicklungen verwiesen. Die meisten dieser Unternehmen können die für die Innovationsfähigkeit entscheidenden Aufgaben der Marktbeobachtung und der Verfolgung technologischer Entwicklungstrends mit eigenen Mitteln nicht in erforderlichem Umfang wahrnehmen. Zwar sind kleine und mittlere Unternehmen aufgrund ihrer Kundennähe auf ihrem Spezialgebiet Großunternehmen nicht unterlegen, eine Fehleinschätzung des Innovationspotentials neuer Technologien und daraus resultierende falsche innovative Verhaltensweisen können jedoch gerade bei kleinen und mittleren Unternehmen existenzgefährdende Krisen hervorrufen. Chancen und Risiken liegen also dicht beieinander.

Wenn der Mittelstand sein Leistungspotential auch in Zukunft voll entfalten soll, dann ist eine Verbesserung der Rahmenbedingungen in dem Sinn geboten, daß staatliche und andere öffentliche Institutionen (z.B. Kommunen) vermehrt zur Informationsbereitstellung in bezug auf technologische Innovationen beitragen, die für mittlere und kleine Unternehmen von spezifischem Interesse sind. Hinzukommen sollten verbesserte und neue Formen der Zusammenarbeit mit staatlichen und öffentlich geförderten Bildungs- und Forschungsinstitutionen. Eine Möglichkeit kann in Technologieparks gesehen werden, wie sie auch vom Land Baden-Württemberg nachhaltig gefördert werden.

Die rasche Adaption neuer Technologien kann für die kleinen und mittleren Unternehmen zu einer Überlebensfrage werden. In weiten Bereichen der Wirtschaft ist leider eine verzögerte Nutzung der Mikroelektronik zu beobachten. So ist die Verwendung von integrierten Schaltungen in der Bundesrepublik Deutschland derzeit unzureichend, wenn man die internationalen Hauptkonkurrenten Japan und die USA zum Vergleich heranzieht. Der Einsatz integrierter Chips ist stark unterrepräsentiert. Davon sind Schlüsselbranchen wie die mittelständisch strukturierte Werkzeug- und Maschinenindustrie besonders betroffen. Die Mikroelektronik eröffnet gerade den mittelständischen Unternehmen neue technische Möglichkeiten.

Es sollte vorrangig möglichst vielen, d. h. insbesondere kleinen und mittleren Unternehmen, im Rahmen der Forschungs- und Entwicklungsförderung ermöglicht werden, die zur Anwendung der neuen Technologien erforderlichen Kenntisse zu erwerben sowie Entwicklungskapazitäten aufzubauen und zu erweitern. Dies berührt auch die Frage, ob die bisherige Art, in der die Entwicklung neuer Technologien von unseren Einrichtungen der Weiterbildung aufgegriffen worden ist, angesichts der zu beobachtenden Dynamik noch zureichend ist. Hier kann man eher einen Flickenteppich von Beitragsbemühungen der verschiedensten Institutionen (Volkshochschulen, Arbeitgeberverbände, Gewerkschaften, Betriebsorganisationen großer Unternehmen) erkennen als eine systematische Gestaltung im Hinblick auf die große Herausforderung. Die verschiedenartigen Bemühungen führen nicht selten zu unzulänglichen und einseitigen Informationen, die speziell den mittelständischen Anforderungen nicht genügend entsprechen oder gar zuwiderlaufen. Die angemessene Weiterbildung, insbesondere der Fachkräfte und Unternehmensleiter mittelständischer Betriebe, ist in der Bundesrepublik in der jüngsten Vergangenheit gegenüber der Erstausbildung in den tradierten Bildungseinrichtungen sträflich vernachlässigt worden. Hier gilt es, vorhandene Ansätze – etwa in den überbetrieblichen Ausbildungsstätten, den Beratungseinrichtungen und bei den Hochschulen – möglichst beschleunigt und systematisch auszubauen, wenn nicht Chancen vertan werden sollen. Schließlich geht es dabei um die Verbesserung des Ordnungsrahmens für unsere Wirtschaft.

Der Schwerpunkt der Innovationstätigkeit kleiner und mittlerer Unternehmen liegt im Bereich der Entwicklung. Oft basieren wichtige Innovationen auf Erfindungen, die das Ergebnis von Forschungsarbeiten von Einzelerfindern in kleineren und mittleren Unternehmen sind. Darüber hinaus werden bei der Nutzung und Differenzierung von Basistechnologien, die von Großunternehmen entwickelt wurden, für unterschiedliche Anwendungsbereiche kleine und mittlere Unternehmen wieder in starkem Maße beteiligt. Die Ausdifferenzierungsschritte erfordern in der Regel eigenständige Entwicklungsarbeiten, die in vielen mittleren und kleineren Unternehmen durchgeführt werden. Insofern dürfte der Mittelstand vermehrt Partner der Großindustrie bei Zulieferungen werden.

Die Beziehungen zwischen der Technologieentwicklung und dem Mittelstand sind auch dadurch gekennzeichnet, daß dieser in erheblichem Umfange selbst Innovationen produziert. Dies läßt sich unter anderem mit dem weit überproportionalen Anteil an den jährlichen Patentanmeldungen belegen. Der Bereich der Software beim Computereinsatz, dessen Anteil in der Produktion gegenüber der Hardware zunimmt, dürfte beispielsweise zunehmend eine Domäne kleiner und mittlerer Unternehmen werden. Aber auch die Entwicklung von Anwendungstechnologien aufgrund neuer Erkenntnisse in weiten Bereichen der Grundlagenforschung und Kommunikationstechnologie eröffnet mehr denn je auch bedeutsame Arbeitsgebiete für die mittelständische Wirtschaft.

Es wurde bereits angedeutet, daß der Einsatz bzw. die Anwendung neuer Technologien nicht nur erhebliche Änderungen in der großindustriellen Produktion, sondern speziell auch in der Betriebsführung kleiner und mittlerer Betriebe auslösen wird. Er umfaßt bei anhaltender Wohlstandsmehrung zunehmend Wirtschaftsbereiche, die ohnehin überwiegend mittelständisch strukturiert sind, wie dies für den weiten Sektor der Dienstleistungen gilt. Insofern kann gefolgert werden, daß das Gewicht der mittleren und kleineren Unternehmen auch als Nachfrager technologischer Neuentwicklungen erheblich zunehmen wird.

III.

Die Adaptionsfähigkeit des Mittelstandes in bezug auf neue Technologien hängt freilich entscheidend von den hierzu notwendigen Investitionen und deren Finanzierungsmöglichkeit ab. Die Beschaffung, Entwicklung und der Einsatz neuer Technologien erfordert zumeist erhebliche Finanzmittel, die aus den laufenden Erträgen und/oder neuen Kapitalzuführungen von außen bereitgestellt werden müssen. Die Bereitstellung oft relativ erheblicher Finanzmittel bildet ein herausragendes Engpaßproblem bei der Sicherung und Erweiterung der Entfaltungsmöglichkeiten der mittleren und kleineren Unternehmen in der Bundesrepublik.

Dies wird besonders deutlich bei einem internationalen Vergleich. Vorliegende Untersuchungen – unter anderem der Deutschen Bundesbank[2] – lassen erkennen, daß die Innenfinanzierung und Eigenkapitalquote zwar in der jüngsten Vergangenheit bei den Unternehmen allgemein beträchtlich abgesunken ist, indessen bei den mittleren und kleineren in sehr viel stärkerem Maße. Sie ist hier nunmehr auf ein Niveau abgesunken, bei dem vielfach die dringend gebotenen investiven Maßnahmen nicht mehr finanzierbar geworden sind. Während die Großunternehmen das gesunkene Eigenkapitalpotential durch andere Formen der Innenfinanzierung – vor allem durch Pensionsrückstellungen – und vermehrte Fremdkapitalaufnahme substituieren konnten, war dies bei den mittleren und kleineren Unternehmen nicht möglich. Diese sind prinzipiell auf eine höhere Eigenkapitalbasis angewiesen, weil ihre Zugangsmöglichkeiten zum Geld- und Kapitalmarkt eingeschränkter sind als bei Großunternehmen und die zeitlichen Abstimmungsmöglichkeiten zwischen Investitions- und Finanzierungsbedarf geringer sind. Investitionen fallen in kleinen und mittleren Unternehmen in größeren zeitlichen Abständen an, was dann den Finanzierungsbedarf stark ansteigen läßt. Großunternehmen sind eher in der Lage, aus Abschreibungen ihre Kapazitätserweiterungen und Erneuerungen zu finanzieren, weil sich Abschreibungen und Finanzbedarf besser harmonisieren lassen. Neuere Untersuchungen belegen, daß Sprunginvestitionen bei kleineren und mittleren Unternehmen weit verbreitet sind. Bei einer Befragung der Kreditanstalt für Wiederaufbau[3] gaben 80 % der Unternehmen an, daß sie in den vergangenen fünf Jahren mindestens einmal eine Investition durchgeführt haben, die für die Verhältnisse ihres Unternehmens außergewöhnlich umfangreich war.

Rund 30 % dieser Investitionen wurden im Anschluß an Forschungen getätigt, die zur Herstellung der neuentwickelten Produkte notwendig waren. Rund 40 % dienten überwiegend der Rationalisierung der Produktionsverfahren bzw. der Verbesserung bestehender Produkte. Die restlichen 30 % entfielen auf die Durchführung von Ersatz- und Erweiterungsinvestitionen sowie auf sonstige Zielsetzungen.

Finanzierungsprobleme bei der Durchführung von Innovationen entstehen für kleinere und mittlere Unternehmen, wenn das verfügbare Eigenkapital nicht ausreicht, um das mit Innovationen im allgemeinen verbundene erhöhte Risiko zu tragen. Die Aufnahme von Fremdmitteln ist dann nur unter erschwerten Bedingungen möglich.

2 Siehe zuletzt in: Jahresabschlüsse mittelständischer Unternehmen, in: Monatsberichte der Deutschen Bundesbank, April 1985, S. 23 ff.

3 Vgl. Aspekte der Förderung kleiner und mittlerer Unternehmen: Investitionen, Innovationen, Arbeitsplätze, in: Bericht über das Geschäftsjahr 1983 der Kreditanstalt für Wiederaufbau, S. 31 ff.; hier S. 32.

In den letzten Jahren haben sich zwar die Fremdfinanzierungsmöglichkeiten für kleinere und mittlere Unternehmen wegen des gesunkenen Zinsniveaus und aufgrund staatlicher Fördermaßnahmen etwas verbessert. Für die Finanzierung risikoreicher Investitionen, wie sie bei neuen Verfahren und Produkten vorliegen, ist aber bislang die Eigenkapitalbasis zu schmal geblieben. Die Finanzierungsprobleme sind damit weiterhin ungelöst. Während Unternehmen mit weniger als hundert Beschäftigten in 20 % der Fälle Innovationsprojekte aufgrund von Finanzierungsschwierigkeiten zeitlich strecken mußten, war dies nur bei 5 % der Unternehmen mit zweihundert Beschäftigten und mehr der Fall.[4]

Verbesserte Möglichkeiten der Eigenkapitalbildung als Voraussetzung für eine dynamische Adaption der technologischen Entwicklung bilden also eine dringend zu lösende Aufgabe der Wirtschaftspolitik. Die anstehende Steuerreform bietet Gelegenheit, Nachteile mittlerer und kleinerer Unternehmen bei der Gestaltung der Abgabenlast auszugleichen, wofür verschiedene Möglichkeiten bestehen, die hier im Einzelnen nicht erörtert werden können. In Betracht kommt etwa eine Entlastung bei den Investitionen aus nicht entnommenen Gewinnen oder eine steuerliche Entlastung in Abhängigkeit vom eingesetzten Kapital. Indessen müssen auch die Zugangsmöglichkeiten der mittelständischen Unternehmen zu den Finanzmärkten, insbesondere zum Kapitalmarkt, verbessert werden. Hierzu kann die vorgesehene Erweiterung der Anlagemöglichkeiten von Kapitalgesellschaften beitragen. Es bedarf aber darüber hinaus generell einer größeren Fungibilität mittelständisch ausgestalteter Finanztitel.

IV.

Technischer Fortschritt wird oft mit der Vernichtung von Arbeitsplätzen in Zusammenhang gebracht. Er führt aber zu mehr Beschäftigung, wenn die Steigerung der Produktivität durch eine höhere Nachfrage ausgeglichen werden kann. Eine vermehrte Nachfrage ergibt sich vor allem bei den Dienstleistungen. Zudem kann eine Produktionssteigerung auch in den Bereichen erwartet werden, in denen ein intensiver Wettbewerb herrscht, da hier durch Preissenkungen zusätzliche Nachfrage erschlossen werden dürfte.

Beide Faktoren spielen gerade in denjenigen Bereichen eine Rolle, in denen mittelständische Betriebe herausragendes Gewicht haben. Daher kann es eigentlich nicht überraschen, daß der Anteil kleinerer und mittlerer Unternehmen bei der Bereitstellung neuer Arbeitsplätze zugenommen hat. Eingehende Untersuchungen im Ausland, unter anderem in den USA und England, sowie auch empirische Studien in der Bundesrepublik, haben den Nachweis erbracht, daß sich die beobachteten Beschäftigungsrückgänge vor allem bei großen Unternehmen vollziehen, während die Zahl der Beschäftigten in den kleineren und mittleren Betrieben angestiegen ist. Bei einzelnen staatlichen Beschäftigungsprogrammen in Belgien hat sich ergeben, daß sich mit dem gleichen Einsatz staatlicher Fördermittel bei kleineren und mittleren Betrieben ein fünffach höherer Beschäftigungseffekt erreichen läßt.[5]

4 Vgl. ebenda, S. 39.

5 Nach einer bislang unveröffentlichten Studie des belgischen Mittelstandsrates.

Alle Trends im Hinblick auf die Realisierung bestehender Rationalisierungspotentiale deuten darauf hin, daß in Zukunft bei der Güterproduktion, insbesondere soweit sie in Großbetrieben erfolgt, eher mit einem Verlust als mit einer Ausweitung von Arbeitsplätzen gerechnet werden muß.

Der Abbau der Arbeitslosigkeit kann hier vor allem durch die Erweiterung der Beschäftigungsmöglichkeiten in stärker mittelständisch orientierten Wirtschaftsbereichen, insbesondere im Dienstleistungs- und Informationssektor, erwartet werden. Dieser Sachverhalt ist bei staatlichen Fördermaßnahmen der Investitionstätigkeit bislang zu wenig beachtet worden. Dies gilt auch im Hinblick auf die undifferenzierte Gestaltung der Lohnnebenkosten. Deren rasanter Anstieg in der jüngsten Vergangenheit hat es nicht wenig erschwert, ein größeres Beschäftigungspotential in der besonders lohnintensiven mittelständischen Wirtschaft zu mobilisieren. Eine größere Differenziertheit und Flexibilität bei der Lohnpolitik kann gerade hier ein wesentliches Incentive für Mehrbeschäftigung bilden.

Hochentwickelte Technologien und qualifizierte Arbeitskräfte sind Faktoren, welche in besonderem Maße die Leistungs- und Wettbewerbsfähigkeit der kleineren und mittelständischen Unternehmen bestimmen. Die Bedeutung neuer Technologien wird daran erkennbar, wie in den letzten Jahren die verschiedenen Produktionsbereiche im internationalen Wettbewerb bestehen konnten. Produktionsbereiche, die über eine sehr entwickelte Fertigungstechnik verfügen, qualitativ hochwertige Produkte herstellen und dafür auf ein hohes Qualifikationsniveau der Arbeitskräfte angewiesen sind, konnten den Kostenanstieg entweder ohne Preiserhöhung auffangen oder sich trotz erhöhter Preise gegenüber der ausländischen Konkurrenz behaupten. Dagegen traf der von welt- und binnenwirtschaftlichen Entwicklungen ausgehende Anpassungsdruck besonders stark diejenigen Industriezweige, die überdurchschnittlich lohnintensive oder standardisierte Güter herstellen.

Die Beschäftigungswirkungen technologischer Innovationen hängen in hohem Maße von den bestehenden Wettbewerbeverhältnissen ab. Je ausgeprägter der Wettbewerb in dem betroffenen Bereich ist, umso eher entsteht ein Druck, die Preise der Güter zu senken, der die Nachfrage beleben kann. Gerade in den Bereichen, in denen kleinere und mittlere Betriebe dominieren, besteht nun zumeist ein lebhafter Wettbewerb, der die Bildung dauerhafter monopolistischer Innovationsgewinne verhindert. Leider ist nicht selten zu beobachten, daß technologische Innovationen genutzt werden, um Wettbewerber mit unfairen Methoden zu verdrängen und längerfristig monopolistische oder zumindest oligopolistische Marktpositionen aufzubauen. Deshalb ist die Sicherung eines fairen Leistungswettbewerbs, der Konzentrationstendenzen entgegenwirkt, im Hinblick auf die Wandlungstendenzen in der Produktions- und Absatzgestaltung aufgrund des technologischen Fortschritts sowohl unter preis- als auch unter beschäftigungspolitischen Aspekten ein dringliches Anliegen der Wirtschaftspolitik. Unter diesem Blickwinkel haben auch alle Bemühungen um einen möglichst schnellen Technologietransfer, wie sie im Zusammenhang mit der Etablierung neuer Unternehmungen in sogenannten Technologieparks zu beobachten sind, besonderes Gewicht. Kleinere und mittlere Unternehmen sind insoweit auch Garanten für einen lebhaften Wettbewerb und möglichst positive Beschäftigungswirkungen des technologischen Fortschritts.

In diesem Zusammenhang muß noch einmal auf die Notwendigkeit hingewiesen werden, unser Bildungssystem, insbesondere im Fachhochschul- und Universitätsbereich, stärker auf die Bedürfnisse der Weiterbildung auszurichten. Bei dem schnellen

Gang der technologischen Entwicklung und den hierdurch ausgelösten weitreichenden Änderungen der Produktions- und Absatzbedingungen genügt die verbesserte Beratungstätigkeit nicht. Vielmehr scheint es angezeigt, systematisch aufgebaute Weiterbildungseinrichtungen in kooperativer Form mit vorhandenen Schulungseinrichtungen zu entwickeln, die dem Ziel der permanenten Anpassung des Informations- und Wissensstandes der Geschäftsleitung in mittleren und kleineren Unternehmen dienen. Unsere Aus- und Weiterbildung im sogenannten tertiären Sektor gestaltet sich gegenwärtig weitgehend ohne Rücksichtnahme auf die spezifischen Bedürfnisse im Mittelstand, der noch immer das mit Abstand bedeutendste berufliche Tätigkeitsfeld bildet.

V.

Alles in allem läßt sich feststellen, daß gerade die kleineren und mittleren Unternehmen aufgrund ihrer Flexibilität sich rasch Strukturwandlungen und Wettbewerbsveränderungen anzupassen vermögen, um so ihre wirtschaftliche Zukunft zu erhalten. Das schnelle Aufspüren und Schließen von Angebotslücken bei der Produktion und von Engpässen in der Bedürfnisbefriedigung, die Möglichkeit der kurzfristigen Umsetzung von Innovation und der Adaption neuer Technologie zählen zu seinen Stärken gegenüber dem eher bürokratischen Anpassungsprozeß der Großunternehmen. Damit erweist sich der mittelständische Betrieb als besonders geeignet, in einer wettbewerbsorientierten Wirtschaft eine Pionierfunktion sowohl als Anbieter als auch als Nachfrager in einem dynamischen Wirtschaftsprozeß zu übernehmen.

Wenn es gelingt, die bürokratischen Hemmnisse aufgrund einer überbordenden staatlichen Interventionstätigkeit abzubauen und einen besseren Nachteilsausgleich gegenüber Großbetrieben herbeizuführen, dann werden mittlere und kleinere Unternehmen ihre Stellung als „Motor und Herz“ unserer marktwirtschaftlichen Ordnung beibehalten und stärken können.

Gang der technologischen Entwicklung und den hierdurch ausgelösten weitreichenden Änderungen der Produktions- und Absatzbedingungen genügt die verbesserte Beratungstätigkeit nicht. Vielmehr scheint es angezeigt, systematisch aufgebaute Weiterbildungseinrichtungen in kooperativer Form mit vorhandenen Schulungseinrichtungen zu entwickeln, die dem Ziel der permanenten Anpassung des Informations- und Wissensstandes der Geschäftsleitung in mittleren und kleineren Unternehmen dienen. Unsere Aus- und Weiterbildung im sogenannten tertiären Sektor gestaltet sich gegenwärtig weitgehend ohne Rücksichtnahme auf die spezifischen Bedürfnisse im Mittelstand, der noch immer das mit Abstand bedeutendste berufliche Tätigkeitsfeld bildet.

V

Alles in allem läßt sich feststellen, daß gerade die kleineren und mittleren Unternehmen aufgrund ihrer Flexibilität sich rasch Strukturwandlungen und Wettbewerbsveränderungen anzupassen vermögen, um so ihre wirtschaftliche Zukunft zu erhalten. Das schnelle Aufspüren und Schließen von Angebotslücken bei der Produktion und von Engpässen in der Bedürfnisbefriedigung, die Möglichkeit der kurzfristigen Umsetzung von Innovation und der Adaption neuer Technologie zählen zu seinen Stärken gegenüber dem eher bürokratischen Anpassungsprozeß der Großunternehmen. Damit erweist sich der mittelständische Betrieb als besonders geeignet, in einer wettbewerbsorientierten Wirtschaft eine Pionierfunktion sowohl als Anbieter als auch als Nachfrager in einem dynamischen Wirtschaftsprozeß zu übernehmen.

Wenn es gelingt, die bürokratischen Hemmnisse aufgrund einer überbordenden staatlichen Interventionstätigkeit abzubauen und einen besseren Nachteilsausgleich gegenüber Großbetrieben herbeizuführen, dann werden mittlere und kleinere Unternehmen ihre Stellung als „Motor und Herz" unserer marktwirtschaftlichen Ordnung beibehalten und stärken können.

V. Finanzinnovationen

Welche Einkommenssteuer-Reformen begünstigen die Bildung von Risikokapital?

GÜNTER BAMBERG

Zusammenfassung

Mögliche Präzisierungen der Fragestellung werden diskutiert. Danach finden diejenigen Ansätze Beachtung, die zur Beantwortung der Frage nach der Bildung von Risikokapital geeignet erscheinen. Als wichtigste Ansätze erweisen sich das Zwei-Asset-Modell und der Sicherheitsäquivalent-Ansatz. Das Pro und Contra dieser Ansätze sowie ihre wichtigsten Ergebnisse werden dargestellt. Dabei wird auch auf die aktuelle Steuerreform-Diskussion in der Bundesrepublik Deutschland eingegangen. Schließlich wird eine vielversprechende Methode, die Methode der mehrperiodigen Durchschnittsbesteuerung, detaillierter analysiert.

1 Einführung

In seiner Rede zur Eröffnung des Deutschen Steuerberatertages 1984 forderte der baden-württembergische Ministerpräsident Lothar Späth unter anderem, die Reform des Steuersystems müsse neben einer kontinuierlichen Verbesserung der Eigenkapitalausstattung der Unternehmen vor allem die Begünstigung von Risikokapital gegenüber anderen Anlageformen anstreben.

Im folgenden sollen einige der mit Steuerreformen verbundenen Möglichkeiten zur Begünstigung oder Bildung von Risikokapital erörtert werden. Dabei müssen die vielfältigen anderen Aspekte von Steuerreformen (distributive Effekte, Schattenwirtschaft, Staatsfinanzierung und dgl.) ausgeklammert bleiben. Dies erscheint in dem hier gesetzten Rahmen gerechtfertigt, da sich an eine verstärkte Bildung von Risikokapital die (vermutlich berechtigte) Hoffnung auf Innovationen und neue Arbeitsplätze knüpft. Ausgeklammert bleiben ferner die nicht mit Einkommenssteuer-Reformen in Verbindung stehenden Möglichkeiten einer Förderung der Risikokapital-Bildung (wie etwa die Abschaffung von Kapitalverkehrssteuern oder die Reduktion sonstiger Transaktionskosten beim Handel mit Beteiligungstiteln).

Für die Untersuchung der Auswirkungen spezieller Steuerreformen sind neben den alten bzw. neuen steuerlichen Modalitäten auch die Charakteristika des Risikokapitals und die Risikoeinstellungen der Steuerzahler relevant. Es ist sicherlich realistisch anzunehmen, daß sich die persönliche Risikoeinstellung nicht durch die Tatsache ändert, daß vom Gesetzgeber eine Steuerreform in Kraft gesetzt wird. Was sich ändert, ist vielmehr die Attraktivität eines (nach Steuern beurteilten) Engagements in Risikokapital. In der Literatur finden sich unterschiedliche Präzisierungen dessen, was man unter „Erhöhung bzw. Reduktion der Bereitschaft zur Risikoübernahme" verstehen könnte. Die unterschiedlichen Definitionen werden im Abschnitt 2 einander gegenübergestellt. Abschnitt 3 behandelt ein Kriterium, das Effekte spezifischer Steuerreformen auf die Bereitschaft zur Risikoübernahme zu deduzieren gestattet. Hier wird auch auf aktuelle Tarifreform-Vorschläge eingegangen. Es zeigt sich, daß diese (sowie alle anderen politisch machbaren) Vorschläge die Bereitschaft zur Risikoübernahme höchstens partiell steigern können. Der abschließende Abschnitt 4 ist der mehrperiodigen Durchschnittsbesteuerung gewidmet. Letztere ist dazu geeignet, für jeden gegebenen Progressionstarif eine Verbesserung der Bereitschaft zur Risikoübernahme zu induzieren.

2 Nachfrage- und angebotsorientierte Förderung von Risikokapital

Der bisherige (= alte) Einkommenssteuertarif sei T_a; d. h. $T_a(x)$ ist die Steuerschuld, die bei einem zu versteuernden Jahreseinkommen von x[DM] zu entrichten ist. Der neue Tarif sei $T_n(x)$. Die zu untersuchende Steuerreform wird also durch den Übergang

$$T_a(x) \rightarrow T_n(x) \tag{1}$$

beschrieben. Führt man die Reform (1) in der Realität durch, so kann natürlich ex post registriert werden, wie sich das Volumen der Beteiligungstitel bzw. ihr Anteil im Verhältnis zu alternativen Geldanlagen verändert hat. Sind andere Kausalitäten auszuschließen, so ist die Frage nach der Förderung oder Reduktion von Risikokapital empirisch eindeutig beantwortet. Das Problem der Steuerwirkungslehre besteht jedoch darin, daß die Frage ex ante beantwortet und zudem eine Fülle von Reformalternativen verglichen werden muß. Wie bereits erwähnt, finden sich in der Literatur verschiedene Ansätze zur Beantwortung der Frage.

2.1 Das Zwei-Asset-Modell

Das Zwei-Asset-Modell baut auf dem Portfolio-Ansatz auf. Es beinhaltet eine risikofreie und eine risikobehaftete Anlagemöglichkeit. Der Steuerzahler kann sein zu Periodenbeginn vorhandenes Anfangsvermögen auf diese beiden Anlagemöglichkeiten aufteilen. Die Einschränkung auf eine einzige risikobehaftete Anlagemöglichkeit ist nicht so gravierend wie sie zunächst klingt. In der Kapitalmarkttheorie, vgl. etwa [7], [10], [18], wird unter relativ allgemeinen Annahmen gezeigt, daß jeder Anleger einen Teil seines Anfangsvermögens risikofrei anlegen sollte und den Rest (der je nach Risikoeinstellung differiert) in das sogenannte *Marktportfolio,* ein wohldiversifiziertes Portfolio, bestehend aus allen gehandelten risikobehafteten Papieren, investieren sollte.

Bezeichnet

w das Periodenanfangsvermögen
ρ den risikofreien Zinssatz (= risikofreie Rendite)
R die risikobehaftete Rendite (etwa die Rendite des Marktportfolios)
y den risikobehaftet angelegten Betrag,

so berechnet sich das Periodeneinkommen (ein zusätzliches Arbeitseinkommen bleibt bei diesem Ansatz unberücksichtigt) gemäß

$$(w-y)\,\rho + yR. \tag{2}$$

Unter der zusätzlichen Prämisse, daß (2) die Bemessungsgrundlage für die zu vergleichenden Steuertarife (1) darstellt, ist das Periodenendvermögen nach Steuern im Falle des Tarifs T_a durch

$$(w-y)\,(1+\rho) + y\,(1+R) - T_a\,[(w-y)\,\rho + yR] \tag{3}$$

gegeben. (3) ist ein in zweifacher Hinsicht unbestimmter Ausdruck. Zum einen ist er eine Zufallsvariable, da R den Status einer Zufallsvariablen besitzt. „Behebt" man dies, indem man den Nutzenerwartungswert der Zufallsvariablen (3) bildet, wobei die für den Steuerzahler typische (d. h. seine Risikoeinstellung beschreibende) Risikonutzenfunktion verwendet wird, so erhält man eine Zahl, die allerdings noch von dem risikobehaftet angelegten Geldbetrag y abhängt. Im Zwei-Asset-Modell wird der Steuerzahler als so rational unterstellt, daß er die jeweils optimale Aufteilung seines Anfangsvermögens vornimmt, d. h. den jeweiligen Nutzenerwartungswert maximiert. Sei y_a bzw. y_n der bzgl. des Tarifs T_a bzw. T_n optimale Betrag. Ist y_n größer als y_a, so entfaltet der betrachtete Steuerzahler infolge der Steuerreform $T_a \rightarrow T_n$ eine höhere *Nachfrage nach Risikokapital.* Gilt dies für eine hinreichend umfangreiche Klasse von Steuerzahlern, so kann mit gewissem Recht behauptet werden, daß die Reform die Bildung von Risikokapital fördert bzw. die Bereitschaft zur Risikoübernahme steigert.

Das Zwei-Asset-Modell liegt beispielsweise den Arbeiten [1], [2], [11], [12], [13], [14] und [17] zugrunde. Als ein Vorteil des Zwei-Asset-Modells kann gesehen werden, daß die Differenz y_n-y_a ein quantitatives Maß für die Änderung der Bereitschaft zur Risikoübernahme darstellt, wohingegen im nachfolgend zu behandelnden Sicherheitsäquivalent-Ansatz lediglich mitgeteilt werden kann, ob die Bereitschaft zur Risikoübernahme gestiegen, gleichgeblieben oder gefallen ist (nicht jedoch, in welchem Ausmaß). Diesem Vorteil des Zwei-Asset-Modells stehen folgende Nachteile gegenüber:

a) Die Gleichsetzung des Periodeneinkommens (2) mit dem zu versteuernden Einkommen stellt eine drastische Vereinfachung gegenüber realen Steuersystemen dar. (2) umfaßt nämlich Zinseinkünfte, Dividenden und Spekulationsgewinne. Werden diese Einkunftsarten steuerlich unterschiedlich behandelt, so muß das Periodeneinkommen als Vektor (bestehend aus drei verschiedenen Komponenten) aufgefaßt werden. Die Aggregation zu einer einzigen Zahl setzt zudem einen völligen Verlustausgleich voraus; nur dann mindern negative Realisationen von yR das zu versteuernde Einkommen in voller Höhe. Die Tatsache, daß das historisch gewachsene reale Steuerrecht, das viele Kompromisse beinhaltet und die Handschrift vieler Lobbies trägt, für die Zwecke einer Steuerwirkungslehre (die zusätzlich die mit der Einbeziehung von Risikoaspekten verbundenen Komplikationen zu bewältigen hat) modellhaft simplifiziert werden muß, ist allerdings nicht nur für das Zwei-Asset-Modell relevant.

b) Schränkt man den zu optimierenden Betrag y gemäß $0 \leq y \leq w$ ein, so erhält man relativ häufig Randmaxima, die eine Neutralität der Steuerreform bzgl. der Bereitschaft zur Risikoübernahme vortäuschen. Hebt man diese Beschränkung auf, so muß man voraussetzen, daß unbeschränkte Leerverkäufe zulässig sind und ρ gleichzeitig mit dem Soll- und dem Habenzinssatz identisch ist.

c) Damit risikoaverse Steuerzahler bereit sind, einen positiven Betrag y risikobehaftet zu investieren, muß die erwartete Rendite E(R) größer als der risikofreie Zinssatz ρ sein. Setzt man dies voraus, so ist das Modell nicht mehr auf risikoneutrale oder gar risikofreudige Steuerzahler anwendbar; denn diese würden sich beliebig hoch verschulden und in beliebiger Höhe risikobehaftet investieren.

d) Trotz der erwähnten Simplifizierungen ist das Zwei-Asset-Modell infolge der zweifach durchzuführenden Optimierung analytisch immer noch so schwierig, daß Progressionstarife, wie sie etwa in der Bundesrepublik Deutschland in Kraft sind oder waren, bislang nicht damit behandelt werden konnten. Die Untersuchungen beschränkten sich deshalb im wesentlichen auf reine Proportionaltarife, d.h. auf Reformen des Typs:

$$T_a(x) = 0 \rightarrow T_n(x) = cx$$
$$T_a(x) = c_a x \rightarrow T_n(x) = c_n x.$$

2.2 Der Sicherheitsäquivalent-Ansatz

Zieht es jeder Steuerzahler vor, abhängig beschäftigt zu sein, so gibt es weder Risikokapital noch eine funktionierende Marktwirtschaft. Da dann kein Risikokapital benötigt wird, stellt sich die Frage nach der verstärkten Bildung von Risikokapital auch nicht. Ist ein Unternehmenssektor in gegebener Größenordnung vorhanden und geht es nur um die Verbesserung der Eigenkapitalquote dieser Unternehmungen, so scheint das Zwei-Asset-Modell ein angemessener Ansatz zu sein. Faßt man die Frage nach der Bildung von Eigenkapital evolutorisch auf, so umfaßt sie auch ein qualitatives und quantitatives Wachstum des Unternehmenssektors. Hierdurch eröffnen sich den potentiellen Anlegern nämlich neue Offerten und eventuell verbesserte Diversifikationsmöglichkeiten. Anstoß für ein derartiges Wachstum ist der Sprung eines bisher abhängig Beschäftigten in die Selbständigkeit. Dieser Aspekt, der im Zwei-Asset-Modell völlig vernachlässigt wird, ist für den Sicherheitsäquivalent-Ansatz zentral.

Der Ansatz geht davon aus, daß beim alten Steuertarif T_a Gleichwertigkeit besteht zwischen einem sicheren Einkommen s (etwa einem Arbeitseinkommen bei Vernachlässigung des Kündigungsrisikos) und einem risikobehafteten Einkommen X (resultierend etwa aus dem Sprung in die Selbständigkeit). In der Terminologie der Entscheidungstheorie heißt s das *Sicherheitsäquivalent* von X. Mit dem Symbol ~ für Indifferenz bedeutet dies:

$$s - T_a(s) \sim X - T_a(X) \tag{4}$$

In (4) wurde der Einfachheit halber vorausgesetzt, daß das Bruttoeinkommen mit dem zu versteuernden Einkommen identisch ist; der allgemeinere Fall läßt sich im Rahmen des Sicherheitsäquivalent-Ansatzes ebenfalls behandeln.

Ausgehend von (4) wird nun untersucht, ob die Indifferenz auch bzgl. des neuen Steuertarifs T_n erhalten bleibt oder ob sie in eine Präferenz für die risikobehaftete oder risikolose Alternative umschlägt. Damit liegt es auf der Hand, wie im Rahmen dieses

Ansatzes eine Förderung der Bereitschaft zur Risikoübernahme zu definieren ist: Die *Bereitschaft zur Risikoübernahme steigt,* wenn die risikobehaftete Alternative durch die Steuerreform einen komparativen Vorteil erlangt:

$$s - T_n(s) \lesssim X - T_n(X). \tag{5}$$

Eine weitere Interpretation von (4) und (5) besagt, daß sich der Steuerzahler durch die Reform nicht dazu veranlaßt sieht, bereits gezeichnetes Risikokapital zu veräußern. Besitzt der Steuerzahler nämlich zu Periodenbeginn ein Aktienpaket und hält er dies bis zum Periodenende, so resultiert daraus ein risikobehaftetes Einkommen X. Verkauft er dagegen das Aktienpaket zu Periodenbeginn und legt er den Verkaufspreis risikofrei an, so erzielt er das risikofreie Einkommen s. Ist er beim alten Steuertarif gerade indifferent bezüglich der Verkaufs- oder Halte-Entscheidung, so wird er durch den neuen Tarif eher dazu veranlaßt, das Engagement in Risikokapital fortzusetzen. Der Sicherheitsäquivalent-Ansatz liegt beispielsweise den Arbeiten [4], [5], [6], [8], [9], [15] und [16] zugrunde.

2.3 Weitere Ansätze

Verschiedene Kombinationen der Ansätze 2.1 und 2.2 sind denkbar. So könnte man auch in (4) ein Anfangsvermögen w sowie die daraus erzielten Zinseinkünfte $w\rho$ explizit berücksichtigen. Anstelle von (4) hätte man dann von der Indifferenz

$$w\rho + s - T_a(w\rho+s) \sim w\rho + X - T_a(w\rho+X)$$

(Gleichwertigkeit der Nettoeinkünfte) oder von

$$w(1+\rho) + s - T_a(w\rho+s) \sim w(1+\rho) + X - T_a(w\rho+X)$$

(Gleichwertigkeit des Periodenendvermögens) auszugehen und (5) entsprechend zu modifizieren. Diese Erweiterung würde die analytische Handhabbarkeit des Sicherheitsäquivalent-Ansatzes nicht beeinträchtigen. Die Einbeziehung des Anfangsvermögens sowie einer risikofreien und zusätzlich einer risikobehafteten Anlagemöglichkeit würde dagegen alle Probleme des Zwei-Asset-Modells in das kombinierte Modell hineintragen.

Die Ansätze 2.1, 2.2 sowie ihre möglichen Kombinationen sind von statischer Natur, wenngleich die Motivation für den Sicherheitsäquivalent-Ansatz auch teilweise dynamisch orientiert ist. Ein echt dynamischer Ansatz könnte beispielsweise folgendes Szenario, das mit dem Sprung in die Selbständigkeit häufig verknüpft ist, zu modellieren versuchen: In den Anfangsjahren ist das risikobehaftete Einkommen im Mittel möglicherweise geringer als das (aufgegebene) risikolose Einkommen; gleichzeitig verbessern sich jedoch der Vermögensstand sowie die Aussichten auf spätere höhere Einkommen.

Es soll hier nicht versucht werden, ein derartiges dynamisches Modell zu entwikkeln. Vielmehr soll abschließend darauf hingewiesen werden, daß die Einbeziehung von Gleichgewichtsüberlegungen die Ergebnisse von mikroökonomischen Ansätzen (wie 2.1 und 2.2) in Frage stellen kann. Bewirkt die Steuerreform etwa eine höhere Attraktivität der risikobehafteten Anlagemöglichkeit oder des risikobehafteten Einkommens, so könnte die Konkurrenz der Investoren bzw. der vielen Selbständigen die stochastische Rendite bzw. das stochastische Einkommen soweit herabdrücken, daß der primär positive Effekt aufgehoben oder sogar konterkariert wird. In [7, S. 34–37] findet sich ein Beispiel dafür, daß zwar für jeden Investor die Bereitschaft zur Risikoübernahme gesteigert wird, die Konkurrenz der Investoren jedoch letztlich dafür sorgt, daß im Gleichgewicht nicht mehr risikobehaftete Titel als vorher gehalten werden.

3 Die Wirkung spezieller Tarifreformen

3.1 Direkte steuerliche Begünstigung von risikobehafteten Einkommen

In Verfolgung der Zielsetzung „Verstärkte Bildung von Risikokapital" könnte erwogen werden, risikobehaftetes Einkommen steuerlich zu bevorzugen, sei es durch entsprechende Staffelung von Freibeträgen oder entsprechende Tarifdifferenzierung. Dieser Weg dürfte in der Praxis jedoch nicht gangbar sein. Man stelle sich nur das Konfliktpotential sowie den Aufwand seitens des Steuerzahlers und der Finanzbehörde vor, wenn ein realisiertes Einkommen (dem man ex post schwerlich ansieht, wie risikoreich es ex ante war) dem passenden Tarif zugeordnet werden müßte. Selbst wenn man das ex ante-Risiko ermitteln könnte, blieben zahlreiche ungelöste Fragen. Wie sollte beispielsweise verfahren werden, wenn das Einkommen insofern „unnötig risikoreich" war als auf sinnvolle Diversifikationsmöglichkeiten verzichtet wurde?

Eine positive steuerliche Diskriminierung von Residualeinkommen würde natürlich auch auf den erbitterten Widerstand der Gewerkschaften stoßen und als Verletzung von Gleichheitsgrundsätzen gelten. Unter Berufung auf Gleichheitsgrundsätze könnte allerdings erwogen werden, die für Progressionstarife typische Benachteiligung stark fluktuierender Einkommen gegenüber gleichmäßiger variierenden Einkommen abzubauen. Dieser Ansatz wird im Abschnitt 4 weiter verfolgt.

3.2 Resultate des Zwei-Asset-Modells

Wie bereits erwähnt, konnten im Zwei-Asset-Modell im wesentlichen nur reine Proportionaltarife untersucht werden. Bei dieser Klasse von Tarifen besteht eine Steuerreform nur aus einer Erhöhung bzw. Senkung des (Grenz = Durchschnitts-)Steuersatzes. Unter der Verhaltensprämisse

> Die absolute Risikoaversion ist eine fallende, und die proportionale Risikoaversion ist eine wachsende Funktion des Vermögens } (6)

wurde (beispielsweise in [12]) gezeigt:

a) Sehen die Proportionaltarife vollen Verlustausgleich vor, so steigt bei Erhöhung des Steuersatzes auch die Bereitschaft zur Risikoübernahme; entsprechend sinkt bei Reduktion des Steuersatzes die Bereitschaft zur Risikoübernahme.

b) Bei partiellem oder fehlendem Verlustausgleich ist der Effekt von Steuererhöhungen bzw. Steuersenkungen unbestimmt (in dem Sinne, daß er von den speziellen numerischen Werten der Steuersätze, von dem speziellen Verlauf der Risikoaversionsfunktion und dgl. abhängt).

Das Resultat a) ist der landläufigen Meinung diametral entgegengesetzt. Nach landläufiger Meinung induziert eine Steuererhöhung nämlich nur negative Anreize; warum sollte ausgerechnet die Bereitschaft zur Risikoübernahme stimuliert werden?

Die Verhaltensprämisse (6) geht auf Arrow zurück (vgl. etwa [3]) und ist durchaus plausibel. Sie besagt, daß mit zunehmendem Vermögen

- die Aversion geringer wird, Risiken des Typs einzugehen: Jeweils mit der Wahrscheinlichkeit 0,5 beträgt der Gewinn A[DM] und der Verlust B[DM],
- die Aversion größer wird, Risiken des Typs einzugehen: Jeweils mit der Wahrscheinlichkeit 0,5 beträgt der Gewinn a% des Vermögens und der Verlust b% des Vermögens.

Die Unplausibilität des Resultats a) ist vielmehr auf die spezielle Form der Einkommenssteuer-Tarife zurückzuführen. Die strikte Proportionalität ist bei allen real existierenden Progressionstarifen verletzt. Im Sicherheitsäquivalent-Ansatz zeigt es sich sehr deutlich, daß obiges Resultat a) sehr eng mit den Proportionaltarifen verquickt ist und sich das Resultat schon bei geringfügig anderen Tarifformen radikal verändern kann.

3.3 Resultate des Sicherheitsäquivalent-Ansatzes

Bezeichnet r die absolute Risikoaversionsfunktion des Steuerzahlers, sind ferner die beiden Steuertarife T_a, T_n zweimal differenzierbar, so läßt sich (vgl. [15], [5]) folgendes Kriterium ableiten:

Die Bereitschaft zur Risikoübernahme steigt (oder bleibt gleich) genau dann, wenn

$$r[x-T_a(x)]\cdot[1-T'_a(x)] + \frac{T''_a(x)}{1-T'_a(x)} \geq r[x-T_n(x)]\cdot[1-T'_n(x)] + \frac{T''_n(x)}{1-T'_n(x)} \tag{7}$$

für alle x des betrachteten Einkommensbereichs gilt.

Spezialisiert man sich auf reine Proportionaltarife, so ergibt sich unter der Verhaltensprämisse (6) dasselbe Resultat wie im Zwei-Asset-Modell. Bleibt man im Rahmen konstanter Grenzsteuersätze, läßt man jedoch linear-progressive Tarife zu (wie sie beispielsweise für die untere und obere „Proportionalzone" bundesdeutscher Progressionstarife typisch sind),

$$T_a(x) = c_a x - b_a \rightarrow T_n(x) = c_n x - b_n, \tag{8}$$

so wurde in [5] gezeigt, daß bei Steuersenkungen die Bereitschaft zur Risikoübernahme steigen oder auch fallen kann; der Effekt ist auch bei Beschränkung auf die Verhaltensprämisse (6) vom speziellen Design der Steuersenkung, d. h. vom numerischen Wert der vier relevanten Parameter c_a, b_a, c_n, b_n abhängig. Für die Tarifreform

$$T_{81} \rightarrow T_{88},$$

wobei T_{81} den von 1981 bis einschließlich 1985 gültigen Einkommenssteuertarif und T_{88} den ab 1988 gültigen Tarif bezeichnet, wurde in [15] und [5] gezeigt, daß die Bereitschaft zur Risikoübernahme

- im mittleren Einkommensbereich reduziert wird
- im oberen Einkommensbereich erhöht wird.

Obwohl der Tarif T_{88} noch nicht in Kraft ist, wird bereits über seine Ablösung durch einen „Tarif 90" diskutiert. Aufgrund der bisher erkennbaren Tendenzen wird dieser „Tarif 90" im mittleren Einkommensbereich durch einen linear ansteigenden Grenzsteuersatz gekennzeichnet sein. Die Steuerschuld wächst demnach quadratisch mit dem zu versteuernden Einkommen an. Etwas irreführend wird hierfür in der politischen Diskussion ebenfalls der Terminus „linear progressiv" benutzt. In [5] wurde gezeigt, daß die Erwartungen, durch diese Reform die Bereitschaft zur Risikoübernahme generell zu steigern, nicht begründet werden können.

Wenden wir uns nun dem Sonderfall zu, daß bei dem Kriterium (7) stets das Gleichheitszeichen gilt. Eine solche Reform würde die Indifferenz (4) auch für den Tarif T_n erhalten und könnte als *entscheidungsneutral* bezeichnet werden. Fordert man dies für alle risikoneutralen Steuerzahler ($r(x) = 0$), so folgt in (7) die Gleichheit der beiden Terme mit der zweiten Ableitung. Fordert man die Entscheidungsneutralität zusätzlich für alle Steuerzahler mit konstanter Risikoaversionsfunktion, so folgt die Gleichheit der Grenzsteuersätze. Dehnt man die Forderung nach Entscheidungsneutralität schließlich zusätzlich noch auch auf Steuerzahler mit streng monoton fallender Risikoaversionsfunktion aus, so sieht man, daß $T_a(x) = T_n(x)$ gelten muß. Mit anderen Worten: Fordert man von einer Reform die generelle Entscheidungsneutralität, so muß alles beim alten bleiben. In [9] wurden Abschwächungen dieser allzu strengen Neutralitätsforderung untersucht.

Werfen wir nochmals einen Blick auf die reinen Proportionaltarife. Sie sind bei der Körperschaftssteuer verwirklicht. Formal kann das Kriterium (7) auch auf Reformen der Körperschaftssteuer angewandt werden. Von der Logik des Sicherheitsäquivalent-Ansatzes her erscheint dies jedoch problematisch. Der Ausgangspunkt (4) des Ansatzes stellt sich bei einer Unternehmung bereits in anderer Form; ein sicheres Periodeneinkommen ist hier irrelevant. Man könnte stattdessen eher von der Indifferenz

$$X_1 - T_a(X_1) \sim X_2 - T_a(X_2)$$

ausgehen, wobei X_2 ein höheres Investitionsvolumen als X_1 zugrundeliegt, und sich fragen, ob die Körperschaftssteuerreform die Alternative X_2 begünstigt. Selbst wenn dies nachgewiesen werden kann, ist die Verbindung zur Bildung von Risikokapital nur sehr lose, da das höhere Investitionsvolumen natürlich auch mit Fremdkapital finanziert werden kann. Zusätzliche Fragestellungen ergeben sich dadurch, daß der körperschaftssteuerliche Einkommensbegriff problematisch ist (vgl. [20], [21], [22], [23]) und die Palette der investitionsfördernden Maßnahmen sehr vielfältig und in ihrer Wirkung äußerst umstritten ist. So wurde beispielsweise in einer neuen empirischen Untersuchung [24] gezeigt, daß die in den letzten Jahren zur Belebung der Investitionstätigkeit ergriffenen steuerlichen Maßnahmen das eigentliche Ziel verfehlten und nur zu Mitnahmeeffekten, allenfalls zu zeitlichen und örtlichen Verschiebungen von Investitionsvorhaben führten.

4 Die Wirkung mehrperiodiger Durchschnittsbesteuerung

Innerhalb eines Jahres findet eine perfekte einkommensteuerliche Mittelung von positiven Einkommensströmen statt; für negative Einkommensbestandteile wird durch horizontale und vertikale Verlustausgleichsmodalitäten eine Mittelung bewirkt. Verlustvortrags- bzw. Rücktragsmodalitäten führen zu einer gewissen Mittelung über die Jahre hinweg. Greifen diese Modalitäten nicht, so diskriminiert jeder Progressionstarif zu Lasten von stärker schwankenden Jahreseinkommen.

Beispiel 1

Alterniert das zu versteuernde Jahreseinkommen im Fall A zwischen 50000 und 150000 bzw. bleibt es im Fall B konstant gleich 100000, so ergeben sich nach der Splittingtabelle folgende Steuerbeträge:

Jahr		1982	1983	1984	1985
Einkommen	A	50000	150000	50000	150000
Steuer	A	9748	55466	9748	55466
Einkommen	B	100000	100000	100000	100000
Steuer	B	30138	30138	30138	30138

Im Fall A betragen die (undiskontiert addierten) Steuern insgesamt 130428 [DM], wohingegen im Fall B insgesamt nur Steuern von 120552 [DM] fällig sind.

Eine Mittelung über Jahre hinweg könnte die Diskriminierung von risikobehaftetem (= stärker fluktuierendem) Einkommen beseitigen oder reduzieren. In den USA gibt es beispielsweise einen zeitlichen Einkommensausgleich (income averaging) mit der Folge, daß in Jahren mit außergewöhnlich hohen Einkommenszuflüssen die hohen progressiven Steuersätze gemildert werden. Income Averaging greift dann ein, wenn das Einkommen eines Jahres 120 % des Durchschnittseinkommens der letzten vier Jahre übersteigt. Eine Übersicht über historische Realisationsversuche sowie das Pro und Contra gibt [19]. Dort wird auch eine finanzmathematisch exakte Methode des Income Averaging diskutiert, die allerdings nicht in der Realität implementiert wurde. Dies scheint ein Indiz dafür zu sein, daß sie für die Alltagspraxis als zu komplex gilt. Deshalb wollen wir uns abschließend mit einer vereinfachten Variante beschäftigen.

Will man (unter Vernachlässigung von Zinsvorteilen oder Zinsnachteilen) die steuerliche Diskriminierung fluktuierender Einkommen vermeiden, so muß die Besteuerung offensichtlich so gestaltet werden, daß die durchschnittliche Jahressteuer eines fluktuierenden Einkommens identisch ist mit der Jahressteuer, die auf ein konstantes Einkommen in Höhe des durchschnittlichen (fluktuierenden) Jahreseinkommens entfällt. Bezeichnet x_t das zu versteuernde Einkommen des Jahres t und T den Steuertarif, so ergibt die Umsetzung des Vorstehenden folgende Prozedur:

Jahr	zu versteuerndes Jahreseinkommen	Einkommenssteuer	
1	x_1	$T(x_1)$	
2	x_2	$2T\left(\frac{x_1+x_2}{2}\right)-T(x_1)$	
3	x_3	$3T\left(\frac{x_1+x_2+x_3}{3}\right)-2T\left(\frac{x_1+x_2}{2}\right)$	(9)
.	.	.	
.	.	.	
.	.	.	
t	x_t	$tT\left(\frac{1}{t}\sum_{i=1}^{t} x_i\right)-(t-1)T\left(\frac{1}{t-1}\sum_{i=1}^{t-1} x_i\right)$	

Für das fluktuierende Einkommen (Typ A) aus Beispiel 1 resultieren infolgedessen folgende Steuerzahlungen:

$$1982 : T(50000) = 9748$$
$$1983 : 2T(100000) - 9748 = 50528$$
$$1984 : 3T(\frac{250.000}{3}) - 2\,T(100000) = 7140$$
$$1985 : 4T(100000) - 3\,T(\frac{250000}{3}) = 53136$$

Die Summe dieser Steuerzahlungen beträgt 120552 [DM], was natürlich mit der Summe der Steuerzahlungen des konstanten Einkommens (Typ B) übereinstimmt. Bei dieser mehrperiodigen Durchschnittsbesteuerung (9) können sich – wie das nachfolgende Beispiel 2 zeigt – in Einzelfällen auch negative Steuerbeträge ergeben. In diesen Fällen erhält der Steuerzahler den entsprechenden Betrag vom Finanzamt erstattet.

Beispiel 2

Die zu versteuernden Jahreseinkommen seien

$$x_1 = 100000\,[DM]\,,\, x_2 = 20000\,[DM];$$

T sei wie in Beispiel 1 die Splittingversion des Einkommenssteuertarifs T_{81}. Damit ergeben sich als Steuern

$$T(100000) = 30138 \text{ im Jahr 1}$$
$$2\,T(60000) - T(100000) = -3970 \text{ im Jahr 2.}$$

D. h. im Jahr 2 erhält der Steuerzahler 3970 [DM] vom Fiskus erstattet.

Die Methode der Durchschnittsbesteuerung kann bei einem Progressionstarif T nicht dazu führen, daß in irgendeinem Jahr eine höhere Steuer fällig ist als sie ohne Durchschnittsbesteuerung anfallen würde. Die Befürchtung ist demnach unbegründet, daß ein anfänglich hohes Einkommen später „wie ein Klotz am Bein" wirkt, wenn eine Serie geringer Jahreseinkommen nachfolgt. Dies ist die Kernaussage des nachfolgenden Satzes:

Satz

Ist T ein Progressionstarif (d. h. ist T(x) eine konvexe Funktion von x), so gilt für jeden beliebigen Einkommensstrom $x_1, x_2, \ldots$ die Ungleichung:

$$T(x_t) \geq tT\left(\frac{1}{t}\sum_{i=1}^{t} x_i\right) - (t-1)T\left(\frac{1}{t-1}\sum_{i=1}^{t-1} x_i\right),\ (t=2,3,\ldots). \tag{10}$$

D. h. die ohne Durchschnittsbesteuerung im Jahr t zu entrichtende Steuer ist stets mindestens so groß wie die infolge der Durchschnittsbesteuerung anfallende Steuer.

Die Begründung ergibt sich aus folgender Ungleichungskette:

$$
\begin{aligned}
& tT\left(\frac{1}{t}\sum_{i=1}^{t} x_i\right) - (t-1)T\left(\frac{1}{t-1}\sum_{i=1}^{t-1} x_i\right) \\
& = tT\left(\frac{x_t}{t} + \frac{t-1}{t}\,\frac{1}{t-1}\sum_{i=1}^{t-1} x_i\right) - (t-1)T\left(\frac{1}{t-1}\sum_{i=1}^{t-1} x_i\right) \\
& \leq t\left[\frac{1}{t}\,T(x_t) + \frac{t-1}{t}\,T\left(\frac{1}{t-1}\sum_{i=1}^{t-1} x_i\right)\right] - (t-1)T\left(\frac{1}{t-1}\sum_{i=1}^{t-1} x_i\right) \\
& = T(x_t).
\end{aligned}
$$

Aufgrund der Ungleichung (10) ist für jedes risikobehaftete Einkommen die Durchschnittsbesteuerung günstiger als die Anwendung des Tarifs ohne Durchschnittsbesteuerung. Da diese Präferenz auf der stochastischen Dominanz erster Ordnung beruht, ist das Ergebnis robust bzgl. der Risikoeinstellung. Die Methode der Durchschnittsbesteuerung erhöht infolgedessen die Bereitschaft zur Risikoübernahme, gleichgültig, ob der betrachtete Steuerzahler risikoavers, risikoneutral oder sogar risikofreudig ist. Nachteile der Methode sind zum einen ein geringfügig erhöhter Berechnungsaufwand, der angesichts der EDV-Ausstattung der Finanzbehörden aber wohl vernachlässigbar ist, sowie zum anderen ein kurzfristig geringeres Steueraufkommen, das aber voraussichtlich mittel- und langfristig durch eine gesündere Wirtschaftsstruktur und ein höheres Wachstum überkompensiert werden dürfte.

Literatur

[1] Ahsan SM (1974) Progression and Risk-Taking. Oxford Ec. Papers 26:318–328

[2] Allingham MG (1972) Risk-Taking and Taxation. Z. f. NÖk 32:203–224

[3] Arrow KJ (1970) Essays in the Theory of Risk Bearing. North Holland, Amsterdam London

[4] Bamberg G, Richter WF (1984) The Effects of Progressive Taxation on Risk-Taking. Z. f. NÖk 44:93–102

[5] Bamberg G, Richter WF (1986) Decision-Theoretic Analysis of Envisaged Income Tax Reforms for F.R.G. and U.S. Disc. Paper, Univ. Augsburg

[6] Bamberg G, Richter WF (1987) Risk-Taking under Progressive Taxation: Three Partial Effects. in: Eichhorn W et.al. (Hrsg): Measurement in Economics. Theory and Application of Economic Indices. Physica, Heidelberg Wien

[7] Bamberg G, Spremann K (1986) Capital Market Equilibria. Springer, Berlin Heidelberg New York Tokyo

[8] Buchholz W (1985) Die Wirkung progressiver Steuern auf die Vorteilhaftigkeit riskanter Investitionen. Z. f. betr. Forschung 37:682–690

[9] Buchholz W (1986) Neutral Taxation of Risky Investment. Disc. Paper, Univ. Tübingen

[10] Copeland TE, Weston JF (1983) Financial Theory and Corporate Policy. 2. Aufl. Addison-Wesley, Reading (Ma.)

[11] Haegert L, Kramm R (1975) Der Einfluß von Ertragssteuern auf die Vorteilhaftigkeit von Investitionen mit unterschiedlichem Risiko. Z. f. betr. Forschung 27:69–83

[12] Mossin J (1968) Taxation and Risk-Taking: An Expected Utility Approach. Economica 35:74–82

[13] Penner RG (1964) A Note on Portfolio Selection and Taxation. Review of Ec. Studies 31:83–86

[14] Richter MK (1960) Cardinal Utility, Portfolio-Selection and Taxation. Review of Ec. Studies 27:152–166

[15] Richter WF (1985) Modelltheoretische Analyse der Steuertarifreform 1986/88 und ihrer dämpfenden Wirkung auf die Risikobereitschaft im mittleren Einkommensbereich, Z. f. betr. Forschung 37:1070–1077

[16] Schneider D (1977) Gewinnbesteuerung und Risikobereitschaft: zur Bewährung quantitativer Ansätze in der Entscheidungstheorie. Z. f. betr. Forschung 29:633–666

[17] Stiglitz JE (1969) The Effects of Income, Wealth, and Capital Gains Taxation on Risk-Taking. Quart. J. of Ec. 83:263–283

[18] Uhlir H, Steiner P (1986) Wertpapieranalyse. Physica, Heidelberg Wien

[19] Vickrey W (1939) Averaging of Income for Income-Tax Purposes. J. of Pol. Economy 47:379–397

[20] Wagner FW (1978) Kapitalerhaltung, Geldentwertung und Gewinnbesteuerung. Springer, Berlin Heidelberg New York

[21] Wenger E (1983) Gleichmäßigkeit der Besteuerung von Arbeits- und Vermögenseinkünften. Fin. Archiv. 41:207–252

[22] Wenger E (1985) Einkommenssteuerliche Periodisierungsregeln, Unternehmenserhaltung und optimale Einkommensbesteuerung, Teil I. Z. f. Betr. 55:710–730

[23] Wenger E (1986) Einkommenssteuerliche Periodisierungsregeln, Unternehmenserhaltung und optimale Einkommensbesteuerung, Teil II, Z. f. Betr.56:132–151

[24] Wittmann F (1986) Der Einfluß der Steuern auf die Investitionsentscheidungen der Unternehmen. Campus, Frankfurt New York

Verbesserung der Risikokapitalausstattung und „Zweiter Börsenmarkt“ für kleine und mittlere Unternehmen

Martin Herzog

1. Mangel an Risikokapital bei mittelständischen Unternehmen

Die Dynamik und die Anpassungsfähigkeit unserer Wirtschaft werden wesentlich durch ihre Innovationsbereitschaft und -fähigkeit bestimmt. Die Veränderungen im Angebot und in der Nachfrage zwingen die Anbieter, dem Strukturwandel zu folgen, wenn sie weiterhin am Markt bestehen wollen. Wettbewerbsfähige Unternehmen nehmen die Herausforderungen an und versuchen ihre Chancen zu nutzen. Sie werden verbesserte oder neue Produkte bzw. Verfahren auf den Markt bringen und auf die Bedürfnisse ihrer Kunden noch gezielter eingehen.

Kleinere und mittlere Unternehmen sind aufgrund ihrer Flexibilität und häufig recht großen Innovationsbereitschaft in besonderer Weise in der Lage, überzeugende Strategien zu entwickeln und den Strukturwandel aktiv mitzugestalten.

Sie sind unverzichtbare Bestandteile unserer Wirtschafts- und Gesellschaftsordnung und wichtige Garanten dafür, daß unsere soziale Marktwirtschaft nicht an Konkurrenzfähigkeit gegenüber anderen Volkswirtschaften verliert.

In Baden-Württemberg

- sind ca. 15000 der insgesamt 16000 Industriebetriebe mittelständische Unternehmen mit insgesamt rd. 810000 Beschäftigten,
- haben wir etwa 98000 Handwerksbetriebe mit ca. 700000 Beschäftigten (damit liegen wir in der Handwerksdichte unter allen Flächenstaaten an erster Stelle),
- arbeiten ca. 82000 Selbständige im Handels- und Verkehrsgewerbe mit rd. 520000 Beschäftigten,
- gibt es ca. 27000 Hotel- und Gaststättenbetriebe mit rd. 105000 Beschäftigten und
- existieren etwa 15000 in der Wirtschaft tätige freie Berufe (also z. B. Ingenieure, Architekten, Steuerberater).

Die Hälfte der 4,2 Mio. in der gewerblichen Wirtschaft des Landes Erwerbstätigen sind in der mittelständischen Wirtschaft beschäftigt. Jeder 2. Arbeitsplatz entfällt auf die mittelständischen Betriebe. Die mittelständische Wirtschaft erarbeitet die Hälfte des Sozialproduktes. Sie stellt die Mehrzahl der Ausbildungsplätze.

Die Nutzung von wirtschaftlichen Chancen durch den Mittelstand und die möglichst weitgehende Vermeidung von Risiken setzt eine hinreichende Ausstattung mit Risikokapital voraus. Eine zu geringe Risikokapitalausstattung kann insbesondere bei jungen Unternehmen eine Wachstumsbremse oder die Ursache für Existenzkrisen sein. Aus einer amerikanischen Untersuchung geht hervor, daß technologieorientierte Unternehmensgründungen sich ca. 6 Jahre in der Verlustzone bewegen und dabei etwa 85 % ihrer Gründungssubstanz aufbrauchen. Wie sieht die Versorgung mit Risikokapital bei uns aus?

Wir haben in der Bundesrepublik Deutschland seit dem Ende der Wiederaufbauphase grundsätzlich keinen globalen Kapitalmangel. Mit einer Sparquote von durchschnittlich 13 % in den vergangenen 15 Jahren gehört die Bundesrepublik sogar zum Kreis derjenigen Industrieländer, die sich durch eine relativ hohe Ersparnis und eine kräftige Kapitalbildung auszeichnen. Kapital ist insgesamt gesehen in ausreichendem Maße vorhanden. Es wird allerdings überwiegend für risikolosere Anlagen verwendet. Das hängt einmal damit zusammen, daß die Ersparnisbildung sich im Laufe der Zeit zunehmend von den Unternehmen zu den Haushalten verlagerte.

Das Gesamtvermögen der Haushalte beträgt gegenwärtig ca. 6,1 Bio. DM. Besonders stark wuchs das Geldvermögen. Sein Wert hat sich in den letzten 10 Jahren mehr als verdoppelt, seit 1960 sogar verdreifacht. Die für die Bildung von Geldvermögen verwendeten Ersparnisse wurden 1985 zu über 70 % bei Banken, Bausparkassen und Versicherungen angelegt. 16 % wurden für den Erwerb von fest verzinslichen Wertpapieren ausgegeben, nur knapp 3 % für den Kauf von Aktien.

Die Fähigkeit zur Ersparnisbildung bei den Unternehmen selbst hat mittelfristig gesehen abgenommen. Die Selbstfinanzierungskraft der Unternehmen ist damit schwächer geworden. Diese grundsätzliche Beurteilung gilt auch vor dem Hintergrund gestiegener Unternehmenserträge in jüngster Zeit, die auch für eine Verbesserung der Finanzstruktur verwendet wurden. Die zu geringen Möglichkeiten der Unternehmen, die Risikokapitalausstattung aus eigener Kraft zu erhöhen, wurde durch häufig fehlende Chancen verstärkt, Risikokapital von außen in ausreichendem Maße zu erhalten. Wir haben damit in der Bundesrepublik die unbefriedigende Situation, einen Mangel an Risikokapital bei insgesamt guter Ersparnis- und Kapitalbildung zu haben.

Dieser Sachverhalt läßt sich auch anhand der Entwicklung der Eigenkapitalquote verdeutlichen, die Mitte der 60er Jahre bei über 30 % lag. Sie beträgt heute im Durchschnitt etwas über 18 % und ist damit vor allem im internationalen Vergleich besonders ungünstig. Auch wenn unter den Statistikern über die exakte Höhe der Eigenkapitalquote kein vollständiger Konsens besteht, dürfte diese grundsätzliche Einschätzung von der Mehrzahl der Ökonomen wohl geteilt werden.

Eine zu geringe Eigenkapitalquote kann einzelwirtschaftliche und gesamtwirtschaftliche Gefahren heraufbeschwören. Die Deutsche Bundesbank stellte fest, daß die Eigenkapitalausstattung der Unternehmen zu gering ist, um der Wachstumsdynamik voll gerecht zu werden und den notwendigen Strukturwandel in der Wirtschaft rasch genug voranzutreiben. Wir vergeben damit Chancen insbesondere im innovativen Bereich, in dem die Investitionsrisiken mangels Eigenkapital häufig zu hoch erscheinen, und bei der Schaffung neuer, zukunftsträchtiger Arbeitsplätze. Das wird besonders deutlich, wenn die Eigenkapitalausstattung nach der Unternehmensgröße differenziert wird. Bei kleinen und mittleren Unternehmen, die für einen dynamischen gesamtwirtschaftlichen Innovationsprozeß besonders wichtig sind, beträgt die Eigenkapitalquote häufig nur wenige Prozente. Die mangelhafte Versorgung mit Risikokapital trug zudem wesentlich zur Halbierung der Investitionsquote seit Mitte der 60er Jahre bei, der Kapitalstock in der Bundesrepublik veraltete. Die Investitionslücke wurde zunehmend zur Innovationslücke.

Es ist deshalb ein vorrangiges wirtschaftspolitisches Ziel, die Eigenkapitalausstattung insbesondere des Mittelstands zu verbessern. Damit wird auch ein wesentlicher Beitrag zur Verbesserung der Arbeitsmarktsituation geleistet. Giersch und Schmidt sind der Ansicht, daß die gegenwärtige Arbeitslosigkeit in ihrem harten Kern eine (Risiko-)Kapitalmangel-Arbeitslosigkeit ist.

2. Die Lösungen

Über diese Diagnose läßt sich sicher leichter Einigkeit erzielen als über die Therapie. Keine sinnvolle Lösung liegt für mich in einer massiven Veränderung der Einkommensverteilung zu Gunsten der Unternehmer, um ihre Fähigkeit zur ausreichenden Eigenkapitalbildung über die Selbstfinanzierung entscheidend zu verbessern. Dadurch würden außerdem die dringend notwendigen Bemühungen um mehr Übereinstimmung in Grundfragen unserer Wirtschafts- und Gesellschaftsordnung empfindlich gestört werden. Berechnungen zeigen, um welche Größenordnungen es sich hier handelt. Der derzeitige Eigenkapitalbestand von ca. 360 Mrd. DM müßte um ca. 250 Mrd. DM aufgestockt werden, um die Eigenkapitallücke zu schließen. Es gibt überzeugendere Ansatzpunkte.

Ein erfolgversprechender Weg ist die Verbesserung der Ertragskraft der Unternehmen insbesondere durch eine maßvolle Tarifpolitik, Konsolidierungspolitik des Staates, steuerliche Maßnahmen zur Erleichterung der Risikokapitalbildung und eine erfolgreiche allgemeine Wirtschaftspolitik. Hier wurden in den vergangenen Jahren beachtliche Erfolge erzielt. Die Steuerreform in dieser Legislaturperiode wird zu weiteren Erleichterungen bei der Bildung von Risikokapital in den Unternehmen führen.

Ein weiterer wichtiger Ansatzpunkt liegt in dem Versuch, die Sparer verstärkt für Anlagen in Risikokapital zu gewinnen. Es wurde von der Politik zunehmend erkannt, daß vermögenspolitische Anreize eine wirksame Hilfestellung geben können.

Der Staat hat in der Vergangenheit erhebliche Mittel für die Förderung der Vermögensbildung ausgegeben. Mit ca. 136 Mrd. DM wurden seit Kriegsende Sparleistungen von rd. 540 Mrd. DM begünstigt. Vermögenswirksame Leistungen nach dem Vermögensbildungsgesetz flossen bis Anfang der 80er Jahre allerdings zu 98 % in das Konten-, Bau- und Versicherungssparen und nur zu 2 % in Form von Kapitalbeteiligungen in die Unternehmen zurück. Die Bundesregierung hat seit 1982 einen Kurswechsel vollzogen und deutlich gemacht, daß die Vermögenspolitik in den 80er und 90er Jahren im Zeichen der Förderung von Beteiligungen der Arbeitnehmer am Produktivkapital stehen.

In einem ersten Schritt wurde der geförderte Anlagekatalog Anfang 1984 auf Beteiligungsformen ausgedehnt, die insbesondere für mittelständische Unternehmen geeignet sind, z. B. stille Beteiligungen, Genußscheine, Arbeitnehmerdarlehen. Die Förderung von Vermögensbeteiligungen wurde in einem zweiten Schritt weiter ausgebaut. Eingeführt wurde außerdem eine vermögenspolitische Förderung einer mittelbaren Beteiligung an mittelständischen Unternehmen etwa über Unternehmensbeteiligungsgesellschaften.

Aus meiner Sicht sollte dieser Weg konsequent fortgesetzt werden. Es wäre zu überlegen, ob nicht die Anlage in Risikokapital noch stärker zu Lasten von risikoloseren Sparformen gefördert werden sollten. Die Vermögenspolitik würde damit einen wichtigen Beitrag zur Steigerung der Innovationsfähigkeit unserer Wirtschaft leisten. Die Arbeitnehmer tragen damit mittelbar zur Sicherung ihrer Arbeitsplätze und zur Schaffung neuer Arbeitsplätze bei.

Aber auch die Versicherungen und die Kapitalanlagegesellschaften sollten verstärkt der Wirtschaft Risikokapital zur Verfügung stellen. Das am 1. Januar 1987 in Kraft getretene Gesetz zur Verbesserung der Rahmenbedingungen für institutionelle Anleger erweitert die Möglichkeiten für die Vermögensanlage. Bisher konnte das gebundene Vermögen von Versicherungen nur in Form von börsengängigen Aktien oder Anteilen am Wertpapiersondervermögen angelegt werden. Dieses Anlagespektrum ist nunmehr erweitert worden auf sonstige Aktien, GmbH-Anteile, KG-Anteile, stille Beteiligungen und Genußrechte, wobei gleichzeitig die Anlagegrenzen erhöht wurden. Erleichterungen wurden auch für Kapitalanlagegesellschaften eingeführt.

Ein zentraler Ansatzpunkt für die Verbesserung der Eigenkapitalzufuhr von außen ist die Börse. Der Börsenmarkt spielt bei uns eine geringere Rolle als in anderen vergleichbaren Ländern, die Aktie wird als Finanzierungsinstrument zu wenig genutzt. Der Marktwert der börsennotierten Aktien beträgt in den USA ca. 50 % des Bruttoinlandsproduktes, in Großbritannien ca. 65 %, in Deutschland knapp 15 %. Von den insgesamt über 2 Mio. Unternehmen in der Bundesrepublik werden nur ca. 2000 als Aktiengesellschaften geführt – zum Vergleich, Schweiz: 120000 oder Deutschland im Jahr 1925: über 13000. In der Bundesrepublik sind nur 1/4 der Aktiengesellschaften an der Börse notiert. Während sich die Zahl der GmbHs in wenigen Jahren auf ca. 340000 verdoppelt hat, ist die Zahl der Aktiengesellschaften zurückgegangen.

Das deutsche Aktienrecht orientiert sich am Leitbild der großen Publikumsgesellschaft, die ihre Anteile mit kleinen Nennwerten im amtlichen Handel an der Börse anbietet. Die heute noch gültigen Rechtsvorschriften über die Börsenzulassungsbedingungen und den Börsenprospekt sind im wesentlichen im Börsengesetz aus dem Jahre 1896 und in der Bekanntmachung betreffend die Zulassung von Wertpapieren zum Börsenhandel von 1910 enthalten. Sie sind reformbedürftig und sollten den heutigen rechtlichen und wirtschaftlichen Verhältnissen angepaßt werden. Gelegentlich wird sogar von einer „Krise der Aktiengesellschaft" gesprochen.

Die aus gesamtwirtschaftlicher Sicht leider zu geringe Akzeptanz der Aktiengesellschaft hat verschiedene Ursachen. Dazu gehören einmal rechtsform-spezifische Eigenarten wie etwa die vorgeschriebene starre Organisationsstruktur und die Aufgabenverteilung, die Mitbestimmungsregelung nach dem Betriebsverfassungsgesetz und dem Mitbestimmungsgesetz von 1976 und die generellen Prüfungs- und Publizitätspflichten, die auch zu einer beachtlichen Kostenbelastung führen. Auch der Anleger hat häufig offensichtlich Vorurteile gegenüber der Aktie. Das zeigt sich einmal an der dargestellten geringen Bedeutung der Aktie bei der privaten Vermögensbildung. Die Zahl der Aktionäre ist von über 5 Mio. auf ca. 3 Mio. zurückgegangen. Ohnehin befindet sich rd. die Hälfte des Grundkapitals börsennotierter Aktien „in festen Händen" von Großaktionären, Versicherungen oder privaten Familien. Der Aktienmarkt ist trotz der beachtlichen Belebung in den letzten Jahren recht eng. Der Wirtschaftswissenschaftler Stützel hat in diesem Zusammenhang den Vergleich angestellt, daß die über die Zufuhr von Risikokapital aufgebrachten Mittel am Kapitalmarkt inzwischen fast den Anteil erreicht hätten, den Brauereipferde am Biertransport haben.

Ich begrüße die Überlegungen zur Steigerung der Attraktivität der Aktie und zur Schaffung einer „Kleinen Aktiengesellschaft", die vom Bundesminister der Justiz und anderen angestellt werden. Hier sollen insbesondere die Gründungsvorschriften erleichtert und die aktienrechtliche Organisationsstruktur gelockert werden. Bedenkt man allerdings die Widerstände der Wirtschaft gegen eine grundlegende Reform des Aktienrechts, dann wird man kaum davon ausgehen können, daß sich Reformüberlegungen in dieser Richtung in absehbarer Zeit durchsetzen lassen.

Wer wie ich für die Forderung nach „Mehr Unternehmen an die Börse" eintritt, der wird deshalb auch an Lösungen denken, die einen effizienten Handel von Anteilen an Unternehmen in unterschiedlichen Rechtsformen, insbesondere der GmbH, evtl.

auch der KG, ermöglichen. Diese Rechtsformen dominieren im Mittelstand. Fachleute gehen davon aus, daß das Potential derartiger Unternehmen recht groß ist.

Eine Realisierung dieser Ansätze würde gleichzeitig zu einer Effizienzsteigerung der Vermögenspolitik beitragen. Eine stärkere Förderung von Anlagen in Risikokapital setzt voraus, daß es attraktive Risikokapitaltitel gibt. Eine entsprechende Weiterentwicklung des Börsenmarktes entspricht damit gleichzeitig zukunftsorientierten vermögenspolitischen Vorstellungen.

3. Ansatzpunkt „Zweiter Börsenmarkt"

Mein Vorgänger und ich traten aus diesen Gründen schon seit Jahren für einen „Zweiten Börsenmarkt" ein, der insbesondere den kleineren und mittleren Unternehmen in unterschiedlichen Rechtsformen offenstehen soll. Ein wichtiger Schritt in diese Richtung ist das neue Börsenzulassungsgesetz, das nunmehr neben dem amtlichen Handel, dem geregelten und dem ungeregelten Freiverkehr einen „geregelten Markt" einführt. Dieser neue Marktabschnitt, der in die börsengesetzlichen Regelungen einbezogen ist, bietet gegenüber der amtlichen Notierung erleichterte Zulassungsvoraussetzungen für die Unternehmen. Für den „geregelten Markt" wurde ein weiter und flexibler gesetzlicher Rahmen geschaffen, der durch die Börsenordnungen ausgefüllt werden kann. Dieser Markt soll den börsenfähigen Unternehmen offenstehen, die den Gang an die Börse bisher gescheut haben. Er kommt gleichzeit auch dem Bedürfnis der Anleger entgegen, die auch risikoreichere Engagements eingehen wollen.

Mit dem Börsenzulassungsgesetz, das am 1. Mai 1987 in Kraft trat, wurde eine Neuorientierung eingeleitet. Die Konzeption des alten Börsengesetzes, wonach der eigentliche (amtliche) Börsenhandel nach öffentlich-rechtlichen Regelungen (Gesetze, Rechtsverordnungen) mit hohen Zulassungsvoraussetzungen für die Unternehmen und einem perfektionierten Anlegerschutz zu erfolgen habe, wurde gelokkert. Damit wurde gleichzeitig ein Weg eingeschlagen, der es ermöglicht, die rechtlichen Strukturen an der Börse den wirtschaftlichen Notwendigkeiten und Entwicklungen anzupassen und damit die Börse über den „Zweiten Börsenmarkt" zu einem noch wirksameren Markt für Risikokapital auszubauen.

Ich habe im Herbst 1986 eine Kommission „Zweiter Börsenmarkt" eingesetzt, der namhafte Wissenschaftler und Praktiker angehören. Die Kommission soll prüfen, welche Voraussetzungen geschaffen werden müssen, damit insbesondere kleine und mittlere Unternehmen verstärkt an die Börse gebracht werden können. Dabei können Erfahrungen in anderen Ländern hilfreich sein.

4. Erfahrungen in anderen Ländern

Neuere Untersuchungen heben die größere Offenheit und den dynamischen Wettbewerb um Plazierungen insbesondere auf dem amerikanischen und britischen Aktienmarkt hervor. Kleine und mittlere Unternehmen und junge Unternehmen mit Wachstumspotential haben es dort offensichtlich leichter, das notwendige Risikokapital zu erhalten.

In den USA herrscht ein recht lebhafter Wettbewerb zwischen verschiedenen Marktorganisatoren. Es gibt hier kein allgemein akzeptiertes Verfahren etwa für den Handel und die Kursermittlung. Unterschiedliche Emittenten und Anleger haben die Möglichkeit, eine breite Palette von Finanzdienstleistungen auch außerhalb der Börse, etwa auf dem Over-The-Counter-Markt (OTC-Markt), anzubieten bzw. in Anspruch zu nehmen. Unterschiedliche Provisionsrabatte und moderne Methoden bei der Orderdisposition und Belieferung sorgen für einen intensiven Wettbewerb.

Eine besondere Bedeutung hat die Computerkommunikation für die Kursanzeige, den Handel und den Geschäftsabschluß außerhalb der örtlichen Konzentration in einem Börsensaal erlangt. Sie ermöglicht es insbesondere kleineren und mittleren etablierten und jungen Unternehmen, Risikokapitalgeber zu relativ niedrigen Kosten zu finden. Dieses System expandierte schnell und hat sich mittlerweise zum drittgrößten Börsenhandel der Welt entwickelt. Es zieht zunehmend auch ausländische Anleger und Emittenten an.

In Großbritannien hat sich nach amerikanischem Vorbild ein wirksamer OTC-Markt entwickelt, der kleineren und mittleren Unternehmen offensteht. Die Börse reagierte auf diesen Erfolg und führte 1980 den Unlisted Securities Market (USM) ein, der erheblich erleichterte Emissionsvoraussetzungen für den Mittelstand bietet. Dieser „Zweite Börsenmarkt" expandierte ebenfalls recht schnell. Er wurde Anfang dieses Jahres durch einen „Dritten Börsenmarkt" ergänzt, der jungen wachstumsträchtigen Gesellschaften den Zugang zum regulierten Markt eröffnet, die nicht den Bedingungen des USM entsprechen. Zahlreiche Emissionsanwärter lassen schon jetzt auf die Wirksamkeit dieses Marktsegmentes schließen.

Festzustellen ist, daß sich insbesondere in den angelsächsischen Ländern die Börsen den neuen Herausforderungen im Handel mit Risikokapital erfolgreich anpaßten. Die Börsenstruktur befindet sich aber auch in anderen Ländern wie Frankreich, den Niederlanden und Dänemark in einem dynamischen Wandel.

5. Einige Überlegungen in Baden-Württemberg

Die ermutigenden Erfahrungen in anderen Ländern und diskussionswürdige Vorschläge aus Wissenschaft und Praxis in der Bundesrepublik für einen erleichterten Börsenzugang für kleine und mittlere Unternehmen sollten genutzt werden, um den Börsenhandel konsequent weiterzuentwickeln und damit zu einer Effizienzsteigerung beizutragen. Zu prüfen wäre zunächst von der Kommission „Zweiter Börsenmarkt", ob die neuen Börsenordnungen, die im Zusammenhang mit dem Börsenzulassungsgesetz erlassen werden müssen, tatsächlich den Börsenzugang für kleine und mittlere Unternehmen angemessen erleichtern oder sachlich ungerechtfertigte Zugangshemmnisse bestehen.

Denkbar wäre aus meiner Sicht in einem weiteren Schritt eine stärkere vertikale Segmentierung der Börsenmärkte mit abgestuften Zulassungsvoraussetzungen, die teilweise von den Börsen autonom festgelegt werden könnten. Diese Zulassungsvoraussetzungen müßten in den unteren Marktsegmenten niedriger sein als in den oberen. Eine wichtige Aufgabe der Kommission besteht darin, die notwendigen und hinreichenden Voraussetzungen auch im Hinblick auf den Kreis der Anleger zu formulieren.

Der gut informierte Anleger sollte die Möglichkeit erhalten, auch an der Börse Titel von risiko- und chancenreichen Unternehmen erwerben zu können.

Die Kommission wird auch zu evtl. neuen Formen des Börsenhandels und zu Änderungsvorschlägen im Hinblick auf das Kapitalmarkt- und Gesellschaftsrecht Stellung nehmen. Der Kommissionsbericht soll Ende dieses Jahres fertiggestellt sein. Die Landesregierung wird anschließend überlegen, welche notwendigen Schritte einzuleiten sind, um einen effizienten „Zweiten Börsenmarkt" für den Mittelstand zu realisieren.

Versicherung schafft Freiraum für unternehmerisches Handeln

Horst K. Jannott

Zusammenfassung

Die Versicherungswirtschaft trägt in vielfältiger Weise zur Förderung der allgemeinen wirtschaftlichen Entwicklung bei. Ihre Hauptaufgabe, dem Versicherungsnehmer den Transfer von Risiken zu ermöglichen, die seine finanzielle Belastbarkeit übersteigen, wird begleitet von einer Reihe von Nebenfunktionen, die im Gefüge einer modernen, marktwirtschaftlich organisierten Volkswirtschaft unverzichtbar sind. Aber auch die Funktion „Risikotragung" erschöpft sich nicht in der Finanzierung eingetretener Schäden. Die Entlastung von unerwartetem Mittelbedarf erlaubt dem Unternehmer, sein Wagniskapital voll im engeren Leistungsbereich einzusetzen, und schafft damit eine wichtige Rahmenbedingung für Produktinnovation, wirtschaftliches Wachstum und Stabilität der Beschäftigung.

Seit den Anfängen des modernen Versicherungswesens hat es im Schrifttum zahlreiche Versuche gegeben, Funktion und Stellenwert des Versicherungsprodukts im Rahmen des gesamtwirtschaftlichen Prozesses zu beschreiben. Dabei wurde über den durch das Sicherungsversprechen unmittelbar bewirkten Risikotransfer hinaus eine Reihe weiterer Aspekte zutage gefördert, die in ihrer Auswirkung auf andere Wirtschaftsbereiche indirekt und zusätzlich die Prosperität und das Wachstum der Gesamtwirtschaft begünstigen. Als Beispiel für solche Nebeneffekte sei an dieser Stelle nur die Rolle erwähnt, die die Assekuranz als Kapitalsammelbecken für die Finanzierung langfristiger Investitionsvorhaben einnimmt. Gerade in jüngerer Zeit wurde dieses Leistungsangebot durch eine wichtige Initiative ergänzt: Schon von jeher war und ist die Versicherungswirtschaft einer der bedeutendsten Kapitalgeber für Industrie, Wohnungsbau und staatliche Gebietskörperschaften. Um ihr Kapitalangebot verstärkt auch dem wirtschaftlichen Mittelstand nutzbar zu machen, der gleichzeitig ihr wichtigstes Kundenpotential darstellt, gründeten im Jahr 1985 mehr als 100 Versicherer die Risikokapital-Beteiligungsgesellschaft der Deutschen Versicherungswirtschaft (KDV), die ihr haftendes Eigenkapital mittelständischen Firmen mit entwicklungsfähigen Produkten und gutem Management zur Verfügung stellt.

Eine nicht geringere Bedeutung kommt der Versicherungswirtschaft als Grundlage des heute vielfältig entwickelten Kreditsicherungssystems zu. Eine große Zahl von Finanzierungsgeschäften für investive oder konsumptive Zwecke ließe sich in dem heute üblichen Umfang ohne entsprechende Risikoabdeckung kaum mehr durchführen.

Es ist offenkundig, daß die Bandbreite der von der Assekuranz direkt oder indirekt zu erfüllenden Aufgaben ihrerseits von der gesamtwirtschaftlichen und -gesellschaftlichen Entwicklung abhängt. Auch das relative Gewicht der einzelnen Funktionen untereinander ist im Zeitablauf Veränderungen unterworfen. Es ist daher auch für den Versicherer nötig, sich immer wieder erneut zu fragen, welche Leistungen – in einen größeren Zusammenhang gestellt – von ihm erwartet werden und unter welchen Bedingungen er in der Lage ist, diesem Bedarf zu entsprechen. Es scheint dabei unter den heutigen Gegebenheiten nicht nur für das Selbstverständnis des Versicherers nützlich, auf einen Aspekt hinzuweisen, der bislang auch im Schrifttum nicht ausreichend Beachtung gefunden hat: die *Bedeutung, die der Privatversicherung für die optimale Entfaltung wirtschaftlicher Initiative zukommt, indem sie Freiräume für unternehmerisches Handeln eröffnet.* Daß sich ein entsprechendes Bewußtsein, wie es scheint, in der breiten Öffentlichkeit nur unvollkommen bildete, mag damit zusammenhängen, daß Sicherheit durch Risikotransfer – also Versicherung – vorwiegend im gedanklichen Zusammenhang mit der auf den ersten Blick eher systemerhaltenden Funktion des Schadenersatzes und der Wiedergutmachung gesehen wird. Die folgenden Überlegungen setzen sich zum Ziel, den Blick dafür aufzutun, wie sehr wirtschaftliche und technische Innovationen gerade auch von der Assekuranz ermöglicht werden und welchen Beitrag damit die Versicherung zur wirtschaftlichen Dynamik leistet.

Unternehmerische Initiative wird neben Kapital, Arbeit und Ressourcen vielfach – und zu Recht – als vierter volkswirtschaftlicher Produktionsfaktor bezeichnet. Es ist kein Zufall, daß ihre Bedeutung gerade in den letzten Jahren wieder vermehrt erkannt und anerkannt wird, und zwar nicht nur auf Unternehmerseite. Der zur Zeit in vielen Volkswirtschaften mehr oder weniger deutlich sichtbare konjunkturelle Aufschwung kann nicht darüber hinwegtäuschen, daß sich die heutigen ökonomischen Bedingungen beinahe weltweit sehr wesentlich von jenen unterscheiden, die die lange Wachstumsphase nach dem 2. Weltkrieg geprägt haben. Die eingetretenen strukturellen Veränderungen und in der Folge nicht unerhebliche Krisenerscheinungen auf vielen Märkten nötigen nicht nur zum kritischen Überdenken traditioneller wirtschaftspolitischer Konzepte, sie erfordern zu ihrer Bewältigung auch – und in erster Linie – Eigeninitiative und Kreativität im Hinblick auf neue Produkte und Produktionsverfahren. Diese Qualitäten bilden in unserer Wirtschaftsordnung seit je die Vorbedingung zur Bewältigung der Aufgaben des freien Unternehmers als Motor des ökonomischen Fortschritts.

Der Unternehmer wird seiner Aufgabenstellung dann gerecht werden können, wenn die wirtschaftlichen, politischen und sozialen Verhältnisse seine Entfaltung fördern, ihm ausreichende Anreize und Gewinnchancen bieten, es ihm aber auch erlauben, das mit seiner Tätigkeit verbundene unternehmerische Risiko in kalkulierbarer Größenordnung zu halten.

Gerade dies bewirkt die von der Assekuranz angebotene Dienstleistung. Der Abschluß einer auf die spezifischen Bedürfnisse zugeschnittenen Deckung stabilisiert einerseits die Grundlagen der unternehmerischen Planung, indem sie den angestrebten wirtschaftlichen Erfolg innerhalb des vereinbarten Deckungsbereiches vor unabwendbaren negativen Einflüssen schützt und die einschlägigen Risiken durch Kosten in Höhe eines meist geringen Bruchteils der drohenden Schadenbelastung ersetzt.

Von dem zur Verfügung gestellten Versicherungsschutz geht andererseits noch eine weitere Wirkung aus: Durch die Entlastung von der Sorge um unvorhergesehene finanzielle Einbußen ermöglicht er es dem Unternehmer, sich auf seinen engeren Lei-

stungsbereich zu konzentrieren und in diesem Rahmen neue und zusätzliche Risiken einzugehen, die er sich im Hinblick auf seine besonderen Fähigkeiten und Kenntnisse zutraut. Kann er sein Wagniskapital durch Versicherung vor einem Teil der ihm drohenden Gefahren schützen, so wird er um so eher gewillt sein, im übrigen Bereich mehr von seinem Vermögen zu riskieren als ohne diese Deckung. Aus dieser Sicht bildet Versicherung eine nicht zu unterschätzende Voraussetzung für jene Produktivität und kreativen Impulse, die vom Unternehmer allgemein erwartet werden.
„Stabilisierung der Planungsgrundlagen" einerseits, „Förderung von Entfaltungsmöglichkeiten durch Schaffung von Freiräumen" auf der anderen Seite bilden somit zwei aufeinander bezogene Aspekte des Versicherungsnutzens; sie bedingen einander, sind in ihren Auswirkungen jedoch nicht identisch. Ihre relative Bedeutung wird je nach den Umständen des Einzelfalls unterschiedlich groß sein, entsprechend auch das Gewicht, das ihnen als Motiv für die subjektive Versicherungsentscheidung zukommt. Die maßgebenden Einflußfaktoren liegen dabei – abgesehen von der individuellen Risikobereitschaft und Risikoaversion – vor allem im Verhältnis der Gefährdung zum Gesamtvermögen sowie im Gewicht der finanziellen Folgelasten bei Schadeneintritt. Die Größe und Bedeutung des Risikoobjektes, seine Substituierbarkeit auf kurze oder längere Frist, der potentielle Schadengrad und das im Unternehmen verfügbare freie Kapital bilden damit die wesentlichen, wenn auch nicht ausschließlichen Determinanten. Daraus wird deutlich, daß insbesondere das kleine und mittlere Unternehmen jener Freiräume bedarf, die ein maßgerechter Versicherungsschutz vermittelt. Dies deckt sich mit den Erfahrungen der Praxis, wonach für große Unternehmen mit stark diversifiziertem Leistungsangebot und auch räumlich gestreuten Produktionsanlagen Versicherung vor allem unter Kostengesichtspunkten – also als Möglichkeit, die Rentabilität des Unternehmens zu steigern – nachgefragt wird. Für das kleinere und weniger kapitalkräftige Unternehmen bildet über diesen Aspekt hinaus der Risikoausgleich in der Gefahrengemeinschaft vielfach eine Vorbedingung seiner wirtschaftlichen Existenz schlechthin. Bedenkt man, daß gerade von Unternehmen dieser Größenordnung sehr maßgebliche Impulse für ein solides ökonomisches Wachstum ausgehen können und daß gerade solche Betriebe in der Lage sind, auch auf Strukturveränderungen flexibel zu reagieren und Arbeitsplätze auch in Krisenzeiten zu sichern, so unterstreicht dies die Stellung, die die Assekuranz und ihr Produkt im volkswirtschaftlichen Zusammenhang einnehmen.

Auch im geschichtlichen Rückblick zeigt sich die intensive Wechselwirkung, die zwischen dem Versicherungsgewerbe und den güterproduzierenden und -verteilenden Wirtschaftszweigen seit je besteht. Es ist sicher kein Zufall, daß die Anfänge neuzeitlicher Wirtschaftsformen beinahe gleichzeitig und an denselben Orten auftraten, in denen sich auch die Vorläufer der heutigen Prämienversicherung herausbildeten: in den italienischen Hafenstädten der Frührenaissance. Man kann sich vorstellen, welches Risiko bei den begrenzten Möglichkeiten von Navigation und Technik, aber auch den übrigen zahlreichen Unsicherheitsfaktoren der damaligen Welt mit dem Gütertransport auf zum Teil erst zu erschließenden Handelsrouten verbunden war. Im Vergleich der Risiken wird dies besonders deutlich: Preisschwankungen in üblicher Höhe konnte ein Unternehmer – nicht anders als heute – in der Regel verkraften, wenn er in guten Zeiten entsprechend vorsorgte. Anders zum Beispiel im Fall der Havarie eines Frachtschiffes: Hier ging es nicht mehr um die Einbuße von einigen Prozent des Warenwertes, sondern im Fall eines Totalschadens um den gänzlichen Verlust des eingesetzten Wagniskapitals.

Wieviel unternehmerische Potenz mobilisiert worden sein mag, als es gelang, sich durch Versicherung von diesem Risiko zu entlasten, läßt sich nicht quantifizieren. Es spricht jedoch viel dafür, daß das sich verdichtende Netz der Wirtschaftsbeziehungen zwischen den Ländern und Kontinenten und der damit verbundene Prosperitätszuwachs nicht zuletzt das Verdienst jener Pioniere der Versicherung waren, die – wenn auch auf weitgehend noch spekulativer Grundlage, aber mit um so größerem persönlichem Risiko – diese Entfaltung erst ermöglichten.

Auch jene tiefgreifende Umwälzung des wirtschaftlichen Lebens, die sich im Zuge der beginnenden Industrialisierung Europas einstellte und heute rückblickend als erste industrielle Revolution bezeichnet wird, wäre ohne die Hilfestellung der Assekuranz mit Sicherheit wesentlich anders verlaufen. Die erstmals systematisch angewendeten Kenntnisse der Versicherungstechnik und der Risikopolitik ermöglichten eine Ausdehnung des Leistungsangebots des Versicherers auch auf jene Risiken und Gefahren, die sich aus dem Einsatz von Maschinen und der Verwendung der Dampfkraft ergaben. Der so bewirkte Schutz des Betriebsvermögens erleichterte dem Unternehmer nicht nur den vollen Einsatz seiner Eigenmittel, er förderte auch die Beschaffung von Fremdkapital. Versicherung und Kredit – auch heute noch die entscheidenden Voraussetzungen einer wachsenden Wirtschaft – machten erst jene Expansion möglich, die das 19. Jahrhundert so entscheidend geprägt hat. Wenn dieser Prozeß schwerpunktmäßig in Großbritannien einsetzte und London sich gleichzeitig als weltweites Zentrum der Versicherung etablieren konnte, so belegt auch dies die wechselseitige Verflechtung von Industrie und Versicherung in ihrer Entwicklung.

Viele Anzeichen deuten darauf hin, daß wir uns auch heute wieder mitten in einem Zeitabschnitt befinden, in dem sich die Wirtschaft und die sie begleitenden und beeinflussenden Rahmenbedingungen wesentlich ändern. Dies bedeutet für den einzelnen Unternehmer eine Herausforderung, aber auch ein Maß an Unsicherheit, zu deren Bewältigung er nicht zuletzt einen zuverlässigen Versicherer als Partner braucht.

Freilich kann es nicht Aufgabe der Versicherungswirtschaft sein, alle Risiken, die mit unternehmerischer Tätigkeit verbunden sind, zu übernehmen. Dies wäre nicht nur eine versicherungstechnische Unmöglichkeit; es würde Wettbewerb dort unterlaufen, wo er sinnvoll ist, und damit der Volkswirtschaft und dem Konsumenten ein schlechter Dienst erwiesen. Die Versicherer grenzen damit zu Recht sehr sorgfältig aus ihren Deckungen jenen Bereich aus, der als „unternehmerisches Risiko im engeren Sinn" gilt, weil dort Gewinnchancen und Eigenverantwortung so unmittelbar aufeinander bezogen sind, daß ein Risikotransfer auch einen Wegfall sowohl erwünschter Leistungsanreize als auch unternehmerischer Vorsicht bedeuten würde. Versicherung kann und soll Leistung nicht ersetzen, sie soll sie fördern und durch ihren Schutz Raum für produktive Risikobereitschaft schaffen. Der Versicherer versteht sich daher nicht nur als Haftungsträger, sondern zunehmend auch als umfassenden Risikoberater seiner Kunden, der bereits im Vorfeld der Versicherungsentscheidung und auch während der Laufzeit der Deckung dem Versicherten wertvolle Dienstleistungen erbringen kann. Die zahlreichen Anregungen, die in den letzten Jahren und Jahrzehnten zum Thema „Risk Management im Betrieb" erfolgten, zeigen, daß es sich hierbei im Kern nicht um ein Substitut für Versicherungsschutz handelt. Es ist vor allem auch ein Bereich, in dem der Versicherer durch seine ständige Beschäftigung mit dem Risiko über ein Know-how verfügt, das keinem anderen Wirtschaftszweig in dieser Fülle zugänglich ist. Er kann diese Kenntnisse nutzen und auch seinen Kunden nutzbringend zur Verfügung stellen. Risikoidentifizierung und Risikobewertung, die Aussonderung der vom Unternehmen selbst tragbaren Gefahren, Risikoverhütung und -minderung und schließlich der Risikotransfer bilden die Komponenten des Leistungsbündels, das der Versicherer heute seinen Kunden anzubieten hat.

Es besteht kein Grund zur Annahme, daß durch ein differenziertes Risikobewußtsein auf längere Sicht die Nachfrage nach Versicherungsschutz ernsthaft in Frage gestellt sein könnte. Im Gegenteil: Der Umfang und die Vielschichtigkeit der Risikoquellen, die sich für das Unternehmen ergeben, nehmen laufend zu; sie werden dies voraussichtlich auch in Zukunft tun.

Der hohe Stand des Wettbewerbes und eine beträchtliche Kostenbelastung bewirken heute bei Unternehmen fast jeder Größenordnung einen zunehmenden Druck in Richtung Rationalisierung und Technologisierung der Produktionsabläufe. Dies erfordert in der Regel nicht nur einen beträchtlichen Kapitalaufwand, sondern auch einen vermehrten Einsatz neuer, teilweise grundlegend veränderter Techniken. Bei aller Bemühung um Sicherheit bleibt die immer größer und komplexer werdende Technik in vielfältiger Weise anfällig gegen menschliche und maschinelle Fehlleistungen. Das stellt für das Unternehmen selbst, unter Umständen aber auch für Konsumenten und Umwelt, ein erhebliches Risikopotential dar, dessen sich auch die Öffentlichkeit zunehmend bewußt wird. Eine vom Verbraucherschutzgedanken geprägte Gesetzgebung und Rechtsprechung sowie die wachsenden Erkenntnisse über die Verletzbarkeit ökologischer Zusammenhänge sind für die Unternehmenspolitik neue Einflußfaktoren, die mit ökonomischen Zielvorstellungen und Erfordernissen in Einklang gebracht werden müssen. Damit rückt auch der Haftungsgesichtspunkt für Produktion und Absatz der erzeugten Güter immer mehr in das Zentrum der Planung und Entscheidung des Unternehmers. Dies gilt nicht nur für Großbetriebe, sondern auch für den kleinen und mittleren Unternehmer, insbesondere wenn er als Zulieferer größerer Produktionseinheiten tätig wird – angesichts seiner geringeren Kapitalkraft sogar in besonderem Maße.

Die aktuellen Ereignisse auf dem Produkthaftpflicht-Versicherungsmarkt der Vereinigten Staaten können dies vielleicht am besten illustrieren. Das stetige Anwachsen der Ersatzleistungen infolge einer „großzügigen" Rechtsprechung, die im Vergleich zur europäischen Praxis auch bei relativ geringer Beeinträchtigung Entschädigungen in ganz exorbitanten Höhen zuerkennt, und eine Reihe weiterer Faktoren haben bei den US-Haftpflichtversicherern zu jahrelangen Verlusten in einer Größenordnung geführt, die nicht einmal durch die Finanzerträge auf die technischen Reserven ausgeglichen werden konnten. Ein beträchtlicher Teil der Versicherer sah sich daher genötigt, sich aus dem gewerblichen Haftpflichtgeschäft mehr und mehr zurückzuziehen. Die nur noch eingeschränkt verfügbaren Deckungskapazitäten und das wachsende Schadenpotential haben dazu geführt, daß für die noch erhältlichen Deckungen Prämien in oft vier- bis fünffacher Höhe des bisherigen Tarifniveaus verlangt werden mußten. Diese plötzliche und für viele Versicherungsnehmer unerwartete Kostenbelastung für Deckungen, auf die wegen des enormen unternehmerischen Risikos nicht verzichtet werden kann, haben insbesondere im Bereich der amerikanischen mittelständischen Wirtschaft und der freien Berufe zu ernsten Krisenerscheinungen geführt. Viele der Betroffenen ziehen es angesichts dieser Situation vor, die selbständige Existenz aufzugeben. Nach neuesten Veröffentlichungen nimmt dieser Trend einen bereits besorgniserregenden Umfang an. In einigen medizinischen Berufen beträgt die Zahl des jährlichen „dropping out" beinahe 20%. Ähnlich dramatisch sieht es etwa im Transportgewerbe aus: Weit mehr als 3000 Betriebe gaben in den letzten zwei Jahren ihre Gewerbezulassung zurück. Nach einem dem amerikanischen Kongreß vorliegenden Bericht droht weiteren 15000 Firmen in kürzester Frist dasselbe Schicksal. Wenn in dieser Situation der Ruf der amerikanischen Öffentlichkeit nach dem Gesetzgeber immer lauter wird, so zeigt sich, welche Folgen sich ergeben können, wenn jene unternehmerischen Freiräume plötzlich nicht mehr vorhanden sind, die der Versicherer tagtäglich und scheinbar selbstverständlich bietet.

Nicht ohne Rückwirkung auf den Sicherungsbedarf der Unternehmen haben sich in den letzten zwanzig Jahren auch die Strukturbedingungen der Märkte und Wirtschaftsbeziehungen gewandelt. Die Volkswirtschaften der hochindustrialisierten Länder bilden heute mehr denn je ein vielschichtiges, in ihren Teilbereichen stark vernetztes und daher auch sehr leicht verwundbares System von Wirtschaftsbeziehungen. Der hohe Spezialisierungsgrad, dem wir zum großen Teil den erreichten Wohlstand verdanken, hat nicht nur zu vermehrter Arbeitsteilung geführt, sondern auch zu verstärkter Abhängigkeit der kooperierenden Industrie- und Wirtschaftssektoren, was sich zunehmend auch auf internationaler Ebene fortsetzt. Dies bedeutet neben Wachstums- und Exportchancen auch zusätzlich Risiken, die das einzelne Unternehmen in der Regel weder vermeiden noch aus eigener Kraft bewältigen kann.

Welcher Unternehmer könnte seinen Absatz weit über die Grenzen, unter Umständen auf andere Kontinente ausdehnen, wenn ihm nicht durch den Transportversicherer das Risiko des langen Vertriebsweges bis hin zum Endverteiler abgenommen würde? Welche Bank würde sich ohne anderweitige Sicherstellung dazu bereit finden, Güterströme in dem heute üblichen Umfang vorzufinanzieren, wenn das Risiko der nicht termingerechten Erfüllung der Zahlungsverpflichtung aus dem Warengeschäft nicht durch eine Kreditversicherung gedeckt wäre?

Welches Preisäquivalent müßte der Unternehmer kalkulieren und gegen internationale Konkurrenz durchsetzen, wenn er ohne Versicherungsschutz die erheblichen Risiken selbst tragen müßte, die sich zum Beispiel bei der Durchführung von Bauvorhaben und der Montage technischer Anlagen gerade in den noch wenig erschlossenen Märkten der dritten Welt ergeben?

Schließlich ist noch auf einen Bereich hinzuweisen, der schon des öfteren angeklungen ist: die Beziehung zwischen Versicherung und innovativer Technik.

Unternehmerische Impulse haben bis heute immer wieder erstaunliche Fortschritte in der technologischen Entwicklung ausgelöst, zum Teil oft erst ermöglicht. Wenn Industrie und Gewerbe zu Recht als die wesentlichen Wegbereiter des technischen Fortschritts gelten, so war doch die Assekuranz von allem Anfang an mit ihrer Bereitschaft, diese Initiativen zu unterstützen und das technische Innovationsrisiko weitgehend zu übernehmen, ihr ständiger Wegbegleiter. Man braucht nicht nur an so exponierte Risiken zu erinnern, wie etwa Off-shore-Plattformen, Großraumflugzeuge oder die vielen privatwirtschaftlich betriebenen Weltraumsatelliten, deren Einsatz ohne Versicherung undenkbar wäre. Auch in unserem alltäglichen Leben gibt es kaum einen Wirtschaftszweig, der sich nicht zunehmend komplizierterer Technologien bedient. Dies führt dazu, daß die investierten Werte im Verhältnis zu den verfügbaren Eigenmitteln weit überproportional zunehmen. Kaum eine Produktionsanlage könnte in der heutigen Form geplant und tatsächlich verwirklicht werden, wenn nicht die Möglichkeit bestünde, das eingesetzte Wagniskapital oder auch die laufenden Erträge durch Versicherungsschutz abzudecken.

Mit der Größe und Komplexität der Anlagen wächst auch die Zahl und die Angriffsfläche der Risiken, die mit ihrem Betrieb verbunden sind. Oft erhält die

Grundfunktion der Versicherung, Sicherheit zu bieten, dadurch geradezu eine neue Dimension. Was in jüngerer Vergangenheit noch als Randerscheinung des unternehmerischen Risikos gelten konnte und gegebenenfalls auch noch durch Eigenvorsorge und Reservebildung zu bewältigen war, erfordert heute oft die Zusammenfassung von Kapazitäten, die – im Fall von Groß- und Größtrisiken – auch eine nationale Versicherungswirtschaft in ihrer Gesamtheit nicht mehr aufzubringen vermag. Die angemessene Plazierung auch dieser Risiken noch zu ermöglichen, dafür die erforderlichen Kapazitäten weltweit zu organisieren und dem Erstversicherer zur Verfügung zu stellen ist eine der Aufgaben der internationalen Rückversicherung. Keineswegs die einzige.

Auch für die Tätigkeit des Rückversicherers gilt, daß sie sich nicht darin erschöpft, spezifische Risiken zu übernehmen und Schäden zu zahlen. Auch der Rückversicherer verschafft seinen Kunden – den Erstversicherern – erweiterte Freiräume für deren unternehmerische Initiativen in der Zeichnungs- und Bestandspolitik, indem er ihnen durch den Rückversicherungsvertrag zusätzliche Zeichnungskraft zur Verfügung stellt. Der Erstversicherer kann bedeutend mehr und größere Risiken übernehmen, als dies im Hinblick auf die ihm verfügbaren Haftungsmittel möglich wäre, und hat damit die Chance, die Ertragskraft seines eingesetzten Risikokapitals zu erhöhen. Die Ausweitung seiner Bestände verbessert zugleich seine Kostenstruktur, erlaubt ihm aber auch, das versicherungstechnische Prinzip der großen Zahl optimal zu nützen und die Ausgleichsfähigkeit des gezeichneten Bestandes zu erhöhen. Durch die Wahl zweckmäßiger Rückversicherungsvertragsformen und -programme läßt sich auch eine versicherungstechnisch ungünstige Bestandsstruktur verbessern. Die Abgabe der den vertraglich vereinbarten Selbstbehalt (oder die Priorität) übersteigenden Spitzenrisiken (oder -schäden) an den Rückversicherer bewirkt eine weitgehende Homogenität der Haftungssummen im Nettogeschäft, das der Erstversicherer für eigene Rechnung läuft. Dadurch verringert sich für ihn das versicherungstechnische Risiko, also die Gefahr, daß die tatsächliche Schadenentwicklung des Bestandes jenen Betrag übersteigt, den der Erstversicherer aufgrund seiner Risikoeinschätzung der Bedarfsprämienkalkulation zugrunde gelegt hat.

Alle heute gebräuchlichen Rückversicherungsformen – wie unterschiedlich sie im Einzelfall auch beschaffen sind – haben diesen zentralen Aspekt gemeinsam: durch Rückversicherung das Schwankungsrisiko im Selbstbehaltsgeschäft des Zedenten relativ oder zumindest seinem absoluten Gewicht nach zu verringern. Ohne die Erfüllung dieser Aufgabe wäre es wirtschaftlich kaum denkbar, Versicherung „zu festen Prämien" in dem Maße anzubieten, wie dies heute selbstverständlich erwartet wird. Erst dadurch wird der Versicherungsnehmer in vollem Umfang vom Risiko freigestellt und ihm jene Sicherheit garantiert, die er als Rahmenbedingung für seine beruflichen und privaten Aktivitäten benötigt.

Neben dieser Aufgabe, das Wagnispotential des Erstversicherers auf ein tragbares Maß zu reduzieren, ist der große professionelle Rückversicherer heute bestrebt, seinen Kunden ein attraktives Angebot an zusätzlichen Dienstleistungen zur Verfügung zu stellen. Es soll sowohl der Verbesserung seines eigenen Produkts und der bilateralen Geschäftsbeziehung dienen als auch der langfristigen Entwicklung des Geschäftes seiner Zedenten. Die Palette dieses Serviceangebots setzt sich je nach den in Frage kommenden Branchen und Märkten unterschiedlich zusammen. Es wird vor allem von jenen Erstversicherern genützt, die sich aus speziellen sachlichen oder personellen Gründen die nötigen Kapazitäten nicht schaffen können, oder wo sich im isolierten

Einzelfall die erforderlichen Investitionen und die notwendige Vorlaufzeit nicht lohnen würden. Die Inanspruchnahme dieser vom Rückversicherer angebotenen Dienstleistungen ermöglicht insbesondere kleinen und mittleren Erstversicherungsunternehmen Produktivitätsvorteile, die es ihnen erleichtern, auch mit größeren Mitwettbewerbern erfolgreich am Markt zu konkurrieren.

In seinen wesentlichen und für die Mehrzahl der Fälle typischen Erscheinungsformen kann dieses Angebot durch folgende Stichworte charakterisiert werden:
- Sammeln, Auswerten und Bereitstellen von für das Versicherungsgeschäft wichtigen statistischen Daten und Informationen,
- versicherungstechnische Beratung der Erstversicherer von der Risikobeurteilung und -tarifierung über die Vertragsgestaltung bis zu Schadenprüfung, -regulierung und -verhütung einschließlich versicherungsrechtlicher Beratung, soweit dies gesetzlich zulässig ist,
- Unterstützung bei der Einführung elektronischer Datenverarbeitungssysteme,
- betriebswirtschaftliche Beratung der Erstversicherer von betriebsorganisatorischen und Marketingfragen bis zu Bilanz- und Portefeuilleanalysen,
- Ausbildung von Personal der Erstversicherer in versicherungstechnischen und betriebsorganisatorischen Fragen,
- Ausarbeitung von Publikationen zu grundlegenden oder besonders aktuellen Problemen der Versicherungswirtschaft und ihrer Rahmenbedingungen.

Die Erfüllung dieser zusätzlichen Aufgaben wird dem professionellen Rückversicherer durch seine international und branchenübergreifend angelegte Tätigkeit erleichtert, wenn nicht erst ermöglicht. Der stetig weltweit gefächerte Zustrom von für das Versicherungsgeschäft erforderlichen Daten und Informationen bildet dafür die Voraussetzung. Die grenzüberschreitende Streuung seines Geschäfts erlaubt dem Rückversicherer auch, Risikoentwicklungen technischer und kommerzieller Art früher festzustellen und auf breiterer Basis einzuschätzen, als dies in der Regel dem lokal begrenzt tätigen Erstversicherer möglich ist. Nicht zuletzt durch die Vermittlung dieser Kenntnisse trägt der Rückversicherer entscheidend dazu bei, daß seine Zedenten den Ausbau ihrer geschäftlichen Aktivitäten zweckmäßig planen und erfolgreich in die Tat umsetzen können.

Mit dieser zusammenfassenden Darstellung der Aufgaben des Rückversicherers sollte deutlich werden, wie Erst- und Rückversicherung in ihren Funktionen aufeinander abgestimmt sind, aber auch in den Voraussetzungen ihrer wirtschaftlichen Tätigkeit voneinander abhängen. Zu Recht werden sie als gleichgewichtige und gleichwertige Komponenten eines umfassenden Systems „Risikotragung" verstanden, das auf einer letztlich weltweit angelegten Streuung und Verteilung der übernommenen Wagnisse beruht. Ihr gemeinsames Produkt „Sicherheit" entfaltet – über den reinen Risikotransfer hinaus – Freiräume für unternehmerisches Handeln, die eine Volkswirtschaft an der „Wende in die Zukunft", wie Lothar Späth sein Buch überschreibt, dringend benötigt.

Finanzinnovationen – Entstehungsgründe, Charakteristika und Auswirkungen auf die monetären Märkte

Arnold Kremer

Seit etwa drei Jahren ist in der Struktur der über die internationalen monetären Märkte geleiteten Finanzierungen ein tiefgreifender Wandel eingetreten. Der Anteil der Bankkredite ging merklich zurück, und im Gegenzug sind internationale Wertpapierkredite beträchtlich ausgeweitet worden. Diese Strukturverschiebung war von einer zunehmenden Verwendung innovativer Finanzierungsinstrumente und Finanzierungstechniken begleitet, eine Entwicklung, die nicht zuletzt auch die herkömmliche Einteilung in Geld- und Kapitalmarktfinanzierungen berührt. Warum dies so ist und welche weitergehenden Auswirkungen dies hat, ist Thema dieses Aufsatzes.

Dazu sind zunächst die wesentlichen Entstehungsgründe für Finanzinnovationen im einzelnen aufzuzeigen. Daran schließt sich die Darstellung charakteristischer Merkmale und Erscheinungsformen bei einigen neuartigen Finanzierungsinstrumenten an. Sodann werden die Auswirkungen auf die Geld- und Kapitalmärkte untersucht und – daraus resultierend – Konsequenzen für die Geldpolitik sowie Reaktionen der Bankenaufsicht abgeleitet. Abschließend folgen in knapper Form einige Überlegungen insbesondere über die zukünftige Entwicklung von Finanzinnovationen.

I Entstehungsgründe von Finanzinnovationen

Versteht man unter Finanzinnovationen im weiteren Sinne neuartige Finanzierungsinstrumente,[1] dann hat es sie schon immer gegeben und wird es sie auch weiterhin geben. Warum dies Thema gerade heute so aktuell ist, dafür gibt es drei wesentliche Gründe[2]:

- Der sich beschleunigende technische Fortschritt ermöglicht eine zunehmende Transparenz der Märkte und erlaubt, bei geringen Transaktionskosten Arbitragemöglichkeiten schnell auszunutzen.
- Die zunehmenden Ungleichgewichte zwischen den Volkswirtschaften in der Welt haben zu neuen Risiken geführt. Die mit diesen Ungleichgewichten entstandenen vagabundierenden Finanzströme haben die Risiken zusätzlich erhöht.

---

1 Eine engere Definition nennt J. Streit, Die Relevanz monetärer Innovationen in den USA für die Geldpolitik, in: Kredit und Kapital 1984, S. 559 ff.

2 Zu alternativen Darstellungen vgl. z. B. Sachverständigenrat zur Begutachtung der gesamtwirtschaftlichen Entwicklung, Auf dem Weg zu mehr Beschäftigung, Jahresgutachten 1985/86, Stuttgart und Mainz 1985, Tz. 246 ff.; Bank for International Settlements, Recent Innovations in International Banking, Basel 1986, S. 7 f.

- Der Wettbewerb verschärft sich unter den Finanzinstitutionen durch Maßnahmen der Deregulierung oder Regulierung durch Währungsbehörden und Bankenaufsicht oder durch den Markteintritt neuer Wettbewerber.

a) Transparente Märkte

Durch die Fortschritte in der Kommunikations- und Datenverarbeitungstechnologie wachsen die unterschiedlichen geographischen Märkte dichter zusammen[2a]. Waren früher die einzelnen Märkte weitgehend voneinander isoliert, so ermöglichte die Einrichtung von Telefon- und Fernschreibverbindungen erstmals die Möglichkeit von Differenz-Arbitragegeschäften. Später wurde ein weltumspannendes Kommunikationsnetz zwischen allen wesentlichen Marktplätzen der Welt installiert, das heute erlaubt, über z.B. das Reuters-System die aktuellen Entwicklungen weltweit und zeitgleich zu verfolgen. Künftig werden Methodenbanken hinzukommen, um die aktuellen und historischen Daten systematisch zu analysieren. Das Ziel dieser Analysen ist die Entwicklung von globalen Anlagestrategien und – vor allem kurzfristig – das Aufspüren von Möglichkeiten der Differenzarbitrage, die sich auf und auch zwischen verschiedenen Teilmärkten bieten können. Durch die Kostensenkungseffekte der neuen Technologie lohnt sich zudem mehr und mehr das Ausnutzen kleiner Bewertungsdifferenzen[3].

Beispiel hierfür ist der Geld- und Kapitalmarkt eines Landes, auf denen der Zins nur von der zeitabhängigen Zinsstruktur und einer Risikoprämie für den Emittenten abhängen sollte.[4] Arbitragemöglichkeiten können sich hier aufgrund unterschiedlicher Bewertungen am Geld- und Kapitalmarkt sowie am Kassa-und Terminmarkt ergeben. Ein anderes Beispiel sind die Währungsrelationen der verschiedenen Länder untereinander, die langfristig dem Kaufkraftparitätentheorem unterliegen sollten und kurzfristig dem Zinsparitätentheorem gehorchen. Auch hier wird versucht, Abweichungen von diesen Theoremen auszunutzen.

Finanzinnovationen können dafür geschaffen sein, um neue Möglichkeiten zur Ausnutzung von Arbitragemöglichkeiten bereitzustellen. Dies gilt sowohl für die bestehenden Märkte als auch für neue Märkte, die sich durch aufwendige technische Abwicklung oder durch den Handel abgeleiteter Größen auszeichnen und teilweise erst durch den Einsatz von Computern möglich werden.

b) Volkswirtschaftliche Ungleichgewichte

Die Weltwirtschaft wurde traditionell von den internationalen Handelsströmen determiniert. Mitte bis Ende der 60er Jahre traten mit den sich ausweitenden Zahlungsbilanzdefiziten – damals vor allem bei den USA – aufgrund von Auf- und Abwertungsspekulationen im Festkurs-Weltwährungssystem erstmals vagabundierende Finanzströme auf, die wesentlich zur Aufgabe des Systems fester Wechselkurse führ-

2a Vgl. H. H. Francke, Finanzinnovationen in den USA – Geldpolitische Konsequenzen und Übertragungsrelevanz für die Bundesrepublik Deutschland, in: D. Cansier, D. Kath (Hrsg.), Öffentliche Finanzen, Kredit und Kapital, Berlin 1985, S. 499.

3 Bank of International Settlements, Recent Innovations in International Banking, Basel 1986, a. a. O., S. 4.

4 Einen Überblick über Zinsstrukturtheorien gibt D. Kath, Die verschiedenen Ansätze der Zinsstrukturtheorie, in: Kredit und Kapital 1972, S. 28 ff.

ten.[5] Die anschließenden Ölkrisen verschärften die Zahlungsbilanzdefizite in der Welt und bewirkten eine weitere wesentliche Erhöhung der Volumina dieser Finanzströme, die ihrerseits die Eskalation der Schuldenkrise auf das heutige Ausmaß erst möglich machte.[6] Die sich in den Zahlungsbilanzdefiziten äußernden volkswirtschaftlichen Ungleichgewichte führten zu einer weltweiten Zins- und Inflationswelle, die erst in den letzten Jahren deutlich abebbt. Dies alles führte (nicht nur) für die Banken zu neuen erheblichen Risiken.

Hier sind vor allem das Zinsänderungsrisiko, das Länderrisiko und das Wechselkursrisiko zu nennen.[7] Das Zinsänderungsrisiko ist durch die großen Zinsschwankungen entstanden, die bei nicht fristenkongruent refinanzierten Kreditinstituten zu teilweise existenzbedrohenden Ertragseinbrüchen führten. Das Länderrisiko ist durch die Schuldenkrise evident geworden. Viele Länder, vor allem aus der Dritten Welt, werden auf Jahre hinaus nicht in der Lage sein, Zins- oder gar Tilgungsleistungen voll zu erbringen.

Die Ertragsbelastung besteht hier vor allem in der Risikovorsorge. Das Wechselkursrisiko ergibt sich aus den Kursschwankungen der Währungen zueinander; hier ist in erster Linie die extreme Dollarkursentwicklung der letzten Jahre zu nennen. Welche Gefahren hieraus den Banken entstehen können, hat sich am Beispiel des Bankhauses Herstatt in dramatischer Weise gezeigt.

Finanzinnovationen sind mit geschaffen worden, um diese Risiken für die Bank kalkulierbarer zu machen oder gar nicht erst in der Bankbilanz erscheinen zu lassen.

c) Wettbewerb[7a]

In einigen Ländern ist ein Trennbankensystem historisch gewachsen und/oder gesetzlich vorgeschrieben. Ein Trennbankensystem beschränkt die Banken auf bestimmte Kundenkreise oder bestimmte Mittelquellen bzw. Mittelverwendungen. Ein solches System kann jedoch nicht statisch sein, da es die Diversifikationsbestrebungen der Kreditinstitute einengt und darüber hinaus Evolutionen in der Geldvermögensbildung und Geldverwendung in der Volkswirtschaft stattfinden, die für die Finanzinstitutionen Anpassungen notwendig machen.

Gerade aus den USA ist bekannt, daß eine große Zahl von Finanzinnovationen dazu dient, die Vorschriften des Glass Steagall Acts zu überwinden.[8] Dadurch wird versucht, ein Quasi-Universalbank-Geschäft aufzubauen, um so die bestehenden Kundenbeziehungen besser auszuschöpfen.

Auch andere Maßnahmen der Deregulation oder Regulation beeinflussen den Wettbewerb zwischen den Kreditinstituten. Die Restliberalisierung des deutschen Kapitalmarktes 1985 hat zu einer verstärkten Präsenz ausländischer Banken geführt.[9]

---

5 Vgl. H. Adebahr, Währungstheorie und Währungspolitik, Außenwirtschaft, Band I, Berlin 1978, S. 421.

6 Vgl. C. Köhler, Innovationen im Bankgeschäft als geld- und währungspolitisches Problem, Deutsche Bundesbank – Auszüge aus Presseartikeln Nr. 9 v. 03.02.1986, S. 1 ff.

7 Vgl. C. Köhler, Innovationen im Bankgeschäft als geld- und währungspolitisches Problem, a. a. O., S. 9; E. Weiershäuser, Finanzinnovationen werden die seit langem bewährten Instrumente nicht verdrängen, Handelsblatt v. 10.04.1986.

7a Zu Wettbewerbsfragen vgl. vor allem Arthur Anderson, A Decade of Change; E. Priewasser, Die Banken im Jahre 2000, Frankfurt am Main 1985.

8 Vgl. J. Streit, Die Relevanz monetärer Innovationen in den USA für die Geldpolitik, a. a. O.

9 Vgl. o. V., Ungeahnte Möglichkeiten, Wirtschaftswoche Nr. 28, 1985, S. 31 f.

Auch wurde dadurch die Einführung von Finanzinnovationen in Deutschland möglich, die im Ausland bereits praktiziert wurden.[10]

Die verschärften Eigenkapitalanforderungen in Deutschland und die Beaufsichtigung ganzer Kreditinstitutsgruppen hat zum einen den Wettbewerb um Eigenkapital entfacht und zum anderen Überlegungen induziert, durch Finanzinnovationen Kontrakte so zu gestalten, daß sie die bankaufsichtsrechtlichen Grundsätze nicht oder zumindest möglichst wenig belasten.[11]

Im Wettbewerb zwischen Banken können Finanzinnovationen dazu dienen, einen Wettbewerbsvorteil zu erringen. Das neue Produkt soll sich von der Konkurrenz abheben und durch verbesserte Eigenschaften zusätzliche Attraktivität aufweisen.

Der Wettbewerb auf den Finanzmärkten wird weiter dadurch angefacht, daß Nichtbanken oder bankähnliche Institutionen aus Diversifikationsgründen in den angestammten Markt der Banken eindringen. Da der Bankenmarkt stark reglementiert ist, ist der Markteintritt nur beschränkt möglich oder muß durch den Erwerb einer Bank und ihrer Eingliederung in den Konzern vollzogen werden. Alternativ kann versucht werden, die möglichen oder bestehenden Produkte so zu variieren, daß sie bankähnlicheren Charakter bekommen, um so den Geldanlage- und -aufnahmewünschen der Kunden entgegenzukommen.

Weiterhin wird der Wettbewerb dadurch verschärft, daß qualitätsmäßig hervorragende und damit begehrte Kunden versuchen, ihre Geldanlagen und -aufnahmen selbst – ohne Einschaltung der Banken – an den Finanzmärkten abzuwickeln.[12] Nicht zuletzt erhöht der technische Fortschritt den Wettbewerbsdruck. Er dient als Qualifikationsmerkmal im Marketing und ermöglicht erhebliche Rationalisierungserfolge und damit Kosteneinsparungen, die wettbewerbsentscheidend sein können. Die Technik erlaubt nicht allein eine preisgünstige Angebotskalkulation, sondern zudem auch eine schnelle Umstellung auf neue Produkte. Sie fördert somit die Entstehung von Finanzinnovationen.

II Charakteristische Merkmale und Erscheinungsformen neuartiger Finanzierungsinstrumente

Die Banken haben sich in den letzten Jahren an die aufgezeigten veränderten Marktbedingungen und Umweltdaten dadurch anzupassen versucht, daß sie vielfältige Finanzierungsinstrumente, ausgestaltet mit zahlreichen Varianten, auf den Markt gebracht haben. Experimentierfeld für diese Instrumente waren zunächst die angelsächsischen Geld- und Kapitalmärkte und der Euromarkt. Die Deutsche Bundesbank hat mit der „Erklärung zur Begebung von DM-Auslandsanleihen" vom 12.04.1985[13] die deutschen monetären Märkte für Finanzinnovationen geöffnet. Diese Erklärung

---

10 Vgl. H. Füllenkemper, H. Rehm, Finanzinnovationen auf den deutschen Kapitalmärkten, in: Wirtschaftsdienst 1985, S. 510 ff.

11 Vgl. C. Köhler, Innovationen im Bankgeschäft als geld- und währungspolitisches Problem, a. a. O., S. 5 f.

12 Vgl. Bank of International Settlements, Recent Innovations in International Banking, a. a. O., S. 2.

13 Vgl. „Erklärung der Deutschen Bundesbank zur Begebung von DM-Auslandsanleihen" vom 12.04.1985, in: Deutsche Bundesbank – Auszüge aus Presseartikeln, Nr. 26 v. 12.04.1985, S. 51 f.

ist am 20.02.1986 mit Wirkung vom 01.05.1986 an dahingehend modifiziert worden,[14] daß nun auch DM-Schuldverschreibungen, die den Charakter von Einlagen-Zertifikaten haben (DM-CDs), durch inländische Kreditinstitute ausgegeben werden dürfen.[15] Damit haben die in der Bundesrepublik Deutschland ansässigen Banken die Möglichkeit, auf einigen wichtigen Teilgebieten mit den Kreditinstituten insbesondere am Euromarkt in Konkurrenz zu treten.[16]

Nachfolgend werden einige neuere Finanzierungsinstrumente und ihre Auswirkungen untersucht. Dabei muß naturgemäß auf die Erfahrungen an den jeweiligen Entstehungsmärkten zurückgegriffen werden, da an den deutschen monetären Märkten der bisherige Beobachtungszeitraum zu kurz ist, um qualifizierte Aussagen machen zu können, und zudem auch nicht alle hier ausführlicher behandelten Instrumente zugelassen sind.

a) Die Lösung des Zinsänderungsrisikos an den Anleihemärkten

Da die Nachfrage nach Finanzierungsmitteln, der sich die Banken gegenübersehen, in der Regel langfristiger Natur ist, das Angebot an Finanzierungsmitteln hingegen eher zu kürzeren Fristen tendiert, war die Roll-over-Technik entwickelt worden, die eine längerfristige Kreditgewährung bei kurzfristiger Refinanzierung ermöglichte: Mittel wurden am Geldmarkt aufgenommen und langfristig ausgeliehen. Bei einer so ausgeprägten Fristentransformation besteht für die Banken ein hohes Zinsänderungsrisiko, das sich nur dadurch ausschalten läßt, daß auch die Kreditzinsen für die langfristigen Kredite an die Zinssätze des Geldmarktes gebunden werden.[17] Die Finanzierung von Krediten über Anleihen, die mit einer variablen Verzinsung ausgestattet sind, den sogenannten Floating Rate Notes, hat für die Kreditinstute ebenfalls den Vorteil, daß das Zinsänderungsrisiko auf den Kreditschuldner verlagert ist.[18] Bei der Finanzierung der Kredite sowohl über den Geldmarkt als auch über die Begebung von Anleihen mit variabler Verzinsung besteht jedoch die Gefahr, daß das auf die Kreditschuldner abgewälzte Zinsänderungsrisiko als Bonitätsrisiko auf die Banken zurückfällt, wenn die Schuldner bei starken Zinssteigerungen ihren Verpflichtungen nicht mehr nachkommen können[19] und die Kredite somit einfrieren. Indessen hat die Finanzierung über variabelverzinsliche Anleihen, also die Verbriefung der Mittelbereitstellung, gegenüber der Finanzierung über den Geldmarkt den nicht unerheblichen Vorteil, daß die Banken diese Forderungen aufgrund der fest vorgegebenen Refinanzie-

14 Vgl. „Erklärung der Deutschen Bundesbank zur Begebung von DM-Auslandsanleihen" vom 20.02. 1986, sinngemäß bereits wiedergegeben in dem Artikel Geldmengenziel und Neuregelung der Mindestreservebestimmungen, in: Monatsberichte der Deutschen Bundesbank, Januar 1986, S. 15 f.; ferner Geschäftsbericht der Deutschen Bundesbank für das Jahr 1985, S. 118.

15 Voraussetzung für diese Neuerung war eine Neuregelung der Mindestreserven; vgl. Monatsberichte der Deutschen Bundesbank, Januar 1986, S. 14 ff.

16 Es sollte nicht übersehen werden, daß diese Öffnung des deutschen Marktes neben den sicherlich vorhandenen wettbewerblichen und geldpolitischen Aspekten aber auch einen fiskalischen Hintergrund haben dürfte; denn die Verlagerung von Bankgeschäften auf deutsche Tochterinstitute an den Euromarktplätzen hat in erheblichem Maße die jeweiligen Steuerzahlungen der Kreditinstitute berührt.

17 Vgl. C. Köhler, Innovationen im Bankgeschäft als geld- und währungspolitisches Problem, a. a. O., S.3.

18 Vgl. A. Kremer, Finanzinnovationen, in: Bankinformation 1985, Nr. 7, S. 40.

19 Vgl. C. Köhler, Innovationen im Bankgeschäft als geld- und währungspolitisches Problem, a. a. O., S. 3.

rung relativ leicht veräußern können, dadurch ihre Eigenkapitalposition entlasten und Freiraum für Neugeschäfte gewinnen.

Auf der anderen Seite waren die Schuldner nach den Erfahrungen mit extremen Zinssteigerungen darauf bedacht, das Risiko auszuschalten, hohe Zinsen zahlen zu müssen. Die Banken haben daraufhin ein Finanzierungsinstrument geschaffen, das als gekappte Floating Rate Note bezeichnet wird und bei dem es sich um eine variabel auf der Basis von Geldmarktsätzen zu verzinsende Anleihe mit einem Höchstzinssatz handelt. Der Anleihezins steigt über diesen Höchstzinssatz nicht hinaus, auch wenn die Geldmarktzinsen weiter nach oben gehen.[20] Um Käufer für einen solchen Anleihetyp zu finden, zahlt die emittierende Bank eine höhere spread auf die Geldmarktsätze, als dies bei normalen Floating Rate Notes der Fall ist. Zugleich erhält der Kreditnehmer einen Kreditvertrag, in dem eine Gebühr dafür vereinbart wird, daß ein gewisser Höchstzinssatz, nämlich der bei der Emission der korrespondierenden Anleihe vereinbarte Höchstzinssatz, nicht überschritten wird. Die kreditgebende Bank erhält für diese Vertragsklausel eine Gebühr, die über der spread der Floating Rate Note liegt. Bei einer Gebühr von z.B. einem halben Prozentpunkt, die der Kreditnehmer zahlen muß, und einem die normale spread übersteigenden Aufschlag von einem viertel Prozentpunkt bei der Verzinsung der Anleihe verbleibt der Bank somit eine zusätzliche Marge von einem viertel Prozentpunkt.

Eine andere Möglichkeit, die durch den starken Wettbewerb am Markt für Auslandsanleihen gedrückten Margen aufzubessern, bietet das mismatch-Konzept.[21] Dabei basiert der Zins einer Floating Rate Note weiterhin auf dem Geldmarktsatz für sechs Monate oder für drei Monate, während der Zinssatz monatlich angepaßt wird. Diese Technik gestattet es einer Bank, Floating Rate Notes mit Monatsgeld zu refinanzieren. Da die Zinssätze für Monatsgeld bei positiv geneigter Zinsstrukturkurve niedriger sind als die Zinssätze für Sechsmonatsgeld oder Dreimonatsgeld, erhöht sich die spread der Banken. Allerdings erhöht sich aufgrund der stärkeren Fristentransformation und aufgrund des potenziellen Auftretens einer inversen Zinsstruktur auch deren Risikoposition. Inwieweit die bei normalen Marktverhältnissen gestiegene spread als Ausgleich für diese Risikoposition angesehen werden kann, läßt sich nur im Einzelfall beurteilen. Das Zinsänderungsrisiko ist hier jedenfalls nur teilweise ausgeschaltet.

Floating Rate Notes sind wohl in erster Linie in Reaktion auf die starken Zinsschwankungen seit Beginn der siebziger Jahre geschaffen worden. Die Banken haben damit das Zinsänderungsrisiko bei solchen Finanztransaktionen ausgeschaltet. Indessen dürfte das Instrument der Floating Rate Notes eigentlich nur dann Anwendung finden, wenn die Zinserwartungen unklar sind;[22] denn bei eindeutig aufwärts gerichteten Zinserwartungen besteht kein Interesse, solche Papiere zu emittieren, und bei eindeutig abwärts gerichteter Zinstendenz finden Floating Rate Notes keinen Absatz.

Einheitliche Zinserwartungen an den Anleihemärkten machen es somit schwierig, diese Papiere zu emittieren und abzusetzen.

Indessen besteht ein bedeutsamer Vorteil der Floating Rate Notes darin, daß als Folge regelmäßiger Zinsanpassung das Kursrisiko begrenzt ist.[23] Da der Markt auf

---

20 Vgl. ebenda.

21 Vgl. ebenda, S. 4.

22 Vgl. ebenda, S. 5.

23 Vgl. H. Füllenkemper, H. Rehm, Finanzinnovationen auf den deutschen Kapitalmärkten, a. a. O., S. 513.

erste Adressen beschränkt ist, werden diese Anleihen an den Stichtagen der Zinsfestlegung zu pari gehandelt. Der Erwerber solcher Papiere kann damit Kapitalverluste auch bei vorzeitigem Verkauf weitgehend ausschließen.[24] Unter diesen Aspekten sind Floating Rate Notes nahezu als Geldmarktpapiere anzusehen.

Für deutsche Kreditinstitute kommt unter bilanzpolitischen Gesichtspunkten hinzu, daß bei Floating Rate Notes Abschreibungen auf Wertpapiere kaum anfallen und auch ein Ausweis in der Unterposition zu Anleihen und Schuldverschreibungen „bewertet wie Anlagevermögen", der zudem als das standing beeinträchtigend angesehen wird, weitgehend entfallen dürfte.

b) Die Diskontierung von Anleihen als Mittel zum Hinausschieben der Besteuerung von Zinserträgen

Zeitweise haben vor allem steuerliche Gründe dazu geführt, daß Nullkupon-Anleihen (discount-bonds) in erheblichem Maße emittiert wurden. Am deutschen Markt werden diese Anleihen von ihren Konstruktionsmerkmalen her im Prinzip nicht als völlig innovative Produkte angesehen; sie unterscheiden sich von den bisher üblichen diskontierten Anlageformen durch ihre Fungibilität aufgrund der Ausstattung als Inhaberpapier und der fehlenden Zinskupons sowie die relativ lange Laufzeit.[25] Für all diese Instrumente gilt jedoch, daß sie sich eines Konstruktionsmerkmals, der Diskontierung, bedienen, das ursprünglich nur am Geldmarkt Bedeutung hatte.

Nullkupon-Anleihen haben für den Anleger den Vorteil, daß er sich nicht um die Wiederanlage von Zinsen zu kümmern braucht wie bei Festzinsanleihen oder Floating Rate Notes.[26] Dafür muß der Erwerber den aufgelaufenen Zinsertrag insgesamt versteuern, wenn die Anleihe zurückgezahlt oder veräußert wird. Sowohl bei einer Einlösung am Ende der Laufzeit als auch im Falle einer vorzeitigen Veräußerung kommt es deshalb im Vergleich zu einem Zinspapier mit Kupon zu einem Steuerstundungseffekt, weil bei diesen Papieren bereits im Zeitpunkt der Einlösung des Kupons steuerpflichtige Zinseinkünfte anfallen. Der damit bei jenen Papieren verbundene Steueraufschubvorteil ist insbesondere dann erheblich, wenn die Papiere lange Laufzeiten aufweisen.[27]

Ein weiterer steuerlicher Vorteil kann sich ergeben. So hängt bei progressivem Tarif die Vorteilhaftigkeit der verschiedenen Anlagestrategien vor allem davon ab, welches Tarifintervall für den Anleger während der Investitions- bzw. Desinvestitionsphase relevant ist.[28] Bei hohen Steuersätzen in der Investitions- und niedrigen in der Desinvestitionsphase haben Nullkupon-Anlagen progressionsausgleichende Effekte und sind deshalb besonders attraktiv. Im umgekehrten Fall wirken sie hingegen progressionsverschärfend und können deshalb trotz Steueraufschubvorteils einer Kupon-Anleihe unterlegen sein.

24 Vgl. Bank für internationalen Zahlungsausgleich, 54. Jahresbericht vom 18.06.1984, S. 142.

25 Vgl. H. Füllenkemper, H. Rehm, Finanzinnovationen auf den deutschen Kapitalmärkten, a. a. O., S. 513 f., die als Beispiele die Bundesschatzbriefe vom Typ B anführen.

26 Vgl. C. Köhler, Innovationen im Bankgeschäft als geld- und währungspolitisches Problem, a. a. O., S. 5.

27 Vgl. F. W. Wagner, E. Wenger, S. Höflacher, Optimale Investitions- und Verschuldungsstrategien, Wiesbaden 1985, S. 2 f., die in ihren weiteren Ausführungen die Vor- und Nachteile von Nullkupon-Anleihen modellmäßig herausarbeiten.

28 Vgl. ebenda, S. 6 f.

Der Verzinsung der Zinszahlungen zum Emissionssatz auf der Anlegerseite entspricht auf der Emittentenseite das mit der Ausgabe von Nullkupon-Anleihen verbundene Zinsänderungsrisiko aus der Wiederanlagenotwendigkeit während der Laufzeit.[29] Auf der anderen Seite sind wegen des Steuerstundungseffektes die Renditen ein wenig niedriger als die von Kupon-Anleihen, so daß der Emittent seine Refinanzierung verbilligt und damit seine Wettbewerbsposition verbessern kann.

Von nicht unerheblicher Bedeutung ist der Leverage-Effekt, das heißt die Stärke des Einflusses von Zinsänderungen auf die Kursentwicklung in Abhängigkeit von der Restlaufzeit.[30] Infolge des Zinseszinseffektes weisen Nullkupon-Anleihen bei Veränderungen von Marktrenditen eine im Vergleich zu traditionellen Anleihen überproportionale Kursvaribilität auf, so daß sich das Risiko zwischenzeitlicher Anleiheverkäufe erhöhen kann.

Um allzu starke Kursausschläge zu vermeiden, ohne die Vorteile für den Anleger ganz aufzugeben, wurden die semi-discount-bonds geschaffen. Diese Anleihen besitzen zwar einen Zinskupon; dieser liegt jedoch weit unter dem Renditenniveau des Marktes. Es wird dann lediglich die Differenz zwischen Kupon und Marktrendite abgezinst.

c) Die Entlastung des Bankeigenkapitals durch Transaktionen außerhalb der Bankbilanzen

Zu den wichtigsten Finanzinnovationen haben sich in den letzten Jahren die sogenannten Fazilitäten in verschiedenen Spielarten entwickelt, von denen die wichtigsten die Note Issuance Facilities (NIFs) und Revolving Underwriting Facilities (RUFs) sind.[31] Die Besonderheit dieser Finanzierungsinstrumente besteht darin, daß die Banken nicht in der herkömmlichen Form als Kreditgeber auftreten, sondern daß diese Fazilitäten auf langfristigen Kreditzusagen eines Kreditinstituts gegenüber einem emissionsfähigen Unternehmen beruhen. Auf der Basis dieser Zusage emittiert das Unternehmen nicht-börsennotierte Wertpapiere mit den gängigen Laufzeiten jeweils von 1 bis 6 Monaten, wobei sich die Zinssätze an dem (Euro-) Interbankenabgabesatz für die entsprechende Zinsperiode orientieren und je nach Marktverfassung und Bonität des Emittenten schwanken. Die Bank verpflichtet sich gegenüber diesem Unternehmen, die emittierten Papiere revolvierend am Markt zu plazieren. Praktisch sind diese ungesicherten Papiere mit umlauffähigen Eigenwechseln des Kreditnehmers gleichzusetzen[32] und damit als Geldmarktpapiere anzusehen.

Um sich gegen das Risiko des Plazierungserfolges abzusichern, verpflichtet sich auf Wunsch des Emittenten das Kreditinstitut oder auch eine Gruppe von Kreditinstituten, die nicht plazierbaren Papiere zu einem vorher festgelegten Preis auf eigene Rech-

---

29 Vgl. Th. Meinz, Neue Finanzierungsinstrumente: Kapitalmarktstrukturen im Fluß, Zeitschrift für das gesamte Kreditwesen 1985, S. 558.

30 Vgl. H. Füllenkemper, H. Rehm, Finanzinnovationen auf den deutschen Kapitalmärkten, a. a. O., S. 513 f.

31 Vgl. A. Kremer, Finanzinnovationen, a. a. O., S. 40; C. Köhler, Innovationen im Bankgeschäft als geld- und währungspolitisches Problem, a. a. O., S. 5 f.; Bank for International Settlements, Recent Innovations in International Banking, a. a. O., S. 19 ff.; o. V., Innovationen im internationalen Bankgeschäft, Monatsberichte der Deutschen Bundesbank, April 1986, S. 27 f.

32 Vgl. P. Reinhardt, Der Euro-note-Markt als internationale Finanzierungsquelle, Zeitschrift für das gesamte Kreditwesen 1985, S. 380; H. Füllenkemper, H. Rehm, Internationale Finanzmärkte unter Innovations- und Liberalisierungsdruck, Kredit und Kapital 1985, S. 560 f.

nung zu übernehmen. Eine solche Zusage wird auch in der Form einer „stand by"- oder „back up"-Linie gegeben; dies hat für die Bank(en) zur Folge, daß an die Stelle der Übernahme der kurzfristigen Papiere durch die Institute die Gewährung kurzfristiger Kredite tritt. Häufig wird im Rahmen von Fazilitäten dem Schuldner auch von vornherein ein Wahlrecht eingeräumt, sich entweder seinen Mittelbedarf im Wege der Emission oder durch Rückgriff auf eine im Rahmen der Fazilität alternativ verfügbare kurzfristige Kreditform abzudecken.

Für die emittierenden Unternehmen, die allerdings über ein entsprechendes standing verfügen müssen, hat diese Art der Beschaffung von Finanzierungsmitteln einige wesentliche Vorteile.[33] Zum einen sind die Kreditbeschaffungskosten niedriger als bei vergleichbaren langfristigen Kreditinstrumenten mit variablem Zins, da der Finanzierungsbedarf zu Geldmarktkonditionen gedeckt wird und der Kreditnehmer bei vollständiger Unterbringung der Emission Zinssätze zahlt, die unter den mit der „underwriting group" vereinbarten Zinssätzen liegen. Zum anderen erhält der Kreditnehmer eine langfristige Liquiditätszusage. Hinzu kommt, daß sich die finanzielle Flexibilität erhöht, da nach Belieben die Laufzeit der Papiere den Zinserwartungen und die jeweiligen Beträge dem im Zeitablauf schwankenden Finanzierungsbedarf angepaßt oder sogar, wenn es der Cash Flow erlaubt, Emissionen ausgesetzt werden können. Darüber hinaus sind die Kreditverträge, die sogenannte Dokumentation, einfach, unkompliziert und somit überschaubar.

Die Kreditinstitute haben durch die Schaffung der Fazilitäten zunächst das primäre Ziel erreicht, die Bankbilanzen und damit ihre Eigenkapitalposition bei solchen Kreditkonstruktionen gar nicht oder zumindest nicht in dem Ausmaß zu belasten wie bei traditionellen Kreditgewährungen. Dieses Ziel, die Bankbilanzen nicht zu belasten, funktioniert allerdings nur so lange, wie die von den Unternehmen emittierten Papiere auch am Markt abgesetzt werden können.[34] Ist der Markt hingegen nicht mehr aufnahmefähig oder verschlechtert sich die Bonität des Unternehmens, dann müssen die Banken die Papiere selbst übernehmen oder ersatzweise Buchkredite gewähren. Eine solche Aktivposition ist bei verstopftem Markt nur schwer und zugleich nur teuer refinanzierbar.

Um die mit einer „back up"- oder „stand by" -Linie verbundenen Risiken einzuschränken, sind die Banken daher dazu übergegangen, nur für einen Teil der Plazierungshöchstgrenze eine Finanzierungszusage zu erteilen.

Zudem ist bei Kreditkonstruktionen mit Fazilitäten die Gefahr gegeben, daß sich die Banken auf mittlere bis längere Sicht selbst aus dem Markt manövrieren und damit überflüssig machen.[35] So haben einige große Unternehmen bereits versucht, auch ohne Banken auszukommen: Sie verzichteten auf Konsortialführer und ein Bankenkonsortium, wodurch auch erhebliche Kosten eingespart werden konnten, und tenderten mit Erfolg ihre Fazilitäten selbst.

33 Vgl. E. Storck, Neue Instrumente an den Euro-Finanzmärkten, Börsen-Zeitung v. 11.05.1985; P. Reinhardt, Der Euro-note-Markt als internationale Finanzierungsquelle, a. a. O., S. 381 f.

34 Vgl. E. Storck, Neue Instrumente im Euromarkt, in: Die Bank 1984, S. 507.

35 Vgl. C. Köhler, Innovationen im Bankgeschäft als geld- und währungspolitisches Problem, a. a. O., S. 6.

d) Der Austausch komparativer Wettbewerbsvorteile durch Zins- und Währungsswaps

Zins- und Währungsswaps sind Geschäfte, bei denen zwei oder mehr Vertragspartner direkt oder indirekt Verbindlichkeiten oder Teilleistungen von Verbindlichkeiten mit unterschiedlichen Konditionen tauschen. Dabei steht jeder Vertragspartner seinen ursprünglichen Gläubigern unverändert als Schuldner gegenüber und haftet diesem auch weiterhin voll für die eingegangenen Verbindlichkeiten.[36] Geschäfte dieser Art werden zumeist als kostengünstige Alternative zu einer direkten Finanzierung genutzt, wenn eine Vertragspartei aufgrund ihrer jeweiligen Stellung an einem Finanzmarkt relative Vorteile gegenüber der anderen Vertragspartei genießt.

Bei Währungsswaps[37] wird eine Kapitalsumme und die darauf zu bedienende Zinsverpflichtung in ein entsprechendes Kapitalvolumen einschließlich der damit verbundenen Zinsverpflichtungen getauscht. Es werden somit zwei Partner benötigt, die hinsichtlich der Laufzeit und des Kapitalvolumens gleiche Interessen besitzen, jedoch differierende Währungsbedürfnisse haben. So würde ein deutsches Unternehmen mit einer offenen Dollar-Position eine Bank beauftragen, ein amerikanisches Unternehmen mit einer offenen DM-Position zu finden, mit dem ein entsprechender Kontrakt abgeschlossen werden kann. Das deutsche Unternehmen erhält zu Beginn der Transaktionen den US-Dollar-Betrag und zahlt dann gleichsam für das amerikanische Unternehmen die Zinsen in US-Dollar, während das amerikanische Unternehmen umgekehrt den DM-Betrag erhält und für das deutsche Unternehmen die Zinsen zahlt.

Nach Ablauf des Swapgeschäftes – die häufigsten Laufzeiten liegen zwischen drei und sieben Jahren – werden die Kapitalbeträge auf der Basis des bereits zu Beginn des Geschäftes vereinbarten Kurses zurücktransferiert. Häufig sind die Zinssätze bei Währungsswaps während der ganzen Laufzeit fest. Es gibt jedoch auch Währungsswaps zwischen einer Festsatz-Verbindlichkeit und einer Verbindlichkeit, für die eine variable Zinsbindung vereinbart wurde; diese werden allgemein als „Cross Currency Interest Rate Swap" bezeichnet. Damit ist bereits das Charakteristikum von Zinsswaps genannt, die zwar zeitlich später entstanden sind als die Währungsswaps, heute aber bereits über drei Viertel des Marktvolumens ausmachen:[38] der Tausch von zinsvariablen Positionen in zinsfixe Positionen oder umgekehrt. Im Gegensatz zu den Währungsswaps wird bei einfachen Zinsswaps kein Austausch der dem Swapgeschäft zugrunde liegenden Kapitalfonds vorgenommen.[39].

Voraussetzung für Zinsswapoperationen ist grundsätzlich ein deutlicher Qualitätsunterschied des Swappartners. Auf der einen Seite sind kapitalmarktfähige erste Adressen beteiligt, die dann auf der anderen Seite Partnern gegenüberstehen, die kei-

---

36 Vgl. P. Harold, R. Skene, Anleihen verbunden mit Swapoperationen, in: W. Bühler u. a. (Hrsg.), Finanzinnovationen, Wien 1985, S. 148.

37 Vgl. P. Lerbinger, Swap-Transaktionen als Finanzierungsinstrumente, in: Die Bank 1985, S. 245 ff.; E. Storck, Zins-und Währungsswaps im Euromarkt, in: Die Bank 1983, S. 459 ff.; U. Damm, Innovationen am Eurokapitalmarkt, in: Die Bank 1983, S. 571 f.; Bank for International Settlements, Recent Innovations in International Banking, a. a. O., S. 37 ff.; o. V., Innovationen im internationalen Bankgeschäft, a. a. O., S. 28.

38 Vgl. P. Reinhardt, Die Risiken der Banken im Swap-Geschäft, in: Zeitschrift für das gesamte Kreditwesen 1985, S. 674.

39 Zu den vielfältigen Ausgestaltungsmöglichkeiten von Swap-Geschäften und zur Terminologie vgl. insbesondere P. Harold, R. Skene, Anleihen verbunden mit Swap-Operationen, a. a. O., S. 151 ff.

nen oder nur beschränkten Zugang zu den Finanzmärkten, und das ausschließlich zu schlechteren Konditionen, haben. Denn nur bei einer solchen Konstellation stellt sich der durch den Zinsswap beabsichtigte wirtschaftliche Erfolg ein, durch den im Regelfall der Partner mit besserem standing seine Zinseinstandskosten verbilligt, während der schwächere Partner durch den Swap indirekt Zugang zu Märkten und Kreditkonditionen erhält, die ihm sonst nicht zugänglich wären.

Beim reinen Währungsswap hingegen ist kein Qualitätsunterschied der Partner am jeweiligen nationalen Markt erforderlich, solange lediglich Zinsverpflichtungen in unterschiedlichen Währungen getauscht werden. Vielmehr nutzen die Beteiligten ihr standing an den nationalen monetären Märkten aus und nehmen ihre Mittel dort auf, wo sie sie am günstigsten erhalten, auch wenn sie die dort umlaufende Währung nicht benötigen, da dies günstiger ist als eine direkte Aufnahme in der gewünschten Währung.

Die Banken übernehmen ein Risiko bei dieser Art von Transaktionen dann, wenn sie nicht nur als „arranger", sondern als „intermediary" tätig werden.[40] Die Rolle des „arranger" ist darauf beschränkt, zwei swapwillige Parteien zu finden und diese zusammenzuführen, so daß der Bank keine rechtlichen oder finanziellen Verpflichtungen erwachsen. Zumeist sind die Banken jedoch als „intermediary", d. h. als zwischengeschalteter Vertragspartner tätig, der separate Verträge mit zwei gegenseitig anonymen Parteien abschließt, zwischen denen keinerlei Rechtsbeziehung besteht. Ein Risiko für die Bank ergibt sich insbesondere dann, wenn eine der beiden Parteien wegen Vertragsuntreue ausfällt, die Verpflichtung der Bank zur Vertragserfüllung gegenüber der vertragstreuen Partei jedoch bestehen bleibt. Bilanzpositionen werden im allgemeinen nur dann tangiert, wenn das Kreditinstitut eigens zum Zweck des Swaps Forderungsmittel emittiert oder erwirbt.

III Einige Schlußfolgerungen

Die neuartigen Finanzierungsinstrumente und Finanzierungstechniken, die an einigen Beispielen kurz dargestellt worden sind, haben – und dies ist der primäre Effekt – teilweise erhebliche Auswirkungen auf die Geld- und Kapitalmärkte mit den entsprechenden Konsequenzen – dies ist der sekundäre Effekt – für die Geldpolitik, aber auch für die Risikoposition der einzelnen Kreditinstitute, was entsprechende Reaktionen der Bankenaufsicht nach sich zieht.

a) Das Verwischen der Grenzen zwischen den Geld- und Kapitalmärkten

Insgesamt läßt sich feststellen, daß die Finanzinnovationen dazu beigetragen haben, die Geld- und Kapitalmärkte – nicht nur die einzelnen Marktsegmente, sondern auch die verschiedenen regionalen monetären Märkte – näher zusammenzurükken.[41] So verbinden die Floating Rate Notes aufgrund ihrer langen Laufzeit und der

40 Vgl. P. Reinhardt, Die Risiken der Banken im Swap-Geschäft, a. a. O., S. 671 ff.

41 Vgl. C. Köhler, Geld- und Kreditpolitik unter internationalem Einfluß, Deutsche Bundesbank – Auszüge aus Presseartikeln Nr. 76 v. 11.11.1985, S.5 f.; derselbe, Innovationen im Bankgeschäft als geld- und währungspolitisches Problem, a. a. O., S. 6 f.; Bank for International Settlements, Recent Innovations in International Banking, a. a. O., S. 245 ff.

kurzfristig an die jeweilige Geldmarktentwicklung angepaßten Rendite den Geldmarkt mit dem Kapitalmarkt; ähnlich ist die Verbindung zwischen Geldmarkt und Kreditmarkt, wenn die Roll-over-Technik angewandt wird. Die Zinsentwicklung an den monetären Märkten verläuft dadurch weitgehend parallel.

Ebenfalls ein Verbindungsinstrument zwischen den Geld- und Kapitalmärkten bilden die Zinsswaps, bei denen kurze Zinsbindungsfristen gegen lange Zinsbindungsfristen bei langfristiger Kreditlaufzeit getauscht werden. Auf der anderen Seite werden Konstruktionsmerkmale, die ursprünglich nur am Geldmarkt Verwendung fanden wie etwa die Diskontierung, auf Instrumente des Kapitalmarktes übertragen; bekanntestes, auch international verbreitetes Beispiel dafür sind die Nullkupon-Anleihen.

Insbesondere die Währungsswaps tragen dazu bei, die Geld- und Kapitalmärkte verschiedener Volkswirtschaften enger aneinander zu binden. Dies bedeutet, daß die Zinsniveaus sich tendenziell angleichen, da grundsätzlich Kapital aus den Niedrigzinsländern in die Hochzinsländer strömt und umgekehrt.

Zugleich beginnen die Grenzen zwischen Banken und Nichtbanken zu verschwimmen. Kreditinstitute begnügen sich an den internationalen monetären Märkten damit, Unternehmen lediglich Kreditzusagen zu geben, in deren Rahmen sie sich verpflichten, kurzlaufende Emissionen von Wertpapieren dieser Unternehmen am Markt zu plazieren. Damit erscheinen neben den Banken auch die Finanzabteilungen größerer Unternehmen als Partner an den internationalen monetären Märkten.

Es sind somit vielfältige Entwicklungen wie die zunehmende Zahl von Verschuldungsinstrumenten, der größere Spielraum für direkte Kredittransaktionen und die zunehmende Tiefe der Finanzmärkte, die abnehmende Bedeutung der mehr traditionellen Formen der internationalen Ausleihungen der Banken wie beispielsweise der Konsortialkredite, die wachsende Bedeutung der Wertpapiermärkte sowie das zunehmende Gewicht der nicht bilanzwirksamen Geschäfte, die dazu führen, daß die Geld- und Kapitalmärkte zusammenrücken. Eindeutige Grenzen zwischen diesen Märkten lassen sich somit nicht mehr ziehen.

Deutlich wird dies auch an den Marktanteilen und den Zuwachsraten, die die Finanzinnovationen aufweisen und durch die unterstrichen wird, daß die herkömmliche Einteilung in Geldmarkt- und Kapitalmarktfinanzierungen, die im übrigen nur aus reinen Zweckmäßigkeitserwägungen vorgenommen wird,[42] nicht mehr im bisherigen Sinne angewandt werden kann.[43]

Die augenfälligste strukturelle Entwicklung an den internationalen Finanzmärkten seit etwa 1982 ist die rückläufige Bedeutung der direkten Gewährung von Bankkrediten und die beträchtliche Zunahme der Emission von Wertpapieren. Während in den siebziger Jahren Wertpapierbegebungen einen Anteil von rund zwei Fünftel an der gesamten Bereitstellung von international finanzierten Kreditmitteln hatten, entfallen auf sie heute knapp vier Fünftel. Zugleich ging der Anteil traditionell ausgestatteter Anleihen zurück. Er verminderte sich beispielsweise am Euro-Dollar-Markt von 67 % im Jahre 1982 auf 46 % im Jahre 1985.

Besonderer Beliebtheit erfreuten sich zinsvariable Anleihen, deren Anteil am gesamten internationalen Emissionsvolumen von etwa 20 % im Jahre 1982 auf 35 %

42 Vgl. C. Köhler, Geldwirtschaft Band I, 2. Auflage, Berlin 1977, S. 133 ff.

43 Vgl. zu den nachfolgenden Zahlenangaben Bank for International Settlements, Recent Innovations in International Banking, a. a. O., S. 25 ff.; Geschäftsbericht der Deutschen Bundesbank für das Jahr 1985, S. 83 ff.; o. V., Innovationen im internationalen Bankgeschäft, a. a. O., S. 25 ff.

im Jahre 1985 gestiegen ist und die damit teilweise auch an die Stelle von Roll-over-Krediten getreten sind. Betragsmäßig wird dies daraus ersichtlich, daß auf Dollarbasis gerechnet 1985 nahezu viermal mehr Anleihen mit variabler Verzinsung angeboten wurden als drei Jahre zuvor, während im selben Zeitraum Roll-over-Kredite um nahezu die Hälfte zurückgegangen sind.

Die Krediteinräumungen mit Absicherungsfazilitäten haben in den letzten Jahren sprunghaft zugenommen. Von 1983 bis 1985 hat sich das Volumen mehr als verfünffacht (9,5 Mrd US-Dollar im Jahre 1983, 49,9 Mrd US-Dollar 1985). Über den Umfang der tatsächlichen Inanspruchnahme liegen keine gesicherten Daten vor.

Schätzungen gehen dahin, daß diese Art von Kreditverträgen zu etwa 20 % - 25 % des Vertragsvolumens ausgenutzt und in diesem Umfang auch nur Papiere emittiert worden sind. Inanspruchnahmen der Banken aus den Fazilitäten dürften bisher selten vorgekommen sein.

Der Markt der Zins- und Währungsswaps hat sich, soweit Schätzungen für dieses Marktsegment vorliegen, zuletzt stürmisch entwickelt. Gemessen an den zugrunde liegenden nominalen Kapitalbeträgen wurde das Volumen des Swap-Marktes Ende 1982 erst auf etwa 3 Mrd US-Dollar veranschlagt. 1984 soll sich nach Schätzungen der OECD die Summe der abgeschlossenen Zins- und Währungsswaps auf über 75 Mrd US-Dollar und 1985 auf mehr als 100 Mrd US-Dollar belaufen haben. Häufig werden dabei Anleihe-Emissionen auch in weniger bedeutenden Währungen mit Swap-Transaktionen kombiniert. So wurden 1985 internationale Emissionen im Gegenwert von 20 Mrd US-Dollar mit Währungsswaps verbunden; dies war gegenüber 1984 mehr als das Dreifache.

b) Geldpolitische Konsequenzen

Die genannten strukturellen Veränderungen im Finanzsystem können teilweise erhebliche Auswirkungen auf die Geldpolitik haben und auch deren Wirksamkeit beeinträchtigen.[44] Dies hängt damit zusammen, daß im Rahmen des geldpolitischen Konzeptes sowohl das Informationskriterium als auch das Kontrollkriterium und schließlich das Endzielkriterium[45] durch die neuartigen Finanzierungsinstrumente in ihrer Aussagekraft mehr oder weniger stark negativ beeinflußt werden.

Ausgangspunkt ist dabei die Tatsache, daß die steuerungspolitisch relevanten Geldmengenbegriffe und ihre definitorischen Abgrenzungen nicht mehr befriedigen

44 Vgl. M. A. Akhtar, Financial Innovations and their Implications for Monetary Policy: An international Perspective, BIS Economic Papers Nr. 9, Basel 1983; K. H. Ketterer, N. Kloten, Finanzinnovationen an den monetären Märkten und Rückwirkungen auf die Geldmengensteuerung, in: H. Guthardt, R. Henn, A. Kremer, D. Pallaschke (Hrsg.), Aspekte bankwirtschaftlicher Forschung und Praxis, Frankfurt am Main 1985, S. 121 ff.; J. Streit, Deregulierung, Finanzinnovationen und Geldmengensteuerung in den USA seit 1979 (Forschungsauftrag des Bundesministeriums für Wirtschaft), Kiel 1984; H. Füllenkemper, H. Rehm, Internationale Finanzmärkte unter Innovations- und Liberalisierungsdruck, a. a. O., S. 570 ff.; H. H. Francke, Finanzinnovationen in den USA – Geldpolitische Konsequenzen und Übertragungsrelevanz für die Bundesrepublik Deutschland, a. a. O., S. 497 ff.; B. Herz, Geldpolitik bei finanziellen Innovationen, in: Zeitschrift für das gesamte Kreditwesen 1985, S. 607 ff.; K. O. Pöhl, Finanzinnovationen – Handicap für die Geldpolitik?, Deutsche Bundesbank – Auszüge aus Presseartikeln Nr. 69 v. 16.10.1985, S. 1 f.; Bank for International Settlements, Recent Innovations in International Banking, a. a. O., S. 4 f. und 245 ff.

45 Vgl. zu diesen Kriterien H. H. Francke, a. a. O., S. 501 ff.; H. Füllenkemper, H. Rehm, Internationale Finanzmärkte unter Innovations- und Liberalisierungsdruck, a. a. O., S. 570 ff., sprechen in diesem Zusammenhang von Effizienzkriterium.

können und eine umfassende entwicklungskonstante Meßbarkeit der einzelnen Teilgeldmengen kaum noch möglich ist, so daß das Informationskriterium beeinträchtigt werden kann. Aber auch das Kontrollkriterium wird verletzt; denn zum einen können bei geldpolitischen Maßnahmen Umschichtungen zwischen verschiedenen Anlageformen auftreten, deren grundsätzliches Ablaufmuster noch unbekannt ist, und zum anderen ist die Kontrollfähigkeit insofern eingeschränkt, als die traditionellen Wirkungsabläufe des geldpolitischen Instrumentariums unsicher werden. Damit wird auch das Endzielkriterium in Frage gestellt, das von einer stabilen funktionalen Verknüpfung zwischen der Geldnachfrage und den Endzielvariablen der Geldpolitik, vor allem der Entwicklung des Preisniveaus, ausgeht. Nur wenn die Geldnachfrage mit hinreichender Präzision prognostiziert werden kann, ist auch die Zentralnotenbank in der Lage, das ihr notwendig erscheinende Geldangebot so zu steuern, daß die Geldmengenentwicklung den angekündigten Zielpfad einhält.

Darüber hinaus gilt als gesichert, daß auch der monetäre Transmissionsprozess, d. h. die Art und Weise, wie von der Geldpolitik „Einflüsse" auf die reale Wirtschaft ausgehen, betroffen ist. Erschwerend für die Geldpolitik wirkt, daß Verlagerungen zwischen verschiedenen inländischen wie ausländischen Finanzaktiva mit zunehmendem Zusammenrücken der Märkte leichter fallen und administrative Beschränkungen vor allem in Bezug auf Kreditausweitungen und Portefeuille-Zusammensetzungen an Wirksamkeit verlieren, wenn Geldmittel in eine Vielzahl alternativer Anlagen fließen können. Den Zinsen dürfte damit im geldpolitischen Transmissionsprozess eine (noch oder wieder) größere Bedeutung zukommen als bisher, indem stabilitätspolitisch notwendige Zinsniveau-Änderungen ceteris paribus stärker ausfallen müssen; denn die Nachfrage nach Geld wird weniger zinsreagibel, und die zunehmende Elastizität des Geldschöpfungsprozesses schwächt die Effizienz, die von Zinssatzvariationen für die Kontrolle des Geldangebots ausgeht.

In der Bundesrepublik Deutschland dürften die durch Finanzinnovationen verursachten geldpolitischen Probleme allerdings nicht die Auswirkungen haben, wie sie etwa in angelsächsischen Ländern zu beobachten sind. Dies liegt zu einem nicht unerheblichen Teil an der geldpolitischen Konzeption, konkret der Konstruktion des von der Deutschen Bundesbank gewählten Geldmengenaggregates, der sogenannten Zentralbankgeldmenge, einer verwendungsorientierten Zwischenzielgröße, die sich in enger Anlehnung an das M_3-Aggregat entwickelt und mit der nicht der vorhandene Zahlungsmittelbestand gesteuert,[46] sondern der monetäre Expansionsspielraum kontrolliert werden soll.

Dies geschieht dadurch, daß die Bundesbank über den Geldmarktzins und die Bankenliquidität die Bedingungen beeinflußt, zu denen sich die Banken Geld beschaffen können. Eine solche Politik impliziert eine ungenauere Steuerung der Geldversorgung, sie sorgt jedoch auch für eine gewisse Elastizität im Geldangebotsprozess und gewährleistet damit eine Pufferfunktion zur Dämpfung von Schocks.

Aufgrund dieser institutionellen Ausgestaltung der Geldpolitik besteht die Aufgabe der Deutschen Bundesbank nicht darin, eine Geldmengenregel mit einer einzigen monetären Variablen mechanisch zu realisieren. Vielmehr wird – gestützt auf eine weite und komplexe Menge an Informationen – der Vollzug monetärer Zielvorgaben primär mit diskretionärer Flexibilität verbunden. Gleichwohl ist dadurch die Zielsetzung der neueren Geldpolitik nicht berührt, denn jene Vorgehensweise „gefährdet kei-

46 Eine solche Vorgehensweise entspräche dem monetaristischen Leitbild.

nesfalls den konzeptionellen Kern einer mehr auf Stetigkeit und mittelfristige Orientierung ausgerichteten Geldpolitik“[47].

c) Bankenaufsichtliche Reaktionen

Die innovativen Finanzierungsinstrumente und Finanzierungstechniken beeinflußen über die neue Strukturierung der monetären Märkte, wie gezeigt, nicht nur in beträchtlichem Maße die Geldpolitik, sie verändern auch erheblich die Risikoposition der Banken.[48] Kennzeichnend ist, daß die Banken aufgrund ihrer Vermittlerrolle versuchen, Risiken soweit als möglich auf den Kreditnehmer abzuwälzen. Gleichwohl verschwinden Risiken nicht, wenn sie auf andere übertragen werden, sie kommen vielmehr als Bonitätsrisiko auf die Banken zurück. Die wesentliche Veränderung der Risikoposition der Banken besteht somit nicht darin, daß sich die Risiken ihrem Wesen oder ihrer Höhe nach verändert haben, sondern vielmehr darin, daß die Banken nunmehr besser in der Lage sind, deren Zusammensetzung zu ändern.

So wurden früher finanzielle Kontrakte nicht nur bis zur Fälligkeit gehalten, sondern bei einem eventuellen Kauf oder Verkauf gingen auch alle Merkmale des Kontraktes auf den Erwerber über. Die neuen Techniken und Instrumente ermöglichen es jedoch den Banken, finanzielle Kontrakte zu zerlegen, einige Bestandteile wegzulassen und andere weiterzugeben, so daß sich die Grenzen zwischen Geldmarktgeschäften und Kapitalmarktgeschäften zunehmend verwischen. Dies hat aber auch zur Folge, daß die mit einigen der neuartigen Finanzierungsinstrumente verbundenen Verpflichtungen Marktrisiken beinhalten, deren Bewältigung sich in einigen Aspekten erheblich vom Risikomanagement im traditionellen Bankgeschäft unterscheidet.

Veränderungen in der Risikoposition und bei der Verteilung von Risiken sind bei gesamtwirtschaftlicher Betrachtungsweise vorteilhaft, wenn sie dazu führen, daß letztlich die Risiken bei jenen Marktteilnehmern liegen, die sie am besten einschätzen oder tragen können. Zugleich besteht aber auch die Gefahr, daß sich als Folge des verschärften Wettbewerbs zwischen Finanzierungsinstituten, des Rückgangs der Zinsspannen, der Neuartigkeit und Komplexität einiger dieser Finanzierungsinstrumente und des daraus resultierenden Verlustes an Markttransparenz neue Gefahrenbereiche auftun.

Daraus leitet sich für die deutsche Bankenaufsicht die Notwendigkeit ab, dafür Sorge zu tragen, daß die Einhaltung der aus dem KWG ableitbaren Ziele „spezieller Gläubigerschutz“ und „Funktionssicherung“[49] auch unter den veränderten Marktbe-

---

47 K.-H. Ketterer, N. Kloten, a. a. O., S. 131.

48 Vgl. H. Füllenkemper, H. Rehm, Internationale Finanzmärkte unter Innovations- und Liberalisierungsdruck, a. a. O., S. 573 ff.; A. Kollar, Kapitalmärkte im Zeichen von Innovation und Liberalisierung – Konsequenzen für das nationale und internationale Bankgeschäft, in: K. Bruns, K. Häuser (Hrsg.), Innovationen an Finanzmärkten, Frankfurt am Main 1986; F. Reither, U. Dennig, Finanzinnovationen: Hintergründe und Konsequenzen, a. a. O., S. 50; W. Kuntze, Risikopotentiale durch Finanzinnovationen als bankaufsichtsrechtliches Problem, in: R. Kolbeck (Hrsg.), Bankinnovationen. Chancen und Risiken der neuen Bankgeschäfte, Frankfurt am Main 1986, S. 27 ff.; C. Köhler, Innovationen im Bankgeschäft als geld- und währungspolitisches Problem, a. a. O., S. 7; o. V., Innovationen im internationalen Bankgeschäft, a. a. O., S. 32 ff.

49 Zur Ableitung und zum Inhalt dieser Ziele vergleiche H. J. Krümmel, Bankenaufsichtsziele und Eigenkapitalbegriff, Frankfurt am Main 1983, S. 78 ff.; ferner derselbe, Konstruktion bankaufsichtlicher Risikobegrenzungsregeln, in: K. H. Förster (Hrsg.), Bankenaufsicht, Bankbilanz und Bankprüfung, Düsseldorf 1985, S. 96 ff.

dingungen gewährleistet ist. Diese Gesetzesziele werden unter anderem über Strukturnormen verfolgt, in denen der geschäftspolitische Handlungsspielraum der Banken durch Bindung von risikobehafteten Vermögensanlagen an das vorhandene haftende Eigenkapital beschränkt wird (z. B. Grundsatz I) oder bei denen die Zahlungsfähigkeit durch Fristenkongruenzvorschriften (z. B. Grundsatz II oder III) gesichert werden soll.

Es besteht weitgehend Übereinstimmung darüber, daß Finanzinnovationen bei der Gestaltung der Strukturnormen Berücksichtigung finden sollten. Die jeweilige Ausgestaltung ist bzw. war jedoch auch bei der Bankenaufsicht selbst noch umstritten.[50] Dies dürfte zu einem beträchtlichen Teil daran liegen, daß notwendige Erfahrungswerte und die zugehörige Markttransparenz fehlen, die in der Vergangenheit die Grundlagen für entsprechende Entscheidungen über Strukturnormen bildeten.

Zwei Problemkreise stehen vor allem im Blickpunkt der Bankenaufsicht. Zum einen geht es darum, die „off-balance-sheet-risks" zu quantifizieren und in die Eigenkapitalbindungsregeln einzubeziehen. So hat das Bundesaufsichtsamt für das Kreditwesen kürzlich verlautbart, daß die aus Fazilitäten resultierenden „stand by"-Verpflichtungen aufgrund ihres garantieähnlichen Charakters als Gewährleistungen zu qualifizieren sind, die im Grundsatz I mit 50 % angerechnet werden; eine Bank geht nämlich mit der Verpflichtung, während der gesamten Laufzeit einer Fazilität notes zu übernehmen oder in irgendeiner Weise Kredit zu gewähren, hinsichtlich des notes-Emittenten von vornherein ein Kreditrisiko ein, das vor allem dann schlagend wird, wenn sich insbesondere aufgrund einer Verschlechterung der Bonität des Emittenten die Papiere am Markt nicht plazieren lassen.

Zum anderen geht es um die zunehmende Verbriefung von Forderungen und Verbindlichkeiten der Banken bei gleichzeitig nachlassender Fungibilität dieser Papiere. Als Grundproblem erweist sich dabei die Fiktion, daß jedes Wertpapier, das an einer Börse im Inland oder Ausland zugelassen ist, liquide Mittel darstellt und nach Grundsatz I keine Unterlegung mit Eigenkapital erfordert. Wenn nun im Rahmen von Kreditkonstruktionen Banken Anleihen oder notes, also Papiere des Geldmarktes oder Kapitalmarktes, übernehmen (müssen), dann werden Instrumente des Geld- und Kapitalmarktes am Kreditmarkt benutzt, und es wechselt insofern nur die Kreditvergabeform vom Buchkredit hin zum verbrieften Kredit, ohne daß sich an dem Risikogehalt der Geschäfte etwas geändert hat. Da solche vor allem am Euromarkt üblichen Kreditkonstruktionen aufgrund der Konsolidierungsvorschriften für Banken zunehmend die deutschen bankaufsichtlichen Regelungen direkt tangieren, könnte die bisherige unterschiedliche Behandlung von Buchkrediten und Krediten in verbriefter Form, sofern die übernommenen Papiere lediglich an einer ausländischen Börse handelbar sind, unter Umständen sogar in Frage gestellt werden.

50 Vgl. W. Kuntze, Risikopotentiale durch Finanzinnovationen als bankaufsichtsrechtliches Problem, a. a. O. S. 37 f. Vgl. ferner das Schreiben des Bundesaufsichtsamtes für das Kreditwesen an den Zentralen Kreditausschuß v. 13.02.1986 sowie die Antwort des Zentralen Kreditausschußes an das Bundesaufsichtsamt für das Kreditwesen v. 21.03.1986.

IV Ausblick

Die Struktur der über die internationalen Finanzmärkte laufenden Finanzierungen hat sich, wie die Ausführungen gezeigt haben, seit einigen Jahren teilweise drastisch verändert. Der Anteil der Buchkredite ist merklich zurückgegangen, während internationale Kapitalmarktemissionen – begleitet von einer zunehmenden Verwendung neuer Finanzierungsinstrumente – beträchtlich ausgeweitet worden sind. Daß diese Strukturwandlungen auch an den deutschen Geld- und Kapitalmärkten Auswirkungen gezeitigt haben und dadurch Konsequenzen für die Geldpolitik erfordern sowie Reaktionen der Bankenaufsicht auslösen, ist bereits erläutert worden.

Die weitere Entwicklung dürfte zum einen dadurch gekennzeichnet sein, daß die bisherigen Finanzinnovationen bei veränderten Marktbedingungen wohl ein wenig an Bedeutung einbüßen, aber nicht völlig wieder verschwinden werden. Zum anderen ist zu erwarten, daß die Banken weiterhin neuartige Finanzierungsinstrumente und Finanzierungstechniken entwickeln; denn die Gründe, die seither zu Veränderungen an den Geld- und Kapitalmärkten geführt haben, bestehen zumindest partiell weiter, und die Reaktionen von Bankenaufsichtsbehörden, die den Risiken stets nur nachfolgen können, da diese zuerst erkannt, dann analysiert und schließlich durch Maßnahmen begrenzt werden müssen, haben die Vorteile solcher Geschäfte ganz oder zu Teilen relativiert. Was das „Innovationstempo" betrifft, so wird dies allerdings entscheidend in Abhängigkeit von der zukünftigen Zinsentwicklung gesehen.[51] Bei fallenden Zinsen gilt es allgemein als risikoarm, innovativ zu sein. Sollte das Zinsniveau hingegen auf niedriger, schwankungsarmer Basis verharren, dann ist wahrscheinlich, daß die traditionellen Finanzierungsinstrumente wieder mehr an Bedeutung gewinnen werden. Dies gilt in verstärktem Maße bei tendenziell anziehenden Zinsen.

Das Aufkommen weiterer neuartiger Finanzierungsinstrumente und Finanzierungstechniken und dadurch erneut ausgelöste Veränderungen an den Geld- und Kapitalmärkten berühren Geldpolitik und Bankenaufsicht in gleicher Weise und lassen eine enge Koordinierung beider Bereiche noch dringlicher erscheinen.[52] Denn die an den Finanzmärkten eingetretenen Veränderungen bedeuten, daß die Unterscheidung zwischen dem Instrumentarium der Bankenaufsicht und dem der Geldpolitik unschärfer geworden ist. Wenn die Märkte gut ausgebaut sind und in den Zielvorstellungen der Banken die Gewinne von erheblichem Gewicht sind, dann hängt die Wirksamkeit geldpolitischer Maßnahmen davon ab, inwieweit sie auf die Zinsen durchschlagen. Diese wiederum wirken sich auf die Ertragslage und die Eigenkapitalbildung der Banken aus, was unter dem Aspekt der Bankenaufsicht von zunehmender Bedeutung ist.

In der Bundesrepublik Deutschland ist die Aufforderung, daß sich Geldpolitik und Bankenaufsicht verstärkt abstimmen sollten, aufgrund der teilweise normativen Ausgestaltung im KWG möglicherweise weitergehend realisiert als in manchen anderen Ländern. Dabei ist bereits berücksichtigt, daß gemäß § 7 KWG das Abstimmungserfordernis nicht nur von der Bankenaufsicht zur geldpolitischen Instanz zu gehen hat, sondern auch den umgekehrten Weg.

51 Vgl. E. Weiershäuser, Finanzinnovationen werden die seit langem bewährten Instrumente nicht verdrängen, Handelsblatt v. 10.04.1986.

52 Vgl. Bank für Internationalen Zahlungsausgleich, Jahresbericht 1984/85, S. 68 f.

Angesichts der Internationalisierung der Bankgeschäfte erscheint es zudem wünschenswert, daß darüber hinaus auch auf internationaler Ebene Geldpolitik und Bankenaufsicht sich abzustimmen und eine Vereinheitlichung der Aufsichtsgrundsätze herbeizuführen versuchen.[53] Indessen werden solche Vorschläge, so anstrebenswert sie auch sein mögen, als gar nicht oder als nur nach langwierigen und zeitraubenden Abstimmungsprozessen realisierbar angesehen,[54] was in Anbetracht eines hohen „Innovationstempos" zu Effizienzverlusten und zu weiteren Wettbewerbsverzerrungen führen kann.

53 Vgl. Sachverständigenrat zur Begutachtung der gesamtwirtschaftlichen Entwicklung, Auf dem Weg zu mehr Beschäftigung, a. a. O., Tz. 248.

54 Vgl. W. Kuntze, Risikopotentiale durch Finanzinnovationen als bankaufsichtsrechtliches Problem, a. a. O., S. 42 f.

Die Banken im Wachstumsprozeß der Wirtschaft

Wolfgang Röller

Zusammenfassung

Die Banken unterstützen den volkswirtschaftlichen Wachstumsprozeß auf vielfältige Weise. Im Vordergrund steht dabei nach wie vor die Abwicklung des Zahlungsverkehrs und die Vergabe von Krediten. Wachsende Bedeutung kommt den Banken auch bei der Finanzierung der Wirtschaft über die Wertpapiermärkte zu. Darüber hinaus nehmen die Banken wichtige Beratungsaufgaben für ihre Firmenkunden wahr, beispielsweise bei der Erschließung der Auslandsmärkte, bei der Nutzbarmachung der erhebliches Know-how erfordernden Finanzinnovationen oder bei Existenzgründungen. Die Banken leisten jedoch auch mit der Heranführung zusätzlicher Unternehmen an die Börse und über ihre Kapitalbeteiligungs-Gesellschaften einen wichtigen Beitrag zur wachstumspolitisch dringend erforderlichen Stärkung der Eigenkapitalbasis der deutschen Wirtschaft.

1. Die volkswirtschaftlichen Aufgaben der Banken

Banken sind ein wesentlicher Bestandteil jeder hochentwickelten arbeitsteiligen Volkswirtschaft. Ihre klassische gesamtwirtschaftliche Funktion besteht darin, als *Vermittler zwischen Kapitalanbietern und Kapitalnachfragern* Ersparnisse zu sammeln und in Form von Krediten weiterzugeben. Damit tragen die Banken maßgeblich dazu bei, daß die verfügbaren Finanzmittel an diejenigen Stellen innerhalb einer Volkswirtschaft fließen, die den effizientesten Einsatz und damit den höchsten Ertrag garantieren. Dies mindert die Gefahr von Kapitalfehllenkungen.

Dabei beschränken sich die Banken keineswegs auf eine bloße Weitergabe der Ersparnisse an die Kreditnehmer. Zu ihren Aufgaben gehört es vielmehr auch, die unterschiedlichen Fristen- und Risikovorstellungen bei Anlegern und Kreditnehmern in Einklang zu bringen. Im Rahmen dieser *Transformationsfunktion* betreiben die Banken auch *„Geldschöpfung"* und tragen zur *Geldversorgung* der Wirtschaft bei. Darüber hinaus bieten die Banken eine breite Palette von für die Gesamtwirtschaft wichtigen *Dienstleistungen* an, wie die Abwicklung des Zahlungsverkehrs oder die Beratung der Kunden.

Welche Bedeutung den Banken für die Entwicklung der Volkswirtschaft zukommt, verdeutlicht ein *Blick in die Vergangenheit*: Der Aufstieg Deutschlands zu einem der führenden Industriestaaten im 19. Jahrhundert wäre ohne die damals gegründeten Aktienbanken wohl kaum möglich gewesen. Nur sie waren in der Lage, den stark gewachsenen Finanzierungsbedarf der Industrie zu decken. Auch zum Wiederaufbau nach dem Zweiten Weltkrieg haben die Banken maßgeblich beigetragen, wobei sie häufig bis an die Grenzen einer vertretbaren Risikopolitik gegangen sind. Damals bestand ein riesiger Bedarf an Finanzmitteln, während Sicherheiten nur in relativ geringem Ausmaß verfügbar waren. Auch heute fördern die Banken auf vielfältige Weise den volkswirtschaftlichen Wachstumsprozeß.

2. Kredite an Unternehmen erreichen 1000 Mrd. DM

Zu den wichtigsten Aufgaben der Banken zählt nach wie vor die Vergabe von *Krediten*. Erst die Inanspruchnahme von Krediten ermöglicht vielen Unternehmen die Durchführung von Investitionen, die zu den entscheidenden Voraussetzungen des volkswirtschaftlichen Wachtumsprozesses rechnen.

Ende 1986 hatten die Banken an *inländische Unternehmen* Kredite im Gesamtvolumen von 1001 Mrd. DM vergeben. Davon waren 65% dem langfristigen Laufzeiten-Bereich zuzuordnen, während knapp 7% auf den mittelfristigen und 28% auf den kurzfristigen Bereich entfielen. Allein seit 1970 haben die Banken ihre Kreditgewährung an Unternehmen mehr als vervierfacht.

Auch die *gesamte Kreditvergabe* der Kreditinstitute an Nichtbanken (Unternehmen, Private und öffentliche Hand) weist erhebliche Zuwächse auf: Betrug das Kreditvolumen 1950 gerade 28 Mrd. DM, so ist dieser Betrag über 170 Mrd. DM 1960, 544 Mrd. DM 1970 und 1543 Mrd. DM 1980 bis Mitte 1987 auf rund 2250 Mrd. DM angewachsen. Hinter dieser Entwicklung steht neben dem gestiegenen Fremdkapitalbedarf der Unternehmen und der öffentlichen Haushalte die zunehmende Bereitschaft der privaten Haushalte, ihre Konsumausgaben über die Aufnahme von Krediten zu finanzieren. Auch auf diesem Wege erfährt der volkswirtschaftliche Wachstumsprozeß eine wesentliche Förderung.

Im Zusammenhang mit der Kreditvergabe übernehmen die Banken zum Teil erhebliche *Risiken*. Hierbei geht es nicht allein um das Bonitätsrisiko und evtl. um Währungsrisiken, sondern auch um die mit der Refinanzierung verbundenen Zinsrisiken. Zweifellos ist der gesamtwirtschaftliche Wachstumsprozeß in hohem Maße von der Risikobereitschaft und der Risikofähigkeit des Bankensystems abhängig. Durch die Übernahme von Risiken leisten die Kreditinstitute nicht zuletzt einen wichtigen Beitrag zum *technischen Fortschritt*, einer bedeutsamen Bestimmungsgröße des Wirtschaftswachstums. Denn technischer Fortschritt ist im Regelfall mit erheblichen und oftmals nur schwer abschätzbaren Risiken verbunden, etwa beim Einsatz neuer Produktionsverfahren. Ohne die zumindest teilweise Übernahme von Risiken durch die Banken würden die mit technischem Fortschritt verbundenen Investitionen mit Sicherheit geringer ausfallen.

Beträchtliche Risiken übernehmen die Banken beispielsweise auch bei *Projektfinanzierungen*. Hauptsächlich im Energiesektor erreichen manche Investitionsprojekte inzwischen derartige Größenordnungen, daß selbst internationale Großkonzerne weder die finanziellen Mittel aufbringen, noch das damit verbundene Risiko tragen können. Bankenkonsortien übernehmen daher teilweise auch das unternehmerische Risiko einzelner Projekte und verzichten weitgehend auf Rückgriffsrechte auf das jeweilige Unternehmen.

Die Vergabe von Krediten ist seit jeher – dies belegt auch die lateinische Herkunft des Wortes „credito", was so viel bedeutet wie „Leihwürdigkeit" – eng verbunden mit dem *Vertrauen* in die Fähigkeit und Bereitschaft einer Person, eines Unternehmens, aber auch eines Staates, Verbindlichkeiten ordnungs- und fristgemäß zu begleichen. Im internationalen Kreditgeschäft hat die Schuldenkrise in den letzten Jahren dieses Vertrauen erschüttert. Entsprechende Erfahrungen wurden gemacht und Konsequenzen daraus gezogen. So haben die Banken manches Auslandsgeschäft – mit speziell unter Risikogesichtspunkten ungenügenden Margen – durch Inlandsgeschäfte ersetzt.

Auf das *Inlands*geschäft hatten diese Erfahrungen keine negativen Auswirkungen. Hier versuchen die Kreditinstitute allen vertretbaren Finanzierungswünschen nachzukommen. Auch die nach wie vor ungebrochene Insolvenzwelle oder die aus den Änderungen des Kreditwesengesetzes resultierenden verschärften Eigenkapitalanforderungen haben zu keinerlei Einschränkungen des Inlandsgeschäfts geführt, nicht zuletzt deshalb, weil die Banken – rechtzeitig – ihre Eigenkapitalbasis gestärkt haben.

3. Die Banken als Vermittler von Eigenkapital

Mit Krediten *allein* können die Unternehmen den Wachstumsprozeß allerdings nicht finanzieren. Kredite ersetzen nicht, sondern sie ergänzen das *Eigenkapital*, das wiederum selbst Voraussetzung für eine Kreditgewährung ist. Bei der Eigenkapitalversorgung handelt sich um eines der gravierendsten *Strukturprobleme* unserer Volkswirtschaft.

Die künftigen Wachstumschançen unserer Wirtschaft hängen entscheidend von Investitionen in neue Produkte und Herstellungsverfahren ab. Ein so stark exportabhängiges Land wie die Bundesrepublik muß zur Wahrung der internationalen Wettbewerbsfähigkeit seine Produktpalette immer stärker auf „intelligente" *technologische Spitzenprodukte* ausrichten: denn einfache Erzeugnisse sind bei uns – angesichts der Konkurrenz der Schwellenländer – in zahlreichen Fällen nicht mehr zu vertretbaren Kosten herstellbar.

Die dafür notwendigen Investitionen, die zum Teil mit erheblichen Risiken behaftet sind, können die Unternehmen nur dann durchführen, wenn ihnen – neben Krediten – in ausreichendem Maße *Eigenkapital* zur Verfügung steht. Die Eigenkapitalausstattung der Unternehmen in der Bundesrepublik stellt sich jedoch besonders ungünstig dar.

Belief sich die *Eigenkapitalquote* der deutschen Unternehmen in der zweiten Hälfte der sechziger Jahre noch auf 30 %, so ist dieser Durchschnittssatz inzwischen um mehr als ein Drittel auf unter 20 % zurückgefallen. Hinter der ungenügenden Eigenkapitalausstattung steht die strukturelle Verschlechterung der *Ertragslage* der deutschen Wirtschaft. Nachdem die *Umsatzrendite* in der deutschen Industrie noch im Zeitraum 1965 bis 1969 zwischen 3 bis 4 % lag, errechnet sich heute ein Satz von rd. 2 %. Neuerdings haben sich die Unternehmenserträge in der Bundesrepublik zwar wieder erholt. Notwendig ist jedoch eine länger anhaltende Besserung der Ertragsverhältnisse, um die Folgen einer jahrelangen Auszehrung der Ertragskraft zu beheben.

Hier eröffnet sich den Banken ein wichtiges Betätigungsfeld: die Mobilisierung und Vermittlung von *risikotragendem Eigenkapital* sowohl für bereits bestehende Unternehmen als auch für Unternehmensgründungen.

Die Banken haben diese Aufgabe erkannt und bereits vor Jahren *Kapitalbeteiligungsgesellschaften* gegründet. Gerade in jüngster Vergangenheit verstärkten die Banken ihre Anstrengungen um eine bessere Versorgung der deutschen Unternehmen mit risikotragendem Kapital, indem sie nach amerikanischem Muster allein oder in Zusammenarbeit mit Industrieunternehmen *Venture Capital-Gesellschaften* gründeten. Hierbei geht es darum, jungen Unternehmen nicht allein Kapital, sondern auch kaufmännisches und technisches Know-how zur Verfügung zu stellen. Entscheidende Bedeutung kommt auch dem mit Hilfe der Venture Capital-Gesellschaft aufzubauenden Management zu, das die Bindegliedfunktion zwischen Unternehmen und Kapitalgeber übernimmt.

Inzwischen ist es um das Thema „Venture Capital" etwas stiller geworden. Von überzogenen Vorstellungen und Euphorie muß angesichts der im Vergleich zu den USA stark abweichenden Verhältnisse Abstand genommen werden. Gleichwohl eröffnet sich mit Hilfe der Venture Capital-Gesellschaften durchaus eine vielversprechende Möglichkeit der Risikokapitalbeschaffung.

Der wichtigste Markt für Risikokapital bleibt selbstverständlich nach wie vor die *Aktien-Börse*. In den Vereinigten Staaten, in Japan, aber auch in Großbritannien bedient sich allerdings eine weitaus größere Zahl von Unternehmen der Börse für die Beschaffung von Risikokapital als in der Bundesrepublik. Die Gründe für die im internationalen Vergleich relativ geringe Inanspruchnahme der Aktien-Börse durch deutsche Unternehmen sind vielfältig.

So ist aus Sicht mancher Firmen die „Einstiegsbarriere" der Zulassungsvorschriften zu hoch. Im Interesse der Schaffung und Aufrechterhaltung eines funktionsfähigen Marktes erfordert beispielsweise die Zulassung von Aktien an den Wertpapierbörsen ein Emissionsbetrag von mindestens drei Millionen DM. Außerdem soll das an einer Börsennotierung interessierte Unternehmen gemäß Börsenusance u. a. mindestens fünf Jahre „in kontinuierlicher Geschäftstätigkeit wirtschaftliche Erfolge erzielen und angemessene Gewinne ausgeschüttet haben".

Gerade mittelständische Unternehmen hält vom „going public" auch oftmals die Sorge ab, zumindest einen Teil der Selbständigkeit zu verlieren oder allzu großen Publizitätsanforderungen zu unterliegen. Hier müssen die Banken noch viel Aufklärungs- und Überzeugungsarbeit leisten. Denn neben dem entscheidenden Eigenkapital-Aspekt sprechen noch andere gewichtige Gründe für den Gang zur Börse:

Im Normalfall verfügt eine börsennotierte Aktiengesellschaft über ein besseres *Standing* auf den Kredit- und Kapitalmärkten als vergleichbare Unternehmen in anderer Rechtsform. Emissionen von Anleihen werden erleichtert, Wandel- und Optionsanleihen erst durch die Rechtsform der Aktiengesellschaft ermöglicht. Zudem hat ein gutes Standing auch positive Auswirkungen auf die Auslandsaktivitäten des Unternehmens und die Beziehungen zu Kunden und Lieferanten.

Die im Vergleich zu anderen Unternehmensformen höheren Publizitätsanforderungen sollten nicht nur als Belastung empfunden werden. Denn Publizitätsmaßnahmen eröffnen dem Unternehmen auch die Möglichkeit, den eigenen Bekanntheitsgrad zu erhöhen.

Erfreulicherweise hat eine ganze Reihe von Unternehmen gerade in der jüngsten Vergangenheit die günstige Kursentwicklung genutzt, sich über Aktienemissionen zusätzliches Kapital zu beschaffen. Auch wurden in den letzten Jahren deutlich mehr Unternehmen neu an der Börse eingeführt. Um diese wünschenswerte Entwicklung weiter zu begünstigen, sieht das Börsenzulassungsgesetz – in Fortentwicklung des bisherigen „Geregelten Freiverkehrs" – unter der Bezeichnung „geregelter Markt" einen neuen zweiten Marktbereich für Aktien vor. Dieser Markt ist insbesondere für kleine und mittlere Unternehmen mit erleichterten Zugangsvoraussetzungen gegenüber dem amtlichen Handel und einem verbesserten Anlegerschutz im Vergleich zum bestehenden „Geregelten Freiverkehr" gedacht. Dadurch eröffnen sich gerade für mittelständische Unternehmen neue Möglichkeiten zur Beschaffung von Eigenkapital.

Die Banken werden ihre Aufklärungsarbeit hinsichtlich des „going public" verstärkt fortsetzen, um auf diese Weise die zur Zukunftssicherung und Ausnutzung von Marktchancen wichtige Eigenkapitalbasis der Unternehmen zu verbreitern. Vor allem aber ist der Gesetzgeber dazu aufgerufen, bessere steuerrechtliche, gesellschaftsrechtliche und börsenrechtliche Rahmenbedingungen zu schaffen. Von Bedeutung ist dabei nicht zuletzt die Beseitigung der steuerlichen Benachteiligung der Aktiengesellschaft gegenüber der Personengesellschaft – u. a. durch die Doppelbelastung mit Vermögenssteuern.

4. Die Wertpapierfinanzierung und neue Finanzinstrumente gewinnen an Bedeutung

Nicht nur der Wertpapierfinanzierung über Aktien, sondern auch über *festverzinsliche Wertpapiere* kommt in der Bundesrepublik erhebliche Bedeutung zu. Gerade in den letzten Jahren stand der *Rentenmarkt* im Zeichen starker Expansion. Nachdem der Umlauf von festverzinslichen Wertpapieren 1980 noch bei 550 Mrd. DM lag, stellte er sich Mitte 1987 bereits auf rd. 1100 Mrd. DM. Dieser Betrag entspricht in etwa dem Gesamtvolumen der Bankkredite an Unternehmen.

Industrieobligationen haben als Finanzierungsinstrument der Wirtschaft zwar kaum noch Bedeutung. Ihr Anteil am gesamten Rentenumlauf beträgt deutlich weniger als ein Prozent. Demgegenüber weisen Pfandbriefe, die zur Finanzierung des Wohnungsbaus dienen, einen „Marktanteil" von 14% auf. Mehr als zwei Drittel des Gesamtumlaufs an inländischen Rentenwerten entfallen inzwischen auf die öffentliche Hand. Neben den Banken, die im Börsen- und Emissionsgeschäft eine führende Position einnehmen, fördern auch die *Investmentgesellschaften* die Sammlung von anlagebereitem Kapital. Mitte 1987 betrug das Fondsvermögen der *Publikumsfonds* 78 Mrd. DM und der *Spezialfonds* 66 Mrd. DM.

Seit Beginn der achtziger Jahre ist an den internationalen Finanzmärkten ein tiefgreifender *Strukturwandel* festzustellen, der auch Einfluß auf den Wachstumsprozeß der Wirtschaft gewinnen wird. Vor dem Hintergrund eines kräftigen Anstiegs des weltweiten Warenaustauschs rücken die Finanzmärkte immer enger zusammen. Der Einsatz moderner *Informations- und Kommunikationstechniken*, die die Finanzplätze der Welt miteinander verbinden und einen Handel rund um die Uhr und rund um die Welt ermöglichen, trug dazu bei, daß sich die Bereitstellung von Kapital zunehmend auf internationaler Ebene vollzieht. Hinzu kommt, daß das *Wertpapier* als Finanzierungsinstrument – hauptsächlich zu Lasten des traditionellen Kreditgeschäfts – weiter beträchtlich an Bedeutung gewonnen hat. Die *„Securitisation"*, d. h. die Verbriefung der Geldaufnahmen bzw. -anlagen macht rasche Fortschritte. Im Zuge dieser Entwicklung kommt dem *Investment-Banking* ein immer höherer Stellenwert zu.

Auch der Einsatz immer *neuer Finanzinstrumente* hat die Schwerpunktverlagerungen vom traditionellen Kreditgeschäft zu der Wertpapierfinanzierung gefördert. An den internationalen Finanzmärkten fand in den letzten Jahren geradezu eine *„Innovationsexplosion"* statt. Der Erfindungsreichtum der in diesen Märkten tätigen Kreditinstitute findet seine Grenzen nur in der Aufnahmefähigkeit des Marktes und in der Notwendigkeit einer sinnvollen Risikobegrenzung.

Da die internationale Wettbewerbsfähigkeit und damit die Wachstumsaussichten unserer Volkswirtschaft auch davon abhängen, daß den Unternehmen *sämtliche* geeigneten *Finanzierungsformen* und *-instrumente* zur Verfügung stehen, haben die deutschen Banken ihre Produktpalette in jüngster Vergangenheit erheblich erweitert und bieten neben den mehr traditionellen Finanzierungsmöglichkeiten zahlreiche neue Finanzinstrumente an. Sie dienen hauptsächlich dazu, *Währungs-* und *Zinsrisiken* abzusichern und eine vergleichsweise *kostengünstige Mittelbeschaffung* zu ermöglichen.

Zu den *wichtigsten neuen Finanzinstrumenten* gehören variabel verzinsliche Anleihen (Floating Rate Notes), Nullkupon-Anleihen (Zero-Bonds), Doppelwährungsanleihen, Optionsanleihen sowie auf Verrechnungseinheiten wie ECU lautende Anleihen. Noch im Versuchsstadium befinden sich die deutschen Märkte bei der Einführung von Finanzinstrumenten, die die früher scharf gezogenen Grenzen zwischen Geld- und Kapitalmarkt vermischen oder gar aufheben – wie Einlagenzertifikate (Certificates of Deposit) und Euro-Commercial Paper.

Beträchtliche Größenordnungen konnten in den letzten Jahren die Euro-Note-Facilities erreichen, die in sich Elemente der Kredit-, Geld- und Kapitalmärkte vereinigen. Wichtige Finanzinnovationen der achtziger Jahre sind auch Zins- und Währungsswaps im Zusammenhang mit der Begebung von Anleihen. Mit diesen neuen Finanzinstrumenten stellt die Kreditwirtschaft ihren Kunden ein variabel kombinierbares Instrumentarium zur Verfügung – dazu gehören auch Finanzterminkontrakte und Devisen-Optionen –, das die Banken in die Lage versetzt, den Bedürfnissen der Kunden noch flexibler, d. h. mit maßgeschneiderten Finanzkonstruktionen, Rechnung zu tragen.

Zwar ist die Zeit noch zu kurz, um bereits beurteilen zu können, ob es sich bei sämtlichen Innovationen um wirklich langfristig brauchbare Instrumente oder aber nur um kurzfristige Modeerscheinungen handelt. Mit Sicherheit trifft für sie alle jedoch die alte Regel zu, daß wohl kaum etwas auf dieser Welt ausschließlich mit Vorzügen ausgestattet ist. Sowohl für Anleger als auch für die Emittenten, und nicht zuletzt auch für die Banken ist es notwendig, sorgfältig Vor- und Nachteile abzuwägen und die möglichen Risiken richtig einzuschätzen. Nicht jede Neuerung ist schon zur Nachahmung zu empfehlen. Traditionell verfolgen die deutschen Banken eine behutsame Politik. Die zukünfige Entwicklung wird den international tätigen Banken auf diesem Gebiet weiterhin hohe Sorgfalt abfordern. Eines aber steht fest: Aus der Bank im früheren Sinne des „Geldwechslers" und „Geldverleihers" ist im Laufe der Jahrhunderte die Bank im Sinne des „financial engineering" geworden.

5. Immer wichtigere Beratungsfunktion der Banken

Ihre Geschäftstätigkeit in zahlreichen Branchen und Ländern verschafft den Banken einen guten Überblick über alle Bereiche der Wirtschaft. Da sie keine einseitigen Brancheninteressen verfolgen, ist ihr Urteil weitgehend neutral. Das macht die Banken zu wichtigen Beratern der Wirtschaft, und hat dazu geführt, daß die Beratungsfunktion der Banken eine immer wichtigere Rolle spielt.

Beispielsweise im Zusammenhang mit den für den Wachstumsprozeß so bedeutsamen *Existenzgründungen* ist die beratende Rolle der Banken heute in besonderem Maße gefordert. Inzwischen haben die Banken ihre Aktivitäten auf diesem Gebiet erheblich intensiviert und bieten umfassende *Existenzgründungsprogramme* an. Diese Programme umfassen – abgesehen von Krediten oder Kapitalbeteiligungen – ausführliche Sachinformationen zu betriebswirtschaftlichen, rechtlichen und steuerlichen Themen, die für die Planungsphase von Nutzen sind. Checklisten zur Selbstprüfung und zur Erstellung eines Unternehmenskonzeptes sowie Existenzgründungsseminare runden das Angebot der Banken ab.

Ein hoher Beratungsbedarf besteht auch im Zusammenhang mit *öffentlichen Existenzgründungs-* und *Förderprogrammen*. Informationsdefizite hinsichtlich der öffentlichen Förderungsmöglichkeiten und der damit verbundenen Finanzierungsfragen sind eine häufig zu beobachtende Ursache für Insolvenzen besonders bei jungen Unternehmen. Daher ist der Erstellung maßgeschneiderter Finanzierungskonzepte durch die Banken – unter Ausnutzung sämtlicher in Frage kommender Förderungsmöglichkeiten – besondere Bedeutung beizumessen. Insgesamt tragen die Kreditinstitute durch diese Beratungstätigkeit wesentlich zu einer erhöhten Inanspruchnahme und damit zum Erfolg der staatlichen Gründungs- und Förderungsprogramme bei.

Angesichts der großen Bedeutung der Außenwirtschaft für die Bundesrepublik – der Anteil der Exporte am Bruttosozialprodukt beträgt rd. 30 % – kommt den Banken auch hinsichtlich der Betreuung der Unternehmen in Fragen der *Exportfinanzierung* und des *Devisengeschäfts* ein hoher Stellenwert zu.

Die deutschen Banken sind an allen wichtigen Finanzplätzen der Welt präsent und begleiten die Unternehmen bei der Erschließung und Sicherung der Auslandsmärkte. Inbesondere kleine und mittlere Betriebe, die im allgemeinen über keine Spezialabteilungen zur Analyse der Situation in Exportländern verfügen, unterstützen die Kreditinstitute mit ihrer Auslandserfahrung und ihrem internationalen Finanz-Know-how. Dabei können die weltweit operierenden Banken auf eine Fülle von Erfahrungen und Verbindungen zurückgreifen. Die starke Ausweitung des internationalen Geschäfts deutscher Unternehmen in den letzten Jahrzehnten wäre ohne die Unterstützung durch leistungsfähige Banken kaum möglich gewesen.

Vor dem Hintergrund eines ständig zunehmenden Beratungsbedarfs gerade der mittleren und kleineren Unternehmen, die mehr noch als Großunternehmen auf erfahrene Unterstützung durch die Banken angewiesen sind, haben die Kreditinstitute zudem die Palette ihrer überwiegend *betriebswirtschaftlichen Beratungsangebote* erheblich ausgeweitet und bieten ihren Firmenkunden einen immer umfassenderen Beratungsservice. Beispielweise offeriert die Dresdner Bank den Kunden im Rahmen ihres „Mittelstands-Serviceprogramms" neben Instrumenten zur Liquiditätsplanung auch einen Finanzplanungsservice, mit dessen Hilfe Unternehmen die finanziellen Auswirkungen geschäftlicher Entscheidungen quantifizieren können. Daneben ermöglichen maschinelle Bilanzanalysen eine aktuelle Standortbestimmung des Unternehmens.

Die Kreditinstitute sind heute im Rahmen ihrer Bankgeschäfte häufig geschätzte Gesprächspartner in allgemeinen unternehmerischen Fragen. In Zukunft dürfte die Bedeutung der Beratung – über den finanziellen Sektor hinaus – noch wesentlich zunehmen. Die Banken könnten u. U. immer mehr die Rolle einer Art *„Consulting-Unternehmen"* übernehmen und gerade kleinere und mittlere Unternehmen in betriebswirtschaftlichen und rechtlichen Fragen, aber auch etwa in Standort- und Außenhandelsfragen beraten. Damit würde die Bedeutung der Banken für den Wachstumsprozeß der Volkswirtschaft noch weiter zunehmen – eine Herausforderung, der sich die Banken stellen werden.

6. Moderne Banktechnik mit zunehmender Bedeutung

Die Banken fördern und begleiten nicht nur den fortschreitenden *Umstrukturierungsprozeß* der Volkswirtschaft, sie sind ihm auch selbst ausgesetzt. In den letzten Jahren haben die modernen *Banktechnologien* sowohl betriebsintern als auch in der Kundenberatung und der Kundenselbstbedienung in einem bisher nicht gekannten Tempo im Kreditgewerbe Einzug gehalten. Dieser Innovationsprozeß wird sich mit Sicherheit in den kommenden Jahren noch weiter fortsetzen. Die neuen Informations- und Kommunikationstechniken des Electronic Banking eröffnen den Kreditinstituten völlig neue Möglichkeiten: So hat beispielsweise die *Terminalisierung* in vielen Bereichen durch die schnelle Verfügbarkeit aller wichtigen Daten den Aufwand an Routinearbeit deutlich reduziert. Damit werden Kapazitäten frei für die Beratung der Kunden.

Die derzeitige Technisierungswelle ist von einer grundsätzlich anderen Qualität als noch in den siebziger Jahren. Damals stand bei der Automation mehr das Motiv der internen *Rationalisierung* im Vordergrund, während heute mehr das Ziel der *Service- und Qualitätsverbesserung* dominiert. Beispiele hierfür sind etwa der Datenträgeraustausch, der im Bereich des elektronischen Zahlungsverkehrs beachtliche Rationalisierungserfolge für die Unternehmen mit sich brachte, oder die verschiedenen Cash-Management-Systeme, die auch kleineren und mittleren Unternehmen Möglichkeiten eröffnen, ihre Liquiditätssteuerung und Finanzdisposition erheblich zu verbessern. Auch auf diesen Wegen fördern die Banken den Wachstumsprozeß der Wirtschaft.

Der Einsatz moderner Banktechniken, der erhebliche Investitionen erfordert, ist mit weitreichenden Folgen verbunden. So können beispielsweise die Bankkunden in absehbarer Zeit mit Hilfe etwa von Btx oder Cash-Management-Systemen über eine höhere *Markttransparenz* verfügen. Außerdem ermöglicht der Einsatz moderner Technik zunehmend *branchenfremden Wettbewerbern*, wie Versicherungen, Kreditkarten-Unternehmen und Bausparkassen, Bankdienstleistungen anzubieten, ohne gleichzeitig ein ausgedehntes Filialnetz zu unterhalten. Auf diese Enwicklung müssen sich die Banken einstellen und entsprechende strategische und geschäftspolitische Vorkehrungen treffen, etwa durch eine Ausweitung der Produktpalette.

Entgegen manchen Befürchtungen führte der Einsatz neuer Banktechniken jedoch keineswegs zum Abbau von *Arbeitsplätzen*. Vielmehr hat das deutsche Kreditgewerbe allein seit 1980 seinen Personalbestand um 13% auf jetzt rund 613000 erhöht. Dies beweist erneut, daß die technologisch fortschrittlichsten Branchen die relativ beste

Beschäftigungsentwicklung aufweisen. Nicht bestätigt haben sich auch Befürchtungen einer generellen Dequalifizierungstendenz. Die neuen Banktechnologien bringen über veränderte Arbeitsinhalte und Arbeitsabläufe zwar Veränderungen in der qualitativen Mitarbeiterstruktur. Die Entwicklung der letzten Jahre zeigt jedoch einen deutlichen Trend zur *Höherqualifizierung*. Bei einem gleichzeitigen Rückgang des Bedarfs an Mitarbeitern für innerbetriebliche Routineaufgaben ist der Anteil der kundenorientierten Berater deutlich gestiegen.

Ähnlich wie andere Wirtschaftzweige haben auch die Banken keine Wahl: Unabhängig von möglichen Nachteilen und Risiken zwingt die Kostenentwicklung zum verstärkten Einsatz der Technik für die Bewältigung der Routinearbeiten. Aber *ein* Risiko versuchen die Banken unbedingt zu vermeiden, die Gefahr nämlich, daß unter dem vermehrten Einsatz des Electronic Banking der *persönliche Kontakt* zwischen Kunden und Bank leiden könnte. Die Geldinstitute gehen vielmehr davon aus, daß die persönliche Bindung der Kunden an „ihre Bank" aufgrund des rasch steigenden Beratungsbedarfs an Intensität zunehmen wird. Gerade im Zeitalter des elektronischen Bankgeschäfts messen die Banken der anspruchsvollen *persönlichen Beratung* ihrer Kunden wachsende Bedeutung zu. Denn Kompetenz, Erfahrung und die Qualität der Beratung sind – bei einem gleichzeitig hohen Technisierungsgrad für Routinegeschäfte – ausschlaggebend für den Markterfolg.

7. Vertrauensverhältnis zwischen Banken und Kunden

Die Banken unterstützen auf vielfältige Weise den volkswirtschaftlichen Wachstumsprozeß. Sie tun dies zum Nutzen ihrer Kunden und damit zugleich auch im wohlverstandenen eigenen Interesse. Denn die Kreditinstitute sind auf gesunde, expandierende Kundenunternehmen angewiesen; und die Wirtschaft braucht leistungsfähige Banken für die Abwicklung ihres Geldverkehrs, für die wachsenden Finanzierungsaufgaben und nicht zuletzt auch für eine Beratung im Sinne eines umfassenden „financial engineering".

Diese gemeinsame Interessenlage hat das Vertrauensverhältnis zwischen Banken und Wirtschaft gefördert. Ohne enge Zusammenarbeit zwischen den Kreditinstituten und ihren Kundenunternehmen ist ein zufriedenstellender Wachstumsprozeß der Wirtschaft nicht mehr vorstellbar.

Zur Quantifizierung von Gewinnzielen bei Kompositversicherern

WALTER F. SCHICKINGER

Zusammenfassung

Nach dem Gesetz der Großen Zahl, dem Produktionsgesetz der Versicherungstechnik, können für den Bereich der privaten Individualversicherung nahezu uneingeschränkt Beitragswachstumsziele unterstellt werden.

Bei Kompositversicherungsunternehmen hat das hierdurch normativ induzierte Ansteigen der Solvabilitätsanforderung ein erhebliches unternehmenspolitisches Gewicht.

Eine Solvabilitätspolitik, die darauf ausgerichtet ist, einen vorhandenen Solvabilitätsstandard – d. h. das Verhältnis von vorhandenen Eigenmitteln zur Solvabilitätsanforderung – aus unternehmenseigener Kraft zu unterhalten oder zu verbessern, führt zu Thesaurierungszielen, die mit dem hier entwickelten Modell quantifiziert werden können.

Ein angestrebter, über die Solvabilitätsmindestausstattung hinausgehender Solvabilitätsstandard begründet einen Freiheitsgrad im Modell, der durch Determinierung eines „Loading-Faktors" (Solvabilitätskomfort) kraft unternehmerischer Entscheidung beseitigt wird.

In einer freiheitlich organisierten Wirtschaft gelten erwerbswirtschaftliche Zielsetzungen im Rahmen des gesamten Zielbündels einer Unternehmung als systemkonform. Dies gilt auch für die Anteilseigner eines Versicherungsunternehmens. Der zweite Freiheitsgrad des Modells liegt somit in der Höhe der gewünschten Ausschüttung. Er wird durch Festlegung des Dividendensatzes kraft unternehmerischer Entscheidung beseitigt.

Die steuerlichen Konsequenzen dieser Entscheidungen unterliegen keinem Freiheitsgrad.

Das hier vorgestellte mathematische Modell ist in der Lage, bei geschätztem Beitragseinnahmenzuwachs und gegebener Schadenbelastung unter Berücksichtigung unternehmerischer Entscheidungen zum Solvabilitätskomfort und zur Dividendenpolitik sowie der steuerlichen Konsequenzen hieraus den mindestens erforderlichen Jahresüberschuß eines Kompositversicherers in der Rechtsform der Aktiengesellschaft zu ermitteln.

Das Modell ist insbesondere in der Lage, im Wege der Simulation vor Beseitigung der Freiheitsgrade durch unternehmerische Entscheidungen Hilfen bei eben dieser Entscheidungsfindung zu geben.

Damit kann dieses Modell bei der Planung und deren Realisierung im Versicherungsunternehmen erfolgreich herangezogen werden.

Einleitung

Die originäre Funktion einer Versicherung umfaßt den Risikotransfer gegen Entgelt. Versicherungsunternehmen übernehmen die Absicherung individueller Einzelpläne – sei es im privatwirtschaftlichen oder unternehmenswirtschaftlichen Bereich – und stehen für die finanziellen Folgen der durch Schadensituationen hervorgerufenen Planabweichungen ein.

Das permanente Leistungsversprechen und die konkrete Leistungserbringung durch Versicherungsunternehmen sind auch in einer freiheitlich organisierten Wirtschaftsordnung normativen Regeln unterworfen, d. h. in einen Katalog externer und interner Rahmenbedingungen eingebunden, die für das einzelne Unternehmen faktische Ausgangsdaten darstellen: Neben den wirtschaftsrechtlichen Grundsätzen (Aktienrecht, Handelsrecht) unterliegen die Unternehmen der Versicherungswirtschaft dem Versicherungsvertragsgesetz (VVG) und dem Versicherungsaufsichtsgesetz (VAG) sowie den weiteren hierzu erfolgenden Anordnungen des Bundesaufsichtsamtes für das Versicherungswesen (BAV). Neben diesen normativen Rahmen treten wechselnde Fakten, die sich aus der Marktentwicklung ergeben. Die gegenwärtige Entwicklung ist gekennzeichnet durch eine abflachende Versicherungsnachfrage, die Umsetzung der Dienstleistungsfreiheit innerhalb der Europäischen Gemeinschaft und zunehmende Deregulierungstendenzen. Diese Strömungen werden auf der Anbieterseite der Versicherungsmärkte zu einer weiteren Verschärfung des Preis- und Bedingungswettbewerbs führen, begleitet von mehr oder weniger eng am Verbraucherschutzgedanken orientierten Zielsetzungen der nationalen Aufsichtsbehörden.

Dies sind essentielle Bedingungen und reale Ausgangsdaten, die jedes Unternehmen der Individualversicherung am Markt vorfindet. Sie stecken den Handlungsspielraum der unternehmenspolitischen Aktivitäten weitgehend ab. Nur innerhalb dieses Systems von Nebenbedingungen kann sich die eigentliche unternehmerische Aktivität entwickeln.

Das übernommene Unternehmerrisiko und das Bestreben um eine angemessene Verzinsung des eingesetzten Kapitals zwingen jede verantwortungsbewußte Unternehmensführung der Individualversicherung – wie in jedem anderen Teilbereich der freien Marktwirtschaft auch –, erwerbswirtschaftliche Zielsetzungen zu formulieren und zu verwirklichen.

Hier steht der Versicherungsunternehmer in einer Reihe mit dem Industrie-, Handwerks-, Bank- und übrigen Dienstleistungsunternehmer, deren Hauptanliegen darin zu sehen ist, mit der Quantität und Qualität der abgesetzten Güter, Waren und Dienstleistungen eine angemessene Rentabilität des eingesetzten Produktionskapitals zu erhalten.

Bei der Würdigung berechtigter Belange der Versicherten ist deshalb zugleich von der Gültigkeit des erwerbswirtschaftlichen Prinzips in der Versicherungswirtschaft auszugehen. Diese marktwirtschaftlich und ordnungspolitisch konforme Verhaltensweise des Versicherungsunternehmers wird in der Öffentlichkeit zuweilen vom vermeintlich primären Interesse des Verbraucherschutzes in den Hintergrund gedrängt.

1 Unternehmensziele im Kompositversicherungsunternehmen

Wir können für den Bereich der privaten Individualversicherung, also der Lebens-, Kranken-, Kredit- und Kautions-, Rechtsschutz- sowie Schaden- und Unfallversicherung (Kompositversicherung) nahezu uneingeschränkt von Umsatz- oder Beitragswachstumszielen ausgehen. Hier wirkt sich nichts anderes aus als der angestrebte Risikoausgleich im Kollektiv, in concreto das „Gesetz der Großen Zahl", das Produktionsgesetz der Versicherungstechnik[1]: Risikotransferleistungen können auf Dauer nur bei genügend großen Klassen gleichartiger Risiken mit ihrem versicherungsmathematischen Äquivalent, der zu entrichtenden Prämie, erbracht werden.[2]

Über dieser Umsatzzielsetzung liegt das Hauptziel der Überschuß- oder Gewinnbildung. Dieser Anspruch ergibt sich einerseits aus dem Bestreben um eine angemessene Verzinsung des eingesetzten Kapitals (vgl. hierzu Abschnitt 2. 1) und erhält andererseits aufgrund des speziellen Charakters des Produktes „Risikoschutz" ein besonderes Gewicht: Versicherungsunternehmen sind wie kein anderer Zweig der Marktwirtschaft von der für sie zuständigen Überwachungsbehörde, dem Bundesaufsichtsamt für das Versicherungswesen (BAV), dazu verpflichtet, entsprechend dem Geschäftsverlauf Sicherheitsmittel zu bilden, insbesondere solche Mittel, die Eigenkapital darstellen und im Unternehmen verbleiben müssen. Sie dienen ausschließlich der dauernden Erfüllbarkeit der Versicherungsverträge und haben eine Garantiefunktion für die übernommenen Verpflichtungen.

Diese Zielsetzung der permanenten Eigenkapitalbildung, die natürlich abhängig von der vorgelagerten Überschußerzielung ist, hat insbesondere bei Kompositversicherern (also bei den Mehrsparten-Versicherern der Schaden- und Unfallversicherung) ein erhebliches Gewicht erhalten, so daß Unternehmensstrategien sehr häufig primär auf ihre Erfüllung ausgerichtet sind. Speziell Kompositversicherer haben aufgrund der Vielfalt der übernommenen Risiken und der zuweilen extrem unterschiedlichen Schadenstrukturen ihr besonderes Augenmerk auf diese von der Überschußbildung abhängige Zielgröße zu lenken.

Wir gehen im folgenden bei der Formulierung und Quantifizierung von Unternehmenszielen von Betrieben in der Rechtsform der Aktiengesellschaft aus, ohne allerdings die Grundstruktur der Beziehungen des Modells wesentlich einzuengen, und formulieren als Unternehmensziele für Kompositversicherer über einen bestimmten Planungshorizont:

1. Wachstum der Beitragseinnahmen
2. Erzielung ausreichender Überschüsse
   a. zur Eigenkapital- bzw. Sicherheitsmittelbildung (Gewinnthesaurierung)
   b. zur Dividendenausschüttung

Es liegt damit ein interdependentes Zielsystem vor, für das wir ganz allgemein die Definitionsgleichung

$$G = T + D + St \qquad (1.1)$$

aufstellen können, wobei mit

1 Heilmann (1986, S. 879)

2 Ausnahmen sind Großrisiken, etwa aus dem Off-Shore-Bereich und dem Kernreaktorbereich. Vgl. hierzu auch Gerathewohl (1976, S. 202 ff)

G der Jahresüberschuß vor Steuern (vom Einkommen, Ertrag und Vermögen) gemäß handelsrechtlichem Jahresabschluß,
T die Thesaurierungsmittel aus dem Überschuß,
D die Dividendenausschüttung aus dem Überschuß,
St die Steuern vom Einkommen, Ertrag und Vermögen

bezeichnet sind. Die gewinnunabhängigen Größen Vermögensteuer und Gewerbekapitalsteuer werden, da ja intern bekannt, in unser Modell einbezogen.

Diese Gleichung für die Verwendung des Jahresüberschusses können wir für jede positive Ergebnissituation als gültig voraussetzen. Sie ist Ausgangspunkt bei der Herstellung quantitativer Beziehungen von Beitragswachstum, induzierter Eigen- bzw. Sicherheitsmittelanforderung, Überschußbildung und -verwendung sowie dem darauf entfallenden Steueraufwand.

Die Eigen- bzw. Sicherheitsmittelbildung, das sogenannte Solvabilitätserfordernis[3], verdient besondere Beachtung: Farny[4] stellt in bemerkenswerter Weise fest: „Der Überschuß der Solvabilitätsmittel über die Mindestsolvabilitätsspanne ist geradezu ein ideales Prisma, in dem alle unternehmenspolitischen Entscheidungen und ihre Wirkungen auf Zielgrößen eingefangen werden. Hier liegen bedeutende Möglichkeiten für eine methodische Verbesserung von Planung und Entscheidung, die noch weiter erforscht und in die Praxis umgesetzt werden müssen."

Gleichzeitig beklagt Farny, daß „eine Unternehmenspolitik in Form der Solvabilitätspolitik ein bisher vernachlässigter Aspekt" sei. Zur Optimierung der Solvabilitätspolitik sollten „die quantitativen Zusammenhänge in einem mathematischen Modell erfaßt werden".[5] Diesen Gedanken greifen wir auf und unternehmen den Versuch, operationale Funktionen – also ein mathematisches Modell – für Eigenmittelanforderung und erforderliche Überschußerwirtschaftung abzuleiten. Daneben soll dem steuerlichen Aspekt mit seinen weitreichenden ertragswirtschaftlichen Einengungen[6] ebenfalls Rechnung getragen werden.

Wir beginnen mit Überlegungen zur Zielproblematik.

2 Quantitatives Modell der Unternehmensziele

2.1 Ausschüttungsziele

Die angemessene Beteiligung der Anteilseigner der Versicherungsunternehmen am Jahresüberschuß bei Aktiengesellschaften erhält zwar durch das vorrangige Gewicht der Eigenkapitalbildung eine erhebliche Einschränkung (wie sie sonst in dieser strengen Form – außer vielleicht dem Bankensektor – keinem anderen Wirtschaftszweig auferlegt ist). Gleichwohl ist von einem eigenständigen Ziel der Beteiligung der Anteilseigner am Überschuß auszugehen. Dieses wird in Form einer Dividende realisiert.

Jedes Versicherungsunternehmen – und damit seine Kapitalgeber – nimmt damit genau das in Anspruch, was jeder andere Anbieter im freien Markt für seine unterneh-

3 Schmidt (1982, S. 284)
4 Farny (1982, S. 133)
5 Farny (1984, S. 66 f)
6 Späth (1985, S. 187 ff)

merische Leistung erwartet: Ein Entgelt für die Nutzung der eingesetzten Produktionsfaktoren.

Wie weiter oben bereits erwähnt, gehen wir im folgenden – ohne wesentliche Einengung des Modells – von Überlegungen zur Aktiengesellschaft aus. Für einen mittelfristigen Planungshorizont können wir zumindest von einer angestrebten Höhe der Dividendenausschüttung ausgehen. Betrachten wir ein bestimmtes Geschäftsjahr, so ist die geplante Dividendenhöhe Ergebnis einer unternehmenspolitischen Entscheidung. Der insoweit zunächst bestehende Freiheitsgrad im Modell wird durch diese Entscheidung in einen vorgegebenen Parameter umgewandelt.

2.2 Thesaurierungsziele

Es erscheint zweckmäßig, danach die quantitativen Beziehungen von und Anforderungen an Sicherheitsmittel (speziell: Eigenmittel) in Abhängigkeit von den Beitragseinnahmen und Schadenaufwendungen zu formulieren. Hier liegen zunächst eindeutige aufsichtsrechtliche Bestimmungen vor, deren Mindesterfüllung Priorität zukommt.

Zur Sicherstellung der dauernden Erfüllbarkeit der Verträge sowie zum Ausgleich von außergewöhnlichen Verlusten aus ungünstigem Schadenverlauf müssen ständig angepaßte Sicherheitsmittel vorhanden, ein bestimmtes Solvabilitätserfordernis erfüllt sein.

Die Bildung von Sicherheitsmitteln wird in mehrfacher Hinsicht normativ vorgegeben:

- Einmal durch die Verordnung über die Kapitalausstattung von Versicherungsunternehmen vom 3. März 1976 (BGBL 1976, Teil 1, S. 409);
- darüber hinaus durch die Anordnung des Bundesaufsichtsamtes für das Versicherungswesen vom 21.9.1978 über die Schwankungsrückstellung (Anordnung aufgrund § 81 Abs. 2 in Verbindung mit § 56 Abs. 3 VAG).
- Schließlich besteht nach dem kaufmännischen Vorsichtsprinzip die Verpflichtung, bei Sparten, für die mit begründbarer Wahrscheinlichkeit Verluste erwartet werden, eine „Drohverlustrückstellung" zu bilden.

Der Möglichkeit des Aufbaues stiller Reserven kommt im Kompositversicherungsunternehmen geringere Bedeutung zu. Die strategische Planung in diesem Bereich ist starken Beschränkungen unterworfen: Der Möglichkeit zur Bildung stiller Reserven auf der Aktivseite – etwa beim Grundbesitz oder kursabhängigen Wertpapieren – stehen Abschreibungsrisiken gegenüber; der Möglichkeit zur Bildung stiller Reserven auf der Passivseite – etwa bei der Dotierung der Rückstellung für noch nicht abgewickelte Versicherungsfälle – steht auch bei hochqualifizierter Schadenregulierung das Risiko der Erzielung von Abwicklungsverlusten gegenüber.

2.2.1 Anforderungen an die Statik des Kapitals

Nach § 53 c VAG sind Versicherungsunternehmen verpflichtet, zur Sicherstellung der dauernden Erfüllbarkeit der Verträge freie unbelastete Eigenmittel[7] mindestens in Höhe einer Solvabilitätsspanne zu bilden, die sich nach dem gesamten Geschäftsumfang bemißt.

---

7 Vgl. zum Begriff der „freien unbelasteten Eigenmittel" Mudrack (1986, S. 16 ff)

Als Eigenmittel (EM) bei Aktiengesellschaften sind anzusehen:

$$EM = (GK - 0{,}5\, GK_{ne}) + R + GRK + Gv + EM_{sonst} - W_{immat} - Vv, \qquad (2.1)$$

wobei

GK	das Grundkapital
GK_{ne}	das nicht eingezahlte Grundkapital
R	die gesetzlichen und freien Rücklagen
GRK	das Genußrechtskapital gem. § 53c Abs. 3a ab 1. 1. 1987
Gv	der Gewinnvortrag
Vv	der Verlustvortrag
EM_{sonst}	die sonstigen Eigenmittel (auf Antrag stille Reserven)
W_{immat}	in der Bilanz ausgewiesene immaterielle Werte sind. Als immaterielle Werte sind insbesondere die aktivierten Kosten der Ingangsetzung des Geschäftsbetriebs, ein aktivierter Geschäfts- oder Firmenwert und aktivierte EDV-Software zu verstehen.

Bemerkenswert ist dabei, daß die Sicherheitsmittel in Gestalt der Schwankungs- und Drohverlustrückstellung nicht als freie unbelastete Eigenmittel gelten. Sie werden dem versicherungstechnischen Fremdkapital zugerechnet, da sie zum Ausgleich der Schwankungen des Schadenverlaufes bzw. zur Abdeckung erwarteter versicherungstechnischer Verluste zweckbestimmt sind.

Die Mindestausstattung mit freien unbelasteten Eigenmitteln, die sogenannte *Solvabilitätsspanne* (Sa), berechnet sich entweder

- nach den jährlichen Beitragseinnahmen (Beitragsindex „Sa_B")

oder

- nach der mittleren Schadenbelastung der letzten drei Geschäftsjahre (Schadenindex „Sa_S").

Der jeweils höhere Wert der beiden Indizes ist durch Eigenmittel zu überdecken, muß also mindestens erreicht werden:

$$Sa = \max \{ Sa_B, Sa_S \} \qquad (2.2)$$

Bei der Konstruktion des Beitragsindexes ist von den Bruttobeiträgen sowie dem Quotienten aus Netto- und Bruttoschadenaufwand des letzten Geschäftsjahres auszugehen. Es werden hierbei die gesamten Beitragseinnahmen aus dem direkten und indirekten Geschäft zusammengefaßt. Sie werden um die im letzten Geschäftsjahr stornierten Beiträge und um die auf die Beiträge entfallenden Steuern und Gebühren vermindert.

Der so bestimmte Betrag B der Bruttobeitragseinnahmen wird anschließend für die Indexbildung in zwei Stufen verwendet:

Stufe 1: Für Beitragseinnahmen bis zu 36,6 Mio. DM (gemäß Verordnung über die Kapitalausstattung von Versicherungsunternehmen, s. o.) werden 18 % dieses Betrages als Basiswert der Solvabilitätsanforderung festgesetzt;

Stufe 2: Für Beitragseinnahmen, die über 36,6 Mio. DM liegen, werden zusätzlich 16 % des übersteigenden Betrages als Basiswert der Solvabilitätsanforderung verlangt.

Der erhaltene Betrag bzw. die Summe der dadurch erhaltenen Beträge wird multipliziert mit dem Quotienten

$$f := \max \left\{ 0{,}5; \frac{S_{netto}}{S_{brutto}} \right\}, \qquad (2.3)$$

wobei mit

S_{netto} der Nettoschadenaufwand des letzten Geschäftsjahres,

S_{brutto} der Bruttoschadenaufwand des letzten Geschäftsjahres bezeichnet sind. Der Quotient f beträgt also mindestens 0,5.

Damit stellt sich die Solvabilitätsanforderung nach dem Beitragsindex Sa_B wie folgt dar:

$$Sa_B{}^{8} = \begin{cases} 0{,}18\,B \times f & \text{für } 0 \leq B \leq 36{,}6 \text{ Mio. DM} \\ (0{,}732 \text{ Mio. DM} + 0{,}16\,B) \times f & \text{für } B > 36{,}6 \text{ Mio. DM}^{9} \end{cases} \tag{2.4}$$

Bei der Bildung des Schadenindexes wird das arithmetische Mittel aus dem Bruttoschadenaufwand der letzten drei Geschäftsjahre[10] zugrundegelegt. Dieser durchschnittliche Schadenaufwand, im folgenden mit Sd bezeichnet, wird – in Analogie zum Beitragsindex – für die Indexbildung in zwei Stufen verwendet:

Stufe 1: Für durchschnittliche Schadenaufwendungen bis zu 25,62 Mio. DM (gemäß Verordnung über die Kapitalausstattung von Versicherungsunternehmen, s.o.) werden 26 % dieses Betrages als Basiswert der Solvabilitätsanforderung festgesetzt;

Stufe 2: Für durchschnittliche Schadenaufwendungen, die über 25,62 Mio. DM liegen, werden zusätzlich 23 % des übersteigenden Betrages als Basiswert der Solvabilitätsanforderung verlangt.

Der erhaltene Betrag bzw. die Summe der damit erhaltenen Beträge wird wieder multipliziert mit dem obigen Quotienten f.

Die Solvabilitätsanforderung nach dem Schadenindex Sa_S stellt sich formal dar als

$$Sa_S{}^{11} = \begin{cases} 0{,}26\,Sd \times f & \text{für } 0 \leq Sd \leq 25{,}62 \text{ Mio. DM} \\ (0{,}769 \text{ Mio. DM} + 0{,}23\,Sd) \times f & \text{für } Sd > 25{,}62 \text{ Mio. DM}^{12} \\ f \text{ wie in (2.3)} & \end{cases} \tag{2.5}$$

Theoretisch von Interesse ist die Beantwortung der Frage, für welche Beitrags- und Schadensituationen der Beitrags- oder der Schadenindex den maßgeblichen Wert der Solvabilitätsanforderung liefert. Wir können zu diesem Zweck vier Fälle unterscheiden und definieren mit

$$g := \frac{Sd}{B} \tag{2.6}$$

eine „durchschnittliche Schadenquote“, bei der die Bruttoschadenaufwendungen der letzten drei Geschäftsjahre zu den Bruttobeitragseinnahmen in Bezug gesetzt werden.

8 Ein Drittel der Solvabilitätsanforderung bildet den Garantiefonds. Er beträgt jedoch mindestens 1,464 Mio. DM (unabhängig von der Höhe der Beitragseinnahmen) bei Kompositversicherern, die Haftpflichtrisiken in ihrem Portefeuille haben.

9 Für B > 36,6 Mio. DM gilt:
$Sa_B = (0{,}18 \times 36{,}6 \text{ Mio. DM} + 0{,}16\,(B - 36{,}6 \text{ Mio. DM})) \times f = (0{,}732 \text{ Mio. DM} + 0{,}16 \times B) \times f$

10 Sieben Geschäftsjahre bei Unternehmen, die im wesentlichen nur Sturm-, Hagel- und Frostrisiken übernehmen.

11 Siehe Fußnote 8.

12 Für Sd > 25,62 Mio. DM gilt:
$Sa_S = (0{,}26 \times 25{,}62 \text{ Mio. DM} + 0{,}23\,(Sd - 5{,}62 \text{ Mio. DM})) \times f = (0{,}769 \text{ Mio. DM} + 0{,}23\,Sd) \times f$

Es gilt dann für die verschiedenen Situationen:

Tabelle 1

	g	Beitragsindex	Schadenindex
1.			
$0 \leq B \leq 36{,}6$ Mio. DM	$g \leq 0{,}6923$	X	
und			
$0 \leq Sd \leq 25{,}62$ Mio. DM	$g > 0{,}6923$		X
2.			
$0 \leq B \leq 36{,}6$ Mio. DM			
und			X
$Sd > 25{,}62$ Mio. DM			
3.	$g \leq 0{,}6153$	X	
$B > 36{,}6$ Mio. DM	$0{,}6153 < g < 0{,}6924$		abhängig von B
und			
$0 \leq Sd \leq 25{,}62$ Mio. DM	$g \geq 0{,}6924$		X
4.	$g \leq 0{,}6913$	X	
$B > 36{,}6$ Mio. DM	$0{,}6913 < g < 0{,}6957$		abhängig von B
und			
$Sd > 25{,}62$ Mio. DM	$g \geq 0{,}6957$		X

2.2.2 Anforderungen an die Dynamik des Kapitals

Im folgenden bezeichne der Index t das betrachtete Geschäftsjahr (t = 1, 2, . . . ; t = 0 sei das letzte Geschäftsjahr vor Beginn des Planungszeitraums).

Um die nach § 53 c VAG erforderliche Mindestsolvabilität beizubehalten, ist es notwendig, jährlich zusätzliche Eigenmittel zu bilden in Höhe von

$$\Delta EM_t = Sa_t - Sa_{t-1}, \qquad (\Delta EM_t := EM_t - EM_{t-1}) \tag{2.7}$$

wobei angenommen ist, daß in der Vorperiode t-1 die Solvabilitätsanforderung genau erfüllt ist und demnach gilt:

$$\frac{\text{Solvabilitäts-Ist}}{\text{Solvabilitäts-Soll}} = 1$$

Erfüllt ein Versicherungsunternehmen zu Beginn eines Planungszeitraumes das Solvabilitäts-Soll exakt, dann wird es bei Beachtung der obigen Vorschrift (2.7) im Planungszeitraum die vom Bundesaufsichtsamt für das Versicherungswesen (BAV) geforderte, i. d. R. jährlich steigende Mindestausstattung an Eigenmitteln genau beibehalten. Gemäß den praktischen Anordnungen des BAV, die zur Absicherung des laufenden Geschäftes eine *permanente* Überdeckung des Solvabilitäts-Solls beinhalten, aber auch aus der Tatsache heraus, daß eingetretene Unterschreitungen des Solls kurzfristig im Wege der Innenfinanzierung schwerlich auszugleichen sind, modifizieren wir die obige Vorschrift (2.7) für die Eigenmittelbildung:

Wir bezeichnen mit

$$a := \frac{\text{Solvabilitäts-Ist}}{\text{Solvabilitäts-Soll}} > 1 \tag{2.8}$$

eine zu Beginn des Planungszeitraumes vorhandene und beizubehaltende Überdeckung des Solls, also einen konstanten Solvabilitätsstandard.

Zur Erhaltung dieses Solvabilitätsstandards ist es erforderlich, jährlich zusätzliche Eigenmittel zu bilden in Höhe von

$$\Delta EM^*_t = a \times (Sa_t - Sa_{t-1}) \tag{2.9}$$

Es wird damit nichts anderes verlangt, als daß die jährlich zu bildenden Eigenmittel immer (um einen konstanten Faktor a) über dem Zuwachs des Solvabilitäts-Solls liegen, daß also zu jedem Planungszeitpunkt ein gewisser Solvabilitätsstandard im Sinne einer relativ gleichbleibenden Überdeckung im Unternehmenskalkül erhalten bleibt.

Durch diesen „Solvabilitäts-Loading“-Faktor verhindern wir, daß im Falle einer Anfangsüberdeckung (um den Faktor a) und einer nicht modifizierten Strategie (gemäß 2.7) die relative Überdeckung des Solls geringer wird und schließlich gegen 0 geht. Wir erreichen dieses Ziel stets dann, wenn dieser Faktor mindestens gleich gehalten wird oder steigen soll.[13]

Für einen mittelfristigen Planungszeitraum wird man in der Praxis in den meisten Situationen von folgenden Vereinfachungen ausgehen können:

a) $f_t = f = const$ $(t = 1, 2, \ldots)$,
   d.h. es finde keine Änderung der Rückversicherungspolitik statt und es sei keine gravierende Änderung der Schadenstruktur zu erwarten.
b) Das betrachtete Unternehmen bewege sich nur innerhalb eines der neun Bereiche gemäß Tabelle 1, insbesondere sei immer der Beitragsindex oder immer der Schadenindex maßgebend.

So kann man für Unternehmen mit steigenden jährlichen Beitragseinnahmen im Bereich über 36,6 Mio. DM und einem wachsenden durchschnittlichen Schadenaufwand im Bereich über 25,62 Mio. DM aus den Formeln (2.2) bis (2.5) und (2.9) ableiten:

$$\left.\begin{array}{ll} \Delta EM^*_t = 0{,}16 \times \Delta B_t \times f \times a & \text{mit } \Delta B_t := B_t - B_{t-1} > 0 \\ \text{bzw.} & \\ \Delta EM^*_t = 0{,}23 \times \Delta Sd_t \times f \times a & \text{mit } \Delta Sd_t := Sd_t - Sd_{t-1} > 0 \end{array}\right\} \tag{2.10}$$

Die dargestellten Funktionen besagen also für expandierende Unternehmen in den obengenannten Größenordnungen:

Zur Erhaltung eines vorhandenen Solvabilitätsstandards ist es erforderlich, jährlich zusätzliche Eigenmittel zu bilden, die
- beim Beitragsindex a x f x 16 % des Beitragswachstums
- beim Schadenindex a x f x 23 % des „Schadenwachstums“

betragen.

Die Anpassung der Eigenmittel kann durch folgende Maßnahmen erreicht werden:
- Erhöhung des Grundkapitals (Aktionärsbereitschaft vorausgesetzt)
- Einzahlung noch ausstehender Einlagen auf das Grundkapital
- Ausgabe von Genußscheinen[14]
- Erwirtschaftung von Gewinnen und deren Thesaurierung

Rückversicherungspolitik im Sinne einer Variation (Absenkung) von f ist im Normalfall als ein nachgeordnetes Mittel der Solvabilitätspolitik anzusehen.

13 Bei Vorgabe eines angestrebten Solvabilitätsstandards a_t im Geschäftsjahr t muß Formel (2.9) verallgemeinert werden zu $\Delta EM^*_t = a_t \times Sa_t - a_{t-1} \times Sa_{t-1}$

Wir werden uns im Abschnitt 3 auf eine quantitative Analyse der Anforderungen an die Erwirtschaftung von Überschüssen aus unternehmenseigener Kraft konzentrieren, also den Fall der Außenfinanzierung vernachlässigen.

Entsprechend lauten damit unsere Thesaurierungsvorschriften:

$$T_t = Sa_t - Sa_{t-1} \quad (2.7^*)$$

bzw.

$$T^*_t = a \times (Sa_t - Sa_{t-1}) \quad (2.9^*)$$

Folgendes Beispiel mag den in diesem Abschnitt dargestellten Sachverhalt verdeutlichen:

Beispiel

Ein Kompositversicherer habe in 1985 Beitragseinnahmen in Höhe von 500 Mio. DM und Eigenmittel von 80 Mio. DM. Der Quotient f_t sei für den Planungszeitraum bis 1990 konstant mit 0,7 angenommen. Weiterhin sei der Beitragsindex relevant und die jährliche Wachstumsrate der Beiträge sei 10 %.

Aus Tabelle 2 können die Werte der Solvabilitätsanforderungen und der Thesaurierungsstrategien entnommen werden. Der im Jahr 1985 festgestellte Solvabilitätsstandard a beträgt 80 Mio. DM/56,5 Mio. DM = 1,4156, d.h. rund 142 %.

Die Beitragseinnahmen des Jahres 1985 von 500 Mio. DM erfordern nach dem zugrundegelegten Beitragsindex eine Ausstattung mit Eigenmitteln in Höhe von 56,512 Mio. DM (Solvabilitäts-Soll, vgl. hierzu auch Abb. 1). Die tatsächlich vorhandenen Mittel (Ist-Solvabilität) von 80 Mio. DM weisen eine erhebliche Überdeckung auf und reichen im Sinne der Solvabilitätsanforderung bis zu Beitragseinnahmen in Höhe von knapp 710 Mio. DM. Für über 710 Mio. DM liegende Beiträge ergibt die Ist-Solvabilität von 80 Mio. DM eine unter den Anforderungen liegende Ausstattung mit Eigenmitteln, also eine Solvabilitätslücke. Spätestens zu diesem Zeitpunkt sind zusätzliche Eigenmittel zu bilden, um aufsichtsamtlichen Sanktionen aus dem Wege zu gehen.

Die Thesaurierung von Gewinnen hat daher im Sinne einer prospektiven Unternehmenspolitik früher zu erfolgen. Nach den oben formulierten Strategien (2.7*) bzw. (2.9*) bedeutet dies eine notwendige Eigenmittelbildung in Höhe von

$$T_t = 0{,}112\ \Delta B_t$$

oder

$$T_t^* = 0{,}112\ \Delta B_t \times 1{,}4156$$

Im ersten Fall werden jährlich Eigenmittel genau in Höhe des Zuwachses der Solvabilitätsanforderung gebildet, d.h. in Höhe von 5,6 Mio. DM in 1986 bis zu 8,2 Mio. DM in 1990. Dadurch wird die anfangs vorhandene absolute Solvabilitätsüberdeckung von 23,5 Mio. DM über den gesamten Planungszeitraum erhalten, d.h. die Eigenmittel steigen parallel zur Solvabilitätsanforderung. Allerdings sinkt der in 1985 vorhandene Solvabilitätsstandard (Ist-/Soll-Solvabilität) von 1,4156 ab auf 1,2589 in 1990.

Dieser Umstand wird in der zweiten Handlungsalternative vermieden, in der die im Jahr 1985 vorhandene relative Überdeckung (also der Solvabilitätsstandard von 1,4156) beibehalten wird. Sie führt zu erforderlichen Thesaurierungsbeträgen von 7,9 Mio. DM in 1986 bis zu 11,6 Mio. DM in 1990.

14 Nach dem Gesetz zur Verbesserung der Rahmenbedingungen für institutionelle Anleger vom 16.12.1986

Tabelle 2

Mio. DM/Jahr	1985	1986	1987	1988	1989	1990
B_t Beitragseinnahmen	500,0	550,0	605,0	665,5	732,1	805,3
$Sa_{B,t}$ Solvabilitätssoll (= 0,512 + 0,112 B_t)	56,512	62,112	68,272	75,048	82,507	90,706
1. Nicht modifizierte Thesaurierung bei Überdeckung:						
Ab 1986 angestrebtes Solvabilitäts-Ist (= Soll + 23,488 Mio. DM)	(80,000)	85,600	91,760	98,536	105,995	114,194
a_t = sich ergebender Solvabilitätsstandard	1,4156	1,3782	1,3440	1,3130	1,2847	1,2589
T_t erforderliche Thesaurierung (= 0,112 ΔB_t)		5,600	6,160	6,776	7,459	8,198
2. Modifizierte Thesaurierung bei Überdeckung:						
Ab 1986 angestrebtes Solvabilitäts-Ist (= Soll x 1,4156)	(80,000)	87,926	96,646	106,238	116,797	128,403
a gewünschter Solvabilitätsstandard (konstant)	1,4156	1,4156	1,4156	1,4156	1,4156	1,4156
T_t^* erforderliche Thesaurierung (= 0,112 ΔB_t x 1,4156)		7,927	8,720	9,592	10,559	11,605

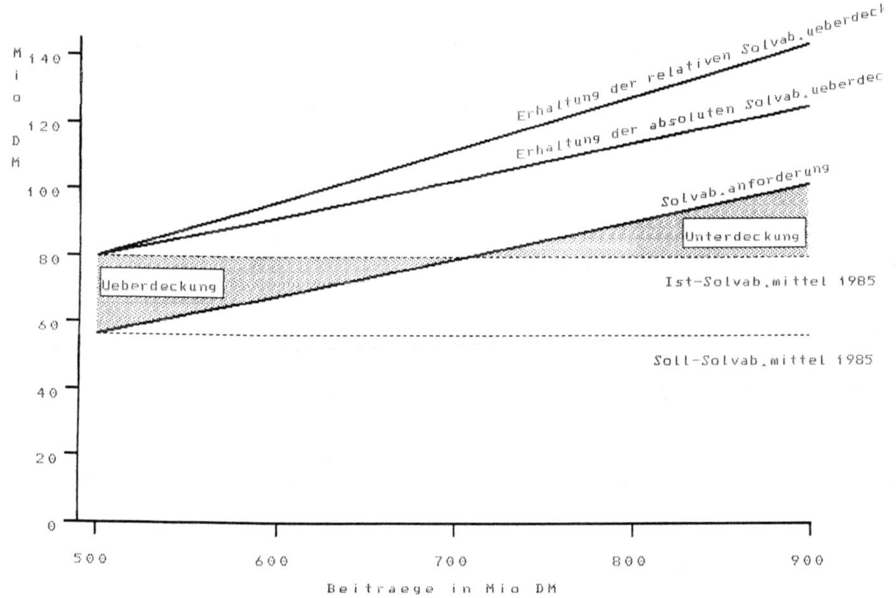

Abb. 1. Solvabilität

Eine weitere Komponente unserer obigen jährlichen Definitionsgleichung

$$G_t = T_t + D_t + St_t \qquad t = 1, 2, \ldots.. \qquad (1.1^*)$$

ist damit quantifiziert. Der Behandlung der Steuern sowie der insgesamt notwendigen Überschußbildung wenden wir uns in den nächsten Abschnitten zu.

2.3 Steuerliche Konsequenzen

Nach Festlegung einer gewünschten Dividendenausschüttung und der Projektion eines Wachstumspfades der notwendigen Bildung von Eigenmitteln in Abhängigkeit von der antizipierten Beitrags- und Schadenentwicklung, wie sie im vorherigen Kapitel beschrieben wurde, ist dem externen Aspekt der Steuerbelastung – konsequenterweise dann der gesamten Überschußbildung – Aufmerksamkeit zu schenken.

Im Mittelpunkt der weiteren Analyse hat daher die Quantifizierung der mit der Dividendenausschüttung, Thesaurierung und damit Überschußbildung induzierten Steuerbelastung zu stehen. Wir können heute an einer expliziten Darstellung der allseits bekannten hohen Unternehmenssteuerbelastung mit ihrer in weiten Teilen der freien Marktwirtschaft hervorgerufenen sinkenden Eigenkapitalausstattung[15] im Planungskalkül nicht mehr vorbeigehen. Die Möglichkeiten der ertragsorientierten Unternehmenspolitiken werden durch Steuerbelastungen gravierend eingeschränkt. Dem steuerlichen Aspekt unternehmerischer Entscheidungen kommt daher erhebliche Bedeutung zu. Insofern hat die nachfolgende Darstellung einer operationalen Steuerformel umso mehr ihre volle Berechtigung.

Ausgangspunkt für die Bildung eines operationalen Steuermodells ist wiederum unsere Definitionsgleichung (wir haben der Einfachheit halber den Zeitindex t vernachlässigt, da sie für jeden Zeitpunkt gilt):

$$G = T + D + St \qquad (1.1)$$

Dabei ist mit G der Jahresüberschuß vor Steuern vom Einkommen, Ertrag und Vermögen bezeichnet. Von zentralem Interesse sind daher die noch unbestimmten Aufwendungen für Körperschaft- (St_K) und Gewerbesteuer (St_G) sowie der Vermögensteueraufwand (St_V)[16]:

$$St = St_K + St_G + St_V \qquad (2.11)$$

Wir gehen zur quantitativen Bestimmung des gesamten Steueraufwandes zweckmäßigerweise in drei Schritten vor:

2.3.1 Ermittlung des Gewerbesteueraufwandes

Wir können bekanntlich schreiben:

$$St_G = St_{GE} + St_{GK}, \qquad (2.12)$$

wobei mit St_{GE} die Gewerbeertragsteuer und mit St_{GK} die ertragsunabhängige – und in

15 Vgl. Schieren (1986, S. 795 ff)

16 In unserer obigen Definition sind die abzugsfähigen Steuern (wie z.B. Grundsteuer, Kfz-Steuer usw.) bereits bei G ertragsmindernd berücksichtigt.

der weiteren Darstellung als vorgegeben betrachtete – Gewerbekapitalsteuer definiert sind.

Weiterhin gilt folgende Beziehung:

$$St_{GE} = g_1 \times g_2 \times E_G \tag{2.13}$$

mit

E_G = Gewerbeertrag

g_1 = Hebesatz für Gewerbesteuer[17]

g_2 = Meßzahl für Gewerbeertragsteuer[17]

Für die Ermittlung des gewerbesteuerlichen Einkommens E_G können wir von der nachfolgenden Bestimmungsgleichung ausgehen:

$$E_G = E_K + K_G = (G + K_K - St_G) + K_G \tag{2.14}$$

Hierbei sind

E_K das körperschaftsteuerliche Einkommen,

K_G Korrekturbeträge bei der steuerlichen Berechnung des Gewerbeertrages (z.B. Hinzurechnungen von 50 % der Dauerschuldzinsen oder Kürzungen um die Erträge aus Schachtelbeteiligungen),

K_K Korrekturbeträge bei der Ermittlung des körperschaftsteuerpflichtigen Einkommens (z.B. Hinzurechnungen von 50 % der Aufsichtsratsvergütungen oder Kürzungen um die Investitionszulage).

Aus (2.12), (2.13) und (2.14) folgt

$$St_{GE} = g_1 \times g_2 ((G + K_K + K_G - St_{GK}) - St_{GE}) \tag{2.15}$$

Somit ergibt sich als Gewerbeertragsteueraufwand

$$St_{GE} = \frac{g_1 \times g_2}{1 + g_1 \times g_2} (G + K_K + K_G - St_{GK}) \tag{2.16}$$

Zur Vereinfachung der weiteren Darstellung setzen wir für g_1 und g_2 Zahlenwerte ein (vgl. Fußnote 17).

Für $g_2 = 5$ % und z.B. $g_1 = 350$ %[18] erhalten wir

$$St_{GE} = 0{,}149\,(G + K_K + K_G - St_{GK}). \tag{2.17}$$

2.3.2 Ermittlung des Körperschaftsteueraufwandes

Als Grundlage für die Ermittlung des Aufwandes für die Körperschaftsteuer dient die bekannte Gleichung

$$St_K = 0{,}56\, E_K - \frac{20}{64} \times D \tag{2.18}$$

Hierbei bezeichnet E_K wie oben das körperschaftsteuerpflichtige Einkommen, für das gilt:

$$E_K = G + K_K - St_G \tag{2.19}$$

17 Die Meßzahl für die Gewerbeertragsteuer beträgt zur Zeit 5 %. Der Hebesatz für die Gewerbesteuer ist je nach Gemeinde unterschiedlich festgesetzt.

18 An dieser Stelle ist der von den jeweiligen Unternehmensstandorten abhängige Hebesatz einzusetzen. Der Wert von 350 % gilt z.B. zur Zeit in Karlsruhe.

Aus dem um die Korrekturbeträge für das körperschaftsteuerpflichtige Einkommen bereinigten und um die Gewerbesteuer verminderten Überschuß werden 56 % Körperschaftsteuer berechnet. Wegen der Ausschüttungsermäßigung sind 20/64 des Dividendenbetrages D bei der Körperschaftsteuer abzuziehen.

2.3.3 Ermittlung des gesamten Steueraufwandes

Ausgehend von Gleichung

$$St = St_K + St_G + St_V \tag{2.11}$$

können wir den gesamten Steueraufwand bei Verwendung der Beziehungen (2.18) und (2.19) darstellen als

$$\begin{aligned} St &= 0{,}56\,(G + K_K - St_{GK} - St_{GE}) - 0{,}3125\,D + St_{GE} \\ &\quad + St_{GK} + St_V \\ &= 0{,}56\,G + 0{,}44\,St_{GE} + 0{,}44\,St_{GK} + 0{,}56\,K_K \\ &\quad - 0{,}3125\,D + St_V \end{aligned} \tag{2.20}$$

Unter Berücksichtigung der Beziehung (2.17), also für $g_1 = 350$ % und für $g_2 = 5$ %, erhalten wir

$$\begin{aligned} St &= 0{,}626\,G - 0{,}3125\,D + 0{,}626\,K_K + 0{,}066\,K_G \\ &\quad + 0{,}374\,St_{GK} + St_V \end{aligned} \tag{2.21}$$

Wir fassen die Größen K_K, K_G, St_{GK} und St_V zur gewinnunabhängigen Steuerkomponente

$$C := 0{,}626\,K_K + 0{,}066\,K_G + 0{,}374\,St_{GK} + St_V \tag{2.22}$$

zusammen und erhalten den gesamten Steueraufwand[19]

$$St = 0{,}626\,G - 0{,}3125\,D + C \tag{2.23}$$

als Funktion des Jahresüberschusses, des Dividendenbetrages und der gewinnunabhängigen Komponente C. Mit Gleichung (2.23) ist auch eine operationale Beziehung von Bruttosteuerbelastung und Ausschüttungsermäßigung (verminderter Körperschaftsteuersatz für Dividende) hergestellt.

3 Unternehmenspolitische Determinierung des Periodengewinns

3.1 Darstellung des erforderlichen Jahresüberschusses

Direkt aus den Gleichungen (2.23) und (1.1) kann der erforderliche Jahresüberschuß G abgeleitet werden.

Es ergibt sich:

$$G = T + D + 0{,}626\,G - 0{,}3125\,D + C \tag{2.24}$$

Somit erhalten wir

$$G = 2{,}674\,T + 1{,}838\,D + 2{,}674\,C \tag{2.25}$$

---

19 Steuernachzahlungen und -erstattungen für Vorjahre sind gegebenenfalls zusätzlich zu berücksichtigen.

Die Höhe des notwendigen Jahresüberschusses stellt sich als lineare Funktion der Thesaurierungsmittel, Dividendenzahlung und der Steuerkomponente C dar.

Mit dieser einfachen Funktion (wobei zu beachten ist, daß der Einfachheit halber früher $g_1 = 350\ \%$ und $g_2 = 5\ \%$ festgesetzt wurden) kann durch Berücksichtigung des nach Abschnitt 2.2 erforderlichen oder eines sonstigen angestrebten Thesaurierungsbetrages (vgl. Fußnote 13), der angestrebten Dividendenausschüttung und Abschätzung der gewinnunabhängigen Steuerkomponente C[20] der in Planungssicht zu erwirtschaftende Jahresüberschuß ermittelt werden. Wir können also bei einer Mittelfristplanung der Beitragseinnahmen und der allerdings problematischeren Schadenentwicklung sowie der hieraus induzierten erforderlichen Eigenmittelbildung (zur Beibehaltung des Solvabilitätsstandards a) gemäß Abschnitt 2.2 für die Quantifizierung des notwendigen Jahresüberschusses pro Planperiode formulieren:[21]

$$G_t = \begin{cases} 2{,}674\,(0{,}16\Delta B_t \text{ x f x a}) + 1{,}838\,D_t + 2{,}674\,C_t & \left\{\begin{array}{l}\text{Relevanz des}\\ \text{Beitragsindex}\\ \Delta B_t = B_t - B_{t-1} > 0\end{array}\right. \\ \text{oder} & \\ 2{,}674\,(0{,}23\Delta Sd_t \text{ x f x a}) + 1{,}838\,D_t + 2{,}674\,C_t & \left\{\begin{array}{l}\text{Relevanz des}\\ \text{Schadenindex}\\ \Delta Sd_t = Sd_t - Sd_{t-1} > 0\end{array}\right. \end{cases} \qquad (2.26)$$

$$t = 1, 2, \ldots..$$

Beziehung (2.26) gilt also unter den in Abschnitt 2.2 gemachten Vereinfachungen a) und b) für wachsende Kompositversicherungsunternehmen mit Beitragseinnahmen B über 36,6 Mio. DM und durchschnittlichen Schadenaufwendungen Sd über 25,62 Mio. DM. Sie kann für andere Situationen umformuliert werden.

Die in Gleichung (2.26) hergestellte Überschußerzielungsstrategie ist auf die Managementpraxis in Versicherungsunternehmen zugeschnitten.

Somit ergeben sich folgende Parameter für die Unternehmensleitung:

- Beitragswachstum ΔB_t bzw. Durchschnittsschadenaufwand Sd_t
- Dividendenausschüttung D_t
- Thesaurierung T_t bzw. Solvabilitätsstandard a_t[22]

Wie schon in Abschnitt 2.2.2 erwähnt, betrachten wir die Beeinflussung (Absenkung) der Schadenselbstbehaltsquote f zum Zweck der Verringerung des Solvabilitäts-Solls durch eine entsprechende Änderung der Rückversicherungspolitik nur als nachgeordnete Handlungsalternative für Ausnahmesituationen.

Bei Vorgabe der aufgeführten Aktionsparameter kann also wie oben beschrieben der erforderliche Jahresüberschuß quantifiziert werden.

Die hier zum Ausdruck kommende Verfahrensweise entspricht auch den in der wirtschaftlichen Planungspraxis häufig auftretenden Situationen, wo im kurzfristigen Bereich nach frühzeitiger Dividendenfestlegung sowie sich stabilisierender Abschät-

---

20 Die Bildung von Rücklagen führt zur Erhöhung des Betriebsvermögens bzw. des Gewerbekapitals. Dies ergibt bekanntlich in den Folgejahren erhöhte, gewinnunabhängige Steuerbelastungen aus Vermögen- und Gewerbekapitalsteuer.

21 Unter den in Abschnitt 2.2 gemachten Vereinfachungen.

22 In diesem Zusammenhang sei der bemerkenswerte Artikel von Hesberg (1983, S. 255 ff) erwähnt, der die Quantifizierung des erforderlichen Sicherheitskapitals aus risikotheoretischer Sicht darstellt und die aufsichtsrechtlichen Solvabilitätsvorschriften (Beitrags-/Schadenindex) nur als „einfachste Ersatzlösungen" bezeichnet.

zung der Beitragseinnahmen bzw. Schadenentwicklung – und damit erforderlicher Eigenmittelbildung – das Augenmerk der Unternehmensleitungen sich auf die Maßnahmen zur Erreichung der notwendigen Überschußbildung konzentrieren kann. In diesem Zusammenhang seien allerdings die Schwierigkeiten erwähnt, die bei einer frühzeitigen zutreffenden Abschätzung der Entwicklung des Brutto- und Nettoschadenaufwandes (also f_t) auftreten können. Hier wird man sich, wie bei einigen anderen Einflußgrößen auch, im frühen Planungsstadium auf Erfahrungswerte stützen müssen.

Der dargestellte Gesamtzusammenhang von Beitragswachstum, Dividendenausschüttung, Eigenmittelbildung, Überschußerzielung und Steuerbelastung sei anhand des früheren Planungsbeispiels (vgl. Tabelle 2) in Tabelle 3 und in den Abbildungen 2 bis 4 verdeutlicht:

Tabelle 3

Mio. DM/Jahr	1985	1986	1987	1988	1989	1990
B_t Beitragseinnahmen	500	550	605	666	732	805
$Sa_{B,t}$ Solvabilitätsanforderung	56,5	62,1	68,3	75,0	82,5	90,7
Angestrebte Höhe der Eigenmittel $= 1{,}4156 \times Sa_{B,t}$	(80)	87,9	96,6	106,2	116,8	128,4
T_t* angestrebte Thesaurierung		7,9	8,7	9,6	10,6	11,6
D_t vorgesehene Dividende[a]		4,0	4,0	4,0	4,0	4,0
C_t erwartete gewinnunabhängige Steuerkomponente		1,0	1,1	1,2	1,3	1,4
G_t zu erzielender Jahresüberschuß vor Steuern		31,2	33,6	36,2	39,2	42,1
St_t Steuern		19,3	20,9	22,6	24,6	26,5

a Das vorliegende Beispiel geht aus von 80 Mio. DM Grundkapital, das zur Hälfte eingezahlt sei. Zusätzlich seien 1985 Rücklagen in Höhe von 20 Mio. DM vorhanden. Die übrigen Komponenten bei der Berechnung der Eigenmittel gemäß Formel (2. 1) seien Null.
Als Dividende seien 10 % auf das eingezahlte Grundkapital von 40 Mio. DM vorgesehen.

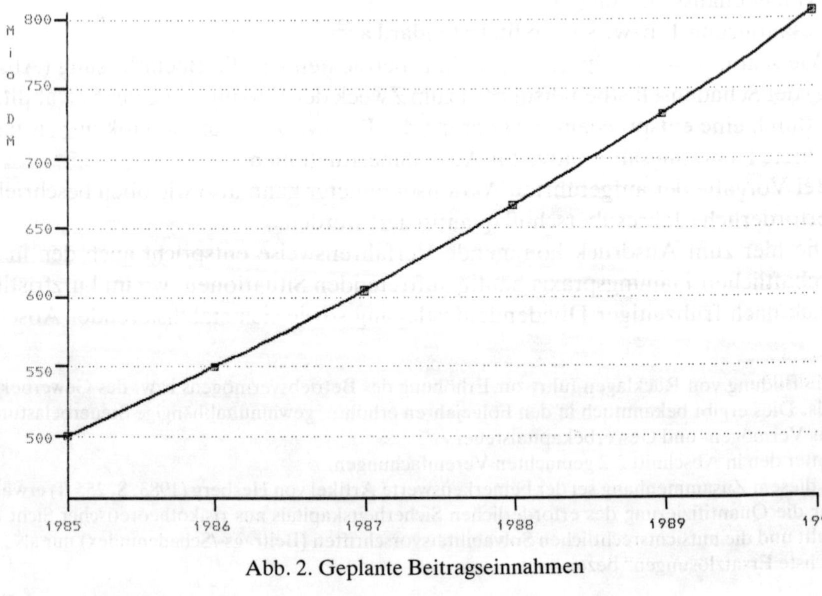

Abb. 2. Geplante Beitragseinnahmen

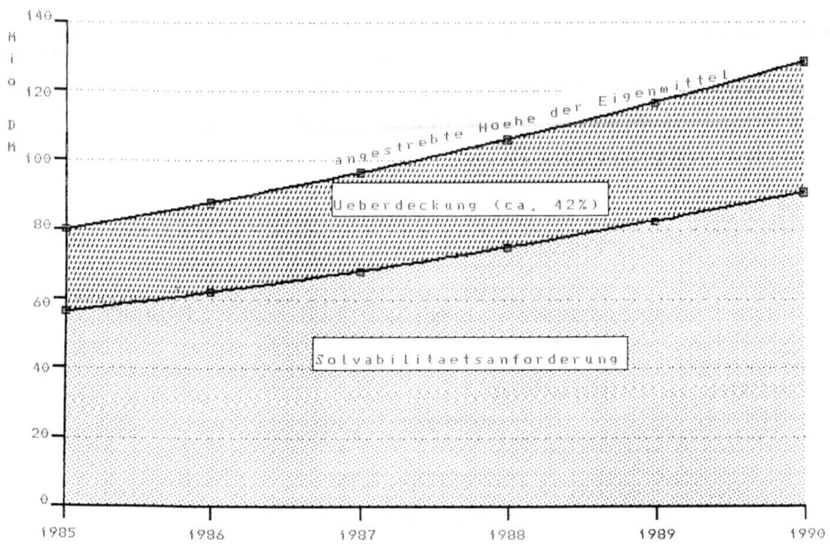

Abb. 3. Geplante Solvabilität

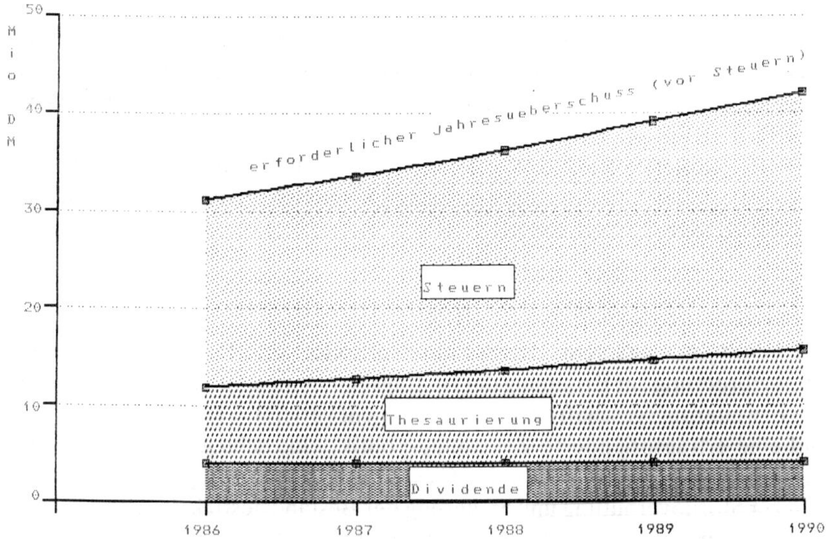

Abb. 4. Erforderlicher Jahresüberschuß (vor Steuern) und Verwendung

Es werden bei diesem Beispiel unter den gemachten Annahmen die Entwicklungslinien der angesprochenen unternehmenspolitischen Zielgrößen im mittelfristigen Bereich deutlich. Ganz allgemein können mit Hilfe dieses quantitativen Modells unterschiedliche Umwelts- und Unternehmensszenarien mit ihren Perspektiven in kurz- und mittelfristiger Sicht aufgezeigt werden. Hervorgehoben werden sollte allerdings auch, daß aufgrund der Unwägbarkeiten einiger Einflußgrößen es primär um eine einigermaßen verläßliche Abschätzung der Größenordnung wesentlicher Zielsetzungen gehen muß. Das entwickelte Modell ist nach unserer Auffassung geeignet, hierzu einen Beitrag zu leisten. Auf seiner Basis können die Handlungsmaximen durch das Unternehmensmanagement formuliert und Maßnahmen im strategischen, operativen und taktischen Bereich festgelegt werden.

3.2 Planungspositionen und Maßnahmen

Vor dem Hintergrund dieser Überlegungen ist für folgende Positionen eine mittelfristige Projektion vorzunehmen:

1. Entwicklung der Bruttobeiträge
2. Entwicklung der Schadenaufwendungen (Schadenstruktur und -quote)
3. Rückversicherungskonditionen
4. Erforderliches Eigenkapital (Solvabilitäts-Soll)
5. Angestrebtes anrechenbares Eigenkapital (Solvabilitäts-Ist) sowie hierzu notwendige Rücklagenbildung
6. Erwartete Dividendenausschüttung
7. Erforderlicher Bruttoüberschuß
8. Steuerbelastung

An diesen projizierten strategischen Zielgrößen sind die der Unternehmensleitung zur Verfügung stehenden Maßnahmenbündel zu orientieren. Zur Umsetzung und Erreichung der Ziele sind konsequenterweise operative und taktische Aktivitäten erforderlich, in die alle Unternehmensteile einbezogen sind. Nur dann hat „Planung" einen wirtschaftlichen Nutzen. Wir können aus der Fülle der Maßnahmen, die allerdings der speziellen Situation jedes einzelnen Kompositversicherers Rechnung tragen müssen, besonders hervorheben:

Im versicherungstechnischen Geschäft:

- Ein Beitragsmanagement, das der kundenservice- und kundensegmentbezogenen Absatzförderung zur Erhöhung der Beitragseinnahmen durch Neu-, Verlängerungs- und Erweiterungsgeschäft besonderes Gewicht verleiht. Parallel dazu angesprochen sind eine ertragsorientierte Zeichnungspolitik, eine schaden- und kostengerechte Tarifierung (also Vermeidung des Cash-Flow-Underwritings) sowie alle Maßnahmen zur Stornoverhütung und Sicherung der Bestandsfestigkeit;
- ein Schadenmanagement, das eine konsequente Risikoselektion beinhaltet und eine intensivierte Anwendung der schadenverhütenden Sicherheitsvorkehrungen, insbesondere in defizitären Sparten, vorsieht. Eine weitere Einführung von Schadenselbstbehalten beim Kunden und damit eine Eindämmung des latenten moralischen Risikos, das bei Kompositversicherern zu ertragsgefährdenden Situationen geführt hat, muß im Unternehmenskalkül bleiben, genauso wie eine Selektion überdurchschnittlich schadenbehafteter Verträge;
- ein Kostenmanagement, das die verstärkte Anwendung kosteneinsparender und produktivitätssteigernder Rationalisierungstechnologien im Betriebsbereich und damit auch eine kundenbezogene Vertragsbearbeitung in einer Hand ermöglicht und beschleunigt;

- ein Produktmanagement, das neben einem kundenorientierten Risikoportefeuille[23] im Verbund mit Kooperationspartnern des Finanzdienstleistungssektors[24] eine umfassendere Betreuung auf dem gesamten Geldvermögenssektor anbietet.

Im Allgemeinen Geschäft:
- Ein Cash-Management, das eine optimale Ausgestaltung der Ein- und Auszahlungsströme, also eine kapitalertragsorientierte Liquiditätspolitik vorsieht;
- ein Anlagemanagement, das bei den jetzt erweiterten Kapitalanlagemöglichkeiten unter Beachtung der aufsichtsrechtlichen Maximen von Sicherheit, Rentabilität, Liquidität, Mischung und Streuung eine im Zeitablauf stabile Deckung eventueller versicherungstechnischer Verluste zu leisten imstande ist, jedenfalls die gesamten Verpflichtungen des Unternehmens, die auf der Passivseite der Bilanz fixiert sind, abzudecken vermag.

Die Maßnahmen, die in beiden eng miteinander verflochtenen Geschäftsbereichen[25] getroffen werden müssen, sind zu koordinieren und im Sinne der Zielsetzungen abzustimmen.

Wir haben damit einige Möglichkeiten aufgezeigt, die bei der erforderlichen Akzeptanz aller Hierarchieebenen in hohem Maße den Anforderungen der sich heute stellenden Aufgaben im Kompositversicherungsunternehmen genügen.

Literatur

Farny, Dieter (1982) Perspektiven der langfristigen Unternehmenspolitik von Versicherern In: Mit Sicherheit gewinnen, Trends und Zukunftsaufgaben im Versicherungs-Management. Hrsg. Michael Muth, Verlag Versicherungswirtschaft e. V., Karlsruhe 1982

Farny, Dieter (1984) Solvabilität und Solvabilitätspolitik der Versicherungsunternehmen In: Zeitschrift für die gesamte Versicherungswissenschaft, Nr. 1 - 2/1984, Hrsg. Deutscher Verein für Versicherungswissenschaft e.V., Berlin Verlag Versicherungswirtschaft e. V., Karlsruhe und Verlag Duncker & Humblot, Berlin 1984

Farny, Dieter (1985) Unternehmenspolitische Grundsatzentscheidungen europäischer Versicherer bis zum Ende unseres Jahrhunderts. In: Versicherungswirtschaft Nr. 1/1985, Verlag Versicherungswirtschaft e. V., Karlsruhe 1985

Gerathewohl, Klaus (1976) Rückversicherung, Grundlagen und Praxis, Band 1, Verlag Versicherungswirtschaft e. V., Karlsruhe 1976

Haller, Matthias (1983) Assekuranz 2000, Jahresbericht 1982/83 des I. VW, Hrsg. Institut für Versicherungswirtschaft an der Hochschule St. Gallen, St. Gallen 1983

Haller, Matthias (1985) Gefahrengemeinschaft oder Sicherungsteam? Jahresbericht 1984/85 des I. VW, Hrsg. Institut für Versicherungswirtschaft an der Hochschule St. Gallen, St. Gallen 1985

Haller, Matthias (1986) High Tech *und* High Touch – Reflexe im Versicherungsberuf, Jahresbericht 1985/86 des I.VW, Hrsg. Institut für Versicherungswirtschaft an der Hochschule St. Gallen, St. Gallen 1986

Heilmann, Wolf-Rüdiger (1986) Risikotheorie – ein Elfenbeinturm der Versicherungswissenschaft? In: Versicherungswirtschaft Nr. 14/1986, Verlag Versicherungswirtschaft e.V., Karlsruhe 1986

---

23 Haller (1983, S. 13 ff; 1985, S. 26 ff und 1986, S. 23 ff)

24 Schwebler (1985, S. 201 ff und 1986, S. 6 ff)

25 Jannott (1986, S. 253)

Hesberg, Dieter (1983) Solvabilität als Gegenstand der Risikopolitik. In: Zeitschrift für die gesamte Versicherungswissenschaft, Nr. 2 - 3/1983. Hrsg. Deutscher Verein für Versicherungswissenschaft e. V., Berlin, Verlag Versicherungswirtschaft e. V., Karlsruhe und Verlag Duncker & Humblot, Berlin 1983

Jannott, Horst K. (1986) Interdependenz von versicherungstechnischem und Allgemeinem Geschäft. In: Staat, Wirtschaft, Assekuranz und Wissenschaft, Festschrift für Robert Schwebler. Hrsg. Rudolf Henn und Walter F. Schickinger, Verlag Versicherungswirtschaft e. V., Karlsruhe 1986

Mudrack, Olaf (1986) Genußrechtskapital als „freie unbelastete Eigenmittel" bei Versicherungsunternehmen. In: Beilage Nr. 5 zum „Betriebs-Berater" Nr. 18/1986, Verlagsgesellschaft Recht und Wirtschaft, Heidelberg 1986

Schieren, Wolfgang (1986) Unternehmensfinanzierung und Assekuranz. In: Staat, Wirtschaft, Assekuranz u nd Wissenschaft, Festschrift für Robert Schwebler. Hrsg. Rudolf Henn und Walter F. Schickinger, Verlag Versicherungswirtschaft e. V., Karlsruhe 1986

Schmidt, Reimer (1982) Versicherungsalphabet, Verlag Versicherungswirtschaft e.V., Karlsruhe 1982

Schwebler, Robert (1985) Wege der Zusammenarbeit zwischen Banken und Versicherungen In: Aspekte bankwirtschaftlicher Forschung und Praxis – 100 Jahre genossenschaftliche Zentralbanken in Südwestdeutschland Herausgeber: Helmut Guthardt/Rudolf Henn/Arnold Kremer/Diethard Pallaschke; Fritz-Knapp-Verlag, Frankfurt/M. 1985

Schwebler, Robert (1986) Kampf der Giganten oder neues Stadium in der Kooperation von Banken und Versicherungen? In: Versicherungswirtschaft Nr. 1/1986, Verlag Versicherungswirtschaft e.V., Karlsruhe 1986

Späth, Lothar (1985) Wende in die Zukunft, Rowohlt-Verlag, Reinbek bei Hamburg 1985

VI. Mathematik und technologischer Fortschritt

Sind die Mathematiker – ist die Mathematik zu etwas nütze?

ROLAND BULIRSCH

An den Hochgeborenen Fürsten und Herrn, Herrn Friedrich
Herzog zu Württemberg und Teck, Graf zu Mömpelgard, Herr zu Heidenheim

Gnädigster Fürst und Herr. Wiewohl es nunmehr in dem 9. Jahre, daß ich von Euer Fürstlichen Gnaden Hofhaltung von Stuttgart hinweg, und leidlich ahnen kann, daß E. F. G. wegen dero hochwichtigen Geschäften nit Ursache haben, an mich zu denken, auch mir vor vier Jahren auf meine untertänige Supplikation keine Antwort erfolgt, ich aber gleichwohl E. F. G. Stipendarius bleibe, hab ichs für ein Gebühr gehalten, E. F. G. zum Neuen Jahr mit einem Exemplar meines neulich gefertigten und Ihrer Kaiserlichen Majestät dedizierten astronomischen Werks untertänigst zu verehren. Und ich hätte dies längst tun und an E. F. G. untertänigst schreiben sollen, wenn nit die Gelegenheit mit E. F. G. bestalltem Büchsenmacher vorgefallen und sich seine Heimfahrt verweilet hätte ....

.... Ferner hat genannter Büchsenmacher mir gemeldet, daß einer E. F. G. zu Heidenheim ein Wasser zu führen versprochen, welches nit fortwolle. Nun ist mir nichts geholfen mit Fürwitz, auch weiß ich die Umstände nicht: aber doch E. F. G. auch hierin meine untertänigste Affektion zu erweisen, wollte ich gehorsamlich Meldung tun, ob nit vielleicht der Kanal einen Bogen über sich nimmt, wie es etwa hier zu sehen; da gewiß, wenn schon der Wasserbehälter a hundert Klafter höher wäre als c, der höchste Gipfel des Bogens, so kann doch das Wasser nit fort. Denn es sammelt sich mit der Zeit durch die allerkleinsten Blätterlein Luft an, die dringt über sich sowohl von d als von b, und sammelt sich in c, da wirkt sie gleich einem Zapfen .... Wenn sich dieser Fehl befindet, da ist kein ander Mittel als ....Oder aber, wenn es nit anders sein kann, sondern man muß über einen Hügel springen, so öffne man am höchsten Ort des Bogens ein klein Röhrlein, laß es immer offen stehen und geb ein solches klein Wässerlein für verloren. Oder so es der Mühe wert, führe man einen Kanal von c über sich, daß er den Wasserbehälter a überhöhe, und laß ihn oben offen, so wird nichts auslaufen und die Luft gleichwohl hinaus können und also das Wasser ungehindert von a durch bc in d ankommen.

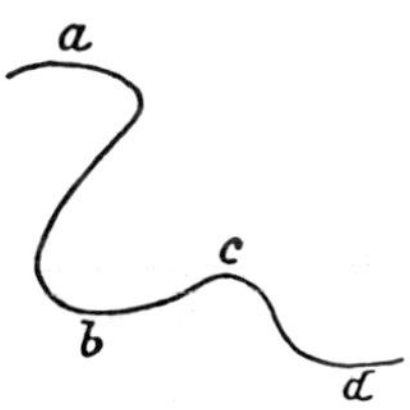

Abb. 1

E. F. G. bitte ich gehorsamlich, eine solche vergebliche Fürsorge, weil sie doch gut gemeint, und nur eine Anzeigung meines Gemüts ist, von mir in Gnaden an und aufzunehmen, Dero ich mich untertänigst befehle.

Euer Fürstlichen Durchlaucht
Untertänig gehorsamer
Johan Kepler
d.Z. Ihrer Kaiserlichen Majestät Mathematicus

Keplers Sorge um die Wasserspiele im Heidenheimer Schloß mag nur dem seltsam scheinen, der den großen Mann aus der Freien und Reichsstadt Weil (der Stadt) als „allein den Sternen zugewandt" sieht. Aber dieses Bild ist verzeichnet. In den Beschränkungen und der Finsternis des 16. und 17. Jahrhunderts unter erbärmlichen Umständen lebend, aber mit unermeßlicher geistiger Schöpferkraft versehen, erblickte der geniale Mann in einer bloßen Anhäufung, für andere mehr oder weniger nichtssagender Zahlen (Abb. 2) kosmische Gesetze, die fast allem, 2000 Jahre über den Himmel Gelehrtem, widersprachen (Abb. 3).

Scheinbar banalen Alltagsdingen hat er sich mit gleicher Hingabe gewidmet: Ein *Oesterreichisches Wein-Visier-Büchlein,* seine *Faß-Meß-Kunst,* die Traktate über *hydraulische Maschinen* und anderes geben beredt Zeugnis. Die Ratschläge an Herzog Friedrich aus dem Jahre 1605 sind mehr als nur vordergründiger Anlaß, sich seinem vormaligen Landesherrn wieder in Erinnerung zu bringen. – Spätere Jahrhunderte haben gelegentlich auf Kepler herabgesehen. Sein Hang zur Mystik, Hof-Astrologe in Diensten Rudolfs II. und Wallensteins, all das und mehr schien oberflächlich Aufgeklärten „verdächtig", „unwissenschaftlich". Manche Mathematiker wollten ihn nicht einmal als „zur Zunft" gehörig anerkennen, was freilich weniger gegen Kepler spricht. Heutigen ist er längst selbst zum Stern geworden. Es gab damals auch andere. Der Philosoph Pierre Gassendi beobachtet 1631, ein Jahr nach Keplers Tod, den von Kepler vorhergesagten Durchgang[1] des Merkur vor der Sonnenscheibe – für das 17. Jahrhundert ein unfaßbares Geschehen. Gassendi 1632 aus Aix an den Erfinder der ersten mechanischen Rechenmaschine, den Tübinger Mathematiker Schickard: *Männer wie Kepler dürften gar nicht sterben oder sollten wenigstens, Halbgöttern gleich, jahrhundertelang leben.* Aber Keplers wirkliches Leben war von Tragik umweht. Mörike:

Gestern, als ich vom nächtlichen Lager den Stern mir in Osten
  Lang' betrachtete, den dort mit dem rötlichen Licht,
Und des Mannes gedachte, der seine Bahnen zu messen,
  Von dem Gotte gereizt, himmlischer Pflicht sich ergab,
Durch beharrlichen Fleiß der Armut grimmigen Stachel
  Zu versöhnen, umsonst, und zu verachten bemüht:
Mir entbrannte mein Herz von Wehmut bitter; ach! dacht' ich,
  Wußten die Himmlischen dir, Meister, kein besseres Los?

Auf Tychos Gruft in der Prager Teynkirche liegen manchmal Blumen ; hin und wieder verirrt sich jemand aus Sachsen hinüber ins böhmische Münchengrätz zu Wallensteins letzter Ruhestätte nahe der Dreikönigskirche – Keplers Grab in Regensburg ist längst verschollen! Seine hinterlassenen Werke wollte niemand haben; die Zarin Katharina II. hat sie schließlich auf Rat eines Alemannen erworben und man erzählt, sie hätte mit Juwelen aus ihrem persönlichen Besitz bezahlt. Katharina schenkte die Schriften der Akademie in St. Petersburg und dort, in Leningrad, wird heute Keplers Nachlaß als eines der kostbarsten Besitztümer aufbewahrt.

Der Alemanne war der Baseler Pastorensohn *Leonhard Euler.* Ahnen die buntgekleideten Leute, die mit größter Selbstverständlichkeit ein Flugzeug besteigen, um bequem südlichen Stränden entgegenzufliegen, daß sie ihr Vergnügen auch den mehr als 200 Jahre alten Werken eines alten, blinden Mannes verdanken?

---

1 Merkur-Durchgänge sind selten; der letzte in diesem Jahrhundert ist im Osten Australiens in den Frühstunden (Ortszeit) des 16.November 1999 zu beobachten

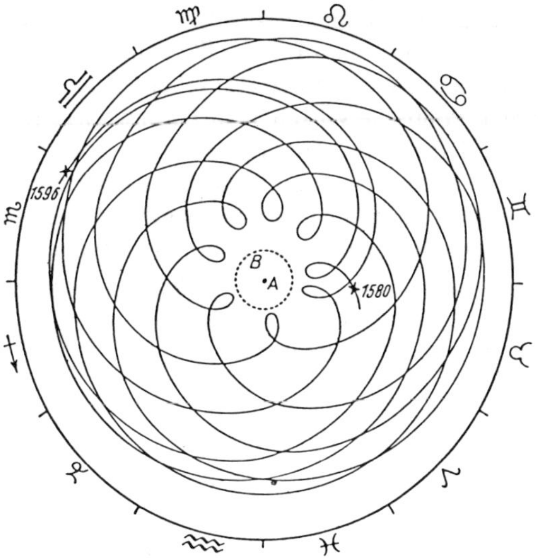

Abb. 2. „Planetenbahnen“ vor Kepler: Tycho Brahes Beobachtungen der Marsbahn von 1580–1596

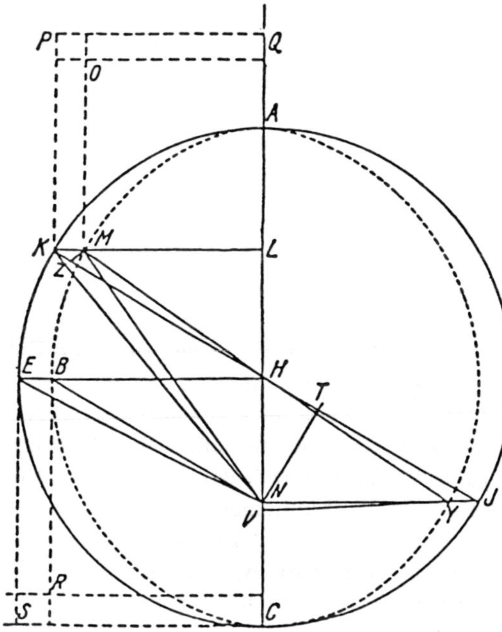

Abb. 3. Aus Tycho Brahes Beobachtungen leitet Kepler ab:
Die Planetenbahnen sind Ellipsen, die Sonne steht im Brennpunkt N

Der, Euler, war der größte Mathematiker des 18. Jahrhunderts. 1727 zieht er als Zwanzigjähriger in St. Petersburg ein – Basel sollte er nie wieder sehen. In den folgenden Jahren entsteht Werk auf Werk, Eulers Ansehen an der Petersburger Akademie und am Zarenhof steigt. Politische Wirren beim Thronwechsel fürchtend, flüchtete er 1741, einer Einladung Friedrichs II., des Großen, folgend, an die Berliner Akademie. Euler wurde eine ihrer Säulen. In unermüdlicher Arbeit schuf er hier die Grundlagen der Analysis, der Hydromechanik und unzähliges andere. Er übernahm dazu noch eine Menge organisatorischer Arbeit, um der unter Friedrich Wilhelm I. völlig heruntergekommenen Akademie – dieser hatte sogar absichtlich einen seiner Hofnarren zum Vizepräsidenten ernannt – wieder zu Ruhm und Anerkennung zu verhelfen.

Auch Eulers Traktate über Philosophie sind respektabel. Kant, 1749 aus Insterburg an Euler:

Hochedelgeborener Herr
Hochgelehrter und Hochberühmter Herr Professor
Gesonders hochzuehrender Herr

Die allgemeine Verpflichtung, darin die Welt in Ansehung der großen Verdienste von Ew. Hochedelgeb. stehet, kann die Kühnheit entschuldigen, die ich mir herausnehme, diese geringen Gedanken von der Schätzung der lebendigen Kräfte Dero erleuchtetem Urteile zu überliefern. Eben dieselbe Vermessenheit, die mich bewog, dem wahren Maße der Naturkraft nachzuspüren, und den Preis der Wahrheit vor die rühmlichen Bemühungen sowohl der Verteidiger des Herrn von Leibniz als Descartes ausfindig zu machen, die ist auch die Ursache, daß ich es wage, diese Schrift dem Urteile einer Person zu überliefern, deren entscheidende Scharfsinnigkeit vor andern imstande ist, den Anfang der Bestrebung in diesen schlechten Aufsätzen zu einer endlichen und völligen Beilegung der Uneinigkeit unter so großen Gelehrten hinauszuführen ....

Von dem Augenblicke an werde ich anfangen, vor diese geringe Schrift einige Achtung zu haben, wenn sie mir wird die Ehre erwerben können, mir Dero entweder öffentliches oder besonders höchstschätzbares Urteil zuwege zu bringen. Ich bin mit aller schuldigen Veneration gegen Dero Verdienste

Hochedelgeborener Herr
Hochgelehrter und Hochberühmter Herr Professor
Gesonders Hochzuehrender Herr
Ew. Hochedelgeb.
ergebenster Diener.
I. Kant.

Es half alles nichts. Friedrich II. verachtete den frommen Euler, und Hohn und Spott hat er bei jeder Gelegenheit über ihn, den „Eilers", ausgegossen. Friedrichs Abneigung gegen Mathematik und erst recht gegen Euler bündelt wie ein Brennglas die Haltung großer Teile einer ganzen Kulturnation. Sie läßt sich sogar messen: Euler erhielt in Berlin 1600 Taler, Voltaire 20 000 Taler. Zur weiteren Ehre Voltaires gesagt: Er hatte vorzügliche Kenntnisse der Mathematik und Physik.

Für Friedrich war Euler ein intellektueller Hofnarr. Andere sahen schärfer: 1760, im Siebenjährigen Krieg, plündern russische Truppen Eulers Haus bei Charlottenburg. Der russische General Tottleben erfährt davon, stellt Euler sofort eine Schutzwache zur Verfügung und entschädigt ihn überreichlich für die erlittenen Verluste. Sogar der Zarin Elisabeth wird der Vorfall gemeldet und die läßt Euler noch einmal 4000 Gulden überbringen.

Entnervt von Friedrichs Häme und Bosheit verläßt Euler 1766 Berlin, um endgültig nach St. Petersburg heimzukehren. Katharina II. empfängt ihn mit allen Ehren, heißt ihn mit einem Geschenk von 8000 Rubeln willkommen, stellt ihm einen Hofkoch. – Euler arbeitet in Petersburg wie besessen, er erblindet, arbeitet weiter. Seine Abhandlungen werden von allen Wissenschaftlern Europas gelesen. Das Buch über Schiffsbaukunst wird Pflichtlektüre an königlichen Seeschulen.

Minister Turgot 1775 aus Fontainebleau an Euler:

Pendant le tems, Monsieur, que j'ai été chargé du département de la Marine, j'ai pensé que je ne pouvois rien faire de mieux pour l'instruction des jeunes gens élevés dans les écoles de la Marine et de l'Artillerie, que de les mettre à portée d'étudier les ouvrages que vous avez donnés sur ces deux parties des Mathématiques: j'ai en conséquence proposé au Roi, de faire imprimer par Ses ordres votre traité de la construction et de la manoeuvre des vaisseaux et une traduction françoise de votre Commentaire sur les principes d'Artillerie de Robins.

Si j'avois été à portée de vous, j'aurois demandé votre consentement, avant de disposer d'ouvrages qui vous appartiennent; mais j'ai cru que vous seriez bien dédommagé de cette espèce de propriété par une marque de la bienveuillance du Roi. Sa Majesté m'a authorisé à vous faire toucher une gratification de mille Roubles qu'Elle vous prie de recevoir comme un témoignage de l'estime, qu'Elle fait de vos travaux et que vous méritez a tant de titres.

Je m'applaudis, Monsieur, d'en être dans ce moment l'interprête, et je saisis avec un véritable plaisir cette occasion de vous exprimer ce que je pense depuis longtemps pour un grand homme, qui honore l'humanité par son génie et les sciences par ses moeurs. Je suis etc.

1783 stirbt Euler. Seine Grabstätte auf dem Newski-Friedhof in Leningrad wird noch heute in Ehren gehalten.

Minister Condorcet 1792 in Paris in seiner Lobrede auf Euler: *So lehrt ein Land, das wir für barbarisch hielten, die aufgeklärtesten Nationen Europas das Leben und das Andenken großer Männer ehren.*

Eulers Werk ist so umfangreich, daß man es keinem einzelnen Mann, sondern einer ganzen Institution zuschreiben möchte. Sein Name ist verknüpft mit allen Gebieten der Mathematik. Die von ihm eingeführte Symbolik und seine Formelsprache werden noch immer benützt. Mathematik, Mechanik, Physik – in früheren Zeiten ohnehin mehr oder weniger als Einheit angesehen – verdanken ihm unendlich viel. Die von Euler aufgedeckten Gleichungen und Beziehungen bei strömenden Flüssigkeiten und Gasen helfen heute bei der Konstruktion leistungsfähiger Flugzeuge. Nach Eulers hinterlassenen Angaben aus dem Jahre 1754 bauten 190 Jahre später, 1944, der Schweizer Ingenieur Ackeret und Mitarbeiter der Firma Escher Wyss eine Wasserturbine; die brachte einen Wirkungsgrad von 71% – moderne Turbinen geben vielleicht 10% mehr.

Die Schweizer Zehnfrankennote zeigt Eulers Abbild, ihre Rückseite ein graphisches Sinnbild seiner für die Menschheit erbrachten Leistungen.

Nur wenig hat gefehlt und es hätte noch einen nach St. Petersburg verschlagen. Das kam so. Der sizilianische Theatiner-Mönch, Professor für Mathematik und Theologie, Guiseppe Piazzi, hatte, auf der Suche nach Kometen, in der Neujahrsnacht von 1800 auf 1801 einen neuen Planeten[2] entdeckt, den er nach der Göttin Ceres benannte. Piazzi verlor die Ceres aber bald aus den Augen, und die Astronomen und Mathematiker Europas versuchten, aus dem Wenigen, was Piazzi über die Ceres hatte sammeln können, ihre Bahn zu berechnen. Aber es war alles vergeblich, der neue Planet blieb unauffindbar. Verloren! Goethe 1809 im *Maskenzug:*

Juno, Vesta, Pallas, Ceres genannt, klein und vor kurzem noch nicht bekannt.
Die tun sich alle bei mir beklagen, daß sie am Himmel kaum zu erfragen.

---

2 Durchmesser ca. 1025 km; mit freiem Auge nicht sichtbar

Abb. 4. Nach Eulers Angaben, 1754, von Ackeret und Mitarbeitern der Fa. Escher Wyss 1944 gebaute Wasserturbine

Da lieferte ein junger Mann aus Braunschweig eine neue Bahn, die anders als alle bislang berechneten aussah. Und die neue Bahn war die richtige: Fast genau an der vorausberechneten Stelle wurde die Ceres wieder aufgefunden. Der junge Braunschweiger war im Sinne des Wortes über Nacht in Europas Zentren der Wissenschaft berühmt geworden. Es war *Carl Friedrich Gauß*. Wenig später bot ihm die Petersburger Akademie die Leitung ihrer Sternwarte an; Herzog Karl Wilhelm Ferdinand von Braunschweig aber, der schon früher Gauß unterstützt hatte, bewilligte ihm ein Stipendium von 600 Talern – Gauß blieb.

Was Euler für das 18., wurde Gauß für das 19. Jahrhundert. Seine Leistungen in der Mathematik und ihren zahlreichen Anwendungsgebieten sind kaum zu überschätzen. Hunderte von Arbeiten; neben seinen vielen Abhandlungen, die tiefschürfend rein mathematische Probleme untersuchen, sind bestimmt ebenso viele der Lösung praktischer Aufgaben gewidmet. Erst vor kurzem die Entdeckung, daß eine der besten modernen mathematischen Methoden, die sogenannte *schnelle* Fourier-Transformation – sie hilft, aus den unvorstellbar schwachen, etwa 0. 00000 00000 00000 001 Watt starken Funksignalen der Raumsonden die bestechend schönen Bilder der Planeten

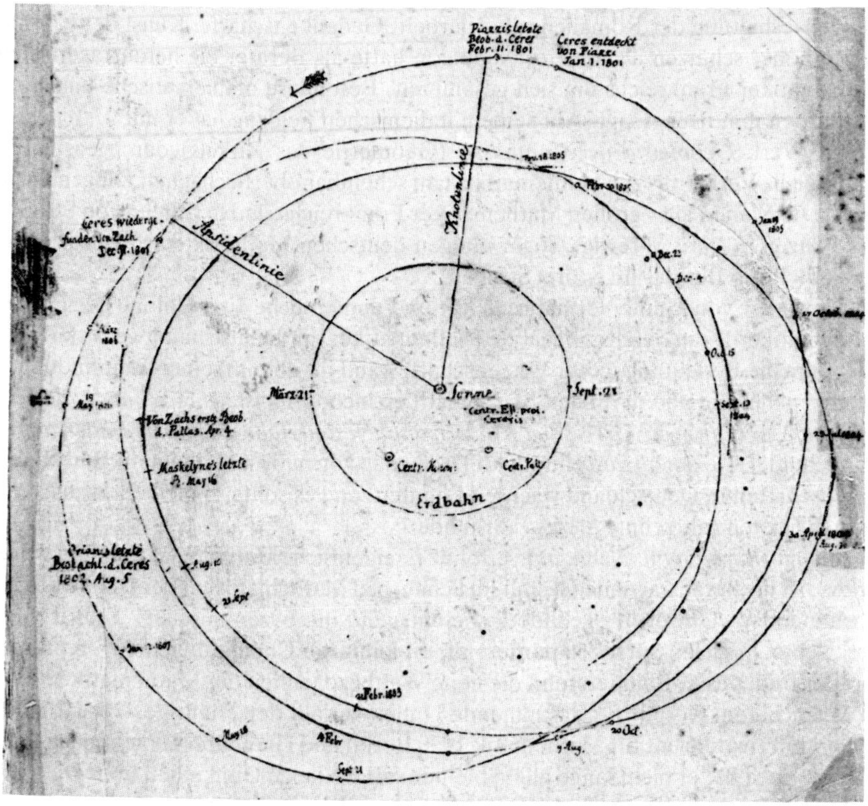

Abb. 5. Skizze der Ceres-Bahn: aus Gauß' handschriftlichem Nachlaß (Niedersächsische Staats- und Universitätsbibliothek Göttingen, Cod. Ms. Gauss, Handbuch 4, fol. 1^v)

und ihrer Monde zu erzeugen – eigentlich schon von Gauß angegeben wurde. In anderen Bereichen ist diese Methode sogar lebenswichtig: Sie hilft, die Strukturen komplizierter biologischer Moleküle zu entschlüsseln. – Gauß leitet die Vermessung des Königreiches Hannover, legt selbst praktisch Hand an, jahrelange Mühsal. Für nachfolgende Mathematiker-Generationen eine unglaubliche Verschwendung geistigen Kapitals, für Gauß ein Bedürfnis. Mit dem jungen Weber baut er den ersten Telegraphen der Welt, die Leitung führt von der Göttinger Sternwarte über etwa 1500 m zu Webers Labor. Gauß spricht davon, große Länder wie Rußland mit einem ganzen Netz solcher Leitungen zu überziehen, niemand nimmt ihn ernst. Jahrzehnte später verwirklicht Werner von Siemens diese Idee. – Alexander von Humboldt weckt Gaußens Interesse am Erdmagnetismus. Der Briefwechsel beider sollte bis zu Gaußens Tod, 1855, dauern.

Französische Mathematiker haben Humboldt auf Gauß aufmerksam gemacht, und das war kein Zufall. Frankreich und Paris waren bis in das 19. Jahrhundert hinein das Zentrum der mathematischen Welt. Den Fürsten Frankreichs war es immer Ehrensache, die mathematischen Wissenschaften zu fördern. Warum? Wahrscheinlich war es die Geisteshaltung der Romanen, die Klarheit, Gedankenschärfe, Kunst der Kombination höher schätzen als andere. Napoleon hatte als Berater die herausragendsten Mathematiker Frankreichs um sich gesammelt. Besondere mathematische Fähigkeiten wurden ihm nachgesagt. Auf seinem italienischen Feldzug hat er mit *Mascheroni* dessen Werk *Geometria del Compasso* (Geometrie des Zirkels) durchgearbeitet. Frankreichs Verhältnis zur Mathematik ist an scheinbar oberflächlichen Dingen abzulesen: Die Namen aller großen Mathematiker Frankreichs sind in Namen von Straßen und Plätzen in Paris verewigt, sogar einigen deutschen Mathematikern wurde diese Ehre zuteil – in Berlin sind es drei Straßen!

Alexander von Humboldt hat, auf Rat und namentliche Empfehlung der großen Mathematiker Frankreichs, begabte Mathematiker in Deutschland gefördert. Er wußte um die Bedeutung dieser Wissenschaft, stand ihr aber in seinen Empfindungen nicht so nahe. Humboldt an den Mathematiker Jacobi: *Es ist keine Schande, daß ich nicht mehr weiß; wie die Greise den Kindern ähnlich sind, falle ich auf die Bilder zuerst.* Man schuldet Alexander von Humboldt Dank, daß von nun an Mathematik und Naturwissenschaften in Deutschland wachsen konnten, und es sollte so bleiben, wenigstens bis in die ersten Jahrzehnte dieses Jahrhunderts.

Johann Baron von Neumann („John"), eigentlich *Margittay Neumann János Lajos*[3], ist die herausragende Gestalt im Schauspiel Mathematik auf der Bühne des 20. Jahrhunderts. Universal gebildet, beschlagen in byzantinischer Kultur und Geschichte, in vielen Sprachen parlierend, diplomierter Chemie-Ingenieur, repräsentiert der Budapester Bankierssohn die neue Weltbezogenheit der Mathematik.

Mit sicherem Gespür für das nahende Unheil verläßt der 27jährige, schon damals berühmte Privatdozent für Mathematik 1930 Berlin und Hamburg. Er geht nach Princeton. Dort sollte er nicht lange allein bleiben; als die lange Dunkelheit über Deutschland fiel, folgten noch andere Zelebritäten und machten das kleine Nest an der amerikanischen Ostküste zu einem der geistigen Mittelpunkte Amerikas. Von Neumann wird zu einer Institution. Der Scheinwerfer seiner Gedanken beleuchtete alle Gebiete der Mathematik, die abstraktesten und die ganz konkreten. Sein Gehirn verarbeitet und löst sich jeder Anschaulichkeit entziehende, sehr schwierige Probleme der axiomatischen Grundlagentheorie mit gleicher Leichtigkeit und Eleganz wie praktische Ingenieuraufgaben aus der Strömungsmechanik.

Von Neumanns geistiges Potential ist damit noch nicht erschöpft. Er hört von Versuchen einer Gruppe von Mathematikern, Physikern und Ingenieuren, einen Automaten zu bauen, der selbständig rechnen kann. Er weiß durch seine praktischen Arbeiten von der Wichtigkeit einer solchen Maschine, begeistert sich für die Idee und schließt sich dieser Gruppe an. Er legt theoretische Grundlagen, die von-Neumann-Maschine ist geboren, das Urmuster fast aller Rechenautomaten; 1947 ist sie fertig. Von Neumann programmiert sie selbst. Der Siegeszug der elektronischen Rechenautomaten, der Computer, beginnt.

Von Neumann stirbt 1957.

Von Neumanns Werk und das der anderen Großen spiegelt die zwei Gesichter der Mathematik, ihr Doppelantlitz. Sie ist beides zugleich, Geisteswissenschaft und Naturwissenschaft. Immer hat sie wichtige Impulse aus der Empirie, der Beobachtung der Natur empfangen. In ihren Schlüssen, den logischen Konsequenzen, die sie zieht,

3 Margittay: alter ungarischer Adelstitel, nach Margitta, einer früher zu Ungarn gehörigen Stadt in Siebenbürgen, heute Marghita, Rumänien.

Wegen $u \varepsilon H^*$ ist $[Z(H,J),u] \varepsilon [Z(H,J),u]$; da aber $[Z(H,J),u] = |[Z(H,J), \mathcal{A}bs(u;H,J)]|$ ist, so folgt hieraus $[Z(H,J),u] \varepsilon |[Z(H,J), \mathcal{A}bs(u;H,J)]|$, $[Z(H,J),u] = [Z(H,J),x]$, $x \varepsilon \mathcal{A}bs(u;H,J)$. Wegen $[Z(H,J),u] \varepsilon [Z(H,J),u]$ wird also auch $[Z(H,J),x] \varepsilon [Z(H,J),x]$ sein, also ist $x \varepsilon H^*$. Andererseits ist $x \varepsilon \mathcal{A}bs(u;H,J)$, $x \dot{<} u \ldots (J)$, also $x \varepsilon H - H^*$. Dies ist ein Widerspruch.

Satz 38. *H, J seien Bereiche, JWO H, Z H, J. Für alle Elemente u, v von H folgt aus* $u \dot{<} v \ldots (J)$ $[Z(H,J),u] < [Z(H,J),v]$.

Beweis. Aus $u \dot{<} v \ldots (J)$ folgt $\mathcal{A}bs(u;H,J) < \mathcal{A}bs(v;H,J)$, also $|[Z(H,J, \mathcal{A}bs(u;H,J)]| \lesssim |[Z(H,J), \mathcal{A}bs(v;H,J)]|$, d.h. $[Z(H,J),u] \lesssim [Z(H,J),v]$. Andererseits ist wegen $u \dot{<} v \ldots (J)$, $u \varepsilon \mathcal{A}bs(v;H,J)$ also $[Z(H,J),u] \varepsilon |[Z(H,J), \mathcal{A}bs(v;H,J)]|$, d.h. $[Z(H,J),u] \varepsilon [Z(H,J),v]$, und nach Satz 37 ist nicht $[Z(H,J),u] \varepsilon [Z(H,J),u]$; folglich kann nicht $[Z(H,J),u] = [Z(H,J),v]$ sein. Also ist $[Z(H,J),u] < [Z(H,J),v]$, wie behauptet wurde.

Satz 39. *H, J seien Bereiche, JWO H, Z H, J. Dann folgt aus* $u \varepsilon H$, $v \varepsilon H$, $u \neq v$ $[Z(H,J),u] \neq [Z(H,J),v]$ *und es ist*

$$OZ(H,J) = |[Z(H,J),H]|, \left(\frac{OZ(H,J)}{\Omega^*}\right)\Sigma = [Z(H,J)]J.$$

… axiomatische Mengenlehre

Abb. 6. Aus von Neumanns mathematischen Arbeiten über …

It is convenient to define

$$M = \rho_0 s \tag{10}$$

—in a co-moving coordinate system, M is the mass crossing unit area in unit time—whereupon Eqs. (3)-(5) become:

$$M(dU/dw) = (d/dw)(p+q), \tag{11}$$

$$(d\mathcal{E}/dw) + (p+q)(dV/dw) = 0, \tag{12}$$

and

$$-M(dV/dw) = dU/dw. \tag{13}$$

Then, (11) and (13) give:

$$-M^2(dV/dw) = (d/dw)(p+q); \tag{14}$$

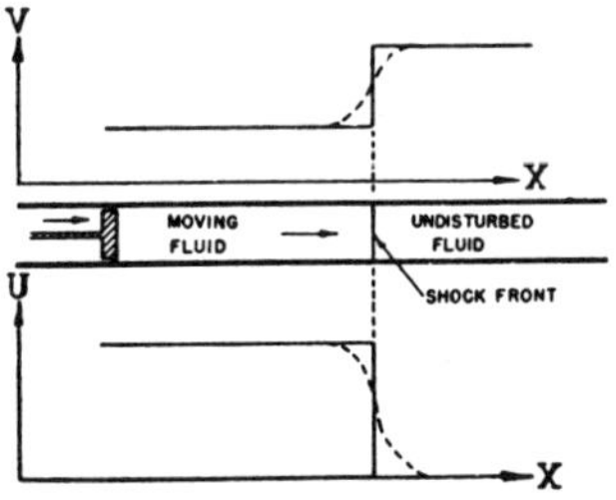

FIG. 1. Steady-state plane shock.

… Gasdynamik

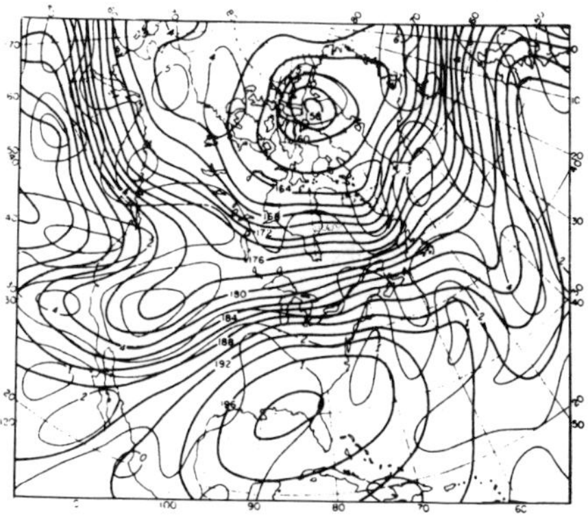

… Meteorologie

$$\times \int_{-1}^{1}\int_{0}^{2\pi} \frac{[t \cos\gamma + \sqrt{1-t^2}\sin\gamma\cos\omega]^{2n}}{(1+3t^2)^{(4n-3)/6}} dt\,d\omega .$$

For our purposes it appears that it is sufficient to evaluate only the term K_1. We have

$$K_1 = \frac{2^{1/3}}{6}\Gamma\left(\frac{1}{6}\right) p^{-2/3} \int_{-1}^{1}\int_{0}^{2\pi} \frac{[t \cos\gamma + \sqrt{1-t^2}\sin\gamma\cos\omega]^{2}}{(1+3t^2)^{1/6}} dt\,d\omega . \quad (94)$$

After performing the integration with respect to ω, we obtain

$$\left.\begin{aligned} K_1 &= \frac{2^{4/3}\Gamma(\frac{1}{6})\pi}{3} p^{-2/3} \int_0^1 \frac{t^2\cos^2\gamma + \frac{1}{2}(1-t^2)\sin^2\gamma}{(1+3t^2)^{1/6}} dt \\ &= \frac{2^{1/3}\Gamma(\frac{1}{6})\pi}{3} p^{-2/3} \left[\cos^2\gamma \int_0^1 \frac{3t^2-1}{(1+3t^2)^{1/6}} dt + \int_0^1 \frac{1-t^2}{(1+3t^2)^{1/6}} dt\right] \end{aligned}\right\} \quad (95)$$

Let

$$\left.\begin{aligned} 2\lambda &= \frac{2^{1/3}\Gamma(\frac{1}{6})\pi}{3} \int_0^1 \frac{3t^2-1}{(1+3t^2)^{1/6}} dt , \\ 2\mu &= \frac{2^{1/3}\Gamma(\frac{1}{6})\pi}{3} \int_0^1 \frac{1-t^2}{(1+3t^2)^{1/6}} dt . \end{aligned}\right\} \quad (96)$$

Then

$$K_1 = 2(\lambda\cos^2\gamma + \mu)\,p^{-2/3} . \quad (97)$$

… Gravitationsfelder

TABLE 2.5

$\dfrac{p}{p_{\text{shock}}}$

γ	θ					
	0	0.2	0.4	0.6	0.8	1
1	0.5	0.6	0.7	0.8	0.9	1
1.2	0.4235	0.5266	0.6360	0.7515	0.8730	1
1.4	0.3656	0.4674	0.5814	0.7079	0.8473	1
1.667	0.3062	0.4037	0.5191	0.6550	0.8143	1
2	0.2508	0.3407	0.4534	0.5952	0.7741	1

Schockwellen

braucht sie aber weder Empirie noch Natur. Ist das wirklich so? In unseren Genen sind die in unzähligen Jahrmillionen durch Ausleseprinzipien erworbenen „Erfahrungen" über die uns umgebende Welt, über Raum und Zeit gespeichert. Höhere Lebewesen müssen, um überleben zu können, fortwährend vergleichen, Entfernungen abschätzen, Bedrohungen einkalkulieren, wissen, wo oben, unten, rechts, links ist; es geschieht ununterbrochen, unbewußt und ist lebenswichtig! Man hat Gründe zu glauben, Mathematik sei nichts anderes als die Gesamtheit dieser zum Abstraktum geronnenen und verdichteten Erfahrungen. Die Logik der Mathematik ist die Logik der Natur. In einem gewissen Sinn treiben also alle Menschen Mathematik, auf unterschiedlichen Ebenen freilich. Resultate der Mathematik sind daher allgemein anwendbar, und sie tragen weit in der Natur, sehr weit sogar, wenn die zugrundeliegenden Annahmen stimmen. Nur im ganz Kleinen und im ganz Großen, im subatomaren Bereich und im Makrokosmos also, dort, wo alle unsere „gespeicherten Erfahrungen" nicht mehr tragen und nichtig werden, wo, vage gesprochen, Natur sich aus Raum und Zeit stiehlt, scheint es mit der Mathematik nicht mehr recht gehen zu wollen. – Aber Hoffnungen auf eine andere, bessere Mathematik sind eitel; es wird keine solche geben können. Muß das ein Unglück sein?

Janus, der Gott allen Anfangs, den alten Römern heilig, Wächter an Toren und Eingängen, ein Sinnbild der Mathematik. Als Gott mit Doppelantlitz und dem Schlüssel in der Linken ist sein Abbild auf uns gekommen. Mit zwei Gesichtern blickt uns die Mathematik an, ihr Schlüssel öffnet viele Tore. Vergleiche darf man nicht überdehnen. Janus war auch Kriegsgott und manchmal wird er mit vier Gesichtern gezeigt, die ihn als den altrömischen Wahrsagern, den Auguren, vorstehenden Gott ausweisen, eine unbehagliche Nähe für Mathematiker. Es schwingt etwas mit vom delphischen Orakel bei der Mathematik.

> Der gute Christ soll sich hüten vor den Mathematikern und allen denen, die leere Vorhersagen zu machen pflegen, schon gar dann, wenn diese Vorhersagungen zutreffen. Es besteht nämlich die Gefahr, daß die Mathematiker, mit dem Teufel im Bund, den Geist trüben und den Menschen in die Bande der Hölle verstricken.

Man weiß das vom heiligen Augustinus. Der meinte zwar mehr die Astrologie, aber auch heute putzt man gern mit der Mathematik entlehntem, hochtrabend klingendem Vokabular, Banalitäten, Phantastereien oder, viel schlimmer, Tatsachenverdrehungen pseudowissenschaftlich auf. Dieser Vorwurf trifft kaum die Mathematiker.

Besitzt Mathematik einen Bildungswert? Goethe urteilt hart:

> Was die mathematischen Wissenschaften betrifft, so muß uns ihre Natur und Vielzahl keineswegs imponieren... Die Mathematik vermag kein Vorurteil wegzuheben, sie kann den Eigensinn nicht lindern, den Parteigeist nicht beschwichtigen, nichts von allem Sittlichen vermag sie.

Niemand widerspricht! Ersetzt man aber *Mathematik* durch *Mineralogie* oder *Botanik* – Goethe liebte beide – bleibt die Aussage auch richtig. Goethe mochte Mathematik nicht, sein Genius brauchte sie nicht. Es gab auch andere. Der Freiherr von Hardenberg, genannt Novalis:

> Der Begriff der Mathematik ist der Begriff der Wissenschaft überhaupt ... Alle Wissenschaften sollen daher Mathematik werden ... Das Leben der Götter ist Mathematik ... Die Mathematiker sind die einzig Glücklichen.

Denen gefiel das aber ganz und gar nicht: „Schwärmer", „Phantast", nörgelten sie, „ohne jede Ahnung von Mathematik"! Ludwig Tieck über Novalis: *Seine Kenntnisse in der Mathematik sowie in den Künsten der Mechanik, vorzüglich aber in der Bergwerkskunde waren ausgezeichnet.* Eine Übertreibung? Tieck beschreibt Novalis ziemlich nüchtern. Er wird schon gewußt haben, wovon er spricht, der Freiherr von Hardenberg. Auch Alexander von Humboldt hatte seine liebe Not mit manchen deutschen Mathematikern. Zielten Goethes Pfeile mehr auf sie, denn auf die Mathematik? Aber warum diese und andere abwertenden Bemerkungen? Goethe war höchst erzürnt, regelrecht böse über die Ablehnung seiner Farbenlehre durch die physico-mathematischen Gilden. Eine Majestät beleidigt man nicht ungestraft. Den Nachhall des Donners hören Mathematiker noch heute. Die Betonung liegt auf „deutschem" Sprachraum: Mathematik ist hier negativ belegt, mangelndes Verständnis für sie wird eher positiv gesehen. Aber Unkenntnis der Mathematik macht noch lange keinen neuen *großen* Goethe, auch einen *kleinen* nicht.

Ein Kuriosum am Rande: Man redete sich hierzulande gern ein, „klassische humanistische Bildung und Erziehung" – heute haben übrigens diese Termini gewechselt – befähige später zu ganz besonderen Leistungen in Mathematik und Naturwissenschaften und führte als Beleg vor langer Zeit gefallene, diesbezügliche Bemerkungen bekannter deutscher Mathematiker und Naturwissenschaftler an. Aber die Lebensläufe fast aller nichtdeutschen Nobelpreisträger der letzten dreißig Jahre „beweisen" eher das Gegenteil! Jetzt aber den Schluß ziehen zu wollen, eine „klassische Bildung" sei nichts wert, wäre ebenso töricht wie die erste Behauptung.

Länder fremder Zunge denken und handeln anders. Der Schriftsteller Siegfried Lenz besucht eine japanische Schulklasse und fragt die Kinder nach den nützlichsten Fähigkeiten im Leben eines Erwachsenen. Antwort: „Mathematik und Sprachen". Lenz ist verwundert. Russische Kinder hätten ihm das gleiche erzählt. – Große französische und angelsächsische, auch eidgenössische Tageszeitungen berichten häufig über Ereignisse in den mathematischen Wissenschaften.

Aber da ist noch etwas. Und das haben Mathematiker selbst zu verantworten. Neue Aussagen in der Mathematik, neue mathematische Sätze, auch und gerade sehr tiefliegende, werden zunächst fast immer vom Mathematiker „erraten". Wie am Leitseil führt ihn eine überaus rege, durch Erfahrung genährte und gesteuerte Phantasie in neues Gelände. Glaubt er einen neuen mathematischen Satz gefunden zu haben, muß er ihn beweisen. Der Beweis ist die logische Brücke vom bereits gesicherten Bestand zum vermuteten Resultat. Die Brücke wird meistens von beiden Seiten, vom vermuteten Resultat und vom Gesicherten aus gebaut; manchmal muß noch ein Mittelpfeiler gesetzt werden. Nicht selten stürzt alles ein (logischer Widerspruch), da muß von vorn angefangen werden. Sehr häufig müssen die Brückenenden verlegt werden, damit die Brücke hält, d.h. am vermuteten Resultat sind Korrekturen anzubringen, gelegentlich sind auch Annahmen zu ändern. Steht die Brücke endlich, werden schleunigst alle Hilfsbauten entfernt, Putz angebracht. Es sieht jetzt aus, als ob, von Bekanntem ausgehend, durch rein deduktives Schließen das neue Resultat gefunden wurde. Eine Illusion! Aber eherne Tradition zwingt jeden Mathematiker, seine Resultate in dieser Art zu präsentieren.

Die Methode, Neues immer durch rein deduktives Schließen aus Altem auffinden zu wollen, kann für Lernende zur Qual werden. Reichliche Anleihen aus der modernen Fachsprache machen dabei alles noch schlimmer und aus Mathematik formalistischen Krampf! Mathematik im Narrenkostüm, das schmerzt. Es muß nicht sein.

Bildungswert der Mathematik? Der Mathematiker, durch seine strenge Wissenschaft zur Bescheidenheit erzogen, vermag nicht zu antworten.

Ist Mathematik zu anderem gut?

Goethe, an seiner Iphigenie arbeitend, 1779 aus Apolda an Frau von Stein:

Hier will das Drama gar nicht fort; es ist verflucht; der König von Tauris soll reden, als wenn kein Strumpfwirker in Apolda hungerte.

Könnte heute Mathematik den armen Leuten helfen?

Hochtechnologie ist mathematische Technologie steht im David-Report des Nationalen Forschungsrates der USA. Hat man sich da selbst gekrönt? – Im Gegenteil, Nichtmathematiker haben den Bericht verfaßt.

Kein Zweifel, ihre neue Bedeutung verdankt die Mathematik ausgerechnet ihrer Tochter, der Informatik. Die Familienverhältnisse sind nicht frei von Spannungen, die Mutter ist zuweilen eifersüchtig auf die Tochter, die wieder, gelegentlich etwas vorlaut, hält die alte Dame für reichlich schrullig und altmodisch, auch wollen da plötzlich mehrere Väter sein. Aber der Erfolg der einen zog den der anderen nach sich, ohne diese beiden geht es nicht mehr. Warum? Ein Beispiel.

Adrien Marie Legendre, ein französischer Mathematiker des 18. und 19. Jahrhunderts, war bei seinen Untersuchungen immer wieder auf eine bestimmte Klasse von Funktionen gestoßen, die sogenannten elliptischen Integrale, die zahlreiche Naturvorgänge beschreiben: Die Bewegung eines Pendels etwa, Störungen der Planetenbahnen, um nur einige zu nennen; auch zum Bau der riesigen Magnete und der Berechnung ihrer extrem komplizierten Magnetfelder in den für die heutige Medizin so wichtigen Kernspintomographen braucht man sie. – Legendre beschloß, eine Tafel solcher Integrale anzufertigen, für die damaligen Verhältnisse ein fast abenteuerliches Unternehmen. Mit mehreren menschlichen Helfern, Logarithmentafeln und einfachen mechanischen Rechenhilfen machte er sich an die Arbeit. Zu Hilfe kam ihm die Entdeckung eines Engländers namens Landen, der wichtige Beziehungen zwischen diesen Integralen aufgedeckt hatte; die konnte man gut gebrauchen. Die Tafel sollte über 16000 Zahlen enthalten; allein die Berechnung eines einzigen Zahlenwertes dauerte etwa einen halben Tag. Nach mehr als 20 Jahren mühseliger Arbeit war die Tafel fertig: Stolz präsentierte Legendre sein Werk der Pariser Akademie der Wissenschaften. – Für mehr als 150 Jahre, bis in die Mitte unseres Jahrhunderts, sollten Legendres Tafeln den Mathematikern, Physikern, Ingenieuren bei ihrer Arbeit dienen. Wir können versuchen, Legendres Formeln in ein Computerprogramm, also einen, in einer formalen Sprache nach strengen Regeln verfaßten Text umzusetzen. Wir können das Programm mit neueren Erkenntnissen über die elliptischen Integrale anreichern. Ein Mathematiker, der die hergehörigen Formeln kennt, wird vielleicht einen Monat für die Erstellung des Programms brauchen, ein anderer, ohne Kenntnisse über die dazu notwendige subtile Mathematik, wesentlich mehr. In eine der neueren Rechenmaschinen lesen wir das Programm ein. Es enthält neben dem eigentlichen Algorithmus, das ist der Befehlsablauf für die Maschine, wie sie die Integrale berechnen soll, auch eine Zusatzanweisung zur Erzeugung der Tafeln, so, wie Legendre sie vor knapp 200 Jahren angelegt hatte. Die Maschine beginnt. Wir müssen nicht lange warten: Nach einer halben Sekunde ist sie fertig. Nur das Ausdrucken der mehr als 16 000 Zahlen dauert länger.

Zwanzig Jahre Fronarbeit in eine halbe Sekunde komprimiert! Wer vermag das zu begreifen?

Der Computer hat Legendre überflüssig gemacht. Ein großer Irrtum! Aber davon lebte mancher; war auch ein gutes Verkaufsargument („Können Sie alles vergessen,

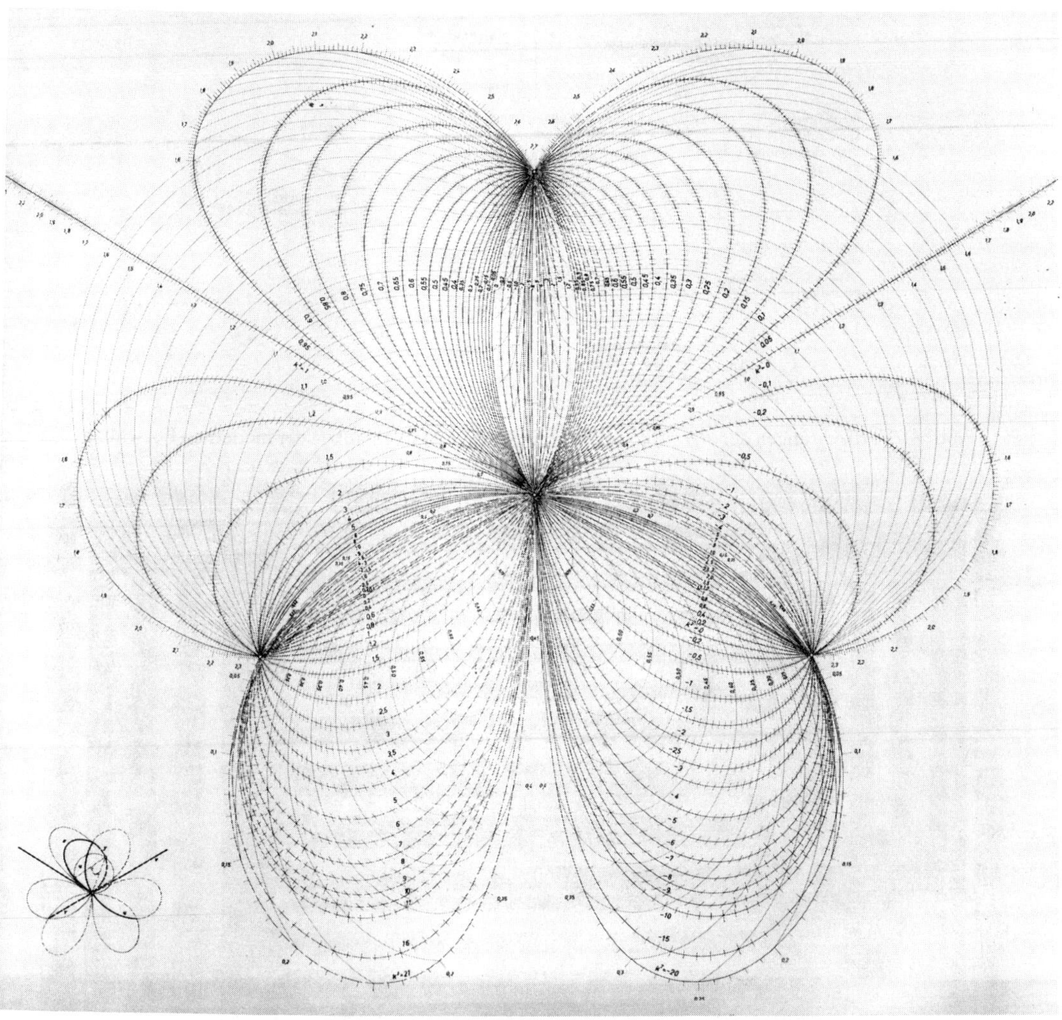

Abb. 7. Nomogramm eines elliptischen Integrals (aus [4])

unser neuer Computer macht das automatisch"). Legendres raffinierten Algorithmus hätte keine Maschine erfinden können. Weder eine aus der Generation der gegenwärtigen, noch der zukünftigen. Es besteht kaum Grund zur Klage. Immerhin können Rechenautomaten die vorgegebene starre Befehlssequenz zur Ausführung eines Algorithmus unbeirrbar, mit fast unvorstellbarer Geschwindigkeit und, falls nötig, ohne Ermüdung beliebig oft durchlaufen. Das genügt!

Die Entwicklung leistungsfähiger Algorithmen („Software") ist heute zu einer neuen, leider vielfach unterschätzten Kunst geworden, die nicht wenige ins Brot setzt, und sie ist neben anderen auch eine Aufgabe der Mathematik.

Ihre unfaßbare Rechengeschwindigkeit verdanken die Automaten nicht zuletzt der Mathematik. Die Bauteile solcher Maschinen müssen sehr klein sein: Auf ein paar Quadratmillimetern sind tausende von Transistoren, Kondensatoren, Widerständen

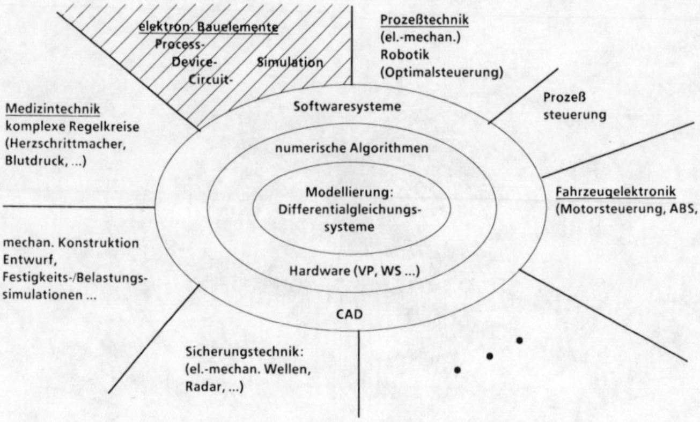

Abb. 8. Verflechtungen der algorithmischen, numerischen Mathematik in der modernen Forschung

Abb. 9. Mit dem CAD-System VENUS berechneter Chip für den Einsatz in ISDN-Netzen; ca. 35 000 Transistoren auf 8 x 8 mm (Werkbild SIEMENS)

Abb. 10. 4 Megabit Chip, bestehend aus sechzehn 256 Kilobit-Streifen; über 4 Millionen Transistoren auf 6 x 14 mm (Werkbild SIEMENS)

Abb. 11. Mandelbrot-Menge (aus [9])

gepackt. Da läßt sich nichts in Versuchen ermitteln. Jeder einzelne dieser winzigen Transistoren muß vorher berechnet werden, und hängt man sie dann alle in einem „Chip" in riesig langen Ketten aneinander, so sagen wieder die Lösungen anderer, tausender von mathematischen Gleichungen voraus, wie der noch gar nicht gefertigte Chip später funktionieren wird.

Man mag es sich vereinfacht so vorstellen: Ein Automat berechnet Bauteile, damit baut man einen schnelleren Automaten, der wieder rechnet noch leistungsfähigere Bauteile für einen noch besseren aus. Freilich geht das nicht ins Uferlose weiter.

Die Strukturen, die die Mathematik in den von ihr untersuchten Gegenständen aufdeckt, reflektieren Strukturen in Erscheinungen der unbelebten Natur. Die belebte

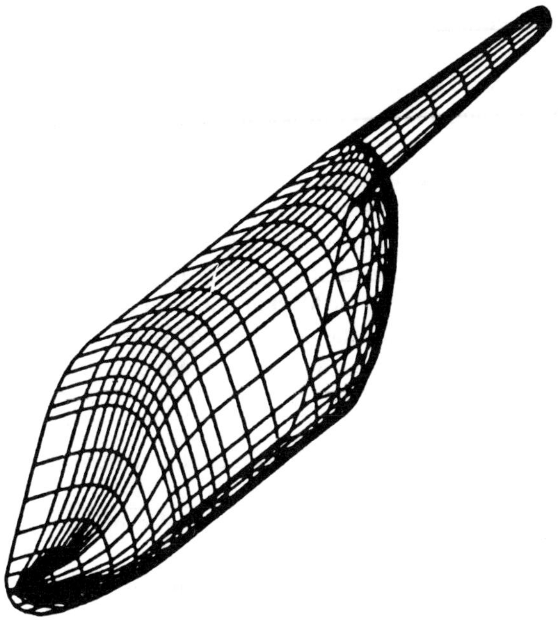

Abb. 12. Hubschrauberentwicklung auf dem Computer (aus [5])

Natur dagegen hat sich lange Zeit zur uneingestandenen (Schaden-) Freude vieler einer Beschreibung durch die Mathematik entzogen. Aber auch hier sieht man jetzt ein wenig deutlicher. Ergebnisse der sogenannten „Katastrophen-Theorie“ (die wenig mit Katastrophen zu tun hat), der Theorie „chaotischer Mengen“ u.a. haben merkwürdige Parallelen zu Erscheinungen der belebten Natur. Die eigenartigen Muster spezieller mathematischer Mengen, die man mit Hilfe schneller Rechner auf Bildschirmen sichtbar machen kann, erinnern wohl mehr als zufällig an kalkgepanzerte Meerestiere, wie Seepferdchen oder gewisse Muschelarten.

Gewaltige Raketen tragen Sonden zu fernen Planeten. Vom Start und der optimalen Lenkung und Steuerung der Raketen und Sonden bis hin zur Übermittlung und störungsfreien Rekonstruktion der Bilder, die Raumsonden zur Erde funken, wird in unvorstellbarem Maß von kunstvoll ersonnenen mathematischen Methoden Gebrauch gemacht. Vielen wird das gleichgültig sein. Aber gewiß nicht die Computertomographie, die auf dem Bildschirm räumliche Bilder der inneren Organe lebender Körper erzeugen kann. Die inverse Radon-Transformation, von *Radon* 1917, macht es möglich.

Gestalt und Form von Flugzeugen mußten früher in langer und mühsamer Arbeit im Windkanal ermittelt werden. Flugzeuge kann man heute im Rechner bauen: Durch Abänderung einiger Parameter in den entsprechenden Gleichungen kann man dem Flugzeug jede Gestalt geben und so die optimale treibstoffsparende und geräuschmindernde Form ermitteln.

Eines der großen Wunder der Natur, das „Brennen“ der Sonne und der Sterne wurde mit Methoden der numerischen Mathematik aufgedeckt. Der Zustand brennender Sterne wird durch Naturgesetze beschrieben, die in Form einiger mathematischer

Gleichungen (Differentialgleichungen) angegeben werden können. Das läßt aber noch keine weiteren Aussagen zu, und es läßt sich daraus noch nichts berechnen. Nimmt man aber nur wenige feste Kenngrößen hinzu, etwa die Masse, die der Stern am Beginn seines Lebens, beim Zünden der Kernfusion in seinem Innern, haben soll, entsteht ein mathematisch lösbares Problem, das man freilich nur mit einem schnellen Computer bewältigen kann. Rund viereinhalb Milliarden Jahre lebt die Sonne schon; die Rechnungen zeigen, daß sie noch lange gleichmäßig leuchten wird: gut noch einmal soviel Lebenszeit hat ihr die Natur zugebilligt; vor ihrem Ende wird sie sich zu einem rötlich leuchtenden Riesenstern ausdehnen, der, von der Erde aus gesehen, fast den halben Himmel einnehmen und größer als die Merkurbahn sein wird; dann wird die Sonne zerfallen, ihr gasförmiger Teil wird in die unendlichen Weiten des Weltraums entschwinden, zurückbleiben wird nur ein winziger, jedoch sehr schwerer, langsam verlöschender Körper. – Es ist viel Zeit bis dahin.

Peter Lax vom New Yorker Courant-Institut hat in seiner Festrede zum vierzigjährigen Bestehen des *Mathematischen Forschungsinstituts Oberwolfach,* 1984, Bedeutsames und Überdenkenswertes, selbst Mathematiker Verblüffendes über *Mathematik und ihre Anwendungen* gesagt.

Oberwolfach im Schwarzwald, Mathematikern auf dem ganzen Erdkreis ein Begriff. Des dortigen Instituts Entstehung ist zufällig, aber wahrscheinlich nur in diesem, dem südwestlichen Teil Deutschlands konnte es werden, was es heute ist: eine Institution mit höchstem Ansehen in der Welt, dem Lande zur Ehre gereichend.– Vom Winde verwehte Samen keimen auf vielen Böden, nur auf wenigen wachsen sie zu großen Bäumen.

Mathematik, über drei Jahrtausende alt, noch immer schafft sie Neues, zum Wohle vieler. Der David-Report 1984:

The changing face of mathematics suggests that we are entering a new era, that we have just begun to see the power of the mathematical machine created over the last several decades, and that what lies ahead could be even more impressive.

Wir sind zuversichtlich: Der König von Tauris kann reden.

Literatur

Kepler: Gesammelte Werke. Ferner: G. Doebel; Styria-Verlag 1983. W. Gerlach, M. List; Piper 1980. J. Hemleben; Rowohlt 1971. J. Hoppe; Teubner 1982. Lesenswert die Bemerkungen über Kepler in Golo Manns Wallenstein-Biographie; Fischer 1971. Abb. 1,2,3 aus Keplers Werken. Münchengrätz = Mnichovo Hradiště (tschech.)

Euler: Opera Omnia. Ferner: R. Thiele; Teubner 1982. J. Euler; Reclam 1983. Die Turbine befindet sich im „Technorama" Winterthur.

Gauß: Werke. Ferner: W. Bühler; Springer 1986. L. Bieberbach; Keil-Verlag 1938.

v. Neumann: Collected Works. Ferner: H.H. Goldstine: The Computer from Pascal to v. Neumann; Princeton University Press 1972. T. Legendi, T. Szentivanyi: Leben und Werk von John von Neumann; B.I.-Wissenschaftsverlag 1979.

Weitere Hinweise

[1] Fischer, J.: Napoleon und die Naturwissenschaften; Habilitationsschrift. TU München 1986. Erscheint im Steiner-Verlag, Stuttgart 1988.
[2] Reich, K.: Alexander von Humboldts Beziehungen zur Mathematik und zu den Mathematikern; in: Humboldt und Salzburg, Colloquium der Academia Cosmologica Nova, hrsg. von J.F.G. Grosser und F. Schmeidler; Salzburg, München: Universitätsverlag Anton Pustedt 1982.
[3] Davis, P.J.; R. Hersh: Erfahrung Mathematik; Basel: Birkhäuser 1985.
[4] Reuter, F.; D. Haupt; G. Jordan: Elliptische Funktionen einer komplexen Veränderlichen; Karlsruhe: Braun 1971.
[5] Halamek, W.; M. Heyder; H.-D. Ludwig: Three-dimensional computer aided design systems – impacts on future helicopter design work. Aus „Forschung und Entwicklung"; München: Messerschmitt-Bölkow-Blohm 1985.
[6] Lax, P.D.: Mathematik und ihre Anwendungen. Oberwolfach: Math. Forschungsinstitut 1984.
[7] David-Report: Renewing U.S. Mathematics. Washington, D.C.: National Academy Press 1984.
[8] Kippenhahn, R.: 100 Milliarden Sonnen; Piper 1984.
[9] Peitgen, H.-O., P.H. Richter: The beauty of fractals; Springer 1986.

Mathematische Modelle ökonomischer Prozesse als Grundlage optimaler Steuerungen

WOLF-RÜDIGER HEILMANN

Zusammenfassung

Ökonomische Prozesse verlaufen typischerweise nicht deterministisch, sondern zufallsabhängig, und werden daher durch stochastische Prozesse modelliert. In der vorliegenden Arbeit wird dargestellt, daß sich zahlreiche, teilweise sehr unterschiedliche ökonomische Abläufe – etwa der Reserveprozeß im Versicherungsgeschäft – unter gleichartige mathematische Modelle subsumieren lassen, deren Prototyp der Poisson-Prozeß ist, wodurch die quantitative Behandlung erleichtert und die Anwendungs- und Interpretationsmöglichkeiten verbessert werden.

1. Einleitung

Entsprechend den verschiedenen Bereichen und fachlichen Aspekten des Versicherungswesens gliedert sich die Versicherungswissenschaft in die Gebiete Versicherungsrecht, Versicherungsmathematik, Volks- und Betriebswirtschaftslehre der Versicherung (der Begriff „Versicherungswirtschaft" ist anderweitig besetzt, die Bezeichnung „Versicherungsökonomie" ungebräuchlich) und Versicherungsmedizin. Es ist jedoch eine für den Praktiker wie für den Theoretiker gleichermaßen reiz- und anspruchsvolle Herausforderung, daß kaum eine gewichtige Frage- oder Aufgabenstellung im Versicherungswesen aus der Perspektive nur einer Disziplin behandelt werden kann.

Die Versicherungsmathematik (bzw., oft synonym verwendet, die Versicherungstechnik) ist mit den quantitativen Komponenten der Produktion der Dienstleistung „Versicherungsschutz" befaßt. So ist es beispielsweise eine klassische Aufgabe der Lebensversicherungsmathematik, basierend auf den Rechnungsgrundlagen Sterblichkeit, Zins und Kosten die Prämie (den Preis) für die Risikolebensversicherung einer Person eines gewissen Alters zu bestimmen. Derartige Berechnungen sind mathematisch elementar und mit Hilfe von Rechnern auch in großer Zahl schnell und leicht durchführbar.

Verglichen mit anderen Formen der Versicherung sind jedoch im eben beschriebenen Beispiel die technischen Bedingungen besonders einfach: Es kann nur ein Schadenereignis auftreten (hier der Todesfall), die Schadenhöhe (hier die Versicherungssumme) steht fest, eine umfangreiche Schadenstatistik (hier die Sterbetafel) liegt vor, und wegen der großen Anzahl der Verträge im Portefeuille eines Lebensversicherungsunternehmens und deren Langfristigkeit gleichen sich zufällige Schwankungen im Schadenverlauf aus – es finden ein „Ausgleich im Kollektiv“ und ein „Ausgleich in der Zeit“ statt.

In vielen Fällen sind die Voraussetzungen zur quantitativen Erfassung eines Risikos weniger günstig, woraus sich die Notwendigkeit der Entwicklung und Behandlung anspruchsvollerer mathematischer Modelle ergibt. Dies ist die Aufgabe der Risikotheorie, von der im folgenden vor allem die Rede sein wird. Dabei soll die Risikotheorie insbesondere als Grundlage risikopolitischer Entscheidungen dargestellt werden. In diesem Sinne spielt sie für den Bereich der Versicherung eine ähnliche Rolle wie verschiedene Zweige des Operations Research für andere Bereiche der Ökonomie.

Im nächsten Abschnitt dieser Arbeit wird das kollektive Modell der Risikotheorie eingeführt, in dessen Mittelpunkt der Poisson-Prozeß steht. Im dritten Abschnitt werden ökonomische Vorgänge und Fragestellungen behandelt, die sich auf ähnliche Weise modellieren lassen. Im vierten Abschnitt wird gezeigt, wie aus den vorgestellten Modellen Schlüsse für die Praxis und konkrete Handlungsanweisungen hergeleitet werden können.

2. Das kollektive Modell der Risikotheorie

Wir betrachten ein festes Portefeuille von Versicherungsverträgen, beginnend zum Zeitpunkt $t=0$, und bezeichnen mit

W_n den Zeitpunkt

und mit

X_n die Höhe

des n-ten Schadens, $n=1, 2, \ldots$ Ferner sei $T_1 = W_1$
und

$$T_n = W_n - W_{n-1}, \quad n = 2,3,\ldots$$

T_n beschreibt also die Zeitdauer zwischen dem Auftreten des (n-1)-ten und des n-ten Schadens. In der Regel sind diese Größen zufällig und werden daher als – nichtnegative – Zufallsvariable (auf einem vorgegebenen Wahrscheinlichkeitsraum $(\Omega, \mathcal{A}, \mathbb{P})$) aufgefaßt.

Wir nehmen an, daß $T_1,T_2,\ldots,X_1,X_2,\ldots$ stochastisch unabhängig sind, insbesondere beeinflussen also der Zeitpunkt des Auftretens und die Höhe eines Schadens einander nicht. Ferner seien $T_1,T_2,\ldots$ (kurz: T) identisch verteilt mit der Verteilungsfunktion G, $X_1,X_2,\ldots$ (kurz: X) identisch verteilt mit der Verteilungsfunktion F, d.h. es gilt

$$\mathbb{P}(T \leq t) = G(t), \quad t \in \mathbb{R},$$
$$\mathbb{P}(X \leq x) = F(x), \quad x \in \mathbb{R},$$

und die Verteilungsfunktion von W_n ist die n-fache Faltung von G, d.h.

$$\mathbb{P}(W_n \leq t) = \mathbb{P}(T_1 + \ldots + T_n \leq t) = G^{*n}(t), \quad t \in \mathbb{R}.$$

Analog gilt

$$\mathbb{P}(X_1 + \ldots + X_n \leq x) = F^{*n}(x), \quad x \in \mathbb{R}.$$

Die Zufallsvariable

$$N_t = \sum_{n=1}^{\infty} 1_{[W_n \leq t]}, \quad t \geq 0,$$

beschreibt offenbar die Anzahl der Schäden bis zum Zeitpunkt t, und wegen

$$[N_t = n] \iff [W_n \leq t, W_{n+1} > t]$$

gilt

$$\begin{aligned} \mathbb{P}(N_t = n) &= \mathbb{P}(W_n \leq t) - \mathbb{P}(W_{n+1} \leq t) \\ &= G^{*n}(t) - G^{*n+1}(t). \end{aligned}$$

Die Zusammenhänge zwischen W_n, T_n und N_t werden in Abb. 1 dargestellt.

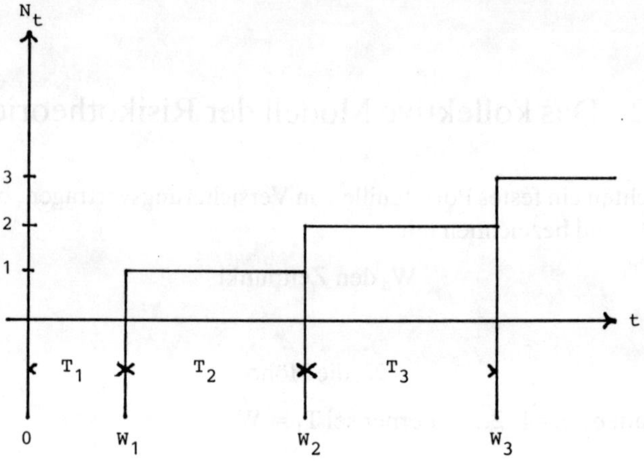

Abb. 1. Der Zählprozeß (N_t)

Den Gesamtschaden bis zum Zeitpunkt t beschreibt die Zufallsvariable

$$S_t = \sum_{n=1}^{N_t} X_n, \quad t \geq 0,$$

mit der Verteilungsfunktion

$$\begin{aligned} \mathbb{P}(S_t \leq x) &= \sum_{n=0}^{\infty} \mathbb{P}(N_t = n)\, \mathbb{P}(S_t \leq x \mid N_t = n) \\ &= \sum_{n=0}^{\infty} \mathbb{P}(N_t = n)\, F^{*n}(x), \end{aligned}$$

dem Erwartungswert

$$ES_t = EN_t EX$$

und der Varianz

$$V(S_t) = EN_t V(X) + V(N_t)(EX)^2.$$

Wir treffen jetzt die folgende grundlegende

Verteilungsannahme. Die Schadenzwischeneintrittszeiten sind exponentialverteilt mit Parameter $\lambda > 0$, symbolisch

$$T \sim \exp(\lambda),$$

d.h.

$$G(t) = \mathbb{P}(T \leq t) = 1 - e^{-\lambda t}, \quad t \geq 0. \; \nabla$$

Daraus folgt

$$G^{*n}(t) = 1 - e^{-\lambda t} \sum_{k=0}^{n-1} \frac{(\lambda t)^k}{k!}, \; t \geq 0,$$

und daraus

$$\mathbb{P}(N_t = n) = e^{-\lambda t} \frac{(\lambda t)^n}{n!}, \quad n = 0,1,2,\ldots,$$

d.h. N_t ist Poisson-verteilt mit Parameter λt, symbolisch $N_t \sim \pi(\lambda t)$.

Bezeichnung. Der stochastische Prozeß $(N_t, t \geq 0)$ ist ein Poisson-Prozeß mit Intensität λ. $(S_t, t \geq 0)$ ist ein zusammengesetzter Poisson-Prozeß. ∇

Wegen $EN_t = V(N_t) = \lambda t$ ergibt sich nun

$$ES_t = \lambda t EX,$$
$$V(S_t) = \lambda t EX^2.$$

Den Schadenzahlungen als Ausgaben stehen Prämien als Einnahmen des Versicherungsunternehmens gegenüber. Vereinfachend gehen wir davon aus, daß sich die Prämieneinnahmen bis zum Zeitpunkt t in der Form

$$P_t = P \cdot t$$

mit einer festen Prämienrate $P > 0$ darstellen lassen. Beispielsweise könnte die Prämie nach dem Erwartungswertprinzip

$$P_t = (1 + \delta) ES_t = (1 + \delta) \lambda EX \cdot t$$

mit $P = (1 + \delta) \lambda EX$ oder nach dem Varianzprinzip

$$P_t = ES_t + \delta V(S_t) = \lambda (EX + \delta EX^2) \cdot t$$

mit $P = \lambda (EX + \delta EX^2)$ und einem Zuschlagsfaktor $\delta > 0$ kalkuliert werden.

Wenn das Unternehmen zum Zeitpunkt $t = 0$ über eine Anfangsreserve $R_0 \geq 0$ verfügt, beträgt seine Reserve zum Zeitpunkt t

$$R_t = R_0 + P \cdot t - S_t, \; t \geq 0.$$

Der stochastische Prozeß $(R_t, t \geq 0)$ heißt Risikoprozeß. Eine typische Trajektorie des Risikoprozesses ist in Abb. 2 dargestellt. Im Zeitpunkt W_3 wird die Reserve negativ, der sogenannte technische Ruin tritt ein.

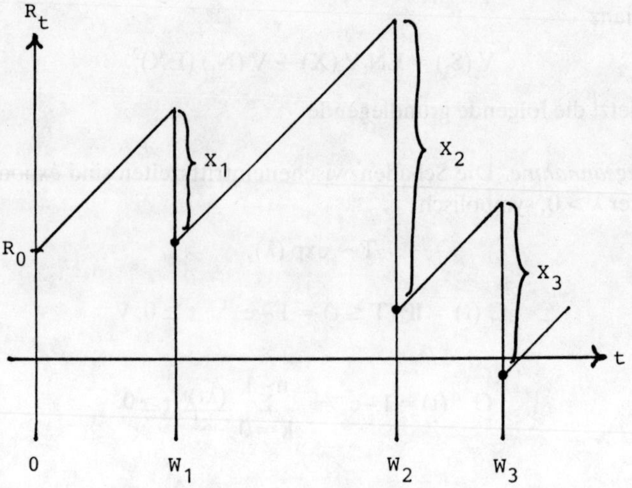

Abb. 2. Der Risikoprozeß (R_t)

Aus dieser Darstellung ergibt sich eine der Hauptaufgaben des Versicherungsmathematikers: die (an den Unternehmenszielen orientierte) Steuerung des Risikoprozesses, d.h. Festsetzung der Anfangsreserve R_0, Preispolitik durch Wahl der Prämienrate P und Beeinflussung der Schadenverteilung durch Annahmepolitik, Produktgestaltung (etwa über die Selbstbeteiligung der Versicherungsnehmer) und Rückversicherungsnahme.

3. Verwandte Modelle des Operations Research

In diesem Abschnitt stellen wir stochastische Modelle des Operations Research vor, die eine ganz ähnliche Struktur wie der oben beschriebene Risikoprozeß haben. Eine ähnliche Darstellung findet man in [2], eine elementare, aber detaillierte Analyse derartiger Modelle in [3].

3.1. Lagerhaltung

Ein Vorratslager ist so zu führen, daß einerseits die (zufällige) Nachfrage möglichst weitgehend befriedigt werden kann und andererseits die Lagerkosten möglichst niedrig gehalten werden. Wenn wir für ein festes Gut mit

R_0 den Anfangsbestand,

mit

W_n den Zeitpunkt

und mit

X_n die Höhe

der n-ten Nachfrage, n=1,2,..., bezeichnen und unterstellen, daß die Auffüllung des Lagers kontinuierlich mit konstanter Rate erfolgt, ergibt sich offenbar für den Lagerbestand gerade der in Abb. 2 skizzierte Verlauf.

3.2. Warteschlangen

Wenn an Engpässen Stauungen entstehen, bauen sich Warteschlangen auf, etwa Kunden vor einem Schalter, Anrufer bei einer Telefonzentrale oder Kraftfahrzeuge an einer Ampel.

Es sei für einen festen „Schalter“

W_n der Zeitpunkt des Eintreffens

und

X_n die Bedienungszeit

des n-ten Kunden, n=1,2,.... Unter der Annahme, daß die Bedienung des jeweils vordersten Kunden kontinuierlich mit konstanter Rate erfolgt, hat die kumulierte Nachfrage nach Bedienungszeit der vor dem Schalter wartenden Kunden den in Abb. 3 gezeigten Verlauf.

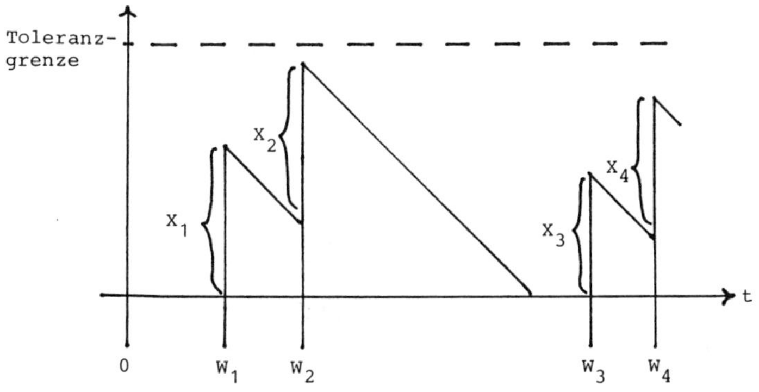

Abb. 3. Der Warteschlangenprozeß

3.3. Verschleiß von Systemen

Wir betrachten ein technisches System, etwa eine Maschine oder ein Elektrogerät, das einem Verschleiß unterliegt, wobei unterstellt wird, daß dieser Verschleiß durch schockartige Einwirkungen erfolgt, die sich – bis zum Zusammenbruch des Systems, also beispielsweise bis zum Ausfall des Geräts – additiv überlagern. Es sei

W_n der Zeitpunkt des Auftretens

und

X_n die Stärke

des n-ten Schocks, n=1,2,... Dann kann der Zustand des Systems in der folgenden Weise skizziert werden (Abb. 4).

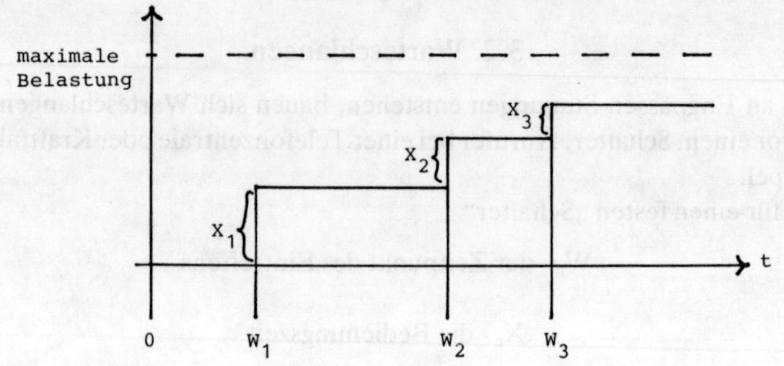

Abb. 4. Der Schockprozeß

3.4. Reservoire

Wir betrachten ein Reservoir, etwa einen Staudamm, das zu zufälligen Zeitpunkten durch Zufluß, etwa Niederschläge, in zufälliger Höhe gespeist wird, während der Abfluß – z.B. zur Gewinnung von elektrischem Strom – kontinuierlich mit konstanter Rate erfolgt. Wenn

R_0 den Anfangsbestand,

W_n den Zeitpunkt

und

X_n den Umfang

der n-ten Zuführung bezeichnet, n=1,2,..., ergibt sich für den Inhalt des Reservoirs der folgende typische Verlauf (Abb. 5).

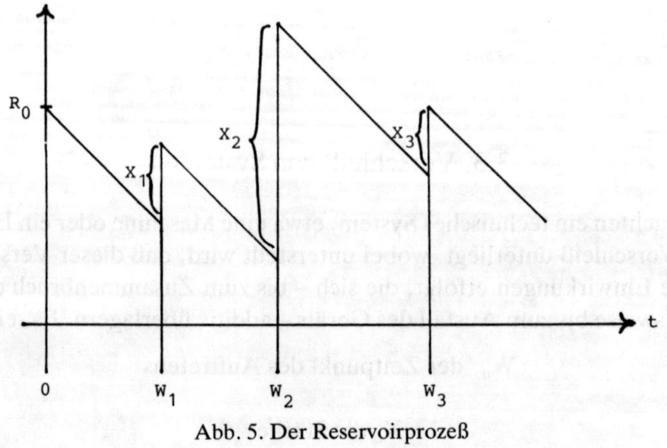

Abb. 5. Der Reservoirprozeß

Hier ist also der „Output“ (in erster Näherung) deterministisch und steuerbar, der Input zufällig, in der Versicherung verhält es sich umgekehrt. In diesem Sinn besteht eine Dualität zwischen dem Reservoir-Modell und dem Modell der Risikotheorie.

Die Analogien, die bei den vorstehend skizzierten Modellen auftreten, sind in Tabelle 1 (vgl. [2]) zusammengestellt. In der letzten Zeile werden jeweils als „Katastrophe“ aufzufassende Ereignisse genannt.

Tabelle 1. Analogien zwischen verschiedenen OR-Modellen

Versicherung	Lagerhaltung	Warteschlangen	Verschleiß von Systemen	Reservoire
Prämie	Auffüllung des Lagers	Zeit	Zeit	Ausfluß
Schäden	Nachfrage	Kunden	Schocks	Zufluß
Schadenhöhe	nachgefragte Menge	Bedienungszeit	Stärke des Schocks	Zuflußmenge
Schadenzwischen-eintrittszeit	Kundenzwischen-ankunftszeit	Kundenzwischen-ankunftszeit	Schockzwischen-eintrittszeit	Zuflußzwischen-eintrittszeit
technischer Ruin	Nachfrage nicht erfüllbar	Überschreitung der Toleranzzeit	Zusammenbruch des Systems	Leerung des Reservoirs

4. Berechnung von Entscheidungsparametern und optimale Steuerungen

In diesem Abschnitt sollen mit Hilfe der oben formulierten Modellannahmen exemplarisch einige Größen bestimmt werden, die für die Steuerung des jeweils betrachteten Systems maßgeblich sein können.

4.1. Ruinwahrscheinlichkeiten

Wie oben bereits verbal beschrieben, ist

$$\tau := \inf\{t : R_t < 0\}$$

der Zeitpunkt des technischen Ruins des Versicherungsgeschäfts und

$$\psi(R_0, P) := \mathbb{P}(\tau < \infty)$$

die Ruinwahrscheinlichkeit bei Vorliegen der Anfangsreserve R_0 und Quotierung der Prämienrate P. Diese Ruinwahrscheinlichkeit läßt sich explizit berechnen, wenn wir zusätzlich annehmen, daß auch die Einzelschadenhöhe exponentialverteilt ist, etwa

$$X \sim \exp(1/\mu)$$

mit $\mu > 0$. Dann gilt

$$\psi(R_0, P) = \begin{cases} \dfrac{\lambda\mu}{P} \, e^{-\frac{1}{\mu}(1-\frac{\lambda\mu}{P})R_0}, & \text{falls } \lambda\mu < P, \\ 1 & \text{sonst.} \end{cases}$$

Somit tritt der technische Ruin mit Sicherheit ein, wenn die Prämienrate nicht größer ist als der Erwartungsschaden pro Zeiteinheit.

Wird die Prämie speziell nach dem Erwartungswertprinzip kalkuliert,

$$P = (1 + \delta)\,\lambda\mu \quad \text{mit } \delta > 0,$$

so ergibt sich

$$\psi(R_0, P) = \frac{1}{1+\delta}\, e^{-\frac{R_0}{\mu}\frac{\delta}{1+\delta}}.$$

Diese Formel macht den Zusammenhang zwischen den Steuerungsvariablen Anfangsreserve R_0 und Sicherheitszuschlag δ auf der einen und der Ruinwahrscheinlichkeit auf der anderen Seite besonders plastisch.

4.2. Das Pay back-Verfahren

Bei der Quotierung für die Schadenexzedentenrückversicherung großer Risiken, bei denen Schadenereignisse selten, aber in der Regel mit Totalschäden verbunden sind, wird in der Praxis bisweilen die Pay back-Methode verwendet: Die Prämie wird so festgelegt, daß die bis zum Eintreten des Schadenfalls erfolgte Einnahme im Mittel zur Zahlung der Rückversicherungsleistung (Höchsthaftung minus Priorität) ausreicht, vgl. [1].

Diese Vorgehensweise läßt sich mathematisch rechtfertigen. Sei nämlich (N_t) der oben definierte Zählprozeß – nicht notwendigerweise ein Poisson-Prozeß! – mit $ET = 1/\lambda$. Dann gilt

$$\lim_{t\to\infty} \frac{EN_t}{t} = \frac{1}{ET} = \lambda \quad \text{(Erneuerungssatz)}$$

und damit

$$\lim_{t\to\infty} \frac{ES_t}{t} = \frac{EX}{ET} = \lambda EX,$$

d.h. λEX ist die im Mittel pro Zeiteinheit benötigte Prämie. Herleitungen dieser Art sind Gegenstand der sogenannten Erneuerungstheorie.

4.3. Ein Schock-Modell

Wir greifen zurück auf das in Abschnitt 3.3 betrachtete Modell und nehmen an, daß das System bis zu einer maximalen Belastung $a > 0$ arbeitet. Sei $\tilde{\tau}$ der Zeitpunkt des Zusammenbruchs des Systems. Offenbar gilt

$$[\tilde{\tau} > t] \iff [S_t \leq a], \quad t \geq 0,$$

somit

$$E\tilde{\tau} = \int_0^\infty \mathbb{P}(\tilde{\tau} > t)\, dt$$

$$= \sum_{n=0}^\infty \left(\int_0^\infty \mathbb{P}(N_t = n)\, dt\right) F^{*n}(a),$$

und speziell für den Fall, daß (N_t) ein Poisson-Prozeß mit Intensität λ ist, also mit $N_t \sim \pi(\lambda t)$,

$$E\tilde{\tau} = \frac{1}{\lambda} \sum_{n=0}^\infty F^{*n}(a),$$

woraus wiederum in dem Fall $X \sim \exp(1/\mu)$ mit $\mu > 0$

$$E\tilde{\tau} = \frac{1 + a/\mu}{\lambda} = \frac{a + \mu}{\mu\lambda}$$

folgt.

An dieser Formel kann man unmittelbar ablesen, wie sich durch Wahl (bzw. Steuerung) der Modellparameter λ und μ die mittlere Lebensdauer des Systems beeinflussen läßt.

Natürlich sind noch ganz andere Eingriffsmöglichkeiten denkbar, etwa die vorbeugende Erneuerung des Systems, wenn die Kosten hierfür niedriger sind als die Kosten, die bei einem Ausfall des Systems entstehen.

4.4. Ein Warteschlangen-Modell

Wir betrachten das Modell aus Abschnitt 3.2 mit den Verteilungsannahmen

$$T \sim \exp(\lambda) \quad \text{mit einem } \lambda > 0,$$
$$X \sim \exp(\mu) \quad \text{mit einem } \mu > 0$$

für einen einzigen „Schalter“; in der Theorie der Warteschlangen spricht man von einem M/M/1-System.

Es bezeichne K_t die Anzahl der zum Zeitpunkt t vor dem Schalter stehenden Kunden, $t \geq 0$. Im Fall $\lambda < \mu$ (d.h. die Ankunftsrate λ ist kleiner als die Bedienungsrate μ) lassen sich sogenannte Gleichgewichtsverteilungen für die Länge der Warteschlange bestimmen:

$$\lim_{t \to \infty} \mathbb{P}(K_t = k) = \left(1 - \frac{\lambda}{\mu}\right)\left(\frac{\lambda}{\mu}\right)^k, \qquad k = 0,1,2,\ldots$$

Hieraus ergibt sich als mittlere Länge der Warteschlange „im Gleichgewichtszustand“

$$L = \lambda / (\mu - \lambda).$$

Die mittlere Wartezeit beträgt

$$W = 1 / (\mu - \lambda),$$

woraus insbesondere die fundamentale Beziehung

$$L = \lambda W$$

folgt.

Wiederum ist direkt ablesbar, wie man durch Variation der Modellparameter den betrachteten Prozeß steuern kann.

4.5. Optimale Lagerhaltung

Zum Zweck der Bestimmung optimaler Lagerhaltungsstrategien geht man meist von einer Variante des oben beschriebenen Modells aus: Bestellungen zur Auffüllung des Lagers können nur zu festen Zeitpunkten $0 = t_0 < t_1 < t_2 < \dots$ vorgenommen werden, die Lieferung erfolgt ohne Verzug. Dann beschreibt X_n die Nachfragemenge zwischen t_{n-1} und t_n, $n = 1,2,\dots$ Ferner werden Bestell- bzw. Produktionskosten, Lagerhaltungskosten und Fehlmengenkosten eingeführt. Gesucht ist beispielsweise eine Auffüllstrategie, die – für einen gegebenen Diskontierungsfaktor – die diskontierten Kosten über unendlich viele Perioden minimiert.

Unter gewissen Regularitätsbedingungen ergeben sich typischerweise optimale Strategien von ganz einfacher Struktur, sogenannte (s,S)-Politiken: Der Lagerbestand wird nur aufgefüllt, wenn er unter den kritischen Wert s sinkt, und zwar stets auf das Niveau S.

4.6. Das Peter-Prinzip (vgl. [3])

Das Peter-Prinzip besagt, daß ein Angestellter so lange befördert wird, bis er eine Position erlangt hat, für die er nicht kompetent ist. Ist dies eingetreten, verbleibt er bis zum Ausscheiden aus dem Dienst in dieser Position. Für eine bestimmte zu besetzende Stellung betrachten wir das folgende Modell: Eine Person wird zufällig aus einer (unendlich großen) Population für diese Stellung ausgewählt. Ist diese Person kompetent, verbleibt sie für eine zufällige Zeitdauer mit Erwartungswert α in dieser Stellung, bis sie befördert wird. Ist sie inkompetent, hat sie die Stellung für eine zufällige Zeitdauer mit Erwartungswert $\beta > \alpha$ inne. Sobald die Stelle frei wird, erfolgt eine Neubesetzung, und der Prozeß beginnt von vorn.

Sei $p \in [0,1]$ der Anteil der kompetenten Angehörigen der Population. Dann hat die Zufallsvariable T, die die Dauer der Besetzung der Stelle durch eine Person beschreibt, den Erwartungswert

$$ET = p\alpha + (1-p)\,\beta.$$

Demgegenüber beträgt der Erwartungswert der Zeitdauer U der Besetzung der Stelle durch eine inkompetente Person

$$EU = (1-p)\,\beta.$$

Aus einer Erweiterung des in Abschnitt 4.2 benutzten Erneuerungssatzes folgt, daß der Anteil der Zeit, in der eine inkompetente Person die Stelle innehat, asymptotisch gegen den Quotienten

$$\frac{EU}{ET} = \frac{(1-p)\,\beta}{p\alpha + (1-p)\,\beta}$$

konvergiert.

Sei beispielsweise $p = 1/2$, d.h. die Hälfte der Personen ist kompetent, und $\alpha = 1$, $\beta = 10$. Dann ergibt sich

$$\frac{EU}{ET} = \frac{10}{11} = 0.91.$$

Obwohl also 50 % der Personen kompetent sind, wird die Stelle zu 91 % der Zeit von inkompetenten Personen besetzt!

5. Schlußbemerkung

Bei den vorstehenden Betrachtungen handelt es sich keinesfalls um eine systematische Darstellung der optimalen Steuerung ökonomischer Prozesse. Eine solche wäre sinnvollerweise auf einem allgemeinen stochastischen dynamischen Entscheidungsmodell aufzubauen, das durch Spezialisierung und Spezifizierung der Modellgrößen auf Kontrollprobleme verschiedener Art anwendbar ist. Vielmehr soll gezeigt werden, daß zahlreiche, auf den ersten Blick kaum miteinander verwandte ökonomische Abläufe mit dem gleichen mathematischen Modell beschrieben und auf diese Weise diverse Analogien hergeleitet werden können, was die rationale quantitative Behandlung der damit verbundenen Entscheidungsprobleme und die Wertung und Interpretation der Ergebnisse erleichtert und verbessert. Insbesondere ergibt sich, daß der Poisson-Prozeß als spezieller Zähl- und Erneuerungsprozeß ein geradezu universelles Paradigma für zufällige und zeitabhängig ablaufende Prozesse darstellt und seine Eigenschaften und Kenngrößen vielfältig interpretierbar und als Entscheidungsparameter verwendbar sind.

Literatur

[1] Gerathewohl K (1976) Rückversicherung. Grundlagen und Praxis. Band I. Verlag Versicherungswirtschaft, Karlsruhe

[2] Straub E (1979) Non Life Mathematics. Lecture Notes, Bern

[3] Taylor H M, Karlin S (1984) An Introduction to Stochastic Modelling. Academic Press, Orlando

Zur Bedeutung der diskreten Mathematik für die Konstruktion hochintegrierter Schaltkreise

Bernhard Korte und Rolf H. Möhring

Zusammenfassung

Angesichts der schnell fortschreitenden Miniaturisierung bei der Computertechnologie kommt dem Design und Layout hochintegrierter Schaltkreise besondere Bedeutung zu, die immense wirtschaftliche und technologie-politische Konsequenzen hat. Die jüngsten Fortschritte in diesem Gebiet basieren in zunehmendem Maße auf der Ergänzung bzw. Ersetzung „ingenieurmäßiger" Verfahren durch algorithmische Prinzipien und Methoden der diskreten Mathematik. Dieser Artikel zeigt die prinzipiellen Möglichkeiten der Anwendung von neuesten mathematischen Entwicklungen aus diesem Bereich beim VLSI-Layout auf, und berichtet über vorliegende Erfahrungen. Es zeigt sich, daß die diskrete Mathematik trotz ihrer relativ jungen Geschichte bereits eine Fülle von Ergebnissen bereitstellt, die einen unmittelbaren Praxisbezug haben und insbesondere in kritischen High-Tech-Bereichen zu einer wesentlichen Verbesserung existierender Verfahren beitragen können.

1 Vorbemerkungen

Design und Layout von hochintegrierten Schaltkreisen (VLSI-Chips) gehören zweifelsohne zu den faszinierendsten Aufgaben moderner Ingenieurwissenschaften. Darüber hinaus hat dieses Arbeitsgebiet eine immense wirtschaftliche und technologie-politische Komponente.

In den letzten Jahren und Jahrzehnten konnten bei der VLSI-Entwicklung gigantische Fortschritte erzielt werden. Die Subminiaturisierung schreitet nicht linear, sondern in Zehnerpotenzen fort. Heute ist es möglich, mehrere 100000 elektronische Komponenten auf einem Chip anzuordnen. Laborentwicklungen beschäftigen sich schon damit, einen gesamten (großen) Rechner auf nur einem Chip zu realisieren.

Die gigantische Entwicklung beruht nicht nur auf neuen Schaltkreistechnologien (CMOS, NMOS) oder auf neuen Fertigungsprozessen (Fotolacke, Laserfotographie, Ionenlithographie), sondern auch auf neuen Ansätzen beim Entwurf und beim Layout der Chips. Hier ist es notwendig, wesentlich mehr Schaltkreisteile auf einem sehr kleinen Feld zu plazieren (Packungsprobleme) und anschließend zu verdrahten (Routing).

Bei der heute üblichen höchsten Packungsdichte und extrem komplizierten Verdrahtung von Logik-Chips reichen die bisherigen Verfahren und Algorithmen der Layout- und Fertigungsingenieure nicht mehr aus. Diese Verfahren waren im wesentlichen Heuristiken oder Verfahren, die versuchten, den manuellen Verdrahter durch einen Computeralgorithmus zu simulieren. Häufig wurden auch interaktive Man-Machine-Verfahren benutzt, indem ein Teil der Plazierung und Verdrahtung durch Heuristiken durchgeführt wurde. Wenn die Algorithmen am Ende ihrer Leistungsfähigkeit waren, wurde dann die weitere Verdrahtung und Plazierung manuell am Bildschirm vorgenommen.

Es ist evident, daß bei der heute üblichen höchsten Komplexität (Verdrahtungsgraph mit mehreren Millionen Knoten, mehreren Hunderttausend Schaltelementen und mehreren Zehntausend Verdrahtungsnetzen) ein manuelles Verfahren nicht mehr durchführbar ist. Der manuelle Verdrahter verliert bei derart komplexen Gebilden, auch wenn er über ausgezeichnete graphische Hilfsmittel verfügt (CAD/CAM), die Übersicht.

Bei einer genauen Betrachtung der methodischen und mathematischen Probleme im VLSI-Design zeigt sich, daß hier verschiedene Probleme, algorithmische Prinzipien und Ansätze der *diskreten Mathematik* und insbesondere der *kombinatorischen Optimierung* par excellence auftreten, zum Beispiel: Travelling-Salesman-Probleme, Matching-Probleme, Shortest Path-Probleme, Min-Cut bzw. Max-Cut-Probleme, Matroid-Probleme, Clique-Probleme, Steiner-Tree-Probleme. Diese Liste ließe sich noch wesentlich weiter fortsetzen. Methoden aus diesem Bereich sind jedoch bisher nur sehr partiell für die praktische Konstruktion von VLSI-Chips benutzt worden. Dies mag zum Teil daran liegen, daß die diskrete Mathematik, und insbesondere die kombinatorische Optimierung ihre Motivation aus anderen Anwendungsbereichen bekommen hat. Die Anwendung der kombinatorischen Optimierung im Bereich des VLSI-Designs steht daher erst in den Anfängen.

Es ist unser Anliegen, in diesem Artikel die prinzipiellen Möglichkeiten der Anwendung von neuesten mathematischen Entwicklungen aus dem Bereich der diskreten Mathematik beim VLSI-Design aufzuzeigen. Unsere Erfahrungen zeigen, daß die vorliegenden Erfahrungen und der Kenntnisstand in der diskreten Mathematik bereits jetzt ausreichen, wesentliche Fortschritte bei den existierenden ingenieursmäßigen Designmethoden zu erreichen. Unterstellt man einen ähnlichen Fortschritt, wie er in den letzten 15 Jahren bei anderen Anwendungen der kombinatorischen Optimierung erzielt wurde, so ergibt sich ein immenses Entwicklungspotential, das eine Revolution im VLSI-Bereich bewirken könnte. Gerade im Hinblick auf die Konkurrenzfähigkeit mit anderen Industrienationen kommt daher der Förderung dieses Zweiges der Mathematik, und ihrer Integration an den Hochschulen der Bundesrepublik besondere Bedeutung zu.

Bevor wir uns näher mit der Problematik des VLSI-Entwurfs und Layouts befassen, sei noch mit wenigen Worten auf die Entwicklung der diskreten Mathematik und insbesondere der kombinatorischen Optimierung in den letzten Jahren und Jahrzehnten eingegangen.

Die diskrete Mathematik hat in den letzten zehn bis fünfzehn Jahren eine stürmische Entwicklung erfahren, die nach übereinstimmender Expertenmeinung ein sehr starkes Forschungspotential für noch mehrere Dekaden hat. Es hat sich herausgestellt, daß viele Anwendungsprobleme, aber auch viele Grundlagenprobleme der Mathematik nicht mit den klassischen Methoden der kontinuierlichen Mathematik angegangen werden können, sondern durch Strukturen und insbesondere durch Algorithmen aus der diskreten Mathematik analysiert und behandelt werden müssen. Durch den verstärkten Einsatz von Computern sind algorithmische Fragestellungen (die im allgemeinen im Bereich der diskreten Mathematik liegen) zentraler Forschungsgegenstand sowohl in theoretischer als auch in anwendungsorientierter Hinsicht geworden. Einige der schwierigsten und interessantesten mathematischen Probleme schlechthin (Komplexitätsprobleme) stammen aus der diskreten Optimierung. Die kombinatorische Optimierung hat zu der oben erwähnten stürmischen Entwicklung der diskreten Mathematik in besonderem Maße beigetragen. Vor etwa 20 Jahren wurden noch Probleme der kombinatorischen Optimierung aus mathematischer Hinsicht als trivial angesehen, weil sie sich im allgemeinen durch vollständige Enumeration über einer endlichen Grundstruktur erledigen ließen. Nicht nur die Erkenntnisse der Komplexitätstheorie, daß nämlich zwischen „gutartiger" und „bösartiger" Endlichkeit unterschieden werden muß, sondern auch tiefliegende mathematische Erkenntnisse über kombinatorische Strukturen (zum Beispiel Matroide und verwandte Strukturen) haben dazu geführt, daß die kombinatorische Optimierung zu einem zentralen Forschungsgegenstand geworden ist.

Zahlreiche Anwendungen aus den Naturwissenschaften (Physik, Biologie, u.a.), aus den Wirtschaftswissenschaften und aus den Ingenieurwissenschaften haben zu einer weiteren Entwicklung der kombinatorischen Optimierung beigetragen. Hierzu zählen zum Beispiel Verfahren zum Management von Blutbanken, optimale Exploration von Erdölfeldern, Seriation von archäologischen Funden, Gencodierungen, Einsatzpläne für Feuerwehren und Notärzte, optimale Flug- und Fahrpläne, optimale Aufteilung von Wahlkreisen usw.

2 Methoden und mathematische Probleme beim VLSI-Design und -Layout

Die heute verwendeten Technologien beim VLSI-Design zerlegen den Entwurfsprozeß üblicherweise in verschiedene Phasen, die im folgenden vereinfacht dargestellt werden:

Der *Entwurf der Systemarchitektur* befaßt sich mit der Festlegung der Ziele und den technischen Nebenbedingungen des zu entwerfenden Chips. Im sich anschließenden *logischen Design* und *Schaltkreisdesign* wird eine logische Representation des Schaltkreises gegeben (zum Beispiel als Boolesche Funktion oder Automat) und seine Realisierung durch elektronische Bausteine festgelegt. Das Resultat dieser Phase ist, vereinfacht gesprochen, eine Menge von sogenannten *funktionalen* Blöcken mit bestimmter Gestalt und festgelegten Eingabe- und Ausgabepins, sowie eine Liste sogenannter *Netze,* d.h. Mengen von Blöcken mit spezifizierten Pins, die untereinander verbunden werden müssen. Die Liste der funktionalen Blöcke und die Liste der Netze bilden den Ausgangspunkt für die *Layout-Phase.* Hier werden die Blöcke auf der (vorgegebenen oder hypothetischen) Chipfläche plaziert und, unter Beachtung technologischer Restriktionen, miteinander „verdrahtet". Die weiteren Phasen im gesamten Designprozeß befassen sich dann mit dem Testen und der *Fehleranalyse* des Chips sowie schließlich der Herstellung eines Prototyps und der *Fabrikation.* Es sei nochmals betont, daß dies nur eine grobe Einteilung in Phasen darstellt, und daß es eine Vielzahl von Rückkopplungen und Übergängen zwischen den einzelnen Phasen gibt.

Bei der Herstellung von Multipurpose-Chips, die bei zukünftigen Rechnergenerationen von besonderer Bedeutung sind (Rechner auf einem Chip), sind bei der heutigen Technologie die Phasen des logischen Entwurfs und des Layouts streng getrennt. Das bedeutet, daß sich die Layout-Phase als rein kombinatorisches Problem darstellt, bei dem es darum geht, eine Realisierung (Plazierung und Verdrahtung) der gegebenen Listen von funktionalen Blöcken (Standardbausteinen) und ihren Verbindungen untereinander (Netze) unter Beachtung verschiedener Nebenbedingungen und Zielkriterien zu konstruieren. Nebenbedingungen und Zielkriterien gestalten sich je nach verwendeter Technologie und Architektur (zum Beispiel gate array, custom design) unterschiedlich. Gemeinsam ist ihnen allen, daß in der Regel von einem Grid-Graphen ausgegangen wird, also einem Graphen, bei dem die Punkte den ganzzahligen Punkten der Ebene entsprechen und Kanten rechtwinklige Verbindungen zwischen diesen Punkten darstellen. Horizontal verlaufende Kanten bzw. vertikal verlaufende Kanten entsprechen dabei möglichen Verdrahtungen auf verschiedenen Ebenen des Chips, so daß Kreuzungen zwischen horizontal und vertikal verlaufenden Drähten möglich sind. Die Verbindung zwischen horizontalen und vertikalen Drähten ist durch sogenannte Vias in den Gitterpunkten, durch die die verschiedenen Ebenen miteinander verbunden werden, möglich. Da die technologische Realisierung von Vias aufwendig ist, kann auch die Minimierung der Anzahl Vias für die Verlegung der Netze eine wesentliche Rolle spielen.

Die zu plazierenden Standardbausteine beanspruchen in der Regel mehrere Gitterquadrate und können die bedeckten Kanten des Graphen (partiell) für die Verdrahtung blockieren. Ein- und Ausgabepins liegen auf Gitterpunkten (in der Regel am Rand der Standardbausteine) und können von außen über nicht blockierte Kanten des Graphen erreicht werden. Bei der Plazierung äußern sich die technologischen Restriktionen (Stromversorgung, Taktleitungen usw.) in Grenzlinien oder Kanten des Graphen, die von keinem Baustein bedeckt werden dürfen. Eine zulässige Plazierung resultiert also in einen Teilgraphen des Grid-Graphen, bei dem die verbleibenden Kanten die prinzipiellen Möglichkeiten der Verdrahtung beschreiben. In diesem Graphen sind dann, abhängig von der gewählten Plazierung, die Netze zu verlegen. Graphentheoretisch gesehen ist dann ein Netz ein zusammenhängender Teilgraph, der alle Punkte enthält, die zu Pins des gegebenen Netzes gehören. Da ein Leitungsstück nicht zu zwei Netzen gehören kann, sind die Netze so zu verlegen, daß je zwei Netze kantendisjunkt sind.

Zwei konkrete Ausprägungen dieses abstrakten Modells sind das sogenannte gate array design, das custom design, sowie das zwischen diesen Extremen liegende standard cell design (vgl. z.B. Mead und Conway 1980, Hu und Kuh 1985).

Im gate array design sind die funktionalen Blöcke Rechtecke derselben Höhe, aber unterschiedlicher Breite (Vielfache eines Einheitsquadrats). Diese Blöcke sind zeilenweise mit gleicher Höhe zu plazieren, wobei zwischen je zwei Zeilen (und gelegentlich auch zwischen Gruppen von Blöcken) horizontale (bzw. vertikale) Leitungen freibleiben. In diesen sogenannten *Kanälen* muß dann die Verdrahtung der Blöcke erfolgen, d.h. die von den Blöcken beanspruchte Fläche geht für die Verdrahtung verloren. Im Gegensatz zu dieser regelmäßigen Plazierungsstruktur steht das sogenannte *custom design*. Hier können die Blöcke ein beliebiges Konglomerat von Basis-Quadraten des Grid-Graphen überdecken, wobei wieder die Verdrahtung nur in der nichtbedeckten Fläche stattfinden muß.

Das beschriebene Modell zeigt deutlich den kombinatorischen Charakter des Problems. Es gibt zwar nur endliche viele Möglichkeiten der Plazierung und Verdrahtung, aber ihre Anzahl ist so groß, daß die Auswahl einer möglichst guten bzw. nur einer zulässigen Lösung im allgemeinen bereits ein extrem schwieriges (theoretisch gesehen NP-vollständiges) Problem darstellt. Tatsächlich begnügen sich in der Praxis eingesetzte Algorithmen und Programmpakete in der Regel damit, den Entwurfsprozeß des Ingenieurs nachzubilden bzw. ihm eine Programmierumgebung bereitzustellen, in der er interaktiv eine automatisch konstruierte Anfangslösung manuell verbessern bzw. vervollständigen kann (vgl. Hu und Kuh 1985; Soukup 1981; Ohtsuki 1986).

Weitgehend unabhängig von dieser Entwicklung hat die diskrete Mathematik, insbesondere die kombinatorische Optimierung, Methoden und Instrumentarien entwikkelt, die in ähnlich komplizierten Situationen (z.B. ganzzahlige lineare Optimierung, Traveling Salesman-Problem, Graphenalgorithmen, Matroidtheorie usw.) erfolgreich eingesetzt wurden. Diese Erkenntnisse werden erst seit kurzem auf das Problem des VLSI-Layout angewendet, haben aber bereits zu partiellen Resultaten für relativ eng beschränkte, spezifische Teilbereiche geführt. Tatsächlich befinden sich diese Entwicklungen jedoch erst am Anfang, und es ist zu erwarten, daß die Forschungsaktivität auf diesem Gebiet zu einer wesentlichen qualitativen Verbesserung der kombinatorischen Methoden im VLSI-Design führen wird. Nachstehend wird auf einige spezifische Anwendungsbereiche der diskreten Mathematik im VLSI-Design im Detail eingegangen.

2.1 Methoden zur Plazierung

Wie bereits weiter oben beschrieben, besteht die Layoutphase derzeit in der Regel aus zwei prinzipiellen Schritten, dem *placement* und dem *routing*.

Diese Schritte sind so vorzunehmen, daß dabei verschiedene Kriterien optimiert werden. Diese sind vor allem
- die Fläche
- die Verdrahtungsdichte (die möglichst gleichmäßig sein soll, um eine gleichförmige Wärmeabgabe zu garantieren)
- die totale Verdrahtungslänge
- sowie schließlich die maximale Leitungslänge eines Netzes (als Gradmesser für die Signallaufzeit)

Wegen der Komplexität der Aufgabenstellung werden die beiden Schritte derzeit in getrennten Phasen behandelt. Das Ziel der Plazierungsphase besteht dann darin, für die vorgegebenen Bausteine eine Position und Orientierung derart zu finden, daß einerseits die technologischen Restriktionen eingehalten werden, und andererseits bei möglichst kleiner Fläche eine gute Ausgangsposition für die Verdrahtung erreicht wird. Da dieses Optimierungskriterium nur schwer quantitativ faßbar ist, verwendet man eine dem Teilschritt der Plazierung angemessene Zielfunktion, deren Optimierung das Designziel möglichst gut erfaßt. Dies ist zum Beispiel dadurch möglich, daß die zur Verfügung stehende Fläche vorgegeben wird, und die Parameter Gesamtverdrahtungslänge und Verdrahtungsdichte den Optimierungsprozeß bestimmen.

Da die tatsächliche Verdrahtung im Plazierungsschritt noch nicht bekannt ist, muß man ein geeignetes Maß für die Gesamtverdrahtungslänge einführen. Für Punkt-zu-Punkt Verbindungen ist dies auf Grund der Manhattan-Struktur der Grid-Graphen natürlicherweise der Manhattan-Abstand. Schwieriger gestaltet sich die Messung der Verdrahtungslänge jedoch bei Netzen mit mehr als zwei Pins. Verwendete Ansätze sind etwa: Modellierung eines Netzes als vollständiger Graph (Gewichtete Summe der Verbindungen von je zwei Pins aus dem Netz), Modellierung eines Netzes als minimal spannender Baum auf Basis der Manhattan-Distanz der Pins untereinander (dieser Ansatz hat den Vorteil, daß für minimal spannende Bäume schnelle Algorithmen zur Verfügung stehen; vgl. Prim 1957; Kruskal 1956), Modellierung des Netzes als Steiner-Baum (hierdurch wird die beste Annäherung der wirklich erforderlichen Verdrahtungslänge erzielt, jedoch stellt die Berechnung eines minimalen Steiner-Baumes ein NP-vollständiges Problem dar), Berechnung des kleinsten Rechtecks, das alle Pins des Netzes enthält u.a.

Selbst bei Verwendung der einfachsten dieser Zielfunktionen ist das zugrundeliegende mathematische Problem im allgemeinen NP-vollständig, und kann daher bei den zu betrachtenden Größenordnungen nicht mit vertretbarem Zeitaufwand exakt gelöst werden. Man verwendet daher in der Praxis heuristische Verfahren zur Ermittlung guter Lösungen. In der Regel sind diese Algorithmen sequentieller Natur, die die Bausteine nacheinander auf der Basis eines Auswahlkriteriums (z.B. wähle den Baustein mit den meisten Verbindungen zu den bereits plazierten Bausteinen) auswählen und so plazieren, daß die zu minimierende Zielfunktion einen möglichst kleinen Zuwachs zeigt. Die so gewonnene Ausgangsplazierung kann dann durch lokale Änderungen noch verbessert werden. Eine Übersicht über solche Verfahren geben Hannan et al. (1976) und Soukup (1981).

Im Gegensatz zu sequentiellen Methoden stehen die simultanen Methoden. Sie modellieren beispielsweise das Plazierungsproblem durch ein mechanisches oder elektrisches System und lösen ein zugehöriges Gleichungssystem.

Bezüglich des zweiten Zielkriteriums, einer möglichst gleichmäßigen Verdrahtungsdichte, erweist sich ein „Mincut“-Ansatz als besonders günstig. Mathematisch gesehen handelt es sich dabei um das Problem, die Punktmenge eines Graphen so in zwei gleiche Teile (den *Schnitt*) zu zerlegen, daß die Anzahl der Kanten, die zwischen den beiden Teilen des Schnitts verlaufen, minimal wird. Beim Plazierungsproblem verwendet man ein entsprechend modifiziertes Modell, in dem die Bausteine den Knoten (mit geeigneten Gewichten, die proportional zur Fläche der Bausteine sind) und die Kanten den Netzverbindungen zwischen den Bausteinen entsprechen, und bei dem die beiden Teile des Schnittes eine ungefähr gleiche Größe, gemessen in der Summe der Knotengewichte, haben. Die rekursive Anwendung dieser Prozedur auf die jeweils entstehenden Teilmengen führt zu einem Placement, das erfahrungsgemäß zu einer relativ gleichmäßigen Verdrahtungsdichte führt. Allerdings ist auch hier das zugrundeliegende Graphenproblem bereits NP-vollständig, so daß Heuristiken als Approximation verwendet werden. Besonders bewährt haben sich hier Varianten der Kernighan-Lin Heuristik (Kernighan-Lin 1970; Schweikert-Kernighan 1972).

Diese grundsätzlichen Methoden können je nach verwendeter Architektur noch verfeinert werden. Sind die verwendeten Bausteine nahezu identisch wie beim gate-array Design, und erfolgt die Plazierung zeilenweise, so sind Techniken des *linearen Zuordnungsproblems* für lokale Verbesserungen einsetzbar. In diesem Fall erlauben diese Techniken einen zweistufigen Plazierungsprozeß, in dem erst die Zeile gewählt wird, und dann innerhalb der Zeile ein lineares Zuordnungsproblem gelöst wird. Tatsächlich läßt sich auch das verwandte, jedoch hochgradig schwierige (NP-vollständige) *quadratische Zuordnungsproblem* sehr gut für die Plazierungsphase verwenden (vgl. Burkard 1985). Die Entwicklung von Lösungsverfahren für dieses Problem bis in Größenordnungen, wie sie etwa für das ebenfalls NP-vollständige Traveling-Salesman-Problem bekannt sind, würde einen signifikanten Fortschritt für die Verwendung des quadratischen Zuordnungsproblems bei Fragen des Placements bedeuten.

Bei Architekturen mit Bausteinen unterschiedlicher Größe (insbesondere custom design) wird die Plazierung dadurch erschwert, daß der Parameter „nicht benutzte Fläche" sehr sensitiv gegenüber lokaler Änderung der Plazierung ist. Dies erfordert die Verwendung geeigneter Techniken zur schnellen Berechnung der neuen Position sowie der nicht verwendeten Fläche bei lokalen Tauschen. Dies kann modelliert werden durch Ungleichungsbeziehungen zwischen den Bausteinen, die einem bewerteten Digraphen entsprechen und mit Methoden zur Berechnung längster Wege in solchen Graphen gelöst werden können.

Einige weitere Anwendungen der diskreten Optimierung in diesem Gebiet betreffen Verfeinerungen des Mincut-Ansatzes. Zu nennen sind etwa die Betrachtung von mehr als zwei Teilmengen in einem Schritt (Kamarkar und Karp 1982), sowie die besondere Berücksichtigung von Mehrpunkt-Netzen. In voller Allgemeinheit führt dies zu einem entsprechenden Cutproblem für Hypergraphen, in dem jedes Netz eine Kante in dem Hypergraphen repräsentiert. In Hu und Moerder (1985) wird das zugehörige Hypergraphpartitionsproblem auf ein maximales Flußproblem in Graphen mit zwei Arten von Knoten zurückgeführt, indem die eine Knotenart die Bausteine repräsentiert, und die andere die Hypergraphkanten.

2.2 Methoden zur Verdrahtung

Nach beendeter Plazierungsphase läßt sich das in der Verdrahtungs-Phase entstehende Verdrahtungsproblem (Routing) folgendermaßen formulieren: Gegeben ist eine Menge von Punkten in der Ebene (Pins der Elementarbausteine) und eine Menge von Hindernissen (Verbotene Zonen in den Bausteinen, Taktleitungen, Stromversorgung usw.) sowie ein System von Teilmengen dieser Punkte (Netze). Gesucht ist pro Netz eine Verdrahtung, das heißt alle Punkte des Netzes müssen durch einen zusammenhängenden Graphen verbunden werden, wobei die Kanten des Graphen Leitungsstücke auf verschiedenen Ebenen des Chips darstellen. Die Zahl dieser Ebenen (in der Regel zwei) sowie der Verlauf der Leitungsstücke (Abstand untereinander usw.) ist durch die verwendete Technologie festgelegt. Der Übergang von einer Ebene zur anderen erfolgt durch Vias. Da die Erzeugung von Vias zusätzlichen Raum beansprucht, unterliegt sie in der Regel Zusatzrestriktionen; zum Beispiel kann für Vias ein größerer Minimalabstand gelten als für parallele Drähte. Da die Benutzung von Vias zudem den Fabrikationsprozeß erschwert, ist ihre sparsame Verwendung ein zusätzliches Zielkriterium bei der Verdrahtung eines Netzes. Unter den genannten Nebenbedingungen soll die Verdrahtung der Netze so erfolgen, daß je zwei Netze keine gemeinsamen Leitungsstücke benutzen, und die Anzahl der Vias „klein" bleibt.

Im einfachsten Fall, der auch bei den hier geschilderten Technologien verwendet wird, verwendet man zwei Ebenen, eine für *horizontale,* und eine für *vertikale* Verbindungen. In diesem Fall läßt sich das Modell durch einen ebenen Graphen, einen sogenannten Grid-Graphen modellieren, bei dem die Punkte den Gitterpunkten der Ebene entsprechen, und die Kanten des Graphen horizontale bzw. vertikale Verbindungen zwischen diesen Punkten darstellen. Hindernisse äußern sich dann darin, daß gewisse Kanten für die Verdrahtung nicht mehr zur Verfügung stehen, man also einen *Teilgraphen* des Grid-Graphen für die Verdrahtung zugrunde legt. Sieht man einmal von Via-Restriktionen ab, so läßt sich das Verdrahtungsproblem als ganzzahliges lineares Programm formulieren; und zwar genauer als *Packungsproblem,* bei dem für jedes Netz ein Steiner-Baum so in den zur Verfügung stehenden Graphen gepackt wird, daß ein

Zielkriterium wie Gesamtverdrahtungslänge oder Verdrahtungsdichte minimiert wird. Diese Darstellung hat jedoch nur beschreibenden Wert, da die Problemgröße (mehrere Millionen Punkte im zugrundeliegenden Graphen) eine Lösung dieses ganzzahligen linearen Programms unmöglich macht. Das gilt selbst für Verfahren, die nur auf die Realisierung einer zulässigen Lösung zielen, wie zum Beispiel eine sequentielle Verdrahtung der Netze.

Der heute übliche Ansatz zur Behandlung von Problemen dieser Größenordnung besteht in der Verwendung von *Dekompositionstechniken*. Solche Dekompositionstechniken spielen in verschiedenen Bereichen der diskreten Mathematik eine wichtige Rolle, etwa in der Schaltkreistheorie, der Netzplantheorie, der Dekomposition von Matroiden und anderen mehr; vgl. Möhring und Radermacher (1984). Ziel der Dekomposition ist es in allen Fällen, einen komplizierten Berechnungsprozess *zweistufig* durchzuführen, indem zunächst eine geeignete Zerlegung in Teile vorgenommen wird, dann in jedem Teil unabhängig eine Berechnung durchgeführt wird, die dann schließlich zu einer Gesamtlösung verknüpft werden. Bei der Verdrahtung äußert sich diese Dekompositionstechnik in der Zerlegung der Verdrahtungsphase in das sogenannte *globale* und *lokale Routing*. Das globale Routing unterteilt die zur Verdrahtung zur Verfügung stehende Fläche in geeignet kleine Teilstücke, und legt die Topologie der Netze bezüglich dieser Teilstücke fest. Hieraus resultiert die Unterteilung der Netze in lokale Netze auf den einzelnen Teilgebieten. Je nach Technologie werden unterschiedliche Methoden zur Dekomposition verwendet. Beim gate-array design ist die Verdrahtungsfläche auf natürliche Weise durch Kanäle gegeben, und das globale Routing braucht lediglich die Zuordnung der Netze zu den Kanälen festzulegen. Beim anderen Extrem, dem custom-design, müssen diese Kanäle erst geschaffen werden, was üblicherweise durch die Einteilung der Verdrahtungsfläche in möglichst große Rechtecke (unterschiedlicher Fläche) geschieht. Dieser Aufteilungsprozeß, und insbesondere die Zuordnung von Netzen zu Kanälen, erfolgt weitgehend heuristisch mit dem Ziel, eine gleichmäßige Verdrahtungsdichte zu erhalten.

Im lokalen Routing erfolgt dann die Verdrahtung der lokalen Netze in den vorgegebenen Gebieten bzw. Kanälen. In diesem Teil des VLSI-Designs wurden in den letzten Jahren durch den Einsatz der Methoden der diskreten Mathematik bereits beachtliche Fortschritte erzielt.

Bereits die ältesten Verdrahtungsalgorithmen (Lee's „Mazerunner", Hightower's „line expansion algorithm") und ihre Varianten benutzten Modifikationen klassischer Kürzeste-Wegealgorithmen (Dijkstra, Floyd-Warshall usw., die auf Grid-Graphen der Breadth-First- bzw. Depth-First-Search-Methode entsprechen. Hu und Shing (1985) kombinierten Mazerunner und Line-Expansion zum sogenannten Alpha-Beta-Router, in dem kostenminimale Wege gesucht werden, wobei sich Kosten additiv aus Weglänge und der Anzahl der Vias auf dem Weg ergeben. Ebenfalls klassisch zu nennen sind Untersuchungen zu minimalen Steiner-Bäumen bzw. geeigneten Heuristiken zu diesem bereits auf Grid-Graphen NP-vollständigen Problem (vgl. Chen 1983; Hwang 1978).

Neben diesen allgemeinen Methoden zur Verlegung einzelner Netze sind vor allem Methoden von Bedeutung, die sich mit der „parallelen" oder „nahezu parallelen" Verdrahtung von mehreren Netzen gleichzeitig befassen. Diese parallelen Methoden sind vor allem deswegen von Bedeutung, weil die sequentielle Verlegung von Netzen dazu tendieren kann, später zu verlegende Verbindungen zu blockieren, und dadurch nicht zu einer zulässigen Verdrahtung zu kommen, obwohl eine solche existiert.

Die Situationen, in denen solche parallelen Verfahren bislang verwendet werden, sind jedoch relativ speziell. Zu nennen ist vor allem das *Channel-Routing*. Hierbei liegen die zu verbindenden Pins auf zwei parallelen horizontalen Linien (den Begrenzungslinien des Channels). Obwohl auch dieses Problem NP-vollständig ist (Szyimanski 1985), existieren bereits relativ gute Heuristiken, vgl. z.B. Rivest und Fiduccia (1982). Andere Ansätze transformieren das Problem dahingehend, in einem abgeleiteten „vertical constraint graph" einen längsten Pfad zu finden. Das in diesem vertical constraint graph zu lösende Problem weist eine große Verwandtschaft zu Job-Shop-Scheduling Problemen auf, und zwar insbesondere zum Lösungsansatz der Disjunctive-Graph-Methode. Channel-Routing Algorithmen werden inzwischen in den meisten praktisch verwendeten Programmpaketen zum Routing verwendet.

Betrachtet man das leicht variierte Problem, bei dem Pins auf allen vier Seiten eines durch ein Rechteck begrenzten Grid-Graphen zugelassen sind, entsteht das sogenannte *Switch-Box-Routing-Problem*. Im Gegensatz zum Channel-Routing Problem sind in der Praxis für das Switch-Box-Routing Problem keine zufriedenstellenden Lösungsmethoden bekannt.

Dieses Problem ist in jüngster Zeit von verschiedenen Forschern innerhalb der kombinatorischen Optimierung aufgegriffen worden. Bisher wurden jedoch nur Spezialfälle betrachtet; genauer gesagt, die Relaxierung auf das Problem von paarweise *kantendisjunkten Wegen in Graphen*. Im Vergleich zum allgemeinen Routingproblem werden also nur Punkt-zu-Punkt-Verbindungen betrachtet, und die Viaproblematik (Kreuzung von Leitungen in Gitterpunkten) wird ausgeklammert bzw. dahingehend relaxiert, daß die Verlegung zweier abknickender Leitungen (amerikanisches Abbiegen, knock-knees) in einem Gitterpunkt erlaubt ist. Die bisher mit diesem Modell erzielten Ergebnisse sind jedoch vielversprechend und haben bereits fruchtbare Ansätze im Hinblick auf die Entwicklung paralleler Verdrahtungsalgorithmen erbracht. Grundlegend in dieser Richtung ist die Arbeit von Frank (1982), die notwendige und hinreichende Bedingungen für die Verdrahtung sowohl des Channel-Routing-Problems wie auch des Switch-Box-Routing-Problems (in der genannten Relaxierung) in einem vollständigen Grid-Graphen angibt. Ungefähr gleichzeitig betrachteten Okamura und Seymour (1981) den Fall kantendisjunkter Wege in beliebigen planaren Graphen mit der Einschränkung, daß die Pins nur auf dem äußeren Kreis des planaren Graphen liegen dürfen, und daß der Graph einschließlich der sogenannten Demand-Kanten (pro zu verbindendes Pinpaar wird eine Demandkante eingeführt) eulersch ist (Gradzahligkeit der Knotengrade). Beide Arbeiten wurden von Frank (1985) gemeinsam verallgemeinert auf den Fall, daß die Gradzahligkeitsbedingung nur für Knoten gelten muß, die nicht auf dem äußeren Kreis liegen. Alle genannten Arbeiten beinhalten zusätzlich zu der notwendigen und hinreichenden Bedingung Algorithmen zur Ermittlung eines System paarweiser disjunkter Wege. Die schnellsten Algorithmen sind von der Komplexität $O(V^3)$ für den Fall kantendisjunkter Wege, und $O(V^3 \log V)$ für den allgemeinen Fall ganzzahliger Mehrgüterflüsse. Die zugrundeliegenden Algorithmen verwenden Methoden für Flüsse bzw. Schnitte in planaren Graphen (Hassin 1981, Itai und Shiloach 1979) und Kürzeste-WegeAlgorithmen. Für den Grid-Graphen Fall wurden die Methoden von Frank von Mehlhorn und Preparata (1986) zu einem Algorithmus der Komplexität $O(N \log N)$ verbessert, wobei N die Anzahl der zu verbindenden Pinpaare ist. Dieses Ergebnis zeigt, daß die Komplexität nur von der Anzahl der verdrahteten Paare, und nicht von der Fläche abhängt.

Zu erwähnen sind schließlich neuere, bislang unveröffentlichte Arbeiten, die sich von der eingeschränkten Annahme, daß Pins nur auf dem äußeren Rand liegen, befreien. Zugelassen wird dabei, daß Pins außer auf dem äußeren Rand noch auf Rändern ausgezeichneter innerer Gebiete des planaren Graphen liegen dürfen. Als Zusatzinformation ist dann ein „globales" Routing der Zweiernetze in Form des prinzipiellen Verlaufs relativ zu den ausgezeichneten Gebieten gegeben (Homotopieklassen von Pfaden). Gesucht wird dann ein „lokales" Routing, das die genaue Lage der Wege unter Einhaltung der globalen Vorinformation festlegt (Kaufmann und Mehlhorn 1986; Schrijver und Van Hoesel 1986). Diese Arbeiten geben notwendige und hinreichende Bedingungen für die Existenz eines solchen lokalen Routings an und entwikkeln Algorithmen der Komplexität $O(N \log N)$ für den Grid-Graphen Fall, wobei N die Anzahl der Knoten des Grid-Graphen ist. Es ist zu erwarten, daß diese Ergebnisse Einfluß auf künftige Designsysteme haben werden. Allerdings ist hierzu noch ein Durchbruch im Hinblick auf eine Loslösung von den einschränkenden Nebenbedingungen (Gradzahligkeitsbedingungen) und die Betrachtung von beliebigen Netzen erforderlich. In diese Richtung zielt auch ein Teil der jüngsten Forschungen auf diesem Gebiet.

2.3 Hierarchische Methoden

Wie bereits oben erwähnt, ist effizientes VLSI-Design beim heutigen Stand der Technik ohne den Einsatz hierarchischer Methoden undenkbar. Aber durch die Verwendung hierarchischer Ansätze entsteht eine Vielzahl von neuen Problemen, die sich neben der Identifikation geeigneter Hierarchien etwa mit der Handhabung der Daten (Zugriff nur hierarchisch möglich) und der Bestimmung globaler Konfigurationen oder Parameter aus dieser Hierarchie befassen (vgl. Lengauer 1986; Lengauer und Mehlhorn 1984). Exemplarisch sei hier das Gebiet der hierarchischen Graphenalgorithmen genannt, das wegen der großen Anwendungsrelevanz von Graphenalgorithmen im VLSI-Design von besonderer Bedeutung ist.

Die Grundaufgabe hierarchischer Graphenalgorithmen besteht darin, algorithmische Probleme über Graphen bei einer gegebenen hierarchischen Beschreibung zu lösen. Im einfachsten Fall ist etwa der Graph gegeben durch eine Familie knotendisjunkter Teilgraphen und einen zugehörigen Quotientengraphen, der die Grobstruktur zwischen diesen Teilgraphen wiedergibt. Dies ist zum Beispiel die Standardsituation in der sogenannten *modularen Zerlegung oder Substitutionsdekomposition* von Graphen (vgl. Möhring 1986). Die Aufgabe besteht dann darin, etwa Zusammenhangskomponenten, kürzeste Wege, Flüsse usw. im Gesamtgraphen zu bestimmen, wobei nur Information aus den Teilgraphen und dem Quotienten-Graphen zur Verfügung steht. Im VLSI-Design werden verschiedene hierarchische Beschreibungen von Graphen eingesetzt. Prinzipiell ist es möglich, Grid-Graphen mit $N \times N$ Knoten durch Boolesche Funktionen der Schaltkreiskomplexität $O(\log N)$ zu beschreiben (vgl. Galperin und Widgerson 1983). Dies bedeutet eine exponentielle Datenkompression im Vergleich zur üblichen Graphendarstellung durch Adjazenzlisten. Sie hat zur Folge, daß selbst die einfachsten Graphenprobleme wie Zusammenhang, minimaler oder maximaler Grad, NP-vollständig bezüglich der komprimierten Darstellung werden. Ein wesentliches Problem ist daher die Suche nach *geeigneten hierarchischen Darstellungen,* die eine Vielzahl von standardmäßig im VLSI-Design verwendeten Aufgabenstellungen in polynominaler Zeit zu lösen erlauben.

Eine mögliche solche Darstellung, die auf Grid-Graphen anwendbar ist, wurde 1984 von Lengauer (1984) angegeben. Sie basiert auf einer kontextfreien Graphgrammatik, in der jeder nicht-terminale Knoten nur eine Produktionsregel hat. Bezüglich dieser hierarchischen Darstellung sind Zusammenhangsprobleme (schwacher, starker Zusammenhang), Kürzeste-Wege-Probleme, und das Problem, minimal spannende Bäume zu finden, effizient lösbar. Für Steiner-Bäume oder Mehrgüterflüsse sind bisher keine hierarchischen Algorithmen bekannt. Weitere offene Probleme in diesem Gebiet sind: Die Identifikation anderer geeigneter Hierarchien für polynomiale Algorithmen, sowie die Berechnung hierarchischer arithmetischer oder logischer Ausdrücke, wobei die Teile in der Hierarchie durch gerichtete azyklische Graphen dargestellt werden.

2.4 Spezielle Probleme im VLSI-Layout

Neben den oben beschriebenen „global-orientierten" Anwendungen der diskreten Mathematik im VLSI-Design, gibt es eine große Anzahl speziellerer Fragestellungen, die direkt oder indirekt verwandt zu Problemen im VLSI-Layout sind, und deren Untersuchung richtungsweisend für die Entwicklung neuer praktischer Methoden sein dürfte. Im folgenden werden einige dieser Probleme im Bereich des VLSI-Layout exemplarisch aufgeführt.

Methoden der *kombinatorischen Polyedertheorie* (Barahona et al. 1986) sind erfolgreich zur Minimierung der Anzahl der Vias bei vorgegebener Plazierung und Verdrahtung eingesetzt worden. Die verbleibenden Freiheitsgrade bei diesem Problem sind die Zuordnung von Verdrahtungsstücken zu Schichten des Chips (*Tansient-Routing*). Dieses Problem läßt sich auf das Maxcut-Problem in planaren bzw. fastplanaren Graphen zurückführen und mit Methoden der kombinatorischen Polyedertheorie lösen.

Methoden des *linearen Zuordnungsproblems* sind außer bei der Plazierung in den Zeilen beim gate-array design auch bei der Zuordnung von Pins im Channel-Routing-Problem angewendet worden (vgl. Atallah und Hambrusch 1986; Rothe und Rendl 1985). In diesem Fall besteht das Optimierungsziel darin, die Dichte, das heißt die Anzahl der Leitungen im Channel, zu minimieren.

Methoden der *algorithmischen Graphentheorie* (Golumbic 1980; Möhring 1985), insbesondere für Intervallgraphen, sind für das Channel-Routing Problem von Bedeutung (vgl. Hashimoto und Stevens 1971; Yoshimura und Kuh 1982).

Spezielle Fragestellungen entstehen auch bei der *linearen Einbettung* und bei der *Bucheinbettung* von Graphen. Die lineare Einbettung von Graphen behandelt das Problem, die Knoten eines Graphen so in eine lineare Reihenfolge zu bringen, daß verschiedene Kriterien minimiert werden wie etwa die *Bandweite* (maximaler Abstand zwischen den Positionen zweier durch eine Kante verbundener Knoten) oder die *Schnittweite* (die maximale Anzahl von Kanten die in der linearen Anordung parallel auftreten; sie entspricht der Anzahl der benötigten Leitungen bei einer Verdrahtung auf Basis der linearen Anordung). Beim *Bucheinbettungsproblem* sucht man eine lineare Anordung der Knoten, bei der die Kanten so in verschiedenen Ebenen (den „Seiten" des Buches) verlegt werden, daß sie in jeder Ebene kreuzungsfrei verlaufen. Die Anzahl der Ebenen (*Seitenzahl* des Buches) ist dann zu minimieren. Alle genannten Probleme sind NP-vollständig auf beliebigen Graphen, jedoch für verschiedene Teilklassen von Graphen effizient lösbar, vergleiche Yannakakis (1986a) für eine Übersicht. Zum Beispiel sind die Graphen mit Seitenzahl 1 gerade die außenplanaren Graphen. Für beliebige planare Graphen wurde von Yannakakis (1986b) gezeigt, daß für sie stets eine Einbettung in 4 Seiten existiert. Die Untersuchung der Komplexität dieser Graphenprobleme auf Klassen von Graphen mit günstigen strukturellen und algorithmischen Eigenschaften ist ein Untersuchungsziel, das zu weiterführenden Einsichten für allgemeine Verdrahtungsprobleme führen dürfte.

Weitere Anwendung der diskreten Mathematik im VLSI-Design, die nicht spezifisch layout-orientiert sind, betreffen: Untere Komplexitätsschranken für VLSI-Algorithmen, Entwicklung paralleler Algorithmen für bestimmte Problemklassen, unter anderem Graphenprobleme, und der Entwurf konkreter paralleler VLSI-Architekturen (vgl. etwa Ullman 1984; Leighton 1983; Leierson 1983).

Insgesamt zeigt sich, daß beim VLSI-Design und insbesondere beim Layout eine Fülle von Problemen der diskreten Mathematik auftreten. Methoden aus diesem Bereich sind bisher nur sehr partiell für die praktische Konstruktion von VLSI-Chips genutzt worden. Dies mag zum Teil daran liegen, daß die diskrete Mathematik, und insbesondere die kombinatorische Optimierung ihre Motivation, wie oben geschildert, aus anderen Anwendungsbereichen bekommen hat. Die Anwendung der kombinatorischen Optimierung im Bereich des VLSI-Designs steht daher erst an den Anfängen.

3 Schlußbemerkungen

Die Autoren hatten in letzter Zeit die Gelegenheit, die oben skizzierten Methoden der kombinatorischen Optimierung an realen Problemen von besonders hochintegrierten Chips zu testen. Hierbei wurden sehr große Layout-Probleme mit rund 30000 logischen Einheiten und mit etwa 40000 Verdrahtungsnetzen behandelt. Die Netzgröße variierte von zwei (Punkt-zu-Punkt-Verbindungen) bis zu 25 Pins. Der zugrundeliegende Grid-Graph hatte mehrere Millionen Knoten.

Die zu leistende Aufgabe bestand dann darin, eine zulässige Plazierung der logischen Einheiten mit zugehöriger Verdrahtung der Netze so zu finden, daß einige der obengenannten Zielfunktionskriterien optimiert wurden.

Wir haben dieses komplexe Optimierungsproblem im wesentlichen sequentiell in vier Phasen gelöst. In einer ersten Phase wurde eine grobe Plazierung der logischen Einheiten mit einer Variante des oben geschilderten Algorithmus von Kerninghan und Lin (1970) ermittelt. Für die globale Plazierung wurde dieser Min-Cut-Algorithmus rekursiv angewandt bis eine elementare Partitionierung in gewisse gleich große Flächenstücke erreicht wurde.

Diese Flächenstücke des Grid-Graphen wurden dann zu Superknoten zusammengefaßt. In diesem kontrahierten Graphen (in dem dann auch die Verbindungsnetze kontrahiert wurden) wurde dann im wesentlichen auf der Basis von Shortest-Path-Algorithmen eine globale Verdrahtung (global routing) vorgenommen, wobei für die Verdrahtungswege pro Flächeneinheit (Superknoten) im wesentlichen vier Homotopie-Klassen der Wegrichtungen gewählt wurden (nach oben, nach unten, nach rechts, nach links).

In einer dritten Phase des Optimierungsprozeß wurden dann die einzelnen logischen Einheiten je Flächeneinheit (Superknoten) plaziert. Hierbei wurden kombinatorische Verfahren des Bin-Packing, Matching, und des Knapsack-Problems angewendet.

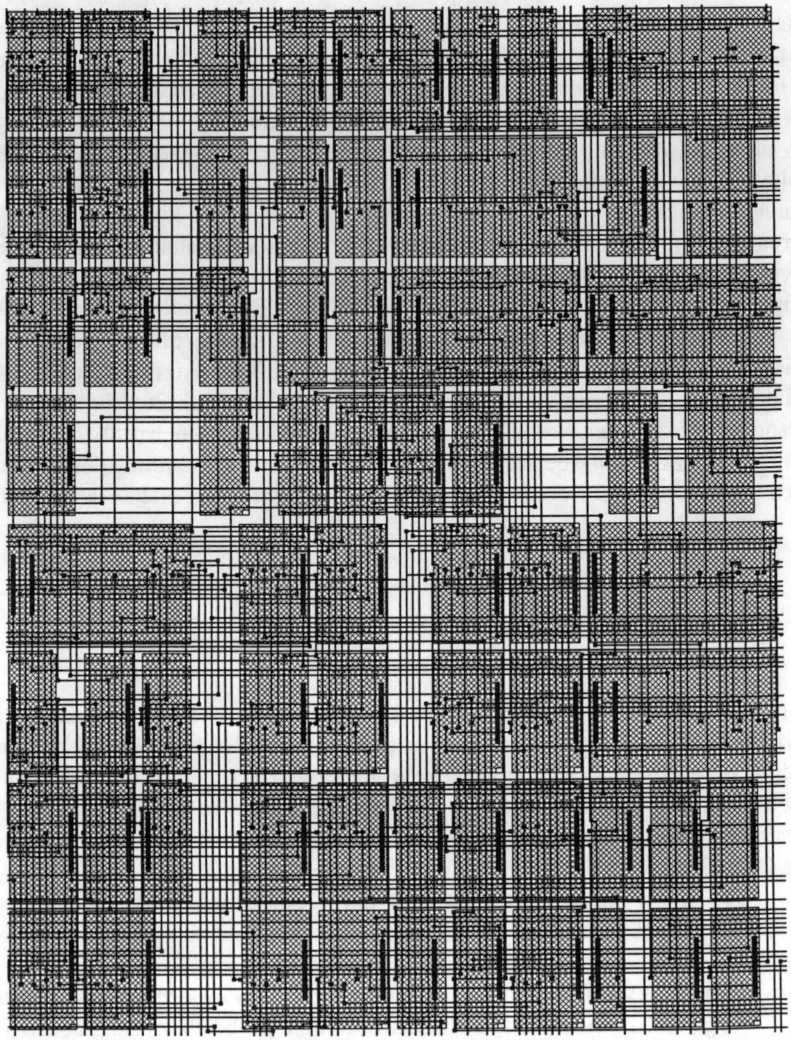

Abb. 1

In einer vierten Phase wurde dann die lokale Verdrahtung (local routing) zwischen den Pins aller Verdrahtungsnetze durchgeführt. Es sei angemerkt, daß die gesamte Struktur des Chips schon durch die drei ersten Phasen vollständig festgelegt wurde. Insofern bedeutet die lokale Verdrahtung, daß eine zulässige Verdrahtung für einzelne Netze gefunden werden muß (path finder). Diese vierte Phase des Algorithmus wurde ebenfalls sequentiell mit Varianten der Shortest-Path-Methode und geeigneten Steiner-Tree Heuristiken durchgeführt, wobei bezüglich der Sequentialisierung greedy-ähnliche Verfahren und Greedoid-Strukturen (vgl. Korte und Lovász 1984) zugrunde gelegt wurden. Sie war hinsichtlich der Rechenzeit die aufwendigste Phase. Rund 90 % der Rechenzeit wurde in dieser vierten Phase verbraucht. Es kam auch vor, daß der Path-Finder-Algorithmus stoppt, weil er gewisse Verdrahtungen nicht verlegen konnte. Dann wurde er mit einer modifizierten Gewichtung und einem veränderten

Zielkriterium erneut gestartet, um schließlich eine zulässige Verdrahtung in dem bereits durch die Phase 1, 2 und 3 des Designalgorithmus festgelegten Chip zu finden. Mit dem hier nur sehr kurz skizzierten algorithmischen Ansatz wurden VLSI-Designs erzielt, die bezüglich Rechenzeit, Homogenität und Platzbedarf zum Teil wesentliche Vorteile gegenüber bisherigen Ansätzen brachten. Abbildung 1 zeigt einen kleinen Teilausschnitt einer Realisierung.

Zusammenfassend kann festgestellt werden, daß mit den Design- und Layout-Problemen von Chips ein weiteres hochinteressantes und komplexes Anwendungsgebiet der kombinatorische Optimierung aufgetan wurde. Hier sind die mathematischen Optimierungsmethoden und auch die ingenieurwissenschaftlichen Designmethoden noch sehr stark in der Entwicklung, und es ist zu hoffen, daß sich diskrete Mathematik einerseits und Ingenieurmethoden des VLSI-Design andererseits noch weiter sehr stark wechselseitig befruchten werden. Wir wollten mit dieser kurzen Darstellung auch unterstreichen, daß die diskrete Mathematik und insbesondere die kombinatorischen Optimierung eine sehr anwendungsorientierte mathematische Disziplin ist, die trotz ihrer relativ kurzen Geschichte bereits eine Fülle von Ergebnissen bereitstellt, die einen unmittelbaren Praxisbezug haben und für viele ingenieurwissenschaftliche Anwendungen, insbesondere auch in kritischen High-Tech-Bereichen zu einer wesentlichen Verbesserung existierender Methoden beitragen können.

Leider wird diese technologie-politische Komponente des Gebietes noch nicht in ihrer vollen Bedeutung erkannt, was sich zum Beispiel darin äußert, daß die diskrete Mathematik an den bundesdeutschen Universitäten nur sehr sporadisch vertreten ist. Im Sinne einer zukunftsorientierten Hochschulpolitik erscheint es uns unbedingt notwendig, ja sogar unumgänglich, diesen Bereich stärker zu fördern.

Literatur

Atallah M.J. und Hambrusch S.E. [1986]: An assignment algorithm with applications to integrated circuit layout. Discr.Appl. Math. 13 (1986) 9-22.

Barahona F., Grötschel M., Jünger M. und Reinelt G. [1986]: An application of combinatorial optimization to statistical physics and circuit layout designs. Preprint, Universität Augsburg (1986).

Burkard R.E. [1985]: Assignment problems: Recent solution methods and applications. Preprint, Universität Graz, 1985.

Chen N.P [1983]: New algorithms for Steiner tree on graphs. Proc. ISCAS (1983) 1217-1219.

Frank A. [1982]: Disjoint paths in a rectilinear grid. Combinatorica 2 (1982) 361-371.

Frank A. [1985]: Edge-disjoint paths in planar graphs. J. of Comb. Theory (B) 39 (1985) 164-178.

Galperin H. und Wigderson A. [1983]: Succint representations of graphs. in: Information & Control 56 (1983) 183-198.

Golumbic M.C. [1980]: Algorithmic graph theory and perfect graphs. Academic Press (1980).

Hanan M., Wolff P.K. und Anguli B.J. [1976]: Some experimental results on placement techniques. in: Proc. 13th Design Automation Conf. (1976) 214-224.

Hashimoto A. und Stevens J. [1971]: Wire routing by optimizing channel assignment within large apertures. Proc. 8th Annual Design Automation Workshop Under Joint Sponsorship of SHARE, ACM, and IEEE (1971).

Hassin R. [1981]: Maximum flow in (s,t) planar networks. Inform. Process. Lett. 13 (1981) 107.

Hu T.C. und E.S. Kuh [1985]: Theory and concepts of circuit layout. in: VLSI Circuit Layout: Theory and Design (T. C. Hu, E.S. Kuh eds.). IEEE Press (1985).

Hu T.C. und Moerder K. [1985]: Multiterminal flows in a hypergraph. in: VLSI Circuit Layout: Theory and Design (T.C. Hu, E.S. Kuh eds.). IEEE Press (1985)

Hu T.C. und Shing M.T. [1985]: The alpha-beta routing. in: VLSI Circuit Layout: Theory and Design (T. C. Hu, E.S. Kuh eds.). IEEE Press (1985)
Hwang F.K. [1978]: The rectilinear Steiner Problem. Design Automation and Fault-Tolerant Computing 2 (1978) 303-310.
Itai A. und Shiloach Y. [1979]: Maximum flow in planar networks. SIAM J. Comp. 8 (1979) 135-150.
Karmarker N. und Karp R.M. [1982]: The differencing method of set partitioning. UCB/CSD82/113, Univ. of Calif., Berkeley (1982).
Kaufmann M. und Mehlhorn K. [1986]: On local routing of two-terminal nets. Universität des Saarlandes, Preprint (1986).
Kernighan B.W. and Lin S. [1970]: An efficient heuristic procedure for partitioning graphs. Bell Syst. Tech. J. 49, (1970) 291-307.
Korte B. und Lovász L. [1984]: Greedoids, a structural framework for the greedy algorithm. in: W.R. Pulleyblank (ed.): Progress in Combinatorial Optimiyation. Proceedings of the Silver Jubilee Conference on Combinatorics, Waterloo, June 1982, pp. 221/243. Academic Press, London/New York/San Francisco 1984.
Kruskal J.B. [1956]: On the shortest spanning subtree of a graph. Proc. Am. Math. Soc., 7 (1956) 48-50.
Leighton, F.T. [1983]: Complexity Issues in VLSI. Cambridge, MA:MIT Press (1983).
Leiserson, C.E. [1983]: Area-Efficient VLSI Computation. Cambridge, MA:MIT Press (1983).
Lengauer T. und Mehlhorn K. [1984]: The HILL system: A design environment for the hierarchical specification, compaction, and simulation of integrated circuit layouts. Proc. MIT Conference on Advanced Research in VLSI(P. Penfield Jr. ed.) Artech House Co. (1984) 139-148.
Lengauer T. [1986]: Exploiting hierarchy in VLSI design. in: Lecture Notes in Computer Science (P. Makedon et al.eds.) (1986) 180-194.
Lengauer T. [1984]: Hierarchical graph algorithms. TR-SFB 124, No. 15, FB 10 Universität des Saarlandes, Saarbrücken, West Germany (1984).
Mead C. und Conway L. [1980]: Introduction to VLSI Systems. Reading. MA. Addison Wesley (1980).
Mehlhorn K. und Preparata F.P. [1986]: Routing through a Rectangle. J. ACM 33 (1986) 60-85.
Möhring R.H. und Radermacher F.J. [1984]: Substitution decomposition for discrete structures and connections with combinatorial optimization. Ann. Discrete Math. 19 (1984) 257–356.
Möhring R.H. [1986]: Algorithmic aspects of the substitution decomposition in optimization over relations, set systems and boolean functions. Annals of Op. Res. 4 (1986) 195-225.
Möhring R.H. [1985]: Algorithmic aspects of comparability graphs and interval graphs. in: I.Rival (ed) Graphs and Orders, Reidel Publ. (1985) 41-101.
Ohtsuki T. (ed.) [1986]. Layout design and verification. North-Holland (1986).
Okamura H. und Seymour F. [1981]: Multicommodity flows in planar graphs. J. Combin. Theory Ser. B31 (1981) 75-81.
Prim R.C. [1957]: Shortest connection networks and some generalization. Bell Sys. Tech. J. 36 (1957) 1389-1401.
Rivest R.L. und Fiduccia C.M. [1982]: A greedy channel router. in Proc. of 19th IEEE Design Automation Conf., (1982) 418-424.
Rothe G. und Rendl F. [1985]: Minimizing the density of terminal assignments in layout design. Preprint, Universität Graz 1985.
Schrijver A. und van Hoesel C. [1986]: Edge–disjoint homotopic paths in a planar graph with one hole. Report OS-R8608, Centrum voor Wiskunde en Informatica, Amsterdam, 1986.
Schweikert D.G. und Kernighan B.W. [1972]: A proper model for the partitioning of electrical circuits. in: Proc. 9th Design Automation Workshop (1972) 57-62.
Soukup J. [1981]: Circuit layout. Proc. IEEE, 69, (1981) 1281-1304.
Szymanski T. G. [1985]: Dogleg channel routing is NP-complete. IEEE Trans. CAD., Cad-4 (1985) 31-41.
Ullman J.D. [1984]: Computational aspects of VLSI. Computer Science Press, Rockville MD (1984).
Yannakakis M [1986a]: Linear and book embeddings of graphs. in: Lecture Notes in Computer Science (F. Makedon et al. eds.) (1986) 226-236.
Yannakakis M. [1986b]: Four pages are necessary and sufficient for planar graphs. 17th ACM Symp. on Theory of Computing (1986).
Yoshimura T. und Kuh E.S. [1982]: Efficient algorithms for channel routing. IEEE Trans. on Comp. Aided Design of Integrated Circuits and Systems, CAD-1 (1982) 25-35.

VII. Technologie und Strukturpolitik

VII. Technologie und Strukturpolitik

Innovationsförderung durch Technologieparks

HORST ALBACH und HERMANN TENGLER

Zusammenfassung

Technologieparks können ein effizientes angebotspolitisches Instrument zur Verringerung der besonderen Risiken innovativer Gründer und Kleinunternehmer darstellen. Sie können jungen und kleinen Unternehmen die Möglichkeit eröffnen, Größendegressionseffekte zu erzielen, negativen externen Effekten positive Synergiewirkungen entgegenzusetzen, die Suche nach Innovationen, ihre Finanzierung, Entwicklung und anschließende Marktumsetzung zu erleichtern und typische Probleme herkömmlicher Standorte auszuschließen. Die Erreichbarkeit dieser Ziele ist jedoch an sehr harte Bedingungen geknüpft. Erst die dynamische Kombination von innovativen Unternehmen, Technologiepark-Managern und Komunalpolitikern schafft die Voraussetzungen für den Erfolg von Technologieparks im Rahmen einer Politik, die die Suche nach neuen Strukturen der Wirtschaft dezentralisieren und die Risiken dieser Suche begrenzen sollte, sie aber nicht ausschalten darf.

1. Einleitung

Keine andere Form regionaler bzw. kommunaler Wirtschaftsförderung hat in den letzten Jahren auch nur annähernd so große Popularität erreichen können wie der Technologiepark. Seit Errichtung des ersten Technologieparks für innovative junge und kleine Unternehmen in Berlin im Herbst 1983 vergeht kaum ein Monat, ohne daß eine Stadt oder Gemeinde eigene Konzepte oder Absichtserklärungen vorlegt. Die Zahl der realisierten und geplanten Technologieparks lag Ende 1985 mit rund siebzig Parks bereits mehr als doppelt so hoch wie die Anzahl der traditionellen Industrie- und Gewerbeparks, die immerhin in der Bundesrepublik Deutschland bereits auf eine dreiundzwanzigjährige Tradition zurückblicken können.

Die Dynamik, mit der die Errichtung von Technologieparks in allen Regionen des Bundesgebietes vorangetrieben wurde und noch weiter wird, widerspiegelt die hochgesteckten Erwartungen an technologische Innovationen in ihrer Funktion als wirtschaftlicher Wachstumsmotor und an die Möglichkeit zur Mobilisierung brachliegenden Innovationspotentials in jungen und kleinen Unternehmen.

2. Technischer Fortschritt und Mittelstand

Neu ist das Wissen um die Rolle des technischen Fortschritts und die Bedeutung von Innovationen für den Wachstumsprozeß freilich nicht. Daß der technische Fortschritt nicht nur ein Element in den Rahmenbedingungen für den Wachstumsprozeß darstellt, sondern daß die technologische und innovatorische Dynamik das letzten Endes entscheidende Antriebsmoment im wirtschaftlichen Wachstums- und Entwicklungsprozeß ist, gehört zu den wichtigsten Erkenntnissen, die Joseph A. Schumpeter der modernen Wirtschaftstheorie gegeben hat. Kann man von Schumpeter einerseits lernen, daß die Wachstumsdynamik einer Wirtschaft ganz wesentlich durch die Innovationsdynamik ihrer Unternehmen bestimmt wird, so lassen sich aus dieser Analyse gleichwohl keine konkreten wirtschaftspolitischen Schlußfolgerungen ableiten – es sei denn die eines wirtschaftspolitischen Attentismus, da nach Auffassung Schumpeters das Phänomen des vermehrten Auftretens von Innovationen seinen Ursprung aus wirtschaftlichen Rezessionen bezieht.

Relativ neu ist dagegen das Wissen um die Bedeutung junger und mittelständischer Unternehmen für den technischen Fortschritt. Sah Schumpeter noch einen eindeutig positiven Zusammenhang zwischen Unternehmensgröße und Gestaltung des technischen Wandels [22], so wissen wir heute aus zahlreichen empirischen Arbeiten, daß die Rolle neugegründeter, kleiner und mittlerer Unternehmen im Innovationsprozeß nicht zu unterschätzen ist [14]. Zwar steigt der Anteil der Unternehmen, die überhaupt Forschung und Entwicklung betreiben, mit der Unternehmensgröße an; es läßt sich aber weder zeigen, daß Großunternehmen in Relation zur Beschäftigtenzahl oder Umsatz mehr Geld für FuE ausgeben – vielmehr ist das Gegenteil der Fall [7] –, noch daß die eingesetzten Mittel bei Großunternehmen effektiver verwandt werden [4]. Dazu paßt auch die Erkenntnis, daß kleine und mittlere im Gegensatz zu den großen Unternehmen, von denen in jüngerer Zeit eher Beschäftigungsfreisetzungen ausgehen, ihre überwiegend positive Beschäftigungsentwicklung verstetigen [6] und die meisten Regionen im Bundesgebiet mit relativ günstiger Arbeitsplatzentwicklung durch einen überdurchschnittlich hohen Beschäftigtenanteil in Kleinbetrieben gekennzeichnet sind [9].

Auch die technologieorientierten Existenzgründer – also die Schumpeter-Unternehmen par excellence – rücken im Hinblick auf die notwendige Bewältigung des Strukturwandels immer stärker in das Rampenlicht der wirtschaftspolitischen und wirtschaftswissenschaftlichen Diskussion. Kamen Untersuchungen in der Mitte der siebziger Jahre noch zu dem Resultat, daß die absolute Zahl von technologieorientierten jungen Unternehmen in der Bundesrepublik sehr niedrig lag [18], so ergeben neuere Analysen Hinweise auf einen erheblichen Anstieg der Zahl technologieorientierter Unternehmensgründungen in den letzten Jahren [24].

3. Wettbewerb und Marktversagen bei Innovationen

Wird die entscheidende Bedeutung der Innovationen für Wachstum und Wohlstandssicherung akzeptiert, dann stellt sich die Frage, warum gezielte staatliche Eingriffe in den Markt das Innovations- und Anpassungspotential des Marktes verbessern sollen. In der Vergangenheit wurde in den westlichen Industrieländern größtenteils die

Ansicht vertreten, daß der „trial and error"-Prozeß konkurrierender Marktteilnehmer, die neue technologische Lösungen und neue Produkte in der Hoffnung auf Gewinn anbieten, im allgemeinen der effizienteste Mechanismus ist, um neue, zukunftsträchtige Aktivitäten zu identifizieren und zu generieren [5]. Zudem läßt auch die unternehmensgrößenspezifische Verteilung von Innovations- und Beschäftigungserfolg Notwendigkeit und Legitimation einer gezielten Innovationsförderung kleiner und mittlerer Unternehmen, wie sie in und durch Technologieparks – häufig sogar beschränkt auf einige besonders wachstumsträchtige Branchen – praktiziert wird, nicht unmittelbar erkennen. Auf der anderen Seite muß natürlich auch für den Markt der Innovationen der Frage nachgegangen werden, ob Bedingungen vorliegen, unter denen der Wettbewerbsprozeß nicht so abläuft, wie es die gesellschaftlichen Ziele als wünschenswert erscheinen lassen.

Die erste Bedingung für Marktversagen sind economies of scale. Hierzu wird häufig angeführt, daß Erfindungen zunehmend komplexer und kostspieliger werden und somit eher Großunternehmen auf Grund ihres höheren Forschungsbudgets die technischen und finanziellen Risiken zu tragen in der Lage sind [10]. Durch das höhere Forschungsbudget eines Großunternehmens läßt sich zudem bei gleichzeitiger Durchführung mehrerer Projekte eine Risikostreuung erreichen; kleineren Unternehmen steht dagegen der Weg des internen Risikoausgleichs im allgemeinen nicht offen. Hinzu treten Größenvorteile im Management-Know-How und vor allem im Informationsbereich. Eine wirkungsvolle Informationspolitik, die nicht nur die Werbung für ein neues Produkt, sondern auch Marktforschung, d.h. Kenntnis über die Nachfragestruktur umfaßt, überschreitet in der Regel die finanziellen und organisatorischen Möglichkeiten kleiner und mittlerer Unternehmen. Andererseits bringt ihnen ihre relative Marktnähe einen unbestreitbaren Vorteil, was das Erkennen eines Bedarfs am Markt angeht. Die Analyse erfolgreicher mittelständischer Unternehmen zeigt, daß sie zu den nachfrageorientierten Innovationstypen gehören, die durch große Kundennähe in der Lage sind, schnell veränderte Kundenwünsche zu erkennen und diese in der Fertigung rasch und qualitaiv hochwertig zu erfüllen [1].

Ein zweiter Grund für staatliche Eingriffe können externe Effekte sein. Innovationen begünstigen häufig auch andere Marktteilnehmer und Nachahmer, wohingegen der Pionier, den diese nachahmen, die hohen Kosten und Risiken der Innovation allein zu tragen hat. Als Innovationshemmnis wird in diesem Zusammenhang in immer stärkerem Maße das geltende Patentrecht und seine Ausgestaltung empfunden. Hier sind es weniger die Patentgebühren als die Tatsache, daß der Patentschutz offenbar weniger wirksam geworden ist, was sich als innovationshemmend vor allem für mittelständische Betriebe auswirkt. Wenn ein Unternehmen fürchten muß, um die Früchte seiner Forschungstätigkeit gebracht zu werden, weil die Durchsetzung des Patentanspruchs gegenüber einem Patentverletzter zu wenig aussichtsreich oder zu kostspielig ist und weil der Schadensersatz, wenn er gewährt wird, in keinem Verhältnis zum getätigten Aufwand steht, dann erlahmt die Innovationsbereitschaft.

Eine dritte Bedingung für Marktversagen ist Unsicherheit über die Produktchancen. Trotz verschiedener Methoden zur Vorhersage technologischer Entwicklungen gibt es keinen verläßlichen Weg für private Firmen (oder für irgendjemand anderen) mit Sicherheit festzustellen, welche „Kinderschuh"-Technologie sich zu einem profitablen „Gewinner" mausern wird. Seit dem letzten Jahrzehnt haben sich zudem die Risiken, die bei der Vornahme von Innovationen einzugehen sind, erhöht, weil sich die Bedingungen, unter denen die Unternehmen arbeiten, mit dem Anstieg der Energiepreise nach den beiden Ölpreisschocks der Jahre 1973 und 1979 und der Aufwertung der D-Mark nach der Freigabe der Wechselkurse im Jahre 1973 grundlegend verändert haben.

Einige Bedingungen, die – zumindest partiell – ein Marktversagen bei Innovationen nahelegen, sind ganz offenbar erfüllt. Analysiert man aber die Ursachen für das Auftreten dieser Bedingungen, so gewinnt man schnell die Erkenntnis, daß Wettbewerbsverzerrungen bei Innovationen häufig nur oberflächlich betrachtet durch Marktversagen, in Wahrheit vielmehr durch politisch gesetzte Fehlsteuerungen determiniert sind.

Ein besonders augenfälliges Beispiel für eine rahmenpolitisch bestimmte Fehlallokation bietet die Ordnung des Kapitalmarktes in der Bundesrepublik. Größenvorteile bei der Beschaffung risikobereiten Kapitals für Innovationen würden ja dann nicht existieren, wenn Unternehmen aller Größenklassen gleichgewichtete Finanzierungsmöglichkeiten zur Verfügung ständen. Kleinen und mittleren Unternehmen ist jedoch der Zugang zum organisierten Kapitalmarkt verschlossen, so daß sie kein Eigenkapital von außen beschaffen können. Fremdkapital für innovative Investitionen gibt es meist zuwenig, weil den Finanziers das Risiko zu hoch erscheint. Am stärksten ausgeprägt sind die Finanzierungsprobleme technologieorientierter junger Unternehmen. Auf Grund ihres hohen Risikos, aber auch ihres hohen Gewinnpotentials wären sie eigentlich für eine Finanzierung durch Eigenkapital besonders prädestiniert. Beschränkte Möglichkeiten zur Beteiligungsfinanzierung an kleinen und mittleren Unternehmen, wie sie in der Bundesrepublik vorherrschen, beeinträchtigen technologieorientierte Existenzgründer folglich in überdurchschnittlichem Maße.

Nicht minder bedeutsam ist als Innovationshemmnis das Fehlen von Gewerbeflächen und die bürokratische Vorgehensweise vieler kommunaler Stellen bei der Kommunalplannung und bei Genehmigungsverfahren. Aktuelle Standortuntersuchungen in verschiedenen Ballungsräumen kommen übereinstimmend zu dem Ergebnis, daß viele kleinere Betriebe im Gegensatz zu den größeren eine unzureichende Interessenwahrnehmung bei Fragen der Gewerbeflächenplannung und -nutzung durch die Behörden beklagen [15]. Gerade diese kleinen und mittleren Betriebe stellen aber vielfach das Wachstums- und Innovationspotential der Regionen dar. In dem Maße, wie ihnen Erweiterungsmaßnahmen am bestehenden Standort und Standortalternativen in der Nähe verweigert werden, bleiben zusätzliche Beschäftigungsmöglichkeiten ungenutzt. Solche Versäumnisse der Gewerbeflächenpolitik führen in einigen Räumen dazu, daß ca. ein Viertel des innerbetrieblich vorhandenen Wachstums- und Innovationspotentials zwangsläufig brach liegt.

4. Konsequenzen für die Innovationsförderung

Die Analyse der Wettbewerbsbedingungen bei Innovationen hat gezeigt, daß es eine Reihe von Gründen gibt darüber nachzudenken, unter welchen institutionellen Bedingungen dieser Wettbewerb besser funktionieren könnte. Die nachfrageorientierte Wirtschaftspolitik, die unter Berufung auf Keynes dem Staat die Verantwortung für die Überwindung von Wirtschaftskrisen durch finanzpolitische Maßnahmen zugewiesen hatte, konnte die Probleme nicht lösen [2]. Die Übernahme der Rolle des Versicherers gegen wirtschaftliche Risiken durch den Staat hat zu einer Erhöhung der Versicherungsansprüche auf Seiten der Arbeitnehmer und gleichzeitig zu einem Erlahmen der Risikobereitschaft auf Seiten der Unternehmer geführt. In dem Maße, wie der Staat zumindest einen Teil des unternehmerischen Risikos, das er den Unternehmen in der Marktwirtschaft übertragen hat, wieder zurücknahm, nahm die Sozialisierung der Gewinne zwangsläufig zu. Damit aber sanken nicht nur die Chancen des einzelnen Unternehmens, im „Innovationsrennen" den großen Preis zu gewinnen, eine zu starke Sozialisierung der Gewinne verminderte auch die Ausstattung der Unternehmen mit Risikokapital als Folge sinkender Selbstfinanzierungskraft und damit die Risikofähigkeit.

Der wie Keynes im Jahre 1883 geborene Schumpeter nannte daher zu Recht als notwendige Bedingung für das vermehrte Auftreten innovativer dynamischer Unternehmer den sichtbaren Erfolg ganz Weniger: „Außerordentliche Belohnungen, die viel größer sind als notwendig wäre, um eine besondere Leistung hervorzubringen, werden auf eine kleine Minderheit von glücklichen Gewinnern ausgeschüttet, und dadurch wird die große Mehrheit der Unternehmer zu viel größerer Aktivität getrieben, als eine gleichmäßigere und ‚gerechtere' Verteilung es täte." [22]

Die Konturen der notwendigen Rahmenbedingungen für effizienten Innovationswettbewerb sind damit abgesteckt. Eine Politik, die aus gutem privatwirtschaftlichen Geld schlechtes öffentliches macht, hat nicht nur einen Rückgang der Innovationsrate zur Folge, sondern sie birgt auch die Nachteile einer jeden Zentralisation. Es gibt keine gesicherte Theorie darüber, daß zentrale staatliche Stellen besser in der Lage sind, die zukünftige Entwicklung vorauszuschätzen und vorausschauend auf sie Einfluß zu nehmen als Unternehmen mit ihrem „trial and error"-Prozeß. Staatliche Organe benötigten dafür eigentlich die Summe dezentralen Wissens [11] und unternehmerisches Fingerspitzengefühl für aussichtsreiche Forschungsaktivitäten in sämtlichen bestehenden und möglichen Verwendungsrichtungen – Voraussetzungen, die von zentralen Behörden nicht zu erfüllen sind.

Gesamtwirtschaftlich ist es da wesentlich effizienter, die Risiken der Suche nach neuen Strukturen der Wirtschaft zu dezentralisieren. Jedes Unternehmen muß für sich auf die Suche gehen – eine Suche, die selbst in den neuen Schlüsseltechnologien Telekommunikation, Computertechnik oder Gentechnologie aber nie risikolos ist. Umso mehr kommt es darauf an, die Risiken durch angebotspolitische Maßnahmen zu verringern. Gerade für die kleinen und mittleren Unternehmen ist die angebotspolitische Entlastung von Risiken wichtig, da die Risiken auf Grund fehlender Möglichkeiten zum internen Ausgleich bei ihnen leicht existenzgefährdend groß werden können. In diesem Sinne können Technologieparks ein sinnvolles und effizientes angebotspolitisches Instrument zur Entlastung junger und kleiner Unternehmen von besonderen Risiken darstellen.

Akzeptiert man die dezentrale Suche innerhalb einer Risikogemeinschaft als obersten Grundsatz staatlicher Innovationspolitik, dann führt dies zu unmittelbaren Konsequenzen bezüglich Art und Reichweite der Förderung. Dezentrale Suche und direkte Forschungsförderung sind kaum miteinander zu vereinbaren. Die direkte Förderung überläßt die Bestimmung zukunftsträchtiger, förderungswürdiger Projekte letztlich wieder dem Staat; sie ist daher mit der Gefahr kollektiver Fehlentscheidungen und -entwicklungen behaftet. Darüber hinaus werden Unternehmen mit anderen Forschungsinhalten durch Maßnahmen der direkten Forschungsförderung diskriminiert.

Im Gegensatz zur direkten bleibt bei der indirekten Forschungsförderung die Auswahl der Forschungsinhalte dem Markt überlassen. Dieser grundsätzliche Vorteil wird allerdings mit dem Risiko erheblicher Mitnahmeeffekte erkauft, da ein unmittelbarer Zusammenhang zwischen Fördervergabe und Förderzweck fehlt [12]. Umgekehrt bedeutet die geringere Reichweite der indirekten Forschungsförderung ein Weniger an Interventionismus, der den Neigungen des Politikers, der zeigen will und muß, daß er etwas zur Lösung wirtschaftlicher Probleme tut, eigentlich sehr entgegenkommt. Damit verringert sich die Gefahr, daß der Staat bei Eintritt des Innovationsrisikos in die Verantwortung gezogen und um eine Sozialisierung der Verluste angegangen wird, mit dem Argument, durch die Setzung falscher Förderbedingungen zum Mißerfolg des Unternehmens oder der Unternehmen maßgeblich beigetragen zu haben. Ein zweites Grundprinzip der Innovationsförderung muß also heißen: Beschränkung auf Rahmenplanung, weitgehender Verzicht auf inhaltliche Planung.

5. Der Beitrag von Technologieparks zur Verbesserung der Wettbewerbsbedingungen junger und kleiner Unternehmen bei Innovationen

Inwieweit können nun Technologieparks ein sinnvolles Instrument darstellen, die Wettbewerbsbedingungen bei Innovationen zu verbessern und damit einen positiven Beitrag zu mehr Wachstum und Beschäftigung in der gesamten Volkswirtschaft zu leisten? Die bisherigen Überlegungen haben die ordnungs- und wachstumspolitischen Anforderungen an diese Aufgabe aufgezeigt und deutlich gemacht, daß die mögliche Effizienz von Technologieparks zunächst vor allem an den folgenden Fragen gemessen werden muß:

- Geben sie jungen und kleinen Unternehmen die Möglichkeit zu Größendegressions- und Synergieeffekten?
- Können sie dazu beitragen, externe Effekte zu reduzieren?
- Helfen sie, die Unsicherheit über die Produktchancen zu verringern?
- Verbessern sie die Finanzierungsbedingungen bei Innovationen?
- Leisten sie einen Beitrag zur Bewältigung von Standortproblemen?

Deutlich geworden ist aber auch, daß die Antwort auf jede einzelne dieser Fragen zugleich der Überprüfung standhalten muß, ob die Innovationsförderung durch Technologieparks mit den Grundsätzen einer risikomindernden angebotsorientierten Wirtschaftspolitik in Einklang steht, die die Suche nach neuen Produkten und Verfahren weitgehend dezentralisiert und bei der sich interventionistische Eingriffe des Staates auf das notwendige, vertretbare Mindestmaß beschränken.

5.1. Begriff des Technologieparks

Die herrschende Sprachverwirrung bei betrieblichen Standortgemeinschaften, die sich der Ansiedlung junger und kleiner technologieorientierter Unternehmen widmen – gebräuchlich sind neben Technologiepark die Begriffe Technologiezentrum, Technologiefabrik, Gründerzentrum, Innovationszentrum, Forschungspark – macht es zunächst erforderlich, die wesentlichen Merkmale von Technologieparks kurz darzustellen. Gemeinsam ist allen Technologieparks eine einheitliche Planung und Entwicklung des Areals durch eine Trägergesellschaft, eine in der Planungsphase entwickelte Konzeption, die auch eine Selektion bei den aufzunehmenden Firmen miteinschließt, sowie eine zentrale Verwaltung und Betreuung des Parks während der Betriebsphase. Die Leistungsangebote der Technologieparks umfassen neben Räumlichkeiten und Einrichtungen, die teils individuell, teils gemeinschaftlich (Labors, Büro- und Verwaltungseinrichtungen) genutzt werden, auch unternehmensbezogene Beratungs- und Vermittlungsdienstleistungen. Die Grundfinanzierung der Parks wird durch die Trägergesellschaft, die entweder rein staatlich, gemischtwirtschaftlich oder rein privatwirtschaftlich organisiert ist, wahrgenommen; daneben erfolgt meist eine – zum Teil erhebliche – finanzielle Förderung durch die jeweiligen Landesregierungen sowie auch eine Bundesförderung durch Einbeziehung einiger Technologieparks in den Modellversuch „Förderung technologieorientierter Unternehmensgründungen".

5.2. Möglichkeit zu Größendegressions- und Synergieeffekten

Einer der wesentlichen Vorteile für junge und kleinere Unternehmen in Technologieparks wird in der Möglichkeit zu Größendegressions- und Synergieeffekten gesehen, die sonst meist nur größeren Unternehmen vorbehalten sind. Diese Wirkungen sollen einmal durch die Sachmittelausstattung der Parks erreicht werden, zum anderen aber auch im Informationsbereich durch die Beratungs- und Vermittlungsleistungen des Zentrum-Managements.

Möglichkeiten zur Kostendegression durch Fixkostensenkung bzw. Umwandlung von fixen in variable Kosten werden dadurch geschaffen, daß die Unternehmen in den Technologieparks nur für diejenigen Leistungen zahlen, die sie tatsächlich in Anspruch genommen haben. Kosteneinsparungen erlaubt bereits die in der Regel flexible Gestaltung des Raumangebots. Die meisten Parks sind in Rasterbauweise erstellt und können dadurch weitgehend dem individuellen Flächenbedarf der Unternehmen angepaßt werden; zudem werden häufig Reserveflächen für Erweiterungen vorgehalten. Eine zusätzliche Reduzierung des Fixkostenblocks erlaubt die Ausstattung mit zentralen Einrichtungen (z. B. Empfang, Telefonzentrale, Telex, Schreibbüro, Kopierer und Konferenzraum), die in den bisher existierenden Technologieparks relativ einheitlich ist und den Benutzern entsprechend ihrer Inanspruchnahme in Rechnung gestellt wird. Eine dritte Komponente möglicher Größendegressions- und Synergieeffekte stellen die vielfältigen Beratungs- und Vermittlungsleistungen durch das Park-Management dar. Sie reichen von der kaufmännischen Beratung über Hilfen bei Technologietransfer, Marketing und Erschließung von Finanzierungsquellen bis zur Vermittlung von Kooperationen zwischen den ansässigen Unternehmen sowie mit benachbarten Forschungseinrichtungen.

Zweifellos kann jeder einzelne der genannten Vorzüge für einen Unternehmer Anreiz genug sein, sich in einem Technologiepark niederzulassen. Die Ergebnisse erster empirischer Analysen für die Bundesrepublik Deutschland belegen, daß die Möglichkeiten zu räumlicher Flexibilität, zu Kontakten mit Forschungseinrichtungen und zur Auslagerung von Verwaltungs- und Büroarbeiten durch Gemeinschaftsdienstleistungen die Hauptgründe für den Einzug in einen Technologiepark darstellen [25]. Genausogut können sich aber auch die angestrebten Vorzüge ins Gegenteil verkehren, wenn nämlich das Management des Parks bei der Planung des erwarteten Ausstattungsbedarfs Fehleinschätzungen unterliegt. So kann etwa eine Unterausstattung mit wichtigen Gemeinschaftseinrichtungen die Zugriffsmöglichkeiten des einzelnen Unternehmens in unzumutbarer Weise beeinträchtigen; nachhaltige Störungen des „Betriebsklimas" im Park, die auch der angestrebten Kooperation und Kommunikation zwischen den Unternehmen bzw. zwischen Unternehmen und Parkleitung abträglich sind, werden dann bald die Folge sein. Umgekehrt erhöht ein Überangebot an zentralen Einrichtungen bei streng verursachungsgerechter Kostenumlage die ohnehin beträchtlichen Anfangsdefizite von Technologieparks und verstärkt die Neigung, die anfallenden Kosten pauschal auf die Unternehmen umzulegen. An die Stelle von Kostendegression tritt Kostenprogression bei Gemeinschaftseinrichtungen. Dies wiederum beeinträchtigt den Anreiz auf andere Unternehmen, sich im Park anzusiedeln, und die Negativspirale des Kostenanstiegs setzt sich fort.

Betrachtet man den Trend in den neueren Technologieparks, keine bzw. nicht mehr so umfangreiche und nur den ausdrücklichen Wünschen der Mieter entsprechende zentrale Dienste bereitzuhalten [16], dann könnte dies ein Indiz für diesbezüglich schlechte Erfahrungen in den ersten, großzügig ausgestatteten Technologieparks im Bundesgebiet sein. Für die klassische Form betrieblicher Standortgemeinschaften in der Bundesrepublik, die Industrie- und Gewerbeparks, sind solche Erfahrungen belegt [13]. Auch bei der Errichtung von Technologieparks sollte man sich vor einer inhaltlichen Überplanung der Parks hüten und darauf vertrauen, daß genügend Nachfrage genügend privatwirtschaftliches Angebot schafft. Beherzigt man zudem eine der Basisvoraussetzungen für die Standortwahl von Technologieparks, nämlich die Verfügbarkeit einer hochwertigen Infrastruktur in der Gemeinde, dann sind wichtige unternehmensbezogene Dienstleistungen ohnehin in ausreichender Nähe des Parks erhältlich.

5.3. Reduzierung externer Effekte

Der Erfolg von Technologieparks ist eng an den Erfolg der in ihnen ansässigen Unternehmen gekoppelt. In dem Maße, wie es einigen Unternehmen in den Parks gelingt, durch hohe Pioniergewinne auf sich aufmerksam zu machen, werden die Parks weiterhin Anziehungskraft auf andere technologieorientierte junge und kleine Unternehmen ausüben können; zugleich werden auch innovative Impulse unter Marktteilnehmern an herkömmlichen Standorten ausgelöst.

Zur Sicherung hoher Pioniergewinne gehört die weitgehende Vermeidung externer Effekte. So fallen etwa Beratungs- und Vermittlungsdienste für die Verwertung von Urheberrechten und die Erlangung von Patenten und Lizenzen wiederum in den Aufgabenbereich des Technologiepark-Managements [19]. Noch wichtiger ist es aber zu vermeiden, daß die Technologieparks mit ihrem eigenen spezifischen Instrumentarium neue externe Effekte produzieren und somit selbst dazu beitragen, daß die beabsichtigte Wirkung kontrainduziert wird. Dies wäre einmal der Fall, wenn durch eine zu hohe Subventionsintensität in den Parks andere Unternehmen, die sich mit der gleichen Technik beschäftigen, aber nicht in einem Technologiepark angesiedelt sind, erhebliche Kostennachteile in Kauf zu nehmen hätten und folglich diskriminiert würden [21]. Dies wäre aber auch der Fall, wenn auf Grund der räumlichen Nähe mehrerer innovativer Unternehmen mit gleichgerichteten Arbeitsgebieten dem einzelnen Betrieb die Geheimhaltung seiner Forschungs- und Entwicklungsergebnisse und damit die Realisation des Markterfolges seiner Innovation nicht mehr gewährleistet wäre. Die Erfahrungen mit herkömmlichen Industrie- und Gewerbeparks haben gelehrt, daß viele Unternehmen für derartige Gefahren eine sehr hohe Sensibilität aufbringen, mithin erwartete Synergieeffekte durch Kooperation schnell unterbleiben [13]. Der richtigen Auswahl von anzusiedelnden Unternehmen, die mit ihrem Forschungs- und Entwicklungsprogramm nicht direkt miteinander konkurrieren, kommt hier eine entscheidende Bedeutung zu.

5.4. Abbau von Unsicherheit über die Produktchancen

Einer weiteren möglichen Ursache für Marktversagen, der Unsicherheit über die Erfolgsaussichten neuer Produkte, versuchen die Technologieparks durch strenge Selektion der anzusiedelnden Unternehmen und Produktionsvorhaben entgegenzuwirken. Dies geht soweit, daß in einer Reihe von Parks nur Unternehmen aus ganz bestimmten Technologiebereichen zugelassen werden. Dadurch wird die Suche nach Innovationen zentralisiert; in diesem Sinne sind viele Technologieparks – soweit sie in irgendeiner Weise öffentlich subventioniert werden – als ein Instrument direkter staatlicher Forschungsförderung anzusehen. Unabhängig von berechtigten Zweifeln, daß zentrale Organe zukünftige Marktentwicklungen besser beurteilen können, besteht die Gefahr, daß Techniken diskriminiert werden, die sich keiner großen Bekanntheit erfreuen und deren Erfolgsaussichten noch unbestimmt sind, im Erfolgsfalle aber besonders große Marktchancen versprechen.

Es wird zurecht darauf hingewiesen, daß die Ex ante-Beurteilung eines Projektes die wohl schwierigste unternehmerische Aufgabe für das Technologiepark-Management darstellt [21]. Die vereinzelt geäußerte Auffassung, die Produkte von jungen und kleinen Unternehmen in Technologieparks hätten generell nur geringe Erfolgsaussichten [8], ist hingegen nicht zu teilen. Die Vielzahl der angebotenen Beratungs- und Vermittlungsleistungen durch das Park-Management kann durchaus helfen, technologieorientierte Gründer und Kleinunternehmen bei der Suche nach Innovationen, ihrer Entwicklung und anschließenden Marktumsetzung wirkungsvoll zu unterstützen. In einem anderen Punkt tragen Technologieparks jedoch tatsächlich zu einer Erhöhung des Innovationsrisikos bei: Dadurch, daß in zahlreichen Parks die Verweildauer auf drei bis fünf Jahre begrenzt ist, kann der Zwang zur Standortverlagerung in den Fällen, in denen über die Marktreife des Produktes und damit über den Geschäftserfolg noch nicht entschieden ist, eine erhebliche Verringerung der Überlebenschancen bedeuten.

5.5. Verbesserung der Finanzierungsbedingungen

Ein Beitrag zur Verbesserung der Finanzierungsbedingungen technologieorientierter Jung- und Kleinunternehmen wird allein schon durch die Grundkonzeption der Technologieparks erbracht. Die Möglichkeit zur Miete angepaßter Gebäude und Flächen anstelle eines Kaufs, zur angepaßten Inanspruchnahme zentraler Gemeinschaftseinrichtungen, zur Auslagerung von Büro- und Verwaltungsarbeiten auf parkeigene Dienstleistungen, zur betriebswirtschaftlichen Beratung und zur Kooperation mit anderen Unternehmen oder Forschungseinrichtungen führt bereits in der Startphase des Innovationsprojektes zu einer spürbaren Absenkung des Eigenkapitalbedarfs. Eine derartige kostensenkende Substitution selbsterstellter Vorleistungen durch fremdbezogene Zulieferungen ist ordnungspolitisch völlig unbedenklich.

Einige Technologieparks, insbesondere solche, bei denen Kreditinstitute oder andere Finanzierungsinstitutionen in die Trägerschaft der Parks eingebunden sind, eröffnen ihren Mietern den Zugang zu speziellen Finanzierungsquellen. So sind z. B. – mitunter in Kombination mit der Eröffnung eines Technologieparks – Risikokapitalgesellschaften gegründet worden, ferner haben einige Sparkassen und Volksbanken Beteiligungs- und Innovationskreditprogramme für technologieorientierte Unternehmen aufgelegt, die zwar regional begrenzt, aber meist nicht ausschließlich Unternehmen in Technologieparks vorbehalten sind. Wenn auch die ersten Erfahrungen zeigen, daß die Implementation dieser neuen Programme noch mit erheblichen Schwierigkeiten verbunden ist [17], so sind diese Innovationen im Bereich der Kreditinstitute doch in jedem Fall als notwendiger und problemadäquater Ansatz zur Verringerung kapitalmarktbedingter Gründungs- und Entwicklungsbarrieren für technologieorientierte Unternehmen zu werten.

Bedenklich ist jedoch die augenblickliche Entwicklung, daß über eine Subventionierung der Grundstücks- und Gebäudekosten Mietpreise realisiert werden, die häufig mehr als fünfzig Prozent unter den Selbstkosten liegen [23]. Es kann nicht Aufgabe der öffentlichen Hand sein, mit der Begründung der Wetbewerbsförderung neue wettbewerbsverzerrende Subventionstatbestände zu schaffen. War z. B. in der Vergangenheit eine Überförderung infolge mangelnder Kumulierbarkeit der Länderprogramme zur Förderung von FuE-Vorhaben mit den Forschungsförderungsinstrumenten des Bundes weitgehend ausgeschlossen [12], so wird dieses Prinzip bereits durch die jüngst vorgenommene Einbeziehung einiger Technologieparks in die Förderung technologieorientierter Unternehmensgründungen aufgeweicht. Rechnet man nun noch die zum Teil erheblichen finanziellen Hilfen für Technologieparks durch die jeweiligen Länder und Gemeinden hinzu, dann ist eine ungerechtfertigt hohe Subventionsintensität schnell erreicht – zumal die Selektion von Unternehmen und Projekten bei der Ansiedlung in den Parks in Richtung direkte Forschungsförderung zielt, ohne jedoch Mitnahmeeffekte als unerwünschte Nebenerscheinungen der indirekten Förderung auszuschließen.

Die öffentliche Hand sollte sich vielmehr ihrer bloß anstoßenden Funktion bewußt bleiben und einen neuen Subventionswettlauf der Kommunen, der bereits bei der Ansiedlungswerbung für Industrieunternehmen zu Preisen weit unter den Selbstkosten geführt hat, verhindern. Eine massive Anfangsfinanzierung der Parks bzw. der in ihnen ansässigen Unternehmen löst keine Probleme, sie verschiebt sie nur in die Zukunft. Wenn dennoch heute schon abzusehen ist, daß die anfänglichen Betriebsverluste der Technologieparks doch überwiegend von der öffentlichen Hand zu übernehmen sind [20], dann sollte wenigstens ein Dauersubventionseffekt vermieden werden, indem etwa die Mietpreise schrittweise an die ortsübliche Miete herangeführt werden. Letztlich liegt eine Politik der Risikobegrenzung und nicht der Risikoausschaltung ja auch im Interesse der Unternehmen, die spätestens bei Auszug aus dem Technologiepark nach einigen Jahren gelernt haben müssen, unter „normalen" Marktbedingungen zu bestehen.

5.6. Lösung von Standortproblemen

Mietpreisniveau, Flächen- bzw. Gebäudezuschnitt und die übrigen spezifischen Ausstattungsmerkmale der Technologieparks bedeuten – soweit bedarfsgerecht angeboten – zweifellos eine hervorragende Standortbasis für technologieorientierte Jung- und Kleinunternehmen. Insofern kann man sicher davon ausgehen, daß Technologieparks auf Grund ihrer eigenen Infrastruktur geeignet sind, eine hohe Anziehungskraft auf standortsuchende innovative Existenzgründer auszuüben, daß sie andererseits aber auch eine echte Standortalternative für bereits bestehende technologieorientierte Kleinunternehmen darstellen, zumal gerade diese Gruppe speziell in Ballungsräumen überdurchschnittlich häufig von Standortproblemen bei ihren Gewerbeflächen und im Umgang mit Behörden betroffen ist. Mit ihrem flexiblen Raumangebot und der Vermittlungstätigkeit des Zentrum-Mangements verfügen die Technologieparks über alle Voraussetzungen, diese Lücke in idealer Weise auszufüllen.

Die Erfahrungen mit Industrie- und Gewerbeparks haben jedoch gezeigt, daß es standortsuchenden Unternehmen nicht nur – vielfach sogar weniger – auf die Standortbedingungen in einem Park selbst, sondern auch auf die Infrastruktur des räumlichen Umfeldes ankommt. So wird etwa auf Faktoren wie Verkehrsanbindung, Arbeitsmarktsituation sowie Nähe zu Absatz- und Beschaffungsmärkten oftmals größerer Wert gelegt als auf einige spezifische Standortmerkmale innerhalb der Parks [13]. Speziell für die Zielgruppe von Technologieparks dürften neben der Nähe zu Forschungseinrichtungen ein qualifiziertes Arbeitskräftereservoir, gute Möglichkeiten zur Risikokapitalbeschaffung durch regionale Kreditinstitute, ein gutes Angebot an berufsspezifischen Aus- und Weiterbildungseinrichtungen, eine gute Anbindung an Kommunikationstechniken, hohe Wohn- und Freizeitwerte sowie Flughafennähe Standortfaktoren von besonderer Wichtigkeit sein. Rechnet man hinzu, daß das Innovationspotential an Gründern und Kleinunternehmen quantitativ relativ begrenzt ist und nach allen bisherigen Erfahrungen auch Technologieparks kaum auf Fernansiedlungen hoffen können, dann wird deutlich, daß im Hinblick auf einen zufriedenstellenden Belegungserfolg im wesentlichen nur Großstädte bzw. gut ausgestattete Oberzentren als Standorte für diese Parks in Frage kommen. Es läßt sich daher heute schon absehen, daß in manchen Städten, in denen Technologieparks realisiert oder geplant sind, das wissenschaftlich-technische Potential nicht ausreicht, um die Parks mit innovativen jungen und kleinen Unternehmen zu füllen.

6. Schlußbemerkungen

Die Ausführungen haben gezeigt, daß noch eine Reihe der aktuellen wirtschaftlichen Rahmenbedingungen mit dem, was für das Auftreten und den Erfolg dynamischer, innovativer mittelständischer Unternehmen notwendig ist, wenig gemeinsam haben. Zwar hat die Wirtschaftspolitik erkannt, daß mit Maßnahmen der Nachfragesteuerung letztlich mehr Probleme geschaffen als gelöst werden; das heißt aber nicht, daß sich die Suche nach neuen Möglichkeiten, mit denen die Angebotsbedingungen vor allem technologieorientierter junger und kleiner Unternehmen verbessert werden können, einfach gestaltet.

Die Analyse hat ergeben, daß die Errichtung von Technologieparks ein Mosaikstein auf dem Weg zur Förderung der Wettbewerbsbedingungen bei Innovationen und damit zum Schritt aus der Beschäftigungskrise sein kann. Technologieparks können innovativen Gründern und Kleinunternehmen die Möglichkeit eröffnen, Größendegressionseffekte zu erzielen, negativen externen Effekten positive Synergiewirkungen entgegenzusetzen, die Suche nach Innovationen, ihre Finanzierung, Entwicklung und anschließende Marktumsetzung zu erleichtern und die typischen Probleme herkömmlicher Standorte auszuschließen. Diese potentiellen Erfolge sind jedoch an sehr harte

Bedingungen geknüpft. Sie werden dann nicht erreicht, wenn die Dimensionierung und Ausstattung eines Technologieparks am tatsächlichen Bedarf vorbeizielt, wenn die Selektion der anzusiedelnden Unternehmen und Projekte auf Fehleinschätzungen über die zukünftige Marktentwicklung und die Nachbarverträglichkeit der Betriebe beruht, wenn eine zumindest mittelfristig kostensenkende Finanzierung nicht gewährleistet ist oder wenn die Basisanforderungen an die Standortbedingungen im Umfeld des Parks nicht gegeben sind. Die Realisierung jeder einzelnen Erfolgsbedingung hängt ganz entscheidend von der Qualität des Park-Managements ab. Umgekehrt kann bei jeder einzelnen Erfolgsbedingung eine Verletzung die Nichterfüllung einer anderen nach sich ziehen und schließlich zum Scheitern des Technologiepark-Projektes führen.

Um einem Technologiepark zum Erfolg zu verhelfen, bedarf es jedoch nicht nur des dynamischen, innovativen Unternehmers und des dynamischen Park-Managers. Es bedarf auch des dynamischen Politikers [3]. Der dynamische Politiker zeigt sich an der Wiederentdeckung des Unternehmers durch eine Wirtschaftspolitik, die an der Verbesserung der allgemeinen Rahmenbedingungen ansetzt und durch leistungssteigernde Maßnahmen als Hilfe zur Selbsthilfe den Unternehmen den erforderlichen Entscheidungs- und Wachstumsspielraum beläßt. Er zeigt sich nicht durch Beteiligung an einem Subventionswettlauf um das Prestigeobjekt „Technologiepark", der deswegen zustande kommt, weil vielerorts Kommunalpolitiker ohne realistische Planung des Standortpotentials für einen Technologiepark immer wieder neue Zentren ins Leben rufen.

Die Verwechslung der Förderung des Wettbewerbs mit der Förderung der Wettbewerber ist ein fataler Fehler, den die Kommunalpolitik bei der Werbung um Industrieansiedlungen schon einmal begangen hat. Offenbar gilt der Schumpetersche Satz vom „sichtbaren Erfolg ganz Weniger" als Bedingung für die Aktivierung der breiten Masse also auch für die Aktivierung des Kommunalpolitikers. Die Schumpeter-Beteiligung des dynamischen Politikers, wie ihn die Wirtschaft heute benötigt, muß jedoch dort enden, wo der Politiker selbst zum Unternehmer wird. Er kann nämlich darauf vertrauen, daß die Aussicht auf Gewinne genügend privatwirtschaftliches Angebot schafft. Dies gilt auch für die Errichtung von Technologieparks.

Literatur

1 Albach H (1984) Die Rolle des Schumpeter-Unternehmers heute. Mit besonderer Berücksichtigung der Innovationsdynamik in der mittelständischen Industrie in Deutschland. In: ders.: Im Spannungsfeld von Unternehmenstheorie und Unternehmenspolitik. Bonn: 96-118

2 Albach H (1984) Rationale Wirtschaftspolitik und Mittelstandsforschung. IfM-Materialen Nr. 22. Bonn

3 Albach H (1979) Zur Wiederentdeckung des Unternehmers in der wirtschaftspolitischen Diskussion. Zeitschrift für die gesamte Staatswissenschaft 135: 533-552

4 Albach H, Bock K, Warnke Th (1985) Kritische Wachstumsschwellen in der Unternehmensentwicklung. Schriften zur Mittelstandsforschung Nr. 7 NF. Poeschel, Stuttgart

5 Bundesminister für Wirtschaft (1984) Positive Anpassungspolitik – Strukturanpassung durch Marktwirtschaft. BMWi-Studienreihe Nr. 42. Bonn

6 Dahremöller A (1985) Der Beitrag mittelständischer Unternehmen zur Beschäftigung und zum Wachstum unter Berücksichtigung der Unternehmensfluktuation. IfM-Materialen Nr. 32. Bonn

7 Deutscher Bundestag (1986) Faktenbericht 1986 zum Bundesbericht Forschung. BT-Drucksache 10/5298. Bonn
8 Eisbach J (1985) Gründer- und Technologiezentren – Sackgassen kommunaler Wirtschaftsförderung. PIW-Studien Nr. 1. Bremen
9 Ewers H-J, Fritsch M, Kleine J (1984) Bildungs- und qualifikationsorientierte Strategien der Regionalförderung unter besonderer Berücksichtigung kleiner und mittlerer Unternehmen. Schriftenreihe 06 „Raumordnung" des Bundesministers für Raumordnung, Bauwesen und Städtebau. Bonn
10 Galbraith J (1952) Der amerikanische Kapitalismus. Stuttgart Wien Zürich
11 Hayek F-A (1971) Die Verfassung der Freiheit. Tübingen
12 Hennicke M, de Pay D (1986) Zum Förderungssystem für kleine und mittlere Unternehmen – Analyse des Koordinations- und Harmonisierungsbedarfs der Förderprogramme des Bundes und der Bundesländer. Schriften zur Mittelstandsforschung Nr. 12 NF. Poeschel, Stuttgart
13 Hennicke M, Tengler H (1986) Industrie- und Gewerbeparks als Instrument der kommunalen Wirtschaftsförderung. Eine empirische Analyse in der Bundesrepublik Deutschland. Schriften zur Mittelstandsforschung Nr. 4 NF. Poeschel, Stuttgart
14 Industrie- und Handelskammer Koblenz (1975) Kein technischer Fortschritt ohne Mittelstand. Koblenz
Geiling B (1982) Der Beitrag kleiner und mittlerer Unternehmen zum technischen Fortschritt. Schriften zur Mittelstandsforschung Nr. 86. Schwarz & Co., Göttingen
Meyer-Krahmer F, Dittscher-Bischoff R, Gundrun U, Kuntze U (1984). Erfassung regionaler Innovationsdefizite. Schriftenreihe 06 „Raumordnung" des Bundesministers für Raumordnung, Bauwesen und Städtebau. Bonn
15 Institut für Mittelstandsforschung (1986) Die Wirtschaftsregion Bonn: Strukturprobleme und Entwicklungschancen. Schriften zur Mittelstandsforschung Nr. 11 NF. Poeschel, Stuttgart
Schanz H, Tengler H (1986) Der niederrheinische Wirtschaftsraum: Standortpotential und Perspektiven. Schriften zur Mittelstandsforschung Nr. 14 NF. Poeschel, Stuttgart
16 Krist H (1985) Der Beitrag von Technologiezentren zur Entwicklung technologieorientierter junger Unternehmen. Internationales Gewerbearchiv 3: 170-182
17 Krist H (o.J.) Neue Strategien in der Technologiepolitik: Lokale und regionale Initiativen zur Förderung technologieorientierter neuer und junger Unternehmen. Karlsruhe
18 Little Inc A (1977) New Technology – based Firms in the United Kingdom and the Federal Republic of Germany. London
19 Niopek W (1985) Der Beitrag öffentlicher Unternehmen zur Entwicklung von Technologieparks. Zeitschrift für öffentliche und gemeinwirtschaftliche Unternehmen 8: 301-309
20 Presse- und Informationsamt der Bundesregierung (1985) Technologieparks in der Bundesrepublik Deutschland. Aktuelle Beiträge zur Wirtschafts- und Finanzpolitik Nr. 34/1985
21 Schrumpf H (1984) Technologieparks als Instrument der kommunalen Wirtschaftsförderung. Bochum
22 Schumpeter J (1950) Kapitalismus, Sozialismus und Demokratie 2. Auflage. A Francke AG, Bern
23 Siegert G (o.J.). Konzeption, Finanzierung und Organisation von Innovations- und Gründerzentren. In: Institut zur Förderung von Existenzgründungen an der Fachhochschule des Saarlandes (Hrsg.). Innovations- und Gründerzentren – Instrument regionaler Strukturpolitik
24 Theobald M (1985) Technologie-orientierte Unternehmen in der BRD – eine empirische Analyse der Strukturbildungs- und Wachstumsphase von Neugründungen. Saarbrücken
25 Wilhelm H, Corsten H, Peckedrath P (1985) Erste Analyse ausgewählter Technologieparks in der Bundesrepublik Deutschland – Ergebnisse einer Befragung. Zeitschrift für betriebswirtschaftliche Forschung 7/8: 618-630

Mittelständische Unternehmen und globale Herausforderung

Carsten Thomas Ebenroth

Zusammenfassung

Die weltwirtschaftliche Integration deutscher Unternehmen bildet nicht nur durch die Globalisierung im Kommunikations-, Transport- und Produktionsbereich eine Herausforderung für die Unternehmensleitungen, sondern sie bildet in gleicher Weise neue Herausforderungen für den Staat, der sich durch die Gestaltung seiner Infrastruktur von anderen Nationen herausgefordert sieht.

1. Einleitung

Die Volkswirtschaften der drei größten Industriezentren der Welt befinden sich in einem immer stärker ausgeprägten Internationalisierungsprozeß. Die Bundesrepublik ist nach den USA und Japan der drittgrößte Exporteur von Waren und Dienstleistungen. Bei Direktinvestitionen hat die Bundesrepublik Deutschland, nachdem infolge des Zweiten Weltkriegs die meisten Auslandsengagements deutscher Unternehmen konfisziert worden waren, einen beachtlichen Aufholungsprozeß eingeleitet.

Zwischen den weltweit drei bedeutsamsten Industriezentren USA, Europa und Japan besteht ein Wettbewerb um die Entwicklung immer höherer Wertschöpfungsregionen. In diesem Wettbewerb können nur diejenigen Unternehmen bestehen, welche ihre technologische und organisatorische Kompetenz zu steigern vermögen. Technologische Herausforderungen, wie etwa die Entwicklung von Megachips, im Bereich der Biogenetik und der Optoelektronik verursachen hohe Anpassungskosten und stellen höchste Anforderungen an das Unternehmensmanagement. Gleichzeitig lösen sie schmerzhafte Strukturanpassungsprozesse aus. Diese führen zu sektoral hoher Arbeitslosigkeit, stellen das soziale Sicherungssystem vor eine Zerreißprobe und gefährden damit letztlich den Fortbestand der Demokratie. Die politische Akzeptanz einer nationalen Strategie zur Förderung innovatorischer Prozesse auf Unternehmensebene hängt deshalb entscheidend davon ab, inwieweit sie ein genügend großes Arbeitsplatz- und Wertschöpfungspotential erschließen kann. Daneben setzt die wirtschaftliche Innovationsfähigkeit auf gesellschaftspolitischem Gebiet auch Offenheit für soziale Innovationen voraus. Es können kaum technische und wirtschaftliche Entwicklungssprünge in einem gesellschaftspolitisch erstarrten System erwartet werden.

Solange der technische Fortschritt sich national begrenzen ließ, konnte der jeweilige Anpassungsprozeß weitgehend autonom gesteuert werden. Die weltwirtschaftliche Interdependenz hat diese Autonomie zusammenschmelzen lassen. Als rohstoffar-

che Interdependenz hat diese Autonomie zusammenschmelzen lassen. Als rohstoffarmes Land könnten wir den Ausstieg aus der Internationalisierung nicht verkraften. Vor diesem Hintergrund sind alle Versuche von interessierten Kreisen, etwa eine autonome Arbeitsmarktpolitik oder Infrastrukturpolitik zu betreiben, wenig wirkungsvoll.

Seit Anfang der 70er Jahre hat die politische und wirtschaftliche Vormachtstellung der USA empfindliche Einbußen erlitten. Die USA selbst wie auch die Gewinner dieser Entwicklung (Japan, Westeuropa und die Schwellenländer in der Dritten Welt) haben diese Rollenverschiebung ordnungspolitisch nicht nachvollzogen. Der Aufstieg Japans zu einer wirtschaftlichen Weltmacht, die exportorientierte Industrialisierung der ostasiatischen und lateinamerikanischen „newly industrialized countries" (NIC), die nachlassende wirtschaftliche Dynamik in den Industrieländern Europas und – wenn auch weniger stark ausgeprägt – in Nordamerika haben eine differenzierte polyzentrische Konstellation begünstigt.

2. Globalisierung im Kommunikations-, Transport- und Produktionsbereich

Die neuen Technologien haben eine auf den Weltmarkt ausgerichtete Diffusion technologischen Wissens begünstigt. Dieser Wandel hat durch eine Verkürzung der Transportwege und eine verbesserte Kommunikationstechnik die Voraussetzungen für eine Globalisierung der Weltwirtschaft geschaffen. Er ermöglicht den Wirtschaftsteilnehmern, die Vorteile der internationalen Arbeitsteilung weltweit wahrzunehmen. Transportkosten spielen hierbei angesichts der verbesserten globalen Kommunikationsmittel eine immer geringere Rolle. Zudem unterliegen diese Technologien – etwa im Bereich der Mikroelektronik und der neuen Fertigungstechniken – kaum protektionistischen Handelsbarrieren. Eine Ausnahme bildet das Regierungsabkommen zwischen den USA und Japan aus dem Jahr 1986, wonach die Preise für Elektronikbausteine ab 1. August 1986 durch ein Diktat des US-Wirtschaftsministeriums sprunghaft angehoben wurden. Man wollte damit die Überlegenheit der USA bei fortschrittlichen Waffensystemen sichern. Zum 1. Januar 1987 wurden die Preise um 40,9 % für einen Megabit-Chip gesenkt, weil die Preisanhebung die Japaner einseitig begünstigt hatte, nachdem sie die US-Speicherindustrie bereits weitgehend vom Markt geworfen hatte.

Der technische Fortschritt ist das wichtigste Motiv für die verstärkte Präsenz transnationaler Unternehmen auf dem Weltmarkt. Forschung und Entwicklung werden angesichts immer kürzer werdender Produktlebenszyklen zur entscheidenden Komponente im weltwirtschaftlichen Wettbewerb. Demgegenüber tritt die Hardware der industriellen Produktausstattung in ihrer Bedeutung zurück. Die wachsende Bedeutung kapitalintensiver Technologien und das rasante Tempo bei deren Fortentwicklung sind für die Unternehmen mit hohen Forschungs- und Entwicklungsaufwendungen und dem Zwang zur Fertigung optimaler Stückzahlen verbunden. Beides hat zur Folge, daß nur eine gleichzeitige weltweite Marktpenetration die notwendige Kostendegression sichern kann. Die unternehmerische Strategie folgt heute nicht mehr dem „Wasserfall"-Modell, sondern dem „Sprinkler"-Modell. Während das „Wasserfall"-Modell von einer schrittweisen längerfristigen Erschließung der Schlüsselmärkte ausgeht, sieht das „Sprinkler"-Modell eine gleichzeitige sofortige Überflutung aller Schlüsselmärkte vor. Damit verbreitet sich das Know-how global mit noch nie dagewesener Geschwindigkeit. Nur die sofortige Überflutung aller Schlüsselmärkte sichert die hohen Anfangsinvestitionen für neue technologische Entwicklungen und die laufenden Aufwendungen zur Instandhaltung und Modernisierung der Produktionsanlagen. Die nationalen Binnenmärkte sind für die notwendige Kostenamortisierung zu klein.

Das Phänomen der Globalisierung gilt allerdings nicht für alle Investitionsvorhaben. Ob eine Globalisierung möglich und vorteilhaft ist, hängt von der jeweiligen Nachfrage- und Angebotsstruktur sowie von den wirtschaftspolitischen Rahmenbedingungen ab. Grundsätzlich lassen sich vier Marktstrukturen unterscheiden:

- Geschäftsgebiete, in denen eine starke lokale Anpassung nicht sinnvoll ist, die globalisierungsfördernden Kräfte dagegen mit großem Vorteil genutzt werden können (z.B. Computer- und Unterhaltungselektronikindustrie);
- Geschäftsgebiete, in denen eine begrenzte lokale Anpassung notwendig ist und eine weltweite Integration aller Aktivitäten keine entscheidenden Wettbewerbsvorteile bietet, sog. „multinationale Geschäftsgebiete" (z.B. Industrie für elektrotechnische Ausrüstungsgüter);
- Geschäftsgebiete, in denen die globalisierungsfördernden Faktoren auf die Notwendigkeit lokaler Anpassung sehr ausgeprägt sind. Es handelt sich hierbei in erster Linie um durch Regierungsauflagen blockierte Globalgeschäfte (z.B. Rüstungsindustrie, Industrie für regionale Telefonnetze);
- Geschäftsgebiete, in denen eine hohe lokale Anpassung erfolgsentscheidend ist und/ oder keine wesentlichen Argumente für eine Globalisierung sprechen, sog. „lokale Geschäftsgebiete" (z.B. Nahrungsmittel, Basischemikalienindustrie).

3. Reaktionen auf die Strukturanpassung

Der technologische Umwälzungsprozeß und das Aufkommen neuer Konkurrenten erzeugt in den vom strukturellen Anpassungsprozeß betroffenen Staaten eine Abwehrhaltung im Sinne von neoprotektionistischen Tendenzen. So schottet die Landwirtschaftspolitik der Europäischen Gemeinschaft die Bauern konsequent gegen ausländische Konkurrenz ab. Zwar hat die Auslastung inländischer Kapazitäten in Krisenzeiten absoluten Vorrang vor dem Freihandel. Aber die Europäische Gemeinschaft subventioniert und reguliert Produktion und Absatz so umfassend, daß sie Ausfuhren verbilligt und Einfuhren behindert. Die Subventionierung von landwirtschaftlichen Exporten aus der Europäischen Gemeinschaft läuft dem Geist des Allgemeinen Zoll- und Handelsabkommens (GATT) zuwider, welches den Freihandel im Weltmarkt stark proklamiert und von allen EG-Mitgliedstaaten unterzeichnet wurde. Mit diesen subventionierten Ausfuhren konkurriert die Europäische Gemeinschaft mit Ländern wie Argentinien, Brasilien, Mexiko, Australien, Neuseeland u.a., die auf die Devisen, die sie mit ihren Agrarexporten erwirtschaften, dringend angewiesen sind. Ohne diese Einnnahmen sind diese Länder nicht dazu in der Lage, die Industriegüter, die sie aus Ländern wie der Bundesrepublik Deutschland importieren, zu bezahlen.

Weitere Beispiele für protektionistische Maßnahmen sind die Märkte für Kohle und Stahl und für Textilien. Bei öffentlichen Aufträgen aus Bundes-, Landes- und kommunaler Ebene werden ausländische Anbieter in aller Regel diskriminiert. Daneben wachsen auch die versteckten Handelshemmnisse etwa im Bereich der Normung von Industriegütern. Nach internationalen Schätzungen wird ca. ein Drittel des Imports der Bundesrepublik Deutschland durch derartige nichttarifäre Handelshemmnisse erschwert.

Handelshemmnisse entstehen weiterhin dadurch, daß die politischen Strategien und Entscheidungsprozesse nach wie vor national ausgerichtet sind. Nationale Alleingänge etwa beim Umweltschutz, etwa in Form der Einführung der Katalysatorpflicht für Automobile oder der Normierung der unterschiedlichen Sicherheitsstandards für Kernkraftwerke, können den internationalen Güteraustausch ernsthaft beeinträchtigen.

Eine exportkräftige mittelständische Industrie ruft nach freiem Zugang zu ausländischen Märkten und Sicherstellung der Versorgung mit Rohstoffen.

Große Forschungs- und Entwicklungsanstrengungen rufen nach Schutz des geistigen Eigentums.

Ein starkes Dienstleistungsgewerbe ruft nach Regeln und Prinzipien, denen der grenzüberschreitende Dienstleistungsverkehr zu gehorchen hat.

Die Vorteile der Marktwirtschaft werden von den ordnungspolitisch noch unerfahrenen Entwicklungsländern nicht an unseren Worten, sondern an unseren Taten gemessen. Es fällt deshalb schwer, den Süden von den Vorzügen der Marktwirtschaft zu überzeugen, wenn wir im Norden nicht bereit sind, uns deren Gesetzen zu unterziehen:

Es ist widersprüchlich, die Entwicklungsländer zu vermehrten Exportanstrengungen aufzurufen, während wir uns in der industrialisierten Welt der neuen Konkurrenz durch das Schließen unserer Märkte zu entziehen suchen.

Es ist unglaubwürdig, den Entwicklungsländern gesunde Staatsfinanzen zu predigen, während wir, die Industriestaaten, ein globales Budgetdefizit von Hunderten von Milliarden Dollar aufweisen, wovon mehr als 200 Milliarden allein durch die USA verursacht sind.

Es ist heuchlerisch, die Entwicklungsländer anzuhalten, angebots- und nachfragekonforme, an die Grenze der sozialen Belastbarkeit gehende Strukturanpassungsprogramme durchzuziehen, während wir im Norden durch Selbstbeschränkungsabkommen in Schlüsselbereichen Strukturerhaltung betreiben.

Es ist zynisch, die Entwicklungsländer aufzufordern, ihre landwirtschaftliche Produktion durch bessere Bezahlung der Agrarerzeugnisse anzukurbeln, während wir in den Industriestaaten die Weltmarktpreise durch subventionierte Exporte weit unter die Gestehungskosten drücken.

Die Schwierigkeiten, den Freihandel neu zu beleben, die bei der neuen GATT-Runde zutage getreten sind, lassen die Neuauflage eines weltweiten Handelsregimes à la Bretton Woods für die absehbare Zukunft als höchst unwahrscheinlich erscheinen. Wir erleben gegenwärtig eine Grundwelle gegen Internationalisierungsbestrebungen der 50er und 60er Jahre. Mobilität und Strukturanpassung sind untypisch, Immobilität wird zur Regel. Der Protektionismus wird als normal empfunden, der Freihandel ist überraschend.

Eine weitere Zunahme des Protektionismus erscheint wegen der nationalen Ausrichtung neuer politischer Themen nicht ausgeschlossen. Da die Politiker sich Wahlen stellen müssen und die negativen branchen- und lokalspezifischen Aspekte weltwirtschaftlicher Strukturanpassung für alle sichtbar sind, ist vielmehr zu erwarten, daß die kurzfristige protektionistische Strukturverweigerung, getragen durch die Interessenverbände der Unternehmer und Arbeitnehmer, auch künftig häufig die Oberhand gewinnt. Es kommt hinzu, daß die heutigen negativen Auswirkungen der Strukturanpassung vielfach durch politische und unternehmerische Versäumnisse vor längerer Zeit verursacht worden sind und Politiker wie Unternehmer auf diesen Fehlallokationen aufbauen müssen.

Diese Entwicklung kann nur gebrochen werden, wenn sich die wirtschafts- und gesellschaftspolitische Flexibilität und Mobilität erhöht. Hierbei ist zu berücksichtigen, daß der erforderliche wirtschaftliche Dynamisierungsprozeß im Spannungsfeld zwischen einer protektionistischen Strukturverweigerung, die national zu steuern wäre, und einem nationalen Souveränitäts- und Identitätsverlust infolge unvermeidbarer Globalisierungstendenzen zu verlaufen hat. Dabei ist offen, inwieweit die aus dem Freihandel erzielten Gewinne eine soziale Absicherung der durch den weltwirtschaftlichen Strukturwandel negativ Betroffenen ermöglichen werden.

4. Verschuldungskrise

Viele Entwicklungsländer, darunter vor allem die sog. Schwellenländer, sind in den 70er Jahren zur verstärkten Kreditaufnahme übergegangen. Sie haben die auf den internationalen Finanzmärkten vor allem wegen des ersten Ölpreisschocks überschießende Liquidität im Wege des Recycling des Petro-Dollars aufgenommen und in ihre Industrialisierung investiert. Gegenwärtig müssen sich diese Länder langwierigen Umschuldungsprozessen und strengen wirtschaftspolitischen Auflagen unterziehen, die deren politische Systeme außergewöhnlich stark belasten. Das herkömmliche Sanierungskonzept des Internationalen Währungsfonds in Form von Anpassung und Finanzierung ist häufig mit Importsubstitution und Exporterhöhung verbunden. Die Importsubstitution stößt auf natürliche und technologische Grenzen. Angesichts des Umfangs der Verschuldungskrise ist sie auch nur bedingt politisch durchsetzbar. Ein Abbau der Verschuldung ist demnach primär über steigende Exporteinnahmen anzustreben. Ausländischen Direktinvestitionen kommt hierbei wachsende Bedeutung zu. Voraussetzung hierfür ist allerdings, daß die Exportbemühung der Entwicklungsländer nicht durch Importrestriktionen von Seiten der Industrieländer unterminiert werden.

5. Neue Formen der Internationalisierung als Unternehmensstrategie

Vom Ansatz her kann man auf die dargelegten Tendenzen zu einer International Economic Disorder durch eine hierarchisch globale Aufteilung der verfügbaren Ressourcen oder marktwirtschaftlich im Sinne eines distributionsorientierten Entdekkungsverfahrens reagieren. Für die Bildung von Weltbehörden mit Exekutivmacht scheint die Zeit noch nicht reif zu sein, weil der Verlust nationaler Souveränität und Identität emotional höher eingestuft wird als die Vorteile, die sich aus einem größeren Binnenmarkt ergeben würden. Wir bewegen uns zwar in der Weltwirtschaft und sind auf dem Wege, auch realwirtschaftlich zu denken, doch wir besitzen noch immer nationale Goldreserven. Der Aufbau der Weltwirtschaft muß auf internationaler Basis geschehen; dazu besteht jedoch zur Zeit keine Bereitschaft.

Allerdings gibt es zumindest Bestrebungen – etwa in der G 5 oder G 7, der Gruppe der fünf bzw. sieben größten Industriestaaten, die nationalen Wirtschaftspolitiken zu koordinieren.

Vor allem auf dem Gebiet der Währungspolitik scheint die Einsicht in die Notwendigkeit internationaler Kooperation zu wachsen. Ob dann jedoch die vereinbarten Beschlüsse in die nationale Wirtschaftspolitik umgesetzt werden, entzieht sich jeder weiteren Kontrolle. Wenn man fordert, daß der Welthandel in ungehinderten Bahnen verlaufen solle, muß man notwendigerweise eine Weltzentralbank schaffen. Trotz der Kooperationen in der G 5 oder G 7 zählen wir lediglich die Menge der Währungen von Dollar, DM und japanischem Yen zusammen. Das ergibt eine gemeinsame Geldmenge, wobei die Geldmengenwachstumskorridore von jeder Nation unterschiedlich bestimmt und kontrolliert werden.

Grenzüberschreitende wirtschaftliche Transaktionen erfolgen herkömmlicherweise entweder durch Handel oder durch Internalisierungsprozesse innerhalb transnationaler Unternehmen. Exporte und Direktinvestitionen bilden insoweit die Gegenpole eines Bezugsrahmens internationaler Operationen. Der marktwirtschaftliche Ansatz zur Überwindung der gegenwärtigen weltwirtschaftlichen Turbulenzen erfordert neue internationale Transaktionsformen, die in verstärktem Maße eine globale Kooperation, eine Neuverteilung der Investitionsrisiken, eine Aufteilung der Kontrolle, der Verantwortung und des Gewinns sowie eine Verknüpfung von Kapital-, Technologie- und Warentransfer ermöglichen. Neue Formen der internationalen Investition als Alternativen zu allgemeinen Direktinvestitionen sowie neue Formen der Exportfinanzierung als Alternative zum klassischen Export sind herauszubilden. Zu diesen Formen internationaler Investition zählen Lizenzgeschäfte, Subcontracting, Beratungsverträge, Kooperationsverträge sowie Joint Ventures im Inland oder in Drittländern. Zu den neuen Formen der Exportfinanzierung gehören klassische und parallele Barter, Rahmenabkommen, Gegengeschäfte, Junktim-, Turnkey- und Rückkaufgeschäfte. Diese Erscheinungsformen sind geeignet, unter den bestehenden weltwirtschaftlichen Rahmenbedingungen die Transaktionskosten internationaler unternehmerischer Aktivitäten zu reduzieren. Sie teilen die Investitions- und Finanzierungsrisiken auf verschiedene Partner auf.

Die unternehmerische Strategie im Rahmen der Internationalisierung ist auf den Erhalt bzw. die Förderung der unternehmensspezifischen Wettbewerbsfähigkeit ausgerichtet. Komparative Wettbewerbsvorteile der Nationen oder einer Branche sind nur noch insoweit Teil der unternehmensspezifischen Wettbewerbsfähigkeit, als das Unternehmen diese auch umzusetzen weiß. Insgesamt geht es darum, die dem Unternehmen zur Verfügung stehenden Handlungsalternativen zu einer kohärenten Strategie mit dem Ziel einer langfristigen Erhaltung der Wettbewerbsfähigkeit zu verbinden.

Ausgangspunkt dieser Unternehmensstrategie ist die Entwicklung, der Erhalt und der Ausbau exklusiver Fähigkeiten, die dem Unternehmen einen absoluten Wettbewerbsvorteil gegenüber Konkurrenten verschaffen. Diese Vorteile ergeben sich insbesondere aus Vorsprüngen im technologischen Wissen, im organisatorischen Knowhow, in innovatorischen Fähigkeiten und in der Produktdifferenzierung. Sie resultieren aus spezifischen Vorteilen innerhalb eines Beziehungsnetzes von Unternehmen, sich der weltweiten Erfahrung dieses Beziehungsnetzes für das Verhalten auf den einzelnen Auslandsmärkten zunutze zu machen.

In einem zweiten Schritt geht es darum, ob die unternehmensspezifischen „core skills" in eine hierarchische Organisation eingebunden oder ob sie durch Koalition mit anderen Unternehmen bzw. durch vertragliche Vereinbarungen verschiedenster Art extern genutzt werden sollen. Welche Form der Übertragung gewählt wird, bemißt sich danach, welcher Transfer mit den geringeren Transaktionskosten verbunden ist. Je mehr Marktunvollkommenheiten dem externen Transfer entgegenstehen, umso eher wird das Unternehmen zu einer Internalisierung geneigt sein. Mit Hilfe der Internalisierung können zum einen Verhandlungskosten reduziert bzw. vermieden werden. Ein anderes Motiv besteht darin, durch die Kontrolle des Marktzugangs, des Produktionsprozesses und des Vertriebs einen Vorteil gegenüber Wettbewerbern zu erlangen. Hinzu kommt, daß mit Hilfe der Internalisierung auf staatliche Lenkungsmaßnahmen reagiert werden kann, sei es, daß diese durch den konzerninternen Transfer zum eigenen Vorteil ausgenutzt werden, sei es, daß man sich mit deren Hilfe vor staatlichen Eingriffspotentialen schützt. Schließlich kann der konzerninterne Transfer eine bessere Auslastung und Verbreitung der eigenen Unternehmenskapazitäten bewirken.

Drittens geht es um die Verwertung der unternehmensspezifischen Vorteile über die ganze Reichweite des Unternehmens in lokalen, regionalen, nationalen und internationalen Märkten. Das Unternehmen wird bestrebt sein, die eigenen unternehmensspezifischen Vorteile bestmöglich mit den ortsspezifischen Vorteilen des potentiellen Gastlandes zu kombinieren. Insoweit sind vor allem Größe, Regulierungsgrad und Konkurrenzsituation auf dem jeweiligen Markt bedeutsam.

Die aufgezeigte kohärente Strategie der Internationalisierung kann nur dann erfolgreich wirken, wenn sie auf juristische Rahmenbedingungen stößt, die den Internationalisierungsbestrebungen zumindest nicht entgegenlaufen. Insoweit sind sowohl der Heimat- als auch der Empfängerstaat der Investition gefordert. Die beteiligten Länder müssen durch die Ausgestaltung der rechtlichen Rahmenbedingungen dafür Sorge tragen, daß den beteiligten Unternehmen geeignete Instrumente zur juristisch-strategischen Vertragsentwicklung zur Verfügung stehen. Sie müssen gleichzeitig den wirtschafts- und gesellschaftspolitischen Konsequenzen des Internationalisierungsprozesses Rechnung tragen. Hieraus entsteht eine dialektische Beziehung zwischen Schutz bzw. Sicherheit auf der einen und Anpassung bzw. Umstrukturierung auf der anderen Seite. Beide Elemente bedingen sich gegenseitig und bilden ein labiles Gleichgewicht zwischen privatwirtschaftlicher Dynamik und sozialpolitischer Absicherung.

Aus der Sicht des Empfängerlandes geht es zum einen darum, stabile rechtliche Rahmenbedingungen als zentralen länderspezifischen Wettbewerbsvorteil zu schaffen. Die ortsspezifische Entscheidung zur Vornahme eines Ressourcentransfers hängt wesentlich vom Risikopotential ab, wie es sich für das beabsichtigte Transfergeschäft aus den jeweiligen staatlichen Eingriffsmöglichkeiten ergibt. Es besteht demnach zwischen den einzelnen potentiellen Empfängerländern ein Angebotswettbewerb um die Anlockung ausländischer Ressourcen. Durch eine Minimierung der Investitionsrisiken können auch Staaten, die ansonsten relativ wenige Standortvorteile bieten, zu Ressourcenempfängern werden.

Gleichzeitig kann das Empfängerland die Ausgestaltung seiner transferrelevanten Rechtsnormen zu steuerungspolitischen Zwecken einsetzen. Hierbei steht das Empfängerland vor der Aufgabe, zu einer seiner wirtschaftspolitischen Situation angemessenen Verteilung zwischen externem und internem Ressourcentransfer zu finden. So ist ein externer Ressourcentransfer grundsätzlich nur dann ökonomisch sinnvoll, wenn er im Empfängerland auf bereits etabliertes unternehmerisches Potential trifft, welches dazu in der Lage ist, die mit Hilfe des externen Transfers produzierten Waren erfolgreich auf dem Weltmarkt abzusetzen. Umgekehrt kommt ein interner Ressourcentransfer vornehmlich in den Bereichen in Betracht, in denen im Empfängerland bisher kein international konkurrenzfähiges unternehmerisches Potential vorhanden ist.

Aus der Sicht des Heimatstaates des Ressourcengebers kommt es zum einen darauf an, daß die infolge des Strukturanpassungsprozesses ausgelösten gesellschaftspolitischen Veränderungen sozialpolitisch kompensiert werden. Zum anderen gilt es, den Innovationsprozeß im Wege der Patentgesetzgebung, durch großzügige Abschreibungsmethoden im Steuerrecht sowie durch die allgemeine Bildungs- und Forschungspolitik zu unterstützen. Der stetige Abbau derartiger Innovationshürden kann hierbei auch alternden Unternehmen mit reifen Produkten und Technologien eine Revitalisierungschance eröffnen. Dagegen bedeuten punktuelle Verbesserungen spezifischer Wettbewerbsbedingungen eine Verschlechterung der allgemeinen Rahmenbedingungen und sollten deshalb unterbleiben. Schließlich kann durch den Abschluß von bilateralen Investitionsförderungsverträgen und die Etablierung nationaler sowie internationaler Investitionsversicherungssysteme eine aktive Förderung des Internationalisierungsprozesses erreicht werden.

Insgesamt geht es darum, den Internationalisierungsprozeß durch innovative Handels- und Investitionsformen seitens der Wirtschaft zu intensivieren und gleichzeitig eine Ausbalancierung zwischen Gewinnern und Verlierern des damit verbundenen Strukturwandels in einem politischen Klima von Konsens und Kooperation anzustreben. Hieraus ergibt sich für die internationale Vertragsforschung eine wichtige und lohnende Aufgabe. Es gilt nach neuen Kooperationsformen zu suchen, die das weltweite Entwicklungs-, Innovations- und Kostengefälle überbrücken, ohne daß hieraus Machtkämpfe, Handelskriege und ruinöse Verdrängungswettbewerbe entstehen.

6. Globale Herausforderungen für den Staat

Die immer stärker werdende weltwirtschaftliche Verzahnung fordert in besonderem Maße den Staat heraus, weil seine Politik keine extraterritoriale Durchsetzung erwarten kann. Die früher mögliche autonome Bestimmung nationaler Wirtschaftspolitik muß sich immer mehr am Hintergrund weltwirtschaftlicher Vereinbarkeit messen lassen. Das hierarchisch reglementierende Staatswesen sieht sich damit einem weltweiten Angebotswettbewerb für die wirtschaftlichen Rahmenbedingungen ausgesetzt. Das erfordert für die Formulierung und Implementierung staatlicher Politik eine laufende Analyse konkurrierender Rahmenbedingungen anderer Staaten, um Tragweite und Wirkungsweise staatlicher Politik auf die Investitionsbedingungen zu verdeutlichen. Nur so kann sich der Nationalstaat positiv auf Strukturanpassungen einstellen. Hierbei wird sich sein Gewicht von der Intervention und Strukturerhaltung schrumpfender Geschäftszweige auf eine vorausschauende Infrastrukturpolitik verlagern.

So ist der Staat mit seinem Ausbildungsmonopol herausgefordert, die Voraussetzungen für zukünftige Beschäftigung zu schaffen.

Die Verzahnung von Ausbildungsinhalten und zukünftiger Beschäftigungschance bildet das Kardinalproblem für eine positive Strukturanpassung. Nur wenn es gelingt, die Diffusion von High Tech-Wissen in einem kontinuierlichen Prozeß in die Ausbildungsinhalte schon der Grundschule, der weiterführenden Schulen und Universitäten zu übertragen, wird das Vertrauen auf den technischen Fortschritt und seine Akzeptanz gestärkt. Der Staat sollte sich bei der Anpassung und Flexibilisierung der Lehr- und Lerninhalte eng an die neuesten Entwicklungen der Grundlagen und der angewandten Forschung anlehnen und vorausschauend die Infrastruktur für zukünftige Beschäftigungsfelder aufbauen. Die auf dem Weltmarkt tätigen Banken, Versicherungen und Industrieunternehmen könnten und sollten dazu beitragen, daß die Lehr- und Lerninhalte laufend an die Bedürfnisse der Zukunft angepaßt werden. Die auf die Bedürfnisse eines ungehinderten Weltmarktes ausgerichteten Bemühungen in der Ausbildung können nicht früh genug beginnen.

Eine auf die Weltwirtschaft ausgerichtete staatliche Politik muß angesichts von Beschäftigungsproblemen im Inland stärker auf eine Deregulierung der Marktzugangsbedingungen ausgerichtet sein. So ist eine Anpassung der rechtlichen und steuerlichen Strukturen notwendig, um nicht künstlich Beschäftigung ins Ausland zu verlagern.

Bei tendenziell kürzer werdenden Produktlebenszyklen und der Notwendigkeit der sprinklerartigen Verbreitung neuer Produkte und Dienstleistungen wäre es vorteilhaft, wenn das deutsche Gesellschaftsrecht Ausgliederungen, Kooperationen mit Partnern in den USA und Japan und auch andere Aktivitäten wie Mergers & Acquisition erleichtern würde. Das geltende GmbH-Recht erfüllt diese Bedürfnisse nicht und auch die Rechtsprechung des Bundesgerichtshofs zur Ausgliederung wesentlicher Betriebsteile in der Aktiengesellschaft läßt eine an den Bedürfnissen des Weltmarkts orientierte Ausrichtung vermissen. Legislative, Exekutive und Judikative sind demnach herausgefordert, ihre Entscheidungen auf ihre Eignung zur Förderung der weltwirtschaftlichen Integration unseres Landes abzustimmen.

Für eine sinnvolle Formulierung und Anpassung der Politik ist es daher erforderlich, daß eine Logistik von Informationen und ihre Verarbeitung von Rahmenbedingungen mit uns im Wettbewerb stehenden Nationen aufgebaut wird. Eine den weltwirtschaftlichen Bedingungen angepaßte Ausrichtung der Rahmenbedingungen würde es dann auch ermöglichen, eine für den Industriestandort angepaßte Banken-, Handels- und öffentlich-rechtliche Förderungsstruktur einzusetzen. Die Zielrichtung staatlicher Reaktionen auf globale Herausforderungen in der Weltwirtschaft muß von der Behinderung der Strukturanpassung zur Deregulierung und Förderung der Infrastruktur in Konkurrenz zu den im Wettbewerb stehenden Nationen verlaufen. Sie erfordert eine andere kommunikative Infrastruktur in der Regierung, die es ihr ermöglicht, aktiv auf weltwirtschaftliche Bedürfnisse zu reagieren. Eine derartige informationstechnische Infrastruktur ist auch notwendig für regionale Kooperationen mehrerer Staaten für Projekte, die einzelstaatliche Nachfrage und Finanzierungskapazitäten übersteigen, wie z.B. bei der Raumfahrt, Flugzeug- oder Waffenentwicklung.

Vermögensbildung der Arbeitnehmer in Baden-Württemberg

EDUARD GAUGLER

Zusammenfassung

Die Förderung der Vermögensbildung der Arbeitnehmer gehört zu den politischen Zielen des derzeitigen Ministerpräsidenten von BadenWürttemberg. Auch in diesem Bundesland haben die Vermögensbildungsgesetze wie im gesamten Bundesgebiet fast ausnahmslos das Konten-, Bau- und Versicherungssparen nachhaltig gefördert. Die Arbeitnehmer verwenden ihre vermögenswirksamen Leistungen bislang nur minimal zur Anlage im Produktivvermögen. Wie in anderen Bundesländern ist ferner in Baden-Württemberg auch die Zahl der Firmen noch gering, die ihre Mitarbeiter kapitalmäßig beteiligen. Daher ist zu prüfen, ob die Landesregierung bei der von ihr beabsichtigten Privatisierung von gewerblichem Landesvermögen auch die Beteiligung der Arbeitnehmer am Produktivkapital der Wirtschaft ausweiten kann.

Seit dem Ende des Zweiten Weltkrieges hat der Staat in der Bundesrepublik Deutschland die private Vermögensbildung in vielfältiger Weise gefördert. Seine Bemühungen brachten bei der allgemeinen Vermögensbildung und ebenso bei der speziellen Vermögensbildung der Arbeitnehmer beachtenswerte Erfolge. Insbesondere forcierten die staatlichen Förderungsmaßnahmen in der Gesamtbevölkerung und bei den Arbeitnehmern die Bildung von Geld- und Gebrauchsvermögen sowie von Wohnungs- und Hauseigentum (Gaugler [1] S. 531/532). Dagegen ist die Beteiligung breiter Bevölkerungs- und Arbeitnehmerkreise am Produktivvermögen der Wirtschaft zurückgeblieben; die staatliche Förderung hat es bislang vor allem nicht erreicht, Arbeitnehmer und Unternehmen in größerem Umfang für das Engagement am produktiv genutzten Kapital der Wirtschaft zu gewinnen.

1. Politische Konzepte in Baden-Württemberg

Als diese Entwicklung bei der staatlich geförderten Vermögensbildung in den siebziger Jahren erkennbar wurde, entstanden im politischen Raum und bei gesellschaftlichen Institutionen zahlreiche Pläne für eine stärkere Beteiligung der Arbeitnehmer am Produktivvermögen der Wirtschaft (Halbach [5]). Am weitesten gingen damals Vorstellungen einiger Gewerkschaften und Parteien, die mit einer gesetzlich erzwungenen Gewinnbeteiligung der Arbeitnehmer zentralverwaltete Kapitalfonds schaffen und deren Erträge für Infrastrukturmaßnahmen verwenden wollten. Gegen solche kollek-

tivistischen Konzepte wurden Pläne zur verstärkten Förderung der Beteiligung der Arbeitnehmer am Produktivvermögen der Wirtschaft entwickelt, die den Vorstellungen von einer freiheitlichen Wirtschafts- und Gesellschaftsordnung und von der Sozialen Marktwirtschaft entsprachen.
Mitte der siebziger Jahre gehörte Lothar Späth zu jenen Politikern, die kollektivistische Konzepte zur Vermögensbildung der Arbeitnehmer nachdrücklich zurückwiesen, obwohl er konstatierte, daß der entscheidende Durchbruch zur Beteiligung der Masse der Arbeitnehmer am Produktivkapital trotz der staatlichen Förderung der Vermögensbildung noch nicht gelungen ist (Späth [7] S. 99 ff.). Er lehnte die damaligen Vorstellungen von zentralen Fonds als „Vermögenszwangsgemeinschaften" unmißverständlich ab und forderte für die Beteiligung der Arbeitnehmer am Produktivvermögen Formen, die individuellen Charakter besitzen. Seine Grundgedanken zur Vermögensbildung formulierte Späth so: „Vermögenspolitik hat ... mehr zu leisten als Umverteilung. ... Der freie Mensch in einer freien Gesellschaft mit sozialer Prägung wird einerseits frei durch die soziale Sicherung des Staates, durch die Solidarität der Gesellschaft. Er wird aber auch frei dadurch, daß ihm die Gesellschaft Raum gibt, durch Konsumverzicht, Leistung und Einsatz wirtschaftliche Unabhängigkeit zu erreichen" (Späth [7] S. 101).

Späths kritische Einstellung gegen kollektivistische Lösungen der Vermögensbildung blieb nicht auf die damals geforderten zentralen Fonds beschränkt. Er sah auch bei der betrieblichen Vermögensbeteiligung erhebliche Probleme und verwies auf den Zusammenfall von Arbeitsplatzrisiko und Vermögensanlagerisiko beim arbeitgebenden Unternehmen. Auch gegenüber der Beteiligung der Mitarbeiter am Erfolg ihres arbeitgebenden Unternehmens äußerte er sich damals skeptisch. Statt dessen sah er im Investivlohn den geeignetsten Ansatz für die Vermögensbildung der Arbeitnehmer und entwickelte ein Konzept für die Weiterentwicklung des Vermögensbildungsgesetzes (Späth [7] S. 104 ff.). Kernpunkt dieser Überlegungen waren spezielle Anlagefonds, die wie Investmentfonds betrieben und im Wettbewerb mit gleichartigen Fonds um die besten Anlageergebnisse stehen sollten. Für die Ausgestaltung solcher Anlagefonds entwickelte Späth eine Reihe von Detailvorstellungen, die inzwischen teilweise zum Inhalt des Zweiten Vermögensbeteiligungsgesetzes, das zum 1. Januar 1987 in Kraft trat, geworden sind. Die Aufbringung der Mittel für diese speziellen Anlagefonds sollte nach Späths Konzept durch den Investivlohn erfolgen, in dem er ein „marktwirtschaftliches Steuerungselement" sah. Mit diesen Anlagefonds wollte er die Anlagerisiken streuen und damit die Vermögensanlagen für die Arbeitnehmer sichern; gleichzeitig sollten sie den Vorsprung der großen Unternehmen bei der Kapitalbeschaffung nicht gegenüber den kleineren und mittleren Firmen weiter anwachsen lassen.

Als Ende der siebziger Jahre immer deutlicher wurde, daß der Staat in der Finanzierung der öffentlichen Sozialleistungen an Grenzen stößt, erinnerte Späth erneut an die Vermögensbildung, um „die individuelle wirtschaftliche Absicherung stärker als bisher zu fördern. Vermögenspolitik wird so zu einem Instrument sozialer Ordnungspolitik" (Späth [8] S. 19). Er setzte sich in diesem Zusammenhang kritisch mit der „einseitigen Begünstigung des langfristigen Kontensparens" auseinander, weil diese Sparform die „private Investitionsverweigerung" belohne. Er forderte Alternativen, „die Beteiligungen von Arbeitnehmern am Produktivvermögen ihres Betriebes ermöglichen und dafür steuerliche Präferenzen schaffen" (Späth [8] S. 21). Während also Späth wenige Jahre zuvor noch sehr skeptisch gegen eine Vermögensbeteiligung der

Mitarbeiter im arbeitgebenden Unternehmen war und deshalb sein Konzept spezieller Anlagefonds vortrug, äußerte er sich nunmehr positiv zur betrieblichen Vermögensbeteiligung, auch wenn er bei den damals praktizierten Modellen noch Unzulänglichkeiten feststellte.

Diese Überlegungen hat eine Expertenkommission der Landesregierung Baden-Württemberg, die Ministerpräsident Lothar Späth im Februar 1983 berufen hatte, fortgeführt und in ihrem Bericht „Zukunftsperspektiven gesellschaftlicher Entwicklungen" niedergelegt (Bericht [12] S. 161 ff.). Diese Kommission hat sich ebenfalls nachdrücklich für die bevorzugte Förderung der Beteiligung am Produktivvermögen ausgesprochen. Außerdem hat sie den Gesetzgeber zu Regelungen ermuntert, die die sehr unterschiedlichen unternehmensspezifischen Bedingungen berücksichtigen und eine flexible Handhabung der Vermögensbildung durch einzelne Unternehmen ermöglichen. Schließlich hat sie die Tarifpartner animiert, vermehrt dazu beizutragen, daß immer mehr Unternehmen auf freiwilliger Basis unternehmensspezifisch gestaltete Beteiligungsmodelle einführen.

In diesen politischen Äußerungen aus Baden-Württemberg zeigt sich, daß dem Investivlohn (gemäß Vermögensbildungsgesetz) und der unternehmensspezifischen Mitarbeiterbeteiligung für die Vermögensbildung der Arbeitnehmer eine große Bedeutung zukommt. Deshalb liegt die Frage nahe, welche Verbreitung diese beiden Formen bislang bei der Förderung der Vermögensbildung der Arbeitnehmer in diesem Bundesland gefunden haben.

2. Anwendung des Vermögensbildungsgesetzes in Baden-Württemberg

Seit langem unterstützt der Staat mit der Förderung des Kontensparens und des Bausparens die allgemeine Vermögensbildung; sie schließt die Arbeitnehmer ein. Eine zusätzliche und spezielle Förderung der Vermögensbildung der Arbeitnehmer brachten die ersten drei Vermögensbildungsgesetze (1961, 1965 und 1970) sowie die nunmehr gültigen beiden Vermögensbeteiligungsgesetze (1984 und 1987). Die ersten Vermögensbildungsgesetze brachten nur bescheidene Erfolge. Eine breite Akzeptanz fand erst das Dritte Vermögensbildungsgesetz, als sich die Tarifvertragsparteien entschlossen, in Tarifverträgen Regelungen über die Gewährung vermögenswirksamer Leistungen durch die Arbeitgeber zu vereinbaren. Seit den siebziger Jahren partizipieren ungefähr drei Viertel aller Arbeitnehmer in der Bundesrepublik Deutschland an den Vergünstigungen des Vermögensbildungsgesetzes.

In Baden-Württemberg hat sich die Inanspruchnahme des Dritten Vermögensbildungsgesetzes durch die Arbeitnehmer sehr ähnlich wie im gesamten Bundesgebiet entwickelt. Im Zeitraum von 1975 bis 1981 sind bei den Zahlen der sich beteiligenden Arbeitnehmer kleinere Schwankungen zwischen dem Bundesgebiet und Baden-Württemberg zu verzeichnen; der Anteil der baden-württembergischen Arbeitnehmer, die die Vergünstigungen des Vermögensbildungsgesetzes nutzten, bewegte sich im genannten Zeitraum zwischen 15,6 % und 17,7 %. Noch geringer sind die Schwankungen beim Gesamtbetrag der angelegten vermögenswirksamen Leistungen; hier bleibt der Anteil Baden-Württembergs in der Spanne zwischen 16,1 % und 17,4 % (Tabelle 1).

Tabelle 1. Anwendung des Vermögensbildungsgesetzes

	Vermögenswirksam Sparende			Vermögenswirksame Leistungen		
	Bundesgebiet 1000	Baden-Württ. 1000	Anteil Bd-Württ. %	Bundesgebiet Mill. DM	Baden-Württ. Mill. DM	Anteil Bd-Württ. %
1975	15136	2686	17,7	13163	2235	17,0
1976	16575	2626	15,8	15138	2440	16,1
1977	17317	2832	16,4	13150	2115	16,1
1978	18325	3016	16,5	11827	1905	16,1
1979	18624	2940	15,8	11935	2080	17,4
1980	18724	2925	15,6	12475	2130	17,1
1981	18424	2971	16,1	11894	2035	17,1

Gewisse Unterschiede ergeben sich, wenn man die prozentuale Beteiligung der Arbeitnehmer an der Nutzung der Vergünstigung des Vermögensbildungsgesetzes zwischen dem Bundesgebiet und Baden-Württemberg miteinander vergleicht. Wie Tabelle 2 zeigt, lagen die Beteiligungsquoten in diesem Bundesland bis 1978 etwas über den entsprechenden Werten für das gesamte Bundesgebiet. Ab 1979 weichen sie in Baden-Württemberg gegenüber dem Bundesdurchschnitt geringfügig nach unten ab. Wie im Bundesgebiet so liegen die Beteiligungsquoten auch in Baden-Württemberg bei den weiblichen Arbeitnehmern deutlich unter den Werten der männlichen Arbeitnehmer. In fünf der untersuchten sieben Jahre ist die Beteiligungsquote der Frauen in Baden-Württemberg höher als der Bundesdurchschnitt; bei den männlichen Arbeitnehmern trifft dies nur in drei der sieben Jahre zu.

Tabelle 2. Beteiligungsquoten der Arbeitnehmer am Vermögensbildungsgesetz (%)

	Bundesrepublik			Baden-Württemberg		
	männlich	weiblich	insgesamt	männlich	weiblich	insgesamt
1975	73	60	69	83	69	78
1976	79	66	74	79	68	75
1977	81	69	77	83	73	79
1978	84	73	80	86	77	83
1979	82	73	79	80	72	77
1980	82	73	79	80	70	76
1981	81	72	78	80	73	77

Bemerkenswerte Unterschiede zeigen sich bei den Beteiligungsquoten in Baden-Württemberg zwischen den drei Berufsgruppen der Beamten, Arbeiter und Angestellten. Wie Tabelle 3 ausweist, lagen bis 1978 die Beamten, gefolgt von den Angestellten deutlich vor den Arbeitern. Im Jahre 1978 waren die Beteiligungsquoten bei allen drei Gruppen nahezu gleich groß. Ab 1979 verkehrt sich die Reihenfolge; die Arbeiter kommen an die erste Stelle; in geringen Abständen folgen die Beamten und die Angestellten. Vermutlich wirken sich in diesen Veränderungen bei den Beteiligungsquoten vor allem die konstant gehaltenen Einkommensgrenzen für die Vergünstigungen aus dem Vermögensbildungsgesetz aus. Immer mehr Angestellte und Beamte fallen infolge ihrer Einkommenssteigerungen aus dem Kreis der Begünstigten heraus. Diese

Tabelle 3. Beteiligungsquoten bei Beamten, Arbeitern und Angestellten am Vermögensbildungsgesetz in Baden-Württemberg (%)

	Beamte			Arbeiter			Angestellte		
	männl.	weibl.	insg.	männl.	weibl.	insg.	männl.	weibl.	insg.
1975	82	81	82	81	61	74	87	74	81
1976	79	77	78	78	62	73	81	71	76
1977	81	80	81	84	68	78	84	76	80
1978	85	82	84	88	73	83	85	81	83
1979	76	78	76	82	70	78	78	72	75
1980	76	75	76	81	68	77	78	72	75
1981	76	73	76	81	71	78	79	74	77

Tendenz gilt keineswegs nur für Baden-Württemberg; sie ist im gesamten Bundesgebiet zu beobachten.

Im statistisch untersuchten Zeitraum von 1975 bis 1981 treten bei der Nutzung der verschiedenen Anlageformen des Vermögensbildungsgesetzes zwischen dem Bundesgebiet und Baden-Württemberg zwei deutliche Unterschiede auf. Die Anlage der vermögenswirksamen Leistungen nach dem Sparprämiengesetz (Kontensparen) liegt im Bundesgebiet merklich über den entsprechenden Werten in Baden-Württemberg. Umgekehrt veranschaulicht Tabelle 4, daß die Arbeitnehmer in diesem Bundesland den Bausparvertrag weit überdurchschnittlich für die Vermögensbildung heranziehen. Im übrigen gibt es aber auch Gemeinsamkeiten bei der Verwendung der genannten Anlageformen. So nimmt die Verwendung des Kontensparens in beiden Bereichen kontinuierlich ab (um 6 bzw. 8 Prozentpunkte); das Bausparen steigt ebenso an (um 7 bzw. 10 Prozentpunkte). Ferner haben die Lebensversicherungen und die sonstigen Anlageformen im Bundesgebiet und in Baden-Württemberg nahezu gleich große Prozentanteile bei der Inanspruchnahme des Vermögensbildungsgesetzes, die sich im gesamten Betrachtungszeitraum nur geringfügig ändern. Diese Zahlen unterstreichen den schon eingangs erwähnten Sachverhalt; das Vermögensbildungsgesetz trägt nur minimal zur Beteiligung der Arbeitnehmer am Produktivvermögen der Wirtschaft bei, die – soweit sie mit staatlich geförderten vermögenswirksamen Leistungen erfolgt – in die Rubrik „Sonstige Anlageformen“ mit nahezu konstant 1 bis 2 % Anteil fällt.

Tabelle 4. Anlagearten der vermögenswirksamen Leistungen (% der Gesamtanlage)

	Sparprämiengesetz		Bausparvertrag		Lebensversicherungen		sonst. Anlageformen	
	Bundesgebiet	Baden-Württ.	Bundesgebiet	Baden-Württ.	Bundesgebiet	Baden-Württ.	Bundesgebiet	Baden-Württ.
1975	58	51	27	34	13	12	2	2
1976	57	49	28	36	13	12	2	2
1977	55	47	30	39	13	12	2	2
1978	55	46	30	40	12	11	2	2
1979	55	46	32	42	11	11	2	1
1980	54	47	33	41	12	10	2	2
1981	52	43	34	44	12	12	2	1

3. Mitarbeiter-Kapitalbeteiligung in Baden-Württemberg

Die statistischen Angaben über die Anlage der vermögenswirksamen Leistungen im Rahmen des Vermögensbildungsgesetzes erfassen die Beteiligung der Arbeitnehmer am Produktivvermögen der Wirtschaft nur partiell. Viele Firmen, die ihre Mitarbeiter am Kapital des arbeitgebenden Unternehmens beteiligen, verzichteten aus unterschiedlichen Gründen bis zum Inkrafttreten des Vierten Vermögensbildungsgesetzes (Vermögensbeteiligungsgesetz) am 1. Januar 1984 auf die Anwendung des Vermögensbildungsgesetzes auf ihre Beteiligungsmodelle. Seit der Wirksamkeit dieser Novelle des Vermögensbildungsgesetzes hat die Zahl der Beteiligungsmodelle mit Nutzung der gesetzlichen Vergünstigungen deutlich zugenommen. Eine umfassende Bestandsaufnahme von Guski/Schneider zeigt, daß bundesweit in den Jahren 1984 bis 1986 rund 370 Firmen mit der kapitalmäßigen Beteiligung ihrer Mitarbeiter begonnen haben (Guski/Schneider [4] S. 6).

Nach dieser Erhebung praktizierten im Jahre 1986 in der Bundesrepublik Deutschland 1353 Unternehmen ein Modell der Mitarbeiter-Kapitalbeteiligung. In diesen Beteiligungsfirmen sind 1,1 Mill. Arbeitnehmer mit Anteilen am Unternehmenskapital beschäftigt. Der Gesamtwert des Kapitals dieser Mitarbeiter in ihren arbeitgebenden Unternehmen betrug 1986 rund 14,2 Mrd. DM. Die geographische Verteilung dieser Beteiligungsfirmen ergibt für Baden-Württemberg einen Anteil von 18,3 %; davor liegen Nordrhein-Westfalen (25,5 %) und Bayern (19,0 %). Demnach gehört Baden-Württemberg zu den drei Bundesländern, die zusammen fast zwei Drittel der Beteiligungsfirmen in der Bundesrepublik Deutschland stellen (Guski/Schneider [4] S. 24 ff.). Guski/Schneider konstatieren als Ergebnis ihrer umfassenden Analysen aus den Jahren 1976 (Guski/Schneider [3]) und 1986, daß es in der Beteiligungspraxis ein Nord-Süd-Gefälle gibt; das Wachstum der Beteiligungsunternehmen in den letzten zehn Jahren liegt im süddeutschen Raum erheblich über dem bundesweiten Durchschnitt. Bayern und Baden-Württemberg haben die höchsten Steigerungsraten bei der Ausbreitung der Mitarbeiter-Kapitalbeteiligung.

Das Ministerium für Arbeit, Gesundheit und Sozialordnung BadenWürttemberg hat im Jahre 1980 die Arbeitsgemeinschaft zur Förderung der Partnerschaft in der Wirtschaft e.V. (AGP), Kassel, mit einer Erhebung beauftragt, die möglichst vollständig alle in diesem Bundesland praktizierten Beispiele einer Mitarbeiter-Kapitalbeteiligung erfassen sollte. Unter Leitung des Verfassers führte das Seminar für Allgemeine Betriebswirtschaftslehre, Personalwesen und Arbeitswissenschaft der Universität Mannheim diese Untersuchung durch. Diese Bestandsaufnahme brachte erstmals einen umfassenden Überblick über die Firmen, die in Baden-Württemberg ihre Mitarbeiter kapitalmäßig beteiligen (Gaugler/Groos/Weber [2]).

Im Jahre 1980 praktizierten in Baden-Württemberg 130 Firmen in unterschiedlicher Weise eine Beteiligung ihrer Mitarbeiter am Unternehmenskapital. 85 dieser Beteiligungsfirmen hatten ihren Hauptsitz in diesem Bundesland. Die 130 Beteiligungsfirmen wandten 82 unterschiedliche Modelle der Mitarbeiter-Kapitalbeteiligung an; eine Reihe von Tochtergesellschaften hatten das Beteiligungsmodell ihrer Muttergesellschaften übernommen.

Insgesamt waren 1980 in diesem Bundesland mindestens 85 900 Mitarbeiter am Kapital ihres arbeitgebenden Unternehmens beteiligt. Bezogen auf die 3,3 Mill. versicherungspflichtigen Arbeitnehmer waren dies 2,5 %. Zusätzlich waren bei den badischen und württembergischen Kreditgenossenschaften die 19 100 Mitarbeiter als Mitglieder ihrer arbeitgebenden Genossenschaft kapitalmäßig beteiligt. Aufgrund der durchgeführten Erhebungen kann man davon ausgehen, daß im Jahre 1980 insgesamt wenigstens 108 000 Arbeitnehmer in Baden-Württemberg am Kapital ihrer arbeitgebenden Unternehmen oder Genossenschaften beteiligt waren.

Bei 106 näher untersuchten Beteiligungsfirmen konnte der Gesamtwert des Mitarbeiterkapitals ermittelt werden; er betrug zum Stichtag (16. Dezember 1980) rund 309 Mill. DM. Die 130 Beteiligungsfirmen in Baden-Württemberg verfügen insgesamt mindestens über ein Mitarbeiterkapital im Gesamtwert von 315 Mill. DM. Daraus ergibt sich für jeden beteiligten Mitarbeiter ein durchschnittlicher Kapitalanteil von mindestens DM 3600,–.

Erhebliche Unterschiede ergaben sich bei einer näheren Analyse der Beteiligungsquoten. Angestellte machten dreimal so häufig wie Arbeiter vom Angebot einer Beteiligung Gebrauch. Zwischen tariflichen und außertariflichen Angestellten zeigten sich jedoch kaum nennenswerte Abweichungen. Auch zwischen Männern und Frauen differierte die Beteiligungsquote im allgemeinen nur geringfügig.

In Baden-Württemberg dominiert die Belegschaftsaktie sehr stark; 88 % der kapitalbeteiligten Mitarbeiter besaßen zum Erhebungszeitpunkt Aktien ihrer arbeitgebenden Gesellschaft; 5,4 % hatten ihrer Firma ein Darlehen gegeben; 3 % verfügten über eine indirekte Beteiligung, 1,2 % über eine Stille Beteiligung.

Tabelle 5. Beteiligungsfirmen und Beteiligungsarten in Baden-Württemberg

Beteiligungsart	Anzahl der Firmen mit Sitz				alle Firmen	
	in BW		nicht in BW			
	Anzahl	in %	Anzahl	in %	Anzahl	in %
Belegschaftsaktien	36	42,4	26	58,0	62	47,7
Personalobligationen	—	—	1	2,2	1	0,8
Genußrechte	2	2,4	2	4,4	4	3,1
Darlehen	15	17,6	1	2,2	16	12,3
Stille Beteiligung	11	12,9	2	4,4	13	10,0
Indirekte Beteiligung	11	12,9	6	13,3	17	13,1
KG-/GmbH-Gesellschafteranteile	4	4,7	—	—	4	3,0
keine Angaben	4	4,7	3	6,7	7	5,4
Kombinierte Beteiligungsarten:						
Darlehen + Belegschaftsaktien	—	—	2	4,4	2	1,5
Darlehen + Stille Beteiligung	2	2,4	2	4,4	4	3,1
gesamt	85	100	45	100	130	100

Untersucht man die Verteilung der unterschiedlichen Beteiligungsarten auf die 130 Untersuchungsfirmen, so zeigte sich, daß auch hier die Belegschaftsaktien stark im Vordergrund standen (vgl. Tabelle 5). Im Unterschied zur Aufgliederung nach der Zahl der beteiligten Mitarbeiter gewannen aber die anderen Beteiligungsarten bei der Firmenverteilung an Gewicht. Insbesondere ergab sich, daß die Beteiligungsfirmen nicht selten die indirekte Beteiligung ihrer Mitarbeiter, das Mitarbeiterdarlehen an die Firma sowie die Stille Beteiligung einsetzen.

In den einzelnen Wirtschaftszweigen und Branchen waren die Beteiligungsfirmen sehr unterschiedlich verteilt. Eine deutlich überdurchschnittliche Beteiligungsquote fand sich im Dienstleistungsbereich, bei Verlagen, in der Energiewirtschaft, bei Handel, Banken und Versicherungen. Durchschnittliche Beteiligungsquoten wurden bei der Metallerzeugung und -verarbeitung, im Bauhauptgewerbe, bei Elektrotechnik/Feinmechanik/Optik sowie beim Maschinen- und Fahrzeugbau festgestellt. Erheblich unter dem Durchschnitt lag die Beteiligungsquote in der Chemie/Mineralölverarbeitung sowie bei vielen anderen Branchen.

Die regionale Verteilung der Beteiligungsfirmen und der kapitalbeteiligten Mitarbeiter ergab im Jahre 1980 folgendes Bild.

Tabelle 6. Regionale Verteilung der Mitarbeiter-Kapitalbeteiligung in Baden-Württemberg

Regierungsbezirke	Beteiligungsfirmen	Kapitalbeteiligte Mitarbeiter
Stuttgart	41 %	77 %
Karlsruhe	29 %	16 %
Freiburg	17 %	4 %
Tübingen	13 %	3 %

Demnach bilden Stadt und Regierungsbezirk Stuttgart einen markanten Schwerpunkt der Mitarbeiter-Kapitalbeteiligung in Baden-Württemberg. Auch der Regierungsbezirk Karlsruhe mit den Städten Karlsruhe und Mannheim weist respektable Werte auf. Die beiden anderen Regierungsbezirke fallen demgegenüber zurück.

Ein Vergleich der Mitarbeiter-Kapitalbeteiligung zwischen verschiedenen Bundesländern ist aus zwei Gründen sehr erschwert. Einmal haben außer Baden-Württemberg bislang nur Bayern, Niedersachsen und Rheinland-Pfalz ausführliche Länderstudien vorgelegt; die übrigen Bundesländer sind zwar in den bundesweiten Erhebungen von Guski/Schneider in den Jahren 1976 und 1986 einbezogen, es liegen aber bisher keine separaten Auswertungen für diese Länder vor, die mit den genannten vier Länderstudien vergleichbar sind. Zum anderen haben die vier Länder ihre Erhebungen zu verschiedenen Zeitpunkten durchführen lassen; auch darunter leidet die Vergleichbarkeit der Ergebnisse dieser Analysen. Dennoch erscheint es angebracht, die Resultate der vier Länderstudien nebeneinander aufzulisten (Betriebliche Vermögensbeteiligung [10]; Betriebliche Modelle [11]; Gaugler/Groos/Weber [2]; Schanz/Riekhoff [6]).

Die Vergleichstabelle gibt nicht unbedeutende Unterschiede in den vier Bundesländern zu erkennen. So variieren die Zahlen der Beteiligungsfirmen und der kapitalbeteiligten Mitarbeiter sowie die Höhe des durchschnittlichen Mitarbeiterkapitals erheblich. Gemeinsam vermitteln die Einzeldaten den Eindruck, daß das Potential für die Mitarbeiter-Kapitalbeteiligung in den vier Bundesländern weder bei den beteiligungsfähigen Firmen noch bei den beteiligungsfähigen Mitarbeitern zum Zeitpunkt der Erhebungen in einem nennenswerten Umfang aktiviert war. Zwar ist die Zahl der Beteiligungsfirmen und der beteiligten Mitarbeiter, wie die jüngste Untersuchung (1986) von Guski/Schneider belegt, in den letzten Jahren weiter gewachsen. Dadurch ist jedoch das Potential für eine Kapitalbeteiligung der Mitarbeiter bei weitem noch nicht erschöpft. Dies gilt nicht nur für die Bundesrepublik insgesamt; es trifft auch für die hier genannten Bundesländer zu.

Tabelle 7. Ländervergleich der Mitarbeiter-Kapitalbeteiligung am arbeitgebenden Unternehmen

	Baden-Württemberg	Rheinland-Pfalz	Bayern	Niedersachsen
Erhebungsjahr	1980	1978	1978	1982
Beteiligungsfirmen mit Hauptsitz im Bundesland	85	28	51	103
Kapitalbeteiligte Mitarbeiter	85900	53700	140200	31300
Beschäftigtenzahl der Beteiligungsfirmen	206600	87100	253000	73000
Beteiligungsquote (%)	42	62	55	46
Sozialversicherungspfl. Arbeitnehmer im Bundesland	3,35 Mill.	1,05 Mill.	3,52 Mill.	2,11 Mill.
Anteil der kapitalbeteiligten Mitarbeiter an den sozialversicherungspflichtigen Arbeitnehmern (%)	2,56	5,14	3,99	1,49
Gesamtes Mitarbeiterkapital (Kurswert/DM)	309 Mill.	468 Mill.	866 Mill.	73 Mill.
Durchschnittlicher Kapitalanteil pro beteiligtem Mitarbeiter (DM)	3600	8700	6200	2300

Für Baden-Württemberg gibt der Ländervergleich spezifische Hinweise. So deutet der relativ niedrige Anteil der kapitalbeteiligten Mitarbeiter an der Gesamtzahl der sozialversicherungspflichtigen Arbeitnehmer in diesem Bundesland (2,56 %) auf ein vergleichsweise hohes Potential für die Beteiligung hin. Auch die Beteiligungsquote, die sich als Anteil der kapitalbeteiligten Mitarbeiter an der Gesamtbelegschaft der Beteiligungsfirmen errechnet, und die in Baden-Württemberg den niedrigsten Länderwert aufweist, zeigt, daß auch die Beteiligungsfirmen selbst die Kapitalbeteiligung bei ihren Mitarbeitern noch ausweiten können. Die gleichen Impulse gibt die relativ niedrige Höhe des durchschnittlichen Kapitalanteils bei den beteiligten Mitarbeitern; die entsprechenden Vergleichswerte aus Bayern und Rheinland-Pfalz lassen vermuten, daß man in Baden-Württemberg die individuellen Kapitalanteile bei den bereits beteiligten Mitarbeitern noch erhöhen kann.

4. Verstärkte Beteiligung am Produktivvermögen

Wie in den anderen Bundesländern hat die staatliche Förderung der Vermögensbildung der Arbeitnehmer auch in Baden-Württemberg bislang ihre Beteiligung am Produktivvermögen nicht entscheidend stimuliert. Auch in diesem Bundesland hat bisher nur eine Minorität der Unternehmen ihre Mitarbeiter kapitalmäßig beteiligt. Hinsichtlich der Vermögensbildung der Arbeitnehmer ist eine Konzentration der Bemühungen auf das Produktivvermögen angebracht. In erster Linie ist dies eine Aufgabe der Wirtschaft selbst; eine zügige und ausgreifende Verbreitung der Mitarbeiter-Kapitalbeteiligung im arbeitgebenden Unternehmen setzt eine wachsende Bereitschaft in der Wirtschaft und geeignete Maßnahmen voraus. Ein staatlicher Zwang zur Mitarbeiterbeteiligung stünde im Widerspruch zu unserer freiheitlichen Wirtschafts- und Gesellschaftsordnung; außerdem würde er dysfunktional zu den Beteiligungszielen wirken. Ohne

Einsicht und Einsatz der Wirtschaft selbst bleibt der Beteiligung der Arbeitnehmer am Produktivvermögen der Durchbruch versagt.

Der Staat kann aber dazu beitragen, daß in Wirtschaft und Gesellschaft das Interesse an der Mitarbeiterbeteiligung am wirtschaftlich genutzten Produktivvermögen wächst. Außerdem kann der Staat sein Anreizinstrumentarium den wirtschafts- und gesellschaftspolitischen Erfordernissen anpassen. In diesem Sinne ist die Ankündigung der Bundesregierung zu verstehen, in der Legislaturperiode 1987–1991 das Vermögensbeteiligungsgesetz so zu ändern, daß die Förderung des Geldsparens aufgegeben, des Bausparens reduziert und des Produktivvermögens intensiviert wird. Eine ähnliche Bedeutung besitzt die Fortführung der Privatisierung von Unternehmen, die sich ganz oder teilweise in staatlichem Besitz befinden.

Auch die Bundesländer können zur Umlenkung der Vermögensbildung der Arbeitnehmer zum Produktivvermögen beitragen. Zum einen können sie über den Bundesrat die angekündigten Initiativen der Bundesregierung zur Novellierung des Vermögensbildungsgesetzes unterstützen und, falls notwendig, die Umstrukturierung der Förderung zugunsten des Produktivvermögens durch eigene Anträge im Gesetzgebungsverfahren forcieren. Zum anderen können sie durch eigene Aktivitäten die Privatisierung von geeignetem Landesvermögen in den Dienst der Beteiligung der Arbeitnehmer am Produktivkapital der Wirtschaft stellen.

In seiner Regierungserklärung für die Legislaturperiode 1984–1988 hat Ministerpräsident Lothar Späth in Aussicht gestellt, die Privatisierung und Kommunalisierung von Landesvermögen und Landesbeteiligungen fortzuführen (Rede [13] S. 17). Auch im Arbeitsprogramm der Landesregierung für die genannte Legislaturperiode hat das Finanzministerium unter der Überschrift „Veräußerung von staatlichem Beteiligungsvermögen" angekündigt, daß die Landesregierung ihre Aktivitäten zur Privatisierung bzw. Kommunalisierung von Landesvermögen und Landesbeteiligungen fortsetzen wird (Das Arbeitsprogramm [14] S. 59).

Diese politischen Erklärungen dokumentieren die Bereitschaft der baden-württembergischen Landesregierung, wirtschaftlich genutzten Landesbesitz an Privatpersonen zu veräußern. Die Realisierbarkeit dieser Absicht läßt sich anhand der Liste der Beteiligungen des Landes Baden-Württemberg (Stand 31. Dezember 1985) überprüfen. Die acht Beteiligungen des Landes an Unternehmen des öffentlichen Rechts, die dieses Verzeichnis aufführt, eignen sich aus unterschiedlichen Gründen für eine Privatisierung kaum; die Landesbeteiligungen an der Bäder- und Kurverwaltung Baden-Baden, an der Süddeutschen Klassenlotterie München, an der Deutschen Genossenschaftsbank Frankfurt und an der Deutschen Pfandbriefanstalt Wiesbaden kommen dafür schon wegen ihrer absoluten oder prozentualen Geringfügigkeit nicht in Frage; die Beteiligungen des Landes an der Landeskreditbank Baden-Württemberg, Karlsruhe, und an der Kreditanstalt für Wiederaufbau, Frankfurt/Main, böten zwar ein sehr großes Volumen für die Privatisierung, selbst dann, wenn sich die Landesregierung nur partiell von ihren Beteiligungen trennen wollte; hier stehen aber die Zwecksetzung bzw. gesetzliche Normen einer Veräußerung dieser Beteiligungen entgegen.

Ähnliches gilt auf den ersten Blick auch für die 29 Landesbeteiligungen an Unternehmen des privaten Rechts, die Energie-Versorgungs-Unternehmen, Industrielle Unternehmen, Verkehrs-Unternehmen, Unternehmen mit wissenschaftlicher Zielsetzung (Zuwendungsempfänger) sowie Sonstige Unternehmen betreffen. Auch hier sind viele Beteiligungen absolut bzw. prozentual für eine Privatisierung und für den damit verbundenen Aufwand zu klein. Bei anderen Beteiligungen, die wegen ihres Umfangs privatisierbar wären, stehen vertragliche Bindungen entgegen; andere Beteiligungsunternehmen des Landes haben gemeinnützige Aufgaben; schließlich macht es bei einigen Beteiligungen die dürftige Ertragskraft dieser Unternehmen unmöglich, an eine Veräußerung dieser Landesbeteiligungen zu denken.

Über die Landesbeteiligungen Baden-Württemberg GmbH, die sich mit einem Stammkapital von 102 Mill. DM im alleinigen Besitz des Landes befindet, hält das Land Beteiligungen an zwölf Unternehmen, die ausnahmslos als Aktiengesellschaften oder GmbH firmieren. Die Anteile des Landes an diesen Kapitalgesellschaften bewegen sich zwischen 10 und 100 %. Der Nennwert der Landesbeteiligungen an diesen zwölf Gesellschaften beträgt insgesamt 349 173 550 DM. Die Ertragskraft der meisten dieser Unternehmen dürfte nach den Informationen, die Außenstehenden zugänglich sind, positiv entwickelt sein. Eine Zusammenstellung dieser zwölf Beteiligungsfirmen bringt Tabelle 8.

Tabelle 8. Landesbeteiligungen Baden-Württemberg (Stand: 31. Dezember 1985)

	Grund-(Stamm-) Kapital DM	Anteil der Landesbeteiligungen Baden-Württemberg am Grund-(Stamm-)Kapital DM	%
Badenwerk AG	300000000	150000000	50
Baden-Württembergische Bank AG	108000000	31594300	29
Energie-Versorgung Schwaben AG	500000000	51844250	10
Gasversorgung Süddeutschland GmbH	130000000	32500000	25
Hilsenbeck & Co. GmbH	250000	250000	100
Landesentwicklungsgesellschaft mbH (LEG)	53265000	36465000	68
Staatliche Majolika Manufaktur AG	1000000	1000000	100
Reederei Schwaben GmbH	3000000	1320000	44
Badische Staatsbrauerei Rothaus AG	6000000	5700000	95
Schwäbische Hüttenwerke GmbH	30000000	15000000	50
Südwestdeutsche Salzwerke AG	30000000	13500000	45
Staatliche Sport-Toto GmbH	10000000	10000000	100

Dieser kurze Überblick über Landesvermögen und Landesbeteiligungen in Baden-Württemberg erweckt den Eindruck, daß die Landesregierung in der Lage sein dürfte, ihre erklärte Absicht zur Privatisierung von Landesbesitz verwirklichen zu können. Zumindest hat sie in ihren Anteilen, die sie über die Landesbeteiligungen Baden-Württemberg GmbH an zwölf Kapitalgesellschaften hält, begründet erscheinende Ansatzpunkte, um die Möglichkeiten zur Privatisierung von Landesbesitz detailliert zu prüfen. Die Privatisierungen, die die Bundesregierung 1959 und 1961 bei der Preußag AG und bei der Volkswagenwerk AG, im Jahre 1965 bei der VEBA AG, 1985 und 1986 erneut bei der VEBA AG, bei der VIAG und bei der IVG durchführte, können der Landesregierung Baden-Württemberg Orientierungshilfen für eigene Aktivitäten liefern. Insbesondere geben diese Privatisierungen aus dem Bundesvermögen auch Anhaltspunkte für eine zweckmäßige Beteiligung der Mitarbeiter an der vollständigen oder teilweisen Veräußerung von Landesbeteiligungen (Tietmeyer [9] S. 14). Mit einem entsprechenden Handeln der Landesregierung von Baden-Württemberg möchte man die Erwartung verbinden, daß auch die Wirtschaft in diesem Bundesland neue Aktivitäten unternimmt, um die Teilhabe der Arbeitnehmer am Produktivvermögen zu fördern.

Für das Datenmaterial, das in den Tabellen 1 mit 4 verarbeitet ist, dankt der Verfasser dem Präsidenten des Statistischen Landesamtes Baden-Württemberg, Prof. Dr. Max Wingen, sowie seinen Mitarbeiterinnen und Mitarbeitern, insbesondere auch Dr. Linder und Herrn Beyer.

Literatur

1. Gaugler E (1981) Vermögensbildung der Arbeitnehmer. in: Mannheimer Berichte aus Forschung und Lehre an der Universität Mannheim, Heft 19 vom Juni 1981, S. 529–534
2. Gaugler E, Groos W H , Weber B (1983) Mitarbeiter-Kapitalbeteiligung in Baden-Württemberg. Verlag René Wilfer, Spardorf
3. Guski H G , Schneider H J (1977) Betriebliche Vermögensbeteiligung in der Bundesrepublik Deutschland. Deutscher Instituts-Verlag, Köln
4. Guski H G , Schneider H J (1986) Betriebliche Vermögensbeteiligung. Bestandsaufnahme 1986. Deutscher Instituts-Verlag, Köln
5. Halbach G (1977) Materialien zur Vermögensbildung in Arbeitnehmerhand. Thesen-Pläne-Gesetze. Vierte Folge. 1973 bis 1977. Domus-Verlag, Bonn
6. Schanz G, Riekhoff H Ch (1983) Mitarbeiter-Kapitalbeteiligung in der Wirtschaft Niedersachsens. Herausgegeben vom Niedersächsischen Ministerium für Wirtschaft und Verkehr. Hannover
7. Späth L (1976) Politische Mobilmachung. Partnerschaft statt Klassenkampf. Stuttgart
8. Späth L (1979) Auf dem Prüfstand: Der moderne Staat. in: Schlankheitskur für den Staat. Herausgegeben von Hubertus Zuber. Stuttgart. S. 11–34
9. Tietmeyer H (1986) Erstes Gesamtkonzept für die Beteiligungspolitik des Bundes. in: Handelsblatt, Nr. 250 vom 31.12.1986, S. 13–14
10. Betriebliche Vermögensbeteiligung in Rheinland-Pfalz. Herausgegeben vom Ministerium für Soziales, Gesundheit und Sport. Mainz 1978
11. Vermögenspolitik – Betriebliche Modelle für Arbeitnehmer in Bayern. Herausgegeben vom Bayerischen Staatsministerium für Arbeit und Sozialordnung. München 1980
12. Bericht der Kommission „Zukunftsperspektiven gesellschaftlicher Entwicklungen", erstellt im Auftrag der Landesregierung Baden-Württemberg. Stuttgart 1983
13. Rede von Ministerpräsident Lothar Späth am 19. Juni 1984 im Landtag von Baden-Württemberg anläßlich der Regierungserklärung der Landesregierung für die Legislaturperiode 1984–88. Herausgegeben von der Landesregierung Baden-Württemberg. Stuttgart 1984
14. Das Arbeitsprogramm der Landesregierung. in: Regierungserklärung der Landesregierung für die Legislaturperiode 1984–1988. Herausgegeben von der Landesregierung Baden-Württemberg 1984

Strukturwandel durch neue Technologien

Johann Löhn

Zusammenfassung

Es gibt sogenannte Schlüsseltechnologien, die die Wirtschaftsstruktur erheblich verändern. Die Unternehmen müssen mit Strategien reagieren, vor allem bei der Integration von neuen Technologien und alten Technologien. Arbeitsplätze können vor allem im Verbund von professioneller Fertigung mit Dienstleistungen geschaffen werden. Die Einstellung des Unternehmers und die Rahmenbedingungen des Staates müssen angepaßt werden. Der Staat kann mit Subventionen und mit einer geeigneten Infrastruktur reagieren. In fachlicher Hinsicht muß die Weiterbildung verstärkt werden; in gesellschaftlicher Hinsicht gilt es, Ziele außerhalb der Technologien zu setzen.

Vorbemerkungen

Technologien haben immer schon Wirtschaft und Gesellschaft beeinflußt. Dies ist nichts Besonderes. Bemerkenswert ist die Tatsache, daß der Technologieeinfluß im Laufe der letzten Jahre und sicher auch noch für die weitere Zukunft von erheblicher Bedeutung ist. Dies gilt vor allem deshalb, weil fast alle Branchen und Gesellschaftsschichten von den vielfältigen technologischen Entwicklungen tangiert werden. Man ist geneigt, Vergleiche zur Erfindung des Buchdrucks oder des Automobils herzustellen.

Wie immer bei solchen Entwicklungen, gibt es mindestens zwei Lager, die man in „High-tech- und Low-tech-Phantasten" einteilen könnte. Aber – wie so oft – liegt auch hier die Wahrheit in der Mitte. Es gibt viele Bereiche, in denen man ohne neue Technologien hervorragende wirtschaftliche Erfolge erzielen kann. Andererseits diffundieren neue Entwicklungen in Produkte und Verfahren. Klassische, alte Geräte zum Beispiel kann man vielfach nicht mehr verkaufen, wenn sie keine moderne Steuerung haben.

Die rasante Geschwindigkeit der Entwicklung führt vielfach zu einer Art von Aktionismus, bei dem lediglich Überschriften produziert werden. Dies ist schädlich und für vernünftige Maßnahmen hinderlich. In vielen Fällen lassen sich nämlich die Ursachen für den technologischen Strukturwandel aufzeigen und man kann daraus geeignete Maßnahmen ableiten. In einem Szenario sollen Ursachen, Trends, Strategien, notwendige und erfolgte Maßnahmen dargestellt werden.

1. Aus der Sicht der Technologien

Wir wollen keine theoretische Definition der neuen Technologien versuchen, sondern die wichtigsten Technologien auf ihren Einfluß hinsichtlich des Wandels abklopfen. Man nennt diese Technologien auch Schlüsseltechnologien, weil sie den Schlüssel zum Markt bilden, sei es, daß sie selbst einen Markt haben oder andere Technologien in Verbindung hiermit Märkte haben. Es ist interessant festzustellen, daß in fast allen Ländern der Welt, ob Entwicklungsländer, Schwellenländer oder Industrieländer, hierüber weitgehende Einigkeit besteht. Das Fördern dieser Technologien findet man in den Schwerpunktprogrammen vieler Regierungen.

Mikroelektronik: Zweifellos hat die Mikroelektronik bisher den stärksten Einfluß ausgeübt. Sie verbindet die Elemente Messen, Steuern, Regeln, Speichern und Verarbeiten. Seit Beginn der siebziger Jahre hat man vor allem in den USA mit großen Investitionen die Fertigung in den Griff bekommen. In Europa wurde diese Technologie im Zuge der relativen Vollbeschäftigung zunächst nicht genügend beachtet. Das strukturell Wesentliche daran ist, daß die Mikroelektronik Eingang in Produkte gefunden hat, in denen die zuvor genannten Elemente eine Rolle spielen. Dies war in den Folgejahren geradezu ein Flächenbrand. Das Ergebnis ist bekannt: Rückgang an Fertigungstiefe und damit Verlust an Wertschöpfung für viele mittelständische Industrieunternehmen, eine Internationalisierung des Marktes, weil Chips international eingekauft werden müssen, und eine Zunahme des Trends hin zu den kundenspezifischen Schaltkreisen. Die Änderungen durch die Mikroelektronik allein würden bereits genügen, von einem technologischen Strukturwandel zu sprechen.

Fertigungstechnologie: Die Entwicklungen der Fertigungstechnologie lassen sich gut am Beispiel der Werkzeugmaschinenindustrie darstellen. Werkstücke werden mit Werkzeugen bearbeitet. Steuerungen machen Bearbeitungsvorgänge wiederholbar. Dies ist nicht neu. Neu ist auch nicht, daß Steuerungen programmiert sind, der Computer hat Eingang gefunden. Man spricht von CNC (Computerized Numerical Control) und DNC (Direct Numerical Control). Die Entwicklung konzentriert sich stark auf Möglichkeiten, die Meßwerte, die zur Steuerung notwendig sind, aufzunehmen. Meßwerte können z.B. sein: Länge, Druck, Härte, Abstände. Je mehr man das Gebiet der Meßwertaufnehmer oder Sensoren in den Griff bekommt, desto geschlossener wird der Fertigungskreislauf. Dies wird noch verstärkt durch die Tatsache, daß zunehmend Laserstrahlen zur Bearbeitung eingesetzt werden.

Es gibt einen Trend zu den sogenannten flexiblen Fertigungszentren. Dies bedeutet einerseits erhöhte Investitionen und erfordert andererseits zur Finanzierung dieser Investitionen, daß die Flexibilität auch zur Fertigung von kleinen Losgrößen genutzt wird. Strukturell kann man die Aussage machen: Die Flexibilität in der Automatisierung wird Wettbewerber zur Flexibilität des Mittelstandes. Viele gute mittelständische Firmen haben diesen Strukturwandel schon fast erfolgreich bewältigt. Eine Reihe von kleineren Firmen wird erhebliche Schwierigkeiten haben, ihre Nische zu finden.

Kommunikationstechnik: Die Ausbreitung der Kommunikationstechnik hat mindestens zwei Ursachen, nämlich die Digitalisierung und die Lichtwellenleiter. Wenn wir unter diesen Begriff auch die bald schon klassische Informationsverarbeitung subsumieren, dann ist Stand der Technik, daß die Unternehmen die Informationsverarbeitung als Dienstleistung zur Verbesserung ihrer Wettbewerbsfähigkeit nutzen. Ob Handwerk oder Industrie, der Computer ist ein Hilfsmittel für Textverarbeitung und zukünftig Bürokommunikation, einschließlich der gesamten Administration. Hierzu zählt mittelfristig auch Btx. Immer mehr hat die Informationsverarbeitung Eingang in die Fertigung gefunden. Dies begann mit CAD (Computer Aided Design) und hat zur Zeit einen regelrechten Boom im CIM (Computer Integrated Manufacturing). Selbst wenn CIM für die Informatik nichts grundsätzlich Neues ist, sondern eine Art Verbindungsphilosophie von vorhandenen Insellösungen – wie etwa Produktplanungssysteme (PPS) und Fertigungsabläufe – so bringt der erfolgreiche Einsatz doch Wettbewerbsvorteile. Es gibt aber noch eine weitere qualitative Stufe, die sich mit den Stichworten „Künstliche Intelligenz“ und „Expertensysteme“ beschreiben läßt. Hier spielen zwei Punkte eine Rolle, nämlich Entscheidungsabläufe (Algorithmen) zu programmieren und den Computer mit Expertenwissen zu füttern, so daß er zunehmend selbständiger wird. Es ist interessant festzustellen, daß selbst kleinere Firmen sich dieses Thema vorgenommen haben. Strukturell wird die Kommunikationstechnik auch Veränderungen im Verhältnis von Handelsfirmen und Produktionsfirmen bringen. Es muß auch die Gefahr der Abhängigkeit gesehen werden, daß nämlich mächtige Unternehmen mit Normen dominieren und kleine Unternehmen „angeflanscht“ werden, da sie sonst in diesen weltweiten Verbund nicht hineinkommen. Sicher ist, daß durch das Kaufen von Hardware kein Erfolg erzielt werden kann, sondern die Hardware kann nur Teil einer ganzheitlichen Problemlösung sein.

Biotechnologie: Sozusagen phasenverschoben gegenüber der Mikroelektronik wartet die Biotechnologie mit Wachstumsraten auf. Bei dieser Technologie werden mit Hilfe von biotechnologischen Katalysatoren Verfahren entwickelt und neue Produkte hergestellt. Die Einsatzgebiete sind breit: Pharmazie, Landwirtschaft, Energie, Umwelt, Nahrungsmittel. Bei der Wettbewerbsfähigkeit liegt die Betonung auf Technologie, d. h. wie kann man Prozesse vom Reagenzglas in das industrielle Verfahren überführen? Es ist interessant, daß hier nicht nur große Firmen Chancen haben, sondern durchaus auch mittelständische Firmen diversifizieren können, insbesondere dann, wenn sie aus der Verfahrenstechnik kommen. Es ist ferner interessant, daß zunehmend Abläufe und Begriffe des Engineering Eingang in diese Technologie finden. Bei diesem Prozeß des Upscaling wird es noch viele Pleiten geben, aber unter dem Strich wird es ein Erfolg.

Neue Werkstoffe: Es ist klar, daß die klassischen Werkstoffe nicht beliebig vorhanden sind und auch nicht alle gewünschten Eigenschaften haben. Daher richtet sich das Interesse auf neue Werkstoffe wie Faserverbund und Keramik, und zwar sowohl als Werkzeug als auch als Werkstück. Hiermit verbunden sind Innovationen auf dem Gebiet der Oberflächentechnik. Hier ergeben sich auch enorme Chancen für die Diversifikation von mittelständischen Unternehmen.

Versucht man einen roten Faden auszumachen, der den Strukturwandel durch neue Technologien kennzeichnet, so kann man wenigstens drei Kriterien feststellen.

Wir haben einen Wandel vom Produkt zum System. Man verkauft keine Werkzeugmaschine mehr, sondern das System Werkzeugmaschine, welches die Zufuhr und Abfuhr von Werkstücken und Werkzeugen steuert, bis hin zur Lagerhaltung und Abrechnung. Wollte jemand, der ein Zeiterfassungsgerät herstellt, dieses für einen industriellen Fertigungsprozeß verkaufen, so würde er nicht zum Zuge kommen, wenn er nicht zuvor ein System anbietet, welches die Datenerfassung und Datenflüsse regelt. Er wäre Lohnfertiger. Die zentrale Technologie, die gleichsam den Produktionsprozeß weltweit auseinanderzieht und als Netz wieder verbindet, ist die Kommunikationstechnik. Das Beherrschen dieses „Top-Down-Approach“ ist von entscheidender

Bedeutung für die Wettbewerbsfähigkeit. Dies ist nicht leicht, da hier auch Grenzen der Qualifikation des Menschen sichtbar werden. Es ist interessant festzustellen, daß der Systemgedanke auch auf Prozesse in der Gesellschaft Anwendung finden muß, z. B. beim Steuersystem, auf dem Arbeitsmarkt oder in der Aus- und Weiterbildung. Da die Eingangs- und Einflußgrößen hier mit einem größeren Fehler behaftet sind, wird es natürlich ungleich schwieriger, zu verwertbaren Aussagen zu kommen.

Die neuen Technologien verwischen die Grenzen zwischen ehemals eigenständigen Bereichen. Die Mikroelektronik enthält Elemente der Elektronik und Informationsverarbeitung; die Fertigungstechnologie integriert Roboter und Informationsverarbeitung; die Kommunikationstechnik beinhaltet Informationsverarbeitung und Nachrichtentechnik; die Biotechnologie enthält Biochemie, Mikrobiologie und Verfahrenstechnik. Zwischen Software und Hardware verschieben sich die Grenzen. Produkte und Verfahren sind insbesondere aus der Sicht der Software nicht immer eindeutig zu trennen. Die Mitgliedschaft zu einer Industrie- und Handelskammer oder Handwerkskammer kann häufig nicht mehr eindeutig festgelegt werden.

Die neuen Technologien führen zu einer Internationalisierung. Der beste Beweis dafür ist der Eingang der Mikroelektronik und der Software in Produkte und Verfahren, die eben internationale Märkte haben. Der frühere Mittelständler, der mit großer Fertigungstiefe fast autark war, wird immer seltener.

2. Aus der Sicht der Unternehmen

Es ist notwendig, mehrere Auswirkungen zu betrachten. Prognosen besagen, daß im Jahr 2000 jährlich Chips im Wert von 600 Milliarden DM benötig werden. Dies entspricht der heutigen gesamten Automobilproduktion. Die Dichte der Funktionen und Speicher auf den Chips nimmt zu, die Investitionen und Komplexität steigen, gleichzeitig finden die Chips Eingang in alle Branchen. Dies bedeutet, es entstehen enorme Abhängigkeiten. Auch unter befreundeten Staaten wird der „Wirtschaftskrieg" nicht ausgespart. Es ist daher unbedingt notwendig, daß große Unternehmen im Verbund mit ihren Regierungen den Kampf um die Mega-Projekte mit Milliarden-Investitionen aufnehmen. Eine Nation, die Industrienation bleiben will, kann sich aus dieser Technologie nicht verabschieden. Hier gibt es Unternehmen, deren Umsatz beträgt 50 % des Haushalts unserer Bundesregierung. Mittelständisch sind diese Probleme nicht lösbar.

Betrachten wir nun ein mittelständisches Industrieunternehmen, das beispielsweise Motoren herstellt. Es muß an zwei Fronten kämpfen. Einerseits gibt es die Schwellenländer, die Motoren herstellen mit bestimmten Funktionen und einer Preisgestaltung aus halbwegs erfolgter Automatisierung und niedrigen Löhnen, so daß der Wettbewerb schwierig wird. Viele Produkte gingen für unser Industrie- und Hochlohnland auf diese Weise verloren. Bleiben wir bei den Motoren. Zeigt sich ein Markt wie etwa bei den Videoantrieben, dann macht sich die zweite Front bemerkbar. Die hohe Automatisierung wird wettbewerbsfähig. Diesen Schritt könnte unser Mittelständler technisch bewerkstelligen, doch wer garantiert ihm den Markt, damit sich die Investitionen refinanzieren. Damit sind wir bei einem entscheidenden Kriterium. Neben der Bewältigung der Technik ist der Markt notwendig. Man sagt, daß das System Video

2000 technisch besser als VHS ist, dennoch hat VHS Erfolg gehabt, weil das Kriterium Markt besser berücksichtigt wurde. Eine Bemerkung zum Verhältnis Schwellenländer/Industrieländer: Wenn der Protektionismus der Schwellenländer zunimmt, wird der Druck in die hochintegrierte, automatisierte Fertigung verstärkt und dies bedeutet bessere Chancen für die Industrieländer, da die Infrastruktur hierfür geeigneter ist. Dieses Prinzip der „kommunizierenden Röhren" konnte man bei uns beobachten, als die Diskussion um die 37-Stunden-Woche die Auftragsbücher der Computerhersteller füllte.

Wenn die Diversifikationsfelder in Richtung Schwellenland und Vollautomatisierung eng werden, welche Strategie gibt es dann noch? Eine wichtige Antwort ist, alte und neue Technologien zu integrieren. Ein Beispiel: Eine Firma, die Blechbearbeitungsmaschinen herstellt, sieht sich vor die Notwendigkeit gestellt, den Laserstrahl als Bearbeitungswerkzeug einzusetzen. Der Laser muß nicht mehr erfunden werden, aber eine Laserkanone ist zu kaufen. Dies bedeutet Rückgang an Wertschöpfung, Probleme mit der Produkthaftung und Abhängigkeit vom Hersteller für ein neues Herzstück der Blechbearbeitungsmaschine. Die Entwicklung einer eigenen Laserkanone unter Einsatz des Know-hows auf dem Gebiet der Blechbearbeitung und der Feinwerktechnik ist die richtige Antwort. Die Folge ist dann eine Lösung der Laserkanone aus der Blechbearbeitungsmaschine und Anwendung für andere Fälle. Dies nennen wir eine organische Diversifikation. Sie ist in aller Regel erfolgreicher, als auf der grünen Wiese ohne Unternehmer-Know-how, ohne Markt und ohne Fertigung zu beginnen. Wir haben systematisch Suchfelder für organische Diversifikation erarbeitet. Die Chancen sind gewaltig. Man denke etwa an die vielen Begleittechniken im Bereich der mikroelektronischen Fertigung, wie z. B. Reinraumtechnik, Ätztechnik, oder an die Fertigung von Sensoren. Auch die vielfältigen Möglichkeiten im Bereich der Biotechnologie, Biosensoren und Fermenter sind gute Beispiele für eine organische Diversifikationsstrategie. Zu dieser Strategie gehört jedoch auch die Kombination von neuen Technologien mit Problemlösungen. Diese Strategien sind in der Bundesrepublik zunächst nur sehr wenig verfolgt worden. Man wollte mittelständisch neue Technologien herstellen, statt sie zu nutzen. Dadurch ist viel Zeit verloren gegangen. Inzwischen hat sich die Situation deutlich geändert, insbesondere was die Integration Mikroelektronik und Maschinenbau anbetrifft. In Baden-Württemberg gibt es viele erfolgreiche Firmen. Unsere Anstrengungen gehen dahin, insbesondere den kleinen Firmen diese vielen Nischen aufzuzeigen und ihnen bei der Diversifikation zu helfen.

Es gibt noch eine weitere Auswirkung als Folge der neuen Technologien. Die industriellen fertigungstechnischen Instrumente unterscheiden sich qualitativ kaum noch, wenn sie in einem Großunternehmen oder in einem mittelständischen Unternehmen eingesetzt werden. Ein Beispiel: Eine Firma mit 200 Beschäftigten stellt Zeitschalter her. Computer in der Fertigung, Leiterplattenentflechtung, SMD-Technik (Surface-Mounted-Device), CAD, Qualitätssicherungssysteme. Produktplanungssysteme sowie internationale Kooperationen sind eine Selbstverständlichkeit. Wenn dieser qualitative Sprung bewältigt ist, dann kann die Quantität problemlos erhöht werden. Andererseits kann eine Firma mit klassischer Produktion noch so sparsam sein, sie wird erfolglos bleiben. Viele Firmen in Baden-Württemberg haben diesen Sprung erfolgreich geschafft, es werden jedoch auch noch Firmen auf der Strecke bleiben. Unsere Bemühungen gehen dahin, durch Spezialberatung und Hilfen bei der Entwicklung möglichst vielen Firmen zum Erfolg zu verhelfen.

3. Aus der Sicht der Arbeitsplätze

Es gilt die Aussage, daß wir uns auf dem Weg in die Informationsgesellschaft befinden. Damit ist für viele die Aussage verbunden, daß wir zunehmend eine Dienstleistungsgesellschaft werden. Soweit ist das richtig. Meist wird jedoch die Frage vergessen, wer das bezahlen soll. Die These lautet: Wir müssen in der Produktion alle verfügbaren Fertigungsinstrumente einsetzen und rationalisieren, dann entstehen hier wettbewerbsfähige Produkte. Dies wird den Bedarf nach hochkarätigen Dienstleistern nach sich ziehen, die mit der durch die Produktion erzielten Wertschöpfung bezahlt werden können. Statistiken über die Schaffung von Arbeitsplätzen in den USA bestätigen diese These.

Diese Kopplung von professioneller Produktion und Dienstleistung ist bei uns auch schon eine Schicht tiefer erkennbar, d. h. bei mittelständischen Unternehmen. Es ist folgerichtig, wenn wir uns die Aussagen aus der Sicht der Unternehmen vergegenwärtigen, daß nämlich die Fertigungsinstrumente weitgehend unabhängig von der Firmengröße sind. Ein Beispiel: Ein Unternehmen mit 3000 Beschäftigten, das über viele kleine Fertigungsstätten groß geworden ist, könnte auf der grünen Wiese eine moderne Fertigung einrichten und würde in fünf Jahren wieder schwarze Zahlen schreiben. Es müßte dann vielleicht 500 Arbeitskräfte entlassen, wäre aber auf lange Sicht wettbewerbsfähig. Geschieht dies nicht, weil man als höchste Priorität in diesem Unternehmen Arbeitsplätze halten will, dann kann nach einiger Zeit der internationale Wettbewerb dazu führen, daß überhaupt keine Arbeitsplätze mehr vorhanden sind. Die Schlagzeile ist bereits fertig: Management hat versagt. Geschieht die Umstrukturierung, dann ist die Wertschöpfung sicherer, und dies paßt zusammen mit der Tendenz, daß viele Neugründungen im Bereich der qualifizierten Dienstleistung erfolgen.

Man darf allerdings bei dem vorhergehenden Beispiel nicht unter den Tisch kehren, daß die 500 entlassenen Arbeitskräfte nicht diejenigen sein werden, die die Softwarehäuser gründen, und daß wohl auch die Zahlenbilanz nicht völlig aufgeht. Die Schlußfolgerung ist nicht, daß man die Entscheidung unterläßt, sondern daß man sich an den Systemgedanken erinnert und das System Arbeitsrecht betrachtet. Es hat zur Zeit keineswegs die Flexibilität, die notwendig wäre, um einen Beitrag zur Bewältigung des erforderlichen Strukturwandels zu leisten. Immerhin, es gibt erste Ansätze.

4. Aus der Sicht der Finanzierung

Wer neue Technologien einführt, stellt bald fest, daß die Kostenseite beträchtlich ist. Bei der Kostenplanung werden häufig zwei Fehler gemacht. Insbesondere Unternehmensgründer unterliegen oft dem Irrtum, daß man mit der Herstellung des Prototyps über den Berg sei. Und alte wie junge Unternehmer glauben zu oft, daß mit der Beschaffung von Hardware die meisten Investitionen getätigt sind. Nun haben wir die kuriose Situation, daß einerseits Geld genug vorhanden ist, dieses Geld aber andererseits nicht hinreichend Eingang in technologieorientierte Unternehmen findet. Dafür lassen sich zumindest zwei Gründe angeben.

Durch vielerlei Einflüsse, insbesondere aber auch dadurch, daß der Staat bei sich abzeichnenden Engpässen zu häufig mit Finanzprogrammen geantwortet hat, statt leistungsbezogene Rahmenbedingen zu schaffen, sind immer mehr Unternehmer mit einer Vollkasko-Mentalität entstanden. Die Strategie lautete: Nach welchen Richtlinien gibt es Geld? – und danach mache ich mein Firmenkonzept, statt umgekehrt. Zur Klarstellung: Gäbe es nicht noch sehr viele originäre Unternehmer, dann ginge es uns schlecht. Das heißt, zum Unternehmer gehören Risikobewußtsein, keine Arbeitszeitbegrenzung, und dann fügt sich auch das Streben nach Gewinn lückenlos ein.

Wegen der hohen Kosten und der sich schnell wandelnden Technologien wird man in vielen Fällen Kooperationen eingehen müssen. Dieses ist fast ein grundsätzlicher Widerspruch zur Eigenständigkeit. Es ist daher verständlich, daß insbesondere viele Mittelständler sich mit einem solchen Gedanken nicht anfreunden können, sie argumentieren, Kooperation ist immer der Anfang einer Fusion, oder noch deutlicher, bei jeder Kooperation bleibt einer auf der Strecke. Es wird wohl immer eine Gratwanderung bleiben.

Zum Nachdenken wird man allerdings gezwungen, wenn man feststellt, daß die Eigenkapitalquote in den Unternehmen ständig sinkt, andererseits die Entnahmequote steigt und die Einkommen von Unternehmern in anderen Bereichen angelegt werden. Der Grund kann demnach nicht die mangelnde Attraktivität des Firmenkonzeptes sein, sondern die schlechten Rahmenbedingungen, unter denen es sich eben nicht lohnt, in Unternehmen zu investieren. Auch hier ist wieder Systemdenken gefordert. Der freie Aktienmarkt deckt nur einen Bruchteil der Summe des Firmenkapitals ab. Ein zweiter Börsenmarkt oder Fungibilität von GmbH-Anteilen, verbunden mit einer Attraktivität für Investitionen, wären schon Rahmenbedingungen, in denen sich etwas abspielen könnte. Der Venture-Capital-Markt hat hier andere Ausgangsbedingungen als etwa in den USA. Er wird unter diesen Rahmenbedingungen wohl keine dominierende Rolle spielen.

5. Aus der Sicht des Staates

Zunächst kann man feststellen, daß in der Wirtschaft sehr viel unabhängig vom Staat funktioniert, häufig sogar trotz des Staates. Der Staat hat für seine Hilfen grundsätzlich drei Instrumente: Rahmenbedingungen (Vorschriften) Infrastruktur und Subventionen. Die Bundesrepublik ist mit 60 Millionen Einwohnern je nach Dollarkurs die stärkste oder zweitstärkste Exportnation der Welt. Diese Tatsache verdient, insbesondere wegen des Strukturwandels durch neue Technologien, eine hohe Aufmerksamkeit. Der zweite sensible Punkt ist die Frage, wie wird der Mittelstand aus der Auseinandersetzung mit den neuen Technologien hervorgehen? Selbst Fakultäten der wissenschaftlichen Einrichtungen ändern sich im Laufe der Zeit nach Inhalt und Organisation. Es wäre daher paradox, wenn der Staat als einziger seine Instrumente nicht fortschreibt. Jeder verantwortliche Politiker, ob Ministerpräsident, Minister, Oberbürgermeister oder Landrat, muß daher in diesem Sinne Unternehmer sein. Kein Politiker von Rang hat dies so früh erkannt und so konsequent umgesetzt wie der baden-württembergische Ministerpräsident Lothar Späth. Seine geradezu ideale Symbiose aus strategischen Konzepten und fallbezogenen Entscheidungen hat dazu geführt, daß

Baden-Württemberg heute eine weltweit anerkannte und erfolgreiche Technologiepolitik vorzuweisen hat. Wie anders wäre es zu erklären, daß fast wöchentlich Delegationen aus allen Ländern – High-Tech wie Low-Tech – uns besuchen, um sich über diese Umsetzung zu informieren. Sicher hat diese Politik auch ihren Anteil an quantitativen Indikatoren wie Länderfinanzausgleich und niedrige Arbeitslosenquote.

Wesentliche Anforderungen an die Änderungen der Rahmenbedingungen sind genannt worden. Diese liegen beim Arbeitsrecht und bei den Investitionen. Wir konzentrieren uns im folgenden auf die Möglichkeiten in Baden-Württemberg und damit auf das Thema Infrastruktur.

Baden-Württemberg hat in der Bundesrepublik den höchsten Prozentsatz der industriellen mittelständischen Unternehmen. Dennoch ist es nicht das Land des Mittelstandes, sondern das Land der guten Proportionen, d. h. wir haben eine Vielzahl von großen Firmen wie Daimler-Benz, Bosch, IBM, Porsche, SEL, Hewlett Packard, BBC. Diese Firmen bilden mit den mittelständischen Firmen ein stabiles Beziehungsnetz. Die Frage ist, wie stabil bleibt dieses Netz durch die Herausforderungen der neuen Technologien. Einerseits haben die neuen Technologien einen Trend in die kapitalinvestive Großindustrie, andererseits gibt es, wie wir gesehen haben, zahlreiche Möglichkeiten der Diversifikation. Die mittelständischen Firmen müssen nun mit Hilfe der verschiedenen Instrumente in die Lage versetzt werden, zu diversifizieren bzw. sich anzupassen, daß sie eigenständig und wettbewerbsfähig bleiben. Klar ist, daß dies keine Erhaltungssubvention sein kann.

Die Forschungs- und Wirtschaftsschwerpunkte sind regionalisiert. Zunächst sind zu nennen der Raum Stuttgart, dann die Räume Karlsruhe und Mannheim. In Heidelberg gibt es einen Schwerpunkt Biotechnologie. In Ulm wird die Universität im Verbund mit Daimler-Benz und AEG neue Schwerpunkte erhalten bzw. bisherige Schwerpunkte ausbauen auf dem Gebiet der Hochfrequenztechnik, der Informationstechnik, der Medizintechnik und der Energietechnik. Aber es gibt auch kleinere Zentren, bezogen auf ganz bestimmte Branchen. So z. B. haben wir in Tuttlingen weltbekannte Firmen, die medizinische Instrumente herstellen. Erfolgreiche Regionalisierung bedeutet auch, daß qualifizierte Mitarbeiter in diesen Regionen wohnen und hier wiederum einen Anteil an gesellschaftlichen Strukturen haben.

Der Staat ist Katalysator in den Feldern, in denen er tätig werden kann. Hier sind vor allem Forschungs- und Entwicklungsschwerpunkte sowie Aus- und Weiterbildungsstätten zu nennen. Die Entscheidungen für Ansiedlungen treffen die Firmen selbst nach ihren eigenen Kriterien.

Eine der wichtigsten Infrastrukturmaßnahmen für die Wettbewerbsfähigkeit der kleinen und großen Firmen ist das Angebot von Forschung und Entwicklung. Baden-Württemberg ist das Land in der Bundesrepublik mit der größten Dichte an Forschungskapazität. Zu dieser Forschungs- und Entwicklungsstruktur gehören insbesondere: Universitäten, Fachhochschulen, Großforschungseinrichtungen, Max-Planck-Institute, Institute der Fraunhofer-Gesellschaft, Institute der industriellen Gemeinschaftsforschung, Stiftungen an Universitäten und Transferzentren der Steinbeis-Stiftung. Dies ergibt insgesamt weit mehr als 100 Institutionen.

Es ist ein Schwerpunkt der Landesregierung, die Grundlagenforschung intensiv zu fördern, weil dies eine gute Voraussetzung für den zukünftigen wirtschaftlichen Erfolg darstellt. Gemeinsam mit den Hochschulen werden langfristige Forschungsprogramme erstellt und erhebliche finanzielle Mittel verfügbar gemacht. So wurde erst kürzlich an der Universität Stuttgart der z. Zt. größte Rechner der Welt – Cray 2 – in

Betrieb genommen. Es ist wichtig festzuhalten, daß für Investitionen in der Grundlagenforschung andere Kriterien gelten müssen als beispielsweise beim Technologietransfer. Es kann auf längere Sicht nicht sinnvoll sein, daß wir in der Bundesrepublik Länder mit stark unterschiedlicher Wirtschaftskraft haben. Aber daraus darf nicht der Schluß gezogen werden, daß Investitionen auf dem Gebiet der Grundlagenforschung, die im Hinblick auf neue Technologien wirtschaftsrelevant sind, solange ausschließlich in schwächeren Gebieten erfolgen, bis eine Gleichheit erzielt ist. Dies würde einer vernünftigen Anwendung der Portfolio-Matrix widersprechen und führt schließlich dazu, daß das Gesamtsystem im Wettbewerb geschwächt wird. Eine ausgewogene Quotenregelung ist das richtige Augenmaß.

Es gilt nicht nur in die Forschung zu investieren, sondern man muß sich auch Gedanken machen, wie man professionell organisiert dieses Know-how der Wirtschaft zur Verfügung stellt. Dies muß einerseits erfolgen unter Wahrung der Eigenständigkeit und Identität der Technologiequellen, z. B. der Universitäten und Fachhochschulen, zum anderen aber den Kriterien der Wirtschaft gehorchen. Diese Kriterien sind vor allem: Geheimhaltung, Lieferung innerhalb bestimmter Fristen, Lieferung zu bestimmten Preisen. Dieses Transfersystem, welches vom Wirtschaftsminister koordiniert wird, soll nachfolgend erläutert werden.

Es gibt zunächst ein flächendeckendes Netz von Anlauf- und Vermittlungsstellen. Dies sind spezielle Berater in den Industrie- und Handelskammern, Handwerkskammern, Landkreisen, Verbänden und auch der Forschungseinrichtungen. Diese Berater informieren darüber, welche Institutionen welche Entwicklungen durchführen und für welche Vorhaben es staatliche finanzielle Fördermöglichkeiten gibt. Dieses Netz steht und ist mehr oder weniger in der gesamten Bundesrepublik realisiert. Mit diesem Erstkontakt ist aber noch keinerlei Innovation erfolgt. Charakteristisch für Baden-Württemberg ist nun, daß ein zweites flächendeckendes Netz aufgebaut wurde, mit dessen Hilfe konkrete Projekte für die Unternehmen durchgeführt werden.

Da gibt es zunächst Hochschulen und Forschungseinrichtungen, insbesondere die Technischen Universitäten Stuttgart und Karlsruhe sowie die Institute der Fraunhofer-Gesellschaft, die immer schon in erheblichem Umfang Technologietransfer gemacht haben. Eine erste Innovation des Staates bestand nun darin, Stiftungen einzurichten, die einerseits die Kapazität von Universitäten nutzen und andererseits einen starken Einfluß durch Unternehmen der Wirtschaft haben. Diese Einrichtungen sind zwar noch in beträchtlichem Umfang vom Staat grundfinanziert, jedoch ist es ihre Aufgabe, sich in zunehmendem Maße aus Aufträgen aus der Wirtschaft zu finanzieren. Derzeit bestehen folgende Institute: Forschungszentrum Informatik an der Universität Karlsruhe, Naturwissenschaftliches und Medizinisches Institut an der Universität Tübingen, Institut für Mikroelektronik Stuttgart, Institut für Lasertechnologie in der Medizin an der Universität Ulm.

Eine weitere Innovation des Staates war das Schaffen von operationalen Einheiten für Aufgaben, denen sich der Staat nicht entziehen kann und die öffentlich-rechtlich nicht lösbar sind. Es sind dies die Stiftung für Außenwirtschaft und der Regierungsbeauftragte für Technologietransfer. Die Stiftung für Außenwirtschaft unterstützt einerseits Exportbemühungen der Firmen aus Baden-Württemberg und wirbt andererseits für Industrieansiedlungen in Baden-Württemberg. Die Außenwirtschaft soll hier nicht weiter vertieft werden.

Der Regierungsbeauftragte für Technologietransfer hat hoheitliche Aufgaben, indem er mitwirkt bei der Erstellung und der Beurteilung des Vollzugs von Programmen sowie bei Entscheidungen des Ministerrats, die der Angewandten Forschung, dem Technologietransfer und der Innovationsfähigkeit der mittelständischen Unternehmen dienen. Außerdem führt er die technische und wirtschaftliche Beurteilung von technologieorientierten Einzelprojekten und Förderanträgen für den Staat durch. Schließlich ist er zuständig für die Abwicklung der beim Technologietransfer auftretenden Einzelfälle einschließlich der Koordinierung und Abstimmung der hierbei beteiligten Stellen. Hierzu gehören insbesondere die Konzipierung und Umsetzung von einzelbetrieblich ausgerichteten Maßnahmen. Er ist weder hierarchisch noch haushaltsmäßig in ein Ministerium eingebunden, sondern berichtet in seiner Eigenschaft als Regierungsbeauftragter direkt dem Ministerpräsidenten bzw. dem Wirtschaftsminister. Die operationale Seite wird dadurch realisiert, daß der Regierungsbeauftragte Vorsitzender des Vorstandes der Steinbeis-Stiftung ist. Diese Stiftung ist privatrechtlich organisiert. Sie hat ganz pauschal die Aufgabe, der Wirtschaft des Landes Informationen aus Forschung und Entwicklung zur Verfügung zu stellen. Dies ist also eine professionelle Organisation, um das Know-how der Hochschulen systematisch den mittelständischen Firmen zur Verfügung zu stellen. Die Labors der Hochschulen, das Personal sowie eigene Investitionen können dabei genutzt werden. Es wird ein breites Dienstleistungsnetz im Sinne einer Ganzheitsberatung angeboten. Dies sind allgemeine Beratungen, Spezialberatungen, Produktfindung, Produktverwertung, Fördern von Kooperationen, Forschung und Entwicklung und ein zeitlich begrenztes Entwicklungsmanagement. Etwa 800 Professoren und Ingenieure arbeiten jährlich in Nebentätigkeit für die Stiftung. Die Summe der hauptberuflichen und nebenberuflichen Mitarbeiter beträgt rd. 1500. Dabei werden aus dem Stammhaushalt lediglich zwölf Mitarbeiter finanziert, d. h. es fließen keine Subventionen in die Stiftung, sondern die Unternehmen der Wirtschaft finanzieren diese Leistungen. Die Stiftung unterhält rd. 60 Institute und führt jährlich mehr als 11 000 Vorhaben durch. Darin sind jährlich etwa 1 700 Gutachten für Technologievorhaben, die eine staatliche Förderung erhalten, eingeschlossen.

Über diesen Bypass des technologischen Know-hows der Stiftung kann der Regierung auf direktem Weg Know-how zugeführt und gleichzeitig den Firmen mit einem Verbund von vielfältigen Instrumenten geholfen werden.

Zum Transfersystem gehören auch die Technologiefabriken, von denen es zehn in Baden-Württemberg gibt, nämlich Aalen, Freiburg, Heidelberg, Karlsruhe, Konstanz, Mannheim, Offenburg, St. Georgen, Stuttgart, Ulm. Technologiefabriken sind Gebäude im Umfeld von Hochschulen, in denen technologieorientierte Unternehmensgründungen erfolgen. Der Vorteil ist für die Zeit von fünf Jahren eine erniedrigte Miete, aber wesentlich mehr der direkte Zugriff auf die Forschungs- und Entwicklungskapazität der Hochschulen und ein intensives Kommunikationsnetz innerhalb der Technologiefabrik. Da bekanntlich der Einstieg in die Fertigung und den Markt für neue Produkte außerordentlich kostenintensiv ist, wird angestrebt, wo immer es geht, Kooperationen mit mittelständischen Unternehmen herzustellen, die gezwungen sind, auf Grund des Strukturwandels zu diversifizieren. Damit erfolgt ein sehr effizienter Technologietransfer, nämlich über Köpfe.

Als Handlungsrichtlinien für eine Technologiepolitik kann man folgende Merkpunkte angeben: Alle Maßnahmen des Staates müssen unter dem Gesichtspunkt erfolgen, ob ein Nutzwert für den Empfänger vorhanden ist, d. h. in der Regel für ein mittelständisches Unternehmen. Es kommt also darauf an, was der Empfänger braucht und nicht was die Technologiequelle kann. Weiterhin sollte jedes Unternehmen, wenn irgend möglich, staatliche finanzielle Fördermittel meiden, da hiermit unweigerlich auch Auflagen verbunden sind, die nicht immer im Einklang sind mit den Notwendigkeiten des Marktes, und schließlich sollten die Unternehmer bei Schwierigkeiten nicht zu schnell den Staat um Hilfe bitten, wenn es auf Grund der Marktgesetze zu Schwierigkeiten kommt, denn dieses führt zu Erhaltungssubventionen, die letztlich einen erfolgreichen Wettbewerb verhindern.

6. Aus der Sicht des Menschen

Keine der bisher erörterten Maßnahmen greift, wenn nicht Menschen da sind, die dieses bewerkstelligen, und zwar Menschen, die einerseits fachlich entsprechend qualifiziert und zum anderen eine entsprechende Motivation und Identifikation besitzen. Diese Punkte entscheiden letztlich über den Erfolg einer konzipierten Technologiepolitik.

Bei der fachlichen Qualifikation ist das Systemdenken von entscheidender Bedeutung. Algorithmisches Denken gehört in das Grundstudium einer jeden Ingenieurausbildung. Da die Wertschöpfung immer mehr aus Problemlösungen im Zusammenhang mit Hardware erfolgt, wird die Ausbildung von qualifizierten Kräften das wichtigste Kriterium für Erfolg oder Nichterfolg sein. Dabei soll die Erstausbildung eine Ausgewogenheit zwischen methodischem Wissen und Anwendungswissen sein. Danach ist die anwendungsbezogene Weiterbildung von enormer Wichtigkeit. Hier sind allerdings noch einige Verbesserungen notwendig. Einerseits muß die Weiterbildung verstärkt im Zusammenhang mit Forschungs- und Entwicklungsprojekten erfolgen, und zum anderen sollten sämtliche Subventionen für Weiterbildung gestrichen werden, damit diese in den freien Wettbewerb kommt. Denn Know-how ist etwas, was man verkaufen kann. Dann würden noch mehr Spitzenkräfte zusätzlich zu ihrer hauptamtlichen Tätigkeit Weiterbildung anbieten. Denn letztlich kann das Angebot der Weiterbildung nur von hauptamtlichen Weiterbildern keinen Erfolg haben.

Die rasanten Entwicklungen in der Technik führen dazu, daß selbst Fachleute viele Entwicklungen nicht mehr verfolgen können. Umso mehr gilt dies für Menschen, die nicht an der unmittelbaren Entwicklung beteiligt sind, sondern sie in ihrem Umfeld akzeptieren müssen. Der schnelle Umschlag der technologischen Entwicklungen führt dazu, daß immer wieder die Bezugsysteme sich ändern, und dies führt zu Irritationen und damit zu einer Verringerung der Akzeptanz. Es gibt dabei grundsätzlich zwei Fluchtziele. Das eine ist die Ablehnung einer jeden Veränderung, weil die Übersicht verloren gegangen ist, und das andere ist das Freakverhalten, das nur akzeptiert was neu ist, ganz gleich, ob es nützt oder nicht. In beiden Fällen wird der Fehler gemacht, daß im Grunde die Technologie, die man beherrschen will, zum Bezugsystem gemacht wird. Es liegt auf der Hand, daß dies nicht funktionieren kann. Daher muß die Forderung für eine souveräne Nutzung der Technik lauten: Man suche sich sein Bezugsystem außerhalb der Technik, man schaffe Werte außerhalb der Technik, und in diesem Wertesystem kann man dann die Technik souverän als ein Hilfsmittel nutzen.

Betrachtet man über einen Zeitraum der letzten Jahre das Klima, in dem Technik angewendet wird, so erkennt man, daß der Pessimismus abgenommen hat. Die Zeiten, in denen alles problematisiert wurde, in denen gegen alles Bedenken geäußert wurden, in denen Resignation herrschte, gehören langsam der Vergangenheit an. Der Optimismus nimmt zu, man versteht mehr und mehr, daß Veränderungen das eigentlich Normale sind, man beginnt zu verstehen, daß die Risiken, die mit dem technologischen Strukturwandel verbunden sind, immer auch enorme Chancen beinhalten, und diese Erkenntnis gibt Anlaß zu Optimismus.

Zur sektoralen und regionalen Strukturpolitik als industriepolitische Aufgabe

Manfred Meier-Preschany

Wer sich aus der Perspektive des Jahres 1987 mit der in der Bundesrepublik in den letzten Jahren betriebenen Industriepolitik – hier als aktive sektorale und regionale Strukturpolitik begriffen – beschäftigt, dem fällt ein gesteigertes Interesse vor allem im politischen Raum auf. Und bei diesem Interesse geht es um mehr als nur um eine gedankliche Überprüfung des Tatbestands Wirtschaftspolitik. Je nach politischem Standort werden grundsätzliche Bedenken gegenüber den bisherigen Konzeptionen und Zielen sowie Skepsis gegenüber den eingesetzten Instrumenten in unterschiedlicher Stärke geäußert. Es überwiegen jedoch die Stimmen, die nach einer Weiterentwicklung einer so verstandenen Industriepolitik verlangen; denn die bisherige sektorale und regionale Orientierung begünstigte über eine jahrelange Subventions- und Förderpolitik strukturelle Fehlentwicklungen, die sie revisionsbedürftig machen.

I.

Am Anfang nachfolgender Überlegungen stehe die These, daß aus marktwirtschaftlicher Sicht auch staatliche Wirtschaftspolitik für den privaten Sektor der allgemein akzeptierten Zweiteilung in Ordnungs- (oder Rahmenpolitik) und Ablauf- (oder Prozeßpolitik) unterliegt. Das war (und ist im Grunde auch noch heute) das wirtschaftspolitische Verständnis der letzten 35 Jahre in Deutschland: Die Wirtschaftspolitik orientiert sich an einer Ordnungskonzeption, an einem Ordnungsbegriff. Dabei hat die bewußt gesetzte Wirtschaftsordnung, bestimmte strategische Ziele zu erreichen: befriedigendes Wachstum, stabile Preise sowie eine tragbare Einkommensverteilung bei gleichzeitiger Bewältigung großer Gemeinschaftsaufgaben. Der Staat hat sich auf globale Steuerungsmaßnahmen, wie die Beeinflussung des Preisniveaus, der Zahlungsbilanz und des Beschäftigungsstands zu beschränken; dagegen behält in den mikroökonomischen Beziehungen der Leistungswettbewerb seine Funktion.

Aus diesem Denkansatz folgt die Grundposition, nach der für eine aktive sektorale und/oder regionale Strukturpolitik kein Handlungsbedarf bestehe; es genüge die Offenhaltung der Märkte, die Unterbindung von Wettbewerbsbeschränkungen, die Flexibilisierung der Arbeitsverhältnisse sowie die monetäre Stabilität.

Was hier beschrieben wurde, ist eine wirtschaftpolitische Konzeption, die sich als ein geschlossener und in sich konsistenter Zusammenhang von Zielen und Mitteln, als rationale Wirtschaftspolitik verstanden wissen will. Ihr Realitätsgehalt für die praktische Wirtschaftspolitik ist zu bezweifeln, denn die Wirklichkeit ist anders.

In der Bundesrepublik unterliegt die private Güterproduktion nicht durchgängig dem Wettbewerb; es gibt wichtige Ausnahmen. Einzelne Wirtschaftszweige sind unter Berufung auf die *,Besonderheiten' der* betreffenden *Märkte* oder auf die einzelnen Wirtschaftszweigen auferlegten Zielsetzungen aus dem Wettbewerb herausgenommen und öffentlicher Regulierung durch administrative Lenkung und Kontrolle unterworfen. Man denke nur an die Landwirtschaft und Kohle, an die Stahlindustrie und den Verkehr. Aus dieser Tatsache lassen sich die uns heute bedrängenden sektoralen und einige der regionalen Strukturprobleme (jede für sich allein und in ihrer wechselseitigen Verflechtung) ableiten. Denn *unsystematisch gewachsene branchen- oder gruppenpolitische Einzelmaßnahmen* haben das Marktsystem nach und nach aufgebrochen und eine beachtliche Eigengesetzlichkeit entwickelt. Ehrgeizige *Verteilungskorrekturen,* bei denen möglichst vielen und kleinen Gruppen begrenzte oder deutlich sichtbare Vorteile zugestanden wurden und außenwirtschaftliche Verwerfungen taten ein übriges.

Dieser Veränderung mikroökonomischer Relationen will nun eine selektive Wirtschaftspolitik teils mit *„positiver Anpassung"*, teils mit *„vorausschauender Gestaltung"* begegnen. Je nach Zielrichtung und Intensität der staatlichen Eingriffe sollen unterstützende Anreize für die Rückgewinnung traditioneller Märkte oder Investitionslenkung die Folge sein. Als Begründung wird die ,Zukunftssicherung' herangezogen – ein Begriff, der die ordnungspolitischen Grenzen der Wirtschaftspolitik verwischen läßt. Diese so beschriebene Wirklichkeit wird jedoch erst dann verständlich, wenn zu ihrer Erklärung auch die (ökonomische) *Analyse politischer Prozesse* herangezogen wird. Hierauf soll an anderer Stelle noch eingegangen werden.

Heute werden also sektorale und regionale Strukturpolitik als Teile einer (,Neuen') Industriepolitik nicht mehr nur als einfache Feststellung von Tatsachen gewertet. Ihre ,Richtigkeit', ,Angemessenheit' und ,Wünschbarkeit' stützt sich weitestgehend auf beschäftigungs- und zukunftssichernde Argumente, nach denen nahezu zwangsläufig ein staatlicher Handlungsbedarf erzwungen wird. Das heißt, Industriepolitik in dem so verstandenen Sinn wird sowohl als Sozialpolitik als auch als Forschungs- und Technologiepolitik aufgefaßt. Im Grunde geht es – so die Befürworter – nur noch darum, ob *Industriepolitik als marktkorrigierende oder nur als ergänzende Hilfe* zur Wirtschaftspolitik verstanden und praktiziert werden soll. Daß damit das Marktsystem fragmentiert oder segmentiert bleiben muß, soll hingenommen werden. Es gelte – so die fortführende vereinfachende These – das ,Marktversagen' zu korrigieren, Märkte zu machen und Beschäftigung zu schaffen. Liegen die Dinge wirklich so einfach?

II.

Auch für wirtschaftspolitische Zielsetzungen ist die Wahl einer geschickten Terminologie nicht unwesentlich. Begriffe wie Taktik und Strategie scheinen sich für eine Auseinandersetzung mit diesem Teil deutscher Gegenwartsprobleme in der Tat zu eignen.

Wenn unter Taktik eine zur Überwindung sektoraler Schwierigkeiten, das heißt sich vollziehender Schrumpfungsprozesse und zum Abbau regionaler Ungleichgewichte betriebene Strukturpolitik verstanden wird, dann wird die zentrale Frage sein, ob die bis heute ergriffenen und beabsichtigten taktischen Maßnahmen geeignet sind, den eigentlichen und unbestrittenen strategischen Zielen näher zu kommen, oder ob sie nicht vielmehr davon wegführen oder ob nicht zumindest ein Risiko besteht, daß letzteres geschieht.

Wenn also über Möglichkeiten und Erfordernisse einer Industriepolitik nachgedacht wird, dann ist auch nachzudenken über ihre Grenzen. Dies jedoch nicht, indem wir nur eine Antwort auf ein „mehr oder weniger Staat" zu geben oder die Möglichkeiten und Erfordernisse an den Prinzipien der Ordnungspolitik zu messen versuchen. Wir wollen durch Fragen und Infragestellungen die Grenzen einer aktiven sektoralen und regionalen Strukturpolitik aufzeigen, um so zu einer größeren Rationalität wirtschaftspolitischer Entscheidungen und Handlungen beizutragen.

Besteht – so wäre zuvorderst zu fragen – zwischen entpolitisierter Theorie und tatsächlicher Praxis der Wirtschaftspolitik auch nur annähernde Einigkeit über die Definition des Problems, die Aktionsmöglichkeiten, die Konsequenzen aus den Aktionen sowie die Ziele und die Gewichtung?

Zunächst: Die übliche Kritik an der Diskrepanz zwischen theoretischen Normen und faktischen Möglichkeiten hat für sich allein genommen keinen großen Aussagewert. Und doch ist diese Diskrepanz gegeben. Sie rührt daher, daß zwischen einer entpolitisierten Theorie und der ökonomischen Praxis als Ausdruck politischer Prozesse große *Verständigungsschwierigkeiten* bestehen. So ist die Theorie im Grunde nur an einem sachlogisch ‚richtigen' Zusammenhang interessiert; um das Zustandekommen einer daraus folgenden Entscheidung und um die Realisierung notwendiger Maßnahmen kümmert sie sich nicht. Dagegen ist für die ökonomische Praxis die Konsensfindung und eben die Realisierung von Maßnahmen ausschlaggebend. Überlegungen zur Machbarkeit, zum Vorgehen und zu sonstigen Anforderungen sind für sie wichtig. Sie sind aber auch dem politischen *Wettbewerb der Interessengruppen* ausgesetzt. Daß dabei die Ziele der Politik teilweise aus taktischen Gründen postuliert werden, teilweise nur deklamatorischen Charakter haben oder sogar nachträglich zur Rationalisierung von Entscheidungen oder Handlungen formuliert werden, ist Teil der politischen Willensbildung und damit der politischen Prozesse.

Sodann: Es ist gesichertes Wissen, daß zu den schwierigsten Problemen zweckhaften Handelns die Tatsache gehört, daß neben der erwünschten Hauptwirkung einer Maßnahme in aller Regel auch unerwünschte Nebenwirkungen eintreten. Damit sind zwei Problemkreise angesprochen: der der *Marktkonformität* der eingesetzten und einzusetzenden Mittel und jener der *optimalen Intensität* des *Mitteleinsatzes*. Nun gibt es historische Beispiele genug, die zeigen, daß bei steigender Eingriffsintensität mit steigenden Nebenwirkungen gerechnet werden muß. Die Konsequenz hieraus ist die, daß diese Nebenwirkungen durch weitere Maßnahmen kompensiert oder, falls dies – aus welchen Gründen immer – nicht machbar ist, die Rückwirkungen anerkannt oder als kleineres Übel in Kauf genommen werden müssen. Mit anderen Worten: Auch die Strukturpolitik hat zunächst das *Problem der Meßbarkeit* von Haupt- und Nebenwirkungen und somit ein *Dosierungsproblem*. Aber damit wird zugleich der Bereich der infragekommenden wirtschaftspolitischen Instrumente nicht unerheblich eingeengt.

Wenn also davon ausgegangen werden muß, daß optimale Intensität des Mitteleinsatzes und objektiv erfaßbare Reaktionslagen schwer zu bestimmen sind, ergibt sich als Konsequenz die Forderung nach einer *‚Politik der kleinen Schritte'* – zugegeben: für eine aktive sektorale und regionale Strukturpolitik, der es um die Gestaltung wirtschaftlicher Verhältnisse geht, eine unbefriedigende, wenn nicht unbequeme Folgerung. Nur: Will sie rational sein, muß sie sich ihrer Grenzen bewußt sein.

In diesem Zusammenhang ein weiteres Argument. Es genügt nicht, zu sagen, daß zentrale Ziele nicht notwendigerweise widerspruchsfrei seien, daß die Verknüpfung von Zielen und Mitteln wegen der Komplexität der Wirtschaftsbeziehungen ihre Grenzen hätte und daß Ziel- und Mittelkonflikte, die sich aus den Interdependenzen im Wirtschaftsprozeß sowie den Strukturformen einer Wirtschaftsordnung ergeben, unvermeidbar seien, zumal hierzu noch die oben beschriebenen ‚politischen Prozesse' träten. Alle diese Punkte werfen die grundsätzliche Frage auf, ob es in der Strukturpolitik (wie in der Wirtschaftspolitik schlechthin) überhaupt unabhängige Parameter gibt, insbesondere dann, wenn sich diese Politik den Anspruch der Vorausschaubarkeit, also der Gestaltung geben sollte.

Schließlich: Nicht erst in jüngster Zeit bedient sich die sektorale Wirtschaftspolitik der Formel *‚positive Strukturanpassung'*. Ihre wesentlichsten Ansatzpunkte sind Modernisierung und Rationalisierung, Produktdifferenzierung und Diversifikation, Innovation, Betriebsgrößenoptimierung sowie Änderung der Eigentümerstruktur. Sie ist – so ihre Befürworter – expansiv ausgerichtet mit dem Ziel der Rückgewinnung der Wettbewerbsfähigkeit von Unternehmen im Bereich ihrer bisherigen Markttätigkeit. Einer solchen ‚positiven Anpassung' (auch ohne vorausschauende, gestalterische Überlegungen) ist der interventionistische Charakter immanent; denn sie beschränkt sich nicht auf eine Rahmengebung, sondern ist inhaltlich klar definiert. Die Folge können Investitions- und Produktionslenkung, Beeinflussung der Kapazitätsstruktur und des Marktaufbaus sein. Nicht nur hierzu folge ich Herbert Baum[1], sondern auch in der hieran geknüpften Folgerung, nach der die Anpassungspolitik mit ihren partiellen Forderungsansätzen eine Zerlegbarkeit des Umstrukturierungsprozesses in Forschung, Planung, Produktion und Marketing unterstelle. „Anpassung reduziert sich zur routinemäßig lösbaren Aufgabe betrieblicher Teilprobleme und erhält den Anschein des Organisierbaren."[2] Des weiteren lassen die aufgrund empirischer Untersuchungen gewonnenen Erfahrungen befürchten, daß „staatliches Handeln" nicht notwendigerweise zu der bezweckten Anpassung, sondern nur zur Erhaltung bestimmter Wirtschaftszweige oder einzelner Unternehmen führt.

Mit diesem Hinweis soll nun keineswegs einem Verzicht auf eine aktive sektorale und/oder regionale Strukturpolitik das Wort geredet werden. Denn: So einfach läßt sich die bisher verdrängte *Kernfrage,* was soll und darf staatliche, aktive sektorale und/ oder regionale Strukturpolitik, was ist Sache der Wirtschaft und was des Markts, nicht behandeln.

III.

Gleich anderen Industrieländern stehen wir auch in der Bundesrepublik Deutschland vor *drei* besonders drängenden, miteinander verknüpften *Problemen*: eine zu hohe *Sockel-Arbeitslosigkeit*, *Umweltschutz* und – als eine Volkswirtschaft mit hoher Exportabhängigkeit – *Bewältigung der technologischen Herausforderung*. Diese Probleme sind nicht unabhängig voneinander entstanden; daher müssen die Problemlösungsansätze miteinander verknüpft werden. Der bloße Rückgriff auf Keynes, dessen Überzeugung, daß die (damals) herrschende Theorie aufgrund ihrer Mängel nicht zur Erklärung des Wirtschaftsablaufs ausreiche und daher eine in die Praxis umzusetzende Theorie der staatlichen Aktivität notwendig sei, wäre ein zu einfaches 'Rezept' für vorgeblich pragmatisches Handeln. Ebenso zu einfach wäre es, wirtschaftspolitische Instrumente ausnahmslos in ihrer Wirkung auf die bestehende Wirtschaftsordnung zu beurteilen und nicht darauf, ob sie geeignet sind, bestimmte konsensfähige Ziele zu erreichen. Worauf es ankommt, ist, daß Ziele definiert und Wirkungen von Maßnahmen bedacht und mögliche Nebenwirkungen berücksichtigt werden.

Was ist nun das Ziel? Ziel muß es sein, die technologische Entwicklung und die damit einhergehende Veränderung der Wirtschaftsstrukturen so zu fördern, daß neue Techniken zur Lösung der Probleme beitragen und neue Beschäftigungsmöglichkeiten erschließen. Aufgabe einer sektoralen und vor allem regionalen Strukturpolitik ist es, die notwendige Infrastruktur bereitzustellen, geeignete Rahmengesetze zu schaffen sowie über Förderungsmittel der technischen Entwicklung Impulse zu geben. Hiermit wird die Anpassungsfähigkeit der Wirtschaft im Sinn einer *freiwilligen Veränderung der Produktionsstrukturen* gefördert.

Nun wird unter Berufung darauf, daß im föderativen System Strukturpolitik für die einzelnen Bundesländer den Schwerpunkt ihrer Gestaltungsmöglichkeiten darstellt, daß eine Gestaltung der notwendigen Strukturveränderungen das Ziel der Wirtschaftspolitik sein muß und daß infolge eines regionalen Innovationsgefälles regionale Strukturprobleme und Strukturunterschiede sich zu verfestigen drohen. Skepsis ist angebracht, wenn daraus der vordergründig zwangsläufige Schluß gezogen wird, es sei Aufgabe der staatlichen Strukturpolitik für die Regionen gleichsam ‚maßgeschneiderte' industriepolitische Konzeptionen zu entwickeln und das regionalpolitische Instrumentarium an neuen Zielen und Gegebenheiten auszurichten. Das ist *wirtschaftspolitische Illusion*; denn eine solche, im Grunde dirigistische, aktive Strukturpolitik beruht auf grundsätzlichen „Fehleinschätzungen über Planbarkeit und Durchsetzbarkeit des strukturellen Wandels" (Staudt). Diese Bedenken haben ihre Begründung weniger im ‚Ordnungsdenken' (was weitgehend ein Denken in Systematisierungen geblieben ist), als vielmehr in der Furcht vor einer arbiträren Politik, die sich in ihrer ‚Breite' und ‚Tiefe' schließlich selbst legitimiert.

IV.

Was wir heute auf dem Gebiet der aktiven sektoralen und regionalen Strukturpolitik (und nicht nur auf diesem!) erleben, ist eine Polarisierung zwischen Extremen, die es erschwert, aber nicht verhindern sollte, einen vernünftigen Mittelweg einer menschlich verantwortbaren und wirtschaftlich und politisch zu rechtfertigenden Politik zu gehen. In einer Zeit raschen Wandels, der die Unsicherheit vergrößert und das Vertrauen in das Vertraute verkleinert, nimmt auch das Zeitgefühl, die Geduld bis zur Wirksamkeit getroffener Maßnahmen ab und die Kritik an den ‚tatenlosen' wirtschaftspolitischen Instanzen zu.

Ein weiteres: Eine Wirtschaftspolitik, die vom *Wohl des Ganzen* ausgeht, sollte auch das Eingeständnis umfassen, daß sich noch so ehrgeizig postulierte Ziele in festumrissenen Zeiträumen auch bei effizienter Wirtschaftspolitik kaum erreichen lassen; daß nicht erwartet werden kann, daß wirtschaftspolitische Instanzen in der Lage waren, eine Wirtschaftsentwicklung nach Maß herbeizuführen und daß eine *stetige Wirtschaftsentwicklung* in einer in die Weltwirtschaft eingebundenen Marktwirtschaft auch durch die beste Wirtschaftspolitik nicht erreichbar ist. Wer das nicht einsieht, der muß sich entgegenhalten lassen, daß der Zeitgeist nur sehr begrenzt stärker ist als die Schlüssigkeit von Argumenten.

Mehr denn je ist Wirtschaftspolitik in welcher Form immer auch ‚Konflikt-Politik'. Um so wichtiger ist deshalb der Versuch, eine *konsensfähige wirtschaftspolitische Gesamtstrategie* zu formulieren, die nur im konstruktiven Zusammenwirken von Wirtschaft, Wissenschaft und Staat gelöst werden kann, wobei die jeweiligen Verantwortungsbereiche der Beteiligten respektiert bleiben.

Andererseits – auch darüber sollte es kein Dissens geben – ist das Gestalten der zukünftigen Industrielandschaft zuvorderst die Aufgabe der Unternehmen. Denn Märkte werden von Unternehmen ‚gemacht' und nicht von der Wirtschaftspolitik oder der Wissenschaft.

Dies ist auch eine Erkenntnis. Begriffe wie ‚Vision eines Zukunftsstaates', etwa einer Informationsgesellschaft, oder einer reinen Wettbewerbsgesellschaft, in der sich eine ‚rationale Wirtschaftspolitik' jeglicher Intervention versagt und trotzdem politisch als auch technisch durchführbar ist, haben auch deshalb ihre Anziehungskraft, weil ihre Grenzen schwierig zu bestimmen sind und sie erst mit großer zeitlicher Verzögerung auf dem Prüfstand der Praxis stehen. Aus diesen und anderen Überlegungen neigen wir mehr zur nüchternen Reflexion über die Realität der Dinge. Und diese deuten wohl in Richtung ‚Politik der kleinen Schritte'. Dies gilt auch für eine aktive sektorale und regionale Strukturpolitik. Denn so plausibel sie auch sein mag; so sinnvoll die Vorschläge im einzelnen sein mögen: Bei nüchterner ökonomischer Analyse ergeben sich viele offene Fragen und Einwände, die überzeugenderer Antworten bedürfen als sie bisher gegeben wurden.

Der vorstehende Beitrag ist als ein Versuch gedacht, einige wichtige wirtschaftspolitische Fragen und Infragestellungen neu zu umschreiben. Eine Auseinandersetzung mit der umfangreichen Literatur zur sektoralen und regionalen Strukturpolitik war nicht beabsichtigt und sollte auch nicht versucht werden. Diese findet sich in den Arbeiten von Herbert Baum [1], Hans Besters [3] und Joachim Klaus [4], von denen Grundideen in die Überlegungen eingeflossen sind.

Literatur

1. H. Baum, Positive Strukturanpassung als Strategie der Neuen Industriepolitik, List Forum, Bd. 13 (1985/86), Heft 4
2. E. Streit, Innovationspolitik zwischen Unwissenheit und Anmaßung von Wissen, Hamburger Jahrbuch für Wirtschafts- und Gesellschaftspolitik, 29. Jahr (1984) zitiert nach H. Baum, S. 237
3. H. Besters, Sinn und Widersinn sektoraler Strukturpolitik, List Forum, Bd. 12 (1983/84)
4. J. Klaus, Zur Reformbedürftigkeit der Regionalpolitik, List Forum, Bd. 13 (1985/86), Heft 3

Die Technologiefabrik Karlsruhe – Ein Beispiel angewandter Mittelstands-, Wirtschafts- und Technologiepolitik

Winfried Nowak

Zusammenfassung

Ein Hochlohnland wie die Bundesrepublik kann im internationalen Wettbewerb mit problemlosen Massenartikeln nicht mehr bestehen – diese produzieren andere zwar nicht besser, aber zumindest billiger. Die Chance der exportabhängigen deutschen Wirtschaft auf den umkämpften Auslandsmärkten liegt im qualitativ und technisch hochwertigen Produkt. Für die deutsche Wirtschaft ist es lebensnotwendig, die Produktionsprozesse nach dem „letzten Stand der Technik" zu organisieren und in ihre Produkte die modernste Technologie „einzubauen". Die Technologiepolitik wird damit – auch – zu einem wichtigen Faktor der Wirtschaftspolitik. Ein Beispiel angewandter Technologiepolitik ist die Technologiefabrik Karlsruhe, die mittlerweile zu einem anerkannten Technologie-Transfer-Zentrum geworden ist.

Die Wirtschaftspolitik wird heute weltweit über alle Grenzen der ordnungspolitischen Verfassung und der jeweiligen ökonomischen Entwicklungsstufe hinweg durch den sozialen und politischen Zwang bestimmt, Unterbeschäftigung abzubauen und zusätzliche Beschäftigte in den Arbeitsprozeß einzugliedern. Als wichtige Stütze des Wachstums und der Beschäftigungsentwicklung gilt der Export. Die Steigerung der „internationalen Wettbewerbsfähigkeit" der eigenen Wirtschaft wurde zur nationalen Zielvorstellung in Ost und West.

Das hohe Lohnniveau hat die Chancen der klassischen Industriestaaten, problemlose Massenwaren auf fremden und auf den eigenen Märkten zu wettbewerbsfähigen Preisen anzubieten, gravierend reduziert. Dies gilt in besonderem Maße für die Wirtschaft der Bundesrepublik, die neben hohen Lohn- extrem hohe soziale Nebenkosten in ihre Preise einkalkulieren muß. Das bezeichnenderweise „amerikanische" Stichwort, mit dem Wirtschaftspolitiker wie Unternehmer die ökonomischen Zukunftschancen unseres Landes kennzeichnen, wurde mittlerweile zum Bestandteil der Umgangssprache: „High tech". Diese Forderung kann zwar in dieser apodiktischen Formulierung genauso wie das oftmals mißverstandene Konzept vom „Blaupausenexport" nur einen Teilaspekt des Handlungsrahmens kennzeichnen, zeigt aber die richtige Tendenz: Die Chance der deutschen Wirtschaft liegt in technisch hochwertigen Gütern mit hohem know-how-Anteil. Das Prinzip „Qualität" wird heute mehr denn je durch die „eingebaute" Technik des Produktes, Ingenieurwissen und Facharbeiterkönnen, gekennzeichnet.

Der Stand deutscher, ja der gesamten europäischen (Spitzen)Technik ist gegenwärtig umstritten. Die Diskussion um eine „technological gap", in den 60er Jahren zum

Bestseller-Thema geworden, feierte 20 Jahre später mit der „Eurosklerose" [1] und einem „Japan-Syndrom" (dem möglicherweise bald ein „Korea-Syndrom" folgt) ihre Wiedergeburt. „Der Schock bei den Europäern über diesen dramatischen Stimmungsumschwung in einer Welt, die früher respektvoll auf jenen Kontinent geblickt hatte, von dem die abendländische Kultur und technische Zivilisation ausgegangen waren, saß (und sitzt noch) tief." [2]

In der Bundesrepublik wurde die Frage, ob „die Deutschen" nicht gerade an der Schlüsselstelle ökonomischer Wettbewerbsfähigkeit entscheidende Defizite aufweisen, zum Thema nicht nur der Wissenschaft, Politik und Wirtschaft, sondern zum Alltagsgespräch interessierter Bürger und besorgter Arbeitnehmer. Dokumentationen wie die des Bundeswirtschaftsministeriums „Hochtechnologien und internationale Wettbewerbsfähigkeit der deutschen Wirtschaft" [3] und anhaltende Handelsbilanzüberschüsse vermochten zwar aufgebrochene Befürchtungen zu relativieren, der Grundtatbestand ist jedoch offenkundig: „Für Untergangsstimmung" gibt es keinen Grund, „wohl aber für profunde Beunruhigung" [4], so Lothar Späth in einer Wertung der Diskussion.

Selbst ein forschungsintensives Land wie die Bundesrepublik mit seiner Tradition in Technologie und Wissenschaft kann nicht jeden Sektor der neuen Technologien besetzen und auf jedem Gebiet an der Spitze der Entwicklung stehen; auf manchen un- oder unterbesetzten Gebieten dürfte es ausreichend sein, die Produkt- und vor allem auch die Prozeßinnovation fremder Entwicklungs- und Forschungsergebnisse voranzutreiben und damit nicht mit den Erfindungen, aber mit deren Umsetzung Spitzenniveau zu erreichen. Diese Einschränkung entbindet Bundes- und Landesregierungen, Wissenschaft und Unternehmen aber nicht von der Aufgabe, Rückstände aufzuholen und Entwicklungspotentiale besser zu nutzen als bisher.

Entscheidende Voraussetzung für die Erhaltung und Steigerung der internationalen Wettbewerbsfähigkeit ist, daß „die exportorientierten Schlüsselbranchen den technischen Strukturwandel rasch bewältigen ..." [5]. Vor allem die mittelständischen Unternehmen müssen informiert, teilweise zumindest motiviert, und in die Lage versetzt werden, den Risiken des technologischen Wandels zu begegnen und dessen Chancen zu nutzen. Dieser Technologietransfer in den Mittelstand hinein, verbunden mit technologieorientierten Unternehmensgründungen aus dem Mittelstand heraus, ist eine Aufgabe, die mit der Dynamik des technologischen Wandels und der Durchlässigkeit nationaler Grenzen für technologischen Fortschritt Priorität besitzt wie das Bemühen um die Spitzentechnologie und Grundlagenforschung. Viele mittelständische Unternehmen sind überfordert, sich allein aus eigener Kraft das technologische know-how zu verschaffen, dieses nahtlos in Produkte und Produktionsprozesse zu integrieren, Führungs- und Fachkräfte im Umgang mit den neuen Techniken zu schulen. Die Spielräume, die Innovationen für unternehmerische Newcomer bieten bzw. bieten könnten, werden noch längst nicht erschöpfend genutzt. Der Prozeß Forschung – Entwicklung – Umsetzung landet oftmals vor der Innovation in einer Sackgasse.

Von entscheidender Bedeutung ist auch der Zeitfaktor. Die Geschwindigkeit technologischer Neuerungen zwingt zu bisher nicht gekannten Reaktionsprozessen in den Betrieben, die ohne Unterstützung externer Experten zumindest mittelständische Unternehmen überfordern. Damit würde das Warten auf eine Eigendynamik des Technologiewandels zum unkontrollierten Risiko.

Sackgassen-Probleme treten auch in der Endphase des Einsatzes neuer Technologien auf. Die gegenwärtige Durchsetzung von CAD und CAM zeigt beispielsweise den

Mangel an know how, die vorhandene Motivation auch in funktionierende Abläufe umsetzen zu können. Das Lehrgeld, das viele Betriebe zahlen müssen, führt in nicht wenigen Fällen bis zur Existenzkrise.

„Ein rascher, flächendeckender und zielgenauer Technologietransfer ist eine ... entscheidende Voraussetzung für die Wettbewerbsfähigkeit unserer Wirtschaft. Wissenschaftliche Erkenntnisse müssen unverzüglich in marktgängige Verfahren und Produkte umgesetzt werden." [6]

Dieser Schlüsselsatz aus der Regierungserklärung von Ministerpräsident Lothar Späth für die Legislaturperiode 1984–1988 könnte als Leitmotiv über die Gründung der Technologiefabrik Karlsruhe gestellt werden, die auf einer Späth'schen Idee fußt. Die „Gründungs-Väter" wollten eine Einrichtung schaffen, die mehr sein sollte als „Mieträume mit Hausmeisterservice" für technologieorientierte Unternehmensgründer.

Der Raum Karlsruhe bietet ein Bündel spezifischer Standortvorteile, die die Realisierung mehrerer Einzelziele der Technologiepolitik des Landes Baden-Württemberg gleichzeitig und zentralisiert ermöglichten [7]:

- Förderung technologieorientierter Unternehmensgründer
- Information und Kommunikation für Mittelstandsbetriebe der gesamten Region, nicht nur für „Insider" der Technologiefabrik
- Beschleunigung des Technologietransfers durch Koordination technologieorientierter (Beratungs-) Institutionen
- Weiterbildung und Schulung mittelständischer Unternehmer und Fachkräfte

Die Karlsruher Technologiefabrik war damit als Keimzelle und erste Stufe eines in der Zwischenzeit realisierten Technologie(transfer)zentrums konzipiert.

Das Vorhaben konnte sich an ausländischen Vorbildern orientieren, ohne diese zu kopieren, und diese entsprechend der Standortbedingungen im Raum Karlsruhe weiterentwickeln.

Weltweit und in der Bundesrepublik bestehen eine Vielzahl von Technologie-Parks, Gründer-Parks, Technologie-Zentren und Gewerbehöfen in vielfältigen Idealformen und Mischtypen. In der Literatur wird meist Silicon-Valley als erstes erfolgreiches Modell für einen Technologie-Park genannt. Die Grundidee, den Erfahrungsaustausch zwischen Universitäten und Unternehmen durch räumliche Nähe zu fördern, reicht jedoch erheblich weiter zurück; Beispiele sind die Bergakademien Claustal-Zellerfeld und Freiberg/Sachsen.

In den USA wurden staatliche Aktivitäten zunächst auf die Schaffung und Erschließung von Gewerbearealen beschränkt. Die Entstehung von Gründerzentren mit zusätzlicher Infrastruktur, sog. „Incubators" oder „Brutkästen", datiert erst ab Mitte der 60er Jahre. In den USA entstanden allein bis Mitte der 70er Jahre 82 Technologie-Parks bzw. -Zentren [8].

Die Idee der Technologie-Parks griff Ende der 60er Jahre auf Europa, zunächst auf Großbritannien, über. Als größter und ältester Technologie-Park in Großbritannien gilt der Cambridge-Science-Park, gegründet 1970 vom Trinity-College, mit einer Fläche von 34 ha und (1984) 40 Unternehmen. In demselben Jahre wurden in Großbritannien 35 Technologie-Parks gezählt [9].

In den Niederlanden existierten 1983 25 Gründerzentren; zum selben Zeitpunkt waren 96 weitere Zentren geplant [10].

In Frankreich wurde die Planung von Technologie-Parks seit Mitte der 70er Jahre in Angriff genommen; international bekannt ist vor allem das „Sophia-Antipolis" an der Cotê d'Azur. Mittlerweile sind in fast allen Großstädten, die Technische Hochschulen oder Ingenieurschulen beheimaten, Technologie-Parks errichtet oder in Planung. Die Zielgruppen sind meist bestehende Unternehmen bzw. Entwicklungsabteilungen von Großunternehmen. Der Gedanke der Förderung technologieorientierter Jungunternehmer setzt sich in Frankreich erst allmählich durch.

Das erste deutsche Technologie-Zentrum, das Berliner Innovations- und Gründerzentrum (BIG), nahm Ende November 1983 die ersten Unternehmen auf [11]. Träger ist der Senat von Berlin, Betreiberin die Technologie-Transferstelle TU-Transfer der TU Berlin. Sieben Monate später ging das Technologie-Zentrum Aachen (AGIT) in Betrieb, getragen von der Rheinischen Gesellschaft zur Förderung innovativer Existenzgründungen und des Technologie-Transfer e. V. [12].

In der Folgezeit entwickelten sich eine größere Zahl von Gründungen und eine noch größere Zahl entsprechender Absichtserklärungen; selbst in Gemeinden weitab von staatlichen oder privaten Forschungsinstitutionen wurden Pläne propagiert, in – meist leerstehenden – Gebäuden „Technologie-Zentren" anzusiedeln oder für derartige Gründungen neue Gebäude zu erstellen.

Die Zahl der bereits realisierten oder konkret geplanten Objekte liegt bei 35, davon 10 in Baden-Württemberg [13].

Die Konzeption der Technologie-Fabrik Karlsruhe fußt also auf „alten" Vorbildern und ist dennoch neu.

Die Grundzüge des Projektes wurden im September 1983 zwischen Ministerpräsident Lothar Späth als Ideengeber, dem heutigen Karlsruher Ober- und damaligen Wirtschaftsbürgermeister, Professor Dr. Gerhard Seiler, dem „Erfinder" eines geeigneten Standortes, und dem Hauptgeschäftsführer der Industrie- und Handelskammer Mittlerer Oberrhein als potentiellem Betreiber vereinbart. Nach der in der Folgezeit realisierten Konzeption wurde das Land Baden-Württemberg Grundstückseigentümer, die Landeskreditbank übernahm als Erbpachtnehmer die Bauausführung, und die IHK-Unternehmens- und Technologie-Beratungs Karlsruhe GmbH (UTB), eine 100 %ige Tochter der Industrie- und Handelskammer, als „Träger" die Geschäftsführung. Der Name „Technologiefabrik" wurde von den Gründern geprägt. Die Wahl einer bisher nicht verwandten Definition sollte die neuartige Konzeption kennzeichnen.

Die Technologie-Fabrik Karlsruhe wurde als drittes Technologie-Zentrum der Bundesrepublik und als erstes in Baden-Württemberg am 1. Juli 1984 eröffnet.

Der Standort Karlsruhe bot sich zur Gründung eines Technologie-Zentrums geradezu an. Die Stadt ist ein Kristallisationspunkt staatlicher, halbstaatlicher und privater Forschungsinstitutionen. Die älteste deutsche Technische Universität Fridericiana, das alte Staatstechnikum und heute größte technisch orientierte Fachhochschule des Landes mit der Steinbeis-Stiftung, das Kernforschungszentrum (das längst über die ehemalige Spezialisierung „Kernforschung" hinausgewachsen ist), Euratom, drei Institute der Fraunhofer-Gesellschaft (Informations- und Datenverarbeitung, Systemtechnik und Innovationsforschung, Treib- und Explosivstoffe), die Bundesforschungsanstalten für Ernährung und Wasserbau, die Landesanstalt für Umweltschutz, das Europäische Forschungszentrum für Luftreinhaltung, das Fachinformationszentrum Energie, Physik, Mathematik, das Forschungszentrum Informatik ... machen den Großraum Karlsruhe zu einem der forschungsintensivsten Standorte der Bundesrepublik. Diese „Spezialität" des Karlsruher Raumes zeigt sich auch in der Arbeitskräftestruktur: 36 pro 1000 versicherungspflichtig Beschäftigte sind in der Forschung tätig – mehr als im Mittleren Neckarraum (28) und im Landesdurchschnitt (24,4).

Diese bislang latente Standortqualität „Forschung und Technologie", die gegenwärtig im Rahmen einer „Konzertierten Aktion" der Stadt Karlsruhe und der Umlandgemeinden zusammen mit der IHK zur Imagebildung und zur Ansiedlungsakquisition aktiviert wird, bedeutete ein noch ungenütztes Potential für innovative Unternehmensgründungen und gleichzeitig für den Technologie-Transfer.

Der primäre Standortfaktor nach dem Selbstverständnis der Gründer der Karlsruher Technologie-Fabrik – die Forschungs- und Technologiezentralität – war damit im Großraum Karlsruhe optimal gegeben; dies war der genius loci.

Bei der Standortwahl kam den Initiatoren eine Entwicklung zugute, die gerade auch in Karlsruhe ihre arbeitsmarktpolitischen Schattenseiten offenbart hatte: Der Strukturwandel. Fabrikgebäude der Nähmaschinenfabrik Singer in der Haid-&-Neu-Straße (benannt nach der traditionsreichen 1958 übernommenen Vorgängergesellschaft) standen leer, seitdem der amerikanische Konzern seine deutsche Produktionsstätte und damit den vorletzten deutschen Produktionsstandort von Haushaltnähmaschinen geschlossen hatte. Dieses Gebäude, zentral gelegen, an das Universitätsgelände angrenzend und weiteren Forschungsinstitutionen benachbart, war nach dem Auszug von Singer von der Stadt Karlsruhe im Zuge der Flächenvorsorge erworben worden; die Landeskreditbank erschloß dieses Anwesen für die Technologiefabrik.

Die Initiatoren des Projektes beschlossen, das Management der Technologiefabrik einer Betreibergesellschaft, der IHK-Unternehmens- und Technologie-Beratung Karlsruhe GmbH (UTB) zu übertragen. Diese Gesellschaft wurde im Juni 1983 von der IHK mit einem Stammkapital von 50 TDM gegründet. Gründungsziel waren Mittelstandsservice, Betriebsberatung und Technologieförderung. Die UTB ist beispielsweise im Rahmen eines Modellversuchs des Bundesministers für Forschung und Technologie als Projektträger mit dem Modellversuch „Technologieorientierte Unternehmensgründungen" für die Regionen Nordschwarzwald und Mittlerer Oberrhein sowie bundesweit für die Förderung von „Unternehmergründungen mit venture capital" beauftragt.

Die UTB übernahm bereits in der ersten Realisierungsstufe die Planung für den Umbau des Singer-Gebäudes. Dieser Umbau wurde auf einer kooperativen Basis vollzogen, die als modellhaft gelten kann. Die Kammer bzw. deren UTB konnte Bauexperten bezirklicher Großunternehmen als Berater gewinnen, die mit interessierten Unternehmensgründern, der Bauherrin und ihren Architekten zusammenarbeiteten. Dieser Kooperation sind bei äußerst niedrigen Baukosten universell nutzbare Räume für Entwicklung, Fertigung und Verwaltung zu verdanken. Die Richtigkeit der Planung bewies sich bei der späteren Nutzung.

Die „Baugeschichte" bestätigt den Erfolg der Konzeption. Die „Planungskapazität" von 3500 m^2 Fläche erwies sich angesichts großer Nachfrage bereits in der ersten Bauphase als zu klein.

Einem zweiten Bauabschnitt (Bruttofläche ca. 4500 m^2) folgte bis 1985 ein dritter (10000 m^2). Im Januar 1986 mußte eine „Zweigstelle" (Bruttofläche ca. 1000 m^2) eröffnet und bis Ende 1986 das Untergeschoß des Gebäudes (ca. 1200 m^2) „aktiviert" werden.

Die heutigen Dimensionen sind längst über die ursprünglichen Vorstellungen der Initiatoren hinausgewachsen. Die Technologiefabrik Karlsruhe, das „Flaggschiff unter Späths Technologiezentren" (FAZ) [14], ist das größte Technologiezentrum der Bundesrepublik. Heute steht eine Gesamtfläche von 20000 m^2 brutto zur Verfügung. Die Baukosten betrugen (ohne Grunderwerb) ca. 12,1 Mio. DM, pro Quadratmeter Bruttofläche DM 630,–.

In der Technologiefabrik Karlsruhe mieteten sich neugegründete technologieorientierte Betriebe ein. Das Leistungsangebot ist auf die Zielsetzung abgestellt, daß Neuentwicklungen der Existenzgründer möglichst schnell abgeschlossen und marktreif gemacht werden:

- Vermietung der Räumlichkeiten für Entwicklung, Produktion und Verwaltung
- Förderung des Erfahrungsaustausches, der Kommunikation und Kooperation, z. B. durch Erfa-Gruppen (auch für Externe)
- Kontakt zu Forschungsinstitutionen, Technologieberatung
- Betriebswirtschaftliche Schulung und Beratung
- Gemeinschaftseinrichtungen für die verwaltungstechnische Infrastruktur

Die Betreibergesellschaft arbeitet kostendeckend. Die UTB übernahm als Generalmieter des ersten Gebäudekomplexes die Räume der Technologiefabrik und vermietete diese an die Unternehmensgründer. Die Kosten für Verwaltung und Gemeinschaftseinrichtungen werden auf die Mieter umgelegt. Die Eigenverantwortlichkeit der Mieter steht im Vordergrund, um jegliche Subventionsmentalität auszuschalten.

Die Konzeption ist gezielt auf die Förderung technologieorientierter Unternehmensgründer ausgerichtet, die mit ihrer Innovation eine echte Marktchance haben. Die Mieter der Technologiefabrik müssen deshalb bestimmte „Aufnahmevoraussetzungen" erfüllen:

- Das Unternehmen muß ein technisch neues Produkt oder Verfahren (Dienstleistung) entwickeln.
- Die technische Durchführbarkeit des Entwicklungsvorhabens muß durch ein Gutachten bestätigt werden.
- Durch ein weiteres Gutachten müssen die Marktchancen nachgewiesen werden.
- Das Unternehmen muß ein Unternehmenskonzept für die ersten drei Jahre vorlegen.
- Die Finanzierung des Unternehmens während der Entwicklungs- und Markteinführungsphase muß gesichert sein.
- Das Unternehmen muß nach „Marktreife" seines Produktes die Technologiefabrik verlassen, um für neue Interessenten Platz zu machen. Dies sollte nach spätestens fünf Jahren der Fall sein.

Weitere Verpflichtungen werden den Unternehmen nicht auferlegt; insbesondere besteht kein Zwang, den späteren Standort in Karlsruhe oder in der Region zu wählen.

Die Unterstützung von Unternehmensgründungen, spin offs und Innovationen, der Technologie-Transfer und die Kooperation mit den Mietern der Technologie-Fabrik sollte nach den Intentionen der „Gründungs-Väter" *ein* Aspekt der Technologiefabrik sein.

Die zweite „Widmung" durch die Initiatoren war es, das Forschungs-, Technologie- und Wissenspotential in der Region so zu nutzen, daß es nicht nur der zwangsläufig beschränkten Zahl von Mietern einer Technologie-Fabrik, sondern allen Mittelstandsunternehmen und allen potentiellen Unternehmensgründern der ganzen Region zugute kommen sollte. Eine Zentralisierung der vielfältigen Forschungs-, Beratungs- und Technologieinstitutionen, zumindest deren Transferstellen, bot sich geradezu an. Dem ersten Schritt der „Fabriken in der Fabrik" folgte der zweite, das Technologie-Transfer-Zentrum.

Die Technologiefabrik wurde zur Heimstätte des CAD/CAM-Labors des Kernforschungszentrums Karlsruhe, der Technologietransferstelle der Universität, zweier Universitätsinstitute (Keramik im Maschinenbau, Informatik I), der Steinbeis-Stiftung für Wirtschaftsförderung, der IHK-Bildungszentrum GmbH, der Gesellschaft für

Mathematik und Datenverarbeitung, und ist damit – zusammen mit dem benachbarten Forschungszentrum für Informatik und dem Fraunhofer-Institut für Informations- und Datenverarbeitung eine wohl einmalige Konzentration wissenschaftlicher Einrichtungen.

Der nächste Schritt ist die Gründung des Karlsruher „Teleport" ebenfalls in der Technologiefabrik, der noch 1987 seinen Betrieb aufnehmen wird.

Während das Technologie-Transfer-Zentrum mittlerweile für einen intensiven Strom an Besuchern, Seminarteilnehmern, Beratungsinteressenten in den Gebäuden der Technologiefabrik sorgt, sind die Räume der Unternehmensgründer voll belegt und können trotz mehrmaliger Ausbauten immer noch nicht der Nachfrage gerecht werden. 29 Betriebe sind zur Zeit in der Technologiefabrik angesiedelt. Zum Jahresende 1984 beschäftigten die Mieter 80 Mitarbeiter (und Inhaber), ein Jahr später waren es bereits 220 Vollzeit- und 150 Teilzeitkräfte, zum Jahresende 1986 lag die Gesamtbeschäftigung bei 500, meist hochqualifizierte Arbeitskräfte und Selbständige. Die (meisten) Unternehmen vergeben den größten Teil ihrer Fertigung außer Haus. Die „beschäftigungspolitischen Sekundäreffekte" liegen bei 500 bis 600 weiteren Arbeitsplätzen.

Die Unternehmen der Technologiefabrik sind längst nicht mehr ausschließlich mit der Entwicklung neuer Produkte befaßt. Ein Betrieb nach dem anderen stellt sich mit marktreifen Produkten und Dienstleistungen dem Markt, der diese Produkte auch aufnimmt: 1984 erzielten die beteiligten Unternehmen einen Umsatz von 8 Mio. DM, der sich ein Jahr später verdoppelt hatte. 1986 wurde die erste Umsatzschwelle von 50 Mio. DM überschritten. Keines der beteiligten Unternehmen mußte sich bisher in der Entwicklungsphase zurückziehen oder in der Vermarktungsphase aufgeben.

Das Spektrum der beteiligten Firmen spiegelt deutlich das wissenschaftliche Potential der Region wider. Die Spitzenstellung der Karlsruher Universität im Informatiksektor zeigt sich in 21 Informatik- und Mikroelektronikfirmen, von denen 10 überwiegend hardware-orientiert, 11 überwiegend software-orientiert arbeiten; allein 6 der Software-Unternehmen entwickeln Instrumente im CAD/CAM-Bereich. In den Bereichen Sensorik und physikalische Verfahrenstechnik arbeiten vier Unternehmen, zwei weitere in der Montage- und Robotertechnik.

Zwischen den Unternehmen hat sich eine enge Kooperation und Nachbarschaftshilfe auch „von Tür zu Tür" entwickelt – Gemeinschaftsaktivitäten wie ein gemeinsamer Stand auf der Hannover-Messe realisieren „Fühlungsvorteile".

Mehrere Unternehmen haben die Technologiefabrik mittlerweile verlassen. Erfolge am Markt ermöglichten Eigenproduktion und Kapazitätserweiterungen, die in der Technologiefabrik nicht mehr darstellbar waren. Andere betreiben eine gezielte Expansion, die zu einem weiteren Wechsel führen wird. Interessenten für freiwerdende Räumlichkeiten stehen bereit.

Die Praxis widerlegt damit mit Fakten die Kritik am Modell der Technologie-Zentren, daß derartige „Brutstätten" nichts anderes als ein Nest für blutarme Existenzgründer seien, die im rauhen Wind der Wirtschaftspraxis keine Chance hätten, oder aber ein ungerechtfertigtes Subventionsgeschenk für Unternehmer, die auch ohne derartige Hilfestellung reüssiert hätten. Der Vorwurf, Technologietransfer „läuft ... von selbst" ohne „dirigistischen Technologietransfer-Aktivismus" [15] ist nicht haltbar.

Die Karlsruher Konzeption wird mit der Förderung von spin offs, der Unterstützung von technologieorientierten Unternehmensgründungen und als Anlaufstelle für technische Problemlösungen durch die Nachfrage und damit durch den „Markt" bestätigt. Zweifellos wären beide Konzeptionen – Gründerzentrum und Transferstelle – auch nebeneinander tragfähig. Ihre Kombination macht jedoch die besondere Schlagkraft des Karlsruher Modells aus. Die Infrastruktur der Technologiefabrik dient gleichzeitig als Basis für einen Schulungs- und Beratungsservice, der allen Unternehmen der Region geboten wird.

Die Technologiefabrik kann damit als Modellfall für eine sinnvolle Subsidiarität der Wirtschafts- und Technologieförderung gelten.

Der Erfolg des Modells ist auf mehrere Faktoren zurückzuführen:
- Die praxisnahe Umsetzung der Grundkonzeption der Landesregierung.
- Die Standortqualität in der „Technologie-Region Karlsruhe".
- Die Zusammenarbeit der Initiatoren ohne „Zuständigkeits-Konkurrenz" als Kooperationsmodell von Land und Landeskreditbank, Stadt und IHK, Wissenschaft und Praxis.
- Das markt- und kostenorientierte Management ohne Subventionsdenken.

Die Wirtschaft beklagt auch in den Jahren hoher Arbeitslosenquoten ein erhebliches Defizit an (ausreichend geschulten) Ingenieuren, Meistern, Technikern und Facharbeitern. Die Sünden der bildungspolitischen Vergangenheit vor allem ein Mangel an Ingenieuren und Naturwissenschaftlern, hervorgerufen durch eine politisch geschaffene und begünstigte Werthierarchie" [16], wirken noch lange nach.

Die Erfahrungen in den Beratungsstellen der Technologiefabrik insbesondere auch der Gründungsberatung und der Schulungsveranstaltungen der IHK-UTB, zeigen aber einen hohen Grad an Lernbereitschaft und Offenheit gegenüber neuen Entwicklungen vor allem, aber nicht nur bei der jüngeren Generation. Die Voraussetzungen, die „Wende in die Zukunft" abzusichern, sind besser als eine sehr problematische Technikfeindlichkeit bestimmter Kreise unserer Gesellschaft anzudeuten scheint.

Literatur

1 Späth, Lothar – Wende in die Zukunft, Hamburg 1985, Seite 239 ff

2 Ebd., Seite 240

3 Bundesministerium für Wirtschaft, Dokumentation Nr. 263, Bonn 1984

4 Späth, Lothar – Wende ..., a. a. O., Seite 241

5 Späth, Lothar – Regierungserklärung der Landesregierung für die Legislaturperiode 1984 – 1988 vom 19. Juni 1984, Stuttgart 1984, Seite 17

6 Späth, Lothar – Regierungserklärung ..., a. a. O., Seite 20

7 Vgl. dazu Späth, Lothar – Regierungserklärung vor dem Landtag Baden-Württemberg am 23. April 1986, Stuttgart 1986, Seite 11 ff

8 Vgl. Batelle – Columbus Division, Special Report III: The Development of Research and Science Parks, Ohio, USA, 1982

9 Tank, Andrew, and Colley, Sarah – Industry arrives at University, Zeitschrift „Technology", Großbritannien, 16.4.1984, Seite 26 f

10 Verhoef, L. – Sind Betriebszentren ein Beitrag zur Lösung regionaler Wirtschaftsprobleme?, ISI-Seminarbericht Band 16, Karlsruhe 1984, Seite 5

11 Fiedler, Heinz – Die Kooperation des Berliner Innovations- und Gründerzentrums (BIG), in: Berliner Innovations- und Gründerzentrum, Berlin 1984

12 Vgl. IBK-Technologieberatungsstelle der Universität Karlsruhe (TH), Technologiezentren in der Bundesrepublik Deutschland, in: „Technologiezentren, Bericht der Arbeitsgruppe Technologie-Transfer der Kanzler und leitenden Verwaltungsbeamten der wissenschaftlichen Hochschulen der Bundesrepublik Deutschland", Karlsruhe, 1985

13 Stand Juli 1986, Quelle: Landtagsdrucksache 9/3301 vom 8. Juli 1986
14 Wenz, Dieter – „Lothar Späths Technologiefabrikle“, in Frankfurter Allgemeine Zeitung (FAZ) vom 28. Juli 1986, Seite 8
15 Vgl. Prof. Dr. Dr. Erich Staudt – „Die Aufregung um den Technologietransfer“, FAZ vom 9. Juni 1984, Seite 15
16 Vgl. Späth, Lothar – Wende ..., a. a. O., Seite 34 ff

Neue Technologien, Wirtschaftsförderung und soziale Marktwirtschaft

Alfred E. Ott

Zusammenfassung

Der vorliegende Beitrag enthält zunächst eine isolierte Betrachtung der drei Bestandteile des Themas: neue Technologien, Wirtschaftsförderung, soziale Marktwirtschaft. Des weiteren wird untersucht, ob die Technologiepolitik des Landes Baden-Württemberg, die zum einen in Forschungsförderung, zum anderen in der Förderung neuer Technologien besteht, als Neomerkantilismus einzustufen und als mit der Ordnungspolitik der sozialen Marktwirtschaft unvereinbar anzusehen ist. Die Ergebnisse lauten: 1) Die ordnungspolitische Absicherung der Technologiepolitik sollte noch ernster als bisher betrieben werden. 2) Der „Späth-Kapitalismus steht dem Merkantilismus eines Colbert, August des Starken und des Markgrafen Carl Friedrich von Baden-Durlach näher als dem Neomerkantilismus. 3) Wirtschaftlicher Liberalismus und staatliche Wirtschaftsförderung schließen sich nicht unbedingt aus.

Beginnen wir mit drei Vorbemerkungen:

Die Breite des Themas läßt keine Vollständigkeit der Behandlung zu. Es ist besser, dies im vorhinein zu sagen, als im nachhinein getadelt zu werden, und zwar gemäß dem Satz: Wer nicht zu viel erwartet, der kann auch nicht zu viel enttäuscht werden.

Es gibt verschiedene mögliche Zugänge zu diesem Thema, z. B. der, sofort auf die Technologiepolitik des Landes Baden-Württemberg loszusteuern, auf den „Späth-Kapitalismus", auf die Kritik, die Otto Graf Lambsdorff daran geübt hat und die Antikritik von Späth und Strauß.

Wir wählen einen völlig pragmatischen Zugang: Am Anfang steht die isolierte Betrachtung der drei Bestandteile unseres Themas, bei der schon Verbindungen zwischen ihnen sichtbar werden. Diese werden dann im vierten Teil systematisch – oder bescheidener: gesondert – betrachtet.

I. Neue Technologien

Was ist Technologie, was ist Technik, was ist technischer Fortschritt?

Wir verstehen unter *Technologie* den Wissensstand einer Volkswirtschaft über die bei der Produktion und Distribution von Gütern und Dienstleistungen anzuwendenden Verfahren, unter *Technik* die Anwendung dieser Verfahren. *Technischer Fortschritt* bedeutet dann

- die Schaffung neuer, d.h. bis zu der betreffenden Zeit unbekannter Produkte bzw. Dienstleistungen, bzw. neuer, besserer Qualitäten schon bekannter Produkte;
- den Übergang zu neuen Produktionsverfahren, die es gestatten, eine gegebene Menge von Produkten mit geringeren Kosten bzw. mit den gleichen Kosten eine größere Produktmenge herzustellen (Ott 1959).

Vom technischen Fortschritt kann in einem *weiteren* und in einem *engeren* Sinn gesprochen werden (Fleck 1957). Im *weiteren* Sinn umfaßt der technische Fortschritt die gesamte Entwicklung von der Erfindung des Feuers, der Sprache und der Schrift und den ersten primitiven Werkzeugen bis zum heutigen Stand der Technik. Im *engeren* Sinn meint man mit technischem Fortschritt die Umwälzungen und Veränderungen, die sich seit Ende des 18. und Beginn des 19. Jahrhunderts ergeben haben: die industrielle Revolution und das damit aufkommende Industriesystem.

Wenn man die Entwicklung der Technik von der Antike bis zu der Gegenwart, über das Mittelalter, die Renaissance und die Barockzeit überblickt, so hat man eine sehr langsame, allmähliche Entwicklung, die sich erst beschleunigt, als die Naturwissenschaft zur experimentellen Naturwissenschaft wird und die moderne Technik entsteht. Ökonomisch fällt in diese Zeit die Ablösung des Merkantilismus des 17. und 18. Jahrhunderts durch den politischen und ökonomischen Liberalismus. Es entsteht das moderne Industriesystem. Drei Daten: 1769 die Patentierung der Dampfmaschine von James Watt und 1776 der „Reichtum der Nationen“ von Adam Smith, während in Deutschland 1774 Goethes „Leiden des jungen Werther“ erschienen.

Diese *erste industrielle Revolution* führt zu einer ungeheuren Steigerung der Produktion und der Produktivität. „Vor der technischen Revolution – keine zwei Jahrhunderte sind vergangen – drückte die überwiegende Mehrzahl der Menschen die Sorge um ihre nackte Existenz. Das Handeln, Denken und Sprechen in der Politik und in der Welt des Geistes war eine Angelegenheit einer kleinen, priviligierten, bevorzugten Schicht. Die Masse der Menschen war nur der Stoff, das Material der Geschichte. Erst die moderne Technik hat den Durchschnittsmenschen die bewußte Teilhabe am Leben und an seiner Gestaltung ermöglicht“ (Sachsse, 1981). Es war das Zeitalter der Eisenbahn, die in dem Reutlinger Friedrich List einen unermüdlichen Promoter hatte, der Autos von Gottlieb Daimler und Karl Benz, die voriges Jahr ihr 100. Jubiläum feierten, der Elektrizität, wobei der Elektromotor zum ersten Mal ein technischer Fortschritt war, der den Mittel- und Kleinbetrieb begünstigte, es war das Zeitalter der Chemie.

Die *zweite industrielle Revolution* wurde herbeigeführt durch den Taylorismus und Ford: die Zerlegung industrieller Produktionsabläufe in kleine und kleinste Schritte (eigentlich schon beschrieben in dem berühmten Stecknadelbeispiel von Adam Smith). In diese Zeit fällt die technische und wirtschaftliche Überrundung Europas durch die USA.

Wenn wir mit einem großen Sprung in die Zeit nach dem Zweiten Weltkrieg überwechseln, so haben wir die ersten Automatisierungen der 60er Jahre, danach die neue Technik Kernkraft und dann die Themen der späten 70er und frühen 80er Jahre:
- dritte industrielle Revolution,
- neue Technologien,
- Beschleunigung des technischen Fortschritts,
- Übergang zu high tech,
- Übergang zur Informationsgesellschaft:

Was ist daran Dichtung, was ist Wahrheit?

Wahrheit ist mit Sicherheit: Die dritte industrielle Revolution wurde durch die Mikroelektronik und die Computertechnik ausgelöst. Beide ermöglichen es, Informationen mit kaum vorstellbarer Geschwindigkeit und mit ständig sinkenden Kosten zu verarbeiten. Wenn man die Anwendung dieser integrierten Schaltungen betrachtet, so entfallen mehr als 50 % auf die Daten- und Nachrichtentechnik, ca. 15 % auf Meß-, Steuer- und Regeltechnik und weitere ca. 15 % auf Unterhaltungselektronik, der Rest (ca. 15 %) auf Autoelektronik und Haushalt- bzw. Freizeitelektronik. Von den Anwendungen erwähnen wir ferner die Industrieroboter, die Anwendungen in der Medizin, sowohl zur Diagnose als auch zur Therapie, und die Anwendungen im Umweltschutz. Und schließlich soll noch eine weitere neue Technologie genannt werden, die für die Mehrzahl der Menschen noch undurchschaubarer ist als Kernkraft- und Computertechnologie, die Gentechnologie.

Fassen wir zusammen und ergänzen noch etwas:

– Neue Technologien bedeuten überwiegend Anwendung der Mikroelektronik und Computertechnik;
– daneben gibt es aber auch fundamentale Verbesserungen bei herkömmlichen Techniken (z.B. in der Textilindustrie);
– und schließlich gibt es auch Innovationen in neuen Konsumgütern, die mit high tech, Mikroelektronik und Computertechnik nichts zu tun haben. wie z. B. die Erfindung des Leuchtstiftes.

Exkurs. Seit der ersten industriellen Revolution wird der technische Fortschritt auch mit Mißtrauen betrachtet, und es ist ganz unzweifelhaft der deutsche Idealismus, der bei dieser Kritik am technischen Fortschritt Pate gestanden hat. Der Titel des Buches von Th. Litt „Das Bildungsideal der deutschen Klassik und die moderne Arbeitswelt" spricht für sich.

Die Technikkritik bzw. Kritik am technischen Fortschritt beginnt wie gesagt in der Zeit der deutschen literarischen Klassik und führt über Friedrich Nietzsche, Ludwig Klages und Oswald Spengler hin bis zu Friedrich Georg Jünger, Hans Freyer und Arnold Gehlen, um nur einige konservative Autoren zu nennen. Die marxistische Theorie ist an sich nicht gegen die Technik, aber ihre ex-cathedra-Interpreten wie z. B. Max Horkheimer, Jürgen Habermas oder Herbert Marcuse wissen es natürlich besser: „Die Entfesselung technischer Rationalität ist die geschlossenste aller Formen der Herrschaft von Menschen über Menschen" (Horkheimer) oder: „Die naturwissenschaftlich-technische Rationalität übernimmt in fortgeschrittenen Industriegesellschaften immer mehr die Funktion einer herrschafts-legitimierenden Ideologie".

In unserem Zusammenhang ist die Kritik am technischen Fortschritt interessant, wie sie von einigen neoliberalen Autoren vorgebracht wurde, wir meinen Wilhelm Röpke und Alexander Rüstow.

Von den Argumenten, die beide gegen den technischen Fortschritt anführen, soll vor allem ihre Skepsis gegenüber dem Großbetrieb und ihr Eintreten für den Kleinbetrieb, die bäuerliche Wirtschaft und das Handwerk, erwähnt werden. Man beachte: Die Kritik an der Großindustrie war zum ersten Male von Anarchisten (Proudhon, Kropotkin) vorgetragen werden. Man wird F. Neumark zustimmen, wenn er meint, Röpke und Rüstow seien im Hinblick auf die Zukunftsaussichten des Kleinbetriebes wohl zu optimistisch gewesen (Neumark 1980, S. 18). Rüstow bringt in einem Aufsatz Japan als Beispiel, „wo moderne Lokomotiven verteilt in Heimarbeit hergestellt werden" (A.Rüstow, 1949). Da kann man doch nur, wie es ein kluger Leser in unserem

Institutsexemplar dieser Schrift getan hat, „Märklin Spur OO" an den Rand schreiben. Einen intellektuellen Höhepunkt der Fortschrittsdiskussion markiert Rüstows „Kritik des technischen Fortschritts" (Ordo 4, 1951, S.373-407), eine Arbeit, die auf einen Vortrag bei einem dies academicus in Heidelberg zurückgeht und als „Heidelberger Streitgespräch" (Auseinandersetzung mit Prof. Dr. Koessler von der Technischen Hochschule Braunschweig, 1949) bekannt geworden ist. „Für weite und führende Kreise" schreibt Rüstow, „wurde der technische Fortschritt geradezu die eigentliche Religion, eine Religion, deren Kirchtürme die Wolkenkratzer, deren Sakrament das Sausen der höheren Geschwindigkeit, und deren Märtyrer und Blutzeugen jene Hekatomben von Erfindern und Technikern sind, die dabei zu Tode kamen. Und das ist nicht etwa ironisch oder als bloßes bon mot gemeint, sondern durchaus ernsthaft und im aller eigentlichen Sinne" (ebenda S.383 f.).

Wir beenden mit diesem Exkurs über Technikakzeptanz unsere erste Begriffsbestimmung „neue Technologien" und wenden uns dem zweiten Bestandteil unseres Themas zu:

II. Wirtschaftsförderung

Der Ausdruck *Wirtschaftsförderung* wird heute in einem ganz bestimmten Sinn verwendet:

Wirtschaftsförderung bedeutet die staatliche Unterstützung von bestimmten privatwirtschaftlichen Produktions- und insbesondere Investitionsvorhaben, staatlich dabei im weiteren Sinne: Bund, Länder und Gemeinden sowie deren Verbände.

Verlassen wir diesen ziemlich festgefügten und allgemein anerkannten Begriffsinhalt für einen Augenblick und fragen ganz einfach: Was ist wirtschaftsfördernd, speziell: Welches staatliche Verhalten ist wirtschaftsfördernd, die private Wirtschaftstätigkeit fördernd?

Auf diese Frage sind m. E. mehrere, sich ergänzende Antworten möglich, nämlich

1. Der Staat hat eine stetige, in sich konsistente Wirtschafts- und Gesellschaftspolitik zu treiben, die in den Grundzügen auch bei einem Regierungswechsel Bestand haben sollte. Das Grundgesetz schreibt zwar keine bestimmte Wirtschaftsordnung fest vor, schließt aber ein kollektivistisch-planwirtschaftliches ebenso wie ein paläoliberales Laissez-faire-System aus. Konkret: Man kann eine bestimmte Industrie nicht alle 4 Jahre verstaatlichen und dann nach weiteren 4 Jahren reprivatisieren. Oder auch: Man sollte sich davor hüten, damit zu prahlen, man werde nach einem Regierungswechsel, nach der nächsten Wahl die „Schweinereien", welche die jetzige Regierung begangen hat, wieder rückgängig machen.

2. Der Staat hat solche *Rahmenbedingungen*, um diesen Mode-Ausdruck zu verwenden, zu schaffen, die eine ungestörte privatwirtschaftliche Betätigung gestatten. Zu diesen Rahmenbedingungen gehören u.a.

- eine klare, einigermaßen für die Wirtschaftenden überschaubare Gesetzgebung, die nicht in einem fort geändert wird,
- speziell eine Steuergesetzgebung, die den einzelnen von der Höhe der Abgaben her wie von der Kompliziertheit der Bestimmungen nicht absolut überfordert,
- eine staatliche Zurückhaltung in den Bereichen, in denen er nichts zu suchen hat, um es so grob zu formulieren.

Die Gegenleistung des Wirtschaftsbürgers muß in einer Loyalität gegenüber dem Staat bestehen, die Kartellabsprachen, illegale Leihabsprachen bei Arbeitskräften, Steuerhinterziehung u. ä. ausschließt.

Nun aber zu dem schon angesprochenen, allgemein anerkannten Begriffsinhalt von Wirtschaftsförderung, und auch hier wollen wir mit einigen historischen Reminiszensen beginnen, wobei wir diesmal nicht bis in die Antike bzw. ins Mittelalter zurückgehen. Die Gobelin-Manufakturen im Frankreich des 17. Jahrhunderts gingen auf den französischen Generalkontrolleur der Finanzen Jean Baptiste Colbert zurück; die erste Prozellan-Manufaktur wurde 1710 von August dem Starken in Meissen gegründet, die Schmuckindustrie Pforzheims verdankt ihre Entstehung dem Markgrafen Carl Friedrich von Baden-Durlach. Das waren damals „neue Technologien", die eingeführt wurden mit Hilfe der Könige, der Fürsten, des Staates, und es steht für mich außer Zweifel, daß sie ohne staatliches Zutun zumindest langsamer und vermutlich auch weit weniger effektiv entstanden wären. Kann man dies wohl nicht anders als Verdienst des Merkantilismus werten, so steht auf der anderen Seite fest, daß der Merkantilismus in Gängelung und Bevormundung der Wirtschaft entartete. Die liberale Maxime „laissez-faire, laissez passer" war, wie schon Adam Smith erkannte, nichts anderes als der dialektische Umschlag, das Sich-Zurückbiegen einer zu stark gebogenen Rute, gegenüber dem Merkantilismus, der zu einem System der staatlichen Wohlfahrtspolizei geworden war.

Aber wir haben noch ein zweites Beispiel für staatliche Wirtschaftsförderung, für staatliche Gewerbeförderung, und zwar hier, in Baden-Württemberg, sozusagen vor unserer Haustür. In Baden war es Professor Heinrich Meidinger in Karlsruhe, in Württemberg Ferdinand von Steinbeis, der ab 1848 in der Centralstelle für Gewerbe und Handel in Stuttgart eine beispielhafte Gewerbeförderung betrieb. Ich zitiere aus einem Rechenschaftsbericht der Centralstelle:

„Dabei machte sie sich zur Aufgabe, geeignete Geschäftsinhaber, soweit dieselben einiges Capital, Unternehmungslust und Intelligenz besaßen, dazu anzuregen, daß sie gegen Verabreichung von Staatsmitteln zur teilweisen Deckung neue Maschinen und Apparate, tüchtige ausländische Vorarbeiter und dergleichen auf eigene Rechnung bestellten."

Dies geschah in einer Zeit, in der der wirtschaftliche Liberalismus sich seinem Höhepunkt näherte. Es ist also nicht einfach so, daß der Staat sich im Liberalismus mit einer Nachtwächterrolle begnügt und auf die invisible hand von Adam Smith voll vertraut hätte. Wir werden später darauf zurückkommen.

III. Soziale Marktwirtschaft

Die Wirtschaftsordnung der sozialen Marktwirtschaft beruht im wesentlichen auf drei nationalökonomischen Strömungen:

- dem Neoliberalismus,
- dem Keynesianismus und
- der Wohlfahrtsökonomik.

Wir wollen einige Worte über diese Strömungen sagen, wobei dem Neoliberalismus im Hinblick auf unser Thema am meisten Bedeutung zukommt.

Den Anstoß zur Entwicklung des *Neoliberalismus* gab die Weltwirtschaftskrise 1929-1933, die zu einer radikalen Neubesinnung im liberalen Lager führte. Auf der Dresdner Tagung des Vereins für Socialpolitik im September 1932 forderte Alexander Rüstow „eine systemgerechte Ausrichtung staatlicher Eingriffe“ und wurde zusammen mit Walter Eucken, der gleichzeitig einen wegweisenden Aufsatz veröffentlichte, zum Begründer des Neoliberalismus (A. Rüstow 1932, W. Eucken 1932). Sein Hauptanliegen ist die „bewußte, gezielte Ausgestaltung einer grundsätzlich freiheitlichen, gleichzeitig aber sozial verpflichteten Gesellschafts-, Wirtschafts- und Sozialordnung“ (H. Lampert).

Diese Aufgabe wird als rechtsschöpferische Leistung begriffen und dadurch der Trennungsstrich zum klassischen Paläoliberalismus, in dem der Staat nur Nachtwächterfunktionen ausüben sollte, gezogen. Die Ordnung von Wirtschaft und Gesellschaft ist insoweit vom Staat zu schaffen, als der Staat die *Rahmenbedingungen* schaffen muß. An erster Stelle steht dabei die Schaffung einer Marktwirtschaft mit Wettbewerbsmärkten, so daß das Gesetz gegen Wettbewerbsbeschränkungen (Kartellgesetz) sozusagen das Grundgesetz der neoliberalen Wirtschaftsordnung darstellt. Man nimmt an, daß diese Ordnung auch eine leistungsgerechte Einkommensverteilung ermöglicht und bei entsprechender Geldordnung auch einen hohen Beschäftigungsgrad sichert. (In diesem Punkte Gegensatz zum Keynesianismus.)

Für unser Thema ist der folgende Sachverhalt wichtig. Die Wirtschaftspolitik in der Bundesrepublik Deutschland beruht, soweit sie *Ordnungspolitik* ist, auf neoliberalen Vorstellungen. Danach haben staatliche Eingriffe in den Wirtschaftsprozeß marktkonform und wettbewerbsneutral zu sein. Direkte Interventionen in die einzelnen Märkte haben möglichst zu unterbleiben.

Auch der *Keynesianismus* geht auf die Weltwirtschaftskrise zurück. Das Hauptwerk von John Maynard Keynes „The General Theory of Employment, Interest and Money“ (1936) war unter dem Eindruck der Massenarbeitslosigkeit in der Weltwirtschaftskrise entstanden.

Nach Keynes ist der Fall denkbar, daß in einem Land das Gleichgewichts-Volkseinkommen hinter dem Vollbeschäftigungs-Einkommen zurückbleibt: Gleichgewicht bei Unterbeschäftigung. Die Volkswirtschaft ist dann nicht in der Lage, von sich aus die Vollbeschäftigung zu erreichen. Die effektive Nachfrage muß dann durch den Staat vergrößert werden, bis die Vollbeschäftigung erreicht ist. Aus dem Keynesschen System werden also bestimmte wirtschaftspolitische Rezepte abgeleitet: *Prozeßpolitik*.

Aus dem Keynesianismus im weiteren Sinn stammt die Fixierung wirtschaftspolitischer Ziele, wie sie im Gesetz zur Förderung der Stabilität und des Wachstums der Wirtschaft (v. 8. 6. 1967) und dem Gesetz über die Bildung eines Sachverständigenrates zur Begutachtung der gesamtwirtschaftlichen Entwicklung (v. 14.8. 1963) enthalten ist: Im Rahmen der marktwirtschaftlichen Ordnung sollen Stabilität des Preisniveaus, hoher Beschäftigungsstand und außenwirtschaftliches Gleichgewicht bei stetigem und angemessenen Wachstum gewährleistet sein (Magisches Viereck).

Die keynesianische Vollbeschäftigungspolitik ist durch ihre (falsche) Anwendung während der sozial-liberalen Koalition in Verruf geraten. Es würde uns jedoch völlig vom Thema wegführen, wenn wir auf diese Problematik eingingen.

Die *Wohlfahrtsökonomik* (Welfare Economics) geht zurück auf den Engländer Arthur C. Pigou: „Wealth and Welfare“, London 1912, später „The Economics of Welfare“ 1920. Hauptanliegen der Wohlfahrtsökonomik ist die Bestimmung eines sozialökonomischen Optimismus durch Maximierung einer sogenannten sozialen Wohlfahrtsfunktion. Dies interessiert hier nicht, sondern in unserem Zusammenhang ist die Lehre von den internen und externen Verlusten und Erträgen von Bedeutung (internal und external diseconomics und economics).

Externe Effekte: Ein Wirtschaftssubjekt A verursacht Kosten, die andere zu tragen haben (externe Kosten oder Verluste), oder: Ein Wirtschaftssubjekt A erwirtschaftet Erträge, die anderen zugute kommen (externe Erträge). Es liegt auf der Hand, daß das Problem der externen Kosten vor allem beim Umweltschutz auftritt.

Fassen wir zusammen: Die soziale Marktwirtschaft als wirtschaftspolitische Ordnungsvorstellung basiert hauptsächlich auf dem Neoliberalismus, dem Keynesianismus und wohlfahrtsökonomischen Vorstellungen. Dabei kann man sagen: Am Anfang gab es Widerstände der Neoliberalen gegen den Keynesianismus, also ein zeitliches Nacheinander, das auch für das Einfließen wohlfahrtsökonomischer Vorstellungen gilt.

IV. Technologiepolitik auf dem Prüfstand

Wir kehren zurück zu dem in unseren Vorbemerkungen angesprochenen Thema: Ist die insbesondere von BadenWürttemberg und Bayern betriebene Technologiepolitik, die übrigens, soweit ich das sehen kann, von allen anderen Bundesländern kopiert wird, eine Todsünde der Marktwirtschaft? Ist Späth-Kapitalismus eine Art von Neomerkantilismus, wie Graf Lambsdorff nicht müde wird zu behaupten?

Angesichts dieser Behauptung lassen sich zwei Fragen stellen:

1. Ist es politisch klug, als ehemaliger Minister der Bonner Regierungskoalition zwei prominente Landespolitiker des Koalitionspartners immer wieder derart anzugreifen?
2. Ist es sachlich richtig, daß die Technologiepolitik der Länder Baden-Württemberg und Bayern gegen die ordnungspolitischen Grundsätze der sozialen Marktwirtschaft verstößt? Ist Späth-Kapitalismus Neomerkantilismus?

Als Nichtpolitiker verzichte ich auf eine Beantwortung der ersten Frage; vielleicht entnimmt man der Tatsache, daß ich diese Frage hier stelle, wie ich sie vermutlich beantworten würde.

Die zweite Frage setzt offenbar voraus, daß man die Technologiepolitik erst einmal umreißt, dann den Neomerkantilismus definiert und anschließend nachsieht, ob die genannte Gleichsetzung zutrifft oder nicht.

Die Technologiepolitik des Landes läßt sich anhand der wichtigsten getroffenen Maßnahmen beschreiben:

- Förderung der wissenschaftlichen und technologischen Infrastruktur in Hochschulen und außeruniversitären Forschungseinrichtungen,
- Förderung des Technologietransfers, u. a. durch die Einsetzung eines Regierungsbeauftragten für den Technologietransfer,
- einzelbetriebliche Förderung, z. B. durch die Einrichtung von Technologiefabriken.

Von diesen Maßnahmen hat die erste sicher nichts mit den ordnungspolitischen Grundsätzen der sozialen Marktwirtschaft zu tun, bei zwei kann man einige Zweifel anmelden, bei drei wird es ernst. Bei der einzelbetrieblichen Förderung kann der Subventionsvorwurf erhoben werden, der Staat, d.h. also hier das Land Baden-Württemberg, subventioniere die Entstehung bzw. den Bestand von vorwiegend kleinen und mittleren Unternehmen. Die Argumentation kann hier nur verkürzt wiedergegeben werden, und dasselbe gilt für die Gegenargumente. Erstens: Eine Todsünde gegen den Geist der Marktwirtschaft sind reine Erhaltungssubventionen, um die es sich hier *nicht* handelt. Zweitens: Einem Bundesland kann nicht ohne weiteres anempfohlen werden, es solle das Schwergewicht seiner technologischen Maßnahmen auf die indirekten Maßnahmen, z. B. Steuersenkungen, verlagern, da es für diese gar keine Kompetenz besitzt. Und schließlich: Solange es einen Wettbewerb der Bundesländer um die Ansiedlung neuer Firmen und Industrien gibt, wird es Subventionen geben. „Wenn überall, in den anderen Ländern, vom Bund, in der EG und so weiter, subventioniert wird, kann ein Bundesland nicht einfach ausscheren, ohne schweren Schaden zu nehmen“ (Birgit Breuel). Hier Abhilfe zu schaffen, erscheint außerordentlich schwierig; die Dinge liegen m. E. ähnlich wie beim Länderfinanzausgleich.

Außerdem ist noch auf das Folgende hinzuweisen. Als die soziale Marktwirtschaft nach der Währungsreform von 1948 in der Bundesrepublik Deutschland geschaffen wurde, da gab es so etwas wie Technologiepolitik praktisch nicht. Erinnern wir uns noch einmal an die Überlegungen von Röpke und Rüstow zum Thema technischer Fortschritt, die wir oben wiedergegeben haben. Sie muten uns angesichts der gegenwärtigen technischen Entwicklungen fast ein bißchen romantisch an. Jedenfalls sind sie weit entfernt von neuen Technologien und ihrer Förderung durch staatliche Technologiepolitik. *Es gilt also u. E., die Theorie der sozialen Marktwirtschaft weiter zu entwikkeln, und zwar derart, daß in ihr auch eine ordnungspolitisch abgesicherte Technologiepolitik Platz hat.*

Versuchen wir ein Fazit: Die einzelbetriebliche Förderung erscheint ordnungspolitisch nicht unbedenklich, und es wäre wünschenswert, wenn die ordnungspolitische Absicherung der Technologiepolitik noch ernster als bisher betrieben würde. Hier von Neomerkantilismus zu sprechen, ist jedoch wenig sinnvoll, denn der Neomerkantilismus, d. i. in der Regel die Bezeichnung für die Wirtschaftspolitik zwischen dem 1870er Krieg und dem Ersten Weltkrieg, erhielt seinen Namen im wesentlichen durch seine Schutzzollpolitik, die mit der Technologiepolitik von Baden-Württemberg aber auch gar nichts zu tun hat. Staatlicher Dirigismus und Interventionismus zur Entwicklung der Binnenmärkte fehlten in dieser Epoche völlig (Blaich 1980), und auch aus diesem Grund ist die Etikettierung Neomerkantilismus falsch. Wenn man die Technologiepolitik Lothar Späths schon mit irgendwelchen Erscheinungen der Vergangenheit in Zusammenhang bringen will, dann mit der Förderung der damals neuen Technologien durch Colbert, August den Starken und den Markgrafen Karl Friedrich von Baden. Befindet er sich dann etwa in schlechter Gesellschaft?

Es ist übrigens interessant, daß Ferdinand von Steinbeis, der erste Gewerbeförderer des Landes, seinen Hut nahm, als Württemberg 1879 die Schutzzollpolitik Bismarcks übernahm. Daran ersieht man: Wirtschaftlicher Liberalismus und staatliche Gewerbeförderung schließen sich nicht völlig aus. So sieht es offenbar auch Harald Winkel, wenn er bezüglich der Gewerbepolitik im 19. Jahrhundert schreibt: „Die Wirtschaftspolitik der süddeutschen Länder, oft zwischen merkantilem und liberalem Handeln schwankend, hat insgesamt dabei eine glückliche Hand bewiesen“ (H. Winkel 1986).

Literatur

Blaich Fritz (1980) Artikel Merkantilismus, Handwörterbuch der Wirtschaftswissenschaft, Bd. 5, Stuttgart u.a. S.240-251.

Eucken, Walter (1932) Staatliche Strukturwandlungen und die Krise des Kapitalismus. Weltwirtschaftliches Archiv Bd.36 (1932, II), S. 297-321.

Fleck, Florian H. (1957) Untersuchungen zur ökonomischen Theorie vom technischen Fortschritt, eine dogmengeschichtliche und wirtschaftstheoretische Betrachtung. Freiburg, Schweiz.

Keynes, John M. (1936) The General Theory of Employment, Interest and Money. London.

Litt, Theodor (1968[6]) Das Bildungsideal der deutschen Klassik und die moderne Arbeitswelt, Bochum.

Neumark, Fritz (1980) Erinnerungen an Wilhelm Röpke, in: Wilhelm Röpke. Beiträge zu seinem Leben und Werk. Ludwig-Erhardt-Stiftung e.V. Bonn, Symposion IV, Stuttgart. New York.

Ott, Alfred E. (1959) Artikel „Technischer Fortschritt". In: Handwörterbuch der Sozialwissenschaften, Bd.10. Stuttgart, Tübingen,Göttingen, S. 302-316

Pigou, Arthur C. (1912) ,Wealth and Welfare, London

Pigou, Arthur C. (1932[4]) The Economics of Welfare, London 1920[1].

Röpke, Wilhelm (1948) Klein- und Mittelbetrieb in der Volkswirtschaft. In: Ordo I, S. 155-174.

Rüstow, Alexander (1932) Aussprache über „Deutschland und die Weltkrise", Schriften des Vereins für Socialpolitik, Bd. 187, S. 62-69.

Rüstow, Alexander (1949) Zwischen Kapitalismus und Kommunismus. In: Ordo II, S. 100-169.

Rüstow, Alexander (1951) Kritik des technischen Fortschritts. In: Ordo IV, S. 373-407.

Rüstow, Alexander (1957) Ortsbestimmung der Gegenwart, Bd. 3 Erlenbach – Zürich.

Sachsse, Hans/Siemens, Peter v. (1981) Technik für die Zukunft, Köln.

Tauch, Peter (1982) Die wirtschaftliche Entwicklung der Pforzheimer Bijouterieindustrie im 19. Jahrhundert und ihre wesentlichen Bestimmungsfaktoren. Diss. Tübingen.

Winkel, Harald, (1986) Hat Ostfriesland eine Chance? Handelsblatt, Nr. 47, S. 32.

Technologieparks als Instrument der Wirtschaftspolitik

CHRISTOFFER SCHNEIDER und JÜRGEN SIEBKE

Zusammenfassung

Als angestrebte Kopie des unter dem Namen Silicon Valley weltweit bekanntgewordenen amerikanischen Forschungsparks geht eine Gründungswelle staatlich initiierter Technologiezentren über die Bundesrepublik Deutschland. Dieser Beitrag geht der Frage nach, was genau unter einem Technologiepark zu verstehen ist, und zeigt auf, daß für den Idealtypus nur wenige Standorte in Betracht kommen. Er diskutiert die keineswegs neuartige Begründung dieser technologieorientierten Wirtschaftspolitik und zeichnet die quantitative Entwicklung in der Bundesrepublik Deutschland nach. Schließlich werden ordnungspolitische Rahmenbedingungen angemahnt und wird vor hochgesteckten Erwartungen gewarnt.

1 Ein neues Instrument? Eine neue Diagnose?

Auch die Wirtschaftspolitik unterliegt nicht selten Modeerscheinungen. Bei der Mode, belehren die Lexika, handelt es sich um kurzfristige Schwankungen dessen, was von den meisten Mitgliedern einer Gesellschaft als augenblickliches Vorbild und damit als nachahmungswürdig und tonangebend angesehen wird. Produkte wie Verhaltensweisen, die als Neuheiten propagiert und als geschmacksbestimmend angenommen werden, breiten sich wie eine Welle über die Gesellschaft aus, um danach zu verebben. Die Neuheit verliert ihren Reiz, weil sie in eine neue Angleichung der Beteiligten mündet. So schnell wie die Modeerscheinung aufgetaucht ist, verschwindet sie wieder. Manche Moden allerdings kehren, nachdem sie in Vergessenheit geraten waren, zurück und feiern ein Comeback.

Gelten die Kriterien der stürmischen Nachahmung, relativen Kurzlebigkeit und vereinzelten Wiederkehr auch für die Neuheit „Technologiepark"? Das sind (zur genauen Abgrenzung s. Abschnitt 2) in der Bundesrepublik Deutschland staatlich initiierte und subventionierte betriebliche Standortgemeinschaften, mit denen die Wirtschaftspolitik die Gründung von Unternehmen, die sich auf die Entwicklung neuer Produkte und Produktionsverfahren im Bereich der Spitzentechnik konzentrieren, fördern und so den Transfer von High-tech-Forschungsergebnissen aus der Wissenschaft in die Praxis beschleunigen will. Seit November 1983, dem Startbeginn des ersten, an der Technischen Universität Berlin eingerichteten Innovations- und Gründerzentrums (BIG), überziehen die Kommunal- und Landespolitiker durch immer neue Initiativen und Parkeinweihungen durchaus modeartig die Bundesrepublik

Deutschland mit einem enger werdenden Netz von Technologieparks und ähnlichen Einrichtungen (Abb. 1; Abschnitt 2). Und auch das Vorbild ist schnell benannt: der Stanford Industrial Park, der nach dem 2. Weltkrieg auf dem Gelände der kalifornischen Stanford University entstand. Das ursprünglich verfolgte Ziel war, Grundstücke, die der Universität gehörten, industriell zu nutzen, indem Wissenschaftler ermuntert wurden, neue technologische Kenntnisse in Kooperation mit Praktikern in marktfähige Produkte und Verfahren umzusetzen. Wissenschaftliche Kreativität, Eigeninitiative und die Bereitschaft der amerikanischen Banken, Risikokapital zur Verfügung zu stellen, brachten derart zahlreiche junge technologieorientierte und vor allem innovative Unternehmen hervor, daß der „science park" bald über das Universitätsgelände hinauswuchs und unter dem Namen Silicon Valley zu einem Mythos wurde.

Das amerikanische Vorbild erwuchs ohne staatliche Hilfestellung. Es ist ein typisches Ergebnis der spontanen sozialen Ordnung i. S. v. von Hayek; einer Ordnung, in der die privaten Wirtschaftseinheiten dezentral neues Wissen entdecken und mit dem breit verstreuten vorhandenen Wissen zu Zwecken nutzen, die nicht von außen vorgegeben sind, deren Bedeutung und Vorteil nur diese Individuen für sich persönlich abschätzen. Silicon Valley ist eben nicht nur identisch der innovativen Hervorbringung neuer High-tech-Produkte, sondern vor allem einer bis dahin nicht praktizierten bewußten Agglomeration technologisch-orientierter selbständiger Unternehmen. Die Europäer waren offenbar zu einer ähnlichen, privaten spontanen Nachahmung dieser Art nicht willens oder nicht fähig. Wo immer Technologieparks in Europa entstanden, zeitlich gesehen vor der Bundesrepublik in Großbritannien und in den Niederlanden, gingen sie nämlich auf staatliches Handeln und Eingreifen zurück. Was in den Vereinigten Staaten aus Eigeninteresse und -initiative hervorging, wurde und wird in Europa als Instrument der Wirtschaftsförderung an der Nahtstelle zwischen Wirtschaftspolitik und Forschungspolitik zu kopieren versucht.

Rationale Wirtschaftspolitik, die eine unerwünschte ökonomische Entwicklung abändern will, muß nicht nur rechtzeitig die Fehlentwicklung erkennen, sie muß insbesondere deren Ursache aufdecken. Welche Lageanalyse liegt also den staatlichen Bestrebungen zugrunde, Technologieparks einzurichten? In ihrem Kern ist die Diagnose identisch mit der weitverbreiteten Vorstellung, daß eine technologische Lücke zwischen der Bundesrepublik Deutschland bzw. ganz allgemein zwischen den Ländern der Europäischen Gemeinschaft auf der einen Seite und den USA wie auch Japan auf der anderen Seite klafft. Mit den Schlagwörtern von der „technologischen Lücke" und dem „technischen Rückstand" ist gemeint, daß die zu den Hochlohnländern zählende und stark außenhandelsorientierte Bundesrepublik Deutschland in ihrer internationalen Wettbewerbsfähigkeit gerade auf den Märkten der Hochtechnologiegüter hinter den beiden Ländern hinterherhinkt. Dies sei, so die politische Argumentation, ein gefährliches Symptom für einen mangelnden Strukturwandel und die daraus resultierenden Wohlfahrtsverluste. Das prozeßpolitische Instrument der Technologieparkgründungen ist also eingebettet in eine allgemeine wirtschafts- und forschungspolitische Diskussion, die es zu begründen gilt (Abschnitt 3).

Diese Diskussion ist nicht neu, sondern neu belebt. Man sprach im Europa der 60er Jahre von der „amerikanischen Herausforderung" [18]. Die pessimistische Einschätzung verlor an Anziehungskraft in den Jahren der relativ günstigen wirtschaftlichen Entwicklung von etwa 1975 bis 1979, um in den Perioden der danach offenkundigen Wachstums- und Beschäftigungsschwächen wiederentdeckt zu werden. Geändert haben sich manche wirtschafts- und forschungspolitische Handlungskonsequenzen. Auf die erste amerikanische Herausforderung reagierten z. B. Frankreich und Großbritannien mit einer staatlichen Konzentrationsförderung auf den Technologiemärkten, die von den USA bereits dominiert wurden – der Computer- und der Flugzeugindustrie, allerdings ohne Erfolg [3], [4]. Die Bundesrepublik subventionierte zunächst und primär die Forschungsabteilungen der etablierten Großunternehmen, die sich in den von den Amerikanern vorgezeichneten Schlüsseltechnologien engagieren wollten [11, S. 46 f.]. Das Instrument des Technologieparks ist also insofern neu ausgerichtet, als nunmehr gezielt technologieorientierte Neugründungen und damit Kleinunternehmen gefördert werden sollen. Zu fragen bleibt, ob eine derartige Technologiepolitik ordnungspolitisch gerechtfertigt ist und welche Erwartungen an sie geknüpft werden dürfen (Abschnitt 5).

2 Technologiezentren und Technologieparks

In der Literatur und der Tagespresse existieren unter dem Oberbegriff „Gründer- und Technologiezentren" eine Vielzahl von Abgrenzungen und Definitionen betrieblicher Standortgemeinschaften. Diese Begriffsvielfalt kommt nicht nur zustande, weil in den einzelnen wissenschaftlichen Arbeiten unterschiedliche Idealtypen als zweckmäßig erachtet werden, sondern entsteht auch aus der Verschiedenheit der 42 bis Ende September 1986 realisierten sowie der 13 sich in konkreten Planungsphasen befindenden „Gründer- und Technologiezentren" in der Bundesrepublik Deutschland (Abb. 1). Die Unterschiede zwischen den realisierten und geplanten Zentren treten nicht so sehr in der Bezeichnung als vielmehr in der konkreten Ausgestaltung der Zentren zutage.

In einer ersten Annäherung können „Gründer- und Technologiezentren" als eine Konzeption abgegrenzt werden, die durch:
- eine einheitliche Planung und Erstellung des Gebäudes,
- ein zentrales Management,
- ein zentrales Infrastruktur- und Dienstleistungsangebot

gekennzeichnet ist.

Je nach konkreter Ausgestaltung des Zentrums richtet sich das Angebot an:
- Existenzgründer im allgemeinen,
- innovative Unternehmensgründer,
- junge technologieorientierte Unternehmen,
- Forschungs- und Entwicklungsabteilungen von bestehenden Unternehmen,
- Institute von Forschungseinrichtungen.

In Anlehnung an [7] können drei Idealtypen von Zentren abgegrenzt werden, die sich durch Ausgestaltung und Zielgruppen unterscheiden.

Gründerzentren

In Gründerzentren werden neben dem Gebäudekomplex, den eine Trägergesellschaft verwaltet, zusätzliche Infrastrukturen in Form von Dienstleistungen (Telefondienst, Kantine, Empfang, Werbung, Management- und Finanzberatung) und materiellen Einrichtungsgegenständen (EDV-Anlage, Telex, Kopierer) angeboten.

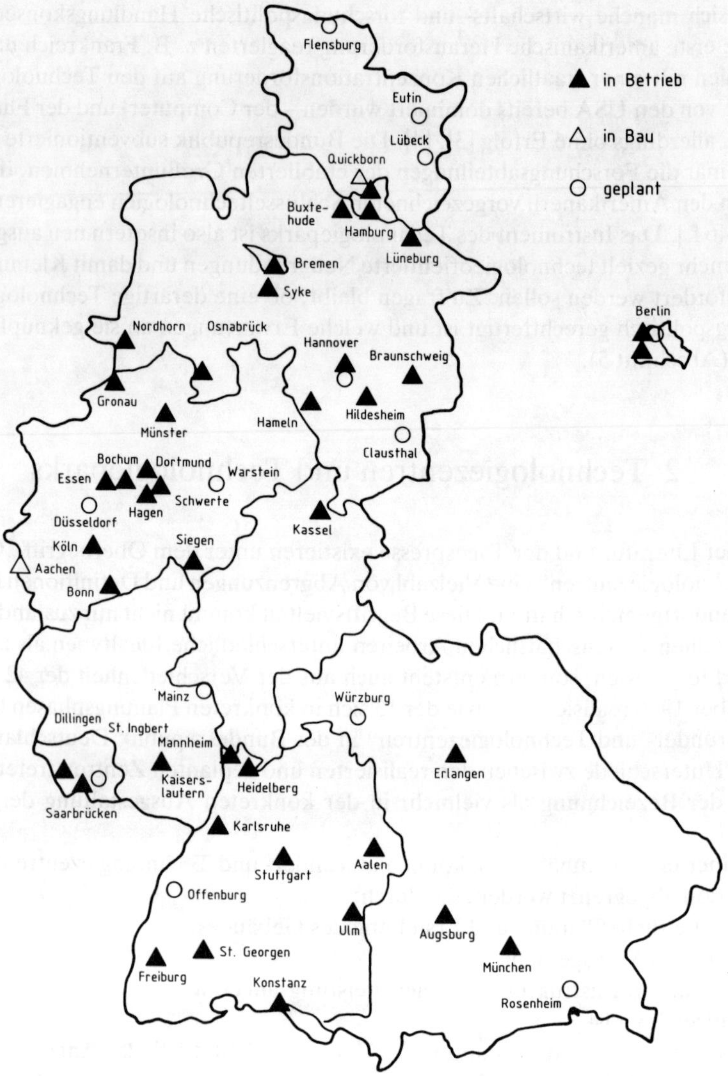

Abb. 1. Gründer- und Technologiezentren in der Bundesrepublik Deutschland. Quelle: FHG-ISI [15]

Gemeinschaftliche Nutzung der Gebäude und die Belastung mit den nur tatsächlich in Anspruch genommenen Dienstleistungen senken die einzelbetrieblichen Fixkosten. Diese Zentren bieten Existenzgründern oder jungen Betrieben, die primär aus dem verarbeitenden Gewerbe und dem produktionsorientierten Dienstleistungsbereich, vereinzelt aber auch aus dem Handwerk kommen, Räumlichkeiten zur Ansiedelung. Das Selektionskriterium ist nicht ein bestimmter Stand oder eine bestimmte Art der Technik bei der Produktion, sondern allein, ob dem jeweiligen Unternehmenskonzept gute Marktchancen eingeräumt werden. Das Ziel der Gründerzentren besteht darin, den Neugründungen oder jungen Unternehmen die Startphase, die durch eine hohe Insolvenzquote gekennzeichnet ist, zu erleichtern.

Technologiezentren

Technologiezentren bieten sowohl innovativen Existenzgründungen als auch jungen technologieorientierten Unternehmen einen Standort. Neben der Entwicklung neuer Produkte und Technologien wird in Technologiezentren auch die Produktion von auf neuen Techniken basierenden Gütern und Dienstleistungen sowie deren Vermarktung durchgeführt. Kennzeichnend für die Unternehmen in dieser Art von Zentren ist ferner, daß neben dem hohen Kapitalbedarf eine große Unsicherheit über den Markterfolg besteht. Selektionskriterium ist der High-tech-Charakter der ansiedlungswilligen Unternehmen, wobei die kostensenkende Wirkung der Gemeinschaftseinrichtungen sowie die Management- und Finanzierungsberatung vor allem für junge Unternehmen vorteilhaft ist, da die Startphase erheblich erleichtert und das Insolvenzrisiko vermindert wird. Die räumliche Nähe des Technologiezentrums zu Hochschulen und anderen Forschungseinrichtungen wird aus Gründen einer eventuell entstehenden Kooperation gesucht. Außerdem stellt ein Teil der technischen und wissenschaftlichen Mitarbeiter dieser Einrichtungen ein Potential an technologieorientierten Unternehmensgründern dar.

Forschungsparks

Unter einem Forschungspark wird ein in der Nähe von Hochschulen und anderen Forschungseinrichtungen gelegenes, mit meist aufgelockerter Bebauung versehenes Gewerbegebiet verstanden, das auch als spezialisierter Industriepark bezeichnet werden kann. Zentrale Gemeinschaftseinrichtungen sind in der Regel nicht vorgesehen. Zielgruppen eines Forschungsparks sind neben den auf reine Entwicklung spezialisierten technologieorientierten Unternehmen auch Forschungsabteilungen größerer Unternehmen sowie bestimmte Institute von Hochschulen und anderen Forschungseinrichtungen. Den angesiedelten Unternehmen bzw. Forschungseinrichtungen wird neben der angewandten Forschung nur eine geringe Produktion, die über die Nullserien-Produktion und Prototypen nicht hinausgehen sollte, erlaubt. Diese Einschränkung ist notwendig, um den reinen Forschungscharakter zu erhalten. Das positive Image des Parks, die Gruppierung um einen „Technologiegeber", das Angebot an qualifizierten Arbeitskräften sowie die Fühlungsvorteile des innovativen Umfeldes sind die Hauptgründe für die Ansiedelung der Unternehmen und Forschungseinrichtungen. Durch die institutionalisierte Zusammenfassung von Forschungsabteilungen, Instituten und forschungsorientierten Unternehmen in der Nähe einer Hochschule erwartet man über eine sich ergebende Kooperation zusätzliche Innovationsstöße, eine Einsparung der Entwicklungskosten und eine Beschleunigung des Entwicklungsprozesses. Forschungsparks sind im Gegensatz zu den beiden anderen Idealtypen überregional, d. h. national und international orientiert.

Innerhalb dieser Typologie sind *Technologieparks* als Forschungsparks einzustufen, die ganz auf die Entwicklung hochtechnologischer Produkte und Produktionsverfahren ausgerichtet sind. Die in der Praxis existierenden „Gründer- und Technologiezentren" vereinigen in der Regel Merkmale aller drei Idealtypen in sich. Die meisten Gründungen entsprechen dabei am ehesten dem Typus Technologiezentrum; idealtypische Technologieparks haben in der Bundesrepublik Deutschland der Zahl nach bislang die geringste Bedeutung (s. Abschnitt 4). Um auf die deutsche Wirtschaftspolitik Bezug nehmen zu können, erscheint es daher angebracht, nachfolgend den Begriff

Technologiezentrum zu verwenden und, wenn erforderlich, auf Bedeutung und Konsequenzen der engeren Ausgestaltung zum Technologiepark gesondert einzugehen.

Neben ihrer idealtypischen Abgrenzung lassen sich Technologiezentren und -parks auch danach charakterisieren, welche Teile des Innovationsprozesses, also der Schaffung und Nutzung von technischem Wissen, in folgendem Phasenschema [20, S.49], gefördert werden sollen:

I. Forschung
 – Grundlagenforschung
 – Angewandte Forschung
II. Entwicklung
III. Anwendung
IV. Ausreifung

Der Ausdruck *Technologie* meint die Bereitstellung möglicher Ausgestaltungen von Produktionsverfahren und Produkten; worauf es in der Wirtschaft ankommt, ist dagegen die Anwendung und Umsetzung der technologischen Möglichkeiten in marktgängige Produkte und Verfahren, und darauf bezieht sich der Begriff Technik [8]. Technologiezentren und -parks werden nach dem Willen der Politiker gefördert, um vorhandenes technisches und naturwissenschaftliches Wissen umfassender und schneller für einzelwirtschaftliche und damit auch volkswirtschaftliche Innovationsgewinne zu nutzen. Es wird ausdrücklich gesagt, es gebe eine „Halde", ein Forschungspotential von auswertbaren neuen Erkenntnissen an den Universitäten und staatlichen Forschungsinstituten – woran es mangele, sei die international gesehen rechtzeitige Verwertung. Demnach ist die so orientierte Technologieförderung Teil der Wirtschaftspolitik, die den Transfer von technologischem Wissen in Technik beschleunigen will; sie ist nicht Teil der Forschungspolitik, die die Grundlagenforschung zur Schaffung neuer technologischer Erkenntnisse finanziert. Die Technologiezentren umfassen demnach die Innovationsphasen Ib (oder vielleicht auch nur II) bis IV, also die Umsetzung neuen technischen Wissens bis hin zur Vermarktung und Serienfertigung neuer Produkte. Technologieparks sind auf die Phasen Ib und II beschränkt. Die hier angesiedelten Unternehmen konzentrieren sich auf die Forschung zur Schaffung entwicklungsreifer Erkenntnisse und darauf aufbauend auf die Entwicklung anwendungsreifer Prototypen von Produktionsverfahren und Produkten. Von welchem Technikniveau an man von Spitzentechnik sprechen kann, sei hier noch dahingestellt (s. Abschnitt 3.2) – denn gerade den Hochtechnologiebereich möchten ja, wie schon eingangs angemerkt, die Politiker mit diesem Instrument fördern. Sobald jedenfalls der Prototyp in die Produktion gehen soll, hat das Unternehmen den Technologiepark zu verlassen. Die Förderung der Markterschließung und Serienproduktion fällt nicht mehr in die Zielsetzung dieser betrieblichen Standortgemeinschaft.

3 Internationale Arbeitsteilung und die Bedeutung der Spitzentechnik

3.1 Dynamischer Wandel der internationalen Arbeitsteilung

Die internationale Arbeitsteilung beruht auf der Ausnutzung komparativer Vorteile, die ein Land gegenüber anderen Volkswirtschaften im Wettbewerb auf den und um die Weltmärkte besitzt. Die beiden letzten Jahrzehnte der internationalen Arbeitsteilung sind nicht nur gekennzeichnet durch eine kräftige und stetige Ausdehnung des Welthandelsvolumens, sie waren zugleich begleitet von erheblichen Strukturänderungen in den Warenströmen, indem insbesondere die Entwicklungsländer in der Produktion und Exportausdehnung industrieller Güter gegenüber den Industrieländern aufgeholt haben. Wenn der Außenhandel von einem Strukturwandel begleitet war, dann müssen sich die komparativen Vorteile der Volkswirtschaften verschoben haben. Hierfür waren wesentlich technologische Entwicklungstendenzen verantwortlich. Gemeint sind Innovationen von Produkten und Produktionsverfahren sowie – und das ist bedeutsam – deren Diffusion über den „Weltentwicklungsverbund" [13, S. 269] der Volkswirtschaften. Diese Außenhandelsdeterminanten begründen keine dauerhaften komparativen Vorteile. Sie sind vielmehr dynamisch i. d. S., daß der internationale Wettbewerb komparative Vorteile eines Landes oder einer Branche abbaut, verschwinden läßt, und die agierenden Wirtschaftseinheiten zwingt, neue Vorteile zu suchen und aufzubauen.

Die Erklärung des dynamischen Wandels komparativer Wettbewerbsvorteile basiert auf der Produktzyklus-Theorie der internationalen Arbeitsteilung (zur Integration sich ergänzender Ansätze s. [2]). Zwei Bausteine bilden das Fundament:

1. Ein neuentwickeltes Produkt durchläuft mit seiner Markteinführung einen Lebenszyklus, der sich in drei Stadien einteilen läßt: Innovationsphase, Ausreifungsphase, Standardisierungsphase. Die Theorie der Produktzyklus-Güter umfaßt jedoch mehr als die systematische Ausreifung von Produktmerkmalen. Sie schließt begleitende typische Entwicklungsphasen in den angewandten Produktionstechniken und den Absatzmarktformen ein.

2. Die Volkswirtschaften lassen sich nach ihrem jeweiligen Entwicklungsstadium gliedern; etwa in hochentwickelte Industrieländer, mittlere Industrieländer und Entwicklungsländer. Für die Produktzyklus-Theorie der internationalen Arbeitsteilung wichtig sind die Divergenzen in der Faktorausstattung zwischen den Ländern und hier wiederum die Unterschiede in Ausbildungsstand und Qualität der Arbeitskräfte (Humankapital). Damit geht ein unterschiedlicher Stand des technologischen Wissens und der Fähigkeiten zur Umsetzung in neue Produkte und Verfahren einher.

Entwicklung und Innovation eines neuen Industrieproduktes oder technischen Verfahrens erfordern zunächst einen intensiven Einsatz besonders qualifizierter Kräfte (Angebotsseite). Zum andern eröffnet auch nur ein hochentwickeltes Industrieland aufgrund der stark differenzierten Präferenzstruktur der Bevölkerung Marktchancen für eine Neuerung (Nachfrageseite). Mit der Markteinführung verfügt der Anbieter über eine temporäre Monopolstellung, die ihm eine Innovationsprämie verspricht; erst diese erwartete Risikoprämie liefert den Anreiz, mit Innovationen neue Märkte zu erschließen. In der Phase der Produktausreifung nimmt infolge des Ausbaus der Produktionskapazitäten die Sachkapitalintensität zu und infolge abnehmenden Innovationsbedarfs die Humankapitalintensität ab. Spätestens der Übergang zur Standardisierung bewirkt zweierlei: der leichtere Zugang zu dem technischen Wissen lockt die Schumpeterschen Imitatoren auch des Auslandes an, und infolge der zunehmenden Arbeitsintensität bei geringer qualifizierter Arbeit verlagern sich die komparativen Kostenvorteile zu den relativ arbeitsreichen Volkswirtschaften, d.h. zu den Ländern mit relativ niedrigen Löhnen. Es findet ein Diffusionsprozeß von den hochentwickelten Industrieländern über die mittleren Industrieländer hin zu den Schwellenländern statt.

Die Produktzyklus-Theorie mündet auf diese Weise in eine „Stadientheorie komparativer Vorteile" der Volkswirtschaften [13, S. 271]. Hochentwickelte Industrieländer haben einen Vorteil bei technologieintensiven Produkten; die Technologieintensität der einzelnen Produkte nimmt jedoch im Zeitablauf ab. Der in diesem Stadium einsetzende Aufholprozeß der anderen Volkswirtschaften impliziert notwendigerweise, daß die Industrieländer einmal erreichte komparative Vorteile stets wieder verlieren. Und ein hochentwickeltes Industrieland kann verlorengegangene komparative Wettbewerbsvorteile immer nur durch eine Aufrechterhaltung wie Verbesserung der Qualität seines Humankapitals und durch die ständige Hervorbringung neuer technologisch anspruchsvoller Güter und Produktionsverfahren zurückgewinnen. Gelingt dies nicht, fällt ein solches Land unter Wachstums- und Wohlstandseinbußen in die Kategorie der durchschnittlichen Industrieländer zurück, die ihre komparativen Vorteile bei dem Einsatz gelernter Arbeit in der kostengünstigeren Imitation der Innovationsvorsprünge hochentwickelter Länder suchen. Dieser dynamische Wandel in der internationalen Arbeitsteilung und die damit verbundene permanente Herausforderung an die internationale Wettbewerbsfähigkeit einer hochentwickelten Volkswirtschaft fordern deren Wirtschaftspolitik, ordnungspolitische Rahmenbedingungen zu setzen, die die Innovationsfähigkeit erhalten und stärken.

3.2 Was ist Spitzentechnik?

Der den Industrieländern aufgezwungene Wandel in der internationalen Arbeitsteilung impliziert nicht notwendigerweise, daß die einzelnen Wirtschaftszweige oder Branchen selbst einem Lebenszyklus ausgeliefert sind, d. h. früher oder später aufgrund der aufholenden Konkurrenz aus den Niedriglohnländern zurückfallen und absterben müssen. Das gilt eher für Produktionszweige innerhalb einer Branche. Die auf verstärkte Importkonkurrenz stoßenden Wirtschaftszweige werden gezwungen, die relativ arbeitsintensive Produktion aufzugeben und sich ganz auf humankapitalintensive und technologische Güter zu spezialisieren. Der Wirtschaftszweig schrumpft, aber er stirbt nicht aus. Es kommt zu einer intra-industriellen Arbeitsteilung zwischen Industrie- und Entwicklungsländern. Die deutsche Textilindustrie hat einen typischen Anpassungsprozeß dieser Art durchmachen müssen. Als die USA zum Importeur von mechanischen Schreib- und Additionsmaschinen wurden, waren sie Exporteur neuentwickelter elektrischer Schreib- und Rechenmaschinen sowie Elektronenrechner; elektronische Taschenrechner werden heute in südostasiatischen Schwellenländern produziert, und der Innovations- und Expansionsvorsprung der amerikanischen Datenverarbeitungsindustrie ist weiterhin ungebrochen [2, S. 438]. Einige Schwellenländer drängen bei ihrer Industrialisierung in den Aufbau eines Pkw-Sektors; doch die Exportposition der deutschen Automobilindustrie bleibt gewahrt aufgrund von technologischen Neuerungen wie u. a. ABS-Bremssystem, permanenter Allrad-Antrieb oder Raumlenker-Hinterachse [6, S. 22].

Welche Neuerungen aber gehören zur förderungswürdigen Spitzentechnik? Bislang hat sich keine Definition als allgemein akzeptiert durchgesetzt; darunter leidet die Vergleichbarkeit empirischer Untersuchungen zur internationalen Wettbewerbsfähigkeit auf den Weltmärkten der High-tech-Güter [8]. Für die Bundesrepublik Deutschland wird für die 70er Jahre zwar ein sinkender Weltmarktanteil diagnostiziert; die numerischen Werte liegen jedoch zwischen 0,9 und 9,3 Prozentpunkten [9]. Völlig unklar bleibt die Diagnose für die USA: Die Angaben reichen von einer spürbaren Abnahme (7,1 v. H.) bis zu einer kräftigen Zunahme (11,1 v. H.) des Weltmarktanteils für Güter hoher Technologie [9]. Derart divergierende Definitionskonzepte öffnen das Tor, „– je nach Position des Betrachters – Spitzentechnik zum Hoffnungsträger oder zum Angstmacher werden“ zu lassen [8, S. 435]. Lassen sich aber schon für eine Ex-post-Analyse keine einheitlichen Abgrenzungskriterien herauskristallisieren, kann man erst recht ex-ante nicht abschätzen, welche anvisierten Produkt- und Prozeßneuerungen potentiell zur Spitzentechnik zählen können. Die Aufnahme in einen Technologiepark ist unausweichlich eine Selektion, die die Präferenzen der Politiker darüber widerspiegelt, was der Volkswirtschaft gut täte (Abschnitt 5).

4 Quantitative Entwicklungen und Struktur der Technologiezentren

4.1 Angebot und Potential an innovativen Unternehmensgründungen

Bis Ende September 1986 wurden in der Bundesrepublik Deutschland 42 Gründer- und Technologiezentren eröffnet, und es befinden sich außerdem 13 Vorhaben im Bau oder in konkreten Planungsphasen. Der Schwerpunkt liegt in den Bundesländern Baden-Württemberg, Niedersachsen und Nordrhein-Westfalen. Die Zentren sind in der Regel für 15-30 Unternehmen ausgelegt, wobei ein Bedarf für die Gesamtnutzungsfläche von 2000-7000 qm besteht. Viele von ihnen haben darüber hinaus die Möglichkeit, durch bauliche Erweiterungen Reservekapazitäten zu mobilisieren. Oft besteht auch schon bei Baubeginn des Zentrums der Plan, später weitere Bauabschnitte folgen zu lassen. Neben den innovativen Gründungen bieten manche Zentren auch Unternehmensgründungen, die nicht aus dem sogenannten Hochtechnologiebereich kommen, Möglichkeiten zur Ansiedelung. Trotzdem soll auf der Nachfrageseite nur das Potential an innovativen Gründungen analysiert werden, da vor allem diese Unternehmen im Mittelpunkt der Diskussion über Technologiezentren stehen und von ihnen die größten Impulse für die wirtschaftliche Entwicklung erwartet werden. In der Bundesrepublik Deutschland existiert keine Gründerstatistik, die explizit die Zahl der technologisch orientierten Unternehmensgründungen ausweist, so daß man hier auf Schätzungen bezüglich des quantitativen Ausmaßes von technologieorientierten Neugründungen angewiesen ist.

Das Fraunhofer Institut für Systemtechnik und Innovationsforschung [7] geht bei seinen Berechnungen der innovativen Neugründungen von den durch die Forschungs- und Entwicklungs- Personalkostenzulage (FuE) geförderten Neugründungen aus und setzt diese Zahl ins Verhältnis zu den im verarbeitenden Gewerbe erfolgten Neugründungen. Für den Zeitraum 1970-1979 ergeben sich derart ca. 250 innovative Neugründungen pro Jahr; das entspricht ungefähr 1 v. H. aller Gründungen im verarbeitenden Gewerbe. Diese Zahl kann allerdings nur als grobe Näherung aufgefaßt werden, da die durch die FuE-Personalkostenzulage geförderten Unternehmen und die innovativen Neugründungen nicht identisch sind. Die Deutsche Ausgleichsbank [16, S. 39] schätzt, daß ungefähr 3 v. H. der geförderten Neugründungen auf der Basis von innovativen Techniken und Verfahrenslösungen erfolgen. Bei den ca. 9600 im Jahr 1985 durch Eigenkapitalhilfe geförderten Unternehmen bedeutet dies eine Zahl von 288 innovativen Neugründungen. Akzeptiert man die Schätzungen, so ist von einem jährlichen Potential von 200-300 technologieorientierten Neugründungen auszugehen. Berücksichtigt werden muß noch, daß aus den verschiedensten Gründen nicht alle Unternehmen ihren Standort in ein Technologiezentrum verlegen können oder wollen.

Würde das gesamte Angebot der in der Bundesrepublik Deutschland realisierten und konkret geplanten Zentren sich im Sinne des oben abgegrenzten Idealtyps „Technologiezentrum" nur an diese innovativen Neugründungen richten, dann hätten einige der Zentren mit einer bedrohlichen Unterauslastung zu rechnen. Eine Untersuchung über Technologieparks [17, S. 45] kommt zu dem Ergebnis, daß in der Bundesrepublik Deutschland nur ein Nachfragepotential für 10-15 Technologiezentren (i. S. des Idealtypus) vorhanden ist. Für Gründerzentren i. S. des Idealtypus und auch für die verschiedensten Mischformen von Zentren besteht aufgrund der qualitativ anderen Ansprüche an die sich ansiedelnden Unternehmen ein weitaus größeres Potential, doch kommt es in diesen Zentren nicht zu einer Umsetzung und Vermarktung von Spitzentechnologien.

4.2 Ergebnisse einer Untersuchung über Technologiezentren

Im Rahmen einer Fragebogenaktion wurden im September 1986 alle 55 uns bekannten Gründer- und Technologiezentren angeschrieben. 51 Zentren antworteten, wobei 12 davon noch nicht eröffnet waren und 2 darauf hinwiesen, daß es sich bei dem jeweiligen Konzept nicht um ein Technologiezentrum handelt. Insgesamt standen 37 Fragebogen für eine Auswertung zur Verfügung. Bei den in die Untersuchung einbezogenen Zentren handelt es sich um Technologiezentren in einer sehr weiten Abgrenzung im Vergleich zu dem idealtypisch abgegrenzten Begriff „Technologiezentrum" (siehe Abschnitt 2), so daß eher von Technologie- und Gründerzentren gesprochen werden kann. Das Spektrum der einbezogenen Zentren reicht von dem Heidelberger Technologiepark, der von seiner Konzeption her dem idealtypischen Forschungspark entspricht, bis zu dem Unternehmenspark Kassel, in dem nur 12 der 52 angesiedelten Betriebe technologieorientiert sind. Von den vier Zentren, die keine Angaben machten, war zum Zeitpunkt der Studie eines noch nicht eröffnet. Somit fehlten bei der Auswertung der Daten nur Angaben von drei bestehenden Technologiezentren oder – anders ausgedrückt – konnten bei der Untersuchung Angaben von über 92 v. H. der bestehenden Technologiezentren berücksichtigt werden.

Wird die Anzahl der Zentrumseröffnungen pro Jahr seit der Gründung des ersten Zentrums in Berlin (30.11.1983) betrachtet, kann festgestellt werden, daß es 1985 mit 19 Zentrumseröffnungen eine erhebliche Steigerung gegenüber den ersten beiden Jahren (zusammen 7 Technologiezentren) gegeben hat (Abb. 2). Für das Jahr 1986 waren 13 Eröffnungen projektiert. Aufgrund der Befragung ist bekannt, daß von den 12 noch nicht eröffneten Technologiezentren 7 im Jahre 1987 ihren Betrieb aufnehmen wollen, während drei Zentren zwar noch keine Angaben über das Jahr der Betriebsaufnahme machen konnten, doch ist wohl mit der Eröffnung 1987 oder 1988 zu rechnen.

Die Abbildung 2 verdeutlicht, daß die Gründungswelle im Jahr 1985 ihren Höhepunkt erreicht hat und seitdem stetig abnimmt. Nur 4 noch nicht eröffnete Technologiezentren sind in der obigen Abbildung nicht berücksichtigt, und daher ist für die nächsten Jahre mit einer Stabilisierung der Gesamtzahl der in der Bundesrepublik Deutschland realisierten Technologiezentren zu rechnen. Da inzwischen auch kaum noch neue Planungsüberlegungen von Kommunen zur Errichtung von Technologiezentren bekannt werden, darf angenommen werden, daß der Gründungseuphorie nun

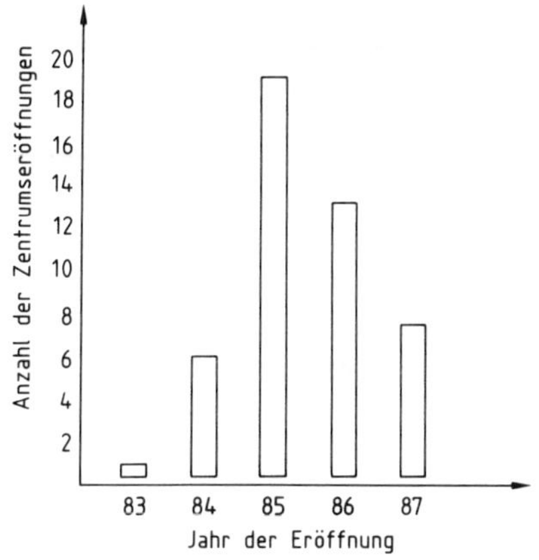

Abb. 2. Zeitliche Verteilung der Zentrumseröffnungen. Quelle: Eigene Erhebung

eine eher realistische Einschätzung des wirtschaftspolitischen Instruments „Technologiezentrum" gefolgt ist. Das Land Baden-Württemberg bietet für diese Entwicklung ein gutes Beispiel. Wurden die ersten Zentren (Heidelberg, Karlsruhe, Stuttgart) als Pilotprojekte noch stark vom Land subventioniert, mußten sich die darauffolgenden Gründungen mit weniger staatlichen Mitteln zufriedengeben. Auch hat die Landesregierung „Anforderungsprofile und Standortvoraussetzungen für die Errichtung von Technologiezentren in Baden-Württemberg" formuliert [14], die hohe Anforderungen an potentielle Standorte von Technologiezentren stellen und wohl zur Einstellung der Planungsüberlegungen bei einigen Kommunalpolitikern geführt haben dürften. Bekannt ist, daß Überlegungen zur Errichtung von Technologiezentren in den Städten Heilbronn, Rastatt, Reutlingen und Villingen-Schwenningen wieder aufgegeben wurden.

Neben der Anzahl der Technologiezentren interessiert ihr Auslastungsgrad. Um hierüber Aufschluß zu bekommen, wurde einerseits gefragt, wieviel Betriebe ihren Sitz im Zentrum haben, und andererseits, wieviel Betriebe maximal aufgenomen werden können. Die Frage nach der Anzahl der Betriebe bei Vollbelegung ist insofern problematisch, als die einzelnen Betriebe einen unterschiedlichen Flächenbedarf aufweisen, und somit deren Zahl nur näherungsweise angegeben werden konnte. Um dennoch einigermaßen verläßliche Angaben über den Belegungsgrad der Zentren zu erhalten, wurde noch nach der momentan von den Betrieben beanspruchten Fläche und der insgesamt im Zentrum zur Verfügung stehenden Betriebsfläche gefragt. Insgesamt waren zum Untersuchungszeitpunkt in den 37 von uns erfaßten Zentren 518 Betriebe angesiedelt. Die Zahl der Betriebe in den einzelnen Zentren ist sehr breit gestreut und reichte zum Untersuchungszeitpunkt von 2 Betrieben in Mannheim und 3 Betrieben in Hagen bis zu 32 bereits angesiedelten Betrieben in Berlin und 45 in Bonn. Drei Zentren konnten keine Angaben über die maximal mögliche Belegung machen, da hier der Ausbau des Zentrums noch nicht beendet war bzw. das Gesamtangebot an Betriebsfläche im Zentrum noch offen stand. Tabelle 1 zeigt deshalb den Auslastungsgrad von 34 Technologiezentren.

Die Ergebnisse lassen erkennen, daß knapp 30 v. H. der befragten Zentren nur bis zur Hälfte oder weniger ausgelastet waren. Die geringe Auslastung führt aufgrund der

Tabelle 1. Belegungsgrad der Technologiezentren. Quelle: Eigene Erhebungen

Auslastungsgrad	Anzahl der Zentren	
	absolut	prozentual
bis 50 %	10	29 %
51– 70 %	3	9 %
71– 90 %	9	27%
91–100 %	12	35 %
Summe	34	100 %

hohen Kosten für die Gemeinschaftseinrichtungen und wegen der nicht umlegbaren Fixkosten zu einem erhöhten Betriebskostendefizit und somit zu einem steigenden Subventionsbedarf seitens des Betreibers. Die Gruppe der schlecht ausgelasteten Zentren hat eine heterogene Struktur, da hier neben schon länger bestehenden Zentren auch einige erst 1986 eröffnete Zentren aufgeführt sind. Über die zukünftige Auslastung dieser relativ jungen Zentren läßt sich zum jetzigen Zeitpunkt noch keine Aussage machen, da sie sich noch in der Aufbau- und Aquisitionsphase befinden. Schwierig wird es für diese Zentren erst, wenn nach dem ersten Jahr noch immer zu wenig geeignete Betriebe ihren Sitz in das Zentrum verlegt haben. Das Zentrum in Kaiserslautern (Eröffnung 25.6.86) war im September 1986 nur zu 40 v. H. ausgelastet, bis Jahresende rechnete man aber mit einer Erhöhung der Belegungsquote auf 70 v. H. Das Technologiezentrum in Köln (Eröffnung 6.10.86) wies zur Eröffnung bereits eine Belegungsquote von 50 v. H. auf.

Auf der anderen Seite sind aber auch viele der schlecht ausgelasteten Zentren älter als ein Jahr, und es ist fraglich, ob hier in absehbarer Zeit eine zufriedenstellende Auslastung zu erreichen ist. Bei diesen Zentren besteht die Gefahr, daß aufgrund der mangelhaften Kapazitätsauslastung die Anforderungen an die Technologieorientierung und die erwarteten Marktchancen der anzusiedelnden Unternehmen reduziert werden. Eine bessere Belegung auf Kosten einer Aufweichung der ursprünglichen Konzeption wäre die Folge. Zusätzlich würde die Reduzierung der Anforderungen den ersten Konkursen in den Zentren Vorschub leisten und damit zu einem Imageverlust für das wirtschaftspolitische Instrument „Technologiezentrum" führen. Entscheidend für den Erfolg eines Zentrums ist nicht primär die Belegungsgeschwindigkeit, sondern es kommt darauf an, daß die aufgenommenen Betriebe gute Marktchancen und eine erfolgversprechende Unternehmensstrategie aufweisen. Zusammenfassend kann festgestellt werden, daß bei nahezu zwei Drittel (62 v. H.) der Zentren eine gute bis zufriedenstellende Auslastung erreicht ist, während ein Drittel der Technologiezentren als unterbelegt bezeichnet werden kann.

Aufgabe der vorgenommenen Untersuchung war nicht herauszufinden, inwieweit die in den einzelnen Zentren angesiedelten Betriebe tatsächlich technologieorientiert sind und inwieweit eine hohe Belegungsquote auf niedrige Anforderungen an die betreffenden Betriebe zurückzuführen ist. Um diese Frage beantworten zu können, bedarf es in einer Art Feldforschung der Analyse einzelner in den Zentren angesiedelter Betriebe. Zu vermuten ist allerdings, daß bei einigen Zentren die Technologieorientierung recht gering ist, so daß hier nicht mehr von einer Umsetzung von „auf Halde liegenden Forschungsergebnissen" gesprochen werden kann.

4.3 Standortvoraussetzungen

Bei der Erörterung der Standortvoraussetzungen ist es notwendig zwischen den drei Idealtypen Gründerzentren, Technologiezentren und Forschungsparks zu unterscheiden, da verschiedene Standortanforderungen zum Gelingen des jeweiligen Konzepts erforderlich sind.

Die entscheidende Standortvoraussetzung für den Erfolg eines *Gründerzentrums* ist ein genügend großes Potential an Existenzgründern und damit eine ausreichende Zahl an erfolgversprechenden Neugründungen, da nur so eine Vollbelegung des Zentrums gewährleistet werden kann. Gründerzentren erleichtern zwar jungen Unternehmen die Startphase und reduzieren die Insolvenzquote bei den angesiedelten Unternehmen, jedoch führt die Eröffnung eines Gründerzentrums nicht zu einer Steigerung der Zahl der Existenzgründungen in einer bestimmten Region. Daraus folgt, daß Gründerzentren nur in Regionen mit ausreichenden Marktchanchen, das heißt in größeren Städten oder Ballungsräumen als Instrument der regionalen Wirtschaftsförderung erfolgreich sein werden.

Während Gründerzentren nur die Startphase junger Unternehmen erleichtern sollen, liegt die Zielsetzung bei *Technologiezentren* darin, „... das wissenschaftliche Potential und die Forschungsergebnisse der Hochschulen und Forschungseinrichtungen des Landes für die Wirtschaft zu erschließen." [14, S. 2]. Als Standorte sind der obigen Zielsetzung entsprechend nur Regionen mit etablierten technischen Fakultäten oder Forschungseinrichtungen geeignet. Wie Erfahrungen gezeigt haben, kommt einschränkend noch hinzu, daß eine enge Kooperation zwischen Hochschulen und Forschungseinrichtungen einerseits und in Technologiezentren angesiedelten Unternehmen andererseits nur dann funktioniert, wenn auf bereits bestehende Kontakte zwischen Industrie und Hochschule bzw. Forschungseinrichtung zurückgegriffen werden kann [1, S. 7]. Als weitere Standortvoraussetzung ist, neben einer entwickelten Infrastruktur, noch ein industrielles Umfeld mit einem großen Einzugsgebiet zu nennen. Das Vorhandensein qualifizierter Arbeitskräfte ist durch die in der Region angesiedelten Hochschulen und Forschungseinrichtungen gewährleistet, außerdem stellen Mitarbeiter dieser Institutionen ein Potential an technologieorientierten Unternehmensgründern dar. Wie obige Ausführungen deutlich gemacht haben, sind Technologiezentren im Sinne des Idealtypus nicht dazu geeignet, die verkrusteten Strukturen in schwach entwickelten Regionen durch eine Orientierung an neuen Technologien zu beseitigen, sondern sie haben als wirtschaftspolitisches Instrument nur in Wirtschaftsräumen mit einem schon bestehenden Technologieangebot eine ausreichende Erfolgschance.

Über die Standortvoraussetzungen von Technologiezentren hinaus sind für einen *Technologiepark* die beiden folgenden ergänzenden Anforderungen an die regionalen Gegebenheiten eine notwendige Bedingung:

1. Die vorhandenen Forschungseinrichtungen müssen bei den betreffenden Hochtechnologien zur Spitzengruppe gehören, wobei schon mehrere dieser Institutionen am Standort vorhanden sein sollten.
2. Die Region muß sich durch einen hohen Wohn- und Freizeitwert auszeichnen, damit sie für die hochqualifizierten Arbeitskräfte hinreichend attraktiv ist.

Unter Berücksichtigung der restriktiven Standortvoraussetzungen wird deutlich, daß ein Technologiepark im Sinne des Idealtypus nur für eine begrenzte Anzahl von Regionen in Frage kommt. Schätzungen gehen von einem Potential von vier bis sechs solcher Parks für die Bundesrepublik Deutschland aus [17, S. 64].

5 Ausblick und ordnungspolitische Bewertung

Die numerische Abschätzung potentiell existenzfähiger Technologieparks dämpft erheblich die hohen Erwartungen, die ehemals in dieses Instrument der Wirtschaftspolitik gesetzt wurden. Das gilt für die gesamtwirtschaftliche Bedeutung des auslösbaren Innovationsschubes wie auch für die regionalen Arbeitsmarkteffekte. Die Konzeption der Technologieparks sollte ja nicht nur wirtschaftspolitisch-motivierte Forschungspolitik, sondern zugleich regionale Strukturpolitik sein.

Die Zahl technologie-intensiver Betriebsgründungen wird nicht nur klein bleiben, das hohe Risiko ihrer ersten Gründerjahre erlaubt auch nur einen geringen Arbeitskräftebedarf, wenn auch für hochqualifizierte Mitarbeiter. Die 37 Technologiezentren, die unserer Auswertung zugrundeliegen, waren zum Erhebungsstichtag mit 518 Betrieben und 2 872 Vollzeitarbeitsplätzen belegt. Das ergibt eine durchschnittliche Mitarbeiterzahl von 5, 6; sie liegt in der Größenordnung anderer empirischer Untersuchungen [5, S. 56 f.]. Zu bedenken ist allerdings, daß in den Technologiezentren neben reinen Forschungs- und Entwicklungsbetrieben auch Produktionsstätten angesiedelt sind. Technologieparks haben möglicherweise einen geringeren Mitarbeiterbestand. Und es bleibt die Frage offen, wieviel Arbeitsplätze auch ohne staatliche Förderung entstanden wären. Mittelfristig, in Blick auf drei bis fünf Jahre, wird auf wachsende Markterfolge und bei den Politikern vor allem auf zusätzliche Arbeitsplätze gesetzt. Ob ein mittelfristiger Arbeitsmarkteffekt jedoch der Region des Technologieparks zugute kommt, ist keinesfalls sicher, da die erfolgreichen Unternehmen bei Aufnahme der Serienproduktion möglicherweise ihren Standort verlagern. Die Konzeption des Technologieparks verlangt sogar, bei Eintritt in die Produktionsphase die geförderte Standortgemeinschaft zu verlassen. Die initiierende Region wird mithin bemüht sein, die technologie-erfolgreichen Unternehmen in ihrem (steuerlichen) Einzugsbereich zu halten. Je attraktiver die Ansiedlungsbedingungen in ihrem Umfeld sind, desto geringer fällt der Anreiz zur Abwanderung aus. Attraktiv heißt bei Standortentscheidungen allemal: finanzielle Begünstigungen. Damit kann der bekannte Mechanismus in Gang gesetzt werden, durch den eine anfänglich wohlgemeinte und auch sonst von dem Steuerzahler akzeptierte Subvention dauerhafte Erhaltungsfinanzierungen erzwingt. Das Technologiezentrum Aachen beugt den drohenden Arbeitsplatzverlusten vor, indem die Unternehmen eine vertragliche Verpflichtung eingehen müssen, sich nach Auszug aus dem Zentrum in dem Bezirk der Handelskammer Aachen niederzulassen: Ein beredtes Beispiel dafür, wie schnell eine Subvention sogar der Wirtschaftsordnung entgegenstehende Eingriffe, hier gegen die persönliche Freizügigkeit, nach sich zieht.

Damit ist die ordnungspolitische Bewertung der Technologiepark-Gründungen und ihrer Subventionierung angesprochen. Anerkannt ist, Grundlagenforschung und angewandte Forschung, die der Schaffung entwicklungsreifer Erkenntnisse dient, durch den Staat institutionell und global in Universitäten und Forschungseinrichtungen zu finanzieren. Die generelle Erweiterung des zur Verfügung stehenden Wissens erfordert Aufwendungen, denen in privatwirtschaftlich kalkulierbarer Zeit keine Erträge aus der Anwendung der Erkenntnisse gegenüberstehen und wenn, dann nicht in voller Höhe. Dezentrale Entscheidungen und Koordinationen führen deshalb in diesem Bereich zu einem gesellschaftlich suboptimalen Ressourceneinsatz (Marktversagen). Dieses Argument kann aber nicht zugunsten der Technologiezentren herangezogen werden, wenn es um die Förderung der Marktumsetzung gegebener technischer

Möglichkeiten geht; hier ist finanzielles Risiko kalkulierbar und die erwarteten Marktergebnisse sind eindeutig zurechenbar. Läßt sich ein Marktversagen dagegen für die in den Technologieparks geförderte Erforschung und Entwicklung technischer Prototypen diagnostizieren und damit eine aktive, zukunftsgestaltende Technologie- und Strukturpolitik rechtfertigen? Das mag im Einzelfall umstritten sein. Ordnungspolitisch entscheidend ist, daß die Politik der Technologieparks notwendigerweise selektiv und direkt ist, indem spezifische Forschungs- und Entwicklungsvorhaben zur Förderung ausgewählt werden. Diese antizipative Strukturpolitik impliziert den Anspruch der politisch-bürokratischen Entscheidungsinstanzen, die zukünftigen Strukturen richtig einzuschätzen. Ob dies der Fall ist, ist aufgrund der Marktferne der Entscheidungsträger und des Faktums, für Fehlentscheidungen keine Kosten tragen zu müssen, fraglich. Die sog. wissenschaftlichen Beiräte, die manchen Technologieparks zugeordnet sind, üben in diesem Auswahlprozeß aus denselben Gründen lediglich eine Alibifunktion des angeblichen Sachverstandes aus. Mit ihren Entscheidungen, bestimmte Unternehmen in ein Zentrum aufzunehmen, werden gleichzeitig aus Steuermitteln Wettbewerbsvorteile gegenüber anderen wagemutigen Gründungen gewährt. Dagegen wird vielfach als Handlungsbegründung vorgebracht, daß der Markt für Risikokapital zu eng sei; daß private Wirtschaftseinheiten jungen Unternehmen und Unternehmenswilligen nicht ausreichend Beteiligungskapital für die Finanzierung risikoreicher Investitionen bereit stellen. Dieses Defizit zu heilen, ist Aufgabe staatlicher Ordnungspolitik – Vorschläge dazu liegen vor [10]; es ist kein Feld finanzieller Zuwendungen [19].

Daß die ordnungspolitische Problematik auch von den politischen Entscheidungsträgern erkannt wird, zeigt eine Äußerung des baden-württembergischen Wirtschaftsministers Martin Herzog, der einräumte, daß sich das Land – vor allem mit seinen einzelbetrieblichen Förderungsmaßnahmen – auf eine ordnungspolitische Gratwanderung begeben habe [12]. Die Bewährungsprobe steht den Politikern in Sachen Technologiezentren und Technologieparks noch bevor: nämlich keine weiteren Subventionen folgen zu lassen, ihnen zu widerstehen. Widerstand ist gefordert, wenn es darum geht, wie schon erwähnt, erfolgreiche Neugründungen in der Region zu halten. Noch stärkerem Druck ist Stand zu halten, wenn Gründungen oder sogar ganze Zentren scheitern und der Ruf nach Arbeitsplatzerhaltung laut wird. Gerade darauf sollte der Wirtschaftspolitiker vorbereitet sein und seine Ablehnung frühzeitig signalisieren, denn fördert er in der Tat nur risikoreiche High-tech-Entwicklungsvorhaben, ist auch die Quote künftiger Fehlschläge hoch.

Literatur

[1] Amann R (1985) Technologieparks und Gründerzentren: Impulse für Wirtschaft und Gesellschaft. Internationaler Kongreß im Berliner ICC, Berlin

[2] Bender D (1984) Außenhandel. Vahlens Kompendium der Wirtschaftstheorie und der Wirtschaftspolitik Band 1. 2. Auflage. Vahlen, München: 401-454

[3] Berg H (1984) Staatliche Konzentrationsförderung und internationale Wettbewerbsfähigkeit. Das Beispiel der Europäischen Computerindustrie. J f Soz Wiss 35: 459-479

[4] Berg H, Mammen G (1981) Alternative Strategien staatlicher Technologieförderung: Eine Analyse der Projekte „Concord“ und „Airbus“. J f Soz Wiss 32: 346-379

[5] Berndts P, Harmsen D (1985) Technologieorientierte Unternehmensgründungen in Zusammenarbeit mit staatlichen Forschungseinrichtungen. TÜV Rheinland, Köln

[6] Beyfuß J (1985) Deutsche Wirtschaft im Wandel. Deutscher Instituts-Verlag, Köln
[7] Bräunling G, Henckel D, Heuer H, Krist H (1984) Gründer- und Technologiezentren, Planung, Finanzierung, Management. Unveröffentlichte Seminarunterlage des Deutschen Instituts für Urbanistik und des Fraunhofer-Instituts für Systemtechnik und Innovationsforschung, Karlsruhe
[8] Brockhoff R (1986) Spitzentechnik. WiSt 15: 431-435
[9] Bundesministerium für Wirtschaft (1984) Hochtechnologie und internationale Wettbewerbsfähigkeit der deutschen Wirtschaft. BMWi-Dokumentation Nr. 263, Bonn
[10] Engels W ua (1983) Mehr Beteiligungskapital. Frankfurter Institut für wirtschaftspolitische Forschung, Bad Homburg v.d.H.
[11] Gutberlet K-L (1984) Alternative Strategien der Forschungsförderung. Mohr, Tübingen
[12] Handelsblatt (16.9.1986) Nr. 177 Risiken staatlicher Technologiepolitik sind noch weitgehend unerforscht
[13] Hesse H (1985) Internationale Interdependenzen im weltwirtschaftlichen Entwicklungsprozeß. In Giersch Hrsg. Probleme und Perspektiven der weltwirtschaftlichen Entwicklung. Duncker & Humblot, Berlin: 265-286
[14] Ministerium für Wirtschaft, Mittelstand und Technologie Baden-Württemberg (1984) Anforderungsprofile und Standortvoraussetzungen für die Errichtung regionaler Technologiezentren in Baden-Württemberg. Stuttgart
[15] Richter P, Müller Raymund (1986) Übersicht über die Gründer und Technologiezentren in der Bundesrepublik Deutschland. Aktualisierte Übersicht: Stand September 1986. Fraunhofer-Institut für Systemtechnik und Innovationsforschung, Karlsruhe
[16] Schiller R (1986) Existenzgründungen, Fördermaßnahmen und Ergebnisse. Deutscher Instituts-Verlag, Köln
[17] Schrumpf H (1984) Technologieparks als Instrument der kommunalen Wirtschaftsförderung. Ruhr-Forschungsinstitut für Innovations- und Strukturpolitik e.V., Bochum
[18] Servan-Schreiber J-J (1968) Die amerikanische Herausforderung. Hoffmann & Campe, Hamburg
[19] Starbatty J (1984) Subventionen in der Sozialen Marktwirtschaft: Systembestandteil, Eliminierung oder Reduktion? Volkswirtschaftliche Korrespondenz der Adolf-Weber-Stiftung Nr. 8, München
[20] Träger U, Uhlmann L (1984) Der Technologietransfer in der Bundesrepublik Deutschland, Grundstrategien auf dem Technologiemarkt. Duncker & Humblot, Berlin München

Methoden und Ergebnisse finanzieller Wirtschaftsförderung

ROLF SCHOECK

Staatliche Wirtschaftsförderung ist nicht unumstritten. Wettbewerbsverzerrungen, Mitnahmeeffekte, fehlender Bedarf und damit Auslösen von Fehlinvestitionen sind Schlagworte für diejenigen, welche den Umfang staatlicher Wirtschaftsförderung oder diese gar selbst in Frage stellen.

In dem folgenden Beitrag soll am Beispiel Baden-Württembergs dargestellt werden, daß Wirtschaftsförderung durchaus sinnvoll und vor allem auch sehr erfolgreich sein kann.

Einleitung

In einer Zeit, in der zur Konsolidierung der öffentlichen Haushalte hart gespart werden muß, ist auch die staatliche Wirtschaftsförderung nicht unumstritten. Höhe und Struktur der Subventionen sind häufig Anlaß zu Kritik in unserem dezentralen Marktsystem. Wettbewerbsverzerrungen, Mitnahmeeffekte, fehlender Bedarf und damit Auslösen von Fehlinvestitionen sind Schlagworte für diejenigen, welche den Umfang staatlicher Wirtschaftsförderung oder diese gar selbst in Frage stellen.

Kritische Äußerungen dieser Art verwundern nicht. Die Subventionsausgaben weisen in der Bundesrepublik Deutschland hohe Wachstumsraten auf. Nach Angaben des Statistischen Bundesamtes stiegen die Subventionen (Finanzhilfen und Steuervergünstigungen) von 46,6 Mrd. DM im Jahr 1975 auf 78,4 Mrd. DM im Jahr 1985. Dies entspricht einer durchschnittlichen jährlichen Steigerungsrate von 6,8 %. Im Vergleich hierzu betrug die Wachstumsrate des realen Bruttosozialprodukts in diesem Zeitraum im Jahresdurchschnitt nur 2,6 %. Ein Großteil der Subventionen fließt der Großindustrie zu. Die Erfahrungen zeigen leider aber auch, daß durch eine vielfach falsch betriebene Subventionspraxis – Beispiele sind die Werft- und die Stahlindustrie, aber auch der Steinkohlebergbau – überholte Strukturen erhalten, Anpassungen an die veränderten Marktbedingungen verzögert, aus ursprünglichen Gestaltungssubventionen spätere Erhaltungssubventionen wurden und Investitionen in zukunftsorientierte Bereiche nicht in ausreichendem Maße erfolgten. Die auch von den fünf führenden wirtschaftswissenschaftlichen Forschungsinstituten in ihrem Herbst-Gutachten 1984 geäußerte Kritik an der Subventionspraxis stützt das Institut für Weltwirtschaft, Kiel mit Zahlen: „32 unterdurchschnittlich wachsende Bereiche erhalten 80 % aller Subventionen“ [8].

Gleichwohl muß einer undifferenzierten Kritik an der Wirtschaftsförderung entgegengetreten werden, denn sie kann erhebliche Erfolge vorweisen. In Baden-Württemberg hat die Wirtschaftsförderung eine lange Tradition. Bereits vor mehr als 130 Jahren betrieben Steinbeis und Meidinger eine dem Fortschritt dienende Wirtschaftsförderung. Ihren Bemühungen, die auf Energie- und Rohstoffmangel beruhenden ungünstigen Rahmenbedingungen des Landes durch Innovationen zu kompensieren und eine exportorientierte Industrie zu entwickeln, verdanken wir weitgehend die sowohl sektoral als auch regional ausgewogene Industriestruktur unseres Landes, die in den letzten Jahrzehnten durch eine erfolgreiche Strukturpolitik unterstützt und weiterentwickelt werden konnte.

Die Rolle des Staates in der Sozialen Marktwirtschaft

Die Soziale Marktwirtschaft, wie sie als wirtschaftspolitisches Programm von Ludwig Erhard und Alfred Müller-Armack, basierend auf den wirtschaftspolitischen Theorien von Eucken, Böhm, Röpke und von Hayek Gestalt erhielt, ist als Organisationsform des Wirtschaftens allen anderen Wirtschaftssystemen überlegen, wenn von allen Beteiligten die „Spielregeln" eingehalten werden. Der Staat hat danach die Aufgabe, die für einen funktionsfähigen Wettbewerb notwendigen institutionellen und strukturellen Bedingungen zu garantieren und ein für die wirtschaftliche Entwicklung günstiges Klima zu schaffen; die Unternehmen andererseits müssen ihre Produktionskapazitäten wettbewerbsfähig halten und flexibel den Marktverhältnissen anpassen; die Tarifpartner schließlich sollten sich auf marktgerechte Lohn- und Arbeitszeitregelungen einigen.

Ziele staatlicher Wirtschaftspolitik

Die Ziele staatlicher Wirtschaftspolitik nennt das Stabilitätsgesetz aus dem Jahr 1967:
- Stabiles Preisniveau.
- Hoher Beschäftigungsstand.
- Außenwirtschaftliches Gleichgewicht.
- Stetiges und angemessenes Wirtschaftswachstum.

Diese zweifellos anspruchsvollen Ziele – in den 60er Jahren weitgehend erfüllt – werden seit einiger Zeit in der Bundesrepublik Deutschland nicht mehr voll erreicht.

Dies ist nicht nur fremdverschuldet. Im festen Glauben an ein gesichertes, dauerhaftes Wirtschaftswachstum haben wir auf Kosten der Zukunft gelebt, unsere Leistungsbereitschaft reduziert und gleichzeitig immer höhere Ansprüche an Staat und Wirtschaft gestellt. Die Ursachen liegen aber auch zu einem erheblichen Teil in der weltwirtschaftlichen Entwicklung, beispielsweise in den beiden Ölpreisschocks der Jahre 1973/1974 und 1979 mit ihren inflationären Auswirkungen, in einer neuen technologischen Revolution und den sich daraus ergebenden Anpassungsproblemen, in weltweiten Überkapazitäten in industriellen Bereichen (Beispiele sind vor allem die Werft- und die Stahlindustrie) und nicht zuletzt in dem verschärften Wettbewerbsdruck durch das Vordringen der Schwellenländer und der Entwicklungsländer auf den internationalen Märkten.

Grundsätze staatlicher Wirtschaftsförderung

Für die staatliche Wirtschaftsförderung gilt der Grundsatz der Subsidiarität, d. h. sie soll erst dann einsetzen, wenn die Wirtschaft aus eigener Kraft nicht in der Lage ist, die anstehenden Probleme zu meistern. Unter dieser Bedingung hat ein staatliches Eingreifen seine Berechtigung. Der Staat kann in einer sozialen Marktwirtschaft beispielsweise nicht tatenlos zusehen, wenn ganze Industriezweige aufgrund unvorhergesehener oder vorübergehender Schwierigkeiten vom Untergang bedroht sind. Hier ist sozialer Flankenschutz notwendig; auch zeitlich befristete Hilfe bei der Neustrukturierung ist gerechtfertigt, wenn bei realistischer Einschätzung Aussichten für eine Verbesserung der Situation bestehen. Staatliches Handeln kann auch geboten sein, um eine drohende Abhängigkeit vom Ausland zu vermeiden.

Hilfe muß aber auch dort gegeben werden, wo sich für mittelständische Unternehmen aufgrund struktureller Probleme und insbesondere infolge des Wettbewerbs vor allem mit Großunternehmen Schwierigkeiten ergeben und wo die Chancen und die Risiken des technischen Fortschritts ohne Hilfestellung nicht oder nur schwer bewältigt werden können. Dies ist vor allem für ein Land wie Baden-Württemberg, dessen Wirtschaft stark mittelständisch geprägt ist, eine unabweisbare Aufgabe.

Formen staatlicher Wirtschaftsförderung

1. Verbesserung der Rahmenbedingungen

Hierzu zählen insbesondere:

- Eine mittelstandsfreundliche Steuerpolitik, z.B.
  durch einen weiteren Abbau oder eine Abschaffung der ertragsunabhängigen Steuern,
  durch eine steuerliche Begünstigung von Unternehmensgründern in den ersten Jahren nach der Selbständigmachung,
  durch eine Verbesserung der Abschreibungsmöglichkeiten auf Investitionen,
  durch eine steuerliche Begünstigung von längerfristiger Vermögensanlage in inländischem Risikokapital, insbesondere in sogenanntem Venture Capital.
- Der Abbau von administrativen Hemmnissen bei den verschiedensten Genehmigungsverfahren.
- Die Erleichterung der Bildung von Risikokapital-Fonds.
- Die Erleichterung des Zugangs zum Kapitalmarkt für mittelständische Unternehmen und vor allem für junge Unternehmen.
- Ein konjunkturell antizyklisches Verhalten von Bund, Ländern und Kommunen. Dies setzt aber voraus, daß zur Finanzierung öffentlicher Investitionen in konjunkturellen Schwächephasen Rücklagen aus Steuereinnahmen wirtschaftlich günstiger Zeiten zur Verfügung stehen.

2. Überbetriebliche Hilfen

Darunter fallen insbesondere:

- Informations-, Dokumentations- und Beratungsdienste.
- Schulungs-, Umschulungs- und Weiterbildungsmaßnahmen.

– Hilfen bei der Beteiligung an In- und Auslandsmessen.
– Der gesamte Bereich der Berufsausbildung.

Es ist bekannt, daß bei Fehlen einer dualen Lehrlingsausbildung, wie beispielsweise in den USA, der Bedarf an qualifizierten Facharbeitern nicht befriedigt werden kann.

Eine immer größere Bedeutung kommt neben der Qualifikationsanforderung aber auch der Förderung der beruflichen Flexibilität und Mobilität der jungen Generation zu. Eine leistungsfähige Wirtschaft braucht nicht nur Mitarbeiter, die sich auf neue Produkte und auf neue Fertigungsverfahren einstellen können, sondern vor allem auch Nachwuchskräfte, die bereit sind, eine Tätigkeit außerhalb ihres angestammten Wohnorts aufzunehmen, nach Möglichkeit auch einmal im Ausland.

3. Finanzhilfen

Dazu zählen Zuschüsse, zinsverbilligte Darlehen, Bürgschaften und Garantien (incl. Beteiligungsgarantien) sowie Bereitstellung von Risikokapital.

Schwerpunkte der finanziellen Wirtschaftsförderung in Baden-Württemberg

Baden-Württemberg konnte in den vergangenen Jahren eine wirtschaftliche und soziale Spitzenstellung in der Bundesrepublik Deutschland erlangen. Es weist heute im Vergleich mit den anderen Bundesländern bei allen wichtigen Indikatoren für die Leistungsfähigkeit einer Volkswirtschaft – Wachstumsrate des Bruttoinlandsprodukts, Exportquote, Arbeitslosenquote, Lehrstellenangebot – mit die günstigsten Werte auf. Diese positive Bilanz ist nicht zuletzt auch das Ergebnis einer erfolgreichen Mittelstandspolitik in Baden-Württemberg.

Wichtigste Aufgabe der Mittelstandspolitik muß es sein, die Rahmenbedingungen für die kleinen und die mittleren Unternehmen investitions- und innovationsfreundlich zu gestalten. Flankierend dazu wurde die Mittelstandsförderung in Baden-Württemberg auf der Grundlage des Mittelstandsförderungsgesetzes mit folgenden Schwerpunkten aufgebaut [6]:

– Fördermaßnahmen zur Steigerung der betrieblichen Leistungsfähigkeit, welche die berufliche Qualifikation der Mitarbeiter mittelständischer Unternehmen erhöhen, die Unternehmensführung verbessern und die Marktstellung der Unternehmen stärken sollen.
– Finanzhilfen, die mittelständische Unternehmen in die Lage versetzen, betriebswirtschaftlich notwendige Vorhaben finanzieren zu können.
– Technologieförderprogramme, welche die Entwicklung neuer und die Anwendung moderner Technologien insbesondere auch in mittelständischen Unternehmen erleichtern und intensivieren sollen.

Baden-Württemberg hat in den Jahren 1975 - 1985 zur Förderung der mittelständischen Unternehmen Mittel in Höhe von mehr als 2 Mrd. DM bereitgestellt. Dabei wurden die jährlich für die Mittelstandsförderung eingesetzten Haushaltsmittel von 94 Mio. DM im Jahr 1975 auf ca. 300 Mio. DM im Jahr 1985 erhöht [6].

Wirtschaftsförderung wird in Baden-Württemberg insbesondere vom Ministerium für Wirtschaft, Mittelstand und Technologie, vom Landesgewerbeamt, von der Bürgschaftsbank Baden-Württemberg und der Mittelständischen Beteiligungsgesellschaft Baden-Württemberg mbH (MBG) als Selbsthilfeeinrichtungen der Wirtschaft sowie von der Landeskreditbank Baden-Württemberg (LKB) getragen.

In den von der LKB im Auftrag des Landes durchgeführten finanziellen Förderprogrammen werden dabei folgende Schwerpunkte gesetzt:

1. Förderung von Existenzgründungen und von technologieorientierten Unternehmensgründungen.
2. Förderung neuer Technologien.
3. Förderung der Exportwirtschaft.

1. Förderung von Existenzgründungen und von technologieorientierten Unternehmensgründungen

Der Förderung von Existenzgründungen und der Festigung von jungen Unternehmen kommt hohe Bedeutung zu, denn Existenzgründungen sind für die Regeneration einer Volkswirtschaft unverzichtbar. Durch Existenzgründungen können neue Ideen in neue Produkte und neue Produktionsverfahren umgesetzt und zusätzliche Arbeitsplätze geschaffen werden; außerdem leisten Existenzgründungen einen wichtigen Beitrag zur Erhaltung der Wirtschaftsstruktur. Der Sachverständigenrat zur Begutachtung der gesamtwirtschaftlichen Entwicklung wies bereits in seinem Jahresgutachten 1977/78 darauf hin, daß sich der Strukturwandel um so leichter bewältigen läßt, je günstiger die Bedingungen für Neugründungen sind [5].

Durch eine Vielzahl von Maßnahmen hat die staatliche Wirtschaftsförderung in den vergangenen Jahren darauf hingewirkt, die Bedingungen für Unternehmensgründungen zu verbessern. Die LKB bietet im Rahmen des Existenzgründungsprogramms zinsgünstige, langfristige Darlehen an, die eine nachhaltige und gefragte Hilfe bieten.

Die Zahl der von der LKB geförderten Existenzgründungen konnte von rd. 600 im Jahr 1975 auf mehr als 3000 im Jahr 1986 gesteigert werden. Durch die Gewährung von rund 4000 Existenzgründungsdarlehen im Jahr 1984 konnte die bisher höchste Zahl von Existenzgründungen seit Inkrafttreten des Programms mitfinanziert werden.

Um die Gründung von technologieorientierten Unternehmen – technologieorientierte Unternehmensgründungen sind eine wesentliche Triebkraft der wirtschaftlichen Entwicklungsdynamik – stärker als bisher anzuregen, erhalten Existenzgründungen dieser Art seit Beginn des Jahres 1984 im Rahmen des Existenzgründungsprogramms der LKB eine besondere Förderung durch die Bereitstellung von zinsgünstigen, langfristigen Darlehen bis zu einem Höchstbetrag von 1 Mio. DM. Bei traditionellen Existenzgründungen beträgt der Darlehenshöchstbetrag 300 TDM. Auch durch die Aufnahme in ein Technologiezentrum, in einen Technologiepark oder in eine Technologiefabrik soll technologieorientierten Unternehmensgründern der Start erleichtert werden. Wegen des hohen Kapitalbedarfs technologieorientierter Unternehmensgründungen und der mit Investitionen in neue Technologien verbundenen hohen Risiken benötigen diese Unternehmen jedoch insbesondere Risikokapital, sogenanntes Venture Capital.

Die MBG stellt Existenzgründern Beteiligungskapital zur Verfügung. Weitere Finanzhilfen werden ergänzend durch den Bund im Rahmen des ERP-Existenzgründungsprogramms und des Eigenkapitalhilfeprogramms gewährt. Beide Bundesprogramme werden von der Deutschen Ausgleichsbank abgewickelt.

Zur Verbesserung der Eigenkapitalbasis wird außerdem vom Bund seit 1985 das sogenannte Existenzgründungssparen angeboten. Im Rahmen dieser Ansparförderung wird bei einer Sparzeit von mindestens 3 und höchstens 10 Jahren ein Zuschuß von 20 % – maximaler Zuschußbetrag 10000,– DM – gewährt, wenn die angesparten Mittel für die Gründung einer selbständigen Existenz eingesetzt werden. Die Zeitspanne von 3 - 10 Jahren scheint realistisch gewählt. Eine im Jahr 1985 vom Betriebswirtschaftlichen Institut der Universität Stuttgart durchgeführte Untersuchung zeigte, daß sich rund ein Drittel der dort befragten Existenzgründer mit ihrer Vorbereitungsphase in dem vorgegebenen zeitlichen Rahmen bewegten [10].

Durch diese Förderungsmaßnahmen werden in erster Linie die Markteintrittsbarrieren herabgesetzt. Darüber hinaus ist es vor allem aber notwendig, diesen jungen Unternehmen die Bildung von Eigenkapital im Wege der Selbstfinanzierung aus erwirtschafteten Erträgen und/oder durch die Zuführung von Kapital von außen zu ermöglichen. Neben einer Verbesserung der Abschreibungsmöglichkeiten, entsprechenden steuerlichen Begünstigungen in den ersten Jahren nach der Betriebsgründung und einer Kostenentlastung, insbesondere durch eine Reduzierung der Lohnnebenkosten und eine allgemeine steuerliche Entlastung, müssen insbesondere die Voraussetzungen für den Zugang junger Unternehmen zum Kapitalmarkt erleichtert werden. Letzterem soll durch die Verabschiedung des „Gesetzes zur Einführung eines neuen Marktabschnittes an den Wertpapierbörsen" durch den Bundestag im Oktober 1986 Rechnung getragen werden.

2. Förderung neuer Technologien

Die Wettbewerbsfähigkeit der deutschen Industrie ist bei technisch anspruchsvollen herkömmlichen Produkten derzeit weitgehend gewährleistet. Nach Berechnungen des Ifo-Instituts, München liegt hier die deutsche Wirtschaft im Welthandel mit einem Anteil von 15,4 % nach den USA mit 16,7 % und vor Japan mit 14,7 %.

Ein besonderes Kennzeichen des internationalen Wettbewerbs ist es, daß immer mehr Wettbewerber aus Ländern mit niedrigem Lohnniveau und damit niedrigerer Kostenbelastung und entsprechenden Wettbewerbsvorteilen auftreten.

Diese Entwicklung muß die deutsche Wirtschaft veranlassen, Besseres, Fortschrittlicheres, kurz: Innovativeres zu leisten und zu entwickeln. Dazu muß sie in den Wettbewerb herausragende technische Produkt- und Systemlösungen einbringen. Das bedeutet, sie muß sich immer mehr, immer gezielter auf zukunftsträchtige, aussichtsreiche Wachstumsfelder und Wachstumsbereiche konzentrieren. Gerade im Spitzentechnologiebereich bestehen aber unbestreitbar Lücken bei der deutschen Wirtschaft. Das HWWA-Institut für Wirtschaftsforschung, Hamburg ermittelte bei den Hochtechnologien einen Rückgang der Weltmarktanteile der deutschen Industrie von 12,3 % auf 7,1 %. Die Deutsche Bundesbank stellte bei Spitzentechnologien des elektronischen Spektrums in einem Vergleich mit sechs wichtigen Industrieländern einen Rückgang der Weltmarktanteile von 26 % auf 17 % fest. Dies sind spürbare Einbußen innerhalb von 10 Jahren von Anfang der 70er Jahre bis Anfang der 80er Jahre.

In vielen Bereichen besteht ein Nachholbedarf. Der Pro-Kopf-Verbrauch an Halbleitern und anderen elektronischen Bauelementen ist beispielsweise derzeit in den USA und in Japan jeweils dreimal so hoch wie in der Bundesrepublik Deutschland.

Eine der Hauptursachen für diese Entwicklung ist der jahrelange Rückgang der Nettoinvestitionen der Unternehmen. Im Gegensatz hierzu erhöhte sich der Aufwand für Forschung und Entwicklung laufend. Mit einem Forschungs- und Entwicklungsaufwand von rund 52 Mrd. DM im Jahr 1985 [4], der 2,8 % des Bruttosozialprodukts entspricht, liegt die Bundesrepublik Deutschland bei den relativen Forschungsaufwendungen mit den USA vor Japan. Dies macht deutlich, daß offenbar erhebliche Vorleistungen für zukünftige Technologien in Form von Forschung und Entwicklung erbracht wurden, nicht aber genügend für die Nutzung vorhandener Technologien in neuen Produkten und in neuen Produktionsverfahren getan wurde.

Erfreulicherweise nimmt die Investitionstätigkeit der Unternehmen in jüngster Zeit wieder zu. Nach Mitteilung der Deutschen Bundesbank stiegen die Ausrüstungsinvestitionen im Jahr 1985 im Vergleich zum Vorjahr um 12 %. Dazu trug maßgeblich bei, daß sich die Rahmenbedingungen für die Wirtschaft im vergangenen Jahr weiter gebessert haben. Die Bruttoeinkommen der Produktionsunternehmen stiegen 1985 um rund 9 % und erreichten damit wieder einen Anteil am Volkseinkommen von 23 %, was etwa dem Stand von 1973 vor der ersten Ölkrise entspricht [3].

Weitere wesentliche Gründe für die Technologielücke sind der zu späte und der zu geringe Einsatz der Mikroelektronik, insbesondere in der mittelständischen Industrie, sowie die zu geringe Anzahl von Neugründungen von technologisch orientierten Unternehmen und deren verhältnismäßig langsames Wachstum.

Hier aufzuholen ist gerade für die baden-württembergische Industrie, die in besonderem Maß vom Export abhängt, eine für die Zukunftssicherung unabdingbare Aufgabe. Deshalb hat das Land Baden-Württemberg eine Reihe von Initiativen ergriffen, die wichtige Zukunftstechnologiebereiche, wie z. B. Mikroelektronik, Informations- und Kommunikationstechnik, Fertigungstechnologie, Biotechnologie, Werkstofftechnologie besonders begünstigen sollen.

Zu nennen sind hier insbesondere:

– Die Einsetzung des Regierungsbeauftragten für Technologie-Transfer zum 1. Januar 1983 zur Organisation und Koordination des Technologie-Transfers von den Hochschulen zur Wirtschaft.

– Die verbesserte finanzielle Förderung des Einsatzes moderner Technologien in der mittelständischen Wirtschaft. Durch die Bereitstellung von zinsgünstigen, langfristigen Darlehen der LKB für Investitionsvorhaben mit Kosten von maximal 5 Mio. DM soll kleinen und mittleren Unternehmen der Einsatz moderner Technologien in Produkten und in Produktionsverfahren erleichtert werden. Die Förderung soll darüber hinaus generell zur Stärkung der Innovationskraft mittelständischer Unternehmen und zur Schaffung hochwertiger Arbeitsplätze beitragen. Die Technologieförderung ist inzwischen zu einem Schwerpunkt in der Wirtschaftsförderung des Landes geworden.

– Die Errichtung von Technologiezentren, Technologieparks und Technologiefabriken zur Verbesserung des Technologie-Transfers. Inzwischen haben in Baden-Württemberg 10 Institutionen dieser Art die Arbeit aufgenommen.

Durch die Aufnahme in ein Technologiezentrum, in einen Technologiepark oder in eine Technologiefabrik bieten sich technologieorientierten Existenzgründern insbesondere folgende Vorteile:

- Entlastung von zeitraubenden Verwaltungsarbeiten.
- Bereitstellung von Betriebsräumen zu günstigen Mieten.
- Kostengünstige Nutzung von Gemeinschaftseinrichtungen.

- Beratung und Unterstützung bei der Markterkundung, bei der Organisation, beim Aufbau des Rechnungswesens.
- Zusammenarbeit mit Wissenschaftlern und Mitarbeitern der Universitäten, der Fachhochschulen und der Forschungsinstitute.

– Die Errichtung der Technologiefabrik Karlsruhe und des Technologiezentrums Stuttgart. An der Realisierung der Technologiefabrik Karlsruhe und des Technologiezentrums Stuttgart, die im Sommer 1984 bzw. zum Jahreswechsel 1985/86 ihren Betrieb aufnahmen, war die LKB maßgeblich beteiligt.

Bei den bisherigen Mietern in der Technologiefabrik Karlsruhe und im Technologiezentrum Stuttgart handelt es sich weitgehend um bestehende Unternehmen, die bereits im Bereich neuer Technologien tätig waren und nun ihre Produkte und ihre Produktionsverfahren mit Hilfe der Forschungsergebnisse der Universität, der Fachhochschulen und der Forschungsinstitute weiter entwickeln wollen. Es wird jedoch erwartet, daß auch „Spin-off-Gründungen" und Kooperationen entstehen. 85 % der erfolgreichen Wachstumsfirmen im Silicon-Valley produzieren beispielsweise Produkte, welche denen des Unternehmens ähnlich sind, in dem der Gründer früher beschäftigt war. Sie werden mit derselben Technologie produziert und auf denselben Märkten abgesetzt [10].

Dies sind zahlreiche gute Ansatzpunkte, durch welche der Technologie-Transfer beschleunigt und Investitionen in neue Technologien stimuliert werden können. Die mit diesen Investitionen und Innovationen verbundenen hohen Risiken können jedoch nur dann übernommen werden, wenn die Unternehmen über Kapital in entsprechender Höhe verfügen. Aus diesem Grund ist es höchste Zeit, daß die Bereitstellung von privatem Risikokapital, insbesondere von sogenanntem Venture Capital, ebenso steuerbegünstigt wird wie die Finanzierung von Abschreibungsprojekten innerhalb und außerhalb der Bundesrepublik Deutschland. Seit Mitte der 60er Jahre haben auf dem sogenannten „Grauen Kapitalmarkt" Verlustzuweisungsgesellschaften etwa 100 Mrd. DM „eingesammelt" [2]. Für die Wagnisfinanzierung muß dieses Kapital aktiviert werden, das schon bisher unter Inkaufnahme eines hohen Risikos in anderen Märkten eingesetzt wurde.

3. Förderung der Exportwirtschaft

Die starke Exportabhängigkeit Baden-Württembergs – der Anteil Baden-Württembergs am Welthandelsvolumen entspricht mit 1,6 % dem Exportanteil der Schweiz – zwingt das Land zu verstärkten Bemühungen bei der Erschließung neuer Exportmärkte. Bereits im Jahr 1975 wurde das Exportgarantieprogramm aufgelegt. Dieses Programm hat sich bewährt. In zahlreichen Fällen wäre mittelständischen Unternehmen, insbesondere aufgrund ihrer geringen Eigenkapitalausstattung, die Durchführung eines Exportauftrags ohne die Übernahme dieser Garantien der öffentlichen Hand nicht möglich gewesen. Durch diese Exportaufträge konnte vielfach die Kapazitätsauslastung des baden-württembergischen Unternehmens und der Zulieferbetriebe verbessert und damit ein Personalabbau verhindert werden.

Im Oktober 1983 wurde das Exportgarantieprogramm zu einem umfassenden Exportförderungsprogramm ausgeweitet. Neben der Stellung von Export-Rückgarantien – in der Regel bis zu 70 %, in Ausnahmefällen auch bis zu 90 % der Garantiesumme – übernimmt die LKB nun auch Bürgschaften bis zu 70 % für Exportkredite. In Ausnahmefällen kann sich die Bank auch an echten Auslandsrisiken – durch die Mitwirkung an sogenannten Besteller-Krediten – beteiligen.

4. Weitere Finanzhilfen der Landeskreditbank Baden-Württemberg

4.1. Regionale Wirtschaftsförderung

Trotz relativ günstiger Situation im Vergleich zu anderen Bundesländern bestehen auch in Baden-Württemberg nach wie vor erhebliche regionale Unterschiede in der Wirtschaftskraft. Deshalb ist neben der Förderung der wirtschaftsnahen Infrastruktur – z. B. Verkehrs-/Bildungseinrichtungen, Erschließung von Industrie- und Gewerbegebieten mit dem dazuhörigen Wohnungsbau – weiterhin eine einzelbetriebliche Förderung in strukturschwachen Gebieten notwendig.

4.2. Bereitstellung von Liquiditätshilfedarlehen und Übernahme von Bürgschaften

Durch die Bereitstellung von Liquiditätshilfedarlehen und durch die Übernahme von Bürgschaften können Wachstumschancen genutzt werden. Liquiditätshilfedarlehen und Bürgschaften können außerdem zur Konsolidierung eines Unternehmens gewährt werden. Bei Firmenzusammenbrüchen mit dem drohenden Verlust von Arbeitsplätzen erwarten Betroffene und Teile der Öffentlichkeit unbürokratische Hilfe von Regierungen und Staatsbanken. Dies sind besonders schwierige Kreditentscheidungen.

Die LKB, die sehr vielen mittleren und kleineren Unternehmen in Baden-Württemberg in Krisensituationen Hilfen zur Verfügung stellte und weiterhin stellen wird, macht eine Darlehensgewährung bzw. eine Bürgschaftsübernahme vom Vorliegen folgender Voraussetzungen abhängig:

- Beteiligung der Firmeneigner und der Hausbanken am zusätzlichen Kapitalbedarf.
- Vorlage eines überzeugenden Unternehmenskonzepts mit Finanzplan, das mittelfristig eine positive Entwicklung des Unternehmens erwarten läßt.
- Qualifiziertes und engagiertes Management.

Darüber hinaus sind gerade bei Liquiditätshilfen die für den Markt entstehenden Folgen einer staatlichen Hilfe besonders zu berücksichtigen. Die Hilfe darf auch in Ausnahmefällen nicht zu einer direkten oder indirekten Gefährdung von am Markt konkurrenzfähigen Unternehmen führen und die dortigen Arbeitsplätze in Mitleidenschaft ziehen.

4.3. Übernahme von Beteiligungsgarantien

Die unbefriedigende Eigenkapitalsituation der mittelständischen Unternehmen ist bekannt. Nach Berechnungen der Deutschen Bundesbank betrug die Eigenkapitalquote bei den Unternehmen des produzierenden Gewerbes und des Handels Ende 1984 nur noch 18 % [3]. Schätzungen von Albach zufolge weist die deutsche Wirtschaft eine Eigenkapitallücke in der Größenordnung von 250 Mrd. DM auf [1].

Der Eigenkapitalmangel ist in erster Linie auf den jahrelangen Verfall der Unternehmenserträge zurückzuführen. Die Eigenkapitalrendite hat sich seit Anfang der 60er Jahre bis heute fast halbiert. Gleichzeitig stieg die Rendite für risikolose, festverzinsliche Wertpapiere an. Die Tendenzumkehr in den beiden vergangenen Jahren führte noch zu keiner grundlegenden Verbesserung der Situation.

Um einen Beitrag zur besseren Eigenkapitalausstattung mittelständischer Unternehmen zu leisten, bietet die LKB seit 1982 ein Beteiligungsgarantieprogramm an. Im Rahmen dieses Programms übernimmt die Bank eine Beteiligungsgarantie, wenn die Beteiligung ohne die Garantie nicht oder nicht zu angemessenen Bedingungen zustande kommen würde. Kapitalgeber können dabei Privatpersonen und Unternehmen, auch private Beteiligungsgesellschaften sein. Im Rahmen dieses Programms können Beteiligungen zwischen 750 TDM und 5 Mio. DM – in der Regel bis zu 50 % der Kapitalbeteiligung – garantiert werden. Beteiligungen unter 750 TDM fallen in den Zuständigkeitsbereich der MBG.

Erfolgskontrolle der finanziellen Wirtschaftsförderung

Förderpolitik kann nur dann erfolgreich sein, wenn ihre Ergebnisse laufend überprüft werden. Die LKB folgt diesem Grundsatz.

Gezielte Untersuchungen der von der LKB geförderten Existenzgründungen zeigen, daß sich diese Förderung nicht nur unter mittelstandspolitischen Zielsetzungen, sondern auch unter beschäftigungs- und ausbildungspolitischen Gesichtspunkten als erfolgreich erwies.

Von den im Jahr 1973 von der LKB geförderten 276 Existenzgründungen bestanden im März 1979 – dem Zeitpunkt der Untersuchung noch 261 Betriebe. In einem Zeitraum von 5 Jahren nach der Gründung wurden damit nur 5 % der geförderten Betriebe wieder aufgegeben; lediglich 3,6 % der Betriebsaufgaben erfolgten wegen Insolvenz. Eine weitere Untersuchung der Bank bestätigt dieses gute Ergebnis. Von den im Jahr 1978 im Landesteil Baden geförderten 1142 Betrieben mußten bis Anfang 1985 – also in einem Zeitraum von 6–7 Jahren nach der Betriebsgründung – nur 1,4 % wegen Insolvenz aufgeben. Diese geringen Insolvenzquoten liegen deutlich unter den von verschiedenen Institutionen immer wieder veröffentlichten Zahlen über das Scheitern junger Unternehmen.

Seit Inkrafttreten des Existenzgründungsprogramms im Jahr 1973 wurden von der LKB mehr als 30000 Unternehmensgründungen gefördert. Damit konnten rund 140000 Arbeitsplätze neu geschaffen bzw. erhalten und rund 30000 Ausbildungsplätze bereitgestellt werden. Aufgrund der hohen Überlebensfähigkeit der geförderten Existenzgründungen kann davon ausgegangen werden, daß der weitaus überwiegende Teil dieser Arbeits- und Ausbildungsplätze dauerhaft geschaffen bzw. gesichert wurde.

Eine weitere Untersuchung der LKB über die Entwicklung der geförderten Existenzgründungen in den ersten 4 Jahren führte zu folgenden Ergebnissen:

- Innerhalb dieses Zeitraumes konnten die Umsätze verdoppelt werden.
- Das Angebot an Arbeitsplätzen konnte um 35 % ausgeweitet werden.
- Das Angebot an Ausbildungsplätzen konnte verdoppelt werden.

Diese Ergebnisse sind über Erwarten positiv und ein Nachweis für die arbeitsmarktentlastende Funktion geförderter Unternehmen.

Die Feststellungen der LKB werden durch Analysen bestätigt, welche das Betriebswirtschaftliche Institut der Universität Stuttgart in den Jahren 1981 und 1985 durchführte. Die erste Analyse [9] belegt u. a. die Bedeutung der finanziellen Existenzgründungshilfen für die erfolgreiche Gründung selbständiger Existenzen. Die sich daran anschließende empirische Untersuchung des Instituts [10] zeigt erneut, daß die Existenzgründungsförderung insbesondere auch unter beschäftigungs- und ausbildungspolitischen Gesichtspunkten sinnvoll und zweckmäßig ist. Die bei dieser Untersuchung gewonnenen Ergebnisse zeigen, daß geförderte Unternehmensgründungen bessere Überlebenschancen haben und größere Beiträge zur Beschäftigung leisten als nicht geförderte Existenzgründungen. Geförderte Existenzgründungen weisen ausgeprägtere Erfolgsmerkmale auf. Wichtige Kennzahlen für den wirtschaftlichen Erfolg – Eigenkapitalquote, Gesamtkapitalumschlag, Umsatzrentabilität und Return on Investment – entwickelten sich besser und kontinuierlicher. Geförderte Existenzgründungen stellten wesentlich mehr Arbeitsplätze – fast 40 % – und doppelt so viele Ausbildungsplätze zur Verfügung wie nicht geförderte Existenzgründungen.

Die günstige „Überlebens-Bilanz" der geförderten Existenzgründungen dürfte in erster Linie an der intensiven Fach- und Finanzierungsberatung durch die berufsständischen Kammern, die Hausbanken und die LKB liegen. Bei der Prüfung der Anträge werden die Gutachten von Wirtschaftsorganisationen herangezogen. Bei technologieorientierten Existenzgründungen wird außerdem der Regierungsbeauftragte für Technologie-Transfer eingeschaltet. Gefördert werden nur solche Existenzgründer, die eine ausreichende fachliche und unternehmerische Qualifikation mitbringen. Die Gesamtfinanzierung des Vorhabens muß gesichert sein und den Grundsätzen einer soliden Finanzierung entsprechen. Eine angemessene Eigenbeteiligung des Antragstellers an dem Investitionsvorhaben wird vorausgesetzt. Wesentlich für den Erfolg von Existenzgründungen ist schließlich auch die Beratung der Existenzgründer in der Gründungsphase und in den ersten schwierigen Jahren nach der Betriebsgründung.

In einer weiteren Untersuchung der LKB konnte festgestellt werden, daß sich nicht nur die neugegründeten, sondern auch die in wirtschaftsschwachen Gebieten geförderten Unternehmen günstig entwickelt und damit zu einer Strukturverbesserung beigetragen haben. Die von den geförderten Betrieben erzielten Umsatz-Steigerungsraten liegen deutlich über den Durchschnittswerten. Auch bei der Schaffung von Dauerarbeitsplätzen schneiden die geförderten Betriebe überdurchschnittlich gut ab.

10 Jahre Liquiditätshilfeprogramm – das Liquiditätshilfeprogramm wurde im Jahr 1974 als Programm zur Sicherung von Arbeitsplätzen bei bedrohten Unternehmen eingeführt – veranlaßten die LKB, die Entwicklung der unterstützten Unternehmen einer besonders kritischen Überprüfung zu unterziehen. Dabei konnte festgestellt werden, daß sich der überwiegende Teil der im Rahmen dieses Programms unterstützten Unternehmen positiv entwickelte bzw. in einer Konsolidierungsphase befindet. Dies betrifft Umsatzentwicklung, Ertragsentwicklung und Arbeitsproduktivität. Angesichts der in der Regel kritischen Ausgangssituation der Unternehmen bewährte sich auch dieses Programm. Durch die finanzielle Hilfestellung konnte eine beachtliche Zahl an Arbeitsplätzen erhalten werden. Dies ist für die Beschäftigungssituation von erheblicher Bedeutung. Das gilt um so mehr, als über 40 % des bereitgestellten Kreditvolumens Unternehmen zugute kam, die ihren Standort in wirtschaftsschwachen Gebieten haben.

Zusammenfassung

In der Sozialen Marktwirtschaft ist es in erster Linie Aufgabe der Unternehmen, sich den Markterfordernissen anzupassen. Der Staat soll den Anpassungsprozeß erleichtern und fördern, indem er bestmögliche Rahmenbedingungen für die Unternehmen schafft, so daß sie sich auf Veränderungen der wirtschaftlichen Daten einstellen können. Dazu gehört im weitesten Sinn auch der Aufbau und die Erweiterung einer produktivitätsfördernden Infrastruktur von den Verkehrswegen bis hin zu den Bildungseinrichtungen. In Zeiten durchgreifenden technologischen Wandels ist die Fähigkeit zu raschen Anpassungen von Bildungssystem und Bildungsinhalten an erhöhte Qualifikationserfordernisse ein Gebot der ökonomischen und politischen Selbstbehauptung. Mangel an qualifizierten Mitarbeitern darf nicht zu einem Engpaßfaktor im wirtschaftlichen Innovationsprozeß werden.

Direkt eingreifen, z. B. durch die Gewährung von Finanzhilfen, darf und soll der Staat nur in den Fällen, in denen im volkswirtschaftlichen Interesse zu vermeidende Nachteile nicht aus eigener Kraft ausgeglichen werden können. Die dazu dienenden Förderprogramme sollen – als Hilfe zur Selbsthilfe – Eigeninitiative und Leistungsfähigkeit benachteiligter Betriebe stärken. Dabei gelten folgende Grundsätze:

1. Staatliche Finanzhilfe sollte nicht breit gestreut, sondern schwerpunktmäßig eingesetzt werden, nicht zuletzt auch wegen der notwendigen Konsolidierung der öffentlichen Haushalte. Besondere Schwerpunkte sind derzeit die Förderung von Existenzgründungen, die Förderung neuer Technologien und die Förderung der Exportwirtschaft.
2. Staatliche Finanzhilfe darf nur zeitlich befristet, auf keinen Fall als Dauersubvention gewährt werden.
3. Staatliche Finanzhilfe muß effizient eingesetzt werden. Die Förderungsinstitute haben diese Effizienz regelmäßig zu überprüfen und die Förderprogramme entsprechend anzupassen.
4. Staatliche Finanzhilfe darf und kann nur als Anreiz zu unternehmerischer Eigeninitiative eingesetzt werden. Damit scheiden Erhaltungssubventionen und Sanierungshilfen aus.
5. Vorsicht und Zurückhaltung ist bei der Förderung einzelner Wirtschaftsbereiche geboten. Die Gefahr, daß überholte Strukturen erhalten werden und Überkapazitäten entstehen, die zu Dumping-Preisen führen (Beispiele sind die Werftindustrie, die Stahlindustrie und der Steinkohlebergbau), ist groß. Schließlich sollte der Staat durch seine Maßnahmen nicht bestimmen wollen, welche Branchen die besten Zukunftsaussichten haben.

Unter diesen Voraussetzungen ist, wie gerade Baden-Württemberg zeigt, Wirtschaftsförderung sinnvoll, berechtigt und nicht zuletzt auch sehr erfolgreich.

Literatur

1. Albach, H., (1984), Mittelständischen Firmen größere Chancen durch Reformen am Kapitalmarkt eröffnen in: Handelsblatt vom 14. November 1984
2. Ernst, D., (1986), Unternehmensrisiko adäquat finanzieren in: Handelsblatt vom 10. Juni 1986
3. Geschäftsbericht der Deutschen Bundesbank für das Jahr 1985, S. 5
4. ifo-Schnelldienst (1986), 26 - 27/86, Finanzierung von Forschung, Entwicklung und Innovation
5. Jahresgutachten 1977/1978 des Sachverständigenrats zur Begutachtung der gesamtwirtschaftlichen Entwicklung, Verlag Dr. Heger, Bonn-Bad Godesberg, S. 20
6. Mittelstandsbericht 1986 des Ministeriums für Wirtschaft, Mittelstand und Technologie Baden-Württemberg
7. Monatsbericht der Deutschen Bundesbank, November 1985, Ertragslage und Finanzierungsverhältnisse der Unternehmen im Jahr 1984
8. Reindsch, U., (1984), Staatshilfen süß, aber giftig in: Die Zeit vom 16. November 1984
9. Zahn, E., (1981), Die Förderung von Existenzgründungen in Baden-Württemberg – eine kritische Analyse der Maßnahmen, Stuttgart 1981
10. Zahn, E., (1985), Erfolgskontrolle der finanziellen Existenzgründungsförderung des Landes Baden-Württemberg, Stuttgart 1985

Informationstechnologie – Grundlage für internationale Wettbewerbsfähigkeit und stabile Beschäftigung

LOTHAR F.W. SPARBERG

Zusammenfassung

Die stürmischen technischen und ökonomischen Entwicklungen auf dem Gebiet der Informationstechnologie machen diese zu einem bedeutenden Faktor für die Vitalität und Leistungskraft unserer gesamten Volkswirtschaft. Durch die Integration und Vernetzung der verschiedensten Techniken und Geräte wird die Informationstechnik zu einer infrastrukturellen Leistung für die unterschiedlichsten wirtschaftlichen Sektoren und gesellschaftlichen Bedürfnisse. Internationale Wettbewerbsfähigkeit und stabile Beschäftigung sind die beiden Eckpfeiler ihrer volkswirtschaftlichen Bedeutung. Beides sind keine Gegensätze, sondern gegenseitige Voraussetzungen. Dem staatlichen Handeln fällt durch geeignete ordnungspolitische, steuerliche und infrastrukturelle Maßnahmen eine wichtige Aufgabe zu, die Entfaltung der Technik zu begünstigen.

„Information" gilt vielen als der wichtigste „Rohstoff" fortgeschrittener Industrienationen. Nicht wenige stufen sie als den vierten Produktionsfaktor neben Kapital, Arbeit und Boden ein. Die Geräte und Verfahren zur Verarbeitung von Informationen – also die ganze Breite der heutigen Informationstechnik – haben über Begriffe wie „Chip", „Computer" oder „Roboter" längst Einzug in den Sprachschatz unserer Mitbürger gehalten. Erwartungen und Befürchtungen, Euphorie und Distanz verbinden sich mit der „neuen Technologie" gleichermaßen. Die technische Faszination, welche einstmals von den alten „Rechengehirnen" ausging, hat sich zwischenzeitlich auf wirtschaftliche und soziale, ja sogar auf kulturelle Aspekte hin ausgeweitet. Umfragen zeigen aber auch einen Zwiespalt in der öffentlichen Beurteilung der Informationstechnik: Man hält sie zwar mehrheitlich generell für wichtig, ist aber gleichzeitig mehrheitlich auch der Überzeugung, die Technik werde einen selber nicht betreffen und wünscht sich dies auch nicht.

Diese „Akzeptanz-Schere" kann und muß als Zukunftsaufgabe positiv formuliert werden: Der konkrete Nutzen der Technik ist nachzuweisen und erfahrbar zu machen. Die ökonomische Chance der Informationstechnik kann nicht durch alleinigen Experteneinsatz, sondern nur durch aktive Teilhabe eines großen Teils unserer Beschäftigten genutzt werden. Die Perspektive: Das menschliche Grundbedürfnis nach Information wird am besten durch das „Jedermann-Werkzeug" Informationstechnik unterstützt. Wirtschaftlicher und gesellschaftlicher Nutzen gehen in diesem Prozeß ineinander über.

In diesem Aufsatz sollen die beiden „ökonomischen Eckpfeiler" dieser Perspektive diskutiert werden: Internationale Wettbewerbsfähigkeit und stabile Beschäftigung.

Und es soll die Rolle des Staates bei der Erreichung dieser Ziele näher untersucht werden. Das Land Baden Württemberg, auch hier in Benutzung der Formel von Theodor Heuss „ein Modell deutscher Möglichkeiten“, bietet Stoff für vielerlei Beispiele.

Die Informationstechnik ist jedenfalls eine Herausforderung an die Wirtschaftspolitik überhaupt. Die Wirtschaft – ob Hersteller oder Anwender der „neuen Technologien“ – hat bestimmte Erwartungen an diese Politik.

Der Bezugspunkt solcher Erwartungen, nämlich die Entwicklung von Technik und Markt, soll im folgenden Abschnitt zunächst kurz skizziert werden. Darauf aufbauend wird der Beitrag der Branche für die gesamte Volkswirtschaft beschrieben. Auf dieser Grundlage können dann die beiden Begriffspaare „internationale Wettbewerbsfähigkeit“ und „stabile Beschäftigung“ näher untersucht werden. Abschließend werden dann einige Gedanken entwickelt wie die politisch Handelnden die optimale Entwicklung von Technik, Markt und Gesellschaft im Zeichen der Informationstechnik am besten gewährleisten können.

1 Technik und Markt

1.1 Technik

„Informationstechnik“ hat sich als der Begriff durchgesetzt, unter welchem alle technischen Geräte und Verfahren zusammengefaßt werden, mit denen heute Informationen elektronisch gespeichert, verarbeitet und übermittelt werden können. Dieser „integrierende“ Begriff hat seinen realen technischen Hintergrund: Herkömmliche Datenverarbeitung und die Telekommunikation verschmelzen miteinander und verändern auch in erheblichem Umfang die traditionelle Fertigungs- und Bürotechnik. Wir erhalten ein Verbundsystem von heutigen Fernmeldenetzen, Glasfaserkabeln und Satelliten, über das Sprache, Ton, Text, Daten und Bilder digital übertragen werden können, und an das vom Groß-Computer bis zum einfachen Terminal die ganze Breite der informationstechnischen Geräte angeschlossen ist.

Der technische Stand und die technischen Perspektiven sind über eine Fülle von Büchern und Zeitschriften publiziert und müssen an dieser Stelle nicht näher betrachtet werden. Hier soll lediglich auf eine für die weitere Argumentation wesentliche Konsequenz aus der technischen Entwicklung hingewiesen werden: Die Integration verschiedener Einzeltechniken, verbunden mit einem immer günstiger werdenden Preis-/Leistungsverhältnis, hat zur Folge, daß die Informationstechnik nicht mehr länger das Investitionsgut „Datenverarbeitung“ in einem relativ schmalen Einsatzbereich ist, sondern zu einer infrastrukturellen Leistung wird, welche praktisch die gesamte Breite unserer Volkswirtschaft erfaßt.

Es versteht sich, daß diese Entwicklung erhebliche Anforderungen an die Software stellt und diese zum eigentlichen Dreh- und Angelpunkt der technischen und wirtschaftlichen Möglichkeiten macht.

1.2 Markt

Die Entwicklung des Marktes entsprach dem rasanten Tempo des technischen Fortschrittes. Von 40 Mrd. Dollar 1970 stieg der weltweite Umsatz bis 1984 um das 6fache auf 260 Mrd. Dollar.

In Deutschland wird 1986 eine 2 1/2 mal so große Produktion an Büromaschinen und EDV-Geräten – so die etwas unscharfe statistische Meßgröße – zu verzeichnen sein, als 1980.

International wie national wird es auch künftig schwächere und stärkere Jahre im Markt geben. Alle seriösen Prognosen gehen jedoch von 2stelligen durchschnittlichen Jahreswachstumsraten bis weit in die 90er Jahre hinein aus.

Besonders interessant ist die Struktur des Wachstums: Der Endbenutzer treibt die Entwicklung an. Intelligente Arbeitsplatzgeräte – oft Personal Computer – sind deshalb auf lange Sicht ein vielversprechendes Marktsegment. Das zweite Strukturmerkmal: Die Fülle der Geräte wird mehr und mehr untereinander vernetzt sein, sei es über ISDN oder lokale Netzwerke. Und schließlich: Mit der Vielfalt von Einsatzmöglichkeiten und der rasant steigenden Zahl von Endbenutzern gibt es einen großen Bedarf an Software. Wachstumsraten um die 25 % dürften hier noch einige Zeit die Regel sein.

Eine veränderte Wachstumsstruktur sehen wir auch im Hinblick auf die Anwender: Kleine Firmen bis hin zum Ein-Mann-Betrieb werden sich künftig des Werkzeuges Informationstechnik in erheblich größerem Umfang als früher bedienen. Das große Flexibilisierungs-Potential der „computerintegrierten Fertigung" (CIM) ist etwa eine große Chance für den metallverarbeitenden Kleinbetrieb. Und der „Personal Computer" wird für viele Freiberufler zur bald unersetzlichen Stütze ihrer Tätigkeit werden.

2 Die Bedeutung der Informationstechnik für die gesamte Volkswirtschaft

Die Bedeutung der informationstechnischen Branche für die gesamte Volkswirtschaft läßt sich zunächst an Produktion und Umsatz aufzeigen. 1985 dürfte das Umsatzvolumen der Branche Büro- und Informationstechnik rund 19 Mrd. DM betragen haben. Dabei ist zu berücksichtigen, daß in dieser statistischen Meßgröße die stark expandierende Software fehlte. Ihr wird für 1985 ein geschätztes Umsatzvolumen von ca. 13 Mrd. DM zugeschrieben.

Über diese Globalgrößen hinaus besteht der interessante Aspekt in der hohen Wertschöpfungskraft der einschlägigen Industrie. Auch wenn man hier auf Branchenebene keine verläßlichen Daten haben kann, geben doch die entsprechenden Ziffern einzelner Unternehmen viel Aufschluß über den beachtlichen Beitrag für die gesamte Volkswirtschaft. Der Jahresabschluß 1985 der IBM Deutschland weist etwa aus, daß in der gesamten Unternehmensleistung von ca. 13, 8 Mrd. DM eine Wertschöpfung von ca. 5,3 Mrd. DM, also ca. 38 %, enthalten war. Übrigens erhielten die Mitarbeiter mit 64 % den größten Anteil an diesem zu verteilenden „Kuchen". Damit wird reale Kaufkraft im Lande geschaffen, verbunden mit einer enormen steuerlichen Leistung.

Dieser „Konsumseite" entsprechen andererseits die Investitionen. Bei rasch voranschreitender Technologie wird eine Erneuerung der Anlagen jeweils früher nötig sein, als in traditionellen Branchen. Hohe Investitionen sind unerläßlich. Bei der IBM Deutschland belaufen sie sich seit Jahren schon auf jeweils über 1 Mrd. DM im Jahr. Mit der „Technisierung" der Branche steigt das eingesetzte Kapital pro Arbeitsplatz.

Dies gilt natürlich an vorderster Stelle für die Produktion. Man muß davon ausgehen, daß ein Arbeitsplatz in einer modernen Halbleiterfabrik heute einen Kapitaleinsatz von mehr als einer halben Million DM bedingt. Wertschöpfung und Investitionen sind Ausdruck eines – gemessen am Umsatz – überdurchschnittlichen Beitrages der Branche für das Bruttosozialprodukt.

Ebenso wichtig ist aber auch der Hinweis auf die Impulse, welche von der informationstechnischen Industrie auf das Wachstum anderer Teile der Wirtschaft ausgehen. Die beachtliche Stärke der deutschen Werkzeugmaschinenbauer Mitte der 80er Jahre hat ihren Hauptgrund in der Kompetenz bei computergesteuerten Maschinen. Und wenn 1985 bereits 38 % aller neu angeschafften Werkzeugmaschinen solche NC/CNC-Maschinen waren, ist dies wiederum mitverantwortlich für den Erfolg weiterer Branchen, vor allem des Fahrzeugbaus, welche diese Maschinen einsetzen. Diese „Welleneffekte" sind auf Dauer sicher noch höher zu bewerten, als die geschilderte Wirtschaftskraft der informationstechnischen Branche selber.

Sehr bedeutsam, wenngleich schwer zu quantifizieren, ist schließlich die gegebene informationstechnische Infrastruktur, die den Unternehmen zugute kommen kann. Datenbanken, Universitätsrechenzentren, Schulungskapazitäten von Kammern, Personal Computer in Schulen könnten dazu gerechnet werden. Aber eben auch ein digitalisiertes Glasfasernetz und moderne Fernmeldesatelliten gehören unter diese Rubrik. Insbesondere die bekannten amerikanischen Beispiele „silicon valley" und „route 128" haben uns in den letzten Jahren vor Augen geführt, daß sich aus der Nähe zu einer solchen Infrastruktur Fühlungsvorteile ergeben, die letztlich zu einer günstigen Wettbewerbsposition führen. Für die Zukunft wird allerdings auch zu sehen sein, daß eine landesweite Vernetzung solche geographischen Vorteile abschwächt. Erfolg hat dann weniger der, der räumlich in der Lage ist, die Infrastruktur zu nutzen, sondern derjenige, der gedanklich und konzeptionell dazu fähig ist.

3 Internationale Wettbewerbsfähigkeit

Die Stärke der Branche im Lande und ihre Beiträge für die gesamte Volkswirtschaft können jedoch nur zum Tragen kommen, wenn der wichtigste ökonomische Eckpfeiler einer Modernisierungsstrategie gegeben ist: die internationale Wettbewerbsfähigkeit.

Wichtigste Voraussetzung dafür ist, daß Hersteller und Anwender sich auf die Neustrukturierung der Weltwirtschaft durch Informationstechnik einstellen. Was ist gemeint?:

Der Markt für Informationstechnik ist heute global. Eine Technik, die mit ihren Produkten und Verfahren dazu beiträgt, die Grenzen von Staaten und Kontinenten zu überwinden und Wissen weltweit verfügbar zu machen, wird selber auch auf dieser Basis zu vermarkten sein. Konsequent engagieren sich deshalb heute auch fast alle maßgeblichen Hersteller der Branche auf internationaler Ebene. Der nationale Markt ist vielfach keine ausreichende Basis mehr für den Erfolg, den man sich als Unternehmen wünscht. Und konsequent wird deshalb heute auch an Weltstandards für die Technik gearbeitet. Die Harmonisierung der Anforderungen und Spezifikationen ist im Interesse aller.

Die Globalisierung des Marktes für Informationstechnologie wird durch drei neuere Trends flankiert und gefördert:

Durch das Zusammenwachsen früher voneinander getrennter Branchen erhöht sich die Zahl der Wettbewerber in der Informationstechnologie. In hohem Maße verantwortlich hierfür ist die Nachrichtentechnik. Als auf der technischen Seite die Nachrichtentechnik auf die Mikroelektronik bzw. Informationstechnologie gestoßen war, entstanden die neueren Entwicklungen der Telekommunikation. Das bekannteste Beispiel hierfür ist in der Bundesrepublik „Btx". Unternehmen, die bisher alleine in ihrem eigenen, begrenzten Marktsegment aufgetreten waren, konnten nun am Markt für Informationstechnologie teilhaben. Eine höhere Zahl an Wettbewerbern ist bis heute die deutliche Folge dieser „Konvergenz".

Ein zweiter flankierender Trend liegt in dem Bemühen um Zusammenarbeit. Einem einzelnen Unternehmen wird es in Zukunft kaum noch möglich sein, die ganze Breite dieser Technologie allein entwicklungsmäßig abzudecken. Es wird deshalb künftig auf internationaler Ebene immer mehr Zusammenarbeit geben – sowohl langfristig als auch temporär und egal welcher Art: Kooperation, Konsortien, Beteiligungen, Joint Ventures etc. Gefragt sind Know how und Kapital. Die Liste der Beispiele ist heute schon lang und mit den Namen bekannter Firmen beschrieben.

Schließlich finden wir drittens ein nicht unerhebliches strukturelles Merkmal des Weltmarktes für Informationstechnologie darin, daß in diesen Jahren ganz neue Herstellerländer auf den Plan treten, und sich überdies auch die Marktstärke der traditionellen Herstellerländer untereinander verschiebt. Ersteres ist heute am Beispiel einiger Schwellenländer zu beobachten, welche als Einstieg in die Branche die Herstellung von Halbleitern – dem unverzichtbaren Grundelement aller Geräte – gewählt haben. Letztere Beobachtung wurde in der jüngsten Vergangenheit ja intensiv diskutiert, nämlich die Vermutung, daß durch die unterschiedliche informationstechnische Stärke sich im Verhältnis der drei großen Wirtschaftsregionen des Westens die Waage zugunsten der USA und Japans geneigt habe. Mittlerweile hat Europa aus guten Gründen sein Selbstvertrauen wiedergefunden und kann daran gehen, die eigenen Stärken – Forschungspotential, Qualifikationen, aber auch „kulturelle und soziale Kompetenz" – auszubauen. Zum Gedankengang der Länderstrukturen gehört schließlich auch, daß nicht nur auf der Angebots- sondern auch auf der Nachfrageseite Bewegung zwischen den einzelnen Volkswirtschaften zu erwarten ist. Bemerkt sei hierzu nur, daß die Informationstechnologie auch ein nicht unerhebliches Potential für die Entwicklungsländer darstellt. Bessere Möglichkeiten der Schulung oder das Überwinden von unwegsamen Distanzen sind etwa Anwendungsbeispiele, die bald gängige Praxis sein könnten.

4 Stabile Beschäftigung

Internationale Wettbewerbsfähigkeit ist in einem rohstoffarmen Hochlohnland die Voraussetzung für stabile Beschäftigung. Arbeitsmarktprobleme entstanden in der Vergangenheit nicht durch ein „zuviel" sondern durch ein „zuwenig" an technischer Innovation. Diese beiden Gedanken haben sich in der öffentlichen Diskussion inzwischen glücklicherweise durchgesetzt. Die These „technologischer Arbeitslosigkeit" war sachlich nie zu halten. Die weltwirtschaftlichen Verwerfungen nach der „Ölkrise" und dem Zusammenbruch des Weltwährungssystems von Bretton Woods haben zusammen mit einer schwierigen demographischen Situation die für die Bundesrepublik ungewöhnlich hohe Arbeitslosigkeit geschaffen. Auch die gesamtwirtschaftliche Produktivitätsrate steigerte sich in dem jetzt über ein Jahrzehnt währenden Zeitraum hoher Arbeitslosigkeit nicht, was ebenfalls den „Sündenbock" neue Technologien entlastet.

Der Ansatz „technologische Arbeitslosigkeit" wird erst dann interessant, wenn man im Blick auf die amerikanischen und japanischen Erfolge die Frage gewissermaßen herumdreht: Warum hat es die deutsche Volkswirtschaft nicht vermocht, nach dem für alle Industrienationen gleichen Schock der Öl-Krise durchzustarten und real Arbeitsplätze in großem Umfang dazuzugewinnen?

Der Schlüssel zur Beantwortung dieser Frage liegt in der „richtigen" Mischung zwischen technischen Möglichkeiten, unternehmerischen Aktivitäten und politischen Rahmensetzungen.

Denn gerade bei der Informationstechnologie ist die Frage nach dem Potential für neue Arbeitsplätze eng verbunden mit den konzeptionellen Vorstellungen, aufgrund derer wir die wirtschaftliche Zukunft gestalten wollen. Hier lagen und liegen Defizite vor. Hier gibt es aber auch positive Beispiele, wie der günstige Resonanzboden Baden-Württembergs, der, unterstützt durch die Initiative des Ministerpräsidenten Späth, über Jahre hinweg entstanden und gewachsen ist.

Die Investition in Informationstechnologie, also in die technische Innovation, ist eine unbedingt notwendige Bedingung für mehr Beschäftigung. Sie wird aber erst dann zur hinreichenden Bedingung, wenn sie konzeptionell richtig eingebettet ist. Dieser Vorgang läßt sich mit ‚gesellschaftlicher Innovation' bezeichnen. Gesellschaftliche Innovationen reichen von sich wandelnden individuellen Verhaltensweisen bis zu veränderten staatlichen Rahmenbedingungen.

Es sind drei Handlungsfelder, auf denen heute vordringlich Aktivität gefordert ist:

(1) Qualifizierungsmaßnahmen auf breiter Front. Der bestmögliche Einsatz von Informationstechnologie und das Entstehen neuer Berufe sind davon in hohem Maße abhängig. Dies bedeutet sicher, Fertigkeiten und Kenntnisse für die Handhabung der Technik zu lernen. Mindestens genauso wichtig sind aber das Einüben von kommunikativem Verhalten, die Fähigkeit, Informationen bewerten und auswählen zu können, das Verstehen von Grundzusammenhängen. Weil Lernen in Zeiten raschen technologischen Wandels nicht bloß auf einen bestimmten Lebensabschnitt begrenzt sein kann, sollte Weiterbildung viel höher bewertet werden. Öffentliche Hand und Tarifvertragsparteien sollten eine so verstandene Qualifizierungsoffensive bewußt fördern.

(2) Mut und neue Ideen für eine Entrümpelung der Arbeitsorganisation. Die heutigen Möglichkeiten der Informationstechnik eröffnen Gestaltungspotentiale neuen Ausmaßes und neuer Qualität. Produktionskonzepte, die vom Taylorismus wieder wegführen, größere Flexibilisierung der Arbeitszeit, dezentrale Arbeitsorte, fließende Übergänge zwischen Erwerbsarbeit und Freizeitbeschäftigung, Mitarbeiterpartizipation am Unternehmensgeschehen, Aufhebung der Trennung von Arbeits- und Lernort sind die Stichworte und möglichen Richtungen des Wandels. Betriebe und Tarifvertragsparteien, aber auch die Wissenschaft sind aufgefordert, die Ideen in Projekte überzuführen.

(3) Ein Steuersystem, das wirtschaftliche Dynamik bewußt fördert. Auf der Unternehmensebene etwa ist die Gesamtsteuerbelastung sehr hoch und wirkt im internationalen Vergleich wettbewerbsverzerrend. Bei einer Reform sind deshalb solche

entlastenden Maßnahmen besonders angebracht, welche die Fähigkeit zu Investitionen und die Bereitschaft zur Innovation verbessern. Ebenso ist an den einzelnen Mitarbeiter zu denken: Persönliche Arbeitsleistung, als Maßstab für die Selbstverwirklichung des Menschen im Beruf, darf und soll im Steuersystem mehr ermutigt werden, denn auch „das Ganze" hat davon wieder Nutzen. Wenn eine Steuerreform auch auf die Schaffung von Arbeitsplätzen in den besonders dynamischen Sektoren der Wirtschaft zielen soll, müßten entsprechende Elemente in ihr enthalten sein.

Wenn technische und gesellschaftliche Innovationen auf diese Weise ineinandergreifen, dann sind die Aussichten für einen Schub an neuen Arbeitsplätzen durch Informationstechnik günstig. Entstehen wird diese zusätzliche Beschäftigung dann vor allem in drei Bereichen:

(1) bei der Software-Herstellung. Hier lassen die prognostizierten Wachstumsraten von 25 % jährlich bei arbeitsintensiver Herstellung große Beschäftigungsgewinne zu. Das Entstehen neuer Berufe begleitet diesen Prozeß. Die Software ist geradezu ein Musterbeispiel für den Trend zukünftiger Beschäftigung, die dort entsteht, wo hohe Wertschöpfung aus gedanklicher Leistung erwächst.

(2) Bei der Infrastruktur, die sich um die Informationstechnologie herum aufbaut. Das Beispiel des Autos zeigt, daß eine große Wachstumsbranche eine eigene Infrastruktur für sich erzeugt. Computerläden, Datenbank-Service, Systemberater etc. zeigen heute schon, daß dies auch für die Informationstechnik eintreten wird. Insbesondere, wenn die Wachstumspotentiale der Telekommunikation sich in den nächsten Jahren entfalten können, wird der Arbeitsplatzeffekt sehr beachtlich sein. Überhaupt werden die zu den industriellen Kernsektoren der Zukunft komplementären Dienstleisungen einen beachtlichen Aufschwung erleben.

(3) Bei neuen Bürodienstleistungen. Diese entstehen dort, wo menschliche Informationstätigkeit durch die Unterstützung der Technik ihr Angebot qualitativ aufwerten kann. Aufgaben der Beratung, der qualifizierten Assistenz, der Kommunikation sind damit gemeint. Produktivität im Büro wird so auch mit neuen Inhalten versehen. Mehr als bei den beiden obengenannten Feldern, sind Beschäftigungserfolge hier sehr abhängig von der Bereitschaft zu „Innovationen" bei der Arbeitsorganisation.

Auf diesen drei Feldern kann die Informationstechnologie direkte Erfolge bei der Schaffung von Arbeitsplätzen erreichen. Vergessen werden sollte aber keinesfalls, daß die „neue Technologie" für das gesunde Wachstum der gesamten Volkswirtschaft von Bedeutung ist. Im Kampf gegen die Arbeitslosigkeit reicht ihre Leistung deshalb weit über den unmittelbaren Einsatzbereich hinaus.

5 Die Rolle des Staates

Dem Staat fallen – dies machen die vorgebrachten Gedanken deutlich – in jedem Falle Aufgaben zu, wenn die Möglichkeiten der Informationstechnik optimal genutzt werden sollen. Eine Wirtschaft, die ihre Verantwortung gegenüber dem Menschen nicht nur kurz – sondern vor allem auch langfristig sieht, wird allerdings Stetigkeit, Berechenbarkeit und Angemessenheit bei diesem staatlichen Engagement erwarten dürfen.

Damit ist die Frage nach einer prinzipiellen Klärung der Rolle des Staates gestellt. Dazu eine Vorbemerkung: Wie bereits erwähnt, ist die internationale Wettbewerbsfähigkeit eine Voraussetzung für stabile Beschäftigung. Im Land der sozialen Marktwirtschaft wird man umgekehrt auch formulieren dürfen, daß stabile Beschäftigung eine wichtige Stütze internationaler Wettbewerbsfähigkeit ist. Es geht also darum, daß der „Einbau" neuer Techniken in das wirtschaftliche und gesellschaftliche Gefüge eines Landes immer nur in Einklang mit der geschichtlichen Entwicklung, also auch der sozialen und kulturellen Identität eines Landes geschehen sollte. Daß eine solche Betrachtung gerade auch der Schlüssel zum wirtschaftlichen Erfolg sein kann, hat der Schweizer Christian Lutz in seiner 1986 veröffentlichten Schrift „Die Kommunikationsgesellschaft – Ein Leitbild für die Politik und Wirtschaft Westeuropas" herausgearbeitet. Seine Vision von einer Gesellschaft, in welcher der mehrheitliche Teil der Beschäftigten mit „Informationstätigkeiten" (und nicht mehr mit der Produktion materieller Güter) befaßt ist, setzt auf die Fähigkeit zu jedweder Art von Kommunikation. Was die kulturelle und soziale Kompetenz der Menschen angeht, hält er Westeuropa für am weitesten vorangeschritten in den abverlangten Fähigkeiten für diese Kommunikationsgesellschaft.

Wenn der Staat im Sinne solcher Visionen unterstützend tätig sein will – und die historisch begründete Antwort kann dazu in der Bundesrepublik nur „ja" lauten –, dann wird er Bereiche neuen Engagements annehmen dürfen, er wird aber auch „Rückzugsbereiche" akzeptieren müssen. Dr. Heik Afheld, der Vorsitzende der Geschäftsführung der Basler „Prognos AG" hat jüngst den Versuch einer Systematisierung aller gegebenen Optionen unternommen. An dieser Stelle soll lediglich auf diejenigen staatlichen Weichenstellungen hingewiesen werden, die gerade aus der Sicht der informationstechnischen Industrie besonders bedeutsam sind.

5.1 Deregulierung

In Zeiten dynamischer Technologiemärkte gilt die erste Anforderung einer Ordnungspolitik, welche auf Deregulierung setzt. Es existieren heute Bereiche mit einer staatlichen Regelungsdichte, deren Anspruch sich auf einen technisch und gesellschaftlich überholten Zustand gründet. Der sichere und zügige Transport von Briefen mag einstmals das Postmonopol mit vielen staatlichen Postämtern gerechtfertigt haben. Für die Endgeräte der Telekommunikationsdienste gibt es heute keine Begründung mehr, daß sie in staatlicher Regie verkauft werden. Erstaunlicherweise ist dieses Thema in der Bundesrepublik – im Gegensatz zu anderen Ländern – noch nicht mit der notwendigen politischen Schubkraft ausgestattet.

5.2 Entbürokratisierung

Ähnliches, wie für den „Außenaspekt" Deregulierung, gilt für das staatliche „Innenleben": Wir müssen die Bürokratie zurückdrängen. Unternehmer sind heute gegenüber ca. 40 Stellen melde- und auskunftspflichtig. Für einen Kleinbetrieb, so rechnete „Prognos" aus, macht das durchschnittlich 39 Arbeitstage im Jahr, die dafür aufzuwenden sind. Die Kommission „Neue Führungsstruktur Baden-Württemberg" hat dieser Bürokratisierungstendenz entgegenzuwirken versucht. Gegenüber der Wirtschaft sollte sich die Verwaltung heute auf ihre Dienstleistungsaspekte besinnen und unnötige Teile der Ordnungsverwaltung abbauen.

5.3 Bildung und Wissenschaft

Sehr gefordert ist der Staat weiterhin bei Bildung und Wissenschaft, und er muß umdenken, muß neue Akzente setzen.

2,8 % des Bruttosozialprodukts der Bundesrepublik, derzeit etwa 55 Mrd. DM, werden für Forschung ausgegeben. Die Bundesrepublik steht damit international nicht schlecht da, wenngleich sorgfältig auf die Zuwächse anderswo geachtet werden sollte. Die Grundlagenforschung ist die Domäne der öffentlichen Hand und muß vor allem über die Bereitstellung von Infrastruktur – also etwa leistungfähige Großrechner – und über attraktive Angebote an wissenschafliche Spitzenleistungen gefördert werden. In den Vordergrund rückt heute jedoch noch eine zweite staatliche Aufgabe: Bei uns werden die einzelnen Stufen des Innovationsprozesses – von der Grundlagenforschung bis zum marktfähigen Produkt – so abgearbeitet, daß jeder für sich forscht. Die „Gelenkstellen“ im Innovationsprozeß funktionieren nicht gut genug. Lange Jahre äußerte sich dieses Defizit besonders im Verhältnis Hochschule zur Industrie. Heute gewinnt man gelegentlich den Eindruck, daß die Schwierigkeiten zwischen den Wissenschaftsdisziplinen dem den Rang abgelaufen haben. Vom Staat darf man hier Hilfestellung erwarten. Denn er ist über die Hochschulverantwortung direkt betroffen und er besitzt die Autorität, potentielle Partner im Innovationsprozeß an einen Tisch zu bringen. Die einschlägigen baden-württembergischen Projekte, etwa die Steinbeis-Stiftung oder die Innovationsberatungsstellen der Kammern, sind sicherlich Schritte in die richtige Richtung.

Auf die steigenden Anforderungen an das staatliche Engagement bei der Bildung wurde bereits an anderer Stelle hingewiesen. Eine moderne Bildungs-Konzeption wird besonderes Gewicht auf die Förderung von Eigenschaften wie Kommunikations- und Kritikfähigkeit, legen müssen. Angesprochen sind dabei selbstverständlich alle Schularten, denn einem Großteil der Beschäftigten werden solche Eigenschaften künftig ja auch abverlangt. Gleiches gilt für die Ausstattung mit moderner Technik. Der selbstverständliche Umgang mit dem „Werkzeug“ Informationstechnik ist gewissermaßen das Äquivalent zu den oben zitierten Eigenschaften, welche wünschenswert sind.

5.4 Existenzgründungen

Eine letzte Weichenstellung, auf die mit Priorität hinzuweisen ist, besteht in der Förderung von Existenzgründungen. Die Zahl von 1,16 Mio. Unternehmensgründungen in den Jahren 1982–1985 in der Bundesrepublik gibt Hinweise darauf, daß die Grundstimmung im Lande da ist. Die gleichzeitig beachtliche Ziffer von 960 000 Liquidationen ist zwar kein Anlaß zur Freude, entwertet aber – entgegen weitverbreiteter Ansicht – nicht die Gründungswelle. Die auch in Baden-Württemberg geschaffenen Technologieparks sind eine interessante Facette von Existenzgründungen. Die ganze Breite des neuerwachten Unternehmergeistes kann allerdings nur durch indirekte Maßnahmen des Staates erreicht werden. Hier ist Sorge angebracht: Der ordnungspolitische „Königsweg“ der Förderung dynamischer und junger Unternehmen, nämlich die Förderung der Eigenkapitalbildung, wird nicht oder nur zögerlich beschritten. Unser Steuersystem muß hier über eine Senkung der Unternehmensbesteuerung reformiert werden.

Die Rolle des Staates bei der Nutzung der mit den neuen Technologien gegebenen Chancen, kann also sehr vielfältiger Natur sein. Baden-Württemberg, mit seinem Ministerpräsidenten Lothar Späth, hat hier beachtliche Initiativen entwickelt. Es ist zu wünschen, daß das Land mit diesen vielen verdienstvollen Akzentsetzungen dabei nicht an Schwung verliert. Dieser Schwung hilft auch anderen Regionen. Wirtschaftliche Stärke ist immer auch Verpflichtung. Gerade bei den skizzierten Entwicklungstrends ist diese Verpflichtung nur in der Gemeinsamkeit von Politik und Wirtschaft wahrzunehmen.

Literatur

1. Lutz, Christian, Die Kommunikationsgesellschaft – Ein Leitbild für die Politik und Wirtschaft Westeuropas, GDI Schriften Band 45, Rüschlikon, 1986
2. Afheld, Heik, Der Staat als Pionier? – Impulse durch innovative Infrastrukturen, Vortrag auf dem Prognos Forum Zukunftsfragen 1986 am 19. September 1986 in Basel

Produktionstechnologien als Wettbewerbsfaktor

Horst Wildemann[1]

Zusammenfassung

Um zwischen dem Produktivitätswettbewerb aus Japan und dem Innovationswettbewerb aus den USA bestehen zu können, ist die Produktionstechnologie als aktive Variable in die Unternehmensstrategie einzubeziehen.

Flexibel automatisierte Produktionstechnologien eröffnen den Unternehmungen neue Handlungsspielräume. Zusätzlich können erhebliche Kostensenkungspotentiale erschlossen werden. Die Nutzung dieser Chance erfordert eine effiziente Einführungsstrategie, die auf einer Vereinfachung der Abläufe durch Strukturveränderungen, einer Neuformulierung der Fertigungsstrategie und einer Integration von flexibel automatisierten Teilbereichen aufbaut.

1 Bedeutung neuer Produktionstechnologien im Wettbewerb

Unter den Bedingungen stagnierender Märkte, steigender Kosten und sich rasch ändernder Kundenanforderungen ist der Einsatz neuer Produktionstechnologien zu einem entscheidenden Erfolgspotential der Unternehmung geworden. Es sind primär die Innovationen im Produktionsablauf, die eine Produktionsfunktion verändern. Geeignete Produktionstechnologien erlauben eine kostengünstige und flexible Herstellung von Produkten. Gerade im Hinblick auf neue hochintegrierte, flexible Fertigungskonzepte wie Computer Integrated Manufacturing (CIM) und deren technologische Bausteine (CAD/CAM und alle weiteren CA-Technologien einschließlich Industrieroboter, Flexible Fertigungssysteme sowie PPS-Systeme) darf die Produktionstechnologie nicht mehr nur eine Restriktion der Unternehmensstrategie darstellen, sondern muß als deren Variable aktiv gestaltet und als Quelle von Wettbewerbsvorteilen genutzt werden.

Viele Unternehmen sehen die Fertigung lediglich als einen Ort von hoher Kapitalbindung im Anlage- und Umlaufvermögen an, der auch für Terminüberschreitungen und mangelnde Produktqualität verantwortlich ist. Diese negativen Effekte gilt es zu minimieren. Eine weitere Gruppe von Unternehmen versucht, in ihrer Produktion den

---

1 An dieser Untersuchung waren meine wissenschaftlichen Mitarbeiter Herr Dipl.-Wirtsch.-Ing. Wolfgang Kersten und Herr Dipl.-Kfm. Christof Schulte beteiligt. Ich danke ihnen sehr herzlich für die tatkräftige Mitarbeit.

gleichen Stand wie die Mitwettbewerber zu erreichen. Sie kaufen die gleichen Maschinen, lassen sich von den gleichen Beratern die Konzepte entwickeln und benutzen die gleichen Computersysteme. Nur ein geringer Prozentsatz von Unternehmen erkennt, daß die Fertigung einen wichtigen Wettbewerbsfaktor darstellt. Sie konzentrieren sich darauf, alle Funktionen der Produktion gleich gut zu erzeugen. Sie führen in Form einer langfristigen Planung neue Technologien ein, die signifikante Produktionskostenreduzierungen ermöglichen.

Diese Unternehmen legen großen Wert auf Details in den Maschinen, Werkzeugen und Fertigungsstrukturen, die nur schwer vom Mitwettbewerber zu kopieren sind [41]. Die Gestaltung einer individuellen Produktionsfunktion durch neue Produktionstechnologien steht dabei im Mittelpunkt.

Neue Technologien können auf zwei unterschiedliche Arten die Wettbewerbsposition der Unternehmung verändern: Einerseits beeinflussen sie die Wettbewerbsbedingungen ganzer Branchen. Dies führt zu einer extern verursachten Verschiebung der Wettbewerbsposition jeder einzelnen Unternehmung in der Branche. Andererseits können neue Technologien von den Unternehmen als Instrument der eigenen Wettbewerbsstrategie eingesetzt werden, um durch den Aufbau von Stärken beziehungsweise Abbau von Schwächen die Wettbewerbsposition zu verbessern. So kann sich beispielsweise der Einsatz eines Flexiblen Fertigungssystems durch die Erhöhung von Integration, Automation und Flexibilität der Produktion positiv auf die Wettbewerbsposition auswirken.

Als Wettbewerbsstrategien kommen prinzipiell die Strategie der generellen Kostenführerschaft, die Strategie der Produktdifferenzierung gegenüber Branchenkonkurrenten oder die Strategie der Konzentration auf spezielle Marktsegmente in Frage [26]. Die konkrete Eignung einer neuen Produktionstechnologie für eine bestimmte Wettbewerbsstrategie kann aus den kritischen Erfolgsfaktoren dieser Strategie abgeleitet werden: Die Produktionstechnologie muß den vom Markt gestellten Anforderungen hinsichtlich Kosten, Service, Qualität, Flexibilität und Einführungszeit gerecht werden [45].

Bei der Konzentrationsstrategie muß die Produktion eine schnelle Anpassung an Kundenwünsche bei hoher Qualität und gutem Service ermöglichen. Hierfür bietet sich ein durchgängiges CAD/CAM-System an, wobei das CAD-System insbesondere ein einfaches Ändern vorhandener Konstruktionen ermöglichen muß. Nur bei Teilen, bei denen häufig kundenspezifische Änderungen vorgenommen werden müssen, lohnt sich der Einsatz von FFS. Der Einsatz von Industrierobotern ist ebenfalls nur für einzelne Handhabungsaufgaben erforderlich. Hierbei spielt auch eine Rolle, daß die Konzentrationsstrategie häufig von kleineren Unternehmungen verfolgt wird, deren Produktionsvolumen nicht ausreicht, um die Kapazität eines Flexiblen Fertigungssystems oder eines Industrieroboters rentabel auszulasten.

Für die Differenzierungsstrategie muß die Produktion Anpassungs- und Innovationsfähigkeit bei hoher Qualität gewährleisten. Hierfür ist ebenfalls ein durchgängiges CAD/CAM-System sinnvoll. Der Schwerpunkt liegt hierbei aber mehr im Bereich der Neukonstruktion. Da für die Differenzierungsstrategie die Kosten von größerer Bedeutung sind als bei der Konzentrationsstrategie, ist unter Kostensenkungsgesichtspunkten ein breiterer Einsatz der neuen Technologien Flexible Fertigungssysteme und Roboter erforderlich und bei meist größerem Produktionsvolumen der Produkte auch möglich. Industrieroboter bieten sich hierbei insbesondere zur Automatisierung von Peripherieaufgaben an.

Wird die Kostenführerschaftsstrategie verfolgt, so muß die Produktion vor allem hohe Produktivität und Zuverlässigkeit sicherstellen. Nicht nur die Durchgängigkeit der Daten von der Konstruktion zur Fertigung ermöglicht eine hohe Effizienz, sondern ein CAD/CAM-System als Insellösung oder auch in Teilbereichen eine konventionelle Konstruktion wird bereits als hinreichend angesehen. Da eine hohe Produktionsmenge erforderlich ist, um die notwendige Stückkostendegression zu realisieren, bieten sich in der Fertigung mengenflexible Transferstraßen an. Industrieroboter können auf der Handhabungsseite große Kostensenkungspotentiale realisieren, wie ihr breiter Einsatz beim Schweißen von Rohkarosserien im Automobilbau zeigt.

Ein wichtiger Erfolgsfaktor in zahlreichen Branchen ist außerdem eine kurze Einführungszeit für neue Produkte [4]. Der Erstanbieter hat die besten Chancen, das vorhandene Marktpotential auszuschöpfen, während Folgeanbieter nur geringere Stückzahlen absetzen können oder über den Preis in einen Verdrängungswettbewerb eintreten müssen [25]. CAD-Systeme verkürzen die Zeit zur Produktentwicklung und -konstruktion bis hin zur fertigen Zeichnung, Stücklisten und Arbeitsplänen. Marktanteile für Neuprodukte können gewonnen werden, wenn frühzeitig entsprechende Kapazitäten aufgebaut werden. Flexible Produktionstechniken ermöglichen ein schnelles Hochfahren der Kapazität in der wichtigen Produktionsanlaufphase, während konventionelle Technologien einen längeren Zeitraum zur Vorbereitung und Umstellung der Produktion auf das neue Produkt benötigen. Flexibel automatisierte Systeme können außerdem während der Produktlebenszeit auftretende Kapazitätsspitzenbedarfe abdecken. Neue Technologien in Konstruktion und Fertigung schaffen damit günstige Voraussetzungen für die Erzielung hoher Marktanteile und günstiger Stückkosten.

2 Wettbewerbswirkungen neuer Produktionstechnologien

2.1 Eigenschaften neuer Produktionstechnologien

Die mit neuen Produktionstechnologien erzielbaren Wettbewerbsvorteile werden durch deren Eigenschaften geprägt. Neue Technologien sind in der Regel gekennzeichnet durch
1. diskontinuierliche Entwicklung,
2. Integration,
3. Automatisierung und
4. Flexibilität.

1. Das Auftreten neuer Produktionstechnologien führt in den Unternehmungen oftmals zu einem stufenförmig verlaufenden technischen Entwicklungspfad. Diskontinuitäten treten auf, wenn Unternehmungen die von einem neuen System betroffenen Bereiche und Funktionen nicht gleichzeitig mit dem Auftreten des Auslösers der Strukturveränderung anpassen. Es tritt eine technologische Unstetigkeit auf, die, um nicht die Wettbewerbsfähigkeit zu gefährden, bewältigt werden muß. Andererseits können sich Unternehmen diskontinuierliche Entwicklungen zunutze machen, indem sie selbst sprunghafte Entwicklungen initiieren.

Die Beobachtungen von Produktionsprozessen läßt vermuten, daß sich diese Prozesse in Abhängigkeit von der Zeit nach einheitlichen Mustern (S-Kurven) entwikkeln. Nach anfänglich hohen Investitionsaufwendungen folgt einer zunächst geringeren Produktivitätsentwicklung eine rasche Leistungssteigerung der Fertigungssysteme. Bei Erreichen der physikalisch/technischen Leistungsgrenze sind auch durch Zusatzinvestitionen kaum Verbesserungen der Systemleistung zu erzielen [17]. Eine weitere Leistungsteigerung kann daher nur durch den Übergang auf eine neue Produktionstechnologie erfolgen. Durch eine Expertenbefragung bei 28 Unternehmen konnten im wesentlichen zwei Typen von Diskontinuitäten identifiziert werden: Technologische Neuerungen von Produkt- und Fertigungstechniken sind durch Anwendung inkrementaler Verbesserungen zu erzielen. Diese können durch Investitionen erzielt werden, die auf die bisherige Technologie aufbauen. Weiterhin sind die technischen Neuerungen in diesen Fällen abhängig von dem bisherigen Know-How und dem bisher erreichten Leistungsniveau.

Obwohl durch solche Maßnahmen Leistungsverbesserungen in kleinen Schritten erzielt werden können, sind die Wettbewerbswirkungen nicht unbedeutend. Die inkrementale Verfahrensentwicklung als Fertigungsstrategie kann Wettbewerbsvorteile bei Kosten und Leistungen erzielen, da sie – in der Regel durch Eigenentwicklungen herbeigeführt – nicht einer schnellen Informations-Diffusion über den Anlagenhersteller unterliegt. Für Unternehmensleitungen ergeben sich hier Bereiche der aktiven Technologieplanung mit dem Vorteil des relativ geringen finanziellen und technischen Risikos bei gleichzeitigem Aufbau von Wettbewerbsvorteilen.

Einen Diskontinuitätentyp mit einem weitreichenden strategischen Unternehmensrisiko stellen die Investitionsprojekte dar, deren Anfangsauszahlung höher als die der alten Technologie ist, aber deren Leistungsniveau im Betrachtungszeitraum unter dem der alten Technologie liegt. Von den Experten werden bei diesem Typ das Leistungspotential und die Entwicklungschancen der neuen Technologie als überlegen eingeschätzt. Das während der Laufzeit der alten Anlage gewonnene fertigungstechnische Know-How stellt für den Einsatz der neuen Technologie keine Voraussetzung dar. Allerdings bildet gut ausgebildetes Personal einen wesentlichen Erfolgsparameter für kurze Anlaufzeiten der neuen Technologie.

Diskontinuitäten dieses Typs können langfristig zu einer Gefährdung der Wettbewerbsposition derjenigen Unternehmung führen, die ihr technisches Potential anhand von Umsatzrenditen und Break-Even-Analysen beurteilen. Erreicht eine Technologie den Break-Even-Point von Umsatz und Kosten, werden verstärkt Ressourcen zur Leistungsverbesserung aufgewendet, obwohl die Effizienz der Technologieentwicklung bereits abnimmt [17]. Kurzfristige Erfolge können Unternehmen dazu veranlassen, die bisherige Technologie zu lange weiterzuentwickeln, anstatt rechtzeitig mit der Entwicklung neuer Technologien zu beginnen. Werden solche Diskontinuitäten spät erkannt, sind in der Regel große Investitionsprogramme notwendig, um Anschluß an die technologische Entwicklung zu halten.

2. Neue Produktionstechnologien verfügen zumeist über numerische Steuerungen. Dies eröffnet die Möglichkeit zur Integration in einen gemeinsamen Informationsfluß. Einen Lösungsansatz hierzu stellt das „Manufacturing Automation Protocol" (MAP) dar, das als standardisierte Schnittstelle den Austausch von Daten zwischen Steuerungen und Rechnern unterschiedlicher Hersteller in einem lokalen Netzwerk (LAN) erlaubt [19]. Dabei stellt die Entwicklung eines von der Verwaltungs- bis zur Prozeßleitebene alle Ebenen umfassendes Fertigungsinformationskonzepts in der Regel eine Voraussetzung für eine langfristig erfolgreiche durchgängige und integrierte Automatisierung dar [9]. Über die Integration auf prozeßtechnischer Ebene hinaus kann eine Verknüpfung des Informationsflusses mit vor- und nachgelagerten

Unternehmensbereichen wie z. B. Konstruktion, Produktionsplanung und -steuerung oder Rechnungswesen erfolgen, die eine schnellere und effizientere Bearbeitung von Kundenaufträgen gestattet.

Neben der Integration des Informationsflusses ist eine Verknüpfung der neuen und vorhandenen Produktionstechnologien in einem gemeinsamen Materialfluß erforderlich. Investitionen in neue Produktionstechnologien führen oft erst dann zu wettbewerbswirksamen Effekten, wenn entsprechend der Sequenz der Arbeitsvorgänge eine flußorientierte Anordnung der Betriebsmittel gewählt wird [22]. In der Regel wird jedoch keine Vollintegration angestrebt [34], so daß sich solche Reorganisationsmaßnahmen anbieten, durch die zunächst in Teilbereichen der Fertigung Fließprinzipien verwirklicht werden, wie z. B. bei dem Konzept der Fertigungssegmentierung [44].

3. Neue Produktionstechnologien sind meist durch einen hohen Automatisierungsgrad gekennzeichnet, und zwar im Bereich der Prozeßsteuerung und Prozeßüberwachung sowie auch im Bereich der Werkstück- und Werkzeughandhabung. Dies führt neben einer Beschleunigung des eigentlichen Bearbeitungsvorgangs zu einer Verkürzung der Transport-, Rüst- und Liegezeiten sowie zu einer Entkoppelung des Menschen vom Arbeitstakt der Maschine [11], so daß durch Pausenüberbrückung und Hineinfahren in mannarme Schichten die Nutzungszeit der kapitalintensiven Anlagen gesteigert werden kann.

Die Nutzung des Automatisierungspotentials neuer Produktionstechnologien setzt wesentliche Veränderungen in den Bereichen Konstruktion und Arbeitsvorbereitung voraus: Bereits bei der Entwicklung der Produkte und Teile muß eine Auslegung für automatisierte Bearbeitung und Montage erfolgen [31]. Zusätzlich ist in vielen Fällen eine Straffung der Arbeitspläne möglich, die beispielsweise zu einer Verringerung der erforderlichen Aufspannungen führen kann [40].

Zur Erzielung von Wettbewerbsvorteilen durch Automatisierung muß insbesondere eine Abstimmung auf den geplanten Integrationsgrad erfolgen. So können mögliche Produktivitätssprünge durch Integration in der Regel nur dann erreicht werden, wenn für Informationsverarbeitung und Materialflußsysteme ein hoher Automatisierungsgrad realisiert wird, der bei allen Komponenten etwa das gleiche Niveau aufweist. Die Installation von Automatisierungsinseln bringt dagegen nur begrenzte Erfolge. Dies führt zu einer Abkehr von den bislang üblichen, an einer einzelnen Technologie orientierten Einführungsstrategien hin zu einer umfassenden CIM-Lösung. Für die Problemstellung „flexible Automatisierung mit neuen Produktionstechnologien“ und „CIM“ müssen zunächst die langfristig angestrebten Technologie- und Fertigungsstrukturen ganzheitlich festgelegt werden. Aus der Gesamtstruktur sind dann die erforderlichen Systembausteine abzuleiten. Dabei ist zu prüfen, welche Anforderungen durch die vorhandenen Technologien und Systeme bereits abgedeckt werden. Gleichzeitig wird die Frage gestellt, wie bei einer Kombination alter und neuer Technologien die Kommunikation aller Komponenten im Gesamtsystem und eine möglichst weitgehende Materialflußintegration erzielt werden kann. Die Realisierung des Gesamtsystems erfolgt dann schrittweise durch die Einführung neuer Technologien und Weiterentwicklung bestehender Systeme im Rahmen des entwickelten Gesamtkonzepts. Die Reihenfolge der Einführung bestimmt sich u. a. aus den erwarteten Wettbewerbseffekten der Technologien [21].

Grund für eine solche Vorgehensweise ist u. a. die Komponente Zeit, die über den Entwicklungsstand bestehender Systeme und die damit verkürzte Zeit für die Schaffung eines Gesamtsystems in eine Wirtschaftlichkeitsbetrachtung eingeht.

4. Für die Nutzung der Fertigung als Wettbewerbsinstrument von großer Bedeutung ist die Flexibilität neuer Technologien, die sich aus den Eigenschaften Neuartigkeit, Integration und Automatisierung ergibt. Hierbei ist die tatsächlich nutzbare Flexibilität abhängig von der organisatorischen Einbindung der neuen Technologien in das Produktionsumfeld.

Flexibilität kann definiert werden als die Fähigkeit, sich an veränderte Umweltbedingungen anzupassen. Flexibilität in der Produktion kann nicht nur dazu dienen, Marktrisiken auszugleichen, sondern eröffnet die Möglichkeit, zusätzliche Chancen zu nutzen, die sich im Wettbewerb bieten [27]. Damit werden zusätzliche Handlungsspielräume für die Unternehmung geschaffen [23]. Flexibilität bedeutet also letztlich einen Aufbau quantitativer und qualitativer Überkapazitäten [42], der nur in Abstimmung mit der vom Unternehmen verfolgten Wettbewerbsstrategie sinnvoll sein kann.

Die Produktionstechnologie muß daher je nach Anforderungen der Wettbewerbsstrategie [35] der Unternehmung Bestandsflexibilität zur schnellen Anpassung an aktuelle Veränderungen mit dem bestehenden Produktionssystem und Entwicklungsflexibilität zur längerfristigen Anpassung durch Veränderung des Produktionssystems zur Verfügung stellen [13]. Der unternehmensspezifische Flexibilitätsbedarf ist dabei von der Sicherheit der Prognosen über Markt- und Technologieentwicklungen abhängig [23].

Die Bestandsflexibilität neuer Produktionstechnologien setzt sich aus der technologischen, der strukturellen und der kapazitiven Flexibilität zusammen [42]. Da auch bei neuen Produktionstechnologien oftmals bekannte fertigungstechnische Wirkprinzipien wie Drehen, Fräsen oder Schweißen zum Einsatz kommen, ist für die technologische Flexibilität die steuerungstechnische Weiterentwicklung der Betriebsmittel z. B. durch einfache Variantenprogrammierung oder die Möglichkeit zur adaptiven Prozeßregelung ausschlaggebend. Die strukturelle Flexibilität ist abhängig vom realisierten Integrationsgrad: Ein durchgehend automatisierter Materialfluß kann die Wahlmöglichkeiten für Bearbeitungsfolgen und Bearbeitungswege bei kurzen Durchlaufzeiten erhöhen, wie das Beispiel Flexible Fertigungssysteme zeigt. Die kapazitive Flexibilität neuer Technologien wird ebenfalls durch den Automatisierungsgrad bestimmt: Durch die bereits erwähnte Entkopplung von Mensch und Maschine können Pausen und mannarme Schichten als quantitative Leistungsreserve genutzt werden.

Die Entwicklungsflexibilität neuer Produktionstechnologien hängt ab von ihrer Offenheit zur Integration mit neuen oder in anderen Bereichen bereits vorhandenen Anlagen. Insbesondere die Möglichkeit, zukünftige noch leistungsfähigere Bearbeitungstechnologien ohne grundlegenden Strukturwandel integrieren zu können, eröffnet die Chance, den Produktivitätsverlust auszugleichen, der gegenüber dem sich fortentwickelnden Stand der Technik entsteht. Dies erfordert eine Technologieplanung, die auf ganzheitliche Produktionsstrukturen abzielt und auf langfristige Kompatibilität und Integrationsfähigkeit der eingesetzten Technologien achtet [46].

2.2 Wirkrichtungen neuer Produktionstechnologien im Wettbewerb

Von Bedeutung für die strategische Position eines Unternehmens sind Marktveränderungen, wie z. B. Markteinbrüche oder die Internationalisierung des Wettbewerbs, und Quantensprünge bei Produkt- und Prozeßtechnologien. Grundsätzlich gilt dabei folgende Tendenz: Je später sich ein Unternehmen auf Veränderungen einstellt, desto geringer ist sein Handlungsspielraum [37]. Häufig verbleibt nur noch die Möglichkeit zum operativen Krisenmanagement mit Hilfe von Crashprogrammen, für die überproportional hohe finanzielle Aufwendungen getätigt werden müssen.

Günstiger sind daher frühzeitige Reaktionen oder besser noch „strategische Vorbereitung" der Unternehmen auf Veränderungen. Neue Produktionstechnologien mit ihren bereits angeführten charakteristischen Eigenschaften können hierzu einen wesentlichen Beitrag leisten. Technischer Fortschritt und die Internationalisierung des Wettbewerbs führen zu einer neuen Dimension des industriellen Wettbewerbs und erfordern technologiebestimmte Strategien [1]. Die Globalisierung der Märkte führt in vielen Bereichen zu einer weltweiten Standardisierung der Produkte, so daß der Preis immer mehr zum Erfolgsfaktor wird. Unter diesem Gesichtspunkt ist eine moderne, auf Massenproduktion ausgerichtete Fabrik flexibel automatisierter Produktionstechnologien überlegen [18]. Berücksichtigt man jedoch technische Weiterentwicklungen, die zu einer Veränderung des Produkts führen, und wechselnde Anforderungen auf der Kundenseite, weisen flexible Produktionstechnologien Vorteile auf. So können durch CIM laufend die Produktkosten gesenkt und zugleich Verbesserungen bei den Eigenschaften des Produkts erzielt werden [6]. Dies kann aus den Merkmalen neuer Technologien begründet werden: Integration, Automation und Flexibilität bewirken eine Veränderung in der Input-Output-Relation des Produktionssystems, die sich in Kosten- und Leistungsveränderungen niederschlägt. Dabei zielen CIM-Technologien nicht auf „economies of scale" sondern auf „economies of scope", d. h. auf die wirtschaftliche Fertigung kundenspezifischer Produkte in kleinen Losgrößen [14]. Die Integration von Teilsystemen kann einen Produktivitätssprung bewirken, der zu einer höheren Rendite des Gesamtsystems führt [21]. So führt die Kombination neuer Produktionstechnologien wie z. B. die Kopplung eines CAD/CAM-Systems mit FFS in der Regel nicht zu einer Addition von Ertragspotentialen der einzelnen Technologien, sondern häufig zu einer überproportionalen Ertragssteigerung. Integration und Automatisierung neuer Technologien führen zu verkürzten Durchlaufzeiten und damit zu einer erheblichen Verringerung der Kapitalbindung im Umlaufvermögen. Das frei werdende Kapital kann beispielsweise zur Finanzierung von Investitionen verwendet werden [15].

Investitionen in flexible Produktionstechnologien sind weitgehend produktunabhängige Investitionen. Dies eröffnet weitere Einsparungspotentiale: Die produktunabhängige Nutzung der Anlage bietet die Möglichkeit zu einer erfahrungsbedingten Reduzierung der Stückkosten für ein ganzes Produktspektrum. So zeigt z. B. der Einsatz flexibler Fertigungssysteme, daß die Erfahrung als Voraussetzung zur Kostensenkung nicht an die kumulierte Produktionsmenge, sondern an die Dauer und Breite der Anwendung solcher Systeme gebunden ist. Stärker als konventionelle Automatisierung ermöglicht es nämlich die flexible Produktion, kumulierte Erfahrung auf neue Produkte zu übertragen. Die auf dem flexiblen Produktionssystem kumulierte Erfahrung wirkt also auch auf neu einzuführende Produkte kostensenkend. Neue Erfahrungskurven beginnen deshalb nicht mehr mit der Einführung neuer Produkte, sondern mit der Einführung neuer Produktionstechnologien. Die Herstellung neuer Produkte kann damit bereits auf einem günstigeren Stückkostenniveau beginnen [43].

Neue Produktionstechnologien können oftmals ohne hohe Zusatzinvestitionen für neue Fertigungsaufgaben genutzt werden. Das heißt, zum Planungszeitpunkt werden höhere Investitionen getätigt, um die erforderlichen Anpassungen in der Zukunft ohne Zusatzinvestitionen durchführen zu können. Die beim Wechsel der Fertigungsaufgabe im Vergleich zu konventionellen Produktionstechnologien vermiedenen Folgeinvestitionen stellen ein weiteres Einsparungspotential neuer Produktionstechnologien dar.

In empirischen Erhebungen [45] wurden als Kostensenkungspotentiale für CAD/CAM-Systeme für die Personalkosten 17,5 %, für die Kosten der NC-Programmierung 8,5 %, für die Kosten der Maschinenkonstruktion 8 % und für die Kosten der Werkzeugkonstruktion 2 % angegeben (jeweils Durchschnittswerte). Die für FFS ermittelten Einsparungspotentiale stellen sich für die einzelnen Kostenarten im Mittel wie folgt dar: Lohnkosten 56 %, Kapitalbindungskosten für Umlaufvermögen 60 %, Rüstkosten 58 %, Werkzeugkosten 47,5 %, Raumkosten 50 %, Qualitätskosten 26, 5 %, Transportkosten 12,5 % und Kosten der Arbeitsvorbereitung 2,5 %.

Langfristig ermöglicht die rechnerunterstützte Fabrikautomatisierung eine Senkung der Herstellkosten von 25 bis 30 % [33]. Mehr als 50 % des Kostensenkungspotentials entsteht als indirekter Nutzen und kann erst durch Integration erschlossen werden. Bei CAD/CAM-Systemen wird angeführt, daß gerade der Integrationseffekt in Verbindung mit ihrer Flexibilität zu einer schnelleren Anpassung der Produkte an Kundenwünsche und zu einer Verkürzung der Anlaufzeiten bei Neuprodukten führt [45]. Dies zeigt aber auch, daß sich die Integration nicht auf den Produktionsbereich beschränken darf, sondern daß die vor- und nachgelagerten betrieblichen Funktionsbereiche einbezogen werden müssen.

Erst die durchgängige Integration des Informationsflusses über alle Stufen der Auftragsabwicklung – von der Angebotsbearbeitung bis hin zur Vertriebsabwicklung – erlaubt eine kostengünstige Leistungserstellung und ein wirklich kundennahes Agieren der Unternehmung. Diejenigen Unternehmen sind besonders erfolgreich, die durch kundenspezifische Produktinnovationen und guten Service eine große Kundennähe zeigten und durch Investitionen die Qualität und Produktivität ihrer Fertigung sicherten [2].

Auch Skinner stellt fest, daß Fertigungsstrategien, die ausschließlich auf Produktivitätssteigerungen ausgerichtet sind, ihr Ziel verfehlen müssen. Langfristig erfolgversprechend ist es dagegen, in Abhängigkeit von der Wettbewerbsstrategie eine ganzheitliche Fertigungsstrategie zu entwickeln, die umfangreiche Investitionen in neue Produktionstechnologien beinhaltet [36]. Dabei zeigen Langzeitstudien, daß erfolgreiche Unternehmen oft in relativ langen Perioden nur inkrementale Veränderungen durchführen, bevor dann eine radikale, unternehmensweite Strukturveränderung erfolgt. Eine Minderheit von Unternehmen initiiert sogar solche Diskontinuitäten, bevor sie Leistungsverluste erleidet [38]. Neue Produktionstechnologien können dabei auch als Wettbewerbsinstrument genutzt werden, um insbesondere über das gesammelte Know-How Marktzugangsbeschränkungen aufzubauen. So konnten z. B. durch EDV-gestützte Informationssysteme zumindest zeitweise Marktzugangsbeschränkungen aufgebaut werden [24]. Durch einen Know-How-Vorsprung in einer Schlüsseltechnologie kann eine Eintrittsbarriere für neue Konkurrenten entstehen, wenn dieses Know-How in der Unternehmung entwickelt wurde und nicht einfach von potentiellen Wettbewerbern übernommen werden kann. Solche Vorsprünge beim Prozeßwissen bieten in der Regel einen besseren Imitationsschutz als relativ leichter kopierbare Produktinnovationen [5]. Andererseits kann die Wettbewerbsposition von Unternehmen, die mit konventionellen Technologien Eintrittsbarrieren für ihre Branche aufgebaut haben, durch den Technologieeinsatz außerhalb der Branche gefährdet werden, wenn diese externen Anbieter ihr Produktionsprogramm auf Branchenprodukte ausweiten.

Zusammenfassend kann festgestellt werden, daß neue Produktionstechnologien über eine Senkung der Stückkosten, ein beschleunigtes Reaktionsvermögen gegenüber Kunden und über den Aufbau von Marktzugangsbeschränkungen auf die Wettbewerbsposition der Unternehmung einwirken. Um diese Wirkungen realisieren zu können, ist eine mit der Wettbewerbsstrategie abgestimmte Einführungsstrategie zu entwickeln.

3 Einführung neuer Produktionstechnologien

Zur Einführung neuer Produktionstechnologien hat sich ein schrittweiser Ablauf als effizient erwiesen:

1. Schritt: Vereinfachung der Abläufe durch organisatorische Segmentierung und Strukturveränderungen auf der Zulieferanten- und Abnehmerseite sowie Schaffung der personellen Voraussetzungen,
2. Schritt: Formulierung gezielter Fertigungsstrategien für bestimmte Wettbewerbsstrategien,
3. Schritt: Flexible Automatisierung in Teilbereichen und
4. Schritt: Integration der einzelnen Elemente in ein Gesamtkonzept.

3.1 Vereinfachung der Abläufe

Durch die Schaffung flußoptimierter überschaubarer Fertigungsstrukturen mit Hilfe der Prinzipien der Fertigungssegmentierung kann die Komplexität der Abläufe reduziert werden. Die Segmentierung erfolgt zunächst vertikal, indem die Wertschöpfungsketten für unterschiedliche Produkte voneinander getrennt werden. Segmentierungskriterien resultieren im wesentlichen aus Produktcharakteristika wie

- Stückzahl/Produktionsvolumen,
- Produkttypen,
- Absatzstruktur und
- Produktmix.

Innerhalb der einzelnen logistischen Ketten werden dann horizontal Segmente gebildet. Kriterien können aus dem Fertigungsprozeß, den vorhandenen Maschinen und Ausrüstungen sowie aus Personalaspekten abgeleitet werden. Ein durch Fertigungssegmentierung geschaffener überschaubarer Materialfluß für ein definiertes Teilespektrum kann mit flexibler Automatisierung gezielt rationalisiert und mit einfacheren PPS-Systemen gesteuert werden.

Die Fertigungssegmentierung hat eine weitgehende Entflechtung der Kapazitäten zum Ziel. Dies läßt sich nur durch eine ganzheitliche Betrachtung der logistischen Kette und deren bewußte Gliederung in organisatorische Einheiten nach Produkt und Technologie erreichen. Die Kapazitätsquerschnitte der organisatorischen Einheiten sind hinsichtlich ihres Outputs zu synchronisieren, um Liegezeiten zwischen den Segmenten zu vermeiden. Neben den Automatisierungsbemühungen stehen Bestrebungen zur Steigerung der Verfügbarkeit der Anlagen und der Personalflexibilität.

Die Erreichung von Wettbewerbsvorteilen durch neue Technologien ist davon abhängig, daß genügend ausgebildete und motivierte Mitarbeiter zur Verfügung stehen. Es besteht nämlich ein enger Zusammenhang zwischen den kritischen Erfolgsfaktoren und dem im Unternehmen vorhandenen Mitarbeiterpotential. Diesen gilt es insbesondere bei einem Wandel der Erfolgsfaktoren zu berücksichtigen, wie er durch den Einsatz neuer Technologien hervorgerufen wird [39]. Um einen störungsfreien Auftrags- und Materialfluß zu gewährleisten, ist die enge Ausrichtung der Mitarbeiter auf den eigenen Arbeitsplatz abzulösen durch das Mitdenken und Mithandeln im Sinne einer Optimierung des gesamten Fertigungsablaufs. Im Rahmen einer Dezentralisierung der Produktion und einer Stärkung der Eigenverantworung der Mitarbeiter vor Ort kommt dem Meister wieder eine Schlüsselrolle zu. Zu seinem Aufgabenfeld werden in immer stärkerem Maße Führungsfunktionen hinzukommen. Zum effizienten Betrieb eigenständiger Fertigungssegmente wird eine personifizierte Verantwortung für erforderlich gehalten. Für den einzelnen Mitarbeiter sollte seine Eigenleistung zu erkennen sein und auch einen Einfluß auf die Honorierung haben.

Neben den personellen Strukturverschiebungen ist auch die Aufbauorganisation einer Revision zu unterziehen. Die Arbeitsteilung führte oftmals zum Aufbau von Barrieren zwischen den einzelnen Bereichen, weswegen sich beispielsweise Auftragsabwicklungszeiten als Summe der Durchlaufzeiten durch die einzelnen Bereiche ergeben. Im Hinblick auf die Marktanforderungen erscheint aber zumindest eine Überlappung der einzelnen Funktionsbereiche zweckmäßig. Dies setzt voraus, daß alle Bereiche z. B. gleichzeitig über den aktuellen Auftragsstatus informiert sind [29]. Darüber hinaus können flachere Organisationsstrukturen mit weniger Hierarchiestufen zu einer Verkürzung der Entscheidungswege beitragen.

Die Situation der Planer ist gekennzeichnet durch die angestrebte Integration neuer Technologien. Dies führt dazu, daß eine ressort- und fachübergreifende Zusammenarbeit erforderlich ist. Außerdem umfaßt die Planung neuer Technologien größtenteils kreative und dispositive Arbeitsinhalte. Im Vordergrund der Qualifikationsanforderungen steht deshalb das Wissen um das Gesamtkonzept und um die Probleme der Integration, Automation und Flexibilität in der Fertigung. Diese Anforderungen können in der Regel nur von Mitarbeiterteams erfüllt werden. Im Hinblick auf eine effiziente Auftragsabwicklung ist die Einbindung der Zulieferer in die Ablauforganisation nach dem Prinzip der produktionssynchronen Beschaffung anzustreben [44]. Produktionssynchrone Beschaffung heißt, daß die für die Herstellung eines Erzeugnisses notwendigen Teile exakt zum Zeitpunkt ihrer Verwendung in der nachfragenden Unternehmung am richtigen Arbeitsplatz zur Verfügung stehen. Ziel der produktionssynchronen Beschaffung ist es, einen sicheren Produktionsvollzug bei minimalen Beständen zu ermöglichen. Die dazu notwendige enge informationstechnische Verknüpfung und die schnelle Reaktionsfähigkeit des Zulieferers haben direkten Einfluß auf die vorzuhaltenden Lagermengen oder Kapazitäten. Auch kann die Vereinbarung einer produktionssynchronen Beschaffung beim Zulieferer eine Änderung der Ablauforganisation und der Betriebsmittelstruktur nach sich ziehen.

3.2 Formulierung von Fertigungsstrategien

Ein weiterer Schritt auf dem Weg zur Realisierung eines CIM-Konzeptes ist die Formulierung von Fertigungsstrategien, die auf eine durchgängige Flußoptimierung für bestimmte Auftragstypen zielen. Voraussetzung für diese sogenannte Rennerstrategie sind Produkte ohne oder mit nur wenigen Varianten, so daß eine durchgehende Flußoptimierung über die ganze Länge der logistischen Kette möglich ist.

Zur Umsetzung dieser Strategie wird die Fertigung in einen Bereich mit durchgehendem Materialfluß für die Renneraufträge sowie Bereiche mit segmentierten oder traditionellen Strukturen für die übrigen Produkte aufgeteilt. Für den Rennerbereich sind dann nur noch einfachere Instrumente der Produktionsplanung und -steuerung erforderlich. Eine durchgängige Integration von CAD und CAM wird nicht benötigt, da nur wenige standardisierte Varianten gefertigt werden. Mit Hilfe der Rennerstrategie können deshalb Investitionsmittel bei den Rennerprodukten eingespart werden. Auf diese Weise ist eine Konzentration der CIM-Investitionen auf diejenigen Produkte möglich, für die eine flexible Automatisierung einen größeren Nutzen bringen.

Im Rahmen der Gestaltung der Bereiche mit durchgehender Flußoptimierung sind bereits die Forderungen an automatisierbare und flexible Fertigungsketten mit zu berücksichtigen [25]:

- In der Fertigung sind Rückführungen zu vermeiden.
- Fehlerbeseitigungen, soweit sie überhaupt erforderlich sind, dürfen den regulären Materialfluß nicht stören.
- Unter Durchlaufzeitgesichtspunkten ist es unter Umständen erforderlich, einzelne Arbeitsplätze einzurichten, die nicht voll ausgelastet sind.
- Der einzelne Arbeitsplatz muß über ein hinreichend breites Aufgabenspektrum verfügen, so daß die Anzahl der Arbeitsplätze im Segment überschaubar bleibt.
- Das Einrichten der Arbeitsplätze muß unabhängig vom gerade zu bearbeiteten Produkt durchgeführt werden.
- Eine Harmonisierung der Kapazitäten innerhalb des Fertigungssegmentes muß sicherstellen, daß keine Stauungen auftreten. Da Harmonisierungen in der Regel nur bezogen auf den statistischen Mittelwert realisiert werden, muß im Vorfeld durch Standardisierung sichergestellt werden, daß die Streuung für das gegebene Produktspektrum klein bleibt.

3.3 Flexible Automatisierung in Teilbereichen

Einen weiteren Schritt zu CIM bildet die Einführung flexibel automatisierter Produktionstechnologien wie Flexible Fertigungssysteme und Industrieroboter in Teilbereichen der Produktion. Um Flexibilitätspotentiale im Unternehmen nutzen zu können, müssen sie durchgängig installiert sein und sich vorrangig auf kundenspezifische Bauteile beziehen. Bei standardisierten Bauteilen, die in mehrere Endprodukte eingebaut werden können, ist nur ein entsprechend niedriges Flexibilitätsniveau erforderlich. Hier bietet sich eine Niedrigkostenautomatisierung an. Dies führt wiederum zu unterschiedlichen Fertigungsbereichen:

- Standardisierte Teile werden in Fertigungsbereichen produziert, in denen mit Hilfe entsprechender Produktionsmittel eine Kostenführerschaftsstrategie verfolgt wird.
- Kundenspezifische Teile werden in Fertigungsbereichen produziert, in denen durch flexible Automatisierung eine optimale Anpassungsfähigkeit an Kundenwünsche gewährleistet ist. Auch Altanlagen können effizient in solche Fertigungsstrukturen integriert werden, wenn Wechselpotentiale bestehender starrer Anlagen durch begrenzte Zusatzinvestitionen in flexibilitätssteigernde Subsysteme wie automatisierte Werkzeugwechselsysteme, Palettenspeicher u. ä. erhöht werden.

Gerade bei der Einführung von Technologien mit hohem Neuheitsgrad stellt der Faktor Personal häufig den entscheidenden Engpaß dar, der den Start bzw. die Effizienz des gesamten Projektes in Frage stellen kann. Die im Rahmen von FFS realisierten Arbeitsstrukturen waren Gegenstand von mehreren Untersuchungen [7; 20]. Alle Studien kamen übereinstimmend zu dem Ergebnis, daß eine hochqualifizierte Bedienungsmannschaft wesentliche Voraussetzungen für eine hohe Gesamtverfügbarkeit ist. Die Aufrechterhaltung der Flexibilität wird wesentlich von der Wahl der Entlohnungsform mitbestimmt. Da beim Einsatz neuer Produktionstechnologien der Anteil der vom Mitarbeiter beeinflußbaren Hauptzeiten oftmals sinkt, ist die reine Mengenleistung häufig nicht mehr als Basis der Entlohnung geeignet. Die Entlohnungsform sollte die Zunahme der Vielseitigkeit der Funktionen bei den Mitarbeitern einbeziehen. Tragen Teams die Gesamtverantwortung für ein Leistungsergebnis, wird häufig die Gruppenentlohnung befürwortet, da bei einer isolierten Leistungsentlohnung jedes Einzelnen die gegenseitige Unterstützung bei der Arbeit nicht zustandekommen wird [3].

3.4 Integration in ein Gesamtkonzept

Den letzten Schritt bei der Realisierung eines CIM-Konzeptes bildet die Integration der Elemente und Strukturen in ein Gesamtkonzept. Die Integration der CIM-Komponenten kann aufgrund der hohen Komplexität und der erforderlichen Veränderungen im Bereich der Datenverarbeitung in der Regel nur stufenweise erfolgen, wobei zu beobachten ist, daß durch organisatorische Maßnahmen im Vorfeld der Integration und Automation ein Großteil der Rationalisierungspotentiale abgeschöpft wird. Es wird prognostiziert, daß durch Anwendung der verfügbaren Konstruktionsmethoden und Fertigungstechnologien sowie effiziente Planungs- und Kontrollsysteme bis zu 75 % des theoretischen Rationalisierungspotentials abgedeckt werden können. Durch eine völlige CIM-Realisierung sind lediglich die restlichen 25 % des Gesamtpotentials erschließbar, die gleichzeitig aber auch mit hohen Kosten und Risiken einhergehen [35]. Deshalb wird heute selten die Vollintegration angestrebt. Es wird vielmehr in einer kontinuierlichen Evolution versucht, zunächst die einzelnen Unternehmensfunktionen mit computergestützten Systemen auszustatten, um diese Bereiche nachfolgend untereinander zu verknüpfen.

Bei der stufenweisen Einführung einer integrierten Gesamtlösung stellt sich zunächst die Frage nach der Richtung der Integration. So ist zum Beispiel im Maschinenbau die Bedeutung der CAD-Einführung davon abhängig, ob Einzelfertigung oder Großserienfertigung vorliegt. Bei Einzelfertigung ist der Anteil der Konstruktions- und Entwicklungskosten an den gesamten Herstellkosten wesentlich größer als bei Großserienfertigung. Deshalb bietet sich an, bei Einzelfertigung mit der CAD-Einführung zu beginnen und im nächsten Schritt die CAM-Einführung zu planen, während bei der Großserienfertigung das größere Rationalisierungspotential zunächst in der Fertigung liegt.

Die Ermittlung des für ein Unternehmen optimalen Integrationsgrades bildet ein Optimierungsproblem. Zunächst steigt der Nutzen aus der Beschleunigung von Vorgängen mit zunehmendem Integrationsgrad überproportional. Ab einem bestimmten Integrationsgrad steigt er jedoch nur noch degressiv an. Die Kosten der Integration, die aufgrund der höheren Komplexität des Informationssystems für
- Einhaltung der Systemsicherheit,
- Systemverwaltung und
- erhöhte Qualifikation der Mitarbeit

anfallen, steigen mit zunehmendem Integrationsgrad in der Regel überproportional [30].

Aufgrund der Langfristigkeit und des daraus resultierenden hohen Personalbedarfs ist die Planung der „Fabrik mit Zukunft" mit sehr hoher Unsicherheit behaftet. Um die mit Fehlplanungen und -entscheidungen verbundenen Auswirkungen in Grenzen zu halten, bietet sich zunächst die Durchführung robuster erster Schritte an. Hierbei wird auf der Basis von Szenarios die am wahrscheinlichsten erscheinende Datenkonstellation herausgegriffen. Es wird versucht herauszufinden, welche heute erforderlichen Entscheidungen „robust" sind im Sinne von „sicher hinsichtlich der verschiedenen Zukunftsentwicklungen". Die Elemente, die mit sehr hoher Wahrscheinlichkeit zu einer optimalen Lösung im Endjahr ausbaufähig sind, stellen robuste erste Schritte dar. Als Robustheitsmaß kann beispielsweise die relative Häufigkeit mit der ein Strategieelement in der Menge der besten Lösungen vertreten ist, herangezogen werden [12].

Darüber hinaus erscheint es sinnvoll, schon in einem frühen Stadium Erfahrungen mit neuen Technologien in Pilotprojekten zu sammeln. Hierfür kann die Wirtschaftspolitik günstige Rahmenbedingungen schaffen. Staatliche Forschungs- und Technologieförderung in Teilbereichen kann bei den Empfängern einen Motivationswandel bewirken, so daß sie bereit sind, Innovationsrisiken einzugehen, die sie ohne Förderung vermieden hätten. Der Staat kann damit eine Impulsfunktion bei der Einführung neuer Technologien übernehmen.

4 Technologiewettbewerb als Managementaufgabe

Das auf den Weltmärkten zu konstatierende begrenzte Mengenwachstum ermöglicht in immer geringerem Maße die Nutzung von Degressionseffekten durch Spezialisierung. Als Antwort hierauf sind auf der Produktseite eine Diversifikationsstrategie und auf der Produktionsseite die Schaffung von Flexibilität mit mengenunabhängiger Kostenkurve denkbar. Zur Formulierung eines Technologiewettbewerbs ist ein internationaler Vergleich hilfreich.

Die Bundesrepublik Deutschland befindet sich in einem Innovationswettbewerb gegenüber den USA und in einem Produktivitätswettbewerb gegenüber Japan. Zu den Stärken der deutschen Industrie gehört, daß reife Technik mit neuer Technik zu Gütern mit langer Lebensdauer und hohem Gebrauchswert kombiniert wird (z. B. Automobile, Hausgeräte). Die zweite Stärke liegt im Problemlösungsgeschäft, d. h. im Anbieten einer gesamten Problemlösung für spezielle Kunden. Die dritte Stärke resultiert aus dem sorgfältigen Arbeiten der Beschäftigten in der Bundesrepubik. Um eine neue Technologie anbieten zu können, muß man in Systemen denken, die weitgehend mit Software verbunden sind. Durch das sehr präzise Arbeiten kann diese Software fast fehlerlos erstellt und damit Vorteile gegenüber Japan und den USA erzielt werden [4].

Eine Studie über das Produktionsmanagement im Vergleich zwischen USA, Japan und Europa zeigt, daß in USA und Europa vor allem hohe Qualität und zuverlässige Lieferzusagen als strategische Anforderungen an die Produktion gestellt werden, während die Japaner insbesondere die Möglichkeit verlangen, schnelle Designänderungen vornehmen zu können. Aus Japan könnte deshalb immer mehr ein „lowcost-flexible manufacturing" drohen [10]. Auch die strategischen Stoßrichtungen bei den Produkt/

Marktstrategien zeigen, daß die Japaner im Gegensatz zu USA und Europa stärker auf Vorwärts- und Rückwärtsintegration entlang der Wertschöpfungskette setzen. Diese Strategien können dahingehend interpretiert werden, daß die Japaner versuchen, ihre Flexibilität durch Integration zu erhöhen – unter Ausnutzung zusätzlicher Kostensenkungspotentiale.

Ein Hauptanliegen des japanischen Produktionsmanagements ist es, bei Prozeßtechnologien nicht zurückzufallen. Obwohl viele japanische Unternehmen auf ihrem Gebiet bereits als Technologieführer angesehen werden, beschäftigen sich die Manager sehr stark damit, Technologieführer zu werden [10].

Im Gegensatz zu den o. a. strategischen Anforderungen an die Produktion arbeiten die Japaner insbesondere an Qualitätsverbesserungen im Produktionsbereich, während das amerikanische und europäische Produktionsmanagement mehr auf niedrige Kosten abzielt. Interpretiert wird dieser Gegensatz dahingehend, daß die amerikanischen und europäischen Manager unter kurzfristigem Erfolgsdruck auf der Kostenseite stehen, während die Japaner darauf bauen, daß sie langfristig Kostenvorteile erzielen, wenn sie die Produktionsqualität verbessern und ihre Prozeßtechnologie weiterentwickeln [10]. Folgt man dieser Interpretation, so kann auch in der Bundesrepublik Deutschland durch eine stärkere strategische Orientierung des Produktionsmanagements die Einführung neuer Technologien beschleunigt werden.

Der Versuch, vorrangig die Produktivität der Fertigung zu verbessern, kann nur begrenzt zu Wettbewerbsvorteilen führen. Hierzu sind strukturelle und strategische Probleme zu lösen, die weniger auf den Preis als vielmehr auf Qualität und Lieferzeit als häufig wichtigste Wettbewerbsfaktoren abzielen [36].

Ausschlaggebender scheint zu sein, daß es den Unternehmungen gelingt, die Möglichkeiten auszuschöpfen, die die neuen Produktionstechnologien vor allem im Hinblick auf ein breites Produktsortiment sowie kurzfristige Lieferbereitschaft und einen hohen Qualitätsstandard bieten. Gerade auf gesättigten Märkten lassen sich auf diese Weise Kostennachteile kompensieren.

Hierbei kann auch das quantitative Wachstum der Vergangenheit zukünftig stärker durch qualitatives Wachstum abgelöst werden. Bei der Planung einer „Fabrik mit Zukunft" ist die Komponente Zeit von mehrfacher Bedeutung: Marktanteile können nur dann erobert werden, wenn frühzeitig Kapazitäten aufgebaut worden sind, zumal nur ein früher Einstiegszeitpunkt in neue Technologien zu Wettbewerbsvorteilen führt, da der Pionieranwender als Träger des technischen Fortschritts einen Know-How-, Image- und Produktivitätssprung erhält, der nur schwer – wenn überhaupt –, aufzuholen ist.

Technisches Wissen in der Produktion diffundiert langsamer als Produktwissen. Für die Wahl der Produktionsstandorte ist somit neben Kostengesichtspunkten vor allem die Qualifikation der Arbeitskräfte ausschlaggebend. Nicht nur eine hohe Forschungsintensität für Prozeßinnovationen, sondern auch eine hohe Humankapitalintensität in der Produktion sind für erfolgreiche Unternehmungen kennzeichnend.

Dem Menschen kommt damit in der Planungs-, Einführungs- und Betriebsphase neuer automatisierter Produktionstechnologien eine Schlüsselrolle zu. Die Veränderungen der Organisationsstrukturen durch neue Produktionstechnologien erfordern eine systematische Planung und hohe Aufwendungen für Information und Qualifikation der Mitarbeiter im Sinne einer Humankapitalbildung.

Literatur

1. Abernathy W. J. /Clark, K. B. /Kantrow, A. M. (1981): The new industrial competition. HBR 59 Nr. 5: 68–79.
2. Albach, H. (1984) Schumpeter auf der Spur. Wirtschaftswoche Nr. 30: 56–58.
3. Autorenkollektiv (1979) Bericht zur Planung – Wandel der Arbeitsbedingungen durch verkettete Fertigungssysteme mit modularem Aufbau, Friedrichshafen.
4. Beckurts, K.-H. (1984) Chancen für einen zweiten Aufbruch. Manager Magazin 9: 154–167.
5. Borner, S. (1984) Überleben organisieren. Wirtschaftswoche Nr. 44: 108–122.
6. Davis, J. (1985) CIM – A competitive Weapon. Manufacturing Systems September: 16–19.
7. Dostal, W./Kamp, A.-W/Lahner, M. /Seessle, W. P. (1982) Flexible Fertigungssysteme und Arbeitsplatzstrukturen. Mitteilungen aus der Arbeitsmarkt- und Berufsforschung, 15, Nr. 2: 182–191.
8. Drumm, H. J. (1979) Automatisierung und Mechanisierung, in: Kern, W. (Hrsg.): HWProd, Poeschel, Stuttgart Sp. 286–292.
9. Fedcrle, H. /Rittershaus, E. (1986) Strukturierung der Automatisierungssysteme als Voraussetzung von Kommunikationskonzepten in der Praxis. CIMManagement Nr. 3: 50–56.
10. Ferdows, K. /Miller J. G. /Nakane J /Vollmann Th (1986) Evolving Global Manufacturing Strategies: Projections Into The 1990's. International Journal of Operations and Production Management (in Druck).
11. Hammer, H. (1984) Neue Lösungen zur flexiblen Automatisierung der spanenden Bearbeitung. ZwF 79 Nr. 2: 66–73.
12. Hanssmann, F. (1982) Quantitative Betriebswirtschaftslehre, München, Wien.
13. Jacob, H. (1974) Unsicherheit und Flexibilität, 2. Teil. ZfB 44 Nr. 5: 299–326.
14. Jelinek, M./Golhar, J. D. (1983) The Interface between Strategy and Manufacturing Technology, in: Columbia Journal of World Business, Spring 1983, S. 26–36.
15. Junghanns, W. (1986) Strategische Investitionsplanung für flexible Produktionstechniken. in: Wildemann, H. u.a. (Hrsg.) Strategische Investitionsplanung für neue Technologien in der Produktion. Tagungsband Teil 1, Passau.
16. Knecht, T. (1986) Woher rührt der Erfolg mittelgroßer Unternehmen? Blick d.d. Wirtschaft Nr. 146: 3.
17. Krubasik, E. (1982) Strategische Waffe. Wirtschaftswoche Nr. 25: 28–31.
18. Levitt, T. (1984) Die Globalisierung der Märkte. Harvard Manager Nr. IV: 19–27.
19. Liu, F. (1986) MAP: Technische Kommunikation in der Automatisierungstechnik. Werkstatt und Betrieb 119 Nr. 2: 12–125.
20. Lutz, B. (1982) Personalstrukturen bei automatisierter Fertigung, in: Lutz, B./Schultz-Wild, R.: FFS und Personalwirtschaft, Frankfurt, New York. S. 85–101.
21. Maier-Rothe, C. (1985) Wettbewerbsvorteile durch höhere Produktivität und Flexibilität, in: Arthur D. Little Int. (Hrsg.): Management im Zeitalter der Strategischen Führung, Gabler, Wiesbaden. S. 126–161.
22. Maier-Rothe, C. (1986) Logistik als kritischer Erfolgsfaktor. in: Arthur D. Little (Hrsg.) Management der Geschäfte von morgen. 1. Auflage, Gabler, Wiesbaden.
23. Meffert, H. (1985) Größere Flexibilität als Unternehmenskonzept. ZfbF 37 Nr. 2: 121–137.
24. Mertens, P., Plattfaut, E. (1986) Informationstechnik als strategische Waffe, in: Information Management Nr. 2: 6–17.
25. Mlakar, T. (1986) CIM für Kleinstserien, in: CIM Management Nr. 2: 42–53.
26. Porter, M. (1983) Wettbewerbsstrategie, Campus Frankfurt.
27. Reichwald, R./Behrbohm, P. (1983) Flexibilität als Eigenschaft produktionswirtschaftlicher Systeme. ZfB 53 Nr. 9: 831–853.
28. Riebel, P. (1954) Die Elastizität des Betriebes. Köln-Opladen.
29. Rusthon, D. (1985) CIM-Auswirkungen auf das Personal, in: Bullinger, H.-J. (Hrsg.): Menschen – Arbeit – Neue Technologien, 4. IAO-Arbeitstagung, Springer, Berlin, Heidelberg, New York, Tokyo, S. 118 ff.
30. Scheer, A. W. (1984) EDV-orientierte Betriebswirtschaftslehre, Springer, Berlin, Heidelberg, New York, Tokyo. 2. Auflage 1985.
31. Schraft, R.-D., Bäßler, R. (1984) Die montagegerechte Produktionsgestaltung muß durch systematische Vorgehensweisen umgesetzt werden. VDI-Z 126 Nr. 22: 843–849.

32. Schultz-Wild, R. (1982) Flexible Fertigungssysteme und ihre Einsatzstrukturen, in: Lutz, B., Schultz-Wild, R.: FFS und Personalwirtschaft, Frankfurt, New York 1982.
33. Schulz, H. (1985) Erfolgreiche Nutzung des Potentials rechnergestützter Fabrikautomatisierung, in: Werkstatt und Betrieb 9: 565–568.
34. Schwimann, H. (1986) Der weltweite Stand von CIM, in: Technische Rundschau 38: 122–129.
35. Skinner, W. (1969) Manufacturing-missing link in corporate strategy. HBR 47 Nr. 3: 136–145.
36. Skinner, W. (1986) The productivity paradox. HBR July-August: 55–59.
37. Sommerlatte, T. (1986) Die Veränderungsdynamik, die uns umgibt. Ist das Unternehmen ausreichend darauf eingestellt? in: Arthur D. Little (Hrsg.) Management der Geschäfte von morgen. Gabler, Wiesbaden.
38. Tushman, M. L., Newman, W. H., Romanelli, E. (1985) Convergence and Upheaval: Managing the unsteady Pace of Organizational Evolution. erscheint in: California Management Review.
39. Walsh, J. (1986) Die Mitarbeiter gewinnen – motivieren wird unternehmerisch und zukunftsorientiert?, in: Arthur D. Little Int. (Hrsg.): Management der Geschäfte von Morgen, Gabler Wiesbaden, S. 145–156.
40. Warnecke, H. J. (1986) Strategisches Technologiemanagement: Produkte und Fertigung.
41. Wheelwright, S. C., Hayes, R. (1985) Competing through manufacturing. HBR Jan./Feb.: 99–109
42. Wiendahl, H.-P., Mende, R. (1981) Produkt- und Produktionsflexibilität. wt 71 Nr. 5: 293–296.
43. Wildemann, H. (1984) Investitionsplanung und Wirtschaftlichkeitsrechnung für eine flexible Produktionstechnik. in: Albach, H., Held, T. (Hrsg.) Betriebswirtschaftslehre mittelständischer Unternehmen. Poeschel, Stuttgart, S. 163–181.
44. Wildemann, H. (1986) Fertigungsorganisation bei neuen Produktionstechnologien, in: Wildemann, H.: Methoden der strategischen Investitionsplanung, Passau 1986, S. 185–215
45. Wildemann H. (1986) Strategische Investitionsplanung für neue Technologien in der Produktion, in: Albach, H./Wildemann, H. (Hrsg.): Strategische Investitionsplanung für neue Technologien, ZfB Erg.-Heft Nr. 1: 1–48.
46. Wildemann, H. (1986) Technologieplanung als strategische Aufgabe. Harvard Manager Nr. 3: 86–103.

VIII. Wachstum

Innovation und Wachstum in der Automobilindustrie

Werner Breitschwerdt

Zusammenfassung

Vor dem Hintergrund sich weltweit rasch verändernder Nachfrage- und Angebotsstrukturen liegt die Zukunft der deutschen Automobilindustrie in der Herstellung qualitativ hochwertiger und technisch überlegener Fahrzeuge. Die steigenden Anforderungen an das Automobil im Hinblick auf Sicherheit, Verbrauchssparsamkeit und Umweltverträglichkeit können dabei nur durch die konsequente Anwendung moderner Technologie erfüllt werden. Eine solche Innovationsstrategie bedarf die Ergänzung durch ein effizientes Kostenmanagement und des Einsatzes fortschrittlicher technischer Lösungen. Sich Zugang zu neuen Technologien zu verschaffen, wird damit sowohl im Hinblick auf die Produkt- als auch die Prozeßinnovation zu einer Überlebensfrage für die einzelnen Automobilunternehmen.

1 Innovation als Element unternehmerischer Zukunftssicherung

Die wirtschaftliche Erholung der letzten Jahre wird von mehr als nur konjunkturellen Aufschwungskräften getragen. Nach den durch Verunsicherung und Pessimismus geprägten 70er und frühen 80er Jahre, scheint in der deutschen Wirtschaft heute wieder eine gewisse Aufbruchstimmung Raum zu gewinnen und sich eine Bewußtseinshaltung durchzusetzen, die der Bedeutung der besonderen Dynamik unserer Zeit Rechnung trägt. Die lebhafte Investitionstätigkeit und der beschleunigte Anstieg der Forschungsausgaben in den Unternehmen signalisieren, daß die wirtschaftlichen und technischen Herausforderungen der 80er Jahre erkannt und angenommen werden. „Es gilt," wie Lothar Späth programmatisch formuliert hat, „von der Industriegesellschaft alter Prägung nicht nur wirtschaftlich, sondern auch politisch und geistig Abschied zu nehmen und sich auf das Neuland, das vor uns liegt, umsichtig vorzubereiten."[1]

Nach Schumpeter, dessen Theorie der Innovation zu einem wirtschaftspolitischen Leitbild unserer Tage geworden ist, steht am Beginn eines wirtschaftlichen Aufschwungs das verstärkte Auftreten von Innovationen [2]. Tatsächlich verfügen wir heute über eine Reihe von Technologien, die weite Felder zur ökonomischen, aber auch zur ökologischen Erneuerung unserer Industrielandschaft eröffnen. „Information" gilt vielen als das „Öl der 80er Jahre". Die Mikroelektronik, die Bio- und Gentechnologie, neue Werkstoffe sowie die Laser- und Sensortechnik bilden die Grundlage für eine Vielzahl möglicher Produkt- und Prozeßinnovationen, mit deren Realisierung – gemessen am bereits erkennbaren Anwendungspotential – gerade erst begonnen wurde. Einzel- wie gesamtwirtschaftlich stellen die neuen Technologien ein erhebliches Wachstumspotential dar. Die Erarbeitung technischen Wissens und seine Umsetzung in neue oder verbesserte Produkte und Produktionsverfahren sind vordringliche Aufgaben unternehmerischen Handelns.

Unternehmer waren schon immer gefordert, ihre Produktpalette und Fertigungsverfahren dem jeweils neuesten technischen Stand anzupassen. Der Zwang zur Innovation hat sich jedoch in dem Maße verstärkt, wie die Märkte – sei es durch partielle Sättigungserscheinungen, sei es durch das Auftreten neuer Anbieter – enger geworden sind. Die Folge ist, daß dort, wo sich etwa durch eine Produktinnovation ein neues Wachstumspotential auftut, andere Anbieter sehr schnell nachziehen und versuchen, an diesem Wachstum zu partizipieren. Aufgrund des raschen Übergangs vom „vorstoßenden" zum „nachstoßenden" Wettbewerb, von der Innovation zur Imitation sichert ein neues oder technisch verbessertes Produkt nicht mehr auf Jahre hinaus Beschäftigung und Ertragskraft eines Unternehmens. Einen technischen Vorsprung zu erhalten und auszubauen, bedeutet daher, sich jenen Freiheitsgrad gegenüber dem Wettbewerb zu verschaffen, der das Überleben von Unternehmen langfristig sichert.

Den technologischen Wandel nicht als Bedrohung, sondern als Chance und Herausforderung zu begreifen, ist eine zukunftsorientierte Strategie. Sie ist auch die einzig erfolgversprechende, denn eine „Wende zurück in die Vergangenheit wäre gleichbedeutend mit einer verspielten Zukunft" [3]. Nicht nur der Politiker, sondern gerade auch der Unternehmer ist daher gefordert, über den Tag hinaus zu denken, nach neuen Perspektiven zu suchen, die es nicht nur für die sogenannte „High-Technology", sondern gerade auch für klassische Industriebranchen wie die Automobilindustrie gibt.

2 Die Automobilindustrie auf dem Weg in ihr zweites Jahrhundert

2.1 Die Automobilmärkte der Zukunft

Entsprechend den Prognosen unabhängiger Forschungsinstitute wird die Nachfrage nach Personenkraftwagen bis zum Jahr 2000 weltweit um etwa ein Drittel auf gut 45 Millionen Einheiten ansteigen. Mehr als die Hälfte dieses Zuwachses wird dabei auf die Entwicklungs- und Schwellenländer, insbesondere in Lateinamerika und Südostasien, entfallen. Demgegenüber wird sich die Automobilnachfrage in den europäischen Ländern und in Nordamerika mit einem sehr viel flacheren Anstieg entwickeln. Die stückzahlmäßigen Prognosen deuten damit auf eine Verschiebung der globalen Wachstumsschwerpunkte von den Industrieländern zu den Ländern der Dritten Welt hin.

Für die Beurteilung des künftigen Wachstums des Weltautomobilmarktes sind solche nur auf Stückzahlen basierenden Vorhersagen jedoch unzureichend. Denn bei der Automobilnachfrage wird künftig weiter zwischen „low-tech-cars" in den jungen Automobilmärkten der Dritten Welt und „high-tech-cars" in den reifen Automobilmärkten der Industrieländer zu differenzieren sein. Entsprechend unterschiedlich ist die technische und ökonomische Wertigkeit der Fahrzeuge und das sich daraus ergebende Wachstumspotential.

Nicht anders als vor 30 oder 40 Jahren in den westlichen Industrieländern, wird sich der Prozeß der Massenmotorisierung in den Entwicklungsländern über das technisch einfache, aber voll gebrauchstüchtige Fahrzeug mit niedrigem Anschaffungspreis vollziehen. Es wird sich um ein Massenprodukt handeln, das aber auf die Besonderheiten der verkehrlichen Infrastruktur dieser Länder abgestimmt ist.

Natürlich wird es nicht ein Auto mit der Technik der 50er Jahre sein. Aber es wird hinter dem jeweils erreichbaren technischen Fortschritt um viele Jahre zurückbleiben. Zwar werden mit steigendem Einkommensniveau im Zeitablauf auch in diesen Ländern die Ansprüche an das Automobil steigen, das Marktsegment der Fahrzeuge des gehobenen Bedarfs wird hier jedoch auf absehbare Zeit von untergeordneter Bedeutung bleiben.

Demgegenüber wird in den reifen Automobilmärkten die Nachfrage nach technisch und qualitativ hochwertigen Fahrzeugen weiter zunehmen. Nach der weitgehenden Deckung des automobilen Grundbedarfs bewegt sich die Automobilnachfrage in den Industrieländern immer mehr in den gehobenen Bereich hinein – eine Entwicklung wie sie sich bereits seit Jahren abzeichnet und die wir auch von anderen Konsumbereichen her kennen. Das „trading-up" auf den Pkw-Märkten wird in Zukunft durch steigende Anforderungen der Kunden, aber auch des Gesetzgebers im Hinblick auf Sicherheit, Verbrauchssparsamkeit und Umweltverträglichkeit noch verstärkt. All diese – sich zum Teil auch widersprechende Anforderungen an das Automobil – können nur durch die konsequente Anwendung moderner Technologien erfüllt werden.

Abgestützt wird der Trend zum qualitativ und technisch besseren Fahrzeug durch die in Zukunft voraussichtlich wieder stärker steigenden Haushaltseinkommen in den westlichen Industrieländern. Die Beschleunigung des gesamtwirtschaftlichen Wachstums wird sich allein über die Zunahme der Beschäftigung positiv auf die Kaufkraftentwicklung auswirken. Der zu erwartende Anstieg der verfügbaren Realeinkommen eröffnet daher den privaten Haushalten Ausgabenspielräume zur Anschaffung höherwertiger Fahrzeuge, ohne daß dadurch in den Konsumplänen an anderer Stelle Abstriche gemacht werden müßten. Hinzu kommt, daß der Wunsch nach individueller Mobilität aufgrund des steigenden Freizeit- und Urlaubsverkehrs künftig eher noch zunehmen wird. Die Nachfrageentwicklung wird sich daher nicht als limitierender Faktor eines weiteren qualitativen Wachstums in den reifen Automobilmärkten der Industrieländer erweisen.

Auf der Angebotsseite des Marktes werden wir in Zukunft mit einer steigenden Zahl von Automobilherstellerländern, sei es mit eigener oder auch mit Lizenz-Produktion, rechnen müssen. Aufgrund der breiten Ausstrahlung dieses Industriezweiges auf andere Branchen, spielt der Aufbau einer eigenen Fahrzeugindustrie in den Industrialisierungsplänen vieler Entwicklungs- und Schwellenländer eine wichtige Rolle. Es ist sicherlich kein Zufall, daß diejenigen Länder der Dritten Welt, die über eine bedeutende Automobilproduktion verfügen, wie Argentinien oder Brasilien in Lateinamerika, oder Südkorea und Taiwan in Südostasien in der Vergangenheit auch gesamtwirtschaftlich hohe Zuwachsraten erzielt haben und im Vergleich mit anderen Ländern in diesen Regionen ein überdurchschnittliches Wohlstandsniveau aufweisen.

Die Entwicklungs- und Schwellenländer werden die steigende Automobilnachfrage in ihren Märkten also weitgehend aus eigener Produktion befriedigen, was angesichts der Verschuldungs- und Beschäftigungsprobleme dieser Länder eine durchaus verständliche Strategie ist. Früher oder später werden diese Automobilindustrien – wie ja das Beispiel Südkorea sehr eindrucksvoll zeigt – in den Export gehen und die Rolle eines Devisenbringers für ihr Land übernehmen. Die traditionellen Herstellerregionen Europa und Nordamerika, aber auch Japan werden – soviel scheint sicher – in Zukunft auch auf ihren heimischen Märkten noch stärker unter den Druck der jungen Automobilindustrien aus der Dritten Welt geraten.

Auf den Nutzfahrzeugmärkten stellen wir ähnliche Entwicklungstendenzen fest. Der Bedarf an Transportkapazitäten für den Güterverkehr ist vorhanden und wird in den Entwicklungs- und Schwellenländern weiter stark ansteigen; was fehlt ist die kaufkräftige Nachfrage. In zunehmendem Maße bemühen sich daher diese Länder um den Aufbau eigener Fertigungsstätten für Nutzfahrzeuge und sehr häufig wird schon bald der Weg in den Export gesucht. Dies ist eine der Ursachen für die gegenwärtig schwierige Lage auf dem internationalen Nutzfahrzeugmarkt.

2.2 Strategien ins 21. Jahrhundert

Die Antwort auf die sich abzeichnenden weltweiten Verschiebungen der Nachfrage und in den Angebotsstrukturen kann für die deutsche Automobilindustrie nur eine Verstärkung ihrer Innovationsanstregungen sein. Je eher wir strukturelle und technologische Veränderungen erkennen und uns darauf einstellen, desto kleiner ist die Gefahr, daß wir uns an veränderte Entwicklungstrends nachträglich anpassen müssen und desto größer ist die Chance, den Wandel im Markt selbst zu gestalten. Genausowenig wie sich Innovationen dabei auf technische Verbesserungen beschränken sollten, genauso falsch wäre es, die Innovation zur Aufgabe nur eines Bereiches im Unternehmen, also etwa der Forschung und Entwicklung machen zu wollen. Innovationsmanagement kann nur als ganzheitliche, alle Funktionsbereiche eines Unternehmens betreffende Aufgabe verstanden werden. Innovativ ist nicht nur die technische Weiterentwicklung eines Produkts oder die Einführung neuer Fertigungsverfahren, sondern auch das Aufspüren und das Erschließen neuer wachstumsträchtiger Märkte, sei es durch die Anwendung neuer Vertriebsstrategien oder den Aufbau eigener Produktions- bzw. Montagestätten. Innovativ sind die neuen Formen der Logistik, ebenso wie die Anwendung von neuen Systemen der Personalführung und -entwicklung. Innovativ können schließlich weitgehende Änderungen der Unternehmensorganisation sein, wie auch der arbeitsplatzbezogene Verbesserungsvorschlag eines Mitarbeiters. Nicht die einmalige Verbesserung, sondern das ständige Suchen nach neuen Lösungen auf allen Ebenen und in allen Bereichen ist es, was ein innovatives Unternehmen letztlich auszeichnet.

Der Wille und die Fähigkeit zur Innovation lassen sich nicht verordnen. Entscheidende Voraussetzung für innovatives Management bleibt immer noch die Kreativität der Mitarbeiter. Diese gilt es zu fördern, wo immer es möglich ist. Eine vorrangige Aufgabe ist es dabei, die Informationsflut, die den einzelnen fast täglich überschüttet, in den Unternehmen besser zu bewältigen. Nur dadurch wird verhindert, daß durch das Informationsmanagement immer mehr Zeit beansprucht wird, die den eigentlich kreativen Tätigkeiten verloren geht.

Im Mittelpunkt der vielfältigen Innovationsaktivitäten werden in den Automobilunternehmen auch künftig die Entwicklung neuer oder verbesserter Produkte und Produktionsverfahren stehen. Die Notwendigkeit zur Produktinnovation folgt aus der Überlegung, daß die deutschen Automobilhersteller auf dem Weltmarkt nur als Anbieter qualitativ hochwertiger und technisch überlegener Fahrzeuge bestehen können. Das bedeutet keineswegs eine Beschränkung des Angebots auf das Marktsegment hubraumstarker Fahrzeuge. In allen Größenklassen des Automobilmarktes gibt es einen wachsenden Bedarf an technisch anspruchsvollen Automobilen.

Der Erfolg einer solchen Strategie hängt wesentlich davon ab, ob es gelingt, ein vom Markt akzeptiertes Preis-Leistungs-Verhältnis zu erreichen. Die Abwägung zwischen Produktnutzen und Preisstellung ist oft eine schwierige Gratwanderung. Sie erfordert nicht nur eine kundennahe Produktentwicklung, sondern vor allem auch ein effizientes Kostenmanagement in den Unternehmen. Dies darf sich nicht auf den engeren Bereich der Automobilfertigung beschränken, sondern muß auch die Verwaltungs-, Vertriebs- und Entwicklungsbereiche einbeziehen. Dazu zwingt allein schon die Tatsache, daß nach vorsichtigen Schätzungen heute bereits über 50 % der Kosten in den deutschen Industrieunternehmen auf ausbringungsunabhängige Kosten entfallen. Dabei erfordert auch eine wirksame Begrenzung des Kostenanstiegs den Einsatz fortgeschrittener technischer Systeme.

Sich Zugang zu neuen Technologien zu verschaffen, wird damit sowohl im Hinblick auf Produkt- als auch Prozeßsinnovation zu einer Überlebensfrage für das Unternehmen. Die Erarbeitung eines technischen Vorsprungs wird jedoch auch in unserer Branche immer teurer. Allein von den Investitionen her ist ein neues Fahrzeug kaum noch unter 2 Mrd. DM zu realisieren. Um Spitzentechnologie zu wettbewerbsfähigen Preisen anbieten zu können, steht daher der einzelne Automobilhersteller vor der Aufgabe, seine Aufwendungen für Forschung und Entwicklung auf eine möglichst große Zahl von Produkten umzulegen. Für eine Vielzahl von Unternehmen wird dies nur durch eine Zusammenarbeit mit anderen Automobilherstellern möglich sein.

In der Vergangenheit wurden immer wieder Prognosen über eine fortschreitende Konzentration in der Weltautomobilindustrie veröffentlicht. Sie haben sich vor allem deshalb nicht bewahrheitet, weil es der Einsatz flexibler Fertigungseinrichtungen möglich gemacht hat, auch kleine Losgrößen wirtschaftlich herzustellen. In Zukunft werden nicht die Economies of Scale in der Produktion, sondern jene in der Forschung und Entwicklung Druck auf die Konzentration, zumindest aber die Kooperation zwischen den Automobilherstellern ausüben.

Daimler-Benz hat den Weg, Forschung und Entwicklung auf eine breitere Basis zu stellen, nicht durch eine Kooperation mit einem Unternehmen der gleichen Branche beschritten, sondern durch die Akquisition technologieorientierter Unternehmen. Anders als ein Zukauf oder eine Kooperation mit anderen Herstellern erlaubt diese Strategie neue technische Lösungen exclusiv für Mercedes-Benz-Fahrzeuge und deren Fertigung zu entwickeln. Dadurch können wir uns Innovationsvorsprünge sichern und gleichzeitig auch Synergien mit anderen Geschäftsbereichen nutzen, und zwar sowohl in der Produktionsentwicklung als auch bei der Einführung neuer Fertigungsverfahren. Der Zugang zu neuen Technologien muß sich dabei mit einer langfristigen Perspektive für das Auto und das Automobilunternehmen der Zukunft verbinden.

3 Das Auto der Zukunft

3.1 Vom Produkt- zum Systemdenken

Die weitere fahrzeugtechnische Entwicklung wird durch die immer stärkere Integration des Automobils in das gesamte Verkehrssystem geprägt werden. Das Automobil der Zukunft hat den Charakter eines offenen interaktionsfähigen Systems. Ziel dieser Entwicklung ist die Optimierung des Gesamtsystems Straßenverkehr im Hinblick auf Sicherheit, Umweltverträglichkeit und Wirtschaftlichkeit. Der Übergang vom Produkt- zum Systemdenken wird für das Automobil nicht weniger revolutionär sein, als die Entwicklung der Schreibmaschine oder des Telefons zum Kommunikationssystem.

Die Forschung und Entwicklung in den Automobilunternehmen war in der Vergangenheit vor allem auf das Automobil selbst und seine weitere technische Verbesserung ausgerichtet. Dabei konnten große Erfolge erzielt werden:

- Trotz weiter gestiegener Fahrleistungen ist die Zahl der im Straßenverkehr Getöteten in der Bundesrepublik seit Anfang der 70er Jahre um die Hälfte gesunken.
- Der geregelte Katalysator bringt – ohne wesentlichen Mehrverbrauch – eine Schadstoffreduzierung um 90 %.
- Schließlich ist der Kraftstoffverbrauch neu zugelassener Personenkraftwagen aus deutscher Produktion seit 1978 um fast 25 % zurückgegangen.

Auch künftig werden durch die Anwendung neuer Technologien weitere Verbesserungen von Teilen und Aggregaten möglich sein. Dabei ist vor allem an den Einsatz neuer Werkstoffe für Karosserie und Motor oder die Entwicklung alternativer Antriebe und Kraftstoffe zu denken. Wie bereits erwähnt, ist jedoch zu berücksichtigen, daß der technische Fortschritt im Automobil einen immer höheren Aufwand erfordert, da auch hier das Gesetz vom abnehmenden Grenznutzen gilt. Eine aufeinander abgestimmte Entwicklung aller Elemente des Verkehrssystems verspricht bei einem gegebenen Mitteleinsatz größere Fortschritte als die Optimierung nur eines Teilsystems. Die Automobilhersteller werden sich daher künftig nicht mehr allein mit technischen Systemen innerhalb, sondern auch außerhalb des Automobils beschäftigen müssen.

3.2 Auf dem Weg zum „intelligenten" Straßenverkehr

Die zur Zeit im Verkehr noch vorhandenen Schwachstellen haben ganz wesentlich ihre Ursache in der Komplexität der Wechselbeziehungen der Teilsysteme Mensch, Technik und Umwelt. Der Gedanke liegt nahe, mit Hilfe neuer Informations-, Steuerungs- und Regelungssysteme die vorhandenen Defizite abzubauen, das heißt Mensch, Technik und Umwelt besser aufeinander abzustimmen und zu einem weitgehend geschlossenen Regelkreis zu verbinden. Gerade in einer solchen Systemverknüpfung liegen sinnvolle Ansätze zur Verwirklichung eines möglichst unfallfreien, flüssigen Individualverkehrs mit deutlich verbesserter Wirtschaftlichkeit und Umweltverträglichkeit.

Für dieses Ziel steht das von Daimler-Benz initiierte und inzwischen von zahlreichen europäischen Herstellern als Gemeinschaftsprojekt akzeptierte Vorhaben „Prometheus". Noch niemals zuvor wurde in unserer Industrie ein so langfristig orientiertes Projekt aufgelegt. Durch eine solche konkrete Zusammenarbeit wird nicht nur die technologische Wettbewerbsfähigkeit der europäischen Industrie gefördert, sondern auch die politische Integration in Europa gestärkt.

Neben der für den Aufbau eines europäischen Informations- und Kommunikationsverbundes notwendigen Grundlagenforschung, umfaßt „Prometheus" drei eigenständige Teilprojekte:

- Erstens, die Entwicklung eines „denkenden" Fahrzeugs, dessen Fahrt durch Computer unterstützt wird.

- Zweitens, die Entwicklung eines Kommunikationsnetzes zwischen den Fahrzeugen, das ein Fahren auf elektrische Sicht erlaubt und damit den Wahrnehmungsbereich des Fahrers über die von ihm einsehbare Zone hinaus erweitert.
- Drittens, die Entwicklung eines Kommunikations- und Informationssystems zwischen strecken- und fahrzeugeigenen Rechnern, das es dem Fahrer erlaubt, ein Ziel seiner Wahl problemlos anzusteuern.

Das im Rahmen von „Prometheus" formulierte Programm zur Gestaltung eines intelligenten Straßenverkehrs ist nur durch die Anwendung modernster Technologien zu realisieren. Die Mikroolektronik und hochempfindliche Sensoren spielen dabei eine vorrangige Rolle, insbesondere die Mikroelektronik ermöglicht die Integration von Einzelfunktionen im Fahrzeug zu einem Gesamtsystem. Antrieb, Bremse und Lenkung lassen sich bereits heute automatisch beeinflussen. Wenn es gelingt, die elektronisch gesteuerten Fahrzeugfunktionen mit der Möglichkeit zu verbinden, Informationen von außen zuverlässig zu verarbeiten, dann ist damit die Voraussetzung für eine vollständige Automatisierung des Straßenverkehrs geschaffen.

Eine quasi zwangsautomatisierte Steuerung des Straßenverkehrs wäre jedoch nicht wünschenswert, denn die Freiheit, unsere Mobilität nach unseren eigenen Wünschen und Vorstellungen gestalten zu können, macht das Auto gegenüber anderen Verkehrsmitteln für den Menschen besonders attraktiv. Deshalb muß der Fahrer stets die volle Verantwortung und Dispositionsfreiheit behalten. Zugleich muß er aber auch die Möglichkeit haben, Teilaufgaben an das Fahrzeug zu delegieren, wie zum Beispiel automatisches Abstandhalten bei Kolonnenfahrt auf der Autobahn, Erkennen von Situationen, die optisch nicht wahrnehmbar sind oder auch die automatische Wegfindung. Der Einsatz künstlicher Intelligenz ist überall dort notwendig, wo sie den Menschen entlastet und wo sie besser und zuverlässiger reagiert als er. Es wird daher darum gehen, im Auto der Zukunft eine vernünftige Synthese zwischen einer sinnvollen Systemführung auf der einen und der Erhaltung ausreichender Individualität auf der anderen Seite zu finden.

Speziell im Nutzfahrzeugbereich wird es außerdem zu einer noch stärkeren Integration des Nutzfahrzeuges in unternehmensübergreifende Logistiksysteme kommen. Vertrieb und Beschaffung in den Unternehmen werden heute in einem solchen Umfang rechnerunterstützt betrieben, daß das Nutzfahrzeug keine computerlose Insel bleiben kann, wenn es seine dominierende Stellung im Güterverkehr behalten will.

Die Entwicklung permanent kommunizierender Systeme zwischen Fahrer und Fahrzeugrechner, zwischen Fahrzeug- und Streckenrechnern sowie zwischen den Fahrzeugen wird in der Verkehrssicherheit zu erheblichen Verbesserungen führen und sich auf die Wirtschaftlichkeit des einzelnen Fahrzeugs sowie auf die gesamte Verkehrsökonomie auswirken. Die Realisierung eines intelligenten Straßenverkehrs erfordert gleichzeitig erhebliche Investitionen in die Verkehrsinfrastruktur, da ein computerunterstütztes Fahren eine entsprechende kommunikationstechnische Vernetzung der Verkehrswege voraussetzt. Dem herkömmlichen Straßenbau wird daher durch die intelligente Straße ein völlig neues Aufgabengebiet erschlossen.

Mit diesen Überlegungen zum „intelligenten Straßenverkehr" befinden wir uns sicherlich schon weit im 21. Jahrhundert. Das Projekt Prometheus wird jedoch einen Technologieschub auslösen, den wir bereits für unsere laufende Produktentwicklung nützen müssen.

4 Die Automobilfabrik der Zukunft

4.1 Von der integrierten zur lernfähigen Fabrik

Die Automobilfabrik der Zukunft wird im wesentlichen drei Anforderungen erfüllen müssen, nämlich Qualität und Flexibilität bei einem Höchstmaß an Wirtschaftlichkeit. Die gleichzeitige Erfüllung dieser Anforderungen ist in der Automobilindustrie deshalb so schwierig geworden, weil aufgrund sich differenzierender Kundenwünsche und unterschiedlicher nationaler Gesetzgebungen die Typenvielfalt erheblich zugenommen hat, so daß die Losgrößen entsprechend gesunken sind. Hinzu kommt die Notwendigkeit auf kurzfristige Schwankungen der Nachfrage in den einzelnen Marktsegmenten rasch zu reagieren.

Insbesondere der Einsatz der Mikroelektronik und der Informations- und Kommunikationstechnik hat in einigen Bereichen bereits zu Lösungen geführt, die dem Anforderungskatalog Qualität, Flexibilität und Wirtschaftlichkeit genügen:

- Im Bereich der Automobilfertigung ist es gelungen, durch den Einsatz frei programmierbarer Industrieroboter hochautomatisierte, aber typgebundene Fertigungseinrichtungen mit Flexibilitätsmerkmalen auszustatten. Über die Hälfte aller in der Bundesrepublik eingesetzten 8800 Industrieroboter arbeiten in der Automobilindustrie.
- Durch das Computer Aided Design (CAD) haben sich die Möglichkeiten der Produktentwicklung bei sinkenden Konstruktions- und Rechenzeiten beträchtlich erweitert. Zur Entwicklung der in Mercedes-Benz-Fahrzeugen eingesetzten Raumlenker-Hinterachse mußten beispielsweise 8 Achsmodelle mit insgesamt 77 Varianten untersucht werden. Ohne Einsatz des Computers wäre entweder die zehnfache Kapazität an Ingenieuren oder dreißig Jahre Konstruktions- und Rechenzeit erforderlich gewesen. Das bedeutet, der mit der Raumlenker-Hinterachse erreichte technische Fortschritt hätte mit herkömmlichen Methoden in diesem Jahrhundert nicht mehr realisiert werden können.
- Der Informations- und Materialfluß zwischen den Automobilherstellern und ihrem Zulieferern wurde durch den Einsatz moderner Kommunikationstechniken weiter optimiert. Das Bestandsniveau in der gesamten logistischen Kette konnte nochmals deutlich reduziert werden. Diese Aktivitäten bewirkten insgesamt eine erhöhte Angebotsflexibilität verbunden mit einer Verbesserung der Produktivität.

In Zukunft wird es darauf ankommen, die bestehenden Insellösungen miteinander zu vernetzen. Dies ist das Ziel des Computer Integrated Manufacturing (CIM). Im Rahmen eines CIM werden rechnerunterstützte Teilsysteme wie das CAD, CAP, CAM und CAQ zu einem Gesamtsystem verknüpft. CIM sichert dadurch einen kontinuierlichen Informations- und Materialfluß vom Auftragseingang bis zur Qualitätsprüfung und Auslieferung des Produkts. Die Unternehmen erhalten den Charakter modularer Systeme. Gleichzeitig eröffnet CIM durch eine effiziente Verarbeitung und Steuerung von Informationen die Möglichkeit durch die Verringerung der Verwaltungsaufwendungen die großen Gemeinkostenblöcke in den Unternehmen aufzubrechen.

Welche Fortschritte sich durch die Integration computerunterstützter Teilsysteme ergeben, sehen wir bereits bei der Verknüpfung von CAD und CAM. Durch die direkte Umsetzung von Konstruktionsdaten in Programme zur Steuerung von Fertigungsprozessen können nicht nur die Planungszeiträume verkürzt, sondern auch

Abstimmungsfehler zwischen Konstruktion und Fertigung ausgeschaltet werden. Gleichzeitig ist es möglich, technische Veränderungen im Produkt schnell in der Fertigung umzusetzen.

Ziel der fertigungstechnischen Entwicklung ist jedoch die nicht nur integrierte, sondern „lernfähige" Fabrik. Dies erfordert auch hier den Einsatz künstlicher Intelligenz, also die Ausstattung von Maschinen mit der Fähigkeit, auf neue Anforderungen oder Störungen selbständig zu reagieren. Ihre Anwendung erfolgt bereits heute in begrenztem Umfang in Form sogenannter Expertensysteme.

Solche Systeme haben das Wissen eines Fachmannes gespeichert, können daraus aufgrund vorgegebener Daten selbständig Schlüsse ziehen und schließlich auch ihre Ergebnisse erklären und dokumentieren. Expertensysteme sind vor allem für den Diagnosebereich von Bedeutung. So wird bei Daimler-Benz ein Expertensystem bei der Diagnose im Motorenprüffeld unserer Pkw-Motorenfertigung eingesetzt.

Die Anwendung von Systemen der künstlichen Intelligenz hat einen weiteren wichtigen Vorteil. Sie erlaubt eine weitgehende Entkoppelung von Mensch und Maschine. Aufgrund langfristig sinkender Arbeitszeiten und steigender Kapitalintensität der Produktion gewinnt dieser Umstand im Hinblick auf die Anlagennutzung und damit die Kapitalkosten erhebliche Bedeutung. Von den theoretisch möglichen 8760 Stunden Betriebszeit im Jahr produzieren die Anlagen in einem Industrieunternehmen – unter Berücksichtigung bestimmter Rüst-, Ausfall- und Störzeiten – im Ein- bzw. Zwei-Schichtbetrieb durchschnittlich nur zu 10 bis 15 %. Gelingt es, durch den Einsatz künstlicher Intelligenz nicht nur Störungen zu erkennen, sondern auch selbsttätig zu beheben, so läßt sich die Nutzungsdauer bei den kapitalintensiven Maschinen weiter erhöhen.

Die computerintegrierte, lernfähige Fabrik ist sicherlich noch eine Vision. Ihre Realisierung erfordert die Lösung vielfältiger Probleme. So müssen z. B. um die verschiedenen Bereiche vernetzen zu können, die Rechner, Steuerungen und Programmsprachen unterschiedlicher Hersteller miteinander kompatibel sein. Die Anwendung künstlicher Intelligenz setzt die Verfügbarkeit leistungsfähiger Logik-Chips voraus. Der Weg zur Fabrik der Zukunft wird daher ein langfristiger evolutorischer Prozeß sein. Notwendig ist aber bereits heute die schrittweise Realisierung überschaubarer und integrationsfähiger computerunterstützter Systeme.

4.2 Der Mensch als kreativer Mittelpunkt

Die Überlegungen zur Fabrik der Zukunft mögen zu Befürchtungen Anlaß geben, daß es in der Automobilindustrie zu einem drastischen Abbau der Beschäftigung kommen wird. Solche Befürchtungen sind nicht begründet. Auch in der Automobilfabrik der Zukunft wird es keine menschenleeren Fabrikhallen geben. Die Erfahrungen und die Kreativität der Menschen sind trotz weiterer Fortschritte bei der Entwicklung von Systemen der künstlichen Intelligenz letztlich nicht ersetzbar.

Zweifellos wird die Automatisierung in den Fabriken weiter voranschreiten. Dabei müssen wir allerdings berücksichtigen, daß weite Bereiche der Automobilfertigung bereits einen hohen Automatisierungs- und Mechanisierungsgrad aufweisen. Dies gilt insbesondere für den Karosserierohbau, die Lackierung und die Aggregatefertigung. Künftige Automatisierungsmaßnahmen werden sich daher auf die Fahrzeugendmontage konzentrieren, die heute fast die Hälfte aller bei der Herstellung eines Automobils anfallenden Fertigungsstunden beansprucht. Mit der jetzigen Generation von Industrierobotern ist die Automatisierung der Montage eines so komplexen Produkts wie des Automobils noch nicht wirtschaftlich darstellbar. Erst mit der Entwicklung leistungsfähiger Sensoren wird der „Griff in die Kiste" und damit ein forcierter Einsatz von Industrierobotern in diesem Bereich möglich sein. Eine solche Vorstellung wird sich sicher nicht in den nächsten 5 oder 10, sondern eher in den nächsten 20 bis 30 Jahren verwirklichen lassen. Dann aber wird auch die Arbeitsmarktsituation eine völlig andere sein als heute. Denn bereits ab Mitte der 90er Jahre wird das Arbeitskräftepotential wieder deutlich zurückgehen.

Der in den nächsten Jahren fortschreitenden Automatisierung im Produktionsbereich steht der weiter steigende Ausstattungsumfang der Fahrzeuge gegenüber. Dies wird sich auch auf das Beschäftigungsvolumen nicht nur bei den Automobilherstellern, sondern auch ihren Zulieferern positiv auswirken. Hinzu kommt ein steigender Arbeitskräftebedarf für die Überwachung und Instandhaltung des Maschinenparks. Weiter steigen wird auch die Zahl der in Forschung und Entwicklung Beschäftigten, die schon in den letzten Jahren einen überdurchschnittlichen Anstieg aufwies. Insgesamt sind für die überschaubare Zukunft keine von technologischen Entwicklungen ausgehenden dramatischen Veränderungen in der Beschäftigungsentwicklung der deutschen Automobilindustrie zu erwarten.

Nachhaltig verändern wird sich allerdings die Stellung des Menschen im Produktionsprozeß. Die erste industrielle Revolution hat den Menschen zum Anhängsel der Maschine gemacht, die dritte industrielle Revolution wird ihm wieder seine Autonomie zurückgeben. An die Stelle manueller und repetitiver Arbeit, werden vermehrt kreative und planende Tätigkeiten treten. Damit gewinnt die Humanisierung der Arbeit einen völlig neuen Inhalt: Zielte sie in der Vergangenheit vor allem auf eine Verbesserung der Arbeits*bedingungen*, so werden es in der Zukunft vor allem die Arbeits*inhalte* sein, die sich verändern. Dabei werden gerade jene Qualitäten des Menschen zum Tragen kommen, die ihn besonders auszeichnen: Urteilskraft, Lernfähigkeit und Flexibilität.

Der Facharbeiter der Zukunft wird nur noch im begrenzten Umfang „Hand-Werker", in sehr viel stärkerem Maße aber „Kopf-Werker" sein. Daher ist es notwendig, die vorhandenen Ausbildungskonzepte rechtzeitig zu überdenken und anzupassen. Die Folgen einer verfehlten Bildungspolitik sind – wie auch unser heutiger Mangel an Informatikern, Mathematikern und Ingenieuren zeigt – langfristiger Natur. Die schulische, aber auch die betriebliche Aus- und Weiterbildung haben dafür Sorge zu tragen, daß ausreichend qualifizierte Mitarbeiter für den Umgang mit neuen technischen Systemen zur Verfügung stehen. Die neuen Technologien erfordern daher nicht nur verstärkte Ausbildungsmaßnahmen an den naturwissenschaftlichen Fakultären unserer Universitäten, sondern auch im schulischen Bereich und im Rahmen der beruflichen Bildung.

5 Die Zukunft des Industriestandorts Bundesrepublik

Es hat in der Vergangenheit nicht an Stimmen gefehlt, die die Automobilproduktion in einer hochentwickelten Volkswirtschaft für obsolet erklärt haben. Das wäre richtig, wenn das Automobil und die Automobilfertigung technisch ausgereizt wären. Dies ist nicht der Fall: Die intelligente Kombination neuer Technologien mit marktgängigen Produkten eröffnet nicht nur der Automobilindustrie, sondern auch anderen klassischen Industriebranchen wie dem Maschinenbau, der Chemie oder der Elektrotechnik langfristige Wachstumsperspektiven. Ein völliger Verzicht auf industrielle Betätigung würde daher einen Verzicht auf Wachstum und Beschäftigung bedeuten, der durch bloßen Blaupausenexport nicht ausgeglichen werden könnte.

Die reine Dienstleistungsgesellschaft ist keine Alternative zur Industriegesellschaft, und zwar schon allein deshalb nicht, weil ein großer Teil der Dienstleistungen heute komplementär zur Güterproduktion und zum Güterumschlag erbracht wird. Dies gilt für traditionelle Dienstleistungsbereiche wie Handel und Banken genauso wie für die besonders schnell wachsende Branche der Informations- und Kommunikationstechnik, deren Produkte in vielfältiger Weise in den Industrieunternehmen Eingang finden. Man denke nur an die Entwicklung von Software zur Steuerung der Herstellung industrieller Produkte. Was sich allerdings abzeichnet ist eine stärkere Integration dienstleistungsbezogener und industrieller Tätigkeiten. Aufgrund der immer größeren Komplexität von Industrieprodukten gewinnen Service und Betreuung – also typische Dienstleistungsfunktionen – in zunehmendem Maße an Bedeutung und werden von den Industrieunternehmen selbst übernommen.

Bereits in der Vergangenheit hat in der deutschen Automobilindustrie die qualitative Wachstumskomponente gegenüber dem rein stückzahlmäßigen Wachstum dominiert. Der reale Durchschnittswert eines Pkw aus deutscher Produktion ist aufgrund technischer Verbesserungen und erweiterter Ausstattungsumfänge seit 1970 um jahresdurchschnittlich 3,5 % gestiegen. In Zukunft müssen in verstärktem Umfang neue Technologien in die Fahrzeuge integriert werden. Dadurch wird der beschäftigungsrelevante Produktionsumfang je Fahrzeug weiter zunehmen. So macht die Elektronik gegenwärtig nur 0,4 % des Fahrzeugwertes aus. Bis zum Jahr 2000 werden es aber bereits über 10 % sein. Um den steigenden Ansprüchen gerecht zu werden wird es vor allem notwendig sein, in das Auto der Zukunft mehr Ideen als Material „hineinzukonstruieren". Auch dies wird sich über eine größere Forschungsintensität der Produkte wert- und beschäftigungserhöhend auswirken.

Deutsche Automobile repräsentieren heute einen hohen Stand der Automobil- und Fertigungstechnik. Trotz erheblicher kostenmäßiger Nachteile gegenüber anderen Anbietern hat die deutsche Automobilindustrie ihre Stellung auf dem Weltautomobilmarkt behaupten können und ist eine der Wachstumsbranchen der deutschen Wirtschaft geblieben. Die Feststellung, daß Wachstum und Beschäftigung in dieser Branche durch den Einsatz neuer Technologien in Produkt- und Produktionsprozeß gesichert werden kann, hat daher nichts mit naiver Technikgläubigkeit zu tun. Welchen anderen Vorteil könnten wir denn im internationalen Wettbewerb besser zur Geltung bringen als unser technisches Wissen und unser handwerkliches Können?

Die deutsche Wirtschaft – und dies betrifft nun keineswegs nur die Automobilindustrie – wird sich in den nächsten Jahren auf einen weltweit verschärfenden Wettbewerb einstellen müssen. Die pauschale Absage an den technischen Fortschritt hilft hier ebensowenig weiter wie technokratischer Aktionismus. Was wir brauchen ist ein breites gesellschaftliches Einverständnis darüber, daß die verantwortungsbewußte Entwicklung und Anwendung neuer Technologien unsere Lebenschancen nicht zerstört, sondern erweitert. Dieses Einverständnis herzustellen ist – jenseits der Abstimmung staatlicher und privater Forschungsaktivitäten – die gemeinsame Aufgabe von allen, die in Politik und Wirtschaft Verantwortung tragen. Nur in einer solchen Atmosphäre läßt sich Außerordentliches leisten, denn Durchschnitt ist für das Produktangebot der deutschen Industrie allemal zu wenig.

Vielleicht ist die wirtschaftliche Entwicklung Baden-Württembergs gerade unter diesem Aspekt beispielhaft. Die baden-württembergische Industrie verdankt ihren Auftieg dem unternehmerischen Wagemut großer Erfinder wie Gottlieb Daimler, Karl Benz und Robert Bosch – um nur die Namen derjenigen zu nennen, die mit dem Entstehen der Automobilindustrie besonders eng verbunden sind. Sie verdankt ihren Aufschwung aber auch der technischen Aufgeschlossenheit weitsichtiger politischer Persönlichkeiten. Dabei denke ich an Friedrich List, der schon früh die Bedeutung eines leistungsfähigen Verkehrssystems für eine moderne arbeitsteilige Wirtschaft erkannt hat, vor allem aber auch an Ferdinand von Steinbeis. Aus der Einsicht, daß der Weg aus der Armut für ein Land, das keine Rohstoffe besitzt, nur über die Nutzung geistiger Ressourcen führen kann, hat Steinbeis die Erarbeitung und Anwendung neuen technischen Wissens in vielfältiger Weise gefördert. Diese eigentlich aus der Not geborene wirtschaftspolitische Philosophie ist über die Jahrzehnte hinweg in Baden-Württemberg gepflegt worden und hat wesentlich zu dem innovationsfreundlichen Klima in diesem Bundesland beigetragen. Vielleicht ist es auch deshalb kein Zufall, daß badenwürttembergische Unternehmen heute in vielen Bereichen eine technologische Spitzenstellung einnehmen.

Karl Popper hat einmal festgestellt: „Die Zukunft hängt von uns selbst ab, und wir sind von keiner historischen Notwendigkeit abhängig." [4] Dieses Bekenntnis zur menschlichen Freiheit schließt unsere Verantwortung gegenüber künftigen Generationen ein. Wir haben die Wahl: Wir können auf den Einsatz neuer Technologien verzichten, werden dann aber sehr schnell aus dem Kreis der führenden Wirtschaftsnationen ausscheiden – mit allen negativen Folgen nicht nur für unsere materiellen, sondern auch kulturellen Lebensumstände. Oder wir beschreiten den Weg eines technologisch abgestützten qualitativen Wachstums. Nach meiner Überzeugung wird uns nur dieser Weg in eine humane Zukunft führen.

Literatur

[1] Späth, Lothar (1985) Wende in die Zukunft. Die Bundesrepublik auf dem Weg in die Informationsgesellschaft. Rowohlt, Reinbek b. Hamburg

[2] Schumpeter, Joseph (1964) Theorie der wirtschaftlichen Entwicklung. 6. Auflage, Duncker & Humblot, Berlin

[3] Späth, Lothar, a.a.o.

[4] Karl R. Popper (1980) Die offene Gesellschaft und ihre Feinde. 6. Auflage, Francke, München

Die Bundesrepublik Deutschland in und nach der weltweiten Stagflationsperiode*

Harald Gerfin

Zusammenfassung

Für die gesamtwirtschaftlichen Fehlentwicklungen in den westlichen Industrieländern, deren Art und Ausmaß Kap. 1 umreißt, haben angebotsseitige Störungen eine wesentliche Rolle gespielt, doch rechtfertigt dies in keiner Weise die neuerdings in Wirtschaft und Politik verbreitete Tendenz zur Vernachlässigung der Nachfrageseite. Kap. 2 bringt eine theoretische Skizze der Interaktion von Angebots- und Nachfragefaktoren einschließlich der Effekte wirtschaftspolitischer Nachfragesteuerung und deren internationalen Übertragungswirkungen, wobei institutionellen Gegebenheiten (neben dem Wechselkurssystem vor allem der Lohnbildungsweise) große Bedeutung zukommt. Ein weiteres wichtiges Element im „Teufelskreis der Stagflation" ist die Verfestigungstendenz sowohl einer hohen Inflation als auch einer hohen Arbeitslosigkeit. Nach einer kurzen Beschreibung der Vorgeschichte der Stagflation befaßt sich Kap. 3 mit der empirischen Ermittlung der „Reallohnspanne" („real wage gap") als Maß für die gesamte Kostenbelastung, um dann ökonometrisch zu testen, welchen Beitrag Kosten- und Nachfragefaktoren zur Entwicklung der Arbeitslosigkeit in der Bundesrepublik geleistet haben. Trotz eines offenbar erheblichen Anstiegs der „natürlichen" Arbeitslosenquote scheint der Spielraum für eine – vor allem geldpolitische – Nachfragebelebung gerade in jüngster Zeit größer zu sein, als es meist angenommen wird.

1 Problemstellung und Zielsetzung

Ein Rückblick auf die weltweite makroökonomische Entwicklung der letzten beiden Jahrzehnte liefert ein sehr unerfreuliches Bild. Als besonders düster tritt dabei die Periode von 1974 bis 1983 hervor. Tabelle 1 zeigt wichtige gesamtwirtschaftliche Indikatoren im Durchschnitt dieser Dekade, verglichen mit den entsprechenden Werten im Zeitraum von 1960-73, für eine Auswahl westlicher Industrienationen sowie für das Bundesland Baden-Württemberg. Die Übersicht vermittelt einen groben Einblick in wesentliche Merkmale dieser problembeladenen Epoche:

---

* Der Beitrag ist eine Vorstudie im Rahmen eines von der Deutschen Forschungsgemeinschaft geförderten Projekts. Für die Aufbereitung statistischer Daten, die Durchführung ökonometrischer Schätzungen sowie für hilfreiche Diskussionen danke ich den Mitarbeitern des Projekts, insbesondere Joachim Möller und Karin Siebeck.

Tabelle 1. Indikatoren der gesamtwirtschaftlichen Entwicklung in acht OECD-Ländern sowie in Baden-Württemberg, 1960–73 und 1974–83 (Jahresdurchschnitte in v. H.). Quellen: Zusammengestellt und errechnet nach [18], [23], [25] und [26]

	Deutschland (BR)	Baden-Württemberg	Frankreich	Großbritanien	Italien	Österreich	Schweiz	Japan	USA
Produktion[a]									
1960–73	4,4	5,4	5,6	3,2	5,3	4,9	4,4	9,9	4,1
1974–83	1,6	1,7	2,3	1,0	1,8	2,4	0,3	3,7	1,9
Differenz	−2,8	−3,7	−3,3	−2,2	−3,5	−2,5	−4,1	−6,2	−2,2
Produktivität[b]									
1960–73	4,3	4,6	4,6	2,8	5,8	5,5	3,1	8,5	2,0
1974–83	2,4	2,1	2,1	1,0	1,1	1,9	1,0	2,8	0,1
Differenz	−1,9	−2,5	−2,5	−1,8	−4,7	−3,6	−2,1	−5,7	−1,9
Erwerbstätigkeit[c]									
1960–73	0,1	0,9	0,9	0,3	−0,5	−0,6	1,3	1,3	2,0
1974–83	−0,7	−0,3	0,1	−0,5	0,6	0,4	−0,6	0,8	1,7
Differenz	−0,8	−1,2	−0,8	−0,8	+1,1	+1,0	−1,9	−0,5	−0,3
Arbeitslosigkeit[d]									
1960–73	0,8	(0,2)	2,3	3,0	5,4	1,6	(0,0)	1,2	4,4
1974–83	4,1	(2,6)	5,7	7,1	7,4	2,3	0,4	2,1	7,4
Differenz	+3,3	(+2,4)	+3,4	+4,1	+2,0	+0,7	(+0,4)	+0,9	+3,0
privater Konsum[e]									
1960–73	4,8	5,3	5,5	2,9	5,9	4,8	4,0	8,8	4,2
1974–83	1,9	1,8	3,0	1,2	1,9	2,8	0,9	3,1	2,6
Differenz	−2,9	−3,5	−2,5	−1,7	−4,0	−2,0	−3,1	−5,7	−1,6
Sachkapitalbildung[f]									
1960–73	4,2	5,7	7,6	4,6	4,3	6,6	5,6	14,0	4,8
1974–83	0,2	0,6	0,5	−0,3	−1,7	0,0	−0,4	1,9	0,5
Differenz	−4,0	−5,1	−7,1	−4,9	−6,0	−6,6	−6,0	−12,1	−4,3
Inflation[g]									
1960–73	3,4	(3,4)	4,6	4,6	4,7	4,2	4,2	6,1	3,2
1974–83	4,8	4,8	8,5	10,3	16,6	6,0	4,3	7,7	8,4
Differenz	+1,4	(+1,4)	+3,9	+5,7	+11,9	+1,8	+0,1	+1,6	+5,2

[a] Wachstumsraten des Bruttoinlandsprodukts in Preisen von 1980
[b] Wachstumsraten des Bruttoinlandsprodukts in Preisen von 1980 je Erwerbstätigen
[c] Wachstumsraten der Erwerbstätigenzahl
[d] Arbeitslosenquoten nach OECD-Standardisierung
[e] Wachstumsraten des privaten Konsums in Preisen von 1980
[f] Wachstumsraten der Anlageinvestitionen in Preisen von 1980
[g] Anstieg der Verbraucherpreise.

(a) Anders als in früheren Zeiten, in denen typischerweise einzelne Makroziele verletzt wurden, während (oder weil) andere Ziele in sehr hohem Maße erreicht wurden – etwa steigende Inflationsraten im Gefolge sinkender Arbeitslosigkeit –, trat nunmehr eine Verschlechterung in jeder Hinsicht ein. Die Inflation beschleunigte sich trotz zunehmender Arbeitslosigkeit sowie ganz erheblich verminderten Wachstums von Produktion und privatem Konsum. Insgesamt gesehen war es eine Periode der Stagflation. Auch der Produktivitätsfortschritt verlangsamte sich deutlich, mehr noch die Sachkapitalbildung.

(b) Diese, alle makroökonomischen Dimensionen umfassende Malaise findet sich in sämtlichen entwickelten westlichen Volkswirtschaften einschließlich der übrigen, hier nicht dokumentierten OECD-Länder.

(c) Allerdings wurden die einzelnen Volkswirtschaften von den verschiedenen Übeln in recht unterschiedlichem Ausmaß betroffen, wiederum mit erheblichen regionalen Divergenzen innerhalb der nationalen Wirtschaftsräume, wofür hier beispielhaft die Entwicklung Baden-Württembergs in Relation zum gesamten Bundesgebiet steht.

Nach 1983 hat sich fast überall ein Aufschwung vollzogen, dessen Tempo freilich i.a. moderat ausfiel. Gleichzeitig ging der Preisauftrieb meist deutlich, z.T. sogar drastisch zurück. Von einer bereits erreichten oder wenigstens in nächster Zukunft zu erwartenden Überwindung der entstandenen Probleme kann jedoch keine Rede sein. Neben vielen anderen unbewältigten negativen Konsequenzen liegt das Niveau der laufenden Produktion, der Produktivität und des Produktionspotentials dauerhaft weit unter demjenigen, das sich ohne die massiven Störungen bzw. bei erfolgreicherer wirtschaftspolitischer Reaktion auf sie ergeben hätte. Dies sind bleibende volkswirtschaftliche Kosten von enormem Ausmaß. Vor allem aber erweist sich der hohe Grad an Arbeitslosigkeit als außerordentlich hartnäckig. Dabei ist zu beachten, daß Tab. 1 Durchschnittswerte der Jahre 1974 bis 1983 ausweist. Am Ende der Periode belief sich die (OECD-standardisierte) Arbeitslosenquote, um nur einige Länder herauszugreifen, in der Bundesrepublik auf 8,0 v.H. (Baden-Württemberg: 4,9 v.H.), in Frankreich auf 8,3 v.H., in Großbritannien auf 12,6 v.H. und in den USA auf 9,5 v.H., und seitdem ist sie fast durchweg nochmals angestiegen (Bundesrepublik 1985: 8,6 v.H.). Die einzige nennenswerte Ausnahme hiervon bilden die USA (1985: 7,2 v.H.), die damit in den letzten Jahren erstmalig unter dem Durchschnitt der OECD- und der EG-Länder rangieren.

So wie die praktische Wirtschaftspolitik ist auch die Wirtschaftstheorie von den neuartigen Phänomenen der siebziger und frühen achtziger Jahre überrascht worden. Die gängigen makroökonomischen Erklärungsansätze schienen zu versagen, und die lange für bewährt gehaltenen Konzepte der Globalsteuerung gerieten mehr und mehr in Mißkredit. Man suchte nach grundlegenden Alternativen der Diagnose und Therapie und konzentrierte sich dabei eine Zeit lang nahezu ausschließlich auf die Angebotsseite des Wirtschaftsprozesses. Hier bestand in der Tat ein theoretischer Nachholbedarf, denn die analytische und politische Blickrichtung war zuvor – wenn auch in Deutschland weniger ausgeprägt als anderswo – allzu einseitig nachfrageorientiert gewesen. Während die Entwicklung bis in die zweite Hälfte der sechziger Jahre hinein in dieser verengten Betrachtung recht gut erklärbar war, so ist die nachfolgende Periode ohne adäquate Einbeziehung von Schocks und Reaktionsweisen auf der Angebotsseite nicht zu verstehen. Eine Rückbesinnung auf die Rolle der Angebotsbedingungen war also unbestreitbar notwendig. Ebenso unbezweifelbar sind jedoch im Zuge dieser Reorientierung auch Irrwege beschritten worden: es wurden – und werden – theoretische Ansätze von z.T. beeindruckender formaler Eleganz offeriert, die bestenfalls gewisse Detailaspekte und graduelle Abweichungen von den allgemeinen Tendenzen erhellen, die Grundzüge der Fehlentwicklungen aber nicht zu erklären vermögen. Als ein Beispiel dafür sei die Theorie freiwillig verlängerter Arbeitsplatzsuche wegen großzügig gewährter Arbeitslosenunterstützung erwähnt (vgl. zu dieser und zu anderen Hypothesen u.a. Gerfin [9] und König [15]). Ganz generell ist darüber hinaus festzustellen, daß die Reorientierung in weiten Kreisen zu einer ungebührlichen Vernachlässigung von Vorgängen und Maßnahmen auf der Nachfrageseite als mögliche auslösende oder mitverantwortliche Faktoren anhaltender Wachstums-, Produktivitäts- und Beschäftigungsschwäche geführt und dadurch eventuell gravierende Fehlbeurteilungen bewirkt hat. Manche gehen sogar so weit zu behaupten, die Ursache mehr als nur kurzzeitig hoher, globaler Arbeitslosigkeit sei stets und überall ein überhöhtes Reallohnniveau.

Eine überzeugende und für wirtschaftspolitische Schlußfolgerungen tragfähige Diagnose verlangt eine ausgewogen kombinierte Analyse von Angebots- und Nachfragefaktoren und ihrer Interaktionen. Einen vielversprechenden Ansatz dazu haben kürzlich Bruno und Sachs [3] mit ihrer inspirierenden, hierzulande noch kaum beachteten Monographie „Economics of Worldwide Stagflation" geliefert, in der sie internationale Gemeinsamkeiten ebenso wie nationale Unterschiede in der gesamtwirtschaftlichen Entwicklung der jüngeren Vergangenheit anhand eines relativ kleinen Makromodells, das beiden Marktseiten Rechnung trägt und internationale Transmissionen ebenso berücksichtigt wie institutionelle Besonderheiten der Länder (vor allem in der Lohnbildung), theoretisch begründen und einige der Implikationen empirischen Tests unterwerfen.

Im folgenden wird zunächst eine allgemeine Skizze vom „Teufelskreis der Stagflation" mit seinen politischen Konsequenzen gegeben. Der anschließende Teil beschäftigt sich mit der Entwicklung in der Bundesrepublik Deutschland seit Mitte der sechziger Jahre, vornehmlich im Hinblick auf den Arbeitsmarkt. Das Hauptziel besteht in der Abschätzung von Kosten- und Nachfrageeinflüssen auf den Beschäftigungsgrad und damit in der Untersuchung des Charakters der Arbeitslosigkeit im Zeitablauf. Eine explizite Analyse des gleichzeitigen Inflationsprozesses ist an anderer Stelle vorgenommen worden (vgl. Gerfin, Horn, Siebeck [11]). Die Argumentation und die Methodik greifen hier z. T. stark auf die Vorgehensweise von Bruno und Sachs zurück. An Zeit- und Platzmangel ist die naheliegende und reizvolle Absicht gescheitert, im Rahmen dieses Ansatzes auch das im Vergleich zum Bundesgebiet insgesamt günstigere Abschneiden Baden-Württembergs zu diskutieren.

2 Der Teufelskreis der Stagflation

2.1 Kontraktive Nachfrageschocks

Wird eine Volkswirtschaft, die sich im Zustand der Voll- und Normalbeschäftigung befindet, von – wie auch immer verursachter – aggregativer Nachfrageschwäche betroffen, so entsteht Arbeitslosigkeit des keynesianischen Typs. Bei den herrschenden Güter- und Faktorpreisen ist es für die Firmen nur deshalb nicht rentabel, das ursprüngliche Beschäftigungsniveau aufrecht zu erhalten, weil sie das entsprechende Produktionsvolumen zu den geltenden Preisen nicht mehr voll absetzen können. Sie erleiden eine Gewinnkompression, aber nicht wegen gestiegener realer Faktorpreise, also kostenbedingt, sondern aufgrund der eingetretenen Absatzschranke. Durch Preissenkungen würde sich der Absatz wieder beleben. Damit dies zu einer Normalisierung der Gewinnsituation führt, müßten jedoch die (nominellen) Inputpreise ebenfalls in ausreichendem Maße nachgeben. Eine Rigidität der realen Faktorpreise, speziell des Reallohnsatzes, wäre in diesem Fall dagegen kein Hindernis für die Rückkehr zu Vollbeschäftigung.

Worauf es für die Wirksamkeit der Selbstheilungskräfte hier also in erster Linie ankommt, ist der Grad der Flexibilität der nominellen Güter- und Faktorpreise. Daß diese Flexibilität in hochentwickelten, dezentral organisierten Volkswirtschaften mit starker Arbeitsteilung, Spezialisierung und Verflechtung, mit Informationsunvollkommenheiten und Unsicherheiten sowie aus alledem resultierenden monopolistischen Wettbewerbsverhältnissen nicht perfekt ist und sein kann, dürfte kaum ernsthaft infrage gestellt werden. Für eine Tendenz zu wenigstens allmählicher Selbstheilung keynesianischer Arbeitslosigkeit reicht jedoch aus, daß die Preisanpassungen nach unten „genügend schnell", d.h. zeitlich vor einer erheblichen Schrumpfung von Produktion, Beschäftigung und anderen Mengenvariablen erfolgen. Reagieren dagegen umgekehrt die Mengen schneller als die Preise, so ergeben sich kumulative Verschärfungen der Absatzschranken, u. a. durch arbeitslosigkeitsbedingte Konsumeinschränkungen sowie ertrags- und auslastungsbedingte Investitionszurückhaltungen, und es führt, wie in der Literatur mehrfach gezeigt (u. a. Malinvaud [16], German [12] und Sondermann [24]), kein endogener Mechanismus aus der Unterbeschäftigung heraus: keynesianische Arbeitslosigkeit ist dann ein stabiles Endgleichgewicht. Nur nachfragebelebende Impulse der Geld- und/oder Fiskalpolitik (oder vom Ausland) können der Wirtschaft aus diesem Zustand heraushelfen. Nicht wenige halten sie auch dann für angezeigt, wenn die Preisflexibilität genügend groß ist, um auf längere Sicht Normalbeschäftigung wieder herzustellen, weil dadurch der Anpassungsprozeß beschleunigt und somit seine laufenden volkswirtschaftlichen Kosten sowie der Verlust an zukünftigen Produktions- und Beschäftigungsmöglichkeiten vermindert werden können. Herrscht nicht schon in der Ausgangslage ein inflatorisches Klima, so besteht auch kein Grund für die Befürchtung, einen Preisauftrieb ingang zu setzen, es sei denn, man schießt über das Ziel hinaus und erzeugt über längere Zeit eine Überanspannung der Märkte, die in allmählich akzelerierende Inflation mündet. Dann allerdings, aber auch nur dann, ist mit zeitweiliger Stagflation zu rechnen, sobald der Geldentwertung durch kontraktive Maßnahmen entgegengewirkt und solange ein weiterer Inflationsanstieg erwartet wird. In dieser Phase nehmen Arbeitslosigkeit und Inflationstempo gleichzeitig zu.

2.2 Negative Angebotsschocks

Wird dagegen eine vollbeschäftigte Wirtschaft von einem ungünstigen Angebotsschock wie z. B. einer drastischen Erhöhung des Preises eines wichtigen importierten Rohstoffs (Erdöl) betroffen, so entsteht Arbeitslosigkeit von zunächst rein klassischer Natur. Zu den herrschenden Preisen auf den Gütermärkten und den sonstigen Faktormärkten ist die Vollbeschäftigungsproduktion nicht mehr rentabel, weil das Gesamtkostenniveau gestiegen ist. Die hier kostenbedingte Gewinnkompression wird die Firmen dazu veranlassen, ihre Absatzpreise anzuheben, was in der Regel, insgesamt gesehen, rascher erfolgt als eine Korrektur nach unten. Aber auch wenn die Zentralbank den Preisanstieg toleriert, sinken Produktion und Beschäftigung, weil zu den höheren Preisen weniger nachgefragt wird. Der Primäreffekt des negativen Angebotsschocks ist also stagflatorisch. Darüber hinaus dürfte die Faktorpreisveränderung bestimmte Sachanlagen obsolet gemacht und damit einen Teil des Produktions- und Arbeitsplatzpotentials vernichtet haben. Ferner mag es sein, daß angesichts der verschlechterten

Beschäftigungssituation bei jedem Preisniveau weniger nachgefragt wird als zuvor. Dies hätte zwar einen verminderten Preisauftrieb, dafür aber einen noch stärkeren Anstieg der Arbeitslosigkeit zur Folge.

Klassische Arbeitslosigkeit ist kein stabiles Endgleichgewicht, sofern die Reallohnsätze bezüglich der Unterbeschäftigung nicht allzu resistent sind. Können die sonstigen Faktorpreise nicht (in ausreichendem Maße) gedrückt bzw. kann der Produktivitätsfortschritt nicht genügend forciert werden – und beide Möglichkeiten sind im allgemeinen eng begrenzt –, so setzt die Rückkehr zur Vollbeschäftigung eine Verminderung (zumindest des Zuwachses) der Reallöhne voraus. Mit anderen Worten: Negative Angebotsschocks bedeuten, daß ein zuvor vollbeschäftigungskonformes Reallohnniveau nunmehr zu hoch ist. Die Spanne zwischen dem bestehenden und dem vollbeschäftigungskonformen Reallohnsatz firmiert in der neueren internationalen Literatur unter der Bezeichnung „real wage gap“ (erstmalig wohl bei Sachs [2o]). Die Frage der Messung dieser „Reallohnspanne“ sowie ihres Beitrags zur Erklärung des Anstiegs und des Beharrungsvermögens der Arbeitslosigkeit ist Gegenstand intensiver aktueller, international vergleichender Forschung, auf die an späterer Stelle eingegangen werden soll.

Bei Lohn- und Preisreaktionen nach dem „Gesetz von Angebot und Nachfrage“ kann eine einmal entstandene Reallohnspanne offenkundig nicht lange fortbestehen. (Beschleunigt) steigende Güterpreise in Verbindung mit (relativ zur Produktivität) fallenden Nominallöhnen würden sie mehr oder weniger rasch eliminieren. Allerdings können andere Trägheiten im System die „Lebensdauer“ klassischer Unterbeschäftigung beträchtlich erhöhen – und es ist nicht nur möglich, sondern bei realistischen Annahmen über die Größenordnungen der relevanten Reaktionsparameter sogar wahrscheinlich, daß die Wirtschaft, statt zum Vollbeschäftigungsgleichgewicht zurückzufinden, in den – tendenziell stabilen – Zustand keynesianischer Arbeitslosigkeit gerät (siehe dazu Malinvaud [16] und Gerfin [10]). Ebenso offenkundig bleibt eine klassische Beschäftigungsbarriere umso länger erhalten, je rigider sich die Reallohnbildung vollzieht (was bei rein keynesianischer Arbeitslosigkeit keine Rolle spielt). Gesetzlich verankerte bzw. explizit vereinbarte Lohnindexklauseln oder de facto praktizierte Anpassungen der Nominallöhne an die laufende Preisentwicklung, die bei kontraktiven Nachfrageschocks hilfreich sein können, konservieren eine bestehende Reallohnspanne und blockieren somit die Überwindung von angebotsseitigen Problemen. Auch Nominallohnträgheiten nach unten wirken sich in den beiden Typen von Störungen unterschiedlich aus. Bei negativen Angebotsschocks sind sie weniger hinderlich, sofern Preisniveauerhöhungen nicht unterbunden werden.

Die Stabilisierungspolitik ist bei Angebotsschocks mit ungleich größeren Problemen konfrontiert als bei Nachfrageschocks. Im Extremfall vollständig inflexibler Reallöhne (hundertprozentige Indexierung) ist sie absolut machtlos gegenüber der Arbeitslosigkeit. Expansive Geldpolitik etwa würde ausschließlich Inflationsbeschleunigung erzeugen. In den realistischeren Fällen graduell eingeschränkter Reallohnflexibilität dagegen könnte sie durchaus den Beschäftigungsrückgang dämpfen oder gar verhindern, freilich auch dann nur unter Inkaufnahme eines verstärkten Preisauftriebs (der bei gegebenem Nominallohnanstieg die Reallohnspanne rascher reduziert). Umgekehrt besteht die Option eines restriktiven Kurses der Geld- (und Fiskal-)politik mit dem Ziel einer Eindämmung der inflatorischen Konsequenzen der Störung. Die eindeutige Folge dieser Strategie ist, daß zu jedem Preisniveau weniger Güter nachgefragt werden. Unter sonst gleichen Umständen verschärft sich dadurch die Gewinnkompression der Firmen, was sie zu einer weiteren Einschränkung der Produktion und der Beschäftigung, aber auch der Sachkapitalbildung veranlassen wird. Wenn jedoch die Dämpfung des Nominallohnanstiegs mit der durchgesetzten Inflationsdrosselung nicht zumindest Schritt hält, so erfährt die Arbeitslosigkeit auf dem Wege einer Vergrößerung und Verhärtung der Reallohnspanne eine nochmalige Erhöhung und Verlängerung.

Angebotsorientierte Erklärungen dürfen sich also nicht darauf beschränken, die Schocks selber und die unvollkommenen Anpassungen des privaten Sektors (vor allem in der Lohnbildung) an diese Schocks ins Auge zu fassen, sondern sie müssen dabei die makroökonomischen, nachfrageseitigen Reaktionsweisen der politischen Instanzen einbeziehen, deren Auswirkungen auf die durch die Angebotsschocks veränderten Verhältnisse im wesentlichen so sind, wie sie durch die traditionellen, nachfrageorientierten Modelle beschrieben werden. Zu berücksichtigen sind darüber hinaus zum einen mittel- und längerfristige Folgewirkungen und zum anderen Wechselbeziehungen zwischen den verschiedenen Volkswirtschaften, die von globalen Störungen wie den OPEC-Preisschocks prinzipiell gleichermaßen betroffen werden (können) und deren nationale Reaktionen darauf in ihren Wirkungen nicht auf das jeweils eigene Land beschränkt bleiben. Nur wenn man all dies (im vorliegenden Fall noch ergänzt um das Verhalten der OPEC-Staaten nach den Preisanhebungen für Öl) zusammensieht, erhält man ein leidlich umfassendes Bild vom „Teufelskreis der Stagflation".

2.3 Folgewirkungen hoher Dauerarbeitslosigkeit

Die bisherigen Erörterungen betrafen die Rolle der Lohn- und Preisdynamik sowie der betriebenen Makropolitik für die Entwicklung auf dem Arbeitsmarkt im Gefolge einer eingetretenen Störung. Es zeigte sich, daß unter durchaus plausiblen Reaktionshypothesen ein kumulativer Anstieg und eine wachsende Persistenz der Arbeitslosigkeit resultieren kann. Dies gilt sowohl für ursprünglich rein keynesianische Arbeitslosigkeit, der nicht schnell genug mit nachfragestimulierenden Impulsen begegnet wird, als auch für ursprünglich rein klassische Arbeitslosigkeit, wenn die ihr innewohnende Inflationsbeschleunigung mit kontraktiver Makropolitik bekämpft werden soll.

Sobald sich nun aber hohe Arbeitslosigkeit „eingenistet" hat (was in der Regel mit erheblicher Unterauslastung des Sachkapitals verbunden ist), so muß mit weiteren Tendenzen zur Verschlechterung der Beschäftigungssituation und in anderen Bereichen gerechnet werden. Eine Reihe von Faktoren führt zu einer Verlangsamung des Produktivitätsfortschritts und stellt damit ein zusätzliches Element im circulus vitiosus dar. Ebenso wie die Erhöhung von Inputpreisen ist rückläufiger Produktivitätsanstieg eine gewinnmindernde angebotsseitige Störung. Arbeitslosigkeit des keynesianischen Typs erhält eine klassische Komponente in Form einer positiven Reallohnspanne, während bei klassischer Arbeitslosigkeit die ohnehin existierende, eventuell durch kontraktive Politik bereits vergrößerte Spanne weiter ansteigen kann: „eine hohe Lohnspanne kann eine noch höhere Spanne erzeugen" (Bruno und Sachs [3], S. 188). Ansonsten ausreichende Abwärts-Flexibilität der Reallöhne genügt dann u. U. nicht mehr, um die Wachstums-, Gewinn- und Beschäftigungsschwäche zu überwinden.

Zu den Faktoren, die zu einer längerfristigen Abflachung der Produktivitätsentwicklung beitragen, gehört zunächst die bereits mehrfach angesprochene, durch schwache gesamtwirtschaftliche Aktivität und niedrige Profitraten induzierte Verminderung der Sachkapitalbildung. In engem Zusammenhang damit steht ein allmählicher

Anstieg des durchschnittlichen Alters der Produktionsanlagen, d.h. eine Verlangsamung des kapitalgebundenen technischen Fortschritts, der für eine Diffusion technischer Neuerungen sorgt. Ein weiterer Aspekt, dem Bruno und Sachs vermutlich mit Recht ein besonderes Gewicht beimessen, besteht darin, daß sich in Zeiten geringer gesamtwirtschaftlicher Anspannung strukturelle Anpassungen tendenziell träger vollziehen als bei normaler Faktorauslastung: die Reallokation der Ressourcen zwischen den Wirtschaftszweigen, aber auch innerhalb der Branchen und der einzelnen Firmen läßt im Tempo nach, was durch Erhaltungssubventionen und regulierende Eingriffe in den Arbeitsmarkt noch verstärkt werden mag. Geringes Aktivitätsvolumen reduziert darüber hinaus Qualifizierungsprozesse durch Lernen am Arbeitsplatz sowie – insoweit mit dem vorigen Punkt zusammenhängend – im Zuge von Arbeitsplatzwechseln, möglicherweise aber auch durch geringere Intensität der formalen Aus- und Weiterbildung. Diese und weitere Faktoren, die auch mit gestiegener Unsicherheit der Akteure zu tun haben, bewirken Produktivitätsverluste, die mehr oder weniger endgültig sind: sie lassen sich im Wiederaufschwung kaum zurückgewinnen.

Nicht völlig unabhängig von den Produktivitätseffekten, aber doch von eigenständiger Bedeutung sind die Konsequenzen hoher Dauerarbeitslosigkeit auf die Funktionseffizienz des Arbeitsmarktes, die sich in der Lage der sog. Beveridge-Kurve – der typischen, negativen Beziehung zwischen der Quote der Arbeitslosen und der offenen Stellen – widerspiegelt. Abnehmende Effizienz bedeutet eine Auswärtsverschiebung dieser Kurve: jede gegebene Höhe der offenen Stellen verbindet sich mit einer größeren Arbeitslosenquote oder anders herum: jede gegebene Arbeitslosenquote erfordert mehr offene Stellen. In Verbindung mit der bekannten Phillipsrelation – dem Zusammenhang zwischen Arbeitslosenquote und Inflationsrate, der sich durch ungünstige Angebotsschocks ebenfalls verschlechtert – läßt sich daran die Veränderung der sog. natürlichen Arbeitslosenquote, also derjenigen Quote, die sich ohne Gefahr einer Inflationsbeschleunigung aufrecht erhalten läßt, deutlich veranschaulichen. Zum Aspekt verminderter Funktionseffizienz des Arbeitsmarktes sei verwiesen auf Franz [7].

2.4 Internationale Wechselwirkungen

Globale, negative Angebotsschocks wie die OPEC-Preisschocks haben zumindest in den hochentwickelten ölimportierenden westlichen Industrieländern überall qualitativ die gleichen, stagflatorischen Konsequenzen. Aber es ist klar, daß dies in den einzelnen Volkswirtschaften aus diversen Gründen in recht unterschiedlicher Ausprägung (Niveau und Relation der Preis- und Mengeneffekte) erfolgen kann und wird. Die Ursache liegt zum einen in divergierenden Reaktionsweisen des privatwirtschaftlichen Sektors, die u.a. auf Spezifika der Branchenstruktur, der Produktionstechnik (inkl. der Substitutionselastizität), des Grades der Preis- und Lohnflexibilität sowie der Güternachfrageelastizitäten zurückzuführen sind. (Selbst anomale Konsequenzen können theoretisch nicht von vornherein völlig ausgeschlossen werden). Zum anderen kommt es, wie besprochen, auf die Wahl der makropolitischen Strategie an.

Nun sind die OECD-Länder durch intensiven Handels- und Kapitalverkehr vor allem untereinander eng verflochten, so daß sich beträchtliche Übertragungseffekte zwischen ihnen ergeben. Natürlich sind auch die Interdependenzen mit den übrigen Ländergruppen z.T. sehr bedeutsam. So haben z.B. Absorptionsprobleme der OPEC-Staaten und das Petro-Dollar-Recycling eine wichtige Rolle gespielt, doch soll darauf ebensowenig eingegangen werden wie auf durchaus interessante und verständnisfördernde Sonderentwicklungen in bestimmten Nicht-OECD-Ländern (Schwellenländer nach dem ersten Ölpreisschock).

Für die hier zur Diskussion stehenden Fragen der internationalen Transmission nationaler Vorgänge ist es ziemlich unerheblich, ob diese unmittelbar privatwirtschaftlichen Verhaltensweisen entsprungen sind oder durch staatliche Maßnahmen erzeugt wurden. Abgestellt sei auf die Transmissionseffekte nationaler Makropolitik. Zur Vereinfachung der Argumentation werden zwei große „Länder" – Inland (Westeuropa) und Ausland (Nordamerika) – im System flexibler Wechselkurse betrachtet. Von der Freigabe der Wechselkurse im Jahre 1973, die nicht zuletzt auch durch das Auftreten von Störungen auf der Angebotsseite ausgelöst worden war (s. Abschn. 3), hatte man weithin eine Abschirmung der außenwirtschaftlichen Flanken erhofft. Erwartet wurde entweder, daß destabilisierende Einflüsse aus dem Ausland automatisch durch Wechselkursanpassungen abgefangen würden, oder daß sie mit heimischen Politikmaßnahmen eliminiert werden könnten – auf jeden Fall also, daß die einzelnen Länder einen wesentlich größeren Spielraum in der Verfolgung ihrer Stabilitätsziele erhalten würden.

Automatische Abschirmung hat sich als Fehlerwartung erwiesen. Geld- und fiskalpolitische Maßnahmen im Ausland haben, von ganz extremen und entsprechend unplausiblen Reaktionskoeffizienten abgesehen, für die relevante mittlere Frist stets Wirkungen auf die Produktion, die Beschäftigung und das Preisniveau im Inland (und umgekehrt). Die Richtung dieser Einflüsse ist jedoch a priori nicht eindeutig bestimmt. Sie hängt insbesondere vom Grad der Reallohnrigidität im In- und Ausland ab. Traditionelle Modelle à la Mundell [17] kommen unter der Annahme preisunabhängiger Nominallohnbildung (keinerlei Indexierung) in beiden Ländern zu dem Ergebnis, daß kontraktive Geldpolitik des Auslandes sowohl das Aktivitäts- als auch das Preisniveau im Inland steigert: durch seine Verknappung wird der Dollar aufgewertet, was die Wettbewerbsfähigkeit Europas erhöht und folglich Nachfrage dorthin verlagert. Dies läßt die europäischen Preise steigen, was sich annahmegemäß nicht auf die Nominallöhne auswirkt. Mithin würde in Europa der Reallohnsatz sinken und eine Zunahme von Produktion und Beschäftigung rentabel machen. Dem wirkt freilich entgegen, daß durch die Dollaraufwertung der inländische Preis des (im Grundmodell nicht berücksichtigten) importierten Rohstoffs angehoben wird. Vor allem aber schwindet der aktivitätsbelebende Effekt mehr und mehr, je stärker die inländischen Löhne preisindexiert sind: mit steigendem Bindungsgrad wächst die Wahrscheinlichkeit des genau umgekehrten Einflusses der ausländischen Geldpolitik auf das Aktivitätsvolumen im Inland. Bei vollständiger Indexierung hierzulande führt eine Politik der knappen US-Geldmenge eindeutig zu stagflatorischen Erscheinungen in Europa. Analoges gilt für die ausländische Fiskalpolitik, nur mit umgekehrten Vorzeichen. Je starrer die Reallöhne in Europa (relativ zu den überseeischen), umso wahrscheinlicher ist es, daß expansive Fiskalpolitik in den USA die europäische Produktion und Beschäftigung drosselt und gleichzeitig den hiesigen Preisauftrieb beschleunigt.

In der Literatur herrscht die Auffassung vor, daß die Reallöhne in der Mehrheit der europäischen Länder sehr rigide sind, in den USA dagegen sehr flexibel (kaum Indexierung, Nominallohnrigidität). Unter derartigen Verhältnissen bedeutet die in den USA seit einigen Jahren betriebene Kombination von kontraktiver Geldpolitik mit expansiver Fiskalpolitik für Europa einen erheblichen stagflatorischen Impuls. Sie hat wie ein dritter Ölschock gewirkt und über innereuropäische Nachfrageeffekte auch auf diejenigen Länder ausgestrahlt, deren Reallöhne flexibler reagieren (und die deshalb von der fiskalpolitisch bewirkten amerikanischen Wirtschaftsbelebung sowie von der Dollaraufwertung direkt profitiert haben).

Soviel zur Illusion automatischer Abschirmungen durch Wechselkursflexibilität. Trotzdem können die einzelnen Länder versuchen, ihren eigenen, für vordringlich gehaltenen Stabilitätszielen – etwa dem der Geldwertstabilität – näher zu kommen. Aus den zuvor erörterten Gründen müssen sie dabei jedoch die im Ausland betriebene Politik in ihr strategisches Konzept einbeziehen, und dies wirft zusätzliche, gravierende Probleme auf. Entscheidet sich nur ein Land (oder eine Ländergruppe) für eine kontraktive Geldpolitik, um die inflatorischen Konsequenzen eines negativen Angebotsschocks zu bekämpfen, so wird es damit tendenziell und auf mittlere Frist erfolgreich sein, weil es via Aufwertung seiner Währung einen Teil seiner Inflation exportiert. Tun es dagegen alle, so ist auf diesem Wege für niemanden etwas zu gewinnen. Geschicht es ohne internationale Koordination, dann führen die gleichartigen Verhaltensweisen zu einer außerordentlich starken weltweiten Geldverknappung und angesichts der Transmissionsmechanismen zu einer massiven, weltweiten Rezession mit den diskutierten Verhärtungseffekten in der Arbeitslosigkeit. Andererseits wird die gesamtwirtschaftliche Aktivitätsschwäche allenthalben eine gewisse Beschleunigung des Inflationsrückgangs induzieren, aber wegen des erheblichen Trägheitsmoments inflatorischer Prozesse bleibt es für lange Zeit bei den ausgeprägten Stagflationserscheinungen. Man erkauft eine sehr allmähliche Preisberuhigung durch zunächst sehr hohe Produktions- und Beschäftigungsverluste, die sich ihrerseits als zählebig erweisen mögen, so daß es keineswegs sicher ist, nach beendeter Disinflation ohne erneute inflatorische Effekte wieder auf einen akzeptablen Beschäftigungsstand gelangen zu können – von den zwischenzeitlichen, unwiederbringlichen Wohlfahrtseinbußen gar nicht zu reden. Durch internationale Koordination der Makropolitik ließe sich der Teufelskreis der Stagflation eventuell entschärfen, aber dieser Frage soll hier nicht nachgegangen werden.

3 Einige empirische Befunde

3.1 Zu Vorgeschichte und Ausbruch der Stagflation

Fast alle Länder, unter ihnen die Bundesrepublik, erlebten seit Ende der fünfziger Jahre eine recht lange Periode mit für ihre jeweiligen Verhältnisse ungewöhnlich niedriger Arbeitslosigkeit sowie kräftigem Produktions- und Produktivitätswachstum in Verbindung mit geringem Preisauftrieb. Die anhaltende Arbeitsmarktanspannung brachte jedoch – in Übereinstimmung mit der Akzelerationsthese von Friedman [8] und Phelps [19] – einen zwar langsamen, aber mehr oder weniger stetigen Anstieg der Inflationsraten, der in manchen Ländern als derart besorgniserregend empfunden wurde, daß man sich zu kräftigem Gegensteuern entschloß. So gingen Mitte der sechziger Jahre in der Bundesrepublik die Geld- und Fiskalpolitik bei einer jährlichen Verteuerung der Lebenshaltung von kaum über 3 v. H. unter bewußter Inkaufnahme eines Aktivitätseinbruchs auf streng restriktiven Kurs. Damals gelang es, die Tarifvertragsparteien in der konzertierten Aktion zu lohnpolitischer Unterstützung zu gewinnen, wobei den Gewerkschaften ihre Zustimmung durch das Versprechen „sozialer Symmetrie“ im späteren Wiederaufschwung zumindest erleichtert wurde. Trotzdem verdreifachte sich die Arbeitslosenquote 1967 gegenüber den Vorjahren, aber die Inflation kam beinahe unverzüglich fast zum Stillstand, so daß die fiskal- und geldpolitischen Instanzen die Bremsen lockerten, ohne allerdings nennenswerte expansive Impulse zu geben, was den Sachverständigenrat [22] seinerzeit – es lohnt sich, das nachzulesen – ebenso zu harscher Kritik veranlaßte wie die Rigorosität der vorherigen Kontraktionspolitik.

Dennoch trat bereits 1968 die konjunkturelle Wende ein, als ein unerwarteter, massiver Exportsog einsetzte, der u. a. aus expansivem Nachfragemanagement im Ausland und aus der Intensivierung des Vietnamkrieges resultierte und der zuerst die Investitionen und dann auch den Konsum im Inland hochschnellen ließ. Die Arbeitslosigkeit sank rasch auf die niedrigen Werte vor der Rezession zurück. Lang laufende Tarifverträge banden den Gewerkschaften die Hände, und es kam zu einer enormen Gewinnexplosion. Diese gravierende Verletzung der sozialen Symmetrie löste 1969 wilde Streiks und nach Ablauf der Friedenspflicht militantes Gewerkschaftsverhalten aus. Die Folgejahre waren gekennzeichnet durch scharf geführte Verteilungskämpfe, die zu einer beträchtlichen Umverteilung zugunsten der Arbeitnehmer führten.

Dieser Lohnkostenschub stellte den ersten negativen Angebotsschock dar. Er hatte allerdings noch keine kontraktiven Folgen für die Produktion und die Beschäftigung, weil die Bundesbank den sich aufschaukelnden Boom (nolens volens) monetär weitgehend akkommodierte und darüber hinaus, gemeinsam mit der Fiskalpolitik, einer sich Anfang der siebziger Jahre anbahnenden Abschwächung entgegenwirkte. Unter diesen Konstellationen mußte die Inflationsrate rapide ansteigen (s. 2.2). Ihr Akzelerationstempo reichte jedoch nicht aus, um eine übermäßige Reallohnerhöhung zu verhindern. Folglich sanken die Profitraten auf ein Niveau weit unterhalb dessen, das sie in früheren Vollbeschäftigungsperioden aufwiesen. Aufgrund von Reaktionsträgheiten war anscheinend ein Zustand zurückgestauter – noch nicht voll angepaßter – Inflation entstanden.

Im Ergebnis ähnliche, wenn auch im einzelnen mehr oder weniger unterschiedliche Entwicklungen der Lohn-, Geld- und Fiskalpolitik vollzogen sich während dieser Phase in einer Vielzahl von Ländern, wobei sich unter dem Bretton-Woods-System fixer Wechselkurse die hausgemachten Inflationen international schnell ausbreiteten und wechselseitig verstärkten. Insbesondere die Verpflichtung zur Stützung des überbewerteten Dollars zwang die Zentralbanken der meisten Länder zu drastischen Interventionen auf den Devisenmärkten mit der Konsequenz einer weltweiten, inflationsaufheizenden Liquiditätsschwemme. Auch Wechselkurskorrekturen und andere Maßnahmen blieben ohne nachhaltigen Erfolg. Im Frühjahr 1973 kollabierte das – zuvor schon bröckelnde – System von Bretton-Woods endgültig.

Sicher ist, daß die Stagflationsperiode nicht allein durch den ersten Ölpreisschock eingeleitet wurde. Von den Fesseln fixer, den tatsächlichen Verhältnissen längst nicht mehr entsprechender Wechselkurse befreit, schwenkte die nationale Wirtschaftspolitik praktisch überall auf antiinflatorischen Kurs. Auch ohne den OPEC-Schock hätte dies Stagflationserscheinungen hervorgerufen, es sei denn, es wäre gelungen, eine einkommenspolitische Absicherung zu erreichen. Den spektakulärsten Versuch dazu unternahm (schon ab 1971) Präsident Nixon mit seinen Lohn- und Preiskontrollen in den USA, die jedoch letztlich scheiterten. In der Bundesrepublik setzten die Gewerkschaften noch 1973 und 1974 trotz angekündigter bzw. bereits betriebener Deflationspolitik zweistellige Lohnerhöhungen durch. In diese Situation traf der erste OPEC-Schock, für dessen preistreibende Effekte die Gewerkschaften überdies einen Lohnausgleich verlangten, den die Arbeitgeber in der irrigen Erwartung unverminderter Überwälzungsspielräume gewährten. Erst diese Kombination von restriktiver Nachfragepolitik, Rohstoffpreisexplosion, trägen Inflationserwartungen und (vor allem in Westeuropa) rigiden Reallöhnen macht – vor dem Hintergrund der vorausgegangenen Entwicklungen und im internationalen Kontext – die Schwere der alle Bereiche umfassenden Krise in der Mitte der siebziger Jahre verständlich, wobei der Ölpreiseinfluß in der Bundesrepublik wegen der sich damals vollziehenden DM-Aufwertungen vergleichsweise milder ausfiel als anderswo. Auch die zweite, noch gravierendere weltweite Rezession in den frühen achtziger Jahren entsprang einer Kombination von Angebots- und Nachfragefaktoren. Einige Aspekte der dynamischen Wechselwirkungen dieser Faktoren im Verlauf der Stagflationsepoche und danach sollen jetzt einer expliziten empirischen Überprüfung unterzogen werden.

3.2 Zur Entwicklung der Reallohnspanne

Die Reallohnspanne dient, wie oben (2.2) schon kurz erläutert, als ein Maß für die Kostenbelastung der Wirtschaft. Sie stellt, um es nochmal zu verdeutlichen, auf das Verhältnis von Erlösen zu den gesamten Kosten ab – nicht nur, wie man aus ihrer Bezeichnung schließen könnte, auf die Arbeitskosten allein. Auch bei konstanten Lohnkosten je Produkteinheit wächst sie, wenn sich andere Faktoren (je Produkteinheit) verteuern oder wenn, etwa wegen Nachfrageschwäche, die Preise sinken bzw. verlangsamt steigen. Verstärkter Lohndruck muß also keineswegs ursächlich sein.

Die in der Literatur vorgenommenen Versuche zur Quantifizierung der Reallohnspanne stützen sich auf im wesentlichen übereinstimmende produktions- und verteilungstheoretische Überlegungen, deren Erörterung hier zu weit führen würde. Letztlich läuft es immer darauf hinaus, Periode für Periode die Divergenz zwischen der Entwicklung der inflationsbereinigten Arbeitskosten je Arbeitseinheit und der Entwicklung der durchschnittlichen Arbeitsproduktivität zu berechnen, letztere korrigiert um andere Kosteneffekte wie den Effekt von Veränderungen der indirekten Steuern und Subventionen, von Verschiebungen im Austauschverhältnis mit dem Ausland (der Terms of Trade, die auch Wechselkursänderungen reflektieren) sowie von Veränderungen jedenfalls eines Teils der Kapitalnutzungskosten. Zur Ermittlung der Reallohnspanne muß die durch ein solches Fortschreibungsverfahren gewonnene Zeitreihe normiert, d. h. um den Wert bereinigt werden, der in einer Periode näherungsweisen Vollbeschäftigungsgleichgewichts geherrscht hat. Damit erhält man eine Schätzung, um wieviel Prozent die Reallöhne jeweils „zu hoch“ (bzw. zu niedrig) waren. Als Vergleichswert wird meist der Durchschnitt der Periode von 1965 bis 1969 gewählt. Angesichts der damaligen Turbulenzen mag man das für eine zweifelhafte Entscheidung halten. Zumindest für die Bundesrepublik erscheinen die frühen sechziger Jahre als überzeugendere Referenzperiode. Man ist dann auch insofern auf der „sicheren Seite“, als in dieser Zeit die effektiv gezahlten Löhne (und Gehälter) fast ständig stärker stiegen als die tariflichen Sätze (positive Lohndrift). Übermäßige Kostenbelastungen können demnach kaum vorgelegen haben. Der Unterschied macht allerdings selbst im Maximum der Lohnspanne weniger als zwei Prozentpunkte aus.

Vorliegende Schätzungen der Reallohnspannen betreffen überwiegend das verarbeitende Gewerbe, z. T. aber auch die Gesamtwirtschaft bzw. deren privaten Sektor, in einem Fall (Gordon [13]) mit grober sektoraler Aufgliederung, für Westeuropa allerdings nur insgesamt, nicht länderweise. Im übrigen divergieren die Ansätze u. a.

in dem zugrundegelegten Produktivitätsmaß. Mehrheitlich wird – dem theoretischen Konzept des „real wage gap“ entsprechend – versucht, die Spanne auf Basis desjenigen Produktivitätsniveaus zu ermitteln, das im Zustand der Vollbeschäftigung erreicht worden wäre, wofür wiederum unterschiedliche Schätzmethoden benutzt werden. Ein weiteres Problem der beschäftigungstheoretisch adäquaten Messungen der Reallohnspanne ergibt sich, wenn die Substitutionselastizität zwischen Arbeit und Kapital einen erheblich von eins abweichenden Wert besitzt.

Eine ins einzelne gehende Darstellung und Diskussion der Befunde aus den diversen international vergleichenden Studien kann hier nicht erfolgen. Neben z. T. erheblichen, klärungsbedürftigen Diskrepanzen weisen sie in den geschätzten Grundverläufen der Lohnspannen auch deutliche Übereinstimmungen auf. Zusammenfassend läßt sich sagen, daß – gemäß diesen Schätzungen – in den meisten europäischen Ländern sowie in Japan zwischen 1969 und 1976 Reallohnspannen beträchtlichen Umfangs entstanden sind – ein Teil von ihnen überwiegend vor dem ersten Ölpreisschock, andere überwiegend in dessen Gefolge. In manchen Ländern setzte sich der Anstieg danach (verlangsamt) fort, in anderen bildete sich die Spanne allmählich wieder zurück, und in einigen Volkswirtschaften brachte der zweite OPEC-Schock (und die politischen Reaktionen darauf) eine erneute Erhöhung. Spätestens seit 1983 sinkt die Spanne jedoch nahezu ausnahmslos und oft in rapidem Tempo, so daß vielfach schon sehr bald eine weitgehende Annäherung oder gar Unterschreitung der Vergleichswerte aus den sechziger Jahren eintrat. Demgegenüber verlief dieser Prozeß in den USA während der gesamten Periode verhältnismäßig stetig und auf sehr niedrigem Niveau.

Die für die Bundesrepublik geschätzten Größenordnungen der Reallohnspanne reichen in den Spitzenjahren (1974 und um 1981) meist an 15 v.H. heran, z. T. sogar darüber hinaus. Dies gilt für Untersuchungen sowohl des produzierenden Gewerbes auf Basis der Vollbeschäftigungsproduktivität (Artus [1], Bruno/Sachs) als auch der Gesamtwirtschaft auf Basis der tatsächlichen Produktivität (OECD). Wir haben derartige Größenordnungen (mit gleichartigen analytischen Verfahren) nicht reproduzieren können. Auch der Sachverständigenrat, der diesbezügliche Berechnungen bereits 1971 erstmals vorgelegt und seitdem methodisch immer weiter verfeinert hat (und der nicht gerade in dem Ruf steht, den Lohnkosten ein zu geringes Gewicht beizumessen), gelangt zu wesentlich kleineren Werten. Die von ihm regelmäßig ausgewiesenen „Veränderungen der Reallohnposition der Arbeitnehmer“ implizieren die Entwicklung der Reallohnspanne im hier verwendeten Sinn und lassen sich (durch Kumulation und Normierung auf eine Referenzperiode) unmittelbar zu dieser umrechnen. Legt man die mit der jüngsten und wohl akkuratesten Verfahrensversion ermittelten Resultate zugrunde ([23], Ziff. 53 ff. und Anhang VI.B), so erhält man eine Spanne von 5,4 bzw. 7,2 v. H. im Spitzenjahr 1974, je nachdem, ob man als Bezugsperiode die frühen sechziger Jahre oder die zweite Hälfte dieser Dekade wählt. Die entsprechenden Werte für 1980/81 belaufen sich auf 3,8 resp. 5,6 v. H. Sie beziehen sich alle auf den privaten Sektor der Wirtschaft mit dessen tatsächlicher Produktivität, und sie klammern nur den Zinskosteneffekt aus.

Abbildung 1 konfrontiert die Schätzergebnisse der OECD mit denjenigen, die sich aus den Zahlen des Sachverständigenrats ergeben. Trotz des sehr erheblichen Niveauunterschieds weisen beide Reihen doch einen ähnlichen Grundverlauf auf: starker Anstieg bis 1974, Rückgang bis 1979, nochmaliger Anstieg zu Beginn der achtziger Jahre und dann ein steiler Abfall in die Nähe von Null oder sogar darunter. Der erstaunlich große Niveauunterschied erklärt sich vermutlich ganz überwiegend aus

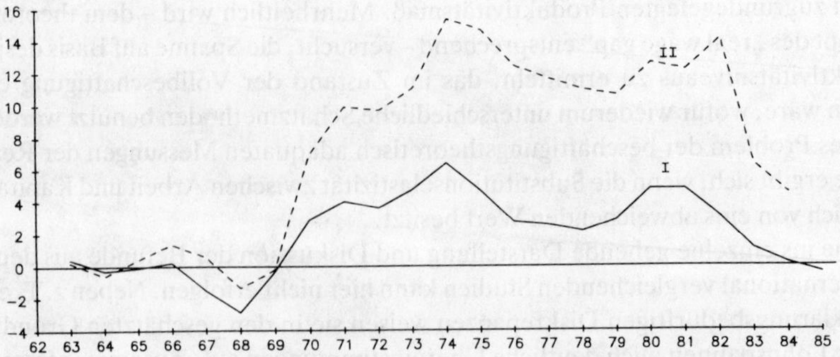

Abb. 1. Entwicklung der Reallohnspanne 1963–85 in Prozentpunkten, 1963–65 = 0. I: berechnet nach Sachverständigenrat, II: berechnet nach OECD

einer Inkonsistenz in der OECD-Berechnungsweise (s. die Verfahrenserläuterung in [23] zu Tab. 6*). Die OECD bezieht das Einkommen aus unselbständiger Arbeit auf die Zahl der beschäftigten Arbeitnehmer, verwendet aber als Produktivitätsmaß das reale Bruttoinlandsprodukt in Relation zur Gesamtzahl der Erwerbstätigen. Wegen des gestiegenen Anteils der Arbeitnehmer an den Erwerbstätigen – 1965: 80,6 v. H., 1981: 87,3 v. H., danach leicht rückläufig – bedeutet das einen kräftig nach oben verzerrten Anstieg der Reallohnspanne. Die um die Veränderung der Arbeitnehmerquote korrigierten OECD-Zahlen unterscheiden sich nur noch wenig von denen à la Sachverständigenrat. Gordon ([13], Appendix A) hat kürzlich einige Kalkulationen angestellt, die seinen Verdacht stützen, daß auch die sonstigen vorliegenden Schätzungen aufgrund derartiger statistischer Effekte eine weit ausgeprägtere Reallohnrigidität vorspiegeln, als es der Wirklichkeit in zahlreichen europäischen Ländern und vor allem in Japan entspricht.

3.3 Kostenbelastung, Nachfrageschwäche und Arbeitslosigkeit

Ungeachtet möglicher empirischer Überschätzungen kann an der zumindest zeitweiligen Existenz einer durchaus beträchtlichen Reallohnspanne – die, um es zu wiederholen, einen Indikator für eine übermäßig hohe Gesamtkostenbelastung darstellt – kein vernünftiger Zweifel bestehen, und es ist zu erwarten, daß davon ein nachweisbarer beschäftigungsmindernder Einfluß ausgegangen ist. Auf der anderen Seite ergaben die vorstehenden theoretischen und historisch-deskriptiven Überlegungen, daß die lang anhaltende, bis vor kurzem weiter steigende Arbeitslosigkeit auf eine Verquikkung von Kosten- und Nachfrageeffekten einschließlich der Auswirkungen wirtschaftspolitischer Reaktionsweisen und internationaler Transmissionen zurückzuführen ist. In der jüngeren Literatur, auf die dieser Beitrag Bezug nimmt, sind mehrfach solche kombinierten Hypothesen explizit formuliert und erfolgreich ökonometrisch getestet worden. Neben der Reallohnspanne als Kostenvariable haben sich dabei die reale Geldmenge und das reale Welthandelsvolumen als nachfrageseitige Variable zur Erklärung der Arbeitslosigkeitsentwicklung besonders bewährt. (Natürlich wäre es wünschenswert, die Effekte internationaler Wechselwirkungen unmittelbar zu erfassen, also nicht nur über den zusammenfassenden Ergebnisindikator Welthandelsvolumen. Dies steht auf unserer Agenda). Daneben zeigt sich – kaum überraschend – ein erhebliches Trägheitselement in der Arbeitslosigkeit, dem durch Aufnahme der um eine oder mehrere Perioden verzögerten Arbeitslosenquote in die Schätzgleichung Rechnung zu tragen ist (was nicht in allen Untersuchungen geschehen ist). Ferner wird gewöhnlich ein Zeittrend sowie zuweilen die eine oder andere Zeitsprungvariable hinzugefügt. In manchen Studien ist aus derartigen Schätzergebnissen errechnet worden, welchen Beitrag man den einzelnen Variablen zur Erklärung der Arbeitslosigkeit im Zeitlauf zuschreiben kann (Komponentenzerlegung der Arbeitslosigkeit). Es ist eigentlich verwunderlich, daß der Sachverständigenrat bisher keinen Versuch unternommen (oder publiziert) hat, mit seinen selbst erzeugten Daten derartige Tests anzustellen.

Wir haben in Anlehnung an diese Ansätze eine Reihe solcher Hypothesenspezifikationen für den bis 1985 verlängerten Zeitraum überprüft. Abhängige Variable ist dabei die Arbeitslosenquote in nationaler Definition, also nicht nach der OECD-Standardisierung, Kostenvariable meist die aus der Reallohnposition des Sachverständigenrates gewonnene Lohnspanne, zu Vergleichszwecken aber auch deren Umschätzung auf Basis der Vollbeschäftigungsproduktivität sowie die (ummodifizierte) Lohnspanne der OECD, ferner – alternativ oder kombiniert – verschiedene Nachfragevariable in Verbindung mit Trend- und Zeitsprungvariablen oder ohne sie, sowie mit unterschiedlichen Annahmen über die Trägheitseigenschaften der Arbeitslosigkeit. Die bisher beste Schätzgleichung für die Periode von 1963 bis 1985 lautet:

$$\underset{}{U} = \underset{(4{,}2)}{-1{,}04} + \underset{(6{,}7)}{0{,}58\,U_{-1}} + \underset{(5{,}7)}{0{,}23\,RLS_{-1}} - \underset{(4{,}6)}{10{,}04\,RM_{-1}} - \underset{(2{,}2)}{0{,}03\,WH} + \underset{(5{,}6)}{0{,}50\,t} \qquad (1)$$

$$\bar{R}^2 = 0{,}988,\ DW = 1{,}784,\ h = 0{,}636,\ SEE = 0{,}324$$

U = Arbeitslosenquote in Prozentpunkten; RLS = Restlohnspanne gemäß Sachverständigenrat in Prozentpunkten, 1962 - 65 = 0; RM = Geldmenge M1 am Jahresende, deflationiert mit dem Verbraucherpreisindex, in Logarithmen; WH = Weltexportvolumen, Trendabweichungen in Logarithmen; t = Zeit. – Subskripte – 1: um eine Periode verzögert. – Unter den Koeffizienten in Klammern: t - Werte. - $\bar{R}^2$: um die Zahl der Freiheitsgrade korrigiertes Bestimmtheitsmaß; DW = Durbin-Watson-Autokorrelationsstatistik; h = Durbins korrigiertes Autokorrelationsmaß für Schätzungen mit verzögerter Endogener; SEE = Standardfehler der Schätzung in Prozentpunkten.
Schätzverfahren: OLS. Daten: Jahresdaten. Eigene Berechnungen nach Angaben des Statistischen Bundesamtes, der Deutschen Bundesbank, der OECD und des Sachverständigenrates.

Durch diese Gleichung wird die Varianz in der Arbeitslosenquote zu fast 99 v. H. statistisch erklärt. Autokorrelation (erster Ordnung) besteht offenbar nicht. Alle Koeffizienten besitzen das theoretisch richtige Vorzeichen und sind hoch signifikant: Die Arbeitslosenquote steigt mit zunehmender Reallohnspanne, mit restriktiverer Geldpolitik und mit nachlassender Welthandelsaktivität. Die Gleichung besagt, daß eine Erhöhung der Reallohnspanne um einen Prozentpunkt die Arbeitslosenquote kurzfristig, d. h. während eines Jahres, um 0,23 Prozentpunkte anhebt, eine gleich starke einmalige Verringerung des Geldmengenwachstums dagegen „nur" um einen Zehntel-Prozentpunkt. Zu beachten ist jedoch, daß es bei diesem Primäreffekt nicht bleibt, wenn die Niveauänderung beständig ist, denn die (im Koeffizienten von U_{-1} eingefangene) Anpassungsträgheit bewirkt in der Folgezeit eine Fortsetzung des Anstiegs der Unterbeschäftigung. Es entsteht eine zunehmende, aus der Vergangenheit „ererbte" Arbeitslosigkeitskomponente. Der Endeffekt einer einmaligen, dauerhaften Änderung in der genannten Größenordnung beträgt für die Lohnspanne 0,55, für die Geldversorgung 0,24 Prozentpunkte – bei stärkeren Veränderungen ein entsprechendes Vielfaches davon.

Der Einfluß des Welthandels ist zwar statistisch gesichert, erscheint aber vergleichsweise sehr schwach. Zu bedenken ist allerdings, daß in Gleichung (1) seine Trendabweichung als erklärende Variable verwendet wird. In den vorgenommenen Schätzungen deutet sich ein durchaus erheblicher Trendeffekt dieser Variablen an: läßt man sie aus der Spezifikation heraus, so reduziert sich der Trendkoeffizient der Arbeitslosengleichung um rd. ein Drittel seines ausgewiesenen Betrages. Zum Teil reflektiert sie also offenbar Rückwirkungen der (über lange Zeit gedämpften) Außenhandelsentwicklung, die noch näher untersucht werden müssen. Dies ist besonders deshalb wichtig, weil das – bei gegebener Reallohnspanne und gegebenem Welthandelsvolumen – für langfristige Konstanz der Arbeitslosenquote erforderliche Wachstum der Realgeldmenge diesem Koeffizienten direkt proportional ist. Aus Gleichung (1) errechnet sich ein Proportionalitätsfaktor von zehn, woraus folgt, daß ceteris paribus Konstanz der Arbeitslosenquote ein reales Geldmengenwachstum von 5 v. H. verlangt.

Die in der wiedergegebenen Schätzung enthaltene Reallohnspanne beruht auf der jeweils realisierten Arbeitsproduktivität. Das statistische Ergebnis verschlechtert sich, wenn man stattdessen die bei Voll- und Normalbeschäftigung zu erwartende Produktivität zugrundelegt. Benutzt man die (höhere) Lohnspanne der OECD anstelle derjenigen des Sachverständigenrates, so verkleinert sich lediglich der Koeffizient der Kostenvariablen entsprechend. Andere nennenswerte Änderungen ergeben sich nicht. Wie bereits erwähnt, enthält die „Reallohnposition der Arbeitnehmer" des Sachverständigenrates keine Zinskosten. Ein Zinskosteneffekt wird vom Sachverständigenrat jedoch separat ausgewiesen, wobei als relevante Größe für die Unternehmensentscheidungen ein langjähriger Durchschnitt der Realzinsen (gleitende Zwölf-Jahres-Mittelwerte) angesehen wird. Wir haben keinen signifikanten Einfluß dieser Variablen feststellen können. Möglicherweise sind aktuellere Werte der Realzinsen (wesentlich kürzerfristige Mittelungen) für die Entscheidungen maßgeblich.

Ferner wurden einige Experimente bezüglich der Fiskalpolitik unternommen. Der Koeffizient eines aus den Berechnungen des Sachverständigenrates ermittelten Indikators für fiskalpolitische Impulse hat zwar das erwartete negative Vorzeichen, ist aber nur dann signifikant, wenn dieser Indikator statt der realen Geldmenge – also nicht zusätzlich – in die Spezifikation aufgenommen wird. Bei der konkreten Ausgestaltung der Makropolitik (policy mix) in der Bundesrepublik während der Untersuchungsperiode erscheint der Geldmengeneffekt als der dominante Faktor. Zu diesem Ergebnis gelangen offenbar auch andere Studien mit anderen Fiskalindikatoren, etwa dem der OECD (s. Bruno [2]).

Mit keiner der in der Literatur vielfach benutzten Dummy-Variablen ergab sich eine Verbesserung des Schätzergebnisses. Die Koeffizienten der erklärenden Variablen scheinen jedoch im Verlauf der Untersuchungsperiode nicht konstant geblieben zu sein. So vergrößern sich z. B. sowohl der Geldmengen- als auch der Trendkoeffizient erheblich, wenn man das Ende der Schätzperiode von 1981 auf 1983 und von 1983 auf 1985 verschiebt, d. h. jüngere Beobachtungen berücksichtigt. Eine genaue Analyse der Koeffizienten-Zeitpfade sowie der Konsequenzen eventueller Änderungen im quantitativen Zusammenhang für die grundlegenden Schlußfolgerunqen steht noch aus.

Auf Basis von Gleichung (1) haben wir die Entwicklung der Arbeitslosigkeit in die Reallohn-, die Geldmengen- und die Welthandelskomponente sowie die „ererbte"

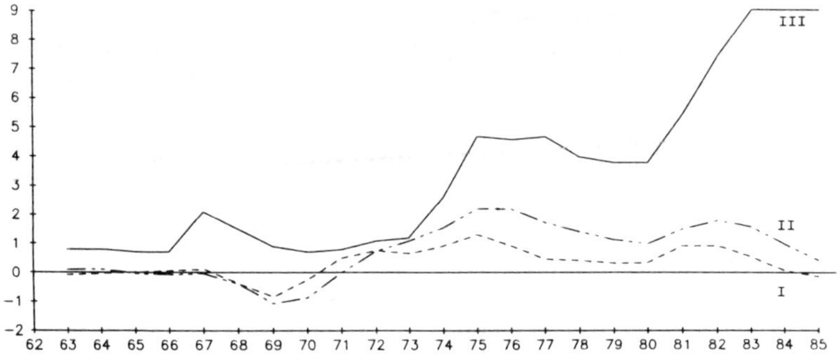

Abb. 2. Geschätzter Einfluß der Reallohnspanne auf die Arbeitslosenquote, 1962–85. I: Effekt der laufenden Spanne, II: Gesamteffekt, III: Arbeitslosenquote

Arbeitslosigkeit zerlegt, letztere – was in der Literatur bisher unterlassen worden ist – nochmals aufgegliedert danach, inwieweit sie früherer Kostenüberhöhung, Geldverknappung oder Welthandelsschwäche entsprungen ist.

Abbildung 2 zeigt den Verlauf der tatsächlichen und derjenigen Arbeitslosenquote, die der Reallohnspanne zuzurechnen ist, und zwar zum einen der laufenden (genauer: der Vorperioden-) Spanne und zum anderen der ganzen Geschichte der Lohnspanne, also einschließlich ihrer Vererbungseffekte. Neben den Einflüssen der Lohnmäßigung während und nach der Rezession von 1966/67 erkennt man deutlich die Auswirkungen der Verteilungskämpfe und der OPEC-Schocks am Anfang und in der Mitte der siebziger Jahre bzw. um 1980. Der gesamte Kosteneffekt beläuft sich im Maximum auf 2,2 Prozentpunkte (1975/76) und damit auf rd. die Hälfte des bis dahin erfolgten Anstiegs der Arbeitslosenquote gegenüber der Referenzperiode (1963-65). Von da an überwogen immer die Totaleffekte der Nachfrage, unter ihnen mit bei weitem höchstem Gewicht diejenigen Effekte, die in der realen Geldmenge zum Ausdruck kommen und deren Verlauf Abbildung 3 – analog zur Darstellung der Effekte der Reallohnspanne in Abbildung 2 – widerspiegelt. Auffällig sind die Arbeitsmarktkonsequenzen der im ganzen restriktiven Geldpolitik von 1973 bis 1977 und, noch massiver, seit 1979. Gegenwärtig (1986) dürften Kosteneinflüsse einschließlich ihrer ererbten Komponente vollständig beseitigt sein.

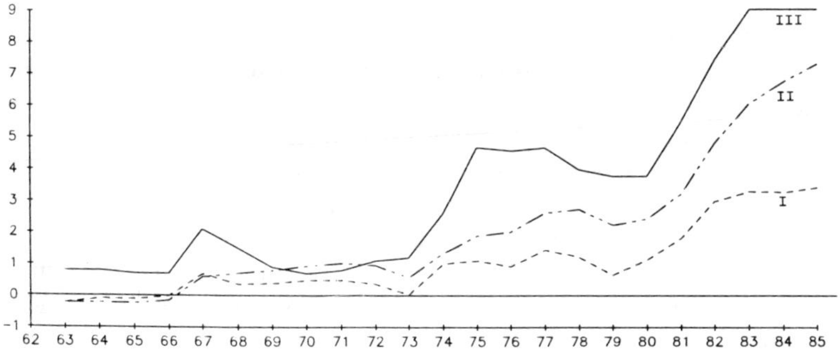

Abb. 3. Geschätzter Einfluß der realen Geldmenge auf die Arbeitslosenquote, 1962–85. I: Effekt der laufenden Geldmenge, II: Gesamteffekt, III: Arbeitslosenquote

Die skizzierten Ergebnisse zur Aufspaltung der Arbeitslosenquote, die denen von Bruno [2] ähnlich sind, stützen weitgehend die mit gänzlich anderen Methoden erzielten Befunde von Horn und Möller [14] über den Wechsel des Charakters der Arbeitslosigkeit in der Bundesrepublik Deutschland. Sie hat ihre zunächst stark klassisch geprägten Züge schon in den späteren siebziger Jahren mehr und mehr verloren und seitdem – trotz des OPEC-II-Intermezzos – immer stärker keynesianische Charakteristika angenommen, insbesondere in den letzten Jahren. All das bedeutet, daß sich die Reallöhne jedenfalls mittelfristig als flexibel genug erwiesen haben, um die Lohnspanneneffekte von negativen Angebotsschocks und die sie tendenziell noch vergrößernden Wirkungen kontraktiver geldpolitischer Reaktionen darauf zu kompensieren. Dies schließt Lohnanpassungen an die Verlangsamung des Produktivitätsfortschritts, die durch hohe Dauerarbeitslosigkeit induziert wird, mit ein. Es läßt sich zeigen, daß die in Abschnitt 2.3 kurz erörterten, vielfältigen und komplementären Ursachen rückläufigen Produktivitätswachstums, deren Einzeleffekte kaum quantifizierbar sind, in ihrer Gesamtwirkung gut durch die Pauschalvariable „kumulierte Arbeitslosenquote" erfaßt werden können (vgl. Bruno und Sachs [3]). Unsere Schätzungen bestätigen, daß eine Produktivitätsgleichung u. a. mit dieser erklärenden Variablen ökonomisch plausible und statistisch sehr zufriedenstellende Ergebnisse liefert. Andererseits zeigen die Resultate zur Messung der Reallohnspanne und ihrer Arbeitsmarkteffekte, daß von dem verringerten Produktivitätszuwachs keine unmittelbaren, lang anhaltenden Beschäftigungsfolgen ausgegangen sind. Aber es hat wohl, ähnlich wie in den USA, an genügender Nominallohnflexibilität gefehlt (die bei keynesianischer Arbeitslosigkeit erforderlich ist), so daß der inflatorische Auftrieb lange Zeit fortbestand, was einerseits die Reallohnanpassung forcierte, andererseits aber die Bundesbank auf restriktivem Kurs hielt. Die einfach anmutenden Schätzergebnisse sind das Ergebnis einer recht komplexen Systemdynamik.

In den allerletzten Jahren ließ die Geld- (und Fiskal-)politik wieder eine Nachfragebelebung zu, die in Kombination mit den anderen Einflußfaktoren in Gleichung (1) den Anstieg der Arbeitslosenquote nahezu zum Stillstand brachte. Allerdings waren die expansiven Kräfte auf der Nachfrageseite nicht stark genug, um die Senkung der Arbeitslosigkeit zu erlauben, die die Verbesserung der Angebotsbedingungen – gemessen an der Reallohnspanne – für sich genommen ermöglicht hätte (1985 gegenüber 1983 -1,1 anstelle der eingetretenen + 0,2 Prozentpunkte). Auch daran zeigt sich der vorherrschend keynesianische Charakter der derzeitigen Arbeitslosigkeit.

Zu beachten ist freilich das inzwischen große Gewicht der in der Vergangenheit aufgestauten, aus den verschiedenen Quellen entsprungenen Arbeitslosigkeit. Man kann die gesamte „ererbte" Komponente als ein Maß für die „natürliche" Arbeitslosigkeit interpretieren, die mit nachfragestimulierenden Mitteln nur ganz allmählich und ohne angebotsseitige Unterstützung nur mit dem Risiko einer Inflationsbeschleunigung unterschreitbar ist. Geht man davon aus, daß die knapp einprozentige Arbeitslosenquote in den frühen sechziger Jahren in etwa dem damaligen „natürlichen" Niveau entsprach, so erhält man aus Gleichung (1) bereits für 1976/77 einen Wert von rd. 3 v.H. und – nach zwischenzeitlich leichtem Rückgang – eine weitere Erhöhung auf ca. 5,5 v.H. in den Jahren 1984 und 1985. Dies sind Größenordnungen, die sich sehr weitgehend mit denjenigen decken, die von anderen Autoren mit Hilfe andersartiger Schätzansätze ermittelt worden sind (z.B. Coe [4] und Franz [5], [6], [7]). Sie machen deutlich, daß einer nachfrageorientierten Beschäftigungspolitik zwar engere Grenzen gesetzt sind, als manche glauben, daß ihr aber auf mittlere Frist dennoch ein beträchtlicher Wirkungsspielraum nicht abzusprechen ist, wie es verbreitet geschieht. Ihr Spielraum dürfte in der jüngeren Vergangenheit und der Gegenwart erheblich weiter sein als in der zweiten Hälfte der siebziger Jahre, die oft als Beleg für ihre Untauglichkeit angeführt werden, obwohl sie auch damals keineswegs erfolglos verpuffte. Die Ergebnisse verdeutlichen zugleich die Wichtigkeit der Herstellung und Erhaltung günstiger Angebotsbedingungen, aber eben auch die Tatsache, daß durch sie allein das Beschäftigungsproblem in absehbarer Zeit nicht zu lösen ist. Weder die eine noch die andere Einseitigkeit der Politikorientierung kann theoretische und empirische Fundierung für sich in Anspruch nehmen, und je nach herrschender Makrokonstellation sind unterschiedliche Antworten auf die Frage zu geben, welcher Beitrag von welchem Politikbereich zu erwarten ist. Generalisierende Urteile (und damit auch starre Rollenzuweisungen) entbehren der Rechtfertigung. Der hier erörterte Ansatz eröffnet – wenn er auf andere gesamtwirtschaftliche Zusammenhänge erweitert wird, wozu in der Literatur bereits einiges vorliegt – eine Möglichkeit, der Wirtschaftspolitik differenziertere und verläßlichere Diagnosen und Handlungsempfehlungen anzubieten.

Literatur

1. Artus J R (1984) The Disequilibrium Real Wage Rate Hypothesis: An Empirical Evaluation. Int Mon Fund Staff Pap 31: 249–302
2. Bruno M (1985) Aggregate Supply and Demand Factors in OECD Unemployment: An Update. Mimeo, Jerusalem
3. Bruno M, Sachs J D (1985) Economics of Worldwide Stagflation. Harvard University Press, Cambridge Mass
4. Coe D T (1985) Nominal Wages, the NAIRU and Wage Flexibility. OECD Ec Stud 5: 87–126
5. Franz W (1982) The Past Decade' s Natural Rate and the Dynamics of German Unemployment: A Case Against Demand Management? EER 21: 51–76
6. Franz W (1985) Challenges to the German Economy 1978–1983: Supply Shocks, Investment Slowdown, Inflation Variability and the Underutilization of Labor. ZWS 105: 407–430
7. Franz W (1986) Match or Mismatch? The Anatomy of Structural/Frictional Unemployment in Germany: A Theoretical and Empirical Investigation. Mimeo, Stuttgart
8. Friedman M (1968) The Role of Monetary Policy. AER 57: 1–17
9. Gerfin H (1983) Ursachen der Arbeitslosigkeit. Siebert H (Hrsg) Perspektiven der deutschen Wirtschaftspolitik. Kohlhammer, Stuttgart Berlin Köln Mainz, 41–55
10. Gerfin H (1986) Theoretische Erklärungsversuche länger anhaltender Beschäftigungsprobleme. Krupp H J, Rohwer B, Rothschild K W (Hrsg) Wege zur Vollbeschäftigung: Konzepte einer aktiven Bekämpfung der Arbeitslosigkeit, Rombach, Freiburg, 12–31
11. Gerfin H, Horn G, Siebeck K (1985) Zur Bewährung inflationstheoretischer Hypothesen: Empirische Befunde für die Bundesrepublik Deutschland. Hamb. JB WGP 30: 155–176
12. German I (1985) Disequilibrium Dynamics and the Stability of Quasi Equilibria. QJE 100: 571–596
13. Gordon R J (1986) Productivity, Wages, and Prices Inside and Outside of Manufacturing in the USA, Japan, and Europe. Mimeo, Evanston
14. Horn G, Möller J (1985) Keynesianische oder klassische Arbeitslosigkeit in der Bundesrepublik Deutschland? Empirische Überprüfung eines Mengenrationierungsmodells mittels Kalman-Verfahren für den Zeitraum 1970-1982. Ifo-Stud 31: 203–238
15. König H (1986) Arbeitslosigkeit: Fakten, Artefakte, Theorien. Disc paper 325–86, Mannheim
16. Malinvaud E (1980) Profitability and Unemployment. Cambridge University Press, Cambridge
17. Mundell R A (1963) Capital Mobility and Stabilization Policy under Fixed and Flexible Exchange Rates. CJE 29:475–85
18. Organisation for Economic Co-operation and Development (passim) OECD Economic Outlook, Paris

19. Phelps E S (1968) Money, Wage Dynamics and Labor Market Equilibrium. JPE 76: 678–711
20. Sachs J D (1979) Wages, Profits and Macroeconomic Adjustment: A Comparative Study. BPEA 2: 269–319
21. Sachs J D (1983) Real Wages and Unemployment in the OECD Countries. BPEA 1: 255–289
22. Sachverständigenrat zur Begutachtung der gesamtwirtschaftlichen Entwicklung (1967), Stabilität im Wachstum. Jahresgutachten 1967/68. Kohlhammer, Stuttgart Mainz
23. Sachverständigenrat zur Begutachtung der gesamtwirtschaftlichen Entwicklung (1985) Auf dem Weg zu mehr Beschäftigung. Jahresgutachten 1985/86. Kohlhammer, Stuttgart Mainz
24. Sondermann D (1985) Keynesian Unemployment as Nonwalrasian Equilibria. Feiwel G R (Hrsg) Issues in Contemporary Macroeconomics and Distribution. Macmillan, London
25. Statistisches Bundesamt (1985) Bevölkerungsstruktur und Wirtschaftskraft der Bundesländer, Mainz
26. Statistische Landesämter (passim) Volkswirtschaftliche Gesamtrechnung der Länder, Mainz

Wirtschaftswachstum bei Erhaltung der Umweltqualität

Wilhelm Krelle

Zusammenfassung

Es werden die Bedingungen aufgezeigt, bei denen ökonomisches Wachstum und ökologisches Gleichgewicht simultan realisierbar sind. Dann werden die wirtschaftlichen Instrumente diskutiert, mit denen das zu erreichen ist.

1 Einführung

Die Wirtschaftswissenschaften haben sich in den letzten 150 Jahren fast ausschließlich mit der Organisation von Produktion und Verteilung beschäftigt – dem sogenannten Allokationsproblem –, wobei alle benötigten sachlichen Produktionsmittel – Geräte, Gebäude, Maschinen usw. – produzierbar waren. Nun gibt es aber nicht reproduzierbare und erschöpfbare Ressourcen. Zur Zeit Ricardo's, eines der bedeutendsten englischen Nationalökonomen um die Wende vom 18. zum 19. Jahrhundert, stand eine von ihnen, nämlich der *Boden*, noch im Zentrum der Überlegungen: die Begrenztheit des Bodens bei abnehmendem Ertragszuwachs läßt bei einer Bevölkerungsvermehrung die Nahrungsmittelpreise und die Bodenrente steigen. Dies ist bisher durch den enormen technischen Fortschritt in der Landwirtschaft nicht eingetreten, und so ist der Boden als Standort insbesondere der landwirtschaftlichen Produktion für die industrialisierten Länder nicht besonders wichtig gewesen und daher auch nur am Rande behandelt worden. Das ändert sich nun.

Der *Boden* ist als Standort nicht zerstörbar und daher nicht erschöpfbar (von möglichen Folgen moderner Kriegsmittel einmal abgesehen). Zu den erschöpfbaren Faktoren gehören die der *natürlichen Rohstoffe* wie Kohle, Erdöl, Erdgas. Sie werden bei der Produktion „verbraucht“ und in menschlichen Zeiträumen von der Natur nicht regeneriert; ein anderer Teil wie Kupfer, Zinn, Molybdän „verschwindet“ ebenfalls; auch durch systematische Maßnahmen der Abfallverwertung zur Rezyklisierung kann man nur einen Teil dieser Rohstoffe wiedergewinnen. Zu den prinzipiell erschöpfbaren Ressourcen gehört auch die *natürliche Umwelt*. Sie kann sich in gewissem Umfang selbst reproduzieren (wie Wald, Fische, Wasser und Luft) und besitzt eine natürliche Regenerationsfähigkeit. Mit etwas Schmutz und Verunreinigungen wird die Natur von allein fertig; Fischfang, Ausholzen von Wäldern usw. in gewissen Grenzen beeinträchtigt den Fisch- oder Waldbestand nicht. Allerdings muß die Beanspruchung der Umwelt in gewissen Grenzen bleiben, wenn nicht zunächst reversible, am Ende irreversible Schäden auftreten sollen. Damit sind die physikalischen und biologischen

Grundlagen der menschlichen Existenz auf dieser Erde angesprochen. Leben existiert nur durch ständige Energiezufuhr von außen (von der Sonne), und menschliches Leben ist nur als Teil des gesamten Geflechts von pflanzlichem und tierischem Leben möglich. Es ist ein Akt purer Selbsterhaltung, dieses Geflecht im ökologischen Gleichgewicht zu erhalten oder, soweit es menschenmöglich ist, ein solches Gleichgewicht wiederherzustellen. Dies kann natürlich nicht heißen, daß in einem Kulturraum jede Änderung unterlassen werden müßte, weil dadurch unvermeidlicherweise der Lebensraum einiger species betroffen ist. Es kommt vielmehr darauf an, Änderungen so vorzunehmen, daß unter Berücksichtigung langfristiger Konsequenzen das biologische Geflecht weiter bestehen und dichter und formenreicher und dem Menschen freundlicher wird.

Dieser ökologische Aspekt des Wirtschaftswachstums, also die Umweltproblematik, steht im Zentrum dieses Artikels. Es ist aber nur ein Teilaspekt des allgemeinen Problems: Wachstum bei erschöpfbaren Ressourcen. In zwei einführenden Abschnitten soll auf dies allgemeine Problem kurz eingegangen werden, weil die Ergebnisse dieser Überlegungen später benötigt werden.

2 Einige Vorbemerkungen zu den physikalischen und ökonomischen Grundlagen des wirtschaftlichen Wachstums bei erschöpfbaren Ressourcen

Alle Theorien hierüber müssen den zweiten thermodynamischen Hauptsatz (d.h. das Gesetz der zunehmenden Entropie) und die Endlichkeit der Materie auf der Erde berücksichtigen. Bei der Produktion kann nicht mehr Energie verbraucht werden, als dem Ökosystem „Erde" von außen im wesentlichen durch die Sonne zugeführt wurde oder wird oder durch die Umwandlung von Materie gewonnen werden kann. Ebenso kann auf die Dauer nicht mehr Materie bei der Produktion eingesetzt werden, als im Recycling-Prozeß wiedergewonnen wird. Soll die Menschheit weiter existieren, so muß die Produktion weiter möglich sein, auch wenn die Rohstoff- und Energievorräte, die wir aus der erdgeschichtlichen Vergangenheit geerbt haben, erschöpft sind. Im Falle der Energie setzt die voraus, daß mit höheren Energiepreisen laufend immer neue Energieerzeugungsverfahren und neue Energieeinsparungsmaßnahmen zur Verfügung stehen und rentabel werden, so daß die zur Produktion bei dem geltenden Energiepreis benötigte Energie auch stets zur Verfügung steht. Ob dabei der bisherige Lebensstandard und die bisherige Bevölkerungszahl zu halten ist, ist natürlich keinesfalls sicher. Dabei muß man, was die Realitätsnähe so langfristiger Analysen angeht, bescheiden sein. Es handelt sich um so langfristige Auswirkungen, daß möglicherweise die species „Mensch" sich dann längst gewandelt haben wird oder vielleicht gar nicht mehr existiert. Im übrigen leidet die Behandlung des Energieproblems, jedenfalls zum Teil, unter dem Mißverständnis, als ob „mehr Produktion" auch „mehr Materie" oder „mehr Energie" bedeuten müßte. Das Beispiel der Miniaturisierung zeigt genau das Gegenteil. „Mehr Produktion" durch technischen Fortschritt heißt nicht notwendig: mehr Güter der gleichen Art, sondern im wesentlichen: andere Güter mit besseren Eigenschaften. Und das sind oft leichtere, kleinere Produkte, in denen weniger Material, dafür mehr geistige Arbeit steckt, und Dienstleistungen. Trotzdem gilt natürlich auch dann, daß bei dem Umwandlungsprozeß, der die Produktion darstellt, Energie unwiederbringlich verlorengeht , d. h. sie wird in nicht nutzbare Wärmeenergie umgewandelt. Diese verlorene Energiemenge darf im langfristigen Gleichgewicht nicht größer sein als die „von außen" zugeführte.

Eine erschöpfbare Ressource, z. B. Erdöl oder Kohle, kann also niemals die Gesamtenergie beinhalten, die der Menschheit zur Verfügung steht, wenn die Menschheit auf die Dauer überleben soll. Vielmehr hat man, bei einer Interpretation der seltenen Ressource als Erdöl, sich vorzustellen, daß im Zuge des technischen Fortschritts und mit steigendem Erdölpreis laufend andere Energiequellen rentabel werden und gleichzeitig energiesparende Produktionsverfahren und -produkte entwickelt werden. Wenn der Abbau von Erdöl nach Null geht, heißt dies also nicht, daß der Energieeinsatz pro Endprodukteinheit nach Null gehen muß. Es gibt nicht nur ein Produktionsverfahren und eine Art der Energieerzeugung, sondern eine Vielzahl von verschiedenen Technologien, die auf verschiedenen erschöpfbaren und reproduzierbaren Rohstoffen bzw. Primärenergien aufbauen. Rohstoffmengen sind also nicht mit Energiemengen gleichzusetzen. Fissions- und Fusionsenergie, Sonnen- und Erdwärme stehen als Energiequellen im Hintergrund bereit und werden bei entsprechenden Energiepreisen rentabel.

3 Der ökonomische Ansatz und einige Ergebnisse

Die Wirtschaftstheorie gestattet, unter gewissen Annahmen die Entwicklung der wesentlichen ökonomischen Größen bei Erschöpfung natürlicher Ressourcen vorauszuschätzen. Abbildung 1 gibt das Ergebnis an für den Fall, daß die Rohstoffextraktion keine Kosten verursacht und daß nach und nach kontinuierlich neue Energiequellen erschlossen werden, die allerdings immer teurer werden und immer nur Teile der Energienachfrage decken können.

Die fallende Kurve R in Abb. 1a gibt die extrahierte Rohstoffmenge an. Sie fällt exponentiell, und zwar so, daß der beschränkte Rohstoffvorrat ewig reicht. Von dem jeweiligen Bestand wird immer ein konstanter Bruchteil, sagen wir: 3 %, abgebaut.

$Y_0/A_0, \ldots, Y_3/A_3$ sind Wachstumspfade des Sozialprodukts pro Kopf bei verschiedenen Wachstumsraten der Bevölkerung. Die oberste Kurve zeigt die Situation bei konstanter Bevölkerung; die darunter verlaufenden Kurven bei immer höherem Bevölkerungswachstum.

Bei zu großem Bevölkerungswachstum sinkt das Sozialprodukt pro Kopf (gestrichelte Linie) und das heißt, daß diese Situation auf die Dauer nicht aufrecht erhalten werden kann.

Abbildung 1b gibt die Entwicklung des Preises der erschöpfbaren Ressourcen bei konstantem Preisniveau der übrigen Güter wieder. Ihr Preis steigt mit der Zinsrate. Das ist die sogenannte Hotelling-Regel (vgl. Anhang 1).

Abbildung 2 zeigt die Situation für die Menschheit, wenn der Ressourcenabbau und die Entwicklung von Ersatztechnologien immer schwieriger werden. Das Öl muß aus immer größeren Tiefen mit zunehmendem Kapital- und Arbeitsaufwand gewonnen werden. Die Entwicklung von Ersatztechnologien verlangt ebenfalls Kapital- und Arbeitseinsatz. Wir nehmen an, daß die Gesellschaft einen bestimmten Bruchteil des

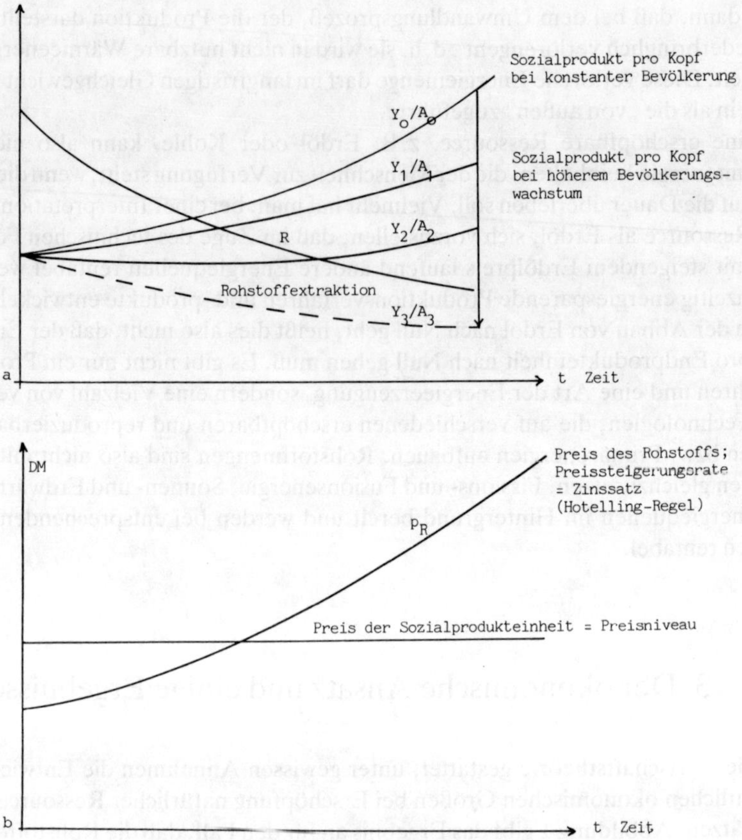

Abb. 1. (a) Trend des Sozialprodukts pro Kopf bei verschiedenen Wachstumsraten der Bevölkerung.
(b) Trend des realen Preises der erschöpfbaren Ressource

Sozialprodukts für die Forschung und die Entwicklung solcher Technologien einsetzt und nennen diesen Bruchteil die Forschungsquote.

Ebenso wie früher soll ein bestimmter Bruchteil des Sozialprodukts für die Kapitalakkumulation benutzt werden. Dies ist die gesamtwirtschaftliche Sparquote.

Es läßt sich zeigen (siehe Anhang 2; vgl. Krelle [3], S. 343 ff.), daß es gewisse Kombinationen von Spar- und Forschungsquoten gibt, bei der der Mindestkonsum für eine bestimmte Bevölkerungsgröße gewährleistet ist und ebenso eine gewisse Kombination von Spar- und Forschungsquote, bei der der Reallohn auch bei auslaufenden natürlichen Rohstoffen nicht sinkt, weil der technische Fortschritt (in Form der Entwicklung von Ersatzressourcen) und Kapitalakkumulation die negative Wirkung abnehmender Anlieferungen der erschöpfbaren Ressource überkompensieren. Wenn die beiden zulässigen Bereiche sich überdecken, gibt es einen Überlebenskorridor für die Menschheit, nämlich einen simultan zulässigen Bereich für Spar- und Forschungsquoten. Falls die beiden Bereiche sich nicht überdecken, kann die gegebene Zahl von Menschen auf die Dauer nicht überleben, wohl aber eine kleinere. Mit kleinerer Bevölkerungszahl vergrößert sich der Bereich, in dem der Mindestkonsum sichergestellt ist.

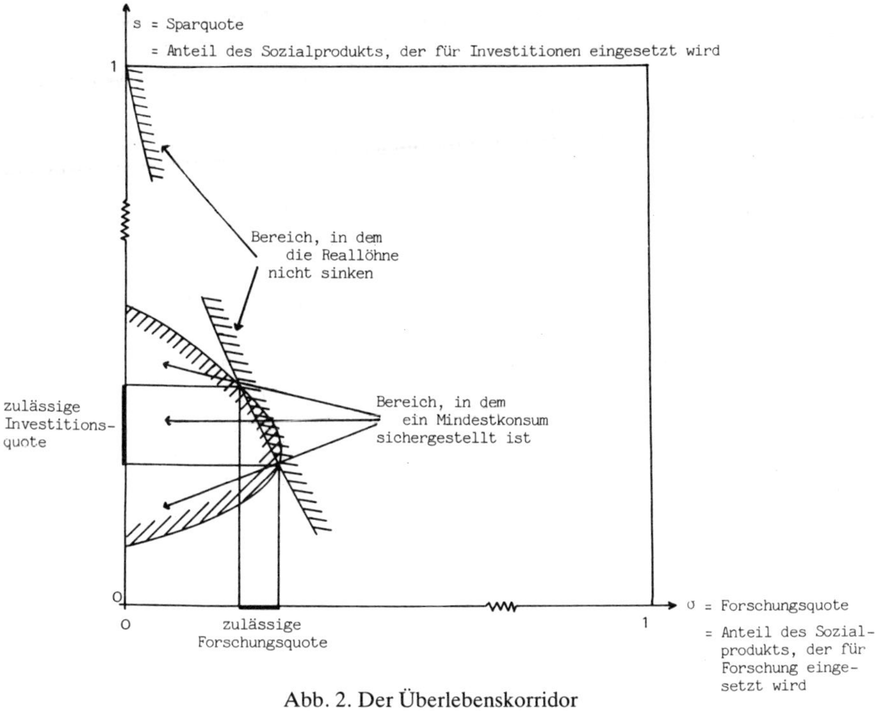

Abb. 2. Der Überlebenskorridor

Dies ist der Hintergrund, vor dem wir jetzt die bisher vernachlässigte Umweltproblematik im Wirtschaftswachstum betrachten wollen.

4 Warum ist die Umwelt überhaupt ein besonderes ökonomisches Problem?

Warum ist jetzt das Umweltproblem in den Vordergrund getreten, während doch die Versorgung mit Nahrung, Kleidung und Wohnung zu den absoluten Lebensnotwendigkeiten gehört? Hierfür gibt es im wesentlichen zwei Gründe.

Einmal treten mit steigendem Lebensstandard, wenn die elementaren Bedürfnisse befriedigt sind, die Bedürfnisse nach einer angenehmen Umgebung in den Vordergrund, und langfristige Gesichtspunkte werden wichtiger. Entwicklungsländer kehren sich nicht um Umweltprobleme, ihnen sind die drängenden Fragen der Ernährung und Versorgung der Bevölkerung und der Überwindung von Not und Elend weit wichtiger. So finden sich auch die schlimmsten Umweltzerstörungen in den Entwicklungsländern.

Zum anderen handelt es sich bei der Umwelt um ein öffentliches Gut, das jedermann zum Preis Null zugänglich ist. Infolgedessen besteht, vom Standpunkt des einzelnen aus gesehen, auch keinerlei Veranlassung, mit diesem Gut sparsam umzugehen – so ähnlich wie bei der Krankenversorgung, bei dem die Gesamtkosten als Beiträge umgelegt werden, unabhängig davon, ob man Arzt oder Kuren in Anspruch nimmt, während jede einzelne Inanspruchnahme des Arztes oder einer Kur kostenfrei ist. Wir haben die meisten Ärzte pro Kopf in der ganzen Welt, und doch sind alle Wartezimmer voll. Zum Preis Null ist die Nachfrage eben sehr groß.

Ähnlich ist es mit der Umwelt: da ihre Inanspruchnahme nichts kostet, nimmt sie eben jeder in Anspruch, soweit es ihm beliebt. Mit anderen Worten: bei öffentlichen Gütern versagt die Marktsteuerung. Obwohl jeder gern reine Luft und eine unverschmutzte Umgebung hat, so heizt er eben doch mit Kohle oder Öl, fährt Auto, verunreinigt Flüsse, wirft Abfälle fort usw., weil er Luft, Wasser usw. ohnehin hat und die eigene Verschmutzung ja nur einen verschwindenden Bruchteil der Gesamtverschmutzung ausmacht.

Hier gibt es prinzipiell zwei Auswege: einmal *staatliche Gebote und Verbote* in Verbindung mit staatlichen Umweltschutzinvestitionen in Kläranlagen, bei der Abfallbeseitigung usw.. Die Gebote und Verbote müssen natürlich erzwungen werden, ihre Administration, die staatlichen Umweltinvestitionen und die Anwendung umweltfreundlicher Produktionsverfahren kosten etwas. Die Haushalte und Firmen, die diese Beträge zahlen müssen, werden schlechter gestellt. M. a. W.: der Lebensstandard, gerechnet in verbrauchten Gütern, also der Reallohn sinkt, wenn die Beschäftigung aufrecht erhalten bleiben soll. Nichts ist umsonst, auch nicht der Umweltschutz. Zum anderen kann man *ökonomische Anreize* schaffen, die Umweltbelastung zu reduzieren. Eine Methode dafür wäre z. B. Umweltzertifikate auszugeben, die allein zu einer Umweltbeeinträchtigung in einem vorgegebenen Maße berechtigen und handelbar sind. Damit würde die tolerable Gesamtverschmutzung durch die Zahl der ausgegebenen Zertifikate begrenzt, während die Verteilung auf Firmen und Haushalte dem Markt überlassen bleibt. Prof. Bonus von der Universität Konstanz ist hier mit detaillierten Vorschlägen hervorgetreten. Bisher ist davon aber nichts realisiert worden. Wir gehen zum Schluß auf die Methoden des Umweltschutzes genauer ein.

Ob der Umweltschutz nun auf die eine oder die andere Weise exekutiert wird, in jedem Fall ist es eine gesamtpolitische Entscheidung, welcher Grad von Umweltschutz realisiert werden soll. Ein vollständiger Umweltschutz ist unsinnig und unmöglich; dann müßte die Menschheit von dieser Erde verschwinden. Ein Mindestmaß an Umweltschutz, das einen stationären Zustand der Umwelt als Ganzes, aber natürlich nicht jeder Region und jedes ökologischen Teilbereichs garantiert, ist unumgänglich. Die dafür notwendigen Opfer müssen gebracht werden. Was darüber hinaus geht, ist dem Präferenzentscheid der Gesellschaft überlassen. Mehr Umweltschutz muß mit weniger Nahrung, Wohnung, Kleidung und anderen Gebrauchsgütern, einer geringeren Konkurrenzfähigkeit unserer Industrie, also niedrigeren Reallöhnen bezahlt werden.

Natürlich ist das Umweltproblem nicht auf nationale Grenzen beschränkt. Man kann den Rhein nicht sauber halten, wenn nicht Österreich, die Schweiz, Frankreich, die Bundesrepublik und Holland kooperieren. Das hat, wie wir wissen, seine Schwierigkeiten. Bei der Luftreinhaltung ist es ähnlich. Hier kommt für uns noch erschwerend hinzu, daß bei uns aus ideologischen Gründen die umweltschädigenden Kohlekraftwerke statt die umweltfreundlichen Kernkraftwerke gebaut werden. Doch darauf will ich nicht eingehen. Ich weise hier auf den Artikel von Kluxen [2], „Moralische Aspekte der Energie- und Umweltfrage" hin.

Wir wenden uns nun dem Problem zu, ob Umweltschutz und Wirtschaftswachstum auf die Dauer verträglich sind.

5 Wachstum bei Erhaltung der Umwelt

Die folgenden Überlegungen beruhen auf einem Ansatz von Buchholz und Cansier [1]. Wir nehmen an, daß die Beeinträchtigung der Umwelt eine steigende Funktion der ökonomischen Aktivität der Menschen ist. Die ökonomische Aktivität messen wir durch das Sozialprodukt. Umweltbeeinträchtigungen entstehen sowohl bei der Produktion als auch beim Konsum. Das Sozialprodukt wird hier als Maß für beides genommen. Je höher das Sozialprodukt, umso größer ist auch die Verschmutzung. Um Umweltbeeinträchtigungen zu verhindern oder zu beseitigen, bedarf es spezieller Investitionen im Umweltschutz, durch die im Laufe der Zeit ein „Reinigungskapitalstock" aufgebaut wird. Man denke an Entstaubungsanlagen in Stahlwerken, Entschwefelungsanlagen bei Kraftwerken, Kläranlagen bei chemischen Betrieben und im kommunalen Bereich usw.. Die Quantität der Umweltbeeinträchtigungen, die auf diese Weise vermieden oder beseitigt werden kann, ist eine steigende Funktion dieses Reinigungskapitals: je mehr Entschwefelungsanlagen, umso weniger saurer Regen; oder: je mehr Kläranlagen, umso reiner die Flüsse. Außerdem hat die Natur eine bestimmte Fähigkeit zur Selbstreinigung. Wir nehmen an, daß die Natur „von allein" in der Lage ist, jeweils einen bestimmten Bruchteil der Verschmutzung zu beseitigen. Damit ist die Gesamtverschmutzung der Umwelt zu einem bestimmten Zeitpunkt gleich der aufsummierten Verschmutzung in allen Perioden vorher, soweit sie nicht durch Reinigungskapital oder Selbstreinigung der Natur beseitigt ist (vgl. hierzu Anhang 3; dort sind alle Voraussetzungen für die Analyse angegeben. Sie werden im folgenden kurz erläutert).

Im ökologischen Gleichgewicht darf die Gesamtverschmutzung ein ökologisch und politisch zu bestimmendes Toleranzniveau nicht überschreiten und muß auf ihm konstant bleiben. Natürlich kann dieses Verschmutzungsniveau im Extremfall auch Null sein, aber das ist praktisch nicht durchführbar. Die Verschmutzung durch Produktion und Konsum darf nur so hoch sein wie die Reinigungsleistung des Reinigungskapitals und die Selbstreinigungskraft der Natur. Letztere ist aber, wenn man einen tolerierbaren Verschmutzungsgrad annimmt, eine Konstante. Daraus folgt, daß im Wirtschaftswachstum die Verschmutzung durch zusätzliche Produktion und zusätzlichen Konsum in jeder Periode nur so groß sein darf wie die Reinigungskapazität des zusätzlichen Reinigungskapitals; mit anderen Worten: die durch eine zusätzliche Produktion veranlaßte zusätzliche Verschmutzung muß vollständig durch das zusätzliche Reinigungskapital zu beseitigen sein. Das ist die Bedingung des Wachstums bei ökologischem Gleichgewicht.

Diese Bedingung kommt zu den übrigen Bedingungen des Gleichgewichtswachstums noch hinzu. Dies bedeutet, daß die Gesamtinvestitionen aufgeteilt werden müssen in solche, die die produktive Kapazität erweitern und solche, die die Umwelt reinigen. Bei gleicher Sparquote steht also jetzt weniger Sozialprodukt z. B. für die Substitution von erschöpfbaren Ressourcen durch reproduzierbare zur Verfügung. Das Sozialprodukt selbst hängt vom Einsatz von Arbeit, der Arbeitseffizienz und dem eingesetzten Produktionskapital ab. Das Arbeitsangebot und die Arbeitseffizienz folgen eigenen Gesetzen, die wir hier nicht untersuchen. Für die Kapitalakkumulation nehmen wir wieder eine konstante Sparquote an. Wiederum soll vollständige Konkurrenz auf allen Märkten herrschen.

Wir interessieren uns nun für Gleichgewichtswachstum, also für eine Entwicklung, die im Trend dauernd aufrecht zu erhalten ist. Unser Problem ist: Sind ökonomisches Wachstum und ökologisches Gleichgewicht miteinander verträglich?

Bei *ökonomischem Gleichgewichtswachstum* ist die Kapital-Arbeitsrelation konstant, wenn die Arbeit in Effizienzeinheiten gemessen wird. Das bedeutet, daß, wenn z. B. jetzt in einer Arbeitsstunde 10 % mehr erzeugt wird als vor 4 Jahren, wir so rechnen, als ob jetzt 10 % mehr Arbeit zur Verfügung stände als vor 4 Jahren. Außerdem wachsen im Gleichgewicht das Sozialprodukt und der reale Kapitalbestand mit gleicher Rate, und diese ist gleich der Summe der Wachstums- oder Abnahmerate der Beschäftigung und der Wachstumsrate der Arbeitseffizienz oder (wie man auch sagt): der Rate des technischen Fortschritts.

Daß dies für den Trend der Entwicklung richtig ist, zeigt Abb. 3 für die Wirtschaftsentwicklung der Bundesrepublik von 1950 bis jetzt. Der Trend der Wachstumsrate des Sozialprodukts ergibt sich additiv aus dem Trend der Wachstumsrate der Beschäftigung und dem Trend der Rate des technischen Fortschritts, wobei letztere durch den Trend der Arbeitsproduktivität approximiert wird.

Bei *ökologischem Gleichgewicht* muß die durch ein Sozialproduktswachstum veranlaßte höhere Verschmutzung gerade durch die Reinigungskraft von Reinigungsinvestitionen beseitigt werden. Sie müssen umso höher sein, je höher der Verschmutzungskoeffizient und das wirtschaftliche Wachstum und je niedriger der Reinigungskoeffizient der Umweltschutzinvestitionen ist. Der Verschmutzungskoeffizient ist ein Index für die Menge an Verschmutzung, die mit einer zusätzlichen Sozialprodukteinheit,

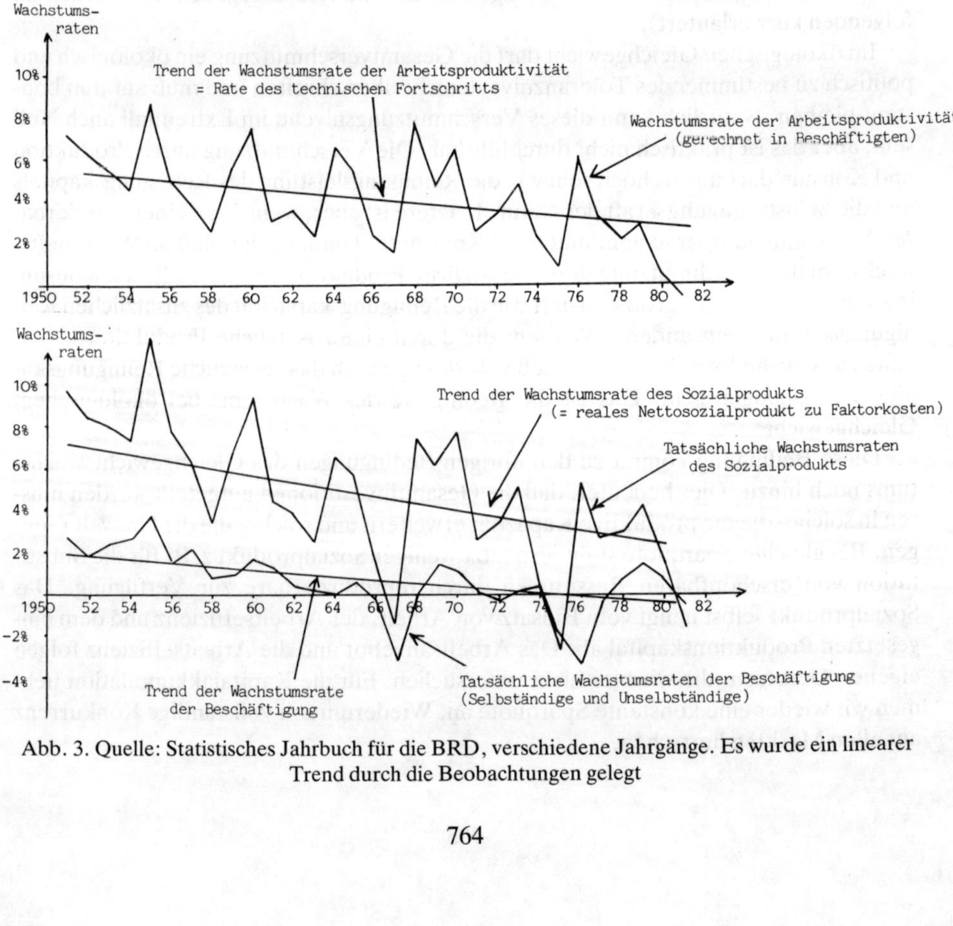

Abb. 3. Quelle: Statistisches Jahrbuch für die BRD, verschiedene Jahrgänge. Es wurde ein linearer Trend durch die Beobachtungen gelegt

sagen wir: einem zusätzlichen Sozialprodukt von einer Milliarde DM, verbunden ist. Der Reinigungskoeffizient ist ein Index für die Menge an Verschmutzung, die durch eine Investition von einer Sozialproduktseinheit in Reinigungskapital (also etwa: von Investitionen dieser Art in Höhe von 1 Mrd. DM) beseitigt wird. Diese Reinigungsinvestitionen gehen von den Gesamtinvestitionen ab. Nur was von den Gesamtinvestitionen danach noch übrig bleibt (wenn überhaupt etwas übrig bleibt), steht für den produktiven Apparat zur Verfügung. Ist die Sparquote zu niedrig, so ergeben sich negative Nettoinvestitionen, d. h. der Kapitalapparat kann nicht aufrecht erhalten werden. Die Substitution erschöpfbarer Ressourcen, die ja nur durch Produktion von Ersatzgütern zu bewerkstelligen ist, hört auf, und die Menschheit kann, zumindest in der jetzigen Zahl von 5 Milliarden, nicht überleben.

Die Bedingung dafür, daß ökonomisches und ökologisches Gleichgewicht zugleich möglich sind, ist, daß das Produkt von Sparquote und Reinigungskoeffizient größer ist als das Produkt von Wachstumsrate und Verschmutzungskoeffizient. Dann bleibt von der Gesamtinvestition noch etwas für den Kapitalapparat übrig, und es wird nicht die gesamte Investition von Umweltinvestitionen aufgefressen. Die Gleichgewichtswachstumsrate ist dabei gleich der Summe der Wachstumsraten von Arbeitsangebot und Arbeitseffizienz. In Anhang 4 sind alle diese Beziehungen abgeleitet.

Existiert ein solches ökonomisches und ökologisches Gleichgewicht, so besteht im Gleichgewicht eine feste Relation zwischen Produktivkapital und Umweltkapital. Sie ist umso ungünstiger für das Produktivkapital, je geringer die Sparquote und der Reinigungskoeffizient und je größer der Verschmutzungskoeffizient und die Wachstumsrate sind. Entsprechend niedrig ist dann das Niveau des Produktivkapitals und damit auch das Niveau der Produktion.

In Abb. 4 und 5 sind die Ergebnisse graphisch veranschaulicht. Man sieht in Abb. 4 den Wachstumspfad für verschiedene Sparquoten. Die Wachstumsraten sind für alle Sparquoten gleich, die Niveaus der Wachstumspfade sind aber verschieden. Je niedriger die Sparquote, umso niedriger das Niveau des Sozialprodukts, da ja die Kapitalakkumulation dann nur langsam vor sich geht. Dafür wird bei einer niedrigen Sparquote von dem geringen Sozialprodukt fast alles verbraucht. Man sieht in Abb. 4, daß trotz

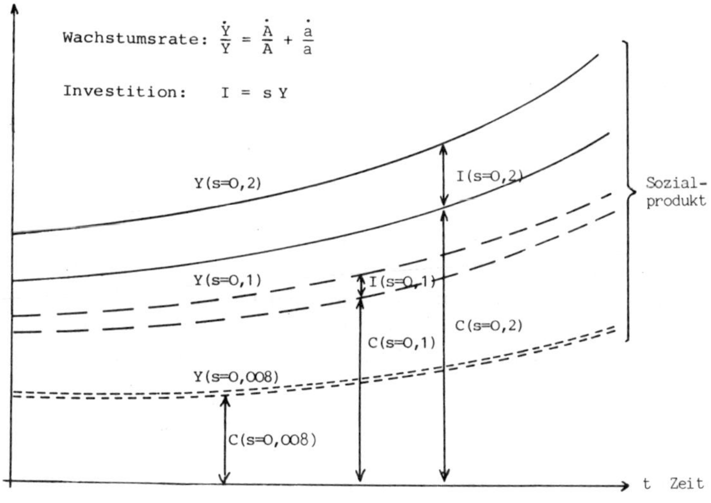

Abb. 4. Sozialproduktsentwicklung

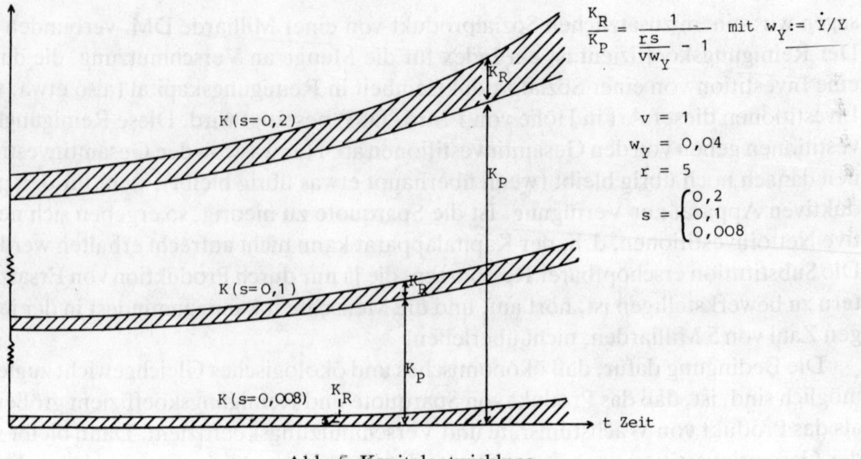

Abb. 5. Kapitalentwicklung

höherer Sparquote der Konsum auch absolut höher ist. Das gilt für unteroptimale Sparquoten, wie in der Bundesrepublik.

Abbildung 5 zeigt die Kapitalakkumulation bei verschiedenen Sparqouten und die Einteilung des Kapitals in produktives und Umweltschutzkapital (Abb. 5 ist der Anschaulichkeit halber nicht maßstabsgerecht gezeichnet). Die Wachstumspfade in der Zeichnung beziehen sich auf die folgenden angenommenen Zahlenwerte: Verschmutzungskoeffizient 1 (d. h. eine Sozialprodukteinheit erzeugt eine Verschmutzungseinheit; dies ist eine Normierung der Verschmutzungseinheit), Reinigungskoeffizient von 5 (d. h. eine Kapitaleinheit beseitigt 5 Verschmutzungseinheiten) und eine Gleichgewichtswachstumsrate von 4 %. Die Sparquote wurde von 0,008, 0,1, 0,2 variiert. Wie man sieht, wird bei der geringeren Sparquote von 0,008 das gesamte Kapital als Reinigungskapital benötigt. Trotzdem geht der Wachstumsprozeß wegen des technischen Fortschritts weiter. Bei einer Sparquote von 10 % macht das Reinigungskapital nur noch knapp 10 % des Produktionskapitals aus. Bei einer Sparquote von 20 % geht die Relation Reinigungskapital zu Produktivkapital auf 4 % zurück. Die absoluten Größen des Reinigungskapitals wachsen zwar mit höherer Sparquote, aber der Anteil des notwendigen Reinigungskapitals am Gesamtkapital geht schnell zurück. In Abb. 5 ist die Formel für das Verhältnis von Umweltschutz- zu Produktivkapital nach der Ableitung im Anhang 4 angegeben; ebenso sind dort die numerischen Annahmen verzeichnet.

Wir haben in der Bundesrepublik eine Bruttosparquote von etwa 20 %. Bei unseren Werten ergäbe sich dann eine Relation von Reinigungs- zu Produktivkapital von etwa 4 %. Tatsächlich liegen die Umweltinvestitionen in der Bundesrepublik in dieser Größenordnung. Der durchschnittliche Anteil der Umweltschutzinvestitionen an der Gesamtinvestition in der Industrie betrug 1977-76: 5,2 %, wobei die Mineralölverarbeitung mit 17,5 % an der Spitze und die Bekleidungsindustrie mit 0,3 % am Ende lag; vgl. Siebert und Eichberger [4].

Dies alles sind asymptotische oder Gleichgewichtsbeziehungen. Wird der jetzt bestehende Verschmutzungsgrad als zu hoch angesehen, so müssen Umweltschutzinvestitionen für den bestehenden Kapitalapparat noch nachträglich vorgenommen werden. Das erhöht den Anteil dieser Investitionen an den Gesamtinvestitionen vorübergehend, aber unter Umständen beträchtlich. Ist das geschehen, so gelten aber die oben abgeleiteten Gesetzmäßigkeiten, nach denen für die Verschmutzung durch zusätzliche Produktion Umweltschutzinvestitionen zu tätigen sind, die diese Verschmutzung vollständig beseitigen, so daß der noch zulässige Verschmutzungsgrad, der der Reinigungskraft der Natur entspricht, konstant bleibt.

Natürlich sind Verschmutzungs- und Reinigungskoeffizienten für jede Art von Umweltbeeinträchtigung verschieden. Hier wurde angenommen, daß die Relationen der verschiedenen Umweltbeeinträchtigungen, also auch die Relationen der verschiedenen Umweltschutzinvestitionen gleich bleiben. Dann kann man den „Schmutz" als homogenen Abfallstoff betrachten. Andernfalls wird alles komplizierter. und man wird nur noch numerische Lösungen erwarten können.

Im übrigen ist „Schmutz" natürlich eine Bezeichnung für alle Arten von Umweltschäden. Auch Waldzerstörung gehört z. B. dazu. Das obige Prinzip läuft dann darauf hinaus, daß für jeden verschwindenden Wald irgendwo ein gleichwertiger neuer entstehen muß.

Das *Gesamtergebnis* ist, daß, sobald überhaupt ein ökonomisches und ein ökologische Gleichgewicht zugleich existieren können – und das trifft bei genügend hohen Sparquoten zu –, die Aufrechterhaltung des ökologischen Gleichgewichts auf Kosten der produktiven Investitionen und damit auf Kosten des kurzfristig zu erreichenden Lebensstandards geht. Das scheint mehr oder weniger selbstverständlich zu sein, und deswegen ist es auch schwierig, die notwendigen Maßnahmen durchzusetzen. Die Situation kann aber prekär werden, wenn wir die Tatsache berücksichtigen, daß erschöpfbare Ressourcen substituiert werden müssen.

Schauen wir uns den „Überlebenskorridor" der Menschheit noch einmal an (s. Abb. 6). In diesem Beispiel sind Sparquoten zwischen 0,1 und 0,15 zulässig; bei allen anderen könnte die bisher existierende Zahl von Menschen auf die Dauer nicht überleben. Wenn jetzt Umweltschutzmaßnahmen hinzukommen, verschiebt sich diese Grenze nach oben, und zwar um einen Betrag, der proportional zur Wachstumsrate und zum Verschmutzungskoeffizienten und umgekehrt proportional zum Reinigungskoeffizienten ist. In Abb. 6 gilt jetzt die linke Skala für die Sparquote. Bei unserem Zahlenbeispiel erhöhen sich die zulässigen Sparquoten allerdings nur um einen Pro-

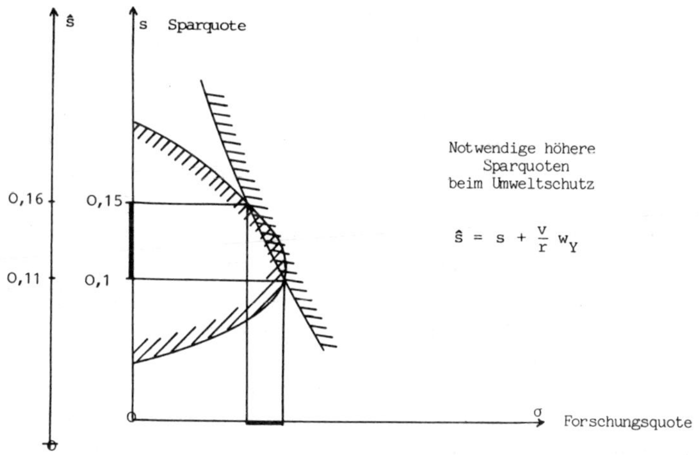

Abb. 6. Der Überlebenskorridor der Menschheit

zentpunkt. Dies ist nicht dramatisch, aber doch fühlbar. Die Formel für die neue Sparquote $\hat{s}$ bei Einrechnung von Umweltschutzinvestitionen ist in Abb. 6 angegeben. Wenn die geschätzten Zahlenwerte nicht zu unrealistisch sind, sollte die Umweltfrage kein zu großes ökonomisches Problem darstellen. Zu einem ähnlichen Ergebnis kommt Leontief in einer Studie für die Vereinten Nationen, in der er schätzt, daß etwa 2 % des Weltsozialprodukts genügen, um die Umwelt in Ordnung zu halten. Ein weit schwierigeres Problem ist die Substitution erschöpfbarer Ressourcen.

Zu beiden sind Investitionen notwendig, sowohl auf dem Gebiet der Forschung wie dem der produktiven Investitionen. Nullwachstum und Aufhören der Investitionen kann nur die Katastrophe für viele Millionen oder gar Milliarden von Menschen bedeuten, die angesichts sich erschöpfender natürlicher Ressourcen auf Ersatzrohstoffe angewiesen sind. Industrialisierung, wirtschaftliches Wachstum und Umweltschutz sind keine Gegensätze, wenn man Umweltschutz nicht ideologisch ins Unsinnige übersteigert. Beides sind Voraussetzungen für das Überleben der Menschheit, der jetzigen und insbesondere der zukünftigen, die mit Sicherheit um ein Mehrfaches größer sein wird.

6 Ökonomische Instrumente der Umweltpolitik und ihre gesamtwirtschaftlichen Rückwirkungen

6.1 Umwelt als öffentliches Gut

Die Implementierung des Umweltschutzes im Wirtschaftswachstum, d. h. die praktische Durchsetzung einer Politik der Instandhaltung der Umwelt, wie sie oben geschildert wurde, ist nicht einfach. Das liegt, wie schon eingangs gesagt, daran, daß die Umwelt ein öffentliches Gut ist, vergleichbar der inneren Sicherheit (realisiert durch Polizei und Rechtsprechung) und der äußeren Sicherheit (realisiert durch das Bündnissystem und die Bundeswehr). Aber auch andere Güter wie Bildung und Gesundheit sind durch Ausgestaltung des Bildungs- und Gesundheitssystems zu öffentlichen Gütern geworden. Hier gibt es spezielle Probleme, die in der Wirtschaftstheorie im einzelnen untersucht sind und auf die hier nur kurz hingewiesen werden kann.

Wenn die Bahn ohnehin fährt, macht es (im Bewußtsein vieler Menschen) nichts aus, wenn man noch umsonst mitfährt. Ähnlich ist es bei der äußeren Sicherheit: Wenn sie ohnehin gewährleistet ist, macht es ja nichts aus, ob der Einzelne hierzu (z. B. durch den Wehrdienst) etwas beiträgt oder nicht. Bei der Umwelt gilt entsprechendes: Für die Luftqualität macht es wenig aus, ob man z. B. bei der Wohnungsheizung noch besondere Sorgfalt walten läßt, so daß nicht unnötig Abgase entstehen. Kontrollen, die in gewissem Umfang unumgänglich sind, sind unpopulär, kostspielig und häufig nicht besonders wirkungsvoll. Dies ist das sogenannte Schwarzfahrerproblem.

Ist man selbst der Hauptnutznießer eines öffentlichen Gutes, so wird man sich jeder partiellen Verschlechterung rigoros widersetzen, auch wenn dadurch insgesamt eine Verbesserung zu erreichen ist. Die Flut von Prozessen im Zusammenhang mit Neutrassierung von Eisenbahnen, Umgehungsstraßen für Ortschaften, Verhinderung von anderen Bauten, wenn man selbst bereits in einer schönen Gegend gebaut hat, usw. sprechen eine deutliche Sprache.

Öffentliche Güter haben, vom Standpunkt des Individuums aus gesehen, den Preis Null: man bekommt sie für umsonst. Sozial sind die Kosten der Bereitstellung des öffentlichen Gutes oft beträchtlich. Man könnte versuchen, sogenannte Schattenpreise für ein öffentliches Gut zu bestimmen und dann den Einzelnen entsprechend seiner Begünstigung durch das öffentliche Gut durch Steuern an den Kosten zu beteiligen. Das scheitert weitgehend daran, daß der Einzelne seine Präferenzen für das öffentliche Gut, wenn er danach befragt wird, nicht ehrlich angeben wird. Da jeder weiß, daß er, wenn überhaupt, nur zu einem ganz geringen Bruchteil zu den Kosten des öffentlichen Gutes beizutragen hat, wird er seine Präferenz dafür weit übertreiben, da die Kosten im wesentlichen anderen zur Last fallen. Damit wird es auch schwierig, den Schattenpreis eines öffentlichen Gutes wirklich zu bestimmen.

Für die Umwelt treffen alle diese Schwierigkeiten in besonderem Maße zu, da mehr oder weniger jeder in seinem Wohlbefinden von der Umwelt abhängt, die allergrößte Mehrzahl sich aber kaum Vorstellungen macht, welche Opfer die Gesamtheit (ihn eingeschlossen) zu bringen hat, wenn alle Wünsche auf diesem Gebiet erfüllt werden sollen. Mit der Umwelt ist es nicht anders als mit vielen anderen Gütern: die Aufrechterhaltung eines bestimmten Mindeststandards ist lebenswichtig und unumgänglich, und alle Opfer müssen gebracht werden, um die Umwelt zumindest auf diesem Standard zu halten. Alles was darüber hinaus geht, konkurriert mit anderen Bedürfnissen: z.B. mehr Nahrung, mehr Unterhaltung, bessere Versorgung von sehr schlecht versorgten Teilen der Weltbevölkerung, größeren Wohnflächen, mehr Bildung usw.

6.2 Die Heterogenität von „Umwelt“

„Umwelt“ ist ein heterogenes Gut, und entsprechend verschieden müssen dann auch die Methoden der Umweltpolitik sein. Die Reinhaltung der Luft bezieht sich auf Schwefeldioxyd, Kohlendioxyd und -monoxyd, Stickoxyde, Staubpartikel und anderes. Die Verunreiniger sind die konventionellen Kraftwerke, zu einem beträchtlichen Teil die privaten Haushalte, der Verkehr, die industrielle Produktion. Wasser wird durch Abwässer der Kommunen, landwirtschaftliche Dünger, Salze aus dem Bergbau, Schwermetalle und andere Abfälle der chemischen Industrie und schließlich durch den Verkehr auf dem Wasser verunreinigt. Auch hier liegen die Probleme jeweils verschieden. Die Pflanzenwelt besteht aus Wald, Wiesen, Äckern, die in entwickelten Ländern sämtlich land- und forstwirtschaftlich genutzt werden. Die Tierwelt wiederum lebt von der Pflanzenwelt, und die Menschheit bezieht ihre Nahrung aus Ackerbau und Viehzucht. Fünf Milliarden Menschen können nicht „in der Natur“ leben wie die Indianerstämme zur Zeit der Besiedlung von Amerika. Eine industrialisierte Form von Ackerbau und Viehzucht ist unvermeidlich, wenn nicht schreckliche Hungersnöte die Menschheit auf eine Zahl reduzieren sollen, die mit einer primitiveren Form der Landwirtschaft ernährt werden kann. Andererseits hängt das Klima und die Höhe der landwirtschaftlichen Produktion in der nächsten Generation davon ab, daß in dieser Generation kein Raubbau an den natürlichen biologischen Ressourcen betrieben wird. Dies verlangt Schutz von Wald- und Grünflächen und, soweit möglich, die Rekultivierung oder Neukultivierung von Wüsten und Steppen.

Es ist klar, daß für alles dies jeweils unterschiedliche Methoden der Umweltpolitik angewandt werden müssen. Mit ihnen werden wir uns im folgenden auseinandersetzen.

6.3 Methoden der Umweltpolitik

Hier kann man die direkten staatlichen Regulierungen, Einflußnahme auf umweltpolitische Entscheidungen durch Steuern, Gebühren, Abgaben usw., unmittelbare staatliche Umweltpolitik und Umweltpolitik durch Überredung, Kooperation von Firmen und Gemeindeverbänden und anderen unterscheiden.

6.3.1 Direkte staatliche Regulierungen

Dies sind gesetzliche Umweltauflagen, die in Form von Ge- oder Verboten Einschränkungen oder Verbote von Produktion, Lagerung, Emissionen oder Immissionen oder Vorschriften über Produktionsverfahren und Produkte zum Inhalt haben. Es gibt eine fast unübersehbare Fülle von Regulierungen dieser Art, die in verschiedenen Gesetzen, Verordnungen, Verwaltungsvorschriften und anderem festgelegt sind. Außer dem Umweltbundesamt in Berlin wird wohl niemand einen Überblick über die Gesamtheit dieser Umweltauflagen haben. Am einfachsten sind natürlich die absoluten Verbote (wie z. B. das DDT-Verbot). In der Regel werden Grenzwerte von Verunreinigungen oder Belästigungen, das heißt also absolute Höhen von höchstzulässigen Mengen an Schadstoffen festgelegt. Hierfür gibt es das Wasserhaushaltsgesetz, TA Luft (Technische Anleitung Luft), das Bundes-Immissionsschutzgesetz, eine Fülle von Vorschriften über Einsatz bestimmter Bau- und Betriebsstoffe, über Prozeßnormen bei der anzuwendenden Technologie, über Baunormen, Betriebsnormen, Produktionsmengenlimitierungen, die bis zu Produktionsverboten gehen können (z. B. wegen dauerhafter Immission giftiger Abwässer), Ansiedlungsverbote usw. Die Vorteile solcher direkten Regulierungen bestehen darin, daß sie relativ einfach handhabbar und schnell wirksam sind. Die Verwaltung ist damit vertraut, die Vorstellungen bewegen sich in juristischen Kategorien. Vom ökonomischen Standpunkt aus sind solche Regulierungen ineffizient. Sie nehmen keine Rücksicht auf die individuellen Kosten der Reinigung bei den verschiedenen Umweltverschmutzern und bürden daher verschiedenen Firmen ungleiche Lasten auf. Sie geben keinen Anreiz zur Vermeidung von Umweltschäden, wenn eine Anlage einmal genehmigt ist. Insbesondere wirken sie gegen kleine und mittlere Unternehmen und erschweren oder verhindern den Marktzutritt neuer Firmen. Ökonomen betrachten daher solche Ge- und Verbote mit Mißtrauen. Zur Garantierung eines notwendigen Mindeststandards von Umweltschutz sind sie wohl unvermeidlich, und insofern muß man ihre ökonomischen Nachteile in Kauf nehmen. In der Zwischenzeit sind allerdings solche Bestimmungen in einer Weise ausgewuchert, die gesamtwirtschaftlich zu höchst nachteiligen Folgen geführt hat, während der Vorteil für den Umweltschutz häufig minimal ist. Hierauf wird zum Schluß noch eingegangen.

Zu den direkten staatlichen Regulierungen muß man auch den Einsatz planerischer Elemente zum Zwecke des Umweltschutzes rechnen. Die Raumordnung, Landesentwicklungspläne, Bebauungspläne, Bauleitplanung, Verkehrsplanung und anderes sehen stets Prüfungen auf Umweltverträglichkeit vor. Damit wird den Gesichtspunkten des Umweltschutzes gleich im planerischen Ansatz Rechnung getragen, und Gesichtspunkte des Umweltschutzes werden gegen andere (z. B. Beschäftigungsgesichtspunkte) abgewogen.

Auch eigentumsrechtliche Regelungen dienen z. T. dem Umweltschutz. In den USA gibt es „Umweltlizenzen“, die handelbar sind. Man hat „Umweltbanken“

geplant, auf denen man „Verschmutzungsrechte“ erwerben kann. Damit soll sicher gestellt werden, daß in einer Region nicht mehr als eine vorgegebene, von der Natur zu bewältigende und insgesamt unschädliche Schadstoffmenge in die Umwelt entlassen wird. Das bringt allerdings Probleme der Monopolisierung mit sich, die im einzelnen untersucht werden müssen. In der Bundesrepublik ist man durch Ausweitung des Privateigentumsrechts mit Hilfe des Verursacherprinzips vorgegangen. Die Produzentenhaftung und Gefährdungshaftung werden als marktwirtschaftliches Grundkonzept angesehen. Damit hat man die Klagerechte des einzelnen gegen angebliche oder wirkliche Beeinträchtigungen z. B. durch die industrielle Produktion erheblich ausgedehnt und die „Ortsüblichkeit“ und „Zumutbarkeit“ von Belästigungen zurückgeschraubt. Bei Verschulden werden die Unternehmen schadenersatzpflichtig. Die Haftungstatbestände der Produzenten sind verschärft worden. Damit sind allerdings die Risiken aus der wirtschaftlichen Tätigkeit gewachsen. Und das wirkt sich auf die Investitionen und damit auch auf die Beschäftigung aus.

6.3.2 Umweltpolitik durch Steuern, Gebühren, Abgaben, Zertifikate usw.

Diese Instrumente der Umweltpolitik sollen durch finanzielle „Bestrafung“ der Umweltverschmutzung daraufhin wirken, daß die Verschmutzer im eigenen Interesse die Verschmutzung reduzieren oder unterlassen. Durch Änderung der Abgabenhöhe könnte der gewünschte Reinheitsgrad der Umwelt herbeigeführt werden. Theoretisch handelt es sich um sogenannte Pigou-Steuern, durch die eine wirtschaftliche Aktivität, die negative externe Effekte verursacht, in Höhe der Schattenpreise dieser Effekte belastet wird. Damit ist noch der erfreuliche Nebeneffekt verbunden, daß die Staatseinnahmen erhöht werden, daß also bei gleichen Staatsausgaben andere Steuern niedriger sein könnten. Beispiele hierfür sind Abwasserabgaben nach dem Wasserhaushaltsgesetz, Landegebühren auf Flughäfen und anderes. Der ehemalige Bundesforschungsminister Hauff hat vorgeschlagen, eine Abwärmeabgabe einzuführen, mit der derjenige belastet wird, der Abwärme ungenutzt in die Luft oder Flüsse abgibt. Ähnliche Vorschläge sind in Bezug auf eine Hersteller-Kraftfahrzeugabgabe gemacht worden, mit der die erhöhten Herstellungskosten umweltfreundlicher Kraftfahrzeuge kompensiert werden sollen. Eine Abart ist die Ausgabe von Umweltzertifikaten. Das Recht, die Umwelt zu beanspruchen, wird nur in dem Umfang, in dem die Selbstreinigung der Natur Verschmutzungen beseitigt, genehmigt. Die Genehmigung erfolgt in Form von handelbaren Zertifikaten, die vom Staat zunächst meistbietend versteigert werden. In den USA ist in einem Bundesstaat hier ein Anfang gemacht worden, vgl. Wicke [5], S. 108 ff und S. 113 ff. In der Bundesrepublik ist die Diskussion über solche Möglichkeiten im Gang.

Vom ökonomischen Standpunkt aus sind solche Steuerungsmaßnahmen über den Preis den direkten staatlichen Regulierungen vorzuziehen. Die Fehlallokation von Ressourcen wird vermieden, überdies wird ein Anreiz zur Reduzierung von Umweltverschmutzungen auch über den festgesetzten Mindeststandard hinaus ausgeübt, und die Umweltpolitik beeinträchtigt die Investitionsneigung weniger.

6.3.3 Umweltpolitik über staatliche Ausgaben

Hier handelt es sich um staatliche, meist kommunale Investitionen auf dem Gebiet der Fernwärme, des Personennahverkehrs, des Lärmschutzes, Gewässerschutzes, der

Abfallbeseitigung usw. Diese Form der Umweltpolitik ist außerordentlich positiv zu beurteilen: Die Wirkungen sind unmittelbar einsichtig, die Kosten werden von den Gemeinden oder den regionalen Verbänden, in den die Begünstigten leben, getragen. Leider sind die öffentlichen Investitionen in letzter Zeit zu Gunsten des öffentlichen Konsums erheblich zurückgegangen. Das trifft natürlich auch die Umweltinvestitionen.

6.3.4 Umweltpolitik durch öffentliche Beeinflussung der Verhaltensweise der Wirtschaftspersonen und Ermutigung von Kooperationen auf dem Umweltgebiet

Die Stärkung des Umweltbewußtseins ist sicher ein bedeutsames Mittel, um Umweltverbesserungen durchzusetzen. Allerdings besteht hier auch die Gefahr, daß einige Gruppen sich dieses Vehikels bedienen, um ganz andere Dinge durchzusetzen oder ihre eigenen Interessen zu fördern. Auf der anderen Seite hat das zunehmende Umweltbewußtsein zu Branchenabkommen, zu umweltpolitischen Zweckverbänden (z.B. zum Bau gemeinsamer Kläranlagen für mehrere Kommunen) geführt, was von jedem Standpunkt aus positiv zu beurteilen ist. Der umständliche Weg über Gesetze, Verordnungen und bürokratische Apparate wird vermieden, und die erwünschte Wirkung tritt viel schneller ein.

Wie man sieht, gibt es eine Fülle von Methoden zur Implementierung der Umweltpolitik. Leider haben sich die direkten staatlichen Regulierungen dabei sehr stark in den Vordergrund geschoben, was negative Rückwirkungen auf Einkommen und Beschäftigung über das unvermeidliche Maß hinaus gehabt hat, das mit der Umweltpolitik verbunden ist. Diesen Rückwirkungen wenden wir uns nunmehr zu.

6.4 Rückwirkungen der Umweltpolitik auf Einkommen und Beschäftigung

Wie oben gezeigt, bedeutet jede Umweltpolitik eine Einbuße an privaten Gütern und Leistungen, die der Gesamtheit zur Verfügung gestellt werden können, vergleichbar einer Ausdehnung der Ausgaben für die innere oder äußere Sicherheit. Arbeit und Kapital, die für Umweltschutzzwecke abgezweigt werden, stehen nicht für die Produktion privater Güter und anderer öffentlicher Güter zur Verfügung. Die Aufrechterhaltung einer dem Menschen freundlichen Umwelt ist schlechthin lebensnotwendig, und insofern müssen unsere Mitbürger daran gewöhnt werden, die entsprechenden Opfer zu bringen. Dies ist besonders schwierig, weil durch die verschlechterten terms of trade (wegen erhöhter Energie- und Rohstoffkosten) auch von daher Opfer an verfügbarem Sozialprodukt unvermeidlich sind. Umweltschutzmaßnahmen, die über die lebensnotwendige Erhaltung eines langfristig notwendigen Umweltstandards hinausgehen, stehen allerdings in Konkurrenz zu anderen Bedürfnissen, z.B. denen nach individueller Beweglichkeit (durch ein gutes Straßennetz), Wohnkomfort (durch Häuser im Grünen mit Garten), billigen Konsumgütern (durch die industrielle Massenproduktion) usw. Hier ist ein Präferenzentscheid der Gesellschaft notwendig. Fällt er zugunsten von besserer Umwelt aus, so müssen die Opfer an privatem Wohlstand gebracht werden, andernfalls gibt es Arbeitslosigkeit, was nichts anderes als zwangsweise Opfer, allerdings auf eine bestimmte Personengruppe konzentriert, bedeutet.

Es ist unsinnig, über unvermeidliche Opfer zu jammern. Wir haben sozusagen, was erschöpfbare Ressourcen anlangt, in den letzten Jahrzehnten über unsere Verhältnisse gelebt, und das muß korrigiert werden. Leider haben die Methoden, mit denen der

Umweltschutz bei uns und anderswo durchgesetzt wurde, höchst unerwünschte Nebenwirkungen gehabt, nämlich die Investitionen sowohl im öffentlichen als auch im privaten Bereich reduziert. Das umgekehrte wäre notwendig gewesen: Die Umweltschutzmaßnahmen hätten zu zusätzlichen Investitionen führen müssen. Der wesentliche Fehler war, wie auch schon oben erwähnt wurde, die Umweltschutzmaßnahmen über staatliche Regulierungen mit umständlichen Genehmigungsverfahren durchzusetzen. Auf diese Weise ist ein Investitionsstau entstanden, der auf fast 56 Mrd. DM geschätzt wird, vgl. Wicke [5], S. 290. Das bedeutet etwa Arbeitsplätze für 950000 Personen. Von der Verhinderung des Baus von Kernkaftwerken sind etwa 100000–150000 Arbeitsplätze betroffen. Dies sind Schätzungen des Bundesverbandes der Deutschen Industrie. Das Umweltbundesamt schätzt die negativen Beschäftigungswirkungen auf etwas unter 80.000 Arbeitsplätze, denen positive Beschäftigungswirkungen (durch Umweltschutzinvestitionen) von 150000–370000 Arbeitsplätzen gegenüberstehen. Dies sind grobe Schätzungen. Der Arbeitsplatzsaldo ist hoch negativ, wenn man den Schätzungen des Bundesverbandes der Deutschen Industrie folgt, und schwach positiv, wenn man dem Umweltbundesamt folgt, vgl. Wicke [5], S. 293. Es wäre natürlich falsch, das Absinken der gesamtwirtschaftlichen Sparquote (1970: 27,8 %, 1981: 22,7 % Anteil der Bruttoinvestitionen an Bruttosozialprodukt zu laufenden Preisen, vgl. Statistisches Jahrbuch für die Bundesrepublik 1982, S. 542) den Methoden des Umweltschutzes allein zuschreiben zu wollen. Aber nach allem, was man weiß, spielt die Unsicherheit, eine geplante Investition in der Bundesrepublik auch durchführen zu können, eine wesentliche Rolle mit bei der Entscheidung, hier in der Bundesrepublik eine Produktion aufzunehmen, fortzuführen oder zu erweitern. Damit sind die gesamtwirtschaftlichen Kosten des Umweltschutzes tatsächlich weit größer, als sie sein müßten. Das Absinken der Sparquote kann, wenn es sich auf Weltebene durchsetzt, katastrophale Folgen für die Menschheit haben. Die minimal notwendige Sparquote, um erschöpfbare Ressourcen ersetzen zu können, kann unterschritten werden, und dies muß unweigerlich zu Hungersnöten führen, die die Weltbevölkerung auf die Größe reduzieren, die bei der geringen Sparquote und der daraus folgenden geringen Kapitalakkumulation noch überleben kann. Abbildung 7 zeigt dies graphisch. Ein Absinken der Sparquote reduziert die Weltbevölkerung in diesem Zahlenbeispiel um eine Milliarde. Wir haben also das größte Interesse daran, daß die Methoden der Umweltpolitik nicht die Investitionen abwürgen.

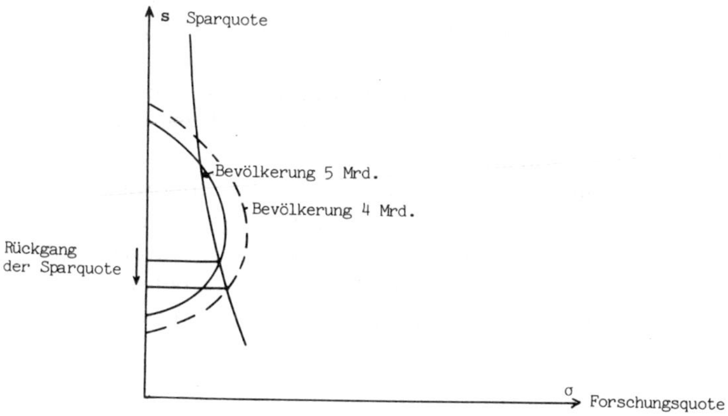

Abb. 7

6.5 Umstellung der Methoden der Umweltpolitik

Angesichts von zwei Millionen Arbeitslosen ist es notwendig, den ganzen Wust von Bestimmungen, die die Investitionen in der Bundesrepublik erschweren oder verhindern, zu durchforsten. Gebote und Verbote müssen für die grundlegenden Notwendigkeiten des Umweltschutzes bestehen bleiben derart, daß die Volksgesundheit und das ökologische Gleichgewicht insgesamt nicht in Frage gestellt werden. Alles, was darüber hinausgeht, sollte durch indirekte Mittel, nämlich Steuern, Gebühren, Abgaben, Zertifikate, durch direkte staatliche Umweltinvestitionen und durch Kooperation und Überredung geregelt werden. Wir müssen für zwei Millionen Menschen neue Arbeitsplätze schaffen, und d. h. eben: investieren. Wo ein Arbeitsplatz ist, kann keine völlig unberührte Natur sein. Wir können nicht gleichzeitig die Werkstätten des Ruhrgebiets und die schöne oberbayerische Landschaft an der gleichen Stelle haben. Wenn man die wirklich schlimmen Umweltzerstörungen und -verschmutzungen in vielen Entwicklungsländern mit denen in der Bundesrepublik vergleicht, so sind unsere Umweltprobleme vergleichsweise gering.

Wir können die Aufgaben, die uns der Umweltschutz stellt, meistern, wenn auch mit Anstrengungen und Opfern, insbesondere dann, wenn wir die richtigen Methoden anwenden und nicht die schädlichen Nebenwirkungen von dirigistischen Umweltmaßnahmen die positiven Wirkungen am Ende überkompensieren. Der Umweltschutz stellt die Menschheit nicht vor eine unlösbare Aufgabe oder vor die Alternative: weiteres Elend für Millionen von Menschen in den Entwicklungsländern, ohne Hoffnung auf Änderung, die ja nur durch Wirtschaftswachstum erfolgen kann, oder weitere Zerstörung der Umwelt. Das Gegenteil ist der Fall. Ein richtiges Wirtschaftswachstum schafft gerade die Mittel, die zum Schutz, zur Erhaltung und zur Pflege und Verbesserung der natürlichen Umwelt dringend benötigt werden.

Anhang 1

Dies ist die Grundlage für die Abb. 1 im Text. Der Einfachheit halber nehmen wir eine Cobb-Douglas Produktionsfunktion an, wobei Y das Sozialprodukt, A die Arbeit, a die Arbeitseffizienz, K das Kapital, B der Boden und R die Rohstoffe bedeuten. Die α_i sind die Produktionselastizitäten dieser Faktoren. Sie geben an, um wieviel % das Sozialprodukt steigt, wenn der betreffende Faktor um 1 % vermehrt wird.

Die Nettoinvestition, also die Zunahme $\dot{K}$ des Realkapitals K ist proportional zum Sozialprodukt angenommen, wobei die Sparquote s der Proportionalitätsfaktor ist: $\dot{K} = sY$. Der Boden ist konstant. Wir nehmen vollständige Konkurrenz auf allen Märkten und eine Produktion des Rohstoffs ohne Kosten an (das Rohöl quillt einfach aus dem Boden). Die Bevölkerung und damit das Arbeitsangebot wächst exogen mit der Rate w_A, die Arbeitseffizienz wächst mit der Rate w_a. Dies ist die Rate des technischen Fortschritts.
Somit gilt:

$$B = \text{const.}, Aa = A_o a_o e\ (w_A + w_a)\ , w_A + w_a > 0, w_a > 0$$

Aus diesem Ansatz läßt sich ableiten (vgl. Krelle [3], S. 258 ff):

$$w_R = \frac{\alpha_1}{\alpha_4}(w_A+w_a) - \frac{s}{\alpha_2}\,\frac{1-\alpha_2}{\alpha_4}\,z > 0\,,\ w_R = \text{Abbaurate des Rohstoffs}$$

$$z = \frac{\alpha_1}{1-\alpha_2}(w_A+w_a)\frac{1+\dfrac{\alpha_4}{\alpha_1+\alpha_3}}{\dfrac{s}{\alpha_2}+\dfrac{\alpha_4}{\alpha_1+\alpha_3}} > 0\,,\ z = \text{Zinssatz}$$

$$w_y = \frac{1}{1-\alpha_2}\left[\alpha_1(w_A+w_a) - \alpha_4 w_R^*\right] = \frac{\alpha_1(w_A+w_a)}{\dfrac{\alpha_2\alpha_4}{s}+\alpha_1+\alpha_3} > 0$$

w_y = Wachstumsrate des Sozialprodukts

$$w_y - w_A = \frac{\alpha_1 w_a}{N} + \frac{\alpha_1 w_A}{N} - w_A = \frac{\alpha_1 w_a}{N} - \frac{w_A\left(\dfrac{\alpha_2\alpha_4}{s}+\alpha_3\right)}{N}\,,$$

$w_y - w_A$ = Wachstumsrate des Sozialproduktes pro Kopf,

wobei

$$N := \frac{\alpha_2\alpha_4}{s} + \alpha_1 + \alpha_3 \quad \text{definiert ist.}$$

Somit

$$w_Y - w_A = \frac{1}{\dfrac{\alpha_2\alpha_4}{s}+\alpha_1+\alpha_3}\left[\alpha_1 w_a - w_A\left(\frac{\alpha_2\alpha_4}{s}+\alpha_3\right)\right],$$

Anhang 2

Im folgenden sind die Voraussetzungen zusammengestellt, die zur Situation der Figur 2 führen. Wir nehmen drei Produktionsfaktoren an: eine für Konsum- und Investitionsgüter ($X = f(\cdot)$), eine für die Extraktion von Rohstoffen ($R = g(\cdot)$) und eine für die Erzeugung von technischem Fortschritt ($\dot{a} = h(\cdot)$). Letztere beiden wurden so gewählt, daß bei gegebenem Rohstoffvorrat und gegebenen technischem Wissen a (gemessen als Arbeitseffizienz) ein konstanter Anteil von Arbeit und Kapital jeweils die gleiche Rohstoffmenge R zu gewinnen bzw. die gleiche Ausweitung $\dot{a}$ des technischen Wissens gestattet. – Das gesamte Kapital K und die gesamte Arbeit muß auf die drei Verwendungsmöglichkeiten K_X, K_R, K_F, bzw. A_X, A_R, A_F aufgeteilt werden. Die Wachstumsrate w_A der Arbeit ist exogen angenommen. Der Boden ist konstant.

Von der gesamten realen Endproduktion X wird ein konstanter Bruchteil s akkumuliert und erhöht daher den Kapitalbestand ($\dot{K}$). Die Extraktion R von Ressourcen vermindert den Bestand ($\bar{R}$). Das Sozialprodukt Y^B ist gleich der Summe von Lohneinkommen ($1 \cdot A$, 1 = Lohnsatz, A=Arbeitsmenge), Kapitaleinkommen ($zp_X K$, z = Zinssatz, p_X = Preis der Konsum- und Investitionsgüter, K = Kapitalmenge), Einkommen aus der Bodenrente (rB, r = Rentensatz, B = Bodenmenge) und Renteneinkommen aus dem Eigentum an den Vorräten der erschöpfbaren Ressource ($\bar{r}\bar{R}$, $\bar{r}$ = Rentensatz, $\bar{R}$ = Bestand der erschöpfbaren Ressource). Vom Sozialprodukt wird ein Bruchteil σ zur Finanzierung der Forschung eingesetzt, wobei die Kosten der Forschung Lohnkosten ($1A_F$, A_F = in der Forschung eingesetzte Arbeitsmenge) und Kapitalkosten ($zp_X \cdot K_F$, K_F = in der Forschung eingesetztes Kapital) sind. Es wird vollständige Konkurrenz auf allen Märkten angenommen. Die Forschungsergebnisse werden der Öffentlichkeit gratis zur Verfügung gestellt (finanziert durch Steuern).

Produktionsfunktionen, homogen vom Grade Eins

$$\begin{cases} X = f(A_X a, K_X, B, R) \\ R = g\left(\frac{A_R}{A}\bar{R}, \frac{K_R}{K}\bar{R}\right) \\ \dot{a} = h\left(\frac{A_F}{A}a, \frac{K_F}{K}a\right) \end{cases}$$

Aufaddierungsbedingungen

$$\begin{cases} A_X + A_R + A_F = A \\ K_X + K_R + K_F = K \end{cases}$$

konstantes Arbeitswachstum (z.B. Null)

$$w_A = \text{const.}$$

konstanter Boden

$$B = \text{const.}$$

Akkumulations- bzw. Extraktionsbedingungen

$$\begin{cases} \dot{K} = sX \\ \dot{\bar{R}} = -R \end{cases}$$

staatliche Finanzierung der Forschung

$$\begin{cases} 1A_F + zp_X K_F = \sigma Y^B, \text{ mit} \\ Y^B = 1A + zp_X K + rB + \bar{r}\bar{R} \end{cases}$$

Anhang 3

Sei:

V = Gesamtverschmutzung,
v = Verschmutzungskoeffizient des Sozialprodukts
Y = Sozialprodukt
r = Reinigungskoeffizient des Reinigungskapitals
K_R = Reinigungskapital
ρ = Selbstreinigungskoeffizient der Natur

Dann ist die Gesamtverschmutzung der Natur vom Zeitpunkt Null ab:

$$V_t = \int_0^t (v \cdot Y_\tau - r \cdot K_{R,\tau} - \rho V_\tau)\, d\tau$$

Wir wollen nur eine konstante, minimale Verschmutzung V_{min} tolerieren, aber keine Schmutzakkumulation, d. h.:

$$\dot{V} = 0 \text{ und } V = V_{min} = \text{const.}$$

Daraus folgt

$$vY_t = rK_{R,t} + \rho V_{min}$$

oder

$$v\dot{Y} = r\dot{K}_R$$

Wieder nehmen wir eine geschlossene Volkswirtschaft an ($Y = C + I$, C = Konsum, I = Nettoinvestition), wobei die Nettoinvestition den produktiven Kapitalstock K_P und den Reinigungskapitalstock K_R vermehrt und proportional zum Sozialprodukt ist:

$$Y = C + I,\ I = \dot{K}_P + \dot{K}_R,\ I = s \cdot Y$$

Wir nehmen eine Produktionsfunktion f an mit den üblichen neoklassischen Eigenschaften und Harrod-neutralem technischen Fortschritt (A = Arbeitsmenge, a = Arbeitseffizienz, K_P = in der Produktion eingesetztes Kapital). Arbeit und Arbeitseffizienz wachsen mit konstanter Rate:

$$Y = f(Aa, K_P)\ ,\ A_t a_t = A_O a_O e^{(w_A + w_a)\, t}\ ,\ w_A, w_a \text{ konstant.}$$

Somit gilt

$$\frac{Y}{Aa} = g\left(\frac{K_P}{Aa}\right), \qquad g(\cdot) = f\left(1, \frac{K_P}{Aa}\right).$$

Außerdem wird vollständige Konkurrenz auf allen Märkten vorausgesetzt.

Anhang 4

Im ökonomischen Gleichgewicht gilt: $\dot{Y} = (A \cdot a) \cdot \underbrace{g\left(\frac{K_P}{Aa}\right)}_{= \text{const.}}$

und

$$\frac{\dot{Y}}{Y} = \frac{\dot{A}}{A} + \frac{\dot{a}}{a}$$

Im ökologischen Gleichgewicht gilt (vgl. Anhang 3): $\dot{Y} = \frac{r}{v}\, I_R$

Daraus folgt die produktiven Investitionen I_p pro Arbeitsmenge (gerechnet in Effizienzeinheiten) bei ökonomischem und ökologischem Gleichgewicht:

$$\frac{I_P}{Aa} = (s - \frac{v}{r} \cdot \frac{\dot{Y}}{Y} \cdot \underbrace{g\left(\frac{K_P}{Aa}\right)}_{= \text{const.}}$$

Nun muß $I_P > 0$ sein. Daraus folgt $sr > v \cdot \frac{\dot{Y}}{Y}$

Man errechnet für das Verhältnis von Produktionskapital K_R zu Reinigungskapital K_P bei ökonomischem und ökologischem Gleichgewicht:

$$\frac{K_R}{K_P} = \frac{1}{\frac{rs}{v \cdot \dot{Y}/Y} - 1}$$

und für die absolute Größe des Produktionskapitals:

$$K_P = \frac{s}{\dot{Y}/Y}\left(1 - \frac{v \cdot \dot{Y}/Y}{rs}\right) Y$$

Dann gilt die implizite Produktionsfunktion:

$$1 = f\left(\frac{Aa}{Y}, \frac{s}{\dot{Y}/Y}\left(1 - \frac{v\dot{Y}/Y}{rs}\right)\right)$$

Literatur

[1] Buchholz, W. und Cansier, D. (1980) Modelle ökologisch begrenzten Wachstums, Z. f. Wi. u. Soz. Wiss. 100, S. 141 ff.

[2] Kluxen, W. Moralische Aspekte der Energie- und Umweltfrage (1982) in: Hertz, A., Korff, W., u.a. (Hrsg.), Handbuch der christlichen Ethik, Bd. 3, Herder, Mohn, Basel, Wien, S. 379 ff.

[3] Krelle, W. (1985) Theorie des wirtschaftlichen Wachstums, Springer, Berlin, Heidelberg, New York, Tokyo

[4] Siebert und Eichberger, Sektorstruktur und Umweltpolitik (1979) S. 130 ff., in: Mändle, E., Möller, A., und Voigt, F. (Hrsg.) Wirtschaftspolitik in Theorie und Praxis, Gabler, Wiesbaden

[5] Wicke, L. (1982) Umweltökonomie, Vahlen, München

Technischer Fortschritt, Wachstum und Beschäftigung: Ein einfaches Modell

HANS J. RAMSER

Zusammenfassung

Für den Erklärungsgehalt der traditionellen Wachstumstheorie sind in besonderer Weise die Annahmen exogenen technischen Fortschritts und gegebenen „Regimes", in dem sich das ökonomische System bewegt, restriktiv. Im folgenden Beitrag wird anhand eines sehr einfachen Modells exemplarisch gezeigt, welche Interdependenzen zwischen technischem Fortschritt, Wachstumsrate und Beschäftigung und welche wirtschaftspolitischen Implikationen resultieren können, wenn diese Annahmen relativiert werden.

1 Einführung

Die *Schumpeter*-Renaissance der jüngeren Vergangenheit erklärt sich zu einem guten Teil aus dem seit geraumer Zeit als unbefriedigend empfundenen Stand der Wachstumstheorie. Einsektorale Modelle gleichgewichtigen Wachstums keynesianischer oder neoklassischer Orientierung, in denen Interdependenzen zwischen Innovation, Wachstum und Beschäftigung nicht erfaßt sind, tragen wenig zum Verständnis realer Entwicklungsprozesse bei und liefern daher auch keine Ansatzpunkte für eine wirtschaftspolitische Einflußnahme. Die durchaus unternommenen verschiedenen Versuche einer Endogenisierung des technischen Fortschritts haben nach einhelliger Meinung nicht weitergeführt (vgl. [1]). Zu hoffen ist, daß das neuerliche Interesse an Schumpeter'schen Intentionen Anstöße auch zu neuen wachstumstheoretischen Forschungen liefert.

In Fortsetzung früherer Überlegungen des Verfassers (s .[2]) soll im folgenden der Versuch gemacht werden, anhand eines einfachen Modells beispielhaft zu zeigen, wie sich die Relativierung zweier besonders restriktiver Annahmen der traditionellen Theorie auf die Struktur und die Aussagen eines Wachstumsmodells auswirkt. Dabei handelt es sich erstens um die erwähnte Endogenisierung des technischen Fortschritts, zweitens um eine ebenfalls modellendogene Erklärung des jeweils im Entwicklungsprozeß relevanten Regimes, das je nach Umständen keynesianisch oder neoklassisch sein kann. Im Anschluß an die Darstellung des Modells sollen die entsprechenden wirtschaftspolitischen Implikationen angedeutet werden.

2 Modell

2.1. Betrachtet wird ein geschlossenes System mit einem aggregierten Gütermarkt und zwei unterschiedlichen und unterschiedlich funktionierenden Arbeitsmärkten. Finanzmärkte sollen durch die zinsstabilisierende Geldpolitik der Zentralbank „dichotomisiert“, d. h. alle Interdependenzen mit Güter- und Faktormärkten faktisch eliminiert sein. Zur *Technologie* werden die folgenden Annahmen getroffen

$$Y = \min\ (AaN, bK) \qquad a,b = \text{const.} > 0\ ,\ A \geq 1 \tag{1}$$

$$\dot{K} = I - \delta_K K \qquad \delta_K = \text{const.} > 0 \tag{2}$$

$$\dot{A} = Z\,(A,K,R) - \delta_A A \qquad \delta_A = \text{const.} > 0\ ,\ Z_i < 0\ \forall\ i \tag{3'}$$

Die Symbole bedeuten Y - Output, N - Arbeitseinsatz in der Produktion, K - in der Produktion verwendeter Kapitalbestand, I - Bruttoinvestition, A - Effizienzparameter als Ausdruck des Niveaus des technischen und organisatorischen Wissens, R - Arbeitseinsatz in der Forschung und Entwicklung, δ_K bzw. δ_A – Abschreibungs- bzw. Verfallsrate; ein Punkt über einem Symbol zeigt die entsprechende Ableitung nach der Zeit t an. Ohne die uns wichtig erscheinenden Resultate zu ändern, ließe sich die mit (1) getroffene Annahme linear-limitationaler Technologie zugunsten etwa eines *putty clay*-Konzepts verallgemeinern; dasselbe gilt für die unterstellte Harrod-Neutralität zugunsten z. B. Hicks-neutralen Fortschritts. Bekanntlich existiert bei Vorliegen eines Tradeoff, d. h. einer Auswahlmöglichkeit zwischen beiden Varianten entlang einer *innovation possibility frontier*, eine inhärente Tendenz eines kompetitive Elemente aufweisenden Systems zu Harrod-neutraler Form des Fortschritts. Mit (3)' sind die Annahmen an die *Forschungstechnologie* spezifiziert; die Präsenz von A und K unter den Argumenten von Z (.) ist mit entsprechenden Lerneffekten zu begründen. Die Wirkung der durch R repräsentierten Forschungsaktivität zur Erhöhung des Stands technischen Wissens wird in der Realität i. a. zufolge zeitbeanspruchender Diffusionsprozesse zusätzlich verzögert; auch auf diese Komplizierung soll im folgenden verzichtet werden. Schließlich ist natürlich unstrittig, daß im Gegensatz zu (3)' der Innovationsprozeß in der Realität durch ein Höchstmaß an Ungewißheit gekennzeichnet ist. Zur Rechtfertigung von (3)' kann angeführt werden, daß i. S. des *pooling*-Arguments Unsicherheit um so weniger eine Rolle spielt, je höher die Aggregationsstufe ist. Besser noch kann aber (3)' von vornherein nur als Beschreibung des *erwarteten* Effizienzeffekts verstanden werden, so daß die im folgenden deduzierten Wachstumspfade nur dann „korrekt“ sind, wenn die tatsächliche Effizienzsteigerung stets ihrer erwarteten Erhöhung entspricht. Zur Vereinfachung gelte schließlich für (3)' linear-homogener Einfluß der „Lernkomponenten“, d. h.

$$\dot{A}/A = z(x,R)\,/x - \delta_A \qquad x := A/K\ ,\ z_i > 0\ ,\ z_{ii} \leq 0\ ,\ i = x,R \tag{3}$$

Für den *Gütermarkt* wird von den folgenden Annahmen ausgegangen:

$$C^D = [1-s(x)]Y \qquad s' \leq 0,\ s\ \varepsilon\ (0,1) \tag{4}$$

$$I^D = h(x,g)\,K + \delta_K K \qquad h_i > 0\ ,\ h_{ii} \leq 0,\ i = x,g \tag{5}$$

$$Y^S = AaN \geq C^D \qquad Y = Y^S \tag{6}$$

$$I = \min\,(I^D, Y-C^D) \tag{7}$$

Hochgestellte D bzw. S zeigen Nachfrage- bzw- Angebotsvariable an. Gemäß (4) variiert die Konsumnachfrage C^D positiv mit der durch x gemessenen Forschungsintensität, da deren Erhöhung i. a. auch produktinnovativen Effekt hat. Für die Investitionsnachfrage I^D ist neben dem politischen Einfluß der langfristig erwarteten Wachstumsrate g mit der ebenfalls positiven Wirkung von x berücksichtigt, daß die Durchsetzung von Prozeßinnovationen i. d. R. mit erheblichen Investitionsausgaben verbunden ist. Schließlich ist mit (7) vorgesehen, daß die Konsumnachfrage vorrangig bedient wird, wenn die gesamte Nachfrage die zur Verfügung stehende Produktion übersteigt.

Als letztes sind dann noch Annahmen an die Art und Weise der Allokation des Faktors Arbeit zu formulieren. Es wurde bereits von der Existenz zweier *Arbeitsmärkte* für in der Produktion und für in der Forschung tätige Arbeitskräfte gesprochen. Die Annahme ist, daß das Arbeitsangebot insgesamt unelastisch ist und zur Vereinfachung dem Arbeitskräftepotential $\tilde{N}$ entspricht. Ferner sollen die Arbeiter indifferent gegenüber einer Tätigkeit in der Produktion und in der Forschung sein. Diese Annahme wird erleichtert durch die weitere Annahme, daß der Lohnsatz w (real) in beiden Sektoren identisch ist. Der Einsatz eines Arbeiters in der Forschung koste allerdings ein Vielfaches Ω , $\Omega > 1$, des gezahlten Lohnsatzes, d. h. w. Bei diesen Kosten handelt es sich üblicherweise um (periodisierte) Ausbildungsaufwendungen. Unter Vernachlässigung von Kapitalkosten wird daher nur dann produziert, wenn

$$w \leq aA/\,(1+\Omega R/N) \tag{8}$$

Das besagt, daß die durchschnittlichen Arbeitskosten die Arbeitsproduktivität nicht überschreiten. Der Arbeitsmarkt für *Beschäftigte in der Produktion* soll auf die nicht in der Forschung eingesetzten Arbeitskräfte beschränkt sein und kann daher wie folgt gewissermaßen residual formuliert werden:

$$N^D = \min\,[(C^D+I^D)\,/\,aA\ ,\ bK/aA] \tag{9}$$

$$N^S = \tilde{N} - R \tag{10}$$

$$N = \min\,(N^D, N^S) \tag{11}$$

Die Arbeitsnachfrage auf dem Arbeitsmarkt für *Beschäftigte in der Forschung* laute

$$R^D = \bar{r}\,(\Omega,g)\,\tilde{N} \qquad \bar{r}_1 < 0\ ,\ \bar{r}_2 > 0\ ,\ \bar{r}\ \varepsilon\ (0,1) \tag{12}$$

Diese Hypothese ist ebenso wie die Investitionshypothese grundsätzlich auch entscheidungstheoretisch begründbar. Wegen der o. e. Indifferenzannahme kann dann für das Angebot und die tatsächliche Beschäftigung im Forschungssektor

$$R^S = R = R^D \tag{13}$$

geschrieben werden. Ferner hat man davon auszugehen – und hier liegt eine sehr wesentliche „Wachstumsbremse" –, daß die Ausbildungskosten mit zunehmendem Anteil der in der Forschung beschäftigten Personen steigen, da auf laufend weniger geeignete Arbeitskräfte zurückgegriffen werden muß. Das bedeutet formal

$$\begin{aligned} \Omega = \ & \Omega\,(R/\tilde{N}) \\ & \Omega\,(0) = 1\,,\ \Omega' > 0\,,\ \Omega'' > 0 \end{aligned} \tag{14}$$

Damit beläuft sich die Beschäftigung im Forschungssektor auf

$$\begin{aligned} & R/\tilde{N} = \bar{r}\,[\Omega(R/\tilde{N})\,,g] \\ & \Leftrightarrow \\ & R/\tilde{N} = r(g) \\ & \quad r'(g) = \bar{r}_2/(1-\bar{r}_1\Omega') > 0 \end{aligned} \tag{15}$$

Den Verlauf des Graphen von (15) hat man sich etwa entsprechend Abb. 1 vorzustellen.

Damit ist das Modell komplett beschrieben, so daß anschließend die Bedingungen temporären Gleichgewichts (Mengenrationierung) formuliert und die Veränderung des Gleichgewichts im Zeitablauf untersucht werden können.

2.2. Da der Arbeitseinsatz im Forschungssektor grundsätzlich nicht rationiert ist, beschreibt (15) resp. Abb. 1 bereits das temporäre Gleichgewicht auf dem Arbeitsmarkt für „Forscher" in Abhängigkeit von der erwarteten Wachstumsrate. Das temporäre Gleichgewicht auf dem Arbeitsmarkt für in der Produktion tätige Arbeitskräfte folgt aus (8) - (11) unter Beachtung von (15) und lautet

$$N = \min\left\{ (C^D + I^D)/aA\,,\ bK/aA\,,\ [1-r(g)]\tilde{N} \right\} \tag{16}$$

wobei – wie üblich – von links nach rechts von Regimen keynesianischer, neoklassischer Arbeitslosigkeit und zurückgedrängter Inflation zu sprechen ist. Mit Hilfe von (4) und (5) kann man die temporär gleichgewichtige Beschäftigung als Funktion von x und g ausdrücken; man erhält:

$$N\,(x,g) = \min\left\{ [h(x,g) + \delta_K]/s(x)ax\,,\ b/ax, [1-r(g)\,]\tilde{N} \right\} \tag{17}$$

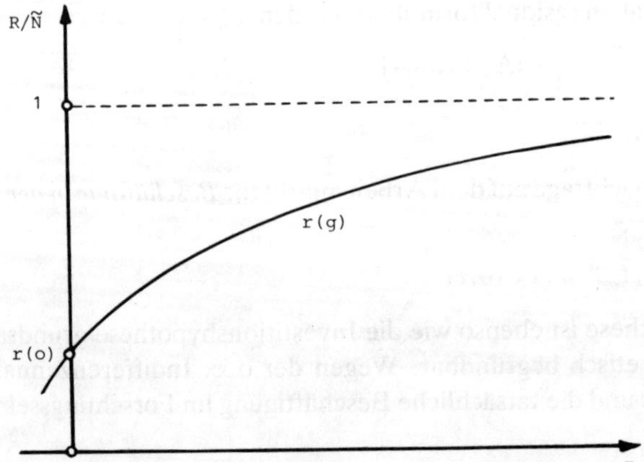

Abb. 1. Anteil in der Forschung beschäftigter Arbeitskräfte

Das temporäre Gleichgewicht unterliegt im Zeitablauf Veränderungen, da sich x und g ändern. Zunächst gilt für x definitorisch $\dot{x}/x \equiv \dot{A}/A - \dot{K}/K$. Die Zuwachsrate des technischen Wissens A folgt aus (3) unter Berücksichtigung von (15) mit

$$\dot{A}/A = z[x,r(g)\,\tilde{N}]/x - \delta_A \tag{18}$$

Die $\dot{K}/K = I/K - \delta_K$ betragende Zuwachsrate des Kapitalbestands ist regimespezifisch unterschiedlich definiert, nämlich

$$\begin{aligned}\dot{K}/K &= \min\left\{h(x,g)\,,bs\,(x) - \delta_K,\ as\,(x)x[1-r(g)\,]\tilde{N} - \delta K\right\}\\ &=:\hat{K}(x,g)\end{aligned} \tag{19}$$

Daher entwickelt sich die Forschungsintensität x im Zeitablauf gemäß

$$\dot{x} = z\,[x,r(g)\tilde{N}] - [\delta_A + \hat{K}(x,g)]x \tag{20}$$

Schließlich werde die Wachstumsrate „myopisch" korrekt prognostiziert, d. h.

$$g = g(x) \Longleftrightarrow g - \hat{K}\,(x,g) = 0 \tag{21}$$

Folglich läßt sich die Systemdynamik allgemein durch die Differentialgleichung

$$\dot{x} = z[x,r(g(x))\,\tilde{N}] - [\delta_A + g(x)]\,x \tag{22}$$

beschreiben.

Da (22) aus stückweise verschiedenen Funktionen zusammengesetzt ist, soll für eine Diskussion der qualitativen Eigenschaften auf grafische Darstellungen zurückgegriffen werden. Das bedeutet, daß in einem (x,g) -Diagramm der Graph von (20) für $\dot{x} = 0$ und der Graph von (21) unter Verwendung von (19) abgebildet werden. Das System entwickelt sich dann entlang von (21), wobei (20) die Richtungsänderung von x signalisiert.

Zur Vereinfachung sei angenommen, daß z (x,R) additiv separabel ist, d. h.

$$z(x,R) = z_0 + z_1\,(x) + z_2\,(R)$$
$$z_i' > 0\,,\ z_i'' \leq 0\,,\ i = 1,2$$

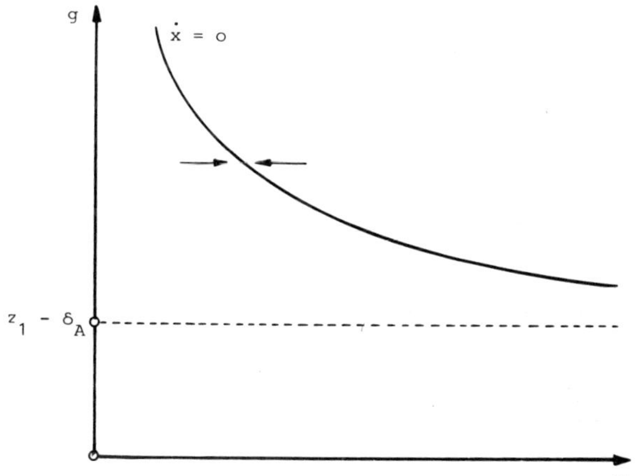

Abb. 2. Graph stationärer Forschungsintensität ($\dot{x} = 0$)

so daß für (20) mit $g = \hat{K}(x,g)$

$$\dot{x} = z_0 + z_1(x) + z_2[r(g)\tilde{N}] - (\delta_A + g)\,x \tag{20'}$$

zu schreiben ist. Allgemein kann $\dot{x} = 0$ in einem (g,x)-Diagramm ein Minimum aufweisen. Da sich keine qualitativen Abweichungen der Resultate ergeben, soll weiterhin vereinfacht und die lineare Version von z (x,R) benutzt, d. h. $z_{ii} = 0$, $i = 1,2$, unterstellt werden. Für $(z_1 - \delta_A) > 0$ („produktiver" Forschungsprozeß) hat dann der Graph von $\dot{x} = 0$ im positiven Quadranten den in Abb. 2 dargestellten Verlauf; da in diesem Bereich auch $\delta\dot{x}/\delta x < 0$ gilt, resultieren bei Auslenkungen von x bei gegebenem g Bewegungen, die zu $\dot{x} = o$ zurückführen (s. Pfeilrichtungen).

Als nächstes ist der Graph von (21) unter Beachtung von (19) zu diskutieren. Bezeichnet man mit g_K, g_{CL} und g_I die Wachstumsrate in den entsprechenden Regimen, dann läßt sich dafür einschließlich der aus den früheren Annahmen folgenden Eigenschaften schreiben:

$$g = \min\ [g_K(x),\ g_{CL}(x),\ g_I(x)] \tag{21'}$$

$$\begin{aligned}
&g_K(x) - g = 0 \Longleftrightarrow g - h(x,g) = 0\\
&\qquad g_K(0) > 0,\ g_K' > 0,\ g_K'' < o\\
&g_{CL}(x) - g = 0 \Longleftrightarrow g - bs(x) + \delta_K = 0\\
&\qquad g_{CL}(0) = bs(0) - \delta_K > 0,\ g_{CL}' < 0,\ g_{CL}'' > 0\\
&g_I(x) - g = 0 \Longleftrightarrow g - as(x)x\,[1 - r(g)]\tilde{N} - \delta_K = 0\\
&\qquad g_I(0) = -\delta_K < 0,\ g_I' > 0,\ g_I'' < 0
\end{aligned}$$

Um den stilisierten Fakten zu genügen, soll angenommen werden daß ein keynesianisches Regime existiert, d. h. daß $g_{CL}(0) > g_K(0)$ und $g_I'(x) > g_K'(x)$ (hinreichend). Man erhält dann für den Graphen von (21)' den in Abb. 3 dargestellten Verlauf. Da unabhängig vom Regime die Beschäftigung stets

$$N = (g + \delta_K)/as(x)\,x \tag{23}$$

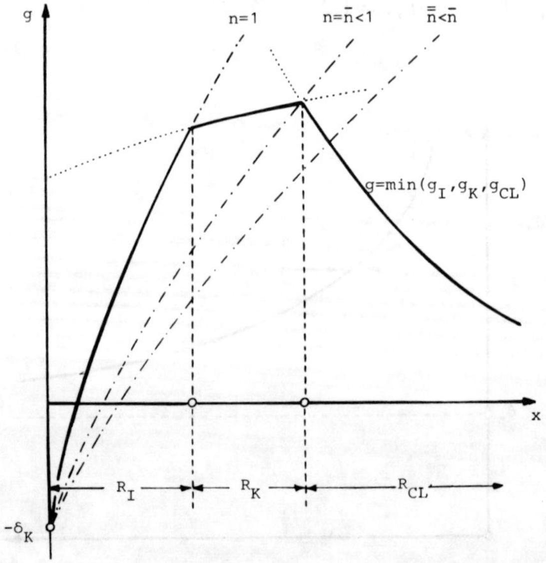

Abb. 3. Temporäres Gleichgewicht für g, x und n

geschrieben werden kann, erhält man für den Beschäftigungsgrad n : = (N+R)/Ñ

$$n = r(g) + (g+\delta_K) / \tilde{N}as(x)x \tag{24}$$

Für $g = g_I$ resultiert korrekterweise n=1 , d. h. der Graph von g_I (x) ist gleichzeitig die Vollbeschäftigungslinie. Für $n = \bar{n} = const. < 1$ liegen die (24) erfüllenden (g,x)-Kombinationen auf Graphen, die bei Rechtsdrehung von g_I im Punkt $-\delta_K$ resultieren. Sie sind exemplarisch auch in Abb. 3 dargestellt. Bemerkenswert ist, daß die Arbeitslosigkeit in R_{CL} stets größer ist als die Arbeitslosigkeit in R_K.

Jedes langfristige Gleichgewicht, sofern existent, muß natürlich gleichzeitig auch temporäres Gleichgewicht sein, d. h. muß auf dem Graphen von min (g_I, g_K, g_{CL}) liegen. Folglich beschreibt der Graph des temporären Gleichgewichts auch die langfristig nur in Frage kommenden Tradeoffs, sofern tatsächlich jeder Punkt auch erreichbar ist (s. u.). Wichtig ist in diesem Zusammenhang insbesondere, daß Wachstumsrate (von Kapazität und Produktivität) und Beschäftigungsgrad im Unterbeschäftigungsbereich negativ und positiv korreliert sein können. So gilt, daß bei keynesianischer (neoklassischer) Arbeitslosigkeit eine Stimulierung des Wachstums negative (positive) Beschäftigungseffekte zeitigt. Die Gründe für die entlang g = min (.) wechselnden Beziehungen zwischen g, x und n lassen sich ohne weiteres im Detail aus (21)' herauslesen. Die Annahme, daß bei Angebotsknappheit grundsätzlich zunächst die Konsumwünsche erfüllt werden, führt dazu, daß in R_I eine unbefriedigte Investitionsnachfrage besteht, obwohl alle Arbeitskräfte beschäftigt sind: aufgrund des niedrigen Forschungsstandes reicht die Produktion nicht aus. Durch Umschichtung der Arbeitskräfte von der Produktion in die Forschung lassen sich daher hier ohne weiteres auch bei stationärem Arbeitskräftepotential Wachstumsgewinne erzielen. Wachstumsgewinne sind auch noch in R_K möglich, aber eben nur zu Lasten des Beschäftigungsgrads. Hier beschränkt die Investitionsnachfrage die Produktion, ohne daß die durch steigenden technischen Fortschritt freigesetzten Arbeitskräfte in der Forschung benötigt würden. Bei einem Eintritt in R_{CL} schließlich geht die Forschung dann auch zu Lasten der Kapazitätswachstumsrate.

Welches temporäre Gleichgewicht *steady state*-(SS-)Charakter hat und welche Stabilitätseigenschaften es besitzt, ist mit Hilfe von (20)' unter Berücksichtigung von (21)'

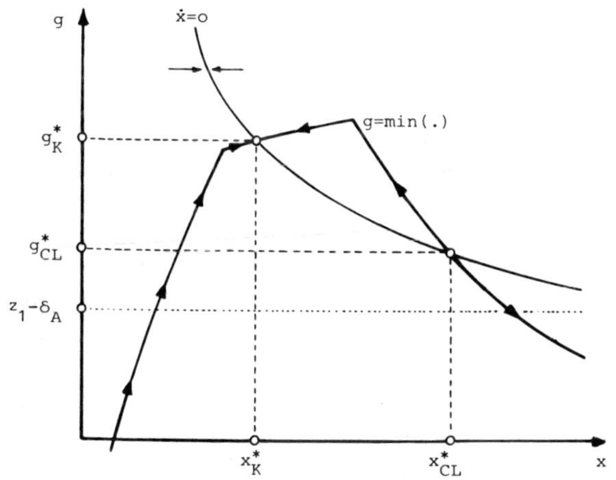

Abb. 4. Langfristige Gleichgewichte (*steady states*) und Anpassungsprozesse

resp. der Verbindung von Abb. 3 und Abb. 2 zu ersehen. Als Beispiel ist in Abb. 4 der Fall dargestellt, in dem zwei SS im Unterbeschäftigungsbereich existieren. Der SS in R_K ist offensichtlich stabil, der in R_{CL} instabil. Es wurde schon erwähnt, daß ein SS in R_K in diesem Modell grundsätzlich mit geringerer Arbeitslosigkeit verbunden ist als ein SS in R_{CL}. Eine weitere Möglichkeit für eine gleichzeitige Existenz von zwei langfristigen Gleichgewichten ist die Kombination eines SS in R_I und eines SS in R_{CL}. Auch hier ist der SS in R_{CL} instabil, und das Modell entspricht mit seiner „selbstheilenden“ Rückkehr zu einem stabilen Vollbeschäftigungsgleichgewicht in R_I den optimistischen Konzeptionen naiver Marktgläubigkeit. Singuläre *steady states*, die dann auch sämtlich (lokal) stabil sind, sind darüber hinaus in jedem Regime möglich.

3 Stellenwert und wirtschaftspolitische Aussagen

3.1. Es besteht kein Zweifel daran, daß das voranstehend skizzierte Modell in hohem Maße spekulativ ist. Es ist darüber hinaus – horribile dictu! – weitgehend mikrotheoretisch „nur“ plausibel, also nicht entscheidungstheoretisch begründet. Auch wenn sich dieser methodische Mangel heilen läßt, bleibt die Multiplizität denkbarer konkreter Szenarien unangenehm. Dabei ist mit Szenario auch nur der deterministische bzw. systematische Kern des Ansatzes gemeint. Der in Abb. 4 beispielhaft abgebildete Prozeß kommt ja nur dann tatsächlich zustande, wenn angesichts der zugrundegelegten Parameterkonstellation die faktische Ausbeute der Forschungsaktivität stets der erwarteten entspricht.

Die gewisse Beliebigkeit der Resultate ist sehr typisch für die moderne Theorie, und sie ist auch durch „mehr Mikroökonomik“ – seien es entscheidungstheoretische Elemente oder Desaggregation – allenfalls marginal zu verringern, keinesfalls aber gänzlich vermeidbar. Die Wirtschaftspolitik hat sich darauf einzustellen und Steuerungsverfahren zu konzipieren, die ein möglichst breites Spektrum von Ursachen und Erscheinungsformen von Fehlentwicklungen konterkarieren. Eine bloße Manipulation der Staatsausgaben i. S. des hydraulischen Keynesianismus ist in diesem Zusammenhang sicher die einfältigste Antwort.

3.2. Wir wollen uns für eine etwas detailliertere Diskussion exemplarisch auf zwei alternative Szenarien beschränken. Zunächst sei angenommen, daß ein stabiler SS in R_I existiert. Beschäftigungsprobleme sind dann zwar nicht von der Wirtschaftspolitik zu lösen. Denkbar ist allerdings, daß die Wachstumsrate als zu niedrig empfunden wird – mit der Folge entsprechender Verteilungskonflikte. Es liegt nahe, unter diesen Umständen den Versuch zu machen, durch eine Forschungsförderungspolitik das Wachstum zu stimulieren. Angenommen, es gelingt – als *conditio sine qua non* – mit Hilfe geeigneter Anreize zu erreichen, daß die durch (15) beschriebene Nachfrage nach Arbeitskräften für die Forschung *ceteris paribus* zunimmt, d. h. r(g) in Abb. 1 insgesamt steigt bzw. näher an Eins heranrückt. Der Anteil in der Forschung beschäftigter Arbeiter beeinflußt das $g_I(x)$ – Segment von $g = \min\{\ldots\}$ und damit auch die Vollbeschäftigungsgrenze sowie den Forschungsprozeß. Konkret bedeutet das eine Rechtsverschiebung sowohl des $(\dot{x} = 0)$ Graphen als auch des Graphen temporären Gleichgewichts im R_I-Regime. Abb. 5 verdeutlicht den Ablauf und zeigt, daß zwar

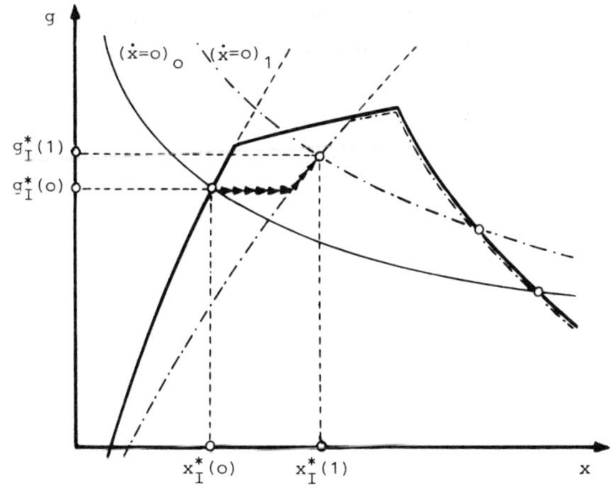

Abb. 5. Effekte einer Forschungsförderungspolitik bei Existenz eines stabilen SS in R_I

grundsätzlich mit einer Erhöhung des relativen Forschungsstandes bzw. der Forschungsintensität zu rechnen ist, daß aber der Effekt für die Wachstumsrate nicht eindeutig ist: im Zweifel sind die Wachstumserfolge nur gering oder gar negativ. Die gleiche Politik führt bei dem alternativ betrachteten Szenario eines eindeutigen und stabilen SS in R_K auf jeden Fall zu einer Erhöhung der Wachstumsrate und natürlich auch der Forschungsintensität; zufolge der gleichzeitigen Rechtsverschiebung der Vollbeschäftigungs- und sämtlicher anderen Linien gleichen Beschäftigungsgrads ist nicht eindeutig, wie der Beschäftigungsgrad reagiert. In Abb. 6 führen die unterstellten Kurvenverläufe zu einer Erhöhung der Arbeitslosenquote. Grundsätzlich läßt sich aus diesen Überlegungen damit lernen, daß eine als Beschäftigungs- und/oder Wachstumspolitik intendierte Forschungsförderung nicht nur wirkungslos, sondern sogar schädlich sein kann.

Weniger mehrdeutig sind die Wirkungen von Investitionsförderungsmaßnahmen, die – sofern überhaupt effektiv – ausschließlich das $g_K(x)$-Segment von $g = \min \{\ldots\}$

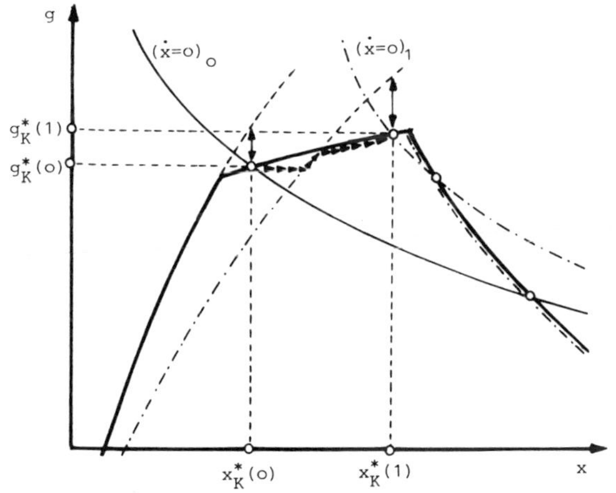

Abb. 6. Effekte einer Forschungsförderungspolitik bei Existenz eines stabilen SS in R_K

berühren. Im Falle wiederum eines eindeutigen und stabilen SS in R_I ergeben sich keine Veränderungen des SS. Bei langfristig keynesianischer Arbeitslosigkeit (SS in R_K) können durch Stimulierung der Investitionsaktivität gleichzeitig Beschäftigungs- und Wachstumserfolge erzielt werden. Demgegenüber wird eine Erhöhung lediglich der Konsumausgaben des Staates Wachstumsrate und Forschungsintensität unbeeinflußt lassen. Da aber das $g_I(x)$-Segment von $g = \min\{\ldots\}$ und damit sämtliche Linien konstanten Beschäftigungsgrads nach rechts verschoben werden, wird entsprechend dem einfachen Multiplikator ein Anstieg des Beschäftigungsgrads bewirkt.

4 Fazit

Wie bereits einleitend ausgeführt, bestand die Absicht, anhand eines sehr einfachen Wachstumsmodells die Wirkung der Einführung einiger für eine leistungsfähige Wachstumstheorie unverzichtbarer *„essentials"* zu diskutieren. Mit der Endogenisierung der Wachstumsrate und des Regimes, in dem sich das System bewegt, lassen sich von vornherein ebenso anhaltende Unterbeschäftigung (Depression) als auch stagnierendes Wachstum erklären und wirtschaftspolitischer Diskussion zugänglich machen. Die an vielen Stellen drastischen Vereinfachungen dieser Analyse weisen auf Ansatzpunkte für eine Weiterentwicklung hin. Dazu gehören notabene auch die generell für Wachstumsmodelle typischen Beschränkungen auf einsektorale und geschlossene Systeme. Immerhin ist bemerkenswert, daß schon der hier diskutierte einfache Ansatz erheblich über die traditionelle Wachstumstheorie hinausgehende Einsichten vermittelt.

Literatur

[1] Jaeger K (1986) Die analytische Integration des technischen Fortschritts in die Wirtschaftstheorie. In: Bombach G, Gahlen B, Ott A E (Hrsg.) (1986) Technologischer Wandel – Analysen und Fakten. J.C.B. Mohr, Tübingen: 111 - 141

[2] Ramser H J (1986) Schumpetersche Konzepte in der Analyse des technischen Wandels. In: (wie oben) : 145 - 169

IX. Wirtschaftspolitik

Chancen des Bausparens – Gedanken zum Wohnen in einer sich wandelnden Gesellschaft

Walter Englert

Zusammenfassung

Bei positiver Entwicklung der real verfügbaren Einkommen wird die Nachfrage nach Wohneigentum und damit der Entschluß zum Bausparen, zur Neubegründung von Wohneigentum wieder kräftiger werden. Denn die sonstigen Rahmenbedingungen für das Bausparen dürften sich relativ günstig entwickeln. Die Einführung moderner Kommunikationstechniken begünstigt die Auflockerung unserer Städte. Das Arbeitsplatzangebot verschiebt sich weiter – hin vor allem auch zu dezentralen Dienstleistungen. Damit erhalten immer mehr Menschen die Chance, Wohnen und Arbeiten standortmäßig nach den Wohnpräferenzen auszurichten und dabei individuellere Wohnvorstellungen – etwa in Form des Eigenheims – zu verwirklichen. Bedenken wegen des Flächenverbrauchs ist entgegenzuhalten, daß in unserer Kulturlandschaft selbstgenutzter Garten wohl die umweltfreundlichste Form der Nutzung darstellt. Die demographische Entwicklung wird auch im wohnungswirtschaftlichen Bereich Veränderungen auslösen. Bei der Freizügigkeit innerhalb der EG werden attraktive Regionen aber gute Chancen haben, einen Rückgang der einheimischen Bevölkerung durch entsprechende Zuwanderung auszugleichen.

Einleitung

Baden-Württemberg gilt in der Bundesrepublik als das Land „der Häusle-Bauer“, es ist das Stammland des Bausparens. Hier in einem damals kleinen abgelegenen Dorf des Schwäbischen Waldes, weit ab von den wirtschaftlichen Zentren, wurde mit der Gemeinschaft der Freunde Wüstenrot ab 1921 die erste Bausparkasse des kontinentalen Europa aufgebaut. In England, USA und anderen Ländern hatten Bausparkassen – allerdings anderer Ausprägung – zum Teil schon seit mehr als 100 Jahren ihre guten Dienste geleistet. Andererseits sind aber nach dem in Wüstenrot gegründeten kollektiven System mit deutscher Hilfe blühende Bausparkassen in einer ganzen Reihe von europäischen und außereuropäischen Ländern entstanden. Das deutsche Bausparsystem hat sich nicht nur in den schweren Zeiten des Wiederaufbaus bewährt, sondern auch für Entwicklungs- und Schwellenländer mit relativ geringer Sparkraft in besonderer Weise als geeignet erwiesen. Verschiedene Länder Süd- und Mittelamerikas sowie Mittelafrikas zeigen viel Interesse und neben den erfolgreichen Gründungsunterstützungen haben wir hier sehr umfangreiche Beratungsarbeiten geleistet. Wie lebendig das Bausparen in einer modernen Industriegesellschaft ist, wird speziell am Beispiel Baden-Württemberg deutlich.

Baden-Württemberg ist in der Tat auch heute noch ein Bausparland par excellence. Es liegt nach der Zahl der Bausparverträge, nach dem Bausparaufkommen, nach den finanzierten Wohnungen in Relation zur Bevölkerungszahl überall mit an der Spitze der deutschen Länder. Rund 50 % der in der Bundesrepublik laufenden Bausparverträge sind Bausparkassen anvertraut, die in Baden-Württemberg domizilieren. Bei dieser Tradition und Bedeutung des Geschäftszweiges im Land ist es gewiß geziemend, in dieser Festschrift für unseren Ministerpräsidenten einige Gedanken über Chancen und Probleme des Bausparens in den kommenden Jahrzehnten einzufügen. Das um so mehr, als Ministerpräsident Späth die Wohnungswirtschaft und ihre Probleme wie wenige Politiker kennt und sich ihrer Anliegen stets mit großem Engagement angenommen hat. Für sein hilfreiches Verständnis haben gerade die Bausparkassen sehr zu danken.

1 Das Bausparen und seine Einbettung

Unser deutsches Bausparen ist Zwecksparen. Früher wurde überwiegend für die Zwecke des Hausbaus gespart, heute werden schon mehr Mittel aus Bausparverträgen für den Kauf oder die Substanzerhaltung und Verbesserung verwendet. Man könnte deshalb besser von Wohnsparen oder Wohneigentumssparen sprechen.

Erwerb und Erhaltung des Wohneigentums sind eng verflochten mit dem Alltagsleben und den langfristigen Lebensplanungen. Menschen wählen Wohnungen wegen ihrer Architektur, weil sie sich nach außen darstellen wollen. Sie wählen Wohnungen wegen der Nachbarschaft, der Schulwege für die Kinder, der Gärten, der Geschäfte in der Nähe, der Verkehrsverbindungen oder auch wegen der Nähe zu Familienmitgliedern. Wohnen ist immer wieder „Wohnen plus"! Ganz besonders gilt dies für das Wohneigentum. Haushalte finanzieren in aller Regel das Mehrfache ihres Jahreseinkommens, um Wohneigentum zu erwerben. Das Eigenheim oder die Eigentumswohnung bedeuten für die meisten Menschen die größte Investition im Leben. Sie sparen Eigenkapital in langen Fristen an. Sie nehmen Risiken in Kauf. Sie verzichten auf Urlaubsreisen oder andere Annehmlichkeiten, weil das eigene Haus langfristig Unabhängigkeit, Selbstbestimmung und Sicherheit bringt, obwohl die Schulden oft lange Zeit drücken.

Wegen der engen Verflechtung der Eigentumsbildung mit allen Lebensbereichen sind die Bestimmungsgründe sehr komplex. Einkommen und Einkommenserwartungen, Kinderzahl und Berufskarriere, Arbeitsplatzrisiko und Sparbereitschaft spielen mit. Dabei steht Wohneigentum immer in Konkurrenz zu anderen Zwecken. Lebensversicherungen und Wertpapiere, langlebige Konsumgüter und Urlaubsreisen konkurrieren mit dem Wohnen im Eigenheim und mit dem Bausparen.

2 Bausparen und Eigentumsbildung seit Mitte der siebziger Jahre

Das Ausmaß der Wohneigentumsbildung und damit auch die Intensität des Bausparens hängt einmal ab von der Einkommensentwicklung, zum anderen aber auch von der Zahl der Haushaltsgründungen. Unabhängig von diesen allgemeinen Determinanten spielen im Einzelfall natürlich der Wille zum Eigentum und die Bereitschaft, hohe Sparleistungen zu erbringen, eine besondere Rolle. Dieser Wille wird umso ausgeprägter sein, je attraktiver die Angebote sind und je plausibler die Finanzierungssysteme und der Sparzweck den einzelnen Haushalten erscheinen.

Die Entwicklung der letzten zehn Jahre gab dabei nicht nur zu Optimismus Anlaß. Während es in der zweiten Hälfte der 70er Jahre noch eine ausgeprägte „Eigentumskonjunktur" gab, erwies sich die Hochzinsphase zu Beginn der 80er Jahre für die Eigentumsbildung als ausgesprochen hinderlich. Sie fiel zusammen mit stagnierenden bis sinkenden Realeinkommen vor allem der Arbeitnehmerhaushalte und ungünstigeren Einkommenserwartungen. Auch das Bausparen hatte darunter zu leiden, daß die Investitionspläne zurückgeschraubt wurden. Eine gewisse Belebung der Eigentumsbildung kam nach der Zinssenkungsperiode seit 1982. Sie wurde durch staatliche Förderungsmaßnahmen noch zusätzlich angeregt. Dennoch steuerte auch das Bausparen nach der Periode des stürmischen Wachstums in den 60er und 70er Jahren in ein ruhigeres Fahrwasser. Dabei spielte eine erhebliche Rolle, daß die Bausparförderung seit Mitte der 70er Jahre immer mehr abgebaut wurde. Aber auch die Konkurrenzverhältnisse haben sich verändert:

Der „Marktanteil" des Bausparens im Rahmen der Vermögensbildung der privaten Haushalte ist gesunken. Vor allem das Lebensversicherungssparen und neue Formen des Wertpapiersparens haben an Boden gewonnen. Hier spielt einmal die öffentliche Förderung eine Rolle, so z. B. auch die Steuerfreiheit von Zinsen aus Lebensversicherungsverträgen. Außerdem haben sich die Vermögensbildungsformen mehr und mehr differenziert. Nachdem inzwischen rund 43% aller Haushalte im eigenen Haus oder in der eigenen Wohnung leben, steigt der Anteil der Haushalte, der im natürlichen Zyklus der Vermögensbildung vom Sparbuch über das eigene Haus zum Wertpapiersparen oder zur Lebensversicherung kommt. Die zunehmenden Sorgen über die Alterssicherung stärken bisher vor allem das Lebensversicherungssparen.

Noch stärker als die Strukturveränderungen in der Vermögensbildung waren die Veränderungen am Markt für Wohnungseigentum. Schon in der Hochzinsphase zu Beginn der 80er Jahre hatte sich gezeigt, daß die Perioden dauernder Immobilienpreissteigerungen zu Ende gegangen waren. Das Ende der durch die Geldwertentwicklung induzierten Wertsteigerungen hatte die Nachfrage gedämpft. Die wirtschaftlichen Schwierigkeiten in verschiedenen Regionen, Branchen und Berufsgruppen zwangen zahlreiche Eigentümer zu Veräußerungen. Gleichzeitig stieg die Zahl der bisher vermieteten Wohnungen, die aus dem Bestand als Eigentumswohnungen zum Verkauf angeboten wurden. Sinkende Preise am „Gebrauchtmarkt" mußten Nachfrage anregen. Der Neubau ging stärker zurück, als es aus der Einkommensentwicklung zu erklären war. 1986 erreichten die Baugenehmigungen mit rund 220000 Wohnungen einen Tiefpunkt. Dennoch darf man diese Entwicklung nicht als einen Dauertrend ansehen. Seit Beginn der 80er Jahre haben sich konjunkturelle Phänomene und die einmaligen Anpassungen an gesunkene Inflationsraten, hohes Realzinsniveau, gesunkene Einkommenserwartungen und ein überdurchschnittliches Angebot aus dem Bestand überlagert. Es lohnte sich für potentielle Erwerber, niedrigere Preise und niedrigere Kapitalmarktzinsen abzuwarten.

3 Das Ende der Immobilienflaute?

Grundsätzlich gilt, daß bei weitgehend unveränderten Verhaltensweisen schon eine zusätzliche Einkommenssteigerung von etwa 0,5 % die Wirkungen des absehbaren Bevölkerungsrückgangs voll kompensiert. Eine Schlüsselrolle für die Entwickung behält deshalb die künftige Rate der Einkommenssteigerung.

Bei einem Anstieg des real verfügbaren Einkommens stehen die einzelnen Haushalte vor der Frage, wofür sie diesen erhöhten Einkommensspielraum verwenden. Dabei wird sich zeigen, daß Wohneigentum noch immer eine hohe Attraktivität genießt. Wegen der erhöhten Nachfrage wird bei sich wieder verknappendem Angebot aus dem Bestand wieder in größerem Umfang Neubau finanziert werden müssen. Außerdem erfüllt das Angebot aus dem Bestand, was Wohnform, Qualität und Lage angeht, die Ansprüche vor allem von Gruppen mit höheren Einkommen zum großen Teil nicht. Wir müssen uns immer vor Augen führen, daß durch den Abbau der Geldwertminderungen in längeren Fristen entstandene Verzerrungen am Immobilienmarkt korrigiert wurden. In den kommenden Jahren dürfte bei befriedigendem Einkommenswachstum eine Normalisierung im Sinne einer Rückkehr zu einem höheren Niveau eintreten. Dabei wird sich gleichzeitig zeigen, daß der sog. Gebrauchtwohnungsmarkt ebenfalls weiter wachsen wird, weil aufgrund der Altersschichtung und aufgrund der veränderten Einstellungen zum Wohneigentum Bestandsumsätze häufiger werden.

Bestätigt sich die Hoffnung, daß die Periode ungünstiger Einkommensentwicklung und struktureller Anpassungen am Markt ausläuft, dann könnten der Rest der 80er Jahre und die 90er Jahre von ganz anderen Trends bestimmt sein, als wir sie gegenwärtig kennen. Der Neubau von Eigenheimen und Eigentumswohnungen kann vor allem unter dem Eindruck einer wieder kräftigeren Einkommensentwicklung erheblich zunehmen. Auch am Mietwohnungsmarkt wird es vor allem auf Märkten mit Zuwanderung bei stetigem Einkommenswachstum zu Verknappungen, zu stärkeren realen Mietpreissteigerungen und danach zu erhöhter Bautätigkeit kommen können, falls die Investoren auf diese Verknappung reagieren.

Rückblickend können wir sagen: Die 70er Jahre waren ein Jahrzehnt der Immobilie, die 80er Jahre wurden im bisherigen Verlauf weitgehend geprägt durch das Auslaufen des Inflationsbooms und die schwache Einkommensentwicklung. Das hat am Markt für Wohneigentum bisher nicht gekannte Risiken entstehen lassen. Die Zwangsversteigerungen nahmen zu – regional differenziert und insgesamt längst nicht so dramatisch wie es oft dargestellt wird. Eine bis dahin nicht erlebte lange Schwächephase der Wohneigentumsbildung war die Folge. Es paßt zu diesem Bild, daß gleichzeitig das „Sicherheitssparen" bei den Lebensversicherungen besonders stark stieg.

4 Goldene Neunziger?

Trotz der ausgeprägten Veränderungen am Immobilien- und Baumarkt, wie wir sie in der jüngsten Zeit erlebten, können die 90er Jahre wieder von den klassischen Determinanten bestimmt sein, weil die Folgen der inflationsbedingt überhöhten Produktion der 70er Jahre und die Anpassungen an niedrigere Preissteigerungsraten dann vollzogen sein werden. Bei günstiger Einkommensentwicklung und stabileren Erwartungen können auch ohne die problematische, weil nicht dauerhafte Schubkraft einer Inflation die 90er Jahre wieder zu einem Jahrzehnt der Wohneigentumsbildung werden.

Auch die demographische Entwicklung begünstigt die Entwicklung des Bau- und Immobilienmarktes. Die Quote der Rentner bleibt dann konstant. Die geburtenstarken Jahrgänge kommen in das Alter, in dem Wohneigentum gebildet wird und die Neigung, aufgrund der Familienvergrößerungen in das Umland der Großstädte zu ziehen, steigt. Gleichzeitig ist aufgrund der Altersschichtung die Erwerbsquote insgesamt hoch, d. h. auch der Trend zu steigenden staatlichen Abgabenlasten nimmt wegen der dann herrschenden Altersschichtung zunächst nicht mehr zu.

Eine günstigere Entwicklung der Einkommen hätte vor allem die Wirkung, daß, nachdem die Zahl der Wohnungen die der Haushalte dann deutlich übersteigt, die Nachfrage sich auf bessere Wohnungen und Wohnformen, qualitativ hochwertige Lagen und Objekte konzentriert. Das bedeutet, daß Ein- und Zweifamilienhäuser, aber auch Etagenwohnungen in attraktiven Gebäuden und in guter Lage günstige Preise erzielen können. Kleine Wohnungen mit Banalarchitektur in Durchschnittslagen könnten dagegen Preisnachteile hinnehmen müssen. Die Preisdifferenzierungen werden in der Tendenz ausgeprägter. Dabei wird sich zeigen, daß Ein- und Zweifamilienhäuser bzw. kleine Wohngebäude mit wenigen Wohnungen noch auf lange Zeit einen Bauformrente behalten. Entgegen weitverbreiteter Wünsche sind in der Bundesrepublik noch gut die Hälfte aller Wohnungen Etagenwohnungen. Dabei kann die hohe Einwohnerdichte nicht als Argument gegen den Wunsch nach Wohnen im eigenen Haus ins Feld geführt werden. In Ländern wie Belgien, Dänemark, Holland oder England sind die Quoten der Ein- und Zweifamilienhäuser trotz z. T. größerer Einwohnerdichte höher als bei uns. London hat einen höheren Anteil an Ein- und Zweifamilienhäusern als Stuttgart. Die historisch u. a. durch staatliche Einflüsse entstandene hohe Quote der Etagenwohnungen entspricht nicht dem Trend der langfristigen Nachfrage. Die künftige Bautätigkeit wird diese Entwicklung, wenn auch langsam, korrigieren. Wir werden wahrscheinlich auch feststellen, daß die Normierungen des steuerbegünstigten Wohnungsbaus, der bestimmte Flächengrenzen vorgibt, sich langfristig eher als schädlich erweisen können, weil sich die Nachfrage allmählich an anderen Ansprüchen orientiert.

Wenn die These einer sich differenzierenden Nachfrage oder einer steigenden Nachfrage nach hochwertigem Wohnen aufgrund der absehbaren Altersschichtung bei günstiger Einkommensentwicklung gegen Ende der 80er Jahre und für die 90er Jahre sich als richtig erweist, dann wird auch das Bausparen als mit diesen Märkten verkettetes Sparsystem davon positiv betroffen. Auch die Erwartung höherer Preisstabilität kann sich für das Bausparsystem nur günstig auswirken. Sehr vereinfacht reduziert sich die Prognose für die Zukunft des Bausparens für einen Zeitraum von 10–15 Jahren auf die Aussage: Wenn es vollends gelungen ist, das Pessimismustal, das Tal der skeptischen Erwartungen und der ungünstigen Einkommensentwicklung der ersten Hälfte der 80er Jahre zu durchschreiten, dann kann auch das Bausparen zu Beginn der 90er Jahre einen neuen Frühling erleben. Allerdings wird ein System wie das Bausparen von dauerhafter Stagnation und von nachhaltig ungünstigen Erwartungen überdurchschnittlich negativ betroffen. Der Abschluß eines Bausparvertrages ist immer ein Akt des Vertrauens und des Optimismus. So gesehen bleibt das Bausparsystem noch mehr als in der Vergangenheit auch ein Stimmungsbarometer und bleibt abhängig vom Vertrauen in die Zukunft.

5 Bausparen und Sparverhalten

Das Bausparen hat im Prozeß der Eigenkapitalbildung eine dienende Funktion. Der Bausparvertrag ist eine Art Zwischenprodukt auf dem Weg zur Sachvermögensbildung. Dennoch kann das Bausparen aktiv Einfluß nehmen und eine kreativ anregende Rolle spielen. Bei wichtigen Entscheidungen, die Menschen in ihrem Leben treffen, bestehen keine einfachen Ursache-Wirkung-Zusammenhänge. In einem rationalistischen Verständnis überprüft jeder Haushalt ständig alle Einkommensverwendungen im Hinblick auf mögliche Zwecke. Dabei wird eines Tages der Plan aufgestellt, für die Wohneigentumsbildung bestimmte Sparbeiträge aufzubringen. Der Haushalt entscheidet, welche Sparquoten angemessen sind, welche Belastungen tragbar erscheinen, um Eigentum in bestimmten Fristen zu realisieren. Dieser Plan wird am Ende der Sparperiode umgesetzt.

In der Wirklichkeit bilden sich Pläne für die Zukunft sehr viel stärker durch Einflüsse der Umwelt, denen man täglich ausgesetzt ist. Menschen beobachten die Welt und ahmen andere Menschen nach. Man startet Pläne, auch in einer Experimentierhaltung, weil man niemals ganz sicher sein kann, ob sie sich so verwirklichen lassen. Solche versuchsweise gestarteten Pläne haben den Vorteil, daß man ihr Scheitern nicht als Niederlage empfindet, sondern als Anpassung an die jeweiligen Verhältnisse.

In dieser Welt des Nachahmens, des Experimentierens, des versuchsweisen Angehens von Lösungen, der Welt von Gewohnheiten, spielt das Bausparen eine gewichtige Rolle, denn es paßt sich in vielfacher Hinsicht an die beschriebenen Verhaltensweisen an. Bausparer und Bausparkassen haben sich einem wichtigen Zweck verschrieben, den sie aktiv fördern. Bausparkassen warten nicht einfach auf die Sparentscheidungen ihrer Kunden und sind nicht bloße Erfüllungsgehilfen rationalistischer Vermögensbildungskalküle. Bausparkassen versuchen, Gewohnheiten zu erzeugen, Images zu prägen. Sie wollen ihren Kunden Mut machen. Sie wollen sie davon überzeugen, sich auf Sparprozesse einzulassen, an deren Ende sich dann zeigen wird, welche Investitionen möglich sind. Sie werden dabei Partner von sehr unterschiedlichen Motiven: Die einen wollen sich selbst ohne genaues Sparziel zu regelmäßigem Sparen zwingen. Die anderen wollen unbedingt so schnell wie möglich Wohneigentum erwerben. Dritte folgen dem Rat von Kollegen oder Eltern. Das Bausparen nimmt alle diese Motive auf und setzt sie um in einen Strom von Ersparnissen, der in die Zuteilungsmasse einfließt, aus der Investitionen finanziert werden. Jeder weiß, er ist Mitglied einer großen Gruppe, die gemeinsam daran geht, einen Sparpool ständig zu füllen, aber auch gemeinsam erwartet, daß daraus Beträge für eigene Investitionsvorhaben zurückfließen.

Es ist nicht verwunderlich, daß in der Diskussion um die Zukunft des Bausparens vor allem theoretisch orientierte Ökonomen sichtbar kopfschüttelnd vor dieser psychologischen Basis stehen. Aus der Sicht eines vollkommenen Kreditmarktes und der Sicht renditeorientierter Spar- und Kreditkalküle sind Bausparkassen nicht unabdingbar, für Theoretiker ja sogar problematisch, weil sie den einzelnen in seinen Planungen auch anbinden können, weil die Kapitalbeträge in einem Sondersystem gebunden werden und nicht frei dorthin fließen können, wo sich vielleicht vorübergehend zusätzliche Renditen ergeben. Doch diese Sicht wird der Wirklichkeit gewiß nicht gerecht. Sparen entsteht nicht aus bloßen Überlegungen der Ertragsmaximierung und der Abwägung von Zukunfts- und Gegenwartsbedürfnissen in der Einkommensverwendung. Sparen hat eine institutionelle und soziale Basis. Gerade das Bausparsystem liefert ein institutionelles Umfeld, das Sparen abstützt und stabilisiert. Das Bausparen ist ein Kind der praktischen Vernunft, nicht des theoretischen Modelldenkens. Das Bausparen ist kein System für Rationalisten mit Computergehirnen, sondern gedacht für Menschen, die eingebunden in Gruppen leben, die sich anpassen an das Gruppenverhalten, sich davon aber auch leiten lassen, die Erfahrungen anderer für sich verwerten. Diese Menschen haben keine Abneigung dagegen, sich selbst über mehrere Jahre in eine freiwillig gewählte Bindung zu begeben. Sie sehen in dieser Grundsatzentscheidung eher eine Entlastung, weil das Sparen dann zur Gewohnheit wird. Gerade das zur Gewohnheit werdende langfristige Sparen bildet die Voraussetzung dafür, daß die Schwelle von der Rücklagenbildung zur echten Vermögensbildung überschritten werden kann. Das Bausparsystem bietet mit dem Anspruch auf ein zinsgünstiges Baudarlehen eine institutionelle Hilfe zur Überwindung dieser Hindernisse. Als Instrument der Vermögensbildung hat es damit einen bemerkenswerten Vorteil gegenüber fast allen anderen Sparformen. Vor allem, wenn es darum geht, Bevölkerungsgruppen und soziale Schichten, in denen das Sparen bisher traditionell noch nicht so stark verankert ist, an die Vermögensbildung heranzuführen, kann dieser Vorteil nicht hoch genug eingeschätzt werden.

6 Bausparen im Lebenszyklus

Es ist nützlich, sich den Abschluß eines Bausparvertrages als langfristige Strukturentscheidung über die Einkommensverwendung vor Augen zu führen. Daraus wird auch deutlich, daß sich das Bausparverhalten an die Bedürfnisse unterschiedlicher Gruppen anpaßt. Man kann zwei idealtypische Fälle unterscheiden. Als Unterscheidungskriterium dient der Verlauf des Lebenseinkommens eines Erwerbstätigen im Verhältnis zur durchschnittlichen Einkommensentwicklung. Hier können insbesondere zwei Gruppen unterschieden werden. Eine Gruppe erlebt im Berufsleben neben den allgemeinen Steigerungen aufgrund des Wirtschaftswachstum zusätzlich eine zweite Erhöhung durch beruflichen Aufstieg. Dieser Hierarchieaufstieg kann verschiedene Formen annehmen: Ein junger Handwerker, der sich selbständig macht, muß zunächst darum kämpfen, überhaupt Kunden an sich zu binden und muß gleichzeitig seine Erstinvestitionen finanzieren. Über längere Zeit ist sein Einkommen relativ niedrig. Im Laufe der Zeit vergrößert sich sein Markt. Alte Kunden kommen wieder. Neue Kunden werden durch Empfehlungen gewonnen. Kundenstamm, Umsatz und Gewinne nehmen überdurchschnittlich zu. Nach 10–15 Berufsjahren kann ein erfolgreicher selbständiger Handwerker nach harten Startjahren und verlängerter Ausbildung auf eine überdurchschnittliche Einkommensentwicklung zurückblicken.

Noch einleuchtender wird die Einkommensentwicklung durch Aufstieg und Karriere bei Angestellten in Versicherungen oder Banken oder bei Beamten in Ministerien. In all diesen Fällen kumulieren sich Einkommenssteigerungen aufgrund allgemeiner wirtschaftlicher Entwicklungen mit Einkommenssteigerungen aufgrund individueller Berufskarrieren.

Mit Aufstiegssteigerungen können diejenigen weniger rechnen, die keine hochqualifizierte Berufsausbildung haben und als Arbeiter, Verkäuferin oder Schreibkraft tätig sind. Diese Erwerbstätigen beginnen ihr Berufsleben früh. Ihre Lebensarbeitszeit ist wegen kurzer Ausbildungsfristen lang. Ihre Einkommenssteigerungen koppeln sich jedoch kaum von allgemeinen Einkommensentwicklungen ab. Ihre Einkommen bleiben phasenweise eher hinter dem allgemeinen Durchschnitt zurück.

Aus solchen unterschiedlichen Einkommensverläufen müssen sich zwangsweise Folgerungen für die individuellen Spar- und Investitionspläne ergeben. Wer relativ früh eigenes Einkommen verdient, aber keine überdurchschnittlichen Steigerungen erwartet, für den empfiehlt es sich, zum Erwerb von Wohneigentum sehr frühzeitig Eigenkapital anzusparen. Nach dem Erwerb besteht ein Interesse an einer raschen Entschuldung. Belastungssteigerungen können nicht in die Zukunft verschoben werden. Ganz anders verhält es sich bei Investoren, die relativ spät in das Berufsleben eintreten und allein aufgrund des hohen Alters keine langen Ansparfristen mehr in Kauf nehmen wollen. Die Erwartungen eines Hierarchieaufstiegs und der daraus resultierenden überdurchschnittlichen Einkommenssteigerungen machen es hier eher möglich, längere Entschuldungsfristen hinzunehmen oder auch Belastungen in die Zukunft zu verschieben.

Es leuchtet unmittelbar ein, daß bestimmte Formen des Bausparens, etwa kurze Kreditlaufzeiten und hohe Annuitäten, den Interessen der Erwerbstätigen ohne Hierarchieaufstieg entgegenkommen. Haushalte mit wenig Neigung für längere Ansparfristen und hohe Annuitäten werden in der Bausparfinanzierung zunächst eher eine Ergänzung im nachstelligen Bereich oder ein Mittel der Spitzenfinanzierung sehen und erst später – mit Blick auf die Altersversorgung – ein Instrument zu rechtzeitiger Entschuldung.

Die Wirklichkeit ist natürlich weit komplexer, als solche Typenbildungen sichtbar machen. Dennoch verdeutlichen die dargestellten Typen mögliche Funktionen von Bausparverträgen und Bausparfinanzierungen für unterschiedliche soziale Gruppen und zeigen gleichzeitig auch die Flexibilität und Anpassungsmöglichkeit des Systems.

7 Zwei gravierende Probleme

Gegenüber den oben formulierten optimistischen Prognosen für die Eigentumsbildung in den nächsten 10–15 Jahren werden immer wieder zwei Einwände geltend gemacht. Angesichts der schon entstandenen Umweltprobleme wird eine weitere unverminderte Inanspruchnahme von mehr Flächen für Siedlungszwecke für unvertretbar angesehen. Die zweite Quelle der Skepsis speist sich aus der Erwartung der langfristig nach dem Jahr 2000 eintretenden Überalterung und Schrumpfung der deutschen Bevölkerung. Mit beiden Positionen muß man sich ernsthaft auseinandersetzen.

8 Stadtstruktur, Stadtentwicklung, Technik und Produktionsstruktur

Wohnung, Wohnform, Stadtgestalt und Siedlungsform sind seit Beginn der Industrialisierung in ihren Veränderungen eng mit der technischen und wirtschaftlichen Entwicklung verflochten. Die alten Insthäuser der Arbeiter auf preußischen Landgütern des 19. Jahrhunderts, angeklebt an die großen Gutsgebäude, waren Ausdruck der wirtschaftlich-technischen Produktionsbedingungen und des damals dort herrschenden Einkommensniveaus. Die großen homogenen, von Stadtentwicklungsgesellschaften gebauten, durch das Auto geprägten Einfamilienhaussiedlungen in amerikanischen Vororten spiegeln Einkommens-, Transport- und Lebensbedingungen 100 Jahre später wider.

Die Zeitgenossen haben langfristige Auswirkungen technischer Veränderungen manchmal klar und weitsichtig vorausgesehen. Sie haben aber genausogut bestimmte Aspekte völlig unterschätzt oder sich an falschen Leitbildern orientiert. Zwei Beispiele mögen dies verdeutlichen.

Am Anfang dieses Jahrhunderts sah H. G. Wells in seinen „Anticipations" [3] mit erstaunlicher Klarheit die Auswirkungen des Autos auf die Siedlungsentwicklung, insbesondere den Bau großer aufgelockerter Vorstädte voraus, in denen das Wohnen in eine neue Beziehung zum Stadtkern und zum Arbeiten geriet. Er ging von der Erkenntnis aus, „daß die allgemeine Verteilung der Bevölkerung in einem Land immer direkt abhängig ist von den Verkehrsverhältnissen."

Er spricht von der „fast schon instinktiven Nachfrage nach einem eigenen Heim, das nach den eigenen Herzenswünschen gebaut und geordnet wird". Wells sah auch voraus, daß Auto und Telefon die Voraussetzung dafür bildeten, „daß viele Londoner ihre Büros in der City völlig aufgeben würden, weil sie es vorzogen, ihren Geschäften in angenehmerer Umwelt nachzugehen."

Das Auto hat in der Tat die Menschen aus der engen Bindung an die alten Stadtkerne befreit und ermöglicht, täglich größere Entfernungen zurückzulegen. Es hat die Konzentration von Wohnungen um die großen Industriebetriebe auflockern helfen, nicht nur, weil es diese neue Technik gab, sondern weil gleichzeitig das Einkommen stieg, so daß ein Luxusgut allmählich zu einem Massengebrauchsgut werden konnte. Heute, nach Jahren des Wachstums der Autodichte, sind wir noch immer nicht am Ende dieser Entwicklung angelangt. Dabei ist offensichtlich, daß die Nutzung des Autos für die Städte nicht nur ein Segen und für die Menschen nicht nur eine Befreiung brachte. Autos waren für die Städte eine ständige Revolution auf Rädern. Sie brauchen Platz; alte Wohngebiete wurden durch die neuen Autostraßen zerschnitten. Noch mehr Lärm und Stress breitete sich in den Städten aus.

Dennoch empfinden die Stadtbürger diese Veränderungen überwiegend als Vorteil, weil die Befreiung von den Bindungen an eine enge, räumlich begrenzte Welt als wichtiger erlebt wird als die damit verbundenen Belastungen und Belästigungen. Auto und Stadt sind dabei, eine neue Symbiose einzugehen.

Ganz im Gegensatz zu den richtigen und relevanten Vorhersagen von H. G. Wells stehen die Visionen von Le Corbusier in den 20er Jahren, der in seinen Leitbildern für Paris davon ausging, daß die alten Gründerzeitgebiete abgelöst werden sollten durch große Wohntürme in aufgelockerter Parklandschaft, die durch Schnellstraßen miteinander verbunden sein sollten. Wir wissen heute, daß diese modernistische Vision, in der Städte in Verkehrssysteme verwandelt werden, zwischen denen Häusertürme in offenen Parkanlagen aufragen, den Bedürfnissen der meisten Menschen nicht entsprach. Der Wunsch nach Kontakt in der Nachbarschaft, nach menschengerechten Maßstäben auch im Städtebau, nach Eingebundensein in eine überschaubare Umwelt, nach dem eigenen Stück Garten, das einem zugeordnet ist, das man selber pflegt und bearbeitet, war sehr viel stärker als die Vision einer abstrakten Ästhetik und einer funktionalen Auflösung der Stadt.

9 Zukunftstechnologien und Siedlungsentwicklung

Angesichts solcher Beispiele stellt sich für uns die Frage, vor welchen technisch-wirtschaftlichen Veränderungen des Wohnens der Bau- und Siedlungsformen wir stehen, die auch Rückwirkungen auf die Entwicklung des Bausparens haben können.

Die Meinungen darüber gehen weit auseinander. Eine Sprengkraft der neuen Technologien für die bestehenden Stadtstrukturen erwarten alle diejenigen, die davon ausgehen, daß die technisch absehbaren Möglichkeiten für ein stärker dezentrales Arbeiten von den Menschen voll ausgenutzt werden. Der Übergang zur Informationsgesellschaft, insbesondere das Anwachsen der Informationsberufe zusammen mit der Telekommunikation „machen die großen hochzentralisierten Türme für Büroarbeitsplätze, wie sie heute Stadtzentren Amerikas beherrschen, überflüssig" schreibt Joseph F. Coates [1]. Diese Bürotürme waren nach seiner Auffassung „Anhängsel und Imitationen der alten Fabriken. Die Reorganisation und Dispersion der Büroarbeitsplätze und das Ende der Bürotürme kommt nicht nur, weil die ursprüngliche Rechtfertigung nicht mehr besteht. Dramatische Veränderungen der Bürotätigkeit durch die neuen Technologien, der Telekommunikation und der Computeranwendung, machen die Dispersion der Standorte der Informationsarbeiter praktikabel und auch wünschenswert." Wird die Telekommunikation nach der Auflockerung der Städte durch Auto und Telefon künftig zu einer Auflösung der Städte führen?

Bis weit in das 20. Jahrhundert hinein haben die industriellen Produktionsbedingungen eine Konzentration von Arbeitsplätzen an den Produktionsorten erzwungen. Die vorherrschenden Verkehrsverhältnisse vor der massenhaften Anwendung des Autos hatten zur Folge, daß die Menschen sich eng um diese Konzentrationen von Arbeitsplätzen scharen mußten. Nach und nach hat jedoch die Industriebeschäftigung in den entwickelten Ländern ihren Gipfel überschritten. Sie ist in der Bundesrepublik auf rund 41 % abgesunken und erreicht in den USA mit 30 % einen Tiefstand. Immer weniger Menschen sind in der Produktion selbst beschäftigt. Damit lockern sich aber auch die industriellen Ballungen der Arbeit auf. Fabriken, in die noch vor einigen Jahrzehnten Tag für Tag zigtausende von Menschen strömten, sind heute fast menschenleer. Gleichzeitig ist die Produktionsmenge gestiegen. Die Roboter übernehmen ganz buchstäblich viele Arbeitsplätze der Menschen. Die neuen Arbeitsplätze entstehen an ganz anderen Orten, näher an den Wohnungen, weil immer mehr Arbeitskräfte im direkten Kontakt zu Kunden arbeiten müssen, in Einkaufs- oder Freizeitzentren, in Kneipen, Arztpraxen, Boutiquen oder Reparaturwerkstätten. Die neuen Arbeitsplätze stehen weniger im Konflikt mit dem Wohnen und müssen sich mehr an den Standorten der Wohnungen orientieren. Damit kehrt sich die Logik der Siedlungsentwicklung um. Die Menschen wohnen dort, wo es ihren persönlichen Bedürfnissen mehr entspricht. Die Arbeitsplätze haben die Tendenz, den Menschen zu folgen. Nach allem, was wir über die neuen Technologien wissen, dürften sie diese Tendenz verstärken. Die Übertragung von Informationen zwischen beliebigen Punkten innerhalb eines Wirtschaftsraums wird erleichtert. Arbeitsplatzkonzentrationen, die notwendig waren, weil ständig ein Informationsaustausch stattfand, werden nicht mehr in gleichem Umfang wie bisher erforderlich sein. Mit dieser These folge ich nicht der Vision vom Electronic Cottage, aber in manchen Sektoren wird es möglich werden, daß Menschen zuhause arbeiten und nur noch durch die Technik mit der übrigen Arbeitswelt verbunden sind.

Ministerpräsident Späth [2] hat übersteigerte futuristische Träumereien meisterhaft karikiert, wenn er schreibt: „Der Klischeemensch des Informationszeitalters lebt gänzlich aus und von der „Kommunikationssteckdose". Angeschlossen an ein integriertes digitales Breitbandnetz, verkehrt er mit seiner Umwelt wie die Astronauten bei ihren ersten Ausflügen ins All – allein und angeleint. Bildschirmtext ist für ihn ein alter Hut; selbstverständlich bestellt er, was er braucht, elektronisch. Bargeld kennt er nicht mehr, da ohnehin alles automatisch von seinem Bankkonto, dessen Stand er jederzeit am Bildschirm abfragen kann, abgebucht wird. Wünscht er ein Haus zu kaufen oder die Dienste eines Ehevermittlungsinstituts in Anspruch zu nehmen, begutachtet er die dreidimensional-kolorierten Angebote erst einmal in Ruhe vom Sessel aus. Zum Geburtstag von Oma macht er ihr die Freude, über Bildtelefon anzurufen. An die Zeiten, als man noch Postkarten oder gar Briefe schrieb, erinnert er sich nur noch dunkel. Sein elektronischer Briefkasten, Mailbox genannt, sortiert alle eingehenden Texte vor, läßt Unwichtiges sogleich verschwinden und bringt das Wesentliche in komprimierter Fassung auf den Bildschirm. Umgekehrt hat er, der Mensch, seinen Computer mit Textbausteinen der allfälligen Korrespondenz so programmiert, daß er per Knopfdruck Glückwünsche und Beileidsbezeugungen über das digitale Fernmeldenetz dem Empfangscomputer übermitteln kann. Da sein Arbeitsplatz sich gleichfalls am Terminal befindet, braucht er die einmal eingenommene Sitzposition kaum zu verändern. Seine Steuererklärungen übermittelt er dem Finanzamt ebenfalls elektronisch." Solche Vorstellungen vom Menschen als Teil eines „gigantischen Informationspakets", in der Städte fast Ausdruck eines dumpfen Herdentriebes oder Folge veralteter, räumlich gebundener Produktionsverhältnisse werden, ergeben jedoch keinen Sinn. Auch in Zukunft wird gelten „die Menschen holen sich die Technik ins Haus, wenn und soweit sie von ihrer lebensqualitätssteigernden Wirkung überzeugt sind" [2]. Sie werden sich durch die Informationstechnologie nicht gleichsam in Gefängniszellen sperren lassen und nur noch elektronisch mit der Welt um sich herum Kontakt halten. Direkte Beziehungen zwischen Menschen, der unmittelbare ständige Austausch von Meinungen und Erfahrungen und die enge persönliche Zusammenarbeit bleiben unersetzbar. Die Menschen werden auf solche direkten Beziehungen nicht verzichten. Eine technisch vielleicht mögliche Auflösung der Städte brächte menschlich gesehen keinen Vorteil und bleibt deshalb ohne Sinn. Dennoch werden sich weitere Auflockerungen und Dezentralisierungen auf unterschiedlichen Wegen durchsetzen. Über immer stärker werdende Verlagerung von Bürofunktionen in die Wohnung oder in kleine Nachbarschaftsbüros draußen in den Wohnsiedlungen. Wesentlich für Dienstleistungsunternehmen wie Versicherungen und Bausparkassen und deren Kunden ist, daß aufgrund neuer Technologien die Dezentralisierung vorwärts getrieben werden kann. Immer mehr Funktionen können auf die „Vor-Ort-Vertreter" ausgelagert werden. Datenfernübertragungen zur Muttergesellschaft hin verringern den Beschäftigungsanteil, der dort notwendig ist. Die Datenfernübertragung spart zentrale Arbeitsgänge ein. Der Vertreter vor Ort kann direkt auf Informationen der Zentrale zurückgreifen. Seine Kompetenzen steigen an. Die räumlichen Gewichte der einzelnen Organisationseinheiten verschieben sich. Wir wissen nicht, wie rasch und wie stark sich solche Entwicklungen auf die Siedlungen auswirken werden. Die Schätzungen gehen weit auseinander. Auf jeden Fall bedeutet eine massenhafte Anwendung neuer Technologien, daß die Menschen einen zusätzlichen Freiheitsgrad bei der Wahl ihrer Wohnstandorte und bei der Wahl der Wohnform erhalten. Ein nunmehr seit über hundert Jahren anhaltender Trend setzt sich aufgrund erneuter technischer Veränderungen weiter fort.

Im Zuge dieser Entwicklung können dann allerdings Wohnbereiche minderer Qualität, etwa Wohnungen in der Nähe von lärmenden und emissionsbelasteten Industriebetrieben, entlang von Stadtautobahnen oder anderen unattraktiven Bereichen auch wieder aufgegeben werden. Wir sollten nicht davon ausgehen, daß jedes Wohngebiet, das einmal entstanden ist, auf Dauer so gewünscht wird. Selbst hohe Subventionen für Erhaltung und Erneuerung können nicht jede Standortungunst überwinden. Im Extremfall werden bisher bewohnte Zonen wieder „rückgebaut“ werden. Das hat nichts mit einer Abrißmentalität zu tun. Gerade in Zukunft sollten wir die Nachfrage und die Bedürfnisse der Menschen als Schiedsrichter darüber entscheiden lassen, ob es richtig war, daß wir in den 60er und frühen 70er Jahren dem modernistischen Leitbild der Großsiedlungen mit hohem Hochhausanteil folgten und aus solchen Leitbildern – gestützt auf Planungsrechte und staatliche Fördermittel – gebaute Umwelt entstehen ließen.

10 Können wir uns mehr Siedlungsflächen leisten?

Aus diesen Thesen folgt, daß die Siedlungsflächen auch in Zukunft weiter zunehmen werden. Das ist auch heute der Fall. Entgegen einer weitverbreiteten Meinung hat sich zwar in den letzten Jahren, in der Periode abgeschwächten Wachstums und niedriger Bautätigkeit, der Zuwachs an Wohn- und Siedlungsflächen verlangsamt. Doch er erreicht noch immer das Ausmaß der frühen 60er Jahre. Immer häufiger wird nun die kritische Frage gestellt: Können wir uns das leisten? Stoßen wir nicht an Grenzen der Belastbarkeit der Natur? Können wir eine weitere Umwidmung von landwirtschaftlichen Flächen zulassen? Müssen wir die Folgen der wirtschaftlich-technischen Veränderungen durch Planung und Begrenzung der Siedlungsentwicklung eindämmen? Hinter dieser Fragestellung steckt ein durchaus ernstzunehmender Konflikt. Bisher wurde jedem, der ein Einfamilienhaus bauen wollte, ein Bauplatz zur Verfügung gestellt. Ich sehe auch in Zukunft keine Chance, Rechte, die wir bisher einer Hälfte der Bevölkerung zugestanden haben, anderen zu verwehren. Ich sehe auch keine Notwendigkeit dafür; denn tatsächlich zeigt eine unvoreingenommene Analyse, daß es in fast allen Regionen der Bundesrepublik noch erhebliche Flächenreserven gibt, um weiteren Wohnungsbau zuzulassen. Nirgendwo gibt es bei uns Agglomerationen, wie sie sich etwa im Großraum London oder Paris gebildet haben. Unsere Stadtregionen sind klein. In einzelnen Bereichen, wie etwa im Raum Stuttgart oder in Teilen des Ruhrgebietes, sind größere Zonen aufgesiedelt. Das sind jedoch Ausnahmen. Von solchen Ausnahmen abgesehen bestehen jedoch keine Begrenzungen des physischen Wachstums der Städte.

Die Kritik am sogenannten „Landschaftsverbrauch“ erzeugt falsche Sorgen. Es gibt in unserer Gesellschaft keine „freie Landschaft“. Die Flächen um die Dörfer und Städte sind landwirtschaftlich genutzt. Sie sind Kulturlandschaft. Menschen, die Natur genießen wollen, bewegen sich in kulturell geprägten und bewirtschafteten Flächen. Ein großer Hausgarten bedeutet eine spezielle Form der Flächenbewirtschaftung. Jeder Hausgarten wird dabei wahrscheinlich intensiver genutzt als irgendwelche anderen Grundstücke. An keinem Stück Natur erleben Menschen den Wechsel der Jahreszeiten so intensiv wie an ihrem eigenen Garten, den sie pflegen und bearbeiten. Hier wird Natur vor allem auch für Kinder unmittelbar erlebbar und verständlich. Man muß allerdings zugeben, daß eine bereitwillige Industrie den vielen Hobbygärtnern alle möglichen Unkrautvertilger, Düngemittel und sonstigen chemischen Bearbeitungsstoffe zur Verfügung stellt, um ihnen die Gartenpflege möglichst bequem zu machen. Hier muß ein Bewußtseins- und Verhaltenswandel eintreten. Wir müssen dazu kommen, daß Städte und Hausgärten möglichst frei bleiben von umweltbelastender Chemie, weil bei einer Güterabwägung das schnelle Wachstum von Blumen nicht so wichtig ist wie ein sauberes, weniger von chemischen Stoffen belastetes Grundwasser. Wenn diese Abwägungen jedoch vernünftig getroffen werden, wenn darüber hinaus durch Ökologie-bewußtes Bauen Eingriffe ins Grundwasser verringert werden und auch die Versiegelung der Flächen in Wohngebieten zurückgenommen wird, dann können die Belastungen der Natur durch Wohngebiete sehr viel niedriger sein als etwa in einer Hochleistungslandwirtschaft. Die Abwägung zwischen Ausweitung der Siedlungsflächen und der Erhaltung einer offenen Landschaft wird dann nicht zu einer Abwägung zwischen dem Bedürfnis nach Wohnen auf dem eigenen Stück Land, das man selbst bewirtschaften und gestalten kann und dem Wunsch nach offener, landwirtschaftlich genutzter, nicht besiedelter Fläche. Die ökologischen Sorgen können bei veränderten Verhaltensweisen ausgeräumt werden.

Mir scheint, daß die Menschen bei einer solchen Wahl für eine weitere Ausweitung der Wohn- und Siedlungsflächen optieren werden, weil dies für ihr Alltagsleben eine große Bedeutung hat. Den Bundesbürgern bleiben bei weiterem Wachstum der Siedlungsflächen die Möglichkeiten, sich in freier Landschaft zu erholen, fast unverändert, denn die Einbußen sind gering. Viel bedeutsamer dürfte jedoch die Möglichkeit sein, über einen eigenen Garten zu verfügen. Kinder sollten ganz generell in Wohnungen mit Zugang zum eigenen Garten aufwachsen.

Natürlich ist klar, daß eine weitere Auflockerung der Stadtregionen noch andere Fragen als die der Verwendung von Flächen für die Landwirtschaft oder für den Wohnungsbau oder über den leichteren Zugang zu offener Landschaft aufwirft. Eine weitere Disurbanisierung verringert die Nachfrage nach öffentlichen Verkehrsmitteln.

Die Verkehrsströme werden diffuser und sind weniger auf bestimmte Konzentrationen des Einkaufens und Arbeitens hin orientiert. Es kommt zu einer Umstrukturierung der Städte. In den wachsenden Umlandgemeinden entstehen neue attraktive Einkaufsmöglichkeiten. Die City-Gebiete verlieren an Umsatz. Die Wohndichte lockert sich auf. Wohnen und Arbeiten durchmischt sich immer mehr.

Diese Umstrukturierungen eröffnen aber auch neue Chancen. Die intensive, einseitige Nutzung der City-Bereiche der Großstädte kann wieder differenzierter werden. Durch eine stärkere Mischung von Wohnen und Arbeiten verkürzen sich die Arbeitswege z. T. wieder. Durch die Auflockerung verringern sich die Parkplatzprobleme. Die alte Stadt war ein Kind der Fußgängerzeit oder auch der Konzentration von Industriearbeitsplätzen. Die letzten 20 Jahre waren geprägt von der Expansion der Büroarbeitsplätze und der Expansion des tertiären Sektors insgesamt. Dadurch wurden in Kombination mit dem Ausbau des öffentlichen Personennahverkehrs die Kernbereiche stark aufgewertet und erlebten eine Intensivierung der Nutzung. Durch die massenhafte Anwendung und Nutzung des Autos und die Differenzierung der tertiären Berufe hat sich schon jetzt eine starke Auflockerung und Suburbanisierung ergeben. Die Zukunft wird geprägt sein durch eine weitere Expansion und Differenzierung des tertiären Sektors. Immer mehr Arbeitsplätze stehen nicht mehr im Konflikt zum Wohnen. Durch die Kommunikationstechnologien und weitere Motorisierung werden diese Tendenzen noch verstärkt.

Es wird darauf ankommen, die sich ergebende Umstrukturierung verantwortlich zu steuern. Niemand ist an einer raschen Entwertung alter Infrastruktur und alter Wohngebiete interessiert. Allerdings bleibt der Flächenhunger auch in Zukunft so hoch, daß die meisten freiwerdenden Wohnungen von nachrückenden Haushalten weitergenutzt werden, wobei in der Regel die Zahl der Bewohner sinkt bzw. die Wohnflächen pro Person steigen. Die Befürchtung rasch anwachsender Leerstände geht von der Annahme aus, daß der bisher ständig wachsende Bedarf nach größeren Wohnflächen pro Person an einem Punkt der Entwicklung plötzlich zum Stillstand kommt. Dies widerspricht allen Erfahrungen. In den USA stiegen die Wohnflächen pro Person auf über 60 qm. Auch in der Schweiz sind sie weit höher als bei uns. Dennoch kam es nicht zu einem Ende des Neubaus aufgrund einer Sättigung mit Wohnflächen. Diese Erfahrung wird sich in der Bundesrepublik wiederholen. Damit bleibt es auch eine wichtige Aufgabe, für diese wachsenden Wohnbedürfnisse entsprechende Bauflächen bereitzustellen und für die wachsenden Umlandzonen der Großstädte städtebaulich attraktive Lösungen zu finden. Nach der berechtigten Kritik an der Unwirtlichkeit zumindest von Teilen der neu gebauten Stadtbereiche aus den 60er und 70er Jahren können wir uns eine neue „Unwirtlichkeit" der Stadtrandgebiete nicht leisten. Mir erscheint es gefährlich, daß diese politische Gestaltungsaufgabe nicht richtig angenommen wird. Kaum jemand mag sich heute zu einem weiteren Flächenwachstum der Städte bekennen, obwohl es tagtäglich passiert. Dadurch entsteht eine Art Städtebau in Scheibchen durch Anbau, Ergänzung und „Weiterstricken". Dabei geht es darum, Dörfern, die allmählich zu Kleinstädten werden, eine städtebaulich attraktive Gestalt zu geben und für eine funktionsfähige Siedlungsstruktur zu sorgen. Ein blindes Aneinanderreihen von Wohnungen, Bürogebäuden und Einkaufszentren, zerschnitten durch große Verkehrsachsen, wäre tatsächlich kein Fortschritt. Dazu ist gerade in Baden-Württemberg schon viel Positives geschehen, aber generell bleibt hier eine Lücke zu füllen. Wir sollten dem Thema nicht ausweichen, sondern es aktiv angehen.

11 Differenzierung der Wohnformen

Wenn die These einer größeren Wahlfreiheit hinsichtlich der Wohn- und Siedlungsformen richtig ist, und wenn die Siedlungsentwicklung stärker von den Standortwünschen der Menschen und weniger von den technischen Notwendigkeiten der Produktionsverhältnisse bestimmt wird, dann muß dies zu einer Auffächerung der Haus-, Siedlungs- und Wohnformen führen. Während die einen sich für Recycling-Architektur entscheiden und in umgebauten Lagerhäusern, Fabriken oder vormals landwirtschaftlichen Gebäuden leben, werden die anderen sich nach wie vor für das Reihenhaus oder das freistehende Einfamilienhaus entscheiden. Es ist aber auch wahrscheinlich, daß aus Wünschen nach neuen Formen des Zusammenlebens entsprechende Wohnformen entstehen. Wer Wohnen und Arbeiten miteinander kombinieren will, wer in Gemeinschaft mit anderen Einrichtungen gemeinsam nutzen will oder sich beim Einkaufen, Kinderbetreuen oder in der Freizeitgestaltung mit anderen zusammentun will, der wird auch entsprechende Wohnformen wählen. So gesehen könnte das kleine Geschoßgebäude mit 2–3 Nutzungseinheiten für viele ein größeres Maß an Flexibilität und Entfaltungsmöglichkeit bringen als das in der Reihe eingeordnete Einfamilienhaus mit seinen strengen Begrenzungen und Abgrenzungen. Für die Politik folgt aus solchen Thesen, daß es weniger darum geht, Siedlungsleitbilder vorzugeben, als unterschiedlichen Wünschen zum Durchbruch zu verhelfen und sie abzusichern.

In der Siedlungsentwicklung geht es immer um eine Partnerschaft von privaten Investoren und öffentlicher Planung. Kein privater Einzelinvestor kann Stadtentwicklung und Stadtstruktur bestimmen. Jeder private Investor möchte aber sichergehen, daß dann, wenn er einen großen Teil seines Kapitals auf einem Grundstück bindet und sich dort erheblich verschuldet, solche Investitionen nicht durch Entwicklungen in der Nachbarschaft in ihrem Wert gemindert oder beeinträchtigt werden. Planung muß stabile Rahmenbedingungen für Investoren schaffen. Sie muß den einzelnen aber auch die Freiheit lassen, entsprechend ihren Vorstellungen Wohn- und Siedlungsformen zu gestalten.

12 Bausparen und Alterssicherung

Angesichts der zahlreichen Diskussionen über die Folgen des ungünstigen Altersaufbaus und der erwarteten Bevölkerungsschrumpfung könnten die bisher geäußerten Positionen als zu optimistisch erscheinen. Mancher wird sich fragen, was soll das Nachdenken über Bauformen oder Einkommensverwendung, wenn alle solche Tendenzen überlagert werden von dem absehbaren, drastischen Rückgang der deutschen Bevölkerung. Zwar gibt es unter Experten inzwischen schon heftige Meinungsverschiedenheiten, welche der zahlreichen Prognosen die höchste Eintrittswahrscheinlichkeit hat, doch solche Spezialistenkontroversen können nichts an dem seit Beginn der 70er Jahre beobachteten Phänomen ändern, daß die Geburtenrate der deutschen Bevölkerung deutlich unter das Niveau abgesunken ist, das erforderlich wäre, um eine konstante Bevölkerung zu erhalten. Auch ein Anstieg der Geburtenraten in der Zukunft kann an den errechneten Trends relativ wenig ändern, weil die Generationen nach der Babyboom-Welle sehr schwach besetzt sind. Die Schrumpfung der deutschen Bevölkerung bleibt auf lange Frist ein Faktum. Dabei kann offen bleiben, ob bis zum Jahre 2030 eine Zahl von 45 oder 50 Millionen erreicht sein wird.

Erhebliche Verschiebungen der Altersschichtung stellen die Gesellschaft vor folgenschwere Anpassungen, die praktisch alle Bereiche unseres öffentlichen Lebens und unseres Wirtschaftens berühren. Ganz spezifisch betroffen wird unsere Sozialversicherung mit ihrem Umlagesystem. In welcher Weise und mit welcher Lastenverteilung sich hier auftuende Diskrepanzen überbrückt werden, ist eine unter mancherlei gegenläufigen sozialen und moralischen Aspekten schwierige politische Entscheidung. Vielfältige Modellüberlegungen sind bereits in der Diskussion.

In den altersmäßig angesprochenen Bevölkerungsschichten werden auf jeden Fall Überlegungen der zusätzlichen Selbstvorsorge zunehmenden Raum gewinnen. Der Gedanke, durch erhöhte Sachvermögensbildung und erhöhte Investitionen eine realwirtschaftliche Alterssicherung zu betreiben, wird am Beispiel der Eigentumsbildung im Wohnungssektor leicht nachvollziehbar.

Beim Sparen für das Eigenheim fallen Spar- und Investitionsprozeß weitgehend zusammen. Der Vermögensinhaber kann sein aufgebautes Vermögen selbst nutzen. Bei kluger Finanzierung wird er es so einrichten, daß seine Belastungen dann sinken, wenn das Einkommen nach der Pensionierung zurückgeht. Wer mit 30 Jahren Wohneigentum erwirbt, kann 20–30 Jahre später als Rentner in einem entschuldeten Eigenheim kostengünstig leben. Hier werden nicht einfach abstrakte Titel erworben. Die Eigentumsbildung sichert gleichzeitig einen Lebensabend in einer selbst mitgestalteten Umwelt und erlaubt eine eigene Verfügung über wichtige Grundlagen des Alltagslebens. Demgegenüber entstehen beim Kauf von Staatspapieren oder Beteiligungswerten erhöhte Risiken, weil die aus der Überalterung unweigerlich entstehenden höheren Vermögensumschichtungen auch erhöhte Kursrisiken zur Folge haben. Beim Eigenheim bleibt auf jeden Fall der Nutzwert erhalten, obwohl natürlich die allgemeine wirtschaftliche Situation auch auf die Wertentwicklung von Eigenheimen Einfluß nimmt. Das Eigenheim bietet darüber hinaus Verwertungsmöglichkeiten, bei denen durch eine Teilverrentung des Vermögens die laufenden Renten aufgestockt werden können.

13 Wohnungswirtschaft und Bausparen bei schrumpfender Bevölkerung

Verstärkte Wohneigentumsbildung zur Alterssicherung wird manchmal mit dem Argument kritisiert, bei schrumpfender Zahl der Haushalte nach dem Jahr 2000 werde es wahrscheinlich schon vorher zu Leerständen und allmählich zu einem spürbaren Wertverfall von Immobilien kommen.

Zu kritisieren ist an dieser Meinung auf jeden Fall, daß es einen direkten Zusammenhang zwischen Bevölkerungsentwicklung, Wohnungsnachfrage und Vermögenswerten nicht gibt. Man darf aus dem Bevölkerungsrückgang keinen parallelen Nachfragerückgang nach Wohnungen konstruieren. Es gibt nach wie vor regionale Wanderungen, d.h. Gebiete mit stabiler oder gar steigender Bevölkerung. Es gibt Einkommenswachstum und Anspruchssteigerungen. Daraus entsteht eine wachsende Nachfrage.

Wir sollten nicht vergessen, während der ganzen 70er Jahre übertraf die Zahl der fertiggestellten Wohnungen den Anstieg bei der Zahl der Haushalte um jährlich mehr als 200000. Ein großer Teil der Wohnungsproduktion diente also dazu, die steigenden Flächenansprüche zu erfüllen und einen Wohnungsschwund durch Zusammenlegung, Zweckentfremdung oder Abriß zu kompensieren.

Trotz dieser Erfahrungen ist allerdings nicht auszuschließen, daß die Erwartung einer schrumpfenden Bevölkerung und die daran geknüpften Meinungen schon sehr frühzeitig Investitionsentscheidungen am Mietwohnungsmarkt beeinflussen. Der ertragsorientierte Mietwohnungsmarkt hatte schon immer eine feine Witterung und hat sich oft durch frühzeitiges Reagieren ausgezeichnet. Für den Eigentumssektor sind ähnliche Verhaltensweisen kaum anzunehmen. Für Selbstversorger hat der Ertragsaspekt einen völlig anderen Stellenwert. Preisdämpfende Wohnungsleerstände sind im Eigentumsbereich nicht zu erwarten. Denkbar wäre allenfalls, daß sich in der Wohneigentumsbildung der Trend noch verstärkt, sich auf Objekte des Bestandes zu konzentrieren. In seiner Eigenschaft als Instrument der Alterssicherung wird das Eigenheim ganz gewiß nicht tangiert, denn es gewährt jedenfalls mietpreissicheres Wohnen im Rentenstadium.

Was letztlich die Auswirkungen der demographischen Entwicklung der deutschen Bevölkerung auf die Wohnungswirtschaft mit Ausstrahlungen auf das Bausparen angeht, so gilt hier wie für die meisten Aspekte im wirtschaftlichen und öffentlichen Bereich: Sie lassen sich deshalb so schwer abschätzen, weil absolut offen ist, wie sich der Zugang der Menschen aus anderen Ländern der EG gestalten wird.

Die Bundesrepublik als Teil der EG hat offene Grenzen gegenüber Ländern wie Spanien, Portugal oder Griechenland. Je mehr sich die EG zu einem Binnenmarkt entwickelt, um so mehr wird es die Menschen auch mit ihren Wanderungsentscheidungen in die wirtschaftlich attraktiven Regionen der EG ziehen. Aus der Sicht eines Arbeitnehmers ist die Bundesrepublik wahrscheinlich auch zukünftig ein zunehmend attraktiver Standort. Die Bundesrepublik ist mit Infrastruktur besser versorgt als irgendein anderes Land der EG. Wir haben ein leistungsfähiges Gesundheitssystem, eine funktionierende Verwaltung, hochwertige Arbeitsplätze und hohe Sozialleistungen. Das alles sind aus der Sicht von Arbeitnehmern günstige Standortbedingungen. Wenn man sich auf der anderen Seite die Anpassungsschwierigkeiten einer Gesellschaft vor Augen führt, in der das Durchschnittsalter der Erwerbstätigen ständig steigt, dann erscheint eine erneute Zuwanderung aus anderen Teilen der EG durchaus wahrscheinlich. Wir sollten hier keine dogmatischen Positionen beziehen. Die Grundsatzentscheidung für Freizügigkeit ist längst gefällt. Das bedeutet, die Bundesrepublik kann als Teil der EG durchaus zu einem Einwanderungsland werden. Es ist völlig offen, ob dieser Pfad der Anpassung beschritten wird. Es hängt gar nicht von uns allein, sondern auch von den wirtschaftlichen Bedingungen in den anderen Teilen der EG ab. Wir sollten uns aber auf jeden Fall vergegenwärtigen, daß alle starren Prognosen, die bestimmte Entwicklungsfragen als vorgegeben behandeln, allein deshalb unrealistisch sind, weil wir in einem offenen System mit vielen Anpassungsreserven existieren. Es wäre sehr unwahrscheinlich, daß diese Anpassungsreserven gerade dann nicht mobilisiert werden sollten, wenn sie besonders gefordert sind.

Jedenfalls besteht kein Anlaß, aus der prognostizierten demographischen Entwicklung voreilige schlimme Schlußfolgerungen für Wohnungswirtschaft und Bausparen herzuleiten. Ich meine, daß ganz organische Ausgleichsbewegungen innerhalb der Bevölkerung eines wirtschaftlich noch enger geschlossenen Europas auch gravierende Unterbrechungen eines gesunden Aufwärtstrends des deutschen Bausparens verhindern werden.

Literatur

[1] Coates, Joseph F. (1982) New Technologies and their Urban Impact, in ‚Cities in the 21st Century', London, Gary Gappert and Richard V. Knight

[2] Späth, Lothar (1985) Wende in die Zukunft, Hamburg, Rowohlt-Verlag

[3] Wells, H. G. (1902) Anticipations, London

Staatliche Risikozuweisung und Unternehmenspolitik

Günter Franke

Zusammenfassung

Der Staat kann in die Risiken, die seine Bürger übernehmen, durch Rechtsetzung und fiskalische Maßnahmen eingreifen und dadurch das Verhalten seiner Bürger erheblich beeinflussen. In diesem Beitrag wird untersucht, inwieweit der Staat in die Risikozuweisung eingreifen sollte. Staatliche Eingriffe in die vertragliche Risikozuweisung lassen sich rechtfertigen, wenn eine Partei Informationsvorsprünge oder andere monopolistische Vorteile besitzt. Staatliche Risikozuweisung ist erforderlich, wenn es zu Schädigungen einer Partei durch eine andere kommen kann, ohne daß vertragliche Beziehungen bestehen. Durch die Besteuerung greift der Staat zwangsläufig in die Risikozuweisung ein, ebenso durch seine Fürsorge. Ansonsten sollte er durch fiskalische Maßnahmen neben Katastrophenrisiken nur Risiken übernehmen, die er selbst verursacht oder die er besser als seine Bürger steuern kann.

Einleitung

In den Vereinigten Staaten von Amerika wurde der Hersteller eines Mikrowellenherdes zu Schadenersatz verurteilt, weil er auf die vom Gerät ausgehenden Gefahren nach Meinung des Gerichts nicht deutlich genug hingewiesen hatte. Eine ältere Frau hatte ihren Kater nach dem Baden im neuen Mikrowellenherd trocknen wollen, so wie sie es bisher im konventionellen Backofen stets erfolgreich getan hatte. Durch ähnliche Beispiele läßt sich die weitreichende Produzentenhaftung in den Vereinigten Staaten belegen. Diese kann die Produzenten zu größerer Sorgfalt veranlassen und dadurch dem Allgemeinwohl dienen. Sie kann aber auch den Anreiz, neue Produkte zu entwikkeln, vermindern und dadurch dem Allgemeinwohl schaden.

Im folgenden sollen die Interdependenzen zwischen der staatlichen Risikozuweisung und der Unternehmenspolitik herausgearbeitet und daraus Schlußfolgerungen für die staatliche Risikozuweisung abgeleitet werden. Staatliche Risikozuweisung beinhaltet einerseits die Verteilung von Risiken auf die Staatsbürger durch Gesetzgebung und Rechtsprechung und andererseits die staatliche Übernahme von privaten Risiken durch fiskalische Maßnahmen. Dabei soll unter einem Risiko ein privates Vermögensrisiko verstanden werden, also ein Risiko, das sich in privaten Vermögensabnahmen und -zunahmen äußern kann. Der Ausdruck „Risiko“ beinhaltet negative *und* positive Abweichungen des tatsächlichen vom durchschnittlich zu erwartenden Vermögen. Je größer diese Abweichungen sein können und je häufiger sie auftreten, um so größer ist das Risiko. Grundsätzlich wird davon ausgegangen, daß jede Person risikoscheu ist, also Risiken als Belastung empfindet.

1 Kriterien effizienter Risikozuweisung

Wenn es um die Frage geht, ob und, wenn ja, inwieweit der Staat in die Risikoverteilung eingreifen soll, dann wäre eine Schwarz-Weiß- Antwort verfehlt. Verträge zwischen Unternehmen wären wenig wert, wenn der Staat die Risiken aus Vertragsverletzung nicht durch Sanktionen wirksam einschränken würde. Jeder Staat schafft deshalb ein Vertragsrecht und verleiht diesem Glaubwürdigkeit durch die Zusicherung, Vertragsverletzungen durch Einsatz staatlicher Gewalt zu sanktionieren. Ebenso werden rechtswidrige Handlungen sanktioniert, auch wenn kein Vertrag zugrundeliegt.

Inwieweit der Staat durch Rechtsetzung den Bürgern Risiken zuweisen oder selbst Risiken übernehmen sollte, läßt sich anhand dreier Fragen klären:

(a) Trägt der Staat dazu bei, die mit der Risikozuweisung verknüpften Transaktions- und Informationskosten zu vermindern? Zu diesen Kosten zählen die Kosten von staatlichen und privaten Maßnahmen mit dem Zweck der Risikozuweisung, die Kosten der Durchsetzung von aus der Risikozuweisung abgeleiteten Ansprüchen sowie die Kosten der Abwehr solcher Ansprüche.

(b) Hemmt die staatliche Risikozuweisung den technischen Fortschritt?

(c) Trägt der Staat durch Rechtsetzung oder Risikoübernahme dazu bei, den Kriterien effizienter Risikozuweisung mehr Geltung zu verschaffen?

Die Effizienz der Risikozuweisung läßt sich anhand von drei Kriterien beurteilen:

(1) Eine Person sollte einen umso größeren Anteil eines Risikos tragen, je größer ihr Einfluß auf die Entstehung des Risikos ist (Verursacherprinzip).

(2) Die Risikozuweisung sollte justiziabel sein, d. h., die potentiellen Leistungspflichten und Ansprüche einer Person sollten an beobachtbare Tatbestände anknüpfen (Prinzip der Justiziabilität).

(3) Ein Risiko sollte so auf Personen verteilt werden, daß ihr Wohlbefinden insgesamt durch dieses Risiko möglichst wenig beeinträchtigt wird (Prinzip minimaler Risikobelastung).

Gemäß dem Verursacherprinzip soll derjenige, der ein Risiko verursacht oder seine Entstehung verhindern kann, es auch tragen. Er soll also den im Einzelfall auftretenden Schaden selbst tragen, aber auch die im Einzelfall auftretenden Vorteile selbst ernten.

Wenn z. B. ein Unternehmer eine neue Damenmode kreiert und vermarktet, dann soll er die daraus resultierenden Gewinne und Verluste selbst übernehmen. Ein anderes Beispiel ist die Projektfinanzierung (vgl. Siebert [9]): Das Qualitätsrisiko der technischen Anlagen wird den Anlagenbauern zugewiesen, da diese die Qualität am ehesten kontrollieren können. Das Absatzrisiko wird möglichst den abnehmenden Unternehmen über langfristige Abnahmeverträge aufgeladen. Denn diese können durch ihre Vertriebspolitik den Absatz der mit dem Projekt herzustellenden Produkte am wirkungsvollsten forcieren.

Allerdings ist das Verursacherprinzip häufig nicht eindeutig anwendbar (Bonus [4]). Bergbau verursacht z.B. erst dann ein Risiko durch Grubenschäden, wenn eine

Partei Bergbau betreibt *und* eine andere über der Grube gebaut hat. Oder ein in der Bundesrepublik Deutschland hergestelltes Produkt läßt sich in Japan nur erfolgreich absetzen, wenn das Design in Japan „ankommt" und der japanische Vertriebspartner die dortigen Absatzkanäle zu nutzen versteht. In beiden Beispielen sind beide Parteien Verursacher.

Gemäß dem Prinzip der Justiziabilität soll eine Risikozuweisung nur an beobachtbare Tatbestände anknüpfen. Ansonsten wäre sie im Streitfall mangels Information nicht durchsetzbar. Dies ist z.B. unproblematisch, wenn derjenige, der durch Verletzung von Vorfahrtsrechten einen Unfall verursacht, für den Schaden aufkommen soll. Problematisch ist es jedoch, wenn ein Zigarettenhersteller für Gesundheitsschäden eines Rauchers haften soll. Denn das Ausmaß des Gesundheitsschadens hängt von der Art des Tabaks, von der Häufigkeit des Rauchens sowie von der körperlichen Konstitution des Rauchers ab. Die Wirkungen dieser drei Faktoren sind nicht getrennt beobachtbar. Eine Haftung des Zigarettenherstellers, deren Höhe von der Wirkung jedes dieser drei Faktoren abhängig gemacht wird, wäre daher nicht justiziabel.

Gemäß dem Prinzip minimaler Risikobelastung sollte ein gegebenes Risiko so auf verschiedene Personen verteilt werden, daß deren Wohlbefinden insgesamt dadurch möglichst wenig beeinträchtigt wird. Hierzu kann das Risiko auf einen gegebenen Kreis von Personen verteilt werden, jedoch kann die Risikoverteilung durch eine Erweiterung dieses Kreises nochmals verbessert werden. Wenn ein Risiko auf sehr viele Personen verteilt wird, spürt die einzelne Person es kaum noch. Besonders wirksam läßt sich dies über Versicherungen erreichen.

Die drei Kriterien effizienter Risikozuweisung stehen häufig im Konflikt miteinander. Der vollständig Versicherte hat nur ein geringes Interesse daran, den Schadenseintritt zu verhindern. Er kann, im Gegenteil, versuchen, durch die Herbeiführung des Schadens zu verdienen, wenn sein diesbezügliches Verhalten nicht beobachtbar ist. Der Versicherungsbetrug zeigt dies.

Ein subtileres Beispiel für den Konflikt zwischen dem Verursacherprinzip und dem Prinzip minimaler Risikobelastung bietet die Haftungsbeschränkung im Unternehmensrecht. Ein beschränkt haftender Unternehmer führt riskantere Projekte durch als ein unbeschränkt haftender. Der beschränkt haftende Unternehmer kommt ebenso wie der unbeschränkt haftende in den vollen Genuß von Gewinnen, Verluste trägt er im Gegensatz zum unbeschränkt haftenden jedoch nur zum Teil. Wenn zwei Investitionsprojekte denselben Ertrag abwerfen, jedoch unterschiedliche Risiken aufweisen, dann zieht der unbeschränkt haftende Unternehmer im allgemeinen das weniger riskante Projekt vor. Bei beschränkter Haftung kann es durchaus umgekehrt sein, da hohes Risiko hohe Gewinne ermöglicht, die ebenfalls möglichen hohen Verluste aber teilweise von Dritten getragen werden. Die Haftungsbeschränkung vermindert daher den Anreiz für den Unternehmer, potentiellen Vermögensschäden vorzubeugen.

Den Konflikt zwischen dem Verursacherprinzip und dem Prinzip der Justiziabilität verdeutlicht das Raucherbeispiel. Häufig läßt sich nachträglich nicht mehr nachweisen, ob der Raucher die Gesundheitsschädigung auch durch eigene Fahrlässigkeit mitverschuldet hat. Wird daher um der Justiziabilität willen allein der Zigarettenhersteller haftbar gemacht, dann wird der Anreiz zu verträglichem Rauchen für den Raucher eingeschränkt.

Konflikte bestehen indessen nicht nur zwischen den Kriterien effizienter Risikozuweisung, sondern auch zwischen diesen Kriterien einerseits und dem Bemühen, Transaktions- und Informationskosten zu sparen. Wird der Hersteller eines Produktes für

Folgeschäden gemäß dem Verursacherprinzip haftbar gemacht, so kann er den Haftungsanspruch abwehren, wenn er nachweist, daß er alle Fertigungsvorgänge sorgfältig geplant und ihre Ausführung sorgfältig überwacht hat (Albach und Schoeller [1]). Dieser Nachweis erfordert eine lückenlose Dokumentation des Herstellers über die von ihm angewandte Sorgfalt. Bei komplizierten Fertigungsvorgängen können hierdurch erhebliche Dokumentationskosten entstehen. Die Anwendung des Verursacherprinzips und des Prinzips der Justiziabilität erzeugt damit hohe Kosten.

Ein genereller Konflikt zwischen effizienter Risikozuweisung und technischem Fortschritt besteht nicht. Es mag zwar sein, daß auf die Entwicklung eines Produktes mit hohem Qualitätsrisiko verzichtet wird, wenn der Hersteller gemäß dem Verursacherprinzip einer umfassenden Produkthaftung unterworfen wird. Auf der anderen Seite wird jedoch die Entwicklung von Produktionsverfahren mit hohem Qualitätsstandard gefördert. Die Automatisierung der Fertigung wird begünstigt, da die Zuverlässigkeit von Automaten diejenige menschlicher Arbeitskraft im allgemeinen übertrifft. Die Produkthaftung gibt daher auch Impulse für den technischen Fortschritt.

2 Marktwirtschaftliche Risikozuweisung

Für eine staatliche Risikozuweisung lassen sich immer dann Argumente finden, wenn die marktwirtschaftliche Risikozuweisung ineffizient erscheint, wenn also Anhaltspunkte für „Marktversagen" vorliegen. Im folgenden soll daher die marktwirtschaftliche Risikozuweisung erörtert werden. Unter marktwirtschaftlicher Risikozuweisung wird die von privaten Personen freiwillig vereinbarte Risikozuweisung verstanden. Der Staat überläßt hierbei den Personen die Vertragsgestaltung, ohne durch Gesetz oder Rechtsprechung einzugreifen; er beschränkt sich darauf, die Durchsetzung von Verträgen durch staatliche Sanktionen abzusichern.

In einem richtungsweisenden Artikel hat Calabresi [5] untersucht, welche Schadenshaftungsregelungen zu einer effizienten Allokation von Ressourcen führen. Er zeigt, daß bei vollkommenem Wettbewerb das Verursacherprinzip und das Prinzip minimaler Risikobelastung nicht im Konflikt miteinander stehen müssen. Wenn z. B. ein Produzent die Garantie für Produktmängel übernimmt und die erwarteten Garantiekosten im Preis auf die Kunden überwälzt, dann kommt es zu einer effizienten Allokation. Im Preis sind die *erwarteten* Garantiekosten enthalten, so daß die Kunden diese auch tragen und bei ihrer Kaufentscheidung mitberücksichtigen. Der Wettbewerb zwingt den Produzenten, die Qualität des Produktes so zu wählen, daß der Preis minimal wird.

Hierbei wird allerdings stillschweigend vorausgesetzt, daß die tatsächlichen Garantiekosten von den erwarteten nicht erheblich abweichen können. Denn sonst verbleibt beim Produzenten ein beachtenswertes Garantiekostenrisiko. Würde sich der Produzent dagegen versichern, dann käme es zu unerwünschtem opportunistischen Verhalten: Der Anreiz, mit hoher Qualität zu produzieren, würde eingeschränkt, denn die Garantiekosten hätte der Versicherer zu tragen, nicht der Produzent. Allerdings würde der Versicherer diesen Effekt einschränken, indem er die Höhe der Versicherungsprämie von der Fertigungsqualität abhängig machen würde.

Dieses Beispiel zeigt, daß das Verursacherprinzip und das Prinzip minimaler Risikobelastung durch vollkommenen Wettbewerb gleichzeitig zur Geltung gebracht werden können, daß jedoch auch unter diesen idealen Bedingungen bereits Konflikte auftreten können. Diese Konflikte verschärfen sich, wenn kein vollkommener Wettbewerb existiert. Sie werden heute vor allem im Rahmen der Agency-Theorie (siehe z. B. Arrow [2], Swoboda [11]) untersucht.

Die einfachste Problemstellung der Agency-Theorie geht von folgender Situation aus: Ein Prinzipal betraut einen Geschäftsführer mit der Ausführung eines Projekts. Der Erfolg des Projekts hängt vom Arbeitseinsatz des Geschäftsführers ab, den der Prinzipal jedoch nicht beobachten kann. Das Prinzip der Justiziabilität wäre somit bei Bezahlung nach dem Arbeitseinsatz nicht erfüllt. Außerdem hängt der Projekterfolg von Zufallseinflüssen des Umfelds ab. Wie soll der Geschäftsführer entlohnt werden, um ein gesamtwirtschaftlich optimales Ergebnis zu erzielen?

Ist der Geschäftsführer risikoneutral, dann ist es am besten, wenn er den gesamten Projekterfolg abzüglich eines Fixums erhält. Dem Verursacherprinzip ist damit Genüge getan, denn zusätzliche Anstrengungen kommen dem Geschäftsführer voll zugute. Das Prinzip der Justiziabilität ist ebenfalls erfüllt, da der Anspruch des Prinzipals vom Projekterfolg unabhängig ist. Da der Geschäftsführer unter dem Erfolgsrisiko nicht leidet, ist auch das Prinzip minimaler Risikobelastung erfüllt. Geht man indessen von der realistischen Annahme aus, daß Prinzipal und Geschäftsführer risikoscheu sind, dann kommt es zum Konflikt zwischen den drei Prinzipien. Die Kompromißlösung besteht darin, daß der Geschäftsführer ein Fixum und einen Bruchteil des Projekterfolgs erhält. Dieser Bruchteil ist zu Lasten des Fixums umso höher, je stärker der Geschäftsführer den Projekterfolg durch seinen Arbeitseinsatz erhöhen kann und je geringer seine Risikoscheu, verglichen mit der des Prinzipals, ist.

Bei dieser Lösung wird gemäß dem Prinzip der Justiziabilität auf eine Entlohnung nach dem Arbeitseinsatz verzichtet. Da der Erfolg aus einer Erhöhung des Arbeitseinsatzes dem Geschäftsführer nur teilweise zugutekommt, ist der Anreiz, hart zu arbeiten, für ihn geringer als wenn er sämtliche Früchte seiner Arbeit genießt. Folglich arbeitet er weniger als wenn ihm der gesamte zusätzliche Erfolg zufällt.

Sofern die Rechtsordnung dem nicht entgegensteht, werden Prinzipal und Geschäftsführer die optimale Entlohnung freiwillig vereinbaren. Ein staatlicher Eingriff in die Vertragsgestaltung wäre nicht geeignet, eine Verbesserung herbeizuführen. Im Gegenteil, jeder staatliche Eingriff würde die Möglichkeiten der Vertragsparteien, die Konflikte bestmöglich zu bewältigen, behindern.

Jedoch gibt es auch fragwürdige marktwirtschaftliche Risikozuweisungen, die staatliche Eingriffe rechtfertigen können. Zu solchen Fehlentwicklungen kann es kommen, wenn sich die Vertragsparteien auf Kosten Dritter einigen. Die Gesetzgeber sind zwar bemüht, Verträge zu Lasten Dritter zu verhindern, jedoch gelingt dies nicht immer. Zwei Beispiele sollen dies belegen.

Kreditinstitute versuchen, sich vor den Folgen einer Kundeninsolvenz durch Kreditsicherheiten zu schützen. Diese marktwirtschaftliche Lösung wäre unproblematisch, wenn sie einer Verschwendung von Vermögen nicht Vorschub leisten würde. Die Kreditinstitute sind im allgemeinen nicht nur am besten gesichert, sondern auch am besten über die Bonität der Kreditnehmer informiert. Bei mangelhafter Bonität sind die gesicherten Gläubiger und die Gesellschafter an einer rechtzeitigen Auslösung des Insolvenzverfahrens nicht interessiert, während die ungesicherten Gläubiger mangels Information nicht rechtzeitig auslösen können. Damit kommt es zu einer Insolvenzverschleppung. Die so entstehende Vermögensverschwendung trifft vor allem die ungesicherten Gläubiger. Daher schlägt die Kommission für die Reform des Insolvenzrechts vor, die Rechte des Gläubigers aus einer Kreditsicherheit einzuschränken. Dadurch wird auch der gesicherte Gläubiger zu einer rechtzeitigen Insolvenzauslösung motiviert. Dieser Eingriff in die marktwirtschaftliche Risikozuweisung erscheint daher berechtigt.

Ein anderes Beispiel einer fragwürdigen marktwirtschaftlichen Risikozuweisung bietet die Rechtsschutzversicherung. Die Entscheidung einer Partei, in einem Streitfall einen (vermeintlichen) Anspruch gerichtlich durchzusetzen, ist vorprogrammiert, wenn die Partei rechtsschutzversichert ist. Denn dann erwirbt sie mit der Klage eine wertvolle Option, für die sie nichts bezahlen muß. Die Abwägung der Prozeßkosten gegen die Wahrscheinlichkeit, den Prozeß zu gewinnen, entfällt. Auch die Voraussetzung für die Kostenübernahme durch die Rechtsschutzversicherung, wonach ein Anwalt die Klage als aussichtsreich beurteilen muß, erweist sich als schwach. Denn der Anwalt erwirbt mit der Klage ebenfalls eine Option auf Erhöhung seines Einkommens. Damit kommt es zur Verschwendung von Ressourcen der Rechtspflege. Das Argument, die Partei habe vorher für die Rechtsschutzversicherung zahlen müssen, ändert nichts an dem Resultat, daß es zu einer Verschwendung von Ressourcen kommt. Denn die Prozeßkosten werden nicht vom Kläger, sondern von Dritten getragen. Zudem wird ein Teil der Prozeßkosten dem Staat aufgebürdet, da die Gerichtsgebühren häufig die Gerichtskosten nicht decken.

Die Rechtsschutzversicherung erweist sich folglich als ein Instrument zur Belastung von Dritten mit Kosten. Es ist daher zu erwägen, ob eine volle Rechtsschutzversicherung zulässig sein soll. Ähnliche Probleme treten auch bei anderen Versicherungen auf.

Der gewichtigste Einwand gegen die marktwirtschaftliche, also die vertragliche Risikozuweisung lautet, daß eine Person einer anderen Schaden zufügen kann, zu der überhaupt keine vertraglichen Beziehungen bestehen. Somit entfiele eine Haftung bei ausschließlich marktwirtschaftlicher Risikozuweisung. Wenn z.B. eine Person die Umwelt fahrlässig belastet und damit Dritte schädigt, so fehlt eine vertragliche Haftungsgrundlage. In der idealen Welt des Coase-Theorems, in der es keine Transaktions- und Informationskosten gibt, stünde einem Vertragsabschluß zwischen einem potentiellen Schädiger und den potentiell Geschädigten nichts im Wege. In der realen Welt wäre indessen der Abschluß von solchen Verträgen prohibitiv teuer, zudem würden Informationsvorsprünge einzelner eine effiziente Vertragsgestaltung behindern. Es ist daher günstiger, für solche Schäden die Risikozuweisung generell durch Gesetz zu regeln.

3 Gesetzliche Eingriffe in die Risikozuweisung

Der Staat kann in die marktwirtschaftliche Risikozuweisung durch Rechtsnormen sowie durch Fiskalpolitik einschließlich staatlicher Fürsorge eingreifen. Zunächst sollen staatliche Eingriffe durch Rechtsetzung erörtert werden. Wie dargelegt ist eine gesetzliche Risikozuweisung immer dann erforderlich, wenn durch das Verhalten einer Person andere geschädigt werden können, zu denen keine vertraglichen Beziehungen bestehen. Die gesetzliche Haftungsregelung erweist sich als relativ unproblematisch, wenn die Schädigung nachweislich nur von einer Person ausgeht und dadurch lediglich ein leicht meßbarer Vermögensschaden entsteht. Dann sollte der Schädiger für den

Schaden aufkommen. Gemäß dem Prinzip minimaler Risikobelastung sollte der Schädiger die Möglichkeit haben, sich unter Einschluß einer Selbstbeteiligung zu versichern.

Erheblich schwieriger wird eine gesetzliche Haftungsregelung, wenn neben dem materiellen auch ein immaterieller Vermögensschaden zu ersetzen ist. Immaterielle Schäden wie z. B. Schmerzen sind weitestgehend subjektiver Natur und entziehen sich daher einer objektiven Messung. Wird die Festsetzung von Zahlungen zum Ersatz von immateriellen Schäden dem Gericht überlassen, so müssen die Richter eine mehr oder minder willkürliche Entscheidung treffen. Die Festlegung der „Punitive Damages" in den Vereinigten Staaten von Amerika verdeutlicht dies. Es erscheint daher zweckmäßig, daß der Gesetzgeber Richtlinien für den Ersatz immaterieller Vermögensschäden vorgibt.

Ein weiteres Erschwernis gesetzlicher Haftungsregelung besteht dann, wenn das Verursacherprinzip kaum anwendbar ist. Wenn z. B. ein Dutzend Chemieunternehmen Abwässer in den Rhein leiten, dann lassen sich Gewässerschäden kaum einzelnen Unternehmen zurechnen. Dem Gesetzgeber bleibt hier keine andere Wahl als die Einleitung bestimmter Stoffe zu verbieten und die Einleitung anderer Stoffe mengenmäßig zu begrenzen (siehe auch Siebert [10]). Dabei kann eine marktwirtschaftliche Lösung angestrebt werden, bei der Einleitungsrechte handelbar gemacht werden. Werden verbotene Stoffe dennoch eingeleitet oder die zulässigen Einleitungsgrenzen überschritten, dann sollte die Haftpflicht des Schädigers nicht auf den kaum meßbaren Schaden eingegrenzt werden. Vielmehr sollte der Schädiger pauschal zu einer Zahlung verpflichtet werden, die die Einleitung für ihn erheblich teurer macht als die ordnungsgemäße Entsorgung. Damit schafft der Gesetzgeber einen wirksamen Anreiz zu ordnungsgemäßer Entsorgung.

Diese Überlegungen können auf die Produkthaftung nur zum Teil übertragen werden. Häufig existiert zwischen dem Hersteller und dem Verbraucher eines Produkts keine vertragliche Beziehung, da Händler in den Vertrieb des Produkts eingeschaltet sind. Insoweit ist eine gesetzliche Risikozuweisung erforderlich. Selbst wenn eine vertragliche Beziehung besteht, kann sich ein gesetzlicher Eingriff in die Risikozuweisung als sinnvoll erweisen. Die gesetzliche Regelung einzelner Tatbestände erübrigt nämlich deren vertragliche Regelung und kann dadurch die gesamtwirtschaftlichen Transaktionskosten senken.

Außerdem kann eine gesetzliche Regelung die Ausnutzung von Informationsvorsprüngen durch den Produzenten zu Lasten des Konsumenten einschränken, indem das Gesetz dem Produzenten Informationspflichten auferlegt. Soweit die Konsumenten diese Informationen ansonsten privat beschaffen würden, kann es zu einer Senkung der gesamtwirtschaftlichen Informationskosten kommen. Soweit die Konsumenten diese Informationen privat nicht beschaffen würden, den Kauf des Produkts dennoch erwägen, kann die gesetzlich vorgeschriebene Information die Konsumenten vor Fehlentscheidungen sowie gefährlicher Nutzung bewahren. Beide Argumente entziehen sich allerdings weitgehend einer empirischen Messung, so daß der optimale Umfang der Informationspflichten bestenfalls grob geschätzt werden kann.

Strittig ist auch der gesetzlich zu normierende Umfang der Produkthaftung. Hier sind verschiedene Stufen zu unterscheiden. Die erste Stufe betrifft Mängel des Produktes. Die Gewährleistungshaftung für solche Mängel, die übrigens nicht zur Produkthaftung gerechnet wird, folgt aus dem Verursacherprinzip. Dafür spricht auch, daß der Produzent häufig Mängel mit geringeren Kosten als andere beheben kann. Auch wenn ein Konflikt mit dem Prinzip minimaler Risikobelastung bestehen mag, so scheint er doch nicht gravierend zu sein. Denn zahlreiche Produzenten übernehmen freiwillig Garantiepflichten, die über die gesetzlichen hinausgehen. Damit bewerten diese Produzenten den Marketing-Vorteil aus diesem Qualitätssignal höher als die Nachteile aus den Garantiekosten.

Die zweite Stufe betrifft die Produkthaftung, also die Zuweisung der Folgeschäden von Produktmängeln. Hier sind freiwillige Haftungszusagen der Produzenten selten. Erstens sind Folgeschäden der Höhe nach kaum abschätzbar, so daß sich der Produzent unkalkulierbare Risiken aufladen würde. Ein Beispiel hierfür liefern die Erkrankungen von Rauchern an Lungenkrebs. Einerseits ist medizinisch kaum feststellbar, ob der Lungenkrebs durch Rauchen hervorgerufen wurde. Andererseits wäre im Fall eines Nachweises die Höhe der angemessenen finanziellen Entschädigung objektiv nicht zu klären. Zweitens können Folgeschäden durch fahrlässige Nutzung des Produkts verstärkt oder hervorgerufen werden, wobei die Fahrlässigkeit oft nicht nachweisbar ist. Drittens könnte die Haftungszusage für Folgeschäden einen Mißbrauchsanreiz für den Nutzer schaffen.

Aus diesen Gründen erscheint eine vollständige, gesetzlich vorgeschriebene Produzentenhaftung für Folgeschäden ineffizient. Der Konsument sollte einen Teil der Folgeschäden selbst tragen, damit er einen Anreiz zu sorgfältiger Nutzung des Produktes spürt. Ex ante, also vor Eintritt eines Folgeschadens, weiß der Konsument nach deutschem Recht i.a. nicht, ob die Voraussetzungen für die Durchsetzung von Ansprüchen aus der Produkthaftung gegeben sein werden (siehe Belz [3]). Denn der Produzent, der lückenlos nachweisen kann, daß er bei der Konstruktion und der Herstellung des Produktes die erforderliche Sorgfalt angewendet hat, haftet nicht für die von „Ausreißern" verursachten Folgeschäden. Es verbleibt somit ein Nutzungsrisiko des Konsumenten. Ob dieses genügt, ihn zu sorgfältiger Nutzung des Produktes zu veranlassen, läßt sich allgemein nicht beantworten.

Unabhängig von der Ausgestaltung der Haftungsregeln im einzelnen erscheinen präventive Maßnahmen zur Verhütung von Folgeschäden sinnvoll. Dazu gehören die staatliche Festlegung von Sicherheitsstandards sowie eine sorgfältige Information des Produzenten über die Nutzung des Produkts sowie die damit verbundenen Gefahren.

In einigen Bereichen ist der Staat mit der gesetzlichen Risikozuweisung sehr weit vorgeprescht. Ein Beispiel hierfür bietet das Arbeitsrecht. Der Kündigungsschutz der Arbeitnehmer ist weit ausgebaut worden. Ergänzend ist ein Sozialplan bei Massenentlassungen aufzustellen. Für Kündigungsschutz und Sozialplan spricht, daß eine Entlassung dem Arbeitnehmer erhebliche Einkommenseinbußen sowie Kosten durch Umzug auferlegen kann. Unternehmen sollten dies bei Entlassungen berücksichtigen. Die Problematik der Regelung resultiert jedoch aus der einseitigen Risikoverteilung. Die Unternehmen werden gerade dann mit Sozialplanansprüchen belastet, wenn es ihnen selbst schlecht geht. Diese Risikokumulation beeinträchtigt die Bereitschaft von Unternehmen, neue Arbeitskräfte einzustellen. Eine zumindest partielle Substitution von Zahlungen aus Sozialplänen durch Zahlungen aus der Arbeitslosenversicherung würde die Risikokumulation abschwächen. Zudem würden die Unternehmen anpassungsfähiger.

Grundsätzlich sollte der Staat den Vertragsparteien die Risikozuweisung überlassen, sofern „Waffengleichheit" zwischen beiden Parteien zu vermuten ist, d.h., die eine Partei die andere nicht durch erhebliche Informationsvorsprünge oder durch monopolistische Privilegien auszunutzen vermag. Denn dann können die Vertragsparteien die Folgen unterschiedlicher Risikozuweisungen im allgemeinen am besten abschätzen; sie allein können herausfinden, wer von ihnen die Risiken am besten kontrollieren und tragen kann. Eine schematische gesetzliche Risikozuweisung ist daher abzulehnen.

Dies schließt die Vorgabe gesetzlicher Rahmenvorschriften nicht aus, soweit sie dazu dienen, die bereits erörterten Probleme marktwirtschaftlicher Risikozuweisung einzuschränken, z. B. Belastungen Dritter. So ist es vorstellbar, daß die Rechtsschutzversicherung grundsätzlich eine Selbstbeteiligung des Versicherten vorsehen muß. Eine andere Variante sieht eine Selbstbeteiligung des klagenden Versicherungsnehmers vor, läßt hingegen eine volle Rechtsschutzversicherung des Beklagten zu.

4 Staatliche Übernahme von Risiken

Bislang wurde die gesetzliche Risikozuweisung erörtert, die im wesentlichen dazu dient, in die marktwirtschaftliche Risikozuweisung regulierend einzugreifen sowie deren Lücken zu füllen. Daneben stellt sich die Frage, ob und inwieweit der Staat durch fiskalische Maßnahmen in die Risikozuweisung eingreifen soll. Zunächst werden Argumente für eine fiskalische Risikopolitik untersucht.

4.1 Gründe für eine fiskalische Risikopolitik

Gemäß dem Prinzip minimaler Risikobelastung läge es nahe, daß der Staat alle Vermögensrisiken übernähme. Denn damit würden diese Risiken auf sehr viele Schultern verteilt, die Risikostreuung wäre hervorragend. So wird in zahlreichen sozialistischen Staaten dem Bürger das Arbeitsplatzrisiko abgenommen. Dort steht diese Vorgehensweise nicht einmal im Konflikt zum Verursacherprinzip, wenn man davon ausgeht, daß der Staat durch seine Wirtschaftspolitik auch die Arbeitsplatzrisiken erzeugt.

In einer Marktwirtschaft bietet sich als Alternative zu staatlicher Risikoübernahme die Risikostreuung über Versicherungsunternehmen an. Die Grenzen privater Versicherungen können bei Großrisiken, die z. B. durch Katastrophen verursacht werden, erreicht werden. In solchen Fällen bleibt nur die staatliche Hilfe als Ausdruck einer Solidargemeinschaft der Staatsbürger. Dies steht bei Risiken, die durch höhere Gewalt verursacht werden, auch nicht in Konflikt mit dem Verursacherprinzip.

Gemäß dem Verursacherprinzip sollte der Staat für solche Risiken einstehen, die er selbst verursacht. So bestimmt der Staat durch seine Geldpolitik im wesentlichen das Inflationsrisiko, durch seine Wirtschafts- und Fiskalpolitik beeinflußt er die konjunkturellen Risiken.

Allerdings ist die ökonomische Begründung des Verursacherprinzips im Falle des staatlichen Verursachers problematisch. Denn der Staat wird als Entscheidungsträger von einigen Politikern repräsentiert, während der Staat als Risikoträger von der Gesamtheit seiner Bürger repräsentiert wird. Die mit dem Verursacherprinzip angestrebte Disziplinierung des Verursachers wird damit ausgehöhlt; dies gilt umso mehr, wenn sich einzelne Interessengruppen durch die Politik zu Lasten der Gesamtheit bereichern können.

Der hierin zum Ausdruck kommende innerstaatliche Interessenkonflikt kann auch auf die Außenpolitik eines Staates durchschlagen. Häufig treten jedoch in der Außenpolitik zwischenstaatliche Interessenkonflikte an die Stelle der innerstaatlichen. Eine staatliche Risikoübernahme kann dann gemäß dem Verursacherprinzip zweckmäßig sein. So kann eine Privatperson oder ein Unternehmen Risiken, die durch die Politik anderer Staaten verursacht werden, weniger Druckmittel entgegensetzen als der Heimatstaat. Z.B. kann der Heimatstaat auf eine Diskriminierung seiner Unternehmen durch andere Staaten seinerseits mit einer Diskriminierung ausländischer Unternehmen reagieren und dadurch andere Staaten von einer Diskriminierung abhalten. Ein Unternehmen besitzt dieses Druckmittel nicht. Da der Staat solche Risiken besser kontrollieren kann, entspricht es dem Verursacherprinzip, wenn er seinen Bürgern diese Risiken wenigstens teilweise abnimmt.

4.2 Fiskalische Risikopolitik

Das wichtigste Instrument der Fiskalpolitik ist die Besteuerung. Indem der Fiskus sich einen Anteil der privaten Vermögenszuwächse über die Gewinnbesteuerung sichert, partizipiert er am Risiko dieser Vermögenszuwächse. Der Steuerzahler trüge ein geringeres Risiko, wenn die Steuer einen konstanten Anteil aller Vermögenszuwächse ausmachte und gleichzeitig Vermögensverluste mit demselben Anteil subventioniert würden. Die Besteuerung ist jedoch asymmetrisch: Gewinne werden besteuert, während Verluste steuerlich nicht subventioniert werden, soweit keine Verrechnung mit anderen Einkünften desselben Jahres oder Einkünften anderer Jahre erfolgt. Diese Asymmetrie trifft besonders kleinere Unternehmen, die Projekte mit hohem Risiko aufgreifen. Wenn die Gesellschafter solcher Unternehmen nicht über anderweitige Einkünfte verfügen, mit denen sie Unternehmensverluste steuerlich verrechnen können, dann treffen diese Verluste die Gesellschafter uneingeschränkt. Die Asymmetrie der Besteuerung kann daher bei kleineren Unternehmen die Innovationsbereitschaft hemmen, da Innovationen im allgemeinen besonders riskant sind.

Dieser Effekt entfällt in diversifizierten Unternehmen, also in Unternehmen, die gleichzeitig viele verschiedene Projekte mit niedrig korrelierten Erfolgen durchführen. Denn dann ist die Wahrscheinlichkeit gering, daß die Gesamtheit der Projekte zu einem Verlust führt. Die Asymmetrie der Besteuerung begünstigt daher Innovationen in größeren Unternehmen, da diese eher diversifizieren können.

Dagegen könnte eingewandt werden, der Staat „subventioniere“ den kleinen Unternehmer, indem er ihm über die Möglichkeit der Haftungsbeschränkung Schutz vor hohen privaten Vermögensverlusten und außerdem im äußersten Fall Sozialfürsorge biete. Die Fürsorge ist vermutlich ein schwacher Trost. Die Haftungsbeschränkung vermindert zwar das Vermögensrisiko des Unternehmers. Es handelt sich hierbei jedoch nicht um ein „free lunch“, denn die Kreditgeber werden die negativen Folgen der Haftungsbeschränkung von vornherein bei ihrer Kreditentscheidung berücksichtigen und sich dagegen abzusichern versuchen.

Im vorigen Abschnitt wurde ausgeführt, daß der Staat gemäß dem Verursacherprinzip für solche Risiken einstehen sollte, die er (mit)verursacht, z.B. Inflationsrisiken, Wechselkursrisiken und konjunkturelle Risiken. In der Tat bietet der Staat seinen Bürgern an, sie gegen einige dieser Risiken zu schützen. So können sich exportierende Unternehmen bei der Hermes-Kreditversicherung gegen Wechselkursrisiken absichern; oder die Notenbank administriert für den Handel wichtige Wechselkurse, um so die Wechselkursrisiken einzuschränken. Schließlich schützen die staatlichen Zwangsversicherungen durch das Umlageverfahren die Versicherten weitgehend vor Inflationsrisiken. Denn beim Umlageverfahren bemißt sich die Rentenhöhe nach den Nominaleinkommen der Arbeitnehmer zur gleichen Zeit. Daher sind die Renten etwa ebenso gut wie die Nominaleinkommen der Arbeitnehmer gegen Inflationsrisiken geschützt.

Auch ist es gemäß der Fähigkeit des Staates, außenpolitischen Risiken besser als Private entgegenwirken zu können, folgerichtig, wenn die Bundesrepublik Deutschland Exporteuren und Direktinvestoren eine Versicherung mit Selbstbeteiligung gegen politische Risiken anbietet.

Jede staatliche Risikoübernahme erzeugt ebenso wie jede Versicherung ein Anreizproblem: Der von einem Risiko Entlastete verspürt nur noch ein geringeres Interesse, das Risiko einzuschränken. Inwieweit der Staat Risiken übernehmen sollte, hängt deshalb auch davon ab, ob er die Risiken, die er übernimmt, ebenso erfolgreich managen kann wie derjenige, dem er ein Risiko abnimmt. Im folgenden sind daher die Möglichkeiten des Staates und Privater, Risiken zu managen, kurz zu vergleichen.

4.3 Privates versus staatliches Risikomanagement

Der Vergleich privaten und staatlichen Risikomanagements beschränkt sich auf das Management von privaten Vermögensrisiken, die der Staat den Privaten abnehmen kann. Bei diesen Risiken handelt es sich z. B. um Risiken aus Preisänderungen, aus Veränderungen in der Nachfrage nach Produkten, aus Forschung und Entwicklung sowie aus höherer Gewalt.

Nimmt der Staat den Privaten solche Risiken ab, dann entsteht eine Prinzipal-Geschäftsführer-Beziehung. Der Staat wird zum Prinzipal, der Private zum Geschäftsführer. Der Staat kann dem Privaten dabei Verhaltensregeln vorschreiben. Z. B. kann der Staat den Exporteuren über eine Exportkreditversicherung die betreffenden Kreditrisiken abnehmen. Übernimmt der Staat die Rolle des Prinzipals gegenüber *vielen* Privaten, dann kann es zu einer weitgehenden Risikostreuung auf der staatlichen Ebene kommen. Insoweit entfällt der Bedarf an staatlichem Risikomanagement.

Anders verhält es sich bei Risiken, die auch auf gesamtwirtschaftlicher Ebene eine nicht vernachlässigbare Größenordnung erreichen. Dies gilt z. B., wenn der Staat den Herstellern eines Produktes Mindestpreise garantiert. Der Staat übernimmt dann weitgehend das Absatzrisiko. Die daraus resultierenden finanziellen Risiken können erheblich sein, wie das Beispiel der Landwirtschaft zeigt. Der Staat ist bei Übernahme solcher Risiken zum Risikomanagement aufgefordert. Einem staatlichen Risikomanagement sind indessen enge Grenzen gesetzt, wenn der Staat nicht selbst wie ein Unternehmer in das Marktgeschehen eingreifen kann. Wenn also die Rolle des Staates darauf beschränkt wird, möglichst gute Rahmenbedingungen für die wirtschaftlichen Aktivitäten der Privaten zu schaffen, dann ist staatliches Risikomanagement weitgehend ausgeschlossen.

Ein weiteres Hindernis für staatliches Risikomanagement besteht in den Informationsbarrieren, die der Staat als „vom Markt entfernte" Institution nicht so leicht wie der „im Markt operierende" Unternehmer überwinden kann. Solche Informationsbarrieren schränken die Möglichkeiten des Risikomanagements erheblich ein. Die ausgefeilteste Planungstechnik für wirksames Risikomanagement ist die flexible Planung (siehe Franke [6], Laux [7]). Hierbei wird berücksichtigt, daß sich das Unternehmensumfeld unterschiedlich entwickeln kann. Dementsprechend werden für unterschiedliche Entwicklungen von vornherein unterschiedliche Pläne entwickelt, um sich bestmöglich auf die jeweilige Entwicklung einzurichten. Dies setzt jedoch eine frühzeitige Information über die tatsächliche Entwicklung des Umfelds voraus. Informationsbarrieren schließen eine flexible Planung des Staates weitgehend aus, damit auch ein wirksames Risikomanagement.

Zur Verbesserung des privaten Risikomanagements trägt neben verbesserten Planungsmethoden auch die Palette neuer Vertragstypen bei, die insbesondere dem Risikomanagement dienen. Hier sind vor allem die Finanzinnovationen auf dem Euromarkt zu nennen. Sie schließen diverse Instrumente zur Absicherung gegen Preisrisiken, insbesondere Zins- und Wechselkursrisiken, ein. Die Finanzierungspolitik größerer Unternehmen avanciert durch Nutzung dieser Instrumente zu einem wichtigen Bereich des betrieblichen Risikomanagements. Bei internationalen Investitionen bietet sich ebenfalls ein Spektrum von Vertragstypen an, die den Unternehmen ein gezieltes Risikomanagement erlauben. Neben die klassische Tochtergesellschaft sind Mehrheits- und Minderheitsbeteiligungen sowie Managementverträge getreten, außerdem können Risiken durch diverse Arten von Kooperationsabkommen vermindert werden. Ein Instrument ist die bereits erwähnte Projektfinanzierung.

Hiermit wird deutlich, daß das private Risikomanagement im allgemeinen dem staatlichen überlegen ist. Die staatliche Übernahme von privaten Vermögensrisiken ist daher, von den bereits erörterten Ausnahmen abgesehen, nicht wünschenswert. Besonders problematisch wäre eine unentgeltliche staatliche Risikoübernahme. Sie würde die Unternehmen mit schlechtem Risikomanagement relativ zu denjenigen mit gutem begünstigen. Außerdem würde sie den Unternehmen den Anreiz nehmen, Risiken von vornherein einzuschränken.

Eine besondere Stellung nimmt die staatliche Förderung von Forschung und Entwicklung ein. Sie wird daher im folgenden erörtert.

4.4 Staatliche Risikoübernahme im Forschungsbereich

Zahlreiche Staaten subventionieren Forschung und Entwicklung. Damit nehmen sie den Forschenden das Verlustrisiko weitgehend ab und eröffnen ihnen gleichzeitig Chancen auf hohe Gewinne bei erfolgreicher Forschung. Forschung wird damit zu einer attraktiven Option für die Forschenden.

Staatliche Forschungsförderung generell abzulehnen erscheint abwegig. Kommerziell nicht verwertbare Forschung bedarf der staatlichen Förderung, da es sich bei den Ergebnissen solcher Forschung um ein öffentliches Gut handelt. Von der Industrie wird kommerziell ausgerichtete Grundlagenforschung, die sich in absehbarer Zeit nicht amortisiert, nur in bescheidenem Umfang betrieben. Der gesellschaftliche Nutzen solcher Forschung kann daher ihre Intensivierung durch staatliche Förderung rechtfertigen.

Die Subventionierung anwendungsbezogener Forschung wird gelegentlich damit begründet, andere Staaten täten dies auch. Mit diesem Argument wird ein Subventionswettlauf ermöglicht, dessen negative ordnungspolitische Bewertung unstrittig ist. Auch das Argument, ein Nachholbedarf an anwendungsbezogener Forschung sei über staatliche Forschungsförderung abzubauen, überzeugt nicht. Denn die Industrie hätte diesen Nachholbedarf bereits abgebaut, wenn ihr das lohnend erschienen wäre. Das Argument, die Politiker könnten Forschungsdefizite besser identifizieren als Unternehmer, überzeugt ebenfalls nicht. Schließlich ist oft unklar, ob staatliche Forschungsförderung wirklich die Forschung intensiviert oder von den Empfängern lediglich als willkommenes Zubrot vereinnahmt wird.

Wenn Forschungssubventionen tatsächlich die Forschungstätigkeit verstärken, dann besteht die Gefahr einer Fehlallokation von Forschungsressourcen. So ist aus den USA zu hören, daß die hohen staatlichen Ausgaben für die militärische Forschung zu einer Lücke in der zivilen Forschung führten. Zudem besteht die Gefahr, daß subventionierte Forschungsprojekte weniger streng überwacht werden als nicht subventionierte. Dies trifft insbesondere bei einer Forschungsförderung zu, deren Höhe sich nach dem tatsächlichen Aufwand bemißt. Dieser Effekt läßt sich einschränken, wenn von vornherein ein fester Betrag für die Förderung eines Forschungsprojekts bereitgestellt wird. Dann schlägt ein rationeller Umgang mit Forschungsressourcen voll auf den Unternehmensgewinn durch.

Die Problematik einer fixen Subvention besteht allerdings darin, ihre Höhe auszuhandeln. Ihre Höhe orientiert sich im allgemeinen an der Höhe der voraussichtlichen Forschungskosten, die jedoch wegen der erheblichen Forschungsrisiken nur vage geschätzt werden können. Eine effiziente Zuweisung von Subventionen erweist sich daher als schwierig.

Die Subventionierung anwendungsbezogener Forschung zur Beschränkung der Forschungsrisiken wird außerdem durch die zunehmend zu beobachtenden Forschungskooperationen von Unternehmen in Frage gestellt. Zahlreiche Großunternehmen verzichten heute auf eine breit angelegte Forschung. Stattdessen koordinieren Unternehmen derselben Branche ihre Forschung, indem jedes dieser Unternehmen seine Forschung spezialisiert und den anderen Unternehmen die Nutzung der Forschungsergebnisse über Lizenzverträge ermöglicht. Auf diese Weise werden auch die Forschungsrisiken eingeschränkt (siehe Ohmae [8]). Im Ergebnis ist daher festzustellen, daß sich die Subventionierung von anwendungsbezogener Forschung in Unternehmen kaum rechtfertigen läßt.

5 Resümee

Der Staat kann in die Risikozuweisung durch Rechtsetzung und Fiskalpolitik eingreifen. Die Kriterien effizienter Risikozuweisung (Verursacherprinzip, Prinzip der Justiziabilität, Prinzip der bestmöglichen Risikoverteilung) stehen häufig im Konflikt miteinander. Hierzu treten Konflikte mit dem Kriterium der Minimierung von Informations- und Transaktionskosten. Diese Konflikte kann auch der Staat nicht ausräumen. Sofern „Waffengleichheit" zwischen den Vertragsparteien besteht, können sie in einem frei ausgehandelten Vertrag am ehesten einen optimalen Kompromiß vereinbaren. Der Staat sollte daher ihre Vertragsfreiheit nicht einschränken; er sollte lediglich das Risiko von Vertragsverletzungen durch staatliche Sanktionen einschränken. Besteht keine „Waffengleichheit" zwischen den Vertragsparteien, dann kann der Staat durch Rechtsetzung zur Verwirklichung der o. a. Kriterien beitragen. Staatliches Recht der Risikozuweisung ist immer dann unverzichtbar, wenn Informations- und Transaktionskosten einen Vertragsschluß verhindern, eine Person jedoch durch eine andere geschädigt werden kann. Bei einer diesbezüglichen staatlichen Rechtsetzung sind die dadurch entstehenden Anreizwirkungen zu beachten, die im Widerspruch zu einzelnen der o. a. Kriterien stehen können.

Nicht zu vermeiden ist die staatliche Beteiligung an privaten Risiken bei der Besteuerung. Infolge ihrer asymmetrischen Ausgestaltung begünstigt die Steuer diversifizierte Unternehmen; Kleinbetriebe werden daher im allgemeinen benachteiligt.

Die staatliche Risikoübernahme durch andere fiskalpolitische Maßnahmen läßt sich rechtfertigen

- bei Katastrophenrisiken, wenn deren Deckung von Versicherungsunternehmen nicht übernommen werden kann,
- bei Risiken, die der Staat selbst verursacht, sowie
- bei Risiken, die der Staat besser steuern kann als seine Bürger.

Ansonsten sollte sich der Staat einer fiskalischen Risikoübernahme enthalten.

Literatur

1. Albach, H, Schoeller, G (1981), Produkthaftung – Ergebnisse eines Symposiums, Zeitschrift für Betriebswirtschaft 51, 482-495.
2. Arrow, K J (1985), The Economics of Agency, in: Principals and Agents: The Structure of Business, hrsg. von Pratt, J W und Zeckhauser, R J, Boston, 37-51.
3. Belz, A (1983), Schadensersatz und Produzentenhaftung, Stuttgart u. a.
4. Bonus, H (1986), Eine Lanze für den Wasserpfennig, Wirtschaftsdienst, 451-455.
5. Calabresi, G (1961), Some Thoughts on Risk Distribution and the Law of Torts, The Yale Law Journal 70, 499-553.
6. Franke, G (1986), Informationsorientierte, flexible Planung, in: Planung und Prognose in Dienstleistungsunternehmen, hrsg. v. G. Hammer u. a.. Karlsruhe, 23-34.
7. Laux, H (1971), Flexible Investitionsplanung, Opladen.
8. Ohmae, K (1985), Macht der Triade, Wiesbaden.
9. Siebert, H (1986), Risk and Large-Scale Resource Ventures. Diskussionsbeitrag Nr. 222, Universität Konstanz.
10. Siebert, H (1987), Umweltschäden als Problem der Unsicherheitsbewältigung: Prävention und Risikoallokation. Erscheint in Holzheu, F (Hrsg), Gesellschaft und Unsicherheit.
11. Swoboda, P (1987), Kapitalmarkt und Unternehmensfinanzierung. Erscheint in den Schriften des Vereins für Socialpolitik, Band über die Tagung in München 1986.

Treibhauseffekt und Anstieg des Meeresspiegels: Wirtschaftliche Wirkungen und soziale Bewertung von Strategie-Szenarien*

Rolf H. Funck

Einleitung

Von politischen Entscheidungsträgern erwarten wir, daß sie ihre Einsichten und Absichten weder auf die laufende Legislaturperiode und den nächsten anstehenden Wahlkampf noch auf den Bereich ihrer unmittelbaren politischen Verantwortung beschränken, daß sie vielmehr wach sind auch für die langfristigen und weltweit bedeutsamen Probleme unserer Zeit und diese in ihre Suche nach dauerhaften Lösungen einbeziehen. Lothar Späth hat mehr als einmal bewiesen, daß er bereit und fähig ist, dieser Anforderung gerecht zu werden. Es ist daher sicherlich angemessen, einer Festschrift zu seinen Ehren Überlegungen zu einer Frage beizutragen, deren ganze Bedeutung wohl erst in Jahrzehnten deutlich werden wird, die aber rasches politisches Handeln verlangt, allerdings in einem Rahmen, der über den Kompetenzbereich des Ministerpräsidenten von Baden-Württemberg bei weitem hinausgeht.

Der *Treibhauseffekt*, das ist die langfristige Erwärmung der Atmosphäre, ist das Ergebnis eines vielfältigen Komplexes menschlicher Aktivitäten: übermäßige Kohlendioxyd-Emission aus der Kraft- und Wärmeerzeugung auf der Basis fossiler Primärenergieträger und aus der Automobilnutzung, Einsatz von Fluor-Kohlenwasserstoffen als Treibgas in Sprühdosen, rigoroses Abholzen und Abbrennen tropischer Regenwälder, um nur die wichtigsten zu nennen. Der Treibhauseffekt wird nicht nur die Bedingungen der landwirtschaftlichen Produktion spürbar beeinflussen und die von Versteppung und Verwüstung bedrohten Gebiete möglicherweise erheblich ausdehnen, er wird auch, durch ein teilweises Abschmelzen der polaren Eiskappen, einen Anstieg des Meeresspiegels bewirken.

Je nach der Geschwindigkeit, mit der dieser Vorgang abläuft und der Höhe, die er erreicht – Fachleute sprechen von einem halben Meter bis zu zwei Metern in einem Zeitraum von fünfzig bis hundert Jahren[1] – wird der Anstieg des Meeresspiegels niedrig liegende Küstenstreifen, Flußmündungsgebiete und flache Inselländer in aller Welt attackieren. Er wird möglicherweise viele hunderte von Millionen Menschen in diesen Gebieten ihrer historischen Siedlungsgebiete und Ernährungsmöglichkeiten berauben und sogar ihr Leben bedrohen.

Viele der Gebiete, in denen sich die Probleme am dramatischsten stellen werden, liegen in der dritten Welt: Bangladesh, das Amazonas-Delta, die Malediven und

*Der Verfasser dankt Dr. Harry Böttcher, Institut für Wirtschaftspolitik und Wirtschaftsforschung der Universität Karlsruhe, und Dr. Johannes Siemons, Department of Mathematics, University of East Anglia, für wertvolle kritische Anregungen.

1 Vgl. z.B. Barth, Titus (1984).

andere. Der Zweck dieses Beitrages ist es jedoch, die gesellschaftlichen und insbesondere die wirtschaftlichen Auswirkungen des Anstiegs des Meeresspiegels im Kontext eines entwickelten Industrielandes zu bestimmen und ein Rahmensystem für die Bewertung verschiedener vorstellbarer Gegenstrategie-Szenarien zu entwickeln. Damit wird der Versuch gemacht, zu einer verantwortungsbewußten, langfristig orientierten politischen Entscheidungsfindung auf interregionaler und internationaler Ebene beizutragen.

1. Die Struktur des Entscheidungsproblems

Eine Bewertung der sozio-ökonomischen Auswirkungen des Anstieges des Meeresspiegels (SLR) und möglicher Gegen-Strategien muß basieren auf klaren Beschreibungen

- der Bedeutung des Ausdrucks SLR,
- des Beurteilungsstandpunktes, von dem aus die Bewertung vorgenommen wird,
- der Strategie-Szenarien, welche die quantitative Grundlage – das Mengengerüst – für die Bewertung bilden und
- des methodologischen Rahmens, innerhalb dessen das Bewertungsverfahren abläuft.

Definition des SLR

Für den Zweck dieses Beitrages wird angenommen, daß als Ergebnis nichtreversibler menschlicher Aktivitäten in der Vergangenheit und Gegenwart im Laufe des nächsten Jahrhunderts ein SLR der Höhe $\Delta h = 1$ m eintreten wird. Ferner unterstellen wir, daß mit der Ausbreitung der Kenntnis von der Existenz des Treibhauseffektes und seiner Wirkungen auf die Umwelt in weltweitem Maßstab Gegenmaßnahmen – etwa nach den allgemeinen Aussagen in den Koalitionsvereinbarungen vom 10. März 1987 – ergriffen werden, um den Effekt zu begrenzen. Damit gäbe Δh zugleich das Maximum des SLR an. Ferner können diese Maßnahmen, da sie sicherlich unabhängig von der Wahl des Strategie-Szenarios zur Bekämpfung der Auswirkungen des SLH getroffen werden, als undifferenziertes Element einer jeden solchen Strategie angesehen und somit für die Zwecke dieses Beitrages vernachlässigt werden.

Die Verteilung des SLR über die Zeitachse t zwischen den Jahren 1987 ($t = 0$) und 2087 ($t = T$) kann dann mit Hilfe einer Wahrscheinlichkeitsfunktion $P(\Delta h(t))$ beschrieben werden, die – mit Ausnahme des Wertes $P(\Delta h(T)) = 1$ – grundsätzlich unbekannt ist, da wir zum gegenwärtigen Zeitpunkt nicht wissen, ob SLR einem linear oder mit abnehmender oder zunehmender Rate ansteigenden Pfad folgen wird. Aus Gründen der Einfachheit können wir jedoch annehmen, daß diese Funktion eine logistische Form hat (siehe Abb. 1). Dies bedeutet, daß die Wahrscheinlichkeit des Eintretens eines ernsthaften SLR während der nächsten etwa dreißig Jahre hinreichend niedrig ist, um das Risiko akzeptabel zu machen. Damit könnten genügend lange Perioden für die Planung (zum Beispiel zehn Jahre) und die Verwirklichung (zum Beispiel zwanzig Jahre) von Strategien der Reaktion auf den erwarteten SLR verfügbar sein. Außer-

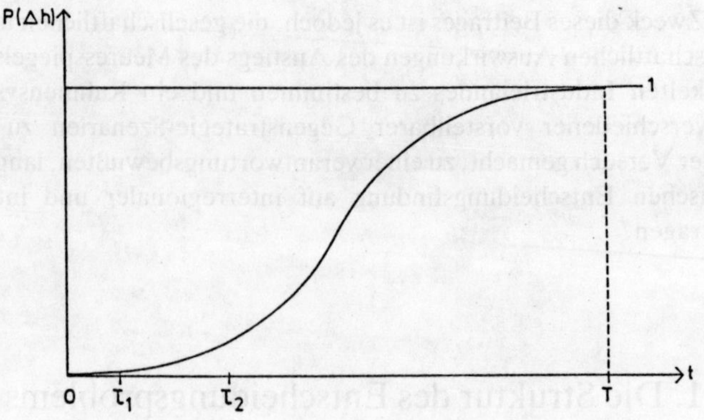

Abb. 1. Zeitliche Verteilung der Wahrscheinlichkeiten für das Eintreten des SLR

dem würde diese Einschätzung mit dem allmählichen künftigen Wirksamwerden der oben erwähnten Maßnahmen zur Begrenzung des Treibhauseffektes zusammenfallen.

In Abb. 1 ist der Zeitpunkt, zu dem die Planung abgeschlossen sein sollte, mit τ_1 bezeichnet, während zum Zeitpunkt τ_2 die SLR-Gegenstrategien wirksam sein sollten.

Beurteilungsstandpunkt für die Bewertung

Der SLR wird Auswirkungen auf individueller, auf regionaler, nationaler und übernationaler Ebene haben. Die auf individueller – Haushalts- oder Unternehmens- – Ebene auftretenden Effekte werden hier in die Wirkungen auf die Regional- oder die Volkswirtschaft insgesamt einbezogen. Vor- und Nachteile für eine Einzelwirtschaft jedoch, die nach ihrer monetären Bedeutung durch Nach- oder Vorteile anderer Einzelwirtschaften kompensiert werden, bleiben unberücksichtigt[2], obwohl die Summe aus Nachteilen und Vorteilen, in Nutzengrößen gemessen, von Null verschieden sein kann. Die Berücksichtigung von Nutzenänderungen als Folge interindividueller Wohlstandsumverteilungen würde es jedoch nötig machen, eine gesamtwirtschaftliche (oder eine Reihe von regionalen) Wohlfahrtsfunktion(en) unter Einschluß eines Terms für die interpersonale Realeinkommensverteilung zu konstruieren und darüber hinaus eine sinnvolle Annahme über die Auswirkungen des SLR auf die interpersonale Verteilung zu machen. Während die erstgenannte Aufgabe bereits als sehr schwierig einzuschätzen ist, erscheint es geradezu unmöglich, die zweitgenannte zu lösen.

Auch Auswirkungen des SLR auf die Weltwirtschaft werden in diesem Artikel nicht behandelt, obwohl sie sehr schwerwiegend sein werden: Ökologische Veränderungen im Zuge der Überflutung niedrig liegender Küstengebiete, Besiedlung von Gebieten – vor allem in der dritten Welt –, die bisher von menschlichen Aktivitäten weitgehend unberührt waren, Maßnahmen zur Sicherung der Lebensmittel-Mindestversorgung für die Weltbevölkerung unter gewandelten Produktionsbedingungen in Küstenebenen, Finanzierung von Strategien zur Verteidigung gegen den SLR in dicht besiedelten, wirtschaftlich armen Flachlandgebieten – wiederum vorwiegend in der

2 Gibbs (1984) geht ebenso vor.

dritten Welt – sind nur einige wenige Stichworte in diesem Zusammenhang. Eine nähere Erörterung dieser Aspekte des SLR würde jedoch über den Rahmen dieses Beitrages weit hinausgehen.

Hier wird vielmehr ein auf eine (nationale) Volkswirtschaft gerichteter Standpunkt eingenommen, von dem aus auch regionale Unterschiede sowohl in der Wirtschaftsstruktur als auch in der Siedlungsverteilung und in geographisch-topographischen Charakteristika berücksichtigt werden. Insbesondere soll angenommen werden, daß es in der betrachteten Volkswirtschaft von der Gesamtfläche L ein bestimmtes Gebiet $L_n < L$ gibt, das aufgrund topographischer Gegebenheiten durch ein SLR des Ausmaßes Δh nicht direkt tangiert wird. Ferner unterstellen wir, daß L_n groß und wirtschaftskräftig genug ist, um die physische Zuwanderung von Bevölkerung und Produktionseinrichtungen aus den gefährdeten Gebieten $(L - L_n)$ grundsätzlich zu ermöglichen. Schließlich wird die Produktionsmöglichkeit der Volkswirtschaft als hinreichend groß angesehen, daß Investitionen in Verteidigungs- oder Umsiedlungsstrategien oder eine Kombination aus beiden auf der Grundlage einer nationalen Finanzierung – d. h. unter Einschluß interregionaler Umverteilungen von Investitionsmitteln – vorgenommen werden können, und zwar in einem zeitlichen Ablauf, der das Wirksamwerden der Maßnahmen spätestens zum Zeitpunkt τ_2 ermöglicht.

Ein solches Szenario paßt sicherlich am besten auf eine hochentwickelte Volkswirtschaft wie die der Niederlande, Dänemarks oder der Bundesrepublik Deutschland – wo offenbar das Land Baden-Württemberg vollständig zu dem als Umsiedlungs-Zielgebiet betroffenen Gebiet L_n gehört. Das Szenario könnte aber auch einer Situation der wirtschaftlichen Unterentwicklung angepaßt werden, wenn insbesondere Vorkehrungen für internationale Wanderungs- und Finanzierungsströme getroffen würden.

Gegenstrategie – Szenarien

Grundsätzlich werden im folgenden drei Strategien berücksichtigt: die Landrettungs-Strategie S, die Landaufgabe-Strategie A und eine kombinierte Strategie P, bei deren Anwendung das durch den SLR gefährdete Land teilweise gegen die See verteidigt und teilweise aufgegeben wird.

Strategie S erfordert eine Erhöhung der bestehenden Deiche (um $\Delta h' \geq \Delta h$) und möglicherweise weitere Ingenieurmaßnahmen[3)] wie den Bau oder die Verstärkung von Sturmtoren für den Schutz der Flußmündungen oder die Errichtung zusätzlicher Deiche vor den bestehenden, sogenannter Vorhut-Deiche. Werden die Ingenieurmaßnahmen zeitgerecht fertiggestellt und sind sie erfolgreich, so brauchen keine weiteren Maßnahmen, z. B. der Umsiedlung, getroffen zu werden.

Strategie A hingegen besteht vornehmlich aus Maßnahmen zur Umsiedlung von Bewohnern und ihrer persönlichen Habe sowohl wie von Maschinen und anderen beweglichen Produktionsmitteln (einschließlich der Viehbestände in der Landwirt-

3 Nichttechnische Lösungen wie das bloße Abwarten einer natürlichen Anpassung der Umwelt an den SLR – z. B. durch Schlickablagerung oder Korallenwuchs – werden hier nicht berücksichtigt. Sie mögen jedoch der Situation in unterentwickelten Ländern oder in großen Flußmündungsgebieten durchaus angemessen sein, wo die Kosten von Ingenieurmaßnahmen (einschließlich der von ihnen ausgehenden Kosten der Umweltschädigung) eindeutig exzessiv wären.

schaft) an neue Standorte. Ferner müssen, um die physische Einbuße[4] an Infrastruktur- und ortsfesten Suprastrukturanlagen möglichst gering zu halten, unter dieser Strategie im Zeitpunkt τ_1[5] baurechtliche Regelungen in Kraft treten, die den Neubau von oder sogar Erhaltungsmaßnahmen an baulichen Anlagen in dem zur Aufgabe vorgesehenen Gebiet L_a verhindern. Darüber hinaus müssen Pläne aufgestellt und implementiert werden, mit deren Hilfe die räumliche, wirtschaftliche und soziale Adaption der nach L_n zuwandernden Menschen und Betriebe in angemessener Weise geregelt und gesichert werden kann. Schließlich mag es notwendig oder jedenfalls zweckmäßig sein, das nicht gefährdete Gebiet L_n in etwa der gleichen Weise gegen die steigende See zu schützen, wie das für die nun aufzugebenden Gebiete ursprünglich der Fall gewesen ist; demgemäß können Deichbau- oder andere technische Lösungen in ähnlicher Weise, wenn auch in geringerem Ausmaß angebracht sein, wie sie für Strategie S angegeben worden sind.

Diese letzte Anmerkung bezüglich der Strategie A macht hinreichend deutlich, daß die kombinierte Strategie P nichts anderes ist als eine Substrategie zu Strategie A; im Vergleich zu dieser müssen Ingenieurmaßnahmen mit höherem Prioritätsgrad verwirklicht werden, während Umsiedlungsmaßnahmen ebenfalls noch erforderlich sind, wenn auch für ein kleineres Gebiet. Gleichzeitig muß das Gebiet L_n, für das die räumliche, wirtschaftliche und soziale Adaptionsplanung erforderlich ist, so ausgedehnt werden, daß es diejenigen Gebiete L_s einschließt, die gegen den SLR verteidigt werden. Demgemäß werden wir in der weiteren Argumentation nur noch zwischen den Strategien S und A (einschließlich der Substrategie P) unterscheiden.

Methodologischer Rahmen für das Bewertungsverfahren

Grundsätzlich sind drei methodologische Ansätze vorstellbar, mit deren Hilfe die wirtschaftlichen und sozialen Auswirkungen des SLR und der möglichen Gegenstrategien bewertet werden können:

- eine rein marktwirtschaftliche Investitionsrechnung, die lediglich die für die Volkswirtschaft aggregierten marktrelevanten Wirkungen berücksichtigt;
- ein Kosten-Nutzen-Ansatz[6], der es ermöglicht, außer den Marktwirkungen auch solche gesellschaftlichen Effekte – wie z. B. den möglichen Verlust menschlichen Lebens[7] – in die Bewertung einzubeziehen, die in Geldgrößen meßbar sind oder in monetäre Ausdrücke transformiert werden können;

---

4 Die monetären Verluste werden stets gegen null gehen, da die Preise für aufzugebende Ländereien, Gebäude usw. genau zu dem Zeitpunkt $\tilde{\tau}$ $(0 < \tilde{\tau} < \tau_2)$ auf null fallen, wenn der diskontierte Wert der aus ihnen erwarteten künftigen Gewinne die Investitionsausgaben nicht mehr überkompensieren kann, das ist der Zeitpunkt, zu dem der folgende Ausdruck gilt:

$$0 = -K(\tilde{\tau}) + \int_{t=\tilde{\tau}}^{t=\tau_2} [1-P(\Delta h(t))] \cdot \pi \cdot e^{-r \cdot t} dt,$$

mit K: Kapitalinvestition, die zum Zeitpunkt t getätigt werden muß, damit der mittlere jährliche erwartete Gewinn π entsteht und r: Kapitalzinssatz. Um $\tilde{\tau}$ zu bestimmen, muß der Ausdruck für alternative Zeitpunkte $(0 < \tilde{\tau} < \tau_2)$ berechnet werden.

5 Oder spätestens zum Zeitpunkt $\tilde{\tau}$, der (indirekt) nach Fußnote[4] bestimmt wird, d. h. wenn, unter Berücksichtigung eines Abschreibungszeitraumes d_j für eine bestimmte Investitionsart j, der folgende Ausdruck zutrifft: $\tilde{\tau} = \tau_2 - d_j$.

6 Vgl. z. B. Dasgupta, Pearce (1973).

7 Vgl. z. B. das von Klaassen (1986) vorgeschlagene Verfahren.

- ein multi-kriterielles Bewertungsverfahren[8], das eine nicht-monetäre Evaluierung solcher gesellschaftlichen Auswirkungen erlaubt, die nicht oder nur auf Kosten ernsthafter Informationseinbußen in Geldgrößen ausgedrückt werden können; dies gilt besonders für Umweltwirkungen, Verteilungswirkungen[9] und sozio-strukturelle Effekte wie die emotionalen Belastungen und die gesellschaftlichen Veränderungen, die mit der Landaufgabe und mit der Reorganisation sozialer Strukturen als Folge eines (massiven) Eindringens von Zuwanderern in bereits (dicht) besiedelte Gebiete verbunden sind.

Der erstgenannte Ansatz ist mit Bezug auf das anstehende Problem offensichtlich unzulänglich. Der drittgenannte Ansatz erfordert den Einsatz eines komplexen soziopolitischen Verfahrens, das in der relevanten Literatur[10] noch hinsichtlich seiner theoretischen Struktur, seiner empirischen Erfordernisse und seiner wissenschaftstheoretischen Implikationen umstritten ist. Aus diesen Gründen werden wir in der weiteren Argumentation für die Zwecke dieses Beitrages und aus Gründen der Einfachheit der Formulierung einen auf die Kosten-Nutzen-Analyse abstellenden Verfahrensansatz wählen, dabei aber die Multi-Kriterien-Bewertung als eine Verfahrensklasse im Auge behalten, die es erlaubt, relative soziale Werte für solche gesellschaftlichen Effekte zu ermitteln, denen Marktpreise auf der Basis sinnvoller Argumente nicht zugeordnet werden können.

Das Entscheidungsproblem, dem wir uns gegenübersehen, kann dann beschrieben werden als die Aufgabe, die Grenze zwischen L_s und L_a zu bestimmen, und zwar auf der Grundlage einer Bewertung der sozio-ökonomischen Effekte des SLR und zweckmäßiger Gegenstrategien auf nationaler und regionaler Ebene.

2. Die Identifikation von Strategie-Alternativen

Allgemein gesprochen können zwei unterschiedliche Ansätze zur Identifizierung der in das Bewertungsverfahren einzubeziehenden Strategie-Alternativen gewählt werden:
- ein Ansatz, der von einer räumlich kontinuierlichen Bewertung der Auswirkungen ausgeht und
- ein Ansatz, der prädeterminierte sozio-geographische Restriktionen berücksichtigt.

Räumlich kontinuierliche Bewertung

Auf der Basis dieses Ansatzes wäre jede denkbare Linie der Verteidigung gegen den SLR in Betracht zu ziehen, von der Rettung allen gefährdeten Landes (Strategie S) bis zum völligen Rückzug an die Grenze von L_n (Strategie A im engeren Sinn). Die Strategieentscheidung wäre dann auf der Grundlage eines Vergleichs der gesellschaftlichen Wünschbarkeiten der Alternativen zu treffen, wie sie sich als Ergebnisse des in Abschnitt 5 dargestellten Bewertungsverfahrens ergäben.

---

8 Vgl. z.B. Hwang, Masud (1979).
9 Diese werden jedoch hier, wie oben ausgeführt, vernachlässigt.
10 Vgl. z.B. Funck (1985).

Dieser Ansatz wäre auf das Ziel der neoklassischen Wohlfahrtstheorie, die Bestimmung einer Pareto-optimalen Situation für die Volkswirtschaft als ganze[11], ausgerichtet. Er erscheint jedoch nicht sonderlich brauchbar für die Erarbeitung praxisrelevanter Lösungen, und zwar aus zwei Gründen: Eine unendlich große Zahl von Szenarien kann in der Planung nicht behandelt werden; sie würde im übrigen eine sehr große Zahl von Fällen einschließen, die nicht als Handlungsvarianten angesehen werden könnten, weil sie nicht wirklich deutlich von anderen sich unterschieden oder im Vergleich zu anderen offensichtliche technische Schwierigkeiten böten oder politisch unzweckmäßig wären. Es ist daher angemessen, statt dessen eine begrenzte Zahl von realisierbar erscheinenden Alternativen in die sozio-ökonomische Bewertung einzubeziehen.

Prädeterminierte sozio-geographische Restriktionen

Die Identifizierung realitätsbezogener Alternativen könnte auf einer Berücksichtigung sozio-geographischer Kriterien aufbauen, die wahrscheinlich am einfachsten anhand eines konstruierten Beispiels beschrieben werden können. Ein solches Beispiel stellt Abb. 2 vor: Die Abbildung zeigt die aktuelle Küstenlinie, sie gibt ferner die Lage einer Großstadt B an, die zentrale Dienste für die Volkswirtschaft als ganze bereitstellt und in der eine große städtische Bevölkerung konzentriert ist, und sie weist eine ländliche Stadt R aus, die als Verwaltungs- und Versorgungszentrum für die (nördliche) Agrarregion dient. Es ist angenommen, daß die gewerblich-industrielle Produktion vorwiegend in der südlichen Region mit B als Hauptversorgungszentrum stattfindet[12]. Eine natürliche Hügelkette von der Höhe $> \Delta h$ soll sich irgendwo im Binnenland in grundsätzlich nord-südlicher Richtung erstrecken, während ein Fluß die geographische Grenze zwischen Norden und Süden bildet.

Nunmehr kann offenbar eine Anzahl vorstellbarer Verteidigungsstrategien festgelegt werden; diese werden in Abb. 2 als Strategien S_1, A_2, A_3 und A_4 bezeichnet: Strate-

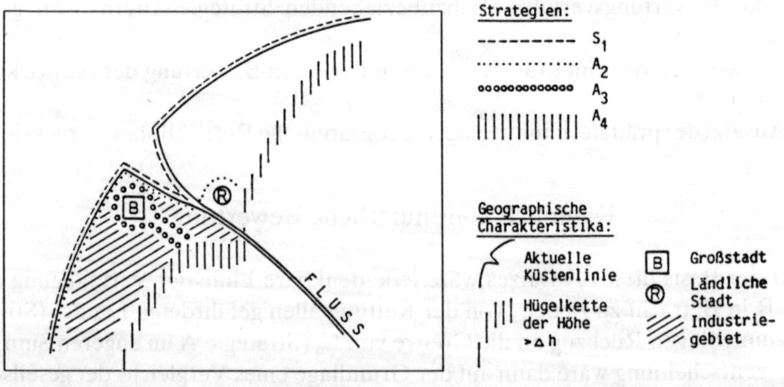

Abb. 2. Bestimmung der Strategie-Alternativen unter sozio-geographischen Restriktionen

11 Vgl. z. B. Graaff (1963).

12 Es sollte jedoch beachtet werden, daß „Norden" und „Süden" als Bezeichnungen der agrarischen und der industriellen Region für die Zwecke dieser Bewertung – d. h. im Hinblick auf die relativen sozialen Werte, die der jeweils vorherrschenden wirtschaftlichen Tätigkeit zugeordnet werden – im Prinzip austauschbar sind.

gie S_1 sieht die vollständige Verteidigung des gefährdeten Landes vor; Strategie A_2 begrenzt die Verteidigung auf die beiden Zentren (die Großstadt B und die ländliche Stadt R) und das Industriegebiet (die südliche Region); Strategie A_3 verlangt Verteidigungsmaßnahmen nur für die Großstadt B, während alle übrigen, außerhalb von L_n gelegenen, Gebiete der steigenden See überlassen werden. Strategie A_4 schließlich bedeutet den völligen Rückzug vor dem SLR, stellt also das Strategie-Szenario A im engeren Sinne dar.

Natürlich ist es vorstellbar, daß in einer realen Situation andere als die in Abb. 2 angegebenen sozio-geographischen Restriktionen auftreten. Die grundsätzlichen Möglichkeiten dürften jedoch aus dem Beispiel ablesbar sein, wenn wir berücksichtigen, daß die Aktivitätsbezeichnungen „industriell" und „agrarisch" in der Beschreibung der nördlichen und der südlichen Region ausgetauscht werden können, wie in Fußnote[12] ausgeführt.

3. Einige Elemente des sozio-ökonomischen Bewertungsrahmens

In diesem Abschnitt werden ausgewählte Elemente des sozio-ökonomischen Rahmens erörtert, innerhalb dessen die Bewertung und die aus ihr resultierende Entscheidung zur Auswahl einer SLR-Gegenstrategie stattfinden. Insbesondere sollen die folgenden, für die Zwecke dieses Artikels bedeutsam erscheinenden Fragen behandelt werden:

- die soziale Diskontierungs- oder Zeitpräferenzrate,
- das Auftreten von Kapazitätsbeschränkungen in der Bauwirtschaft,
- das Problem von Haushaltsrestriktionen auf nationaler Ebene und
- die Notwendigkeit einer interregionalen Umverteilung der Auswirkungen des SLR.

Soziale Diskontierungsrate

Die soziale Diskontierungsrate soll die relative Bedeutung wiedergeben, welche die Gesellschaft gegenwärtiger im Vergleich zu künftiger Verfügbarkeit von Gütern zumißt. Offensichtlich dient der Kapitalzinssatz – neben anderen Zielsetzungen – dem gleichen Zweck vom privatwirtschaftlichen Gesichtspunkt her, jedoch wird er von einer Vielzahl von Faktoren beeinflußt wie dem kurzfristigen Verhältnis von Angebot und Nachfrage an den Geldmärkten, dem Zahlungsbilanzsaldo, der Gewinnerzielungsmöglichkeit aus laufenden Investitionen, um nur einige zu nennen. Demgemäß bietet der Kapitalzinssatz kein einfaches Substitut der sozialen Diskontierungsrate, er stellt vielmehr nur einen Indikator dar für den Bereich, in dem diese sich bewegt. Auch ist leicht einsichtig, daß eine wie immer geartete Entscheidung über eine SLR-Gegenstrategie und damit über möglicherweise hohe Investitionen in Deichbauten oder/und Umsiedlungsmaßnahmen ihrerseits den Kapitalzinssatz beeinflussen wird.

Die soziale Diskontierungsrate muß demgemäß durch ein sozio-politisches Bewertungsverfahren bestimmt werden, in dem der Realzinssatz[13] ein Element unter ande-

13 D. h. deflationiert um die Steigerungsrate des allgemeinen Preisniveaus, die sogenannte Inflationsrate.

ren darstellt, zu denen insbesondere die Knappheit nicht-reproduzierbarer Faktoren[14] wie Land für Wohn-, Gewerbe-, Nahrungsmittelproduktions-, Erholungs- oder andere Zwecke gehört.

In Abhängigkeit von dem Wert, den die Gesellschaft der gegenwärtigen im Vergleich zu zukünftiger Verfügbarkeit von Gütern zumißt, d. h. je nach der Höhe der sozialen Diskontierungsrate r_s, werden solche Güter, die erst jenseits eines bestimmten künftigen Zeitpunktes verfügbar werden, heute oder zum Planungszeitpunkt τ_1 praktisch wertlos. Dies ist ein wichtiger Gesichtspunkt für die langfristige gesellschaftliche Entscheidungsfindung wie im Fall der Bestimmung von SLR-Gegenstrategien. Tabelle 1 läßt erkennen, daß (reales) Einkommen, das, von heute ab gesehen, in einem Jahrhundert (oder nach neunzig Jahren, vom Planungszeitpunkt τ_1 an betrachtet) erzeugt wird, die Entscheidungen über SLR-Gegenstrategien nur dann beeinflußt, wenn die soziale Diskontierungsrate nicht über vier bis fünf Prozent ansteigt. Demgemäß sollte festgehalten werden, daß Vorsorgen für das Wohlbefinden oder auch nur die Möglichkeit des Fortbestehens künftiger Generationen theoretisch gleichbedeutend ist mit einer niedrigen sozialen Diskontierungsrate.

Kapazitätsbeschränkungen in der Bauwirtschaft

Massive Investitionen in die Erhöhung der Deiche, den Neubau von Deichen oder anderer Einrichtungen zur Verteidigung gegen den SLR bzw. in Wohnungs- und gewerbliche Neubauten zur Umsiedlung von Bevölkerung und Betrieben können schwierig zu erfüllende Anforderungen an die Kapazität der Bauwirtschaft und der mit

Tabelle 1. Gegenwärtiger sozialer Wert künftigen (realen) Einkommens

Der gegenwärtige soziale Wert Y_0 des (realen) Einkommens, das in der Periode t entsteht (Y_t), beträgt 1 % von Y_t oder weniger –

bei einer sozialen Diskontierungsrate r_s von:	nach t Jahren:
r_s	t
0,02	230
0,03	154
0,04	115
0,05	92
0,06	77
0,07	66
0,08	58
0,09	51
0,10	46

Anmerkung: Die Berechnung basiert auf der folgenden Umformulierung der Zinseszinsformel:

$$\frac{Y_0}{Y_t} = \frac{1}{e^{r_s \cdot t}} \leq 0{,}01,$$

$$t = \frac{\ln 100}{r_s}.$$

---

14 Rothengatter u. a. (1984) benutzen Trinkwasser und Luft bestimmter Qualitätsstandards als begrenzende Faktoren.

ihr verbundenen Wirtschaftszweige stellen. Um sowohl exorbitante Preissteigerungen wie kräftige, zeitweilige Kapazitätsvergrößerungen – einschließlich der in der notwendig folgenden Kontraktionsperiode auftretenden Probleme – zu vermeiden, ist eine sorgfältige Prioritätenplanung für die unterschiedlichen Baumaßnahmen zweckmäßig. Im weiteren wird angenommen, daß die Kapazitäten der baubezogenen Wirtschaftszweige flexibel genug sind, um die Implementation eines sorgfältig geplanten Bauprogramms ohne exzessive Marktreaktionen zuzulassen.

Haushaltsrestriktionen auf nationaler Ebene

Es kann notwendig werden, bei der Strategiewahl gesamtwirtschaftliche Haushaltsrestriktionen zu berücksichtigen. Nimmt man z. B. an, daß Strategie S_1 (in Abb. 2) im Vergleich zu allen anderen vorstellbaren Strategien gewaltige Investitionen in den Bau von Vorhut-Deichen erforderte, so könnte die gesellschaftliche (Nicht-) Bereitschaft, diese Kosten aufzubringen, eine Verschiebung der SLR-Verteidigungslinie in das Binnenland erzwingen. Eine solche gesellschaftliche Haltung würde in verbreitetem politischen Widerstand gegen Steuererhöhungen, möglicherweise auch gegen eine Umschichtung öffentlicher Mittel aus anderen Verwendungen hin zu Aufgaben der Landverteidigung, zum Ausdruck kommen. Sie würde jedoch auch den niedrigen, vielleicht sogar negativen sozialen Wert widerspiegeln, den die Gesellschaft in diesem Fall einer massiven Umlenkung von Produktionsfaktoren in diese Aufgaben zumäße, die ja die Möglichkeiten zur Erzeugung anderer (Konsum-) Güter reduziert[15], zu einer Erhöhung des Lohn- und Preisniveaus führt und somit inflationär wirkt.

Interregionale Umverteilung der Auswirkungen

Die Auswirkungen des SLR werden, insbesondere wenn eine Strategie der völligen oder teilweisen Landaufgabe verwirklicht wird, die verschiedenen Regionen der Volkswirtschaft in unterschiedlicher Weise und in unterschiedlichem Ausmaß treffen: Verteidigungsinvestitionen müssen aufgrund ihrer Zweckrichtung in bestimmten Gebieten konzentriert werden, die Wiederansiedlung von Bewohnern und Betrieben muß an solchen Standorten geplant und implementiert werden, die für diesen Zweck geeignet sind. Demgemäß werden ökonomische und soziale Strukturen (vgl. Abschnitt 4) sich in manchen Regionen unter Umständen dramatisch verändern, während sie in anderen Regionen praktisch unverändert bleiben. Ein interregionaler Ausgleich der Auswirkungen des SLR erscheint demzufolge notwendig. Dieser würde vermutlich in Form eines horizontalen Finanzausgleichs erfolgen müssen, um so die unterschiedlichen Niveaus in der wirtschaftlichen und sozialen Belastung fiskalisch auszugleichen oder um (Teile der) Finanzmittel bereitzustellen, die für die Verwirklichung oder Milderung regional oder örtlich auftretender sozialer Unrast erforderlich werden.

---

15 Es sei denn, alle Baumaßnahmen könnten aufgrund einer Aktivierung sonst ungenutzt bleibender Faktoren durchgeführt werden, d. h. durch Erhöhung der Beschäftigung und der Ausnutzung vorhandener Kapazitäten (siehe Abschnitt 4).

4. Die sozio-ökonomischen Wirkungen des Anstiegs des Meeresspiegels und der Gegenstrategien

Für die verschiedenen, unter den Gegebenheiten einer bestimmten Volkswirtschaft (siehe oben, Abschnitt 2 und Abb. 2) als vorstellbar identifizierten Strategien müssen die jeweils mit ihnen verbundenen sozio-ökonomischen Wirkungen bestimmt und bewertet werden. Die wichtigsten Effekte sind die folgenden:

- Baumaßnahmen,
- Änderungen des (realen) Sozialprodukts,
- Wanderungen,
- Einbuße an Produktionsflächen,
- Umwelteinflüsse und
- Sozialstrukturelle Wandlungen.

Alle Kosten und – soweit gegeben – Vorteile müssen für den gleichen Zeitpunkt, z. B. $t = 0$ oder $t = \tau_1$ (gemäß Abschnitt 1), und unter Ansatz einer zuvor bestimmten sozialen Diskontierungsrate r_s (siehe Abschnitt 3) berechnet werden.

Baumaßnahmen

Als Baukosten müssen zwei Faktoren berücksichtigt werden: die Kosten der Deicherhöhung einschließlich der Errichtung neuer Deiche oder anderer Ingenieurmaßnahmen zur Verteidigung gegen den SLR ($C_d(t)$) und die Kosten des Neubaus von Wohnungen und Produktionsanlagen einschließlich der Infrastruktur an neuen Standorten ($C_r(t)$), falls bestimmte Landstriche aufgegeben werden. Die Kosten der Erhöhung oder des Neubaus von Deichen können als abhängig von der Länge der Landverteidigungslinie angesehen werden, wobei die Baukosten pro Distanzeinheit für jede technische Lösung als konstanter Parameter eingehen[16]. Die Kosten der Umsiedlungsinvestitionen hingegen werden von der Siedlungsstruktur in dem aufgegebenen Gebiet und von der Art und räumlichen Dichte der Aktivitäten abhängen, die im Einwanderungsgebiet bereits ansässig sind. Demgemäß ist die Aufstellung eines Umsiedlungs- und Neuaufbauplanes erforderlich, um die mit jeder vorstellbaren Strategie zusammenhängenden Kosten des Typs $C_r(t)$ zu bestimmen.

Änderungen des (realen) Sozialprodukts

Besteht in der Volkswirtschaft im Zeitpunkt τ_1 Unterbeschäftigung, so ist es möglich, daß die Implementation der im Rahmen der gewählten SLR-Gegenstrategie erforderlichen Investitionspläne mittel- oder langfristig (d. h. für die Bauperiode (τ_2 - τ_1)) eine deutliche Verbesserung der Beschäftigungslage auf den regionalen oder nationalen Arbeitsmärkten bewirkt. Diese Beschäftigungseffekte können sich von der Bauwirtschaft in den Baumaterialsektor und andere Vorlieferindustrien hinein ausbreiten und auch die Konsumgüter- und Dienstleistungsindustrien ergreifen. Da unter gesamtwirtschaftlichen Gesichtspunkten die realen Kosten der Verteidigung gegen

16 Vgl. den von Klaassen (1986) für den Ausdruck K angesetzten Ausdruck.

den SLR als Einsatz der von anderen Verwendungszwecken abgezogenen Produktionsfaktoren, d.h. ausschließlich die Opportunitätskosten, angesetzt werden sollten, muß gegen die gesamten Baukosten, die im vorigen Absatz bestimmt worden sind, die Zunahme des realen Sozialproduktes (Y_{dr} (t)), die aus einer Beschäftigungssteigerung resultiert, aufgerechnet werden. Es wird dann deutlich, daß die Kosten der Rettung von Land vom SLR dann sehr niedrig werden oder gar gegen null gehen können, wenn der Anstieg der Bautätigkeit und damit zusammenhängender Aktivitäten zu einer deutlichen Steigerung der Gesamtbeschäftigung führt.

Wanderungen

Die Kosten der Wanderungen von Bevölkerung und Betrieben an neue Standorte ($C_m(t)$) sollten auf der Basis der tatsächlichen Umzugskosten der Menschen und ihrer persönlichen Habe, von Maschinen, Viehbeständen und anderen beweglichen Anlagen ermittelt werden. Es wird angenommen, daß die aufzugebenden Gebäude und sonstigen festen Einrichtungen im allgemeinen auf den Null-Wert abgeschrieben worden sind, wenn die Bauvorschriften, die in Abschnitt 1 angesprochen wurden, befolgt wurden. Dann hängen die für jede Strategie-Alternative zu bestimmenden Wanderungskosten offenbar von der Zahl der umzusiedelnden Personen und von der in dem aufzugebenden Gebiet L_a vorherrschenden Wirtschaftsstruktur ab.

Einbuße an Produktionsflächen

Der wirtschaftliche Wert der Einbuße an Produktionsflächen – und der etwa noch nicht voll abgeschriebenen Anlagen – ist auf der Basis

- der Minderung an (Real-) Einkommen aus landwirtschaftlicher Produktion ($Y^{agr}(t)$) für einen unbegrenzten Zeitraum und
- der Minderung an (Real-) Einkommen aus der Produktion von gewerblichen Erzeugnissen, Wohn- und sonstigen Dienstleistungen ($Y^{ms}(t)$) während des Zeitraums der Umsiedlung dieser Produktion an die neuen Standorte, d.h. bis zur Wiederaufnahme der Produktion,

zu ermitteln.

Es ist klar, daß Vermögenswerte hierfür nur insoweit relevant sind, als sie nicht länger die Erzielung künftigen Einkommens sicherstellen. Die Bodenwerte im Zeitpunkt $t = 0$ sollten keinesfalls als angemessene Indikatoren für die durch den SLR entstehenden Verluste angesehen werden (siehe Abschnitt 1 und Fußnote 4 insbesondere). Auch ist zu bedenken, daß als Ergebnis von Umsiedlungsstrategien die Bodenpreise in den Gebieten, in denen Einwanderer sich niederlassen sollen oder wollen, möglicherweise drastisch steigen werden. Monetäre Veränderungen in den Bodenwerten bedeuten aber lediglich Vermögensumverteilungen zwischen Eigentümern und Nicht-Eigentümern; solche Umverteilungseffekte, die das gesellschaftliche Kapital ausschließlich gemessen in Nutzengrößen tangieren, sollen für die Zwecke dieses Artikels außer Betracht bleiben (wie in Abschnitt 1 angemerkt).

Umwelteinflüsse

Der SLR sowohl wie die Implementation von Gegenstrategien werden ernsthafte Umweltveränderungen im Wattenmeer und in den Überflutungsgebieten mit sich bringen, wobei die jeweilige Art und das Ausmaß der Änderungen von der angenommenen Strategie abhängt. Umweltwirkungen werden auch dort eintreten, wo Einwanderer aus aufgegebenen Gebieten sich niederlassen und Produktions- und andere Aktivitäten aufnehmen.

Die sozialen Kosten (oder Vorteile) dieser Umwelteinflüsse sollten grundsätzlich erfaßt werden als derjenige Wert, den die Gesellschaft diesen Änderungen im Vergleich zu der Umweltsituation beimißt, die als Folge eines uneingeschränkten SLR der Höhe Δh eintreten würde (Strategie A_4 in Abb. 2). In das Bewertungsverfahren sollten dabei die wirtschaftlichen Einbußen (Vorteile) einbezogen werden, die aus Veränderungen der Fischgründe und des Küstentourismus erwachsen[17]; die Hauptaufgabe besteht jedoch darin, die relative soziale Bedeutung marktmäßig nicht erfaßbarer Umweltalternativen zu bestimmen.

Dieses Problem kann nur auf der Basis eines komplexen sozio-politischen Bewertungsverfahrens gelöst werden, aus dem ein strategie-spezifischer Umweltfaktor σ_E hervorgehen sollte. Da dieser Faktor im Bewertungsverfahren in gleicher Weise wie der Sozialfaktor (siehe nächster Absatz) zu behandeln ist, werden beide Faktoren in Abschnitt 5 gemeinsam behandelt.

Sozialstrukturelle Wandlungen

In die Bewertung der Alternativen sollte ein Sozialfaktor (σ) einbezogen werden, der

- eine Sicherheitsmarge zur Verhinderung oder Minimierung des Verlustes an Menschenleben[18] (σ_S),
- die emotionalen Kosten und die Kosten gesellschaftlicher Unrast als Folge von Landaufgabe und der Reorganisation gesellschaftlicher Strukturen in Einwanderungsgebieten (σ_D),
- die Änderungen der sozialen Erreichbarkeit als Ergebnis der räumlichen Neuverteilung der Umsiedler (σ_A) und
- den Umweltfaktor (σ_E), wie im vorhergehenden Absatz beschrieben,

einschließt.

Offenbar handelt es sich bei dem Sozialfaktor um einen komplexen Parameter ohne eigenen monetären Wert. Sein Zweck ist es, die Überprüfung oder Korrektur der relativen sozialen Bedeutung der verschiedenen (realen) monetären Elemente des Bewertungsverfahrens zu ermöglichen, durch welche die Entscheidung über die Strategie-Alternativen unter dem Gesichtspunkt der sozialen Effizienz strukturiert wird.

---

17 Zur Vereinfachung der Rechnung wird in Abschnitt 5 angenommen, daß diese Kosten (oder Vorteile) in den Kosten der Einbuße an Produktionsflächen enthalten sind.

18 In unserem Ansatz ist ein Verlust menschlichen Lebens nur zu befürchten, wenn ein SLR der Höhe Δh bereits zu einem Zeitpunkt $t < \tau_2$ eintritt.

5. Das Bewertungsverfahren

Im Rahmen des Bewertungsverfahrens müssen für jede Strategie-Alternative – d. i. für S_1, A_2, A_3 und A_4, wie sie in Abschnitt 2 für den Beispielfall bestimmt wurden – die verschiedenen Kosten- und Nutzenelemente bewertet werden, so daß die Ergebnisse verglichen und die beste Alternative – oder genauer: diejenige Alternative, welche den geringsten gesellschaftlichen Aufwand erfordert – ausgewählt werden kann.

Berechnung der Kosten und Nutzen für jede Strategie-Alternative

Eine vereinfachte Version dieses Verfahrens kann, für jede Alternative, folgendermaßen beschrieben werden:

Berechne die *Baukosten* für den Zeitpunkt t, und zwar: zunächst die Kosten der Deicherhöhung[19]

$$C_d(t) = K_d(t) + l \cdot \Delta h' \cdot c_d(t), \tag{1}$$

mit K_d: feste Kosten der Deicherhöhung, die zum Zeitpunkt τ_1 aufgewendet werden müssen,

l : Länge des Deiches,

c_d : variable Kosten der Deicherhöhung je Einheit der Deichlänge,

wobei alle übrigen Symbole bereits erklärt sind; sodann die Kosten des Neuaufbaus

$$C_r(t) = K_r(t) + \sum_{i=1}^{n} C_r^i \cdot L_a^i(t), \tag{2}$$

mit K_r: Kosten des Neuaufbaus, wie sie sich aus den sozio-ökonomischen Kriterien des Besiedlungsgebietes ergeben,

i : Art der umzusiedelnden Aktivitäten[20],

c_r^i : Kosten des Neuaufbaus der Aktivität i je Einheit der aufzugebenden Fläche, auf der Aktivität i stattfindet.

Der gesellschaftliche Gesamtwert der Baukosten (C_{dr}) zum Zeitpunkt τ_1 ergibt sich dann zu

$$C_{dr}(t) = \int_{t=\tau_1}^{t=\tau_2} [C_d(t) + C_r(t)] \cdot e^{-r_s \cdot t} \, dt. \tag{3}$$

Berechne die *Änderungen des Sozialproduktes* als Folge der gestiegenen Beschäftigung zu

$$Y_{dr}(t) = \int_{t=\tau_1}^{t=\tau_2} w \cdot E_{dr}(t) \cdot e^{-r_s \cdot t} \, dt \geq 0, \tag{4}$$

---

19 Vgl. Klaassen (1986).

20 Z. B.: Wohnen, nach Qualitätskategorien unterschieden, Landwirtschaft, Gewerbe und Industrie nach Sektoren, Dienstleistungen usw.

mit E_{dr}: Änderung der Beschäftigung als Ergebnis der Deicherhöhungs- und Neuaufbaumaßnahmen,

w : mittlerer (realer) Lohnsatz je Einheit der Beschäftigung (z. B. je Mann-Jahr).

Berechne die *Kosten der Wanderung von Bevölkerung und Betrieben* zu

$$C_m(t) = \int_{t=\tau_1}^{t=\tau_2} [POP_a \cdot c_m^{pop}(t) + \sum_{i=1}^{n} c_m^i \cdot L_a^i(t)] \cdot e^{-r_s \cdot t} \, dt, \tag{5}$$

mit POP_a: Bevölkerung in den aufzugebenden Gebieten,

c_m^{pop} : Kosten der Umsiedlung der Bevölkerung und ihrer persönlichen Habe je Kopf,

c_m^i : Kosten der Umsiedlung beweglicher Produktionseinrichtungen je Einheit der aufzugebenden Fläche, auf der Aktivität i stattfindet.

Berechne die *Kosten der Einbuße an Produktionsflächen*, und zwar zunächst als Minderung des aus der Landwirtschaft erzielbaren Einkommens,

$$Y^{agr}(t) = \int_{t=\tau_1}^{t\to\infty} y^{agr} \cdot L_a^{agr}(t) \cdot e^{-r_s \cdot t} \, dt \leq 0, \tag{6}$$

mit y^{agr} : durchschnittliches Jahreseinkommen aus landwirtschaftlicher Produktion je Flächeneinheit,

L_a^{agr}: aufzugebendes landwirtschaftliches Gebiet,

sodann als zeitweilige Minderung des Einkommens aus gewerblich-industriellen und anderen wirtschaftlichen Aktivitäten,

$$Y^{ms}(t) = \int_{t=\tau_1}^{t=\tau_2+\theta} [\sum_{i=1}^{n-1} y^{ms,i} \cdot L_a^{ms,i}(t)] \cdot e^{-r_s \cdot t} \, dt \leq 0, \tag{7}$$

mit $y^{ms,i}$: jährliches Einkommen aus nicht-landwirtschaftlicher Produktion des Typs i je Einheit der Fläche, auf der Aktivität i[21] stattfindet,

$L_a^{ms,i}$: aufzugebendes Gebiet, auf dem nicht-landwirtschaftliche Erzeugung vom Typ i stattfindet,

$\tau_2+\theta$: Zeitpunkt, zu dem die volle Produktion (am neuen Standort) wieder aufgenommen werden kann.

Wie in Abschnitt 1 dargelegt, ist zu erwarten, daß die *Wahrscheinlichkeit des Auftretens eines SLR der Höhe* Δh bis zum Zeitpunkt τ_2 vernachlässigbar klein ist. Wir können daher aus Gründen der Einfachheit annehmen, daß $P(\Delta h(t)) = 0$ für $0 \leq t \leq \tau_2$. Ferner wird die Annahme gemacht, daß jede SLR-Gegenstrategie zum Zeitpunkt τ_2 implementiert ist. Das bedeutet, daß der jeweils aktuelle Wert von $P(\Delta h(t))$ für $t > \tau_2$ hinsichtlich der sozio-ökonomischen Auswirkungen des SLR bedeutungslos ist. Wir haben, demgemäß, den Term $P(\Delta h(t))$ bereits aus den Ausdrücken (6) und (7) herausgelassen.

---

21 Für nicht-landwirtschaftliche Produktion gilt: $i \in \{1, \ldots, n-1\}$;
für landwirtschaftliche Produktion gilt: $i \in \{n\}$.

Bestimme den *Sozialfaktor* zu

$$\sigma = s \cdot \sigma_S + d \cdot \sigma_D + a \cdot \sigma_A + e \cdot \sigma_E, \qquad (8)$$
$$\text{mit } s + d + a + e = 1,$$

wo die Parameter s, d, a und e die relative soziale Bedeutung der verschiedenen, im Sozialfaktor erfaßten Elemente angeben. Die Bestimmung dieser Gewichtungsparameter ist Ergebnis eines sozio-politischen Bewertungsvorganges, wie in dem entsprechenden Absatz in Abschnitt 4 erwähnt.

Nunmehr können die Ergebnisse der verschiedenen Teilrechnungen in der Weise zusammengefaßt werden, daß für jede Strategie-Alternative $\nu(\nu \in \{S_1, A_2, A_3, A_4\})$ der folgende *Gesamtausdruck* gilt:

$$V^\nu = [C_{dr}(\tau_1) + C_m(\tau_1) + Y^{agr}(\tau_1) + Y^{ms}(\tau_1) - Y_{dr}(\tau_1)] \frac{1}{\sigma^\nu} \cdot \qquad (9)$$

Unter diesen wird schließlich der niedrigste Wert für V^ν

$$\min V^\nu \forall \nu \qquad (10)$$

ermittelt.

Schlußbemerkungen

Es sollte jedoch festgehalten werden, daß diejenige Strategie, die den Ausdruck (10) erfüllt, nicht notwendigerweise als optimale SLR-Gegenstrategie akzeptiert werden muß. Das Bewertungsverfahren, das in diesem Beitrag vorgeschlagen wird, sollte vielmehr als ein quantitatives System zur Identifizierung der sozio-ökonomischen Auswirkungen des SLR und der verschiedenen vorstellbaren Gegenstrategie-Szenarien interpretiert werden und damit als ein Versuch, strukturierte Informationen über die relative Wünschbarkeit dieser Strategien unter den vorgegebenen Gesichtspunkten bereitzustellen. Diese Informationen ersetzen eine abschließende politische Entscheidung über die Strategiewahl nicht, sie unterstreichen vielmehr deren Notwendigkeit.

Im übrigen kann es durchaus sein, daß in einer realen Entscheidungssituation die öffentliche Meinung dem Sozialfaktor einen so hohen Wert zuordnet, daß jede technisch machbare Handlungsalternative außer der einer Verteidigung allen durch den Anstieg des Meeresspiegels bedrohten Landes (Strategie S_1) politisch untragbar wird.

Literatur

Barth, M., Titus, J. (Hrsg.), 1984: Greenhouse Effect and Sea Level Rise. New York (van Nostrand Reinhold).

Dasgupta, A.K., Pearce, D.W., 1973: Cost-Benefit Analysis: Theory and Practice. London, Basingstoke.

Funck, R. (Hrsg.), 1985: Multi-Kriterienanalyse für öffentliche Entscheidungen – Kritik und Weiterentwicklung. Karlsruher Beiträge zur Wirtschaftspolitik und Wirtschaftsforschung, H. 9. Karlsruhe (von Loeper).

Gibbs, M.J., 1984: Economic Analysis of Sea Level Rise: Methods and Results. In: Barth, M., Titus, J. (Hrsg.), Greenhouse Effect and Sea Level Rise. New York (van Nostrand Reinhold).

Graaff, J. de V., 1963: Theoretical Welfare Economics. Cambridge.
Hwang, Ch.-L., Masud, A.S., 1979: Multiple Objective Decision Making – Methods and Applications. Lecture Notes in Economics and Mathematical Systems 164. Berlin, Heidelberg, New York (Springer).
Klaassen, L.H., 1986: Some Societal Consequences of the Rising Sea Level. Manuskript.
Koalitionsvereinbarungen für die 11. Legislaturperiode des Deutschen Bundestags vom 10. März 1987 (Manuskript).
Rothengatter, W., Kotz, R., Müller, P., 1984: Entwicklung eines Verfahrens für dynamische Investitionsplanung und Ermittlung des bei der Fortschreibung der Bundesverkehrswegeplanung anzuwendenden Zinssatzes. Bericht, Projektabschnitt 1. Ulm (Universität Ulm).

Internationale Märkte und Zukunft der Industrieländer*

HARIOLF GRUPP, OLAV HOHMEYER und ULRICH SCHMOCH

Es gibt keinen Weg, zukünftig bedeutsame Technologieentwicklungen sicher vorauszusagen. Mit Hilfe neu entwickelter Methoden zur Früherkennung technisch-wirtschaftlicher Chancen gelingt es aber immerhin, eine rationale und nachvollziehbare Informationsbasis zu schaffen. Die Grundlage dafür ist systematisch erhobenes Datenmaterial zur gegenwärtigen internationalen Wettbewerbsposition, zum Stand der Technik in zukunftsträchtigen Bereichen, zu den industriellen Forschungs- und Entwicklungsbudgets und zu Patentaktivitäten im In- und Ausland. Die Zusammenschau der aus den Daten gebildeten verschiedenartigen Indikatoren läßt ein verdichtetes und verläßliches Abbild der Zukunft der Industrieländer entstehen, das einzelbetrieblich wie volkswirtschaftlich genutzt werden kann.

1 Früherkennung technisch-ökonomischer Chancen

Es ist theoretisch wie praktisch schwieriger, die Erträge von Forschung, Entwicklung und Innovation zu erfassen, als den dafür betriebenen Aufwand. Forschungs- und Entwicklungsergebnisse sowie die Markterfolge technisch neuer Produkte oder Verfahren lassen sich praktisch nicht messen. Dies ist nach dem üblichen wissenschaftlichen Verständnis nur möglich, wenn eindeutige Meßvorschriften in der Definition einer Größe bereits angelegt sind. Einen Ausweg aus diesen Schwierigkeiten bietet die Verwendung von Indikatoren. Sie müssen als „Stellvertreter" für die eigentlichen Meßgrößen gesehen werden und stehen nicht eindeutig fest. Eine hohe Aussagekraft ist daher nur durch eine qualitative Interpretation und die Zusammenschau möglichst verschiedenartiger Indikatoren zu erreichen.

Systematisch kann man gemäß der zeitlichen Abfolge der Innovationsprozesse zwischen Aufwands-, Durchsatz- und Ertragsindikatoren unterscheiden [1]. Die *Früherkennung* technisch-wirtschaftlicher Chancen setzt dementsprechend am besten bei Budgetzahlen („Aufwandsanalysen") oder Patentstatistiken („Durchsatzanalysen") an. Aber nicht jede Forschungsmillion führt zu entsprechenden Ergebnissen und nicht jede Patentanmeldung – sofern es überhaupt zur Patenterteilung kommt – wird in ein neues Produkt oder ein neues Verfahren umgesetzt.

Auf der Marktergebnisseite sind vor allem Indikatoren für den Außenhandel mit forschungsintensiven Produkten erfolgversprechend. Dabei bleiben Interpretations-

*Der vorliegende Beitrag wurde ursprünglich in der io Management-Zeitschrift veröffentlicht. Der Nachdruck erfolgt mit freundlicher Genehmigung des Verlags Industrielle Organisation, Zürich.

spielräume über die Ursachen von Erfolg oder Mißerfolg offen. Auch die Rolle des technischen Fortschritts in den gehandelten Produkten bzw. den darin enthaltenen Produktionsverfahren lassen sich aus ökonomischen Zahlen allenfalls indirekt erschließen. Um dem abzuhelfen, wird seit Ende 1984 im Arbeitsschwerpunkt „Technischer Wandel in der Wirtschaft" des Fraunhofer-Instituts für Systemtechnik und Innovationsforschung ein weltweit bisher einzigartiges „Technometrie-Konzept" entwickelt und angewendet. Es ermöglicht einen systematischen internationalen Vergleich technischer Spezifikationen neuer Produkte und Verfahren. *Technometrische Indikatoren* werden in direkter Korrespondenz zu den Außenhandelszahlen wie auch zur Patentstatistik erstellt. Damit ist es erstmals möglich, durchgängig Entwicklungs- und Innovationslinien „früh" zu erfassen und in eine abgesicherte, wenn auch nicht völlig widerspruchsfreie technologische Vorausschau umzusetzen. Dieser Beitrag informiert in Kürze über den gegenwärtigen Stand der Arbeiten [2].

2 Technologische Wettbewerbsposition

Zur Beschreibung der internationalen Wettbewerbsposition bei forschungsintensiven und anderen Waren werden seit geraumer Zeit verschiedene – sich teilweise widersprechende – Listen und Abgrenzungen verwendet. Ohne auf die Details einzugehen (siehe [3]), erscheinen die sogenannten NIW-Listen (erstellt von Harald Legler im Niedersächsischen Institut für Wirtschaftsforschung, Hannover) am besten geeignet, um den Außenhandel treffsicher zu beschreiben. Vorteilhaft ist insbesondere, daß die NIW-Listen den forschungsintensiven Sektor noch einmal zweiteilen und zwischen *Spitzenprodukten* und Produkten der *gehobenen Gebrauchstechnologie* unterscheiden.

Bei den Produktgruppen der Spitzentechnik liegen die Aufwendungen für Forschung und Entwicklung vereinbarungsgemäß oberhalb von 8 v.H. des Umsatzes, bei der gehobenen Gebrauchstechnologie zwischen 3 und 8 v.H. des Umsatzes. Produktgruppen mit einem Forschungsaufwand unterhalb von 3 v.H. werden als *sonstige Gebrauchstechnologie* bezeichnet. Man kann die Abgrenzung auch umgekehrt bewerten: Ein prozentual hoher Forschungs- und Entwicklungsaufwand bedeutet eine geringe Umsatzerwartung. In der Tat werden für jede Forschungsmillion im Bereich der Spitzentechnik durchschnittliche Umsätze unter 12 Mio. erzielt, während die entsprechende Zahl bei der gehobenen Gebrauchstechnologie typischerweise bei 30 Millionen und mehr pro investierte Forschungsmillion liegt. Die Spitzentechnik umfaßt protektionierte Bereiche wie die Luft- und Raumfahrt, pharmazeutische und elektronische Produkte sowie Büromaschinen, EDV und wissenschaftliche Instrumente. In die Kategorie gehobene Gebrauchstechnik fallen elektrotechnische und chemische Erzeugnisse, die übrigen verarbeiteten Industriewaren und insbesondere Kraftfahrzeuge. Unter den sonstigen Gebrauchstechnologien befinden sich die Nichteisenmetalle, Kunststoffe und Gummiwaren, Nahrungs- und Genußmittel, Leder- und Textilwaren und vieles andere mehr [3].

Aus Abbildung 1 wird deutlich, daß die Bundesrepublik nicht zu den Ländern zählt, die ihr Exportangebot auf ausgewählte Spitzentechnologie konzentrieren. Vielmehr ist die Domäne der westdeutschen Volkswirtschaft ein differenziertes Angebot an Gütern, die der gehobenen Gebrauchstechnologie und den ausbildungsintensiven Waren zuzuordnen sind (als ausbildungsintensiv gelten solche Waren, bei denen der

Anteil an Wissenschaftlern, Technikern, Bürokräften und leitenden Tätigkeiten für die Herstellung bedeutsam ist: Synthetische Spinnfasern und Farbstoffe, optische Erzeugnisse, Hand- und Maschinenwerkzeuge, Rohre und Rohrformstücke und vieles andere). Die in der Abbildung verwendete Meßziffer ist der sogenannte *RCA-Indikator,* der den relativen Ausfuhrüberschuß im Vergleich zum Durchschnitt aller verarbeiteten Industriewaren mißt. Positive Werte signalisieren einen noch besseren Exportüberschuß als im Durchschnitt aller Industriewaren (der durchschnittliche Export liegt 1985 um das 1,7fache über dem Import!). Negative Werte bis etwa –50 deuten auf ein unterdurchchnittliches internationales Marktergebnis hin, wobei der Export den Import aber noch knapp übersteigt. Bei negativen Werten von –60 und darunter liegt ein Einfuhrüberschuß vor [3].

Gemäß Abbildung 1 verweist der Trend der letzten Jahre auf eine mäßige Verschlechterung der Weltmarktposition bei *gehobenen Gebrauchstechnologien.* Hier dokumentiert sich ein allgemeines Aufholen vieler kleinerer Volkswirtschaften, jedoch nicht ein Wettbewerbsverlust speziell gegenüber Japan (was zu vermuten gewesen wäre, aber bilateral betrachtet unterscheidet sich der Indikator zwischen 1980 und

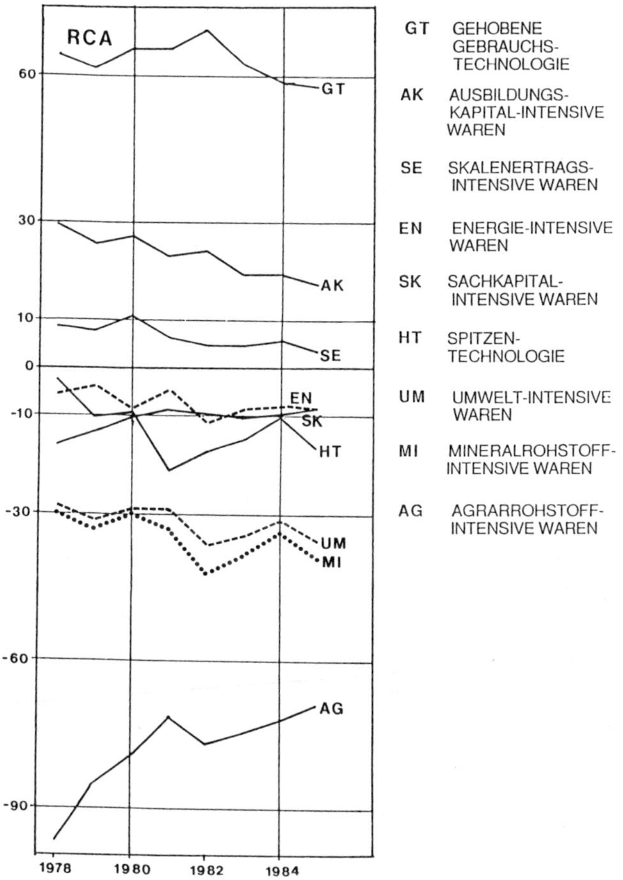

Abb. 1. Spezialisierung des bundesdeutschen Außenhandels (relativer Ausfuhrüberschuß RCA) 1978 bis 1985 nach Warenkategorien

1985 nicht). Die Stärken des bundesdeutschen Exports liegen nach wie vor im Kraftfahrzeugbau, im Maschinenbau, in der Feinmechanik und Optik und bei der Metallverarbeitung.

Weiterhin überdurchschnittlich, wenn auch mit deutlich absteigendem Trend, erweist sich die internationale Wettbewerbsposition bei *ausbildungsintensiven Waren.* Nicht bedenklich für die dicht besiedelte und rohstoffarme Bundesrepublik ist das etwas unterdurchschnittliche Abschneiden bei energieintensiven Waren und der leicht negative Trend (bei niedrigem Niveau!) bei umweltintensiven Waren. Die Verbesserung der Wettbewerbsposition bei Waren, die auf Agrarrohstoffen beruhen, läßt sich auf die Preisbildung in der europäischen Gemeinschaft zurückführen und ist sicher kein Hoffnungssignal für den bundesdeutschen Export.

Interessant sind der Trend und die Position bei (umsatzschwachen, teilweise protektionierten) *Spitzentechniken:* Hier lag in den letzten Jahren keine ausgeprägte Stärke im deutschen Export. Die Vereinigten Staaten dominieren nach wie vor diesen Bereich, der Büromaschinen, EDV-Geräte, Luft- und Raumfahrtobjekte und Spalt- und Brutstoffe umfaßt. Obwohl die Bundesrepublik zumindest bis 1984 bei derartigen Spitzentechnologien ihre Position auf dem Weltmarkt halten konnte, hat sich doch eine regionale Strukturverschiebung ergeben: Die Wettbewerbsposition gegenüber Japan hat gelitten, gleichzeitig wurde sie gegenüber den europäischen Nachbarn in etwa gleichem Ausmaß verbessert.

Eine deutliche Spezialisierung der Bundesrepublik auf den engen und kostenträchtigen Bereich der Spitzentechnologien kann realistischerweise kaum erwartet werden. Vielmehr dürfte sie auch zukünftig eine starke Position im relativ breiten Sektor der Produktgruppen mit mittlerem Innovationspotential (gleichbedeutend mit großen Umsatzerwartungen) behalten. Erfolge auf den engen, zum Teil auch reglementierten Märkten der eigentlichen Spitzentechnologie mit aller Macht anstreben zu wollen, wäre teuer und für die Wettbewerbsposition insgesamt riskant.

3 Messung des technischen Leistungsstands: Technometrie

Die Betrachtung ökonomischer Indikatoren läßt die Ursachen von Erfolg oder Mißerfolg offen. Am Marktergebnis allein ist die Rolle des technischen Fortschritts nicht unmittelbar ablesbar. Daher müssen quantitative Verfahren zur Bescnreibung des technischen Stands von Produkten und Produktionsprozessen hinzukommen. Entsprechende Indikatoren sind zwar oft vorgeschlagen und häufig gefordert, aber nur selten praktisch verwirklicht worden. Der am Fraunhofer-Institut für Systemtechnik und Innovationsforschung eingeschlagene neue Weg zur Berechnung eines geeigneten technischen Ertragsindikators („Technometrie“) hat inzwischen zu ersten Ergebnissen geführt. Die verwendete Methodik bei der Erhebung technischer Kenngrößen soll hier nicht erläutert werden (siehe [2], [4]).

Im EDV-gestützten *Technometrie-Kataster* des Instituts sind mittlerweile annähernd zehntausend technische Spezifikationen für Produkte und Verfahren aus der Bundesrepublik, den Vereinigten Staaten und Japan gespeichert. Die Angaben stammen aus technischen Datenblättern, Messeprospekten, aber vor allem aus einer Vielzahl von persönlichen Gesprächen mit Experten in industriellen Entwicklungslabors.

In den drei genannten Ländern wurden bisher über zweihundert derartige Gespräche geführt. Insbesondere sind über fünfzig Interviews in Japan sehr erfolgreich verlaufen.

Der Technometrie-Kataster enthält detaillierte Spezifikationen zu Solarzellen und -modulen, Industrierobotern, Laserstrahlquellen, Sensoren, immobilisierten Biokatalysatoren und genetisch hergestellten Humantherapeutika. Aus Kosten- und Zeitgründen sind entsprechend vielfältige Angaben zu anderen Technologien derzeit noch nicht gespeichert; oberflächlichere Informationen und eine geringere Anzahl von Spezifikationen für 43 weitere, die Industrietechnik abdeckende Produkte liegen aber vor. Der Technometrie-Kataster erlaubt also nicht nur Detaileinschätzungen zu den genannten ausgewählten Technologien, sondern auch repräsentative Angaben zur gesamten Industrietechnik.

Teilt man diesen technometrischen Datenbestand in die gleichen Kategorien wie die ökonomischen Außenhandelsindikatoren ein, dann läßt sich die Frage klären, ob die entscheidende Bestimmungsgröße für den Markterfolg das technische Niveau von Produkten ist oder ob eher andere Faktoren eine bedeutsame Rolle spielen (z.B. Management, Marktnähe, protektionistische Maßnahmen, Wechselkurse u.ä.).

Abbildung 2 zeigt das Ergebnis: Amerikanische und japanische Technik stellen sich mit entgegengesetzter Ausprägung dar: US-Technik dominiert in den forschungsaufwendigsten Bereichen der Spitzentechnik, während japanische Technik in den Produktbereichen mit mittelhohen oder niedrigen Forschungsaufwendungen ihre Stärken hat (etwa bei Videorecordern, Schiffen, Stählen oder Entschwefelungsanlagen). Bundesdeutsche Technikstandards sind – gemessen an diesen beiden Ländern – ausgeglichen und hoch. Im Ergebnis liegen westdeutsche Technikstandards bei den Spitzentechniken im Durchschnitt über den japanischen, bei den sonstigen Gebrauchstechniken über den amerikanischen. Der Faktor „Technik" und damit der Ertrag angewandter Forschung und Entwicklung scheint unter allen in Frage kommenden Faktoren einen hohen Erklärungsgehalt für den Außenandel zu haben, da sich entsprechende Verhältnisse ebenso für den Außenhandelsindikator RCA ergeben, vgl. auch Abbildung 1. Bei weiterer Aufschlüsselung ergibt sich auch für einzelne Bereiche, wie etwa

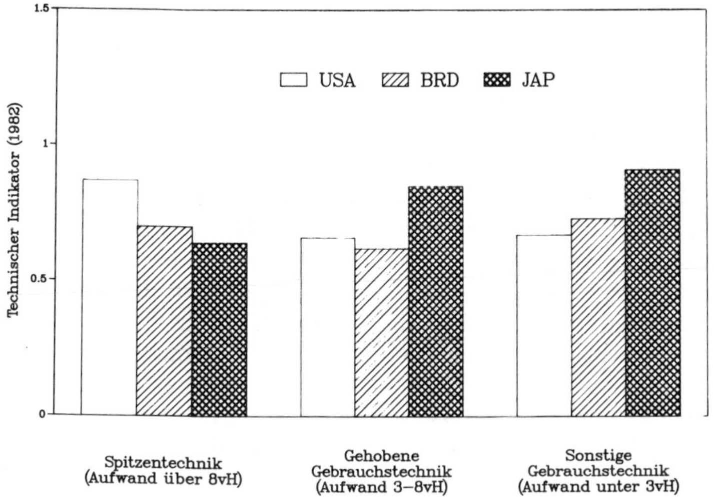

Abb. 2. Repräsentativ ausgewählte Technikstandards im Dreiländervergleich unterschieden nach Forschungsintensität (Umsatzerwartung)

die Lasertechnik, daß die bundesdeutschen Unternehmen ihre zweite Position bei der Spitzentechnik bis heute verteidigen konnten – trotz aller Schlechtwetter-Prophetie. Grund hierfür ist wie in den Vereinigten Staaten ein differenziertes, traditionell gewachsenes Wissenschafts- und Forschungssystem innerhalb und außerhalb der Industrie, das in Japan in vergleichbarem Umfang (noch) nicht zu finden ist.

Die japanischen Firmen erzielen bei Massentechnologien nach wie vor erstaunliche Erfolge. Die begrenzten Ressourcen, etwa beim Entwicklungspersonal in der japanischen Forschung, lassen daneben jedoch Defizite entstehen: Bei besonders forschungsabhängigen neuen Gebieten wie etwa der Lasertechnik oder der Gentechnik ist ein flächendeckendes Erreichen der amerikanischen und europäischen Niveaus noch nicht erreicht worden [4].

4 Veränderungen in den Forschungsbudgets

Der gegenwärtige technische Vorsprung bundesdeutscher Hersteller muß auf dem Weltmarkt rasch umgesetzt werden, denn die Veränderungen in den Forschungsbudgets deuten auf ein systematisches Auffüllen bestehender Defizite in der japanischen Foschung und Entwicklung hin. Das Rezept heißt: „Technologischer Synergismus". Darunter versteht man das Anlaufen von neuen Entwicklungsarbeiten in der Industrie außerhalb der bisherigen, traditionellen Produktionsschwerpunkte; Ziel ist also der Aufbau neuer Produktlinien durch das Zusammenführen ursprünglich getrennter Technologien.

Tabelle 1 zählt die industriellen Erzeugnisbereiche auf, für die innerhalb von zwei Jahren eine Erhöhung der Entwicklungsaufwendungen um mehr als 50 v. H. erfolgt ist. Verstärkte Entwicklungsbemühungen der Unternehmen in zum Teil „fremden" Technologien darf man wohl mit Recht als die Entwicklungsbereiche mit strategischem Interesse bezeichnen. In Tabelle 1 sind nur die größten derartigen Entwicklungsbereiche japanischer Unternehmen angegeben worden: Die untere Ausscheidegrenze wurde willkürlich bei 6 Mrd. Yen, d. h. etwa 80 Mio. DM pro Jahr gelegt.

Auffallend ist der Erzeugnisbereich „Kommunikation und elektrische Ausrüstungen", für den die traditionell „zuständige" Branche 1985 erheblich mehr Forschungs- und Entwicklungsmittel investiert hat als 1983 (+ 160 v.H. bei einem ohnehin hohen Forschungsbudget). Daneben sind weitere Wirtschaftszweige zunehmend an Forschung und Entwicklung beteiligt: Die Indutriechemikalien (inklusive der Faserchemie) mit + 240 v.H., die Keramik mit + 750 v.H., der Elektromaschinenbau mit + 150 v.H. und der Präzisionsinstrumentenbau mit + 180 v.H.

Die Verstärkung von Forschung und Entwicklung in anderen Produktionsgebieten entspricht einem weltweiten Trend, der in Japan bereits Ende der 70er Jahre mit dem Schlagwort „Mechatronics" belegt wurde. Der Begriff soll das Zusammenwachsen insbesondere der mechanischen und der elektronischen Industrie veranschaulichen. Tabelle 1 zeigt, wie stark sich der „Technologische Synergismus" inzwischen erweitert. Dies gilt prinzipiell auch für die Bundesrepublik. Da die bundesdeutsche Forschungsstatistik jedoch nicht so aktuell und fein geliedert wie die japanische ist und Datenschutzgründe dazu führen, daß einige Zahlen nicht veröffentlicht werden, muß offen bleiben, ob der technologische Synergismus in der Bundesrepublik sich in der gleichen Vielfalt wie in Japan vollzieht. Verstärkte strategische Forschungen der Maschinen-

Tabelle 1. Strategische Entwicklungsbereiche der japanischen Wirtschaftsbranchen (Verstärkung 1985 gegen über 1983)
*) KuE steht für „Kommunikation und elektrische Ausrüstungen“

FuE-betreibender Wirtschaftszweig (SICJ-Nummer)	Erzeugnisbereich, für den FuE betrieben wird (jap. Klassifikation)	Hauptsächlicher Produktionsbereich der Branche	Jährliches FuE-Budget 1985 (Mrd. Yen)	Zuwachs der FuE-Aufwendungen 1985 (1983 = 100)
Bau (091–119)	Allg. Maschinenbau	nein	12	190
Druck und Verlag (191–199)	Druck- und Verlagserzeugnisse)	ja	10	180
Industriechemikalien inkl. Fasern (201–204)	KuE*)	nein	9	240
Mineralöl- und Kohleverarbeitung (211–259)	Nichteisenmetalle	nein	6	160
Keramik (251–259)	KuE*)	nein	14	750
Eisen- und Stahlverarbeitung (261–269)	Verarbeitete Metallwaren	ja	10	210
Allg. Maschinenbau	Sonst. Ausrüstungen	nein	10	220
(291–299 und 331–339)	Präzisionsinstumente	nein	27	490
Elektromaschinenbau ohne	KuE*)	nein	213	150
Kommunikation (301–303 u. 309)	Motorfahrzeuge	nein	54	190
	Präzisionsinstrumente	nein	9	190
Elektr. Kommunikationsausrüstungen (304–308)	KuE*)	ja	660	160
Präzisionsinstrumentenbau	Haushaltselektronik	nein	8	440
(321–327)	KuE*)	nein	18	180
Sonstige Verarbeitung inkl. Plastikprodukte (136, 161–179, 221–229, 241–249, 341–349)	Allg. Chemische Produkte	ja	23	240

bau-Branche für elektrotechnische Erzeugnisse, Verkehr und Nachrichtenübermittlung und umgekehrt der Elektrobranche für Maschinenbauerzeugnisse können jedoch inzwischen statistisch belegt werden [3]. Bis sich die Markterträge für diese Forschung einstellen, vergehen durchschnittlich vier Jahre [3]. Deshalb braucht man einen weiteren Indikator, der früher als der internationale Markt künftige Wirtschaftsmacht ankündigt.

5 Patente als Technikindikator zur Einschätzung industrieller Entwicklungen

Patentindikatoren sind doppelgesichtig: Einerseits werden Entwicklungserfolge dokumentiert, andererseits wird wirtschaftliches Interesse für gewisse Zukunftsmärkte angedeutet. Daher ist es entscheidend, die Aktivitäten an mehr als einem Patentamt zu beobachten. Den hier vorgestellten Ergebnissen liegen parallele Recherchen am amerikanischen, deutschen und europäischen Patentamt zugrunde [5].

Wie wichtig die *Regionalpräferenzen* gerade bei Spitzentechnologien sind, zeigen folgende Beispiele: Deutsche Unternenmen verfolgen auf den Gebieten Laser, Photovoltaik und Enzymtechnologie eine höhere Patentieraktivität am amerikanischen Patentamt als am deutschen oder am europäischen. Offenbar ist der amerikanische Markt für diese Technologien so interessant, daß patentrechtliche Vorsorge getroffen werden muß. Dasselbe gilt für japanische Firmen, die auf den genannten Gebieten ebenfalls mit Vorliebe in den Vereinigten Staaten Patentschutz suchen. Genau das Gegenteil ist auf dem Gebiet der Industrieroboter der Fall. Sowohl deutsche (Heimvorteil!) als auch japanische Unternehmen suchen ihre technischen Neuheiten überproportional am deutschen oder europäischen Patentamt anzumelden; selbst die Amerikaner zeigen nur geringes Interesse am heimischen Markt [5].

Neben der Beachtung von regionalen Präferenzen der anmeldenden Firmen ist bei Patentanalysen eine *ausgeklügelte Recherchenstrategie* notwendig. Gerade bei technisch neuen Entwicklungen ist die traditionelle, international abgesprochene Patentklassifikation oft nicht mehr sehr treffsicher. Das bedeutet, daß eine Recherche, die nur auf einer geeigneten Auswahl von Symbolen der Patentklassifikation beruht, an den entscheidenden neuen Trends vorbeigehen kann. In den Arbeiten des ISI ist daher eine kombinierte Recherchenstrategie ausgearbeitet worden, die neben einer wohl überlegten Auswahl von Symbolen der Patentklassifikation zusätzlich von Fachleuten festgelegte Stichwörter berücksichtigt. Die Kombination von Patentsymbol und Stichwort in einer zum Teil komplizierten, der Thematik angemessenen logischen Verknüpfung führt dazu, daß ein zu untersuchendes technisches Gebiet möglichst vollständig erfaßt werden kann. Die Stichwortsuche ist dabei nicht auf den Titel der Patentschrift begrenzt, sondern erfolgt im ganzen Abstract.

Die *kombinierte Suchstrategie* ist vor allem dafür geeignet, die Ausbreitung einer neuen Technologie auf andere Gebiete von Technik und Wirtschaft frühzeitig zu erfassen (Diffusion der Technologie). Abbildung 3 belegt dies anhand der Lasertechnik. Gegenübergestellt werden die zur Lasertechnik gehörenden Patentschriften am amerikanischen Patentamt, soweit die Erfinder einen Wohnsitz in der Bundesrepublik bzw. in den Vereinigten Staaten haben. Man erkennt aus der Abbildung, daß die zentralen

Patentschriften aus beiden Ländern unter „physikalische Instrumente“ bzw. unter „Elektrotechnik“ abgelegt sind (die entsprechenden Balken in der Abbildung sind so groß, daß sie am rechten Bildrand abgeschnitten werden mußten).

Betrachten wir nun die Ausbreitung der Lasertechnik auf andere Gebiete: „Waffen und Sprengen“ spielt in den USA eine weit größere Rolle als in der Bundesrepublik, wie es nicht anders zu erwarten war. Markante Unterschiede treten bei „Sonderverfahren“ auf. Unter dieser nicht sehr aussagefähigen Bezeichnung sind im wesentlichen Erfindungen zur Kristallzüchtung für Festkörper-Laser erfaßt. Die stetigen Zuwachsraten der amerikanischen Patente haben kaum eine Entsprechung in der Bundesrepublik – ein bedenkliches Zeichen. Neben „Chemie“, das sind im wesentlichen Verfahren zur Herstellung von Gaslasern, und „Formgebung“, nämlich der Materialbearbeitung mit Lasern, spielt vor allem der Gesundheitsbereich eine Rolle. Auch hier lassen sich Defizite bundesdeutscher Entwicklungsaktivitäten ausmachen, während erneut deutliche amerikanische Zuwächse in den 80er Jahren zu verzeichnen sind. Mit „Trennen und Mischen“ ist im wesentlichen die Isotopentrennung mittels Lasern gemeint. Das industrielle Interesse an dieser Technologie ist rückläufig, der Zenit der Entwicklungstätigkeit war in beiden Ländern Ende der 70er Jahre überschritten.

Im Hinblick auf eine feinere inhaltliche Aufschlüsselung kann selbstverständlich die in Abbildung 3 dargestellte Untersuchung weiter aufgeteilt werden. Die inzwischen auch in Europa und in der Bundesrepublik existierenden Patentdatenbanken erlauben – patentrechtliche und fachliche Kenntnisse vorausgesetzt – einen relativ schnellen und

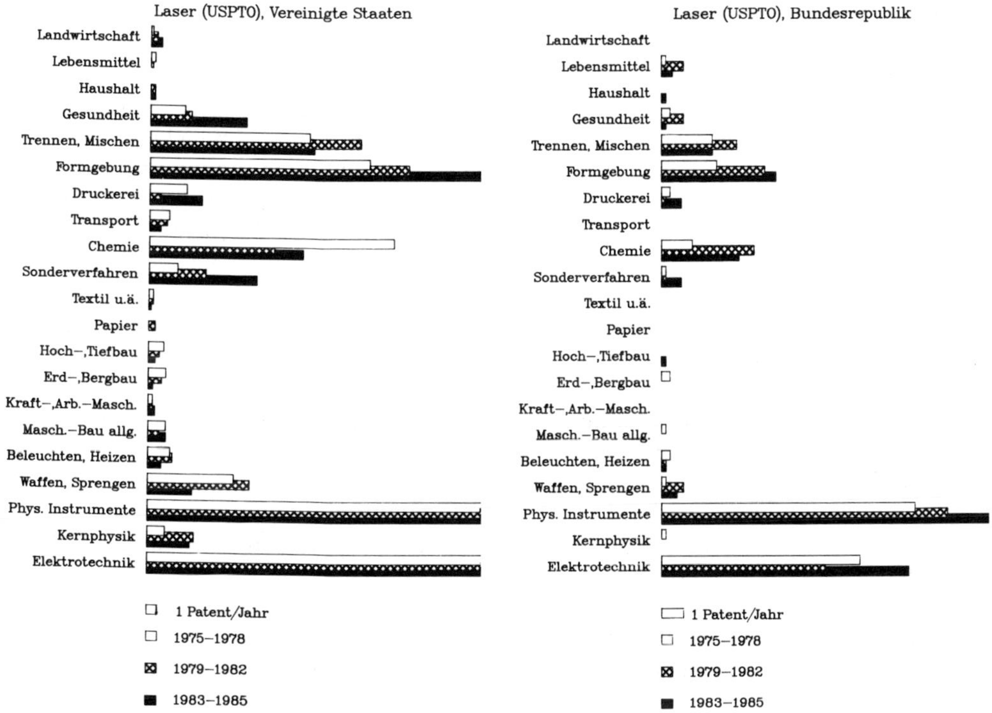

Abb. 3. Patentklassenanalyse für US-amerikanische und westdeutsche Laserpatente am US-Patentamt (USPTO) 1975 - 1985 (links: USA, rechts: BRD; verschiedene Maßstäbe!)

präzisen Zugriff auf das Geschehen. Bedenkt man den Vorlauf der Patentanmeldung vor der Kommerzialisierung, können in der Tat die Weichenstellungen konkurrierender Unternehmen und ganzer Volkswirtschaften frühzeitig erkannt werden. Denn zu jedem der in Abbildung 3 gezeigten Balken läßt sich unschwer eine Liste der Firmen angeben, die die entsprechenden Patente angemeldet haben. Von daher ist es ohne weiteres verständlich, daß die Patentanalyse bis zur betrieblichen Ebene herab angewendet werden kann.

6 Neuer Patentinformationsdienst für mittelständische Unternehmen

Ein soeben begonnenes, vom Bundeswirtschaftsministerium gefördertes Pilotprojekt versucht dementsprechend, für mittelständische Unternehmen ohne eigene Patentanalysekapazität das oben dargestellte Instrumentarium nutzbar zu machen. Idee, Konzept und wissenschaftliche Begleitung des Projekts werden vom Fraunhofer-Institut für Systemtechnik und Innovationsforschung beigesteuert, die konkrete Durchführung der Pilotphase liegt in den Händen der Patentauslegestelle der Landesgewerbeanstalt Bayern in Nürnberg [6]. Im weiteren Verlauf ist eine bundesweite Ausdehnung auf weitere Patentauslegestellen geplant.

Warum ein weiterer Patentinformationsdienst? Bisher sind fast alle Patentrecherchen juristisch motiviert, da es für Firmen häufig darauf ankommt, Kollisionen von eigenen Neuentwicklungen mit fremden Patenten zu vermeiden oder letztere zu Fall zu bringen. Die entsprechenden Patentrecherchen erfolgen also nicht vorausschauend, sondern eigentlich zu spät.

Mit dem neuen Patentinformationsdienst werden Recherchen dagegen schon am Beginn von Entwicklungsarbeiten ermöglicht, um sich möglichst früh und breit über den Stand der Technik zu informieren und Doppelentwicklungen zu vermeiden. Wie hoch die Zahl unnötiger Eigenentwicklungen in der Praxis ist, zeigt die Statistik des Deutschen Patentamtes: Danach wird rund die Hälfte aller Patentanmeldungen zurückgewiesen, weil die vermeintlichen „Neuheiten" schon vollständig oder weitgehend bekannt waren.

Patentinformationen können die üblichen Informationsquellen von Unternehmen zwar nicht ersetzen, aber in wertvoller Weise ergänzen. Dafür sprechen folgende Gründe:

- Der Überschneidungsgrad der Informationen aus Fachzeitschriften und Patenten ist sehr gering, d.h. Patente liefern echte Zusatzinformationen.
- Die technische Information aus Patenten ist sehr aktuell, fast immer aktueller als Messe-Informationen.
- Während Artikel in Fachzeitschriften meist allgemein theoretisch gehalten sind, bieten Patente konkrete technische Lösungen an.
- Genau bestimmte technische Sachverhalte sind mit Hilfe der Patentklassifikation schnell und gezielt auffindbar.
- In Patenten sind oft technische Sachverhalte dokumentiert, die vor Konkurrenzunternehmen eigentlich geheimzuhalten sind, aber zur Erlangung des Schutzrechts offenbart werden müssen. In Firmenprospekten sind derartige Informationen nicht zu finden.

Frühzeitige Patentinformation spart Entwicklungskosten, denn viele Patente sind nur im Ausland geschützt oder aber schon abgelaufen. In einer Reihe von Fällen ist eine Lizenznahme im Vergleich zu Eigenentwicklungen wesentlich kostengünstiger. Eine breit angelegte Informationsrecherche gibt schließlich einen guten Überblick über die zukünftige Konkurrenzsituation im In- und Ausland, was eine wichtige Hilfe bei Risikoentscheidungen sein kann.

Literatur

1. Grupp H, Hohmeyer O und Schmoch U (1987) Indikatoren zur Früherkennung von Entwicklungslinien im Entwicklungs- und Innovationsprozeß. FhG-Berichte 1:24-27
2. Grupp H (Hrsg.) (1987) Problems of measuring technological change. Schriftenreihe Zukunft der Technik. TÜV Rheinland, Köln
3. Grupp H und Legler H (1987) Spitzentechnik, Gebrauchstechnik, Innovationspotential und Preise: Trends, Positionen und Spezialisierung der westdeutschen Wirtschaft im internationalen Wettbewerb. TÜV Rheinland, Köln
4. Grupp H, Hohmeyer O, Kollert R und Legler H (1987) Technometrie: Die Bemessung des technisch-wirtschaftlichen Leistungsstands. Enzyme, Gentechnik, Solargeneratoren, Laser, Sensoren, Roboter in der Bundesrepublik Deutschland, Japan und den Vereinigten Staaten. TÜV Rheinland, Köln
   Die kurzgefaßten Ergebnisse sind auch zu finden in: Grupp H und Hohmeyer O (1987) Technische Leistungsfähigkeit im internationalen Vergleich. FhG-Berichte 1:27-30.
5. Patente als Technikindikator zur Einschätzung zukünftiger industrieller Entwicklungen. Laufendes Forschungsprojekt am FhG-ISI im Auftrag des Bundesministeriums für Forschung und Technologie, Bonn. Endbericht erscheint im Dezember 1987. Projektleiter: Grupp H.
6. Erschließung der Informationsfunktion von Patenten und Gebrauchsmustern für kleine und mittlere Unternehmen. Laufendes Forschungsprojekt am FhG-ISI im Auftrag des Bundesministeriums für Wirtschaft, Bonn. Zwischenberichte 1987, Endbericht 1988. Projektleiter: Schmoch U.

Neomerkantilismus in Baden-Württemberg? Zur Regionalisierung der Wirtschaftspolitik

Norbert Kloten

Dem Ministerpräsidenten des Landes Baden-Württemberg werden viele Eigenschaften zugeschrieben. Sie alle formen das Bild eines veritablen homo politicus. Dies zu sein, bestreitet Lothar Späth wohl niemand – auch nicht, daß seit 1978 so gut wie jede programmatische Initiative der Landesregierung seine Handschrift trägt. Und wer wie er unermüdlich – mit wissenschaftlichem Beistand (und ohne) – die Zukunft befragt, was sie für das Land und für ihn bereithält, zudem bei der Umsetzung des Befundes in politisches Handeln den Ideen wie der Durchsetzungskraft nach keinen Vergleich zu scheuen braucht und auch nicht scheut, wird es an Initiativen nicht fehlen lassen. Doch als Vordenker zu gelten und selbst dort Dinge anzustoßen, wo sich zuvor partout nichts bewegen wollte, heißt noch lange nicht, daß Gedachtes, Gesagtes und Getanes auf gleichgestimmte Resonanz stoßen oder gar aus der Sicht eines „objektiven Dritten" (Nicolai Hartmann) – gäbe es ihn nur – „richtig" sein müßten. An Lothar Späth jedenfalls scheiden sich die Geister. Was alles dafür spricht, für ihn Partei zu ergreifen, dürfte in dieser Festgabe beredten Ausdruck finden – zu Recht, doch die Teile fügen sich erst zum Ganzen, wenn auch kritische Positionen einbezogen werden.

I.

Mehr noch als anderes betrifft der Streit der Meinungen die Art, wie in Baden-Württemberg Wirtschafts-, Struktur-, Forschungs- und Technologiepolitik betrieben wird. Für die Opponenten wurde mit diesen Politikfeldern der Rubikon zwischen ordnungspolitisch sinnvollem Handeln und staatlichem Dirigismus weithin überschritten. Das Ergebnis sei ein „Späth-Kapitalismus" (9), gekennzeichnet durch „staatliche Hybris" und ein „aufgeklärtes Landesvatertum", das sich anmaße, eher und besser als der Markt (die Unternehmer) zu wissen, was die Zukunft bereithalte und was dem Lande fromme; eine „Politbürokratie mit Spendierhose" (17) pervertiere die Marktwirtschaft. Durch die Konzentration auf „Querschnitts- oder Schlüsseltechnologien", durch Technologieparks und Gründerzentren, durch selektierende Technologieberatung u.v.m. werde unter dem Trauma eines „technologischen Zweitklassigkeitssyndroms", auch in Fehleinschätzung staatlichen Lenkungsauftrages und -vermögens vielem Vorschub geleistet, was mit einer marktwirtschaftlichen Ordnung nicht vereinbar sei: der Verödung nicht geförderter Wissenschafts- und Technikbereiche, der Fehlallokation knapper Ressourcen, der Züchtung einer neuen Subventionsmentalität, der Entstehung von „Innovationsbehinderungsämtern", der stückweisen „Demontage des Unternehmers" usf. Dazu passe, daß „Konzernpläne gezimmert", „Fusionen staatlich beeinflußt", „außenwirtschaftliche Aktivitäten angezettelt" (9) werden – und was sonst noch in den Katalog der Vorwürfe hineingepackt wird, etwa in jüngster Zeit noch der Fall Rastatt („Subventionsschandfleck", 12) und der „Wasserpfennig" („ein Stück aus dem Tollhaus", 1).

Um starke Worte handelt es sich allemal; sie sind auch inhaltsschwer, von den gewollten Assoziationen mit aus marktwirtschaftlicher Sicht negativ beladenen Begriffen wie „Merkantilismus", „Dirigismus" und „Subventionsmentalität" ganz abgesehen. Parteipolitische Konfrontationen spielen gewiß mit hinein, aber auch das fast einhellige, in toto recht distanzierte Urteil deutscher Wirtschaftswissenschaftler – trotz des an der Universität Karlsruhe entdeckten „Späth-Effektes" (was ja im Gesamtzusammenhang kein Widerspruch sein muß) – oder die beredten Einlassungen großer Verbände, wie des DIHT, oder die eher verhaltenen, doch in der Sache von Skepsis zeugenden Bedenken der Vertretungen der baden-württembergischen Wirtschaft nicht allem, indes vielem gegenüber, was die Regierung des Landes an „Segnungen" offeriert.

Doch in der anderen Waagschale liegt nicht Weniges, was sich durchaus sehen lassen kann. Zustimmend eingeräumt wird zumeist, daß es Lothar Späth – ihm jedenfalls weit vor allen anderen – gelungen sei, neue „klimatische" Bedingungen in Baden-Württemberg zu schaffen, die Technologiefeindlichkeit der späten siebziger Jahre in ein wieder positives Technologieverständnis, den „Wachstumspessimismus" in eine erneut zukunftsorientierte Investitionsneigung, die Flucht aus der Selbständigkeit und vor allem in die Amtsstuben des Staates in eine lange vermißte Bereitschaft zur Übernahme von wirtschaftlichen Risiken umzukehren. Bewundert wird sein sicheres Gespür für das Wirksame, wenn er weltweit in den Zentren der politischen Macht seine persönliche Visitenkarte überreicht und für das „Made in Baden-Württemberg" wirbt, unterstützt von Industrieausstellungen, dem Stuttgarter Ballett, Symphonieorchestern, der Gächinger Kantorei und renommierten Künstlern, wie Anne-Sophie Mutter. Es ebenso zu sehen und gut zu heißen, ist den Politikern und Sympathisanten seiner Partei nach anfänglichem Zögern längst Gewohnheit – zumal es dem Lande gut geht –, naturgemäß nicht seinen politischen Widersachern, denen er oft genug mit gezielten Aktivitäten das beanspruchte „Erstgeburtsrecht" zugrunde liegender Ideen streitig und allgemein das Leben schwer macht. Dazu paßt allemal, wenn aus anderen Bundesländern, vor allem einem Land mit – auch „hausgemachten" – strukturellen Anpassungsproblemen, nicht gar selten der Stoßseufzer zu hören ist: „Hätten wir ihn nur...".

Die Rechtfertigung der Elemente des Handelns, dem die Kritiker das Etikett „Neomerkantilimus" oder auch „Neue Industriepolitik" umhängen wollen, ist indes bis zur Stunde im wesentlichen Sache der Landesregierung, genauer des Ministerpräsidenten, des Staatsministeriums und des Wirtschaftsministeriums. Die Schärfe der kritischen Äußerungen hat zunächst überrascht, ja verletzt, denn das, was getan wurde, schien doch offensichtlich im Interesse des Landes und auch einer marktwirtschaftlichen Ordnung zu liegen. Entsprechend wurde gekontert. Dem ersten Schlagabtausch mit eher eklektischen Argumenten folgte mehr und mehr die systematische Aufbereitung, bei der wissenschaftlicher Sachverstand wohl zunehmend als nützlich empfunden wurde. Die Quintessenz der Bemühungen der Regierung Späth ist danach die Entwicklung einer Volkswirtschaft, die die Herausforderungen neuer weltweiter, insbesondere technologischer, Entwicklungen annimmt, sie organisatorisch bewältigt und zugleich die Belastung der Umwelt minimiert. Es gehe, so wird argumentiert, um eine Revitalisierung des „Schumpeter'schen Kernprozesses" von Inventionen, Wissenstransfer und Innovationen, folglich um eine „neue Aufbruchsstimmung“. Diese bedinge „Zukunftsperspektiven“, ja „Visionen“, an denen heute „jenseits von Angebot und Nachfrage“ ein Bedarf bestehe (15). Die Bundesrepublik sei „im letzten Jahrzehnt auf dem Forschungs- und Entwicklungssektor ein schlafender Riese gewesen“; deshalb sei „Unruhe auf diesem Gebiet jetzt Politikerpflicht“ (14), auch weil die technologische Entwicklung heute „in solch einer Geschwindigkeit“ voranschreite, „daß der Innovationserfolg nicht allein einem aufwendigen Suchprozeß (also dem Markt, d. V.) überlassen bleiben darf“ (6). Die Forschungs- und Technologiepolitik des Landes habe nur „subsidiären Charakter“, die Hauptlast des Strukturwandels müsse natürlich dem Markt überlassen bleiben. Der Staat habe in erster Linie den dazu passenden Ordnungsrahmen zu schaffen und zu sichern sowie auf eine Verbesserung der Rahmenbedingungen für die Wirtschaft hinzuwirken, wenngleich die Rolle des Staates „zu keiner Zeit allein auf (diese) klassische marktwirtschaftliche Aufgabenzuweisung“ beschränkt gewesen sei. So gesehen sei „ordnungspolitisch nichts zu beanstanden“, und es sei auch „wenig sinnvoll, eine ohnehin schwierige wirtschaftliche Umstrukturierungsphase zusätzlich mit dem Streit um Prinzipien zu belasten“ (14). Es erscheine „allemal besser, wenn der Staat sich als Initiator und Geburtshelfer für neue Technologien und Innovationen betätigt, denn als Betreuer dahinsiechender Branchen“ (15). Wer so handle, bewege sich nur in der historischen Tradition eines Ferdinand von Steinbeis, auch wenn man sich im einzelnen bei manchen Maßnahmen auf einer „ordnungspolitischen Gratwanderung“ befinde. Jedenfalls sei es das Gegenteil merkantilistischer Ideen, wenn

- kein Land so viel privatisiert habe wie Baden-Württemberg (allerdings vornehmlich durch die Überführung in eine Landesholding, d. V.),
- die Kreditfinanzierungsquote des Landes von 9,5 vH im Jahre 1980 auf 2,4 vH im Jahre 1986 (bei einer Nettokreditaufnahme von 91,– DM je Einwohner verglichen mit 251,– DM im Länderdurchschnitt) zurückgegangen sei,
- deutliche Erfolge im Subventionsabbau (bei grundsätzlichem Verzicht auf Erhaltungssubventionen) zu verzeichnen seien, zudem sich die baden-württembergische Wirtschaftsförderung in den letzten Jahren nicht weiter erhöht habe,
- der weitaus größte Teil der technologieorientierten Förderung an mittelständische Betriebe gehe,
- alle Objekte der Forschungsförderung von den Universitäten selbst und/oder der Max Planck-Gesellschaft ausgewählt würden und
- der Ministerpräsident als „erster Handlungsreisender des Landes“ letztlich versuche, die Exportchancen der mittelständischen Wirtschaft zu verbessern, nachdem auf diesem Gebiete Bonn nur Unzureichendes leiste.

Daß ihre Politik richtig und erfolgreich sei, versucht die Landesregierung mit Zahlen zu belegen; vor allem die Technologiezentren gelten als „Volltreffer“. Die Kritik ist indes trotz aller Rechtfertigungsversuche bislang kaum abgeebbt; neuen Auftrieb verlieh ihr insbesondere die Förderung der Werksansiedlung von Daimler-Benz in Rastatt, in der der Wirtschaftsminister Herzog lediglich einen „ordnungspolitisch nicht zu beanstandenden“ Beitrag zur Infrastrukturverbesserung in der dortigen Region sieht (7).

Es fehlt also nicht an Argumenten contra Landesregierung und ihr Tun, doch auch nicht an Argumenten pro Lothar Späth und seiner Politik. Es dabei zu belassen – ein Rezept, das im politischen Raum stets Befürworter findet –, empfiehlt sich schon Ministerpräsident Späths wegen nicht. Immerhin gehört er einer Partei an, die sich der

Sozialen Marktwirtscnaft als ordnungspolitischem Leitbild verpflichtet fühlt. Das Leitbild ist zwar schon ein wenig verblaßt, in den Konturen auch verzerrt, doch ist es für einen Politiker, der bundesweit gerade auf dem uns interessierenden Feld Anstöße gegeben hat und zu den (wenigen) programmatischen Köpfen seiner Partei zählt und gezählt werden will, nicht unwichtig, wie sein Handeln aus konzeptionellem Blickwinkel beurteilt wird, zumal diese Festschrift – ihm schon in der guten Mitte des Lebens, also an traditionellen akademischen Gepflogenheiten gemessen in jungen Jahren, gewidmet – wohl nicht zuletzt intendiert, diesen Anspruch zu stützen. Und schließlich geht es auch um den marktwirtschaftlichen Gehalt der deutschen Volkswirtschaft selbst; zumindest dieser Aspekt bedingt zwingend die Auseinandersetzung mit der Politik Späths: Stärkt oder schwächt sie per saldo die marktwirtschaftliche Ordnung?

II.

Die Frage beantworten zu wollen, kann nur ein Versuch sein – zudem einer, der mit Haken und Ösen gespickt ist. Vor allem liegt dies an nicht zureichenden criteria distinctionis. Der Katalog an Urteilskriterien, den die Wirtschaftswissenschaften, insbesondere die Theorie der Wirtschaftsordnungen, bereit halten, ist nicht gerade umfänglich; die Kriterien selbst sind recht allgemeiner Natur; jede spezifische Anwendung bedingt zusätzliche Interpretationen, damit auch Wertungen. Der Gegenstand, auf den sie angewandt werden sollen, ist demgegenüber komplex, das Substrat kaum übersehbarer und miteinander verschlungener Phänomene. Im Detail ist so kontrovers und auf diese oder jene Weise ausdeutbar, was von hoher Warte aus unbestreitbar und unstreitig zu sein scheint.

Aus liberaler Sicht werden dem Staat ordnende und regulierende Aufgaben übertragen. Sache der Wirtschaftspolitik ist es demnach, eine marktwirtschaftliche Ordnung zu konstituieren wie durch ständigen und wachsamen Einsatz an ihrer Verbesserung zu arbeiten, etwa durch Aufrechterhaltung des wirtschaftlichen Wettbewerbes als rechtsschöpferischen Akt. Wettbewerb ist dabei nicht Selbstzweck, sondern ein Mittel zur Erreichung politischer Ziele. Ein funktionierender Wettbewerb fördert den technischen Fortschritt, dient der gesamtwirtschaftlichen Stabilität und trägt zur sozialen Gerechtigkeit bei. Eine freiheitliche Außenwirtschaftsordnung, eine Geldordnung, die auf ein stabiles Preisniveau achtet, eine auf die Verstetigung der wirtschaftlichen Entwicklung durch Dämpfung von Konjunkturausschlägen und die Schaffung eines vorteilhaften Investitionsklimas ausgerichtete Finanzpolitik und eine Einkommenspolitik, die sich an der gesamtwirtschaftlichen Lage orientiert, sind weitere Merkmale einer liberalen Wirtschaftspolitik. Technischer Fortschritt und wirtschaftlicher Strukturwandel, die sich in diesem Rahmen vollziehen, sind eine unabdingbare Voraussetzung für die Gewährleistung einer hohen Beschäftigung und eines wachsenden Wohlstandes der breiten Masse unserer Bevölkerung (19). Soweit gibt es keinen Dissens, und entsprechend lautet für viele Wirtschaftswissenschaftler die Antwort auf die Frage, ob es ausreiche, wenn der Staat dem Primat der Ordnungspolitik huldige und sich im übrigen auf eine ordnungskonforme Einflußnahme auf den Makrobereich der Wirtschaft beschränke: Im Prinzip ja, denn zur Bewältigung der strukturellen Probleme sei es zunächst wichtig, vor allem Wachstumsvorsorge zu betreiben. Im Rahmen der Erhöhung der Innovationskraft unserer Wirtschaft gehe es zu allererst darum, strukturverfestigende Hemmnisse, wie Innovationsbremsen im Steuersystem oder einengende staatliche Regulierungen, überhaupt Rigiditäten aller Art, aus dem Wege zu räumen (19). Subsidiären Charakter haben dann Maßnahmen, die in den Fällen auf die Mikroebene der Wirtschaft einwirken, in denen der Marktprozeß nicht so funktioniert, wie er das eigentlich sollte. Doch auch diese Maßnahmen haben – so forderte es schon vor gut einem halben Jahrhundert Wilhelm Röpke – marktkonform zu sein, denn nicht konforme Interventionen würden durch die Lahmlegung des Preismechanismus nur zu neuen und tieferen Eingriffen führen. Aufgabe des Staates sei es natürlich auch, öffentliche Güter bereitzustellen, die im Sinne einer Daseinsvorsorge für die Bürger unentbehrlich sind, zudem könne er etwa dort tätig werden, wo externe Effekte dies nahelegten. Zulässig seien Formen einer regionalen Strukturpolitik und einer Forschungs- und Technologiepolitik, die mittels indirekt wirkender Maßnahmen auf eine überbetriebliche Förderung und auf die Förderung der wirtschaftlichen Infrastruktur schlechthin abstellten. Als unbestritten marktkonform gelten so Ausgaben für die Grundlagenforschung (4), die Bereitstellung notwendiger Ausbildungskapazitäten für den Forschungsnachwuchs, Maßnahmen zur Verbesserung des Technologietransfers und der Aufbau von Dokumentations- und Beratungsstellen (18).

Die Skizze marktwirtschaftlicher Grundpositionen belegt den relativ engen, ja rigoristischen Politikansatz, der in seinem Kern auf das Konformitätskriterium (bezogen auf Wirtschaftsordnung und marktmäßige Koordinierung) abstellt. Nicht in diesem Sinne mit einer Marktwirtschaft kompatibel sind z. B. alle „direkten Eingriffe" des Staates in den Angebotsprozeß, indem etwa gezielt Forschungs- und Entwicklungsprojekte einzelner Unternehmen gefördert werden, oder alle behördlichen Versuche, vorausschauend sektorale Strukturen zu gestalten. Doch wo liegt die Grenze zwischen direkten und indirekten Eingriffen und wo die Scheide zwischen der akzeptierten subsidiären Rolle der Strukturpolitik, Anpassungshilfen von Fall zu Fall zu gewähren („Feuerwehrprinzip"), und etwa selektiven sektorbezogenen Aktivitäten? Was im einzelnen ordnungskonform ist und was nicht, bedarf also jeweils einer Prüfung – und dann wird sich allenthalben zeigen, wie unscharf die Begriffe sind, mit denen operiert wird, wie die Grenzen im konkreten Geschehen verschwimmen, wie staatliches Handeln auf der Mikroebene einer Volkswirtschaft ordnungspolitisch gesehen sich fast zwangsläufig in Grauzonen – von hellgrauen bis zu anthrazitfarbenen – bewegt. Im konkreten Einzelfall zu überzeugen und zu Wertungen zu kommen, ist da schon schwierig; um so mehr gilt dies für umfassende Urteile.

Das erklärt auch die kritische Distanz der Wirtschaftswissenschaften gegenüber allem staatlichen Agieren in dieser Grauzone, ferner die Neigung, dem Handelnden die Beweislast für sein Tun aufzunötigen, und vor allem die Präferenz zugunsten solcher Verhaltensregeln, die gleichermaßen immer wiederkehrende Erfahrungen und das analytische Aufbereiten von tausenden von Einzelbeobachtungen reflektieren. Die Quintessenz lautet:

– Staatliche Instanzen verfügen in aller Regel nicht über bessere, sondern über schlechtere Einsichten in die Marktprozesse als die am Markt operierenden Unternehmen (Informationsmangeltheorie); gleiches gilt für ihre Fähigkeit, die künftige Marktentwicklung zu prognostizieren (Prognosefehlertheorie). Wenn also der Staat direkt unternehmerische Entscheidungen beeinflußt, so maßt er sich ein Wissen an, über das er nicht verfügt („Anmaßung von Wissen" als eine ordnungspolitische Sünde gegen den Geist der Marktwirtschaft: F.A. von Hayek, 5).

– Leistungsfähigkeit und systemkonstituierender Rang wettbewerblicher Abstimmungsprozesse werden allzuoft unterschätzt. Wirtschaftliche Entwicklung ist im Grunde nichts anderes als das Substrat einer Fülle sich immer wieder auswirkender Entdeckungsverfahren, die mit ihrem trial and error über die koordinierende Funktion der Märkte aufeinander abgestimmt werden. Keine auch noch so breit angelegte staatliche Förderpolitik kann sich mit dem kreativen, explorativen Ferment der sich im Markt auswirkenden Kräfte messen. Effiziente Marktprozesse mobilisieren besser als alles staatliche Agieren das, was Adam Smith „die ökonomische Kraft des intelligenten Egoismus" nannte.

– Staatliche Eingriffe in den Wirtschaftsprozeß führen zumeist zu Selektionen zwischen Technologien, Wirtschaftssektoren und Marktteilnehmern („picking the winners"), die dann weniger auf Marktdaten als auf staatliche Wohltaten schauen („rentseeking-behaviour"). Das Ergebnis sind Mitnahmeeffekte, auch „korrumpierte", weil bei jeder sich bietenden Gelegenheit auf staatliche Unterstützung drängende Unternehmen, und von Interessenten wie der Öffentlichkeit unter Druck gesetzte Politiker.

– Staatliche Eingriffe ziehen fast immer gleich einem im Wasser sich ausbreitenden Ölfleck weitere Interventionen nach sich, die sich auf das eigentlich Gewollte kontraproduktiv auswirken.

– Staatliche Förderprogramme binden finanzielle Mittel, die dann nicht mehr für andere Zwecke zur Verfügung stehen, auch nicht für das Anliegen, die Staatsquote und die Steuerquote in tragbaren Grenzen zu halten, d. h. gegenwärtig weiter zurückzuführen, zumal als vorübergehend und als „selbstliquidierend" gedachte Einrichtungen oftmals zu dauerhaften werden. Realwirtschaftlich entspricht dem eine fehlerhafte Allokation von knappen Ressourcen und damit ein Verlust an gesamtwirtschaftlicher Dynamik.

Das alles legt Verhaltensregeln nahe, die dem Staat und seinen Bürokratien empfehlen, sich im Zweifel auf den Markt zu verlassen und nicht gegen ihn zu handeln, die staatlichen Akteure zudem allgemein verpflichten, jegliche Folgen ihres Tuns sorgfältig zu bedenken. Ob dies allerdings staatliche Ämter, vor allem die politischen Kräfte in und hinter ihnen zu beeindrucken und gar zu binden vermag, steht auf einem anderen Blatt. Wir werden jedenfalls zu fragen haben, ob derart verfahren wurde.

Doch wer urteilen will, hat noch mehr zu beachten. Das wertende Registrieren eines aktuellen staatlichen Agierens auf der Mikroebene einer Volkswirtschaft beantwortet nicht die Frage nach den Beweggründen. Ist es Ausdruck persönlichen Ehrgeizes oder – neutraler formuliert – Gestaltungswillens oder programmatischer, vielleicht sogar ideologisch gefärbter Vorstellungen über die Rolle des Staates? Kann nicht auch die eigentliche Causa eine bestimmte historische Konstellation von Sachverhalten sein, die schlicht politisches Reagieren bedingt oder die bewußt als eine Herausforderung verstanden wird, die eine politische Antwort erheischt? Haben vergleichbare politische Institutionen, wie die Regierungen der Bundesländer, zur gleichen Zeit gleichen Problemen gegenüber gestanden und auch in gleicher Form reagiert? Gab es nicht Entscheidungsgremien auf den Ebenen des Bundes und der Europäischen Gemeinschaft, die eigentlich die sich stellenden Probleme hätten angehen müssen? War es nicht das Versagen auf den höheren politischen Ebenen, das auf der Länderebene einen Zwang zum Handeln geschaffen hat? Solche Fragen zu stellen, ist nicht nur legitim, sondern eine conditio sine qua non, um das Geschehen zu begreifen, um vor allem richtige politische Schlußfolgerungen aus ihm zu ziehen. Mit solchen Fragen sind aber – so ist das nun einmal im politischen Raum – Fragen nach den Rechten und

Pflichten politischer Instanzen auf den verschiedenen staatlichen Ebenen und dem Zusammenspiel zwischen ihnen verbunden.

Um zu verdeutlichen, worum es geht, sei auf die regionale Strukturpolitik Bezug genommen. Bei ihr handelt es sich um die „bewußte Beeinflussung von Teilgebieten der Volkswirtschaft zur besseren Durchsetzung gesamtwirtschaftlicher Zielsetzungen". Es geht demnach „nicht um eine Wirtschaftspolitik für eine bestimmte Region, sondern um die Berücksichtigung regionaler Besonderheiten zur Effizienzverbesserung der gesamtwirtschaftlich orientierten Politik" (3). Eine an derartigen gesamtwirtschaftlichen Zielen orientierte Regionalpolitik erhielt in der Bundesrepublik 1969 mit der Finanzreform ihr verfassungsrechtliches Fundament. Gemäß Art. 91a GG wurde die Gemeinschaftsaufgabe „Verbesserung der regionalen Wirtschaftsstruktur" eingeführt. Ihre Ausführung wurde eingebunden in die allgemeinen raumordnungspolitischen Grundsätze des § 2 Abs. 1 Bundesraumordnungsgesetz. Für die Gemeinschaftsaufgabe werden jährlich durch einen Planungsausschuß (Zusammensetzung: die Bundesminister für Wirtschaft und der Finanzen sowie die Wirtschaftsminister der Länder) Rahmenpläne festgelegt, die die Fördergebiete abgrenzen und das jeweilige Förderinstrument festsetzen, wobei sich Bund und Länder je zur Hälfte an der Finanzierung der Fördermittel beteiligen. Verschiedene Bundesländer haben darüber hinaus eigene Landesfördergebiete geschaffen; auch wird Wirtschaftsförderung auf einer dritten Ebene durch die Kommunen betrieben.

Die Verlagerung von wirtschaftspolitischen Kompetenzen und Entscheidungen auf untere Regionen und Ebenen („regionalisierte Regionalpolitik") entspricht neoliberalen Vorstellungen von einer freiheitlichen Gesellschaft mit eigenverantwortlicher Selbstbestimmung der Bürger in einem föderativen Staatsaufbau; sie entspricht auch dem Subsidiaritätsprinzip der katholischen Soziallehre, wonach die jeweils höhere Ebene nur zur Entscheidung an sich ziehen soll, was nicht auf der niedereren geleistet werden kann. Unter Bürokratiegesichtspunkten ist eine Verlagerung von wirtschaftspolitischer Entscheidungskompetenz nach unten ebenfalls zu begrüßen, denn im Normalfall wird auf regionaler Ebene die Komplexität zu regelnder Sachverhalte abnehmen und damit auch die Wahrscheinlichkeit, daß die Folgen wirtschaftspolitischer Entscheidungen falsch kalkuliert werden (2).

Im Grundsatz ermöglicht ein abgestuftes Tätigwerden von Bund, Ländern und Gemeinden „ein dezentrales System konkurrierender Regionen" (8). Doch eine funktionstüchtige Verteilung wirtschaftspolitischer Kompetenzen auf verschiedene Ebenen erfordert offenbar einen adäquaten Ordnungsrahmen; sie bedingt m. a. W. ein Regelwerk, das

- die Kompatibilität der einzelnen regionalen Teilordnungen mit anderen staatlichen Teilordnungen – vertikal und horizontal gesehen – gewährleistet,
- Handlungsspielräume und Handlungsalternativen auf allen Ebenen sachgerecht gegeneinander abgrenzt, beispielsweise einer „ruinösen" Förderkonkurrenz (Subventionswettlauf) in den einzelnen Regionen vorbeugt;
- eine Koordinierung des staatlichen Handelns in dem Sinne bewirkt, daß regionale Politiken sowohl auf jeder Ebene untereinander als auch mit den Belangen höherer und niederer Ebenen abgestimmt werden.

Gleiches gilt prinzipiell für die Regionalpolitik im europäischen Kontext, zumal die Kommission neben der Schaffung eines eigenständigen europäischen Förderprogrammes das Recht (Art. 93 EWG-Vertrag) hat, die jeweiligen nationalen Regionalpolitiken daraufhin zu überprüfen, ob und inwieweit sie die Entwicklung des europäischen

Binnenmarktes oder den regionalen Ausgleich innerhalb der Europäischen Gemeinschaften behindern.

Fehlt ein in sich konsistenter Ordnungsrahmen oder leistet er Unzureichendes, können Fehlentwicklungen auftreten, die wirtschaftspolitisches Handeln vor allem auf den unteren Ebenen nahelegen. Regelwerke zur Koordination politischer Maßnahmen können aus mehreren Gründen versagen. Sie können sich als inkonsistent erweisen, etwa weil im Hinblick auf ein bestimmtes wirtschaftspolitisches Ziel notwendige Maßnahmen nicht vorgesehen sind; auch können konkurrierende Regelwerke bestehen, die nicht miteinander kompatibel sind, etwa weil ihnen divergente Zielrichtungen zugrunde liegen; zudem ist denkbar, daß durch die wirtschaftliche Entwicklung die Bindung an ein gegebenes Regelwerk verloren geht; so hat Baden-Württemberg seit der letzten Neugliederung der Fördergebiete der Gemeinschaftsaufgabe außer einer „Abwehr"-Zone auf einem Gebietsstreifen an der Grenze zu Bayern kein Fördergebiet mehr mit der Folge, daß sich die Regionalpolitik des Landes weitgehend „außerhalb" gesamtwirtschaftlicher Vorgaben bewegt; schließlich ist denkbar, daß es versäumt wurde, bestehende Regelwerke im Zeitablauf den neuen Gegebenheiten anzupassen, so daß sie mehr oder weniger nur leere Hülsen geworden sind; und letztlich ist nicht auszuschließen, sondern in bestimmten Situationen eher wahrscheinlich, daß Regelwerke zum Teil nicht beachtet oder einfach schlicht ignoriert werden.

Das mag genügen; erschöpfend ist der Katalog dessen, was zu beachten ist, wohl noch nicht, doch dürfte er hinreichend indizieren, wie schwierig eine Urteilsfindung ist. Und da man sich vielfach gar nicht erst der Mühe unterzieht, die vielen Problemfacetten zu berücksichtigen, erklären sich schon von daher nicht wenige – zumeist politisch nicht ungern gesehene – Divergenzen im Urteil.

III.

Das wirtschaftliche Bild Baden-Württembergs war Ende der 70er/Anfang der 80er Jahre geprägt von einem relativen Positionsverlust innerhalb der Bundesländer. In den 50er und 60er Jahren hatte das wirtschaftliche Wachstum des Landes noch spürbar über dem Bundesergebnis gelegen. Von 1973 an änderte sich jedoch das Bild. Bis 1983 blieb das reale Wachstum in Baden-Württemberg mit einer Zunahme von 16,5 vH hinter dem Bundesergebnis von + 17,5 vH zurück. Mißt man die relative Position unter den Ländern an den Wachstumsraten, so rangierte Baden-Württemberg zwischen 1973 und 1983 lediglich auf dem 7. Rang. Bayern hatte mit einer Zunahme von 27,3 vH eindeutig die Nase vorn. Bei den nominalen Wachstumsraten je Kopf sieht das Bild noch ungünstiger aus; das Land belegte hier im Betrachtungszeitraum 1973–1983 vor Nordrhein-Westfalen den zweitletzten Platz(Baden-Württemberg: + 78,8 vH; Bundesgebiet: + 84,2 vH). 1974 ging auch der Spitzenplatz beim Bruttoinlandsprodukt (BIP) pro Kopf unter den Flächenstaaten an Hessen verloren. Baden-Württemberg liegt hier seitdem auf Platz zwei vor Nordrhein-Westfalen und Bayern, das 1984 auf Platz 3 vorrückte. Erst 1984, nachdem wieder etwas Boden gutgemacht werden konnte, wurde mit einem BIP-Anteil von 15,8 vH am Bundesergebnis wieder der Wert von 1973 erreicht (1986: 16,1 vH). Zum Vergleich: Wachstumsspitzenreiter Bayern konnte seit 1973 seinen BIP- Anteil am Bundesergebnis von 16,1 vH auf 17,9 vH (1986) erhöhen.

Diese Entwicklung – und das ist unter diagnostischem wie prophylaktischem Blickwinkel von Gewicht – reflektierte einerseits die „gesamtwirtschaftliche Großwetterlage" und andererseits die strukturellen Besonderheiten der baden-württembergischen Wirtschaft.

Seit etwa Mitte der 70er Jahre mehrten und vertieften sich in der Bundesrepublik die Probleme einer strukturellen Anpassung an neue wirtschaftliche Daten, begleitet von erheblichen Trendproblemen, die aus zyklischen Fehlentwicklungen entstanden. Der gesamtwirtschaftliche Wachstumspfad flachte zunehmend ab; strukturelle Staatsdefizite resultierten aus einer Kette konjunkturstützender, dann auch wachstumsorientierter Maßnahmenpakete; aus zunächst vornehmlich konjunktureller wurde eine hohe strukturelle Arbeitslosigkeit. Zur Destabilisierung der internationalen Wirtschaftsbeziehungen haben insbesondere die beiden Ölpreisdiktate im Herbst 1973 und Ende der 70er Jahre wie Zuspitzungen an den internationalen Finanzmärkten beigetragen. Die Angebotsschocks, die mit Opec I und Opec II verbunden waren, begünstigten eine Synchronisierung der Weltkonjunktur, wodurch sich die konjunkturelle Abhängigkeit vom Ausland verstärkte.

Daß es der deutschen Wirtschaft nach der zweiten Ölpreiskrise zunächst unerwartet schwerfiel, sich anzupassen (hohe Leistungsbilanzdefizite), leistete Zweifeln an der Wettbewerbsfähigkeit der deutschen Wirtschaft Vorschub, besonders in den exportintensiven Branchen Maschinenbau, Elektrotechnik und Fahrzeugbau, an denen Baden-Württemberg einen hohen Anteil hat und auf die rund zwei Drittel der direkten Ausfuhren des Landes entfallen. Allenthalben wurde die Gefahr beschworen, daß die heimischen Anbieter von Spitzentechnologie hinter die Konkurrenz aus den USA und Japan, ja selbst einiger Schwellenländer aus dem südostasiatischen Raum zurückfallen könnten (13). Da die Investitionsgüterindustrie tendenziell stärkeren Konjunkturschwankungen unterliegt als der Konsumgüterbereich, neigt die Wirtschaft Baden-Württembergs zu besonders ausgeprägten Konjunkturausschlägen. Die seit 1972 bis in die 80er Jahre hineinreichende, kaum unterbrochene (und nicht allein auf die Bundesrepublik beschränkte) schwache Investitionsbereitschaft, deren Ursachen u. a. in einer unzureichenden Ertragsentwicklung und einer schleichenden Eigenkapitalauszehrung bei den Unternehmen zu sehen sind, mußte demgemäß das Land besonders hart treffen. Anderes kam hinzu, etwa die sich mehrende Unsicherheit infolge zunehmend kurzatmigerer Gesetzgebung und Verwaltungspraxis (z. B. im Arbeitsrecht, Umweltschutz, Unternehmens- und Steuerrecht), die zeitweilig überstarke Absorption von Finanzierungsmitteln durch den Staat (crowding out) und die Fehllenkungen von Kapital durch Bauherrenmodelle, Abschreibungsgesellschaften u. ä. Die Diskussion um die Grenzen wirtschaftlichen Wachstums führte zu einem weitverbreiteten Wachstumspessimismus, gepaart mit einer rasch um sich greifenden Technikfeindlichkeit.

Dies alles, um anderes wie die auch in Baden-Württemberg ansteigende Arbeitslosigkeit ergänzt, legitimierte für Lothar Späth Anstrengungen jeder Art zur Stärkung der gesamtwirtschaftlichen Wachstumsbedingungen. Gefragt waren für ihn offenbar die Nutzung neuen Wissens durch die Förderung von Forschung und Technologie, Hilfestellungen für Produkt- und Verfahrensinnovationen, zumal die energiepreisbedingte Verschlechterung der terms of trade zunächst den Unternehmensgewinnen angelastet und durch Verzicht auf öffentliche Investitionen die Chance nicht genutzt worden war, eine für Innovationen komplementäre Infrastruktur (z. B. im Bereich der Telekommunikation) zu schaffen. Die Sachzwänge einer internationalen Technologiekonkurrenz („Wettkampf der Nationen auf dem Gebiet der Forschungsfinanzierung",

14) geboten es, „Nachteile unserer Wirtschaft gegenüber solchen Ländern zu kompensieren, die ihrerseits seit langem eine massive Forschungs-, Technologie- und Industriepolitik betreiben“ (15). Auch sah sich die Landesregierung angesichts eines „Überbietungssubventionismus“ der Bundesländer bei der Ansiedlung von Unternehmen und in anderen Bereichen der Wirtschaftsförderung zum Handeln verpflichtet, um mögliche Nachteile für das Land abzuwenden, zumal sich die Bonner Politik zu Beginn der 80er Jahre im ordnungspolitischen Dissens zwischen noch mehr Staatsinterventionismus und Staatsverschuldung auf der einen Seite und mehr angebotsorientierten Maßnahmen, schließlich auch Ansätzen zu einer Konsolidierung der Staatsfinanzen auf der anderen zerrieb. Jedenfalls bot sie keine Perspektiven, und auch nach der Übernahme der Regierungsverantwortung durch eine Koalition aus Christdemokraten und Liberalen wurde die angekündigte Wende in vielem (Subventionsabbau etc.) nur halbherzig und unzureichend vollzogen. Weder Bonn noch Brüssel demonstrierten damals koordinierende Führungskraft. Kein Bundesland sah Veranlassung, sich eine besondere wirtschaftspolitische Selbstbescheidung aufzuerlegen. Im Gegenteil, das Vakuum bot agilen Landespolitikern ideale Chancen zur politischen Profilierung. Aus Überzeugung, aber nicht weniger zur durchaus kalkulierten Mehrung der eigenen Popularität belegte Lothar Späth mit raschem Zugriff zugkräftige Formeln wie „Zukunftsperspektiven“, „Hochtechnologie“, „Technologietransfer“ oder „Informationsgesellschaft“, „Versöhnungsgesellschaft“ und mehr noch, er verband sie mit Handeln auf allen Ebenen, mit manch originellen, auch verblüffenden und dann nicht selten wieder „eingezogenen“ oder stillschweigend modifizierten Vorschlägen, mit wissenschaftlich gut vorbereiteten Konferenzen der Landesregierung über „Zukunftschancen eines Industrielandes“ (16), mit einer unstillbaren Reiselust, kurzum mit allem, was ihn schon nach wenigen Jahren Regierungszeit als „kreativen Vordenker“ und „Anreger“, als „Reformer“ und „Mittler“, als „den besten Verkäufer seiner Industrie“ und „des Landes bester Propagandist“, als „Makler, Merkur und Monarch“ (Die Zeit) erscheinen ließ.

Das Resultat der Landespolitik ist alles in allem ein Geflecht aus vielfältigen Programmaktivitäten und Einzelaktivitäten. In vielem ist es noch Reflex der Initiativen der vorhergehenden Landesregierung und überkommener Programme, wie beispielsweise das Wirtschaftsförderungsprogramm Baden-Württemberg (WIP), das auf das Mittelstandsförderungsgesetz von 1975 und auf das Innovationsförderungsprogramm aus dem Jahre 1976 zurückgeht. Systematisch nach Politikbereichen geordnet, läßt sich die Wirtschaftspolitik Baden-Württembergs in außenwirtschaftspolitisch, regional- und strukturpolitisch sowie technologiepolitisch motivierte Maßnahmen einteilen; zum einen bezwecken sie eine Erhöhung des Informationsstandes in der Wirtschaft des Landes, zum anderen beinhalten sie überbetriebliche, aber auch einzelbetriebliche Fördermaßnahmen, deren Grundlage weitgehend das WIP darstellt, das Anfang 1984 vom Wirtschaftsministerium erlassen wurde (10/11).

– Um das für einen erfolgreichen Export notwendige *know how* zu vermitteln, auch allgemein zur Förderung der Unternehmensberatung und -schulung wie zur Information, Dokumentation und Mittelstandsforschung werden Zuschüsse an Organisationen und Selbsthilfeeinrichtungen der Wirtschaft (Kammern, Verbände) gewährt. Die Geschäftsstelle des *Landesgewerbeamtes* Baden-Württemberg für Exportförderung berät und betreut Exportwillige, vermittelt Kontakte und die Teilnahme an *Auslandsmessen* – nicht zuletzt des Landes, das initiiert und sich an Organisation wie Finanzierung beteiligt. Die Fähigkeit, den Export zu kräftigen, ist auch vornehmlicher Zweck der Reiseaktivitäten der Landesregierung mit Delegationen aus der Wirtschaft. Die exportbezogene Aus- und Weiterbildung mitzutragen, ist eine wichtige Aufgabe der Anfang 1984 gegründeten *Exportstiftung Baden-Württemberg,* die von der Arbeitsgemeinschaft der Industrie- und Handelskammern, dem Landesverband der Industrie und vom Land getragen wird, sowie der im Juli 1984 errichteten *Exportakademie* an der Fachhochschule für Wirtschaft und Technik, Reutlingen.

– *Überbetriebliche Wirtschaftsförderung* betreibt das Land, wenn im Rahmen der *Technologiepolitik* die wissenschaftliche und technologische Infrastruktur durch die Unterstützung von Ausbau und Unterhaltung der neun im Land ansässigen Institute der industriellen Gemeinschaftsforschung (Aufgreifen wichtiger Ergebnisse der *Grundlagenforschung* und Aufbereiten für eine Verwertung im Wirtschaftsprozeß) und der 13 in Baden-Württemberg befindlichen Institute der Fraunhofer-Gesellschaft, durch die Gründung neuer Institute, sowie durch den Ausbau der wirtschaftsnahen Forschung an Universitäten und Fachhochschulen gefördert wird. Dem besseren *Technologietransfer* dienen Zuschüsse für Einrichtungen zur Technologieberatung und Technologievermittlung (u. a. Kontakt- und Fachberatungsstellen bei Wirtschaftsorganisationen, Fachhochschulen und Universitäten, Transferzentren der Steinbeis-Stiftung an Fachhochschulen, Institute der industriellen Gemeinschaftsforschung und Fraunhofer-Institute). Ein *Regierungsbeauftragter für Technologietransfer,* zugleich Vorsitzender der Steinbeis-Stiftung, berät – mit eigener Organisation – vor allem mittelständische Unternehmen in technologischen Fragen. Bei der *Regionalförderung,* die regionalen Ungleichgewichten (Disparitäten in Beschäftigung, Wirtschaftskraft und Einkommen) entgegenwirken soll, werden zur Verbesserung der Standortverhältnisse Erschließungsmaßnahmen und in Ausnahmefällen Maßnahmen zur Baureifmachung des Geländes (Zuschüsse an Gemeinden und Gemeindeverbände) gefördert. Dies ist auch die Begründung für die beabsichtigte Infrastrukturmaßnahme zugunsten der Daimler Benz AG, die Anfang August 1986 entschied, ihr drittes Pkw-Werk mit voraussichtlich 7000 Arbeitsplätzen nicht in Bremen, sondern in Rastatt zu errichten. Im Rahmen des *Landesinfrastrukturprogramms* (LIP) fördert das Land mittels Zuschüssen und Bürgschaften Infrastrukturvorhaben in wirtschaftsschwachen ländlichen Räumen und mehrt so deren Entwicklungschancen, Wohn- und Freizeitwert.

– Zur *einzelbetrieblichen Förderung* werden im Rahmen eines seit Oktober 1983 gültigen *Exportförderungsprogramms der Landeskreditbank* (LKB) Rückgarantien für Exportgarantien von Geschäftsbanken sowie Bürgschaften und Avale für Hausbankkredite zur Finanzierung von Exportgeschäften übernommen. Um vor allem kleineren und mittleren Unternehmen das mit der *Entwicklung bzw. Einführung neuer Technologien* zusammenhängende Risiko teilweise abzunehmen, gewährt das Land verlorene sowie bedingt rückzahlbare Zuschüsse und Darlehen. Bei *technologieorientierten Unternehmensgründungen* stellt die Mittelständische Beteiligungsgesellschaft Beteiligungskapital bereit, übernimmt die Landeskreditbank Bürgschaften gegenüber Hausbanken und helfen *Technologiezentren.* Pilotprojekte gab es in Karlsruhe, Stuttgart und Heidelberg; inzwischen sind sieben weitere Technologiezentren in die Landesförderung einbezogen. Im Rahmen der *sektoralen Strukturpolitik* geht es der Landesregierung darum, die Wirtschaft des Landes bei der Bewältigung von speziellen mittelständischen Problemen (u. a. begrenzte Spezialisierungsfähigkeit im kaufmännischen Bereich, Finanzierung, Beschäftigungsdisparitäten, Unterschiede in Wirtschaftskraft und Einkommensniveau) zu unterstützen; entsprechend werden *Gründungen und Festigungen* unternehmerischer Existenzen durch zinsgünstige längerfristige Darlehen, die Bereitstellung von verbilligtem Beteiligungskapital und die Übernahme von Bürgschaften gegenüber Hausbanken gefördert sowie *Liquiditätshilfen* (Darlehen zu Kapitalmarktbedingungen) zur Konsolidierung und Übernahme vorrangig mittelständischer Unternehmen mit dem Ziel, Arbeitsplätze zu erhalten, gewährt. Im Rahmen der *Regionalförderung* (regionale Strukturpolitik) werden in Fördergebieten des Landes (Landesfördergebiete und Gebiete der Gemeinschaftsaufgabe „Verbesserung der regionalen Wirtschaftsstruktur") Unternehmen mit überregionalem Absatzgebiet aus arbeitsmarktpolitischen Gründen und zur Verbesserung der Wirtschaftskraft, ferner in Landesfördergebieten die Leistungskraft von Kleinunternehmen und der „Besatz" mit kleinen mittelständischen Gewerbebetrieben gefördert.

– Im Grenzbereich der Wirtschaftsförderung üblichen Stils bewegen sich staatliche Initiativen im Falle drohender Konkurse oder Vergleiche, der Abwanderung von Firmensitzen und von Fusionen. Das gilt auch für Späths „Moderatorenfunktion", etwa im Frühjahr 1985 angesichts eines unüberbrückbaren Streits zwischen rivalisierenden Gesellschaftergruppen der Luft- und Raumfahrtfirma *Dornier,* Friedrichshafen. Aufsehen erregte die letztlich im Juni 1986 fehlgeschlagene Absicht, die beiden Landesbanken mit der Landeskreditbank und der Landesgirokasse („Viererlösung") zu einer baden-württembergischen Landesbank zu fusionieren.

IV.

Damit wäre es endlich soweit, daß die eingangs gestellte Frage beantwortet werden kann, ob nämlich die Politik Lothar Späths per saldo die marktwirtschaftliche Ordnung stärkt oder schwächt. Doch die Antwort muß in mehreren Stufen gegeben werden; auch kann sie in manchem nur summarisch sein.

Ohne viel Wenn und Aber ist zunächst einzuräumen, daß – insbesondere Anfang der 80er Jahre – ein über das bis dahin Übliche hinausgehender Bedarf an Handeln durch die Länder bestand. Die gesamtwirtschaftlichen Fehlentwicklungen und die strukturellen Anpassungsprozesse, Wachstumspessimismus und Technologieaversion, die sich anbahnende Agonie auf der Bundesebene und das Hochkommen „alternativer" Gruppierungen mehrten allenthalben die Erwartungen gegenüber den Landesregierungen. Sie sahen sich gedrängt und gehalten, irgendwie zu reagieren. Das Ergebnis waren Maßnahmenpakete, die vieles widerspiegelten: parteipolitische Programmvorstellungen wie prävalierende Ideologien, die Ratlosigkeit angesichts der sich stellenden Probleme wie deren jeweilige Aktualität, die tradierten industriellen Strukturen wie die Herausforderung durch neue Technologien, das Vakuum auf Bundes- wie auf europäischer Ebene, deren integrierende und kontrollierende Funktionen unter den gegebenen Umständen nicht mehr oder nur noch unzulänglich zum Tragen kamen. Das Resultat war eine sich verstärkende de facto-Inanspruchnahme von wirtschaftspolitischen Kompetenzen auf der regionalen Ebene. Ihr Ziel war nicht mehr eine möglichst optimale Allokation und damit die Wohlfahrtsmehrung der übergeordneten Gesamtheit, sondern das, was dem Interesse des einzelnen Landes zu dienen schien.

Baden-Württemberg befand sich bei allem in vorderster Front. Mit sicherem Gespür für das, was zur gegebenen Konstellation der Fakten und der Erwartungen paßte, wurde sogleich eine politische Richtung eingeschlagen, die der Ministerpräsident später als „zukunftsgerichtete Version der Strukturpolitik" (15) umschrieb. Ihr Anliegen war es, den unabdingbaren Strukturwandel offensiv zu bewältigen, und nicht, „dahinsiechende Altindustrien" am Leben zu erhalten. Strukturerhaltende Subventionen wurden in der Tat nur in Ausnahmefällen gewährt. Und der Absicht, „mehr Wissen besser anzuwenden, um im internationalen Wettbewerbsprozeß (besser) zu bestehen" und um „Lethargie und Pessimismus" zu überwinden, dienten offenbar alle Visionen und Aktivitäten, nicht zuletzt das unermüdliche Werben Lothar Späths für die Optionen, die die Zukunft bereithält, wenn man nur – wie er – gewillt ist, sie zu sehen und zu nutzen.

Schon recht bald waren bemerkenswerte Veränderungen in der Einstellung der Bevölkerung und im Selbstbewußtsein vieler kleinerer und mittlerer Unternehmer zu registrieren. Heute ist von Wachstumspessimismus kaum mehr etwas zu spüren, die These vom Nullwachstum nicht einmal mehr zu hören. Die Technikfeindlichkeit ist einer erstaunlich breiten Akzeptanz selbst modernster technologischer Entwicklungen gewichen. Die technischen Fächer an den Hochschulen sind überfüllt (mit numerus clausus). Die Unternehmen sehen sich im jeweils eigenen Sektor oft genug an der Spitze des technischen Fortschrittes und auch für den harten Konkurrenzkampf auf den Weltmärkten gut gerüstet. Selbst der enorme Verfall des Dollarkurses wurde mit erstaunlicher „Gelassenheit" angenommen. Gute bis glänzende Zukunftsperspektiven sehen heute junge Leute dort, wo ihnen vor einigen Jahren noch der Himmel trübe und grau verhangen schien. Was damals so viele bedrückte, hat Lothar Späth nur herausgefordert. Man mag zu der Art und Weise, wie er Optimismus und Zuversicht zu verbreiten suchte, stehen wie man will, es handelte sich allemal um eine große und genau zur Lage passende Leistung. Viele im Lande haben wieder Zuversicht durch ihn geschöpft. Und im Vergleich der Länder untereinander war er zumeist um mehr als eine Nasenlänge voraus. Aus diesem Blickwinkel ist auch das zu sehen, was selbst bei wohlmeinenden Beobachtern des Geschehens auf Bedenken stößt.

Gewiß, anderes hat sich ebenfalls und im Gesamtzusammenhang vielleicht mehr noch positiv ausgewirkt. Der seit nunmehr vier Jahren andauernde wirtschaftliche Aufschwung hat mit seinen Standbeinen Investitionsbelebung und Export die Wirtschaft des Landes begünstigt. Belegt wird dies u.a. dadurch, daß es Baden-Württemberg 1986 gelungen ist, die Exporte trotz der wechselkursbedingt deutlich beeinträchtigten preislichen Wettbewerbsfähigkeit noch um 4,1 vH auszudehnen, während die Ausfuhren im Bundesgebiet bereits um 2,0 vH unter dem Niveau von 1985 blieben. Gemessen an der Zunahme des realen Bruttoinlandsproduktes hat das Land 1986 deutlich besser abgeschnitten als das Bundesgebiet (Baden-Württemberg: + 4,0 vH; Bundesgebiet: + 2,5 vH). Mit den zusätzlichen Beschäftigungsmöglichkeiten, die 1986 geschaffen wurden, gab es (an den sozialversicherungspflichtigen Beschäftigten gemessen) erstmals wieder mehr Arbeitsplätze im Land als im Höhepunkt des vorangegangenen Aufschwungs. Demgegenüber blieb die Zunahme an Beschäftigten im gesamten Bundesgebiet noch deutlich hinter den Freisetzungen zurück. Ein gut Teil all dessen geht mit Sicherheit auf das Konto einer zeitweilig deutlich verbesserten weltwirtschaftlichen Großwetterlage – die allerdings gegenwärtig eher ein Tief erkennen läßt –, doch stimulierend gewirkt haben zudem zweifellos der Wechsel in der Regierungskoalition und deren Bestätigung durch die Wahl im Frühjahr 1983, die Politik einer Konsolidierung der öffentlichen Haushalte wie manches andere auf Bundesebene.

Aber auch wenn die Stoßrichtung des politischen Handelns auf der Landesebene stimmte, bleibt zu prüfen, wie es sich mit den Maßnahmen im einzelnen verhält. Hier die Spreu vom Weizen zu trennen, ist schwieriger, denn nun wird sich zeigen müssen, wie leistungsfähig die üblichen Beurteilungskriterien wirklich sind. Dabei geht es – das wurde schon begründet – letztlich um Ordnungs- und Zielkonformität (Kompatibilität einer Maßnahme mit der gewollten gesamtwirtschaftlichen Ordnung und mit den vorgegebenen wirtschaftspolitischen Zielen). Bei der Suche nach einer Antwort sind – auch das wurde im Ansatz belegt – weitere Klassifikationen und Orientierungskriterien hilfreich: die Trennung zwischen direkten (allgemein als marktinkonform angesehenen, weil selektiv und projektbezogen) und indirekten (zumeist als marktkonform bezeichneten) Maßnahmen der staatlichen Strukturpolitik; deren mutmaßliche Wirkungen auf die Faktorallokation (spezielles Effizienzkriterium) und die Verteilung der wirtschaftlichen Aktivitäten in einer Region (Raumordnungseffekt); das Verhältnis zwischen Netto- und Bruttowirkung einer Maßnahme (Mitnahmeeffekte als Maßstab der Eingriffstiefe); die Spill-over-Effekte im Sinne einer Stimulanzwirkung, etwa des Tätigwerdens eines Schlüsselunternehmens in einer Region; die Reversibilität oder der Fortfall (durch Selbstliquidierung oder durch Kontrollvorkehrungen) einer Maßnahme, wenn der Anlaß für das Handeln nicht mehr oder nicht mehr in gleicher Weise besteht; die Vereinbarkeit einer Maßnahme mit einem übergeordneten Regelwerk. Und in eher gesamthafter Sicht: der Vergleich zwischen den Nutzen und Kosten einer staatlichen Tätigkeit (Wohlfahrtskriterium); die Auswirkungen des politischen Handelns auf das Verhältnis des staatlichen Sektors zum privaten; die Nachteile der Bindung von staatlichen Mitteln für bestimmte Maßnahmen durch den Verzicht auf anderweitige Verwendungen (Opportunitätskostenkriterium); die Frage, inwieweit mit der staatlichen Tätigkeit im Sinne Hegels Quantität in Qualität (Einfluß auf die Wirtschaftsordnung) umschlägt. Anzuwenden sind alle genannten Kategorien nur cum grano salis: wegen der ihnen eigenen unscharfen Grenzen und erheblicher Toleranzen bei der Interpretation dessen, was der Staat konkret tut. Doch, wie immer in der Politik, ist schon viel erreicht, wenn es gelingt, den Standort staatlichen Handelns im Gesamtzusammenhang so genau zu bestimmen, daß sich politisch relevante Urteile formulieren lassen.

Was zunächst die Vielheit der baden-württembergischen Maßnahmen angeht, die der Wissensvermittlung dienen, so sind sie im Grundsatz als ordnungspolitisch unbedenklich zu beurteilen, ja in positiver Sicht zu begrüßen. Eher mag bezweifelt werden, ob sie im Einzelfall immer – an Alternativen gemessen – zweckmäßig sind, ob sich nicht unwirtschaftliche Überlappungen abzeichnen, ob nicht unnötig große Einrichtungen mit eigener personeller und apparativer Ausstattung geschaffen werden, ob eine hinreichende Flexibilität in der Anpassung an neue Sachverhalte gewährleistet ist usf. Doch solche Fragen sind nur bei sorgfältiger Prüfung und bei hinreichend großen Stützperioden zu beantworten. Wichtiger ist wohl, daß mittlerweile der Prozeß des Suchens nach geeigneten Lösungen abgeschlossen ist, und damit der Gesamtrahmen für diese Art staatlicher Tätigkeit auf Landesebene wie auch die Inhalte der Vermittlung von know how abgesteckt sind. Es scheint, daß sich dabei einiges (wie die Bildung von Exportgemeinschaften durch staatliche Fördermaßnahmen) im Grenzbereich zwischen indirekter und direkter Wirtschaftsförderung bewegt, oder was sich (wie die demonstrativen Industrieausstellungen oder spezifischen Exportförderungsaktivitäten des Ministerpräsidenten) mit Anliegen stößt, die allen Ländern gemeinsam sind. Doch einzuräumen ist sogleich, daß dies manch mittelständischem Unternehmen geholfen und Baden-Württemberg in vielen Ländern zu einem Begriff hat werden lassen, ohne daß dies dem „Made in Germany“ geschadet haben dürfte.

Bei den Formen einer überbetrieblichen Wirtschaftsförderung spricht ebenfalls die Vermutung dafür, daß sie ordnungspolitisch nicht bedenklich sind, denn gefördert wird im Grundsatz indirekt, doch abgesehen von der durchaus angebrachten Frage, ob alles, was unter dieser Rubrik subventioniert wird, Sache des Staates – vor allem auf Dauer – sein soll, sind viele Formen eines selektiven Vorgehens involviert. Das gilt schon für die – einen hohen Rang verdienende – Förderung der Grundlagenforschung und des Ausbaues einer wissenschaftlichen und technologischen Infrastruktur. Die Zuweisung von „knappen“ Mitteln bedingt nun einmal Selektion, und diese wiederum Wertungen. Und wenn bei der Unterstützung von Einrichtungen für eine vorwiegend angewandte Forschung auch im Grundsatz nicht diskriminiert werden soll, so wird eine Politik, die um ein innovationsfreundliches Klima in der Wirtschaft bemüht ist, doch vornehmlich „High Tech“-Forschungsfelder bevorzugen; andere vielleicht nur scheinbar weniger vielversprechende Gebiete kommen zu kurz. Das ist die Crux jeder Form staatlicher Mittelbewilligung. Um so wichtiger ist – wie im Lande praktiziert – die Einschaltung des wissenschaftlichen Sachverstandes bei der Auswahl, obwohl auch er nicht gegen Interessenlagen und einem (do ut des-)Kompromißdenken gefeit ist. Es geht somit um ein Procedere „so objektiv wie möglich“ vor allem bei Maßnahmen, die sich in der Nachbarschaft der direkten Projektförderung befinden. Einer arbiträren politischen Einflußnahme können klare und nicht zu speziell gefaßte Auswahlkriterien relativ enge Grenzen setzen, aber letztlich nur, wenn sie von den politischen Akteuren selbst respektiert werden. Was gesagt wurde, gilt mutatis mutandis auch für die Förderung des Technologietransfers, vor allem, wenn mit ihr wie im Falle des Regierungsbeauftragten für Technologietransfer der Aufbau einer eigenen tatkräftigen Bürokratie einhergeht. An sich schließt der Transfer eine früher schmerzlich empfundene Lücke; er hilft, bestehende Berührungsängste, überhaupt Barrieren jeder Art zwischen Hochschulforschung und Produzenten zu überspringen, doch hier wie sonstwo, etwa bei den regionalpolitischen Maßnahmen der überbetrieblichen Förderung, geht es immer wieder um „Maß und Mitte“. Zugegeben, auch ein insgesamt relativ reiches und in sich ausgewogenes Land wie Baden-Württemberg muß daran interessiert sein, einem allzu weitgehenden Wirtschaftsgefälle innerhalb der Landesgrenzen entgegenzuwirken, aber Regionalpolitik allein aus der Sicht eines Landes bedingt Konflikte im größeren Verbund mit der Folge von Fehlallokationen und Effizienzverlusten auf Dauer.

Das bislang Gesagte gilt weit mehr noch für die Formen einer direkten Wirtschaftsförderung, indes sollte man sich auch hier hüten, deshalb das Kind gleich mit dem Bade auszuschütten. Auf diesem Felde gibt es aus ordnungspolitischer Sicht eigentlich alle Nuancen denkbarer Grautöne von einem „fast-Weiß“ bis zu einem „fast-Schwarz“. Die konkrete Zuordnung ist nur auf der Basis sorgfältiger Fallstudien möglich und auch dann nur „in etwa“. In der aufgehellten Zone dürften (noch) das Exportförderungsprogramm der Landeskreditbank, die Förderung kleinerer und mittlerer Unternehmen bei der Entwicklung bzw. Einführung neuer Techniken, auch die Unterstützung technologieorientierter Unternehmensgründungen und die Technologiezentren anzusiedeln sein. Positiv zu bewerten sind die Formen einer Eigenbeteiligung an den Finanzierungskosten, die Elemente einer „Hilfe zur Selbsthilfe“, die Fristenregelungen u. a. m.; negativ zu Buche schlagen dagegen die Subventionselemente, das Maß der Risikoüberwälzung an den Staat, die Selektionsformen, der Wettbewerb von Gemeinden und Regionen um staatliche Berücksichtigung usf. Die bedenklichen

Aspekte staatlicher Förderung mehren sich im Falle direkter staatlicher Struktur- und Regionalpolitik. Hier dürfte das meiste in der dunkleren Zone des Spektrums an Grautönen liegen. Die große Breite des Angebotes an staatlichen Hilfen, die Selektionsunschärfen, die Mitnahmeeffekte usw. drängen die Unternehmen in die Amtsstuben des Staates, die sie nicht gerade selten gegeneinander auszuspielen suchen. Ihnen kommt dabei die heute weitgehende Unabhängigkeit der Standortwahl von Transportkosten je Produkteinheit und der Nähe bestimmter Rohstoffe zustatten. Die potentielle staatliche Subvention wird derart zu einem permanent gegenwärtigen Element des unternehmerischen Entscheidungskalküls. Die offensichtlichen Folgen sind Verzerrungen im Wettbewerb und in der räumlichen Allokation der Faktoren, Erhaltungssubventionen, staatliche Abwerbungskampagnen, ein verstärktes Geltendmachen politischer Intentionen usf.

Differenzierter zu urteilen ist allemal im Falle einer direkten Beteiligung der Landesregierung an unternehmerischen Entscheidungen. Das Spektrum reicht hier von einer „Moderatorentätigkeit" im Sinne der Wahrnehmung der Funktion eines Vermittlers zwischen mehreren Parteien bis zur Geltendmachung politischer Interessen, zumeist verbunden mit attraktiven Avancen, um eine landes-(auch partei-)politisch genehme Unternehmensentscheidung herbeizuführen. Aus konsequent marktwirtschaftlicher Sicht ist das alles nicht Sache des Staates. Doch kann sich ein Landespolitiker dem immer entziehen, wenn er angerufen wird? Und ist nicht zumeist auch ein landespolitisches Interesse an bestimmten Lösungen zu rechtfertigen? Oder kann es nicht Situationen geben, in denen der Zweck auf lange Sicht die Mittel heiligt (zu heiligen scheint), wenn etwa eine zentrale Industrieansiedlung über die Jahre hinweg weitere, die räumliche Ordnung im Umfeld des neuen Standortes prägende Sekundäraktivitäten (Zuliefererbetriebe usf.), vielleicht sogar unter glücklichen Umständen ein „clustering of innovations" erwarten läßt? Wird der Staat dann tätig, dürfte es nicht zuletzt eine Frage des Stils und des Vorgehens, auch der Präsentation sein, wie das Urteil ausfällt. Für die Entscheidung der Daimler-Benz AG, Rastatt als Standort für ein weiteres Werk zu wählen, sprechen vermutlich trotz der ungünstigen Bodenverhältnisse recht gute unternehmerische Gründe. Alles Beiwerk war allerdings wenig vorteilhaft. Und es ist schon gerechtfertigt, daß die gewählten Beihilfen auf Bedenken stoßen, ohne daß sogleich als Beleg auf die Kommission der Europäischen Gemeinschaften verwiesen wird, die sich gehalten sah, ein Verfahren nach Art. 93 EWG-Vertrag einzuleiten.

Das, was über einige Stufen hinweg dargelegt wurde, impliziert ein abschließendes Gesamturteil:

1. Die umstrittene Wirtschaftspolitik (im hier gemeinten weiten Sinne verstanden) Lothar Späths ist per saldo positiv zu beurteilen. Den Ausschlag geben die zukunftsorientierte, konsequent auf eine „dynamische Anpassung" an neue weltweite Daten und damit eben nicht auf eine konservierende Bewahrung zielende Gesamtausrichtung, die gute zeitliche Koinzidenz und auch der Erfolg. Was zurecht auf Bedenken stößt, hat ordnungspolitisch unbestreitbar Gewicht, doch ist es weniger „Baden-Württemberg-typisch", als zumeist angenommen wird; es gibt Gleiches praeter propter auch andernorts und dort nicht selten noch ausgeprägter.

2. Das ist jedoch kein Rechtfertigungsgrund; und so wie die Dinge liegen, muß es das auch nicht bleiben. Mittlerweile ist in Baden-Württemberg ein fast flächendeckendes System an staatlichen Hilfen geschaffen worden, das nicht jedem Interessenten Gleiches, aber zumeist etwas bietet. Der Staat wird damit zum permanenten Element im unternehmerischen Entscheidungskalkül, und er bringt seine Präsenz auch zu Gel-

tung – durch seine Auswahlkriterien, seine Bewilligungsverfahren und den politischen Vollzugsmeldungen, im ganzen oder im Einzelfall. Das gefährdet zwar nicht die marktwirtschaftliche Ordnung in ihrem Kern, aber selbst unter dem Gesichtspunkt einer Mitverantwortung für das Wohl mittelständischer und weniger begünstigter Teilregionen existiert recht vieles, was durchaus stört und in der Massierung dazu beitragen kann, daß Quantität in Qualität umschlägt. Das spricht dafür, das gesamte System der staatlichen Förderungen zu durchforsten und dabei dem Bekenntnis zur Sozialen Marktwirtschaft folgend auch die Beweislast für die ordnungspolitische Unbedenklichkeit der Fördermaßnahmen zu übernehmen. Wissenschaftlicher Sachverstand läßt sich zur Rechtfertigung politischen Handelns wie zu dessen kritischer Prüfung nutzen. Um nicht mißverstanden zu werden: Es geht nicht um staatlichen Rückzug auf breiter Basis; an den dem Staat zukommenden Aufgaben soll nicht gerüttelt werden, und dabei wird es immer einen nicht kleinen Ermessensbereich geben. Aber im staatlichen System der Förderungen – und hier steht Baden-Württemberg pars pro toto – sollten alle aus der Sicht einer Marktwirtschaft ordnungspolitisch unbedenklichen (auch einige schon ins Hellgraue hinüberspielenden) Elemente verstärkt, die anderen dafür möglichst weitgehend abgeschwächt werden. Wie das zu erreichen ist, ergibt sich zumindest ansatzweise aus dem Kontext dieses Beitrages.

3. So zu verfahren, beinhaltete gewiß einen geringeren Spielraum für politisch motivierte Rücksichten auf – im einzelnen vielleicht durchaus einsichtige – Interessen von Unternehmen, sozialen Gruppen und Teilregionen, auch für ad hoc-Entscheidungen, ferner eine prinzipiell größere Distanz zum Wissen der Politiker und der Behörden über das, was dem Lande zukünftig besonders zustatten kommt. Genau hier scheiden sich die Geister. Mehr Skepsis gegenüber angemaßter staatlicher Voraussicht und mehr Vertrauen in die Kräfte des Marktes, damit zu den Unternehmen, davon war schon die Rede. Die vielen naheliegenden historischen Parallelen, die sich zur Rechtfertigung staatlichen Handelns anbieten, halten selten genug einer ins Detail gehenden Analyse stand, von den ganz anderen historischen Umständen einstmals und heute abgesehen. Das immer wieder – natürlich als Beleg für staatliche Effizienz – zitierte MITI (Ministry of International Trade and Industry) hat längst die Rolle verloren, die ihm nach wie vor zugeschrieben wird. Das US-Raketen-und Raumfahrtprogramm hat bei weitem nicht in dem Maße zu den Basisinnovationen, die gegenwärtig die industrielle Struktur der Welt revolutionieren, beigetragen, wie dies unentwegt behauptet wird. Bei Lichte besehen, relativiert sich vieles, doch bleibt noch genug, was der Staat für sich ins Feld führen kann.

4. Im Wettbewerb der Länder untereinander will und kann – wiederholtem Bekunden nach – kein Land zurückstecken, zumal wenn es hinreichend finanzkräftig ist. Um so wichtiger ist deshalb, wieder zu klaren ordnungspolitischen Datensetzungen im Sinne einer Festlegung von „Spielregeln“ zu kommen. Es geht dabei nicht um die Eliminierung eigener Aktionsräume (was auch in einem förderativen Staatswesen systemwidrig wäre), sondern um eine sinnvolle Einengung, damit um eine Strukturierung der regional orientierten Aktivitäten der Länder (und entsprechend der Kommunen), also um von allen respektierte „Regelwerke“ für die jeweiligen Politikfelder. Das Ergebnis müssen keineswegs detaillierte Vorschriften (Regulierungen) sein; vielfach dürften, wie auch in anderen Gebieten der Politik, vereinbarte Grundsätze und wenige dazu passende Spezifikationen genügen. Wo solche Regelwerke schon Tradition sind, wie in der Regionalpolitik, sind sie den heutigen Verhältnissen und Anwendungsformen gemäß neu zu gestalten. Gelingen kann all dies nur, wenn der Bund wieder mehr

seiner koordinierenden Aufgabe, und zwar leitbildgerecht, entspricht. Gleiches gilt für die europäische Ebene; nicht zuletzt die deutsche eisen- und stahlerzeugende Industrie erlebt seit Jahren, was eine divergente und einzelstaatlich sektoral ausgerichtete Strukturpolitik ohne Vorgaben, die einer Marktwirtschaft entsprechen, an Fehlentwicklungen auszulösen vermag.

5. Kein Land kann letztlich aus dem Verbund der Länder und auch der Staaten ausscheren. Relative Vorteile, die man hat, oder sich verschafft, sind kein Ersatz für eine prosperierende wirtschaftliche Entwicklung im weltweiten oder im europäischen Zusammenhang, insbesondere nicht in den Grenzen der Bundesrepublik. Folglich sollte es das Anliegen eines jeden Landes sein, das Seine zu einer effizienten Bundespolitik beizutragen – durch eine bessere Abstimmung des staatlichen Handelns aller Ebenen mit- und untereinander, durch eine Zurückführung der immer noch weit überhöhten (allerdings vornehmlich durch die sozialen Sicherungssysteme) Staatsquote, auch – in Maßen – der Steuerquote (was vorgesehen ist) und durch den Verzicht auf ordnungspolitisch fragwürdige oder glatt systemwidrige Programme und Praktiken. Unabhängig davon, ob nicht das heutige Spektrum staatlicher Aufgaben noch alle Aktivitäten im Vergleich mit alternativen Mittelverwendungen (auch in Form einer Entlastung des privaten Sektors von Abgaben) rechtfertigt, klammern sich im Grunde die Länder wie die Kommunen an ihre Finanzquellen, die in der Tat eine – und nicht die am wenigsten zählende – Quelle der Ausübung staatlicher Macht sind. Gleichwohl, ja weil es so ist, müßte es nicht ohne Reiz sein, auch auf diesen Feldern Schrittmacher zu werden.

Bei allem, was reflektierend, zustimmend wie kritisch, zur Politik Lothar Späths gesagt wurde, sie fällt in eine faszinierende Periode kreativen, wenn auch nicht immer geglückten staatlichen Handelns. Gleiches wird keineswegs von allen Landespolitikern zu berichten sein.

Literatur

1. Bundesverband der deutschen Gas- und Wasserwirtschaft, zitiert nach: Bonus H (1986) Eine Lanze für den ‚Wasserpfennig'. Wirtschaftsdienst 9: 451-455
2. Engels W (1978) Die Rolle des Staats in der Wirtschaftsordnung. In: Staat und Wirtschaft. Verhandlungen auf der Arbeitstagung des Vereins für Socialpolitik. Gesellschaft für Wirtschafts- und Sozialwissenschaften in Hamburg 1978. Schr d Ver f Socpol N.F. Bd. 102: 45-63
3. Fürst D, Klemmer P, Zimmermann K (1976) Regionale Wirtschaftspolitik, 1. Auflage, Mohr, Tübingen, Werner, Düsseldorf
4. Hamm W (1985) Innovationsförderung gegen den Markt. Schweizer Handels- und Industrie-Verein. Schriftenreihe des Vororts 40, Zürich
5. Von Hayek F A (1975) Die Anmaßung von Wissen. In: Ordo, Bd. 26: 12-21
6. Herzog M (1985) in: Herzog verteidigt Technologie-Politik. Stuttgarter Zeitung Nr. 118 (23.5.)
7. Herzog M (1986) Aktive Industriepolitik: Der „Fall" oder das „Projekt" Rastatt? Orient z Wirtsch u Gesellpol 4: 30-32
8. Junkernheinrich M (1985) Dezentralisierung der regionalen Wirtschaftspolitik. Wirtschaftsdienst 11: 576-581
9. Lambsdorff O. Graf (1985) in: Wider den süddeutschen „Neo-Merkantilimus". Handelsblatt Nr. 230 (2.12.)
10. Ministerium für Wirtschaft, Mittelstand und Verkehr Baden-Württemberg (1984) Wirtschaftsförderungsprogramm Baden-Württemberg (WIP). Stand: Januar 1984

11. Ministerium für Wirtschaft, Mittelstand und Technologie (1985) Gesamtkonzeption einer Technologiepolitik des Landes Baden-Württemberg vom 15. Juli 1985
12. Ostermann C-D (1986) in: Kampf um Industrie-Ansiedlungen – Wettkampf zwischen Hase und Igel. Frankfurter Rundschau Nr. 188 (16.8.)
13. Regierungserklärung der Landesregierung für die Legislaturperiode 1984-1988
14. Späth L (1985) Wende in die Zukunft. Die Bundesrepublik auf dem Weg in die Informationsgesellschaft. Spiegel, Hamburg
15. Späth L (1986) Der Staat kann nur Impulse für den Wandel geben. Handelsblatt Nr. 250 (31.12.)
16. Staatsministerium Baden-Württemberg (Hrsg.) Zukunftschancen eines Industrielandes. Kongresse der Landesregierung Baden-Württemberg am 14. und 15. Dezember 1982 (unter gleichem Titel), am 13. und 14. Dezember 1983 („Neue Strukturen unserer Gesellschaft"), am 17. und 18. Dezember 1984 („Herausforderung Weiterbildung") und am 17. und 18. Dezember 1985 („Umwelt, Wirtschaft, Gesellschaft: Wege zu einem neuen Grundverständnis")
17. Staudt E (1987) Technologie- und Regionalpolitik der Länder: Vom Leistungs- zum Subventionswettbewerb. Vortrag beim Expertengespräch 87 der List Gesellschaft am 3.4.1987 in Frankfurt (Veröff. in Vorb.)
18. Tuchtfeldt E (1985) Innovationen in der Marktwirtschaft. Wirtschaftspol Mitt 7/8 d Gesellschaft z Förderung d schweizerischen Wirtschaft. Zürich
19. Wissenschaftlicher Beirat beim Bundesministerium für Wirtschaft (1985) Strukturwandel für Wachstum und mehr Beschäftigung. Gutachten vom 14./15. Dezember 1984

Plädoyer für eine konsumorientierte Steuerreform

Manfred Rose

Der vorliegende Beitrag soll die Empfehlung untermauern, daß bei Steuerreformvorhaben zum Abbau von Leistungshemmnissen einer konsumorientierten Reform der Steuerbemessungsgrundlagen gleiche Beachtung wie einer Reform der Tarife zu schenken sei. Um aus dem gegenwärtigen deutschen Steuersystem ein rationales Instrument der auf einem marktwirtschaftlich-sozialen System basierenden Finanzpolitik werden zu lassen, ist insbesondere auch der kontinuierliche Abbau der steuerlichen Belastung gesparter Einkommen erforderlich. In der Endstufe sollte die Einkommensteuer zu einer Nettoeinnahmensteuer mit Abzugsfähigkeit der Vermögensbildung umgestaltet sein.

Im Anschluß an diese theoretischen Erörterungen werden Verteilungswirkungen der Einkommensteuertarifsenkung 1986/88 für den hypothetischen Fall ihrer Finanzierung über Mehrwertsteuererhöhungen anhand eines empirischen Simulationsmodells für die Bundesrepublik Deutschland dargestellt.

Das Bekenntnis zu einer sozialen Gesellschaftsform mit politischer Demokratie über das Parlament und ökonomischer Demokratie über den Markt impliziert gleichzeitig die Befürwortung einer staatlichen Abgabenerhebung. Das sollte zu einer vom Grunde her positiven Einschätzung der Steuern an sich führen, natürlich nicht unbedingt hinsichtlich ihres Niveaus und ihrer Struktur. Da ist Kritik nicht nur erlaubt, sondern ständig herausgefordert, weil historisch sich vollziehende Veränderungen der Bedingungen des Wirtschaftsprozesses sowie der Beurteilung des Wirtschaftsergebnisses unter gesellschaftlichen Aspekten einerseits und das jeweils aktuelle Steuersystem andererseits in verschärften Widerspruch zueinander treten.

Eines derartigen Widerspruchs scheinen sich die verschiedensten gesellschaftlichen Gruppen, jeweils natürlich mit eigener Interpretation, gegenwärtig auch in der Bundesrepublik bewußt zu sein, was die anhaltende Diskussion um eine Reform unseres Steuersystems wohl deutlich anzeigt.

Bei dem Steuerreformprogramm der Regierung zur weiteren Entschärfung der Einkommensteuerprogression stellt sich das Problem der Finanzierung des zu erwartenden Steueraufkommensausfalls. Diskutiert werden in diesem Zusammenhang u. a. auch eine Erhöhung der Mehrwertsteuer und ein Abbau von Subventionen. Grundsätzliche Fragen zur Rationalität unseres Steuersystems, z. B. ob das Prinzip der Einkommensbesteuerung eigentlich eine die Funktionsfähigkeit der Marktwirtschaft schonende und die Realisierung der finanzpolitischen Ziele garantierende Form des steuerlichen Kaufkraftentzugs darstellt, werden dagegen auf politischer Ebene kaum diskutiert.

Ich vertrete die Auffassung, daß unser Steuersystem mehr denn je einer strukturellen Bereinigung bedarf. Anzustreben ist langfristig insbesondere eine Umstrukturierung des Systems der direkten Besteuerung, und zwar in Richtung auf eine konsumorientierte Ausgestaltung der Bemessungsgrundlagen. Im deutschsprachigen Raum ist eine solche Steuerreformkonzeption neuerdings auch von Joachim Mitschke [3] und Kurt Schmidt [6] propagiert worden.

In Teil 1 dieses Beitrags wird erläutert, daß eine am Konsum der Haushalte ansetzende Besteuerung dazu beitragen kann, den politisch-demokratischen Abstimmungsprozeß über das Niveau des finanzwirtschaftlichen Staatseingriffs effizienter zu gestalten.

Die primären finanzpolitischen Ziele und der Besteuerungsgrundsatz effizienter Abgabenerhebung begründen ebenfalls eine Konsumorientierung der Besteuerungsgrundlagen. Hierauf wird in Teil 2 eingegangen. Dort wird insbesondere auch gezeigt, daß eine Besteuerung der unternehmerischen Investitionen im Rahmen des derzeitigen Steuersystems weder finanzpolitisch adäquat, noch marktwirtschaftlich effizient ist.

In dem daran anschließenden Teil 3 des Beitrags wird ein denkbares Idealkonzept der Konsumbesteuerung vorgestellt. Dabei wird insbesondere auf deren Vorteile gegenüber der Einkommensbesteuerung eingegangen. Das skizzierte rationale Steuersystem basiert im wesentlichen auf den Säulen der indirekten Konsumbesteuerung über die Mehrwertsteuer und einer bei den Haushalten erhobenen persönlichen Nettoeinnahmensteuer, die in ihrer Wirkung einer direkten Besteuerung der gesamten Konsumausgaben der jeweiligen Steuerpflichtigen entspricht.

Bei der Verwirklichung eines solch radikal neuen Steuersystems ist zwangsläufig mit Einwänden und Widerständen zu rechnen, auf die in Teil 4 näher eingegangen wird.

Hält man diese primär auf Verteilungsüberlegungen basierenden Vorbehalte gegen eine persönliche Konsumsteuer für so gravierend, daß ihre Realisierung unmöglich erscheint, so ist es naheliegend, im Sinne einer Zweitbestlösung die bestehende Mehrwertsteuer auf Kosten der Einkommensbesteuerung stärker auszubauen. Zweifelsohne erhalten die Konsumsteuern im Gesamtsteuersystem hierdurch ein stärkeres Gewicht. Ein solches langfristiges Steuerreformziel findet sich z. B. bei Lothar Späth [9], wenn er empfiehlt, auf die neueren, kapitalintensiveren Produktionsverfahren „mit einer Umgewichtung der Lohn- auf die Verbrauchssteuern" zu reagieren. Ähnlich gerichtet ist sein in Verbindung mit einer Reform der Finanzierung des Sozialsystems präferierter Steuerreformvorschlag: „Entlastung bei den direkten Steuern, Anhebung der Konsumsteuern".

Diese Steuerreformidee nehme ich in Teil 5 meines Beitrages auf und erläutere hierzu einige Verteilungswirkungen, die sich aus einem neueren empirischen Totalmodell für die Bundesrepublik Deutschland für den Fall errechnen lassen, daß man – rein hypothetisch – die Einkommensteuertarifsenkung 1988 über eine entsprechende Erhöhung des Niveaus der effektiven Mehrwertsteuersätze finanziert hätte.

1 Steuerreform für mehr politisch-demokratische Effizienz der Besteuerung

Ganz offensichtlich hat sich in unserem Lande die Auffassung der Staatsbürger über die Höhe der zumutbaren Steuerbelastung historisch gesehen deutlich nach oben verlagert. Dies hängt sicherlich mit dem Wachstum der Staatsausgaben zusammen, das den Bürgern zweifelsohne gewisse Vorteile ihres steuerbedingten Konsumverzichts signalisiert.

Ein Bild dieser Entwicklung vermitteln z. B. der Anteil der Staatsausgaben und der Anteil des Steueraufkommens am Volkseinkommen über einen längeren Zeitraum hinweg. Bis zum Ersten Weltkrieg lag der Trendwert der Staatsausgabenquote bei ungefähr 17 %, die Steuerquote lag unter 10 %. Wohl kriegsbedingt stiegen die öffentlichen Ausgaben und das Steueraufkommen deutlich an. Diese Entwicklung setzte sich auch ab Mitte der Zwanziger Jahre fort. Die Staatsausgabenquote sank nach dem Zweiten Weltkrieg zunächst wieder ab, stabilisierte sich auf einem Niveau von etwa 37 %, und erst mit dem Regierungsantritt der sozial-liberalen Koalition ab 1969 kam es zu einer bemerkenswerten Ausdehnung der öffentlichen Finanzwirtschaft, die zu einer Staatsausgabenquote von über 45 % führte.

Die Steuerquote als Anteil des Steueraufkommens am Volkseinkommen (Tabelle 1) hat sich von Anfang der 50er Jahre an auf einem Niveau um die 30 % relativ stabil gehalten. Der wesentliche Grund liegt wohl darin, daß die relativ schwache Sozialproduktsflexibilität unserer Verbrauchsteuern gerade von der relativ hohen Flexibilität der Einkommensteuern kompensiert wurde. Das Nettoergebnis des relativ stabilen Verlaufs ist also eher zufällig, keinesfalls aber auf eine bewußte Finanzpolitik zurückzuführen.

Es bleibt allerdings zu fragen, ob die Steuerquote als Anteil der Steuern am Volkseinkommen im Durchschnitt die letztlich vom Konsumenten zu tragende Steuerlast zum Ausdruck bringen kann. Zunächst einmal gibt es auch andere, wie mir scheint sinnvollere Bezugsgrößen als das Volkseinkommen. Ich meine hier nicht unbedingt das Bruttosozialprodukt, dessen Verwendung als Referenzgröße, weil größer als das Volkseinkommen, uns wesentlich kleinere Steuerbelastungen vorgaukelt. Wie Tabelle 1 zu entnehmen ist, erhält man hier einen Belastungskoeffizienten von rund 23 %. Interessanter erscheint mir demgegenüber der private Verbrauch in unserer Volkswirtschaft als Bezugsgröße, denn langfristig betrachtet ist ja jede Steuer aus dem privaten Konsum zu tragen. Bereits ab Mitte der Fünfziger Jahre ergibt sich aus den Zahlen der amtlichen Statistik hier eine Belastungsquote von 50 %. Betrachtet man die Sozialbeiträge – ob ihres Zwangscharakters – ebenfalls als Steuern und bezieht die Gesamtsumme aus Steueraufkommen und Sozialbeiträgen auf den steuerbereinigten privaten Verbrauch, so sind wohl in den 80er Jahren Belastungsquoten von über 90 % nichts Ungewöhnliches.

Hier drängt sich unmittelbar die Frage auf: Tendiert unser Steuerstaat dahin, daß man beim Kauf von Gütern auf dem Markt in Höhe von einer zusätzlichen DM zuvor 2 DM verdient haben muß, um in den Genuß der zusätzlichen Gütermenge zu kommen?

Aus theoretisch-empirischen Steuerwirkungsanalysen wissen wir, daß die effektive Steuerbelastung des Konsums wegen steuerbedingter Effizienzverluste in Wahrheit noch weitaus höher sein dürfte als solche Steuerquoten zum Ausdruck bringen. Nach

Tabelle 1. Steuer- und Abgabenquoten in der Bundesrepublik Deutschland von 1950 bis 1985. Quelle: Monatsberichte der Deutschen Bundesbank; Daten der Volkswirtschaftlichen Gesamtrechnungen des Statistischen Bundesamtes

Jahr	Steueraufkommen in v. H. des Bruttosozialprodukts	Steueraufkommen in v. H. des Volkseinkommens	Steueraufkommen + Sozialbeiträge in v. H. des Bruttosozialprodukts	Steueraufkommen + Sozialbeiträge in v. H. des Volkseinkommens	Steueraufkommen in v. H. des privaten Verbrauchs	Steueraufkommen + Sozialbeiträge in. v. H. des privaten Verbrauchs
1950	21,54	28,06	29,08	37,88	41,60	56,15
1955	23,46	30,34	31,66	41,00	52,84	73,96
1960	22,59	28,51	32,89	41,51	51,63	75,17
1965	23,02	29,42	34,76	44,44	52,42	79,17
1970	23,24	29,06	35,38	45,07	52,86	81,99
1975	23,53	29,14	39,71	50,88	50,89	85,90
1980	24,57	31,76	41,22	53,29	54,34	91,19
1985	23,79	30,92	41,24	53,59	55,00	95,32

einer empirischen Untersuchung [2] der mit der US-Einkommensteuer verbundenen Wohlfahrtseinbußen betragen die Gesamtlasten einer zusätzlichen Einkommensteuerzahlung von 1 $ etwa 1 $ und 50 Cents, also das Eineinhalbfache der Steuerzahlung selbst. In der Bundesrepublik Deutschland würde man wohl gegebenenfalls ähnliche Grenzbelastungen feststellen.

Die oben aufgeführten Kennzahlen verdeutlichen auf jeden Fall, daß der deutsche Steuerstaat zu einem gewaltigen Teilhaber an den am Markt verdienten Einkommen und den auf Märkten gehandelten Gütern geworden ist. Signalisieren sie gleichzeitig erreichte oder gar schon überschrittene Belastungsgrenzen? Die Struktur unseres Steuersystems ist ob vielfältigster im Unternehmensbereich ansetzender direkter Abgaben so, daß sich der Durchschnittskonsument der oben skizzierten definitiven Belastung gar nicht bewußt ist. Diese durch ihre Erhebungsform bedingte ‚Unmerklichkeit' zahlreicher etablierter Steuern verhindert meines Erachtens einen effizienten demokratischen Abstimmungsprozeß über das Ausmaß der gesamten finanzwirtschaftlichen Staatsaktivität. Unter diesem Aspekt erscheint jede Diskussion über die Grenzen steuerlicher Belastbarkeit der Konsumenten fragwürdig, da die Konsumenten selbst den Umfang der von ihnen tatsächlich getragenen steuerlichen Belastung gar nicht überblicken können.

Als Steuerreformempfehlung folgt aus diesen Überlegungen, unser Steuersystem bezüglich seines Konsumentzugseffektes ‚merklicher' zu gestalten. Dies könnte wohl nur über eine grundlegende Reform des gesamten Systems direkter Steuern (Einkommensteuer, Körperschaftsteuer, Gewerbesteuer, Vermögensteuer, Erbschaftsteuer etc.) geschehen. Hierbei ist die Besteuerung von der Unternehmens- zur Haushaltssphäre zu verlagern und dort auf den Konsum selbst zu richten.

Die damit bewirkte verstärkte Merklichkeit des steuerlich erzwungenen Konsumverzichts offenbart jedem Staatsbürger das von ihm erbrachte Opfer für die gesamte Staatsaktivität. Damit wird den Staatsbürgern gleichzeitig die Bewertung der politisch bewirkten bzw. diskutierten Höhe der staatlichen Ressourcenbeanspruchung bzw. des hiermit involvierten Konsumverzichts einerseits sowie des Umfangs öffentlicher Leistungen andererseits erleichtert – mit allen in einer Demokratie positiv einzuschätzenden Konsequenzen für den politischen Abstimmungsprozeß.

2 Steuerreform für mehr funktionale und marktwirtschaftliche Effizienz

Ansatzpunkt für eine diesbezügliche Problemanalyse ist die Einsicht, daß Steuern nur aus jenem Topf genommen werden können, den die privaten Unternehmen unseres marktwirtschaftlichen Systems in jedem Jahr neu füllen. Die Füllung dieses Topfes, d. h. das Niveau des privat erzeugten Produktionsvolumens, hängt ganz essentiell von der Funktionsweise unserer Marktwirtschaft ab. Um hier nach dem Einfluß der Steuern zu fragen, muß man sich auf die wichtigsten Funktionselemente unseres Wirtschaftssystems besinnen.

Joseph Schumpeter [8], einer der Jahrhundert-Nationalökonomen und überaus treffender Analysator marktwirtschaftlicher Systeme, hat die zentralen Wirkungs- und Antriebskräfte der Marktwirtschaft in einem kapitalistischen System einmal wie folgt charakterisiert: „Der fundamentale Antrieb, der die kapitalistische Maschine in Bewegung setzt und hält, kommt von den neuen Konsumgütern, den neuen Produktions- oder Transportmethoden, den neuen Märkten, den neuen Formen der industriellen Organisation, welche die kapitalistische Unternehmung schafft.“ Diese Antriebskräfte erzeugen einen dynamischen Wettbewerb, „einen ständig pulsierenden Prozeß der Innovation und Diffusion, angetrieben von der Konkurrenz um neue Gewinnmöglichkeiten von den Pionierwettbewerbern, in Gang gehalten aber auch vom Verfolgungswettbewerb, der das Neue in der Breite erschließt“. So der Sachverständigenrat zur Begutachtung der gesamtwirtschaftlichen Entwicklung [5] in seinem Jahresgutachten 1984/85. Das Lebenselixier unserer Wirtschaft ist also der dynamische Wettbewerb. Welche Wirtschaftspolitik allgemein paßt nun zu diesem Funktionsmechanismus?

Auch hier möchte ich noch einmal den Sachverständigenrat zitieren: „Intelligente Wirtschaftspolitik ist der Funktionsweise eines Systems von Wettbewerbsmärkten abgelauscht, ersetzt nicht den Marktmechanismus, sondern nutzt dessen bewährte Effizienz für die Zwecke des Gemeinwohls.“

Welche Konsequenzen können wir dann hieraus für ein marktwirtschaftlich adäquates Steuersystem ableiten? Zur Beantwortung dieser Frage ist es wichtig zu wissen, daß die Besteuerung grundsätzlich keinem Selbstzweck staatlichen Handelns entspricht.

Das Steuerinstrumentarium sollte in unserem marktwirtschaftlich-sozialen Wirtschaftssystem vornehmlich nur eingesetzt werden, um es dem Staat zu ermöglichen,

(a) unsere Gesellschaft mit öffentlichen Gütern wie z. B. Regierung, Bildung, Infrastrukturen, innere und äußere Sicherheit und Verwaltung zu versorgen (allokationspolitischer Hintergrundzweck) und

(b) benachteiligten Bevölkerungsgruppen ein kulturelles Existenzminimum zu garantieren (sozialpolitischer Hintergrundzweck).

Um diese staatspolitischen Ziele ökonomisch effizient zu realisieren (funktionale Effizienz), dürfen Steuern unter Berücksichtigung ihrer ökonomischen Wirkungen und Funktionen langfristig betrachtet nicht primär zum Zweck der Beschaffung von Staatseinnahmen erhoben werden. Die instrumentale Zielsetzung der Besteuerung (finanzpolitischer Hauptzweck) liegt vielmehr darin, jene Konsumgüternachfrage aus dem Markt zu nehmen, an deren Stelle dann

(a) die staatliche Nachfrage nach Produktionsmitteln zur Erstellung öffentlicher Güter und

(b) die Konsumnachfrage der benachteiligten Bevölkerungsgruppen treten können.

Nur in Ausnahmefällen – wenn z. B. andere staatliche Eingriffsmittel nicht verfügbar sind – mag es sinnvoll sein, Einzelsteuern mit dem Ziel zu erheben, Preisverhältnisse zu korrigieren, z. B. damit eine die Umwelt weniger belastende Produktion oder Konsumtion und eine angemessene Inanspruchnahme der verfügbaren natürlichen Ressourcen gewählt wird. Die Besteuerung für weitere Ziele der Finanz- und Wirtschaftspolitik einzusetzen, hat in der Regel Wohlstandsverluste zur Folge.

Bei der Wahl der Besteuerungsformen ist nun darauf zu achten, daß die wirtschaftlichen Gesamtkosten der Besteuerung so klein wie nur möglich sind. Unvermeidlich sind natürlich die – wie ich sie einmal nennen möchte – volkswirtschaftlichen Grundkosten der Besteuerung in Form der steuerlich erzwungenen Konsumverzichte privater Haushalte. Darüberhinaus entstehen weitere gesamtwirtschaftliche Kosten der Besteuerung

(a) durch das Erfordernis eines administrativen Steuereinzugs (Erhebungskosten),

(b) wenn besondere Aktivitäten der Einzelwirtschaften (Haushalte, Unternehmen) diskriminiert werden, es somit also zu steuerbedingten Verzerrungen privatwirtschaftlicher Entscheidungen kommt (die sog. Zusatzlast der Besteuerung) und

(c) wenn das Steuersystem Elemente enthält, die den dynamischen Wettbewerb und damit auch die Funktionsfähigkeit des marktwirtschaftlichen Systems beeinträchtigen.

Die Kompliziertheit unseres gegenwärtigen Steuersystems hat unverhältnismäßig hohe Steuererhebungskosten zur Folge. Hier gibt es allseits anerkannt einen erheblichen Vereinfachungsbedarf.

Nicht gänzlich vermeidbar sind auch steuerbedingte Verzerrungen privatwirtschaftlicher Entscheidungen. Jedoch zeigen neuere finanzwissenschaftliche Untersuchungen, daß sich über entsprechende Steuerreformen hier beachtliche Wohlfahrtsgewinne erzielen lassen.

Bislang wenig untersucht, aber deshalb keineswegs minder bedeutsam sind die steuerbedingten Wohlstandseinbußen aus einer geringeren Qualität des dynamischen Wettbewerbs. Wodurch können solche Lasten auftreten? Anknüpfungspunkt für eine Analyse dieses Problems ist das ‚Markenzeichen' des dynamischen Wettbewerbs, nämlich die innovationsbezogene Investition. Der Qualitätsstandard des dynamischen Wettbewerbs ist somit ein ausreichendes innovatives Investitionsvolumen. Auch in diesem Zusammenhang ist dem Sachverständigenrat eine treffende Charakterisierung gelungen: „Das Problem eines ausreichenden Investitionsvolumens und damit das Entstehen eines Kapitalstocks, dessen Verwertung zugleich das Arbeitspotential der Volkswirtschaft auszuschöpfen erlaubt, ist . . . im Kern ein Problem ausreichender Gewinnerwartungen. Das Problem ausreichender Gewinnerwartungen ist sicherlich zu allererst ein Problem des realen Kostenniveaus, genauer: ein Problem der jeweiligen Entgeltungsansprüche der am Produktionsprozeß direkt und indirekt Beteiligten (einschließlich des Staates mit seinen steuerlichen Beteiligungsansprüchen)."

Joseph Schumpeter [7] hatte schon 1918 in seinem Buch über die Krise des Steuerstaates hierzu geschrieben: „Der Unternehmergewinn ist die Prämie, die der Kapitalismus an die Durchsetzung des Neuen knüpft. Würde der Gewinn wegbesteuert, so würde jenes Element im Wirtschaftsprozeß fehlen, das das gegenwärtig weitaus wichtigste individuelle Motiv für die Arbeit am industriellen Fortschritt ist. Würde er auch nur durch die Besteuerung erheblich reduziert, so würde die industrielle Entwicklung . . . wesentlich langsamer vor sich gehen. Für uns ist nur eines wichtig: es gibt für die Besteuerung des Unternehmergewinns eine Grenze, über die hinaus der Steuerdruck nicht gehen kann, ohne das Steuerobjekt erst zu schädigen und dann zu vernichten."

Halten wir fest: die Besteuerung von Innovationsgewinnen beeinträchtigt den dynamischen Wettbewerb und die unternehmerischen Investitionen. Investitionsertragssteuern diskriminieren aber auch den nachziehenden Wettbewerb der Imitatoren, also den sogenannten Diffusionswettbewerb, durch den quasi die Segnungen des vorstoßenden Wettbewerbs der Gesamtheit der Konsumenten voll erschlossen werden. Langfristig gesehen schlagen sich solche Effekte – von den Haushalten praktisch unbemerkt – in Konsumverzichten nieder.

Nach der finanzpolitischen Funktion soll über die Besteuerung eine den öffentlichen Güterversorgungszielen entsprechende Anpassung der privaten Konsumnachfrage erfolgen. Diese wird von den Haushalten entfaltet, womit ein effizienter steuerlicher Kaufkraftentzug dort anzusetzen hat. Es ist dann unmittelbar einleuchtend, den Konsum selbst als Grundlage der Besteuerung zu wählen. Eine Konsumnachfrageregulierung über den langen Weg einer Besteuerung der in Unternehmen erwirtschafteten und wieder investierten Erträge ist aufgrund fehlender Informationen über die Steuerwirkungen und wegen der Komplexität des ökonomischen Gesamtzusammenhangs niemals zielorientiert durchführbar. Zwar sind heute unterlassene private Investitionsvorhaben morgigen Einschränkungen privater Konsumnachfrage gleichzusetzen. Im Vergleich zur Konsumbesteuerung entstehen hierdurch aber noch gesamtwirtschaftlich bedeutsame Zusatzkosten in Form einer geringeren Qualität und Quantität des volkswirtschaftlichen Konsumgüterbündels (Innovationen unterbleiben) und kleinerer Produktionskapazitäten insgesamt. D. h. bei einer Erhebung direkter Steuern in den Unternehmen vermindert der Staat letztlich nicht nur den privaten Konsum, sondern auch die gesamtwirtschaftlich verfügbare Gütermenge insgesamt, während sein eigentliches Ziel doch darin bestehen sollte, private Konsumnachfrage bei unverminderter volkswirtschaftlicher Produktion zurückzudrängen.

Auch zur Verbesserung der Funktionsfähigkeit der Besteuerung im Hinblick auf die zu realisierenden finanzpolitischen Ziele sowie zur Erreichung eines höheren Grades marktwirtschaftlicher Effizienz empfiehlt es sich, einen langfristig konzipierten Prozeß stetiger Steuerreformen durchzuführen, der uns einem konsumorientierten Idealsteuersystem möglichst nahe bringt.

3 Charakteristische Elemente und Vorteile eines konsumorientierten Steuersystems

Unsere Überlegungen im vorhergehenden Abschnitt führen zu folgender Einsicht: von den Primärzielen der Besteuerung aus gesehen sind Investitionsertragsteuern (wie z. B. die Einkommen- und Körperschaftsteuer auf den zurückbehaltenen Gewinn, die Gewerbesteuer und die betriebliche Vermögensteuer) höchst ineffiziente Instrumente einer rationalen Finanzpolitik. Aus diesem Grunde müßte ihre Abschaffung als ein langfristig zu realisierendes Steuerreformziel angestrebt werden.

In einem rationalen Steuersystem sollte der Konsum privater Haushalte in möglichst unmittelbarer Weise Objekt der Besteuerung sein. Hieraus folgt, daß die Steuerzahlpflicht, anknüpfend an einer konsumnahen Bemessungsgrundlage, bei den Haushalten zu lokalisieren ist. Damit wäre das ideale Gesamtsteuersystem aus ökonomischer Sicht im wesentlichen durch eine persönliche Konsumsteuer als Hauptsteuer geprägt. Die nie gänzlich ausschaltbare Steuervermeidung und Steuerhinterziehung würden jedoch bei einem solchen Steuersystem letztlich zu einer ungerechten Belastungsstruktur führen. Unter diesem Gesichtspunkt ist daher als Korrektiv immer eine bei den Unternehmen erhobene Umsatzsteuer dergestalt zu empfehlen, daß letztlich nur die Umsätze mit den Endverbrauchern bei möglichst vollständiger Überwälzung steuerlich belastet sind. Die derzeitige Mehrwertsteuer, obwohl nicht in allen Komponenten rational gestaltet, entspricht einer solchen Konsumbasissteuer durchaus.

Um eine effiziente Verwirklichung staatlicher Ziele bezüglich der Bereitstellung öffentlicher Güter und der Versorgung benachteiligter Bevölkerungsgruppen weitestmöglich zu realisieren, sollte unser Steuersystem nach einem langfristig zu etablierenden Prozeß von Steuerreformen in kleinen Schritten letztlich aus folgenden Komponenten bestehen:

A: eine bei den Haushalten erhobene persönlich ausgestaltete Einnahmensteuer mit Abzugsfähigkeit der Vermögensbildung und idealiter konstantem Grenzsteuersatz. Hier erfolgt eine Besteuerung des privaten Konsums in direkter Form unter Berücksichtigung sozialer Momente (Familienstruktur, Alter, Krankheit etc.) und bei Abzug von Konsumausgaben, die Aufwand zur Einnahmenbeschaffung darstellen (Werbungskosten).

B: eine allgemein bei den Unternehmen erhobene Verbrauchsteuer, wie sie mit der Mehrwertsteuer vorliegt. Die hiermit bewirkte Besteuerung des privaten Konsums in indirekter Form dient als Ergänzung der persönlichen Konsumsteuer im oben genannten Sinne.

C: einige wenige spezielle Verbrauchsteuern, um die Struktur des Konsums privater Haushalte in Hinblick auf übergeordnete Ziele wie z. B. Umweltschutz, Gesundheitsfürsorge u. ä. zu beeinflussen.

Unberührt von den vorangegangenen Überlegungen mag es in Hinblick auf den Grundsatz einer gerechten Besteuerung sinnvoll sein, bei individueller Zurechenbarkeit der Inanspruchnahme öffentlicher Leistungen Gebühren und gebührenähnliche Steuern (wie z. B. die Mineralölsteuer) zu erheben.

Da persönliche Konsumsteuern allgemein wenig bekannt sind, sei eine ihrer denkbaren Ausgestaltungsformen hier als Beispiel aufgeführt. Die persönliche Konsumsteuer als Einnahmensteuer mit Vermögensbildungsabzügen kann bei der heutigen Einkommensteuer anknüpfen und durch deren schrittweise Umgestaltung verwirklicht werden (vgl. hierzu insbesondere auch die Elemente der Bemessungsgrundlage der persönlichen Nettoeinnahmensteuer in Tabelle 2).

Eine Besonderheit der Nettoeinnahmensteuer ist die steuerliche Behandlung der Erträge, der Bildung und der Auflösung von Finanzanlagen über Kontenführung bei sogenannten – aus der Perspektive des Fiskus – qualifizierten Kapitalverwaltungsinstituten (z. B. Banken, Finanzierungsgesellschaften u. ä.). Der Fiskus hat hierbei keinesfalls dauerhaften Einblick in alle dort bestehenden Konten des Steuerpflichtigen. Von dem Kapitalverwaltungsinstitut zu bestätigen ist nur der gesamte Nettoeinzahlungs- bzw. Nettoauszahlungsbetrag für das jeweilige Steuerjahr, der dann der Besteuerung – unter Berücksichtigung aller Abzüge – unterliegt. Mit einer solchen Besteuerungsform wäre das in der Steuerreformdiskussion als Dauerbrenner bestehende Problem der Zinsbesteuerung ideal gelöst. Vom Fiskus auf Konten bei qualifizierten Kapitalinstituten überwiesene Zinsen für Staatsanleihen bewirken keinen Steuervorgang. Erst wenn der Steuerpflichtige aus den Zinsen Konsumausgaben bestreitet und hierzu eine Entnahme von dem entsprechenden Konto bei seinem Kapitalverwaltungsinstitut vornimmt, erfolgt eine Steuerzahlung.

Charakteristisch ist weiterhin, daß das aufgezeigte Besteuerungsschema an keiner Stelle eine Erfassung der in Personenunternehmen und Kapitalgesellschaften zurückbehaltenen Gewinne vorsieht.

Die Überweisung der von Kapitalgesellschaften ausgeschütteten Dividenden auf qualifizierte Inlandskonten sollte steuerlich unwirksam sein. Ein Gewinntransfer ins Ausland müßte allerdings durch eine Sondersteuer erfaßt werden, um insbesondere auch einer Steuerhinterziehung durch Konsum der ausgeschütteten Gewinne außerhalb des Inlandsbereichs entgegenzuwirken. Angesprochen wird hier die nicht ganz unproblematische, aber unabdingbare Außensteuerlösung für jegliche Form einer per-

Tabelle 2. Ermittlung der Bemessungsgrundlage einer persönlichen Einnahmensteuer mit Abzug aller Arten der Vermögensbildung

Besteuerung des Konsums aus		*Besteuerungselemente*
Arbeitseinkommen		Lohn- und Gehaltszahlungen (nach Werbungskostenabzug)
Rentenbezügen	+	Auszahlungen von Pensionsfonds, Versicherungen u. ä.
	–	Einzahlungen in Pensionsfonds, Versicherungen u. ä.
Gewinnen von Personenunternehmen	+	Auszahlungen von (Entnahmen aus) Personenunternehmen
	–	Einzahlungen (Einlagen) in Personenunternehmen
Zinsen, Dividenden, Bildung und Auflösung von Finanzanlagen	+	Abhebung (Gesamtauszahlung an den Steuerpflichtigen) von Konten bei qualifizierten Kapitalverwaltungsinstituten
	–	Gesamteinzahlung (des Steuerpflichtigen) auf Konten bei qualifizierten Kapitalverwaltungsinstituten
Krediteinnahmen	+	Konsumentenkrediteinnahmen
	–	Konsumentenkredittilgungen
einmaligen, sonstigen Einnahmen	+	erhaltene Schenkungen und Erbschaften ohne Übertragung von Personenunternehmen, Lotteriegewinne, laufende Transfers von anderen Haushalten, Eigenversorgung der Landwirte etc.
	–	geleistete Schenkungen und Erbnachlässe ohne Übertragung von Personenunternehmen, laufende Transfers an andere Haushalte
Nettoeinnahmen	=	steuerlich maßgebliche Konsumausgaben
	–	Ausgaben wegen einmaliger und dauerhafter persönlicher Belastungen
	–	Freibeträge (z. B. aus Familienexistenzminimum, Alter etc.)
sozial korrigierte steuerliche Leistungsfähigkeit		Steuerbemessungsgrundlage zur Anwendung des Tarifs

sönlichen Konsumsteuer. Hierauf näher einzugehen würde an dieser Stelle zu weit führen.

Die Erträge aus Beteiligungen an Personengesellschaften werden erst besteuert, wenn sie in die Haushaltssphäre des Unternehmers für Konsumausgabenzwecke fließen. Beteiligungsfinanzierungen sowie alle Formen von Einlagen sind als Vermögensbildung steuerlich voll abzugsfähig.

Auch die Besteuerung der Renten ist recht einfach. Alle Vorsorgeaufwendungen wie z. B. Einzahlungen in Pensionsfonds (Sozialversicherungsträger etc.) mindern die zu versteuernden Einnahmen. Alle Auszahlungen erhöhen dann die Steuerbemessungsgrundlage. Man würde also damit das gegenwärtige System der Besteuerung von Beamtenpensionen auf alle Alterseinkünfte ausdehnen.

Erwähnenswert ist schließlich auch noch die steuerliche Behandlung einmaliger Vermögensübertragungen. Schenkt der Firmeninhaber das von ihm aufgebaute Unternehmen zu Lebzeiten seinen Kindern oder erben diese es, so löst dies keine Steuerbelastung aus. Soweit aus Schenkungen und Erbschaften nicht konsumiert wird, entsteht bei den Empfängern solcher Vermögenstransfers auch keine Steuerschuld.

Gegenüber dem jetzigen Steuerchaos hat das vorgeschlagene rationale Steuersystem insbesondere die folgenden wesentlichen Vorteile:

(a) Die Konsumbesteuerung belastet nicht die Investitionstätigkeit und beeinträchtigt deshalb auch nicht den dynamischen Wettbewerb. Sie ist nicht nur unter den funktionalen Aspekten der Konsumnachfrageregulierung eindeutig zu präferieren, sondern auch die zur Marktwirtschaft am besten passende Besteuerungsform.

(b) Vermögensumschichtungen, erforderlich z. B. aufgrund marktbewirkter Rentabilitätsveränderungen, lösen bei der konsumorientierten Nettoeinnahmensteuer keine Steuerpflicht aus (im Gegensatz zu der gegenwärtigen Einkommensteuer, etwa bei Veräußerung bereits abgeschriebener Kapitalgüter oder eines ganzen Gewerbebetriebs).

(c) Konsumsteuern beeinträchtigen nicht die individuelle Entscheidung zwischen Konsum und Sparen (anders hier die geltende Einkommensteuer: sie diskriminiert das Sparen und damit die Kapitalbildung sowie den morgigen Konsum).

(d) Das vorgeschlagene System direkter Besteuerung beinhaltet eine steuerliche Gleichbehandlung aller Renten (die geltende Einkommensteuer diskriminiert zwischen verschiedenen Rentenarten).

(e) Bei einem Konsumsteuersystem entfallen zahlreiche erhebungstechnische Probleme, die bei der Einkommensteuer unvermeidbar sind. So brauchen nichtrealisierte Kapitalgewinne bei einer Nettoeinnahmensteuer nicht bestimmt zu werden. Auch sind keine steuerlichen Abschreibungssätze festzulegen. Damit entfällt für die Unternehmen die Mühe einer ständigen Anpassung der Kalkulationsgrundlagen an die veränderten steuerlichen Abschreibungsmodalitäten. Ein Konsumsteuersystem vermeidet im Gegensatz zu der geltenden Einkommensteuer auch eine Besteuerung von Scheingewinnen. Es entfallen weiterhin besondere Regelungen für Vorsorgeaufwendungen, steuerfreie Einkünfte, Verlustabzüge, Spekulationsgewinne und weiteres mehr.

4 Zum Problem der Implementierung eines konsumorientierten Steuersystems

Gegen bestimmte Steuerreformen, ob groß oder klein, wird es immer Widerstände seitens einzelner politischer Gruppen und Interessensverbände geben. Diese Widerstände zu überwinden, sollte einer verantwortungsbewußten Regierung jedoch gelingen, wenn die mit der Reform realisierbaren gesamtwirtschaftlichen Vorteile offenkundig sind.

Ein Konsumsteuersystem ist einem Einkommensteuersystem in Hinblick auf politisch-demokratische, funktionale und marktwirtschaftliche Effizienz zweifelsohne überlegen. Dies wird jedenfalls in der Finanzwissenschaft kaum bestritten und dürfte auch sonst allgemeine Akzeptanz finden.

Gegen ein konsumorientiertes Steuersystem wird jedoch immer wieder vorgebracht, daß es ob der steuerlichen Freistellung des Sparens in besonderem Maße die Bezieher höherer Einkommen begünstige, also ungerecht sei. Auf diesen Einwand möchte ich allein schon deshalb an dieser Stelle kurz eingehen, weil er wohl den meisten Bürgern rein intuitiv einleuchtet und somit einen entscheidenden Hinderungsgrund für die Implementierung eines Konsumsteuersystems darstellt.

Die angesprochene (vermeintliche) Begünstigung bezieht sich zunächst einmal nur auf einen Teil des geldlichen Einkommens eines Steuerpflichtigen, nicht jedoch auf seine durch Konsumgüterkäufe realisierte Beanspruchung des volkswirtschaftlichen Gütervolumens einer Periode. Weiterhin erfolgt ja in späteren Perioden eine Besteuerung der heute steuerfreien Einkommensteile, wenn die angesparten Beträge konsumiert werden. Somit ist eine gleichmäßige Belastung jeglichen Konsums weitestgehend gewährleistet.

Gerechtigkeitsüberlegungen beziehen sich natürlich nicht nur auf die Verteilung des Konsums, sondern ebenso auf die Vermögensverteilung. Ist die Mehrheit der Staatsbürger der Auffassung, daß die Eigentumsrechte an der Kapitalakkumulation einer Umverteilung bedürfen, so muß der Staat hier wohl korrigierend eingreifen. Dies kann aber nicht zusätzlich von Steuern geleistet werden, die bereits für allokations- und sozialpolitische Ziele eingesetzt werden. Ein vermögenspolitisches Ziel bedarf eines gesonderten vermögenspolitischen Instrumentariums welcher Form auch immer. Es entspräche auch dem demokratischen Prinzip, hier durch einen spezifischen staatlichen Instrumenteinsatz das Ausmaß der Umverteilung privater Vermögensbildung offenzulegen und nicht hinter einer Steuer zu verbergen, mit der man hauptsächlich die Zurückdrängung privater Konsumnachfrage zugunsten der Bereitstellung öffentlicher Leistungen beabsichtigt. Die derzeitige steuerliche Belastung des Sparens, z. B. über die im Unternehmensbereich erhobenen direkten Steuern, hat wohl zweifelsohne den Effekt, private Vermögensbildung in Staatseinnahmen zu transformieren, aber eine äquivalente Vermögensbildung bei Gesellschaftsmitgliedern am unteren Ende der Vermögensskala sehe ich nicht.

Ein zu unserem marktwirtschaftlichen System passendes vermögenspolitisches Instrumentarium zu finden, ist eine keineswegs leicht zu lösende Aufgabe. Eine alleinige Besteuerung der in den Konsum fließenden Teile der im Produktionsprozeß entstandenen Einkommen und die somit systemimmanente steuerliche Unantastbarkeit der betrieblichen Kapitalbildung – funktional und marktgerecht – machen allerdings in besonderem Maße deutlich, daß es spezielle Formen für die Beteiligung der Arbeitnehmer an der betrieblichen Vermögensbildung geben muß.

Mit einer solchen vermögenspolitischen Flankierung läßt sich das derzeitige System direkter Besteuerung in ein System der Konsumbesteuerung verhältnismäßig konfliktfrei und sozial gerecht umgestalten, wobei nochmals auf die steuerliche Unantastbarkeit des Konsumexistenzminimums eines jeden Haushalts unter Berücksichtigung seines personellen Umfangs hinzuweisen ist.

5 Verteilungseffekte einer Umgewichtung der Einkommen- auf die Mehrwertsteuer

Zeigt sich, daß aufgrund der genannten verteilungspolitischen Vorbehalte der Übergang zu einer persönlichen Konsumsteuer politisch nicht durchsetzbar ist, liegt es nahe, eine stärkere Konsumorientierung unseres Steuersystems dadurch herbeizuführen, daß die direkten Steuern zugunsten der gesellschaftlich bereits akzeptierten Mehrwertsteuer abgebaut werden. Die sich aus einer solchen Reform ergebenden Verteilungswirkungen habe ich beispielhaft im Rahmen eines empirischen allgemeinen Gleichgewichtsmodells für die Bundesrepublick Deutschland [4] untersucht.

Um hier einen möglichst aktuellen Bezugspunkt zu wählen, lag es nahe zu fragen, welche distributiven Effekte aus der Einkommensteuertarifsenkung 1988 langfristig zu erwarten gewesen wären, hätte man den Gesamtsteueraufkommensausfall durch eine Erhöhung der Mehrwertsteuersätze kompensiert.

Für das hier aus Raumgründen nicht im einzelnen darstellbare Modell sind variable Preise und Produktionsniveaus verschiedener Güter sowie zwei zwischen zwölf Industriegruppen variable Produktionsfaktoren (Arbeit und Kapital) charakteristisch. Berücksichtigt wurde weiterhin, daß die deutschen Unternehmen Zwischenprodukte einsetzen, die sie in gewissem Umfang auch aus dem Ausland beziehen. Die Haushalte kaufen ebenfalls Importgüter verschiedenster Art, so daß in Verbindung mit einer detaillierten Strukturierung des Auslandssektors der besonderen weltwirtschaftlichen Verflechtung der Bundesrepublik Deutschland Rechnung getragen wird.

Auf einer solchen Modellgrundlage ist es insbesondere möglich, Steuerwirkungen zu dokumentieren, die sich erst aufgrund der ökonomischen Interdependenz als Konsequenz vielfältiger Rück- und Fernwirkungen langfristig einstellen können. Dies betrifft insbesondere auch die Verteilungseffekte einer Änderung einzelner Elemente unseres derzeitigen Steuersystems.

In der genannten Studie werden beim Haushaltssektor vier Einkommensgruppen unterschieden: eine Gruppe verhältnismäßig armer Haushalte mit einem Nettoeinkommen zwischen 0 und 16800 DM, eine verhältnismäßig reiche Einkommensklasse mit Nettoeinkommen über 120000 DM und zwei mittlere Haushaltsgruppen mit Einkommen zwischen 16800 und 48000 DM bzw. zwischen 48000 und 120000 DM.

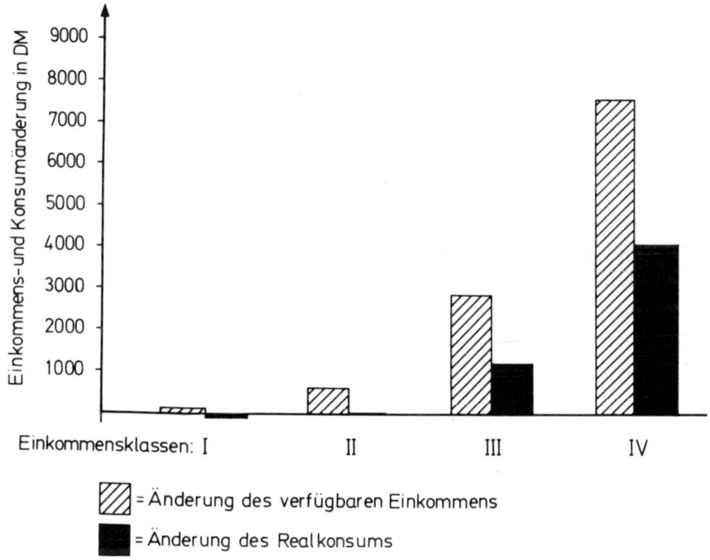

Abb. 1. Verteilungseffekte der Einkommensteuertarifsenkung 1986/88 bei einer Mehrwertsteuerkompensation

Als Verteilungseffekt bietet sich aufgrund seiner allgemeinen Popularität in Wissenschaft und Politik zunächst das verfügbare Einkommen (Bruttoeinkommen der Haushalte abzüglich Einkommensteuerzahlung) an. Wie bereits oben dargelegt wurde, zieht der Haushalt jedoch unmittelbar Nutzen nicht aus seinem disponiblen Einkommen, sondern aus dem von ihm getätigten Konsum. Daher wurde alternativ zum Verteilungseffekt auf der Basis des verfügbaren Einkommens auch die steuerreformbedingte Änderung des Realkonsums der Haushalte untersucht. Das hier verwendete Realkonsumkonzept erfaßt den Nutzen der Haushalte aus Güterkonsum und Freizeit in monetären Ausgabeneinheiten. Es ermöglicht – wie an anderer Stelle [1] gezeigt wurde – eine korrekte Messung der individuell zu trageneden Gesamtlasten von Steuerreformmaßnahmen, was über die traditionell verwendete Verteilungsgröße ‚verfügbares Einkommen' nicht möglich ist.

In Abbildung 1 sind jene Veränderungen der beiden abgegrenzten Verteilungsgrößen dokumentiert, die sich ergäben, hätte man bei Einführung des Einkommensteuertarif 1988 die dabei auftretenden Steueraufkommensverluste über eine entsprechende Erhöhung der Mehrwertsteuer kompensiert. Es zeigt sich, daß die Haushalte in allen Einkommensklassen eine Erhöhung ihres verfügbaren Einkommens erfahren. Die durch die Tarifreform bewirkten Erhöhungen der nominellen Kaufkraft steigen von den unteren zu den oberen Einkommensklassen deutlich an. Realkonsummäßig verschlechtern sich die verhältnismäßig armen Haushalte bei einer Mehrwertsteuerfinanzierung. Für die zweite Einkommensklasse ergibt sich eine derart geringfügige Verbesserung, daß man praktisch von einem durch die Reformmaßnahme nicht veränderten Realkonsum der dort lokalisierten Haushalte sprechen kann. Die beiden oberen Einkommensgruppen verzeichnen demgegenüber deutliche Realkonsumgewinne.

Mißt man den Gesamtwohlfahrtseffekt der Reformmaßnahme als Summe der Realkonsumänderungen über alle Einkommensgruppen, so ergibt sich ein volkswirtschaftlicher Gesamtnettogewinn von rund 5,6 Mrd. DM.

Zusammenfassend läßt sich somit feststellen, daß die Einkommensteuertarifsenkung 1986/88 auch bei gleichzeitiger Mehrwertsteuererhöhung unter Effizienzaspekten gesamtwirtschaftlich vorteilhaft gewesen wäre. Die durchgeführten Simulationen zeigen jedoch ebenso eindeutig, daß eine solche Reform die Bezieher höherer Einkommen begünstigt hätte.

Weitere Forschungsarbeiten werden es ermöglichen, Informationen über Verteilungseffekte solcher Einkommensteuerreformen zu gewinnen, die sich nicht allein auf eine Tarifkorrektur beschränken, sondern die Bemessungsgrundlagen in einer Weise neu definieren, daß wir uns in Richtung einer Nettoeinnahmensteuer bewegen. Hierbei ist dann zu beachten, daß die präferierten Steuerreformmodelle eine akzeptable Verteilung der zu erwartenden Realkonsumsteigerung auf die verschiedenen Haushaltsgruppen bewirken.

Literatur

1. Ahlheim M., Rose M. (1984) Alte und neue Maße individueller Steuerlasten. Finanzarchiv N.F. 42/2.: 274–349
2. Ballard Ch.L., Shoven J.B., Whalley J. (1982) The Welfare Cost of Distortions in the United States Tax System: A General Equilibrium Approach. National Bureau of Economic Research Working Paper No. 1043
3. Mitschke J. (1985) Steuer- und Transferordnung aus einem Guß. Nomos-Verlagsgesellschaft: Baden-Baden
4. Rose M., Kungl H., Kühn. B. (1986) Welfare and Incidence Effects of Changing the German Income Tax Rate Schedule. In dem Finanzwissenschaftlichen Klosterseminar Neresheim über Measuring Welfare and Efficiency Effects of Fiscal Policy Programmes gehaltenes Referat. Erscheint demnächst im Tagungsband.
5. Sachverständigenrat zur Begutachtung der gesamtwirtschaftlichen Entwicklung (1984) Jahresgutachten 1984/85. Deutscher Bundestag. 10. Wahlperiode. Drucksache 10/2541. Verlag H. Heger: Bonn
6. Schmidt K. (1986) Reform der Unternehmensbesteuerung. Erfordernisse und Lösungswege. Springer-Verlag: Berlin u. a. O.
7. Schumpeter J.A. (1918) Die Krise des Steuerstaates. Graz und Leipzig
8. Schumpeter J.A. (1950, 1972) Kapitalismus, Sozialismus und Demokratie. Übersetzung der Originalausgabe Capitalism, Socialism and Democracy. Harper & Brothers: New York 1942 von S. Preiswerk. 3. Aufl. A. Franke Verlag: München
9. Späth L. (1985) Wende in die Zukunft. Die Bundesrepublik auf dem Weg in die Informationsgesellschaft. Rowohlt Verlag: Hamburg

Der Kapitalstock der deutschen Volkswirtschaft – Anforderungen und Bestimmungsgründe Ende der 80er Jahre

ROBERT SCHWEBLER

Zusammenfassung

Die Entwicklung des Kapitalstocks der Bundesrepublik Deutschland steht ebenso wie die Ausstattung der Wirtschaft mit Finanzkapital in den 80er Jahren zunehmend in der Diskussion. Eine entsprechende Analyse zeigt, daß die Ausstattung der deutschen Unternehmen mit Sach- und Finanzkapital nach wie vor deutlich hinter dem zurückgeblieben ist, was für die Realisierung eines befriedigenden Wirtschaftswachstums und eines hohen Beschäftigungsgrades wünschenswert wäre. In diesem Beitrag werden deshalb auch wichtige Zielsetzungen für eine Verbesserung der Kapitalausstattung der Volkswirtschaft behandelt sowie darauf aufbauend mögliche wirtschaftspolitische Strategien aufgezeigt, die zu einem Kapitalstock führen, der mehr Wachstum und steigende Beschäftigung gleichermaßen garantiert.

1 Der Kapitalstock als Schlüsselgröße der gesamtwirtschaftlichen Entwicklung

In den zurückliegenden Jahren sind Fragen der volkswirtschaftlichen Kapitalausstattung verstärkt in den Blickpunkt des wirtschaftspolitischen und wirtschaftswissenschaftlichen Interesses gerückt. Ein gestiegener struktureller Anpassungsbedarf, Veränderungen in der internationalen Arbeitsteilung sowie deren Intensivierung und nicht zuletzt die ungelösten Probleme am Arbeitsmarkt haben Umfang und Qualität des Kapitalstocks mehr denn je zu einer Schlüsselgröße der gesamtwirtschaftlichen Entwicklung werden lassen. Angemessenes Wirtschaftswachstum und steigender Wohlstand sind nicht möglich ohne ständige Innovationen, die Vergrößerung der Sachkapazitäten und eine Zunahme der Produktivität. Ebenso ist der Ausbau des Kapitalstocks – auch international – die entscheidende Voraussetzung für ein hinreichendes Angebot an wettbewerbsfähigen Arbeitsplätzen.

Die Kapitalausstattung einer Volkswirtschaft hat zwei Komponenten, die auf das engste miteinander verknüpft sind. Die eine Komponente stellt der Kapitalstock dar, also die Ausstattung mit Sachkapital wie Maschinen, Anlagen, Fahrzeugen und dergleichen. Die andere Komponente ist das Geldkapital, also die für die Finanzierung des Sachkapitals verfügbaren Mittel. Nachfolgend werden insbesondere die Anforderungen behandelt, denen der Kapitalstock eines hochindustrialisierten, stark exportabhängigen Landes wie der Bundesrepublik Deutschland gerecht werden muß. Hier kann nicht zuletzt auf viele Gedanken und Ansichten zurückgegriffen werden, die

Lothar Späth in seinen Reden und Veröffentlichungen zu diesem Thema unterbreitet hat. Dabei wird auch auf die Voraussetzungen einzugehen sein, die im Bereich der Geldkapitalbildung erfüllt sein müssen, um die Investitionen tätigen zu können, die für einen nach Umfang und Struktur ausreichenden Kapitalstock erforderlich sind.

2 Die Entwicklung des Kapitalstocks in der Bundesrepublik Deutschland

Weit überwiegend wird die Ansicht vertreten, daß die Ausstattung der deutschen Unternehmen mit Sachkapital trotz der spürbaren Belebung der Investitionstätigkeit seit Mitte der 80er Jahre noch immer deutlich hinter dem zurückgeblieben ist, was gemessen an den Zielsetzungen eines befriedigenden Wirtschaftswachstums und eines hohen Beschäftigungsstandes wünschenswert wäre. Bereits einige wenige Kenngrößen lassen die Problemlage bei der Sachkapitalausstattung deutlich sichtbar werden (s. auch Tabelle 1):

– Das Wachstum des Kapitalstocks der deutschen Volkswirtschaft, das im Durchschnitt der 60er Jahre bei knapp 6 Prozent lag, hat sich in den 70er Jahren auf 4 1/2 Pro-

Tabelle 1. Entwicklung der Sachkapitalausstattung in der Bundesrepublik Deutschland. Quelle: Statistisches Bundesamt, Sachverständigenrat

Jahr	Reproduzierendes Bruttoanlagenvermögen zu Wiederbeschaffungspreisen[a] Alle Wirtschaftsbereiche	Reproduzierendes Bruttoanlagenvermögen zu Wiederbeschaffungspreisen[a] Warenproduzierendes Gewerbe	Kapitalstock[b] in Preisen von 1980 Unternehmen ohne Wohnungsbau	Produktionspotential[c] in Preisen von 1980 Gesamtwirtschaft	Bruttoanlageinvestitionen in Preisen von 1980 Gesamtwirtschaft
			Mrd. DM		
1960	825,0	209,6	1056	–	189,9
1970	2142,9	546,3	1899	1132,8	291,9
1980	5756,3	1277,7	2847	1519,4	335,8
1981	6371,2	1380,3	2944	1551,8	319,7
1982	6868,7	1471,1	3030	1579,8	302,9
1983	7160,5	1515,9	3111	1601,8	312,4
1984	7575,4	1568,4	3193	1629,0	314,9
1985	7945,0	1617,7	3278	1651,7	313,9
1986	8242,7	...	...	1680,7	325,0
		Jahresdurchschnittliche bzw. jährliche Veränderung			
60/70	10,0	10,1	6,0	–	4,4
70/80	10,4	8,9	4,2	3,0	1,4
1981	10,7	8,0	3,4	2,1	–4,8
1982	7,8	6,6	2,9	1,8	–5,3
1983	4,2	3,1	2,7	1,4	3,2
1984	5,8	3,5	2,6	1,7	0,8
1985	4,9	3,1	2,6	1,4	–0,3
1986	3,7	...	...	1,8	3,5

[a] Dauerhafte reproduzierende Produktionsmittel
[b] Jahresdurchschnittliches Bruttoanlagevermögen
[c] Von der Sachkapitalausstattung her gegebene gesamtwirtschaftliche Produktionsmöglichkeiten

zent verlangsamt und ist in den 80er Jahren weiter auf unter 3 Prozent abgesunken. Im industriellen Sektor hat sich das Wachstum des Kapitalstocks noch wesentlich stärker abgeschwächt.

– Die Altersstruktur des Kapitalstocks hat sich kontinuierlich verschlechtert. Waren 1970 28 Prozent aller Anlagen noch jünger als 5 Jahre, so sind es Mitte der 80er Jahre nur gut 22 Prozent. Der Anteil der Anlagen, die älter als 20 Jahre sind, hat sich demgegenüber im gleichen Zeitraum von knapp 50 Prozent auf knapp 60 Prozent erhöht. Das zunehmende Alter des Kapitalstocks korrespondiert mit einem abnehmenden Modernitätsgrad.

– Die Entwicklung der gesamtwirtschaftlichen Produktionsmöglichkeiten ist wegen einer sinkenden Kapitalproduktivität lange Zeit noch stärker eingeschränkt worden, als es das verlangsamte Wachstum des Kapitalstocks ohnehin vermuten läßt. Ursächlich dafür war, daß zur Erstellung einer Produktionseinheit ein immer höherer Kapitaleinsatz notwendig geworden ist. Seit Mitte der 80er Jahre ist allerdings wieder ein leichter Anstieg der Kapitalproduktivität zu beobachten.

– Mangelnde Investitionsdynamik, deutliche Verlangsamung des Kapitalstockwachstums und weiter sinkende Kapitalproduktivität haben im Ergebnis den Wachstumsspielraum der deutschen Volkswirtschaft zunächst unmerklich und dann immer deutlicher eingeengt. Während in den 60er Jahren im verarbeitenden Gewerbe wie in der Volkswirtschaft insgesamt von den Sachkapazitäten her gesehen jährliche Zuwachsraten an möglicher Produktionsleistung von 4 bis 5 Prozent und in der ersten Hälfte der 70er Jahre immerhin noch jährliche Zuwachsraten von rund 3 1/2 Prozent realisierbar waren, so hat sich der Wachstumsspielraum seitdem halbiert. Für die Volkswirtschaft insgesamt hat der Sachverständigenrat die Zunahme des Produktionspotentials in den letzten Jahren nur noch auf jährlich 1 1/2 bis 2 Prozent beziffert.

3 Die Ausstattung mit Finanzkapital in der Bundesrepublik Deutschland

Die mit der unzureichenden Ausstattung mit realen Produktionskapazitäten verbundene gesamtwirtschaftliche Problemlage steht in engem Zusammenhang mit der ebenfalls eingetretenen Verschlechterung der finanziellen Kapitalausstattung. Sie ist vor allem die Folge gesunkener Erträge und erschwerter Finanzierungsmöglichkeiten. Die Eigenkapitalausstattung wurde dadurch zunehmend geringer. Auch dieser Auszehrungsprozeß soll durch einige wenige Zahlen belegt werden (s. auch Tabelle 2):

– Die deutsche Bundesbank weist in ihrer Bilanzstatistik für die Unternehmen im produzierenden Gewerbe und im Handel einen Rückgang des Eigenkapitals gemessen an der Bilanzsumme von 30 Prozent Mitte der 60er Jahre auf rund 18 1/2 Prozent (1985) aus.

– Nach der Bilanzstatistik des Statistischen Bundesamtes ist die Eigenkapitalquote der Aktiengesellschaften im produzierenden Gewerbe von 36 Prozent Mitte der 60er Jahre auf knapp 27 Prozent (1984) zurückgegangen.

– Auch der Anteil der langfristig zur Verfügung stehenden Finanzierungsmittel, also neben Eigenmitteln auch Pensionsrückstellungen und langfristige Kredite, ist gemessen an der Bilanzsumme von 55 Prozent Mitte der 60er Jahre auf 45 Prozent (1985) zurückgegangen.

Tabelle 2. Entwicklung der Finanzkapitalausstattung der gewerblichen Wirtschaft in der Bundesrepublik Deutschland. Quelle: Deutsche Bundesbank, Statistisches Bundesamt

Jahr	Eigenmittel in vH der Bilanzsumme[a]	Eigenkapitalquote der Aktiengesellschaft in vH[b]	langfristig zur Verfügung stehendes Kapital in vH der Bilanzsumme[a]	Jahresüberschuß vor Steuern in vH des Umsatzes[a]
1965	29,8	–	54,9	8,8
1970	26,7	32,3	53,1	6,6
1971	25,9	31,5	53,1	6,3
1972	24,6	31,0	53,0	6,4
1973	24,0	29,8	52,6	5,7
1974	23,7	28,4	53,2	5,0
1975	23,7	28,2	54,6	5,1
1976	23,1	27,2	53,9	5,7
1977	22,9	27,5	49,6	5,5
1978	22,4	27,8	48,7	5,6
1979	21,7	26,8	47,0	5,5
1980	19,8	26,3	45,6	4,8
1981	18,8	25,7	45,0	4,2
1982	18,4	26,2	45,0	4,1
1983	18,3	26,1	45,3	4,4
1984	18,2	26,7	45,0	4,4
1985	18,5	...	ca. 45	4,5

[a] in der Gewerblichen Wirtschaft
[b] im Produzierenden Gewerbe

4 Bestimmungsgrößen der Entwicklung des Kapitalstocks

Der in einer Volkswirtschaft vorhandene Kapitalbestand ist das Ergebnis vorangegangener Investitionen. Ausbau und Erneuerung des volkswirtschaftlichen Kapitalbestandes werden also durch die Investitionstätigkeit bestimmt, wobei auch die Nutzungsdauer der Sachinvestitionen zu berücksichtigen ist. Dementsprechend sind die Bestimmungsgrößen des Kapitalstocks weitgehend identisch mit jenen Faktoren, die die Investitionstätigkeit determinieren.

Wieviel investiert wird, hängt in erster Linie von den Absatzerwartungen, der Ertragslage, den Gewinnerwartungen, der steuerlichen Behandlung von Investitionen und Gewinnen und der Einschätzung der mit der Investition verbundenen Risiken zusammen. Die Investitionsschwäche der deutschen Wirtschaft in den 70er und frühen 80er Jahren muß demzufolge auf eine deutliche Verschlechterung der Ertragslage und eine zurückhaltende Einschätzung der Gewinnchancen bei gleichzeitig steigenden Investitionsrisiken zurückgeführt werden. Zu dieser Verschlechterung der Investitionsbedingungen haben ihrerseits wiederum eine Reihe außen- wie binnenwirtschaftlicher Probleme und Fehlentwicklungen beigetragen.

Für die stark mit der Weltwirtschaft verflochtene deutsche Volkswirtschaft gingen von den Ölpreiskrisen und der weltweiten Rezession erhebliche Belastungen aus. Hinzu kam, daß sich die Bundesrepublik Deutschland mit strukturellen Verschiebungen in der internationalen Arbeitsteilung und einer verschärften internationalen Konkurrenz konfrontiert sah. Die außenwirtschaftlichen Risiken wurden zudem durch die ganz erheblichen Schwankungen des Außenwerts der D-Mark im Zeitablauf verstärkt.

Im binnenwirtschaftlichen Bereich belasteten vor allem in der Vergangenheit eine Verschärfung des Verteilungskampfes und überzogene Ansprüche des Staates an das Sozialprodukt die Investitionsbereitschaft und Investitionsfähigkeit der Unternehmen. Die mit einer übermäßigen Belastung durch Löhne, Steuern und Abgaben verbundene inflationäre Entwicklung und ein überhöhtes Zinsniveau für Geldanlagen wirkten sich in dieser Zeit ebenfalls ungünstig auf die Investitionsbereitschaft aus. Bei einer Geldkapitalrendite, die über den mit Sachkapital zu erzielenden Erträgen liegt, ist ein Rückgang der Investitionstätigkeit eine zwangsläufige Folge.

Im Ergebnis kann festgehalten werden: Die Bilanzstrukturen haben sich deutlich verschlechtert. Der Anteil langfristig zur Verfügung stehenden Kapitals, insbesondere in Form von Eigenmitteln, hat sich drastisch zurückgebildet. Mit der Verschlechterung der Kapitalstruktur sank aber die Fähigkeit der Unternehmen, Risiken zu übernehmen, eine Fähigkeit, die gerade wegen steigender Anpassungsaufgaben im Wettbewerb besonders gefordert ist. Die Investitionsquote ging zurück und bei den verbliebenen Investitionen nahm der Anteil der besonders risikobehafteten und längerlebigen Investitionen mit den entsprechenden Folgen für Sachkapital, Produktion und Beschäftigung ab. Die vorhandenen, wirtschaftlich nutzbaren Sachkapazitäten setzen einem Produktions- und Beschäftigungsanstieg heute relativ enge Grenzen. Die Anforderungen, die an Niveau und Struktur der Ausstattung einer modernen, wachsenden Volkswirtschaft mit Geld- und Sachkapital zu stellen sind, können also in der Bundesrepublik Deutschland derzeit nur als bedingt erfüllt angesehen werden.

Seit dem im Herbst 1982 eingeleiteten wirtschaftspolitischen Kurs der marktwirtschaftlichen Erneuerung haben sich die Investitionsbedingungen der Unternehmen allerdings wieder deutlich verbessert. Steuerliche Entlastung, Stabilisierung der Erwartungen, Konsolidierung der Staatsfinanzen, Wiedergewinnung der Preisstabilität und Abbau bürokratischer Hemmnisse haben über eine generelle Verbesserung der Angebotsbedingungen zur Schaffung eines investitionsfreundlichen Klimas beigetragen. Die positive Entwicklung bei der Investitionstätigkeit der letzten Jahre hat allerdings erst bewirken können, daß der über einen langen Zeitraum hinweg stetige Rückgang des Kapitalstockwachstums Mitte der 80er Jahre zum Stillstand gekommen ist. Daß der Kapitalstock auf Veränderung der Investitionstätigkeit erst sehr allmählich reagiert, liegt daran, daß die Investitionen eines Jahres die gesamte Kapitalausstattung einer Volkswirtschaft volumenmäßig nur relativ gering zu verändern in der Lage sind. So beträgt z. B. der Anteil der Bruttoinvestitionen der Unternehmen ohne Wohnungsvermietung am Kapitalstock dieses Bereiches in den 80er Jahren nur rund fünf Prozent.

Für die nächste Zukunft sollte nicht zuletzt wegen der bereits eingetretenen Verbesserung der Ertragslage und der günstigeren Finanzierungsstruktur aufgrund verbesserter Finanzierungsverhältnisse mit einem Anhalten der Investitionskonjunktur und damit auch einer wieder zunehmend besseren Sachkapitalausstattung zu rechnen sein. Die Zunahme der Gewinne und der Rückgang der langfristigen Zinsen ermöglichen eine bessere Ausstattung der Unternehmen mit Eigenkapital und ebenso mit langfristigem Fremdkapital. Dies erleichtert wiederum die (Außen-)Finanzierung auch von risikoreichen Investitionen und fördert den Zustrom von Fremd- und Risikokapital.

5 Zielsetzungen einer besseren volkswirtschaftlichen Kapitalausstattung

Eine bessere Kapitalausstattung der deutschen Volkswirtschaft ist aus einer Vielzahl von Gründen ein dringendes Erfordernis. Nachfolgend werden drei besonders wichtige Zielsetzungen für eine Verbesserung der Kapitalausstattung behandelt: Die Schaffung von Arbeitsplätzen, der Schutz von Natur und Umwelt sowie die Sicherung der Altersvorsorge.

5.1 Schaffung von Arbeitsplätzen

Vom Ziel eines hohen Beschäftigungsstandes ist die Wirtschaft der Bundesrepublik Deutschland trotz der Rückkehr auf einen moderaten Wachstumspfad noch immer weit entfernt. Zwar ist die Anzahl der Beschäftigten in den letzten Jahren wieder gestiegen, indes ist die Arbeitslosenzahl Mitte der 80er Jahre aufgrund der demographischen Entwicklung nach wie vor hoch.

Die hohe Arbeitslosigkeit kann mit Aussicht auf Erfolg nur über eine noch wesentlich kräftigere Ausweitung des Angebots an Arbeitsplätzen abgebaut werden. Eine intensivere Nutzung der vorhandenen Produktionsanlagen reicht dafür nicht aus. Auf das Wachstum der Produktionsmöglichkeiten, nicht auf die bessere Auslastung der vorhandenen Produktionskapazitäten kommt es an. Nach Berechnungen des Sachverständigenrates zur Begutachtung der gesamtwirtschaftlichen Entwicklung entspricht die derzeitige Auslastung des Produktionspotentials in etwa dem langjährigen Durchschnitt. Die hohe Arbeitslosigkeit ist daher weniger ein konjunkturelles als vielmehr ein strukturelles Problem.

Bedenkt man, daß die durchschnittliche Kapitalausstattung eines Arbeitsplatzes im verarbeitenden Gewerbe heute bei 130000 bis 150000 DM liegt, wird deutlich, welches Investitionsvolumen zur Wiedergewinnung der Vollbeschäftigung erforderlich ist. Allein unter diesem Aspekt bedarf es einer deutlichen Erhöhung der Investitionsquote. Ein größerer Teil der gesamtwirtschaftlichen Produktionsleistung muß also für die Sachkapitalbildung verwendet werden. Würde man die unzureichende Investitionsquote von derzeit 20 Prozent wieder auf die bis Anfang der 70er Jahre üblichen 25 Prozent hochfahren, ergäbe sich eine zusätzliche Kapitalbildung in heutigen Preisen gerechnet von mehr als 100 Mrd. DM jährlich. Aber selbst bei solchen Veränderungen in der Verwendung des Sozialproduktes stellen sich fühlbare Auswirkungen auf das vorhandene Sachkapital, das gegenwärtig zu Wiederbeschaffungspreisen gerechnet auf rund 8500 Mrd. DM zu beziffern ist, erst nach einer längeren Phase kräftiger Investitionen ein.

5.2 Schutz von Natur und Umwelt

Ein hoher Investitionsbedarf zur Erneuerung des Kapitalstocks resultiert auch aus den gestiegenen Anforderungen an den Schutz der natürlichen Umwelt. Saubere Luft, klare Flüsse und Seen, eine gesunde Tier- und Pflanzenwelt und damit mehr Lebensqualität für die Menschen sind nicht gegen Ökonomie und Technik zu erreichen, sondern gerade durch den ökonomischen Einsatz moderner Technologien. Es kommt nicht darauf an, den Scheinkonflikt zwischen Ökonomie und Ökologie zugunsten eines der beiden Bereiche zu lösen, sondern die realen Möglichkeiten für eine Harmonie von ökonomischen und ökologischen Erfordernissen zu nutzen.

Die Möglichkeiten und der Bedarf für ökonomisch und ökologisch sinnvolle Investitionen sind in reichem Maße vorhanden. Chancen zum Energiesparen, zur Landschaftsschonung, zur Emissionsreduzierung und für Recyclingprozesse wichtiger Rohstoffe bestehen in der industriellen Produktion ebenso wie im Städte- und Wohnungsbau oder bei Kommunikations-, Verkehrs- und Transportsystemen.

Generell wird die allmähliche Transformation unserer Industriegesellschaft in eine Informationsgesellschaft zur Entlastung der Umwelt und des Ressourcenverbrauchs nachhaltig beitragen. Zwei Beispiele hierfür: Ebenso wie Computersimulationen zunehmend Prototypen und Testverfahren ersetzen können, ermöglicht die mikroelektronische Meß-, Steuer- und Regeltechnik einen rationellen Energieeinsatz.

Die Chancen neuer Technologien müssen freilich auch genutzt werden. Eine rational kaum faßbare Technikfeindlichkeit, die heute vielfach anzutreffen ist, darf nicht zum unüberwindlichen Hindernis für die Durchsetzung des technischen Fortschritts werden. Denn die vielzitierte Versöhnung von Ökonomie und Ökologie erfordert gerade die Nutzung von modernster Technologie.

Verschwiegen werden soll bei alle dem nicht, daß eine gesunde Umwelt und mehr Lebensqualität nicht zum „Nulltarif" zu haben sind. Doch sollte angesichts des hohen Stellenwerts, den der Umweltschutz heute im öffentlichen Bewußtstein einnimmt, ein Konsens darüber zu finden sein, wie die zusätzlichen Kosten umweltverträglicher Produkte und Produktionsverfahren zu verteilen sind. Dieser Konsens wird sich in einer wachsenden Wirtschaft im übrigen wesentlich leichter einstellen als in einer stagnierenden oder sogar schrumpfenden Wirtschaft, in der mehr Umweltschutz durch Verzicht auf andere Güter erkauft werden müßte.

Investitionen für den Umweltschutz bedeuten weiterhin auch mehr Arbeitsplätze und tragen zur internationalen Wettbewerbsfähigkeit bei. Der Bedarf an umweltverträglichen Produkten und Produktionsverfahren wird weltweit steigen. Man denke nur an die Katalysatoren für Kraftfahrzeuge und die Entschwefelungs- und Entstickungsanlagen für Kraftwerke.

Zu betonen ist schließlich, daß im Rahmen geeigneter politischer und rechtlicher Normen auch bei der Lösung der Umweltfrage prinzipiell der Markt als überlegener Steuerungsmechanismus anzusehen ist. Er sendet über die Entwicklung der relativen Preise jene Knappheitsindikatoren aus, die Unternehmen und Verbraucher zu einer Anpassung an die ökologischen Erfordernisse veranlassen. Der Markt kann in der Regel besser als staatliche Interventionen dafür sorgen, daß mit den natürlichen Ressourcen sparsam umgegangen wird sowie Produktionsverfahren und Produkte umweltschonender gestaltet werden.

5.3 Sicherung der Altersvorsorge

Ein weiterer Grund für die Ausweitung der volkswirtschaftlichen Kapitalausstattung ist in der künftigen Bevölkerungsentwicklung und den damit – nicht zuletzt im Bereich der Altersvorsorge – verbundenen Problemen zu sehen. Die deutsche Bevölkerung befindet sich in einem zunehmenden Prozeß der Überalterung. Heute kommen auf zehn Personen im erwerbsfähigen Alter noch drei bis vier ältere Menschen, während binnen einer Generation voraussichtlich zehn Erwerbspersonen schon sieben bis acht ältere Menschen zu versorgen haben werden. Soll der Lebensstandard der älteren Menschen gewahrt werden, wird also die Erwerbstätigengeneration ihre Anstrengungen verdoppeln müssen. Würden dagegen die Erwerbstätigen nur den gleichen Anteil wie bisher für die Alterssicherung aufbringen, würde sich der Versorgungsgrad älterer Menschen entscheidend verschlechtern. Für die gesetzliche Rentenversicherung, die gegenwärtig den Schwerpunkt der Altersversorgung bildet, bedeutet dies, daß entweder die Beitragssätze von derzeit 18 Prozent auf etwa 35 Prozent steigen oder die Renten auf nur noch 25 Prozent des Bruttoarbeitsentgeltes abgesenkt werden müßten.

Wenn weder die Leistungsbereitschaft und die Leistungsfähigkeit von Bürgern und Unternehmen durch nicht mehr tragbare Beitragssätze nachhaltig beeinträchtigt werden noch gravierende Sicherheitslücken entstehen sollen, dann ist eine Gewichtsverlagerung von der kollektiven zur eigenverantwortlichen Vorsorge unerläßlich. Bei der Sicherung der Altersvorsorge durch eine derartige Gewichtsverlagerung insbesondere auf die Lebensversicherung ist keine Zeit mehr zu verlieren. Denn, so hat das Ifo-Institut in einer Untersuchung zu dieser Problematik ausgeführt, die zusätzliche private Vorsorge muß entsprechend dem dabei zur Anwendung kommenden Kapitaldekkungsverfahren bereits heute schon in die Wege geleitet werden, um in den Jahren nach 2000 in Form von ergänzenden Alterseinkommen zur Verfügung stehen zu können.

Durch eine verstärkte Altersvorsorge nach dem Kapitaldeckungsverfahren würde zugleich die Kapitalbildung in der Volkswirtschaft angeregt. Diese zusätzliche Kapitalbildung würde ihrerseits das Wirtschaftswachstum fördern und höhere Zuwächse des Realeinkommens ermöglichen. Schneller steigende Realeinkommen wiederum würden den materiellen Vorsorgespielraum spürbar erweitern und damit auch längerfristig ein hohes Vorsorgeniveau sicherstellen.

6 Wirtschaftspolitische Strategien für eine bessere Kapitalausstattung

Zur Schaffung eines Kapitalstocks, der den Anforderungen einer leistungs- und konkurrenzfähigen Volkswirtschaft gerecht wird, kann die Wirtschaftspolitik einen wichtigen Beitrag leisten. Im Vordergrund sollte dabei die Stärkung privater und unternehmerischer Initiative durch Rückführung der Staatsquote, Beibehaltung einer soliden Haushaltspolitik, Senkung der Steuern für Unternehmen und Haushalte sowie der Abbau bürokratischer Hemmnisse stehen. All diese Komponenten einer angebotsorientierten Wirtschaftspolitik marktwirtschaftlicher Prägung zielen im Kern darauf ab, durch mehr Wachstum und mehr Investitionen für steigende Beschäftigung und größeren Wohlstand zu sorgen.

Die so umrissene Wirtschaftspolitik bedarf einer Reihe flankierender Maßnahmen. So hat die Geldpolitik insbesondere für die Währung der Preisniveaustabilität als unverzichtbare Basis wirtschaftlicher Dynamik Sorge zu tragen. Die Tarifpolitik ist in der Verantwortung dafür, daß weder überhöhte Lohnkosten noch mangelnde Flexibilität am Arbeitsmarkt die Entfaltung der Wachstumkräfte hemmen. Von besonderer Bedeutung ist auch die internationale Abstimmung der Wirtschaftspolitik, die nicht zuletzt die Wahrung des freien Welthandels und die weitere Funktionsverbesserung des internationalen Währungssystems zum Ziel haben muß.

Unmittelbar auf Investitionstätigkeit und Kapitalausstattung sollten weitere Elemente einer marktwirtschaftlichen Wachstumsstrategie abzielen:

– Die Eigenkapitalbasis der Unternehmen sollte gestärkt und die Voraussetzungen für die Bereitstellung langfristigen Kapitals sollten verbessert werden. Die 1987 in Kraft getretene Erleichterung der Anlagemöglichkeiten für Versicherungsunternehmen und Kapitalanlagegesellschaften sowie Neuregelungen des gesetzlichen Kündigungsrechts bei langfristigen Darlehen sind Schritte in diese Richtung. Das gilt auch für das Börsenzulassungsgesetz und das Gesetz über Unternehmensbeteiligungsgesellschaften, die Mitte 1987 wirksam werden.

– Der Strukturwandel ist durch Modernisierung der wirtschaftsnahen Infrastruktur, Einsatz des arbeitsmarktpolitischen Instrumentariums und regionale Förderung privater Investitionen zu erleichtern.

– Für den raschen und effizienten Einsatz neuer Technologien und die Stärkung des Innovationspotentials sind die entsprechenden rechtlichen und forschungspolitischen Voraussetzungen zu schaffen.

– Von besonderer Bedeutung ist die künftige Gestaltung des sozialen Sicherungssystems. Eine am Subsidiaritätsprinzip orientierte Gewichtsverlagerung auf die eigenverantwortliche Vorsorge wäre, wie erwähnt, insbesondere wegen des in der Lebensversicherung angewandten Kapitaldeckungsverfahrens auch mit einer verstärkten volkswirtschaftlichen Geldkapitalbildung verbunden. Die so angesammelten Mittel stünden für die langfristige Investitionsfinanzierung zur Verfügung. Die individuelle Altersvorsorge durch die Lebensversicherung, die auch die gesetzliche Rentenversicherung von ihren demographisch bedingten Problemen spürbar entlasten würde, könnte neben einer generellen Begrenzung der Steuer- und Abgabelast des Bürgers auch durch spezifische steuer- und vermögenspolitische Regelungen spürbar gefördert werden. Mit der Ausweitung der privaten Vorsorge über die Lebensversicherung wäre nämlich das Ziel der Sicherung einer ausreichenden Altersvorsorge mit der Notwendigkeit, den volkswirtschaftlichen Kapitalbildungsprozeß dauerhaft zu stärken, optimal verknüpft.

Es zeigt sich, daß es auch für eine angebotsorientierte Wirtschaftspolitik, die auf Aktionismus und Interventionismus verzichtet, stattdessen auf eine Stärkung der Marktkräfte abzielt, viel zu tun gibt. Wenn es der Wirtschaftspolitik gelingt, den adäquaten Ordnungsrahmen für mehr Wachstum und Beschäftigung zu setzen, wird es der Wirtschaft auf der Grundlage einer hinreichenden Finanzausstattung möglich sein, nach Volumen und Struktur jene Investitionen zu tätigen, die zu einem Kapitalstock führen, der Wachstum, Beschäftigung und Wohlstand garantiert.

Literatur

1. Albach H (1983) Zur Versorgung der deutschen Wirtschaft mit Risikokapital. Materialien des Instituts für Mittelstandsforschung. Bonn
2. Baumgart E R (1978) Kapital III, Messung des Kapitalstocks. Handwörterbuch der Wirtschaftswissenschaft. Band 4. Vandenhoeck & Ruprecht, Stuttgart u. a.: 369-378
3. Fritsch U (1981) Die Eigenkapitallücke in der Bundesrepublik. Köln

4. Ifo-Institut: Leibfritz W, u.a. (1986) Sicherung der Altersvorsorge durch Aufgabenteilung zwischen Individualversicherung und gesetzlicher Rentenversicherung. München
5. Ifo-Institut: Sherman H C (1983) Bedeutung und zukünftige Entwicklung des langfristigen Kredits unter Berücksichtigung des § 247 BGB. München
6. Neumann M (1980) Wachstumspolitik. Handwörterbuch der Wirtschaftswissenschaft. Band 8. Vandenhoeck und Ruprecht, Stuttgart u. a.: 462-475
7. Neumann M (1986) Möglichkeiten zur Entlastung der gesetzlichen Rentenversicherung durch kapitalbildende Vorsorgemaßnahmen. Mohr (Paul Siebeck), Tübingen
8. o.V. (1986) Die Bedeutung der Ertragsverhältnisse der Unternehmen für Investitionen und Beschäftigung. Monatsberichte der Deutschen Bundesbank 4: 17-24
9. o.V. (1986) Ertragslage und Finanzierungsverhältnis der Unternehmen im Jahre 1985. Monatsberichte der Deutschen Bundesbank 11: 13-29
10. Pohl R (1986) Zur Finanzierungsstruktur der Unternehmen. DIW-Wochenbericht 8: 97-102
11. Sachverständigenrat zur Begutachtung der gesamtwirtschaftlichen Entwicklung (1982 ff) Jahresgutachten. Heger, Bonn
12. Schieren W (1986) Unternehmensfinanzierung und Assekuranz. Henn R, Schickinger W F (Hrsg). Staat, Wirtschaft, Assekuranz und Wissenschaft. Festschrift für Robert Schwebler. Versicherungswirtschaft, Karlsruhe: 795-802
13. Schlesinger H (1984) Unternehmensfinanzierung und Wettbewerbsfähigkeit. Zeitschrift für betriebswirtschaftliche Forschung: 6-15
14. Schneider D (1986) Lücken bei der Begründung einer „Eigenkapitallücke". Der Betrieb: 2293-2298
15. Schüler M (1986) Finanzierung von Umweltschutzinvestitionen. Henn R, Schickinger W F (Hrsg). Staat, Wirtschaft, Assekuranz und Wissenschaft. Festschrift für Robert Schwebler. Versicherungswirtschaft, Karlsruhe: 825-840
16. Schwebler R (1985) Volkswirtschaftliche Kapitalausstattung und Individualversicherung. Versicherungswirtschaft, Karlsruhe: 1536-1542
17. Späth L (1985) Wende in die Zukunft. Rowohlt, Reinbeck bei Hamburg
18. Thormählen T, Michalk J (1983) Leiden die deutschen Unternehmen an mangelnder Eigenkapitalausstattung? Wirtschaftsdienst: 87-95

Sind die Renten sicher?

Klaus Spremann

I. Einführung

Vor wenigen Jahren hat eine Materie, die bis dahin selbst von wissenschaftlicher Seite fast unbeachet geblieben war, plötzlich das Interesse der Öffentlichkeit gefunden: die Altersversorgung. Jedermann wurde sich der geänderten demographischen Entwicklung in Deutschland bewußt. Angesichts niedrigerer Geburtenraten sowie der zunehmend höheren Lebenserwartung sah man die Finanzierung der Renten in Gefahr.

In der öffentlichen Diskussion haben sich einige Grundaussagen herausgeschält, die allgemein als einsichtig gelten und deshalb nicht weiter hinterfragt werden. Zu diesen weithin akzeptierten Formulierungen gehören Behauptungen wie:

Aussage 1: Die Altersversorgung ruht auf drei Säulen.
Aussage 2: Sicherheit der Renten bedeutet Finanzierbarkeit der Renten.
Aussage 3: Die demographische Entwicklung ist der entscheidende Faktor.
Aussage 4: Die Rentenproblematik stellt den Staat vor eine gewaltige Verteilungsaufgabe.

Diese Aussagen klingen kaum überraschend. Ihre wissenschaftliche Reflektion vor einem produktionstheoretischen Hintergrund zeigt jedoch, daß alle vier Formulierungen falsch oder zumindest unkorrekt sind und einer Verbesserung bedürfen. Der Hauptgrund ist darin zu sehen, daß die historischen Produktionsfaktoren Arbeit und Kapital ebensowenig wie die herkömmliche Rollenverteilung von Arbeitnehmern, Kapitaleignern und Staat ohne Modifikation auf die zukünftige Gesellschaft übertragen werden kann.

Die nachstehende Argumentation möchte auf die in den Aussagen enthaltenen Fehler aufmerksam machen und die nötigen Revisionen als Thesen vorstellen. Ein Blick soll dabei auch auf die wirtschaftspolitischen Implikationen geworfen werden. Natürlich kann hier und von einem einzelnen keine Thematik abschließend erörtert werden, von der Lawrence H. Thompson zutreffend bemerkt: „To date, the Social Security reform debate has consisted largely of a set of analyses with conflicting implications ..." (1983).

II. Wieviele Säulen hat die Altersversorgung?

Alle Gesellschaften und Wirtschaftsgemeinschaften verfügen über differenzierte Instrumente und Einrichtungen, mit denen ihre Mitglieder Vorsorge treffen und auch Hilfe erhalten können. Diese sozialen Instrumente haben eine empathische, traditionelle, moralische, ökonomische oder gesetzliche Grundlage. Die bewirkte Unterstützung mag geistiger Beistand sein, aus Dienstleistungen bestehen oder einen finanziellen Transfer darstellen. Sie kann Hilfe zur Selbsthilfe darstellen, innerhalb von Familien stattfinden oder auch zwischen verschiedenen Einkommenschichten, staatlichen Einrichtungen, oder verschiedenen Generationen organisiert sein.

Eine *Definition*: Als System der Altersversorgung verstehen wir diejenigen sozialen Instrumente, die die Lebensqualität der Familie im Altersruhestand gewährleisten. Dabei kommt es primär nicht auf die nominale Höhe von Zahlungen an, welche Rentner oder Hinterbliebene erhalten, sondern auf ihre Versorgung mit realen Gütern und Diensten. Hier sind nicht nur private, sondern auch öffentliche Güter gemeint.

Wie man auch immer diese Begriffsbildung präzisieren und auslegen mag, klar ist: Ein einziges soziales Instrument kann nicht ausreichen, allen Aspekten gerecht zu werden. Deshalb muß das Altersversorgungssystem wie ein *Portefeuille* aus mehreren Komponenten zusammengesetzt sein. In den marktwirtschaftlich orientierten und industriell entwickelten Ländern werden als drei Hauptkomponenten des Altersversorgungs-Portefeuilles diese Säulen gesehen (Winfried Schmähl 1974):

1. die gesetzliche Rentenversicherung einer staatlichen Institution, die (von Kanada abgesehen) über keine substantiellen Kapitalreserven verfügen und nach Umlageverfahren funktionieren.
2. die betrieblichen Altersversorgungswerke der einzelnen Unternehmen, wobei entsprechende Kapitalreserven in dem betreffenden Unternehmen (BRD) oder in mehreren Firmen (USA) angelegt sind.
3. die eigenverantwortliche Vorsorge der Individuen im marktwirtschaftlichen System, wozu Lebensversicherungen und Sparpläne ebenso gehören wie die Schaffung von Wohnungseigentum.

Bei dieser Drei-Säulen-Theorie wird jedoch eine Reihe weiterer sozialer Instrumente übersehen, die einen nicht geringen Einfluß auf die Lebensqualität im Alter haben. Auf die Ebene der Familie bezogen hat zweifellos die empathische Aufnahme ältere Menschen in den größeren Familienkreis und ihre Einbindung in das Leben der Jüngeren entscheidenden Einfluß auf ihre Lebensqualität. Aber auch auf kollektiver Ebene wirken Instrumente, deren unterschiedliche Ausgestaltung die Lebensqualität im Ruhestand erheblich tangiert.

Zu diesen kollektiven Leistungen und Angeboten sind zu rechnen:
- die Konditionen der Krankenversicherung für Rentner
- Umfang und Qualität von Pflegeleistungen
- Biologische Gesundheit des allernächsten Lebensraumes
- Service von Bus und Bahn für Ältere
- kulturelles Angebot
- von Kirchen gewährter geistiger Beistand
- kommunale Maßnahmen, die vorwiegend Älteren zugute kommen.

Die Liste ließe sich noch fortsetzen. Der Einfluß, den alle diese Leistungen und Angebote auf den Lebensstandard der Älteren haben, läßt sich der Größenordnung nach mit dem der anderen Säulen vergleichen. Zur Veranschaulichung der Bedeutung sei der Vergleich zweier Situationen gestattet, die gerade hinsichtlich der kollektiven Leistungen und Angebote für Rentner differieren: Möchten Sie Ihren Lebensabend bei gleicher Rentenhöhe lieber in Wien oder in Las Vegas verbringen?

Wirtschaftswissenschaftlich gesprochen und auf eine Formel gebracht handelt es sich bei den genannten Leistungen und Angeboten um *öffentliche Güter*, die vom Staat oder von Institutionen mit quasi-staatlichem Charakter bereitgestellt werden, und die überwiegend von Älteren in Anspruch genommen werden. Genauer gesagt handelt es sich bei den Leistungen und Angeboten um Mischformen zwischen privatem und öffentlichem Gut, jedenfalls aber nicht um rein private Güter. Dies bedeutet, daß die Nutzungskosten für diese Güter nicht proportional, sondern nur unterproportional mit ihrer Inanspruchnahme wachsen. Deshalb soll hier an der Bezeichnung „öffentliches Gut" festgehalten werden.

Grundsätzlich stehen öffentliche Güter allen zur Verfügung und nicht etwa nur einer Bevölkerungsgruppe. Ein öffentliches Gut kann jedoch in seiner Art so ausgestaltet und beschaffen sein, daß es zwar nicht in einem kausalen aber wohl in einem statistischen Sinn überwiegend von Teilgruppen der Bevölkerung genutzt wird.

Die Finanzierung von öffentlichen Gütern erfolgt nach Grundsätzen wie etwa dem Leistungsfähigkeitsprinzip und belastet somit in erster Linie die aktive berufstätige Generation. Deshalb wollen wir bei den genannten Leistungen und Angeboten für Ältere von *öffentlichen Gütern mit Verteilungswirkung* sprechen.

These 1: Es gibt eine vierte Säule, die bislang zu wenig Beachtung bei der Diskussion des Altersversorgungssystems gefunden hat, die aber wesentlich die Lebensqualität beeinflußt: die von Gemeinden, Ländern, Kirchen und staatlichen Einrichtungen bereitgestellten öffentlichen Güter mit Verteilungswirkung zugunsten der Älteren.

III. Welche Konsequenzen ergeben sich aus der Portefeuille-Perspektive?

Hinter jeder der vier Säulen steht eine Risikogemeinschaft. Dies sind erstens die Gemeinschaft aller Versicherungspflichtigen mit der Entwicklung ihrer Arbeitseinkommen, zweitens die Unternehmungen mit ihren Ertragsperspektiven sowie der Pensionssicherungsverein, drittens der Kapitalmarkt und viertens die öffentliche Meinung insoweit, als sie die politischen Ziele bei der Schaffung von öffentlichen Gütern mit Verteilungswirkung prägt. Die Rentabilität einer jeden Säule, also das Verhältnis von Leistungen zu Beiträgen werden ebenso wie die Zuverlässigkeit vom ökonomischen Schicksal der jeweiligen Risikogemeinschaft geprägt. Hierin differieren die vier Säulen erheblich und wirken folglich mit einem Diversifikationseffekt zusammen: Das Altersversorgungssytem ist ein Portefeuille.

Diese Portefeuille-Perspektive hat mehrere Konsequenzen.

Die erste Folgerung ist, daß eine einzelne Säule oder Komponente für sich allein kein perfektes Altersversorgungssystem ergeben muß. Vielmehr sollte jede Komponente die Grundpotentiale ihrer jeweiligen Risikogemeinschaft möglichst effizient umsetzen und ihre speziellen Vorteile in das Portefeuille einbringen. Die Sicherheit wird wesentlich durch Diversifikation im Portefeuille erreicht. Maßnahmen für die Verbesserung einzelner Komponenten dürfen nicht aus einer Partialbetrachtung abgeleitet werden, etwa mit der Zielsetzung, die betrachtete Einzelkomponente im Sinne einer alleinigen Altersversorgung zu perfektionieren. Es bedarf also einer ganzheitlichen Sicht aller vier Säulen, wenn über Strukturänderungen bei einzelnen Komponenten gesprochen wird.

Eine zweite Konsequenz der Portefeuille-Perspektive ist die Möglichkeit der Strukturierung: die Altersversorgung kann individuellen Umständen angepaßt werden. In gewissen Grenzen liegt es im Entscheidungsbereich des Einzelnen, mit welcher Intensität er die Komponenten in sein Altersversorgungs-Portefeuille einbezieht. Bei der eigenverantwortlichen Vorsorge ist diese Entscheidungsfreiheit zweifellos am größten. Insoweit der Einzelne seine persönlichen Umstände erkennen kann und dazu fähig ist, die Flexibilität des Altersversorgungssystems auszunutzen, erhöht er ohne Mehraufwand seinen späteren Lebensstandard.

Der Einzelne kann aber nur dann seine Altersversorgung vernünftig strukturieren, wenn er über die Perspektiven der vier Komponenten informiert ist. Informationen über die Zukunft sind immer vage. Dennoch wäre es im Hinblick auf die individuelle Planbarkeit gut, wenn die Komponenten und ihre verträglichen Rahmenbedingungen im Spiel politischer Kräfte nicht zu oft verändert würden. Insofern ist eherne Beständigkeit gelegentlich wichtiger als kurzfristig vorgenommene Anpassungen.

Ein Beispiel zu der erwünschten Beständigkeit und Konstanz der angebotenen Versorgungskomponenten: Bei der eigenverantwortlichen Vorsorge haben Marktzutrittsbarrieren und die Politik des Bundesaufsichtsamtes für Versicherungswesen dazu geführt, daß bisher eine vergleichsweise geringe Anzahl verschiedener Typen von Sparplänen mit Versicherungsschutz angeboten worden war. Wenn neue Anbieter beim Marktzutritt erst Barrieren überwinden müssen, bleiben die schon vorhandenen Anbieter nicht vor der Kritik verschont, sie würden zu wenig für die Eindämmung ihrer Verwaltungskosten tun. Als Lösung dieses Dilemmas wird oft die Öffnung des Marktes propagiert, denn der Marktmechanismus diszipliniert zu teure Anbieter und verdrängt sie. Tatsächlich sind in den letzten Jahren zusätzliche Anbieter aktiv geworden, was dazu geführt hat, daß laufend mit neuen Produkten von Financial Services um das Geld der Anleger geworben wird. Anders als für Konsumgüter könnte aber in dem Bereich der Altersvorsorge eine unüberblickbare Produktvielfalt und ein modischer Wechsel von Vertragsvarianten dem Ziel einer längerfristigen und effizienten Förderung der Kapitalbildung abträglich sein. Von daher könnte es gesamtwirtschaftlich sinnvoller sein, die Kosten durch geeignete Regulierungsmaßnahmen zu senken, als durch eine totale Öffnung des Marktes.

Die dritte Folgerung der Portefeuille-Perspektive betrifft den Unterschied zwischen den ersten drei und der vierten Säule. Die ersten drei Säulen tragen zum Lebensstandard der Älteren dadurch bei, daß sie ihnen Geld für den Kauf privater Güter geben. Hier ist der gesamtwirtschaftliche Aufwand für die Altersversorgung proportional zur Anzahl von Rentenempfängern. Die vierte Säule betrifft öffentliche Güter, die den Lebensstandard der Älteren erhöhen. Wie gesagt wachsen die Kosten für die Bereitstellung eines öffentlichen Gutes nur unterproportional mit der Nutzung. Die Struktur des Altersversorgungs-Portefeuilles beeinflußt folglich, wie stark sich der Anteil des Sozialproduktes zur Sicherung des Lebensstandardes der Älteren erhöht, wenn ihre Anzahl steigt. *Der gesamtwirtschaftliche Aufwand für die Sicherung des Lebensstandards der Älteren wächst mit deren Anzahl um so deutlicher unterproportional, desto gewichtiger die vierte Säule ist.*

Eine der wirtschaftspolitischen Fragen, die sich daraus ergeben, ist die: Welche Arten und Quantitäten öffentlicher Güter sind geeignet, private Güter zu substituieren und den Nutzen älterer Menschen zu erhöhen? Es ist die Frage nach der Pareto-Effizienz der Allokation von privaten und öffentlichen Gütern.

Die Antwort hängt von den Präferenzen der Individuen ab. Nun liegt die Vermutung nahe, daß die individuellen Substitutionsraten zwischen privaten und öffentlichen Gütern vom Lebensalter abhängen, vielleicht mit einer maximalen Präferenz für private Güter um die Lebensmitte. *Deshalb ist in der Volkswirtschaft die effiziente Quantität eines öffentlichen Gutes von der Alterspyramide abhängig und verändert sich mit deren Gestalt.*

IV. Sicherheit gleich Finanzierbarkeit?

Die Bilanz eines Unternehmens mit ihren beiden Seiten symbolisiert das Erfordernis, Aktiva und Passiva begrifflich zu unterscheiden. Aktiva stehen für Investitionen, Realkapital und zukünftige Güterproduktion. Passiva weisen Finanzkapital aus: Verpflichtungen der Unternehmung und gegen sie erhobene Ansprüche. Eine Unternehmung befindet sich im finanziellen Gleichgewicht, wenn die Bewertungen der Passiva und der Aktiva übereinstimmen. Andererseits ist der Fortbestand einer Unternehmung im marktwirtschaftlichen System bedroht, sofern erkennbar wird, daß die in Finanzierungskontrakten erhobenen Ansprüche nicht in vollem Umfang aus den Erträgen realwirtschaftlicher Produktion befriedigt werden können. Insofern ist die Sicherheit einer Unternehmung gleichzusetzen mit ihrem finanziellen Gleichgewicht.

Genauso ist für das Altersversorgungssystem einer Volkswirtschaft zu unterscheiden zwischen erhobenen Ansprüchen auf der einen und der realen Produktion auf der anderen Seite. Im Unterschied zur einzelnen Unternehmung ist der Fortbestand eines Staates jedoch nicht vom finanziellen Gleichgewicht derjenigen Einzelinstitution abhängig, die zur Altersversorgung beiträgt. In diesem Sinn sagt Helmut Schneider (1980): „Das für die Versicherten zentrale Problem der obligatorischen Altersvorsorge ist nicht die Sicherung des finanziellen Gleichgewichtes der Vorsorgeeinrichtungen, sondern die Gewährleistung bestimmter realer Renten".

Ein *Szenario* sei erlaubt: Angenommen, angesichts schrumpfender Bevölkerung erhielte man das finanzielle Gleichgewicht der Rentenanstalt. Dies könnte beispielsweise dadurch geschehen, daß der Kreis der Beitragspflichtigen erweitert wird. Hierzu wurde schon oft auf Beamte hingewiesen. Aber in der Volkswirtschaft würden gleichzeitig zu wenige Anstrengungen unternommen, um sie auf den Weltmärkten konkurrenzfähig zu erhalten: Das Sozialprodukt schrumpft. Dann wird trotz des finanziellen Gleichgewichts der Versicherungsanstalt der Lebensstandard der Rentner zurückgehen.

Anders ausgedrückt: Die bloße „Finanzierbarkeit" macht die Renten noch nicht „sicher" im Sinne eines gesicherten Lebensstandards im Alter. Dazu ist es nicht hinreichend, daß die heute Erwerbstätigen bloß die finanziellen Aspekte der Vorsorgeeinrichtungen in ein konsistentes Schema bringen.

These 2: Bei der Frage der Sicherheit der Altersversorgung ist zu unterscheiden zwischen der finanziellen Seite erhobener Ansprüche und der realwirtschaftlichen Seite zukünftiger Güterproduktion. Die „Finanzierbarkeit" der Renten und das „finanzielle Gleichgewicht" der Rentenanstalt allein bieten noch keine Gewähr für die Leistungsfähigkeit der Volkswirtschaft, den Lebensstandard der Älteren durch reale Güter zu sichern.

V. Ist die Demographie der entscheidende Faktor?

In öffentlichen Diskussionen wird für die in Zukunft erwarteten Probleme der Rentenversicherung der Rückgang der Geburtenrate verantwortlich gemacht. Dementsprechend wird die Lösung in einer neuen Familienpolitik gesehen, zu der die Gesellschaft finden müsse. Diese Einstellung wird besonders deutlich an den Äußerungen über Ehepaare ohne Kinder, bei denen Mann und Frau berufstätig sind. Oft wird dabei über die von ihnen geleisteten Beiträge zur Rentenversicherung hinweggesehen und die Meinung vertreten, ihre Renten müßten von den Kindern anderer Familien erarbeitet werden.

Aus dieser verbreiteten Denkweise spricht die Vorstellung, daß Arbeit den Produktionsfaktor darstellt und folglich nur Arbeit zu Einkommen berechtigt. In diesem Bild verblaßt die Existenz anderer Produktionsfaktoren und vertraglicher Regelungen, aus denen sich auch Einkommensansprüche ableiten. Außerdem wird in diesem Bild unterstellt, daß in der Zukunft jeder Geborene, also auch ein nur durchschnittlich begabter Mensch, einen Arbeitsplatz finden wird mit einer Entlohnung auf gewohnt hohem Niveau. Die Entwicklung der Wirtschaft wäre in diesem Bild einzig durch die Wachstumsrate der Bevölkerung determiniert.

Diese Vorstellungen könnten durchaus in einer historischen Stufe der Wirtschaftsentwicklung zugetroffen haben. Die entsprechende *Ökonomie* könnte als Landwirtschaft in einer frühen Entwicklungsstufe skizziert werden: Die Arbeitskraft wurde noch nicht durch Technik, Chemie und andere industriell produzierte Faktoren substituiert. Ferner war genügend Land vorhanden, so daß jeder Beschäftigung finden konnte. Noch dazu wurden bei der Arbeit in der Landwirtschaft kaum spezielle Begabungen vorausgesetzt. Es gab auch keine Synergieeffekte durch die Schaffung größerer Organisationen. Der Ertrag, das Sozialprodukt, war folglich proportional zur Größe der Bevölkerung. Für die Versorgung im Alter war so die Rate demographischen Wachstums maßgebend.

Schon eine minimale Weiterentwicklung dieser frühen Ökonomie führt dazu, daß sich die Altersversorgung mit zunehmender Wachstumsrate der Bevölkerung verschlechtert: Was, wenn die bebaubare Landfläche begrenzt ist, und der Hof auf einmal eine größere Familie ernähren muß?

Die Technologie der zukünftigen Gesellschaft ist von der Produktionsweise der eben gezeichneten Ökonomie weit entfernt. Von den zahlreichen Unterschieden in Produktion und Technologie müssen hier aber nur diejenigen betrachtet werden, die sich auch auf die Altersversorgung auswirken. Vor allem sind Produktionsfaktoren hinzugetreten, deren Volumen durch Investition erhöht werden kann: dazu zählen Realkapital, Humankapital und Wissenskapital, also technologisches Know-how. Bei diesen Produktionsfaktoren kommt es zunehmend nicht auf deren Quantität an, sondern auf das Qualitätsniveau. Am Beispiel der Arbeit wird dies besonders deutlich. In zunehmendem Maße wird die Höhe des Sozialproduktes nicht von der Quantität angebotener Arbeit abhängen, die der Weltwirtschaft in Niedriglohnländern ausreichend zur Verfügung steht, sondern von einem Qualitätsvorsprung, den die betrachtete Wirtschaftsnation auf dem Weltmarkt auszeichnet. Das zukünftige Qualitätsniveau menschlicher Leistungsfähigkeit läßt sich aber durch gegenwärtige Investitionen im Bildungsbereich anheben.

These 3: Für die Möglichkeit der Volkswirtschaft, die Güterversorgung der im Ruhestand Lebenden sichern zu können, ist nicht die Quantität, sondern die Qualität des Arbeitsangebotes entscheidend. Nicht das demographische Wachstum ist wichtig, sondern Investitionen.

VI. Hat der Staat eine Verteilungsaufgabe zu lösen?

Zu den wesentlichsten Faktoren zukünftiger Produktionstechnologie wird gerechnet: Realkapital höchster Qualität, Umweltressourcen und das Qualitätsniveau beruflicher Leistungsfähigkeit.

Angesichts der zunehmenden Konkurrenz auf den Weltmärkten müssen die Produktionsfaktoren hinsichtlich ihrer Mobilität unterschieden werden. Am leichtesten läßt sich Finanzkapital von einer Nation zur anderen bewegen, es folgt Realkapital, und am unbeweglichsten ist noch Humankapital. Aufgrund der hohen Beweglichkeit des Finanzkapitals kann sich deren Rentabilität nicht von einer Volkswirtschaft zur anderen unterscheiden. Also kann eine Wirtschaftsnation nur dann ein vergleichsweise hohes Sozialprodukt erzielen, wenn sie erstens über eine höhere Kapitalausstattung verfügt oder wenn sie im Hinblick auf die unbeweglichen Produktionsfaktoren Vorteile bietet.

Dazu ein *Beispiel*: Die betrachtete Wirtschaftsnation beschäftige in überdurchschnittlichem Umfang Menschen, deren Arbeitsproduktivität im Vergleich zu anderen Volkswirtschaften besonders hoch ist. In der Vergangenheit hat sich in Europa und Amerika die Arbeitsproduktivität schon allein durch den Übergang zu kapitalintensiveren Produktionsprozessen erhöht. Jedoch ist diese Entwicklung kein Garant für die Hochlohnländer, daß der Vorsprung auf dem Weltmarkt auch in Zukunft bestehen bleibt, da auch in den heutigen Niedriglohnländern die Kapitalausstattung und damit die Arbeitsproduktivität zunimmt.

Für die Produktion sind aber auch natürliche Ressourcen wesentlich wichtiger geworden. Früher oft als ein freies Gut betrachtet, ist ihre Beschränktheit in vielen Bereichen heute offenkundig.

In einem *Gedankenexperiment* stelle man sich eine Ökonomie vor, in der zwar die Produktionsfaktoren „Kapital" und „Arbeit" in ausreichendem Umfang vorhanden sind, der Faktor „Umwelt" aber einen Engpaß der Produktion bildet. Die Höhe des Sozialproduktes hängt dann davon ab, in welchem Ausmaß die natürlichen Ressourcen verbraucht und die Umwelt belastet werden dürfen. Über dieses Ausmaß politisch zu entscheiden, fühlen sich alle Einwohner berechtigt. Das politische Entscheidungsrecht des Bürgers, nicht seine Arbeitskraft oder sein Kapitalvermögen, ist in dieser Ökonomie die wesentliche ökonomische Variable, welche über die Einkommenshöhe entscheidet.

Für die gegenwärtige Gesellschaft oder für den Staat führt die Analyse der drei Produktionsfaktoren auf drei Strategien. Sie weisen alternative, denkbare Wege zur Sicherung des zukünftigen Sozialproduktes. Es ist zu vermuten, daß sich die Länder der Welt aufgrund ihrer Besonderheiten hinsichtlich der für sie jeweils naheliegenden Strategie unterscheiden. Diese drei Strategien sollen in ihrer reinen Form dargelegt werden. In der Realität sind stets Mischungen erkennbar, wobei die Gewichtung variiert.

Strategie 1: Die Volkswirtschaft strebt das Wachstum ihres Realkapitals an, selbst wenn das entsprechende Finanzkapital aus dem Ausland kommt. Der Staat fördert die Gründung von Unternehmen, auch wenn die Beteiligungen sich in den Händen ausländischer Investoren befinden. Die bessere Ausstattung der Volkswirtschaft mit Realkapital führt oft zunächst erst zu einer höheren Beschäftigung, dann weiter zu einer höheren Arbeitsproduktivität. Die Arbeitseinkommen steigen, selbst wenn die Kapitaleinkünfte ausländischen Investoren zufließen.

Strategie 2: Die betrachtete Wirtschaftsnation verfügt im Vergleich zu anderen Volkswirtschaften über realitiv hohe Rohstoffvorräte, oder erlaubt industrielle Prozesse, die ihre Umwelt stärker beanspruchen. Die entsprechenden Faktoreinkommen werden zwar selten offen ausgewiesen, da sich für Umweltnutzungen keine Marktpreise bilden, stehen aber verdeckt zur Verteilung zur Verfügung. Diese Faktoreinkommen aus der Umweltnutzung können etwa dazu dienen, Kapital durch Überrenditen anzulocken, den Lebensstandard der Bevölkerung zu heben, oder Ineffizienz der staatlichen Verwaltung zu verbergen.

Strategie 3: Die Arbeitsproduktivität und die Kapitalproduktivität werden durch Investitionen in Humankapital und Wissenskapital erhöht.

Die Bildung von Human- und Wissenskapital ist eng verknüpft mit der Förderung des Lernens, des Forschens, und des Transfers von Wissen. Bei den dazu erforderlichen Anstrengungen handelt es sich um *öffentliche Güter mit hohem Produktiveffekt.* So liegt der folgende Schluß nahe:

These 4: Die Sicherung der Altersversorgung stellt den Staat eher vor eine Investitionsaufgabe als vor eine Verteilungsaufgabe.

Zusammenfassend sollten diese Investitionen öffentliche Güter zweier Arten betreffen. Auf der einen Seite müssen öffentliche Güter geschaffen werden, die eine Verteilungswirkung zugunsten der Älteren haben. Der erforderliche Umfang hängt von der Gestalt der Alterspyramide ab. Auf der anderen Seite muß vor allem in solche öffentlichen Güter investiert werden, die hohe Produktiveffekte zeitigen.

Leider generiert der Markmechanismus keine Preise, anhand derer man leicht die effiziente Allokation öffentlicher Güter ablesen könnte. So stehen nur wenige Signale zur Verfügung, die über die „Rentabilität“ einer geplanten Investition in ein öffentliches Gut Auskunft erteilen. So gesehen verlangen die beiden Investitionsentscheidungen den Weitblick staatsmännischer Kunst.

Literatur

Winfried Schmähl: Systemänderung in der Altersvorsorge. Opladen 1974.

Helmut Schneider: Altersversorgung durch Realkapitalbildung? Universität Zürich 1980.

Klaus Spremann und Achim Zink: Altersversorgung im Umbruch. Universität Ulm 1985, 1-41.

Klaus Spremann: Intergenerational Contracts and their Decomposition. Journal of Economics – Zeitschrift für Nationalökonomie 44 (1984) 3, 237-253.

Lawrence H. Thompson: The Social Security Reform Debate. Journal of Economic Literature XXI (1983) 4, 1425-1467.

Drei-Generationen-Solidarität und Familie – Zerbricht der „Generationenvertrag" an der demographischen Entwicklung?

MAX WINGEN

Fragt man nach der Bedeutung der Drei-Generationen-Solidarität im Bereich Familie, so geht es keineswegs um die Gesamtproblematik von Solidarität als einem grundlegenden Sozialprinzip und um solidarisches Verhalten im familialen Lebensbereich überhaupt. Denn weder steht das Phänomen etwa der geschwisterlichen Solidarität zur Debatte, das übrigens mit weiter rückläufigen durchschnittlichen Kinderzahlen in den Familien tendenziell deutliche, wenngleich bisher kaum näher diskutierte Abschwächungen erfährt, noch geht es um die Eltern-Kind-Solidarität im engeren Sinne, sei dies nun im Blick auf die Herkunftsfamilie des einzelnen, sei es im Blick auf die eigene Fortpflanzungsfamilie. Immerhin kommt man damit dem hier zu erörternden Problemkreis schon näher. Im folgenden konzentrieren sich die Überlegungen sehr betont auf die Solidarität im Drei-Generationen-Verbund und die solidarischen Bezüge über die drei Generationen von Noch-Nicht-Erwerbstätigen, Aktiv-Erwerbstätigen und Nicht-Mehr-Erwerbstätigen hinweg.

Damit ist zugleich *eine* Dimension des vielschichtigen Generationenbegriffs in einer ersten Annäherung umschrieben. Gemeint sind im folgenden die drei großen Gruppen, in die sich die Gesamtbevölkerung im Hinblick auf den Lebensablauf einteilen läßt, eben die Generation der aktiv-erwerbstätigen Personen sowie die beiden „inaktiven" Generationen, die noch nicht bzw. nicht mehr Erwerbstätigen. Dabei werden sich Aspekte des solidarischen Verhaltens *in* dieser Generationenabfolge und solche *zu* dieser Generationenabfolge verbinden. Solidarität wird nicht nur als *Gesinnungs*solidarität, sondern auch als *Handlungs*solidarität verstanden werden müssen. Mit dem Drei-Generationen-Aspekt ist im übrigen ein dynamischer Prozeß bezeichnet, der kontinuierliche Übergänge aufweist: Wer heute zur Gruppe der Aktiv-Erwerbstätigen-Generation gehört, kann in wenigen Jahren zur Gruppe der nicht mehr erwerbstätigen alten Menschen zählen; wer heute noch zur heranwachsenden, noch nicht erwerbstätigen Generation gehört, wechselt in einigen Jahren in die aktiv-erwerbstätige Generation über.

In letzter Zeit wird verschiedentlich der Bezeichnung „Drei-Generationen-Solidarität" der Vorzug gegeben vor der vielfach auch verwendeten Bezeichnung „Drei-Generationen-*Vertrag*". Dies erscheint durchaus vernünftig, geht es doch nicht eigentlich um einen juristischen Sachverhalt. Was in Rede steht und was auch der Hinweis auf einen Generationen-„Vertrag" – mehr oder minder bildhaft anschaulich – zum Ausdruck bringen wollte, ist ein grundlegender Lebenssachverhalt: Im Ablauf der aufeinanderfolgenden Generationen gibt es (und muß es geben) ein wechselseitiges solidarisches Einstehen der Generationen füreinander. Über das Sachverhaltliche hinaus kommt damit zugleich ein normativer Bezug ins Spiel (weshalb sich auch das Bild von vertraglichen Verpflichtungen aufdrängen mag), nämlich die mit Solidarität angesprochene Aufgabe im Bereich des menschlichen Zusammenlebens und die Zielvorstellung, die Wirklichkeit so zu gestalten, daß jener grundlegende Sachverhalt möglichst nicht verfälscht wird, die aus dem Solidargedanken erwachsende Aufgabe also erfüllt werden kann. Freilich gilt es auch, ihn gegen Mißbrauch abzusichern. Es gibt nämlich durchaus auch „Verbiegungen" von Solidarität, so etwa dort, wo man die ältere Generation der Großmütter grundsätzlich zur Betreuung und Erziehung von Kleinkindern aus dem Solidargedanken heraus verpflichten wollte, um damit den jungen Müttern die durchgängige Erwerbstätigkeit zu ermöglichen. Ebenso gibt es durchaus Konflikte und Spannungen im Umfeld des Prinzips der Solidarität; so kann etwa angesichts der gegenwärtigen Arbeitsmarktsituation der Gedanke der Vorverlagerung des Ausscheidens aus dem Erwerbsleben in ein Spannungsverhältnis geraten zu dem von gerontologischer Seite gegebenen Hinweis auf die Zweckmäßigkeit eines möglichst gleitenden Übergangs in die Nacherwerbsphase bzw. das Hinausschieben des Übergangs in die Nacherwerbsphase bei entsprechender körperlicher und geistiger Rüstigkeit.

Die Drei-Generationen-Solidarität ist mit der Lebenswirklichkeit Familie in besonderer Weise verknüpft. Die gesellschaftliche Grundeinheit Familie in ihrer sozial-biologischen Doppelnatur stellt sich dar als der Ort, an dem auf der Mikroebene die Generationen ineinander verschlungen sind und sich einander ablösen. Eine grundlegende familiale „Funktion" im Sinne von Leistung und Wirkung besteht gerade auch in der *Sicherung der Generationenfolge* – eine inhaltliche Umschreibung der „generativen Funktion", die in mancher Hinsicht den Vorzug verdient vor der nicht ganz unmißverständlichen, weil u. U. eine ganz bestimmte quantitative Zielsetzung implizierende Formulierung „Sicherung des Bevölkerungsbestandes". In der Familie läßt sich auch solidarische Gesinnung und solidarisches Verhalten in besonderer Weise einüben. Gesellschaftliches Zusammenleben ist elementar auf Ausprägung solidarischen Denkens und Handelns angewiesen. Gerade damit kommt der Familie in einer marktwirtschaftlichen Ordnung besondere Bedeutung zu. Kann sich doch im Marktgeschehen selbst mit seinen betont wettbewerblichen Bedingungen Solidarität kaum recht ausprägen. Um so wichtiger ist daher, daß im „Marktrand" Solidarität sich ausprägt; in eben diesem Marktrand aber ist die Familie angesiedelt.

Die Bedeutung der Drei-Generationen-Solidarität für den Bereich Familie soll im folgenden in *fünf Thesen* angesprochen werden:

These 1

Die Unterhaltslasten der noch nicht erwerbstätigen Generation und der nicht mehr erwerbstätigen Generation, die stets aus dem von der jeweils aktiv-erwerbstätigen Generation in der laufenden Periode erarbeiteten Sozialprodukt bestritten werden müssen, sind im Falle der alten Menschen weitestgehend kollektiviert, im Falle der Kinder und Jugendlichen dagegen in starkem Maße individualisiert.

Zu allen Zeiten kann, güterwirtschaftlich betrachtet, der Unterhalt der beiden inaktiven Generationen, der noch nicht erwerbstätigen und der nicht mehr erwerbstätigen Mitglieder der Gesellschaft, stets – von modifizierenden Nuancen abgesehen – nur aus dem Sozialprodukt bestritten werden, das die jeweils aktiv-erwerbstätige

Generation in der laufenden Periode erarbeitet. Darauf hat schon zu Beginn der 50er Jahre Gerhard Mackenroth überzeugend hingewiesen. Im Unterschied zu einem Wirtschafts- und Gesellschaftssystem, in dem die Unterhaltsverpflichtungen zwischen den Generationen im wesentlichen in den einzelnen familialen Großhaushalten geregelt sind – wie dies für die vorindustrielle Agrargesellschaft weithin charakteristisch war –, ist gegenwärtig dieser Unterhaltsverbund sehr viel stärker auf die kollektive Ebene gehoben. Es ist die Gesamtheit der Aktiv-Erwerbstätigen, die über die Gesetzliche Rentenversicherung das Lebensniveau der Gesamtheit der alten Menschen wirtschaftlich sichert und sich am Aufziehen der nachwachsenden Generation beteiligt (z. B. Kinderlastenausgleich). Der gedankliche Übergang von der einzelfamilialen zur gesamtgesellschaftlichen Ebene und damit zu einer Solidarität auf höherer Ebene der Generationen findet sich sehr anschaulich schon in einer Stellungnahme der Internationalen Arbeitsorganisation aus dem Jahre 1942, in der eine gesamtgesellschaftliche Solidarität für den Bereich der Sozialversicherung als eine „Solidarität" zwischen den Generationen angesprochen wurde. So heißt es in deutlicher Anspielung auf ein Drei-Generationen-Verhältnis: „Der Verpflichtung der Eltern, das Kind in der Kindheit zu unterstützen, entspricht die Verpflichtung des Kindes, den altgewordenen Eltern zu helfen; diese Verpflichtung kehrt in der Sozialversicherung in der Gestalt der Solidarität der Generationen wieder."

Bei näherer Betrachtung der Solidarität im Unterhaltsverbund der drei Generationen läßt sich jedoch ein sehr wichtiger Unterschied im Blick auf die Aufbringung der Unterhaltslasten für die verschiedenen Generationen ausmachen. Während nämlich die Versorgung der nicht mehr erwerbstätigen alten Menschen vor allem über die Gesetzliche Rentenversicherung mehr oder weniger vollständig kollektiviert ist, sind die Unterhaltslasten für die nachwachsende Generation nur zum Teil kollektiviert, zu einem großen Teil aber individualisiert, d. h. bleiben den betreffenden Familien überlassen. Die Höhe des Anteils der von den Familien für ihre Kinder insgesamt aufgebrachten Leistungen an der Gesamtheit der Aufwendungen für die nachwachsende Generation hängt dabei rechnerisch davon ab, welche Aufwandsarten in die Berechnungen einbezogen werden. Geht man von den reinen Geldausgaben für Kinder in den Familien aus, also von den von den einzelnen Familien zu bestreitenden „Kinderkosten", so hatten die Familien Mitte der 70er Jahre fast zwei Drittel der Kosten zu tragen. Bezieht man auch die kollektiven Leistungen der öffentlichen Hand für Kinder (deren Schwerpunkt im Bildungsbereich liegen) mit in die Berechnung ein, entfällt auf die Familien nicht ganz die Hälfte der Aufwendungen für Kinder. Der Anteil der Familien erhöht sich dagegen auf fast drei Viertel, wenn man noch einen Schritt weitergeht und auch den Zeitaufwand der Familienleistungen für Kinder mit zu bilanzieren versucht.

These 2

Die Tragweite der vergleichsweise starken Individualisierung der Aufwendungen für die nachwachsende Generation wird unmittelbar deutlich, wenn man sie auf dem Hintergrund des demographischen Phänomens der „differenzierten Kinderhäufigkeiten" der Ehen sieht. Die in den einzelnen Ehen jeweils anfallenden Aufwendungen für Kinder sind in rund der Hälfte der (jüngeren) Ehen, nämlich in denjenigen mit auf die gesamte Ehedauer gesehen zwei und mehr Kindern, *über*durchschnittlich hoch, in der anderen Hälfte der Ehen, nämlich den kinderlosen Ehen bzw. den Ehen mit nur einem

Kind, dagegen *unter*durchschnittlich hoch. Zu den tatsächlichen Ausgaben für Kinder treten in ökonomischer Sicht noch die sogenannten „Schatten- oder Opportunitätskosten" hinzu, die mit steigender Kinderzahl und entsprechend längerem Verzicht eines Elternteils auf Erwerbstätigkeit tendenziell noch wachsen.

Das Problem der Individualisierung der Aufwendungen für die nachwachsende Generation würde sich weit weniger scharf stellen, wenn alle Ehen in etwa gleiche Kinderzahlen aufwiesen und damit auf die gesamte Ehedauer gesehen in etwa gleiche Belastungen durch Ausgaben für Kinder zu tragen hätten. Eine solche uniforme Kinderzahl der Ehen ist aber nicht gegeben noch wäre sie überhaupt wünschenswert! Tatsächlich weisen die Ehen, soweit statistisch seit mehreren Jahrzehnten nachweisbar, sehr differenzierte Kinderhäufigkeiten auf, die sich freilich in den letzten Jahren weiter verändert haben, wie die Übersicht über die endgültige Kinderzahl ausgewählter Eheschließungsjahrgänge zeigt (Tabelle 1; wobei die Kinderzahl der Eheschließungsjahrgänge 1972 bis 1977 auf der Basis bereits heute vorhandener Kinder als Erwartungszahl bis zu einer Ehedauer von zwanzig Jahren geschätzt wurde):

Tabelle 1. Endgültige Kinderzahl ausgewählter Ehejahrgänge. Quelle: Statistisches Bundesamt

Eheschließungs-jahrgang	von 100 Ehen haben ... Kinder 0	1	2	3	4 u. mehr	Kinder je 100 Ehen
1946–1950	13	26	30	17	14	207
1962–1966	13	26	40	15	6	178
1972–1977[a]	18	27	38	12	15	160

[a] Geschätzt

Dabei gilt es zugleich zu sehen, daß Kinder haben oder nicht haben heute ungleich stärker in die persönliche Entscheidung der einzelnen Paare gerückt ist.

Diese unterschiedlichen Kinderhäufigkeiten der Ehen haben zur Folge, daß gegenwärtig in rund 18 % der Ehen auf Dauer überhaupt keine Ausgaben für eigene Kinder anfallen, bei weiteren 27% – den Ein-Kind-Familien – nur in unterdurchschnittlicher Höhe (die durchschnittlich zu erwartende Kinderzahl in den *jungen* Ehen liegt gegenwärtig bei 160 Kinder je 100 dieser Ehen). Schon die 38% der Ehen mit zwei Kindern liegen mit ihren individuell zu bestreitenden Kinderkosten über dem Durchschnitt; dies gilt erst recht für die etwa 17% der Ehen mit drei oder mehr Kindern. An Stelle detaillierter zahlenmäßiger Berechnungen über die damit im Zeitablauf unter den unterschiedlichen Familienstrukturen verbundenen Probleme der Realeinkommenslage und gerade auch der unterschiedlichen Teilhabe am Sozialproduktszuwachs, die hier nicht im einzelnen angestellt werden können, sei lediglich auf die Gesamtrechnung verwiesen, die etwa die Kammer für soziale Ordnung der EKD in ihrer Denkschrift „Bevölkerungspolitik und Rentenlast" schon vor Jahren aufgemacht hat: Die in einer Familie mit zwei Kindern anfallenden Kosten für deren Aufziehen liegen in der Größenordnung eines kleinen Einfamilienhauses. Solche Berechnungen beziehen dabei noch nicht die Kosten ein, die dort entstehen, wo ein Elternteil (bisher ist dies meist die Frau) wegen der Betreuung von Kleinkindern zumindest vorübergehend auf Erwerbstätigkeit verzichtet. Je größer die Kinderzahl der Familie ist, um so länger wird tendenziell der Zeitraum, in dem viele dieser Familien auf Erwerbstätigkeit eines Elternteils verzichten. Es kann aber kaum zweifelhaft sein, daß der auf Erwerbstätigkeit mit Rücksicht auf Kinder verzichtende Elternteil eine auch gesellschaftlich wichtige Leistung im Generationenverbund erbringt. Diese „Schattenkosten" steigen mit wachsendem Lohnniveau in der Volkswirtschaft noch an, d. h. sie sind um so höher, je teurer der Faktor Arbeit ist, und sie sind auf der anderen Seite vom jeweiligen Ausbildungsniveau des betreffenden auf Erwerbstätigkeit verzichtenden Ehepartners abhängig, steigen also auch mit steigendem Ausbildungsniveau noch an.

These 3

Die empfindlich ungleiche Beteiligung am Aufbringen der Leistungen für die nachwachsende Generation steht in keinem sozial-, familien- und auch frauenpolitisch vertretbar erscheinenden Verhältnis zur Regelung der Versorgung im Alter. Betreuung und Erziehung der nachwachsenden Generation in der Familie unter Verzicht auf Erwerbstätigkeit schmälern bisher die eigenständigen Grundlagen der persönlichen Altersversorgung; Nichtbeteiligung an diesem solidarischen Dienst führt umgekehrt im Ergebnis zu verbesserten Rentenansprüchen, die von den Kindern derer mit einzulösen sind, die diese Ansprüche nicht oder doch nur unzulänglich aufbauen konnten.

Die bisher aufgezeigten Zusammenhänge haben eine erhebliche Relevanz für die Drei-Generationen-Solidarität und für die Einlösung der daraus sich ergebenden Verpflichtungen. Hierzu sei auf folgende Einzelprobleme mehr stichwortartig hingewiesen:

(a) Es sind die Kinder, die heute in den unterschiedlich großen Familien mit unterschiedlichem Ausbildungsniveau aufwachsen, die – in das Erwerbsleben eingetreten – die wirtschaftliche Versorgung der alten Generation erarbeiten werden. Zu diesen kollektiv unterhaltenen alten Menschen gehören auch die zeitlebens kinderlosen Ehepaare, die ihre Zukunft weitgehend, wie schon vor vielen Jahren anschaulich bemerkt worden ist, „auf den Schultern anderer Leute aufbauen" (A. Jessen).

(b) Zur Versorgung der alten Generation gehören nicht nur materielle Ressourcen; darüber hinaus erfordert gerade die Versorgung der zum Teil aus der eigenen Familie herausgelösten alten Generation in erheblichem Umfang soziale Dienstleistungen. Aber auch für die im Familienverband oder zwar im eigenen Haushalt, aber in räumlicher Nähe zur nachgewachsenen Generation lebenden Angehörigen der alten Generation spielen personale Dienstleistungen eine gewichtige Rolle: Wie empirische Befunde immer wieder zeigen, wird die finanzielle Unterhaltssicherung der nicht-mehr-erwerbstätigen, alten Menschen als Leistung des kollektiven Sicherungssystems erwartet, während demgegenüber eine Drei-Generationen-Solidarität im Hinblick auf persönliche Unterstützungsleistungen auf der einzelfamilialen Ebene ganz überwiegend für selbstverständlich gehalten wird. Die Tendenzen zur weiteren Erhöhung der Lebenserwartung werden den Bedarf an personalen Dienstleistungen eher noch verstärken. Gerade am Beispiel der sozialen Dienstleistungen zeigt sich aber besonders handgreiflich, wie wenig die alte Generation für ihre Versorgung allein durch Kapitalbildung vorsorgen kann und wie entscheidend sie auf versorgende „Hände" angewiesen ist.

(c) Insoweit ein Elternteil, bisher in der Regel die Frau, für mehr oder weniger lange Zeit zwecks Betreuung und Erziehung von heranwachsenden Kindern auf Erwerbstätigkeit verzichtet, wird zugleich der an die Beteiligung am Erwerbsleben geknüpfte Aufbau einer eigenständigen Altersversorgung beeinträchtigt. Besonders deutlich wird bei einer Frau, die sich nach qualifizierterer Ausbildung und entsprechend späterer Heirat zu einer größeren Kinderzahl entscheidet und infolgedessen später nicht wieder in die Erwerbstätigkeit zurückkehrt, dieser Sachverhalt in der individuellen Rentenbiographie sichtbar. Der möglicherweise gegebene abgeleitete Anspruch (vom originären Anspruch des Mannes) kann vielfach nicht befriedigen, vor allem dort nicht, wo die Frau eine eigenständige wirtschaftliche Basis auch im Alter als zu ihrem Persönlichkeitsentwurf dazugehörig empfindet. Auf die tendenziell stark angestiegenen und voraussichtlich noch weiter ansteigenden Scheidungsziffern ist in diesem Zusammenhang ebenfalls hinzuweisen. Trotz des inzwischen eingeführten Versorgungsausgleichs ist die wirtschaftliche Position der geschiedenen Ehepartner tendenziell im Alter um so besser, je mehr auch eine eigenständige Basis im Zuge des Berufslebens geschaffen werden konnte. Bei mehr oder weniger langem Verzicht von jungen Müttern auf Erwerbstätigkeit erweist sich gerade die Absicherung in der Gesetzlichen Rentenversicherung als besonders wichtig für die Bereitschaft zu einer vorübergehenden Konzentration auf die Versorgung von Kleinkindern. Hierzu kann etwa auf die Erfahrungen mit dem früheren Modellversuch zu einem Erziehungsgeld in Niedersachsen verwiesen werden; bei den Müttern, die unter Verzicht auf Erwerbstätigkeit das Erziehungsgeld in Anspruch nahmen, war die gleichzeitige sozialversicherungsrechtliche Absicherung und damit die Weiterführung der Rentenversicherungsansprüche letztlich mindestens ebenso wichtig wie das Erziehungsgeld selbst.

d) Im Unterschied zu dem Elternteil, dessen eigenständige Ansprüche an das Altersversorgungssystem sich durch familienbedingte Ausfälle mehr oder minder stark verschlechtern, wird sich vor allem das kinderlos bleibende Ehepaar aufgrund durchgängiger Erwerbstätigkeit einen doppelten Altersversorgungsanspruch aufbauen können, der später dann gerade auch von den Kindern jener Eltern einzulösen sein wird, die sich auf eine weit unzulänglichere eigene Altersversorgung verwiesen sehen. (Verzichtet eine kinderlos bleibende Ehefrau auf eigene Erwerbstätigkeit, gewinnt sie zwar keine eigenständige Sicherung aus der Gesetzlichen Rentenversicherung, dafür aber führt in diesem Falle das Ehegattensplitting zu einem besonders hohen einkommenswirksamen Effekt.)

These 4

Eine zusätzliche Verschärfung erfährt das solidarische Einstehen der drei Generationen füreinander durch den rapiden Geburtenrückgang seit den 60er Jahren (einem neuen Schub in einem säkularen Prozeß) und die absehbare demographische Entwicklung in den nächsten Jahrzehnten. Insoweit zwecks (teilweiser) Sicherung des Standards der dynamischen Rentenversicherung auf Beitragserhöhungen (oder vergleichbare Steuererhöhungen zur Finanzierung von Staatszuschüssen) für alle Aktiv-Erwerbstätigen zurückgegriffen wird, werden auch die größeren Familien gezwungen, sich an den höheren finanziellen Belastungen zu beteiligen, die – neben der verlängerten Lebenserwartung – wesentlich auf das veränderte generative Verhalten anderer Gesellschaftsmitglieder zurückgehen. Im Zeitablauf werden Wechsel zu Lasten der nachwachsenden Generation gezogen, die diese später bei deren Einlösung vor erhebliche Probleme stellen und neue Generationenkonflikte auslösen können.

Die Auswirkungen der hinlänglich bekannten demographischen Veränderungen, die in den letzten Jahren eingetreten und für die nächsten Jahrzehnte absehbar sind, auf die Drei-Generationen-Solidarität sind über lange Zeit noch herunterzuspielen versucht worden. Inzwischen treten die Zusammenhänge mehr und mehr offen zutage. Auf die vorliegenden Untersuchungen über die Erhöhungen der Beitragssätze zur Gesetzlichen Rentenversicherung, die zur Aufrechterhaltung des bisherigen Standards der dynamischen Rentenversicherung erforderlich wären, kann verwiesen werden. Aber auch die Auswirkungen im Bereich der Gesetzlichen Krankenversicherung mit nachweislich weit überdurchschnittlichem Krankheitskostenanfall für die mitversicherten alten Menschen sind hier von Belang.

Die nachstehenden Eckwerte der jüngsten demographischen Modellrechnung (Tabelle 2) sind *nicht* als die wahrscheinliche Entwicklung anzusehen und bilden mit ziemlicher Sicherheit *nicht* die tatsächlichen Veränderungen ab; wohl aber veranschaulichen sie, welche Strukturveränderungen unter aus der Gegenwart abgeleiteten Prämissen möglich wären und tendenziell schon seit einiger Zeit vorgeprägt werden.

Tabelle 2. Modellrechnung zur künftigen Entwicklung der Gesamtbevölkerung (Deutsche und Ausländer) nach Altersgruppen. Quelle: Bundesministerium des Innern, 1987

Altersgruppe	Stand	Modellrechnung				
	1.1.1985	1990	2000	2010	2020	2030
	in Mio.					
unter 20	14,4	12,3	11,7	9,8	8,0	7,2
20 – unter 60	34,3	35,4	33,2	31,0	27,9	22,2
60 u. älter	12,4	12,9	14,8	15,5	16,0	17,5
insgesamt	61,1	60,7	59,6	56,2	52,0	46,9
	in %					
unter 20	24	20	20	17	15	15
20 – unter 60	56	58	56	55	54	47
60 u. älter	20	21	25	28	31	37

Demographische Belastungsquoten dürfen dabei im übrigen nicht gleichgesetzt werden mit den – sozialpolitisch im Grunde noch interessanteren – *wirtschaftlichen* Belastungsquoten, wie sie aus dem Verhältnis der Zahl der Rentenbezieher bzw. Anzahl der Renten zur Zahl der Beitragszahler resultieren. Die mögliche Entwicklung des Rentenfallquotienten ergibt im Grunde ein noch ungünstigeres Bild: von gegenwärtig rd. 50 % könnte er sich auf 100 % im Jahre 2030 verdoppeln.

Schon wird offen die Frage erörtert (und muß erörtert werden), wie diese durch die demographische Entwicklung bedingten erheblichen zusätzlichen Belastungen zwischen der aktiven Generation und der alten Generation aufgeteilt werden können, also – z. B. durch Einbau eines demographischen Korrekturfaktors in die Rentenformel – zum Teil durch höhere Beiträge zur Gesetzlichen Rentenversicherung finanziert, zum Teil aber auch durch *relative* Abstriche an den Rentenleistungen aufgefangen werden können. Damit würden zusätzliche Lasten nach dem Solidargedanken zwischen der aktiven und der nicht mehr aktiven Generation verteilt. Reichen solche Korrekturen aus oder muß nicht vielleicht sogar das System der gesetzlichen Altersversorgung von Grund auf neu überdacht werden?

Diese demographischen Verschiebungen stellen kein unabwendbar „von außen“ auf unsere Gesellschaft hereingebrochenes Schicksal dar, sondern sind – sieht man einmal von der Verlängerung der Lebenserwartung ab – das Ergebnis der veränderten generativen Entscheidungen in der Vielzahl der einzelnen Ehen und Familien. Die ökonomische Tragweite für die Mehrkinderfamilien ist unverkennbar. Die größere Belastung auf längere Sicht durch den steigenden Anteil alter Menschen und den noch überproportionalen Anstieg bei den „Hochbetagten“ ist zumindest zum erheblichen Teil von allen Aktiven zu tragen, also auch von den Familien mit ohnehin größerer Kinderzahl. Damit ergibt sich eine wichtige Verschiebung von Belastungswirkungen aufgrund des veränderten generativen Verhaltens: Familien, die auf mehrere Kinder verzichten, „zwingen“ über die Veränderungen in der Altersstruktur, wie sie durch ihr verändertes generatives Verhalten ausgelöst werden, auch die anderen, größeren Familien in der Folgezeit, die höheren Altenlasten mitzutragen. Dies gilt besonders im zeitlichen Längsschnitt. Soweit nämlich die tatsächlichen zusätzlichen Lasten durch eine größere Quote alter Menschen erst zu einem Zeitpunkt eintreten, zu dem die Ehen mit heute sehr geringer Kinderzahl bereits nicht mehr zur aktiv erwerbstätigen Generation zählen, werden Wechsel zu Lasten der nachwachsenden Generationen gezogen, die von diesen dann einzulösen sind.

Auch angesichts der in den nächsten Jahrzehnten möglichen und bis zu einem gewissen Grade absehbaren demographischen Strukturveränderungen wird güterwirtschaftlich betrachtet die Drei-Generationen-Solidarität nicht einfach zerbrechen (können); wohl aber wird sie womöglich arg strapaziert werden. Vor allem muß mit neuen Generationenkonflikten und Verteilungskämpfen neuer Art um die generationenspezifischen Anteile am Sozialprodukt gerechnet werden, bei denen sich die für Bevölkerungsvorgänge charakteristische Langzeitwirkung (sog. demographische Trägheit) nachhaltig auswirken dürfte.

These 5

Eine Gesellschaftsgestaltung im Anspruch einer verwirklichten Drei-Generationen-Solidarität, negativ formuliert: zwecks Vermeidung von Überstrapazierungen der Solidarität der Generationen, erfordert eine gegenüber heute ungleich stärkere Berücksichtigung des inneren Zusammenhangs von Unterhalt der inaktiv gewordenen alten Menschen bzw. kollektiver Altersversorgung einerseits und Aufbringen der nachwachsenden Generation bzw. Kinderlastenausgleich (FLA) andererseits. Eine Dynamisierung der Leistungen des Familienlastenausgleichs sowie deren gezielte Weiterentwicklung entsprechend den unterschiedlichen Problemlagen im Ablauf des familialen Lebenszyklus bei gleichzeitig stärkerem Rückgriff auf das Prinzip der intertemporalen Umschichtung vom Lebenseinkommen des einzelnen bleibt weiterhin anzumahnen (u.a. kinderkostengerechte Ausgestaltung der Ausgleichsleistungen, Erziehungsgeld für die ersten drei Lebensjahre, Anrechnung von Erziehungszeiten in der Gesetzlichen Rentenversicherung, Anrechnung von Betreuungszeiten pflegebedürftiger Angehöriger in der Gesetzlichen Rentenversicherung, Leistungen nach dem Bundesausbildungsförderungsgesetz).

Mit dieser letzten These sollen einige Schlußfolgerungen für die praktische Sozial- und Familienpolitik in einer offenen und zugleich solidarischen Leistungsgesellschaft angesprochen werden. Die Begründungen ergeben sich dabei im einzelnen weitgehend aus den bisherigen Thesen und den dazu gegebenen begründenden Anmerkungen. Folgende Schlußfolgerungen drängen sich auf:

(1) Die Regelung der kollektiven Altersversorgung in unserer hochindustrialisierten, teils bereits Züge des Übergangs zu „postindustriellen" Verhältnissen tragenden Gesellschaft muß stringenter als bisher mit der Regelung der Aufbringung der ökonomischen Unterhaltslasten für die nächste Generation verknüpft werden. Familienlastenausgleich (Kinderlastenausgleich) und Gesetzliche Rentenversicherung stehen in einem inneren Bezug; im Anspruch auf die Drei-Generationen-Solidarität bedarf die großzügige Altersversorgung der „Vervollständigung" durch einen voll wirksamen Familienlastenausgleich. In den 50er Jahren wurde der letztere sogar als etwas angesprochen, das eigentlich der Rentenversicherung *vorauszugehen* habe. Insofern ist nach der Rentenreform von 1957 der zweite Teilschritt einer umfassenden Sozialreform auf dem Wege in eine solidarische Gesellschaft unvollständig getan. Der „Schreiber-Plan" ist in seiner zweiten Hälfte nach wie vor weitgehend ein *Plan* geblieben.

(2) Wer sich auf der einen Seite des Drei-Generationen-Verbunds (Aufziehen der nachwachsenden Generation) der Belastung ganz entzieht oder daran nur unterdurchschnittlich beteiligt, muß sich auf der anderen Seite dieses Solidarverbunds (Unterhalt der alten Generation) entsprechend stärker verpflichten lassen. Geschieht dies nicht bzw. unzulänglich über einen Familienlastenausgleich in seiner herkömmlichen Ausprägung, wäre eine Beitragsdifferenzierung in der Gesetzlichen Rentenversicherung in dem Sinne diskutabel, daß ein Versicherter mit mehr als einem Kind einen entsprechend ermäßigten Beitragssatz und ein Versicherter ohne Kind einen entsprechend erhöhten Beitragssatz zu zahlen hätte. Der innere Zusammenhang von Altersversorgung und Familienlastenausgleich wird bei einer solchen Konstruktion jedenfalls ganz besonders sinnfällig.

(3) Zeiten der Kleinkindbetreuung und -erziehung sollten sich in der eigenen Rentenbiographie niederschlagen. Eine weitergehende Anrechnung von Erziehungszeiten bei der vorgesehenen Strukturreform der sozialen Alterssicherung ist geradezu als „Nagelprobe" auf die Drei-Generationen-Solidarität anzusehen. Eine Neuordnung, die diesen Aspekt ausklammern würde, hätte in einem entscheidenden Punkt ihren Sinn verfehlt und ihren Anspruch auf eine „Reform" verwirkt.

(4) Stärker als bisher sollte beim Ausgleich der Familienlasten auf Gestaltungsprinzipien zurückgegriffen werden, die betont auf eine intertemporale Umschichtung vom Lebenseinkommen des einzelnen hinauslaufen. Auch solche intertemporalen Umverteilungen sind nicht ohne solidarische Bezüge zwischen den verschiedenen Generationen und Altersjahrgängen institutionell zu organisieren. Insofern erscheint z. B. die Umstellung der BAFöG-Leistungen für Studierende auf Darlehensbasis im Prinzip sinnvoll und bei entsprechender familiengerechter Ausgestaltung vertretbar. Der Wissenschaftsrat hatte bekanntlich schon vor Jahren eine – allerdings *teilweise* – Darlehensregelung befürwortet. Bei den BAFöG-Leistungen für die Sekundarstufe II dagegen erscheint die vorgenommene Kappung nicht ausreichend durchdacht. Diese Leistungen waren für die Masse der Empfänger längst zu einem festen Bestandteil eines elternbezogenen Familienlastenausgleichs geworden, und zwar zu einer in zweifacher Weise gezielten Leistung: (a) bezogen nur auf den Tatbestand weiterführender Ausbildung (bei gleichzeitigem Verzicht auf frühzeitigen Verdienst) und (b) bedarfsorien-

tierte Ausgestaltung durch Begrenzung auf untere Einkommensgruppen (mit familienpolitischer Komponente). Vielleicht bietet hier freilich eine Neuregelung, deren Notwendigkeit auf mittlere Sicht bereits erkannt zu sein scheint, die Chancen, durch Rückgriff auch auf Elemente eines betont intertemporalen Einkommensausgleichs eine befriedigendere Lösung zu finden.

(5) Schließlich sei noch auf die Bedeutung (und unter den gegebenen Umständen Notwendigkeit!) der dem Solidaritätsprinzip entspringenden interpersonellen Umverteilung zugunsten von Familien in der Sozialversicherung hingewiesen, wie sie sich in der Finanzierung der Hinterbliebenenversorgung durch die Beiträge der Aktiv-Erwerbstätigen und noch weit wirkungsvoller in der beitragsfreien Mitversicherung von Familienangehörigen in der Gesetzlichen Krankenversicherung vollzieht. Im letzteren Falle handelt es sich um ein zwar oft wenig beachtetes, aber dennoch sehr wichtiges Element eines gezielten „unsichtbaren Familienlastenausgleichs" in Milliardenhöhe. In der Vergangenheit ist dieses Element des „sozialen Ausgleichs", wie er für die Sozialversicherung konstitutiv ist, gelegentlich in Frage gestellt worden. Erfreulicherweise ist hier wieder Ruhe eingekehrt. Die bestehende Regelung ist in mehrfacher Hinsicht sinnvoll und sollte als wichtige, gezielte Ergänzung des allgemeinen Familienlastenausgleichs gegen alle Sirenenklänge von Systembereinigern entschieden behauptet werden.

Schlußbemerkung

Unter dem Aspekt „Drei-Generationen-Solidarität und Familie" verdient die weitreichende Frage Beachtung, inwieweit eine lebende und in der politischen Verantwortung stehende Generation eine nachfolgende, vielleicht noch ungeborene Generation, jedenfalls eine noch unmündige Generation belasten kann und wo gegebenenfalls Grenzen einer solchen Belastung liegen. Sicherlich hängt die Antwort auf diese Frage mit von dem des näheren zugrundegelegten Lastbegriff ab, nicht zuletzt auch von dem jeweiligen Grundverständnis von Gesellschaft. Die hier angestellten Überlegungen haben indessen einige Hinweise auch zu dieser Frage nach der Berechtigung, den Möglichkeiten und den Grenzen der verpflichtenden Inanspruchnahme nachfolgender Generationen erbracht. Solche Zusammenhänge zu bedenken, erscheint wichtig in einer Zeit, in der nicht selten das Bestreben, die nachfolgende Generation eben nicht bedenkenlos mehr und mehr vorzubelasten, als „Kaputtsparen" diffamiert wird.

Schon in der Erklärung der Menschen- und Bürgerrechte zur französischen Verfassung vom Juni 1793 wird der Grundsatz festgehalten, eine Generation könne ihren eigenen Gesetzen, Bedürfnissen und Lebensgewohnheiten nicht künftige Generationen einfach unterwerfen. Inzwischen wird bereits über eine Ausweitung dieses Grundsatzes diskutiert, um neuartigen politischen Entscheidungen in wichtigen Fortschrittsfeldern gerecht zu werden. Um wieviel mehr erscheint es angebracht, schon an den bisherigen Inhalt zu erinnern und auf das gesellschaftliche Grundphänomen der Solidarität der Angehörigen der verschiedenen Generationen im familialen Lebenszyklus anzuwenden.

Auch eine Drei-Generationen-Solidarität weitet sich schließlich darüber hinaus zu einer „Mehr-Generationen-Solidarität", z.B. dort, wo Angehörige von vier oder gar noch mehr Generationen in wechselseitigen Hilfeverhältnissen zueinander stehen; und es gibt zu allen Zeiten eine Verantwortung der lebenden Generation für die Zukunft, konkreter: für das Schicksal kommender Generationen, für deren „So-sein" (H. Jonas). Dieser Verantwortung für deren bejahbares So-sein ist – und darauf weist Jonas („Das Prinzip Verantwortung") sehr nachlesenswert hin – noch eine Verantwortung für deren Da-sein vorgelagert.

Letztere schließe sogar eine „Pflicht zur Nachkommenschaft" ein – nicht für jeden einzelnen, so wird man ergänzen dürfen, aber für die Menschheit in ihrer gegliederten Einheit. Damit ist dann freilich eine Dimension der Fragestellung nach Generationen-Solidarität und Familie angerührt, die hier nur noch benannt, aber nicht mehr weiter ausgeleuchtet werden kann.

Die Entwicklung des Realkredits in der Bundesrepublik Deutschland im Wandel des Marktes – Leistungen und Probleme

Achim Zink

Zusammenfassung

Nach dem II. Weltkrieg hatte der Realkredit entscheidenden Anteil am raschen Wiederaufbau der zerstörten Städte in der Bundesrepublik Deutschland und an der Schaffung von annähernd 18 Millionen neuer Wohnungen. Das deutsche Finanzierungssystem, in dessen Rahmen sich bis Mitte der siebziger Jahre vornehmlich Hypothekenbanken, Bausparkassen und Lebensversicherungen ergänzten, hat sich bewährt. Die Finanzierung des Wohnungsbaus sichert rund 6 Prozent des Bruttosozialproduktes und die Beschäftigung von 1,6 Millionen Arbeitnehmern. Inzwischen haben freilich die Geschäftsbanken einen erheblichen Marktanteil des Wohnungsbau-Finanzierungssektors errungen und neue Verbundprogramme „Finanzierung aus einer Hand“ wurden geschaffen. Hypothekenbanken und Bausparkassen stellen aufgrund der veränderten Wettbewerbslage die Frage nach einer Lockerung des gesetzlich geregelten Spezialitätsprinzips im Realkredit. Die demographische Entwicklung in der Bundesrepublik und die wachsende Bedeutung der Modernisierungsmaßnahmen im Wohnungsbestand werden den Wettbewerb in diesem Sektor des Kreditwesens zukünftig noch weiter verschärfen.

Der Realkredit bildet die wichtigste Finanzierungsquelle des Wohnungsmarktes in der Bundesrepublik Deutschland. Als Realkredit werden Darlehen bezeichnet, die durch Grundpfandrechte gesichert sind und deren Rückzahlung daher unabhängig von der Person des Kreditnehmers durch das beliehene Objekt gesichert erscheint. Zwar gilt auch der Schiffshypothekarkredit im weiteren Sinne als Realkredit, doch spielt diese Finanzierungsform gegenüber dem durch Grundpfandrechte gesicherten Kredit (Bodenkredit) nur eine untergeordnete Rolle. Im Rahmen der hier vorgetragenen Gedanken wird deshalb als Realkredit ausschließlich der langfristige Bodenkredit verstanden, der ursprünglich vornehmlich von Hypothekenbanken, Bausparkassen und Lebensversicherungsunternehmen gewährt wurde.

Nach dem II. Weltkrieg hat dieses Finanzierungsinstrument entscheidenden Anteil am Wiederaufbau gehabt und dabei seine Bedeutung eindrucksvoll unter Beweis gestellt. Die Zerstörungen der deutschen Städte machten nach 1945 die Beseitigung der Wohnraumnot neben der Sicherstellung einer ausreichenden Ernährung der Bevölkerung zum dringendsten Problem.

Das Ausmaß der Zerstörungen des Krieges kann man daran erkennen, daß die rd. 2,3 Millionen total zerstörter oder durch Beschädigungen unbewohnbar gewordenen Wohnungen dem gesamten Wohnungsbestand der elf größten westdeutschen Städte (Hamburg, München, Köln, Essen, Frankfurt, Düsseldorf, Dortmund, Hannover, Stuttgart, Wuppertal, Duisburg) entsprachen.

Der Anteil der völlig zerstörten Wohnungen betrug z. B. in Hamburg 54 Prozent, in Berlin 32 Prozent des Vorkriegsbestandes. In Tabelle 1 ist die Zahl der zerstörten

Wohnungen und ihr jeweiliger Anteil am Wohnungsbestand vor Kriegsausbruch regional aufgegliedert angegeben. In Groß-Berlin waren von den 1 562 641 Wohnungen zum 1.1.1943 am 13.4.1946 nur noch 1 061 846 bewohnbar.

Tabelle 1. Zerstörte Wohnungen. Anzahl und Anteil am Wohnungsbestand vor Kriegsausbruch

	Anzahl	Anteil %
Hamburg	300000	54
Bremen	79000	48
Nordrhein-Westfalen	900000	27
Rheinland-Pfalz	142000	24
Hessen	173000	18
Niedersachsen	181000	16
Baden-Württemberg	230000	16
Schleswig-Holstein	59000	14
Bayern	225000	13
Bundesgebiet	2289000	21 %

Gerade angesichts der damals fast unlösbar erscheinenden Aufgabe eines zügigen Wiederaufbaus der deutschen Städte bewährte sich das deutsche Realkreditsystem hervorragend, das einerseits auf der Gewährung erststelliger Hypotheken durch die Hypothekenbanken und andererseits auf dem Kollektivsystem des Bausparens beruht. Die Hypothekengewährung durch Lebensversicherungen und Sparkassen ergänzt diesen Marktbereich sinnvoll.

Der allgemeine Kapitalmangel als die zwangsläufige Folge der mit der sogenannten „Währungsreform" am 20. Juni 1948 erfolgten Liquidierung der Kriegskosten führte dazu, daß zunächst in erheblichem Maße öffentliche Mittel für den Wohnungsbau eingesetzt werden mußten und daß das kollektive Bausparen eine bedeutende Ausweitung des Geschäftes erfuhr. Durch das auf dem Gedanken der „Hilfe zur Selbsthilfe" basierende Bausparen konnte ein wesentlicher Teil der Wohnungsbaufinanzierung durch die Sparkraft der Bausparer gedeckt werden. Im Zuge der Einkommensentwicklung wuchs auch der Pfandbriefumlauf und damit der Anteil der privaten sowie der öffentlich-rechtlichen Hypothekenbanken an der Wohnungsbaufinanzierung.

Etwa zwei Drittel des heutigen Wohnungsbestandes sind nach dem II. Weltkrieg gebaut worden – fast 18 Millionen Wohnungen bis heute. Dies erforderte eine ungeheure Finanzierungsleistung, die neben den nicht weniger wichtigen Investitionen zum Aufbau der Wirtschaft organisiert und aufgebracht werden mußte. Tabelle 2 zeigt die Entwicklung des Wohnungsneubaus seit 1952 und Tabelle 3 die Anteile der privaten Kapitalsammelstellen und der öffentlichen Hand an der Finanzierung des Wohnungsneubaus in den letzten 20 Jahren.

Nicht zuletzt aufgrund der zunehmend gestiegenen Baukosten hat sich das gesamte Finanzierungsvolumen für den Wohnungsneubau allein von 1965 bis 1982 mehr als verdreifacht: es betrug 1965 rund 29,3 Mrd DM, 1970 lag es bei 36,3 Mrd DM, 1975 bei 47,1 Mrd DM und 1982 machte es knapp 100 Mrd DM aus.

Mit der ab Mitte der fünfziger Jahre steigenden Sparquote der privaten Haushaltungen entwickelte sich auch der Kapitalmarkt zusehends und ermöglichte eine wachsende Finanzierungskapazität der Kapitalsammelstellen. So weitete sich das Ge-

Tabelle 2. Fertiggestellte Wohnungen 1952–1984

Jahr	Wohnungen insgesamt
1952	443274
1953	513400
1954	542805
1955	538124
1956	560494
1957	527766
1958	488414
1959	565361
1952-1959	4184638
1960	574402
1961	543423
1962	573375
1963	569610
1964	623847
1965	591916
1966	604799
1967	372301
1968	519814
1969	499696
1960-1969	5673183
1970	478050
1971	554987
1972	660636
1973	714226
1974	604387
1975	436829
1976	392380
1977	409012
1978	368145
1979	337751
1970-1979	4976403
1980	388904
1981	365462
1982	347002
1983	340781
1984	390551
1980-1984	1840700
1952-1984	16674924

Quellen: Privates Bausparwesen, div. Jahrgänge, Statistisches Bundesamt

schäftsvolumen sowohl der privaten und öffentlich-rechtlichen Hypothekenbanken wie auch jenes der privaten und Landes-Bausparkassen ständig aus:

- der Pfandbriefumlauf (ohne Kommunal-Obligationen) stieg von 21,9 Mrd DM im Jahre 1962 auf 190,7 Mrd DM im Jahre 1985,
- die Vertragsbestände aller deutschen Bausparkassen wuchsen von 3,2 Mrd DM Bausparsumme im Jahre 1950 auf 840 Mrd DM Bausparsumme 1984.

Tabelle 3. Die Entwicklung der Anteile an der Finanzierung des Wohnungsneubaus 1965–1982 (in %)

Jahr	Bausparkassen[a]	Hypothekenbanken	Sparkassen	Lebensversicherungs-Unternehmen	Öffentliche Mittel
1965	21,6	13,9	14,2	4,5	17,1
1970	34,3	12,1	13,9	4,6	7,6
1975	40,0	18,4	13,3	4,9	7,7
1980	25,9	12,7	14,7	4,7	3,9
1982	24,8	13,1	13,7	4,0	3,6

[a] Einschließlich der Ansparleistungen der Bausparer

Angesichts der Tatsache, daß bis zum Beginn der achtziger Jahre rund 60 Prozent aller Investitionen auf die Bauwirtschaft entfielen und daß davon gut die Hälfte dem Wohnungsbau zufloß, wird deutlich, wie stark der Realkredit die Entwicklung des Bruttosozialproduktes und der Beschäftigung beeinflußt hat. Dabei ist zu berücksichtigen, daß der Realkredit uno actu die Bereitstellung erheblicher zusätzlicher Mittel (Ersparnisse der Bauherren/Erwerber, öffentliche Mittel, Arbeitgeberdarlehen) auslöst, da die Wohnungsbaufinanzierung stets eine komplementäre Finanzierung darstellt.

Rund 1,6 Millionen Beschäftigte sind im und für den Wohnungsbau tätig, wenn man die Vorleistungs- und Zulieferungsbereiche (Holz- und Glas-Verarbeitung, Baustoffhandel, Steine-Erden-Industrie) entsprechend ihrem Produktionsanteil hinzurechnet. Immerhin 6 Prozent des Bruttosozialprodukts machten 1985 die Wohnungsbau-Investitionen aus.

Die Bedeutung des Wohnungssektors für die Volkswirtschaft, die häufig unterschätzt wird, findet ihre Entsprechung in dem Anteil, den der Realkredit am Gesamtkreditgeschäft des Kreditwesens innehat. Immerhin machen Wohnungsfinanzierungen heute knapp die Hälfte des Kreditvolumens aus, das die Banken an inländische Unternehmen und private Haushalte gewähren. Allerdings kommt hierbei auch eine Wettbewerbsentwicklung innerhalb des Kreditwesens zum Ausdruck: Die Geschäftsbanken haben die Baufinanzierung bzw. den Wohnungskredit seit Mitte der siebziger Jahre in ihr Angebot aufgenommen, und sie haben dieses Geschäft ganz erheblich forciert, da dieser Finanzierungssektor von ihnen als ein künftig durchaus noch entwicklungsfähiger Bereich des Privatkundengeschäfts angesehen wird. Wie kam es dazu ? Nachdem seit der Zinsfreigabe die Schwankungen des Kapitalmarktzinses dazu geführt hatten, daß die Sparer nicht mehr bereit waren, langlaufende Pfandbriefe zu erwerben, die bei steigendem Zins zu Kursverlusten für den Sparer führen, waren die Hypothekenbanken seit Anfang der siebziger Jahre gezwungen, die über Pfandbriefe refinanzierten Hypotheken für kürzere Zeiträume zu gewähren. Dadurch wurden Hypothekendarlehen mit einer Laufzeit von 5, 8 oder 10 Jahren vorherrschend. In dem Maße, in dem solche „Abschnittfinanzierungen“ üblich wurden, bei denen nach Ablauf der vereinbarten Laufzeit eine den jeweiligen Kapitalmarktverhältnissen entsprechende Zinsanpassung vorgenommen wird, konnten auch die Geschäftsbanken in größerem Umfang derartige Finanzierungen gewähren. Während Geschäftsbanken beispielsweise noch vor 15 Jahren praktisch keinen Realkredit gewährten, beleihen sie heute durchaus 7/10 des Verkehrswertes eines Objektes und bei sogenannten Gesamtfinanzierungen sogar in Ausnahmefällen bis zu 90 Prozent des Beleihungswertes.

Das Immobiliarvermögen in der Bundesrepublik Deutschland ist bereits größer als das gewerbliche Vermögen. Auch deshalb wird verständlich, daß die Großbanken die Zahl der auf eine qualifizierte Baufinanzierungsberatung spezialisierten Mitarbeiter von Jahr zu Jahr verstärken.

Diesem Wettbewerb müssen sich die Realkreditinstitute, d. h. vor allem die Hypothekenbanken und Bausparkassen stellen. Angesichts der veränderten Wettbewerbslage wird von den Hypothekenbanken und den Bausparkassen die Frage nach der Aufrechterhaltung des strengen und gesetzlich geregelten Spezialitätsprinzips gestellt, das die Arbeitsbereiche dieser Institutsgruppen begrenzt. Eine Änderung der seit Jahrzehnten geltenden gesetzlichen Regelungen wird notwendig sein, wenn die Wettbewerbsfähigkeit dieser Institute auf die Dauer gesichert bleiben soll.

Zu einer größeren Flexibilität haben Verbundprogramme beigetragen, die in Zusammenarbeit zwischen Geschäftsbanken, Hypothekenbanken und Bausparkassen angeboten werden. Dadurch wurden „Finanzierungen aus einer Hand“ möglich, bei denen der Kunde jeweils nur von einem Institut betreut wird, während die Kooperationspartner ihre Dienstleistung im Rahmen des gemeinsamen Finanzierungsprogrammes einbringen. Diese Produktvariation ist zweifellos ein Ergebnis des härter gewordenen Wettbewerbs. Dabei wird von den Geschäftsbanken wie auch von Hypothekenbanken und Bausparkassen die moderne Technologie eingesetzt, so daß der Kunde über computergestützte Beratungsprogramme eine geradezu „maßgeschneiderte Finanzierung“ aus einem Bündel von Finanzierungselementen auswählen kann.

Es ist unverkennbar, daß der Anteil der Hypothekarkredite gegenüber den „sonstigen (in der Regel nachrangigen) Darlehen“ abnimmt. Für die Bausparkassen hat sich seit Anfang der achtziger Jahre eine spürbar verlangsamte Entwicklung des Neugeschäftes ergeben, die aufgrund der Gegebenheiten des Kollektivsystems zu einer deutlichen Verlängerung der Wartezeiten geführt hat. Durch den Einsatz neuer Bauspartarife haben die Bausparkassen dieser für sie ungünstigen Entwicklung Rechnung getragen. Inzwischen hat sich ihre geschäftliche Entwicklung auch wieder verbessert. Dennoch kann nicht übersehen werden, daß aufgrund des nunmehr seit zwei Jahrzehnten zunehmenden Sparvolumens der privaten Haushaltungen eine nachhaltige Veränderung auf dem Realkredit-Sektor eingetreten ist, bei der sich die Marktanteile insbesondere der Geschäftsbanken signifikant erhöht haben. So ist trotz der bis heute aufrechterhaltenen Arbeitsteilung zwischen Hypothekenbanken und Bausparkassen eine Entwicklung in Gang gekommen, die auf die Dauer sicher nicht ohne eine Veränderung der gesetzlichen Regelungen für die beiden genannten Institutsgruppen bleiben kann. Hier ist der Gesetzgeber aufgerufen, den veränderten Marktverhältnissen Rechnung zu tragen.

Diese Wettbewerbsentwicklung ging einher mit dem Rückgang des Mehrfamilienhausbaus und dem Anstieg des Anteils der Ein- und Zweifamilienhäuser am Wohnungsneubau. Gleichzeitig nehmen die Wohnungsbestands-Investitionen durch Käufe stetig zu und die Modernisierungstätigkeit weitet sich aus. Das Wohnungseigentum tritt von Jahr zu Jahr stärker in den Mittelpunkt des Geschehens im Wohnungsmarkt. Heute beträgt die Eigentumsquote im Wohnungsbestand immerhin etwa 41 Prozent – dies ist zweifellos der überzeugendste Leistungsbeweis für die Flexibilität des deutschen Realkreditsystems. Und der Wunsch nach Erwerb von Wohnungseigentum ist unverändert groß: knapp 80 Prozent der Haushalte äußern nach den vorliegenden

Befragungsergebnissen diesen Wunsch. Diese Tatsache und die wohnungspolitische Zielsetzung der Bundesregierung, die Eigentumsquote auf 50 Prozent zu steigern, sind wichtige Indikatoren für die künftige Entwicklung des deutschen Realkredits.

Der Finanzierungsbedarf der Zukunft hängt auch keineswegs ausschließlich vom Wohnungsneubau ab, vielmehr wird in zunehmendem Maße eine Umwandlung von Miet- in Eigentumswohnungen stattfinden, die zumeist erheblichen Modernisierungsaufwand auszulösen pflegt. Der Wohnungsmarkt erzwingt ohnedies eine Verschiebung in Richtung auf eine qualitative Verbesserung. Der Gesichtspunkt, im Alter mietfrei zu wohnen, wird wegen der von der Bevölkerung inzwischen als nicht mehr völlig gesichert angesehenen Entwicklung der gesetzlichen Rentenversicherung gegenüber früheren Jahren erheblich an Bedeutung gewinnen. Die Kreditwirtschaft sollte deshalb den Vorsorgecharakter des Wohnungseigentums in ihrer Werbung stärker als bisher herausstellen.

Ein Problem, das den am Realkredit beteiligten Institutsgruppen von den Darlehensnehmern immer wieder vorgetragen wird, ist die aufgrund der Schwankungen des

Altersaufbau der Bevölkerung am 31.12.1983.

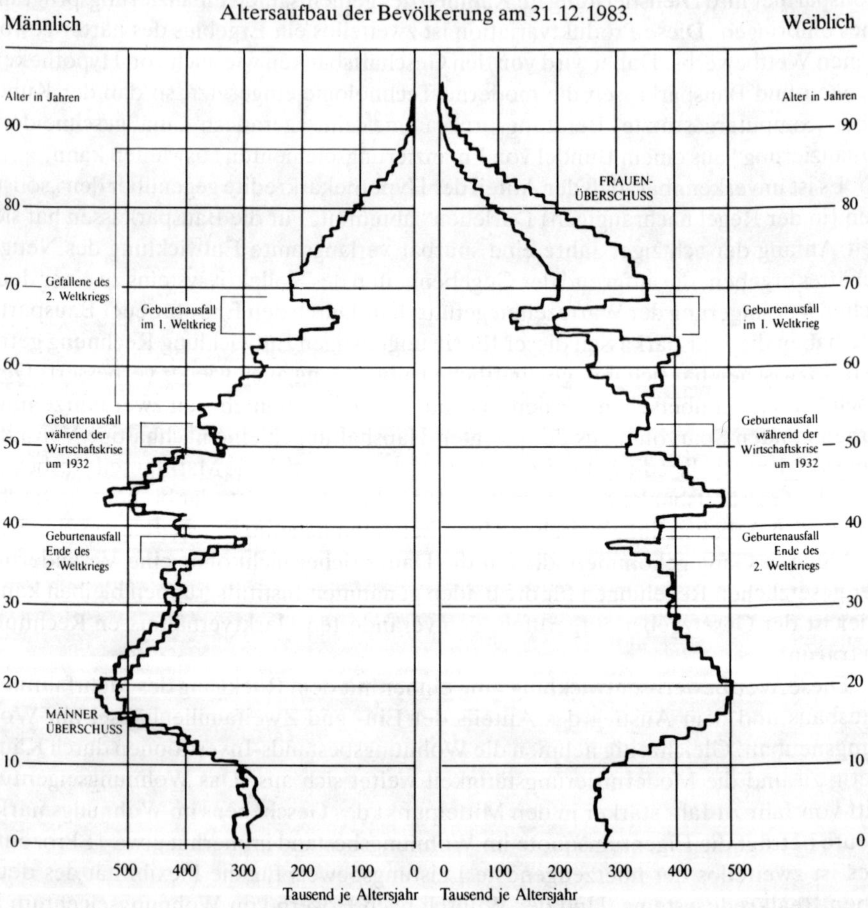

Quelle: Statistisches Bundesamt

Kapitalmarktzinses auf lange Sicht für den Bauherrn/Erwerber nicht von vornherein kalkulierbare Gesamtbelastung, wobei die vom Darlehensnehmer aufzubringende Annuität dessen Hauptsorge darstellt. Bisher ist den Darlehensnehmern bereits über zusätzliche Tilgungsstreckungs-Darlehen geholfen worden, wann immer dies erforderlich wurde. Auch der Einsatz von Bauspardarlehen unter Verwendung von Tilgungszuschuß-Darlehen führt zu einer Verminderung der laufenden Belastung des Bauherrn/Erwerbers. Dennoch liegt für den Realkredit-Sektor auf diesem Felde noch eine Aufgabe. Eine langfristige Verstetigung der laufenden Belastung der Darlehensnehmer trotz unterschiedlicher Höhe der Kapitalmarktzinsen während der Laufzeit der Darlehen – dies sollte das Ziel der gemeinsamen Überlegungen sein.

Das künftige Wohnungskreditvolumen kann längerfristig naturgemäß nicht ohne Berücksichtigung der tiefgreifenden demographischen Entwicklungstendenzen beurteilt werden, die sich für die Bundesrepublik eröffnen. Diese Tendenzen erscheinen ungünstig, wie ein Blick auf die „Bevölkerungspyramide" zeigt, die den Altersaufbau der Bevölkerung nach dem Stande vom 31.12.1983 wiedergibt. Die Auswirkungen der stark rückläufigen Geburtenzahlen der letzten anderthalb Jahrzehnte werden etwa ab 1995 in Erscheinung treten, und sie sind auch zunächst nicht abwendbar. Allerdings wird in den nächsten Jahren die Wohnungsnachfrage noch eher zunehmen, da die Altersgruppe der 20 bis 30-Jährigen um etwa 1 Million anwächst. Gleichzeitig wird die Zahl der Personen im Ruhestandsalter laufend zunehmen; sie dürfte im Jahre 2000 rund ein Viertel der Gesamtbevölkerung der Bundesrepublik von dann voraussichtlich 60,5 Millionen Menschen ausmachen.

Trotz rückläufiger Bevölkerungsentwicklung nimmt aber die Zahl der Haushalte in der Bundesrepublik aus strukturellen Gründen und infolge soziologischer Veränderungen bis zum Jahre 2000 noch zu. Gab es 1982 rund 25,3 Millionen privater Haushalte, so werden es im Jahre 2000 voraussichtlich 26,5 Millionen sein, von denen allerdings etwa 60 Prozent 1 oder 2 Personen-Haushalte sein dürften. Freilich wird auch die Altersgruppe der 30 bis 40-Jährigen anwachsen – jene Altersgruppe, die das Gros der kaufkräftigen Nachfrage für Wohnungseigentum stellt.

So wird der Wohnungskredit und speziell der Realkredit auch längerfristig ein breites Wirkungsfeld haben, das indessen von hartem Wettbewerb geprägt sein wird. Die Veränderungen des Marktes werden zunehmen, sie bieten freilich gleichzeitig auch neue Chancen, die es wahrzunehmen gilt. Hierzu ist allerdings auch das Beschreiten neuer Wege für den organisierten Realkredit notwendig. Die gesetzlichen Voraussetzungen für eine Verbreiterung des Wirkungsfeldes der in diesem Sektor tätigen Institutsgruppen sollten bald geschaffen werden.

Literatur

Kerl, Volkher, Bausparkassen und Hypothekenbanken: die Gründe ihrer Geschäftsbeschränkungen, in: Privates Bausparwesen 1985/86, Jahrbuch des Verbandes der Privaten Bausparkassen, Bonn 1986

Kremer, Arnold, Strukturelle Veränderungen in der Geldvermögensbildung der privaten Haushalte in der Bundesrepublik Deutschland, in: Aspekte bankwirtschaftlicher Forschung und Praxis, Frankfurt 1985

Märkte, Banken, Sparkassen und Bausparkassen, Axel Springer Verlag, Berlin 1984

Perspektiven der Wohnungsfinanzierung. Gutachten einer unabhängigen Kommission, Frankfurt 1985
Privates Bausparwesen, Jahrbuch des Verbandes der Privaten Bausparkassen, Bonn, diverse Jahrgänge
Schneider, Oskar, Fundamente, Stuttgart 1986
Soll und Haben, Einstellungen zum Geld, Bankverbindungen, Kredite, Spar- und Anlageformen, Versicherungen, Bausparverträge, Immobilien, SPIEGEL-Dokumentation, Hamburg 1985
Zeitel, Gerhard, Gespaltene Konjunktur, in: Privates Bausparwesen 1984/85, Jahrbuch des Verbandes der Privaten Bausparkassen, Bonn 1985
Zeitel, Gerhard, Wandlungstendenzen der Ersparnis- und Geldvermögensbildung in der Bundesrepublik Deutschland, Festschrift Robert Schwebler, Karlsruhe 1986
Zink, Achim, Beiträge zu Fragen der Vermögensbildung und des Realkredits, Bonn 1981
Zink, Achim, Ist Bausparen zinsabhängig ?, Der langfristige Kredit, Heft 21/22, 1982
Zink, Achim, Bausparen im Spannungsfeld zwischen Konjunktur und Kapitalmarkt, Karlsruhe 1982

X. Umweltpolitik

Umweltschutz im Verständnis eines Energieversorgungsunternehmens

Eberhard Benz

Zusammenfassung

Ein gegen Ende der siebziger Jahre aufkommender Wandel im gesellschaftlichen Bewußtsein führte auch in der Wirtschaft zu einem allmählichem Akzeptieren des Umweltschutzes als eines eigenen Unternehmensziels. Besonders in Baden-Würtemberg führten die Vereinbarungen der Landesregierung mit den Energieversorgungsunternehmen und der Industrie zu einer Reihe umweltpolitischer Aktivitäten. Die Durchführung all dieser Maßnahmen wäre ohne drastische Erhöhungen der Strompreise nicht möglich, wenn nicht der Kernenergieeinsatz kostendämpfend wirkte. Für die EVU ist insofern die Behauptung nicht übertrieben, daß erst der Einsatz der Kernenergie unmittelbar und mittelbar die Umweltschutzmaßnahmen ermöglicht, will man nicht den Verbraucher zusätzlich belasten. Dies gilt insbesondere, wenn die weltweite Dimension dieses Problems beachtet wird.

1 Bekenntnis zum Umweltschutz als Unternehmensziel

Kaum etwas fällt dem Menschen schwerer, als zwischen Zeitgeist, säkularen Trends oder gar geschichtlichen Strömungen zu unterscheiden. Selten hat es in der Geschichte der Menschheit eine Epoche gegeben, in der dies so vielfach belegbar war wie heute. Häufig ist dabei nur schwer zu erkennen, ob es sich um Einzelströmungen oder wesensmäßig verknüpfte Bestandteile einer Gesamtlinie handelt. Sind Nostalgiewelle, Friedensbewegung, Greenpeace und Antikernkraftströmung einzelne Pflanzen oder Wurzeln eines gemeinsamen Baumes?

Ein Begriff, der in diese Kategorie paßt, ist Umweltschutz. Was ist Umweltschutz? Wo beginnt er? Wie weit geht er? Wo ist er Lippenbekenntnis und wo bereits zum wesentlichen Lebensbestandteil sublimiert? Kann ihn jeder für sich betreiben oder muß er nicht sogar über nationale Grenzen hinaus im internationalen Maßstab gesehen werden?

Es steht außer Frage, daß man in Deutschland – aber keineswegs dort allein – seit der Phase der Industrialisierung, insbesondere aber beim Wiederaufbau nach dem Zweiten Weltkrieg, mit der Natur und den Ressourcen nicht immer schonend umgegangen ist. Dies ist nicht nur verständlich aus der damaligen Situation heraus, in der die Schaffung einer Existenz für die Bevölkerung absoluten Vorrang vor umweltschutzpolitischen Überlegungen hatte. Dies erklärt sich auch ein wenig aus dem Wirtschaftssystem, wobei – dies sei gleich angefügt – der Marktwirtschaft nur vordergründig der

Vorwurf gemacht werden kann, sie bewältige als Wirtschaftssystem die Umweltschutzaufgaben nicht. Insgesamt ist sie sicherlich diejenige Ordnungsform, die dieser Aufgabe am ehesten gerecht werden kann.

Wenn die Marktwirtschaft scheinbar – oder sagen wir besser kurzfristig – bei der Lösung der Umweltprobleme zu versagen drohte, dann liegt dies wesensbedingt auch daran, daß in diesem System im Gegensatz zur Planwirtschaft immer erst Signale aufleuchten müssen, bevor entsprechende Reaktionen eingeleitet werden. Nach diesem Prinzip funktioniert nicht nur – über Preise und Gewinne und Verluste als Signal – die Produktion und Verteilung der klassischen Güter, nach solchen Signalen erfolgt im Prinzip auch die Neubewertung ehemals sogenannter freier Güter wie Luft und Wasser als ökonomische Güter. In dem Moment, in dem gute Luft und frisches Wasser knapp werden, werden sie zu ökonomischen Kategorien, erhalten ihren Preis, den wir dann in Umweltschutzaufwendungen bemessen. Sie sind dann allerdings auch fürderhin zum Bruttosozialprodukt zu rechnen.

Die Alternative bestünde darin, vorausschauend planerisch festzulegen, welche auch ökologischen Folgen mit der arbeitsteiligen industriellen Tätigkeit verbunden sein könnten und ihnen im voraus einen Riegel vorzuschieben. Dieses Bemühen würde die gleichen ungeheuren Fehlinvestitionen verursachen wie alle planwirtschaftlichen Bemühungen seit jeher. Wobei keineswegs damit der Verzicht auf eine präventive Umweltschutzpolitik ausgesprochen sein soll.

Die Erklärung aus dem Wirtschaftssystem heraus mag vielleicht nach einer etwas einfachen Entschuldigung dafür klingen, daß es doch relativ lange gedauert hat, bis sich die Wirtschaft allmählich von dem Vorrang des Ökonomischen vor dem Ökologischen über ein Lippenbekenntnis zur Gleichrangigkeit bis hin zum inneren Akzeptieren des Umweltschutzes als eines eigenen Unternehmensziels gewandelt hat. Und dies gilt heute sicherlich auch nicht für jedes Unternehmen. Dabei hängt es allerdings nicht nur von dem Willen der Unternehmensleitung oder deren Gewissen ab, sondern auch von der Branche und Wettbewerbssituation, in der sich ein Unternehmen befindet. Für ein Unternehmen, das im internationalen Wettbewerb in der Grundstoffgüterindustrie um sein Leben ringt, wird mit hohem Aufwand verbundener Umweltschutz zunächst nicht mehr als eine Rahmenbedingung sein können, die man nolens volens akzeptiert, die man aber eigentlich eher etwas weniger stringent hätte. Derjenige, der Chips und hochwertige Elektronik herstellt, kann dies heute bewiesenermaßen auch in einem Kurort und hat es entsprechend leichter, Umweltschutz mit Unternehmensziel gleichzusetzen.

Die Energieversorgungsunternehmen befinden sich hier in einer gewissen Sonderposition. Einerseits unterliegen wir von der Marktstellung her durchaus nicht dem Wettbewerbsdruck wie manch anderer Wirtschaftszweig. Von daher könnten wir für Umweltschutzbemühungen ein großes Herz haben unter dem Blickwinkel, daß der Kunde über den Strompreis letztlich die Aufwendungen bezahlt. Andererseits sind wir laut Gesetz verpflichtet, den Strom so preisgünstig wie möglich darzustellen, d. h. wir müssen auf Kostenminimierung hinwirken. Hinzu kommt, daß Strom, je nach dem eingesetzten Primärenergieträger, nur schwer unter Vermeidung von Umweltbeeinträchtigungen bereitzustellen ist. Um das vermeintliche Dilemma zwischen Wirtschaftlichkeit und Umweltschutz zu lösen, bedurfte es in erster Linie eines Wandels im gesellschaftlichen Bewußtsein. Dieser Bewußtseinswandel schlug sich nicht nur in Einzelaktionen von Randgruppen nieder, sondern erfaßte auch die Gesetzgebung und damit die Rahmenbedingungen, innerhalb derer sich die wirtschaftlichen Aktivitäten nunmehr neu entfalten mußten. So setzten die Novellierung der TA-Luft und die Einführung der Großfeuerungsanlagenverordnung neue Maßstäbe, die insbesondere bei der Bereitstellung von Kohlestrom erhebliche Umweltschutzaktivitäten auslösten.

Uns war bekannt, daß dies mit erheblichen Kosten verbunden sein würde. Gebunden an den Jahrhundertvertrag und befrachtet mit Strompreisen, die zu den höchsten im Land gehören, fiel es uns nicht leicht und war auch eine Frage der Verantwortung gegenüber dem Kunden, Umweltschutzaufwendungen in Höhe von mehreren hundert Millionen DM aufzubringen. Um zwischen Szylla und Charybdis hindurchzusteuern, ohne auf Grund zu laufen, brauchten wir ein Medium, das trug. Dies fand sich auch und ermöglichte uns ein volles Bekenntnis zum Umweltschutz als Unternehmensziel, bei gleichzeitigem Festhalten der Strompreise. Wir werden später im Detail auf diesen Punkt zu sprechen kommen.

Wenn Walter Eucken die Konstanz der Wirtschaftspolitik als konstituierendes Prinzip einer funktionsfähigen Wettbewerbswirtschaft bezeichnet hat, so heißt dies im Bezug auf Umweltpolitik, daß die Rahmenbedingungen in Form der gesetzlichen Auflagen so wenig wie möglich wechseln. Gerade in der Energieversorgung sind die Investitionen von einer derartigen Kapitalintensität und Langfristigkeit, daß eine Risikobeurteilung konstante Voraussetzungen verlangt.

Die Forderung der Konstanz der Rahmenbedingungen hatte auch der Ministerpräsident des Landes Baden-Württemberg im Auge, als er sich 1984 entschloß, durch eine Vereinbarung[1] mit den Kraftwerksbetreibern für die Entstickung und Entschwefelung langfristig gültige Grenzwerte anzustreben, die unter denjenigen lagen, die durch die zu der Zeit gültige aber diskutierte Regelung, nämlich die Großfeuerungsanlagenverordnung, vorgegeben waren. Späth hatte den gleichen Ausgangspunkt der Überlegung wie wir, nämlich einerseits dem Umweltschutzgedanken Rechnung zu tragen, aber andererseits die Strompreise möglichst stabil zu halten. Dabei war er nicht nur dem vollen politischen Druck ausgesetzt, sondern vertraute offenbar auch in die preiskompensierenden Wirkungen der Kernkraft, die in Baden-Württemberg erheblich im Vormarsch war. Nicht unbedingt verursacht, aber konkretisiert durch die Vereinbarung mit der Landesregierung entwickelten sich in den Folgejahren, insbesondere bei unseren Kohlekraftwerken, erhebliche Umweltaktivitäten, die bis heute noch andauern.

2 Umsetzen in konkrete Maßnahmen

Es kann an dieser Stelle kaum der Versuch unternommen werden, auf Mark und Pfennig genau den Betrag zu ermitteln, den das Badenwerk in einem bestimmten Zeitraum für Umweltschutzmaßnahmen aufgewendet hat. Zwar soll durchaus die eine oder andere Zahl genannt sein, aber Zahlen verfälschen das Bild mindest ebenso, wie

---

1 Diese Vereinbarung wurde zwischen der Landesregierung und den Energieversorgungsunternehmen des Landes, die Kohlekraftwerke betreiben, abgeschlossen. Ihrem Rechtscharakter nach dürfte sie als öffentlich-rechtliche Vereinbarung anzusehen sein. Mit ihr wurde ordnungspolitisch wie auch bezüglich der Wirtschaftsverfassung in gewissem Sinne interessantes Neuland betreten. Späth hat die Möglichkeiten des förderativen Systems genutzt, um zum Erreichen des Zieles einer besseren Umwelt eine über die eigentlich bundesrechtlich festgelegte Regelung hinausgehende Lösung durchzusetzen.

sie es erklären. Dazu ist die Ermittlung der Umweltschutzaufwendungen viel zu sehr von den Prämissen abhängig, und absolute Zahlen sprechen – ohne in Relation gesetzt zu werden – ohnehin keine besonders verständliche Sprache. Sind 750 Mio. DM für den Umweltschutz viel oder wenig? In welchem Zeitraum? In Beziehung zum Umsatz, zur Bilanzsumme, pro Beschäftigten, je kWh?

Wir wollen zur Verdeutlichung unserer durchaus beachtlichen Umweltschutzbemühungen einen etwas anderen Weg wählen. Wir wollen zum einen den Blick über das Mutterhaus hinaus auf die vielfachen Beteiligungsgesellschaften lenken und zum anderen den ungeheueren Facettenreichtum an Umweltschutzmaßnahmen andeuten.

Es wird häufig verkannt, daß ein Großteil der Aktivitäten des Badenwerks nicht unbedingt im Stammhaus, sondern in Beteiligungsgesellschaften abgewickelt wird. Dies hat die bekannten bilanzpolitischen, kreditpolitischen und technischen Gründe, die in diesem Zusammenhang nicht weiter interessieren sollen. Man kann zum Beispiel an der konsolidierten Bilanz des Badenwerks erkennen, daß das Investitionsvolumen im Stammhaus nur etwa ein Drittel des konsolidierten beträgt und das Gesellschaftskapital der Beteiligungen mehr als doppelt so hoch ist wie das der Mutter. Immerhin ist das Badenwerk zur Erfüllung seiner gesetzlichen und satzungsgemäßen Aufgaben an über 20 Gesellschaften beteiligt. Wenn man also die Umweltschutzbemühungen des Badenwerks ermitteln will, so genügt es keinesfalls, die Hauptverwaltung in Karlsruhe zu beleuchten und das Rheinhafen-Dampfkraftwerk einzubeziehen, vielmehr sind die eigentlichen Schwerpunkte, die auch größenmäßig zu Buche schlagen, in den Beteiligungsgesellschaften zu finden.

Umweltschutzaufwendungen bei Energieversorgungsunternehmen werden gedanklich unmittelbar mit dem Kraftwerksbau in Verbindung gebracht. Dies ist sicherlich berechtigt. Aber darin erschöpfen sich diese Aktivitäten keineswegs. Sie finden sich nicht nur im Produktionsbereich, sondern fallen auch bei der Verteilung des Stroms an und gehen bis in die Verwaltung hinein. Daß die Maßnahmen zur Entstikkung und Entschwefelung eines Kohlekraftwerks dem Umweltschutz zuzurechnen sind, ist bekannt und im Bewußtsein der Öffentlichkeit verankert. Daß aber nicht nur bei der Eigenerzeugung, sondern auch beim Bezug Umweltschutzkosten enthalten sind, wird allgemein nicht besonders beachtet. Diese indirekten Umweltschutzkosten werden in der Regel nicht aufgelistet, sind aber in den Bezugspreis eingerechnet. Darüber hinaus sind auch in den eingekauften und selbsterstellten Maschinen und Materialien Umweltschutzkosten involviert, wie beispielsweise Lärmschutzkosten bei Kompressoren, bei Transformatoren usw.

Umweltschutzkosten fallen weiterhin zunehmend an bei der Stromverteilung, und zwar im Netzbereich, bei den Umspannanlagen und den Stationen. Die derzeit diskutierten Verkabelungspläne gehören eindeutig hierzu. Wenn künftig im Badenwerknetz geplante 110-kV-Leitungen verkabelt werden müßten, entstünden in den nächsten 10 Jahren Mehraufwendungen von rund 250 Mio. DM. Würde man die Verkabelung, wie zum Teil gefordert, auf 50 % der bestehenden Leitungen ausdehnen, müßten in Baden-Württemberg 2100 km Leitungen mit einem Kostenaufwand von 9 Mrd. DM verkabelt werden. Die mit solchen Maßnahmen verbundenen jährlichen Mehrkosten für die EVU in Höhe von 1 Mrd. DM würden eine zusätzliche Strompreisbelastung von ca. 2,4 Pf/kWh erfordern. Dieser Betrag würde das 5fache der Kosten für die Luftreinhaltungsmaßnahmen ausmachen, die mit ca. 1,8 Mrd. DM anzusetzen sind. Es ist kaum anzunehmen, daß derartige Größenordnungen der Bevölkerung auch nur annähernd bekannt sind. Bei Freileitungen zahlen wir heute eine Ausgleichsabgabe für

Landschaftsschutz, weil das Auge sich durch diese Leitungen – vermeintlich oder tatsächlich, mag in diesem Zusammenhang offenbleiben – belastet fühlt. Wir begrünen unsere Umspannanlagen und bauen, wenn es sein muß, unsere Stationshäuschen im Fachwerkstil, um sie der Umgebung anzupassen. Wir führen Begrünungs- und Bepflanzungsmaßnahmen im Bereich von Kraftwerks- und Verwaltungsgebäuden durch. Aber selbst bis in den Personal- und Gemeinkostenbereich hinein gehen die Umweltschutzaufwendungen, so etwa beim Lärmschutz, in der Abfall- und Wasserwirtschaft.

Einen Riesenkomplex, der bezüglich seiner Zurechnung zum Umweltschutz umstritten ist, bilden die Umweltschutzmaßnahmen in Kernkraftwerken. Hier gehen zwei Komponenten ineinander über, ohne daß eine scharfe Trennung immer möglich ist: Sicherheit und Umweltschutz. In manchen Bereichen laufen die Maßnahmen parallel. Aufwendungen zur Verhinderung des Austritts von Radioaktivität sind gleichzeitig Sicherheits- und Umweltschutzmaßnahmen.

Wie aber sieht es beim Schutz gegen Terrorismus aus? Da letztlich sogar bei Flugzeugabstürzen verhindert werden soll, daß Radioaktivität in die Umwelt austritt, könnte man diese Maßnahmen ebenso unter Umweltschutz subsumieren. Es ist fraglich, ob der gesamte Bereich der Zwischen- und Endlagerung ebenfalls dazuzuzählen ist. Aber wenn er nicht zum Schutz vor Radioaktivität gehört, ist er laut Atomgesetz der Abfallbeseitigung zuzurechnen und damit ebenfalls dem Umweltschutz. Es ist sofort ersichtlich, daß je nach Einbeziehung in die Umweltschutzkategorie die Millionenbeträge sehr schnell in neue Größenordnungen hineinwachsen.

Letztendlich kommt es ja nicht auf den qualitativen Aspekt, d.h. die Breite des Spektrums der Umweltschutzmaßnahmen an, sondern auf den quantitativen, der sich schließlich im Preis der Kilowattstunde niederschlagen muß und der entweder durch Senkung anderer Kosten aufgefangen werden kann oder aber vom Kunden aufgebracht werden muß. Dabei wird in der Öffentlichkeit häufig mit der sogenannten „Pfennigbetrachtung" argumentiert. Man nimmt dabei zum Beispiel die Kosten für die Entschwefelung der Kohlekraftwerke in Höhe von x Millionen DM, dividiert diesen Zähler durch die gesamten Kilowattstunden, die auch mit Kernkraft und anderen Energieträgern erzeugt wurden, und erhält durch den riesigen Nenner eine Verteuerung der Durchschnittskilowattstunde um nur ca. einen Pfennig. Psychologisch ist dieses ausgesprochen wirksam, denn wer will sich sträuben, zu Gunsten der Umwelt einen Pfennig, pro welcher Einheit auch immer, aufzubringen. Daß der gleiche Pfennig mit der gleichen Rechnung nochmals zustande kommt bei der Entstickung, bei der Verkabelung, beim Wasserpfennig, vielleicht demnächst bei einem Gipspfennig, wird jeweils nicht deutlich, weil man oft nur von einer bestimmten Kategorie spricht. Summiert man indessen, so machen bei einem Strompreis von 20 Pf/kWh 5 Pf glatte 25 % aus. Uns als Insider verwundert dies nicht. Wir wissen, daß in unseren Kohlekraftwerken Umweltschutzinvestitionen in Höhe von ca. einem Drittel der Gesamtkosten enthalten sind. Aber ist dies auch dem Verbraucher hinreichend bewußt? Daß es ihm nicht mit dieser Deutlichkeit bewußt ist, liegt indessen nicht zuletzt daran, daß wir nicht gezwungen sind, die gesamten Kostenerhöhungen im Preis prozentual weiterzureichen, weil es eine Möglichkeit der teilweisen Kompensation gibt.

3 Die Bedeutung der Kernenergie im Umweltschutzkonzept

Eine ausschließlich alternativ gespeiste Energiewelt ließe sich, so paradox das klingt, laut Knizia nur mit Schnellen Brütern oder Fusionsreaktoren in ihrer energieintensiven Aufbauphase ausreichend mit Energie versorgen. Dies ergibt sich zwingend aus dem zweiten Hauptsatz der Thermodynamik, der so zu deuten ist, daß Energie in der geforderten Beschaffenheit und Darbietungsart – beispielsweise elektrische Energie auf der Basis von Sonnenkraft – nicht nur eine größere Menge an Ausgangsenergie erfordert, sondern auch die zur Umwandlung und Verteilung geeigneten Anlagen in Form von Kraftwerken und Netzen. Um sie zu beschaffen, bedarf es wiederum eines großen Aufwands an Energie.

Zwar gibt es in der Geisteswissenschaft, im Gegensatz zu der Naturwissenschaft, keine Gesetze, sondern nur Gesetzmäßigkeiten oder Plausibilitäten, doch läßt sich das zweite Gesetz der Thermodynamik sehr wohl zu den Kosten des Umweltschutzes in Bezug bringen: Wenn dem Umweltschutz – und wir bleiben hier allein im Bereich der Energiebereitstellung – vermehrt Rechnung getragen werden soll, was wir für richtig halten, dann gibt es einzelwirtschaftlich, d. h. für jedes Individuum, wie gesamtwirtschaftlich, d. h. für die Volkswirtschaft, nur ganz bestimmte ökonomische Lösungsmöglichkeiten. Abbildung 1 zeigt die Alternativen, die im Text erläutert werden:

Will man das Problem von der Angebots-, sprich Bereitstellungsseite, lösen, so bieten sich grundsätzlich zwei Varianten an:

- Man gewinnt die zusätzlich für den Umweltschutz abzuzweigenden Ressourcen, also die Produktionsfaktoren Arbeit und Kapital, indem man die bestehenden Ressourcen besser ausnutzt, d. h. die Produktivität erhöht.
- Man versucht, die Ressourcen selbst zu erhöhen und bei diesem Prozeß wiederum einen möglichst geringen Produktionsaufwand zu betreiben, etwa dadurch, daß man auf relativ billige Ressourcen zurückgreift, die keiner anderen sinnvollen Verwendung zugeführt werden können. In der Fachsprache des Ökonomen bedeutet dies, daß die Faktorausstattung erhöht wird.[2]
- Eine zweite Möglichkeit besteht darin, das Problem von der Nachfrageseite anzugehen. Hierbei gibt es wiederum zwei Varianten:
- Ceteris paribus, d. h. bei unveränderter Faktorausstattung und gleichbleibender Produktivität, kann der Ressourcenverzehr, den der erhöhte Umweltschutz erfordert, nur durch Ressourceneinsparung, d. h. letztlich Konsumverzicht an anderer Stelle, kompensiert werden, sofern man voraussetzt, daß der Energieverbrauch sowohl spezifisch wie absolut nicht zurückgeschraubt wird.
- Ist die Bevölkerung nicht bereit, auf Konsum an anderer Stelle zugunsten des Energieverbrauchs zu verzichten, also beispielsweise auf die Urlaubsreise oder das Auto, so bleibt nur noch der Weg des Verzichts auf den Energieverbrauch unmittelbar, d. h. Energiesparen.

Gehen wir davon aus, daß auf vermehrten Umweltschutz nicht verzichtet werden kann, dann wird sich realistischerweise zur Lösung des Problems nur ein Konglomerat aller vier Möglichkeiten auf der Angebots- und Nachfrageseite anbieten. Gehen wir die vier Varianten einmal realitätsbezogen auf die Möglichkeit durch, ihren spezifischen Beitrag zur Problemlösung zu liefern.

Beginnen wir mit der Nachfrageseite, die insbesondere durch die heute vielfach

---

2 Interessanterweise sind Produktivitätsunterschiede und unterschiedliche Faktorausstattung auch die beiden Kriterien, nach denen die Arbeitsteilung im internationalen Handel vollzogen wird.

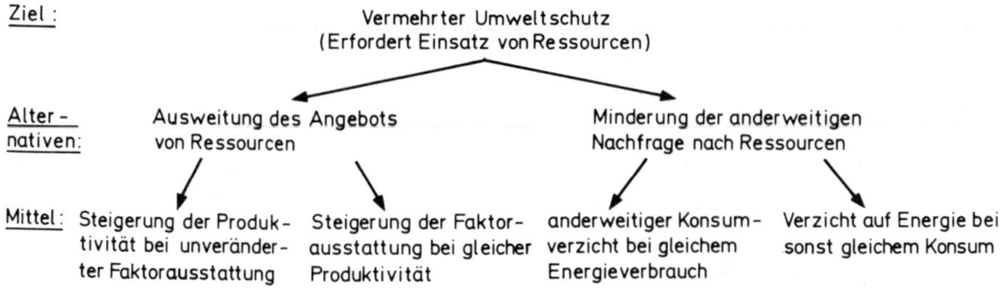

Abb. 1

vorgetragenen Szenarien besondere Betonung erfährt. Als die ergiebigste Energiequelle wird dabei heute nicht selten das Energiesparen proklamiert, wobei an dieser Stelle nicht darüber diskutiert werden soll, ob diese Bezeichnung angemessen ist oder es sich um eine eigentlich unzulässige semantische Spielerei handelt.

Es kann nicht bestritten werden, daß seit den beiden Ölschocks der 70er Jahre der Umgang mit der Energie bedeutend überlegter erfolgt als zuvor. Auch ist wohl zuzugestehen, daß noch nicht an jedem Ort im privaten und wirtschaftlichen Bereich die letzten Möglichkeiten des Energiesparens ausgeschöpft sind. Andererseits kann kein Zweifel bestehen, daß Sparen immer irgendwo Verzicht bedeutet und uns insofern der Ausdruck „rationelle Energieverwendung“ angemessener erscheint. Energiesparen bedeutet nicht nur für den zivilisierten Teil der Welt in nahezu jedem Fall Verzicht auf Wohlstand, Komfort und, wenn man so will, auch Bequemlichkeit. Interessanterweise sind es häufig die gleichen Kreise, die zu diesem Verzicht anraten, gleichzeitig aber von „neuer Armut“ einerseits sprechen und höhere Lebensqualität andererseits fordern. Wer über einen rationellen Umgang hinaus ein weiteres direktes Sparen an Energie fordert, nimmt dem Menschen einiges von den Erleichterungen, die er sich durch Beherrschung der Technik in Jahrhunderten ermöglicht hat. Er greift letztlich auch unmittelbar in das sehr diffizile Räderwerk einer hoch arbeitsteiligen Industrienation ein und verringert Wettbewerbsfähigkeit und gefährdet Arbeitsplätze. Schließlich kommt hinzu, daß ein derartiger Prozeß des Energiesparens in einer Demokratie kaum von der Obrigkeit verordnet werden kann, sondern letztlich der Entscheidung des Individuums obliegt. Wieweit die Bevölkerung bereit ist, auf den angestammten Lebensstandard freiwillig zu verzichten, bleibt angesichts eines nach wie vor sehr menschlichen Menschentyps mehr als offen.

Und schließlich sollte nicht verborgen bleiben, daß häufig hinter dem so bezeichneten Energiesparen auch nichts anderes steckt als der Rückgriff auf Ressourcen an anderer Stelle. Wenn beispielsweise proklamiert wird, sich einen neuen Kühlschrank zu kaufen, der weniger Strom verbraucht, so müssen zunächst die Anschaffungskosten dafür aufgebracht werden. Ähnlich ist es mit der Dämmung von Häusern, die zwar letztlich Energie einspart, zunächst aber den Hausbau nicht unwesentlich verteuert und damit Ressourcen bzw. Einkommen in Anspruch nimmt. Wenn bei dieser Thematik sauber argumentiert wird, erweisen sich die Möglichkeiten, die die Bevölkerung freiwillig auf sich nimmt, als weitaus stärker begrenzt, als dies regelmäßig vermutet oder behauptet wird.

Die Grenzen des unmittelbaren Konsumverzichts bei „lediglich“ rationeller Energieverwendung und erhöhtem Umweltschutz dürften ebenfalls relativ eng sein. Wer das jährliche Gerangel um Lohnerhöhungen im Bereich der Zehntelprozente miterlebt, wird schwerlich glauben können, daß ein spürbarer, unmittelbarer Konsumverzicht zugunsten einer verbesserten Umwelt realistisch erscheint. Es ist noch nicht allzulange her, als der Student im ersten Semester Nationalökonomie als ersten Satz überhaupt lernte: Die Bedürfnisse des Menschen sind unendlich, während die Mittel zur Befriedigung dieser Bedürfnisse endlichen Charakter haben. Obwohl sich, solange der Mensch mit der Erbsünde befrachtet ist, an diesem Wesenszug des Menschen nichts ändern wird, ist es seit einiger Zeit verpönt, sich zu diesem Satz zu bekennen, ohne sich dem Vorwurf des Konsumfetischismus auszusetzen. Man kann durchaus bereit sein, diesen Lehrsatz Nr. 1 der Nationalökonomie zu revidieren und auf die Behauptung zurückzuführen, daß die Bedürfnisse des Menschen, wenn nicht unendlich, so doch auch heute noch allenthalben größer sind als die Mittel zu ihrer Befriedigung. Woher kommt denn die ganze Diskussion um den vermeintlichen Abbau von Sozialleistungen, wenn die Menschen bereit wären, in größerem Maße ihre Bedürfnisse zurückzuschrauben? Wer will denn ernsthaft vor sich selbst behaupten, er könne sich nichts mehr vorstellen, was er sich noch wünsche?

Dabei ist es gar nicht erforderlich, in den Bereich der sogenannten Luxusgüter hineinzugehen. Wer heute in einer engen Mietwohnung im Hochhaus wohnt, träumt zunächst noch nicht vom Winkelbungalow am Waldrand mit Swimmingpool. Ihm würde zunächst ein bescheidenes Reihenhäuschen durchaus reichen. Welche Form von Konsumverzicht soll der Student ausüben, der den allseits für zu gering gehaltenen Bafög-Satz bekommt? Oder der Rentner, der nach allgemeiner Auffassung um seine Zukunft bangen muß? Wir sehen eigentlich keinen Grund zu klagen. Den Bewohnern der Bundesrepublik geht es im Prinzip gut, zumindest besser als jemals zuvor. Dennoch dürfte die Partei, die angesichts der Realitäten und der menschlichen Wesensart mit dem Slogan „Konsumverzicht" bei einer Wahl anträte, wohl kaum über die 5 %-Hürde springen können.

Fassen wir die Möglichkeiten zusammen, von der Nachfrageseite her die erhöhten Umweltschutzaufwendungen in der Energiebereitstellung zu kompensieren, so sehen wir, daß diese bei aller Anstrengung durchaus begrenzt sind. Wenden wir unseren Blick den Möglichkeiten auf der Angebotsseite zu.

Den erhöhten Ressourcenbedarf dadurch bereitzustellen, daß die Produktivität der Energieerzeugung erhöht wird, ist ein Mittel, das angewendet wird, solange es technischen Fortschritt und Ingenieurwesen gibt. Da es auch nicht angebracht ist, einen Technikskeptizismus an den Tag zu legen, werden diese Bemühungen fortdauern und uns neue Lösungen anbieten. Nur ist im Moment nicht abzusehen, daß sich derartiges auf kurze oder auch nur mittlere Sicht andeutet. Der geniale Einfall, der alle Energieprobleme schlagartig kostengünstig und umweltfreundlich lösen könnte, läßt möglicherweise noch einige Zeit auf sich warten. Alle Bemühungen, die Energiefrage mit alternativen oder additiven Energien lösen zu wollen, sind derzeit mehr Hoffnung als Realität. Die verläßlichen Schätzungen rechnen damit, daß bis zum Jahr 2000 der Beitrag der additiven Energien kaum über 6 % zum Gesamtbedarf betragen wird. Nur am Rande: Es wäre ja auch fast paradox, wenn ausgerechnet diejenigen, die sich auf die „sanften Pfade" verlegen, um nicht zu sagen, die Industriegesellschaft technisch eher bremsen als fördern wollen, auf den großen Technologiesprung hofften, um das Energieproblem zu lösen.

Es bleibt der vierte Weg, das Ausnutzen von Ressourcen, die an anderer Stelle nicht fehlen, weil sie außer zur Erzeugung von Energie als Rohstoff keine Verwendung finden können. Bei dieser Überlegung stößt man zwangsläufig auf den Brennstoff Uran, der im Gegensatz zu Kohle oder Öl keinen wertvollen Rohstoff darstellt, der nach bisheriger Kenntnis keiner anderen sinnvollen Verwendung zugeführt werden kann und der die Herstellung von Strom zu einem vergleichsweise erheblich billigeren Arbeitspreis ermöglicht, als dies mit Kohle oder Öl der Fall wäre. Insofern zielt auch das häufig vorgebrachte Argument des mit ca. 40 % relativ geringen Wirkungsgrads ins Leere.

Mit der Inbetriebnahme von Philippsburg 2 und Leibstadt haben wir unseren Kraftwerkpark so umstrukturiert, daß wir heute zwei Drittel des Energiebedarfs mit Kernkraft decken. Die Kraftwerke laufen absolut reibungslos und störungsfrei. Auf dieser Basis war es uns seit Mitte 1984 möglich, die Strompreise stabil zu halten und gleichzeitig die Aufwendungen in Millionenhöhe für den Umweltschutz zu kompensieren. Bis unsere Programme zur Entstickung und Entschwefelung der Kraftwerksblöcke im Rheinhafen-Dampfkraftwerk, im Großkraftwerk Mannheim und in Bexbach endgültig abgewickelt sind, werden wir nahezu eine Milliarde DM an zusätzlichen Mitteln aufgebracht haben, wobei wir hoffen, daß der Verbraucher so wenig wie möglich durch höhere Strompreise belastet wird. Dabei versuchen wir, voll unseren Verpflichtungen aus dem Jahrhundertvertrag nachzukommen.[3] Es steht außer Frage, daß uns diese immensen Umweltschutzinvestitionen, ohne den Kunden an anderer Stelle zu Konsumverzicht zu zwingen, nicht möglich gewesen wären, stünde uns nicht im Grundlastbereich ausreichend Kernkraft zur Verfügung.

Eine Argumentation kann sich auf Mutmaßungen stützen oder auf konkrete Erfahrungen. Mutmaßungen erwachsen heute vielfach aus der verständlichen Besorgnis im Zusammenhang mit Tschernobyl. Sie sollten aber nicht der Ratgeber für die Weichenstellung der Zukunft allein sein. Ein anderer Ratgeber ist die Erfahrung der zurückliegenden Jahre. Unsere Kernkraftwerke haben sicher und umweltfreundlich gearbeitet. Der Sicherheitsstand ist permanent überprüft und neuen Erkenntnissen angepaßt worden. Dies wird auch weiterhin geschehen. Solange sich keine grundsätzlich neue Möglichkeit andeutet, vergleichsweise sicher und preiswert, wie es das Energiewirtschaftsgesetz fordert, Energie bereitzustellen, können wir es nicht verantworten, von dem bewährten Konzept von Kernkraft und Kohle abzugehen.

4 Umweltschutz in internationaler Sicht

Wir haben die Problematik bisher überwiegend aus dem Blickwinkel des eigenen Energieversorgungsunternehmens beleuchtet und dabei nur gelegentlich den volkswirtschaftlichen Rahmen angedeutet. Die Problematik stellt sich indessen in der gleichen Art, jedoch mit erheblich größerer Intensität, im weltweiten Maßstab. Die Schätzungen über die Zunahme der Weltbevölkerung bis zum Jahr 2000 gehen bis in die Größenordnung von sechs Milliarden. Selbst wenn es aufgrund verbesserter Technologie oder auch des Energiesparens gelänge, den spezifischen Energieverbrauch in den Industrienationen etwas abzusenken, würde dies für das Wachstum des absoluten Energiebedarfs nahezu ohne Bedeutung sein. Dabei ist besonders zu berücksichtigen, daß diejenigen Länder, die derzeit noch einen überaus geringen Energiebedarf haben,

---

3 Wenn sich die Deutsche Steinkohle und die IG Bergbau gegenüber den Ausstiegsszenarien skeptisch äußern, so deshalb, weil sie wissen, daß die mit der Kohle verbundenen Umweltschutzaufwendungen und damit letztlich auch der Jahrhundertvertrag nur bei einer entsprechenden Nutzung der Kernenergie finanzierbar sind.

zukünftig auf diesem Sektor immense Zuwachsraten aufweisen werden. So hatten die USA 1985 einen Pro-Kopf-Verbrauch von 11,8 t SKE, Deutschland 6,2, Brasilien 1,3 und Äthiopien 0,03. Weiterhin handelt es sich bei den Ländern der Dritten Welt bzw. den Schwellenländern keineswegs um leistungsfähige marktwirtschaftliche Systeme. Vielmehr liegen überwiegend planwirtschaftliche Elemente vor, die zu den aus der Realität bekannten Reibungsverlusten führen. Diese Länder werden gewaltige Anstrengungen unternehmen müssen, um den Kampf um das tägliche Brot auch nur einigermaßen bestehen zu können. In der Prioritätsskala ihrer Ziele wird der Umweltschutz sicherlich nicht an vorderster Stelle rangieren können. Die bei uns mittlerweile geforderte und auch praktizierte Zielfunktion eines Nebeneinander von sicherer und preiswerter Energie sowie Schonung von Umwelt und Ressourcen stellt sich dort als magisches Viereck dar, in dem die Realisierung des einen Ziels zwangsläufig zu Lasten eines anderen gehen muß.

Von der Vielzahl der Probleme seien schwerpunktmäßig nur die bedeutsamsten angesprochen:

- Die weltweiten Emissionen von Schwefel und Stickoxyden bzw. die anfallenden Reststoffe im Falle der Entstickung und Entschwefelung.
- Die in der letzten Zeit von verschiedenen wissenschaftlichen Institutionen befürchtete Aufheizung der Erdatmosphäre durch die zunehmende Emission technisch nicht rückhaltbarer Kohlendioxyden mit allen ihren ökologischen Folgen.
- Das Abholzen tropischer Wälder und deren Verwendung als Primärenergieträger.[4]
- Der Einsatz wertvoller Rohstoffe wie Kohle und Öl als Brennstoffe.

Die einzelnen Aspekte sind zwischenzeitlich in der Literatur und auch in der öffentlichen Diskussion ausführlich behandelt, so daß hier die Fakten nicht nochmals detailliert aufgeführt werden müssen. Die Sorgen, die bei dem Wettlauf entstehen, einerseits die natürlichen Ressourcen auf diesem Globus schonend zu behandeln, andererseits der wachsenden Menschheit hinreichend Energie zur Verfügung zu stellen, sind heute eigentlich jedem Verantwortlichen bewußt. Der Versuch, aus dieser Zielantinomie auch nur annähernd eine Harmonie zu machen, kann nur mit dem Einsatz der Kernenergie für eine vertretbare Übergangszeit gelingen. Das Konzept hierfür muß in der Tendenz lauten: Unmittelbarer Umweltschutz und unmittelbare Ressourcenschonung durch Einsatz der Kernkraft in den Industrienationen, die willens und in der Lage sind, mit dieser hochtechnischen Materie verantwortungsvoll und sicher umzugehen, mittelbare Ressourcen- und Umweltschonung im internationalen Rahmen durch weitgehendes Überlassen der fossilen Energieträger an die Entwicklungsländer, bis auch für diese sich andere Lösungsmöglichkeiten abzeichnen. Auch mit diesem weltweit angelegten Konzept eines sinnvollen Nebeneinanders von Kernenergie, Kohle und Öl ist heute noch schwer abzusehen, wie das Problem der wachsenden Versorgung der Bevölkerung unter gleichzeitiger Ressourcenschonung gelöst werden soll. Andererseits aber ist ein weltweit verstandener Umweltschutz bei gleichzeitiger Preisgabe der Kernenergie ein Unterfangen, das von vornherein zum Scheitern verurteilt ist. Der Wirtschaftszweig der Energieversorgung steht ganz vorn unter denjenigen, die die Gestaltung der Umwelt beeinflussen können. Man hat uns aufgerufen, diese Verantwortung zu sehen und zu tragen. Wir haben uns zu diesem Ziel bekannt. Nun soll man es uns nicht unmöglich machen, diese Zielsetzung durch verantwortungsbewußtes Handeln zu erfüllen.

4 Während in der EG nur 8 % des erzeugten Holzes verbrannt werden, sind dies in Afrika 87 %, in Mittel- und Südamerika 75 % und in Asien 73 %.

Umweltschutz und Technologiewandel

Malte Faber und Gunter Stephan[1]

Zusammenfassung

Umweltschutz und Technologiewandel stellen eine Herausforderung gleichermaßen an den Politiker und den Wissenschaftler dar. Neue Methoden und Instrumente müssen entwickelt werden, um das Wechselspiel zwischen technischen Neuerungen, Umweltschutz und gesellschaftlicher Entwicklung zu beurteilen. In diesem Beitrag wird gezeigt, wie die kurz-, mittel- und langfristigen Auswirkungen von Umweltschutzmaßnahmen und Innovationen aus ökonomischer Sicht analysiert werden können. Hierzu wird nicht nur ein theoretischer Ansatz vorgestellt, sondern auch dessen Anwendung in drei Fallstudien aus der Wassergütewirtschaft diskutiert. Dabei wird insbesondere deutlich, wie eng Ökologie, Ökonomie, Recht, Politik und Verwaltung miteinander verbunden sind.

1 Einleitung

Lothar Späth schreibt in „Wende in die Zukunft" ([25], S. 10): „In den meisten Fällen tendiert der politische Handlungsspielraum gegen Null." „Wir haben jedoch Zukunftschancen, die wir erkennen und ergreifen müssen" (S. 14). Daraus folgert er (S. 33): „Politiker sollen zuerst in Zeiträumen- und Infrastrukturen denken und erst dann termin- und projektbezogen planen". Späths Hauptthema bei diesen Uberlegungen ist „(d)er technische Strukturwandel mit seinen politischen, ökonomischen, sozialen und kulturellen Auswirkungen" (S. 14). Theoretische und praktische Erkenntnisse über diesen Wandel werden es uns erleichtern, im Spannungsfeld zu leben zwischen den gegenwärtig gegebenen Beschränkungen und den vielen zukünftigen Möglichkeiten, die umgekehrt in der Zukunft die Gegenwart beschränken werden. Aber: „Nur wenn wir die *Komplexität* der Probleme *bejahen* und uns zu ihr *bekennen*, besteht die Chance, den *Übergang* ins informationstechnische Zeitalter ohne große politische oder soziale Verwerfungen und im Rahmen unserer Grundwerteordnung zu bewältigen" (S. 55/6, unsere Hervorhebung).

Die genannten Fragestellungen, insbesondere das Wechselspiel zwischen kurzfristigen Beschränkungen und langfristigen Möglichkeiten, wollen wir anhand von Anpassungsvorgängen untersuchen, die durch Umweltschutzmaßnahmen ausgelöst werden. In Abschnitt 2 erläutern wir zunächst, warum es sich dabei um einen komple-

1 Wir danken P. Michaelis, J. Neipp und G. Wagenhals für die kritische Durchsicht.

xen Zusammenhang handelt, und welche Voraussetzungen geschaffen werden müssen, damit dieser untersucht werden kann. In Abschnitt 3 gehen wir darauf ein, wie aus wirtschaftstheoretischer Sicht zeitliche Prozesse erfaßt werden können. Wir wollen uns aber nicht nur auf eine theoretische Analyse beschränken. In Abschnitt 4 berichten wir daher über drei Fallstudien aus der Wassergütewirtschaft, die wir durchgeführt haben, um Anpassungsvorgänge über lange Zeiträume zu untersuchen. Dazu haben wir drei Methoden mit aufsteigendem theoretischem Anspruchsniveau verwendet: eine deskriptiv statistische, eine dynamische Input-Output-Analyse sowie ein numerisches dynamisches Gleichgewichtsmodell. Die theoretischen Überlegungen und empirischen Ergebnisse benutzen wir, um in Abschnitt 5 zu zeigen, daß das Abwasserabgabengesetz als Lehrstück der Umweltpolitik dienen kann. Dabei wird sich zeigen, wie eng Ökologie, Ökonomie, Recht, Politik und Verwaltung miteinander verbunden sind und wie aufwendig eine integrative Vorgehensweise ist.

2 Komplexität der Fragestellung

2.1 Umweltschutz

Im folgenden geben wir drei Gründe an, warum es so schwierig ist, Umweltprobleme zu lösen:

1. Die Umweltpolitik ist häufig Gegenstand von Diskussionen und hitzigen Debatten, auch unter Experten. Der Mangel an Übereinstimmung zwischen den Wissenschaftlern wirkt dabei für die Außenstehenden oft bestürzend [24]. Ein wesentlicher Grund für die großen Meinungsverschiedenheiten ist das Fehlen von Daten über die wahren Zusammenhänge: Zum einen sind viele Umweltschädigungen das Ergebnis langfristiger Belastungen, deren Ursachen nicht mehr eindeutig erforschbar sind. Zum anderen können wir es uns im Gegensatz zu vielen anderen Bereichen nicht leisten, mit der Umwelt zu experimentieren. Will man zum Beispiel die Qualität einer bestimmten Art von Glühbirnen testen, genügt es, einen verschwindend kleinen Anteil der Produktion zu prüfen, um eine verläßliche Aussage zu machen. Bezüglich des Mediums Luft können wir uns dagegen auf diese Weise keine Informationen beschaffen; es wäre zu gefährlich und häufig auch zu langwierig. Diese Ungewißheit verlangt deswegen erstens Offenheit gegenüber neuen Informationen, zweitens Flexibilität der Politikinstrumente und drittens die systematische Sammlung von Informationen.

2. Umweltschutz betrifft die Einkommens- und Vermögensverhältnisse. Beispielsweise dürfen durch gewisse Umweltschutzmaßnahmen bestimmte Produktionsverfahren nicht mehr angewendet werden. Ist eine rasche Anpassung der Betroffenen nicht möglich, ist damit die Gefahr verbunden, daß Betriebe geschlossen und Arbeitsplätze, also Einkommensquellen vernichtet werden. Es ist nur verständlich, wenn die Betroffenen versuchen, sich mit allen Mitteln zu wehren, woraus Konflikte entstehen. Auf indirekte Weise wird durch solche Eingriffe gleichzeitig auch die Vermögensverteilung verändert. Hat nämlich ein Unternehmer seine Abwässer bisher kostenlos einleiten können, wird seine Vermögenssituation durch eine neue Verordnung wesentlich beeinträchtigt.

Da Konflikte, die sich aus diesen Einkommens- und Vermögensänderungen ergeben, vielfältig und theoretisch wie praktisch schwierig zu lösen sind, werden sie von Ökonomen unter dem Stichwort Verteilungsfragen zusammengefaßt und oft aus Analysen ausgeklammert. Obwohl sie eng mit dem optimalen volkswirtschaftlichen Einsatz an Produktionsfaktoren (der Allokation) zusammenhängen, ist eine solche gedankliche Trennung für die Diskussion häufig nützlich. Dieser muß aber eine Synthese folgen, denn die Lösung von Allokations- und Verteilungsproblemen kann nicht getrennt durchgesetzt werden. Bisher wird jedoch in der Literatur zu wenig beachtet, daß Verteilungsprobleme häufig der Grund für das Ausbleiben offensichtlich notwendiger Allokationsänderungen sind. Verteilungsprobleme liegen wie ein Netz über der Gesellschaft und verhindern Änderungen. Das ist sicherlich in mancher Hinsicht auch von Vorteil, da hierdurch Änderungen nur langsam vorgenommen werden können und somit abrupte und starke Eingriffe in das so komplizierte System der wirtschaftlichen und gesellschaftlichen Verhältnisse vermieden werden.

3. Umweltschutz erfordert häufig Änderungen und Neuerungen bestehenden Rechts. Hierzu müssen zuerst die Probleme erkannt werden, dann eine Einigung und schließlich eine Realisierung der Maßnahmen erreicht werden. Folgende acht Stufen werden dabei durchlaufen:

1) Die biologischen, physikalischen und chemischen Parameter müssen erfaßt werden.
2) Die Schädlichkeit von Emissionen muß beurteilt werden.
3) Technische Möglichkeiten zur Emissionsminderung müssen ermittelt werden.
4) Die politischen Entscheidungsgremien müssen auf der Basis dieser Daten und Zusammenhänge umweltpolitische Ziele formulieren.
5) Ökonomen müssen überlegen, wie diese Ziele im ökonomischem System realisiert werden können, etwa durch Auflagen, Abgaben oder Lizenzen.
6) Juristen müssen die entsprechenden Sachverhalte in Gesetzesvorschläge oder Verordnungen fassen.
7) Die Politiker müssen in den Entscheidungsgremien die Gesetze verabschieden.
8) Die Behörden müssen die Gesetze vollziehen. Manchmal ist es dazu sogar erforderlich, daß neue Stellen oder sogar Behörden eingerichtet werden.

Diese Aufzählung zeigt, wie schwierig und langwierig dieser Prozeß ist und wieviel Geduld er von allen Beteiligten erfordert. Auch wird deutlich, wie klein in dieser Kette der Anteil jeder der beteiligten Wissenschaften und Institutionen ist.

Aus diesen Überlegungen folgt, es reicht nicht aus, theoretische oder praktische Vorschläge für die Verbesserung des Umweltschutzes allein aus ökonomischer Sicht anzugeben. Vielmehr ist es erforderlich, interdisziplinär zusammenzuarbeiten und durch Umweltpolitik ausgelöste Verteilungswirkungen zu berücksichtigen. Sonst können die aufkommenden gesellschaftlichen Konflikte dazu führen, daß die betreffenden Vorschläge gar nicht realisiert werden.

Wir fassen unsere Überlegungen zusammen. Voraussetzungen für die Lösung von Umweltproblemen sind:

1) die systematische Sammlung von Daten,
2) Offenheit gegenüber neuen Daten,
3) Berücksichtigung von Einkommensverteilungskonflikten
4) interdisziplinäre Zusammenarbeit,
5) langfristige Perspektive und
6) Geduld![2]

---

2 Alle diese Bedingungen werden auch von Späth [25] in der einen oder anderen Variation häufig genannt (siehe z.B. zu 3. S. 35-6, 85, 88-9, 119, 130, 150-1, 153-4, 157, 166, 178, 188, 208, zu 4. S.31, 113, 141, 210-3 und zu 5. S. 13-4, 28, 31-2, 39, 68, 83-4, 110, 197).

2.2 Technologiewandel

Die Bedeutung des technischen Fortschrittes zieht sich wie ein Leitthema durch das Buch von Späth [25]. Seine vielfachen und vielschichtigen Auswirkungen auf die Umwelt, Gesellschaft und Wirtschaft werden dort ausführlich dargestellt. Wir werden uns hier darauf beschränken, die für unsere Vorgehensweise wichtigen ökonomischen Eigenschaften und Einflüsse von Innovationen zu beschreiben.

Eine wesentliche Eigenschaft einer Innovation ist: Es dauert Zeit sie durchzuführen. Dies gilt auf einzelwirtschaftlicher Ebene, da zunächst die notwendigen Gebäude, Maschinen und Einrichtungen hergestellt werden müssen, bevor sie verwendet werden können. Auch müssen die Arbeiter und Angestellten mit den neuen Produktionsverfahren vertraut gemacht, manchmal umgeschult und bei Schaffung neuer Arbeitsplätze sogar erst einmal eingestellt werden. Gegebenenfalls muß sich der Handel auf neue Marktkonditionen und auf neue Produkte einstellen. Nehmen wir einmal an, für diese Umstellung werden insgesamt zwei Jahre benötigt. In der Regel werden jedoch vor allem mittlere und größere Betriebe nicht ihre gesamte Herstellung auf einmal umstellen, sondern werden sukzessiv vorgehen und jeweils nur einen Teil der Produktion modernisieren. Diese Beobachtung trifft erst recht auf der volkswirtschaftlichen Ebene zu, da die Unternehmungen einer Branche zu unterschiedlichen Zeitpunkten mit den Innovationen beginnen und sie unterschiedlich schnell durchführen. Der Technologiewandel der betreffenden Branche wird daher nicht nur zwei Jahre, sondern ein Vielfaches davon betragen.

Zur Finanzierung von Investitionen müssen viele Firmen Kredite aufnehmen, so daß der Zinssatz tendenziell steigen wird. Die Investitionen bewirken durch ihren Multiplikatoreffekt Einkommens- und Beschäftigungsänderungen, wodurch sich wiederum das Steueraufkommen ändert. Diese Einflüsse selbst und die davon ausgelösten Anpassungsprozesse können nur in interdependenten Systemen verfolgt und untersucht werden. Darauf werden wir im nächsten Abschnitt eingehen.

3 Die Erfassung zeitlicher Anpassungsprozesse aus wirtschaftstheoretischer Sicht[3]

Von den traditionellen Analyseinstrumenten der Umweltökonomie, der Input-Output-Analyse, den linearen Programmierungsansätzen und Gleichgewichtsmodellen, können nur die letzten beiden verwendet werden, um die Rückwirkungen von Innovationen auf Primärfaktoren, Vor-, Zwischen- und Endprodukte, deren Preise und auf die Umwelt zu erfassen [13]. Eine vollständige und systematische Analyse von Effizienz- und Verteilungsaspekten ist jedoch nur in Gleichgewichtsmodellen möglich, da sie gegenüber linearen Programmierungsansätzen nicht nur einen Entscheidungsträger (nämlich den Planer), sondern viele zulassen [21]. Trotz dieser Vorzüge wurden Gleichgewichtsmodelle jedoch selbst von ihren Vertretern wegen der Realitätsferne

3 Dieser Abschnitt kann von Lesern, die nicht an wirtschaftstheoretischen Zuammenhängen interessiert sind, übergangen werden, ohne daß dadurch das Verständnis der Abschnitte 4 und 5 erschwert wird.

ihrer Annahmen kritisiert. So schreibt z. B. Dreze ([8], S. 1): „The firm fits into general equilibrium theory as a ballon into an envolope: flattened out . . .". Insbesondere werden zeitliche Anpassungsvorgänge in ihr unbefriedigend berücksichtigt.

Um dies zu zeigen, wollen wir uns mit den Fragen beschäftigen: (1) Wie wird die Zeit in die allgemeine Gleichgewichtstheorie einbezogen? (2) Kann man zeitliche Strukturen formulieren und explizit zwischen kurzfristigen und langfristigen Auswirkungen unterscheiden, ohne den formalen Rahmen der allgemeinen Gleichgewichtstheorie verlassen zu müssen? Das heißt insbesondere, (3) wie werden die Irreversibilität und zeitliche Gerichtetheit der Produktion erfaßt? (Vgl. zu den Überlegungen [26], Kapitel 2.)

Betrachten wir zuerst die physikalische Irreversibilität der Produktion: Sie besagt, daß es nicht möglich ist, alle eingesetzten Inputs aus dem daraus hergestellten Output zurückzugewinnen. Diese Bedingung kann mit dem 2. Hauptsatz der Thermodynamik begründet werden ([12], S.83-85). Sie wird zwar von manchen Autoren auch zeitlich interpretiert, da Produktion Zeit benötigt und damit eine Umkehr der Produktion ausgeschlossen ist, doch kann und wird sie meist in statischen Modellen verwendet (siehe dazu [6], [14]). Das zeigt schon, wie beschränkt mit dieser Bedingung zeitliche Vorgänge erfaßt werden. Im Gegensatz dazu kann die zeitliche Gerichtetheit der Produktion nur in dynamischen Ansätzen dargestellt werden. Sie besagt: (1) Die Produktion benötigt Zeit, und (2) sie erfolgt in zeitlich aufeinanderfolgenden Schritten. Diese zeitliche Gerichtetheit ist, wie wir im vorigen Abschnitt beschrieben haben, eine wesentliche Eigenschaft bei der Ablösung alter und der Einführung neuer Techniken (vgl. [26], [15]).

Nach diesen Bemerkungen zur physikalischen Irreversibilität und zeitlichen Gerichtetheit wenden wir uns der ersten Frage zu, wie dynamische Modelle formuliert werden. Grob kann man dabei zwischen rekursiven Modellen mit myopischer Entscheidung und intertemporalen Ansätzen mit vollständiger Voraussicht unterscheiden (vgl. [21]). Bei ersteren ergibt sich eine Folge von periodenbezogenen, aber intertemporal unkoordinierten Marktgleichgewichten, da jeweils nur Informationen aus der laufenden Periode genutzt werden. Individuen sind extrem kurzsichtig und lernen nicht aus ihren Erfahrungen.

Im Gegensatz dazu beziehen im intertemporalen Ansatz mit vollständiger Voraussicht alle Wirtschaftssubjekte zu jedem Zeitpunkt vollständige Informationen über alle zukünftigen und vergangenen Entwicklungen in ihre Entscheidungen ein. Hierzu muß angenommen werden, es existieren für *alle* Güter *vollkommene* Gegenwarts- und Zukunftsmärkte [3]. Daraus folgt, daß alle wirtschaftlichen Entscheidungen zu Beginn des betrachteten ökonomischen Zeitraumes gefällt und durchgeführt werden und eine totale Interdependenz aller Größen über alle Märkte und alle Perioden herrscht (siehe [1]). Dies zeigt, wie wenig realistisch dieser Ansatz ist [17], [26].

Vergleicht man beide Vorgehensweisen miteinander, so erkennt man: Bei intertemporalen Modellen ergibt sich in jeder Periode und über den gesamten Zeithorizont hinweg sowohl ein Strom- als auch ein Bestandsgleichgewicht, bei rekursiven dagegen nur ein periodenbezogenes Stromgleichgewicht. Die Güterbestände werden bei letzteren aufgrund der myopischen Verhaltensweise nicht zum intertemporalen Gleichgewicht koordiniert. Myopische Ansätze sind dafür realistischer als intertemporale, sie können jedoch zu Zyklen und damit intertemporal ineffizienten Entwicklungen führen [7]. Existieren jedoch in jeder Periode *vollkommene* Kapitalgütermärkte, so daß *alle* alten und neuen Kapitalgüter sowie das zirkuläre Kapital in Form von Vor- und Zwischenprodukten zu Konkurrenzpreisen gehandelt werden können, dann kommt es nicht zu ineffizienten Entwicklungen.

Es läßt sich zeigen ([26], Abschnitt 2.3.1), daß diese Annahme, die in der auf der Aktivitätsanalyse basierenden Gleichgewichtstheorie unterstellt wird, impliziert: Kapitalgüterbestände können innerhalb *einer* Periode beliebig umgerüstet werden. D.h., heutige Investitionen verändern bereits morgen die Bestände an Produktionsmitteln; Kernkraftwerke können morgen durch Kohlekraftwerke und Autobahnen morgen durch Eisenbahnen ersetzt werden. Investitionsentscheidungen wie z.B. die, den Schnellen Brüter in Kalkar aufzubauen, können in der nachfolgenden Periode rückgängig gemacht werden. Innerhalb von einer Periode werden daher alte Techniken abgelöst und neue eingeführt. M.a.W., die Produktionsmöglichkeiten hängen nicht in wesentlicher Form von Kapitalgüterbeständen, sondern *nur* vom technischen Wissen und den Primärfaktoren ab. Diese Art von Modell hat daher atemporalen Charakter; denn die Zeit wird nur benutzt, um Zustände voneinander zu unterscheiden. Die zeitliche Gerichtetheit der Produktion ist aufgehoben! Hieraus folgt, daß die auf den ersten Blick vorliegende Allgemeinheit nur scheinbar ist. Zwar werden Kapitalgüter berücksichtigt, jedoch werden ihre Altersstruktur und die in der Realität wesentliche Eigenschaft der zeitlichen Gerichtetheit der Produktion zugunsten formal leichter zu handhabender Methoden geopfert.

Wie kann der Gleichgewichtsansatz so verändert werden, daß der so wesentliche Vorteil der logischen Konsistenz erhalten bleibt, die zeitliche Gerichtetheit der Produktion aber dennoch erfaßt werden kann? Da diese sich in ökonomischer Hinsicht vor allem in Beständen an Kapitalgütern ausdrückt, konzentrieren wir uns auf diesen Aspekt. Damit hebt sich unser Ansatz von der neoklassischen Investitions- und Kapitaltheorie ab, wo zeitliche Verzögerungen durch Anpassungskosten berücksichtigt werden (vgl. [22]). Letzteres ist aber aus mehreren Gründen unbefriedigend (siehe dazu auch [28], S. 32-35); insbesondere deswegen, weil es sich um eine ad hoc Vorgehensweise handelt. Eine theoretisch fundierte Lösung dieser Fragestellung besteht dagegen darin, die zeitliche Gerichtetheit durch die Unvollkommenheit des Marktes für gebrauchte und für neue Kapitalgüter zu berücksichtigen [26]. Diese Vorgehensweise entspricht nach unserem Verständnis auch der Realität.

Formal können diese Überlegungen erstens durch Ober- und Untergrenzen für den Kauf bzw. Verkauf von Kapitalgütern ([26], Kapitel 3) und zweitens durch das neoösterreichische Konzept einer Produktionstechnik ([9], S. 62) in die Analyse einbezogen werden. Mit dieser Vorgehensweise wird berücksichtigt: (1) Die Herstellung von Kapitalgütern und insbesondere die Einführung von Techniken benötigt Zeit. (2) Kurzfristig sind die Produktions- und Substitutionsmöglichkeiten durch fixe Koeffizienten und bestehende Kapazitäten beschränkt. (3) Langfristig können diese jedoch durch Investitionen und Innovationen verändert werden.

Die Besonderheit einer erstmals in ([13], S. 90-94) verwendeten und von Stephan [26] weiterentwickelten Vorgehensweise liegt in der Verwendung von zeitlich strukturierten Konstruktionsprozessen, die angeben, wie ein Kapitalgüterbestand im Laufe der Zeit erstellt wird; sie enthalten daher für jede der betreffenden Perioden Informationen, welche Aufwendungen an intermediären Gütern dafür jeweils notwendig sind.

Damit wird zumindest für die Produktion von Kapitalgütern von einem ganzheitlichen Produktionsprozeß ausgegangen, wie er in der Tradition der österreichischen Kapitaltheorie verwendet und in den siebziger Jahren wieder aufgenommen wurde ([9], [10], [19]). Diese Konstruktionsprozesse für Kapitalgüter können in einer sogenannten Konstruktionsmenge ([26], S. 62-63) zusammengefaßt werden. Sie sind von der Technologiemenge zu unterscheiden, die die Produktionsprozesse für Konsumgüter und nichtdauerhafte Produktionsmittel enthält. Erst wenn man in dieser die benötigten Kapitalgüter durch deren Konstruktionsprozesse ersetzt, erhält man die Technikmengen. Damit ist ein umfassendes und gleichzeitig sehr flexibles Konzept entwikkelt, mit dem Investitions- und Innovationsentscheidungen untersucht werden können.

Da in diesem Modell Kapitalgütermärkte unvollkommen sind und nur Konsumgüter auf vollständigen Märkten gehandelt werden, kann bei langfristiger Konsistenz aller Planungen nicht mehr von intertemporalem, sondern wie Stephan ([26], Kapitel 3) schreibt, nur noch von *langfristigem* Gleichgewicht gesprochen werden; denn kurzfristig können die Kapitalgüterbestände den angestrebten Mengen nicht angepaßt werden. Dies ist nur langfristig möglich. Die Existenz eines solchen langfristigen Gleichgewichts kann bewiesen werden ([26], Kapitel 4).

4 Drei Fallstudien über die Wassergütewirtschaft

Als wir 1979 begannen, uns mit Umweltschutz und Rohstoffverbrauch zu beschäftigen, stellten wir bald fest, daß die ökonomische Theorie zwar unentbehrlich ist, jedoch in mancher Hinsicht ergänzt und erweitert werden muß. Nach unseren Beobachtungen hat sich die ökonomische Theorie natürlicher Ressourcen bisher zu wenig mit den zeitlichen Aspekten von und den Zusammenhängen zwischen Umweltschutz und Rohstoffverbrauch auseinandergesetzt. Insbesondere sind die Diskrepanz zwischen kurzfristiger Beschränkung und langfristiger Anpassung ebensowenig in das theoretische Konzept aufgenommen wie dessen Fundierung auf physikalischen Grundlagen (siehe Abschnitt 3). Darüber hinaus sind aufgrund der in Abschnitt 2.1 genannten Gründe empirische Kenntnisse sowohl für die Weiterentwicklung der Theorie als auch für die Politikberatung notwendig.

In einem von der Deutschen Forschungsgemeinschaft finanzierten Projekt haben wir gemeinsam mit Horst Niemes versucht, diesen Anforderungen gerecht zu werden. Zum einen haben wir einen theoretischen Ansatz entwickelt, der auf dem Entropieansatz und Ergebnissen aus der Thermodynamik basiert. Er ermöglicht, die Irreversibilität natürlicher und zeitlicher Prozesse sowie deren Auswirkungen auf den Umweltschutz und Rohstoffverbrauch zu erfassen (siehe dazu [12], [15], [17]). Zum anderen haben wir in Fallstudien versucht, die Kluft zwischen Theorie und Praxis zu verringern. Da es bei jedem Umweltmedium erforderlich ist, sich in die naturwissenschaftlich-technischen und ökologischen Zusammenhänge einzuarbeiten sowie die betreffenden umweltpolitischen Rahmenbedingungen in Form von Richtwerten, umweltpolitischen Instrumenten, Gesetzen und Verordnungen zu kennen, haben wir ein Teilgebiet, die Wassergütewirtschaft, ausgewählt. Auf der *einzelwirtschaftlichen* Ebene untersuchten wir den von der BASF-Kläranlage entsorgten Raum der Städte Ludwigshafen und Frankenthal sowie der in der Nähe liegenden Gemeinden Altrip, Bobenheim-Roxheim und Mutterstadt. Auf der *gesamtwirschaftlichen* Ebene haben wir Baden-Württemberg gewählt. Auf der *internationalen* Ebene wurde eine Studie für Europa durchgeführt.

Umweltschutzprobleme sind langfristiger Natur. Man benötigt Investitionen in Milliardenhöhe, um sie zu lösen. Die Entwicklung einer Entsorgungstechnologie, deren Herstellung und die Errichtung entsprechender Anlagen bedarf darüber hinaus viel Zeit. Deutlich wird das am Beispiel der Großkläranlage der BASF AG, Ludwigshafen. (Vgl. zum folgenden [11]). Dabei handelt es sich um eine der größten Abwasserbehandlungsanlagen in Europa, in der die Abwässer von zwei Städten, drei Gemeinden und Europas größter zusammenhängender chemischer Produktionsanlage vollbiologisch entsorgt werden.

Die Entscheidung zum Bau fiel bereits 1959. Da die Technologie einer Kläranlage für chemische Unternehmungen von der Größenordnung der BASF damals noch gar nicht bekannt war, mußten erst umfangreiche Forschungsaufträge an Universitätsinstitute vergeben werden. Nach einer insgesamt siebenjährigen Planungs- und Forschungsphase wurde schließlich 1966 eine dreistufige Vorgehensweise beschlossen:

(1) Von 1966 bis 1972 wurde ein 3 km langer Sammelkanal gebaut sowie eine Trennkanalisation nach behandlungsbedürftigen und nichtbehandlungsbedürftigen Abwässern (Kühlwasser) durchgeführt. Ohne diese Trennung hätte die Kläranlage zehn mal größer sein müssen. Die Kosten betrugen 150 Millionen DM (in damaligen Preisen).

(2) Zur weiteren Entlastung der Kläranlage wurden lokale Maßnahmen bei den einzelnen Betrieben vorgenommen. Sie wurden immer dann durchgeführt, wenn die Kosten für lokale Einrichtungen geringer als die entsprechenden Kosten in der Kläranlage waren, oder aber wenn spezielle Probleme zu lösen waren. Dazu zählen die Beseitigung hochkonzentrierter organischer Abwässer, die gesonderte Behandlung biologisch schwer abbaubarer Stoffe, sowie die Verringerung des Gehalts an Metallen und giftigen Stoffen. Der Anteil dieser Maßnahmen an der Gesamtklärung betrug etwa 30 % und die Kosten dafür 166 Millionen DM.

(3) Die Bauarbeiten an der zentralen vollbiologischen Kläranlage wurden im Frühjahr 1972 begonnen. Der Betrieb wurde schließlich am 18.12.1974 aufgenommen. Die Kosten dafür beliefen sich auf 200 Millionen DM.

Damit erstreckte sich der Zeitraum aller Investitionen über 15 Jahre. Die Gesamtkosten betrugen über ein halbe Milliarde DM. Die bis 1979 erfolgten Investitionen zum Anschluß der beiden Städte und der drei Gemeinden sind dabei noch gar nicht erfaßt.

Die durchgeführten Investitionen legen die BASF AG Ludwigshafen, die angeschlossenen Betriebe und die Kommunen für Jahrzehnte auf ein bestimmtes Sanierungskonzept fest. Dies zeigt, wie wichtig es für die Industrie ist, daß Regierungen eine geradlinige Umweltpolitik verfolgen; denn sonst sind beträchtliche Fehlinvestitionen die Folge. Darüber hinaus wird deutlich, daß Übergangsregelungen und Ausnahmegenehmigungen immer wieder notwendig sein werden, da die Anpassung an neue Gesetze oder Verordnungen Zeit braucht. Eine Umweltpolitik kann nicht nach starren Regeln erfolgen, sondern muß jeweils flexibel die besonderen Umstände berücksichtigen. Insbesondere müssen Regelungen gefunden werden, um die entsprechenden Anpassungsprozesse zu ermöglichen. Wir müssen uns deshalb in der Umweltpolitik daran gewöhnen, daß es keine schnellen und erst recht keine einfachen Lösungen gibt. Gerade aber deswegen benötigen wir auch grundsätzliche Prinzipien und allgemeine Verfahrensregelungen wie das Gefährdungsabwendungsprinzip, das Vorsorgeprinzip, das Verursacherprinzip und das Prinzip der ökonomischen Hebel und Anreize.

Aufgrund der Bedeutung des zeitlichen Aspektes der Maßnahmen und ihrer Auswirkungen auf die Umwelt und die Produktion haben wir alle drei Fallstudien für einen langen Zeitraum durchgeführt, die ersten beiden von 1971 bis 1979 und die dritte von 1973 bis 1995. Wir wollten die Anpassungsprozesse untersuchen, die als Folge von Gewässerschutzmaßnahmen ausgelöst wurden. Unser erstes Ziel war zu erkennen, wie flexibel die Industrie auf diese für manche Branche sehr hohe Belastung reagieren kann.

Bei allen drei Analysen haben wir unterschiedliche Methoden verwendet, um die zeitlichen Abläufe zu erfassen. Bei der einzelwirtschaftlichen (BASF) Studie beschränkten wir uns auf deskriptiv-statistische Verfahren [11], für die gesamtwirtschaftliche (Baden-Württemberg) entwickelten wir ein dynamisches Input-Output-Modell unter Berücksichtigung von zeitlichen Konstruktionsprozessen für den Bau von Kläranlagen [13] und bei der internationalen (Europa) wurde ein berechenbares dynamisches Gleichgewichtsmodell eingesetzt [26], [27] (vgl. Abschnitt 3).

In der ersten Fallstudie haben wir den Entsorgungsraum Ludwigshafen/Frankenthal nach wirtschaftlichen und abwassertechnischen Gesichtspunkten unterteilt. Diejenigen Sektoren wurden hervorgehoben, die sich entweder wegen ihrer wirtschaftlichen Stellung oder aber durch ihre Aufwendungen für die Abwassersanierung auszeichneten. Folgenden Sektoralisierung bot sich an: 1. Chemische Industrie und 2. Metallverarbeitung einschließlich Maschinenbau. Die übrigen Zweige des produzierenden Gewerbes und der Industrie wurden, da sie keine besonderen Abwassercharakteristika aufwiesen, zu 3. dem Restlichen Gewerbe und die privaten Haushalte und Kommunen zum 4. Sektor zusammengefaßt.

Folgendes konnten wir feststellen: Sowohl im Sektor Chemie als auch im Sektor Metallverarbeitung und Maschinenbau haben sich die Abwassermengen deutlich verringert. In der Chemie (ohne BASF) und im Maschinenbau betrug die Abnahme von 1974 bis 1977 jeweils über 40 %; die BASF reduzierte schon von 1972 bis 1975 um ca. 40 % ihre Abwassermengen. Die zentralen Entsorgungsmaßnahmen und die entsprechende Verrechnung der Entsorgungskosten haben also bei diesen einzelnen Einleitern verstärkte Vorkehrungen für die Abwassersanierung bewirkt. Die von uns ermittelte Verringerung der Abwasserkoeffizienten wurde im wesentlichen durch zwei Effekte ausgelöst:

(1) Die Produktion von Gütern und Hilfsstoffen, deren Herstellung abwasserintensiv ist, wurde eingeschränkt und damit das Abwasservolumen gesenkt.

(2) Durch innerbetriebliche Gewässerschutzmaßnahmen wie Abtrennung von Kühlwässern, Kreislaufführung und Verdampfung von Abwässern sowie Innovation neuer Produktionsverfahren und Prozeßsubstitution wurde die Abwassermenge verringert.

Bei den unter (1) genannten handelt es sich um Vorgänge, die mehrere Jahre in Anspruch nehmen. Werden der Industrie entsprechend lange Vorlaufzeiten gegeben, so hat sie genügend Zeit, alte Anlagen durch neue mit Umweltschutzvorkehrungen zu ersetzen und sich so an erhöhte Emissionsnormen anzupassen. Häufig belaufen sich die dafür aufzubringenden Kosten nur auf 10 % bis 15 % der Gesamtinvestition. Werden dagegen keine Übergangsfristen eingeräumt, dann betragen die Kosten für entsprechende Umweltschutzmaßnahmen bei Altanlagen oft bis zu 50 %.

Für den 3. Sektor, Restliches Gewerbe, in dem viele unterschiedliche Betriebe zusammengefaßt sind, lassen sich keine eindeutigen Folgerungen ziehen, obwohl die Abwasserkosten pro 1000 DM Umsatz dort vier mal höher waren als im Sektor Metallverarbeitung und Maschinenbau. Die absoluten Abwassermengen sind relativ so klein, daß die Kostensteigerung der Abwassergebühren zumindest während des Betrachtungszeitraumes nicht zu einer Verhaltensänderung führten. Das gleiche gilt für den 4. Sektor Haushalte und Kommunen, wo ebenfalls die Abwassergebühren stark anstiegen. Ein wesentlicher Grund für den so großen Unterschied zwischen den ersten beiden industriellen und den letzten beiden Sektoren (Gewerbe sowie Kommunen und Haushalte) liegt auch darin, daß technische Anlagen weniger langlebig sind als Einrichtungen der Gemeinden und Wohnhäuser, deren Lebensdauer zwischen 50 und 100 Jahren liegt.

Die Kostenbelastung für die Chemische Industrie war mit ca. 16 DM pro 1000 DM Umsatz sechs mal höher als im Sektor Restliches Gewerbe und sogar 32 mal höher als im Sektor Metallverarbeitung und Maschinenbau. Das zeigt deutlich, wie groß die Unterschiede der finanziellen Belastung durch Umweltschutzmaßnahmen für die einzelnen Branchen sind.

Ähnliche Entwicklungen konnten wir auch bei unserer zweiten Fallstudie über Baden-Württemberg beobachten. Obwohl sich dort von 1972 bis 1977 die gesamte Produktion der Industrie um 10 % erhöhte, wurden ebenfalls ungefähr 40 % weniger Abwässer abgeführt.

Welche wirtschaftlichen Rückwirkungen hatten die Investitionen im Wassergütesektor? Diese Fragen haben wir in Baden-Württemberg für die Jahre 1971 bis 1979 untersucht ([13], S. 163-193). Dazu bildeten wir vier Sektoren: 1. Bergbau und Energie, 2. Grundstoff- und Produktionsgüterindustrie, 3. Investitionsgüterindustrie sowie 4. Verbrauchs-, Nahrungs- und Genußmittelindustrie. Folgende Ergebnisse fanden wir:

(1) Die Abwasserbehandlung führt zur Ausdehnung der Produktionstätigkeit; auch in solchen Bereichen, die keine Abwasserbehandlung betreiben, wie z. B. im Sektor Bergbau. Deutliche Differenzen bestehen zwischen der Bau- und der Betriebsphase der Kläranlagen in den einzelnen Sektoren.

(2) Investitionen für Kläranlagen führen nicht zu signifikanten Strukturverschiebungen zwischen den Sektoren. Auf den ersten Blick überrascht dieses Ergebnis, da die Grundstoff- und Produktionsgüterindustrie bei weitem die höchsten Kosten für den Bau und den Betrieb von Kläranlagen aufbringen mußte. Jedoch wirkte dem entgegen, daß auch die Nachfrage nach den Produkten dieses Sektors durch den Bau und Betrieb von Kläranlagen in den anderen Sektoren am stärksten stieg.

(3) Der Bau von Kläranlagen führt in allen Sektoren zu einer Verringerung der Investitionen für den Ausbau von Produktionsanlagen. Nach Fertigstellung aller Kläranlagen nehmen die Investitionen in die Produktionskapazitäten jedoch wieder zu.

Daraus folgt: Kurzfristig führt der Bau und Betrieb von Kläranlagen zur Produktionsausdehnung; denn die Abwasserbehandlungskosten bewirken eine Erhöhung der Wertschöpfung und damit des Sozialproduktes. Der reale Gegenwert dieser Wertschöpfung ist sauberes Wasser. Mittelfristig kommt es zu einer Verlangsamung des Wirtschaftswachstums der Produktionskapazitäten. Langfristig, nämlich am Ende des Betrachtungszeitraumes zeigt sich aber auch: Die Wachstumsraten gleichen sich in allen Sektoren mit Gewässerschutzmaßnahmen wieder den ursprünglichen ohne Gewässerschutz an. Das bedeutet: Langfristig verringert die Abwasserbehandlung das Wirtschaftswachstum nicht.

Daraus kann gefolgert werden: Die Industrie verfügt über eine relativ hohe Anpassungsfähigkeit und kann – wenn auch unter erheblichen finanziellen Aufwendungen – durch innerbetriebliche Maßnahmen langfristig die Belastungen aufgrund des Gewässerschutzes ausgleichen.

Diese Ergebnisse wurden auch durch unsere dritte Studie bestätigt [26], [27]. Es handelt sich dabei um eine hochaggregierte Analyse, die stärker als die übrigen auf makroökonomische Größen wie Bruttosozialprodukt, Exporte, Importe und Investitionen abhebt. Insgesamt werden drei Regionen unterschieden. Region 1 entspricht dem nördlichen, hochindustrialisierten Teil der Europäischen Gemeinschaft (EC). Die südlichen Länder der EC sind zur Region 2 zusammengefaßt, während Region 3 für die Haupthandelspartner der Europäischen Gemeinschaft steht, unter denen Japan und die USA von besonderer Bedeutung sind. Jede Region wird als Punkt im Raum betrachtet und produziert ein spezifisches Gut, das konsumiert, exportiert oder als intermediärer Faktor für die Abwasserbehandlung und den Aufbau von Kapitalgüterbeständen verwendet werden kann. Kapitalgütermärkte sind unvollständig, so daß einmal errichtete Produktionsanlagen und -strukturen nicht sofort wieder geändert werden können und der Aufbau neuer Kapitalgüterbestände sowie Innovationen mindestens zwei Jahre benötigen (für eine ausführliche Darstellung siehe [26], [27]).

Zwei Szenarien wurden für die Berechnungen über den Zeitraum 1973 - 1995 postuliert. Im Referenzfall ist unterstellt, daß die Abwasserbehandlung, wie sie bis 1973 durchgeführt wurde, im Betrachtungszeitraum nicht geändert wird. Das heißt, der biochemische Sauerstoffbedarf der Abwässer (BSB_5) wird in allen Regionen und Perioden durch klärtechnische Maßnahmen um 60 % verringert. In der Alternativrechnung ist gefordert: In allen Regionen wird ein Emissionsstandard eingeführt, der ab 1980 die Verringerung des biochemischen Sauerstoffbedarfes in Abwässern um 95 % verlangt.

Die zentralen Ergebnisse der Vergleichsrechnungen sind:

(1) Die Einführung eines 95 % Emissionsstandardes bewirkt in allen Regionen eine deutliche Verringerung der Emissionen; in Region 1 um ca. 30 %, in Region 2 um etwa 25 % und in Region 3 um 15 %.

(2) Über den gesamten Zeithorizont werden in allen Regionen zwei verschiedene Strategien angewendet, Emissionen zu verringern. Kurzfristig (bis 1984) erfolgt eine Reduktion der Abwassermengen durch Inputsubstitution. Weniger abwasserintensive Inputfaktoren ersetzen abwasserintensive. Der Grund hierfür liegt in der Annahme unvollständiger Kapitalgütermärkte. Sie gestatten nicht, bestehende Produktionsanlagen sofort stillzulegen und neue einzuführen. Langfristig (ab 1985) findet dagegen ein Übergang zu neuen, weniger abwasserintensiven Produktionstechniken statt.

(3) Während in Region 2 (Süden der EC) und Region 3 (Japan und USA) die Verschärfung des Abwasseremissionsstandards das wirtschaftliche Wachstum geringfügig verlangsamt, zeichnet sich für den Norden der Europäischen Gemeinschaft ein Anstieg der industriellen Produktion und des Wirtschaftswachstums ab.

(4) Im Einklang damit steht: Die Einführung eines 95 % Emissionsstandards bedeutet in Region 1 eine Verbesserung der Exportaussichten, während die übrigen Regionen Einbußen in den Exporten hinnehmen müssen. Eine Begründung hierfür ist, daß der nördliche Teil der Europäischen Gemeinschaft, d. h. im wesentlichen die Bundesrepublik Deutschland, aufgrund ihrer Abwassergesetze bis 1973 bereits hinreichend in die Sanierung der Abwässer investiert hat. Sie besitzt damit einen komparativen Vorteil gegenüber den übrigen Regionen, wo bis heute keine verbindliche Abwasserabgaben bestehen.

Insgesamt unterstreichen alle drei Studien die Bedeutung von zeitlicher Flexibilität und Anpassungsfähigkeit. Entscheidend für die wirtschaftliche Entwicklung und Zukunft einer Volkswirtschaft ist damit, daß flexible politische Instrumente entwickelt und bereitgestellt werden, die dem ökonomischen System Spielraum und Zeit lassen, sein Anpassungspotential auszuschöpfen.

5 Das Abwasserabgabengesetz als politisch-ökonomisches Lehrstück

5.1 Die Theorie

Die Abgabenlösung wurde entwickelt, um das Verursacherprinzip durchzusetzen. Dieses besagt, der Einleiter von Abwässern soll für die dadurch entstehenden Kosten aufkommen. Diese können Entsorgungskosten sein oder aber Entschädigungen für Lasten, die die Allgemeinheit als Folge der Tätigkeit des Verursachers trägt. Ein wesentliches Ergebnis der ökonomischen Theorie der Umwelt ist, daß die Abgabelösung ein geeignetes Verfahren ist, das Verursacherprinzip durchzusetzen, um zu einer gesamtwirtschaftlich optimalen Lösung zu gelangen (vgl. zum Folgenden [16]; die Gegenposition dazu wird in [20] entwickelt). Abgabesätze sind Preise, die die Verwendung knapper Mittel (Wasser, Luft und Boden) als Schadstoffempfänger steuern. Es bleibt dem einzelnen wirtschaftlichen Entscheidungsträger überlassen, wieviel er von dem knappen Mittel Umwelt für seine Herstellung von Gütern verwenden will. Je mehr er davon benutzt, desto mehr muß er dafür bezahlen. Ein immer wiederkehrender Streitpunkt in Diskussionen ist der Umstand, daß der Wirtschaftstheoretiker darauf besteht, die Abgabe auch für die Restverschmutzung zu fordern, selbst wenn das Umweltziel der Bundesregierung, wie z.B. die Gewässergüteklasse II, erreicht worden ist. Die Abgabe kann aus theoretischer Sicht nur dann gleich Null gesetzt werden, wenn die Umwelt von allen Beteiligten nicht über die Kapazität der Selbstreinigung der Umwelt hinaus benutzt wird. Auf diese Weise bewirken Abgaben einen dauernden Anreiz, technische Neuerungen bei der Entsorgung zu finden und anzuwenden. Im Gegensatz dazu wird bei Auflagen ein Anwender einer neuen Entsorgungstechnologie häufig von den anderen Unternehmern seiner Branche sogar mißgünstig angesehen, da er den Stand der Technik vorangetrieben hat.

Die Nachfrage nach dem öffentlichen Gut „Umwelt" wird also bei der Abgabenlösung über einen vom Staat gesetzten Preis reguliert. Diese Vorgehensweise ist marktwirtschaftlich, weil eine Unternehmung aufgrund von Kostenüberlegungen selber zwischen drei Möglichkeiten entscheiden kann: (1) sie kann die Abwässer selber reinigen, (2) sie kann die Produktion umstellen, um die Abgabe zu verringern, und (3) sie kann die Abgabe für ungeklärte Abwässer bezahlen oder die Reinigung durch Dritte finanzieren.

Ein weiteres Diskussionsthema betrifft die regionale und sektorale Differenzierung. Da die natürliche Entsorgungskapazität der Umwelt in einzelnen Regionen aufgrund der natürlichen Gegebenheiten und aufgrund der schon vorhandenen Belastungen unterschiedlich ist, muß aus theoretischer Sicht die Abgabe regional differenziert werden, um zu einem volkswirtschaftlich optimalen Einsatz der Produktionsfaktoren zu gelangen.

Im Gegensatz dazu darf jedoch nicht sektoral differenziert werden. Grundsätzlich gilt, alle Branchen müssen gleich behandelt werden. Deshalb wird es sektoral zu unterschiedlich starken Belastungen kommen. In welchem Ausmaß das in der Realität der Fall ist, haben wir bei der Darstellung der ersten beiden Fallstudien erwähnt: Gemessen am Umsatz sind die Abwasserentsorgungskosten der chemischen Industrie 32 mal so hoch wie die der metallverarbeitenden.

Die sektorale Gleichbehandlung bewirkt somit für schadstoffintensive Sektoren hohe Umweltkosten und gegebenenfalls sogar einen Rückgang ihres Anteils an der gesamtwirtschafltichen Produktion. Die Abgabenlösung bereinigt folglich aus umweltpolitischer Sicht auch intersektorale Verzerrungen. Argumentiert man dagegen für eine sektorale Differenzierung der Abgaben zum Schutz bestimmter gesellschaftlicher Gruppen, seien es Arbeitgeber oder Arbeitnehmer, so verfolgt man kein umwelt-, sondern ein verteilungspolitisches Ziel. Natürlich müssen die strukturellen Anpassungsschwierigkeiten für die betroffenen Branchen berücksichtigt werden. Diese erfordern einen zeitlichen Stufenplan. Die Abgaben sollten aus diesem Grund langsam gesteigert werden.

Wir fassen unsere bisherigen Überlegungen zusammen: Die Abgabenlösung ist aus wirtschaftstheoretischer Sicht ein marktkonformes wirtschaftspolitisches Instrument, das zwar regionale, aber keine sektorale Differenzierung erfordert, um eine optimale gesamtwirtschaftliche Lösung zu verwirklichen. Eine zeitliche Staffelung der Abgabenhöhe ist aufgrund von strukturellen Anpassungsproblemen erforderlich.

5.2 Die Praxis

Anfang der siebziger Jahre stimmten viele gesellschaftliche Gruppen in der Bundesrepublik überein, daß auf dem Gebiet der Umweltgesetzgebung wesentliche Reformen notwendig waren und soweit wie möglich mit marktkonformen Mitteln durchgeführt werden sollten.

Das Verursacherprinzip wurde sowohl 1972 von der OECD als auch von der Europäischen Gemeinschaft (EC) empfohlen. Die ersten Vorschläge kamen dem oben beschriebenen idealen Abgabensystem sehr nahe. Allerdings waren damals schon Baden-Württemberg und Bayern gegen eine so starke Änderung des bis dahin geltenden Systems direkter Kontrollen. Auch wurden Verfassungsänderungen zugunsten der Kompetenzausweitung des Bundes auf Kosten der Länder im Bundestag in den Jahren 1973, 1974 und 1975 abgelehnt. Statt dessen wurde 1976 eine Vorgehensweise gewählt, die das bisherige Auflagensystem mit dem neuen Abgabensystem kombiniert. Die Abgaben sollten einerseits hoch genug sein, um dem Markt Preissignale zu geben und andererseits wurde die bisherige Überwachungspraxis in vieler Hinsicht beibehalten.

Obwohl der überwiegende Teil der Industrie der Abgabenlösung zuerst mehr als skeptisch gegenüberstand, hat sie doch an der Ausführung der Gesetze auf verschiedenen Ebenen mitgearbeitet. Beispiele sind die Festsetzung der Höhe der Abgaben, die Ermittlung der Kriterien, wann Abgaben erfolgen sollen, und deren zeitliche Staffelung. Manche Industriezweige unterstützten sogar das Abgabensystem; nämlich die mit neuen Entsorgungsanlagen oder mit neuen umweltfreundlichen Technologien. Auch waren diejenigen Industrien, die bis dahin durch das alte Regulierungssystem benachteiligt waren, daran interessiert. Sechs Entwicklungen zeigen deutlich, daß das neue Wasserhaushaltsgesetz und das Abwasserabgabengesetz ein Kompromiß sind (vgl. [4]):

1. Politisch durchsetzbar war nur ein Kompromiß von Abgabe und Auflage.
2. Gemessen an den ersten Reformvorschlägen wurde der schließlich realisierte wesentlich vereinfacht.

3. Die Höhe der Abgaben war stark umstritten. Experten verlangten 1974 pro Schadstoffeinheit 80 bis 100 DM, die Bundesregierung schlug 1972 40 DM vor, während Anfang der siebziger Jahre die Industrie und Gemeinden nicht mehr als 20 DM forderten. Die Industrie und einige Länder setzten dann eine zeitliche Staffelung durch, die im Jahre 1981 mit 12 DM begann und jedes Jahr um 6 DM ansteigt, bis 1986 40 DM erreicht werden. Der Kompromißcharakter der endgültigen Lösung wird besonders deutlich an der Festlegung: Die Abgaben werden halbiert, falls die Mindestanforderungen nach § 7a des Wasserhaushaltsgesetzes erfüllt sind. Dieses Ergebnis ist ein Kompromiß der Bundesregierung, die die entsprechenden Abgaben in voller Höhe wollte und der Vertreter der Gemeinden und Industrie, die in diesem Falle gar keine Abgaben zahlen wollte. Diese Halbierung ist von der Theorie her betrachtet nicht haltbar; denn nach dem Verursacherprinzip muß jeder Einleiter die volle Höhe der Abgaben für die Restbelastung entrichten.

4. Der Bund hat seine Kompetenz der Umweltpolitik nicht auf Kosten der Länder vergrößert. Es obliegt den Ländern, die Verwendung und die Qualität der Gewässer zu bestimmen. Auch können die Länder bestimmen, wie die Einnahmen aus den Abgaben verwendet werden. Auf diese Weise ist es möglich, daß die Einleiter von Abwässern auf die Verwendung der Einnahmen einen gewissen Einfluß ausüben.

5. Aufgrund unterschiedlicher Meinungen konnte eine regionale Differenzierung der Abgaben nicht durchgesetzt werden.

6. Ähnlich kritisch ist die ungleiche Behandlung von Direkt- und Indirekteinleitern zu beurteilen.

Weitere Schwächen könnte man aufzählen. Manche von diesen sind inzwischen durch die Novellierung des Abwasserabgabengesetzes behoben worden.

5.3 Schlußfolgerungen

Würde ein(e) Student(in) im Fach Umweltökonomie das Abwasserabgabengesetz in seiner jetzigen Form als Lösung vorschlagen, so würden wir ihm (ihr) aus rein wirtschaftstheoretischer Sicht keine gute Note geben können. Ganz anders dagegen urteilen wir aus umweltpolitischer Sicht: Die mehrjährige intensive Mitarbeit von Ökonomen wie Hansmeyer, Ewringmann und Rincke an diesem Gesetz hat sich ausgezahlt. Es wurde dabei deutlich, wie naiv es wäre, auf puristischen Lösungen zu bestehen. Für uns ist die Entstehung des Abwasserabgabengesetzes ein Lehrstück dafür, welche schwierigen Zusammenhänge zwischen Technik, Recht, Ökonomie, Verwaltung und Politik auftreten können, wenn man sich konkret in einen bestimmten „Umweltbereich hineinbegibt und nicht nur in vereinfachten Modellen denkt." ([18], S. 32). Welche Schlußfolgerungen ergeben sich aus diesen Erfahrungen?

1. Der politische Wahlzyklus von vier Jahren ist für eine effiziente Umweltpolitik zu kurz.

2. Die Zusammenhänge sind so kompliziert, daß eine interdisziplinäre Zusammenarbeit unbedingt erforderlich ist. Dafür ist nicht nur ein gewisses gegenseitiges fachliches Verständnis, sondern auch viel Geduld notwendig.

3. Wir müssen uns daran gewöhnen, nicht jedes Problem zufriedenstellend lösen zu können. Perfektionismus kann hinderlich sein. Einfachheit einer Lösung ist ein Kriterium für die Annahme und Anwendbarkeit eines Gesetzes.

4. Die Qualität eines Reformvorschlages reicht zu seiner Beurteilung nicht aus, sondern seine Durchsetzungsmöglichkeiten müssen in einem viel stärkeren Maß

berücksichtigt werden, als Theoretiker gewöhnlich meinen. In vieler Hinsicht muß ein neues Gesetz nämlich einstimmig von allen Gruppen beschlossen werden. Das Veto einer einzelnen einflußreichen Gruppe reicht häufig aus, um einen Vorschlag im Vorfeld der Beratungen zu Fall zu bringen.

5. Zeitliche Anpassungsvorgänge müssen berücksichtigt werden. Dafür sind flankierende Maßnahmen und Ausnahmeregelungen notwendig.

6. Die Kompromißlösung von Auflage und Abgabe hat nicht nur Nachteile, sondern auch wesentliche Vorteile; denn die Ziele in der Umweltpolitik ändern sich im Laufe der Zeit. Es kommt häufig darauf an, rasch zu reagieren. So können in manchen Fällen die Auflagen schneller als Abgabensätze den neuen Gegebenheiten angepaßt werden. Die zusätzliche Flexibilität, die ein kombiniertes System bietet, ist gerade in einem Land wie der Bundesrepublik wichtig, wo viele Entscheidungen dezentralisiert gefällt werden.

Abschließend weisen wir darauf hin, daß mit dem Abwasserabgabengesetz eine wesentliche institutionelle Innovation gelungen ist. Zum ersten Mal wurde das Prinzip der ökonomischen Hebel in der Bundesrepublik in ein Gesetz eingebracht. Bis 1980 wurden die Art und Menge der Abwässer von Industrie, Gemeinden und Haushalten wie in einer Planwirtschaft nur durch Auflagen der Behörden reguliert. Waren diese erfüllt, fühlten sich die Verursacher für die verbleibende Verschmutzung meist nicht weiter verantwortlich: Die Umwelt war zum Nulltarif erhältlich. Durch die Einführung der Abgabe wurde systematisch ein generelles Bewußtsein geschaffen, daß Umwelt auch in dem Bereich, wo sie nicht durch Auflagen geregelt wird, ein knappes Gut ist: Es wird sparsamer mit diesem öffentlichen Gut umgegangen. Die über zehnjährigen Auseinandersetzungen über das Abwasserabgabengesetz zeigen deutlich, wie langwierig dieser Prozeß war und wieviel Überzeugungsarbeit von Ökonomen geleistet und wieviel Kooperationsbereitschaft bei Naturwissenschaftlern, Technikern, Unternehmern, Verwaltungsfachleuten, Juristen und Poltikern vorhanden sein mußte, um es einzuführen.

Wie erfolgreich diese institutionelle Innovation war, läßt sich durch folgende Umstände belegen:

(1) Die oben im 4. Abschnitt angegebenen Verringerungen der Abwassermengen um 40 Prozent waren wesentlich höher, als die Experten vorhergesagt hatten. Die angekündigten Abgaben bewirkten, daß in unvorgesehenem Umfang Anstrengungen in Form von Substitutionen, Verfahrensumstellungen und technische Innovationen unternommen wurden, um die Kosten in Form von Abgaben so gering wie möglich zu halten. Die dynamischen Marktkräfte waren somit stärker gewesen, als selbst ihre optimistischsten Vertreter geglaubt hatten.

(2) Die bundesrepublikanische Wassergesetzgebung gilt international als so vorbildlich, daß in einem Gutachten einer deutsch-amerikanischen Regierungskommission ein Wasserabgabensystem auch für die Vereinigten Staaten gefordert wird [5].

(3) Vielleicht am überzeugendsten ist jedoch die Tatsache, daß viele derjenigen, die dem Abwasserabgabengesetz vorher kritisch gegenüberstanden, es nach seiner Verwirklichung für sinnvoll halten ([4], S. 949).

Wie oben schon verschiedentlich angedeutet, kann daraus allerdings nicht gefolgert werden, daß das Abgabenprinzip überall eingeführt werden muß: Ob oder ob nicht, muß in jedem einzelnen Fall geprüft werden. Wichtig scheint uns auch zu sein, daß den Befürwortern bewußt ist, daß es sich dabei jedes Mal um institutionelle Innovationen handelt, die sich meist nur unter schwierigeren Begleitumständen als die meisten technischen Neuerungen durchführen lassen.

Allerdings sind institutionelle Innovationen auch deswegen besonders wichtig, da es bisher kein ökonomisches System gibt, das alle Probleme zufriedenstellend löst. Es müssen daher allgemeine Verfassungsregeln gefunden werden, die im Rahmen der Grundrechte flexibel genug sind, Innovationen in Institutionen, Organisationen, politischen Entscheidungsverfahren und der Wirtschaft zu ermöglichen. Thesen zur Ausgestaltung eines solchen Rechtsystems aus dynamisch-ökonomischer Sicht werden in ([2], S. 47-54) entwickelt.

Literatur

[1] Arrow K (1983) The Future and Present in Economic Life. Economic Inquiry, 21:157-170.

[2] Bernholz P und Faber M (1986) Überlegungen zu einer normativen ökonomischen Theorie der Rechtsvereinheitlichung. Rabels Zeitschrift für ausländisches und internationales Privatrecht, 50:35-60.

[3] Bliss C (1975) Capital Theory and the Distribution of Income. North-Holland, Amsterdam New York Toronto.

[4] Brown G M und Johnson R W (1982) Pollution Control by Effluent Charges: It Works in the Federal Republic of Germany, Why Not in the U.S.? Natural Resources Journal 22:929-966.

[5] Brown G M und Johnson R W (1983) The Effluent Charge System in the Federal Republic of Germany. Environmental Protection Agency, EPA-230-07-35-011, Washington.

[6] Cornwall R R (1984) Introduction to the Use of General Equilibrium Analysis. North-Holland, Amsterdam New York Toronto.

[7] Day R H and Cigno A (1978) Modelling Economic Change: The Recursive Approach. North-Holland, Amsterdam New York Toronto.

[8] Dreze J H (1985) The Firm in General Equilibrium Theory. Economic Journal 95:1-32.

[9] Faber M (1979) Introduction to Modern Austrian Capital Theory. Lecture Notes in Economics and Mathematical Systems 167. Springer-Verlag, Berlin Heidelberg New York.

[10] Faber M (ed) (1986) Studies in Austrian Capital Theory, Investment and Time. Lecture Notes in Economics Systems 277. Springer-Verlag, Heidelberg Berlin New York Paris Tokyo.

[11] Faber M, Niemes H und Stephan G (1983a) Anpassungsprozesse als Folge von Gewässerschutzmaßnahmen im Entsorgungsraum der BASF-Kläranlage, Ludwigshafen am Rhein. Chemiker-Zeitung 107, 57-65.

[12] Faber M, Niemes H und Stephan G (1983b) Entropie, Umweltschutz und Rohstoffverbrauch. Eine naturwisschenschaftlich ökonomische Untersuchung. Lecture Notes in Economics and Mathematical Systems 214. Springer-Verlag, Berlin Heidelberg New York Tokyo.

[13] Faber M, Niemes H und Stephan G (1983c) Umweltschutz und Input-Ouput-Analyse. Mit zwei Fallstudien aus der Wassergütewirtschaft. J C B Mohr (Siebeck), Tübingen.

[14] Faber M und Proops J L R (1986) Time Irreversibilities in Economics: Some Lesson from the Natural Sciences. In: Faber M (ed) Studies in Austrian Capital Theory, Investment, and Time. Lecture Notes in Economics and Mathematical Systems 277. Springer-Verlag, Berlin Heidelberg New York London Paris Tokyo.

[15] Faber M und Proops J L R (1985) Interdisciplinary Research between Economists and Physical Scientists: Retrospect and Prospect. Kyklos 38:599-616.

[16] Faber M und Niemes H (1982) Das Abwasserabgabengesetz: richtungsweisend für die Umweltpolitik. Umwelt 1982:38-39.

[17] Faber M und Wagenhals G (1987) Towards a Long Run Balance Between Economics and Environmental Protection. In: Förstner U und Salamons W (eds) Environmental Impact and Management of Mine Tailings and Dredged Materials. Springer-Verlag, Berlin Heidelberg New York Tokyo.

[18] Hansmeyer K H (1980) Volkswirtschaftliche Aspekte der Abgabenregulierung. Berichte der Abwassertechnischen Vereinigung e.V. B 2:31-40.

[19] Hicks J R (1973) Capital and Time: A Neo-Austrian Theory. Clarendon Press, Oxford.

[20] Malle K G (1982) Sind Abgaben ein geeignetes Instrument der Umweltpolitik? Umwelt, 82:35-37.
[21] Manne A S (1985) Economic Equilibrium: Model Formulation and Solution. Mathematical Programming Study 23, North-Holland, Amsterdam New York Toronto.
[22] Nickell S J (1979) The Investment Decisions of Firms. Cambridge Economic Handbooks, Cambridge University Press, Oxford.
[23] Osterkamp R (1978) Standards und Steuern als Instrument gegen die Verschmutzung der Umwelt. Kyklos 31:235-257.
[24] Olson M (1982) Environmental Indivisibilities and Information Costs: Fanaticism, Agnosticisum and Intellectual Progress. American Economic Review Papers and Proceedings 72:262-266.
[25] Späth L (1985) Wende in die Zukunft. Die Bundesrepublik auf dem Weg in die Informationsgesellschaft. Spiegel Buch Rowohlt, Reinbeck bei Hamburg.
[26] Stephan G (1986) Umweltstandards und Ablösung von Techniken – ein berechenbarer Gleichgewichtsansatz mit einer Anwendung auf die Wassergütewirtschaft, Habilitationsschrift. Wirtschaftswissenschaftliche Fakultät der Universität Heidelberg.
[27] Stephan G (1987) Emission Standards and Economic Development. A Numerical Analysis of Waste Water Treatment in Western Europe. Vorgetragen im Finanzwissenschaftlichen Klosterseminar Neresheim, 9-13.6.1986, wird veröffentlicht bei Springer, Berlin Heidelberg New York Tokyo.
[28] Wodopia F-J (1986) Intertemporale Produktionsentscheidungen: Theorie und Anwendungen auf die Elektrizitätswirtschaft. Mathematical System in Economics 102. Hain Verlag, Frankfurt.

Nutzung der Natur und zukünftige Generationen

Horst Siebert[1]

„Die Arbeiten der Natur werden nicht deshalb großzügig bezahlt, weil sie viel tut – sondern weil sie wenig tut. Wenn die Natur knickrig wird mit ihren Geschenken, erfordert sie einen höheren Preis für ihre Dienste. Wo sie jedoch großzügig ist, arbeitet sie gratis."

David Ricardo[2]

Zusammenfassung

Die Nutzung der Natur ist aus der Sicht der Wirtschaftswissenschaften ein Allokationsproblem, bei dem zwischen konkurrierenden Verwendungen zu entscheiden ist. Besondere Bedeutung kommt der Verwendungskonkurrenz zwischen den Generationen zu. Wie sollen negative Auswirkungen für die Zukunft in unseren Entscheidungen heute Eingang finden? Durch welche institutionellen Mechanismen können die Interessen zukünftiger Generationen berücksichtigt werden? In diesem Beitrag wird analysiert, wie die Nutzungskosten, die zukünftigen Generationen entstehen, heute ausgewiesen werden können, wie Irreversibilitäten und Risiken zu behandeln sind, wie durch die Schaffung von Nutzungsregeln Allmendegüter – etwa die Umwelt – vor einer Übernutzung geschützt werden können und welche Rolle der Ordnungspolitik zukommt.

Bei der Nutzung von Umwelt und Natur konkurriert die heutige Generation mit zukünftigen Generationen. Mineralische Brennstoffe wie Erdöl, die wir heute verwenden, sind in der Zukunft nicht mehr vorhanden, metallische Rohstoffe lediglich durch die Wiederverwendung teilweise zurückgewinnbar. Sich selbst erneuernde Ressourcen wie die Fischbestände in den Meeren, die mittlerweile in einigen Weltregionen stark in Anspruch genommenen Grundwassersysteme und die äquatorialen Wälder sind in ihrer Existenz gefährdet, da die Rate der Entnahme die Regenerationsrate übersteigt. Einige Arten in Tier -und Pflanzenwelt sind von der Ausrottung bedroht. Schließlich gelangen Schadstoffe in die Umwelt, die sich dort teilweise in der Zeit akkumulieren und die Qualität von Umweltsystemen beeinträchtigen. Beispiele dieser Auswirkungen sind die Nitratanreicherung des Grundwassers, die Ansammlung von Schadstoffen in den Nahrungsketten wie im Fall des mittlerweile in den Industrienatio-

1 Für eine kritische Durchsicht des Manuskripts danke ich Dr. Ernst Mohr.

2 D. Ricardo, Principles of Political Economy and Taxation, 1817, S. 77

nen verbotenen DDTs, die Akkumulation von Schadstoffen im Boden durch Trocken- oder Naßdeposition und die Gefährdung der Ozon-Schicht.

Wie werden die Interessen zukünftiger Generationen bei der Nutzung der Umwelt und der Natur berücksichtigt? Zukünftige Generationen sitzen nicht am Verhandlungstisch (Page 1977), und ein Tucholskysches „colloquio in utero" zwischen den Generationen über die Inanspruchnahme der Natur existiert nicht. Welche Mechanismen sorgen dafür, daß die Interessen zukünftiger Generationen gewahrt werden? Welche institutionellen Arrangements legen der heutigen Generation im Hinblick auf die Zukunft Restriktionen auf? Kann man zwischen verschiedenen Formen der Verwendungskonkurrenz differenzieren? Und erzwingen unterschiedliche Formen der Verwendungskonkurrenz verschiedene institutionelle Mechanismen?

Im folgenden untersuchen wir die Verwendungskonkurrenzen zwischen Generationen; wir diskutieren die spezifischen Charakteristika dieser Verwendungskonkurrenzen. Darauf aufbauend fragen wir danach, wie sich diese Verwendungskonkurrenzen in unseren Entscheidungen auswirken und auswirken sollen. Gleichzeitig suchen wir institutionelle Regelungen, welche die Wahrung der Interessen zukünftiger Generationen garantieren.[3]

Konkurrierende Verwendungen

Die einfachste Form der Verwendungskonkurrenz liegt vor, wenn eine heute genutzte Ressourceneinheit für die Zukunft verloren geht. Dies ist der Fall der nichterneuerbaren Ressourcen wie Erdöl und anderer mineralischer Brennstoffe. Das übliche, die Nutzen und Kosten einer Entscheidung abwägende Optimierungsverfahren der Wirtschaftswissenschaft verlangt in diesem Fall, daß die Nutzen der Ressourcenentnahme für die heutige Generation mit den Kosten für zukünftige Generationen verglichen werden. Diese sogenannten Opportunitätskosten sind die Kosten der entgangenen Gelegenheit, also Nutzenverluste, die zukünftigen Generationen dadurch entstehen, daß sie die inzwischen untergegangene Ressource nicht verwenden können. Wir bezeichnen diese Opportunitätskosten auch als Nutzungskosten oder „user costs". Beispielsweise bedeutet für den auf einer einsamen Insel gestrandeten Robinson Crusoe der Verzehr einer Einheit Zwieback heute einen Nutzenentgang in der Zukunft (Page 1977, S. 152); der Abbau einer Tonne Braunkohle heute bringt für die abbauende Unternehmung entgangene Gewinnmöglichkeiten in der Zukunft mit sich.

Das Konzept der Nutzungskosten oder der impliziten Bewertung ist insbesondere in der Ressourcenliteratur geläufig und dort mit einer Vielzahl unterschiedlicher Begriffe wie Wert einer Ressource in situ (Brown and Field 1978), impliziter Knappheitspreis oder „rental rate" belegt worden. Recht plastisch ist die Unterscheidung zwischen der Bewertung eines Waldstücks, das in Zukunft eingeschlagen wird, und dem Preis für einen Festmeter Holz, das bereits geschlagen ist, oder die Differenzierung zwischen einem Preis für Fleisch auf dem Huf und einem Preis für Fleisch am Haken (Smith 1977, S. 3).

3 Diese Fragestellung hat eine normative Dimension. Die zugrundeliegenden Werturteile sind also explizit aufzuzeigen; gleichzeitig sind im Weberschen Sinn der Zweckrationalität die Implikationen von normativen Positionen darzustellen.

Die Nutzungskosten variieren mit den spezifischen Interdependenzen zwischen den Generationen. So bedeutet die Möglichkeit der Wiederverwendung bei den metallischen Rohstoffen eine Entschärfung der Verwendungskonkurrenz, da zukünftige Generationen auf Recycling zurückgreifen können. Auch ist bei den nichterneuerbaren Rohstoffen wie Erdöl die Verwendungskonkurrenz dann nicht mehr so brisant, wenn durch Exploration neue Lagerstätten gefunden werden können, wenn Alternativtechnologien wie Teersand wirtschaftlich werden oder wenn durch Kapital Energie günstig substituiert werden kann.

Die Größe der Nutzungskosten beeinflußt das Gewicht, das den Interessen zukünftiger Generationen beigemessen wird. Hohe Nutzungskosten geben zukünftigen Generationen ein größeres Gewicht. Die Größe der Nutzungskosten wird, wie oben betont, von der Einschätzung einiger die zukünftige Knappheit determinierenden Faktoren bestimmt; Nutzungskosten hängen damit auch von Erwartungen oder Einschätzungen ab.

Ein weiterer wichtiger Aspekt bei der Ermittlung der Nutzungskosten ist die Frage, ob die Nutzenverluste zukünftiger Generationen abdiskontiert werden sollen. Das Gesetz von der Minderschätzung zukünftiger Bedürfnisse von Böhm-Bawerk (1888) postuliert, daß ein Nutzen, den man heute erfährt, höher anzusetzen ist als ein (gleich großer) Nutzen, der sich erst morgen einstellt. Wirtschaftssubjekte haben eine positive Zeitpräferenz; folglich muß der in der Zukunft anfallende Nutzen abdiskontiert werden. Begründet wird dieses Gesetz mit dem Risiko, das auf dem Erleben des Nutzens in der Zukunft lastet, also dem Risiko der menschlichen Existenz.

Andererseits wird argumentiert, daß zukünftige Generationen durch technischen Fortschritt und wirtschaftliches Wachstum ungleich reicher sein werden. Deshalb ist es den zukünftigen Generationen zumutbar, daß die zukünftigen Nutzen mit einer positiven Zeitpräferenzrate abdiskontiert werden. Um dieses Argument etwas plastisch zu machen, betrachte man die aus heutiger Sicht fehlende Trennung von Industrie- und Wohnflächen etwa im Ruhr-Gebiet oder in Mannheim – Ludwigshafen, wo die Industriebetriebe wie Flecken in den Wohngegenden verstreut liegen (Siebert 1973, S. 169). Im Sinn einer großräumigen Flächennutzungsplanung hätte man aus heutiger Sicht eine solche Vermischung vermeiden müssen. Vor 70 oder 80 Jahren hätte man also die Betriebe noch weiter vor der Stadt ansiedeln müssen. Hätte man den damaligen Einwohnern eigentlich zumuten können, für den Nutzen der Bürger von 1989 solch lange Verkehrswege auf sich zu nehmen? Bei den damaligen Verkehrsmitteln? Bei Arbeitszeiten von 12 Stunden und mehr? Man kann wohl argumentieren, daß es richtig war, daß die damalige Generation die Interessen der zukünftigen Generationen abdiskontiert hat.

Bei den hier diskutierten nicht erneuerbaren Ressourcen scheint eine Abdiskontierung durchaus angebracht, da zukünftigen Generationen eine Reihe von Anpassungsprozessen wie Exploration und alternative Technologien im Sinne von Backstop-Technologien zur Verfügung stehen. Abdiskontierung bedeutet ja nicht, daß die Nutzenverluste zukünftiger Generationen überhaupt nicht berücksichtigt werden sollen, sondern lediglich, daß ihr Gewicht um den Zeitpräferenzfaktor zu verringern ist. Diese Aussage gilt aber nicht generell für alle Fälle; einige Einschränkungen werden im folgenden herausgearbeitet.

Ausweis der Nutzungskosten

Die Forderung, daß die Nutzungskosten bei intertemporalen Verwendungskonkurrenzen, wenn auch abdiskontiert, anzusetzen sind, wirft die Frage auf, durch welche institutionellen Mechanismen diese Nutzungskosten ermittelt werden.

Nutzungsrechte bewirken, daß diejenige organisatorische Einheit einer Volkswirtschaft die zukünftigen Opportunitätskosten berücksichtigt, welche die heutigen Vorteile einer Entscheidung hat. Nutzungsrechte sind also ein Instrument zum Ausweis oder zur Internalisierung von Nutzungskosten. Nach Furubotn und Pejovich sind Nutzungsrechte definiert als „the set of economic and social relations defining the position of each individual with respect to the utilization of scarce resources" (Furubotn und Pejovich 1972, S. 1139); sie geben also an, wie man über knappe Ressourcen und über knappe Güter verfügen darf.

Bestehen eindeutig definierte Nutzungsrechte wie exklusive Eigentumstitel am Boden, das Recht des Abbaus oder des Eigentumstransfers des Ressourcenbestandes, so nimmmt der Verfügungsberechtigte über die Ressource das intertemporale Optimierungskalkül selbst vor. Er setzt bei seiner Entscheidung die zukünftigen Nutzenverluste an, wenn er heute abbaut. Die Nutzungskosten werden also durch Nutzungsrechte internalisiert. Die natürlichen Ressourcen werden durch geeignete Nutzungsrechte zu privaten Gütern. Allerdings ist die Aussage an eine Reihe im folgenden zu erörternder Bedingungen gebunden.

Bei dem Sonderfall der sog. „common-pool-Probleme" nicht erneuerbarer Ressourcen (etwa im Beispiel eines Erdölreservoirs) ist eine eindeutige Zuweisung von Nutzungsrechten nicht oder nur mit erheblichen Schwierigkeiten möglich. In diesem Fall reduziert die Entnahme durch einen Agenten den Ressourcenbestand und damit die Entnahmemöglichkeit der anderen Agenten. Es besteht damit in aller Regel kein Anreiz, Nutzungskosten in den individuellen Kalkülen zu berücksichtigen. Die Fragestellung ist analog zu den weiter unten behandelten Allmendegütern.

Existieren eindeutige Nutzungsrechte, so stellen perfekte Terminmärkte sicher, daß die Nutzungskosten einer Aktivität von demjenigen Akteur berücksichtigt werden, bei dem auch die Vorteile der Nutzung anfallen. Denn die auf den Terminmärkten signalisierte Bewertung etwa eines Barrels Erdöl stellt die Nutzungskosten dar: Diese Bewertung gibt an, was in der Einschätzung der Terminmärkte zukünftige Generationen zu zahlen bereit sind. Man beachte, daß die Nutzungskosten von der heutigen Generationen im Entscheidungskalkül berücksichtigt, aber von der zukünftigen Generation getragen werden.

In der Realität gibt es perfekte Terminmärkte jedoch nicht. Allerdings bestehen Terminmärkte für eine ganze Reihe natürlicher Ressourcen mit einer zeitlichen Tiefe von etwa einem Jahr (z.B. Weizen 14 Monate; Baumwolle 18 Monate, Kupfer 3 Monate, Naturkautschuk 39 Monate, Erdöl ca. 9 Monate; ([Streit 1983; Jeckel 1985]). Terminmärkte erfassen die Einschätzung der zukünftigen Knappheitssituation durch die Marktparteien, konkretisieren die Erwartungen und sammeln Informationen über die Zukunft. Wird eine größere Knappheit in der Zukunft erwartet, steigt der Terminpreis. Es läßt sich beobachten, daß Terminmärkte an Bedeutung gewinnen, wenn die Ungewißheit über zukünftige Preise steigt (Ölterminmärkte seit Ende der siebziger Jahre oder Devisenterminmärkte seit 1973).

Wenn Terminmärkte eine zu geringe zeitliche Tiefe haben, können Erwartungen als Substitut der Terminmärkte betrachtet werden. Rechnet man allgemein mit einer höheren Ressourcenknappheit in der Zukunft, so steigt für den Ressourcenbesitzer der Anreiz, die Ressource nicht abzubauen, da er in Zukunft einen günstigeren Preis erhalten kann. Damit wird die Ressource heute knapper, und ihr Preis steigt. Die Erwartung der zukünftigen Verknappung setzt sich in eine aktuelle Knappheit um. Indem der Ressourcenbesitzer seine Opportunitätskosten im Fall des Verkaufs der Ressource heute (entgangene Gewinne in der Zukunft bei steigenden Preisen) berücksichtigt, bringt er die Interessen der zukünftigen Generation zum Ausdruck. Auch auf der Nachfrageseite kann sich die Erwartung zukünftiger Knappheiten auswirken, etwa in Lagerbildung oder in der Entwicklung alternativer Technologien.

Die Berücksichtigung der Nutzungskosten durch denjenigen, der die Vorteile einer Entscheidung heute erfährt, wird in der Realität durch eine Reihe von institutionellen Regelungen gesteuert. So können neben Eigentumsrechten am Boden Entnahmerechte von Naturressourcen definiert und z. B. durch Auktionen verkauft werden. Ferner dehnt die Möglichkeit der Vererbung die zeitliche Dimension des Eigentumrechts aus und stellt damit einen Anreiz dar, der zukünftigen Generation verstärkt Güter zu übergeben. Risiko über den Bestand an Eigentum muß dagegen die Interessen zukünftiger Generationen schädigen; folglich ist im intertemporalen Kontext die Konstanz der Eigentumsordnung zu fordern.

Die Transferierbarkeit von Bestandsvariablen ist ein weiterer Mechanismus, mit dem die zukünftige Generation ihre wirtschaftlichen Interessen bemerkbar machen kann. Beispielsweise hat ein Ressourcenbestand einen Kapitalwert, und ein Ressourcenbesitzer kann diesen Kapitalwert realisieren, wenn er den Bestand (oder ein Entnahmerecht) verkauft (Stiglitz 1979). Ist ein Nutzungsrecht an der Ressource nicht transferierbar, so können andere Variable transferierbar sein wie etwa der Boden, der die Ressource enthält, oder das Eigentum an der Unternehmung, welche die Ressource besitzt. Und schließlich: Ähnlich wie Vererbung den Planungshorizont eines Individuums über sein eigenes Leben hinausschiebt, führen höhere Organisationsgrade wie z. B. bestimmte Rechtsformen im Unternehmensbereich (etwa die Aktiengesellschaft im Vergleich zur Personengesellschaft) zu Planungshorizonten von Unternehmen, die über den Planungshorizont eines Individuums hinausgehen können.

Im übrigen ist die These einer langfristigen Verknappung der nicht erneuerbaren Ressourcen umstritten. Bei den mineralischen Rohstoffen läßt sich nach den vorliegenden ökonometrischen und sonstigen empirischen Unterlagen eine Verknappung seit 1900, gemessen etwa an steigenden Realpreisen, nicht feststellen (Siebert 1983). Bei Erdöl und anderen Energieressourcen weisen die beiden Erdölkrisen 1973/74 und 1979/80 auf eine Verknappung hin, wobei hier offen bleiben muß, ob diese beiden Krisen lediglich kurzfristige Phänomene waren.

Erneuerbare Ressourcen und Ausrottung

Bei erneuerbaren natürlichen Ressourcen ergibt sich eine komplexere Form der Verwendungskonkurrenz zwischen den Generationen. Die Ressource, eine Fischpopulation oder ein Waldbestand, erneuert sich in der Zeit durch Zuwächse, in der Regel in Abhängigkeit vom Bestand. Die Nutzungskosten sind jetzt definiert nicht nur als Nutzenentgang aus der heute entnommenen (und in der Zukunft nicht mehr vorhandenen) Ressourceneinheit, sondern zusätzlich als Nutzenentgang aus der unterbliebenen, mit dieser Einheit zusammenhängenden Regenerationsmenge.

Selbst wenn exklusive Nutzungsrechte eindeutig zugewiesen sind, ergeben sich bei erneuerbaren natürlichen Ressourcen besondere intertemporale Allokationsprobleme, die daraus resultieren, daß erneuerbare Ressourcen Externalitäten verursachen. So kann die Regenerationsfunktion so beschaffen sein, daß ein Absinken unter einen Minimalbestand zu einem Aussterben einer Art führt. Dann kann in dem Sinn eine Externalität vorliegen, daß die Aufrechterhaltung einer Art einen Wert per se für die Gesellschaft hat, beispielsweise einen genetischen Wert (Brown 1984), der aber nicht dem von dem Eigentümer realisierbaren Wert entspricht. Eine andere Form der Externalität ist gegeben, wenn eine erneuerbare Ressource positive Externalitäten verursacht wie etwa die Sauerstoffproduktion in den äquatorialen Wäldern.

Die intertemporalen Allokationsprobleme bei erneuerbaren Ressourcen gewinnen besondere Bedeutung, weil exklusive Nutzungsrechte in der Vergangenheit oft nicht etabliert wurden; die erneuerbaren Ressourcen wurden als Allmendegüter behandelt. Reine Allmendegüter sind dadurch gekennzeichnet, daß sie zum Nulltarif genutzt werden können; der Zugang ist frei: Nutzungsrechte mit Ausschlußcharakter sind zu einem gegebenen Zeitpunkt nicht definiert. Daraus folgt, daß die Vorteile der Nutzung heute und die Opportunitätskosten nicht bei der gleichen dezentralen Einheit anfallen. Die einzelnen dezentralen Einheiten haben in der Regel keinen Anreiz, die Nutzungskosten angemessen zu berücksichtigen. Denn sie müssen erwarten, daß die heute von ihnen nicht entnommene Einheit von einem anderen entnommen wird und morgen nicht mehr existiert. Das Zeitprofil der Nutzung verlagert sich zugunsten der Gegenwart. Neben dieser intertemporalen Allokationsverzerrung ist die Allmende durch das statische Phänomen der Überfüllung zu einem gegebenen Zeitpunkt charakterisiert. Insoweit die Nutzung der Allmende Kapitalgüter (z.B. eine Fangflotte) erfordert, ist eine Überinvestition zu verzeichnen. Bei der Allmende überlagern sich also intertemporale Allokationsprobleme mit statischen Überfüllungsproblemem. Der Allmende-Charakter der erneuerbaren Ressourcen ist die Ursache dafür, daß sich bei einigen erneuerbaren Ressourcen trotz der grundsätzlichen Möglichkeit der Erneuerbarkeit über natürliches Wachstum Verknappungstendenzen beobachten lassen (Fischbestände der Weltmeere).

Eine differenziertere Sicht kann diese Aussagen etwas relativieren. Falls etwa bei einem reinen Allmendegut ein Akteur erwarten darf, daß eine von ihm nicht entnommene Ressource (etwa beim Fischfang) von anderen Akteuren nur mit einer gewissen Wahrscheinlichkeit entnommen wird, so kann ein Anreiz bestehen, Nutzungskosten teilweise zu berücksichtigen. Auch sind Allmendegüter trotz eines prinzipiell freien Zugangs in der Realität mit Nutzungsregeln überlagert wie etwa Normierungen des Fischfangs aus dem Berufsverständnis der Fischer oder Nutzungsregeln für den Allmendewald im Fall des Bannwaldes in den Alpen. In diesen Fällen kann nicht mehr von einem reinen Allmendegut gesprochen werden.

Ansätze zur Lösung des Allmendeproblems bestehen darin, institutionelle Regelungen einzuführen, welche die Nutzung im Vergleich zur Allmendesituation einschränken. Solche institutionelle Regelungen reichen von der Schaffung von Verfügungsrechten mit Ausschlußcharakter (200-Meilen-Zone), über Zugangsbeschränkungen (Anzahl der fangberechtigten Schiffe) und Auflagen bei. der Nutzung (Stand der Technik bei der Entsorgung) bis zu preislichen Instrumenten (Hotelling-Steuern; Emissionssteuern). Da das Allmendeproblem sich zum Teil mit dem Problem öffentlicher Güter überlagert, sind auch institutionelle Regelungen zur Bestimmung der anzustrebenden Qualität öffentlicher Güter, also des tolerierbaren (oder wünschenswerten) Ausmaßes externer Effekte, und der instrumentalen Umsetzung der angestrebten Zielwerte in Betracht zu ziehen.

In der historischen Entwicklung ist zu beobachten, daß bei Verknappungen die Menschheit mit einem beachtlichen Ausmaß an Phantasie immer wieder neue Nutzungsrechte definiert hat (Jagdrecht, Wasserrechte in wasserarmen Gebieten, Bebauungsrechte, Meeresbodenrechte). Durch die Definition neuer Nutzungsrechte sind bisher als frei behandelte Allmendegüter – common property resources – in knappe Güter mit privatem Nutzungsrecht transformiert worden (Gisser 1983). Oft ist es auch gelungen, öffentliche Güter durch Nutzungsrechte zu privatisieren.

Umweltnutzung und Umweltschäden

Die Verwendungskonkurrenz zwischen Generationen bei der Nutzung der Umwelt bezieht sich auf die langfristigen Aspekte der beiden zentralen Funktionen der Umwelt als Aufnahmemedium von Schadstoffen einerseits und als öffentliches Konsumgut andererseits. Diese beiden Funktionen liegen bereits bei einer statischen Betrachtungsweise im Widerstreit: Die Aufnahme von Schadstoffen beeinträchtigt die Qualität des öffentlichen Gutes Umwelt (Siebert 1973, 1978, 1987a). Bei einer intertemporalen Analyse gewinnen zusätzliche Aspekte Gewicht: Schadstoffe akkumulieren sich in der Zeit (Säuren im Boden; Nitrate im Grundwasser). Die zukünftige Generation erbt also einen Schadstoffpool. Die akkumulierten Schadstoffe beeinflussen die Umweltqualität in der Zukunft. Einige Umweltsysteme regenerieren sich durch delikate natürliche Prozesse, wie etwa die Produktion von Sauerstoff durch Phytoplankton. Emissionen können diese Prozesse stören und die Regenerationsfähigkeit der Umweltsysteme in der Zeit beeinflussen. In der gleichen Weise können die heute an die Umwelt abgegebenen Schadstoffe die Assimilationsfähigkeit der Umweltsysteme in der Zukunft beeinträchtigen. Die Nutzung der Umwelt als Allmende für die Abgabe von Schadstoffen heute beeinflußt die Qualität des öffentlichen Gutes Umwelt in der Zukunft.

Die Lösung des Umweltproblems besteht darin, den Allmendecharakter der Umwelt aufzuheben und neue Nutzungsrechte in bezug auf die Abgabe von Emissionen zu definieren. Hierzu zählen etwa Emissionssteuern wie die Abwasserabgabe, Emissionslizenzen und Genehmigungsverfahren nach dem Stand der Technik.

Risiken

Zukunftsschäden sind in der Regel „ex ante“ nicht genau abzuschätzen. Es besteht also Ungewißheit über das Ausmaß von Langfristwirkungen. Man weiß nicht genau, wie sich Schadstoffe in der Zeit akkumulieren, wie sie sich räumlich verteilen und welche Auswirkungen sie haben werden. Die sich in Zukunft einstellende Umweltqualität kann deshalb auch als eine Zufallsvariable interpretiert werden, wobei die Wahrscheinlichkeit des Eintretens einer bestimmten Umweltqualität um einen Erwartungswert streut. Dieses Risiko zukünftiger Umweltschäden muß bei der heutigen Knappheit der Umwelt berücksichtigt werden. Hohe Risiken in der Zukunft machen die Umwelt heute knapper: es müssen im Interesse zukünftiger Generationen Anstrengungen unternommen werden, die Risiken einer Verschlechterung der Umweltqualität zu verringern.

Eine mögliche Strategie der Risikobegrenzung ist, heute eine bessere Umweltqualität vorzuhalten, also die Menge der Emissionen zu reduzieren. In diese Richtung weist das Vorsorgeprinzip und die Konzeption einer präventiven Umweltpolitik: Umweltpolitik muß vorsorgend sein, sie muß die langfristigen Schäden im Auge haben; sie muß Anreize setzen, bevor Probleme virulent werden, sie muß also Probleme vorwegnehmen oder antizipieren.

Allerdings stellt die allgemeine Reduktion des langfristigen Schadstoffpools ein grobes umweltpolitisches Instrument dar. Will man das Risiko von Schäden vermeiden, so wird eine starke Reduzierung des Schadstoffbestandes erforderlich, die erhebliche Ressourcen bindet. Außerdem sind eine Reihe von Umweltschäden dadurch gekennzeichnet, daß die Wahrscheinlichkeit des Schadens relativ klein ist (etwa die Zerstörung der Ozon-Schicht), aber der Schaden selbst, wenn die Wahrscheinlichkeit eintritt, immens. Von daher muß die Strategie sein, Informationen über die Ursachen von Langfristschäden zu verbessern, etwa einzelne Schadstoffe als Ursachenfaktor zu isolieren und deren Niveau zu reduzieren.

Irreversibilitäten

Grundsätzlich ist das Risiko zukünftiger Umweltschäden abzudiskontieren. Liegt das Risiko einer Umweltverschlechterung weit in der Zukunft, so wird diese Umweltverschlechterung bei unseren Entscheidungen heute ein geringeres Gewicht haben, als wenn die Umweltverschlechterung morgen auftritt. Denn zukünftige Generationen werden reicher sein als wir heute. Sie können die Kosten der Beseitigung der Umweltschäden leichter tragen. Diese Aussage gilt jedoch nicht mehr, wenn Irreversibilitäten in der Nutzung der Natur auftreten.

Irreversibilität der Nutzung bedeutet, daß die Verwendung für den Zweck A heute eine Verwendung in der Zukunft (für Zweck A, für Zweck B) unmöglich macht. Bei regenerierbaren Ressourcen kann etwa eine Irreversibilität gegeben sein, wenn die Bestände auf Null oder auf Minimalwerte geschrumpft sind und damit eine Regeneration ausgeschlossen ist (Ausrottung einer Tierart). Neben dieser strengen Form der Irreversibilität kann man sich ein Kontinuum von schwächeren Irreversibilitäten vorstellen, bei denen eine zunächst unmöglich gewordene Verwendung durch Reallokationskosten (Umwidmungskosten bei Boden, Änderungskosten der Raumstruktur, Entsorgungskosten im Umweltbereich) wieder ermöglicht werden kann. Bei strengen Irreversibilitäten sind diese Umwidmungskosten unendlich groß; die Irreversibilität kann nicht aufgehoben werden. Schwächere Irreversibilitäten dagegen können durch die Inkaufnahme von Umwidmungskosten korrigiert werden. Hier kann es zumutbar sein, daß zukünftige Generationen die Umwidmungskosten tragen.

Ein zusätzliches Problem tritt dadurch auf, daß Irreversibilitäten asymmetrisch sein können. Angenommen ein Gut kann für die Zwecke A und B verwendet werden. Wird der Zweck A in der ersten Periode gewählt, so kann in der zweiten Periode der Zweck B unmöglich sein. Andererseits kann die Verwendung B in der ersten Periode die Verwendung A in der zweiten Periode nicht ausschließen. Krutilla (1972) hat dieses Problem am Beispiel des Hells-Canon verdeutlicht. Ein Gelände kann heute als Naturpark und später zum Mineralabbau verwendet werden; die Option Mineralabbau bleibt also erhalten. Die Reihenfolge Mineralabbau-Naturpark ist dagegen nicht möglich. Die Option Naturpark geht verloren. Henry (1974) illustriert dieses Allokationsproblem an dem Beispiel „Notre Dame" versus Parkplatz, also der Zerstörung der „Notre Dame" zugunsten eines Parkplatzes.

Es stellt sich damit die Frage, was die Aufrechterhaltung einer Option wert ist. Eine Antwort auf diese Frage gibt das Konzept der Optionsnachfrage (Henry 1971) oder des Optionswertes. Damit wird die Zahlungsbereitschaft für die Aufrechterhaltung einer Verwendungsoption ausgedrückt. Der Optionswert kann als Nutzungskosten bei irreversiblen Bestandswerten interpretiert werden. Wird diese zusätzliche Kostenkategorie in intertemporale Entscheidungen eingeführt und wird eine Option entsprechend hoch bewertet, so kann das Allokationsresultat in der Weise geändert werden, daß eine Option offen gehalten werden soll. Der Optionswert wirkt der Abdiskontierung entgegen. Im Interesse zukünftiger Generationen kann man getrost abdiskontieren, wenn der Optionswert die Interessen zukünftiger Generationen hinreichend ausdrückt. Wird dagegen ein Optionswert explizit nicht berücksichtigt, so ergibt sich die Forderung nach einer geringeren gesellschaftlichen Zeitpräferenzrate, im Extremfall einer Rate von Null (Ramsey 1928).

Welche Generation trägt die Nutzungskosten?

Soweit sich im historischen Prozeß, etwa im Sinn der Vertragstheorie oder der Theorie der Nutzungsrechte geeignete institutionelle Regelungen nicht von selbst einstellen, fällt dem Staat die Aufgabe zu, institutionelle Regelungen – also Nutzungsrechte – zu finden, welche sicherstellen, daß einzelnen Subsysteme die Nutzungskosten berücksichtigen. Daß die Nutzungskosten im Kalkül der heutigen Generation zu berücksichtigen sind, bedeutet aber nicht, daß die heutige Generation auch die Nutzungskosten tragen soll.[4]

Bei langfristigen Umweltschäden spricht vieles dafür, daß das Verursacherprinzip auf den Ausweis der Nutzungskosten anzuwenden ist. Derjenige Akteur soll die Nutzungskosten einer intertemporalen Entscheidung tragen, dem auch die Vorteile dieser Entscheidung zuwachsen. Wer heute die Umwelt für zukünftige Generationen belastet, dem sollen die Opportunitätskosten seines Handelns zugewiesen werden. Da die Umweltqualität, die wir der zukünftigen Generation übergeben, ein öffentliches Gut ist (bzw. der Schadstoffpool ein öffentliches Übel), muß die langfristig anzustrebende Umweltqualität im politischen Prozeß bestimmt werden. Dabei ist zwischen den Interessen der heutigen und der zukünftigen Generation abzuwägen. Beispielsweise sind die zukünftigen Umweltschäden abzudiskontieren, wenn keine Irreversibilitäten vorliegen. Damit wird vermieden, daß die zukünftigen Generationen unberechtigte Nutznießer einer allzu stringenten Umweltpolitik würden. Im Fall der Umweltpolitik wird die Anlastung der Opportunitätskosten an die heutige Generation also durch die Abdiskontierung relativiert.

4 Hier erkennt man die Problemstellung des Coase Theorems (1960). Vgl. dazu z. B. Siebert (1987a). Das Coase Theorem hat in der deutschen wirtschaftspolitischen Diskussion, allerdings in einem eher statischen Kontext, eine Renaissance erlebt, vgl. Meissner (1986) und Bonus (1986).

Bei nicht erneuerbaren (Erdöl, metallische Rohstoffe) und erneuerbaren Ressourcen (Fische, Waldbestand) sorgt die Etablierung privater Nutzungsrechte dafür, daß die heutige Generation die Nutzungskosten – also die Opportunitätskosten zukünftiger Generationen – berücksichtigt. Aber die heutige Generation trägt die Nutzungskosten nicht: Die zukünftige Generation erwirbt beispielsweise die Nutzungsrechte an einem Ressourcenstock, indem sie einen Preis entsprechend dem Kapitalwert des Ressourcenstocks aufbringt. Oder die zukünftige Generation erwirbt von der heutigen Generation die Aktien solcher Unternehmen, welche Ressourcenlager, ressourcenhaltigen Boden oder Entnahmenrechte besitzen. In diesen Fällen trägt die zukünftige Generation die Last der Nutzungskosten.

Die Verteilungsproblematik zwischen den Generationen ist also von der Allokationsproblematik zu unterscheiden. Für die Lösung der Allokationsproblematik zwischen den Generationen ist die entscheidende Frage, ob die heutige Generation die Nutzungskosten zukünftiger Generationen angemessen berücksichtigt (und ob entsprechende Anreize in der Wirtschaftsordnung etabliert) sind. Für die intertemporale Verteilungsproblematik (intertemporal equity) ist dagegen ausschlaggebend, welche Generation die Lasten trägt. Wie bei statischen Zielkonflikten zwischen „efficiency" und „equity" kann eine allzu starke Betonung der intertemporalen Verteilungsgerechtigkeit die intertemporale Effizienz zunichte machen.

Die Rolle der Märkte und der Politik

Der Wirtschaftspolitik fällt die Aufgabe zu, Nutzungsregeln zu etablieren, wenn Private diese institutionellen Regelungen nicht selbst entdecken, wenn also das Auffinden von Nutzungsrechten nicht als Resultat eines privatwirtschaftlichen Entdeckungsverfahrens neuer institutioneller Regelungen interpretiert werden kann, sondern als Ergebnis eines Prozesses im Sinne der politischen Ökonomie zu verstehen ist. Diese ordnungspolitische Aufgabe des Staates braucht eine langfristige Orientierung. So muß etwa die Umweltregulierung als ein Problem interpretiert werden, das nicht nur heute, sondern für die nächsten Dekaden zu lösen ist.

Darüberhinaus ist der Staat aufgerufen, sowohl bei seinen ureigenen Entscheidungen etwa in bezug auf die Allokationspolitik als auch bei staatlichen Eingriffen in die privaten Entscheidungen Nutzungskosten angemessen zu berücksichtigen. Nur zu oft ist eine intertemporale Allokationspolitik des Staates das implizite Resultat einer Reihe von Entscheidungen, die nicht im intertemporalen Kontext gesehen werden, sondern auf kurzfristige Erfolge ausgerichtet sind, wie die Beispiele für ein intertemporal wenig erfolgreiches staatliches Eingreifen in der Agrarpolitik, der Wohnungswirtschaft, der Verkehrspolitik mit ihren Interventionsspiralen, der Bildungsplanung und der Hochschulpolitik zeigen.[5]

---

5 Von der autogerechten Stadt der frühen fünfziger Jahre, wo jeder Punkt der Stadt mit dem Auto erreichbar sein sollte (und bei der Altstädte im Sinne einer autogerechten Straße abgerissen werden sollten), über die Ring- und Radialsysteme mit starken Ausfallstraßen, denen ganze Häuserreihen geopfert werden sollten, bis zur fußgängergerechten Stadt haben sich die Konzepte in den letzten dreißig Jahren so stark verschoben, daß man es heute nur begrüßen kann, daß die Konzepte in der Vergangenheit nicht voll durchgesetzt werden konnten. Derartige Schwankungen in den Konzeptionen beruhen teilweise auf Präferenzänderungen; sie sind aber auch in mangelnder Koordination begründet.

Die Gründe für einen mangelnden Ausweis von Nutzungskosten bei staatlichen Eingriffen sind vielfältig. Die Wirtschaftspolitik sieht sich mit den Forderungen einer Reihe von Gruppen konfrontiert. Die Erfüllung dieser politischen Ansprüche drängt die Interessen der zukünftigen Generation in den Hintergrund und zwar besonders dann, wenn die Vorteile zukünftiger Generationen Nachteile für heutige Gruppen der Gesellschaft mit sich bringen. Es droht die Gefahr, daß die Zeitpräferenzrate der Politiker besonders vor der Wahl auf außermarktliche Werte anschwillt. Wenn die These der Neuen Politischen Ökonomie gilt, daß Parteien Stimmen maximieren, ist die Wirtschaftspolitik eher kurzfristig orientiert. Demokratie, die auf der Möglichkeit wechselnder Mehrheiten basiert, impliziert, daß mit einem Mehrheitswechsel auch geänderte Interessen in die Investitionsentscheidungen öffentlicher Güter (und die Regulierung der Privaten) eingehen, und damit wirtschaftspolitische Konzeptionen (und ihre Durchsetzung) über längere Zeiträume stark variieren.

Gute institutionelle Regelungen zur Nutzung der Natur sind dadurch gekennzeichnet, daß staatliche ad-hoc Maßnahmen, Interventionen oder andere eher sporadische Eingriffe unnötig gemacht werden, indem innerhalb eines gegebenen Ordnungsrahmens die erforderlichen Entscheidungen dezentralisiert und damit den autonomen Subsystemen überlassen bleiben. Der Ordungspolitiker macht den ad-hoc Politiker überflüssig. In den siebziger und achtziger Jahren dieses Jahrhunderts sind wir Zeuge eines historischen Prozesses, in dem neue Nutzungsrechte formuliert werden. Es muß als die Kunst der Politik bezeichnet werden, langfristig die richtigen institutionellen Regelungen in einem marktwirtschaftlichen System zu etablieren und damit die richtigen Anreize für einen sinnvollen Umgang mit der Natur zu setzen.

Literatur

Böhm-Bawerk, E. (1888), Positive Theorie des Kapitals, 1. Bd., 1. Aufl., Jena.

Bonus, H. (1986), Eine Lanze für den „Wasserpfennig", Wirtschaftsdienst, 66, Heft 9, 451-455.

Brown, G.M. (1984), A Model for Valuing Endangered Species, Journal of Environmental Economics and Management, Vol.ll, 303-309.

Brown, G.M. und B.C. Field (1978), Implications of Alternative Measures of Natural Resource Scarcity, Journal of Political Economy, Vol. 86, 229-243.

Coase, R.H. (1960), The Problem of Social Costs, Journal of Law and Economics, 3, 1-44.

Fisher, A.C. (1981), Resource and Environmental Economics: Natural Resources and the Environment in Economics, Cambridge.

Furubotn, E. B. und S. Pejovich (1972), Property Rights and Economic Theory: A Survey of Recent Literature. Journal of Economic Literature, Vol. 10, 1137-1162.

Gisser, M. (1983), Groundwater: Focusing on the Real Issue, Journal of Political Economy, 91, 1001-1027.

Henry, C. (1974), Option Values in the Economics of Irreplaceable Assets, Review of Economic Studies, Symposium on the Economics of Exhaustible Resources, Vol. 41, 89-104.

Hotelling, H. (1931), The Economics of Exhaustible Resources, Journal of Political Economy, Vol. 39, 137-175.

Jeckel, H.: (1985), Ölterminmärkte – Nutzungsmöglichkeiten und Risiken, Zeitschrift für Energiewirtschaft, 220-234.

Krutilla, J.V. (1972), Natural Environments. Studies in: Theoretical and Applied Analysis, Baltimore und London.

Meissner, W. (1986), Prinzipien der Umweltpolitik, Zukunftskongreß der Landesregierung 1985, Stuttgart, in Vorbereitung.

Müller, F.G. (1983), Der Optionswert und seine Bedeutung für die Umweltschutzpolitik, Zeitschrift für Umweltpolitik, 6, 249-273.
Page, T. (1977), Conservation and Economic Efficiency. An Approach to Materials Policy, Baltimore and London.
Ramsey, F. P. (1928) , A Mathematical Theory of Saving, Economic Journal, Vol. 38, 543-559.
Rawls, J. (1971), A Theory of Justice, Cambridge, M.A.
Siebert, H. (1973), Das produzierte Chaos. Ökonomie und Umwelt, Stuttgart.
Siebert, H. (1978), Ökonomische Theorie der Umwelt, Tübingen.
Siebert, H. (1980), Allokation zwischen Generationen, in: D. Duwendag und H. Siebert (Hrsg.), Politik und Markt. Wirtschaftspolitische Probleme der 80er Jahre, Stuttgart, 353-370.
Siebert, H. (1983), Ökonomische Theorie natürlicher Ressourcen, Tübingen.
Siebert, H. (1984), Intertemporale Interdependenzen wirtschaftlicher Entscheidungen in: H. Siebert (Hrsg.) Intertemporale Allokation, Frankfurt, 3-44.
Siebert, H. (1985), Economics of the Resource-Exporting Country, Intertemporal Theory of Supply and Trade, Greenwich.
Siebert, H. (1986), Die Auswirkungen sinkender Ölpreise, Wirtschaftsdienst, April Heft 4, 203-207.
Siebert, H. (1987a), Economics of the Environment. Theory and Policy. Heidelberg, 2. Auflage.
Siebert, H. (1987b), Neue Nutzungsrechte und internationale Rohstoffversorgung, ifo-Studien, München, im Druck.
Siebert, H. (1987c), Umweltschäden als Problem der Unsicherheitsbewältigung: Prävention und Risikoallokation. In: Gesellschaft und Unsicherheit, in: F. Holzheu, München, im Druck.
Smith, V. L. (1977), Control Theory, Applied to Natural and Environmental Resources. An Exposition, Journal of Environmental and Economic Management, Vol. 4, 1-24.
Solow, R.M. (1974), The Economics of Resources or the Resources of Economics, American Economic Review, Papers and Proceedings, Vol. 64, 1-14.
Stiglitz, J.E. (1979), A Neoclassical Analysis of the Economics of Natural Resources, in: V.K. Smith (ed.), Scarcity and Growth Reconsidered, Baltimore und London, 36-66.
Streit, M.E. (Hrsg.) (1983), Future Markets. Modelling, Managing and Monitoring Futures Trading, Oxford.

Umweltschutz in Baden-Württemberg – Voraussetzung für die technologische und humane Weiterentwicklung eines modernen Industriestaates

Gerhard Weiser

Moderne Industriegesellschaften befinden sich in einer paradoxen Situation. Je erfolgreicher sie sind, desto krisenanfälliger erscheinen sie. In diesem Sinne wurden die drei Katastrophen des Jahres 1986, die Explosion der Raumfähre Challenger, das Kernreaktorunglück in Tschernobyl und die durch den Brand bei Sandoz verursachte Rheinverseuchung weltweit als Menetekel verstanden. Diese in ihren Ursachen und der Dimension ihrer Folgen so unterschiedlichen Ereignisse haben ein gemeinsames Merkmal: Sie haben die bei vielen Menschen ohnehin vorhandenen oder latenten Ängste vor den Gefahren der Technik verstärkt. Damit verbinden sich Zweifel an der politischen Steuerungsfähigkeit von Gesellschaften, deren Bestand und Weiterentwicklung nicht allein, aber in entscheidendem Maße auch von der Beherrschung des technischen Fortschritts abhängen.

Die schon seit langem geführte Diskussion über den Stellenwert der Technik, über das Verhältnis von Ökologie und Ökonomie und über die Notwendigkeit einer neuen Ethik menschlichen Verhaltens und Handelns in dieser Welt ist dadurch neu belebt worden. Beispielhaft dafür sind die Ausführungen von Carl Friedrich von Weizsäcker, der unter dem Titel „Die Zeit drängt" (München, Wien 1986) für eine Weltversammlung der Christen für Gerechtigkeit, Frieden und die Bewahrung der Schöpfung eintritt. Er sagt u. a. (S. 93 ff.):

> „Es gibt eine eigentümliche Faszination der Technik, eine Verzauberung der Gemüter, die uns dazu bringt zu meinen, es sei ein fortschrittliches und ein technisches Verhalten, daß man alles, was technisch möglich ist, auch ausführt. Das ist aber nicht fortschrittlich, sondern kindisch. Reifes technisches Handeln ist völlig anders. ... Eine technische Kultur, die sich als Selbstzweck gebärdet, ist als ganze auf einer niedrigeren Entwicklungsstufe als ihre einzelnen Apparate; als ganze ist sie noch untechnisch."

Die Ausführungen von Weizsäckers kulminieren in diesem Zusammenhang in folgenden Fragestellungen: „Ist aber das unablässige Wachstum der Menschheit und ihrer Wirtschaft überhaupt mit der Bewahrung der Natur vereinbar?" und „Gehen wir einer asketischen Weltkultur entgegen?". Von Weizsäcker stellt unserer heutigen Kultur eine unter Umständen in der Zukunft zu verwirklichende asketische Kultur gegenüber. Er sagt:

> „So wie sich uns die Frage hier stellt, könnte man eine Kultur als asketisch bezeichnen, die bewußt und aus Grundsatz auf ökonomische Güter verzichtet, welche in ihrer technischen Reichweite liegen. Die heutige Kultur ist bewußt antiasketisch; sie ist konsumptiv und Bedürfnisse werden bewußt geschaffen. ... Durch das Pathos der Freiheit und Gleichheit ist dem heutigen Bewußtsein das Verständnis für diese Lebensform einer (asketischen) Gesellschaft mehr und mehr entglitten. Unser eigenes Überleben könnte davon abhängen, ob uns eine demokratische Askese, ein bewußter Verzicht der ganzen Gesellschaft auf ökonomisch vordergründig verfügbare Güter möglich wird."

Vergegenwärtigt man sich alle Konsequenzen einer asketischen Kultur, so stellt die Forderung danach ohne Zweifel eine Zumutung dar. Sie ist der Gegenentwurf zu einer auf Wohlstandssteigerung bedachten Gesellschaft. Die asketische Kultur anzusteuern, hieße, auf Kollisionskurs zu vielen Zielen zu gehen, die bislang Gültigkeit hatten, wie z. B. Wirtschaftswachstum und Mehrung der individuell verfügbaren Güter. Es gehört nicht viel Phantasie dazu, um sich vor Augen zu führen, daß die ökonomischen und sozialen Realitäten in modernen Industriestaaten es nicht zulassen, einen zu einer asketischen Kultur führenden Weg bewußt politisch einzuschlagen. Dies erwartet auch von Weizsäcker nicht, der den Charakter des dem entgegenstehenden heutigen Bewußtseins klar definiert.

Welchem Zweck diente also die vorangegangene Auseinandersetzung? Drei Gesichtspunkte erscheinen wesentlich:

– Umweltkatastrophen stellen die Legitimation der Systeme in Frage, die sie ermöglichen. Industriestaaten, die alle mit erheblichen Gefährdungen der natürlichen Umwelt und der Lebensbedingungen für die Menschen konfrontiert sind, müssen daher immer wieder die von ihnen verfolgten politischen, ökonomischen und sozialen Ziele bis auf ihre Grundlagen durchdenken und geänderten Bedingungen anpassen. Ohne diese Flexibilität ist die technologische und humane Weiterentwicklung eines modernen Industriestaates nicht denkbar, der Verlust des ihn tragenden Grundkonsenses wäre vorhersehbar.

– Eine „asketische Kultur“ könnte ungewollt zur in diesem Fall bitteren Realität werden, wenn es den Industriestaaten nicht gelingt, die Belange des Umweltschutzes zu wahren und mit den natürlichen Lebensgrundlagen haushälterisch umzugehen. Für den Menschen unentbehrliche Umweltgüter wie sauberes Wasser, reine Luft, schadstofffreie Lebensmittel und eine vielfältige, artenreiche Natur dürfen nicht zu Luxusgütern werden, weil um kurzfristiger ökonomischer Vorteile wegen langfristige und zum Teil irreversible ökologische Schäden entstehen.

– Ohne einen tief gehenden weltanschaulichen Bewußtseinswandel zu verlangen, gibt es schon jetzt erfolgversprechende umweltpolitische Ansätze, auf ökonomisch verfügbare, aber ökologisch nachteilige Güter zu verzichten. Gegen Ende dieses Aufsatzes wird darauf näher eingegangen.

Aufgrund seiner geographischen, demographischen, ökonomischen und ökologischen Situation ist Baden-Württemberg in besonderem Maße geeignet, als Beispiel für die Lösung von Umweltproblemen in einem modernen Industriestaat betrachtet zu werden. Baden-Württemberg, im Herzen Europas gelegen, ist auf ca. 35000 km^2 Fläche mit über 9 Mio. Einwohnern dicht besiedelt. Obwohl es relativ wenig eigene Rohstoffe hat, ist es hoch industrialisiert. Seine Wirtschaftskraft beruht zum überwiegenden Teil auf dem Waren produzierenden Gewerbe, das mit knapp 50 % zur Bruttowertschöpfung aller Wirtschaftsbereiche beiträgt. An den Leistungen des verarbeitenden Gewerbes im gesamten Bundesgebiet ist Baden-Württemberg mit rd. 1/5 überdurchschnittlich beteiligt. Jeder dritte Erwerbstätige im verarbeitenden Gewerbe ist in Baden-Württemberg direkt oder indirekt vom Export abhängig. Die überdurchschnittlich hohe Bedeutung der Exportwirtschaft zeigt sich auch darin, daß Baden-Württemberg weniger als 0,2 % der Weltbevölkerung besitzt, aber 1984 mit 1,6 % am Welthandel beteiligt war. Damit übertrifft es Schweden und die Schweiz.

Von ökologischer Bedeutung sind ferner die intensive Landwirtschaft in Baden-Württemberg sowie die Forstwirtschaft, die allein auf 38 % der Landesfläche Wälder zu pflegen und zu bewirtschaften hat. Wegen seiner landschaftlichen Schönheiten ist Baden-Württemberg zugleich ein bedeutendes Fremdenverkehrsland. Wegen dieser vielfältigen wirtschaftlichen Aktivitäten und der damit verbundenen unterschiedlichen und zum Teil konträren Ressourcenbeanspruchungen hat Baden-Württemberg frühzeitig lernen müssen, Umweltprobleme mit allen ihm zur Verfügung stehenden politischen, wissenschaftlichen, technischen, administrativen und finanziellen Möglichkeiten zu lösen. Seit Beginn der programmatischen Umweltpolitik Anfang der 70er Jahre wurden große Anstrengungen, vor allem in den Bereichen Gewässerreinhaltung und Abfallbeseitigung, unternommen. Allein in Baden-Württemberg investierten öffentliche Hand und Betriebe des produzierenden Gewerbes in den Jahren 1975–1983 zusammen über 15 Mrd. DM für den Umweltschutz. Die von der öffentlichen Hand aufgebrachten Mittel in Höhe von 12 Mrd. DM wurden im wesentlichen für Maßnahmen des Gewässerschutzes eingesetzt. Bei der Bauintensität dieser Schutzmaßnahmen hatten die Investitionen einen erheblichen stabilisierenden Einfluß auf die Bauwirtschaft und trugen damit auch zur Arbeitsplatzsicherung bei. An der aktuellen Gewässergütekarte des Landes läßt sich der erzielte ökologische Fortschritt in der Gewässerreinhaltung ablesen. Auch in der Abfallbeseitigung und Abfallwirtschaft sind in diesem Zeitraum große Fortschritte erzielt worden. Die wilden Müllkippen sind verschwunden. Die Stadt- und Landkreise betreiben heute Abfallbeseitigungsanlagen, die nach dem Stand der Technik eingerichtet sind. Außerdem gibt es zahlreiche Abfallverwertungsanlagen bzw. Modellversuche.

Zu Anfang der 80er Jahre gewann mit den stärker ins öffentliche Bewußtsein tretenden Walderkrankungen die Luftreinhaltung immer größere umweltpolitische Bedeutung. Die Wahrnehmung dieses Problems durch eine zunehmend sensibilisierte Öffentlichkeit hat wesentlich dazu beigetragen, das Verhältnis von Ökologie und Ökonomie politisch neu zu gewichten und einen neuartigen gesellschaftlichen Grundkonsens in diesem Bereich herbeizuführen. Die Landesregierung hat diese Entwicklung konsequent gefördert. In der Regierungserklärung des Umweltministers vom 18. Mai 1983 zur Einbringung des dritten mittelfristigen Umweltschutzprogramms wurde auf die Frage

> „Lassen sich Schutz und Erhaltung unserer natürlichen Lebensgrundlagen und der zur Bewahrung unseres Wohlstandes und des sozialen Friedens erforderliche Strukturwandel in unserer Wirtschaft so harmonisch miteinander verbinden, daß wirtschaftliche Stabilität bei steigender Umweltqualität möglich wird?“

mit einem klaren „Ja“ geantwortet. In der Regierungserklärung hieß es weiter:

> „Die Landesregierung sieht keinen unlösbaren Konflikt zwischen wirtschaftlichem Wachstum und Umweltschutz. Gemeinsames Ziel ihrer Wirtschaftspolitik und ihrer Umweltpolitik ist umweltverträgliches Wachstum. ... Um die natürlichen Lebensgrundlagen und die Volksgesundheit dauerhaft zu schützen, müssen die vorhandenen Umweltbelastungen weitgehend verringert und neue Umweltbelastungen schon an der Quelle so weit wie irgend möglich unterbunden werden. ... Voraussetzung weiteren wirtschaftlichen Wachstums ist die Erhaltung der natürlichen Umweltgüter. Wirksamer Umweltschutz kann aber nur von einer gesunden Volkswirtschaft finanziert werden. Eine ökologische und ökonomische Gesichtspunkte integrierende Gesamtstrategie hat sich daher die Förderung des wirtschaftlich-technischen Fortschritts, die Sicherung und Schaffung von Arbeitsplätzen und die Bewahrung der natürlichen Lebensgrundlagen als Hauptziele zu setzen. Die erforderliche Einbeziehung der Umweltziele in die ökonomische Gesamtrechnung macht deutlich, daß wir in der Vergangenheit hinsichtlich der natürlichen Umweltgüter noch mehr als anderswo über unsere Verhältnisse gelebt haben. Mit den Umweltbelastungen haben wir gewissermaßen nicht rückzahlbare Zwangsanleihen zu Lasten der Natur aufgenommen. Das Vorsorgeprinzip muß deshalb umweltpolitisches Hauptinstrument werden. Umweltverträgliches Wachstum durch Entwicklung umweltverträglicher Produktionstechnologien und umweltverträglicher Produkte wird die internationale Wettbewerbsfähigkeit der deutschen Wirtschaft nachhaltig stärken und Arbeitsplätze sichern helfen.“

Bei der Umsetzung dieser so gekennzeichneten Umweltpolitik kann der Umweltminister immer der Zustimmung der Landesregierung sicher sein. Denn der Ministerpräsident von Baden-Württemberg, zu dessen Ehren die vorliegende Festschrift erschienen ist, sieht in der Versöhnung von Ökologie und Ökonomie eine der wichtigsten politischen Aufgaben nicht nur für Baden-Württemberg, sondern weit darüber hinaus für die Zukunft aller freiheitlichen Industriestaaten. Die Landesregierung hat deshalb vielbeachtete umweltpolitische Vorstellungen entwickelt.

Dies gilt insbesondere für die Arbeit Baden-Württembergs im Bundesrat. Hier konnte die Landesregierung wesentliche Verbesserungen der Großfeuerungsanlagenverordnung, der neuen TA-Luft und anderer wichtiger Umweltgesetze, zuletzt des Strahlenschutzvorsorgegesetzes erreichen. In Baden-Württemberg Umweltpolitik zu betreiben, heißt also nicht, die Rolle des Rufers in der Wüste zu spielen, sondern das als umweltpolitisch richtig Erkannte mit der ganzen Autorität einer Landesregierung durchsetzen zu können. Die Regierungserklärung der Landesregierung für die Legislaturperiode 1984/1988 bestätigte ausdrücklich diesen Kurs. Aus der Rede des Ministerpräsidenten am 19. Juni 1984 im Landtag von Baden-Württemberg seien die folgenden grundlegenden Ausführungen zitiert:

„..., ich habe einleitend die immer deutlicher zu Tage tretende Verknüpfung zentraler Lebensbereiche erwähnt. Exemplarisch gilt dies für das Verhältnis von Ökonomie, Ökologie und Technologie. Nur wenn uns eine dauerhafte Synthese dieser Eckpfeiler des modernen menschlichen Seins gelingt, können wir den nach uns kommenden Generationen reale Zukunftschancen bieten. Es gibt keine ökonomische Notwendigkeit, mit der sich das Sterben der Wälder begründen läßt. Es gibt keine ökologische Notwendigkeit, die eine substantielle Gefährdung der Volkswirtschaft erfordert. Zwischen diesen Polen, die nicht faktischer, sondern ideologischer Natur sind, muß der Weg des Ausgleichs – oder wie man auch sagen könnte, der Versöhnung – täglich neu gesucht werden. Forschung und moderne Technologien erweisen sich dabei zunehmend als unsere wichtigsten Verbündeten. Die Zeit der sog. ‚Schornsteinindustrien' neigt sich allmählich ihrem Ende zu. Moderne, umweltfreundliche und landschaftsschonende Produktionen können vielfach an die Stelle von Altindustrien treten. Hier liegt eine die Lebensqualität verbessernde Chance des Strukturwandels, die wir mit allen verfügbaren Mitteln unterstützen wollen. Die Landesregierung ist überzeugt, daß wir den Kampf um eine gesunde Umwelt, und mit ihm eine der größten Herausforderungen unserer Zeit, erfolgreich bestehen werden. ... Umweltqualität zum Nulltarif gibt es freilich nicht. Wir sind aber überzeugt, daß die Bevölkerung für angemessene, umweltbedingte Kostenbelastungen Verständnis hat. ... Alle Gruppen der Gesellschaft müssen durch eine konzentrierte Gemeinschaftsleistung dazu beitragen, die natürlichen Lebensgrundlagen auf Dauer zu sichern."

Diese Politik hat in relativ kurzer Zeit sichtbare Früchte getragen. Im Bereich der Luftreinhaltung ließ sich dabei die Landesregierung von dem Gedanken leiten, rasch und wenn möglich über die gesetzlichen Vorschriften hinaus die Emissionen aus den größten Quellen der Luftverschmutzung zu mindern. Dies war nicht in Konfrontation, sondern nur in Kooperation mit den Verursachern möglich. So konnte aufgrund von zwei Vereinbarungen der Landesregierung mit den Energieversorgungsunternehmen des Landes folgendes erreicht werden: Verminderung der Schwefeldioxidemissionen der Kohlekraftwerke des Landes von etwa 75000 t im Jahr 1983 auf ca. 21000 t Anfang der 90er Jahre, Senkung des jährlichen Stickoxid-Ausstosses der Kraftwerke von 60000 t im Jahr 1983 auf ca. 15000 t Anfang der 90er Jahre.

Insgesamt werden die Investitionskosten dieser Umweltschutzmaßnahmen ca. 1,7 Mrd. DM für die Energieversorgungsunternehmen betragen. Die Kosten für den gesamten in Baden-Württemberg erzeugten Strom werden sich durchschnittlich aber nur um ca. 1,1 Pfennig/kWH erhöhen, da sich aufgrund des relativ großen Anteils der Kernenergie an der Stromerzeugung in Baden-Württemberg (knapp 40%) auf dem Wege der Mischpreiskalkulation die Kosten für den Verbraucher senken lassen.

Darüber hinaus hat die Landesregierung weitere Initiativen ergriffen, um durch zusätzliche freiwillige Maßnahmen – über die gesetzlichen Vorschriften hinaus – Fortschritte bei der Luftreinhaltung zu erzielen. Im Auftrag der Landesregierung hat eine Arbeitsgruppe „Wirtschaftliche Entwicklung – Umwelt – Industrielle Produktion" in zweijähriger Arbeit untersucht, wie sich die Emissionen aus industriellen Feuerungsanlagen in Baden-Württemberg im Laufe der Jahre entwickeln und wie sie im einzelnen vermindert werden können. In einer in der Bundesrepublik bisher einmaligen und beispielhaften Arbeit hat die Arbeitsgruppe alle wesentlichen emissionsrelevanten Informationen von rd. 8000 Betriebsstätten in Baden-Württemberg zusammengetragen. Davon ausgehend hat sie den Stand von Wissenschaft und Technik, die technischen Einzelheiten sowie die Anwendbarkeit von Emissionsminderungsverfahren ermittelt und auch deren Kosten, bezogen auf den jeweils erreichbaren Grad der Emissionsminderung, festgestellt. Auf dieser Basis hat die Arbeitsgruppe Strategien zur Minderung der Schwefeldioxid- und Stickoxid-Emissionen entwickelt.

Danach werden unter Berücksichtigung erzielbarer Energieeinsparungen, der kontinuierlichen Substitution von schwefelreichen Brennstoffen und der Rauchgasentschwefelung bei einigen großen Industriebetrieben sowie der strikten Einhaltung der Großfeuerungsanlagenverordnung und der neuen TA-Luft die Schwefeldioxidemissionen aus industriellen Feuerungsanlagen in Baden-Württemberg von rd. 87000 t im Jahr 1983 auf rd. 57000 t im Jahre 1995 zurückgehen. Im gleichen Zeitraum werden sich die Stickoxidemissionen von 38000 t auf rd. 30000 t pro Jahr verringern.

Freiwillige Maßnahmen zur Emissionsminderung bei kleineren Industriefeuerungen waren bisher vor allem deshalb nicht möglich, weil gerade hierfür in vielen Fällen geeignete Emissionsminderungsverfahren noch nicht zur Verfügung standen. Die Landesregierung hat deshalb ein 30 Mio. DM-Förderprogramm verabschiedet, in dessen Rahmen bis 1988 jährlich 10 Mio. DM bereitgestellt werden sollen. Damit soll die Markteinführung von neu entwickelten Verfahren und Anlagen beschleunigt werden. Darüber hinaus sollen die Finanzhilfen dazu beitragen, daß Anlagen zur Rauchgasreinigung von industriellen Feuerungsanlagen installiert werden, deren Wirkungen über die Anforderungen der TA-Luft 1986 hinausreichen.

Als Grundlage seiner Luftreinhaltepolitik hat Baden-Württemberg der meßtechnischen Überwachung der wichtigsten Schadstoffkomponenten in der Luft schon immer eine große Bedeutung beigemessen. Es war als eines der ersten Bundesländer dazu übergegangen, in bestimmten Gebieten die Immissionsbelastung der Luft meßtechnisch zu ermitteln. Bereits in den 60er Jahren wurde damit begonnen, ständige Meßstellen einzurichten. Daraus hat sich das automatische Vielkomponenten-Luftmeßnetz entwickelt, das stetig ausgebaut wurde. Es umfaßt derzeit 31 ortsfeste Meßstationen, die neben den für die Ausbreitung der Luftschadstoffe maßgebenden meteorologischen Daten in der Regel die Konzentrationen an Schwefeldioxid, Stickstoffmonoxid, Stickstoffdioxid, Kohlenmonoxid, Kohlendioxid, Kohlenwasserstoffe, Ozon und Staub erfassen. Die Meßergebnisse werden monatlich vom Statistischen Landesamt Baden-Württemberg veröffentlicht. Die aktuellen Luftmeßwerte können über Bildschirmtext (Btx) täglich abgerufen werden. Das Luftmeßnetz soll flächendeckend ausgebaut werden.

Neben der ständigen Kontrolle der Luftverunreinigungen durch das Luftmeßnetz stellt die Aufstellung von Emissionskatastern in industriellen Verdichtungsräumen eine Schwerpunktaufgabe dar. Anfang 1980 wurde das Emissionskataster für den Raum Mannheim – Karlsruhe fertiggestellt. Auch für Stuttgart liegt neuerdings ein

Emissionskataster vor. Die Arbeiten für das Emissionskataster „Südlicher Oberrhein" stehen vor dem Abschluß. Emissionkataster sind zusammen mit den Immissions- und Wirkungskatastern wesentlicher Bestandteil eines Luftreinhalteplans. Derartige Luftreinhaltepläne werden zur Zeit von der Landesanstalt für Umweltschutz unter Hinzuziehung privater Institutionen für die Verdichtungsräume Mannheim, Karlsruhe und Stuttgart erarbeitet.

Die wissenschaftliche Unterstützung der Luftreinhaltepolitik der Landesregierung erfolgt durch das 1983 beim Kernforschungszentrum (KfK) eingerichtete Großforschungsprojekt „Europäisches Forschungszentrum für Maßnahmen zur Luftreinhaltung" (PEF), das mit 50 Mio. DM aus Landesmitteln ausgestattet wurde und über das Jahr 1988 hinaus fortgesetzt werden wird.

Die Landesregierung hat intensive Umweltforschung nicht nur im Luftbereich initiiert. Im Jahre 1985 hat sie beim Kernforschungszentrum Karlsruhe das Großforschungsprojekt „Wasser-Abfall-Boden" (PWAB) eingerichtet, das mit 42 Mio. DM ausgestattet ist. Bis jetzt sind über 30 Forschungsprojekte in die Förderung aufgenommen worden.

Die Qualität der öffentlichen Gewässer Baden-Württembergs hat sich durch den systematischen Bau von Kläranlagen wesentlich verbessert. In Betrieb sind derzeit 1250 Kläranlagen, davon allein 615 im Neckareinzugsgebiet. Allein im Neckar sind heute wieder 35 Fischarten zu finden. Dank der hervorragenden Zusammenarbeit zwischen Städten, Gemeinden und dem Land sind in Baden-Württemberg bereits über 91 % der Bevölkerung an kommunale Kläranlagen angeschlossen, die mechanisch-biologisch arbeiten. Bei einer Einwohnerzahl von 9,3 Mio. entspricht die Ausbaugröße dieser Kläranlagen 22,4 Mio. Einwohnergleichwerten. Dennoch sind noch etwa 500.000 Einwohner an mechanisch-biologische Kläranlagen anzuschließen. Dies gilt insbesondere für ländliche Räume, in denen jedoch mit extrem hohen Kosten pro Einwohner zu rechnen ist. Mit den vom Land auch in den kommenden Jahren bereitgestellten Mitteln wird deshalb für den Bau von Klär- und Regenwasserbehandlungsanlagen ein Investitionsvolumen von weit über 2 Mrd. DM auf den Weg gebracht.

Investitionsbedarf ergibt sich auch dann, wenn mit den allgemein anerkannten Regeln der Abwassertechnik die angestrebte Gewässergüteklasse II (geringe Belastung) bei manchen Gewässerstrecken nicht erreicht werden kann. Als Beispiel hierfür kann der Neckar unterhalb von Stuttgart genannt werden, der zu dieser Kategorie gehört, obwohl in diesem Bereich der Kläranlagenbau und die Regenwasserbehandlung einen hohen Ausbaugrad aufweisen. Hier müssen künftig höhere Anforderungen an die Reinigungsleistung der Kläranlagen nach dem „Stand der Technik" gefordert werden. So hat die Stadt Stuttgart im vergangenen Jahr eine weitere Reinigungsstufe – die Sandfiltration – in Betrieb genommen, die diesem Stand der Technik entspricht. Zur Intensivierung der Gewässerüberwachung und zur Verbesserung des Gewässerschutzes entwickelt die Landesregierung eine Konzeption, die Aufschluß darüber geben soll

- in welchem Umfang das vorhandene Gewässergüte-Meßstellennetz verbessert und erweitert werden soll,
- mit welchen Maßnahmen die Einleitung von Abwässern umfangreicher und in kürzeren Intervallen als seither überwacht werden kann und
- wie alle Meß- und Kontrolldaten der Gewässerüberwachung zentral bei der Landesanstalt für Umweltschutz zusammengefaßt werden können.

Dem verstärkten Grundwasserschutz schenkt die Landesregierung besondere Beachtung, um dem Ansteigen der Nitratgehalte im Grund- und Trinkwasser Einhalt zu gebieten. Auch beim Grundwasser läßt sich die Landesregierung vom Vorsorgeprinzip leiten. Danach müssen nachteilige Veränderungen des Grundwassers von vornherein verhindert werden, um nicht belastetes Grundwasser erst nachträglich zu Trinkwasser aufbereiten zu müssen. Zur umfassenden Kontrolle der Grundwassergütedaten wird bis 1989 ein landesweites Grundwassergütemeßnetz aufgebaut.

Dem Schutz des Grundwassers dient die Festsetzung von Wasserschutzgebieten. 64 % der etwa 3.300 erforderlichen Wasserschutzgebiete sind bereits rechtskräftig festgesetzt. Nach Abschluß aller Verfahren werden über 20 % der Landesfläche als Wasserschutzgebiete ausgewiesen sein. Die Landwirtschaft ist davon besonders stark betroffen. Nach der festen Überzeugung der Landesregierung haben deshalb Landwirte, die im Interesse der Allgemeinheit Nutzungsbeschränkungen in Wasserschutzgebieten hinnehmen müssen, Ansprüche auf solidarische Maßnahmen der Gemeinschaft.

Dem Schutz des Bodens als einem der gerade für die Nahrungskette wichtigsten Umweltmedien hat die Landesregierung in letzter Zeit verstärkt Aufmerksamkeit geschenkt. In einem umfassenden Bodenschutzkonzept für Baden-Württemberg – dem ersten in der Bundesrepublik – sind die Belastungen des Bodens aufgezeigt und Möglichkeiten zu seinem Schutz dargestellt. Dabei werden insbesondere

- die Flächeninanspruchnahme durch Siedlung, Verkehr und Rohstoffabbau,
- stoffliche Einwirkungen auf den Boden durch Eintrag aus der Luft bzw. durch saure Niederschläge,
- Belastungen des Bodens durch die Beseitigung von Abfällen aller Art sowie durch Altlasten angesprochen.

Möglichen Belastungen im Zusammenhang mit der land- und forstwirtschaftlichen Bodennutzung kann u. a. durch Maßnahmen des integrierten Pflanzenschutzes und durch an den Bedarf angepaßte Düngergaben begegnet werden, mechanische Schäden – Erosion und Bodenverdichtung – werden durch bodenschonende Bewirtschaftung und Bearbeitung vermindert. Um den Zustand typischer Böden, bestehende großflächige Belastungen und mögliche zeitliche Veränderungen zu erfassen, wird zur Zeit ein Bodenmeßnetz mit über 100 landesweit verteilten repräsentativen Meßflächen eingerichtet. Unerwünschte Entwicklungen der Bodenbeschaffenheit werden damit erkannt, Gegenmaßnahmen können rechtzeitig eingeleitet werden. Außer dem Gehalt an Schwermetallen und an organischen Schadstoffen wird längerfristig auch die radioaktive Belastung der Böden überwacht. Als besonders wichtige wissenschaftliche Grundlage des Bodenschutzes hat Baden-Württemberg die großmaßstäbliche Bodenkartierung mit beträchtlichem Mitteleinsatz vorangetrieben. Diese Bodenbestandsaufnahme im Maßstab 1 : 25 000 dient der lückenlosen Erfassung der Böden und ihrer Eigenschaften. Sie liefert die Grundlage für weitergehende Auswertungen, z. B. zur Beurteilung der Nutzungseignung, der Schutzwirkung oder der Erosionsgefährdung. In dem Ende 1986 von der Landesregierung verabschiedeten Bodenschutzprogramm – wiederum dem ersten in den Bundesländern – sind über 100 konkrete Einzelmaßnahmen enthalten.

Eines der umweltpolitisch aktuellsten Probleme ist das der Sonderabfallbeseitigung. Auf der 27. Sitzung der Umweltministerkonferenz am 06. November 1986 in Berlin wurde erneut auf die Verantwortung der Bundesländer für eine gesicherte und umweltverträgliche Sonderabfallwirtschaft hingewiesen. Im Hinblick auf die geringe

Akzeptanz für Anlagenstandorte wurde die Notwendigkeit einer engen Zusammenarbeit (Verbund) im Bereich der Sonderabfallentsorgung betont. Das umweltpolitische Augenmerk muß ferner besonderen Anstrengungen gelten, den Anfall von Sonderabfällen weitgehend von vornherein zu vermeiden, zu vermindern und durch Verwertung zu reduzieren. Zur umweltverträglichen Zerstörung besonders kritischer Schadstoffe, wie z. B. hochchlorierter Kohlenwasserstoffe, müssen die Verbrennungskapazitäten erhöht werden. Außerdem sollen durch Anlagen im Inland die Verbrennung auf hoher See sowie der Export von Sonderabfällen entbehrlich gemacht werden. Ein Entsorgungsverbund der Bundesländer soll nach folgenden Maßgaben weiter ausgebaut werden:

- Verpflichtung jedes Landes zur Vorhaltung einer Grundausstattung an Entsorgungskapazität für Sonderabfälle,
- in jedem Flächenland zumindest eine Sonderabfalldeponie,
- Deponierung von Sonderabfällen nur nach vorheriger chemisch-physikalischer oder thermischer Behandlung,
- weitgehend gleichartige stoffliche Zusammensetzung der Abfälle, um einen möglichst vergleichbaren Beitrag der Länder sicherzustellen,
- Verpflichtung der Länder, sich gegenseitig bei vorübergehenden Engpässen in ihrem Bereich freie Kapazitäten zur Verfügung zu stellen.

Für die Landesregierung hat die Lösung der damit zusammenhängenden Fragen hohe umweltpolitische Priorität. Das gleiche gilt für die Lösung, insbesondere Finanzierung, der Altlastenproblematik.

Damit nicht in Zukunft „neue“ Altlasten entstehen, hat die Landesregierung klare Zielvorgaben für eine gesicherte Abfallentsorgung entwickelt. Die Vermeidung von Abfällen hat für sie Priorität noch vor der Verwertung und der ordnungsgemäßen Beseitigung.

Hinsichtlich der unvermeidbaren Abfälle geht die Landesregierung davon aus, innerhalb der nächsten zehn Jahre etwa die Hälfte der Abfälle modernen Verwertungsverfahren zuzuführen. Neben dem Teilplan „Hausmüll“, in dem dieses Ziel formuliert ist, werden die Teilpläne „Krankenhausabfall“ und „Sonderabfälle“ die Anforderungen eines modernen Industriestaates an eine zukunftsorientierte Abfallentsorgung erfüllen. Die Teilpläne befinden sich zur Zeit in der Beratungsphase.

Im Bereich der Umweltchemikalien hat das Brandunglück beim Chemiewerk Sandoz in Basel der Landesregierung Anlaß gegeben, weitreichende Maßnahmen zur Umweltvorsorge zu beschließen. Dazu gehören die Einführung eines „Umwelt-TÜV“ für Chemieunternehmen und eines Chemie-Fernüberwachungssystems. Ganz entscheidend wird es darauf ankommen, die Vor-Ort-Kontrollen zu intensivieren, um rechtzeitig Gefahren im Umgang mit gefährlichen Stoffen aufzuspüren. In den Betrieben muß künftig alles getan werden, um Chemieunfälle zu vermeiden. Das Konzept des „Umwelt-TÜV“ hat zum Ziel, die Überwachung in Zusammenarbeit staatlicher Stellen mit technischen Überwachungsorganisationen und Sachverständigen noch besser auszubauen.

Auch im Bundesrat hat Baden-Württemberg wichtige Initiativen ergriffen, um Vorsorge gegen Schadensfälle in der chemischen Industrie zu treffen. Es setzt sich dafür ein,

- die Entstehung und Verbreitung gefährlicher Stoffe weiter zurückzudrängen,
- gefährliche Stoffe so weit wie möglich durch umweltunschädliche zu ersetzen,
- chemische Produktionsanlagen sicherer zu machen,

– den Umgang mit chemischen Stoffen schärfer zu kontrollieren,
– bei Betriebsstörungen Schäden für Mensch und Umwelt so gering wie nur möglich zu halten,
– die Verantwortung der Unternehmen und ihr ökonomisches Eigeninteresse an umweltgerechtem Verhalten zu fördern und
– die Kontroll-, Eingriffs- und Sanktionsmöglichkeiten des Staates angemessen zu stärken.

Nach dem Vorbild des bewährten Kernreaktor-Fernüberwachungssystems soll die Einführung eines Chemie-Fernüberwachungssystems geprüft werden, das Aufschluß darüber geben soll, in welchem Umfang die Freisetzung von Gefahrstoffen frühzeitig erkannt und erforderliche Gegenmaßnahmen schnellstmöglich koordiniert werden können.

Es ist verständlich, daß der katastrophale Reaktorunfall im sowjetischen Kernkraftwerk Tschernobyl zu Zweifeln an der Sicherheit von Kernkraftwerken überhaupt geführt hat. Es muß jedoch klar herausgestellt werden, daß sich die Kernkraftwerke in Baden-Württemberg von dem Tschernobyl-Reaktor in Bauart und Sicherheitskonzept so grundlegend unterscheiden, daß eine Übertragbarkeit des Unfallablaufs nicht gegeben ist. Die Landesregierung von Baden-Württemberg hat sowohl bei der Prüfung der Vorsorge gegen Schäden im Genehmigungsverfahren für Kernkraftwerke als auch bei der Aufsicht über Errichtung und Betrieb dieser Anlagen nie einen Zweifel daran gelassen, daß sie der Sicherheit von Kernkraftwerken und damit dem Schutz der Bevölkerung und der Umwelt Vorrang vor anderen Belangen einräumt. Dafür, daß dies in Baden-Württemberg auch künftig so bleibt, wird die Landesregierung durch die Anlegung strenger Sicherheitsmaßstäbe im atomrechtlichen Genehmigungsverfahren und durch eine intensive Aufsichtstätigkeit Sorge tragen. Das radioökologische Meßnetz, das derzeit aufgebaut wird, verschafft der Landesregierung die dafür erforderliche Datenbasis.

Durch zielgerichteten Naturschutz und intensive Landschaftspflege trägt die Landesregierung in zwei weiteren Bereichen dazu bei, die für einen modernen Industriestaat lebenswichtigen natürlichen Grundlagen zu erhalten. Das in „Roten Listen" dokumentierte Aussterben von Tieren und Pflanzen ist ein Indiz für zunehmende Zivilisationsschäden, die sich eines Tages auch als nachteilig für ihre menschlichen Verursacher herausstellen können. Selber Teil der Natur, sollten die Menschen alles tun, das ökologische Netzwerk nicht zu beschädigen, von dessen Tragfähigkeit sie selbst abhängen.

In Erkenntnis dessen hat die Landesregierung Baden-Württemberg zur ersten Adresse im Naturschutz gemacht. Unter allen Bundesländern ist Baden-Württemberg führend in der Ausweisung von Naturschutzgebieten. Insgesamt 500 Naturschutzgebiete nehmen eine Fläche von 33461 ha ein. Zusammen mit den insgesamt 8749 Naturdenkmalen stehen damit über 1 % der Landesfläche unter dem strengen Schutz des Naturschutzgesetzes. Unter Landschaftsschutz stehen sogar 645885 ha. Zusammen mit den 352000 ha Naturparkflächen sind somit rd. 25 % des Landes als Schutzgebiete ausgewiesen. Für Grunderwerb und Landschaftspflege hat das Land allein 1986 13 Mio. DM ausgegeben. Waren es im Jahre 1976 erst 230 Naturschutzgebiete im Lande, so kann die Zunahme um 270 neue Naturschutzgebiete innerhalb von 10 Jahren bei fast gleichzeitiger Verdoppelung der Schutzgebietsfläche als positive Erfolgsbilanz der Landesregierung gewertet werden. Diese Leistung wurde allerdings erst möglich durch die Mitwirkung und das Verständnis der zahlreichen engagierten ehrenamtlichen Naturschützer, der Städte und Gemeinden und nicht zuletzt der Grundstücksbesitzer.

Diese und viele andere unerwähnte Maßnahmen des Umwelt- und Naturschutzes leisten einen unverzichtbaren Beitrag zur Erhaltung einer intakten Umwelt, einer ästhetisch ansprechenden Landschaft und eines vielfältigen Arten- und Biotopreichtums. Die Erfolge, die die Landesregierung auf dem Gebiet des Umweltschutzes in den letzten Jahren erzielen konnte, machen deutlich, daß Umweltschutz nicht länger eine Domäne einiger weniger Idealisten ist, sondern von vielen gesellschaftlichen Gruppen im Land, einschließlich der Wirtschaft aktiv mitgetragen wird. Der 4. Zukunftskongreß der Landesregierung im Dezember 1985 in Stuttgart hat dies eindrucksvoll bestätigt. Mehr als 1000 Teilnehmer, mehrheitlich Vertreter aus allen Kreisen der Wirtschaft, haben ihr Interesse am Umweltschutz und an einer Harmonisierung von Ökologie und Ökonomie bekundet. Die Ernsthaftigkeit und Objektivität der auf diesem Kongreß geführten Diskussionen haben die Auffassung der Landesregierung bekräftigt: Wirksamer Umweltschutz kann in einer freiheitlichen Industriegesellschaft nur *mit* der Wirtschaft aufgrund klarer politischer und rechtlicher Vorgaben verwirklicht werden. Die Aufgabe des Umweltschutzes ist viel zu ernst und zu drängend, um sie Systemveränderern jeglicher Couleur zu überlassen. Wichtiger und sinnvoller als die letztlich destruktive Bekämpfung des technologischen Fortschritts ist es daher, den Umweltschutz in alle Lebensbereiche zu integrieren, die Folgen des eigenen Handelns für die Umwelt bereits in der Planungsphase mitzubedenken, die ökologischen Vernetzungen zu erkennen, umweltverträglichere Alternativen zu suchen, in die Kosten-Nutzen-Erwägung nicht nur ökonomische und betriebswirtschaftliche, sondern auch ökologische und volkswirtschaftliche Gesichtspunkte einfließen zu lassen, nicht nur eindimensional, sondern mehrdimensional zu denken. Wer das Industrieland Baden-Württemberg erhalten, sein wirtschaftliches Wachstumspotential ausschöpfen und seinen Bürgern für die Zukunft ein technisch, ökonomisch und ökologisch sicheres Fundament bauen will, muß jetzt die Weichen richtig stellen: in Richtung eines umweltverträglichen technischen Fortschritts, eines Aufbrechens ökologisch und ökonomisch sinnloser Verschwendungsmechanismen und einer zukünftige Gefahren für Umwelt und menschliche Gesundheit weitgehend ausschließenden integrierten Umwelt- und Wirtschaftspolitik. Die Bewältigung dieser komplexen Aufgaben erfordert auch in Zukunft großen finanziellen, geistigen, technischen und administrativen Einsatz. Wer die „asketische Kultur" aufgrund akuten ökologischen Notstands vermeiden will, muß mit der Landesregierung gemeinsam eine umweltfreundliche Umstrukturierung der Produktionsverfahren im industriellen, gewerblichen und landwirtschaftlichen Bereich, der Produkteigenschaften, der kommunalen und ländlichen Infrastrukturen, des Verkehrswesens, des Konsum- und Freizeitverhaltens anstreben. Die technologische und humane Weiterentwicklung eines modernen Industriestaates erweist sich somit als emissionsarm, ressourcenschonend und energiesparend.

Auf der Grundlage der unabdingbaren ordnungspolitischen Vorgaben im Umweltschutz wird die Landesregierung ihren Beitrag dazu leisten, die Weiterentwicklung umweltverträglicher Produktionsstrukturen in der baden-württembergischen Wirtschaft und vor allem in mittelständischen Unternehmen durch unterstützende Maßnahmen anzuregen und zu fördern. Damit sollen auf der einen Seite in Einzelfällen nicht auszuschließende finanzielle Engpässe bei betroffenen Unternehmen vermieden und auf der anderen Seite stimulierende Impulse für den technischen Fortschritt im Interesse des Umweltschutzes gegeben werden. Mit anderen Worten, staatliche finanzielle Förderung von Umweltschutzinvestitionen soll entweder die Durchsetzungsmöglichkeiten des Verursacherprinzips verbessern oder die Realisierungschancen für technisch anspruchsvolle Anforderungen – auch über den gesetzlichen Rahmen hinaus – verstärken. Weder mit den ordnungspolitischen Vorgaben noch mit den Fördermaßnahmen sollen bestimmte Umweltschutztechniken festgeschrieben werden. Im Gegenteil, technologische Dynamisierung ist Ziel der Landesregierung. Die Umweltministerkonferenz hat daher dem Vorschlag zugestimmt, den § 7 d Einkommensteuergesetz zu ändern und in Zukunft auch integrierte umweltfreundliche Produktionsanlagen steuerlich zu begünstigen. Es ist bisher nicht gelungen, insbesondere den Bundesfinanzminister vom Vorteil dieser Regelung zu überzeugen. Eine praktikable Handhabung dieses neuen steuerlichen Instruments muß daher sichergestellt sein. Daran wird derzeit gearbeitet. Weiter ist man bereits in Bereichen, in denen nicht der Gesetzgeber gefordert ist. So besteht seit 1985 die Möglichkeit, für umweltfreundliche Produktionsanlagen zinsgünstige ERP-Umweltschutzkredite zu erhalten. Auch das Land Baden-Württemberg hat diesen Gedanken aufgegriffen. Im Rahmen des bereits erwähnten 30-Mio. DM-Förderprogramms im Bereich der Luftreinhaltung können neben additiven erstmals ausdrücklich auch integrierte umweltfreundliche Investitionen Gegenstand der Förderung sein.

Die Information der Betriebe über alle sie betreffenden Umweltschutzfragen hat zunehmende Bedeutung gewonnen. Es ist bekannt, daß im Bereich mittelständischer Unternehmen leider immer noch große Informationsdefizite auf diesem Gebiet bestehen. Diese Defizite betreffen die Umweltbelastungssituation des Betriebes selber, die rechtlichen Anforderungen, die technischen Möglichkeiten, den Umweltschutzanforderungen zu begegnen, und die vom Staat zur Verfügung gestellten Fördermaßnahmen. Das ist nicht verwunderlich; denn welches kleinere Unternehmen kann sich schon eine eigene Stabsstelle „Umweltschutz" leisten? Mangelnde Informationen führen aber oft zu Fehlentscheidungen, auch bei Umweltschutzinvestitionen, die für den Umweltschutz nicht viel bringen und den Betrieb nur Lehrgeld kosten. Praktische Umweltschutzfortschritte vor Ort können daher nur erzielt werden, wenn die Informationen der mittelständischen Unternehmen über Umweltschutz verbessert werden. Deshalb ist die Initiative der Industrie- und Handelskammern in Baden-Württemberg sehr zu begrüßen, die in Zusammenarbeit mit dem Rationalisierungskuratorium der Deutschen Wirtschaft (RKW) einen Beratungsdienst für mittelständische Unternehmen zum Thema Umwelt eingerichtet hat. Seit August 1984 war damit Baden-Württemberg das erste Bundesland mit einem flächendeckenden Beratungsangebot in Fragen des betrieblichen Umweltschutzes.

In diesem Zusammenhang wird die Landesregierung prüfen, ob nicht in Kooperation mit der Wirtschaft Informationsdatenbanken über moderne Umweltschutztechniken geschaffen werden können. Solche Einrichtungen könnten die Verfügbarkeit und rasche Verbreitung neuer technologischer Entwicklungen sehr begünstigen. Aus umweltpolitischer Sicht kann es nicht genügen, wenn die Verwaltung zwar mit Hilfe des derzeit einzurichtenden landesweiten Umweltinformationssystems rasch über alle möglichen Umweltdaten verfügen kann, der Wissenstransfer bei nach dem Stand der Technik möglichen Abhilfemaßnahmen zugunsten des Umweltschutzes aber aufgrund des Fehlens moderner Informations- und Kommunikationsinstrumente behindert ist.

Der oben geschilderte technische umweltfreundliche Fortschritt bei Produktionsvorgängen, Produktgestaltung und öffentlichen Infrastrukturen weist, wie oben bereits angedeutet, tendenziell durchaus gewisse „asketische" Züge auf. Dazu einige Beispiele:

Wer aufgrund des Ausbaus des öffentlichen Nahverkehrs dazu animiert wird, vom Auto auf S-Bahn oder Bus umzusteigen, verzichtet auf die wirtschaftliche und technische Möglichkeit des Pkw. Wer gar aufs Rad umsteigt, strengt seine eigenen Muskeln an, anstatt bequem fossile Brennstoffe zu verbrennen und Abgase zu produzieren. Wer Abfall-Recycling ernst nimmt, hat im eigenen Haushalt erhöhten Sammlungs- und Entsorgungsaufwand. Wer sog. umweltfreundliche, oft mit dem „Umweltzeichen" versehene Produkte kauft, bezahlt dies unter Umständen nicht nur mit einem höheren Preis, sondern auch mit einem geminderten Komfort.

Die Landesregierung sieht diese von immer mehr Menschen im privaten Bereich praktizierten Umweltschutzmaßnahmen als ermutigendes Zeichen dafür an, daß Umweltschutz in weiten Kreisen der Bevölkerung nicht nur Lippenbekenntnis ist, sondern zu eigenem veränderten Verhalten führt. Viele kleine Beiträge können letztlich große Wirkungen herbeiführen. Die in diesen Maßnahmen partiell liegende Askese sollte allerdings nicht überbewertet werden. Alle in diesem Sinn umweltfreundlichen Substitute sollen den gleichen Zweck erfüllen wie die Handlungsweisen und Produkte, die sie ersetzen sollen. Sie sollen bei in der Regel nur mäßigen Komforteinbußen eine intelligentere Nutzung der knappen Ressourcen bewirken, nicht jedoch eine Lähmung von Lebensaktivitäten. Umweltpolitisches Ziel muß es daher sein, die Nutzung umweltfreundlicher Substitute für die Bürger attraktiv und möglichst kostensparend zu machen. In diesem Sinne ist die von der Bundesregierung verkündete Absicht sehr zu begrüßen, umweltfreundliche Produkte zukünftig steuerlich zu begünstigen. Eine solche Maßnahme kann sehr dazu beitragen, daß sich solche Produkte oder Dienstleistungen am Markt schneller durchsetzen. Mit der „Verwaltungsvorschrift der Ministerien über die Berücksichtigung umweltfreundlicher Produkte bei Ausschreibungen und freihändigen Vergaben sowie Teilnahmewettbewerben über Leistungen, ausgenommen Bauleistungen" vom 02. Juni 1986 (GABl., S. 634) in Verbindung mit einem Merkblatt für die Beschaffungsstellen der Landesverwaltung hat die Landesregierung das ihr Mögliche getan, ebenfalls für die Industrie Anreize zu geben, vermehrt umweltfreundliche Produkte anzubieten.

Aufgrund ihrer bisherigen umweltpolitischen Erfahrungen ist die Landesregierung zuversichtlich, daß auch die zukünftige Umweltpolitik des Landes weder Arbeitsplätze gefährdet noch die internationale Wettbewerbsfähigkeit der baden-württembergischen Wirtschaft schwächt. Im Gegenteil, sie ist der festen Ansicht, daß die Beherrschung von Umweltschutztechnologien auch bei steigenden Umweltschutzanforderungen die Standorte der Unternehmen sicherer macht, neue Exportmöglichkeiten erschließt und Wachstum für die Umweltschutzgüterindustrie bedeutet. Die Landesregierung geht auch davon aus, daß in aller Regel der Nutzen für die Allgemeinheit in der Form vermiedener Umweltschäden die Aufwendungen durch verschärfte Umweltschutzanforderungen weit übersteigt. Die auf das Land zukommenden Kosten für die Altlastensanierung zeigen: Unterlassener Umweltschutz ist am teuersten! Der unter Umständen im Einzelfall hohe, auf weite Sicht aber kostensparende Aufwand für die Erhaltung der natürlichen Lebensgrundlagen muß für die Öffentlichkeit in mehrfacher Weise akzeptabel gemacht werden:

- In dem Nachweis, daß unsere industrielle Zivilisation nicht selbstzerstörerisch sein muß, wie manche Kulturpessimisten prophezeihen;
- in dem Nachweis der Fähigkeit unserer Marktwirtschaft, vitale Selbstheilungskräfte zur Überwindung der zweifellos ernsten ökologischen Probleme zu mobilisieren;

– in der Bewahrung der Chancen der in Baden-Württemberg lebenden Menschen, auch in Zukunft in einer lebens- und liebenswerten Heimat mit Hilfe des technischen Fortschritts ihre beruflichen und menschlichen Fähigkeiten frei entfalten zu können.

Die Landesregierung sieht es als ihre wesentliche Aufgabe an, durch eine in der Perspektive langfristig angelegte vorsorgliche, rationale Umwelt- und Wirtschaftspolitik zur weiteren Stärkung dieser Selbstheilungskräfte beizutragen.

XI. Beschäftigung

XI. Beschäftigung

Wachstum, technischer Fortschritt und Allokationsprobleme des Arbeitsmarktes

Klaus Ballarini und Georg Bol

Zusammenfassung

In der Regel wird das starke Anwachsen des Dienstleistungssektors, das in fast allen entwickelten Volkswirtschaften zu beobachten ist, als ein (negatives) Ergebnis von Rationalisierungsmaßnahmen im Produktionssektor, also als ein Verdrängungsprozeß, verstanden. Hier soll deutlich gemacht werden, daß der Nachholbedarf an Investitionen im Dienstleistungsbereich und der zur Verwertung des zusätzlichen Kapitals erforderliche Bedarf an Arbeitskräften ebenso zur Erklärung des Phänomens herangezogen werden kann. Ob solche Verwertungsmöglichkeiten tatsächlich bestehen, hängt von der jeweiligen Situation auf dem Arbeitsmarkt bzw. auf Teilbereichen dieses Marktes ab. Danach sind dann auch die entsprechenden Investitionsformen zu wählen, um ein Wirtschaftswachstum zu gewährleisten.

Betrachtet man die Situation der Bundesrepublik Deutschland in den fünfziger und zu Anfang der sechziger Jahre, so läßt sich feststellen, daß dem Dienstleistungsbereich gegenüber dem Produktionssektor (i. eigentlichen Sinn) eine untergeordnete Bedeutung zugewiesen wurde. Die Fachleute – Politiker, Unternehmer, Gewerkschaftsführer und Wissenschaftler – vertraten diese Überzeugung sicherlich aus rationalen Beweggründen, eben aufgrund des vorhandenen Datenmaterials. Bei dem berühmten „Mann auf der Straße" verlief die Meinungsbildung in dieser Richtung eher intuitiv: einmal aus der mittlerweile doch sehr starken Prägung durch die Industriegesellschaft, zum zweiten aus dem Erleben der Wiederaufbauphase heraus. Beide Umstände förderten die Haltung, nur der „produktiv" Tätige trage etwas zum Gemeinwohl bei; der „nichtproduktiven" Arbeit gegenüber schwankte man bei der Einschätzung zwischen überflüssigem Aufwand und – immerhin – notwendigem Übel.

Beide Gruppen haben ihre Vorstellungen bis zur Gegenwart kräftig revidieren müssen. Zum einen ist das Übergewicht des Dienstleistungssektors mit wachsender Tendenz nun einmal nicht mehr zu übersehen. Zum andern ist für den einzelnen die Inanspruchnahme zahlloser Dienstleistungen längst zur täglichen Routine geworden. Die Konsequenzen, die mit diesem Strukturwandel innerhalb unserer Wirtschaft zusammenhängen, beeinflussen in hohem Maß unsere weitere ökonomische und gesellschaftliche Entwicklung. Späth sieht in dem zunehmenden Anteil der Dienstleistungen am gesamten Arbeitsspektrum einen zentralen Aspekt des Strukturwandels, ([9] S. 92).

Wer nun allerdings in dem starken Anwachsen des Dienstleistungsbereichs ein rein quantitatives Phänomen sieht, nämlich des Überwechselns eines entsprechenden

Anteils von Arbeitskräften aus dem produzierenden in den sog. tertiären Sektor, wird einer angemessenen Beurteilung des Vorgangs nicht gerecht. Konnte es früher geradezu als ein Kriterium (von mehreren) für ein Dienstleistungsunternehmen angesehen werden, mit einem sehr geringen Kapitalbestand pro Arbeitsplatz ausgestattet zu sein (Ausnahmen wie etwa das Eisenbahnwesen etc. haben einen geringen Anteil an diesem Sektor), so läßt sich das heute gewiß nicht mehr aufrecht erhalten. So umfangreich auch Rationalisierungsmaßnahmen mit der Einführung neuer Technologien im produzierenden Sektor gewesen sind, mit mindestens ebenso großer Geschwindigkeit liefen entsprechende Vorgänge im tertiären Sektor ab, da hier noch zusätzlich ein Nachholbedarf vorhanden war. Notwendig dazu war eine extrem hohe Investitionstätigkeit in diesem Bereich während der letzten 5–10 Jahre. Nur sie war in der Lage, die Entwicklung bis auf den heutigen Stand voranzutreiben. Anders formuliert: In diesem Sektor waren ausgezeichnete Einsatz- bzw. Verwertungsmöglichkeiten für Investivkapital vorhanden. Nun besteht aber die schon fast trivial zu nennende Notwendigkeit, daß entsprechende Arbeitskräfte vorhanden sein müssen, die solches zusätzliche Kapital auch verwenden. Etwas abstrakter: Es ist nicht unbedingt realitätsnah, von einer neoklassischen Produktionsfunktion wie etwa bei Solow [7] auszugehen, wo beliebige Substituierbarkeit zwischen den beiden Produktionsfaktoren Arbeit und Kapital angenommen wird. Nehmen wir einen beliebigen Zeitpunkt heraus, so besteht diese unbegrenzte Substitutionalität dort sicher nicht. Es erscheint damit wesentlich sinnvoller, zunächst einmal von (linear-)limitationalen Produktionsfunktionen, wie sie etwa bei Harrod [4] bzw. Domar [2] (implizit) vorausgesetzt werden, auszugehen und dann die „Wanderung" auf der Isoquanten einer neoklassischen Produktionsfunktion als einen im Zeitablauf stattfindenden Übergang von einer Technologie zur anderen zu interpretieren. Analoges gilt auch für den Sprung von einer Isoquanten zu einer anderen. Wie bereits festgestellt: Besteht ein zusätzlicher Bedarf an Arbeitskräften, so ist dieser aus irgendwelchen Quellen zu decken, wenn das zusätzlich investierte Kapital erfolgreich verwertet werden soll. Ein Teil des Bedarfs kann sicher gedeckt werden durch diejenigen Arbeitskräfte, die durch Rationalisierungsmaßnahmen innerhalb des Dienstleistungsbereichs selbst freigesetzt werden. Bei einer weiteren Expansion des Dienstleistungssektors ist dies aber nicht ausreichend. Erforderlich sind weitere Zugänge aus anderen Bereichen. Verschärft wird hier die Problematik noch dadurch, daß innerhalb des Produktionssektors für Branchen mit besonders starkem Wachstum und entsprechender Investitionstätigkeit dieselbe Situation besteht. Ist der erforderliche Bedarf an Arbeitskräften aus irgendwelchen Gründen nicht zu decken, so muß es zwangsläufig zu Friktionen im Wirtschaftsablauf kommen. Angesichts der heutigen Situation auf dem Arbeitsmarkt erscheint das eben genannte Problem bei oberflächlicher Betrachtung irrelevant. Nichtsdestoweniger trifft es genau den Kernpunkt. Unstrittig ist, daß global betrachtet ein erhebliches und auf die Dauer nicht hinzunehmendes Maß an Unterbeschäftigung besteht; differenziert man indessen nach Branchen im Unternehmensbereich bzw. Qualifikationsmerkmalen der Arbeitnehmer, so läßt sich feststellen, daß einerseits – vorwiegend im Bereich der ungelernten Arbeitskräfte – ein ausgeprägtes Überangebot vorhanden ist, andererseits – etwa in vielen Facharbeitersparten – der erforderliche Bedarf nicht gedeckt werden kann („Spaltung" des Arbeitsmarktes). Ziehen wir ein kurzes Resumee aus unseren bisherigen Überlegungen, so wird klar, daß die jeweilige Situation auf dem Arbeitsmarkt – auch in bestimmten Teilbereichen – Art und Form der Investitionen wesentlich beeinflußt. Man wird also nicht mehr global von Investitionen sprechen dürfen, wenn ihre Auswirkungen auf das Wirtschaftswachstum untersucht werden sollen, sondern man wird zu klassifizieren haben in bestimmte Investitionstypen und wird fragen müssen, welcher Art ihre Effekte bei alternativen Situationen auf dem Arbeitsmarkt bzw. auf entsprechenden Teilbereichen dann sein werden.

Da andererseits die Investitionstätigkeit das Wirtschaftswachstum determiniert, erscheint eine differenzierte Betrachtung von Investitionen bezüglich ihrer Voraussetzungen und Wirkungen auf den Arbeitsmarkt angebracht. Unsere weiteren Überlegungen gelten sowohl für den produzierenden als auch für den Dienstleistungssektor, die Problematik ist ja, wie bereits oben dargelegt, allgemeiner Natur.

Hinsichtlich dieser Thematik hat eine bereits vor mehr als dreißig Jahren erschienene Arbeit von Haller [3] eine erfreuliche Aktualität bewahrt. Haller hat seinerzeit auf von Preiser [6] eingeführte Bezeichnungen verschiedener Investitionstypen zurückgegriffen, um mit deren Hilfe das infolge der Publikationen Harrods [4] und Domars [2] aufgekommene Phänomen des „Wachstums auf des Messers Schneide" (knife edge-problem) zu diskutieren. Diese Klassifikation und einige Folgerungen Hallers bieten uns die Gelegenheit, aktuelle Bezüge herzustellen und daraus bestimmte Konsequenzen sowohl in wirtschaftstheoretischer als auch in wirtschaftspolitischer Hinsicht abzuleiten. Es wird sich dabei zeigen, daß zwei bzw. drei der von Haller eingeführten Investitionsformen von besonderer Bedeutung für unsere gegenwärtige Situation sind, deren eine darüber hinaus zu nichttrivialen Problemen in Theorie und Praxis führt.

Der erste Typus, der hier vorgestellt werden soll, ist die Erweiterungsinvestition. Der bestehende Kapitalstock erfährt durch diese Art der Investition eine rein quantitative Ausdehnung. Ergebnis ist „eine mit Hilfe der Kapitalbildung wachsende Wirtschaft mit reiner ‚Breitenausdehnung'" ([3] S. 326). In der Terminologie der Produktionstheorie heißt dies, daß bei Investitionen dieser Art in demselben Verhältnis zusätzliche Arbeitskräfte erforderlich sind, wie es in der Ausgangssituation zwischen Arbeits- und Kapitaleinsatz bestanden hat. Charakteristisch für diese Investitionsform ist also, daß keinerlei technischer Fortschritt damit einhergeht. Obwohl solche Erweiterungsinvestitionen – wie übrigens die restlichen Formen auch – in wirklich reiner Form so gut wie nie vorkommen, ist dennoch ihre Diskussion notwendig, um die Wirkung solcher Investitionen, die überwiegend Erweiterungscharakter aufweisen, studieren zu können. Bei konstanter Bevölkerung führen solche Investitionen nur dann zu einer Erhöhung der gesamtwirtschaftlichen Produktion, wenn in der Ausgangssituation Unterbeschäftigung bestanden hat und der zusätzliche Arbeitskräftebedarf aus dieser Reserve gedeckt werden kann. Hat in der Ausgangssituation Vollbeschäftigung bestanden und wächst die Bevölkerung, so muß die entsprechende Wachstumsrate mindestens so groß sein wie die Wachstumsrate des Kapitalstocks. Ist weder das eine noch das andere der Fall, so kommt es zu Verwertungsproblemen des akkumulierten Kapitals. Ist andererseits die „Reserve" größer als der zusätzliche Bedarf an Arbeitskräften bzw. ist die Wachstumsrate der Bevölkerung größer als die des Kapitals, so führt dies zum Fortbestehen bzw. zum Neuentstehen von Unterbeschäftigung. Neben dem Verwertungsproblem bzw. dem Entstehen von Arbeitslosigkeit ist aber noch ein anderer Aspekt von Bedeutung: Findet, wie das realistischerweise angenommen werden muß, in der Ausgangssituation eine Versorgung der „Reserve" aus dem bereits bestehenden Güterangebot statt, so ist es fraglich, ob dann bei einer entsprechenden Ausdehnung der Produktion auch eine entsprechende Nachfragesteigerung im Konsumgütersektor eintreten wird. Möglicherweise wird ein Teil des zusätzlichen Einkommens gespart, was im Gleichgewicht zu einer neuerlichen Ausweitung der Investitionen und damit des Produktionsapparats führen muß. (Die verschiedenen dabei in Frage kommenden Anpassungsmechanismen wie z. B. Steuersenkungen können hier nicht behandelt werden.) Ebenso fraglich ist es, ob Nachfragesteigerungen via Außenhandel eintreten werden. Haller bezeichnet dies als CIS-Problem: „Wenn eine . . . wachsende Wirtschaft mit reiner ‚Breitenausdehnung' sich störungsfrei soll entfalten können, . . ., so muß nicht nur Gleichgewicht zwischen I und S bestehen, sondern auch I auf C abgestimmt sein, weil . . . sich irgendwann herausstellen müßte, daß man ‚ins Blaue' hinein investiert hat und nun haltmachen muß, bis der Konsum nachgezogen hat" ([3] S. 326).

Wenn also in einer vorliegenden Situation reine Erweiterungsinvestitionen aus den genannten Gründen nicht in Frage kommen, kann ein wirtschaftliches Wachstum nur durch Investitionen erreicht werden, die den technischen Fortschritt nutzen, d. h. eine Verschiebung von arbeitsintensiver Produktion oder Leistungserstellung in eine kapitalintensive bewirken. Haller nennt diese Investitionen daher „Verschiebungsinvestitionen" (vgl. [3] S. 336). Hierbei wird letztlich durch einen Übergang zu höherer Arbeitsproduktivität (auch bei gleichbleibendem Arbeitsangebot) das Produktionsvolumen vergrößert. Dieser Übergang kann

– durch Rationalisierungsmaßnahmen bei Beibehaltung der bisherigen Produkte (z. B. in der Automobilindustrie),

– durch Verlagerung der Produktion aus arbeitsintensiven Bereichen in weniger arbeitsintensive Bereiche (z. B. von der Herstellung von Schuhen zur Entwicklung, Lieferung und Montage von Produktionsanlagen für Schuhe),

– durch Herstellung neuer Produkte mit höherer Arbeitsproduktivität erfolgen. Bei konstantem Arbeitsangebot ist es jedoch in allen Fällen erforderlich, daß ein Teil der bisherigen Produktion stillgelegt wird, um das notwendige Personal für die durchgeführten Investitionen bereitzustellen. Das Verhältnis von Stillegung zur Neuinstallation hängt dabei von der höheren Arbeitsproduktivität und der geringeren Kapitalproduktivität (eine höhere Arbeitsproduktivität ist ja i. a. mit einer größeren Kapitalintensität gekoppelt) ab. Ist etwa die Arbeitsproduktivität 10% größer und die Kapitalproduktivität 10% geringer, so ergibt sich bei einer Investition von 10% des bisherigen Kapitalbestands im arbeitsintensiveren Bereich ein Bedarf von rd. 8,2% der Arbeitskraft dieses Sektors, was wiederum einer Stillegung von rd. 8,2% der Anlagen erfordert. Damit geht nur ein geringer Teil der Investitionen über die Abschreibungen hinaus. Eine formale Analyse zeigt, daß bei gleichbleibender Beschäftigung in dieser Situation das 4,5-fache der Nettoinvestitionen, die im kapitalintensiveren Bereich getätigt werden, im arbeitsintensiven Bereich abgeschrieben werden muß. Auch bei einem Rationalisierungseffekt von 20% ist der entsprechende Faktor 2 (vgl. [1]). Damit ist nicht zu erwarten, daß durch Verschiebungsinvestitionen das gesamte durch das Sparvolumen der Haushalte vorhandene (Netto-)Investitionspotential ausgeschöpft wird. Es besteht demnach die Gefahr, daß die Investitionen hinter der Sparquote zurückbleiben. Dies wird aber für die Entwicklung der Konjunktur als größeres Problem erachtet als etwa die entgegengesetzte Situation, in der die Investitionen das Sparvolumen übersteigen. „Liegt die Sparquote zu tief, so ist die Lage zwar nicht ideal, aber doch keineswegs bedenklich. Liegt sie dagegen auf die Dauer zu hoch, so sind Gesamtstörungen unvermeidlich" ([3] S. 331).

Diese Überlegungen zeigen, daß nicht nur bei Erweiterungsinvestitionen, sondern auch bei Verschiebungsinvestitionen ein wachsendes Beschäftigungsangebot für eine störungsfreie Entwicklung vorhanden sein sollte. Dabei bleiben die Überlegungen gültig, auch wenn man sich auf ein einzelnes Segment (etwa das der Facharbeiter bzw. Elektrotechniker etc.) des Arbeitssektors beschränkt, vorausgesetzt, daß Fluktuationen zwischen den einzelnen Bereichen ausgeschlossen oder von unbedeutendem Umfang sind. Haller ging bei seinen Überlegungen allerdings davon aus, daß bei dem hohen Automatisierungsgrad der kapitalintensiven Industrie Arbeitskräfte leicht anzulernen sind, (vgl. [3] S. 336 Fußn. 12). Aus damaliger Sicht war dies sicher richtig, zum gegenwärtigen Zeitpunkt scheinen allerdings Zweifel angebracht. (Zur damit verbundenen „Umorientierung in neue Tätigkeitsfelder" s. auch [8] S. 60 ff und [8] S. 13.) Die Bedienung automatischer Fertigungsanlagen, rechnergesteuerter Maschinen etc. erfordert Spezialisten mit einem hohen Ausbildungsstand. Damit sind aber die Möglichkeiten, Arbeitskräfte für die Bedienung dieser Anlagen anzulernen, begrenzt. Die Probleme, die aufgrund dieser Umstände für den Arbeitsmarkt entstehen, sind damit nahezu offenkundig. In einer vereinfachenden Situation soll die Bedeutung dieses Aspektes deutlich gemacht werden. Dazu betrachten wir ein Arbeitsangebot, das in zwei Bereiche unterteilt ist; für die Unternehmen stehen zwei Technologien zur Verfügung, wobei die zweite Technologie gegenüber der ersten eine um 10% höhere Arbeitsproduktivität im ersten und eine um 20% höhere Arbeitsproduktivität im zweiten Bereich hat. Die Kapitalproduktivität von Technologie 2 sei um 10% niedriger als in Technologie 1. Eine Investition von 10% des bisherigen Kapitalstocks der Technologie 1 in die Technologie 2 erfordert, wie wir gesehen haben, bei Vollbeschäftigung im ersten Bereich eine Stillegung von 8,2% der Kapazität der Technologie 1. Von den 8,2% der Beschäftigten aus dem Bereich kann aber nur ein Teil in Folge der Investitionen wieder beschäftigt werden, nämlich 7,5% der bisher Beschäftigten. Entsprechend höher ist dann der Beschäftigungsrückgang (vgl. oben), wenn Nettoinvestitionen entsprechend der Höhe der Sparquote durchgeführt werden. In dieser Situation gibt es mehrere Ansatzpunkte, dem Beschäftigungsrückgang entgegenzuwirken, die nicht alternativ zu sehen sind, sondern auch zusammenwirkend eingesetzt werden können:

– Umschulung von Arbeitskräften, um die Undurchlässigkeit zwischen den Arbeitsbereichen zu überwinden. Diese Umstrukturierung des Arbeitsangebots kann auch durch eine entsprechende Ausbildung der neu in das Berufsleben Eintretenden erreicht werden.

– Eine Zuweisung neuer Aufgaben an die durch den Beschäftigungsrückgang Betroffenen, etwa im Landschafts- und Umweltschutz (man vergleiche hierzu Entwicklungen in der Landwirtschaft), in der Freizeitindustrie etc.

– Arbeitszeitverkürzung in den Teilbereichen, die durch die Rationalisierungsmaßnahmen am stärksten betroffen sind. Eine generelle Arbeitszeitverkürzung führt zumindest in der oben beschriebenen Situation nicht zu einer Lösung, da sie sich auch in den Bereichen auswirkt, in denen Arbeitskräfte knapp sind, und dies auf die anderen wieder durchschlägt. Außerdem erscheint dies insoweit problematisch, als es zu unterschiedlichen Arbeitszeiten der Beschäftigten führt und damit in größerem Umfang nicht zu realisieren ist.

Wie deutlich geworden ist, bestehen auch bei der Vornahme von Verschiebungsinvestitionen beachtliche Probleme.

Die nächste Kategorie bilden die Verbesserungsionvestitionen, „d. h. solche Investitionen, die nicht zu einer Kapazitätserweiterung, sondern zu einer Verbesserung der Kapitalausrüstung in der Produktion führen" ([3] S. 331). Aber: „Es scheint so, als ob wir insgesamt zu einer sehr skeptischen Beurteilung der Möglichkeiten zur Vornahme von Verbesserungsinvestitionen kommen müssen" ([3] S. 334f.). Offensichtlich wird deren Bedeutung nicht sehr hoch bewertet. Hier sind sicherlich einige Korrekturen angebracht, speziell was die Einführung neuer Produktionsverfahren angeht. Die Möglichkeit, ständig bessere — im Sinn von weniger umweltschädliche — Produktionsverfahren zu verwenden, bietet offenbar die Gelegenheit, sowohl Verwertungsprobleme des Kapitals als auch das CIS-Problem zu lösen. Wird bei konstanter Bevölkerung in zunehmendem Maß zu immer umweltfreundlicheren Produktionsverfahren übergegangen, ohne aber das Nettogüterangebot zu vergrößern, so bietet sich dadurch die Chance, Teile der gesamtwirtschftlichen Ersparnis sinnvoll zu absorbieren. Man könnte hier einwenden, zum einen fände hier keine Berücksichtigung der Entwicklung neuer Produkte statt, zum anderen sei auch kein Wachstum gegeben. Dem ersten Argument ist entgegenzuhalten, daß hier nicht behauptet wird, Verbesserungsinvestitionen der genannten Art müßten die einzigen sein, die überhaupt stattfinden. Die Entwicklung neuer Produkte findet Berücksichtigung bei der Diskussion der folgenden Investitionsform. Auch das Wachstumsargument ist leicht zu entkräften: Wir führen dazu den Begriff des schadstoffbereinigten Outputs ein. Definieren wir diesen als Differenz aus dem herkömmlichen Output und der bei der Produktion anfallenden Schadstoffimmission, so wird deutlich, daß bei Konstanz des herkömmlichen Outputs und bei sinkender Schadstoffimmission der schadstoffbereinigte Output steigen wird, also ein Teilaspekt dessen stattfindet, was i.a. als qualitatives Wachstum bezeichnet wird. Wir sind uns darüber im klaren, daß zu einer Operationalisierung unseres neuen Outputbegriffs zahlreiche Bewertungsprobleme zu lösen sind. So schwierig sie in der Realität auch sein mögen –, an der Aussagefähigkeit des Konzepts und der Gültigkeit der Argumentation ändern sie nichts.

Kommen wir zur vierten Gruppe, in der wir innovative Investitionen und Erschließungsinvestitionen zusammenfassen. Sie dienen der Entwicklung neuer Produkte und der Vorbereitung ihrer marktmäßigen Verwertung. Bei diesen Produkten kann es sich um neue Konsumgüter, neue Produktionsmittel oder auch neue Produktionstechniken handeln (die dann z.B. bei Verbesserungsinvestitionen Verwendung finden können). Auch wenn wir annehmen, daß die notwendigen zusätzlichen Arbeitskräfte ohne Schwierigkeiten durch Umsetzung aus anderen Bereichen beschafft werden können, so ist doch zu befürchten, daß die CIS-Problematik dabei zum Tragen kommen wird. Es wird also nicht einfach die Ersetzung bestimmter Produkte im obigen Sinn durch qualitativ höherwertige der gleichen Art betrachtet, sondern tatsächlich die Einführung neuer Produkte, was die Erschließung neuer Märkte für den Absatz dieser Produkte voraussetzt. Flankierend müssen damit zu den innovativen auch Erschließungsinvestitionen vorgenommen werden. Man wird sicherlich dann mit Schwierigkeiten rechnen müssen, wenn die Zeitspanne zwischen der Vornahme der innovativen Investition und der Produktion für den Markt zu kurz sein wird, um die Erschließung ausreichend abzusichern. Die marktmäßige Verwertung neuer Produkte sollte also nicht zu kurz nach der Vornahme der Erschließungsinvestitionen erfolgen bzw. positiv formuliert: Innovative und damit Erschließungsinvestitionen sollten rechtzeitig genug für die Märkte erfolgen. In diesem Zusammenhang können staatliche Investitionen im Forschungsbereich und zur Unterstützung des Technologietransfers gesehen werden (vgl. dazu [5]). Die nützliche Pufferfunktion dieser Konstruktion ist evident: Solche Investitionen haben keinen eigenen direkten Kapazitätseffekt in der Produktion, d.h. die CIS-Problematik ist weitgehend ausgeschaltet. Die Unternehmen verfügen über genügend Zeit, über die Vornahme eventueller Erschließungsinvestitionen entscheiden zu können. Allerdings bleibt auch hier das Problem der Verfügbarkeit qualifizierter Arbeitskräfte bestehen, das mit einer restriktiven Personalpolitik an den Hochschulen, wie jahrelang als Reaktion auf eine vorherige starke Expansion betrieben, sicherlich nicht einfacher wird. Wir sehen in einer auf Kontinuität ausgelegten und an klaren Konzepten orientierten Wissenschafts- bzw. Forschungspolitik die besten Garanten für eine Lösung dieses speziellen Problems.

Nachdrücklich tritt bei unseren Ausführungen einmal mehr die Ambivalenz des Produktionsfaktors Arbeit zutage. Einerseits ergibt sich eine ständig wachsende Tendenz zur Freisetzung von Arbeitskräften, andererseits kommt es durch die dafür verantwortlichen Rationalisierungsmaßnahmen zu gravierenden Verknappungen bzw. Rationierungen auf Teilbereichen des Arbeitsmarkts, die dann ihrerseits aufgrund der mangelnden Verwertbarkeit des potentiell zu investierenden Kapitals zu weiteren Friktionen führen. Notwendig ist nicht nur die rechtzeitige technologische Umstellung, wie sie von Späth ([8] S. 13) gefordert wird, sondern auch die rechtzeitige Ausbildung der Arbeitnehmer für die Tätigkeit an den dadurch entstehenden neuen Arbeitsplätzen. Späth schreibt: „Krisen der Arbeit sind Krisen der Gesellschaft" ([9] S. 92). Wir möchten schließen mit einer Variante: Krisen der Wirtschaft sind (fast immer) Krisen der Arbeit.

Literatur

[1] Ballarini K, Bol G (1987) Investition und gleichgewichtiges Wachstum bei konstantem Arbeitsangebot. Erscheint in: Festschrift für Rudolf Henn, Heidelberg.

[2] Domar ED (1946) Capital Expansion, Rate of Growth and Employment, Econometrica 14, S. 137–147.

[3] Haller H (1953) Abstimmungsprobleme im Zusammenhang mit der Kapitalbildung, Kyklos 6, S. 323–346.

[4] Harrod RF (1939) An Essay in Dynamic Theory, Economic Journal 49, S. 14–33.

[5] Henn R (1986) Konzepte wirtschaftspolitischer Steuerung einer industriellen Gesellschaft. In: Staat, Wirtschaft, Assekuranz und Wissenschaft, Festschrift für Robert Schwebler, Karlsruhe.

[6] Preiser E (1933) Grundzüge der Konjunkturtheorie, Tübingen.

[7] Solow RM (1956) A Contribution to the Theory of Economic Growth, Quarterly Journal of Economics 70, S. 312–320.

[8] Späth L (1983) Rede zur Eröffnung des Kongresses ‚Zukunftschancen eines Industrielandes' am 14.12.1982. In: Zukunftschancen eines Industrielandes, Stuttgart.

[9] Späth L (1985) Wende in die Zukunft, Hamburg.

Inflation, Beschäftigung und Staatsnachfrage

VOLKER BÖHM

Zusammenfassung

Der Beitrag weist nach, daß die monetaristische These von der Superneutralität des Geldes und der Unwirksamkeit von Fiskalpolitik in einer großen Klasse von konsistent formulierten dynamischen allgemeinen Gleichgewichtsmodellen nicht richtig ist. Im Rahmen eines einfachen Modells mit überlappenden Generationen wird gezeigt, daß staatliche Nachfrage mit Defizitfinanzierung im langfristigen Gleichgewicht expansiv auf die Beschäftigung wirkt und daß eine positive Korrelation zwischen der langfristigen Inflationsrate und der langfristigen Arbeitslosenquote besteht.

1 Einleitung

Seit A.W. Phillips seinen Beitrag „The Relation between Unemployment and the Rate of Change of Money Wages in the United Kingdom, 1861-1957" im Jahre 1958 veröffentlichte, ist die makroökonomische Literatur um ein empirisches Phänomen und eine darauffolgende intensive und kontroverse theoretische Diskussion erweitert worden. Waren es zunächst empirisch arbeitende Ökonomen, die versuchten, die von Phillips für das United Kingdom beobachtete negative Korrelation zwischen Lohninflation und Unterbeschäftigung für andere Länder und Perioden nachzuweisen, so traten bald Theoretiker den Versuch an, Modelle zu entwickeln, die eine inzwischen als Phillips-Kurve bezeichnete negative Relation zwischen Inflation und Arbeitslosigkeit nachweisen sollten. Die zunächst generelle Akzeptanz einer solchen Relation wurde von den meisten Makroökonomen als eine Beschreibung eines vorhandenen trade-offs zwischen Inflation und Beschäftigung angesehen, der es Wirtschaftspolitikern erlauben würde, durch geeignete Geld- und Fiskalpolitik den entsprechenden Zustand einer Volkswirtschaft zu wählen.

Eine große Zahl an empirischen Arbeiten offenbarte jedoch eine zunehmende Unvereinbarkeit der beobachteten Daten mit einer über die Zeit hinweg stabilen Phillips-Kurve, was einen Teil der Makroökonomen zu neuen theoretischen Modellen geführt hat, die eine langfristige negative Relation zwischen Inflation und Arbeitslosigkeit negieren (so z.B. Friedman 1968; Phelps et al. 1970; Lucas und Prescott 1974). Untrennbar damit ist auch die Behauptung verknüpft, daß langfristig jede keynesianische Fiskalpolitik unwirksam und daß Inflation ein rein monetäres Phänomen ist. So schreibt F. Hahn (1982, S. 72) in seiner kritischen Analyse: „Money, so the jargon goes, is not only neutral, but 'superneutral'. The inflation rate, at least in the long run, is thus irrelevant to the real state of the economy and is simply governed by the rate of increase in the monetary stock." Und weiter: „However, in this general form the proposition is generally false, and monetarists have not, to give them their due, claimed otherwise."

Ein Großteil der noch heute offenen Kontroverse zwischen Keynesianern und Monetaristen läßt sich auf die trade-off-Diskussion der Phillips-Kurve reduzieren. Der Disput, der nicht nur Theoretiker in zwei getrennte Lager teilt, basiert in vielen Fällen auf einem Glaubensstreit darüber, welches das adäquate ökonomische Modell sei. Die in vielen Teilen ad-hoc formulierten Modelle des monetaristischen Ansatzes bleiben dabei den Beweis für ihre Behauptung, das ‚richtige' Modell gefunden zu haben, ebenso schuldig, wie für die von ihnen generell aufgestellte Behauptung, daß das traditionelle konsistent formulierte Gleichgewichtsmodell einen Zusammenhang der Art, wie ihn Phillips beobachtet hat, nicht beschreiben kann. So schreibt Sargent in seinem Lehrbuch „Macroeconomic Theory" (1979, S. 324): „From the point of view of the nonrandom classical model, the observed Phillips curve is a paradox since that model asserts that things that cause inflation, such as growing deficits and high rates of money creation, will leave 'real' variables such as unemployment and real GNP uneffected. Any evidence that suggests an influence running from higher aggregate demand to higher real GNP and lower unemployment (rather than to higher prices only) seems to contradict the classical model as we have formulated it. More generally, such evidence seems to contradict any general equilibrium model in which agents' decisions about real economic variables are homogeneous of degree zero in nominal magnitudes, as a large body of economic theory predicts." Auch Dornbusch und Fischer (1984, S. 435) bleiben den Beweis für ihre Behauptung schuldig: „For all practical purposes, the long run Phillips curve is vertical." Das folgende einfache makroökonomische allgemeine Gleichgewichtsmodell widerlegt beide Behauptungen, indem es sowohl einen langfristigen Zusammenhang zwischen staatlicher Nachfrage und Beschäftigung einerseits und Inflation und Beschäftigung andererseits aufzeigt.

2 Das Modell

Wir betrachten eine Volkswirtschaft, die sich über die Zeit $t = \dots -1,0,1, \dots$ entwikkelt und in der die Bevölkerungsstruktur stationär ist. Die Konsumenten seien alle identisch und der ökonomische Horizont eines jeden erstrecke sich über zwei Perioden t und $t+1$. Jeder Konsument bietet in der ersten Periode seines Lebens eine feste Menge Arbeit an, für die er ein Lohneinkommen erhält, das vom Beschäftigungsgrad abhängt. Darüberhinaus erhält er Gewinneinkommen nur in der ersten Periode seines Lebens. Sei $\tilde{Y}_t$ das nominale Nettoeinkommen (Löhne plus Gewinne), das in Periode t an die jungen Konsumenten gezahlt wird. Alle Konsumenten haben die gleichen Präferenzen über den zweiperiodigen Horizont $(t, t+1)$, wobei der Konsum der zweiten Periode gänzlich aus den Ersparnissen der Periode t zu finanzieren ist. Dieses wird in Form von Geld gehalten, das nicht verzinst wird. Es sei angenommen, daß die intertemporalen Präferenzen jedes Konsumenten vom Cobb-Douglas-Typ sind. Sei p_t der in Periode t herrschende Güterpreis und p^e_{t+1} der für die Periode $t+1$ erwartete Güterpreis jedes Konsumenten. Unter diesen Annahmen ergibt sich als aggregierte Nachfragefunktion der jungen Konsumenten in Periode t

$$D(p_t, p^e_{t+1}, \tilde{Y}_t) = c\,\frac{\tilde{Y}_t}{p_t} \qquad (1)$$

mit $0 < c < 1$ und als aggregierte Sparentscheidung

$$S(p_t, p^e_{t+1}, \tilde{Y}_t) = (1-c)\tilde{Y}_t = S_t \qquad (2)$$

Der Staat erhebe eine proportionale Einkommenssteuer zum Steuersatz τ, $0 < \tau < 1$, und frage Güter nach in Höhe von $g > 0$. Für ein Bruttoeinkomen von Y_t erhält man somit definitionsgemäß als Nettoeinkommen $\tilde{Y}_t = (1-\tau)\,Y_t$.

Produktion erfolgt in dem Modell gemäß einer einfachen neoklassischen Produktionsfunktion $y_t = F(L_t)$, wobei L_t die Beschäftigung und y_t der Output ist. Sei $\bar{L}$ das exogene Arbeitsangebot in jeder Periode t. Dann ist die Markträumungsbedingung für den Gütermarkt in jeder Periode t gegeben durch

$$\begin{aligned} y_t &= D(p_t, p^e_{t+1}, \tilde{Y}_t) + \frac{S_{t-1}}{p_t} + g \qquad (3)\\ &= c(1-\tau)\,y_t + \frac{p_{t-1}}{p_t}\,[(1-c)\,(1-\tau)\,y_{t-1}] + g, \end{aligned}$$

die der Bedingung

$$y_t = F(L_t)\,,\; L_t \leqq \bar{L} \qquad (4)$$

genügen muß. Vernachlässigt man zunächst einmal die Bedingung (4), so beschreibt (3) einen dynamischen Prozeß $\{p_t, y_t\}_t$, der die Preis- und Outputentwicklung wiedergibt. (4) impliziert die damit verbundene Beschäftigungsentwicklung.

Definiert man $\theta_t = p_{t+1}/p_t$ als Wachstumsfaktor des Preisniveaus, so ist $\pi_t = \theta_t - 1$ die Inflationsrate in Periode t, d. h. positive Inflation liegt vor, falls $\theta_t > 1$ ist. Angenommen $\theta_t = \theta$ sei entlang des dynamischen Pfades konstant. Dann ergibt (3) eine lineare Differenzengleichung erster Ordnung der Form

$$y_t = \frac{1}{1-c\,(1-\tau)}\left[(1-c)\,(1-\tau)\,y_{t-1}\,\frac{1}{\theta} + g\right] \qquad (5)$$

Es ist leicht nachzuweisen, daß Gleichung (5) für jedes g und $\theta_t = \theta \geqq 1$ ein eindeutiges und global stabiles langfristiges Gleichgewicht besitzt.

3 Langfristige Gleichgewichte bei Unterbeschäftigung

Aus den Gleichungen (4) und (5) läßt sich nun unmittelbar für einen großen Wertebereich von inflationären Zuständen mit $\theta > 1$ und staatlicher Nachfrage $g > 0$ der jeweils zugehörige langfristige Unterbeschäftigungszustand als Lösung von Gleichung (6) unter der Bedingung $L \leqq \bar{L}$ ermitteln.

$$F(L)\;\left[1-(1-\tau)\left(c+(1-c)\,\frac{1}{\theta}\right)\right] = g \qquad (6)$$

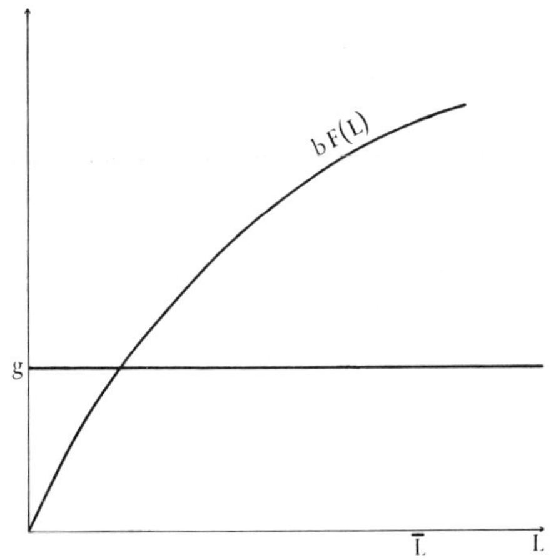

Abb. 1

Unter der Annahme, daß F eine traditionelle, monoton wachsende und konkave Produktionsfunktion ist, ergibt (6) eine eindeutige Lösung $L < \bar{L}$, die in Abb. 1 dargestellt ist. Dabei bezeichnet

$$b = 1-(1-\tau)\,(c+(1-c)\,\frac{1}{\theta}).$$

Sei $L < \bar{L}$ die Lösung von (6) für gegebenes $\theta > 1$ und $g > 0$. Die Entwicklung der nominellen Größen, die zu dem durch (L, θ, g) beschriebenen realen stationären Zustand gehören, lassen sich nun unmittelbar beschreiben. Man sieht leicht, daß das Preisniveau p_t ebenso wie die private nominale Ersparnisbildung S_t mit konstanter Rate $\theta - 1$ wächst und die Zunahme der daraus resultierenden Kassenhaltung gerade dem jeweiligen Defizit des Staates entspricht. D. h. Preisniveau und Geldmenge wachsen mit gleicher konstanter Rate $\theta - 1$. Ein solches Wachstum ist jederzeit kompatibel mit einer Erwartungsbildung der Haushalte bezüglich der Preise, falls $p^e_{t+1} = p_{t+1}$ für alle t, so daß der stationäre Zustand ein Gleichgewicht mit vollständiger Voraussicht (rationale Erwartungen) ist.

4 Trade-offs im langfristigen Gleichgewicht bei Unterbeschäftigung

Aus der Gleichung (6) kann man nun sofort ableiten, daß c. p. jede Erhöhung der staatlichen Nachfrage g das langfristige Beschäftigungsniveau erhöht, während eine Erhöhung der Inflationsrate θ das langfristige Beschäftigungsniveau senkt. Formal erhält man

$$\frac{dL}{d\theta} = -\,\frac{(1-\tau)\,(1-c)\,F(L)}{\theta^2 F'(L)\,[1-(1-\tau)\,(c+(1-c)1/\theta)]} < 0 \qquad (7)$$

und

$$\frac{dL}{dg} = \frac{1}{F'(L)\,[1-(1-\tau)\,(c+(1-c)1/\theta)]} > 0. \tag{8}$$

D. h. (8) bestätigt in eindeutiger Weise die Wirksamkeit staatlicher Nachfragepolitik, während (7) eine langfristige Phillips-Kurve mit positiver Steigung ergibt. Höhere Inflation impliziert c. p. niedrigere Beschäftigung. (7) und (8) zusammen beschreiben damit die möglichen Trade-offs zwischen Geld- und Fiskalpolitik, die sich in einem gemeinsamen Diagramm (Abb. 2) darstellen lassen, in dem die langfristigen Isobeschäftigungslinien eingetragen sind. Dabei gilt $L_1 < L_2 < L_3$.

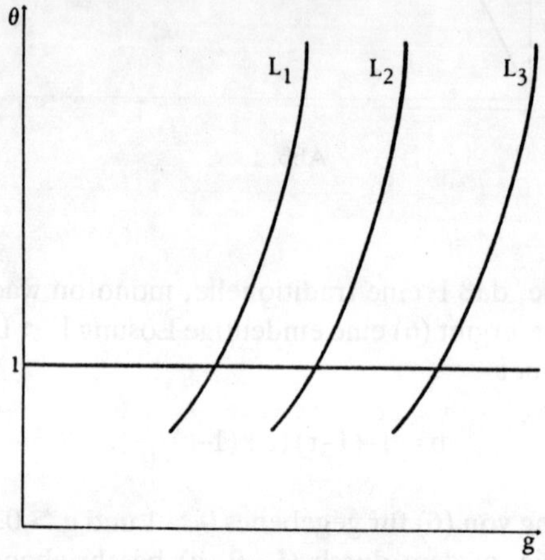

Abb. 2

5 Abschließende Bemerkungen

Das in den vorausgegangenen Abschnitten analysierte Modell ist zugegebenermaßen von sehr einfacher Struktur. Es ist vom Typ der überlappenden Generationen Modelle à la Samuelson und beschreibt somit eine Volkswirtschaft mit einem unendlichen Zeithorizont. Dies ist bekanntermaßen eine notwendige Bedingung dafür, daß (nutzloses) Geld als Wertaufbewahrungsmittel gehalten wird und im Gleichgewicht einen positiven Preis besitzt. Gleichzeitig ist die staatliche Defizitfinanzierung in konsistenter Weise an einen Geldschöpfungsprozeß geknüpft, der über staatliche Ausgabenströme läuft und nicht den bekannten Friedmanschen Helikopter bemühen muß.

Eine explizite Modellierung des Arbeitsmarktes wurde ebenso nicht vorgenommen wie eine Beschreibung des Produzentenverhaltens. Auch die spezielle Wahl der Präferenzen der Konsumenten mag Anlaß zu Kritik geben. Wie anderswo gezeigt wurde (Böhm 1986), hängen die gezeigten Trade-off-Eigenschaften jedoch nicht wesentlich von den hier getroffenen vereinfachten Annahmen ab. Auch für den Fall mehrerer verschiedener Konsumenten bei konsistenter Berücksichtigung und Modellierung des Arbeitsmarktes und des Produzentenverhaltens lassen sich die obigen Resultate nachweisen. Im langfristigen Gleichgewicht wachsen dann Güterpreise und Löhne mit der gleichen konstanten Inflationsrate bei konstantem Reallohn. Das Gleiche gilt für eine Erweiterung um einen Bondmarkt, der dem Staat eine zusätzliche Finanzierungsalternative zur Verfügung stellt. In dieser erweiterten Form entspricht das Modell einer konsistenten dynamischen Variante des IS-LM Modells, in dem sich auch langfristige Beschäftigungswirkungen staatlicher Schuldenpolitik nachweisen lassen (vgl. Turnovsky 1977). Als Fazit bleibt zu konstatieren, daß die monetaristische These von der Superneutralität des Geldes und der Unwirksamkeit von Fiskalpolitik in einer großen Klasse von konsistent formulierten dynamischen allgemeinen Gleichgewichtsmodellen nicht richtig ist.

Literatur

Böhm, V. (1986): Equilibria with Quantity Rationing and Keynesian Macroeconomics, (Manuskript), Mannheim, erscheint bei Harwood Academic Publishers, New York.

Dornbusch, R. and S. Fischer (1984): Macroeconomics, 4th edition, Mc Graw-Hill, New York.

Friedman, M. (1968): „The Role of Monetary Policy", in: American Economic Review LVIII, 1-17.

Hahn, F. (1982): Money and Inflation, Basil Blackwell, Oxford.

Lucas, R.E.J. and Prescott, E.C. (1974): „Equilibrium Search and Unemployment", in: Journal of Economic Theory, 7, 188-209.

Phelps, E.S. et al (1970): Microeconomic Foundations of Employment and Inflation Theory, Norton, New York.

Phillips, A.W. (1958): „The Relation between Unemployment and the Rate of Change of Money Wages in the United Kingdom, 1861–1957", in: Economica, 25, 283-299.

Sargent, T.S. (1979): Macroeconomic Theory, Academic Press, New York.

Turnovsky, St.J. (1977): Macroeconomic Analysis and Stabilization Policy, Cambridge University Press, Cambridge.

Beschäftigungswirkungen und gesamtwirtschaftliches Wachstum durch technologiepolitische Fördermaßnahmen bei Mengenrationierung in einem multisektoralen Modell

Rudolf Henn und Marco Lehmann-Waffenschmidt

Zusammenfassung

Der Beitrag untersucht die Auswirkungen technologie- und wirtschaftspolitischer Förderungsmaßnahmen durch die öffentliche Hand wie z. B. Bereitstellen von Infrastruktur, Information und Krediten für junge Hochtechnologie-Firmen auf Produktion und Beschäftigung. Den Analyserahmen bildet ein multisektorales mengenrationiertes temporäres Gleichgewichtsmodell. Gegenüber dem herkömmlichen hochaggregierten makroökonomischen temporären Gleichgewichtsmodell mit Mengenrationierung läßt das hier verwendete disaggregierte Modell eine Wirkungsanalyse *sektorenspezifischer* Maßnahmen der Wirtschafts- und Technologiepolitik zu. Die Möglichkeit zur 2-dimensionalen geometrischen Darstellung, die eine der besonderen Stärken des herkömmlichen Modells ausmacht, bleibt auch im disaggregierten Modell weitgehend erhalten.

Die sektorenspezifische komparativ-statische Analyse des Hochtechnologiesektors (high-tech-Sektors) in diesem Modellrahmen zeigt, daß technologiepolitische Förderungsmaßnahmen durch die öffentliche Hand Produktion und Beschäftigung im high-tech-Sektor *für jedes Rationierungsregime auf dem sektoralen Arbeitsmarkt erhöhen* – falls der Gütermarkt für Hochtechnologie-Produkte durch Nachfragerationierung charakterisiert ist (Abschnitt 3). Letzteres erscheint plausibel, wenn man davon ausgeht, daß Konsumenten sowie Anwender im Produktionsbereich die „Zukunftsgüter" des high-tech-Sektors den herkömmlichen Gütern gegenüber als überlegen ansehen oder zumindest ihre Hoffnungen auf sie setzen.

Im letzten Abschnitt des Beitrages wird die partielle sektorenspezifische (intrasektorale) komparativ-statische Analyse durch totalanalytische dynamische Betrachtungen erweitert. Unter Zuhilfenahme der geometrischen 2-dimensionalen Darstellung werden verschiedene qualitative dynamische Wachstums-Szenarien diskutiert, bei denen sektorenübergreifende simultane und intertemporale Interdependenzen und Interaktionen auftreten wie z. B. intersektorale spillovers, regime-abhängige Effekte wirtschaftspolitischer Maßnahmen, mengenrationierte *Un*gleichgewichtssituationen und Preisänderungen.

1 Einleitung

Zur Erklärung anhaltender Ungleichgewichtssituationen auf gesamtwirtschaftlichen Märkten steht seit Beginn der 70er Jahre eine ständig wachsende Zahl theoretischer Ansätze zur Verfügung, die üblicherweise unter den Bezeichnungen „Neue

Makroökonomik" oder „Neokeynesianische Theorie" zusammengefaßt werden. Zum Wesen der theoretischen Modellbildung dieser Forschungsrichtung gehört es vor allem, daß unter der Annahme, Preise und Löhne seien zumindest kurzfristig unflexibel, Planrevisionen der ökonomischen Handlungsträger auf einem Markt, die durch Mengenbeschränkungen auf anderen Märkten notwendig werden können, von vornherein mitberücksichtigt werden. Über Mengenanpassungsprozesse kann ein dauerhafter „Rationierungs-Gleichgewichtszustand" erreicht werden, ein „Ungleichgewichts-Gleichgewicht".

Dabei wird allerdings im allgemeinen letztlich nicht einfach die kürzere Marktseite von Angebot und Nachfrage voll befriedigt und die längere entsprechend rationiert. Vielmehr sind Rationierungsgleichgewichte im allgemeinen Zustände, in denen keine systemimmanenten Tendenzen mehr zur Veränderung bestehen, obwohl beide Marktseiten „zu kurz" kommen – gemessen an ihren ursprünglichen „notionalen" Plänen ohne Berücksichtigung potentieller Mengenbeschränkungen. Das klassische allgemeine Walras-Gleichgewicht, bei dem alle notionalen Einzelpläne aufgrund des vollständig flexiblen Preissystems simultan kompatibel sind, ist als recht unwahrscheinlicher Spezialfall im Rationierungs-Gleichgewichtskonzept enthalten.

Hat man ein gesamtwirtschaftlich konsistentes Erklärungsmodell für dauerhafte Ungleichgewichtssituationen wie zum Beispiel anhaltende Unterbeschäftigung zur Verfügung, so stellt sich unmittelbar die Frage nach geeigneten wirtschaftspolitischen Maßnahmen, mit deren Hilfe solche Situationen im Interesse der Marktteilnehmer einem Ausgleich nähergebracht werden können. Der Vorteil einer Wirkungsanalyse wirtschaftspolitischer Maßnahmen im Modellrahmen der Neuen Makroökonomik ist dabei vor allem darin zu sehen, daß Rück- und Wechselwirkungen zwischen den verschiedenen Marktseiten der makroökonomischen Märkte im Modell erfaßt werden können. Bei einer solchen Wirkungsanalyse kann man drei Vorgehensweisen unterscheiden:

1. eine *komparativ-statische Analyse* innerhalb der *kurzen Frist*, während der die Preise sowie die Reaktionsfunktionen der Wirtschaftssubjekte als unverändert angenommen werden können,
2. eine *dynamische Analyse* innerhalb der *kurzen Frist*, die auch die Anpassungs- und Wechselwirkungsprozesse im Zeitverlauf untersucht, und schließlich
3. eine *mittel- oder langfristige dynamische Analyse*, bei der Veränderungen aller relevanten Größen zugelassen sind.

Während Ergebnisse zu komparativ-statischen Fragestellungen bereits zum Standardwissen der Neuen Makroökonomik gehören, sind dynamische Prozesse (2. und 3.) dagegen noch weitgehend unerforscht.

Eine *analytische* oder *graphische* Wirkungsanalyse wirtschaftspolitischer Maßnahmen im Modellrahmen der Neuen Makroökonomik zerfällt in zwei Teile: Zunächst muß die Struktur der gegenwärtigen wirtschaftlichen Situation gemäß der Typologisierung der Neuen Makroökonomik *diagnostiziert* werden, um anschließend die Wirkungen der verschiedenen möglichen wirtschaftspolitischen „*Therapiemaßnahmen*" untersuchen zu können.

In diesem Beitrag sollen die Auswirkungen strukturpolitischer Maßnahmen zur Förderung junger Hochtechnologie-Firmen durch die öffentliche Hand im Theorierahmen der Neuen Makroökonomik analysiert werden. Für eine solche Analyse erscheint allerdings der herkömmliche hochaggregierte makroökonomische Modellansatz als zu grob. Andererseits läßt ein vollständig disaggregierter mikroökonomischer Ungleichgewichts-Modellansatz kaum noch allgemeine Schlußfolgerungen zu und ist zudem nicht operationalisierbar. Es erscheint daher sinnvoll, der Analyse ein Mehr-Sektoren-Ungleichgewichtsmodell zugrundezulegen, wie es etwa bei Lehmann-Waffenschmidt (1987) dargestellt ist. Eine Zusammenfassung der wesentlichen Elemente dieses Modells gibt Abschnitt 2. Abschnitt 3 enthält eine komparativ-statische Wirkungsanalyse technologiepolitischer Fördermaßnahmen bei verschiedenen Ausgangs-Szenarios auf dem Arbeitsmarkt des Hochtechnologiesektors. Dabei stellt die graphische Darstellung ein wesentliches Analyseinstrument dar.

Können für eine sektorenspezifische komparativ-statische Analyse des Hochtechnologiesektors intersektorale Wechselwirkungen aufgrund der kurzen Frist und der in der Gegenwart größenmäßig noch relativ geringen Bedeutung der „Zukunftsindustrien" des Hochtechnologiesektors für die Gesamtwirtschaft vernachlässigt werden, so ist eine solche partialanalytische Vorgehensweise für eine dynamische Analyse der Anpassungsprozesse auf mittlere und längere Frist nicht mehr möglich. Solange allerdings keine vollständige dynamische Ungleichgewichtstheorie zur Verfügung steht, muß sich die dynamische Wirkungsanalyse auf qualitative dynamische Szenarien beschränken. Dafür erscheint wiederum die graphische Analyse als geeignete Methode (Abschnitt 4).

2 Ein multisektorales Mengenrationierungsmodell

Grundlage für die komparativ-statische und dynamische Wirkungsanalyse technologiepolitischer Fördermaßnahmen ist das multisektorale Rationierungsmodell von Lehmann-Waffenschmidt (1987). Die Volkswirtschaft wird in m Sektoren $S_1, \ldots, S_m$ unterteilt. In jedem Sektor S_i wird unter Einsatz von Arbeitsinput sowie eventuell weiterer, bereits produzierter Inputs die sektorale Güterproduktion hergestellt. Die Modellbetrachtung sei zunächst kurzfristig, alle Preise und Löhne seien auf einem fixen Niveau gegeben. Jeder Sektor werde durch seinen sektoralen Arbeits- und Gütermarkt vollständig charakterisiert.

Sieht man für jeden Sektor S_i zunächst von allen Wechselwirkungen (spillovers) von den (2m-2) Güter- und Arbeitsmärkten der übrigen m-1 Sektoren ab, so können analog zur üblichen Klassifizierung des makroökonomischen Mengenrationierungsmodells für den sektoralen Arbeits- und Gütermarkt des i-ten Sektors vier Hauptgruppen *sektoraler temporärer Mengenrationierungsgleichgewichte*, die sogenannten *„Ungleichgewichts-Regime"*, sowie die zugehörigen Grenzfälle unterschieden werden. y_i bezeichne die Gütermenge, l_i die Arbeitsmenge im i-ten Sektor.

In jedem Diagramm von Abb. 1 bezeichnet F_i^* die *notional*, also ohne Berücksichtigung irgendwelcher Mengenbeschränkungen, geplante Nachfrage nach Arbeitskräften durch die Firmen des i-ten Sektors und das von ihnen notional geplante Güterangebot. Die „Äste" y_i^a und l_i^n des „Reaktionskeils" bzw. „Reaktionskegels" mit der Spitze F_i^* bezeichnen die „rationierten" Angebotspläne y_i^a der Firmen bei wahrgenommenen Beschränkungen auf dem Arbeitsmarkt und die rationierten Arbeitsnachfragepläne l_i^n bei Beschränkungen ihres Absatzes. Das Auseinanderfallen beider „Reaktionsäste" resultiert aus der Möglichkeit zur Lagerhaltung (z. B. Henn 1980, 1981, Meyer 1983).

Entsprechend bezeichnet H_i^* die notionale Gesamtnachfrage nach den Gütern des i-ten Sektors und das notionale Arbeitsangebot auf dem sektoralen Arbeitsmarkt. y_i^n

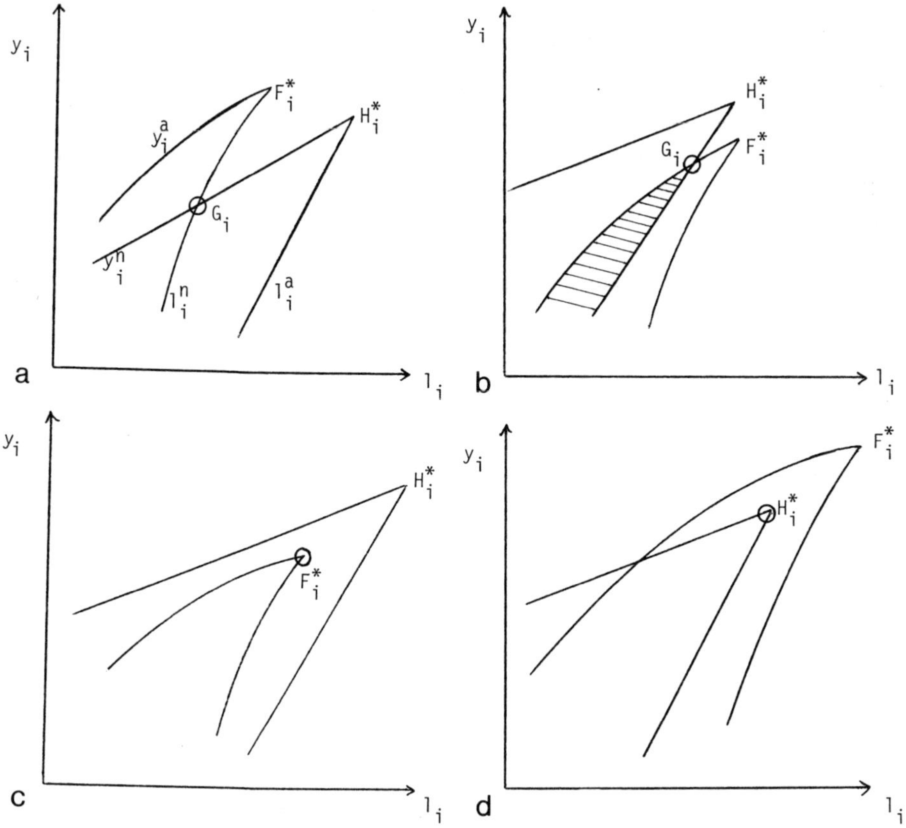

Abb. 1. Die vier Regime sektoraler temporärer Mengenrationierungsgleichgewichte (die Gleichgewichtskonstellationen sind durch Kreise gekennzeichnet).
a) Temporäres keynesianisches Gleichgewicht. b) Temporäres inflationäres Gleichgewicht.
c) Temporäres klassisches Gleichgewicht. d) Temporäres Unterkonsumtions-Gleichgewicht.

und l_i^a repräsentieren die entsprechenden Reaktionsfunktionen bei Mengenbeschränkungen auf dem jeweils anderen sektoralen Markt.

Betrachtet man z. B. Abb. 1b, so wird deutlich, daß die notionalen Pläne von Anbietern und Nachfragern auf beiden sektoralen Märkten nicht miteinander vereinbar sind. Ein Mengenanpassungsprozeß wird ceteris paribus tendenziell zur Spitze G_i des schraffierten Durchschnittskegels beider Reaktionskegel führen (vgl. z. B. Henn 1980, 1981), in diesem Beispiel also zu einem sektoralen temporären Rationierungsgleichgewicht vom „inflationären Typ".

Das mehrsektorale Modell läßt sich nun in einem zweiten Schritt vervollständigen, indem die Äste y_i^a, l_i^n und y_i^n, l_i^a der Reaktionskeile nicht nur als stetige Funktionen der Mengenschranken l_i bzw. y_i auf dem sektorzugehörigen Arbeits- und Gütermarkt angesehen werden, sondern auch jeweils als Funktionen aller potentiellen Mengenschranken $\bar{y}_1,\ldots,\hat{y}_i,\ldots,\bar{y}_m$ und $\bar{l}_1,\ldots,\hat{l}_i,\ldots,\bar{l}_m$ auf den übrigen 2m-2 Güter-und Arbeitsmärkten ($\hat{y}_i$ und $\hat{l}_i$ bedeutet, daß diese Variablen in der Aufzählung eliminiert sind). Man erhält also ein System von 4m Reaktionsfunktionen (i=1,...,m):

$$y_i^a = y_i^a(\bar{y}_1,\dots,\hat{y}_i,\dots,\bar{y}_m;\bar{l}_1,\dots,\bar{l}_m)$$
$$y_i^n = y_i^n(\bar{y}_1,\dots,\hat{y}_i,\dots,\bar{y}_m;\bar{l}_1,\dots,\bar{l}_m)$$
$$l_i^a = l_i^a(\bar{y}_1,\dots,\bar{y}_m;\bar{l}_1,\dots,\hat{l}_i,\dots,\bar{l}_m)$$
$$l_i^n = l_i^n(\bar{y}_1,\dots,\bar{y}_m;\bar{l}_1,\dots,\hat{l}_i,\dots,\bar{l}_m)$$

Das bedeutet, daß die Äste der Reaktionskeile eines sektoralen Diagramms (wie z. B. der y_i^a-Ast des Diagramms 1a) parametrisiert sind mit den 2m-2 übrigen potentiellen Mengenschranken [also mit $(\bar{y}_1,\dots,\hat{y}_i,\dots,\bar{y}_m;\bar{l}_1,\dots,\hat{l}_i,\dots,\bar{l}_m)$]. Außerdem müssen alle geplanten Größen zulässig, d. h. physisch und budgetmäßig realisierbar, sein.

Die Existenz eines *allgemeinen Rationierungsgleichgewichts* $((y_1^*, l_1^*),\dots,(y_m^*, l_m^*))$, für das sich also alle Reaktionen auf allen 2m Märkten wechselseitig gerade reproduzieren, kann unter geeigneten Voraussetzungen gezeigt werden (Lehmann-Waffenschmidt 1987, Section 3, Theorem). Anschaulich gesprochen bedeuten diese Voraussetzungen, daß das graphische Bild des Zustandes jedes Sektors für jedes gegebene Parameter- (2m-2)-Tupel hinsichtlich der Gleichgewichtsbestimmung im wesentlichen so aussieht wie eines der vier Diagramme von Abb. 1 oder ein Grenzfall und daß in allen Sektoren die Parametrisierungen der Reaktionsäste zu *stetigen Verschiebungen der eindeutigen* sektoralen temporären Rationierungs-Gleichgewichtskonstellationen führen.

Mit dem Nachweis der Existenz mindestens eines allgemeinen Rationierungsgleichgewichts ist die logische Konsistenz des Mehrsektoren-Modells sichergestellt. Es stellt den Modellrahmen dar, in dem im folgenden Abschnitt die Auswirkungen technologiepolitischer Fördermaßnahmen im Hochtechnologiesektor komparativ-statisch analysiert werden.

3 Komparativ-statische Analyse technologiepolitischer Fördermaßnahmen

Ausgangspunkt für die komparativ-statische Analyse in diesem Abschnitt ist die Hypothese, daß der Gütermarkt des Hochtechnologiesektors tendenziell durch Übernachfrage gekennzeichnet ist. Grundlage hierfür ist die prinzipielle Überlegung, daß von den Wirtschaftssubjekten die „Zukunftsgüter" des Hochtechnologiesektors gegenüber den herkömmlichen Gütern als überlegen angesehen oder zumindest mit Hoffnungen verbunden werden, so daß die dadurch induzierte Nachfrage nach High-Tech-Produkten das in der Gegenwart realisierte Angebot übersteigt.

Die folgenden drei Diagramme (Abb. 2) zeigen die drei möglichen Ausgangssituationen auf dem Arbeitsmarkt des Hochtechnologiesektors. Die gestrichelten Kurven repräsentieren dabei die sektorale partielle Produktionsfunktion bezüglich des Arbeitseinsatzes. Der Optimalpunkt der Firmen F_{HT} wird durch die neoklassische Optimierungsregel „Wertgrenzprodukt=Lohnsatz" bestimmt.

Während Abb. 2a dem Fall der klassischen Unterbeschäftigung in der herkömmlichen makroökonomischen Modellformulierung entspricht, ist die Situation in Abb. 2c, bei der sowohl auf dem Arbeits- als auch auf dem Gütermarkt des Hochtechnologiesektors jeweils die Nachfrageseite rationiert ist, analog dem Fall „unterdrückter Inflation" des makroökonomischen Modells. Abbildung 2b zeigt den Grenzfall: Notional würden die Haushalte mehr Arbeit im Hochtechnologiesektor anbieten, aber bei der Mengenbeschränkung $\bar{y}$ entspricht ihr rationiertes Arbeitsangebot $\bar{l}$ genau der

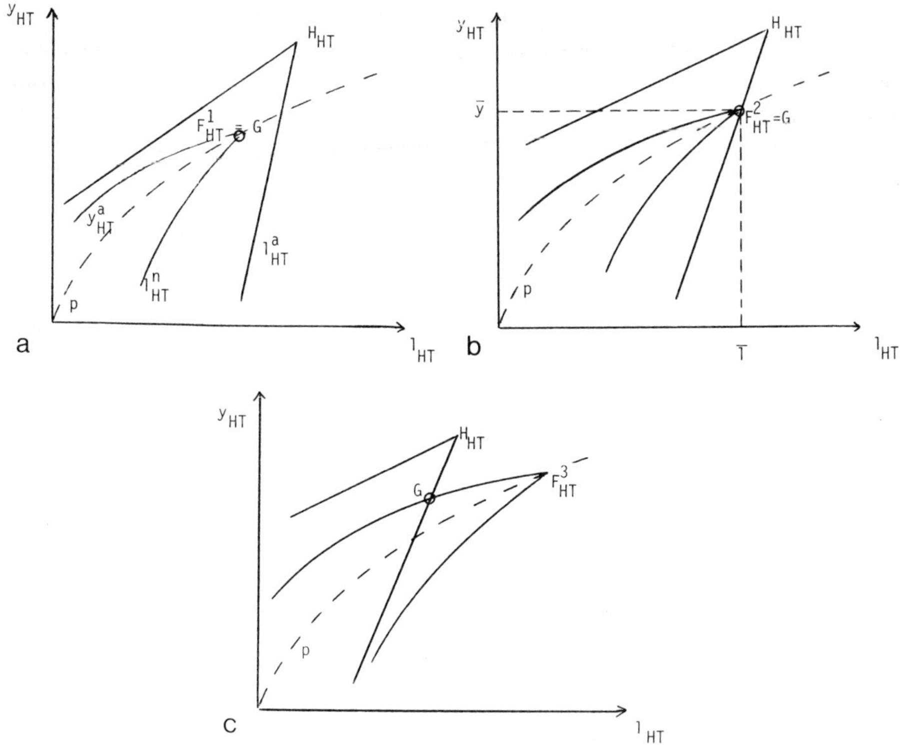

Abb. 2. Die drei möglichen Arbeitsmarktsituationen im Hochtechnologiesektor (G bezeichnet jeweils das sektorale Mengenrationierungsgleichgewicht). a) Notionales Überangebot auf dem Arbeitsmarkt des Hochtechnologiesektors (Angebotsrationierung). b) Grenzfall. c) Notionale Übernachfrage (Nachfragerationierung)

Arbeitsnachfrage der Firmen des Sektors. Kann bei den Reaktionsästen y^n_{HT}, y^a_{HT} und l^n_{HT} von dem zuvor allgemein dargestellten Entscheidungskalkül der Wirtschaftsteilnehmer bei Mengenrationierung ausgegangen werden, liegt für den Arbeitsangebots-Reaktionsast l^a_{HT} eine neue Interpretation nahe: Je geringer die Produktion von Hochtechnologie-Gütern ist, desto mehr fassen die Haushalte dies als ein Zeichen von Instabilität dieses Sektors auf und konzentrieren daher ihr Arbeitsangebot auf andere Wirtschaftssektoren.

Die Auswirkungen von technologiepolitischen Fördermaßnahmen auf das sektorale Mengenrationierungs-Gleichgewicht sollen nun komparativ-statisch analysiert werden. Dabei wird zunächst die ceteris-paribus-Annahme zugrundegelegt, also insbesondere von intersektoralen Wechselwirkungen abgesehen, was wegen der kurzfristigen Betrachtungsweise und der gegenwärtig noch geringen gesamtwirtschaftlichen Bedeutung des Hochtechnologiesektors als gerechtfertigt erscheint. Die Analyse der Wirkungen technologiepolitischer Fördermaßnahmen wie Bereitstellung von firmenspezifischer Infrastruktur, Erleichterung des Zugangs zu Krediten, Vermittlung von venturecapital oder Bereitstellung von Informationen durch Technologieberatungs-Institutionen läßt im hier gewählten Modellrahmen eines multisektoralen Mengenrationierungs-Modells zwei prinzipiell unterschiedliche Effekte deutlich werden (vgl. Abb. 2):

Effekt 1: Der Optimalpunkt F_{HT} der Firmen des Hochtechnologiesektors wird *auf* der Produktionsfunktion *nach rechts* verschoben, was mit einer Rechtsverschiebung der Arbeitsnachfragereaktionskurve und einer Verschiebung nach oben der Güterangebotsreaktionskurve verbunden ist und was somit also einer Steigerung des Güterangebots und der Arbeitsnachfrage bei jeder gegebenen Mengenrationierungsschranke auf dem jeweils anderen Markt entspricht.

Effekt 2: Zum anderen kann die partielle Produktionsfunktion p insgesamt nach oben verschoben werden. Dies führt wegen der Optimierungsregel „Wertgrenzprodukt=Lohnsatz“ ebenfalls zu einer Verschiebung des Optimalpunktes F_{HT} nach rechts auf der gleichzeitig nach oben verschobenen Produktionsfunktion. Die Diagramme in Abb. 2 zeigen, daß jeder der beiden Effekte und insbesondere eine Kombination den Rationierungsgleichgewichtspunkt bei allen drei alternativen Ausgangssituationen nach rechts oben verschiebt, also zu einer Steigerung von sektoraler Beschäftigung und Güterproduktion führen wird – solange sich das Gütermarktregime nicht ändert, also solange die Grundannahme gültig bleibt, daß der Gütermarkt durch Übernachfrage gekennzeichnet ist. Abbildung 3 zeigt dies für den Fall der Abb. 2c.

Während Effekt 1 vor allem als kurzfristige Wirkung zusätzlich bereitgestellter Finanzierungsmittel, die unter strategischen Gesichtspunkten eine Ausweitung der Produktion über den gemäß der neoklassischen Optimierungsregel ermittelten Optimalpunkt hinaus ermöglichen, aufgefaßt werden kann, ist Effekt 2 als der umfassendere Effekt aller Technologie-Förderungsmaßnahmen anzusehen.

Die ausführliche komparativ-statische Analyse des Einflusses des Kreditpotentials auf mengenrationierte Gleichgewichte im herkömmlichen makroökonomischen Mengenrationierungsmodell bei Henn (1981) ist auf die partialanalytische komparativ-statische Untersuchung hier unmittelbar übertragbar (die im vorliegenden Beitrag analysierten Fälle entsprechen dort in Tab. S. 166 den Spalten I, C, sowie der Zeile k^p, wobei k^p den unternehmensrelevanten Kreditparameter („Diskontsatz“) bezeichnet, dessen Erhöhung eine Einschränkung der Kreditmöglichkeiten für die Firmen bedeutet).

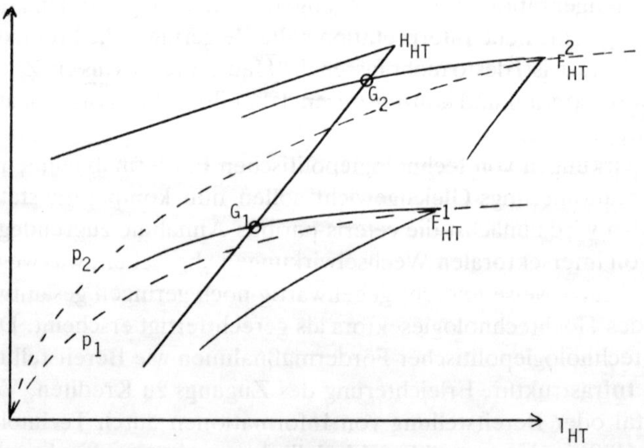

Abb. 3. Steigerung von Beschäftigung und Produktion im Hochtechnologiesektor als Folge technologiepolitischer Fördermaßnahmen durch die öffentliche Hand im sektoralen Rationierungsregime „unterdrückter Inflation“

4 Sektorales und gesamtwirtschaftliches Wachstum infolge technologiepolitischer Förderungsmaßnahmen

Während bei der komparativ-statischen Analyse des vorangegangenen Abschnitts der Hochtechnologiesektor unter der ceteris-paribus-Annahme isoliert untersucht werden konnte, die Analyse also auf intrasektorale spillovers zwischen dem sektoralen Arbeits- und Gütermarkt beschränkt werden konnte, müssen bei dynamischer Betrachtung auf mittlere und längere Frist auch alle intersektoralen spillovers sowie Veränderungen der exogenen Variablen des Modells berücksichtigt werden. Die hier verwendete Modellformulierung läßt ein breites Spektrum von Wechselwirkungen – innerhalb einer Zeitperiode sowie über die Zeit – zu. So gehen in mittlerer und längerer Frist von der im vorhergehenden Abschnitt beschriebenen Verschiebung des sektoralen Mengenrationierungsgleichgewichts im Hochtechnologiesektor Wirkungen auf die Reaktionsfunktionen anderer Sektoren aus, die mit den Koordinaten des hochtechnologiesektoralen Gleichgewichts parametrisiert sind. Wenngleich diese intersektorale Wechselwirkung wegen der – in der Gegenwart – relativen Kleinheit des Hochtechnologiesektors innerhalb der Gesamtwirtschaft zunächst vernachlässigt werden kann, kann sie auf mittlere und längere Sicht zur Initialzündung gesamtwirtschaftlicher *Wachstumsprozesse* werden: Während Produktion und Beschäftigung in krisenanfälligen traditionellen Wirtschaftssektoren unvermeidlich schrumpfen, wächst der Hochtechnologiesektor „aus den Kinderschuhen", die früheren Zukunftsindustrien werden wirtschaftsbestimmend. Dieser Prozeß kann allerdings einen größeren Zeitraum in Anspruch nehmen, wie zum Beispiel P. Drucker (1985) deutlich macht.

Ein solcher sektoraler Wachstumsprozeß des Hochtechnologiesektors hat gleichgerichtete Auswirkungen auf alle übrigen Sektoren, die mit dem Hochtechnologiesektor „positiv" verbunden sind, deren Produkte also keine engen Substitute zu den Produkten des Hochtechnologiesektors darstellen.

Eine erste indirekte Auswirkung der Förderung der Produktionsseite des Hochtechnologiesektors kann eine Verschiebung nach rechts oben des Optimalpunktes H_{HT} sein, die auf gesteigerten Erwartungen der Arbeit anbietenden Haushalte und der Güter nachfragenden Haushalte und Firmen in die Leistungsfähigkeit und Stabilität des Hochtechnologiesektors beruht. Abbildung 4 zeigt die resultierende Gesamtverschiebung nach rechts oben des Rationierungsgleichgewichts im Hochtechnologiesektor für das Beispiel des Regimes „unterdrückter Inflation".

Aus Abb. 1 wird deutlich, daß Verschiebungen nach rechts oben von beiden Reaktionskeilen eines Sektors *in allen Regimen* zu Wachstum führen können, das heißt zu Steigerungen von sektoraler Produktion und Beschäftigung im Rationierungsgleichgewicht. Der dynamische Prozeß der Verschiebungen der Reaktionsäste und der dadurch bewirkten Rationierungsgleichgewichts-Bewegungen in allen m Sektoren ergibt sich als Netto-Effekt des simultanen und intertemporalen Wechsel- und Zusammenwirkens aller endogenen und exogenen Einflußfaktoren. Zu diesen Einflußfaktoren gehören z. B. Lohn- und Preisanpassungsprozesse, wirtschafts- und fiskalpolitische Maßnahmen, die einen „policy-mix" bilden, intra- und intersektorale Wechselwirkungen zwischen den sektorzugehörigen Anbieter- und Nachfrager-Seiten, Auslandsnachfrage, Änderungen des Arbeitsangebots aufgrund demographischer Strukturänderungen oder Fremdarbeiter-Zugang oder -Abgang.

Offensichtlich können die Auswirkungen auf die sektoralen Gleichgewichte ent-

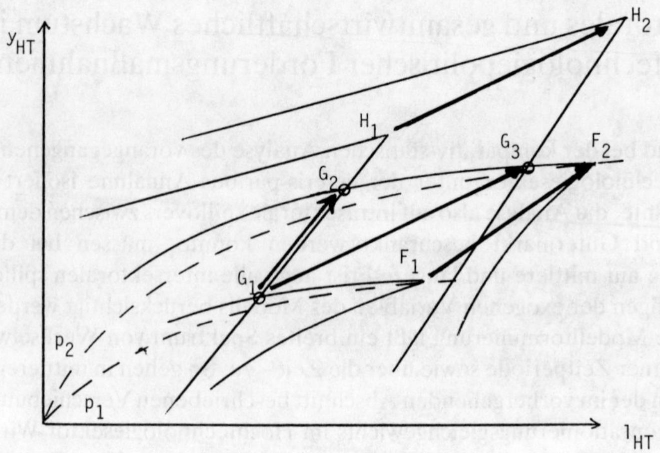

Abb. 4. Sektorales Wachstum infolge technologiepolitischer Fördermaßnahmen

scheidend davon abhängen, welches Mengenrationierungsregime vorliegt. So hat z. B. eine Erhöhung der autonomen Staatsnachfrage in einem inflationären Rationierungsgleichgewicht in einem Sektor eine kontraktive Wirkung auf die sektorale Beschäftigung, in einem Keynesianischen Rationierungsgleichgewicht dagegen eine expansive (s. Abb. 5).

Während bisher von *rationierungs-gleichgewichtigen Wachstumsprozessen* ausgegangen wurde, bei denen sich also in allen Sektoren jeweils ein sektorales Rationierungsgleichgewicht einstellt, so daß alle wechselseitigen Reaktionen in allen Sektoren diese sektoralen Rationierungsgleichgewichte gerade reproduzieren, werden simultane und intertemporale spillovers i. a. zu *rationierungs-ungleichgewichtigen dynamischen Prozessen* führen, bei denen nicht fortwährend sektorale Rationierungsgleichgewichte realisiert sind. Die von den echten Ungleichgewichtssituationen ausgelösten Anpassungsprozesse überlagern dann zusätzlich die zuvor beschriebenen simultan und

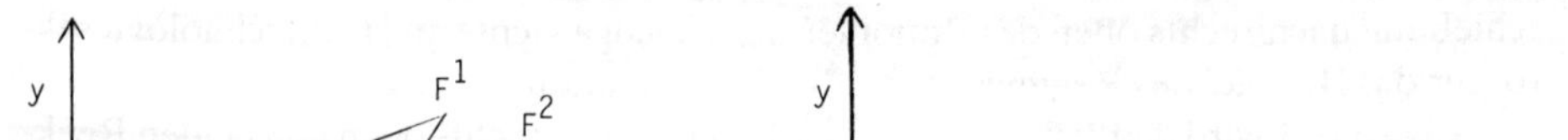

Abb. 5. Regimeabhängige sektorale Beschäftigungs- und Produktionswirkungen einer Erhöhung der autonomen Staatsnachfrage. (a) Keynesianisches Rationierungsgleichgewicht in der Ausgangssituation. (b) Inflationäres Rationierungsgleichgegewicht in der Ausgangssituation

intertemporal wirksamen Einflußfaktoren und komplexifizieren die resultierende Nettowirkung aller relevanten Einflüsse weiter.

Solange eine genaue und umfassende Analyse der langfristigen Wachstumsprozesse im multisektoralen Ungleichgewichtsmodell einer zukünftigen vollständigen dynamischen Theorie vorbehalten bleiben muß, erscheint die im vorangehenden verwendete graphische qualitative Darstellungsweise als geeignete Untersuchungsmethode. *Sektorales Wachstum* ist gleichbedeutend mit einer Verschiebung nach rechts oben des sektoralen Rationierungsgleichgewichts (vgl. Abb. 4). In einem dynamischen Prozeß, der die wirtschaftspolitischen Zielsetzungen nach Steigerung der Beschäftigung sowie deren Sicherung in wachsenden Zukunftsindustrien erfüllt, werden sich die sektoralen Rationierungsgleichgewichte der Wachstumssektoren wie beschrieben im Arbeits- und Gütermengendiagramm nach rechts oben bewegen und gesamtwirtschaftlich die unvermeidlichen Schrumpfungsprozesse der traditionellen, krisenanfällig gewordenen sowie der stagnierenden Sektoren kompensieren bzw. überkompensieren. Die Untersuchung im hier verwendeten multisektoralen Rationierungsgleichgewichtsmodell zeigt, daß Einflußfaktoren wie z.B. wirtschaftspolitische Maßnahmen des Staates je nach dem Typ der herrschenden sektoralen Rationierungsgleichgewichte, der Regime, unterschiedliche Wirkungen haben können. Sie veranschaulicht zugleich gesamtwirtschaftliche Wachstumsprozesse, die in den einzelnen Sektoren nicht den vollständigen Walrasianischen Ausgleich aller notionalen Pläne zur Voraussetzung haben, sondern den allgemeineren Fall mengenrationierter Gleichgewichte zulassen. Ausgangspunkt dieser Überlegungen war eine initiale technologiepolitische Förderung durch die öffentliche Hand.

Literatur

Benassy, J.-P.: The Economics of Market Disequilibrium, Academic Press, 1982.

Böhm, V.: Disequilibrium Dynamics in a Simple Macroeconomic Model, J E T, 17, 179-199, 1978.

Drucker, P.F.: Innovations-Management für Wirtschaft und Politik, Econ-Verlag, 1985.

Fitoussi, J.-P.: Modern Macroeconomic Theory, Blackwell, 1983. Hagemann, H., Kurz, H.D., Schäfer, W. (Hrsg.): Die neue Makroökonomik, Campus-Verlag, 1981.

Henn, R.: Nichtwalrasianische Gleichgewichte, in: Quantitative Wirtschafts- und Unternehmensforschung, Springer-Verlag, 1980.

– Der Einfluß des Kreditpotentials auf makroökonomische Gleichgewichte bei Rationierung, in: Brockhoff, Krelle (Hrsg.): Unternehmensplanung, Springer-Verlag, 1981.

– Konzepte wirtschaftspolitischer Steuerung einer industriellen Gesellschaft, in: R. Henn, W. Schikkinger (Hrsg.): Staat, Wirtschaft, Assekuranz und Wissenschaft, 1986.

Henn, R., Späth, L., Lübbe, H., Krüger, G.: Employment and the Transfer of Technology, Springer-Verlag, 1986.

Krelle, W.: Theorie des Wachstums, Springer-Verlag, 1985.

Lehmann-Waffenschmidt, M.: Existence of Equilibrium in a Multi-Sectoral Model with Quantity Rationing, Discussion Paper No. 122, Projektbereich A des SFB 303, Universität Bonn, 1987.

Meyer, U.: Neue Makroökonomik, Hochschultext, Springer-Verlag, 1983.

Quandt, R.: Bibliography of Quantity Rationing and Disequilibrium Models, Princeton University, six-monthly.

Späth, L.: Wende in die Zukunft. Die Bundesrepublik auf dem Weg in die Informationsgesellschaft. Rowohlt. 1985.

Beschäftigungswirkungen nicht-tarifärer Handelshemmnisse*

Horst Herberg

Zusammenfassung

Nicht-tarifäre Handelshemmnisse werden in jüngster Zeit weltweit immer häufiger eingesetzt, um heimische Branchen vor „zu starker" ausländischer Konkurrenz zu schützen und um dadurch dort Arbeitsplätze zu sichern. In dieser Arbeit wird nachgewiesen, daß derartige Maßnahmen in anderen Branchen Arbeitsplätze gefährden und daß sie sogar die inländische Gesamtbeschäftigung verringern können.

1 Vorbemerkung

Seit einiger Zeit zeigt sich eine deutliche und offenbar noch wachsende Neigung zu protektionistischen Maßnahmen. Sie werden in der Regel gefordert oder getroffen, um „notleidende" inländische Branchen vor „zu starkem" ausländischem Wettbewerb zu schützen. Angesichts durchweg hoher Arbeitslosigkeit geht es vor allem um die Erhaltung von Arbeitsplätzen in diesen Branchen. Zu diesem Zweck werden immer häufiger nicht-tarifäre Handelshemmnisse (NTHs) eingesetzt, und zwar weil sie weitgehend nicht unter die GATT-Bestimmungen fallen, unauffälliger sind als zollpolitische Maßnahmen und u. U. wie die sog. „freiwilligen" Selbstbeschränkungsabkommen scheinbar sogar die Zustimmung der Handelspartner finden.

Interessengruppen und Politiker, die für Handelshemmnisse eintreten, denken und argumentieren fast immer nur branchenbezogen. Die zu erwartenden Wirkungen auf andere Branchen und auf die Gesamtwirtschaft werden nicht gesehen bzw. bewußt nicht erwähnt oder in ihrer Bedeutung heruntergespielt.[1] Ökonomen sind gefordert, diese zusätzlichen sektoralen und gesamtwirtschaftlichen Wirkungen aufzudecken und mit Nachdruck darauf hinzuweisen, mit welchen Nachteilen die erhofften Vorteile erkauft werden müssen. Eine deutliche Warnung ist insbesondere dann angebracht, wenn damit zu rechnen ist, daß die Nachteile die Vorteile überwiegen.

Da gegenwärtig das Beschäftigungsargument im Vordergrund steht, soll im folgenden erörtert werden, inwieweit NTHs, die in einigen Branchen Arbeitsplätze sichern sollen, in anderen heimischen Branchen Arbeitsplätze gefährden und unter welchen Umständen sie sogar zu einem Rückgang der Gesamtbeschäftigung im Inland führen können. Da es außerdem darum geht, Arbeitsplätze jetzt und in näherer Zukunft zu sichern, richtet sich die Analyse auf die kurze bis mittlere Frist.

---

* Meinem Mitarbeiter Hanno Kühn danke ich für hilfreiche Hinweise.

1 Man wird dabei an die – bekanntlich falsche – These erinnert: Was gut ist für General Motors, ist auch gut für die USA.

2 Primäreffekte von nicht-tarifären Handelshemmnissen

Es gibt bekanntlich eine bemerkenswerte Vielfalt von NTHs. Üblicherweise werden sie nach den Maßnahmen kategorisiert. So unterscheidet Baldwin [1] 12 Arten von NTHs, und Walter [10] kommt zu einer noch feineren Unterteilung. Solche Kategorisierungen sind nützlich, wenn es darum geht, einen möglichst vollständigen systematischen Überblick über die verschiedenen Formen beabsichtigter oder unbeabsichtigter Handelsbeschränkungen zu geben. Für eine Wirkungsanalyse sind sie jedoch wenig brauchbar, weil sie keine Auskunft über die wirtschaftlichen Anstoßeffekte der verschiedenen Maßnahmen geben und damit nicht ohne weiteres Rückschlüsse auf die Folgeeffekte erlauben. Aus diesem Grunde habe ich an anderer Stelle [2] vorgeschlagen, zwischen drei Typen von NTHs zu unterscheiden:

Typ A: NTHs, die unmittelbar inländische und u. U. auch ausländische Preise oder Preisverhältnisse ändern.

Typ B: NTHs, die für die am internationalen Güteraustausch Beteiligten den Grad des Risikos oder der Unsicherheit erhöhen.

Typ C: NTHs, die unmittelbar internationale Zahlungsströme beeinflussen.

Es ist nicht möglich, die wirtschaftlichen Folgen dieser drei Typen von NTHs auf wenigen Seiten zu beschreiben und überzeugend zu begründen. Daher beschränkt sich diese Untersuchung auf den Typ A, und zwar beispielhaft auf Importquoten.

Die Wirkungen einer Importquote hängen wesentlich von den wirtschaftlichen Gegebenheiten in den Ländern ab, die davon betroffen werden. Deshalb ist es angebracht, eine Reihe von Fällen gesondert zu betrachten. Um jedoch den Analyserahmen und die Zahl der Fälle überschaubar zu halten, wird angenommen, daß das Land (Inland), das eine Importquote festlegt, keinen Einfluß auf die Weltmarktpreise seiner Einfuhrgüter und der ausländischen Konkurrenzprodukte seiner Ausfuhrgüter hat (Annahme des kleinen Landes). Außerdem wird vorausgesetzt, daß das Ausland keine handelsbeschränkenden Gegenmaßnahmen trifft.

Wird die heimische Einfuhr eines Gutes durch eine Importquote verringert, sind drei eng miteinander verbundene Primäreffekte zu berücksichtigen: (1) Der von den inländischen Nachfragern zu zahlende Preis des Gutes steigt über den in Inlandswährung ausgedrückten (unveränderten) Weltmarktpreis. Dabei ist der Preisanstieg um so höher, je weniger preiselastisch die heimische Nachfrage nach dem Gut ist. (2) Die Quote läßt eine Knappheitsrente entstehen, die gleich ist der Quotenmenge multipliziert mit der Differenz zwischen den genannten beiden Preisen. Die Knappheitsrente stellt ein zusätzliches Einkommen dar, das den inländischen Importeuren, den ausländischen Exporteuren oder dem inländischen Staat zufließt. Die Aufteilung der Rente hängt von den näheren Umständen ab, u. a. von der Art der Vergabe der Importlizenzen und der Fähigkeit der ausländischen Exporteure, bei ihren inländischen Kunden einen höheren Preis durchzusetzen als auf dem Weltmarkt. (3) Die Quote hat Einfluß auf den inländischen Importwert und damit auf die inländische Leistungsbilanz. Berechnet zum früher geltenden Preis gehen die Ausgaben der Inländer für das betrachtete Gut zurück, weil die Quote die Einfuhrmenge verringert. Falls die Knappheitsrente in voller Höhe im Inland verbleibt, d. h. falls die ausländischen Exporteure keine höheren Preise durchsetzen können, sinkt folglich der Importwert und verbessert sich die Leistungsbilanz. Je höher jedoch der Auslandsanteil an der Rente ist, d. h. je stärker die ausländischen Exporteure ihre Preise anheben können, desto geringer ist der Rückgang des Importwerts und die Verbesserung der Leistungsbilanz. Bei einem genügend großen Auslandsanteil und unelastischer Inlandsnachfrage nach dem Gut steigt sogar der Importwert und verschlechtert sich die Leistungsbilanz.

3 Sektorale und gesamtwirtschaftliche Beschäftigungseffekte von Einfuhrbeschränkungen

Wenn zur Milderung des Importdrucks für eine einzelne Branche eine Einfuhrquote gefordert wird, weisen die Befürworter dieser Maßnahme gewöhnlich auf die erwünschten Folgen der Preiserhöhung hin: Die Verteuerung des ausländischen Gutes läßt inländische Verbraucher vermehrt heimische Substitute nachfragen und erlaubt es daher der geschützten Branche, ihre Produktion auszudehnen und außerdem eine bessere Erlös-Kosten-Relation zu erreichen. Arbeitsplätze in dieser Branche werden gesichert bzw. gewonnen.

Diese partialanalytischen Argumente sind richtig, aber unvollständig. Sie lassen offensichtlich die Folgewirkungen auf andere Branchen außer acht. Um Folgewirkungen zu erkennen, ist es zunächst angebracht, die Entwicklung der Nachfrage aus dem In- und Ausland nach inländischen Erzeugnissen zu untersuchen.

Die erforderliche Totalanalyse läßt sich vereinfachen, ohne daß die Gültigkeit der dabei gewonnenen Ergebnisse eingeschränkt wird, wenn wir im folgenden die im Inland produzierten Güter zu drei Gruppen zusammenfassen: import-konkurrierende Güter, Exportgüter und (international nicht-handelbare) Binnengüter. Dementsprechend werden wir zwischen drei inländischen Produktionssektoren, dem import-konkurrierenden Sektor, dem Exportsektor und dem Binnensektor unterscheiden. Eine vierte Gruppe bilden die nur im Ausland produzierten Importgüter.

Da wir keine langfristige Analyse beabsichtigen, nehmen wir an, daß sich die Sachkapitalausstattung der inländischen Sektoren im betrachteten Zeitraum nicht ändert und somit Arbeit der einzige variable Faktor ist.

Für die uns besonders interessierende Entwicklung der inländischen Gesamtbeschäftigung ist die Entwicklung der Beschäftigung in jedem einzelnen der drei inländischen Sektoren von Bedeutung. Es liegt nahe, zu vermuten, daß die Beschäftigung z.B. im Exportsektor steigt (sinkt), wenn die Exportgüternachfrage zunimmt (abnimmt), d.h. wenn Inländer und Ausländer mehr (weniger) für die inländischen Exportgüter ausgeben wollen.[2]

3.1 Einfuhrbeschränkungen bei Endprodukten

Betrachten wir zunächst den Fall, daß sämtliche Güter, insbesondere die Importgüter und die import-konkurrierenden Güter Endprodukte (Konsum- oder Investitionsgüter) sind, und nehmen wir an, der dem Inland zufließende Rentenanteil aus der Importquote werde in voller Höhe für Güterkäufe ausgegeben. Unter diesen Umständen

2 Im folgenden sind unter Ausgaben für das Exportgut immer die Ausgaben der Inländer und der Ausländer, unter Ausgaben für die beiden anderen heimischen Erzeugnisse die Ausgaben der Inländer zu verstehen.

gilt, wie sich leicht nachprüfen läßt, daß die Gesamtausgaben für die drei inländischen Gütergruppen um den gleichen Betrag zunehmen bzw. abnehmen, um den sich die inländische Leistungsbilanz aufgrund der Importquote verbessert bzw. verschlechtert. Da die Inländer mehr für import-konkurrierende Güter ausgeben, können wir folgern, daß immer dann, wenn sich die inländische Leistungsbilanz aufgrund der Importquote nicht oder nur geringfügig verbessert, die Ausgaben für Exportgüter und/oder Binnengüter sinken und daher die Beschäftigung im Exportsektor und/oder im Binnensektor abnimmt. Auch ein Rückgang der Gesamtbeschäftigung ist möglich, und sie ist um so wahrscheinlicher, je ungünstiger sich die inländische Leistungsbilanz entwickelt und je niedriger die Grenzproduktivität der Arbeit im Export- und Binnensektor und je höher sie im import-konkurrierenden Sektor ist.[3]

Aus unseren früheren Überlegungen können wir ergänzend folgern, daß eine Importquote oder ein anderes NTH vom Typ A im Inland um so nachteiligere Beschäftigungseffekte in den nicht-geschützten Sektoren und gewöhnlich auch aus gesamtwirtschaftlicher Sicht hat, 1. je höher die Knappheitsrente ausfällt, d.h. je weniger preiselastisch die inländische Importnachfrage ist, und 2. je größer der Anteil an der Knappheitsrente ist, den sich das Ausland sichern kann. Daher sind vor allem die „freiwilligen" Selbstbeschränkungsabkommen, die in jüngster Zeit immer häufiger abgeschlossen werden, beschäftigungspolitisch besonders bedenklich, da sie den ausländischen Exporteuren gute Chancen bieten, von ihren inländischen Kunden vergleichsweise hohe Preise zu fordern und damit den durch die Importbeschränkung entstandenen Spielraum zwischen den neuen Inlandspreisen und den Weltmarktpreisen der Importgüter zu ihren Gunsten auszunutzen.

NTHs vom Typ A können wegen ihrer Leistungsbilanzwirkungen bei flexiblen Wechselkursen auch einen gewissen Einfluß auf den Kurs der heimischen Währung haben. Soweit ein solcher Einfluß zum Tragen kommt, dürfte er den mit dem Handelshemmnis verbundenen Tendenzen, bei gleichbleibendem Wechselkurs die inländische Leistungsbilanz zu verbessern bzw. zu verschlechtern, entgegenwirken. Da unter diesen Umständen die Gesamtausgaben für inländische Güter sich nur wenig ändern, aber die Ausgaben für importkonkurrierende Güter zunehmen, werden die Ausgaben für Exportgüter und Binnengüter sinken. Es ist also zu erwarten, daß in den nichtgeschützten Sektoren Arbeitsplätze verloren gehen und u.U. sogar die Gesamtbeschäftigung sinkt.[4]

---

3 Diese Schlußfolgerungen scheinen einem bekannten Ergebnis von Johnson [3] und Mussa [8] zu widersprechen, nach dem bei festen Wechselkursen die inländische Beschäftigung durch einen Importzoll erhöht wird. Der Widerspruch löst sich jedoch auf, wenn man berücksichtigt, daß die genannten Autoren annehmen, daß im Inland lediglich ein einziges Gut produziert wird und daß die Zolleinnahmen, die der Knappheitsrente in unserem Ansatz entsprechen, nur Inländern zufließen und von ihnen in voller Höhe für Güterkäufe ausgegeben werden. Unter diesen Umständen verbessert sich, wie wir wissen, die inländische Leistungsbilanz, steigen daher die Gesamtausgaben für das heimische Erzeugnis und nimmt folglich die inländische Beschäftigung zu. Unsere Überlegungen zeigen, wie wichtig es ist, den Blick auf die sektorale Produktionsstruktur im Inland und auf die internationale Aufteilung der Knappheitsrenten zu richten.

4 Im Rahmen eines ähnlichen Modells, wie es von Johnson und Mussa verwendet wurde, weist Mundell [7] nach, daß dann, wenn Wechselkursänderungen für einen ständigen Leistungsbilanzausgleich sorgen, ein Importzoll keinen Einfluß auf die inländische Beschäftigung hat. Auch dies widerspricht nicht unseren Folgerungen, und erneut wird deutlich, daß eine differenziertere Betrachtungsweise zusätzliche wichtige Einsichten vermittelt. Das zeigt auch die Untersuchung [5] von Kühn. In dieser Arbeit werden außerdem Bedingungen für eine Zunahme bzw. Abnahme der Gesamtbeschäftigung abgeleitet.

Ferner ist zu bedenken, daß zusätzliche negative Beschäftigungseffekte entstehen, wenn der inländische Rentenanteil z. T. für andere Zwecke als für Güterkäufe verwendet wird, beispielsweise staatliche Einnahmen aus Importlizenzen und dgl. zur Verringerung der Kreditaufnahme dienen oder private Wirtschaftssubjekte ihre Ersparnis erhöhen.[5] Beschäftigungsfördernd wäre es dagegen, wenn die Ausländer einen Teil der ihnen zufließenden Knappheitsrente für zusätzliche Importe aus dem Inland ausgeben. Es ist jedoch zu vermuten, daß auf diese Weise die Nachfrage nach inländischen Erzeugnissen allenfalls geringfügig erhöht wird und daß daher der hieraus resultierende Beschäftigungseffekt kaum spürbar ist.

Zu berücksichtigen ist schließlich die Möglichkeit, daß eine Verteuerung von Importen die inländischen Lebenshaltungskosten spürbar erhöht und daß der Anstieg des Konsumentenpreisniveaus über Indexklauseln oder höhere Tarifabschlüsse dazu führt, daß die Nominallöhne steigen. Tritt eine solche Entwicklung ein, werden die inländischen Produzenten angesichts höherer Produktionskosten ihre Preise heraufsetzen oder ihr Angebot einschränken. Es liegt auf der Hand, daß hierdurch die Gefahr einer ungünstigen sektoralen und gesamtwirtschaftlichen Beschäftigungsentwicklung vergrößert wird. Insbesondere wird dabei eine Rolle spielen, daß sich die internationale Wettbewerbsposition des heimischen Exportsektors verschlechtert hat.[6,7]

3.2 Einfuhrbeschränkungen bei Zwischenprodukten

Von Handelshemmnissen können jedoch auch noch andere Kostendruckeffekte ausgehen. Das gilt insbesondere für den Fall, daß Einfuhren von Zwischenprodukten (Rohstoffen wie Kohle und Erzen oder Halbfabrikaten wie Garnen und Blechen) beschränkt werden. Beispiele für NTHs vom Typ A für Zwischenprodukte gibt es in großer Zahl, aber die daraus resultierenden wirtschaftlichen Folgen sind bisher selten genauer untersucht worden. Eine Ausnahme stellt die Arbeit von Kühn [6] dar.

Für unsere Überlegungen ändern wir den bisher verwendeten Analyserahmen: Wir nehmen an, daß nur die Exportgüter und die Binnengüter des Inlands Endprodukte sind, während es sich bei den Importgütern und den importkonkurrierenden Gütern um (reine) Zwischenprodukte handelt. Für die Herstellung der Exportgüter und der Binnengüter werden Arbeitskräfte und die beiden Zwischenprodukte als variable Produktionsfaktoren benötigt. Dabei sind alle drei Inputs gegeneinander substituierbar. Die import-konkurrierenden Güter werden mit Arbeit als einzigem variablen Faktor produziert. Die Sachkapitalausstattung der inländischen Sektoren betrachten wir wieder als gleichbleibend.

---

5 Mit einem ähnlichen Argument begründet Mundell [7], daß ein Importzoll bei flexiblen Wechselkursen die Gesamtbeschäftigung verringern kann. Er weist dabei auf den Laursen-Metzler-Effekt hin, nach dem die Inländer ihre Gesamtausgaben für Güter senken werden, wenn sich ihre terms of trade infolge einer Aufwertung der heimischen Währung verbessern. Vgl. auch Tower [9].

6 Beispielsweise hat die EG-Agrarpolitik dadurch, daß sie durch eine Vielzahl von Handelsbeschränkungen das Binnenpreisniveau für Nahrungsmittel deutlich über das Weltmarktpreisniveau angehoben hat, mit Sicherheit zu höheren Nominallöhnen und somit zu höheren Arbeitskosten in der Gemeinschaft geführt.

7 Unsere Folgerung wird z. B. von Krugman [4] unterstützt, der in einem Modell mit nur einem inländischen Sektor, internationalen Kapitalbewegungen und flexiblen Wechselkursen nachweist, daß ein Importzoll bei konstanten Reallöhnen (und ebenso bei konstanten Nominallöhnen) mehr Arbeitsplätze vernichtet, als er schafft.

Untersuchen wir in einem ersten Schritt, welchen Einfluß eine Importquote auf die Nachfrage nach den inländischen Endprodukten hat. Wir müssen wieder zunächst feststellen, wie sich die Gesamtausgaben für diese beiden Güter ändern. Dazu ist es jetzt erforderlich, die Entwicklung des inländischen Volkseinkommens zu bestimmen. Definitionsgemäß ist das Volkseinkommen gleich der Wertschöpfung der drei inländischen Sektoren und damit gleich dem Gesamtwert der Gütererzeugung im Exportsektor und im Binnensektor vermindert um den Wert der Zwischenprodukteinfuhren.[8] Unter sonst gleichbleibenden Umständen, d. h. bei unveränderten Preisen und Ausbringungsmengen der Endprodukte, hat demnach eine Importquote eine Zunahme bzw. Abnahme des inländischen Volkseinkommens zur Folge, wenn sie den Importwert verringert bzw. erhöht.

Die oben beschriebenen Primäreffekte einer Importquote treten offensichtlich auch im jetzt betrachteten Fall ein, und daher sind die früheren Aussagen über die Entwicklung des Importwerts weiterhin gültig. Beachten wir, daß eine Änderung des inländischen Volkseinkommens zu einer gleichgerichteten aber geringeren Änderung der Ausgaben der Inländer für Endprodukte[9] führt, können wir folgern: Die Gesamtausgaben für die Erzeugnisse des Exportsektors und des Binnensektors der heimischen Wirtschaft nehmen ab, wenn die inländische Importnachfrage preisunelastisch ist und den Ausländern ein genügend hoher Anteil an der Knappheitsrente, die mit der Importquote verbunden ist, zufließt. Anderenfalls nehmen die genannten Gesamtausgaben zu, aber um so weniger, je höher der ausländische Rentenanteil ist. Nachfragebedingte ungünstige Auswirkungen auf die Beschäftigung in diesen beiden Sektoren sind also durchaus möglich.

Gehen wir in einem zweiten Schritt auf die Kostenentwicklung und damit auf die Angebotsseite ein. Die inländischen Endprodukthersteller werden versuchen, die Verteuerung des importierten Zwischenprodukts dadurch aufzufangen, daß sie es im Rahmen der produktionstechnischen Möglichkeiten durch das heimische Zwischenprodukt und durch Arbeit ersetzen. Da jedoch ihre Kosten in jedem Fall steigen, werden sie ihr Angebot verringern. Die Beschäftigungsentwicklung in diesen Sektoren unterliegt also zwei gegenläufigen Einflüssen, einem Substitutionseffekt und einem Outputeffekt. Der Outputeffekt überwiegt, und die Zahl der Arbeitsplätze geht zurück, wenn, und das ist in der Realität zu erwarten, Arbeit und das importierte Zwischenprodukt kurzfristig schlechte Substitute sind. Ähnliches gilt für den heimischen Zwischenproduktsektor; allerdings wird er in der Regel seine Produktion und Beschäftigung steigern können, weil die beiden Zwischenprodukte vergleichsweise gute Substitute sein dürften.

Wenn auch unsere Analyse, zumal bei gleichzeitiger Betrachtung der Angebotsseite und der Nachfrageseite, zu keinen eindeutigen Ergebnissen führt, läßt sie doch erkennen, daß mit folgenden Wirkungen von Einfuhrbeschränkungen bei Zwischenprodukten zu rechnen ist:[10] (1) Produktion und Beschäftigung werden im geschützten Sektor steigen und in den nicht-geschützten Sektoren in der Regel fallen. (2) Ein Rückgang der gesamtwirtschaftlichen Beschäftigung ist um so wahrscheinlicher und um so

8 Da die heimischen Zwischenprodukte zum Volkseinkommen beitragen, darf ihr Wert hier nicht ebenfalls abgezogen werden.

9 Die marginale inländische Absorptionsquote, die in diesem Zusammenhang eine Rolle spielt, ist gewöhnlich kleiner als eins.

10 Dies wird durch die Ergebnisse von Kühn [6] bestätigt.

stärker, je mehr sich importierte Zwischenprodukte verteuern, je schlechter sie durch heimische Zwischenprodukte und durch Arbeit substituierbar sind und je höher der ausländische Anteil an der Knappheitsrente ausfällt. (3) Die Preise der heimischen Endprodukte werden steigen, und das kann über den bereits erwähnten möglichen Zusammenhang zwischen Konsumentenpreisniveau und Nominallöhnen zu weiteren Kostenerhöhungen und Arbeitsplatzverlusten führen.

4 Fazit

Insgesamt gesehen sind also Importquoten und andere NTHs vom Typ A, vor allem „freiwillige" Selbstbeschränkungsabkommen, wenig geeignete Mittel für eine erfolgreiche expansive Beschäftigungspolitik: Zwar können sie in den geschützten Branchen Arbeitsplätze sichern oder vermehren, aber sie gefährden Arbeitsplätze in den übrigen, vor allem den nachgelagerten Branchen,[11] und sie können sogar mit einem Rückgang der Gesamtbeschäftigung und des realen Volkseinkommens verbunden sein.

Diese Schlußfolgerung wird noch durch zwei weitere, bisher nicht erörterte Gründe verstärkt: (1) Handelshemmnisse, auch wenn sie nur als vorübergehende Maßnahmen geplant waren, erweisen sich in aller Regel als langlebig, und sie verzögern und erschweren daher notwendige Strukturanpassungen im Inland und hindern außerdem das Inland daran, die an sich möglichen Vorteile der internationalen Arbeitsteilung zu realisieren. (2) Es ist damit zu rechnen, daß die Handelspartner mit Vergeltungsmaßnahmen reagieren und daß dadurch die ungünstigen Wirkungen der ursprünglichen Handelshemmnisse noch verstärkt werden.

Literatur

[1] Baldwin, R.E., Nontariff Distortions of International Trade, Washington, D.C., 1971.

[2] Herberg, H., Handelshemmnisse – Ein Mittel der Beschäftigungspolitik? in: H. Milde, H.G. Monissen (Hrsg.), Rationale Wirtschaftspolitik in komplexen Gesellschaften. Gérard Gäfgen zum 60. Geburtstag, Stuttgart-Berlin-Köln-Mainz 1985: 296–302.

[3] Johnson, H.G., Towards a General Approach to the Balance of Payments, in: R.N. Cooper, International Finance, Middlesex 1969, Kap. 2.

[4] Krugman, P., Macroeconomics of Protection with a Floating Exchange Rate, in: K. Brunner, A.H. Meltzer (Hrsg.), Monetary Regimes and Protectionism, Amsterdam 1982:141–182.

[5] Kühn, H., Beschäftigungswirkungen nicht-tarifärer Handelshemmnisse – ein Stolper-Samuelson Argument, Diskussionsbeiträge aus dem Institut für Theoretische Volkswirtschaftslehre der Universität Kiel, Discussion Paper No. 59/85.

---

11 Daß die praktische Wirtschaftspolitik in manchen Fällen bemüht ist, Nachteile für nachgelagerte Branchen zu verringern oder zu vermeiden, zeigt sich in der Bundesrepublik Deutschland u. a. am Beispiel der Steinkohle. Zwar wird die Kohleeinfuhr durch Importquoten begrenzt, aber durch Beihilfen werden für die deutsche Stahlindustrie die Kosten der Kokskohle bis fast auf das Weltmarktpreisniveau gesenkt. Zugleich gibt es jedoch in der EG Handelsbeschränkungen für Stahlerzeugnisse, die ihrerseits die Kosten der ohnehin notleidenden Werftindustrie erhöhen und deren „Subventionsbedarf" steigern. Das sind weitere Beispiele für die Regel, daß ein Markteingriff weitere nach sich zieht.

[6] Kühn, H., Beschäftigungseffekte von Beschränkungen von Zwischenprodukteinfuhren, Diskussionsbeiträge aus dem Institut für Theoretische Volkswirtschaftslehre der Universität Kiel, Discussion Paper No. 65/86.
[7] Mundell, R.A., Flexible Exchange Rates and Employment Policy, Canadian Journal of Economics and Political Science 27, 1961: 509–517; wieder abgedruckt in: R.A. Mundell, International Economics, New York-London 1968, Kap. 17.
[8] Mussa, M., A Monetary Approach to Balance of Payments Analysis, Journal of Money, Credit and Banking 6, 1974:333–351.
[9] Tower, E., Commercial Policy under Fixed and Flexible Exchange Rates, Quarterly Journal of Economics 87, 1973:436–454.
[10] Walter, I., Nontariff Barriers and the Free-Trade Area Option, Banca Nazionale del Lavoro Quarterly Review 88, 1969: 16–45.

Innovationsaktivität und Beschäftigung: Einige empirische Ergebnisse

HEINZ KÖNIG[1]

1 Problemstellung

Diese Studie verfolgt zwei Ziele:

- zum einen soll die Bedeutung einiger Determinanten der Innovationsaktivität, insbesondere die Rolle von Nachfrageerwartungen, der firmen- und branchenspezifischen Exportabhängigkeit sowie der Unternehmensgröße aufgezeigt werden, und
- zum anderen wird untersucht, welche Beschäftigungswirkungen Produkt- und Prozeßinnovationen besitzen.

Beide Problemkreise sind in jüngster Zeit nicht nur Gegenstand der Forschung. Sie sind vor allem – je nach Einstellung zur Bedeutung und zu den Auswirkungen des technischen Fortschritts – Gegenstand wirtschaftspolitischer Kontroversen und Handlungsanweisungen.

Eine hohe Innovationsaktivität wird häufig als die wichtigste Voraussetzung für Wachstum und internationale Wettbewerbsfähigkeit angesehen. So stellt beispielsweise die Deutsche Bundesbank in ihrem Geschäftsbericht des Jahres 1983 fest, daß „den verfügbaren Angaben nach die Bundesrepublik im Export ausgewählter Produkte der Spitzentechnologie, so stark er dem Werte nach auch gewachsen ist, an Boden verloren (hat) .... Ein weiteres Zurückfallen der Bundesrepublik in der Entwicklung marktreifer und konkurrenzfähiger Produkte wäre nicht nur nachteilig für die deutsche Außenhandelsposition. Da es sich hier um Kernbereiche der wirtschaftlichen Expansion handelt, die Wachstumsimpulse an zahlreiche andere Sektoren der Wirtschaft weitergeben, hängt von Erfolgen oder Mißerfolgen auf diesem Gebiet viel für die gesamte Wirtschaft, nicht zuletzt auch für die Beschäftigungsentwicklung ab." Das wirft natürlich das Problem auf, ob technischer Fortschritt letztlich Arbeitsplätze schafft (oder zumindest sichert) oder vernichtet: eine Frage, die in der wirtschaftswissenschaftlichen Literatur seit Beginn des 19. Jahrhunderts kontrovers beantwortet wird und vor allem in Zeiten großer Arbeitslosigkeit eine zentrale Rolle spielt. Diese kontroverse Auffassung widerspiegelt sich auch in der öffentlichen Meinung. So halten in einer von der Firma Siemens in Auftrag gegebenen Umfrage 39,8 v.H. der Befragten im Dezember 1980 die Aussage für richtig, „Technik führe zur Arbeitslosigkeit", im August 1983 bereits 49,5 v.H.

Ebenso umstritten ist die Frage, welche Bedeutung der Unternehmensgröße bei der Innovationsaktivität zukommt. Seit Schumpeter (1942) und Galbraith (1952) wird zwar oft die These vertreten, daß (1) ein positiver Zusammenhang zwischen Innova-

---

1 Ich danke H. Entorf für zahlreiche Anregungen und die Durchführung der Berechnungen. Der Stiftung Volkswagenwerk und dem Sonderforschungsbereich 5 sei für die Förderung dieses Projektes gedankt.

tion und Monopolmacht existiere und (2) große Unternehmen eine relativ höhere Innovationsaktivität als kleine Unternehmen aufweisen; die empirische Evidenz dazu ist jedoch, wie Kamien und Schwartz (1975, 1982) betonen, eher ambivalent. Auch im Bundesbericht Forschung VI wird festgestellt, daß die „innovatorische Dynamik in der Weltwirtschaft ... nicht primär die Frage der Unternehmensgröße (sei) ... Kapitalkraft, Möglichkeiten der Risikoverteilung und umfangreiche Produktionskapazitäten bieten großen Unternehmen zwar die besseren Voraussetzungen für längerfristig orientierte Forschung und Entwicklung, häufig sind jedoch mittlere und kleine Unternehmen in der schnellen Ausnützung chancenreicher Neuerungen großen Unternehmen überlegen." Das scheint auch der Auffassung einiger Landesregierungen der Bundesrepublik zu entsprechen, die auf dem Wege der Einrichtung von „Technologieparks" und ähnlichen Institutionen insbesondere die Dynamik des technologischen Fortschritts durch Neugründung junger und kleiner (?) Unternehmen zu fördern versuchen.

Im folgenden werden wir zunächst auf der Basis des Ifo-Konjunkturtests einige Daten über die Innovationsaktivität nach Betriebsgrößenklassen präsentieren, wobei als Indikator für die Produkt-Innovationsaktivität Unternehmensangaben über die Lebenszyklus-Produktstruktur herangezogen werden. Wir ergänzen diese Überlegungen sodann durch eine branchenspezifische Aufspaltung. In einem weiteren Abschnitt werden wir Probitschätzungen über die Determinanten der Innovationstätigkeit – differenziert nach Produkt- und Prozeßinnovationen – vorstellen und schließlich den Zusammenhang zwischen Beschäftigung und Innovation diskutieren. Die empirischen Ergebnisse basieren auf einem explorativen Ansatz. An anderer Stelle (König/Zimmermann, 1986a) wurde ein für die theoretische Analyse verwendetes Modell vorgestellt und geschätzt.

2 Lebenszyklus-Produktstruktur und Innovationsaktivität

Folgt man Schumpeter, dann bestehen Innovationen aus der Einführung neuer Produkte, d.h. also zusätzlicher Dimensionen des Güterraumes, und der Einführung neuer Prozesse, die eine Verschiebung der Produktionsfunktion auf ein höheres Output-Niveau implizieren, also, allgemein gesprochen, eine Erhöhung der Faktorproduktivität zur Folge haben. In empirischen Studien ist die Identifikation von Innovationen nicht ganz so einfach, da zahlreiche neue Produkte und Prozesse nur geringfügige Verbesserungen gegenüber bereits existierenden Produkten/Prozessen aufzeigen. Die Patent-Statistik bietet für diesen Zweck nur eine unvollkommene Grundlage: zahlreiche patentierte Produkte und Prozesse werden niemals realisiert; andererseits werden viele Innovationen nicht patentiert.

Ein (erster) Indikator für die Produkt-Innovationsaktivität liefern im folgenden die Unternehmensangaben zur Lebenszyklus-Produktstruktur, die als Sonderfragen im Ifo-Konjunkturtest seit einigen Jahren erhoben werden und – gemessen am Gesamtumsatz – folgende Phasen unterschieden: Markteinführung (Innovation), Wachstum, Stagnation sowie Schrumpfung.

Tabelle 1 gibt für die Gesamtindustrie sowie für ausgewählte Branchen die entsprechenden Werte wieder. Das Ifo-Institut (1984) kommt auf Grund der Entwicklung der

Tabelle 1. Lebenszyklus-Produktstruktur von ausgewählten Industriegruppen im Jahr 1984.

Industriegruppe	ungewichtete Anteile in den Phasen				mit Beschäftigten gewichtete Anteile in den Phasen				durchschn. Anzahl der Beschäftigten	Anzahl der Beobachtungen
	Innovation	Wachstum	Stagnation	Schrumpfung	Innovation	Wachstum	Stagnation	Schrumpfung		
Gesamtindustrie	9,5	23,7	53,8	12,9	10,7	26,8	49,5	12,9	405	3064
Steine und Erden	5,9	8,9	58,5	26,8	3,7	5,4	39,6	51,2	155	81
Chemische Spezialerzeugnisse	11,1	30,9	45,2	12,8	9,6	32,7	42,5	15,1	1172	83
Maschinenbauerzeugnisse	11,2	26,3	49,6	13,0	10,9	34,1	43,0	12,0	504	492
Straßenfahrzeuge	10,4	23,6	57,3	8,8	16,2	28,9	45,7	9,2	3782	67
Elektronische Erzeugnisse	12,3	30,4	43,2	14,1	11,7	31,0	45,5	11,8	626	309
Feinm. u. optische Erzeugnisse	11,2	26,4	49,2	13,2	13,7	36,9	35,4	14,1	332	120
Eisen-, Blech- und Metallwaren	10,4	23,3	53,9	12,4	9,8	19,3	57,7	13,2	218	166
Feinkeramische Erzeugnisse	10,3	24,0	51,1	14,6	16,2	26,3	41,4	16,1	571	50
Glas- und Glaswaren	10,7	16,4	64,1	8,8	5,9	14,3	70,7	9,2	413	44
Textilien	11,5	22,5	54,0	12,0	11,3	26,0	51,3	11,5	244	206
Bekleidung	9,7	18,8	59,2	12,2	9,3	21,6	54,3	14,8	233	98
Papier- und Pappwaren	4,8	17,4	65,6	12,3	4,6	18,3	66,0	11,1	137	78
Holzwaren	12,0	24,6	49,5	13,9	14,9	26,7	45,2	13,1	170	174
Kunststofferzeugnisse	8,7	29,2	48,9	13,2	7,8	30,3	49,3	12,5	134	229
Druckereierzeugnisse	6,8	24,3	60,5	8,4	7,3	24,0	61,3	7,4	117	190
Nahrungsmittelerzeugnisse	6,0	18,5	62,8	12,6	6,1	24,4	54,8	14,8	205	192

Quelle: Ifo-Konjunkturtest, eigene Berechnungen

Lebenszyklus-Produktstruktur zu dem Schluß, daß zwar Anfang der 80er Jahre ein Innovationsdefizit existiert habe, das sich jedoch in der Folgezeit wegen der günstigen Wachstumsperspektiven verringert habe. Diese Aussage basiert auf ungewichteten Daten, d.h. ohne Berücksichtigung der Größenstruktur der befragten Unternehmen. Zu ähnlichen Folgerungen gelangt aber auch Entorf (1986), der eine Gewichtung der Phasen-Anteile mit Umsatzgrößenklassen vornimmt. Da in dieser Studie die Beschäftigungseffekte von Innovationen untersucht werden sollen, wurde eine Gewichtung dieser Angaben mit den Beschäftigten vorgenommen. Die in Tabelle 1 auszugsweise für das Jahr 1984 angeführten Ergebnisse stimmen tendenziell mit denjenigen von Entorf (1986) überein: die Gewichtung resultiert für die Gesamtindustrie in einer Zunahme der in den beiden ersten Phasen befindlichen Produktanteile. Tabelle 1 verdeutlicht weiterhin, daß die Lebenszyklus-Produktstruktur in den einzelnen Branchen sehr unterschiedliche Profile aufweist und durch eine Gewichtung beachtliche Abweichungen gegenüber den ungewichteten Anteilen bewirkt werden. Exportorientierte Branchen liegen in der Regel mit dem Anteil der beiden ersten Lebenszyklusphasen über dem Industriedurchschnitt, Binnenmarkt orientierte Branchen dagegen unter dem Durchschnitt. Die Gewichtung mit den Beschäftigungszahlen deutet darüberhinaus darauf hin, daß Branchen mit kleinerer durchschnittlicher Beschäftigungsgröße häufiger einem geringeren Anteil in den beiden ersten Lebenszyklus-Phasen verzeichnen. Das führt zur eingangs gestellten Frage, ob Innovationsaktivität und Firmengröße korreliert sind.

Tabelle 2 gibt einen ersten Hinweis auf diesen Zusammenhang. Danach zeigt sich, daß vor allem der Anteil in der Innovations- und Wachstumsphase bei der Beschäftigtengrößenklasse unter 50 Beschäftigte signifikant niedriger liegt, während bei den anderen Größenklassen kaum nennenswerte Unterschiede in den Lebenszyklus-Profilen prima vista zu erkennen sind.[2] Die Folgerung, kleinere Firmen wären – gemessen an diesem Produktzyklus-Profil – weniger innovativ, wäre jedoch verfrüht. Branchenspezifische Nachfrageentwicklungen, gekoppelt mit einer branchenspezifischen Beschäftigtenstruktur, könnten dieses Muster ebenso „erklären“ wie unterschiedliche Marktstrukturen. Ein Kausalzusammenhang zwischen Firmengröße und Innovationsaktivität läßt sich daher aus dieser Tabelle nicht ablesen. Entorf (1986) zeigt in der Tat auf der Grundlage einer logit-Schätzung, daß bei einer Aufteilung in Perzentile[3] die Groß-Unternehmen (d.h. Größenklasse 6) signifikant innovativer sind und kleinere Unternehmen schlechtere Zukunftsperspektiven haben. Während kleinere (marktunbedeutende?) Firmen ihre Produktausreifung möglichst schnell vorantreiben müssten, könnten größere („mächtigere“?) Firmen sich eine höhere Ausreifungszeit ihrer Produktkonzeptionen erlauben: die Gefahr von Flops sei deshalb geringer. Dieser Zusammenhang zwischen Unternehmensgröße und Produktionsration stimmt mit den von König/Zimmermann (1986a) auf der Grundlage des Ifo-Innovationstests für das Jahr 1982 durchgeführten Tobit-Schätzungen überein, die zum Schluß gelangen, daß „the indications favor a positive marginal increase of innovative expenditure with increasing firm size.“

---

2 Dieser Effekt wird wahrscheinlich verstärkt, wenn man den unterschiedlichen Repräsentationsgrad der Größenklassen im Ifo-Konjunkturtest berücksichtigt. Vergleiche mit der Beschäftigtenstruktur der Betriebsstättenzählung deuten darauf hin, daß die unteren Beschäftigten-Größenklassen unterrepräsentiert sind.

3 Das führt zu einer Aufteilung der Beschäftigtengrößenklassen in bis 38 Beschäftigte, 38-110, 111-380, 381-1270, 1271-5184, mehr als 5184 Beschäftigte.

Tabelle 2. Prozentuale Umsatzanteile in den Produktphasen nach Beschäftigtengrößenklasse.

Beschäftigten-größenklasse	1983					1984				
	Innovation	Wachstum	Stagnation	Schrumpfung	Anzahl der Beobachtungen	Innovation	Wachstum	Stagnation	Schrumpfung	Anzahl der Beobachtungen
< 50	7,0	17,0	62,3	13,7	814	7,4	18,0	60,6	14,0	803
	(14,8)	(26,0)	(34,9)	(23,1)		(15,4)	(26,1)	(35,1)	(24,2)	
50–199	9,9	22,0	56,2	11,9	1187	10,0	24,5	52,8	12,7	1156
	(15,3)	(26,4)	(32,7)	(18,4)		(13,9)	(26,8)	(33,1)	(19,3)	
200–499	9,9	24,0	53,2	13,0	613	10,7	27,0	50,3	12,0	613
	(12,4)	(24,2)	(30,3)	(16,8)		(15,1)	(25,4)	(30,6)	(16,7)	
500–999	10,2	24,1	53,2	12,5	244	10,7	27,3	49,7	12,3	239
	(12,9)	(23,2)	(29,2)	(16,5)		(13,6)	(24,3)	(29,4)	(14,7)	
> 1000	9,9	25,8	52,9	11,4	239	10,4	27,1	49,0	13,4	254
	(9,9)	(22,0)	(28,1)	(13,5)		(11,1)	(23,7)	(29,4)	(16,6)	

Quelle: Ifo-Konjunkturtest, eigene Berechnungen. In Klammern: Standardabweichung

3 Determinanten der Innovationsaktivität

Im folgenden wollen wir uns etwas eingehender mit einigen Bestimmungsfaktoren der Innovationstätigkeit befassen. Anstelle der im vorhergehenden Abschnitt als Indikator herangezogenen Lebenszyklus-Produktstruktur verwenden wir dabei die Angaben der Sonderfragen des Ifo-Konjunkturtests zur Innovationsaktivität, die sowohl für Produkt- als auch Prozeßinnovationen in kategorialer Form vorliegen. Innovationen werden dabei als Änderungen oder wesentliche Verbesserungen in der Produktion oder von Produkten definiert. Das läßt natürlich ein breites Interpretationsspektrum offen. Derartige Änderungen als völlig neue Produkte oder technische Revolutionen des Produktionsprozesses zu betrachten, scheint nicht angemessen. Vielmehr können sie als essentielle Änderungen in der Produktqualität bzw. als Verbesserungen der Produktionstechnologie einschließlich der damit verbundenen Änderungen der Organisationsstruktur interpretiert werden. Ein geeigneter Ansatz zur Analyse derartiger Daten, die eine binäre Ausprägung (ja bzw. nein) besitzen, ist das Probit-Modell.

Tabelle 3 enthält einige Schätzungen, in denen die abhängige Variable geplante Produkt- bzw. Prozeßinnovationen mit 1 (wenn ja) bzw. mit 0 (wenn nein) kodiert ist. Als Referenzgruppe dienen die Unternehmen der Produktionsgüterindustrie mit einer Betriebsgröße von 200-499 Beschäftigten. Die Ergebnisse zeigen zunächst, daß für beide Innovationskategorien die erwartete Nachfrageentwicklung von Bedeutung ist: eine positive Einschätzung der Nachfrageentwicklung erhöht die Wahrscheinlichkeit, daß Innovationen geplant werden. Die Differenzierung der Nachfrage in ihre Inlands- und Auslandskomponente verdeutlicht, daß insbesondere die zukünftige Exportentwicklung eine beträchtliche Rolle spielt.[4]

Stärkere Ausrichtung auf dem Auslandsmarkt erfordert darüberhinaus mehr kreative Bemühungen bei der Produktqualität, wie die signifikanten Parameterschätzungen für den Exportanteil der jeweiligen Branchen am Gesamtumsatz zeigen. Das entspricht einer Beobachtung von Scherer (1982), daß etwa dreiviertel aller US-amerikanischen Produktinnovationen auf den Außenmarkt ausgerichtet sind. Es entspricht ebenso den Ergebnissen von Zimmermann (1987), der auf der gleichen Datenbasis einen größeren Impact der Auslandsnachfrage auf die Innovationsaktivität feststellt. Auch bei Prozeßinnovationen ergibt sich für die Nachfragekomponenten das gleiche Bild; allerdings ist hier der Exportanteil der Branchen irrelevant. Das impliziert jedoch, daß jeweils die firmenspezifische Marktausrichtung von Bedeutung ist.

Die Ergebnisse zeigen weiterhin, daß Unternehmen mit wachsenden Produktanteilen in den beiden ersten Lebenszyklus-Phasen eine höhere Innovationswahrscheinlichkeit aufweisen, also zusätzliche Marktsegmente sich erschließen wollen und ebenso – wenn man Prozeßinnovationen mit Kostensenkungen identifiziert – sich um Rationalisierung bemühen. Gegenüber einem Unternehmen mit einem Produktanteil in den beiden ersten Lebenszyklusphasen von 10 v.H. steigt die Wahrscheinlichkeit einer Produktinnovation um 12 Prozentpunkte bei einem Unternehmen mit einem Anteil von 35 v.H. und um 20 Prozentpunkte bei einem Unternehmen mit einem Anteil von 50 v.H. Die wirtschaftspolitischen Implikationen dieses Zusammenhanges liegen auf der Hand: Unternehmen mit einer „alten" Produktstruktur laufen wegen weiterer

4 Allerdings deuten die Ergebnisse bei gleichzeitiger Einbeziehung beider Variablen auf eine Interkorrelation hin.

Tabelle 3. Determinanten der Innovationsaktivität in 1984 (Probit-Schätzungen)

	Produktinnovationen (1)	(2)	(3)	Prozeßinnovationen (4)	(5)	(6)
Konstante	–1,05	–1,02	–1,05	–0,52	–0,49	–0,52
	(–7,9)	(–7,8)	(–8,0)	(–4,1)	(–3,9)	(–4,1)
Investitionsgüterindustrie	0,51	0,52	0,51	0,18	0,19	0,18
	(5,2)	(5,3)	(5,2)	(1,9)	(2,0)	(1,9)
Konsumgüterindustrie	0,49	0,51	0,49	0,12	0,14	0,12
	(4,9)	(5,1)	(4,9)	(1,3)	(1,5)	(1,3)
erwartete langfristige Nachfrage						
Inland positiv (1/0)	0,01	0,11		0,02	0,11	
	(0,2)	(1,7)		(0,3)	(1,8)	
Export positiv (1/0)	0,22		0,22	0,22		0,22
	(3,4)		(3,8)	(3,5)		(3,9)
Anteil in der Einführungs- und Wachtumsphase	0,012	0,013	0,012	0,006	0,007	0,006
	(11,6)	(12,4)	(12,3)	(6,3)	(7,1)	(6,8)
Anteil des Exports am Branchenumsatz	0,010	0,011	0,010	–0,002	–0,001	–0,002
	(3,5)	(3,8)	(3,5)	(–0,6)	(–0,3)	(–0,6)
Betriebsgröße (Zahl der Beschäftigten)						
0 – 49	–0,67	–0,69	–0,67	–0,39	–0,41	–0,39
	(–6,2)	(–6,4)	(–6,2)	(–3,8)	(–4,0)	(–3,8)
50– 199	–0,11	–0,12	–0,11	–0,10	–0,11	–0,10
	(–1,5)	(–1,7)	(–1,5)	(–1,4)	(–1,5)	(–1,4)
500– 999	0,00	–0,01	0,00	0,23	0,23	0,23
	(0,00)	(–0,1)	(0,0)	(2,8)	(2,7)	(2,8)
> 1000	0,18	0,17	0,19	0,31	0,29	0,31
	(2,3)	(2,2)	(2,3)	(4,0)	(3,9)	(4,0)
–2,0 x log likelihood Wert	415,9	404,4	415,9	174,5	162,3	174,5

Anzahl der Beobachtungen: 2436. In Klammern: t-Werte

Planungsdefizite in der Innovationsaktivität in die Gefahr, aus dem Markt herausgedrängt zu werden.

Die Schätzungen für die Betriebsgröße bestätigen die an anderer Stelle (König/Zimmermann, 1986a) dargestellten Ergebnisse: die Wahrscheinlichkeit von Produktinnovationen nehmen für Firmen mit bis zu 49 Beschäftigten stark ab, während sie sich im Bereich der Größenklassen von 50-1000 Beschäftigten nicht nennenswert unterscheiden. Für Prozeßinnovation ergibt sich ein ähnlicher, wenn auch mehr ausgeprägter Verlauf. Allerdings läßt sich daraus nicht ableiten, daß gemessen an den Aufwandsanteilen – also den Kostenanteil für Prozeßinnovationen an den Gesamtkosten – kleinere Unternehmen nachhinken. Vielmehr läßt sich zeigen (König/Zimmermann, 1986a), daß für Firmen, die Prozeßinnovationen durchführen, der Ausgabenanteil mit zunehmender Betriebsgröße sinkt.

4 Beschäftigungswirkungen von Innovationen

Über den Nettoeffekt des technischen Fortschritts auf die Beschäftigung entscheidet das Zusammenwirken von nachfrage- und angebotsorientierten Faktoren. Je nach der Art des technischen Fortschritts wird ihnen unterschiedliche Bedeutung zugemessen. Katsoulacos (1986) kommt im Rahmen allgemeiner und partieller Gleichgewichtsmodelle jüngst zu dem Schluß, daß zwar Produkt- wie Prozeßinnovationen langfristig positive Beschäftigungseffekte aufweisen können, bei den ersteren jedoch mit größerer Wahrscheinlichkeit auch kurzfristig eine positive Wirkung nachzuweisen sei. König und Zimmermann (1986b) zeigen in einer ökonometrischen Analyse auf Grund von Unternehmensbefragungen, daß die Nachfrageerwartungen von Unternehmen für die Beschäftigungsentwicklung dominierend ist, dem technischen Fortschritt selbst weniger Relevanz wenngleich auch mehr Bedeutung als den Arbeitskosten eingeräumt

Tabelle 4. Beschäftigungsdeterminanten in 1984 (Probit-Schätzungen)

	Beschäftigung wird kurzfristig nicht abnehmen	Beschäftigung wird langfristig nicht abnehmen
Konstante	2.44	1.99
	(17.6)	(16.9)
langfristg erwartete Nachfrage	0.40	0.33
(positiv:1; sonst:0)	12.3	11.8
realisierte Produktinnovationen	-0.03	-0.12
(ja:1; nein:0)	(0.6)	(2.5)
geplante Prozeßinnovation	-0.02	-0.01
(ja:1; nein: 0)	(0.3)	(0.2)
Konsumgüterindustrie	0.02	-0.17
	(0.3)	(2.1)
Investitionsgüterindustrie	0.01	-0.18
	(0.1)	(2.4)
Interaktionseffekte		
Nachfrage positiv-geplante		0.42
Prozeßinnovation		(1.0)
Nachfrage negativ-geplante		-0.51
Prozeßinnovation		(1.4)
-2x log of likelihood	165.8	163.08

Anzahl der Beobachtungen: 3870. In Klammern t-Werte.

wird. Nachfragemangel kann jedoch wegen der schwierigen Trennung der Einflußfaktoren Reallöhne und effektive Nachfrage auch auf höhere Reallöhne in einer offenen Volkswirtschaft zurückgeführt werden, wie Sneessens und Drèze (1986) im Kontext eines Ungleichgewichtsmodells zeigen (vgl. dazu auch König/Zimmermann, 1984).

Die Probitschätzungen in Tabelle 4 bestätigen diese Ergebnisse bezüglich der Dominanz der Nachfrageerwartungen auf die Beschäftigung. Positive Einschätzungen der Nachfrageentwicklung erhöhen sowohl kurz- als auch „langfristig" die Wahrscheinlichkeit, daß die Beschäftigung nicht abnehmen wird. Von größerem Interesse ist hier jedoch die Wirkungsgröße der Innovationsaktivität.

Die Ergebnisse der ersten Spalte in Tabelle 4 zeigen einen negativen, allerdings nicht signifikanten Zusammenhang an. Im Gegensatz zu Katsoulacos, der von realisierten Produktinnovationen kurzfristig eine positive Wirkung erwartet, läßt sich dieser Zusammenhang hier nicht nachweisen. In dieser Spezifikation wird jedoch nicht berücksichtigt, daß zwischen der jeweiligen Nachfragekonstellation und den geplanten Prozeßinnovationen ein Zusammenhang existieren kann. Firmen, die einen Nachfragerückgang erwarten und Prozeßinnovationen planen, werden möglicherweise durch Rationalisierungen und damit verbundenem Beschäftigungsabbau versuchen, mittels einer Lohnkostensenkung ihre Marktposition zu halten (oder zu verbessern). Firmen mit positiven Nachfrageerwartungen werden demgegenüber mit Prozeßinnovationen auch eine Kapazitätsausweitung planen, die u. U. positive Beschäftigungseffekte zur Folge haben wird. Die Schätzungen mit diesen Interaktionseffekten in Spalte 2 deuten auf dieses Zusammenspiel zwischen den langfristigen Nachfrageerwartungen und Prozeßinnovationen hin. Zunächst läßt sich feststellen, daß deren Einbeziehung nunmehr einen signifikanten negativen Impact der realisierten Produktinnovation auf die Beschäftigung hat. Das widerspricht der eingangs dargestellten Auffassung von Katsoulacos, daß zumindest kurzfristig von Produktinnovationen positive Wirkungen auf die Beschäftigung erwartet werden könnten. Es entspricht jedoch den in einem anderen Modellkontext von Zimmermann (1986) erzielten Ergebnissen, der ebenfalls diesen negativen Zusammenhang feststellt. Für die Prozeßinnovationen ergibt sich der oben skizzierte Zusammenhang. Positive Nachfrageerwartungen in Verbindung mit geplanten Prozeßinnovationen wirken in der Tendenz in Richtung einer Beschäftigungszunahme, während im Falle negativer Nachfrageerwartungen der „Rationalisierungseffekt" dominant zu sein scheint.

5 Schlußbemerkungen

Die Innovationsforschung steht – trotz zahlreicher empirischer Studien in jüngster Zeit – erst am Anfang. Es fehlt nicht nur an einer geschlossenen Theorie, sondern auch an einem adäquaten Datenmaterial. Die hier verwendeten Daten geben Selbsteinschätzungen der Unternehmen wieder, behaftet mit allen Problemen einer individuellen Selbstbeurteilung. Sie sind kategorialer Art und geben kaum Auskunft über Größenordnungen, auf die es letztlich in einem gesamtwirtschaftlichen Kontext ankommt. Wichtige, die Innovationsaktivität bestimmende Einflußfaktoren, wie beispielsweise Marktstruktur, Markteintrittschancen werden nicht erfaßt oder wurden nicht berücksichtigt. Das gleiche gilt für eine Beurteilung der Beschäftigungswirkungen von Innovationen: Lohnkosten, Lohnnebenkosten, institutionelle Arbeitsmarktaspekte wurden nicht in die Untersuchung einbezogen. Wenngleich – wie an anderer Stelle gezeigt (König/Zimmermann, 1986b) Firmen für die Beschäftigungsnachfrage nur mit 14,7 v.H. die Höhe der Lohnkosten als relevanten Verursachungsfaktor angeben und demgegenüber mit 35,7 v.H. eine ungenügende Nachfrage bzw. mit 17 v.H. den technischen Fortschritt als wichtigere Gründe bezeichnen, erfordert eine „zuverlässigere" Beurteilung des Zusammenhangs zwischen Innovationsaktivität und Beschäftigung nicht nur die Berücksichtigung anderer als hier verwendeter Bestimmungsfaktoren, sondern auch eine modelltheoretische Konzeption, die der Simultanität der Entscheidungsprozesse Rechnung trägt. Angesichts des Umstandes, daß dem technischen Fortschritt – trotz allem wenn und aber – eine Schlüsselfunktion für die weitere wirtschaftliche (soziale und – so meine ich – auch kulturelle) Entwicklung zufällt, bleibt nur zu hoffen, daß unser wissenschaftliches Verständnis über seine Voraussetzungen und Folgewirkungen in Zukunft durch eine bessere Datenbasis und schließlich auch durch ein entsprechendes Theoriengebäude verbessert wird.

Literatur

Entorf, H. (1986) Die endogene Innovation – eine mikro-empirische Analyse von Produktphasen als Innovationsindikatoren, erscheint in: Jahrbücher für Nationalökonomie und Statistik, 1987

Galbraith, J.K. (1952) American Capitalism. Boston

Kamien, M.I. und Schwartz, N.L. (1975) Market Structure and Innovation: A Survey, Journal of Economic Literature, 13, 1-37

Kamien, M.I. und Schwartz, N.L. (1982) Market Structure and Innovation. Cambridge

Katsoulacos (1986) The Employment Effect of Technical Change. Honiton

König, H. und Zimmermann, K.F. (1984) Produktionsplanung und Arbeitsnachfrage: Ein rekursives Modell mikroökonomischer Entscheidungen, in: Horst Siebert (Hrsg.), Intertemporale Allokation, 10, 133-184

König, H. und Zimmermann, K.F. (1986a) Innovations, Market Structure and Market Dynamics, Journal of Institutional and Theoretical Economics, 142, 184-199

König, H. und Zimmermann, K.F. (1986b) Determinants of Employment Policy of German Manufacturing Firms: A Survey-Based Evaluation, in: K.H. Oppenländer und G. Poser (Hrsg.), Business Cycle Surveys in the Assessment of Economic Activity, Aldershot, England

Scherer, F.M. (1982) Inter-Industry Technology Flows and Productivity Growth, Review of Economics and Statistics, 64, 627-643

Sneessens, H. und Drèze, J. (1986) A Discussion of Belgian Unemployment Combining Traditional Concepts and Disequilibrium Economics, Economica, 53, 89-119

Schumpeter, J.A. (1942) Capitalism, Socialism, and Democracy. New-York-Evanston

Zimmermann, K.F. (1986) Innovation und Beschäftigung, Kyklos, 40, 73–87

Zimmermann, K.F. (1987) Trade and Dynamic Efficiency, unveröff. Manuskript, Universität Mannheim

Lohnniveau, Wettbewerbsfähigkeit und Beschäftigung: Einige ökonomische Überlegungen zur wirtschaftspolitischen Argumentation mit den Kosten des Faktors Arbeit

Bernd Schips und Heinz Kaplanek

Zusammenfassung

Die weitverbreiteten Vorstellungen über eine inverse Beziehung zwischen Lohnniveau und Beschäftigung sind der Ausgangspunkt einer Analyse der Bedeutung der Arbeitskosten in einer modernen Volkswirtschaft. Die in der gegenwärtigen wirtschaftspolitischen Diskussion dominierenden Modelle stellen infolge der fehlenden Berücksichtigung sowohl der einzel- als auch der gesamtwirtschaftlichen Doppelfunktion der Arbeitsentgelte nur unzulängliche Approximationen des realen Geschehens dar. Solange Transaktionen nicht zu Gleichgewichtsbedingungen im Walrasianischen Sinne erfolgen, differieren einzel- und gesamtwirtschaftliche Optimalitätskriterien. Daraus ergibt sich die Notwendigkeit korrigierender staatlicher Eingriffe wie z. B. auf dem Gebiet einer Technologieförderung. Allerdings sind dabei die sich aus der weltwirtschaftlichen Integration ergebenden Grenzen für eine nationale Beschäftigungspolitik genauso zu berücksichtigen wie die zwangsläufig resultierenden Segmentationstendenzen auf dem Arbeitsmarkt und deren verteilungspolitischen Implikationen.

1 Einleitung

In Zeiten wirtschaftlicher Rezession, aber auch in Phasen wirtschaftlichen Wachstums bei gleichzeitiger Existenz von ausgeprägter Arbeitslosigkeit, gehört die These, wonach das durchschnittliche Lohnniveau die Höhe der Beschäftigung und die internationale Wettbewerbsfähigkeit entscheidend beeinflußt, nach wie vor zu den Standardargumenten in der wirtschaftspolitischen Diskussion. Veränderungen des Lohnniveaus werden als zentraler Ansatzpunkt für Maßnahmen gegen Beschäftigungsprobleme und zur Förderung der Wettbewerbsfähigkeit angesehen. Die zentrale Stellung resultiert daraus, daß die Löhne einerseits einen nicht unwesentlichen Anteil an den Produktionskosten darstellen, die sich in den Produktpreisen niederschlagen, andererseits bilden die Arbeitsentgelte eine notwendige Voraussetzung zur Erhaltung der Massenkaufkraft. Eine Doppelfunktion der Löhne wird auch auf der einzelwirtschaftlichen Ebene sichtbar, da sie nicht nur das Äquivalent für die erbrachte Leistung der Beschäftigten darstellen, sondern ihnen zugleich auch eine Motivations- und Anreizfunktion zukommt. Letztere manifestiert sich insbesondere in den sogenannten Personalnebenkosten, deren Anstieg und Niveau als wichtiges Hemmnis bei der Ausweitung der Beschäftigung angesehen wird [2] [51]. Einschließlich der in den Zulieferungen enthaltenen Arbeitskosten wird der Anteil der Arbeitskosten an den Gesamtkosten z.B. in den Unternehmen des produzierenden Gewerbes in der Bundesrepublik Deutschland auf immerhin durchschnittlich 50 % veranschlagt [19]. Damit stellt der Anteil der Arbeitskosten an den Produktionskosten zwar keine vernachlässigbare Größe dar, rechtfertigt es aber auch nicht, die andere Hälfte der Produktionskosten aus der Diskussion auszuklammern.

Löhne sind Gegenstand regelmäßiger Verhandlungen zwischen Arbeitgebern und Arbeitnehmern sowie ihren Organisationen, wodurch aus der Sicht des einzelnen Unternehmens der Eindruck entstehen kann, daß die Arbeitskosten im Vergleich zu anderen Bestimmungsfaktoren der Produktionskosten, wie z.B. den Kapitalkosten, leichter und rascher zu beeinflussen sind. Aus gesamtwirtschaftlicher Sicht und im Einklang mit der vorherrschenden ökonomischen Theorie sind jedoch zunächst alle Elemente der Produktionskosten variabel. Aus der neoklassischen Perspektive erfolgen wegen der Symmetrieannahme alle Transaktionen simultan und es existieren keine Zutrittsbeschränkungen zu den Märkten. Werden die gesamtwirtschaftlichen Zusammenhänge aber wie schon in der positiven Theorie von Walras [49] und später bei Keynes als Ergebnis von temporalen Handlungs- und Marktsequenzen angesehen, an deren Beginn sich ein zutrittsbeschränkter Kapitalmarkt und an deren Ende sich der Arbeitsmarkt befindet, und unterliegen die Mechanismen auf den einzelnen Märkten unterschiedlichen Restriktionen, dann können die wechselseitigen Beschränkungsmöglichkeiten von Handlungsspielräumen auf den verschiedenen Märkten und in verschiedenen Marktsegmenten asymmetrisch verteilt sein. Unterschiedlich organisierte Märkte für heterogene Güter mit unterschiedlichen Anpassungsgeschwindigkeiten verunmöglichen dann Gleichgewichtslösungen im neoklassischen Sinne [32] [37] [42]. Aus dieser Sicht wird eine differenziertere Betrachtung sowohl der inversen Beziehung zwischen Lohnniveau und Beschäftigung, wie sie aus den neoklassischen Modellen hergeleitet wird, als auch der üblichen einzelwirtschaftlichen Argumentation erforderlich. Es ist in diesem Zusammenhang daran zu denken, daß die Beeinflußbarkeit von Kostenelementen u. a. von der Größe des Unternehmens, der Branche, der internationalen Ausrichtung, der Qualifikation der Arbeitskräfte und nicht zuletzt von der Managementqualität abhängt.

Lohnniveau und Lohnstruktur sind als Ergebnis sowohl der Marktmechanismen als auch institutioneller Einflußfaktoren zu betrachten. Ganz allgemein ist dabei festzuhalten, daß in jeder am Weltmarkt noch konkurrenzfähigen Volkswirtschaft die Reallöhne mittel- und langfristig offensichtlich mehr oder weniger im Einklang mit der Produktivität gestiegen sein müssen. Jede Volkswirtschaft besitzt dasjenige Lohnniveau, das sie verdient, d.h. das ihrer Produktionsstruktur entspricht. Denn es ist immer noch der Marktprozeß, der die den jeweiligen Marktbedingungen entsprechenden Reallöhne hervorbringt. Löhne sind ein Bestandteil des Systems relativer Preise und dieses ist das Ergebnis der jeweils herrschenden Marktbedingungen. Nicht die Nominallohnpolitik der Arbeitnehmervertreter bestimmt die reale Einkommensverteilung, sondern die Verwendung des Sozialprodukts und das Sparverhalten der unselbständig Erwerbstätigen [20]. In der Regel wird ein Teil des Anstiegs der Reallöhne auf institutionelle Einflüsse zurückgeführt. Aber selbst wenn in Teilen des Arbeitsmarktes die Löhne Ursache von Beschäftigungsproblemen sein sollten, folgt auch aus dem Gedankengebäude der neoklassischen Theorie nicht zwingend, daß allein eine Reallohnsenkung die bestehenden Beschäftigungsprobleme zu lösen imstande ist.

Hinter den Argumenten für eine Reduktion des Preises für den Produktionsfaktor Arbeit stehen häufig Versuche, den produktivitätssteigernden technologischen

Anpassungszwang zu mildern. Eine solche Argumentation gibt einerseits implizit Versäumnisse einer rechtzeitigen Anpassung an die technologische Entwicklung zu, andererseits übersieht sie, daß in den letzten Jahrzehnten der Einfluß der menschlichen Arbeit auf das Produktivitätsniveau zunehmend relativiert wurde. Dieses ist heute vor allem vom Umfang, der Struktur und der Auslastung des Realkapitals abhängig. Da in einem marktwirtschaftlichen System nicht nur Investitionsentscheidungen, sondern auch Entscheide über die Beschäftigung von Arbeitnehmern in die Kompetenz der Unternehmensleitungen fallen, stellt eine solche Argumentation letztlich auch den Versuch dar, die Kosten von Fehlentscheiden resp. Versäumnissen von Management und Wirtschaftspolitik zumindest teilweise auf den Faktor Arbeit zu überwälzen. Es ist in diesem Zusammenhang daran zu erinnern, daß z.B. die überproportionale Anhebung der Arbeitseinkommen gering bis nicht qualifizierter Arbeitskräfte anfangs der siebziger Jahre vor allem durch die Überschußnachfrage nach Arbeit und damit gemäß den Marktbedingungen erfolgte [10].

Aus makroökonomischer Sicht kommt jedenfalls der Produktivitätsentwicklung die zentrale Rolle zu. Diese stellt einen wesentlichen Faktor für die internationale Wettbewerbsfähigkeit einer Volkswirtschaft und auch für die Reallohnentwicklung dar. Mit einer Steigerung der Produktivität unter den gegebenen Rahmenbedingungen untrennbar verbunden ist die Transformation des technischen Fortschritts sowohl in neue und in der Regel kapitalintensivere Produktionstechniken als auch in neue Produkte. Als entscheidender Einflußfaktor auf die Wettbewerbsposition einer Volkswirtschaft sind demnach die Kapitalkosten für die erforderlichen Investitionen und die Investitionstätigkeit selbst zu betrachten, deren Auswirkungen auf die Beschäftigung kaum jemals systematisch und umfassend, resp. meist nur im Zusammenhang mit den Beschäftigungseffekten des technischen Wandels analysiert wurden [39]. Angesichts der zunehmenden Bedeutung der Qualifikation des Faktors Arbeit für die Produktivitätsentwicklung dürfte aber auch eine Ausdehnung des Investitionsbegriffs, der sich traditionellerweise nur auf das Sachkapital bezieht, auf das Humankapital erforderlich werden.

Es herrscht heute weitgehende Einigkeit darüber, daß die geringe Investitionsneigung der Unternehmen in den siebziger Jahren nicht nur aus der infolge von hohen Zinsen lukrativen und sicheren Gewinnmöglichkeiten aus Anlagen auf dem Kapitalmarkt resultierte, sondern vielmehr aus unsicheren Erwartungen. In einer solchen Situation erweisen sich die traditionellen wirtschaftspolitischen Instrumente nur bedingt als wirksam. Insbesondere verliert das alte Keynes'sche Rezept gegen Arbeitslosigkeit und stagnierende Absatzmärkte, die Schließung der Nachfragelücke durch Investitionen der öffentlichen Hand, an Bedeutung [21]. Investitionsentscheidungen sind zwar in marktwirtschaftlich organisierten Systemen grundsätzlich eine Angelegenheit der einzelnen Unternehmen, doch beeinflussen sie maßgeblich die gesamtwirtschaftliche Entwicklung und damit die Beschäftigung [33]. Macht man sich die Perspektive ökonomischer Handlungssequenzen zu eigen, erfolgen die Entscheide über Investitionen nicht nur bei Unsicherheit, sondern sie sind selbst ein Instrument zur Erzeugung von Unsicherheit. Sie stehen jeweils am Beginn eines Prozesses, an dessen Ende die Transaktionen auf den Konsumgütermärkten stehen. Dieser Zusammenhang zwischen Investitionsentscheidungen und Unsicherheit wird von den Modellen der Entscheidungstheorie und den Hypothesen über die Erwartungsbildung nicht erfaßt, weil erste sich allein mit der Reduktion von Risiko befassen und zweite Entscheidungen bei Unsicherheit im Grunde nicht betrachten [37]. Die unsicheren Erwartungen, welche die Investitionsneigung in den siebziger Jahren angeblich verringerten, sind dem marktwirtschaftlichen System insofern endogen, als sich nur solchermaßen jene Ungleichgewichtszustände aufrechterhalten lassen, die gewinnbringende Transaktionen ermöglichen. Die Investitionsentscheide der Unternehmen werden demnach darauf gerichtet sein, diese Ungleichgewichtszustände auf den Märkten, insbesondere aber auch auf dem Arbeitsmarkt, tendenziell aufrechtzuerhalten. Am Anfang einer solchen Handlungssequenz stehen dabei die Transaktionen auf dem Kapitalmarkt, da auf ihm Mengenschwankungen die stärksten gesamtwirtschaftlichen Auswirkungen zeitigen. Die weitere Entwicklung hängt von der Inkonsistenz der Pläne der Unternehmen des Investitionsgüter- und des Konsumgütermarktes ab. Erst am Ende dieser Handlungssequenz gehen die Pläne der Arbeitnehmer als Arbeitsanbieter oder Konsumenten ein, deren Realisierung von den Entscheiden der Unternehmen abhängig bleibt. Vor diesem Hintergrund wird auch das normative Postulat von Walras nach vollständiger Konkurrenz und nach einer Transaktionen zu Ungleichgewichtspreisen verhindernden staatlichen Organisation des wirtschaftlichen Wettbewerbs verständlich [49]. Vollständige Konkurrenz wäre „a system superlatively designed to eliminate profit both from exchange and from production“ [24]. Erst unter diesen Rahmenbedingungen würde die immer wieder erhobene Forderung nach einer Reallohnsenkung als Lösung der Beschäftigungsprobleme ihren Beigeschmack einer einseitigen Lastenverteilung des technologischen Anpassungsprozesses verlieren. Ein Eingriff des Staates zur Förderung der Investitionsneigung einerseits und des technologischen Anpassungsprozesses andererseits wird den Zusammenhang von Marktungleichgewichten, Wettbewerbsbedingungen und privater Gewinnerzielung zu berücksichtigen haben, will er nicht auch zugleich die Einkommensdisparitäten verschärfen. Denn nur bei vollkommener Konkurrenz und eindeutigen, d.h. markträumenden Gleichgewichtspreisen bewirken Tauschakte keine Verteilungseffekte.

2 Über den Zusammenhang von Lohn und Beschäftigung

Die gegenwärtige Wirtschaftsentwicklung z. B. in der Bundesrepublik Deutschland kann vereinfachend als ein anhaltender konjunktureller Aufschwung bei gleichzeitig hoher Preisniveaustabilität und bei nur langsam abnehmender Arbeitslosigkeit beschrieben werden. Der hohe Bestand an statistisch ausgewiesenen Arbeitslosen wird dabei weniger auf die seit dem Übergang zu flexiblen Wechselkursen mögliche restriktive Geldpolitik zur Inflationsbekämpfung zurückgeführt, die in vielen Industrienationen von einem Ansteigen der Arbeitslosigkeit begleitet war, sondern vornehmlich auf ein auch hinsichtlich der demographischen Entwicklung zu hohes Lohnniveau und auf eine „falsche“ Lohnstruktur [45] [46].

Im Grundmodell der vorherrschenden ökonomischen Theorie wird den Löhnen unter der Annahme einer genügend hohen Mobilität des Faktors Arbeit hinsichtlich sektoraler, regionaler und qualifikatorischer Aspekte und vor allem einer ausreichenden Flexibilität eine allokative Lenkungsfunktion zugewiesen. Arbeitsangebot und Arbeitsnachfrage sind Funktionen des Reallohnsatzes und dieser bestimmt die Beschäftigungshöhe. Begründet wird der inverse Zusammenhang von Beschäftigung und Reallohnsatz in diesem statischen Modell durch die Annahme einer substitutionalen Produktionsfunktion und eines gegebenen Kapitalstocks. Gewinnmaximierende Unternehmen fragen bei vollkommener Konkurrenz dann jene Beschäftigungsmenge nach, die Grenzprodukt und Reallohnsatz zum Ausgleich bringt. Ein höherer als der Gleichgewichtslohnsatz erfordert ein höheres Grenzprodukt, das bei gegebenem Kapitalstock nur mit höherer Kapitalintensität und damit mit niedrigerer Beschäftigung realisierbar ist. Wird in dieser wenig realistischen Modellvorstellung technischer Fortschritt und ein steigender Kapitalstock berücksichtigt, dann besteht ein Zusammenhang zwischen Lohnquote und Beschäftigung. Dabei werden Reallohnerhöhungen im Ausmaß des um den Terms-of-Trade-Effekt korrigierten Produktivitätszuwachses als beschäftigungsneutral angesehen. Grundsätzlich ist in einem solchen Modell mit jedem Kapitalstock Vollbeschäftigung möglich, wenn die Löhne ausreichend flexibel sind. Sind sie es nicht, dann bedarf es umgekehrt eines ausreichend großen und hinreichende Produktivitätsfortschritte ermöglichenden Kapitalstocks, um ein bestimmtes Lohnniveau tragbar zu machen. Dieser Umkehrschluß wird allerdings in der vorherrschenden Theorie scheinbar umso zögernder zur Kenntnis genommen, je mehr dieser zur Grundlage einer aktiven staatlichen Strukturpolitik wird [1] [44]. Die nationalökonomische Theorie scheint damit also einmal mehr der praktischen Wirtschaftspolitik nachzuhinken.

Der These, wonach zu hohe Reallöhne die Ursache der bestehenden Arbeitslosigkeit bilden, werden allerdings Argumente entgegengehalten, die letztlich auf eine lohninduzierte Produktivitätssteigerung hinauslaufen. Der Tragfähigkeit dieser Argumente sind aber ebenfalls enge Grenzen gesteckt, wenn gleichzeitig strukturelle Anpassungsprozesse infolge einer veränderten Wettbewerbssituation auf den internationalen Absatzmärkten zu vollziehen sind. „Um diesen Entwicklungen zu begegnen, sind qualitative Änderungen des Kapitalstocks und Produktinnovationen nötig, aus denen veränderte Qualifikationsanforderungen an den Faktor Arbeit resultieren, die nicht ohne Auswirkungen auf die Lohnstruktur bleiben können“ [11]. Die Lohnstruktur widerspiegelt dabei den Umstand, daß Arbeit kein homogener Faktor ist und daß Unterschiede in sektoraler, regionaler und qualifikatorischer Hinsicht existieren. Die Mechanismen des neoklassischen Arbeitsmarktes kommen nur dann zum Tragen, wenn die relativen Löhne die Knappheitsverhältnisse auf den jeweiligen Teilmärkten anzeigen und eine ausreichende Mobilität der Arbeitnehmer gegeben ist. Es kann nicht überraschen, daß von den Vertretern der These eines zu hohen Reallohnniveaus deshalb auch die Mobilität des Faktors Arbeit häufig als zu gering erachtet wird. Als Ursachen werden u. a. die Nivellierungstendenzen der Lohnstruktur bei gleichzeitiger Verschärfung der Einkommenssteuerprogression genannt [48]. Eine solche Argumentation übersieht aber nicht nur, daß rigide, an Qualifikationskriterien gekoppelte Lohnstrukturen aus einzelwirtschaftlicher Sicht durchaus rational sein können, wie dies in den Effizienzlohnmodellen, in den Segmentationstheorien und in den Modellen mit impliziten Kontrakten gezeigt wird [1] [14]. Sie übersieht auch, daß die bereits in den fünfziger und sechziger Jahren eingetretene Nivellierung der intersektoralen und interqualifikatorischen Lohnstruktur mit hohen Wachstumsraten und einer andauernden Überschußnachfrage nach Arbeit zusammengefallen ist und daher als durchaus marktadäquate Entwicklung zu interpretieren ist [10].

Marktwidrige Lohnstrukturen und mangelnde Mobilität des Faktors Arbeit sind allerdings keine Faktoren, die sich unmittelbar auf dem Arbeitsmarkt auswirken. Sie tragen vielmehr in einem langen und durch konjunkturelle Zwischenhochs überdeckten Prozeß zur Arbeitslosigkeit bei. Ermöglicht wurde dieser Prozeß z. B. in der Bundesrepublik Deutschland durch die Herausbildung einer weltmarktinkonformen Branchen- und Produktionsstruktur, deren preisliche Wettbewerbsfähigkeit zu einem Großteil durch eine über lange Zeit gegebene Unterbewertung der DM gesichert worden war. Solchermaßen konnten Branchen existieren und expandieren, die sich nach der Freigabe des Wechselkurses als nicht mehr wettbewerbsfähig erweisen sollten. Unter dem Regime „falscher" Wechselkurse bildete sich auch ein tendenziell innovationsfeindliches Investitionsverhalten heraus, welches sich auf Erweiterungsinvestitionen beschränkte und unter dem Eindruck der härteren Auslandskonkurrenz schließlich in einen Rückgang der Investitionstätigkeit mündete [4]. Frühzeitige Innovations- und Umstrukturierungsprozesse erwiesen sich unter dem Regime fixer Wechselkurse einzelwirtschaftlich als nicht nötig und unterblieben demnach auch weitgehend [25]. Die günstige gesamtwirtschaftliche Entwicklung täuschte dabei über die strukturellen Probleme auf mikroökonomischer Ebene hinweg. Die Anpassungserfordernisse in der Folge der beiden Ölpreisschocks von 1973 und von 1978 in Verbindung mit der Umorientierung in der Geldpolitik, der technologische Wandel und der verschärfte internationale Wettbewerb verlangten jedoch ganz allgemein eine stärkere Lohndifferenzierung und qualifiziertere Arbeitskräfte. Wird einem solchen Bedarf nicht entsprochen, dann verbleiben den Unternehmen lediglich die Mengen als Aktionsparameter, d. h. die Freisetzung von Arbeitskräften mit niedriger Qualifikation und die Substitution von Arbeit durch Kapital. Liegt zusätzlich auch eine mangelnde interqualifikatorische Lohndifferenzierung vor, führt dies zu einer weiteren relativen Begünstigung des Einsatzes von Kapital [10].

Ist aber einmal ein hoher und hinsichtlich der Qualifikationen mehrfach gefilterter Sockel an Arbeitslosigkeit erreicht, dann kann nicht erwartet werden, daß Korrekturen des Lohnniveaus, der Lohnstruktur oder der Mobilität, die letztlich das Ergebnis zahlreicher institutioneller und technologischer Einflußfaktoren auf dem Arbeitsmarkt sind, eine rasche Abhilfe schaffen. Das gegenwärtige strukturelle Ungleichgewicht auf dem Arbeitsmarkt läßt sich unter Berücksichtigung der gegebenen demographischen Situation weder kurz- noch mittelfristig abbauen. Es spricht einiges dafür, daß dieser Sockel auch langfristig nicht abzubauen ist. Gemäß der jüngsten Analyse der OECD reicht das derzeitige Wirtschaftswachstum jedoch aus, die neu in den Arbeitsprozeß gelangenden Erwerbsfähigen zu integrieren [36]. Diese verfügen jedoch in der Regel auch über jene nachgefragten Qualifikationen resp. über die erforderliche Umschulungs- und Weiterbildungsfähigkeit, die den vorhandenen Arbeitslosen im allgemeinen fehlt, da ihr spezifisches Wissen unter den heutigen Bedingungen schnell veraltet und zum Teil entwertet wird [11]. Damit wird auch der in der vorherrschenden Theorie meist übersehene Tatbestand deutlich, daß „Arbeit" kein Gut wie jedes andere ist und daß der Lohn vor allem aus einer einzelwirtschaftlichen Betrachtungsweise bestimmt wird. Die auf dieser Ebene ansetzende Grenzproduktivitätstheorie trägt allerdings nur wenig zur Erklärung der Arbeitslosigkeit bei, eher schon die Effizienzlohnmodelle, welche auch die Gegensätzlichkeit der Leistungs- und Motivationskomponente des Lohnes berücksichtigen [9]. Demzufolge sind auch Angebotsüberschüsse auf dem Arbeitsmarkt aufgrund einer geringeren Anpassungsgeschwindigkeit nicht mit jenen auf Gütermärkten zu vergleichen, nicht zuletzt auch deshalb, weil ein Ungleichgewicht auf dem Arbeitsmarkt durchaus im Interesse der einzelnen Unternehmen liegen kann. Werden doch solchermaßen gerade für die wenig qualifizierten und niedrig bezahlten Arbeitsplätze jene disziplinierenden Angebotsbedingungen geschaffen, welche für das einzelne Unternehmen kostenreduzierend wirken. Da einzelne Unternehmen jedoch die gesamtwirtschaftlichen Konsequenzen ihres einzelwirtschaftlich durchaus rationalen Verhaltens nicht abschätzen können, ergibt sich ein weiter Bereich für staatliche Eingriffe, welche zu einer Verbesserung der gesamtwirtschaftlichen Situation führen können [43].

Es ist zu berücksichtigen, daß Maßzahlen wie die Lohnquote oder der Durchschnittslohn noch nichts darüber aussagen, ob die Löhne auf den verschiedenen Arbeitsmärkten die für ein Beschäftigungsgleichgewicht erforderliche Höhe aufweisen. Auch bei sinkender Lohnquote kann eine lohnbedingte Arbeitslosigkeit zunehmen, wenn in einzelnen Segmenten des Arbeitsmarktes an Löhnen festgehalten wird, die gegenüber möglichen kapitalintensiveren Produktionsmethoden oder in Relation zu Erzeugnissen aus dem Ausland nicht mehr adäquat sind. Mit anderen Worten bedeutet dies, daß immer dann, wenn die Löhne und die Arbeitskosten in der einzelwirtschaftlichen Diskussion eine überragende Rolle zu spielen scheinen, die Produktionsmethoden und resp. oder die Produkte nicht mehr wettbewerbsfähig sind. Nicht das Lohnniveau ist zu hoch, sondern es werden die „falschen" Produkte produziert. Die beschäftigungspolitische Konsequenz einer solchen Argumentation liegt auf der Hand: „Nicht das Lohnniveau hat sich (nach unten) anzupassen, bis wieder Vollbeschäftigung erreicht wird, vielmehr hat sich die Produktionsstruktur an die Gegebenheiten eines Landes mit einem relativ hohen Lohnniveau anzupassen. Datum ist das Lohnniveau, herzustellen diejenige Produktionsstruktur, die dieses Lohnniveau mit Vollbeschäftigung kompatibel macht" [25].

Der Zusammenhang zwischen Lohnniveau und Beschäftigung ist ganz offensichtlich von verschiedenen Einflußfaktoren abhängig, wenngleich der behauptete inverse Zusammenhang bei der Berücksichtigung der außenwirtschaftlichen Beziehungen schärfer hervortritt. Als Begründungen werden einerseits die durch Lohnveränderungen ausgelösten Kapitalbewegungen, andererseits die davon ausgehenden Leistungsbilanzveränderungen angeführt. Der üblichen Argumentation zufolge führen starke Lohnerhöhungen unter einem Regime fixer Wechselkurse zu Preiserhöhungen und damit zu einer Verschlechterung der Terms of Trade. Von einem Regime flexibler Wechselkurse wurde ursprünglich verschiedentlich angenommen, daß sich unterschiedliche Preis- und Lohnentwicklungen über den Wechselkurs ausgleichen würden. Die Erfahrung zeigt jedoch, daß der Devisenmarkt unter dem Regime flexibler Wechselkurse keineswegs ausgeglichene Leistungsbilanzen garantiert. Dies bedeutet, daß auch unter dem Regime flexibler Wechselkurse die Reallöhne nur im Ausmaß des um den Terms-of-Trade-Effekt korrigierten Produktivitätszuwachs steigen dürfen, wenn die internationale Wettbewerbsfähigkeit einer Volkswirtschaft erhalten bleiben soll. Angesichts eines in den meisten der hochentwickelten Industriestaaten historisch gewachsenen Reallohnniveaus können die Terms of Trade mittel- und langfristig nur durch Produktivitätsfortschritte verbessert werden. Denn mit einer Reallohnsenkung kann zwar in einem gewissen Ausmaß die preisliche Wettbewerbsfähigkeit, nicht aber die Wettbewerbsfähigkeit hinsichtlich der Produkte und Produktionsprozesse aufrechterhalten werden [27].

Kommt den Kosten für den Faktor Arbeit demnach auch nicht jene zentrale Bedeutung zu, wie die gebräuchlichen Argumentationsketten dies nahelegen, so kann daraus aber noch nicht geschlossen werden, daß sie keine Rolle spielen. Denn es ist bei internationalen Vergleichen der Arbeitskosten zu berücksichtigen, daß es bei einer zunehmenden internationalen Arbeitsteilung und einer zunehmenden Internationalisierung der Unternehmenstätigkeiten zu einer Konzentration von hochproduktiver Produktion mit einem entsprechend hohen Lohnniveau in einzelnen Volkswirtschaften kommen kann, während die arbeitsintensive Produktion mit entsprechend niedrigerem Lohnniveau tendenziell in andere Volkswirtschaften ausgelagert wird. Die aus ökonomischer Sicht effizienzsteigernde internationale Arbeitsteilung ist jedoch unter den gegebenen Bedingungen geographischen Restriktionen unterworfen, die einen primär national orientierten wirtschaftspolitischen Handlungszwang generieren.

Bei der Interpretation von Vergleichszahlen über die Entwicklung der Arbeitskosten ist außerdem zu beachten, daß die in den hochindustrialisierten Volkswirtschaften oft konstatierte Zunahme der sogenannten Lohnnebenkosten im überwiegenden Ausmaß einzelwirtschaftlich rationalem Verhalten der Wirtschaftsakteure entspringt, gesamtwirtschaftlich adäquat ist und nur zu einem geringen Teil auf die jeweiligen institutionellen Rahmenbedingungen wirtschaftlicher Tätigkeit zurückzuführen ist. Darüber hinaus ist seit Jahren zu beobachten, daß sich die Entwicklung der Lohnnebenkosten in den Industriestaaten zunehmend angleicht, so daß diesen Volkswirtschaften gegenüber allein aus der Entwicklung der Lohnnebenkosten kein Wettbewerbsnachteil erwachsen ist [40] [51]. Es kann jedoch nicht ausgeschlossen werden, daß die Lohnnebenkosten eine zusätzliche interqualifikatorische Nivellierung bewirken und damit die Beschäftigungschancen der geringer qualifizierten Arbeitskräfte innerhalb einer Volkswirtschaft weiter und nachhaltig reduzieren [10].

Die Wettbewerbsfähigkeit einer Volkswirtschaft wird im allgemeinen letztlich auch von den institutionellen Rahmenbedingungen beeinflußt. Diese führen einerseits zu einer Reduktion der Unsicherheit im Wirtschaftsleben und gewährleisten andererseits die Reproduktionsbedingungen des Faktors Arbeit. Wenn eine staatliche Ordnungspolitik derartige Funktionen erfüllen kann, dann tragen die dadurch verursachten gesamtwirtschaftlichen Kosten zu einer Reduktion der Kostenbelastung der einzelnen Wirtschaftssubjekte bei. Als weitere – staatliche – Einflußfaktoren auf die Wettbewerbsfähigkeit einer Volkswirtschaft ist neben der Fiskal- und der Geldpolitik demnach in zunehmendem Ausmaß die Bildungspolitik zu nennen. Die zunehmende Bedeutung von qualifizierten Arbeitskräften für eine auch gesamtwirtschaftlich effiziente Anwendung der Optionen des technologischen Fortschritts und für die Beschäftigung rückt die Bildungspolitik stärker in das Zentrum der Bemühungen zur Verbesserung der Wettbewerbsfähigkeit. Weichen heute auch die Annahmen der verschiedenen Auguren über die ökonomischen und gesellschaftlichen Konsequenzen des technologischen Wandels zum Teil weit voneinander ab, so besteht doch hinsichtlich der Notwendigkeit einer umfassenden Reorganisation des Bildungswesens auf gesamtwirtschaftlicher Ebene weitgehend Einigkeit. Engpässe des Humankapitals sind dabei weniger mengenmäßige Probleme von Arbeitsangebot und Arbeitsnachfrage als vielmehr ein entscheidender Faktor für die internationale Wettbewerbsfähigkeit.

3 Technischer Wandel, technologischer Wandel und technologischer Fortschritt

Die Bedeutung technischen und technologischen Wandels für das wirtschaftliche Wachstum, den Strukturwandel, die internationale Wettbewerbsfähigkeit, die Einkommensverteilung und die Beschäftigung spiegelt sich zwar heute in einer umfangreichen Literatur wider, kann jedoch nicht darüber hinwegtäuschen, daß dieser Faktor lange Zeit „nur eine Art Schattendasein in der ökonomischen Theorie geführt hat" [23]. Strukturwandel ist dabei in einem umfassenden Sinne zu begreifen, nämlich als ein Wandel zwischen den einzelnen Volkswirtschaften, Sektoren, Branchen, aber auch im Einsatzverhältnis von Kapital und Arbeit sowie zwischen den verschiedenen Ausprägungsformen der heterogenen Produktionsfaktoren „Arbeit" und „Kapital". Der technische Fortschritt ist demnach nur ein Aspekt des Strukturwandels und die übrigen Faktoren bilden die Rahmenbedingungen für seine Auswirkungen. Weitgehend unbestritten ist, daß der technische Fortschritt die gesamtwirtschaftliche Produktivkraft im Sinne einer Steigerung der totalen Faktorproduktivität erhöht. Da der Entfaltung dieser Produktivkraft das beschränkte Leistungspotential des Faktors Arbeit tendenziell entgegensteht, liegt darin eine Begründung für die bisherigen Rationalisierungskonzepte, die vor allem durch Substitution von Arbeit durch Kapital auf eine Steigerung der Produktivität und auf eine Senkung der Produktionskosten (Stückkosten) zielten.

In der Ökonomie wird unter Technologie in der Regel das Spektrum der verfügbaren, durch die verschiedenen Faktorkombinationen bestimmten Produktionstechniken verstanden, mit welchen ein gegebenes Produktionsergebnis erzielt werden kann. Unter technischem Fortschritt versteht man im allgemeinen entweder die Schaffung neuer, d.h. bis zum gegebenen Zeitpunkt unbekannter Produkte oder den Übergang zu neuen Produktionsverfahren, die es gestatten, eine gegebene Menge von Produkten mit geringeren Kosten resp. mit den gleichen Kosten eine größere Produktmenge herzustellen. Davon sind vor allem die Substitution und eine Veränderung der Kombination der Produktionsmittel zu unterscheiden, die nicht unter den technischen Fortschritt subsumiert werden dürfen. Zwar ist der technische Fortschritt in der Regel mit einer Substitution verbunden, doch stellt diese nur eine Begleiterscheinung dar. Im Grenzfall ersetzt weder ein neues Produkt ein schon bekanntes, noch muß ein Übergang zu einem neuen Produktionsverfahren mit einer Substitution von Produktionsmitteln verbunden sein. Eine kostengünstigere Produktion infolge einer Verbesserung der Kombination der Produktionsmittel stellt eine Verschiebung entlang einer gegebenen Produktionsfunktion dar. Technischer Fortschritt manifestiert sich in einer Verschiebung der Produktionsfunktion selbst [38].

Dies bedeutet, daß jeder gegebenen Technologie eine bestimmte Produktionsfunktion entspricht, die sich infolge technischen Fortschritts verändert. Eine gesamtwirtschaftliche Produktionsfunktion setzt sich demnach zwangsläufig aus allen zu einem bestimmten Zeitpunkt relevanten Produktionsfunktionen zusammen. Jede noch so kleine Änderung einer einzelwirtschaftlichen Produktionsfunktion führt solchermaßen auch zu einer Veränderung der gesamtwirtschaftlichen. In der Produktionsfunktion ist die jeweils zu einem bestimmten Zeitpunkt verfügbare Technologie enthalten, und zwar sowohl die angewandten als auch die bekannten, aber noch nicht oder nicht mehr im Produktionsprozeß eingesetzten Technologien. Auf letztere wird beim Auftreten von Knappheitssituationen auf den Faktormärkten oder bei einer Nachfrageerhöhung nach Gütern, deren Produktion zunehmende Skalenerträge erlaubt, zurückgegriffen.

Unter technologischem Wandel können demgegenüber „innerbetriebliche, innersektorale und intersektorale Veränderungen im technologischen Niveau einer Volkswirtschaft verstanden werden, die sich auf die globale Einführung und Anwendung einer bestimmten ‚Schlüsseltechnologie' zurückführen lassen" [8]. Den auf der Mikroelektronik basierenden neuen Informationstechnologien kommt der Charakter einer Schlüsseltechnologie zu, da sie technische, ökonomische und soziale Auswirkungen und Folgeeffekte zeitigen. Für die Geschwindigkeit des technologischen Wandels sind grundsätzlich technische und ökonomische Kriterien ausschlaggebend, wobei die zentrale Problematik dieses Wandels in der Art und Weise seiner ökonomisch-gesellschaftlichen Durchführung liegt. Die ökonomische Bedeutung der Mikroelektronik liegt darin, daß sie funktionsübergreifend grundsätzlich im gesamten Produktionsprozeß einsetzbar ist und sowohl arbeits- als auch kapitalsparende Effekte bewirkt. Die Mikroelektronik stellt hinsichtlich der Einführung neuer Produkte und Produktionsprozesse technischen Fortschritt im oben definierten Sinne dar, während die damit verbundene Reorganisation der Produktions- und Industriestruktur sowie die Erschließung neuer Märkte Ausdruck des technologischen Wandels sind. Solchermaßen eröffnet die Mikroelektronik neue Möglichkeiten, die für kostensenkende Produktivitätsfortschritte und damit für die Beschäftigung und vor allem für die Struktur der Beschäftigung von entscheidender Bedeutung sein werden.

Die Auswirkungen des sich derzeit vollziehenden technologischen Wandels sind seit geraumer Zeit Gegenstand kontroverser Diskussionen in Wissenschaft und Öffentlichkeit. Schon ein kurzer Überblick über die umfangreiche diesbezügliche Literatur vermittelt den Eindruck, daß der internationale Wettbewerb zusehends zu einem Technologiewettlauf zu werden scheint. Die Zeitspanne für die Transformation von technischem Fortschritt in neue Produkte wird so zu einem entscheidenden Wettbewerbsparameter. Einer solchen Sichtweise können sich zunehmend auch Politiker nicht mehr verschließen: „Immer mehr entscheidet die Verbindung von Forscher-, Erfinder- und Unternehmergeist mit über die Konkurrenzstellung eines Landes“ [13]. Weitgehende Einigkeit zwischen Ökonomen und Wirtschaftspolitikern besteht demgemäß heute hinsichtlich der Notwendigkeit zu verstärkten Investitionen in die neuen Technologien, um die internationale Konkurrenzfähigkeit erhalten resp. verbessern zu können. Diese Einigkeit kann als Konsequenz eben dieses internationalen Wettbewerbsdrucks zwischen den führenden Industriestaaten angesehen werden, welcher jeden einzelnen Industriestaat zwingt, „die neue Phase der produktivitätsintensiven Industrie so schnell wie möglich einzuleiten“ [29]. Dabei diktieren die internationalen Wettbewerbsbedingungen das Tempo der Einführung und der Diffusion der neuen Technologien sowie die Höhe der gesamtwirtschaftlichen Kosten alternativer, an der nationalen Beschäftigungssituation oder an gesellschaftspolitischen Zielen orientierten Einsatzmöglichkeiten der neuen Technologien.

Die Einsicht in die Notwendigkeit einer technologischen Modernisierungsstrategie kann demnach nicht als Ergebnis einer wirtschaftspolitischen oder ökonomisch-theoretischen Voraussicht betrachtet werden, sondern folgt dem Motto, daß Angriff die beste Verteidigung darstellt. Der technische Wandel ist als vorwiegend außenhandelsinduziert zu betrachten, und eine Produkt- und Prozeßinnovationen fördernde volkswirtschaftliche Modernisierungsstrategie wird demnach auch primär auf die Erhaltung der internationalen Wettbewerbsfähigkeit und weniger auf die nationale Beschäftigungssituation ausgerichtet sein. Die potentiellen und tatsächlichen Kosten einer verstärkten Integration in den Weltmarkt werden dabei gleichsam mit den Vorteilen aus der internationalen Arbeitsteilung verrechnet. Die im Vergleich zu den Anpassungsnotwendigkeiten an die veränderten Weltmarktbedingungen entstehenden Opportunitätskosten alternativer Einsatzmöglichkeiten der neuen Technologien werden im allgemeinen immerhin als so hoch eingeschätzt, daß sie keine kurzfristige Verminderung des Drucks auf dem Arbeitsmarkt durch herkömmliche Beschäftigungsprogramme rechtfertigen. Dadurch „verzögerte sich der Übergang zu einer kapitalproduktiven Industriestruktur, in der die Frage der Lohnkosten gegenüber den maschinell erzielten Produktivitätsgewinnen eher zweitrangig wird, erheblich" [44]. Mit der Mikroelektronik werden nämlich dem langfristigen Trend steigender Arbeitskosten sinkende Kosten für Rationalisierungsinstrumente gegenübergestellt, deren Kosten bisher die Automatisierung von Routinetätigkeiten begrenzt haben. Die Arbeitskosten bleiben aus dieser Perspektive zwar als Rationalisierungsziel relevant, ihnen kommt jedoch als Rationalisierungsalternative kaum mehr Bedeutung zu. Der bisherige trade-off zwischen Flexibilitäts- und Automatisierungsgrad wird insbesondere durch die Mikroelektronik tendenziell aufgelöst. Die Attraktivität des Arbeitskräfteeinsatzes zur Erhaltung der betrieblichen Flexibilität wird dadurch reduziert [18]. Damit tritt aber die Struktur des steigenden Kapitalstocks in das Zentrum des Interesses. Sinkende Kosten für Rationalisierungsinstrumente erlauben bei sonst gleichem Aufwand für Rationalisierungsinstrumente eine erhöhte Menge, ohne daß sich dadurch das Investitionsniveau verändert. Eine derartige strukturelle Verschiebung innerhalb der Rationalisierungsinvestitionen kann jedoch gravierende Auswirkungen auf die Beschäftigung haben [8]. Allerdings beinhaltet die Kombination von sinkenden Kosten für Kapitalgüter mit hohem Automatisierungsgrad und einem hochqualifizierten Faktor Arbeit Flexibilitätschancen, die sogar zu einer Rückführung gewisser Produktionsbereiche in die Industriestaaten führen könnte [12].

4 Technologischer Fortschritt und Beschäftigung

Die Diskussion über technischen Wandel und Beschäftigung hat in der Ökonomie zwar eine lange Tradition [34], doch entweder werden in den diesbezüglichen Analysen und Untersuchungen die Weltmarktverflechtungen nur am Rande behandelt oder es bleiben in der Theorie der internationalen Wirtschaftsbeziehungen wiederum die Auswirkungen des technischen Wandels auf die Beschäftigung in der Regel ausgeklammert. Berücksichtigt man aber die Tatsache, daß die hochindustrialisierten Volkswirtschaften in den Weltmarkt integriert sind, dann muß dieser Umstand auch bei der Betrachtung der technologischen Modernisierungsstrategien miteinbezogen werden.

Im Zentrum der bisherigen ökonomisch-theoretischen Debatte über den Zusammenhang von technischem Fortschritt, Kapitalakkumulation und Beschäftigung standen und stehen die damit verbundenen Freisetzungs- und Kompensationsprozesse, vor allem die genauen Bedingungen der Kompensation. Hinsichtlich der Beschäftigungswirkungen ist zunächst eine Unterscheidung zwischen kurz- und langfristigen Wirkungen erforderlich, dann eine weitere zwischen den Substitutions-, Innovations- und den Rationalisierungseffekten der Mikroelektronik. Technischer Fortschritt führt zwangsläufig zunächst zu einer Freisetzung von Arbeitskräften, da er mit einer Senkung der Durchschnittskosten gleichbedeutend ist, die aus einer Reduktion des mengenmäßigen Einsatzes von Kapital und/oder Arbeit resultiert [38]. Das Hauptaugenmerk konzentriert sich demnach auf die logisch und zeitlich nachfolgende Kompensation oder Nicht-Kompensation der primären Freisetzung. Als wichtige Faktoren sind u. a. die Gestalt der Produktionsfunktion, d. h. die Substitutionsbeziehungen der Produktionsfaktoren, die Faktorpreisrelation, die Kapitalakkumulation und die Kaufkraftentwicklung zu bezeichnen. Allerdings spielen auch die Wettbewerbsverhältnisse, die Qualifikation des Faktors Arbeit und die qualitative Beschaffenheit des Kapitalstocks eine wesentliche Rolle.

Kompensation ist demnach als ein Zeit und Kosten erfordernder Übergangsprozeß zu begreifen, bei welchem in der Regel sowohl eine Umstrukturierung des Realkapitalbestandes als auch ein Prozeß zusätzlicher Realkapitalbildung zur Absorption freigesetzter Arbeitskräfte erforderlich sind. Ganz allgemein kommt der Verwendung der aus den mit den Innovationen verbundenen Produktionskostensenkungen resultierenden Gewinnen entscheidende Bedeutung zu [22] [31]. Steigende Unternehmensgewinne können zwar die Investitionsneigung erhöhen und Kompensationseffekte zeitigen, die jedoch in der Regel kaum zur Wiedereinstellung aller freigesetzten Arbeitskräfte ausreichen [38]. Der Umstrukturierungsprozeß ist von einer Asymmetrie der Kosten und Erträge gekennzeichnet und kennt auf den unterschiedlichen Aggregationsebenen der Betrachtung Gewinner und Verlierer. Der Verlust beispielsweise von Arbeitsplätzen auf einzelwirtschaftlicher Ebene muß keineswegs mit einer Reduktion der Beschäftigung auf gesamtwirtschaftlicher Ebene verbunden sein. Allerdings sollte das Verteilungsproblem als zentraler Bestandteil jeder Diskussion um die Auswirkungen des technologischen Fortschritts angesehen werden.

Für eine offene Volkswirtschaft mit hohem Lohnniveau gilt unter den gegebenen internationalen Wettbewerbsbedingungen, daß Maßnahmen zur Beschränkung des technologischen Fortschritts zu einer Verschärfung der Beschäftigungsproblematik führen. Eine Gewichtsverlagerung auf den Preiswettbewerb mit den über komparative Standortvorteile verfügenden Schwellenländern kann nur dadurch verhindert werden, daß der durch den technologischen Fortschritt bewirkte Wandel der Produktionsstruktur gefördert und perpetuiert wird. Allerdings kann der übliche weltmarktorientierte neoklassische Kompensationsoptimismus – wie er z. B. im Jahresgutachten des Sachverständigenrats von 1982 noch ungebrochen zum Ausdruck kommt [47] – nicht darüber hinwegtäuschen, daß sich eine solche volkswirtschaftliche „Modernisierungsstrategie“ durchaus auch als „beschäftigungspolitischer Bumerang“ [25] erweisen kann. Unter Berücksichtigung der internationalen Arbeitsteilung ist mit der Entwicklung von Produkt- und Prozeßinnovationen tendenziell immer auch die Möglichkeit von Standortverlagerungen verbunden. „So richtig es ist, daß in einer offenen Volkswirtschaft eine Nichtanpassung an die technische Entwicklung zu Arbeitsplatzverlusten führt, so falsch ist der Umkehrschluß, daß eine technologische Spitzenposition stets positive Beschäftigungseffekte haben wird“ [26]. Eine solche Argumentation ist zwar nicht a priori abzulehnen, sie unterstellt jedoch implizit, daß sich künftig eine grundlegende Änderung der weltpolitischen Rahmenbedingungen wirtschaftlichen Handelns ergeben könnte. Sie ist unter Berücksichtigung des individuellen Schicksals der von Arbeitslosigkeit Betroffenen in den Industriestaaten auch verständlich, doch widerspricht sie letztlich der historischen Erfahrung. Diese belegt nur einen Substitutionsprozeß von Arbeit durch Kapital, und nicht umgekehrt eine Substitution von Kapital durch Arbeit, sowie eine Kompensation der freigesetzten Arbeitskräfte auf gesamtwirtschaftlicher Ebene. Damit ist aber noch nichts über die Verteilung der Rationalisierungslasten und -vorteile innerhalb einer Volkswirtschaft ausgesagt. Die Entschädigung jener Wirtschaftssubjekte, welche durch den Verlust des Arbeitsplatzes zur Hebung des gesamtwirtschaftlichen Wohlfahrtsniveaus „beigetragen“ haben, ist letztlich aber eine verteilungspolitische Frage.

Für die ausbleibenden positiven Beschäftigungseffekte wird aus neoklassischer Sicht – wie oben ausgeführt – in der Regel ein zu hohes Reallohnniveau oder eine verzerrte Lohnstruktur durch zu hohe Löhne in bestimmten Arbeitsmarktsegmenten verantwortlich gemacht [15]. Angesichts der produktivitätssteigernden Effekte der neuen Technologien und vor allem der abnehmenden Kosten der Rationalisierungsinstrumente können Lohnsenkungen aber keine kompensatorischen Wirkungen entfalten. In diesem Zusammenhang kommt den Investitionen und ihren Rationalisierungs- bzw. Beschäftigungseffekten deshalb eine überragende Bedeutung zu. Die Beschäftigungseffekte sind dabei in jene während des Investitionsprozesses und in jene nach seiner Beendigung zu gliedern. Die unterschiedliche zeitliche Dimension der beiden Effekte verbietet dabei allerdings eine einfache Addition [39]. In diesem Zusammenhang sind auch explizit die Beschäftigungseffekte von Investitionen in Humankapital zu berücksichtigen, welche die Rentabilität der Investitionen in Sachkapital zunehmend beeinflussen [35].

Für einen Kompensationsoptimismus spricht zwar generell, daß bei der Abschätzung von Beschäftigungseffekten neuer Technologien meist von einer gegebenen Produktionsfunktion ausgegangen wird und damit die Auswirkungen des technischen Fortschritts z. B. auf die Substitutionsverhältnisse zwischen den Produktionsfaktoren nicht entsprechend berücksichtigt werden [5] [21]. Im einzelnen ist allerdings auch die spezifische Qualität der auf der Mikroelektronik basierenden neuen Technologien und vor allem der Prozeßinnovationen näher zu betrachten und insbesondere dem Umstand einer in den Weltmarkt integrierten Volkswirtschaft Rechnung zu tragen. Unter der Annahme einer weiteren Öffnung der Produktivitätsschere bei gleichzeitig stagnierendem Wachstum erscheint sogar die Frage gerechtfertigt, ob sich die hochindustrialisierten Volkswirtschaften nicht erst am Beginn einer Phase technologisch bedingter Arbeitslosigkeit resp. Unterbeschäftigung befinden [8]. In diesem Zusammenhang würde sich erst recht die verteilungspolitische Dimension der neuen Technologien offenbaren. Allerdings steht hinter dieser Sichtweise die nicht unbestrittene These, wonach Rationalisierungsstrategien mit immanenter Konsequenz im Faktor Arbeit lediglich einen Störfaktor und eine zu überwindende Schranke der Produktion sehen [28]. Demgegenüber zielen Rationalisierungsstrategien seit jeher tendenziell darauf ab, das menschliche Arbeitsvermögen in jeweils unterschiedlichen technisch-organisatorischen Zusammenhängen optimal zu nutzen [6]. Eine solche, die Freisetzung von Arbeitskräften überhöhende Argumentation übersieht auch, daß die neuen Technologien tendenziell nicht nur zu einer Veränderung der internationalen Wettbewerbsfähigkeit, sondern auch zu einer weitgehenden Veränderung der Produktionskonzepte führen können, in deren Rahmen Produktivitätssteigerungen ohne hochqualifizierte und flexible Arbeitskräfte kaum noch zu erzielen sein werden [28].

Die Mikroelektronik, die bisher vornehmlich in Prozeßinnovationen ihren Ausdruck gefunden hat, eröffnet langfristig aber Möglichkeiten sowohl für Qualitätsverbesserungen, die so groß sind, daß zusätzliche Nachfrage kreiert wird, als auch für völlig neuartige Produkte, die tatsächlich neue Arbeitsplätze schaffen. „Allerdings liegt eine beträchtliche Zeitspanne zwischen der Phase, in der die Anwendung von Mikroelektronik durch Prozeßinnovationen vorherrscht, und jener Phase, in der Produktinnovationen dominant werden“ [12]. Bis dahin werden sich allerdings die Disparitäten zwischen Rationalisierungsgewinnen und -lasten möglicherweise vertiefen, wenn keine staatlichen Korrekturmaßnahmen erfolgen.

Die Visionen einer arbeitslosen Gesellschaft oder einer Informationsgesellschaft [3] [16] [17] beruhen im wesentlichen darauf, daß sie die Entwicklung der Produktionsverhältnisse sowie deren Einfluß auf den nichtökonomischen Bereich tendenziell außer Acht lassen. Demgegenüber wird jedoch das Industriesystem gleichsam die conditio sine qua non einer weiteren wirtschaftlichen und gesellschaftlichen Entwicklung sein, in deren Folge sich ein gesamtwirtschaftlich rationaler Fortschritt nicht von selbst einstellen wird, da die „Neoindustrialisierung die gesellschaftlichen Disparitäten verschärft, wenn die Umwandlung der Produktionsstrukturen allein den Linien einzelwirtschaftlich gefaßter Produktionskonzepte folgt" [28]. Darüber hinaus sind die politischen Handlungs- oder Gestaltungsmöglichkeiten der im Prinzip weder qualitativ noch quantitativ unbeträchtlichen Optionen der neuen Technologien hinsichtlich der Auswirkungen auf die Beschäftigung im Gegensatz zu eher optimistischen Betrachtungen [44] durch die Integration einer Volkswirtschaft in den Weltmarkt begrenzt. Die Entwicklung der industriellen Weltmarktstruktur hat zu einer Auslagerung lohnintensiver Produktionsbereiche, in welchen standardisierte Produktionsverfahren vorherrschen, in sogenannte Schwellenländer geführt, während sich die Industriestaaten zunehmend auf komplexe Güter hoher Produktqualität und auf produktions- und produktbezogene Dienstleistungen konzentriert haben. Selbst wenn gewisse Rückverlagerungen stattfinden sollten, ist nicht auszuschließen, daß das Gesamtarbeitsvolumen weiter sinkt [41] [50]. Ob der technologische Wandel, der durchaus ein nicht abschätzbares Entwicklungspotential beinhaltet, auch zu einem gesellschaftlichen Fortschritt führt, muß aber zum gegenwärtigen Zeitpunkt offen bleiben.

Zusammenfassend kann festgehalten werden, daß sich künftig neben den Produktionsstrukturen auch das Niveau und die Struktur der Beschäftigung nachhaltig verändern wird. Es ist dabei davon auszugehen, daß Kompensationseffekte für die in den Erwerbsprozeß neu eintretenden Arbeitskräfte wirksam sein werden. Eine wesentliche Voraussetzung dazu bildet die Entwicklung der Produktivität.

5 Bestimmungsfaktoren der Produktivitätsentwicklung

Produktivität wird allgemein als ein Indikator für die Effizienz bei der Produktion von Gütern und Dienstleistungen betrachtet und grundsätzlich auf zwei Arten ermittelt. Die totale Faktorproduktivität ergibt sich aus dem Verhältnis von Produktionsergebnis zu allen an seiner Erstellung beteiligten Produktionsfaktoren, die partielle aus dem Verhältnis von Produktionsergebnis zu einem bestimmten Produktionsfaktor, z. B. zum Faktor Arbeit oder zum Faktor Kapital. Eine steigende totale Faktorproduktivität signalisiert dabei Verbesserungen im gesamten Produktionsprozeß, welche insgesamt zur effizienteren Nutzung der Produktionsfaktoren beitragen. Zuwächse partieller Faktorproduktivität sind demgegenüber nicht notwendigerweise von einer Zunahme der totalen Faktorproduktivität begleitet. Aus gesamtwirtschaftlicher Perspektive kommt der Entwicklung der totalen Faktorproduktivität eine zentrale Rolle für die Sicherung der internationalen Wettbewerbsfähigkeit, für die Erleichterung struktureller Anpassungsprozesse, für langfristige Investitionsvorhaben und für die Verbesserung des Lebensstandards zu. Aufgrund von Meßproblemen und vor allem aus statistischen Gründen wird jedoch meist nur die Entwicklung der Arbeitsproduktivität betrachtet.

In den hochindustrialisierten Ländern waren die siebziger Jahre im allgemeinen von einer Abnahme der jährlichen Zuwächse der Arbeitsproduktivität gekennzeichnet, wobei zwischen den einzelnen Ländern und Branchen zum Teil erhebliche Unterschiede festzustellen waren. Zwischen 1960 und 1973 lag der jährliche Produktivitätszuwachs z. B. in der Bundesrepublik Deutschland relativ stabil oberhalb von 5 % [50]. Der Rückgang der Produktivitätszuwächse in den siebziger Jahren fiel allerdings geringer aus als der des Produktionswachstums, ein Umstand, der als Produktivitätsschere bezeichnet wird und die Beschäftigungsprobleme primär als wachstumsinduziert erscheinen läßt. Die deutliche Verlangsamung der Zuwachsraten im Zeitraum zwischen 1973 und 1975 war zu einem großen Teil auch statistisch bedingt, da der Rückgang von Nachfrage und Produktion nur durch eine zeitlich verzögerte Anpassung der Beschäftigung begleitet wurde. Aber auch nach 1976 trat nur eine zögernde Erholung der Zuwachsraten der Arbeitsproduktivität ein.

Die Produktivitätsentwicklung der siebziger Jahre war durch einen infolge nachhaltiger Veränderungen der Nachfrage und der relativen Faktorpreise, des technologischen Wandels sowie der veränderten Anforderungen an die Material- und Produktgestaltung erforderlichen Strukturwandel und Anpassungsprozeß der Industriestaaten gekennzeichnet. Neben einer schwächer steigenden Kapitalintensität trug zur Verlangsamung des Produktivitätsfortschritts auch ein Rückgang an Effizienz des im Produktionsprozeß eingesetzten Kapitalbestands bei. In der Bundesrepublik Deutschland kam es gemessen am realen Bruttosozialprodukt sogar zu einem Rückgang der realen Nettoinvestitionsquote [35]. Durch den verlangsamten Anstieg des Kapitalstocks stieg auch das Durchschnittsalter der Sachanlagen. Dieser Alterungsprozeß des Produktionsapparats konnte erst durch die verstärkte Investitionstätigkeit ab 1978/79 teilweise gebremst werden [4]. Dazu trugen auch Veränderungen im Arbeitsangebot bei. In den Jahren vor 1973 waren vor allem Frauen und wenig qualifizierte Arbeitskräfte in den Arbeitsprozeß eingetreten und die Marktbedingungen erlaubten überproportionale Anhebungen der Arbeitsentgelte der unteren Lohngruppen. Die teilweise Entkoppelung von Arbeitsentgelt und Qualifikationsniveau verringerte einerseits den Anreiz für Arbeitnehmer, höhere resp. der Arbeitsnachfrage adäquate Qualifikationen zu erwerben, gab aber andererseits den Anstoß, den Faktor Arbeit durch Kapitaleinsatz effizienter zu gestalten. „Das seit Jahren zu beobachtende Auseinanderklaffen zwischen der Qualifikationsstruktur der Arbeitslosen – rund die Hälfte von ihnen haben keine Berufsausbildung – einerseits und den anspruchsvolleren Qualifikationsmerkmalen freier Arbeitsplätze andererseits spiegelt diese Situation recht deutlich wider" [4].

Bei der Analyse der Bestimmungsfaktoren für die Produktivitätsentwicklung wurden jene kurzfristigen und vor allem die statistisch ausgewiesene Produktivität beeinflussenden Faktoren wie z. B. ein zu einem Nachfragerückgang überproportionaler Abbau an wenig qualifizierten Arbeitskräften oder eine erhöhte Kapazitätsauslastung bei an sich gleichem Beschäftigtenstand nicht berücksichtigt. Als prinzipielle Faktoren können demnach Kapital und Kapitalgüter angesehen werden, insbesondere das jeweils spezifische Verhältnis zu anderen Produktionsfaktoren. Das substitutive Verhältnis von Kapital und Arbeit darf als wesentlichster Einflußfaktor für die Produktivitätsentwicklung betrachtet werden. Relevant ist dabei nicht bloß die Höhe des Kapitaleinsatzes, sondern zunehmend seine strukturelle Zusammensetzung sowie der Ausnutzungsgrad. Als weitere relevante Bestimmungsfaktoren sind die Technologie und das Management, die Arbeitsbeziehungen, die Qualifikation des Faktors Arbeit und neuerdings und vermehrt auch die Produktqualität zu nennen. Insbesondere der letzte Faktor gewinnt im Kontext mit qualitativ verbesserten Produktionsprozessen für die Entwicklung der Produktivität zunehmend an Bedeutung.

Die Analyse der Produktivitätsentwicklung in den hochentwickelten Industriestaaten ergibt insgesamt ein differenziertes Bild. Die neuen Technologien können demnach weder als Allheilmittel für Produktivitätsprobleme betrachtet werden, noch entfalten sie ihre immanente produktivitätssteigernde Wirkung ohne weitreichende Anpassungen von Produktionskonzepten und Produktionsbedingungen in den verschiedenen Branchen, der Qualifikation der Arbeitskräfte, der Managementmethoden und der gesamtwirtschaftlichen Rahmenbedingungen. Die durch die Integration der Informationstechnik in die Fertigungsprozesse entscheidend erweiterte Kontrolle über den Produktionsprozeß „can help achieve savings in material, inventory, and overhead costs which are often more important in unit product cost than labour costs" [35]. Infolge vornehmlich der Erfassungs- und Abbildungsproblematik der Komplexität von realen Produktionsprozessen und der fehlenden Einheitlichkeit von Planungs- und Kontrollmethoden zeichnet sich lediglich ein Trend zu Inseln automatisierter Fertigungsprozesse ab, nicht aber eine Entwicklung zu einer weitgehenden Automatisation ganzer Produktionsprozesse. Ein ähnliches Bild ergibt die Analyse des Einsatzes von Industrierobotern, deren positive Auswirkungen auf die Kapital- und Arbeitsproduktivität unbestritten sind. Allerdings erfolgt ihr Einsatz bislang sowohl geographisch als auch branchenbezogen sehr beschränkt, und außerdem kann die Effizienz einer Anlage nicht mit derjenigen eines Betriebs oder gar einer Branche gleichgesetzt werden. Auch die Auswirkungen auf die Kosten sind nicht ohne weiteres abzuschätzen, da eine Kostenreduktion in einem einzelnen Fertigungsbereich von dessen relativer Bedeutung im gesamten Fertigungsprozeß abhängig ist. Die Auswirkungen auf die Produktivitätsentwicklung durch den Einsatz von Industrierobotern können auf der Ebene des einzelnen Unternehmens bedeutend sein, lassen jedoch nicht zwingend Rückschlüsse auf diejenigen der Branche oder der Volkswirtschaft zu [35]. Zusammenfassend kann festgehalten werden, daß die Auswirkungen der neuen Technologien auf die Produktivitätsentwicklung im allgemeinen genauso undifferenziert eingeschätzt werden wie sie auf die Beschäftigung überschätzt werden. Zwar stellen Industrieroboter mehrheitlich Rationalisierungsinvestitionen dar, doch wird dabei meist übersehen, daß durch ihren Einsatz auch eine Substitution veralteter Kapitalgüter erfolgt. Gemäß einer Studie der Internationalen Arbeitsorganisation (ILO) konnte bislang der Beschäftigungsverlust infolge der Robotertechnologie im großen und ganzen durch die Entstehung neuer Arbeitsplätze ausgeglichen werden [7]. Bei einer genauen Betrachtung der vorliegenden Analysen der gegenwärtigen Beschäftigungsprobleme stellt sich heraus, daß diese letztlich das Ergebnis eines unter dem Regime fixer Wechselkurse zu lange hinausgeschobenen Anpassungsprozesses an die sich ändernden Bedingungen der Nachfrage und des internationalen Wettbewerbs waren, in dessen Verlauf personelle Überkapazitäten geschaffen worden waren [4]. Die Auswirkungen des Auseinanderklaffens von Produktivitäts- und Produktionsentwicklung auf die Arbeitslosigkeit bei sinkendem Arbeitsvolumen wurden in den siebziger Jahren durch die demographische Entwicklung und durch eine Verlangsamung des Tempos der Arbeitszeitverkürzung überlagert.

6 Die Problematik einer Technologieförderung

Im Verlauf der siebziger Jahre wurde nicht zuletzt angesichts der Entwicklung der Zahl der Arbeitslosen deutlich, daß die herkömmlichen Instrumente der Wirtschaftspolitik zunehmend an Effizienz eingebüßt haben. Weder mit dem Keynesianischen Instrument einer globalen Nachfragesteuerung noch mit der Einleitung monetaristisch orientierter Wirtschaftspolitiken gelang es, die gesamtwirtschaftlichen Probleme insgesamt in den Griff zu bekommen. Die rasche Zunahme einer zunächst akzeptierten „natürlichen" Arbeitslosenrate diskreditierte nicht nur die These der natürlichen Arbeitslosigkeit, sondern zeigte auch auf, daß eine primär auf Geldmengenziele ausgerichtete Wirtschaftspolitik auch mittelfristig zu keiner Reduktion der Arbeitslosigkeit führt, im Gegenteil, diese unter Umständen noch vergrößert [21]. Das wirtschafts- und beschäftigungspolitische Hauptproblem der meisten Industriestaaten liegt darin, den derzeitigen Wachstumsprozeß trotz des inzwischen als strukturell zu betrachtenden Arbeitslosenbestandes und ohne Aufgabe der Geldwertstabilität zu verstetigen sowie die internationale Wettbewerbsfähigkeit zu verbessern.

Das am häufigsten genannte und inzwischen auch in unterschiedlichem Ausmaß in Angriff genommene Lösungskonzept [35] wird u. a. als „Modernisierung der Volkswirtschaft" bezeichnet und meint im Grundsatz die wirtschaftspolitisch aktive Förderung des Strukturwandels auf der Grundlage des technologischen Fortschritts und der veränderten internationalen Wettbewerbsbedingungen. Bei der Förderung dieses Anpassungsprozesses fällt – entgegen den ordnungspolitischen Implikationen gewisser ökonomisch-theoretischer Modellvorstellungen – primär dem Staat die Aufgabe zu, die mangelnde Investitionsbereitschaft der Unternehmen zu erhöhen und durch die Bereitstellung von Infrastruktur und Risikokapital für neu zu gründende sowie für bestehende kleine und mittlere Unternehmen die Voraussetzungen für eine umfassende Diffusion der neuen Technologien zu schaffen. Die staatlichen Infrastrukturinvestitionen im Rahmen einer Technologiepolitik wie z.B. eine Neuorientierung der Grundlagenforschung an den Erfordernissen des Marktes, eine Reorganisation des Bildungssystems und die Bereitstellung jener Einrichtungen, welche die Anwendung der Informationstechnik begünstigen, erfüllen dabei die Funktion, den einzelwirtschaftlichen Handlungsspielraum zu prädeterminieren [44]. Zentraler Bestandteil einer solchen primär an der internationalen Wettbewerbsfähigkeit orientierten Wirtschaftspolitik ist die Förderung der Produktivitätsentwicklung, welche über einen dadurch induzierten Wachstumsprozeß auch zu einer Verbesserung der Beschäftigungssituation beitragen soll. Angesichts der unterschiedlichen Ausgangsbedingungen in den einzelnen Branchen und Regionen führt eine diesbezügliche Forschungs- und Technologiepolitik zunächst einmal zu einer Verstärkung des Anpassungsdrucks. Kommt es doch in diesem Fall zu direkten oder indirekten Subventionen bestimmter Kapitalgüter, deren Einsatz solchermaßen selbst in jenen Bereichen rentabel wird, in welchen der Faktor Arbeit auch hinsichtlich der Kosten noch über relative Vorteile verfügt. Außerdem kann es dadurch auf internationaler Ebene zu einer Verzerrung der Wettbewerbsbedingungen kommen [35]. In diesem Kontext erscheinen auch indirekte Subventionen für entsprechende Forschungs-, Entwicklungs- und Diffusionsprojekte als eine Art protektionistischer oder neomerkantilistischer Maßnahmen [12]. Die Beschäftigungseffekte einer auf die Steigerung der Produktivität gerichteten Technologiepolitik sind allerdings differenziert zu betrachten. Kurz- bis mittelfristige Erfolge hinsichtlich einer Reduktion des Arbeitslosenbestandes sind zwar bis heute weitgehend ausgeblieben, doch reichte das Wachstum von Produktivität und Produktion aus, die Zunahme der Beschäftigung derjenigen des Arbeitsangebots weitgehend anzugleichen [36]. Eine solche wirtschaftspolitische Sichtweise ist demnach nicht primär beschäftigungspolitisch motiviert. Sie trägt allerdings dem Umstand Rechnung, daß mit einer Senkung der Reallöhne allein weder wirtschaftliches Wachstum initiiert noch die internationale Wettbewerbsfähigkeit gesichert werden kann.

Ansatzpunkt einer den Strukturwandel stützenden Wirtschaftspolitik bildet die Einsicht, daß sich der Markt als gegenwartsbezogenes Instrument der Produktionsabstimmung auf zukünftige Entwicklungen nur insoweit einstellt, als diese sich in einer absehbaren Nachfrageentwicklung niederschlagen. Zweifel sind deshalb angebracht, ob der Markt allein in der Lage ist, eine dem Lohnniveau und der Wettbewerbsfähigkeit einer Volkswirtschaft adäquate Produktionsstruktur herbeizuführen und „ob es der Selbststeuerung überlassen werden kann, daß diejenigen Technologien entwickelt und eingesetzt werden, die dem Entwicklungsstand angemessen sind und die Wettbewerbsfähigkeit sichern" [25]. Eine staatliche Modernisierungspolitik der Volkswirtschaft, welche die Kurzsichtigkeit des Marktes korrigieren will, wird sich nicht allein auf eine Technologiepolitik, d.h. auf die Förderung der Entwicklung rohstoff- und energiesparender Prozeß- und Produktinnovationen und damit auch auf die Veränderung der Produktionsstruktur beschränken können. Sie bedarf nicht zuletzt aus beschäftigungspolitischen Überlegungen heraus neben einer innovativen Verbesserung in der Kapitalausstattung auch einer binnenwirtschaftlich orientierten Nachfragesteuerung, um einen weiteren ökonomischen Expansionsprozeß gleichsam auf einem höheren Niveau zu initiieren und zu verstetigen [21]. Dahinter steckt der in der theoretischen Diskussion über die Auswirkungen der neuen Technologien auf die Beschäftigung meist übersehene Umstand, daß der technische Fortschritt auch zu einer Veränderung der gesamtwirtschaftlichen Produktionsfunktion führt, die gesamtwirtschaftlichen Beschäftigungseffekte aber nicht vorausgesehen werden können. Ein forcierter technischer Wandel führt zwar wie auch die Substitution in der Regel zur Freisetzung von Arbeitskräften [38], doch erhöhen sich durch eine technologiepolitisch unterstützte Förderung von Prozeß- und Produktinnovationen die Kompensationschancen. Unter der Annahme, daß die neuen Produktionsverfahren zu einer Erhöhung der Arbeitsproduktivität und zu einer Senkung der Stückkosten führen, bedarf es aber für eine beschäftigungsausweitende Zunahme der Endnachfrage nicht nur einer Senkung der Produktpreise, sondern auch einer hohen Preiselastizität der Nachfrage [25]. Es bleibt aber prinzipiell offen, ob eine steigende Endnachfrage gesamtwirtschaftlich zu einer zunehmenden Nachfrage nach Arbeit führt und ob diese mit dem Qualifikationsprofil des Arbeitsangebots auch kurz- und mittelfristig übereinstimmt. Dies ist allerdings weniger auf die Auswirkungen des technologischen Wandels, sondern vor allem auf die Segmentierungen des Arbeitsmarktes zurückzuführen. Neben institutionellen Faktoren sind es auch die einzelwirtschaftlich rationalen Rigiditäten des Arbeitsmarktes wie z.B. betriebliche Lohnhierarchien, implizite Kontrakte, wenig flexible Arbeitszeitstrukturen usw., die zu einer Differenz zwischen einzelwirtschaftlichen und gesamtwirtschaftlichen Optimalitätskriterien beitragen.

Eine aktive staatliche Technologie- und Strukturpolitik läßt sich nicht zuletzt auch dadurch rechtfertigen, daß die Anpassungskosten und die Anpassungserträge asymmetrisch anfallen und sowohl Probleme der Allokation bzw. der Reallokation von Produktionsfaktoren als auch der Distribution gelöst werden müssen. Der auf der Mikroelektronik basierende technologische Fortschritt scheint unter den gegebenen institutionellen Rahmenbedingungen geeignet, die gesellschaftlichen und ökonomischen Disparitäten zu verschärfen [28]. Eine weitergehende Segmentierung des Arbeitsmarktes kann dazu beitragen, daß die Partizipationschancen des Arbeitskräftepotentials unterschiedlich beschränkt und für einen Teil desselben gar eliminiert werden. Die Diffusion kapitalintensiver produktivitätssteigernder Produktionsverfahren kann die relative Bedeutung der Arbeitseinkommen weiter verringern, während das Pro-Kopf-Einkommen weiter zunehmen wird. Die oft geforderte kostenniveauneutrale Lohnpolitik, d.h. eine Bindung der Reallöhne an die um den Terms-of-Trade-Effekt korrigierte Produktivitätsentwicklung, zielt unter Vernachlässigung des Strukturwandels innerhalb der unselbständig Beschäftigten aus funktionaler Sicht auf eine Sicherung des verteilungspolitischen Status quo. Unter Berücksichtigung einerseits des hohen Anteils der vom Erwerbsprozeß Ausgeschlossenen und andererseits der in den einzelnen Arbeitsmarktsegmenten höchst unterschiedlichen Produktivitätsentwicklung führt eine solche „verteilungsneutrale“ Lohnpolitik zur Verschärfung der Einkommensdisparitäten unter den Erwerbspersonen. Schon angesichts der Bedeutung der Arbeitsbeziehungen für die Produktivitätsentwicklung muß es im wirtschaftspolitischen Interesse des Staates liegen, drohende Verteilungskonflikte z. B. durch eine stärkere Beteiligung der Erwerbspersonen am Produktivvermögen zu entschärfen. Es wird in der wirtschaftspolitischen Diskussion oft übersehen, daß die Beschäftigungsproblematik dann erheblich an Bedeutung verliert, wenn den Wirtschaftssubjekten nicht nur Erwerbseinkommen, sondern auch Einkommen aus Produktivvermögen zufließen [30]. Die künftigen Produktivitätsgewinne können entweder in dieser Form oder durch Verkürzung von Arbeitszeit verteilt werden. Sollte nämlich das Produktionswachstum aufgrund des technologischen Fortschritts auch künftig kleiner als der Produktivitätszuwachs ausfallen und dadurch das Arbeitsvolumen sinken, dann werden vor allem auch bei einer Vergrösserung des Arbeitsangebots Arbeitszeitverkürzungen erforderlich, um eine Zunahme der Arbeitslosigkeit unterbinden oder eine einseitige Verteilung der Anpassungslasten verhindern zu können. Zur Aufrechterhaltung des gegenwärtigen Wachstumsprozesses, dem für einen künftigen Abbau vor allem der zum Teil hohen Jugendarbeitslosigkeit entscheidende Bedeutung zukommt, sind inflationären Entwicklungen auch durch eine moderate Lohnentwicklung zu begegnen. Es bieten sich deshalb Maßnahmen zur Flexibiliserung der Einkommen aus unselbständiger Arbeit wie z. B. durch die genannte Beteiligung der Arbeitnehmer am Produktivvermögen geradezu an. Es ist in diesem Zusammenhang zu erinnern, daß z. B. in Japan 1984 rund ein Viertel der Nettolöhne von Industriearbeitern aus Einkommen von Produktivvermögen stammte und dieser Umstand für die hohe Nominallohnflexibilität sowie niedrige Arbeitslosenrate verantwortlich gemacht wird [36].

Zusammenfassend ist festzuhalten, daß nicht nur die aus dem technologischen Fortschritt resultierenden verteilungspolitischen Probleme, sondern ganz allgemein auch die gesamtwirtschaftlich rationale Ausnützung der Flexibilitätspotentiale der neuen Technologien im Verlauf des Wandels der Produktionsstruktur einer staatlichen Regelung bedürfen. Gesamtwirtschaftliche Rationalität kann in einem marktwirtschaftlichen System nur heißen, daß die aus den Markt- und Handlungssequenzen resultierenden und asymmetrisch verteilten wechselseitigen Beschränkungspotentiale und Abhängigkeiten institutionell relativiert werden [37]. Eine realistische Möglichkeit zur Verringerung der Abhängigkeiten von Entscheidungen der jeweils in der Marktkette vorgelagerten Märkte bietet eine umfassende und richtig verstandene, d.h. nicht auf eine Reduktion des Lohnniveaus beschränkte Flexibilisierung [1]. Beispiele einer solchen Flexibilisierung bilden u.a. eine teilweise Überwindung der Zutrittsschranken zum Kapitalmarkt und zu den Erkenntnissen der Grundlagenforschung, eine Ausrichtung der Bildungsprozesse an einem umfassenden Qualifikationsbegriff sowie eine Entkoppelung der Berufsbildung von betriebsspezifischen und prozeßspezifischen Fertigkeiten und Wissensinhalten [35] [44] . Darüber hinaus fallen unter dieses Flexibilitätspostulat Anpassungen der institutionellen Rahmenbedingungen wie z.B. der Regelungen über Arbeits- und Betriebszeiten sowie ganz allgemein der steuer-, sozial- und arbeitsrechtlichen Regelungen. Aus der Gesamtheit dieser, eine staatliche Technologiepolitik begleitenden und unterstützenden Adaptionen können jene Rahmenbedingungen wirtschaftlichen Handelns resultieren, welche die einzelwirtschaftlichen den gesamtwirtschaftlichen Optimalitätskriterien näherbringen.

7 Schlußfolgerungen

Bei einer genauen Betrachtung der sich gegenwärtig vollziehenden technologischen und ökonomischen Entwicklung sowie der ergriffenen wirtschaftspolitischen Maßnahmen ist festzustellen, daß diese im Vergleich zur langfristigen Entwicklungsdynamik marktwirtschaftlicher Systeme keine grundsätzlich neue Situation widerspiegeln. Die veränderten internationalen Wettbewerbsbedingungen erfordern allerdings in den hochentwickelten Industriestaaten strukturelle Anpassungsprozesse. Diese bedingen eine Reihe von staatlichen Infrastrukturinvestitionen im weitesten Sinne und von begleitenden Maßnahmen, welche einerseits die Marktkräfte ergänzen und andererseits die asymmetrische Verteilung der Anpassungskosten und -erträge ausgleichen.

Die wirtschaftspolitische Diskussion angesichts des in den meisten Industrieländern hohen Arbeitslosenbestandes ist demgegenüber davon geprägt, daß sowohl der behauptete inverse Zusammenhang von Lohnniveau und Beschäftigung, als auch die neuen Technologien tendenziell mehr Aufmerksamkeit beanspruchen, als ihnen aus ökonomischer Sicht zukommt. In Übereinstimmung mit der OECD [36] spricht u.E. nichts dafür, daß durch eine Reallohnsenkung oder durch eine expansive Lohnpolitik die bestehende Arbeitslosigkeit mittelfristig abgebaut werden könnte. Im Gegenteil stützen die in den letzten Jahren eingetretenen Verteilungsrevisionen zugunsten der Einkommen aus Unternehmertätigkeit und Vermögen [27] und die gegebenen institutionellen sowie politischen Bedingungen wirtschafts- und arbeitsmarktpolitischer Willens- und Entscheidungsbildung, welche eine effektive Berücksichtigung der Interessen der Arbeitslosen gar nicht zulassen, eher die These, wonach sich offensichtlich die gesellschaftlich relevanten Gruppen mit einem hohen, aber administrierbaren Arbeitslosenbestand abgefunden haben und u.a. auf eine demographische Entlastung in den neunziger Jahren hoffen [11]. Der technische Fortschritt und in seiner Folge der technologische Wandel ist aus ökonomischer Sicht weder alleinige Ursache von Beschäftigungsproblemen noch Garant für ihre Lösung. Es kommt vielmehr darauf an, wie die wechselseitige Abhängigkeit der einzelnen Güter- und Faktormärkte aufgrund verfestigter Markt- und Handlungssequenzen die Funktionsweise und Mechanismen der Märkte beeinflußt.

Der auf der Grundlage der neuen Technologien erfolgende Anpassungsprozeß der volkswirtschaftlichen Produktionsstruktur und die Herausbildung neuer Produktionsverfahren und -konzepte ist von Beschäftigungsproblemen eines mehr oder weniger größeren Teils der Erwerbstätigen begleitet und führt tendenziell zu einer Akzentuierung und Ausweitung der gesellschaftlichen Disparitäten. Daraus resultiert die Notwendigkeit einer gesamtwirtschaftlichen Steuerung des strukturellen Wandels und eines gesamtgesellschaftlichen Ausgleichs der Disparitäten resp. einer gesamtwirtschaftlich rationalen Verteilung der Produktivitätsgewinne. Der staatliche Handlungsspielraum zu erstem ist durch den internationalen Wettbewerbsdruck vorgegeben und wohl auch eingeschränkt. Der Ausgleich der Disparitäten kann mit einer Politik, welche mit einer möglichst ungehemmten Entfaltung der neuen Technologien ausschließlich Fortschritt assoziiert, jedoch nicht geleistet werden. Eine wirtschaftspolitische Programmatik, die undifferenziert vom wirtschaftlichen Wachstum, von zukunftssicheren Arbeitsplätzen, vielfältigerer, autonomerer Arbeit, von der Versöhnung von Privat- und Berufsleben, vom Ausgleich regionaler Strukturschwächen spricht, ohne auf die endogenen gegenläufigen Entwicklungen zumindest hinzuweisen, „leistet nolens volens einer neugespaltenen Gesellschaft Vorschub" [28]. Es gilt demnach, die verteilungspolitischen Aspekte der technologischen Entwicklung vermehrt in das Zentrum wirtschaftpolitischer Diskussion zu rücken.

Die Grundlage einer Lösung sowohl der ökonomischen als auch der verteilungspolitischen Probleme des gegenwärtigen Anpassungsprozesses bildet u. E. eine umfassende Förderung der Produktivitätsentwicklung. Diese trägt letztlich entscheidend dazu bei, daß der gesamtwirtschaftliche Entwicklungsstand einer Volkswirtschaft und deren internationale Wettbewerbsfähigkeit gesichert werden kann [30]. Hinsichtlich der Arbeitskosten ist festzuhalten, daß ihre Bedeutung für weitere Rationalisierungen der Produktionsprozesse abnehmen wird, resp. die Arbeitskosten vermehrt auf ihren investiven Charakter hin betrachtet werden müssen. Wenn zukünftige Produktivitätssteigerungen ohne einen hochqualifizierten Faktor Arbeit kaum mehr zu erzielen sind [28], dann verlieren aus ökonomischer Sicht die Arbeitskosten zumindest teilweise ihren Begründungscharakter für weitere Rationalisierungen. Langfristig gesehen dürfte demnach eine oben dargestellte Technologiepolitik auch zu einer Entschärfung der Beschäftigungsproblematik beitragen, nicht zuletzt allerdings auch deshalb, da sie z. B. wie in der Bundesrepublik Deutschland auch von der demographischen Entwicklung unterstützt werden dürfte.

Literatur

[1] Abrahamsen Y, Kaplanek H, Schips B (1986) Arbeitsmarkttheorie, Arbeitsmarktpolitik und Beschäftigung in der Schweiz. Rüegger, Grüsch

[2] Arbeitsgemeinschaft deutscher wirtschaftswissenschaftlicher Institute e. V. (1985) Die Lage der Weltwirtschaft und der westdeutschen Wirtschaft im Frühjahr 1985. Essen

[3] Dahrendorf R (1983) Die Chancen der Krise. 2. Auflage, Deutsche Verlags-Anstalt, Stuttgart

[4] Deutsche Bundesbank (1980) Der Produktivitätsfortschritt in der Bundesrepublik Deutschland und seine Bestimmungsfaktoren. Monatsberichte der Deutschen Bundesbank 32: 11-17

[5] Dornbusch R, Basevi G, Blanchard O, Buiter W, Layard R (1986) Macroeconomic Prospects and Policies for the European Community. In: Blanchard O, Dornbusch R, Layard R (eds) Restoring Europe's Prosperity: Macroeconomic Papers from the Centre for European Policy Studies. MIT Press, Cambridge (Massachusetts), London: 1-32

[6] Düll K (1985) Gesellschaftliche Modernisierungspolitik durch neue „Produktionskonzepte"? WSI Mitteilungen 38: 141-145
[7] Ebel K (1986) The Impact of Industrial Robots on the World of Work. International Labour Review 125:39-51
[8] Feser H-D, Lärm Th (1982) Strukturelle Arbeitslosigkeit, technologischer Wandel und der Einfluß der Mikroelektronik. Leviathan 10:531-554
[9] Frank R H (1984) Are Workers Paid their Marginal Products? American Economic Review 74: 549-571
[10] Franke S F (1983) Der Einfluß von Lohnhöhe und Lohnstruktur auf Beschäftigungsvolumen und -struktur. Wirtschaftsdienst 63:29-34
[11] Franke S F (1986) Reallohn, Mobilität und Beschäftigung. Wirtschaftsdienst 66: 245-250
[12] Friedrichs G (1982) Mikroelektronik und Makroökonomie. In: Friedrichs G, Schaff A (Hrsg.) Auf Gedeih und Verderb. Mikroelektronik und Gesellschaft. Bericht an den Club of Rome. Europaverlag, Wien, München, Zürich: 201-223
[13] Furgler K (1986) „The Courage for Global Action". Innovatio 3:37-39
[14] Gerlach K, Hübner O (1985) Lohnstruktur, Arbeitsmarktprozesse und Leistungsintensität in Effizienzlohnmodellen. In: Buttler F, Kühl J, Rahmann B (Hrsg.) Staat und Beschäftigung. Angebots- und Nachfragepolitik in Theorie und Praxis. Beiträge zur Arbeitsmarkt- und Berufsforschung 88:249-290
[15] Giersch H (1983) Arbeit, Lohn und Produktivität. Weltwirtschaftliches Archiv 119:1-18
[16] Glotz P (1984) Die Arbeit der Zuspitzung. Siedler, Berlin
[17] Gorz A (1983) Wege ins Paradies. Rotbuch, Berlin
[18] Hagemann H, Kalmbach P (1983) Technischer Fortschritt und Arbeitslosigkeit: Einführung. In: Hagemann H, Kalmbach P (Hrsg.) Technischer Fortschritt und Arbeitslosigkeit. Campus, Frankfurt/M., New York: 7-37
[19] Hamm W (1986) Lohnnebenkosten als Beschäftigungsbremse – Ein internationaler Vergleich. Volkswirtschaftliche Korrespondenz der Adolf-Weber-Stiftung 25: Nr. 5
[20] Helmstädter E (1983) Arbeitslosigkeit und Reallohnniveau. Wirtschaftswoche 37:72-76
[21] Henn R (1985) Laudatio anläßlich der Verleihung der Ehrendoktorwürde an Herrn Ministerpräsident Lothar Späth am 22. Juni 1984. In: Henn R, Späth L, Lübbe H, Krüger G (Hrsg.) Beschäftigung und Technologietransfer. Athenäum, Königstein/Ts.:7-18
[22] Hicks J R (1973) Capital and Time. A Neo-Austrian Theory. Clarendon Press, Oxford
[23] Horn J (1976) Technologische Neuerungen und internationale Arbeitsteilung. Die Bundesrepublik Deutschland im internationalen Vergleich. Mohr (Siebeck), Tübingen
[24] Jaffé W (1977) The Normative Bias of the Walrasian Model: Walras versus Gossen. The Quarterly Journal of Economics 91:372-387
[25] Kalmbach P (1978) Beschäftigungssicherung durch „Modernisierung" der Wirtschaft? In: Markmann H, Simmert D B (Hrsg.) Krise der Wirtschaftspolitik. Bund, Köln:383-400
[26] Kalmbach P (1979) Technologiepolitik als Strukturpolitik. In: Simmert D B (Hrsg.) Wirtschaftspolitik-Kontrovers. Bund, Köln:466-483
[27] Kalmbach P (1985) Lohnhöhe und Beschäftigung: Ein Evergreen der wirtschaftspolitischen Debatte. Wirtschaftsdienst 65:370-376
[28] Kern H, Schumann M (1985) Das Ende der Arbeitsteilung? Rationalisierung in der industriellen Produktion. 2. Auflage. Beck, München
[29] King A (1982) Einleitung: Eine neue industrielle Revolution oder bloß eine neue Technologie? In: Friedrichs G, Schaff A (Hrsg) Auf Gedeih und Verderb. Mikroelektronik und Gesellschaft. Bericht an den Club of Rome. Europaverlag, Wien, München, Zürich:11-47
[30] Leontief W (1985) The Choice of Technology. Scientific American 252:37-45
[31] Lowe A (1976) The Path of Economic Growth. Cambridge University Press, Cambridge
[32] Löwe A (1926) Wie ist Konjunkturtheorie überhaupt möglich? Weltwirtschaftliches Archiv 24:165-197
[33] Matzner E (1978) Vollbeschäftigung bei langsamem Wirtschaftswachstum. In: Markmann H, Simmert D B (Hrsg) Krise der Wirtschaftspolitik. Bund, Köln:293-300
[34] Mettelsiefen B (1981) Technischer Wandel und Beschäftigung. Rekonstruktion der Freisetzungs- und Beschäftigungsdebatten. Campus, Frankfurt/M., New York
[35] OECD (1986) Productivity in Industry. Prospects and Policies. OECD, Paris
[36] OECD (1986) Employment Outlook. OECD, Paris

[37] Ostleitner H (1979) Handlungssequenzen, Herrschaftsverhältnisse und unfreiwillige Arbeitslosigkeit. In: Laski E, Matzner E, Nowotny E (Hrsg.) Beiträge zur Diskussion und Kritik der neoklassischen Theorie. Festschrift für K. W. Rothschild und J. Steindl. Springer, Berlin, Heidelberg, New York:45-59

[38] Ott A E (1959) Technischer Fortschritt. Handwörterbuch der Sozialwissenschaften, Bd. 10. Mohr (Siebeck), Tübingen: 302-316

[39] Ott A E (1979) Investitionen und Beschäftigung. In: Laski E, Matzner E, Nowotny E (Hrsg.) Beiträge zur Diskussion und Kritik der neoklassischen Theorie. Festschrift für K. W. Rothschild und J. Steindl. Springer, Berlin, Heidelberg, New York:177-185

[40] Salowsky H (1886) Industrielle Arbeitskosten im internationalen Vergleich 1970-1985. iw-trends 1:1-12

[41] Schmidt R (1985) Zu den arbeitspolitischen Chancen und Grenzen neuer Produktionskonzepte. Einige Anmerkungen zum Konzept Horst Kerns und Michael Schumanns einer industriellen „Modernisierung als gesellschaftlichem Konzept“. WSI Mitteilungen 38:146-150

[42] Shackle L S (1972) Epistemics and Economics: A Critique of Economic Doctrines. Cambridge University Press, Cambridge

[43] Shapiro C., Stiglitz J. E. (1984) Equilibrium Unemployment as a Worker Discipline Device. American Economic Review 74:433-444

[44] Späth L (1985) Wende in die Zukunft. Die Bundesrepublik auf dem Weg in die Informationsgesellschaft. Rowohlt, Reinbek

[45] Sachverständigenrat zur Begutachtung der gesamtwirtschaftlichen Entwicklung (1977) Jahresgutachten 1977/78. Bundestagsdrucksache, Bonn

[46] Sachverständigenrat zur Begutachtung der gesamtwirtschaftlichen Entwicklung (1984) Jahresgutachten 1984/85. Bundestagsdrucksache, Bonn

[47] Wagner J (1983) Technischer Wandel, Weltmarkt und Beschäftigung. In: Hagemann H, Kalmbach P (Hrsg.) Technischer Fortschritt und Arbeitslosigkeit. Campus, Frankfurt/M., New York:340-364

[48] Wagner J (1985) Mangelnde Faktormobilität – eine Ursache der Arbeitslosigkeit? Wirtschaftsdienst 65:297-303

[49] Walras L (1984) Elements of Pure Economics or The Theory of Social Wealth. Orion Editions, Philadelphia

[50] Welsch J (1982) Gesamtwirtschaftliche Entwicklung, technischer Fortschritt und Beschäftigung als Problem der achtziger Jahre. WSI Mitteilungen 35:205-215

[51] Winkler D (1982) Die Personalnebenkosten im internationalen Vergleich. Wirtschaftsdienst 62:93-97

Autorenverzeichnis

ALBACH, HORST, Professor Dr.Dr.h.c.mult., Betriebswirtschaftliches Seminar der Universität Bonn

BÄUMER, ARNO PAUL, Dr.h.c., Mitglied des Aufsichtsrates der Allianz Lebensversicherungs-AG, Stuttgart, München

BALLARINI, KLAUS, Professor Dr., Lehrgebiet Finanzwissenschaft der Universität Karlsruhe

BAMBERG, GÜNTER, Professor Dr., Institut für Statistik und Mathematische Wirtschaftstheorie der Universität Augsburg

BECKMANN, MARTIN, Professor Dr. Dr.h.c.mult., Brown University, Providence, R.I.; Institut für Unternehmensforschung und Statistik der Technischen Universität München

BENZ, EBERHARD, Dr. jur., Sprecher des Vorstandes der Badenwerk AG, Karlsruhe

BIEDENKOPF, KURT H., Professor Dr., MdB, Düsseldorf

BIERICH, MARCUS, Dr., Vorsitzender der Geschäftsführung der Robert Bosch GmbH, Stuttgart

BLÜM, NORBERT, Dr., Bundesminister für Arbeit und Sozialordnung, Bonn

BÖHM, VOLKER, Professor Dr., Lehrstuhl für Volkswirtschaftslehre und Ökonometrie I der Universität Mannheim

BOL, GEORG, Professor Dr., Institut für Statistik und Mathematische Wirtschaftstheorie der Universität Karlsruhe

BREITSCHWERDT, WERNER, Professor Dr.-Ing. E.h., Vorsitzender des Vorstandes der Daimler Benz AG, Stuttgart

BULIRSCH, ROLAND, Professor Dr., Mathematisches Institut der Technischen Universität München

DEUSSEN, PETER, Professor Dr., Institut für Informatik I an der Universität Karlsruhe

DINKELBACH, WERNER, Professor Dr., Fachbereich Wirtschaftswissenschaften, Universität des Saarlandes, Saarbrücken

EBENROTH, CARSTEN THOMAS, Professor Dr. jur. Dr. rer. pol., Zentrum für Internationale Wirtschaft der Universität Konstanz

EHRLICHER, WERNER, Professor Dr., Institut für das Spar-, Giro- und Kreditwesen, Freiburg

ENGLER, HELMUT, Professor Dr., Minister für Wissenschaft und Kunst des Landes Baden-Württemberg, Stuttgart

ENGLERT, WALTER, Aufsichtsrat der Bausparkasse Gemeinschaft der Freunde Wüstenrot, gemeinnützgie GmbH, Ludwigsburg

FABER, MALTE, Professor Dr., Alfred Weber-Institut für Sozial- und Staatswissenschaften der Universität Heidelberg

FRANKE, GÜNTER, Professor Dr., Fakultät für Wirtschaftswissenschaften und Statistik der Universität Konstanz

FUNCK, ROLF H., Professor Dr., Institut für Wirtschaftspolitik und Wirtschaftsforschung der Universität Karlsruhe

GAUGLER, EDUARD, Professor Dr., Seminar für Allgemeine Betriebswirtschaftslehre, Personalwesen und Arbeitswissenschaft der Universität Mannheim

GERFIN †, HARALD, Professor Dr., Fakultät für Wirtschaftswissenschaften und Statistik der Universität Konstanz

GEISSLER, HEINER, Dr., MdB, Generalsekretär der Christlich Demokratischen Union, Bonn

GIELOW, GISELA, Fraunhofer-Institut für Systemtechnik und Innovationsforschung, Karlsruhe

GLOTZ, PETER, Dr., MdB, Bundesgeschäftsführer der Sozialdemokratischen Partei Deutschlands, Bonn

GÖTZE, HEINZ, Dr.Dr.h.c.mult., Geschäftsführer des Springer-Verlages, Berlin Heidelberg New York London Paris Tokyo

GRATHWOHL, GEORG, Dr.-Ing., Institut für Keramik im Maschinenbau, Institut für Werkstoffkunde II der Universität Karlsruhe

GRUPP, HARIOLF, Dr., Fraunhofer-Institut für Systemtechnik und Innovationsforschung, Karlsruhe

GUTHARDT, HELMUT, Vorsitzender des Vorstandes der DG Bank, Deutsche Genossenschaftsbank, Frankfurt am Main

HAASEN, UWE, Dr.jur., Vorsitzender des Vorstandes der Allianz Lebensversicherungs-AG, Stuttgart

HEILMANN, WOLF-RÜDIGER, Professor Dr., Lehrstuhl für Versicherungswissenschaft der Universität Karlsruhe

HENN, RUDOLF, Professor Dr., Institut für Statistik und Mathematische Wirtschaftstheorie der Universität Karlsruhe

HERBERG, HORST, Professor Dr., Institut für Theoretische Volkswirtschaftslehre der Christian-Albrechts-Universität Kiel

HERRHAUSEN, ALFRED, Dr., Sprecher des Vorstandes der Deutschen Bank AG, Frankfurt

HERZOG, MARTIN, Minister für Wirtschaft, Mittelstand und Technologie des Landes Baden-Württemberg, Stuttgart

HOHMEYER, OLAV, Dipl.-Oec., Fraunhofer-Institut für Systemtechnik und Innovationsforschung, Karlsruhe

JANNOTT, HORST K., Dr.jur.h.c., Vorsitzender des Vorstandes der Münchener Rückversicherungsgesellschaft, München

KAPLANEK, HEINZ, Dr., Forschungsstelle für empirische Wirtschaftsforschung an der Hochschule St. Gallen

KARMANN, ALEXANDER, Professor Dr., Universität Hamburg, Sozialökonomisches Seminar, FB Wirtschaftswissenschaften, Hamburg

KISCHKA, PETER, Professor Dr., Institut für Statistik und Mathematische Wirtschaftstheorie der Universität Karlsruhe

KLEINER, HORST, Vorstandsvorsitzender der Bausparkasse Schwäbisch Hall AG, Schwäbisch Hall

KLEINERT, MATTHIAS, Staatssekretär im Staatsministerium Baden-Württemberg und Sprecher der Landesregierung, Stuttgart

Kloten, Norbert, Professor Dr.Dr.h.c., Präsident der Landeszentralbank in Baden-Württemberg, Stuttgart

König, Heinz, Professor Dr.Dr.h.c., Lehrstuhl für Volkswirtschaftslehre und Ökonometrie II der Universität Mannheim

Kogelschatz, Hartmut, Professor Dr., Alfred Weber-Institut für Sozial- und Staatswissenschaften der Universität Heidelberg

Kohl, Helmut, Dr.Dr.h.c.mult., Bundeskanzler der Bundesrepublik Deutschland, Bonn

Korte, Bernhard, Professor Dr., Institut für Ökonometrie und Operations Research der Universität Bonn

Krelle, Wilhelm, Professor Dr. Dr.h.c.mult., Institut für Gesellschafts- und Wirtschaftswissenschaften der Universität Bonn

Kremer, Arnold, Dr.h.c., Vorsitzender des Vorstandes der Südwestdeutschen Genossenschaftszentralbank AG, Frankfurt, Karlsruhe

Krüger, Gerhard, Professor Dr., Institut für Informatik III der Universität Karlsruhe

Krupp, Helmar, Professor Dr.-Ing., Fraunhofer-Institut für Systemtechnik und Innovationsforschung, Karlsruhe

Lehmann-Waffenschmidt, Marco, Dr., Institut für Statistik und Mathematische Wirtschaftstheorie der Universität Karlsruhe

Löhn, Johann, Professor Dr., Regierungsbeauftragter für Technologietransfer Baden-Württemberg; Vorsitzender des Vorstandes der Steinbeis-Stiftung für Wirtschaftsförderung, Stuttgart

Meier-Preschany, Manfred, Dr., M.P. Consult, Frankfurt

Menzel, Wolfram, Professor Dr., Institut für Informatik I der Universität Karlsruhe

Michalski, Ralf, Dipl.-Wi.-Ing., Institut für Statistik und Mathematische Wirtschaftstheorie der Universität Karlsruhe

Möhring, Rolf H., Professor Dr., Institut für Ökonometrie und Operations Research der Universität Bonn

Morlok, Jürgen, Dr., MdL, Karlsruhe

Nakhaeizadeh, Gholamreza, Dr., Institut für Statistik und Mathematische Wirtschaftstheorie der Universität Karlsruhe

Neumann, Klaus, Professor Dr., Institut für Wirtschaftstheorie und Operations Research der Universität Karlsruhe

Nowak, Winfried, Dr., Hauptgeschäftsführer der Industrie- und Handelskammer Mittlerer Oberrhein, Karlsruhe

Ott, Alfred E., Professor Dr., Wirtschaftswissenschaftliches Seminar, Abt. Volkswirtschaftslehre, insbesondere Wirtschaftstheorie, der Universität Tübingen

Pallaschke, Diethard, Professor Dr., Institut für Statistik und Mathematische Wirtschaftstheorie der Universität Karlsruhe

Pfeiffer, Gerd, Professor Dr., Präsident des Bundesgerichtshofes, Karlsruhe

Putlitz, Gisbert Frhr. zu, Professor Dr.rer.nat., Rektor der Ruprecht-Karls-Universität Heidelberg

Radermacher, Franz J., Professor Dr. Dr., Lehrstuhl für Informatik und Operations Research der Universität Passau

Ramser, Hans, Professor Dr., Fakultät für Wirtschaftswissenschaften und Statistik der Universität Konstanz

RAUHUT, BURKHARD, Professor Dr., Institut für Statistik und Wirtschaftsmathematik der Rheinisch-Westfälischen Technischen Hochschule Aachen

RICHTER, MICHAEL M., Prof. Dr., Institut für Informatik der Universität Kaiserslautern

RÖLLER, WOLFGANG, Dr., Sprecher des Vorstandes der Dresdner Bank AG, Frankfurt

ROHWER, BERND, Dr., Institut für Finanzwissenschaft der Universität Freiburg

ROSE, MANFRED, Professor Dr., Alfred Weber-Institut für Sozial- und Staatswissenschaften der Universität Heidelberg

SCHICKINGER, WALTER F., Dr., Vorsitzender des Vorstandes der Karlsruher Versicherung AG; Vorstandsmitglied der Karlsruher Lebensversicherung AG, Karlsruhe

SCHIPS, BERND, Professor Dr., Forschungsstelle für empirische Wirtschaftsforschung an der Hochschule St. Gallen

SCHMIDT, REIMER, Professor Dr. jur. Dr.-Ing. E.h., Vorsitzender des Aufsichtsrats der Aachener und Münchener Beteiligungs-Aktiengesellschaft, Aachen

SCHMOCH, ULRICH, Dr., Fraunhofer-Institut für Systemtechnik und Innovationsforschung, Karlsruhe

SCHNEIDER, CHRISTOFFER, Diplom-Volkswirt, Lehrstuhl für Wirtschaftspolitik II, Alfred Weber- Institut, Wirtschaftswissenschaftliche Fakultät der Universität Heidelberg

SCHOECK, ROLF, Vorsitzender des Vorstandes der Landeskreditbank Baden-Württemberg, Karlsruhe

SCHWEBLER, ROBERT, Professor Dr., Vorsitzender des Vorstandes der Karlsruher Lebensversicherung AG, Karlsruhe

SIEBERT, HORST, Professor Dr., Lehrstuhl für Internationale Wirtschaftsbeziehungen der Universität Konstanz

SIEBKE, JÜRGEN, Professor Dr., Lehrstuhl für Wirtschaftspolitik II, Alfred Weber-Institut für Sozial- und Staatswissenschaften der Universität Heidelberg

SOLTE, DIRK, Dr., Institut für Statistik und Mathematische Wirtschaftstheorie der Universität Karlsruhe

SPARBERG, LOTHAR F.W., Senator E.h., Vorsitzender des Aufsichtsrates der IBM Deutschland, Stuttgart

SPREMANN, KLAUS, Professor Dr., Abteilung für Wirtschaftswissenschaften der Universität Ulm

STÄHLY, PAUL, Professor Dr., Institut für Unternehmensforschung an der Hochschule St. Gallen für Wirtschafts- und Sozialwissenschaften, St. Gallen

STEFFENS, FRANZ, Professor Dr., Lehrstuhl für Allgemeine Betriebswirtschaftslehre, Organisation und Wirtschaftsinformatik der Universität Mannheim

STEPHAN, GUNTER, Dr., Alfred Weber-Institut für Sozial- und Staatswissenschaften an der Universität Heidelberg

STEPHAN, WERNER, Dr., Institut für Informatik I der Universität Karlsruhe

STRAUSS, FRANZ JOSEF, Dr.h.c.mult., Bayerischer Ministerpräsident, München

SUND, HORST, Professor Dr., Rektor der Universität Konstanz

TENGLER, HERMANN, Diplom-Volkswirt, Institut für Gesellschafts- und Wirtschaftswissenschaften der Universität Bonn

THOMASSEN, WOLFGANG, Professor Dr., China Kommission der Universität Konstanz

THÜMMLER, FRITZ, Professor Dr.-Ing., Institut für Keramik im Maschinenbau, Institut für Werkstoffkunde II der Universität Karlsruhe

TURNER, GEORGE, Professor Dr., Senator für Wissenschaft und Forschung des Landes Berlin

VOSGERAU, HANS-JÜRGEN, Professor Dr., Fakultät für Wirtschaftswissenschaften und Statistik der Universität Konstanz

WEISER, GERHARD, Dr.h.c., Minister für den ländlichen Raum, Landwirtschaft und Forsten des Landes Baden-Württemberg, Stuttgart

WILDEMANN, HORST, Professor Dr., Lehrstuhl für Betriebswirtschaftslehre mit Schwerpunkt Fertigungswirtschaft der Universität Passau

WINGEN, MAX, Professor Dr., Präsident des Statistischen Landesamtes Baden-Württemberg, Stuttgart

ZEITEL, GERHARD, Professor Dr., Lehrstuhl für Volkswirtschaftslehre, insbesondere Finanzwissenschaft der Universität Mannheim

ZINK, ACHIM, Professor Dr., Vorsitzender des Vorstandes der Badenia Bausparkasse AG, Karlsruhe

Förderer der Drucklegung

Nachstehende Unternehmen haben das Erscheinen der Festschrift durch die Gewährung von Zuschüssen ermöglicht:

Badenia-Bausparkasse AG, Karlsruhe
Badenwerk AG, Karlsruhe
Baden-Württembergische Bank AG, Stuttgart
Badische Landesbausparkasse, Karlsruhe
Bausparkasse Schwäbisch Hall AG, Schwäbisch Hall
Bausparkasse Wüstenrot, Ludwigsburg
Daimler Benz AG, Stuttgart
Deutsche Bank AG, Frankfurt a. M.
Industrie-Werke Karlsruhe Augsburg AG, Karlsruhe
Landeskreditbank Baden-Württemberg, Karlsruhe
Karlsruher Lebensversicherung AG, Karlsruhe
Münchener Rückversicherungs-Gesellschaft, München
Nixdorf Computer AG, Paderborn
Robert Bosch GmbH, Stuttgart
Südwestdeutsche Genossenschafts-Zentralbank, Frankfurt Karlsruhe

